JN300636

# 熱交換器設計ハンドブック

尾花英朗著

工学図書株式会社版

# 序

　石油化学を始めとする各種の化学工業・食品工業・原子力工業などに各種各様の熱交換器が用いられ，それぞれ重要な役割を果たしている。例えば，化学プロセスのうちのモノマー製造プロセスにおいて，熱交換器が装置全体に占める割合は，建設費で比較して20〜50％にも達するほどである。また，最近になって需要が著しく増大してきた海水の淡水化プロセスでは，その装置のほとんどすべてが熱交換器から成り立っていると言っても過言ではない。
　このような現状に鑑み，熱交換器の解説・応用・設計に役立つ書物がぜひ必要であり，本書はこのために著わされたものである。
　熱交換器に関する著書はいくつかあるが，管式熱交換器についての概説的なものが多く，第1線に立つ技術者にとって必ずしも十分とはいい難い。本書では，管式熱交換器のみならず，蒸発装置をも含めて一般に用いられる各種各様の熱交換器について，その熱的設計について詳述したもので，特に現場技術者に役立つように装置設計，特性解析に対して計算可能な方式を，図表や式に重点をおいて具体的に数値で示した。
　本書の企画は数年前に遡る。筆者は数年前に技術雑誌「化学装置」に「熱交換器の実用設計」と題して，各種の熱交換器の設計法を約3年間にわたって連載したが，これが非常に好評で諸方面より単行本としての出版が要望されてきた。本書はこの要望に答えたもので，今回出版に際しては原稿を大幅に修正加筆して，内容を一段と充実したものである。
　なお，用語については化学工学の用語を使用した。
　現場技術者のみならず，理工系の学生にも利用できるようにしてあるので，大方の御一読を期待する。

　　昭和48年10月

　　　　　　　　　　　　　　　　　　　　　　　　　　　　尾　花　英　朗

# 目　　次

## 第1部　熱交換器の基礎理論

**第1章　熱交換器の分類** …………………………………………………… 1
**第2章　伝熱の機構** ………………………………………………………… 3
**第3章　表面式熱交換器の基本伝熱式** …………………………………… 7
　3・1　向流熱交換器 …………………………………………………… 8
　　3・1・1　総括伝熱係数が一定の場合 ……………………………… 8
　　3・1・2　総括伝熱係数が変化する場合 …………………………… 9
　3・2　並流熱交換器 ……………………………………………………13
　3・3　胴側1パス，管側偶数パス熱交換器 …………………………14
　　3・3・1　総括伝熱係数が一定の場合 ………………………………14
　　3・3・2　総括伝熱係数が管側流体の温度に比例して直線的に変化する場合 …28
　　3・3・3　総括伝熱係数が胴側流体の温度に比例して直線的に変化する場合 …33
　3・4　胴側分割流形熱交換器 …………………………………………34
　　3・4・1　管側4パスの分割流形熱交換器 …………………………35
　　3・4・2　管側2パスの分割流形熱交換器 …………………………39
　　3・4・3　管側1パスの分割流形熱交換器 …………………………42
　　3・4・4　管側パス数が無限の分割流形熱交換器 …………………44
　3・5　胴側分流形熱交換器 ……………………………………………44
　　3・5・1　胴側2分流-管側1パスの分流形熱交換器 ………………44
　　3・5・2　胴側2分流-管側2パスの分流形熱交換器 ………………47
　　3・5・3　胴側4分流-管側1パスの分流形熱交換器 ………………47
　　3・5・4　胴側4分流-管側2パスの分流形熱交換器 ………………47
　3・6　単一パスの直交流熱交換器 ……………………………………49
　　3・6・1　両流体とも横方向に混合する直交流熱交換器 …………49
　　3・6・2　一方の流体が混合，他の一つの流体が混合しない直交流熱交換器 …51
　　3・6・3　両流体とも横方向に混合しない直交流熱交換器 ………52
　3・7　多数パスの直交流熱交換器 ……………………………………53

3・7・1　2パス直交向流熱交換器 ･････････････････････････････････････ 53
　　3・7・2　3パス直交向流熱交換器 ･････････････････････････････････････ 55
　3・8　分流直交熱交換器 ････････････････････････････････････････････････ 57
　　3・8・1　分流直交熱交換器（片側混合-片側非混合）･･････････････････････ 57
　　3・8・2　交差分流直交熱交換器（片側混合-片側非混合）･･････････････････ 58
　3・9　熱交換器の組合せ ････････････････････････････････････････････････ 59
　　3・9・1　全体として向流となるように直列に組合せた場合（総括伝熱係数が
　　　　　　　一定の場合） ････････････････････････････････････････････････ 59
　　3・9・2　一方の流体が並列に，他の流体が並列に流れる組合せ（総括伝熱係
　　　　　　　数が一定の場合） ･･････････････････････････････････････････････ 61
　　3・9・3　全体として向流となるように直列に組合せた場合（総括伝熱係数が
　　　　　　　温度とともに変化する場合） ････････････････････････････････････ 63
　3・10　バヨネット式熱交換器 ･･････････････････････････････････････････････ 66
　3・11　プレート式熱交換器 ････････････････････････････････････････････････ 72
　3・12　総括伝熱係数が温度とともに変化する場合の取扱法 ･････････････････ 75
　3・13　軸方向の熱伝導による熱交換器の性能低下 ･････････････････････････ 166
　3・14　対数平均温度差および温度差補正係数 ･････････････････････････････ 169
　3・15　加重平均温度差 ････････････････････････････････････････････････････ 186
　3・16　3流体平行流熱交換器 ････････････････････････････････････････････ 190
　3・17　3流体直交流熱交換器 ････････････････････････････････････････････ 194
　3・18　2パス-3流体直交流熱交換器 ････････････････････････････････････ 210
第4章　液体連結-間接形熱交換器の基本伝熱式 ･････････････････････････････ 215
第5章　蓄熱式熱交換器の基本伝熱式 ･･･････････････････････････････････････ 219
　5・1　回転型蓄熱式熱交換器 ････････････････････････････････････････････ 220
　　5・1・1　蓄熱体の熱伝導が流体の流れの方向に0の場合 ･････････････････ 220
　　5・1・2　蓄熱体の熱伝導が流体の流れの方向に0でない場合 ･･･････････････ 241
　5・2　バルブ切換型蓄熱式熱交換器 ･･････････････････････････････････････ 242
　　5・2・1　対称形蓄熱式熱交換器の性能 ･････････････････････････････････ 242
　　5・2・2　非対称形蓄熱式熱交換器の性能 ･･･････････････････････････････ 251
第6章　非定常プロセス ････････････････････････････････････････････････････ 265

6・1　コイルまたはジャケット付撹拌容器 ………………………………… 265
  6・1・1　加熱または冷却媒体温度が不変の場合 …………………………… 265
  6・1・2　加熱または冷却媒体温度が変化する場合 ………………………… 266
6・2　外部熱交換器付撹拌容器の加熱, 冷却（容器内に液の出入がない場合） ……………………………………………………………………… 268
  6・2・1　加熱または冷却媒体温度が不変の場合 …………………………… 268
  6・2・2　加熱または冷却媒体温度が変化する場合（向流熱交換器） …… 269
  6・2・3　加熱または冷却媒体温度が変化する場合（1-2 熱交換器） …… 270
6・3　外部熱交換器付撹拌容器の加熱, 冷却（外部より液が連続的に供給される場合） ……………………………………………………… 271
  6・3・1　加熱または冷却媒体温度が不変の場合 …………………………… 271
  6・3・2　加熱または冷却媒体温度が変化する場合（向流熱交換器） …… 272
  6・3・3　加熱または冷却媒体温度が変化する場合（1-2 熱交換器） …… 273

## 第2部　伝熱概論

### 第7章　固体の熱伝導 ……………………………………………………… 274
7・1　定常熱伝導 …………………………………………………………… 275
  7・1・1　平面壁の熱伝導 ……………………………………………………… 275
  7・1・2　円筒壁の熱伝導 ……………………………………………………… 276
  7・1・3　フィンの熱伝導 ……………………………………………………… 276
7・2　非定常熱伝導（境膜伝熱係数が有限の場合） …………………… 289
  7・2・1　平行平板 ……………………………………………………………… 289
  7・2・2　無限円柱 ……………………………………………………………… 292
  7・2・3　球 ……………………………………………………………………… 293
7・3　非定常熱伝導（境膜伝熱係数が無限大の場合） ………………… 298
  7・3・1　半無限厚さの平板 …………………………………………………… 298
  7・3・2　平行平板 ……………………………………………………………… 298
  7・3・3　無限円柱 ……………………………………………………………… 298
  7・3・4　球 ……………………………………………………………………… 299

### 第8章　対流伝熱 …………………………………………………………… 300

## 目次

8・1 相変化を伴なわない対流伝熱 …………………………………… 300
　8・1・1 強制対流および混合対流 ………………………………… 300
　8・1・2 自然対流 ………………………………………………… 316
8・2 凝縮伝熱 …………………………………………………… 323
　8・2・1 垂直平面に静止した飽和蒸気が膜状凝縮を行なう場合の理論解 …… 324
　8・2・2 垂直管内を飽和蒸気が下向きに流れながら膜状凝縮する場合 …… 327
　8・2・3 水平管外面に静止した飽和蒸気が膜状凝縮する場合 ………… 331
　8・2・4 水平管内凝縮の理論解 …………………………………… 332
　8・2・5 実用式（層流の場合） …………………………………… 334
　8・2・6 不凝縮ガスを含む水蒸気の凝縮 ……………………………… 335
8・3 沸騰伝熱 …………………………………………………… 336
　8・3・1 核沸騰の境膜伝熱係数 …………………………………… 337
　8・3・2 極大熱流束 ……………………………………………… 339
　8・3・3 極小熱流束 ……………………………………………… 339
　8・3・4 膜沸騰の境膜伝熱係数 …………………………………… 342
8・4 2相流 ……………………………………………………… 343
　8・4・1 2相流の様式 …………………………………………… 343
　8・4・2 2相流におけるホールドアップ ……………………………… 348
　8・4・3 2相流の圧力損失 ………………………………………… 356
　8・4・4 2相流の伝熱係数 ………………………………………… 362

第9章 汚れ係数 …………………………………………………… 366

## 第3部 熱交換器系の最適化

第10章 熱交換器系の最適化 ………………………………………… 373
10・1 単独熱交換器の最適化 ………………………………………… 373
　10・1・1 単独冷却器の経済的最適冷却水温度 ………………………… 373
　10・1・2 相変化を伴なわない単独の熱回収熱交換器の経済的最適条件 …… 375
10・2 不連続最大原理による熱交換器の最適化 ……………………… 378
　10・2・1 不連続最大原理 ………………………………………… 378
　10・2・2 冷媒による冷却系の最適化 ……………………………… 379

10・2・3　多段連結熱交換器系の最適化……………………………………………… 386

# 第4部　熱交換器の基本設計

## 第11章　多管円筒式熱交換器の設計法 ……………………………………… 393
### 11・1　多管円筒式熱交換器の種類，構造，価格 ……………………………… 393
　　　11・1・1　種類…………………………………………………………………… 393
　　　11・1・2　伝熱管………………………………………………………………… 399
　　　11・1・3　管配列および管配列ピッチ………………………………………… 402
　　　11・1・4　邪魔板の形状および間隔…………………………………………… 404
　　　11・1・5　邪魔板固定棒およびスペーサ……………………………………… 407
　　　11・1・6　バイパス防止板……………………………………………………… 407
　　　11・1・7　緩衝板………………………………………………………………… 407
　　　11・1・8　管本数と胴内径との関係…………………………………………… 409
　　　11・1・9　概略重量……………………………………………………………… 432
　　　11・1・10　価格 ………………………………………………………………… 432
### 11・2　相変化を伴なわない熱交換器の設計法 ………………………………… 433
　　　11・2・1　管内側境膜伝熱係数………………………………………………… 433
　　　11・2・2　胴側境膜伝熱係数…………………………………………………… 433
　　　11・2・3　管内側圧力損失……………………………………………………… 444
　　　11・2・4　胴側圧力損失………………………………………………………… 445
　　　11・2・5　設計例………………………………………………………………… 449
### 11・3　単一飽和蒸気凝縮器の設計法 …………………………………………… 466
　　　11・3・1　構造…………………………………………………………………… 466
　　　11・3・2　凝縮側境膜伝熱係数………………………………………………… 466
　　　11・3・3　凝縮側圧力損失……………………………………………………… 470
　　　11・3・4　設計手順……………………………………………………………… 476
　　　11・3・5　設計例………………………………………………………………… 477
### 11・4　過熱蒸気凝縮器の設計法 ………………………………………………… 485
　　　11・4・1　概説…………………………………………………………………… 485
　　　11・4・2　設計例………………………………………………………………… 485

## 11・5 混合蒸気凝縮器の設計法 …………………………… 490
- 11・5・1 設計の基本 …………………………………… 490
- 11・5・2 各温度区分間の気液量の計算法 …………… 492
- 11・5・3 凝縮液の境膜伝熱係数 $h_c$ ………………… 494
- 11・5・4 垂直管内分縮器における Flooding ……… 495
- 11・5・5 混合蒸気圧力損失 …………………………… 496
- 11・5・6 設計例 ………………………………………… 496
- 11・5・7 相互不溶解性2成分蒸気の凝縮器 ………… 507

## 11・6 冷却凝縮器の設計法 …………………………………… 508
- 11・6・1 設計の基本 …………………………………… 508
- 11・6・2 逐次計算法 …………………………………… 513
- 11・6・3 設計例 ………………………………………… 514

## 11・7 多成分系冷却凝縮器の設計法 ……………………… 528
- 11・7・1 設計の基本 …………………………………… 528
- 11・7・2 設計例 ………………………………………… 531
- 11・7・3 簡便設計法 …………………………………… 537
- 11・7・4 簡便法による設計例 ………………………… 538

## 11・8 ケトル式リボイラの設計法 ………………………… 542
- 11・8・1 リボイラの種類 ……………………………… 542
- 11・8・2 ケトル式リボイラの構造 …………………… 544
- 11・8・3 沸騰側伝熱係数 $h_o$ ………………………… 544
- 11・8・4 その他の伝熱抵抗 …………………………… 549
- 11・8・5 加熱面表面温度と沸騰液温度との差 $\Delta t$ を求める方法 … 549
- 11・8・6 基本伝熱式 …………………………………… 552
- 11・8・7 気液分離スペース …………………………… 553
- 11・8・8 核沸騰伝熱の促進 …………………………… 554
- 11・8・9 設計例 ………………………………………… 556

## 11・9 垂直サーモサイホンリボイラの設計法 …………… 560
- 11・9・1 構造 …………………………………………… 560
- 11・9・2 顕熱加熱帯の長さ …………………………… 560
- 11・9・3 循環流量 ……………………………………… 563

| | | |
|---|---|---|
| 11・9・4 | 管内側伝熱係数 | 567 |
| 11・9・5 | 垂直サーモサイホンリボイラの標準寸法 | 569 |
| 11・9・6 | 設計例 | 569 |
| 11・10 | 水蒸気蒸留用リボイラの設計法 | 575 |
| 11・10・1 | 基本式 | 576 |
| 11・10・2 | 物質移動係数 | 578 |
| 11・10・3 | 設計例 | 580 |
| 11・11 | 水平サーモサイホンリボイラの設計法 | 583 |
| 11・11・1 | 流れ様式 | 584 |
| 11・11・2 | 摩擦損失 | 585 |
| 11・11・3 | 蒸発を伴なう流れの摩擦損失 | 587 |
| 11・12 | 水平管内凝縮器の設計法 | 588 |
| 11・12・1 | 水平管内凝縮器の凝縮境膜伝熱係数 | 588 |
| 11・12・2 | 水平管内凝縮器の蒸気の圧力損失 | 593 |

## 第12章 渦巻管式熱交換器の設計法 ..... 596

| | | |
|---|---|---|
| 12・1 | 構造 | 596 |
| 12・2 | 長所および短所 | 599 |
| 12・3 | 基本伝熱式 | 599 |
| 12・4 | 伝熱係数 | 601 |
| 12・4・1 | 管内側境膜伝熱係数 | 601 |
| 12・4・2 | 胴側境膜伝熱係数 | 604 |
| 12・5 | 圧力損失 | 607 |
| 12・5・1 | 管内側圧力損失 | 607 |
| 12・5・2 | 胴側圧力損失 | 608 |
| 12・6 | 渦巻の最大径 | 609 |
| 12・7 | 設計例 | 609 |

## 第13章 渦巻板式熱交換器の設計法 ..... 613

| | | |
|---|---|---|
| 13・1 | 構造 | 613 |
| 13・2 | 流路構成および用途 | 614 |
| 13・3 | 基本伝熱式 | 617 |

13・3・1　両流体ともに渦巻流れの場合……………………………… 617
　　13・3・2　一方の流体が渦巻流れ，他方の流体が軸方向流れの場合……… 620
　13・4　伝熱係数 ………………………………………………………………… 621
　　13・4・1　渦巻流れの場合の境膜伝熱係数……………………………… 621
　　13・4・2　軸方向流れの場合の境膜伝熱係数…………………………… 623
　13・5　圧力損失 ………………………………………………………………… 624
　　13・5・1　渦巻流れの場合の圧力損失…………………………………… 624
　　13・5・2　軸方向流れの場合の圧力損失………………………………… 625
　13・6　渦巻板の外周径 ………………………………………………………… 626
　13・7　価格 ……………………………………………………………………… 627
　13・8　設計例 …………………………………………………………………… 627
　13・9　補遺 ……………………………………………………………………… 630
第14章　プレート式熱交換器の設計法 ………………………………………… 631
　14・1　構造および材質 ………………………………………………………… 631
　14・2　基本伝熱式 ……………………………………………………………… 639
　14・3　伝熱係数 ………………………………………………………………… 640
　　14・3・1　相変化のない対流伝熱………………………………………… 640
　　14・3・2　凝縮伝熱………………………………………………………… 649
　　14・3・3　沸騰伝熱………………………………………………………… 650
　14・4　汚れ係数 ………………………………………………………………… 650
　14・5　圧力損失 ………………………………………………………………… 651
　14・6　流体の温度分布 ………………………………………………………… 658
　14・7　価格 ……………………………………………………………………… 660
　14・8　設計例 …………………………………………………………………… 661
　14・9　補遺 ……………………………………………………………………… 665
第15章　二重管式熱交換器の設計法 …………………………………………… 666
　15・1　構造 ……………………………………………………………………… 666
　15・2　基本伝熱式 ……………………………………………………………… 670
　15・3　フィン抵抗 ……………………………………………………………… 672
　15・4　伝熱係数 ………………………………………………………………… 672

|  |  |  |
|---|---|---|
| 15・4・1 | 環状側境膜伝熱係数 | 672 |
| 15・4・2 | 内管側境膜伝熱係数 | 675 |
| 15・5 | 圧力損失 | 675 |
| 15・5・1 | 環状側圧力損失 | 675 |
| 15・5・2 | 管内側圧力損失 | 677 |
| 15・6 | 構造に関する注意事項 | 677 |
| 15・7 | 価格 | 677 |
| 15・8 | 設計例 | 679 |
| 15・9 | 温度差補正係数 | 684 |

## 第16章 液膜式熱交換器の設計法 ……… 686

| | | |
|---|---|---|
| 16・1 | たて型流下液膜式冷却（凝縮）器の設計法 | 686 |
| 16・1・1 | 構造および用途 | 686 |
| 16・1・2 | 液膜の厚さ，および液膜側境膜伝熱係数 | 688 |
| 16・1・3 | 最小許容液負荷 | 691 |
| 16・1・4 | 設計例 | 691 |
| 16・2 | 横型流下液膜式冷却（凝縮）器の設計法 | 694 |
| 16・2・1 | 構造および用途 | 694 |
| 16・2・2 | 基本伝熱式 | 694 |
| 16・2・3 | 液膜側境膜伝熱係数 | 695 |
| 16・2・4 | 横型流下液膜式冷却器の価格 | 696 |
| 16・2・5 | 設計例 | 697 |
| 16・3 | たて型流下液膜式蒸発器の設計法 | 700 |
| 16・3・1 | 構造および用途 | 700 |
| 16・3・2 | 基本伝熱式 | 700 |
| 16・3・3 | 液膜の厚みおよび境膜伝熱係数 | 703 |
| 16・3・4 | 圧力損失 | 703 |
| 16・3・5 | フラッシュ室の大きさ | 708 |
| 16・3・6 | 設計例 | 709 |
| 16・4 | 横型流下液膜式蒸発器の設計法 | 714 |

## 第17章 蒸発冷却器の設計法 ……… 716

| | | |
|---|---|---|
| 17・1 | 特徴および用途 | 716 |
| 17・2 | 構造および種類 | 717 |
| 17・3 | 基本伝熱式 | 719 |
| | 17・3・1 管内流体が相変化しないとき | 719 |
| | 17・3・2 管内流体が凝縮するとき | 733 |
| 17・4 | 伝熱管外壁と管外冷却水本体との間の境膜伝熱係数 | 738 |
| | 17・4・1 水平管群に散水する蒸発冷却器 | 738 |
| | 17・4・2 乗直管群に横方向から散水する蒸発冷却器 | 739 |
| 17・5 | 管外冷却水本体から空気への総括物質移動係数 | 740 |
| 17・6 | 空気流れの圧力損失 | 740 |
| 17・7 | ブローダウン | 741 |
| 17・8 | 設計例 | 741 |

## 第18章 泡沫接触式熱交換器の設計法 751

| | | |
|---|---|---|
| 18・1 | 特徴および用途 | 751 |
| 18・2 | 基本伝熱式 | 752 |
| 18・3 | 伝熱管外壁と管外泡沫層冷却水との間の境膜伝熱係数 | 755 |
| 18・4 | 管外泡沫層冷却水から空気への総括物質移動係数 | 756 |
| 18・5 | 空気流れの圧力損失 | 757 |
| 18・6 | 損失水量 | 758 |
| 18・7 | 設計例 | 758 |

## 第19章 多重円筒式熱交換器の設計法 762

| | | |
|---|---|---|
| 19・1 | 特徴 | 762 |
| 19・2 | 基本伝熱式 | 762 |
| 19・3 | 境膜伝熱係数 | 766 |
| 19・4 | 圧力損失 | 767 |
| 19・5 | 伝熱円筒数 | 768 |
| 19・6 | 設計例 | 769 |

## 第20章 掻面式熱交換器の設計法 774

| | | |
|---|---|---|
| 20・1 | 構造 | 774 |

| | | |
|---|---|---|
| 20・2 | 基本伝熱式 | 777 |
| 20・3 | 伝熱係数 | 782 |
| 20・3・1 | Kool の理論式 | 782 |
| 20・3・2 | Harriot の理論式 | 788 |
| 20・3・3 | Skelland の実験式 | 789 |
| 20・3・4 | Trommelen の実験式 | 790 |
| 20・4 | 駆動動力 | 791 |
| 20・5 | 製作上の注意事項 | 791 |
| 20・6 | 価格 | 792 |
| 20・7 | 設計例 | 792 |

## 第21章 搔面式液膜熱交換器の設計法 ……… 796

| | | |
|---|---|---|
| 21・1 | 用途 | 796 |
| 21・2 | 種類とその構造 | 797 |
| 21・3 | 液滞留量 | 804 |
| 21・3・1 | たて型流下液膜式 | 804 |
| 21・3・2 | たて型上昇液膜式 | 809 |
| 21・4 | 液膜の厚さ | 810 |
| 21・5 | 基本伝熱式 | 811 |
| 21・6 | 搔面側（伝熱円筒内側）プロセス流体の境膜伝熱係数 | 812 |
| 21・7 | 総括伝熱係数 | 812 |
| 21・8 | 駆動動力 | 813 |
| 21・9 | 価格 | 814 |
| 21・10 | 設計例 | 814 |

## 第22章 遠心薄膜式熱交換器の設計法 ……… 818

| | | |
|---|---|---|
| 22・1 | 特徴と種類 | 818 |
| 22・2 | 境膜伝熱係数 | 821 |
| 22・2・1 | 流体が蒸発するときの境膜伝熱係数 | 821 |
| 22・2・2 | 流体が相変化しないときの境膜伝熱係数 | 831 |
| 22・2・3 | 凝縮境膜伝熱係数 | 831 |

22・3　設計例 ………………………………………………………… 833

## 第23章　タンク・コイル式熱交換器の設計法 …………………… 838
23・1　特徴 …………………………………………………………… 838
23・2　コイル管外側境膜伝熱係数 ………………………………… 838
23・3　コイル管内側境膜伝熱係数 ………………………………… 846
　23・3・1　相変化のない強制対流伝熱 ………………………… 846
　23・3・2　凝縮伝熱 ……………………………………………… 847
23・4　撹拌所要動力 ………………………………………………… 848
23・5　設計例 ………………………………………………………… 855

## 第24章　タンク・ジャケット式熱交換器の設計法 ………………… 858
24・1　容器側境膜伝熱係数 ………………………………………… 858
24・2　ジャケット側境膜伝熱係数 ………………………………… 862
　24・2・1　相変化しない強制対流伝熱 ………………………… 863
　24・2・2　凝縮伝熱 ……………………………………………… 864
24・3　設計例 ………………………………………………………… 865

## 第25章　直接接触式凝縮器の設計法 ……………………………… 868
25・1　種類 …………………………………………………………… 868
25・2　液柱式コンデンサー ………………………………………… 871
　25・2・1　伝熱機構 ……………………………………………… 871
　25・2・2　塔径 …………………………………………………… 876
　25・2・3　棚板の開孔数 ………………………………………… 877
　25・2・4　棚段間隔 ……………………………………………… 878
　25・2・5　棚段数 ………………………………………………… 879
25・3　液膜式コンデンサー ………………………………………… 879
　25・3・1　伝熱機構 ……………………………………………… 879
　25・3・2　塔径，棚段間隔，棚段数 …………………………… 883
25・4　充塡塔式コンデンサー ……………………………………… 883
　25・4・1　充塡高さ ……………………………………………… 883
　25・4・2　塔径 …………………………………………………… 886
　25・4・3　充塡層での蒸気の圧力損失 ………………………… 886

| | | |
|---|---|---|
| 25・5 | ゼットコンデンサー | 888 |
| 25・6 | 直接接触式凝縮器の据付 | 889 |
| 25・7 | 価格 | 890 |
| 25・8 | 設計例 | 892 |
| 25・9 | スプレイ式コンデンサー | 895 |

## 第26章 直接接触式冷却凝縮器の設計法 …… 904

| | | |
|---|---|---|
| 26・1 | 特徴 | 904 |
| 26・2 | 基本式 | 905 |
| 26・3 | 物質移動係数および境膜伝熱係数 | 910 |
| 26・4 | 装置の所要高さの計算法 | 913 |
| | 26・4・1 設計式 | 913 |
| | 26・4・2 計算手順 | 914 |
| 26・5 | 塔径 | 916 |
| 26・6 | 圧力損失 | 916 |

## 第27章 空冷式熱交換器の設計法 …… 917

| | | |
|---|---|---|
| 27・1 | 構造 | 917 |
| 27・2 | 空冷式熱交換器採否の基準 | 923 |
| 27・3 | 基本伝熱式 | 925 |
| | 27・3・1 基本伝熱式 | 925 |
| | 27・3・2 総括伝熱係数 | 925 |
| | 27・3・3 温度差補正係数 | 927 |
| | 27・3・4 フィン抵抗 | 927 |
| | 27・3・5 接合部伝熱抵抗 | 927 |
| 27・4 | 空気側（管外側）境膜伝熱係数および圧力損失 | 929 |
| | 27・4・1 平滑円管群に流体が直交して流れる場合 | 929 |
| | 27・4・2 平滑楕円管群に流体が直交して流れる場合 | 932 |
| | 27・4・3 円芯管-円形フィンチューブに対して流体が直交して流れる場合 | 933 |
| | 27・4・4 円芯管-長方形フィンのフィンチューブに対して流体が直交して流れる場合 | 934 |
| 27・5 | 設計手順 | 935 |

27・6　管側流体温度の制御方式 …………………………………… 939
27・7　価格 ……………………………………………………………… 941
27・8　設計例 …………………………………………………………… 942

## 第28章　ハンプソン式熱交換器の設計法 …………………………… 949
28・1　特徴および用途 ………………………………………………… 949
28・2　構造および使用上の注意点 …………………………………… 950
28・3　基本伝熱式 ……………………………………………………… 952
　　28・3・1　単管ハンプソン式熱交換器 ……………………………… 952
　　28・3・2　双子管ハンプソン式熱交換器 …………………………… 952
28・4　境膜伝熱係数 …………………………………………………… 959
　　28・4・1　胴側境膜伝熱係数 ………………………………………… 960
　　28・4・2　管内側境膜伝熱係数 ……………………………………… 968
28・5　圧力損失 ………………………………………………………… 969
　　28・5・1　胴側圧力損失 ……………………………………………… 969
　　28・5・2　管内側圧力損失 …………………………………………… 970

## 第29章　プレートフィン式熱交換器の設計法 ……………………… 973
29・1　構造および用途 ………………………………………………… 973
29・2　流路構成 ………………………………………………………… 979
29・3　基本伝熱式 ……………………………………………………… 930
　　29・3・1　2流体熱交換器もしくは3流体熱交換器として用いる場合 …… 930
　　29・3・2　4流体以上の多流体熱交換器として用いる場合 ………… 930
29・4　境膜伝熱係数 …………………………………………………… 986
29・5　圧力損失 ………………………………………………………… 994
　　29・5・1　熱交換器コア出入口における圧力損失 ………………… 994
　　29・5・2　熱交換器コア内での圧力損失 …………………………… 995
29・6　設計例 …………………………………………………………… 999

## 第30章　周期流型蓄熱式熱交換器の設計法 ………………………… 1004
30・1　回転型蓄熱式熱交換器の設計法 ……………………………… 1004
　　30・1・1　種類および作用 …………………………………………… 1004
　　30・1・2　基本伝熱式 ………………………………………………… 1007

30・1・3 回転型蓄熱式熱交換器の内部温度計算法…………………………1009
30・1・4 蓄熱体の流動抵抗および伝熱特性………………………………1014
30・1・5 シールからの気体の漏洩量………………………………………1020
30・1・6 設計例………………………………………………………………1021
30・2 バルブ切換型蓄熱式熱交換器の設計法………………………………1028
30・2・1 種類および作用……………………………………………………1028
30・2・2 基本伝熱式…………………………………………………………1030
30・2・3 蓄熱体の流動抵抗および伝熱特性………………………………1031

## 第31章 粉粒体移動型蓄熱式熱交換器の設計法……………………………1042
31・1 種類と作用………………………………………………………………1042
31・2 移動層型蓄熱式熱交換器の設計法……………………………………1044
31・2・1 基本伝熱式…………………………………………………………1044
31・2・2 境膜伝熱係数………………………………………………………1049
31・2・3 圧力損失……………………………………………………………1051
31・2・4 設計例………………………………………………………………1052
31・3 カスケード型蓄熱式熱交換器の設計法………………………………1054
31・3・1 基本伝熱式…………………………………………………………1054
31・3・2 カスケード1段あたりの伝熱面積………………………………1057
31・3・3 境膜伝熱係数………………………………………………………1059
31・3・4 圧力損失……………………………………………………………1059

## 第32章 特殊熱交換器……………………………………………………………1060
32・1 ブロック熱交換器………………………………………………………1060
32・2 タンタル製熱交換器……………………………………………………1060
32・3 テフロン製熱交換器……………………………………………………1061
32・4 ラーメン式ラメラ熱交換器……………………………………………1064
32・5 プレートコイル式熱交換器……………………………………………1064
32・6 コルゲート管熱交換器…………………………………………………1065
32・7 回転コイル蒸発器………………………………………………………1068
32・8 スクリュー式熱交換器…………………………………………………1069
32・9 ワイヤアンドチューブ型熱交換器……………………………………1069

## 第33章　回転式粉粒体熱交換器の設計法　……1072
### 33・1　概説　……1072
### 33・2　回転冷却器内での粉粒体の挙動　……1073
#### 33・2・1　搔上翼上の粉粒体堆積量および搔上容量　……1073
#### 33・2・2　回転円筒断面における粉粒体の運動　……1081
#### 33・2・3　回転円筒断面における粉粒体の分散分布　……1089
#### 33・2・4　粉粒体の円筒長手軸方向の移動　……1092
### 33・3　空気の質量速度と圧力損失　……1095
### 33・4　熱移動　……1095
#### 33・4・1　厳密解　……1096
#### 33・4・2　近似解　……1101
#### 33・4・3　必要落下回数　……1101
#### 33・4・4　平均堆積時間および平均落下時間　……1105
#### 33・4・5　境膜伝熱係数　……1106
### 33・5　構造　……1106
#### 33・5・1　胴体　……1106
#### 33・5・2　支持装置　……1107
#### 33・5・3　駆動装置　……1108
#### 33・5・4　気密装置　……1108
#### 33・5・5　搔上翼　……1108
### 33・6　駆動動力　……1109
### 33・7　設計例　……1112

## 第34章　噴霧水式蒸発冷却器の設計法　……1118
### 34・1　概説　……1118
### 34・2　基本伝熱式　……1120
#### 34・2・1　計算上の仮定　……1120
#### 34・2・2　フィン効率　……1120
#### 34・2・3　基本伝熱式　……1127
### 34・3　物質移動係数　……1128
### 34・4　散水の境膜伝熱係数　……1129

34・5　空気側圧力損失 …………………………………………………………1130
34・6　水噴霧方法と噴霧水量 ……………………………………………………1131
34・7　設計手順 …………………………………………………………………1133
34・8　設計例 ……………………………………………………………………1134

## 第35章　蒸発装置の設計法 …………………………………………………1143
35・1　蒸発器の各種型式と適用例 ………………………………………………1143
35・2　水平型外部加熱蒸発器の設計法 …………………………………………1151
　　35・2・1　管内側管膜伝熱係数 ……………………………………………1151
　　35・2・2　管内側圧力損失 …………………………………………………1157
35・3　たて型流下液膜蒸発器の設計法 …………………………………………1158
35・4　フラッシュ室の寸法 ………………………………………………………1161
35・5　付属設備 …………………………………………………………………1161
　　35・5・1　エリミネータ ……………………………………………………1161
　　35・5・2　エゼクタ …………………………………………………………1168
35・6　蒸発プロセス ………………………………………………………………1178
35・7　スケール防止機構付熱交換器 ……………………………………………1178

## 第36章　直接接触式液液熱交換器の設計法 ……………………………………1181
36・1　概説 ………………………………………………………………………1181
36・2　液滴の生成と合一 …………………………………………………………1182
　　36・2・1　液滴の生成機構と液滴の大きさ ………………………………1182
　　36・2・2　液滴の合一 ………………………………………………………1187
36・3　単一液滴の挙動 ……………………………………………………………1189
36・4　スプレイ塔内での液滴の挙動 ……………………………………………1192
　　36・4・1　定義 ………………………………………………………………1192
　　36・4・2　剛体球流動層の相対速度 $(w_r)_{\text{kugel}}$ と空隙率 $\varepsilon_c$ の関係 ……………1194
　　36・4・3　スプレイ塔における相対速度 $(w_r)$ と空隙率 $\varepsilon_c$ の関係 ………1194
　　36・4・4　スプレイ塔における空隙率 $\varepsilon_c$ と容積流量 $V^*$ の関係 …………1195
36・5　フラッディング速度 ………………………………………………………1197
36・6　単一剛体球および単一液滴の伝熱 ………………………………………1198
　　36・6・1　定義 ………………………………………………………………1198

36・6・2　単一剛体球の Nusselt 数 …………………………………………1199
36・6・3　単一液滴の Nusselt 数 …………………………………………1199
36・7　固定層における伝熱 …………………………………………………1200
36・8　スプレイ塔における伝熱 ……………………………………………1201
　36・8・1　Ferrarini のモデル ……………………………………………1201
　36・8・2　Letan らのモデル ………………………………………………1204
36・9　設計上の注意事項 ……………………………………………………1216
36・10　設計例 …………………………………………………………………1217

## 第5部　熱交換器設計資料

表 1. 金属の物性値 ……………………………………………………………1228
表 2. 水の物性値 ………………………………………………………………1232
表 3. 乾燥空気の物性値 ………………………………………………………1233
表 4. 熱媒体の物性値（液相用）………………………………………………1234
表 5. 熱媒体の物性値（蒸気相用）……………………………………………1235
表 6. 液体の密度と分子量 ……………………………………………………1236
表 7. 液体の熱伝導度 …………………………………………………………1237
表 8. ガスおよび蒸気の熱伝導度 ……………………………………………1239
表 9. 飽和蒸気表（温度基準）…………………………………………………1241
表 10. 飽和蒸気表（圧力基準）…………………………………………………1242
表 11. 過熱蒸気表 ………………………………………………………………1243
表 12. 汚れ係数 …………………………………………………………………1245
表 13. 単位換算表 ………………………………………………………………1248
表 14. 温度換算表（°C→°F）…………………………………………………1250
表 15. 温度換算表（°F→°C）…………………………………………………1252

索　　引 …………………………………………………………………………1254

# 熱交換器設計ハンドブック

第1部　熱交換器の基礎理論
第2部　伝 熱 概 論
第3部　熱交換器系の最適化
第4部　熱交換器の基本設計
第5部　熱交換器設計資料

# 第1部　熱交換器の基礎理論

## 第1章　熱交換器の分類

　流体間の熱交換のために使用される熱交換器は，熱の授受の方法によって"表面式熱交換器"，"蓄熱式熱交換器"，"液体連結-間接式熱交換器"，"直接接触式熱交換器"の4種類に大別することができる。

　**表面式熱交換器**（Surface Heat Exchanger）は，壁によって分けられた空間に温度の異なる2種類の流体を流し，壁を通しての熱伝導および壁表面における流体の対流によって2流体間の伝熱を行なわせる形式の熱交換器であって，"換熱式熱交換器（Recuperator）"，"普通の熱交換器（Ordinary Heat Exchanger）"，あるいは単に"熱交換器（Heat Exchanger）"と呼ばれることもある。表面式熱交換器には"多管円筒式熱交換器"，"二重管式熱交換器"，その他の種々の構造の熱交換器がある。

　**蓄熱式熱交換器**（Regenerator）は固体からなる蓄熱体を介して，高温流体から低温流体に熱を伝える熱交換器である。蓄熱体は一定期間高温流体に接触し，高温流体から熱を受け取り，つぎにある一定期間低温流体に接触して，この間に低温流体に熱を放出する。蓄熱式交換器には"回転型蓄熱式交換器"，"バルブ切換型蓄熱式交換器"などがある。

　**液体連結間接式熱交換器**（Liquid-Coupled Indirect-type Exchanger）は，二つの表面式熱交換器を熱媒体を循環させることによって連結した熱交換器である。熱媒体は高温流体熱交換器と低温流体熱交換器の間を循環し，高温流体熱交換器で熱エネルギーを受け取り，低温流体熱交換器で低温流体に熱を放出する。

　**直接接触式熱交換器**（Direct-Contact Heat Exchanger）は，2流体を直接接触させて熱交換を行なわせる熱交換器で，冷水塔，バロメトリックコンデンサ，その他がある。冷水塔においては，水と空気を直接接触させて熱の授受を行なわせているし，バロメトリックコンデンサでは蒸気と水とを直接接触させて，水の表面に蒸気を凝縮させている。このほかに，2液間の熱交換のために，両液体に不溶解な別の液体を熱媒体として用い，この熱媒体を高温流体と直接接触させ，次にこの熱媒体と低温流体とを直接接触させることによって，熱の授受を行なう直接接触式液-液熱交換器がある。

　また，熱交換器は使用上から"加熱器"，"予熱器"，"過熱器"，"蒸発器"，"リボイラ"，"冷却器"，"深冷器"，"凝縮器"，"全縮器"，"分縮器"に分けることができる。

　**加熱器**（Heater）は流体を必要な温度まで加熱する目的に使用される熱交換器で，被加

熱流体の相変化は起こらない。

　**予熱器**（Pre-heater）は流体をあらかじめ加熱して，つぎの操作での効率を良くするために用いられる熱交換器である。

　**過熱器**（Super heater）は流体（一般には気体）を過熱状態になるまで加熱するために用いられる熱交換器である。

　**蒸発器**（Evaporator）は液体を加熱して，蒸発させるために用いられる熱交換器である。

　**リボイラ**（Reboiler）は装置中において凝縮した液体を再び加熱し，蒸発させるために用いられる熱交換器である。

　**冷却器**（Cooler）は流体を必要温度まで冷却するために用いられる熱交換器である。

　**深冷器**（Chiller）は流体を 0°C 以下の非常に低温まで冷却するために用いられる熱交換器である。

　**凝縮器**（Condenser）は凝縮性気体を冷却し，凝縮液化させるために用いられる熱交換器で，スチームを凝縮させて水とする熱交換器は復水器と呼ばれることがある。

　**全縮器**（Total Condenser）は凝縮性気体の全部を凝縮化させる熱交換器である。

　**分縮器**（Partial Condenser）は凝縮性気体の一部を凝縮液化させ，残りの部分を気体のままで放出させる熱交換器である。

# 第2章 伝熱の機構

物体内に温度差が存在すると，熱は高温部より低温部に流れる。この熱移動の機構には伝導伝熱，対流伝熱，放射伝熱がある。

伝導伝熱（Heat Conduction）は，巨視的に見て静止している物質内を熱が伝わる形式である。

図2·1に示すように均一な厚さ $b$ の固体壁を考え，その両面の温度が，$t_1$, $t_2$ に保たれ，定常状態にあるものとすると，微小壁面積 $dA$ を流れる単位時間あたりの伝熱量 $dQ$ は次式で表わされる。

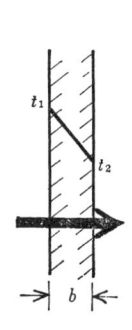

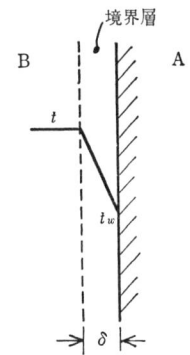

図 2·1　平面壁における伝導伝熱　　図 2·2　平面壁に沿った流れの対流伝熱

$$dQ = \frac{k_w}{b} \cdot (t_1 - t_2) \cdot dA \quad \cdots\cdots\cdots\cdots(2\cdot 1)$$

ここで $k_w$ は熱伝導率（Thermal Conductivity）と呼ばれ材質による物性値であり，厳密には温度の関数である。表2·1にその一例を示す。

対流伝熱は，物体の流れによって熱が運ばれることによる熱移動である。図2·2において，A は静止している固体，B は液体または気体のように流動している流体とする。この場合，固体壁 A に接した流体 B 内には，速度分布と温度分布を持った薄い境界層が存在する。境界層内では，壁に接する流体は壁の表面温度 $t_w$ に等しく，本流側では流体温度 $t$ に等しい。この境界層すなわち流体膜内での熱移動は，伝導によって行なわれるものとし，流体の熱伝導率を $k$，膜の厚さを $\delta$ とすれば，$t_w$ の表面から単位時間に $t$ の流体に向って流れる熱量は，微小面積 $dA$ あたり

$$dQ = \frac{k}{\delta} \cdot (t_w - t) \cdot dA \quad \cdots\cdots\cdots\cdots(2\cdot 2)$$

表 2·1 固体の熱伝導率
$k_w$[kcal/m·hr·°C] (at 20°C)

| | |
|---|---|
| 銅 (JIS H-3603 DCUTI) | 292 |
| アルミニウム | 133〜165 |
| エバーブラス (BsTF4) | 88.5 |
| アルブラック (BsTF2) | 100 |
| 90/10 キュプロニッケル | 39.7 |
| 80/20 キュプロニッケル | 32.5 |
| 70/30 キュプロニッケル | 25.2 |
| チタン | 14.4 |
| 鋼 管 (STB SGP) | 40〜55(at 100°C) |
| ニッケル | 77.5 |
| 鉛 | 28.7(at 100°C)<br>25.6(at 300°C) |
| ガラス (管ライニング用) | 0.8〜1.0 |
| カーベイト | 100 |
| ポリ四フッ化エチレン | 0.216 |
| ポリ三フッ化エチレン | 0.047 |
| PVC (可塑化) | 0.17〜0.14 |
| SUS 21 | 21.2 |
| 22 | 21.2 |
| 23 | 21.2 |
| 24 | 22.5 |
| 27 | 14 |
| 28 | 14 |
| 32 | 14 |
| 37 | 21.2 |

$$dQ = h \cdot (t_w - t) \cdot dA \quad \cdots\cdots(2\cdot 3)$$

この比例定数 $h(=k/\delta)$ を境膜伝熱係数と呼ぶ。

管路内の伝熱の場合, しばしば境膜伝熱係数は長さ方向に沿って変化する。このような場合, 平均値を用いねばならない。境膜伝熱係数の平均値 $h_m$ は

$$h_m = \frac{1}{L}\int_0^L h \cdot dx \quad \cdots\cdots(2\cdot 4)$$

$L$ は管路の長さ, $dx$ は管路の微小長さである。

また, 長さ $L$ の間の単位面積からの単位時間あたりの伝熱量の平均値は,

$$\frac{Q}{A} = h_m \cdot (t_w - t)_{l \cdot m} \quad \cdots\cdots(2\cdot 5)$$

ここで, $Q/A$ は長さ $L$ の間の単位面積あたりの伝熱速度*の平均値, $(t_w - t)_{l \cdot m}$ は壁

---

\* 単位時間あたりの伝熱量を伝熱速度と呼ぶ。

と流体との間の温度差の対数平均値である。

このほかに、壁と流体の間の温度差の算術平均値に基づいて定義される、算術平均境膜伝熱係数 $h_{a \cdot m}$ が用いられることもある。すなわち

$$\frac{Q}{A} = h_{a \cdot m} \cdot (t_w - t)_{a \cdot m} \quad \cdots\cdots (2 \cdot 6)$$

実際の熱交換器においては、図 2・3 に示すように高温流体と低温流体とは、固体壁で仕切られている。いま、管内を高温流体が、管外を低温流体が流れる場合について考える。管の外面および内面に流体中の溶解成分が析出し、厚みがそれぞれ $\delta_o$, $\delta_i$ なる層をなしているものとし、この層の固形成分の熱伝導率を $k_o$, $k_i$ とする。$\delta_o/k_o$ および $\delta_i/k_i$ をそれぞれ管外側汚れ係数、管内側汚れ係数と呼び、$r_o$ および $r_i$ で表わす。微小長さ $dx$ について考えると、

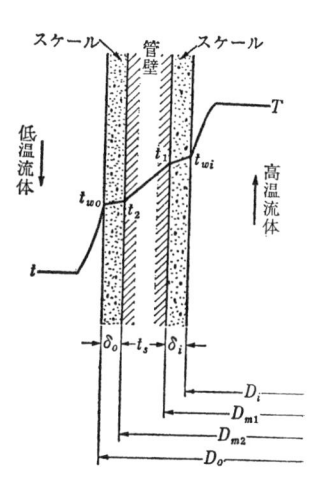

図 2・3 熱交換器における伝熱

$$dQ = h_i \cdot (T - t_{wi}) \cdot \pi \cdot D_i \cdot dx$$

$$dQ = \frac{1}{r_i} \cdot (t_{wi} - t_1) \cdot \pi \cdot D_{m1} \cdot dx$$

$$dQ = \frac{k_w}{b} \cdot (t_1 - t_2) \cdot \pi \cdot D_m \cdot dx$$

$$dQ = \frac{1}{r_o} \cdot (t_2 - t_{wo}) \cdot \pi \cdot D_{m2} \cdot dx$$

$$dQ = h_o \cdot (t_{wo} - t) \cdot \pi \cdot D_o \cdot dx$$

流れる熱量 $Q$ は定常状態においては等しい。また、汚れ物質の厚みは普通小さいので、汚れ物質層の平均径 $D_{m1}$, $D_{m2}$ はそれぞれ管内径 $D_i$, 管外径 $D_o$ に等しいと見なしてよいので、上式より

$$\frac{dQ}{\pi \cdot D_o \cdot dx} \cdot \left[\frac{1}{h_o} + r_o + \frac{t_s}{k_w} \cdot \left(\frac{D_o}{D_m}\right) + r_i \cdot \left(\frac{D_o}{D_i}\right) + \frac{1}{h_i} \cdot \left(\frac{D_o}{D_i}\right)\right]$$
$$= T - t \quad \cdots\cdots\cdots\cdots\cdots (2 \cdot 7)$$

いま、管外表面積を $A_o$ とすれば、

$$dA_o = \pi \cdot D_o \cdot dx \quad \cdots\cdots\cdots\cdots\cdots\cdots\cdots\cdots (2 \cdot 8)$$

式 (2・8) を式 (2・7) に代入して、

$$\frac{dQ}{dA_o} = U \cdot (T-t) \quad \cdots\cdots\cdots\cdots\cdots\cdots\cdots\cdots\cdots\cdots\cdots\cdots (2 \cdot 9)$$

ただし

$$\frac{1}{U} = \frac{1}{h_o} + r_o + \frac{b}{k_w} \cdot \left(\frac{D_o}{D_m}\right) + r_i \cdot \left(\frac{D_o}{D_i}\right) + \frac{1}{h_i} \cdot \left(\frac{D_o}{D_i}\right) \quad \cdots\cdots\cdots (2 \cdot 10)$$

この $U$ を総括伝熱係数と呼ぶ。また，管平均径 $D_m$ は次式で定義される。

$$D_m = \frac{D_o - D_i}{\ln(D_o/D_i)} \quad \cdots\cdots\cdots\cdots\cdots\cdots\cdots\cdots\cdots\cdots\cdots\cdots (2 \cdot 11)$$

管の厚さが薄く，かつ管壁の伝熱抵抗が他の伝熱抵抗に比べて小さいときは，実用上 $(D_o/D_m)=1$ と見なしてさしつかえない。

式 (2・9) が熱交換器の熱移動式，または伝熱速度式と呼ばれている。

# 第3章 表面式熱交換器の基本伝熱式

第2章で導いた伝熱速度式 (2・9) と，流体間の熱収支式を組み合せて解くことにより，種々の流れの形式に対する基本伝熱式を導くことができる。2流体間の伝熱の場合には，この基本伝熱式は次に定義する無次元数 $E$, $(NTU)$, $R$ で表わすことができる。

**温度効率 $E$**： 図3・1に示すように，流体 A および流体 B が熱交換器内で熱交換する場合，温度効率を次式で定義する。

流体 A の温度効率

$$E_A = \frac{t_2 - t_1}{T_1 - t_1}$$

流体 B の温度効率

$$E_B = \frac{T_1 - T_2}{T_1 - t_1} = R_A \cdot E_A$$

ここで，$t_1$, $t_2$ は流体 A の入口，出口温度，$T_1$, $T_2$ は流体 B の入口，出口温度である。

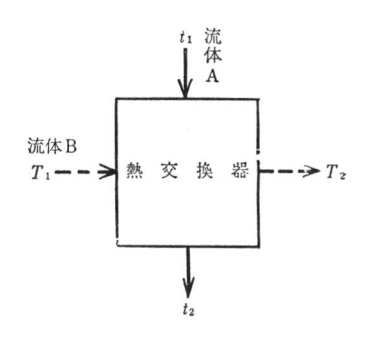

図 3・1 熱交換器における熱交換

**水当量比 $R$**： 流体 A の水当量（流量×比熱）$w \cdot c$ と流体 B の水当量 $W \cdot C$ との比を水当量比と呼び，$R$ で表示する。

$$R_A = \frac{w \cdot c}{W \cdot C} = \frac{T_1 - T_2}{t_2 - t_1}$$

$$R_B = \frac{W \cdot C}{w \cdot c} = \frac{1}{R_A}$$

**熱移動単位数 $(NTU)$**：

$$(NTU)_A = \frac{U \cdot A}{w \cdot c}$$

$$(NTU)_B = \frac{U \cdot A}{W \cdot C} = R_A \cdot (NTU)_A$$

また，基本伝熱式を導くに際して，次の仮定を設ける。

1. 各流体の流量は一定
2. 各流体の比熱は一定
3. 相変化はなく，顕熱変化のみとする。
4. 系外への熱損失は無視し得る。

## 3・1 向流熱交換器

### 3・1・1 総括伝熱係数が一定の場合

両流体が伝熱面に沿って反対方向に流れる場合,すなわち向流の場合の両流体の流れ方向に沿っての温度分布を図3・2に示す。いま微小面積 $dA_x$ について,この部分を流れる熱量 $dQ$ は,式(2・9)から

$$dQ = U \cdot (T-t) \cdot dA_x \quad \cdots\cdots (3\cdot 1)$$

熱収支から

$$dQ = -W \cdot C \cdot dT = -w \cdot c \cdot dt \quad \cdots\cdots\cdots\cdots (3\cdot 2)$$

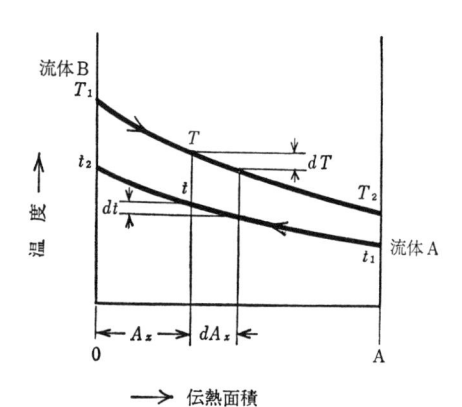

**図 3・2** 向流熱交換器における温度分布

式(3・2)から

$$d(T-t) = \left(\frac{1}{w \cdot c} - \frac{1}{W \cdot C}\right) \cdot dQ$$

この結果を式(3・1)と組合せて,

$$\frac{d(T-t)}{T-t} = \left(1 - \frac{w \cdot c}{W \cdot C}\right) \cdot \frac{U}{w \cdot c} \cdot dA_x \quad \cdots\cdots\cdots\cdots (3\cdot 3)$$

流体 B の入口から出口部分まで積分すれば,

$$\frac{T_2 - t_1}{T_1 - t_2} = \exp[(1-R_A) \cdot (NTU)_A] \quad \cdots\cdots\cdots\cdots (3\cdot 4)$$

しかるに

$$T_2 - t_1 = T_1 - R_A \cdot E_A \cdot (T_1 - t_1) - t_1$$
$$= (1 - R_A \cdot E_A) \cdot (T_1 - t_1)$$
$$T_1 - t_2 = T_1 - E_A \cdot (T_1 - t_1) - t_1$$
$$= (1 - E_A) \cdot (T_1 - t_1)$$

したがって,

$$\frac{T_2 - t_1}{T_1 - t_2} = \frac{1 - R_A E_A}{1 - E_A}$$

この結果を式(3・4)に代入して整理すると,

$$E_A = \frac{1 - \exp[-(NTU)_A \cdot (1-R_A)]}{1 - R_A \cdot \exp[-(NTU)_A \cdot (1-R_A)]} \quad \cdots\cdots\cdots\cdots (3\cdot 5)$$

$R_A=1$ の場合は,

$$E_A = \frac{(NTU)_A}{1+(NTU)_A} \quad \cdots\cdots\cdots\cdots\cdots\cdots\cdots\cdots\cdots\cdots\cdots\cdots (3\cdot 5\text{a})$$

流体 B の温度効率 $E_B$ は,

$$E_B = \frac{1-\exp[-(NTU)_B \cdot (1-R_B)]}{1-R_B \cdot \exp[-(NTU)_B \cdot (1-R_B)]} \quad \cdots\cdots\cdots\cdots\cdots\cdots\cdots (3\cdot 6)$$

$R_B=1$ の場合は

$$E_B = E_A \quad \cdots\cdots\cdots\cdots\cdots\cdots\cdots\cdots\cdots\cdots\cdots\cdots\cdots\cdots\cdots\cdots\cdots (3\cdot 6\text{a})$$

$E_A$ と $(NTU)_A$ の関係を $R_A$ をパラメータにとり,図3・45に示した\*。式(3・5)と式(3・6)から,$R_A$ の代りに $R_B$ をとれば図3・45はそのまま $E_B$ と $(NTU)_B$ の関係を示していることになる。なお,$R_A=0$ の線は,$W \cdot C$ が無限大の場合,換言すれば流体 B に温度変化がない場合であって,実際問題としては凝縮器の問題がこの場合に相当する。

### 3・1・2 総括伝熱係数が変化する場合

前節では総括伝熱係数は変化しないものとして取り扱った。しかし,実際には熱交換器内で流体の温度が変化するに伴ってその物性値が変化し,したがって総括伝熱係数も変化する。

温度分布を図3・2に示す向流熱交換器を解析するに際して,次の仮定を設ける。

1. 壁の伝熱抵抗は無視し得る。
2. 汚れ係数は考慮しない。
3. 管径比 $D_o/D_i$ は近似的に1と見なす。
4. 一方の流体の境膜伝熱係数が支配的である。

この場合には,式(2・10)から

$$U = h \quad \cdots\cdots\cdots\cdots\cdots\cdots\cdots\cdots\cdots\cdots\cdots\cdots\cdots\cdots\cdots\cdots\cdots\cdots (3\cdot 7)$$

ここで $h$ は $h_i$ あるいは $h_o$ のいずれかである。例えば,水蒸気加熱器の場合には,蒸気の凝縮境膜伝熱係数は大きいので,その伝熱抵抗は無視できるであろうし,また非常に高粘性の流体を低粘性の流体によって加熱するような場合には,低粘性流体の伝熱抵抗は無視することができるであろう。このような場合には,式(3・7)は正しく成り立つことになる。

一般に,境膜伝熱係数の相関式は,乱流に対して次の形で整理されている。

$$h = K \cdot \left(\frac{k}{D_e}\right) \cdot \left(\frac{C \cdot \mu}{k}\right)^i \cdot \left(\frac{D_e \cdot G}{\mu}\right)^j \quad \cdots\cdots\cdots\cdots\cdots\cdots\cdots (3\cdot 8)$$

---

\* このような図は温度効率線図と呼ばれる。

$K$, $i$, $j$ は流路の形によって定まる定数で，例えば管内を流れる場合には $K=0.023$, $i=0.33$, $j=0.80$ である。

式 (3·7) と (3·8) から

$$U=h=K \cdot \left( \frac{k^{1-i} \cdot C^i \cdot D_e{}^{j-1} \cdot G^j}{\mu^{j-i}} \right) \quad \cdots\cdots(3\cdot9)$$

流体の比熱 $C$ および熱伝導度 $k$ は温度によってそれほど変化しないが，粘度 $\mu$ は大きく変化するのが普通である。したがって

$$U=C' \cdot \mu^{i-j} \quad \cdots\cdots(3\cdot10)$$

$$C'=K \cdot (k^{1-i} \cdot C^i \cdot D_e{}^{j-1} \cdot G^j) = 定数$$

流体の粘度と温度との関係は，一般に次式で示される。

$$\mu = F \cdot (t+a)^s \quad \cdots\cdots(3\cdot11)$$

式 (3·10) に代入して

$$U = C' \cdot [F \cdot (t+a)^s]^{i-j}$$
$$= B \cdot (t+a)^n \quad \cdots\cdots(3\cdot12)$$

ここで

$$B = C' \cdot F^{i-j} = 定数$$
$$n = s(i-j)$$

$n$ は流路の形式および流体の物性によって定まる定数で，一般に次のような範囲の値となる。

管内をガスが流れる場合，

$$-0.28 \leq n \leq -0.47$$

管内を液体が流れる場合，

$$1.18 \leq n \leq 4.93$$

図 3·2 において，総括伝熱係数が低温側の流体（流体A）の温度 $t$ の関数として (3·12) 式で表わされるものとして解析する。

微小面積 $dA_x$ について，熱移動式から

$$-w \cdot c \cdot dt = U \cdot (T-t) \cdot dA_x \quad \cdots\cdots(3\cdot13)$$

いま，次の無次元数を定義する。

$$R' = \frac{T_1 - T}{t_2 - t_1} \quad \cdots\cdots(3\cdot14)$$

$$S = \frac{T_1 - t}{t_2 - t_1} \quad \cdots\cdots(3\cdot15)$$

$$E_A = \frac{t_2 - t_1}{T_1 - t_1} \quad \cdots\cdots (3\cdot 16)$$

それならば，
$$T - t = (S - R') \cdot (t_2 - t_1) \quad \cdots\cdots (3\cdot 17)$$

式 (3・15) から
$$dS = -\frac{dt}{t_2 - t_1} \quad \cdots\cdots (3\cdot 18)$$

すなわち，
$$dt = -(t_2 - t_1) \cdot dS \quad \cdots\cdots (3\cdot 19)$$

式 (3・19) および (3・17) を式 (3・13) に代入して，
$$dS = U \cdot (S - R') \cdot \frac{dA_x}{w \cdot c} \quad \cdots\cdots (3\cdot 20)$$

式 (3・15)，(3・16) から
$$\frac{1}{E_A} - S = \frac{t - t_1}{t_2 - t_1}$$

$$\therefore \quad t = \left(\frac{1}{E_A} - S\right) \cdot (t_2 - t_1) + t_1 \quad \cdots\cdots (3\cdot 21)$$

$U$ は温度 $t$ の関数として式 (3・12) で表わされるものとすると，式 (3・21) を代入して
$$U = B \cdot \left[\left(\frac{1}{E_A} - S\right) \cdot (t_2 - t_1) + t_1 + a\right]^n \quad \cdots\cdots (3\cdot 22)$$

式 (3・12) から
$$U_1 = B \cdot (t_1 + a)^n \ ; \ t_1 = \left(\frac{U_1}{B}\right)^{1/n} - a \quad \cdots\cdots (3\cdot 23)$$

$$U_2 = B \cdot (t_2 + a)^n \ ; \ t_2 = \left(\frac{U_2}{B}\right)^{1/n} - a \quad \cdots\cdots (3\cdot 24)$$

式 (3・23)，(3・24) を式 (3・22) に代入して，
$$U = U_1 \cdot \left\{\left(\frac{1}{E_A} - S\right) \cdot \left[\left(\frac{U_2}{U_1}\right)^{1/n} - 1\right] + 1\right\}^n \quad \cdots\cdots (3\cdot 25)$$

式 (3・25) を式 (3・20) に代入して，
$$dS = \left\{\left(\frac{1}{E_A} - S\right) \cdot \left[\left(\frac{U_2}{U_1}\right)^{1/n} - 1\right] + 1\right\}^n \cdot (S - R') \cdot \frac{U_1 \cdot dA_x}{w \cdot c} \quad \cdots\cdots (3\cdot 26)$$

次の無次元数を定義する。
$$\frac{U_1 \cdot A_x}{w \cdot c} = (NTU)_{Ax} \quad \cdots\cdots (3\cdot 27)$$

式 (3・27)，(3・26) から

$$dS = \left\{\left(\frac{1}{E_A} - S\right) \cdot \left[\left(\frac{U_2}{U_1}\right)^{1/n} - 1\right] + 1\right\}^n \cdot (S - R') \cdot d(NTU)_{Ax} \quad \cdots\cdots(3\cdot28)$$

つぎに, 熱収支から

$$-W \cdot C \cdot dT = -w \cdot c \cdot dt \quad \cdots\cdots\cdots\cdots\cdots\cdots\cdots\cdots\cdots\cdots\cdots\cdots\cdots\cdots(3\cdot29)$$

式 (3・14) から

$$dT = -(t_2 - t_1) \cdot dR' \quad \cdots\cdots\cdots\cdots\cdots\cdots\cdots\cdots\cdots\cdots\cdots\cdots\cdots\cdots(3\cdot30)$$

式 (3・30) および (3・19) を式 (3・29) と組合せて,

$$dR' = \frac{w \cdot c}{W \cdot C} \cdot dS = R_A \cdot dS \quad \cdots\cdots\cdots\cdots\cdots\cdots\cdots\cdots\cdots\cdots\cdots\cdots(3\cdot31)$$

式 (3・28) と (3・31) を連立させて解けば, $E_A$, $R_A$ および $(NTU)_A$ の関係が求まることになる。

境界条件は次のとおりである。

熱交換器の左端において (図3・2参照),

$$A_x = 0 \quad : \quad (NTU)_{Ax} = 0$$

$$t = t_2 \quad : \quad S = \frac{T_1 - t_2}{t_2 - t_1} = \frac{1}{E_A} - 1$$

$$T = T_1 \quad : \quad R' = \frac{T_1 - T_1}{t_2 - t_1} = 0$$

熱交換器の右端において (図3・2参照),

$$A_x = A \quad : \quad (NTU)_{Ax} = (NTU)_A = (U_1 \cdot A)/(w \cdot c)$$

$$t = t_1 \quad : \quad S = \frac{T_1 - t_1}{t_2 - t_1} = \frac{1}{E_A}$$

(1) **$n = 1$ の場合**: 総括伝熱係数 $U$ が流体 A の温度 $t$ に比例して直線的に変化する場合, すなわち $n = 1$ の場合には, 連立微分方程式 (3・28), (3・31) を解析的に解くことができる。結果は,

$$(NTU)_A = \frac{E_A}{(1 - E_A) - (U_2/U_1) \cdot (1 - R_A \cdot E_A)} \cdot \ln\left[\left(\frac{1 - E_A}{1 - R_A \cdot E_A}\right) \cdot \left(\frac{U_1}{U_2}\right)\right]$$

$$\cdots\cdots(3\cdot32)$$

ここで

$$(NTU)_A = (U_1 \cdot A)/(w \cdot c)$$

$E_A$ と $(NTU)_A$ の関係を $R_A$ をパラメータにとり, 図3・46ないし図3・50に示した。

(2) **$n \neq 1$ の場合**: $n \neq 1$ の場合には, 連立微分方程式 (3・28), (3・31) を解析的に解くことはできないので, 数値計算せねばならない。Digital 計算機によって Runge-

Kutta 法を用いて計算した結果を，$n=1.4$ の場合について図 3・51 ないし図 3・55 に示した。

以上の計算では，総括伝熱係数 $U$ は低温側流体（流体 A）の温度の関数として表わされるものとして取り扱ったが，逆に $U$ が高温側流体（流体 B）の温度の関数として表わされる場合にも，これらの結果はそのまま適用することができる。

### 3・2 並流熱交換器

両流体が伝熱面に沿って同方向に流れる場合，すなわち並流の場合の両流体の流れ方向に沿っての温度分布を図 3・3 に示す。この場合の熱収支は，

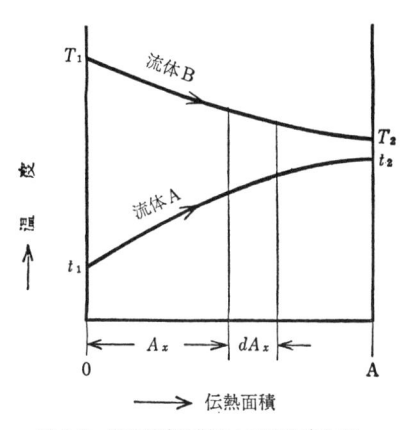

図 3・3 並流熱交換器における温度分布

$$dQ = -W \cdot C \cdot dT = w \cdot c \cdot dt \quad \cdots\cdots(3\cdot33)$$

熱移動式 (3・1) と組合せ，総括伝熱係数 $U$ が一定の場合について解くと，次の温度効率式が得られる。

$$E_A = \frac{1-\exp[-(NTU)_A \cdot (1+R_A)]}{1+R_A} \quad \cdots\cdots(3\cdot34)$$

$$E_B = \frac{1-\exp[-(NTU)_B \cdot (1+R_B)]}{1+R_B} \quad \cdots\cdots(3\cdot35)$$

$E_A$ と $(NTU)_A$ の関係を $R_A$ をパラメータにとり，図 3・56 に示した。$R_A$ の代りに $R_b$ をとれば，図はそのまま $E_B$ と $(NTU)_B$ の関係を示していることになる。

## 3・3 胴側1パス，管側偶数パスの熱交換器

図3・4に示すように，胴側1パス，管側 $n$ 偶数パスの熱交換器は，一般に $1$-$n$ 熱交換器と呼ばれる。多管円筒式熱交換器（Shell and Tube Exchanger）は普通この流れ形式となる。

### 3・3・1 総括伝熱係数が一定の場合

図3・5に $1$-$n$ 熱交換器の温度分布を示す。熱収支および熱移動から次式が得られる。

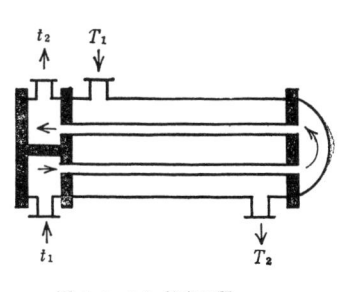

図 3・4  1-2 熱交換器

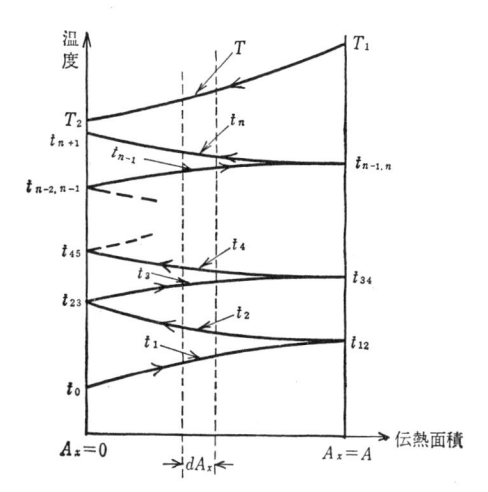

図 3・5  1-$n$ 熱交換器の温度分布

(a) 熱交換器全体に対して

$$W \cdot C \cdot (T_1 - T_2) = w \cdot c \cdot (t_{n+1} - t_0) \qquad \cdots\cdots(3\cdot36)$$

(b) 管側流体（流体A）の各々に対して

$$dt_i = (-1)^{i-1} \cdot \frac{U}{n \cdot w \cdot c} \cdot (T - t_i) \cdot dA_x$$

$$i = 1, 2, 3, \cdots\cdots, n-1, n \qquad \cdots\cdots(3\cdot37)$$

(c) 微小面積 $dA_x$ から $A$ までの部分に対して

$$W \cdot C \cdot (T_1 - T)$$
$$= w \cdot c \cdot (t_n - t_{n-1} + t_{n-2} - t_{n-3} + \cdots\cdots + t_4 - t_3 + t_2 - t_1) \qquad \cdots\cdots(3\cdot38)$$

(d) 微小面積 $dA_x$ において，胴側から移動する熱量は管側流体の全てのパスに移動する熱量の和に等しい。

$$dQ = W \cdot C \cdot dT$$
$$= w \cdot c \cdot (dt_1 - dt_2 + dt_3 - dt_4 + \cdots + dt_{n-1} - dt_n) \quad \cdots\cdots(3\cdot39)$$

管側の微分温度はそれぞれ式 (3・37) で与えられる。したがって，式 (3・39) は

$$\frac{dT}{dA_x} = \frac{U}{n \cdot W \cdot C} \cdot \left(nT - \sum_{i=1}^{n} t_i\right) \quad i = 1, 2, 3, \cdots, n-1, n \quad \cdots\cdots(3\cdot40)$$

したがって

$$\frac{d^2T}{dA_x^2} = \frac{U}{n \cdot W \cdot C} \cdot \left(n \cdot \frac{dT}{dA_x} - \sum_{i=1}^{n} \frac{dt_i}{dA_x}\right) \quad i = 1, 2, 3, \cdots, n-1, n$$
$$\cdots\cdots(3\cdot41)$$

式 (3・37) から求まる $dt_i/dA_x$ を式 (3・41) に代入して，

$$\frac{d^2T}{dA_x^2} = \frac{U}{W \cdot C} \cdot \frac{dT}{dA_x} - \left(\frac{U}{n \cdot W \cdot C}\right) \cdot \left(\frac{U}{n \cdot w \cdot c}\right) \cdot (t_n - t_{n-1} + t_{n-2} - t_{n-3} +$$
$$\cdots + t_4 - t_3 + t_2 - t_1) \quad \cdots\cdots(3\cdot42)$$

式 (3・42) の右辺の温度の和は，式 (3・38) から $(W \cdot C/w \cdot c) \cdot (T_1 - T)$ に等しい。したがって，式 (3・42) は次のように書くことができる。

$$\frac{d^2T}{dA_x^2} - \frac{U}{W \cdot C} \cdot \frac{dT}{dA_x} + \left(\frac{U}{n \cdot w \cdot c}\right)^2 \cdot (T_1 - T) = 0 \quad \cdots\cdots(3\cdot43)$$

$T_1 - T = u$ とおけば，

$$\frac{d^2u}{dA_x^2} - \left(\frac{U}{W \cdot C}\right) \cdot \frac{du}{dA_x} - \left(\frac{U}{n \cdot w \cdot c}\right)^2 \cdot u = 0 \quad \cdots\cdots(3\cdot44)$$

この式は線型2階同次微分方程式であり，その一般解は，

$$u = C_1 \cdot \exp(m_1 \cdot A_x) + C_2 \cdot \exp(m_2 \cdot A_x) \quad \cdots\cdots(3\cdot45)$$

任意定数 $C_1, C_2$ は境界条件より求まる。

$$\left.\begin{array}{l} A_x = 0 \text{ で } u = T_1 - T_2 \\ A_x = A \text{ で } u = 0 \end{array}\right\} \quad \cdots\cdots(3\cdot46)$$

ここで $m_1$ および $m_2$ の値は，

$$m_1, m_2 = \frac{U}{2W \cdot C} \pm \sqrt{\left(\frac{U}{2W \cdot C}\right)^2 + \left(\frac{U}{n \cdot w \cdot c}\right)^2}$$

あるいは

$$m_1, m_2 = \frac{U}{2W \cdot C}(1 \pm \lambda) \quad \cdots\cdots(3\cdot47)$$

$R_A = w \cdot c / W \cdot C$ であるから

$$\lambda = \frac{2}{n \cdot R_A} \cdot \sqrt{1 + \left(\frac{n \cdot R_A}{2}\right)^2} \quad \cdots\cdots\cdots (3 \cdot 48)$$

任意定数 $C_1$ および $C_2$ は境界条件（3·46）を用いて,

$$C_1 = -\frac{(T_1 - T_2) \cdot \exp(m_2 \cdot A)}{\exp(m_1 \cdot A) - \exp(m_2 \cdot A)} \quad \cdots\cdots\cdots (3 \cdot 49)$$

$$C_2 = \frac{(T_1 - T_2) \cdot \exp(m_1 \cdot A)}{\exp(m_1 \cdot A) - \exp(m_2 \cdot A)} \quad \cdots\cdots\cdots (3 \cdot 50)$$

低温管側パスの末端温度は表3·1にて与えられる。

表 3·1 低温管側パスの末端温度

| $A_x = 0$ | 温　　度 | $A_x = A$ |
|---|---|---|
| $t_0$ | $t_1$ | $t_{12}$ |
| $t_{23}$ | $t_2$ | |
| $t_{23}$ | $t_3$ | |
| $t_{45}$ | $t_4$ | |
| $t_{45}$ | $t_5$ | |
| · | · | |
| · | · | |
| · | · | |
| $t_{n-4, n-3}$ | $t_{n-3}$ | $t_{n-3, n-2}$ |
| $t_{n-2, n-1}$ | $t_{n-2}$ | $t_{n-3, n-2}$ |
| $t_{n-2, n-1}$ | $t_{n-1}$ | $t_{n-1, n}$ |
| $t_{n+1}$ | $t_n$ | $t_{n-1, n}$ |

$dT/dA_x = -du/dA_x$ であるから，式（3·40）および式（3·45）の微分を組合せ,

$$\frac{U}{n \cdot W \cdot C} \cdot \left(n \cdot T - \sum_{i=1}^{n} t_i\right) = -C_1 \cdot m_1 \cdot \exp(m_1 \cdot A_x) - C_2 \cdot m_2 \cdot \exp(m_2 \cdot A_x)$$
$$\cdots\cdots (3 \cdot 51)$$

表3·1から, $A_x = 0$ に対する値を代入して

$$\frac{U}{n \cdot W \cdot C} \cdot \left(n \cdot T_2 - t_0 - t_{n+1} - 2 \sum_{j=1}^{(n-2)/2} t_{2j, 2j+1}\right) = -C_1 \cdot m_1 - C_2 \cdot m_2 \quad (3 \cdot 52)$$

$t_{2j, 2j+1}$ で表わした $(n-2)/2$ 個の未知の温度がある。これらの未知の温度は，式を解いて既知の温度 $t_0$ および $t_{n+1}$ の項で表わすことにより消去し得る。このためには $(n-2)/2$ 個の式を連立して解かねばならない。これには，式（3·37）を一対ずつ一つから他の一つを差引けばよい。この手順を一般的に書けば,

$$\frac{d(t_{k+2} - t_k)}{t_{k+2} - t_k} = (-1)^k \cdot \frac{U}{n \cdot w \cdot c} \cdot dA_x$$
$$= 1, 2, 3, \cdots\cdots n-3, n-2 \quad \cdots\cdots\cdots (3 \cdot 53)$$

## 3・3 胴側1パス，管側偶数パスの熱交換器

積分して

$$t_{k+2}-t_k = C_k \cdot \exp\left[(-1)^k \cdot \frac{U \cdot A_x}{n \cdot w \cdot c}\right]$$

$$k=1, 2, 3, \cdots\cdots, n-3, n-2 \quad \cdots\cdots\cdots\cdots(3 \cdot 54)$$

積分定数 $C_k$ は $A_x=0$ の点の計算から次のように求まる。

$$t_3-t_1 = (t_{23}-t_0) \cdot \exp\left(-\frac{U \cdot A_x}{n \cdot w \cdot c}\right)$$

$$t_4-t_2 = (t_{45}-t_{23}) \cdot \exp\left(\frac{U \cdot A_x}{n \cdot w \cdot c}\right)$$

$$t_5-t_3 = (t_{45}-t_{23}) \cdot \exp\left(-\frac{U \cdot A_x}{n \cdot w \cdot c}\right)$$

$$t_6-t_4 = (t_{67}-t_{45}) \cdot \exp\left(\frac{U \cdot A_x}{n \cdot w \cdot c}\right)$$

$$\cdots\cdots\cdots\cdots\cdots\cdots\cdots\cdots$$

$$\cdots\cdots\cdots\cdots\cdots\cdots\cdots\cdots$$

$$t_{n-1}-t_{n-3} = (t_{n-2,n-1}-t_{n-4,n-3}) \cdot \exp\left(-\frac{U \cdot A_x}{n \cdot w \cdot c}\right)$$

$$t_n-t_{n-2} = (t_{n+1}-t_{n-2,n-1}) \cdot \exp\left(\frac{U \cdot A_x}{n \cdot w \cdot c}\right) \quad \cdots\cdots\cdots\cdots(3 \cdot 55)$$

式 (3・55) を $A_x=A$ の点について計算すると，

$$t_{34}-t_{12} = (t_{23}-t_0) \cdot \exp\left(-\frac{U \cdot A}{n \cdot w \cdot c}\right)$$

$$t_{34}-t_{12} = (t_{45}-t_{23}) \cdot \exp\left(\frac{U \cdot A}{n \cdot w \cdot c}\right)$$

$$t_{56}-t_{34} = (t_{45}-t_{23}) \cdot \exp\left(-\frac{U \cdot A}{n \cdot w \cdot c}\right)$$

$$t_{56}-t_{34} = (t_{67}-t_{45}) \cdot \exp\left(\frac{U \cdot A}{n \cdot w \cdot c}\right)$$

$$\cdots\cdots\cdots\cdots\cdots\cdots\cdots\cdots$$

$$\cdots\cdots\cdots\cdots\cdots\cdots\cdots\cdots$$

$$t_{n-1,n}-t_{n-3,n-2} = (t_{n-2,n-1}-t_{n-4,n-3}) \cdot \exp\left(-\frac{U \cdot A}{n \cdot w \cdot c}\right)$$

$$t_{n-1,n}-t_{n-3,n-2} = (t_{n+1}-t_{n-2,n-1}) \cdot \exp\left(\frac{U \cdot A}{n \cdot w \cdot c}\right) \quad \cdots\cdots\cdots(3 \cdot 56)$$

式 (3・56) には，$(n-2)/2$ 個の未知の温度の項が含まれている。式を順々に2個ずつ組合せることによって，$(n-2)/2$ 個の式が得られる。

いま，$z=\exp[(2U\cdot A)/(n\cdot w\cdot c)]$ とおけば，

$$t_{23}-t_0=(t_{45}-t_{23})\cdot z$$

$$t_{45}-t_{23}=(t_{67}-t_{45})\cdot z$$

$$t_{67}-t_{45}=(t_{89}-t_{67})\cdot z$$

..........................

..........................

$$t_{n-2, n-1}-t_{n-4, n-3}=(t_{n+1}-t_{n-2, n-1})\cdot z \quad \cdots\cdots\cdots\cdots(3\cdot 57)$$

式 (3・57) 式を整理すれば，$(n-2)/2$ 階の特性行列式が得られる。この行列式から

$$\varDelta=1+z+z^2+z^3+\cdots\cdots+z^{(n-4)/2}+z^{(n-2)/2} \quad \cdots\cdots\cdots\cdots(3\cdot 58)$$

したがって，未知の温度はつぎのように計算し得る。いま，$\alpha=(n-4)/2$ とおけば，未知の温度はそれぞれ

$$t_{23}=\frac{(z^\alpha+z^{\alpha-1}+\cdots\cdots+z^3+z^2+z+1)\cdot t_0+z^{\alpha+1}\cdot t_{n+1}}{\varDelta}$$

$$t_{45}=\frac{(z^{\alpha-1}+z^{\alpha-2}+\cdots\cdots+z^3+z^2+z+1)\cdot t_0+z^\alpha\cdot(z+1)\cdot t_{n+1}}{\varDelta}$$

$$t_{65}=\frac{(z^{\alpha-2}+z^{\alpha-3}+\cdots\cdots+z^3+z^2+z+1)\cdot t_0+z^{\alpha-1}\cdot(z^2+z+1)\cdot t_{n+1}}{\varDelta}$$

..........................

..........................

$$t_{n-4, n-3}=\frac{(z+1)\cdot t_0+z^2\cdot(z^{\alpha-1}+z^{\alpha-2}+\cdots\cdots+z^2+z+1)\cdot t_{n+1}}{\varDelta}$$

$$t_{n-2, n-1}=\frac{t_0+z(z^\alpha+z^{\alpha-1}+\cdots\cdots+z^2+z+1)\cdot t_{n+1}}{\varDelta} \quad \cdots\cdots\cdots\cdots(3\cdot 59)$$

式 (3・59) を式 (3・52) に代入し，

$$\frac{U}{n\cdot W\cdot C}\left[n\cdot T_2-\frac{n}{2}\cdot(t_0+t_{n+1})-f(z)\cdot(t_{n+1}-t_0)\right]$$

$$=-C_1\cdot m_1-C_2\cdot m_2 \quad \cdots\cdots\cdots\cdots(3\cdot 60)$$

ここで

$$f(z)=\frac{j\cdot z^j+(j-2)\cdot z^{j-1}+(j-4)\cdot z^{j-2}+\cdots\cdots-(j-4)\cdot z^2-(j-2)\cdot z-j}{1+z+z^2+z^3+\cdots\cdots+z^{j-1}+z^j}$$

$$j=1, 2, 3, \cdots\cdots\frac{n-4}{2}, \frac{n-2}{2} \quad \cdots\cdots\cdots\cdots(3\cdot 61)$$

管側パス数が 12 以下の $1-n$ 熱交換器に対する $f(z)$ の値を指数関数および双曲線関数の形で表わして，表3・2に示した。

## 3·3 胴側1パス，管側偶数パスの熱交換器

**表 3·2 関数 $f(z)$ の値**

| $n$ | $z$ | $f(z)$ の値（指数関数） | $f(z)$ の値（双曲線関数） |
|---|---|---|---|
| 2 | $\exp(NTU)$ | 0 | 0 |
| 4 | $\exp\left(\dfrac{NTU}{2}\right)$ | $\dfrac{z-1}{z+1}$ | $\tanh\left(\dfrac{NTU}{4}\right)$ |
| 6 | $\exp\left(\dfrac{NTU}{3}\right)$ | $\dfrac{2z^2-2}{z^2+z+1}$ | $\dfrac{4\sinh\left(\dfrac{NTU}{3}\right)}{2\cosh\left(\dfrac{NTU}{3}\right)+1}$ |
| 8 | $\exp\left(\dfrac{NTU}{4}\right)$ | $\dfrac{3z^3+z^2-z-3}{z^3+z^2+z+1}$ | $\dfrac{3\sinh\left(\dfrac{3NTU}{8}\right)+\sinh\left(\dfrac{NTU}{8}\right)}{\cosh\left(\dfrac{3NTU}{8}\right)+\cosh\left(\dfrac{NTU}{8}\right)}$ |
| 10 | $\exp\left(\dfrac{NTU}{5}\right)$ | $\dfrac{4z^4+2z^3-2z-4}{z^4+z^3+z^2+z+1}$ | $\dfrac{8\sinh\left(\dfrac{2NTU}{5}\right)+4\sinh\left(\dfrac{NTU}{5}\right)}{2\cosh\left(\dfrac{2NTU}{5}\right)+2\cosh\left(\dfrac{NTU}{5}\right)+1}$ |
| 12 | $\exp\left(\dfrac{NTU}{6}\right)$ | $\dfrac{5z^5+3z^4+z^3-z^2-3z-5}{z^5+z^4+z^3+z^2+z+1}$ | $\dfrac{5\sinh\left(\dfrac{5NTU}{12}\right)+3\sinh\left(\dfrac{NTU}{4}\right)+\sinh\left(\dfrac{NTU}{12}\right)}{\cosh\left(\dfrac{5NTU}{12}\right)+\cosh\left(\dfrac{NTU}{4}\right)+\cosh\left(\dfrac{NTU}{12}\right)}$ |

式（3·60）の右辺は，式（3·49），（3·50），および（3·47）によって，それぞれ与えられる $C_1, C_2, m_1$ および $m_2$ の値を用いて計算し得る。

$$-C_1 \cdot m_1 - C_2 \cdot m_2 = \frac{(T_1-T_2)\cdot \dfrac{U}{2W\cdot C}}{\exp(m_1 \cdot A)-\exp(m_2 \cdot A)}\cdot[(1+\lambda)\cdot\exp(m_2 \cdot A)$$
$$-(1-\lambda)\cdot\exp(m_1 \cdot A)]$$

あるいは

$$-C_1 \cdot m_1 - C_2 \cdot m_2 = \frac{(T_1-T_2)\cdot \dfrac{U}{2W\cdot C}}{\exp[(m_1-m_2)A]-1}\cdot\{\lambda(\!(\exp[(m_1-m_2)\cdot A]+1)\!)$$
$$-(\!(\exp[(m_1-m_2)\cdot A]-1)\!)\} \quad \cdots\cdots\cdots\cdots(3\cdot62)$$

$(m_1-m_2)\cdot A=(U\cdot A\cdot \lambda)/(W\cdot C)=(NTU)_A\cdot R_A\cdot \lambda$ であるから，式（3·62）を整理して，

$$-C_1 \cdot m_1 - C_2 \cdot m_2 = (T_1-T_2)\cdot \frac{U}{2W\cdot C}\cdot\left\{\lambda\cdot\coth\left(\frac{(NTU)_A\cdot R_A\cdot \lambda}{2}\right)-1\right\}$$
$$\cdots\cdots(3\cdot63)$$

これまでの計算では，低温管側パスの末端温度を $t_0$ および $t_{n+1}$ の記号を用いて表わしたが，他の節と記号を統一するために，以降の計算では $t_0$ および $t_{n+1}$ の代りにそれぞれ $t_1$ および $t_2$ を用いることにする。これらの値を式（3·60）に用い，式（3·63）と等

置し，整理して共通の項 $(U \cdot A)/(W \cdot C)$ を消去して，

$$\frac{n}{2} \cdot (T_1 + T_2 - t_2 - t_1) = \frac{n \cdot \lambda}{2} \cdot (T_1 - T_2) \cdot \coth\left[\frac{(NTU)_A \cdot R_A \cdot \lambda}{2}\right]$$
$$+ f(z) \cdot (t_2 - t_1) \quad \cdots\cdots (3 \cdot 64)$$

$\lambda$ を消去するために，式 (3・48) を式 (3・64) に代入して，

$$\frac{n}{2} \cdot (T_1 + T_2 - t_2 - t_1)$$
$$= \frac{1}{R_A} \cdot \sqrt{1 + \left(\frac{n}{2} \cdot R_A\right)^2} \cdot (T_2 - T_1) \cdot \coth\left[\frac{(NTU)_A \sqrt{1 + \left(\frac{n}{2} \cdot R_A\right)^2}}{n}\right]$$
$$+ f(z) \cdot (t_2 - t_1) \quad \cdots\cdots (3 \cdot 65)$$

しかるに

$$\left.\begin{array}{l}\dfrac{T_1 - t_2}{T_2 - t_1} = \dfrac{1 - E_A}{1 - R_A \cdot E_A} \\[2mm] \dfrac{T_2 - t_1}{t_2 - t_1} = \dfrac{1 - R_A \cdot E_A}{E_A}\end{array}\right\} \quad \cdots\cdots (3 \cdot 66)$$

したがって，

$$\frac{n}{2} \cdot \left[\frac{1 - R_A \cdot E_A}{E_A}\right] \cdot \left[\frac{1 - E_A}{1 - R_A \cdot E_A} + 1\right] = \sqrt{1 + \left(\frac{n}{2} \cdot R_A\right)^2}$$
$$\cdot \coth\left[\frac{(NTU)_A \cdot \sqrt{1 + \left(\frac{n}{2} \cdot R_A\right)^2}}{n}\right] + f(z) \quad \cdots\cdots (3 \cdot 67)$$

温度効率 $E_A$ を $n$，$(NTU)_A$ の関数として表わせば，

$$E_A = \frac{2}{1 + R_A + \frac{2}{n}\sqrt{1 + \left(\frac{n}{2} \cdot R_A\right)^2} \cdot \coth\left[\dfrac{(NTU)_A \sqrt{1 + \left(\frac{n}{2} \cdot R_A\right)^2}}{n}\right] + \frac{2}{n} \cdot f(z)}$$
$$\cdots\cdots (3 \cdot 68)$$

$n=2$ の場合には，式 (3・68) は次のように書くことができる。

$$E_A = \frac{2}{(1 + R_A) + \sqrt{1 + R_A^2} \cdot [1 + \exp(-\Gamma)]/[1 - \exp(-\Gamma)]} \quad \cdots\cdots (3 \cdot 68a)$$

ここで

$$\Gamma = (NTU)_A \cdot \sqrt{1 + R_A^2}$$

なお，式 (3・68) において $R_A$ の代りに $R_B$ を，$(NTU)_A$ の代りに $(NTU)_B$ を代入すれば，$E_B$ を表わす式となる。

$n=2$ ないし 12 の場合について，式 (3・68) を用いて $E_A$ を計算し，その結果を表 3・3

3・3　胴側1パス，管側偶数パスの熱交換器　　21

表 3・3　1-2 熱交換器の温度効率 $E_A$

| $R_A$ \ $NTU$ | 0.05 | 0.10 | 0.15 | 0.20 | 0.30 | 0.40 | 0.50 | 0.60 | 0.70 | 0.80 | 0.90 | 1.00 |
|---|---|---|---|---|---|---|---|---|---|---|---|---|
| 0.10 | 0.095 | 0.095 | 0.095 | 0.095 | 0.094 | 0.094 | 0.093 | 0.093 | 0.093 | 0.092 | 0.092 | 0.091 |
| 0.20 | 0.181 | 0.180 | 0.179 | 0.179 | 0.177 | 0.175 | 0.174 | 0.172 | 0.171 | 0.169 | 0.168 | 0.166 |
| 0.30 | 0.258 | 0.256 | 0.255 | 0.253 | 0.250 | 0.247 | 0.244 | 0.240 | 0.237 | 0.234 | 0.232 | 0.229 |
| 0.40 | 0.327 | 0.325 | 0.322 | 0.320 | 0.314 | 0.309 | 0.304 | 0.299 | 0.295 | 0.290 | 0.285 | 0.291 |
| 0.50 | 0.390 | 0.386 | 0.383 | 0.379 | 0.372 | 0.364 | 0.357 | 0.351 | 0.344 | 0.337 | 0.331 | 0.325 |
| 0.75 | 0.521 | 0.514 | 0.508 | 0.501 | 0.488 | 0.476 | 0.463 | 0.452 | 0.440 | 0.429 | 0.418 | 0.408 |
| 1.00 | 0.623 | 0.613 | 0.603 | 0.594 | 0.575 | 0.558 | 0.540 | 0.524 | 0.508 | 0.492 | 0.477 | 0.463 |
| 1.25 | 0.701 | 0.689 | 0.677 | 0.665 | 0.641 | 0.619 | 0.597 | 0.576 | 0.556 | 0.537 | 0.519 | 0.501 |
| 1.50 | 0.762 | 0.748 | 0.733 | 0.719 | 0.691 | 0.665 | 0.639 | 0.615 | 0.591 | 0.569 | 0.547 | 0.527 |
| 1.75 | 0.810 | 0.793 | 0.777 | 0.761 | 0.729 | 0.699 | 0.670 | 0.643 | 0.616 | 0.591 | 0.567 | 0.545 |
| 2.00 | 0.847 | 0.828 | 0.810 | 0.793 | 0.758 | 0.725 | 0.694 | 0.663 | 0.635 | 0.607 | 0.582 | 0.557 |
| 2.25 | 0.875 | 0.856 | 0.836 | 0.817 | 0.780 | 0.745 | 0.711 | 0.679 | 0.648 | 0.619 | 0.592 | 0.566 |
| 2.50 | 0.897 | 0.877 | 0.856 | 0.836 | 0.797 | 0.760 | 0.724 | 0.690 | 0.658 | 0.628 | 0.599 | 0.572 |
| 3.00 | 0.928 | 0.906 | 0.884 | 0.862 | 0.820 | 0.780 | 0.742 | 0.705 | 0.671 | 0.638 | 0.608 | 0.579 |
| 3.50 | 0.947 | 0.924 | 0.901 | 0.878 | 0.834 | 0.792 | 0.751 | 0.713 | 0.677 | 0.644 | 0.612 | 0.583 |
| 4.00 | 0.958 | 0.934 | 0.911 | 0.887 | 0.842 | 0.798 | 0.757 | 0.718 | 0.681 | 0.646 | 0.614 | 0.585 |
| 4.50 | 0.965 | 0.941 | 0.917 | 0.893 | 0.847 | 0.802 | 0.760 | 0.720 | 0.683 | 0.648 | 0.616 | 0.585 |
| 5.00 | 0.969 | 0.945 | 0.920 | 0.896 | 0.850 | 0.805 | 0.762 | 0.722 | 0.684 | 0.649 | 0.616 | 0.586 |
| 5.50 | 0.972 | 0.947 | 0.923 | 0.898 | 0.851 | 0.806 | 0.763 | 0.723 | 0.685 | 0.649 | 0.616 | 0.586 |
| 6.00 | 0.973 | 0.948 | 0.924 | 0.900 | 0.852 | 0.807 | 0.764 | 0.723 | 0.685 | 0.649 | 0.617 | 0.586 |

表 3・4　1-4 熱交換器の温度効率 $\bar{E}_A$

(表の値と表 3-3 の値との和が 1-4 熱交換器の温度効率となる)

| $R_A$ \ $NTU$ | 0.05 | 0.10 | 0.15 | 0.20 | 0.30 | 0.40 | 0.50 | 0.60 | 0.70 | 0.80 | 0.90 | 1.00 |
|---|---|---|---|---|---|---|---|---|---|---|---|---|
| 1.25 | 0.000 | 0.000 | 0.000 | 0.000 | 0.000 | 0.000 | 0.000 | 0.000 | 0.000 | −0.001 | −0.001 | −0.001 |
| 1.50 | 0.000 | 0.000 | 0.000 | 0.000 | 0.000 | −0.001 | −0.001 | −0.001 | −0.001 | −0.002 | −0.002 | −0.002 |
| 1.75 | 0.000 | 0.000 | 0.000 | 0.000 | 0.000 | −0.001 | −0.001 | −0.001 | −0.001 | −0.002 | −0.002 | −0.003 |
| 2.00 | 0.000 | 0.000 | 0.000 | 0.000 | −0.001 | −0.001 | −0.002 | −0.002 | −0.003 | −0.003 | −0.004 | −0.004 |
| 2.25 | 0.000 | 0.000 | 0.000 | 0.000 | −0.001 | −0.002 | −0.003 | −0.003 | −0.003 | −0.004 | −0.005 | −0.005 |
| 2.50 | 0.000 | 0.000 | 0.000 | −0.001 | −0.002 | −0.002 | −0.003 | −0.004 | −0.005 | −0.006 | −0.006 | −0.007 |
| 3.00 | 0.000 | 0.000 | −0.001 | −0.002 | −0.003 | −0.004 | −0.005 | −0.006 | −0.008 | −0.008 | −0.010 | −0.010 |
| 3.50 | 0.000 | 0.000 | −0.001 | −0.002 | −0.004 | −0.004 | −0.007 | −0.009 | −0.010 | −0.012 | −0.013 | −0.014 |
| 4.00 | 0.000 | 0.000 | −0.002 | −0.003 | −0.006 | −0.006 | −0.009 | −0.012 | −0.013 | −0.014 | −0.015 | −0.017 |
| 4.50 | 0.000 | −0.001 | −0.002 | −0.003 | −0.007 | −0.008 | −0.011 | −0.014 | −0.016 | −0.018 | −0.019 | −0.019 |
| 5.00 | 0.000 | −0.001 | −0.002 | −0.003 | −0.007 | −0.010 | −0.013 | −0.017 | −0.019 | −0.020 | −0.021 | −0.022 |
| 5.50 | 0.000 | −0.001 | −0.003 | −0.004 | −0.007 | −0.012 | −0.015 | −0.019 | −0.021 | −0.022 | −0.023 | −0.024 |
| 6.00 | 0.000 | −0.001 | −0.003 | −0.005 | −0.008 | −0.013 | −0.017 | −0.020 | −0.023 | −0.024 | −0.026 | −0.026 |

3・3　胴側1パス，管側偶数パスの熱交換器

表 3・5　1-6 熱交換器の温度効率 $E_A$

(表の値と表 3・3 の値との和が 1-6 熱交換器の温度効率となる)

| $R_A$ \ NTU | 0.05 | 0.10 | 0.15 | 0.20 | 0.30 | 0.40 | 0.50 | 0.60 | 0.70 | 0.80 | 0.90 | 1.00 |
|---|---|---|---|---|---|---|---|---|---|---|---|---|
| 1.25 | 0.000 | 0.000 | 0.000 | 0.000 | 0.000 | 0.000 | 0.000 | 0.000 | 0.000 | −0.001 | −0.001 | −0.001 |
| 1.50 | 0.000 | 0.000 | 0.000 | 0.000 | 0.000 | −0.001 | −0.001 | −0.001 | −0.001 | −0.002 | −0.002 | −0.002 |
| 1.75 | 0.000 | 0.000 | 0.000 | 0.000 | 0.000 | −0.001 | −0.001 | −0.002 | −0.002 | −0.002 | −0.002 | −0.003 |
| 2.00 | 0.000 | 0.000 | 0.000 | 0.000 | −0.001 | −0.001 | −0.002 | −0.002 | −0.003 | −0.003 | −0.004 | −0.004 |
| 2.25 | 0.000 | 0.000 | 0.000 | 0.000 | −0.001 | −0.002 | −0.003 | −0.004 | −0.004 | −0.005 | −0.006 | −0.006 |
| 2.50 | 0.000 | 0.000 | 0.000 | 0.000 | −0.001 | −0.003 | −0.004 | −0.005 | −0.006 | −0.007 | −0.008 | −0.008 |
| 3.00 | 0.000 | 0.000 | −0.001 | −0.001 | −0.002 | −0.004 | −0.007 | −0.008 | −0.010 | −0.010 | −0.012 | −0.014 |
| 3.50 | 0.000 | 0.000 | −0.002 | −0.002 | −0.004 | −0.007 | −0.009 | −0.011 | −0.013 | −0.015 | −0.016 | −0.017 |
| 4.00 | 0.000 | 0.000 | −0.002 | −0.002 | −0.006 | −0.008 | −0.012 | −0.015 | −0.017 | −0.018 | −0.020 | −0.021 |
| 4.50 | 0.000 | −0.001 | −0.002 | −0.004 | −0.007 | −0.011 | −0.015 | −0.018 | −0.021 | −0.023 | −0.024 | −0.024 |
| 5.00 | 0.000 | −0.002 | −0.002 | −0.004 | −0.009 | −0.014 | −0.018 | −0.022 | −0.024 | −0.026 | −0.027 | −0.028 |
| 5.50 | 0.000 | −0.002 | −0.004 | −0.005 | −0.010 | −0.016 | −0.020 | −0.025 | −0.028 | −0.029 | −0.030 | −0.031 |
| 6.00 | 0.000 | −0.002 | −0.004 | −0.006 | −0.012 | −0.013 | −0.023 | −0.027 | −0.030 | −0.032 | −0.034 | −0.034 |

表 3・6 1-8 熱交換器の温度効率 $\bar{E}_A$

(表の値と表 3・3 の値との和が 1-8 熱交換器の温度効率となる)

| $R_A$ \ $NTU$ | 0.05 | 0.10 | 0.15 | 0.20 | 0.30 | 0.40 | 0.50 | 0.60 | 0.70 | 0.80 | 0.90 | 1.00 |
|---|---|---|---|---|---|---|---|---|---|---|---|---|
| 1.25 | 0.000 | 0.000 | 0.000 | 0.000 | 0.000 | 0.000 | 0.000 | 0.000 | 0.000 | −0.001 | −0.001 | −0.001 |
| 1.50 | 0.000 | 0.000 | 0.000 | 0.000 | 0.000 | −0.001 | −0.001 | −0.001 | −0.001 | −0.002 | −0.002 | −0.002 |
| 1.75 | 0.000 | 0.000 | 0.000 | 0.000 | 0.000 | −0.001 | −0.001 | −0.002 | −0.002 | −0.002 | −0.003 | −0.003 |
| 2.00 | 0.000 | 0.000 | 0.000 | 0.000 | −0.001 | −0.001 | −0.002 | −0.002 | −0.004 | −0.004 | −0.005 | −0.005 |
| 2.25 | 0.000 | 0.000 | 0.000 | 0.000 | −0.001 | −0.002 | −0.003 | −0.004 | −0.005 | −0.005 | −0.006 | −0.007 |
| 2.50 | 0.000 | 0.000 | −0.001 | −0.001 | −0.001 | −0.003 | −0.004 | −0.005 | −0.006 | −0.008 | −0.008 | −0.009 |
| 3.00 | 0.000 | −0.001 | −0.002 | −0.002 | −0.003 | −0.005 | −0.007 | −0.008 | −0.010 | −0.011 | −0.013 | −0.014 |
| 3.50 | 0.000 | −0.001 | −0.002 | −0.003 | −0.005 | −0.007 | −0.009 | −0.012 | −0.014 | −0.016 | −0.017 | −0.018 |
| 4.00 | 0.000 | −0.001 | −0.002 | −0.003 | −0.006 | −0.009 | −0.013 | −0.016 | −0.018 | −0.020 | −0.021 | −0.023 |
| 4.50 | 0.000 | −0.001 | −0.003 | −0.004 | −0.008 | −0.012 | −0.016 | −0.019 | −0.022 | −0.024 | −0.026 | −0.026 |
| 5.00 | 0.000 | −0.002 | −0.003 | −0.005 | −0.010 | −0.015 | −0.019 | −0.023 | −0.026 | −0.029 | −0.030 | −0.031 |
| 5.50 | 0.000 | −0.002 | −0.004 | −0.005 | −0.011 | −0.017 | −0.022 | −0.027 | −0.030 | −0.032 | −0.033 | −0.034 |
| 6.00 | 0.000 | −0.002 | −0.004 | −0.007 | −0.013 | −0.020 | −0.026 | −0.030 | −0.033 | −0.035 | −0.037 | −0.039 |

表 3·7  1-10 熱交換器の温度効率 $\bar{E}_A$

(表の値と表 3·3 の値との和が 1-10 熱交換器の温度効率となる)

| $R_A$ \ $NTU$ | 0.05 | 0.10 | 0.15 | 0.20 | 0.30 | 0.40 | 0.50 | 0.60 | 0.70 | 0.80 | 0.90 | 1.00 |
|---|---|---|---|---|---|---|---|---|---|---|---|---|
| 1.25 | 0.000 | 0.000 | 0.000 | 0.000 | 0.000 | 0.000 | 0.000 | 0.000 | −0.001 | −0.001 | −0.001 | −0.001 |
| 1.50 | 0.000 | 0.000 | 0.000 | 0.000 | 0.000 | −0.001 | −0.001 | −0.001 | −0.001 | −0.002 | −0.002 | −0.002 |
| 1.75 | 0.000 | 0.000 | 0.000 | 0.000 | 0.000 | −0.001 | −0.001 | −0.002 | −0.002 | −0.002 | −0.003 | −0.004 |
| 2.00 | 0.000 | 0.000 | 0.000 | 0.000 | −0.001 | −0.001 | −0.002 | −0.002 | −0.004 | −0.004 | −0.005 | −0.005 |
| 2.25 | 0.000 | 0.000 | 0.000 | −0.001 | −0.001 | −0.003 | −0.003 | −0.004 | −0.005 | −0.005 | −0.006 | −0.007 |
| 2.50 | 0.000 | 0.000 | −0.001 | −0.001 | −0.003 | −0.005 | −0.004 | −0.005 | −0.006 | −0.008 | −0.008 | −0.009 |
| 3.00 | 0.000 | −0.001 | −0.002 | −0.002 | −0.005 | −0.005 | −0.007 | −0.009 | −0.011 | −0.011 | −0.013 | −0.013 |
| 3.50 | 0.000 | −0.001 | −0.002 | −0.003 | −0.006 | −0.008 | −0.010 | −0.012 | −0.014 | −0.016 | −0.017 | −0.019 |
| 4.00 | 0.000 | −0.001 | −0.003 | −0.004 | −0.008 | −0.009 | −0.013 | −0.016 | −0.019 | −0.020 | −0.022 | −0.024 |
| 4.50 | 0.000 | −0.002 | −0.003 | −0.005 | −0.010 | −0.012 | −0.016 | −0.020 | −0.023 | −0.025 | −0.027 | −0.029 |
| 5.00 | 0.000 | −0.002 | −0.004 | −0.006 | −0.012 | −0.016 | −0.020 | −0.024 | −0.027 | −0.030 | −0.031 | −0.032 |
| 5.50 | 0.000 | −0.002 | −0.004 | −0.006 | −0.012 | −0.019 | −0.024 | −0.028 | −0.032 | −0.033 | −0.035 | −0.035 |
| 6.00 | 0.000 | −0.002 | −0.004 | −0.008 | −0.014 | −0.021 | −0.027 | −0.031 | −0.035 | −0.037 | −0.039 | −0.039 |

表 3·8 1-12 熱交換器の温度効率 $E_A$

(表の値と表 3·3 の値との和が 1-12 熱交換器の温度効率となる)

| $R_A$ \ NTU | 0.05 | 0.10 | 0.15 | 0.20 | 0.30 | 0.40 | 0.50 | 0.60 | 0.70 | 0.80 | 0.90 | 1.00 |
|---|---|---|---|---|---|---|---|---|---|---|---|---|
| 1.25 | 0.000 | 0.000 | 0.000 | 0.000 | 0.000 | 0.000 | 0.000 | 0.000 | −0.001 | −0.001 | −0.001 | −0.001 |
| 1.50 | 0.000 | 0.000 | 0.000 | 0.000 | 0.000 | −0.001 | −0.001 | −0.001 | −0.001 | −0.002 | −0.002 | −0.002 |
| 1.75 | 0.000 | 0.000 | 0.000 | 0.000 | 0.000 | −0.001 | −0.001 | −0.002 | −0.002 | −0.002 | −0.003 | −0.004 |
| 2.00 | 0.000 | 0.000 | 0.000 | 0.000 | −0.001 | −0.001 | −0.002 | −0.002 | −0.004 | −0.004 | −0.005 | −0.005 |
| 2.25 | 0.000 | 0.000 | 0.000 | 0.000 | −0.001 | −0.002 | −0.003 | −0.004 | −0.005 | −0.005 | −0.007 | −0.007 |
| 2.50 | 0.000 | 0.000 | −0.001 | −0.001 | −0.002 | −0.003 | −0.004 | −0.005 | −0.007 | −0.008 | −0.008 | −0.009 |
| 3.00 | 0.000 | 0.000 | −0.002 | −0.002 | −0.003 | −0.005 | −0.007 | −0.009 | −0.011 | −0.012 | −0.013 | −0.013 |
| 3.50 | 0.000 | −0.001 | −0.002 | −0.003 | −0.005 | −0.008 | −0.010 | −0.011 | −0.014 | −0.017 | −0.018 | −0.019 |
| 4.00 | 0.000 | −0.001 | −0.002 | −0.003 | −0.006 | −0.010 | −0.013 | −0.017 | −0.019 | −0.021 | −0.022 | −0.024 |
| 4.50 | 0.000 | −0.001 | −0.003 | −0.004 | −0.009 | −0.012 | −0.017 | −0.020 | −0.024 | −0.026 | −0.028 | −0.028 |
| 5.00 | 0.000 | −0.002 | −0.003 | −0.005 | −0.011 | −0.016 | −0.021 | −0.025 | −0.028 | −0.030 | −0.032 | −0.033 |
| 5.50 | 0.000 | −0.002 | −0.004 | −0.006 | −0.012 | −0.018 | −0.024 | −0.029 | −0.032 | −0.034 | −0.035 | −0.036 |
| 6.00 | 0.000 | −0.002 | −0.005 | −0.008 | −0.014 | −0.021 | −0.028 | −0.032 | −0.036 | −0.038 | −0.040 | −0.040 |

## 3・3 胴側1パス，管側偶数パスの熱交換器

表 3・9 両流体ともに混合しない直交流熱交換器の温度効率 $E_A$

| $(NTU)_A$ | 温度効率 $E_A$ | | | | |
|---|---|---|---|---|---|
| | $R_A=0.00$ | 0.25 | 0.50 | 0.75 | 1.00 |
| 0.00 | 0.000 | 0.000 | 0.000 | 0.000 | 0.000 |
| 0.25 | 0.221 | 0.215 | 0.209 | 0.204 | 0.199 |
| 0.50 | 0.393 | 0.375 | 0.358 | 0.341 | 0.326 |
| 0.75 | 0.528 | 0.495 | 0.466 | 0.439 | 0.413 |
| 1.00 | 0.632 | 0.588 | 0.547 | 0.510 | 0.476 |
| 1.25 | 0.714 | 0.660 | 0.610 | 0.565 | 0.523 |
| 1.50 | 0.777 | 0.716 | 0.660 | 0.608 | 0.560 |
| 1.75 | 0.826 | 0.761 | 0.700 | 0.642 | 0.590 |
| 2.00 | 0.865 | 0.797 | 0.732 | 0.671 | 0.614 |
| 2.50 | 0.918 | 0.851 | 0.783 | 0.716 | 0.652 |
| 3.00 | 0.950 | 0.888 | 0.819 | 0.749 | 0.681 |
| 3.50 | 0.970 | 0.915 | 0.848 | 0.776 | 0.704 |
| 4.00 | 0.982 | 0.934 | 0.869 | 0.797 | 0.722 |
| 4.50 | 0.989 | 0.948 | 0.887 | 0.814 | 0.737 |
| 5.00 | 0.993 | 0.959 | 0.901 | 0.829 | 0.751 |
| 6.00 | 0.997 | 0.974 | 0.924 | 0.853 | 0.772 |
| 7.00 | 0.999 | 0.983 | 0.940 | 0.871 | 0.789 |
| ∞ | 1.000 | 1.000 | 1.000 | 1.000 | 1.000 |

ないし 3・8 に示した．1-2 熱交換器に対しては $E_A$ の値を，他の熱交換器に対しては 1-2 熱交換器の $E_A$ の値から偏差を示してある．表から明らかなように，1-2 熱交換器の $E_A$ とその他の熱交換器のものとの差は小さいので，実用上は管側偶数パスの全ての $1$-$n$ 熱交換器の $E_A$ として，1-2 熱交換器の $E_A$ を用いてもよいことになる．

1-2 熱交換器の $E_A$ と $(NTU)_A$ の関係を $R_A$ をパラメータにとり，図 3・57 に示した．$R_A$ の代りに $R_B$ を用いれば，この図は $E_B$ と $(NTU)_B$ の関係を示す図とみなすことができる．

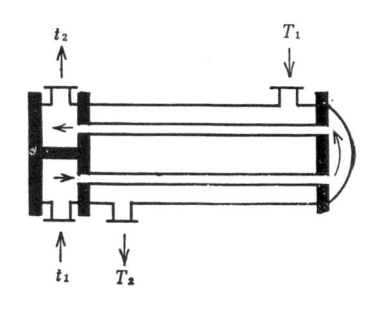

図 3・6 1-2 熱交換器

式（3・68a）は，1-2 熱交換器に対しては，ノズルの位置が図 3・6 の場合について導いたが，これらの式はノズル位置が図 3・4 の場合にも成り立つことは明らかである．

### 3・3・2 総括伝熱係数が管側流体の温度に比例して直線的に変化する場合

**(1) 1-2 熱交換器**: 図 3・7 において総括伝熱係数が管側流体の温度に比例して直線的に変化するものとし,次式で表わされるものとする。

$$U = U_0 \cdot (1 + b \cdot t) \quad \quad (3 \cdot 69)$$

ここで, $U_0$, $b$ は定数である。

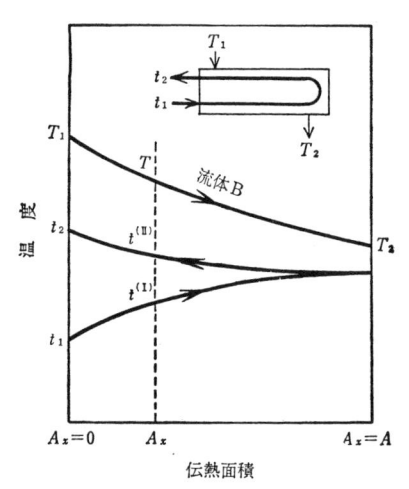

**図 3・7 1-2 熱交換器における温度分布**

1番目および2番目の管側パスについて,微小面積 $dA_x$ に関する熱収支から,

$$w \cdot c \cdot dt^{(\mathrm{I})} = U^{(\mathrm{I})} \cdot (T - t^{(\mathrm{I})}) \cdot \frac{dA_x}{2} \quad \quad (3 \cdot 70)$$

$$-w \cdot c \cdot dt^{(\mathrm{II})} = U^{(\mathrm{II})} \cdot (T - t^{(\mathrm{II})}) \cdot \frac{dA_x}{2} \quad \quad (3 \cdot 71)$$

$t^{(\mathrm{I})}$, $t^{(\mathrm{II})}$ は1番目,2番目の管パスにおける管側流体(流体A)の温度を $U^{(\mathrm{I})}$, $U^{(\mathrm{II})}$ は1番目,2番目の管パスにおける総括伝熱係数を示す。

1番目の管パスについて,次の無次元数を用いる。

$$R' = \frac{T_1 - T}{t_2 - t_1} \quad : \quad (t_2 - t_1) \cdot dR' = -dT \quad \quad (3 \cdot 72)$$

$$S^{(\mathrm{I})} = \frac{T_1 - t^{(\mathrm{I})}}{t_2 - t_1} \quad : \quad (t_2 - t_1) \cdot dS^{(\mathrm{I})} = -dt^{(\mathrm{I})} \quad \quad (3 \cdot 73)$$

$$E_A = \frac{t_2 - t_1}{T_1 - t_1} \quad \quad (3 \cdot 74)$$

$$(NTU)_{A_x} = \frac{U_1 \cdot A_x}{w \cdot c} \quad : \quad d(NTU)_{A_x} = \frac{U_1}{w \cdot c} \cdot dA_x \quad \quad (3 \cdot 75)$$

## 3・3 胴側1パス,管側偶数パスの熱交換器

総括伝熱係数は

$$U = U_0 \cdot (1 + b \cdot t) \quad \text{......(3・76)}$$

$$U_1 = U_0 \cdot (1 + b \cdot t_1) \quad \text{......(3・76a)}$$

$$U_2 = U_0 \cdot (1 + b \cdot t_2) \quad \text{......(3・76b)}$$

式 (3・72), (3・73), (3・74) から

$$S^{(\mathrm{I})} - R' = (T - t^{(\mathrm{I})})/(t_2 - t_1) \quad \text{......(3・77)}$$

$$(1/E_A) - S^{(\mathrm{I})} = (t^{(\mathrm{I})} - t_1)/(t_2 - t_1) \quad \text{......(3・78)}$$

1番目のパスにおける伝熱係数は

$$U^{(\mathrm{I})} = U_0 \cdot (1 + b \cdot t^{(\mathrm{I})})$$

$$= U_0 \cdot (1 + b \cdot t_1) + (t^{(\mathrm{I})} - t_1)/(t_2 - t_1)$$

$$\cdot [U_0 \cdot (1 + b \cdot t_2) - U_0 \cdot (1 + b \cdot t_1)] \quad \text{......(3・79)}$$

式 (3・76a), (3・76b) および (3・78) を用いて,

$$U^{(\mathrm{I})} = U_1 + \left(\frac{1}{E_A} - S^{(\mathrm{I})}\right) \cdot (U_2 - U_1) \quad \text{......(3・80)}$$

式 (3・72), (3・73), (3・75) の微分形, 式 (3・77) における $(T - t^{(\mathrm{I})})$ の値, 式 (3・80) における $U^{(\mathrm{I})}$ を用いると, 式 (3・70) は無次元項でまとめられ,

$$dS^{(\mathrm{I})} = -\frac{1}{2} \cdot \left[1 + \left(\frac{U_2}{U_1} - 1\right) \cdot \left(\frac{1}{E_A} - S^{(\mathrm{I})}\right)\right] \cdot (S^{(\mathrm{I})} - R') \cdot d(NTU)_{Ax}$$

$$\text{......(3・81)}$$

$t, T, A_x$ などの変数はそれぞれ $S^{(\mathrm{I})}, R', (NTU)_{Ax}$ などの無次元項で置き換わっている。

2番目の管パスについても同様に,

$$dS^{(\mathrm{II})} = \frac{1}{2}\left[1 + \left(\frac{U_2}{U_1} - 1\right) \cdot \left(\frac{1}{E_A} - S^{(\mathrm{II})}\right)\right] \cdot (S^{(\mathrm{II})} - R') \cdot d(NTU)_{Ax}$$

$$\text{......(3・82)}$$

ここで

$$S^{(\mathrm{II})} = (T_1 - t^{(\mathrm{II})})/(t_2 - t_1) \quad \text{......(3・83)}$$

微分熱収支は

$$W \cdot C \cdot dT = w \cdot c \cdot (dt^{(\mathrm{II})} - dt^{(\mathrm{I})}) \quad \text{......(3・84)}$$

無次元化すると

$$dR' = R_A \cdot [dS^{(\mathrm{II})} - dS^{(\mathrm{I})}] \quad \text{......(3・85)}$$

$$R_A = w \cdot c / W \cdot C$$

式 (3・81), (3・82), (3・85) は 1-2 熱交換器における $R'$, $S^{(\mathrm{I})}$, $S^{(\mathrm{II})}$, $(NTU)_{Ax}$ に関する連立微分方程式となっている。境界条件は，熱交換器左端で

$$A_x=0 \quad : \quad (NTU)_{Ax}=0 \quad \cdots\cdots\cdots\cdots\cdots\cdots\cdots\cdots\cdots\cdots (3\cdot86)$$

$$t^{(\mathrm{I})}=t_1 \quad : \quad S^{(\mathrm{I})}=(T_1-t_1)/(t_2-t_1)=1/E_A \quad \cdots\cdots\cdots\cdots (3\cdot87)$$

$$t^{(\mathrm{II})}=t_2 \quad : \quad S^{(\mathrm{II})}=(T_1-t_2)/(t_2-t_1)=(1/E_A)-1 \quad \cdots\cdots (3\cdot88)$$

$$T=T_1 \quad : \quad R'=0 \quad \cdots\cdots\cdots\cdots\cdots\cdots\cdots\cdots\cdots\cdots\cdots\cdots (3\cdot89)$$

熱交換器右端で

$$A_x=A \quad : \quad (NTU)_{Ax}=(NTU)_A \quad \cdots\cdots\cdots\cdots\cdots\cdots\cdots (3\cdot90)$$

$$t^{(\mathrm{I})}=t^{(\mathrm{II})} \quad : \quad S^{(\mathrm{I})}=S^{(\mathrm{II})} \quad \cdots\cdots\cdots\cdots\cdots\cdots\cdots\cdots\cdots (3\cdot91)$$

$$T=T_2 \quad : \quad R'=R_A \quad \cdots\cdots\cdots\cdots\cdots\cdots\cdots\cdots\cdots\cdots\cdots (3\cdot92)$$

この微分方程式は解析的に解くことができないので，Runge-Kutta 法を用いて電算機で数値解析し，その結果を図 3・58 ないし図 3・62 に示した。

つぎに，ノズル配置が図 3・6 の 1-2 熱交換器では，その温度分布は図 3・8 のようになり，

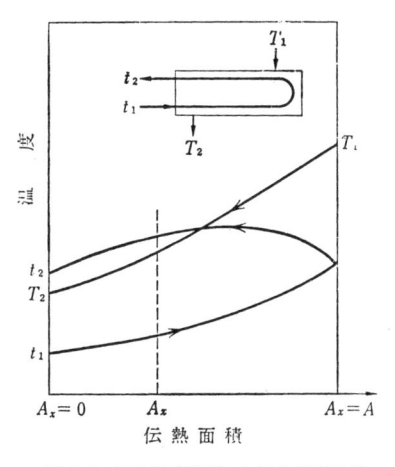

図 3・8 1-2 熱交換器における温度分布

温度効率を求めるための連立微分方程式は

$$dS^{(\mathrm{I})}=-\frac{1}{2}\cdot\left[1+\left(\frac{U_2}{U_1}-1\right)\cdot\left(\frac{1}{E_A}-S^{(\mathrm{I})}\right)\right]\cdot(S^{(\mathrm{I})}-R')\cdot d(NTU)_{Ax}$$
$$\cdots\cdots(3\cdot81\mathrm{a})$$

$$dS^{(\mathrm{II})}=\frac{1}{2}\cdot\left[1+\left(\frac{U_2}{U_1}-1\right)\cdot\left(\frac{1}{E_A}-S^{(\mathrm{II})}\right)\right]\cdot(S^{(\mathrm{II})}-R')\cdot d(NTU)_{Ax}$$
$$\cdots\cdots(3\cdot82\mathrm{a})$$

$$dR' = R_A \cdot [dS^{(\mathrm{I})} - dS^{(\mathrm{II})}] \quad \cdots\cdots(3\cdot85\mathrm{a})$$

境界条件として，式 (3·86)，(3·87)，(3·88)，(3·90)，(3·91) はそのまま成り立つが，熱交換器左端で $R'=R_A$，熱交換器右端で $R'=0$ となることが，ノズル配置が図 3·4 の場合と異なる。

この場合の温度効率線図を図 3·63 ないし図 3·67 に示した。図 3·58 ないし図 3·62 と比較すると，ノズル配置が図 3·6 の場合には，同一の $(NTU)_A$ に対して温度効率 $E_A$ が小さいことがわかる。

(2) **1-4 熱交換器**：　図 3·9 に 1-4 熱交換器の温度分布を示す。

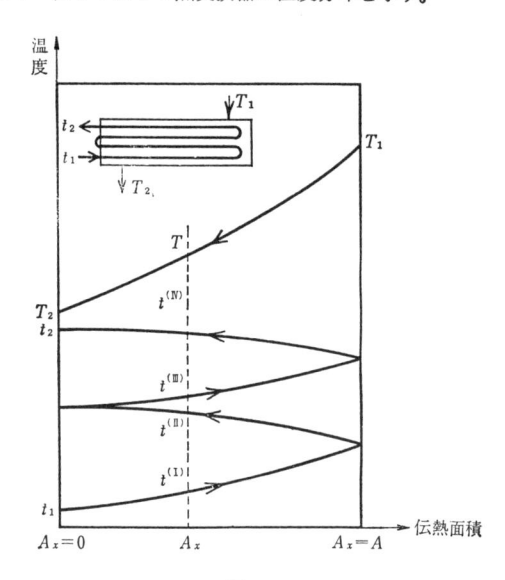

図 3·9　1-4 熱交換器における温度分布

管側パスの各々における熱収支から，

$$w \cdot c \cdot dt^{(\mathrm{I})} = U^{(\mathrm{I})} \cdot (T - t^{(\mathrm{I})}) \cdot \frac{dA_x}{4} \quad \cdots\cdots(3\cdot93)$$

$$-w \cdot c \cdot dt^{(\mathrm{II})} = U^{(\mathrm{II})} \cdot (T - t^{(\mathrm{II})}) \cdot \frac{dA_x}{4} \quad \cdots\cdots(3\cdot94)$$

$$w \cdot c \cdot dt^{(\mathrm{III})} = U^{(\mathrm{III})} \cdot (T - t^{(\mathrm{III})}) \cdot \frac{dA_x}{4} \quad \cdots\cdots(3\cdot95)$$

$$-w \cdot c \cdot dt^{(\mathrm{IV})} = U^{(\mathrm{IV})} \cdot (T - t^{(\mathrm{IV})}) \cdot \frac{dA_x}{4} \quad \cdots\cdots(3\cdot96)$$

次の無次元数を定義する。

$$R' = \frac{T_1 - T}{t_2 - t_1}$$

$$S^{(\mathrm{I})} = \frac{T_1 - t^{(\mathrm{I})}}{t_2 - t_1} \;,\; S^{(\mathrm{II})} = \frac{T_1 - t^{(\mathrm{II})}}{t_2 - t_1} \;,\; S^{(\mathrm{III})} = \frac{T_1 - t^{(\mathrm{III})}}{t_2 - t_1}$$

$$S^{(\mathrm{IV})} = \frac{T_1 - t^{(\mathrm{IV})}}{t_2 - t_1}$$

$$E_A = \frac{t_2 - t_1}{T_1 - t_1}$$

$$(NTU)_{Ax} = \frac{U_1 \cdot A_x}{w \cdot c}$$

総括伝熱係数は

$$U = U_0 \cdot (1 + b \cdot t)$$
$$U_1 = U_0 \cdot (1 + b \cdot t_1)$$
$$U_2 = U_0 \cdot (1 + b \cdot t_2)$$

1-2 熱交換器と同様の方法によって，式 (3・93)，(3・94)，(3・95)，(3・96) を無次元項で置き換えると，

$$dS^{(\mathrm{I})} = -\frac{1}{4}\left[1 + \left(\frac{U_2}{U_1} - 1\right) \cdot \left(\frac{1}{E_A} - S^{(\mathrm{I})}\right)\right] \cdot (S^{(\mathrm{I})} - R') \cdot d(NTU)_{Ax}$$
$$\cdots\cdots (3\cdot 97)$$

$$dS^{(\mathrm{II})} = \frac{1}{4}\left[1 + \left(\frac{U_2}{U_1} - 1\right) \cdot \left(\frac{1}{E_A} - S^{(\mathrm{II})}\right)\right] \cdot (S^{(\mathrm{II})} - R') \cdot d(NTU)_{Ax}$$
$$\cdots\cdots (3\cdot 98)$$

$$dS^{(\mathrm{III})} = -\frac{1}{4}\left[1 + \left(\frac{U_2}{U_1} - 1\right) \cdot \left(\frac{1}{E_A} - S^{(\mathrm{III})}\right)\right] \cdot (S^{(\mathrm{III})} - R') \cdot d(NTU)_{Ax}$$
$$\cdots\cdots (3\cdot 99)$$

$$dS^{(\mathrm{IV})} = \frac{1}{4}\left[1 + \left(\frac{U_2}{U_1} - 1\right) \cdot \left(\frac{1}{E_A} - S^{(\mathrm{IV})}\right)\right] \cdot (S^{(\mathrm{IV})} - R') \cdot d(NTU)_{Ax}$$
$$\cdots\cdots (3\cdot 100)$$

微分熱収支は

$$W \cdot C \cdot dT = w \cdot c \cdot (dt^{(\mathrm{I})} + dt^{(\mathrm{III})} - dt^{(\mathrm{II})} - dt^{(\mathrm{IV})}) \quad\quad\quad\quad (3\cdot 101)$$

無次元化すると，

$$dR' = R_A \cdot [dS^{(\mathrm{I})} + dS^{(\mathrm{III})} - dS^{(\mathrm{II})} - dS^{(\mathrm{IV})}] \quad\quad\quad\quad (3\cdot 102)$$

$$R_A = w \cdot c / W \cdot C$$

式 (3・97)，(3・98)，(3・99)，(3・100)，(3・102) は 1-4 熱交換器における $R'$, $S^{(\mathrm{I})}$,

$S^{(\mathrm{II})}$, $S^{(\mathrm{III})}$, $S^{(\mathrm{IV})}$, $(NTU)_{A_x}$ に関する連立微分方程式である。これの境界条件は，熱交換器左端で

$$A_x=0 \quad : \quad (NTU)_{A_x}=0 \quad \cdots\cdots\cdots\cdots (3\cdot 103)$$

$$t^{(\mathrm{I})}=t_1 \quad : \quad S^{(\mathrm{I})}=(T_1-t_1)/(t_2-t_1)=1/E_A \quad \cdots\cdots (3\cdot 104)$$

$$t^{(\mathrm{II})}=t^{(\mathrm{III})} \quad : \quad S^{(\mathrm{II})}=S^{(\mathrm{III})}$$

$$t^{(\mathrm{IV})}=t_2 \quad : \quad S^{(\mathrm{IV})}=(T_1-t_2)/(t_2-t_1)=(1/E_A)-1 \quad \cdots\cdots (3\cdot 105)$$

$$T=T_2 \quad : \quad R'=R_A$$

熱交換器右端で

$$A_x=A \quad : \quad (NTU)_{A_x}=(NTU)_A \quad \cdots\cdots\cdots\cdots (3\cdot 106)$$

$$t^{(\mathrm{I})}=t^{(\mathrm{II})} \quad : \quad S^{(\mathrm{I})}=S^{(\mathrm{II})} \quad \cdots\cdots\cdots\cdots\cdots\cdots (3\cdot 107)$$

$$t^{(\mathrm{III})}=t^{(\mathrm{IV})} \quad : \quad S^{(\mathrm{III})}=S^{(\mathrm{IV})} \quad \cdots\cdots\cdots\cdots\cdots (3\cdot 108)$$

$$T=T_1 \quad : \quad R'=0 \quad \cdots\cdots\cdots\cdots\cdots\cdots\cdots\cdots (3\cdot 109)$$

電算機を用いて数値計算を行ない，$R_A$ をパラメータにとり $E_A$ と $(NTU)_A$ の関係を求め，その結果を図 3·68 ないし図 3·72 に示した。これらの図は，管パス数が4以上の熱交換器に対しても，可成り精度良く適用することができる。

### 3·3·3 総括伝熱係数が胴側流体の温度に比例して直線的に変化する場合

図 3·7 に示した 1-2 熱交換器において，総括伝熱係数が胴側流体の温度に比例して直線的に変化するものとすれば，

$$U=U_0\cdot(1+b\cdot T) \quad \cdots\cdots\cdots\cdots\cdots\cdots\cdots\cdots (3\cdot 110)$$

$$U_1=U_0\cdot(1+b\cdot T_1) \quad \cdots\cdots\cdots\cdots\cdots\cdots\cdots (3\cdot 110\mathrm{a})$$

$$U_2=U_0\cdot(1+b\cdot T_2) \quad \cdots\cdots\cdots\cdots\cdots\cdots\cdots (3\cdot 110\mathrm{b})$$

伝熱係数を式 (3·72) によって定義した無次元数で表わすと，

$$U=U_1\cdot\left\{\frac{R'}{R_A}\cdot\left(\frac{U_2}{U_1}-1\right)+1\right\} \quad \cdots\cdots\cdots\cdots (3\cdot 111)$$

この場合は1番目および2番目の管パスにおける伝熱係数は等しい。

$$U^{(\mathrm{I})}=U^{(\mathrm{II})}=U \quad \cdots\cdots\cdots\cdots\cdots\cdots\cdots\cdots (3\cdot 112)$$

1番目および2番目の管パスの微小面積 $dA_x$ に関する熱収支式 (3·70)，(3·71) を，式 (3·111) における $U$，式 (3·72)，(3·73)，(3·75) の微分形および式 (3·77) における $(T-t^{(\mathrm{I})})$ の値を用いて無次元項でまとめると，

$$dS^{(\mathrm{I})}=-\frac{1}{2}\left[1+\frac{R'}{R_A}\cdot\left(\frac{U_2}{U_1}-1\right)\right]\cdot(S^{(\mathrm{I})}-R')\cdot d(NTU)_{A_x} \quad \cdots\cdots (3\cdot 113)$$

$$dS^{(\mathrm{II})} = \frac{1}{2}\Big[1+\frac{R'}{R_A}\cdot\Big(\frac{U_2}{U_1}-1\Big)\Big]\cdot(S^{(\mathrm{II})}-R')\cdot d(NTU)_{Ax} \quad\cdots\cdots(3\cdot114)$$

微分熱収支から

$$W\cdot C\cdot dT = w\cdot c\cdot(dt^{(\mathrm{II})}-dt^{(\mathrm{I})})$$

無次元化すると,

$$dR' = R_A\cdot[dS^{(\mathrm{II})}-dS^{(\mathrm{I})}] \quad\cdots\cdots(3\cdot115)$$

連立微分方程式 (3・113), (3・114), (3・115) の境界条件は, 式 (3・86) から (3・92) までの式で表わされる。Runge-Kutta 法を用いて電算機で数値解析し, $R_A$ をパラメータにとり $E_A$ と $(NTU)_A$ の関係を求め図 3・73 ないし図 3・77 に示した。これらの図は,管パス数が2以上の熱交換器に対しても,実用上誤差なく適用することができる。

ノズル配置が図 3・6 の 1-2 熱交換器では, 温度効率を求めるための微分方程式は,

$$dS^{(\mathrm{I})} = -\frac{1}{2}\Big[1+\frac{R'}{R_A}\cdot\Big(\frac{U_2}{U_1}-1\Big)\Big]\cdot(S^{(\mathrm{I})}-R')\cdot d(NTU)_{Ax} \quad\cdots\cdots(3\cdot113)$$

$$dS^{(\mathrm{II})} = \frac{1}{2}\Big[1+\frac{R'}{R_A}\cdot\Big(\frac{U_2}{U_1}-1\Big)\Big]\cdot(S^{(\mathrm{II})}-R')\cdot d(NTU)_{Ax} \quad\cdots\cdots(3\cdot114)$$

$$dR' = R_A\cdot[dS^{(\mathrm{I})}-dS^{(\mathrm{II})}] \quad\cdots\cdots(3\cdot115\mathrm{a})$$

境界条件は, 熱交換器左端で,

$$(NTU)_{Ax} = 0 \quad\cdots\cdots(3\cdot86)$$
$$S^{(\mathrm{I})} = 1/E_A \quad\cdots\cdots(3\cdot87)$$
$$S^{(\mathrm{II})} = (1/E_A)-1 \quad\cdots\cdots(3\cdot88)$$
$$R' = R_A \quad\cdots\cdots(3\cdot89\mathrm{a})$$

熱交換器右端で,

$$(NTU)_{Ax} = (NTU)_A \quad\cdots\cdots(3\cdot90)$$
$$S^{(\mathrm{I})} = S^{(\mathrm{II})} \quad\cdots\cdots(3\cdot91)$$
$$R' = 0 \quad\cdots\cdots(3\cdot92\mathrm{a})$$

この場合の温度効率線図を図 3・77 と比較すると,この場合ノズル配置によって温度効率はほとんど変わらないことがわかる。

## 3・4　胴側分割流形熱交換器

多管円筒式熱交換器の設計において,胴側流体の許容圧力損失が小さい場合には,図 3・10 に示すように胴側流体を分割して流すことがある。これらの熱交換器を胴側分割流形熱交換器と呼ぶ。総括伝熱係数が一定として解析を進める。

## 3・4 胴側分割流形熱交換器

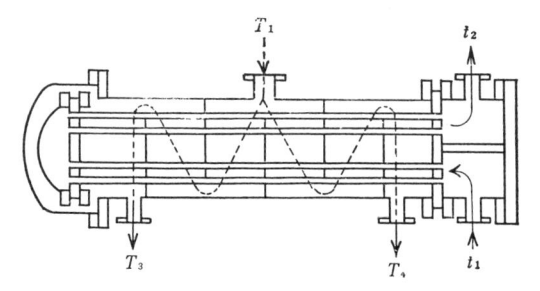

図 3・10 胴側分割流形熱交換器

### 3・4・1 管側4パスの分割流形熱交換器

この場合の温度分布を図 3・11 に示す。この場合，図に示したように熱交換器全体を2

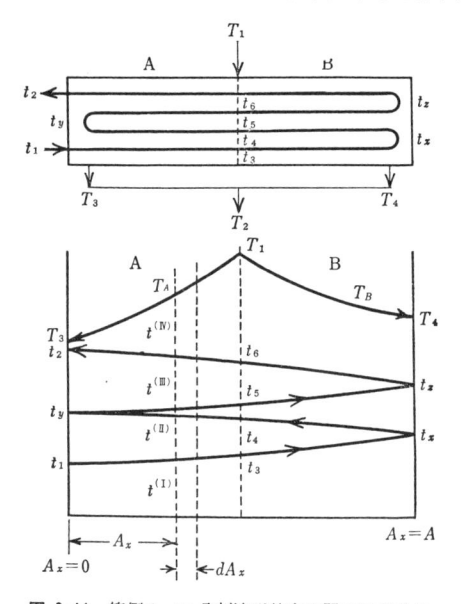

図 3・11 管側4パス分割流形熱交換器の温度分布

つの部分，A および B に分けて考えることができる。胴側流体（流体 B）の入口，出口温度をそれぞれ $T_1$, $T_2$ とする。管側流体（流体 A）の入口，出口温度をそれぞれ $t_1$, $t_2$ とする。

A 部における熱収支および熱移動式から，

$$\frac{W \cdot C}{2} \cdot (T_1 - T_A) = w \cdot c \cdot (t_3 - t^{(I)} + t^{(II)} - t_4 + t_5 - t^{(III)} + t^{(IV)} - t_6)$$

······(3・116)

$$w \cdot c \cdot dt^{(\mathrm{I})} = U \cdot (T_A - t^{(\mathrm{I})}) \cdot dA_x \quad \cdots\cdots\cdots\cdots\cdots\cdots\cdots\cdots\cdots\cdots (3 \cdot 117)$$

$$-w \cdot c \cdot dt^{(\mathrm{II})} = U \cdot (T_A - t^{(\mathrm{II})}) \cdot dA_x \quad \cdots\cdots\cdots\cdots\cdots\cdots\cdots\cdots (3 \cdot 118)$$

$$w \cdot c \cdot dt^{(\mathrm{III})} = U \cdot (T_A - t^{(\mathrm{III})}) \cdot dA_x \quad \cdots\cdots\cdots\cdots\cdots\cdots\cdots\cdots (3 \cdot 119)$$

$$-w \cdot c \cdot dt^{(\mathrm{IV})} = U \cdot (T_A - t^{(\mathrm{IV})}) \cdot dA_x \quad \cdots\cdots\cdots\cdots\cdots\cdots\cdots (3 \cdot 120)$$

式 (3・116) を微分し，その結果を式 (3・117)，(3・118)，(3・119)，(3・120) と組合せて次式が得られる。

$$\frac{dT_A}{dA_x} = \frac{2R_A \cdot U}{w \cdot c} \cdot (4T_A - t^{(\mathrm{I})} - t^{(\mathrm{II})} - t^{(\mathrm{III})} - t^{(\mathrm{IV})}) \quad \cdots\cdots\cdots\cdots (3 \cdot 121)$$

式 (3・121) を微分し，式 (3・117)，(3・118)，(3・119)，(3・120)，(3・116) を代入して，

$$\frac{d^2 T_A}{dA_x^2} - \left(\frac{8R_A \cdot U}{w \cdot c}\right) \cdot \frac{dT_A}{dA_x} + \left(\frac{U}{w \cdot c}\right)^2 \cdot [T_1 - 2R_A \cdot (t_5 + t_3 - t_4 - t_6) - T_A] = 0$$

$$\cdots\cdots (3 \cdot 122)$$

$y_A = T_1 - 2R_A \cdot (t_5 + t_3 - t_4 - t_6) - T_A$ とおけば，式 (3・122) は次のように簡単になる。

$$\frac{d^2 y_A}{dA_x^2} - \left(\frac{8R \cdot U}{w \cdot c}\right) \cdot \left(\frac{dy_A}{dA_x}\right) - \left(\frac{U}{w \cdot c}\right)^2 \cdot y_A = 0 \quad \cdots\cdots\cdots\cdots\cdots (3 \cdot 123)$$

式 (3・123) を解けば，次の結果が得られる。

$$y_A = C_{11} \cdot \exp(m_1 \cdot A_x) + C_{12} \cdot \exp(m_2 \cdot A_x) \quad \cdots\cdots\cdots\cdots\cdots\cdots (3 \cdot 124)$$

および

$$\frac{dy_A}{dA_x} = C_{11} \cdot m_1 \cdot \exp(m_1 \cdot A_x) + C_{12} \cdot m_2 \cdot \exp(m_2 \cdot A_x) \quad \cdots\cdots\cdots\cdots (3 \cdot 124a)$$

ここで

$$m_1 = \frac{4R_A \cdot U}{w \cdot c} \cdot (1 + \lambda)$$

$$m_2 = \frac{4R_A \cdot U}{w \cdot c} \cdot (1 - \lambda)$$

$$\lambda = \frac{\sqrt{1 + 16R_A^2}}{4R_A}$$

$A_x = 0$，$A_x = A/2$ における境界条件を代入し，式 (3・124) の積分定数 $C_{11}$ および $C_{12}$ を求めると，

$$C_{11} = \frac{(T_3 - T_1) \cdot \phi^{R_A \cdot (\lambda-1)/2} + 2(T_1 - T_2)[\phi^{R_A \cdot (\lambda-1)/2} - 1]}{\phi^{R_A \cdot \lambda} - 1}$$

$$C_{12} = \frac{2(T_1 - T_2) \cdot [1 - \phi^{-R_A \cdot (1+\lambda)/2}] \cdot \phi^{R_A \cdot \lambda} - (T_3 - T_1) \cdot \phi^{R_A \cdot (\lambda-1)/2}}{\phi^{R_A \cdot \lambda} - 1}$$

ここで，$\phi = \exp[(NTU)_A]$

## 3・4 胴側分割流形熱交換器

つぎに，

$$\frac{dy_A}{dA_x}=-\frac{dT_A}{dA_x}$$

であるから，式 (3・124a) と (3・121) から，

$$\frac{2R_A \cdot U}{w \cdot c} \cdot (t^{(I)}+t^{(II)}+t^{(III)}+t^{(IV)}-4T_A)$$

$$=C_{11} \cdot m_1 \cdot \exp(m_1 \cdot A_x)+C_{12} \cdot m_2 \cdot \exp(m_2 \cdot A_x)$$

つぎに

$$T_2=(T_4+T_3)/2$$

である。$A_x=0$ において

$$t^{(I)}=t_1,\ t^{(II)}=t^{(III)}=t_y,\ t^{(IV)}=t_2,\ および\ T_A=T_3$$

したがって

$$2t_y=4T_3-(t_1+t_2)$$
$$+4(T_1-T_2) \cdot \left[1-\lambda \cdot \left(\frac{\phi^{R_A \cdot \lambda}+1}{\phi^{R_A \cdot \lambda}-1}\right)+\frac{2\lambda \cdot \phi^{R_A \cdot (\lambda-1)/2}}{\phi^{R_A \cdot \lambda}-1}\right]$$
$$-4(T_1-T_3) \cdot \left[\frac{\lambda \cdot \phi^{R_A \cdot (\lambda-1)/2}}{\phi^{R_A \cdot \lambda}-1}\right] \quad \cdots\cdots(3 \cdot 125)$$

$A_x=A/2$ において

$$t^{(I)}=t_3,\ t^{(II)}=t_3,\ t^{(III)}=t_5,\ t^{(IV)}=t_6,\ および\ T_A=T_1$$

したがって

$$t_3+t_4+t_5+t_6-4T_1$$
$$=4(T_1-T_2) \cdot \left[1+\lambda \cdot \left(\frac{\phi^{R_A \cdot \lambda}+1}{\phi^{R_A \cdot \lambda}-1}\right)-\frac{2\lambda \cdot \phi^{R_A \cdot (1+\lambda)/2}}{\phi^{R_A \cdot \lambda}-1}\right]$$
$$-2(T_1-T_3) \cdot \left[1+\frac{\lambda \cdot (\phi^{R_A \cdot \lambda}+1)}{(\phi^{R_A \cdot \lambda}-1)}\right] \quad \cdots\cdots(3 \cdot 126)$$

部分 A において，中間点の温度は式 (3・117)，(3・118) からそれぞれ式 (3・119)，(3・120) を差し引き，定積分することによって求まる。

$$\int_{(t_1-t_y)}^{(t_3-t_5)} \frac{d(t^{(I)}-t^{(III)})}{t^{(I)}-t^{(III)}}=-\frac{U}{w \cdot c}\int_0^{\frac{A}{2}}dA_x \quad \cdots\cdots(3 \cdot 127)$$

$$\int_{(t_y-t_2)}^{(t_4-t_6)} \frac{d(t^{(II)}-t^{(IV)})}{t^{(II)}-t^{(IV)}}=\frac{U}{w \cdot c}\int_0^{\frac{A}{2}}dA \quad \cdots\cdots(3 \cdot 127a)$$

式 (3・127)，(3・127a) をとけば，それぞれ次の簡単な式が得られる。

$$t_y=t_1+(t_5-t_3) \cdot \phi^{\frac{1}{8}} \quad \cdots\cdots(3 \cdot 128)$$

$$t_y = t_2 - (t_6 - t_4) \cdot \phi^{-\frac{1}{8}} \quad \cdots\cdots\cdots\cdots\cdots\cdots\cdots\cdots\cdots\cdots\cdots\cdots\cdots (3\cdot129)$$

部分 B における熱収支および熱移動式から，

$$\frac{W \cdot C}{2} \cdot (T_1 - T_B) = w \cdot c \cdot (t^{(\mathrm{I})} - t_3 + t_4 - t^{(\mathrm{II})} + t^{(\mathrm{III})} - t_5 + t_6 - t^{(\mathrm{IV})})$$
$$\cdots\cdots(3\cdot130)$$

$$-dT_B = 2R_A \cdot (dt^{(\mathrm{I})} - dt^{(\mathrm{II})} + dt^{(\mathrm{III})} - dt^{(\mathrm{IV})}) \quad \cdots\cdots\cdots\cdots\cdots\cdots (3\cdot131)$$

$$w \cdot c \cdot dt^{(\mathrm{I})} = U \cdot (T_B - t^{(\mathrm{I})}) \cdot dA_x \quad \cdots\cdots\cdots\cdots\cdots\cdots\cdots\cdots (3\cdot132)$$

$$-w \cdot c \cdot dt^{(\mathrm{II})} = U \cdot (T_B - t^{(\mathrm{II})}) \cdot dA_x \quad \cdots\cdots\cdots\cdots\cdots\cdots\cdots (3\cdot133)$$

$$w \cdot c \cdot dt^{(\mathrm{III})} = U \cdot (T_B - t^{(\mathrm{III})}) \cdot dA_x \quad \cdots\cdots\cdots\cdots\cdots\cdots\cdots (3\cdot134)$$

$$-w \cdot c \cdot dt^{(\mathrm{IV})} = U \cdot (T_B - t^{(\mathrm{IV})}) \cdot dA_x \quad \cdots\cdots\cdots\cdots\cdots\cdots\cdots (3\cdot135)$$

および

$$-\frac{dT_B}{dA_x} = \frac{2R_A \cdot U}{w \cdot c} \cdot (4T_B - t^{(\mathrm{I})} - t^{(\mathrm{II})} - t^{(\mathrm{III})} - t^{(\mathrm{IV})}) \quad \cdots\cdots\cdots (3\cdot136)$$

微分して整理すると次式が得られる。

$$\frac{d^2 y_B}{dA_x{}^2} + \left(\frac{8R_A \cdot U}{w \cdot c}\right) \cdot \frac{dy_B}{dA_x} - \left(\frac{U}{w \cdot c}\right)^2 \cdot y_B = 0 \quad \cdots\cdots\cdots\cdots (3\cdot137)$$

$$y_B = T_1 - T_B + 2R_A \cdot (t_3 + t_5 - t_4 - t_6)$$

式 (3・137) の解は

$$y_B = C_{21} \cdot \exp(n_1 \cdot A_x) + C_{22} \cdot \exp(n_2 \cdot A_x) \quad \cdots\cdots\cdots\cdots\cdots (3\cdot138)$$

ここで

$$n_1 = -\frac{4R_A \cdot U}{w \cdot c} \cdot (1 - \lambda) \quad \text{および} \quad n_2 = -\frac{4R_A \cdot U}{w \cdot c} \cdot (1 + \lambda)$$

$A_x = 0$ および $A_x = A/2$ における既知の温度条件から，積分定数 $C_{21}, C_{22}$ が求まる。

$$C_{21} = \frac{2(T_1 - T_2) - (T_1 - T_3)}{\phi^{R_A \cdot \lambda} - 1}$$

$$C_{22} = \frac{[(T_1 - T_3) - 2(T_1 - T_2)] \cdot \phi^{R_A \cdot \lambda}}{\phi^{R_A \cdot \lambda} - 1}$$

つぎに，

$$-\frac{dy_B}{dA_x} = -\frac{dT_B}{dA_x}$$

であるから，$A_x = 0$ における温度条件，$t^{(\mathrm{I})} = t_3$, $t^{(\mathrm{II})} = t_4$, $t^{(\mathrm{III})} = t_5$, $t^{(\mathrm{IV})} = t_6$ および $T_B = T_1$ を代入すると，次の結果が得られる。

$$t_3 + t_4 + t_5 + t_6 - 4T_1$$

$$= 2\cdot\left[1+\lambda\cdot\left(\frac{\phi^{RA\cdot\lambda}+1}{\phi^{RA\cdot\lambda}-1}\right)\right][(T_1-t_3)-2(T_1-T_2)] \quad\cdots\cdots\cdots(3\cdot139)$$

式（3・126）から式（3・139）を差引き簡単化すると，その結果は次のようになる。

$$T_1-T_3=(T_1-T_2)\cdot\left(2-\frac{\dfrac{2\lambda\cdot\phi^{RA\cdot(1+\lambda)/2}}{\phi^{RA\cdot\lambda}-1}}{1+\lambda\cdot\left(\dfrac{\phi^{RA\cdot\lambda}+1}{\phi^{RA\cdot\lambda}-1}\right)}\right) \quad\cdots\cdots\cdots(3\cdot140)$$

中間点の温度 $t_x$ および $t_z$ は式（3・132），（3・133）から式（3・134）および（3・135）を差引き，次のように積分することによって求まる。

$$\int_{(t_3-t_5)}^{(t_x-t_z)}\frac{d(t^{(\mathrm{I})}-t^{(\mathrm{III})})}{t^{(\mathrm{I})}-t^{(\mathrm{III})}}=-\frac{U}{w\cdot c}\int_0^{\frac{A}{2}}dA_x \quad\cdots\cdots\cdots(3\cdot141)$$

$$\int_{(t_4-t_6)}^{(t_x-t_z)}\frac{d(t^{(\mathrm{II})}-t^{(\mathrm{IV})})}{t^{(\mathrm{II})}-t^{(\mathrm{IV})}}=\frac{U}{w\cdot c}\int_0^{\frac{A}{2}}dA_x \quad\cdots\cdots\cdots(3\cdot142)$$

式（3・141），（3・142）を解けば，

$$t_x-t_z=(t_3-t_5)\cdot\phi^{-\frac{1}{8}} \quad\cdots\cdots\cdots(3\cdot143)$$

$$t_x-t_z=(t_4-t_6)\cdot\phi^{\frac{1}{8}} \quad\cdots\cdots\cdots(3\cdot144)$$

式（3・128），（3・129），（3・143），（3・144）を組合せて，中間点の温度 $t_y$ は次のように表わすことができる。

$$t_y=t_1+(t_2-t_1)\cdot\left[\frac{\phi^{\frac{1}{2}}}{1+\phi^{\frac{1}{2}}}\right] \quad\cdots\cdots\cdots(3\cdot145)$$

式（3・145），（3・125），および（3・140）を連立して解けば，温度効率 $E_A$ に関する次の式が得られる。

$$E_A=\frac{4}{1+\dfrac{2\phi^{\frac{1}{2}}}{1+\phi^{\frac{1}{2}}}+4R_A\cdot(1+\lambda\cdot Y_1-2\lambda\cdot Y_2)} \quad\cdots\cdots\cdots(3\cdot146)$$

ここで

$$Y_1=\frac{\phi^{RA\cdot\lambda}+1}{\phi^{RA\cdot\lambda}-1}$$

$$Y_2=\left[\frac{\phi^{RA\cdot(1+\lambda)/2}}{(\phi^{RA\cdot\lambda}-1)(1+\lambda Y_1)}\right]\cdot\left[1+\frac{\lambda\cdot\phi^{RA\cdot(\lambda-1)/2}}{\phi^{RA\cdot\lambda}-1}\right]$$

式（3・146）を用いて温度効率 $E_A$ を計算し，その結果を図 3・78 に示した。

### 3・4・2　管側2パスの分割流形熱交換器

温度効率は管側4パスの場合と同様の方法で求まるが，この場合は更に簡単である。図

3·12 に示したように，部分 A の熱収支および熱移動式は，次のように与えられる。

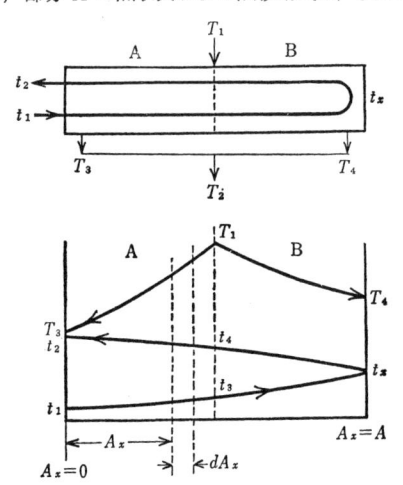

**図 3·12** 管側2パス分割流形熱交換器の温度分布

$$\frac{W \cdot C}{2} \cdot (T_1 - T_A) = w \cdot c \cdot (t_3 - t^{(\mathrm{I})} + t^{(\mathrm{II})} - t_4) \quad \cdots (3 \cdot 147)$$

$$dT_A = 2R_A \cdot (dt^{(\mathrm{I})} - dt^{(\mathrm{II})}) \quad \cdots (3 \cdot 148)$$

$$w \cdot c \cdot dt^{(\mathrm{I})} = U \cdot (T_A - t^{(\mathrm{I})}) \cdot dA_x \quad \cdots (3 \cdot 149)$$

$$-w \cdot c \cdot dt^{(\mathrm{II})} = U \cdot (T_A - t^{(\mathrm{II})}) \cdot dA_x \quad \cdots (3 \cdot 150)$$

式 (3·149), (3·150) を (3·148) に代入し，微分して次式が得られる。

$$\frac{d^2 y_A}{dA_x{}^2} - \left(\frac{4R_A \cdot U}{w \cdot c}\right) \cdot \frac{dy_A}{dA_x} - \left(\frac{U}{w \cdot c}\right)^2 \cdot y_A = 0 \quad \cdots (3 \cdot 151)$$

$$y_A = T_1 + 2R_A \cdot (t_4 - t_3) - T_A$$

式 (3·151) の解は，

$$y_A = C_{11} \cdot \exp(M_1 \cdot A_x) + C_{12} \cdot \exp(M_2 \cdot A_x) \quad \cdots (3 \cdot 152)$$

$$\frac{dy_A}{dA_x} = C_{11} \cdot M_1 \cdot \exp(M_1 \cdot A_x) + C_{12} \cdot M_2 \cdot \exp(M_2 \cdot A_x) \quad \cdots (3 \cdot 152\mathrm{a})$$

ここで，

$$M_1 = \frac{2R_A \cdot U}{w \cdot c} \cdot (1 + \lambda)$$

$$M_2 = \frac{2R_A \cdot U}{w \cdot c} \cdot (1 - \lambda)$$

$$\lambda = \frac{\sqrt{1 + 4R_A{}^2}}{2R_A}$$

管側4パスの場合と同様の手順によって，$A_x=0$ および $A_x=A/2$ における境界条件から，次の結果が得られる。

$A_x=0$ において，

$$t^{(\mathrm{I})}=t_1,\ t^{(\mathrm{II})}=t_2,\ および\ T_A=T_3$$

したがって，

$$t_1+t_2-2T_3$$

$$=2\cdot(T_1-T_2)\cdot\left[1-\lambda\cdot\left(\frac{\phi_{R_A\cdot\lambda}+1}{\phi_{R_A\cdot\lambda}-1}\right)+\frac{2\lambda\cdot\phi_{R_A\cdot(\lambda-1)/2}}{\phi_{R_A\cdot\lambda}-1}\right]$$

$$-(T_1-T_3)\cdot\left[\frac{2\lambda\cdot\phi_{R_A\cdot(\lambda-1)/2}}{\phi_{R_A\cdot\lambda}-1}\right] \quad\cdots\cdots(3\cdot153)$$

$A_x=A/2$ において

$$t^{(\mathrm{I})}=t_3,\ t^{(\mathrm{II})}=t_4,\ および\ T_A=T_1$$

したがって，

$$t_3-t_4-2T_1$$

$$=2(T_1-T_2)\cdot\left[1+\lambda\cdot\left(\frac{\phi_{R_A\cdot\lambda}+1}{\phi_{R_A\cdot\lambda}-1}\right)-\frac{2\lambda\cdot\phi_{R_A\cdot(1+\lambda)/2}}{\phi_{R_A\cdot\lambda}-1}\right]$$

$$-(T_1-T_3)\cdot\left[1+\lambda\cdot\left(\frac{\phi_{R_A\cdot\lambda}+1}{\phi_{R_A\cdot\lambda}-1}\right)\right] \quad\cdots\cdots(3\cdot154)$$

部分 B についても同様の式が得られる。

$$\frac{d^2y_B}{dA_x{}^2}+\left(\frac{4R\cdot U}{w\cdot c}\right)\cdot\frac{dy_B}{dA_x}-\left(\frac{U}{w\cdot c}\right)^2\cdot y_B=0 \quad\cdots\cdots(3\cdot155)$$

$$y_B=T_1-T_B-2R_A\cdot(t_4-t_3)$$

式 (3・155) の解は

$$y_B=C_{21}\cdot\exp(N_1\cdot A_x)+C_{22}\cdot\exp(N_2\cdot A_x) \quad\cdots\cdots(3\cdot156)$$

$$\frac{dy_B}{dA_x}=C_{21}\cdot N_1\cdot\exp(N_1\cdot A_x)+C_{22}\cdot N_2\cdot\exp(N_2\cdot A_x) \quad\cdots\cdots(3\cdot156\mathrm{a})$$

ここで

$$N_1=-\frac{2R_A\cdot U}{w\cdot c}\cdot(1-\lambda)$$

$$N_2=-\frac{2R_A\cdot U}{w\cdot c}\cdot(1+\lambda)$$

$A_x=0$ において

$$t^{(\mathrm{I})}=t_3,\ t^{(\mathrm{II})}=t_4,\ および\ T_B=T_1$$

したがって

$$2T_1-(t_3+t_4)$$
$$=[2(T_1-T_2)-(T_1-T_3)]\cdot\left[1+\lambda\cdot\left(\frac{\phi^{R_A\cdot\lambda}+1}{\phi^{R_A\cdot\lambda}-1}\right)\right] \quad\cdots\cdots\cdots(3\cdot157)$$

式 (3・157) に式 (3・154) を加えて整理すると，次式が得られる．

$$T_1-T_3=2(T_1-T_2)\cdot\left(1-\frac{\dfrac{\lambda\cdot\phi^{R_A\cdot(1+\lambda)/2}}{\phi^{R_A\cdot\lambda}-1}}{1+\lambda\cdot\left(\dfrac{\phi^{R_A\cdot\lambda}+1}{\phi^{R_A\cdot\lambda}-1}\right)}\right) \quad\cdots\cdots\cdots(3\cdot158)$$

式 (3・158) と (3・153) を組合せて $T_3$ を消去すれば，温度効率に関する次式が導かれる．

$$E_A=\frac{2}{1+2R_A\cdot\left\{1+\lambda\cdot\left(\dfrac{\phi^{R_A\cdot\lambda}+1}{\phi^{R_A\cdot\lambda}-1}\right)-2\lambda\cdot z_1\right\}} \quad\cdots\cdots\cdots(3\cdot159)$$

ここで

$$z_1=\left(\frac{\dfrac{\phi^{R_A\cdot(1+\lambda)/2}}{\phi^{R_A\cdot\lambda}-1}}{1+\lambda\cdot\left(\dfrac{\phi^{R_A\cdot\lambda}+1}{\phi^{R_A\cdot\lambda}-1}\right)}\right)\cdot\left[1+\frac{\lambda\cdot\phi^{R_A\cdot(\lambda-1)/2}}{\phi^{R_A\cdot\lambda}-1}\right]$$

式 (3・159) を用いて温度効率 $E_A$ を計算し，その結果を図 3・79 に示した．

### 3・4・3 管側1パスの分割流形熱交換器

温度分布を図 3・13 に示す．この場合は向流熱交換器（部分 A）と並流熱交換器（部分

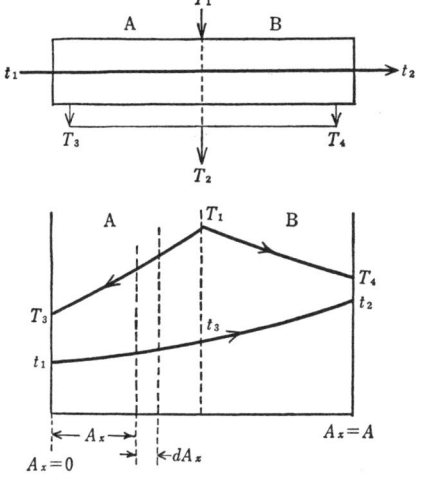

図 3・13 管側1パス分割流形熱交換器の温度分布

## 3・4 胴側分割流形熱交換器

B）が合成して成り立っていると見なすことができる。

部分 A について

$$\frac{t_3-t_1}{T_1-t_1}=E_{AA} \qquad t_3=E_{AA}(T_1-t_1)+t_1 \qquad \cdots\cdots(3\cdot160)$$

部分 B について

$$\frac{t_2-t_3}{T_1-t_3}=E_{AB} \qquad t_2=E_{AB}(T_1-t_3)+t_3 \qquad \cdots\cdots(3\cdot161)$$

熱交換器全体について

$$\frac{t_2-t_1}{T_1-t_1}=E_A \qquad \cdots\cdots(3\cdot162)$$

式 (3・160)，(3・161)，(3・162) を組み合せて，熱交換器全体の温度効率 $E_A$ を部分 A および B の温度効率 $E_{AA}$ および $E_{AB}$ で表わすと，次式が得られる。

$$E_A=E_{AA}-E_{AB}\cdot E_{AA}+E_{AB} \qquad \cdots\cdots(3\cdot163)$$

しかるに，部分 A は向流熱交換器と見なし得るので，その温度効率は式 (3・5) により求まる。すなわち

$$E_{AA}=\frac{1-\exp[-(NTU)_{AA}\cdot(1-R_{AA})]}{1-R_{AA}\exp[-(NTU)_{AA}\cdot(1-R_{AA})]} \qquad \cdots\cdots(3\cdot164)$$

部分 A の伝熱面積は全体の 1/2 であるから，部分 A の熱移動単位数 $(NTU)_{AA}$ は全体の熱移動単位数 $(NTU)_A$ の 1/2 である。すなわち

$$(NTU)_{AA}=\frac{(NTU)_A}{2} \qquad \cdots\cdots(3\cdot165)$$

また，部分 A の水当量比 $R_{AA}$ は

$$R_{AA}=2R_A \qquad \cdots\cdots(3\cdot166)$$

式 (3・166)，(3・165) を (3・164) に代入して，

$$E_{AA}=\frac{1-\phi^{(R_A-\frac{1}{2})}}{1-2R_A\cdot\phi^{(R_A-\frac{1}{2})}} \qquad \cdots\cdots(3\cdot167)$$

ここで

$$\phi=\exp[(NTU)_A]$$

部分 B は並流熱交換器と見なし得るので，その温度効率は式 (3・34) により求まる。すなわち

$$E_{AB}=\frac{1-\exp[-(NTU)_{AB}\cdot(1+R_{AB})]}{1+R_{AB}} \qquad \cdots\cdots(3\cdot168)$$

部分 B の熱移動単位数 $(NTU)_{AB}$ は，

$$(NTU)_{AB} = \frac{(NTU)_A}{2} \quad \cdots\cdots (3\cdot169)$$

また，部分 B の水当量比 $R_{AB}$ は，

$$R_{AB} = 2R_A \quad \cdots\cdots (3\cdot170)$$

式 (3・170), (3・169) を (3・168) に代入して,

$$E_{AB} = \frac{1 - \phi^{-(R_A + \frac{1}{2})}}{1 + 2R_A} \quad \cdots\cdots (3\cdot171)$$

式 (3・171), (3・167) を式 (3・163) に代入して整理すると，

$$E_A = 1 - \frac{(2R_A - 1)}{(2R_A + 1)} \cdot \left[ \frac{2R_A + \phi^{-(R_A + \frac{1}{2})}}{2R_A - \phi^{-(R_A - \frac{1}{2})}} \right] \quad \cdots\cdots (3\cdot172)$$

式 (3・172) を用いて温度効率 $E_A$ を計算し，その結果を図 3・80 に示した。

#### 3・4・4 管側パス数が無限の分割流形熱交換器

管側パス数が無限の場合には，管側流体は各々のパスで温度は一定と見なすことができる。すなわち，各々のパスでは流体は混合していると見なすことができる。管側の温度は単にパスが変わるたびに変わるだけである。一方，胴側の流体は熱交換器の各断面で完全に混合していると見なし得るので，管側パス数が無限大である分割流形熱交換器は，両流体共に完全に混合する場合の直交流熱交換器が，二つ並列に並んだものと見なすことができる。したがって，温度効率は両流体共に完全に混合する直交流熱交換器の温度効率（3・6・1 参照）と等しい。すなわち

$$E_A = \frac{1}{\dfrac{R_A \cdot \phi^{R_A}}{(\phi^{R_A} - 1)} + \dfrac{\phi}{\phi - 1} - \dfrac{1}{(NTU)_A}} \quad \cdots\cdots (3\cdot173)$$

温度効率線図を図 3・81 に示す。

## 3・5 胴側分流形熱交換器

多管円筒式熱交換器の設計において，胴側流体の許容圧力損失が小さい場合には，前述の胴側分割流形熱交換器のほかに，図 3・14 に示すような胴側分流形熱交換器が用いられることがある。総括伝熱係数が一定として，これらの熱交換器の温度効率を求める。

### 3・5・1 胴側2分流-管側1パスの分流形熱交換器

図 3・14 に示す胴側2分流-管側1パスの分流形熱交換器は，図 3・15 に示すように，並流熱交換器 B，C および向流熱交換器 A，D の4つの熱交換器より合成されているものと見なすことができる。

## 3・5 胴側分流形熱交換器

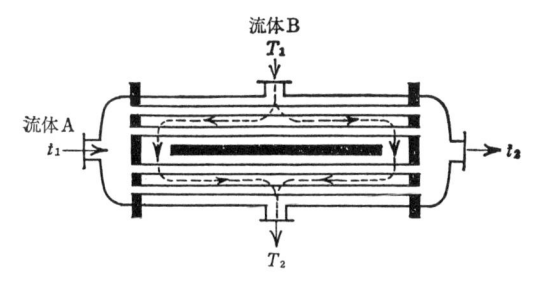

**図 3・14** 胴側 2 分流-管側パス分流形熱交換器

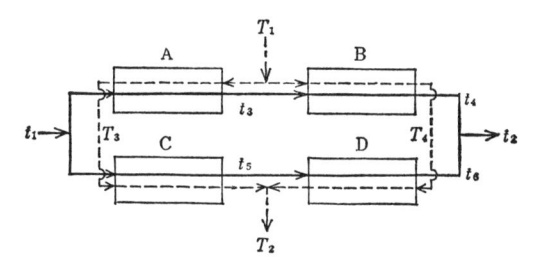

**図 3・15** 胴側 2 分流-管側 1 パス分流形熱交換器のモデル

いま，熱交換器 A，B，C，D の温度効率をそれぞれ $E_{AA}$，$E_{AB}$，$E_{AC}$，$E_{AD}$ とし，水当量比をそれぞれ $R_{AA}$，$R_{AB}$，$R_{AC}$，$R_{AD}$ とする。

熱交換器 A について，

$$E_{AA}=\frac{t_3-t_1}{T_1-t_1} \qquad t_3=E_{AA}\cdot(T_1-t_1)+t_1 \quad\cdots\cdots\cdots(3\cdot 174)$$

$$T_3=T_1-R_{AA}\cdot(t_3-t_1)=T_1-R_{AA}\cdot E_{AA}\cdot(T_1-t_1) \quad\cdots\cdots(3\cdot 175)$$

熱交換器 B について

$$E_{AB}=\frac{t_4-t_3}{T_1-t_3} \qquad t_4=E_{AB}\cdot(T_1-t_3)+t_3 \quad\cdots\cdots\cdots(3\cdot 176)$$

$$T_4=T_1-R_{AB}\cdot(t_4-t_3)=T_1-R_{AB}\cdot E_{AB}\cdot(T_1-t_3) \quad\cdots\cdots(3\cdot 177)$$

熱交換器 C について

$$E_{AC}=\frac{t_5-t_1}{T_3-t_1} \qquad t_5=E_{AC}\cdot(T_3-t_1)+t_1 \quad\cdots\cdots\cdots(3\cdot 178)$$

熱交換器 D について

$$E_{AD}=\frac{t_6-t_5}{T_4-t_5} \qquad t_6=E_{AD}\cdot(T_4-t_5)+t_5 \quad\cdots\cdots\cdots(3\cdot 179)$$

$$t_2=(t_4+t_6)/2 \quad\cdots\cdots\cdots\cdots\cdots\cdots\cdots\cdots\cdots\cdots\cdots\cdots\cdots(3\cdot 180)$$

熱交換器全体の温度効率 $E_A$ は,

$$E_A = \frac{t_2 - t_1}{T_1 - t_1} \quad \cdots\cdots\cdots\cdots\cdots\cdots\cdots\cdots\cdots\cdots\cdots\cdots\cdots\cdots\cdots\cdots (3 \cdot 181)$$

式 (3・174), (3・176) から

$$t_4 = (T_1 - t_1) \cdot (E_{AA} - E_{AA} \cdot E_{AB} + E_{AB}) + t_1 \quad \cdots\cdots\cdots\cdots\cdots\cdots (3 \cdot 182)$$

式 (3・178), (3・175) から

$$t_5 = (T_1 - t_1) \cdot E_{AC} \cdot (1 - R_{AA} \cdot E_{AA}) + t_1 \quad \cdots\cdots\cdots\cdots\cdots\cdots (3 \cdot 183)$$

式 (3・177), (3・174) から

$$T_4 = T_1 - (T_1 - t_1) \cdot R_{AB} \cdot E_{AB} \cdot (1 - E_{AA}) \quad \cdots\cdots\cdots\cdots\cdots\cdots (3 \cdot 184)$$

式 (3・183), (3・184) を (3・179) に代入して

$$t_6 = (T_1 - t_1) \cdot \{E_{AD}[1 - R_{AB} \cdot E_{AB}(1 - E_{AA}) - E_{AC}(1 - R_{AA} \cdot E_{AA})]$$
$$+ E_{AC}(1 - R_{AA} \cdot E_{AA})\} + t_1 \quad \cdots\cdots\cdots\cdots\cdots\cdots (3 \cdot 185)$$

式 (3・185), (3・182), (3・180), (3・181) から

$$E_A = \frac{1}{2}\{(E_{AA} + E_{AB} + E_{AC} + E_{AD}) - (E_{AA} \cdot E_{AB} + E_{AC} \cdot E_{AD}) - (R_{AA} \cdot E_{AA} \cdot E_{AC} +$$
$$R_{AB} \cdot E_{AB} \cdot E_{AD}) + (R_{AA} \cdot E_{AA} \cdot E_{AC} \cdot E_{AD} + R_{AB} \cdot E_{AA} \cdot E_{AB} \cdot E_{AD})\}$$
$$\cdots\cdots (3 \cdot 186)$$

しかるに

$$R_{AA} = R_{AB} = R_A$$
$$E_{AA} = E_{AD} \qquad E_{AB} = E_{AC}$$

したがって,

$$E_A = (E_{AA} + E_{AB}) - E_{AA} \cdot E_{AB}(1 + R_A) + R_A \cdot E_{AA}^2 \cdot E_{AB} \quad \cdots\cdots\cdots\cdots (3 \cdot 187)$$

熱交換器 A, B の伝熱面積はそれぞれ全体の伝熱面積の 1/4, 熱交換器 A, B の管側流体の水当量は熱交換器全体についての管側流体の水当量の 1/2 であるから, その熱移動単位数は全体についての値の 1/2 である。すなわち

$$(NTU)_{AA} = (NTU)_{AB} = (NTU)_A / 2$$

熱交換器 A の温度効率 $E_{AA}$ は, 式 (3・5) から

$$E_{AA} = \frac{1 - \exp[-(NTU)_A \cdot (1 - R_A)/2]}{1 - R_A \cdot \exp[-(NTU)_A \cdot (1 - R_A)/2]} \quad \cdots\cdots\cdots\cdots\cdots\cdots (3 \cdot 188)$$

熱交換器 B の温度効率 $E_{AB}$ は, 式 (3・34) から

$$E_{AB} = \frac{1 - \exp[-(NTU)_A \cdot (1 + R_A)/2]}{1 + R_A} \quad \cdots\cdots\cdots\cdots\cdots\cdots (3 \cdot 189)$$

## 3・5 胴側分流形熱交換器

式 (3・187), (3・188), (3・189) から, 胴側 2 分流-管側 1 パスの分流形熱交換器の温度効率 $E_A$ が求まる。これらの式を用いて計算した温度効率線図を, 図 3・82 に示した。

### 3・5・2 胴側 2 分流-管側 2 パスの分流形熱交換器

図 3・16 に示す胴側 2 分流-管側 2 パスの分流形熱交換器は, 図 3・17 に示すように,

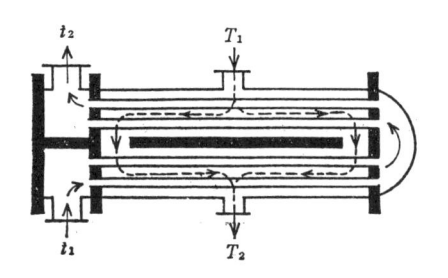

**図 3・16** 胴側 2 分流-管側 2 パスの分流形熱交換器

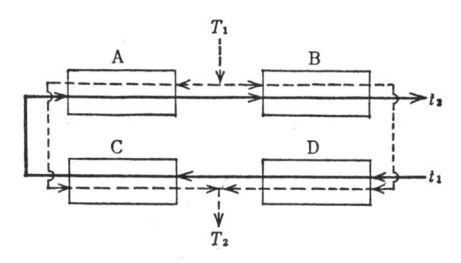

**図 3・17** 胴側 2 分流-管側 2 パスの分流形熱交換器のモデル

並流熱交換器 B, C および向流熱交換器 A, D の 4 つの熱交換器より合成されているものと見なすことができる。

したがって, 管側 1 パスの場合と同様の手順によって, この場合の温度効率を求めることができる。温度効率線図を図 3・83 に示した。

### 3・5・3 胴側 4 分流-管側 1 パスの分流形熱交換器

図 3・18 に示す胴側 4 分流-管側 1 パスの分流熱交換器は, 図 3・19 に示すように, 並流熱交換器 B, D, E, G および向流熱交換器 A, C, F, H の 8 つの熱交換器から合成されているものと見なすことができる。この場合の温度効率線図を図 3・84 に示した。

### 3・5・4 胴側 4 分流-管側 2 パスの分流形熱交換器

図 3・20 に示す胴側 4 分流-管側 2 パスの分流形熱交換器は, 図 3・21 に示すように, 並流熱交換器 B, D, E, G および向流熱交換器 A, C, F, H の 8 つの熱交換器から合成

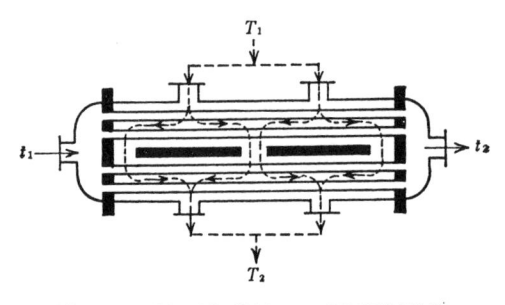

図 3・18　胴側4分流-管側1パス分流形熱交換器

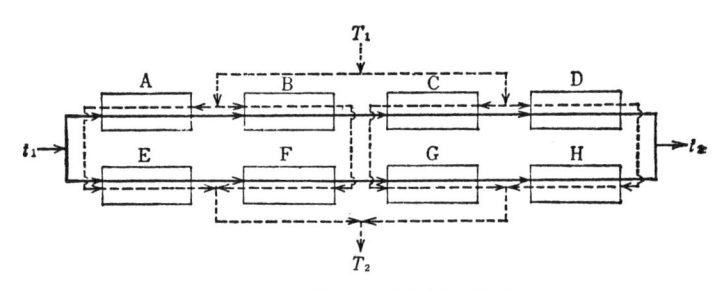

図 3・19　胴側4分流-管側1パス分流形熱交換器のモデル

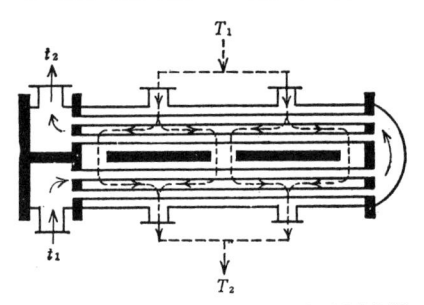

図 3・20　胴側4分流-管側2パス分流形熱交換器

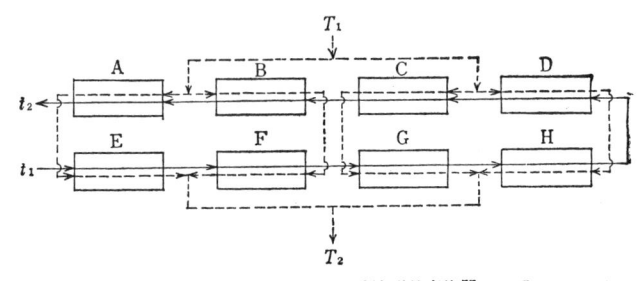

図 3・21　胴側4分流-管側2パス分流形熱交換器のモデル

されているものと見なすことができる。この場合の温度効率線図を，図 3・85 に示した。

## 3・6 単一パスの直交流熱交換器

各々の流体がそれぞれ混合しているか否かによって，流体の流れ形式には3種類の組合せが考えられる。これらの組合せを図 3・22 に示す。総括伝熱係数が一定として解析を進める。

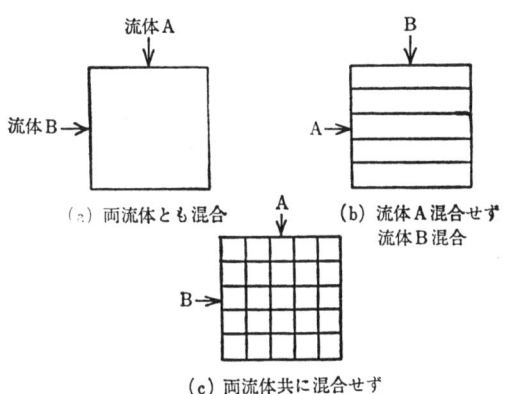

**図 3・22 直交流熱交換器の基本形式**

### 3・6・1 両流体とも横方向に混合する直交流熱交換器

この場合の温度分布を図 3・23 に示す。流体 A の温度 $t$ は $x$ 方向には変化せず，$y$ 方

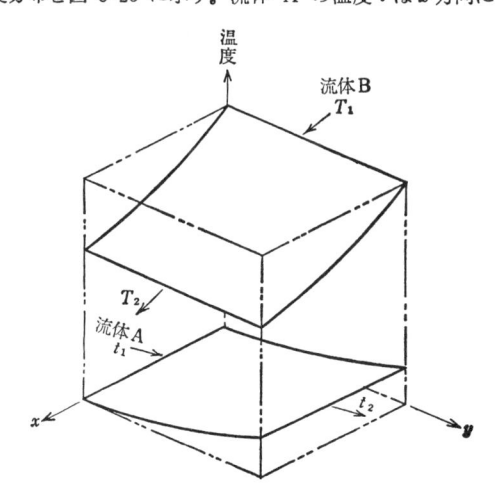

**図 3・23 両流体とも横方向に混合する直交流熱交換器の温度分布**

向にのみ変化し，流体 B の温度 $T$ は $y$ 方向には変化せず，$x$ 方向にのみ変化するものとする。すると，図 3·24 の $T$ の曲線および $t$ の曲線は，次に示す平均値を有することになる。

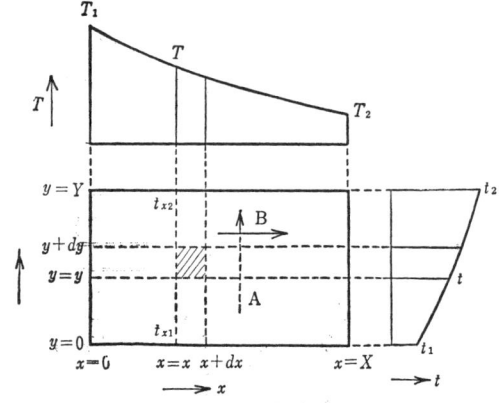

図 3·24 直交流熱交換器の解析のための説明図

$$T_m = \frac{1}{X}\int_0^X T\cdot dx \quad \cdots\cdots (3\cdot190)$$

$$t_m = \frac{1}{Y}\int_0^Y t\cdot dy \quad \cdots\cdots (3\cdot191)$$

まず，熱移動式から

$$dQ = U\cdot(T-t)\cdot dx\cdot dy \quad \cdots\cdots (3\cdot192)$$

幅 $dy$ の部分について積分して，

$$w\cdot c\cdot dt = U\cdot dy\cdot \int_0^X (T-t)\cdot dx \quad \cdots\cdots (3\cdot193)$$

ここで，$T$ は $x$ の関数であるが，$t$ は $x$ には無関係で一定である。式 (3·190) を代入して整理すると，次式が得られる。

$$\frac{dt}{dy} = \frac{U\cdot X}{w\cdot c}\cdot(T_m - t) \quad \cdots\cdots (3\cdot194)$$

積分し，境界条件 $y=0$ で $t=t_1$ を用いて

$$T_m - t = (T_m - t_1)\cdot \exp\left[-\left(\frac{U\cdot X}{w\cdot c}\right)\cdot y\right] \quad \cdots\cdots (3\cdot195)$$

$y$ に関して積分して

$$\int_{y=0}^{y=Y}(T_m - t)\cdot dy = (T_m - t_1)\cdot \int_{y=0}^{y=Y}\exp\left[-\left(\frac{U\cdot X}{w\cdot c}\right)\cdot y\right]\cdot dy$$

式 (3·191) を代入して，整理すると次式が得られる。

$$T_m = t_m - \frac{w \cdot c}{UXY} \cdot (T_m - t_1) \cdot [\exp(-UXY/w \cdot c) - 1] \quad \cdots\cdots(3 \cdot 196)$$

$XY = A$, $UA/w \cdot c = (NTU)_A$ であるから

$$T_m = t_m - \frac{1}{(NTU)_A} \cdot (T_m - t_1) \cdot \{\exp[-(NTU)_A] - 1\} \quad \cdots\cdots(3 \cdot 196a)$$

全く同様に,式(3・192)を幅 $dx$ について積分して,次式が得られる。

$$t_m = T_m - \frac{1}{R_A \cdot (NTU)_A} \cdot (t_m - T_1) \cdot \{\exp[-R_A \cdot (NTU)_A] - 1\} \quad \cdots(3 \cdot 197)$$

また,積分によって一方の流体の温度変化を与える式が得られる。

$$t_2 - t_1 = (T_m - t_1) \cdot \{1 - \exp[-(NTU)_A]\} \quad \cdots\cdots(3 \cdot 198)$$

定義から,温度効率は

$$E_A = \frac{t_2 - t_1}{T_1 - t_1} \quad \cdots\cdots(3 \cdot 199)$$

式(3・196a),(3・197),(3・198),(3・199)を組合せて

$$E_A = \frac{1}{\dfrac{1}{1 - \exp[-(NTU)_A]} + \dfrac{R_A}{1 - \exp[-R_A \cdot (NTU)_A]} - \dfrac{1}{(NTU)_A}}$$

$$\cdots\cdots(3 \cdot 200)$$

$\phi = \exp[(NTU)_A]$ とおけば,式(3・200)は(3・173)に書き直すことができる。
温度効率線図を図3・86に示した。

### 3・6・2 一方の流体が混合,他の一つの流体が混合しない直交流熱交換器

図3・25にこの場合の温度分布を示す。図3・25において,$T$ は $x$ のみの関数である

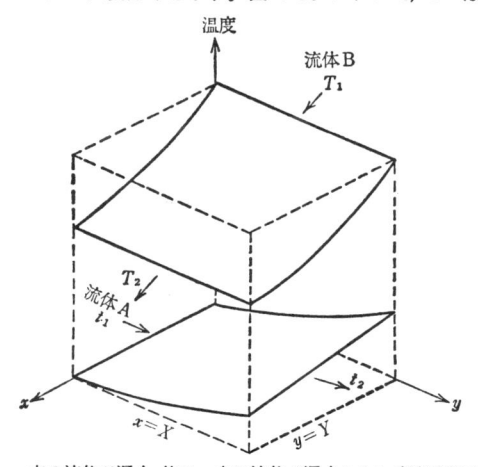

図 3・25 一方の流体が混合,他の一方の流体が混合しない直交流熱交換器の温度分布

が，$t$ は $x$ および $y$ の両方の関数である。いま，幅 $dx$ の帯を考えると，

$$\frac{dt_x}{dy} = \frac{U \cdot X}{w \cdot c} \cdot (T - t_x) \quad \cdots\cdots\cdots\cdots\cdots\cdots\cdots\cdots\cdots(3 \cdot 201)$$

境界条件は $y=0$ で，

$$t_x = t_{x_1} = t_1$$

上式を解いて

$$\frac{T - t_x}{T - t_1} = \exp\left(-\frac{U \cdot X \cdot y}{w \cdot c}\right) \quad \cdots\cdots\cdots\cdots\cdots\cdots\cdots\cdots\cdots(3 \cdot 202)$$

帯の出口 ($y=Y$) で $t_x = t_{x_2}$ とすると，

$$\frac{T - t_{x_2}}{T - t_1} = \exp\left(-\frac{U \cdot X \cdot Y}{w \cdot c}\right) = \exp[-(NTU)_A] \quad \cdots\cdots\cdots\cdots(3 \cdot 203)$$

この帯での熱収支から

$$w \cdot c \cdot \frac{dx}{X} \cdot (t_1 - t_{x_2}) = W \cdot C \cdot dT \quad \cdots\cdots\cdots\cdots\cdots\cdots\cdots\cdots(3 \cdot 204)$$

$t_{x_2}$ を式 (3・204) に代入して積分し，境界条件 $x=0$ で $t_x = t_1$ のもとに解き $T$ が求まる。しかるに，$x=X$ のとき $T=T_2$ であるから，最終的に次式が得られる。

$$\frac{T_1 - T_2}{T_1 - t_1} = 1 - \exp\left(-\Gamma \cdot \frac{w \cdot c}{W \cdot C}\right) \quad \cdots\cdots\cdots\cdots\cdots\cdots\cdots(3 \cdot 205)$$

ここで

$$\Gamma = 1 - \exp[-(NTU)_A]$$

$w \cdot c / W \cdot c = R_A$, $(T_1 - T_2)/(T_1 - t_1) = R_A \cdot E_A$ を代入して

$$E_A = \frac{1}{R_A} \cdot [1 - \exp(-\Gamma \cdot R_A)] \quad \cdots\cdots\cdots\cdots\cdots\cdots\cdots\cdots(3 \cdot 206)$$

温度効率線図を図 3・87 に示した。

### 3・6・3 両流体とも横方向に混合しない直交流熱交換器

この場合には，数値計算によって温度効率を求めることができる。図 3・26 の各エレメントについて，熱収支および熱移動式は

$$dQ = \frac{W \cdot C}{n} \cdot (T_{i,j-1} - T_{i,j}) = \frac{w \cdot c}{n} \cdot (t_{i,j} - t_{i-1,j}) \quad \cdots\cdots\cdots\cdots(3 \cdot 207)$$

および

$$dQ = \frac{U \cdot A}{n^2} \cdot \left(\frac{T_{i,j-1} + T_{i,j}}{2} - \frac{t_{i-1,j} + t_{i,j}}{2}\right) \quad \cdots\cdots\cdots\cdots(3 \cdot 208)$$

出口温度は

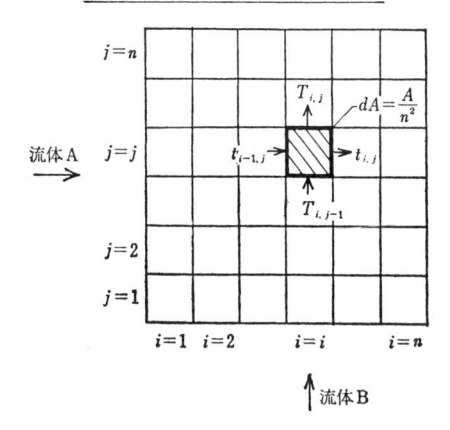

**図 3・26** 両流体ともに混合しない直交流熱交換器のマトリックス

$$t_2 = \frac{1}{n} \sum_{j=1}^{n} t_{n,j}$$

$$T_2 = \frac{1}{n} \sum_{i=1}^{n} T_{i,n}$$

流路分割数 $n$ を 20 以上とすると $(NTU)_A$ が 0 ないし 7 の範囲内で，小数点以下 4 桁まで正確に温度効率 $E_A$ の値を計算することができる。計算結果を表 3・9 (27頁参照) に，温度効率線図を図 3・88 に示した。

## 3・7 多数パスの直交流熱交換器[1]

### 3・7・1 2 パス直交向流熱交換器

図 3・27 に，2 パス直交向流熱交換器の流れ形式の種類を示した。この中の 6 種類は流体の記号を反対にすることにより重複することになるので，結局10種類に分類することができる。表 3・10 に，これら10種類の流れに対する解を集録した。解析解が得られるものに対しては，式を示してある。表 3・10 の最初の 3 種に対する式では，熱交換器全体の温度効率 $E_A$ を単一パスあたりの温度効率 $E_a$ および水当量比の関数として示してある。この 3 種は単一パスの熱交換器を，全体として向流になるように連結したものと見なすことができ，それらの式は式 (3・217) より求まる (3・10参照)。単一パスあたりの温度効率 $E_a$ は，単一パスあたりの $(NTU)_a$ を用いて計算せねばならない。2 パス熱交換器にお

---

1) STEVENS, R.A., J. FERNANDEZ, and J.R. WOOLF; "Mean-Temperature Difference in One, Two and Three-Pass Crossflow Heat Exchangers" TRANS. ASME, vol. 79, pp. 287〜297 (1957).

表 3・10　2 パス直交向流熱交換器の温度効率

| 分類 | 図 | 解 |
|---|---|---|
| 全体にわたり両流体ともに混合する。 | | $E_A = \dfrac{2E_a - E_a^2(1+R_A)}{1-E_a^2 R_A}$<br>$E_a$ は全体の $(NTU)_A$ の 1/2 を用いて式 (3・200) から算出。 |
| 両流体ともにパス間で混合する。<br>流体Aは各パス中で混合せず。<br>流体Bは各パス中で混合する。 | | $E_A = \dfrac{2E_a - E_a^2(1+R_A)}{1-E_a^2 R_A}$<br>$E_a$ は全体の $(NTU)_A$ の 1/2 を用いて式 (3・206) から算出。 |
| 両流体ともにパス間で混合する。<br>両流体ともに各パス中で混合せず。 | | $E_A = \dfrac{2E_a - E_a^2(1+R_A)}{1-E_a^2 \cdot R_A}$<br>$E_a$ は全体の $(NTU)_A$ の 1/2 を用いて表 3・9 から求める。 |
| 流体Aは全体にわたり混合する。<br>流体Bは全体にわたり混合せず，順序逆転。 | | $E_A = 1 - \dfrac{1}{\dfrac{K}{2} + \left(1-\dfrac{K}{2}\right)\exp(2K/R_A)}$<br>$K = 1 - \exp[-R_A(NTU)_A/2]$ |
| 流体Aは全体にわたり混合する。<br>流体Bは全体にわたり混合せず，順序変わらず。 | | $E_A = 1 - \dfrac{1}{\exp(2K/R_A) - K^2/R_A \cdot \exp(K/R_A)}$<br>$K = 1 - \exp[-R_A(NTU)_A/2]$ |
| 流体Aはパス間で混合するが，各パス中では混合せず。<br>流体Bは全体にわたり混合せず，順序逆転する。 | | 数値計算により解を求め，図 3・94 に示す。 |
| 流体Aはパス間で混合するが，各パス中では混合せず。<br>流体Bは全体にわたり混合せず，順序変わらず。 | | 数値計算により解を求め，図 3・95 に示す。 |
| 両流体ともに全体にわたり混合せず。両流体ともに順序逆転。 | | 数値計算により解を求め，図 3・96 に示す。 |
| 両流体とも全体にわたり混合せず。両流体ともに順序変わらず。 | | 数値計算により解を求め，図 3・97 に示す。 |
| 両流体ともに全体にわたり混合せず。<br>流体Aは順序逆転する。<br>流体Bは順序変わらず。 | | 数値計算により解を求め，図 3・98 に示す。 |

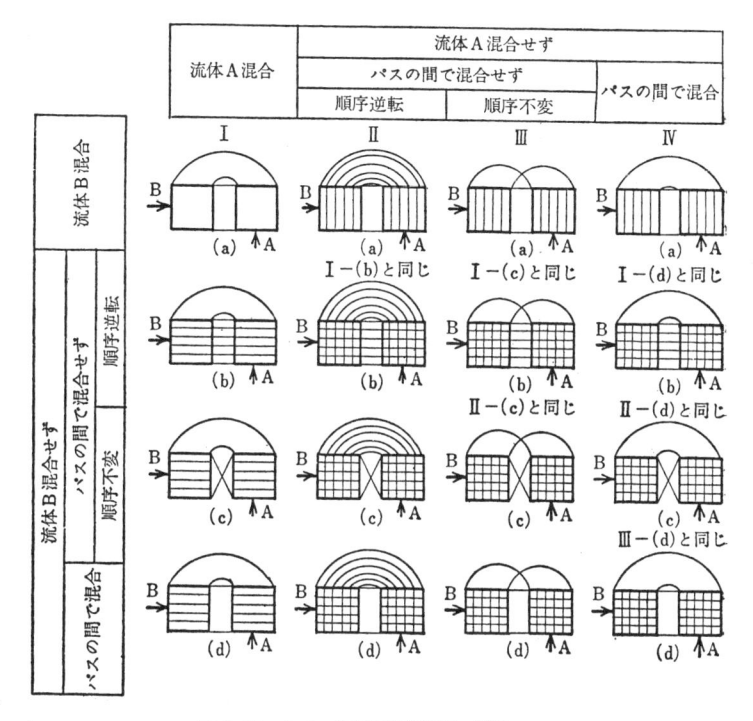

**図 3・27　2 パス直交流熱交換器の種類**

いては，単一パスあたりの $(NTU)_a$ は熱交換器全体の $(NTU)_A$ の 1/2 である。

表 3・10 の最後の 5 種は解析解は得られないので，数値計算によって解かねばならない。

2 パス直交向流熱交換器の温度効率線図を図 3・89 ないし 3・93 に示した。表 3・10 の最後の 5 種については，図 3・94 ないし 3・98 に補正係数の形で示した。

補正係数とは，対象とする熱交換器の温度効率 $E_A$ を，同一の $(NTU)_A$ および水当量比を有する向流熱交換器（3・1 参照）の温度効率 $E_{CF}$ で割った値である。

### 3・7・2　3 パス直交向流熱交換器

3 パス直交向流熱交換器の各流れ形式に対する温度効率の計算式を表 3・11 にまとめた。また，この場合に対する温度効率線図を，図 3・99 ないし図 3・103 に示した。表の最後の 5 種は解析解が得られないので，数値計算によって解き，その結果を補正係数の形で図 3・104 ないし 3・108 に示した。

表 3・11　3 パス直交向流熱交換器の温度効率

| 分類 | 図 | 解 |
|---|---|---|
| 両流体とも全体にわたり混合する。 | | $E_A = \dfrac{3E_a - 3E_a^2(1+R_A) + E_a^3(1+R_A+R_A^2)}{1 - E_a^2 R_A(3 - E_a - E_a \cdot R_A)}$<br>$E_a$ は全体の $(NTU)_A$ の 1/3 を用いて式 (3・200) より算出する。 |
| 両流体ともにパス間で混合する。流体Aは各パス中で混合せず，流体Bは各パス中で混合する。 | | $E_A = \dfrac{3E_a - 3E_a^2(1+R_A) + E_a^3(1+R_A+R_A^2)}{1 - E_a^2 R_A(3 - E_a - E_a \cdot R_A)}$<br>$E_a$ は全体の $(NTU)_A$ の 1/3 を用いて式 (3・206) より算出する。 |
| 両流体ともにパス間で混合する。両流体ともに各パス中で混合せず。 | | $E_A = \dfrac{3E_a - 3E_a^2(1+R_A) + E_a^3(1+R_A+R_A^2)}{1 - E_a^2 R_A(3 - E_a - E_a R_A)}$<br>$E_a$ は全体の $(NTU)_A$ の 1/3 を用いて表 3・9 から求める。 |
| 流体Aは全体にわたり混合する。流体Bは全体にわたり混合せず，順序逆転。 | | 式 (1)<br>$K = 1 - \exp[-R_A(NTU)_A/3]$ |
| 流体Aは全体にわたり混合する。流体Bは全体にわたり混合せず，順序変わらず。 | | 式 (2)<br>$K = 1 - \exp[-R_A(NTU_A)/3]$ |
| 流体Aはパス間で混合するが，各パス中で混合せず。流体Bは全体にわたり混合せず，順序逆転。 | | 数値計算により解を求め，図 3・104 に示す。 |
| 流体Aはパス間で混合するが，各パス中で混合せず。流体Bは全体にわたり混合せず，順序変わらず。 | | 数値計算により解を求め，図 3・105 に示す。 |
| 両流体ともに全体にわたり混合せず。両流体ともに順序逆転。 | | 数値計算により解を求め，図 3・106 に示す。 |
| 両流体ともに全体にわたり混合せず。両流体ともに順序変わらず。 | | 数値計算により解を求め，図 3・107 に示す。 |
| 両流体ともに全体にわたり混合せず。流体Aは順序逆転。流体Bは順序変わらず。 | | 数値計算により解を求め，図 3・108 に示す。 |

$$E_A = 1 - \dfrac{1}{\left(1-\dfrac{K}{2}\right)^2 \cdot \exp(3K/R_A) + \left[K\left(1-\dfrac{K}{4}\right) - (K^2/R_A)\left(1-\dfrac{K}{2}\right)\right] \cdot \exp(K/R_A)} \quad \cdots\cdots(1)$$

$$E_A = 1 - \dfrac{1}{[\exp(K/R_A) - 2K^2/R_A] \cdot \exp(2K/R_A) - \left(1 - K - \dfrac{K^2}{2R_A}\right)(K^2/R_A) \cdot \exp(K/R_A)} \quad \cdots(2)$$

## 3·8 分流直交熱交換器[2]

### 3·8·1 分流直交熱交換器（片側混合-片側非混合）

この場合の流れの形式を図 3·28 に示す。流体 A は混合するが，流体 B は流れに対して直角方向に混合しない。温度分布を図 3·29 に示す。分流直交熱交換器の温度効率は

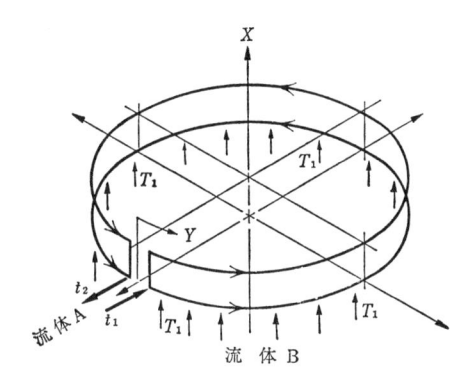

図 3·28 分流直交熱交換器の流れの模型

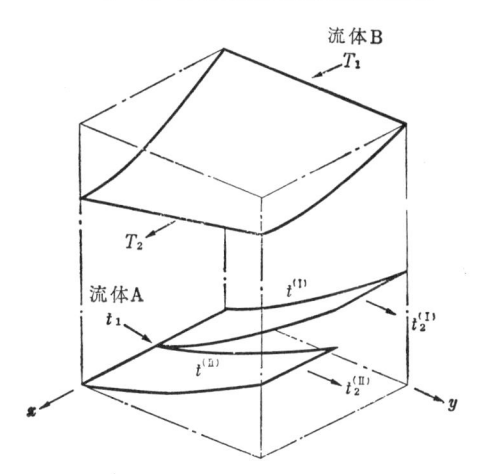

図 3·29 分流直交熱交換器の温度分布
（流体 B：混合せず，流体 A：混合する）

次式で表わされる。

---

2) KAMEI, H.; "Effectiveness and Temperature Distribution of Split Cross-Flow Heat Exchanger" ASME Paper 65-HT-24 pp. 1〜7 (1965).

$$E_A = [-\exp(-b)] - \frac{b \cdot \exp(-b)}{2} \cdot [1-\exp(-\beta)] \quad \cdots\cdots(3\cdot209)$$

ここで

$$\beta = R_A \cdot \left[\frac{(NTU)_A}{2}\right]$$

$$b = \frac{2}{R_A} \cdot [1-\exp(-\beta)]$$

温度効率線図を図 3・109 に示した。

### 3・8・2 交差分流直交熱交換器（片側混合-片側非混合）

この場合の流れの形式を図 3・30 に示す。流体 A は混合するが，流体 B は流れに対して直角方向に混合しない。温度分布を図 3・31 に示す。交差分流直交熱交換器の温度効率

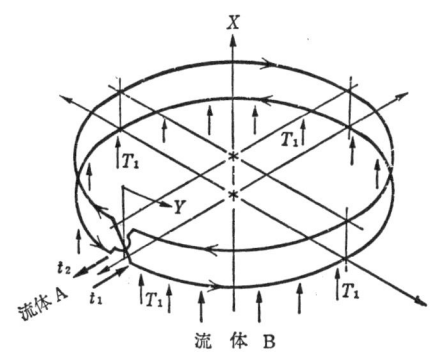

図 3・30 交差分流直交熱交換器の流れの模型

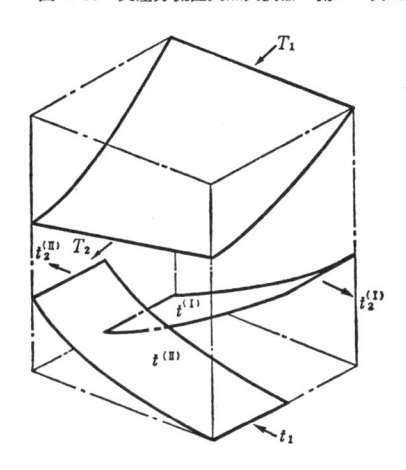

図 3・31 交差分流直交熱交換器の温度分布

は次式で表わされる。

$$E_A = [1-\exp(-b)]\{1-[1-\exp(-\beta)]\left[\frac{1+\exp(-b)}{4}\right]\} \quad \cdots\cdots\cdots(3\cdot210)$$

ここで

$$\beta = R_A \cdot \left[\frac{(NTU)_A}{2}\right]$$

$$b = \frac{2}{R_A}[1-\exp(-\beta)]$$

温度効率線図を図 3・110 に示した。

## 3・9 熱交換器の組合せ

### 3・9・1 全体として向流となるように直列に組合せた場合（総括伝熱係数が一定の場合）

図 3・32 に示すように，伝熱面積がそれぞれ等しい熱交換器 3 基を，全体として流れが向流になるように組合せた場合の系全体としての温度効率を求めて見よう。

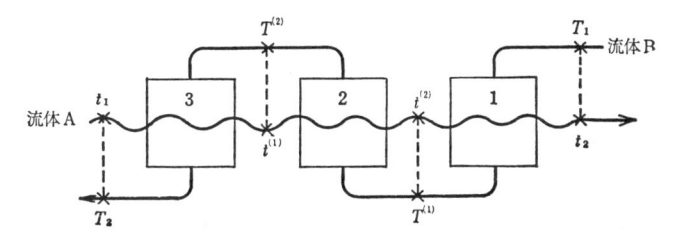

図 3・32　3直列熱交換器

系全体の温度効率は定義から

$$E_A = \frac{t_2 - t_1}{T_1 - t_1} \quad \cdots\cdots\cdots\cdots\cdots\cdots\cdots\cdots\cdots\cdots\cdots\cdots\cdots(3\cdot211)$$

いま

$$a_1 = T_1 - t_2$$
$$a_2 = T^{(1)} - t^{(2)}$$
$$a_3 = T^{(2)} - t^{(1)}$$
$$a_4 = T_2 - t_1$$

とおけば

$$\frac{a_4}{a_1} = \frac{T_2 - t_1}{T_1 - t_2} = \frac{(T_1 - t_1) - (T_1 - T_2)}{(T_1 - t_1) - (t_2 - t_1)}$$

$$= \frac{(T_1-t_1)-R_A\cdot(t_2-t_1)}{(T_1-t_1)-(t_2-t_1)} = \frac{1-E_A\cdot R_A}{1-E_A}$$

したがって,

$$E_A = \frac{1-(a_4/a_1)}{R_A-(a_4/a_1)} \quad \cdots\cdots\cdots\cdots\cdots\cdots\cdots\cdots\cdots\cdots\cdots\cdots\cdots (3\cdot 212)$$

同様にして,個々の熱交換器 1, 2, 3 について,

$$E_{A1} = \frac{t_2-t^{(2)}}{T_1-t^{(2)}} = \frac{1-(a_2/a_1)}{R_A-(a_2/a_1)}$$

$$E_{A2} = \frac{t^{(2)}-t^{(1)}}{T^{(1)}-t^{(1)}} = \frac{1-(a_3/a_2)}{R_A-(a_3/a_2)}$$

$$E_{A3} = \frac{t^{(1)}-t_1}{T^{(2)}-t_1} = \frac{1-(a_4/a_3)}{R_A-(a_4/a_3)}$$

しかるに,個々の熱交換器の温度効率はそれぞれ等しい。

すなわち,

$$E_{A1}=E_{A2}=E_{A3}\equiv E_a \quad \cdots\cdots\cdots\cdots\cdots\cdots\cdots\cdots\cdots\cdots\cdots (3\cdot 213)$$

したがって,

$$\frac{a_2}{a_1}=\frac{a_3}{a_1}=\frac{a_4}{a_3}=\frac{1-E_a\cdot R_A}{1-E_a} \quad \cdots\cdots\cdots\cdots\cdots\cdots\cdots\cdots\cdots (3\cdot 214)$$

したがって,

$$\frac{a_4}{a_1}=\frac{a_4}{a_3}\cdot\frac{a_3}{a_2}\cdot\frac{a_2}{a_1}=\left(\frac{1-E_a\cdot R_A}{1-E_a}\right)^3 \quad \cdots\cdots\cdots\cdots\cdots (3\cdot 215)$$

式 (3・215) を (3・212) に代入して整理すれば,

$$E_A = \frac{\left(\dfrac{1-E_a\cdot R_A}{1-E_a}\right)^3 - 1}{\left(\dfrac{1-E_a\cdot R_A}{1-E_a}\right)^3 - R_A} \quad \cdots\cdots\cdots\cdots\cdots\cdots\cdots\cdots (3\cdot 216)$$

同様にして,$n$ 個の同一の熱交換器が全体として流れが向流になるように直列に組合せた場合,個々の熱交換器の温度効率を $E_a$ とすれば,系全体としての温度効率は次式で表わすことができる。

$R_A \not= 1$ のとき

$$E_A = \frac{\left(\dfrac{1-E_a\cdot R_A}{1-E_a}\right)^n - 1}{\left(\dfrac{1-E_a\cdot R_A}{1-E_a}\right)^n - R_A} \quad \cdots\cdots\cdots\cdots\cdots\cdots\cdots\cdots (3\cdot 217)$$

$R_A = 1$ のとき

$$E_A = \frac{n \cdot E_a}{1+(n-1) \cdot E_a} \quad \cdots\cdots\cdots\cdots\cdots\cdots\cdots\cdots\cdots\cdots\cdots\cdots\cdots\cdots\cdots\cdots (3 \cdot 217\text{a})$$

図 3·33 に示す胴側 2 パス，管側 4 パスの多管円筒式熱交換器（一般に，2-4 熱交換器と呼ばれる）は，図 3·34 に示すように 1-2 熱交換器を直列に接続したものと見なし得る

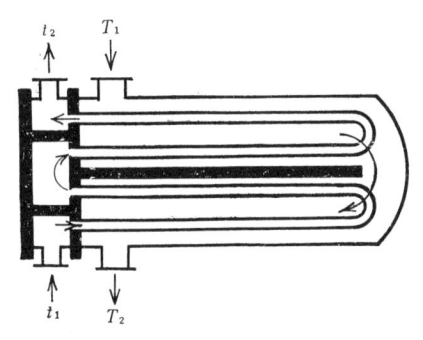

**図 3·33** 2-4 熱交換器

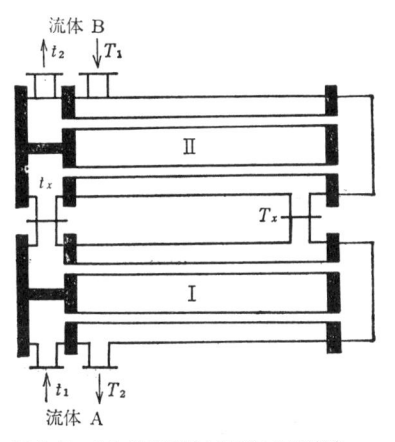

**図 3·34** 1-2 熱交換器を直列に 2 個連結

ので，その温度効率は式 (3·68a) と (3·217) より容易に計算することができる．同様に 3-6, 4-8, 5-10, 6-12 熱交換器の温度効率も計算することができる．これらの熱交換器の温度効率線図を，図 3·111 ないし図 3·114 に示した．

### 3·9·2 一方の流体が並列に，他の流体が直列に流れる組合せ（総括伝熱係数が一定の場合）

図 3·35 に示すように，2 個の同一の熱交換器を組合せ，流体 A を並列に，流体 B を直列に流した場合の系全体の温度効率を求める．個々の熱交換器の構造，伝熱面積が等し

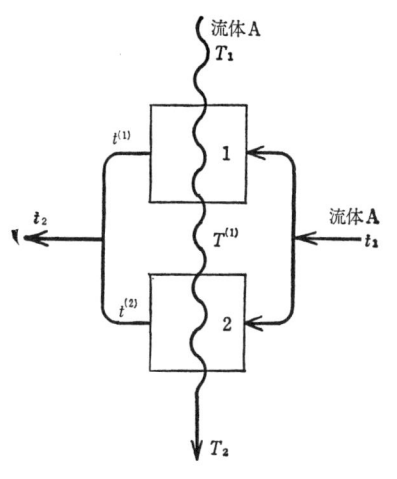

図 3・35 直列-並列組合せ熱交換器

いものとする。熱交換器1について

$$E_a = \frac{t^{(1)} - t_1}{T_1 - t_1} \qquad t^{(1)} = t_1 + E_a \cdot (T_1 - t_1) \quad \cdots\cdots (3\cdot218)$$

$R_A = w \cdot c / W \cdot C$ とおけば,

$$T^{(1)} = T_1 - \frac{R_A}{2} \cdot (t^{(1)} - t_1)$$

$$= T_1 - \frac{R_A}{2} \cdot E_a \cdot (T_1 - t_1) \quad \cdots\cdots (3\cdot219)$$

熱交換器2について

$$E_a = \frac{t^{(2)} - t_1}{T^{(1)} - t_1} \qquad t^{(2)} = t_1 + E_a \cdot (T^{(1)} - t_1) \quad \cdots\cdots (3\cdot220)$$

式 (3・220) に式 (3・219) を代入して,

$$t^{(2)} = t_1 + E_a \cdot \left(1 - \frac{R_A \cdot E_a}{2}\right) \cdot (T_1 - t_1) \quad \cdots\cdots (3\cdot221)$$

系全体の温度効率は,

$$E_A = \frac{t_2 - t_1}{T_1 - t_1} \quad \cdots\cdots (3\cdot222)$$

しかるに

$$t_2 = \frac{t^{(1)} + t^{(2)}}{2} \quad \cdots\cdots (3\cdot223)$$

式 (3・223), (3・221), (3・218) から,

## 3・9 熱交換器の組合せ

$$t_2 = t_1 + E_a\left(1 - \frac{R_A \cdot E_a}{4}\right) \cdot (T_1 - t_1) \quad \cdots\cdots(3\cdot224)$$

式 (3・224) を (3・222) に代入して，

$$E_A = E_a\left(1 - \frac{R_A \cdot E_a}{4}\right)$$

$$= \frac{1}{R_A} \cdot \left\{1 - \left(1 - \frac{1}{2} \cdot R_A \cdot E_a\right)^2\right\} \quad \cdots\cdots(3\cdot225)$$

同様にして，$n$ 個の同一の熱交換器を組合せ，流体 A を並列に，流体 B を直列に流した場合，個々の熱交換器の温度効率を $E_a$ とすれば，系全体の温度効率は次式で表わされることになる。

$$E_A = \frac{1}{R_A} \cdot \left\{1 - \left(1 - \frac{1}{n} \cdot R_A \cdot E_a\right)^n\right\} \quad \cdots\cdots(3\cdot226)$$

二重管式熱交換器において，内管側流体が環状部側流体に比べて著じるしく多量の場合には，図 3・36 に示すように，内管側流体を並列に，環状部側部側流体を直列に流すこと

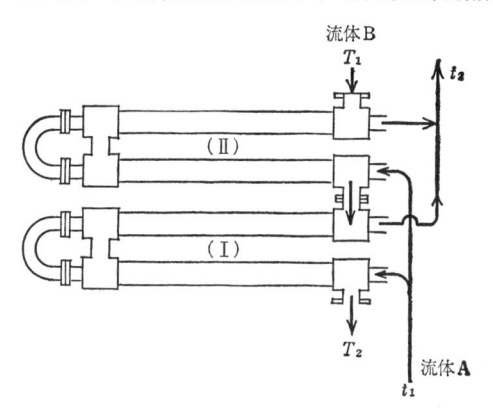

図 3・36 管側並列，胴側直列二重管式熱交換器

がある。この場合，個々の熱交換器 I，II は向流熱交換器であるから，総括伝熱係数が一定の場合には，その温度効率は式 (3・5) から求まるので，この場合の系全体の温度効率は式 (3・226) から容易に計算することができる。このような二重管式熱交換器を組合せた場合の温度効率線図を，図 3・115 ないし図 3・117 に示す。

### 3・9・3 全体として向流となるように直列に組合せた場合（総括伝熱係数が温度とともに変化する場合）

これまでは，温度効率が等しい熱交換器の組合せについて述べた。総括伝熱係数が一定で，同一形状，同一伝熱面積の熱交換器を組合せる場合には，個々の熱交換器の温度効率

が等しいので，前述のように比較的簡単に取り扱うことができる。しかし，総括伝熱係数が温度とともに変化する場合には，個々の熱交換器の伝熱面積が等しくても，温度効率は等しくないので，式 (3·226) および式 (3·217) は用いることができない。

総括伝熱係数が温度ともに変化する場合の組合せ熱交換器の取扱い法を，2-4 熱交換器を例にとって示そう。

図 3·34 に示したように，2-4 熱交換器を 1-2 熱交換器が 2 個直列になったものと考える。熱交換器 1 および 2 は等しい伝熱面積をもつものとする。

入口および出口の温度は $T_1, T_2, t_1, t_2$ と与えられるものとする。また，総括伝熱係数は管内側流体の温度に比例して変化するものとし，管側流体入口で $U_1$，出口で $U_2$ とする。$T_x, t_x$ は未知である。図 3·34 に関して以下の無次元数を定義する。

$$V_1 = \frac{U_x}{U_1} \qquad V_2 = \frac{U_2}{U_x}$$

$$E_{A1} = \frac{t_x - t_1}{T_x - t_1} \qquad E_{A2} = \frac{t_2 - t_x}{T_1 - t_x}$$

$$(NTU)_{A1} = \frac{U_1 \cdot A}{2w \cdot c} \qquad (NTU)_{A2} = \frac{U_2 \cdot A}{2w \cdot c}$$

$$R_A = \frac{T_1 - T_2}{t_2 - t_1} = \frac{w \cdot c}{W \cdot C}$$

以下の順で試行錯誤を行なう。

1. $t_x$ を仮定し，$T_x$ を熱収支より決める。

$$(T_1 - T_x) = R_A \cdot (t_2 - t_x)$$

2. $t_x$ より $U_x$ を計算し，$V_1, V_2, E_{A1}, E_{A2}$ を計算し，1-2 熱交換器用線図（図 3·58 ないし図 3·67）から，$U_x/U_1$ および $U_2/U_x$ のおのおのの比に対する $(NTU)_{A1}$，$(NTU)_{A2}$ を求める。

3. $(NTU)_{A2}/(NTU)_{A1}$ の比を計算する。もし $t_x$ の仮定が正しければ，その比は

$$(NTU)_{A2}/(NTU)_{A1} = U_x/U_1 = V_1$$

となるはずである。このことが満たされない場合には，$t_x$ の値を別の値に設定して再度計算を行なう。

この操作を満足すべき $t_x$ が得られるまで続ける。

以下にその計算例を示す。

〔例題 3·1〕 2-4 熱交換器の計算

50,000 kg/hr の油（比熱 $c = 0.6$ kcal kg·°C）を，他の流体を用いて 275°C から 320°C まで加熱する。油は管内側を流すものとし，総括伝熱係数は管内側流体（油）の温度

に比例するものとする。

入口および出口温度は

$T_1 = 400 [°C]$　　$t_1 = 275 [°C]$

$T_2 = 300 [°C]$　　$t_2 = 320 [°C]$

伝熱係数として，$U_1 = 100 [\text{kcal/m}^2 \cdot \text{hr} \cdot °C](275[°C])$, $U_2 = 144 [\text{kcal/m}^2 \cdot \text{hr} \cdot °C](320[°C])$ とし，$U$ は管内流体(油)温度の一次関数とする。

2-4 熱交換器を用いるものとし，その所要伝熱面積を求めよ。

〔解〕 無次元数の計算：

$R_A = (T_1 - T_2)/(t_2 - t_1) = 2.22$

$E_A = (t_2 - t_1)/(T_1 - t_1) = 0.36$

試行 1)

step 1： $t_x = 280 [°C]$ と仮定

step 2： $T_x = T_1 - R_A \cdot (t_2 - t_x) = 311 [°C]$

step 3： $U_x = 104.9 [\text{kcal/m}^2 \cdot \text{hr} \cdot °C]$　(直線的内挿)

$V_1 = U_x/U_1 = 1.049$

$V_2 = U_2/U_x = 1.375$

$E_{A1} = (t_x - t_1)/(T_x - t_1) = 0.138$

$E_{A2} = (t_2 - t_x)/(T_1 - t_x) = 0.333$

図 3・57 および図 3・59 から $U_2/U_1$ 比が 1.048，および 1.375 について $R_A = 2.2$ の場合の $E_{A1}$, $E_{A2}$ に対応する $(NTU)_A$ を読むと，

$(NTU)_{A1} = 0.17$

$(NTU)_{A2} = 0.90$

この場合 $(NTU)_{A2}/(NTU)_{A1} = 5.3$ となり，$V_1 = 1.048$ とは大きく異なる。

試行 2)

step 1： $t_x = 290 [°C]$ と仮定

step 2： $T_x = 334 [°C]$

step 3： $U_x = 114.5$

$V_1 = 1.145$

$V_2 = 1.260$

$E_{A1} = 0.254$

$E_{A2} = 0.273$

図 3・63 および図 3・57 から

$(NTU)_{A1} = 0.44$

$(NTU)_{A2} = 0.50$

比 $(NTU)_{A2}/(NTU)_{A1} = 1.137$ となり，ほぼ $V_1$ と一致する。このときの伝熱面積はおのおの 132 [m²]，全伝熱面積は 264 [m²] となる。

## 3・10 バヨネット式熱交換器

図 3・37 に示すバヨネット式熱交換器 (Bayonet Exchanger or Field Tube Exchanger) は，流体の流れ様式によって図 3・38 に示す 4 形式に分類することができる。

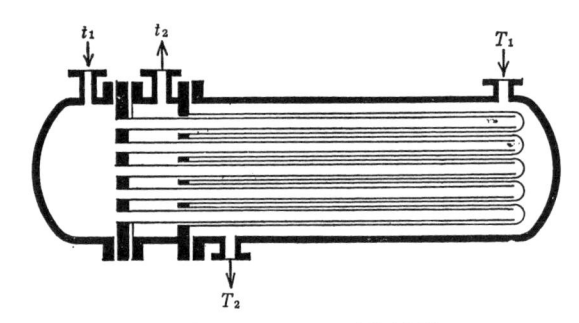

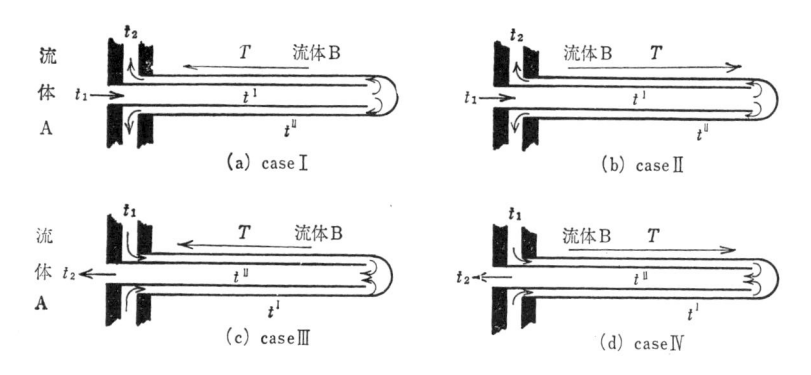

**図 3・37** バヨネット式熱交換器

**図 3・38** バヨネット式熱交換器の流れ様式

図 3・38 の case Ⅰ 場合について考えると，この場合の温度分布は図 3・39 のようになる。流体 A は管内を通り，環状部を反対方向に流れて流出する。胴側の境膜伝熱係数と環状部外管内側の境膜伝熱係数とから，外管側の総括伝熱係数 $U$ が成り立つ。このほかに内管内側の境膜伝熱係数と内管外側の境膜伝熱係数とから，内管側の総括伝熱係数 $u$ が成り立つ。外管の伝熱面積を $A$，内管の伝熱面積を $a$ とすれば，微小面積（外管）$dA_x$ におけるヒートバランスから，

$$U \cdot (T-t^{\mathrm{II}}) \cdot dA_x - u \cdot (t^{\mathrm{II}}-t^{\mathrm{I}}) \cdot (a/A) \cdot dA_x = -w \cdot c \cdot dt^{\mathrm{II}} \quad \cdots\cdots\cdots\cdots (3\cdot227)$$

$$u \cdot (t^{\mathrm{II}}-t^{\mathrm{I}}) \cdot (a/A) \cdot dA_x = w \cdot c \cdot t^{\mathrm{I}} \quad \cdots\cdots\cdots\cdots\cdots (3\cdot228)$$

## 3・10 バヨネット式熱交換器

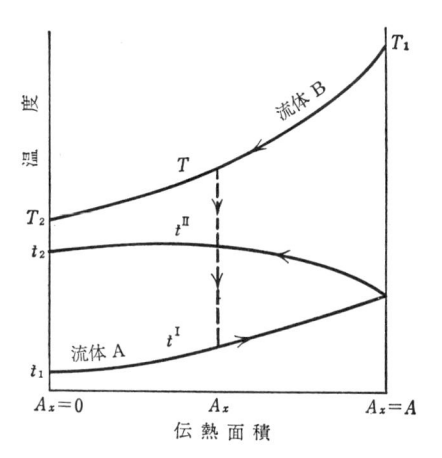

**図 3・39** case Ⅰ の場合の温度分布

両式から

$$U \cdot (T - t^{\mathrm{II}}) \cdot dA_x = w \cdot c \cdot (dt^{\mathrm{I}} - dt^{\mathrm{II}}) \quad \cdots\cdots (3\cdot 229)$$

また

$$w \cdot c \cdot (t^{\mathrm{II}} - t^{\mathrm{I}}) = W \cdot C \cdot (T_1 - T) \quad \cdots\cdots (3\cdot 230)$$

式 (3・229), (2・230) から

$$\frac{dT}{dA_x} = \frac{U}{W \cdot C} \cdot (T - t^{\mathrm{II}}) \quad \cdots\cdots (3\cdot 231)$$

微分して

$$\frac{d^2 T}{dA_x^2} = \frac{U}{W \cdot C} \cdot \left( \frac{dT}{dA_x} - \frac{dt^{\mathrm{II}}}{dA_x} \right) \quad \cdots\cdots (3\cdot 232)$$

式 (3・230) から,

$$\frac{dt^{\mathrm{II}}}{dA_x} = \frac{dt^{\mathrm{I}}}{dA_x} - \frac{W \cdot C}{w \cdot c} \cdot \frac{dT}{dA_x} \quad \cdots\cdots (3\cdot 233)$$

式 (3・228), (3・230) から

$$\frac{dt^{\mathrm{I}}}{dA_x} = \frac{u}{w \cdot c} \cdot \left( \frac{a}{A} \right) \cdot \frac{W \cdot C}{w \cdot c} \cdot (T_1 - T) \quad \cdots\cdots (3\cdot 234)$$

式 (3・233), (3・234) を式 (3・232) に代入し,

$$(T_1 - T) = \tau$$

とおけば

$$-\frac{d^2 \tau}{dA_x^2} + \left( \frac{U}{W \cdot C} - \frac{U}{w \cdot c} \right) \cdot \frac{d\tau}{dA_x} + \frac{U \cdot u}{(w \cdot c)^2} \cdot \left( \frac{a}{A} \right) \cdot \tau = 0 \quad \cdots\cdots (3\cdot 235)$$

式 (3·235) の解は

$$\tau = T_1 - T = C_1 \cdot \exp(m_1 A_x) + C_2 \cdot \exp(m_2 \cdot A_x) \quad \cdots\cdots (3\cdot 236)$$

ここで

$$m_1 = \frac{1}{2} \cdot \frac{U}{W \cdot C} \cdot \left[ 1 + \frac{W \cdot C}{w \cdot c} + \sqrt{\left(1 + \frac{W \cdot C}{w \cdot c}\right)^2 + 4 \cdot \frac{u}{U} \cdot \frac{a}{A} \cdot \left(\frac{W \cdot C}{w \cdot c}\right)^2} \, \right]$$

$$m_2 = \frac{1}{2} \cdot \frac{U}{W \cdot C} \cdot \left[ 1 + \frac{W \cdot C}{w \cdot c} - \sqrt{\left(1 + \frac{W \cdot C}{w \cdot c}\right)^2 + 4 \cdot \frac{u}{U} \cdot \frac{a}{A} \cdot \left(\frac{W \cdot C}{w \cdot c}\right)^2} \, \right]$$

$$\cdots\cdots (3\cdot 237)$$

平方根の項を $\psi$ で表わせば,

$$\left. \begin{array}{l} m_1 = \dfrac{1}{2} \cdot \dfrac{U}{W \cdot C} \cdot \left(1 + \dfrac{W \cdot C}{w \cdot c} + \psi \right) \\ m_2 = \dfrac{1}{2} \cdot \dfrac{U}{W \cdot C} \cdot \left(1 + \dfrac{W \cdot C}{w \cdot c} - \psi \right) \end{array} \right\} \quad \cdots\cdots (3\cdot 237\text{a})$$

$C_1$, $C_2$ は積分定数で，境界条件から求まる。

$A_x = A$ のとき $T = T_1$

$A_x = 0$ のとき $T = T_2$

したがって,

$$\left. \begin{array}{l} C_1 = -\dfrac{(T_1 - T_2) \cdot \exp(m_2 \cdot A)}{\exp(m_1 \cdot A) - \exp(m_2 \cdot A)} \\ C_2 = \dfrac{(T_1 - T_2) \cdot \exp(m_1 \cdot A)}{\exp(m_1 \cdot A) - \exp(m_2 \cdot A)} \end{array} \right\} \quad \cdots\cdots (3\cdot 238)$$

式 (3·236) を微分し，式 (3·231) に代入して,

$$C_1 \cdot m_1 \cdot \exp(m_1 \cdot A_x) + C_2 \cdot m_2 \cdot \exp(m_2 \cdot A_x) = -\frac{U}{W \cdot C} \cdot (T - t^{\mathrm{II}})$$

$$\cdots\cdots (3\cdot 239)$$

$A_x = 0$ で $t^{\mathrm{II}} = t_2$, $T = T_2$ であるから,

$$C_1 \cdot m_1 + C_2 \cdot m_2 = -\frac{U}{W \cdot C} \cdot (T_2 - t_2) \quad \cdots\cdots (3\cdot 240)$$

式 (3·237a), (3·238) を式 (3·240) に代入して,

$$\frac{1}{2} \cdot (T_1 - T_2) \cdot \left\{ 1 + \frac{W \cdot C}{w \cdot c} - \psi \cdot \left[ \frac{\exp(m_1 \cdot A) + \exp(m_2 \cdot A)}{\exp(m_1 \cdot A) - \exp(m_2 \cdot A)} \right] \right\}$$

$$= t_2 - T_2 \quad \cdots\cdots (3\cdot 241)$$

$\exp(m_1 \cdot A) / \exp(m_2 \cdot A)$ に関して解き，対数を用いて

$(m_1 - m_2) \cdot A$

## 3・10 バヨネット式熱交換器

$$=\ln\left[\frac{(T_2-t_2)+\frac{1}{2}\cdot(T_1-T_2)\cdot\left(1+\frac{W\cdot C}{w\cdot c}\right)+\frac{1}{2}\cdot\phi\cdot(T_1-T_2)}{(T_2-t_2)+\frac{1}{2}\cdot(T_1-T_2)\cdot\left(1+\frac{W\cdot C}{w\cdot c}\right)-\frac{1}{2}\cdot\phi\cdot(T_1-T_2)}\right] \quad \cdots\cdots(3\cdot242)$$

いま，有効温度差 $\varDelta T$ を次式で定義するものとする。

$$\varDelta T = \frac{Q}{U\cdot A} = \frac{W\cdot C\cdot(T_1-T_2)}{U\cdot A} \quad \cdots\cdots\cdots\cdots\cdots\cdots\cdots\cdots(3\cdot243)$$

式 (3・243), (3・237a) を式 (3・242) に代入して，$m_1, m_2, A$ を消去すれば，

$$\varDelta T = \frac{(T_1-T_2)\cdot\phi}{\ln\left[\dfrac{(T_2-t_2)+\frac{1}{2}\cdot(T_1-T_2)\cdot\left(1+\frac{W\cdot C}{w\cdot c}\right)+\frac{1}{2}\cdot\phi\cdot(T_1-T_2)}{(T_2-t_2)+\frac{1}{2}\cdot(T_1-T_2)\cdot\left(1+\frac{W\cdot C}{w\cdot c}\right)-\frac{1}{2}\cdot\phi\cdot(T_1-T_2)}\right]}$$

$$\cdots\cdots(3\cdot244)$$

$\phi$ の値を代入し，$w\cdot c/W\cdot C$ の代りに $(T_1-T_2)/(t_2-t_1)$ を用いて書き直すと，

$$\varDelta T = \frac{\sqrt{(T_1-T_2+t_2-t_1)^2+4\cdot\frac{u}{U}\cdot\frac{a}{A}\cdot(t_2-t_1)^2}}{\ln\left[\dfrac{T_2-t_2+T_1-t_1+\sqrt{(T_1-T_2+t_2-t_1)^2+4\cdot\frac{u}{U}\cdot\frac{a}{A}\cdot(t_2-t_1)^2}}{T_2-t_2+T_1-t_1-\sqrt{(T_1-T_2+t_2-t_1)^2+4\cdot\frac{u}{U}\cdot\frac{a}{A}\cdot(t_2-t_1)^2}}\right]}$$

$$\cdots\cdots(3\cdot245)$$

図で表わすために，次の無次元数を定義する。

$$R_A = \frac{T_1-T_2}{t_2-t_1} = \frac{w\cdot c}{W\cdot C} \qquad V = \frac{1}{2}\left(\frac{T_1+T_2-t_1-t_2}{t_2-t_1}\right)$$

$$F = \frac{u}{U}\cdot\frac{a}{A}$$

これらの値を式 (3・245) に代入すれば，

$$\frac{\varDelta T}{t_2-t_1} = \frac{\sqrt{(R_A+1)^2+4F}}{\ln\left[\dfrac{2V+\sqrt{(R_A+1)^2+4F}}{2V-\sqrt{(R_A+1)^2+4F}}\right]} \quad \cdots\cdots\cdots\cdots\cdots\cdots\cdots(3\cdot246)$$

この式は図 3・38 の case IV に対しても成り立つ。

case II および case III に対しては，

$$\varDelta T = \frac{\sqrt{(T_1-T_2-t_2+t_1)^2+4\cdot\frac{u}{U}\cdot\frac{a}{A}\cdot(t_2-t_1)^2}}{\ln\left[\dfrac{T_2-t_2+T_1-t_1+\sqrt{(T_1-T_2-t_2+t_1)^2+4\cdot\frac{u}{U}\cdot\frac{a}{A}\cdot(t_2-t_1)^2}}{T_2-t_2+T_1-t_1-\sqrt{(T_1-T_2-t_2+t_1)^2+4\cdot\frac{u}{U}\cdot\frac{a}{A}\cdot(t_2-t_1)^2}}\right]}$$

$$\cdots\cdots(3\cdot247)$$

および

$$\frac{\Delta T}{t_2-t_1} = \frac{\sqrt{(R_A-1)^2+4F}}{\ln\left[\dfrac{2V+\sqrt{(R_A-1)^2+4F}}{2V-\sqrt{(R_A-1)^2+4F}}\right]} \quad \cdots\cdots(3\cdot248)$$

式 (3・246), (3・248) は次のように書き直すことができる。

$$\left(\frac{\Delta T}{t_2-t_1}\right)\cdot\frac{1}{V} = \frac{2(M/V)}{\ln\left[\dfrac{1+\dfrac{M}{V}}{1-\dfrac{M}{V}}\right]} \quad \cdots\cdots(3\cdot249)$$

ここで, case I および IV に対しては,

$$M = \frac{1}{2}\cdot\sqrt{(R_A+1)^2+4F} \quad \cdots\cdots(3\cdot250)$$

case II および III に対しては

$$M = \frac{1}{2}\cdot\sqrt{(R_A-1)^2+4F} \quad \cdots\cdots(3\cdot251)$$

式 (3・249) の解を図 3・40 に, 式 (3・250), (3・251) の解をそれぞれ図 3・41 および

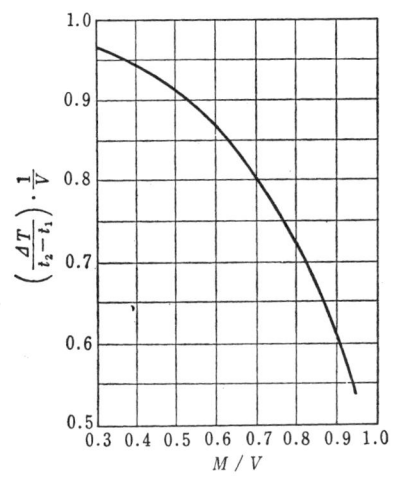

図 3・40 式 (3・249) の解

3・42 に示した。

有効温度差 $\Delta T$ を求める手順をまとめると,

step 1. $R_A$ および $V$ を決め, $U$ および $u$ を決めた後に $F$ を決める。

step 2. 図 3・38 に示した流れの形式に応じて, 図 3・41 または図 3・42 を用いて $R_A$,

$F$ から $M$ を決める。

step 3. $M/V$ を計算し図 3·40 から $\Delta T/(t_2-t_1)/V$ を読みとり, $\Delta T/(t_2-t_1)$ を計算する。

step 4. $\Delta T$ を計算する。

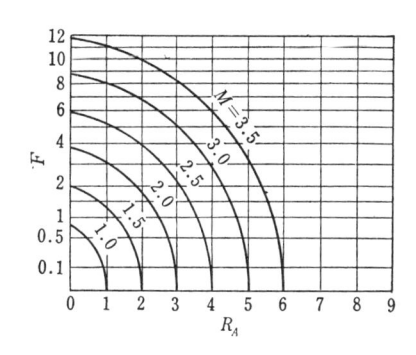

図 3·41 case I および case IV における式 (3·250) の解

図 3·42 case II および case III における式 (3·251) の解

〔例題 3·2〕 バヨネット式熱交換器の計算 (その1)

比熱 0.5 [kcal/kg·°C] の流体 500 [kg/hr] を 25 [°C] から 50 [°C] まで温水を用いて加熱する。温水の流量は 125 [kg/hr] とし, 入口温度を 100 [°C], 出口温度を 50 [°C] とする。バヨネット式熱交換器の内管径を 25 [mm], 外管径を 50 [mm] とし, 温水を胴側に流すものとする。$U$ および $u$ はそれぞれ 300 [kcal/m²·hr·°C] および 600 [kcal/m²·hr·°C] とし, 流体の流れ形式は case III とする。

所要伝熱面積を求めよ。

〔解〕

$$R_A = \frac{T_1-T_2}{t_2-t_1} = \frac{100-50}{50-25} = 2.0$$

$$V = \frac{1}{2} \cdot \left(\frac{T_1+T_2-t_1-t_2}{t_2-t_1}\right) = \frac{1}{2} \cdot \left(\frac{100+50-25-50}{50-25}\right) = 1.50$$

$$F = \frac{u}{U} \cdot \frac{a}{A} = \frac{600 \times \pi \times 0.025}{300 \times \pi \times 0.050} = 1.0$$

図 3·42 において $R_A=2.0$ および $F=1.0$ に対して $M=1.10$。したがって, $M/V=1.10/1.50=0.739$。図 3·40 から

$$\frac{\Delta T}{t_2-t_1} \cdot \frac{1}{V} = 0.783$$

$$\Delta T = 0.783 \times 1.50 \times 25 = 29.4 [°C]$$

外管面積は

$$A = \frac{Q}{U \cdot \Delta T} = \frac{W \cdot C \cdot (T_1-T_2)}{U \cdot \Delta T} = \frac{w \cdot c \cdot (t_2-t_1)}{U \cdot \Delta T}$$

$$= \frac{500 \times 0.5 \times 25}{300 \times 29.4} = 0.71 \text{[m}^2\text{]}$$

内管面積は

$$a = \left(\frac{a}{A}\right) \times A = \left(\frac{0.025 \times \pi}{0.050 \times \pi}\right) \times 0.71$$

$$= 0.355 \text{[m}^2\text{]}$$

次に,式(3・246),(3・248)は温度効率 $E_A$ および $(NTU)_A$ で表わすことができる。

$$V = \frac{1}{2} \cdot \left(\frac{T_1 + T_2 - t_1 - t_2}{t_2 - t_1}\right) = \left(\frac{1}{E_A} - \frac{1}{2} - \frac{R_A}{2}\right) \quad \cdots\cdots\cdots\cdots(3\cdot252)$$

$$\frac{\Delta T}{t_2 - t_1} = \frac{W \cdot C}{U \cdot A} \cdot \frac{T_1 - T_2}{t_2 - t_1} = \frac{w \cdot c}{U \cdot A} = \frac{1}{(NTU)_A} \quad \cdots\cdots\cdots\cdots(3\cdot253)$$

したがって,式(3・252),(3・253)を式(3・246)および(3・248)に代入すれば,バヨネット式熱交換器の温度効率を求める式が得られる。この式を用いて計算した温度効率線図を,図 3・118 ないし図 3・129 に示した。

〔例題 3・3〕 バヨネット式熱交換器の計算(その 2)

例題 3・2 の問題を温度効率線図を用いて解け。

〔解〕

$R_A = 2.0$

$F = 1.0$

$$E_A = \frac{t_2 - t_1}{T_1 - t_1} = \frac{50 - 25}{100 - 25} = 0.333$$

図 3・120 から

$(NTU)_A = 0.85$

したがって

$$A = (NTU)_A \cdot \frac{w \cdot c}{U} = 0.85 \times \frac{500 \times 0.5}{300} = 0.706 \text{[m}^2\text{]}$$

ここで,$A$ は外管の伝熱面積である。

## 3・11 プレート式熱交換器

プレート式熱交換器の場合には,種々の流路構成を自由に選定することができる。これらの流路様式例を図 3・43 に示したが,プレート式熱交換器の流路構成は一般に $m-n$ 流路 $M-N$ パスという表示が用いられる。

ここで $m$ は 1 つの流体の 1 パスあたりの流路数を,$M$ はその流体が流れ方向を変える数を,$n$ は他の 1 つの流体の 1 パスあたりの流路数を,$N$ はその流体が流れ方向を変える数を表わしている。

図 3・44 に示したような $n$ 流路を有する熱交換器の特性式は,熱交換器の各流路の微小

## 3·11 プレート式熱交換器

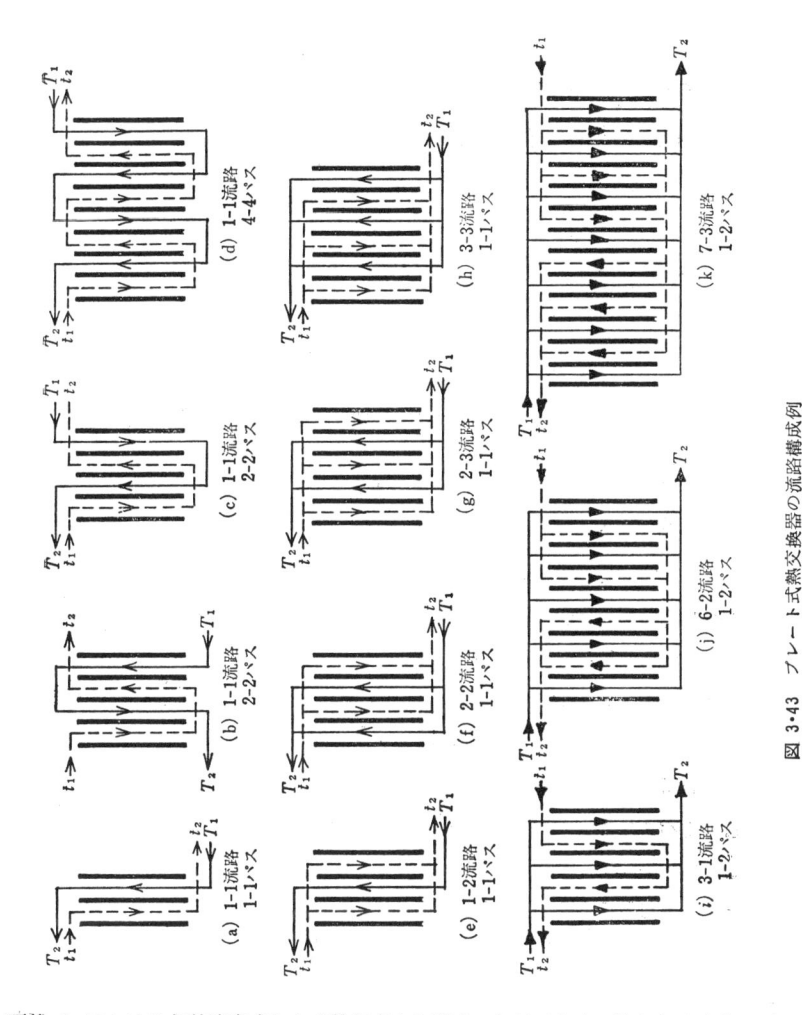

**図 3·43 プレート式熱交換器の流路構成例**
(a) 1-1流路 1-1パス
(b) 1-1流路 2-2パス
(c) 1-1流路 2-2パス
(d) 1-1流路 4-4パス
(e) 1-2流路 1-1パス
(f) 2-2流路 1-1パス
(g) 2-3流路 1-1パス
(h) 3-3流路 1-1パス
(i) 3-1流路 1-2パス
(j) 6-2流路 1-2パス
(k) 7-3流路 1-2パス

距離 $dx$ における伝熱速度式および熱収支から導くことができる。流れを上向きに正に, 距離は下向きに正とする。伝熱速度式は次の式で表わすことができる。

左端の流路について

$$\frac{dt_1}{dx} = \frac{U \cdot A_p}{(W \cdot C)_1} \cdot (t_1 - t_2) \quad \cdots\cdots\cdots\cdots\cdots\cdots\cdots (3 \cdot 254)$$

中間の流路について

$$\frac{dt_m}{dx} = \frac{U \cdot A_p}{(W \cdot C)_m} \cdot (2t_m - t_{m+1} - t_{m-1}) \quad \cdots\cdots\cdots\cdots\cdots\cdots (3 \cdot 255)$$

右端の流路については

$$\frac{dt_n}{dx} = \frac{U \cdot A_p}{(W \cdot C)_n} \cdot (t_n - t_{n-1}) \quad \cdots\cdots\cdots\cdots\cdots\cdots\cdots\cdots\cdots\cdots (3\cdot 256)$$

$(W\cdot C)_n$ は $n$ 流路を流れる水当量（流量×比熱），$A_p$ はプレート1枚あたりの伝熱面積である。

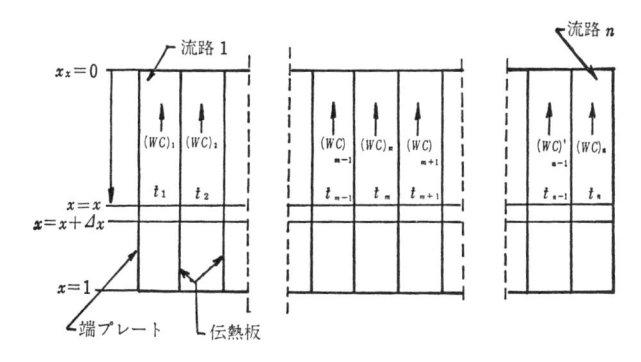

図 3・44 プレート式熱交換器の微分熱収支

この3つの微分方程式を，流路様式および温度条件から定まる境界条件のもとに解けば，温度効率線図を求めることができる。

種々の流路構成について，次の仮定のもとに Digital 計算機を用いて解いた結果を，温度効率線図として図 3・130 ないし図 3・138 に示した。

計算においては，次の仮定を用いた。

1. 1パスあたりの流路数が2以上のとき，流れは各流路に均一に分岐して流れる。
2. 熱損失は無視できる。
3. 総括伝熱係数は一定である。
4. 流路での温度は流れ方向によってのみ変化する。

**1-1 パスの場合の温度効率**： 1-1 流路 1-1 パス（図 3・43・a）および 1-2 流路 1-1 パス（図 3・43・e）は，向流熱交換器と見なすことができるので，図 3・45 を適用することができる。

2-2 流路 1-1 パス（図 3・43・f），2-3 流路 1-1 パス（図 3・43・g）の場合の温度効率線図を図 3・130 および図 3・131 に示した。一般に $m$-$m$ 流路 1-1 パスの場合と $m$-$(m+1)$ 流路 1-1 パスの場合を比較すると，同じ $(NTU)_A$ に対する温度効率は前者の方が高く，また $m$ が大になればなるほど，温度効率は向流熱交換器の温度効率に近づく。

したがって，1パスあたりの流路数が3以上の場合，例えば 3-3 流路 1-1 パス，4-4

流路 1-1 パスなどの場合については，実用上は向流熱交換器の温度効率線図（図 3・45）を適用してもさしつかえない。

**2 パス以上で $m=n$ の場合：** 1-1 流路 2-2 パス（図 3・43・b および c）の場合の温度効率線図を，図 3・132 および図 3・133 に示した。また，1-1 流路 4-4 パスの場合の温度効率線図（図 3・134）から明らかなように，パス数がますにつれて温度効率は向流熱交換器の温度効率に近づく。一般に 2-2 流路 4-4 パス，3-3 流路 4-4 パス……，のように $m=n$，$M=N$ で $m≧1$，$M≧4$ の場合には，近似的に図 3・134 を適用することができる。

**2 パス以上で $n \neq m$ の場合：** 1-2 流路 3-2 パス，1-3 流路 2-1 パスの場合の温度効率線図を図 3・135 および図 3・136 に示した。また，$m$-$n$ 流路 1-2 パス，$m$-$n$ 流路 1-3 パスのように，一方の流体が 1 パス，他の 1 つの流体が多パスで，しかも $m$ および $n$ が充分大であるときは，向流熱交換器と並流熱交換器を直列に連結したものとみなして，温度効率を計算することができる。このような近似のもとに $m$-$n$ 流路 1-2 パス，$m$-$n$ 流路 1-3 パスの場合の温度効率線図を求め，図 3・137 および図 3・138 に示した。

なお，この場合，一方の流体が 4 パス以上のときは，近似的に向流熱交換器の温度効率線図を適用してさしつかえない。

## 3・12 総括伝熱係数が温度とともに変化する場合の取扱法

前節までは，2 流体熱交換器において，総括伝熱係数が一方の流体の温度によって変化し，他の一方の流体の温度には無関係として取り扱った。しかし，この仮定は一方の流体の境膜伝熱係数が支配的な場合にのみ成り立つのであって，一般の場合すなわち総括伝熱係数が両流体の境膜伝熱係数によって支配される場合には成立しない。しかし，この仮定に基づいて作成した温度効率線図は，一般の場合にも，次に示す方法によって適用することができる。

一般に，総括伝熱係数は次式で示される。

$$\frac{1}{U} = \frac{1}{h_A} + \frac{1}{h_S} + \frac{1}{h_B} \quad \cdots\cdots\cdots\cdots\cdots\cdots\cdots\cdots\cdots\cdots (3\cdot257)$$

ここで，

$h_A$：流体 A の境膜伝熱係数

$h_B$：流体 B の境膜伝熱係数

$h_S$：管壁抵抗，および汚れ係数に基づく伝熱係数

例えば，管内を流体 A が，管外を流体 B が流れる場合には，式 (2·10) から

$$h_A = h_i \cdot \left(\frac{D_i}{D_o}\right)$$

$$h_B = h_o$$

$$h_s = \frac{1}{r_o + \frac{b}{k_w} \cdot \left(\frac{D_o}{D_m}\right) + r_i \cdot \left(\frac{D_o}{D_i}\right)}$$

熱移動式 (2·9) から，

$$dA = \frac{1}{U} \cdot \frac{dQ}{(T-t)} \quad \cdots\cdots (3 \cdot 258)$$

式 (3·258) に式 (3·257) を代入して，

$$dA = \left(\frac{1}{h_A} + \frac{1}{h_s} + \frac{1}{h_B}\right) \cdot \frac{dQ}{(T-t)} \quad \cdots\cdots (3 \cdot 259)$$

いま，

$$\left.\begin{array}{l} dA_A = \dfrac{1}{h_A} \cdot \dfrac{dQ}{(T-t)} \\[4pt] dA_s = \dfrac{1}{h_s} \cdot \dfrac{dQ}{(T-t)} \\[4pt] dA_B = \dfrac{1}{h_B} \cdot \dfrac{dQ}{(T-t)} \end{array}\right\} \quad \cdots\cdots (3 \cdot 260)$$

とおけば，

$$dA = dA_A + dA_B + dA_s \quad \cdots\cdots (3 \cdot 261)$$

式 (3·260) および式 (3·261) から，熱交換器の面積は総括伝熱係数がそれぞれの流体の境膜伝熱係数 $h_A$, $h_B$ および汚れ係数に基づく伝熱係数 $h_s$ に等しいと見なして，求めた伝熱面積の総和として求めることができることがわかる。

〔例題 3·4〕 図 3·4 のノズル配置の 1-2 熱交換器において，次の条件の場合の所要伝熱面積を求めよ。

|  | 管内流体 A | 管外流体 B |
|---|---|---|
| 流量 [kg/hr] | $w = 10,000$ | $W = 20,000$ |
| 比熱 [kcal/kg·°C] | $c = 1.0$ | $C = 1.0$ |
| 入口温度 [°C] | $t_1 = 50$ | $T_1 = 190$ |
| 出口温度 [°C] | $t_2 = 150$ | $T_2 = 140$ |
| 境膜伝熱係数 | $h_{i1} = 100 (\text{at} 50 [°C])$ | $h_{o1} = 300 (\text{at} 190 [°C])$ |
| [kcal/m²·hr·°C] | $h_{i2} = 200 (\text{at} 150 [°C])$ | $h_{o2} = 166 (\text{at} 140 [°C])$ |
| 汚れ係数 | $r_i = 0.0005$ | $r_o = 0.0005$ |
| [m²·hr·°C/kcal] |  |  |

3・12 総括伝熱係数が温度とともに変化する場合の取扱法　77

管金属の熱伝導率　　　$k_w=100$ [kcal/m・hr・°C]
管内径　　　　　　　$D_i=0.020$ [m]
管外径　　　　　　　$D_o=0.024$ [m]
管厚み　　　　　　　$b=0.002$ [m]

【解】

$$R_A=\frac{w \cdot c}{W \cdot C}$$

$$=\frac{10,000 \times 1}{20,000 \times 1}=0.5$$

$$E_A=\frac{t_2-t_1}{T_1-t_1}$$

$$=\frac{150-50}{190-50}=0.715$$

$$h_{A1}=h_i \cdot \left(\frac{D_i}{D_o}\right)$$

$$=100 \times \left(\frac{0.020}{0.024}\right)=83.5 \text{ [kcal/m}^2 \cdot \text{hr} \cdot °\text{C]}$$

$$\frac{h_{A2}}{h_{A1}}=\frac{h_{i2}}{h_{i1}}$$

$$=\frac{200}{100}=2.0$$

図 3・62 から

$$(NTU)_A=1.30$$

$$A_A=(NTU)_A \times \frac{w \cdot c}{h_{A1}}$$

$$=1.30 \times \frac{10,000 \times 1.0}{83.5}=156 \text{ [m}^2\text{]}$$

$$h_{B1}=h_{o1}=300 \text{ [kcal/m}^2 \cdot \text{hr} \cdot °\text{C]}$$

$$\frac{h_{B1}}{h_{B2}}=\frac{300}{160}=1.8$$

図 3・76 から

$$(NTU)_A=3.4$$

$$A_B=(NTU)_A \times \frac{w \cdot c}{h_{B1}}$$

$$=3.4 \times \frac{10,000 \times 1.0}{300}=113 \text{ [m}^2\text{]}$$

$$\frac{1}{h_s}=r_o+\frac{b}{k_w} \cdot \left(\frac{D_o}{D_m}\right)+r_i \cdot \left(\frac{D_o}{D_i}\right)$$

$$=0.0005+\frac{0.002}{100} \times \left(\frac{0.024}{0.022}\right)+0.0005 \times \left(\frac{0.024}{0.020}\right)$$

$$=0.00112$$

$h_s = 1/0.00112 = 894$ [kcal/m²·hr·°C]

$h_s$ は熱交換器内で変化しないから，図 3·57 から

$(NTU)_A = 2.3$

$$A_s = (NTU)_A \times \frac{w \cdot c}{h_s}$$

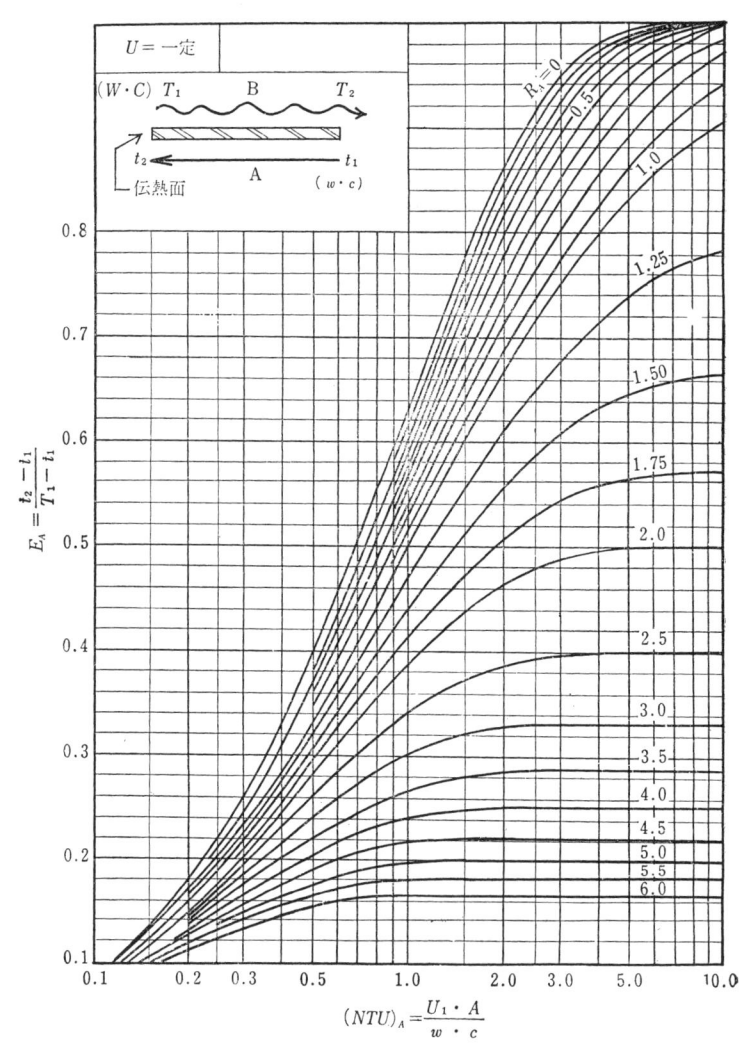

図 3·45 向流熱交換器の温度効率線図（総括伝熱係数が一定の場合）

$$= 2.3 \times \frac{10{,}000 \times 1.0}{894} = 25.8 \ [\text{m}^2]$$

したがって，所要伝熱面積は

$$A = A_A + A_B + A_s$$
$$= 156 + 113 + 25.8 = 294.8 \ [\text{m}^2]$$

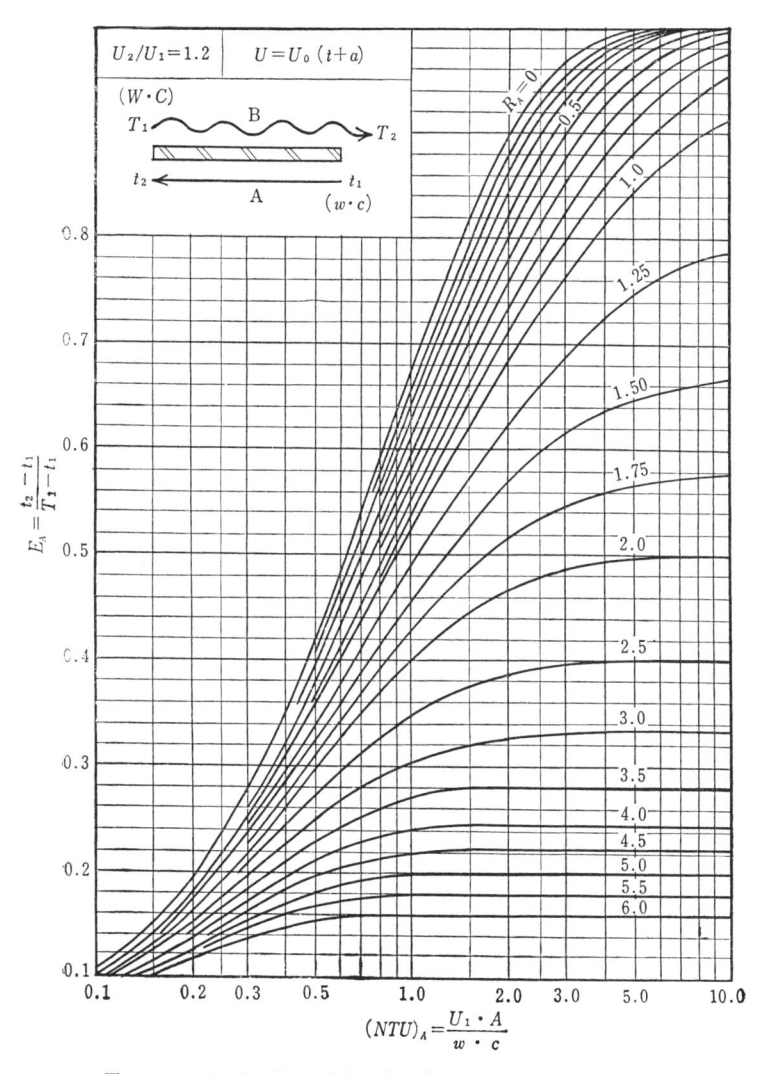

図 3・46 向流熱交換器の温度効率線図（総括伝熱係数が変化する場合）

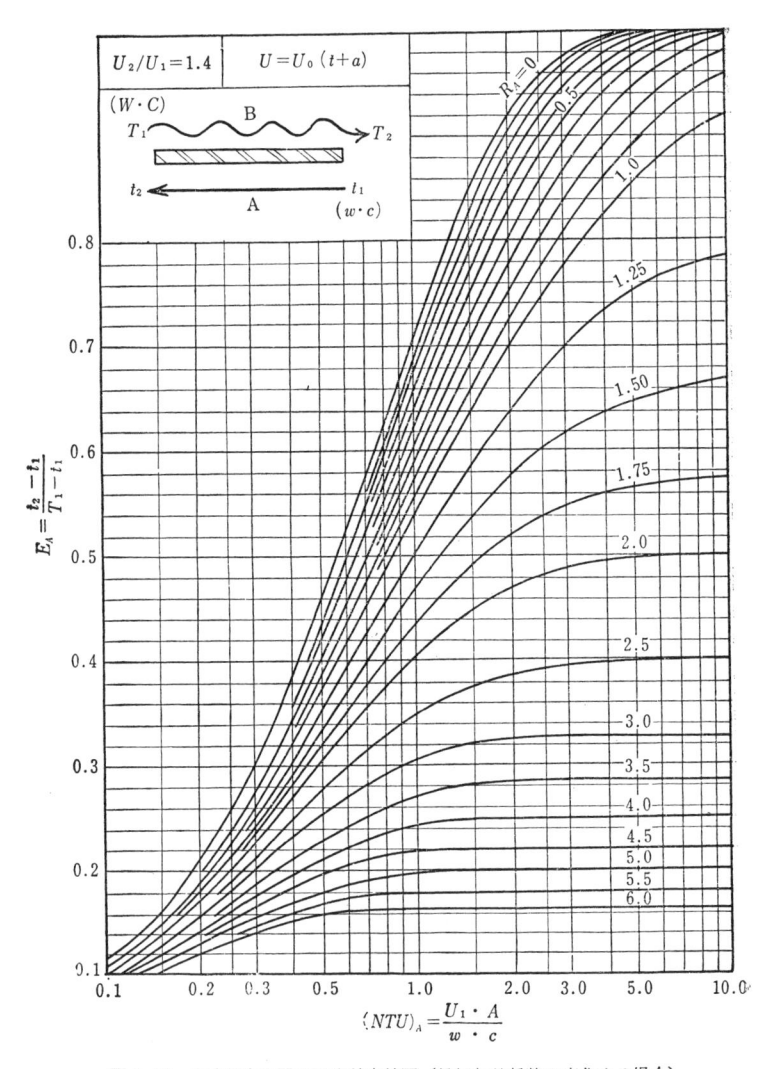

図 3・47 向流熱交換器の温度効率線図（総括伝熱係数が変化する場合）

第3章　表面式熱交換器の基本伝熱式

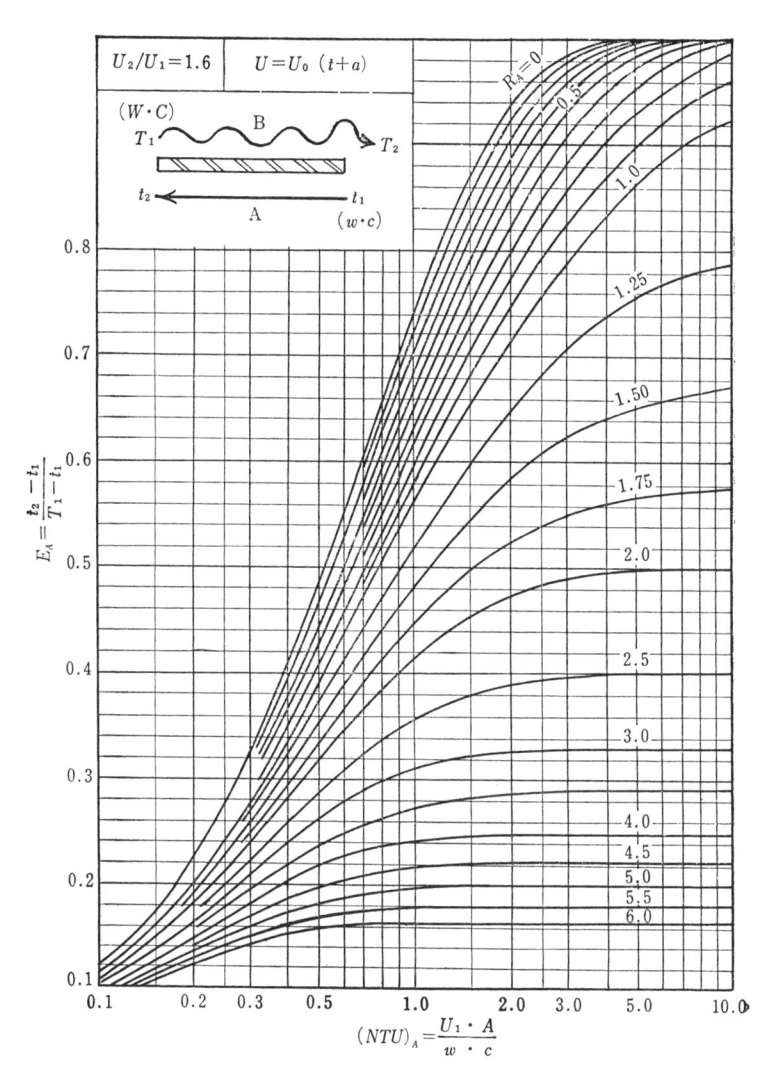

図 3·48　向流熱交換器の温度効率線図（総括伝熱係数が変化する場合）

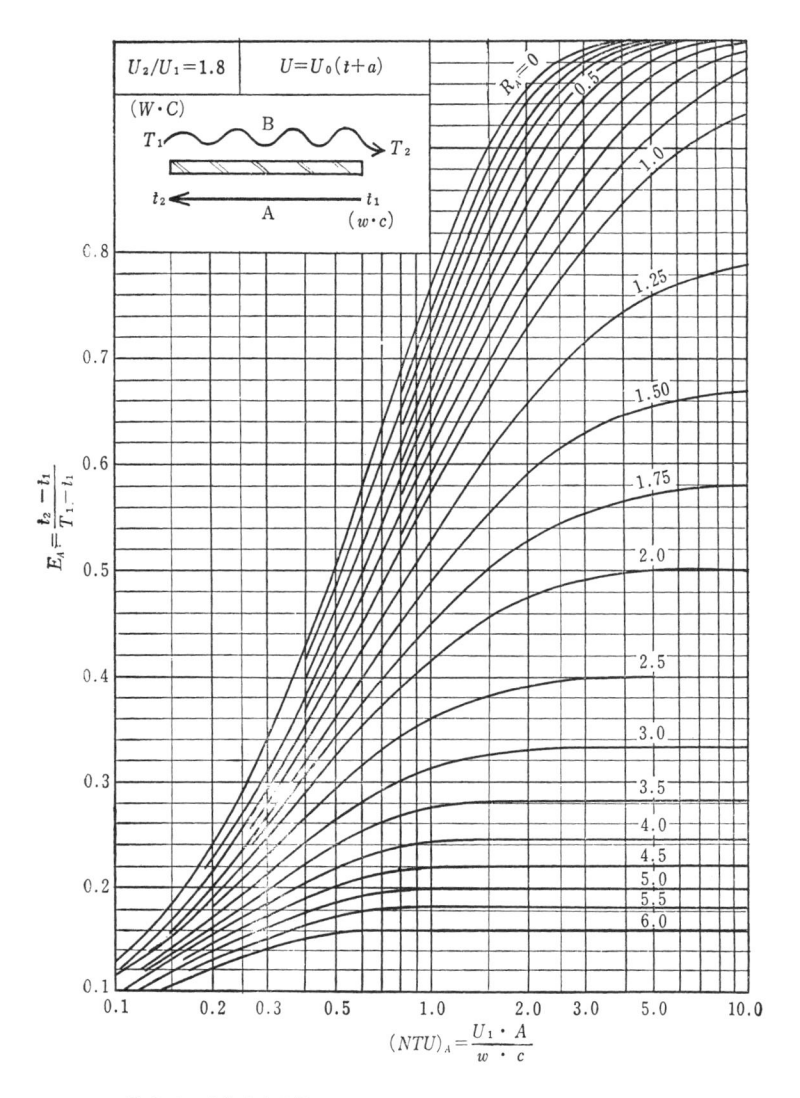

**図 3・49** 向流熱交換器の温度効率線図（総括伝熱係数が変化する場合）

第3章　表面式熱交換器の基本伝熱式

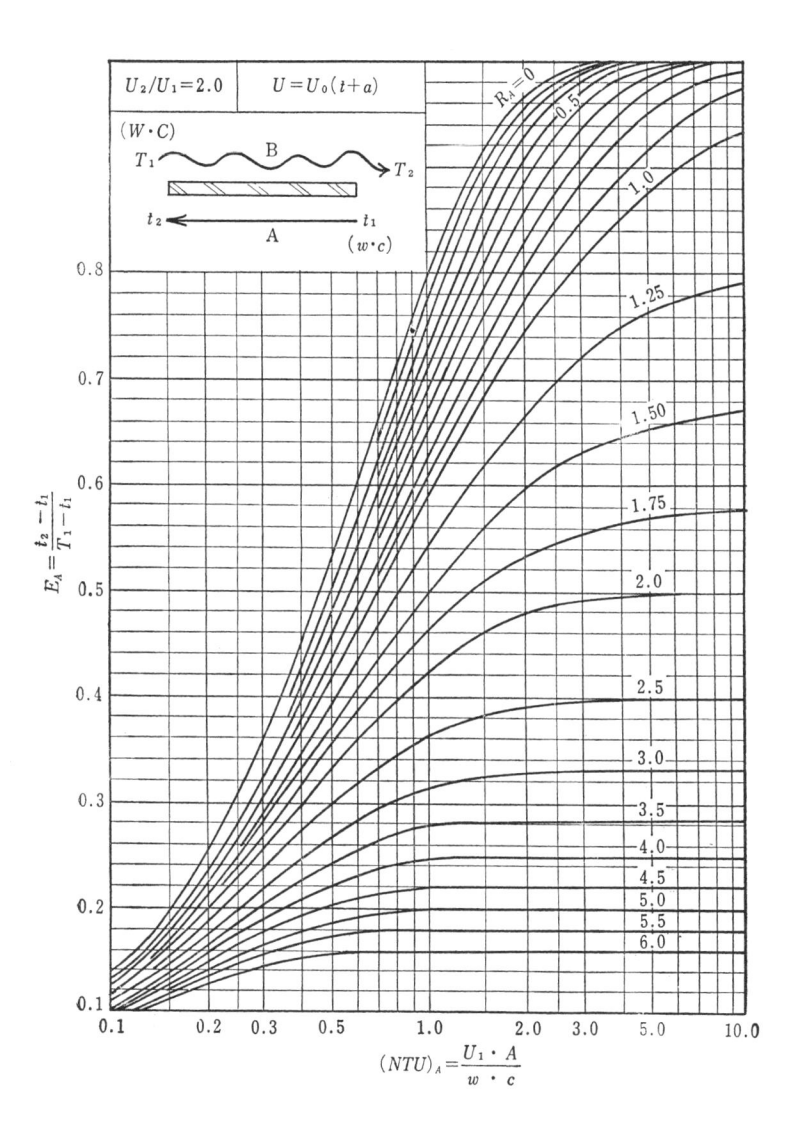

図 3·50　向流熱交換器の温度効率線図（総括伝熱係数が変化する場合）

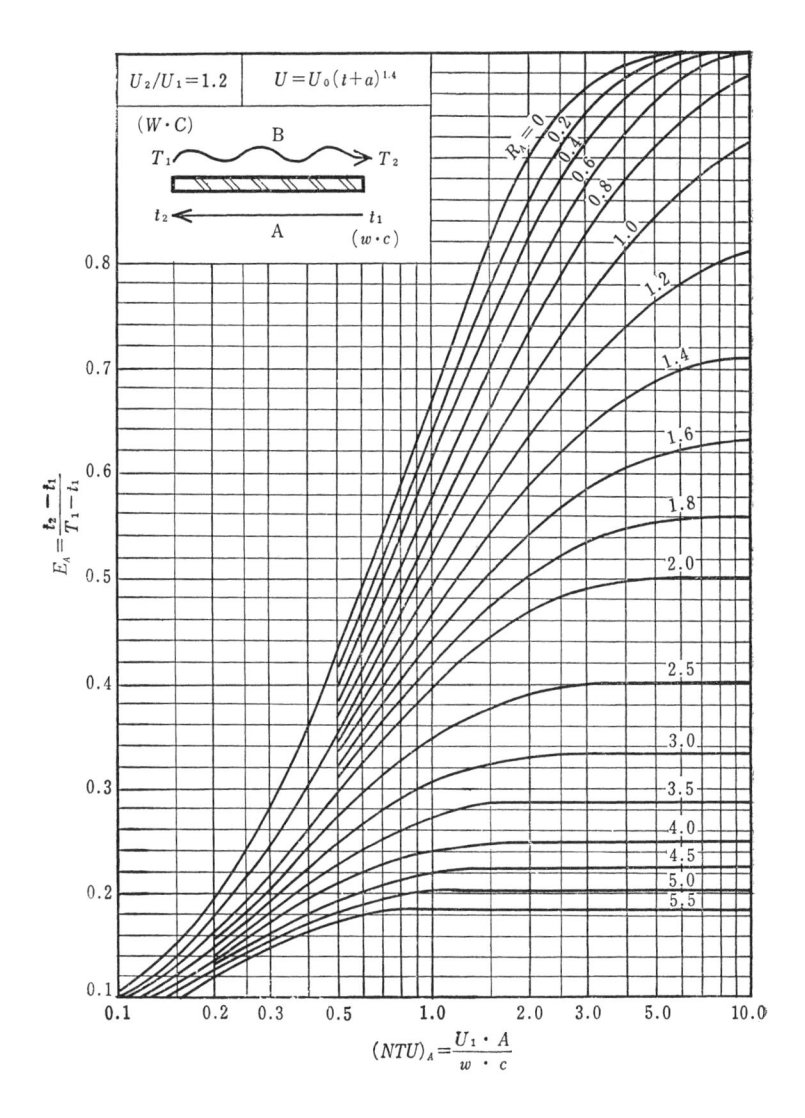

図 3・51 向流熱交換器の温度効率線図（総括伝熱係数が変化する場合）

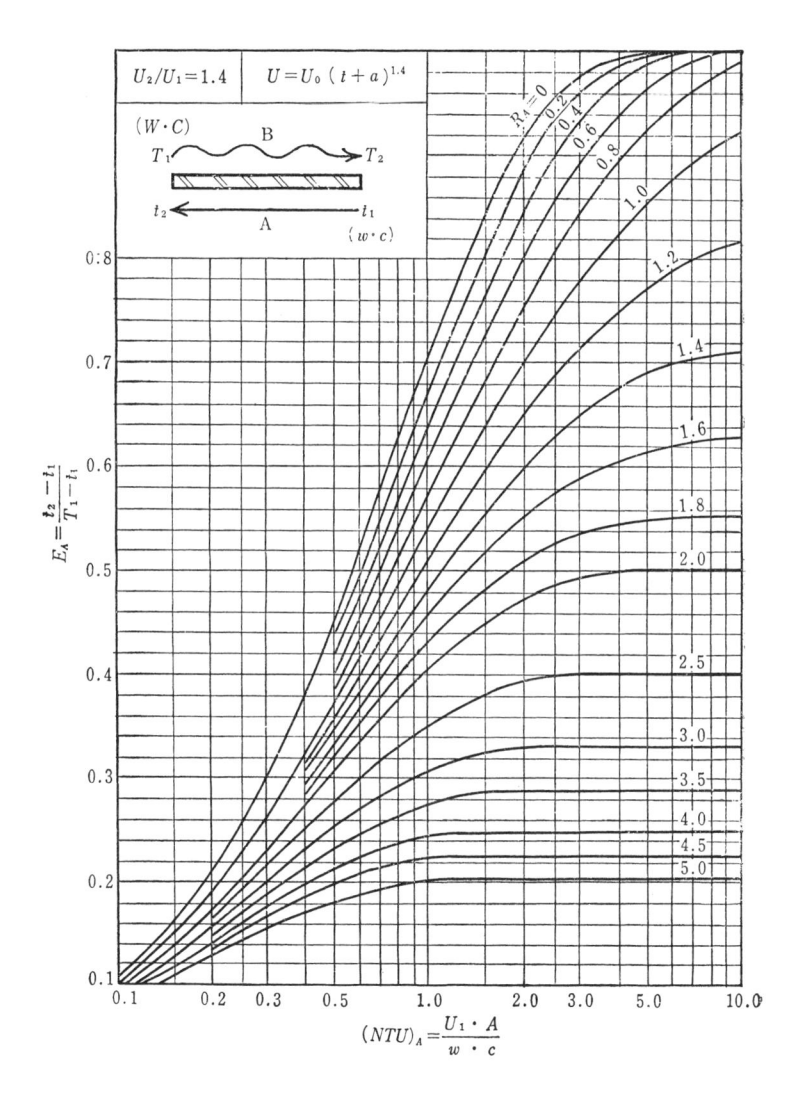

図 3・52 向流熱交換器の温度効率線図（総括伝熱係数が変化する場合）

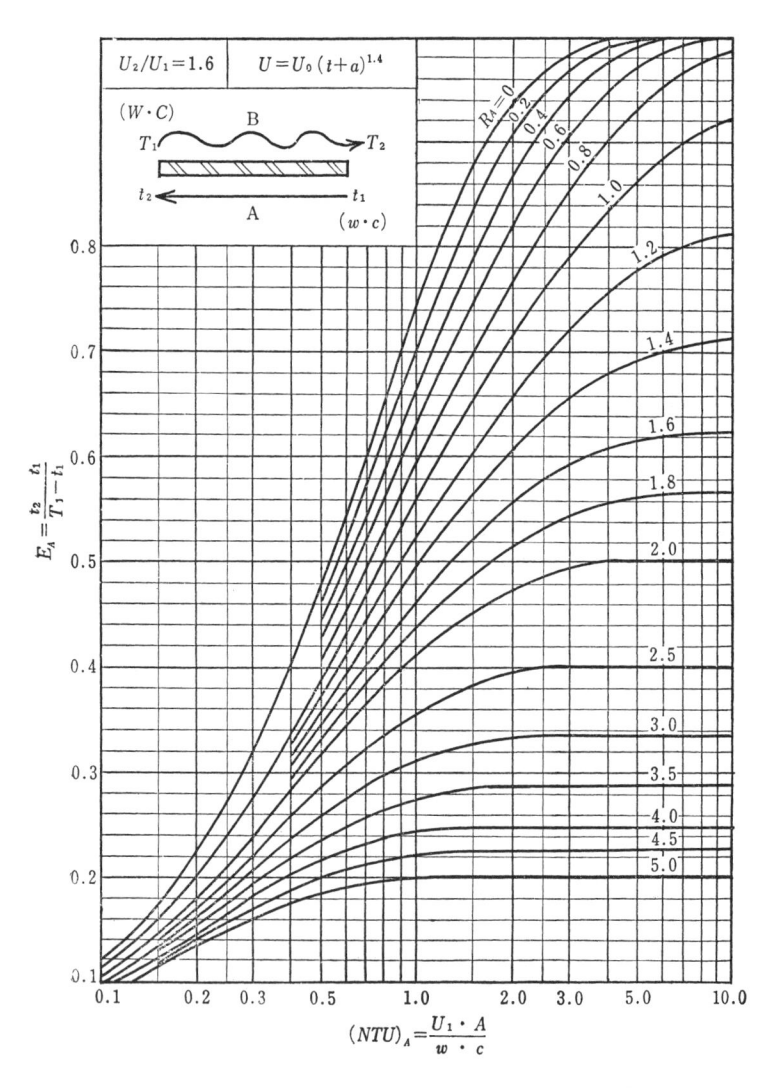

図 3・53 向流熱交換器の温度効率線図（総括伝熱係数が変化する場合）

第3章 表面式熱交換器の基本伝熱式

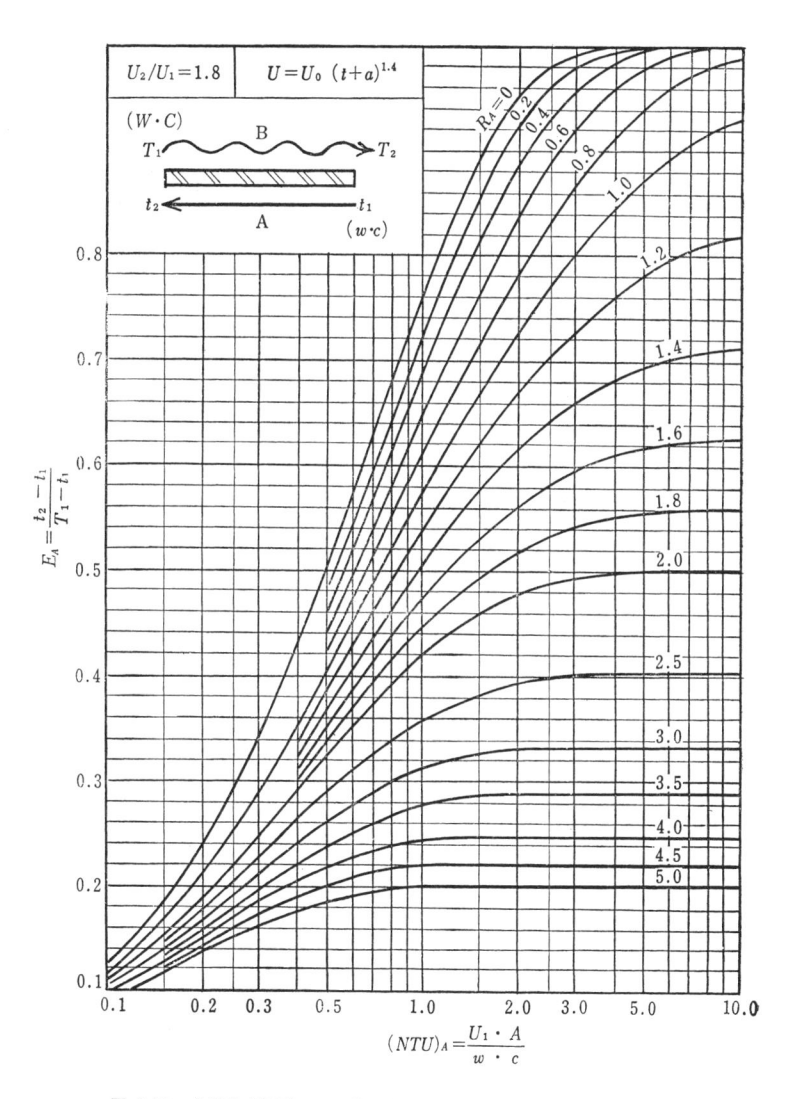

図 3·54 向流熱交換器の温度効率線図（総括伝熱係数が変化する場合）

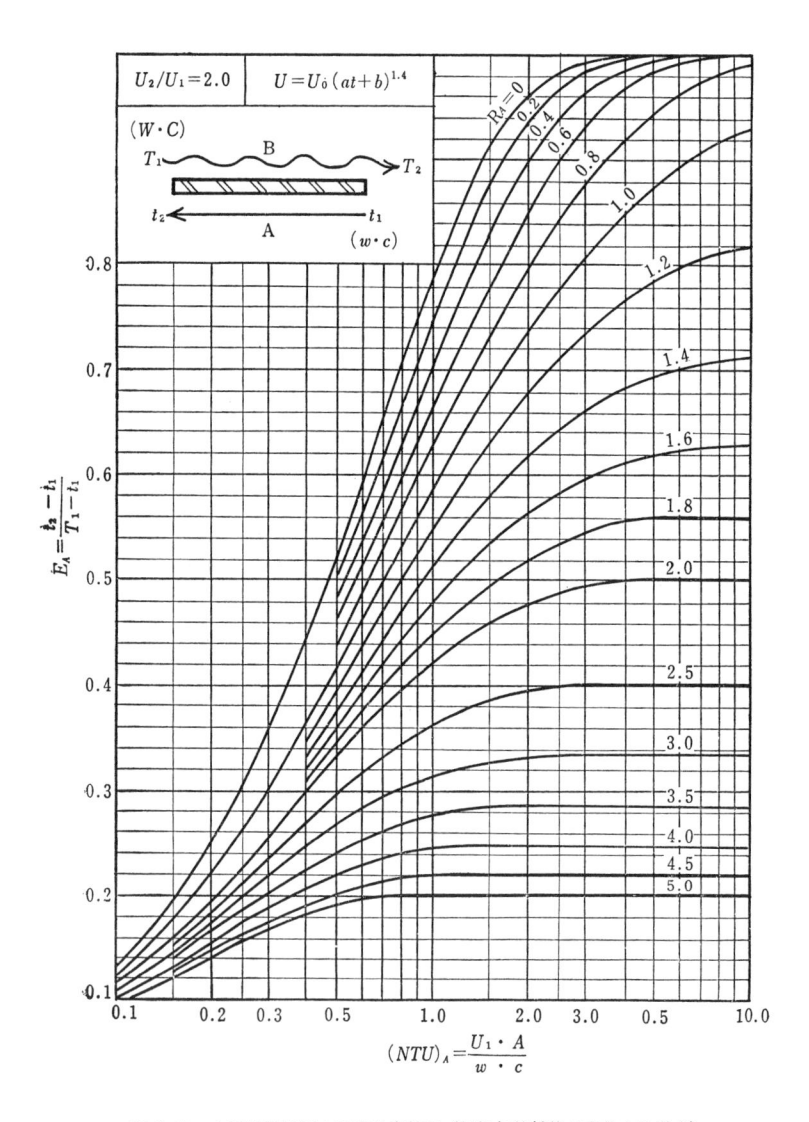

図 3・55　向流熱交換器の温度効率線図（総括伝熱係数が変化する場合）

第3章　表面式熱交換器の基本伝熱式

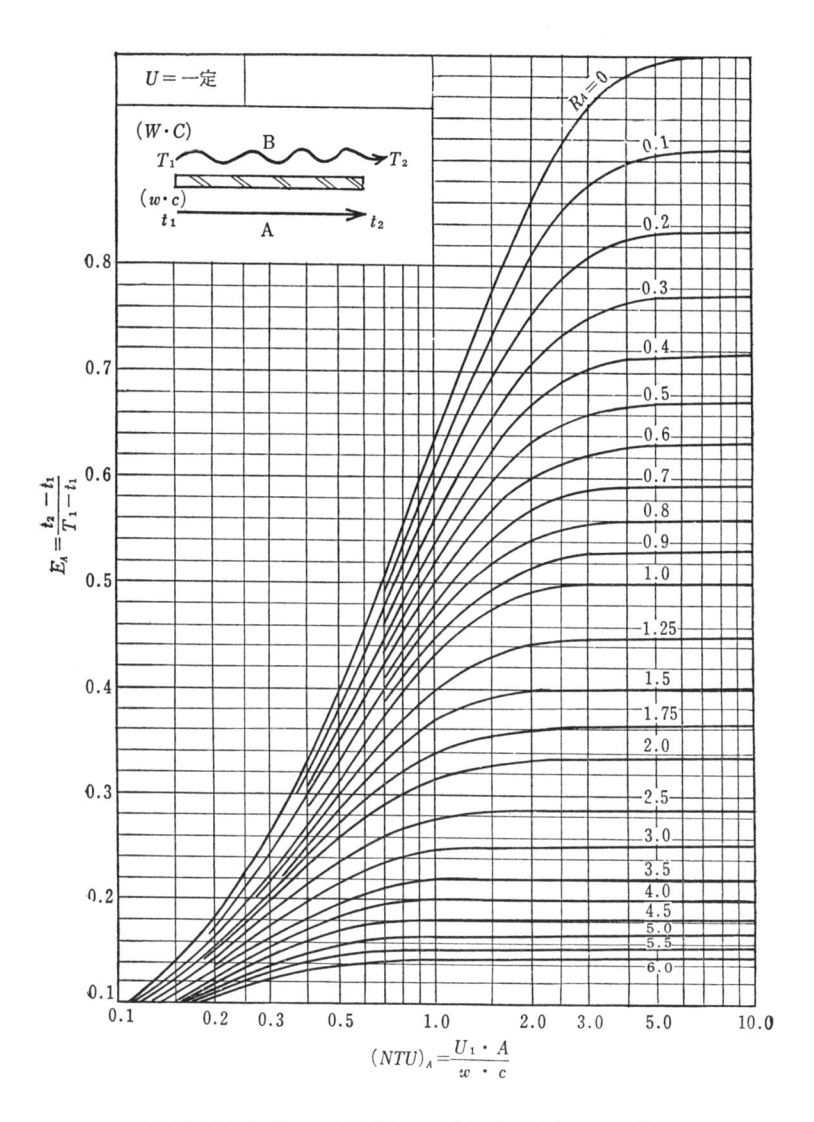

図 3・56　並流熱交換器の温度効率線図（総括伝熱係数が一定の場合）

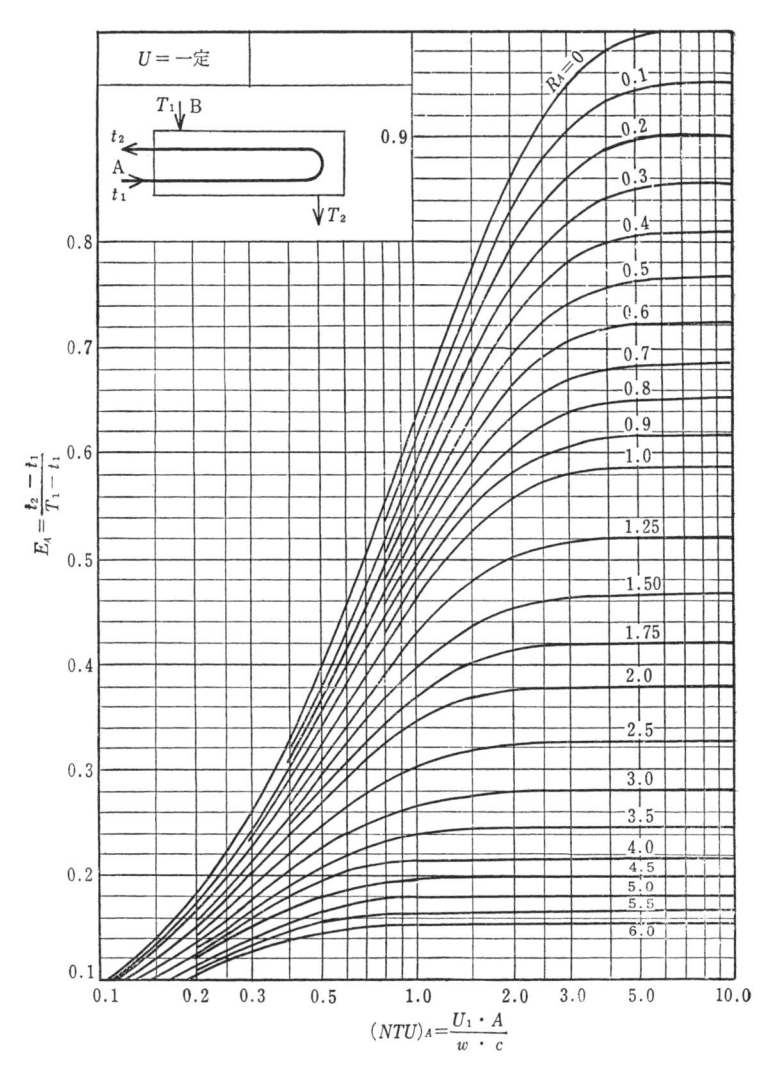

図 3·57 1-2 熱交換器の温度効率線図(総括伝熱係数が一定の場合)
1-4, 1-6, …1-$n$ 熱交換器にも適用可能

第3章 表面式熱交換器の基本伝熱式

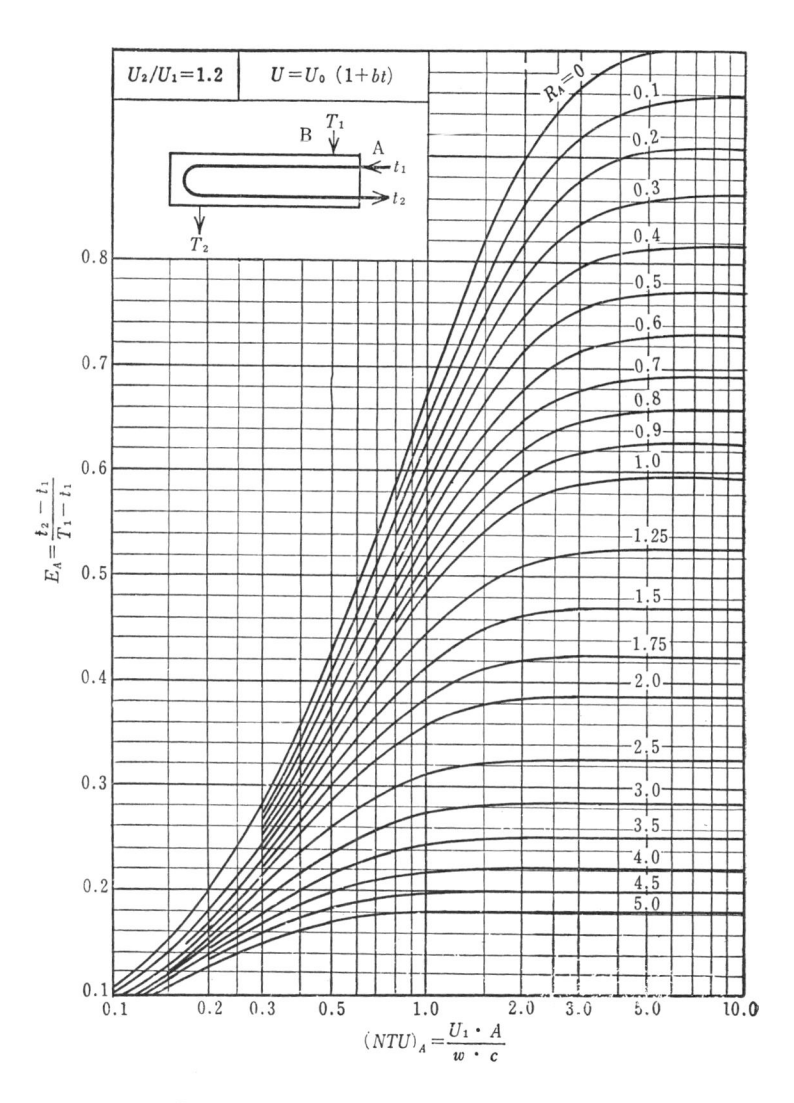

図 3・58 1‐2熱交換器の温度効率線図（総括伝熱係数が管内流体Aの温度の一次関数の場合）

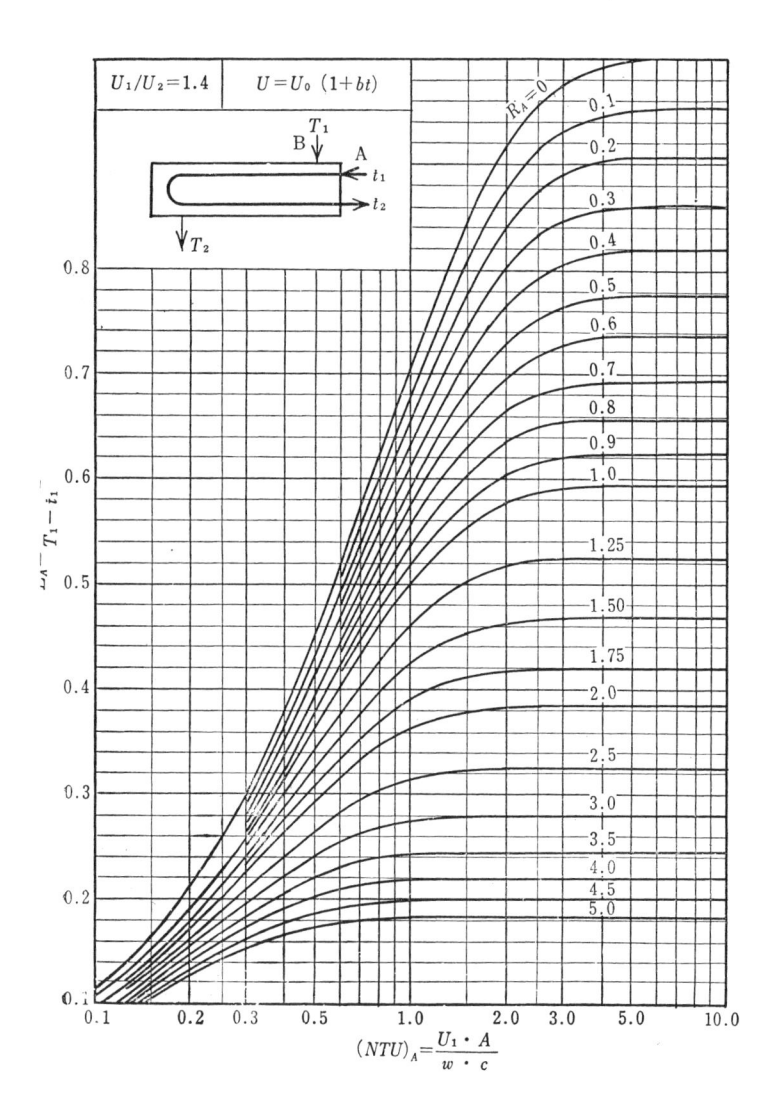

図 3·59　1-2 熱交換器の温度効率線図（総括伝熱係数が管内流体 A の温度の一次関数の場合）

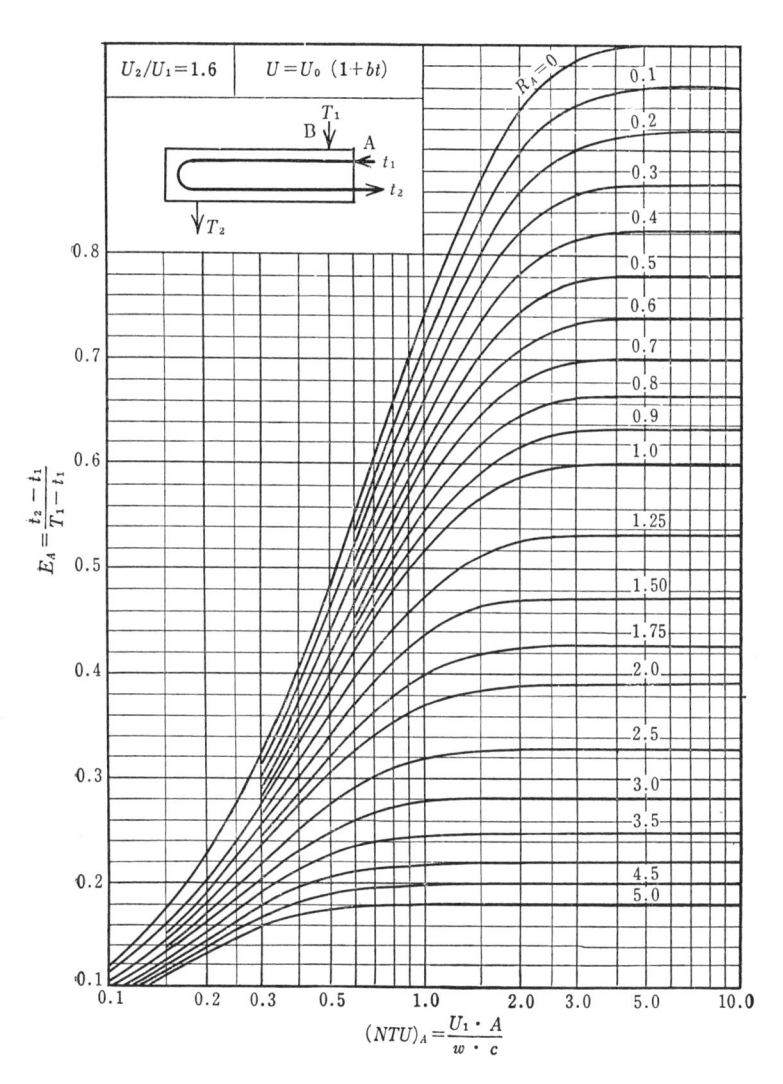

図 3・60  1-2 熱交換器の温度効率線図（総括伝熱係数が管内流体Aの温度の一次関数の場合）

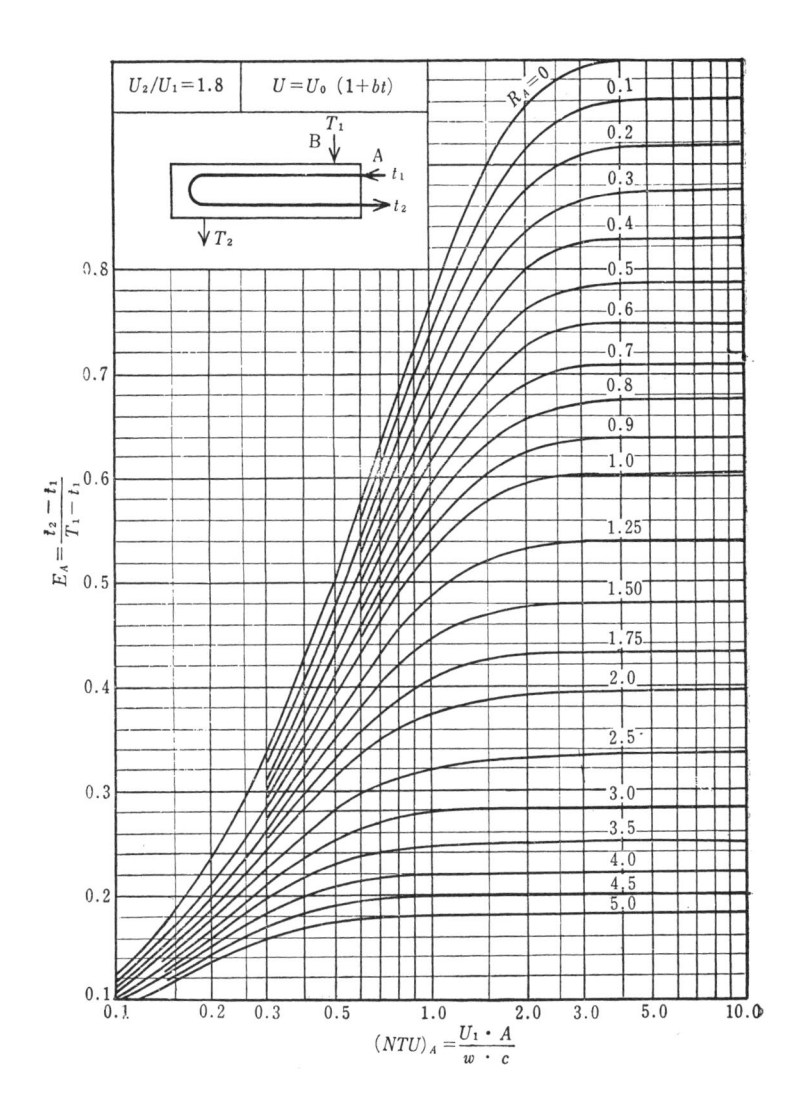

図 3・61　1-2 熱交換器の温度効率線図（総括熱係数が管内流体Aの温度の一次関数の場合）

第3章 表面式熱交換器の基本伝熱式　　　　　　　　95

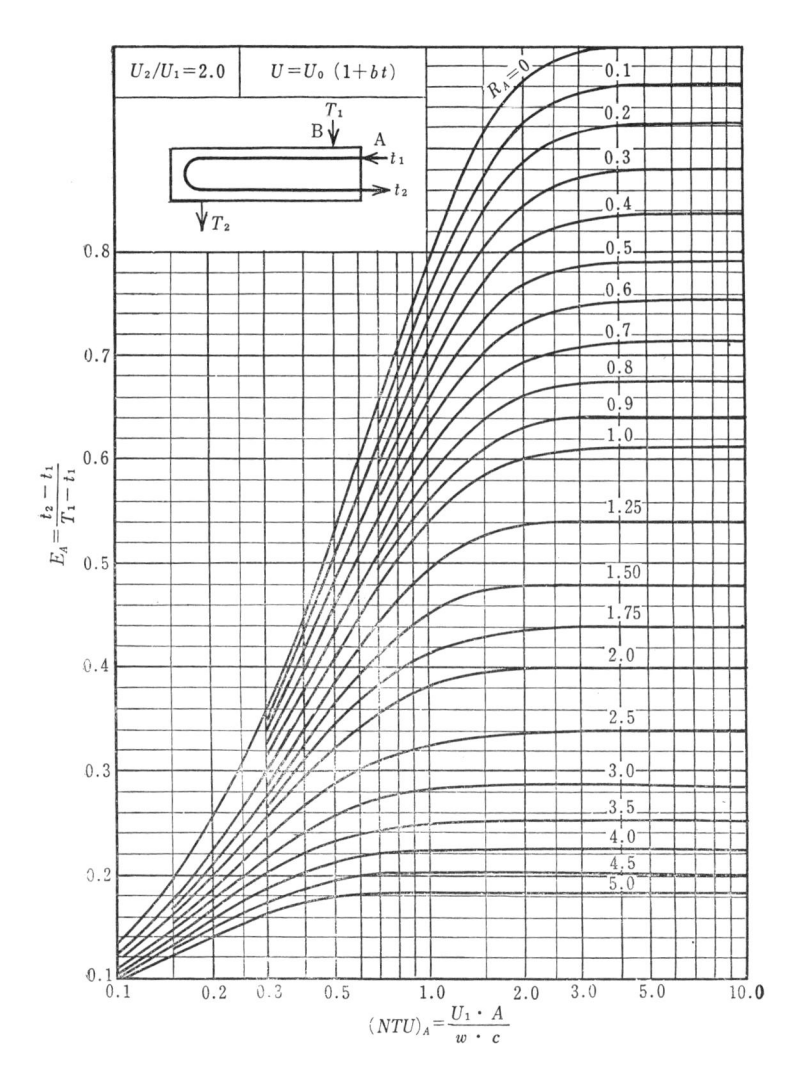

図 3・62　1-2 熱交換器の温度効率線図（総括伝熱係数が管内流体Aの温度の一次関数の場合）

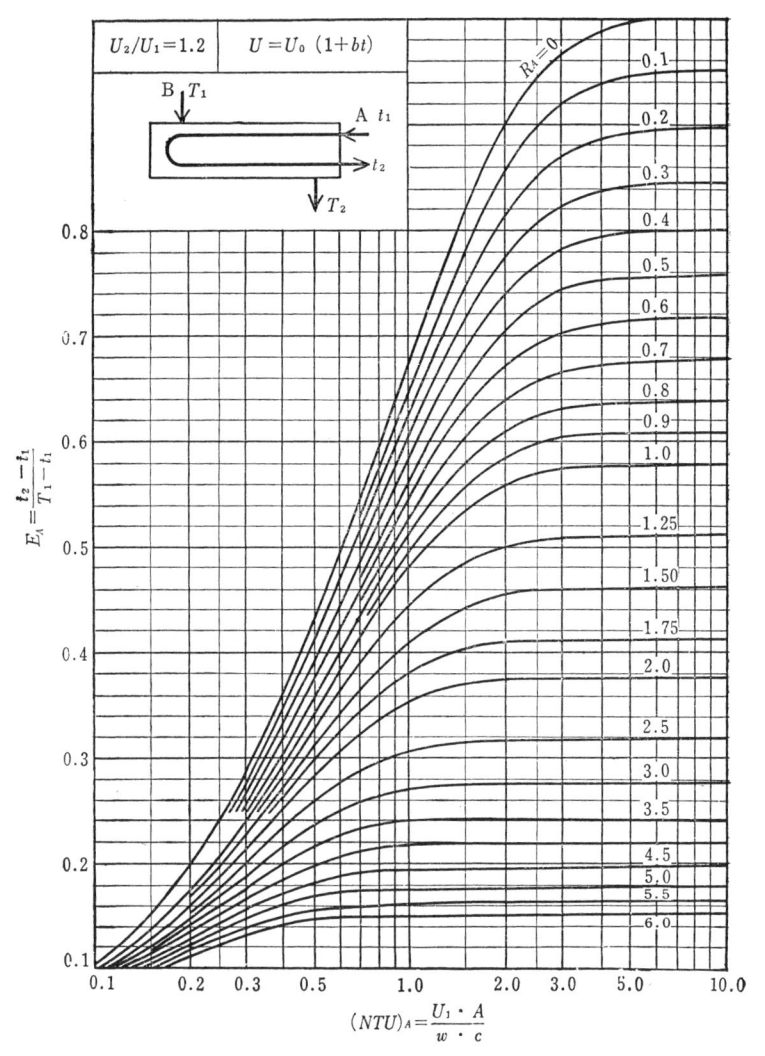

図 3・63　1-2 熱交換器の温度効率線図（総括伝熱係数が管内流体Aの温度の一次関数の場合）

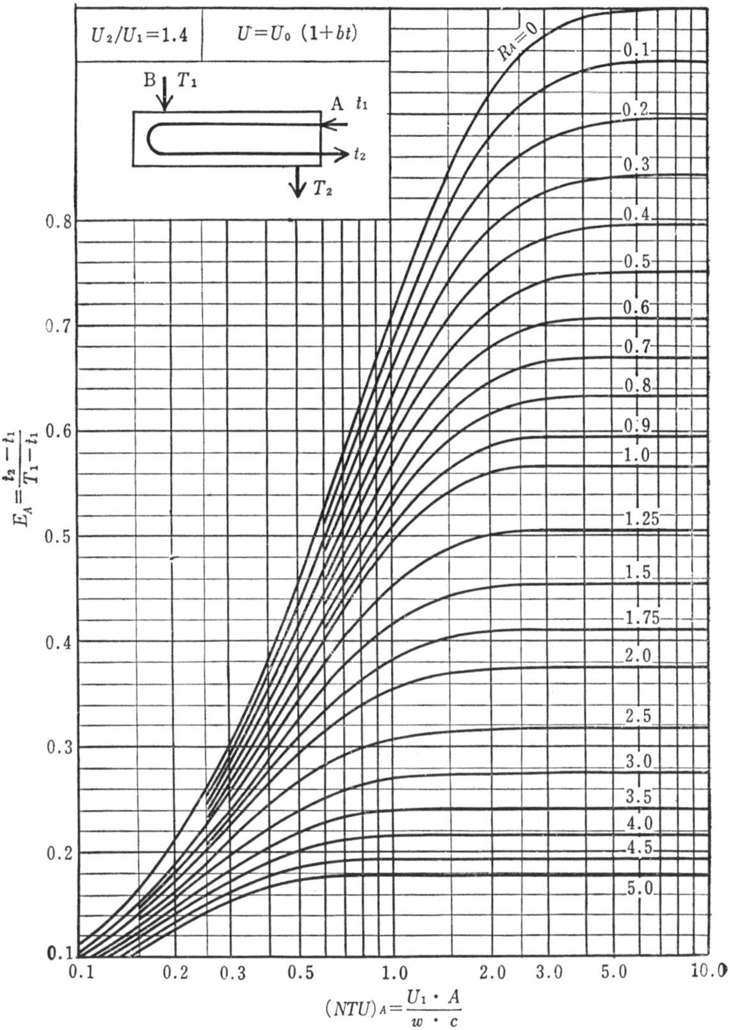

U₂/U₁=1.4
U=U₀ (1+bt)
B T₁
A t₁
t₂
T₂
R_A=0
0.1
0.2
0.3
0.4
0.5
0.6
0.7
0.8
0.9
1.0
1.25
1.5
1.75
2.0
2.5
3.0
3.5
4.0
4.5
5.0
E_A=(t₂−t₁)/(T₁−t₁)
0.1
0.2
0.3
0.4
0.5
0.6
0.7
0.8
0.1
0.2
0.3
0.5
1.0
2.0
3.0
5.0
10.0
(NTU)_A=U₁・A/w・c


**図 3・64**　1-2 熱交換器の温度効率線図（総括伝熱係数が管内流体Aの温度の一次関数の場合）

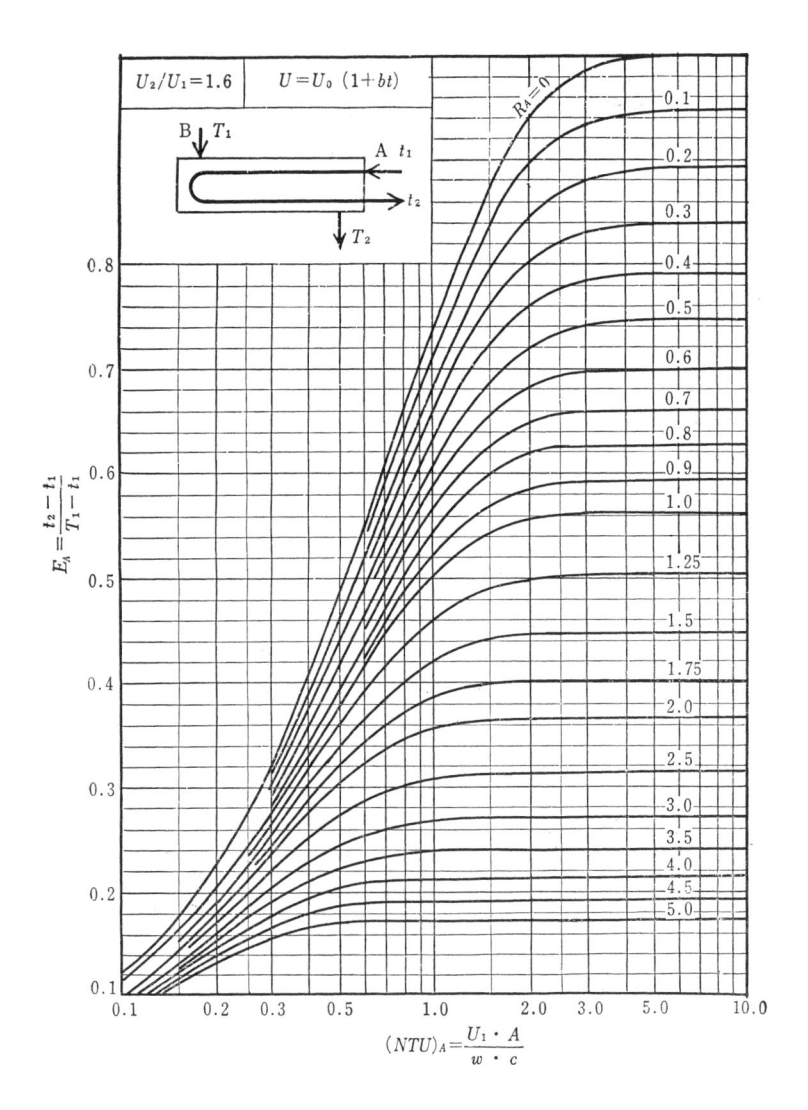

図 3·65　1-2熱交換器の温度効率線図（総括伝熱係数が管内流体Aの温度の一次関数の場合）

第3章 表面式熱交換器の基本伝熱式

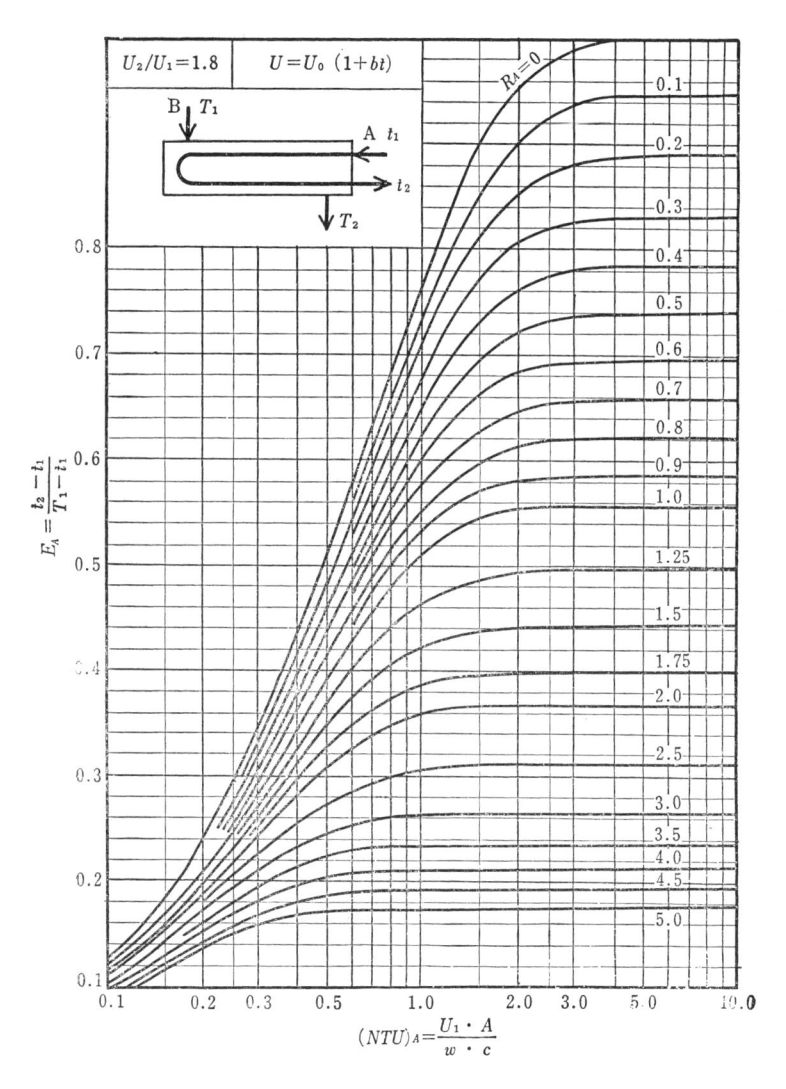

図 3·66 1-2 熱交換器の温度効率線図（総括伝熱係数が管内流体Aの温度の一次関数の場合）

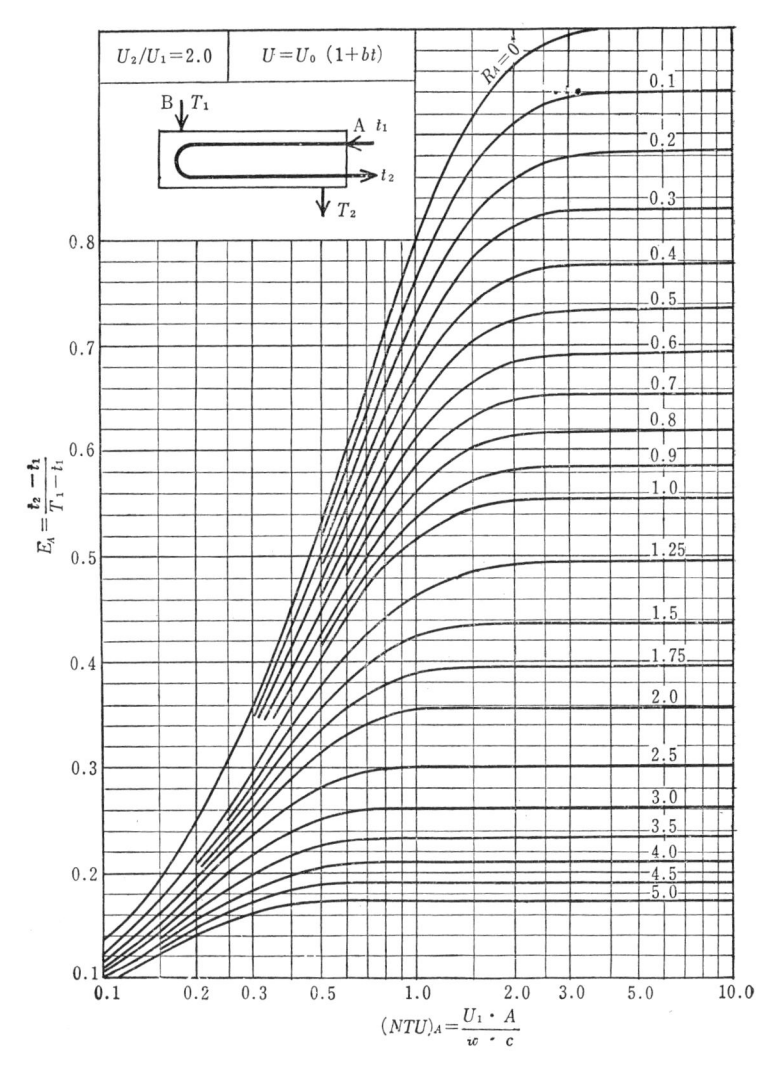

図 3·67　1-2 熱交換器の温度効率線図（総括伝熱係数が管内流体 A の温度の一次関数の場合）

第3章　表面式熱交換器の基本伝熱式　　　　　　　　　　101

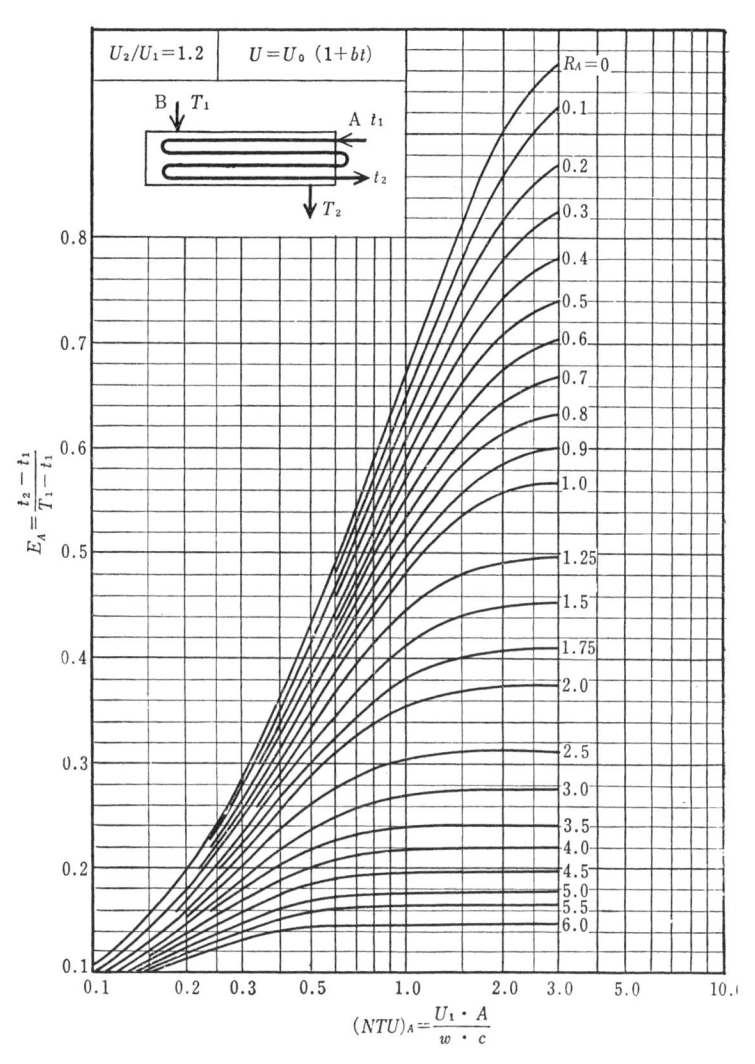

図 3·68　1-4 熱交換器の温度効率線図（総括伝熱係数が管内流体Aの温度の一次関数の場合）

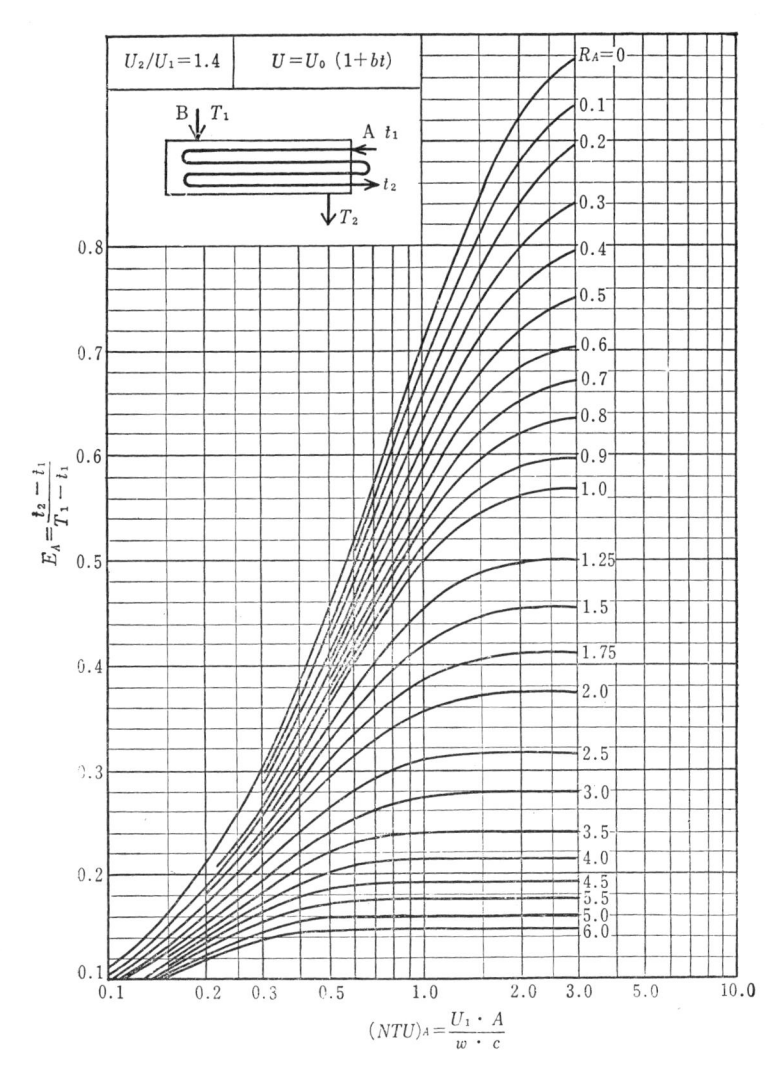

図 3·69 1-4熱交換器の温度効率線図（総括伝熱係数が管内流体Aの温度の一次関数の場合）

第3章 表面式熱交換器の基本伝熱式

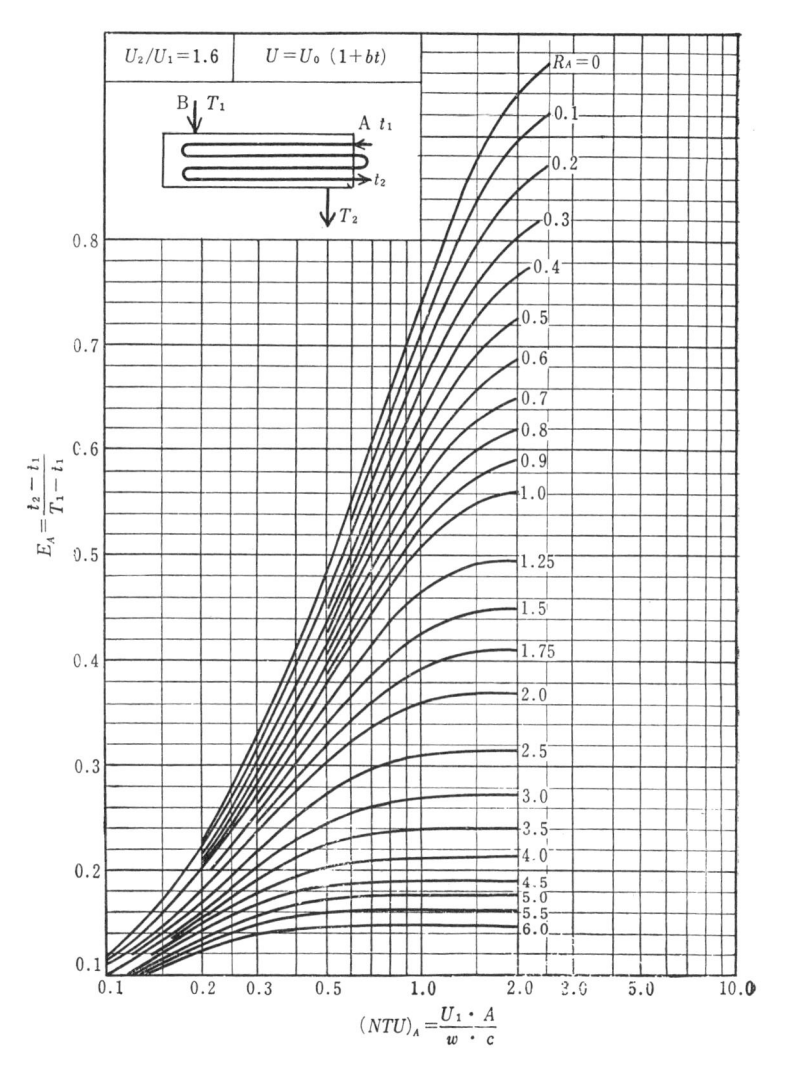

図 3·70　1-4 熱交換器の温度効率線図（総括伝熱係数が管内流体Aの温度の一次関数の場合）

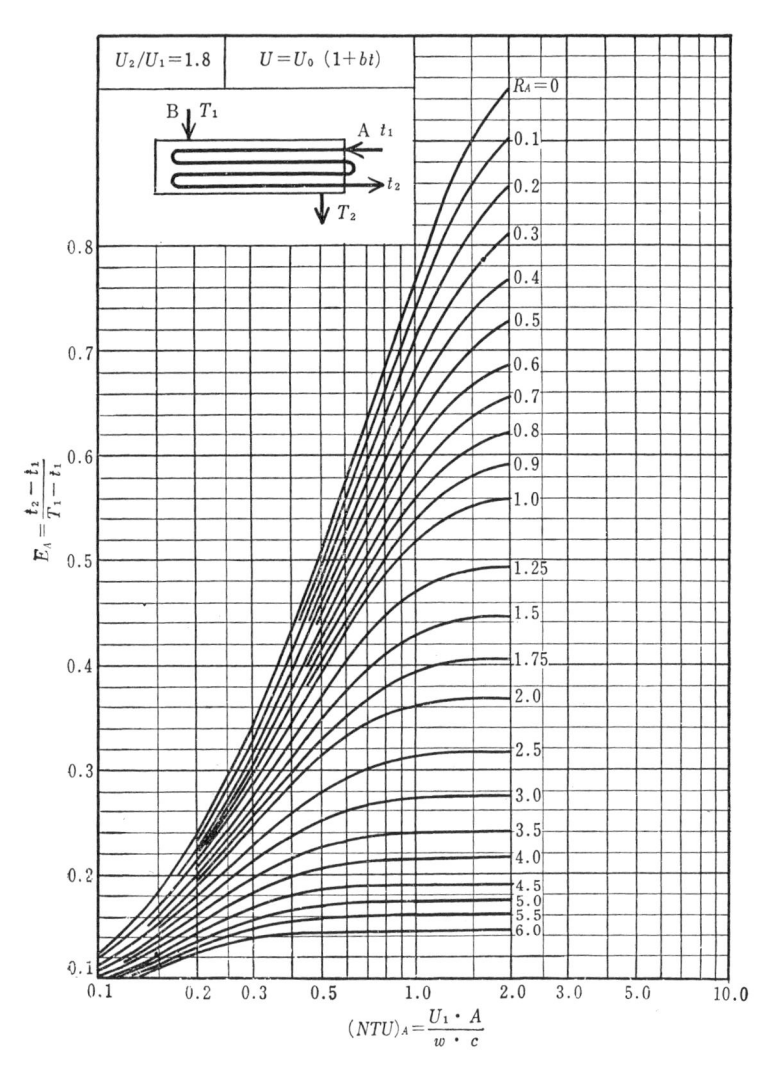

図 3·71　1-4 熱交換器の温度効率線図（総括伝熱係数が管内流体Aの温度の一次関数の場合）

第3章 表面式熱交換器の基本伝熱式

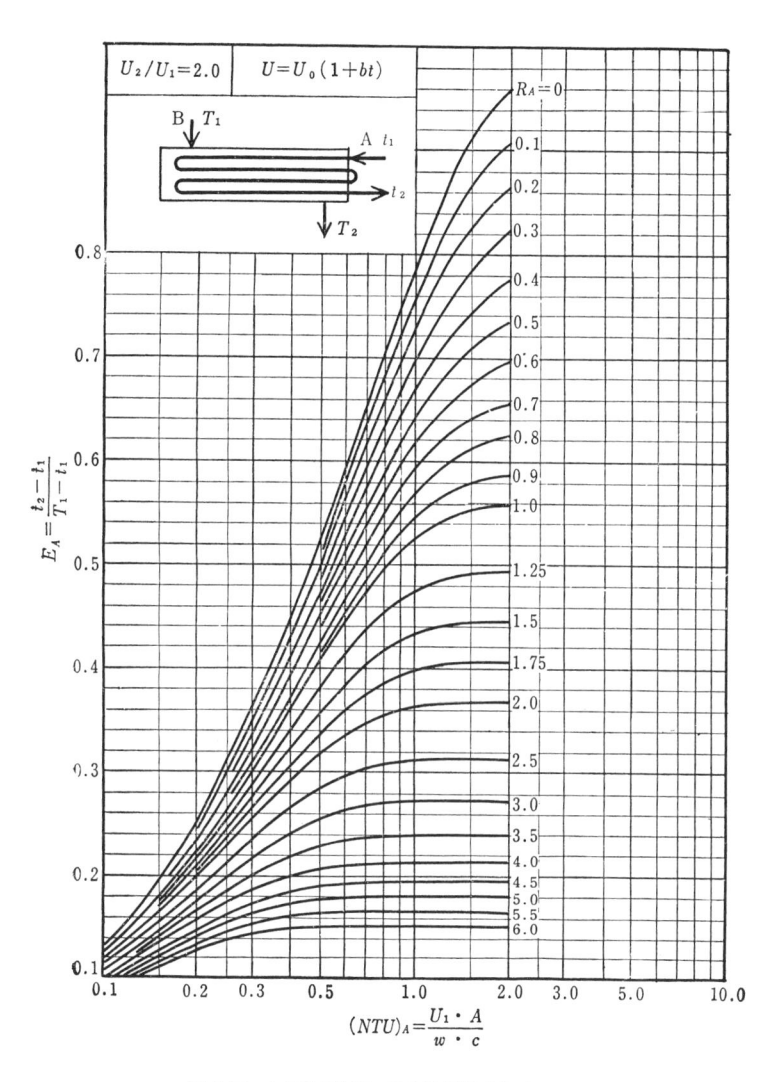

図 3・72　1-4熱交換器の温度効率線図（総括伝熱係数が管内流体Aの温度の一次関数の場合）

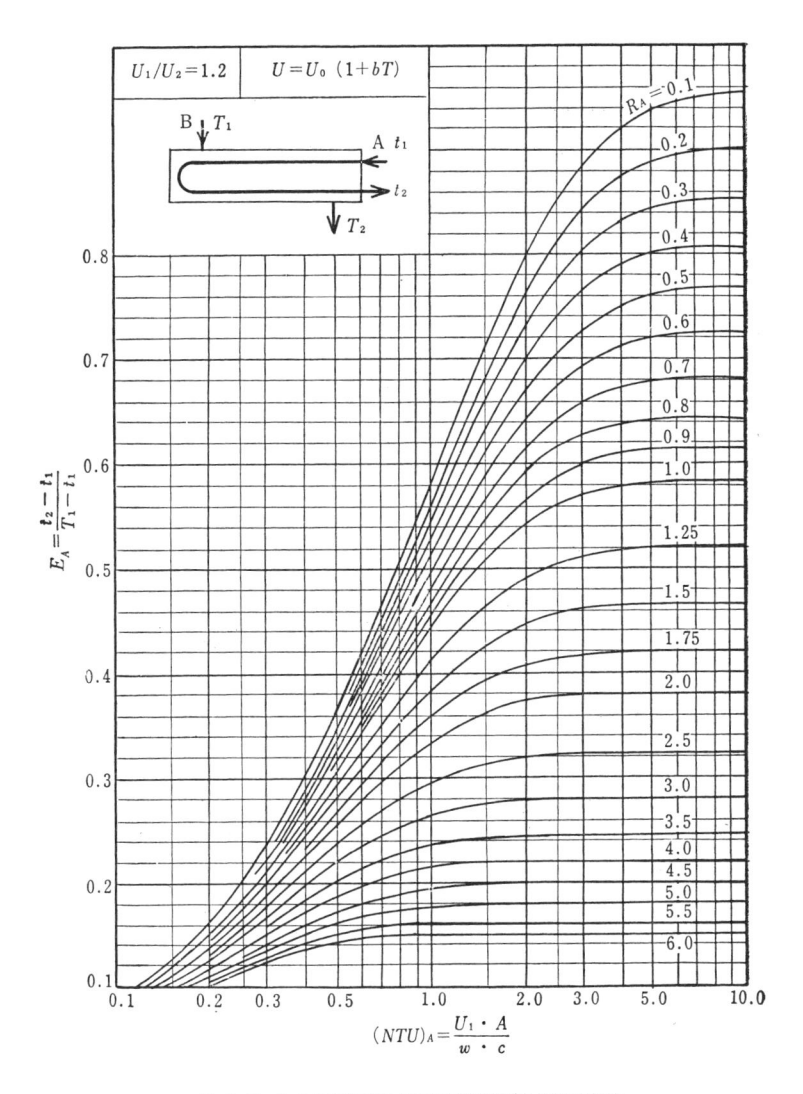

図 3・73  1-2 熱交換器の温度効率線図（総括伝熱係数が胴側流体 B の温度の一次関数の場合）

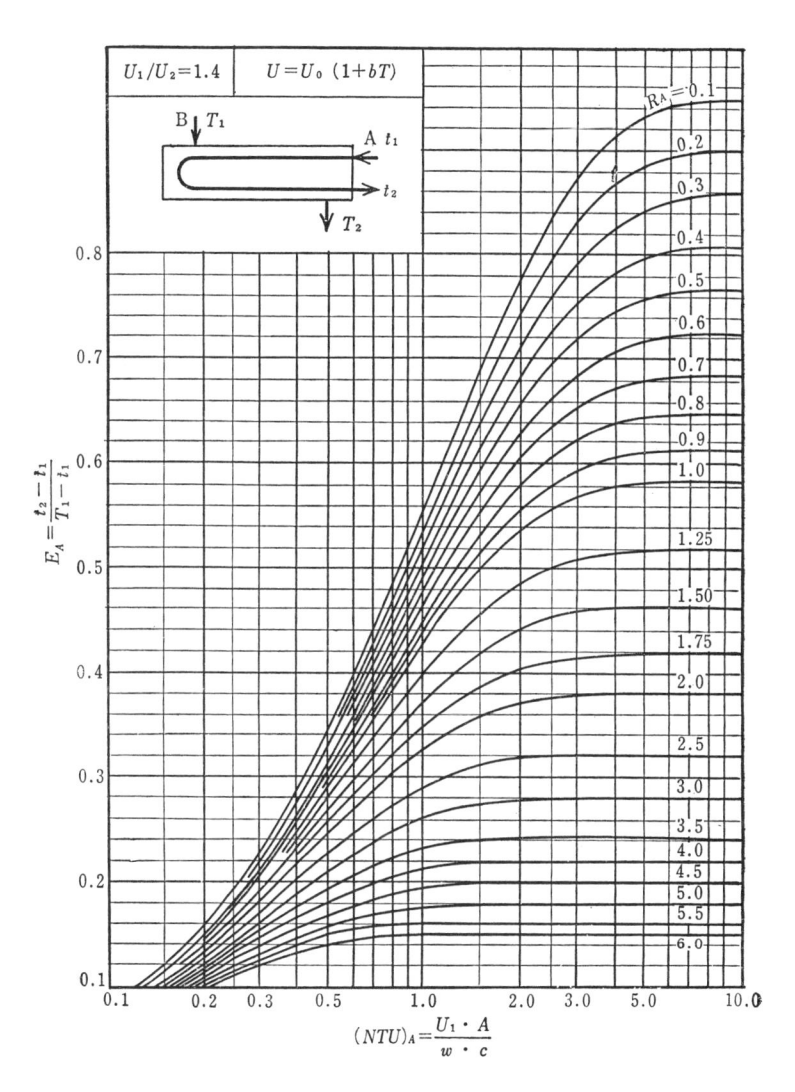

図 3・74　1-2熱交換器の温度効率線図（総括伝熱係数が胴側流体Bの温度の一次関数の場合）

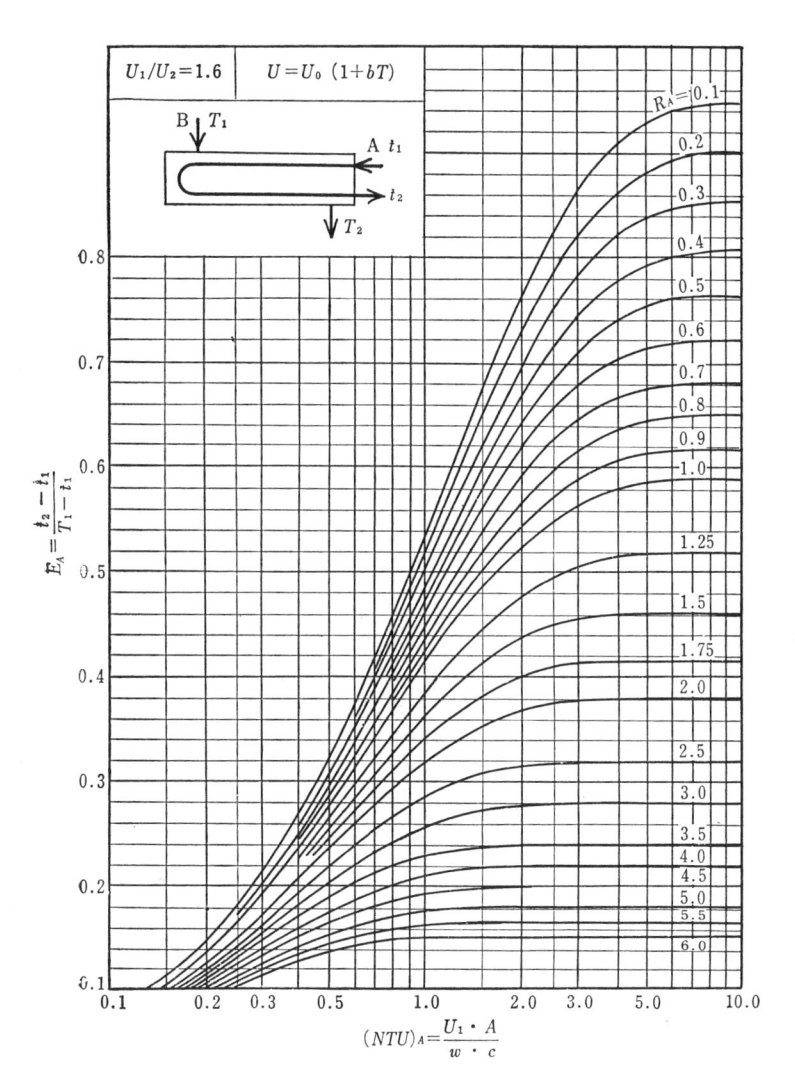

図 3・75　1-2 熱交換器の温度効率線図（総括伝熱係数が胴側流体 B の温度の一次関数の場合）

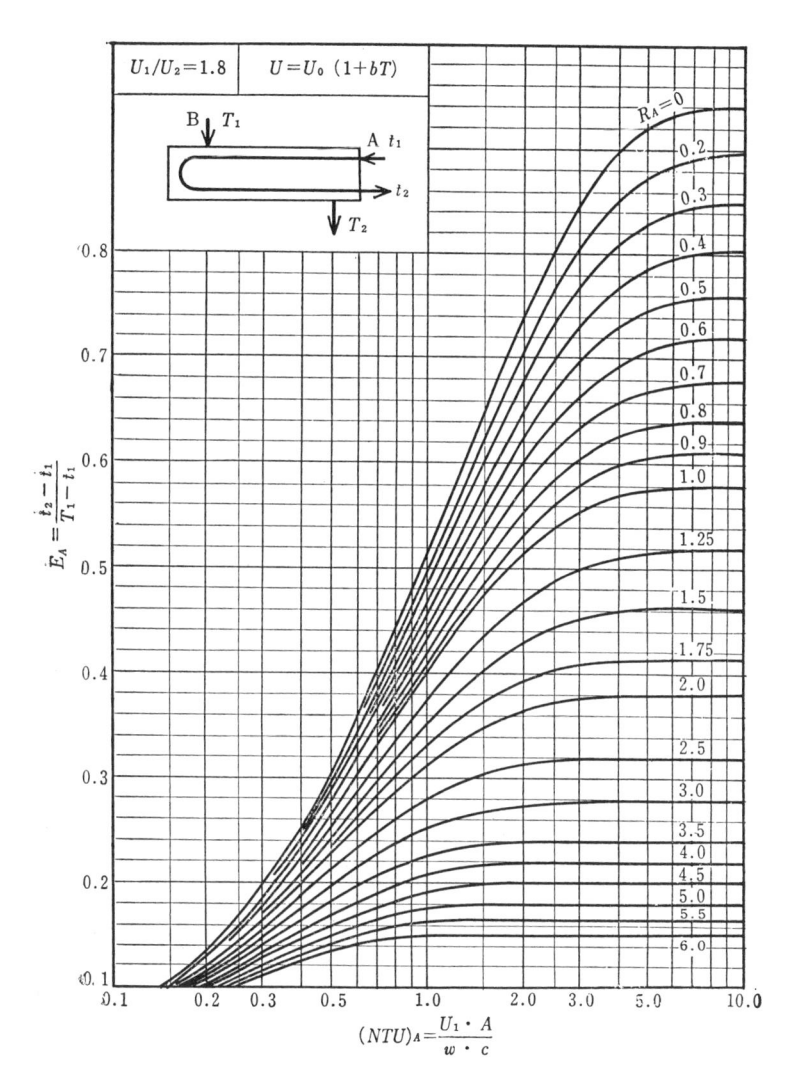

図 3・76　1-2 熱交換器の温度効率線図（総括伝熱係数が胴側流体 B の温度の一次関数の場合）

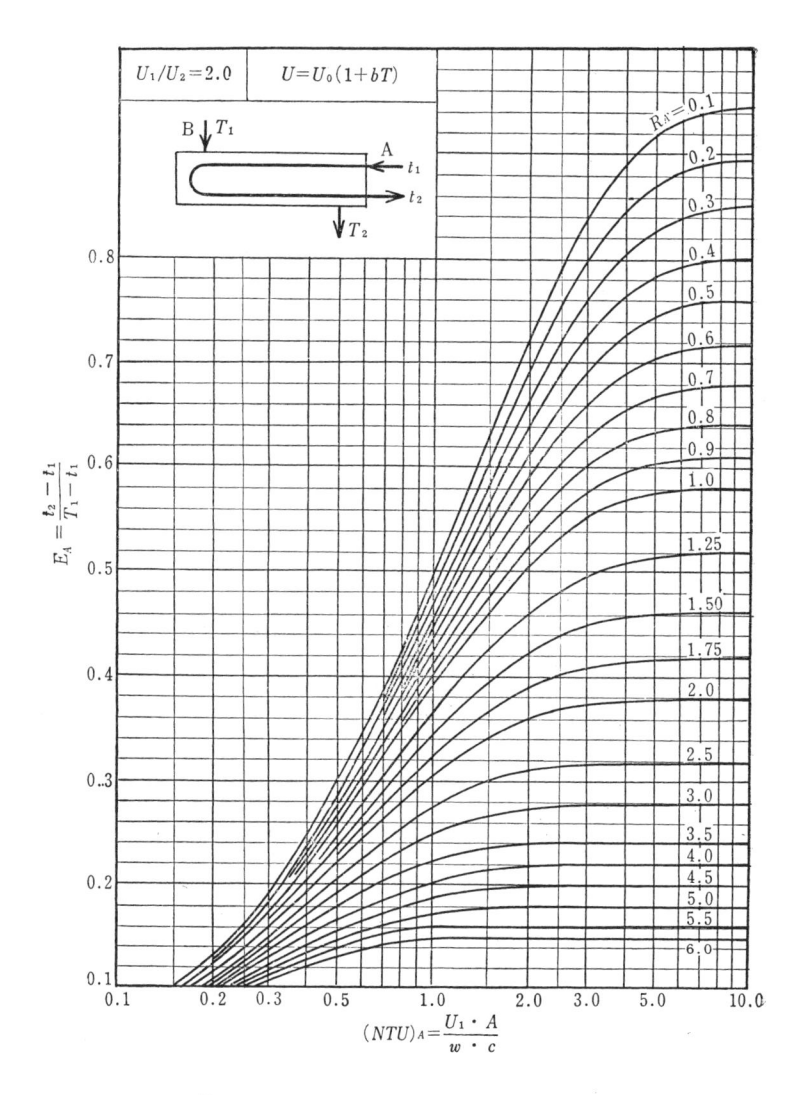

図 3・77 1-2 熱交換器の温度効率線図（総括伝熱係数が胴側流体Bの温度の一次関数の場合）

第 3 章 表面式熱交換器の基本伝熱式　　　111

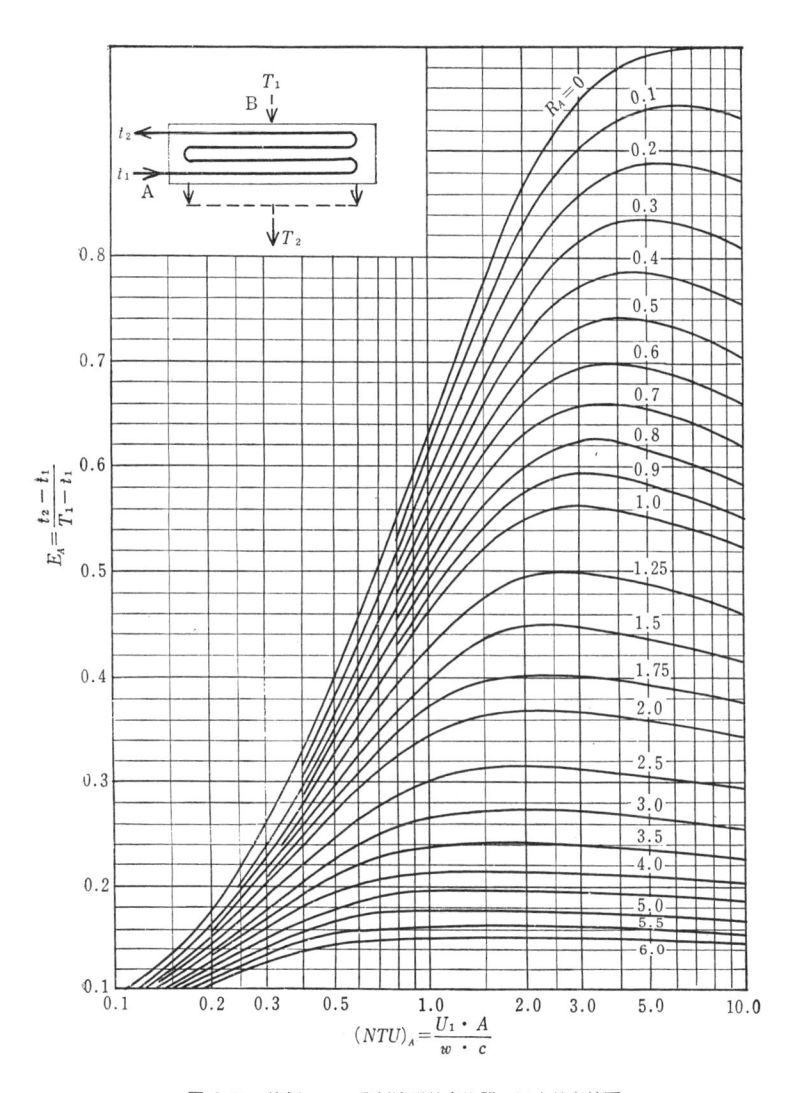

図 3・78　管側 4 パス分割流形熱交換器の温度効率線図

$E_A = \dfrac{t_2 - t_1}{T_1 - t_1}$

$(NTU)_A = \dfrac{U_1 \cdot A}{w \cdot c}$

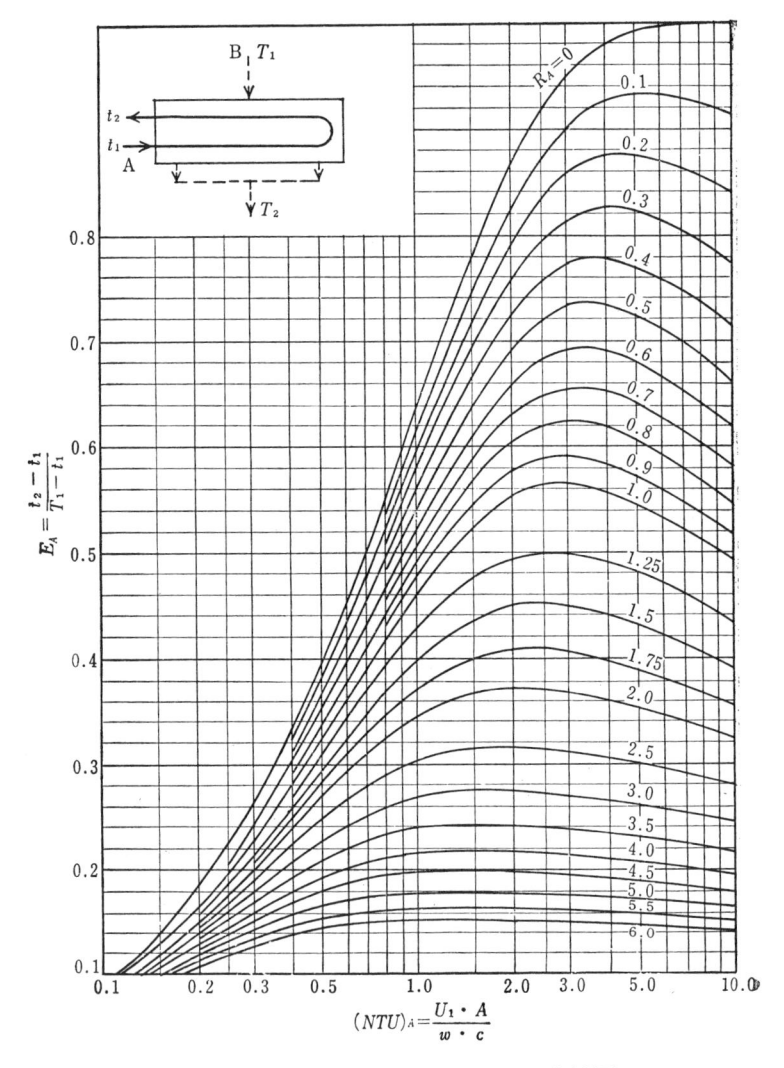

図 3・79　管側2パス分割流形熱交換器の温度効率線図

第 3 章　表面式熱交換器の基本伝熱式

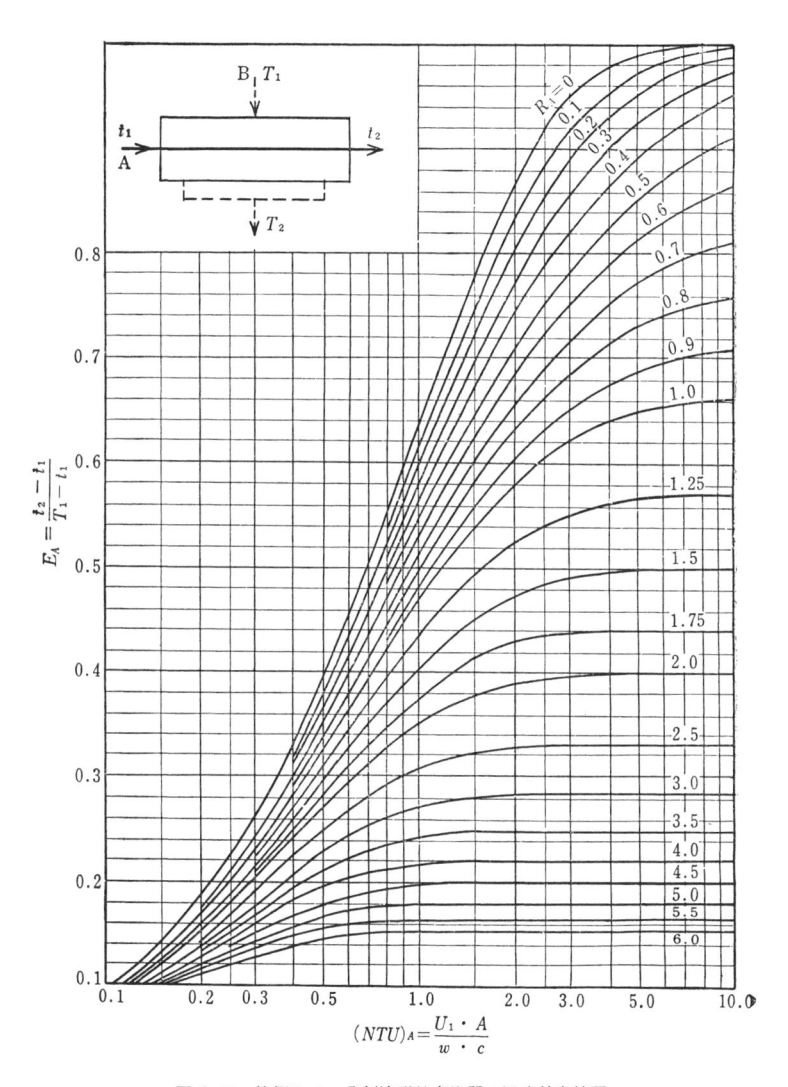

$$E_A = \frac{t_2 - t_1}{T_1 - t_1}$$

$$(NTU)_A = \frac{U_1 \cdot A}{w \cdot c}$$

図 3・80　管側 1 パス分割流形熱交換器の温度効率線図

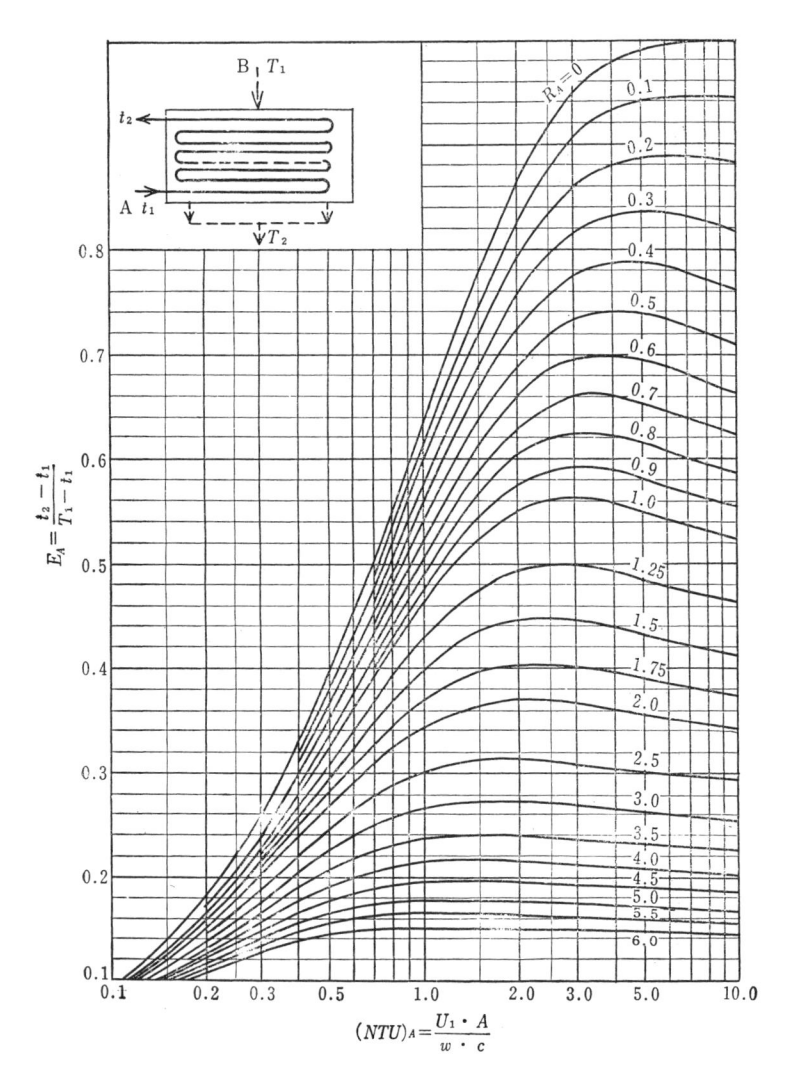

図 3・81 管側無限パス分割流形熱交換器の温度効率線図

$E_A = \dfrac{t_2 - t_1}{T_1 - t_1}$

$(NTU)_A = \dfrac{U_1 \cdot A}{w \cdot c}$

第3章　表面式熱交換器の基本伝熱式

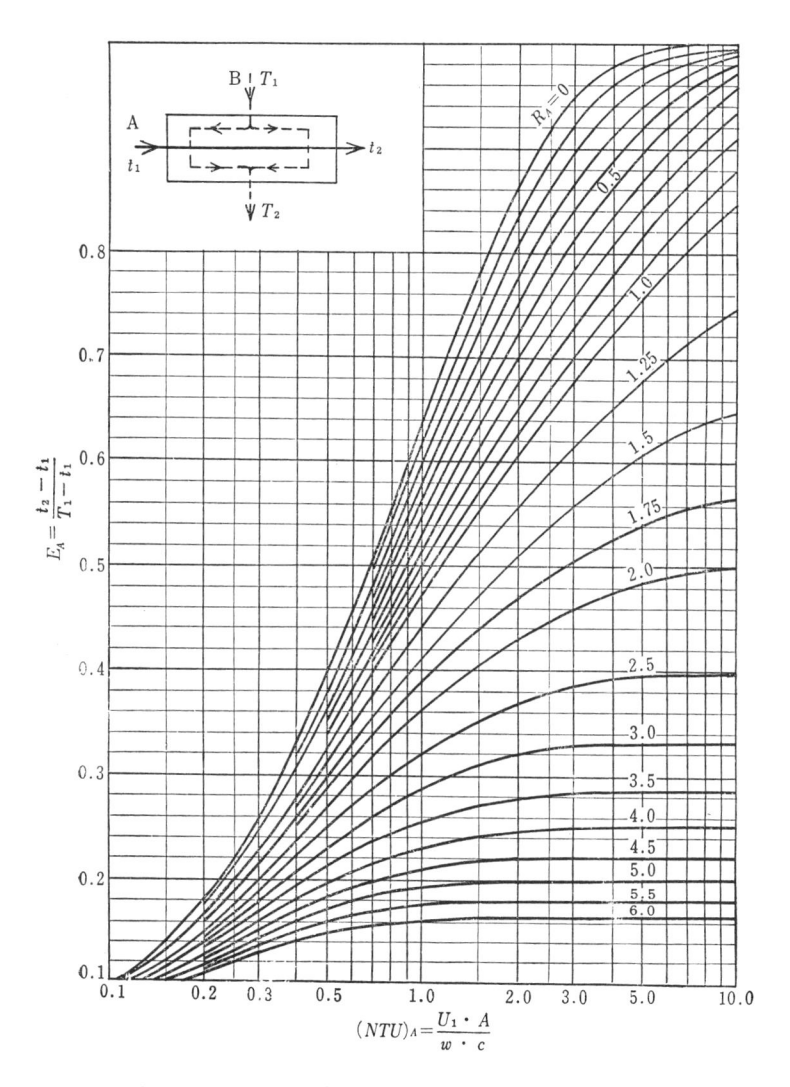

図 3・82　胴側2分流-管側1パス分流形熱交換器の温度効率線図

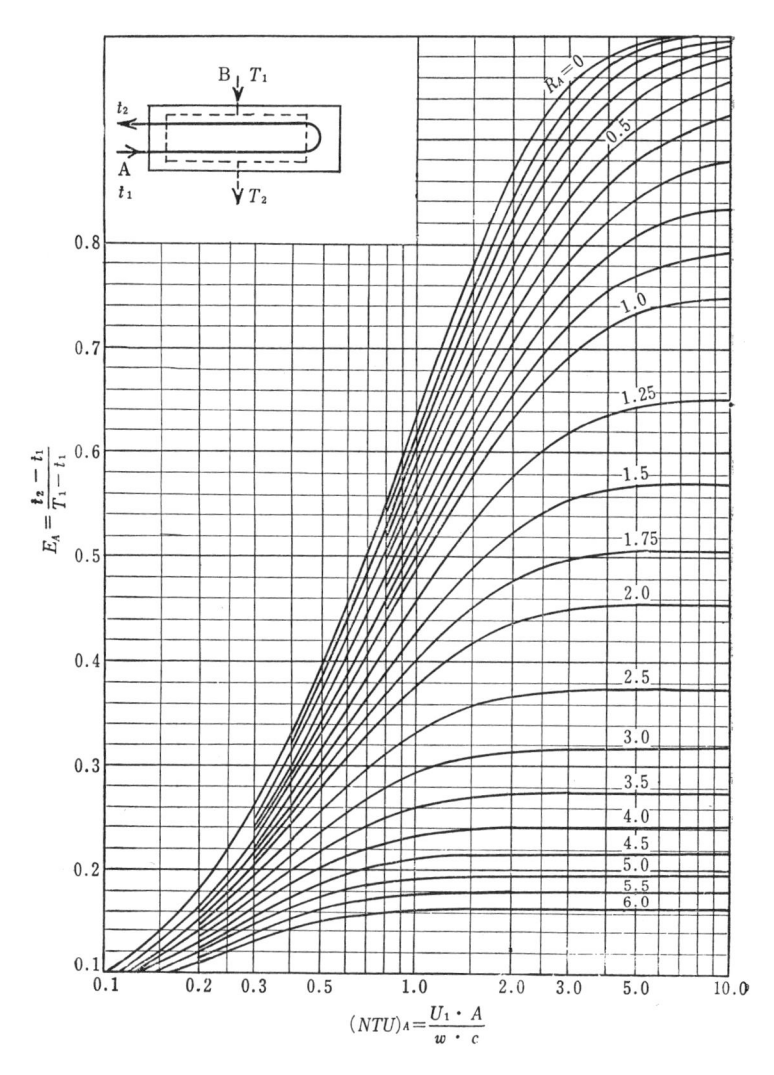

図 3・83 胴側2分流-管側2パス分流形熱交換器の温度効率線図

$E_A = \dfrac{t_2 - t_1}{T_1 - t_1}$

$(NTU)_A = \dfrac{U_1 \cdot A}{w \cdot c}$

第3章 表面式熱交換器の基本伝熱式

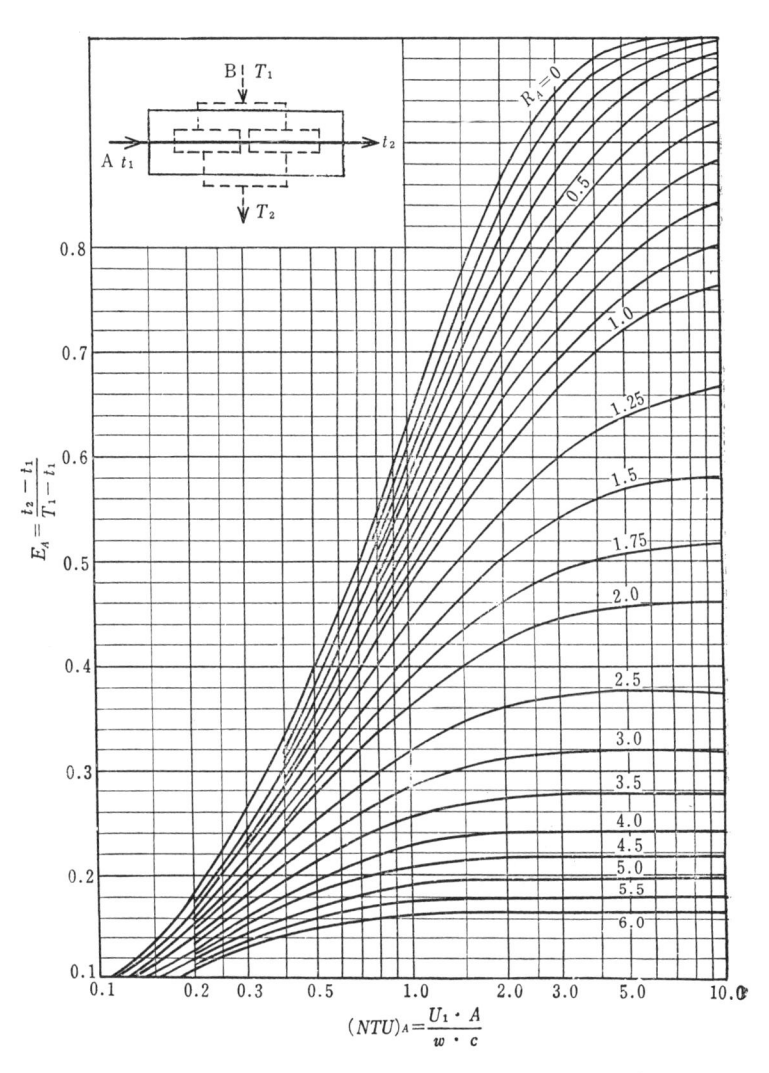

図 3・84 胴側4分流-管側1パス分流形熱交換器の温度効率線図

縦軸: $E_A = \dfrac{t_2 - t_1}{T_1 - t_1}$

横軸: $(NTU)_A = \dfrac{U_1 \cdot A}{w \cdot c}$

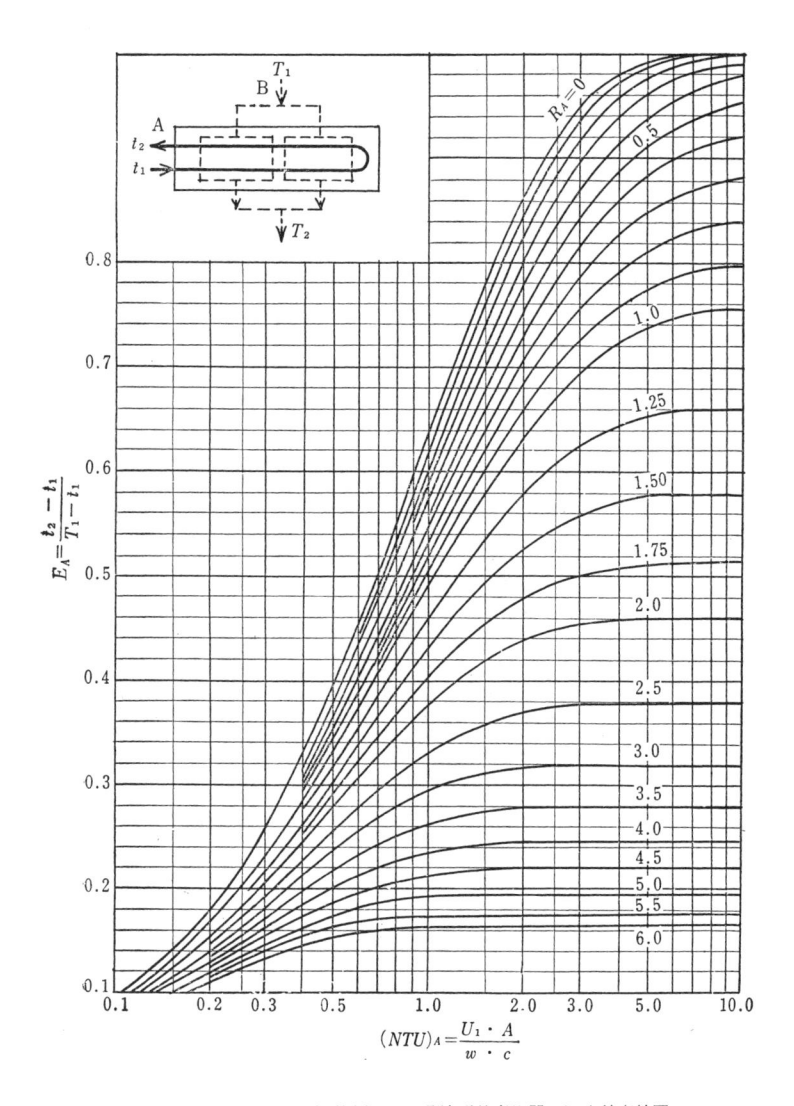

図 3・85 胴側4分流-管側2パス分流形熱交換器の温度効率線図

第3章 表面式熱交換器の基本伝熱式　119

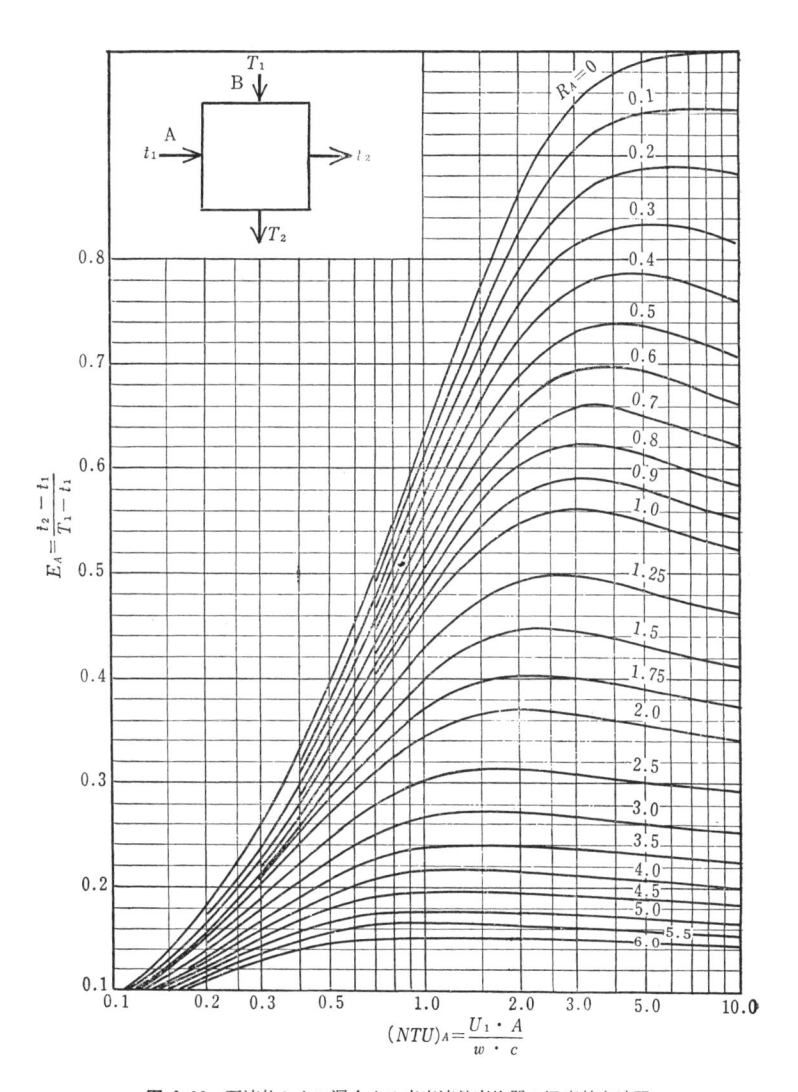

図 3・86　両流体ともに混合する直交流熱交換器の温度効率線図

$E_A = \dfrac{t_2 - t_1}{T_1 - t_1}$

$(NTU)_A = \dfrac{U_1 \cdot A}{w \cdot c}$

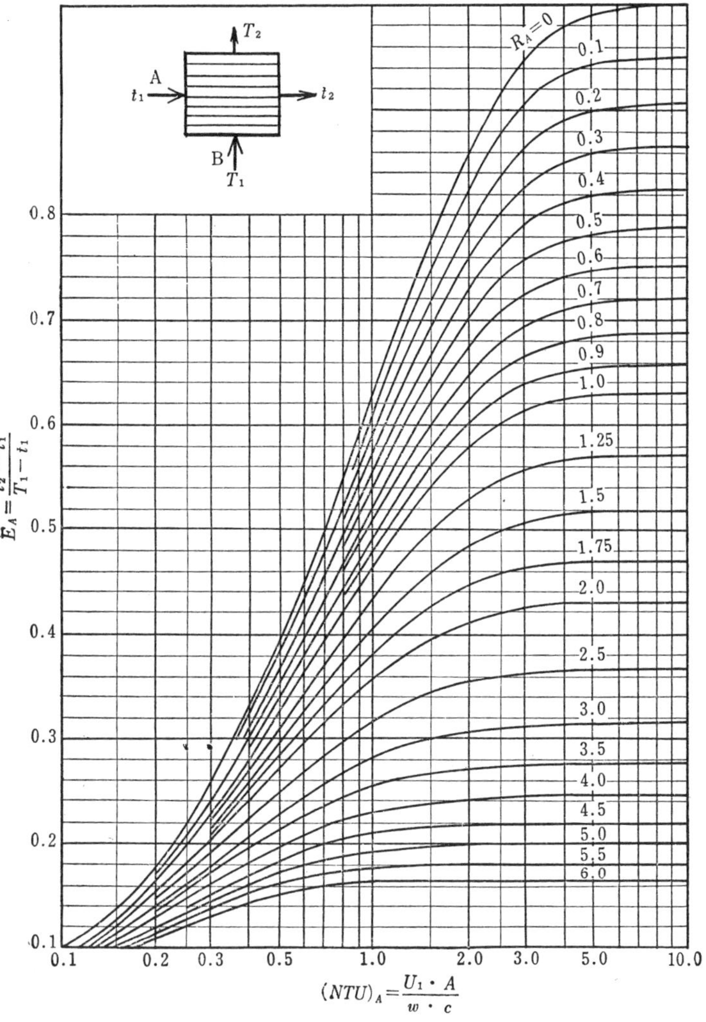

T₂
A
$t_1$
$t_2$
B
$T_1$
$R_A=0$
0.1
0.2
0.3
0.4
0.5
0.6
0.7
0.8
0.9
1.0
1.25
1.5
1.75
2.0
2.5
3.0
3.5
4.0
4.5
5.0
5.5
6.0
$E_A=\frac{t_2-t_1}{T_1-t_1}$
0.8
0.7
0.6
0.5
0.4
0.3
0.2
0.1
0.1
0.2
0.3
0.5
1.0
2.0
3.0
5.0
10.0
$(NTU)_A=\frac{U_1\cdot A}{w\cdot c}$


**図 3・87**　一方の流体（流体 B）が混合，他の流体（流体A）が混合しない直交流熱交換器の温度効率線図

第 3 章　表面式熱交換器の基本伝熱式

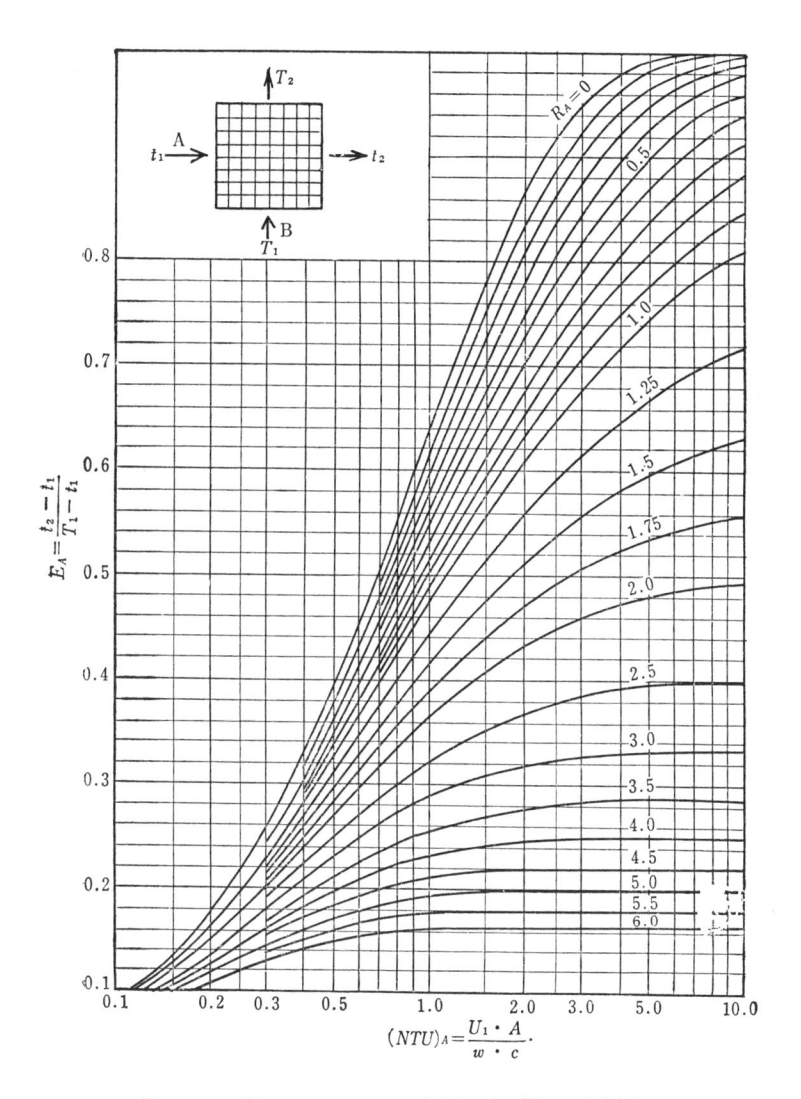

図 3・88　両流体ともに混合しない直交流熱交換器の温度効率線図

$E_A = \dfrac{t_2 - t_1}{T_1 - t_1}$

$(NTU)_A = \dfrac{U_1 \cdot A}{w \cdot c}$

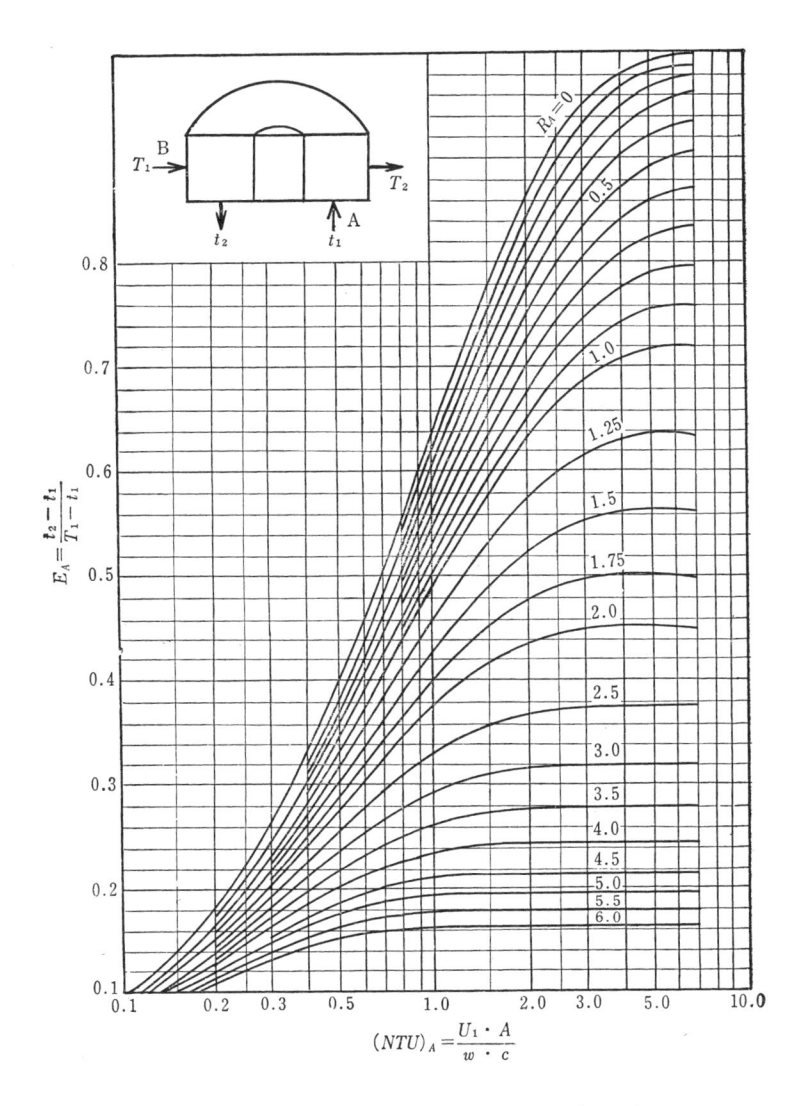

図 3・89　2パス直交向流熱交換器の温度効率線図（その1）

第3章 表面式熱交換器の基本伝熱式

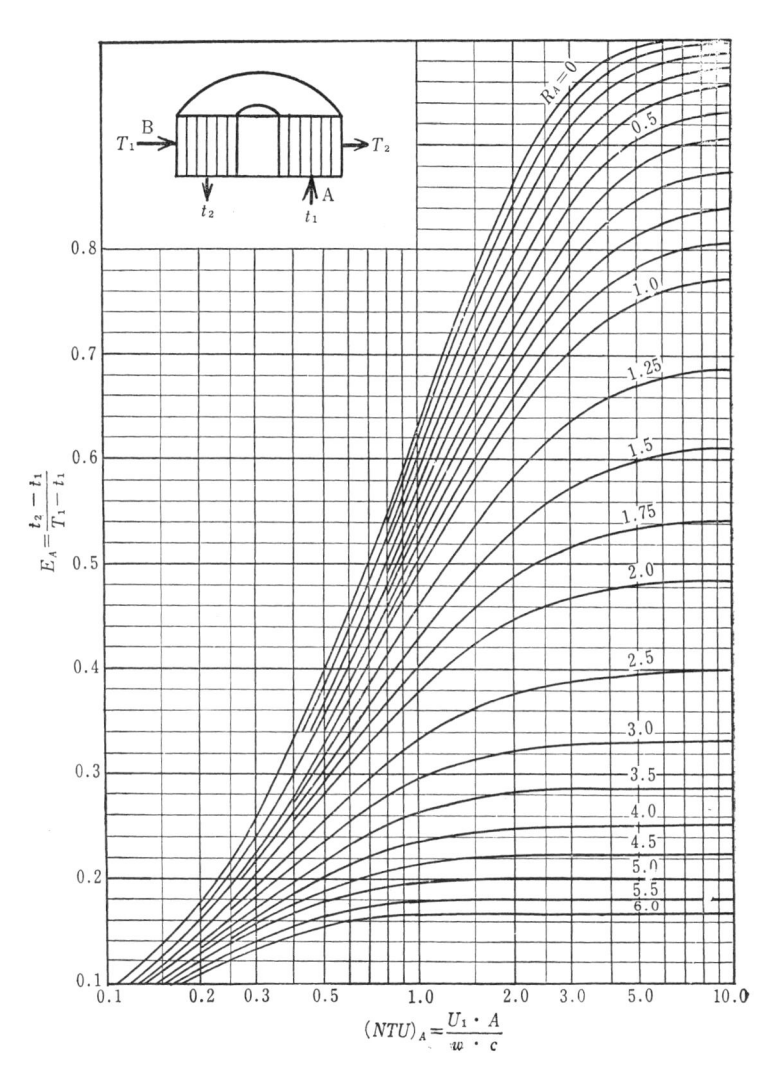

$E_A = \dfrac{t_2 - t_1}{T_1 - t_1}$

$(NTU)_A = \dfrac{U_1 \cdot A}{w \cdot c}$

図 3・90 2パス直交向流熱交換器の温度効率線図（その2）

$$E_A = \frac{t_2 - t_1}{T_1 - t_1}$$

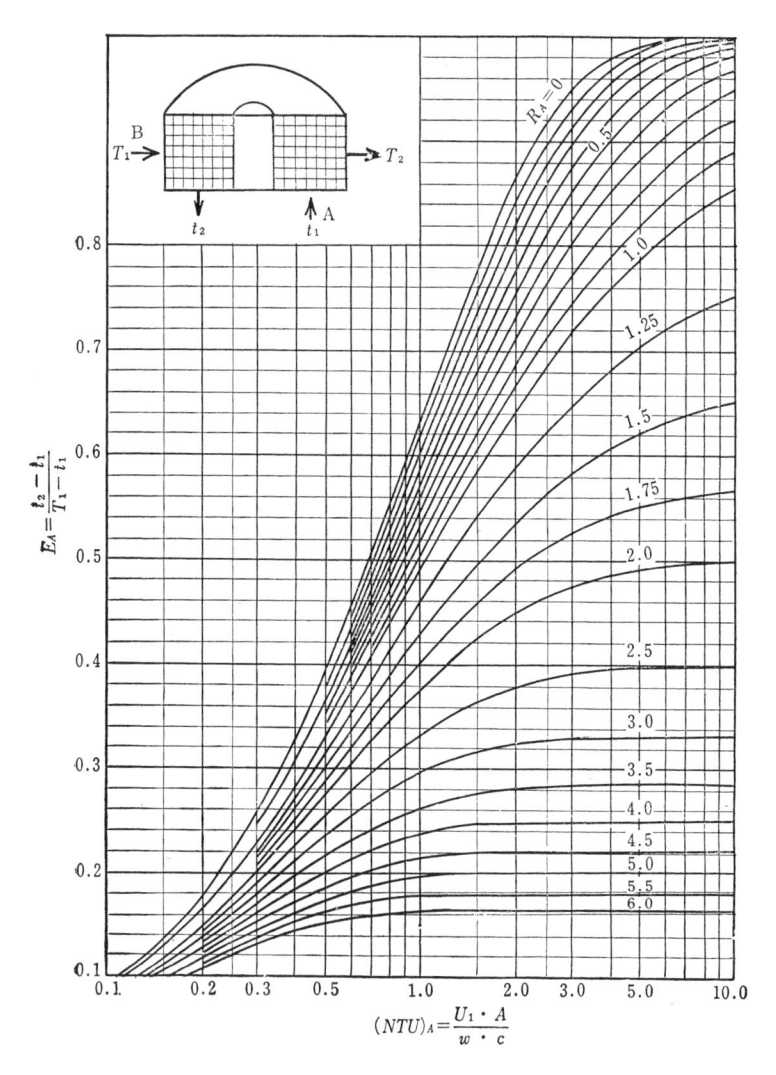

$$(NTU)_A = \frac{U_1 \cdot A}{w \cdot c}$$

図 3・91　2パス直交向流熱交換器の温度効率線図（その3）

第3章 表面式熱交換器の基本伝熱式

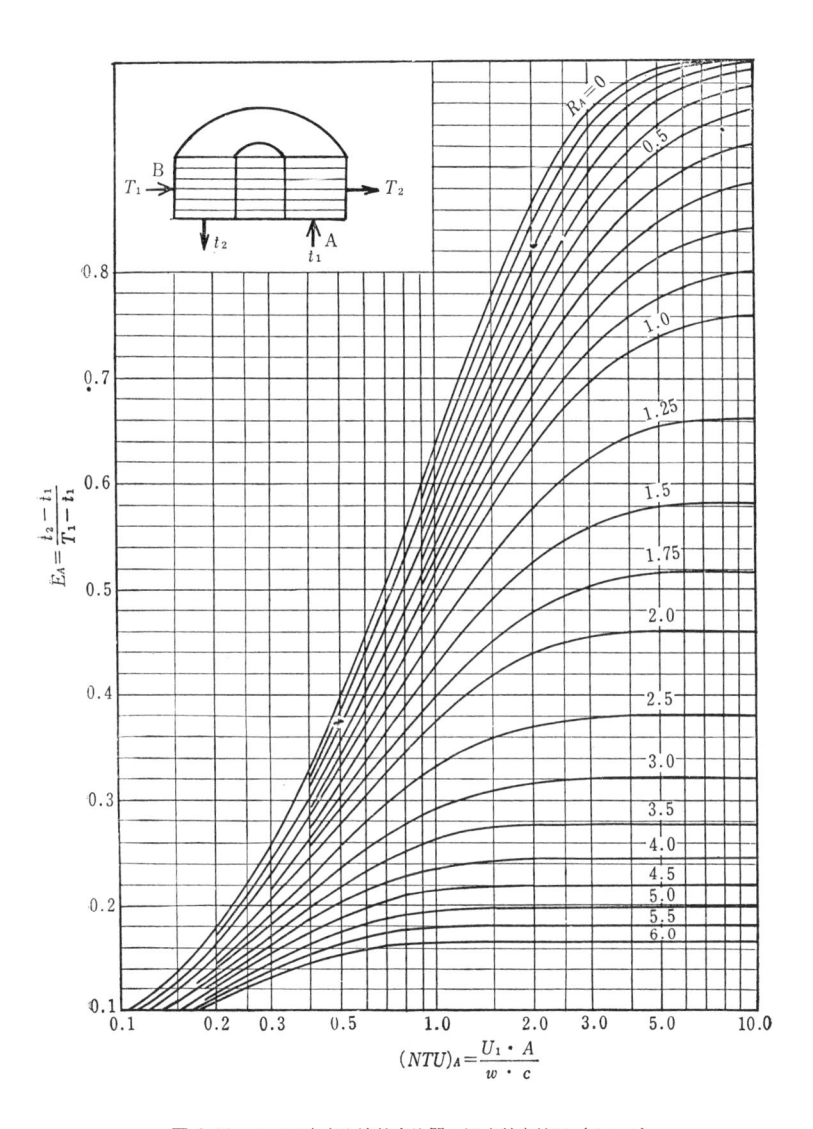

図 3·92 2パス直交向流熱交換器の温度効率線図（その4）

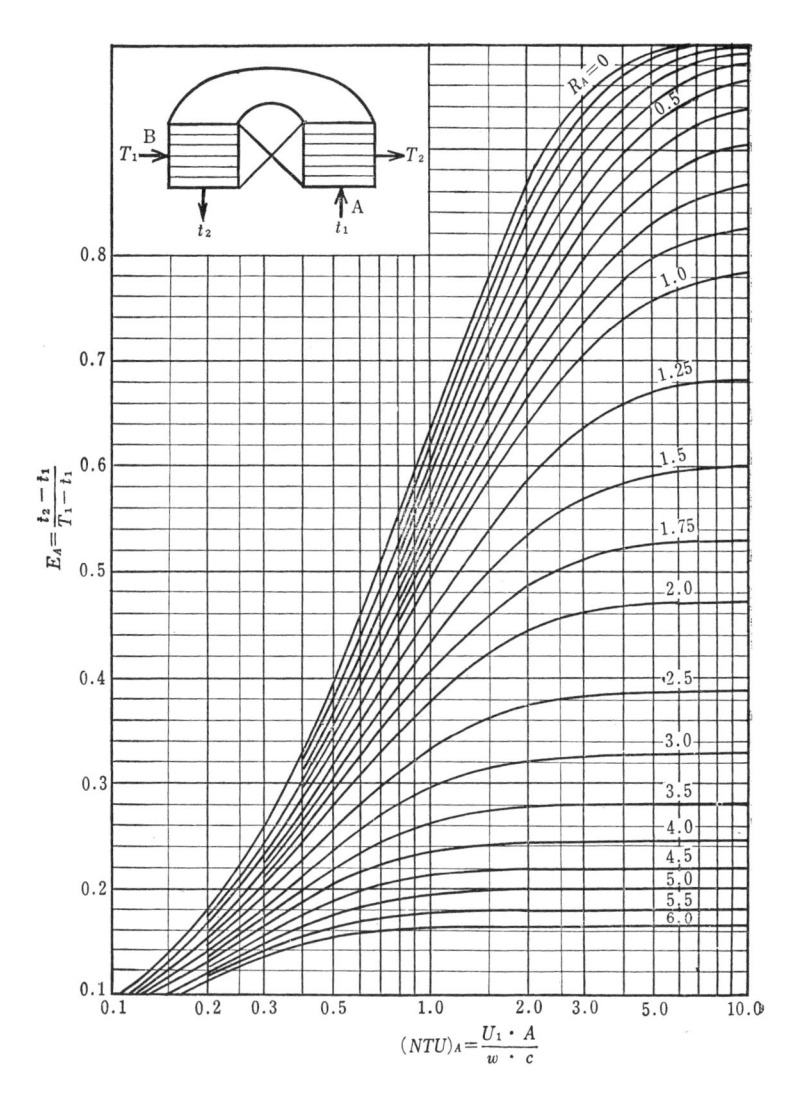

図 3・93  2パス直交向流熱交換器の温度効率線図

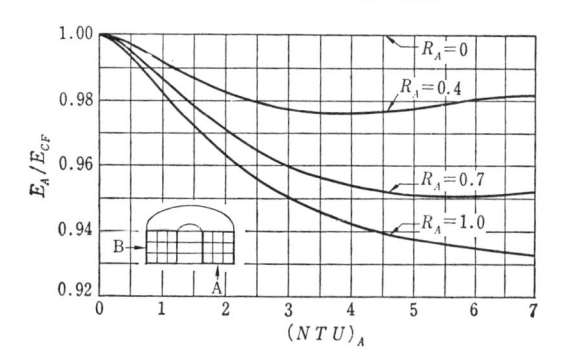

第3章 表面式熱交換器の基本伝熱式

$\begin{pmatrix} \text{流体Aはパス間で混合,各パス中では混合せず;} \\ \text{流体Bは全体にわたり混合せず,順序逆転} \end{pmatrix}$
図 3・94 2パス直交向流熱交換器の補正係数

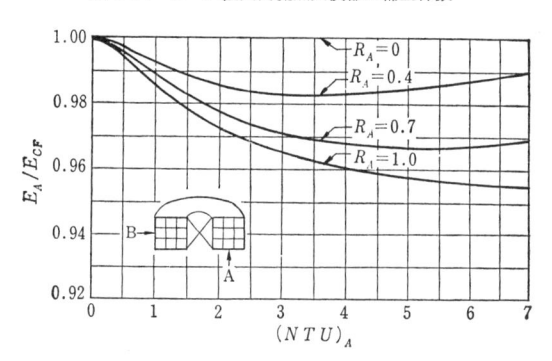

$\begin{pmatrix} \text{流体Aはパス間で混合,各パス中では混合せず;} \\ \text{流体Bは全体にわたり混合せず,順序不変} \end{pmatrix}$
図 3・95 2パス直交向流熱交換器の補正係数

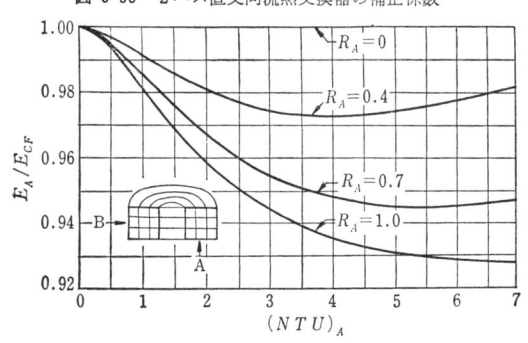

$\begin{pmatrix} \text{両流体ともに全体にわたり混合} \\ \text{せず;両流体ともに順序逆転} \end{pmatrix}$
図 3・96 2パス直交向流熱交換器の補正係数

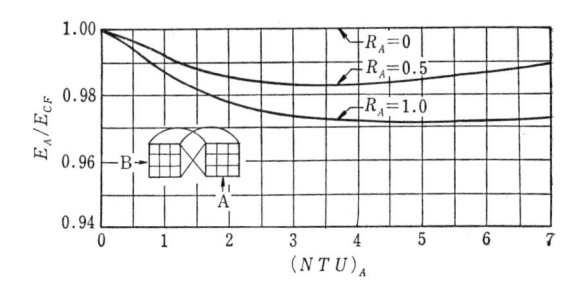

(両流体ともに全体にわたり混合)
(せず；両流体ともに順序不変)
図 3・97　2パス直交向流熱交換器の補正係数

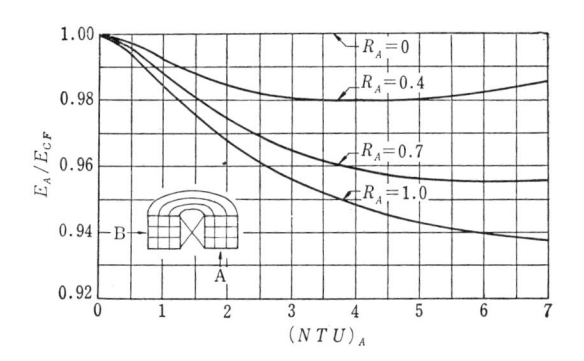

(両流体ともに全体にわたり混合せず；)
(流体Aは順序逆転，流体Bは順序不変)
図 3・98　2パス直交向流熱交換器の補正係数

第3章 表面式熱交換器の基本伝熱式

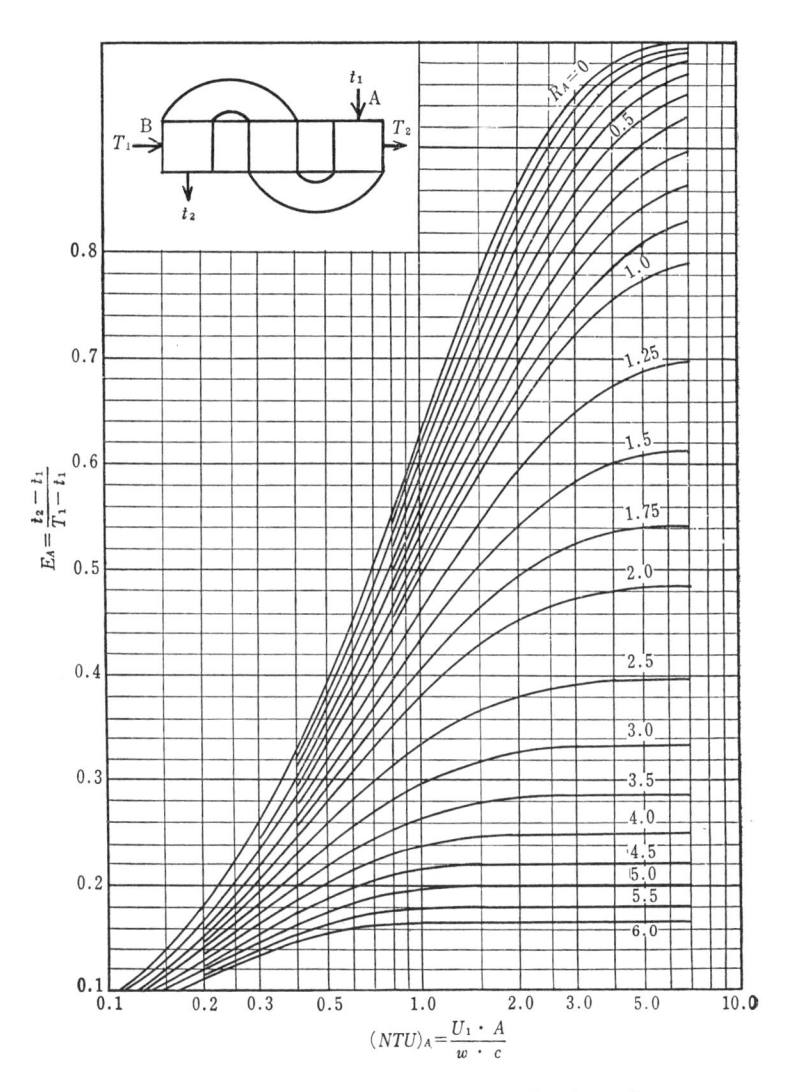

$E_A = \dfrac{t_2 - t_1}{T_1 - t_1}$

$(NTU)_A = \dfrac{U_1 \cdot A}{w \cdot c}$

図 3・99　3 パス直交向流熱交換器の温度効率線図（その 1）

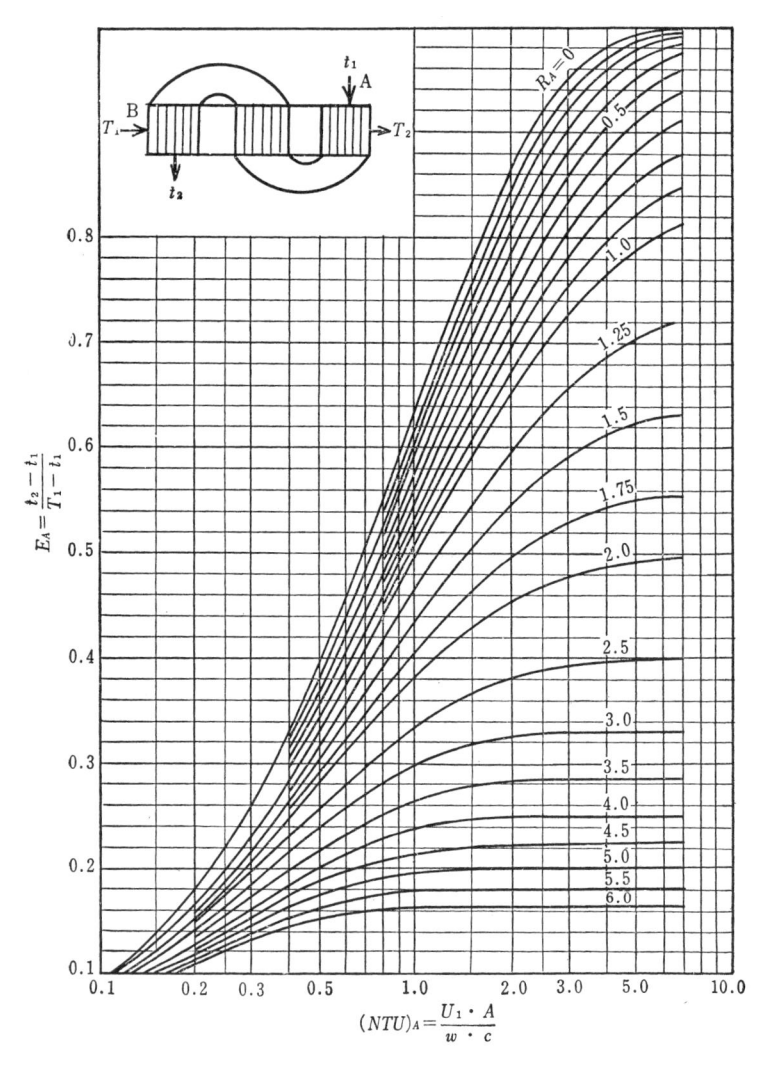

図 3·100　3 パス直交向流熱交換器の温度効率線図（その 2）

第3章　表面式熱交換器の基本伝熱式

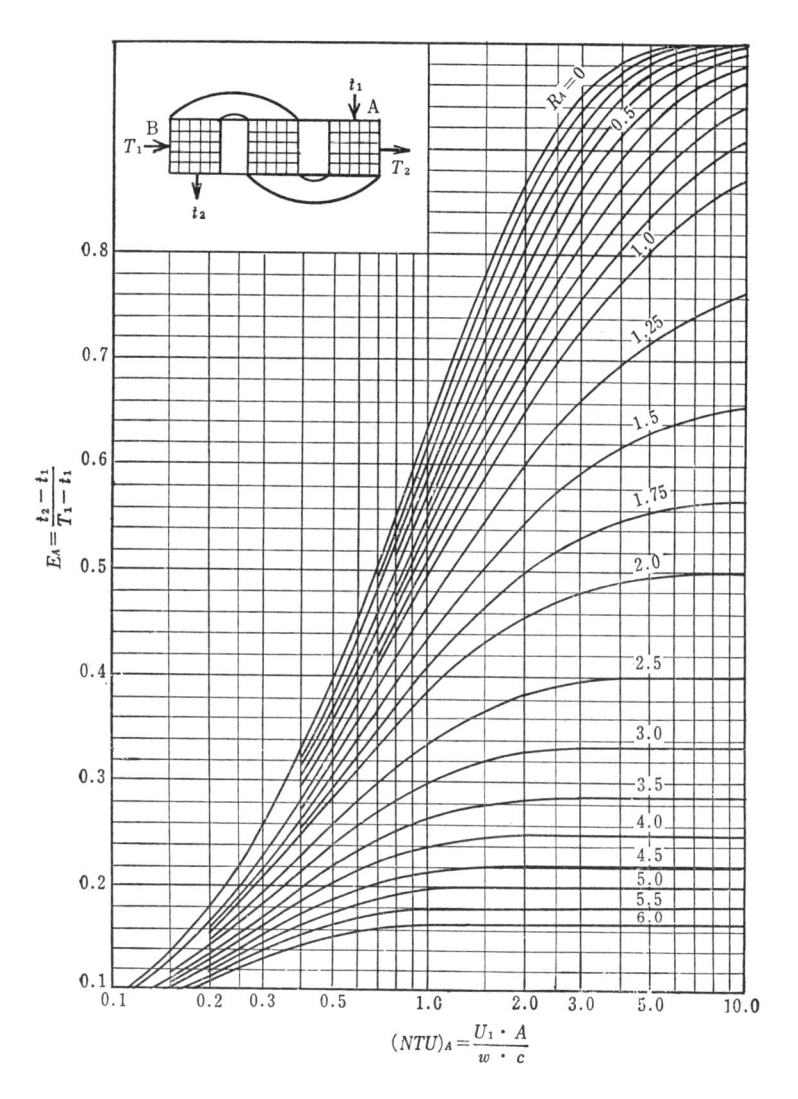

図 3・101　3パス直交向流熱交換器の温度効率線図

$E_A = \dfrac{t_2 - t_1}{T_1 - t_1}$

$(NTU)_A = \dfrac{U_1 \cdot A}{w \cdot c}$

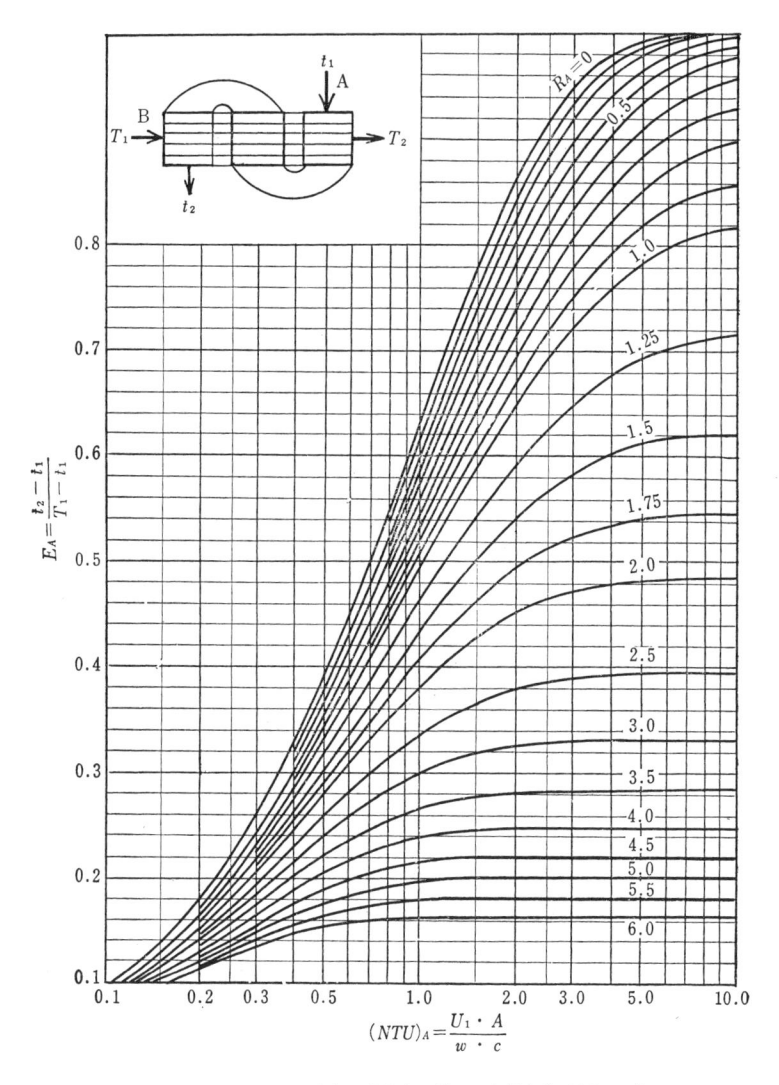

図 3·102　3パス直交向流熱交換器の温度効率線図（その4）

第3章　表面式熱交換器の基本伝熱式

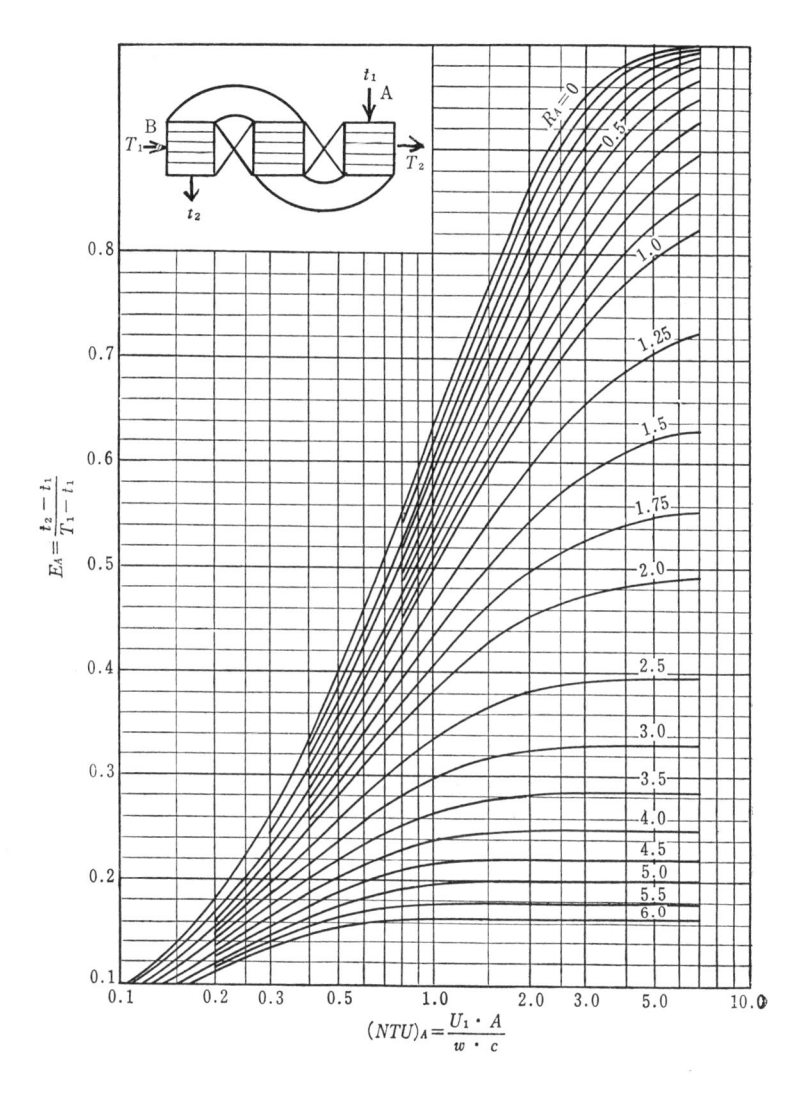

図 3・103　3パス直交向流熱交換器の温度効率線図（その5）

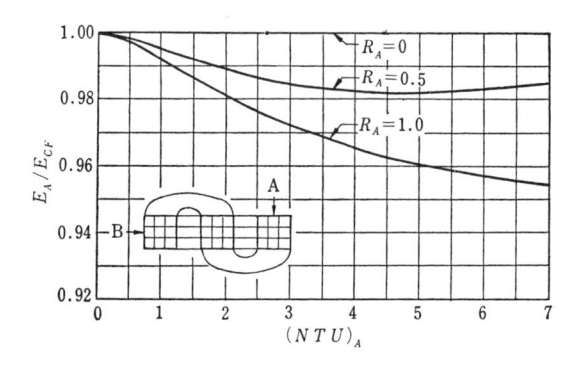

(流体Aはパス間で混合，各パス中では混合せず；)
(流体Bは全体にわたり混合せず，順序逆転　　　)

**図 3・104** 3パス直交向流熱交換器の補正係数

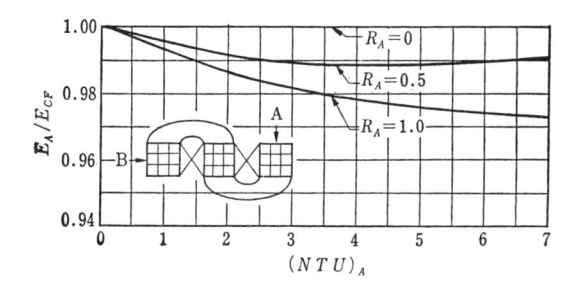

(流体Aはパス間で混合，各パス中では混合せず；)
(流体Bは全体にわたり混合せず，順序不変　　　)

**図 3・105** 3パス直交向流熱交換器の補正係数

第3章　表面式熱交換器の基本伝熱式

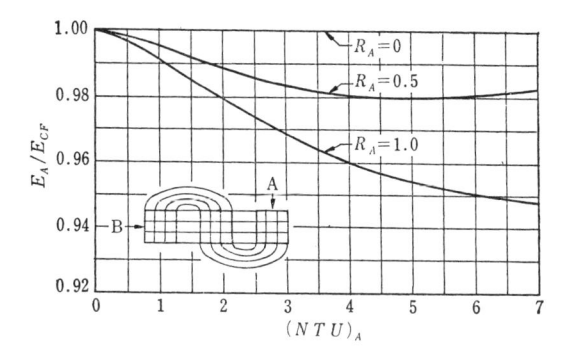

$\begin{pmatrix}両流体ともに全体にわたり混\\合せず；両流体とも順序逆転\end{pmatrix}$

図 3・106　3パス直交向流熱交換器の補正係数

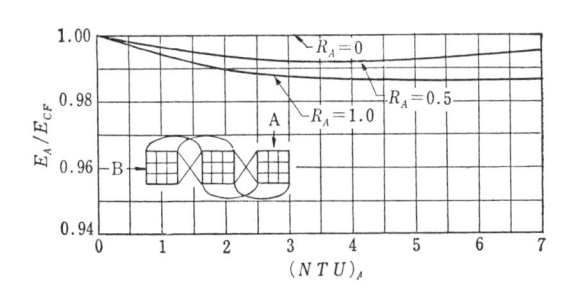

$\begin{pmatrix}両流体ともに全体にわたり混合\\せず；両流体ともに順序不変\end{pmatrix}$

図 3・107　3パス直交向流熱交換器の補正係数

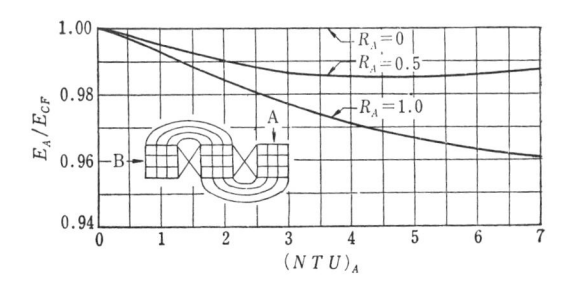

$\begin{pmatrix}両流体ともに全体にわたり混合せず；\\流体Aは順序逆転，流体Bは順序不変\end{pmatrix}$

図 3・108　3パス直交向流熱交換器の補正係数

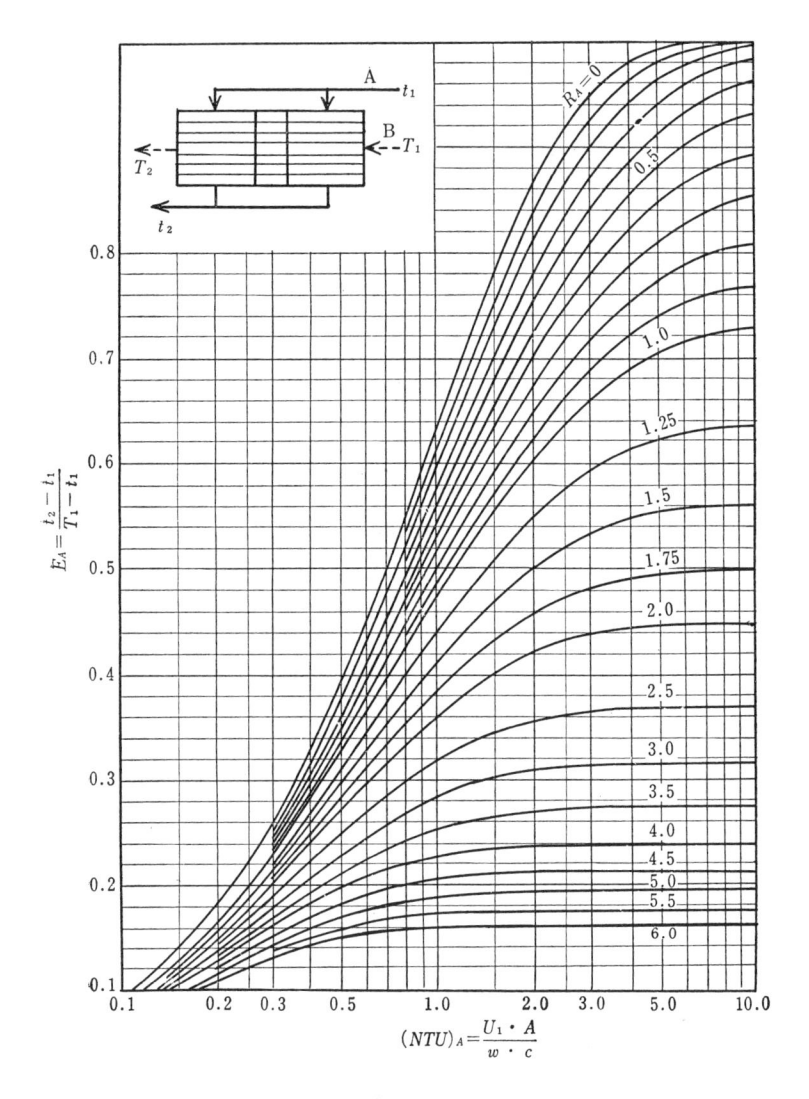

図 3·109 分流直交熱交換器の温度効率線図

$E_A = \dfrac{t_2 - t_1}{T_1 - t_1}$

$(NTU)_A = \dfrac{U_1 \cdot A}{w \cdot c}$

第3章 表面式熱交換器の基本伝熱式    137

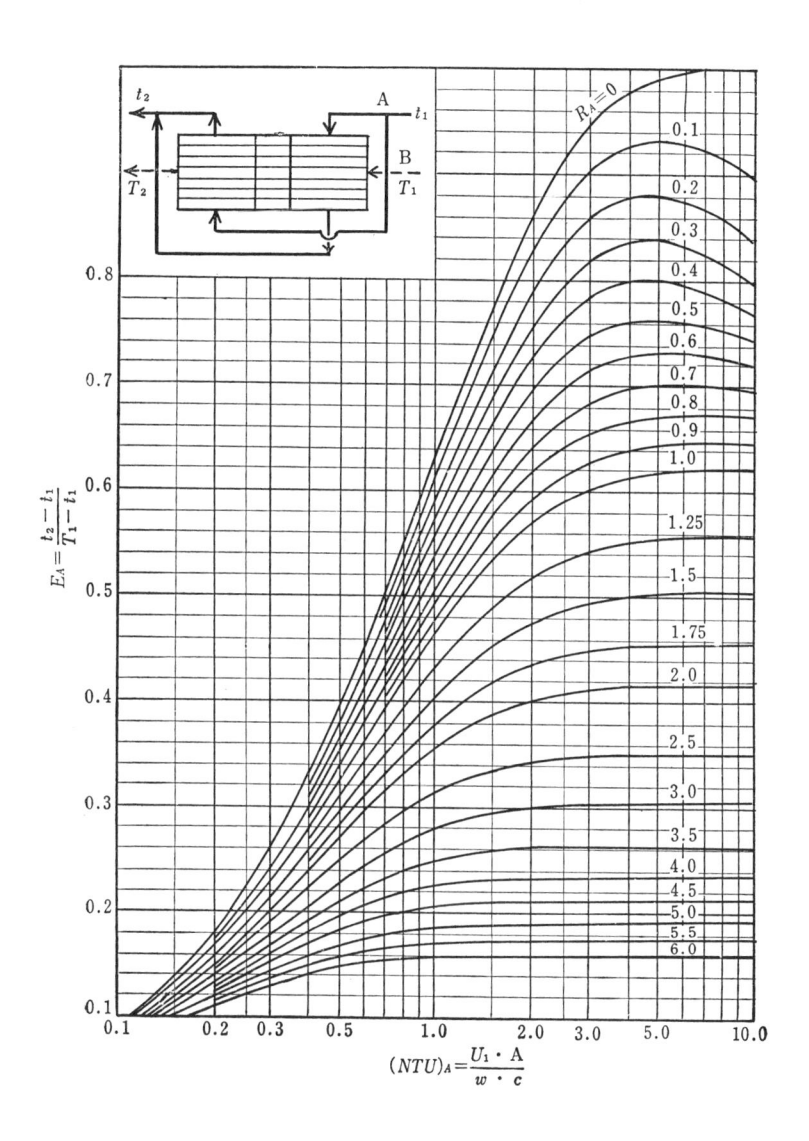

$E_A = \dfrac{t_2 - t_1}{T_1 - t_1}$

$(NTU)_A = \dfrac{U_1 \cdot A}{w \cdot c}$

図 3・110　交差分流直交熱交換器の温度効率線図

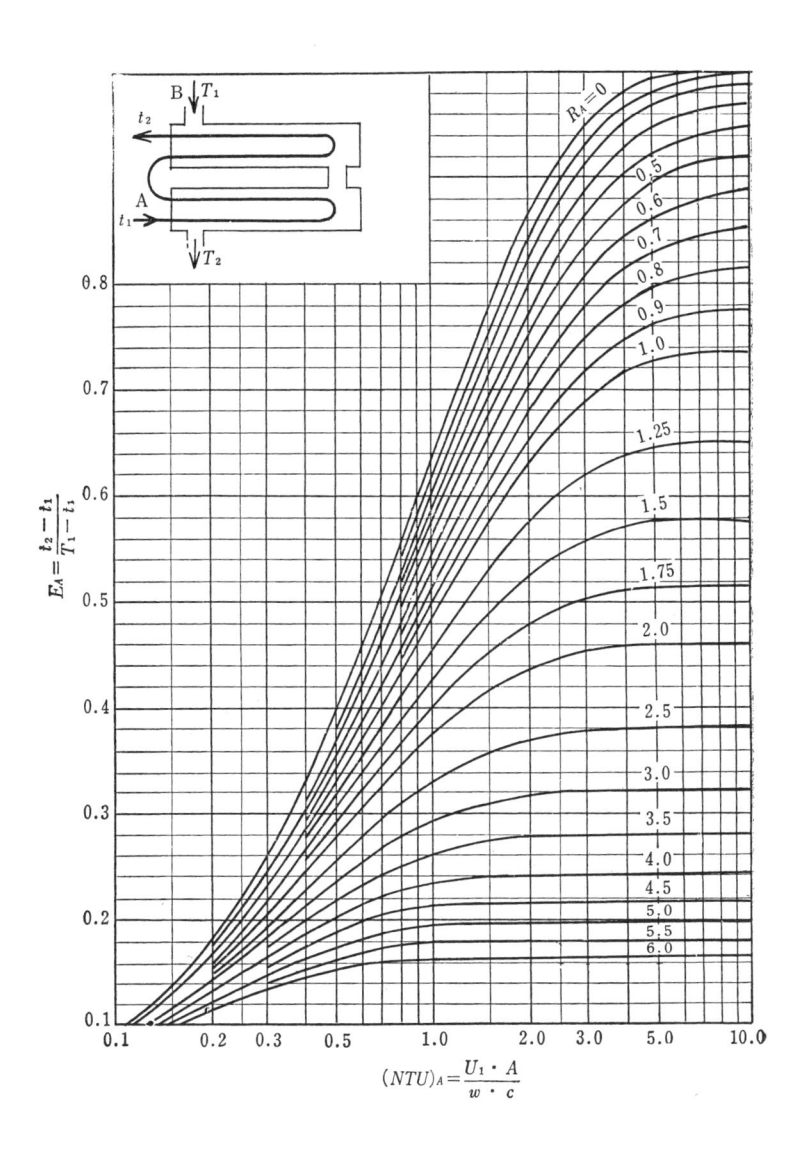

図 3·111  2-4 熱交換器の温度効率線図
(2-8, 2-12, ……熱交換器にも適用可能)

$E_A = \dfrac{t_2 - t_1}{T_1 - t_1}$

$(NTU)_A = \dfrac{U_1 \cdot A}{w \cdot c}$

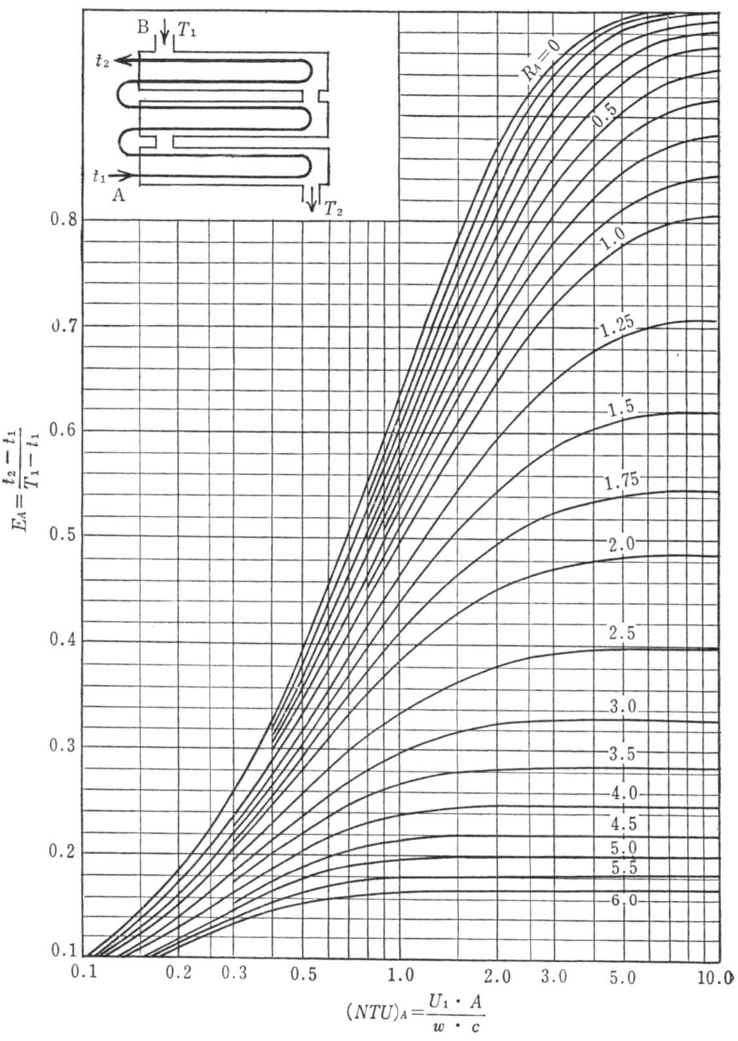

B
$T_1$
$t_2$
$t_1$
A
$T_2$
$R_A=0$
0.5
1.0
1.25
1.5
1.75
2.0
2.5
3.0
3.5
4.0
4.5
5.0
5.5
6.0
0.8
0.7
0.6
0.5
0.4
0.3
0.2
0.1
$E_A=\frac{t_2-t_1}{T_1-t_1}$
0.1
0.2
0.3
0.5
1.0
2.0
3.0
5.0
10.0
$(NTU)_A=\frac{U_1 \cdot A}{w \cdot c}$


図 3・112　3-6 熱交換器の温度効率線図
(3-12, 3-18,……熱交換器にも適用可能)

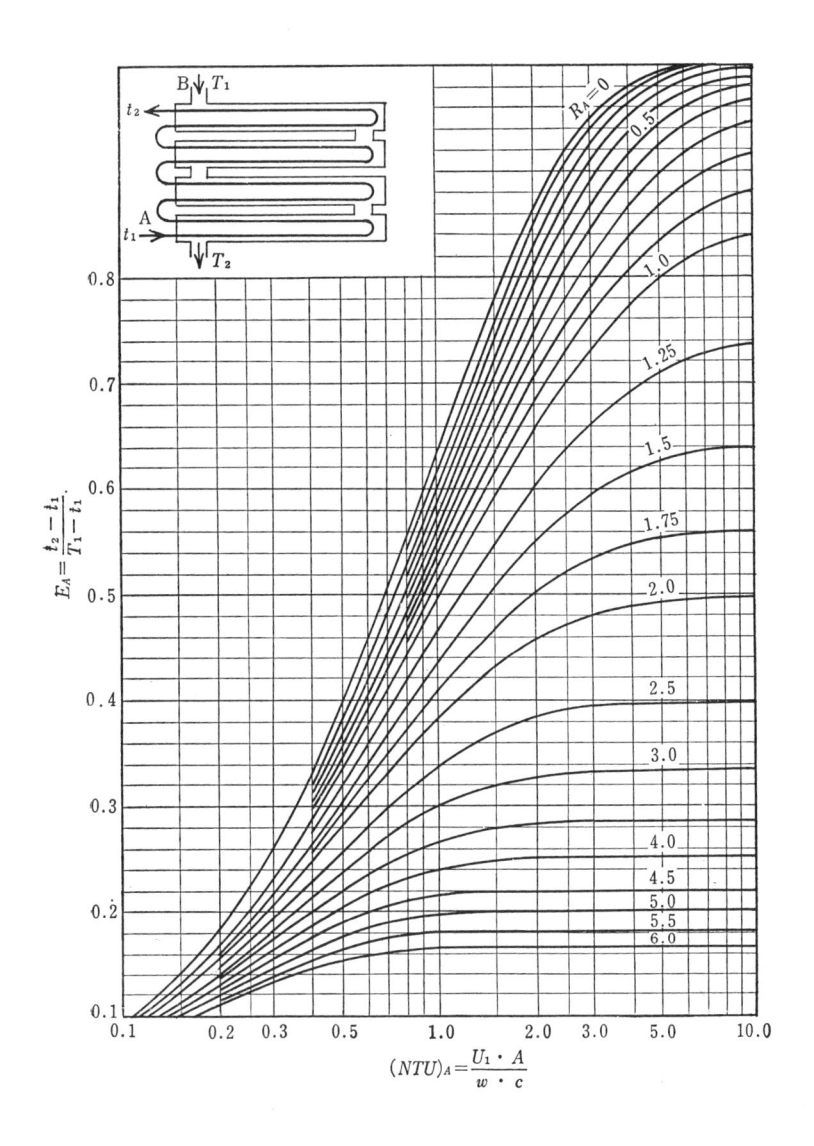

図 3・113　4-8 熱交換器の温度効率線図
(4-16, 4-24……熱交換器にも適用可能)

第3章 表面式熱交換器の基本伝熱式　　　　141

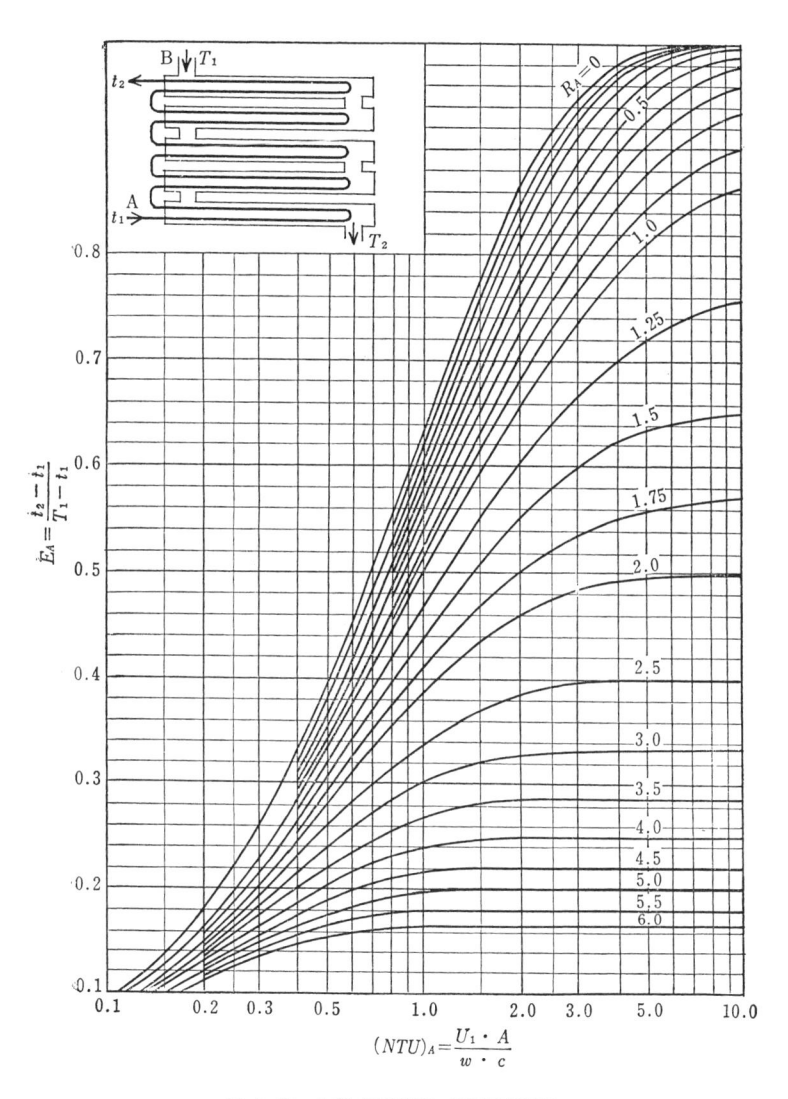

$E_A = \dfrac{t_2 - t_1}{T_1 - t_1}$

$(NTU)_A = \dfrac{U_1 \cdot A}{w \cdot c}$

図 3·114　5-10 熱交換器の温度効率線図
(5-20, 5-30……熱交換器にも適用可能)

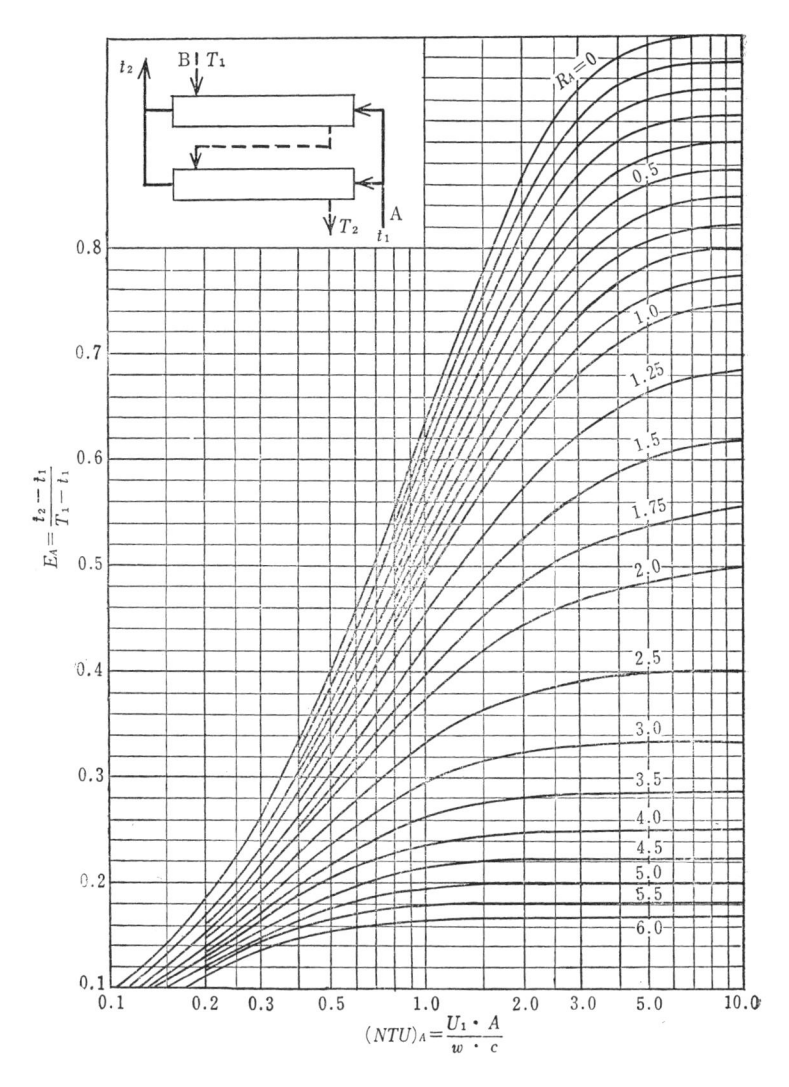

図 3・115 直列-並列配置向流熱交換熱の温度効率線図(その1)

第3章　表面式熱交換器の基本伝熱式　　143

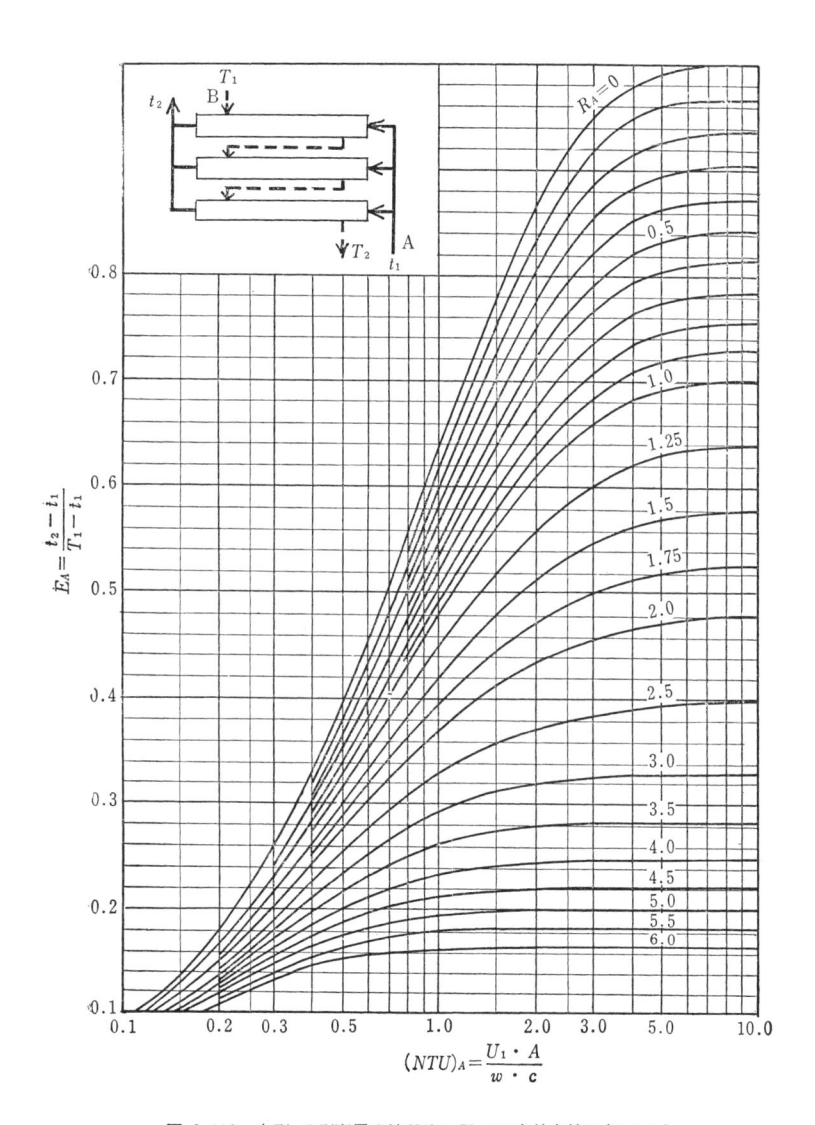

$$E_A = \frac{t_2 - i_1}{T_1 - t_1}$$

$$(NTU)_A = \frac{U_1 \cdot A}{w \cdot c}$$

図 3・116　直列-並列配置向流熱交換器の温度効率線図（その2）

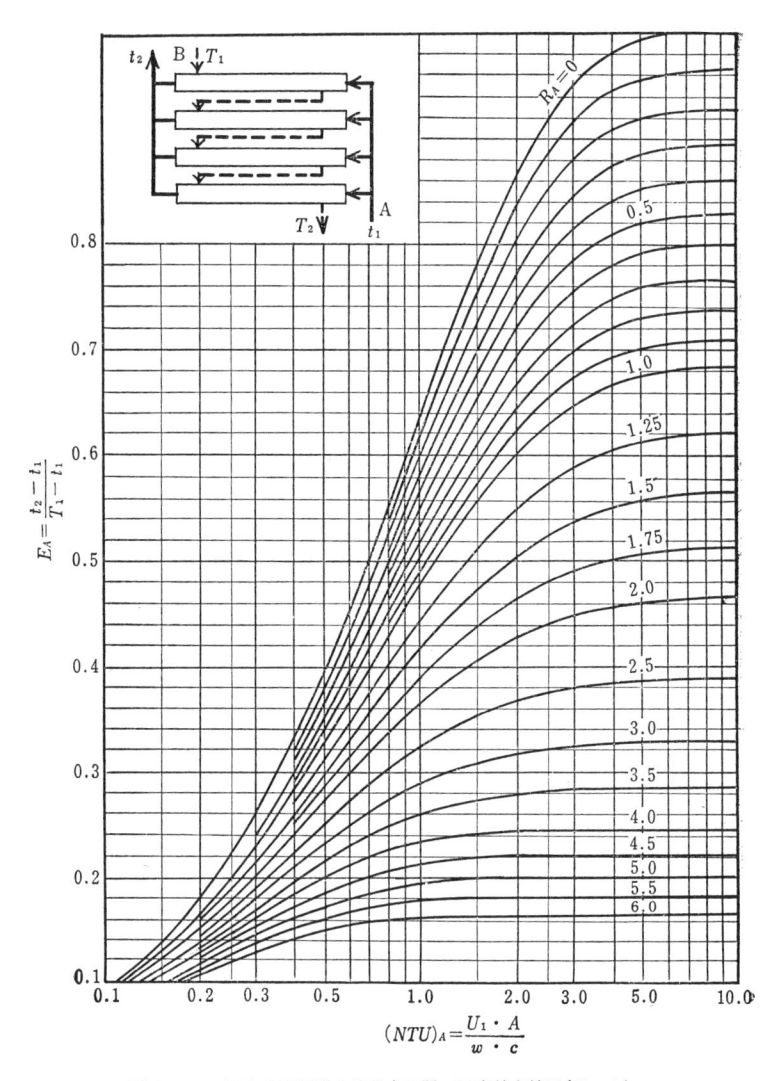

図 3・117　直列-並列配置向流熱交換器の温度効率線図(その3)

$E_A = \dfrac{t_2 - t_1}{T_1 - t_1}$

$(NTU)_A = \dfrac{U_1 \cdot A}{w \cdot c}$

第3章　表面式熱交換器の基本伝熱式

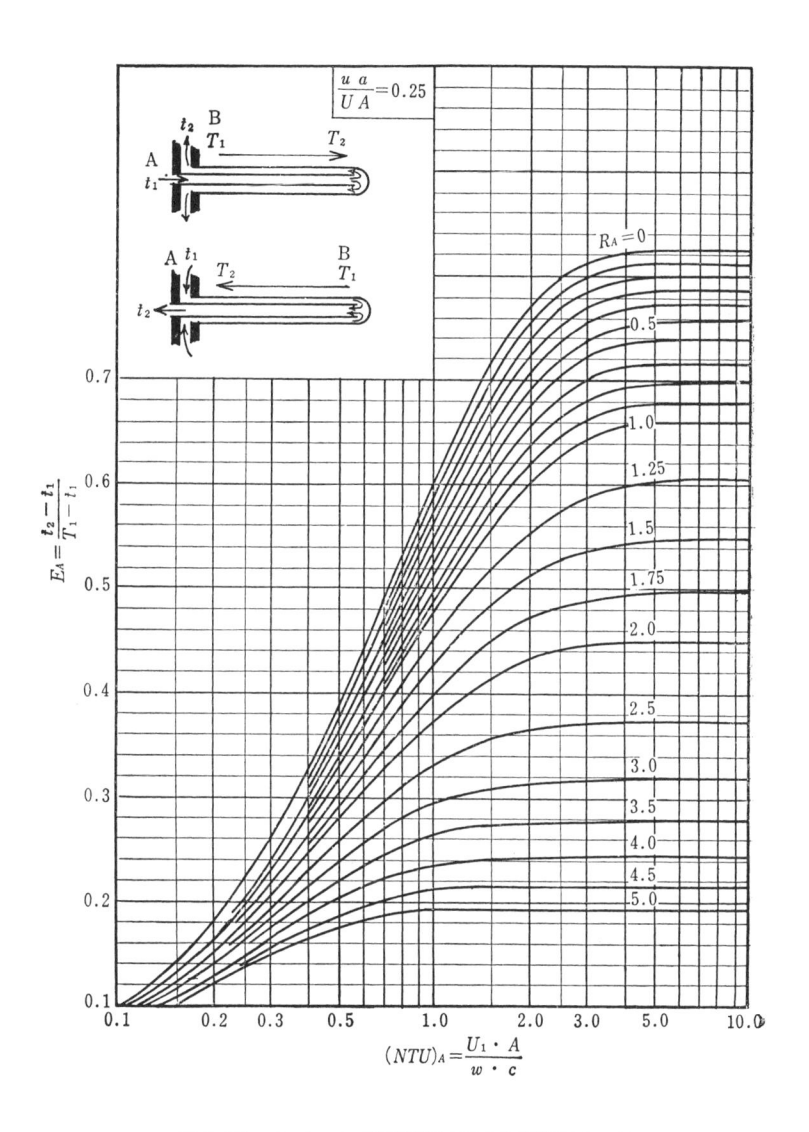

$$\frac{u\,a}{U\,A}=0.25$$

$$E_A=\frac{t_2-t_1}{T_1-t_1}$$

$$(NTU)_A=\frac{U_1\cdot A}{w\cdot c}$$

図 3・118　バヨネット式熱交換器の温度効率線図（その1）

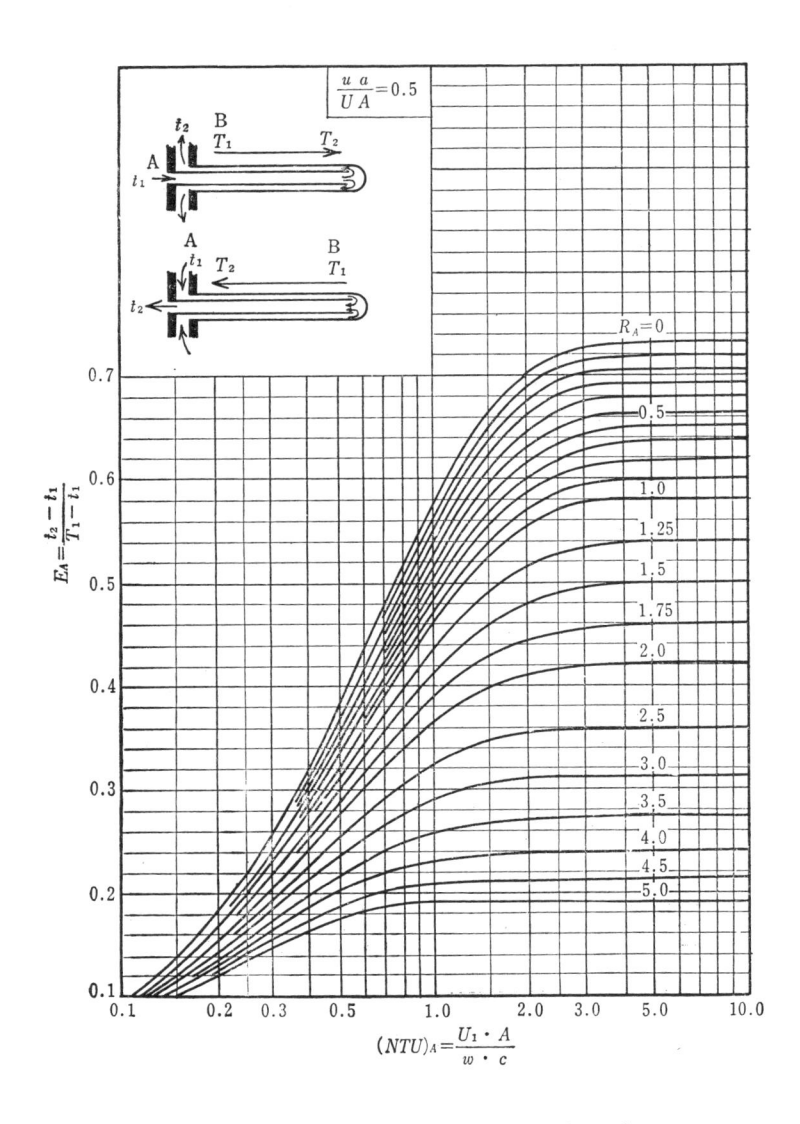

図 3·119 バヨネット式熱交換器の温度効率線図(その2)

第3章　表面式熱交換器の基本伝熱式

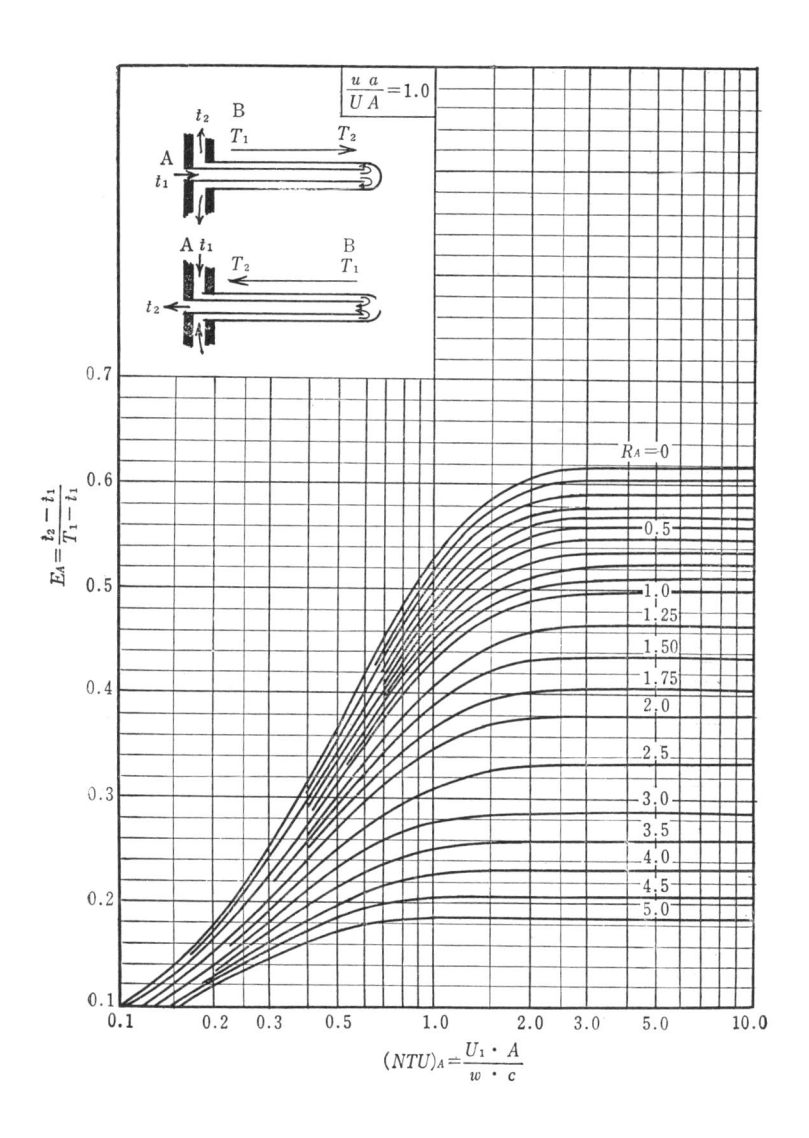

図 3・120　バヨネット式熱交換器の温度効率線図(その3)

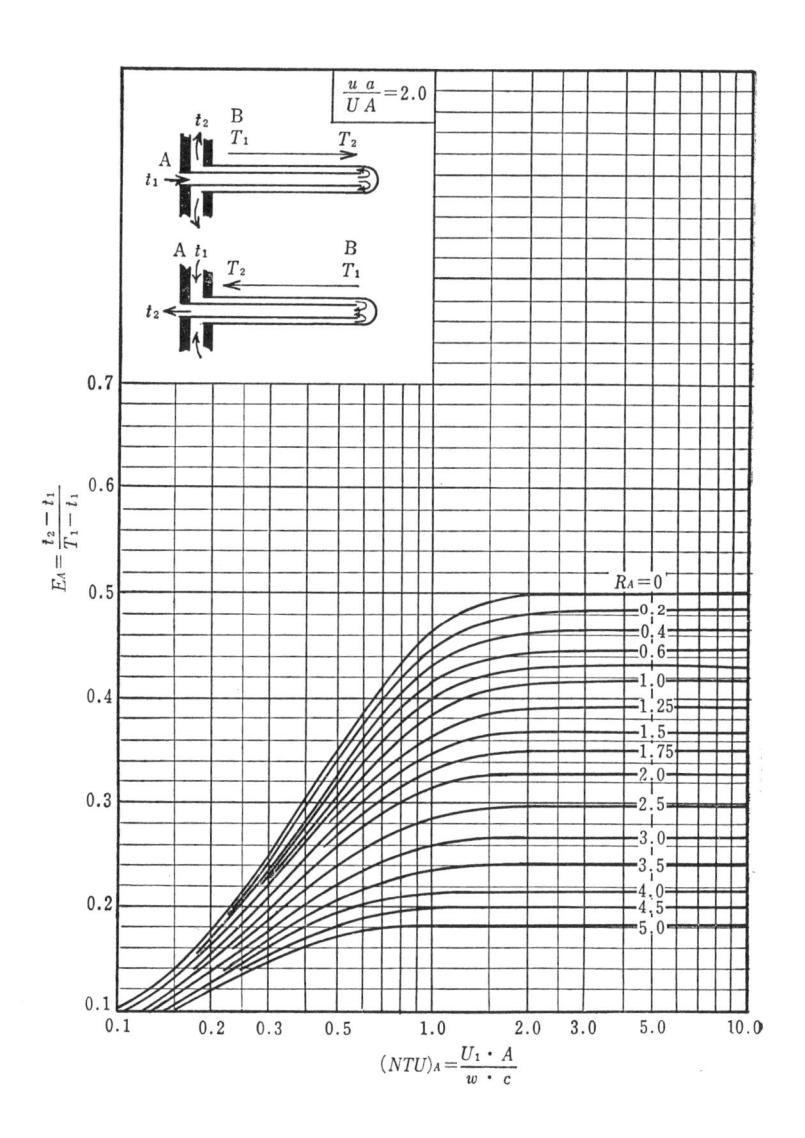

図 3·121 バヨネット式熱交換器の温度効率線図(その4)

第3章 表面式熱交換器の基本伝熱式

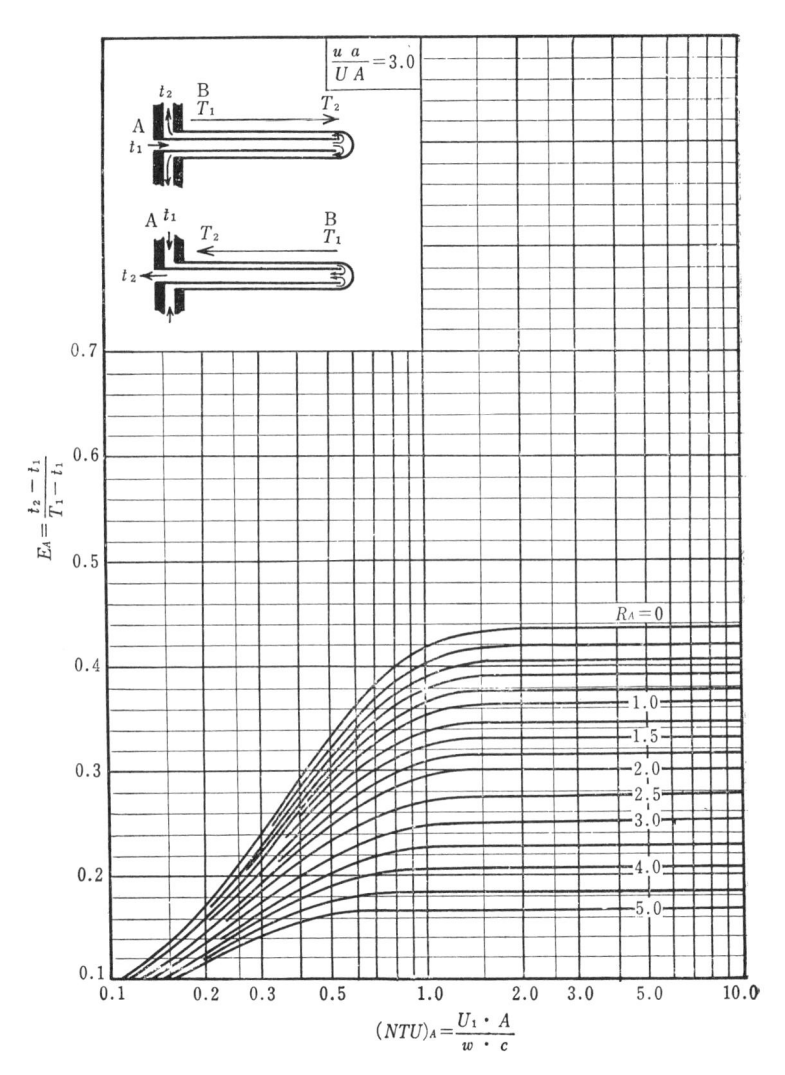

図 3・122 バヨネット式熱交換器の温度効率線図(その5)

$E_A = \dfrac{t_2 - t_1}{T_1 - t_1}$

$(NTU)_A = \dfrac{U_1 \cdot A}{w \cdot c}$

$\dfrac{u}{U}\dfrac{a}{A} = 3.0$

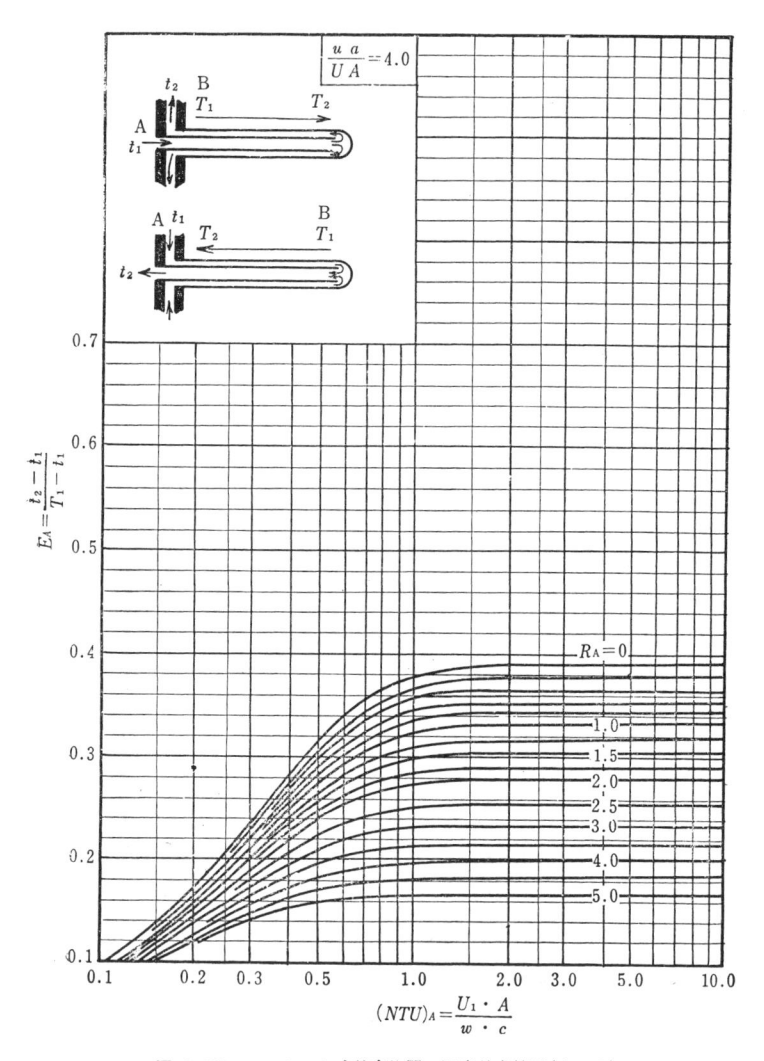

図 3・123 バヨネット式熱交換器の温度効率線図(その6)

第3章　表面式熱交換器の基本伝熱式

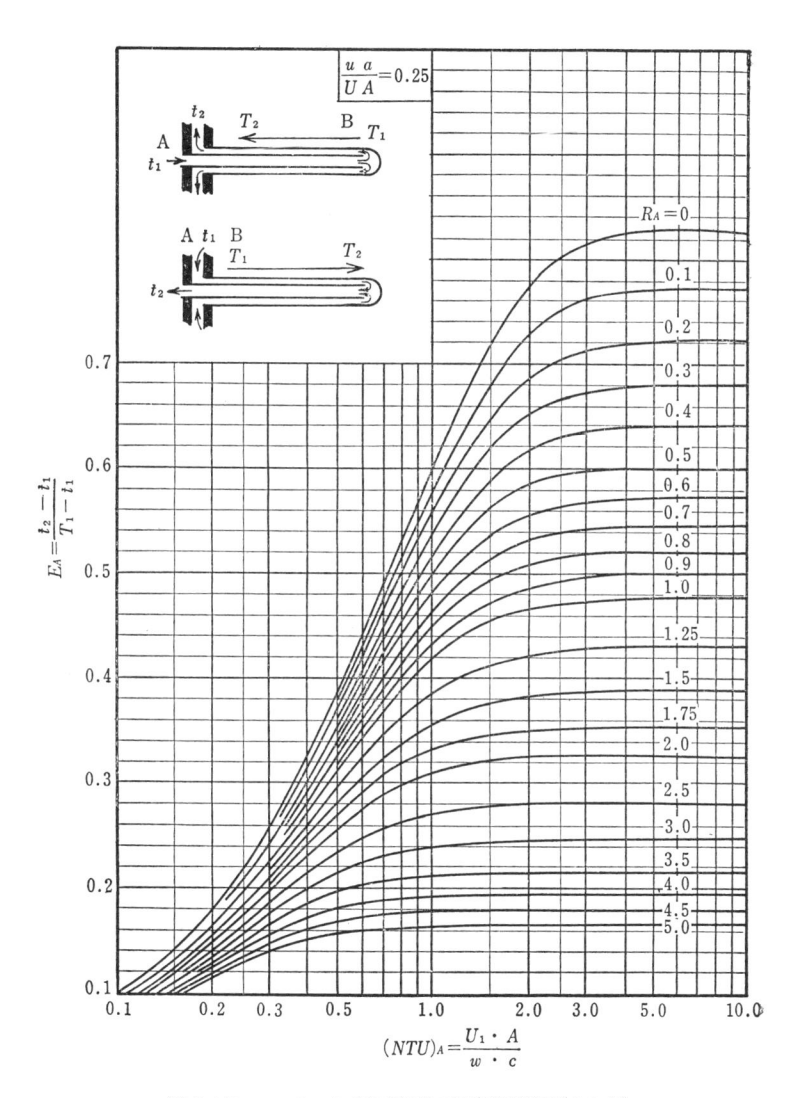

図 3・124　バヨネット式熱交換器の温度効率線図（その7）

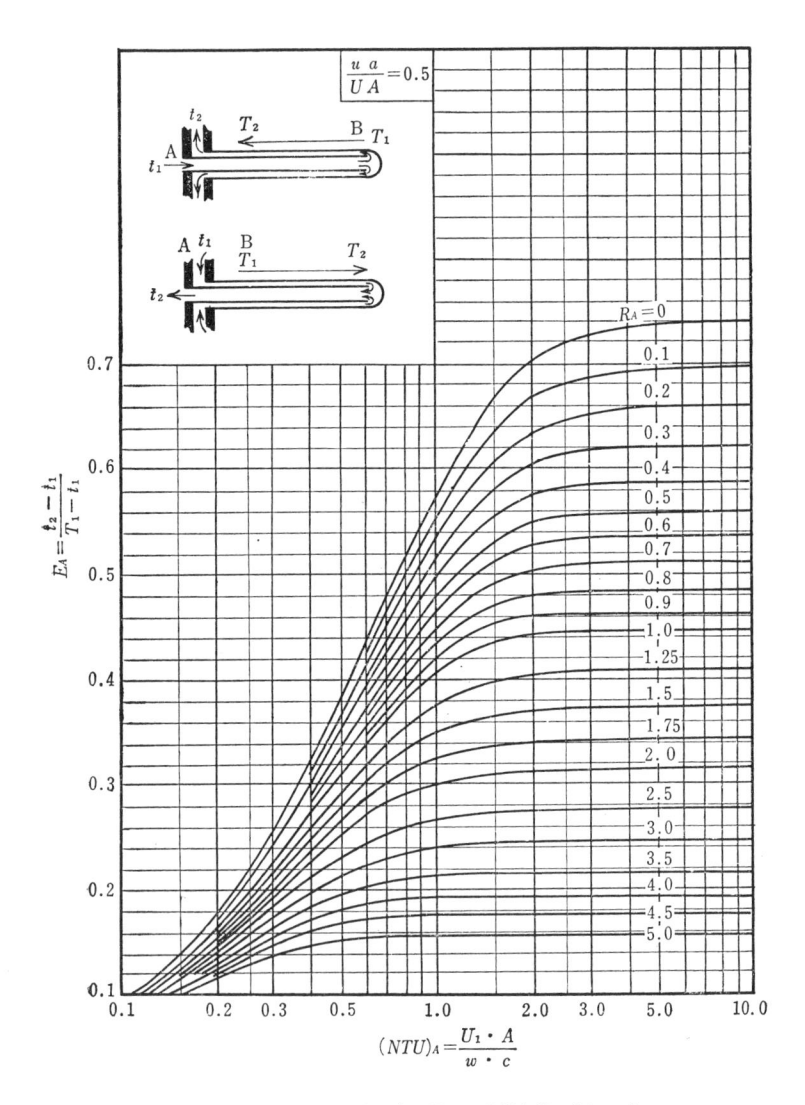

図 3·125 バヨネット式熱交換器の温度効率線図(その8)

# 第3章 表面式熱交換器の基本伝熱式

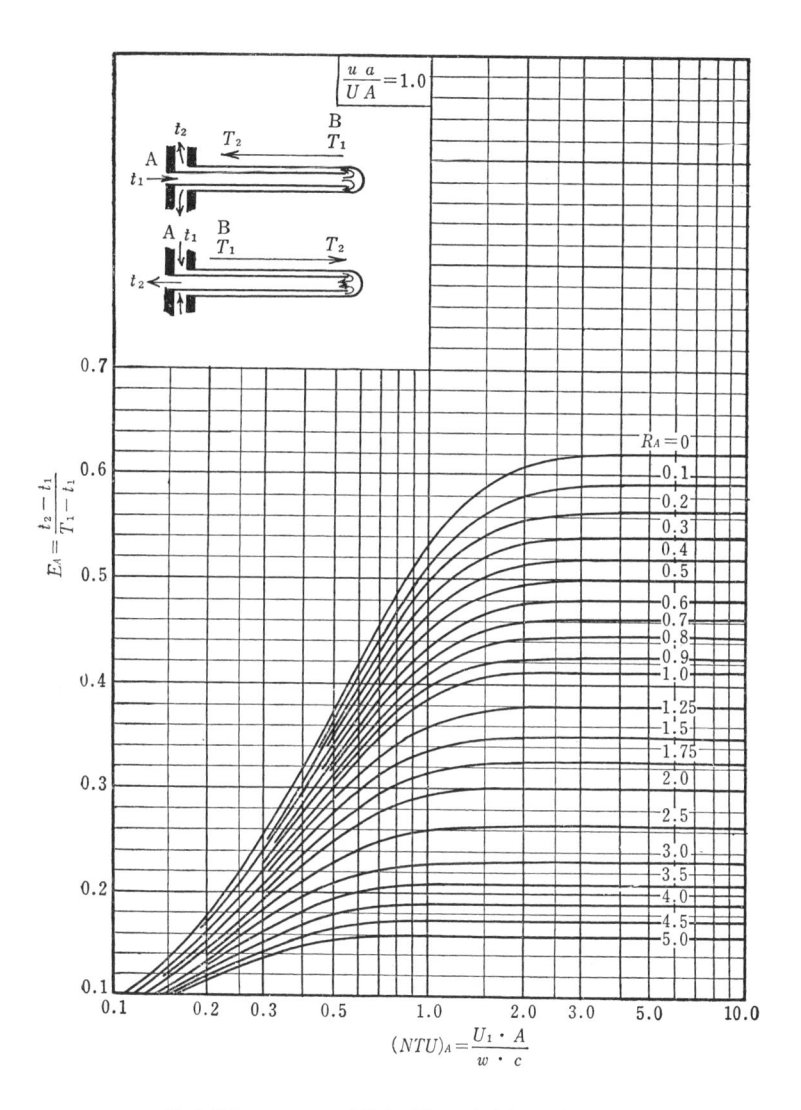

図 3・126 バヨネット式熱交換器の温度効率線図(その9)

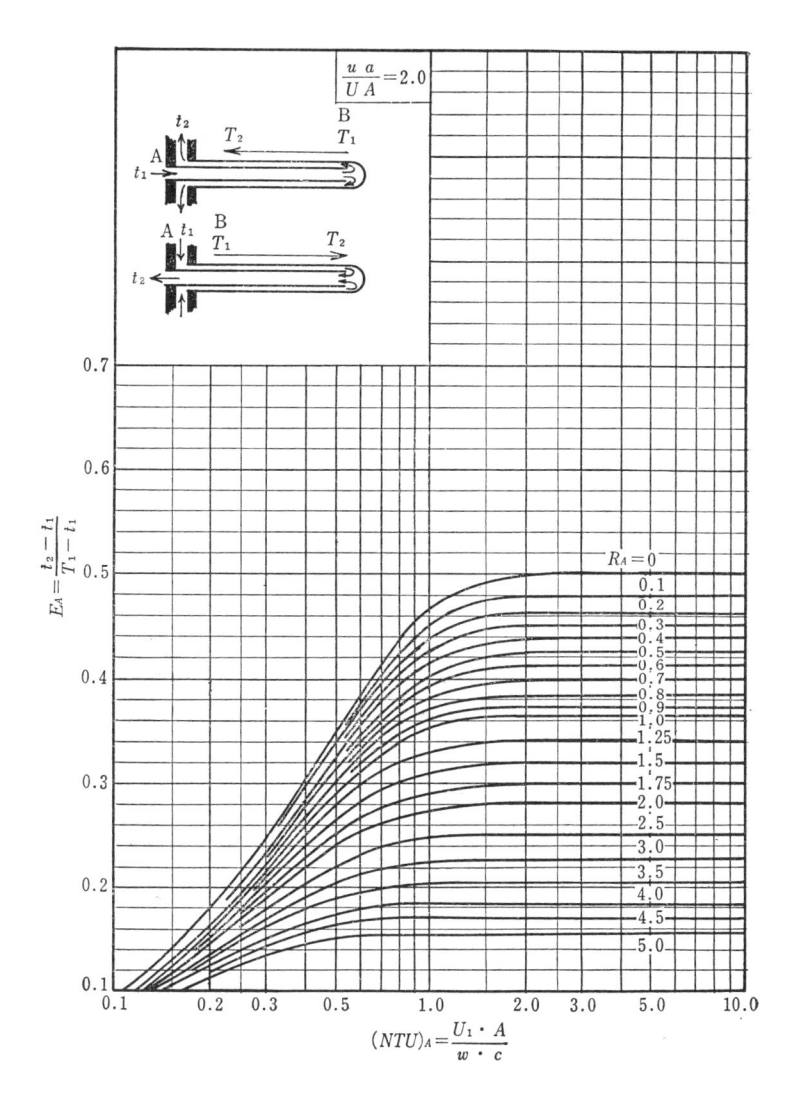

図 3·127 バヨネット式熱交換器の温度効率線図(その10)

第3章 表面式熱交換器の基本伝熱式

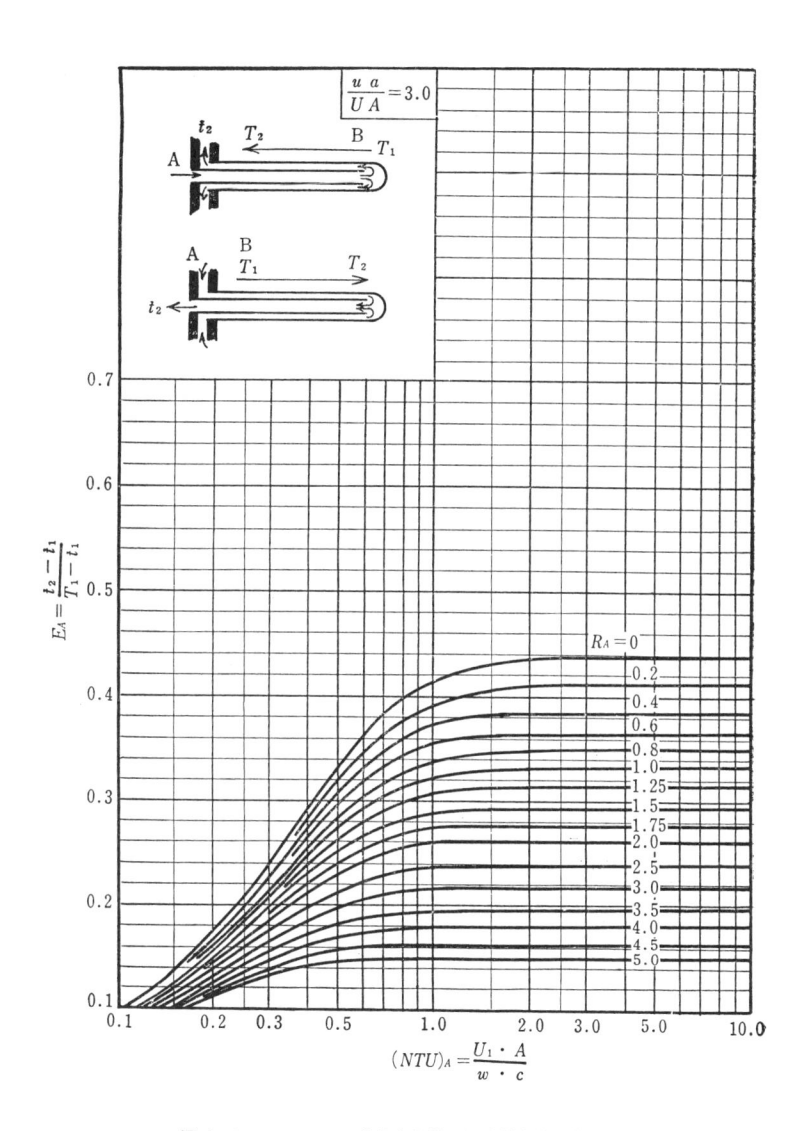

$\dfrac{u\,a}{U\,A}=3.0$

$E_A = \dfrac{t_2 - t_1}{T_1 - t_1}$

$(NTU)_A = \dfrac{U_1 \cdot A}{w \cdot c}$

図 3・128 バヨネット式熱交換器の温度効率線図(その11)

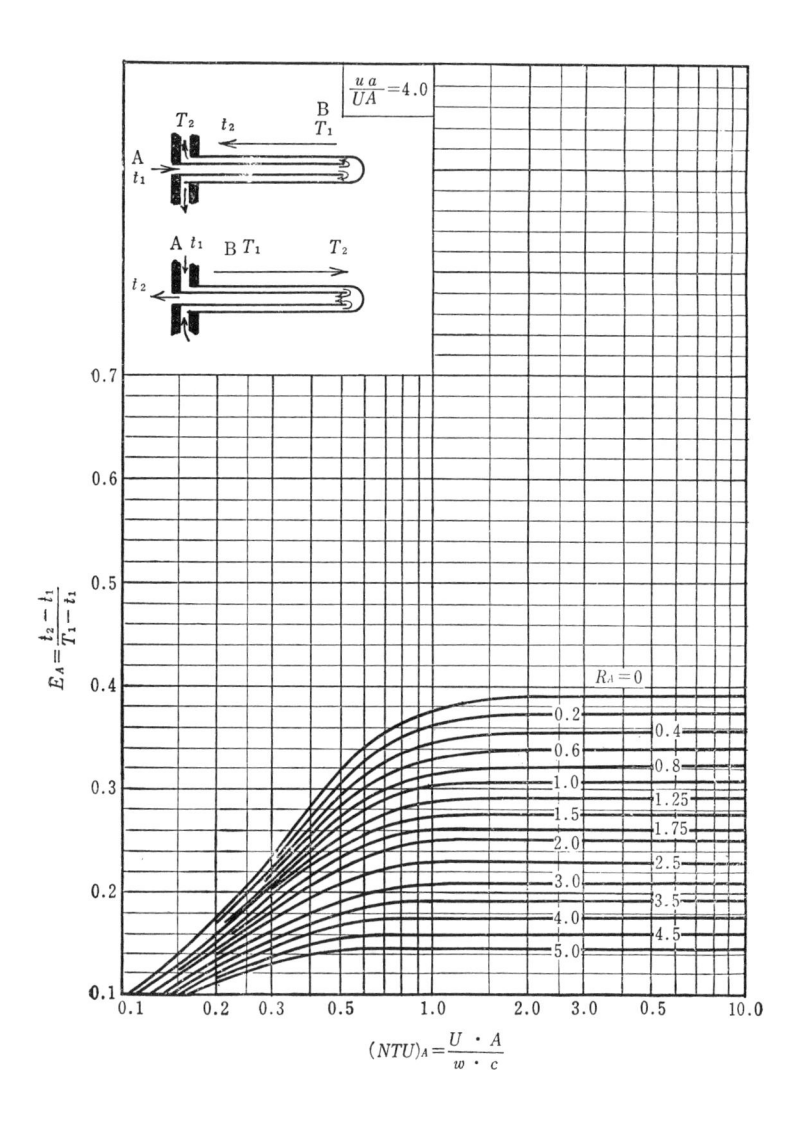

図 3・129 バヨネット式熱交換器の温度効率線図(その12)

# 第3章 表面式熱交換器の基本伝熱式

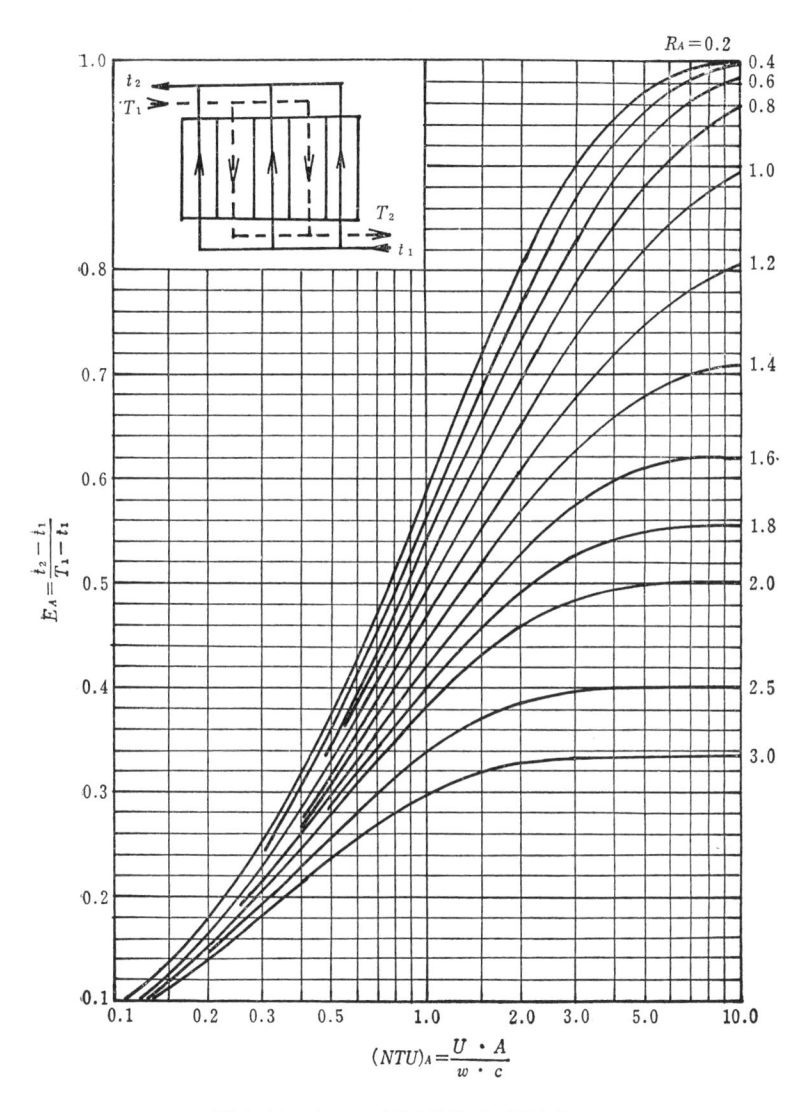

$$E_A = \frac{t_2 - t_1}{T_1 - t_1}$$

$$(NTU)_A = \frac{U \cdot A}{w \cdot c}$$

図 3・130 プレート式熱交換器の温度効率線図

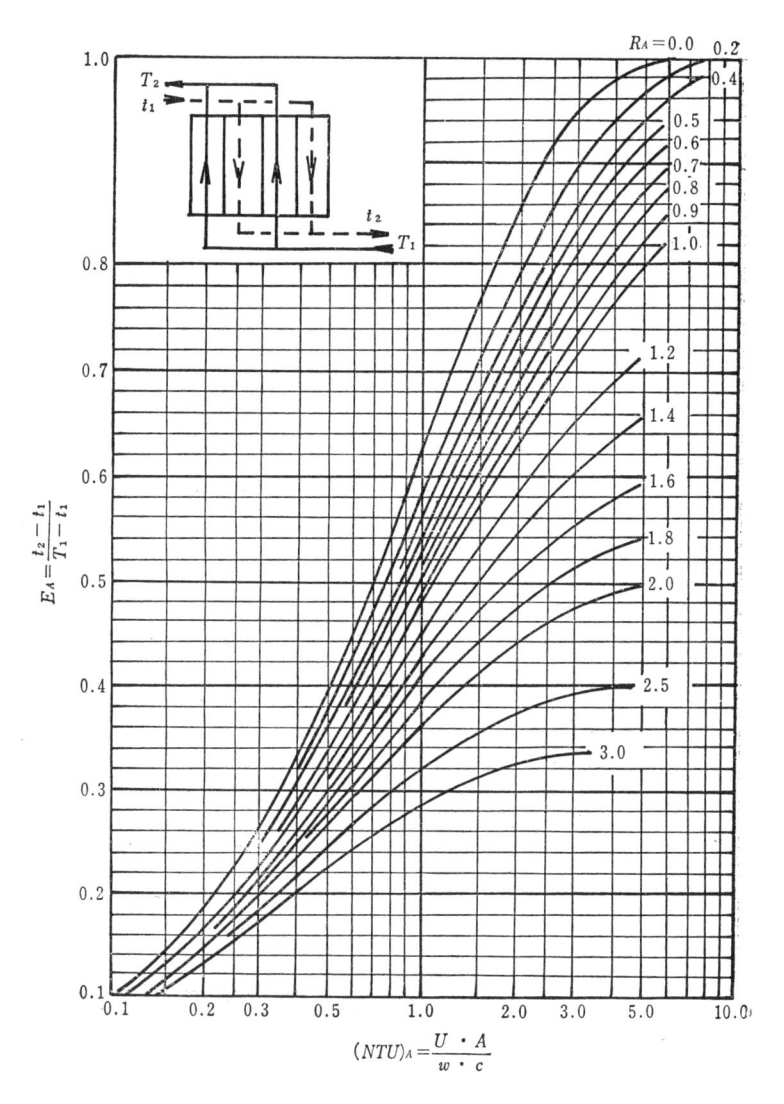

図 3·131 プレート式熱交換器の温度効率線図

第3章 表面式熱交換器の基本伝熱式

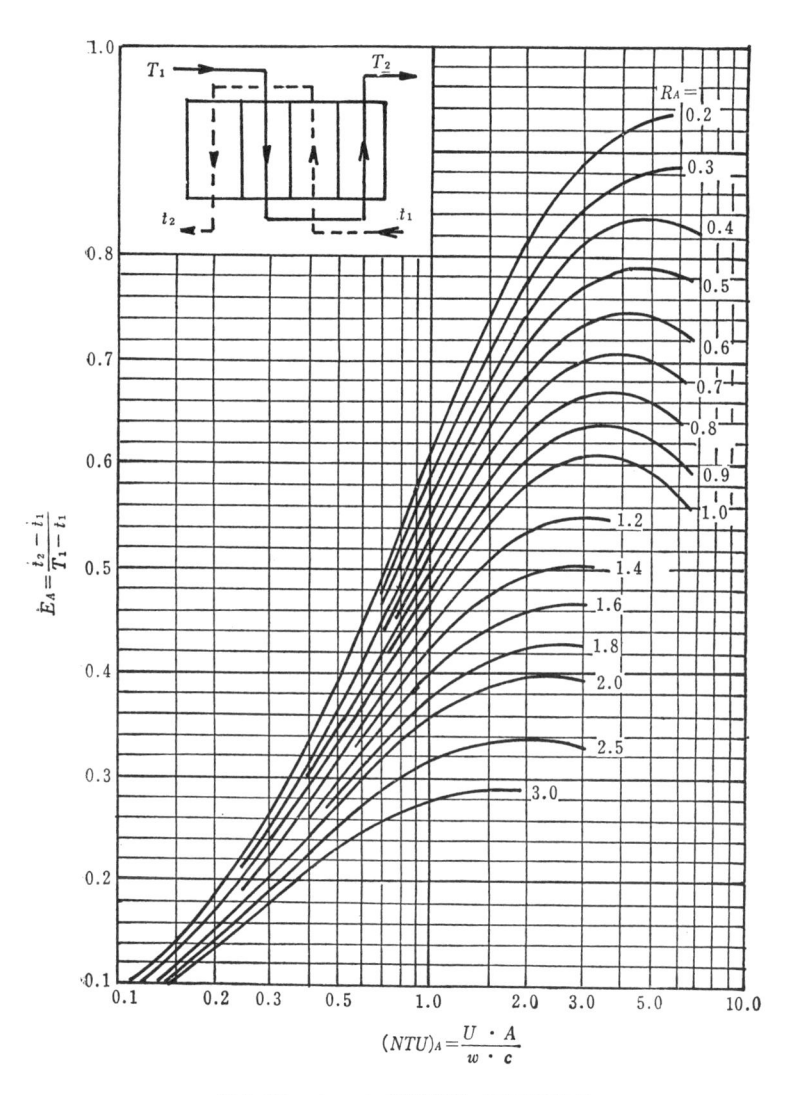

$$E_A = \frac{t_2 - t_1}{T_1 - t_1}$$

$$(NTU)_A = \frac{U \cdot A}{w \cdot c}$$

図 3・132 プレート式熱交換器の温度効率線図

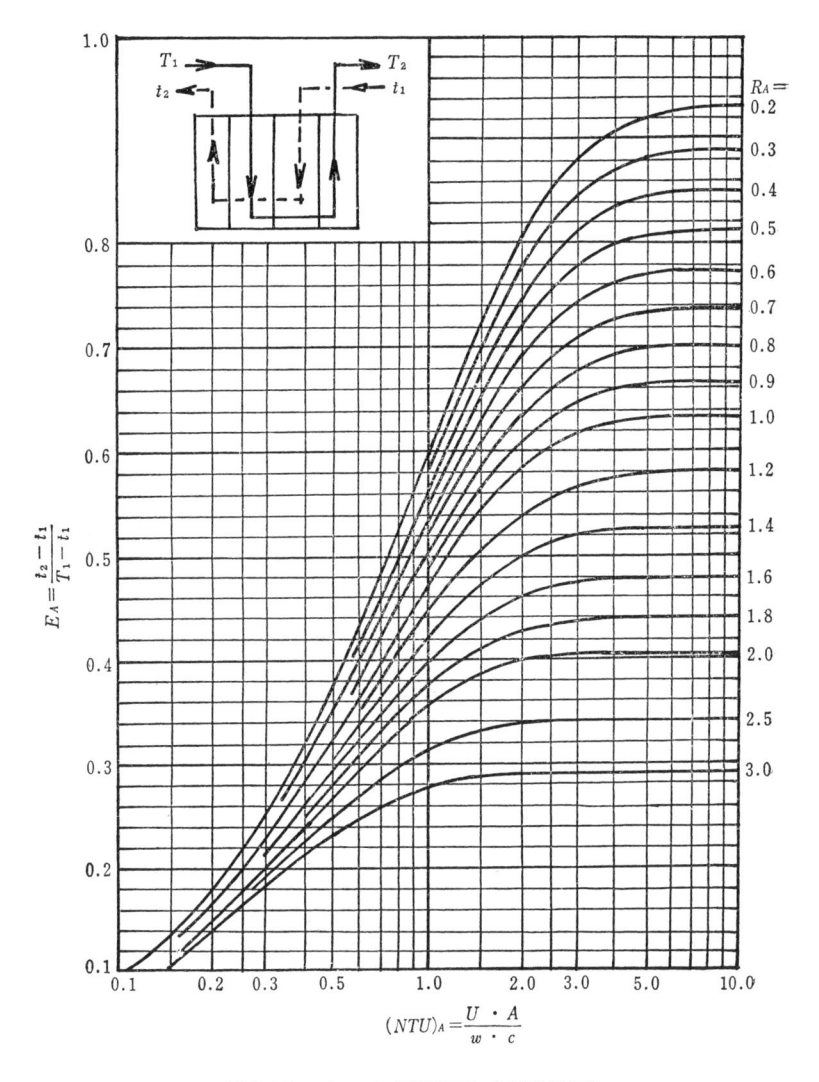

図 3・133 プレート式熱交換器の温度効率線図

$E_A = \dfrac{t_2 - t_1}{T_1 - t_1}$

$(NTU)_A = \dfrac{U \cdot A}{w \cdot c}$

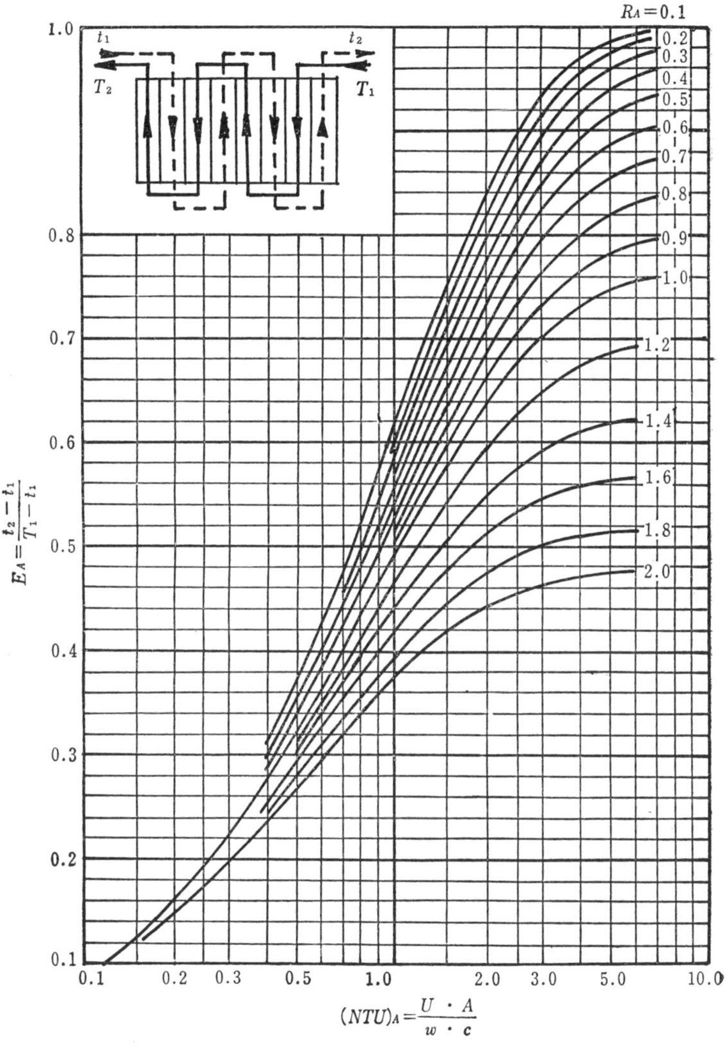

$R_A=0.1$
0.2
0.3
0.4
0.5
0.6
0.7
0.8
0.9
1.0
1.2
1.4
1.6
1.8
2.0
$t_1$
$t_2$
$T_2$
$T_1$
1.0
0.8
0.7
0.6
0.5
0.4
0.3
0.2
0.1
$E_A=\frac{t_2-t_1}{T_1-t_1}$
0.1
0.2
0.3
0.5
1.0
2.0
3.0
5.0
10.0
$(NTU)_A=\frac{U\cdot A}{w\cdot c}$


図 3・134　プレート式熱交換器の温度効率線図

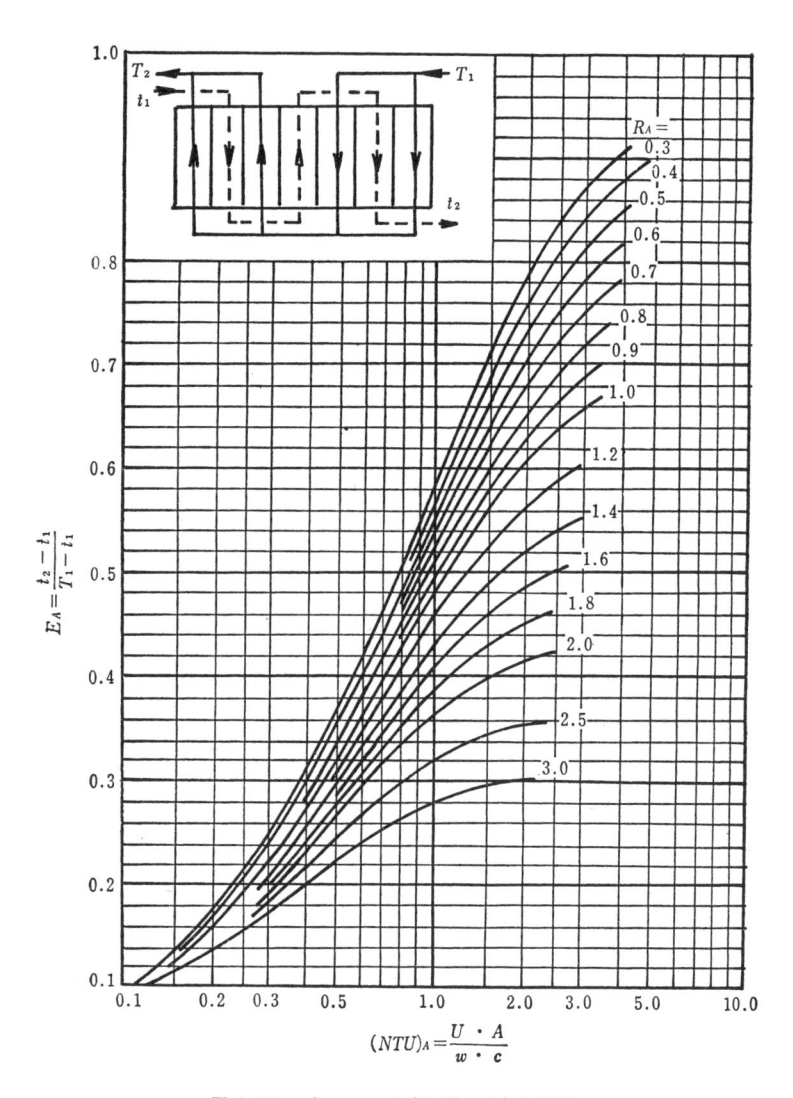

図 3・135 プレート式熱交換器の温度効率線図

$E_A = \dfrac{t_2 - t_1}{T_1 - t_1}$

$(NTU)_A = \dfrac{U \cdot A}{w \cdot c}$

第3章 表面式熱交換器の基本伝熱式

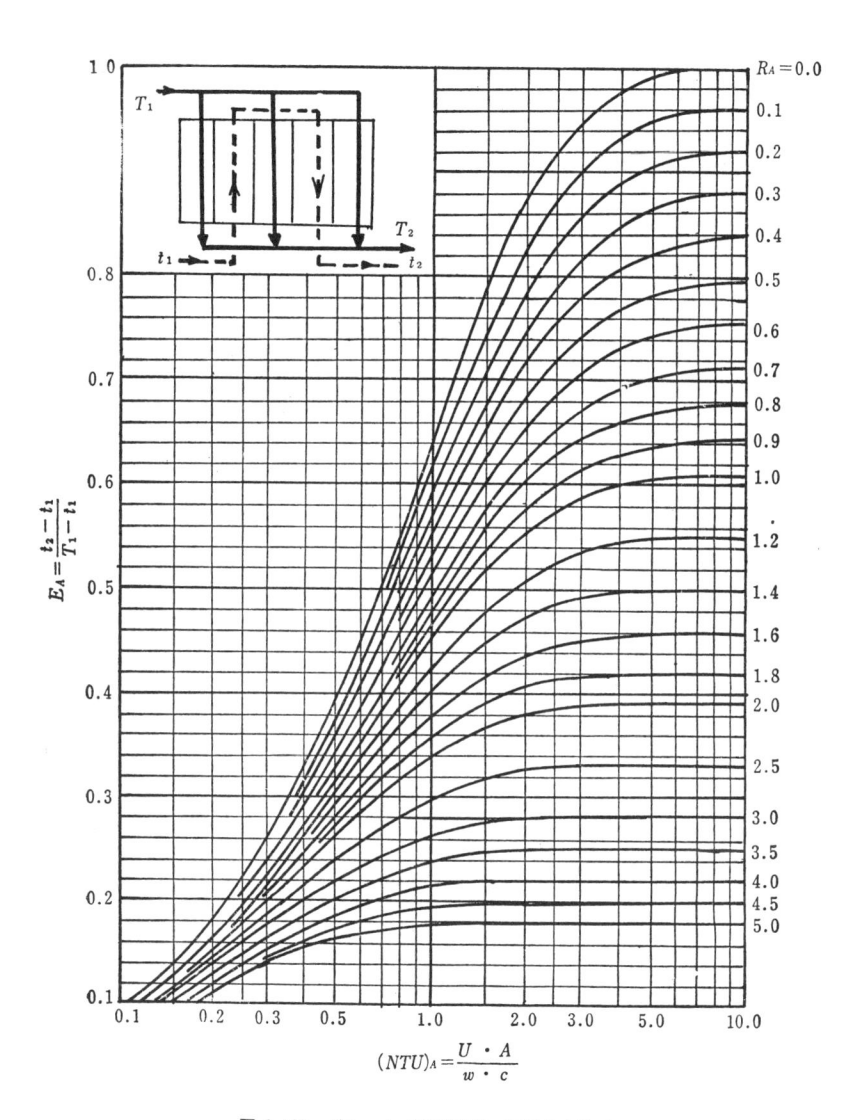

$E_A = \dfrac{t_2 - t_1}{T_1 - t_1}$

$(NTU)_A = \dfrac{U \cdot A}{w \cdot c}$

図 3・136 プレート式熱交換器の温度効率線図

$E_A = \dfrac{t_2 - t_1}{T_1 - t_1}$

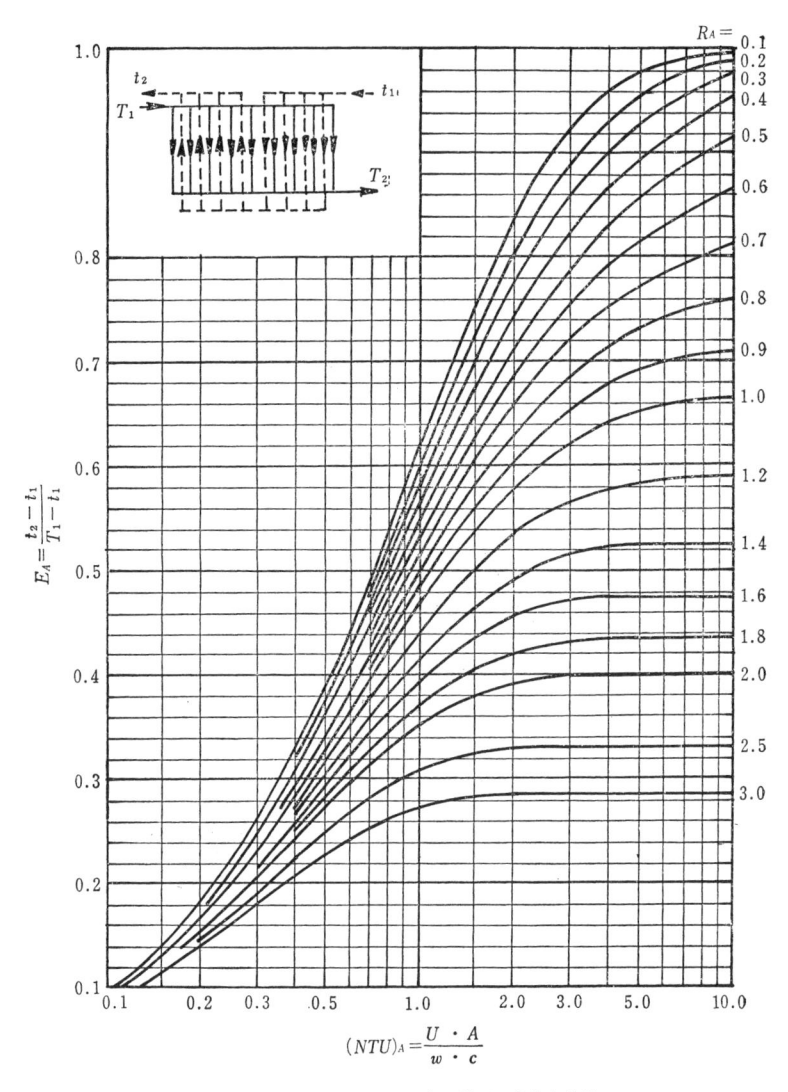

$(NTU)_A = \dfrac{U \cdot A}{w \cdot c}$

図 3・137　プレート式熱交換器の温度効率線図

# 第3章 表面式熱交換器の基本伝熱式

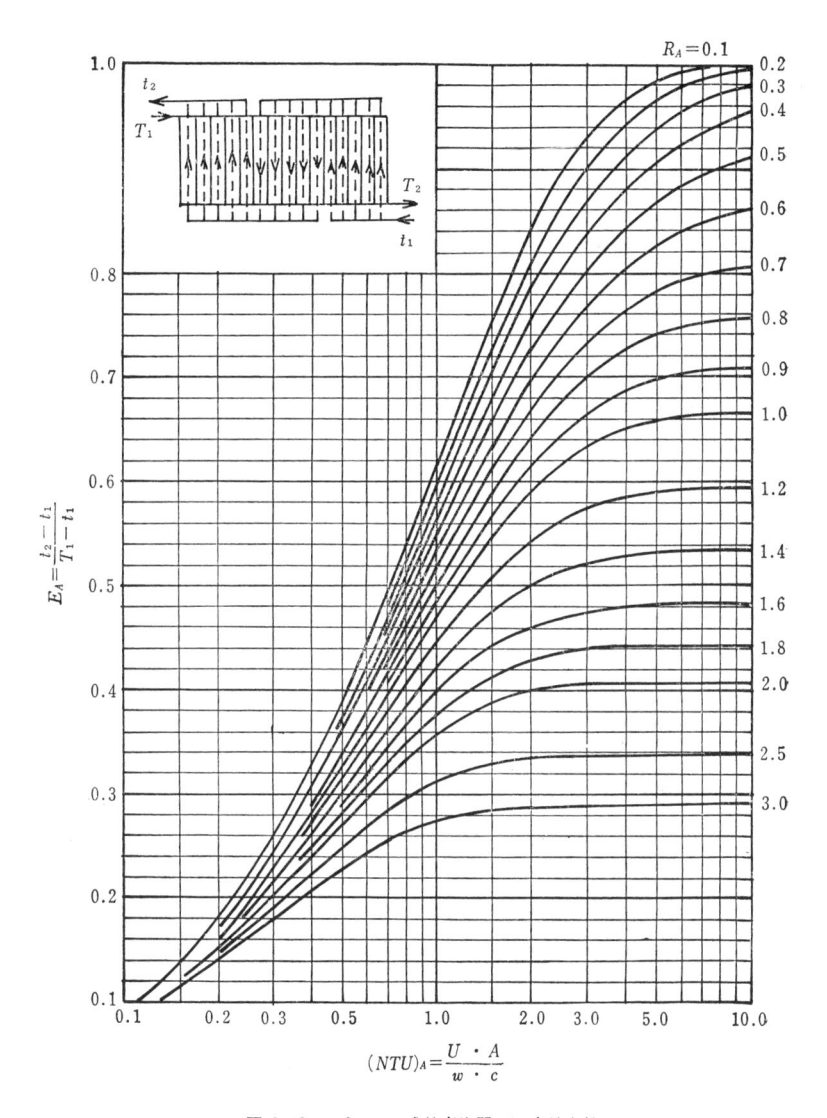

図 3・138 プレート式熱交換器の温度効率線図

$E_A = \dfrac{t_2 - t_1}{T_1 - t_1}$

$(NTU)_A = \dfrac{U \cdot A}{w \cdot c}$

## 3・13 軸方向の熱伝導による熱交換器の性能低下

低温工業用の高効率熱交換器の設計では，熱交換器の伝熱面を構成する金属材料あるいは流体自身を通って流体の流れ方向，すなわち軸方向への熱伝導による伝熱効率の低下を考慮する必要がある。もちろん，通常の低効率熱交換器では，この効果を無視してもさしつかえない。

前節までの熱交換器の理論においては，この軸方向への熱伝導の効果を無視したものである。向流熱交換器において，軸方向への熱伝導の効果を考慮したときの温度効率線図を，図 3・139 ないし図 3・143 に示した[3]。

図において，$\lambda_f$ は軸方向熱伝導の無次元パラメータで，次式で定義される。

$$\lambda_f = \frac{k_w \cdot A_s}{L \cdot (W \cdot C)_{\min}}$$

ここで，$(W \cdot C)_{\min}$ は熱交換を行なう2流体の水当量（＝流量×比熱）のうちで小さい方のものであり，$k_w$ は軸方向熱伝導に関与する管壁材料の熱伝導率〔kcal/m・hr・℃〕，$A_s$ は軸方向と直角な切断面における管壁の断面積〔m²〕，$L$ は熱交換器管壁の軸方向長さ〔m〕である。

また，$R$ は水当量比（＝$(W \cdot C)_{\min}/(W \cdot C)_{\max}$）であり，$E$ は次式で定義される温度効率である。

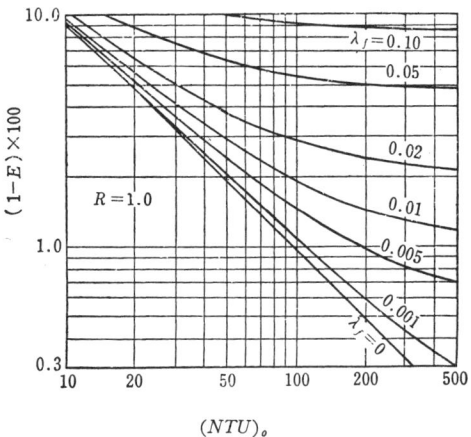

図 3・139 軸方向熱伝導の効果を考慮したときの温度効率 ($R=1.0$)

---

3) 尾花：化学装置 1968年6月号 pp. 35～40.

$$E = \frac{t_2 - t_1}{T_1 - t_1}$$

ここで，$T_1$ は水当量が大きい，すなわち $(W \cdot C)_{max}$ である方の流体の入口温度，$t_1$ および $t_2$ は水当量が小さい，すなわち $(W \cdot C)_{min}$ である方の流体の入口温度および出口温度である。

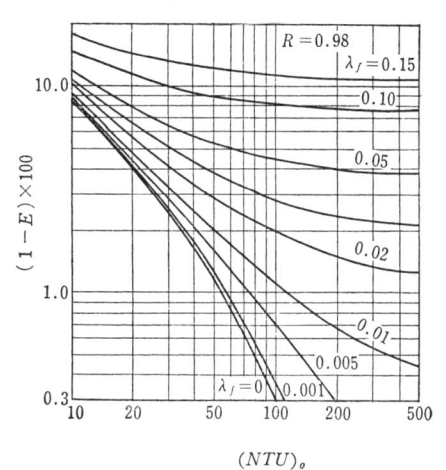

図 3・140　軸方向熱伝導の効果を考慮したときの温度効率 ($R = 0.98$)

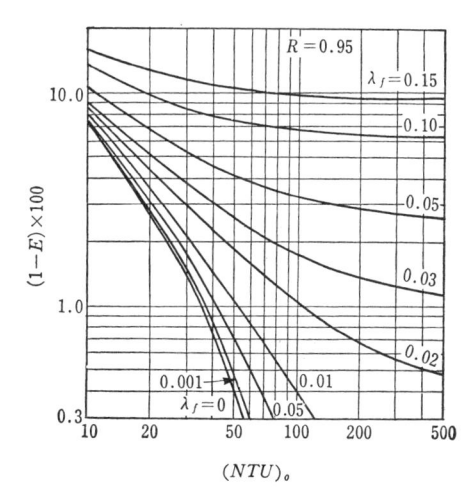

図 3・141　軸方向熱伝導の効果を考慮したときの温度効率 ($R = 0.95$)

また，$(NTU)_o$ は総括熱移動単位数で次式で，定義される。

$$\frac{1}{(NTU)_o} = \frac{1}{A}\left[\frac{(W \cdot C)_{\min}}{h_{\min}} + \frac{(W \cdot C)_{\max}}{h_{\max}}\right]$$

ここで，$A$ は伝熱面積 [m²]，$h_{\min}$ および $h_{\max}$ はそれぞれ $(W \cdot C)_{\min}$ 側および $(W \cdot C)_{\max}$ 側の境膜伝熱係数 [kcal/m²・hr・°C] である。

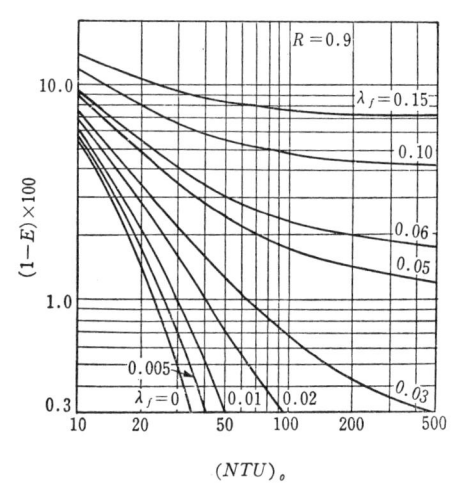

図 3・142 軸方向熱伝導の効果を考慮したときの温度効率 ($R=0.90$)

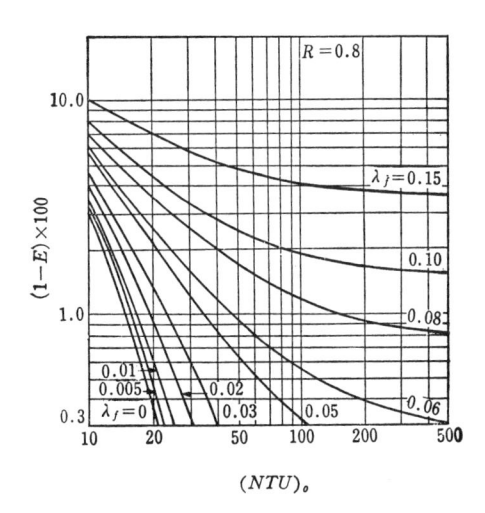

図 3・143 軸方向熱伝導の効果を考慮したときの温度効率 ($R=0.8$)

## 3・14 対数平均温度差および温度差補正係数

2流体熱交換器に関して,前節までは $E_A-(NTU)_A$ でその特性を表わした。流体の出入口温度,総括伝熱係数が与えられると,この温度効率線図を用いて,所要伝熱面積を容易に求めることができる。しかし,このほかに熱交換器の設計に際して,次に示す対数平均温度を用いた関係式を用いることもある。

$$Q = U \cdot A \cdot F_t \cdot \Delta T_{lm} \qquad\qquad\qquad\qquad (3 \cdot 264)$$

$Q$ は伝熱量 [kcal/hr], $U$ は総括伝熱係数 [kcal/m²・hr・°C], $\Delta T_{lm}$ は完全に向流であると見なして計算したときの2流体の対数平均温度差である。

すなわち,

$$\Delta T_{lm} = \frac{|T_1 - t_2| - |T_2 - t_1|}{\ln[(T_1 - t_2)/(T_2 - t_1)]} \qquad\qquad\qquad (3 \cdot 265)$$

$t_1$, $t_2$ は流体 A の入口,出口温度,$T_1$, $T_2$ は流体 B の入口,出口温度である。対数平均温度差の計算図を図 3・144 に示した。

温度差補正係数 $F_t$ は向流熱交換器に対しては1であるが,他の流れ形式の熱交換器に対しては1より小さい。

1-2 熱交換器[1]

$$F_t = \frac{\sqrt{R_A{}^2 + 1}}{R_A - 1} \cdot \ln\left[\frac{1 - E_A}{1 - E_A \cdot R_A}\right] \bigg/ \ln\left[\frac{(2/E_A) - 1 - R_A + \sqrt{R_A{}^2 + 1}}{(2/E_A) - 1 - R_A - \sqrt{R_A{}^2 + 1}}\right]$$

$$\cdots\cdots (3 \cdot 266a)$$

1-2$n$ 熱交換器 (1-4, 1-6, ……) に対しても,上式は近似式として用いることができる。

一般に $m$-2$m \cdot n$ 熱交換器 (2-4, 2-8, ……, 3-6, 3-12, ……) に対しては,式 (3・219) から

$$F_t = \frac{\sqrt{R_A{}^2 + 1}}{R_A - 1} \cdot \ln\left[\frac{1 - Y}{1 - Y \cdot R_A}\right] \bigg/ \ln\left[\frac{(2/Y) - 1 - R_A + \sqrt{R_A{}^2 + 1}}{(2/Y) - 1 - R_A - \sqrt{R_A{}^2 + 1}}\right]$$

$$\cdots\cdots (3 \cdot 266b)$$

ここで

$$Y = \left[\left(\frac{E_A \cdot R_A - 1}{E_A - 1}\right)^{1/m} - 1\right] \bigg/ \left[\left(\frac{E_A \cdot R_A - 1}{E_A - 1}\right)^{1/m} - R_A\right] \qquad (3 \cdot 267)$$

---

1) BOWMAN, R. A., A. C. MUELLER, and W. M. NAGLE; "Mean Temperature Difference in Design" TRANS. ASME, vol, 62, pp. 283〜294 (1940).

種々の流れ形式の熱交換器に対する $F_t$ の値を図 3・145 ないし図 3・160 に示した。温度効率線図が与えられた場合，温度差補正係数は次式から求まる。

$$F_t = \frac{(NTU)_A(\text{向流熱交換器に対する値})}{(NTU)_A(\text{問題の熱交換器に対する値})} \quad \cdots\cdots\cdots(3\cdot268)$$

したがって，この対数平均温度差式と前述の温度効率式は，1対1で対応することになる。

設計に際して，どちらの方法を用いてもよいわけであるが，一般に $E_A-(NTU)_A$ 法が便利である。代表的な問題を2つとりあげて，これらの方法の使用法を説明しよう。

1. $U, (w\cdot c), (W\cdot C)$ および出入口温度が与えられて伝熱面積 $A$ を求める問題
2. $A, U, (w\cdot c), (W\cdot C)$ および A, B 流体の入口温度 $t_1, T_1$ が与えられて，流体 A, B の出口温度 $t_2, T_2$ を求める問題

最初の問題に対しては，いずれの方法を用いてもストレートに解を求めることができる。しかし，$E_A-(NTU)_A$ は $\Delta T_{lm}$ の計算が不要であるので手数を要しない。最初の問題に対する解法の手順を比較して次に示す。

| $E_A-(NTU)_A$ 法 | 対数平均 $\Delta T$ 法 |
|---|---|
| 1. 与えられた端温度から $E_A$ を計算 $R_A=(w\cdot c)/(W\cdot C)$ を計算 | 1. 与えられた端温度から $E_A$ を計算 $R_A=(w\cdot c)/(W\cdot C)$ を計算 |
| 2. $E_A-(NTU)_A$ 線図を用いて $(NTU)_A$ を読みとる。 | 2. $F_t$ 線図から $F_t$ を読みとる。 |
| 3. 伝熱面積を次式から計算する。 $A=\dfrac{(NTU)_A}{U}\cdot w\cdot c$ | 3. 端温度から $\Delta T_{lm}$ を計算 4. 伝熱面積を次式から計算 $A=\dfrac{Q}{U\cdot F_t\cdot \Delta T_{lm}}$ ここで $Q$ は水当量 $w\cdot c$ あるいは $W\cdot C$ と端温度から計算する。 |

第2の問題に対しては，$E_A-(NTU)_A$ 法が非常に便利である。その手順は次に示す。

| $E_A-(NTU)_A$ 法 | 対数平均 $\Delta T$ 法 |
|---|---|
| 1. 与えられたデータから $(NTU)_A$ を計算。$R_A$ を計算。 | 1. $R_A$ を計算 |
| 2. $E_A-(NTU)_A$ 線図から $E_A$ を読みとる。 | 2. 端温度を仮定して $E_A$ を計算 |
| 3. $E_A$ から $t_2, T_2$ を次式から計算する。 | 3. 線図から $F_t$ を読みとる。 |
| | 4. $\Delta T_{lm}$ を計算 |
| | 5. 式 (3・264) から $Q$ を計算 |
| | 6. 次式から端温度 $t_2$ を計算し Step 2 |

### 3・14 対数平均温度差および温度差補正係数

$$t_2 = t_1 + E_A \cdot (T_1 - t_1)$$
$$T_2 = T_1 - R_A \cdot (t_2 - t_1)$$

の仮定と比較。

$$t_2 = t_1 + \frac{Q}{w \cdot c}$$

7. 仮定した $t_2$ と Step 6 で求めた $t_2$ が一致しないときは，仮定し直して，Step 2 から 6 までを繰り返す。

総括伝熱係数が流体 A の温度 $t$ の一次関数として変化する場合，向流熱交換器に対しては，次の伝熱式が成立する。

$$\frac{Q}{A} = \frac{U_1 \cdot (T_1 - t_2) - U_2 \cdot (T_2 - t_1)}{\ln\left[\dfrac{U_1 \cdot (T_1 - t_2)}{U_2 \cdot (T_2 - t_1)}\right]} \quad \cdots\cdots\cdots (3 \cdot 269)$$

$U_1$ は熱交換器の $t_1$ 端における総括伝熱係数，$U_2$ は $t_2$ 端における総括伝熱係数である。一般の熱交換器に対しては，次式が近似的に成立する。

$$\frac{Q}{A} = F_t \cdot \frac{U_1 \cdot (T_1 - t_2) - U_2 \cdot (T_2 - t_1)}{\ln\left[\dfrac{U \cdot (T_1 - t_2)}{U \cdot (T_2 - t_1)}\right]} \quad \cdots\cdots\cdots (3 \cdot 270)$$

式 (3・270) は近似式であって，その誤差は普通 ±10% 以内であることが多いが，次の例題に示すように誤差が 100% にもなることがあるので，使用する場合には注意を要する。

〔例題 3・5〕 比熱 0.6 [kcal/kg・°C] の油 50,000 [kg/hr] を，他の流体によって加熱する。温度条件は次の通りとする。

$T_1 = 400$ [°C], $t_1 = 106$ [°C]
$T_2 = 300$ [°C], $t_2 = 306$ [°C]

1-2 熱交換器を用いるものとし，管内側に油を通し，胴側に加熱流体を流すものとする。また，油の境膜伝熱係数 $h_i$ は加熱流体の境膜伝熱係数 $h_o$ に比べて非常に小さく，したがって $U = h_i$ とみなし得るものとする。いま，$U_1 = 20$ [kcal/m²・hr・°C] (106 [°C]) において，$U_2 = 40$ [kcal/m²・hr・°C] (306 [°C]) とし，$U$ は管内流体（油）の温度の一次関数として変化するものとする。所要伝熱面積を求めよ。

〔解〕（1）厳密解

$R_A = (T_1 - T_2)/(t_2 - t_1) = 100/200 = 0.5$
$E_A = (t_2 - t_1)/(T_1 - t_1) = 0.68$

ノズル配置が図 3・4 のときには，図 3・62 より $(NTU)_A = 1.08$
$A = (NTU)_A \cdot w \cdot c / U_1 = (1.08)(50,000)(0.6)/20 = 1,615$ [m²]

ノズル配置が図 3・6 のときには図 3・67 より $(NTU)_A = 1.21$
$A = (NTU)_A \cdot w \cdot c / U_1 = (1.21)(50,000)(0.6)/20 = 1,810$ [m²]

（2）近似解

$R_A = 0.5$, $E_A = 0.66$ から，図 3・145 を用いて $F_t$ を読みとると $F_t = 0.785$。

式(3·270)を用いて伝熱面積を求めると,
$$A = 1,850 [m^2]$$
式(3·270)を用いて求めた近似解は真の値に対して約1.2倍となっている。もちろんこれは極端な例であって,一般の熱交換器の使用条件では式(3·270)の誤差は,±10%以内におさまることが多い。

式(3·269)を使用するには,$U_1$および$U_2$をそれぞれ計算して求めねばならない。このため,これをつぎのような形とする。

$$\frac{Q}{A} = U_x \cdot \frac{(T_1-t_2)-(T_2-t_1)}{\ln\left[\frac{(T_1-t_2)}{(T_2-t_1)}\right]} \quad \cdots\cdots(3\cdot269a)$$

ある温度における物性より,おのおのの境膜伝熱係数を求め,これより求めた総括伝熱係数が$U_x$となるような温度を中心温度と名づける。それぞれの流体の中心温度は,179

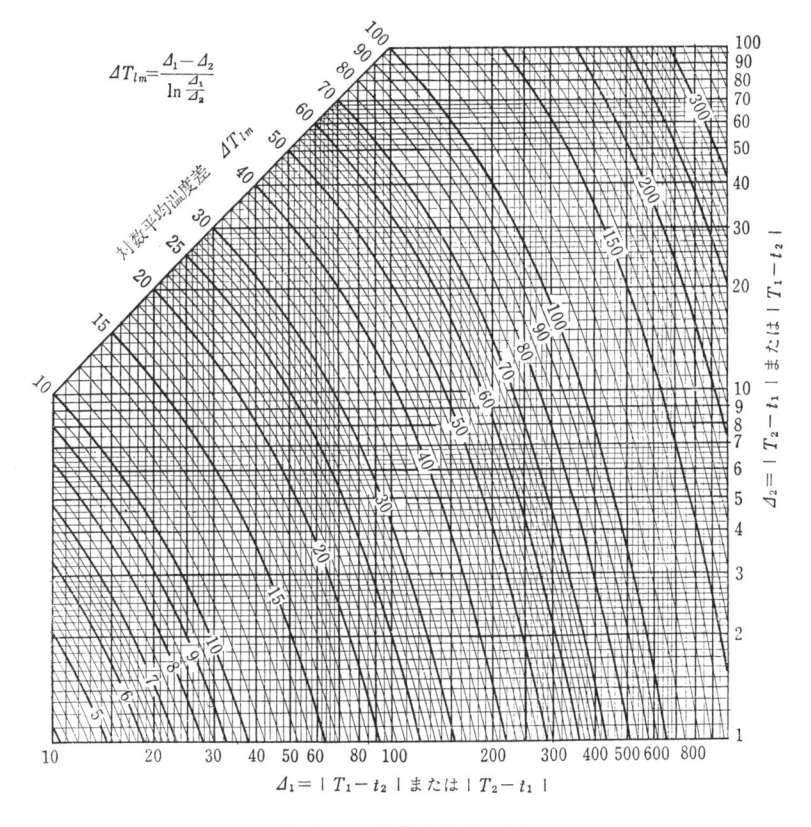

図 3·144 対数平均温度計算図

## 3·14 対数平均温度差および温度差補正係数

$$E_A = \frac{t_2 - t_1}{T_1 - t_1} \qquad R_A = \frac{T_1 - T_2}{t_2 - t_1}$$

温度差補正係数 胴側1パス,管側2パスまたは2nパス  $n=$ 整数

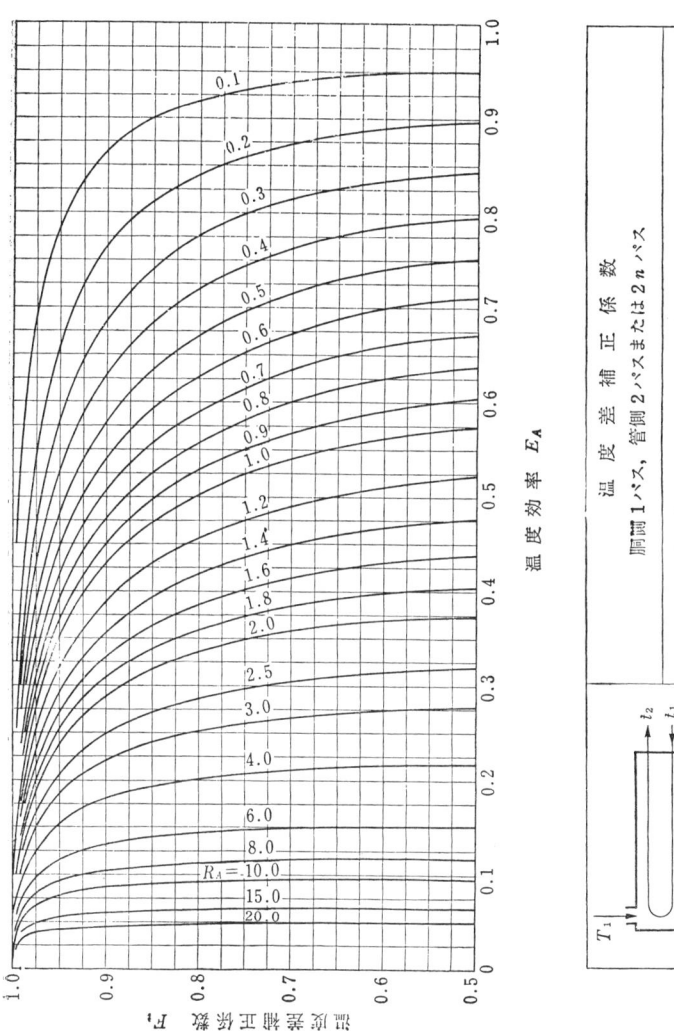

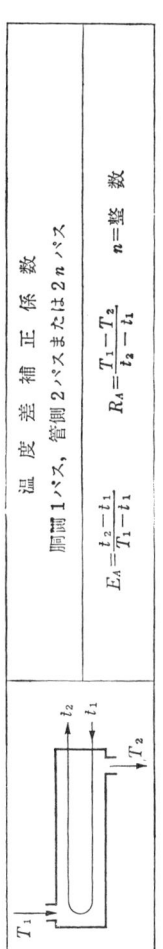

図 3·145 胴側1パス,管側2パスまたは2nパスの熱交換器の温度差補正係数

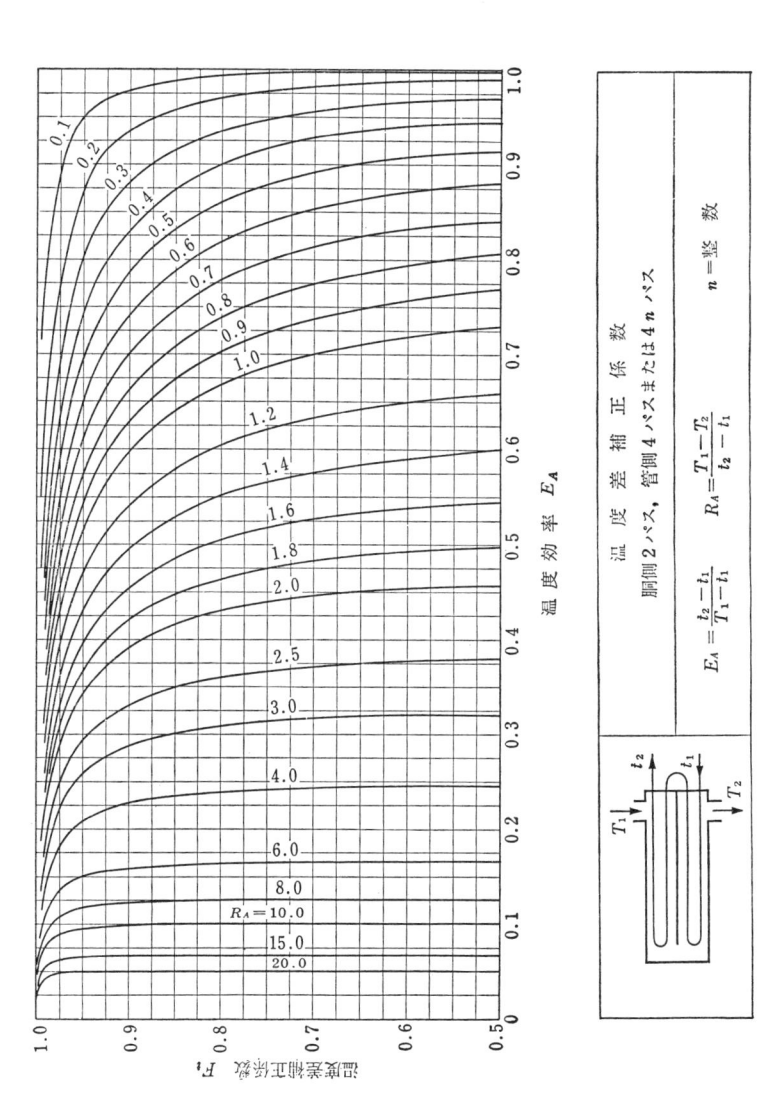

図 3·146 胴側 2 パス,管側 4 パスまたは $4n$ パスの熱交換器の温度差補正係数

温度差補正係数
胴側 2 パス,管側 4 パスまたは $4n$ パス　　$n=$ 整数

$$E_A = \frac{t_2 - t_1}{T_1 - t_1} \qquad R_A = \frac{T_1 - T_2}{t_2 - t_1}$$

3・14 対数平均温度差および温度差補正係数

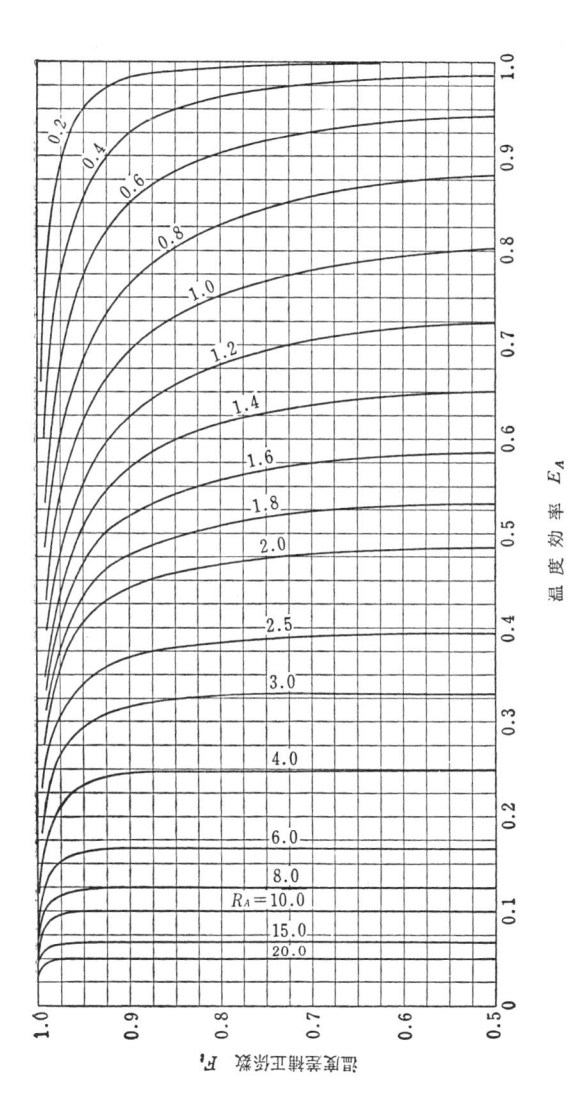

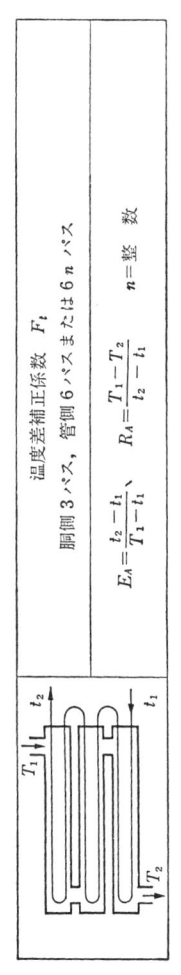

図 3・147 胴側 3 パス，管側 6 パスまたは $6n$ パスの熱交換器の温度差補正係数

温度差補正係数 $F_t$

胴側 3 パス，管側 6 パスまたは $6n$ パス　$n=$整数

$$E_A = \frac{t_2 - t_1}{T_1 - t_1}, \quad R_A = \frac{T_1 - T_2}{t_2 - t_1}$$

# 第3章 表面式熱交換器の基本伝熱式

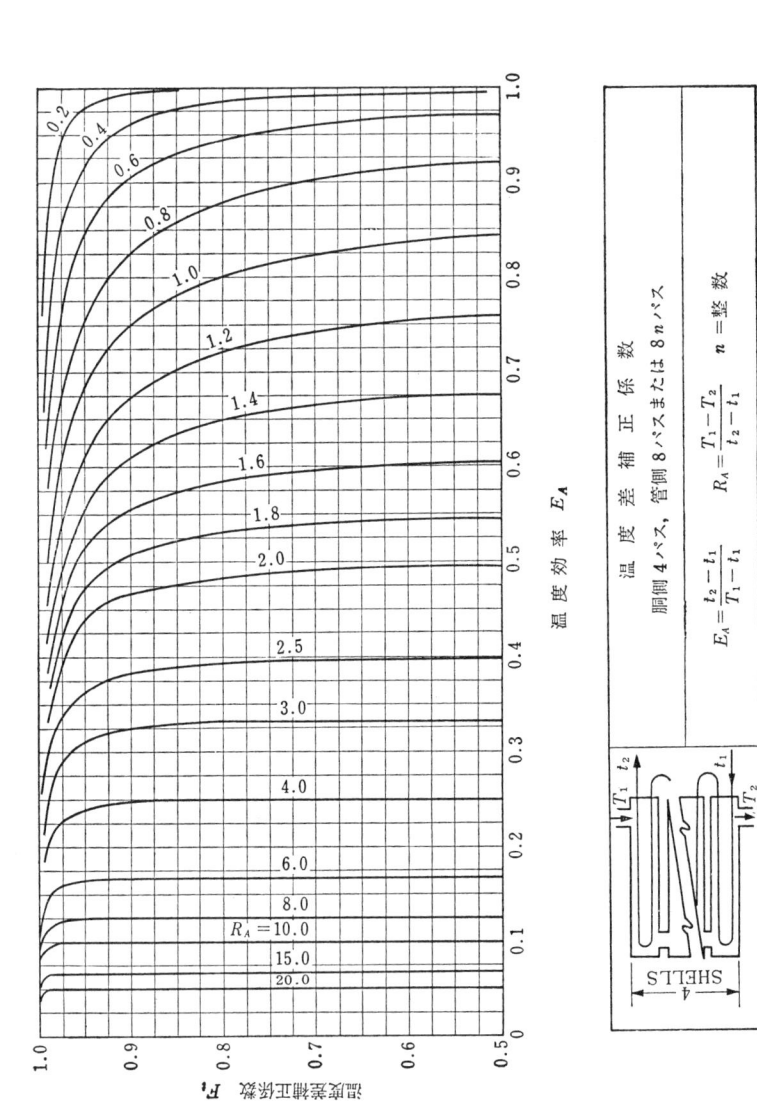

温度効率 $E_A$

温度差補正係数 $F_t$

温度差補正係数
胴側4パス，管側8パスまたは $8n$ パス

$$E_A = \frac{t_2 - t_1}{T_1 - t_1} \qquad R_A = \frac{T_1 - T_2}{t_2 - t_1} \qquad n = \text{整数}$$

図 3・148 胴側4パス，管側8パスまたは $8n$ パスの熱交換器の温度差補正係数

3・14 対数平均温度差および温度差補正係数　　177

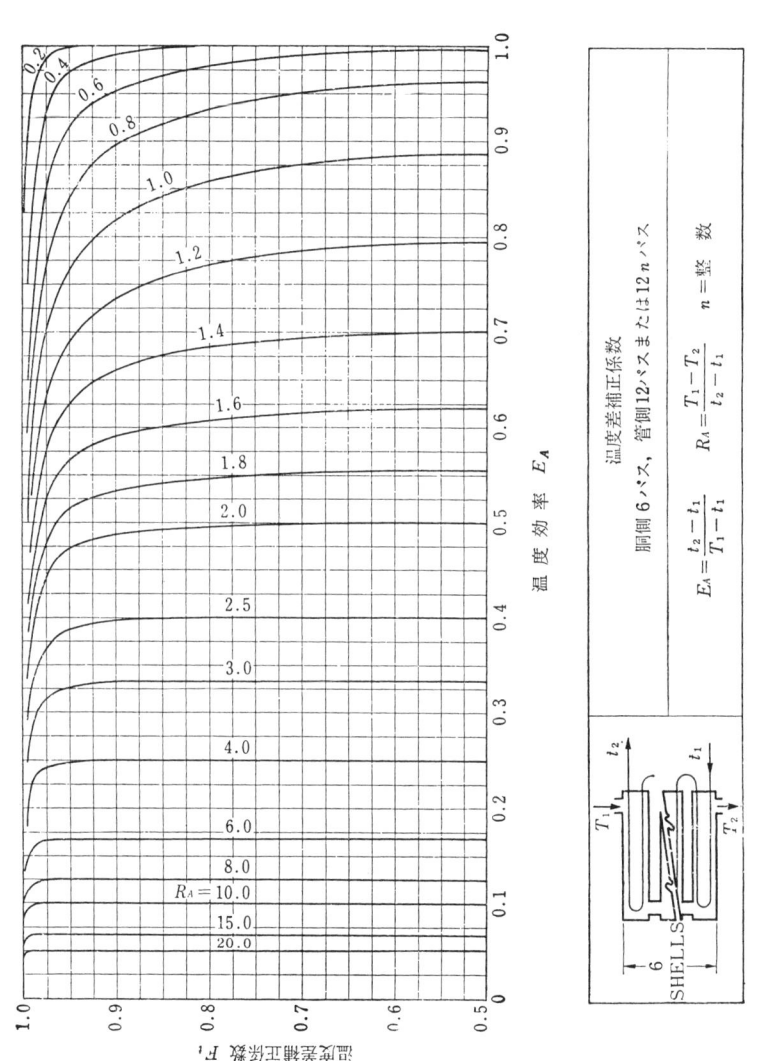

図 3・149　胴側6パス，管側12パスまたは12 $n$ パスの熱交換器の温度差補正係数

温度差補正係数
胴側6パス，管側12パスまたは12 $n$ パス　　$n=$ 缶数

$$E_A = \frac{t_2 - t_1}{T_1 - t_1} \qquad R_A = \frac{T_1 - T_2}{t_2 - t_1}$$

## 温度差補正係数

胴側5パス，管側10パスまたは10nパス

$$E_A = \frac{t_2 - t_1}{T_1 - t_1} \qquad R_A = \frac{T_1 - T_2}{t_2 - t_1}$$

$n = $ 整数

図 3・150 胴側5パス，管側10パスまたは10nパスの熱交換器の温度差補正係数

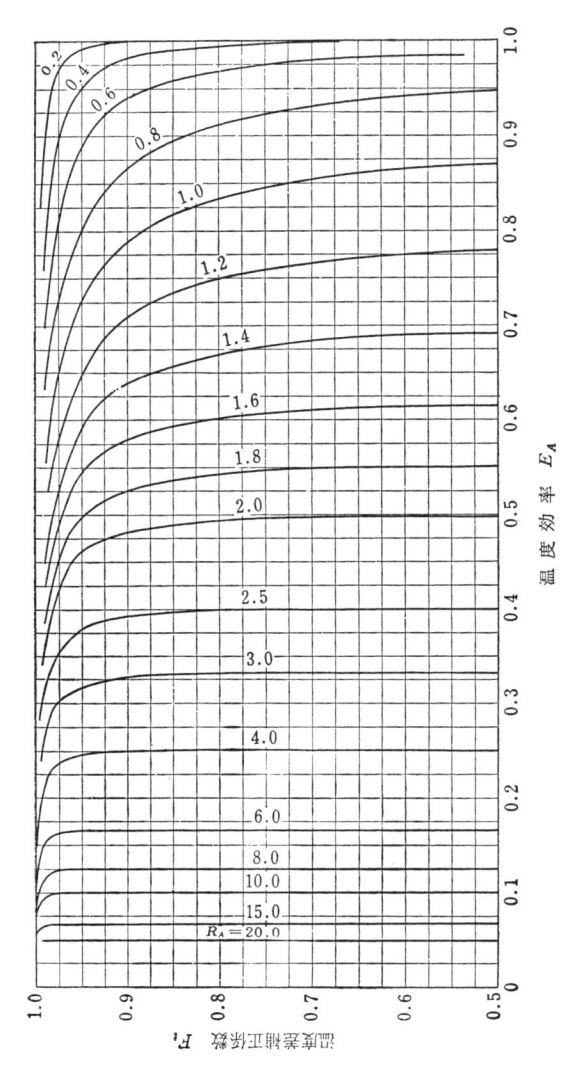

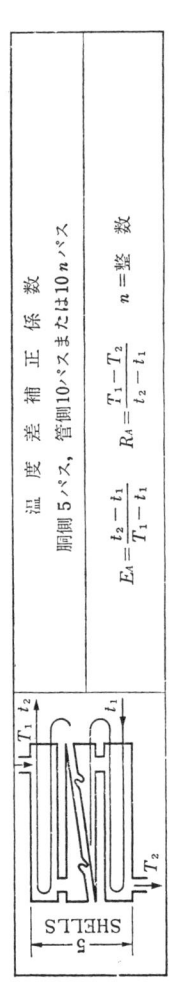

## 3・14 対数平均温度差および温度差補正係数

ページの式によって求まる。

$T_1 > t_2$ のとき

$$T_c = T_2 + F_c(T_1 - T_2) \quad \cdots\cdots (3\cdot271)$$

$$t_c = t_1 + F_c(t_2 - t_1) \quad \cdots\cdots (3\cdot272)$$

$T_1 < t_2$ のとき

$$T_c = T_1 + F_c(T_2 - T_1) \quad \cdots\cdots (3\cdot273)$$

$$t_c = t_2 + F_c(t_1 - t_2) \quad \cdots\cdots (3\cdot274)$$

$F_c$ は C-FACTOR の関数として図 3・161 から求まる。

石油留分に対して，Colburn は C-FACTOR の値を求めている。これを図 3・161 の上部に示す。もし，2つの異なる留分の間での伝熱が行なわれる場合は，C-FACTOR の値の大きなほうを使用し $F_c$ を求める。

温度差補正係数
胴側1パス，管側3パス

$$E_A = \frac{t_2 - t_1}{T_1 - t_1} \qquad R_A = \frac{T_1 - T_2}{t_2 - t_1}$$

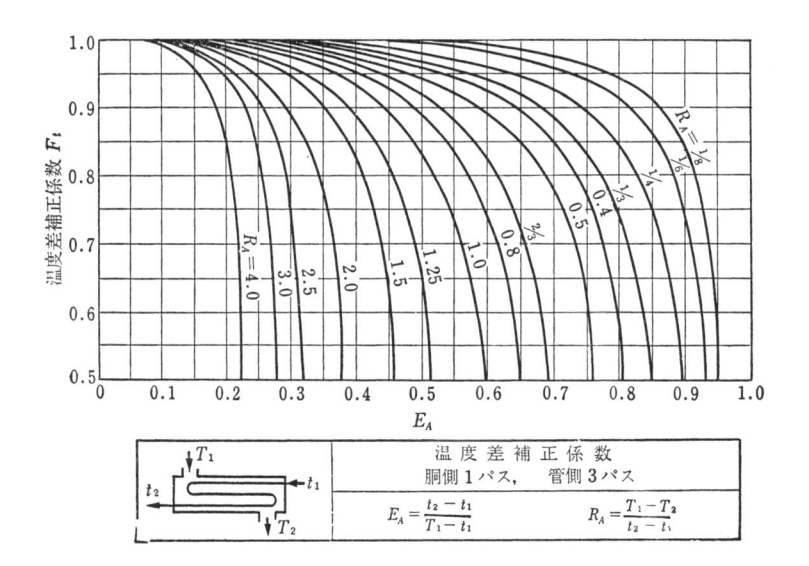

図 3・151　胴側1パス，管側3パスの熱交換器の温度差補正係数

図 3·152 胴側分割流, 管側2パス以上の熱交換器の温度差補正係数

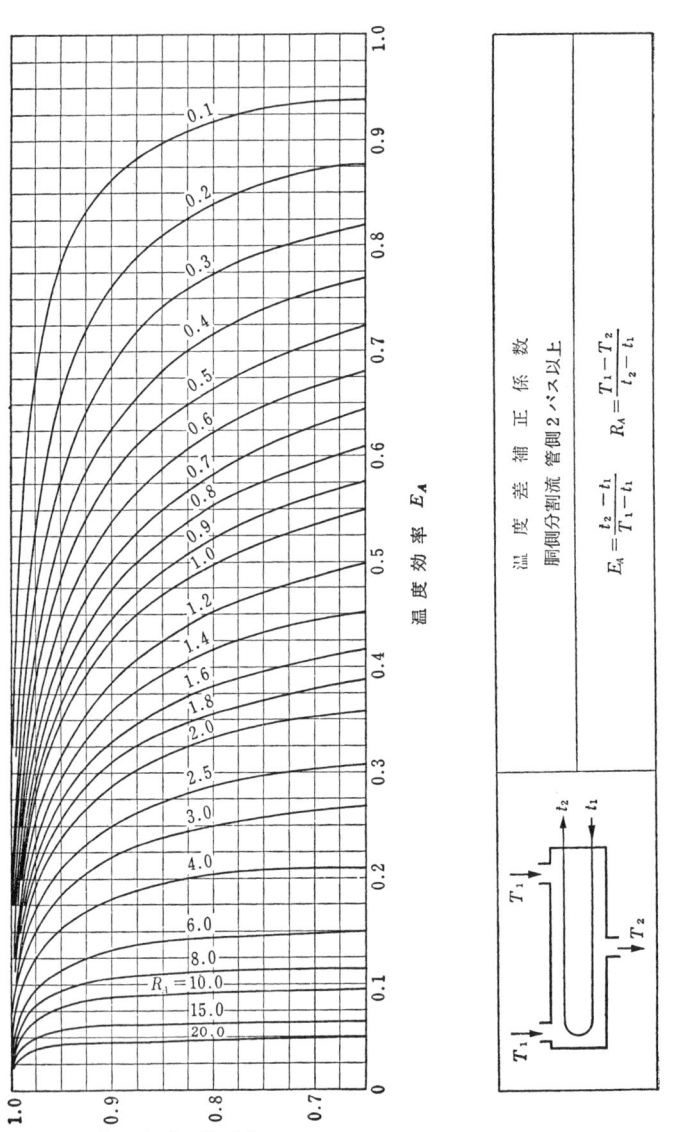

温度差補正係数
胴側分割流 管側2パス以上

$$E_A = \frac{t_2 - t_1}{T_1 - t_1} \quad R_A = \frac{T_1 - T_2}{t_2 - t_1}$$

### 3·14 対数平均温度差および温度差補正係数

温度効率 $E_A$

温度差補正係数

胴側2分流 管側2パス以上

$$E_A = \frac{t_2 - t_1}{T_1 - t_1}, \quad R_A = \frac{T_1 - T_2}{t_2 - t_1}$$

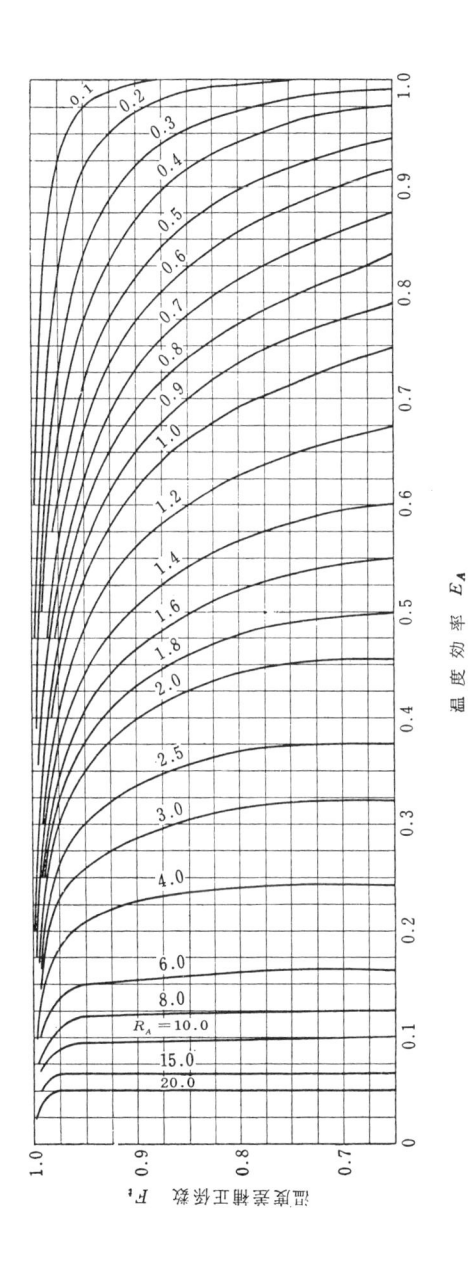

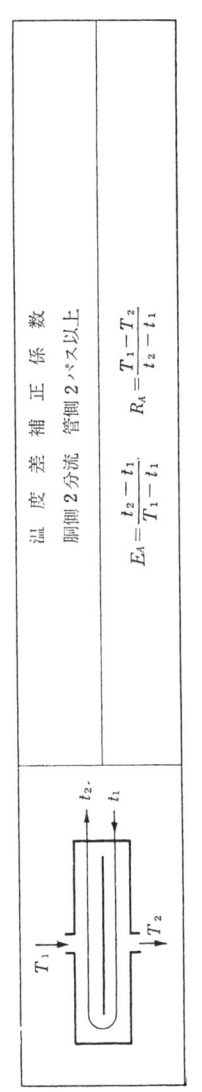

図 3·153 胴側2分割流, 管側2パス以上の熱交換器の温度差補正係数

$$E_A = \frac{t_2 - t_1}{T_1 - t_1}$$

$$R_A = \frac{T_1 - T_2}{t_2 - t_1}$$

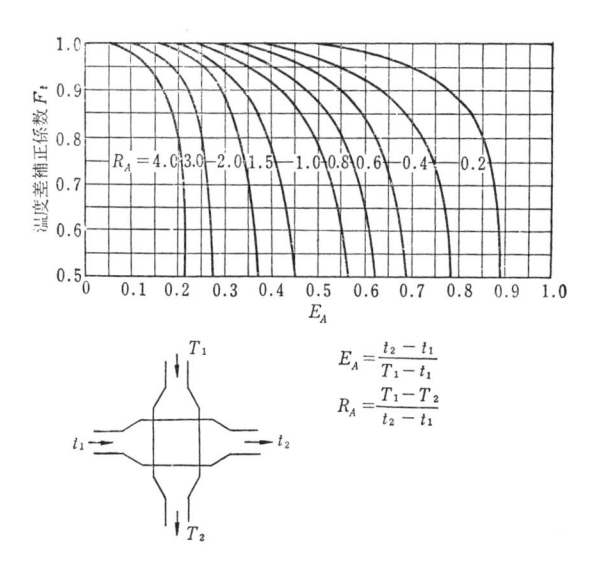

**図 3・154** 両流体ともに混合する直交流熱交換器の温度差補正係数

$$E_A = \frac{t_2 - t_1}{T_1 - t_1}$$

$$R_A = \frac{T_1 - T_2}{t_2 - t_1}$$

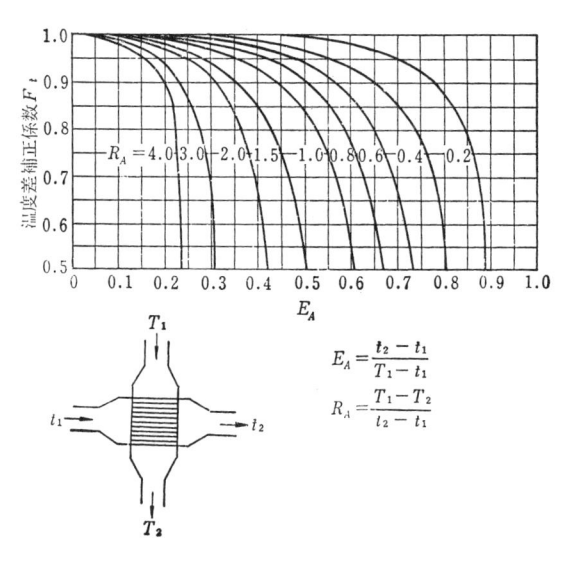

**図 3・155** 一方の流体が混合，他の一方の流体が混合しない直交流熱交換器の温度差補正係数

## 3·14 対数平均温度差および温度差補正係数

$$E_A = \frac{t_2 - t_1}{T_1 - t_1}$$

$$R_A = \frac{T_1 - T_2}{t_2 - t_1}$$

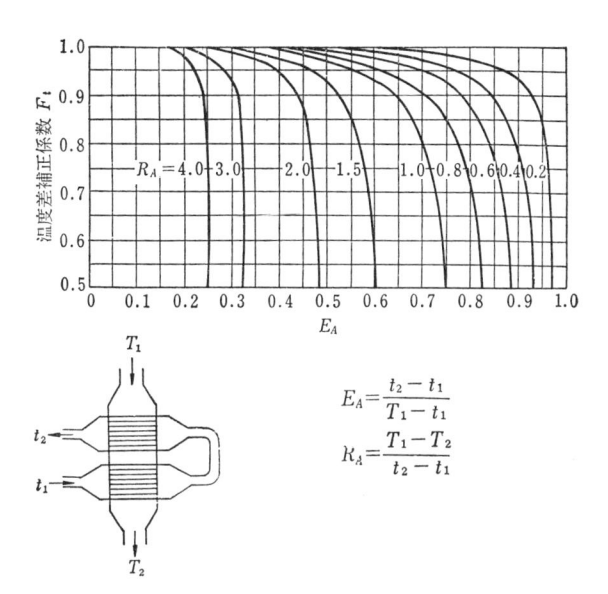

図 3·156　2パス直交向流熱交換器（胴側流体混合, 管側流体混合せず）の温度差補正係数

$$R_A = \frac{T_1 - T_2}{t_2 - t_1} \quad E_A = \frac{t_2 - t_1}{T_1 - t_1}$$

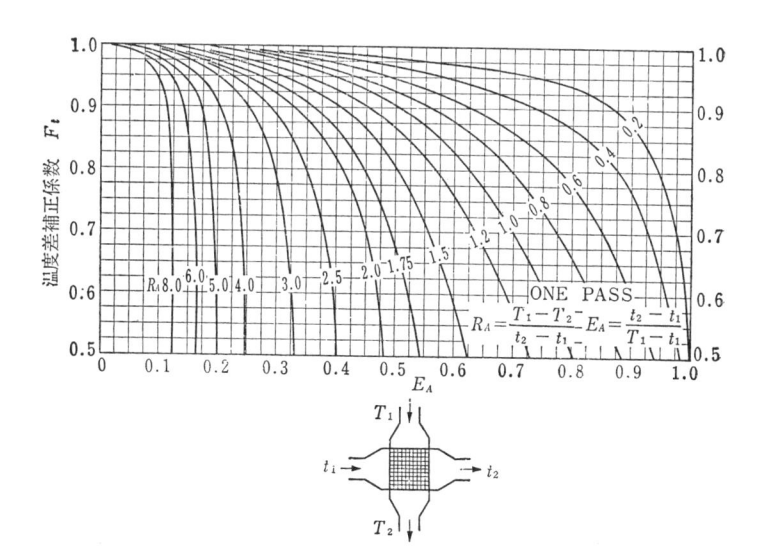

ONE PASS

図 3·157　両流体ともに混合しない直交流熱交換器の温度差補正係数

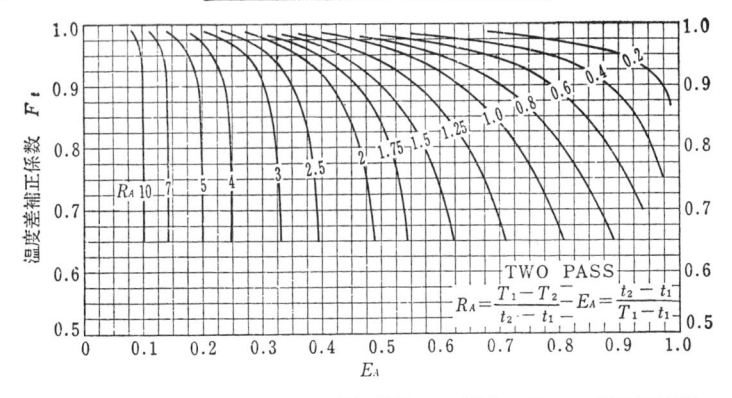

図 3・158　2 パス直交向流熱交換器(両流体ともに混合せず)の温度差補正係数

$$R_A = \frac{T_1 - T_2}{t_2 - t_1} \quad E_A = \frac{t_2 - t_1}{T_1 - t_1}$$

TWO PASS

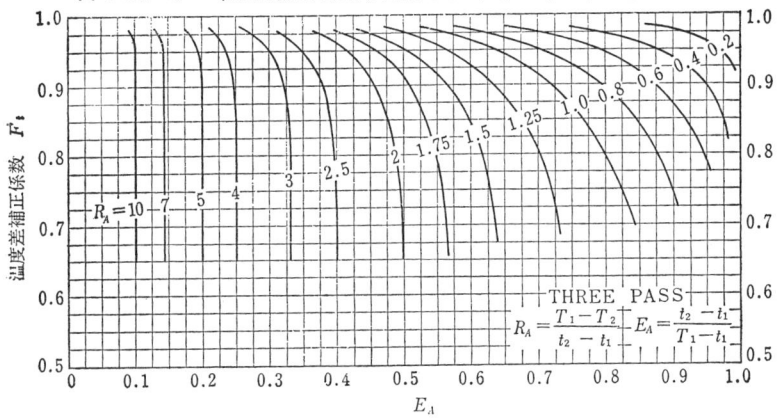

図 3・159　3 パス直交向流熱交換器(両流体ともに混合せず)の温度差補正係数

$$R_A = \frac{T_1 - T_2}{t_2 - t_1} \quad E_A = \frac{t_2 - t_1}{T_1 - t_1}$$

THREE PASS

$$E_A = \frac{t_2 - t_1}{T_1 - t_1}$$

$$R_A = \frac{T_1 - T_2}{t_2 - t_1}$$

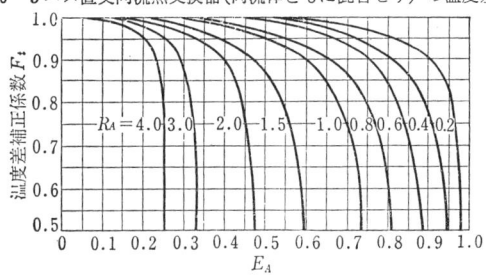

図 3・160　2 パストロンボーン式熱交換器の温度差補正係数

## 3・14 対数平均温度差および温度差補正係数

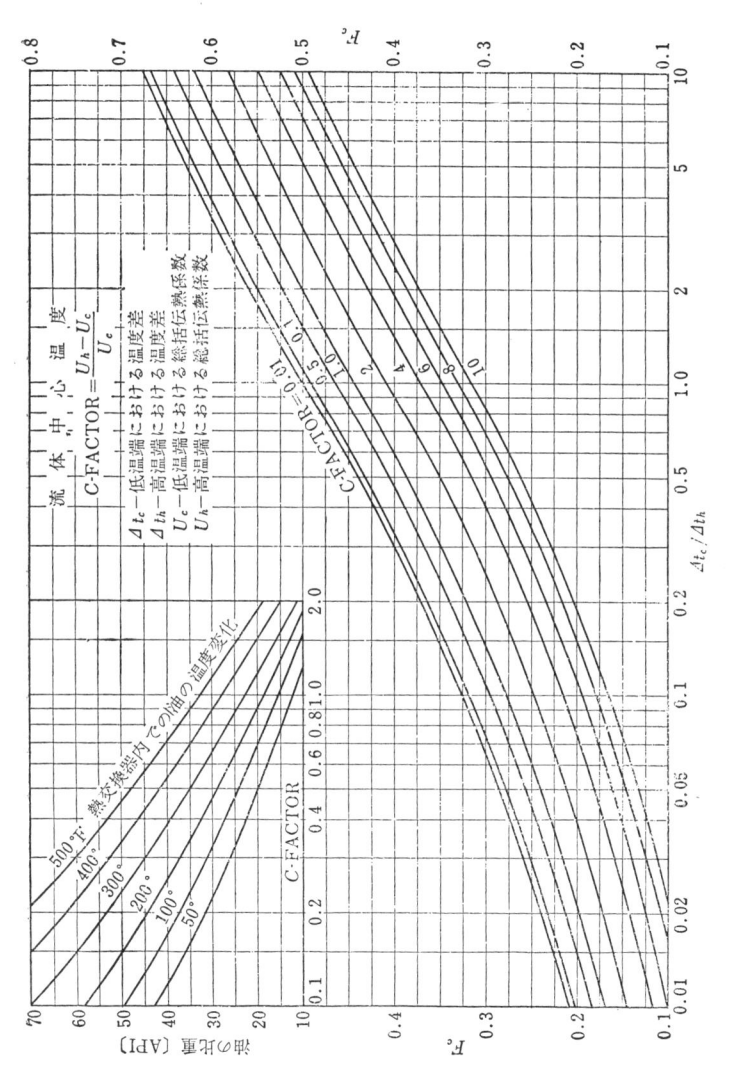

図 3・161 流体の中心温度

## 3・15 加重平均温度差

前節までは，熱交換器内で流体の相変化がない場合について記述した。この場合には，伝熱量と流体温度との関係は $dQ=WC\cdot dT$ で表わされる。すなわち，伝熱量と流体温度との関係は，図3・162のように直線で表わされる。流体が熱交換器内で相変化する場合の中でも，単一飽和蒸気の凝縮の場合には，凝縮温度が一定であるので，伝熱量と流体温度との関係は直線で表わされ，相変化がない場合と同様に取り扱うことができるが，過熱蒸気の凝縮，多成分蒸気の凝縮，不凝縮ガスを含む蒸気の凝縮などの場合は，伝熱量と流体温度との関係は，直線では表わせない。この場合には，いくつかの区間に分けて伝熱計算を行ない，一般に加重平均温度差と呼ばれるものを計算しなければならない。

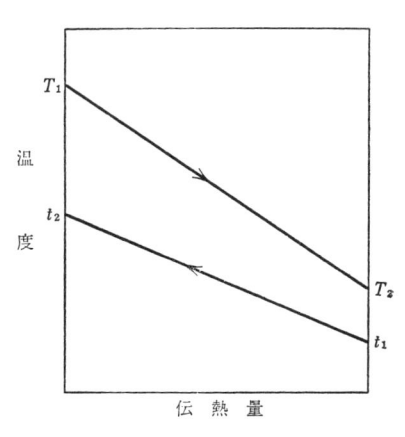

図 3・162 相変化を伴わない場合の除熱曲線

普通，次の場合に加重平均温度差が用いられる。

・アミン類の塔頂凝縮器
・過冷却を行なう単一成分蒸気凝縮器
・デスパーヒート区間を有する凝縮器
・スーパーヒートを伴なう単一成分溶液の蒸発器
・連続成分蒸気の凝縮器

加重平均温度差を求めるためには，まず除熱曲線を準備しなければならない。除熱曲線とは，熱交換器内の流体温度に対して伝熱量をプロットした曲線である。この例を図3・163に示す。つぎに，この除熱曲線を数区間にわけて直線で近似し，各区間の対数平均温度差を求めて，加重平均温度差を計算する。以下，例題を用いて加重平均温度差の計算法を説明する。

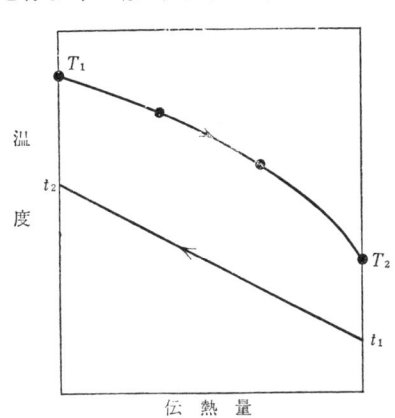

図 3・163 除熱曲線

〔例題 3・6〕 加重平均温度差の計算例（その1）

## 3·15 加重平均温度差

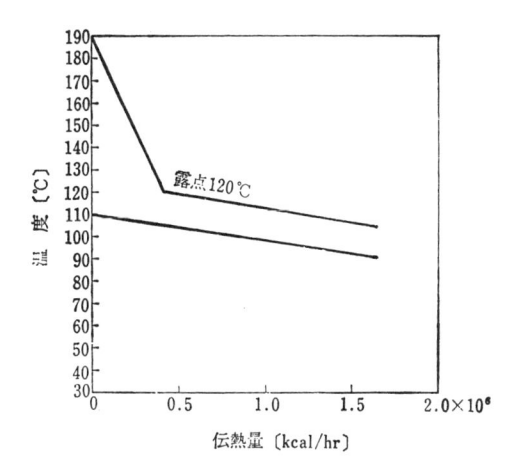

図 3·164 例題 3·6 の除熱曲線

ガスを 190 [°C] から 105 [°C] まで冷却するものとし, 冷却中に分縮が生じるものとする。露点を 120 [°C] とする。冷却水は 90 [°C] で入り, 110 [°C] で出るものとする。熱交換器は向流熱交換器とし, その除熱曲線は図 3·164 で示されるものとする。以下に示す伝熱量のとき加重平均温度差を求めよ。

$Q_{des}$(デスパーヒート) $=420,000$ [kcal/hr]
$Q_{cond}$(凝縮) $=1,260,000$ [kcal/hr]

$Q_{total}$(合計) $=1,680,000$ [kcal/hr]

〔解〕 各区間での冷却水温度の上昇は,
デスパーヒート部
$$(110-90) \times (420,000/1,680,000) = 5 \text{ [°C]}$$
凝縮部
$$(110-90) \times (1,260,000/1,680,000) = 15 \text{ [°C]}$$
各区間での対数平均温度差は:
デスパーヒート部
$$(\Delta T_{lm})_{des} = \frac{(190-110)-(120-105)}{\ln[(190-110)/(120-105)]} = 38.8 \text{ [°C]}$$
凝縮部
$$(\Delta T)_{cond} = \frac{(120-105)-(105-90)}{\ln[(120-105)/(105-90)]} = 15 \text{ [°C]}$$
加重平均温度差
$$(\Delta T)_{weit} = \frac{Q_{total}}{\dfrac{Q_{des}}{(\Delta T)_{des}} + \dfrac{Q_{cond}}{(\Delta T)_{cond}}}$$

$$= \frac{1,680,000}{\frac{420,000}{38.8}+\frac{1,260,000}{15}} = 17.7 \; [\text{°C}]$$

伝熱面積は次式から計算することができる.

$$A = \frac{Q_{des}}{U_{des} \cdot (\varDelta T_{lm})_{des}} + \frac{Q_{cond}}{U_{cond} \cdot (\varDelta T_{lm})_{cond}}$$

ここで,

$U_{des}$, $U_{cond}$ : デスパーヒート部, 凝縮部の総括伝熱係数

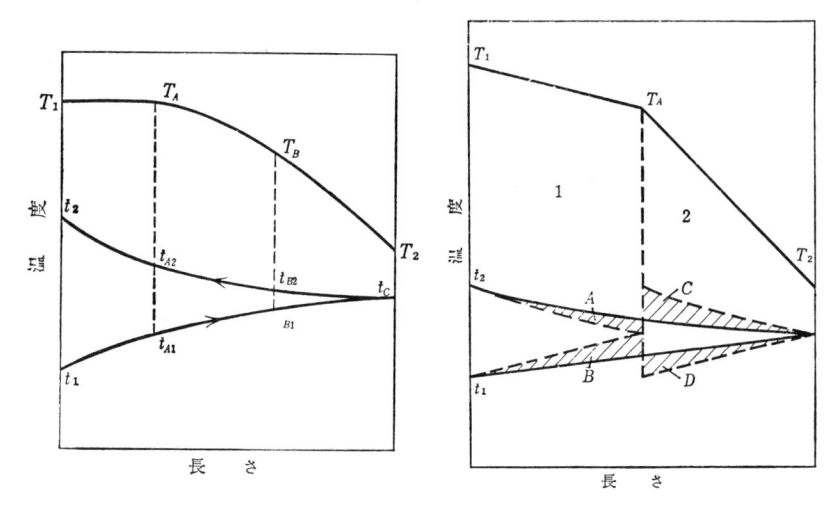

向流形熱交換器の場合には, 例題3・6に示したように各区間の温度差として, 対数平均温度差を用いることができるが, 胴側1パス, 管側偶数パスの熱交換器の場合には, 対数平均温度差をそのまま用いると誤差が大きくなる. 例えば, 1-2 熱交換器の場合の温度分布は図3・165のようになるが, この場合区間を3つに分けただけでも, 管側について5個の点の温度が未知である. これらの点の温度を求めるのは手数を要する.

図 3・165　1-2 熱交換器の温度分布　　　　図 3・166　近似法と真の値との比較

このような場合には, 管側流体の各区間出入口温度を図3・166に示すように熱交換器出入口温度に等しいと見なし, 図に示したような温度分布を仮定して各区間の温度差を近似する. 図において, 実線が真の温度分布, 点線が仮定する温度分布である. 第1区間において, 斜線で示した面積 $A$ が高温側管パスにおける偏差であり, この偏差だけ仮定した温度差よりも大きく見ていることになる. 面積 $B$ についてはこの逆である. 面積 $A$ と $B$ は互いにキャンセルするので, 以上の近似はほぼ妥当であることがわかる. 区間2についても同様である.

## 3·15 加重平均温度差

〔例題 3·7〕 加重平均温度差の計算例 (その 2)

1-2 熱交換器において,各区間の伝熱量および胴側温度が下記のとおりとして,加重平均温度差を求めよ。

| 区間 | 胴側温度 [°C] | 伝熱量 [kcal/hr] |
|---|---|---|
| 1 | 251〜215 | 1,880,000 |
| 2 | 215〜170 | 1,110,000 |
| 3 | 170〜110 | 690,000 |

管側冷却水は 80 [°C] で入り,110 [°C] で出るものとする。

〔解〕 区間 1

$$(\Delta T_{lm})_1 = \frac{(251-110)-(215-80)}{\ln[(251-110)/(215-80)]} = 138 \ [°C]$$

$R_A = (251-215)/(110-80) = 1.2$

$E_A = (110-80)/(251-80) = 0.21$

図 3·145 から,$(F_t)_1 = 0.99$

$(\Delta T_{lm})_1 \cdot (F_t)_1 = 136.5 \ [°C]$

区間 2

$$(\Delta T_{lm})_2 = \frac{(215-110)-(170-80)}{\ln[(215-110)/(170-80)]} = 97.5 \ [°C]$$

$R_A = (215-170)/(110-80) = 1.5$

$E_A = (110-80)/(215-80) = 0.333$

$(F_t)_2 = 0.975$

$(\Delta T_{lm})_2 \cdot (F_t)_2 = 95 \ [°C]$

区間 3

$$(\Delta T_{lm})_3 = \frac{(170-110)-(110-80)}{\ln[(170-110)/(110-80)]} = 43.2 \ [°C]$$

$(\Delta T_{lm})_3 \cdot (F_t)_3 = 34.8 \ [°C]$

加重平均温度差

$$(\Delta T)_{weit} = \frac{Q_{total}}{\left(\dfrac{Q}{\Delta T_{lm} \cdot F_t}\right)_1 + \left(\dfrac{Q}{\Delta T_{lm} \cdot F_t}\right)_2 + \left(\dfrac{Q}{\Delta T_{lm} \cdot F_t}\right)_3}$$

$$= \frac{3,670,000}{\dfrac{1.88 \times 10^6}{136.5} + \dfrac{1.10 \times 10^6}{95} + \dfrac{0.69 \times 10^6}{34.8}} = 81.1 \ [°C]$$

伝熱面積

$$A = \frac{Q_1}{U_1 \cdot (\Delta T_{lm} \cdot F_t)_1} + \frac{Q_2}{U_2 \cdot (\Delta T_{lm} \cdot F_t)_2} + \frac{Q_3}{U_3 \cdot (\Delta T_{lm} \cdot F_t)_3}$$

ここで

$U_1, U_2, U_3$:区間 1,区間 2,区間 3 での総括伝熱係数

$Q_1, Q_2, Q_3$:区間 1,区間 2,区間 3 での伝熱量

## 3・16 3流体平行流熱交換器

図 3・167，図 3・168 に3流体平行流熱交換器の例を示した。図 3・167 は双子ハンプソン式熱交換器で，コイル状の双子管内を酸素および窒素が流れ，胴側を空気が流れ，空気

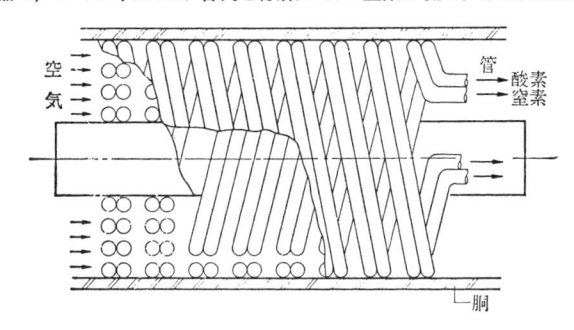

図 3・167 双子ハンプソン式熱交換器

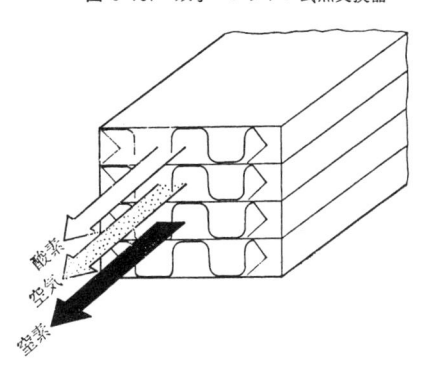

図 3・168 プレートフィン式熱交換器

は酸素と窒素によって冷却されている。この場合には，双子管は互いにロウ付けされているので，空気と酸素，空気と窒素，酸素と窒素はそれぞれ熱交換を行なっていることになる。単管ハンプソン式熱交換器では，コイル管は互いに離れているため，熱交換は空気と酸素，空気と窒素の間で行なわれ，酸素と窒素との間での直接の熱交換はない。図 3・168 はプレートフィン式熱交換器で，この場合も酸素と窒素との間の直接の熱交換はない。

図 3・169 に示すような，流路を流れる3流体において，その全ての相互間に熱交換が行なわれる場合について，相互間の総括伝熱係数が一定としてその解法を示す。流体1，2，3の温度をそれぞれ $T_1$, $T_2$, $T_3$，水当量（流量×比熱）を $W_1^* \cdot C_1$, $W_2^* \cdot C_2$, $W_3^* \cdot C_3$，流体1と2，1と3，2と3との間の単位長さあたりの伝熱面積を $A_{12}$, $A_{13}$, $A_{23}$，総括

## 3·16 3流体平行流熱交換器

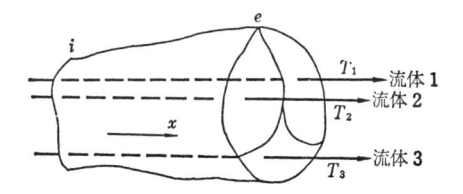

**図 3·169** 流体熱交換器

伝熱係数を $U_{12}$, $U_{13}$, $U_{23}$ とする。ここで，$W^*$ は流れの方向を考慮した流量で，$x$ が増加する方向に流れる場合を正にとり，反対方向に流れる場合は負とする。

熱移動式から

$$\left. \begin{array}{l} \dfrac{dT_1}{dx} + T_1 \cdot (K_{12}+K_{13}) - K_{12} \cdot T_2 - K_{13} \cdot T_3 = 0 \\[6pt] \dfrac{dT_2}{dx} + T_2 \cdot (K_{21}+K_{23}) - K_{21} \cdot T_1 - K_{23} \cdot T_3 = 0 \\[6pt] \dfrac{dT_3}{dx} + T_3 \cdot (K_{31}+K_{32}) - K_{31} \cdot T_1 - K_{32} \cdot T_2 = 0 \end{array} \right\} \quad \cdots\cdots(3\cdot275)$$

ここで

$$K_{12} = \frac{U_{12} \cdot A_{12}}{W_1^* \cdot C_1}, \quad K_{13} = \frac{U_{13} \cdot A_{13}}{W_1^* \cdot C_1}, \quad K_{21} = \frac{U_{12} \cdot A_{12}}{W_2^* \cdot C_2}$$

$$K_{23} = \frac{U_{23} \cdot A_{23}}{W_2^* \cdot C_2}, \quad K_{31} = \frac{U_{13} \cdot A_{13}}{W_3^* \cdot C_3}, \quad K_{32} = \frac{U_{23} \cdot A_{23}}{W_3^* \cdot C_3}$$

もしも2流体間，例えば流体1と2の間で熱交換が行なわれないような場合には，$K_{12} = K_{21} = 0$ とおけばよい。また，ある流体，例えば流体1が熱交換器内で温度変化がない（例えば凝縮の場合）には，$K_{13} = K_{12} = 0$ とおけばよい。ここで $x$ が増加する方向に流れる流体の水当量を正にとり，反対方向に流れる流体の水当量を負にとる。熱収支から

$$W_1^* \cdot C_1 \cdot dT_1 + W_2^* \cdot C_2 \cdot dT_2 + W_3^* \cdot C_3 \cdot dT_3 = 0 \quad \cdots\cdots(3\cdot276)$$

$W^* \cdot C$ の値が変化しないものとすれば，積分して

$$W_1^* \cdot C_1 \cdot (T_{1i} - T_1) + W_2^* \cdot C_2 \cdot (T_{2i} - T_2) + W_3^* \cdot C_3 \cdot (T_{3i} - T_3) = 0$$
$$\cdots\cdots(3\cdot277)$$

$T_{1i}$, $T_{2i}$, $T_{3i}$ は熱交換器の一端（例えば $x=0$ の点）における流体1，2，3の温度である。

式 (3·275) を微分し，式 (3·277) を用いて

$$\frac{d^2 T_1}{dx^2} + (K_{12}+K_{13}+K_{21}+K_{23}+K_{31}+K_{32}) \cdot \frac{dT_1}{dx} + Y \cdot T_1 - Z = 0 \quad \cdots(3\cdot278)$$

ここで

$$Y = K_{12} \cdot K_{23} + K_{12} \cdot K_{31} + K_{12} \cdot K_{32} + K_{13} \cdot K_{21} + K_{13} \cdot K_{23} + K_{13} \cdot K_{32}$$
$$+ K_{21} \cdot K_{31} + K_{21} \cdot K_{32} + K_{23} \cdot K_{31}$$
$$Z = [(K_{31} \cdot K_{23} + K_{21} \cdot K_{32} + K_{21} \cdot K_{31}) \cdot T_{1i} + (K_{13} \cdot K_{32} + K_{12} \cdot K_{32}$$
$$+ K_{12} \cdot K_{31}) \cdot T_{2i} + (K_{13} \cdot K_{23} + K_{12} \cdot K_{23} + K_{13} \cdot K_{21}) \cdot T_{3i}]$$

添字を回転さすことによって,$T_2, T_3$ に関して同様の式を書くことができる。式 (3・278) を解けば,

$$T_1 = C_1 \cdot \exp(m_1 \cdot x) + C_2 \cdot \exp(m_2 \cdot x) + T_0 \quad \cdots\cdots(3 \cdot 279)$$

ここで

$$T_0 = \frac{Z}{Y}$$

$$m_1 = \frac{-\sum K_{ij} + \sqrt{(\sum K_{ij})^2 - 4Y}}{2} \quad \cdots\cdots(3 \cdot 280)$$

$$m_2 = \frac{-\sum K_{ij} - \sqrt{(\sum K_{ij})^2 - 4Y}}{2} \quad \cdots\cdots(3 \cdot 281)$$

ただし,

$$\sum K_{ij} = K_{12} + K_{13} + K_{21} + K_{23} + K_{31} + K_{32}$$

端条件,$x=0$ で $T_1 = T_{1i}$,$x=L$ で $T_1 = T_{1e}$ を用いて積分定数 $C_1, C_2$ を求めると,

$$C_1 = \frac{(T_{1e} - T_0) - (T_{1i} - T_0) \cdot \exp(m_2 \cdot L)}{\exp(m_1 \cdot L) - \exp(m_2 \cdot L)} \quad \cdots\cdots(3 \cdot 282)$$

$$C_2 = \frac{(T_{1e} - T_0) - (T_{1i} - T_0) \cdot \exp(m_1 \cdot L)}{\exp(m_2 \cdot L) - \exp(m_1 \cdot L)} \quad \cdots\cdots(3 \cdot 283)$$

式 (3・279) を微分し,式 (3・275) から $x=0$ および $x=L$ における $(dT_1/dx)$ の値および端温度条件を求めて代入して,

$$C_1 \cdot m_1 + C_2 \cdot m_2 = K_{13} \cdot (T_{3i} - T_{1i}) + K_{12} \cdot (T_{2i} - T_{1i}) \quad \cdots\cdots(3 \cdot 284)$$
$$C_1 \cdot m_1 \cdot \exp(m_1 \cdot L) + C_2 \cdot m_2 \cdot \exp(m_2 \cdot L)$$
$$= K_{13} \cdot (T_{3e} - T_{1e}) + K_{12} \cdot (T_{2e} - T_{1e}) \quad \cdots\cdots(3 \cdot 285)$$

式 (3・284),(3・285) から $C_1$ および $C_2$ を求め,その結果を式 (3・282),(3・283) と組合せて整理して,次式が得られる。

$$L = \frac{1}{m_2} \cdot \ln\left[\frac{m_1 \cdot (T_{1e} - T_0) - B}{m_1 \cdot (T_{1i} - T_0) - A}\right] \quad \cdots\cdots(3 \cdot 286)$$

$$L = \frac{1}{m_1} \cdot \ln\left[\frac{m_2 \cdot (T_{1e} - T_0) - B}{m_2 \cdot (T_{1i} - T_0) - A}\right] \quad \cdots\cdots(3 \cdot 287)$$

ここで

$$A = K_{13} \cdot (T_{3i} - T_{1i}) + K_{12} \cdot (T_{2i} - T_{1i})$$

$$B = K_{13} \cdot (T_{3e} - T_{1e}) + K_{12} \cdot (T_{2e} - T_{1e})$$

式 (3·286), (3·287) から, 3 流体熱交換器の所要長さを求めることができる。

〔例題 3·8〕 **3 流体平行流熱交換器の設計**

高温流体が 2 種類の低温流体と向流接触して冷却される 3 流体熱交換器を設計せよ。ただし, 次の条件が与えられるものとする (図 3·170 参照)。

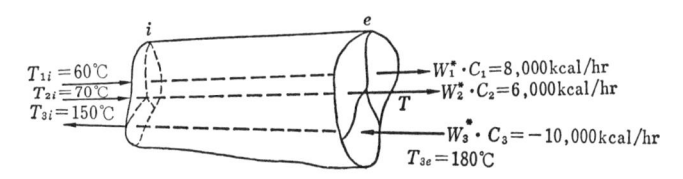

図 3·170 例題の説明

$W_1^* \cdot C_1 = 8,000$ [kcal/hr], $W_2^* \cdot C_2 = 6,000$ [kcal/hr], $W_3^* \cdot C_3 = -10,000$ [kcal/hr], $T_{3e} = 180$ [°C], $T_{3i} = 150$ [°C], $T_{2i} = 70$ [°C], $T_{1i} = 60$ [°C], $U_{12} \cdot A_{12} = 50$ [kcal/m·hr·°C], $U_{13} \cdot A_{13} = 70$ [kcal/m·hr·°C], $U_{23} \cdot A_{23} = 60$ [kcal/m·hr·°C]

〔解〕 与えられたデータから $K_{ij}$ の値が, 次のように計算される。

$K_{12} = 6.25 \times 10^{-3}$, $K_{13} = 8.75 \times 10^{-3}$, $K_{21} = 8.33 \times 10^{-3}$,
$K_{23} = 10 \times 10^{-3}$, $K_{31} = -7 \times 10^{-3}$, $K_{32} = -6 \times 10^{-3}$ [m]
$\sum K_{ij} = 2.333 \times 10^{-2}$ [m]
$Y = -0.89 \times 10^{-4}$ [m²]

式 (3·280), (3·281) から $m_1$, $m_2$ が計算でき, $T_0$, $A$ の値が求まる。

$m_1 = 0.335 \times 10^{-2}$ [m]
$m_2 = -2.67 \times 10^{-2}$ [m]
$T_0 = -152$ [°C]
$A = 0.849$ [°C·m]

いま, $T_{1e} = 85$ [°C] と仮定すると熱収支から

$$8,000 \times (85 - 60) + 6,000 \times (T_{2e} - 70) - 10,000 \times (180 - 150) = 0$$

$\therefore T_{2e} = 86.7$ [°C]

したがって, $B = 0.84$, $L = 42$m〔式 (3·286) から〕, $L = 27.4$m〔式 (3·287) から〕。もし仮定した $T_{1e}$ の値が正しいならば, 式 (3·286) および式 (3·287) から計算した $L$ の値が等しいはずである。したがって, $T_{1e} = 84$°C と仮定し直して再度計算すると, $L = 22.7$m〔式 (3·286) から〕, $L = 27.4$m〔式 (3·287) から〕。最終的に, $T_{1e} = 84.3$°C としたときに式 (3·286) と式 (3·287) とから計算した $L$ の値が等しくなる。このようにして, 熱交換器の所要長さは 27.4m, $T_{1e} = 84.3$°C,

$T_{2e}=87.6°C$ が得られる。

## 3·17 3流体直交流熱交換器

図3·171にその流れ様式を示す3流体直交流熱交換器において，流体1，2，3の水当量（流量×比熱）をそれぞれ $W_1·C_1$, $W_2·C_2$, $W_3·C_3$, 温度をそれぞれ $T_1$, $T_2$, $T_3$ で表わすものとする。また，流体1,2,3の熱交換器入口における温度をそれぞれ $T_{1i}$, $T_{2i}$, $T_{3i}$ で，熱交換器出口における温度をそれぞれ $T_{1e}$, $T_{2e}$, $T_{3e}$ で表わすものとする。流体1と2との間の総括伝熱係数を $U_{12}$, 2と3との間の総括伝熱係数を $U_{23}$ で表わす。ま

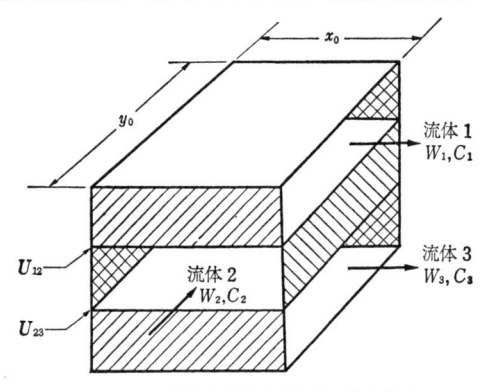

図 3·171 3流体直交流熱交換器の流れ様式

た，流体1と2との間の伝熱面積 $A_{12}$ と流体2と3との間の伝熱面積 $A_{23}$ とは等しく，$A(=x_0·y_0)$ で表わされるものとする。また，流体は混合しないものとする。

次の無次元数を定義する。

$$\left.\begin{aligned}(NTU)_1 &= \frac{U_{12}·A}{W_1·C_1} \\ R_1 &= \frac{W_1·C_1}{W_2·C_2} \\ R_3 &= \frac{W_3·C_3}{W_2·C_2} \\ U &= \frac{U_{12}}{U_{23}} \\ \theta_1 &= \frac{T_{1i}-T_{1e}}{T_{1i}-T_{2i}}\times 100 \\ \theta_3 &= \frac{T_{3i}-T_{3e}}{T_{3i}-T_{2i}}\times 100\end{aligned}\right\} \quad \cdots\cdots(3·288)$$

$$\Delta t_i = \frac{T_{1i} - T_{2i}}{T_{3i} - T_{2i}}$$

Willis[4] は温度効率 $\theta_1$, $\theta_3$ を $R_1$, $R_3$, $(NTU)_1$, $U$ および $\Delta t_i$ の関数として図 3·172～図 3·199 で表わした。

〔例題 3·9〕 **3 流体直交流熱交換器の設計**

次の条件で操作される 3 流体直交流熱交換器における各流体の出口温度を求めよ。

| 流体 | 流量 $W$ [kg/hr] | 比熱 $C$ [kcal/kg·°C] | 入口温度 $T_i$ [°C] |
|---|---|---|---|
| 1 | 250 | 0.50 | 150 |
| 2 | 500 | 0.50 | 50 |
| 3 | 250 | 1.0 | 250 |

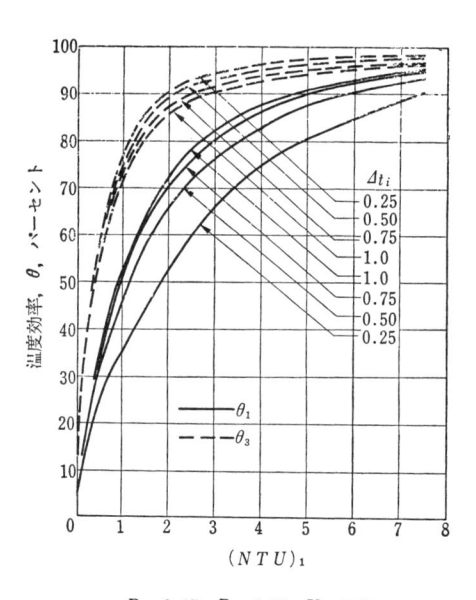

$R_1 = 0.25$, $R_3 = 0.25$, $U = 0.50$
図 3·172 3 流体直交流熱交換器の温度効率

---

4) Willis, Jr. N.C. "Analysis of Three-Fluid, Crossflow Heat Exchangers" NASA TR R-284.

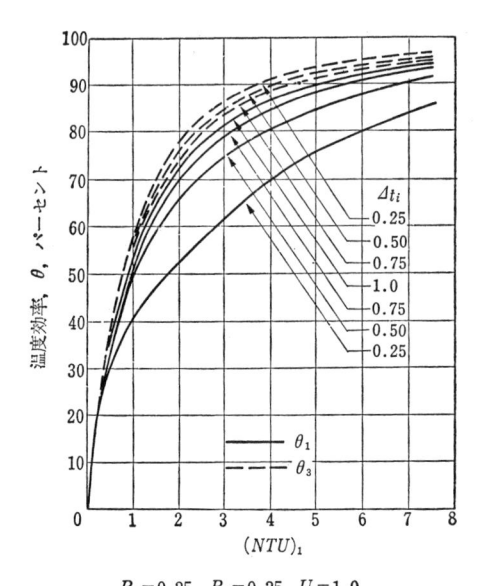

$R_1=0.25$, $R_3=0.25$, $U=1.0$
図 3・173 3流体直交流熱交換器の温度効率

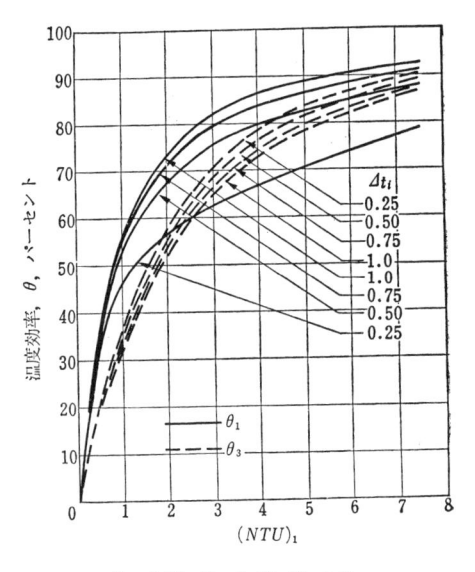

$R_1=0.25$, $R_3=0.25$, $U=2.0$
図 3・174 3流体直交流熱交換器の温度効率

### 3·17 3流体直交流熱交換器

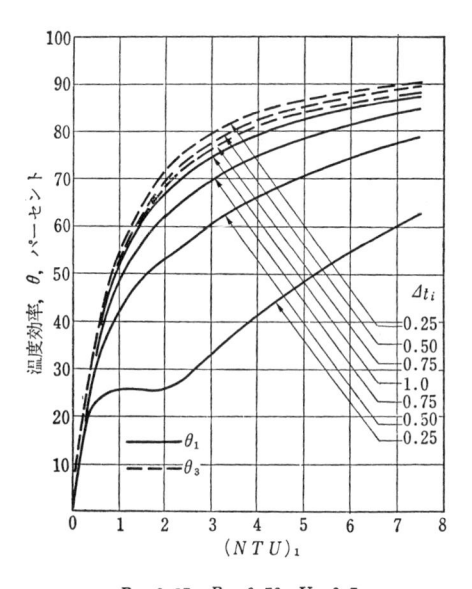

$R_1=0.25$, $R_3=0.50$, $U=0.5$

図 3·175　3流体直交流熱交換器の温度効率

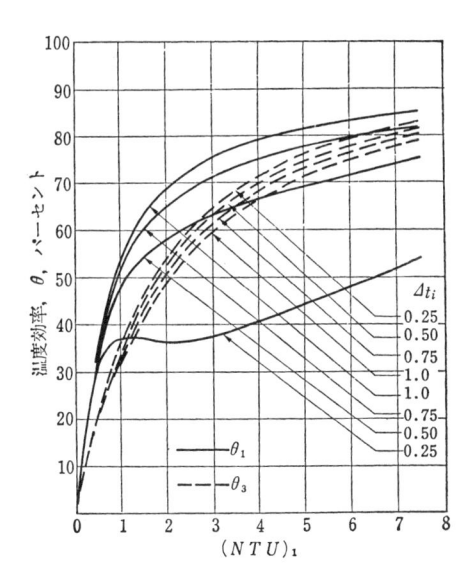

$R_1=0.25$, $R_3=0.50$, $U=1.0$

図 3·176　3流体直交流熱交換器の温度効率

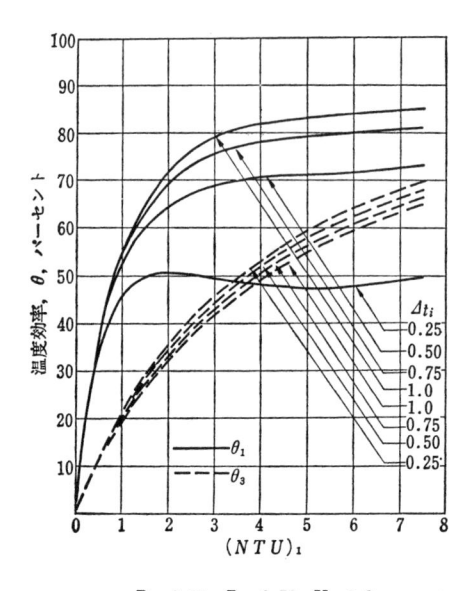

$R_1=0.25$, $R_3=0.50$, $U=2.0$
図 3・177　3流体直交流熱交換器の温度効率

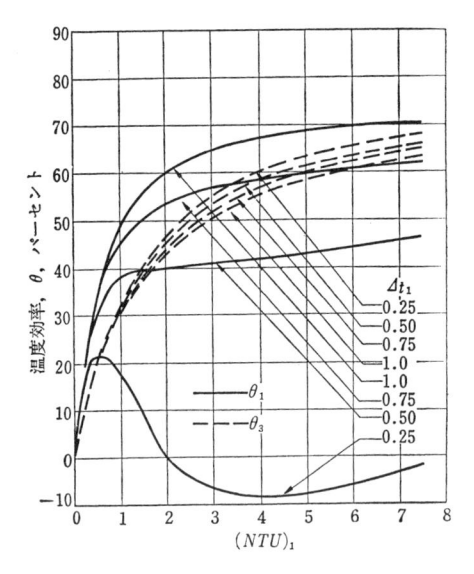

$R_1=0.25$, $R_3=1.0$, $U=0.50$
図 3・178　3流体直交流熱交換器の温度効率

### 3･17 3流体直交流熱交換器

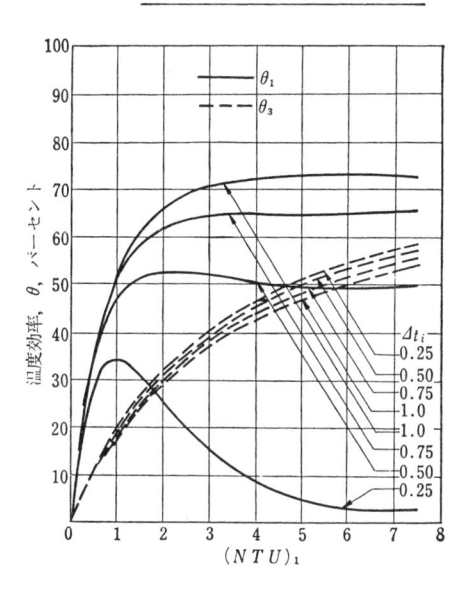

$R_1=0.25,\ R_3=1.0,\ U=1.0$

**図 3･179** 3流体直交流熱交換器の温度効率

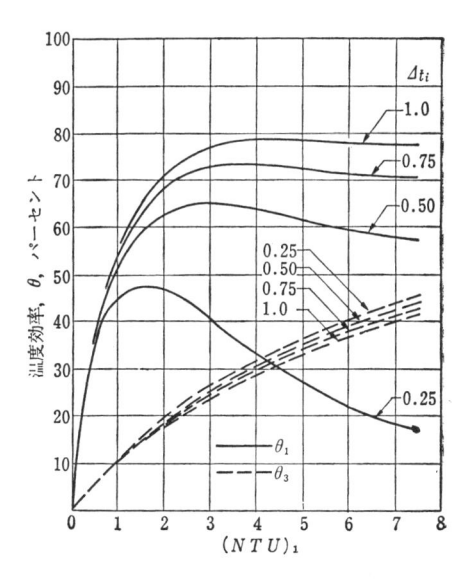

$R_1=0.25,\ R_3=1.0,\ U=2.0$

**図 3･180** 3流体直交流熱交換器の温度効率

$R_1 = 0.50$, $R_3 = 0.25$, $U = 0.50$

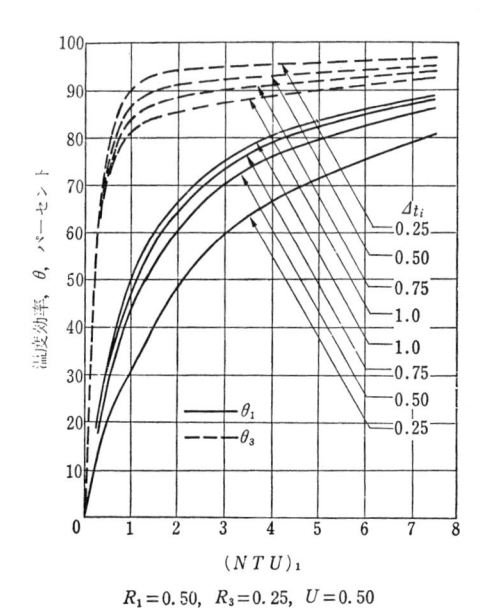

**図 3・181** 3流体直交流熱交換器の温度効率

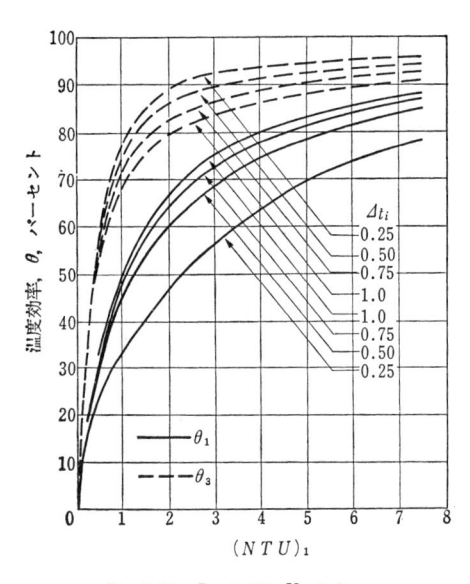

$R_1 = 0.50$, $R_3 = 0.25$, $U = 1.0$

**図 3・182** 3流体直交流熱交換器の温度効率

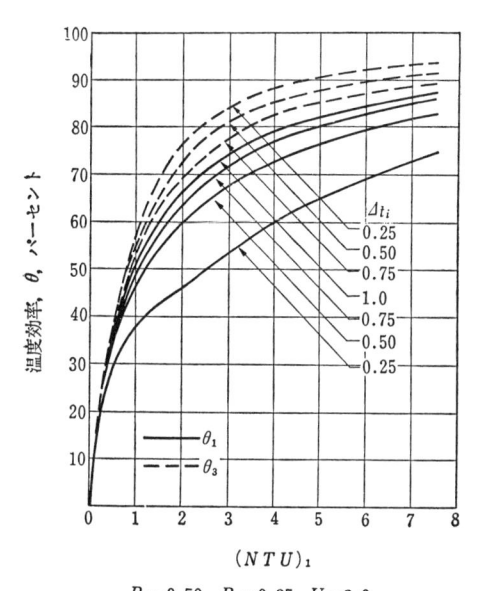

$R_1=0.50$, $R_3=0.25$, $U=2.0$

図 3・183　3流体直交流熱交換器の温度効率

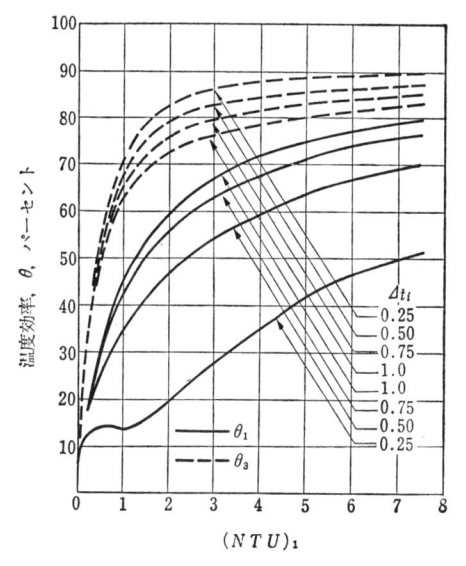

$R_1=0.50$, $R_3=0.50$, $U=0.50$

図 3・184　3流体直交流熱交換器の温度効率

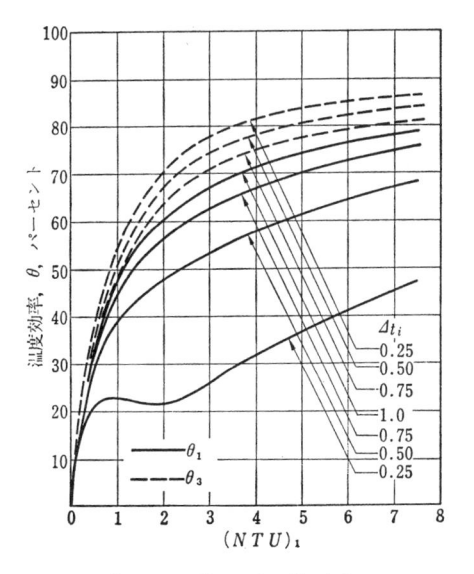

$R_1 = 0.50$, $R_3 = 0.50$, $U = 1.0$
図 3・185　3流体直交流熱交換器の温度効率

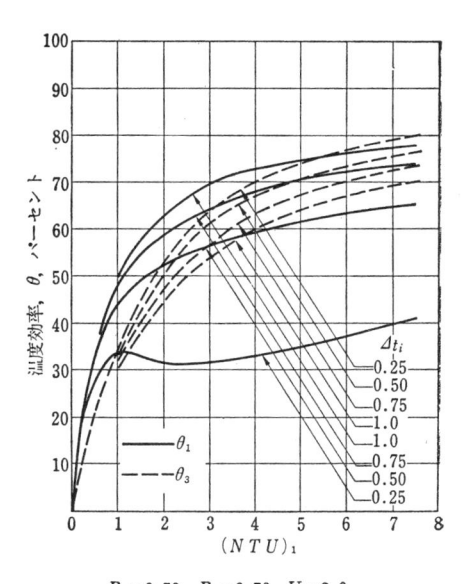

$R_1 = 0.50$, $R_3 = 0.50$, $U = 2.0$
図 3・186　3流体直交流熱交換器の温度効率

## 3·17 3流体直交流熱交換器

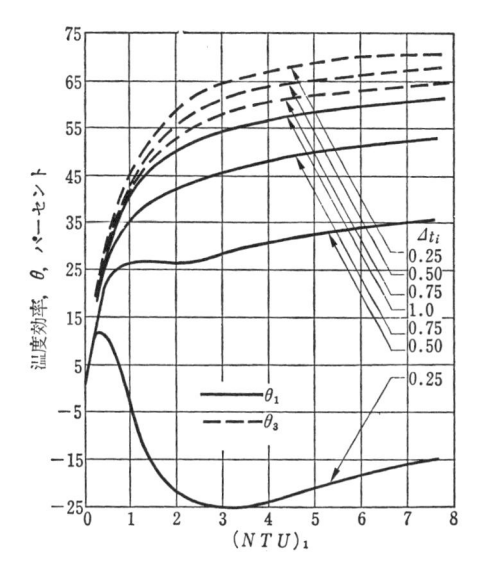

$R_1=0.50,\ R_3=1.0,\ U=0.50$

図 3·187  3流体直交流熱交換器の温度効率

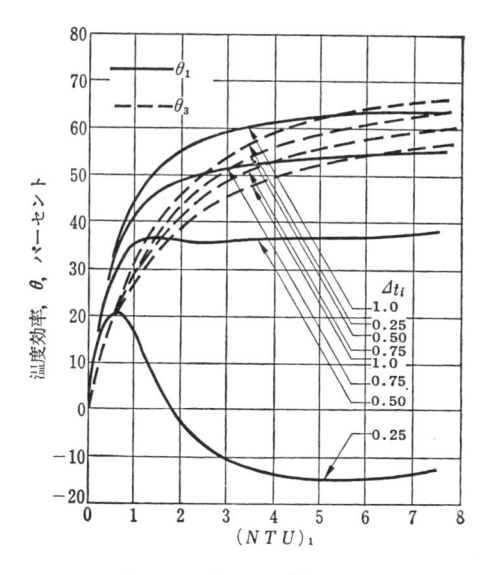

$R_1=0.50,\ R_3=1.0,\ U=1.0$

図 3·188  3流体直交流熱交換器の温度効率

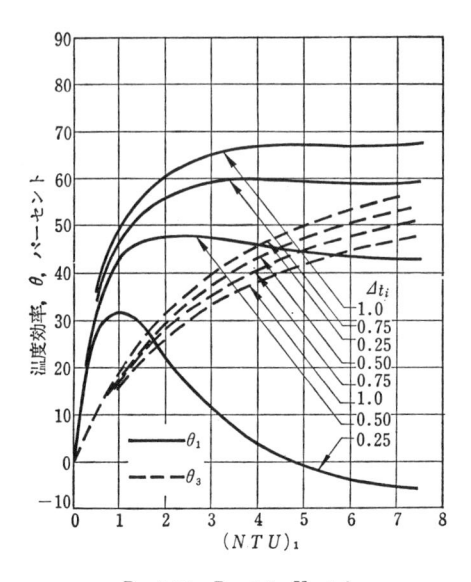

$R_1 = 0.50$, $R_3 = 1.0$, $U = 2.0$

図 3・189 3流体直交流熱交換器の温度効率

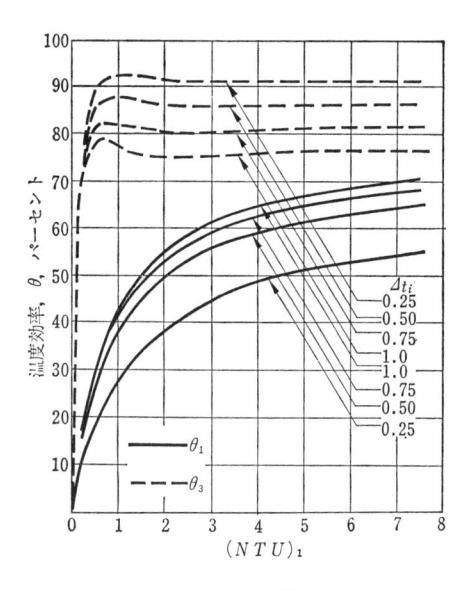

$R_1 = 1.0$, $R_3 = 0.25$, $U = 0.50$

図 3・190 3流体直交流熱交換器の温度効率

## 3·17 3流体直交流熱交換器

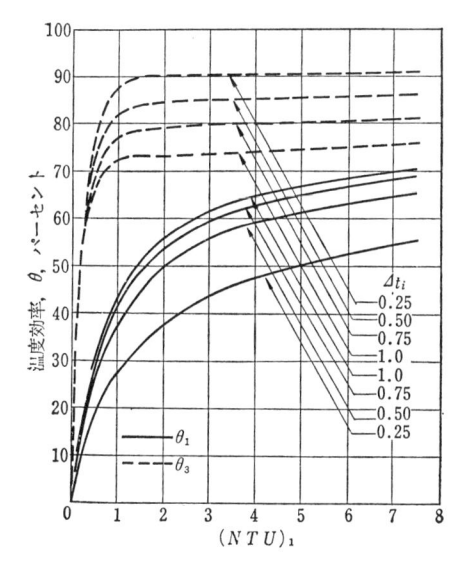

$R_1=1.0, \ R_3=0.25, \ U=1.0$

**図 3·191** 3流体直交流熱交換器の温度効率

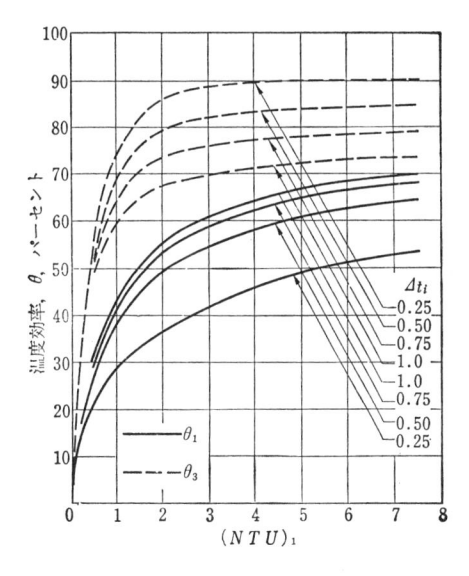

$R_1=1.0, \ R_3=0.25, \ U=2.0$

**図 3·192** 3流体直交流熱交換器の温度効率

206    第3章 表面式熱交換器の基本伝熱式

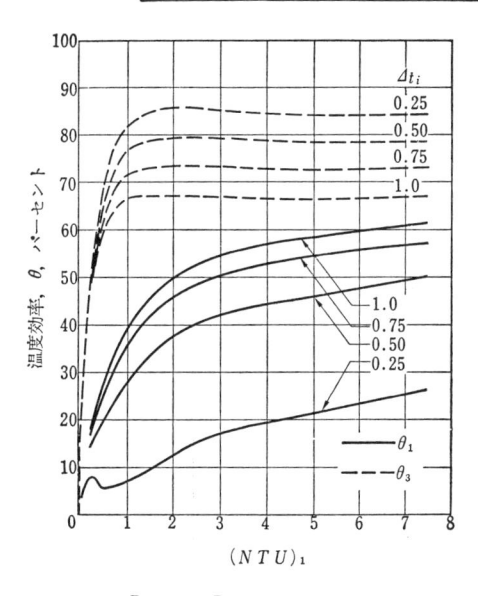

$R_1=1.0$, $R_3=0.50$, $U=0.50$
図 3・193  3流体直交流熱交換器の温度効率

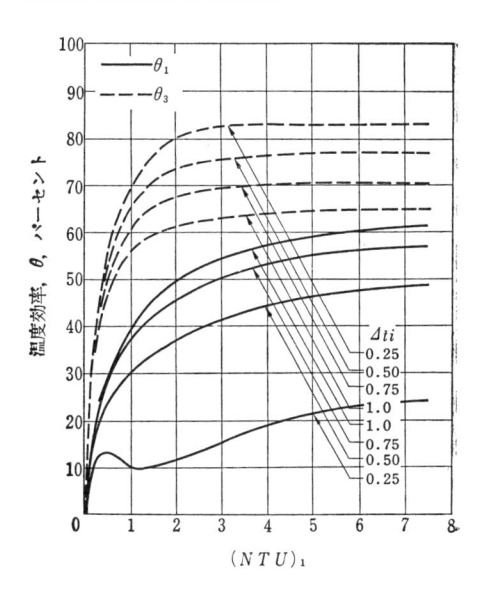

$R_1=1.0$, $R_3=0.50$, $U=1.0$
図 3・194  3流体直交流熱交換器の温度効率

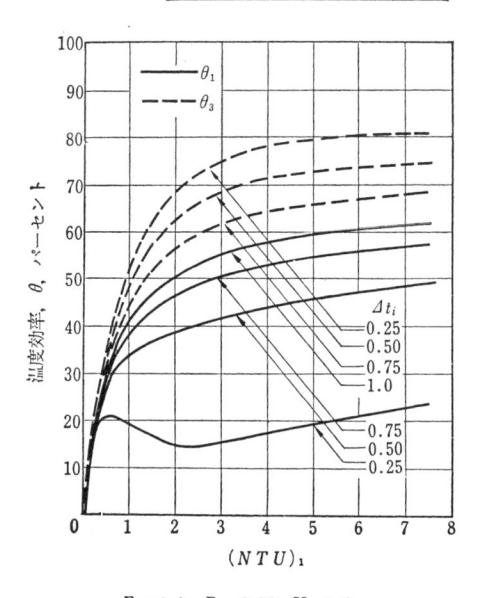

3·17　3流体直交流熱交換器

$R_1=1.0,\ R_3=0.50,\ U=2.0$
図 3·195　3流体直交流熱交換器の温度効率

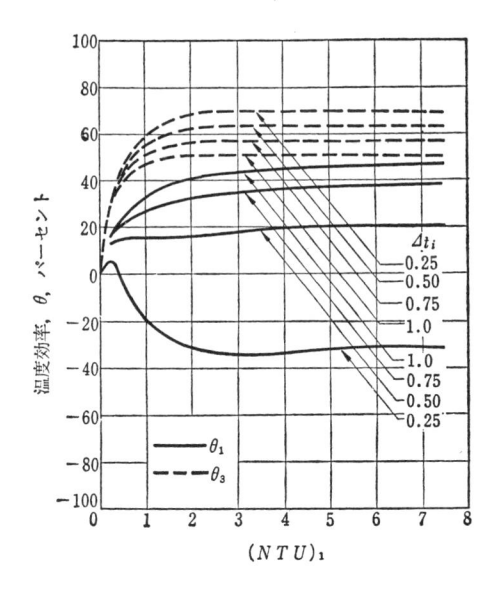

$R_1=1.0,\ R_3=1.0,\ U=0.50$
図 3·196　3流体直交流熱交換器の温度効率

208    第3章　表面式熱交換器の基本伝熱式

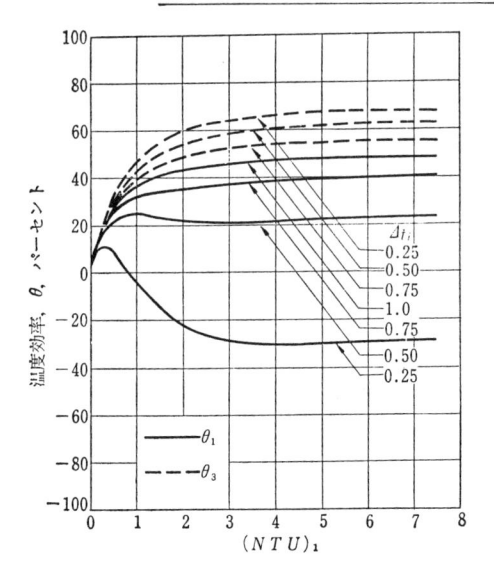

$R_1=1.0, \ R_3=1.0, \ U=1.0$
図 3・197　3流体直交流熱交換器の温度効率

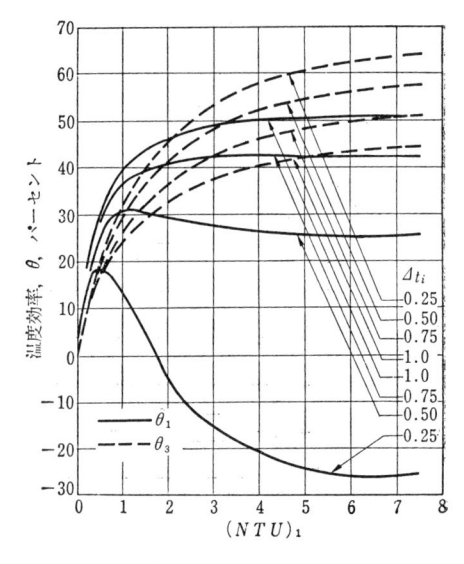

$R_1=1.0, \ R_3=1.0, \ U=2.0$
図 3・198　3流体直交流熱交換器の温度効率

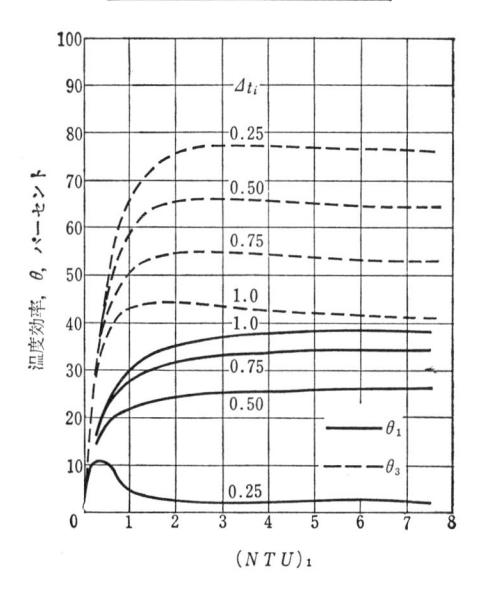

## 3・17 3流体直交流熱交換器

図 3・199 3流体直交流熱交換器の温度効率
$R_1 = 2.0$, $R_3 = 0.50$, $U = 2.0$

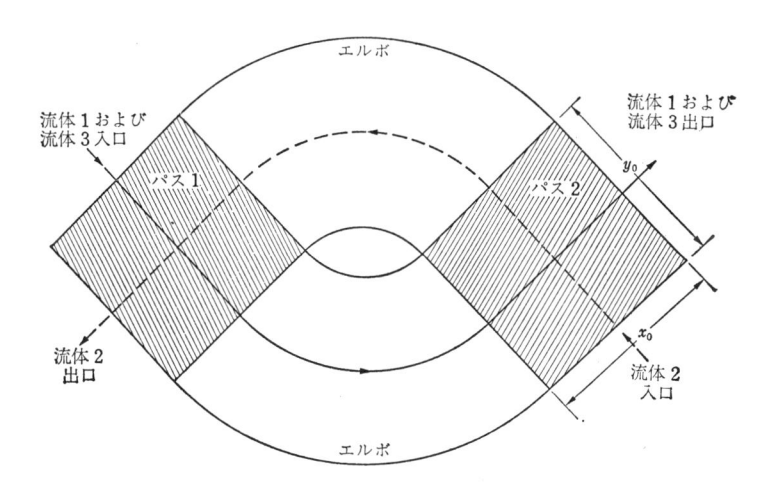

図 3・200 2パス-3流体直交向流熱交換器の流れ様式

総括伝熱係数　$U_{12}=50 [\text{kcal/m}^2 \cdot \text{hr} \cdot {}^\circ\text{C}]$
　　　　　　　$U_{23}=25 [\text{kcal/m}^2 \cdot \text{hr} \cdot {}^\circ\text{C}]$
伝熱面積　$A_{12}=A_{23}=x_0 \cdot y_0 = 5 [\text{m}^2]$

〔解〕

$$R_1 = \frac{W_1 C_1}{W_2 C_2} = \frac{250 \times 0.50}{500 \times 0.50} = 0.5$$

$$R_3 = \frac{W_3 C_3}{W_2 C_2} = \frac{250 \times 1.0}{500 \times 0.50} = 1.0$$

$$\Delta t_i = \frac{T_{1i} - T_{2i}}{T_{3i} - T_{2i}} = \frac{150 - 50}{250 - 50} = 0.5$$

$$U = \frac{U_{12}}{U_{23}} = \frac{50}{25} = 2.0$$

$$(NTU)_1 = \frac{U_{12} \cdot x_0 \cdot y_0}{W_1 C_1} = \frac{50 \times 5.0}{250 \times 0.50} = 2.0$$

温度効率　$\theta_1, \theta_2$ は図 3·189 から

$$\theta_1 = \frac{T_{1i} - T_{1e}}{T_{1i} - T_{2i}} \times 100 = 48$$

$$\theta_2 = \frac{T_{3i} - T_{3e}}{T_{1i} - T_{2i}} \times 100 = 51$$

したがって, 流体 1, 3 の出口温度 $T_{1e}, T_{3e}$ はそれぞれ
　　　$T_{1e} = 102 [{}^\circ\text{C}]$, $T_{3e} = 190 [{}^\circ\text{C}]$

流体 2 の出口温度 $T_{2e}$ は熱収支から,
$$W_1 C_1 (T_{1i} - T_{1e}) + W_3 C_3 (T_{3i} - T_{3e}) = W_2 C_2 (T_{2e} - T_{2i})$$
$$125(150 - 102) + 250(250 - 190) = 250(T_{2e} - 50)$$

したがって,
　　　$T_{2e} = 134 [{}^\circ\text{C}]$

## 3·18　2パス-3流体直交流熱交換器

3流体直交熱交換器をエルボを介して, 2基連結した2パス-3流体直交流熱交換器は, 向流の場合と並流の場合に大別することができる。さらに, エルボ内の流れの様式によって, 次の3種に分類することができる。

1. エルボ内で流体が完全に混合し, 前のパスの出口での温度分布の平均温度で, 次のパスに流入するもの。

2. エルボ内で流体が混合せず, しかも流れ配列が不変で, 前のパスの出口での温度分布のまま, 次のパスに流入するもの。

3. エルボ内で流体が混合せず, しかも次のパスに入る前に, 流れ配列が逆転するもの。

2パス-3流体直交向流熱交換器の流れ様式を図 3·200 に示した。また, エルボ内で流

## 3・18 2パス-3流体直交流熱交換器

体が完全に混合する2パス-3流体直交向流熱交換器の温度効率を，図 3・201 ～ 図 3・203 に示した。また，エルボ内で流体が混合せず，流れ配列が不変の2パス-3流体直交向流熱交換器の温度効率を図 3・204 に，流れ配列が逆転する2パス-3流体直交向流熱交換器の温度効率を図 3・205 に，エルボ内で流体が混合する2パス-3流体直交並流熱交換器の温度効率を図 3・206 に示した。ここで，

$$\left. \begin{array}{l} (NTU)_1 = \dfrac{U_{12} \cdot A}{W_1 \cdot C_1} \\ A = 2x_0 y_0 \end{array} \right\} \quad \cdots\cdots\cdots\cdots\cdots\cdots\cdots\cdots\cdots\cdots\cdots\cdots\cdots(3\cdot 289)$$

であり，他の記号は前節で定義したものと同じである。なお，熱交換部で流体は混合しないものとする。

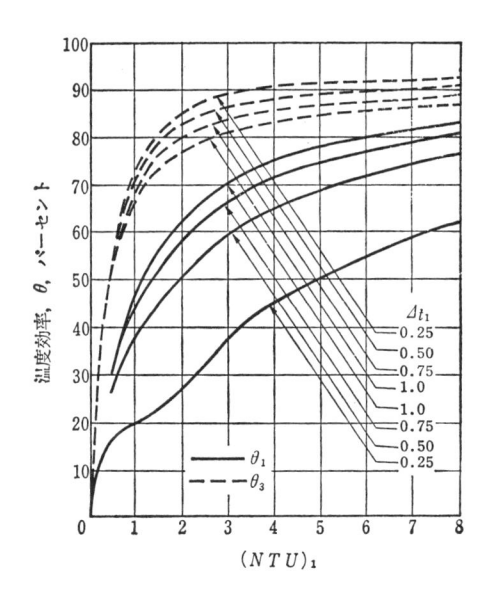

$R_1 = 0.50, \quad R_3 = 0.50, \quad U = 0.50$

図 3・201　2パス-3流体直交向流熱交換器の温度効率
(エルボ内で混合)

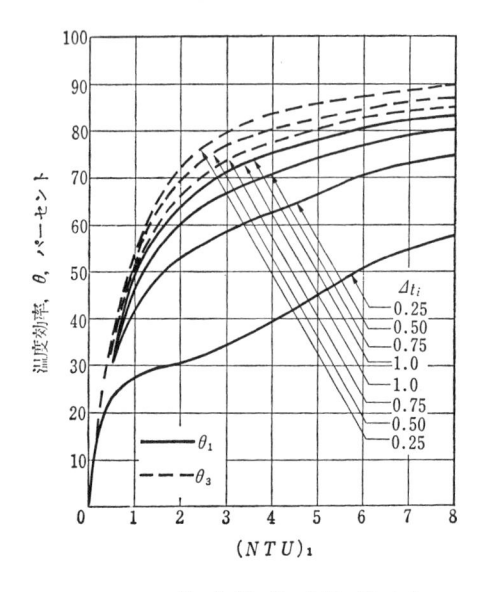

$R_1=0.50$, $R_3=0.50$, $U=1.0$
図 3・202　2パス-3流体直交向流熱交換器の温度効率(エルボ内で混合)

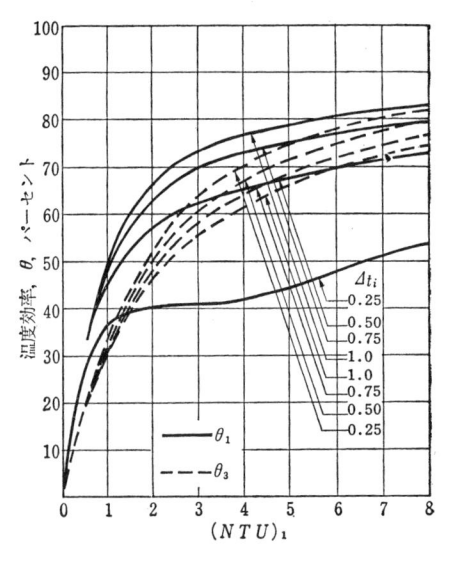

$R_1=0.50$, $R_3=0.50$, $U=2.0$
図 3・203　2パス-3流体直交向流熱交換器の温度効率（エルボ内で混合）

## 3・18 2パス-3流体直交流熱交換器

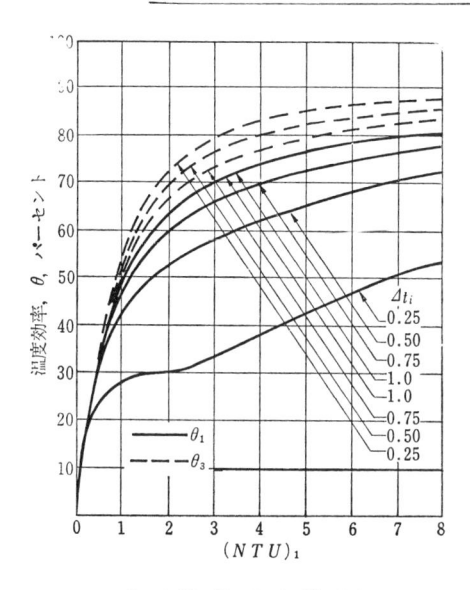

$R_1=0.50$, $R_3=0.50$, $U=1.0$
**図 3・204** 2パス-3流体直交向流熱交換器の温度効率
（エルボ内で混合せず，流れ配列不変）

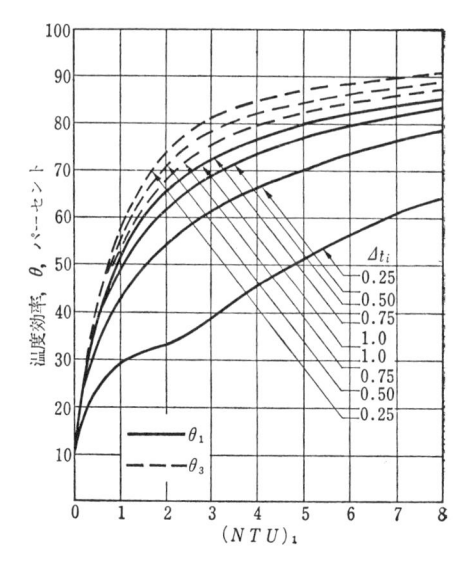

$R_1=0.50$, $R_3=0.50$, $U=1.0$
**図 3・205** 2パス-3流体直交向流熱交換器の温度効率
（エルボ内で混合せず，流れ配列逆転）

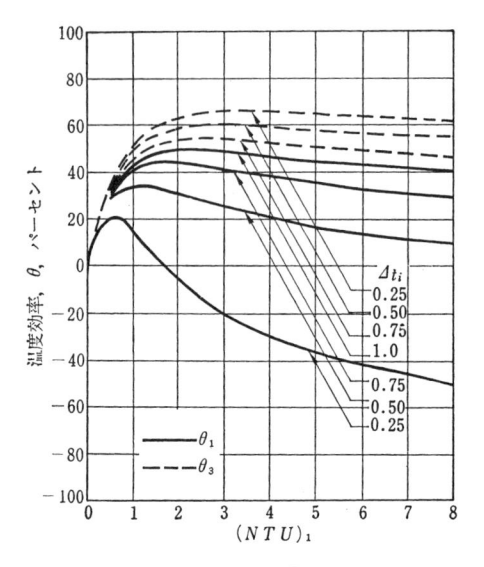

$R_1=0.50$, $R_3=0.50$, $U=1.0$
図 3・206  2パス-3流体直交並流熱交換器の温度効率(エルボ内で混合)

## 第4章 液体連結-間接式熱交換器の基本伝熱式

液体連結-間接式熱交換器系を図 4・1 に示す。この系は2個の表面式熱交換器より成り立っていて、水あるいは液体金属のような熱媒体を循環することによって結合されている。

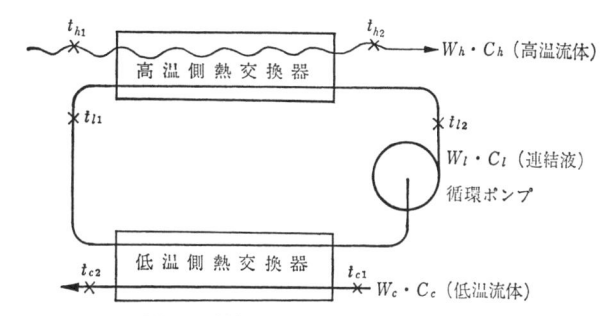

図 4・1 液体連結-間接式熱交換器系

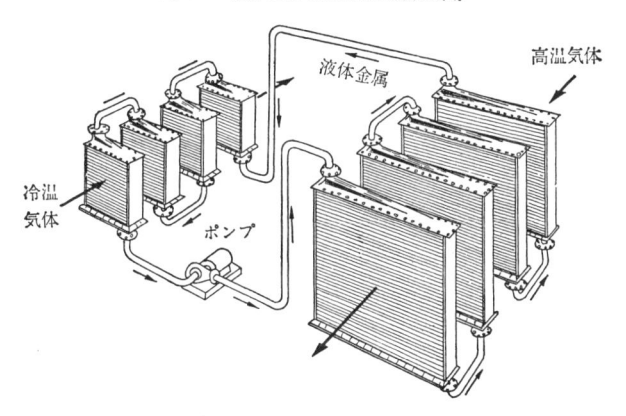

図 4・2 ガス冷却器

図4・2はガスタービンプラントに用いられるガス冷却器である。

この原理の利点は；(1) 高温流体の流路面積と低温流体の流路面積とが直接連結されていないので、これら二流体の容積流量が 6:1 と極端に不釣合な場合でも、熱交換器の形状を任意に選定することができる。(2) 高温、低温両流体共に気体の場合、液体によって連結することにより、気体のダクトの配置が簡単になり、機器の配置がコンパクトになる。

欠点は；(1) 合計所要伝熱面積が大となる。(2) 連結流体の循環系統が必要にな

る。

　液体連結-間接式熱交換器の温度効率は，次のようにして導くことができる。各熱交換器および系全体としての温度効率を，次のように定義する。

　ただし，ここで高温側流体の入口，出口温度を $t_{h1}$, $t_{h2}$, 低温側流体の入口，出口温度を $t_{c1}$, $t_{c2}$, 連結流体の入口，出口温度 $t_{l1}$, $t_{l2}$ で表わすものとする。また，高温側流体の流量と比熱を $W_h$, $C_h$, 低温側流体の流量と比熱を $W_c$, $C_c$, 連結流体の流量と比熱を $W_l$, $C_l$ とする。

高温側熱交換器の温度効率

$$E_{Ah} = \frac{t_{h1} - t_{h2}}{t_{h1} - t_{l2}} \quad \cdots\cdots(4\cdot1)$$

低温側熱交換器の温度効率

$$E_{Ac} = \frac{t_{c2} - t_{c1}}{t_{l1} - t_{c1}} \quad \cdots\cdots(4\cdot2)$$

系全体としての温度効率

$$E_A = \frac{t_{c2} - t_{c1}}{t_{h1} - t_{c1}} \quad \cdots\cdots(4\cdot3)$$

式 (4·1) から

$$t_{l2} = t_{h1} - \frac{1}{E_{Ah}} \cdot (t_{h1} - t_{h2}) \quad \cdots\cdots(4\cdot4)$$

式 (4·2) から

$$t_{l1} = t_{c1} + \frac{1}{E_{Ac}} \cdot (t_{c2} - t_{c1}) \quad \cdots\cdots(4\cdot5)$$

熱収支から

$$\frac{(t_{l1} - t_{l2})}{(t_{c2} - t_{c1})} = \frac{W_c \cdot C_c}{W_l \cdot C_l} \quad \cdots\cdots(4\cdot6)$$

$$\frac{(t_{h1} - t_{h2})}{(t_{c2} - t_{c1})} = \frac{W_c \cdot C_c}{W_h \cdot C_h} \quad \cdots\cdots(4\cdot7)$$

式 (4·4), (4·5) から

$$t_{l1} - t_{l2} = -(t_{h1} - t_{c1}) + \frac{1}{E_{Ah}} \cdot (t_{h1} - t_{h2}) + \frac{1}{E_{Ac}} \cdot (t_{c2} - t_{c1}) \quad \cdots\cdots(4\cdot8)$$

式 (4·8) に (4·6) を代入して，

$$t_{c2} - t_{c1} = \frac{W_l \cdot C_l}{W_c \cdot C_c} \cdot \left[ -(t_{h1} - t_{c1}) + \frac{1}{E_{Ah}} \cdot (t_{h1} - t_{h2}) + \frac{1}{E_{Ac}} \cdot (t_{c2} - t_{c1}) \right]$$

$$\cdots\cdots(4\cdot9)$$

第4章 液体連結-間接式熱交換器の基本伝熱式

式 (4・9) に (4・7) を代入して整理すると，

$$t_{c2}-t_{c1} = \frac{-\dfrac{W_l \cdot C_l}{W_c \cdot C_c}}{1-\dfrac{1}{E_{Ah}} \cdot \dfrac{W_l \cdot C_l}{W_h \cdot C_h} - \dfrac{1}{E_{Ac}} \cdot \dfrac{W_l \cdot C_l}{W_c \cdot C_c}} \cdot (t_{h1}-t_{c1}) \quad \cdots\cdots (4\cdot 10)$$

したがって，

$$E_A = \frac{1}{\dfrac{1}{E_{Ac}} + \dfrac{1}{E_{Ah}} \cdot \dfrac{W_c \cdot C_c}{W_h \cdot C_h} - \dfrac{W_c \cdot C_c}{W_l \cdot C_l}} \quad \cdots\cdots\cdots\cdots\cdots\cdots (4\cdot 11)$$

各熱交換器の温度効率は，第3章で述べた表面式熱交換器の温度効率として計算できるので，系全体の温度効率は式 (4・11) を用いて容易に求まることになる。

〔例題 4・1〕 液体連結熱交換器の設計

図4・2に示す液体連結熱交換器において，次の条件が与えられるとして，空気の出口温度を求めよ。

空気側入口条件
　温度　175 〔°C〕
　流量　100,000 〔kg/hr〕
　比熱　0.24 〔kcal/kg・°C〕
燃焼ガス入口条件
　温度　430 〔°C〕
　流量　100,000 〔kg/hr〕
　比熱　0.27 〔kcal/kg・°C〕
循環液
　流量　100,000 〔kg/hr〕
　比熱　0.30 〔kcal/kg・°C〕
空気側熱交換器
　伝熱面積　1,000 〔m²〕（4基合計）
　総括伝熱係数　100 〔kcal/m²・hr・°C〕
燃焼ガス側熱交換器
　伝熱面積　2,000 〔m²〕（4基合計）
　総括伝熱係数　50 〔kcal/m²・hr・°C〕

〔解〕 空気側熱交換器

$$(NTU)_A = \frac{U_c \cdot A_c}{W_c \cdot C_c} = \frac{100 \times 1,000}{100,000 \times 0.24} = 4.15$$

$$R_A = \frac{W_c \cdot C_c}{W_l \cdot C_l} = \frac{100,000 \times 0.24}{100,000 \times 0.30} = 0.8$$

図 3・100 から

$$E_{Ac} = 0.845$$

燃焼ガス側熱交換器

$$(NTU)_A = \frac{U_h \cdot A_h}{W_h \cdot C_h} = \frac{50 \times 2,000}{100,000 \times 0.27} = 3.7$$

$$R_A = \frac{U_h \cdot C_h}{W_l \cdot C_l} = \frac{100,000 \times 0.27}{100,000 \times 0.30} = 0.9$$

図 3・100 から

$E_{Ah} = 0.805$

熱交換器全体の温度効率は，式 (4・11) から

$$E_A = \frac{1}{\dfrac{1}{0.845} + \dfrac{1}{0.805} \times \dfrac{100,000 \times 0.24}{100,000 \times 0.27} - \dfrac{100,000 \times 0.24}{100,000 \times 0.30}} = 0.673$$

式 (4・3) から

$$t_{c2} = t_{c1} + E_A \cdot (t_{h1} - t_{c1})$$
$$= 175 + 0.673 \times (430 - 175)$$
$$= 346 \ [°C]$$

# 第5章 蓄熱式熱交換器の基本伝熱式

蓄熱式熱交換器の主要型式は，移動層型蓄熱式熱交換器と周期流型蓄熱式熱交換器に大別することができるが，ここでは周期流型蓄熱式熱交換器の基本伝熱式について記載する。

周期流型蓄熱式熱交換器の主要型式には，図5・1に示すように回転型およびバルブ切換型の2種がある。

回転型は多孔質蓄熱体を回転して，高温側流れ中から低温側流れ中へと連続的に移動させる型式である。このようにして，蓄熱体は加熱と冷却を交互に受け，熱を高温流体から低温流体へと連続的に移動させる。

バルブ切換型は2個の蓄熱体を有し，切換バルブを周期的に切換えることによって，それぞれを高温側蓄熱体あるいは低温側蓄熱体として作動させる蓄熱式熱交換器である。

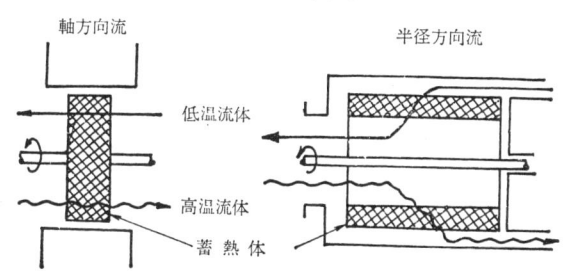

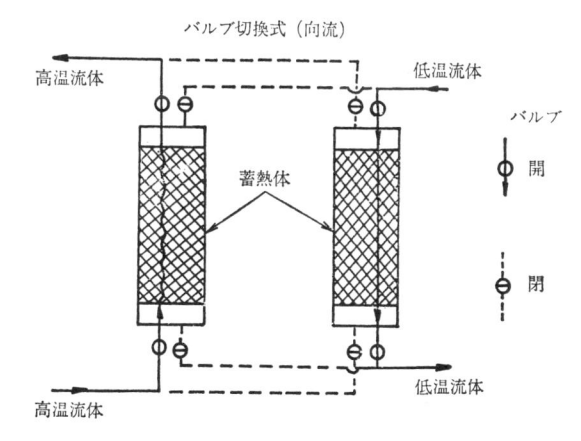

図 5・1 蓄熱式熱交換器

蓄熱式熱交換器は,直接形熱交換器に比べて次の利点がある。

1. コンパクトな伝熱面を用いることができる。例えば,24メッシュの金網蓄熱体では,表面積/容積は 3,000 [m²/m³] 前後になる。

2. 単位伝熱面積あたりの価格が安い。

3. 伝熱面に沿って高温流体と低温流体が周期的に交互に流れるため,伝熱面自体が自己洗浄されるので汚れが堆積し難い。例えば,ボイラの空気予熱器として用いられるユングストローム式熱交換器では,高温側ボイラ排ガスが流れる間に堆積した汚れは,低温側の清浄な空気が流れる間に洗浄されることになる。

蓄熱式熱交換器の欠点は,

1. 漏洩あるいはキャリオーバー (Carry-over) によって,高温流体と低温流体とがある程度混合する。

## 5・1 回転型蓄熱式熱交換器

### 5・1・1 蓄熱体の熱伝導が流体の流れの方向に 0 の場合[1]

回転型向流蓄熱式熱交換器の基本伝熱式を求めるに際して,次の仮定を設ける。

1. 蓄熱体中の熱伝導は,流体の流れの方向および蓄熱体の"流れ"の方向には 0 とし,流体の流れと直角な方向には無限大とする(図 5・2 参照)。

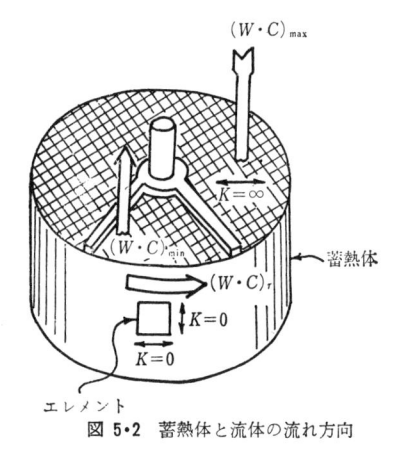

図 5・2 蓄熱体と流体の流れ方向

2. 両流体および蓄熱体材料の比熱は,温度によって変化せず一定である。

---

1) LAMBERTSON, T. J.: "Performance Factor of a Periodic-Flow Heat Exchanger", Trans. ASME, vol. 80, pp. 586〜592 (1958).

## 5・1 回転型蓄熱式熱交換器

3. 直接漏洩あるいはキャリオーバーによる両流体の混合はない。
4. 両流体は向流方向に流れるものとする。
5. 入口断面で一定であり，時間とともに変化しないものとする。

両流体の中で水当量*$(W \cdot C)$の大きい方の流体を$(W \cdot C)_{max}$流体，$(W \cdot C)$の小さい方の流体を$(W \cdot C)_{min}$流体と呼ぶことにする。図5・3において，熱交換器を$(W \cdot C)_{max}$

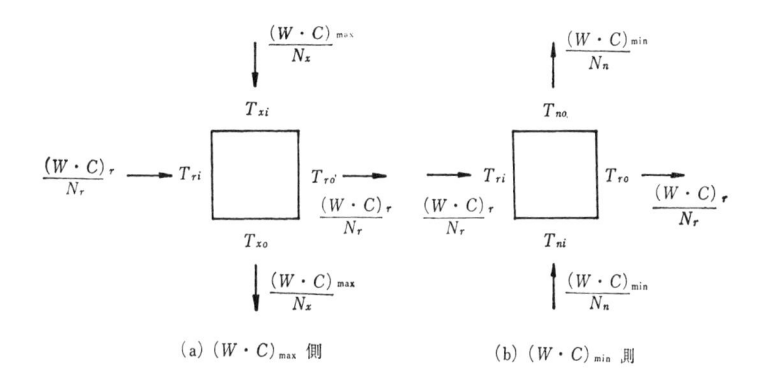

図 5・3 熱交換エレメント

側で$N_r \times N_x$個，$(W \cdot C)_{min}$側で$N_r \times N_n$個に分割し，この分割された部分について考える。図5・3に示すように，これらの部分は流体"流れ"と蓄熱体流れの直交流熱交換器と見なすことができる。図において$(W \cdot C)_r$は蓄熱体の水当量であり，蓄熱体全体の熱容量（比熱×質量）kcal に回転速度 rev/hr を乗じた値である。

まず，図5・3(a)に示す$(W \cdot C)_{max}$側の伝熱部分について考えると，伝熱量$Q$は

$$Q = (W \cdot C)_{max} \cdot (T_{xi} - T_{xo}) \cdot (1/N_x) \tag{5・1}$$

$$Q = (W \cdot C)_r \cdot (T_{ro} - T_{ri}) \cdot (1/N_r) \tag{5・2}$$

$$Q = (h \cdot A)_x \cdot \Delta T_{ave} \cdot (1/N_r \cdot N_x) \tag{5・3}$$

$h$は蓄熱体と流体との間の境膜伝熱係数，$A$は伝熱面積であり，添字$x$は$(W \cdot C)_{max}$側，$n$は$(W \cdot C)_{min}$側の値を表わす。

微小部分に対しては算術平均温度差を用いることができるので，

$$\Delta T_{ave} = (1/2) \cdot (T_{xi} + T_{xo}) - (1/2) \cdot (T_{ri} + T_{ro}) \tag{5・4}$$

式(5・1)，(5・2)，(5・3)，(5・4)を用いて，両方の流れの出口温度を入口温度で表わせば，

---

\* 流量×比熱

$$T_{x_0} = T_{xi} - K_1 \cdot (T_{xi} - T_{ri}) \qquad \cdots\cdots (5\cdot 5)$$

$$T_{r_0} = T_{ri} + K_2 \cdot (T_{xi} - T_{ri}) \qquad \cdots\cdots (5\cdot 6)$$

同様の方法によって，$(W \cdot C)_{min}$ 側の部分の出口温度は，入口温度の項で表わすことができる。

$$T_{n_0} = T_{ni} + K_3 \cdot (T_{ri} - T_{ni}) \qquad \cdots\cdots (5\cdot 7)$$

$$T_{r_0} = T_{ri} - K_4 \cdot (T_{ri} - T_{ni}) \qquad \cdots\cdots (5\cdot 8)$$

ここで

$$K_1 = \frac{2}{1 + \dfrac{1}{\dfrac{(W\cdot C)_{min}}{(W\cdot C)_{max}} \cdot \dfrac{(W\cdot C)_r}{(W\cdot C)_{min}} \cdot \dfrac{N_x}{N_r}} + \dfrac{2N_r \cdot (h\cdot A)'}{(NTU)_0 \cdot [1+(h\cdot A)'] \cdot \dfrac{(W\cdot C)_{min}}{(W\cdot C)_{max}}}}$$

$$\cdots\cdots (5\cdot 9)$$

$$K_2 = \frac{2}{1 + \dfrac{(W\cdot C)_{min}}{(W\cdot C)_{max}} \cdot \dfrac{(W\cdot C)_r}{(W\cdot C)_{min}} \cdot \dfrac{N_x}{N_r} + \dfrac{2N_x \cdot (h\cdot A)'}{(NTU)_0 [1+(h\cdot A)']} \cdot \dfrac{(W\cdot C)_r}{(W\cdot C)_{min}}}$$

$$\cdots\cdots (5\cdot 10)$$

$$K_3 = \frac{2}{1 + \dfrac{1}{\dfrac{(W\cdot C)_r}{(W\cdot C)_{min}} \cdot \dfrac{N_n}{N_r}} + \dfrac{2N_r}{(NTU)_0 \cdot [1+(h\cdot A)']}} \qquad \cdots\cdots (5\cdot 11)$$

$$K_4 = \frac{2}{1 + \dfrac{(W\cdot C)_r}{(W\cdot C)_{min}} \cdot \dfrac{N_n}{N_r} + \dfrac{2N_n}{(NTU)_0 \cdot [1+(h\cdot A)']} \cdot \dfrac{(W\cdot C)_r}{(W\cdot C)_{min}}}$$

$$\cdots\cdots (5\cdot 12)$$

$(NTU)_0$ は総括熱移動単位数で，次式で定義される。

$$(NTU)_0 = \frac{1}{(W\cdot C)_{min}} \cdot \left[ \frac{1}{1/(h\cdot A)_n + 1/(h\cdot A)_x} \right] \qquad \cdots\cdots (5\cdot 13)$$

また

$$(h\cdot A)' = \frac{(h\cdot A)_n}{(h\cdot A)_x} \qquad \cdots\cdots (5\cdot 14)$$

熱交換器は図5・4に示すように，上記エレメントより成り立つとみなすことができる。図には両流体の流れおよび蓄熱体の流れを等分した例を示す。二重線はシール部分の面積を示す。実際には，左端と右端とは同じであり，したがって蓄熱体のある一つの分流について，その分流の左端における蓄熱体の入口温度は，右端における蓄熱体温度に等しいはずである。

まず，計算のために，流体入口温度を任意の値，例えば1および0とし，左端における

## 5・1 回転型蓄熱式熱交換器

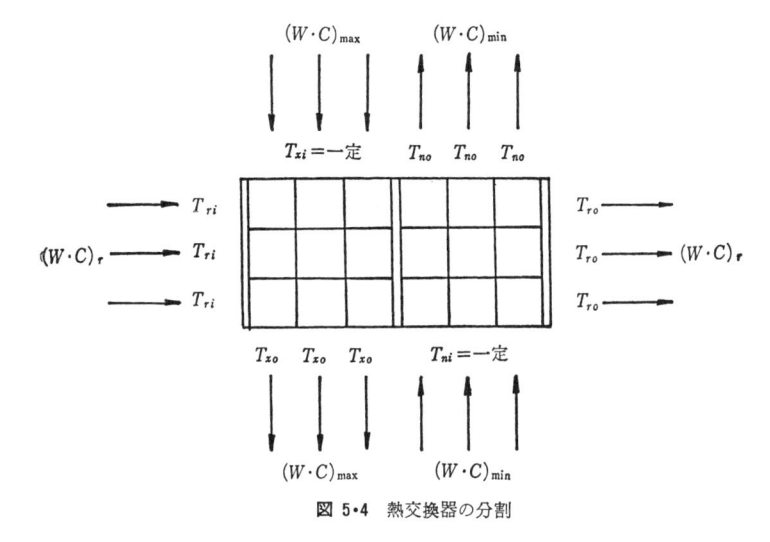

**図 5・4 熱交換器の分割**

蓄熱体温度分布を仮定すると，各部分の残りの温度は式 (5・5) ないし (5・8) を用いて数値計算することができる。もし仮定した左端における蓄熱体温度分布が正しければ，右端における温度分布と等しいはずであり，用いた一連のパラメータに対して問題が解けたことになる。もし，そうでないときには，左端における蓄熱体温度分布を仮定し直し，右端における温度分布と左端における温度分布が等しくなるまで計算を繰り返す。

このようにして，数値解析して回転型向流蓄熱式熱交換器の特性を求め，$E-(NTU)_0$ の関係で整理して図 5・5 ないし図 5・14 および表 5・1 ないし表 5・6 に示した。なお，$(NTU)_0$ が 10 以上の場合は $E$ は 1 に近づくので，明確に表わすために，$(1-E)$ 対 $(NTU)_0$ の関係で表示してある。

$E$ は温度効率であって，次式で定義される。

$$E=\frac{T_{no}-T_{ni}}{T_{xi}-T_{ni}} \quad \cdots\cdots\cdots\cdots\cdots\cdots\cdots\cdots\cdots\cdots\cdots\cdots\cdots\cdots(5・15)$$

ここで

$T_{no}$：水当量の小さい方の流体の出口温度

$T_{ni}$：水当量の小さい方の流体の入口温度

$T_{xo}$：水当量の大きい方の流体の出口温度

$T_{xi}$：水当量の大きい方の流体の入口温度

図 5・5 ないし図 5・14 および表 5・1 ないし表 5・6 は $(h・A)'=1$ の場合の $E-(NTU)_0$

224　第5章　蓄熱式熱交換器の基本伝熱式

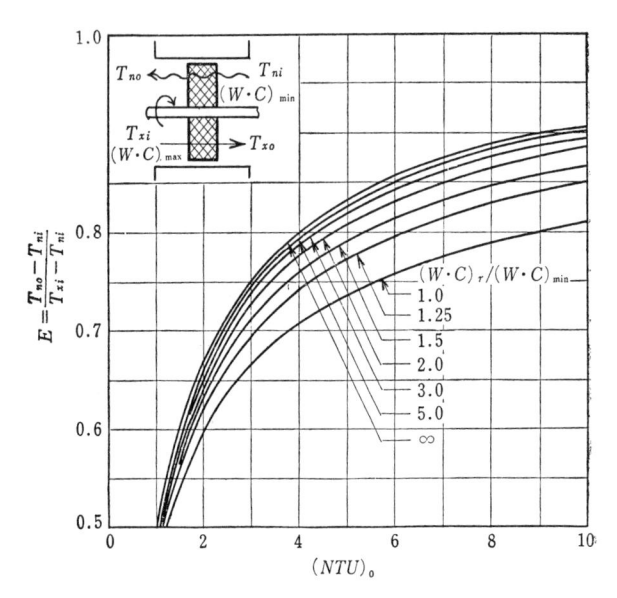

$(W \cdot C)_{\min}/(W \cdot C)_{\max} = 1.0$, $0.25 \leq (h \cdot A)' \leq 4$
図 5・5　回転型向流蓄熱式熱交換器の温度効率

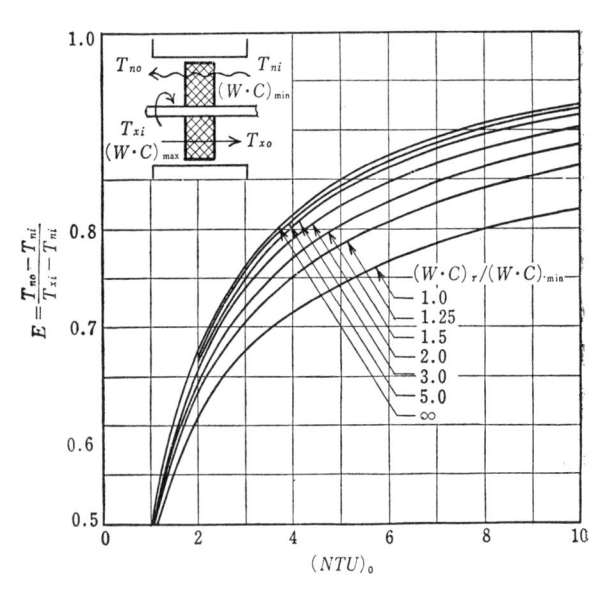

$(W \cdot C)_{\min}/(W \cdot C)_{\max} = 0.95$, $0.25 \leq (h \cdot A)' \leq 4$
図 5・6　回転型向流蓄熱式熱交換器の温度効率

## 5・1 回転型蓄熱式熱交換器

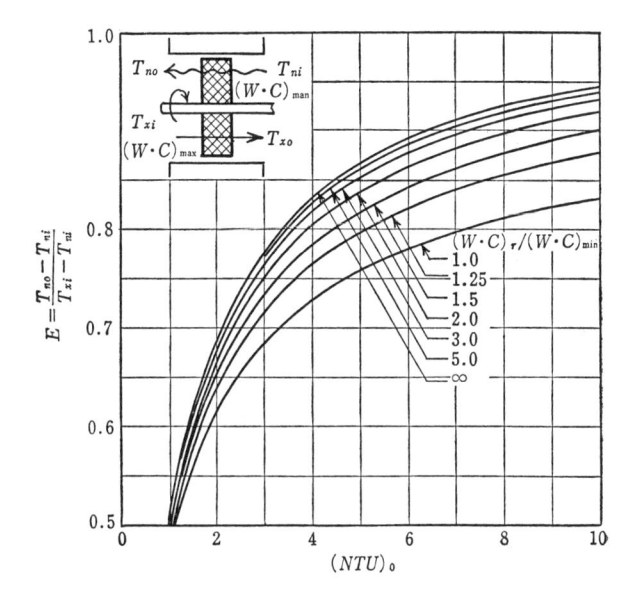

$(W \cdot C)_{\min}/(W \cdot C)_{\max} = 0.9, \quad 0.25 \leq (h \cdot A)' \leq 4$
図 5・7 回転型向流蓄熱式熱交換器の温度効率

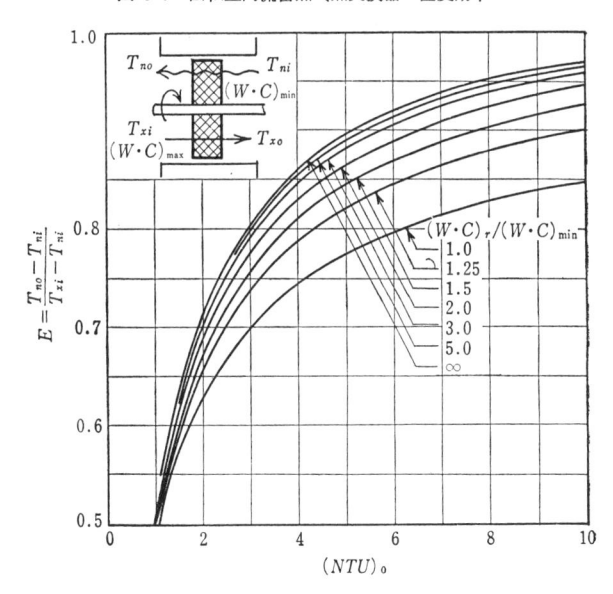

$(W \cdot C)_{\min}/(W \cdot C)_{\max} = 0.8, \quad 0.25 \leq (h \cdot A)' \leq 4$
図 5・8 回転型向流蓄熱式熱交換器の温度効率

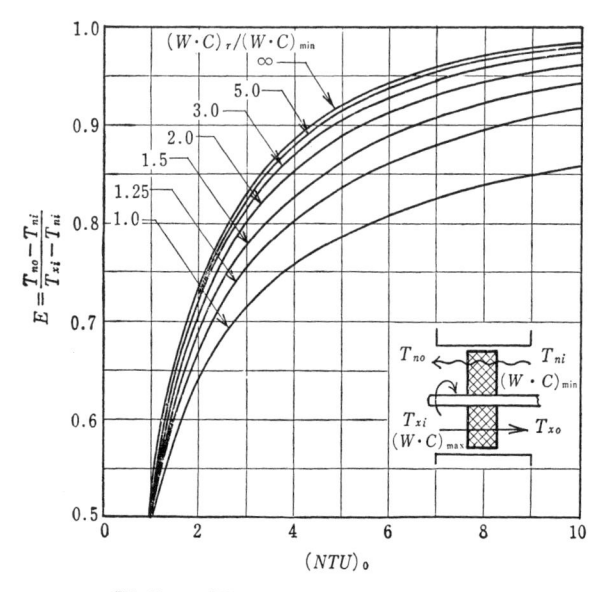

$(W \cdot C)_{\min}/(W \cdot C)_{\max} = 0.70$, $0.25 \leq (h \cdot A)' \leq 4$
図 5・9 回転型向流蓄熱式熱交換器の温度効率

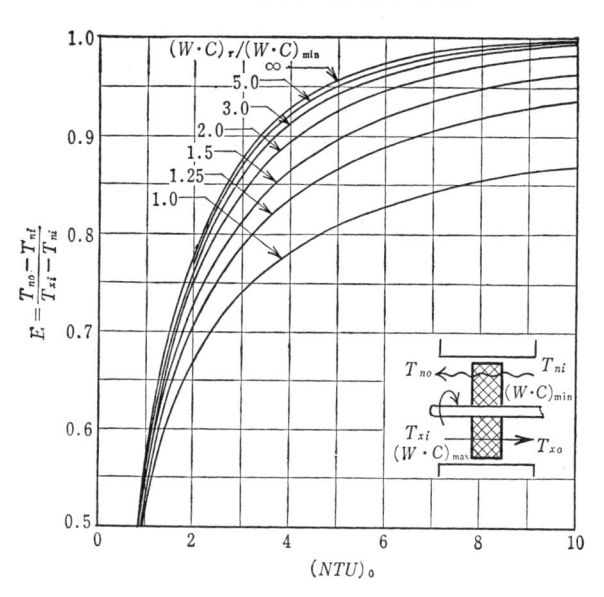

$(W \cdot C)_{\min}/(W \cdot C)_{\max} = 0.50$, $0.5 \leq (h \cdot A)' \leq 2$
図 5・10 回転型向流蓄熱式熱交換器の温度効率

## 5・1 回転型蓄熱式熱交換器

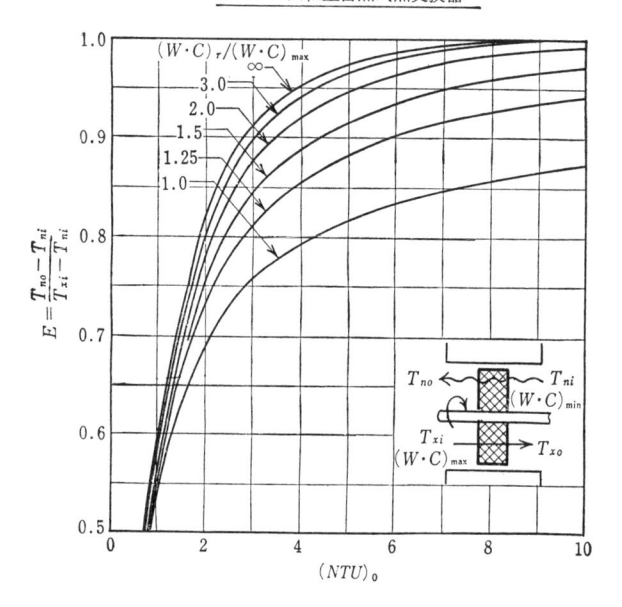

$(W \cdot C)_{\min}/(W \cdot C)_{\max} = 0.3,\ 0.5 \leq (h \cdot A)' \leq 2$
図 5・11 回転型向流蓄熱式熱交換器の温度効率

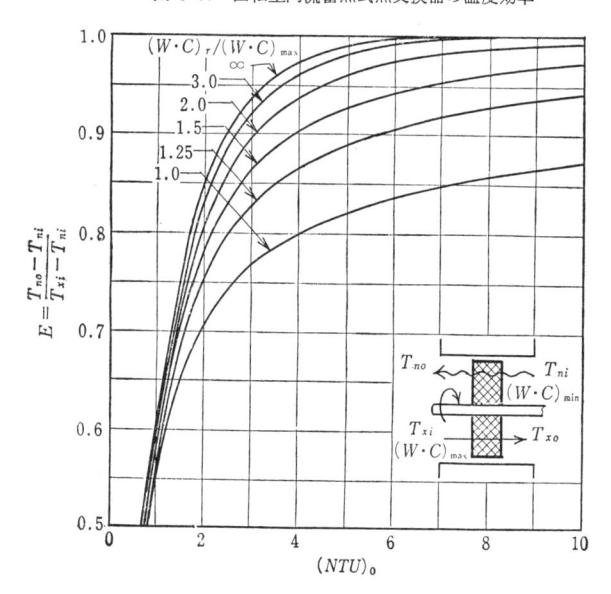

$(W \cdot C)_{\min}/(W \cdot C)_{\max} = 0.1,\ 0.5 \leq (h \cdot A)' \leq 2$
図 5・12 回転型向流蓄熱式熱交換器の温度効率

$(W \cdot C)_{min}/(W \cdot C)_{max} = 1.0$

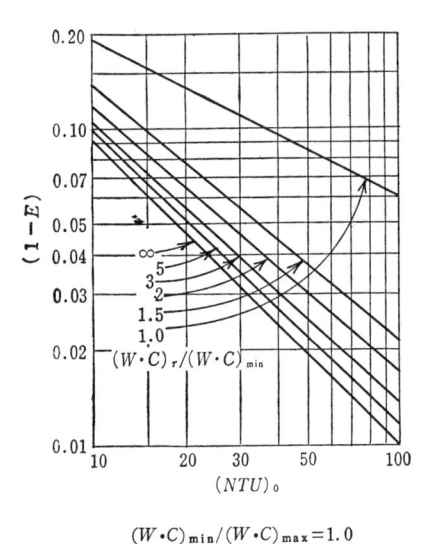

図 5・13 回転型向流蓄熱式熱交換器の温度効率

$(W \cdot C)_{min}/(W \cdot C)_{max} = 0.95$

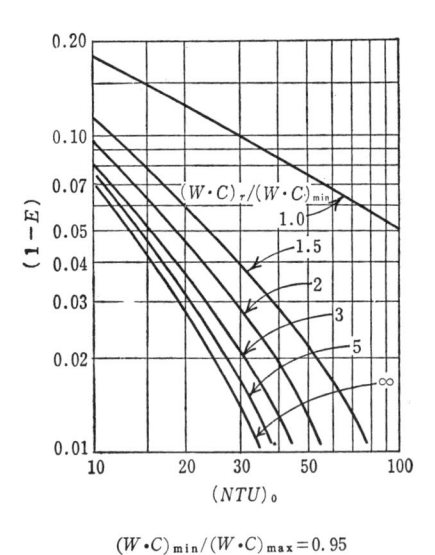

図 5・14 回転型向流蓄熱式熱交換器の温度効率

## 5·1 回転型蓄熱式熱交換器

表 5·1 回転型向流蓄熱式熱交換器の温度効率

$(W \cdot C)_{min}/(W \cdot C)_{max} = 1.0$    $(h \cdot A)' = 1$

| $(NTU)_0$ | $(W \cdot C)_r/(W \cdot C)_{min}$ | | | | | | | |
|---|---|---|---|---|---|---|---|---|
| | 1.0 | 1.25 | 1.5 | 2.0 | 3.0 | 5.0 | 10.0 | ∞ |
| 0 | 0 | 0 | 0 | 0 | 0 | 0 | 0 | 0 |
| 0.5 | 0.322 | 0.326 | 0.328 | 0.330 | 0.332 | 0.333 | 0.333 | 0.333 |
| 1.0 | 0.467 | 0.478 | 0.485 | 0.491 | 0.496 | 0.499 | 0.500 | 0.500 |
| 1.5 | 0.548 | 0.566 | 0.576 | 0.586 | 0.594 | 0.598 | 0.599 | 0.600 |
| 2.0 | 0.601 | 0.623 | 0.636 | 0.649 | 0.659 | 0.664 | 0.666 | 0.667 |
| 2.5 | 0.639 | 0.665 | 0.679 | 0.694 | 0.705 | 0.711 | 0.713 | 0.714 |
| 3.0 | 0.667 | 0.696 | 0.712 | 0.728 | 0.740 | 0.746 | 0.749 | 0.750 |
| 3.5 | 0.690 | 0.721 | 0.738 | 0.755 | 0.767 | 0.774 | 0.777 | 0.778 |
| 4.0 | 0.709 | 0.741 | 0.759 | 0.776 | 0.789 | 0.796 | 0.799 | 0.800 |
| 4.5 | 0.724 | 0.758 | 0.776 | 0.794 | 0.807 | 0.814 | 0.817 | 0.818 |
| 5.0 | 0.738 | 0.772 | 0.791 | 0.809 | 0.822 | 0.829 | 0.832 | 0.833 |
| 5.5 | 0.749 | 0.785 | 0.803 | 0.821 | 0.834 | 0.842 | 0.845 | 0.846 |
| 6.0 | 0.759 | 0.796 | 0.814 | 0.832 | 0.845 | 0.853 | 0.856 | 0.857 |
| 6.5 | 0.768 | 0.805 | 0.824 | 0.842 | 0.855 | 0.862 | 0.865 | 0.867 |
| 7.0 | 0.776 | 0.814 | 0.833 | 0.850 | 0.863 | 0.870 | 0.874 | 0.875 |
| 7.5 | 0.784 | 0.822 | 0.840 | 0.858 | 0.871 | 0.878 | 0.881 | 0.882 |
| 8.0 | 0.790 | 0.829 | 0.847 | 0.865 | 0.877 | 0.884 | 0.888 | 0.889 |
| 8.5 | 0.796 | 0.835 | 0.854 | 0.871 | 0.883 | 0.890 | 0.894 | 0.895 |
| 9.0 | 0.802 | 0.841 | 0.859 | 0.876 | 0.888 | 0.895 | 0.899 | 0.900 |
| 9.5 | 0.807 | 0.846 | 0.864 | 0.881 | 0.893 | 0.900 | 0.904 | 0.905 |
| 10.0 | 0.811 | 0.851 | 0.869 | 0.886 | 0.898 | 0.904 | 0.908 | 0.909 |
| 20.0 | 0.865 | 0.906 | 0.922 | 0.935 | 0.943 | 0.948 | 0.951 | 0.952 |
| 50.0 | 0.914 | 0.951 | 0.962 | 0.970 | 0.975 | 0.978 | 0.980 | 0.980 |
| 90.0 | 0.935 | 0.969 | 0.977 | 0.982 | 0.986 | 0.987 | 0.988 | 0.989 |
| 100.0 | 0.939 | | | 0.979 | 0.984 | | 0.989 | 0.989 | 0.990 |
| 500.0 | 0.974 | | | 0.995 | 0.996 | | 0.998 | 0.998 | 0.998 |

## 第5章 蓄熱式熱交換器の基本伝熱式

**表 5・2** 回転型向流蓄熱式熱交換器の温度効率

$(W \cdot C)_{min}/(W \cdot C)_{max} = 0.95$ \qquad $(h \cdot A)' = 1$

| $(NTU)_0$ | $(W \cdot C)_r/(W \cdot C)_{min}$ | | | | | | | |
|---|---|---|---|---|---|---|---|---|
| | 1.0 | 1.25 | 1.5 | 2.0 | 3.0 | 5.0 | 10.0 | ∞ |
| 0 | 0 | 0 | 0 | 0 | 0 | 0 | 0 | 0 |
| 0.5 | 0.325 | 0.329 | 0.331 | 0.333 | 0.335 | 0.336 | 0.336 | 0.336 |
| 1.0 | 0.471 | 0.483 | 0.490 | 0.497 | 0.502 | 0.505 | 0.506 | 0.506 |
| 1.5 | 0.554 | 0.573 | 0.584 | 0.594 | 0.602 | 0.607 | 0.608 | 0.609 |
| 2.0 | 0.608 | 0.632 | 0.645 | 0.659 | 0.669 | 0.675 | 0.677 | 0.678 |
| 2.5 | 0.647 | 0.674 | 0.690 | 0.706 | 0.717 | 0.723 | 0.726 | 0.727 |
| 3.0 | 0.676 | 0.707 | 0.723 | 0.741 | 0.753 | 0.760 | 0.763 | 0.764 |
| 3.5 | 0.699 | 0.732 | 0.750 | 0.768 | 0.781 | 0.789 | 0.792 | 0.793 |
| 4.0 | 0.718 | 0.753 | 0.772 | 0.790 | 0.804 | 0.811 | 0.815 | 0.816 |
| 4.5 | 0.734 | 0.770 | 0.790 | 0.809 | 0.822 | 0.830 | 0.833 | 0.835 |
| 5.0 | 0.748 | 0.785 | 0.805 | 0.824 | 0.838 | 0.846 | 0.849 | 0.850 |
| 5.5 | 0.759 | 0.798 | 0.818 | 0.837 | 0.851 | 0.859 | 0.862 | 0.864 |
| 6.0 | 0.770 | 0.809 | 0.829 | 0.848 | 0.862 | 0.870 | 0.874 | 0.875 |
| 6.5 | 0.779 | 0.819 | 0.839 | 0.858 | 0.872 | 0.880 | 0.884 | 0.885 |
| 7.0 | 0.787 | 0.828 | 0.848 | 0.867 | 0.881 | 0.889 | 0.892 | 0.893 |
| 7.5 | 0.794 | 0.836 | 0.856 | 0.875 | 0.889 | 0.896 | 0.900 | 0.901 |
| 8.0 | 0.801 | 0.843 | 0.863 | 0.882 | 0.895 | 0.903 | 0.906 | 0.908 |
| 8.5 | 0.807 | 0.850 | 0.870 | 0.888 | 0.901 | 0.909 | 0.912 | 0.914 |
| 9.0 | 0.813 | 0.855 | 0.876 | 0.894 | 0.907 | 0.914 | 0.918 | 0.919 |
| 9.5 | 0.818 | 0.861 | 0.881 | 0.899 | 0.912 | 0.919 | 0.923 | 0.924 |
| 10.0 | 0.823 | 0.866 | 0.886 | 0.904 | 0.917 | 0.924 | 0.927 | 0.928 |
| 20.0 | 0.877 | | 0.940 | 0.954 | | 0.968 | 0.971 | 0.972 |
| 50.0 | 0.926 | 0.969 | 0.978 | 0.987 | 0.992 | 0.994 | 0.995 | 0.996 |
| 90.0 | 0.947 | 0.985 | 0.993 | 0.996 | 0.998 | 0.999 | 0.999 | 0.999 |
| 100.0 | 0.950 | | 0.994 | 0.997 | | 0.999 | 1.000 | 1.000 |

## 5・1 回転型蓄熱式熱交換器

**表 5・3** 回転型向流蓄熱式熱交換器の温度効率

$(W \cdot C)_{min}/(W \cdot C)_{max} = 0.90 \qquad (h \cdot A)' = 1$

| $(NTU)_0$ | $(W \cdot C)_r/(W \cdot C)_{min}$ | | | | | | | |
|---|---|---|---|---|---|---|---|---|
| | 1.0 | 1.25 | 1.5 | 2.0 | 3.0 | 5.0 | 10.0 | ∞ |
| 0 | 0 | 0 | 0 | 0 | 0 | 0 | 0 | 0 |
| 0.5 | 0.327 | 0.331 | 0.334 | 0.336 | 0.338 | 0.338 | 0.339 | 0.339 |
| 1.0 | 0.476 | 0.489 | 0.496 | 0.503 | 0.508 | 0.511 | 0.512 | 0.513 |
| 1.5 | 0.560 | 0.580 | 0.591 | 0.603 | 0.611 | 0.616 | 0.617 | 0.618 |
| 2.0 | 0.616 | 0.641 | 0.655 | 0.669 | 0.680 | 0.686 | 0.688 | 0.689 |
| 2.5 | 0.655 | 0.684 | 0.700 | 0.717 | 0.729 | 0.736 | 0.739 | 0.740 |
| 3.0 | 0.685 | 0.717 | 0.735 | 0.753 | 0.766 | 0.774 | 0.777 | 0.778 |
| 3.5 | 0.708 | 0.743 | 0.762 | 0.781 | 0.795 | 0.803 | 0.806 | 0.807 |
| 4.0 | 0.727 | 0.764 | 0.784 | 0.804 | 0.819 | 0.826 | 0.830 | 0.831 |
| 4.5 | 0.744 | 0.782 | 0.803 | 0.823 | 0.838 | 0.846 | 0.849 | 0.850 |
| 5.0 | 0.757 | 0.797 | 0.818 | 0.839 | 0.853 | 0.862 | 0.865 | 0.866 |
| 5.5 | 0.769 | 0.810 | 0.831 | 0.852 | 0.867 | 0.875 | 0.879 | 0.880 |
| 6.0 | 0.780 | 0.822 | 0.843 | 0.864 | 0.878 | 0.887 | 0.890 | 0.892 |
| 6.5 | 0.789 | 0.832 | 0.853 | 0.874 | 0.888 | 0.896 | 0.900 | 0.902 |
| 7.0 | 0.797 | 0.841 | 0.862 | 0.883 | 0.897 | 0.905 | 0.909 | 0.910 |
| 7.5 | 0.804 | 0.849 | 0.871 | 0.891 | 0.905 | 0.913 | 0.917 | 0.918 |
| 8.0 | 0.811 | 0.856 | 0.879 | 0.898 | 0.912 | 0.920 | 0.923 | 0.925 |
| 8.5 | 0.817 | 0.863 | 0.884 | 0.904 | 0.918 | 0.926 | 0.929 | 0.931 |
| 9.0 | 0.823 | 0.869 | 0.891 | 0.910 | 0.923 | 0.931 | 0.935 | 0.936 |
| 9.5 | 0.828 | 0.874 | 0.896 | 0.915 | 0.928 | 0.936 | 0.939 | 0.941 |
| 10.0 | 0.833 | 0.880 | 0.901 | 0.920 | 0.933 | 0.940 | 0.944 | 0.945 |
| 20.0 | 0.887 | | 0.954 | 0.968 | | 0.981 | 0.984 | 0.985 |
| 40.0 | 0.925 | | 0.984 | 0.992 | | 0.997 | 0.998 | 0.998 |
| 100.0 | 0.956 | | 0.999 | 0.999 | | 1.000 | 1.000 | 1.000 |

表 5·4 回転型向流蓄熱式熱交換器の温度効率
$(W \cdot C)_{min}/(W \cdot C)_{max} = 0.80$    $(h \cdot A)' = 1$

| $(NTU)_0$ | $(W \cdot C)_r/(W \cdot C)_{min}$ | | | | | | | |
|---|---|---|---|---|---|---|---|---|
| | 1.0 | 1.25 | 1.5 | 2.0 | 3.0 | 5.0 | 10.0 | ∞ |
| 0 | 0 | 0 | 0 | 0 | 0 | 0 | 0 | 0 |
| 0.5 | 0.332 | 0.337 | 0.339 | 0.341 | 0.343 | 0.344 | 0.345 | 0.345 |
| 1.0 | 0.486 | 0.500 | 0.507 | 0.515 | 0.521 | 0.524 | 0.525 | 0.525 |
| 1.5 | 0.573 | 0.595 | 0.607 | 0.619 | 0.629 | 0.634 | 0.636 | 0.636 |
| 2.0 | 0.630 | 0.657 | 0.673 | 0.689 | 0.701 | 0.707 | 0.710 | 0.711 |
| 2.5 | 0.670 | 0.702 | 0.721 | 0.739 | 0.753 | 0.760 | 0.763 | 0.764 |
| 3.0 | 0.701 | 0.737 | 0.757 | 0.777 | 0.792 | 0.800 | 0.803 | 0.804 |
| 3.5 | 0.725 | 0.763 | 0.785 | 0.806 | 0.822 | 0.830 | 0.834 | 0.835 |
| 4.0 | 0.744 | 0.785 | 0.808 | 0.830 | 0.846 | 0.855 | 0.858 | 0.860 |
| 4.5 | 0.760 | 0.804 | 0.827 | 0.849 | 0.866 | 0.874 | 0.878 | 0.880 |
| 5.0 | 0.774 | 0.819 | 0.843 | 0.866 | 0.882 | 0.891 | 0.894 | 0.896 |
| 5.5 | 0.786 | 0.832 | 0.856 | 0.879 | 0.895 | 0.904 | 0.908 | 0.909 |
| 6.0 | 0.797 | 0.844 | 0.868 | 0.891 | 0.907 | 0.915 | 0.919 | 0.921 |
| 6.5 | 0.806 | 0.854 | 0.879 | 0.901 | 0.917 | 0.925 | 0.929 | 0.930 |
| 7.0 | 0.814 | 0.863 | 0.888 | 0.910 | 0.925 | 0.933 | 0.937 | 0.939 |
| 7.5 | 0.821 | 0.871 | 0.896 | 0.918 | 0.933 | 0.941 | 0.944 | 0.946 |
| 8.0 | 0.828 | 0.879 | 0.903 | 0.925 | 0.939 | 0.947 | 0.951 | 0.952 |
| 8.5 | 0.834 | 0.886 | 0.910 | 0.931 | 0.945 | 0.952 | 0.956 | 0.957 |
| 9.0 | 0.839 | 0.892 | 0.916 | 0.936 | 0.950 | 0.957 | 0.961 | 0.962 |
| 9.5 | 0.845 | 0.897 | 0.921 | 0.941 | 0.955 | 0.961 | 0.965 | 0.966 |
| 10.0 | 0.849 | 0.902 | 0.926 | 0.946 | 0.959 | 0.965 | 0.968 | 0.970 |

## 5・1 回転型蓄熱式熱交換器

**表 5・5** 回転型向流蓄熱式熱交換器の温度効率

$$(W \cdot C)_{min}/(W \cdot C)_{max} = 0.70 \qquad (h \cdot A)' = 1$$

| $(NTU)_0$ | $(W \cdot C)_r/(W \cdot C)_{min}$ | | | | | | | |
|---|---|---|---|---|---|---|---|---|
| | 1.0 | 1.25 | 1.50 | 2.00 | 3.00 | 5.00 | 10.00 | $\infty$ |
| 0 | 0 | 0 | 0 | 0 | 0 | 0 | 0 | 0 |
| 0.5 | 0.337 | 0.342 | 0.344 | 0.347 | 0.349 | 0.350 | 0.350 | 0.350 |
| 1.0 | 0.496 | 0.510 | 0.519 | 0.527 | 0.533 | 0.537 | 0.538 | 0.538 |
| 1.5 | 0.586 | 0.609 | 0.622 | 0.636 | 0.646 | 0.652 | 0.654 | 0.655 |
| 2.0 | 0.644 | 0.674 | 0.691 | 0.709 | 0.722 | 0.729 | 0.732 | 0.733 |
| 2.5 | 0.685 | 0.720 | 0.740 | 0.761 | 0.776 | 0.784 | 0.787 | 0.788 |
| 3.0 | 0.716 | 0.755 | 0.777 | 0.800 | 0.816 | 0.825 | 0.828 | 0.829 |
| 3.5 | 0.740 | 0.782 | 0.806 | 0.830 | 0.847 | 0.856 | 0.860 | 0.861 |
| 4.0 | 0.759 | 0.804 | 0.829 | 0.854 | 0.871 | 0.880 | 0.884 | 0.886 |
| 4.5 | 0.775 | 0.823 | 0.848 | 0.873 | 0.890 | 0.900 | 0.904 | 0.905 |
| 5.0 | 0.789 | 0.838 | 0.864 | 0.889 | 0.906 | 0.915 | 0.919 | 0.921 |
| 5.5 | 0.800 | 0.851 | 0.878 | 0.903 | 0.919 | 0.928 | 0.932 | 0.933 |
| 6.0 | 0.810 | 0.863 | 0.890 | 0.914 | 0.930 | 0.939 | 0.943 | 0.944 |
| 6.5 | 0.819 | 0.873 | 0.900 | 0.924 | 0.939 | 0.948 | 0.951 | 0.953 |
| 7.0 | 0.827 | 0.882 | 0.909 | 0.932 | 0.947 | 0.955 | 0.959 | 0.960 |
| 7.5 | 0.834 | 0.890 | 0.916 | 0.939 | 0.954 | 0.961 | 0.965 | 0.966 |
| 8.0 | 0.840 | 0.897 | 0.923 | 0.946 | 0.960 | 0.967 | 0.970 | 0.971 |
| 8.5 | 0.846 | 0.903 | 0.929 | 0.951 | 0.965 | 0.971 | 0.974 | 0.975 |
| 9.0 | 0.851 | 0.909 | 0.935 | 0.956 | 0.969 | 0.975 | 0.978 | 0.979 |
| 9.5 | 0.856 | 0.914 | 0.940 | 0.960 | 0.972 | 0.978 | 0.981 | 0.982 |
| 10.0 | 0.860 | 0.919 | 0.944 | 0.964 | 0.976 | 0.981 | 0.984 | 0.985 |

第5章 蓄熱式熱交換器の基本伝熱式

**表 5·6** 回転型向流蓄熱式熱交換器の温度効率
$(W \cdot C)_{min}/(W \cdot C)_{max} = 0.50$      $(h \cdot A)' = 1$

| $(NTU)_0$ | $(W \cdot C)_r/(W \cdot C)_{min}$ | | | | | | | |
|---|---|---|---|---|---|---|---|---|
|  | 1.0 | 1.25 | 1.50 | 2.00 | 3.00 | 5.00 | 10.00 | $\infty$ |
| 0 | 0 | 0 | 0 | 0 | 0 | 0 | 0 | 0 |
| 0.5 | 0.348 | 0.353 | 0.356 | 0.359 | 0.361 | 0.362 | 0.362 | 0.362 |
| 1.0 | 0.516 | 0.532 | 0.542 | 0.552 | 0.559 | 0.563 | 0.564 | 0.565 |
| 1.5 | 0.610 | 0.637 | 0.652 | 0.669 | 0.681 | 0.687 | 0.690 | 0.691 |
| 2.0 | 0.669 | 0.704 | 0.725 | 0.746 | 0.762 | 0.770 | 0.773 | 0.775 |
| 2.5 | 0.710 | 0.752 | 0.776 | 0.800 | 0.818 | 0.828 | 0.832 | 0.833 |
| 3.0 | 0.740 | 0.787 | 0.813 | 0.840 | 0.859 | 0.869 | 0.873 | 0.874 |
| 3.5 | 0.763 | 0.814 | 0.842 | 0.870 | 0.889 | 0.899 | 0.903 | 0.905 |
| 4.0 | 0.782 | 0.835 | 0.865 | 0.893 | 0.912 | 0.922 | 0.926 | 0.927 |
| 4.5 | 0.797 | 0.853 | 0.883 | 0.911 | 0.930 | 0.939 | 0.943 | 0.944 |
| 5.0 | 0.809 | 0.867 | 0.898 | 0.926 | 0.944 | 0.952 | 0.956 | 0.957 |
| 5.5 | 0.819 | 0.879 | 0.910 | 0.937 | 0.954 | 0.963 | 0.966 | 0.967 |
| 6.0 | 0.828 | 0.890 | 0.920 | 0.947 | 0.963 | 0.970 | 0.973 | 0.975 |
| 6.5 | 0.836 | 0.898 | 0.929 | 0.955 | 0.970 | 0.977 | 0.979 | 0.980 |
| 7.0 | 0.843 | 0.906 | 0.937 | 0.961 | 0.975 | 0.981 | 0.984 | 0.985 |
| 7.5 | 0.849 | 0.913 | 0.943 | 0.967 | 0.980 | 0.985 | 0.987 | 0.988 |
| 8.0 | 0.855 | 0.919 | 0.949 | 0.972 | 0.983 | 0.988 | 0.990 | 0.991 |
| 8.5 | 0.860 | 0.924 | 0.954 | 0.976 | 0.986 | 0.991 | 0.992 | 0.993 |
| 9.0 | 0.864 | 0.929 | 0.958 | 0.979 | 0.989 | 0.992 | 0.994 | 0.994 |
| 9.5 | 0.868 | 0.934 | 0.962 | 0.982 | 0.991 | 0.994 | 0.995 | 0.996 |
| 10.0 | 0.872 | 0.937 | 0.965 | 0.984 | 0.992 | 0.995 | 0.996 | 0.997 |

## 5·1 回転型蓄熱式熱交換器

**表 5·7** 回転型並流蓄熱器の温度効率
$(W \cdot C)_{min}/(W \cdot C)_{max} = 1.00 \quad (h \cdot A)' = 1.0$

| $(NTU)_0$ | \multicolumn{10}{c|}{$(W \cdot C)_r/(W \cdot C)_{min}$} |
| --- | --- | --- | --- | --- | --- | --- | --- | --- | --- | --- |
| | 0.2 | 0.4 | 0.6 | 0.8 | 0.9 | 1.0 | 1.25 | 1.5 | 2.0 | 3.0 | 5.0 | ∞ |
| 1.0 | 0.1987 | 0.3442 | 0.4025 | 0.4218 | 0.4261 | 0.4277 | 0.4311 | 0.4322 | 0.4329 | 0.4332 | 0.4332 | 0.4323 |
| 2.0 | 0.2000 | 0.3854 | 0.4951 | 0.5300 | 0.5330 | 0.5315 | 0.5229 | 0.5145 | 0.5046 | 0.4967 | 0.4930 | 0.4908 |
| 3.0 | 0.2000 | 0.3953 | 0.5371 | 0.5905 | 0.5935 | 0.5879 | 0.5625 | 0.5402 | 0.5175 | 0.5050 | 0.5007 | 0.4988 |
| 4.0 | 0.2000 | 0.3983 | 0.5595 | 0.6307 | 0.6357 | 0.6277 | 0.5861 | 0.5485 | 0.5142 | 0.5026 | 0.5007 | 0.4999 |
| 5.0 | 0.2000 | 0.3993 | 0.5726 | 0.6595 | 0.6675 | 0.6586 | 0.6031 | 0.5498 | 0.5049 | 0.4989 | 0.5000 | 0.5000 |
| 6.0 | 0.2000 | 0.3997 | 0.5809 | 0.6809 | 0.6924 | 0.6837 | 0.6167 | 0.5480 | 0.4932 | 0.4962 | 0.4988 | 0.5000 |
| 7.0 | 0.2000 | 0.3999 | 0.5863 | 0.6974 | 0.7124 | 0.7044 | 0.6282 | 0.5449 | 0.4807 | 0.4949 | 0.4999 | 0.5000 |
| 8.0 | 0.2000 | 0.4000 | 0.5900 | 0.7104 | 0.7288 | 0.7218 | 0.6382 | 0.5415 | 0.4679 | 0.4950 | 0.5000 | 0.5000 |
| 9.0 | 0.2000 | 0.4000 | 0.5926 | 0.7210 | 0.7425 | 0.7367 | 0.6471 | 0.5381 | 0.4553 | 0.4962 | 0.5001 | 0.5000 |
| 10.0 | 0.2000 | 0.4000 | 0.5945 | 0.7298 | 0.7542 | 0.7496 | 0.6550 | 0.5348 | 0.4430 | 0.4985 | 0.5002 | 0.5000 |

**表 5·8** 回転型並流蓄熱器の温度効率
$(W \cdot C)_{min}/(W \cdot C)_{max} = 0.95 \quad (h \cdot A)' = 1.0$

| $(NTU)_0$ | \multicolumn{10}{c|}{$(W \cdot C)_r/(W \cdot C)_{min}$} |
| --- | --- | --- | --- | --- | --- | --- | --- | --- | --- | --- |
| | 0.2 | 0.4 | 0.6 | 0.8 | 0.9 | 1.0 | 1.25 | 1.5 | 2.0 | 3.0 | 5.0 | ∞ |
| 1.0 | 0.1988 | 0.3460 | 0.4064 | 0.4272 | 0.4319 | 0.4341 | 0.4378 | 0.4391 | 0.4401 | 0.4405 | 0.4407 | 0.4399 |
| 2.0 | 0.2000 | 0.3864 | 0.4996 | 0.5382 | 0.5425 | 0.5420 | 0.5345 | 0.5265 | 0.5164 | 0.5087 | 0.5048 | 0.5024 |
| 3.0 | 0.2000 | 0.3957 | 0.5409 | 0.5997 | 0.6050 | 0.6011 | 0.5777 | 0.5557 | 0.5318 | 0.5184 | 0.5135 | 0.5113 |
| 4.0 | 0.2000 | 0.3985 | 0.5626 | 0.6403 | 0.6484 | 0.6430 | 0.6046 | 0.5668 | 0.5298 | 0.5162 | 0.5136 | 0.5126 |
| 5.0 | 0.2000 | 0.3994 | 0.5752 | 0.6689 | 0.6808 | 0.6753 | 0.6243 | 0.5705 | 0.5211 | 0.5121 | 0.5129 | 0.5128 |
| 6.0 | 0.2000 | 0.3998 | 0.5829 | 0.6900 | 0.7060 | 0.7013 | 0.6402 | 0.5711 | 0.5096 | 0.5088 | 0.5126 | 0.5128 |
| 7.0 | 0.2000 | 0.3999 | 0.5880 | 0.7061 | 0.7260 | 0.7227 | 0.6538 | 0.5702 | 0.4969 | 0.5069 | 0.5126 | 0.5128 |
| 8.0 | 0.2000 | 0.4000 | 0.5913 | 0.7188 | 0.7424 | 0.7406 | 0.6656 | 0.5687 | 0.4838 | 0.5063 | 0.5128 | 0.5128 |
| 9.0 | 0.2000 | 0.4000 | 0.5937 | 0.7291 | 0.7561 | 0.7559 | 0.6761 | 0.5671 | 0.4708 | 0.5070 | 0.5130 | 0.5128 |
| 10.0 | 0.2000 | 0.4000 | 0.5953 | 0.7375 | 0.7676 | 0.7691 | 0.6854 | 0.5656 | 0.4581 | 0.5088 | 0.5131 | 0.5128 |

表 5·9 回転型並流蓄熱式熱交換器の温度効率

$(W \cdot C)_{min}/(W \cdot C)_{max} = 0.90 \quad (h \cdot A)' = 1.0$

| $(NTU)_0$ | \multicolumn{11}{c}{$(W \cdot C)_r/(W \cdot C)_{min}$} |
| | 0.2 | 0.4 | 0.6 | 0.8 | 0.9 | 1.0 | 1.25 | 1.5 | 2.0 | 3.0 | 5.0 | ∞ |
|---|---|---|---|---|---|---|---|---|---|---|---|---|
| 1.0 | 0.1989 | 0.3477 | 0.4104 | 0.4326 | 0.4378 | 0.4404 | 0.4446 | 0.4462 | 0.4475 | 0.4481 | 0.4484 | 0.4476 |
| 2.0 | 0.2000 | 0.3872 | 0.5038 | 0.5464 | 0.5522 | 0.5527 | 0.5496 | 0.5390 | 0.5289 | 0.5210 | 0.5170 | 0.5145 |
| 3.0 | 0.2000 | 0.3961 | 0.5445 | 0.6087 | 0.6163 | 0.6144 | 0.5935 | 0.5718 | 0.5471 | 0.5324 | 0.5270 | 0.5246 |
| 4.0 | 0.2000 | 0.3986 | 0.5654 | 0.6493 | 0.6607 | 0.6580 | 0.6234 | 0.5859 | 0.5465 | 0.5305 | 0.5273 | 0.5261 |
| 5.0 | 0.2000 | 0.3995 | 0.5774 | 0.6776 | 0.6935 | 0.6915 | 0.6458 | 0.5924 | 0.5387 | 0.5262 | 0.5265 | 0.5263 |
| 6.0 | 0.2000 | 0.3998 | 0.5846 | 0.6983 | 0.7187 | 0.7183 | 0.6642 | 0.5955 | 0.5276 | 0.5222 | 0.5261 | 0.5263 |
| 7.0 | 0.2000 | 0.3999 | 0.5893 | 0.7140 | 0.7387 | 0.7402 | 0.6798 | 0.5970 | 0.5151 | 0.5195 | 0.5261 | 0.5263 |
| 8.0 | 0.2000 | 0.4000 | 0.5924 | 0.7262 | 0.7549 | 0.7585 | 0.6934 | 0.5978 | 0.5020 | 0.5182 | 0.5262 | 0.5263 |
| 9.0 | 0.2000 | 0.4000 | 0.5945 | 0.7360 | 0.7683 | 0.7740 | 0.7054 | 0.5983 | 0.4889 | 0.5182 | 0.5265 | 0.5263 |
| 10.0 | 0.2000 | 0.4000 | 0.5960 | 0.7440 | 0.7796 | 0.7872 | 0.7161 | 0.5986 | 0.4760 | 0.5192 | 0.5266 | 0.5263 |

表 5·10 回転型並流蓄熱式熱交換器の温度効率

$(W \cdot C)_{min}/(W \cdot C)_{max} = 0.80 \quad (h \cdot A)' = 1.0$

| $(NTU)_0$ | \multicolumn{11}{c}{$(W \cdot C)_r/(W \cdot C)_{min}$} |
| | 0.2 | 0.4 | 0.6 | 0.8 | 0.9 | 1.0 | 1.25 | 1.5 | 2.0 | 3.0 | 5.0 | ∞ |
|---|---|---|---|---|---|---|---|---|---|---|---|---|
| 1.0 | 0.1989 | 0.3508 | 0.4183 | 0.4436 | 0.4498 | 0.4539 | 0.4594 | 0.4618 | 0.4629 | 0.4639 | 0.4653 | 0.4637 |
| 2.0 | 0.2000 | 0.3886 | 0.5119 | 0.5622 | 0.5710 | 0.5738 | 0.5710 | 0.5648 | 0.5554 | 0.5474 | 0.5435 | 0.5404 |
| 3.0 | 0.2000 | 0.3966 | 0.5508 | 0.6256 | 0.6383 | 0.6406 | 0.6258 | 0.6056 | 0.5797 | 0.5628 | 0.5563 | 0.5530 |
| 4.0 | 0.2000 | 0.3989 | 0.5702 | 0.6657 | 0.6838 | 0.6872 | 0.6619 | 0.6264 | 0.5832 | 0.5620 | 0.5570 | 0.5551 |
| 5.0 | 0.2000 | 0.3996 | 0.5808 | 0.6929 | 0.7166 | 0.7224 | 0.6897 | 0.6392 | 0.5781 | 0.5572 | 0.5560 | 0.5555 |
| 6.0 | 0.2000 | 0.3998 | 0.5872 | 0.7124 | 0.7414 | 0.7500 | 0.7125 | 0.6481 | 0.5690 | 0.5521 | 0.5553 | 0.5556 |
| 7.0 | 0.2000 | 0.3999 | 0.5912 | 0.7269 | 0.7607 | 0.7722 | 0.7318 | 0.6549 | 0.5581 | 0.5477 | 0.5551 | 0.5556 |
| 8.0 | 0.2000 | 0.4000 | 0.5938 | 0.7380 | 0.7761 | 0.7904 | 0.7486 | 0.6606 | 0.5463 | 0.5444 | 0.5553 | 0.5556 |
| 9.0 | 0.2000 | 0.4000 | 0.5955 | 0.7467 | 0.7886 | 0.8057 | 0.7632 | 0.6656 | 0.5343 | 0.5423 | 0.5556 | 0.5556 |
| 10.0 | 0.2000 | 0.4000 | 0.5967 | 0.7537 | 0.7990 | 0.8186 | 0.7761 | 0.6702 | 0.5224 | 0.5412 | 0.5559 | 0.5556 |

## 5·1 回転型蓄熱式熱交換器

**表 5·11** 回転型並流蓄熱式熱交換器の温度効率
$(W \cdot C)_{min}/(W \cdot C)_{max} = 0.70 \quad (h \cdot A)' = 1.0$

| $(NTU)_0$ | \multicolumn{12}{c}{$(W \cdot C)_r/(W \cdot C)_{min}$} |
|---|---|---|---|---|---|---|---|---|---|---|---|---|
| | 0.2 | 0.4 | 0.6 | 0.8 | 0.9 | 1.0 | 1.25 | 1.5 | 2.0 | 3.0 | 5.0 | ∞ |
| 1.0 | 0.1990 | 0.3539 | 0.4262 | 0.4547 | 0.4626 | 0.4669 | 0.4739 | 0.4771 | 0.4798 | 0.4814 | 0.4821 | 0.4808 |
| 2.0 | 0.2000 | 0.3897 | 0.5190 | 0.5773 | 0.5894 | 0.5952 | 0.5966 | 0.5922 | 0.5840 | 0.5759 | 0.5719 | 0.5686 |
| 3.0 | 0.2000 | 0.3970 | 0.5560 | 0.6408 | 0.6589 | 0.6660 | 0.6588 | 0.6415 | 0.6155 | 0.5966 | 0.5887 | 0.5846 |
| 4.0 | 0.2000 | 0.3990 | 0.5737 | 0.6796 | 0.7044 | 0.7144 | 0.7009 | 0.6698 | 0.6244 | 0.5978 | 0.5904 | 0.5873 |
| 5.0 | 0.2000 | 0.3996 | 0.5832 | 0.7053 | 0.7364 | 0.7500 | 0.7332 | 0.6890 | 0.6237 | 0.5932 | 0.5893 | 0.5881 |
| 6.0 | 0.2000 | 0.3999 | 0.5888 | 0.7232 | 0.7600 | 0.7774 | 0.7596 | 0.7039 | 0.6184 | 0.5870 | 0.5882 | 0.5882 |
| 7.0 | 0.2000 | 0.3999 | 0.5922 | 0.7362 | 0.7779 | 0.7989 | 0.7817 | 0.7164 | 0.6109 | 0.5809 | 0.5876 | 0.5882 |
| 8.0 | 0.2000 | 0.4000 | 0.5945 | 0.7460 | 0.7919 | 0.8163 | 0.8005 | 0.7271 | 0.6024 | 0.5754 | 0.5876 | 0.5882 |
| 9.0 | 0.2000 | 0.4000 | 0.5960 | 0.7536 | 0.8032 | 0.8305 | 0.8167 | 0.7367 | 0.5936 | 0.5707 | 0.5879 | 0.5882 |
| 10.0 | 0.2000 | 0.4000 | 0.5971 | 0.7597 | 0.8123 | 0.8424 | 0.8309 | 0.7454 | 0.5848 | 0.5667 | 0.5883 | 0.5882 |

**表 5·12** 回転型並流蓄熱式熱交換器の温度効率
$(W \cdot C)_{min}/(W \cdot C)_{max} = 0.50 \quad (h \cdot A)' = 1.0$

| $(NTU)_0$ | \multicolumn{12}{c}{$(W \cdot C)_r/(W \cdot C)_{min}$} |
|---|---|---|---|---|---|---|---|---|---|---|---|---|
| | 0.2 | 0.4 | 0.6 | 0.8 | 0.9 | 1.0 | 1.25 | 1.5 | 2.0 | 3.0 | 5.0 | ∞ |
| 1.0 | 0.1991 | 0.3591 | 0.4415 | 0.4784 | 0.4887 | 0.4958 | 0.5066 | 0.5119 | 0.5169 | 0.5202 | 0.5218 | 0.5179 |
| 2.0 | 0.2000 | 0.3912 | 0.5307 | 0.6050 | 0.6251 | 0.6376 | 0.6490 | 0.6505 | 0.6471 | 0.6413 | 0.6374 | 0.6335 |
| 3.0 | 0.2000 | 0.3974 | 0.5630 | 0.6655 | 0.6942 | 0.7116 | 0.7242 | 0.7169 | 0.6966 | 0.6759 | 0.6652 | 0.6593 |
| 4.0 | 0.2000 | 0.3991 | 0.5776 | 0.6997 | 0.7365 | 0.7594 | 0.7743 | 0.7595 | 0.7200 | 0.6847 | 0.6708 | 0.6650 |
| 5.0 | 0.2000 | 0.3996 | 0.5855 | 0.7211 | 0.7644 | 0.7924 | 0.8115 | 0.7906 | 0.7324 | 0.6839 | 0.6704 | 0.6663 |
| 6.0 | 0.2000 | 0.3999 | 0.5900 | 0.7355 | 0.7838 | 0.8162 | 0.8403 | 0.8154 | 0.7397 | 0.6791 | 0.6686 | 0.6666 |
| 7.0 | 0.2000 | 0.3999 | 0.5930 | 0.7457 | 0.7981 | 0.8341 | 0.8632 | 0.8359 | 0.7442 | 0.6725 | 0.6669 | 0.6666 |
| 8.0 | 0.2000 | 0.4000 | 0.5949 | 0.7534 | 0.8090 | 0.8479 | 0.8817 | 0.8534 | 0.7475 | 0.6651 | 0.6656 | 0.6667 |
| 9.0 | 0.2000 | 0.4000 | 0.5962 | 0.7594 | 0.8176 | 0.8589 | 0.8968 | 0.8683 | 0.7502 | 0.6572 | 0.6649 | 0.6667 |
| 10.0 | 0.2000 | 0.4000 | 0.5972 | 0.7642 | 0.8246 | 0.8678 | 0.9093 | 0.8812 | 0.7527 | 0.6492 | 0.6646 | 0.6667 |

237

238　第5章　蓄熱式熱交換器の基本伝熱式

表 5・13　回転型並流蓄熱式熱交換器の温度効率
$(W \cdot C)_{min}/(W \cdot C)_{max}=1.00$　　$(h \cdot A)'=0.50$

| $(NTU)_0$ | \multicolumn{12}{c|}{$(W \cdot C)_r/(W \cdot C)_{min}$} |
|---|---|---|---|---|---|---|---|---|---|---|---|---|
| | 0.2 | 0.4 | 0.6 | 0.8 | 0.9 | 1.0 | 1.25 | 1.5 | 2.0 | 3.0 | 5.0 | ∞ |
| 1.0 | 0.1980 | 0.3429 | 0.4027 | 0.4224 | 0.4265 | 0.4289 | 0.4317 | 0.4326 | 0.4331 | 0.4331 | 0.4331 | 0.4323 |
| 2.0 | 0.1999 | 0.3839 | 0.4957 | 0.5326 | 0.5356 | 0.5341 | 0.5243 | 0.5151 | 0.5043 | 0.4966 | 0.4929 | 0.4908 |
| 3.0 | 0.2000 | 0.3941 | 0.5369 | 0.5934 | 0.5968 | 0.5911 | 0.5637 | 0.5399 | 0.5164 | 0.5046 | 0.5006 | 0.4988 |
| 4.0 | 0.2000 | 0.3975 | 0.5588 | 0.6335 | 0.6393 | 0.6313 | 0.5872 | 0.5473 | 0.5124 | 0.5023 | 0.5007 | 0.4999 |
| 5.0 | 0.2000 | 0.3989 | 0.5716 | 0.6619 | 0.6711 | 0.6625 | 0.6041 | 0.5479 | 0.5028 | 0.4990 | 0.5001 | 0.5000 |
| 6.0 | 0.2000 | 0.3995 | 0.5797 | 0.6830 | 0.6959 | 0.6875 | 0.6176 | 0.5456 | 0.4910 | 0.4967 | 0.4999 | 0.5000 |
| 7.0 | 0.2000 | 0.3997 | 0.5851 | 0.6991 | 0.7157 | 0.7082 | 0.6291 | 0.5423 | 0.4784 | 0.4958 | 0.4999 | 0.5000 |
| 8.0 | 0.2000 | 0.3999 | 0.5889 | 0.7119 | 0.7319 | 0.7255 | 0.6391 | 0.5386 | 0.4657 | 0.4961 | 0.5000 | 0.5000 |
| 9.0 | 0.2000 | 0.3999 | 0.5915 | 0.7223 | 0.7454 | 0.7403 | 0.6479 | 0.5351 | 0.4532 | 0.4975 | 0.5001 | 0.4999 |
| 10.0 | 0.2000 | 0.4000 | 0.5935 | 0.7308 | 0.7569 | 0.7531 | 0.6558 | 0.5318 | 0.4411 | 0.4998 | 0.5001 | 0.5000 |

表 5・14　回転型並流蓄熱式熱交換器の温度効率
$(W \cdot C)_{min}/(W \cdot C)_{max}=1.00$　　$(h \cdot A)'=0.25$

| $(NTU)_0$ | \multicolumn{12}{c|}{$(W \cdot C)_r/(W \cdot C)_{min}$} |
|---|---|---|---|---|---|---|---|---|---|---|---|---|
| | 0.2 | 0.4 | 0.6 | 0.8 | 0.9 | 1.0 | 1.25 | 1.5 | 2.0 | 3.0 | 5.0 | ∞ |
| 1.0 | 0.1966 | 0.3390 | 0.4041 | 0.4256 | 0.4297 | 0.4319 | 0.4337 | 0.4339 | 0.4336 | 0.4331 | 0.4328 | 0.4323 |
| 2.0 | 0.1998 | 0.3800 | 0.4963 | 0.5397 | 0.5433 | 0.5410 | 0.5275 | 0.5158 | 0.5036 | 0.4960 | 0.4926 | 0.4908 |
| 3.0 | 0.2000 | 0.3915 | 0.5356 | 0.6010 | 0.6062 | 0.6000 | 0.5664 | 0.5379 | 0.5134 | 0.5036 | 0.5004 | 0.4988 |
| 4.0 | 0.2000 | 0.3960 | 0.5563 | 0.6403 | 0.6491 | 0.6412 | 0.5895 | 0.5429 | 0.5081 | 0.5020 | 0.5007 | 0.4999 |
| 5.0 | 0.2000 | 0.3980 | 0.5687 | 0.6676 | 0.6806 | 0.6726 | 0.6062 | 0.5418 | 0.4979 | 0.4996 | 0.5003 | 0.5000 |
| 6.0 | 0.2000 | 0.3989 | 0.5767 | 0.6876 | 0.7049 | 0.6977 | 0.6196 | 0.5384 | 0.4860 | 0.4981 | 0.5000 | 0.5000 |
| 7.0 | 0.2000 | 0.3994 | 0.5822 | 0.7029 | 0.7241 | 0.7181 | 0.6309 | 0.5344 | 0.4736 | 0.4978 | 0.5000 | 0.5000 |
| 8.0 | 0.2000 | 0.3997 | 0.5861 | 0.7149 | 0.7397 | 0.7352 | 0.6407 | 0.5305 | 0.4611 | 0.4985 | 0.5000 | 0.5000 |
| 9.0 | 0.2000 | 0.3998 | 0.5890 | 0.7246 | 0.7527 | 0.7497 | 0.6493 | 0.5268 | 0.4489 | 0.5001 | 0.5000 | 0.4999 |
| 10.0 | 0.2000 | 0.3999 | 0.5912 | 0.7326 | 0.7637 | 0.7621 | 0.6570 | 0.5235 | 0.4371 | 0.5025 | 0.5000 | 0.5000 |

## 5・1 回転型蓄熱式熱交換器

**表 5・15** 回転型並流蓄熱式熱交換器の温度効率

$(W \cdot C)_{min}/(W \cdot C)_{max} = 0.50 \quad (h \cdot A)' = 0.50$

| $(NTU)_0$ | $(W \cdot C)_r/(W \cdot C)_{min}$ | | | | | | | | | | | |
|---|---|---|---|---|---|---|---|---|---|---|---|---|
| | 0.2 | 0.4 | 0.6 | 0.8 | 0.9 | 1.0 | 1.25 | 1.5 | 2.0 | 3.0 | 5.0 | ∞ |
| 1.0 | 0.1981 | 0.3517 | 0.4342 | 0.4730 | 0.4840 | 0.4918 | 0.5033 | 0.5084 | 0.5138 | 0.5172 | 0.5188 | 0.5179 |
| 2.0 | 0.1999 | 0.3860 | 0.5199 | 0.5966 | 0.6187 | 0.6332 | 0.6493 | 0.6524 | 0.6491 | 0.6421 | 0.6374 | 0.6335 |
| 3.0 | 0.2000 | 0.3946 | 0.5520 | 0.6538 | 0.6854 | 0.7065 | 0.7270 | 0.7237 | 0.7029 | 0.6782 | 0.6657 | 0.6593 |
| 4.0 | 0.2000 | 0.3976 | 0.5679 | 0.6861 | 0.7251 | 0.7521 | 0.7785 | 0.7702 | 0.7298 | 0.6869 | 0.6708 | 0.6650 |
| 5.0 | 0.2000 | 0.3989 | 0.5773 | 0.7067 | 0.7511 | 0.7828 | 0.8159 | 0.8015 | 0.7453 | 0.6848 | 0.6697 | 0.6663 |
| 6.0 | 0.2000 | 0.3995 | 0.5834 | 0.7210 | 0.7694 | 0.8049 | 0.8441 | 0.8316 | 0.7552 | 0.6779 | 0.6673 | 0.6666 |
| 7.0 | 0.2000 | 0.3997 | 0.5875 | 0.7316 | 0.7831 | 0.8214 | 0.8660 | 0.8533 | 0.7624 | 0.6689 | 0.6653 | 0.6666 |
| 8.0 | 0.2000 | 0.3999 | 0.5904 | 0.7399 | 0.7938 | 0.8343 | 0.8834 | 0.8719 | 0.7680 | 0.6588 | 0.6642 | 0.6667 |
| 9.0 | 0.2000 | 0.3999 | 0.5926 | 0.7465 | 0.8024 | 0.8447 | 0.8975 | 0.8873 | 0.7723 | 0.6483 | 0.6638 | 0.6667 |
| 10.0 | 0.2000 | 0.4000 | 0.5942 | 0.7520 | 0.8096 | 0.8533 | 0.9090 | 0.9002 | 0.7771 | 0.6376 | 0.6642 | 0.6667 |

**表 5・16** 回転型並流蓄熱式熱交換器の温度効率

$(W \cdot C)_{min}/(W \cdot C)_{max} = 0.50 \quad (h \cdot A)' = 0.25$

| $(NTU)_0$ | $(W \cdot C)_r/(W \cdot C)_{min}$ | | | | | | | | | | | |
|---|---|---|---|---|---|---|---|---|---|---|---|---|
| | 0.2 | 0.4 | 0.6 | 0.8 | 0.9 | 1.0 | 1.25 | 1.5 | 2.0 | 3.0 | 5.0 | ∞ |
| 1.0 | 0.1966 | 0.3421 | 0.4250 | 0.4678 | 0.4803 | 0.4892 | 0.5022 | 0.5085 | 0.5138 | 0.5169 | 0.5182 | 0.5179 |
| 2.0 | 0.1998 | 0.3803 | 0.5081 | 0.5881 | 0.6137 | 0.6318 | 0.6542 | 0.6591 | 0.6542 | 0.6440 | 0.6375 | 0.6335 |
| 3.0 | 0.2000 | 0.3915 | 0.5413 | 0.6422 | 0.6769 | 0.7026 | 0.7342 | 0.7358 | 0.7119 | 0.6798 | 0.6654 | 0.6593 |
| 4.0 | 0.2000 | 0.3960 | 0.5591 | 0.6733 | 0.7140 | 0.7451 | 0.7856 | 0.7861 | 0.7421 | 0.6863 | 0.6697 | 0.6650 |
| 5.0 | 0.2000 | 0.3980 | 0.5701 | 0.6939 | 0.7387 | 0.7736 | 0.8215 | 0.8227 | 0.7605 | 0.6814 | 0.6682 | 0.6663 |
| 6.0 | 0.2000 | 0.3989 | 0.5775 | 0.7087 | 0.7566 | 0.7941 | 0.8479 | 0.8503 | 0.7736 | 0.6714 | 0.6660 | 0.6666 |
| 7.0 | 0.2000 | 0.3994 | 0.5826 | 0.7201 | 0.7703 | 0.8098 | 0.8680 | 0.8732 | 0.7835 | 0.6590 | 0.6646 | 0.6666 |
| 8.0 | 0.2000 | 0.3997 | 0.5863 | 0.7291 | 0.7812 | 0.8223 | 0.8837 | 0.8912 | 0.7916 | 0.6455 | 0.6653 | 0.6667 |
| 9.0 | 0.2000 | 0.3998 | 0.5891 | 0.7364 | 0.7902 | 0.8325 | 0.8963 | 0.9053 | 0.7983 | 0.6319 | 0.6650 | 0.6667 |
| 10.0 | 0.2000 | 0.3999 | 0.5912 | 0.7425 | 0.7978 | 0.8411 | 0.9067 | 0.9181 | 0.8047 | 0.6183 | 0.6665 | 0.6667 |

240　　　　第5章　蓄熱式熱交換器の基本伝熱式

の関係を示したものであるが，$(h \cdot A)'$ が図に示した範囲内の値の場合にも，精度良く適用することができる。例えば，$(W \cdot C)_{min}/(W \cdot C)_{max}=0.5$ の場合に，$(h \cdot A)'$ が 0.5 ないし2の範囲内を変わることによる温度効率 $E$ の変化は $(W \cdot C)_r/(W \cdot C)_{min}=1.0$ に対して 0.02 以下，$(W \cdot C)_r/(W \cdot C)_{min}=1.5$ に対して 0.01 以下である。また，$(W \cdot C)_{min}/(W \cdot C)_{max}=1.0$ の場合に $(h \cdot A)'$ が 0.25 ないし4の範囲内を変わることによる温度効率 $E$ の変化は，$(W \cdot C)_r/(W \cdot C)_{min}=1.0$ に対して 0.002 以下である。

　高温流体と低温流体とが同方向に流れる回転型並流蓄熱式熱交換器の温度効率を表 5・7 ないし表 5・16 に示した。並流は向流に比べて当然その温度効率は低くなるが，熱交換器の連結ダクトの配列が並列の場合の方が簡単になり，温度効率が低いことによる熱交換器伝熱面積増大の不利をカバーして，全体として有利となることがある。

　向流の場合には図より明らかなように，$(W \cdot C)_r/(W \cdot C)_{min}$ が大きくなると，温度効率 $E$ も一様に大きくなるが，並流の場合には表5・7などから明らかなように，温度効率 $E$ が最大になる $(W \cdot C)_r/(W \cdot C)_{min}$ が存在することになる。したがって，回転型並流熱交換器の設計においては，蓄熱体の回転速度を注意して選び，温度効率 $E$ が最大になるようにしなければならない。

〔例題 5・1〕　回転型蓄熱式熱交換器の設計
つぎに示す設計条件の回転型蓄熱式熱交換器の所要伝熱面積を求めよ。
高温流体：
　入口温度　300〔°C〕
　出口温度　84〔°C〕
　流量　100,000〔kg/hr〕
　比熱　0.20〔kcal/kg・°C〕
　境膜伝熱係数　200〔kcal/m²・hr・°C〕
低温流体：
　入口温度　40〔°C〕
　流量　200,000〔kg/hr〕
　比熱　0.20〔kcal/kg・°C〕
　境膜伝熱係数　100〔kcal/m²・hr・°C〕
蓄熱体
　回転数　100〔rev/hr〕
　蓄熱体の重量/伝熱面積=5.55〔kg/m²〕
　蓄熱体の比熱=0.12〔kcal/kg・°C〕
　高温流体側伝熱面積/低温流体側伝熱面積=1/2
　〔解〕

$$E = \frac{T_{no} - T_{ni}}{T_{xi} - T_{ni}} = \frac{84-300}{40-300} = 0.83$$

$(W \cdot C)_{max} = 200,000 \times 0.20 = 40,000 \text{ [kcal/°C·hr]}$

$(W \cdot C)_{min} = 100,000 \times 0.20 = 20,000 \text{ [kcal/°C·hr]}$

$(W \cdot C)_{min}/(W \cdot C)_{max} = 20,000/40,000 = 0.50$

総伝熱面積を 1,500 [m²] と仮定する。

高温流体側伝熱面積 = 500 [m²]

低温流体側伝熱面積 = 1,000 [m²]

蓄熱体重量 = 1,500 × 5.55 = 8,350 [kg]

$(W \cdot C)_r = 8,350 \times 0.12 \times 100 = 100,000 \text{ [kcal/°C·hr]}$

$(W \cdot C)_r/(W \cdot C)_{min} = 100,000/20,000 = 5.0$

$(h \cdot A)_n = 200 \times 500 = 100,000 \text{ [kcal/°C·hr]}$

$(h \cdot A)_x = 100 \times 1,000 = 100,000 \text{ [kcal/°C·hr]}$

$$(h \cdot A)' = \frac{(h \cdot A)_n}{(h \cdot A)_x} = \frac{100,000}{100,000} = 1$$

式 (5·13) から

$$(NTU)_0 = \frac{1}{(W \cdot C)_{min}} \cdot \left[ \frac{1}{1/(h \cdot A)_n + 1/(h \cdot A)_x} \right]$$

$$= \frac{1}{20,000} \cdot \left[ \frac{1}{(1/100,000) + (1/100,000)} \right]$$

$$= 2.5$$

図 5·10 または表 5·6 から

$E = 0.828 \fallingdotseq 0.83$

したがって，仮定した伝熱面積 1,500 [m²] は正しい。

### 5·1·2 蓄熱体の熱伝導が流体の流れの方向に 0 でない場合

前節では，蓄熱体の熱伝導が流体の流れの方向に 0 であると仮定したが，実際にはこの熱伝導は 0 ではない。Bahnke[2] らは，この熱伝導を考慮した場合の補正係数を発表している。

長手方向の熱伝導率が回転型蓄熱式熱交換器の温度効率に及ぼす影響を，図 5·15 ないし図 5·16 に示した。ここで熱伝導パラメータ $\lambda_f$ は，次式で定義される。

$$\lambda_f = \frac{k_r \cdot A_s}{(W \cdot C)_{min} \cdot L} \quad \cdots \cdots (5 \cdot 16)$$

ここで

$k_r$ : 蓄熱体の熱伝導率 [kcal/m·hr·°C]

---

[2] Bahnke G.D. and G.P. Howard: Transactions of the ASME, Journal of Engineering for Power, vol. 86, pp. 105~120 (1964).

$L$：流体の流れの方向に沿っての蓄熱体の全長〔m〕

$A_s$：流体の流れの方向に沿っての蓄熱体の熱伝導に役立つ蓄熱体の断面積〔m²〕，例えば，図 5・17 の場合には，流れの方向に直角な面 A-A で切断する蓄熱体断面積が $A_s$ である。

## 5・2 バルブ切換型蓄熱式熱交換器

### 5・2・1 対称形蓄熱式熱交換器の性能

回転型の場合には蓄熱体としてごく薄い金属板あるいは細い金属線を用いるので，流体の流れと直角な方向に対する蓄熱体の熱伝導は無限大と見なすことができるが，バルブ切換型の場合には蓄熱体として，レンガあるいはケイ石などを用いることがあり，このような蓄熱体に対しては，この熱伝導を無限大と見なすことはできない。したがって，この効果を考慮した伝熱係数 $h_m$ を用いなければならない[3]。

$$\frac{1}{h_m} = \frac{1}{h} + \frac{\delta}{k_M} \cdot \phi \quad \cdots\cdots\cdots\cdots\cdots\cdots\cdots\cdots\cdots\cdots\cdots\cdots\cdots\cdots (5\cdot17)$$

$h$ は流体の境膜伝熱係数，$\delta$ は蓄熱体の厚み（平板のときは厚み，球あるいは円筒の場

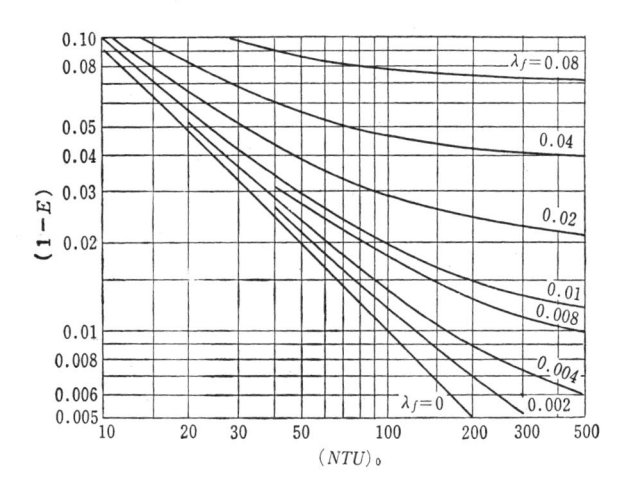

$(W \cdot C)_{\min}/(W \cdot C)_{\max} = 1.0$
$(W \cdot C)_r/(W \cdot C)_{\min} > 5$

図 5・15 長手方向の熱伝導が温度効率に及ぼす効果

---

3) Hausen, H: "Wärmeübertragung im Gegenstrom, Gleichstrom und Kreuzstrom" Springer-Verlag, Berlin/Göttingen/Heidelberg pp. 289 (1950).

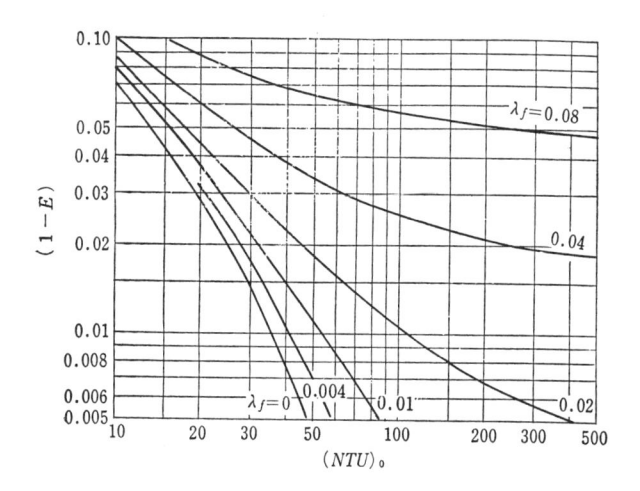

$(W \cdot C)_{min}/(W \cdot C)_{max} = 0.95$
$(W \cdot C)_r/(W \cdot C)_{min} > 5$
図 5・16　長手方向の熱伝導が温度効率に及ぼす効果

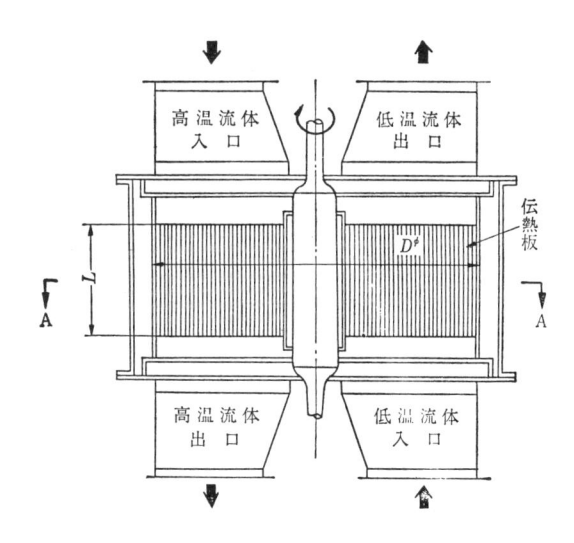

図 5・17　回転型蓄熱式熱交換器

合は直径), $k_M$ は蓄熱体材料の熱伝導率である。$\phi$ は蓄熱体の形状によって決まる係数である。

平板：
$$\phi = \frac{1}{6} - 0.00556 \cdot \left(\frac{\delta^2}{2a}\right) \cdot \left(\frac{1}{\theta_c} + \frac{1}{\theta_h}\right), \quad \text{for} \quad \frac{\delta^2}{2a} \cdot \left(\frac{1}{\theta_c} + \frac{1}{\theta_h}\right) \leq 10$$
······(5·18)

円筒：
$$\phi = \frac{1}{8} - 0.00261 \cdot \left(\frac{\delta^2}{2a}\right) \cdot \left(\frac{1}{\theta_c} + \frac{1}{\theta_h}\right), \quad \text{for} \quad \frac{\delta^2}{2a} \cdot \left(\frac{1}{\theta_c} + \frac{1}{\theta_h}\right) \leq 15$$
······(5·19)

球：
$$\phi = \frac{1}{10} - 0.00143 \cdot \left(\frac{\delta^2}{2a}\right) \cdot \left(\frac{1}{\theta_c} + \frac{1}{\theta_h}\right), \quad \text{for} \quad \frac{\delta^2}{2a} \cdot \left(\frac{1}{\theta_c} + \frac{1}{\theta_h}\right) \leq 20$$
······(5·20)

$a$ は蓄熱体材料の熱拡散率 $[= k_M/(C_M \cdot \rho_M)]$、$k_M$ は蓄熱体材料の熱伝導率、$C_M$ は蓄熱体材料の比熱、$\rho_M$ は蓄熱体材料の密度、$\theta_c$ は1サイクルあたり低温流体が流れる時間（冷却期間）、$\theta_h$ は1サイクルあたり高温流体が流れる時間（加熱期間）である。$\phi$ の値を図 5·18 に示した。

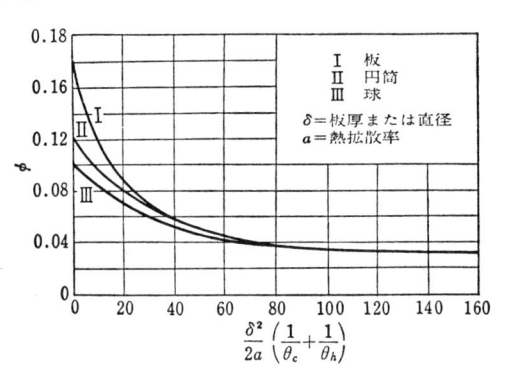

図 5·18 式 (5·17) における $\phi$ の値

蓄熱体が複雑な形状をなしているときには、つぎに示す相当厚さ $\delta_e$ を用いて、平板と見なして取り扱う。

平板に近い形状のものに対して $\delta_e = 2V_s/A$ ······(5·21)

円筒に近い形状のものに対して $\delta_e = 3V_s/A$ ······(5·22)

球に近い形状のものに対して　　$\delta_e = 4V_s/A$ ……………………(5・23)

$A$ は蓄熱体の表面積, $V_s$ は蓄熱体の容積である。

バルブ切換型蓄熱式熱交換器において, 低温気体および高温気体の種類, 流量および切換時間が同じである場合, すなわち対称形 (Symmetric) である場合の性能を Hausen[3], Schalkwijk[4], Tipler[5] は温度効率を用いて表わしている。

温度効率は次式で定義される。

$$\left.\begin{array}{l} E(\text{加熱期間}) = \dfrac{T_{h,\text{in}} - \overline{T}_{h,\text{out}}}{T_{h,\text{in}} - T_{c,\text{in}}} \\[2mm] E(\text{冷却期間}) = \dfrac{\overline{T}_{c,\text{out}} - T_{c,\text{in}}}{T_{h,\text{in}} - T_{c,\text{in}}} \end{array}\right\} \quad \cdots\cdots\cdots(5\cdot 24)$$

対称形であるので*

　　$E(\text{加熱期間}) = E(\text{冷却期間})$

ここで

　　$T_{c,\text{in}}$：低温流体の入口温度〔°C〕

　　$\overline{T}_{c,\text{out}}$：低温流体の出口平均温度〔°C〕

　　$T_{h,\text{in}}$：高温流体の入口温度〔°C〕

　　$\overline{T}_{h,\text{out}}$：高温流体の出口平均温度〔°C〕

温度効率は次の無次元項の関数として表わされる。

無次元長さ

$$\Lambda = \frac{h_m \cdot A}{(W \cdot C)_c} = \frac{h_m \cdot A}{(W \cdot C)_h}$$

無次元切換時間

$$\Pi = \frac{h_m \cdot A \cdot P}{M \cdot C_M}$$

ここで

　　$A$：蓄熱体の総伝熱面積（1基あたり）〔m²〕

　　$(W \cdot C)_c$：低温流体の水当量（流量×比熱）〔kcal/hr〕

　　$(W \cdot C)_h$：高温流体の水当量〔kcal/hr〕

　　$h_m$：低温流体側あるいは高温流体側の伝熱係数〔kcal/m²・hr・°C〕

---

4) Schakwijk, W.F.: "A Simplified Regenarator Theory," Brit. Chem. Eng., vol. 5, pp. 33〜34, (1960).

\* $\Lambda$(加熱期間) = $\Lambda$(冷却期間), $\Pi$(加熱期間) = $\Pi$(冷却期間) の蓄熱式熱交換器を対称形蓄熱式熱交換器とよぶ。

5) Tipler, W.: Shell Technical Report No. I.C.T./14, (1947).

$M$：蓄熱体の質量 〔kg〕

$C_M$：蓄熱体の比熱 〔kcal/kg・°C〕

$P$：切換時間 $\left(=\dfrac{1}{2}\text{サイクル}\right)$, 〔hr〕

Hausen は向流の場合および並流の場合の温度効率線図として，図 5・19 および図 5・20 を提案している。

Schalkwijk[4] は向流の場合の温度効率を，次式で近似している。

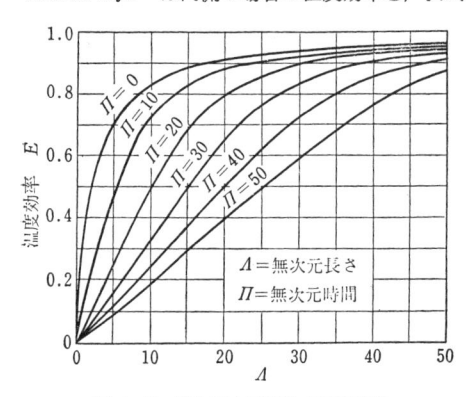

**図 5・19** 対称形向流蓄熱式熱交換器の温度効率（Hausen）

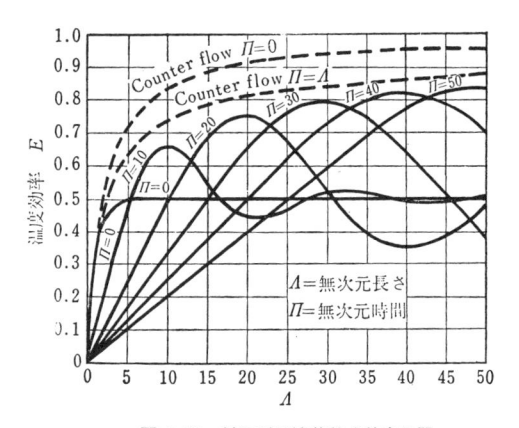

**図 5・20** 対称形並流蓄熱式熱交換器の温度効率（Hausen）

$$E=\dfrac{\varLambda-\varOmega}{\varLambda+2-\varOmega} \quad\quad\quad\quad\quad\quad\quad\quad\quad\quad\quad\quad (5\cdot25)$$

$\varOmega$ は $\varPi$ の関数として図 5・21 で示される。

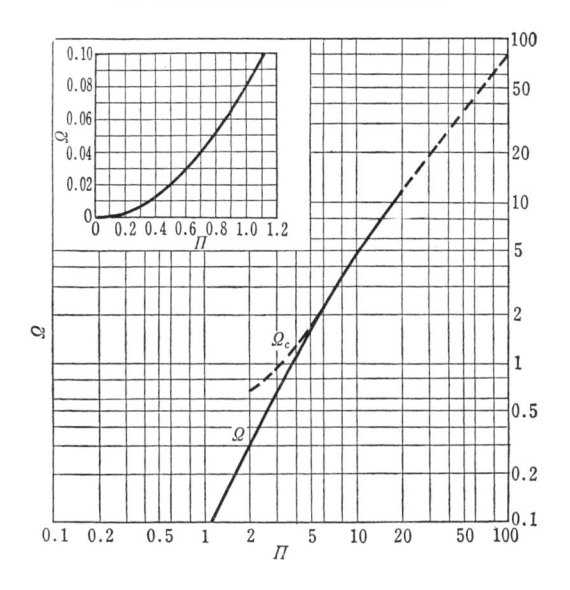

図 5・21 式 (5・25) における $\Omega$ の値 ($\Omega_c$ は近似式 (5・26) による計算値)

$\Pi$ が 5 以上の場合には，$\Omega$ は次式で近似することもできる。

$$\Omega_c = \Pi + 2 - 2.35\sqrt{\Pi} \qquad (5・26)$$

Tipler[5] は向流の場合の温度効率を次式で近似している。

$$E = \frac{\Lambda}{\Pi} \tanh\left(\frac{\Pi}{2+\Lambda}\right) \qquad (5・27)$$

Tipler の近似式はあまり精度は良くない（厳密解よりも小さい値となる）。

Peiser[6] は対称形で向流の場合のバルブ切換型蓄熱式熱交換器の性能を，次の 4 個の無次元特性値で表わし，図 5・22 を提案している。

$$\left.\begin{array}{l}
\Delta T = \dfrac{T_{h,\,in} - \overline{T}_{c,\,out}}{T_{h,\,in} - T_{c,\,in}} = \dfrac{\overline{T}_{h,\,out} - T_{c,\,in}}{T_{h,\,in} - T_{c,\,in}} \\[2mm]
\delta T = \dfrac{T'_{c,\,out} - T''_{c,\,out}}{T_{h,\,in} - T_{c,\,in}} = \dfrac{T'_{h,\,out} - T''_{h,\,out}}{T_{h,\,in} - T_{c,\,in}} \\[2mm]
\Lambda = \dfrac{h_m \cdot A}{(W \cdot C)_h} = \dfrac{h_m \cdot A}{(W \cdot C)_c} \\[2mm]
\Pi = \dfrac{h_m \cdot A \cdot P}{M \cdot C_M}
\end{array}\right\} \qquad (5・28)$$

---

6) Peiser, A.M. and J. Lehner.; "Design Charts for Symmetric Regenerators" I.E.C., vol. 45, pp. 2166~2120 (1953).

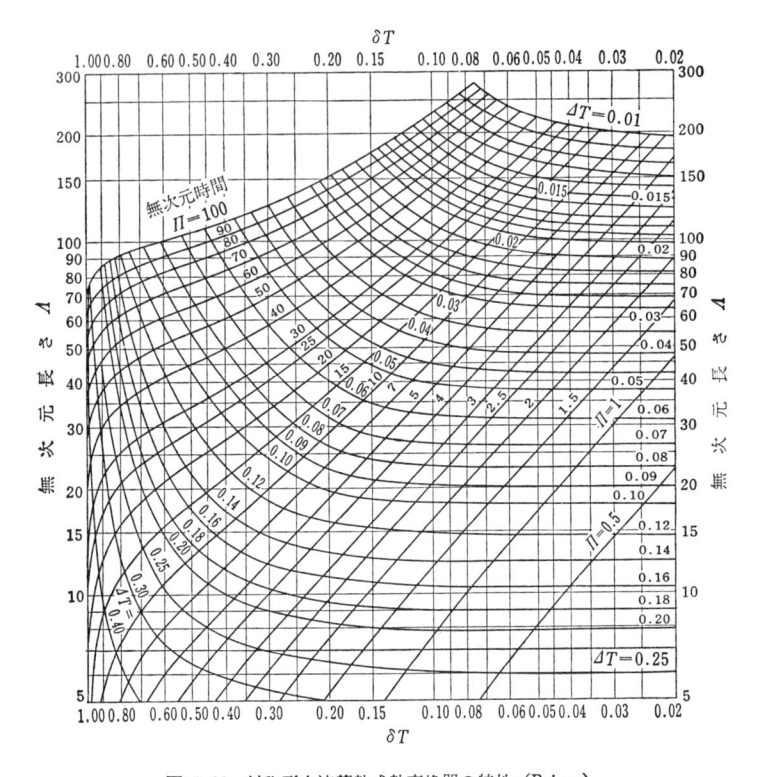

図 5・22 対称形向流蓄熱式熱交換器の特性 (Peiser)

ここで

$T'_{c,\text{out}}$：低温流体出口温度の最大値　〔°C〕

$T''_{c,\text{out}}$：低温流体出口温度の最小値　〔°C〕

$T'_{h,\text{out}}$：高温流体出口温度の最大値　〔°C〕

$T''_{h,\text{out}}$：高温流体出口温度の最小値　〔°C〕

温度記号を図 5・23 に示した。

Kardas[7] は対称形で並流の場合のバルブ切換型蓄熱式熱交換器の性能を，次式で表わしている。これは蓄熱体として平板を並列に配列したものについての式であるが，この解は適当な修正を加えることによって，球あるいは流体の流れの方向に円柱を並べたような蓄熱体の場合にも適用することができる。

---

7) Kardas, A.; "On a Problem in the Theory of The Undirectional Regenerator" Int. J. Heat Mass Transfer vol. 9 pp. 567～579 (1966).

## 5・2 バルブ切換型蓄熱式熱交換器

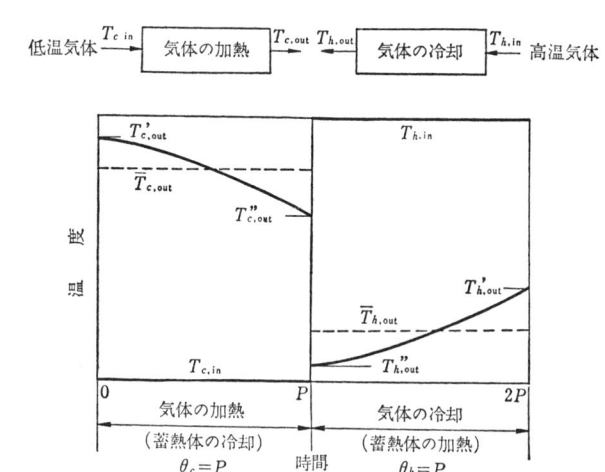

低温気体 →$T_{c,in}$→ 気体の加熱 →$T_{c,out}$→ →$T_{h,out}$→ 気体の冷却 ←$T_{h,in}$← 高温気体

図 5・23 温度記号

$$Q_p = h \cdot A \cdot \frac{(T_{h,in} - T_{c,in})}{2} \cdot P \cdot \Psi \qquad \qquad (5 \cdot 29)$$

ここで

$Q_p$：切換時間（$=\frac{1}{2}$サイクル）の間に蓄熱体に吸収あるいは蓄熱体から放出される熱量 〔kcal〕

$h$：流体の境膜伝熱係数 〔kcal/m²・hr・℃〕

$A$：蓄熱体の総伝熱面積（1基あたり）〔m²〕

$P$：切換時間（$=\frac{1}{2}$サイクル）〔hr〕

$\Psi$：蓄熱式熱交換器の効率 〔—〕

効率 $\Psi$ は Biot 数 $N_{Bi}$, 周期パラメータ $\eta'$, および無次元長さ $\Lambda'$ の関数として，図 5・24 ないし図 5・30 にて示される。

$$N_{Bi} = (h \cdot \delta)/(2k_M)$$

$$\eta' = \frac{\delta}{2} \cdot \sqrt{\frac{\pi}{2aP}}$$

$$\Lambda' = \frac{h \cdot A}{(W \cdot C)_c} = \frac{h \cdot A}{(W \cdot C)_h}$$

ここで

$\delta$：蓄熱体（平板）の厚み 〔m〕

$a$：蓄熱体（平板）の熱拡散率

第5章　蓄熱式熱交換器の基本伝熱式

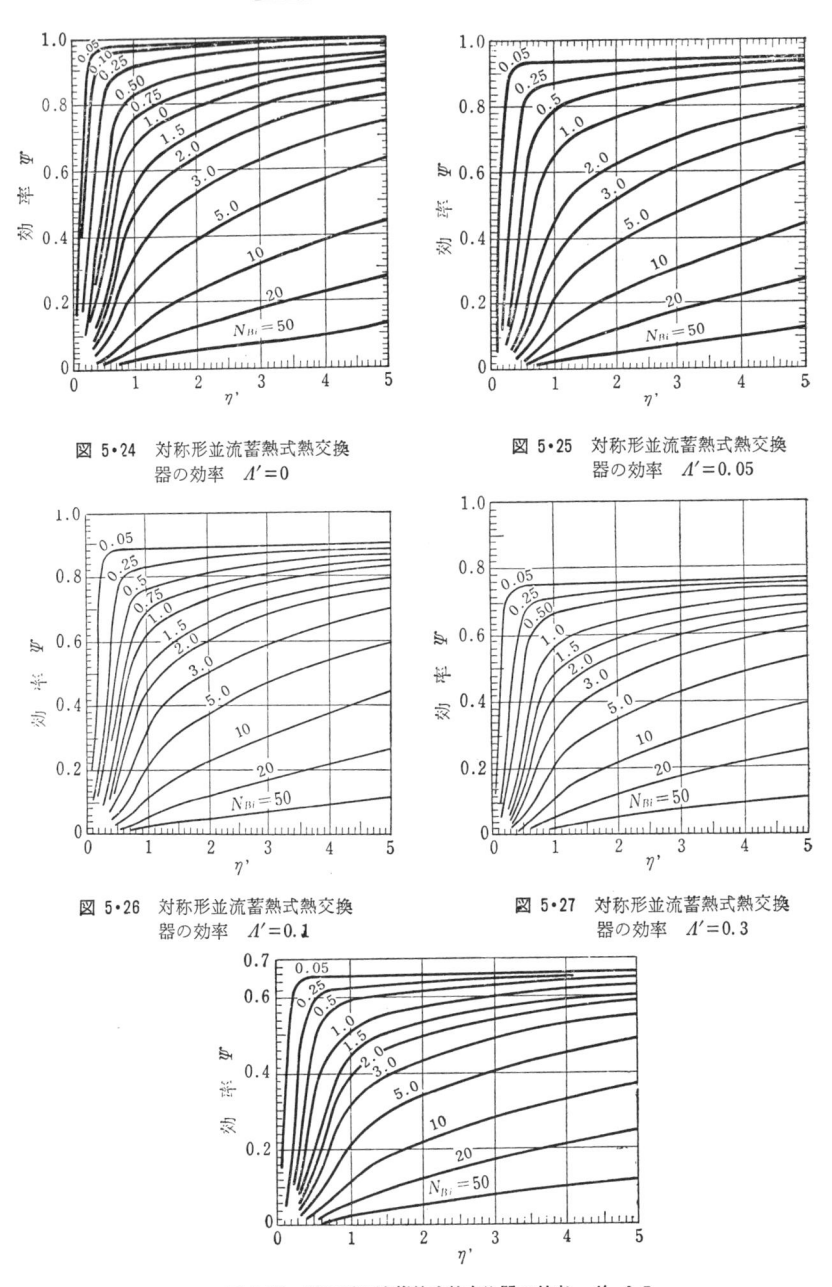

図 5・24　対称形並流蓄熱式熱交換
　　　　　器の効率　$\varLambda' = 0$

図 5・25　対称形並流蓄熱式熱交換
　　　　　器の効率　$\varLambda' = 0.05$

図 5・26　対称形並流蓄熱式熱交換
　　　　　器の効率　$\varLambda' = 0.1$

図 5・27　対称形並流蓄熱式熱交換
　　　　　器の効率　$\varLambda' = 0.3$

図 5・28　対称形並流蓄熱式熱交換器の効率　$\varLambda' = 0.5$

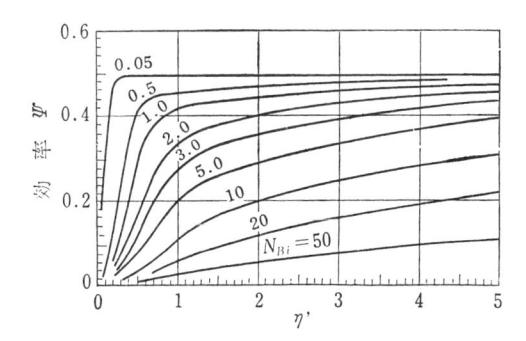

図 5·29 対称形並流蓄熱式熱交換器の効率 $\varLambda'=1$

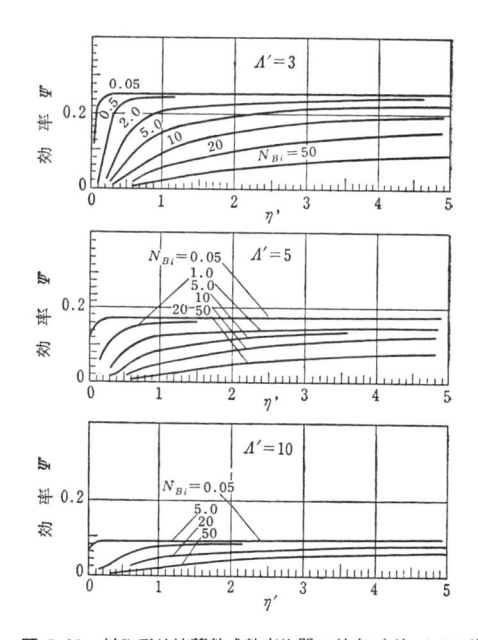

図 5·30 対称形並流蓄熱式熱交換器の効率 ($\varLambda'=3, 5, 10$)

$$a = k_M/(C_M \cdot \rho_M)$$

## 5·2·2 非対称形蓄熱式熱交換器の性能

$\varLambda$（加熱期間）$\neq \varLambda$（冷却期間），$\varPi$（加熱期間）$\neq \varPi$（冷却期間）である場合，すなわち非対称形蓄熱式熱交換器の性能について述べる。

（1）**流体入口温度が一定の場合**：図 5·31 に示すような蓄熱式熱交換器において，時

間0すなわち流体を流し初める直前における流体の流れの方向に沿っての蓄熱体の温度分布が，図に示すような任意の曲線で示されるものとする。この蓄熱式熱交換器に温度 $u_0$ （一定）の流体を流すものとすると，流体を流し始めてより，任意の時間が経過した時点における蓄熱式熱交換器の任意の位置での蓄熱体の温度および流体の温度は，次のようにして求めることができる[8]。

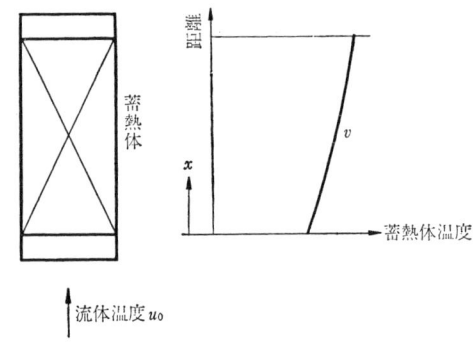

図 5・31

時間および蓄熱式熱交換器の入口からの距離をそれぞれ無次元時間 $\eta$，および無次元長さ $\xi$ で表わすことにし，時間 $\eta$，距離 $\xi$ における流体の温度を $t(\eta,\xi)$，蓄熱体の温度を $t_w(\eta,\xi)$ で表わすものとする。

ここで

$$\eta = \frac{h_m \cdot z \cdot \theta}{m \cdot C_M}$$

$$\xi = \frac{h_m \cdot z \cdot x}{W \cdot C}$$

$m$：単位長さあたりの蓄熱体の質量 〔kg/m〕

$z$：単位長さあたりの蓄熱体の伝熱面積 〔m²/m〕

$\theta$：時間 〔hr〕

$W$：流体の流量 〔kg/hr〕

$C$：流体の比熱 〔kcal/kg・°C〕

$x$：入口からの距離 〔m〕

それならば

$$t(\eta,\xi) = u_0\{1 - F(\eta,\xi)\} + v_\xi \cdot F(\eta,0)$$
$$+ \int_0^\xi v \cdot F_2(\eta, \xi - \zeta) \cdot d\zeta \quad \cdots\cdots\cdots (5\cdot 30)$$

---

[8] Larson, F.W.; "Rapid Calculation of Temperature in a Regenerative Heat Exchanger Having Arbitrary Initial Solid and Entering Fluid Temperatur."; Int. J. Heat. Mass Transfer. vol. 10, pp. 149〜168 (1967).

$$t_w(\eta,\xi) = u_0\{1 - F_w(\eta,\xi)\} + v_\xi \cdot F_w(\eta,0)$$
$$+ \int_0^\xi v \cdot F_{w,2}(\eta,\xi-\zeta) \cdot d\zeta \quad \cdots\cdots\cdots(5\cdot31)$$

ここで

$v$：最初（流体の流入開始直前）の蓄熱体の温度　〔°C〕

$v_\xi$：位置 $\xi$ における最初の蓄熱体の温度　〔°C〕

$\zeta$：dummy 変数　$0 \leq \zeta \leq \xi$

$u_0$：流入流体の温度　〔°C〕

関数 $F(\eta,\xi)$, $F_w(\eta,\xi)$, $F_2(\eta,\xi)$, $F_{w,2}(\eta,\xi)$ の値を，表 5・17 ないし表 5・19 および図 5・32 ないし図 5・35 に示す。

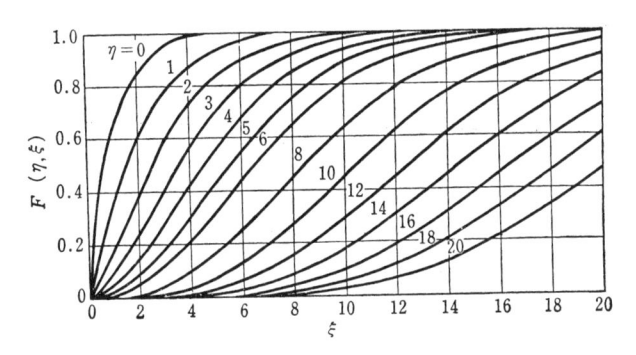

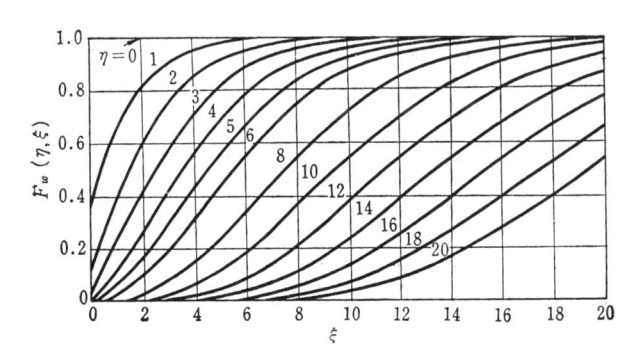

図 5・32　$F(\eta,\xi)$ の値

図 5・33　$F_w(\eta,\xi)$ の値

254　第5章　蓄熱式熱交換器の基本伝熱式

表 5·17　$F(\eta, \xi)$ または $1 - F_w(\eta_w, \xi_w)$ の値

| $\eta, \xi_w$ | $\xi, \eta_w = 0$ | 1 | 2 | 3 | 4 | 5 | 6 | 7 | 8 | 9 | 10 |
|---|---|---|---|---|---|---|---|---|---|---|---|
| 0 | 0.0000 | 0.6321 | 0.8647 | 0.9502 | 0.9817 | 0.9933 | 0.9975 | 0.9991 | 0.9997 | 0.9999 | 1.0000 |
| 1 | 0.0000 | 0.3456 | 0.6058 | 0.7752 | 0.8768 | 0.9345 | 0.9660 | 0.9827 | 0.9913 | 0.9957 | 0.9979 |
| 2 | 0.0000 | 0.1824 | 0.3964 | 0.5853 | 0.7301 | 0.8315 | 0.8984 | 0.9404 | 0.9659 | 0.9809 | 0.9895 |
| 3 | 0.0000 | 0.0937 | 0.2468 | 0.4166 | 0.5731 | 0.7019 | 0.7998 | 0.8698 | 0.9178 | 0.9493 | 0.9694 |
| 4 | 0.0000 | 0.0472 | 0.1479 | 0.2830 | 0.4282 | 0.5650 | 0.6821 | 0.7757 | 0.8466 | 0.8978 | 0.9336 |
| 5 | 0.0000 | 0.0233 | 0.0860 | 0.1850 | 0.3069 | 0.4360 | 0.5590 | 0.6672 | 0.7567 | 0.8271 | 0.8803 |
| 6 | 0.0000 | 0.0114 | 0.0487 | 0.1171 | 0.2123 | 0.3244 | 0.4418 | 0.5544 | 0.6555 | 0.7412 | 0.8106 |
| 7 | 0.0000 | 0.0055 | 0.0270 | 0.0722 | 0.1424 | 0.2336 | 0.3378 | 0.4462 | 0.5508 | 0.6459 | 0.7282 |
| 8 | 0.0000 | 0.0026 | 0.0147 | 0.0434 | 0.0930 | 0.1635 | 0.2508 | 0.3486 | 0.4497 | 0.5478 | 0.6379 |
| 9 | 0.0000 | 0.0012 | 0.0079 | 0.0256 | 0.0594 | 0.1115 | 0.1813 | 0.2650 | 0.3574 | 0.4526 | 0.5453 |
| 10 | 0.0000 | 0.0006 | 0.0042 | 0.0148 | 0.0371 | 0.0744 | 0.1279 | 0.1966 | 0.2771 | 0.3649 | 0.4551 |
| 11 | 0.0000 | 0.0003 | 0.0022 | 0.0085 | 0.0228 | 0.0486 | 0.0883 | 0.1425 | 0.2098 | 0.2874 | 0.3713 |
| 12 | 0.0000 | 0.0001 | 0.0011 | 0.0048 | 0.0137 | 0.0311 | 0.0597 | 0.1011 | 0.1556 | 0.2216 | 0.2965 |
| 13 | 0.0000 | 0.0001 | 0.0006 | 0.0026 | 0.0082 | 0.0196 | 0.0397 | 0.0704 | 0.1130 | 0.1673 | 0.2320 |
| 14 | 0.0000 | 0.0000 | 0.0003 | 0.0014 | 0.0048 | 0.0122 | 0.0259 | 0.0482 | 0.0806 | 0.1240 | 0.1780 |
| 15 | 0.0000 | 0.0000 | 0.0002 | 0.0008 | 0.0028 | 0.0074 | 0.0167 | 0.0324 | 0.0565 | 0.0903 | 0.1342 |
| 16 | 0.0000 | 0.0000 | 0.0001 | 0.0004 | 0.0016 | 0.0045 | 0.0106 | 0.0215 | 0.0390 | 0.0646 | 0.0994 |
| 17 | 0.0000 | 0.0000 | 0.0000 | 0.0002 | 0.0009 | 0.0027 | 0.0066 | 0.0140 | 0.0265 | 0.0456 | 0.0725 |
| 18 | 0.0000 | 0.0000 | 0.0000 | 0.0001 | 0.0005 | 0.0016 | 0.0041 | 0.0090 | 0.0178 | 0.0317 | 0.0521 |
| 19 | 0.0000 | 0.0000 | 0.0000 | 0.0001 | 0.0003 | 0.0009 | 0.0025 | 0.0058 | 0.0118 | 0.0217 | 0.0369 |
| 20 | 0.0000 | 0.0000 | 0.0000 | 0.0000 | 0.0002 | 0.0005 | 0.0015 | 0.0036 | 0.0077 | 0.0147 | 0.0258 |

## 5・2 バルブ切換型蓄熱式熱交換器

| $\eta, \xi_w$ | $\xi, \eta_w=10$ | 11 | 12 | 13 | 14 | 15 | 16 | 17 | 18 | 19 | 20 |
|---|---|---|---|---|---|---|---|---|---|---|---|
| 0 | 1.0000 | 1.0000 | 1.0000 | 1.0000 | 1.0000 | 1.0000 | 1.0000 | 1.0000 | 1.0000 | 1.0000 | 1.0000 |
| 1 | 0.9979 | 0.9990 | 0.9995 | 0.9998 | 0.9999 | 1.0000 | 1.0000 | 1.0000 | 1.0000 | 1.0000 | 1.0000 |
| 2 | 0.9895 | 0.9943 | 0.9970 | 0.9984 | 0.9992 | 0.9996 | 0.9998 | 0.9999 | 1.0000 | 1.0000 | 1.0000 |
| 3 | 0.9694 | 0.9819 | 0.9895 | 0.9940 | 0.9966 | 0.9981 | 0.9990 | 0.9994 | 0.9997 | 0.9998 | 0.9999 |
| 4 | 0.9336 | 0.9577 | 0.9736 | 0.9838 | 0.9902 | 0.9942 | 0.9966 | 0.9980 | 0.9989 | 0.9994 | 0.9996 |
| 5 | 0.8803 | 0.9189 | 0.9463 | 0.9650 | 0.9776 | 0.9859 | 0.9913 | 0.9947 | 0.9968 | 0.9981 | 0.9989 |
| 6 | 0.8106 | 0.8647 | 0.9054 | 0.9352 | 0.9564 | 0.9712 | 0.9812 | 0.9880 | 0.9924 | 0.9952 | 0.9971 |
| 7 | 0.7282 | 0.7964 | 0.8508 | 0.8930 | 0.9247 | 0.9480 | 0.9646 | 0.9763 | 0.9844 | 0.9898 | 0.9934 |
| 8 | 0.6379 | 0.7171 | 0.7839 | 0.8384 | 0.8815 | 0.9147 | 0.9396 | 0.9580 | 0.9712 | 0.9805 | 0.9870 |
| 9 | 0.5453 | 0.6311 | 0.7075 | 0.7729 | 0.8271 | 0.8709 | 0.9052 | 0.9316 | 0.9514 | 0.9659 | 0.9765 |
| 10 | 0.4551 | 0.5431 | 0.6252 | 0.6990 | 0.7630 | 0.8169 | 0.8610 | 0.8963 | 0.9238 | 0.9449 | 0.9607 |
| 11 | 0.3713 | 0.4572 | 0.5412 | 0.6201 | 0.6915 | 0.7542 | 0.8076 | 0.8519 | 0.8878 | 0.9164 | 0.9385 |
| 12 | 0.2965 | 0.3769 | 0.4591 | 0.5396 | 0.6155 | 0.6848 | 0.7462 | 0.7990 | 0.8434 | 0.8799 | 0.9092 |
| 13 | 0.2320 | 0.3044 | 0.3818 | 0.4607 | 0.5381 | 0.6114 | 0.6788 | 0.7389 | 0.7911 | 0.8355 | 0.8723 |
| 14 | 0.1780 | 0.2413 | 0.3116 | 0.3861 | 0.4621 | 0.5368 | 0.6078 | 0.6733 | 0.7322 | 0.7838 | 0.8280 |
| 15 | 0.1342 | 0.1878 | 0.2497 | 0.3180 | 0.3900 | 0.4634 | 0.5356 | 0.6044 | 0.6683 | 0.7260 | 0.7770 |
| 16 | 0.0994 | 0.1436 | 0.1967 | 0.2574 | 0.3237 | 0.3936 | 0.4646 | 0.5345 | 0.6014 | 0.6637 | 0.7203 |
| 17 | 0.0725 | 0.1081 | 0.1524 | 0.2049 | 0.2643 | 0.3290 | 0.3968 | 0.4657 | 0.5335 | 0.5986 | 0.6594 |
| 18 | 0.0521 | 0.0801 | 0.1163 | 0.1606 | 0.2125 | 0.2708 | 0.3338 | 0.3997 | 0.4666 | 0.5326 | 0.5960 |
| 19 | 0.0369 | 0.0585 | 0.0874 | 0.1240 | 0.1683 | 0.2196 | 0.2767 | 0.3382 | 0.4024 | 0.4675 | 0.5318 |
| 20 | 0.0258 | 0.0422 | 0.0648 | 0.0944 | 0.1314 | 0.1755 | 0.2261 | 0.2822 | 0.3423 | 0.4049 | 0.4684 |

第5章 蓄熱式熱交換器の基本伝熱式

表 5·18 $F_2(\eta,\xi)$ または $1-F_{w,1}(\eta,\xi)$ の値

| $\eta$ | $\xi=0$ | 1 | 2 | 3 | 4 | 5 | 6 | 7 | 8 | 9 | 10 |
|---|---|---|---|---|---|---|---|---|---|---|---|
| 0 | 1.0000 | 0.3679 | 0.1353 | 0.0498 | 0.0183 | 0.0067 | 0.0025 | 0.0009 | 0.0003 | 0.0001 | 0.0000 |
| 1 | 0.3679 | 0.3087 | 0.2118 | 0.1311 | 0.0761 | 0.0422 | 0.0226 | 0.0118 | 0.0061 | 0.0030 | 0.0015 |
| 2 | 0.1353 | 0.2118 | 0.2072 | 0.1678 | 0.1220 | 0.0825 | 0.0529 | 0.0326 | 0.0194 | 0.0112 | 0.0064 |
| 3 | 0.0498 | 0.1311 | 0.1678 | 0.1668 | 0.1439 | 0.1132 | 0.0832 | 0.0580 | 0.0388 | 0.0251 | 0.0158 |
| 4 | 0.0183 | 0.0761 | 0.1220 | 0.1439 | 0.1435 | 0.1281 | 0.1056 | 0.0818 | 0.0604 | 0.0428 | 0.0293 |
| 5 | 0.0067 | 0.0422 | 0.0825 | 0.1132 | 0.1281 | 0.1279 | 0.1166 | 0.0992 | 0.0798 | 0.0614 | 0.0454 |
| 6 | 0.0025 | 0.0226 | 0.0529 | 0.0832 | 0.1056 | 0.1166 | 0.1165 | 0.1077 | 0.0937 | 0.0775 | 0.0615 |
| 7 | 0.0009 | 0.0118 | 0.0326 | 0.0580 | 0.0818 | 0.0992 | 0.1077 | 0.1076 | 0.1006 | 0.0891 | 0.0753 |
| 8 | 0.0003 | 0.0061 | 0.0194 | 0.0388 | 0.0604 | 0.0798 | 0.0937 | 0.1006 | 0.1006 | 0.0948 | 0.0850 |
| 9 | 0.0001 | 0.0030 | 0.0112 | 0.0251 | 0.0428 | 0.0614 | 0.0775 | 0.0891 | 0.0948 | 0.0947 | 0.0898 |
| 10 | 0.0000 | 0.0015 | 0.0064 | 0.0158 | 0.0293 | 0.0454 | 0.0615 | 0.0753 | 0.0850 | 0.0898 | 0.0898 |
| 11 | 0.0000 | 0.0007 | 0.0035 | 0.0096 | 0.0195 | 0.0325 | 0.0470 | 0.0612 | 0.0731 | 0.0814 | 0.0856 |
| 12 | 0.0000 | 0.0004 | 0.0019 | 0.0058 | 0.0127 | 0.0226 | 0.0348 | 0.0480 | 0.0606 | 0.0710 | 0.0783 |
| 13 | 0.0000 | 0.0002 | 0.0010 | 0.0034 | 0.0080 | 0.0153 | 0.0251 | 0.0366 | 0.0486 | 0.0598 | 0.0690 |
| 14 | 0.0000 | 0.0001 | 0.0006 | 0.0020 | 0.0050 | 0.0102 | 0.0177 | 0.0271 | 0.0379 | 0.0488 | 0.0589 |
| 15 | 0.0000 | 0.0000 | 0.0003 | 0.0011 | 0.0031 | 0.0066 | 0.0122 | 0.0197 | 0.0288 | 0.0388 | 0.0489 |
| 16 | 0.0000 | 0.0000 | 0.0002 | 0.0006 | 0.0018 | 0.0042 | 0.0082 | 0.0139 | 0.0214 | 0.0301 | 0.0395 |
| 17 | 0.0000 | 0.0000 | 0.0001 | 0.0004 | 0.0011 | 0.0027 | 0.0054 | 0.0097 | 0.0155 | 0.0228 | 0.0312 |
| 18 | 0.0000 | 0.0000 | 0.0000 | 0.0002 | 0.0006 | 0.0016 | 0.0035 | 0.0066 | 0.0111 | 0.0170 | 0.0241 |
| 19 | 0.0000 | 0.0000 | 0.0000 | 0.0001 | 0.0004 | 0.0010 | 0.0023 | 0.0044 | 0.0078 | 0.0124 | 0.0182 |
| 20 | 0.0000 | 0.0000 | 0.0000 | 0.0001 | 0.0002 | 0.0006 | 0.0014 | 0.0029 | 0.0053 | 0.0089 | 0.0135 |

## 5・2 バルブ切換型蓄熱式熱交換器

| η | ξ=10 | 11 | 12 | 13 | 14 | 15 | 16 | 17 | 18 | 19 | 20 |
|---|---|---|---|---|---|---|---|---|---|---|---|
| 0 | 0.0000 | 0.0000 | 0.0000 | 0.0000 | 0.0000 | 0.0000 | 0.0000 | 0.0000 | 0.0000 | 0.0000 | 0.0000 |
| 1 | 0.0015 | 0.0007 | 0.0004 | 0.0002 | 0.0001 | 0.0000 | 0.0000 | 0.0000 | 0.0000 | 0.0000 | 0.0000 |
| 2 | 0.0064 | 0.0035 | 0.0019 | 0.0010 | 0.0006 | 0.0003 | 0.0002 | 0.0001 | 0.0000 | 0.0000 | 0.0000 |
| 3 | 0.0158 | 0.0096 | 0.0058 | 0.0034 | 0.0020 | 0.0011 | 0.0006 | 0.0004 | 0.0002 | 0.0001 | 0.0001 |
| 4 | 0.0293 | 0.0195 | 0.0127 | 0.0080 | 0.0050 | 0.0031 | 0.0018 | 0.0011 | 0.0006 | 0.0004 | 0.0002 |
| 5 | 0.0454 | 0.0325 | 0.0226 | 0.0153 | 0.0102 | 0.0066 | 0.0042 | 0.0027 | 0.0016 | 0.0010 | 0.0006 |
| 6 | 0.0615 | 0.0470 | 0.0348 | 0.0251 | 0.0177 | 0.0122 | 0.0082 | 0.0054 | 0.0035 | 0.0023 | 0.0014 |
| 7 | 0.0753 | 0.0612 | 0.0480 | 0.0366 | 0.0271 | 0.0197 | 0.0139 | 0.0097 | 0.0066 | 0.0044 | 0.0029 |
| 8 | 0.0850 | 0.0731 | 0.0606 | 0.0486 | 0.0379 | 0.0288 | 0.0214 | 0.0155 | 0.0111 | 0.0078 | 0.0053 |
| 9 | 0.0898 | 0.0814 | 0.0710 | 0.0598 | 0.0488 | 0.0388 | 0.0301 | 0.0228 | 0.0170 | 0.0124 | 0.0089 |
| 10 | 0.0898 | 0.0856 | 0.0783 | 0.0690 | 0.0589 | 0.0489 | 0.0395 | 0.0312 | 0.0241 | 0.0182 | 0.0135 |
| 11 | 0.0856 | 0.0856 | 0.0819 | 0.0755 | 0.0672 | 0.0580 | 0.0488 | 0.0400 | 0.0320 | 0.0251 | 0.0194 |
| 12 | 0.0783 | 0.0819 | 0.0819 | 0.0787 | 0.0729 | 0.0655 | 0.0571 | 0.0486 | 0.0403 | 0.0327 | 0.0260 |
| 13 | 0.0690 | 0.0755 | 0.0787 | 0.0786 | 0.0758 | 0.0706 | 0.0639 | 0.0562 | 0.0483 | 0.0405 | 0.0333 |
| 14 | 0.0589 | 0.0672 | 0.0729 | 0.0758 | 0.0758 | 0.0732 | 0.0685 | 0.0624 | 0.0553 | 0.0479 | 0.0406 |
| 15 | 0.0489 | 0.0580 | 0.0655 | 0.0706 | 0.0732 | 0.0732 | 0.0708 | 0.0666 | 0.0609 | 0.0544 | 0.0475 |
| 16 | 0.0395 | 0.0488 | 0.0571 | 0.0639 | 0.0685 | 0.0708 | 0.0708 | 0.0687 | 0.0648 | 0.0596 | 0.0536 |
| 17 | 0.0312 | 0.0400 | 0.0486 | 0.0562 | 0.0624 | 0.0666 | 0.0687 | 0.0687 | 0.0667 | 0.0632 | 0.0584 |
| 18 | 0.0241 | 0.0320 | 0.0403 | 0.0483 | 0.0553 | 0.0609 | 0.0648 | 0.0667 | 0.0667 | 0.0650 | 0.0616 |
| 19 | 0.0182 | 0.0251 | 0.0327 | 0.0405 | 0.0479 | 0.0544 | 0.0596 | 0.0632 | 0.0650 | 0.0649 | 0.0633 |
| 20 | 0.0135 | 0.0194 | 0.0260 | 0.0333 | 0.0406 | 0.0475 | 0.0536 | 0.0584 | 0.0616 | 0.0633 | 0.0633 |

表 5·19　$-F_1(\eta, \xi)$ または $F_{w2}(\eta_w, \xi_w)$ の値

| $\xi, \eta_w$ | $\eta, \xi_w=0$ | 1 | 2 | 3 | 4 | 5 | 6 | 7 | 8 | 9 | 10 |
|---|---|---|---|---|---|---|---|---|---|---|---|
| 0 | 0.0000 | 0.0000 | 0.0000 | 0.0000 | 0.0000 | 0.0000 | 0.0000 | 0.0000 | 0.0000 | 0.0000 | 0.0000 |
| 1 | 0.3679 | 0.2155 | 0.1192 | 0.0635 | 0.0328 | 0.0166 | 0.0082 | 0.0040 | 0.0019 | 0.0009 | 0.0004 |
| 2 | 0.2707 | 0.2387 | 0.1789 | 0.1220 | 0.0782 | 0.0478 | 0.0282 | 0.0162 | 0.0091 | 0.0050 | 0.0027 |
| 3 | 0.1494 | 0.1907 | 0.1831 | 0.1521 | 0.1152 | 0.0818 | 0.0522 | 0.0358 | 0.0225 | 0.0138 | 0.0082 |
| 4 | 0.0733 | 0.1315 | 0.1565 | 0.1537 | 0.1342 | 0.1079 | 0.0816 | 0.0588 | 0.0408 | 0.0273 | 0.0178 |
| 5 | 0.0337 | 0.0831 | 0.1197 | 0.1363 | 0.1350 | 0.1213 | 0.1014 | 0.0802 | 0.0605 | 0.0440 | 0.0309 |
| 6 | 0.0149 | 0.0495 | 0.0848 | 0.1104 | 0.1225 | 0.1218 | 0.1115 | 0.0958 | 0.0782 | 0.0611 | 0.0461 |
| 7 | 0.0064 | 0.0282 | 0.0567 | 0.0836 | 0.1030 | 0.1123 | 0.1118 | 0.1037 | 0.0909 | 0.0760 | 0.0611 |
| 8 | 0.0027 | 0.0156 | 0.0363 | 0.0601 | 0.0816 | 0.0969 | 0.1042 | 0.1039 | 0.0974 | 0.0867 | 0.0739 |
| 9 | 0.0011 | 0.0083 | 0.0224 | 0.0413 | 0.0615 | 0.0792 | 0.0917 | 0.0978 | 0.0975 | 0.0921 | 0.0829 |
| 10 | 0.0004 | 0.0044 | 0.0134 | 0.0274 | 0.0445 | 0.0619 | 0.0768 | 0.0872 | 0.0923 | 0.0922 | 0.0875 |
| 11 | 0.0002 | 0.0022 | 0.0078 | 0.0177 | 0.0311 | 0.0466 | 0.0617 | 0.0745 | 0.0834 | 0.0877 | 0.0876 |
| 12 | 0.0001 | 0.0011 | 0.0045 | 0.0111 | 0.0212 | 0.0339 | 0.0478 | 0.0617 | 0.0723 | 0.0800 | 0.0838 |
| 13 | 0.0000 | 0.0006 | 0.0025 | 0.0068 | 0.0140 | 0.0240 | 0.0359 | 0.0486 | 0.0604 | 0.0702 | 0.0770 |
| 14 | 0.0000 | 0.0003 | 0.0014 | 0.0041 | 0.0090 | 0.0165 | 0.0262 | 0.0374 | 0.0489 | 0.0596 | 0.0683 |
| 15 | 0.0000 | 0.0001 | 0.0008 | 0.0024 | 0.0057 | 0.0111 | 0.0187 | 0.0281 | 0.0385 | 0.0490 | 0.0586 |
| 16 | 0.0000 | 0.0001 | 0.0004 | 0.0014 | 0.0036 | 0.0074 | 0.0130 | 0.0206 | 0.0296 | 0.0393 | 0.0490 |
| 17 | 0.0000 | 0.0000 | 0.0002 | 0.0008 | 0.0022 | 0.0048 | 0.0089 | 0.0147 | 0.0222 | 0.0307 | 0.0399 |
| 18 | 0.0000 | 0.0000 | 0.0001 | 0.0004 | 0.0013 | 0.0030 | 0.0060 | 0.0104 | 0.0163 | 0.0235 | 0.0317 |
| 19 | 0.0000 | 0.0000 | 0.0001 | 0.0002 | 0.0008 | 0.0019 | 0.0039 | 0.0072 | 0.0117 | 0.0176 | 0.0247 |
| 20 | 0.0000 | 0.0000 | 0.0000 | 0.0001 | 0.0005 | 0.0012 | 0.0026 | 0.0048 | 0.0083 | 0.0130 | 0.0188 |

5・2 バルブ切換型蓄熱式熱交換器

| $\eta, \eta_w$ | $\eta, \xi_w=10$ | 11 | 12 | 13 | 14 | 15 | 16 | 17 | 18 | 19 | 20 |
|---|---|---|---|---|---|---|---|---|---|---|---|
| 0 | 0.0000 | 0.0000 | 0.0000 | 0.0000 | 0.0000 | 0.0000 | 0.0000 | 0.0000 | 0.0000 | 0.0000 | 0.0000 |
| 1 | 0.0004 | 0.0002 | 0.0001 | 0.0000 | 0.0000 | 0.0000 | 0.0000 | 0.0000 | 0.0000 | 0.0000 | 0.0000 |
| 2 | 0.0027 | 0.0014 | 0.0008 | 0.0004 | 0.0002 | 0.0001 | 0.0000 | 0.0000 | 0.0000 | 0.0000 | 0.0000 |
| 3 | 0.0082 | 0.0048 | 0.0028 | 0.0016 | 0.0009 | 0.0005 | 0.0003 | 0.0001 | 0.0001 | 0.0000 | 0.0000 |
| 4 | 0.0178 | 0.0113 | 0.0070 | 0.0043 | 0.0026 | 0.0015 | 0.0009 | 0.0005 | 0.0003 | 0.0002 | 0.0001 |
| 5 | 0.0309 | 0.0212 | 0.0141 | 0.0092 | 0.0059 | 0.0037 | 0.0023 | 0.0014 | 0.0008 | 0.0005 | 0.0003 |
| 6 | 0.0461 | 0.0336 | 0.0239 | 0.0166 | 0.0112 | 0.0075 | 0.0049 | 0.0031 | 0.0020 | 0.0012 | 0.0008 |
| 7 | 0.0611 | 0.0474 | 0.0357 | 0.0261 | 0.0187 | 0.0131 | 0.0090 | 0.0061 | 0.0040 | 0.0026 | 0.0017 |
| 8 | 0.0739 | 0.0606 | 0.0482 | 0.0372 | 0.0280 | 0.0205 | 0.0148 | 0.0104 | 0.0072 | 0.0049 | 0.0033 |
| 9 | 0.0829 | 0.0718 | 0.0600 | 0.0486 | 0.0383 | 0.0294 | 0.0221 | 0.0163 | 0.0118 | 0.0083 | 0.0058 |
| 10 | 0.0875 | 0.0796 | 0.0698 | 0.0592 | 0.0488 | 0.0391 | 0.0306 | 0.0234 | 0.0176 | 0.0130 | 0.0094 |
| 11 | 0.0876 | 0.0836 | 0.0767 | 0.0679 | 0.0583 | 0.0487 | 0.0397 | 0.0316 | 0.0246 | 0.0188 | 0.0141 |
| 12 | 0.0838 | 0.0837 | 0.0802 | 0.0740 | 0.0662 | 0.0575 | 0.0486 | 0.0401 | 0.0323 | 0.0256 | 0.0198 |
| 13 | 0.0770 | 0.0803 | 0.0802 | 0.0771 | 0.0716 | 0.0645 | 0.0566 | 0.0483 | 0.0403 | 0.0330 | 0.0264 |
| 14 | 0.0683 | 0.0743 | 0.0772 | 0.0772 | 0.0744 | 0.0694 | 0.0630 | 0.0557 | 0.0480 | 0.0405 | 0.0334 |
| 15 | 0.0586 | 0.0664 | 0.0718 | 0.0745 | 0.0744 | 0.0719 | 0.0675 | 0.0616 | 0.0548 | 0.0476 | 0.0406 |
| 16 | 0.0490 | 0.0577 | 0.0648 | 0.0696 | 0.0720 | 0.0720 | 0.0697 | 0.0656 | 0.0602 | 0.0539 | 0.0472 |
| 17 | 0.0399 | 0.0488 | 0.0568 | 0.0632 | 0.0676 | 0.0698 | 0.0697 | 0.0677 | 0.0589 | 0.0639 | 0.0531 |
| 18 | 0.0317 | 0.0403 | 0.0485 | 0.0559 | 0.0617 | 0.0657 | 0.0677 | 0.0677 | 0.0658 | 0.0624 | 0.0577 |
| 19 | 0.0247 | 0.0325 | 0.0405 | 0.0482 | 0.0550 | 0.0603 | 0.0640 | 0.0658 | 0.0658 | 0.0641 | 0.0609 |
| 20 | 0.0188 | 0.0256 | 0.0331 | 0.0406 | 0.0478 | 0.0541 | 0.0590 | 0.0624 | 0.0641 | 0.0641 | 0.0625 |

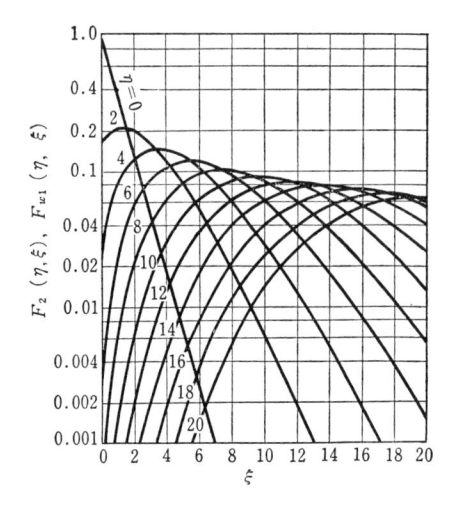

図 5・34　$F_2(\eta, \xi)$ または $F_{w,1}(\eta, \xi)$ の値

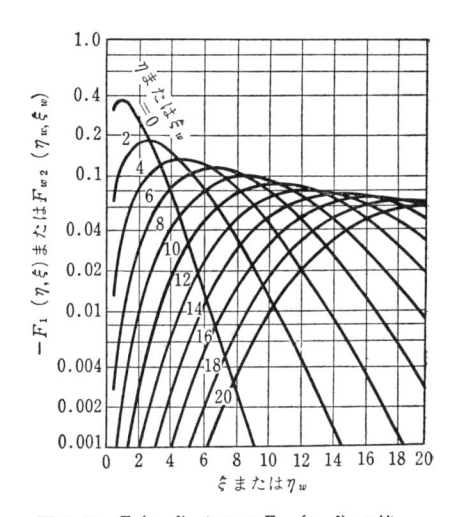

図 5・35　$F_1(\eta, \xi)$ または $F_{w,2}(\eta, \xi)$ の値

〔例題 5・2〕　蓄熱体の最初の温度分布 $v$ が図 5・36 および表 5・20 で与えられるものとし，流体が一定温度 $u_0=100$〔°C〕で流入するとき，$\eta=6$，$\xi=16$ における流体の温度を求めよ。

〔解〕　式 (5・30) による計算結果を表 5・20 に示す。Simpson の法則を用いて

$$\int_0^\xi v \cdot F_2(\eta, \xi-\zeta) \cdot d\zeta = 1,511.02$$

## 5・2 バルブ切換型蓄熱式熱交換器

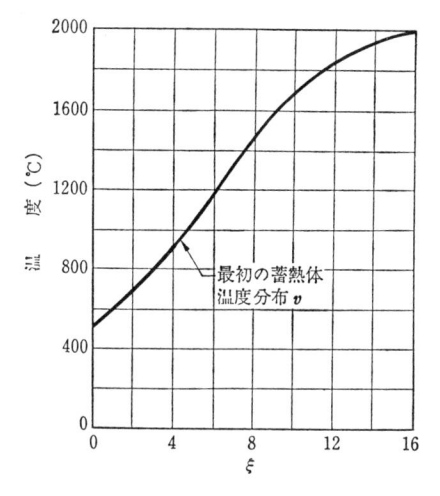

図 5・36 例題 5・2 の蓄熱体の最初の温度分布

表 5・17 から

$F(6,16)=0.9812$

$F(6, 0)=0$

式 (5・30) を用いて

$t=(6,16)=100\times(1-0.9812)+0+1,511$

$=1,513$ [°C]

以上のようにして，蓄熱体の最初の温度分布が与えられると，任意の時間，任意の位置における流体の温度および蓄熱体の温度を容易に求めることができる。バルブ切換型蓄熱

表 5・20　式 (5・30) 中の積分の値，$\eta=6$

| $\zeta$ | $v$(°C) | $\xi-\zeta$ | $F_2(\eta, \xi-\zeta)$ [表 5・18 より] | $vF_2(\eta, \xi-\zeta)$ |
|---|---|---|---|---|
| 0 | 500 | 16 | 0.0082 | 4.10 |
| 2 | 680 | 14 | 0.0177 | 12.04 |
| 4 | 910 | 12 | 0.0348 | 31.67 |
| 6 | 1,190 | 10 | 0.0615 | 73.18 |
| 8 | 1,462 | 8 | 0.0937 | 136.99 |
| 10 | 1,675 | 6 | 0.1165 | 195.14 |
| 12 | 1,838 | 4 | 0.1056 | 194.09 |
| 14 | 1,940 | 2 | 0.0529 | 102.63 |
| 16 | 2,000 | 0 | 0.0025 | 5.00 |

式熱交換器において，低温流体あるいは高温流体の出口温度を求めるためには，まず蓄熱体の温度分布を任意に仮定し，低温流体を流し，$\theta_c$ 時間（1サイクルあたり低温流体が流れる時間）後の蓄熱体の温度分布を求め，次に高温流体を流し，$\theta_h$ 時間（1サイクルあたり高温流体が流れる時間）後の蓄熱体の温度分布を計算し，最初に仮定した温度分布と比較し，一致しないときには計算で求めた温度分布を仮定値におき代えて，仮定値と計算値が一致するまで計算を繰り返す。

このようにして蓄熱体の温度分布が求まれば，低温流体あるいは高温流体の出口温度の瞬間値および平均値を容易に求めることができる。

（2） 流体入口温度が時間の経過とともに変化する場合：蓄熱式熱交換器において，時間0すなわち流体を流し始める直前における，流体の流れ方向に沿っての蓄熱体の温度分布が，任意の曲線で示されるものとする。この蓄熱式熱交換器に流体が流れるものとし，その流体の流入温度は時間とともに変化するような場合には，任意の時間，任意の位置における蓄熱体の温度および流体の温度は次式で示される。

$$t(\eta, \xi) = v_\xi \cdot F(\eta, 0) + \int_0^\xi v \cdot F_2(\eta, \xi-\zeta) \cdot d\zeta$$
$$+ u_\eta \cdot \{1 - F(0, \xi)\} - \int_0^\eta u \cdot F_1(\eta-\tau, \xi) \cdot d\tau \quad \cdots\cdots\cdots(5 \cdot 32)$$

$$t_w(\eta, \xi) = v_\xi \cdot F_w(\eta, 0) + \int_0^\xi v \cdot F_{w2}(\eta, \xi-\zeta) \cdot d\zeta$$
$$+ u_\eta \{1 - F_w(0, \xi)\} - \int_0^\eta u \cdot F_{w,1}(\eta-\tau, \xi) \cdot d\tau \quad \cdots\cdots\cdots(5 \cdot 33)$$

ここで

$u$：流体入口温度 〔°C〕

$u_\eta$：時間 $\eta$ における流体入口温度 〔°C〕

$\tau$：dummy 変数 $0 \leq \tau \leq \eta$

関数 $F_1(\eta, \xi)$，$F_{w,1}$ の値を表 5・18，表 5・19，および図 5・34，図 5・35 に示す。

〔例題 5・3〕 流量 40,000〔kg/hr〕の高温気体（比熱 0.37〔kcal/kg・°C〕）と流量 40,000〔kg/hr〕の低温気体（比熱 0.37〔kcal/kg・°C〕）をバルブ切換型蓄熱式熱交換器で熱交換させる。蓄熱体は密度 $\rho_M = 1,800$〔kg/m³〕，比熱 $C_M = 0.30$〔kcal/kg・°C〕，熱伝導率 $k_M = 1.0$〔kcal/m・hr・°C〕なる物性値を有する厚さ $\delta = 0.06$〔m〕の平板とし，その表面積 $A = 6,000$〔m²〕，重量 $M = 216,000$〔kg〕とする。境膜伝熱係数は高温気体，低温気体共に 28〔kcal/m²・hr・°C〕とする。冷却期間および加熱期間は 0.5 hr ずつ（すなわち1サイクルが 1 hr）とする。高温気体および低温気体の入口温度をそれぞれ 1,400〔°C〕および 100〔°C〕とし，向流に流すものとしてそれぞれの気体の平均出口温度を求めよ。

〔解〕 蓄熱体の熱拡散率

$$a = \frac{k_M}{C_M \cdot \rho_M} = \frac{1.0}{0.30 \times 1,800} = 0.00185 \; [\text{m}^2/\text{hr}]$$

$$\frac{\delta^2}{2a}\left[\frac{1}{\theta_c}+\frac{1}{\theta_h}\right] = \frac{(0.06)^2}{2 \times 0.00185} \times \left[\frac{1}{0.5}+\frac{1}{0.5}\right] = 3.89$$

図 5・18 または式 (5・18) から

$$\phi = \frac{1}{6} - 0.00556 \times 3.89 = 0.1451$$

したがって,

$$\frac{\delta}{k_M} \cdot \phi = \frac{0.06}{1} \times 0.1451 = 0.0087$$

式 (5・17) から有効伝熱係数 $h_m$ は,

$$\frac{1}{h_m} = \frac{1}{28} + 0.0087$$

したがって $h_m = 22.5 \; [\text{kcal/m}^2 \cdot \text{hr} \cdot °\text{C}]$

(1) Hausen の方法

$$\Lambda = \frac{h_m \cdot A}{(W \cdot C)_c} = \frac{22.5 \times 6,000}{(40,000 \times 0.37)} = 9.11$$

$$\Pi = \frac{h_m \cdot A \cdot P}{M \cdot C_M} = \frac{22.5 \times 6,000 \times 0.5}{216,000 \times 0.30} = 1.04$$

図 5・19 から $E = 0.80$

式 (5・24) から

$$\overline{T}_{h,\text{out}} = T_{h,\text{in}} - E \cdot (T_{h,\text{in}} - T_{c,\text{in}})$$
$$= 1,400 - 0.80 \times (1,400 - 100) = 390 \; [°\text{C}]$$

$$\overline{T}_{c,\text{out}} = T_{c,\text{in}} + E \cdot (T_{h,\text{in}} - T_{c,\text{in}})$$
$$= 100 + 0.80 \times (1,400 - 100) = 1,110 \; [°\text{C}]$$

(2) Schalkwijk の方法

図 5・21 から $\Omega = 0.085$

式 (5・25) から

$$E = \frac{\Lambda - \Omega}{\Lambda + 2 - \Omega} = \frac{9.11 - 0.085}{9.11 + 2 - 0.085} = 0.82$$

$$\overline{T}_{h,\text{out}} = 1,400 - 0.82 \times (1,400 - 100) = 330 \; [°\text{C}]$$
$$\overline{T}_{c,\text{out}} = 100 + 0.82 \times (1,400 - 100) = 1,170 \; [°\text{C}]$$

(3) Peiser の方法

図 5・22 から

$$\Delta T = 0.183$$

式 (5・28) から

$$\overline{T}_{c,\text{out}} = T_{h,\text{in}} - \Delta T \cdot (T_{h,\text{in}} - T_{c,\text{in}})$$
$$= 1,400 - 0.183 \times (1,400 - 100) = 1,162 \; [°\text{C}]$$

$$\overline{T}_{h,\text{out}} = T_{c,\text{in}} + \Delta T \cdot (T_{h,\text{in}} - T_{c,\text{in}})$$
$$= 100 + 0.183 \times (1,400 - 100) = 338 \text{ [°C]}$$

〔例題 5·4〕 例題 5·3 において,気体を並流に流した場合について,それぞれの気体の平均出口温度を求めよ.

〔解〕 （1） Hausen の方法

図 5·20 から

$E = 0.50$

$\overline{T}_{h,\text{out}} = 1,400 - 0.50 \times (1,400 - 100) = 750 \text{ [°C]}$

$\overline{T}_{c,\text{out}} = 100 + 0.50 \times (1,400 - 100) = 750 \text{ [°C]}$

（2） Kardas の方法

$$N_{Bi} = \frac{h \cdot \delta}{2 \cdot k_M} = \frac{28 \times 0.06}{2 \times 1.0} = 0.84$$

$$\eta' = \frac{\delta}{2} \cdot \sqrt{\frac{\pi}{2a \cdot P}}$$

$$= \frac{0.06}{2} \times \sqrt{\frac{3.1416}{2 \times 0.00185 \times 0.5}} = 1.24$$

$$\Lambda' = \frac{h \cdot A}{(W \cdot C)_c} = \frac{28 \times 6,000}{(40,000 \times 0.37)} = 11.3$$

図 5·30 から

$\Psi = 0.09$

式 (5·29) から

$$Q_p = h \cdot A \cdot \frac{(T_{h,\text{in}} - T_{c,\text{in}})}{2} \cdot P \cdot \Psi$$

$$= 28 \times 6,000 \times \frac{(1,400 - 100)}{2} \times 0.5 \times 0.09 = 4.91 \times 10^6 \text{ [kcal]}$$

$$\overline{T}_{h,\text{out}} = T_{h,\text{in}} - \frac{Q_p}{(W \cdot C)_h \cdot P}$$

$$= 1,400 - \frac{4.91 \times 10^6}{40,000 \times 0.37 \times 0.5} = 735 \text{ [°C]}$$

$$\overline{T}_{c,\text{out}} = T_{c,\text{in}} + \frac{Q_p}{(W \cdot C)_c \cdot P}$$

$$= 100 + \frac{4.91 \times 10^6}{40,000 \times 0.37 \times 0.5} = 765 \text{ [°C]}$$

以上,蓄熱式熱交換器内で,境膜伝熱係数が変化せず,一定と見なした場合の取扱法を示したが,実際には熱交換器内で境膜伝熱係数が変化する.この場合の厳密な取扱法については,Hausen の論文[9] を参照されたい.

---

9) Hausen, H.; Int. J. Heat Mass Transfer, vol. 7, pp. 112〜123 (1964).

## 第6章　非定常プロセス

前章までは主として定常状態の伝熱を取り扱ったが，本章では種々のプロセスに用いられる回分操作における非定常プロセスについて述べる。本章では，容器中の液体の昇温や冷却を行なう場合における次の問題を取り扱う。
(1) 与えられた時間に，加熱・冷却を完了するための所要伝熱面積を求める。
(2) 与えられた装置による加熱・冷却の最終温度を求める。
(3) 与えられた時間と装置による加熱・冷却の最終温度を求める。
なお，本章ではつぎの仮定をおいて，諸式を導くことにする。
(1) 総括伝熱係数 $U$ は，操作時間中および熱交換伝熱面の全域にわたり一定とする。
(2) 液流量は常に一定とする。
(3) 流体の比熱は操作時間中一定とする。
(4) 加熱媒体あるいは冷却媒体の入口温度は一定とする。
(5) 撹拌によって，容器内の流体温度は均一に保たれるものとする。
(6) 容器内の流体は相変化しないものとする。
(7) 熱損失は無視することができるものとする。

### 6・1　コイルまたはジャケット付撹拌容器
#### 6・1・1　加熱または冷却媒体温度が不変の場合

図6・1に示すような撹拌容器内の液を，スチームなどの一定温度で凝縮する加熱媒体で加熱する場合，あるいは冷凍装置における冷媒蒸発器のように，定温蒸発媒体にて冷却する場合，容器内の液の質量を $M$ kg，比熱を $C$，温度を $T$ とし，媒体温度を $t$（一定）として，微小時間 $d\theta$ における熱収支をとると，

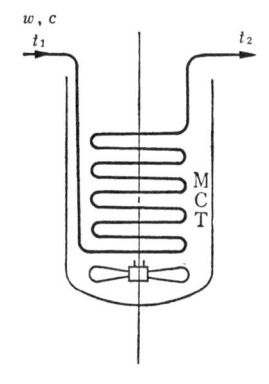

図6・1　撹拌容器の回分加熱，冷却

$$M \cdot C \cdot dT = U \cdot A \cdot (t-T) \cdot d\theta \quad \cdots\cdots(6\cdot1)$$

$A$ は伝熱面積，$U$ は総括伝熱係数である。

$$\frac{dT}{d\theta} = \frac{U \cdot A}{M \cdot C} \cdot (t-T) \quad \cdots\cdots(6\cdot2)$$

容器内の液の温度が最初 $T_1$ であったものが，$\theta$ 時間後に $T_2$ になるものとすれば，式

(6·2) を積分して

$$\ln\left(\frac{t_1-T_1}{t_1-T_2}\right)=\frac{U\cdot A\cdot\theta}{M\cdot C} \quad\quad\quad\quad (6\cdot 3)$$

### 6·1·2 加熱または冷却媒体温度が変化する場合

熱媒体の流量を $w$, 比熱を $c$, 入口温度を $t_1$ とし, 熱媒体の出口温度は時間に応じて変化するものとすると, 熱収支から

$$\underset{(a)}{M\cdot C\cdot dT}=\underset{(b)}{w\cdot c\cdot(t_1-t_2)\cdot d\theta}=\underset{(c)}{\pm U\cdot A\cdot \Delta T_{lm}\cdot d\theta} \quad\quad (6\cdot 4)$$

$$\Delta T_{lm}=\pm\frac{t_1-t_2}{\ln[(t_1-T)/(t_2-T)]}$$

(c)において, $T>t$ すなわち容器内液体を冷却する場合には負符号（−）を, $T<t$ すなわち加熱する場合には正符号（＋）をとる。(b)と(c)とから

$$w\cdot c\cdot(t_1-t_2)=U\cdot A\cdot\frac{t_1-t_2}{\ln[(t_1-T)/(t_2-T)]}$$

$$\therefore\quad \exp\left(\frac{U\cdot A}{w\cdot c}\right)=\frac{t_1-T}{t_2-T}$$

$$t_2=T+\frac{t_1-T}{\exp\left(\dfrac{U\cdot A}{w\cdot c}\right)}$$

ここで, $K_1=\exp[(U\cdot A)/(w\cdot c)]$ とおけば, 式 (6·4) の (a), (b) から

$$M\cdot C\cdot\frac{dT}{d\theta}=w\cdot c\cdot\left(\frac{K_1-1}{K_1}\right)\cdot(t_1-T)$$

積分して

$$\ln\left(\frac{t_1-T_1}{t_1-T_2}\right)=\frac{w\cdot c}{M\cdot C}\cdot\left(\frac{K_1-1}{K_1}\right)\cdot\theta \quad\quad\quad (6\cdot 5)$$

式 (6·5) から, 装置および操作条件により $UA$ が固定されている場合は, 容器内液体の最後の温度と, 加熱あるいは冷却時間との関係を示し, また逆に温度条件と時間を与えられれば, 所要の $UA$ を計算することができる。計算図を図 6·5 に示す。

### 〔例題 6·1〕 コイル付攪拌容器の加熱時間

液体 A を 5,000 [kg] 保有する攪拌容器を, 175 [°C] から 295 [°C] まで加熱したい。加熱媒体として, 温度 300 [°C] のガス B を 40,000 [kg/hr] 使用する。容器内には伝熱面積 100 [m²] のコイルが浸漬されていて, その総括伝熱係数は 100 [kcal/m²·hr·°C] である。液体 A およびガス B の比熱は, それぞれ 1.0 および 0.5 [kcal/kg·°C] である。加熱に要する時間を求めよ。

〔解〕 (1) 解析解

6・1 コイルまたはジャケット付撹拌容器　　267

$$K_1 = \exp\left(\frac{100 \times 100}{40,000 \times 0.5}\right) = 1.6487$$

$$\ln\left(\frac{300-175}{300-295}\right) = \frac{40,000 \times 0.5}{5,000 \times 1} \cdot \left(\frac{1.6487-1}{1.6487}\right) \cdot \theta$$

$$\theta = 2.044 \text{ [hr]}$$

(2) 図解

$|t_1-T_1|$ スケール上の $|300-175|=125$ から水平に $|t_1-T_2|=5$ まで進み,そこから $R_1$ 曲線まで垂直に進む。つぎに A′ スケール(値 1.40)まで水平に進む。この点と B スケール上の $(M \cdot C)/(w \cdot c)=0.25$ の点を結ぶ。この線と参考線 $R_2$ スケールとの交点を参考点とする。

一方,U スケール,A スケール上の点 $U=100$, $A=100$ を結び $U \cdot A=10^4$ が得られる。この点から $(w \cdot c)=20,000$ まで垂直に進む。この点を Y スケール上の点まで水平に進む。この点と $R_2$ スケール上の参考点とを結び,スケール X との交点から解を読みとる。

$$\theta = 2.08$$

$$誤差(\%) = \frac{2.08-2.044}{2.044} \times 100 = 1.76$$

〔例題 6・2〕 **コイル付撹拌容器の冷却時間**

液体 A を 10,000 [kg] 保有する撹拌容器を 135 [°C] から 47.5 [°C] まで冷却したい。冷却媒体として温度 35 [°C] の液体 B を 20,000 [kg/hr] 使用する。容器内には伝熱面積 5 [m²] のコイルが浸漬されていて,その総括伝熱係数 $U$ は 400 [kcal/m²・hr・°C] である。液体 A および液体 B の比熱は,共に 0.5 [kcal/kg・°C] である。液体を冷却するに必要な時間を求めよ。

〔解〕 (1) 解析解

$$K_1 = \exp\left(\frac{400 \times 5}{20,000 \times 0.5}\right) = 1.2214$$

$$\ln\left(\frac{135-35}{47.5-35}\right) = \left(\frac{20,000 \times 0.5}{10,000 \times 0.5}\right) \cdot \left(\frac{1.2214-1}{1.2214}\right) \cdot \theta$$

$$\theta = 5.73 \text{ [hr]}$$

(2) 図解

$|t_1-T_1|=|35-135|=100$ から水平に $|t_1-T_2|=12.5$ まで進み,そこから $R_1$ 曲線まで垂直に進む。つぎに A′ スケール(値 0.88)まで水平に進む。この点と $(M \cdot C)/(w \cdot c)=0.5$ の点を結ぶ。この線と参考線 $R_2$ スケールとの交点を参考点とする。

一方,U スケール,A スケール上の点 $U=400$, $A=5$ を結び,$U \cdot A=2,000$ が得られる。この点から $(w \cdot c)=10,000$ まで垂直に進む。この点を Y スケール上の点まで水平に進む。この点と $R_2$ スケール上の参考点とを結び,スケール X との交点から解を読みとる。

$$\theta = 5.8 \, [\text{hr}]$$

$$\text{誤差}(\%) = \frac{5.80 - 5.73}{5.73} \times 100 = 1.22$$

## 6・2 外部熱交換器付攪拌容器の加熱,冷却(容器内に液の出入がない場合)
### 6・2・1 加熱または冷却媒体温度が不変の場合

図6・2に示すように,容器内の液体を外部熱交換器に循環して加熱あるいは冷却する場合について考える。外部熱交換器を加熱あるいは冷却するための熱媒体は,凝縮あるいは蒸発して一定温度を保つものとする。

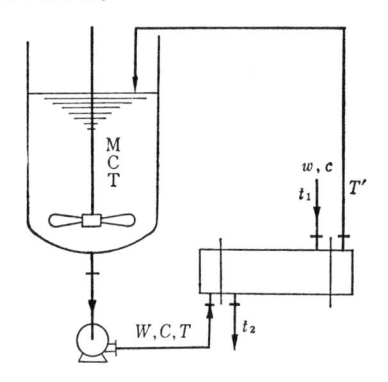

図6・2 外部熱交換器(向流)による攪拌容器の加熱,冷却

熱収支から

$$\overset{(a)}{M \cdot C \cdot dT} = \overset{(b)}{W \cdot C \cdot (T'-T) \cdot d\theta} = \overset{(c)}{\pm U \cdot A \cdot \varDelta T_{lm} \cdot d\theta} \quad \cdots\cdots\cdots\cdots (6 \cdot 6)$$

$$\varDelta T_{lm} = \pm \frac{T'-T}{\ln[(t_1-T)/(t_1-T')]}$$

(c)において,$T > t$ すなわち容器内液体を冷却する場合には負符号(−)を,$T < t$ すなわち加熱する場合には正符号(+)をとる。(b)と(c)とから

$$W \cdot C \cdot (T'-T) = U \cdot A \cdot \frac{T'-T}{\ln[(t_1-T)/(t_1-T')]}$$

$$\therefore \quad \exp\left(\frac{U \cdot A}{W \cdot C}\right) = \frac{t_1-T}{t_1-T'}$$

$$T' = t_1 - \frac{t_1-T}{\exp\left(\dfrac{U \cdot A}{W \cdot C}\right)}$$

ここで,$K_2 = \exp[(U \cdot A)/(W \cdot C)]$ とおけば,式(6・6)の(a),(b)から

$$\ln\left(\frac{t_1-T_1}{t_1-T_2}\right)=\frac{W\cdot C}{M\cdot C}\cdot\left(\frac{K_2-1}{K_2}\right)\cdot\theta \quad\cdots\cdots(6\cdot7)$$

**6・2・2 加熱または冷却媒体温度が変化する場合(向流熱交換器)**

熱収支から

$$\overset{(a)}{M\cdot C\cdot dT}=\overset{(b)}{W\cdot C\cdot(T'-T)\cdot d\theta}=\overset{(c)}{w\cdot c\cdot(t_1-t_2)\cdot d\theta}=\overset{(d)}{U\cdot A\cdot\varDelta T_{lm}\cdot d\theta} \quad\cdots\cdots(6\cdot8)$$

(a) と (b) とから,

$$T'-T=\frac{M\cdot C}{W\cdot C}\cdot\frac{dT}{d\theta}$$

(a) と (c) とから,

$$t_2=t_1-\frac{M\cdot C}{w\cdot c}\cdot\frac{dT}{d\theta}$$

$$K_3=\exp\left[U\cdot A\cdot\left(\frac{1}{W\cdot C}-\frac{1}{w\cdot c}\right)\right]$$

とおけば,

$$\ln\left(\frac{t_1-T_1}{t_1-T_2}\right)=\frac{K_3-1}{M}\cdot\frac{W\cdot w\cdot c}{K_3\cdot w\cdot c-W\cdot C}\cdot\theta \quad\cdots\cdots(6\cdot9)$$

計算図を図 6・6 に示す。

**〔例題 6・3〕 外部熱交換器付撹拌容器の加熱時間**

液体 A を 40,000 [kg] 保有する撹拌容器を, 50 [°C] から 250 [°C] まで加熱したい。加熱媒体として温度 300 [°C] のガス B を 50,000 [kg/hr] 使用する。容器内の液体は伝熱面積 10 [m²] の外部熱交換器(向流)に循環され, 加熱される。循環量は 3,000 [kg/hr], 総括伝熱係数 $U$ は 100 [kcal/m²・hr・°C] である。液体 A およびガス B の比熱は, それぞれ 1.0 および 0.6 である。加熱に要する時間を求めよ。

〔**解**〕 (1) 解析解

$$K_3=\exp\left[100\times10\times\left(\frac{1}{3,000\times1}-\frac{1}{50,000\times0.6}\right)\right]=1.3499$$

$$\ln\left(\frac{300-50}{300-250}\right)=$$

$$\frac{(1.3499-1)}{40,000}\cdot\frac{3,000\times50,000\times0.60}{1.3499\times50,000\times0.60-3,000\times1}\cdot\theta$$

$$\theta=109.5\ [\text{hr}]$$

(2) 図解

$|t_1-T_1|=|300-50|=250$ から水平に $|t_1-T_2|=25$ まで進み, そこから $R_1$ 曲線まで垂直に進む。つぎに A′ スケール(値 1.0)まで水平に進む。この点と $(M\cdot C)\cdot[1/(W\cdot C)-1/(w\cdot c)]=12$ の点とを結ぶ。この線と参考線 $R_2$ スケールとの交点を参考点とする。

一方，U スケール，A スケール上の点 $U=100$, $A=10$ を結び，$U \cdot A=1,000$ が得られる。この点から $[1/(W \cdot C)-1/(w \cdot c)]=0.0003$ まで垂直に進む。この点を Y スケール上の点まで水平に進む。この点（値 0.26）と $R_2$ スケール上の参考点とを結び，スケール X との交点から解を読みとる。

$$\theta = 108 \text{[hr]}$$

$$誤差(\%) = \frac{109.5-108}{109.5} \times 100 = 1.37$$

〔例題 6・4〕 **外部熱交換器付攪拌容器の冷却時間**

液体 A を 2,000〔kg〕保有する攪拌容器を，400〔°C〕から 250〔°C〕まで冷却したい。冷却媒体として温度 100〔°C〕のガス B を 40,000〔kg/hr〕使用する。容器内の液体は，伝熱面積 1〔m²〕の外部熱交換器（向流）に循環されて冷却される。循環量は 2,000〔kg/hr〕，総括伝熱係数 $U$ は 100〔kcal/m²·hr·°C〕である。液体 A およびガス B の比熱は，共に 0.5〔kcal/kg·°C〕である。冷却に要する時間を求めよ。

〔解〕

(1) 解析解

$$K_3 = \exp\left[1 \times 100 \times \left(\frac{1}{2,000 \times 0.5} - \frac{1}{40,000 \times 0.5}\right)\right] = 1.0997$$

$$\ln\left(\frac{100-400}{100-250}\right) =$$

$$\frac{1.0997-1}{2,000} \cdot \frac{2,000 \times 40,000 \times 0.5}{1.0997 \times 40,000 \times 0.5 - 2,000 \times 0.5} \cdot \theta$$

$$\theta = 7.386 \text{[hr]}$$

(2) 図解

$|t_1-T_1|=|100-400|=300$ から，水平に $|t_1-T_2|=150$ まで進み，そこから $R_1$ 曲線まで垂直に進む。つぎに，A′ スケールまで水平に進む。この点と，$(M \cdot C) \cdot [1/(W \cdot C)-1/(w \cdot c)]=0.95$ の点とを結ぶ。この線と参考線 $R_2$ スケールとの交点を参考点とする。

一方，U スケール，A スケール上の点 $U=100$, $A=1$ を結び，$U \cdot A=100$ が得られる。この点から，$[1/(W \cdot C)-1/(w \cdot c)]=0.00095$ まで垂直に進む。この点を Y スケール上の点まで水平に進む。この点と $R_2$ スケール上の参考点とを結び，スケール X との交点から解を読みとる。

$$\theta = 7.0 \text{[hr]}$$

$$誤差(\%) = \frac{7.386-7.0}{7.386} \times 100 = 5.2$$

### 6・2・3 加熱または冷却媒体温度が変化する場合（1-2 熱交換器）

前節では，外部熱交換器として向流熱交換器を使用した場合の取扱法を述べたが，本節は 1-2 熱交換器を使用した場合について述べる（図 6・3 参照）。

## 6・3 外部熱交換器付撹拌容器の加熱, 冷却

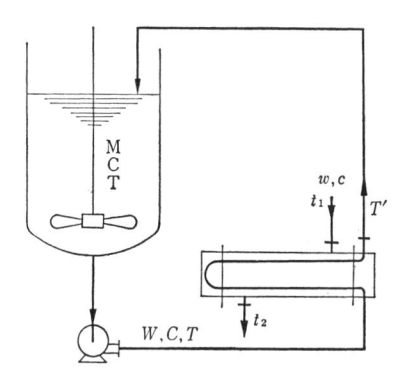

図 6・3 外部熱交換器 (1-2 熱交換器) による撹拌容器の加熱, 冷却

熱収支から

$$M \cdot C \cdot dT \overset{(a)}{=} W \cdot C \cdot (T'-T) \cdot d\theta \overset{(b)}{=} w \cdot c \cdot (t_1-t_2) \cdot d\theta \overset{(c)}{=} U \cdot A \cdot \Delta T_{lm} \cdot d\theta \quad \cdots(6 \cdot 10)$$

(a) と (b) とから

$$T' = T + \frac{M}{W} \cdot \frac{dT}{d\theta}$$

温度効率 $E_A$ は定義から

$$E_A = \frac{T'-T}{t_1-T} = \frac{(M/W) \cdot (dT/d\theta)}{t_1-T}$$

整理して

$$\int \frac{dT}{t_1-T} = \frac{E_A \cdot W}{M} \int d\theta$$

$$\ln \frac{t_1-T_1}{t_1-T_2} = \frac{E_A \cdot W}{M} \cdot \theta \quad \cdots\cdots\cdots\cdots\cdots\cdots\cdots\cdots\cdots\cdots\cdots(6 \cdot 11)$$

温度効率 $E_A$ は式 (3・68a) で計算することができる。

## 6・3 外部熱交換器付撹拌容器の加熱, 冷却 (外部より液が連続的に供給される場合)

### 6・3・1 加熱または冷却媒体温度が不変の場合

図 6・4 に示すように, 連続的に外部より供給される液の流量を $L_o$[kg/hr], 温度を $T_o$ [°C] (一定) とすれば, 熱収支から

$$(M+L_o \cdot \theta) \cdot C \cdot dT + L_o \cdot C \cdot (T-T_o) \cdot d\theta = W \cdot C \cdot (T'-T) \cdot d\theta$$
$$= \pm U \cdot A \cdot \Delta T_{lm} \cdot d\theta \quad \cdots\cdots\cdots(6 \cdot 12)$$

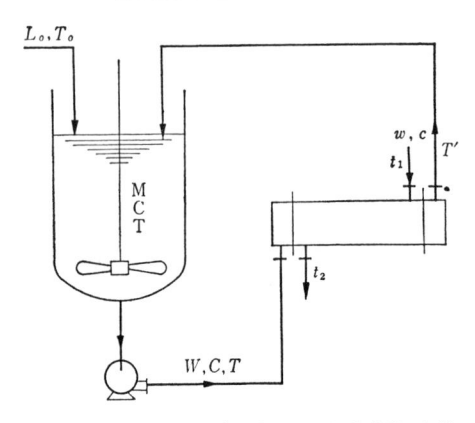

図 6・4 外部熱交換器（向流）による撹拌容器の加熱，
冷却（外部より液が連続供給される場合）

ここで

$$\Delta T_{lm} = \pm \frac{T'-T}{\ln[(t_1-T)/(t_1-T')]}$$

$T'$ について解けば，

$$T' = \left(\frac{K_2-1}{K_2}\right) \cdot t_1 + \frac{T}{K_2} \quad \cdots\cdots (6\cdot13)$$

$$K_2 = \exp\left(\frac{U \cdot A}{W \cdot C}\right)$$

式 (6・13) を (6・12) に代入して，

$$\int \frac{dT}{W \cdot \left(\frac{K_2-1}{K_2}\right) \cdot (t_1-T) - L_o \cdot (T-T_o)} = \int \frac{d\theta}{M+L_o\theta}$$

$$\ln\left[\frac{T_1-T_o-\frac{W}{L_o}\cdot\left(\frac{K_2-1}{K_2}\right)\cdot(t_1-T_1)}{T_2-T_o-\frac{W}{L_o}\cdot\left(\frac{K_2-1}{K_2}\right)\cdot(t_1-T_2)}\right]$$

$$= \left[\frac{W}{L_o}\cdot\left(\frac{K_2-1}{K_2}\right)+1\right]\cdot\ln\left(\frac{M+L_o\cdot\theta}{M}\right) \quad \cdots\cdots (6\cdot14)$$

### 6・3・2 加熱または冷却媒体温度が変化する場合（向流熱交換器）

熱収支より

$$(M+L_o\cdot\theta)\cdot C\cdot dT + L_o\cdot C\cdot(T-T_o)\cdot d\theta = W\cdot C\cdot(T'-T)\cdot d\theta$$
$$= w\cdot c\cdot(t_1-t_2)\cdot d\theta = \pm U\cdot A\cdot \Delta T_{lm}\cdot d\theta \quad \cdots\cdots (6\cdot15)$$

$$\Delta T_{lm} = \pm \frac{(t_2-T)-(t_1-T')}{\ln[(t_2-T)/(t_1-T')]}$$

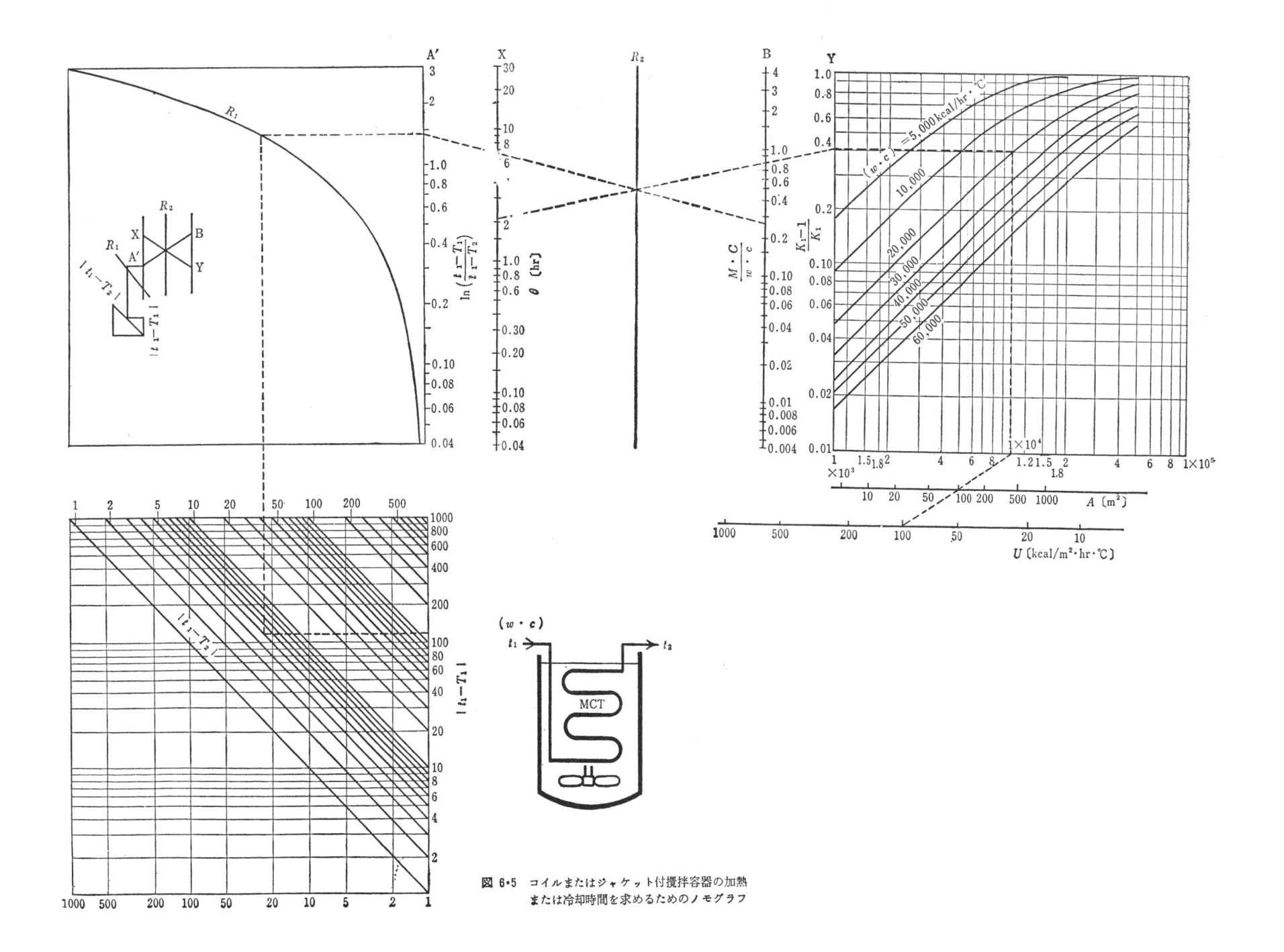

図 6・5 コイルまたはジャケット付攪拌容器の加熱または冷却時間を求めるためのノモグラフ

図 6・6　外部熱交換器付攪拌容器の加熱あるいは冷却時間を求めるためのノモグラフ

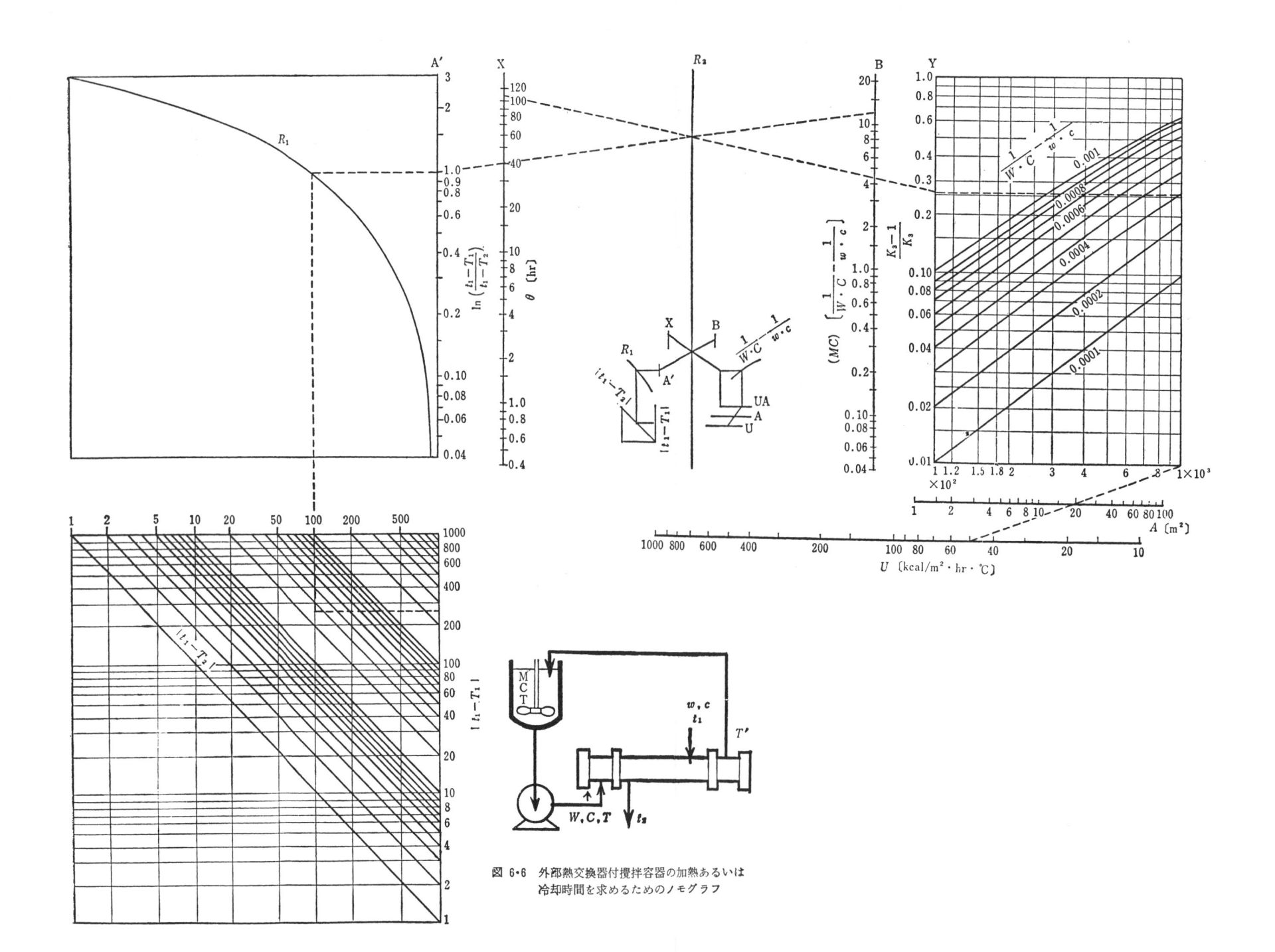

ここで
$$K_4 = \exp\left[\frac{U \cdot A}{W \cdot C} \cdot \left(1 - \frac{W \cdot C}{w \cdot c}\right)\right]$$
とおけば，
$$\ln\left[\frac{T_o - T_1 + \frac{W \cdot w \cdot c \cdot (K_4 - 1) \cdot (t_1 - T_1)}{L_o \cdot (K_4 \cdot w \cdot c - W \cdot C)}}{T_o - T_2 + \frac{W \cdot w \cdot c \cdot (K_4 - 1) \cdot (t_1 - T_2)}{L_o \cdot (K_4 \cdot w \cdot c - W \cdot C)}}\right]$$
$$= \left[\frac{W \cdot w \cdot c \cdot (K_4 - 1)}{L_o \cdot (K_4 \cdot w \cdot c - W \cdot C)} + 1\right] \cdot \ln\left(\frac{M + L_o \cdot \theta}{M}\right) \quad \cdots\cdots\cdots\cdots (6\cdot 16)$$

### 6・3・3 加熱または冷却媒体温度が変化する場合（1-2 熱交換器）

$$(M + L_o \cdot \theta) \cdot C \cdot dT = W \cdot C \cdot (T' - T) \cdot d\theta - L_o \cdot C \cdot (T - T_o) \cdot d\theta \quad \cdots\cdots\cdots (6\cdot 17)$$

$$E_A = \frac{T' - T}{t_1 - T} = \frac{\left(\frac{M}{W} + \frac{L_o \cdot \theta}{W}\right) \cdot \frac{dT}{d\theta} + \frac{L_o}{W} \cdot (T - T_o)}{t_1 - T}$$

整理して
$$\frac{dT}{E_A \cdot t_1 + \frac{L_o}{W} \cdot T_o - (E_A + \frac{L_o}{W}) \cdot T} = \frac{d\theta}{\frac{M}{W} + \frac{L_o \cdot \theta}{W}}$$

積分して
$$\ln\left[\frac{E_A \cdot t_1 + \frac{L_o}{W} \cdot T_o - (E_A + \frac{L_o}{W}) \cdot T_1}{E_A \cdot t_1 + \frac{L_o}{W} \cdot T_o - (E_A - \frac{L_o}{W}) \cdot T_2}\right] = \frac{E_A \cdot W + L_o}{L_o} \cdot \ln\left(\frac{M + L_o \cdot \theta}{M}\right)$$
$$\cdots\cdots (6\cdot 18)$$

温度効率 $E_A$ は式（3・68a）にて計算することができる．

## 第2部 伝熱概論

### 第7章 固体の熱伝導

非定常の場合も含めた一般の伝導伝熱について説明する。図7・1のような $x$, $y$, $z$ 直角座標系をとり，物体内に $dx$, $dy$, $dz$ なる微小立方体の各面から流入および流出する熱

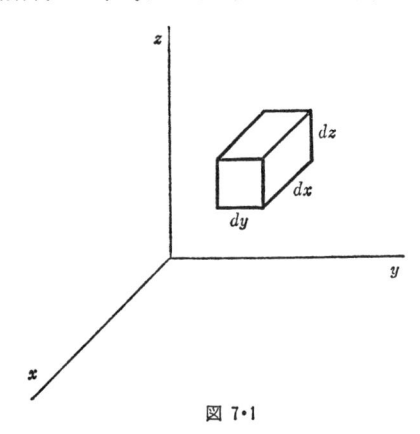

図 7・1

量の差が，この立方体の温度を微小時間 $\partial \theta$ あたり $\partial t$ 上昇させるものとして，次の微分方程式が得られる。

$$C \cdot \rho \cdot \frac{\partial t}{\partial \theta} = \lambda_s \cdot \left( \frac{\partial^2 t}{\partial x^2} + \frac{\partial^2 t}{\partial y^2} + \frac{\partial^2 t}{\partial z^2} \right) \quad \cdots\cdots(7 \cdot 1)$$

$C$ は物体の比熱 [kcal/kg・°C]，$\rho$ は物体の密度 [kg/m³]，$\lambda_s$ は物体の熱伝導率 [kcal/m・hr・°C] である。

いま $\lambda_s/(C \cdot \rho) = \alpha$ とおけば，

$$\frac{\partial t}{\partial \theta} = \alpha \cdot \left( \frac{\partial^2 t}{\partial x^2} + \frac{\partial^2 t}{\partial y^2} + \frac{\partial^2 t}{\partial z^2} \right) \quad \cdots\cdots(7 \cdot 2)$$

$\alpha$ は熱拡散係数と呼ぶ。熱伝導の問題は基礎式 (7・2) を，与えられた初期条件と境界条件に合うように解くことに帰着される。

式 (7・2) を円柱座標系で表わせば，

$$\frac{\partial t}{\partial \theta} = \alpha \cdot \left[ \frac{\partial}{\partial r} \left( r \frac{\partial t}{\partial r} \right) + \frac{1}{r^2} \cdot \frac{\partial^2 t}{\partial \varphi^2} + \frac{\partial^2 t}{\partial z^2} \right] \quad \cdots\cdots(7 \cdot 2\text{a})$$

球座標系で表わせば，

$$\frac{\partial t}{\partial \theta} = \alpha \cdot \left[ \frac{1}{r^2} \cdot \frac{\partial}{\partial r}\left(r^2 \cdot \frac{\partial t}{\partial r}\right) + \frac{1}{r^2 \cdot \sin^2\psi} \cdot \frac{\partial^2 t}{\partial \varphi^2} + \frac{1}{r^2 \cdot \sin\psi} \cdot \frac{\partial}{\partial \psi}\left(\sin\psi \cdot \frac{\partial t}{\partial \psi}\right) \right] \quad \cdots\cdots (7\cdot 2\text{b})$$

## 7・1 定常熱伝導

定常熱伝導は加熱あるいは冷却を始めてから,十分長い時間が経過して,物体内の温度分布が一定の平衡状態に落着き,時間によって最早変わらなくなった状態,すなわち $\partial t/\partial \theta = 0$ の条件の下における熱伝導である。すなわち,定常状態では

$$\frac{\partial^2 t}{\partial x^2} + \frac{\partial^2 t}{\partial y^2} + \frac{\partial^2 t}{\partial z^2} = 0 \quad \cdots\cdots (7\cdot 3)$$

$$\frac{\partial}{\partial r}\left(r\frac{\partial t}{\partial r}\right) + \frac{1}{r^2} \cdot \frac{\partial^2 t}{\partial \varphi^2} + \frac{\partial^2 t}{\partial z^2} = 0 \quad \cdots\cdots (7\cdot 3\text{a})$$

$$\frac{1}{r^2} \cdot \frac{\partial}{\partial r}\left(r^2 \cdot \frac{\partial t}{\partial r}\right) + \frac{1}{r^2 \cdot \sin^2\psi} \cdot \frac{\partial^2 t}{\partial \varphi^2} + \frac{1}{r^2 \cdot \sin\psi} \cdot \frac{\partial}{\partial \psi}\left(\sin\psi \cdot \frac{\partial t}{\partial \psi}\right) = 0 \quad \cdots\cdots (7\cdot 3\text{b})$$

### 7・1・1 平面壁の熱伝導

図7・2に示すように,平面壁においては,その表面に垂直な方向にのみ熱は流れる。いま,その方向を $x$ 軸にとれば式(7・3)の $y$ 軸,$z$ 軸に関する項は0となる。したがって

$$\frac{\partial^2 t}{\partial x^2} = 0 \quad \cdots\cdots (7\cdot 4)$$

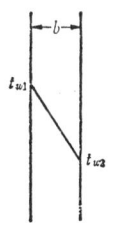

この式を解くと,

$$t = C_1 x + C_2 \quad \cdots\cdots (7\cdot 5)$$

図 7・2 平面壁の定常熱伝導

壁の表面温度をおのおの $t_{w1}, t_{w2}$ として積分定数 $C_1$ および $C_2$ を求め,式(7・5)に代入すると,

$$t = (t_{w2} - t_{w1}) \cdot \frac{x}{b} + t_{w1}$$

$$\frac{dt}{dx} = \frac{(t_{w2} - t_{w1})}{b}$$

したがって,単位面積あたりの伝熱量 $Q/A$ は

$$\frac{Q}{A} = -\lambda_s \cdot \frac{dt}{dx} = \frac{\lambda_s}{b} \cdot (t_{w1} - t_{w2}) \quad \cdots\cdots (7\cdot 6)$$

図 7・3 円筒壁における定常熱伝導

すなわち,式(2・1)を得る。

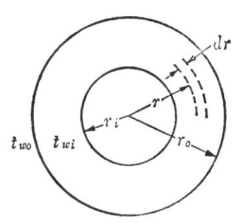

## 7・1・2 円筒壁の熱伝導

図 7・3 に示すように，内径 $2r_i$，外径 $2r_o$ の管において，内面および外面の温度がそれぞれ $t_{wi}$, $t_{wo}$ であるとする。この場合，熱は半径方向にのみ流れるので，式 (7・3a) から

$$\frac{\partial^2 t}{\partial r^2}+\frac{1}{r}\cdot\frac{\partial t}{\partial r}=0 \qquad\qquad (7\cdot 7)$$

この式を解くと

$$t=C_1+C_2\cdot\ln(r) \qquad\qquad (7\cdot 8)$$

境界条件 ($r=r_i$ で $t=t_{wi}$, $r=r_o$ で $t=t_{wo}$) を式 (7・8) に代入して $C_1$, $C_2$ を求め，式 (7・8) に代入すると

$$t=(t_{wo}-t_{wi})\cdot\frac{\ln(r/r_i)}{\ln(r_o/r_i)}+t_{wi}$$

$$\frac{dt}{dr}=(t_{wo}-t_{wi})\cdot\frac{1}{\ln(r_o/r_i)}\cdot\frac{1}{r}$$

一方，円筒表面積は $A=2\pi rL$ であるから，

$$\frac{Q}{2\pi rL}=-\lambda_s\cdot\frac{dt}{dr}=\lambda_s\cdot(t_{wi}-t_{wo})\cdot\frac{1}{\ln(r_o/r_i)}\cdot\frac{1}{r}$$

したがって，

$$\therefore\ Q=\lambda_s\cdot\frac{2\pi L}{\ln(r_o/r_i)}\cdot(t_{wi}-t_{wo}) \qquad\qquad (7\cdot 9)$$

## 7・1・3 フィンの熱伝導

熱交換器において，管外側の境膜伝熱係数が，管内側の境膜伝熱係数に比べて極端に小さいような場合には，管外側にフィンを取り付けた伝熱管を使用するのが経済的に有利であり，逆に管内側の境膜伝熱係数の方が極端に小さいときには，管内側にフィンを取り付けた伝熱管を使用するのが経済的に有利である。

フィンには次の諸形式がある。

(a) たて形フィン：管の長手方向に沿ってまっすぐに取り付けたフィンで，その断面が長方形のもの，三角形のもの，その他の曲面のもの，などがある。

(b) 横形フィン：管の長手方向と直角に環状に取り付けたフィンで，その形状が円盤のもの，長方形のもの，正方形のものなどがあり，また半径方向の断面が長方形のもの，三角形のもの，その他の曲面のもの，などがある。

(c) 突起フィン：管外面に取り付けた棒状のフィンで，その形状が円柱のもの，円錐のもの，などがある。

図7·4のフィンにおいて，フィンの温度 $t$ はフィンの根元から先端に行くほど小さくなり，単位表面積あたりの放熱量も減小する。すなわち，フィンのすべての部分の温度 $t_f$ が，フィンの根元の温度 $t_b$ に等しいと仮定した場合の放熱量に比べると，実際の放熱量は小さい。その比をフィン効率と称する。

$$E_f = \frac{\int h_o' \cdot (t_o - t_f) \cdot dA_f}{h_o' \cdot (t_o - t_b) \cdot A_f}$$

図 7·4 フィン

$$= \frac{\int (t_o - t_f) \cdot dA_f}{(t_o - t_b) \cdot A_f} = フィン効率 \quad \cdots\cdots(7 \cdot 10)$$

$A_f$ はフィンの表面積，$h_o'$ はフィン表面での境膜伝熱係数である。

図7·5のフィン管において，単位長さ当たりの熱移動を考える。

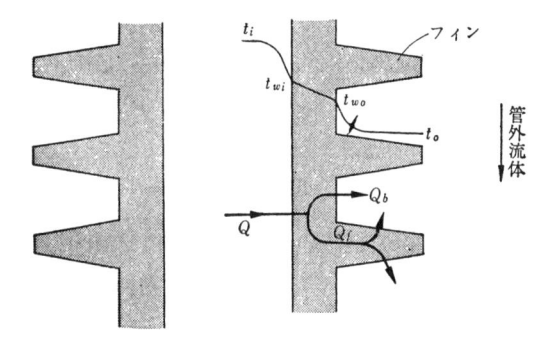

図 7·5 フィン管における伝熱

管内流体から管内壁までの伝熱

$$Q = h_i' \cdot (t_i - t_{wi}) \cdot A_i \quad \cdots\cdots(a)$$

管内壁から管外壁までの伝熱

$$Q = \frac{\lambda_s}{b} \cdot (t_{wo} - t_{wi}) \cdot A_m \quad \cdots\cdots(b)$$

フィンのない表面から管外流体までの伝熱

$$Q_b = h_o' \cdot (t_{wi} - t_o) \cdot A_b$$

フィンの表面 $A_f$ から管外流体までの伝熱は，式 (7·10) において $t_b = t_{wo}$ として

$$Q_f = h_o' \cdot (t_{wo} - t_o) \cdot E_f \cdot A_f$$

管外表面全体 $A_o(=A_b+A_f)$ からの放熱量は,
$$Q=Q_b+Q_f=h_o{}'\cdot(t_{wo}-t_o)\cdot(A_b+E_f\cdot A_f) \quad\cdots\cdots(c)$$
(a), (b), (c) から
$$Q=A_o\cdot\left(\frac{1}{h_o{}'}\cdot\frac{A_o}{A_b+E_f\cdot A_f}+\frac{b}{\lambda_s}\cdot\frac{A_o}{A_m}+\frac{1}{h_i{}'}\cdot\frac{A_o}{A_i}\right)^{-1}\cdot(t_i-t_o)$$
$$\cdots\cdots(7\cdot 11)$$
しかしながら,
$$\frac{1}{h_o{}'}\cdot\frac{A_o}{A_b+E_f\cdot A_f}=\frac{1}{h_o{}'}+\frac{1}{h_o{}'}\cdot\frac{A_f-E_f\cdot A_f}{A_b+E_f\cdot A_f} \quad\cdots\cdots(7\cdot 12)$$
ここで,
$$\frac{1}{h_o{}'}\cdot\frac{A_f-E_f\cdot A_f}{A_b+E_f\cdot A_f}\equiv r_f \quad\cdots\cdots(7\cdot 13)$$
とおき, $r_f$ をフィン抵抗と呼ぶ.

式 (7・11) において, $h_o{}'$ は管外汚れ係数 $r_o$ および管外境膜伝熱係数 $h_o$ より成り立つ管外複合境膜係数であり, $h_i{}'$ は管内汚れ係数 $r_i$ および管内境膜伝熱係数 $h_i$ より成り立つ管内複合境膜係数であって, それぞれ次の式で定義される.

$$\left.\begin{array}{l}\dfrac{1}{h_o{}'}=\dfrac{1}{h_o}+r_o\\[6pt]\dfrac{1}{h_i{}'}=\dfrac{1}{h_i}+r_i\end{array}\right\} \quad\cdots\cdots(7\cdot 14)$$

式 (7・14), (7・13) を (7・11) に代入し, $(t_i-t_o)=\varDelta T$ とおき
$$Q=A_o\cdot U\cdot\varDelta T \quad\cdots\cdots(7\cdot 15)$$
ここで, 総括伝熱係数 $U$ は
$$\frac{1}{U}=\frac{1}{h_o}+r_o+r_f+\frac{b}{\lambda_s}\cdot\frac{A_o}{A_m}+\frac{1}{h_i}\cdot\frac{A_o}{A_i}+r_i\cdot\frac{A_o}{A_i} \quad\cdots\cdots(7\cdot 16)$$
式 (7・15), (7・16) がフィン管を用いた熱交換器の基本伝熱式である.

ここで
$$r_f=\left(\frac{1}{h_o}+r_o\right)\cdot\left(\frac{A_f-E_f\cdot A_f}{A_b+E_f\cdot A_f}\right)=\text{フィン抵抗}\quad[\text{m}^2\cdot\text{hr}\cdot{}^\circ\text{C/kcal}]$$

$A_o$: フィン管の管外表面積 $=A_f+A_b$ 〔m²〕

$A_i$: 管内面積 〔m²〕

$A_f$: フィン表面積 〔m²〕

$A_b$: 管外裸管部表面積 〔m²〕

$\lambda_s$：管金属材料の熱伝導率　〔kcal/m・hr・°C〕

$r_o$：管外汚れ係数　〔m²・hr・°C/kcal〕

$r_i$：管内汚れ係数　〔m²・hr・°C/kcal〕

$E_f$：フィン効率　〔—〕

$b$：管の厚み　〔m〕

$h_o$：管外境膜伝熱係数　〔kcal/m²・hr・°C〕

$h_i$：管内境膜伝熱係数　〔kcal/m²・hr・°C〕

（1）**たて形フィンのフィン効率**：次の仮定が成り立つものとして，フィン効率を求める。

（1）熱の流れ，温度分布はすべての定常状態になる。
（2）フィンの材質は均一，かつ等方性である。
（3）フィンの中には，熱源は存在しない。
（4）フィンからの熱の出入は，いかなる点でも流体温度とフィンの表面温度の差に比例する。
（5）フィンの熱伝導率は一定である。
（6）フィン表面上の境膜伝熱係数は一定である。
（7）流体温度は一様である。
（8）フィンの根元の温度は一様である。
（9）フィンの厚みがその高さに比べて小さく，フィンの表面に対する法線方向の温度分布は無視できる。
（10）フィンの外縁からの熱移動は，フィンの側面からの熱移動に比べて非常に少なくて無視できる。

いま，たて形フィンチューブのある断面，図7・6において，フィンを取り巻く高温流体の温度を $t_0$，フィンの先端からの距離 $l$ の点における温度を $t$ とし，流体とフィンとの温度差を $\theta$ で，フィン材料の熱伝導率を $\lambda_f$ で表わす。

$$\theta = t_0 - t \quad \cdots\cdots(7\cdot17)$$

$$\frac{d\theta}{dl} = -\frac{dt}{dl} \quad \cdots\cdots(7\cdot18)$$

フィン断面を通って，フィン内部を伝導によって移動する熱量は，

$$Q = \lambda_f \cdot a_x \cdot \frac{d\theta}{dl} \quad \cdots\cdots(7\cdot19)$$

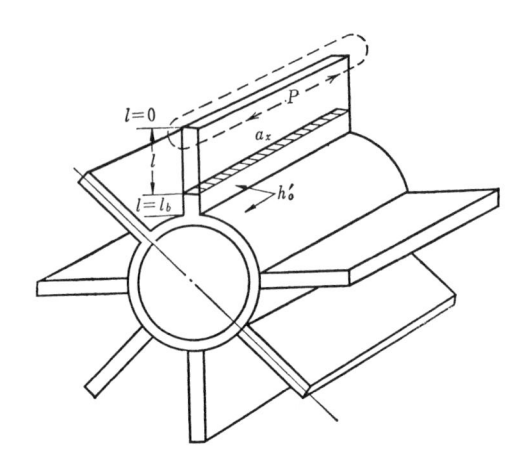

**図 7·6** たて形フィンチューブ

$a_x$ はフィンの断面積である.この熱量はフィンの先端から $l$ までの側面を通って,流体から流入する熱量に等しい.いま,フィンの周辺長さを $P$,流体からフィンまでの境膜伝熱係数を $h_o{'}$ で表わせば,

$$dQ = h_o{'} \cdot \theta \cdot P \cdot dl \quad \text{または} \quad \frac{dQ}{dl} = h_o{'} \cdot P \cdot \theta \quad \cdots\cdots(7\cdot 20)$$

式 (7·19) を微分して

$$\frac{dQ}{dl} = \lambda_f \cdot a_x \cdot \frac{d^2\theta}{dl^2} \quad \cdots\cdots(7\cdot 21)$$

式 (7·20) および (7·21) を等置して,

$$\lambda_f \cdot a_x \cdot \frac{d^2\theta}{dl^2} - h_o{'} \cdot P \cdot \theta = 0 \quad \cdots\cdots(7\cdot 22)$$

書き直して

$$\frac{d^2\theta}{dl^2} - \frac{h_o{'} \cdot P \cdot \theta}{\lambda_f \cdot a_x} = 0 \quad \cdots\cdots(7\cdot 23)$$

この微分方程式の解は,

$$\theta = C_1 \cdot \exp\left[\left(\frac{h_o{'} \cdot P}{\lambda_f \cdot a_x}\right)^{\frac{1}{2}} \cdot l\right] + C_2 \cdot \exp\left[-\left(\frac{h_o{'} \cdot P}{\lambda_f \cdot a_x}\right)^{\frac{1}{2}} \cdot l\right] \quad \cdots(7\cdot 24)$$

ここで

$$m = \left(\frac{h_o{'} \cdot P}{\lambda_f \cdot a_x}\right)^{\frac{1}{2}}$$

とおけば,

## 7・1 定常熱伝導

$$\theta = C_1 \cdot \exp(m \cdot l) + C_2 \cdot \exp(-m \cdot l) \quad \cdots\cdots(7\cdot25)$$

境界条件から，$l=0$ において

$$\theta_e = C_1 + C_2 \quad \cdots\cdots(7\cdot26)$$

添字 $e$ はフィンの先端を表わす。

フィンの先端からの熱の流入は無視できる（仮定10）とするので，$l=0$ において，$d\theta/dl=0$，したがって $C_1-C_2=0$ となり，

$$C_1 = C_2 = \frac{\theta_e}{2} \quad \cdots\cdots(7\cdot27)$$

式（7・25）に代入すると，

$$\frac{\theta}{\theta_e} = \frac{\exp(m \cdot l) + \exp(-m \cdot l)}{2}$$

$$= \cosh(m \cdot l) \quad \cdots\cdots(7\cdot28)$$

フィンの根元，すなわち $l=l_b$ においては，

$$\frac{\theta_b}{\theta_e} = \cosh(m \cdot l_b) \quad \cdots\cdots(7\cdot29)$$

添字 $b$ はフィンの根元を表わす。

次に，式（7・18）をフィン高さ $l$ に関して微分して，

$$\frac{d^2Q}{dl^2} = h_o' \cdot P \cdot \frac{d\theta}{dl} \quad \cdots\cdots(7\cdot30)$$

式（7・19）に代入すると，

$$Q = \frac{\lambda_f \cdot a_x}{h_o' \cdot P} \cdot \frac{d^2Q}{dl^2} \quad \cdots\cdots(7\cdot31)$$

$$\frac{d^2Q}{dl^2} - \frac{h_o' \cdot P}{\lambda_f \cdot a_x} \cdot Q = 0 \quad \cdots\cdots(7\cdot32)$$

前と同様にして，この解は

$$Q = C_1' \cdot \exp(m \cdot l) + C_2' \cdot \exp(-m \cdot l) \quad \cdots\cdots(7\cdot33)$$

$l=0$ において

$$C_1' + C_2' = 0, \quad C_1' = -C_2'$$

$$\frac{dQ}{dl} = 0$$

したがって

$$\frac{dQ}{dl} = h_o' \cdot P \cdot \theta_e = m \cdot C_1' - m \cdot C_2' = 0 \quad \cdots\cdots(7\cdot34)$$

$$C_1' = \frac{h_o' \cdot P \cdot \theta_e}{2m} \quad , \quad C_2' = -\frac{h_o' \cdot P \cdot \theta_e}{2m}$$

$$Q = \frac{h_o' \cdot P \cdot \theta_e}{2m} \cdot \exp(m \cdot l) - \frac{h_o' \cdot P \cdot \theta_e}{2m} \cdot \exp(-m \cdot l)$$

$$= \frac{h_o' \cdot P \cdot \theta_e}{m} \cdot \sinh(m \cdot l) \quad \cdots\cdots(7 \cdot 35)$$

$l = l_b$ においては

$$Q_b = \frac{h_o' \cdot P \cdot \theta_e}{m} \cdot \sinh(m \cdot l_b) \quad \cdots\cdots(7 \cdot 36)$$

一方，フィンのすべての部分の温度 $t$ が，フィンの根元の温度 $t_b$ に等しいと仮定したときの伝熱量は，

$$Q_b' = h_o' \cdot (t_0 - t_b) \cdot A_f = h_o' \cdot \theta_b \cdot P \cdot l_b$$

$$= h_o' \cdot \theta_e \cdot \cosh(m \cdot l_b) \cdot P \cdot l_b \quad \cdots\cdots(7 \cdot 37)$$

式 (7・36) が式 (7・10) の分子，式 (7・37) が分母に相当する。したがって，フィン効率は

$$E_f = \frac{Q_b}{Q_b'} = \frac{\tanh(m \cdot l_b)}{m \cdot l_b} \quad \cdots\cdots(7 \cdot 38)$$

式 (7・38) が，断面が長方形のたて形フィンのフィン効率を表わす式である。断面が長方形以外のものも含めて，たて形フィンのフィン効率を図 7・7 に示した。

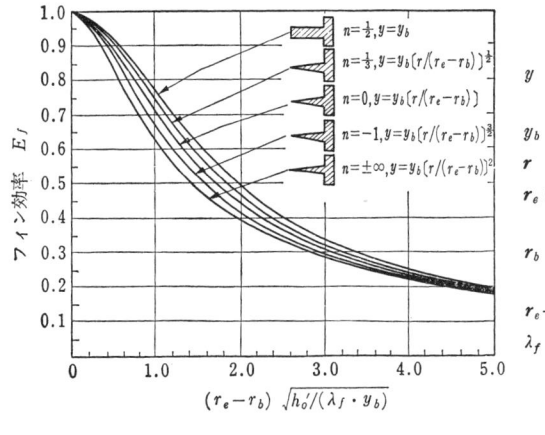

図 7・7 たて形フィンのフィン効率 $E_f$

(2) 横形フィンのフィン効率

(a) 環状フィンのフィン効率：図7・8に示すような円盤を取り付けた環状フィンにお

いて，フィンを取り巻く高温流体の温度を $t_0$ とし，管中心から $r$ の距離の点における温度を $t$ とし，流体とフィンとの温度差を $\theta$ で，フィン表面積を $A_f$ で表わす．すると，

$$dQ = h_0' \cdot \theta \cdot dA_f \qquad (7\cdot39)$$

2-2′ と 1-1′ の間のフィンに入った熱量は，1-1′ におけるフィンの断面を通って根元へ向って流れる。

$$Q = -\lambda_f \cdot a_x \cdot \frac{d\theta}{dr} \qquad (7\cdot40)$$

$\lambda_f$ はフィンの熱伝導率であり，$a_x$ はフィンの断面積であり，この場合には $a_x$ は $r$ とともに変化する。

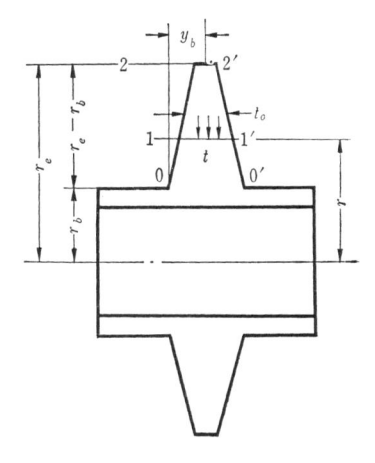

図 7·8 環状フィンチューブ

式 (3·40) を微分して，

$$-\frac{dQ}{dr} = \frac{d}{dr}\left(\lambda_f \cdot a_x \cdot \frac{d\theta}{dr}\right) = \lambda_f \cdot a_x \cdot \frac{d^2\theta}{dr^2} + \frac{\lambda_f \cdot da_x}{dr} \cdot \frac{d\theta}{dr} \qquad (7\cdot41)$$

式 (7·41) を式 (7·39) に代入して，

$$\frac{d^2\theta}{dr^2} + \left(\frac{1}{a_x} \cdot \frac{da_x}{dr}\right) \cdot \frac{d\theta}{dr} + \left(\frac{h_0'}{\lambda_f \cdot a_x} \cdot \frac{dA}{dr}\right) \cdot \theta = 0 \qquad (7\cdot42)$$

式 (7·42) は Douglass の微分方程式 (7·43) の変形である。

$$r^2 \cdot \frac{d^2\theta}{dr^2} + [(1-2m)r - 2\alpha_1 \cdot r] \cdot \frac{d\theta}{dr} + [p^2 \cdot C_3{}^2 \cdot r^{2p}$$
$$+ \alpha_1{}^2 \cdot r^2 + \alpha_1 \cdot (2m-1) \cdot r + m^2 - p^2 \cdot n^2] \cdot \theta = 0 \qquad (7\cdot43)$$

ここで $\alpha_1$, $C_3$, $p$, $m$, および $n$ は定数であり，$n$ はベッセル関数の階数である。フィンの断面積 $a_x$ を $r$ の関数として，

$$a_x = C_4 \cdot r^{1-2pn} \qquad (7\cdot44)$$

で表わし，フィンの表面積 $A_f$ を $r$ の関数として，

$$\frac{dA_f}{dr} = C_5 \cdot r^{2p(1-n)-1} \qquad (7\cdot45)$$

で規定する。$r = r_b$ で $t = t_b$, $r = r_e$ で $d\theta/dr = 0$ という境界条件を満足するように式 (7·42) を解き，$\theta$ が求められる。これについては Gardner[1] の論文にくわしく説明され

---

1) Gardner. K. A., Trans. ASME, vol. 67, pp. 621~632 (1945).

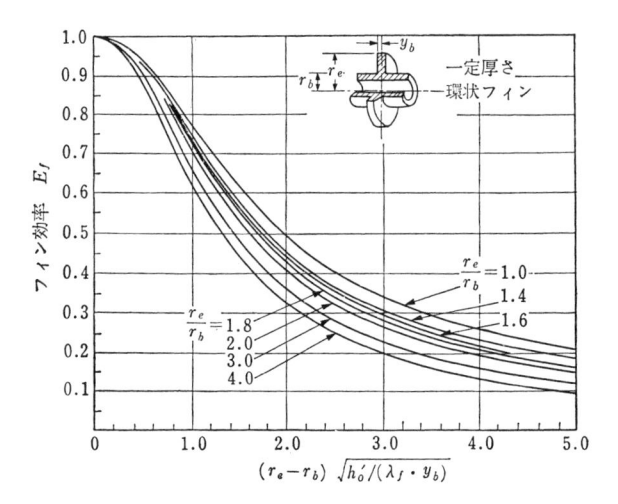

**図 7・9** 一定厚さ環状フィンのフィン効率 $E_f$

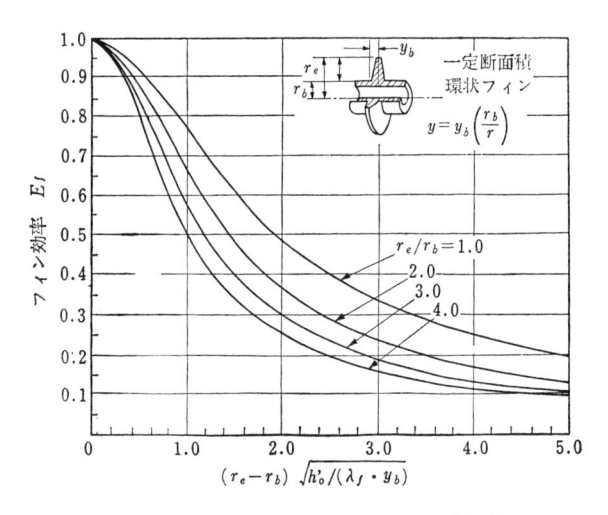

**図 7・10** 一定断面積型環状フィンのフィン効率 $E_f$

ているので省略し,その結果のみ図 7・9 ないし 7・10 に示した。

(b) **正方形フィンおよび6角形フィンのフィン効率**: Sparrow[2] は正方形フィンおよび6角形フィンのフィン効率として,図 7・11 および図 7・12 を提出している。ここで $r_e^*$

---

2) Sparrow, E.M.: "Heat Transfer Characteristics of Polygonal and Plate Fin" Int. J. Hea Mass Transfer, vol. 7, pp. 951〜953 (1964).

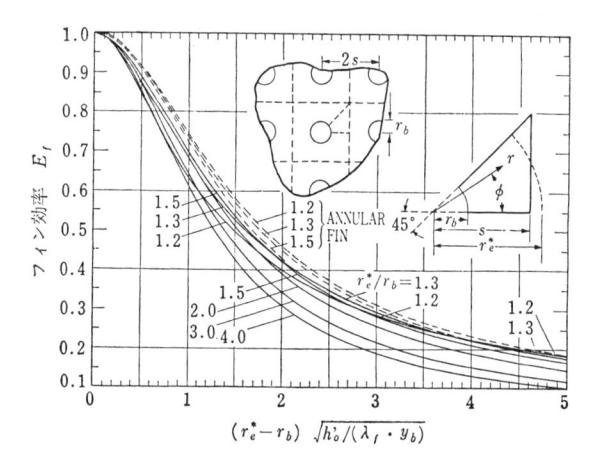

図 7·11 正方形フィン (厚み $2y_b$ 一定) のフィン効率 $E_f$

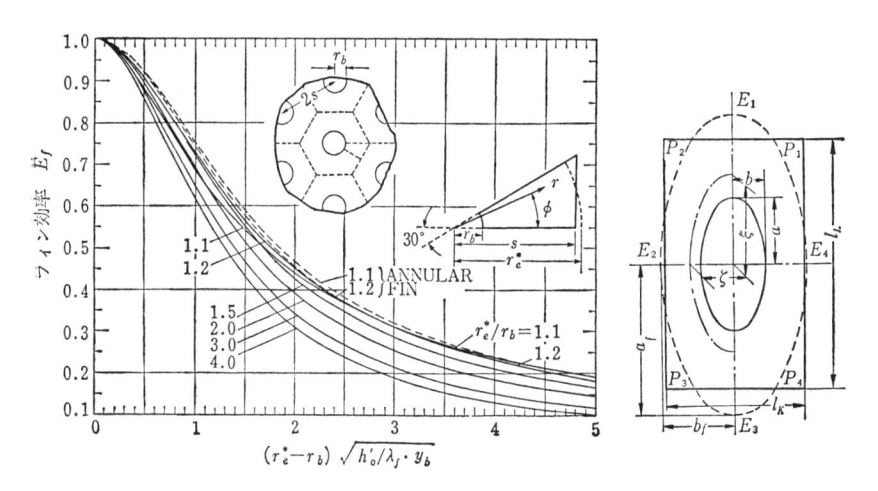

図 7·12 六角形フィン(厚み $2y_b$ 一定)のフィン効率 $E_f$     図 7·13 楕円フィン

は正方形あるいは6角形フィンの表面積と等しい表面積を有する円盤環状フィンの半径である。

(c) 楕円の芯管に取り付けた長方形フィンのフィン効率：図 7·13 に示したように，楕円の芯管に長方形のフィンを取り付けたものについて説明する。長方形フィン $P_1$, $P_2$, $P_3$, $P_4$ を，これと同面積で芯管と偏心率 $\varepsilon$ が同じである楕円 $E_1$, $E_2$, $E_3$, $E_4$ に置きかえる。この仮想楕円の大きさは，式 (7·46)，(7·47) で与えられる。

$$a_f = \left(\frac{l_K \cdot l_L}{\pi}\right)^{\frac{1}{2}} \cdot (1-\varepsilon^2)^{-\frac{1}{4}} \quad \cdots\cdots (7\cdot46)$$

$$b_f = \left(\frac{l_K \cdot l_L}{\pi}\right)^{\frac{1}{2}} \cdot (1-\varepsilon^2)^{\frac{1}{4}} \quad \cdots\cdots (7\cdot47)$$

次にこの楕円の中で$\varepsilon$が同じ任意の仮想楕円（$\xi, \zeta$）を考えれば，この仮想楕円による切断面積$a_x$は，式（7・48）で与えられる。

$$a_x = 2\pi \cdot y_b \cdot \left(1 + \frac{1}{\sqrt{1-\varepsilon^2}}\right) \cdot \left\{1 + \frac{m^2}{4} + \frac{m^4}{64} + \frac{m^6}{256} + \cdots\right\} \cdot \zeta \quad \cdots\cdots (7\cdot48)$$

$y_b$はフィンの厚みの1/2，$m$は式（7・49）で与えられる偏心率の関数である。

$$m = \frac{1-\sqrt{1-\varepsilon^2}}{1+\sqrt{1-\varepsilon^2}} \quad \cdots\cdots (7\cdot49)$$

また，フィンの表面積$A_f$は

$$\frac{dA_f}{d\zeta} = \frac{4\pi}{\sqrt{1-\xi^2}} \cdot \zeta \quad \cdots\cdots (7\cdot50)$$

式（7・48），（7・50）は式（7・44），（7・45）と同形であり，しかも$n=0, p=1$である。そこでフィン係数は式（7・51）で表わされる。

$$\left.\begin{array}{l} E_f = \dfrac{2}{u_b \cdot \left[1-\left(\dfrac{u_e}{u_b}\right)^2\right]} \cdot \left[\dfrac{I_1(u_b) - \beta \cdot K_1(u_b)}{I_0(u_b) + \beta \cdot K_0(u_b)}\right] \\[2ex] \beta = \dfrac{I_1(u_e)}{K_1(u_e)} \\[2ex] u_b = b \cdot \left[\dfrac{2h_o'}{\lambda_f \cdot y_b \cdot (1+\sqrt{1-\varepsilon^2}) \cdot (1+\dfrac{1}{4}m^2 + \dfrac{m^4}{64} + \cdots)}\right]^{\frac{1}{2}} \\[2ex] u_e = u_b \cdot \dfrac{b_f}{b} \end{array}\right\} \cdots\cdots (7\cdot51)$$

なお，式（7・51）で$\varepsilon=0$とおけば，円形の芯管に円盤環状のフィンを取り付けた場合のフィン効率が得られることになる。

なお，楕円の偏心率は次式で定義される。

$$\varepsilon = \sqrt{\frac{a^2-b^2}{a^2}}$$

楕円芯管に長方形フィンを取り付けたフィンのフィン効率は，図7・9において，横軸に$(r_e-r_b)\sqrt{h_o'/(\lambda_f \cdot y_b)}$の代りに，

$$(b_f-b) \cdot \left[\frac{2h_o'}{\lambda_f \cdot y_b \cdot (1+\sqrt{1-\varepsilon^2}) \cdot (1+\frac{1}{4}m^2 + \frac{m^4}{64} + \cdots)}\right]^{\frac{1}{2}}$$

を，$r_e/r_b$ の代りに $b_f/b$ を用いて表わされることになる。

(3) **突起フィンのフィン効率**：突起フィンのフィン効率をまとめて，図 7·14 に示す。

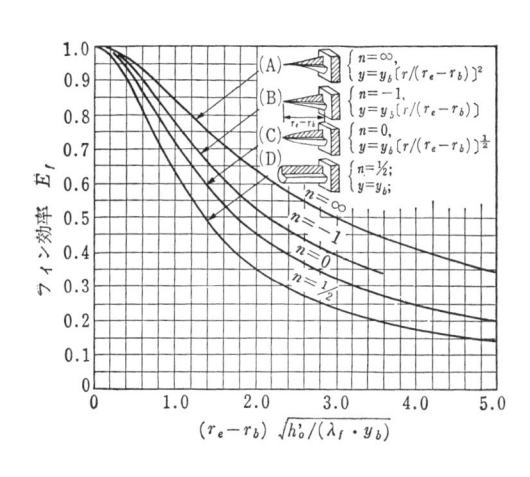

図 7·14 突起フィンのフィン効率 $E_f$

(A) $\begin{cases} n=\infty, \\ y=y_b[r/(r_e-r_b)]^2 \end{cases}$

(B) $\begin{cases} n=-1, \\ y=y_b[r/(r_e-r_b)] \end{cases}$

(C) $\begin{cases} n=0, \\ y=y_b[r/(r_e-r_b)]^{\frac{1}{2}} \end{cases}$

(D) $\begin{cases} n=\frac{1}{2}; \\ y=y_b; \end{cases}$

横軸: $(r_e-r_b)\sqrt{h_0'/(\lambda_f \cdot y_b)}$

図 7·15

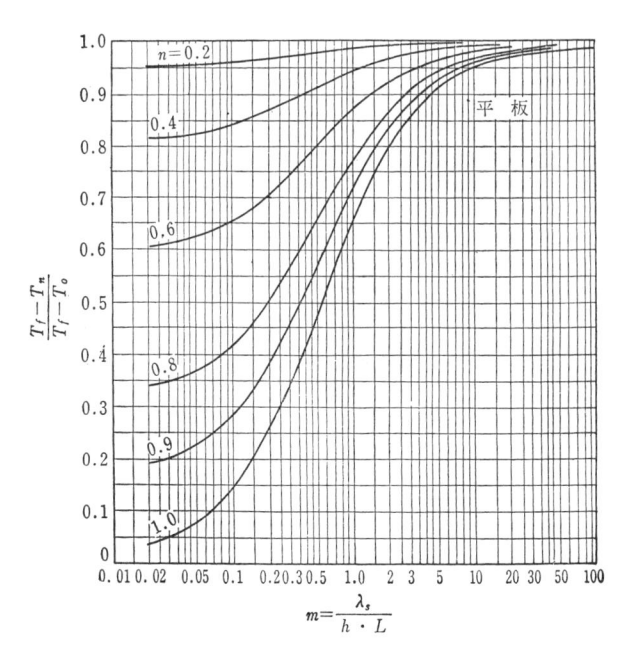

図 7·16 平板に対する位置補正係数

縦軸: $\dfrac{T_f-T_n}{T_f-T_o}$

横軸: $m=\dfrac{\lambda_s}{h \cdot L}$

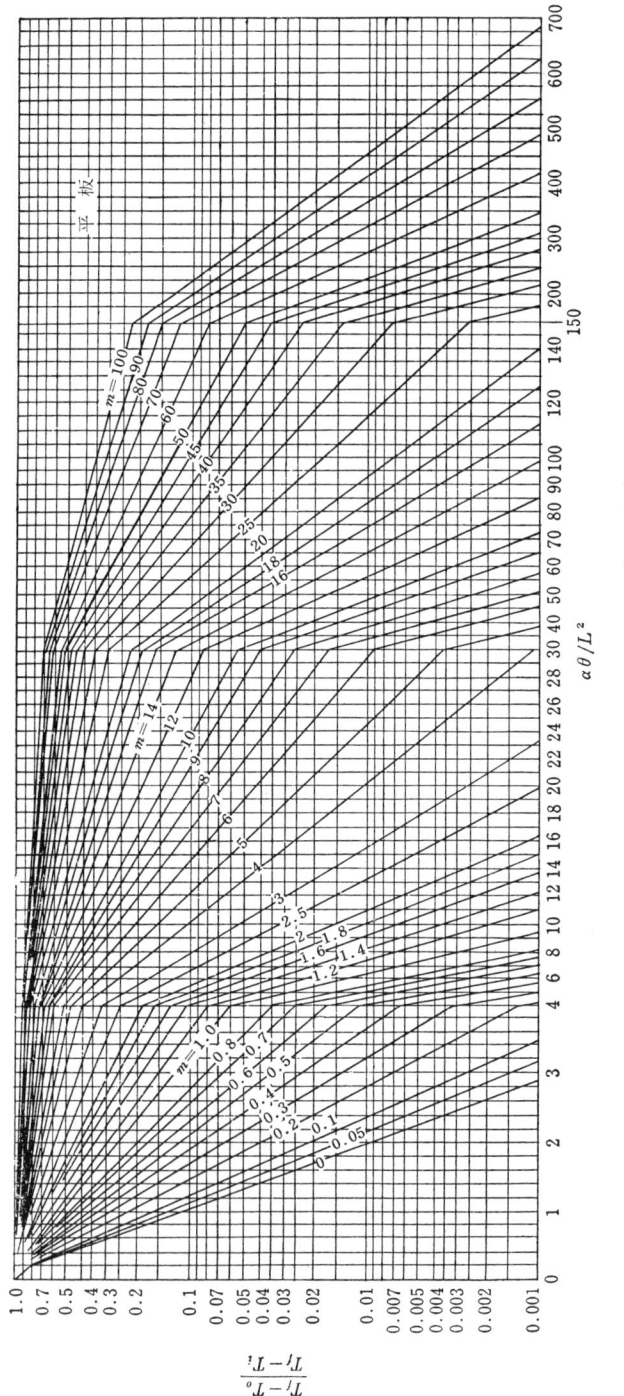

図 7·17 平行平板の基準面の温度を求める線図 $\left(m = \dfrac{\lambda_s}{h \cdot L}\right)$

## 7・2 非定常熱伝導（境膜伝熱係数が有限の場合）

物体を加熱または冷却する途中では，物体内の温度分布や伝熱量は時間と共に刻々と変化する．このような非定常熱伝導の問題を解くには，基礎式 (7・2) を初期条件，境界条件を満足するように解けばよい．

### 7・2・1 平行平板

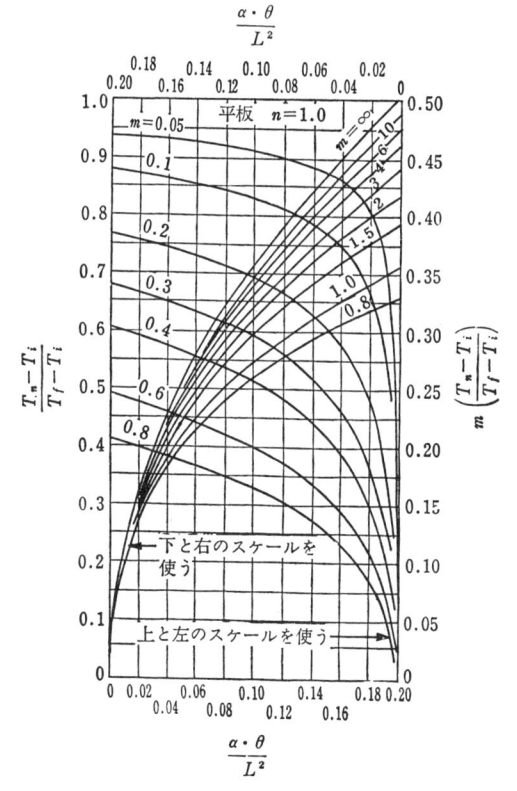

図 7・15 に示すように，初め一様温度 $T_i$ の平行平板が突然温度 $T_f$ の流体にさらされた場合について考える．物体の熱伝導率を $\lambda_s$，物体表面と流体との間の境膜伝熱係数を $h$，物体の熱拡散係数を $\alpha(=\lambda_s/(\rho \cdot C))$，物体の特徴長さを $L$ とすると，時間 $\theta$ が経過したときの物体内の基準面での温度 $T_o$ は図 7・17 となる．ここで $m=\lambda_s/(h \cdot L)$，$h$ は物体表面での境膜伝熱係数，$\lambda_s$ は物体の熱伝導率である．ただし，平行板で両面から加熱

図 7・18 $\alpha \cdot \theta / L^2$ が小さな場合，平板の $n=1$ の面の温度を求める線図

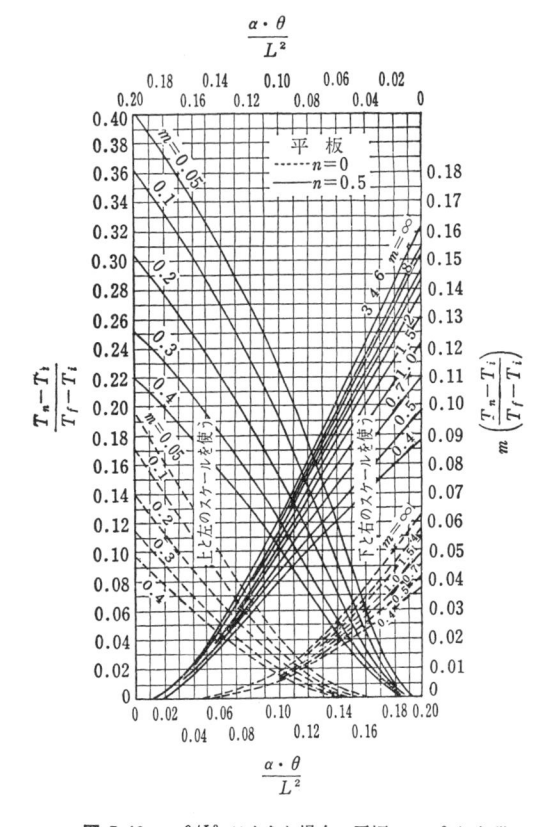

図 7・19 $\alpha \cdot \theta / L^2$ が小さな場合，平板の $n=0$ および $n=0.5$ の面の温度を求める線図

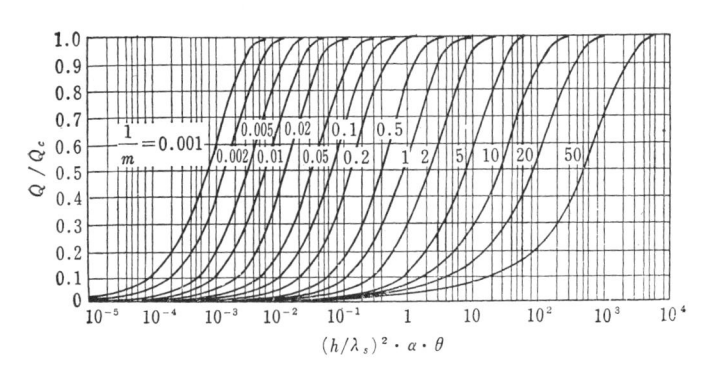

図 7・20 平行平板の場合の $Q$ と $Q_c$ の関係

図 7·21 無限円柱の中心線上の温度を求める線図 ($m = \lambda_s/h \cdot R$)

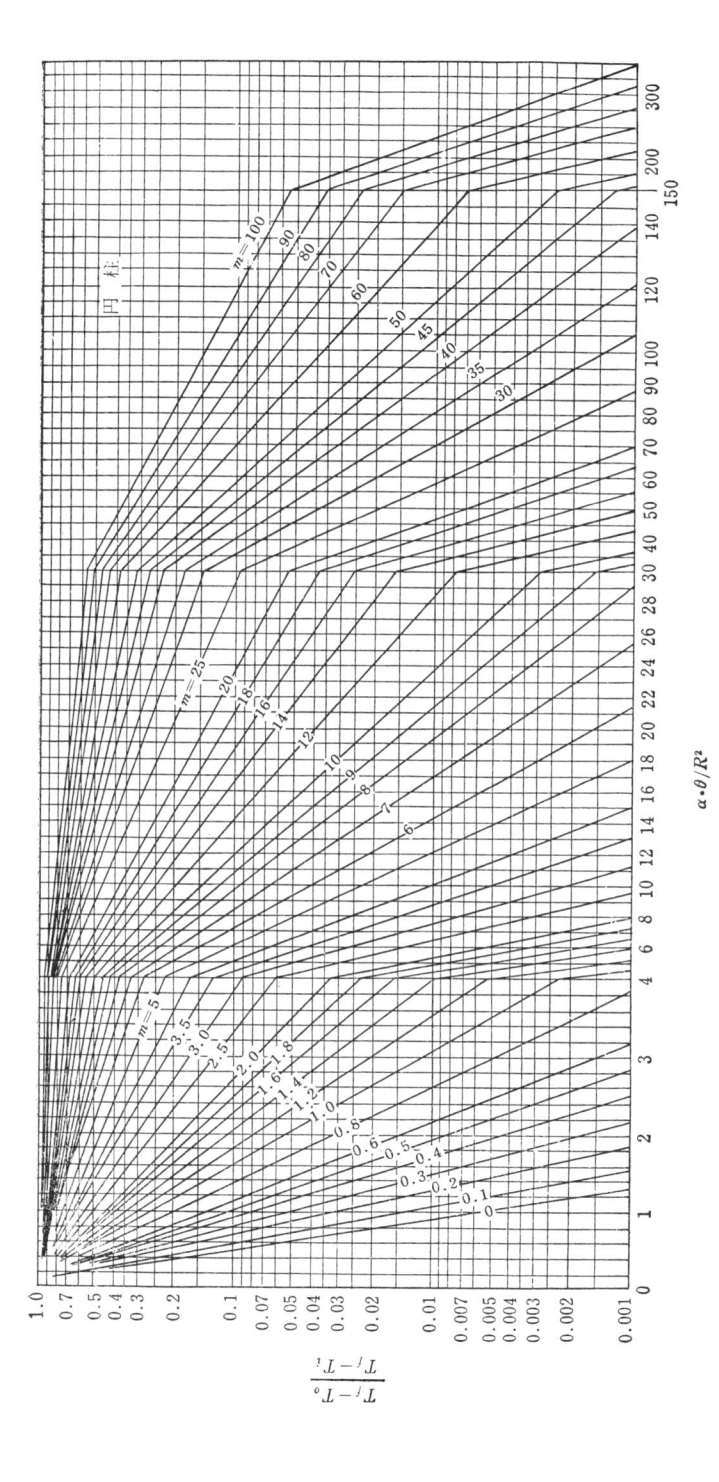

(冷却) される場合は, 特徴長さは板の厚さの 1/2, 基準面は中心面である。平行平板で片面のみ加熱 (冷却) され, 片面絶縁の場合は特徴長さは板の厚さ, 基準面は絶縁された面である。

他の場所 (無次元位置 $n=x/L$) における物体の温度 $T_n$ を図 7・16 に示す。ここで $x$ は基準面からの距離である。$\alpha \cdot \theta / L^2 < 0.2$ の場合は, 図 7・17 から正確な値を読みとることは困難である。この場合には図 7・18 および図 7・19 を用いる。

次に, 時間 0 から時間 $\theta$ までの間に物体が受け取る (あるいは放出する) 熱量の総和 $Q$ を図 7・20 に示す。ここで $Q_c$ は周囲温度を基準として測定された, $\theta=0$ において物体が保有する熱量である。すなわち

$$Q_c = (T_f - T_i) \times (物体の比熱) \times (物体の質量)$$

### 7・2・2 無限円柱

半径 $R$ の無限に長い円柱において時間 $\theta=0$ では, 円柱のどの点でも一様な温度 $T_i$ であったものが, 突然温度 $T_f$ の流体にさらされた場合について考える。時間 $\theta$ が経過したとき, 円柱の中心線での温度 $T_o$ を図 7・21 に示す。他の場所 (無次元位置 $n=r/R$) における物体の温度 $T_n$ を図 7・22 に示す。$\alpha \cdot \theta / R^2 < 0.2$ の場合の図を, 図 7・23 および図 7・24 に示す。ここで $r$ は中心線からの距離である。

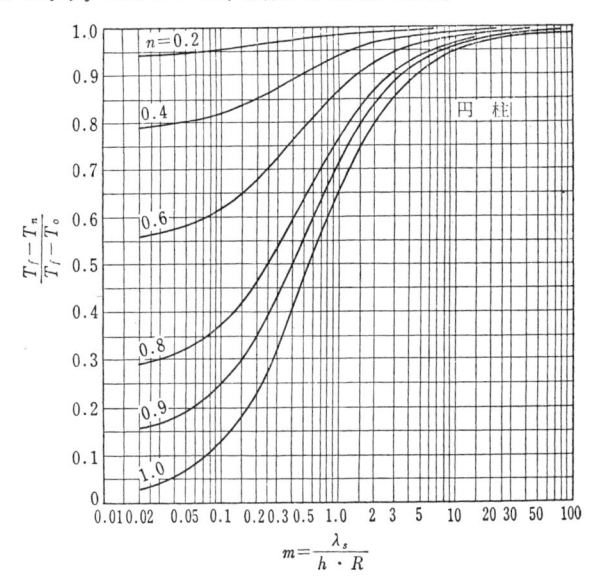

図 7・22 円柱に対する位置補正係数

次に,時間 0 から時間 $\theta$ までの間に物体が受け取る(あるいは放出する)熱量の総和 $Q$ を図 7·25 に示す。ここで $Q_c$ は周囲温度を基準として測定された,$\theta=0$ において物体が保有する熱量である。

### 7·2·3 球

半径 $R$ の球があり,時間 $\theta=0$ では,球のどの点でも一様な温度 $T_i$ であったものが,突然温度 $T_f$ の流体にさらされた場合について,時間 $\theta$ が経過したとき,球の中心点での温度 $T_c$ を図 7·26 に示す。他の場所(無次元位置 $n=r/R$)における物体の温度 $T_n$ を図 7·27 に示す。$\alpha\cdot\theta/R^2<0.2$ の場合の図を,図 7·28 および図 7·29 に示す。

次に,時間 0 から時間 $\theta$ までの間に物体が受け取る(あるいは放出する)熱量の総和 $Q$ を,図 7·30 に示す。

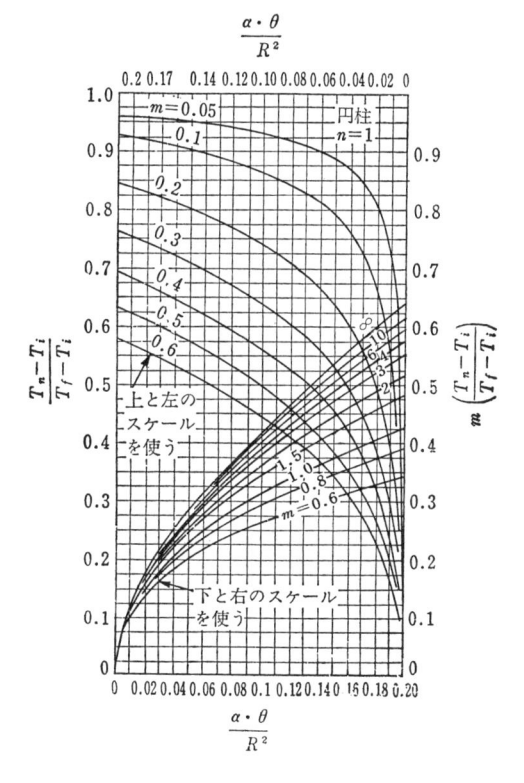

図 7·23 $\alpha\cdot\theta/R^2$ が小さな場合,円柱の表面 ($n=1$) の温度を求める線図

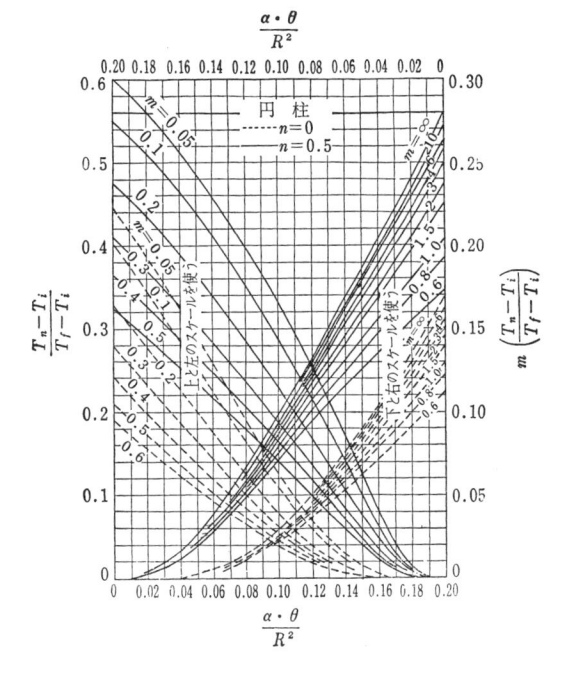

**図 7·24** $\alpha\cdot\theta/R^2$ が小さい場合,円柱の中心 ($n=0$) と 1/2 半径 ($n=0.5$) のところの温度を求める線図

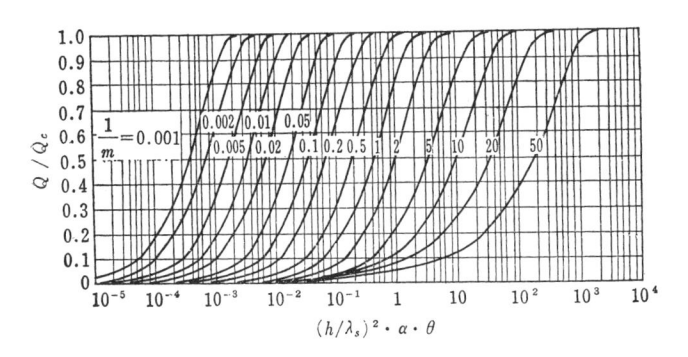

**図 7·25** 円柱の場合の $Q$ と $Q_c$ の関係

図 7・26 球の中心の温度を求める線図 ($m = \lambda_s/h \cdot R$)

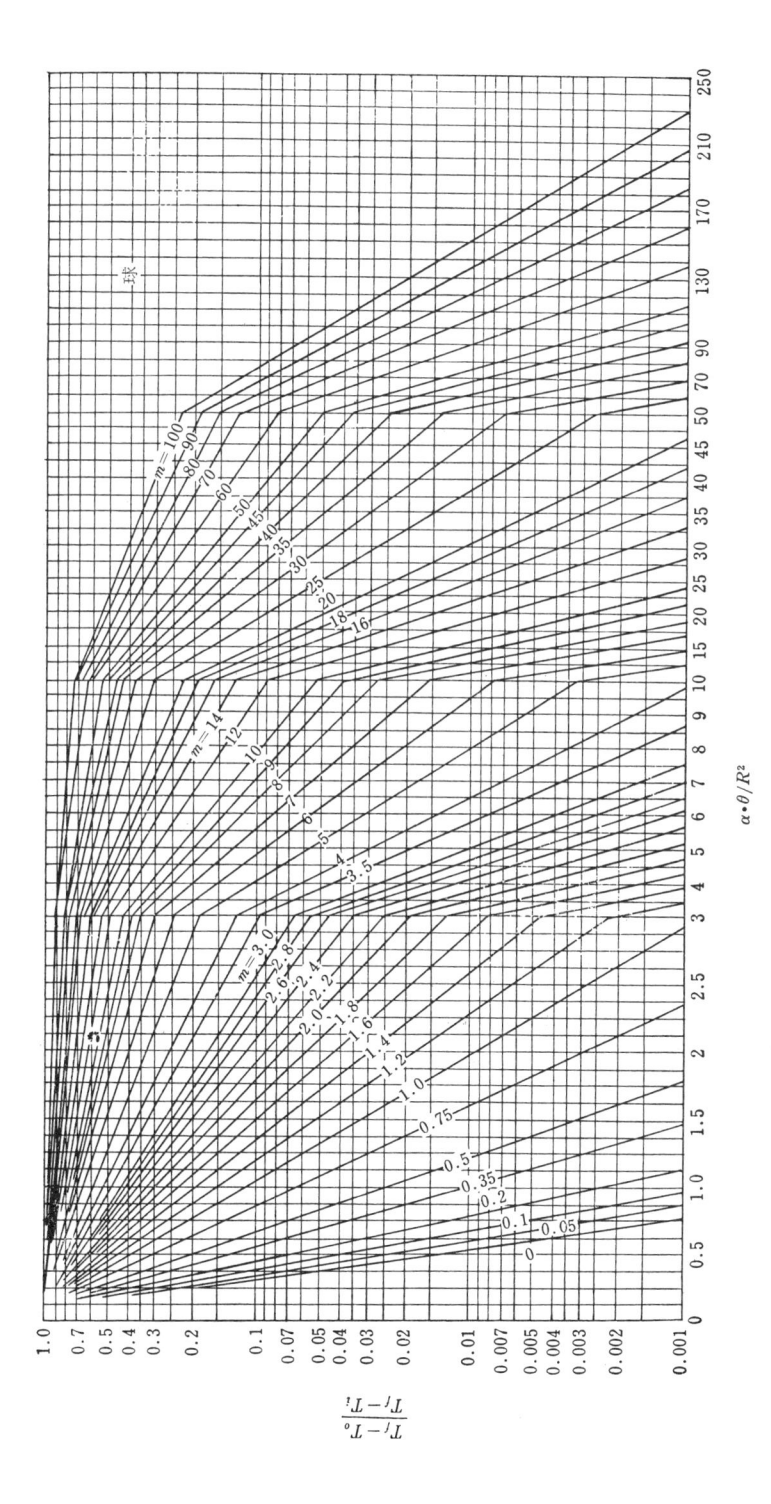

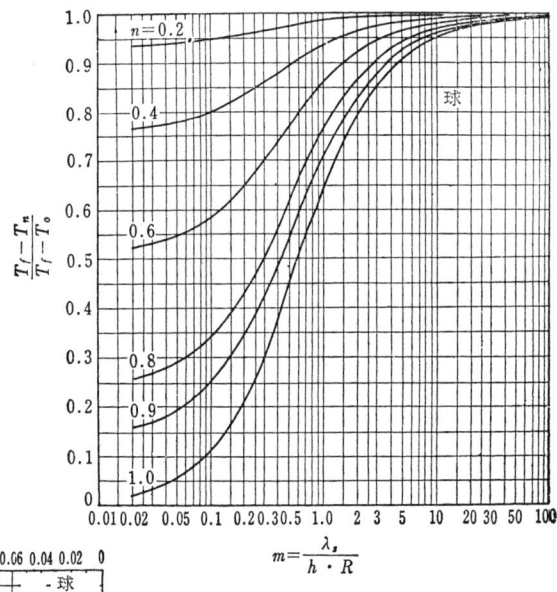

296　第7章　固体の熱伝導

図 7・27　球に対する位置補正係数

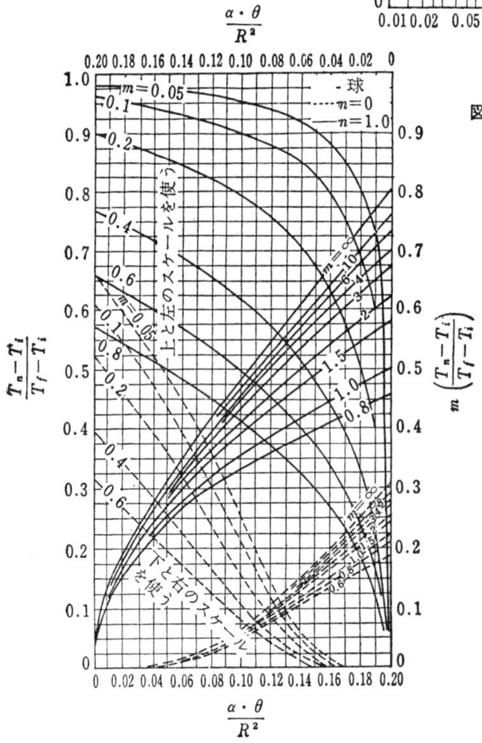

縦軸: $\dfrac{T_f - T_n}{T_f - T_0}$　横軸: $\dfrac{\alpha \cdot \theta}{R^2}$　パラメータ: $m = \dfrac{\lambda_s}{h \cdot R}$

図 7・28　$\alpha \cdot \theta / R^2$ が小さな場合，球の中心 ($n=0$) と表面 ($n=1$) の温度を求める線図

縦軸: $\dfrac{T_n - T_i}{T_f - T_i}$，$m\left(\dfrac{T_n - T_i}{T_f - T_i}\right)$　横軸: $\dfrac{\alpha \cdot \theta}{R^2}$

## 7・2 非定常熱伝導

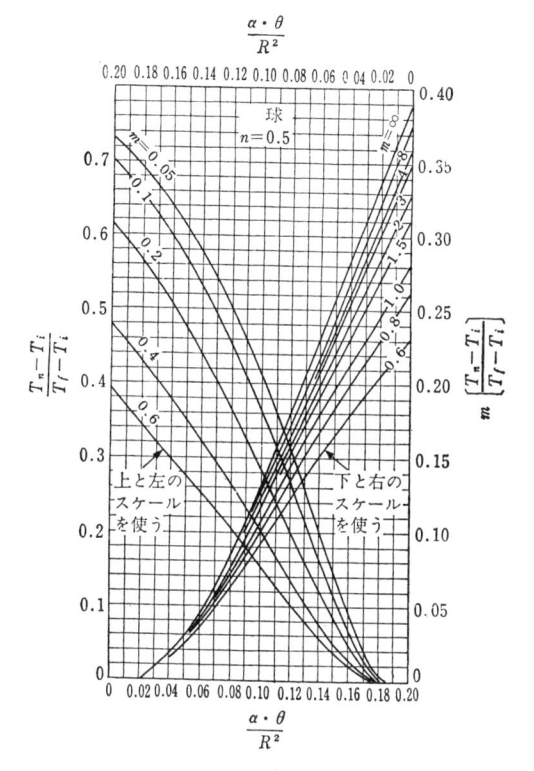

図 7・29 $\alpha \cdot \theta / R^2$ が小さな場合，球の 1/2 半径における温度を求める線図

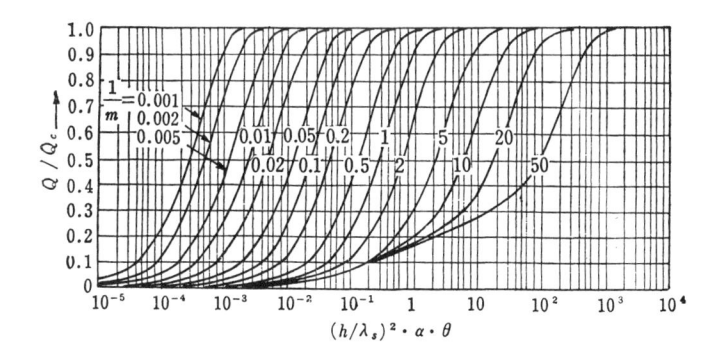

図 7・30 球の場合の $Q$ と $Q_c$ との関係

## 7·3 非定常熱伝導（境膜係数が無限大の場合）

前節までの問題では，物体を時間 $\theta=0$ でその中に浸した流体の温度は一定であり，境膜伝熱係数 $h$ は有限であった。われわれは，しばしば物体の表面温度自身が一定に保たれる場合に出合うが，これは境膜伝熱係数 $h=\infty$ に相当している。工学的には，周囲流体の相の変化を利用して加熱または冷却を行なう場合には，このことがほぼ実現される（蒸発・凝縮・融解など）。この場合，すなわち初め一様な温度 $T_i$ の物体が突然温度 $T_f$ の流体にさらされ，その表面温度が $T_f$ に保たれる場合，物体に生ずる温度分布は次の諸式で示される。

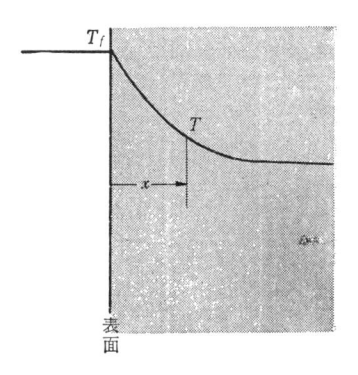

図 7·31 半無限厚さの平板

### 7·3·1 半無限厚さの平板（図 7·31）

$$\frac{T_f-T}{T_f-T_i}=\mathrm{erf}\Big(\frac{x}{2\sqrt{\alpha\cdot\theta}}\Big) \quad\cdots\cdots(7\cdot52)$$

ここで $x$ は表面からの距離である。$\mathrm{erf}(u)$ は，Gauss の誤差関係で，次式で定義される．

$$\mathrm{erf}(u)=\frac{2}{\sqrt{\pi}}\int_0^u \exp(-u^2)\cdot du \quad\cdots\cdots(7\cdot53)$$

$$=\frac{2}{\sqrt{\pi}}\cdot\Big(\frac{u}{1}-\frac{1}{1!}\cdot\frac{u^3}{3}+\frac{1}{2!}\cdot\frac{u^5}{5}-\cdots\cdots\Big) \quad\cdots\cdots(7\cdot54)$$

### 7·3·2 平行平板（図 7·15）

平行平板の両面が一定温度に保たれる場合の温度分布は，

$$\frac{T_f-T}{T_f-T_i}=\frac{4}{\pi}\Big\{\exp\Big[-\Big(\frac{\pi}{2}\Big)^2\cdot\frac{\alpha\cdot\theta}{L^2}\Big]\cdot\cos\Big(\frac{\pi}{2}\cdot\frac{x}{L}\Big)$$
$$-\frac{1}{3}\cdot\exp\Big[-\Big(\frac{3}{2}\pi\Big)^2\cdot\frac{\alpha\cdot\theta}{L^2}\Big]\cdot\cos\Big(\frac{\pi}{2}\cdot\frac{x}{L}\Big)+\frac{1}{5}\cdot\exp\cdots\cdots\pm\cdots\cdots\Big\} \quad\cdots(7\cdot55)$$

ここで，$x$ は基準面（中心面）からの距離である。

### 7·3·3 無限円柱

$$\frac{T_f-T}{T_f-T_i}=\sum_{k=1}^{k=\infty}\frac{2}{\mu_k}\cdot\frac{1}{J_1(\mu_k)}\cdot\exp\Big[-\mu_k{}^2\cdot\frac{\alpha\cdot t}{R^2}\cdot J_0\Big(\mu_k\cdot\frac{r}{R}\Big)\Big] \quad\cdots\cdots(7\cdot56)$$

計算図表を図 7·32 に示す。

### 7・3・4 球

$$\frac{T_f-T}{T_f-T_i}=\sum_{k=1}^{k=\infty}\frac{2}{-\cos(\nu_k)}\cdot\exp\left(-\nu_k{}^2\cdot\frac{\alpha\cdot t}{R^2}\right)\cdot\frac{\sin(\nu_k\cdot r/R)}{\nu_k\cdot r/R} \quad\cdots\cdots(7\cdot57)$$

計算図表を図 7・33 に示す。

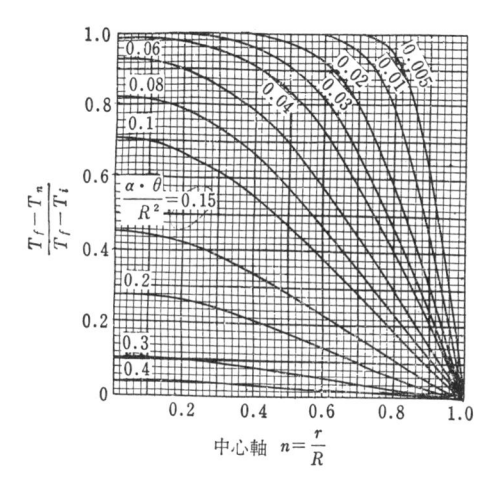

図 7・32 半径 $R$ の円柱内における温度経過,初期温度 $T_i$, 表面温度 $T_f$, $\alpha=\lambda_s/C\cdot\rho=$温度拡散率, $\theta=$時間

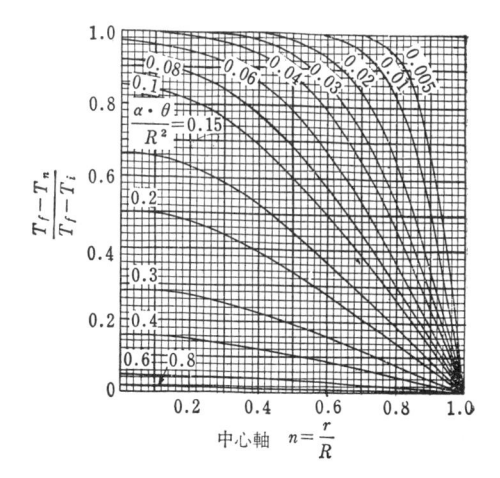

図 7・33 半径 $R$ の球体内における温度経過,初期温度 $T_i$, 表面温度 $T_f$, $\alpha=\lambda_s/C\cdot\rho=$温度拡散率, $\theta=$時間

# 第8章 対流伝熱

本章では主として平滑円管内あるいは平滑円管外を流体が流れる場合の対流伝熱について述べる。フィン管，二重管，コイル，平板その他種々の形状の管路を流体が流れる場合については，第4部の各種の熱交換器の設計法の項において詳述することにする。

本章では，次の無次元項を用いる。

$Re$：レイノルズ数　$Re = D \cdot G/\mu$

$Nu$：ヌッセルト数　$Nu = h \cdot D/k$

$Pr$：プラントル数　$Pr = c \cdot \mu/k$

$Gr$：グラスホフ数　$Gr = g \cdot D^3 \cdot \beta \cdot \Delta t \cdot \rho^2/\mu^2$

$Sc$：シュミット数　$Sc = \mu/(\rho \cdot k_d)$

$St$：スタントン数　$St = h/(c \cdot G)$

$Gz$：グレツ数　$Gz = w \cdot c/(k \cdot L)$

$Pe$：ペクレ数　$Pe = D \cdot G \cdot c/k$

## 8・1 相変化を伴なわない対流伝熱

円管内を流体が流れ，管外から加熱あるいは冷却されるとき，管内壁と管内流体の間の対流伝熱の形式は，流体の物性，流速などによって強制対流，自然対流，あるいは両者の混合したものになる。また，レイノルズ数の大小によって，両者はそれぞれについて乱流範囲と層流範囲がある。図8・1および図8・2に円管内流れの各種対流伝熱の範囲を示した。

### 8・1・1 強制対流および混合対流

（1）**速度助走区間と発達した流れ**：　管の入口で，一様な速度分布を有している流れは，管内に流入すると管壁に沿って境界層が発達し，同時に中心流は加速される。管内全部が境界層とみなされる位置から先では，速度分布の形は一定になる。管入口からこの点までの間が速度助走区間であって，これより下流の部分が発達した流れである。この"速度助走区間"と"発達した流れ"では速度分布が異なるので，その伝熱係数も当然に異なる。

速度助走区間の長さ $l_t$ は，次式から求まる。

8・1 相変化を伴なわない対流伝熱

図中の領域：
- 強制対流, 乱流
- 遷移流（層流-乱流）
- 強制対流, 層流
- 混合対流, 乱流
- 混合対流, 層流
- 自然対流, 乱流
- 自然対流, 層流
- MARTINELLIの理論

横軸: $Gr \cdot Pr \left(\dfrac{D_i}{L}\right)$

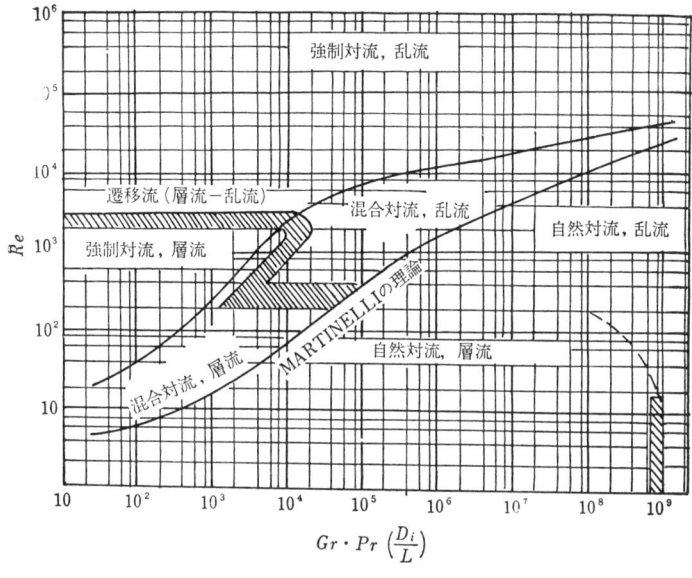

$10^{-2} < Pr \cdot \left(\dfrac{D_i}{L}\right) < 1$

**図 8・1** 垂直管内流の自然対流，強制対流，および混合対流の範囲

図中の式：

HAUSEN:
$$Nu = 0.116 \left[1 + \left(\dfrac{D}{L}\right)^{2/3}\right]\left(Re^{2/3} - 125\right) Pr^{1/3} \left(\dfrac{\mu}{\mu_w}\right)^{0.14}$$

METAIS:
$$Nu = 4.69 Re^{0.27} Pr^{0.21} Gr^{0.07} \left(\dfrac{D}{L}\right)^{0.36}$$

SIEDER & TATE:
$$Nu = 1.86 Pe^{1/3} \left(\dfrac{\mu}{\mu_w}\right)^{0.14}$$

OLIVER:
$$Nu = 1.75 \left(\dfrac{\mu}{\mu_w}\right)^{0.14} \left[Gz + 0.0083 (Gr \cdot Pr)^{0.75}\right]^{1/3}$$

領域: 強制対流乱流, 遷移流（層流-乱流）, 強制対流層流, 混合対流乱流, 混合対流層流, 自然対流

横軸: $Gr \cdot Pr \left(\dfrac{D_i}{L}\right)$

$10^{-2} < Pr \cdot \left(\dfrac{D_i}{L}\right) < 1$

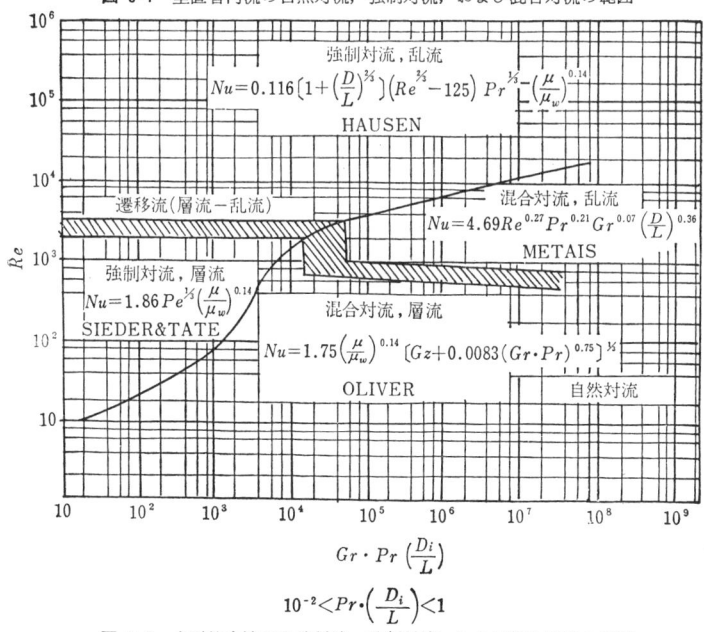

**図 8・2** 水平管内流の自然対流，強制対流，および混合対流の範囲

層流の場合[1]

$$\frac{l_t}{D_i} = 0.05 \cdot \left(\frac{G_i \cdot D_i}{\mu}\right)$$

乱流の場合[2]

$$\frac{l_t}{D_i} \fallingdotseq 10$$

$D_i$ は管内径 [m]，$G_i$ は管内質量速度 [kg/m²·hr]，$\mu$ は流体の粘度 [kg/m·hr]，$l_t$ は助走区間の長さ [m] である。普通の熱交換器では管長と管内径の比は 50 以上であるから，助走区間を無視して管全長にわたって，"発達した流れ"と見なしてもさしつかえない。

(2) 円管（直管）内の伝熱

A. 層流： Hausen[3] は管壁温度が一定の場合の層流（ただし，発達した流れ）の境膜伝熱係数を理論的に解き，次式を提案している。

$$Nu_m \cdot \left(\frac{\mu_w}{\mu_b}\right)^{0.14} = 3.66 + \frac{0.0668 \cdot [(L/D_i)/Pe]^{-1}}{1 + 0.04 \cdot [(L/D_i)/Pe]^{-2/3}} \quad \cdots\cdots\cdots\cdots (8\cdot 1)$$

適用範囲は

$$Re = D_i \cdot G_i / \mu_b < 2,300 \quad \text{および} \quad 10^{-4} < (L/D_i)/Pe < 10$$

ここで

$$Nu_m = h_m \cdot D_i / k \qquad Pe = D_i \cdot G_i \cdot c / k$$

$L$＝管長 [m]　　$D_i$＝管内径 [m]　　$c$＝比熱 [kcal/kg·°C]

$G_i$＝管内質量速度 [kg/m²·hr·°C]　　$k$＝熱伝導率 [kcal/m·hr·°C]

$h_m$＝平均境膜伝熱係数 [kcal/m²·hr·°C] 〔式 (2·5) 参照〕

流体の物性は，$\mu_w$ を除き全て混合平均温度における値を用いる。

Sieder および Tate[4] は次式を提案している。

$$Nu_{a \cdot m} = 1.86 \cdot \left(\frac{L/D_i}{Pe}\right)^{-1/3} \cdot \left(\frac{\mu_b}{\mu_w}\right)^{0.14} \quad \cdots\cdots\cdots\cdots (8\cdot 2)$$

（物性は流体の平均混合温度における値を用いる。）

ここで

$\mu_b$＝算術平均混合温度における流体の粘度　[kg/m·hr]

---

1) Langhaar, H.L.: J. Appl. Mech, vol. 9, No. 2 (1942).
2) Pascucci, L: Atti di Guidonia 4, pp. 49 (1943).
3) Hausen, H: Verfahrenstecknik, Beih. Z. Ver. deut. Ing. 4, p. 91 (1943)
4) Sieder, E.N., and G.E. Tate: Ind. Eng. Chem. vol. 28, p. 1429 (1936).

$\mu_w$＝管壁温度における流体の粘度 〔kg/m・hr〕

$$Nu_{a \cdot m} = \frac{h_{a \cdot m} \cdot D_i}{k} \quad 〔-〕$$

$h_{a \cdot m}$＝算術平均境膜伝熱係数（式（2・6）参照）〔kcal/m²・hr・°C〕

**B. 自然対流を伴なう層流（混合対流）：** 垂直管内を加熱流体が上方に向って流れる場合，および冷却流体が下方に向って流れる場合の，自然対流を伴なう層流に対して，Martinelli[5] らは次式を提案している。

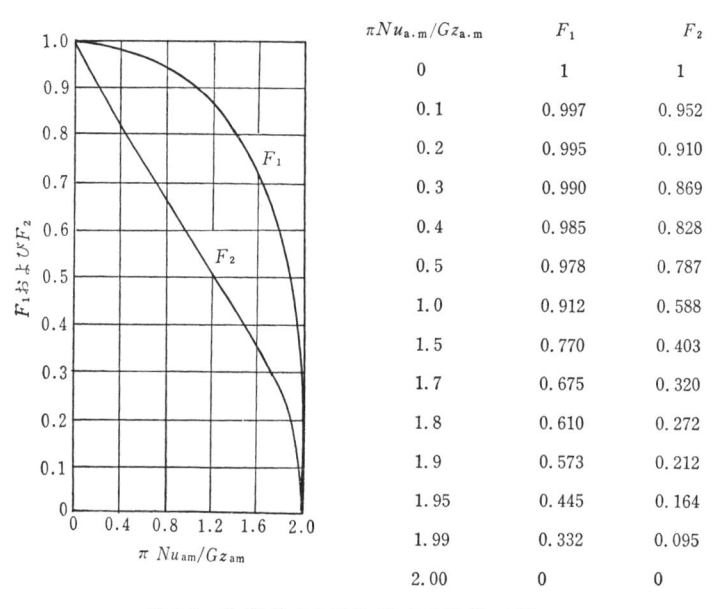

| $\pi Nu_{a \cdot m}/Gz_{a \cdot m}$ | $F_1$ | $F_2$ |
|---|---|---|
| 0 | 1 | 1 |
| 0.1 | 0.997 | 0.952 |
| 0.2 | 0.995 | 0.910 |
| 0.3 | 0.990 | 0.869 |
| 0.4 | 0.985 | 0.828 |
| 0.5 | 0.978 | 0.787 |
| 1.0 | 0.912 | 0.588 |
| 1.5 | 0.770 | 0.403 |
| 1.7 | 0.675 | 0.320 |
| 1.8 | 0.610 | 0.272 |
| 1.9 | 0.573 | 0.212 |
| 1.95 | 0.445 | 0.164 |
| 1.99 | 0.332 | 0.095 |
| 2.00 | 0 | 0 |

図 8・3 式（8・3）における $F_1$ および $F_2$ の値

$$Nu_{a \cdot m} = 1.75 \cdot F_1 \cdot \left[ Gz_{a \cdot m} + 0.0722 \cdot F_2 \cdot \left( \frac{Gr \cdot Pr}{L/D_i} \right)_w^{0.84} \right]^{1/3} \quad \cdots\cdots (8 \cdot 3)$$

条件

（1） $Gz_{a \cdot m}$ は算術平均混合温度における流体の物性を用いて計算する。

（2） $Gr$ および $Pr$ は管壁温度 $t_w$ における値を用いる。

（3） $Gr$ に用いる $\Delta t = t_w - t$ は，入口における温度差を用いる（$t$ は流体温度）。

（4） 上式は流体が加熱されつつ上方に向って流れる場合，および冷却されつつ下方

---

5) Martinelli, R.C. and L.M.K. Boelter; Univ. Calf. Publs. Eng., vol. 5, No. 2, pp. 23 〜58 (1942).

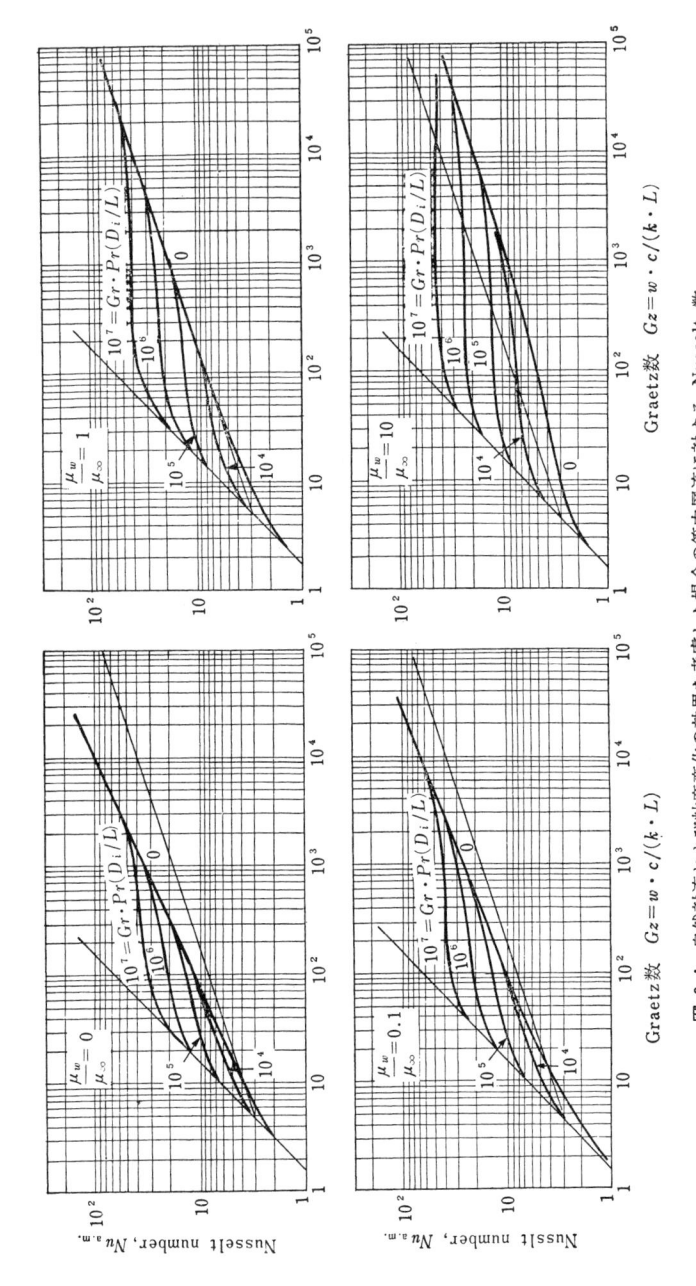

**図 8・4** 自然対流および粘度変化の効果を考慮した場合の管内層流に対する Nusselt 数
($\mu_w$ は管壁温度 $t_w$ (一定) における流体粘度を, $\mu_\infty$ は入口温度 (均一) における流体粘度を表わす)

## 8・1 相変化を伴なわない対流伝熱

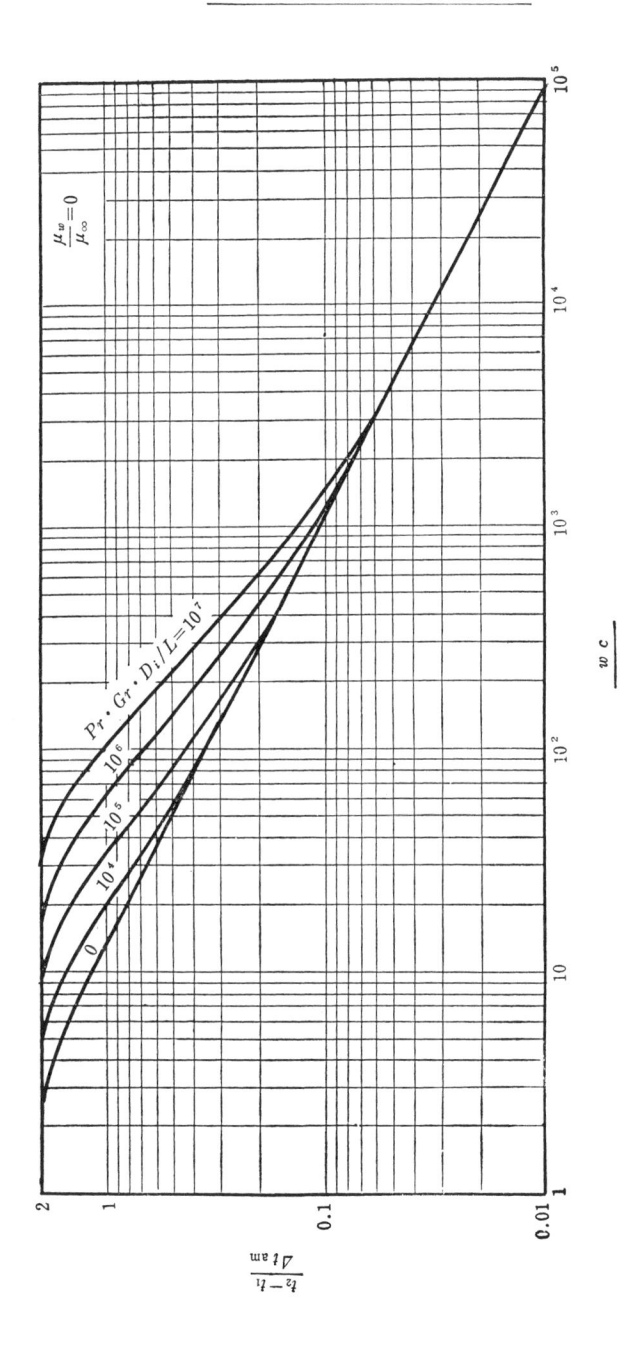

図 8・5 (a) 垂直管における温度上昇と温度差との比（壁温度における粘度 $\mu_w$ が無視できるほど小さいとき）

306　　　　　　　　　　第8章　対流伝熱

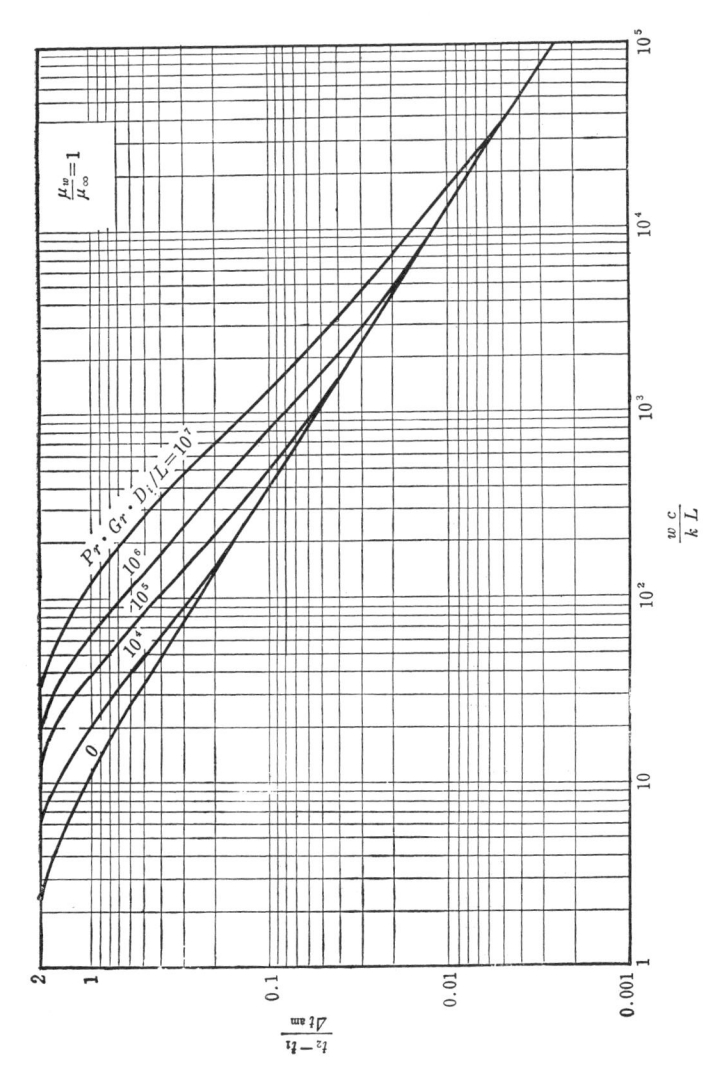

図 8・5 (b)　垂直管における温度上昇と温度差との比（粘度変化がないとき）

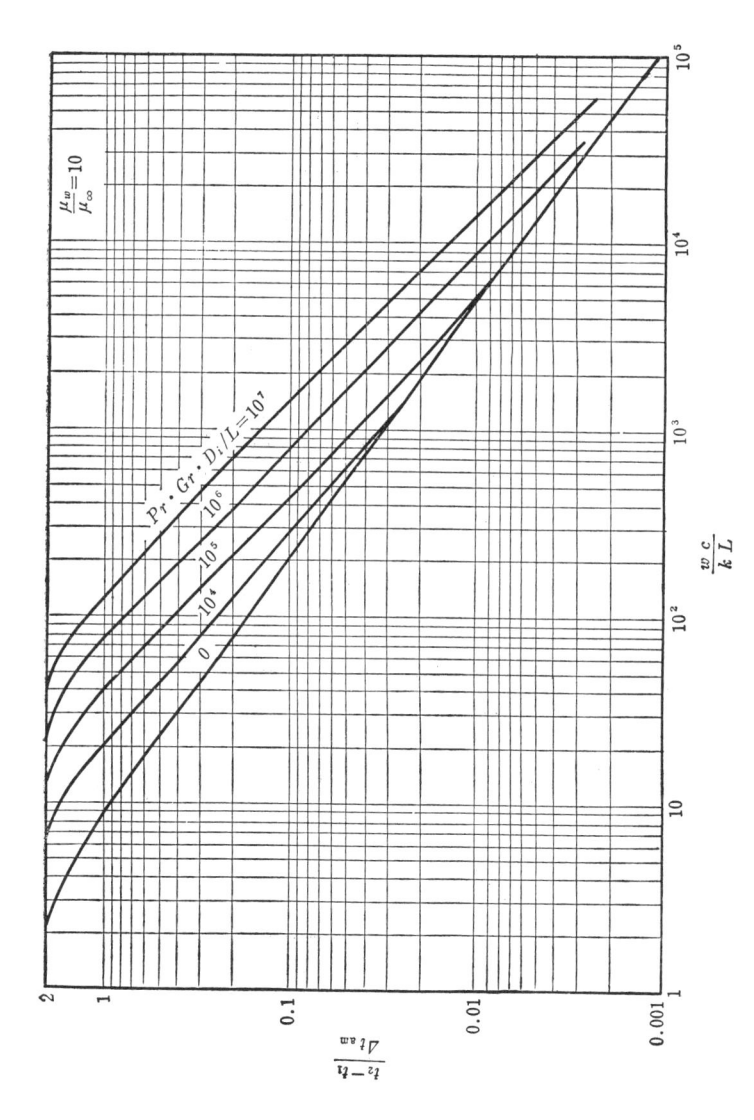

図 8·5 (c) 垂直管における温度上昇と温度差との比（壁温度における粘度 $\mu_w$ が管入口温度における粘度 $\mu_\infty$ の 10 倍のとき）

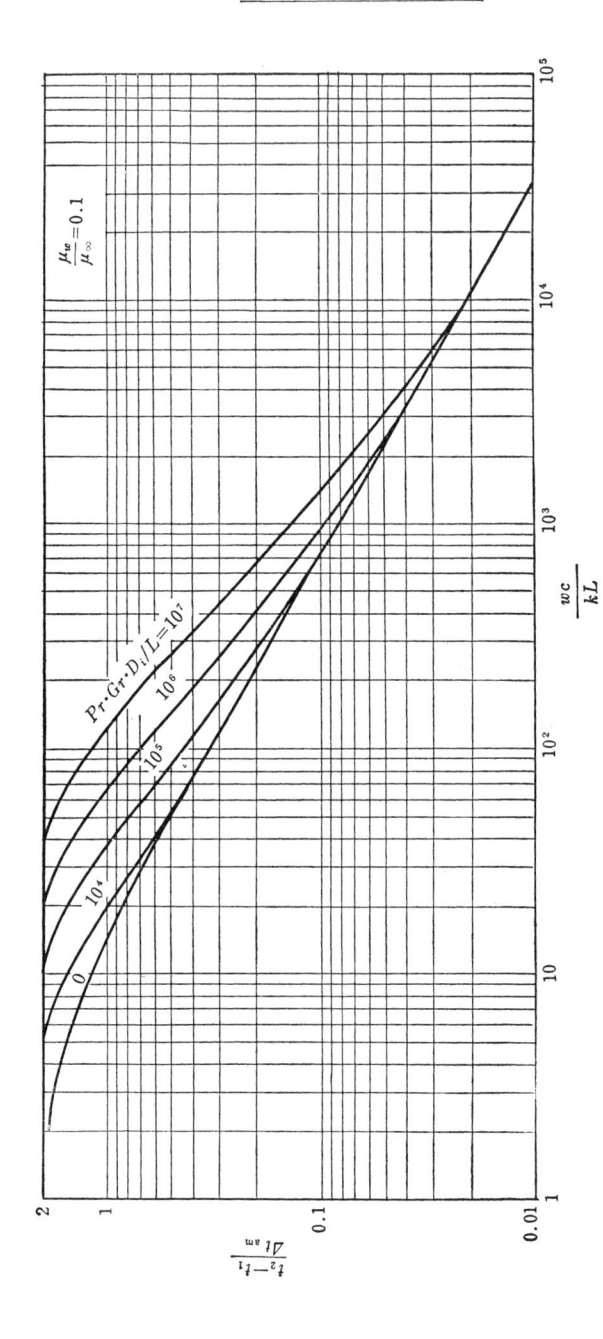

図 8・5 (d) 垂直管における温度上昇と温度差との比（壁温度における粘度 $\mu_w$ が管入口温度における粘度 $\mu_\infty$ の 0.1 倍のとき）

## 8・1 相変化を伴なわない対流伝熱

に向って流れる場合に対して適用される。流体が冷却されつつ上方に向って流れる場合，および加熱されつつ下方に流れる場合に対しては，+0.0722 の代りに -0.0722 を用いる。

$F_1$ および $F_2$ の値は，図 8・3 に示す値を用いる。

Pigford[6] は理論的に解析して，自然対流を伴なう層流の Nusselt 数を推定するため，図 8・4 を提案している。

$$Nu_{a.m} = \frac{h_{a.m} \cdot D_i}{k} = \left(\frac{t_2 - t_1}{\Delta t_{a.m}}\right) \cdot \frac{w \cdot c}{\pi \cdot k \cdot L}$$

であるので，図 8・4 の代りに図 8・5 で表わすこともできる。

ここで

$w$＝管内流量 〔kg/hr〕

$c$＝比熱 〔kcal/kg・°C〕

$t_1, t_2$＝管内流体の入口，出口温度 〔°C〕

$\Delta t_{a.m}$＝流体混合温度と管壁温度との差の入口と出口における値の算術平均値 〔°C〕

水平管内に対しては，Oliver[7] が次式および図 8・2 中の式を提案している。

$$Nu_{a.m} \cdot \left(\frac{\mu_w}{\mu_b}\right)^{0.14} = 1.75 \cdot \sqrt[3]{Gz_{a.m} + 0.00056 \left(\frac{Gr \cdot Pr}{D_i/L}\right)_b^{0.70}} \quad \cdots\cdots\cdots(8 \cdot 4)$$

添字 $b$ は算術平均混合温度における値を意味する。

条件

(1) $Gz_{a.m}$，$Gr$ および $Pr$ は，算術平均混合温度における値を用いる。

(2) $Gr$ に用いる温度差 $\Delta t$ は，流体混合温度と管壁温度との差の入口と出口における値の算術平均を用いる。

**C. 乱流** 円管内を流体が乱流で流れる場合に対して，Sieder[4] らは次式を提案している。

$$\left(\frac{h}{G \cdot c}\right)_b \cdot \left(\frac{c \cdot \mu}{k}\right)_b^{2/3} \cdot \left(\frac{\mu_w}{\mu_b}\right)^{0.14} = 0.023 \left(\frac{D_i \cdot G}{\mu_b}\right)^{-0.2} \quad \cdots\cdots\cdots(8 \cdot 5)$$

条件

(1) 流体の物性値は混合温度における値を用いる ($\mu_w$ を除いて)。

(2) $Re > 10,000$

---

6) Pigford, R.L.: Chem. Eng. Progr. Symposium Ser., vol. 17, No. 51, p. 79 (1955).
7) Oliver, D.R.: Chemical Engineering Science, vol. 17, pp. 335〜350 (1962).

# 第8章 対流伝熱

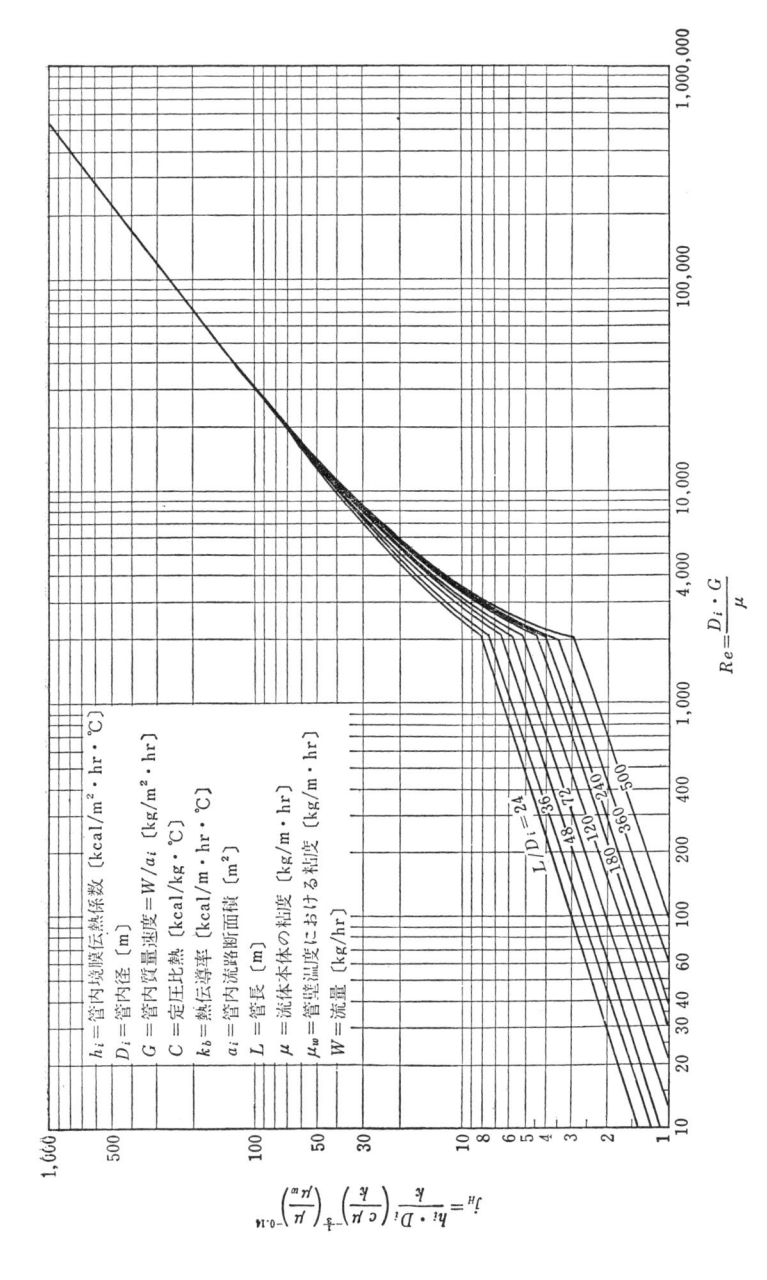

$j_H = \dfrac{h_i \cdot D_i}{k_b}\left(\dfrac{c \cdot \mu}{k_b}\right)^{-\frac{1}{3}}\left(\dfrac{\mu_w}{\mu}\right)^{-0.14}$

- $h_i$ = 管内境膜伝熱係数 [kcal/m²·hr·℃]
- $D_i$ = 管内径 [m]
- $G$ = 管内質量速度 = $W/a_i$ [kg/m²·hr]
- $C$ = 定圧比熱 [kcal/kg·℃]
- $k_b$ = 熱伝導率 [kcal/m·hr·℃]
- $a_i$ = 管内流路断面積 [m²]
- $L$ = 管長 [m]
- $\mu$ = 流体本体の粘度 [kg/m·hr]
- $\mu_w$ = 管壁温度における粘度 [kg/m·hr]
- $W$ = 流量 [kg/hr]

$L/D_i = 24, 36, 48, 72, 120, 180, 240, 360, 500$

$Re = \dfrac{D_i \cdot G}{\mu}$

図 8·6 管内側境膜伝熱係数

(3)　$0.7 < Pr < 16,700$

(4)　$L/D_i > 60$

式 (8・5) は次のように表わすこともできる。

$$\frac{h \cdot D_i}{k_b} = 0.023 \cdot \left(\frac{D_i \cdot G}{\mu}\right)_b^{0.8} \cdot \left(\frac{c \cdot \mu}{k}\right)_b^{1/3} \cdot \left(\frac{\mu_b}{\mu_w}\right)^{0.14} \quad \cdots\cdots\cdots\cdots(8・5a)$$

式 (8・5a) および式 (8・2) を $j_H$ 因子を用いて，次の共通の式で表わすことができる。

$$\frac{h \cdot D_i}{k_b} = j_H \cdot \left(\frac{c \cdot \mu}{k}\right)_b^{1/3} \cdot \left(\frac{\mu_b}{\mu_w}\right)^{0.14} \quad \cdots\cdots\cdots\cdots\cdots\cdots\cdots\cdots(8・6)$$

$j_H$ の計算図表を図 8・6 に示す。この図から $Pr$ 数が 0.7 以上の流体について，層流および乱流のすべての範囲の流れにおける円管内の境膜伝熱係数を求めることができる。

また，Hausen[3] は，$Re = 2,300$ 近辺の層流から乱流への遷移部分も含んだ，次のような式を与えている。

$$\frac{h \cdot D_i}{k_b} = 0.116 \cdot \left[\left(\frac{D_i \cdot G}{\mu}\right)_b^{2/3} - 125\right] \cdot \left(\frac{c \cdot \mu}{k}\right)_b^{1/3} \cdot \left[1 + \left(\frac{D_i}{L}\right)^{2/3}\right] \cdot \left(\frac{\mu_b}{\mu_w}\right)^{0.14}$$
$$\cdots\cdots(8・7)$$

適用範囲は

$Re = 2,320 \sim 100,000$

$Pr = 0.6 \sim 500$

$\dfrac{L}{D_i} = 1$ 以上

Hausen は乱流の場合に対して，次式を与えている。

$$\frac{h \cdot D_i}{k_b} = 0.024 \cdot \left[1 + \left(\frac{D_i}{L}\right)^{2/3}\right] \cdot \left(\frac{D_i \cdot G}{\mu}\right)_b^{0.8} \cdot \left(\frac{c \cdot \mu}{k}\right)_b^{0.33} \cdot \left(\frac{\mu_b}{\mu_w}\right)^{0.1} \quad \cdots\cdots(8・8)$$

適用範囲は

$Re = 7,000 \sim 1,000,000$

$Pr = 1 \sim 500$

$L/D_i = 1$ 以上

管内を水が流れる場合の境膜伝熱係数の計算図表を，層流の場合（式 (8・1) による）については図 8・7，乱流の場合（式 (8・8) による）については図 8・8 に示す。

管内を空気が流れる場合の境膜伝熱係数の計算図表を，層流の場合については図 8・9 に，乱流の場合については図 8・10 に示す。

Prandtle 数が 0.7 以下の場合については，Martinelli[8] の提案した図 8・11 から境膜

---

8)　Martinelli, R.C.: ASME, vol. 69, pp. 947～959 (1947).

312　　　　　　　　　　第8章 対流伝熱

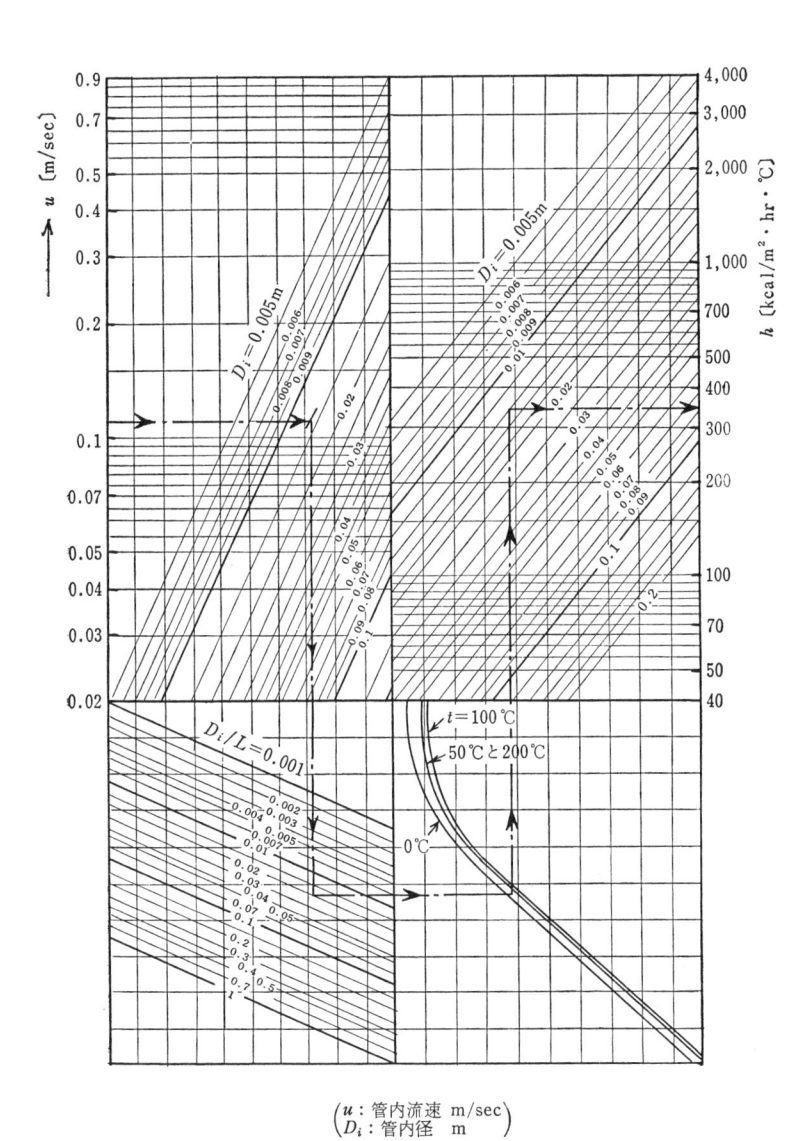

$\left(\begin{array}{l}u: 管内流速 \text{ m/sec} \\ D_i: 管内径 \text{ m}\end{array}\right)$

図 8·7　管内層流，水の場合の境膜伝熱係数

## 8・1 相変化を伴なわない対流伝熱

$$Nu = 0.024 \left[1 + \left(\frac{D_i}{L}\right)^{2/3}\right] Re^{0.8} Pr^{0.33}$$

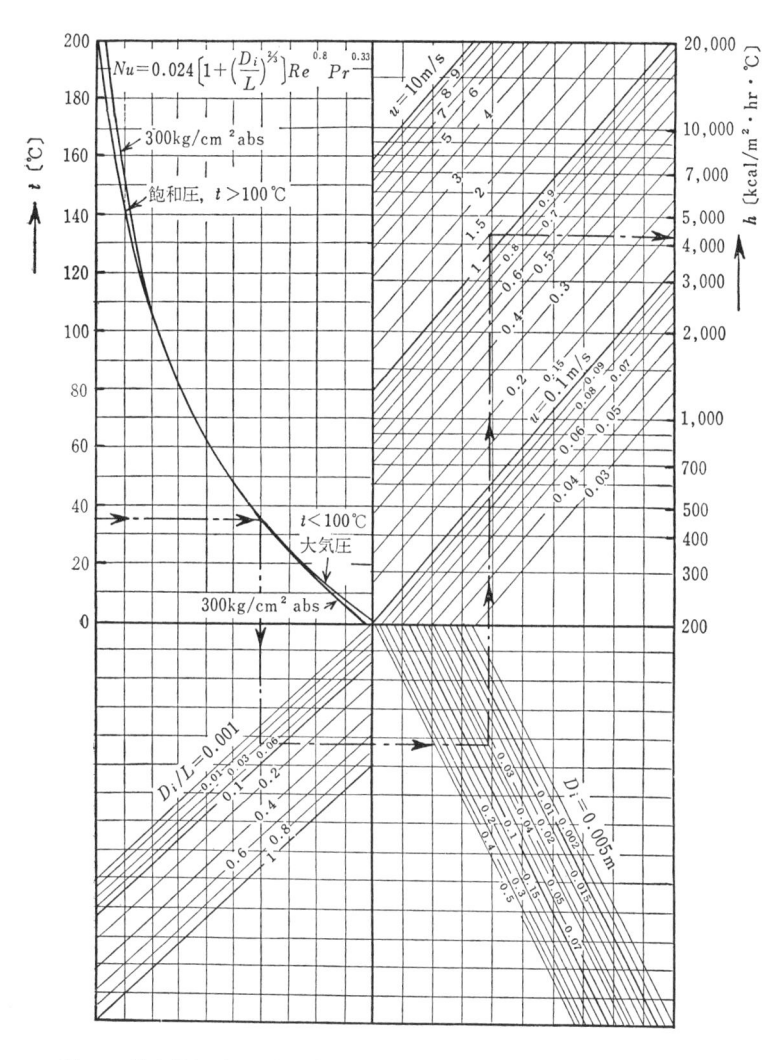

図 8・8 管内乱流, 水の場合の境膜伝熱係数 ($u$：管内流速 m/sec, $D_i$：管内径 m)

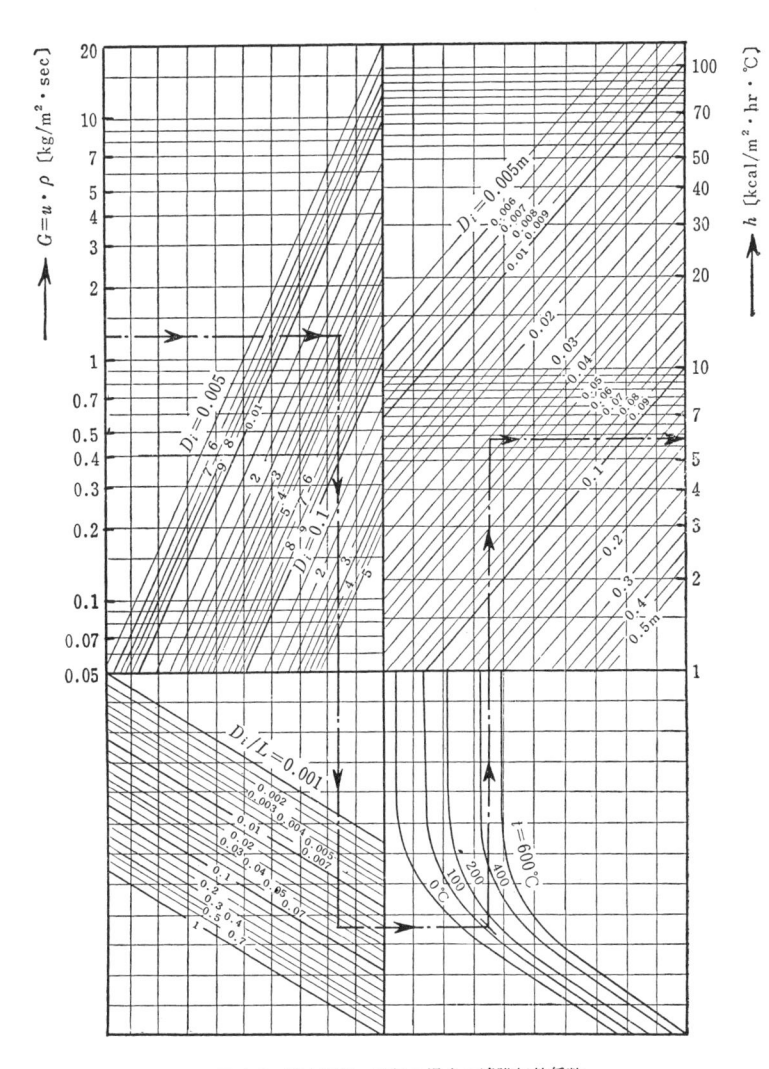

図 8·9　管内層流，空気の場合の境膜伝熱係数

8・1 相変化を伴なわない対流伝熱

$$Nu = 0.024\left[1+\left(\frac{D_i}{L}\right)^{2/3}\right]Re^{0.786} \cdot Pr^{0.45}$$

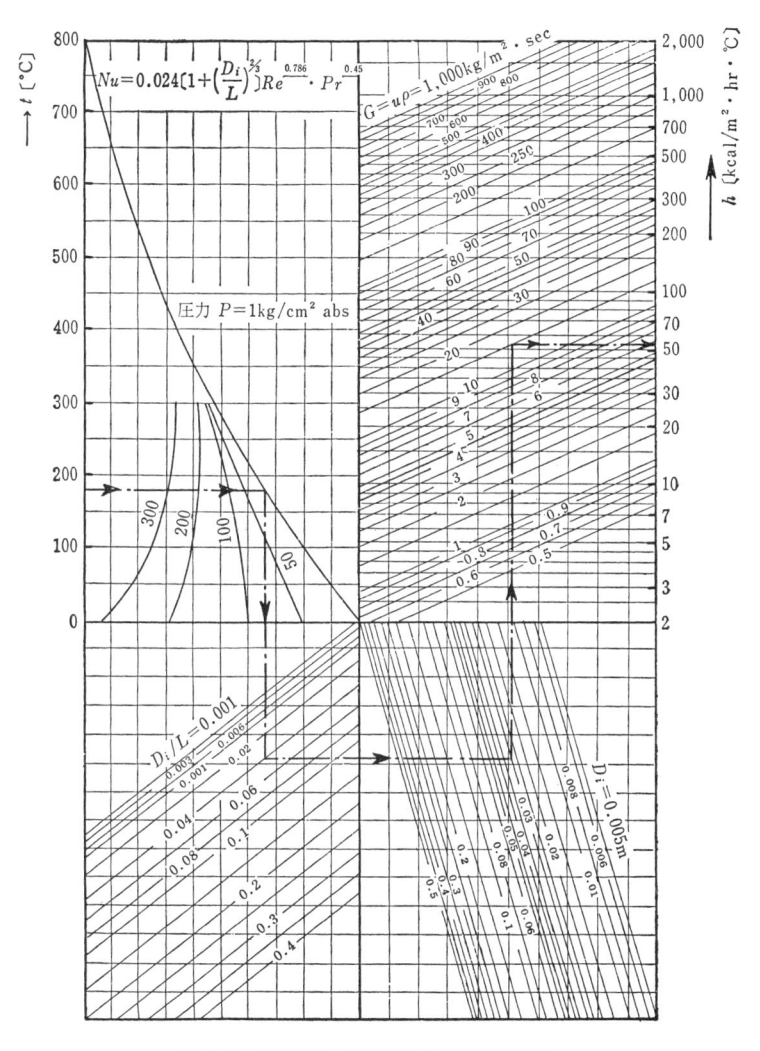

圧力 $P = 1\text{kg/cm}^2$ abs

図 8・10　管内乱流，空気の場合の境膜伝熱係数

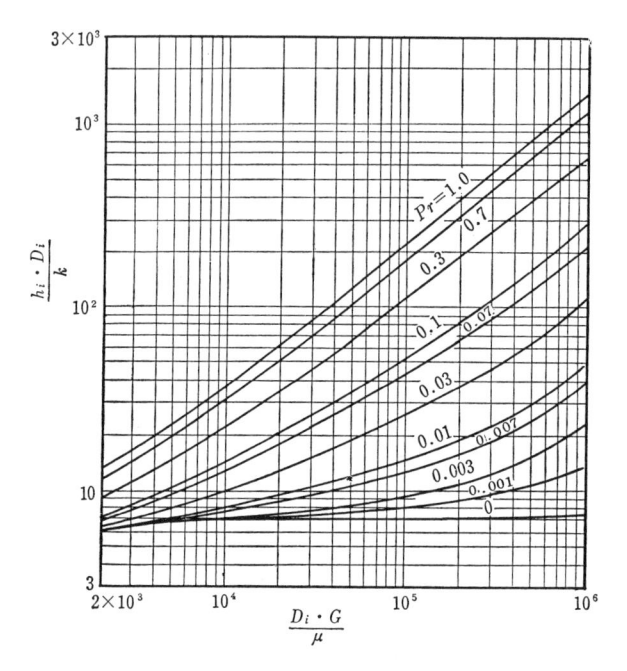

図 8・11 低 $Pr$ 数の流体の管内乱流に対する Martinelli の相関

伝熱係数を求めることができる。

### 8・1・2 自然対流

(1) **垂直平板壁面**：McAdams[9] は Weise および Sauders のデータを用いて，次式を提案している。

$Gr_f \cdot Pr_f < 10^4$ (層流) に対して,

$$\frac{h \cdot L}{k_f} = 1.36 \cdot (Gr_f \cdot Pr_f)^{1/6} \quad \cdots\cdots (8 \cdot 9)$$

$Gr_f \cdot Pr_f = 10^4 \sim 10^9$ (層流) に対して,

$$\frac{h \cdot L}{k_f} = 0.59 \cdot (Gr_f \cdot Pr_f)^{0.25} \quad \cdots\cdots (8 \cdot 10)$$

$Gr_f \cdot Pr_f > 10^9$ (乱流) に対して,

$$\frac{h \cdot L}{k_f} = 0.13 \cdot (Gr_f \cdot Pr_f)^{1/3} \quad \cdots\cdots (8 \cdot 11)$$

ここで，

---

9) McAdams, W.H.: "Heat Transmission" 3rd. ed. p. 177, McGraw Hill. (1954).

## 8・1 相変化を伴なわない対流伝熱

$$Gr_f = \frac{L^3 \cdot \rho_f{}^2 \cdot g \cdot \beta \cdot \Delta t}{\mu_f{}^2}$$

$$Pr_f = \left(\frac{c \cdot \mu}{k}\right)_f$$

$L$：垂直平板の高さ〔m〕

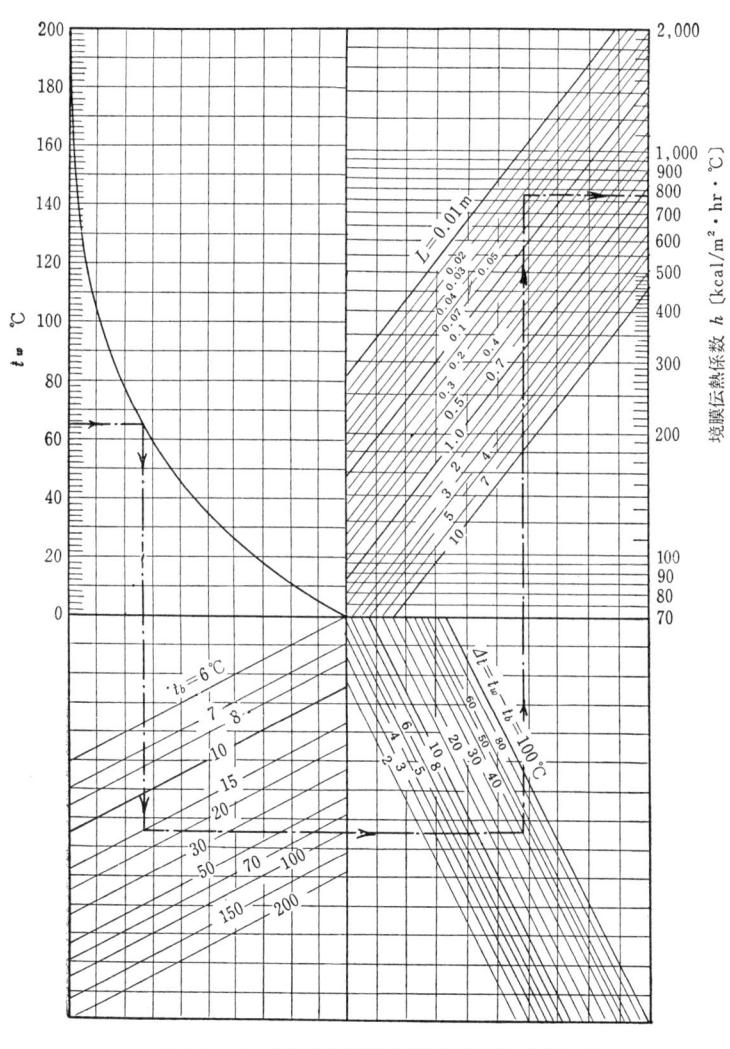

$\beta$：体積膨張係数〔1/°C〕

図 8・12 水の垂直壁面自然対流境膜伝熱係数（層流の場合）

$\Delta t$: 流体本体の温度 $t_b$ と加熱壁面温度 $t_w$ との差, $\Delta t = t_w - t_b$ 〔°C〕
添字 $f$ は境膜温度における物性値を意味する。境膜温度は次式で定義される。

$$t_f = \frac{t_b + t_w}{2}$$

水に対する垂直壁面自然対流の境膜伝熱係数の計算図表を図 8・12 (層流の場合), およ

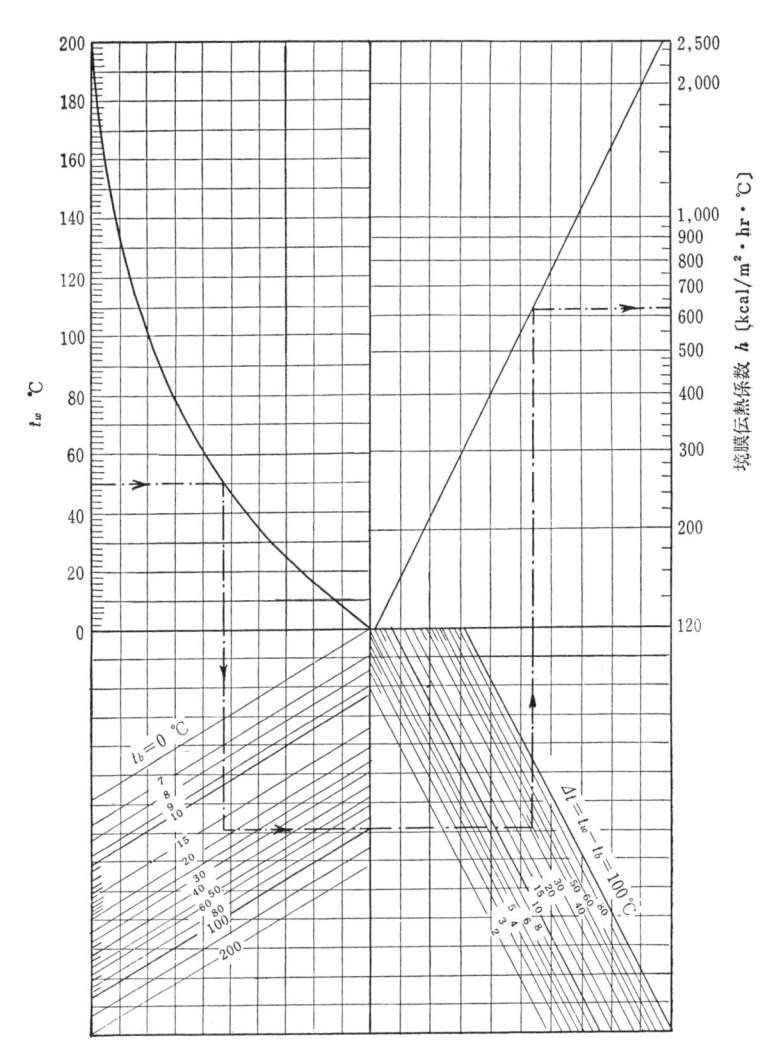

図 8・13 水の垂直壁面自然対流境膜伝熱係数 (乱流の場合)

## 8・1 相変化を伴なわない対流伝熱

び図 8・13（乱流の場合）に示した。また，空気の場合の境膜伝熱係数の計算図表を図 8・14（層流の場合），および図 8・15（乱流の場合）に示した。

種々の流体に対する垂直壁面自然対流の境膜伝熱係数（ただし，乱流の場合）の計算図表を，図 8・16 に示した。

なお，これらの関係式は垂直管内自然対流に対しても成立する。

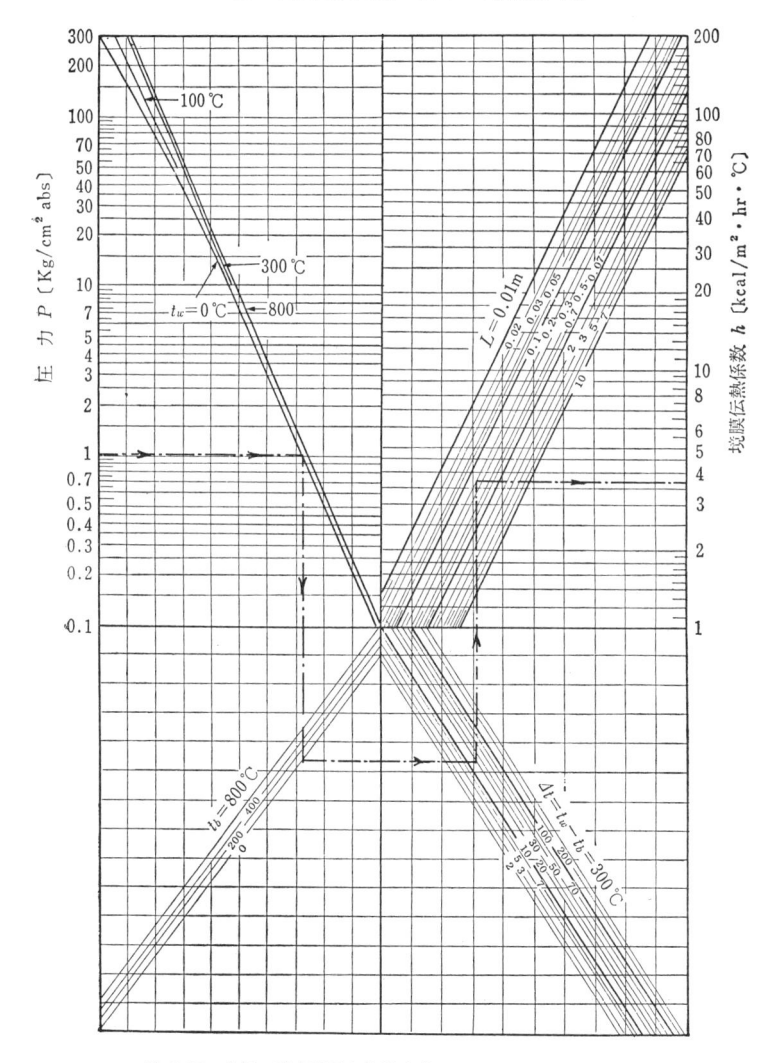

図 8・14 空気の垂直壁面自然対流境膜伝熱係数（層流の場合）

(2) 水平管外面：$Gr_f \cdot Pr_f < 10^4$（層流）に対して

$$\frac{h \cdot D_o}{k_f} = 1.09 \cdot (Gr_f \cdot Pr_f)^{1/6} \quad \cdots\cdots\cdots\cdots\cdots\cdots\cdots\cdots\cdots(8 \cdot 12)$$

$Gr_f \cdot Pr_f = 10^4 \sim 10^9$（層流）に対して，

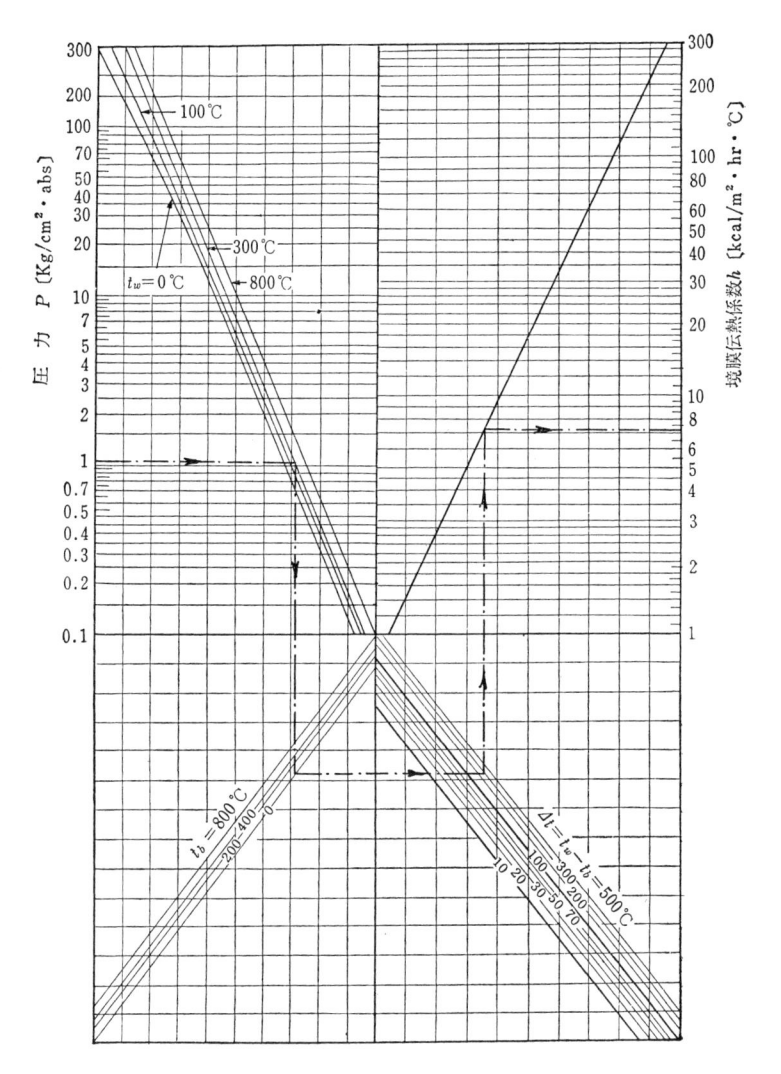

図 8・15　空気の垂直壁面自然対流境膜伝熱係数（乱流の場合）

## 8・1 相変化を伴なわない対流伝熱

$$\frac{h \cdot D_o}{k_f} = 0.53 \cdot (Gr_f \cdot Pr_f)^{0.25} \quad \cdots\cdots\cdots\cdots\cdots (8 \cdot 13)$$

$Gr_f \cdot Pr_f > 10^9$ (乱流) に対して

$$\frac{h \cdot D_o}{k_f} = 0.13 \cdot (Gr_f \cdot Pr_f)^{1/3} \quad \cdots\cdots\cdots\cdots\cdots (8 \cdot 14)$$

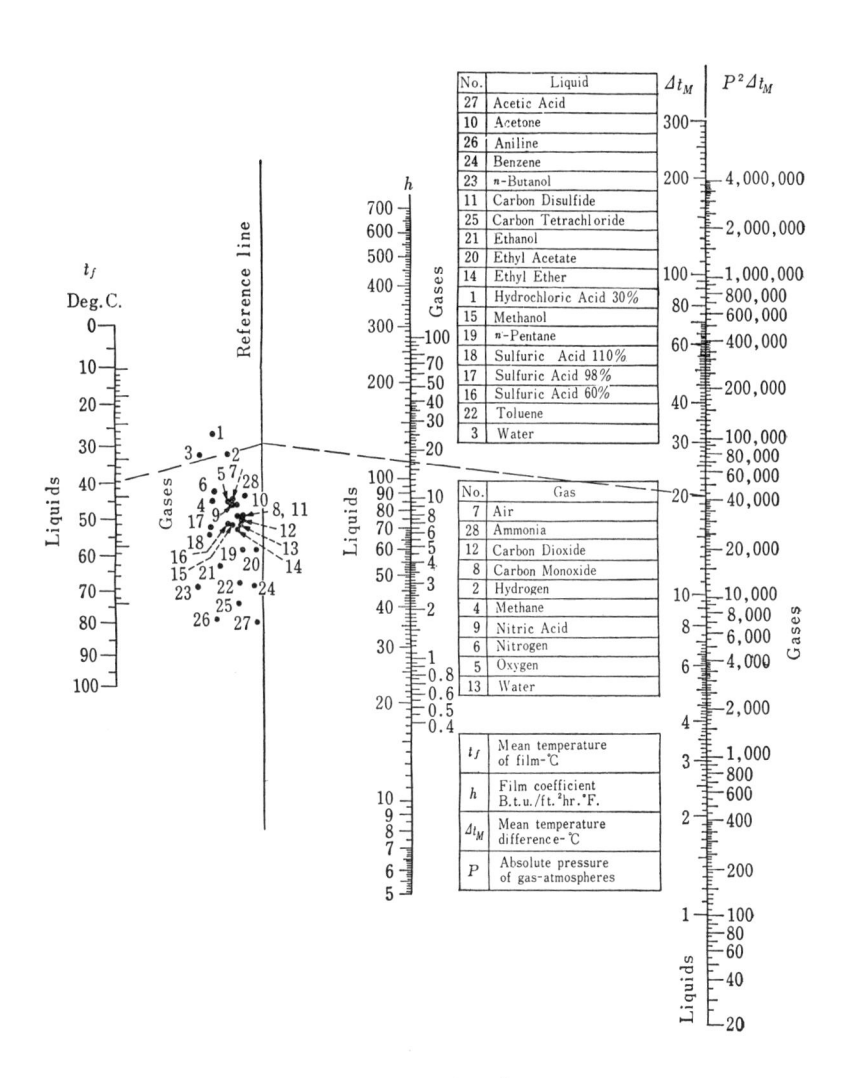

| No. | Liquid |
|---|---|
| 27 | Acetic Acid |
| 10 | Acetone |
| 26 | Aniline |
| 24 | Benzene |
| 23 | n-Butanol |
| 11 | Carbon Disulfide |
| 25 | Carbon Tetrachloride |
| 21 | Ethanol |
| 20 | Ethyl Acetate |
| 14 | Ethyl Ether |
| 1 | Hydrochloric Acid 30% |
| 15 | Methanol |
| 19 | n-Pentane |
| 18 | Sulfuric Acid 110% |
| 17 | Sulfuric Acid 98% |
| 16 | Sulfuric Acid 60% |
| 22 | Toluene |
| 3 | Water |

| No. | Gas |
|---|---|
| 7 | Air |
| 28 | Ammonia |
| 12 | Carbon Dioxide |
| 8 | Carbon Monoxide |
| 2 | Hydrogen |
| 4 | Methane |
| 9 | Nitric Acid |
| 6 | Nitrogen |
| 5 | Oxygen |
| 13 | Water |

| | |
|---|---|
| $t_f$ | Mean temperature of film-℃ |
| $h$ | Film coefficient B.t.u./ft.²hr.°F. |
| $\Delta t_M$ | Mean temperature difference-℃ |
| $P$ | Absolute pressure of gas-atmospheres |

図 8・16 垂直平板自然対流の境膜伝熱係数 (乱流, 式 (8・11) による)

ここで

$$Gr_f = \frac{D_o^3 \cdot \rho_f^2 \cdot g \cdot \beta \cdot \Delta t}{\mu_f^2}$$

種々の流体に対する水平管外面自然対流の境膜伝熱係数(ただし,層流の場合)の計算図表を,図 8・17 に示した。

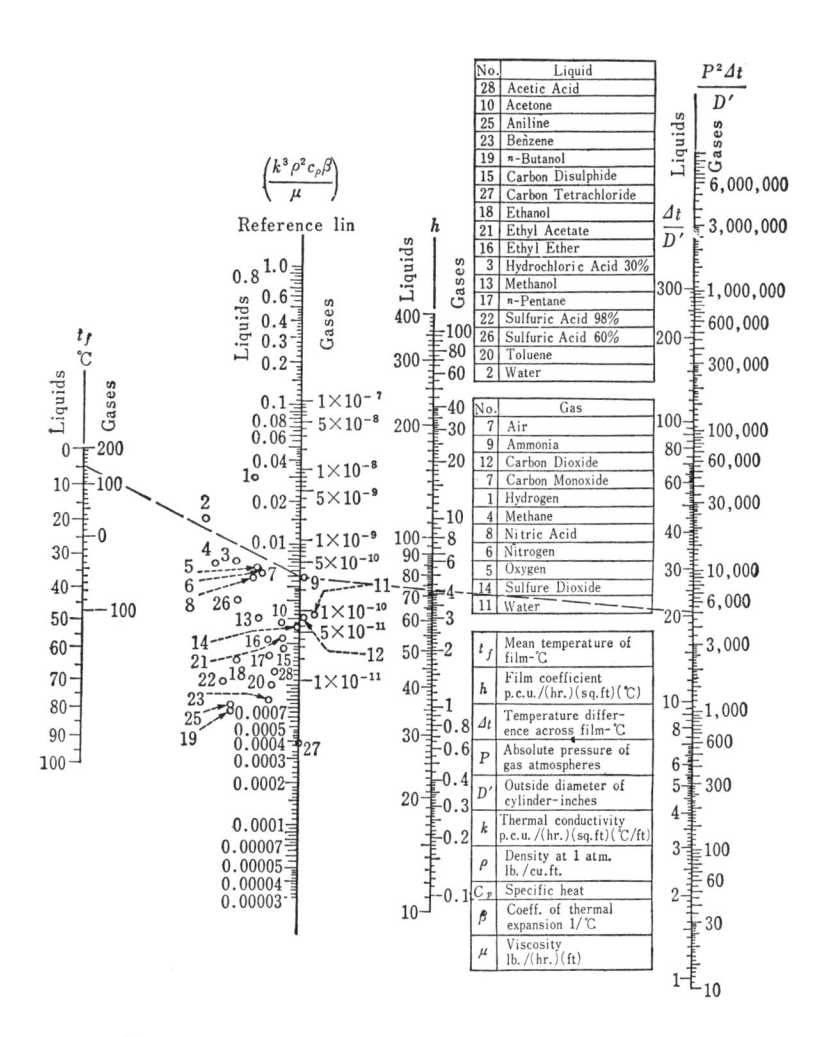

図 8・17 水平管外面自然対流の境膜伝熱係数(層流,式 (8・13) による)

## 8・2 凝 縮 伝 熱

蒸気が伝熱管表面に凝縮する場合，凝縮した液が伝熱管表面に膜状をなして流れるか，あるいは液滴となって滴り落ちる。前者のような凝縮状態を膜状凝縮(Filmwise Condensation) と呼び，後者のような凝縮状態を滴状凝縮 (Dropwise Condensation) と呼ぶ。

滴状凝縮は，図 8・18 に示すように，伝熱管の全表面が凝縮液でおおわれることがなく，伝熱管表面のある部分では，蒸気が伝熱管表面に直接接触するので，伝熱係数は非常に大きくなる。これに対して，膜状凝縮では伝熱管の全表面が凝縮液でおおわれ，この液膜を通して伝熱が行なわれるために，伝熱係数も滴状凝縮の場合に比べて小さい。

しかしながら，滴状凝縮は例えば水蒸気を凝縮させる場合に，伝熱管表面にラードなどの油を付着させ，凝縮液と伝熱管表面との間に，親和性をもたないようにしたような特殊な場合にのみ起こるもので，特殊な操作をしないときは膜状凝縮が起こるのが普通である。

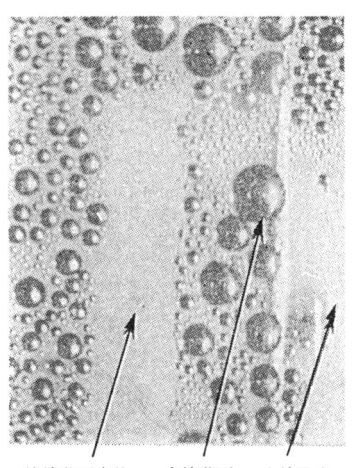

液滴落下直後　　大滴落下　　小滴発生

図 8・18　滴状凝縮

図 8・19　膜状凝縮モデル

したがって，熱交換器を設計する場合は，膜状凝縮として取り扱うのが普通である。なお，ここでは単一成分飽和蒸気の凝縮についてのみ述べ，多成分系蒸気の凝縮および不凝縮を含む蒸気の凝縮については，「混合蒸気の凝縮器の設計法」および「冷却凝縮器の設計法」の項で述べることとする。

図 8・19 のような垂直平面上の凝縮液膜を考える。液膜の厚さは流下速度の関数であり，上部から下部にゆくに従って次第に増加してくる。凝縮の場合の熱移動は，この流下液膜を通して行なわれるものであり，したがって流下液膜が層流である場合と乱流である場合とでは，その伝熱機構が異なる。流下液が層流から乱流に変化する領域は，レイノルズ数が 2,100 のところである。

また，液膜内の速度分布は，液表面と蒸気本体との間の相対速度に基づく摩擦抵抗によ

って変わる。したがって，伝熱係数は蒸気本体の流速によって変化する。一般に，管外側で蒸気を凝縮させる凝縮器では，蒸気の流速はそれほど大きくならないので，静止しているものと見なして取り扱ってよい。しかし，管内側凝縮の凝縮器では，蒸気流速がかなり大きくなり，蒸気流速が伝熱係数に及ぼす影響を無視できないような場合がある。

水平管群においては，上段チューブからの凝縮液滴が下段チューブ上に落下し，下段チューブの凝縮効果を減少させる。

### 8・2・1 垂直平面に静止した飽和蒸気が膜状凝縮を行なう場合の理論解

（1） 層流の場合（$Re=4\Gamma/\mu_f<2,100$）

**Nusselt の理論解**[10]：垂直平面上の凝縮について，Nusselt は次のような仮定条件を立てて，理論解を得た。

1. 蒸気から液になる場合の熱移動量は，蒸発潜熱のみである。
2. 凝縮液膜の流下状態は層流であり，熱移動はこの液膜を通して伝導伝熱のみで行なわれる。
3. どの点においても，膜の厚さはその点を通過する凝縮液の量と流下速度との関数として表わされる。
4. 液膜各層の流下速度は，液膜の重量と液膜内のせん断応力との関係として表わされ，液膜表面と蒸気本体との間の摩擦に基づくせん断力は無視し得る。
5. 凝縮液膜は薄いので，この層の間の温度変化は直線的である。
6. 凝縮液の物性値は，平均液膜温度における値をとる。
7. 凝縮の起こる固体の表面温度は一定である。
8. 凝縮の起こる固体の表面はなめらかで，凹凸がない。

以上の仮定のもとに，Nusselt は次の理論式を導いた。

$$\bar{h}=0.943\cdot\left(\frac{k_f{}^3\cdot\rho_f{}^2\cdot\lambda\cdot g}{\mu_f\cdot L\cdot\Delta t}\right)^{1/4} \quad\cdots\cdots(8\cdot15)$$

ここで

$\bar{h}$：平均境膜伝熱係数　〔kcal/m²·hr·°C〕

$\rho_f$：境膜の密度　〔kg/m³〕

$\mu_f$：境膜の粘度　〔kg/m·hr〕

$g$：重力の加速度＝$1.27\times10^8$　〔m/hr²〕

$\lambda$：蒸発潜熱　〔kcal/kg〕

---

10) Nusselt, W.: VDI., Bd. 60, pp. 541 (1916).

$k_f$：境膜の熱伝導度　〔kcal/m・hr・°C〕

$\Delta t$：蒸気本体の飽和温度 $T_b$ と管壁温度 $t_w$ との差$=T_b-t_w$　〔°C〕

$L$：高さ（垂直管の場合は管長）〔m〕

$k_f$, $\mu_f$, $\rho_f$ は境膜温度 $t_f$ における値で,

$$t_f=\frac{1}{2}(T_b+t_w) \quad\quad\quad\quad\quad\quad\quad\quad\quad\quad\quad\quad\quad\quad (8\cdot16)$$

$T_b$ は蒸気本体の温度である。

式 (8・15) は次のように表わすこともできる。

$$\bar{h}\cdot\left(\frac{\mu_f{}^2}{k_f{}^3\cdot\rho_f{}^2\cdot g}\right)^{1/3}=1.47\cdot\left(\frac{4\Gamma}{\mu_f}\right)^{-1/3} \quad\quad\quad\quad\quad (8\cdot17)$$

$\Gamma$ は冷却壁に沿って, 単位幅あたり毎時流下する凝縮液量〔kg/m・hr〕で,

$$\Gamma=\frac{W}{\pi\cdot D_o\cdot N}\text{（管外凝縮）}, \quad \Gamma=\frac{W}{\pi\cdot D_i\cdot N}\text{（管内凝縮）}$$

$W$：凝縮量 〔kg/hr〕

$N$：管本数

ただし, 式 (8・15), (8・17) は層流範囲に対してのみ成立する。すなわち

$$Re=\frac{4\Gamma}{\mu_f}\leqq 2,100$$

**Chen の理論解**[11]：Nusselt の理論では, 凝縮液の過冷却の問題を無視している。また, 蒸気と凝縮液表面との間に働く摩擦力を無視している。Chen はこれらの現象も考慮して, Nusselt の理論解よりも更に厳密な, 次に示す理論解を提案している。ただし, 蒸気本体が静止している場合の解である。

$$\bar{h}=A_1\cdot A_2\cdot 0.943\cdot\left[\frac{k_f{}^3\cdot\rho_f\cdot(\rho_f-\rho_v)\cdot\lambda\cdot g}{\mu_f\cdot L\cdot\Delta t}\right]^{1/4} \quad\quad\quad\quad (8\cdot18)$$

ここで,

$\rho_v$：蒸気の密度 〔kg/m³〕

$A_1$：凝縮液の熱容量パラメータ $\zeta$ による補正係数（図 8・20）

$A_2$：凝縮液の加速度パラメータ $\xi$ による補正係数（図 8・21）

また, $A_1\cdot A_2$ は次式で近似することができる。

$$A_1\cdot A_2=\left(\frac{1+0.68\cdot\zeta+0.02\cdot\zeta\cdot\xi}{1+0.85\cdot\xi-0.15\cdot\zeta\cdot\xi}\right)^{1/4} \quad\quad\quad\quad\quad (8\cdot19)$$

---

11) Chen, M.M.: Transaction of ASME, J. of Heat Transfer, vol. 83, No. 1, pp. 48〜54 (1961).

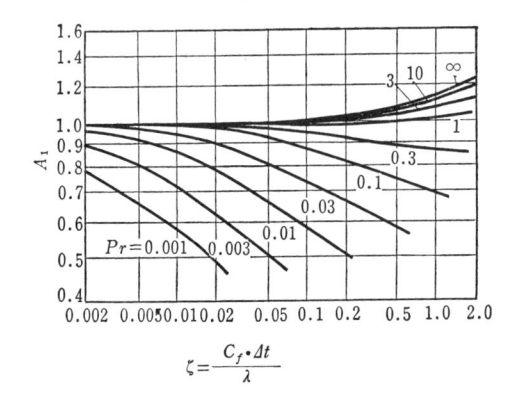

**図 8・20** 凝縮液の熱容量パラメータ $\zeta$ による補正係数

$$\zeta = \frac{C_f \cdot \Delta t}{\lambda}$$

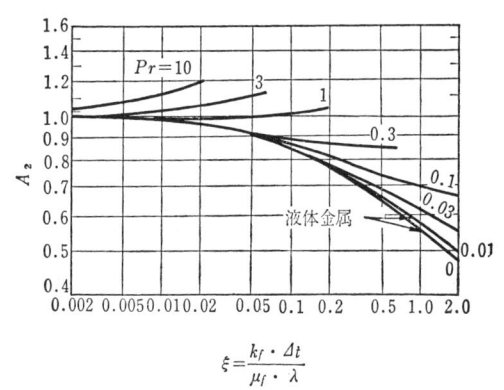

**図 8・21** 凝縮液の加速度パラメータ $\xi$ による補正係数

$$\xi = \frac{k_f \cdot \Delta t}{\mu_f \cdot \lambda}$$

式 (8・19) の適用範囲は

$Pr \geq 1$ あるいは $Pr \leq 0.05$

$\zeta \leq 2$

$\xi \leq 20$

ここで

$\zeta = C_f \cdot \Delta t / \lambda$

$\xi = k_f \cdot \Delta t / (\mu_f \cdot \lambda)$

$C_f$：液膜の比熱 〔kcal/kg・°C〕

(2) 乱流の場合 ($Re = 4\Gamma/\mu_f > 2,100$)： Dukler[12] は層流範囲および乱流範囲の両

---

12) Dukler, A.E.: Chem. Eng. Progr. Symposium Ser. vol. 56, No. 30, pp. 1～10 (1960).

範囲に適用できる理論解として図 8・22 を提案している。

なお，以上の諸式は垂直平面上の凝縮について導かれた式であるが，垂直管外凝縮の場合にも適用することができる。

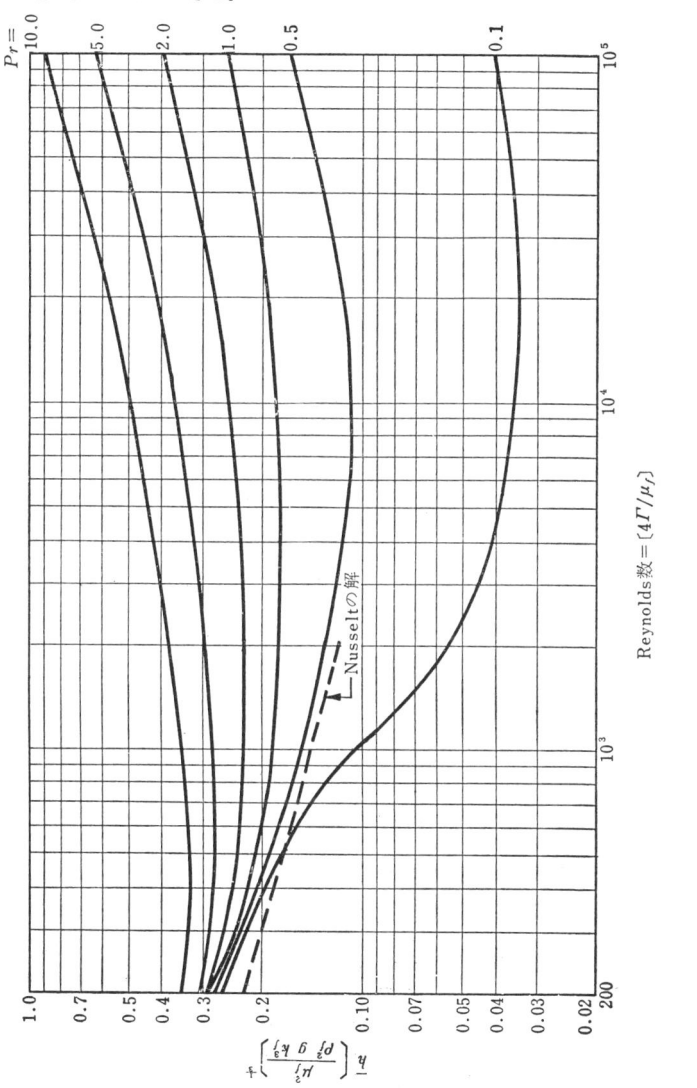

図 8・22 凝縮膜伝熱係数 (Dukler の解) ($A=0$)

## 8・2・2 垂直管内を飽和蒸気が下向きに流れながら膜状凝縮する場合

（1） 層流の場合

$$a = \frac{\rho_f^2 \cdot \lambda \cdot g}{4\mu_f \cdot k_f \cdot \Delta t} \qquad b = \frac{4f}{3\rho_f} \cdot \frac{G_v^2}{2g \cdot \rho_v} \qquad \cdots\cdots(8\cdot20)$$

とすれば, 高さ $L$ の管の内面の平均境膜伝熱係数は, 次の理論式で計算される.

$$\frac{\bar{h}}{k_f}\left(\frac{L}{a}\right)^{1/4} = \Phi\left[b\left(\frac{a}{L}\right)^{1/4}\right] \qquad \cdots\cdots(8\cdot21)$$

ここで

$f$：摩擦係数 〔—〕

$\rho_v$：蒸気の密度 〔kg/m³〕

$G_v$：蒸気の質量速度 〔kg/m²·hr〕

表 8·1 関数 $\phi$ の値

| $b\left(\dfrac{a}{L}\right)^{1/4}$ | $\dfrac{\bar{h}}{k_f}\left(\dfrac{L}{a}\right)^{1/4}$ |
|---|---|
| 0 | 1.333 |
| 0.144 | 1.412 |
| 0.577 | 1.588 |
| 1.290 | 1.831 |
| 2.308 | 2.114 |
| 3.61 | 2.376 |
| 8.11 | 3.06 |
| 14.43 | 3.67 |
| 22.50 | 4.25 |
| 32.47 | 4.79 |

関数 $\Phi$ の値を表 8·1 に示す. 摩擦係数 $f$ は, 管内壁が乾いているときの管摩擦の実験値が近似的に使用できる. 図8·23 は $f$ と蒸気の Reynolds 数 $Re_v = G_v \cdot D_i/\mu_v$ との関係を図示したもので, パラメータとしては $\Gamma/(\rho_f \cdot S)$ がとってある.（1）は乾いた管に対する層流線,（2）は乱流線である. 管内壁に凝縮する液量が小さいときは, 乾いた管として $f$ を推定してもよいが, 液量が大きいと乾いた管に対する摩擦係数より大きくなるから注意を要する. $S$ は凝縮液の表面張力と水の表面張力との比である. $\mu_v$ は蒸気の粘度〔kg/m·hr〕である. 通常, 蒸気の管入口質量速度と出口質量速度とは, 蒸気の凝縮のために異なり, 出口速度は入口より低い. 蒸気の平均質量速度 $G_v$ としては, 次のように入口質量速度 $G_1$ と出口質量速度 $G_2$ の平均値をとらね

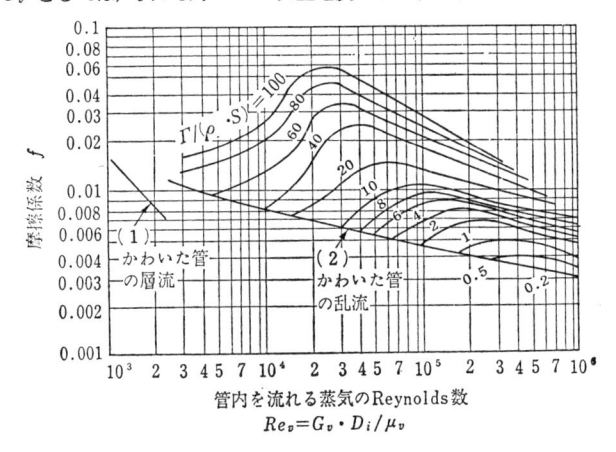

図 8·23 凝縮液膜表面における蒸気の摩擦係数 $f$

ばならない。

$$G_v = \sqrt{\frac{G_1{}^2 + G_1 \cdot G_2 + G_2{}^2}{3}} \quad \cdots\cdots(8\cdot 22)$$

管内で完全に凝縮する場合に $G_2$ は 0 となり，

$$G_v = 0.58 G_1 \quad \cdots\cdots(8\cdot 23)$$

（2） **乱流の場合**：ある限界の高さ $L_c$ よりも長い冷却面では，凝縮液の流れが乱流になる。このときの限界高さは，次式で与えられる。

限界高さ

$$L_c = 440 \cdot \left(\frac{\mu \cdot \lambda}{\Delta t \cdot k_f}\right)^{\frac{40}{27}} \cdot a^{-\frac{13}{27}} \cdot b^{-\frac{4}{9}} \quad \cdots\cdots(8\cdot 24)$$

ただし $b(a/L_c)^{1/4} > 1$

$a, b$ は式（8・20）で与えられる数値である。

Carpenter[13] は，この場合の平均境膜伝熱係数を求める式として，次式を与えている。

$$\bar{h} = 0.065 \cdot \left(\frac{C_f \cdot \rho_f \cdot k_f \cdot f}{2 \mu_f \cdot \rho_v}\right)^{1/2} \cdot G_v \quad \cdots\cdots(8\cdot 25)$$

式（8・25）は蒸気の摩擦による管壁でのせん断応力 $\tau_w$ が，6.7 [Kg/m²] ないし 360 [Kg/m²] に対して適用することができる。ここで，せん断応力 $\tau_w$ は次式より求まる。

$$\tau_w = \frac{f \cdot G_v{}^2}{2 \mathcal{V}_c \cdot \rho_v}$$

Dukler[12] は，飽和蒸気が管内を下向きに流れ，管の末端までの間で完全に凝縮する場

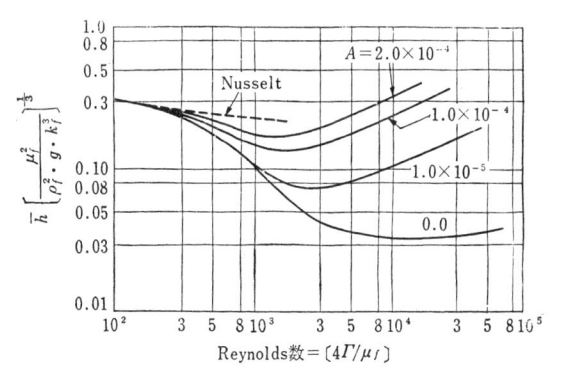

図 8・24 凝縮境膜伝熱係数（プラントル数 $Pr = 0.1$）

---

13) Carpenter ; E. F. & A. P. Colburn : "General discussion of heat transfer" London, p. 20 (1951).

合の境膜伝熱係数を理論的に求めた。結果を図 8·24, 図 8·25, および図 8·26 に示す。ここでパラメータ $A$ は, 次式で定義される値である。

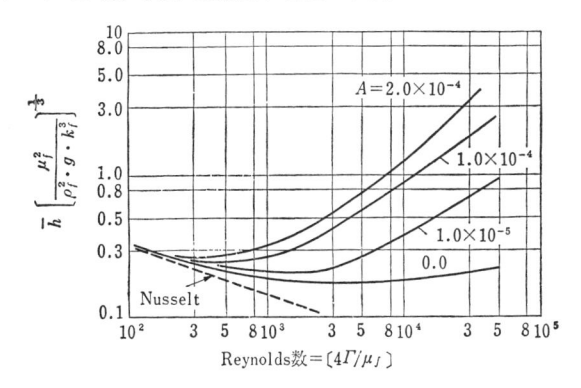

図 8·25 凝縮境膜伝熱係数 (プラントル数 $Pr=1.0$)

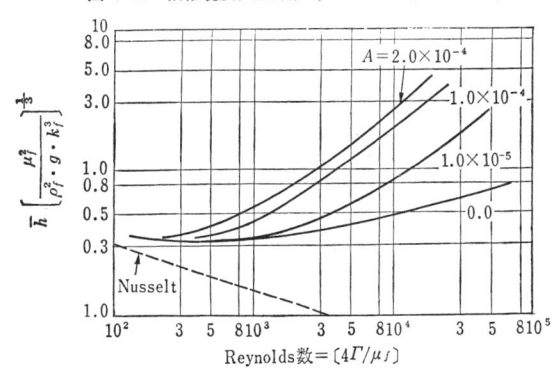

図 8·26 凝縮境膜伝熱係数 (プラントル数 $Pr=10.0$)

$$A = \frac{0.250 \cdot \mu_f^{1.173} \cdot \mu_v^{0.16}}{g^{2/3} \cdot D_i^2 \cdot \rho_f^{0.553} \cdot \rho_v^{0.78}} \quad \cdots\cdots(8 \cdot 26)$$

図 8·22 は $A=0$ のときの値である。

ここで

$\mu_f$ : 液膜の粘度 〔kg/m·hr〕

$\mu_v$ : 蒸気の粘度 〔kg/m·hr〕

$\rho_f$ : 液膜の密度 〔kg/m³〕

$\rho_v$ : 蒸気の密度 〔kg/m³〕

$D_i$ : 管内径 〔m〕

$g$：重力の加速度 $=1.27\times10^8$ 〔m/hr²〕

**8・2・3 水平管外面に静止した飽和蒸気が膜状凝縮する場合**

水平管外凝縮の凝縮器では，蒸気の流速がそれほど大きくないので，静止しているものと見なしてよい。また，水平管外凝縮では，一般に液膜流速がそれ程大きくならず，層流範囲に入る。したがって，Nusselt の理論解あるいは Chen の理論解を用いてよい。

**Nusselt の理論解**

単一管の場合

$$\bar{h}=0.725\cdot\left(\frac{k_f{}^3\cdot\rho_f{}^2\cdot\lambda\cdot g}{\mu_f\cdot D_o\cdot\varDelta t}\right)^{1/4} \quad\cdots\cdots\cdots(8\cdot27)$$

図 8・27 のように，$N$ 本の水平円管が上下に並んでいる場合，上の管に凝縮した液が落ちて，次の管の凝縮液に加わるとき，$N$ 本の管の平均境膜伝熱係数は次式で求まる。

図 8・27　垂直に配列された水平管群表面での凝縮

$$\bar{h}=0.725\cdot\left(\frac{k_f{}^3\cdot\rho_f{}^2\cdot\lambda\cdot g}{\mu_f\cdot D_o\cdot\varDelta t}\right)^{1/4}\cdot N^{-1/4} \quad\cdots\cdots\cdots(8\cdot28)$$

式 (8・27) は次のように表わすこともできる。

$$\bar{h}\cdot\left(\frac{\mu_f{}^2}{k_f{}^3\cdot\rho_f{}^2\cdot g}\right)^{1/3}=1.51\cdot\left(\frac{4\varGamma}{\mu_f}\right)^{-1/3} \quad\cdots\cdots\cdots(8\cdot29)$$

$$\varGamma=W/(N\cdot L) \quad\text{〔kg/m・hr〕}$$

$W$：凝縮量〔kg/hr〕

**Chen の理論解**

単一管

$$\bar{h}=A_1\cdot A_2\cdot 0.725\cdot\left(\frac{k_f{}^3\cdot\rho_f{}^2\cdot\lambda\cdot g}{\mu_f\cdot D_o\cdot\varDelta t}\right)^{1/4} \quad\cdots\cdots\cdots(8\cdot30)$$

ここで

$A_1$：凝縮液の熱容量パラメータ $\zeta$ による補正係数（図 8・20）

$A_2$：凝縮液の加速度パラメータ $\xi$ による補正係数（図 8・21）

$N$ 本の水平円管が上下に並んでいる場合，$N$ 本の管の平均境膜伝熱係数は

$$\bar{h}=A_3\cdot A_2\cdot 0.725\cdot\left(\frac{k_f{}^3\cdot\rho_f{}^2\cdot\lambda\cdot g}{\mu_f\cdot D_o\cdot\varDelta t}\right)^{1/4}\cdot N^{-1/4} \quad\cdots\cdots\cdots(8\cdot31)$$

$A_3$：凝縮液の熱容量パラメータ $\zeta$ による補正係数（図 8・28）

図 8・28 凝縮液の熱容量パラメータ $\zeta$ による補正係数（垂直に配列された水平管の場合，$Pr>3$ に対して成り立つ）

$$\zeta = \frac{C_f \cdot \Delta t}{\lambda}$$

図 8・29 水平管内凝縮

式 (8・30) および (8・31) は，次式で近似することができる。

$$\bar{h} = A_4 \cdot 0.725 \cdot \left(\frac{k_f^3 \cdot \rho_f^2 \cdot \lambda \cdot g}{\mu_f \cdot D_o \cdot \Delta t}\right)^{1/4} \cdot N^{-1/4}$$

$$A_4 = [1 + 0.2 \cdot \zeta \cdot (N-1)] \cdot \left(\frac{1 + 0.68 \cdot \zeta + 0.02 \cdot \zeta \cdot \xi}{1 + 0.95 \cdot \xi - 0.15 \cdot \zeta \cdot \xi}\right)^{1/4} \quad \cdots\cdots\cdots\cdots(8\cdot32)$$

ただし，式 (8・32) の適用範囲は単一管に対して $Pr \leq 0.05$ あるいは $Pr \geq 1$，$\zeta \leq 2$，$\xi \leq 20$; 管群に対して $\xi \leq 0.1$，$\zeta(N-1) \leq 2.0$ である。

### 8・2・4 水平管内凝縮の理論解

水平管内凝縮の場合には，図 8・29 に示すように管底に凝縮液がたまり，伝熱を阻害する。

（1）蒸気速度を無視できる場合：水平管内凝縮について，Chato[14] は次の近似式を提案している。

$$\bar{h} = A_1 \cdot 0.468 \cdot \left[\frac{k_f^3 \cdot \rho_f \cdot (\rho_f - \rho_v) \cdot \lambda \cdot (1 + 0.68\zeta) \cdot g}{\mu_f \cdot r_i \cdot \Delta t}\right]^{1/4} \quad \cdots\cdots\cdots\cdots(8\cdot33)$$

$A_1$：凝縮液の熱容量パラメータ $\zeta$ による補正係数（図 8・20）

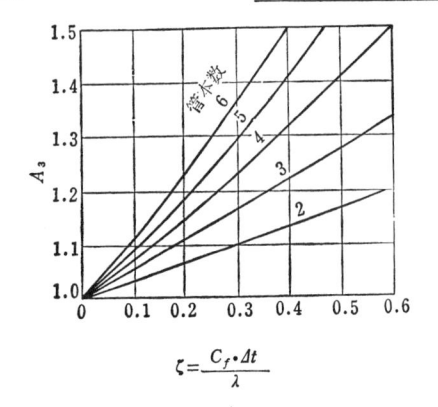

$r_i$：管の内半径 〔m〕

（2）蒸気速度が無視し得ない場合：水平管内凝縮で，蒸気速度が無視し得ない場合について，Akers[15] らは図 8・30 を提案している。図において用いられる質量速度 $G_e$ は

---

14) Chato, J.C.: ASHRAE Journal Feb. pp. 52〜60 (1962).
15) Akers, W.W., H.A. Deans, and O.K. Crosser.; Chem. Engr. Progr., vol. 55, No. 29, pp. 17 (1959).

## 8・2 凝縮伝熱

凝縮液流および蒸気流の出入口平均値を用いて定義される相当質量速度である。

$$G_e = \bar{G}_f + \bar{G}_v \cdot (\rho_f/\rho_v)^{\frac{1}{2}} \quad \cdots\cdots\cdots\cdots\cdots\cdots\cdots\cdots\cdots\cdots\cdots\cdots\cdots\cdots (8\cdot34)$$

ここで

$G_e$：管内流体の相当質量速度 〔kg/hr·m²〕

$\bar{G}_f$：凝縮液の管内断面積あたりの質量速度（管出入口の算術平均）〔kg/hr·m²〕

$\bar{G}_v$：蒸気の管内断面積あたりの質量速度（管出入口の算術平均）〔kg/hr·m²〕

図 8·30 水平管内凝縮の境膜伝熱係数

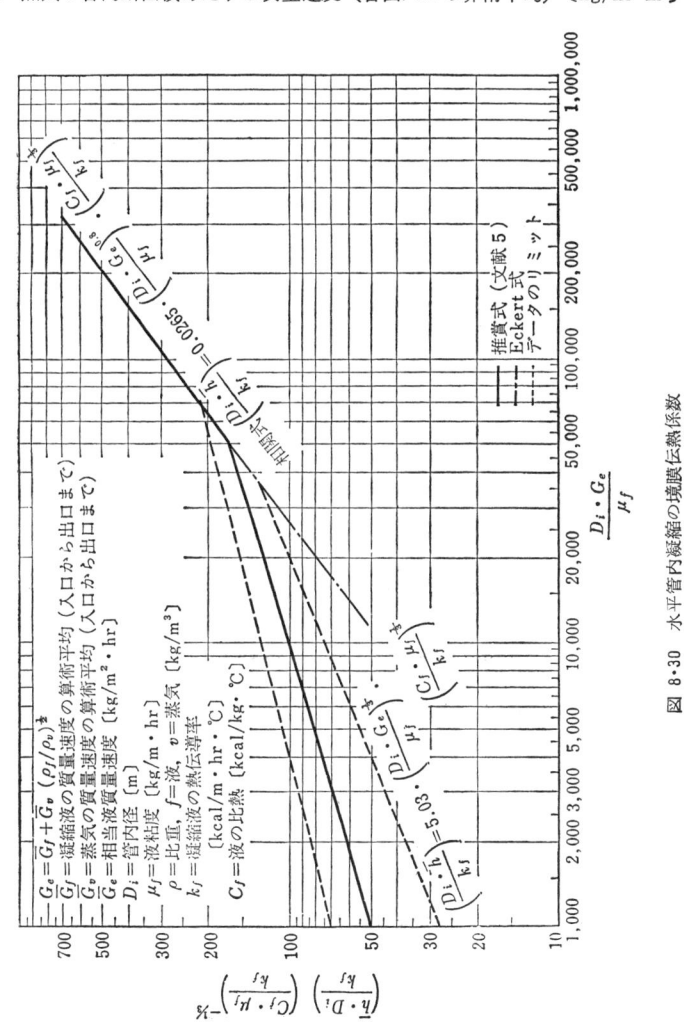

### 8・2・5 実用式（層流の場合）

普通，凝縮器においては，液膜は層流の場合が多い。液膜が層流の場合についての Nusselt らの理論式では，伝熱面の凹凸を無視しているが，実際にはこのために流下液膜には図 8・31 のようにさざ波が生ずる。この波による液の混合作用があるということは，理論式において伝熱機構は液膜の伝熱のみによると仮定したことに反する。一般に Nusselt の

図 8・31 液膜の乱れ

理論式より得られる計算値よりも，実測値の方が大きい伝熱係数を示すことが多い。

Devore[16] は Nusselt の理論式および実測値を基にして，層流の場合の凝縮境膜伝熱の実用式を次のように示した。

（1） 垂直管群の場合（管外凝縮）

$$\bar{h} \cdot \left( \frac{\mu_f^2}{k_f^3 \cdot \rho_f^2 \cdot g} \right)^{1/3} = 1.88 \cdot \left( \frac{4\Gamma}{\mu_f} \right)^{-1/3} \quad \text{ただし} \frac{4\Gamma}{\mu_f} \leq 2,100 \quad \cdots\cdots(8\cdot35)$$

$$\Gamma = \frac{W}{\pi \cdot D_o \cdot N} \quad \cdots\cdots(8\cdot36)$$

$N$：管本数
$W$：凝縮量 〔kg/hr〕

（2） 水平管群の場合（管外凝縮）

$$\bar{h} \cdot \left( \frac{\mu_f^2}{k_f^3 \cdot \rho_f^2 \cdot g} \right)^{1/3} = 1.51 \cdot \left( \frac{4\Gamma}{\mu_f} \right)^{-1/3} \quad \text{ただし} \frac{4\Gamma}{\mu_f} \leq 2,100 \quad \cdots\cdots(8\cdot37)$$

$$\Gamma = \frac{W}{L \cdot n_s} \quad \cdots\cdots(8\cdot37a)$$

$n_s$ は相当管本数で，管配列方法（図 8・32）および実際の管本数から，次式で求めることができる。

$$\left.\begin{array}{l} n_s = 1.370 \cdot N^{0.518} \cdots\cdots 4\text{角配置錯列} \\ n_s = 1.288 \cdot N^{0.480} \cdots\cdots 4\text{角配置直列} \\ n_s = 1.022 \cdot N^{0.519} \cdots\cdots 3\text{角配置直列} \\ n_s = 2.08 \cdot N^{0.495} \cdots\cdots 3\text{角配置錯列} \end{array}\right\} \quad \cdots\cdots(8\cdot38)$$

$N$ は凝縮器の管本数である。

---

16) Devore, A.: Petroleum Refiner. vol. 38, No. 6, pp. 205〜216 (1959).

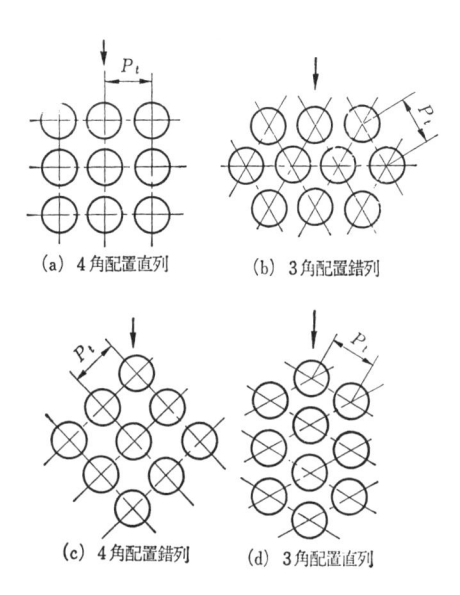

図 8・32 管群配置法

(a) 4角配置直列　(b) 3角配置錯列　(c) 4角配置錯列　(d) 3角配置直列

### 8・2・6 不凝縮ガスを含む水蒸気の凝縮

これまでは単一飽和蒸気の凝縮について述べたが，不凝縮ガス（例えば，空気など）が含まれる場合には，凝縮境膜伝熱係数は著しく低下する．Schrader[17]は不凝縮ガスを含む水蒸気の凝縮実験を行ない，次の相関式を発表している．

$$\frac{\bar{h}}{h_o} = 1.3 \cdot C_{inert}^{-0.5} \cdot \left(\frac{\mu_v}{\rho_v \cdot k_d}\right)^{0.5} \cdots\cdots(8\cdot39)$$

ここで

$\bar{h}$：不凝縮ガスを含む蒸気の凝縮伝熱係数　〔kcal/m²・hr・°C〕

$h_o$：不凝縮ガスを含まない蒸気の凝縮伝熱係数　〔kcal/m²・hr・°C〕

$C_{inert}$：不凝縮ガスの量　〔Mol %〕

$\mu_v$：混合蒸気（水蒸気＋不凝縮ガス）の粘度　〔kg/m・hr〕

$\rho_v$：混合蒸気（水蒸気＋不凝縮ガス）の密度　〔kg/m³〕

$k_d$：不凝縮ガスと水蒸気との間の相互拡散係数　〔m²/hr〕

式（8・39）の適用範囲は　$C_{inert} = 1.0 \sim 40\%$

不凝縮ガスを含む蒸気の凝縮の一般的な取り扱いについては，「冷却凝縮器の設計法」

---

17) Schrader, H: Chem. Ing. Techn. vol. 38, No. 10, pp. 1091～1094 (1966).

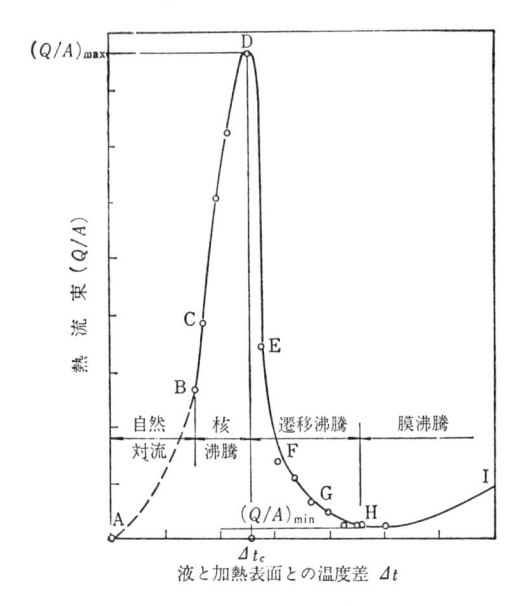

図 8·33 メタノールの沸騰曲線

の項を参照されたい。

## 8·3 沸 騰 伝 熱

液体を加熱するときに,液体内部に気泡が発生する現象を沸騰という。伝熱面上に沸騰が生ずると,気泡の発生,成長,離脱,攪拌によって伝熱係数が沸騰を伴なわないときに比べて飛躍的に増大する。

液と加熱表面との温度差 $\Delta t$ と,熱流束(単位伝熱面積あたりの伝熱量)$(Q/A)$ との関係を示す曲線を沸騰曲線と称する。図 8·33 にメタノールの沸騰曲線を示す。図中 A-B の範囲では,液は自然対流によって加熱されている。この範囲を非沸騰域という。B は沸騰開始点で,B-D の範囲では加熱面の表面から気泡が連続的に発生している。この範囲を核沸騰(Nucleate Boiling)域と呼ぶ。D 点は核沸騰の極大熱流束を与える点で,通常バーンアウト点と呼び,このときの温度差を臨界温度差と呼ぶ。D-H 間は遷移沸騰域と称され,加熱面の温度上昇に伴ない熱流束がかえって減少し,加熱面の表面温度が不安定な領域である。H 点は極小熱流束を与える。H-I 間では加熱面が蒸気の膜でおおわれて,熱はこの蒸気の膜を通しての熱伝導および放射伝熱によって移動する。この範囲を膜沸騰域(Film Boiling)と呼ぶ。図 8·34 に各点での沸騰状態の写真を示した。

核沸騰域が最も大きい伝熱係数を与えるので，一般の工業装置ではこの範囲が使用される。

### 8・3・1 核沸騰の境膜伝熱係数

核沸騰領域で流体流動形式が自然対流で，加熱面が上向きの場合をプール核沸騰，強制対流の場合を強制対流核沸騰と呼ぶ。ここではプール核沸騰についてのみ述べる。

プール核沸騰伝熱の伝熱係数に関しては，多数の実験式もしくは半理論式がある。

**Mostinski の式**[18]

$$h_b = Z_1 \cdot (\Delta t)^{2.33} \quad \cdots\cdots(8\cdot40)$$

ここで

$$Z_1 = \left[ 0.10 \cdot \left(\frac{P_c}{10^4}\right)^{0.69} \cdot (1.8R^{0.17} + 4R^{1.2} + 10R^{10}) \right]^{3.33} \quad \cdots\cdots(8\cdot41)$$

$P_c$：沸騰液の臨界圧〔Kg/m²〕

$P$：沸騰圧力〔Kg/m²〕

$R$：対臨界圧力〔−〕
 $= P/P_c$

$\Delta t$：加熱表面と沸騰液との温度差

$h_b$：核沸騰伝熱係数

**McNelly の式**[19]

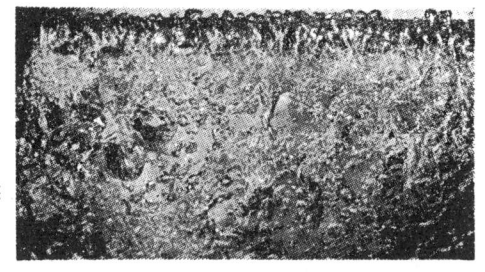

(a) メタノールの核沸騰
（図 8・33 の点Cでの状態）

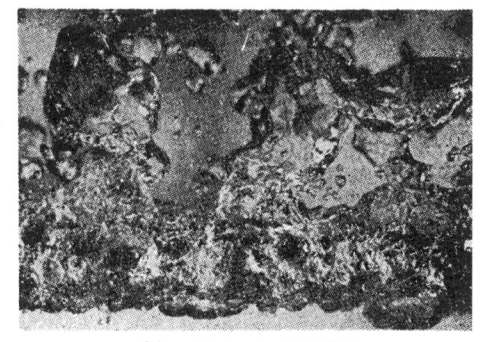

(b) メタノールの遷移沸騰
（図 8・33 の点Eでの状態）

(c) メタノールの膜沸騰
（図 8・33 のH点での状態）

図 8・34 メタノール沸騰状態

---

18) Mostinski, I.L.: Teploenergetica, 10, No. 4, pp. 66〜71 (1963).
19) McNelly, M.J.: J. Imp. Coll. Chem. Eng. Soc., 7 (1953).

$$h_b = Z_2 \cdot (\Delta t)^{2.22} \quad \cdots\cdots (8\cdot42)$$

$$Z_2 = \left[ 0.225 \cdot C_s \cdot \left(\frac{C_l}{\lambda}\right)^{0.69} \cdot \left(\frac{P \cdot k_l}{\sigma}\right)^{0.31} \cdot \left(\frac{\rho_l}{\rho_v} - 1\right)^{0.33} \right]^{3.22} \quad \cdots (8\cdot43)$$

$C_s$：加熱面の表面状態を表わす係数　〔ー〕

　$C_s = 1.0$ ……銅あるいは鉄

　$C_s = 0.7$ ……クロム

$\sigma$：液の表面張力　〔Kg/m〕

$C_l$：液の比熱　〔kcal/kg・°C〕

$\lambda$：蒸発潜熱　〔kcal/kg〕

$\rho_l, \rho_v$：液，蒸気の密度　〔kg/m³〕

$k_l$：液の熱伝導率　〔kcal/m・hr・°C〕

$P$：沸騰圧力　〔Kg/m²〕

**Gilmour の式**[20]

Gilmour は，水平管外沸騰，垂直管内沸騰，垂直管外沸騰の場合に対して，適用し得る式として，次式を提案している。

$$h_b = C_s \cdot C_l \cdot G_{gb} \cdot \left(\frac{C_l \cdot \mu_l}{k_l}\right)^{-0.6} \cdot \left(\frac{\rho_l \cdot \sigma}{P^2}\right)^{-0.425} \cdot \left(\frac{D' \cdot G_{gb}}{\mu_l}\right)^{-0.3} \cdot F \quad \cdots\cdots (8\cdot44)$$

ここで

　$C_s$：管材質による係数

　　＝0.001　銅管および鋼管

　　＝0.00059　ステンレス管および Cr-Ni 合金

　　＝0.0004　研磨面

　$F$：管表面の状態による係数

　　＝1.0　Pitting あるいは腐食のない完全に清浄な状態

　　＝1.7　普通の管の状態

　　＝2.5　腐食により管表面が最悪の状態のとき

　$G_{vb}$：液の質量速度　〔kg/m²・hr〕

$$= \frac{V}{D' \cdot L} \cdot \left(\frac{\rho_l}{\rho_v}\right) \quad \cdots\cdots 水平管外沸騰 \quad \cdots\cdots\cdots (8\cdot45)$$

$$= \frac{V}{A} \cdot \left(\frac{\rho_l}{\rho_v}\right) \quad \cdots\cdots 垂直管内沸騰，垂直管外沸騰 \quad \cdots\cdots (8\cdot46)$$

---

[20] Gilmour, C.H.: Chem. Eng. Progr. vol. 54, No. 10, pp. 77 (1958).

水平管外沸騰に対して,管外表面積の代りに管の投影面積(外径×長さ)を用いるが,これは気泡の離脱に役立つのは管の上半面のみであると見なすことができるためである。

$V$ : 管1本あたりの蒸発量 〔kg/hr〕

$D'$ : 管径 〔m〕 (沸騰が起こる側)

$A$ : 管1本あたりの管表面積 〔m²〕

管外沸騰に対しては管外表面積を,管内沸騰に対しては管内表面積を用いる。

$\mu_l$ : 液の粘度 〔kg/m·hr〕

$\sigma$ : 液の表面張力 〔Kg/m〕

Gilmour の式と実験値の相関を,図 8·35 に示す。

**Foster and Zuber の式**[21]

$$h_b = 0.00122 \cdot \left( \frac{k_l^{0.79} \cdot C_l^{0.45} \cdot \rho_l^{0.49} \cdot g_c^{0.25}}{\sigma^{0.5} \cdot \mu_l^{0.29} \cdot \lambda^{0.24} \cdot \rho_v^{0.24}} \right) \cdot (\Delta t)^{0.24} \cdot (\Delta P)^{0.75} \quad \cdots\cdots (8 \cdot 47)$$

ここで,

$\Delta t$ : 管壁温度と液の沸騰温度との差 〔°C〕

$\Delta P$ : ($\Delta t$) に対応する蒸気圧の差 〔Kg/m²〕

$g_c$ : 換算係数=1.27×10⁸ 〔kg·m/hr²·Kg〕

各種の流体に対する核沸騰伝熱係数の実験式を,表 8·2 に示した。

### 8·3·2 極大熱流束

**Zuber の式**[22]

$$(Q/A)_{max} = \frac{\pi}{24} \cdot \lambda \cdot \rho_v \cdot \left[ \frac{\sigma \cdot g \cdot g_c \cdot (\rho_l - \rho_v)}{\rho_v^2} \right]^{0.25} \cdot \left( \frac{\rho_l + \rho_v}{\rho_l} \right)^{0.5} \quad \cdots\cdots\cdots (8 \cdot 48)$$

$\pi$ : 3.1416

$g$ : 重力の加速度=1.27×10⁸ 〔m/hr²〕

$g_c$ : 換算係数=1.27×10⁸ 〔kg·m/hr²·Kg〕

**Mostinski の式**[18]

$$(Q/A)_{max} = 3.2 P_c (R)^{0.35} \cdot (1-R)^{0.9} \quad \cdots\cdots\cdots\cdots\cdots\cdots\cdots\cdots\cdots (8 \cdot 49)$$

極大熱流束となる臨界温度差の実験値を,表8·2に示す。

### 8·3·3 極小熱流束

---

21) Forster, H.K., and N. Zuber: A.I. Ch. E.J. vol. 1, No. 4, pp. 531 (1955).
22) Zuber, N.: Transaction of ASME, vol. 80, pp. 711~720 (1958).
23) Liehard, J.H., and K. Watanabe.: Journal of Heat Transfer, Trans. ASME, Series C, vol, 88, No. 1, pp. 94~100 (1966).

340　　　　　　　　　　第8章　対流伝熱

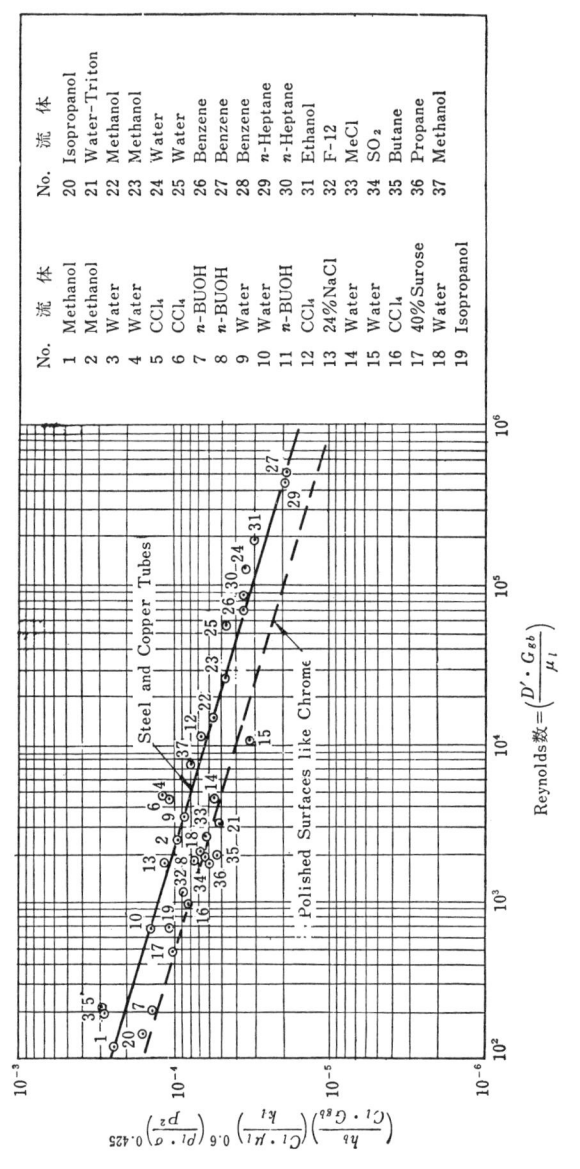

| No. | 流体 | No. | 流体 |
|---|---|---|---|
| 1 | Methanol | 20 | Isopropanol |
| 2 | Methanol | 21 | Water-Triton |
| 3 | Water | 22 | Methanol |
| 4 | Water | 23 | Methanol |
| 5 | CCl$_4$ | 24 | Water |
| 6 | CCl$_4$ | 25 | Water |
| 7 | $n$-BUOH | 26 | Benzene |
| 8 | $n$-BUOH | 27 | Benzene |
| 9 | Water | 28 | Benzene |
| 10 | Water | 29 | $n$-Heptane |
| 11 | $n$-BUOH | 30 | $n$-Heptane |
| 12 | CCl$_4$ | 31 | Ethanol |
| 13 | 24%NaCl | 32 | F-12 |
| 14 | Water | 33 | MeCl |
| 15 | Water | 34 | SO$_2$ |
| 16 | CCl$_4$ | 35 | Butane |
| 17 | 40%Surose | 36 | Propane |
| 18 | Water | 37 | Methanol |
| 19 | Isopropanol | | |

図 8・35　核沸騰に対する Gilmour の相関

横軸: Reynolds数 $= \left( \dfrac{D' \cdot G_{gb}}{\mu_l} \right)$

縦軸: $\left( \dfrac{h_b}{C_l \cdot G_{gb}} \right) \left( \dfrac{C_l \cdot \mu_l}{k_l} \right)^{0.6} \left( \dfrac{p_l \cdot \sigma}{p_2} \right)^{0.425}$

## 8·3 沸騰伝熱

### 表 8·2 核沸騰伝熱係数

熱流束 $Q/A = m(\Delta t)^n$  伝熱係数 $h_b = m(\Delta t)^{n-1}$
ここで　$Q$：伝熱量 [kcal/hr]
　　　　$h_b$：核沸騰伝熱係数 [kcal/m²·hr·°C]
　　　　$A$：伝熱面積 [m²]
　　　　$\Delta t$：加熱表面と沸騰液の温度差 [°C]
　　　　$m, n$：定数（次表に示す）

| 物　質 | 圧　力 (Kg/cm²abs) | $m$ | $n$ | $\Delta t$ の範囲 (°C) | 臨界温度差 $\Delta t_c$ (°C) | 加熱体 | 測　定　者 |
|---|---|---|---|---|---|---|---|
| プ　ロ　パ　ン | 1.4〜2.5 | 540 | 2.5 | 4〜8 | — | 水平管 | Meyers ら |
| 〃 | 12.0 | 765 | 2.0 | 8〜14 | 28 | 垂直管 | Cichelli ら |
| 〃 | 17.2 | 970 | 2.0 | 6〜17 | 22 | 〃 | 〃 |
| 〃 | 20.7 | 1280 | 2.0 | 6〜14 | 17 | 〃 | 〃 |
| 〃 | 26.4 | 1800 | 2.0 | 6〜14 | 14 | 〃 | 〃 |
| プ　ロ　パ　ン | 33.4 | 2810 | 2.0 | 4〜8 | 8 | 〃 | Meyers ら |
| n-ブ　タ　ン | 1.4〜2.5 | 150 | 2.64 | 4〜8 | — | 水平管 | Cichelli ら |
| n-ペ　ン　タ　ン | 1.5 | 0.019 | 4.70 | 17〜33 | 33 | 垂直管 | 〃 |
| 〃 | 4.1 | 0.63 | 4.16 | 11〜25 | 25 | 〃 | 〃 |
| 〃 | 8.1 | 14.1 | 3.27 | 8〜19 | 19 | 〃 | 〃 |
| n-ペ　ン　タ　ン | 15.1 | 353 | 2.91 | 4〜11 | 14 | 〃 | 〃 |
| n-ヘ　プ　タ　ン | 0.46 | 0.089 | 3.85 | 28〜45 | 45 | 〃 | 〃 |
| 〃 | 1.03 | 9.0 | 2.90 | 17〜33 | 33 | 〃 | 〃 |
| 〃 | 3.5 | 33.6 | 2.90 | 14〜22 | 22 | 〃 | 〃 |
| 〃 | 8.1 | 123 | 2.75 | 11〜19 | 19 | 〃 | 〃 |
| n-ヘ　プ　タ　ン | 15.1 | 1060 | 2.20 | 3〜14 | 14 | 〃 | 〃 |
| ケ　ロ　シ　ン | 1.03 | 31.7 | 3.19 | 6〜8 | >8 | 水平管 | Cryder ら |
| ベ　ン　ゼ　ン | 1.03 | 0.13 | 3.87 | 25〜50 | 50 | 垂直管 | Cichelli ら |
| 〃 | 3.5 | 0.090 | 3.87 | 14〜28 | 28 | 〃 | 〃 |
| 〃 | 8.1 | 14.3 | 3.27 | 8〜22 | 22 | 〃 | 〃 |
| ベ　ン　ゼ　ン | 18.6 | 530 | 2.61 | 4〜14 | 14 | 〃 | 〃 |
| 〃 | 32.7 | 8580 | 1.96 | 2〜6 | 6 | 〃 | 〃 |
| ス　チ　レ　ン | 0.19 | 104 | 2.05 | 11〜50 | — | 水平板 | Bonila ら |
| 〃 | 1.03 | 262 | 2.05 | 11〜28 | — | 〃 | 〃 |
| メ　タ　ノ　ー　ル | 1.03 | 29.5 | 3.25 | 6〜8 | >8 | 垂直管 | Cryder ら |
| エ　タ　ノ　ー　ル | 1.03 | 0.58 | 3.73 | 22〜33 | 33 | 垂直管 | Cichelli ら |
| 〃 | 3.9 | 2.98 | 3.08 | 11〜22 | 22 | 〃 | 〃 |
| 〃 | 8.0 | 280 | 2.67 | 6〜17 | 19 | 〃 | 〃 |
| イソプロパノール | 1.03 | 67 | 2.40 | 6〜33 | 33 | 〃 | Insinger ら |
| n-ブタノール | 1.03 | 7.2 | 3.21 | 8〜17 | >17 | 水平管 | Cryder ら |
| 四　塩　化　炭　素 | 1.03 | 2.7 | 2.90 | 11〜22 | — | 垂直管 | Insinger ら |
| 〃 | 1.03 | 12.5 | 3.14 | 8〜14 | >14 | 〃 | Cryder ら |
| ア　セ　ト　ン | 1.03 | 1.90 | 3.85 | 11〜22 | 22 | 水平板 | Bonilla ら |
| メチルエチルケトン | 1.03 | 560 | 1.84 | 11〜28 | 28 | 針　金 | van Strahlen |
| 水 | 1.03 | 245 | 3.14 | 3〜6 | >6 | 水平管 | Cryder ら |
| 水 | 1.03 | 560 | 2.35 | 6〜19 | 19 | 垂直管 | Cichelli ら |
| 〃 | 1.03 | 0.82 | 4.90 | 8〜19 | 19 | 針　金 | Addoms ら |
| 〃 | 26.9 | 8610 | 2.82 | 3〜17 | 17 | 〃 | 〃 |
| 酸　　素 | 1.03 | 56 | 2.47 | 3〜6 | >6 | 垂直管 | Haselden ら |
| 窒　　素 | 1.03 | 2.5 | 2.67 | 3〜7 | >7 | 〃 | 〃 |
| フレオン12 | 4.2 | 12.5 | 3.82 | 7〜11 | >11 | 水平管 | Meyers ら |

沸騰が遷移沸騰から膜沸騰に移る点で, 熱流束は極小値となるが, この極小熱流束 $(Q/A)_{min}$ の相関式として Liehard[23] らは次式を提案している。

$$(Q/A)_{\min} = \frac{\pi^2}{60} \cdot \left(\frac{4}{3}\right)^{0.25} \cdot \lambda \cdot \rho_v \left[\frac{\sigma \cdot g \cdot g_c \cdot (\rho_l - \rho_v)}{(\rho_l + \rho_v)^2}\right]^{0.25} \quad \cdots\cdots(8\cdot 50)$$

### 8・3・4 膜沸騰の境膜伝熱係数

蒸発装置またはリボイラの設計に際しては，加熱表面と液との沸点との温度差 $\varDelta t$ を臨界温度差 $(\varDelta t)_c$ 以下にして，膜状沸騰を避けるのが普通である。しかし，プロセスの他の制約のため，膜状沸騰とせざるをえないこともある。

垂直管外膜沸騰[24]

$$h_b = 0.002 \cdot \left(\frac{4V}{\pi \cdot D_o \cdot \mu_v}\right)^{0.6} \cdot \left[\frac{2}{k_v{}^3 \cdot \rho_v \cdot (\rho_l - \rho_v) \cdot g}\right]^{-1/3} \quad \cdots\cdots(8\cdot 51)$$

上式の適用範囲は

　　Reynolds 数　800～5,000

　　$D_o = 3/8$ インチ～1/2 インチ

ここで

　$D_o$：管外径〔m〕

　$\mu_v$：蒸気の粘度〔kg/m・hr〕

　$k_v$：蒸気の熱伝導率〔kcal/m・hr・°C〕

　$V$：管1本あたりの蒸気量〔kg/hr〕

　$\rho_v$：蒸気の密度〔kg/m³〕

　$\rho_l$：液の密度〔kg/m³〕

　$g$：重力の加速度 $= 1.27 \times 10^8$〔m/hr²〕

　$h_b$：管全長の平均境膜伝熱係数〔kcal/m²・hr・°C〕

上式は有機流体および低温窒素には実験データとよく合うが，メタノールのデータは上式による計算値の数倍となる。

水平管外膜沸騰[25]

$$h_b = 0.62 \cdot \left(\frac{1}{D_o}\right)^{1/4} \cdot \left[\frac{k_v{}^3 \cdot \rho_v \cdot (\rho_l - \rho_v) \cdot g \cdot \lambda'}{\varDelta t_b \cdot \mu_v}\right]^{1/4} \quad \cdots\cdots(8\cdot 52)$$

ここで

　$\lambda'$：加熱面温度と沸点との算術平均温度の蒸気のエンタルピと飽和温度の液のエンタルピとの差〔kcal/kg〕

---

24) Hsu, Y.Y. and J.W. Westwater,: "Film Boiling From Vertical Tubes" Paper No. 57-HT-24, ASME, A. I. Ch. E, Joint Heat Transfer Conference, Aug, 1957, State College, Pa.
25) Brom'ey, L.A.: Chem. Eng, Progr., vol. 46, pp. 221 (1950).

$$=\lambda+0.5\cdot C_v\cdot \Delta t_b$$

$C_v$：蒸気の比熱〔kcal/kg・°C〕

## 8・4 2 相 流

気・液の2相から成る流体すなわち2相流の知識は，種々の熱交換器，分縮器，リボイラなどの設計に必要である。

### 8・4・1 2相流の様式

（1） 水平管内2相流：Alves[26]は水平管内を流れる2相流の様式を，図 8・36 のように分類した。

気泡流（Bubble Flow）：気体は気泡の形で管の上部を流れる。この気泡の流速と液の流速はほぼ等しい。

栓流（Plug Flow）：気体の流量を増すと，気泡は凝集するようになり，栓状をなす気泡と液が管内上部を交互に流れるようになる。

2層流（Stratified Flow）：液は管の下部を，気体は管の上部を流れる。気・液の界面は滑らかで，各相の占める容積比は一定である。

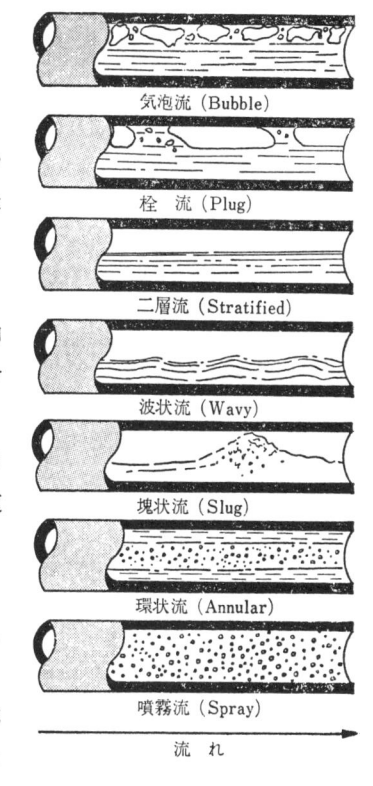

図 8・36 水平管内2相流の様式

波状流（Wave Flow）：2層流の状態から更に気体の流量を増していくと，界面は波立ち，振幅は大きくなっていく。

塊状流（Slug Flow）：気体の流量を更に増すと，液波の振幅が大きくなって管の上部に触れるようになり，泡立った塊を形成する。この塊の流速は流れの平均流速よりも大きい。

環状流（Annular Flow）：液は管壁面を環状をなして流れ，一方気体は高速で中心部を流れる。この芯をなす気体の中には液滴が飛沫同伴されている。

噴霧流（Mist or Spray Flow）：気体の流量を更に増すと，環状をなしていた液膜が破れ，液体はすべて飛沫同伴液滴として気体中を流れる。

---

26) Alves, G.E.: Chem. Eng. Progr., vol. 59, pp. 449 (1954).

水平管内を流れる気・液 2 相流は以上のような種々の様式をとるが，Baker[27]はこの様式の推定法として図 8·37 を提案した。

〔例題 8·1〕 内径 25 〔mm〕の水平管内を，水 1,090〔kg/hr〕と空気 5.45〔kg/hr〕の混相流体が流れる。水の粘度 $\mu_l=1$〔cp〕，密度 $\rho_l=1,000$〔kg/m³〕，表面張力 $\sigma=73$〔dynes/cm〕，空気の密度 $\rho_g=1.2$〔kg/m³〕として，流れの様式を推定せよ。

〔解〕
$\eta=[(\rho_g/1.2)(\rho_l/1,000)]^{1/2}$
$=[(1.2/1.2)(1,000/1,000)]^{1/2}$
$=1$
$\Psi=[73/\sigma]\cdot[\mu_l\cdot(1,000/\rho_l)^2]^{1/3}$
$=[73/73]\cdot[1\times(1,000/1,000)^2]^{1/3}$
$=1$
$G_l=W_l/A_p=W_l/(0.25\pi\cdot D_i^2)$
$=1,090/(0.25\pi\times0.025^2)$
$=2.22\times10^6$〔kg/m²·hr〕
$G_g=W_g/A_p$
$=5.45/(0.25\pi\times0.025^2)$
$=1.11\times10^4$〔kg/m²·hr〕
$G_l\cdot\eta\cdot\Psi/G_g=(2.22\times10^6\times1\times1)/(1.11\times10^4)$
$=200$
$0.2G_g/\eta=0.2\times1.11\times10^4/1$
$=2,200$

図 8·73 から，この場合の流れの様式は塊状流である。

（2） **垂直管内 2 相流**：垂直管内を上昇する気・液 2 相流の流れの様式を，Nicklin と Davidson[28]は図 8·38 のように分類した。

気泡流（Bubble Flow）：垂直管内を上昇する液相に，気相が気泡となって分散している状態である。

塊状流（Slug Flow）：気体の流量を増すと，液体の塊と気体の塊が交互に管内を上昇するようになる。液体の塊の中には気泡がある程度分散している。気体の流量を増すに従って，気体の塊は長くなるとともに速度も増す。

---

27) Baker, O.: Oil Gas J. Nov. 10. pp. 156 (1958).
28) Nicklin, D.J., and J.F. Davidson,: "Symposium on Two-Phase Flow" Paper No. 4, Inst. Mech. Eng., London, Feb. (1962).

## 8・4 2相流

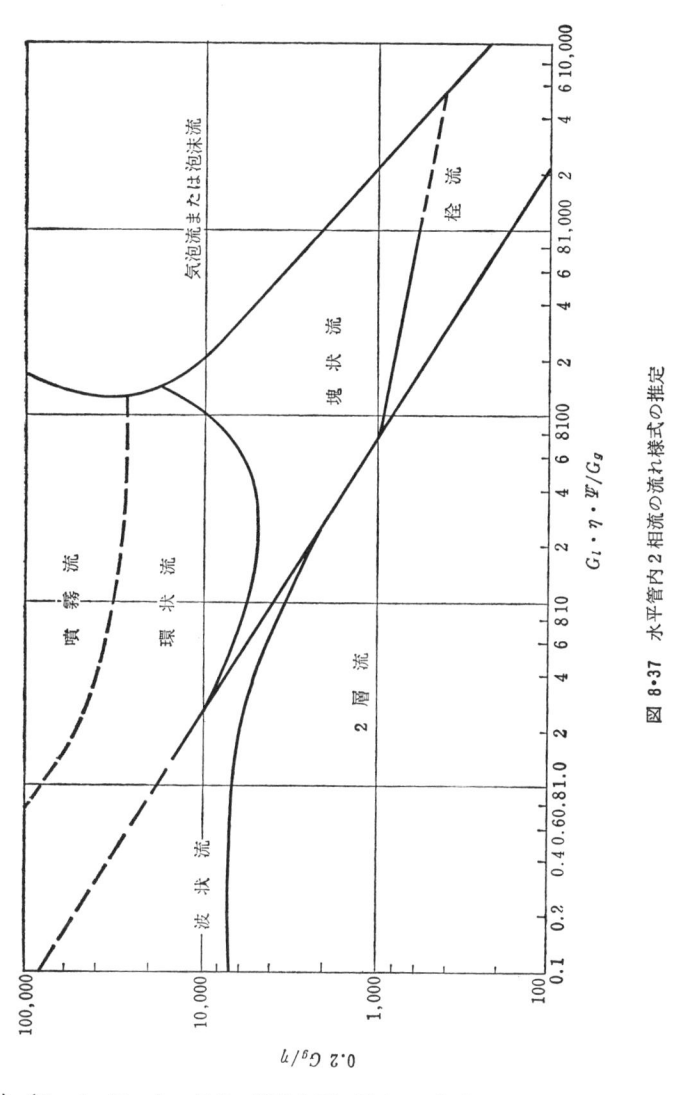

図 8・37 水平管内2相流の流れ様式の推定

泡沫流 (Froth Flow)：気体の流量を更に増すと，気体の塊の形状が不規則になってくる。

環状流 (Annular Flow)：気体の流量を更に増すと，液は管壁面を環状をなして流れ，気体は芯を液よりも高速で流れる。気体中には同伴液滴が分散している。

噴霧流 (Mist Flow)：気体の流量をさらに増すと，液はすべて気体に液滴として分散

気泡流　塊状流　泡沫流　環状流　噴霧流

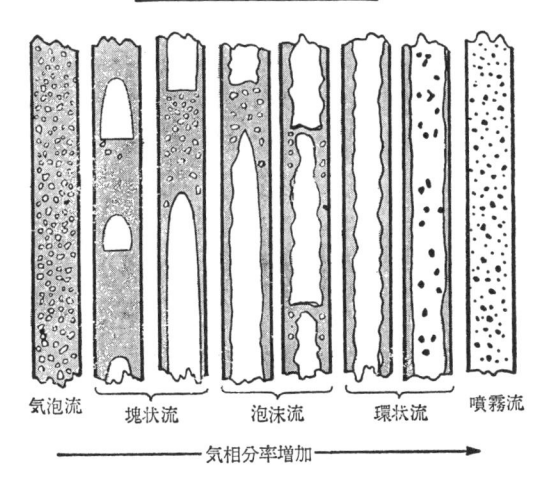

←―――――気相分率増加―――――→

図 8・38　垂直管内 2 相流の様式

する。

垂直管内を上昇する気・液 2 相流が，これらのいずれの様式をなすかを推定する方法として，Griffith と Wallis[29] の方法（図 8・39），Govier ら[30] の方法（図 8・40）および Fair[31] の方法（図 8・41）がある。

〔例題 8・2〕　管径 25 [mm] の垂直管内を水 122 [kg/hr]，空気 14.7 [kg/hr] の 2 相流が上昇する。水の密度 $\rho_l=1,000$ [kg/m$^3$]，粘度 $\mu_l=1$ [cp]，空気の密度 $\rho_g=1.2$ [kg/m$^3$]，粘度 $\mu_g=0.016$ [cp] として，流れの様式を推定せよ。

〔解〕
(1) Griffith と Wallis の方法

$Q_l = W_l/\rho_l$
$\phantom{Q_l} = 122/1,000 = 0.122$ [m$^3$/hr]

$Q_g = W_g/\rho_g$
$\phantom{Q_g} = 14.7/1.2 = 12.2$ [m$^3$/hr]

$Q_g/(Q_l+Q_g)$
$\phantom{Q_g} = 12.2/(0.122+12.2) = 0.99$

$Fr_m = [(Q_l+Q_g)/A_p]^2/(gD_i)$
$\phantom{Fr_m} = [(0.122+12.2)/(0.25\times\pi\times 0.025^2)]^2/(1.27\times 10^8\times 0.025)$
$\phantom{Fr_m} = 152$

---

29) Griffith, P., G.B. Wallis: Trans, ASME, C 83, pp. 307 (1961).
30) Govier, G,W., Radford, B.A., and J.S.C. Dunn: Can. J. Chem. Eng. vol. 35, pp. 58 (1957).
31) Fair, J.R.: Petroleum Refiner, vol. 39, No. 2, pp. 105〜123 (1960).

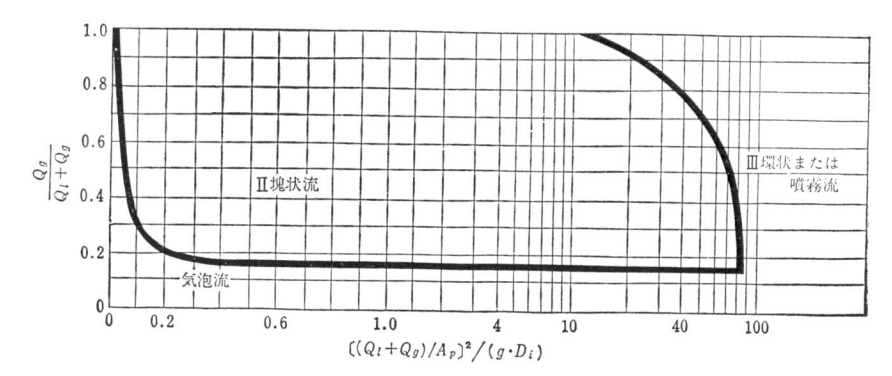

図 8·39　垂直管内2相流の様式の推定（Griffith & Wallis）

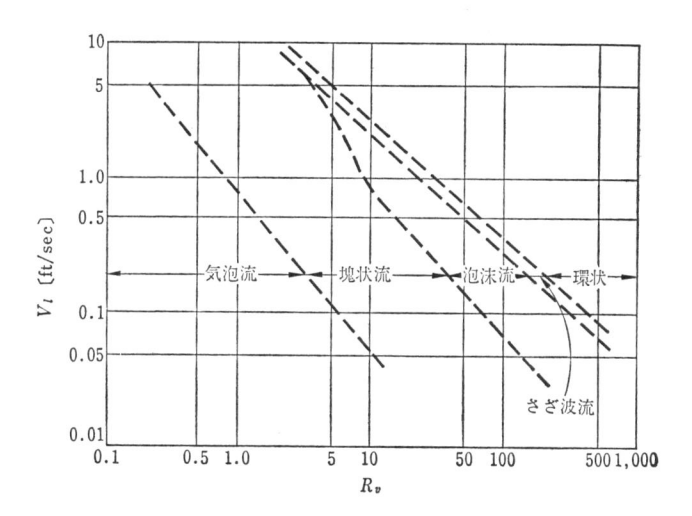

図 8·40　垂直管内2相流の様式の推定

図 8·39 より流れの様式は，環状流あるいは噴霧流である。
（2） Govier らの方法
　　$R_v = Q_g/Q_l$
　　　　$= 12.2/0.122 = 100$
　　$V_l = (Q_l/A_p)$
　　　　$= 0.122/(0.25 \times \pi \times 0.025^2)$
　　　　$= 250 \text{[m/hr]} = 0.228 \text{[ft/sec]}$
　図 8·40 から流れの様式は，泡沫流と推定される。
（3） Fair の方法

$$G_t=(W_g+W_l)/A_p$$
$$=(122+14.7)/(0.25\times\pi\times0.025^2)$$
$$=2.78\times10^5$$
$$X_{tt}=\left(\frac{W_l}{W_g}\right)^{0.9}\cdot\left(\frac{\rho_g}{\rho_l}\right)^{0.5}\cdot\left(\frac{\mu_l}{\mu_g}\right)^{0.1}$$
$$=\left(\frac{122}{14.7}\right)^{0.9}\cdot\left(\frac{1.2}{1,000}\right)^{0.5}\cdot\left(\frac{1}{0.016}\right)^{0.1}$$
$$=0.38$$
$$1/X_{tt}=2.62$$

図 8・41 より流れの様式は，塊状流と推定される。

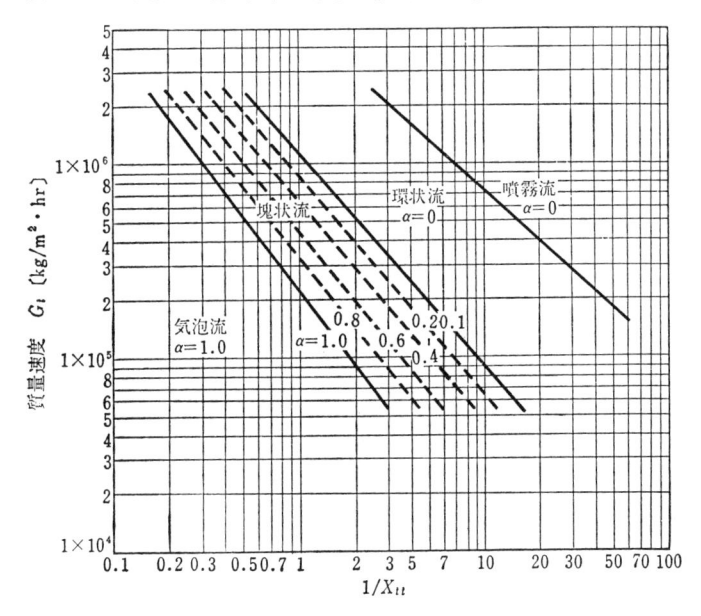

図 8・41 垂直管内2相流の様式の推定 (Fair)

### 8・4・2 2相流におけるホールドアップ

2相流におけるホールドアップ (Hold up)，すなわち管内の各断面における各相の容積分率は，気相と液相との間の滑り効果のために，各相の流量分率の簡単な関係にはならない。

**Martinelli の相関式**[32]：気液2相流が流れるとき，流れの様式を次のように分類する

---

32) Lockhart, R. W., and R. C. Martinelli: Chem. Eng. Progr. vol. 45, pp. 39〜48 (1949).

ことができる。

(1) 液体が乱流-気体が乱流……$(Re)_l > 2,000$, $(Re)_g > 2,000$
(2) 液体が乱流-気体が層流……$(Re)_l > 2,000$, $(Re)_g < 1,000$
(3) 液体が層流-気体が乱流……$(Re)_l < 1,000$, $(Re)_g > 2,000$
(4) 液体が層流-気体が層流……$(Re)_l < 1,000$, $(Re)_g < 1,000$

ここで、$(Re)_l$ および $(Re)_g$ はそれぞれ液体の Reynolds 数で、

$$(Re)_l = \frac{D_i \cdot G_l}{\mu_l} \quad \cdots\cdots(8\cdot53)$$

$$(Re)_g = \frac{D_i \cdot G_g}{\mu_g} \quad \cdots\cdots(8\cdot54)$$

ここで、$G_l$ および $G_g$ はそれぞれ液体および気体の質量速度で、

$$G_l = \frac{W_l}{A_p} \quad \cdots\cdots(8\cdot55)$$

$$G_g = \frac{W_g}{A_p} \quad \cdots\cdots(8\cdot56)$$

$W_l$：液体の流量 〔kg/hr〕
$W_g$：気体の流量 〔kg/hr〕
$A_p$：流路断面積 〔m²〕

Martinelli は 2 相流に対してパラメータ $X$ を定義した。パラメータ $X$ は一般に Martinelli のパラメータと呼ばれる。

液体が乱流-気体が乱流（添字 $tt$ を用いる）

$$X_{tt} = \left(\frac{W_l}{W_g}\right)^{0.9} \cdot \left(\frac{\rho_g}{\rho_l}\right)^{0.5} \cdot \left(\frac{\mu_l}{\mu_g}\right)^{0.1} \quad \cdots\cdots(8\cdot57)$$

液体が乱流-気体が層流（添字 $tl$ を用いる）

$$X_{tl} = (0.00286)^{0.5} \cdot \left(\frac{W_l}{W_g}\right)^{0.5} \cdot \left(\frac{\rho_g}{\rho_l}\right)^{0.5} \cdot \left(\frac{\mu_l}{\mu_g}\right)^{0.5} \cdot [(Re)_l]^{0.4} \quad \cdots\cdots(8\cdot58)$$

液体が層流-気体が乱流（添字 $lt$ を用いる）

$$X_{lt} = (348)^{0.5} \cdot \left(\frac{W_l}{W_g}\right)^{0.5} \cdot \left(\frac{\rho_g}{\rho_l}\right)^{0.5} \cdot \left(\frac{\mu_l}{\mu_g}\right)^{0.5} \cdot [(Re)_g]^{-0.4} \quad \cdots\cdots(8\cdot59)$$

液体が層流-気体が層流（添字 $ll$ を用いる）

$$X_{ll} = \left(\frac{W_l}{W_g}\right)^{0.5} \cdot \left(\frac{\rho_g}{\rho_l}\right)^{0.5} \cdot \left(\frac{\mu_l}{\mu_g}\right)^{0.5} \quad \cdots\cdots(8\cdot60)$$

Martinelli は、以上の諸式で定義されたパラメータ $X$ と、2 相流中の気相の容積分

率 $R_g$ の関係を図示したが，Chisholm ら[33] はこれを次の式で相関した。

$$R_g = 1 - \left(\cfrac{1}{\cfrac{1}{X^2} + \cfrac{21}{X} + 1}\right)^{0.5} \quad \cdots\cdots(8\cdot61)$$

$X$ としては流れの様式によって $X_{tt}$, $X_{tl}$, $X_{lt}$ あるいは $X_{ll}$ を用いる。

液相の容積分率 $R_l$ は

$$R_l = 1 - R_g \quad \cdots\cdots(8\cdot62)$$

気相の流量分率を次式で定義する。

$$x = \frac{W_g}{W_l + W_g} \quad \cdots\cdots(8\cdot63)$$

式（8・57）は次のように書き代えることができる。

$$X_{tt} = \left(\frac{1-x}{x}\right)^{0.9} \cdot \left(\frac{\rho_g}{\rho_l}\right)^{0.5} \cdot \left(\frac{\mu_l}{\mu_g}\right)^{0.1}$$

$$= \left(\frac{1-x}{x}\right)^{0.9} \cdot \Psi \quad \cdots\cdots(8\cdot64)$$

ここで，

$$\Psi = \left(\frac{\rho_g}{\rho_l}\right)^{0.5} \cdot \left(\frac{\mu_l}{\mu_g}\right)^{0.1} \quad \cdots\cdots(8\cdot65)$$

式（8・64）および式（8・61）から，液体が乱流-気体が乱流の場合のパラメータ $X_{tt}$，および液相の容積分率を気相の流量分率 $x$ と物性パラメータを用いて，図3・42 および図 8・43 に示した。

Martinelli の式（8・52）は，水平管内2相流に対しては精度がよい。また，垂直管内2相流に対しても全質量速度 $G_t(=G_l+G_g)$ が，250〔kg/m²・sec〕以下の場合には精度良く適用することができる。

**Hughmark の相関式[34]**

$$R_g = \frac{K'}{1.0 + \left(\cfrac{W_l \cdot \rho_g}{W_g \cdot \rho_l}\right)} \quad \cdots\cdots(8\cdot66)$$

パラメータ $K'$ は図 8・44 で Reynolds 数 $Re$，Froude 数 $Fr$，および気相と液相間に滑りがないと見なしたときの液相の容積分率 $y_l$ の関数として示される。ここで Reynolds 数

---

33) Chisholm, D., and A.D.K. Laird,: Trans. ASME, vol. 80, pp. 276 (1958).
34) Hughmark, G.A.: Chem. Eng. Progr. vol, 58, No. 4, pp. 62〜65 (1962).

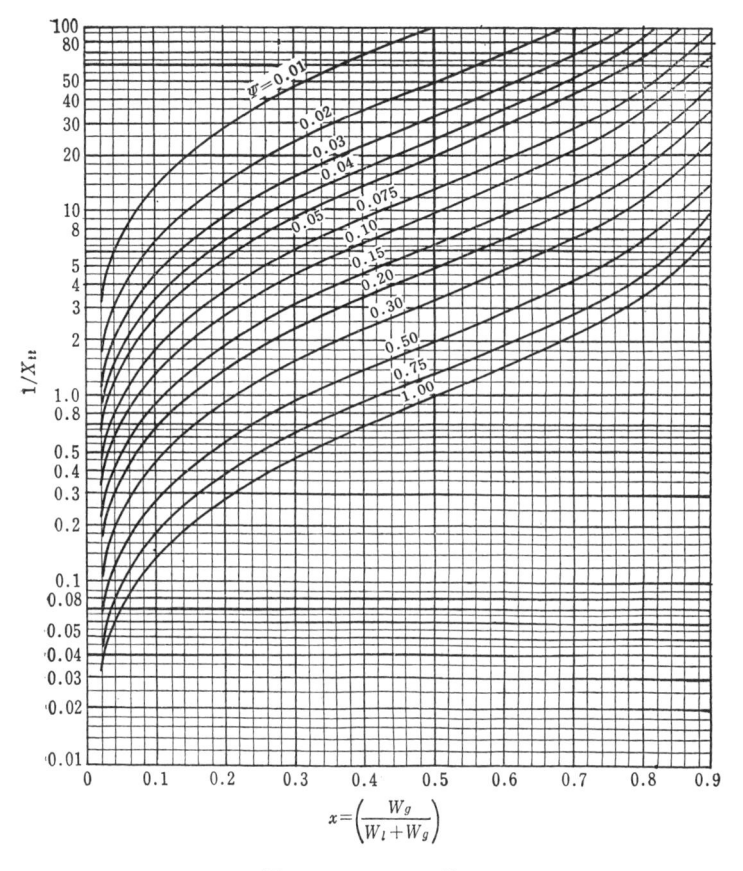

図 8·42 パラメータ $X_{tt}$

$$Re = \frac{D_i \cdot G_t}{(R_l \cdot \mu_l + R_g \cdot \mu_g)} \quad \cdots\cdots\cdots\cdots (8\cdot67)$$

Froude 数

$$Fr = \frac{V^2}{g \cdot D_i} \quad \cdots\cdots\cdots\cdots (8\cdot68)$$

液の容積分率(滑りがないと見なしたとき)

$$y_l = \frac{(W_l/\rho_l)}{(W_l/\rho_l) + (W_g/\rho_g)} \quad \cdots\cdots\cdots\cdots (8\cdot69)$$

パラメータ

$$Z = \frac{(Re)^{\frac{1}{6}} \cdot (Fr)^{\frac{1}{8}}}{(y_l)^{\frac{1}{4}}} \quad \cdots\cdots\cdots\cdots (8\cdot70)$$

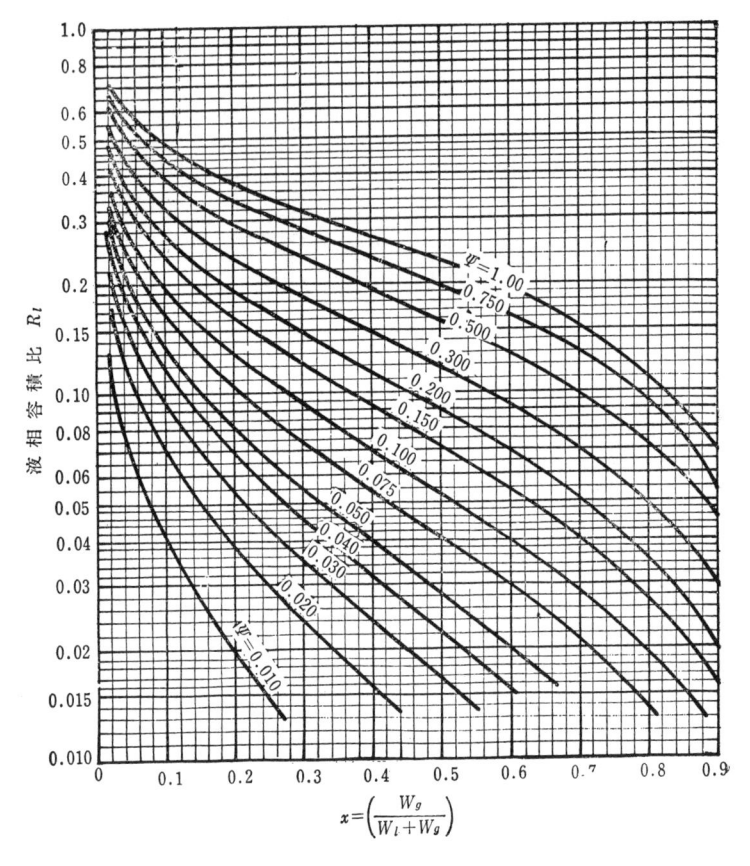

図 8・43 液相の容積比 $R_l$

ここで,

$G_t$：全質量速度 〔kg/m²·hr〕
　　$=(W_l+W_g)/A_p$

$g$：重力の加速度，$1.27\times10^8$ 〔m/hr²〕

$V$：2相間に滑りがないと見なしたときの流速 〔m/hr〕

$$V=\frac{(W_l/\rho_l)+(W_g/\rho_g)}{A_p} \quad\cdots\cdots(8\cdot71)$$

$A_p$：流路断面積 〔m²〕

$D_i$：管内径 〔m〕

Hughmark の相関式は水平管内2相流，垂直管内2相流（上向き流れ，または下向き

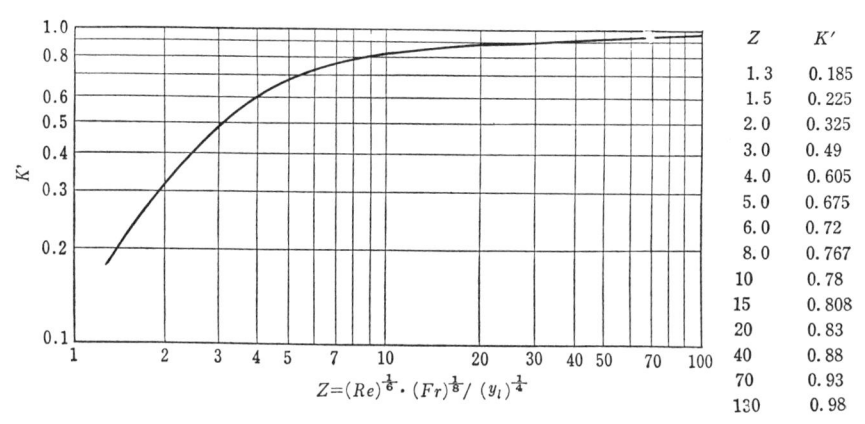

| $Z$ | $K'$ |
|---|---|
| 1.3 | 0.185 |
| 1.5 | 0.225 |
| 2.0 | 0.325 |
| 3.0 | 0.49 |
| 4.0 | 0.605 |
| 5.0 | 0.675 |
| 6.0 | 0.72 |
| 8.0 | 0.767 |
| 10 | 0.78 |
| 15 | 0.808 |
| 20 | 0.83 |
| 40 | 0.88 |
| 70 | 0.93 |
| 130 | 0.98 |

図 8·44 流れのパラメータ $K'$ と $Z$ の相関

流れ)に対して精度良く適用することができる。

**Baroczy の相関式**[35]

Baroczy は,液体金属に対しても適用し得る相関として,図 8·45 を提案している。

〔例題 8·3〕 内径 25.4 [mm] 水平管に水が 453 [kg/hr], および空気が 6.8 [kg/hr] 流れる。物性値は水, $\rho_l=1,000$ [kg/m³], $\mu_l=1$ [cp], 空気, $\rho_g=1.4$ [kg/m³], $\mu_g=0.018$ [cp] とする。管内での空気および水の容積分率を求めよ。

〔解〕 Hughmark の方法

管内断面積

$$A_p = 0.25 \cdot \pi \cdot D_i^2$$
$$= 0.25 \cdot \pi \cdot (0.0254)^2 = 5.05 \times 10^{-4} \ [m^2]$$

全質量速度

$$G_t = (W_l + W_g)/A_p$$
$$= (453 + 6.8)/(5.05 \times 10^{-4}) = 9.10 \times 10^5 \ [kg/m^2 \cdot hr]$$

管内での容積分率 $R_l=0.25$, $R_g=0.75$ と仮定する。

2 相流の Reynolds 数

$$Re = \frac{D_i \cdot G_t}{R_l \cdot \mu_l + R_g \cdot \mu_g}$$
$$= \frac{(0.025) \cdot (9.10 \times 10^5)}{(0.25) \cdot (1) \cdot (3.6) + (0.75) \cdot (0.08) \cdot (3.6)}$$
$$= 35,000$$

2 相間に滑りがないと見なしたときの速度

---

35) Baroczy, C.J.: Chem. Eng. Progr. Symposium. Ser. No. 57, vol. 61, pp. 179~191 (1965).

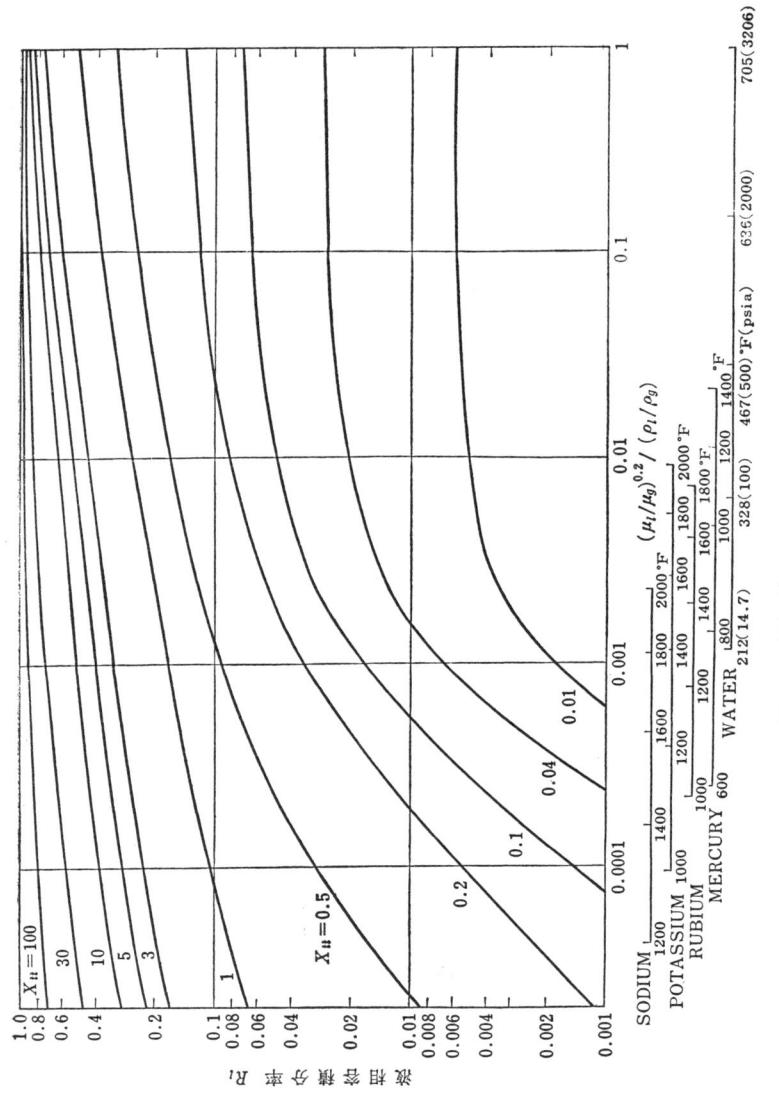

図 8・45 液相容積分率の相関 (Baroczy)

$$V = \frac{(W_l/\rho_l)+(W_g/\rho_g)}{A_p}$$

$$= \frac{(453/1,000)+(6.8/1.4)}{5.05\times 10^{-4}} = 1.05\times 10^4 \ [\text{m/hr}]$$

Froude 数

$$Fr = V^2/(g\cdot D_i)$$

$$= (1.05\times 10^4)^2/(1.27\times 10^8 \times 0.0254)$$

$$= 34.3$$

管内を流れる流体の液相容積分率（滑りがないと見なしたとき）

$$y_l = \frac{(W_l/\rho_l)}{(W_l/\rho_l)+(W_g/\rho_g)}$$

$$= \frac{(453/1,000)}{(453/1,000)+(6.8/1.4)}$$

$$= 0.085$$

パラメータ $Z$

$$Z = (Re)^{1/6}\cdot (Fr)^{1/8}/(y_l)^{1/4}$$

$$= (35,000)^{1/6}\cdot (34.3)^{1/8}/(0.085)^{1/4}$$

$$= 16.4$$

図 8・44 から $K' = 0.814$

空気の容積分率

$$R_g = \frac{K'}{1.0+\left(\dfrac{W_l\cdot \rho_g}{W_g\cdot \rho_l}\right)}$$

$$= \frac{0.814}{1.0+\left(\dfrac{453\times 1.4}{6.8\times 1,000}\right)}$$

$$= 0.745$$

水の容積分率

$$R_l = 1 - R_g$$

$$= 1 - 0.745$$

$$= 0.255$$

仮定した値とほぼ等しい．

Baroczy の方法

$$\left(\frac{\mu_l}{\mu_g}\right)^{0.2}\bigg/\left(\frac{\rho_l}{\rho_g}\right) = \left(\frac{1\times 3.6}{0.018\times 3.6}\right)^{0.2}\bigg/\left(\frac{1,000}{1.4}\right)$$

$$= 3.13\times 10^{-3}$$

$$X_{tt} = \left(\frac{W_l}{W_g}\right)^{0.9}\cdot \left(\frac{\rho_g}{\rho_l}\right)^{0.5}\cdot \left(\frac{\mu_l}{\mu_g}\right)^{0.1}$$

$$= \left(\frac{453}{6.8}\right)^{0.9} \cdot \left(\frac{1.4}{1,000}\right)^{0.5} \cdot \left(\frac{1 \times 3.6}{0.018 \times 3.6}\right)^{0.1}$$
$$= 2.46$$

図 8·45 から $R_l \fallingdotseq 0.26$, $R_g = 1 - 0.26 = 0.74$

Martinelli の方法

$$\frac{1}{X_{tt}} = \frac{1}{2.46} = 0.406$$

$$R_g = 1 - \left(\cfrac{1}{\cfrac{1}{X^2} + \cfrac{21}{X} + 1}\right)^{0.5}$$

$$= 1 - \left[\frac{1}{(0.406)^2 + 21 \times 0.406 + 1}\right]^{0.5}$$

$$= 0.725$$

### 8·4·3　2相流の圧力損失

図 8·46 の管路を流れる2相流において，A点より微小距離 $\varDelta l$ の点Bまでの全圧力損失 $\varDelta P_t = P_A - P_B$ は摩擦圧力損失，加速圧力損失，および静圧水頭損失の総和である。

#### （1）　2相流の摩擦圧力損失

**Martinelli の相関式**[7]：Martinelli の相関式は水平管内2相流の実験から求めたものであって，垂直管内2相流に対しては精度は良くなく，平均偏差は ±30% あるいはそれ以上となる。

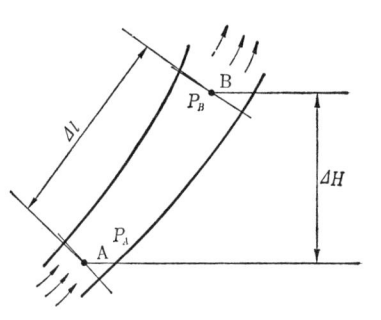

図 8·46

管内を気・液2相流が流れるときの摩擦損失 $(\varDelta P_F)_{tp}$ は，次式で表わされる。

$$(\varDelta P_F)_{tp} = \phi^2 \cdot (\varDelta P_F)_l \quad \cdots\cdots\cdots\cdots\cdots\cdots\cdots\cdots\cdots\cdots (8\cdot72)$$

液体が乱流-気体が乱流，液体が乱流-気体が層流，液体が層流-気体が乱流，および液体が層流-気体が層流の場合の $\phi$ をそれぞれ $\phi_{tt}$, $\phi_{tl}$, $\phi_{lt}$ および $\phi_{ll}$ で表わし，その値をパラメータ $X$ の関数として図 8·47 に示した。

ここで，パラメータ $X$ は，式 (8·57)～(8·60) で定義されるものである。

この中で，液体が乱流-気体が乱流の場合の $\phi$ すなわち $\phi_{tt}$ は，次の関係式で表わすことができる。

$$\phi_{tt}^2 = 1 + \frac{21}{X_{tt}} + \left(\frac{1}{X_{tt}}\right)^2 \quad \cdots\cdots\cdots\cdots\cdots\cdots\cdots\cdots (8\cdot73)$$

$\phi_{tt}^2$ の計算図表を図 8·48 に示した。

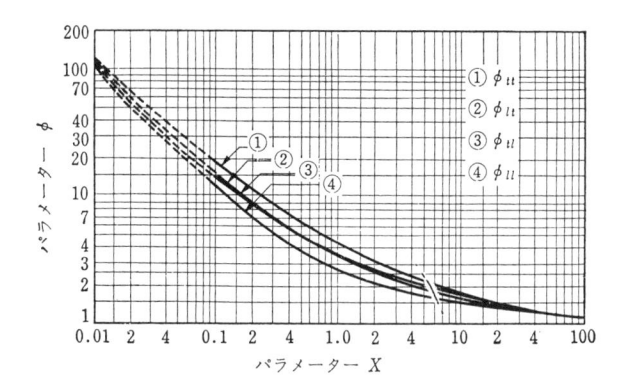

## 8・4 2 相 流

図 8・47 $\phi$ の値

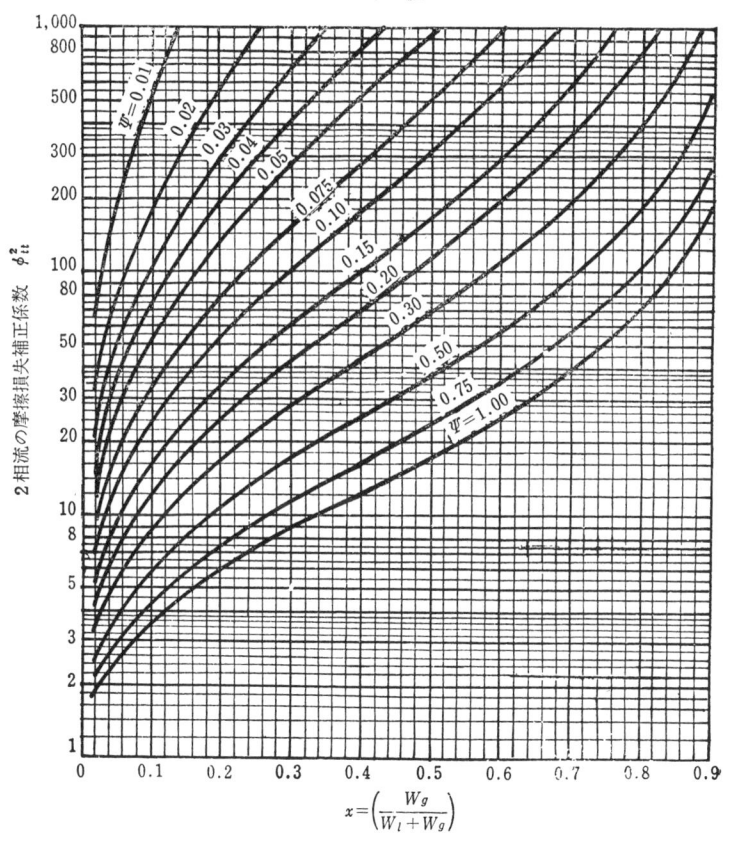

図 8・48 $\phi^2$ の値

$$x = \left(\frac{W_g}{W_l + W_g}\right)$$

式 (8・70) において，$(\Delta P_F)_l$ は管内を液相のみが流れるものと仮定したときの摩擦損失で，次式で求めることができる。

$$(\Delta P_F)_l = \frac{4f_l \cdot G_l{}^2 \cdot \Delta l}{2g_c \cdot \rho_l \cdot D_i} \tag{8・74}$$

$G_l$ は液相の質量速度で，

$$G_l = \frac{W_l}{A_p} \tag{8・75}$$

摩擦係数 $f_l$ は Koo[36)] の式を用いれば，

$$f_l = 0.00140 + \frac{0.125}{(D_i \cdot G_l/\mu_l)^{0.32}} \tag{8・76}$$

**Davis の相関式**[37)]： Davis は垂直管内2相流に対して，式 (8・71) においてパラメータ $X_{tt}$ の代りに，次に示すパラメータ $X_{tt}'$ を用いることによって，垂直管内2相流の摩摩損失を平均偏差 ±20% 以内の精度で相関した。

$$\frac{1}{X_{tt}'} = 5.26 \cdot \left(\frac{1}{X_{tt}}\right) \cdot (Fr)^{-0.185} \tag{8・77}$$

$Fr$ は2相流間にスリップがないと見なしたときの Froude 数で，式 (8・68) で求まる。

**Dukler の相関式**[38)]

$$(\Delta P_F)_{tp} = \left(\frac{4f_t \cdot G_t{}^2 \cdot \Delta l}{2g_c \cdot \rho_{ns} \cdot D_i}\right) \cdot F \cdot \beta \tag{8・78}$$

ここで

$G_t$：全質量速度 〔kg/m²・hr〕

$\quad = W_t/A_p$

$f_t$：摩擦係数 〔—〕

$$= 0.00140 + 0.125/(Re_m)^{0.32} \tag{8・79}$$

$Re_m$：次式で定義される2相流の Reynolds 数 〔—〕

$$= (D_i \cdot G_t/\mu_{ns}) \cdot \beta \tag{8・80}$$

$\mu_{ns}$：2相間にスリップがないときの2相流の粘度 〔kg/m・hr〕

$$\mu_{ns} = \mu_l \cdot y_l + \mu_g \cdot (1 - y_l) \tag{8・81}$$

$\rho_{ns}$：2相間にスリップがないと見なしたときの2相流の密度 〔kg/m³〕

---

36) Drew, T.B., E.C. Koo, and W.H. McAdams,: Trans. A. I. Ch. E. vol. 28, pp. 56 ～72 (1932).
37) Davis, W.J.: Brit. Chem. Eng., vol. 8, No. 7 (1963).
38) Dukler, A.E, M. Wicks, and R.G. Cleveland: A.I. Ch. E. J., vol. 10, No. 1, pp. 44 ～51 (1964).

$$\rho_{ns}=\rho_l\cdot y_l+\rho_g\cdot(1-y_l) \quad\cdots\cdots(8\cdot82)$$

$F$：補正係数 〔—〕

$$F=1.0+\frac{-\ln(y_l)}{1.281-0.478[-\ln(y_l)]+0.444[-\ln(y_l)]^2-0.094[-\ln(y_l)]^3+0.00843[-\ln(y_l)]^4}$$
$$\cdots\cdots(8\cdot83)$$

$\beta$：次式で定義される無次元数

$$\beta=\frac{\rho_l}{\rho_{ns}}\cdot\frac{y_l^2}{R_l}+\frac{\rho_g}{\rho_{ns}}\cdot\frac{(1-y_l)^2}{R_g} \quad\cdots\cdots(8\cdot84)$$

Dukler の相関式の精度は ±20% 前後である。水平管内2相流, 垂直管内2相流のいずれに対しても適用することができる。

$F$ の値を図 8・49 に示した。

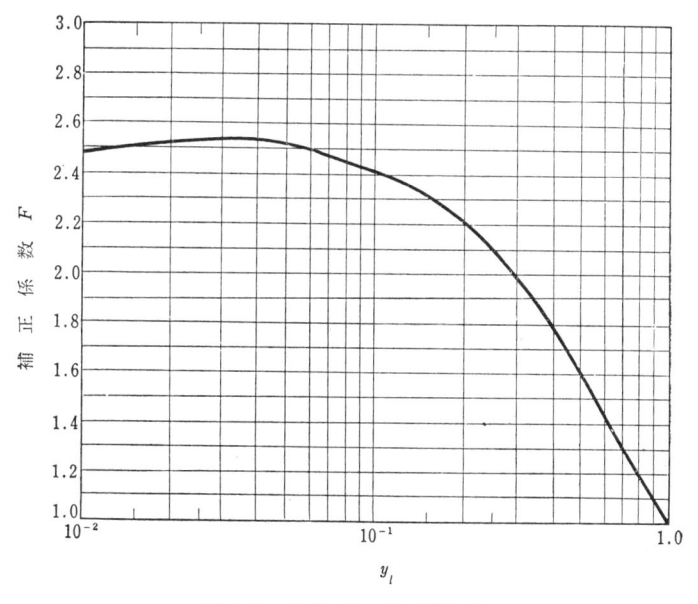

図 8・49 式 (8・83) の補正係数 $F$

**(2) 2相流の加速圧力損失**

$$(\varDelta P_a)_{tp}=\left[\frac{1}{g_c}\left(\frac{G_l^2}{R_l\cdot\rho_l}+\frac{G_g^2}{R_g\cdot\rho_g}\right)\right]_B-\left[\frac{1}{g_c}\left(\frac{G_l^2}{R_l\cdot\rho_l}+\frac{G_g^2}{R_g\cdot\rho_g}\right)\right]_A\cdots\cdots(8\cdot85)$$

ここで [ ]$_A$ および [ ]$_B$ は, 図 8・46 における A 点および B 点における値を示す。

第8章 対流伝熱

$G_l$, $G_g$ は液相および気相の質量速度である。

$$G_l = \frac{W_l}{A_p} \quad [\text{kg/m}^2 \cdot \text{hr}]$$

$$G_g = \frac{W_g}{A_p} \quad [\text{kg/m}^2 \cdot \text{hr}]$$

(3) 拡大，収縮による圧力損失（図 8·50 参照）

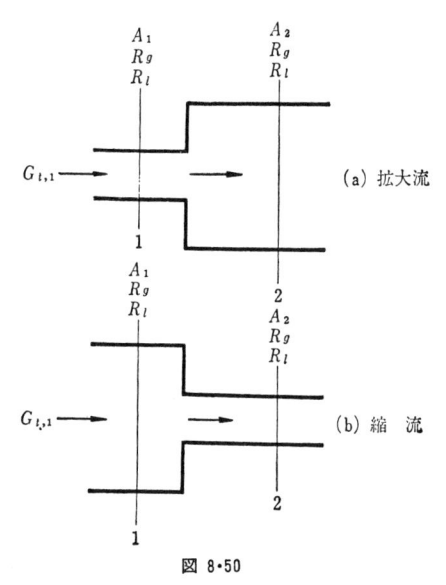

図 8·50

拡大流の場合

$$(\Delta P_e)_{tp} = -2 \cdot \left[ \frac{(1-x)^2}{R_l} + \frac{x^2}{R_g} \cdot \frac{\rho_l}{\rho_g} \right] \cdot \left[ \frac{A_1}{A_2} - \left( \frac{A_1}{A_2} \right)^2 \right] \cdot \frac{G_{t1}^2}{2g_c \cdot \rho_l} \cdots\cdots (8\cdot86)$$

ここで，$x$ は気相の重量分率で，$x = W_g/W_t$ で，$(G_{t1})$ は図 8·50 における位置1での $(G_{t2})$ は位置2での全質量速度である。

収縮流の場合

$$(\Delta P_c)_{tp} = 1.2 \cdot (1 - R_g) \cdot \left[ 1 - \left( \frac{A_2}{A_1} \right)^2 \right] \cdot \frac{G_{t2}^2}{2g_c \cdot \rho_l} \cdots\cdots (8\cdot87)$$

$A_1$, $A_2$ は位置1および2における流路断面積 [m²] である。

(4) 静圧水頭損失：図 8·46 において A, B 点の高さの差を $\Delta H$ とすれば，

$$(\Delta P_s)_{tp} = (\rho_{tp})_{\text{ave}} \cdot \Delta H \cdots\cdots (8\cdot88)$$

$(\rho_{tp})_{ave}$ は A, B 間での 2 相流の平均密度である。

(5) **全圧力損失**: 上述の各圧力損失の総和から, 全圧力損失 $(\Delta P_t)_{tp}$ が計算される。

〔例題 8・4〕 例題 8・3 において, 水平管長を 100 [m] としたときの摩擦損失を求めよ。

〔解〕
(1) Dukler の方法

$\rho_{ns} = \rho_l \cdot y_l + \rho_g \cdot (1 - y_l)$
$= (1,000)(0.085) + (1.4)(0.915)$
$= 86.28$ [kg/m³]

$\mu_{ns} = \mu_l \cdot y_l + \mu_g \cdot (1 - y_l)$
$= (1)(0.085) + (0.018)(0.915)$
$= 0.102$[cp] $= 0.368$ [kg/m·hr]

$\beta = (\rho_l/\rho_{ns}) \cdot (y_l^2/R_l) + (\rho_g/\rho_{ns}) \cdot (1-y_l)^2/R_g$
$= (1,000/86.28) \cdot (0.085^2/0.255) + (1.4/86.28) \cdot (0.915^2/0.745)$
$= 0.360$

$Re_m = (D_i \cdot G_t/\mu_{ns}) \cdot \beta$
$= (0.0254 \times 9.10 \times 10^5/0.368) \cdot (0.360)$
$= 32,600$

$f_t = 0.00140 + 0.125/(Re_m)^{0.32}$
$= 0.00140 + 0.125/(32,600)^{0.32}$
$= 0.0059$

$F = 1.0 + \dfrac{-\ln(y_l)}{1.281 - 0.478[-\ln(y_l)] + 0.444[-\ln(y_l)]^2 - 0.094[-\ln(y_l)]^3 + 0.00843[-\ln(y_l)]^4}$

$y_l = 0.085$ を代入して,

$F = 2.45$

$(\Delta P_F)_{tp} = \left(\dfrac{4f_t \cdot G_t^2 \cdot \Delta l}{2g_c \cdot \rho_{ns} \cdot D_i}\right) \cdot F \cdot \beta$

$= \left[\dfrac{4 \times 0.0059 \times (9.10 \times 10^5)^2 \times 100}{2 \times 1.27 \times 10^8 \times 86.28 \times 0.0254}\right] \times 2.45 \times 0.360$

$= 3.06 \times 10^3$ [Kg/m²]

Martinelli の方法

$\phi_{tt}^2 = 1 + \dfrac{21}{X_{tt}} + \left(\dfrac{1}{X_{tt}}\right)^2$

$= 1 + \dfrac{21}{2.46} + \left(\dfrac{1}{2.46}\right)^2 = 9.70$

$G_l = \dfrac{W_l}{A_p} = \dfrac{453}{5.05 \times 10^{-4}} = 89.6 \times 10^4$ [kg/m²·hr]

$$\frac{D_i \cdot G_l}{\mu_l} = \frac{0.0254 \times 89.6 \times 10^4}{1.0 \times 3.6} = 6.33 \times 10^3$$

$$f_t = 0.00140 + \frac{0.125}{(D_i \cdot G_l/\mu_l)^{0.32}}$$

$$= 0.00140 + \frac{0.125}{(6.33 \times 10^3)^{0.32}}$$

$$= 0.0090$$

$$(\varDelta P_F)_l = \frac{4 f_t \cdot G_l{}^2 \cdot \varDelta l}{2 g_c \cdot \rho_l \cdot D_i}$$

$$= \frac{4 \times 0.0090 \times (89.6 \times 10^4)^2 \times 100}{2 \times 1.27 \times 10^8 \times 1,000 \times 0.0254}$$

$$= 4.46 \times 10^2 \ [\text{Kg/m}^2]$$

$$(\varDelta P_F)_{tp} = \phi_{tt}{}^2 \cdot (\varDelta P_F)_l$$

$$= 9.70 \times 4.46 \times 10^2$$

$$= 4.32 \times 10^3 \ [\text{Kg/m}^2]$$

### 8・4・4 2相流の伝熱係数

工業装置において2相流の伝熱が問題になるのは，サーモサイホンリボイラのように，管外から加熱して管内流体を沸騰させる場合である。

図8・51 および図8・52 は，垂直管内および水平管内沸騰の場合の流れの様式を示したものである。流れの様式はこのように種々の形をとるが，伝熱に関しては，水平管および垂直管のいずれに対しても気泡流領域，塊状流領域，環状流領域，および噴霧流領域に分類する。

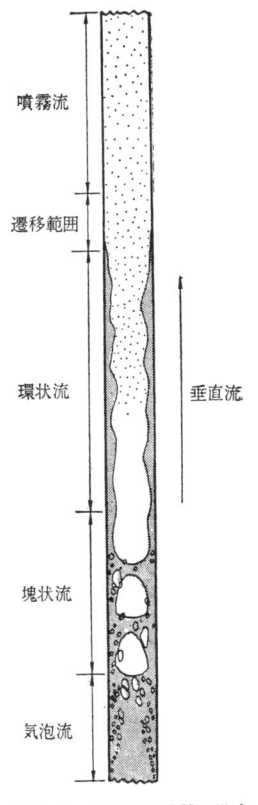

図 8・51　垂直管内沸騰の様式

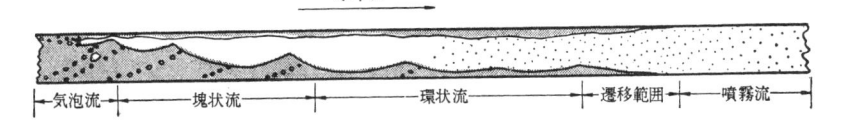

図 8・52　水平管内沸騰の様式

**（1）気泡流，塊状流および環状流領域**：気泡流，塊状流，環状流領域では，核沸騰伝熱および2相流強制対流伝熱の複合伝熱となるが，気泡流領域では核沸騰が支配的に，環状流領域では2相流強制対流伝熱が支配的になる。

**A. Fair の相関式**[31]：Fair は2相流（沸騰）の伝熱係数を次式で表わした。

$$h = \alpha \cdot h_b + h_{tv} \quad \cdots\cdots\cdots\cdots\cdots\cdots\cdots\cdots (8\cdot89)$$

## 8・4 2 相 流

$\alpha$ は核沸騰の影響を示す係数で，図 8・41 に示すように

　気泡流領域　$\alpha=1$

　塊状流領域　$0<\alpha<1$

　環状流領域　$\alpha=0$

$h_b$ はプール核沸騰伝熱係数で 8・3・1 で述べた。

$h_{tp}$ は 2 相流強制対流伝熱係数で，次に示す Dengler, Davis and David らの式から求まる。

2 相流強制対流伝熱係数（Dengler の式[39]）

$$h_{tp}=3.5\cdot\left(\frac{1}{X_{tt}}\right)^{0.5}\cdot h_l \quad\cdots\cdots(8\cdot90)$$

ここで

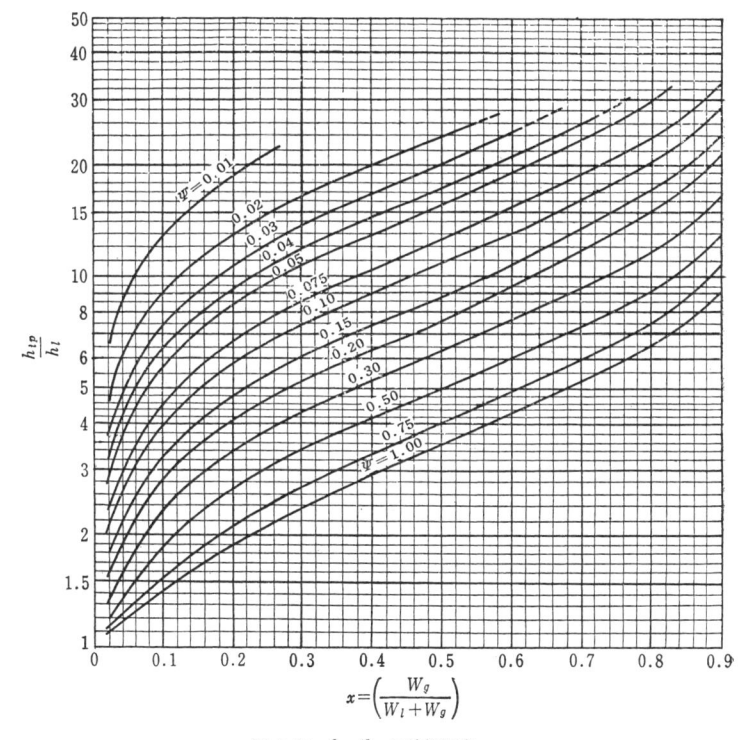

図 8・53　$h_{tp}/h_l$ の計算図表

---

39) Dengler, C.E., and J.N. Addoms: Chem. Eng. Progr. Symp. Ser. vol. 52, No. 18, pp. 95～103 (1956).

$h_{tp}$: 2相流の対流伝熱係数 〔kcal/m²・hr・°C〕
$h_l$: 液相のみ流れると仮定したときの対流伝熱係数 〔kcal/m²・hr・°C〕
$X_{tt}$: Martinelli の無次元パラメータ〔式 (8・55)〕〔-〕
$(h_{tp}/h_l)=3.5(1/X_{tt})^{0.5}$ の計算図表を，図 8・53 に示した。
$h_l$ は次式で求まる。

$$h_l = 0.023 \cdot \left(\frac{k_l}{D_i}\right) \cdot \left(\frac{D_i \cdot G_l}{\mu_l}\right)^{0.8} \cdot \left(\frac{C_l \cdot \mu_l}{k_l}\right)^{0.4} \quad \cdots\cdots(8\cdot91)$$

2相流強制対流伝熱係数 (Davis and David の式[40])

$$h_{tp} = 0.060 \cdot \left(\frac{k_l}{D_i}\right) \cdot \left(\frac{\rho_l}{\rho_g}\right)^{0.28} \cdot \left(\frac{D_i \cdot G_g}{\mu_l}\right)^{0.87} \cdot \left(\frac{C_l \cdot \mu_l}{k_l}\right)^{0.4} \quad \cdots(8\cdot92)$$

**B. Chen の相関式**[41]: Chen は2相流（沸騰）の伝熱係数を次式で表わした。

$$h = S \cdot h_b + h_{tp} \quad \cdots\cdots(8\cdot93)$$

$S$ は核沸騰の影響を示す係数で，Fair の式 (8・89) の $\alpha$ に相当する。$S$ の値を図 8・54

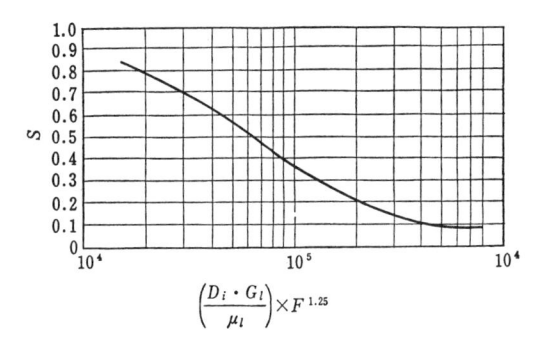

図 8・54 式 (8・93) における $S$ の値
($F$ は図 8・55 の値を用いる)

に示した。Chen は2相流強制対流伝熱係数 $h_{tp}$ として次式を用いている。

$$h_{tp} = 0.023 \cdot \left(\frac{k_l}{D_i}\right) \cdot \left(\frac{D_i \cdot G_l}{\mu_l}\right)^{0.8} \cdot \left(\frac{C_l \cdot \mu_l}{k_l}\right)^{0.4} \cdot F \quad \cdots\cdots(8\cdot94)$$

補正係数 $F$ は Martinelli のパラメータ $X_{tt}$ の関数として，図 8・55 で示される。また，$F$ は圧力損失補正係数 $\phi_{tt}$ の関数として，次式で表わすこともできる。なお，核沸騰伝熱係数 $h_b$ は Foster and Zuber の式 (8・47) を用いる。

---

40) Davis, E.J., and M.M. David: I & E.C., Fundamental, vol. 3, No. 2, pp. 111～118 (1964).
41) Chen., J.C.: I & E.C., Process Design & Development, vol. 5, No. 3, pp. 322～329 (1966).

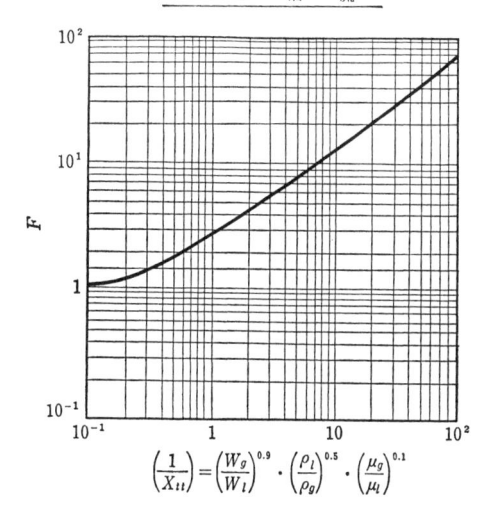

図 8・55 式 (8・94) における $F$ の値

$$F=\phi_{tt}{}^{0.89} \quad \cdots\cdots\cdots\cdots\cdots\cdots\cdots\cdots\cdots\cdots\cdots\cdots\cdots\cdots\cdots\cdots\cdots(8\cdot95)$$

横軸: $\left(\dfrac{1}{X_{tt}}\right)=\left(\dfrac{W_g}{W_l}\right)^{0.9}\cdot\left(\dfrac{\rho_l}{\rho_g}\right)^{0.5}\cdot\left(\dfrac{\mu_g}{\mu_l}\right)^{0.1}$

(2) **噴霧流領域**：Lavin and Young[42] はフレオン 12 およびフレオン 22 で実験し，環状流から噴霧流に移行する限界の気相の重量分率 $x_c(=W_g/W_t)$ の相関式を発表している。

$$\dfrac{x_c{}^2\cdot G_t\cdot\mu_l}{g_c\cdot\sigma\cdot\rho_g}\cdot\left[\dfrac{D_i\cdot G_t}{\mu_l}\right]^{0.125}=3.07\times10^{-8}\cdot\left(\dfrac{D_i\cdot G_g}{\mu_g}\right)^{1.0}\cdot\left[\dfrac{G_t\cdot\lambda}{(Q/A)}\right]^{0.06}\cdot\left(\dfrac{\rho_l}{\rho_g}\right)$$
$$\cdots\cdots(8\cdot96)$$

管内 2 相流の気相の重量分率が，上式で求まる $x_c$ の値以上のときには噴霧流となり，それ以下のときには環状流となる。

$(Q/A)$：単位面積あたりの伝熱量〔kcal/m²〕

Lavin らは，噴霧流領域における伝熱係数の相関式として，次式を発表している。

$$h=0.0162\cdot\left(\dfrac{k_g}{D_i}\right)\cdot\left(\dfrac{D_i\cdot G_g}{\mu_g}\right)^{0.84}\cdot\left(\dfrac{C_g\cdot\mu_g}{k_g}\right)^{1/3}\cdot(1-x)^{0.1} \quad\cdots\cdots\cdots(8\cdot97)$$

---

42) Lavin, J.G. and E.H. Young: A. I. Ch. E. J., vol. 11, No. 6, pp. 1124～1132 (1965).

## 第9章 汚 れ 係 数

熱交換器は運転中に流体中の溶解成分が晶出して管壁に付着したり，あるいは流体中の浮遊物が管内に沈積する。この付着物によって伝熱は阻害される。

管表面が清浄な場合には総括伝熱係数は，管外および管内の境膜伝熱係数および管壁の伝熱抵抗から求まる。

$$\frac{1}{U_c}=\frac{1}{h_i}\cdot\left(\frac{D_i}{D_o}\right)+\frac{1}{h_o}+\frac{b}{k_w}\left(\frac{D_o}{D_m}\right) \quad\quad\quad (9\cdot 1)$$

管内および管外に汚れまたはサビが付着した場合には，汚れ係数と呼ばれる伝熱抵抗を考慮し，総括伝熱係数は次式で求める。

$$\frac{1}{U_d}=\frac{1}{U_c}+r_i\left(\frac{D_i}{D_o}\right)+r_o \quad\quad\quad (9\cdot 2)$$

$r_i$, $r_o$ はそれぞれ管内および管外汚れ係数である。熱交換器の設計に当たっては，あらかじめこの汚れ係数を予想し，余分の伝熱面積をとる必要がある。

TEMA[1] は多管円筒式熱交換器の設計に用いる汚れ係数として，表 9・1 の値を示している。

熱交換器の設計に際して，境膜伝熱係数と同時に汚れ係数も正しい値を用いる必要がある。最近の 10 年間に，境膜伝熱係数の推定法は確立され，例えば多管円筒式熱交換器の場合，管内側および管外側の境膜伝熱係数は +30% ないし 0% の精度で推定することができるようになった。しかし，境膜伝熱係数を正しく推定しても汚れ係数の推定を誤ると，熱交換器の設計は誤差の大きいものとなる。このように，汚れ係数は熱交換器の設計上非常に重要な項目である。

汚れ係数は流体の種類，操作温度，流速などによって変わる。Kern[2] らは汚れ係数と流速の関係を理論的に次のように導いている。

管内を流体が流れるものとすると，汚れの付着速度は積 $K_1\cdot C'\cdot W$ で表わされる。$K_1$ は定数，$C'$ は流体中の汚れ成分の濃度，$W$ は流量である。一方，管壁に付着した汚れには，流体の流れによるせん断力が働き，汚れは $K_2\cdot\tau\cdot x_\theta$ なる速度で除去される。$K_2$ は定数，$\tau$ はせん断力，$x_\theta$ は時間 $\theta$ における汚れの付着の厚みである。したがって，付着

---

1) Standard of the Tubuler Exchanger Manufactures Assoc., Inc., New York, 4th. ed. (1959).
2) Kern, D.Q: Chem. Eng. Progr. vol. 62, No. 7, pp. 51〜56 (1966).

第9章 汚れ係数

**表 9・1 汚れ係数**

(a) 冷却水　　　　　　　　　　　　　　　　　　　　（単位：hr・m²・°C/kcal）

| 冷却流体温度 °C | 115 まで | | 115〜205 | |
|---|---|---|---|---|
| 冷却水温度 °C | 52 以下 | | 52 以上 | |
| 流速 m/sec | 1 以下 | 1 以上 | 1 以下 | 1 以上 |
| 海　　　　水 | 0.0001 | 0.0001 | 0.0002 | 0.0002 |
| 水　道　水 | 0.0002 | 0.0002 | 0.0004 | 0.0004 |
| 湖　　　　水 | 0.0002 | 0.0002 | 0.0004 | 0.0004 |
| 河　　　　水 | 0.0006 | 0.0004 | 0.0008 | 0.0006 |
| 硬　　　　水 | 0.0006 | 0.0006 | 0.001 | 0.001 |
| 蒸　留　水 | 0.0001 | 0.0001 | 0.0001 | 0.0001 |
| 冷　水　塔 | 0.0002 | 0.0002 | 0.0004 | 0.0004 |
| 軟化ボイラ給水 | 0.0002 | 0.0001 | 0.0002 | 00.002 |
| エンジンのジャケット | 0.0002 | 0.0002 | 0.0002 | 0.0002 |

(b) 液体　（単位：hr・m²・°C/kcal）

| | |
|---|---|
| 燃　料　油 | 0.001 |
| 機械油および変圧器油 | 0.0002 |
| 清澄循環油 | 0.0002 |
| 焼　入　油 | 0.0008 |
| 植　物　油 | 0.0006 |
| 有機液体 | 0.0002 |
| 冷　媒　液 | 0.0002 |
| ブ ラ イ ン | 0.0002 |

(c) 気体　（単位：hr・m²・°C/kcal）

| | |
|---|---|
| ディーゼルエンジンの排気ガス | 0.002 |
| アルコール蒸気 | 0.0002 |
| 有機物蒸気 | 0.0002 |
| ス チ ー ム | 0.0001 |
| 往復動コンプレッサなどの油を含むスチーム | 0.0002 |
| 冷媒蒸気 | 0.0004 |
| 空　　気 | 0.0004 |

(d) 石油精製装置　　　　　　　　　　　　（単位：hr・m²・°C/kcal）

| | | |
|---|---|---|
| ト ッ パ | 25°API 以下の塔底油 | 0.001 |
| | 25°API 以上の塔底油 | 0.0004 |
| | 塔頂蒸気，側油 | 0.00026 |
| ガソリンスタビライザ | 原料油，塔頂油 | 0.0001 |
| | リ ボ イ ラ | 0.0002 |
| 脱ブタン，脱プロパン，アルキレーション装置 | 原料, 塔頂蒸気, 製品冷却 | 0.0002 |
| | リ ボ イ ラ | 0.0004 |
| アスファルト装置 | 原　料　油 | 0.0004 |
| | 溶　　剤 | 0.0002 |
| | アスファルト（水冷） | 0.0006 |
| 冷ワックス装置 | 潤　滑　油 | 0.0002 |
| | ワックス混合油（加熱） | 0.0002 |
| | ワックス混合油（冷却） | 0.0006 |

石油精製装置の汚れ係数の詳細は添付資料参照のこと。

厚さの時間的な変化は，次式で表わされる。

$$\frac{dx_\theta}{d\theta} = K_1 \cdot C' \cdot W - K_2 \cdot \tau \cdot x_\theta \quad \cdots\cdots(9\cdot3)$$

しかるに，せん断力は次式で求まる。

$$\tau = \left[\frac{dP}{dL}\right] \cdot \frac{D_i}{4} \quad \cdots\cdots(9\cdot4)$$

$[dP/dL]$ は単位長さあたりの圧力損失，$D_i$ は管内径である。

Fanning の摩擦損失の式から $[\Delta P/\Delta L]$ を求め，式（9・4）に代入すると，

$$\tau = \frac{2f \cdot G_i^2}{4g_c \cdot \rho} \quad \cdots\cdots(9\cdot5)$$

$f$ は摩擦係数，$G_i$ 管内質量速度，$\rho$ は流体の密度である。摩擦係数は Blasius の式から

$$f = \frac{K_f}{(Re)^a} \quad \cdots\cdots(9\cdot6)$$

$K_f$ は定数で通常約 0.079 である。また，$a$ は定数で $0 \leq a \leq 0.25$ である。汚れが付着した状態では，流体の通る管路の内径は $(D_i - 2x_\theta)$ であるから，Reynolds 数は

$$Re = \frac{(D_i - 2x_\theta) \cdot G_i}{\mu} \quad \cdots\cdots(9\cdot7)$$

流量を $W$ とすれば，質量速度 $G_i$ は，

$$G_i = \frac{W}{\frac{\pi}{4}(D_i - 2x_\theta)^2} \quad \cdots\cdots(9\cdot8)$$

式（9・5），（9・6），（9・8）を組合わせて

$$\tau = \frac{2^{(3-2a)}}{\pi^{(2-a)}} \cdot \frac{K_f}{g_c} \cdot \frac{W^{(2-a)}}{\rho} \cdot \frac{\mu^a}{(D_i - 2x_\theta)^{(4-a)}} \quad \cdots\cdots(9\cdot9)$$

式（9・9）を（9・3）に代入して，

$$\frac{dx_\theta}{d\theta} = K_1 \cdot C' \cdot W - \frac{2^{(3-2a)}}{\pi^{(2-a)}} \cdot \frac{K_f \cdot K_2}{g_c} \cdot \frac{\mu^a \cdot W^{(2-a)}}{\rho} \cdot \frac{\mu^a}{(D_i - 2x_\theta)^{(4-a)}}$$

$$\cdots\cdots(9\cdot10)$$

ここで，

$$M = K_1 \cdot C' \cdot W \quad \cdots\cdots(9\cdot11)$$

$$N = \frac{3^{(3-2a)}}{\pi^{(2-a)}} \cdot \frac{K_f \cdot K_2}{g_c} \cdot \frac{\mu^a \cdot W^{(2-a)}}{\rho} \quad \cdots\cdots(9\cdot12)$$

とおき，式（9・10）に代入して積分すると，

## 第9章 汚れ係数

$$\theta = \int_0^{x_\theta} \frac{dx_\theta}{M - N \cdot \dfrac{x_\theta}{(D_i - 2x_\theta)^{(4-a)}}} \quad \cdots\cdots (9\cdot 13)$$

一般に流量は一定であり、また

$2x_\theta \ll D$

$a \ll 4$

であるので、

$$\theta = \int_0^{x_\theta} \frac{dx_\theta}{M - N \cdot \dfrac{x_\theta}{(D_i - 2x_\theta)^{(4-a)}}}$$

$$\fallingdotseq \int_0^{x_\theta} \frac{dx_\theta}{M - N \cdot \dfrac{x_\theta}{D_i^4}}$$

$$= \frac{D_i^4}{N} \ln\left[\frac{1}{1 - \dfrac{N \cdot x_\theta}{M \cdot D_i^4}}\right] \quad \cdots\cdots (9\cdot 14)$$

したがって、

$$x_\theta = \frac{M \cdot D_i^4}{N}[1 - \exp(-\theta N/D_i^4)] \quad \cdots\cdots (9\cdot 15)$$

汚れによる伝熱抵抗すなわち汚れ係数は、汚れの付着厚み $x_\theta$ を汚れの物質の熱伝導率 $k_d$ で割ることによって求まる。

$$r_\theta = \frac{x_\theta}{k_d}$$

$$= \frac{M \cdot D_i^4}{k_d \cdot N}[1 - \exp(-\theta N/D_i^4)] \quad \cdots\cdots (9\cdot 16)$$

時間が無限大のときの汚れ係数を $r_\theta^*$ で表わせば、

$$r_\theta = r_\theta^*[1 - \exp(-B\theta)] \quad \cdots\cdots (9\cdot 17)$$

ここで

$$r_\theta^* = \frac{M \cdot D_i^4}{k_d \cdot N} \quad \cdots\cdots (9\cdot 18)$$

$$B = N/D_i^4 = A_1 \cdot W^2/D_i^4 \quad \cdots\cdots (9\cdot 19)$$

$A_1$ は流体の種類、温度などによって定まる定数である。

式 (9・18) に式 (9・11) および (9・12) を代入し、$a=0$ とおき

$$r_\theta^* = A_2 \cdot \frac{D_i^4}{W} \quad \cdots\cdots (9\cdot 20)$$

$A_2$ は流体の種類、温度などによって定まる定数である。

第9章 汚れ係数

熱交換器を同一操作条件で連続運転し,ある時間 $\theta_1$, $\theta_2$ における汚れ係数 $r_{\theta_1}$, $r_{\theta_2}$ を測定すれば,式 (9·17) から $r_\theta^*$ および $B$ が定まるので,任意の時間における汚れ係数を推定することができる。計算図表を図 9·1, 図 9·2 および図 9·3 に示す。また,流速および管径を変えた場合の汚れ係数の変化は,式 (9·20) から求めることができる。

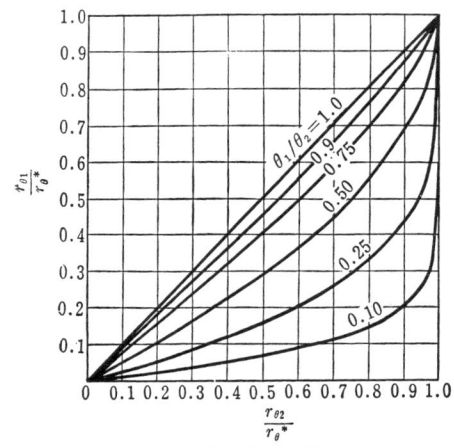

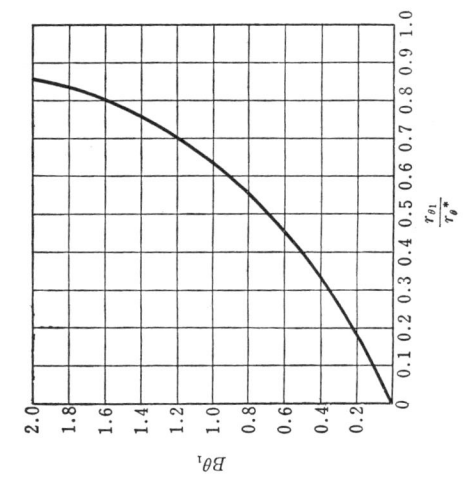

図 9·1　$r_\theta^*$ を求める線図

図 9·2　$B$ を求める線図

〔例題 9·1〕　ある熱交換器について運転開始後 6 箇月目の汚れ係数が $r_{\theta_1}=0.0010$ [m²·hr·°C/kcal], 8 箇月目の汚れ係数が $r_{\theta_2}=0.0012$ [m²·hr·°C/kcal] であった。12 箇月目の汚れ係数を推定せよ。

〔解〕

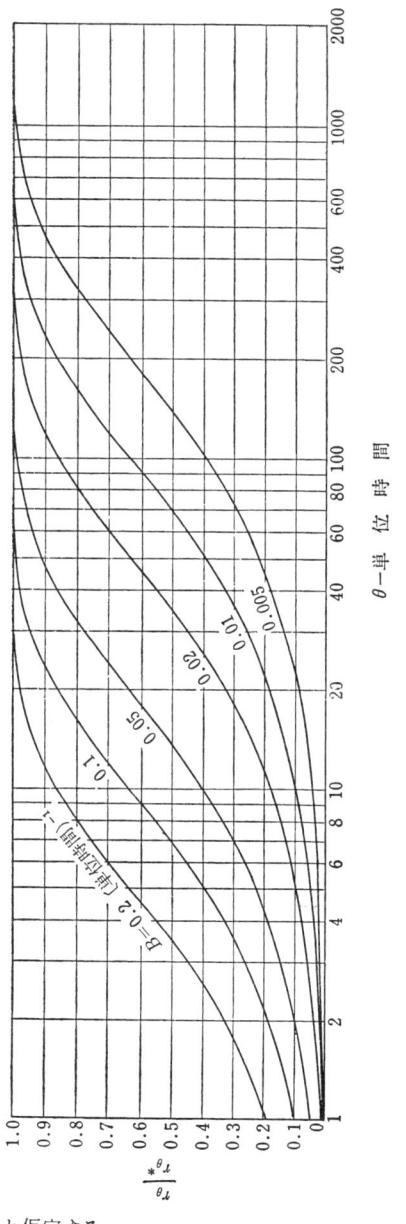

図 9・3 $r_\theta/r_\theta^*$ を $\theta$ および $B$ の関数として表わした図

$r_\theta^* = 0.002$ と仮定する。
$r_{\theta_1}/r_\theta^* = 0.001/0.002 = 0.5$

$r_{\theta_2}/r_\theta^* = 0.0012/0.002 = 0.6$

$\theta_1/\theta_2 = 6/8 = 0.75$

図 9・1 において $r_{\theta_2}/r_\theta^* = 0.6$, $\theta_1/\theta_2 = 0.75$ に対して $r_{\theta_1}/r_\theta^* = 0.5$。したがって, $r_\theta^*$ の仮定値 0.002 が正しかったことがわかる。

図 9・2 から, $r_{\theta_1}/r_\theta^* = 0.5$ に対して, $B\theta_1 = 0.69$

$B = 0.69/\theta_1 = 0.69/6 = 0.115/\text{months}$

図 9・3 から, $B = 0.115$ および $\theta_3 = 12$ 箇月に対して $r_\theta/r_\theta^* = 0.70$, したがって

$r_\theta = 0.70 \times 0.002 = 0.0014$ 〔m²・hr・°C/kcal〕

〔例題 9・2〕 パイロットプラントで, 内径 25 〔mm〕の管の多管式熱交換器を用いた。その運転結果は 6 箇月目の汚れ係数が 0.0010 〔m²・hr・°C/kcal〕, 8 箇月目の汚れ係数が 0.0012 〔m²・hr・°C/kcal〕であった。ただし, 管内流速は 1 〔m/sec〕であった。本プラントでは内径 20 〔mm〕の管の多管式熱交換器を用いることになった。管内流速を 1.2 〔m/sec〕に, 汚れの清掃期間を 12 箇月として設計する場合, 汚れ係数をいくらに採るべきか。

〔解〕

パイロットプラント

例題 9・1 から

$r_{\theta_1}^* = 0.002$ 〔m²・hr・°C/kcal〕

$B_1 = 0.115/\text{months}$

流量

$W_1 = 1 \times \dfrac{\pi}{4} \times (0.025)^2 \times 3,600 = 1.76$ 〔m³/hr・管 1 本あたり〕

本プラント

流量

$W_2 = 1.2 \times \dfrac{\pi}{4} \times (0.020)^2 \times 3,600 = 1.36$ 〔m³/hr・管 1 本あたり〕

式 (9・19) から

$B_2 = B_1 \cdot \left(\dfrac{W_2}{W_1}\right)^2 \cdot \left(\dfrac{D_{i1}}{D_{i2}}\right)^4$

$= 0.115 \cdot \left(\dfrac{1.36}{1.76}\right)^2 \cdot \left(\dfrac{0.025}{0.020}\right)^4 = 0.167/\text{months}$

式 (9・20) から,

$r_{\theta_2}^* = r_{\theta_1}^* \cdot \left(\dfrac{W_1}{W_2}\right) \cdot \left(\dfrac{D_{i2}}{D_{i1}}\right)^4$

$= 0.002 \cdot \left(\dfrac{1.76}{1.36}\right) \cdot \left(\dfrac{0.020}{0.025}\right)^4 = 0.00106$ 〔m²・hr・°C/kcal〕

$r_\theta = r_{\theta_2}^* \cdot [1 - \exp(-B_2 \cdot \theta)]$

$= 0.00106 \times [1 - \exp(-0.167 \times 12)]$

$= 0.00092$ 〔m²・hr・°C/kcal〕

設計にはこの汚れ係数を用いるべきである。

# 第3部 熱交換器系の最適化

## 第10章 熱交換器系の最適化

### 10・1 単独熱交換器の最適化

#### 10・1・1 単独冷却器の経済的最適冷却水温度

図10・1に示すようにプロセス流体 $B$ を温度 $T_1[°C]$ から $T_2[°C]$ まで冷却する冷却器について考える。冷却水の入口温度を $t_1$ とする。いま，冷却水を多量に流すと，その出

```
           ┌─────────────────────┐  流体B
       T_2 │◄──                  │ T_1
  冷却水A   │                     │
       t_1 │                  ──►│ t_2
           └─────────────────────┘
```

図 10・1

口温度 $t_2$ が低くなり，したがってプロセス流体と冷却水との平均温度差が大きくなって，必要伝熱面が小さくなり，最初に投下する資本と固定費（減価償却費，金利，修理費，固定資産税，保険費など）が少なくて済むことになる。他方，水量の増加は水の使用費の増大を招く。

冷却器の固定費と冷却水の使用費を加えたものが，最小になる冷却水の最適冷却水温度を求める。

いま，冷却器の年間経費を $C_t$ とすれば，

$C_t =$（冷却水価格 円/kg）・（使用量 kg/hr）・（年間稼動時間 hr）
　　 $+$（年間固定費 円/m²・年）・（必要伝熱面積 m²）　……………(10・1)

熱収支から，伝熱量 $Q$ は

$$Q = w \cdot c \cdot (t_2 - t_1) = U \cdot A \cdot \Delta T \quad \cdots\cdots(10\cdot 2)$$

冷却器を向流熱交換器とすれば，

$$\Delta T = \Delta T_{lm} = \frac{(T_1 - t_2) - (T_2 - t_1)}{\ln\left(\dfrac{T_1 - t_2}{T_2 - t_1}\right)} \quad \cdots\cdots(10\cdot 3)$$

式 (10・2) から

$$w = \frac{Q}{c \cdot (t_2 - t_1)} \quad \cdots\cdots(10\cdot 4)$$

$$A = \frac{Q}{U \cdot \Delta T_{lm}} \quad \cdots\cdots(10\cdot 5)$$

したがって,

$$C_t = \frac{Q \cdot \theta \cdot C_W}{c \cdot (t_2 - t_1)} + \frac{C_F \cdot Q \cdot \ln[(T_1 - t_2)/(T_2 - t_1)]}{U \cdot [(T_1 - t_2) - (T_2 - t_1)]} \quad \cdots\cdots\cdots\cdots (10\cdot 6)$$

$A$：伝熱面積〔m²〕

$\theta$：年間稼動時間〔hr/年〕

$C_W$：冷却水の価格〔円/kg〕

$C_F$：年間固定費〔円/m²・年〕

$c$：冷却水の比熱〔kcal/kg・°C〕

$U$：総括伝熱係数〔kcal/m²・hr・°C〕

$w$：冷却水の流量〔kg/hr〕

式 (10・6) でただ一つの変数は, 冷却器の冷却水温度である。最適条件は年間経費 $C_t$ を $t_2$ に関して微分し, これを零とおくことによって求まる。

式 (10・6) で $dC_t/dt_2 = 0$ とおき,

$$\frac{U \cdot \theta \cdot C_W}{C_F \cdot c}\left[\frac{(T_1 - t_{2,\text{opt}}) - (T_2 - t_1)}{t_{2,\text{opt}} - t_1}\right]^2$$

$$= \ln\left(\frac{T_1 - t_{2,\text{opt}}}{T_2 - t_1}\right) - \left[1 - \frac{1}{(T_1 - t_{2,\text{opt}})/(T_2 - t_1)}\right] \quad \cdots\cdots\cdots\cdots (10\cdot 7)$$

$t_2$ の最適値 $t_{2,\text{opt}}$ は, 式 (10・7) で試行法によって求めることができる。図 10・2 は式

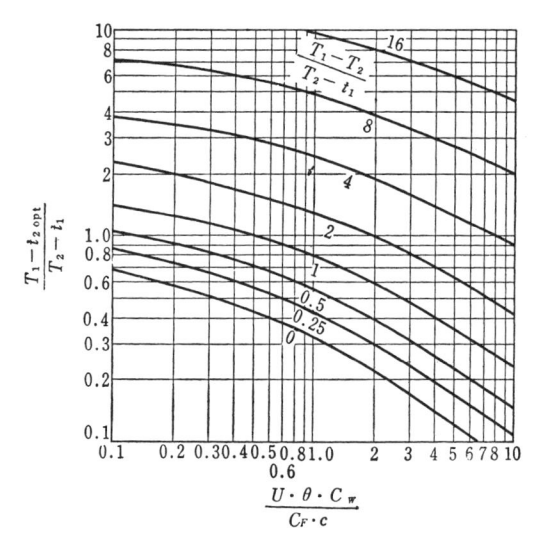

図 10・2 冷却水の最適出口温度

(10・7)を図化したもので，試行法の手間を省いたものである。

**〔例題 10・1〕 最適冷却水出口温度の計算**

ケロシンを 140〔°C〕から 44〔°C〕まで冷却する冷却器を設計する。冷却水入口温度を 32〔°C〕とし，冷却水出口温度の最適値を求めよ。

ただし

 冷却水価格 $C_W=0.01$〔円/kg〕
 年間稼動時間 $\theta=8,000$〔hr/年〕
 冷却器の価格$=20,000$〔円/m²〕（伝熱面積）
 冷却熱の年償却率（原価償却，金利，保全費，租税，保険を含む）$=0.25$
 冷却水の比熱 $c=1.0$〔kcal/kg・°C〕
 総括伝熱係数 $U=200$〔kcal/m²・hr・°C〕

とする。

**〔解〕**

$$\frac{T_1-T_2}{T_2-t_1}=\frac{140-44}{44-32}=8.0$$

年間固定費

$$C_F=0.25\times 20,000=5,000\ \text{〔円/m²・年〕}$$

$$\frac{U\cdot\theta\cdot C_W}{C_F\cdot c}=\frac{200\times 8,000\times 0.01}{5,000\times 1}=3.2$$

図 10・2 より

$$\frac{T_1-t_{2,opt}}{T_2-t_1}=3.2$$

$$t_{2,opt}=T_1-3.2(T_2-t_1)=140-3.2(44-32)$$
$$=101.6\ \text{〔°C〕}$$

**10・1・2 相変化を伴なわない単独の熱回収熱交換器の経済的最適条件**[1]

図 10・3 に示すように，プロセス流体 A とプロセス流体 B とを熱交換させ，プロセス

図 10・3

流体 A から熱を回収する熱回収熱交換器について考える。この場合，熱回収熱交換器の伝熱面積を大きくすると，最初に投下する資本と固定費は大きくなる反面，熱回収量も大となる。熱回収による熱節約費（運転経費）より固定費を差し引いたものが，熱交換器を

---
1) Ten Brock, H.: I.E.C., vol. 36, No. 1, pp. 64～67 (1944).

使用したことによる年間利益額 $S$ (円/年) となる。すなわち

$$S = Q \cdot Q_A \cdot \theta - C_F \cdot A \qquad (10 \cdot 8)$$

$Q$：熱回収量〔kcal/hr〕
$Q_A$：単位回収熱量当りの熱節約費〔円/kcal〕
$C_F$：熱交換器の単位面積当りの固定費〔円/m²・年〕

式 (10・8) を $A$ で微分して零とおくことにより，最適値を求めることができる。

$$\frac{dS}{dA} = Q_A \cdot \theta \cdot \frac{dQ}{dA} - C_F = 0 \qquad (10 \cdot 9)$$

しかるに

$$Q = w \cdot c \cdot (t_2 - t_1)$$
$$= w \cdot c \cdot E_A \cdot (T_1 - t_1) \qquad (10 \cdot 10)$$

ここで $E_A$ は温度効率で，

$$E_A = \frac{t_2 - t_1}{T_1 - t_1} \qquad (10 \cdot 11)$$

しかるに，熱交換器の温度効率 $E_A$ は，$(NTU)_A = (U \cdot A)/(w \cdot c)$ の関数として表わされる（第3章参照）。

例えば，向流熱交換器では

$$E_A = \frac{1 - \exp[-(NTU)_A \cdot (1 - R_A)]}{1 - R_A \cdot \exp[-(NTU)_A \cdot (1 - R_A)]} \qquad (10 \cdot 12)$$

式 (10・10) を $A$ に関して微分して，

$$\frac{dQ}{dA} = w \cdot c \cdot (T_1 - t_1) \cdot \frac{dE_A}{dA} \qquad (10 \cdot 13)$$

式 (10・12) を $(NTU)_A$ に関して微分して，

$$\frac{dE_A}{d(NTU)_A} = (1 - E_A) \cdot (1 - R_A E_A) \qquad (10 \cdot 14)$$

$$\therefore \quad \frac{dE_A}{dA} = \frac{U}{w \cdot c} \cdot (1 - E_A) \cdot (1 - R_A E_A) \qquad (10 \cdot 14a)$$

式 (10・14a) を式 (10・13) に代入して，

$$\frac{dQ}{dA} = U(T_1 - t_1) \cdot (1 - E_A)(1 - R_A \cdot E_A) \qquad (10 \cdot 15)$$

式 (10・15) を式 (10・9) に代入して，

$$[(1 - E_A)(1 - R_A \cdot E_A)]_{opt} = \frac{C_F}{Q_A \cdot (T_1 - t_1) \cdot U \cdot \theta} \qquad (10 \cdot 16)$$

上式において，右辺は与えられた条件において定数になり，かつ左辺の $R_A$ は一定値で

あるので，$E_{A,\text{opt}}$ より $t_{2,\text{opt}}$ が求まる。

式 (10・16) は向流熱交換器についての式であるが，1-2 熱交換器（胴側1パス，管側2パス）の場合には，式 (10・12) の代りに式 (3・68a) を用いればよく，このときには最適条件として下記のような関係が求まる。

$$\left[1-E_A\left(1+R_A-\frac{R_A \cdot E_A}{2}\right)\right]_{\text{opt}}=\frac{C_F}{Q_A \cdot (T_1-t_1) \cdot U \cdot \theta} \quad \cdots\cdots\cdots\cdots(10\cdot17)$$

2-4 熱交換器の場合は更に複雑になる。

図 10・4 に，向流，1-2 熱交換器および 2-4 熱交換器について，$E_{A,\text{opt}}$ を求める線図を示した。

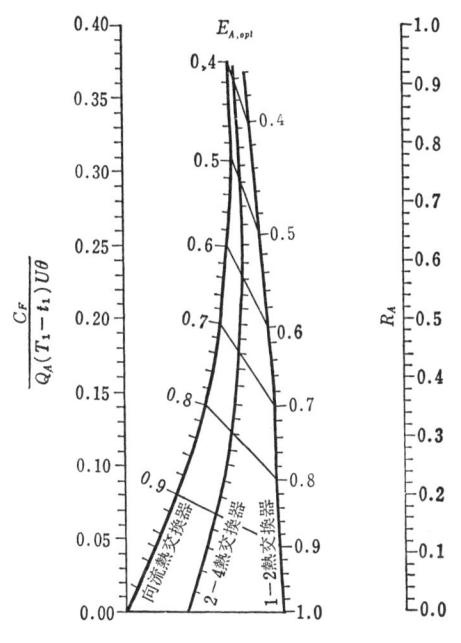

図 10・4 $E_{A,\text{opt}}$ を求める線図

〔例題 10・2〕 **熱回収熱交換器の最適伝熱面積の計算**

油1と油2とを1-2熱交換器により熱回収を行なう。経済的最適伝熱面積を求めよ。ただし，油1の入口温度 $t_1=200$ 〔°C〕，比熱 $c=0.66$ 〔kcal/kg・°C〕，流量 $w=14,000$ 〔kg/hr〕，油2の入口温度 $T_1=100$ 〔°C〕，比熱 $C=0.53$ 〔kcal/kg・°C〕，流量 $W=45,000$ 〔kg/hr〕とする。また，次の条件が与えられるものとする。

　　年間稼動時間 $\theta=8,000$ 〔hr/年〕
　　総括伝熱係数 $U=120$ 〔kcal/m²・hr・°C〕

単位回収熱量当りの熱節約費 $Q_A=8\times10^{-4}$ 〔円/kcal〕
熱交換器の価格 $=1.8\times10^4$ 〔円/m²〕
熱交換器の年償却率（原価償却費，金利，保全費，租税，保険を含む）$=0.3$

〔解〕
年間固定費
$$C_F=1.8\times10^4\times0.3=5,400 \text{〔円/m}^2\cdot\text{年〕}$$

$$\frac{C_F}{Q_A\cdot(T_1-t_1)\cdot U\cdot\theta}=\frac{5,400}{8\times10^{-4}\times(200-100)\times120\times8,000}=0.0704$$

$$R_A=\frac{w\cdot c}{W\cdot C}=\frac{14,000\times0.66}{45,000\times0.53}=0.388$$

図 10・4 から
$$E_{A,\text{opt}}=0.748$$

図 3・57 より
$$(NTU)_{A,\text{opt}}=2.2$$

したがって，経済的最適伝熱面積は
$$A_{\text{opt}}=(NTU)_{A,\text{opt}}\cdot w\cdot c/U$$
$$=\frac{2.2\times14,000\times0.66}{120}=169 \text{〔m}^2\text{〕}$$

## 10・2 不連続最大原理による熱交換器系の最適化[2]

### 10・2・1 不連続最大原理

ある段の出力が次の段の入力になっているような，互いに異なった $N$ 段からなる多段決定プロセスは，図10・5で表わすことができる。$s$ 次元ベクトル $x$ で表わされるプロセス流れの状態は，$t$ 次元ベクトル $\theta$ で表わされる制御作用に基づく決定に従って，各段にて変換される。$n$ 段目におけるプロセス流れの変換は，変換オペレータを用いて次式で表わされる。

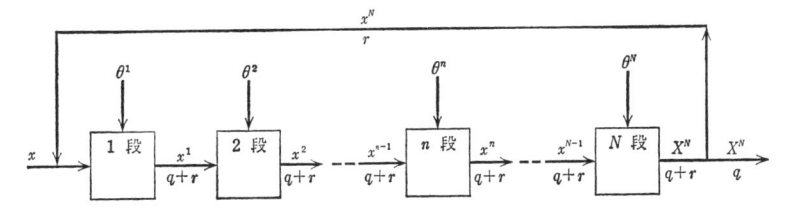

図 10・5 循環を有する多段プロセス

---

2) Fan, L. T., C.L. Hwang and C.S. Wang: Chem. Eng. Progr. sym. ser., vol. 61, No. 59, pp. 243〜252

## 10・2 不連続最大原理による熱交換器系の最適化

$$x^n = F^n(x^{n-1} : \theta^n)$$
$$n = 1, 2, \cdots, N \quad \cdots\cdots(10\cdot18)$$

ここで右上の添字 $n$ は $n$ 段目を表わす。本節では指数関数は $(x^n)^2$ のように書くことにし,段数を表わす添字と区別する。情報の最初の供給は量 $q$ で入り,フィードバック量は $r$ とする。この 2 つの流れの結合は,混合オペレータを用いて次式で表わされる。

$$x^0 = M(x^f : x^N) \quad \cdots\cdots(10\cdot19)$$

最適化の問題は,$x_m{}^N$ を最大にする一連の $\theta^n(n=1,2,\cdots,N)$ を制約条件 $\varphi^n \leq \theta^n \leq \eta^n$ のもとに見い出すことになる。

この問題を解く手順は,まず次式を満足する $s$ 次元の結合ベクトル $z^n$ およびハミルトニアン関数 $H^n$ を導入する。

$$H^n = \sum_{i=1}^{s} z_i{}^n \cdot F_i{}^n(x^{n-1} : \theta^n)$$
$$n = 1, 2, \cdots, N \quad \cdots\cdots(10\cdot20\text{a})$$
$$x^n = \frac{\partial H^n}{\partial z^n}, \quad n = 1, 2, \cdots, N \quad \cdots\cdots(10\cdot20\text{b})$$
$$z^{n-1} = \frac{\partial H^n}{\partial x^{n-1}}, \quad n = 1, 2, \cdots, N \quad \cdots\cdots(10\cdot20\text{c})$$
$$z_i{}^N - \sum_{j=1}^{s} z_j{}^0 \cdot \frac{\partial M_j(x^f : x^N)}{\partial x_i{}^N} = \delta_{im}, \quad i = 1, 2, \cdots, s \quad \cdots\cdots(10\cdot20\text{d})$$

$\delta_{im}$ は Kronecker delta である。

つぎに,次の条件から一連の最適制御作用 $\theta^n$ を決定する。

$H^n =$ 最大となる境界における $\theta^n$,あるいは

$$\frac{\partial H^n}{\partial \theta^n} = 0 \text{ となる境界内での } \theta^n, \quad n = 1, 2, 3, \cdots, N \quad \cdots\cdots(10\cdot20\text{e})$$

最小にする一連の $\theta^n$ を決定する場合には,$H^n =$ 最大とする代りに $H^n =$ 最小とする以外は変えずに,式 (10・20) をそのまま用いることができる。

状態変数のフィードバックがない,すなわち $r=0$ のプロセスでは,式 (10・19) は次のように簡単になる。

$$x^0 = x^f \quad \cdots\cdots(10\cdot19\text{a})$$

また,このときは式 (10・20a), (10・20b), (10・20c) および (10・20e) は,そのまま用いることができるが,式 (10・20d) は次のようになる。

$$z_i{}^N = \delta_{im} \quad \cdots\cdots(10\cdot21)$$

### 10・2・2 冷媒による冷却系の最適化

多段熱交換器より成り立つ冷却系について考える。次の仮定をおく：(1)冷却系は$N$個の熱交換器を直列に接続した系であって，個々の熱交換器の寸法は任意に定めてよい。(2)各熱交換器にはそれぞれ定められた温度の冷媒が用いられる。(3)各熱交換器において冷媒は蒸発し，被冷却流体から熱を吸収する。(4)被冷却流体の流量，入口温度，最終出口温度は与えられる。(5)各熱交換器における総括伝熱係数は与えられる。この系を図 10・6 に示す。

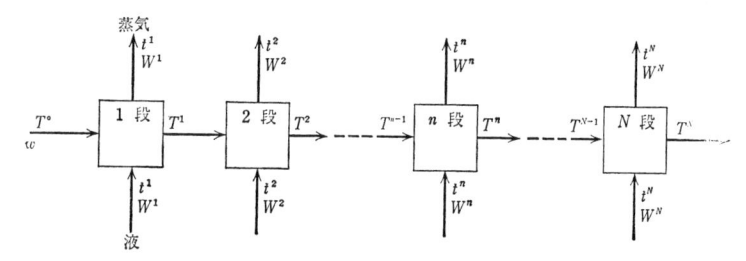

図 10・6 冷媒による冷却系多段熱交換器

仮定から，第1段目の熱交換器の入口温度 $T^0$, 最終段の熱交換器の出口温度 $T^N$, および被冷却流体の流量 $w$ は与えられる。また，すべての段における冷媒の温度 $t^1, t^2, \cdots$ $\cdots, t^N$ も与えられる。

この条件のもとに，系の経費を最小にする最適な熱配分を見い出さんとする問題である。

**A. 特性式**：系の中の $n$ 段目の熱交換器まわりの熱収支から，次の諸式が導かれる。

$$Q^n = U^n \cdot A^n \cdot (\varDelta T)^n_{lm} \quad \cdots\cdots(10\cdot22)$$

$$Q^n = w \cdot c \cdot (\varDelta T)^n \quad \cdots\cdots(10\cdot23)$$

$$Q^n = \lambda^n \cdot W^n \quad \cdots\cdots(10\cdot24)$$

$\lambda^n$ は $n$ 段目の冷媒の蒸発潜熱，また $(\varDelta T)^n_{lm}$ は $n$ 段目の熱交換器の対数平均温度差であって，

$$(\varDelta T)^n_{lm} = \frac{T^{n-1} - T^n}{\ln\left(\frac{T^{n-1} - t^n}{T^n - t^n}\right)} \quad \cdots\cdots(10\cdot25)$$

$(\varDelta T)^n$ は被冷却流体の $n$ 段目における温度降下で，

$$(\varDelta T)^n = (T^{n-1} - T^n) \quad \cdots\cdots(10\cdot26)$$

式 (10・22) と (10・23) を組合せて，

$$T^n = (T^{n-1} - t^n) \cdot \exp\left(-\frac{U^n \cdot A^n}{w \cdot c}\right) + t^n \quad \cdots\cdots(10\cdot27)$$

式 (10・23) と (10・24) を等置し，得られた式に式 (10・27) を代入して，$n$ 段目に必要な冷媒の流量 $W^n$ が次式のようになる。

## 10·2 不連続最大原理による熱交換器系の最適化

$$W^n = \frac{w \cdot c}{\lambda^n}\left\{(T^{n-1}-t^n)\cdot\left[1-\exp\left(-\frac{U^n \cdot A^n}{w \cdot c}\right)\right]\right\} \quad \cdots\cdots(10\cdot28)$$

個々の熱交換器，例えば $n$ 段目の熱交換器の年間経費は，熱交換器の伝熱面積および使用する冷媒の量の関数である。これは次の形で表わすことができる。

$$\left.\begin{array}{l}C_t^n = C_c^n + C_o^n \\ \phantom{C_t^n} = a^n \cdot (A^n)^{1/2} + b^n \cdot W^n\end{array}\right\} \quad \cdots\cdots(10\cdot29)$$

右辺の第1項は熱交換器の固定費（原価償却費，金利，修理費，保険，租税など）であり，第2項は運転費（冷媒の費用）である。$a^n$, $b^n$ は $n$ 段目に対する定数で，$A^n$ は $n$ 段目の熱交換器の伝熱面積である。$(A^n)^{1/2}$ となっているのは，熱交換器の購入価格は伝熱面積の 1/2 乗に比例すると見なしたからである（前節式 (10·1), (10·8) では，熱交換器の購入価格は伝熱面積に比例すると見なしている）。$n$ 段目の冷媒必要量は式 (10·28) によって，伝熱面積の関数として表わされている。

**B. 公式化および解法：** 2個の状態変数としては，次のものが選定される。

$x_1^n = T^n$ ：$n$ 段目における被冷却流体の温度

$x_2^n = \sum_{n=1}^{n} C_t^n$ ：熱交換器の年間経費（固定費＋運転費）

また，制御変数は

$\theta^n = A^n$ ：$n$ 段目の熱交換器の伝熱面積

式 (10·27) を $n$ 段目に対する式 (10·18) の形に書き直して，

$$x_1^n = (x_1^{n-1}-t^n)\cdot\exp\left(-\frac{U^n \cdot \theta^n}{w \cdot c}\right)+t^n$$

$$n=1,2,\cdots\cdots,N \quad \cdots\cdots(10\cdot30)$$

境界条件は

$$\left.\begin{array}{l}x_1^0 = T^0 \\ x_1^N = T^N\end{array}\right\} \quad \cdots\cdots(10\cdot31)$$

熱交換器群の経費の累計 $\sum_{n=1}^{n} C_t^n$ は，次のように書くことができる。

$$x_2^n = x_2^{n-1} + C_t^n \quad \cdots\cdots(10\cdot32)$$

初期条件は

$$x_2^0 = 0 \quad \cdots\cdots(10\cdot33)$$

式 (10·29) を式 (10·32) に代入し，得られた式に式 (10·28) を代入して，

$$x_2^n = x_2^{n-1} + a^n \cdot (\theta^n)^{1/2} + \frac{b^n \cdot w \cdot c}{\lambda^n}\left\{(x_1^{n-1}-t^n)\cdot\left[1-\exp\left(-\frac{U^n \cdot \theta^n}{w \cdot c}\right)\right]\right\}$$

$$n=1, 2, \cdots\cdots, N \quad \cdots\cdots(10\cdot34)$$

問題は，熱交換器群の経費の総和 $x_2{}^N$ を最小にするための一連の熱交換器の伝熱面積 $\theta^n$ を見い出すことに変換される．

この系に対する結合ベクトルの成分は，式 (10・20c) から

$$z_1{}^{n-1} = \frac{\partial x_1{}^n}{\partial x_1{}^{n-1}} \cdot z_1{}^n + \frac{\partial x_2{}^n}{\partial x_1{}^{n-1}} \cdot z_2{}^n \quad \cdots\cdots(10\cdot35\text{a})$$

$$z_2{}^{n-1} = \frac{\partial x_1{}^n}{\partial x_2{}^{n-1}} \cdot z_1{}^n + \frac{\partial x_2{}^n}{\partial x_2{}^{n-1}} \cdot z_2{}^n \quad \cdots\cdots(10\cdot35\text{b})$$

式 (10・30) および式 (10・34) から，

$$\frac{\partial x_1{}^n}{\partial x_1{}^{n-1}} = \exp\left(-\frac{U^n \cdot \theta^n}{w \cdot c}\right) \quad \cdots\cdots(10\cdot36\text{a})$$

$$\frac{\partial x_2{}^n}{\partial x_1{}^{n-1}} = \frac{b^n \cdot w \cdot c}{\lambda_n} \cdot \left[1 - \exp\left(-\frac{U^n \cdot \theta^n}{w \cdot c}\right)\right] \quad \cdots\cdots(10\cdot36\text{b})$$

$$\frac{\partial x_1{}^n}{\partial x_2{}^{n-1}} = 0 \quad \cdots\cdots(10\cdot36\text{c})$$

$$\frac{\partial x_2{}^n}{\partial x_2{}^{n-1}} = 1 \quad \cdots\cdots(10\cdot36\text{d})$$

式 (10・36) を式 (10・35) に代入して，

$$z_1{}^{n-1} = z_1{}^n \cdot \exp\left(-\frac{U^n \cdot \theta^n}{w \cdot c}\right) + z_2{}^n \cdot \frac{b^n \cdot w \cdot c}{\lambda_n} \cdot \left[1 - \exp\left(-\frac{U^n \cdot \theta^n}{w \cdot c}\right)\right]$$

$$n=1, 2, \cdots\cdots, N \quad \cdots\cdots(10\cdot37)$$

$$z_2{}^{n-1} = z_2{}^n \quad n=1, 2, \cdots\cdots, N \quad \cdots\cdots(10\cdot38\text{a})$$

$$z_2{}^N = 1 \quad \cdots\cdots(10\cdot38\text{b})$$

したがって，

$$z_2{}^n = 1; \quad n=1, 2, \cdots\cdots, N \quad \cdots\cdots(10\cdot39)$$

式 (10・20a) から，ハミルトニアン関数は次のようになる．

$$H^n = z_1{}^n \cdot \left[(x_1{}^{n-1} - t^n) \cdot \exp\left(-\frac{U^n \cdot \theta^n}{w \cdot c}\right) + t^n\right]$$

$$+ x_2{}^{n-1} + a^n(\theta_n)^{1/2} + \frac{b^n \cdot w \cdot c}{\lambda_n}\left\{(x_1{}^{n-1} - t^n) \cdot \left[1 - \exp\left(-\frac{U^n \cdot \theta^n}{w \cdot c}\right)\right]\right\}$$

$$n=1, 2, \cdots\cdots, N \quad \cdots\cdots(10\cdot40)$$

$\theta^n$ の最適値の一連の値は，次の条件によって決定される．

最適 $\theta^n$ が境界にあるとき，

$$H^n = 最小 \quad \cdots\cdots(10\cdot41)$$

## 10・2 不連続最大原理による熱交換器系の最適化

または，$\theta^n$ がこの範囲の内側にあるとき，

$$\frac{\partial H^n}{\partial \theta^n}=0 \quad n=1,2,\cdots\cdots,N \quad \cdots\cdots(10\cdot42)$$

式 (10・42) を式 (10・40) に適用し，次式が得られる。

$$(x_1^{n-1}-t^n)\cdot\left(\frac{U^n}{w\cdot c}\right)\cdot\exp\left(-\frac{U^n\cdot\theta^n}{w\cdot c}\right)\cdot\left[-z_1^n+\frac{b^n\cdot w\cdot c}{\lambda^n}\right]$$

$$+\frac{1}{2}\cdot a^n\cdot(\theta^n)^{-1/2}=0 \quad \cdots\cdots(10\cdot43)$$

式 (10・43) を $z_1^n$ に関して解くと，

$$z_1^n=\frac{b^n\cdot w\cdot c}{\lambda^n}+\frac{a^n\cdot\exp\left(\dfrac{U^n\cdot\theta^n}{w\cdot c}\right)}{2\cdot(\theta^n)^{1/2}\cdot(x_1^{n-1}-t^n)\cdot\dfrac{U^n}{w\cdot c}}$$

$$n=1,2,\cdots\cdots,N \quad \cdots\cdots(10\cdot44)$$

式 (10・44) および式 (10・39) を式 (10・37) に代入して，次式が得られる。

$$\frac{b^n\cdot w\cdot c}{\lambda^n}+\frac{a^n\cdot\exp\left(\dfrac{U^n\cdot\theta^n}{w\cdot c}\right)}{2\cdot(\theta^n)^{1/2}\cdot(x_1^{n-1}+t^n)\cdot\dfrac{U^n}{w\cdot c}}$$

$$=\frac{a^{n+1}}{2\cdot(\theta^{n+1})^{1/2}\cdot(x_1^n-t^{n+1})\cdot\dfrac{U^{n+1}}{w\cdot c}}+\frac{b^{n+1}\cdot w\cdot c}{\lambda^{n+1}}$$

$$n=1,2,\cdots\cdots,N \quad \cdots\cdots(10\cdot45)$$

式 (10・45) は，状態変数 $x_1^n$ および制御変数 $\theta_1^n$ について，$n$ 段目と $(n+1)$ 段目の間の循環関係を既知のパラメータ $b^n$，$\lambda^n$，$a^n$，$U^n$ の項で示したものである。

もしも，$n$ 段目の状態変数および制御変数 $x_1^n$，$\theta_1^n$ がわかると，式 (10・45) から $\theta^{n+1}$ を求めることができる。

いま，式 (10・45) の左辺を $f(x_1^{n-1};\theta^n)$ で表わせば，

$$f(x_1^{n-1};\theta^n)=\frac{a^n\cdot\exp\left(\dfrac{U^n\cdot\theta^n}{w\cdot c}\right)}{2\cdot(\theta^n)^{1/2}\cdot(x_1^{n-1}-t^n)\cdot\dfrac{U^n}{w\cdot c}}+\frac{b^n\cdot w\cdot c}{\lambda^n} \quad \cdots\cdots(10\cdot46)$$

式 (10・45) を $\theta^{n+1}$ に関して解き，

$$\theta^{n+1}=\left\{\frac{a^{n+1}}{\left[f(x_1^{n-1};\theta^n)-\dfrac{b^{n+1}\cdot w\cdot c}{\lambda^{n+1}}\right]\cdot 2(x_1^n-t^{n+1})\cdot\dfrac{U^{n+1}}{w\cdot c}}\right\}^2$$

$$n=1,2,\cdots\cdots N \quad \cdots\cdots(10\cdot47)$$

この問題の逐次計算の手順は，次のとおりである。
1. $\theta^1$ としてある一つ値を仮定する。
2. $x_1^0(=T^0)$ が既知であるので，式 (10・30) を用いて $x_1^1$ を計算する。次に式 (10・28)，式 (10・34) から $W_1^1$, $x_2^1$ を計算する。
3. $\theta^2$ を式 (10・47) から計算する。
4. $n$ 段目 $(n=2,3,\cdots\cdots,N)$ について Step (2) および Step (3) を繰り返す。
5. 計算された $x_1^N$ が $T^N$ に等しいときは，得られた一連の $\theta^n$ の値は最適制御作用をなす；すなわち，一連の熱交換器の伝熱面積は，系の最小経費を与えることになる。
6. 計算された $x_1^N$ が $T^N$ と等しくないときは，$\theta^1$ として新たに別の値を仮定し，Step (1) から Step (5) までを繰り返す。

仮定したおのおのの $\theta^1$ の値に対して対応する $\theta^n(n=2,3,\cdots\cdots,N)$ の計算は，与えられた初期条件 $x_1^0(=T^0)$，およびおのおのの試行計算の過程で得られた終端条件 $x_1^N$ に対する最適制御作用である。

〔例題 10・3〕 **3 段熱交換器系の最適化**
表 10・1 に示す条件が与えられるものとし，3 段熱交換器系の経済的最適条件を求めよ。

表 10・1 3 段熱交換器（図 10・6）に用いたデータ

| 記号 | 説明 | 単位 | 第1段 | 第2段 | 第3段 |
|---|---|---|---|---|---|
| $t^n$ | 冷媒の温度 | °F | 0 | $-40$ | $-80$ |
| $\lambda^n$ | 冷媒の蒸発潜熱 | B.t.u./lb | 100 | 100 | 100 |
| $U^n$ | 総括伝熱係数 | B.t.u./lb・ft²・°F | 200 | 200 | 200 |
| $a^n$ | 固定費の定数 | \$/hr・(ft²)$^{1/2}$ | 0.05 | 0.05 | 0.05 |
| $b^n$ | 運転費の定数 | \$/lb・hr | $2\times 10^{-4}$ | $3\times 10^{-4}$ | $4\times 10^{-4}$ |

$T_0=50\,°\mathrm{F}$  $w=10{,}000\,\mathrm{lb/hr}$
$T^N=-70\,°\mathrm{F}$  $c=1.0\,\mathrm{B.t.u./(lb)(°F)}$

〔解〕 計算結果を表 10・2(a) に示した。仮定した $\theta^1$ のおのおのに対応して，各試

表 10・2(a) 最大原理による 3 段熱交換器の最適設計
$T^0(=x_1^0)=50\,°\mathrm{F}$ および $T^n(=x_1^3)=-70\,°\mathrm{F}$ に対する最適設計

| 記号 | 説明 | 単位 | 第1段 | 第2段 | 第3段 |
|---|---|---|---|---|---|
| $x_1^{n-1}$ | 各段の入口温度 | °F | 50 | 11.34 | $-28.67$ |
| $x_1^n$ | 各段の出口温度 | °F | 11.34 | $-28.67$ | $-70.00$ |
| $A^n$ | 熱交換器の伝熱面積 | ft² | 74.206 | 75.543 | 81.788 |
| $W_2^n$ | 冷媒の量 | lb/hr | 3866.5 | 4000.4 | 4133.1 |
| $x_2^n$ | 各段までの累積コスト | \$/hr | 1.2040 | 2.8387 | 4.9441 |

## 10・2 不連続最大原理による熱交換器系の最適化

行計算から一連の $\theta^n$ $(n=2,3)$ の値および $x_1{}^3$ が得られる。この一連の $\theta^n$ $(n=1,2,3)$ は, 与えられた $x_1{}^0(=T^0)$ および計算から求まった $x_1{}^3$ に対応する最適制御である。表 10・2(b) に 15 個の試行計算結果のうちから 5 つを選び, その値を示した。

**表 10・2(b)** 最大原理による 3 段熱交換器の最適設計

$T^0(=x_1{}^0)=50°F$ および $T^N(=x_1{}^3)=-47.25°F$ に対する最適設計

| 記号 | 説　明 | 単位 | 第 1 段 | 第 2 段 | 第 3 段 |
|---|---|---|---|---|---|
| $x_1{}^{n-1}$ | 各段の入口温度 | °F | 50 | 11.73 | -31.81 |
| $x_1{}^n$ | 各段の出口温度 | °F | 11.73 | -31.81 | -47.25 |
| $A^n$ | 熱交換器の伝熱面積 | ft² | 72.50 | 92.176 | 19.306 |
| $W^n$ | 冷媒の量 | lb/hr | 3827.1 | 4354.2 | 1543.5 |
| $x_2{}^n$ | 各段までの累積コスト | $/hr | 1.1912 | 2.9775 | 3.8146 |

$T^0(=x_1{}^0)=50°F$ および $T^N(=x_1{}^3)=-66.78°F$ に対する最適設計

| 記号 | 説　明 | 単位 | 第 1 段 | 第 2 段 | 第 3 段 |
|---|---|---|---|---|---|
| $x_1{}^{n-1}$ | 各段の入口温度 | °F | 50 | 11.38 | -29.05 |
| $x_1{}^n$ | 各段の出口温度 | °F | 11.38 | -29.05 | -66.78 |
| $A^n$ | 熱交換器の伝熱面積 | ft² | 74.00 | 77.31 | 67.46 |
| $W^n$ | 冷媒の量 | lb/hr | 3861.8 | 4043.6 | 3772.9 |
| $x_2{}^n$ | 各段までの累積コスト | $/hr | 1.2025 | 2.8552 | 4.7750 |

$T^0(=x_1{}^0)=50°F$ および $T^N(=x_1{}^3)=-74.18°F$ に対する最適設計

| 記号 | 説　明 | 単位 | 第 1 段 | 第 2 段 | 第 3 段 |
|---|---|---|---|---|---|
| $x_1{}^{n-1}$ | 各段の入口温度 | °F | 50 | 11.27 | -28.12 |
| $x_1{}^n$ | 各段の出口温度 | °F | 11.27 | -28.12 | -74.18 |
| $A^n$ | 熱交換器の伝熱面積 | ft² | 74.50 | 73.10 | 109.4 |
| $W^n$ | 冷媒の量 | lb/hr | 3873.1 | 3938.6 | 4606.4 |
| $x_2{}^n$ | 各段までの累積コスト | $/hr | 1.2062 | 2.8153 | 5.1808 |

$T^0(=x_1{}^0)=50°F$ および $T^N(=x_1{}^3)=-78.79°F$ に対する最適設計

| 記号 | 説　明 | 単位 | 第 1 段 | 第 2 段 | 第 3 段 |
|---|---|---|---|---|---|
| $x_1{}^{n-1}$ | 各段の入口温度 | °F | 50 | 11.16 | -27.18 |
| $x_1{}^n$ | 各段の出口温度 | °F | 11.16 | -27.18 | -78.79 |
| $A^n$ | 熱交換器の伝熱面積 | ft² | 75.00 | 69.19 | 189.0 |
| $W^n$ | 冷媒の量 | lb/hr | 3884.3 | 3833.6 | 5161.5 |
| $x_2{}^n$ | 各段までの累積コスト | $/hr | 1.2099 | 2.7759 | 5.5279 |

この解は, 制御変数に制約条件が無いと仮定したときの解である。

設計問題では, しばしば制御変数に制約条件が課せられ, 式 (10・41) における最小はこの制約条件の範囲内で求めねばならないことがある。いま, $\theta^n$ に関して式

(10·48) の制約条件を考えるとき，各段において式 (10·41) の最小は $\alpha^n$ と $\beta^n$ の間のある点，あるいは末端の点 $\alpha^n$，あるいは $\beta^n$ の中の一つの点で見い出されることになる。

$$\alpha^n \leq \theta^n \leq \beta^n \quad n=1, 2, \cdots\cdots, N \quad \cdots\cdots\cdots(10\cdot 48)$$

このときには，次式を用いねばならない。

$$\left.\begin{array}{l} \dfrac{\partial H^n}{\partial \theta^n}=0 \\ \text{あるいは} \\ \quad \theta^n = \alpha^n \\ \text{あるいは} \\ \quad \theta^n = \beta^n \\ \text{これらの中で} H^n = \text{最小にするもの} \\ n=1, 2, \cdots\cdots, N \end{array}\right\} \quad \cdots\cdots(10\cdot 49)$$

例えば，例題の3段熱交換器系において，制御変数に次の制約条件を考えて見よう。

$$50 ft^2 \leq \theta^n \leq 100 ft^2 ; \quad n=1, 2, \cdots\cdots, N$$

$T^0=50$ 〔°F〕, $T^N=-70$ 〔°F〕 に対して必要な最適設計のための，制御変数は表10·2(a) から明らかなように，この制約条件の範囲内にある。したがって

$$\frac{\partial H^n}{\partial \theta^n}=0$$

を用いることができる。しかし，例えば $T^0=50$〔°F〕, $T^N=-74.18$〔°F〕に対する最適設計の場合には，条件

$$\frac{\partial H^n}{\partial \theta^n}=0$$

は，$\theta^3=109.4$ を与えるが，これは明らかに制約条件の範囲外である。したがって，この場合には一連の制御変数 $\theta^n$ は $H^n=$最小なる条件から直接探索することが必要となる。

### 10·2·3 多段連結熱交換器系の最適化

多段連結熱交換器系における熱配分の問題について考える。図 10·7 において，低温主流体を高温流体と熱交換させて，さらに加熱炉によってある定められた温度まで昇温する必要がある。一方，高温流体はある定められた温度まで冷却されねばならない。系の総経費を最小にするための各段の最適熱配分を見つけるのが本節の問題である。

簡単のために，この系中の熱交換器は，すべて向流熱交換器と仮定する。

**A. 特性式：** $n$ 段目の熱交換器まわりの熱収支から，次の諸式が得られる。

$$Q^n = (Q_0{}^n - Q_0{}^{n-1}) = U^n \cdot A^n \cdot (\varDelta T)_{lm}^n \quad \cdots\cdots\cdots(10\cdot 50)$$

$$Q^n = W^n \cdot C^n \cdot (t_0{}^n - t^n) \quad \cdots\cdots\cdots(10\cdot 51)$$

## 10・2 不連続最大原理による熱交換器系の最適化

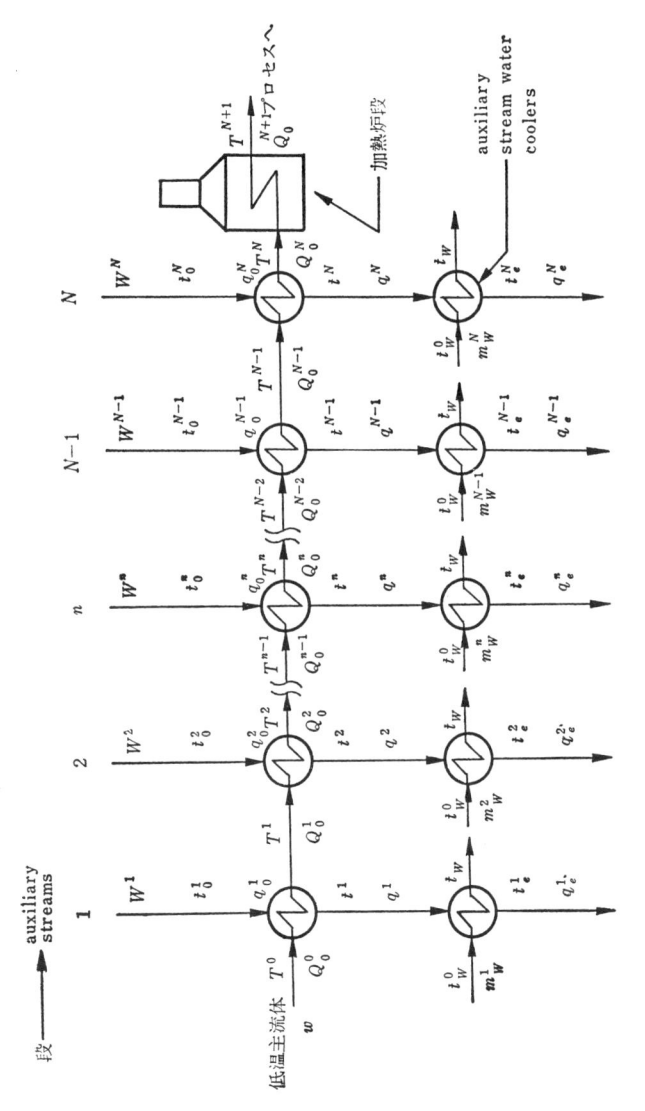

図 10・7 多段連結熱交換器系

$$Q^n = w \cdot c \cdot (T^n - T^{n-1}) \quad \cdots\cdots (10\cdot 52)$$

$$q_w{}^n = W^n \cdot C^n \cdot (t^n - t_e{}^n) \quad \cdots\cdots (10\cdot 53)$$

$$q_w{}^n = w_w{}^n \cdot (1) \cdot (t_w - t_w{}^0) \quad \cdots\cdots (10\cdot 54)$$

$$q_w{}^n = U_w{}^n \cdot A_w{}^n \cdot (\Delta t)_{lm}^n \quad \cdots\cdots (10\cdot 55)$$

$(\Delta T)_{lm}^n$ は主流体熱交換器の対数平均温度で,

$$(\Delta T)_{lm}^n = \frac{(t_0{}^n - T^{n-1}) - (t^n - T^n)}{\ln\left(\frac{t_0{}^n - T^{n-1}}{t^n - T^n}\right)}$$

$(\Delta t)_{lm}^n$ は水冷器の対数平均温度差で,

$$(\Delta t)_{lm}^n = \frac{(t^n - t_w{}^0) - (t_e{}^n - t_w)}{\ln\left(\frac{t^n - t_w{}^0}{t_e{}^n - t_w}\right)}$$

式 (10·51) と (10·52) を等置して, 次式が得られる.

$$t^n = t_0{}^n - \alpha_1{}^n \cdot (T^n - T^{n-1}) \quad \cdots\cdots (10\cdot 56)$$

ここで

$$\alpha_1{}^n = \frac{w \cdot c}{W^n \cdot C^n} \quad \cdots\cdots (10\cdot 57)$$

式 (10·50) と (10·52) を等置し, 得られた式に式 (10·56) を代入して, 次式が得られる.

$$T^n = \frac{1}{1+\alpha^n} \cdot \{(t_0{}^n + \alpha_1{}^n \cdot T^{n-1}) - (t_0{}^n - T^{n-1}) \cdot \exp[-\alpha_2{}^n \cdot (1+\alpha_1{}^n) \cdot A^n]\}$$

$$\cdots\cdots (10\cdot 58)$$

ここで

$$\alpha_2{}^n = \frac{U^n}{w \cdot c} \quad \cdots\cdots (10\cdot 59)$$

式 (10·58) を式 (10·56) に代入して,

$$t^n = F^n(T^{n-1} ; A^n)$$

$$= \frac{1}{1+\alpha_1{}^n}\{t_0{}^n + \alpha_1{}^n \cdot T^{n-1} + \alpha_1{}^n \cdot (t_0{}^n - T^{n-1}) \cdot \exp[-\alpha_2{}^n \cdot (1+\alpha_1{}^n) \cdot A^n]\}$$

$$\cdots\cdots (10\cdot 60)$$

式 (10·53) と (10·54) を等置して, 次式が得られる.

$$w_w{}^n = \frac{W^n \cdot C^n}{(t_w - t_w{}^0)} \cdot (t^n - t_e{}^n) \quad \cdots\cdots (10\cdot 61)$$

ここで, $w_w$ は冷却器における水の流量であり, $t^n$ は式 (10·60) で与えられる. 冷却器における水の流量は, 主流体が流れる熱交換器の伝熱面積 $A^n$ の関数として表わすこと

ができる。

式 (10・53) と (10・55) を組合せて,

$$A_W{}^n = \alpha_3{}^n \cdot \frac{(t^n - t_e{}^n) \cdot \ln\left(\frac{t^n - t_W{}^0}{t_0{}^n - t_W}\right)}{(t^n - t_W{}^0) - (t_e{}^n - t_W)} \quad \cdots\cdots(10\cdot62)$$

ここで

$$\alpha_3{}^n = \frac{W^n \cdot C^n}{U_W{}^n} \quad \cdots\cdots(10\cdot63)$$

また, $t^n$ は式 (10・60) で与えられる。式 (10・60) および (10・62) から, 水冷却器の伝熱面積は主流熱交換器の伝熱面積 $A^n$ の関数であることがわかる。

$n$ 段目の熱交換器の経費は, 主流体熱交換器の伝熱面積 $A^n$, 冷却器の伝熱面積 $A_W{}^n$ および冷却水使用量 $w_W{}^n$ の関数であると見なす。

これを式で表わせば,

$$C_t{}^n = a^n \cdot (A^n)^{1/2} + a_W{}^n \cdot (A_W{}^n)^{1/2} + b_W{}^n \cdot w_W{}^n \quad \cdots\cdots(10\cdot64)$$

$a^n$, $a_W{}^n$, および $b_W{}^n$ は定数である。また, 加熱炉の経費は次式で表わすことができる[3]。

$$C_f = d_{fc} \cdot (Q_f)^{0.715} + d_{fo} \cdot (Q_f)$$
$$= d_{fc}[w \cdot c \cdot (T^{N+1} - T^N)]^{0.715} + d_{fo}[w \cdot c \cdot (T^{N+1} - T^N)] \quad \cdots\cdots(10\cdot65)$$

右辺第1項は加熱炉の固定費, 第2項は運転費すなわち燃料費である。また, $d_{fc}, d_{fo}$ は比例定数である。

**B. 不連続最大原理の適用**: 2個の状態変数は次のように選定される。

$x_1{}^n = T^n$ : 主流体各段の間の温度

$x_2{}^n = \sum_{n=1}^{n} C_t{}^n$ : $n$ 段目までの熱交換器累積経費

制御変数は

$\theta^n = A^n$ : $n$ 段目の主流体熱交換器の伝熱面積

式 (10・58) は, $n$ 段目に対して式 (10・18) の形で書くことができる。

$$x_1{}^n = \frac{1}{1+\alpha_1{}^n} \cdot \{(t_0{}^n + \alpha_1{}^n \cdot x_1{}^{n-1}) - (t_0{}^n - x_1{}^{n-1}) \cdot \exp[-\alpha_2{}^n \cdot (1+\alpha_1{}^n) \cdot \theta^n]\}$$

$$n = 1, 2, 3, \cdots\cdots, N \quad \cdots\cdots(10\cdot66)$$

初期条件は

---

[3] Westbrook, G. T.: Hydrocarbon Processing Petroleum Refiner, vol. 40, No. 9, pp. 201〜206 (1961).

$x_1{}^0 = T^0$ ················(10·66a)

熱交換器の累積経費は，次のように書き表わされる．

$$x_2{}^n = x_2{}^{n-1} + a^n \cdot (\theta^n)^{1/2} + a_w{}^n \cdot (A_w{}^n)^{1/2} + b_w{}^n \cdot w_w{}^n$$
$$n = 1, 2, \cdots, N-1 \quad \cdots\cdots(10\cdot67)$$

$x_2{}^0 = 0$ ················(10·67a)

$w_w{}^n$ および $A_w{}^n$ は制御変数 $\theta^n$ および状態変数 $x_1{}^{n-1}$ の関数であって，式 (10·61) および式 (10·62) によって，それぞれ与えられる．

最終段の経費は加熱炉の経費を含み，次式で表わされる．

$$x_2{}^N = x_2{}^{N-1} + a^N \cdot (\theta^N)^{1/2} + a_w{}^N \cdot (A_w{}^N)^{1/2} + b_w{}^N \cdot w_w{}^N$$
$$+ d_{fc}[w \cdot c \cdot (T^{N+1} - x_1{}^N)]^{0.715}$$
$$+ d_{fo}[w \cdot c (T^{N+1} - x_1{}^N)] \quad \cdots\cdots(10\cdot68)$$

$x_1{}^N$ は式 (10·66) によって，$n=N$ として与えられる．

この系に対する結合ベクトル $z$ の成分は，式 (10·35a) および (10·35b) によって与えられる．式 (10·21) から

$z_2{}^N = 1$ ················(10·69)

式 (10·60), (10·61), (10·62), (10·66), (10·67), および (10·68) から,

$$\frac{\partial x_1{}^n}{\partial x_1{}^{n-1}} = \frac{\alpha_1{}^n}{1+\alpha_1{}^n} + \frac{1}{1+\alpha_1{}^n} \cdot \exp[-\alpha_2{}^n \cdot (1+\alpha_1{}^n) \cdot \theta^n]$$
$$n = 1, 2, \cdots, N \quad \cdots\cdots(10\cdot70\text{a})$$

$$\frac{\partial x_2{}^n}{\partial x_1{}^{n-1}} = \frac{1}{2} a_w{}^n \cdot (A_w{}^n)^{-1/2} \cdot \frac{\partial A_w{}^n}{\partial x_1{}^{n-1}} + b_w{}^n \cdot \frac{\partial w_w{}^n}{\partial x_1{}^{n-1}}$$
$$= \frac{1}{2} a_w{}^n \cdot (A_w{}^n)^{-1/2} \cdot \frac{\partial A_w{}^n}{\partial t^n} \cdot \frac{\partial t^n}{\partial x_1{}^{n-1}} + b_w{}^n \cdot \frac{\partial w_w{}^n}{\partial t^n} \cdot \frac{\partial t^n}{\partial x_1{}^{n-1}}$$
$$n = 1, 2, \cdots, N-1 \quad \cdots\cdots(10\cdot70\text{b})$$

$$\frac{\partial x_2{}^N}{\partial x_1{}^{N-1}} = \frac{1}{2} a_w{}^N \cdot (A_w{}^N)^{-1/2} \cdot \frac{\partial A_w{}^N}{\partial t^N} \cdot \frac{\partial t^N}{\partial x_1{}^{N-1}} + b_w{}^N \cdot \frac{\partial w_w{}^N}{\partial t^N} \cdot \frac{\partial t^N}{\partial x_1{}^{N-1}}$$
$$- 0.715 d_{fc} \cdot [w \cdot c \cdot (T^{N+1} - x_1{}^N)]^{-0.285} \cdot w \cdot c \cdot \frac{\partial x_1{}^N}{\partial x_1{}^{N-1}}$$
$$- d_{fo} \cdot w \cdot c \cdot \frac{\partial x_1{}^N}{\partial x_1{}^{N-1}} \quad \cdots\cdots(10\cdot70\text{c})$$

$\dfrac{\partial x_1{}^n}{\partial x_2{}^{n-1}} = 0$ ················(10·70d)

$\dfrac{\partial x_2{}^n}{\partial x_2{}^{n-1}} = 1 \quad n = 1, 2, \cdots, N$ ················(10·70e)

## 10・2 不連続最大原理による熱交換器系の最適化

$\dfrac{\partial t^n}{\partial x_1^{n-1}}$, $\dfrac{\partial w_W^n}{\partial t^n}$, および $\dfrac{\partial A_W^n}{\partial t^n}$ は, それぞれの関数を式 (10・60), (10・61) および (10・62) から対応する変数に関して微分して, 次のように定まる。

$$\dfrac{\partial A_W^n}{\partial t^n} = \alpha_3{}^n \left[ \dfrac{(t_W - t_W{}^0)\cdot \ln\left(\dfrac{t^n - t_W{}^0}{t_0{}^n - t_W}\right) + (t^n - t_e{}^n) - \dfrac{(t_e{}^n - t_W)(t^n - t_e{}^n)}{t^n - t_W{}^0}}{\{(t^n - t_W{}^0) - (t_e{}^n - t_W)\}^2} \right]$$

$$n = 1, 2, \cdots, N \quad \cdots\cdots (10\cdot 71)$$

$$\dfrac{\partial w_W^n}{\partial t^n} = \dfrac{W^n \cdot C^n}{t_W - t_W{}^0} \quad \cdots\cdots (10\cdot 72)$$

$$\dfrac{\partial t^n}{\partial x_1^{n-1}} = \dfrac{\partial_1{}^n}{1 + \alpha_1{}^n} \{1 + \exp[-\alpha_2{}^n \cdot (1 + \alpha_1{}^n) \cdot \theta^n]\} \quad \cdots\cdots (10\cdot 73)$$

式 (10・35b), (10・69), (10・70d), および (10・70e) を組合せて,

$$z_2{}^n = 1, \quad n = 1, 2, \cdots, N \quad \cdots\cdots (10\cdot 74)$$

式 (10・15a) に従って, ハミルトニアン関数は次のようになる。

$$H^n = z_1{}^n \cdot x_1{}^n + x_2{}^n \quad n = 1, 2, \cdots, N \quad \cdots\cdots (10\cdot 75)$$

最大原理によって, $\theta^n$ の一連の最適値は次の条件によって決定される。

$$H^n = 最小 \quad n = 1, 2, \cdots, N \quad \cdots\cdots (10\cdot 76)$$

あるいは

$$\dfrac{\partial H^n}{\partial \theta^n} = 0 \quad \cdots\cdots (10\cdot 77)$$

式 (10・77) から,

$$z_1{}^n \cdot \dfrac{\partial x_1{}^n}{\partial \theta^n} + \dfrac{\partial x_2{}^n}{\partial \theta^n} = 0 \quad \cdots\cdots (10\cdot 78)$$

ここで

$$\dfrac{\partial x_1{}^n}{\partial \theta^n} = \alpha_2{}^n \cdot (t_0{}^n - x_1{}^{n-1}) \cdot \exp[-\alpha_2{}^n \cdot (1 + \alpha_1{}^n) \cdot \theta^n] \quad \cdots\cdots (10\cdot 79a)$$

$$\dfrac{\partial x_2{}^n}{\partial \theta^n} = \dfrac{1}{2} a^n \cdot (\theta^n)^{-1/2} + \dfrac{1}{2} a_W{}^n \cdot (A_W{}^n)^{-1/2} \cdot \dfrac{\partial A_W{}^n}{\partial t^n} \cdot \dfrac{\partial t^n}{\partial \theta^n}$$

$$+ b_W{}^n \cdot \dfrac{\partial w_W{}^n}{\partial t^n} \cdot \dfrac{\partial t^n}{\partial \theta^n}$$

$$n = 1, 2, \cdots, N-1 \quad \cdots\cdots (10\cdot 79b)$$

$$\dfrac{\partial x_2{}^N}{\partial \theta^N} = \dfrac{1}{2} \cdot a^N \cdot (\theta^N)^{-1/2} + \dfrac{1}{2} \cdot a_W{}^N \cdot (A_W{}^N)^{-1/2} \cdot \dfrac{\partial A_W{}^N}{\partial t^N} \cdot \dfrac{\partial t^N}{\partial \theta^N} + b_W{}^N \cdot \dfrac{\partial w_W{}^N}{\partial t^N} \cdot \dfrac{\partial t^N}{\partial \theta^N}$$

$$-0.715 \cdot d_{fc} \cdot [w \cdot c \cdot (T^{N+1} - x_1{}^N)]^{-0.285} \cdot w \cdot c \cdot \dfrac{\partial x_1{}^V}{\partial \theta^V}$$

$$-d_{fo} \cdot w \cdot c \cdot \frac{\partial x_1{}^N}{\partial \theta^N} \quad \cdots\cdots\cdots\cdots(10\cdot 79\mathrm{c})$$

$\dfrac{\partial A_W{}^n}{\partial t^n}$ および $\dfrac{\partial w_W{}^n}{\partial t^n}$ ($n=1, 2, \cdots\cdots, N$) は，それぞれ式 (10・71) および式 (10・72) によって，それぞれ与えられる。

$\dfrac{\partial t^n}{\partial \theta^n}$ は次式によって与えられる。

$$\frac{\partial t^n}{\partial \theta^n} = -\alpha_1{}^n \cdot \alpha_2{}^n \cdot (t_0{}^n - x_1{}^{n-1}) \cdot \exp[-\alpha_2{}^n \cdot (1+\alpha_1{}^n) \cdot \theta^n] \quad \cdots\cdots\cdots(10\cdot 80)$$

式 (10・79) を式 (10・78) に代入し，$z_1{}^n$ に関して解き，その結果を式 (10・70a) に代入して，$x_1{}^n$ と $\theta^n$ の関係が求まる。遂次計算の方法は，前節の問題の場合と同様である。

# 第4部 熱交換器の基本設計

## 第11章 多管円筒式熱交換器の設計法

### 11・1 多管円筒式熱交換器の種類,構造,価格

#### 11・1・1 種類

多管円筒式熱交換器 (Shell and Tube Heat Exchanger) は多管式の管束を円筒胴に挿入した形式の熱交換器で,管板と胴との取り合い構造により,固定管板形,Uチューブ形,遊動頭形,バヨネット・チューブ形などに分類される。

(1) **固定管板形**(図 11・1(a)): 固定管板形は,管束の管板を円筒胴の両端に溶接あ

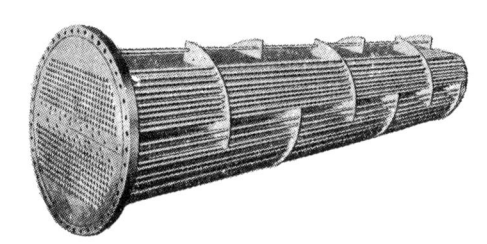

写真 11・1 多管式熱交換器の管束

るいはボルト締めによって固定した構造で,他の型式に比べて製作が簡単で,安価であるため一般に広く使用される。この形式の熱交換器の最大の欠点は,管外側の清掃が困難なことである。したがって,この熱交換器は胴側(管外側)流体が清浄でスケールの生じ難い場合あるいはスケールを化学的処理,例えば酸洗いなどによって容易に除去し得る場合に用いられる。固定管板形熱交換器では,胴側流体と管内側流体との間の温度差が大きい場合,あるいは管材と胴材との熱膨張率が著しく異なる場合には,胴体と伝熱管の熱膨張差による応力を緩和するために,図 11・2 に示すような伸縮継手を胴体に設けねばならない。胴側流体の圧力が 7 [Kg/cm²・G] 以上の場合,この伸縮継手は内圧に耐えるために は厚くなければならなくなり,このため自由に伸縮し難くなり,伸縮継手の設計が困難になる。このような場合には,Uチューブ形あるいは遊動頭形を用いなければならない。

(2) **Uチューブ形**(図 11・1(b)): Uチューブ形は管束を取りはずすことによって管外の清掃が可能であり,また管は熱膨張に対して自由である。欠点はUチューブの取替え,および管内の清掃が困難なことである。価格は固定管板形に比べて,数パーセント割安となる。

第11章　多管円筒式熱交換器の設計法

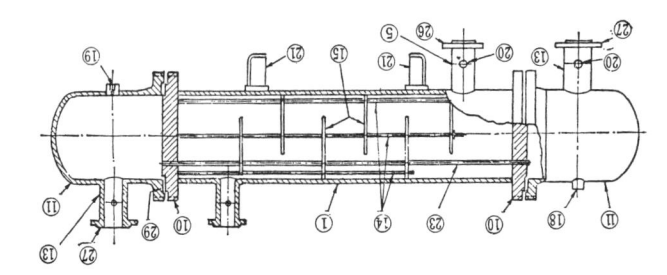

図 11・1(a)　固定管板形熱交換器

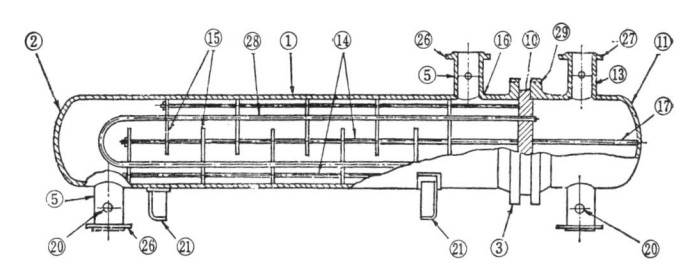

図 11・1(b)　Uチューブ形熱交換器

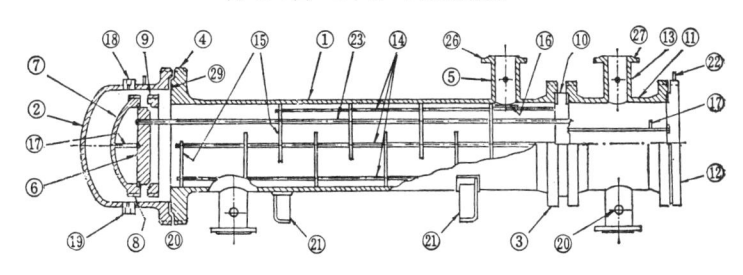

図 11・1(c)　割りフランジ遊動頭形熱交換器

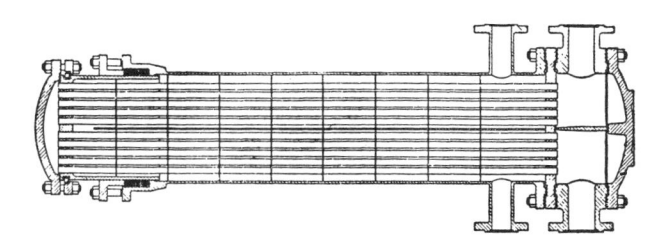

図 11・1(d)　外部グランド遊動頭形熱交換器

（3）　**遊動頭形**:　管束の片方の管板を胴の一端にフランジではさみ固定し，他方の管板は胴体内を移動しうるようにした構造で，割りフランジ遊動頭形，外部グランド遊動頭

## 11·1 多管円筒式熱交換器の種類，構造，価格

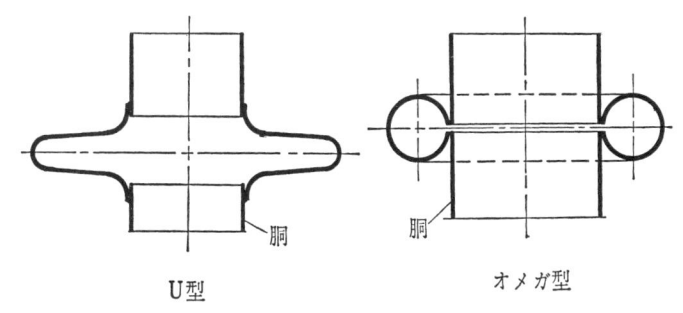

U型　　　オメガ型

図 11·2　伸　縮　継　手

形，引抜遊動頭形，ランタンリング遊動頭形などがある。

(a) 割りフランジ遊動頭形（図11·1(c)）：　管束を引出すことにより胴側の清掃が可能で，また胴と管との熱膨張差による応力は生じない。構造が複雑なため，価格は固定管板形に比べて約20パーセント割高となる。

(b) 外部グランド遊動頭形（図11·1(d)）：　遊動頭の中で最も広く使用される形式である。胴体のグランドパッキングは耐圧 40 [Kg/cm$^2$] まで設計可能であるが，実際には胴側流体が外に漏洩する懸念があるので，揮発性・引火性流体を扱う場合には使用できない。伝熱面積が小さい場合は，内部遊動頭形に比べて割安である。

(c) 引抜遊動頭形（図11·1(e)）：　ボルト締めの遊動頭蓋を有するので，高圧にても使用可能であり，管束の引抜きが簡単で検査・修理に便利である。胴内側と管束との間隙が大となるので，この間隙を胴側流体がバイパスして流れ，伝熱係数が低下する欠点がある。

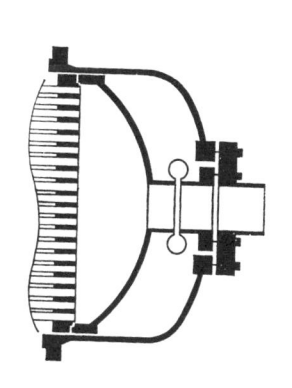

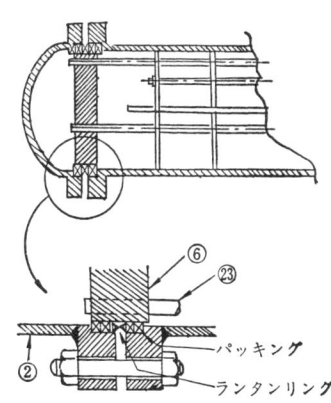

図 11·1(e)　引抜遊動頭形熱交換器　　　図 11·1(f)　ランタンリング遊動頭形熱交換器

(d) ランタンリング遊動頭形（図 11・1(f)）： 遊動頭の中で最も安価な構造ではあるが，胴側，管側ともにある程度の漏洩は避け得ないので，使用圧力 10 [Kg/cm²・G] 以下の比較的低圧操作に用いられる。

（4） バヨネット・チューブ形（図11・1(g)）： この形式は胴と管との熱膨張差に基づく移動が完全に自由であり，また漏洩の恐れもないので，胴側流体と管側流体との温度差が極端に大きく，しかも高圧である場合に用いられる。

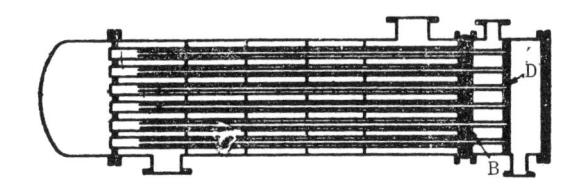

図 11・1(g) バヨネット・チューブ形熱交換器

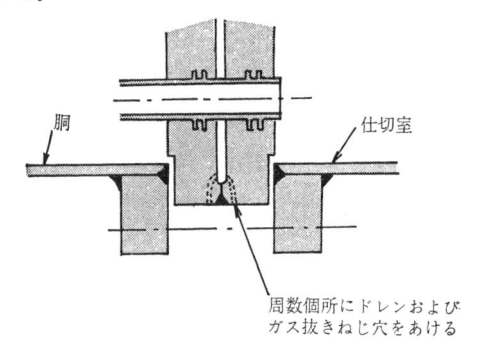

（5） 二重管板形（図11・1(h)）： 胴側および管側流体が伝熱管の取付部より洩れて混入した場合，爆発その他の事故を起こす恐れのあるとき，または流体純度をとくに重要視するときに用いる。

図 11・1(h) 二重管板形熱交換器

表 11・1 に各部の名称を示した。

多管円筒式熱交換器は胴側流体の流れの様式により，図 11・3 に示すように 1-2$n$ 熱交換器（胴側 1 パス，管側 2$n$ パス），2-4$n$ 熱交換器，分流熱交換器，分割流熱交換器などとに分類される。

管内側流体が高粘性流体であり層流となる場合は，管内側境膜伝熱係数を向上させるために，管長を短くして図 11・4 のような構造とすることがある。

## 11・1 多管円筒式熱交換器の種類, 構造, 価格

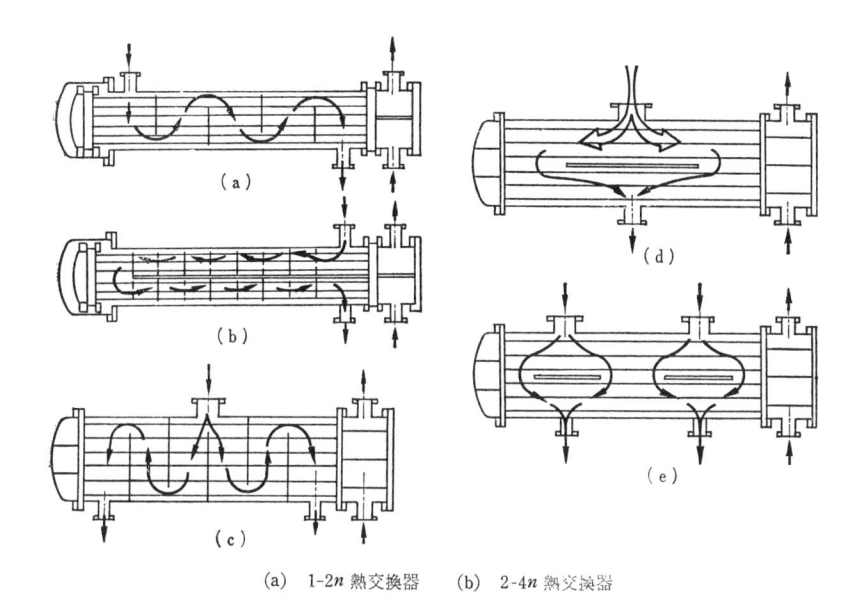

(a) 1-2$n$ 熱交換器　(b) 2-4$n$ 熱交換器
(c) 分割流熱交換器　(d), (e) 分流熱交換器
図 11・3　胴側流体の流れの様式

表 11・1　熱交換器の各部の名称

| 番号 | 名称 | |
|---|---|---|
| 1 | 胴 | (SHELL) |
| 2 | 胴フタ | (SHELL COVER) |
| 3 | 仕切室側胴フランジ | (SHELL FLANGE CHANNEL END) |
| 4 | 胴フタ側胴フランジ | (SHELL FLANGE COVER END) |
| 5 | 胴ノズル | (SHELL NOZZLE) |
| 6 | 遊動管板 | (FLOATING TUBE SHEET) |
| 7 | 遊動頭フタ | (FLOATING HEAD COVER) |
| 8 | 遊動頭フランジ | (FLOATING HEAD FLANGE) |
| 9 | 遊動頭裏あてフランジ | (FLOATING HEAD BACKING DEVICE) |
| 10 | 固定管板 | (STATIONARY TUBE SHEET) |
| 11 | 仕切室 | (CHANNEL OR STATIONARY HEAD) |
| 12 | 仕切室フタ | (CHANNEL COVER) |
| 13 | 仕切室ノズル | (CHANNEL NOZZLE) |

第11章　多管円筒式熱交換器の設計法

| | | |
|---|---|---|
| 14 | 固定棒およびスペーサ | (TIE ROD AND SPACER) |
| 15 | 邪魔板および支持板 | (TRANVERSE BAFFLE OR SUPPORT PLATE) |
| 16 | 緩衝板 | (IMPINGEMENT BAFFLE) |
| 17 | 仕切板 | (PASS PARTITION) |
| 18 | ガス抜き座 | (VENT CONNECTION) |
| 19 | ドレン抜き座 | (DRAIN CONNECTION) |
| 20 | 計器用座 | (INSTRUMENT CONNECTION) |
| 21 | 支持脚 | (SUPPORT SADDLE) |
| 22 | つり金具 | (LIFTING LUG) |
| 23 | 伝熱管 | (TUBE) |
| 24 | せき板 | (WEIR) |
| 25 | 液面計座 | (LIQUID LEVEL CONNECTION) |
| 26 | 胴ノズルフランジ | (SHELL NOZZLE FLANGE) |
| 27 | 仕切室ノズルフランジ | (CHANNEL NOZZLE FLANGE) |
| 28 | U字形伝熱管 | (U TUBE) |
| 29 | ガスケット | (GASKET) |

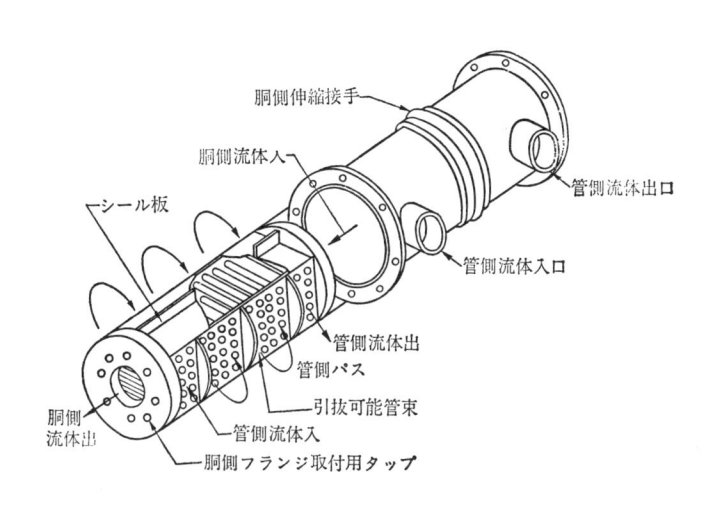

図 11·4 (a)　短管形熱交換器（見取図）

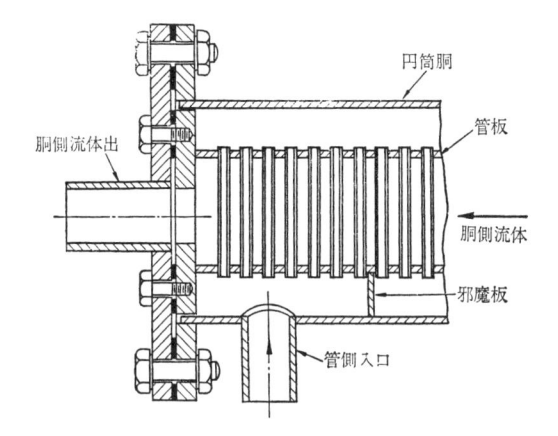

図 11・4 (b)　短管形熱交換器（断面図）

### 11・1・2　伝熱管

伝熱管としては普通の平滑管，あるいはローフィン管（Low-Finned Tube）が用いられる。

平滑管としては熱交換器用炭素鋼管あるいはステンレス鋼管のうちで，表 11・2 のものが用いられる。この中で最もよく用いられるものは外径 19.0 [mm] で，肉厚 2 [mm] あるいは 1.6 [mm] および外径 25.4 [mm] で，肉厚 2.3 [mm] あるいは 2.0 [mm] のものである。

ローフィン管としては，古河電工あるいは日本建鉄製のものが用いられる。表 11・3 に日本建鉄製のローフィン管の例を示した。ローフィン管は管長 1 [inch] あたり 16 ないし

表 11・2　熱交換器用管寸法

| 外径 (mm) | 肉厚 (mm) | 内径 (mm) | 断面積 (mm²) | 管表面積 (m²/m) |
|---|---|---|---|---|
| 19.0 | 1.6 | 15.8 | 196 | 0.0597 |
|  | 2.0 | 15.0 | 177 |  |
| 25.4 | 2.0 | 21.4 | 360 |  |
|  | 2.3 | 20.8 | 340 | 0.0798 |
|  | 2.6 | 20.2 | 320 |  |
| 31.8 | 2.0 | 27.8 | 607 |  |
|  | 2.6 | 26.6 | 556 | 0.0999 |
|  | 3.2 | 25.4 | 507 |  |
| 38.1 | 2.6 | 32.9 | 850 | 0.1197 |
|  | 3.2 | 31.7 | 789 |  |

表 11·3 ローフィンチューブ市販品例（N 社）

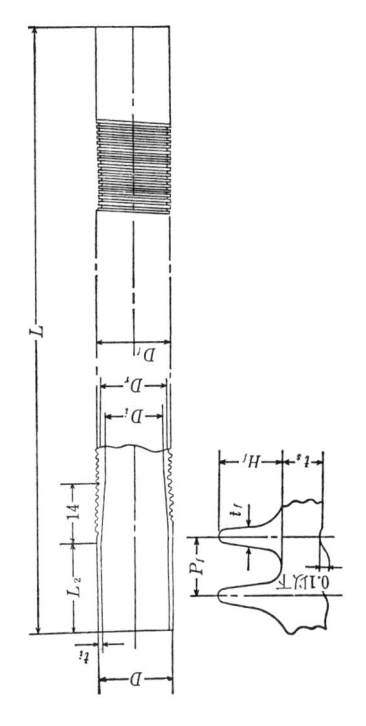

| 材質 | $D$ mm | $t_t$ mm | $D_f$ mm | $D_r$ mm | $H_f$ mm | $t_s$ mm | $t_f$ mm | $P_f$ mm | $D_i$ mm | 外周面積 $A_o$ m²/m | 内外面積比 $A_o/A_i$ | 重量 kg/m | 許容内圧 kg/cm² |
|---|---|---|---|---|---|---|---|---|---|---|---|---|---|
| 銅 (CUT 1) | 19.5 | 1.6 | 19.2 | 15.4 | 1.9 | 0.8 | 0.4 | 1.33 | 13.8 | 0.195 | 4.57 | 0.74 | 43 (<100°C) |
| 銅 (CUT 2) | 18.88 | 1.6 | 18.75 | 15.85 | 1.45 | 1.0 | 0.4 | 1.33 | 13.85 | 0.151 | 3.47 | 0.69 | 42 (<100°C) |
| 鉄 (STB35) | 20 | 2.2 | 19.6 | 16.7 | 1.45 | 1.6 | 0.6 | 1.49 | 13.5 | 0.141 | 3.33 | 0.88 | 40 (<320°C) |
| ステンレス (SUS33) | 20 | 1.6 | 19.6 | 17.2 | 1.2 | 1.0 | 0.6 | 1.49 | 15.2 | 0.128 | 2.68 | 0.65 | 189 (<450°C) |
| キュプロニッケル (CNTE1) | 18.88 | 1.7 | 18.75 | 15.85 | 1.45 | 1.2 | 0.5 | 1.33 | 13.45 | 0.151 | 3.58 | 0.77 | 84 (<100°C) |
| 黄銅 (BsTF3) | 18.88 | 1.6 | 18.75 | 16.35 | 1.2 | 1.2 | 0.5 | 1.33 | 13.95 | 0.135 | 3.08 | 0.69 | 99 (<100°C) |
| アルミ (AlTO) | 18.83 | 1.6 | 18.75 | 15.85 | 1.45 | 1.2 | 0.4 | 1.33 | 13.45 | 0.151 | 3.58 | 0.23 | 18 (<100°C) |

## 11・1 多管円筒式熱交換器の種類，構造，価格

19のフィンを有する管で，管外表面積との比は約 3.5：1 であり，管外（胴）側境膜伝熱係数が管内側境膜伝熱係数に比べて小さいときに用いられる。

ローフィン管を用いるか平滑管を用いるかは経済的観点から決定する。胴側に油を通して加熱あるいは冷却する場合のローフィン管採用の適，不適を大略に推定するための図を図 11・5 に示した。例えば，管内側汚れ係数 $r_i$ が 0.0004，胴側汚れ係数 $r_o$ が 0.0002

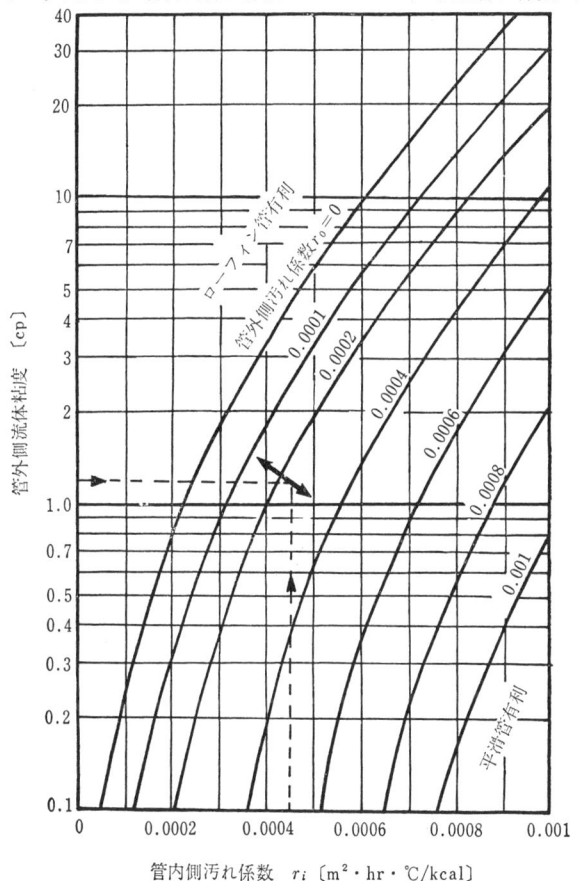

図 11・5　油冷却器，油加熱器としてローフィン管採用の有利性

で油の粘度が 4 [cp] のときはローフィン管有利，油の粘度が 0.4 [cp] のときはローフィン管不利である。図 11・6 および図 11・7 は設計圧力 10 [Kg/cm²G] の冷却器（水による冷却）に関して，ローフィン管の有利な範囲を示したものである。例えば，総括伝熱係数（汚れた状態での）が 300 [kcal/m²・hr・°C] で管内側汚れ係数 $r_i$ が 0.0007，管外

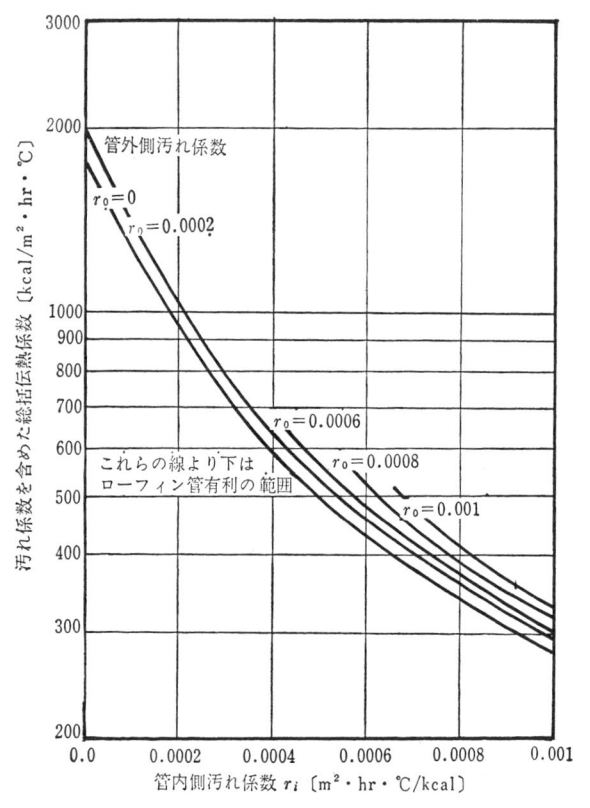

図 11・6 ローフィン管採用基準

側汚れ係数 $r_o$ が 0.001 のときは，ローフィン管が有利である。

図 11・8 はローフィン管を使用する場合と，平滑管を使用する場合とを比べて，どれだけ伝熱管数が少なくて済むかを示した図である。

### 11・1・3 管配列および管配列ピッチ

管の配列には，図 11・9 に示すように4角配置直列，4角配置錯列，3角配置直列および3角配置錯列がある。

3角配置錯列は胴側流体が清浄で汚れが生じにくい場合，あるいは胴側汚れを化学的処理で除去できるような場合に用いる。

4角直列あるいは4角配置錯列は管外を機械的手段で清掃できるので，汚れを生じやすい流体を取り扱う場合に用いられる。

3角配置直列は一般には使用されない。

## 11・1 多管円筒式熱交換器の種類，構造，価格

汚れ係数を無視せる総括伝熱係数 [kcal/m²・hr・℃]

これらの線より上は平滑管有利の範囲

管外側汚れ係数 $r_o$

0.0006　0.0008　0.001

0.0004

0.0002

0.0001

$r_o = 0$

これらの線より下はローフィン管有利の範囲

管内側汚れ係数 $r_i$ [m²・hr・℃/kcal]

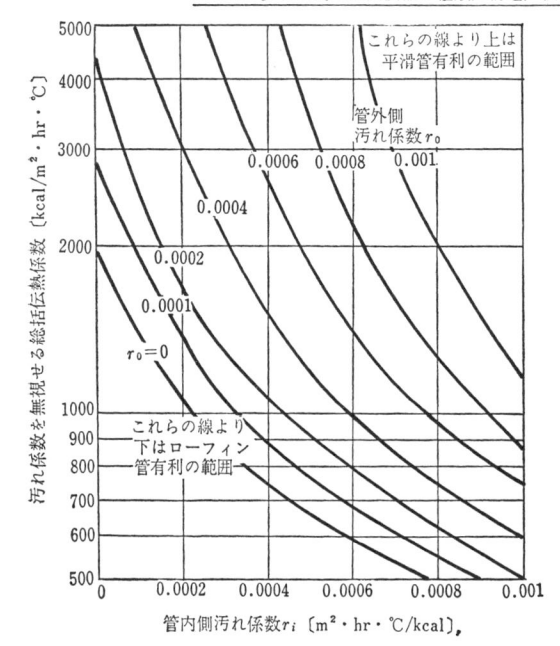

図 11・7　ローフィン管採用基準

ローフィン管と取り換えることによる伝熱管数の減少 (%)

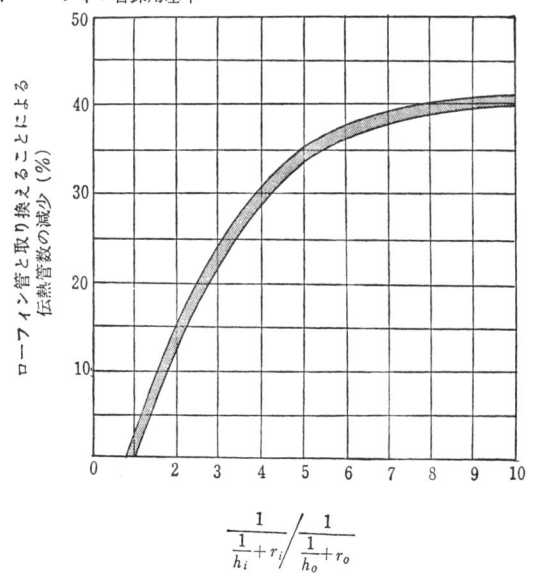

$$\frac{1}{\frac{1}{h_i}+r_i} \Big/ \frac{1}{\frac{1}{h_o}+r_o}$$

図 11・8　平滑管をローフィン管と取り換えたときの伝熱管数の減少 ($h_i$：管内側境膜伝熱係数，$h_o$：胴側境膜伝熱係数，$r_i$：管内側汚れ係数，$r_o$：胴側汚れ係数)

(a) 4角配置直列　　(b) 3角配置錯列　　(c) 4角配置錯列　　(d) 3角配置直列

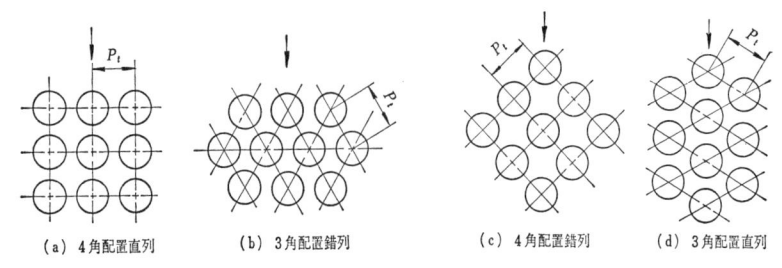

図 11・9　管配列法（矢印は流体の方向を示す）

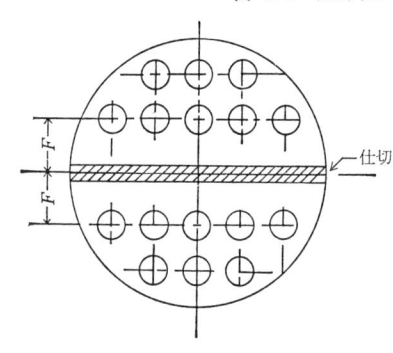

図 11・10　仕切みぞ中心から管中心までの標準距離 $F$

管配列ピッチ $P_t$（管中心と管中心との間隔）は，管外径（ローフィン管ではフィン外径）$D_o$ の 1.25 倍ぐらいにするのが普通で，一般に用いられる値を表 11・4 に示した。

管側を 2 パス以上にするときは，図 11・10 のように仕切るが，この場合仕切溝中心から管中心までの距離 $F$ の標準値を表 11・4 に示した。一般に $F$ は次式で示される。

$$F = (P_t/2) + 6 \text{ [mm]}$$

### 11・1・4　邪魔板の形状および間隔

胴側流速を充分にして伝熱係数を増大させるために，管軸と直角方向に邪魔板を設ける。このたて置邪魔板には，オリフィス形，環状形，欠円形がある。

オリフィス形邪魔板（図 11・11(a)）は円板に管外径より 2 [mm] ないし 3 [mm] 大きい管穴を設け，この管穴と管外径との間の環状部を流体が流れるようにしたものであるが，流体が非常に清浄なものでないと，この環状部が詰るためあまり用いられない。

環状形邪魔板（図 11・11(b)）は，円板とドーナツ形板とを組合せたものであるが，ドー

表 11・4　管配列ピッチ

| 管外径 (mm) | ピッチ (mm) | 仕切溝中心から管中心までの距離 $F$ (mm) |
|---|---|---|
| 19 | 25 | 19 |
| 25.4 | 32 | 22 |
| 31.8 | 40 | 26 |
| 38.1 | 48 | 30 |

11・1 多管円筒式熱交換器の種類，構造，価格　　405

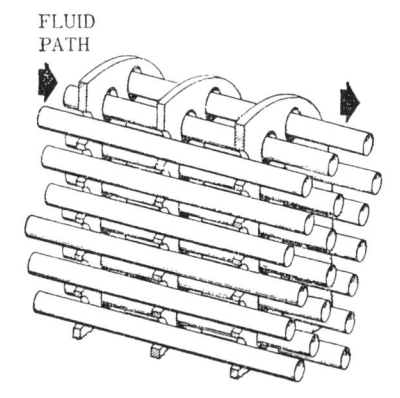

FLUID PATH

図 11・11(a)　オリフィス形邪魔板

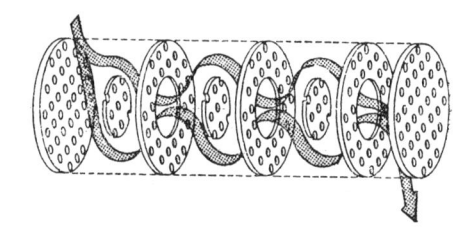

図 11・11(b)　環状形邪魔板

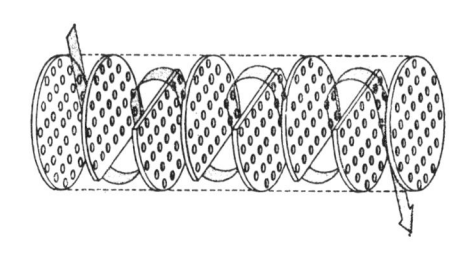

図 11・11(c)　欠円形邪魔板（水平切欠）

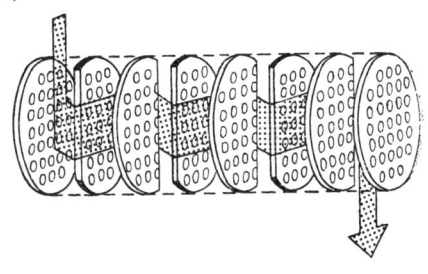

図 11・11(d)　欠円形邪魔板（垂直切欠）

ナツ形板の背後に不凝縮ガス,あるいは汚れが堆積する恐れがあるために,あまり用いられない。

欠円形邪魔板(図11・11(c), (d))は,一般に用いられる形式の邪魔板である。水平方向に切欠いたもの(c)と,垂直方向に切欠いたものとがある。切欠率(切欠いた弧の高さと胴内径との比)は,普通20ないし50％とする。垂直切欠は水平凝縮器,水平リボイラ,浮遊固体粒子を含む流体用の水平熱交換器などに用いられる。垂直切欠の場合には不凝縮ガスが邪魔板の頂部に溜ったり,また凝縮器では底部にドレンが溜ったりしない。

たて置邪魔板の間隔は許容圧力損失の範囲内で,できるだけ小さくとるのが望ましい。TEMAは邪魔板間隔の最小値を胴内径の1/5か,または50〔mm〕の大きいほうとするように述べている。また,最大値は管支持に必要な最大距離から決まるが,その値を表11・5に示した。

表 11・5 管支持に必要な最大間隔

(単位 mm, °C)

| 伝熱管外径 | 伝熱管の支持されない最大長さ | |
|---|---|---|
| | 伝熱管の材質および温度限界内 (°C) | |
| | 炭素鋼および高合金鋼 (400) <br> 低合金鋼 (450) <br> ニッケル,銅 (320) | アルミニウム, <br> アルミニウム合金および銅合金 |
| 19.0 | 1,520 | 1,320 |
| 25.4 | 1,880 | 1,630 |
| 31.8 | 2,235 | 1,930 |
| 38.1 | 2,540 | 2,210 |

注 上記温度限界を越える場合の最大間隔は,その温度における弾性係数と表中の温度限界における弾性係数の比の4乗根に比例して,間隔を縮めなければならない。

たて置邪魔板の管穴の標準径は,次のとおりである。

邪魔板間隔 1,000〔mm〕以下のとき,管外径より 1〔mm〕大とする。

邪魔板間隔 1,000〔mm〕を越えるときは,管外径より 0.5〔mm〕大とする。

たて置邪魔板と胴内径との標準間隙を,表11・6に示した。

胴側を2パスにするときには,図11・12のように,伝熱管軸に平行に長手邪魔板を入れる。邪魔板と胴との長手接触部の間隙をなくするために,胴と邪魔板との間にパッキンを入れる。

## 表 11・6 邪魔板と胴内径との標準間隙

(単位 mm)

| 胴呼び径 | | 標準間隙 |
|---|---|---|
| 管 胴 | 板 巻 胴 | 胴設計内径と邪魔板（支持板）外径との差 |
| 8Bより12Bまで | 200～300 | 3.0 |
| 14B, 16B | 350～400 | 3.5 |
| | 450～550 | 4.0 |
| | 600～950 | 4.5 |
| | 1,000～1,350 | 6.0 |
| | 1,400～1,500 | 8.0 |

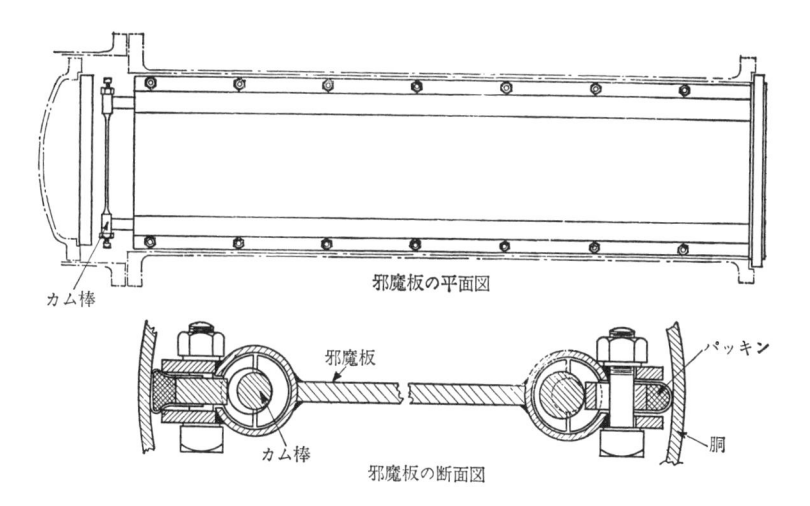

図 11・12 長 手 邪 魔 板

### 11・1・5 邪魔板固定棒およびスペーサ

邪魔板固定棒およびスペーサの本数・寸法は，胴の内径に応じ表 11・7 のように用いられる。

### 11・1・6 バイパス防止板

胴体と管束との間隙が大きすぎると，流体は管束を通らず，この隙間をバイパスするので，これを防止するため，図 11・13 のようなバイパス防止板が用いられることがある。

### 11・1・7 緩衝板

流体が管束外面に直接あたり，管表面にエロージョンを生ずるのを防ぐために，緩衝板

## 第11章 多管円筒式熱交換器の設計法

表 11・7 邪魔板固定棒の数

（単位 mm）

| 胴の呼び径 | 固定棒の直径 | 固定棒の数 |
|---|---|---|
| 8 B ～14 B<br>200～350 | 10　($W^3/_8$) | 4 |
| 16 B<br>400～650 | 10　($W^3/_8$) | 6 |
| 700～800 | 13　($W^1/_2$) | 6 |
| 850～1,200 | 13　($W^1/_2$) | 8 |
| 1,250～1,500 | 13　($W^1/_2$) | 10 |

注　（　）内は固定棒にネジを切るときのネジの呼び径を示す。

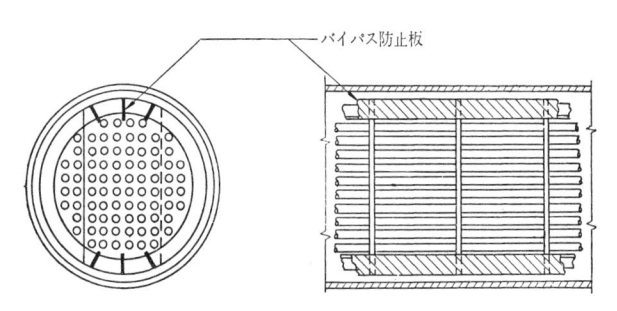

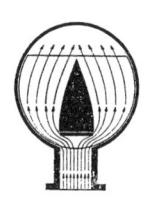

図 11・13　バイパス防止板

(1)緩衝板なし　　(2)たて置邪魔板が水平切欠のとき　　(3)たて置邪魔板が垂直切欠のとき

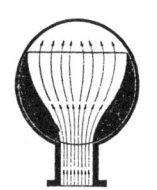

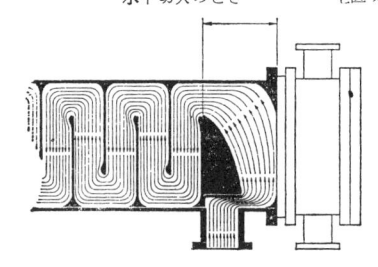

たて断面

長手方向断面
図 11・14(a)　緩衝板と流体の流れ様式

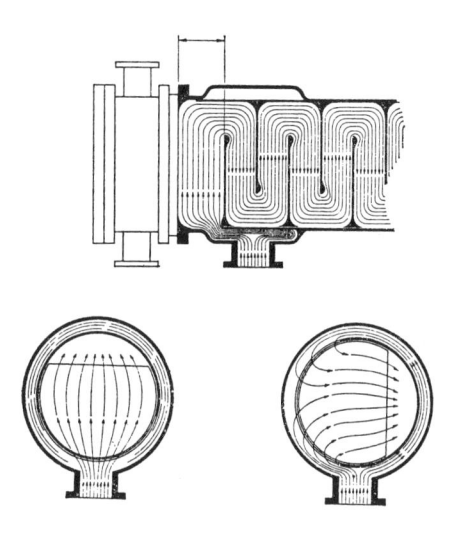

図 11·14 (b) 環状形入口分布板を
有するときの流れ様式

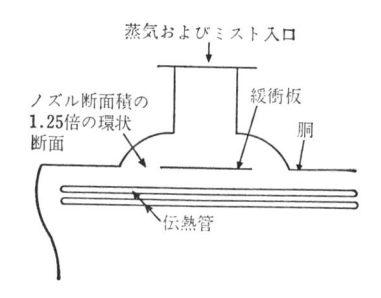

図 11·14(c) 入口ノズルの根元に
つけた緩衝板

(Impingement Baffle) が用いられる。緩衝板の配列の種類を図 11·14 (a)～図 11·14 (c) に示した。緩衝板は管表面を保護する以外に，管束に流体を一様に分布させるのにも役立つ。

### 11·1·8 管本数と胴内径との関係

一般に用いられる胴内径と管総本数との関係を表 11·8 (a)～表 11·8 (t) に示した。また，胴内径と許容最大管束径 (O.T.L) との関係を表 11·9 に示した。また，管側仕切板の配列を図 11·15 に示した。

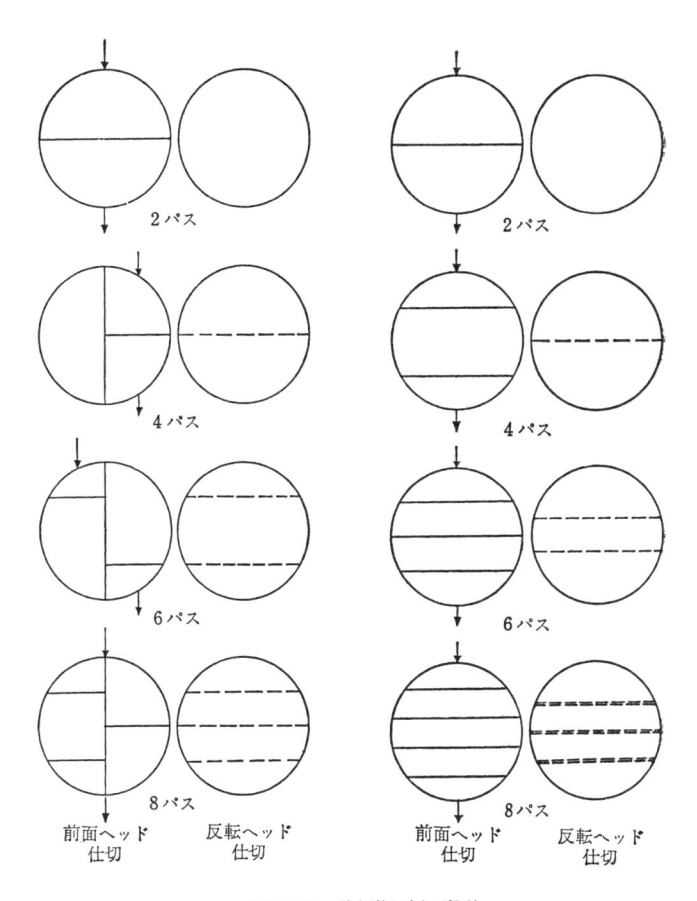

図 11・15　管側仕切板の配列

## 11·1 多管円筒式熱交換器の種類, 構造, 価格

表 11·8-(a) 管 配 列 表

| シェル内径 | 8$^B$ S$_{CH}$·40 (199.9) | | | 最大許容 O.T.L. | | 固定管板形 | 188.9 |
|---|---|---|---|---|---|---|---|
| | | | | | | 遊動頭形 | 164.9 |
| 形式 | チューブ外径 配列 | パ ス 数 | | | | | |
| | | 1 | 2 | 4 | | 6 | |

| 形式 | 外径 | 配列 | 1 | 2 | 4 | | 6 | |
|---|---|---|---|---|---|---|---|---|
| 固定管板形 | 19.0 | △ | 32 (34) / 32 (34) | 32 (32) / 16 (16) | 28 (28) / 7 (7) | | 24 (28) / 6 / 6 (7) / (7) | |
| | 25.4 | △ | 20 (20) / 20 (20) | 18 (20) / 9 (10) | 16 (16) / 4 (4) | | | |
| 遊動頭形 | 19.0 | △ | 27 (31) / 27 (31) | 26 (26) / 13 (13) | 24 (24) / 6 (6) | | | |
| | 19.0 | □ | 28 (28) / 28 (28) | 24 (24) / 12 (12) | 20 (24) / 5 (6) | | | |
| | 25.4 | △ | 15 (15) / 15 (15) | 18 (18) / 9 (9) | 12 (12) / 3 (3) | | | |
| | 25.4 | □ | 12 (16) / 12 (16) | 12 (12) / 6 (6) | 12 (12) / 3 (3) | | | |

備考 1. ( )内はインピンジメントバッフルを考慮しない場合の本数を示す。
　　 2. ＊印は各パス本数が平均本数に対して不均一度が5～10%のものを示す。
　　 3. ＋印は各パス本数が平均本数に対して不均一度が10%以上のものを示す。

表 11·8-(b) つづき

| シェル内径 | | $10^B$ $S_{CH}$・40 (248.8) | | | 最大許容 O.T.L. | 固定管板形 | 237.8 |
|---|---|---|---|---|---|---|---|
| | | | | | | 遊動頭形 | 213.8 |
| 形式 | チューブ外径 配列 | パス数 | | | | | |
| | | 1 | 2 | 4 | | 6 | |
| 固定管板形 | 19.0 △ | 59 (65) / 59 (65) | 50 (56) / 25 (28) | 48 (48) / 12 (12) | 50 (50) / 13 (12) 12 (13) | | |
| | 25.4 △ | 32 (38) / 32 (38) | 32 (32) / 16 (16) | 28 (28) / 7 ((7)) | | 24 (28) / 6 6 (7) (7) | |
| 遊動頭形 | 19.0 △ | 49 (55) / 49 (55) | 44 (52) / 22 (26) | 44 (44) / 11 (11) | 42 (42) / 11 (10) 10 (11) | | |
| | 19.0 □ | 44 (48) / 44 (48) | 38 (44) / 19 (22) | 40 (44) / 10 (11) | | 32 (32) / 8 8 (8) (8) | |
| | 25.4 △ | 27 (31) / 27 (31) | 26 (26) / 13 (13) | 24 (24) / 5 (6) | | 20 (20) / 5 5 (5) (5) | |
| | 25.4 □ | 28 (28) / 28 (28) | 20 (26) / 10 (13) | 20 (24) / 5 (6) | | 20 (20) / 5 5 (5) (5) | |

## 11・1 多管円筒式熱交換器の種類, 構造, 価格

表 11・8-(c) つづき

| シェル内径 | | 12$^B$ S$_{CH}$・40 (297.9) | | 最大許容 O.T.L. | | 固定管板形 | 286.9 |
|---|---|---|---|---|---|---|---|
| | | | | | | 遊動頭形 | 262.9 |
| 形式 | チューブ外径配列 | パス数 | | | | | |
| | | 1 | 2 | 4 | | 6 | |
| 固定管板形 | 19.0 △ | 99 (105) | 88 (94) | 76 (80) | ※ 66 (72) | 64 (74) | + 78 + (78) |
| | | 99 (105) | 44 (47) | 19 (20) | 15 / 18 (18) (18) | 15 / 17 (17) (20) | 11 / 14 (14) (11) |
| | 25.4 △ | 57 (57) | 56 (56) | 44 (44) | 44 (46) | + (38) + (38) | 42 (42) |
| | | 57 (57) | 28 (28) | 11 (11) | 11 / 11 (11) (12) | 11 / 8 (8) (11) | 7 / 7 (7) (7) |
| 遊動頭形 | 19.0 △ | 88 (88) | 82 (82) | 72 (72) | ※ 58 ※ (58) | ※ 56 + (60) | ※ 58 ※ (58) |
| | | 88 (88) | 41 (41) | 18 (18) | 15 / 14 (14) (15) | 13 / 15 (17) (13) | 11 / 9 (9) (11) |
| | 19.0 □ | 74 (74) | 72 (72) | 60 (60) | ※ 66 ※ (66) | ※ 52 + (56) | + 60 + (60) |
| | | 74 (74) | 36 (36) | 15 (15) | 18 / 15 (15) (18) | 12 / 14 (16) (12) | 12 / 9 (9) (12) |
| | 25.4 △ | 55 (55) | 48 (48) | 40 (40) | 36 (36) | ※ 34 ※ (34) | + 34 + (34) |
| | | 55 (55) | 24 (24) | 10 (10) | 9 / 9 (9) (9) | 9 / 8 (8) (9) | 5 / 6 (6) (5) |
| | 25.4 □ | 45 (45) | 40 (40) | 28 (28) | + 36 + (36) | + 36 + (36) | 34 (34) |
| | | 45 (45) | 20 (20) | 7 ((7)) | 8 / 10 (10) (8) | 10 / 8 (8) (10) | 5 / 6 (6) (5) |

第11章 多管円筒式熱交換器の設計法

表 11·8-(d) つづき

| シェル内径 | | $14^B$ S$_{CH}$·30 (336.6) | | | 最大許容 O.T.L. | 固定管板形 | 324.2 |
|---|---|---|---|---|---|---|---|
| | | | | | | 遊動頭形 | 301.6 |
| 形式 | チューブ外径配列 | パス数 | | | | | |
| | | 1 | 2 | 4 | | 6 | |

固定管板形 / 遊動頭形

| 外径 | 配列 | 1 | 2 | 4 | 4 | 6 | 6 |
|---|---|---|---|---|---|---|---|
| 19.0 | △ | 131 (135) | 118 (124) | 108 (112) | ※108 ※(116) | ※98 ※(106) | ※94 ※(102) |
| | | 131 (135) | 59 (62) | 27 (28) | 26 / 28 (28) (30) | 24/25 (25)(28) | 15/16 (16)(19) |
| 25.4 | △ | 81 (81) | 72 (72) | 64 (64) | +54 +(54) | ※48 ※(56) | +54 +(54) |
| | | 81 (81) | 36 (36) | 16 (16) | 15 / 12 (12)(15) | 11/13 (17)(11) | 11/8 (8)(11) |
| 19.0 | △ | 117 (117) | 110 (110) | 88 (88) | +76 +(76) | 92 (92) | ※86 ※(86) |
| | | 117 (117) | 55 (55) | 22 (22) | 23 / 15 (15)(23) | 23/23 (23)(23) | 13/15 (15)(13) |
| 19.0 | □ | 97 (97) | 92 (92) | 88 (88) | +64 +(64) | 88 (88) | ※64 ※(64) |
| | | 97 (97) | 46 (46) | 22 (22) | 19 / 13 (13)(19) | 22/22 (22)(22) | 12/10 (10)(12) |
| 25.4 | △ | 64 (64) | 66 (66) | 56 (56) | ※50 ※(52) | ※48 ※(52) | ※50 ※(50) |
| | | 64 (64) | 33 (33) | 14 (14) | 13 / 12 (12)(14) | 11/13 (15)(11) | 9/8 (8)(9) |
| 25.4 | □ | 61 (61) | 56 (56) | 52 (52) | ※52 ※(52) | +36 +(48) | 48 (48) |
| | | 61 (61) | 28 (28) | 13 (13) | 14 / 12 (12)(14) | 8/10 (16)(8) | 8/8 (8)(8) |

11・1 多管円筒式熱交換器の種類,構造,価格

表 11・8-(e) つづき

| シェル内径 | 16$^B$ S$_{CH}$・30 (387.4) | | | 最大許容 O.T.L. | | 固定管板形 | 375 |
|---|---|---|---|---|---|---|---|
| 形式 | チューブ外径配列 | | | パス数 | | 遊動頭形 | 352.4 |
| | | 1 | 2 | 4 | | | 6 |
| 固定管板形 | 19.0 △ | 163 (171) / 163 (171) | 156 (156) / 78 (78) | 140 (140) / 35 (35) | ※140 ※(140) / 38 (32)｜32 (38) | 118 ※(126) / 30 29 (29) (34) | ※118 +(126) / 21 (19) 19 (25) |
| | 25.4 △ | 93 (93) / 93 (93) | 82 (82) / 41 (41) | 80 (80) / 20 (20) | +84 +(84) / 17 (25)｜25 (17) | ※80 ※(80) / 19 21 (21) (19) | +82 +(82) / 11 (15) 15 (11) |
| 遊動頭形 | 19.0 △ | 151 (159) / 151 (159) | 146 (146) / 73 (73) | 128 (128) / 32 (32) | ※128 ※(128) / 34 (30)｜30 (34) | ※106 +(114) / 28 25 (25) (32) | +114 +(124) / 21 (18) 18 (26) |
| | 19.0 □ | 133 (133) / 133 (133) | 124 (124) / 62 (62) | 116 (116) / 29 (29) | +108 +(112) / 24 (24)｜30 (32) | ※112 ※(112) / 30 26 (26) (30) | 108 ※(112) / 18 (18) 18 (20) |
| | 25.4 △ | 81 (81) / 81 (81) | 82 (82) / 41 (41) | 68 (68) / 17 (17) | +82 +(82) / 18 (23)｜23 (18) | ※78 ※(78) / 18 21 (21) (18) | |
| | 25.4 □ | 81 (81) / 81 (81) | 78 (78) / 39 (39) | 72 (72) / 18 (18) | ※66 ※(66) / 18 (15)｜15 (18) | +72 +(72) / 16 20 (20) (16) | +68 +(68) / 14 (10) 10 (14) |

表 11·8-(f) つづき

| シェル内径 | | 350 | | 最大許容 O.T.L. | | 固定管板形 / 遊動頭形 | 340.5 / 315 |
|---|---|---|---|---|---|---|---|
| 形式 | チューブ外径配列 | \multicolumn{6}{c}{パス数} | | | | | |
| | | 1 | 2 | 4 | | 6 | |
| 固定管板形 | 19.0 △ | 135 (135) | 118 (118) | 112 (112) | ※106 ※(106) | 98 (98) | ※98 ※(98) |
| | | 135 (135) | 59 (59) | 28 (28) | 25 / (28) 28 / (25) | 24 / 25 / (25) / (24) | 15 / 17 / (17) / (15) |
| | 25.4 △ | 69 (69) | 72 (72) | 64 (64) | ※62 +(68) | +60 +(60) | 54 (54) |
| | | 69 (69) | 36 (36) | 16 (16) | 17 / (14) 14 / (20) | 11 / 19 / (19) / (11) | 9 / 9 / (9) / (9) |
| 遊動頭形 | 19.0 △ | 117 (117) | 114 (114) | 100 (100) | +90 +(90) | 90 (90) | ※86 ※(86) |
| | | 117 (117) | 57 (57) | 25 (25) | 20 / (25) 25 / (20) | 22 / 23 / (23) / (22) | 13 / 15 / (15) / (13) |
| | 19.0 □ | 101 (101) | 98 (98) | 92 (92) | 84 (84) | ※80 (86) | |
| | | 101 (101) | 49 (49) | 23 (23) | 20 / (22) 22 / (20) | 18 / 22 / (22) / (21) | |
| | 25.4 △ | 70 (70) | 64 (64) | 56 (56) | 50 +(56) | | ※50 ※(50) |
| | | 70 (70) | 32 (32) | 14 (14) | 13 / (12) 12 / (16) | | 9 / 8 / (8) / (9) |
| | 25.4 □ | 65 (65) | 56 (56) | 48 (48) | ※52 ※(52) | +50 +(56) | 48 (48) |
| | | 65 (65) | 28 (28) | 12 (12) | 14 / (12) 12 / (14) | 16 / 9 / (18) / (10) | 8 / 8 / (8) / (8) |

11・1 多管円筒式熱交換器の種類, 構造, 価格

表 11・8-(g) つづき

| シェル内径 | | 400 | | | 最大許容 O.T.L. | 固定管板形 | 390.5 |
| --- | --- | --- | --- | --- | --- | --- | --- |
| | | | | | | 遊動頭形 | 365 |
| 形式 | チューブ外径配列 | パス数 | | | | | |
| | | 1 | 2 | 4 | | 6 | |
| 固定管板形 | 19.0 △ | 184 (184) | 174 (184) | 160 (168) | | +146 (156) | |
| | | 184 (184) | 87 (92) | 40 (42) | | 21 / 26 / (26) / (26) | |
| | 25.4 △ | 108 (116) | 98 (106) | 92 (100) | +88 +(96) | 90 (90) | |
| | | 108 (116) | 49 (53) | 23 (25) | 19 (25) 25 (23) | 15 / 15 / (15) / (15) | |
| 遊動頭形 | 19.0 △ | 168 (168) | 156 (160) | 140 (144) | +142 +(148) | +130 +(134) | |
| | | 168 (168) | 78 (80) | 35 (36) | 40 (31) 31 (43) | 23 (19) 19 (24) | |
| | 19.0 □ | 148 (148) | 132 (136) | 128 (132) | ※120 ※(128) | +120 +(120) | |
| | | 148 (148) | 66 (68) | 32 (33) | 28 (32) 32 (32) | 18 (24) 24 (18) | |
| | 25.4 △ | 97 (103) | 92 (98) | (80) (84) | +82 ※(88) | 82 (82) | +78 +(78) |
| | | 97 (103) | 46 (49) | 20 (21) | 17 (24) 24 (20) | 20 / 21 / (21) / (20) | 11 / 14 / (14) / (11) |
| | 25.4 □ | 81 (87) | 82 (82) | 80 (80) | | +72 (78) | +68 +(72) | +72 +(72) |
| | | 81 (87) | 41 (41) | 20 (20) | | 16 / 20 / (20) / (19) | 14 / 10 / (10) / (16) | 11 (14) 14 (11) |

418　第11章　多管円筒式熱交換器の設計法

表 11·8-(h)　つづき

| シェル内径 | | 450 | | | 最大許容 O.T.L. | 固定管板形 | 440 |
| --- | --- | --- | --- | --- | --- | --- | --- |
| | | | | | | 遊動頭形 | 415 |
| 形式 | チューブ外径配列 | パス数 | | | | | |
| | | 1 | 2 | 4 | | 6 | |
| 固定管板形 | 19.0 △ | 246 (256) | 228 (238) | 216 (224) | 206 ※(216) | ※196 +(208) | +206 ※(214) |
| | | 246 (256) | 114 (119) | 54 (56) | 52 (51) 51 (57) | 36 (31) 31 (42) | 32 (39) 39 (34) |
| | 25.4 △ | 141 (149) | 134 (142) | 124 (132) | 118 +(130) | 110 +(120) | |
| | | 141 (149) | 67 (71) | 31 (33) | 30 (29) 29 (36) | 19 18 (18) (24) | |
| 遊動頭形 | 19.0 △ | 218 (224) | 208 (216) | 188 (192) | ※188 (196) | | +184 +(188) |
| | | 218 (224) | 104 (108) | 47 (48) | 44 (50) 50 (48) | | 28 (36) 36 (29) |
| | 19.0 □ | 192 (200) | 178 (184) | 172 (176) | 168 (168) | | 172 (172) |
| | | 192 (200) | 89 (92) | 43 (44) | 42 (42) 42 (42) | | 28 (30) 30 (28) |
| | 25.4 △ | 132 (132) | 122 (126) | 112 (112) | 110 ※(114) | | +108 +(108) |
| | | 132 (132) | 61 (63) | 28 (28) | 28 (27) 27 (30) | | 22 16 (16) (22) |
| | 25.4 □ | 110 (114) | 104 (112) | 104 (108) | ※96 +(100) | | 98 (98) |
| | | 110 (114) | 52 (56) | 26 (27) | 26 (22) 22 (28) | | 16 (17) 17 (16) |

## 11・1 多管円筒式熱交換器の種類, 構造, 価格

表 11・8-(i) つづき

| シェル内径 | | 500 | | | 最大許容 O.T.L. | | 固定管板形 | 490 |
| --- | --- | --- | --- | --- | --- | --- | --- | --- |
| | | | | | | | 遊動頭形 | 465 |
| 形式 | チューブ外径 配列 | \multicolumn{6}{c}{パス数} | | |
| | | 1 | 2 | 4 | | | 6 | |
| 固定管板形 | 19.0 △ | 302 (302) | 286 (286) | 268 (268) | | | ※ 248 ※ (248) | |
| | | 302 (302) | 143 (143) | 67 (67) | | | 38 / 43 (43) / (38) | |
| | 25.4 △ | 173 (185) | 170 (170) | 160 (160) | | | + 146 +(146) | |
| | | 173 (185) | 85 (85) | 40 (40) | | | 21 / 26 (26) / (21) | |
| 遊動頭形 | 19.0 △ | 285 (285) | 268 (268) | 252 (252) | | | + 228 +(228) | |
| | | 285 (285) | 134 (134) | 63 (63) | | | 34 / 40 (40) / (34) | |
| | 19.0 □ | 244 (244) | 236 (236) | 228 (228) | | | 200 (200) | |
| | | 244 (244) | 118 (118) | 57 (57) | | | 34 / 33 (33) / (34) | |
| | 25.4 △ | 156 (166) | 160 (160) | 148 (148) | | | + 138 +(138) | |
| | | 156 (166) | 80 (80) | 37 (37) | | | 19 / 25 (25) / (19) | |
| | 25.4 □ | 150 (150) | 140 (140) | 132 (132) | | | ※ 112 +(124) | |
| | | 150 (150) | 70 (70) | 33 (33) | | | 18 / 19 (19) / (24) | |

表 11・8-(j)　つづき

| 形式 | チューブ外径配列 | シェル内径 550　　最大許容 O.T.L. 固定管板形 540／遊動頭形 515 パス数 | | | | | |
|---|---|---|---|---|---|---|---|
| | | 1 | 2 | 4 | | 6 | |
| 固定管板形 | 19.0 △ | 370 (370) / 370 (370) | 354 (354) / 177 (177) | 328 (328) / 82 (82) | | +308 +(308) / 58 48 (48)(58) | |
| | 25.4 △ | 215 (229) / 215 (229) | 212 (212) / 106 (106) | ※194 ※(194) / 46 (51)51 (46) | | ※180 ※(180) / 32 29 (29)(32) | |
| 遊動頭形 | 19.0 △ | 349 (349) / 349 (349) | 330 (330) / 165 (165) | 312 (312) / 78 (78) | | +292 +(292) / 54 46 (46)(54) | |
| | 19.0 □ | 296 (296) / 296 (296) | 296 (296) / 148 (148) | 284 (284) / 71 (71) | 266 (266) / 68 (65)(65) (68) | +256 +(256) / 36 46 (46)(36) | |
| | 25.4 △ | 197 (207) / 197 (207) | 196 (196) / 98 (98) | | 182 (190) / 46 45 (45)(50) | ※172 ※(172) / 30 28 (28)(30) | |
| | 25.4 □ | 180 (180) / 180 (180) | 164 (178) / 82 (89) | 168 (168) / 42 (42) | | +152 +(164) / 20 28 (28)(26) | |

## 11・1 多管円筒式熱交換器の種類, 構造, 価格

表 11・8-(k) つづき

| シェル内径 | | 600 | | | 最大許容 O.T.L. | 固定管板形 | 589.5 |
|---|---|---|---|---|---|---|---|
| | | | | | | 遊動頭形 | 565 |
| 形式 | チューブ外径配列 | バス数 | | | | | |
| | | 1 | 2 | | 4 | | 6 |

| 形式 | 外径 | 配列 | 1 | 2 | 4 | 6 |
|---|---|---|---|---|---|---|
| 固定管板形 | 19.0 | △ | 444 (456) | 426 (448) | 404 (416) | 406 (406) | 380 (380) |
| | | △ | 444 (456) | 213 (224) | 101 (104) | 107 / 96 96 (107) | 66 / 62 (62)(66) |
| | 25.4 | △ | 281 (281) | 260 (270) | 244 (252) | 236 (236) | 244 (244) | 240 (240) |
| | | △ | 281 (281) | 130 (135) | 61 (63) | 60 / 58 58 (60) | 42 / 40 (40)(42) | 40 / 40 (40)(40) |
| 遊動頭形 | 19.0 | △ | 420 (432) | 398 (412) | 380 (392) | 378 (378) | 356 (356) | ※ 384 (408) |
| | | △ | 420 (432) | 199 (206) | 95 (98) | 97 / 92 92 (97) | 60 / 59 (59)(60) | 59 / 74 74 (65) |
| | 19.0 | □ | 364 (376) | 356 (364) | 336 (336) | 316 (316) | 320 (320) | 336 (336) |
| | | □ | 364 (376) | 178 (182) | 84 (84) | 78 / 80 80 (78) | 56 / 52 (52)(56) | 58 / 52 (52)(58) |
| | 25.4 | △ | 262 (262) | 250 (250) | 228 (228) | 230 (230) | ※ 216 ※ (216) | 224 (224) |
| | | △ | 262 (262) | 125 (125) | 57 (57) | 59 / 56 56 (59) | 46 / 31 (31)(46) | 36 / 40 (40)(36) |
| | 25.4 | □ | 212 (222) | 212 (212) | 208 (208) | 196 (196) | 188 (188) | 196 (196) |
| | | □ | 212 (222) | 106 (106) | 52 (52) | 50 / 48 48 (50) | 32 / 31 (31)(32) | 33 / 32 (33)(32) |

## 表 11・8-(1) つづき

| シェル内径 | | 650 | | | 最大許容 O.T.L. | 固定管板形 | 639.5 |
| --- | --- | --- | --- | --- | --- | --- | --- |
| | | | | | | 遊動頭形 | 605 |

| 形式 | チューブ外径 | 配列 | パス数 1 | 2 | 4 | 6 |
| --- | --- | --- | --- | --- | --- | --- |
| 固定管板形 | 19.0 | △ | 527 (553) | 504 (530) / 252 (265) | 484 (508) / 121 (127) | ※480 (510) / 113 (127) 127 (128) | ※456 (476) / 70 79 (79) (80) | 458 (486) / 74 (81) 81 (81) |
| | 25.4 | △ | 328 (328) | 314 (314) / 157 (157) | 300 (300) / 75 (75) | ※296 (308) / 69 (79) 79 (75) | ※276 ※(276) / 52 43 (43) (52) | 286 (286) / 49 (45) 45 (49) |
| 遊動頭形 | 19.0 | △ | 487 (499) | 468 (484) / 234 (242) | 444 (456) / 111 (114) | ※440 (454) / 101 (119) 119 (108) | ※414 ※(414) / 79 64 (64) (79) | ※426 (438) / 68 (77) 77 (71) |
| | 19.0 | □ | 424 (432) | 416 (416) / 208 (208) | 400 (400) / 100 (100) | 390 (390) / 93 (99) 93 (96) | ※372 (384) / 58 64 (64) (64) | ※376 (392) / 61 (66) 66 (65) |
| | 25.4 | △ | 289 (299) | 282 (282) / 141 (141) | 272 (272) / 68 (68) | 216 (216) / 59 70 (70) (59) | ※258 ※(258) / 46 42 (42) (46) | 248 (248) / 41 (42) 42 (41) |
| | 25.4 | □ | 254 (254) | 244 (256) / 122 (128) | 236 (244) / 59 (61) | 216 (216) / 56 (52) 52 (56) | ※220 ※(220) / 42 34 (34) (42) | ※228 ※(228) / 39 (36) 36 (39) |

11・1 多管円筒式熱交換器の種類, 構造, 価格

表 11・8-(m)  つづき

| シェル内径 | | 700 | | | 最大許容 O.T.L. | 固定管板形 | 689.5 |
|---|---|---|---|---|---|---|---|
| 形式 | チューブ外径配列 | パス数 | | | | 遊動頭形 | 655 |
| | | 1 | 2 | 4 | 4 | 6 | 6 |
| 固定管板形 | 19.0 △ | 638 (668) | 588 (618) | 560 (588) | 554 (554) | 546 (546) | +536 ※(570) |
| | | 638 (668) | 294 (309) | 140 (147) | 141 / 136 (136) (141) | 143 / 130 (130) (143) | 74 / 97 (97) (91) |
| | 25.4 △ | 390 (404) | 350 (372) | 332 (348) | ※344 (366) | 326 (326) | +312 (342) |
| | | 390 (404) | 175 (186) | 83 (87) | 78 / 94 (94) (89) | 81 / 82 (82) (81) | 44 / 56 (56) (59) |
| 遊動頭形 | 19.0 △ | 566 (582) | 544 (562) | 524 (540) | 514 (514) | 510 (510) | 516 (516) |
| | | 566 (582) | 272 (281) | 131 (135) | 127 / 130 (130) (127) | 129 / 126 (126) (129) | 86 / 86 (86) (86) |
| | 19.0 □ | 484 (500) | 474 (488) | 464 (480) | 440 (440) | ※456 ※(468) | ※436 ※(436) |
| | | 484 (500) | 237 (244) | 116 (120) | 112 / 108 (108) (112) | 104 / 124 (124) (110) | 76 / 71 (71) (76) |
| | 25.4 △ | 336 (346) | 334 (346) | 308 (316) | ※306 (320) | 304 (304) | ※308 ※(308) |
| | | 336 (346) | 167 (173) | 77 (79) | 72 / 81 (81) (79) | 76 / 76 (76) (76) | 48 / 53 (53) (48) |
| | 25.4 □ | 290 (302) | 290 (296) | 284 (292) | 266 (266) | +260 +(260) | 264 (276) |
| | | 290 (302) | 145 (148) | 71 (73) | (68) 65 / 65 (68) | 73 / 57 (57) (73) | 42 / 45 (45) (48) |

424　第11章　多管円筒式熱交換器の設計法

表 11·8-(n) つづき

| シェル内径 | | 750 | | | 最大許容 O.T.L. | 固定管板形 | 739.5 |
|---|---|---|---|---|---|---|---|
| | | | | | | 遊動頭形 | 705 |
| 形式 | チューブ外径配列 | \multicolumn{6}{c}{パス数} |
| | | 1 | 2 | 4 | | 6 | |

| 形式 | 外径 | 配列 | 1 | 2 | 4 | | 6 | |
|---|---|---|---|---|---|---|---|---|
| 固定管板形 | 19.0 | △ | 705 (739) | 678 (716) | 656 (688) | ※652 ※(686) | ※636 (674) | +598 +(598) | 598 (678) |
| | | | 705 (739) | 339 (358) | 164 (172) (168) | 151 (175) 175 | 151 167 (167) (170) | 111 94 (94) (111) | 102 (95) 95 (122) |
| | 25.4 | △ | 434 (446) | 412 (426) | 388 (404) | ※386 ※(386) | ※378 (378) | 372 (372) | 386 (410) |
| | | | 434 (446) | 206 (213) | 97 (101) | 101 (92) 92 (101) | 103 86 (86) (103) | 64 61 (61) (64) | 64 (65) 65 (70) |
| 遊動頭形 | 19.0 | △ | 640 (678) | 626 (646) | 608 (628) | ※594 ※(594) | ※592 (622) | ※554 (614) | 606 (606) |
| | | | 640 (678) | 313 (323) | 152 (157) | 156 (141) 141 (156) | 137 159 (159) (152) | 77 100 (100) (107) | 103 (97) 97 (103) |
| | 19.0 | □ | 542 (574) | 544 (562) | 528 (548) | 528 (528) | 514 (546) | 524 (536) | 478 (478) |
| | | | 542 (574) | 272 (281) | 132 (137) | 134 (130) 130 (134) | 124 133 (133) (140) | 84 89 (89) (90) | 79 (81) 81 (79) |
| | 25.4 | △ | 374 (396) | 386 (396) | 368 (376) | 358 (358) | ※358 ※(358) | 348 (348) | 328 (352) |
| | | | 374 (396) | 193 (198) | 92 (94) | 89 (90) 90 (89) | 95 84 (84) (95) | 58 58 (58) (58) | 56 (52) 52 (62) |
| | 25.4 | □ | 332 (344) | 326 (340) | 316 (328) | 316 (328) | 316 (332) | ※304 ※(304) | 326 (326) |
| | | | 332 (344) | 163 (170) | 79 (82) | 78 (80) 80 (84) | 76 82 (82) (84) | 54 49 (49) (54) | 54 (55) 55 (54) |

11・1 多管円筒式熱交換器の種類，構造，価格　　　425

表 11・8-(o) つづき

| シェル内径 | | 800 | | | 最大許容 O.T.L. | 固定管板形 | 789.5 |
| --- | --- | --- | --- | --- | --- | --- | --- |
| | | | | | | 遊動頭形 | 755 |
| 形式 | チューブ外径配列 | パス数 | | | | | |
| | | 1 | 2 | 4 | | | 6 |
| 固定管板形 | 19.0 △ | 803 (837) | 780 (810) | 756 (780) | 730 (744) | 722 (736) | 682 (698) | ※716 (728) |
| | | 803 (837) | 390 (405) | 189 (195) | 180 (185) 185 (187) | 182 179 (179) (189) | 113 114 (114) (121) | 116 126 (126) (119) |
| | 25.4 △ | 471 (497) | 456 (478) | 444 (464) | ※454 ※(468) | 440 (454) | ※412 ※(412) | ※446 (454) |
| | | 471 (497) | 228 (239) | 111 (116) | 105 (122) 122 (112) | 107 113 (113) (114) | 72 67 (67) (72) | 72 79 (79) (74) |
| 遊動頭形 | 19.0 △ | 751 (769) | 744 (760) | 704 (716) | 700 (716) | 690 (708) | 642 (658) | ※682 ※(698) |
| | | 751 (769) | 372 (380) | 176 (179) | 172 (178) 178 (180) | 172 173 (173) (181) | 105 108 (108) (113) | 109 123 (123) (113) |
| | 19.0 □ | 653 (667) | 642 (656) | 624 (640) | 604 (620) | ※596 ※(614) | 580 ※(596) | 600 (616) |
| | | 653 (667) | 321 (328) | 156 (160) | 148 (154) 154 (156) | 155 143 (143) (164) | 98 96 (96) (106) | 101 98 (98) (105) |
| | 25.4 △ | 446 (458) | 430 (456) | 392 (400) | ※394 ※(394) | ※414 (426) | ※384 ※(384) | 396 (404) |
| | | 446 (458) | 215 (228) | 98 (100) | 103 (94) 94 (103) | 97 110 (110) (103) | 68 62 (62) (68) | 65 68 (68) (67) |
| | 25.4 □ | 393 (403) | 388 (398) | 376 (388) | ※362 ※(374) | 354 (368) | ※332 ※(332) | 340 (340) |
| | | 393 (403) | 194 (199) | 94 (97) | 84 (97) 97 (90) | 87 90 (90) (94) | 58 54 (54) (58) | 58 54 (54) (58) |

表 11·8-(p) つづき

| シェル内径 | | 850 | | | 最大許容 O.T.L. | 固定管板形 | 839.5 |
|---|---|---|---|---|---|---|---|
| | | | | | | 遊動頭形 | 805 |
| 形式 | チューブ外径配列 | パス数 | | | | | |
| | | 1 | 2 | 4 | | 6 | |

固定管板形

| 配列 | 外径 | 1 | 2 | 4 | | 6 | |
|---|---|---|---|---|---|---|---|
| △ | 19.0 | 913 (937) | 898 (898) | 880 (880) | 882 (882) | +860 +(860) | 864 (864) |
| △ | | 913 (937) | 449 (449) | 220 (220) | 211 / 230 230 (211) | 158 / 136 (136) (158) | 145 / (142) 142 (145) |
| △ | 25.4 | 565 (565) | 550 (550) | 524 (524) | 522 (538) | ※502 (518) | 506 (518) |
| △ | | 565 (565) | 275 (275) | 131 (131) | 132 / (129) 129 (140) | 87 / 82 (82) (95) | 84 / (85) 85 (87) |

遊動頭形

| 配列 | 外径 | 1 | 2 | 4 | | 6 | |
|---|---|---|---|---|---|---|---|
| △ | 19.0 | 871 (891) | 862 (862) | 816 (816) | ※822 ※(822) | ※788 ※(788) | 794 (794) |
| △ | | 871 (891) | 431 (431) | 204 (204) | 217 / (194) 194 (217) | 138 / 128 (128) (138) | 131 / (135) 135 (131) |
| □ | 19.0 | 755 (769) | 732 (750) | 712 (732) | ※710 ※(710) | 700 (700) | 708 (724) |
| □ | | 755 (769) | 366 (375) | 178 (183) | 190 / (165) 165 (190) | 118 / 116 (116) (118) | 117 / (120) 120 (121) |
| △ | 25.4 | 533 (533) | 510 (510) | 480 (480) | 476 (476) | 462 ※(474) | 464 (464) |
| △ | | 533 (533) | 255 (255) | 120 (120) | 116 / (122) 122 (116) | 79 / 76 (76) (85) | 76 / (80) 80 (76) |
| □ | 25.4 | 455 (455) | 442 (452) | 432 (440) | 432 (432) | ※424 ※(424) | 416 (416) |
| □ | | 455 (455) | 221 (226) | 108 (110) | 112 / (104) 104 (112) | 76 / 68 (68) (76) | 68 / (72) 72 (68) |

## 11・1 多管円筒式熱交換器の種類, 構造, 価格

**表 11・8-(q) つづき**

| シェル内径 | | 900 | | | 最大許容 O.T.L. | 固定管板形 | 889.5 |
|---|---|---|---|---|---|---|---|
| | | | | | 遊動頭形 | 849 | |
| 形式 | チューブ外径配列 | \multicolumn{6}{c}{パス数} | | |
| | | 1 | 2 | | 4 | | 6 |

| 形式 | 外径 | 配列 | 1 | 2 | 4 | | 6 | |
|---|---|---|---|---|---|---|---|---|
| 固定管板形 | 19.0 | △ | 1036 (1036) | 1008 (1008) | 964 (988) | 970 (1000) | 946 (972) | ※934 (964) | 918 (918) |
| | | △ | 1036 (1036) | 504 (504) | 241 (247) | 238 / 247 (247)(253) | 236 / 237 (237)(249) | 147 / 160 (160)(162) | 154 / 151 (151)(154) |
| | 25.4 | △ | 626 (626) | 490 (512) | 576 (596) | 564 ※(586) | 548 ※(570) | ※574 ※(574) | 558 (578) |
| | | △ | 626 (626) | 245 (256) | 144 (149) | 143 / 139 (139)(154) | 143 / 131 (131)(154) | 89 / 99 (99)(89) | 94 / 91 (91)(99) |
| 遊動頭形 | 19.0 | △ | 968 (968) | 940 (940) | 900 (920) | 904 (930) | ※886 (912) | 874 (902) | 868 (888) |
| | | △ | 968 (968) | 470 (470) | 225 (230) | 218 / 234 (234)(231) | 218 / 225 (225)(231) | 133 / 152 (152)(147) | 146 / 142 (142)(151) |
| | 19.0 | □ | 847 (847) | 824 (824) | 800 (800) | 772 ※(800) | 772 (796) | ※764 +(788) | 768 (796) |
| | | □ | 847 (847) | 412 (412) | 200 (200) | 196 / 190 (190)(210) | 194 / 192 (192)(206) | 134 / 124 (124)(146) | 128 / 128 (128)(135) |
| | 25.4 | △ | 588 (588) | 556 (574) | 536 (552) | 536 ※(556) | 520 ※(542) | +540 +(540) | 524 (544) |
| | | △ | 588 (588) | 278 (287) | 134 (138) | 134 / 134 (134)(144) | 135 / 125 (125)(146) | 82 / 94 (94)(82) | 88 / 86 (86)(93) |
| | 25.4 | □ | 488 (512) | 500 (500) | 468 (488) | ※476 (496) | ※476 (492) | 468 +(484) | 472 ※(492) |
| | | □ | 488 (512) | 250 (250) | 117 (122) | 112 / 126 (126)(122) | 112 / 126 (126)(120) | 88 / 73 (73)(96) | 80 / 76 (76)(85) |

表 11・8-(r) つづき

| シェル内径 | | 950 | | | 最大許容 O.T.L. | 固定管板形 | 939.5 |
|---|---|---|---|---|---|---|---|
| | | | | | | 遊動頭形 | 899 |
| 形式 | チューブ外径 | パス数 | | | | | |
| | 配列 | 1 | 2 | | 4 | | 6 |

| 形式 | 外径 | 配列 | 1 | 2 | 4 | (cont.) | (cont.) | 6 |
|---|---|---|---|---|---|---|---|---|
| 固定管板形 | 19.0 | △ | 1163 (1187) / 1163 (1187) | 1124 (1154) / 562 (577) | 1076 (1096) / 269 (274) | 1086 (1118) / 281 / 262 / (262)(297) | ※1066 ※(1098) / 281 252 (252)(297) | ※1048 ※(1080) / 184 170 (170)(200) | ※1058 ※(1086) / 167 195 (195)(174) |
| | 25.4 | △ | 699 (699) / 699 (699) | 686 (686) / 343 (343) | 656 (676) / 164 (169) | ※646 ※(668) / 151 172 (172)(162) | 636 (658) / 151 167 (167)(162) | ※618 ※(642) / 101 104 (104)(113) | ※626 ※(646) / 109 95 (95)(114) |
| 遊動頭形 | 19.0 | △ | 1093 (1112) / 1093 (1112) | 1042 (1064) / 521 (532) | 996 (1016) / 249 (254) | 1016 (1040) / 259 240 (249)(271) | 982 (1004) / 251 240 (240)(262) | 1016 (1016) / 182 163 (163)(182) | ※962 ※(982) / 166 149 (149)(171) |
| | 19.0 | □ | 917 (943) / 917 (943) | 928 (928) / 464 (464) | 896 (928) / 224 (232) | 890 (910) / 228 217 (217)(238) | 862 (884) / 225 206 (206)(236) | ※856 (876) / 136 146 (146)(146) | 886 (906) / 145 153 (153)(150) |
| | 25.4 | △ | 657 (657) / 657 (657) | 638 (638) / 319 (319) | 600 (600) / 150 (150) | ※592 ※(610) / 139 157 (157)(148) | ※580 (598) / 137 153 (153)(146) | ※578 (594) / 91 99 (99)(99) | 562 ※(582) / 95 91 (91)(100) |
| | 25.4 | □ | 567 (567) / 567 (567) | 552 (570) / 276 (285) | 532 (564) / 133 (141) | ※518 (538) / 120 139 (139)(130) | 524 (524) / 131 131 (131)(131) | 524 (524) / 86 88 (88)(86) | 514 (534) / 83 91 (91)(88) |

## 11・1 多管円筒式熱交換器の種類, 構造, 価格

表 11・8-(s) つづき

| シェル内径 | | 1000 | | | 最大許容 O.T.L. | | 固定管板形 | 988 |
| --- | --- | --- | --- | --- | --- | --- | --- | --- |
| | | | | | | | 遊動頭形 | 949 |
| 形式 | チューブ外径配列 | パス数 | | | | | | |
| | | 1 | 2 | | 4 | | 6 | |
| 固定管板形 | 19.0 △ | 1265 (1289) | 1210 (1260) | 1192 (1224) | ※ 1180 (1200) | 1162 (1186) | ※ 1140 (1176) | 1174 (1198) |
| | | 1265 (1289) | 605 (630) | 298 (306) | 277 (287) / 313 (313) | 281 300 (300) (293) | 176 197 (197) (194) | 191 (205) 205 (197) |
| | 25.4 △ | 749 (765) | 730 (750) | 720 (740) | 714 (730) | ※ 664 (684) | ※ 690 (710) | ※ 690 ※ (706) |
| | | 749 (765) | 365 (375) | 180 (185) | 172 (180) / 185 (185) | 157 175 (175) (167) | 123 111 (123) (109) | 108 (129) 129 (112) |
| 遊動頭形 | 19.0 △ | 1199 (1203) | 1154 (1196) | 1132 (1148) | 1118 ※ (1134) | 1110 (1130) | 1086 (1116) | ※ 1104 (1124) |
| | | 1199 (1203) | 577 (598) | 283 (287) | 293 (267) / 266 (300) | 265 290 (290) (275) | 167 188 (188) (182) | 178 (196) 196 (183) |
| | 19.0 □ | 1030 (1050) | 1000 (1046) | 980 (1008) | 976 ※ (992) | 968 (988) | 956 (976) | 972 (988) |
| | | 1030 (1050) | 500 (523) | 245 (252) | 256 (264) / 232 (232) | 230 254 (254) (240) | 164 157 (157) (174) | 162 (162) 162 (166) |
| | 25.4 △ | 716 (732) | 696 (720) | 664 (692) | 672 (682) | 670 (682) | 658 (678) | ※ 664 ※ (672) |
| | | 716 (732) | 348 (360) | 166 (173) | 161 (166) / 175 (175) | 166 169 (169) (172) | 115 107 (107) (125) | 104 (124) 124 (106) |
| | 25.4 □ | 623 (639) | 604 (624) | 600 (604) | 592 (608) | 576 (588) | 576 (592) | 592 (608) |
| | | 623 (639) | 302 (312) | 150 (151) | 144 (152) / 152 (152) | 147 141 (141) (153) | 98 95 (95) (106) | 99 (98) 98 (103) |

430　第11章　多管円筒式熱交換器の設計法

表 11・8-(t)　つづき

| シェル内径 | | 1100 | | | 最大許容 O.T.L. | 固定管板形 | 1088 |
|---|---|---|---|---|---|---|---|
| | | | | | 遊動頭形 | 1049 | |
| 形式 | チューブ外径配列 | パス数 | | | | | |
| | | 1 | 2 | 4 | | 6 | |

| 形式 | 外径配列 | 1 | 2 | 4 | | 6 | |
|---|---|---|---|---|---|---|---|
| 固定管板形 | 19.0 △ | 1564 (1564) | 1530 (1530) | 1488 (1488) | 1478 (1514) | 1458 (1490) | 1444 (1444) | ※1438 ※(1462) |
| | | 1564 (1564) | 765 (765) | 372 (372) | 354 (385) 385 (372) | 356 373 (373) (372) | 244 239 (239) (244) | 246 (227) 227 (252) |
| | 25.4 △ | 937 (937) | 916 (940) | 880 (900) | ※876 (904) | 886 (886) | ※878 ※(878) | 852 (872) |
| | | 937 (937) | 458 (470) | 220 (225) | 204 (234) 234 (218) | 220 223 (223) (220) | 133 153 (153) (133) | 141 (144) 144 (146) |
| 遊動頭形 | 19.0 △ | 1480 (1480) | 1450 (1450) | 1404 (1404) | 1404 ※(1436) | 1386 (1414) | 1368 (1368) | 1364 ※(1388) |
| | | 1480 (1480) | 725 (725) | 351 (351) | 368 (334) 334 (384) | 332 361 (361) (346) | 226 229 (229) (226) | 232 (218) 218 (238) |
| | 19.0 □ | 1272 (1272) | 1256 (1256) | 1220 (1252) | 1224 (1224) | ※1228 ※(1228) | ※1204 ※(1204) | 1168 (1196) |
| | | 1272 (1272) | 628 (628) | 305 (313) | 296 (316) 316 (296) | 292 322 (322) (292) | 216 193 (193) (216) | 192 (200) 200 (199) |
| | 25.4 △ | 883 (883) | 868 (892) | 832 (852) | ※832 ※(856) | 848 (848) | ※832 ※(832) | 800 (820) |
| | | 883 (883) | 434 (446) | 208 (213) | 190 (226) 226 (203) | 207 217 (217) (207) | 148 134 (134) (148) | 131 (138) 138 (136) |
| | 25.4 □ | 768 (768) | 756 (756) | 744 (744) | 736 (736) | 744 (744) | 728 (728) | 728 (728) |
| | | 768 (768) | 378 (378) | 186 (186) | 182 (186) 186 (182) | 184 138 (188) (184) | 122 121 (121) (122) | 121 (122) 122 (121) |

## 11·1 多管円筒式熱交換器の種類, 構造, 価格

**表 11·9** 胴内径に対する最大許容 O.T.L.　　　（単位 mm）

| シェル内径 | 固定管板形 | 遊動頭形 |
|---|---|---|
| 8 B (199.9) | 189 | 164.9 |
| 10 B (248.8) | 238 | 213.9 |
| 12 B (297.9) | 287 | 262.9 |
| 14 B (336.6) | 324 | 301.6 |
| 16 B (387.4) | 375 | 352.4 |
| 350 | 340.5 | 315 |
| 400 | 390.5 | 365 |
| 450 | 440 | 415 |
| 500 | 490 | 465 |
| 550 | 540 | 515 |
| 600 | 589.5 | 565 |
| 650 | 639.5 | 605 |
| 700 | 689.5 | 655 |
| 750 | 739.5 | 705 |
| 800 | 789.5 | 755 |
| 850 | 839.5 | 805 |
| 900 | 889.5 | 849 |
| 950 | 939.5 | 899 |
| 1000 | 988 | 949 |
| 1100 | 1088 | 1049 |

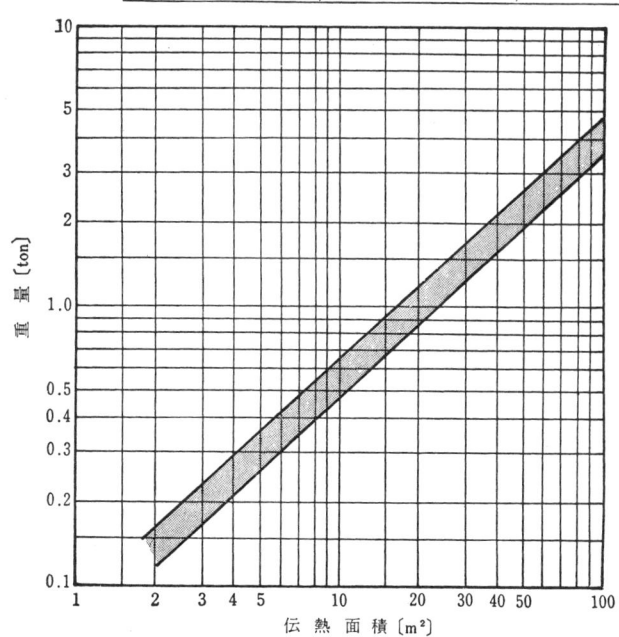

図 11·16 外管円筒式熱交換器の概略重量

## 11・1・9 概略重量

熱交換器を据付ける基礎・架台などを検討するために，熱交換器の概略の重量を知りたいことが多い。このような場合には，図11・16から概略重量を求めることができる。

## 11・1・10 価格

多管円筒式熱交換器の製作費を定める要素としては，(1)伝熱面積，(2)材質，(3)管配列方式，(4)伝熱管の長さ，(5)伝熱管の直径，(6)設計圧力，(7)型式などがある。化学工場において，一般に使用される寸法の多管円筒式熱交換器の価格を図 11・17 に示す。伝熱管の外径・長さ・設計圧力・形式が図11・17 の標準値と異なる場合は，図11・18，11・19，11・20

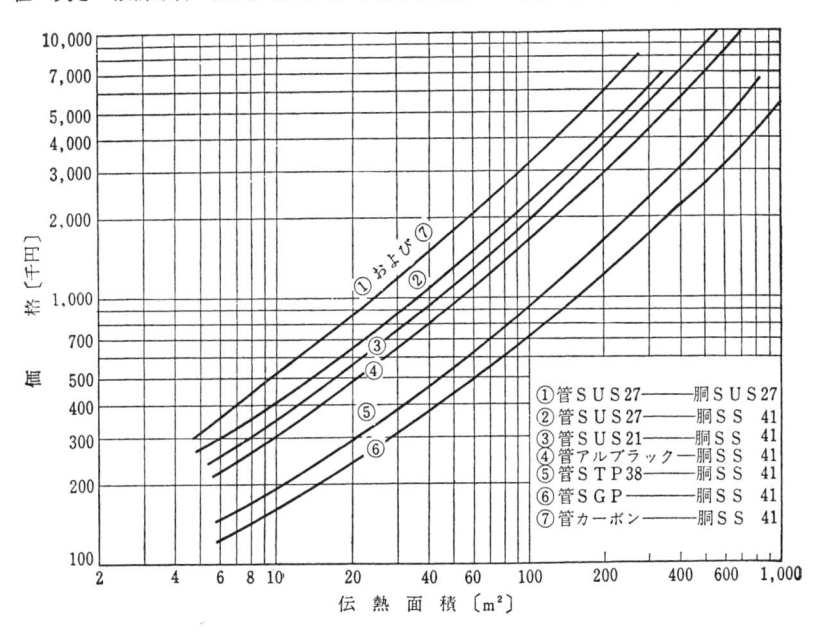

① および ⑦
②
③
④
⑤
⑥

① 管SUS27――――胴SUS27
② 管SUS27――――胴SS 41
③ 管SUS21――――胴SS 41
④ 管アルブラック――胴SS 41
⑤ 管STP38――――胴SS 41
⑥ 管SGP――――――胴SS 41
⑦ 管カーボン――――胴SS 41

価格〔千円〕

伝 熱 面 積〔m²〕

図 11・17　多管円筒式熱交換器の価格（管外径 25 mm，管長 5 m，管配列 32 mm，三角ピッチ，設計圧力，管内，胴側共に 10 kg/cm² の場合）

および表11・10 に示した補正係数を用いて，次に示す例題の方法によって推定することができる。

〔例題 11・1〕　管長 5〔m〕，管外径 22〔mm〕，胴側材質 SS，伝熱管材質 SUS 27，管側設計圧力 20〔Kg/cm² G〕，胴側設計圧力 20〔Kg/cm² G〕，伝熱面積 50〔m²〕，胴内径 24インチ，管配列 3 角錯列配置の遊動頭形多管円筒式熱交換器の価格を推定せよ。

〔解〕　伝熱面積 50〔m²〕で，標準寸法の熱交換器の価格は，図 11・17 より 130万円となる。次に図 11・18 図 11・19，図 11・20，表 11・10 より補正係数 $F_1, F_2$.

## 11・1 多管円筒式熱交換器の種類,構造,価格

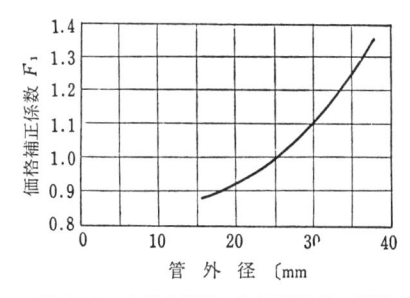

図 11・18 伝熱管外径と熱交換器価格の関係

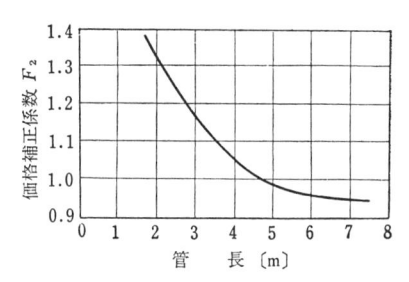

図 11・19 伝熱管長と熱交換器価格の関係

表 11・10 型式による価格補正係数 $F_5$

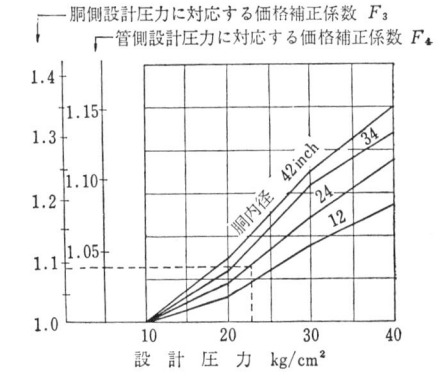

| 型　　式 | 価格補正係数 $F_5$ |
|---|---|
| 固 定 管 板 式 | 1.0 |
| U チ ュ ー ブ 式 | 1.1 |
| 遊 動 頭 式 | 1.2 |

図 11・20 設計圧力と熱交換器価格の関係

$F_3$, $F_4$, $F_5$ はそれぞれ 0.95, 1.00, 1.07, 1.03, 1.20 となる。したがって,求めるべき熱交換器の価格は,

$$[(F_1-1.0)+(F_2-1)+(F_3-1)+(F_4-1)+(F_5-1)+1]\times 130$$
$$=1.25\times 130=162 [万円]$$

## 11・2 相変化を伴なわない熱交換器の設計法

### 11・2・1 管内側境膜伝熱係数

管内側境膜伝熱係数は,第8章の式 (8・2),式 (8・6) あるいは式 (8・7) から求めることができる。

### 11・2・2 胴側境膜伝熱係数

(1) 邪魔板がない場合 (図 11・21)(平滑管に対してのみ適用可能): Short[1] は次式を提案している。

---

1) B.E. Short: Chem. Eng. Progr., vol. 61, No. 7, pp. 63〜70 (1965).

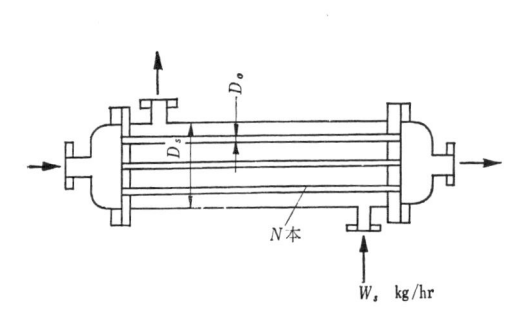

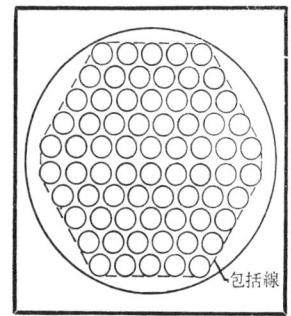

**図 11·21** 邪魔板のない熱交換器      **図 11·22** 管束の包括線

$$\frac{h_o \cdot D_o}{k} = 0.16 \left(\frac{D_o \cdot G_B}{\mu}\right)^{0.6} \cdot \left(\frac{C \cdot \mu}{k}\right)^{0.33} \cdot \left(\frac{\mu}{\mu_w}\right)^{0.14} \quad \cdots\cdots(11\cdot1)$$

適用範囲は

$$200 < \left(\frac{D_o \cdot G_B}{\mu}\right) < 20,000$$

ここで

$G_B$：管束部（図11·22の点線で囲んだ部分）を流れる質量速度〔kg/m²·hr〕$= (W_B/S_B)$

$S_B$：管束部の流路面積（管束の外側を囲む面積から，管の断面積を差引いた値）〔m²〕

$W_B$：管束部を流れる流量〔kg/hr〕

$W_B$ は次式で求まる。

$$W_B = W_s \cdot \left[\frac{S_B}{S_B + S_{Bz} \cdot (D_{Bz}/D_B)^{0.715}}\right] \quad \cdots\cdots(11\cdot2)$$

ここで

$W_s$：熱交換器の胴側を流れる全流量〔kg/hr〕

$S_{Bz}$：管束を包括する線と胴内径との間の隙間面積〔m²〕

$D_B$：管束部流路の相当径〔m〕

$$D_B = \frac{4S_B}{N_t \cdot \pi \cdot D_o} \quad \cdots\cdots(11\cdot3)$$

$D_{Bz}$：隙間流路の相当径〔m〕

$$D_{Bz} = \frac{4S_{Bz}}{\pi \cdot D_s} \quad \cdots\cdots(11\cdot4)$$

$D_s$：胴内径〔m〕      $D_o$：管外径〔m〕

$N_t$：管本数

（2） 欠円形邪魔板を設けた場合：　欠円形邪魔板（Segmental Baffle）を設けた場合の胴側境膜伝熱係数を求める計算式としては，Tinker の方法[2]，Bell の方法[3]，Kern[4] の方法，Donohue[5] の方法があるが，Bell の方法が精度が高いとされている。Kern の方法，Donohue の方法は概算に便利である。

欠円形邪魔板を設ける場合，熱交換器の組立および分解のために，管と邪魔板の管穴との間隙，および邪魔板と胴内径との間隙はある程度必要である。また，管束と胴内径との間にも間隙がある。したがって，胴側の流れには邪魔板の間を管群と直交して流れ，邪魔板切欠部を通って管群に流れる流れなどの主流のほかに，上述の各種の間隙を通って流れる側流が存在することになる。図 11・23 は熱交換器の胴側の流れの様式を示したもので，A は管と邪魔板との間隙を通る流れ，E は邪魔板と胴内径との間の間隙を通る流れ，C

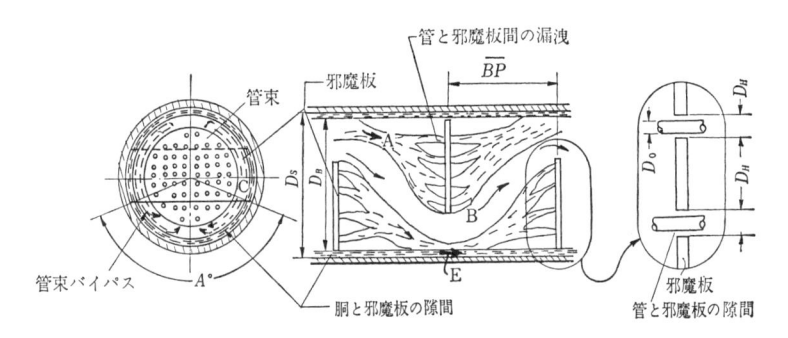

図 11・23　熱交換器の胴側流れの様式

は管束と胴内径との間隙を通るバイパス流れである。B は目的とする直交流れである。

**A. Bell の方法**（平滑管およびローフィン管のいずれにも適用可能）：　Bell は欠円形邪魔板付熱交換器の胴側境膜伝熱係数 $h_o$ を，目的とする直交流の境膜伝熱係数に種々の間隙からの側流の効果を補正係数として乗じて，次式で表わした。

$$h_o = F_{fh} \cdot j_h \cdot (C \cdot G_c) \cdot \left(\frac{C \cdot \mu}{k}\right)^{-2/3} \cdot \left(\frac{\mu}{\mu_w}\right)^{0.14} \cdot \left(\frac{\phi \cdot \xi_h}{X}\right) \cdot F_g \quad \cdots\cdots\cdots\cdots(11\cdot5)$$

ここで

$G_c$：熱交換器の中心線に最も近い管列での直交流れの最大質量速度〔kg/m²·hr〕

---

2) Tinker, T.: Trans. ASME, vol. 80, No. 1, pp. 36~52 (1958).
3) Bell, K. J.: Petro / Chem. Eng., vol. 32, C26-C40 (1960).
4) Kern, D. L.: "Process Heat Transfer" McGraw-Hill (1950).
5) Donohue, D. A.: Ind. and Eng. Chem., vol. 41, pp. 2499~2511.

$$G_c = W_s / S_c \quad \cdots\cdots\cdots(11\cdot6)$$

$W_s$：胴側を流れる全流量〔kg/hr〕

$S_c$：熱交換器の中心線に最も近い管列での直交流れに対する最小流体通過面積〔m²〕

$F_{fh}$：管の種類による係数で，平滑管の場合は $F_{fh}=1.0$，ローフィン管の場合は Reynolds 数の関数として，図 11・24 より求まる。

$j_h$：伝熱因子で Reynolds 数の関数として，図 11・25 あるいは次の式で表わされる。ただし，Reynolds 数は次式で定義される。

平滑管に対して $Re = D_o \cdot G_c / \mu$

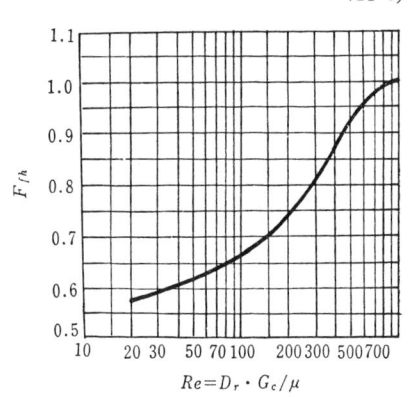

図 11・24　ローフィン管の境膜伝熱係数の補正係数

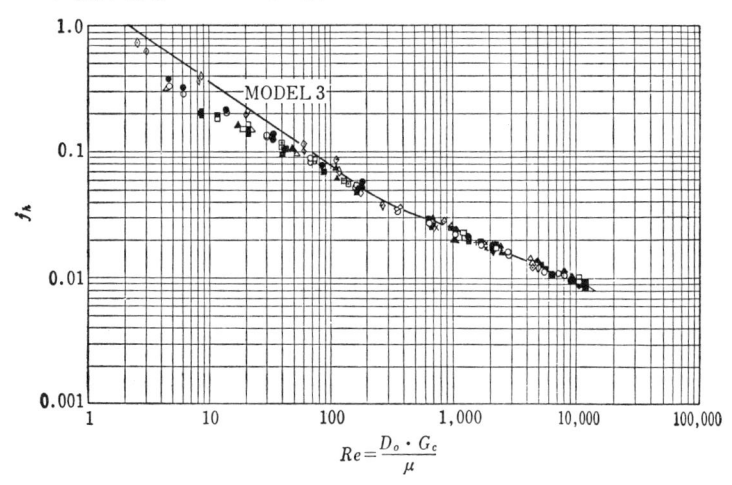

図 11・25　胴側境膜伝熱係数

ここで $D_o$ は管外径である。

ローフィン管に対して，$Re = D_r \cdot G_c / \mu$

ここで $D_r$ は根元径（表 11・3 参照）である。

$Re = 20 \sim 200$ に対して，

## 11・2 相変化を伴なわない熱交換器の設計法

$$j_h = 1.73 \cdot (Re)^{-0.675} \quad \cdots\cdots (11\cdot 7\text{a})$$

$Re = 200 \sim 600$ に対して,

$$j_h = 0.65 \cdot (Re)^{-0.49} \quad \cdots\cdots (11\cdot 7\text{b})$$

$Re = 600 \sim 10,000$ に対して,

$$j_h = 0.35 \cdot (Re)^{-0.39} \quad \cdots\cdots (11\cdot 7\text{c})$$

$C$：流体の比熱 [kcal/kg・°C]
$\mu$：流体の粘度 [kg/m・hr]
$\mu_w$：管壁温度における流体粘度 [kg/m・hr]
$k$：流体の熱伝導率 [kcal/m・hr・°C]

**邪魔板切欠部を通る流れによる補正係数 $\phi$**

$$\phi = 1.0 - r + 0.524(r)^{0.32} \cdot (S_c/S_b)^{0.03} \quad \cdots\cdots (11\cdot 8)$$

$r$ は邪魔板切欠部での伝熱面積の全伝熱面積に対する比で, 邪魔板切欠部に存在する管本数を $n_{w1}$, 伝熱管の全本数を $N_t$ とすれば,

$$r = \frac{2n_{w1}}{N_t}$$

ただし, 邪魔板の端にかかる管はその円周比によって分け, $n_{w1}$ に加算する。たとえば, 図 11・26 の場合, 邪魔板切欠部中の管本数は 2 本で, 邪魔板の端にかかる管は 3 本であり, $n_{w1}$ は

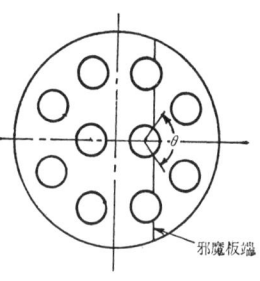

$$n_{w1} = 2 + 3(\theta/2\pi)$$

図 11・26

$S_b$ は邪魔板切欠部の流路面積であり, 次式によって計算される。

平滑管に対して

$$S_b = K_1 D_s^2 - n_{w2} \cdot \left(\frac{\pi}{4}\right) \cdot D_o^2 \quad \cdots\cdots (11\cdot 9\text{a})$$

ローフィン管に対して

$$S_b = K_1 D_s^2 - n_{w2} \cdot \left(\frac{\pi}{4}\right) \cdot D_f^2 \quad \cdots\cdots (11\cdot 9\text{b})$$

$K_1$ は表 11・11 に示す係数である。また, $n_{w2}$ は邪魔板切欠部に存在する管本数で, 邪魔板の端にかかる管は, その断面積比で加算したものである。$D_f$ はフィン外径である。

式 (11・8) の計算図を図 11・27 に示す。ただし, 図は $(S_c/S_b)^{0.03} = 1$ としたときの

表 11·11　$K_1$ の値

| 邪魔板欠切 $H_B$ | $K_1$ |
|---|---|
| 0.25 $D_s$ | 0.154 |
| 0.30 $D_s$ | 0.198 |
| 0.35 $D_s$ | 0.245 |
| 0.40 $D_s$ | 0.293 |
| 0.45 $D_s$ | 0.343 |

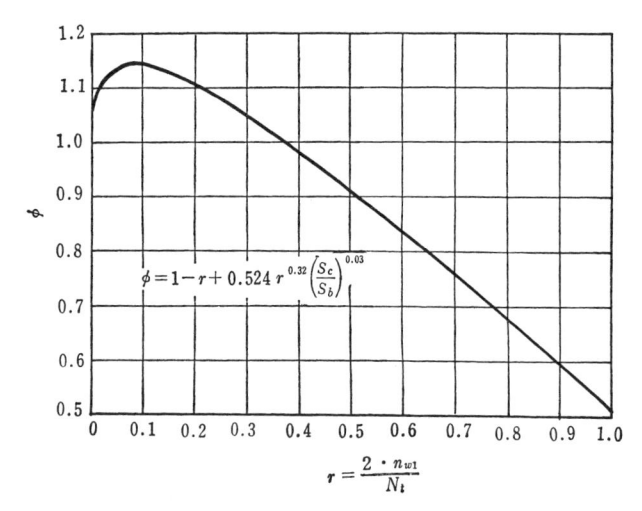

図 11·27　$\phi$ の計算図（ただし，$(S_c/S_b)^{0.03}=1$ としたときの値）

（グラフ中の式：$\phi = 1 - r + 0.524\, r^{0.32}\left(\dfrac{S_c}{S_b}\right)^{0.03}$，横軸：$r = \dfrac{2\cdot n_{w1}}{N_t}$）

値である。

**胴と管束との間の間隙を通る流れによる補正係数 $\xi_h$**

$$\xi_h = \exp\left[-1.25 F_{BP}\cdot\left(1 - \sqrt[3]{\dfrac{2N_s}{N_c}}\right)\right] \quad\cdots\cdots(11\cdot10)$$

$F_{BP}$ は熱交換器の中心線または中心線に最も近い管列における，管束と胴内径との間の間隙の流路面積 $S_d$ と直交流流路面積 $S_c$ との比。図 11·28 において，邪魔板間隔を $\overline{BP}$，熱交換器の中心線に最も近い管列の管本数を $n_c$，この点での胴内径を $D_s{}'$ とすれば，

平滑管に対して

$$F_{BP} = \dfrac{S_d}{S_c} = \dfrac{[D_s{}' - (n_c-1)\cdot P_t - D_o]\cdot \overline{BP}}{(D_s{}' - n_c\cdot D_o)\cdot \overline{BP}} \quad\cdots\cdots(11\cdot11\text{a})$$

ローフィン管に対して

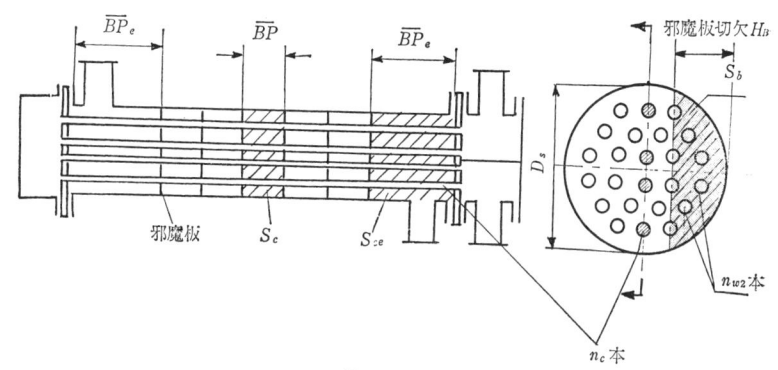

図 11・28

$$F_{BP} = \frac{[D_s' - (n_c - 1) \cdot P_t - D_r] \cdot \overline{BP}}{\left\{D_s' - n_c\left[D_r + t_f\dfrac{(D_f - D_r)}{P_f}\right]\right\} \cdot \overline{BP}} \quad \cdots\cdots (11\cdot 11b)$$

$P_f$ はフィンのピッチである。

$N_c$ は直交流れの範囲の流路における縮流部の数で，管配列が4角直列配置および3角錯列配置のときは，邪魔板の端からつぎの邪魔板の端までの間に存在する管列数である。4角錯列配置のときは，邪魔板の端からつぎの邪魔板の端までの間に存在する管列数より1を差し引いた値とする。ただし，邪魔板の端にかかる管列については，邪魔板の端から邪魔板の端までの範囲に入る管円周の管全円周に対する比を用いる。例えば，図11・29の場合は邪魔板の端から端までの管列数 $N_c$ は，

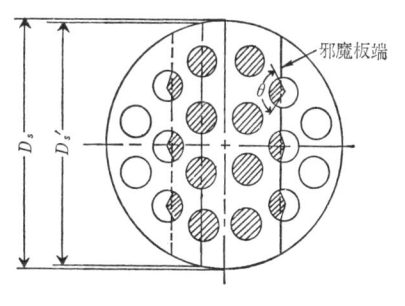

図 11・29

$$N_c = 2 + 2 \cdot (\theta/2\pi)$$

$N_s$ はバイパス防止板（図11・13）の数である。

**管列数による補正係数 $X$**

$Re < 100$

$$X = \left(\frac{N_c'}{13}\right)^{0.18} \quad \cdots\cdots\cdots\cdots\cdots (11\cdot 12a)$$

$Re = 100 \sim 2,000$

$$X = 1.0 \quad \cdots\cdots\cdots\cdots\cdots (11\cdot 12b)$$

$Re > 2{,}000$

$X =$ (表 11・12 より $N_c'$ の関数として求まる)。

表 11・12 $N_c'$ と $X$ との関係 $(Re > 2{,}000)$

| $N_c'$ | 1 | 2 | 3 | 4 | 5 | 6 | 7 | 8 |
|---|---|---|---|---|---|---|---|---|
| $X$ | 0.63 | 0.70 | 0.77 | 0.83 | 0.86 | 0.88 | 0.90 | 0.91 |
| $N_c'$ | 9 | 10 | 12 | 15 | 18 | 25 | 35 | 72 |
| $X$ | 0.92 | 0.93 | 0.94 | 0.95 | 0.96 | 0.97 | 0.98 | 0.99 |

$N_c'$ は熱交換器の胴側を流体が流れる流路の縮流の全有効数で，次式で表わされる。

$$N_c' = (N_b + 1) \cdot N_c + (N_b + 2) \cdot N_W \quad \cdots\cdots(11\cdot13)$$

$N_b$ は邪魔板の数で，また $N_W$ は邪魔板切欠部中の管列数で，例えば，図 11・29 の場合，

$$N_W = 1 + 1 \cdot [(2\pi - \theta)/2\pi]$$

邪魔板と胴内径との間の間隙を流れ，および邪魔板の管穴と伝熱管外径との間の間隙を通る流れによる補正係数 $F_g$

$$F_g = 1 - \frac{\alpha \cdot (S_{TB} + 2S_{SB})}{S_L} \quad \cdots\cdots(11\cdot14)$$

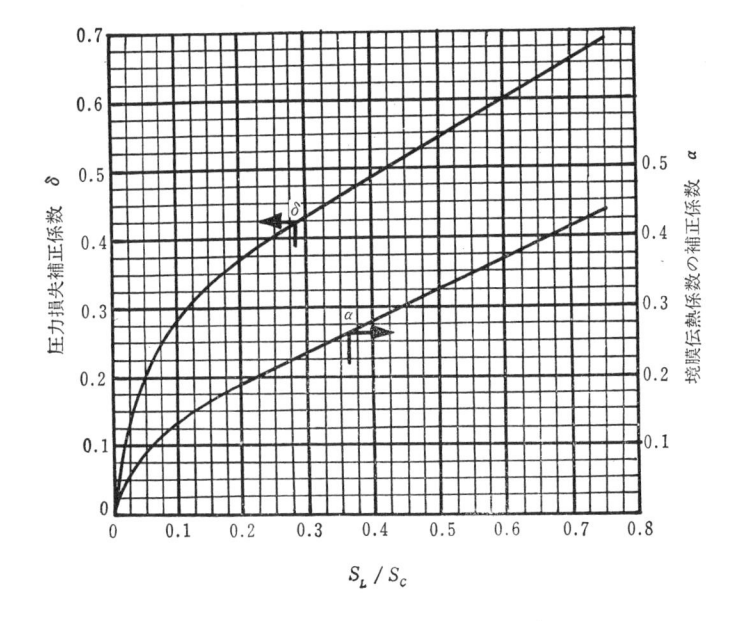

図 11・30 隙間による境膜伝熱係数，圧力損失補正係数

$\alpha : S_L/S_C$ の関数として，図 11・30 あるいは次式より求まる係数

$\dfrac{S_L}{S_C}=0.1 \sim 0.8$ のとき

$$\alpha = 0.10 + 0.45\left(\dfrac{S_L}{S_C}\right) \qquad\qquad\qquad (11\cdot15\text{a})$$

$\dfrac{S_L}{S_C} < 0.1$ のとき

$$\alpha = 0.442\left(\dfrac{S_L}{S_C}\right)^{1/2} \qquad\qquad\qquad (11\cdot15\text{b})$$

$S_{TB}$ は邪魔板の管穴と伝熱管外径との間隙面積で，邪魔板の管穴径を $D_H$，邪魔板1枚あたりの管穴数を $n_B$ とすれば，

$$S_{TB} = n_B \cdot (\pi/4) \cdot (D_H{}^2 - D_o{}^2) \quad \text{-平滑管-} \qquad (11\cdot16\text{a})$$

$$S_{TB} = n_B \cdot (\pi/4) \cdot (D_H{}^2 - D_f{}^2) \quad \text{-ローフィン管-} \qquad (11\cdot16\text{b})$$

$S_{SB}$ は邪魔板の外径と胴内径との間の間隙面積で，図 11・23 において

$$S_{SB} = \left(\dfrac{360° - A°}{360°}\right) \cdot \left(\dfrac{\pi}{4}\right) \cdot (D_S{}^2 - D_B{}^2) \qquad (11\cdot17)$$

$S_L$ は間隙面積の総計で

$$S_L = S_{TB} + S_{SB} \qquad\qquad\qquad (11\cdot18)$$

**B. Lohrisch の方法**（平滑管に対してのみ適用可能）： Bell の方法は計算にかなり手数を要する。Lohrisch[6)7)9)] は Bell の計算法を基にして，次に示すような簡便式を提案した。

$$h_o = 0.46 g_c{}^{0.3} \cdot \dfrac{(D_o)^{0.1} \cdot (\rho \cdot \Delta p_s)^{0.3} \cdot (C)^{0.33} \cdot (k)^{0.67}}{(\mu)^{0.27}} \cdot F_h \qquad (11\cdot19)$$

$\Delta p_s$ は胴長 1 [m] あたりの胴側流体の圧力損失で，

$$\Delta p_s = \dfrac{\Delta P_s}{L} \qquad\qquad\qquad (11\cdot20)$$

$L$ は管長（=胴長），$\Delta P_s$ は胴側流体の全圧力損失である。
$F_h$ は邪魔板間隔が伝熱係数に及ぼす効果の補正係数で，次式で表わされる。

$$F_h = 0.505 + \dfrac{3.5(\overline{BP}/D_s)}{1 + 3.7(\overline{BP}/D_s)} \qquad\qquad (11\cdot21)$$

$g_c$ は換算係数で

$$g_c = 1.27 \times 10^8 \text{ [kg·m/Kg·hr}^2\text{]}$$

---

6) Lohrisch, F.W.: Hydrocarbon Processing & Petroleum Refiner, vol. 42, No. 9, pp. 197〜200 (1963).
7) Lohrisch, F.W.: ibid., vol. 43, No. 6, pp. 153〜157 (1964).

C. **Kern の方法**[4)8)] : Kern は欠円形邪魔板を用いたときの境膜伝熱係数の推算式として，次式を提案している。

$$\frac{h_o \cdot D_e}{k} = 0.36 \left(\frac{D_e \cdot G_c}{\mu}\right)^{0.55} \cdot \left(\frac{C \cdot \mu}{k}\right)^{1/3} \cdot \left(\frac{\mu}{\mu_w}\right)^{0.14} \quad \cdots (11 \cdot 22)$$

$G_c$：熱交換器の中心線または中心線に最も近い管列での直交流れの質量速度〔kg/m²・hr〕

$D_e$：相当管径〔m〕で管配列法によって変わり，次式によって計算される。

4角配置のとき（図 11・9）

$$D_e = \frac{4(P_t^2 - \pi \cdot D_o^2/4)}{\pi \cdot D_o} \quad \cdots (11 \cdot 23)$$

3角配置のとき（図 11・9）

$$D_e = \frac{4[(0.5P_t)(0.86P_t) - 0.5\pi \cdot D_o^2/4]}{\left(\frac{\pi \cdot D_o}{2}\right)} \quad \cdots (11 \cdot 24)$$

$P_t$ は管配列ピッチ，$D_o$ は管外径である。表11・13 に最も一般に使用される管群の相当直径を示す。

なお，式 (11・22) は 25% 切欠（切欠いた弧の高さに胴内径との比を％ で示したもの）邪魔板の場合に適用し得る式であり，その他の場合には，図11・31 を用いて Reynolds 数 $(Re = D_e \cdot G_c/\mu)$ の関数として伝熱因子 $j_H$ を求め，次式により境膜伝熱係数を求める方がよい。

$$h_o = j_H \cdot \frac{k}{D_e} \cdot \left(\frac{C \cdot \mu}{k}\right)^{1/3} \cdot \left(\frac{\mu}{\mu_w}\right)^{0.14} \quad \cdots (11 \cdot 25)$$

表 11・13 管群の相当直径 $D_e$

| 管 外 径 | ピ ッ チ | 相 当 直 径 $D_e$〔mm〕 | |
|---|---|---|---|
| $D_o$〔mm〕 | $P_t$〔mm〕 | 4 角 配 置 | 3 角 配 置 |
| 19.0 | 25.0 | 22.8 | 17.2 |
| 25.4 | 32.0 | 26.0 | 19.0 |
| 31.8 | 40.0 | 32.3 | 23.8 |
| 38.1 | 48.0 | 39.0 | 28.6 |

D. **Donohue の方法**[5)] : Donohue は欠円形邪魔板を用いたときの胴側境膜伝熱係数の推定式として，次式を提案している。

---

8) E.E. Ludwig "Applied Process Design for Chemical and Petrochemical Plant" Gulf Publishing Company (1965).

## 11・2 相変化を伴なわない熱交換器の設計法

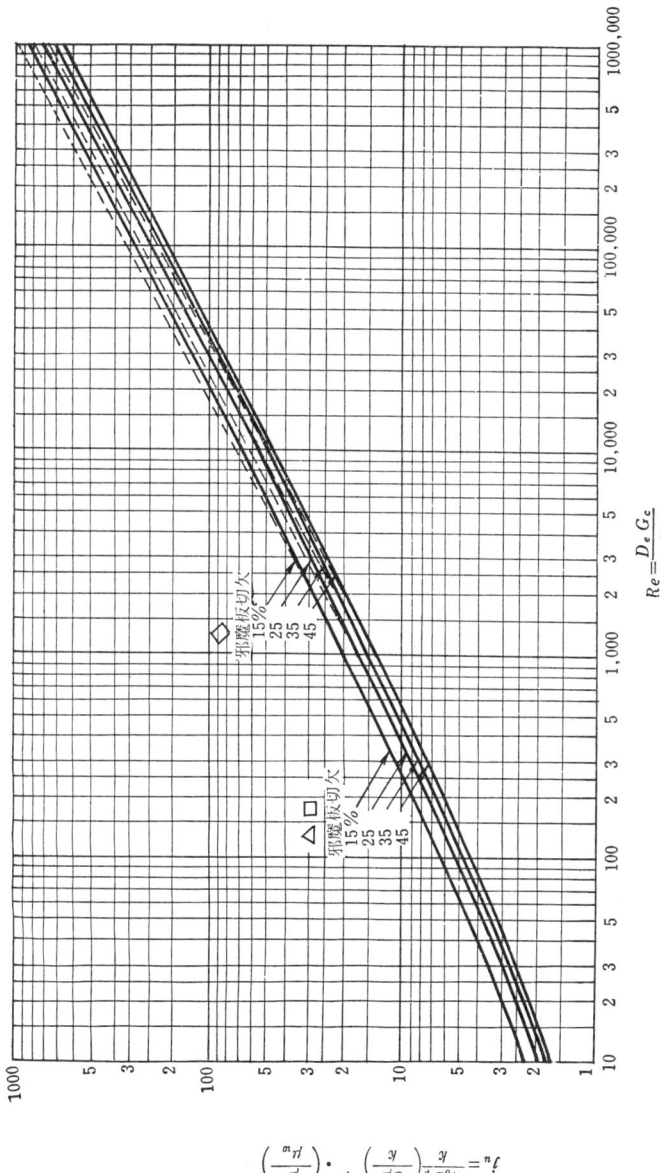

図 11・31 胴側境膜伝熱係数

$$j_H = \frac{h_o D_o}{k}\left(\frac{C_p \mu}{k}\right)^{-1/3} \cdot \left(\frac{\mu}{\mu_w}\right)^{-0.14}$$

$$Re = \frac{D_e G_e}{\mu}$$

邪魔板切欠
15%
25
35
45

$$\frac{h_o \cdot D_o}{k} = 0.23 \left(\frac{D_o \cdot G_{gm}}{\mu}\right)^{0.6} \cdot \left(\frac{C\mu}{k}\right)^{1/3} \cdot \left(\frac{\mu}{\mu_w}\right)^{0.14} \quad \cdots\cdots (11 \cdot 26)$$

適用範囲 $\quad 3 < \left(\dfrac{D_o \cdot G_{gm}}{\mu}\right) < 20,000$

$G_{gm}$：管列に対する直交流れと邪魔板切欠部での流れの平均質量速度〔kg/m²·hr〕

$$G_{gm} = \frac{W_s}{S_{gm}} \quad \cdots\cdots (11 \cdot 27)$$

$S_{gm}$：平均流路面積〔m²〕

$$S_{gm} = \sqrt{S_c \cdot S_b} \quad \cdots\cdots (11 \cdot 28)$$

$S_b$：邪魔板切欠部の流路面積（式 (11·9a), 式 (11·9b)）〔m²〕

$S_c$：熱交換器の中心線または中心線に最も近い管列での直交流れに対する最小流体通過面積〔m²〕

### 11·2·3 管内側圧力損失

管内側流体の圧力損失は，管部における圧力損失と仕切室において方向を変える際の圧力損失との和である。すなわち

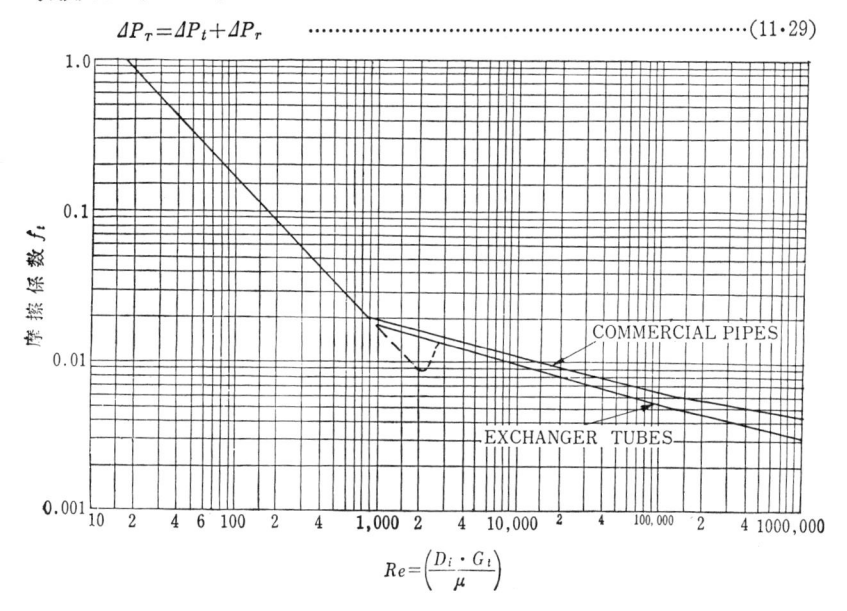

$$\Delta P_T = \Delta P_t + \Delta P_r \quad \cdots\cdots (11 \cdot 29)$$

図 11·32 管内流れの摩擦係数

---

9) Lohrisch, F.W.: Hydrocarbon Processing & Petroleum Refiner, vol. 44, No. 1; pp. 110〜114 (1965).

管部における圧力損失は，普通の円管内流動に対する式で計算できる。

$$\Delta P_t = \frac{4f_t \cdot G_t^2 \cdot L \cdot n_{tpass}}{2g_c \cdot \rho \cdot D_i} \left(\frac{\mu}{\mu_w}\right)^{-0.14} \quad \cdots\cdots\cdots\cdots\cdots\cdots\cdots (11\cdot30)$$

$L$ は管長，$n_{tpass}$ は管側パス数で，$L \cdot n_{tpass}$ が全通過長さである。$f_t$ は摩擦係数で，図 11·32 あるいは次式によって求まる。

$Re = \left(\dfrac{D_i \cdot G_t}{\mu}\right) < 2,000$ のとき

$$f_t = \frac{16}{(D_i \cdot G_t/\mu)} \quad \cdots\cdots\cdots\cdots\cdots\cdots\cdots (11\cdot31a)$$

$Re = \left(\dfrac{D_i \cdot G_t}{\mu}\right) > 2,000$ のとき

平滑面引抜管

$$f_t = 0.00140 + \frac{0.125}{(D_i \cdot G_t/\mu)^{0.32}} \quad \cdots\cdots\cdots\cdots\cdots\cdots (11\cdot31b)$$

粗面管

$$f_t = 0.0035 + \frac{0.264}{(D_i \cdot G_t/\mu)^{0.42}} \quad \cdots\cdots\cdots\cdots\cdots\cdots (11\cdot31c)$$

$G_t$ は管内側流体の質量速度である。

仕切室における圧力損失としては，1 パスあたり速度水頭の 4 倍をとるのが普通である。

$$\Delta P_r = \frac{4G_t^2 \cdot n_{tpass}}{2g_c \cdot \rho} \quad \cdots\cdots\cdots\cdots\cdots\cdots\cdots (11\cdot32)$$

### 11·2·4 胴側圧力損失

**（1） 邪魔板がない場合**（平滑管に対してのみ適用可能）

$$\Delta P_s = \frac{4f_s \cdot G_B^2 \cdot L}{2g_c \cdot \rho \cdot D_B} \cdot \left(\frac{\mu}{\mu_w}\right)^{-0.14} \quad \cdots\cdots\cdots\cdots\cdots\cdots (11\cdot33)$$

摩擦係数 $f_s$ は Reynolds 数 $(=D_B \cdot G_B/\mu)$ の関数として，図 11·32 あるいは式 (11·31) より求まる。図あるいは式において $f_t$ の代りに $f_s$ を，$(D_i \cdot G_t/\mu)$ の代りに $(D_B \cdot G_B/\mu)$ を用いればよい。

**（2） 欠円形邪魔板を設けた場合：** 切欠形邪魔板を設けた場合の胴側圧力損失を求める計算式としては，Kern の方法[4]，Tinker の方法[2]，Bell の方法[3] があるが，Whiteley[10] はこれらの方法のうちで Kern の方法は工場での操業データと著しく異なり（誤差 300

---

10) Whiteley, D. L.: Chem. Eng. Progr., vol. 57, pp. 59～65 (1961).

%）使用できないこと，Bell の方法による計算値が操業データとよく一致することを示している。

**A． Bell の方法**（平滑管およびローフィン管のいずれにも適用可能）： Bell は欠円形邪魔板付熱交換器の胴側圧力損失を，管束と直交して流れるときの圧力損失（最初の邪魔板と管板との間の流路あるいは最後の邪魔板と管板との流路における直交流圧力損失を $\Delta P_B{}'$ で，中間の邪魔板と邪魔板との間の流路における直交流圧力損失を $\Delta P_B$ で表わす）と，邪魔板切欠部を管軸と平行に流れるときの圧力損失 $\Delta P_W$ の和で示した。

$$\Delta P_s = 2\Delta P_B{}' + \beta[(N_b-1)\cdot \Delta P_B + N_b \cdot \Delta P_W] \quad \cdots\cdots(11\cdot34)$$

$N_b$ は邪魔板の板数である。

**管束と直交して流れるときの圧力損失 $\Delta P_B$**

$$\Delta P_B = F_{fp} \cdot \frac{4f_s \cdot G_c{}^2 \cdot N_c}{2g_c \cdot \rho} \cdot \xi_{\Delta p} \cdot \left(\frac{\mu_w}{\mu}\right)^{0.14} \quad \cdots\cdots(11\cdot35)$$

$F_{fp}$：管形式による補正係数で，平滑管の場合は $F_{fp}=1.0$，ローフィン管の場合は $F_{fp}=0.9$

$f_s$：摩擦係数で，図 11・33 あるいは次式より求めることができる。

$Re < 100$

$$f_s = 47.1(Re)^{-0.965} \quad \cdots\cdots(11\cdot36\text{a})$$

$100 \leq Re \leq 300$

$$f_s = 13.0(Re)^{-0.685} \quad \cdots\cdots(11\cdot36\text{b})$$

$300 \leq Re \leq 1,000$

$$f_s = 3.2(Re)^{-0.44} \quad \cdots\cdots(11\cdot36\text{c})$$

$Re > 1,000$

$$f_s = 0.505(Re)^{-0.176} \quad \cdots\cdots(11\cdot36\text{d})$$

平滑管に対して，

$$Re = \left(\frac{D_o \cdot G_c}{\mu}\right)$$

ローフィン管に対して，

$$Re = \left(\frac{D_r \cdot G_c}{\mu}\right)$$

$\xi_{\Delta p}$：胴と管束との間の間隙を通る流れによる補正係数で

$Re < 100$ のとき

## 11·2 相変化を伴なわない熱交換器の設計法

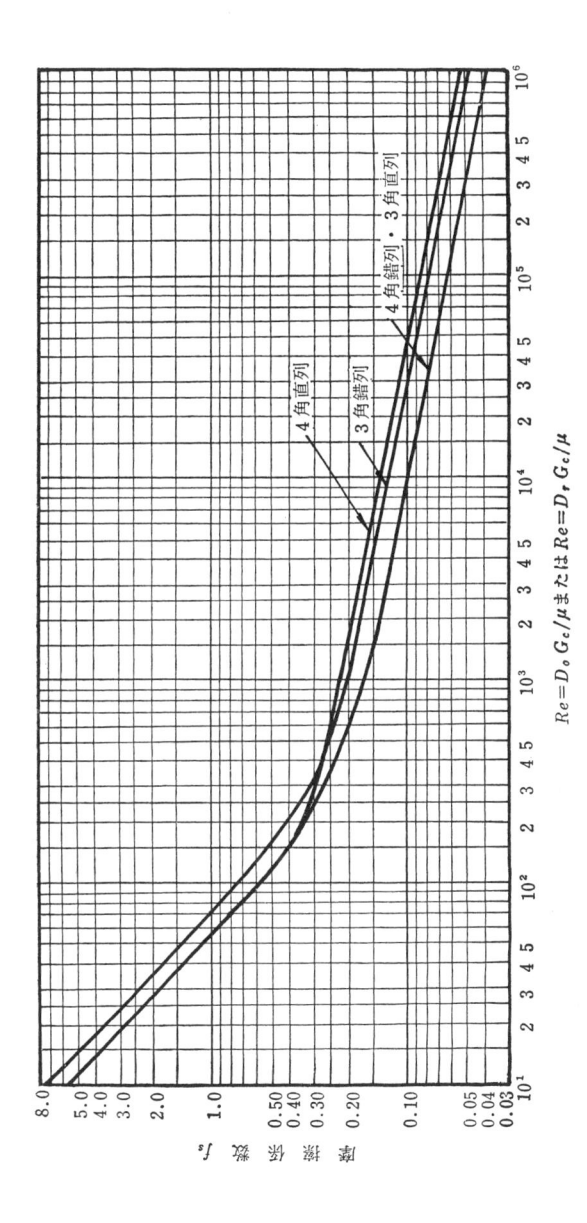

図 11·33 胴側摩擦係数

$Re = D_o G_c/\mu$ または $Re = D_v G_c/\mu$

$$\xi_{\Delta p} = \exp\left[-4.5F_{BP}\cdot\left(1-\sqrt[3]{\frac{2N_s}{N_c}}\right)\right] \quad \cdots\cdots(11\cdot37\text{a})$$

$Re > 4,000$ のとき

$$\xi_{\Delta p} = \exp\left[-3.8F_{BP}\cdot\left(1-\sqrt[3]{\frac{2N_s}{N_c}}\right)\right] \quad \cdots\cdots(11\cdot37\text{b})$$

胴側両端での直交流れの圧力損失 $\Delta P_B'$

$$\Delta P_B' = \left[1+\left(\frac{N_W}{N_c}\right)\right]\cdot\Delta P_B \quad \cdots\cdots(11\cdot38)$$

邪魔板切欠部を通るときの圧力損失 $\Delta P_W$

$Re < 100$ のとき

$$\Delta P_W = 23\,\xi_{\Delta p}\cdot\left(\frac{\mu\cdot V_z}{g_c\cdot S}\right)\cdot N_W + 26\left(\frac{\mu\cdot V_z}{g_c\cdot D_V}\right)\cdot\left(\frac{\overline{BP}}{D_V}\right)$$
$$+ 2\left(\frac{\rho\cdot V_z^2}{2g_c}\right) \quad \cdots\cdots(11\cdot39\text{a})$$

$Re > 4,000$ のとき

$$\Delta P_W = (2.0+0.6N_W)\cdot\frac{\rho\cdot V_z^2}{2g_c} \quad \cdots\cdots(11\cdot39\text{b})$$

$S$：管と管との最小間隔

$$S = P_t - D_o \quad \text{-平滑管-}$$
$$S = P_t - D_f \quad \text{-ローフィン管-} \quad \cdots\cdots(11\cdot40)$$

$V_z$：幾何平均流速

$$V_z = (V_c\cdot V_b)^{0.5} \quad \cdots\cdots(11\cdot41)$$

$V_c$：直交流れの流速

$$V_c = \frac{W_s}{S_c\cdot\rho} \quad \cdots\cdots(11\cdot42)$$

$V_b$：邪魔板切欠部での流速

$$V_b = \frac{W_s}{S_b\cdot\rho} \quad \cdots\cdots(11\cdot43)$$

$D_V$：邪魔板切欠部の流路の相当径

$$D_V = \frac{4S_b\cdot\overline{BP}}{a_W} \quad \cdots\cdots(11\cdot44)$$

$a_W$：邪魔板切欠部1つの中に存在する伝熱管の伝熱面積で，邪魔板切欠部中に存在する伝熱管数を $n_{w1}$ とすれば，

$$a_W = n_{w1}\cdot A_o\cdot\overline{BP}$$

邪魔板と胴内径との間の間隙を通る流れ，および邪魔板の管穴と伝熱管外径との間の間隙を通る流れによる補正係数 $\beta$

$$\beta = 1 - \delta \cdot \left[ \frac{S_{TB} + 2S_{SB}}{S_L} \right] \quad \cdots\cdots (11 \cdot 45)$$

$\delta$ は図 11・30 あるいは次式より求めることができる。

$\left( \dfrac{S_L}{S_C} \right) = 0.2 \sim 0.8$ のとき

$$\delta = 0.26 + \frac{4}{7} \left( \frac{S_L}{S_C} \right) \quad \cdots\cdots (11 \cdot 46\text{a})$$

$\left( \dfrac{S_L}{S_C} \right) < 0.2$ のとき

$$\delta = 0.710 \left( \frac{S_L}{S_C} \right)^{0.4} \quad \cdots\cdots (11 \cdot 46\text{b})$$

B. **Lohrisch の方法**（平滑管に対してのみ適用可能）： Bell の方法は計算に手数を要する。Lohrisch は Bell の計算法を基にして，次に示すような簡便式を提案した。

$$\Delta P_s = (10.4) \frac{G_c^2 \cdot L}{g_c \cdot \rho} \quad \cdots\cdots (11 \cdot 47)$$

$L$ は胴の長さ（＝管長）である。ただし，上式は 20％ 切欠き欠円形邪魔板にのみ適用することができる。

### 11・2・5 設計例

〔例題 11・2〕 API 40°のケロシン 6,000〔kg/hr〕を 140〔°C〕から 40〔°C〕まで冷却する多管円筒式熱交換器を設計する。ただし，冷却水入口温度を 30〔°C〕，出口温度を 40〔°C〕とし，冷却水は管側を通すものとする。なお，管側許容圧力損失は 0.5〔Kg/cm²〕，胴側許容圧力損失を 0.1〔Kg/cm²〕以下とする。

〔解〕
(1) 伝熱量 $Q$

$Q = W_s C(T_1 - T_2)$
　　$= 6{,}000 \times 0.53 \times (140 - 40) = 318{,}000$〔kcal/hr〕

(2) 冷却水量 $w$

$w = 318{,}000 / (40 - 30) = 31{,}800$〔kg/hr〕

(3) 有効温度差 $\Delta T$

　対数平均温度差 $\Delta T_{lm}$

$$\Delta T_{lm} = \frac{|T_1 - t_2| - |T_2 - t_1|}{\ln[(T_1 - t_2)/(T_2 - t_1)]}$$

$$= \frac{(140 - 40) - (40 - 30)}{\ln[(140 - 40)/(40 - 30)]} = 38 \text{〔°C〕}$$

冷却器の型式を胴側1パス，管側6パスの1-6熱交換器とする。

$$E_A = \frac{t_2-t_1}{T_1-t_1} = \frac{40-30}{140-30} = 0.091$$

$$R_A = \frac{T_1-T_2}{t_2-t_1} = \frac{140-40}{40-30} = 10.0$$

図3・145より温度差補正係数 $F_t$ を求めるわけであるが，$R_A = 10$ の点では図から読みとり難いので，$E_B$, $R_B$ を計算し，図の $E_A$ の代りに $E_B$ を，$R_A$ の代りに $R_B$ を用いて $F_t$ を読みとる。

$$E_B = R_A \cdot E_A = 10.0 \times 0.091 = 0.91$$

$$R_B = 1/R_A = 1/10 = 0.1$$

図3・145から温度差補正係数 $F_t$ は

$$F_t = 0.81$$

$$\Delta T = F_t \cdot \Delta T_{lm} = 0.81 \times 38 = 30.4 \ [°C]$$

（4）**概略寸法**：表11・14を参照して総括伝熱係数 $U = 200 \ [kcal/m^2 \cdot hr \cdot °C]$ と仮定する。所要伝熱面積 $A$ は

$$A = \frac{Q}{\Delta T \cdot U} = \frac{318,000}{30.4 \times 200} = 52.5 \ [m^2]$$

伝熱管はアルブラック管とし，外径 $D_o = 25 \ [mm]$，内径 $D_i = 20.8 \ [mm]$，長さ $L = 5 \ [m]$ のものを使用する。

所要伝熱管本数

$$N_t = \frac{A}{\pi D_o L} = \frac{52.5}{\pi \times 0.025 \times 5} = 134 \ 本$$

管側パス数を6パスとしたので，6の倍数をとり132本とする。管の配列を図11・34に示すようにする。

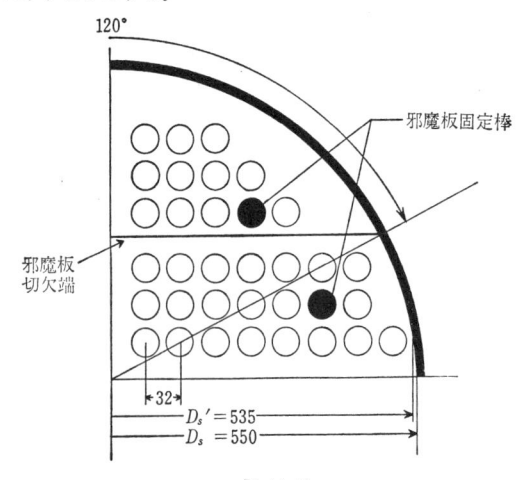

図 11・34

## 表 11・14 総括伝熱係数の概略値

**(a) 冷却流体**

| 高温流体 | 低温流体 | 総括伝熱係数 [kcal/m²・hr・°C] |
|---|---|---|
| 水 | 水 | 1200～2500* |
| メタノール | 〃 | 1200～2500* |
| アンモニア | 〃 | 1200～2500* |
| 水溶液 | 〃 | 1200～2500* |
| 有機物質, 粘度 0.5 cp 以下 | 〃 | 350～750 |
| 〃 粘度 0.5～1.0 cp | 〃 | 250～600 |
| 〃 粘度 1.0 cp 以上 | 〃 | 25～400** |
| 気体 | 〃 | 10～250*** |
| 水 | ブライン | 500～1000 |
| 有機物質, 粘度 0.5 cp 以下 | 〃 | 200～500 |

**(b) 加熱器**

| 高温流体 | 低温流体 | 総括伝熱係数 [kcal/m²・hr・°C] |
|---|---|---|
| 水蒸気 | 水 | 1000～3500* |
| 〃 | メタノール | 1000～3500* |
| 〃 | アンモニア | 1000～3500* |
| 〃 | 水溶液, 粘度 2.0 cp 以下 | 1000～3500 |
| 〃 | 〃 粘度 2.0 cp 以上 | 500～2500* |
| 〃 | 有機物質, 粘度 0.5 cp 以下 | 500～1000 |
| 〃 | 〃 粘度 0.5～1.0 cp | 250～500 |
| 〃 | 〃 粘度 1.0 cp 以上 | 30～300 |
| 〃 | 気体 | 25～250*** |

**(c) 熱交換器**

| 高温液体 | 低温流体 | 総括伝熱係数 [kcal/m²・hr・°C] |
|---|---|---|
| 水 | 水 | 1200～2500* |
| 水溶液 | 水溶液 | 1200～2500* |
| 有機物質, 粘度 0.5 cp 以下 | 有機物質, 粘度 0.5 cp 以下 | 200～400 |
| 〃 粘度 0.5～1.0 cp | 〃 粘度 0.5～1.0 cp | 100～300 |
| 〃 粘度 1.0 cp 以上 | 〃 粘度 1.0 cp 以上 | 50～200 |
| 〃 粘度 1.0 cp 以上 | 〃 粘度 0.5 cp 以下 | 150～300 |
| 〃 粘度 0.5 cp 以下 | 〃 粘度 1.0 cp 以上 | 50～200 |

本表の総括伝熱係数は全汚れ係数 0.0006 m²・hr・°C/kcal, 支配流体側の許容圧損失 0.35～0.7 Kg/cm² とした場合の値である。

ただし　*：汚れ係数 0.0002 m²・hr・°C/kcal
　　　　**：圧損失 1.4～2.1 Kg/cm²
　　　　***：操作圧力により大きく影響される

　　　管配列ピッチ $P_t = 0.032$ [m]

　　　　$D_s = 0.550$ [m],　$D_s' = 0.535$ [m]

$N_c=16$

$n_{w1}=n_{w2}=24$（邪魔板切欠部での伝熱管本数 22 本に，邪魔板固定棒 2 本を加えた値）

$N_c=6$ 列

$n_B=116$（邪魔板 1 枚当りの伝熱管用管孔数 112 個に，邪魔板固定棒用管孔数 4 個を加えた値）

$N_W=3$ 列

$N_S=0$（バイパス防止板なし）

邪魔板数 $N_b=32$ 枚とすると邪魔板間隔 $\overline{BP}$ は，

$\overline{BP}=L/(N_b+1)\fallingdotseq 0.150$〔m〕

邪魔板は 25% 切欠き欠円形邪魔板とする。

(5) 流体中心温度 $T_c$, $t_c$： 図 3·161 からケロシンに対して，C-FACTOR=0.25

高温端での温度差 $\Delta t_h=(T_1-t_2)=(140-40)=100$〔°C〕

低温端での温度差 $\Delta t_c=(T_2-t_1)=(40-30)=10$〔°C〕

$\Delta t_c/\Delta t_h=10/100=0.1$

図 3·161 から $F_c=0.31$

$T_1>t_2$ であるので，式 (3·271)，式 (3·272) を用いて，

$T_c=T_2+F_c(T_1-T_2)=40+0.31(140-40)=71$〔°C〕

$t_c=t_1+F_c(t_2-t_1)=30+0.31(40-30)=33.1$〔°C〕

(6) 管側境膜伝熱係数 $h_i$

1 パス当りの管側流路面積 $a_t$

$a_t=\dfrac{\pi}{4}\cdot D_i^2\cdot\dfrac{N_t}{n_{t,\text{pass}}}=\dfrac{3.14}{4}\times(0.0208)^2\times\dfrac{132}{6}$

$=0.00745$〔m²〕

管内冷却水の質量速度

$G_t=\dfrac{w}{a_t}=\dfrac{31,800}{0.00745}$

$=4,250,000$〔kg/m²·hr·°C〕

管内冷却水の Reynolds 数 $Re$

中心温度 $t_c=33.1$〔°C〕における水の粘度 $\mu=2.88$〔kg/m·hr〕である。したがって

$Re=D_iG_t/\mu=0.0208\times4.25\times10^6/2.88$

$=30,700$

また，$t_c=33.1$〔°C〕における水の比熱 $C=1$〔kcal/kg·°C〕

また，$t_c=33.1$〔°C〕における水の熱伝導度 $k=0.52$〔kcal/m·hr·°C〕

図 8·6 より $j_H=100$

## 11·2 相変化を伴なわない熱交換器の設計法

式 (8·6) から

$$\frac{h_i D_i}{k} = j_H \cdot \left(\frac{c \cdot \mu}{k}\right)^{1/3} \cdot \left(\frac{\mu}{\mu_w}\right)^{0.14}$$

$\left(\dfrac{\mu}{\mu_w}\right)^{0.14} = 1.0$ と仮定して,

$$h_i = \frac{j_H \cdot k}{D_i} \left(\frac{c \cdot \mu}{k}\right)^{1/3} \left(\frac{\mu}{\mu_w}\right)^{0.14}$$

$$= \frac{100 \times 0.52}{0.0208} \cdot \left(\frac{1.0 \times 2.88}{0.52}\right)^{1/3} \cdot 1$$

$$= 4,400 \text{ [kcal/m}^2 \cdot \text{hr} \cdot {}^\circ\text{C]}$$

(7) 胴側境膜伝熱係数 $h_o$: 熱交換器の中心線または中心線に最も近い管列での直交流れに対する最小流体通過面積 $S_c$

$$S_c = (D_s' - n_c \cdot D_o) \cdot \overline{BP}$$

$$= (0.535 - 16 \times 0.025) \times 0.15$$

$$= 0.0202 \text{ [m}^2\text{]}$$

熱交換器の中心線または中心線に最も近い管列での直交流れの最大質量速度 $G_c$

$$G_c = W_s / S_c = 6,000 / 0.0202 = 293,000 \text{ [kg/m}^2 \cdot \text{hr]}$$

Reynolds 数 $Re$

流体の中心温度 $T_c = 71 [{}^\circ\text{C}]$ におけるケロシンの粘度 $\mu = 0.91 [\text{cp}] = 3.28 [\text{kg/m} \cdot \text{hr}]$ であるから,

$$Re = D_o \cdot G_c / \mu = 0.025 \times 293,000 / 3.28$$

$$= 2,230$$

図 11·25 から伝熱因子 $j_H = 0.0180$

邪魔板切欠部での流路面積 $S_b$

$$S_b = K_1 D_s^2 - n_{w2} \frac{\pi}{4} \cdot D_o^2$$

表 11·11 から $K_1 = 0.154$

$$S_b = 0.154 \times (0.550)^2 - 24 \times \frac{\pi}{4} \times (0.025)^2$$

$$= 0.0348 \text{ [m}^2\text{]}$$

補正係数 $\phi$

$$\phi = 1.0 - r + 0.524(r)^{0.32} \cdot (S_c / S_b)^{0.03}$$

$$r = \frac{2 \cdot n_{w1}}{N_t} = \frac{2 \times 24}{136^*} = 0.35$$

$$\phi = 1.0 - 0.35 + 0.524 (0.35)^{0.32} \cdot (0.0202 / 0.0348)^{0.03}$$

$$= 1.02$$

管束と胴内径との間の間隙の流路面積 $S_d$

---

\* 伝熱管数に邪魔板固定棒数を加算した値

$$S_d = [D_s' - (n_c-1) \cdot P_t - D_o] \cdot \overline{BP}$$
$$= [0.535 - (16-1) \times 0.032 - 0.025] \times 0.150$$
$$= 0.0045$$

式 (11・11a) から
$$F_{BP} = \frac{S_d}{S_c} = \frac{0.0045}{0.0202} = 0.222$$

補正係数 $\xi_h$
式 (11・10) から
$$\xi_h = \exp\left[-1.25 F_{BP} \cdot \left(1 - \sqrt[3]{\frac{2N_s}{N_c}}\right)\right]$$

バイパス防止板を設けないので $N_s=0$, したがって
$$\xi_h = \exp(-1.25 \times 0.222) = 0.76$$

補正係数 $X$
式 (11・13) から
$$N_c' = (N_b+1) \cdot N_c + (N_b+2) \cdot N_W$$
$$= (32+1) \times 6 + (32+2) \times 3$$
$$= 200$$

表 11・12 から $X=1$

邪魔板の管孔と伝熱管外径との隙間の流路面積
$$S_{TB} = n_B \cdot \frac{\pi}{4} \cdot (D_H{}^2 - D_o{}^2)$$

邪魔板の管孔径 $D_H = 26$ [mm] とすると,
$$S_{TB} = 116 \times \frac{3.16}{4} \times (0.026^2 - 0.025^2) = 0.00465 \ [m^2]$$

邪魔板径と胴内径との間の隙間の流路面積 $S_{SB}$
$$S_{SB} = \left(\frac{360 - A^\circ}{360}\right) \cdot \frac{\pi}{4} \cdot (D_S{}^2 - D_B{}^2)$$

邪魔板の径 $D_B = 0.547$ [m] とすると,
$$S_{SB} = \left(\frac{360 - 120}{360}\right) \cdot \frac{\pi}{4} \cdot (0.55^2 - 0.547^2)$$
$$= 0.00173 \ [m^2]$$
$$S_L = S_{TB} + S_{SB} = 0.00465 + 0.00173$$
$$= 0.00638 \ [m^2]$$

間隙を通る流れによる補正係数 $F_g$
式 (11・14) から
$$F_g = 1 - \frac{\alpha \cdot (S_{TB} + 2S_{SB})}{S_L}$$
$$S_L/S_C = 6.38 \times 10^{-3}/0.0202$$
$$= 0.316$$

図11・30より $\alpha=0.27$

$$F_g = 1 - \frac{0.27\times(0.00465+2\times0.00173)}{0.00638}$$

$$= 1 - 0.344$$

$$= 0.656$$

管の種類による補正係数 $F_{fh}$

平滑管として用いているので $F_{fh}=1.0$

胴側境膜伝熱係数 $h_o$

式 (11・5) から

$$h_o = F_{fh} \cdot j_h \cdot (C \cdot G_c) \cdot \left(\frac{C \cdot \mu}{k}\right)^{-2/3} \cdot \left(\frac{\mu}{\mu_w}\right)^{0.14} \cdot \left(\frac{\phi \cdot \xi_h}{X}\right) \cdot F_g$$

$$= 1.0 \times 0.0180 \times (0.53\times293,000)$$

$$\times \left(\frac{0.53\times3.28}{0.120}\right)^{-2/3} \times \left(\frac{\mu}{\mu_w}\right)^{0.14} \times \left(\frac{1.02\times0.76}{1}\right) \times 0.656$$

$$= 242 \, (\mu/\mu_w)^{0.14}$$

$(\mu/\mu_w)^{0.14}=0.95$ と仮定し

$$h_o = 242\times0.95 = 230 \, [\text{kcal/m}^2 \cdot \text{hr} \cdot {}^\circ\text{C}]$$

(8) **汚れ係数**: 表9・1から

管内側 $r_i = 0.0002 \, [\text{m}^2 \cdot \text{hr} \cdot {}^\circ\text{C/kcal}]$

管外側 $r_o = 0.0002 \, [\text{m}^2 \cdot \text{hr} \cdot {}^\circ\text{C/kcal}]$

(9) **管金属の熱伝導率 $k_w$**: 表2・1から

$k_w = 100 \, [\text{kcal/m} \cdot \text{hr} \cdot {}^\circ\text{C}]$

(10) **総括伝熱係数 $U$**: 式 (2・10) から

$$\frac{1}{U} = \frac{1}{h_o} + r_o + \frac{t_s}{k_w}\left(\frac{D_o}{D_m}\right) + r_i\frac{D_o}{D_i} + \frac{1}{h_i}\frac{D_o}{D_i}$$

$$= \frac{1}{230} + 0.0002 + \frac{(0.025-0.0208)/2}{100} \times \left[\frac{0.025}{(0.025+0.0208)/2}\right]$$

$$+ 0.0002 \times \frac{0.0250}{0.0208} + \frac{1}{4,400} \times \frac{0.0250}{0.0208}$$

$$= 0.0050 \, [\text{m}^2 \cdot \text{hr} \cdot {}^\circ\text{C/kcal}]$$

したがって

$$U = 1/0.0050 \fallingdotseq 200 \, [\text{kcal/m}^2 \cdot \text{hr} \cdot {}^\circ\text{C}]$$

したがって，(4) で仮定した $U$ が正しかったことがわかる。

(11) **管壁温度 $t_w$**

$$t_w = t_c + \frac{h_o}{h_i(D_i/D_o)+h_o} \cdot (T_c - t_c)$$

$$= 33.1 + \frac{230}{4,400\times(0.0208/0.025)+230}$$

$$\fallingdotseq 35 \, [{}^\circ\text{C}]$$

35 [°C] におけるケロシンの粘度は, $\mu_w=1.45$[cp]$=5.2$[kg/m・hr]

$$\left(\frac{\mu}{\mu_w}\right)^{0.14}=\left(\frac{3.28}{5.2}\right)^{0.14}=0.95$$

したがって, 胴側境膜伝熱係数算出のときに仮定した $(\mu/\mu_w)^{0.14}$ の値が正しかったことがわかる。

35 [°C] における水の粘度は, $\mu_w=2.70$ [kg/m・hr]

$$\left(\frac{\mu}{\mu_w}\right)^{0.14}=\left(\frac{0.288}{0.270}\right)^{0.140}\fallingdotseq 1$$

したがって, 管側境膜伝熱係数算出のときに仮定した $(\mu/\mu_w)^{0.14}$ の値が正しかったことがわかる。

(12) 胴側圧力損失

　A. 概算法

式 (11・47) から

$$\Delta P_s=10.4\times\frac{G_c{}^2\cdot L}{g_c\cdot\rho}$$

$$=10.4\times\frac{(293,000)^2\times 5}{1.27\times 10^8\times 825}=42.5\ [\text{kg/m}^2]$$

　B. 詳細計算法

(a) 管束と直交して流れるときの圧力損失 $\Delta P_B$

$$Re=\frac{D_o G_c}{\mu}=2,230$$

図 11・33 から, 摩擦係数 $f_s=0.165$

式 (11・37b) から胴と管束との間の間隙を通る流れによる補正係数 $\xi_{\Delta p}$ は

$$\xi_{\Delta p}=\exp\left[-3.8 F_{BP}\left(1-\sqrt[3]{\frac{2N_s}{N_c}}\right)\right]$$

$$=\exp(-3.8\times 0.222)=0.425$$

伝熱管として平滑管を用いているので, 管形式による補正係数 $F_{fp}=1.0$ で, 式 (11・35) から

$$\Delta P_B=F_{fp}\cdot\frac{4f_s\cdot G_c{}^2\cdot N_c}{2g_c\cdot\rho}\cdot\xi_{\Delta p}\cdot\left(\frac{\mu_w}{\mu}\right)^{0.14}$$

$$=1\times\frac{4\times 0.165\times(293,000)^2\times 6}{2\times 1.27\times 10^8\times 825}\times 0.425\times\left(\frac{5.2}{3.28}\right)^{0.14}$$

$$=0.74\ [\text{Kg/m}^2]$$

(b) 邪魔板切欠部を通る流れの圧力損失 $\Delta P_W$

邪魔板切欠部での流速 $V_b$

$$V_b=\frac{W_s}{S_b\cdot\rho}$$

$$=\frac{6,000}{0.0348\times 825}=208\ [\text{m/hr}]$$

## 11・2 相変化を伴なわない熱交換器の設計法

管束と直交して流れる流速 $V_c$

$$V_c = \frac{W_s}{S_c \cdot \rho}$$

$$= \frac{6,000}{0.0202 \times 825} = 359 \text{ [m/hr]}$$

平均流速 $V_z$

$$V_z = \sqrt{V_c \cdot V_b} = \sqrt{359 \times 208} = 273 \text{ [m/hr]}$$

式 (11・39b) から

$$\Delta P_W = (2.0 + 0.6 N_W) \cdot \frac{\rho V_z^2}{2g_c}$$

$$= (2.0 + 0.6 \times 3) \cdot \left[\frac{825 \times (273)^2}{2 \times 1.27 \times 10^8}\right]$$

$$= 0.93 \text{ [Kg/m}^2\text{]}$$

(c) 隙間流れによる補正係数 $\beta$

図 11・30 より $\delta = 0.43$

式 (11・45) から

$$\beta = 1 - \delta \cdot [(S_{TB} + 2S_{SB})/S_L]$$

$$= 1 - 0.43 \times \left[\frac{4.65 \times 10^{-3} + 3.46 \times 10^{-3}}{6.38 \times 10^{-3}}\right]$$

$$= 0.46$$

(d) 胴側両端での直交流れの圧力損失 $\Delta P_B'$

式 (11・38) から

$$\Delta P_B' = \left[1 + \left(\frac{N_W}{N_c}\right)\right] \cdot P_B$$

$$= [1 + (3/6)] \times 0.74 = 1.04 \text{ [Kg/m}^2\text{]}$$

(e) 胴側圧力損失合計 $\Delta P_s$

式 (11・34) から

$$\Delta P_s = 2\Delta P_B' + \beta \cdot [(N_b - 1) \cdot \Delta P_B + N_b \cdot \Delta P_W]$$

$$= 2 \times (1.04) + 0.46 \times [(32 - 1) \times 0.74 + 32 \times 0.93]$$

$$= 28 \text{ [Kg/m}^2\text{]}$$

(13) 管側圧力損失 $\Delta P_T$

(a) 直管部圧力損失 $\Delta P_t$

$Re = 30,700$ に対して図 11・32 から摩擦係数 $f_t$ は，

$$f_t = 0.007$$

式 (11・30) から

$$\Delta P_t = \frac{4 f_t \cdot G_t^2 \cdot L \cdot n_{t,\text{pass}}}{2 g_c \cdot \rho \cdot D_i} \cdot \left(\frac{\mu_w}{\mu}\right)^{0.14}$$

$$= \frac{4 \times 0.007 \times (4,250,000)^2 \times 5 \times 6}{2 \times 1.27 \times 10^8 \times 1,000 \times 0.0208} \times 1$$

$=2,880 \text{ [Kg/m}^2\text{]}$

(b) 方向変換による圧力損失 $\Delta P_r$

式 (11・32) から

$$\Delta P_r = \frac{4 \cdot G_t^2 \cdot n_{t,\text{pass}}}{2 \cdot g_c \cdot \rho}$$

$$= \frac{4 \times (4,250,000) \times 6}{2 \times 1.27 \times 10^8 \times 1,000}$$

$$= 1,740 \text{ [Kg/m}^2\text{]}$$

(c) 管側圧力損失合計

$\Delta P_T = \Delta P_t + \Delta P_r = 2,880 + 1,740$

$= 4,620 \text{ [kg/m}^2\text{]}$

したがって，この冷却器の圧力損失は管側，胴側ともに許容圧力損失以下であって，設計条件を満足する。

〔例題 11・3〕 SAE−40 油 76.5 [m³/hr] を 93 [°C] から 60 [°C] まで冷却する多管円筒式熱交換器を設計する。ただし，伝熱管としてはローフィンチューブを用いるものとし，また冷却水入口温度 32.2 [°C]，出口温度 43 [°C] とする。

〔解〕

(1) ローフィンチューブは次の寸法のもの使用

材質：黄銅（BsTF3）
フィン数：1 inch 当り19個（フィンピッチ $P_f = 1.33$ mm）
管内径 $D_i$：13.95 [mm]
フィン根元径 $D_r$：16.35 [mm]
フィン外径 $D_f$：18.75 [mm]
フィン厚み $t_f$：0.5 [mm]
フィン高さ $H_f$：1.2 [mm]
フィンチューブ外周面積 $A_o = 0.135$ [m²/m]
チューブ内周面積 $A_i = 0.0439$ [m²/m]
内外面積比 $= A_o/A_i = 3.08$

(2) 伝熱量 $Q$

$Q = W_s C \cdot (T_1 - T_2)$

$= 76.5 \times 887 \times 0.491 \times (93 - 60)$

$= 1,060,000 \text{ [kcal/hr]}$

(3) 有効温度差 $\Delta T$： 管側に水を，胴側に油を流すものとし，管側2パス，胴側1パスの多管円筒式熱交換器とする。

対数平均温度差 $\Delta T_{lm}$

$$\Delta T_{lm} = \frac{|T_1 - t_2| - |T_2 - t_1|}{\ln[(T_1 - t_2)/(T_2 - t_1)]}$$

$$= \frac{(93-43)-(60-32.2)}{\ln[(93-43)/(60-32.2)]} = 38 \, [\text{°C}]$$

$$E_A = \frac{t_2-t_1}{T_1-t_1} = \frac{43-32.2}{93-32.2} = 0.177$$

$$R_A = \frac{T_1-T_2}{t_2-t_1} = \frac{93-60}{43-32.2} = 3.04$$

図 3・145 から温度差補正係数 $F_t$ は

$$F_t = 0.955$$

$$\Delta T = F_t \cdot \Delta T_{lm} = 0.955 \times 38 = 36.2 \, [\text{°C}]$$

(4) 概略寸法： 総括伝熱係数 $U=130 \, [\text{kcal/m}^2 \cdot \text{hr} \cdot \text{°C}]$ と仮定すると，所要伝熱面積 $A$ は

$$A = \frac{Q}{\Delta T \cdot U} = \frac{1,060,000}{36.2 \times 130} = 224 \, [\text{m}^2]$$

管長を 4 [m] とすると，管本数 $N_t$ は

$$N_t = \frac{A}{A_o \cdot L} = \frac{224}{0.135 \times 4} = 416$$

管の配列は 3 角錯列配置としピッチ $P_t = 0.024$ [m] とする。管配列を図 11・35 に示す。

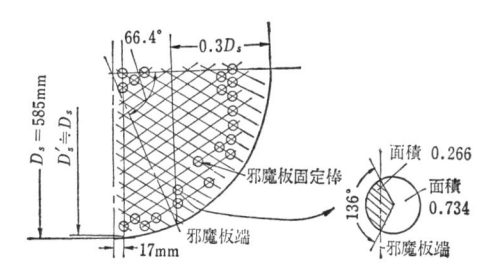

図 11・35

胴内径 $D_s = 0.585$ [m]
邪魔板ピッチ $\overline{BP} = 0.3$ [m]
胴中心線に最も近い管列中の管数 $n_c = 23$
邪魔板切欠部での伝熱管数 $n_{w1} = 81 + 20 \times (224/360) = 93.4$
邪魔板切欠部での伝熱管数 $n_{w2} = 81 + 20 \times 0.734 = 95.7$
邪魔板の端から，つぎの邪魔板の端までに存在する管列数

$$N_c = 2 \times [5 + (136°/360°)] = 10.76$$

邪魔板 1 枚当りの管孔数 $n_B = N_t - n_{w1} = 420* - 93.4 = 326.6$
邪魔板切欠部の管列数 $N_W = 5 + (224°/360°) = 5.622$
バイパス防止板の数 $N_s = 0$

---

\* 伝熱管 416 本に邪魔板固定棒 4 本を加算したもの。

邪魔板数 $N_b=12$
邪魔板は 30% 切欠き欠円形邪魔板とする。

**(5) 流体中心温度 $T_c, t_c$**

油の API 比重=24.85

$T_1-T_2=93-60=33 \ [^\circ C]=59.4 \ [^\circ F]$

図 3·161 から

$C\text{-FACTOR}=0.42$

高温端での温度差 $\Delta t_h=(T_1-t_2)=(93-43)=50$
低温端での温度差 $\Delta t_c=(T_2-t_1)=(60-32.2)=27.8$

$\Delta t_c/\Delta t_h=0.42$

図 3·161 から $F_c=0.42$

$T_1>t_2$ であるので,式 (3·271), 式 (3·272) を用いて,

$T_c=T_2+F_c\cdot(T_1-T_2)=60+0.42\times(93-60)=73.8 \ [^\circ C]$
$t_c=t_1+F_c\cdot(t_2-t_1)=32.2+0.42\times(43-32.2)=36.8 \ [^\circ C]$

中心温度における流体の物性

油: 比熱 $C=0.491 \ [\text{kcal/kg}\cdot{}^\circ C]$
　　熱伝導率 $k=0.121 \ [\text{kcal/m}\cdot\text{hr}\cdot{}^\circ C]$
　　粘度 $\mu=97 \ [\text{kg/m}\cdot\text{hr}]$

冷却水: 比熱 $c=1.0$
　　熱伝導率 $k=0.53 \ [\text{kcal/m}\cdot\text{hr}\cdot{}^\circ C]$
　　粘度 $\mu=0.75 \ [\text{cp}]=2.7 \ [\text{kg/m}\cdot\text{hr}]$

**(6) 管側境膜伝熱係数 $h_i$**

冷却水水量

$w=Q/c(t_2-t_1)=1,060,000/1(43-32.2)=98,300 \ [\text{kg/hr}]$

1パス当りの断面積 $a_t$

$$a_t=\frac{\pi}{4}(D_i)^2\cdot\frac{N_t}{n_{t,\text{pass}}}=\frac{3.14}{4}\times(0.01395)^2\times\frac{416}{2}=0.0318 \ [\text{m}^2]$$

質量速度 $G_t$

$$G_t=\frac{w}{a_t}=\frac{98,300}{0.0318}=3,180,000 \ [\text{kg/m}^2\cdot\text{hr}\cdot{}^\circ C]$$

管内冷却水の Reynolds 数 $Re$

$Re=D_iG_t/\mu=0.01395\times3,180,000/2.7=16,500$

図 8·6 から $j_H=60$
式 (8·6) から

$$\frac{h_iD_i}{k}=j_H\left(\frac{c\cdot\mu}{k}\right)^{1/3}\left(\frac{\mu}{\mu_w}\right)^{0.14}$$

$\left(\dfrac{\mu}{\mu_w}\right)^{0.14}=1.0$ と仮定して

$$h_i = \frac{j_H \cdot k}{D_i}\left(\frac{c \cdot \mu}{k}\right)^{1/3}\left(\frac{\mu}{\mu_w}\right)^{0.14}$$

$$= \frac{60 \times 0.52}{0.01395} \times \left(\frac{1 \times 2.7}{0.52}\right)^{1/3}$$

$$= 3,850 \ [\text{kcal/m}^2 \cdot \text{hr} \cdot {}^\circ\text{C}]$$

（7） 胴側境膜伝熱係数 $h_o$： 熱交換器の中心線に最も近い管列での直交流れに対する最小流体通過面積 $S_c$

$$S_c = \left\{ D_s' - n_c \cdot \left[ D_r + \frac{t_f(D_f - D_r)}{P_f} \right] \right\} \cdot \overline{BP}$$

$$= \left\{ 0.585 - 23 \times \left[ 0.01635 + \frac{0.0005(0.01875 - 0.01635)}{0.00133} \right] \right\} \times 0.3$$

$$= 0.0561 \ [\text{m}^2]$$

直交流れの最大質量速度 $G_c$

$$G_c = W_s / S_c = 76.5 \times 887 / 0.0561 = 1,165,000 \ [\text{kg/m}^2 \cdot \text{hr}]$$

Reynolds 数 $Re$

$$Re = D_r \cdot G_c / \mu = 0.0163 \times 1,165,000 / 97 = 196$$

図 11・25 から伝熱因子 $j_H = 0.050$

邪魔板切欠部での流路面積 $S_b$

$$S_b = K_1 D_s^2 - n_{w2} \frac{\pi}{4} D_f^2$$

表 11・11 から $K_1 = 0.198$

$$S_b = 0.198 \times (0.585)^2 - 95.7 \times (\pi/4) \times (0.01875)^2 = 0.042 \ [\text{m}^2]$$

補正係数 $\phi$

$$\phi = 1.0 - r + 0.524(r)^{0.32}(S_c/S_b)^{0.03}$$

$$r = \frac{2 \cdot n_{w1}}{N_t} = \frac{2 \times 93.4}{420^*} = 0.445$$

$$\phi = 1.0 - 0.445 + 0.524(0.445)^{0.32}(0.0561/0.042)^{0.03} = 0.969$$

管束と胴内径との間の間隙の流路面積 $S_d$

$$S_d = [D_s' - (n_c - 1)P_t - D_r] \cdot \overline{BP}$$

$$= [0.585 - (23 - 1) \times 0.024 + 0.01635] \times 0.30 = 0.0105 \ [\text{m}^2]$$

式 (11・11a) から

$$F_{BP} = \frac{S_d}{S_c} = \frac{0.0105}{0.0561} = 0.190$$

補正係数 $\xi_h$

式 (11・10) から

$$\xi_h = \exp\left[-1.25 F_{BP} \cdot \left(1 - \sqrt[3]{\frac{2N_s}{N_c}}\right)\right]$$

バイパス防止板を設けないので $N_s = 0$，したがって

---

\* 伝熱管 416 本に邪魔板固定棒 4 本を加算

$\xi_h = \exp(-1.25 \times 0.190) = 0.790$

補正係数 $X$

$100 < Re < 2,000$ であるので, $X = 1$

邪魔板の管孔と伝熱管外径との隙間の流路面積

$$S_{TB} = n_B \cdot \frac{\pi}{4} \cdot (D_H{}^2 - D_f{}^2)$$

邪魔板の管孔径 $D_H = 20$ [mm] とする。

$$S_{TB} = 326.6 \cdot \left(\frac{\pi}{4}\right) \cdot (0.020^2 - 0.0187^2) = 0.00785 \text{ [m}^2\text{]}$$

邪魔板径と胴内径との間の隙間の流路面積 $S_{SB}$

$$S_{SB} = \left(\frac{360° - A°}{360°}\right) \cdot \frac{\pi}{4} \cdot (D_S{}^2 - D_B{}^2)$$

邪魔板の径 $D_B = 0.581$ [m] とする。

$$S_{SB} = \left(\frac{360° - 132.8°}{360°}\right) \times \frac{\pi}{4} \times (0.585^2 - 0.581^2) = 0.00232 \text{ [m}^2\text{]}$$

$$S_L = S_{TB} + S_{SB} = 0.00785 + 0.00232 = 0.01017 \text{ [m}^2\text{]}$$

間隙を通る流れによる補正係数 $F_g$

式 (11・14) から

$$F_g = 1 - \frac{\alpha \cdot (S_{TB} + 2S_{SB})}{S_L}$$

$S_L/S_c = 0.01017/0.0561 = 0.180$

図 11・30 から $\alpha = 0.18$

$$F_g = 1 - \frac{0.18 \times (0.00785 + 2 \times 0.00232)}{0.01017} = 0.78$$

管の種類による補正係数 $F_{fh}$

ローフィンチューブを用いているので, 図 11・24 より $F_{fh} = 0.75$

胴側境膜伝熱係数 $h_o$

式 (11・5) から

$$h_o = F_{fh} \cdot j_h \cdot (CG_c) \cdot \left(\frac{C \cdot \mu}{k}\right)^{-2/3} \cdot \left(\frac{\mu}{\mu_w}\right)^{0.14} \cdot \left(\frac{\phi \cdot \xi_h}{X}\right) \cdot F_g$$

$$= 0.75 \times 0.050 \times (0.491 \times 1,165,000)$$

$$\times \left(\frac{0.491 \times 97}{0.121}\right)^{-2/3} \times \left(\frac{\mu}{\mu_w}\right)^{0.14} \times \left(\frac{0.969 \times 0.790}{1}\right) \times 0.78$$

$$= 230 \, (\mu/\mu_w)^{0.14}$$

$(\mu/\mu_w)^{0.14} = 0.85$ と仮定

$$h_o = 230 \times 0.85 = 195 \text{ [kcal/m}^2 \cdot \text{hr} \cdot \text{°C]}$$

(8) 汚れ係数 $r_i, r_o$: 表 9・1 から

管内側 $r_i = 0.0002$ [m² · hr · °C/kcal]

管外側 $r_o = 0.0002$ [m² · hr · °C/kcal]

(9) フィン抵抗 $r_f$: ローフィン管のフィン効率 $E_f$ は，図11·36から求めることができる。

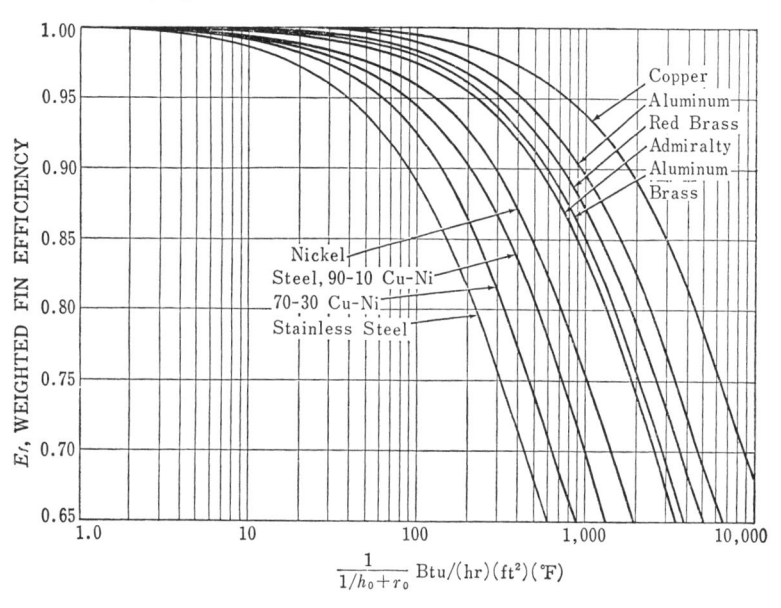

図 11·36 ローフィン管のフィン効率

フィン抵抗 $r_f$ は

$$r_f = \left(\frac{1}{h_o} + r_o\right)\left(\frac{1-E_f}{E_f + A_r/A_f}\right)$$

ここで

$A_r$ : フィンのない部分の外周面積 〔$m^2/m$〕

$A_f$ : フィン部の外周面積 〔$m^2/m$〕

一般に用いられるローフィンチューブのフィン抵抗 $r_f$ は，図11·37から直接求めることができる。

$$h_f' = \frac{1}{(1/h_o)+r_o} = \frac{1}{(1/195)+0.0002} = 191 \text{ [kcal/m}^2\cdot\text{hr}\cdot\text{°C]}$$

図 11·37 から

$r_f = 0.000042$ 〔$m^2\cdot\text{hr}\cdot\text{°C/kcal}$〕

(10) 管金属抵抗 $A_o t_s / A_m k_w$

対数平均面積 $A_m$

$$A_m = \pi(D_r - D_i)/\ln(D_r/D_i)$$
$$= \pi(0.01635 - 0.01395)/\ln(0.01635/0.01395) = 0.048 \text{ [m}^2/\text{m]}$$

管金属の熱伝導度 $k_w$ は，表 2·1 から 100 〔kcal/m·hr·°C〕

第11章　多管円筒式熱交換器の設計法

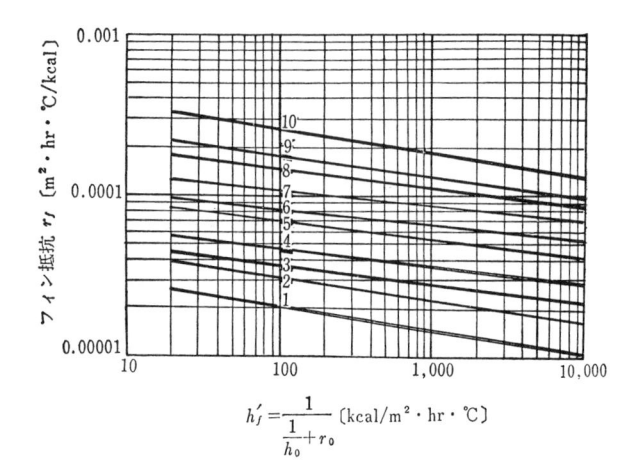

$$h'_f = \dfrac{1}{\dfrac{1}{h_o}+r_o}\ \mathrm{[kcal/m^2 \cdot hr \cdot ℃]}$$

① Copper　　　　　　　　⑥ Nickel
② 3s Aluminum　　　　　 ⑦ 1010 Steel
③ Red Brass and Admiralty　⑧ Monel
④ Aluminum Brass　　　　 ⑨ 70-30 Cupro-Nickel
⑤ 90-10 Cupro-Nickel　　　⑩ 304 Stainless Steel

図 11·37　ローフィン管のフィン抵抗 $r_f$

管厚み $t_s=(D_r-D_i)/2=(0.01635-0.01395)/2=0.0012$ [m]

$$\dfrac{A_o \cdot t_s}{A_m \cdot k_w}=\dfrac{0.135}{0.048} \cdot \dfrac{0.0012}{100}=0.000034\ \mathrm{[m^2 \cdot hr \cdot ℃/kcal]}$$

**(11) 総括伝熱係数 $U$**

$$\dfrac{1}{U}=\dfrac{1}{h_o}+r_o+r_f+\dfrac{A_o}{A_m}\cdot\dfrac{t_s}{k_w}+r_i\dfrac{A_o}{A_i}+\dfrac{1}{h_i}\cdot\dfrac{A_o}{A_i}$$

$$=\left(\dfrac{1}{195}\right)+0.0002+0.000042+0.000034$$

$$+0.0002\times\left(\dfrac{0.135}{0.0439}\right)+\dfrac{1}{3,850}\times\left(\dfrac{0.135}{0.0439}\right)$$

$$=0.068\ \mathrm{[m^2 \cdot hr \cdot ℃/kcal]}$$

$$U=147\ \mathrm{[kcal/m^2 \cdot hr \cdot ℃]}$$

したがって (4) で仮定した $U$ の値はほぼ正しい。

**(12) 管壁温度 $t_w$**

$$t_w=t_c+\dfrac{h_o}{h_i(A_i/A_o)+h_o}\cdot(T_c-t_c)$$

$$=36.8+\dfrac{195}{3,850\times(0.0439/0.135)+195}\times(73.8-36.8)=41.6\ \mathrm{[℃]}$$

41.6 [℃] における油の粘度 $\mu_w=317$ [kg/m·hr]

$$\left(\dfrac{\mu}{\mu_w}\right)^{0.14}=\left(\dfrac{97}{317}\right)^{0.14}=0.85$$

41.6〔°C〕における水の粘度 $\mu_w=2.5$〔kg/m・hr〕

$$\left(\frac{\mu}{\mu_w}\right)^{0.14}=\left(\frac{2.7}{2.5}\right)^{0.14}=1$$

したがって，胴側境膜伝熱係数および管側境膜伝熱係数を算出するときに仮定した $(\mu/\mu_w)^{0.14}$ の値は，正しかったことがわかる。

(13) 胴側圧力損失

(a) 管束と直交して流れるときの圧力損失 $\Delta P_B$

$$Re=\frac{D_r G_c}{\mu}=196$$

図 11・33 から，摩擦係数 $f_s=0.33$

式 (11・37b) から胴と管束との間の間隙を通る流れによる補正係数 $\xi_{\Delta p}$ は，

$$\xi_{\Delta p}=\exp\left[-3.8F_{BP}\left(1-\sqrt[3]{\frac{2N_s}{N_c}}\right)\right]$$

$$=\exp(-3.8\times 0.190)=0.485$$

伝熱管としてローフィンチューブを用いているので，管形式による補正係数は，$F_{fp}=0.9$ である。式 (11・35) から

$$\Delta P_B=F_{fp}\cdot\frac{4f_s\cdot G_c^2\cdot N_c}{2g_c\cdot\rho}\cdot\xi_{\Delta p}\cdot\left(\frac{\mu_w}{\mu}\right)^{0.14}$$

$$=0.9\times\frac{4\times 0.33\times(1,165,000)^2\times 10.76}{2\times 1.27\times 10^8\times 857}\times 0.485$$

$$\times\left(\frac{317}{97}\right)^{0.14}=46\ 〔Kg/m^2〕$$

(b) 邪魔板切欠部を通る流れの圧力損失 $\Delta P_W$

邪魔板切欠部での流速 $V_b$

$$V_b=\frac{W_s}{S_b\cdot\rho}=\frac{76.5\times 887}{0.042\times 887}=1,850\ 〔m/hr〕$$

管束と直交して流れる流速 $V_c$

$$V_c=\frac{W_s}{S_c\cdot\rho}=\frac{76.5\times 887}{0.0561\times 887}=1,360\ 〔m/hr〕$$

平均流速

$$V_z=\sqrt{V_c\cdot V_b}=\sqrt{1,360\times 1,850}=1,580\ 〔m/hr〕$$

式 (11・39b) から

$$\Delta P_W=(2.0+0.6N_w)\cdot\frac{\rho V_z}{2g_c}$$

$$=(2.0+0.6\times 5.622)\times\left[\frac{857\times(1,580)^2}{2\times 1.27\times 10^8}\right]=45.4\ 〔Kg/m^2〕$$

(c) 隙間流れによる補正係数

図 11・30 から $\delta=0.36$

式 (11・45) から

$$\beta = 1 - \delta[(S_{TB} + 2S_{SB})/S_L]$$
$$= 1 - 0.36 \times \left[\frac{0.00785 + 2 \times 0.00232}{0.01017}\right] = 0.56$$

(d) 胴側両端での直交流圧力損失 $\Delta P_B'$

$$\Delta P_B' = \left[1 + \left(\frac{N_W}{N_c}\right)\right] \cdot P_B$$
$$= [1 + (5.622/10.76)] = 70 \text{ [Kg/m}^2\text{]}$$

(e) 胴側圧力損失 $\Delta P_s$

$$\Delta P_s = 2\Delta P_B' + \beta[(N_b - 1) \cdot \Delta P_B + N_b \cdot \Delta P_W]$$
$$= 2 \times (70) + 0.554 \times [(12-1) \times 46 + 12 \times (45.4)] = 720 \text{ [Kg/m}^2\text{]}$$

## 11・3 単一飽和蒸気凝縮器の設計法

### 11・3・1 構　造

普通プロセス用の凝縮器では，冷却水温度と凝縮温度との差が比較的大であり，したがって蒸気の圧力損失に基づく凝縮温度の降下は問題にならないので普通の管配列でよいが，蒸気タービン用復水器（Surface condenser）では，温度差が小さいため，この圧力損失による凝縮温度の低下が問題になる。特に復水器は，一般に大型で伝熱管本数も数千本にもなるため，胴側蒸気の圧力損失も管配列を適当にしないとかなり大きくなる。また，復水器では漏洩空気が含まれることが避けられないので，この漏洩空気が胴各部に停滞してデッドスペースを作ることがないような管配列としなければならない。

復水器の管配列の例を図 11・38 および図 11・39 に示した。

### 11・3・2 凝縮側境膜伝熱係数

凝縮側境膜伝熱係数は第8章の諸式から求まるが，実用式 (8・33), (8・34) に基づき，各種物質についての計算図表を作成し，図 11・40 および図 11・41 に示した。これらの式および図は，平滑管に対してのみ適用することができる。

ローフィン管の水平管外表面凝縮の場合の境膜伝熱係数は，次式で求まる。

$$h_o = 0.616 \left(\frac{k_f^3 \cdot \rho_f^2 \cdot g}{\mu_f^2}\right)^{1/3} \cdot \left(\frac{A_o}{D_{eq}}\right)^{1/3} \cdot \left(\frac{\Gamma}{\mu_f}\right)^{-1/3} \quad \cdots\cdots\cdots(11\cdot48)$$

$D_{eq}$ はローフィン管の凝縮伝熱に関する相当径で，次式にて求まる。

$$\left(\frac{1}{D_{eq}}\right)^{1/4} = \frac{0.943}{0.725} \cdot E_f \cdot \left(\frac{A_f}{A_o}\right) \cdot \left(\frac{D_f}{a_f}\right)^{1/4} + \frac{A_r}{A_o} \cdot \left(\frac{1}{D_r}\right)^{1/4} \quad \cdots\cdots\cdots(11\cdot49)$$

ここで，

$A_f$：フィンチューブのフィン表面積 $[m^2/m]$

$A_r$：フィンチューブの根元面積（フィンのない部分の外周面積）〔$m^2/m$〕
$a_f$：フィン1枚の片側表面積〔$m^2$〕

$$a_f=(\pi/4)(D_f{}^2-D_r{}^2)$$

$E_f$：フィン効率

一般に使用されるローフィン管の $(A_o/D_{eq})^{1/3}$ の値を表 11・15 に示した

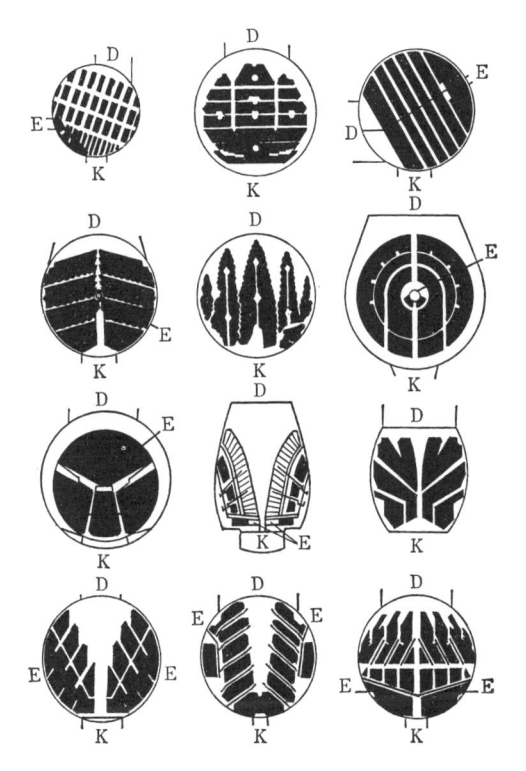

D：蒸気入口　E：冷却水入口　K：凝縮液出口

**図 11・38** 復水器の管配列の種類

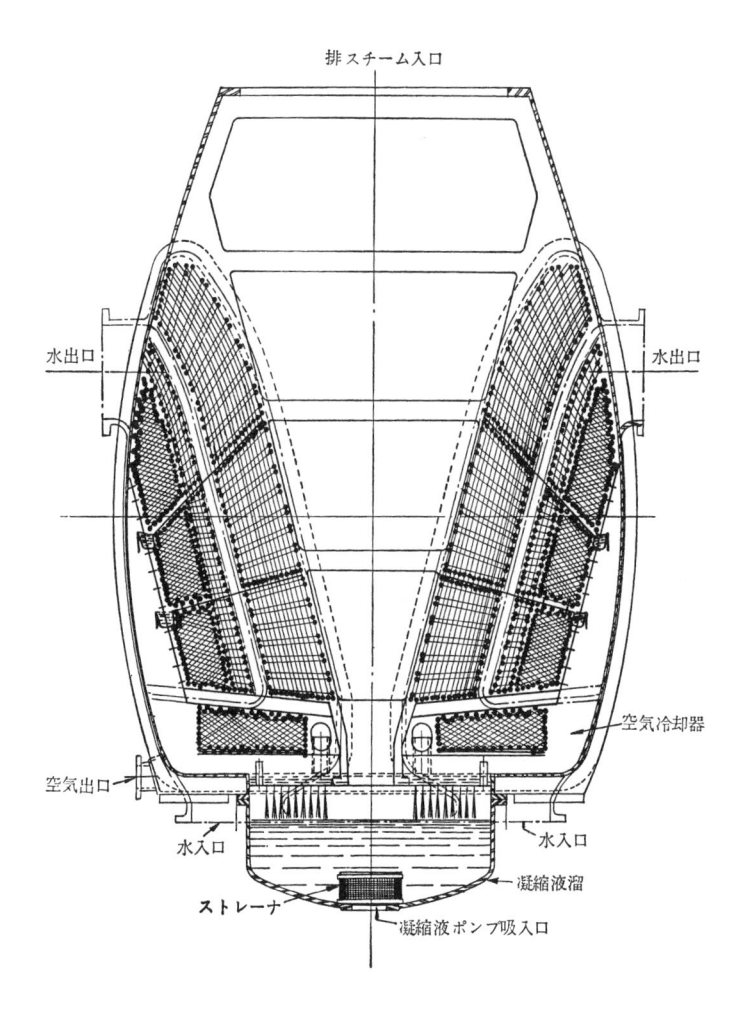

図 11・39 復水器断面図

## 11·3 単一飽和蒸気凝縮器の設計法

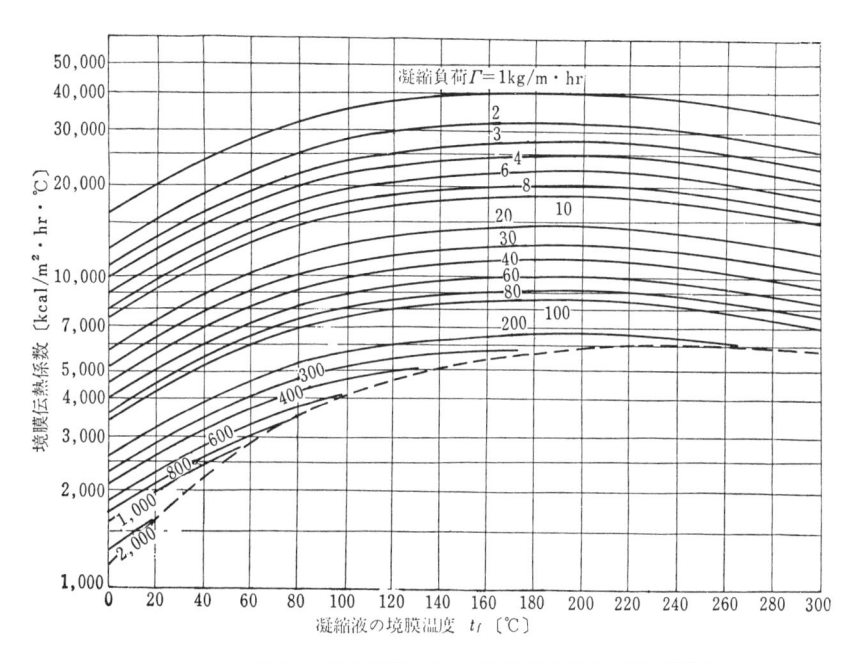

図 11·40 水蒸気の垂直管外凝縮の場合の境膜伝熱係数（水平管外凝縮の境膜伝熱係数は，図の値に 0.8 を乗じて求まる）

表 11·15 $\left(\dfrac{A_o}{D_{eq}}\right)^{1/3}$ の値

| ローフィンチューブの種類 | 公称外径 inches | $\left(\dfrac{A_o}{D_{eq}}\right)^{1/3}$ |
|---|---|---|
| 19 Fins/inch | 5/8 | 3.89 |
|  | 3/4 | 4.11 |
|  | 1 | 4.44 |
| 16 Fins/inch | 5/8 | 3.65 |
|  | 3/4 | 3.87 |
|  | 1 | 4.22 |

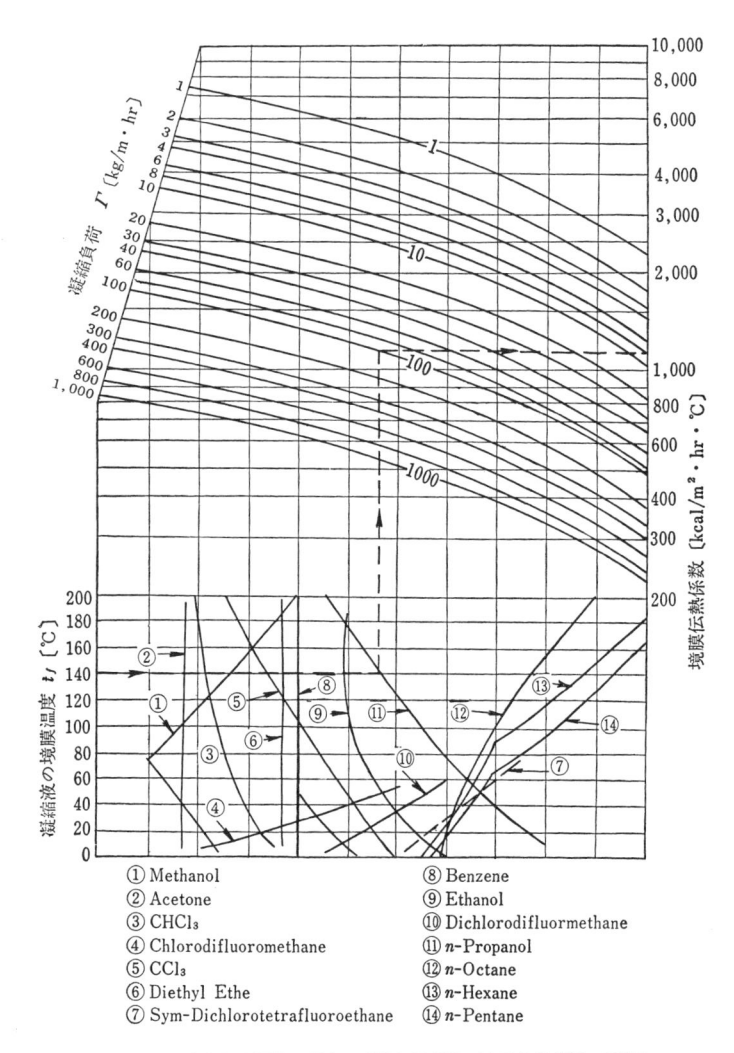

図 11·41 垂直管外凝縮の場合の境膜伝熱係数（水平管外凝縮の境膜伝熱係数は図の値に 0.8 を乗じて求まる）$4\Gamma/\mu_f < 1,800$ に対してのみ適用可能

① Methanol
② Acetone
③ $CHCl_3$
④ Chlorodifluoromethane
⑤ $CCl_4$
⑥ Diethyl Ethe
⑦ Sym-Dichlorotetrafluoroethane
⑧ Benzene
⑨ Ethanol
⑩ Dichlorodifluormethane
⑪ n-Propanol
⑫ n-Octane
⑬ n-Hexane
⑭ n-Pentane

## 11·3·3 凝縮側圧力損失

凝縮器の凝縮側では凝縮液蒸気が 2 相流をなして流れるが，凝縮液と未凝縮蒸気の比が凝縮器の各位置で異なるため，厳密には凝縮器を数区間に分割し，各区間での圧力損失を求め，これを累計し凝縮器の全圧力損失としなければならない。しかし，この方法は煩雑

であるため,単一飽和蒸気の全凝縮器の場合のように,凝縮器内で蒸気の流れ方向に沿っての各点での凝縮量が,その点における冷却水と蒸気との温度差に比例し,しかも蒸気の流れ方向に沿って蒸気流路が変わらないときには,近似的に次式で示される平均蒸気量が凝縮器の全体にわたって一定して流れるものと仮定し,その圧力損失を計算してよい[11]。

$$W_{v,\text{ave}} = F_V \cdot W_{v,\text{in}} \quad \cdots\cdots\cdots\cdots\cdots\cdots\cdots\cdots\cdots\cdots\cdots\cdots (11\cdot50)$$

ここで

$W_{v,\text{ave}}$:圧力損失計算のための平均蒸気量〔kg/hr〕

$F_V$:補正係数〔—〕

$W_{v,\text{in}}$:凝縮器入口での蒸気量〔kg/hr〕

補正係数 $F_V$ は図 11・42[11] より求めることができる。

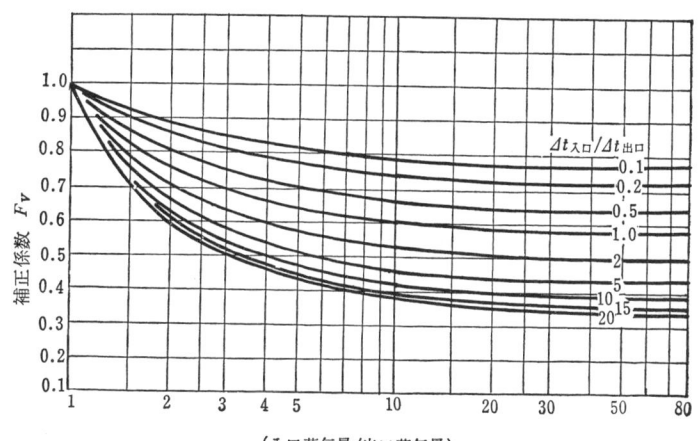

$\begin{pmatrix} \varDelta t \text{ 入口:蒸気入口端での蒸気温度と冷却水温度との差} \\ \varDelta t \text{ 出口:蒸気出口端での蒸気温度と冷却水温度との差} \end{pmatrix}$

図 11・42 圧力損失計算に用いる平均蒸気量

**(1) 凝縮が胴側の場合の圧力損失(欠円形邪魔板のとき):** 多管円筒式熱交換器で欠円形邪魔板を有する胴側に蒸気を流して凝縮させる場合の圧力損失 $\varDelta P_S$ は,管束と直交して流れるときの圧力損失 $\varDelta P_B$ と,邪魔板切欠部を流れるときの圧力損失 $\varDelta P_W$ より成り立っている。

**A. 管束と直交して流れるときの圧力損失 $\varDelta P_B$**

$$\varDelta P_B = \phi \cdot \left[ \frac{4 f_s \cdot G_c^2 \cdot N_c}{2 g_c \cdot \rho_v} \right] \quad \cdots\cdots\cdots\cdots\cdots\cdots\cdots\cdots (11\cdot51)$$

---

11) W. Gloyer: Hydrocarbon processing, july pp. 107~110 (1970).

472    第11章 多管円筒式熱交換器の設計法

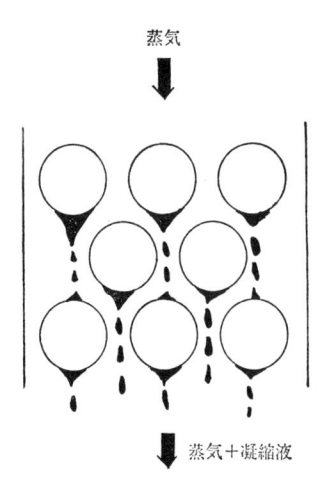

図 11·43 蒸気が水平管群に直交して下向きに流れる場合

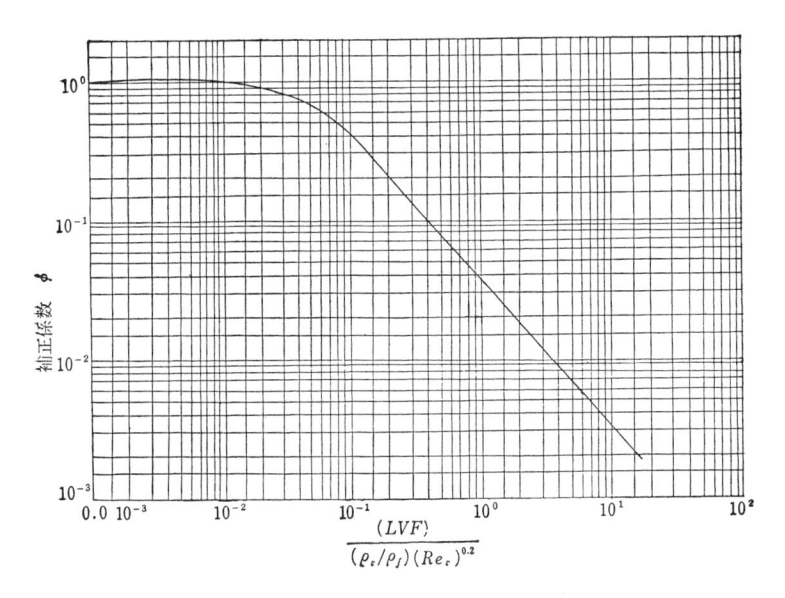

図 11·44 4角直列配置の水平管群に対して蒸気が凝縮液とともに下向きに流れる場合の圧力損失補正係数

縦軸：補正係数 $\phi$

横軸：$\dfrac{(LVF)}{(\rho_v/\rho_l)(Re_v)^{0.2}}$

## 11·3 単一飽和蒸気凝縮器の設計法

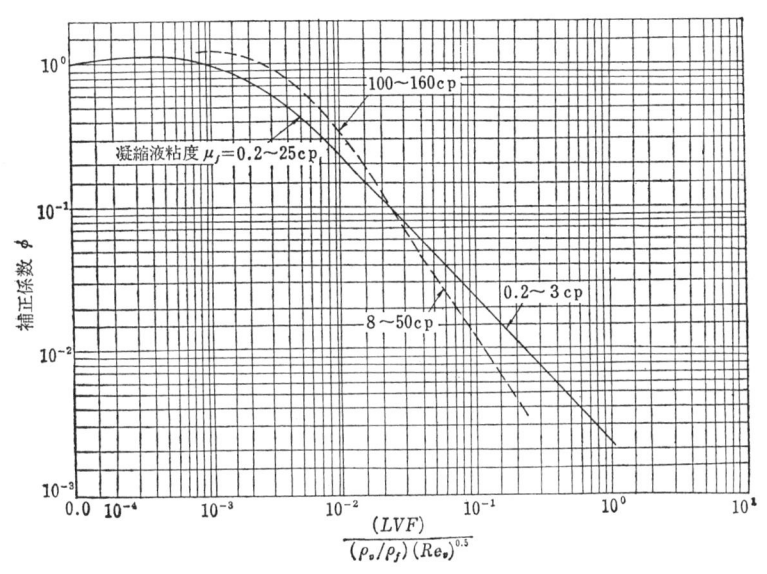

**図 11·45** 4角錯列配置の水平管群に対して，蒸気が凝縮液とともに下向きに流れる場合の圧力損失補正係数

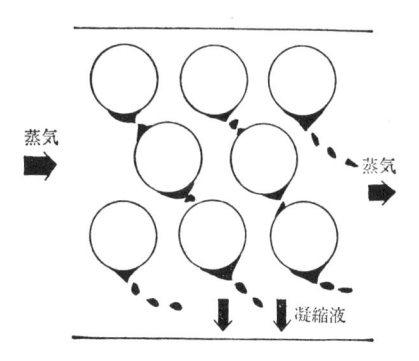

横軸: $\dfrac{(LVF)}{(\rho_v/\rho_f)(Re_v)^{0.5}}$，縦軸: 補正係数 $\phi$

曲線ラベル: 100～160cp，凝縮液粘度 $\mu_f = 0.2\sim25\,\text{cp}$，8～50cp，0.2～3cp

**図 11·46** 蒸気が水平管群に直交して水平方向に流れる場合

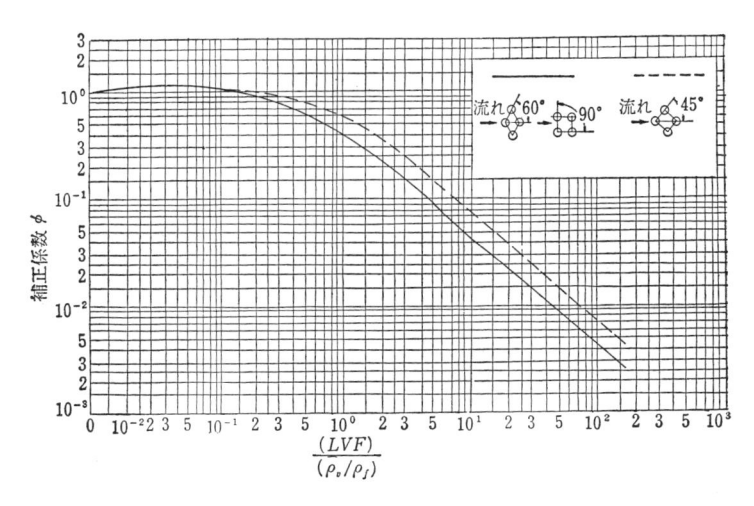

図 11·47 水平管に直交して蒸気が凝縮液とともに水平方向に流れる場合の圧力損失補正係数

ここで

$\phi$：2相流による圧力損失補正係数で，図 11·43 に示すように蒸気が水平管群に直交して下向きに流れる場合は，図 11·44 および図 11·45[12] から求めることができる。また，図 11·46 に示すように蒸気が水平管群に対して直交して水平方向に流れる場合には，図 11·47[13] から求めることができる。

$N_c$：邪魔板の端から次の邪魔板の端までの管列数〔—〕

$W_{v,\mathrm{ave}}$：未凝縮蒸気の平均流量〔kg/hr〕

$W_{f,\mathrm{ave}}$：凝縮液の平均流量〔kg/hr〕$= W_{v,\mathrm{inlet}} - W_{v,\mathrm{ave}}$

$G_c$：凝縮器の中心線に最も近い管列での直交流れの最大質量速度〔kg/m²·hr〕

$$G_c = \frac{(W_{v,\mathrm{ave}}+W_{f,\mathrm{ave}})}{S_c} = \frac{W_{v,\mathrm{in}}}{S_c} \quad \cdots\cdots(11\cdot52)$$

$S_c$：凝縮器の中心線に最も近い管列での直交流れに対する最小流路面積〔m²〕

$(LVF)$：凝縮液と未凝縮蒸気の流速が等しいと仮定した場合の凝縮液の容積分率〔—〕

$f_s$：流体全体を蒸気相と仮定したときの摩擦係数で，図 11·33 から求まる。

---

12) Diehl, J.E: Petroleum Refiner, vol. 36, No. 10, pp. 147~154 (1957).
13) Diehl, J.E. and C.H. Unruh : Petroleum Refiner, vol. 37, pp. 124~128 (1958).

$$(LVF) = \frac{(W_{f,\mathrm{ave}}/\rho_f)}{(W_{f,\mathrm{ave}}/\rho_f) + (W_{v,\mathrm{ave}}/\rho_v)} \quad \cdots\cdots (11\cdot53)$$

$\rho_v$：蒸気の密度〔kg/m³〕
$\rho_f$：凝縮液の密度〔kg/m³〕
$Re_v$：流体全体を蒸気相と仮定した場合の Reynolds 数〔—〕

$$Re_v = \frac{D_o \cdot G_c}{\mu_v} \quad \cdots\cdots (11\cdot54)$$

$\mu_v$：蒸気の粘度〔kg/m·hr〕

B. 邪魔板切欠部を通るときの圧力損失 $\varDelta P_W$： 邪魔板切欠部では，凝縮液と未凝縮蒸気の流速が等しいと仮定し，蒸気の速度水頭の2倍が失なわれるとみなし，

$$\varDelta P_W = \frac{2\rho_v \cdot V_B{}^2}{2g_c} \quad \cdots\cdots (11\cdot55)$$

ここで

$V_B$：邪魔板切欠部での未凝縮蒸気の流速〔m/hr〕

$$V_B = \frac{(W_{f,\mathrm{ave}}/\rho_f) + (W_{v,\mathrm{ave}}/\rho_v)}{S_b} \quad \cdots\cdots (11\cdot56)$$

$S_b$：邪魔板切欠部での流路面積〔m²〕

C. 胴側圧力損失 $\varDelta P_s$

$$\varDelta P_s = (1+N_b) \cdot \varDelta P_B + N_B \cdot \varDelta P_W \quad \cdots\cdots (11\cdot57)$$

$N_b$ は邪魔板枚数である。

(2) 凝縮が管内側の場合の圧力損失 $\varDelta P_T$： 水平管内を蒸気が凝縮しつつ流れる場合の圧力損失 $\varDelta P_T$ は，直管部での圧力損失 $\varDelta P_t$ と管側仕切板で方向を変えるときの圧力損失 $\varDelta P_\tau$ とから成り立つ。

A. 直管部圧力損失 $\varDelta P_t$

$$\varDelta P_t = \phi \cdot \frac{4f_t \cdot G_t{}^2 \cdot L \cdot n_{t,\mathrm{pass}}}{2g_c \cdot \rho_v \cdot D_i} \quad \cdots\cdots (11\cdot58)$$

ここで,

$\phi$：2相流による圧力損失補正係数で，図 11·48 から求まる。

$G_t$：管内での平均質量速度〔kg/m²·hr〕

$$G_t = \frac{W_{v,\mathrm{ave}} + W_{f,\mathrm{ave}}}{a_t} = \frac{W_{v,\mathrm{in}}}{a_t} \quad \cdots\cdots (11\cdot59)$$

$a_t$：管内流路面積〔m²〕
$f_t$：管内を流れる全流量（$= W_{v,\mathrm{ave}} + W_{f,\mathrm{ave}}$）がすべて蒸気相であると仮定したと

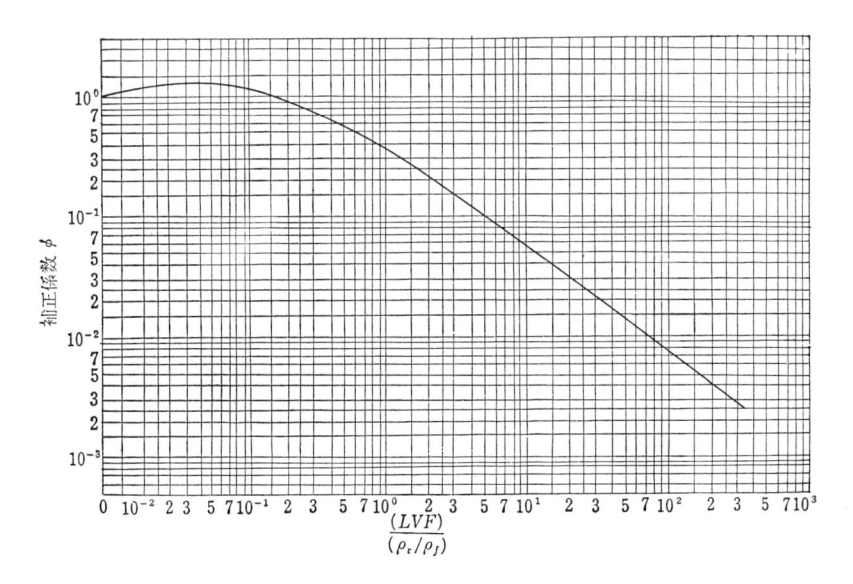

図 11・48　水平管内を蒸気が凝縮液とともに流れる場合の圧力損失補正係数

きの摩擦係数で，Reynolds 数 $Re_v = G_t \cdot D_i / \mu_v$ の関数として図 11・32 から求まる。

$L$：管長〔m〕

$n_{t,\text{pass}}$：管側パス数〔—〕

**B.　方向変換の圧力損失 $\Delta P_r$**

$$\Delta P_r = \phi \cdot \frac{4G_t^2 \cdot n_{t,\text{pass}}}{2g_c \cdot \rho_J} \quad \cdots\cdots(11\cdot 60)$$

**C.　管側圧力損失 $\Delta P_T$**

$$\Delta P_T = \Delta P_t + \Delta P_r \quad \cdots\cdots(11\cdot 61)$$

#### 11・3・4　設計手順

普通のプロセス用凝縮器では，圧力損失が問題にならないので，例題に示すように，実用式 (8・35)，(8・37) などを用いて，熱交換器の全伝熱管の平均凝縮境膜伝熱係数を求めてよい。これに対して，復水器の場合は蒸気の均一な分布，不凝縮ガス（漏洩空気）の濃縮による伝熱係数の低下などについての詳細な検討が必要である。このために，伝熱管 1 本ずつについて，蒸気圧力，蒸気中の不凝縮ガスの量などを考慮して伝熱係数および凝縮量を計算し，適当な管配列を決定する必要がある。例えば，図 11・49 のような管配列の場

合の蒸気の流れ，凝縮液の流れのモデル図 11・50 を基にして計算する必要がある。また，管側の冷却水温度の変化も詳細に計算する必要があるので，熱交換器の長手方向にも，図 11・50 のように分割し，各セクションについて計算する必要がある。Barsness[14] はこのよ

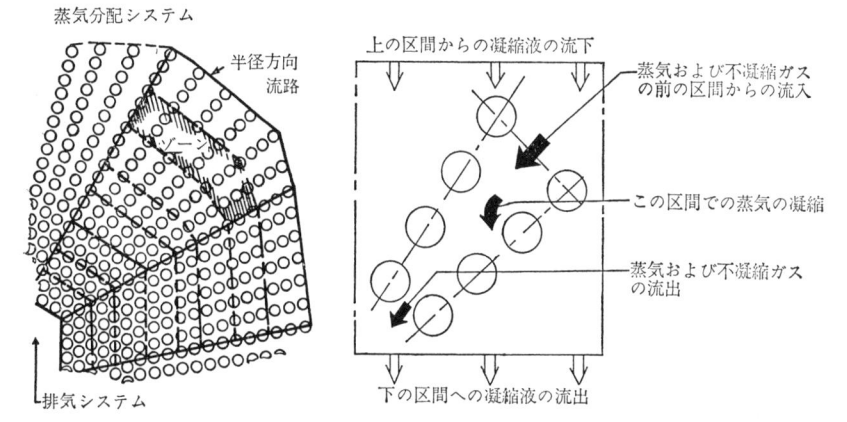

図 11・49 復水器での蒸気の流路　　図 11・50 復水器の蒸気の流れのモデル

うな方法で復水器の解析を行なっている。

### 11・3・5 設計例

〔例題 11・4〕 $n$-ペンタン凝縮器の設計

圧力 0.75 [Kg/cm² G] なる飽和ペンタン蒸気 6,100 [kg/hr] を凝縮する凝縮器を設計する。冷却水入口温度を 30 [°C]，出口温度を 40 [°C] とする。凝縮器型式は水平型管外凝縮器とする。

〔解〕

(1) 熱収支および物質収支： $n$-ペンタンの圧力 0.75 [Kg/cm² G] に対応する飽和温度は 52 [°C]，蒸発潜熱は 83 [kcal/kg] である。したがって，伝熱量 $Q$ は

$$Q = 83 \times 6,100 = 506,300 \text{ [kcal/hr]}$$

冷却水必要量は

$$w = 506,300/(40-10) = 50,630 \text{ [kg/hr]}$$

(2) 有効温度差 $\Delta T$

対数平均温度差 $\Delta T_{lm}$

$$\Delta T_{lm} = \frac{|T_1 - t_2| - |T_2 - t_1|}{\ln[(T_1 - t_2)/(T_2 - t_1)]}$$

$$= \frac{(52-30)-(52-40)}{\ln(52-30)/(52-40)} = 16.5 \text{ [°C]}$$

---

14) Barsness, E.J : 'Calculation of the Performance of Surface Condensers by Digital Computer' ASME Paper, 63-PWR-2, pp. 1〜5

単一飽和蒸気凝縮の場合は，蒸気凝縮側の温度は熱交換器全体にわたり一定であるので，温度差補正係数 $F_t=1$，したがって有効温度差は対数平均温度差と等しい。
$$\varDelta T = \varDelta T_{lm} = 16.5 \, [°C]$$

**（3） 概略寸法計算**

総括伝熱係数 $U=510 \, [kcal/m^2 \cdot hr \cdot °C]$ と仮定する。所要伝熱面積 $A$ は
$$A = \frac{Q}{\varDelta T \cdot U} = \frac{506,300}{16.5 \times 510} = 60.4 \, [m^2]$$

伝熱管としてはアルブラック管を用い，その外径 $D_o=25 \, [mm]$，内径 $D_i=20.8 \, [mm]$，長さ $L=5 \, [m]$ とする。

必要伝熱管本数 $N_t$ は
$$N_t = \frac{A}{\pi D_o L} = \frac{60.4}{\pi \times 0.025 \times 5} = 154$$

管の配列は3角錯列配置とし，管配列ピッチ $P_t=0.032 \, [m]$ とする。また，管側パス数 $n_{t,pass}=2$ とする。

**（4） 管側境膜伝熱係数 $h_i$**

管側1パスあたりの管側流路面積 $a_t$
$$a_t = \frac{\pi}{4} \cdot D_i^2 \cdot \frac{N_t}{n_{t,pass}} = \frac{\pi}{4} \times (0.0208)^2 \times \frac{154}{2} = 0.0262 \, [m^2]$$

管内冷却水質量速度 $G_t$
$$G_t = w/a_t = 50,630/0.0262 = 1,940,000 \, [kg/m^2 \cdot hr]$$

冷却水の平均温度 $t_{av}=35 \, [°C]$ における水の物性値は

粘度 $\mu=0.8 \, [cp] = 2.88 \, [kg/m \cdot hr]$

熱伝導率 $k=0.52 \, [kcal/m \cdot hr \cdot °C]$

比熱 $c=1 \, [kcal/kg \cdot °C]$

管内冷却水の Reynolds 数 $Re$
$$Re = D_i G_t/\mu = 0.0208 \times 1,940,000/2.88 = 14,000$$

図 8·6 から $j_H=50$

式 (8·6) から
$$\frac{h_i D_i}{k} = j_H \cdot \left(\frac{c \cdot \mu}{k}\right)^{1/3} \cdot \left(\frac{\mu}{\mu_w}\right)^{0.14}$$

$(\mu/\mu_w)^{0.14}=1$ と仮定して
$$h_i = \frac{j_H \cdot k}{D_i} \left(\frac{c \cdot \mu}{k}\right)^{1/3} \cdot \left(\frac{\mu}{\mu_w}\right)^{0.14}$$
$$= \frac{50 \times 0.52}{0.0208} \cdot \left(\frac{1 \times 2.88}{0.52}\right)^{1/3} \cdot \left(\frac{\mu}{\mu_w}\right)^{0.14} = 2,100 \, [kcal/m^2 \cdot hr \cdot °C]$$

**（5） 胴側境膜伝熱係数 $h_o$：** 凝縮液の平均境膜温度 $t_f=46 \, [°C]$ と仮定する。この温度におけるペンタン凝縮液の物性は

粘度 $\mu_f = 1.2 \, [cp] = 4.3 \, [kg/m \cdot hr]$

熱伝導率 $k_f = 0.135$ [kcal/m・hr・°C]
密度 $\rho_f = 770$ [kg/m$^3$]
式 (8・38) より，相当管本数 $n_s$ は
$$n_s = 2.08(N_t)^{0.495} = 2.08 \times (154)^{0.495} = 25$$
式 (8・37a) から，凝縮負荷 $\Gamma$ は
$$\Gamma = W/(L \cdot n_s) = 6,100/(5 \times 25) = 48.8 \text{ [kg/m・hr]}$$
式 (8・37) から，凝縮側境膜伝熱係数 $h_o$
$$h_o = 1.51 \left(\frac{4\Gamma}{\mu_f}\right)^{-1/3} \cdot \left(\frac{\mu_f^2}{k_f^3 \cdot \rho_f^2 \cdot g}\right)^{-1/3}$$
$$= 1.51 \times \left(\frac{4 \times 48.8}{4.3}\right)^{-1/3} \cdot \left[\frac{(4.3)^2}{(0.135)^3 \times (770)^2 \times (1.27 \times 10^8)}\right]^{-1/3}$$
$$= 910 \text{ [kcal/m}^2\text{・hr・°C]}$$

**(6) 汚れ係数 $r$**

表 9・1 から
　　管内側 $r_i = 0.0002$ [m$^2$・hr・°C/kcal]
　　管外側 $r_o = 0.0001$ [m$^2$・hr・°C/kcal]

**(7) 管金属の熱伝導率 $k_w$**

表 2・1 から
　　$k_w = 100$ [kcal/m・hr・°C]

**(8) 総括伝熱係数 $U$**

式 (2・10) から
$$\frac{1}{U} = \frac{1}{h_o} + r_o + \frac{t_s}{k_w}\left(\frac{D_o}{D_m}\right) + r_i\left(\frac{D_o}{D_i}\right) + \frac{1}{h_i}\left(\frac{D_o}{D_i}\right)$$
$$= \frac{1}{910} + 0.0001 + \frac{(0.0250 - 0.0208)/2}{100} \times \left[\frac{0.0250}{(0.0250 + 0.0208)/2}\right]$$
$$+ 0.0002 \times \frac{0.0250}{0.0208} + \frac{1}{2,100} \times \frac{0.0250}{0.0208} = 0.002$$

したがって，
　　$U = 1/0.002 = 500$ [kcal/m$^2$・hr・°C]
したがって，(3) で仮定した値がほぼ正しかったことがわかる。

**(9) 管壁温度および管壁温度における管内流体の粘度**

管壁温度 $t_w$
$$t_w = T - \frac{h_i(D_i/D_o)}{h_i(D_i/D_o) + h_o} \cdot (T - t_{av})$$
ここで，$t_{av}$ は管内側冷却水の算術平均温度である。
$$t_w = 52 - \frac{2,100 \times (0.0208/0.0250)}{2,100 \times (0.0208/0.0250) + 910} \times (52 - 35) = 41 \text{ [°C]}$$
41 [°C] における水の粘度 $\mu_w = 2.40$ [kg/m・hr]

$$\left(\frac{\mu}{\mu_w}\right)^{0.14} = \left(\frac{2.62}{2.40}\right)^{0.14} \fallingdotseq 1$$

したがって，（4）で管側境膜伝熱係数の算出に際して仮定した値は正しい。

**(10)　凝縮液の境膜温度 $t_f$**

$$t_f = (T+t_w)/2 = (52+41)/2 = 46 \text{ [°C]}$$

したがって，（5）で胴側境膜伝熱係数の算出に際して仮定した境膜温度は正しい。

**(11)　管側圧力損失 $\Delta P_T$**

(a)　直管部圧力損失 $\Delta P_t$

$Re = 14,000$ に対して摩擦係数 $f_t$ は，図 11・32 から

$$f_t = 0.009$$

式（11・30）から

$$\Delta P_t = \frac{4f_t \cdot G_t{}^2 \cdot L \cdot n_{t,\text{pass}}}{2g_c \cdot \rho \cdot D_i}\left(\frac{\mu}{\mu_w}\right)^{0.14}$$

$$\Delta P_t = \frac{4 \times 0.009 \times (1,940,000)^2 \times 5 \times 2}{2 \times 1.27 \times 10^8 \times 1,000 \times 0.0208} \times 1 = 262 \text{ [Kg/m}^3\text{]}$$

(b)　方向変換による圧力損失 $\Delta P_r$

式（11・32）から

$$\Delta P_r = \frac{4G_t{}^2 \cdot n_{t,\text{pass}}}{2g_c \cdot \rho} = \frac{4 \times (1,940,000)^2 \times 2}{2 \times (1.27 \times 10^8) \times 1,000} = 120 \text{ [Kg/m}^2\text{]}$$

管側圧力損失合計は

$$\Delta P_T = \Delta P_t + \Delta P_r = 262 + 120 = 382 \text{ [Kg/m}^2\text{]}$$

**(12)　胴側圧力損失 $\Delta P_s$**：　胴側邪魔板は伝熱係数に関与しないが，管支持のために9枚の 25% 垂直切欠き欠円形邪魔板を 500 [mm] 間隔で設けることにする。

(a)　管束と直交して流れるときの圧力損失 $\Delta P_B$

圧力損失計算のための平均蒸気量 $W_{v,\text{ave}}$

$$W_{v,\text{in}}/W_{v,\text{out}} = \infty \quad (\because \quad W_{v,\text{out}} = 0)$$

管側冷却水は 2 パスであり，また蒸気入口端および蒸気出口端での蒸気の温度は等しいので，蒸気入口端での蒸気と冷却水との間の温度差 $\Delta t_{入口}$ と，蒸気出口端での蒸気と冷却水との間の温度差 $\Delta t_{出口}$ は，等しいと見なすことができる。したがって，図 11・42 より，補正係数は $F_V = 0.58$ である。式（11・51）から

$$W_{v,\text{ave}} = F_V \cdot W_{v,\text{in}} = 0.58 \times 6,100 = 3,540 \text{ [kg/hr]}$$

$$W_{f,\text{ave}} = W_{v,\text{in}} - W_{v,\text{ave}} = 2,560 \text{ [kg/hr]}$$

$n$-Pentane 蒸気の密度 $\rho_v = 4.76$ [kg/m³]

式（11・53）から

$$(LVF) = \frac{(W_{f,\text{ave}}/\rho_f)}{(W_{f,\text{ave}}/\rho_f) + (W_{v,\text{ave}}/\rho_v)}$$

$$= \frac{(2,560/770)}{(2,560/770) + (3,540/4.76)} = 0.0045$$

$$\frac{(LVF)}{(\rho_v/\rho_f)} = \frac{0.0045}{(4.76/770)} = 0.720$$

邪魔板切欠きが垂直であるので,蒸気の流れの様式は図 11・46 のようになるので,圧力損失補正係数 $\phi$ は図 11・47 から $\phi = 0.50$ となる。

凝縮器中心線に最も近い管列での最小流路面積 $S_c$

表 11・8 から胴内径 $D_s = 500$ [mm] であり,胴中心線に最も近い管列での管本数 $n_c = 15$ 本である。また,邪魔板間隔 $\overline{BP} = 0.5$ [m] であるので,

$$S_c = (D_s - n_c \cdot D_o)\overline{BP} = (0.5 - 15 \times 0.025) \times 0.5 = 0.0625 \text{ [m}^2\text{]}$$

凝縮器中心線に最も近い管列での質量速度 $G_c$

$$G_c = \frac{W_{v,\text{in}}}{S_c} = \frac{6,100}{0.0625} = 97,600 \text{ [kg/m}^2 \cdot \text{hr]}$$

Reynolds 数 $Re_v$

$n$-ペンタン蒸気の粘度 $\mu_v = 0.008$ [cp] $= 0.0288$ [kg/m・hr]

$$Re_v = \frac{D_o \cdot G_c}{\mu_v} = \frac{0.025 \times 97,600}{0.0288} = 84,500$$

図 11・33 から摩擦係数 $f_s = 0.08$

邪魔板の端から次の邪魔板の端までの管列数 $N_c = 8$

したがって,管束と直交して流れるときの圧力損失 $\varDelta P_B$ は,式 (11・52) から

$$\varDelta P_B = \phi \cdot \left[\frac{4f_s \cdot G_c^2 \cdot N_c}{2g_c \cdot \rho_v}\right] = 0.50 \cdot \left[\frac{4 \times 0.08 \times (97,600)^2 \times 8}{2 \times 1.27 \times 10^8 \times 4.76}\right]$$
$$= 10 \text{ [Kg/m}^2\text{]}$$

(b) 邪魔板切欠部での圧力損失 $\varDelta P_W$

邪魔板切欠部での管本数 $n_{w2} = 18$

表 11・11 から $K_1 = 0.154$

したがって,邪魔板切欠部の流路面積 $S_b$

$$S_b = K_1 \cdot D_s^2 - n_{w2} \cdot \frac{\pi}{4} \cdot D_o^2 = 0.154 \times (0.50)^2 - 18 \times \frac{\pi}{4} \times (0.025)^2$$
$$= 0.0295 \text{ [m}^2\text{]}$$

邪魔板切欠部での未凝縮蒸気の流速 $V_B$

$$V_B = \frac{(W_{f,\text{ave}}/\rho_f) + (W_{v,\text{ave}}/\rho_v)}{S_b}$$
$$= \frac{(2,560/770) + (3,540/4.76)}{0.0295} = 25,400 \text{ [m/hr]}$$

したがって,邪魔板切欠部を通るときの圧力損失 $\varDelta P_W$ は,

$$\varDelta P_W = \frac{2\rho_v \cdot V_B^2}{2g_c} = \frac{4.76 \times (25,400)^2}{1.27 \times 10^8} = 24.2 \text{ [Kg/m}^2\text{]}$$

(c) 胴側圧力損失 $\varDelta P_s$

式 (11・57) から

$$\varDelta P_s = (1 + N_b) \cdot \varDelta P_B + N_b \cdot \varDelta P_W$$

$$=(1+9)\times10+9\times24.2=318\,[\mathrm{Kg/m^2}]=0.0318\,[\mathrm{Kg/m^2}]$$

〔例題 11・5〕 プロパン凝縮器の設計

45,400 [kg/hr] のプロパン蒸気を凝縮させる水平管外凝縮器を設計する。ただし、プロパンの圧力は 21 [Kg/cm² G] とし、冷却水入口温度を 29.4 [°C]、出口温度を 52 [°C] とする。伝熱管としては下記仕様のローフィン管を使用するものとする。

フィン外径 $D_f=18.75$ [mm]
管内径 $D_i=13.95$ [mm]
フィン根元径 $D_r=16.35$ [mm]
フィン数：1 inch あたり 19 個（フィンピッチ $P_f=1.33$ [mm]）
フィン厚さ $t_f=0.5$ [mm]
フィン高さ $H_f=(D_f-D_r)/2=1.2$ [mm]
フィン管外表面積 $A_o=0.135$ [m²/m]
管およびフィン材料の熱伝導度 $k_w=100$ [kcal/m・hr・°C]
フィン管内表面積 $A_i=0.0439$ [m²/m]

〔解〕

(1) **伝熱量 $Q$**： プロパン蒸気の凝縮潜熱は 78.9 [kcal/kg]、凝縮温度は 59 [°C] である。伝熱量 $Q$ は

$$Q=78.9\times45,400=3,560,000\,[\mathrm{kcal/hr}]$$

(2) **必要冷却水量 $w$**

$$w=Q/(t_2-t_1)=3,560/(52-29.4)=158,000\,[\mathrm{kg/hr}]$$

(3) **有効温度差 $\Delta T$**

対数平均温度差 $\Delta T_{lm}$

$$\Delta T_{lm}=\frac{|T_1-t_2|-|T_2-t_1|}{\ln[(T_1-t_2)/(T_2-t_1)]}$$

$$=\frac{(59-29.4)-(59-52)}{\ln[(59-29.4)/(59-52)]}=15.6\,[°\mathrm{C}]$$

単一飽和蒸気凝縮の場合は、蒸気凝縮側の温度は熱交換器全体にわたり一定であるので、温度差補正係数 $F_t=1$、したがって有効温度差は対数平均温度差と等しい。

$$\Delta T=\Delta T_{lm}=15.6\,[°\mathrm{C}]$$

(4) **概略寸法**： 総括伝熱係数 $U=370$ [kcal/m²・hr・°C] と仮定する。所要伝熱面積 $A$ は

$$A=\frac{Q}{\Delta T\cdot U}=\frac{3,560,000}{15.6\times370}=615\,[\mathrm{m^2}]$$

伝熱管長 $L=4.55$ [m] とする。

必要伝熱管本数 $N_t$ は

$$N_t=A/(A_o\cdot L)=615/(0.135\times5.0)=895$$

管側パス数 $n_{t,\mathrm{pass}}=4$ とし、管配列は 3 角錯列とする。

## 11・3 単一飽和蒸気凝縮器の設計法

**(5) 管側境膜伝熱係数 $h_i$**

管側1パスあたりの管側流路面積 $a_t$

$$a_t = \frac{\pi}{4} \cdot D_i^2 \cdot \frac{N_t}{n_{t,\text{pass}}} = \frac{\pi}{4} \times (0.01395)^2 \times \frac{896}{4} = 0.0342 \ [\text{m}^2]$$

管内冷却水質量速度 $G_t$

$$G_t = \frac{w}{a_t} = \frac{158,000}{0.0342} = 4,600,000 \ [\text{kg/m}^2 \cdot \text{hr}]$$

冷却水の平均温度 $t_{av} = 40.7 \ [°C]$ における水の物性値は,
 粘度 $\mu = 0.66 \ [\text{cp}] = 2.38 \ [\text{kg/m} \cdot \text{hr}]$
 熱伝導率 $k = 0.54 \ [\text{m} \cdot \text{hr} \cdot °C]$
 比熱 $c = 1 \ [\text{kcal/kg} \cdot °C]$

管内冷却水の Reynolds 数 $Re$

$$Re = D_i \cdot G_t / \mu = 0.01395 \times 4,600,000 / 2.38 = 27,000$$

図 8・6 から $j_H = 90$

式 (8・6) から

$$\frac{h_i \cdot D_i}{k} = j_H \cdot \left(\frac{c \cdot \mu}{k}\right)^{1/3} \cdot \left(\frac{\mu}{\mu_w}\right)^{0.14}$$

$(\mu/\mu_w)^{0.14} = 1$ と仮定して,

$$h_i = \frac{j_H \cdot k}{D_i} \cdot \left(\frac{c \cdot \mu}{k}\right)^{1/3} \cdot \left(\frac{\mu}{\mu_w}\right)^{0.14}$$

$$h_i = \frac{90 \times 0.54}{0.01395} \times \left(\frac{1 \times 2.38}{0.54}\right)^{1/3} \times \left(\frac{\mu}{\mu_w}\right)^{0.14}$$

$$= 5,750 \ [\text{kcal/m}^2 \cdot \text{hr} \cdot °C]$$

**(6) 胴側境膜伝熱係数 $h_o$:** 式 (8・38) から, 相当管本数 $n_s$ は

$$n_s = 2.08 \cdot (N_t)^{0.495} = 2.08 \times (895)^{0.495} = 60.5$$

式 (8・37a) より, 凝縮負荷 $\Gamma$ は

$$\Gamma = W/(L \cdot n_s) = 45,400/(5.0 \times 60.5) = 150 \ [\text{kg/m} \cdot \text{hr}]$$

伝熱管のフィンのない部分の外周面積 $A_r$ は,

$$A_r = \pi \cdot D_r \cdot \left(\frac{P_f - t_f}{P_f}\right) = \pi \times 0.01635 \times \left(\frac{1.33 - 0.5}{1.33}\right) = 0.0319 \ [\text{m}^2/\text{m}]$$

伝熱管のフィン表面積

$$A_f = A_o - A_r = 0.135 - 0.0319 = 0.103 \ [\text{m}^2/\text{m}]$$

フィン1枚の片側面積 $a_f$

$$a_f = (\pi/4)(D_f^2 - D_r^2) = (\pi/4)(0.0185^2 - 0.01635^2) = 0.000083 \ [\text{m}^2]$$

フィン効率 $E_f = 0.95$ と仮定する。

式 (11・49) より, フィンチューブの凝縮伝熱における相当径 $D_{eq}$ は,

$$\left(\frac{1}{D_{eq}}\right)^{1/4} = \frac{0.943}{0.725} \cdot E_f \cdot \left(\frac{A_f}{A_o}\right) \cdot \left(\frac{D_f}{a_f}\right)^{1/4} + \frac{A_r}{A_o} \cdot \left(\frac{1}{D_r}\right)^{1/4}$$

$$= \frac{0.943}{0.725} \times 0.95 \times \left(\frac{0.103}{0.135}\right) \times \left(\frac{0.01875}{0.000083}\right)^{1/4}$$
$$+ \left(\frac{0.0319}{0.135}\right) \times \left(\frac{1}{0.0163}\right)^{1/4}$$

したがって $D_{eq}=0.0029$ [m]

凝縮液の境膜温度 $t_f=55°C$ と仮定する。

この温度におけるプロパン凝縮液の熱伝導率 $k_f$, 密度 $\rho_f$, 粘度 $\mu_f$ の値を代入して

$$\left[\frac{k_f^3 \cdot \rho_f^2 \cdot g}{\mu_f^2}\right]^{1/3} = 6,700 \text{ [kcal/m}^2 \cdot \text{hr} \cdot °C]$$

$\mu_f=0.324$ [kg/m・hr]

式 (11・48) から

$$h_o = 0.616 \left(\frac{k_f^3 \cdot \rho_f^2 \cdot g}{\mu_f^2}\right)^{1/3} \cdot \left(\frac{A_o}{D_{eq}}\right)^{1/3} \cdot \left(\frac{\Gamma}{\mu_f}\right)^{-1/3}$$

$$= 0.616 \times 6,700 \times \left(\frac{0.135}{0.0029}\right)^{1/3} \times \left(\frac{150}{0.324}\right)^{-1/3}$$

$$= 1,900 \text{ [kcal/m}^2 \cdot \text{hr} \cdot °C]$$

**(7) 汚れ係数 $r$:** 表 9・1 から

管内側 $r_i=0.0004$ [m$^2$・hr・°C/kcal]

管外側 $r_o=0.0002$ [m$^2$・hr・°C/kcal]

**(8) フィン効率 $E_f$:** 汚れ係数の修正をしたフィン側境膜伝熱係数 $h_f'$ は,

$$h_f' = \frac{1}{(1/h_o)+r_o} = \frac{1}{(1/1,900)+0.0002}$$

$$= 1,380 \text{ [kcal/m}^2 \cdot \text{hr} \cdot °C] = 282 \text{ [Btu/lb} \cdot °F]$$

図 11・36 よりフィン効率 $E_f=0.95$

したがって, フィンチューブの相当径 $D_{eq}$ の算出の際に仮定した $E_f$ の値は, 正しかったことになる。

**(9) 管壁温度および管壁温度における管内流体の粘度**

管壁温度 $t_w$

$$t_w = T - \frac{h_i(A_i/A_o)}{h_i(A_i/A_o)+h_o} \cdot (T-t_{av})$$

$$= 59 - \frac{5,750 \times (0.0439/0.135)}{5,750 \times (0.0439/0.135)+1,900} \times (59-40.7) = 50 \text{ [°C]}$$

50 [°C] における水の粘度 $\mu_w=2.0$ [kg/m・hr]

$$\left(\frac{\mu}{\mu_w}\right)^{0.14} = \left(\frac{2.38}{2.0}\right)^{0.14} = 1$$

したがって, (5)で管側境膜伝熱係数 $h_i$ の算出に際して用いた $(\mu/\mu_w)^{0.14}$ の値は, 正しかったことになる。

**(10) 凝縮液の境膜温度 $t_f$**

$t_f = (T + t_w)/2 = (59 + 50)/2 = 54.5$

したがって，(6)で胴側境膜伝熱係数の算出に際して仮定した境膜温度は正しい。

(11) フィン抵抗 $r_f$

図 11・37 から $r_f = 0.000034$ [m²·hr·°C/kcal]

(12) 管金属抵抗 $A_o t_s / A_m k_w$

対数平均面積 $A_m$

$A_m = \pi(D_r - D_i)/\ln(D_r/D_i)$
$= \pi(0.01635 - 0.01395)/\ln(0.01635/0.01395) = 0.048$ [m²/m]

管金属の熱伝導率 $k_w$ は，表 2·1 から 100 [kcal/m·hr·°C]

管厚み $t_s = (D_r - D_i)/2 = (0.01635 - 0.01395)/2 = 0.0012$ [m]

$\dfrac{A_o}{A_m} \cdot \dfrac{t_s}{k_w} = \dfrac{0.135}{0.048} \cdot \dfrac{0.0012}{100} = 0.000034$ [m²·hr·°C/kcal]

(13) 総括伝熱係数 $U$

$\dfrac{1}{U} = \dfrac{1}{h_o} + r_o + r_f + \dfrac{A_o}{A_m} \cdot \dfrac{t_s}{k_w} + r_i \cdot \dfrac{A_o}{A_i} + \dfrac{1}{h_i} \cdot \dfrac{A_o}{A_i}$

$= \dfrac{1}{1,900} + 0.0002 + 0.000034 + 0.000034 + 0.0002$

$\qquad \times \dfrac{0.135}{0.0439} + \dfrac{1}{5,750} \times \dfrac{0.135}{0.0439} = 0.257$ [m²·hr·°C/kcal]

$U = 1/0.257 = 390$ [kcal/m²·hr·°C]

したがって，(4)で仮定した総括伝熱係数の値がほぼ正しかったことがわかる。

## 11·4 過熱蒸気凝縮器の設計法

### 11·4·1 概 説

飽和温度以上のいわゆる過熱蒸気の凝縮は，顕熱の移動を伴う点で飽和蒸気の凝縮と異なる。したがって，その設計においては，過熱蒸気が飽和蒸気まで冷却されるデスパーヒート部と飽和蒸気の凝縮部とにわけて計算する。すなわち，デスパーヒート部については，11·2 に示した相変化を伴わない熱交換の場合の設計法を，凝縮部については 11·3 に示した単一飽和蒸気の凝縮の場合の設計法を適用してそれぞれの伝熱面積を算出し，両者を加算して凝縮器の必要伝熱面積とする。

### 11·4·2 設計例

〔例題 11·6〕 プロピレン過熱蒸気凝縮器の設計

プロピレン過熱蒸気 11,850 [kg/hr] を冷却し，凝縮する凝縮器を設計する。
ただし，
　プロピレン入口条件 18.3 [Kg/cm² abs]，73 [°C]

プロピレン凝縮温度 18.3 [Kg/cm² abs] において 44.5 [°C]
冷却水入口温度 32.2 [°C]
冷却水出口温度 36.0 [°C]

〔解〕（1）熱収支

プロピレン蒸気のエンタルピ (73°C)=286 [kcal/kg]
プロピレン蒸気のエンタルピ (44.5°C)=270 [kcal/kg]
顕熱の移動による伝熱量 $Q_{des}=(286-270) \times 11,850$
$$=190,000 \text{ [kcal/hr]}$$
プロピレンの凝縮潜熱=70 [kcal/kg]
凝縮による伝熱量 $Q_{cond}=70 \times 11,850$
$$=830,000 \text{ [kcal/hr]}$$
合計伝熱量 $Q_{total}=Q_{des}+Q_{cond}=1,020,000$ [kcal/hr]
冷却水必要量 $w$ は
$$w=1,020,000/(36.0-32.2)=268,000 \text{ [kg/hr]}$$

（2）有効温度差 $\Delta T$： 管側パス数を2パスとし図11·51に示した方向に流体を流すものとすると，3·15で述べたように，有効温度差 $\Delta T$ は次式で計算される．

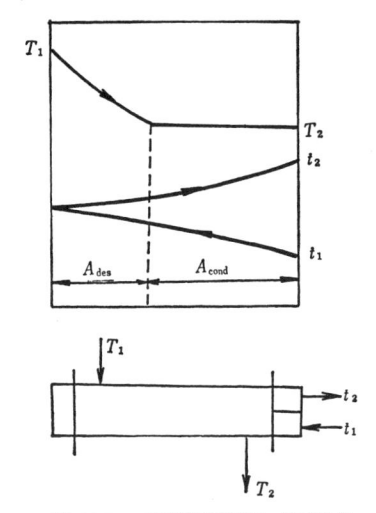

図 11·51 過熱蒸気凝縮器の温度分布

(a) デスパーヒート部

対数平均温度差 $\Delta T_{lm}$

$$\Delta T_{lm}=\frac{|T_1-t_2|-|T_2-t_1|}{\ln[(T_1-t_2)/(T_2-t_1)]}$$
$$=\frac{(73.0-36.0)-(44.3-32.2)}{\ln[(73.0-36.0)/(44.3-32.2)]}=22.2 \text{ [°C]}$$

温度差補正係数 $F_t$

$$E_A = \frac{t_2-t_1}{T_1-t_1} = \frac{36.0-32.2}{73.0-32.2} = 0.091$$

$$R_A = \frac{T_1-T_2}{t_2-t_1} = \frac{73.0-44.3}{36.0-32.2} = 7.55$$

図 3·145 から温度差補正係数 $F_t$ は，

$$F_t = 0.975$$

$$(\Delta T)_{des} = F_t \cdot \Delta T_{lm} = 0.975 \times 22.2 = 21.6 \,[°C]$$

(b) 凝縮部

対数平均温度差 $\Delta T_{lm}$

$$\Delta T_{lm} = \frac{|T_1-t_2|-|T_2-t_1|}{\ln[(T_1-t_2)/(T_2-t_1)]}$$

$$= \frac{(44.3-36.0)-(44.3-32.2)}{\ln[(44.3-36.0)/(44.3-32.2)]} = 10.0 \,[°C]$$

凝縮部では温度差補正係数 $F_t=1$ となるので，

$$(\Delta T)_{cond} = F_t(\Delta T_{lm}) = 1.0 \times 10 = 10 \,[°C]$$

**（3） 概略寸法**：総括伝熱係数をデスパーヒート部で $U_{des}=170[kcal/m^2 \cdot hr \cdot °C]$，凝縮部で $U_{cond}=630[kcal/m^2 \cdot hr \cdot °C]$ と仮定する。所要伝熱面積 $A$ は

$$A = \frac{Q_{des}}{(\Delta T)_{des} \cdot U_{des}} + \frac{Q_{cond}}{(\Delta T)_{cond} \cdot U_{cond}}$$

$$= \frac{190,000}{21.6 \times 170} + \frac{830,000}{10.0 \times 630} = 52+132 = 184 \,[m^2]$$

伝熱管はキュプロニッケル管とし，外径 $D_o=19$ [mm]，内径 $D_i=16$ [mm]，長さ $L=5$ [m] のものを使用する。

所要伝熱管本数 $N_t$

$$N_t = \frac{A}{\pi \cdot D_o \cdot L} = \frac{184}{\pi \times 0.019 \times 5} = 616 本$$

管側パス数を2パスとし，管配列はピッチ $P_t=25$ [mm] の3角錯列配置とする。表 11·8 から胴内径 $D_s=700$ [mm] とすればよいことがわかる。

**（4） 管側境膜伝熱係数** $h_i$

1パスあたりの管側流路面積 $a_t$

$$a_t = \frac{\pi}{4} \cdot D_i^2 \cdot \frac{N_t}{n_{t,pass}} = \frac{3.14}{4} \times (0.015)^2 \times \frac{616}{2} = 0.0545 \,[m^2]$$

管内冷却水の流速

$$v = 268/(3,600 \times 0.545) = 1.36 \,[m/sec]$$

図 8·8 から，管側境膜伝熱係数 $h_i = 4,500 \,[kcal/m^2 \cdot hr \cdot °C]$

**（5） 胴側境膜伝熱係数-凝縮本部分**： 式（8·38）から相当管本数 $n_s$ は

$$n_s = 2.08(N_t)^{0.495} = 2.08 \times (616)^{0.495} = 50$$

伝熱管長の $(132/184)=0.72$ 倍が凝縮に用いられることになるので，凝縮負荷

$\varGamma$ は

$$W_s/(L_{cond}\cdot n_s)=11,850/(5\times 0.72\times 50)=65.5 \text{ [kg/m·hr]}$$

44.5 [°C] におけるプロピレン凝縮液の物性値は,
　密度 $\rho_f=473$ [kg/m³]
　粘度 $\mu_f=0.087$ [cp]$=0.313$ [kg/m·hr]
　熱伝導率 $k_f=0.107$ [kcal/m·hr·°C]

したがって, 式 (8·35) から,

$$h_o=1.51\left(\frac{4\varGamma}{\mu_f}\right)^{-1/3}\cdot\left(\frac{\mu_f^2}{k_f^3\cdot\rho_f^2\cdot g}\right)^{-1/3}$$

$$=1.51\times\left(\frac{4\times 65.5}{0.313}\right)^{-1/3}\cdot\left[\frac{(0.313)^2}{(0.107)^3\times(473)^2\times(1.27\times 10^8)}\right]^{-1/3}$$

$$=1,130 \text{ [kcal/m}^2\text{·hr·°C]}$$

(6) **総括伝熱係数-凝縮部分**

　冷却水側汚れ係数 $r_i=0.0002$ [m²·hr·°C/kcal]
　プロピレン側汚れ係数 $r_o=0.0002$ [m²·hr·°C/kcal]
　管金属抵抗を無視する.
　式 (2·10) から

$$\frac{1}{U}=\frac{1}{h_o}+r_o+r_i\cdot\left(\frac{D_o}{D_i}\right)+\frac{1}{h_i}\cdot\left(\frac{D_o}{D_i}\right)$$

$$=\frac{1}{1,130}+0.0002+0.0002\times\left(\frac{0.019}{0.016}\right)+\frac{1}{4,500}\times\left(\frac{0.019}{0.016}\right)$$

$$=0.158$$

$$U=630 \text{ [kcal/m}^2\text{·hr·°C]}$$

したがって, (3) で仮定した $U$ の値はほぼ正しかったことになる.
凝縮部の伝熱面積 $A_{cond}$ は

$$A_{cond}=Q_{cond}/(\varDelta T_{cond}\cdot U_{cond})=830,000/(10.0\times 630)$$

$$=132 \text{ [m}^2\text{]}$$

凝縮部の伝熱管長 $L_c$ は

$$L_c=5\times(132/184)=3.6 \text{ [m]}$$

(7) **胴側境膜伝熱係数-デスパーヒート部**

　デスパーヒート部の伝熱管長 $L_{des}=5-3.6=1.4$ [m]
　25% 切欠き欠円形邪魔板を用い, 邪魔板間隔 $\overline{BP}=300$ [mm] とする.
　熱交換器の中心線に最も近い管列での管本数 $n_c$ は, 27本である.
　流体通過面積 $S_c$

$$S_c=(D_s'-n_c\cdot D_o)\cdot\overline{BP}=(0.7-27\times 0.019)\times 0.300$$

$$=0.0555 \text{ [m}^2\text{]}$$

　直交流れの最大質量速度 $G_c$

$$G_c=W_s/S_c=11,850/0.0555=214,000 \text{ [kg/m}^2\text{·hr]}$$

プロピレン蒸気の算術平均温度 58.6 [°C] における物性値は，
比熱 $C=0.55$ [kcal/kg·°C]
熱伝導率 $k=0.019$ [kcal/m·hr·°C]
粘度 $\mu=0.0109$ [cp]$=0.0392$ [kg/m·hr]
密度 $\rho=35$ [kg/m³]
表 11·13 から相当管径 $D_e=17.2$ [mm]
Reynolds 数 $Re$
$Re=D_e\cdot G_c/\mu=0.0172\times 214,000/0.0392$
$=94,000$
図 11·31 から，伝熱因子 $j_H=190$
式 (11·25) から胴側境膜伝熱係数 $h_o$

$$h_o=j_H\cdot\frac{k}{D_e}\cdot\left(\frac{C\cdot\mu}{k}\right)^{1/3}\cdot\left(\frac{\mu}{\mu_w}\right)^{0.14}$$

$(\mu/\mu_w)^{0.14}=0.9$ と仮定して

$$h_o=190\times\frac{0.0190}{0.0172}\times\left(\frac{0.55\times 0.0392}{0.0190}\right)^{1/3}\times 0.9$$

$=194$ [kcal/m²·hr·°C]

**(8) 総括伝熱係数-デスパーヒート部**

水側汚れ係数 $r_i=0.0002$ [m²·hr·°C/kcal]
プロピレン側汚れ係数 $r_o=0.0002$ [m²·hr·°C/kcal]
管金属の伝熱抵抗を無視する。

$$\frac{1}{U_{des}}=\frac{1}{194}+0.0002+0.0002\times\left(\frac{0.019}{0.016}\right)+\frac{1}{4,500}\times\left(\frac{0.019}{0.016}\right)$$

$=0.0586$

$U_{des}=172$ [kcal/m²·hr·°C]

したがって，(3)で仮定した総括伝熱係数の値が正しかったことがわかる。

**(9) 管側圧力損失**

省略

**(10) 胴側圧力損失**

デスパーヒート部の圧力損失
式 (11·47) から

$$\Delta P_s=10.4\times\frac{G_c^2\cdot L_{des}}{g_c\rho}$$

$$=10.4\times\frac{(214,000)^2\times 1.4}{1.27\times 10^8\times 35}=151 \text{ [Kg/m}^2\text{]}$$

凝縮部における圧力損失は，通常この種の熱交換器では無視することができる。凝縮部には伝熱管支持のために，50% 切欠き欠円形邪魔板を2枚だけ設ける。

## 11·5 混合蒸気凝縮器の設計法

2成分以上の凝縮性蒸気が混合してなる混合蒸気を所定の温度まで冷却し，混合蒸気の一部を凝縮させ，残りを冷却された混合蒸気として取り出す，いわゆる分縮器および流入する混合蒸気を全て凝縮する全縮器の設計法について述べる．

### 11·5·1 設計の基本

混合蒸気の凝縮器を設計する際には，凝縮器内での蒸気本体の組成は，蒸気本体の温度 $T_v$，圧力 $P_v$ で飽和である蒸気組成であり，また凝縮液は蒸気本体の組成に平衡な組成であると仮定する．これを2成分系蒸気の場合について説明すると，2成分系の場合の一定圧力のときの平衡図（図11·52）において，蒸気本体の組成は蒸気本体の温度 $T_v$ に対応

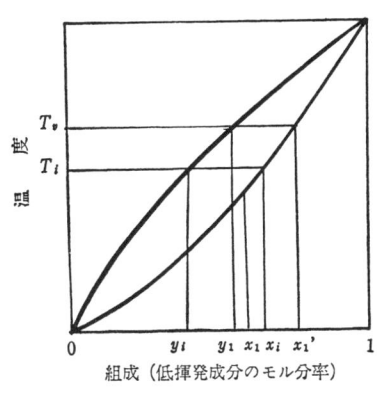

図 11·52 2成分系混合物の平衡図

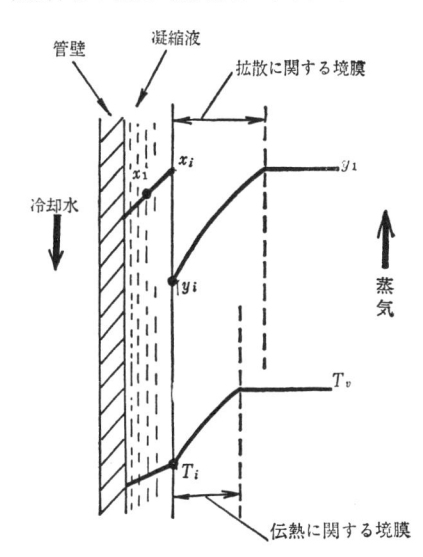

図 11·53 凝縮器および蒸気中における低揮発性成分のモル分率および温度

する蒸気相の組成 $y_1$（混合物の組成は低揮発性成分，すなわち高沸点成分のモル分率で表わす）であり，凝縮液の組成は $y_1$ に対応する液相の組成 $x_1'$ であると仮定することになる．実際には凝縮器内での温度分布は図 11·53 のようになり，凝縮液と蒸気相との界面で蒸気相の組成 $y_i$ と液相の組成 $x_i$ とが平衡を保つのであって，凝縮液本体の組成 $x_1$ と蒸気相本体の組成 $y_1$ が平衡を保つわけではないが，蒸気中および凝縮液中での拡散速度が速いと $x_1 \to x_i$，$y_1 \to y_i$，したがって $x_1 \to x_1'$ となるので，実用上は上記の仮定のもと

## 11・5 混合蒸気凝縮器の設計法

に設計してさしつかえない。

　混合蒸気の凝縮における伝熱は，混合蒸気の冷却，混合蒸気の凝縮，および凝縮液の冷却より成り立っている。このうちで，混合蒸気の冷却と凝縮は下記のように一つにまとめて取り扱って，この伝熱に要する伝熱面積 $A_1$ を算出し，これとは別に凝縮液の冷却に必要な伝熱面積 $A_2$ を算出し，両者を加算して凝縮器の必要伝熱面積 $A$ とすると便利である。

　凝縮器における蒸気冷却のための顕熱伝熱量 $dQ_v$ は，蒸気の境膜伝熱係数 $h_v$ を用いて，次式で表わすことができる。

$$dQ_v = h_v \cdot (T_v - T_i) \cdot dA_i \quad\quad\quad\quad\quad\quad\quad\quad (11\cdot62)$$

また，混合蒸気の熱収支から

$$dQ_v = W_v \cdot C_v \cdot dT_v \quad\quad\quad\quad\quad\quad\quad\quad (11\cdot63)$$

ここで，$W_v, C_v, T_v$ はそれぞれ混合蒸気の流量〔kg/hr〕，比熱〔kcal/kg・℃〕，温度〔℃〕であり，$T_i$ は蒸気相と凝縮液相との界面の温度〔℃〕である。

　つぎに，混合蒸気の凝縮のための潜熱伝熱量 $dQ_{\mathrm{cond}}$ は，

$$dQ_{\mathrm{cond}} = \lambda \cdot dW_v \quad\quad\quad\quad\quad\quad\quad\quad (11\cdot64)$$

ここで，$\lambda$ は混合蒸気の凝縮潜熱〔kcal/kg〕である。

　顕熱伝熱量 $dQ_v$ は，蒸気境膜および凝縮液膜を通って管壁に移動し，凝縮潜熱 $dQ_{\mathrm{cond}}$ は蒸気境膜を通らず，凝縮液膜のみを通って伝熱管壁に移動するが，取扱いを簡単にするために，$dQ_{\mathrm{cond}}$ もまた蒸気境膜および凝縮液膜を通って移動すると仮定し，蒸気本体の温度 $T_v$ と界面温度 $T_i$ との差に乗ずると，単位面積あたりの加算伝熱量 $dQ_t' (= dQ_v + dQ_{\mathrm{cond}})$ となるような有効伝熱係数 $h_{\mathrm{eff}}$ を定義する。すなわち

$$dQ_t' = h_{\mathrm{eff}} \cdot (T_v - T_i) \cdot dA_1 \quad\quad\quad\quad\quad\quad\quad\quad (11\cdot65)$$

式 (11・62) と式 (11・65) から

$$\frac{h_{\mathrm{eff}}}{h_v} = \frac{dQ_t'}{dQ_v} = \frac{dQ_v + dQ_{\mathrm{cond}}}{dQ_v} \quad\quad\quad\quad\quad\quad (11\cdot66)$$

式 (11・66) に式 (11・63) および式 (11・64) を代入して

$$h_{\mathrm{eff}} = h_v \cdot \left[ \frac{W_v \cdot C_v \cdot dT_v + \lambda \cdot dW_v}{W_v \cdot C_v \cdot dT_v} \right]$$

$$= h_v \cdot \left[ 1 + \frac{\lambda}{W_v \cdot C_v} \cdot \left( \frac{dW_v}{dT_v} \right) \right] \quad\quad\quad\quad\quad\quad (11\cdot67)$$

　$h_{\mathrm{eff}}$ を用いて，混合蒸気の冷却および凝縮のための伝熱面積 $A_1$ の算出に用いる総括伝熱係数 $U$ を表わせば，

$$\frac{1}{U} = \frac{1}{h_{\text{eff}}} + \frac{1}{h_c} + r_o + \frac{t_s}{k_w}\cdot\left(\frac{D_o}{D_m}\right) + r_i\cdot\left(\frac{D_o}{D_i}\right) + \frac{1}{h_w}\cdot\left(\frac{D_o}{D_i}\right)$$

……管外凝縮の場合　………(11·68a)

$$\frac{1}{U} = \frac{1}{h_{\text{eff}}}\cdot\left(\frac{D_o}{D_i}\right) + \frac{1}{h_c}\cdot\left(\frac{D_o}{D_i}\right) + r_o + \frac{t_s}{k_w}\cdot\left(\frac{D_o}{D_m}\right) + r_i\cdot\left(\frac{D_o}{D_i}\right) + \frac{1}{h_w}$$

……管内凝縮の場合　………(11·68b)

ここで,

$h_w$：冷却水側境膜伝熱係数 〔kcal/m²·hr·°C〕

$h_c$：凝縮境膜伝熱係数 〔kcal/m²·hr·°C〕

ただし, フィンチューブを用いる場合は, 上式の右辺にフィン抵抗 $r_f$ を加えねばならない。

上式で定義された総括伝熱係数を用いて伝熱式を表わせば,

$$dQ_t' = U\cdot(T_v - t_w)\cdot dA_1 \quad\quad\quad\quad\quad\quad\quad\quad\quad\quad\quad (11\cdot69)$$

ここで, $t_w$ は冷却水の温度である。

凝縮液の冷却のための顕熱伝熱量を $dQ_l$, またそのために必要な伝熱面積を $dA_2$ とし, 総括伝熱係数が $U$ に等しいと見なすと,

$$dQ_l = U\cdot(T_v - t_w)\cdot dA_2 \quad\quad\quad\quad\quad\quad\quad\quad\quad\quad\quad (11\cdot70)$$

全伝熱量を $dQ_t$ で表わし, 全伝熱面積を $A$ で表わせば,

$$dQ_t = dQ_t' + dQ_l = dQ_v + dQ_{\text{cond}} + dQ_l \quad\quad\quad\quad\quad\quad (11\cdot71)$$

$$dA = dA_1 + dA_2 \quad\quad\quad\quad\quad\quad\quad\quad\quad\quad\quad\quad\quad\quad (11\cdot72)$$

式 (11·71), (11·72), (11·69), (11·70) から

$$dQ_t = U\cdot(T_v - t_w)\cdot dA \quad\quad\quad\quad\quad\quad\quad\quad\quad\quad\quad (11\cdot73)$$

式 (11·68a), (11·68b) および (11·73) が混合蒸気凝縮器についての基本伝熱式である。式 (11·73) の $U$, $(T_v - t_w)$ は凝縮器の各点において異なるので, 設計に際しては凝縮器を長手方向に適当に区分し, 各区分点についてこれらの値を求める必要がある。

### 11·5·2　各温度区分間の気液量の計算法

図 11·54 に示すように, 混合蒸気の温度範囲をいくつかに区分するものとする。いま, 0-0 から 1-1 までの区間の入口で 0-0 の流入蒸気量を $V^{(0)}$, 出口 1-1 における蒸気量および液量をそれぞれ $V^{(1)}$ および $L^{(1)}$ とし, またそれらの中の成分 $i$ の量をそれぞれ $V_i^{(0)}$, $V_i^{(1)}$, $L_i^{(1)}$ とすれば (単位はすべて kg-mol/hr, または kg-mol), 物質収支から

$$V^{(0)} = V^{(1)} + L^{(1)}$$

## 11・5 混合蒸気凝縮器の設計法

$$V_i{}^{(0)} = V_i{}^{(1)} + L_i{}^{(1)} \qquad \cdots\cdots (11\cdot74)$$

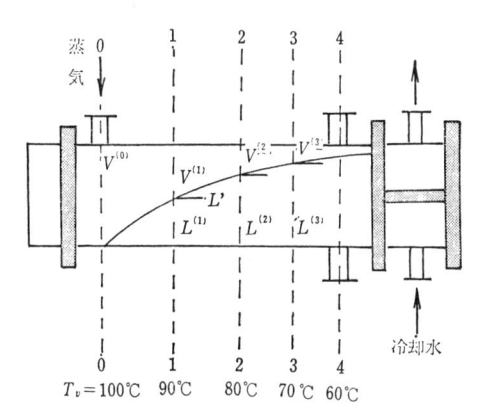

図 11・54 凝縮器内での混合蒸気の分縮

出口 1-1 において，液と蒸気は静的平衡関係にあると見なすのと，平衡係数 $K_i$ を用いて

$$\frac{V_i{}^{(1)}}{V^{(1)}} = K_i \cdot \left(\frac{L_i{}^{(1)}}{L^{(1)}}\right) \qquad \cdots\cdots (11\cdot75)$$

と表わされるので，結局次式が得られる。

$$L_i{}^{(1)} = \frac{V_i{}^{(0)}}{1 + K_i \cdot (V^{(1)}/L^{(1)})} \qquad \cdots\cdots (11\cdot76)$$

したがって，まず $V^{(1)}/L^{(1)}$ を仮定して（11・76）式により $L_i{}^{(1)}$ を求め，それらの総和 $\Sigma L_i{}^{(1)}$ を用いて

$$\frac{V^{(1)}}{L^{(1)}} = \frac{V^{(0)} - \Sigma L_i{}^{(1)}}{\Sigma L_i{}^{(1)}}$$

の計算を行ない，それが仮定値と一致するまで計算を繰り返すことにより，気液量を算出することができる。

つぎに区間 1-1 から 2-2 までについて考えると，この場合には前の区間での凝縮液が蒸気とともに流入する。この流入液量を $L^{(1)}$，区間 1-1 から 2-2 までで新たに凝縮する量を $L'$ とすれば，出口において

$$\frac{V_i{}^{(2)}}{V^{(2)}} = K_i \frac{L_i{}^{(2)}}{L^{(2)}} = K_i \frac{L^{(1)} + L_i{}'}{L^{(1)} + L'}$$

$$V_i{}^{(2)} = V_i{}^{(1)} - L_i{}'$$

したがって，

$$L_i' = V_i^{(1)} - K_i \frac{V^{(2)}(L_i^{(1)} + L_i')}{L^{(1)} + L'}$$

$$= \frac{V_i^{(1)} - K_i V^{(2)} L_i^{(1)}/(L^{(1)} + L')}{1 + K_i V^{(2)}/(L^{(1)} + L')}$$

しかるに，$L^{(1)} + L' = L^{(2)}$，$L_i^{(1)} + L_i' = L_i^{(2)}$ であるから，

$$L_i^{(2)} = L_i^{(1)} + \frac{V_i^{(1)} - K_i V^{(2)} L_i^{(1)}/L^{(2)}}{1 + K_i (V^{(2)}/L^{(2)})}$$

$$= \frac{V_i^{(1)} + L_i^{(1)}}{1 + K_i (V^{(2)}/L^{(2)})} = \frac{V_i^{(0)}}{1 + K_i (V^{(2)}/L^{(2)})} \quad \cdots\cdots\cdots\cdots\cdots (11\cdot77)$$

したがって，この区間についても式 (11・76) と同様にして試行錯誤法により平衡気液量を計算できる．以後の区間についても同様である．ただし，$V_i^{(n)} + L_i^{(n)}$ はその区間に流入する $i$ 成分の全量を示すので，これは凝縮管のどの部分でも一定であり，$V_i^{(n)}$ および $L_i^{(n)}$ を別々に知る必要はない．すなわち，任意の区分点でその前の凝縮量に関係なく，式 (11・76) により平衡気液量の計算ができる．このことはまた，式 (11・76) の適用に当って，区間の設定がまったく任意であることから当然である．

各区間ごとの凝縮量はその入口，出口における平衡気液量の差として容易に求められるが，設計に当ってはとくに必要でない．

### 11・5・3　凝縮液の境膜伝熱係数 $h_c$

分縮器の場合は未凝縮蒸気の流速が大となるため，凝縮液にせん断力が作用するので，このせん断力を考慮した推定式を用いて，凝縮液の境膜伝熱係数を計算せねばならない．管内側に蒸気を流して分縮させる場合には，図 8・30，式 (8・21) などを用いて，凝縮液の境膜伝熱係数を推定することができる．多管円筒式熱交換器の胴側に蒸気を流して分縮させる場合には，このせん断力を考慮した境膜伝熱係数の推定式が確立されていないので，蒸気が静止しているときの推定式が一般に用いられる．これらの推定式 (8・37) は，すべて凝縮が膜状凝縮の場合の推定式であるが，実際には混合蒸気の凝縮は滴状凝縮（図 11・55）となることでしばしば見受けられる．Tenn ら[15][16] は $CH_3OH + CH_2Cl_2, nC_5H_{12} + CH_3OH, nC_5H_{12} + CH_2Cl_2$，および $nC_5H_{12} + nC_6H_{14}$ の系について実験を行なって，滴状凝縮をみとめている．しかしながら，いかなる条件のときに滴状凝縮となるかが明確ではないので，安全を見て膜状凝縮になると仮定して，膜状凝縮の場合の推定式を用いて，凝縮液の境膜伝熱係数 $h_c$ を推定するのが望ましい．

---

[15] Tenn, F.G. and R.W. Missen : Can. J. of Chem. Eng., Feb. p. 12〜14 (1963).
[16] Mirkovich, V. V. and R. W. Missen : Can. J. of Chem. Eng., April. pp. 73〜78 (1963).

## 11・5 混合蒸気凝縮器の設計法

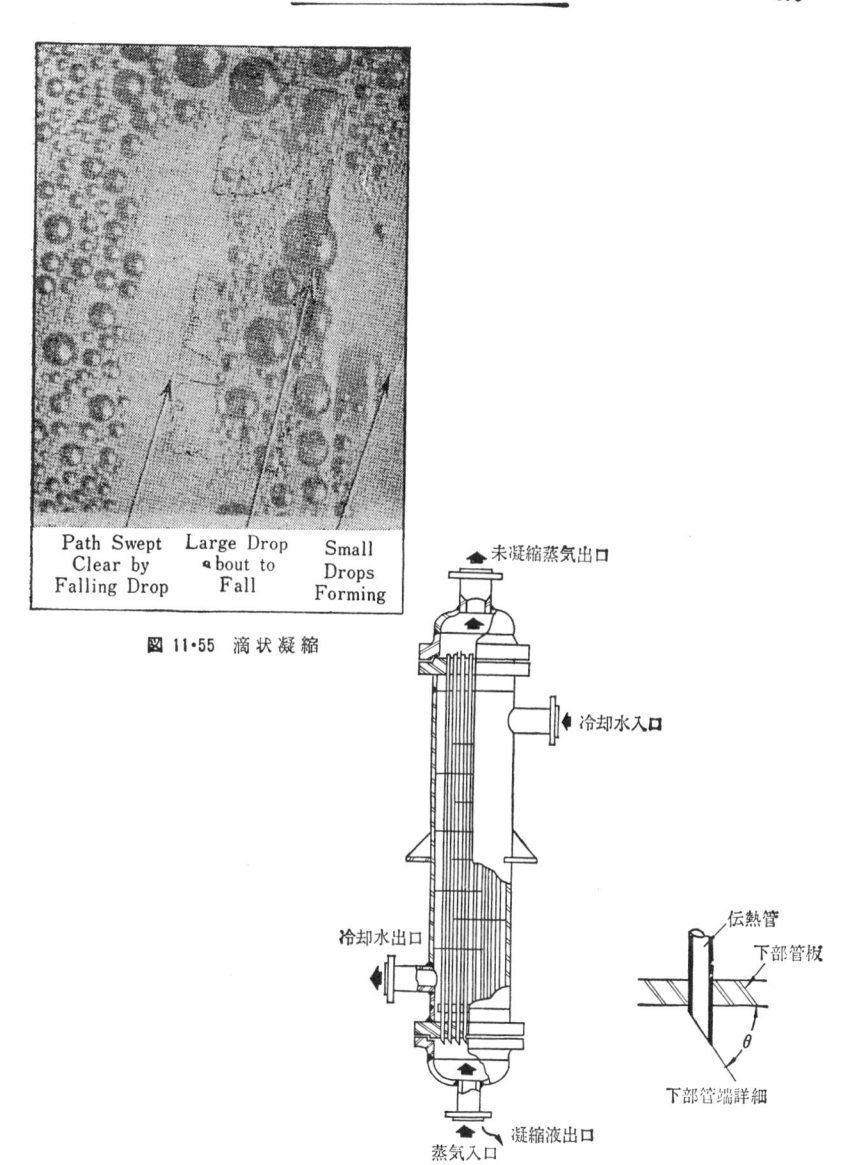

| Path Swept Clear by Falling Drop | Large Drop about to Fall | Small Drops Forming |

図 11・55 滴状凝縮

図 11・56 垂直上昇形分縮器

### 11・5・4 垂直管内分縮器における Flooding

垂直多管式分縮器（図 11・56）において，蒸気を管内に上向きに流す場合には，蒸気の

流速がある限界値以上になると，Flooding を起こして凝縮液が流下しなくなる。この限界流速すなわち Flooding 速度は，次式で求めることができる[17]。

$$G_{rf} = \frac{1,900 D_i^{0.3} \cdot \rho_f^{0.46} \cdot \sigma^{0.09} \cdot \rho_v^{0.5}}{\mu_f^{0.14} (\cos\theta)^{0.32} \cdot (G_{fe}/G_{vf})^{0.07}} \quad \cdots\cdots\cdots\cdots\cdots\cdots(11\cdot78)$$

ここで

$G_{vf}$：Flooding を生ずる場合の蒸気の質量速度〔kg/m²・hr〕

$G_{fe}$：伝熱管下端における凝縮液の見掛けの質量速度〔kg/m²・hr〕

$G_{fe} = W_f/a_t$

$W_f$：凝縮液量〔kg/hr〕

$a_t$：管側流路断面積 $= N_t \cdot (\pi/4) \cdot D_i^2$〔m²〕

$\sigma$：凝縮液の表面張力〔dyne/cm〕，　$\mu_f$：凝縮液の粘度〔kg/m・hr〕

$\theta$：伝熱管端の切断角度（図 11・56 参照）

### 11・5・5 混合蒸気側圧力損失

分縮器の場合には，凝縮器（全縮器）の場合と異なり，蒸気側圧力損失を無視することはできない。分縮器内で蒸気の凝縮が進むにつれて蒸気流量が減ずるので，分縮器の各部で単位長さあたりの圧力損失は異なることに注意しなければならない。なお，混合蒸気側圧力損失は，11・3・3 項に示した方法で推定することができる。

### 11・5・6 設計例

〔例題 11・7〕 炭化水素多成分混合蒸気の冷却分縮器の設計

下記の組成の混合蒸気を 82〔°C〕から 54〔°C〕まで冷却し，分縮するための水平型多管円筒式分縮器を設計する。混合蒸気量を 22,600〔kg/hr〕，操作圧を 11.6〔Kg/cm² abs〕とし，冷却水温度を 27〔°C〕とする。

| 組 成 | 成 分 | モル分率 |
|---|---|---|
| | $CH_4$ | 0.0179 |
| | $C_2H_6$ | 0.0520 |
| | $C_3H_8$ | 0.3420 |
| | $iC_4H_{10}$ | 0.1665 |
| | $nC_4H_{10}$ | 0.3820 |
| | $C_5H_{12}$ | 0.0233 |
| | $C_6H_{14}^+$ | 0.0163* |
| | Σ | 1.0000 |
| 温 度 | 82〔°C〕* | |
| 圧 力 | 11.6〔Kg/cm² abs〕 | |

\* $n$-Heptane の物性を持つと仮定

---

17) English, K.G., W.T. Jones, and R.C. Spiller : Chem. Eng., Progr., vol. 59, No. 7, pp. 51〜53 (1963).

## [解]
### (1) 予備計算
(a) 各温度区分点における平衡気液量

入口温度 (82°C) から出口 (54°C) までを 71 [°C], 66 [°C], 60 [°C] で区切って, 4 区間に分けることにする。まず, 凝縮開始温度すなわち露点を求める。露点は与えられた組成をそのまま式 (11·75) における $V_i/V$ と考えたとき, $\Sigma(L_i/L)=\Sigma(V_i/VK_i)=1$ となるような温度である。実際の計算では, 入口蒸気量 100 [kg·mol] あたりについて計算すると便利である。以上の式を用いて計算すると, 入口での温度は露点であり, したがって分縮器入口ですぐ凝縮が始まることがわかる。つぎに, 各区分点における各成分の平衡係数を図 11·57 から読みとり, 各点 (71, 66……54°C) の組成および気液量を求める。計算例として 77 [°C] に対する

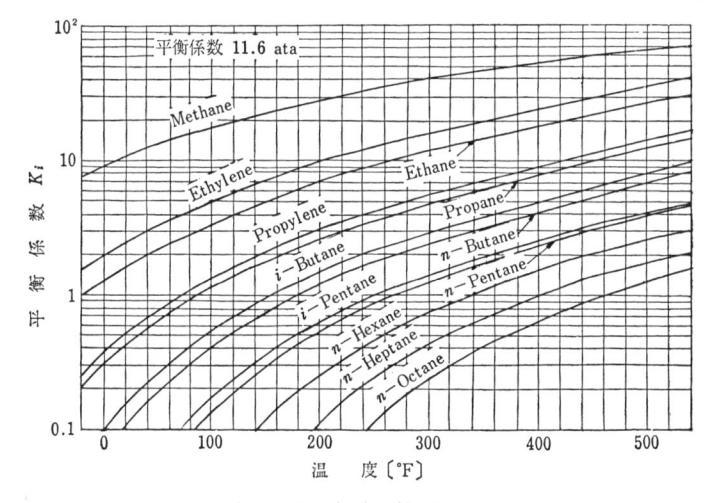

図 11·57 平 衡 係 数

計算を表 11·16 に示した。同様に各区分点について計算し, その結果を表 11·17 および図 11·58 に示した (表 11·7 では計算の都合上, 82, 71, 60, 49°C の区分点をとり計算してある)。

(b) 表 11·17 の結果から各成分の分子量を用いて, 各区分点における蒸気量を計算することができる。この結果をプロットして, 各点を結ぶなめらかな曲線を描く (図 11·59)。各点でのこの曲線の勾配から, $h_{eff}/h_v$ の決定に必要な $dW_v/dT_v$ の値が求まる。

(c) 図 11·59 から求めた $dW_v/dT_v$ の値および NGSMA-Engineering Data Book[18] と, 図 11·60 に示した分子量から凝縮潜熱と混合蒸気の比熱との比 $\lambda/C_p$

---
18) "Engineering Data Book" 7th. Ed. Natural Gasoline Supply Men's Association (1957).

表 11・16 71°C における気液平衡計算例

$V/L = 5.0$ と仮定

| 成分 | $V°$ kg-mol/hr* | $K_i$ | $K_i\left(\dfrac{V}{L}\right)+1$ | $L=\dfrac{V°}{K_i(V/L)+1}$ |
|---|---|---|---|---|
| $CH_4$ | 1.79 | 18.8 | 95 | 0.02 |
| $C_2H_6$ | 5.20 | 5.2 | 27 | 0.19 |
| $C_3H_8$ | 34.20 | 1.91 | 10.55 | 3.23 |
| $iC_4H_{10}$ | 16.65 | 0.96 | 5.8 | 2.87 |
| $nC_4H_{10}$ | 38.20 | 0.74 | 4.7 | 8.13 |
| $C_5H_{12}$ | 2.33 | 0.30 | 2.5 | 0.93 |
| $C_6H_{14}+$ | 1.63 | 0.052 | 1.26 | 1.29 |
| Σ | 100.00 | | | $L=16.66$ |

$V = 100 - 16.66 = 83.34$
$V/L = 83.34/16.66 = 5.0$
∴ 仮定は正しい

表 11・17 凝縮器内での各成分の気液量

| 温度 | $CH_4$ | | $C_2H_6$ | | $C_3H_8$ | | $iC_4H_{10}$ | |
|---|---|---|---|---|---|---|---|---|
| [°C] | V | L | V | L | V | L | V | L |
| 82 | 1.79 | — | 5.2 | — | 34.2 | — | 16.65 | — |
| 71 | 1.77 | 0.02 | 5.01 | 0.19 | 30.97 | 3.23 | 13.78 | 2.87 |
| 60 | 1.64 | 0.15 | 3.82 | 1.38 | 16.80 | 17.40 | 4.75 | 11.90 |
| 49 | 1.30 | 0.49 | 1.95 | 3.25 | 5.80 | 28.40 | 1.35 | 15.30 |

| 温度 | $nC_4H_{10}$ | | $C_5H_{12}$ | | $C_6H_{14}+$ | | Σ | |
|---|---|---|---|---|---|---|---|---|
| [°C] | V | L | V | L | V | L | ΣV | ΣL |
| 82 | 38.2 | — | 2.33 | — | 1.63 | — | 100 | — |
| 71 | 30.07 | 8.13 | 1.40 | 0.933 | 0.33 | 1.295 | 83.33 | 16.67 |
| 60 | 10.1 | 28.10 | 0.29 | 2.04 | 0.04 | 1.59 | 37.44 | 62.56 |
| 49 | 2.60 | 35.60 | 0.06 | 2.27 | 0.01 | 1.62 | 13.07 | 86.93 |

の値と，上記の計算結果の $W_v$ の値とを用いて $h_{eff}/h_v$ を計算することができる。結果を表 11・18 に示した。

(2) **伝熱量および冷却水量**: 全伝熱量は凝縮器の入口および出口での流体のエンタルピの差から計算することができる。NGSMA-Engineering Data Pook からエンタルピ差を求めると，蒸気の冷却のエンタルピ差 $\varDelta H_v$ は

---

\* 流入蒸気 100kg-mol/hr あたりの流量

## 11・5 混合蒸気凝縮器の設計法

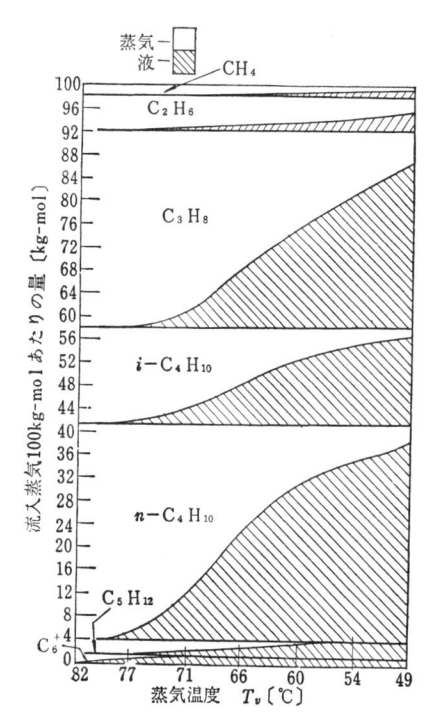

図 11・58 凝縮器内での各成分の気液量

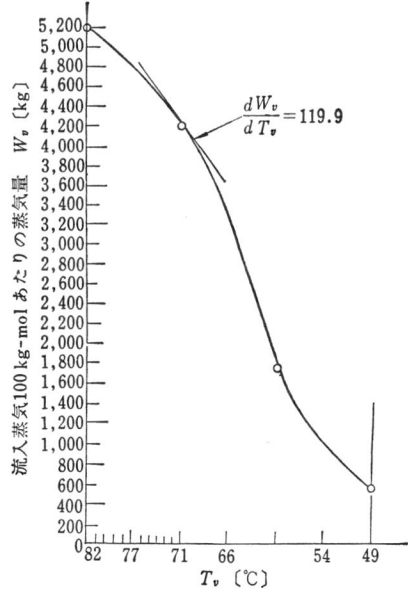

図 11・59 凝縮器内での蒸気の量

$\dfrac{dW_v}{dT_v} = 119.9$

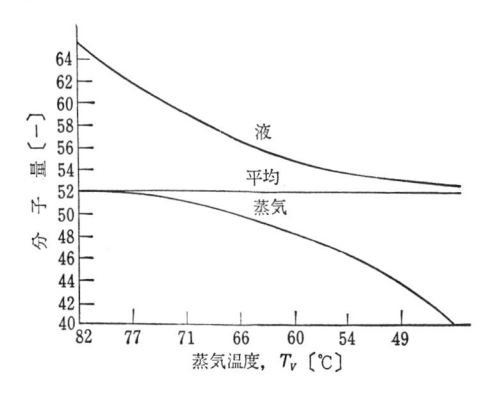

図 11・60 凝縮器内での分子量の変化

表 11・18 $h_{eff}/h_v$ の値

| 温度 $T_v$ °C | $\dfrac{dW_v}{dT_v}$ | $W_v$ | $\dfrac{1}{W_v}\left(\dfrac{dW_v}{dT_v}\right)$ | $\left(\dfrac{\lambda}{C_v}\right)$ | $\left\{1+\dfrac{\lambda}{W_v \cdot C_v}\left(\dfrac{dW_v}{dT_v}\right)\right\}=\dfrac{h_{eff}}{h_v}$ |
|---|---|---|---|---|---|
| 82 | 59.9 | 5,200 | 0.0115 | 159 | 2.77 |
| 71 | 119.9 | 4,218 | 0.0284 | 164 | 5.63 |
| 66 | 192.8 | 3,250 | 0.0594 | 166 | 10.85 |
| 60 | 284.9 | 1,769 | 0.1611 | 172 | 28.70 |
| 54 | 98.4 | 1,000 | 0.0986 | 176 | 18.30 |

$\Delta H_v = 326 - 310 = 10$ 〔Btu/lb〕
　　　　$= 5.6$ 〔kcal/kg〕

入口蒸気のエンタルピと出口温度 54 〔°C〕における凝縮液のエンタルピの差 $\Delta H_f$ は,

$\Delta H_f = 326 - 177 = 149$ 〔Btu/lb〕
　　　　$= 83$ 〔kcal/kg〕

表 11・18 から, 分縮器出口において全流量 100 〔kg-mol〕 すなわち 5,200 〔kg〕 あたりの蒸気量 $W_v$, 凝縮液量 $W_f$ は

　$W_v = 1,000$ 〔kg〕
　$W_f = 4,200$ 〔kg〕

したがって, 流量 100 〔kg-mol〕 すなわち 5,200 〔kg〕 あたりの伝熱量は,

　$Q_t = 83 \times 4,200 + 5.6 \times 1,000 = 354,000$ 〔kcal〕

凝縮器に入る混合蒸気の流量は 22,600 〔kg/hr〕 であるから, 全伝熱量 $Q_t$ は,

　$Q_t = 354,000 \times 22,600/5,200 = 1,540,000$ 〔kcal/hr〕

同様の方法により, 各区間での伝熱量を計算し, その結果を表 11・19 に示した。

## 11・5 混合蒸気凝縮器の設計法

冷却水の出口温度を 43 [°C] とすれば,所要冷却水量は

$$w = \frac{1,540,000}{(43-27)} = 96,250 \text{ [kg/hr]}$$

**(3) 分縮器の概略寸法:** 分縮器の概略寸法をつぎのように仮定して計算を進め,あとでチェックする。

伝熱面積: 115 [m²]……管外面積基準

胴径: $D_s = 580$ [mm]

伝熱管本数: $N_t = 324$ 本

管配列: ピッチ $P_t = 25$ [mm], 4 角錯列配置 (図 11・61)

邪魔板: 35% 切欠き欠円形邪魔板 (垂直切欠形図 11・62)

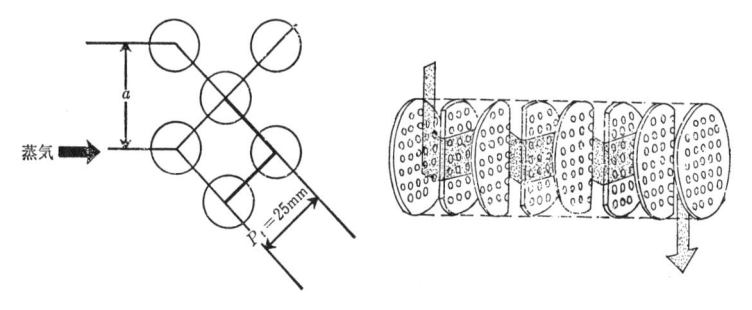

図 11・61 管 配 列　　図 11・62 垂直切欠き欠円形邪魔板

表 11・19 各区分点の伝熱量と冷却水温度

| 蒸気温度 $T_v$ [°C] | 伝熱量 $Q_t$* [kcal/hr] | 冷却水温度 $t_w$ [°C] |
|---|---|---|
| 82 | 0.0 | 43.0 |
| 71 | $3.7 \times 10^5$ | 39.2 |
| 66 | $7.1 \times 10^5$ | 35.6 |
| 60 | $12.3 \times 10^5$ | 30.2 |
| 54 | $15.4 \times 10^5$ | 27.0 |

邪魔板間隔: $\overline{BP} = 450$ [mm]

パス数: 胴側 1 パス, 管側 $n_{t,\text{pass}} = 2$

伝熱管仕様

　管外径 $D_o = 19$ [mm]

　管内径 $D_i = 15$ [mm]

　管厚み $t_s = 2$ [mm]

---

\* 入口から各区分点までの**累積値**

管長　　$L=6$ [m]
管材質：　アルブラック管
管内側に冷却水，胴側に混合蒸気を流すものとする。

**（4）管内流体の境膜伝熱係数 $h_i$**

管内側流路面積 $a_t$

$$a_t = \frac{\pi}{4} \cdot (D_i)^2 \cdot \left(\frac{N_t}{n_{t,\text{pass}}}\right) = \frac{\pi}{4} \times (0.015)^2 \times \left(\frac{324}{2}\right)$$

$$= 0.0285 \text{ [m}^2\text{]}$$

管内側冷却水流速 $u$

$$u = \frac{w}{a_t} = \frac{96.25}{0.0285 \times 3,600}$$

$$= 0.94 \text{ [m/sec]}$$

図 8·8 から，管内側境膜伝熱係数 $h_i$

$$h_i = 4,100 \text{ [kcal/m}^2\cdot\text{hr}\cdot{}^\circ\text{C]}$$

**（5）汚れ係数 $r$**

管外側汚れ係数 $r_o = 0.0001$ [m$^2\cdot$hr$\cdot{}^\circ$C/kcal]
管内側汚れ係数 $r_i = 0.0001$ [m$^2\cdot$hr$\cdot{}^\circ$C/kcal]

とする。

**（6）管金属の伝熱抵抗**

アルブラックの熱伝導率 $k_w = 100$ [kcal/m$\cdot$hr$\cdot{}^\circ$C]

したがって，

$$\left(\frac{t_s}{k_w}\right)\left(\frac{D_o}{D_m}\right) = \left(\frac{0.002}{100}\right) \times \frac{0.019}{(0.019-0.015)/2}$$

$$= 0.000022 \text{ [m}^2\cdot\text{hr}\cdot{}^\circ\text{C/kcal]}$$

**（7）有効境膜伝熱係数 $h_{\text{eff}}$：** 有効境膜伝熱係数 $h_{\text{eff}}$ を求めるためには，まず蒸気の境膜伝熱係数 $h_v$ を求めねばならない。

熱交換器の中心線の近くでの直交流れに対する流路面積 $S_c$。

4 角錯列配置に対しては，図 11·61 に示すような中心線での管列中の管と管の間の間隔 $a$ を用いず，中心線での管列と次の管列の管との間の間隔 $P_t$ を用いて，流路面積 $S_c$ を計算する。図 11·63 に示すように，流路数は管と管の間の流路数 28 に，管と胴との間の流路数 2 を加えて 30 個となる。

したがって

$$S_c = (流路数-1)(P_t - D_o)\overline{BP} + P_t \cdot \overline{BP}$$

$$= (30-1) \times (0.025 - 0.019) \times 0.45 + 0.025 \times 0.45$$

$$= 0.090 \text{ [m}^2\text{]}$$

邪魔板切欠部の面積 $= K_1(D_s^2)$

$$= 0.245 \times (0.580)^2 = 0.0825 \text{ [m}^2\text{]}$$

（係数 $K_1$ の値は表 11·11 による）

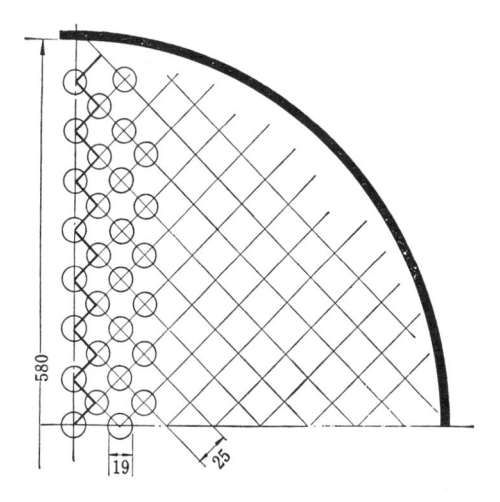

**図 11・63** 凝縮器の断面 (1/4)

邪魔板切欠部1個中に存在する管数 $n_{w2}=78$（図11・63から）
邪魔板切欠部での流体通過面積は式 (11・9a) から

$$S_b = K_1 D_s^2 - n_{w2} \cdot D_o^2 \cdot (\pi/4)$$
$$= 0.0825 - 78 \times (0.019)^2 \times \pi/4$$
$$= 0.0603 \ [\text{m}^2]$$

したがって，平均流体通過面積 $S_{gm}$ は式 (11・28) から

$$S_{gm} = \sqrt{S_c \cdot S_b} = \sqrt{0.090 \times 0.0603} = 0.074 \ [\text{m}^2]$$

蒸気の境膜伝熱係数 $h_v$ は，蒸気の物性値および質量速度から，式 (11・26) を用いて求める。すなわち

$$\left(\frac{h_v \cdot D_o}{k}\right) = 0.23 \left(\frac{D_o \cdot G_{gm}}{\mu}\right)^{0.6} \cdot \left(\frac{C \cdot \mu}{k}\right)^{1/3} \cdot \left(\frac{\mu}{\mu_w}\right)^{0.14}$$

問題の炭化水素混合蒸気の場合，物性値は分縮器内でほぼ一定であるので，全温度範囲について下に示す平均値を用いることにする。

粘度　$\mu = 0.01 \ [\text{cp}] = 0.036 \ [\text{kg/m} \cdot \text{hr}]$
熱伝導率　$k = 0.018 \ [\text{kcal/m} \cdot \text{hr} \cdot {}^\circ\text{C}]$
$(C \cdot \mu/k)^{1/3} = 1.05$

$(\mu/\mu_w)^{0.14} \fallingdotseq 1$ と見なせば，蒸気の境膜伝熱係数 $h_v$ は次式で示されることになる。

$$h_v = 0.123 (G_{gm})^{0.6}$$

分縮器入口での混合蒸気の質量速度は，

$$G_{gm} = W_v/S_{gm} = 22,600/0.074 = 306,000 \ [\text{kg/m}^2 \cdot \text{hr}]$$
$$G_{gm}^{0.6} = 2,000$$

したがって，$h_v(入口)=246$ [kcal/m²·hr·°C]
表 11·18 から $h_{eff}/h_v(入口)=2.77$
したがって，$h_{eff}(入口)=246\times2.77=681$ [kcal/m²·hr·°C]
同様の方法によって，各区分点における蒸気の境膜伝熱係数を計算し，その結果を表 11·20 に示した。

表 11·20 各点での係数の値

| $T_v$ [°C] | $h_v$ | $h_{eff}$ | $h_c$ | $U$ | $(T_v-t_w)$ | $U(T_v-t_w)$ | $\dfrac{10^5}{U(T_v-t_w)}$ |
|---|---|---|---|---|---|---|---|
| 82 | 246 | 681 | 920 | 337 | 39.0 | 13,140 | 7.60 |
| 71 | 218 | 1,227 | 920 | 433 | 31.8 | 13,769 | 7.26 |
| 66 | 185 | 2,007 | 920 | 502 | 30.4 | 15,260 | 6.55 |
| 60 | 129 | 3,702 | 920 | 567 | 29.8 | 16,890 | 5.94 |
| 54 | 92 | 1,683 | 920 | 480 | 27.0 | 12,960 | 7.71 |

(8) 凝縮器の境膜伝熱係数 $h_c$： 各区分点ごとに凝縮伝熱係数 $h_c$ を求めるのが望ましいが，ここでは簡単にするために，混合蒸気の平均物性値を用いて，分縮器全体についての平均の境膜伝熱係数を求めることにする。

凝縮液の平均物性値を用いて，

$$\left(\frac{k_f^3\cdot\rho_f^2\cdot g}{\mu_f}\right)^{1/3}\cdot(\mu_f)^{1/3}=5,360$$

式 (8·38) から，凝縮に対する管群の相当管数 $n_s$ は，

$$n_s=1.370(N_t)^{0.518}=1.370\times(324)^{0.518}$$
$$=27.4$$

凝縮量 $W_f$ は

$$W_f=22,600\times(4,200/5,200)=18,300 \text{ [kg/hr]}$$

凝縮負荷は式 (8·37a) から

$$\Gamma=W_f/(L\cdot n_s)=18,300/(6\times27.4)$$
$$=111 \text{ [kg/m·hr]}$$

凝縮液の境膜伝熱係数は，式 (8·37) から

$$h_c=1.51\left(\frac{k_f^3\cdot\rho_f^2\cdot g}{\mu_f^2}\right)^{1/3}\cdot(\mu_f)^{1/3}\cdot\left(\frac{1}{4\Gamma}\right)^{1/3}$$
$$=1.51\times5,360\times(1/444)^{1/3}=1,070 \text{ [kcal/m²·hr·°C]}$$

(9) 総括伝熱係数 $U$： 各区分点における総括伝熱係数は，式 (11·68) を用いて求めることができる。たとえば，分縮器の入口点 (82°C) では，

$$\frac{1}{U}=\frac{1}{h_{eff}}+\frac{1}{h_c}+r_o+\frac{t_s}{k_w}\left(\frac{D_o}{D_m}\right)+r_i'\left(\frac{D_o}{D_i}\right)+\frac{1}{h_i}\left(\frac{D_o}{D_i}\right)$$

## 11・5 混合蒸気凝縮器の設計法

$$= \frac{1}{681} + \frac{1}{1,070} + 0.0001 + 0.000022 + 0.0001 \times \left(\frac{0.019}{0.015}\right)$$
$$+ \frac{1}{4,100} \times \left(\frac{0.019}{0.015}\right)$$
$$= 0.00296$$

$U = 337$ [kcal/m²・hr・°C]

同様の計算を各区分点について行ない,その結果を表 11・20 に示した。

**(10) 伝熱面積の決定**

**(a)** 混合蒸気の流れと冷却水の流れが完全に向流であると仮定して,各区分点における冷却水の温度を熱収支から求める。計算結果を表 11・19 に示した。伝熱面積はつぎの関係を図式積分して求まる。

$$A = \int_0^{Q_{total}} \frac{1}{U \cdot (T_v - t_w)} \cdot dQ_t$$

本例題の場合,図 11・64 によって図式積分すると伝熱面積は 104.6 [m²] となる。

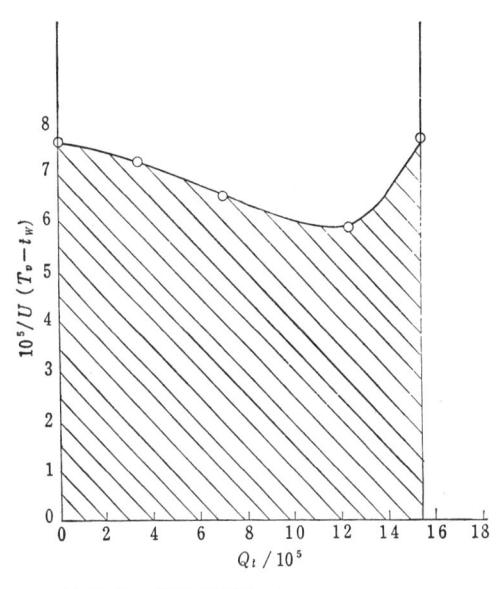

図 11・64 所要伝熱面積を求めるための図式積分

**(b)** 本例題の場合,管側が 2 パスであるので,実際には向流ではない。したがって,図 3・145 を用いて温度差補正係数 $F_t$ を求め,伝熱面積を補正する。

$$E_A = \frac{t_{w2} - t_{w1}}{T_{v1} - t_{w1}} = \frac{43 - 27}{82 - 27} = 0.29$$

$$R_A = \frac{T_{v1} - T_{v2}}{t_{w2} - t_{w1}} = \frac{82 - 54}{43 - 27} = 1.75$$

図 3・145 から温度差補正係数 $F_t=0.93$

伝熱面積は

$$A=104.6/0.93=112 \text{ [m}^2\text{]}$$

したがって，最初に仮定した 115 [m²] は，ほぼ妥当であったことになる。

**(11) 混合蒸気側の圧力損失 $\Delta P_s$**

(a) 管束と直交して流れるときの圧力損失 $\Delta P_B$

圧力損失計算のための平均蒸気量 $W_{v,\text{ave}}$

$$W_{v,\text{in}}/W_{v,\text{out}}=22,600/4,300=5.2$$

管側冷却水のパス数は 4 であるので，冷却水温度は平均値 35 [°C] 一定と見なすと，

$$\Delta t_{入口}=82-35=47 \text{ [°C]}$$
$$\Delta t_{出口}=54-35=19 \text{ [°C]}$$
$$\Delta t_{入口}/\Delta t_{出口}=47/19=2.5$$

図 11・42 から補正係数 $F_V=0.57$

式 (11・50) から

$$W_{v,\text{ave}}=F_V \cdot W_{v,\text{in}}=0.57\times 22,600=12,800 \text{ [kg/hr]}$$
$$W_{f,\text{ave}}=(W_{v,\text{in}}-W_{v,\text{out}})-W_{v,\text{ave}}$$
$$=(22,600-4,300)-12,800=5,500 \text{ [kg/hr]}$$

式 (11・53) から

$$(LVF)=\frac{(W_{f,\text{ave}}/\rho_f)}{(W_{f,\text{ave}}/\rho_f)+(W_{v,\text{ave}}/\rho_v)}$$
$$=\frac{(5,500/550)}{(5,500/550)+(12,800/20)}=0.0154$$

$$\frac{(LVF)}{(\rho_v/\rho_f)}=\frac{0.0154}{(20/550)}=0.42$$

邪魔板切欠きが垂直であるので，蒸気の流れの様式は図 11・46 のようになるので，図 11・47 から圧力損失補正係数 $\phi=0.85$

$$G_c=\frac{W_{v,\text{in}}}{S_c}=\frac{22,600}{0.090}=250,000 \text{ [kg/m}^2\cdot\text{hr]}$$

Reynolds 数 $Re_v$

$$Re_v=D_o \cdot G_c/\mu_v=0.019\times 250,000/0.036=132,000$$

図 11・33 から摩擦係数 $f_s=0.06$

邪魔板の端から次の邪魔板の端までの管列数 $N_c=10$ 列

したがって，管束と直交して流れるときの圧力損失 $\Delta P_B$ は，式 (11・51) から

$$\Delta P_B=\phi \cdot \left[\frac{4f_s \cdot G_c^2 \cdot N_c}{2g_c \cdot \rho_v}\right]=0.85\times\left[\frac{4\times 0.06\times (250,000)^2\times 10}{2\times 1.27\times 10^8\times 20}\right]$$
$$=25 \text{ [Kg/m}^2\text{]}$$

(b) 邪魔板切欠部での圧力損失 $\Delta P_W$

邪魔板切欠部での未凝縮蒸気の流速 $V_B$

$$V_B = \frac{(W_{f,\mathrm{ave}}/\rho_f) + (W_{v,\mathrm{ave}}/\rho_v)}{S_b}$$

$$= \frac{(5,500/550) + (12,800/20)}{0.0603} = 10,800 \ [\mathrm{m/hr}]$$

したがって，邪魔板切欠部を通るときの圧力損失 $\Delta P_W$ は，

$$\Delta P_W = \frac{2\rho_v \cdot V_B{}^2}{2g_c} = \frac{2 \times 20 \times (10,800)^2}{2 \times 1.27 \times 10^8} = 18.3 \ [\mathrm{Kg/m^2}]$$

(c) 胴側圧力損失

式 (11・57) から

$$\Delta P_s = (1+N_b) \cdot P_B + N_b \cdot P_W$$
$$= (1+12) \times 25 + 12 \times 18.3 = 544 \ [\mathrm{Kg/m^2}]$$

### 11・5・7 相互不溶解性2成分蒸気の凝縮器

これまでは，相互溶解性多成分系蒸気の凝縮について述べた。しかし，水蒸気と他の有機蒸気の混合蒸気が凝縮する場合で，水と有機物の凝縮液が互いに溶解せず2相となる場合には，前述の方法を適用することができない。このような場合には，露点と沸点とが等しくなり等温凝縮する。したがって，このような場合の凝縮器の設計は，単一蒸気の凝縮器の設計法を準用することができる。しかしながら，この場合には，凝縮伝熱係数は次に示す方法によって推定せねばならない。Sykes[19] は相互不溶解性2成分系蒸気の凝縮について核モデルを立てて，次の凝縮伝熱係数の推定式を導き，従来の実験値と比較して，この推定式がかなりの精度であることを示している。この核モデルは，互いに不溶解性である2成分の混合蒸気が凝縮する場合，一成分が伝熱管壁面で凝縮して，薄い連続的な凝縮液膜をなして伝熱管壁面に沿って流下し，第二成分はこの濡れ壁面で核発生により小さな液滴となるという仮定に立っている。有機物-水系の場合は，有機物が管壁を濡らす成分であり，水が核発生の成分である。この場合の凝縮伝熱係数 $h_c$ は，

$$h_c = H_N \cdot h_{Nu} \quad \cdots\cdots\cdots\cdots\cdots\cdots\cdots\cdots\cdots\cdots\cdots\cdots (11・79)$$

ここで

$h_{Nu}$：管壁を濡らす方の成分（有機物）の膜状凝縮伝熱係数で，Nusselt の理論式 (8・27) を用いて求めることができる。

$H_N$：他の成分（水）の核発生による補正係数で，次式で表わされる。

$$H_N = \left[ \frac{1}{H_\infty} + \frac{1}{H_{20}(1+\alpha \cdot l) \cdot \exp(B \cdot \Delta T_f)} \right]^{-1}$$

---

19) J. A. Sykes, and J. M. Marchello; Ind. Eng., Chem. (Process, Des. Develop) **vol. 9, No. 1**, pp. 63〜71 (1970).

$$H_\infty = 7.6 - 1.8[(Pr)_1 - (Pr)_2]$$

$$H_{20} = \frac{17.30 \times 10^{-10}(Pr)_1}{\left[(N_{\mathrm{OH}})_1 \cdot \left(\frac{\Delta\sigma}{\sigma_1}\right)^{1/2} \cdot m \cdot \left(\frac{M_2}{M_1}\right)\right]^2} \quad \cdots\cdots\cdots\cdots\cdots\cdots\cdots (11\cdot 80)$$

ここで

$\alpha : W_1/W_2$

$W_1$：管壁面を濡らす成分（有機物）の重量パーセント

$W_2$：核発生をする方の成分（水）の重量パーセント

$l$：凝縮潜熱の比$=\lambda_1/\lambda_2$

$\lambda$：凝縮潜熱 [kcal/kg]

$B := 0.063$ [1/°C]

$\Delta T_f$：境膜温度差 [°C]＝単位伝熱面積あたりの伝熱量$/h_o$

$(Pr)$：Prandtl 数$=(C\cdot\mu/k)$ [—]

$(N_{\mathrm{OH}})$：Ohnesorge 数$=[\mu/(\rho\cdot g\cdot D_o\cdot\rho)^{1/2}]$

$\sigma$：表面張力 [Kg/m]

$\Delta\sigma : |\sigma_2 - \sigma_1|$ [Kg/m]

$m$：粘度の比$=\mu_1/\mu_2$ [—]

$M$：分子量 [—]

$\lambda$：蒸発潜熱 [kcal/kg]

$C$：比熱 [kcal/kg·°C]

$D_o$：管外径 [m]

$k$：熱伝導率 [kcal/m·hr·°C]

添字1は管壁を濡らす成分(有機物)，添字2は核発生を行なう成分（水）を表わす．

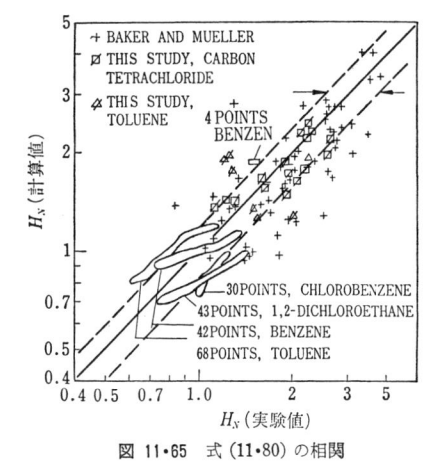

図 11·65 式 (11·80) の相関

式 (11·80) による計算値と，従来の実験値との比較を図 11·65 に示した．

## 11·6 冷却凝縮器の設計法

### 11·6·1 設計の基本

不凝縮性ガス-凝縮性蒸気の混合ガスを冷却する冷却凝縮器においては，熱と物質の同時移動が起こるのみでなく，混合ガスが入口から出口に進むにつれて，蒸気の凝縮が起こ

## 11・6 冷却凝縮器の設計法

り，その結果熱量が減少し，さらに混合ガスの組成，物性および混合ガスの境膜伝熱係数が変化するので，この熱的設計ははなはだ複雑である。この場合の伝熱機構を簡単に説明する。

凝縮器の伝熱管表面温度が混合ガスの露点以下であると，混合ガス中の蒸気（凝縮性蒸気を蒸気，不凝縮性ガスをガスと呼ぶことにする）が凝縮し，管の表面が濡れ，この表面はガスの境膜で囲まれ，混合ガス中の蒸気はこのガスの境膜を通って拡散して管の表面で凝縮する。蒸気の顕熱および潜熱は，このガス境膜および凝縮液膜を通って伝熱管表面に移動する。ただし，伝熱管表面が非常に冷たい場合には，ガス境膜の温度が露点以下となり，蒸気が凝縮液膜に達する前にガス境膜中で凝縮し，霧 (Fogging)を生ずる。しかし，このような場合は稀で，通常の場合霧発生は考慮しなくてよい。この冷却凝縮器の設計法としては，Colburn and Hougen[20)21)] および Bras[22)] の方法がある。

**（1）凝縮液の表面温度 $T_{cf}$：** 冷却凝縮器における伝熱面での伝熱および物質移動の推進力は図 11・66 で示される。微小面積 $dA$ について考えると，蒸気が不凝縮ガスの境膜

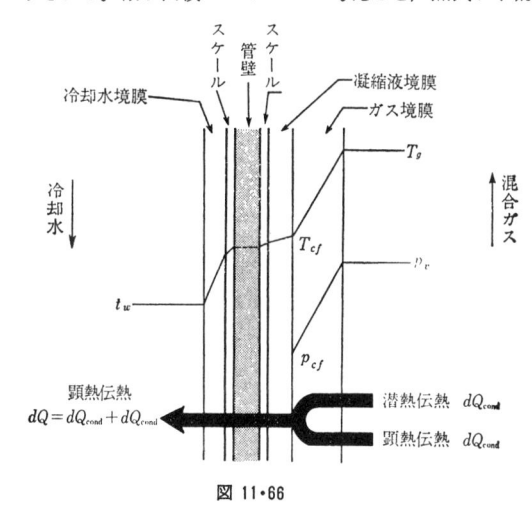

図 11・66

を通って拡散し，凝縮液膜の表面で凝縮することによる伝熱量 $dQ_{cond}$ は，

$$dQ_{cond}=K_G \cdot M_v \cdot \lambda_v \cdot \left(\frac{p_v-p_{cf}}{p_{gf}}\right) \cdot dA \quad \cdots\cdots\cdots\cdots\cdots\cdots\cdots\cdots\cdots\cdots\cdots(11\cdot81)$$

---

20) Colburn, A. P. and O. A. Hougen; Ind. & Eng. Chem., vol. 26, No. 11, pp. 1178〜1182 (1934).
21) Kern, D.L.; "PROCESS HEAT TRANSFER" pp. 339〜351, McGraw-Hill (1950).
22) Bras, G.H; Chem. Eng., April, pp. 223〜226 (1953).

ここで

　　$K_G$：物質移動係数 〔kg-mol/m²・hr〕

　　$M_v$：蒸気の分子量〔—〕

　　$\lambda_v$：蒸気の凝縮潜熱〔kcal/kg〕

　　$p_v$：混合ガス本体中における蒸気の分圧〔Kg/cm² abs〕

　　$p_{cf}$：凝縮液表面における蒸気の分圧〔Kg/cm² abs〕

　　$p_{gf}$：不凝縮ガスの分圧の対数平均〔Kg/cm² abs〕

$$p_{gf}=\frac{(P-p_{cf})-(P-p_v)}{\ln[(P-p_{cf})/(P-p_v)]} \quad \cdots\cdots\cdots(11\cdot82)$$

　　$P$：凝縮器内での混合ガスの全圧〔Kg/cm² abs〕

顕熱移動 $dQ_{cool}$ は

$$dQ_{cool}=h_g(T_g-T_{cf})\cdot dA \quad \cdots\cdots\cdots(11\cdot83)$$

ここで，$h_g$ はガス境膜の伝熱係数，$T_g$ はガス本体の温度である。
したがって，混合ガス本体から凝縮液表面への全伝熱量 $dQ$ は，

$$\begin{aligned}dQ&=dQ_{cool}+dQ_{cond}\\&=h_g(T_g-T_{cf})\cdot dA+K_G\cdot M_v\cdot\lambda_v\cdot\left(\frac{p_v-p_{cf}}{p_{gf}}\right)\cdot dA\end{aligned} \quad \cdots\cdots(11\cdot84)$$

つぎに，凝縮液表面から冷却水への伝熱量 $dQ'$ は，

$$dQ'=h_e(T_{cf}-t_w)\cdot dA \quad \cdots\cdots\cdots(11\cdot85)$$

　　$h_g$：混合ガスの境膜伝熱係数〔kcal/m²・hr・℃〕

　　$h_e$：混合ガスの境膜伝熱係数以外の複合伝熱係数〔kcal/m²・hr・℃〕

　　　$(1/h_e)=(1/冷却水の境膜伝熱係数)+管金属抵抗+汚れ係数$

熱収支から

$$dQ=dQ' \quad \cdots\cdots\cdots(11\cdot86)$$

式 (11・82)～(11・86) から

$$\begin{aligned}&h_g(T_g-T_{cf})+K_G\cdot M_v\cdot\lambda_v\cdot\ln\left(\frac{P-p_{cf}}{P-p_v}\right)\\&=h_e(T_{cf}-t_w)\\&=U(T_g-t_w)=dQ/dA^{*)}\end{aligned} \quad \cdots\cdots\cdots(11\cdot87)$$

式 (11・87) が凝縮液の表面温度 $T_{cf}$ を求める基本式である。

---

*) $A$ は混合ガス側基準の伝熱面積

## 11・6 冷却凝縮器の設計法

**(2) 混合ガスの境膜以外の複合伝熱係数 $h_e$:** 混合ガスを胴側に，冷却水を管内側に流す場合，

$$\frac{1}{h_e}=\frac{1}{h_i}\left(\frac{D_o}{D_i}\right)+\frac{t_s}{k_w}\left(\frac{D_o}{D_m}\right)+r_i\left(\frac{D_o}{D_i}\right)+r_o+\frac{1}{h_c} \quad \cdots\cdots\cdots\cdots(11\cdot 88\text{a})$$

混合ガスを管内側に，冷却水を胴側に流す場合

$$\frac{1}{h_e}=\frac{1}{h_o}\left(\frac{D_i}{D_o}\right)+\frac{t_s}{k_w}\left(\frac{D_i}{D_m}\right)+r_i+r_o\left(\frac{D_i}{D_o}\right)+\frac{1}{h_c} \quad \cdots\cdots\cdots\cdots(11\cdot 88\text{b})$$

ここで，

- $h_i$：管内側冷却水の境膜伝熱係数〔kcal/m²・hr・°C〕
- $h_o$：管外側冷却水の境膜伝熱係数〔kcal/m²・hr・°C〕
- $r_i$：管内側汚れ係数〔m²・hr・°C/kcal〕
- $r_o$：管外側汚れ係数〔m²・hr・°C/kcal〕

**(3) 物質移動係数 $K_G$:** 熱移動と物質移動の相似則から，

$$K_G=\frac{h_g\cdot\left(\dfrac{C_m\cdot\mu_m}{k_m}\right)^{2/3}}{C_m\cdot M_m\cdot\left(\dfrac{\mu_m}{\rho_m\cdot D_v}\right)^{2/3}} \quad \cdots\cdots\cdots\cdots\cdots\cdots\cdots\cdots\cdots\cdots(11\cdot 89)$$

ここで

- $D_v$：拡散係数〔m²/hr〕
- $M_m$：混合ガスの平均分子量〔—〕
- $C_m$：混合ガスの定圧比熱〔kcal/kg・°C〕
- $\mu_m$：混合ガスの粘度〔kg/m・hr〕
- $k_m$：混合ガスの熱伝導率〔kcal/m・hr・°C〕
- $\rho_m$：混合ガスの密度〔kg/m³〕

拡散係数 $D_v$ は，次式により推定することができる。

$$D_v=\frac{0.00155(T_g')^{1.5}}{P[V_{cg}^{1/3}+V_{cv}^{1/3}]^2}\cdot\left(\frac{1}{M_g}+\frac{1}{M_v}\right)^{1/2} \quad \cdots\cdots\cdots\cdots\cdots\cdots(11\cdot 90)$$

ここで

- $P$：凝縮器内での混合ガスの全圧〔Kg/cm² abs〕
- $T_g'$：混合ガス本体の温度〔°K〕
- $V_{cg}$：ガスの標準沸点における液体分子容〔cc/mol〕
- $V_{cv}$：蒸気の標準沸点における液体分子容〔cc/mol〕
- $M_g$：ガスの分子量〔—〕

$M_v$：蒸気の分子量〔—〕

沸点分子容 $V_{cg}$, $V_{cv}$ は Kopp の法則に基づき，原子容の和として求めることができる[23]。

**(4) 混合ガスの状態変化：** 混合ガスが飽和の状態で凝縮器に入る場合には，凝縮器内でたえず飽和の状態を保つものと見なしてよいので，温度 $T_g$ が定まれば，飽和蒸気圧力曲線から蒸気の分圧が定まる。

しかし，混合ガス過熱の状態で凝縮器に入る場合には，凝縮器のある点までは過熱状態を保つことになり，この場合ガスの状態変化は，次のようにして求めねばならない。

凝縮器の微小部分 $dA$ についての伝熱および物質移動を考えると，

$$h_g(T_g - T_{cf}) \cdot dA = (W_g \cdot C_g + W_v \cdot C_v) \cdot dT_g \quad \cdots\cdots(11\cdot 91)$$

$$K_G \cdot M_v \left(\frac{p_v - p_{cf}}{p_{gf}}\right) \cdot dA = W_g \cdot dH \quad \cdots\cdots(11\cdot 92)$$

ここで $H$：湿り度 $= W_v / W_g$

式 (11・91)，(11・92) から

$$\frac{h_g}{K_G} \cdot \frac{p_{gf}(T_g - T_{cf})}{M_v(p_v - p_{cf})} = \frac{(W_g \cdot C_g + W_v \cdot C_v)}{W_g} \cdot \frac{dT_g}{dH} \quad \cdots\cdots(11\cdot 93)$$

湿り度 $H$ は次式で表わされる。

$$H = \frac{W_v}{W_g} = \frac{p_v M_v}{(P - p_v) \cdot M_g} \quad \cdots\cdots(11\cdot 94)$$

したがって

$$\frac{dH}{dp_v} = \frac{P \cdot M_v}{(P - p_v)^2 \cdot M_g} \quad \cdots\cdots(11\cdot 95)$$

また，混合ガスの平均比熱 $C_m$ は，

$$C_m = \frac{W_g \cdot C_g + W_v \cdot C_v}{W_g + W_v} = \left(\frac{W_g \cdot C_g + W_v \cdot C_v}{W_g}\right) \Big/ \left(1 + \frac{W_v}{W_g}\right) \quad \cdots\cdots(11\cdot 96)$$

したがって，

$$\left(\frac{W_g \cdot C_g + W_v \cdot C_v}{W_g}\right) = C_m \frac{[M_g(P - p_v) + p_v M_v]}{M_g(P - p_v)} \quad \cdots\cdots(11\cdot 97)$$

式 (11・95)，(11・93) から

$$\frac{h_g}{K_G} \cdot \frac{p_{gf}(T_g - T_{cf})}{M_v(p_v - p_c)}$$

---

[23] 佐藤：“物性常数推定法”丸善

$$= \frac{dT_g}{dp_v} \cdot \frac{W_g C_g + W_v C_v}{W_g} \cdot \frac{M_g (P - p_v)^2}{M_v \cdot P} \quad \cdots\cdots(11\cdot98)$$

式 (11・97) を式 (11・98) に代入して，

$$\frac{h_g}{K_G} \cdot \frac{p_{gf}(T_g - T_{cf})}{(p_v - p_c)} = \frac{dT_g}{dp_v} \cdot C_m [M_g (P - p_v) + p_v M_v] \cdot \frac{(P - p_v)}{P}$$

$$\cdots\cdots(11\cdot99)$$

混合ガスの平均分子量 $M_m$ は，

$$M_m = M_g (P - p_v)/P + p_v M_v/P \quad \cdots\cdots(11\cdot100)$$

この値を式 (11・99) に代入して，

$$\frac{h_g}{K_G} \cdot \frac{p_{gf}(T_g - T_{cf})}{(p_v - p_{cf})} = \frac{dT_g}{dp_v} \cdot C_m \cdot M_m \cdot (P - p_v) \quad \cdots\cdots(11\cdot101)$$

式 (11・89) と式 (11・101) とから，

$$\frac{dT_g}{dp_v} = \frac{p_{gf}}{(P - p_v)} \cdot \left(\frac{k_m}{C_m \cdot \rho_m \cdot D_v}\right)^{2/3} \cdot \frac{(T_g - T_{cf})}{(p_v - p_{cf})} \quad \cdots\cdots(11\cdot102)$$

式 (11・102) は混合ガスが過熱の場合の凝縮器内での状態変化を示す基本式である。凝縮器入口で過熱状態である混合ガスは，凝縮器内を進むにつれて式 (11・102) に従って状態変化をしていくが，一度飽和に達した後は，式 (11・102) によらず飽和蒸気圧曲線に沿って，状態変化していくことに注意しなければならない。

#### 11・6・2 逐次計算法

逐次計算によって設計する手順を述べる。

（1） まず伝熱面積を仮定し，凝縮器の概略寸法を決定する。

（2） 凝縮器の入口・出口間を適当な温度区間に区切る（普通6ないし7区間に区切る）。

（3） 冷却水の境膜伝熱係数 ($h_i$ または $h_o$) と凝縮液境膜伝熱係数 $h_c$ を計算し，式 (11・88) により複合伝熱係数 $h_e$ を計算する。$h_e$ は凝縮器の全区間にわたり一定とみなす。

（4） 最初の区間の入口点について，混合ガスの境膜伝熱係数 $h_g$，および物質移動係数 $K_G$ を式 (11・89) より計算する。つぎに式 (11・87) から凝縮液の表面温度 $T_{cf}$ を求める ($T_{cf}$ を仮定して $p_c$ を求め，式 (11・87) に代入して仮定の当否を検討する)。このことはまた $U(T_g - t_w)$ を求めることにもなる。

（5） 最初の区間の出口点 (すなわち，次の区間の入口点) における混合ガス中の蒸気の分圧 $p_v$ を求める。混合ガスが過熱の場合は式 (11・102) から，混合ガスが飽和の場合は蒸気の飽和圧力-温度曲線より $p_v$ が求まる。

(6) 最初の区間の出口点の $h_g$, $K_G$, $T_{cf}$, $U(T_g-t_w)$ を求める。
(7) 最初の区間の出入口の混合ガスの状態から，この区間での伝熱量 $\varDelta Q$ を求める。
(8) 最初の区間の出入口の $U(T_g-t_w)$ の対数平均をとり，この値で $\varDelta Q$ を除して，この区間での必要伝熱面積を求める。
(9) つぎの区間について，同様の計算を続ける。
(10) 各区間での必要伝熱面積を加算する。向流型熱交換器の場合は，この加算値がそのまま必要伝熱面積の総計となるが，1-2n 熱交換器などのように，向流でない場合には，温度差補正係数 $F_t$ でこの値を除して必要伝熱面積を求める。

### 11・6・3 設計例

〔例題 11・8〕 不凝縮ガスと水蒸気の混合ガスの冷却凝縮器の設計 (入口状態が飽和の場合)

不凝縮ガス 6,800〔kg/hr〕を伴なう水蒸気 710〔kg/hr〕を，凝縮させる水平多管円筒式凝縮器を設計する。操作圧は 2.4〔Kg/cm² abs〕で，入口温度はその露点，出口温度は 40〔°C〕とする。ただし，冷却水は 32〔°C〕で入り，36〔°C〕で出るものとし，汚れ係数は両側ともに 0 と仮定する。また，不凝縮ガスの組成は，次のとおりとする。

|  | モル分率 | 分子量 |
|---|---|---|
| $C_2H_2$ | 0.148 | 26 |
| $H_2$ | 0.531 | 2 |
| $CH_4$ | 0.098 | 16 |
| CO | 0.223 | 28 |
| 計 | 1.000 | 平均 14 |

〔解〕
(1) 流入蒸気の露点

|  | kg/hr | 分子量 | kg-mol/hr |
|---|---|---|---|
| 水 蒸 気 | 710 | 18 | 39.44 |
| 不凝縮ガス | 6,800 | 14 | 485.71 |
| 計 | 7,510 | 平均 14.3 | 525.15 |

水蒸気の分圧
$p_v = 2.4 \times 39.44/525.15 = 0.180$〔Kg/cm² abs〕
したがって水蒸気表から，露点 = 57.4〔°C〕

(2) 温度範図の区分： 55〔°C〕, 52〔°C〕, 46〔°C〕で区切り，4 区間に分け

ることにする。

**(3) 各区分点における水蒸気の分圧および気液量：** 第1区分点(第1区間出口, 55 [°C])における水蒸気の分圧および気液量：

混合ガスは飽和状態で凝縮器に入るので，凝縮器内で飽和状態を保つものと見なし，水蒸気表より水蒸気の分圧を求める。

水蒸気分圧 $p_v = 0.161$ [Kg/cm² abs]
不凝縮ガス分圧 $2.4 - 0.161 = 2.239$ [Kg/cm² abs]
残存水蒸気量 $485.71 \times 0.161/2.239 = 34.81$ [kg-mol/hr]
凝縮水量 $39.44 - 34.81 = 4.63$ [kg-mol/hr]

以後の区分点についても同様の計算ができ，その結果を表11・21に示す。

表11・21 各区分点における分圧および気液量

| 区分点 | 温度 $T_g$ [°C] | 水蒸気分圧 $p_v$ [kg/cm²abs] | 不凝縮ガス分圧 [kg/cm²abs] | 残存水蒸気量 kg-mol/hr | 残存水蒸気量 kg/hr | 凝縮水量 kg-mol/hr | 凝縮水量 kg/hr | 不凝縮ガス量 kg-mol/hr | 不凝縮ガス量 kg/hr |
|---|---|---|---|---|---|---|---|---|---|
| 入口 | 57.4 | 0.180 | 2.220 | 39.44 | 710.0 | 0 | 0 | 485.71 | 6,800 |
| 1 | 55 | 0.161 | 2.239 | 34.81 | 626.6 | 4.63 | 83.4 | 485.71 | 6,800 |
| 2 | 52 | 0.139 | 2.261 | 29.82 | 536.8 | 9.62 | 173.2 | 485.71 | 6,800 |
| 3 | 46 | 0.103 | 2.297 | 21.75 | 391.5 | 17.69 | 318.5 | 485.71 | 6,800 |
| 出口 | 40 | 0.075 | 2.325 | 15.72 | 283.0 | 23.72 | 427.0 | 485.71 | 6,800 |

**(4) 各区間の伝熱量および温度差**

第1区間の伝熱量

(a) 入口における混合ガス(不凝縮ガス＋水蒸気)の保有熱量

不凝縮ガスの比熱 $C_g = 0.55$ [kcal/kg・°C]
不凝縮ガスの保有熱量 $0.55 \times 57.4 \times 6,800 = 214,676$ [kcal/hr]
水蒸気のエンタルピ(57.4°Cにおいて)$= 621.9$ [kcal/kg]
水蒸気の保有熱量 $621.9 \times 710 = 441,549$ [kcal/hr]
合計 $214,676 + 441,549 = 656,225$ [kcal/hr]

(b) 出口(第1区分点)における気液の保有熱量

不凝縮ガスの保有熱量 $0.55 \times 55 \times 6,800 = 205,700$ [kcal/hr]
水蒸気の保有熱量 $620.8 \times 626.6 = 388,981$ [kcal/hr]
凝縮水の保有量 $55 \times 83.4 = 4,583$ [kcal/hr]
合計 $205,700 + 388,981 + 4,583 = 599,264$ [kcal/hr]

(c) 伝熱量

$\Delta Q = 656,225 - 599,264 = 56,961$ [kcal/hr]

第2区間以後についても同様の計算を行なうと，表11・22が得られる。

第11章 多管円筒式熱交換器の設計法

表 11・22 各区間の伝熱量および温度差

| 区分点 | $T_g$ [°C] | 保有熱量 [kcal/hr] | $\Delta Q$ [kcal/hr] | $t_w$ [°C] | $(T_g-t_w)$ [°C] | $(T_g-t_w)_{av}$ [°C] | $\Delta Q/(T_g-t_w)_{av}$ [kcal/hr·°C] | $\Delta Q$の累積値 [kcal/hr] |
|---|---|---|---|---|---|---|---|---|
| 入口 | 57.4 | 656,225 |  | 36.0 | 21.4 |  |  | 0 |
| 1 | 55 | 599,264 | 56,961 | 35.3 | 19.7 | 20.6 | 2,770 | 56,961 |
| 2 | 52 | 536,060 | 63,204 | 34.5 | 17.5 | 18.6 | 3,400 | 120,165 |
| 3 | 46 | 428,277 | 107,783 | 33.1 | 12.9 | 15.2 | 7,100 | 227,948 |
| 出口 | 40 | 340,556 | 87,721 | 32 | 8.0 | 10.5 | 8,350 | 315,669 |
| 計 |  |  | 315,669 |  |  |  | 21,620 |  |

この表で，$t_w$ は冷却水温度であり，冷却水と混合ガスが向流に流れるものと仮定すると，冷却水量から計算できる。冷却水量 $w$ は

$$w = Q/c/(t_{w出口} - t_{w入口}) = 315,669/1.0/(36-32)$$
$$= 78,900 \text{ [kg/hr]}$$

(5) **加重平均温度差** $(\Delta T)_{weit}$

$$(\Delta T)_{weit} = \frac{Q}{\Sigma\left[\dfrac{\Delta Q}{(T_g-t_w)_{av}}\right]} = \frac{315,669}{21,620} = 14.6 \text{ [°C]}$$

(6) **概略寸法の決定**： 総括伝熱係数 $U = 900$ [kcal/m²·hr·°C] と仮定すると，必要伝熱面積は

$$A = Q/(U \cdot \Delta T) = 315,669/(900 \times 14.6) = 24 \text{ [m}^2\text{]}$$

外径 $D_o = 19.0$ [mm]，肉厚 $t_s = 1.6$ [mm]，長さ $L = 2.5$ [m] のアルブラック管を使用するものとすれば，管数 $N_t$ は

$$N_t = A/(\pi \cdot D_o \cdot L) = 24.0/(\pi \times 0.019 \times 2.5) = 162 \text{ 本}$$

25 [mm] ピッチの4角直列配置とし，管側を2パスとすれば，表 11・8 から胴内径 440 [mm]，管数 162 本の熱交換器が選定できる。邪魔板は間隔 $\overline{BP} = 600$ [mm] で3枚取り付けることとし，邪魔板形式は 25% 切欠き欠円形邪魔板とする。また，胴側に混合ガスを，管側に冷却水を通すものとする。

(7) **管側，冷却水の境膜伝熱係数** $h_i$

流体面積 $a_t$

$$a_t = \frac{\pi}{4} \cdot (D_i)^2 \cdot \frac{N_t}{n_{t,\text{pass}}} = \frac{\pi}{4} \times (0.0158)^2 \times \frac{162}{2} = 0.0158 \text{ [m}^2\text{]}$$

管内冷却水の流速 $u$

$$u = \frac{w}{3,600 \cdot \rho \cdot a_t} = \frac{78,900}{3,600 \times 1,000 \times 0.0158} = 1.38 \text{ [m/sec]}$$

図 8・8 から

## 11・6 冷却凝縮器の設計法

$h_i = 5,900 \, [\text{kcal/m}^2 \cdot \text{hr} \cdot \text{°C}]$

**(8) 凝縮液の境膜伝熱係数 $h_c$:** 式 (8・38) から凝縮伝熱に関する相当管本数 $n_s$ は,

$$n_s = 1.288(N_t)^{0.480} = 1.288(162)^{0.480} = 14.8$$

凝縮負荷 $\Gamma$ は, 凝縮量 $W_f$ の関数として

$$\Gamma = W_f/(L \cdot n_s) = 427/(2.5 \times 14.8) = 11.5 \, [\text{kg/m} \cdot \text{hr}]$$

図 11・40 から

$$h_c = 8,000 \, [\text{kcal/m}^2 \cdot \text{hr} \cdot \text{°C}]$$

**(9) 管金属の伝熱抵抗**

$$\left(\frac{t_s}{k_w}\right)\left(\frac{D_o}{D_m}\right) = \frac{0.0016}{100} \times \left(\frac{0.0190}{0.0174}\right) = 0.000017$$

**(10) 混合ガスの境膜以外の複合伝熱係数 $h_e$:** 式 (11・88) から

$$\frac{1}{h_e} = \frac{1}{5,900} \times \left(\frac{0.0158}{0.0190}\right) + 0.000017 + \frac{1}{8,000}$$
$$= 0.000282 \, [\text{m}^2 \cdot \text{hr} \cdot \text{°C/kcal}]$$

したがって,

$$h_e = 3,540 \, [\text{kcal/m}^2 \cdot \text{hr} \cdot \text{°C}]$$

**(11) 胴側流路断面積 $S_{gm}$**

胴中心線に最も近い管列での管本数 $n_c = 16 \, [\text{本}]$

邪魔板切欠部1個中に存在する管本数 $n_{w2} = 30 \, [\text{本}]$

邪魔板間隔 $\overline{BP} = 0.6 \, [\text{m}]$

胴内径 $D_s = 0.44 \, [\text{m}]$

管束に対して直交して流れる流路面積 $S_c$ は,

$$S_c = (\overline{BP}) \cdot (D_s - n_c \cdot D_o) = 0.6 \times (0.44 - 16 \times 0.019)$$
$$= 0.0818 \, [\text{m}^2]$$

式 (11・9) から, 邪魔板切欠部での流路面積 $S_b$ は,

$$S_b = K_1 \cdot D_s^2 - n_{w2} \cdot D_o^2 \cdot (\pi/4)$$
$$= 0.154 \times (0.44)^2 - 30 \times (0.019)^2 \times (\pi/4)$$
$$= 0.0213 \, [\text{m}^2]$$

ここで係数 $K_1$ は表 11・11 から求める。

式 (11・28) から, 平均流路面積 $S_{gm}$ は,

$$S_{gm} = \sqrt{S_c \cdot S_b} = \sqrt{(0.0818) \times (0.0213)} = 0.0415 \, [\text{m}^2]$$

**(12) 各区分点における総括伝熱係数-各区間の必要伝熱面積**

第1区間の必要伝熱面積

**(a) 入口点における総括伝熱係数**

$T_g = 57.4 \, [\text{°C}]$ において,

不凝縮ガスの物性

熱伝導率　$k_g=0.0795$ [kcal/m・hr・°C]
粘度　$\mu_g=0.0605$ [kg/m・hr]
比熱　$C_g=0.55$ [kcal/kg・°C]

水蒸気の物性
熱伝導率　$k_v=0.0175$ [kcal/m・hr・°C]
粘度　$\mu_v=0.0420$ [kg/m・hr]
比熱　$C_v=0.45$ [kcal/kg・°C]

混合ガスの物性

$$k_m = \frac{6,800 \times 0.0795 + 710 \times 0.0175}{6,800+710} = 0.0735 \text{ [kcal/m・hr・°C]}$$

$$\mu_m = \frac{6,800 \times 0.0605 + 710 \times 0.0420}{6,800+710} = 0.0585 \text{ [kg/m・hr]}$$

$$C_m = \frac{6,800 \times 0.55 + 710 \times 0.0420}{6,800+710} = 0.54 \text{ [kcal/kg・°C]}$$

混合ガスの質量速度

$$G_{gm} = W_g/S_{gm} = (6,800+710)/0.0415 = 180,000 \text{ [kg/m}^2\text{・hr]}$$

式 (11・26) から, 混合ガスの境膜伝熱係数 $h_g$ は $(\mu/\mu_w)^{0.14}=1$ とし,

$$h_g = 0.23 \left(\frac{k_m}{D_o}\right) \cdot \left(\frac{D_o \cdot G_{gm}}{\mu_m}\right)^{0.6} \cdot \left(\frac{C_m \cdot \mu_m}{k_m}\right)^{1/3} \cdot \left(\frac{\mu}{\mu_w}\right)^{0.14}$$

$$= 0.23 \left(\frac{0.0735}{0.0190}\right)\left(\frac{0.019 \times 180,000}{0.0585}\right)\left(\frac{0.54 \times 0.0585}{0.0735}\right)^{1/3} \times 1$$

$$= 485 \text{ [kcal/m}^2\text{・hr・°C]}$$

不凝縮ガスの平均沸点分子容

|  | $V_{cg}$ | モル分率 | $V_{cg}\times$モル分率 |
|---|---|---|---|
| $C_2H_2$ | 37 | 0.148 | 5.45 |
| $H_2$ | 14.3 | 0.531 | 7.6 |
| $CH_4$ | 29.6 | 0.098 | 2.9 |
| CO | 22.2 | 0.223 | 4.95 |
| 計 |  |  | 20.90 |

したがって, 不凝縮ガスの沸点分子容 $V_{cg}=20.90$
水蒸気の沸点分子容 $V_{cv}=14.8$
拡散係数 $D_v$ は式 (11・90) から,

$$D_v = \frac{0.00155 \times (321)^{1.5}}{2.4[(20.9)^{1/3}+(14.8)^{1/3}]^2} \times \left(\frac{1}{14}+\frac{1}{18}\right)^{1/2}$$

$$= 0.0535 \text{ [m}^2\text{/hr]}$$

混合ガスの密度 $\rho_m$

## 11・6 冷却凝縮器の設計法

$$\rho_m = \frac{M_m}{22.4}\left(\frac{273}{T_g'}\right)\left(\frac{P}{1.033}\right) = \frac{14.3}{22.4}\times\left(\frac{273}{321}\right)\times\left(\frac{2.4}{1.033}\right)$$
$$= 1.25 \,[\text{kg/m}^3]$$

物質移動係数 $K_G$

$$(C_m \cdot \mu_m/k_m)^{2/3} = (0.54\times 0.585/0.735)^{2/3}$$
$$= 0.57$$
$$[\mu_m/(\rho_m \cdot D_v)]^{2/3} = [0.0585/(1.25\times 0.0535)]^{2/3}$$
$$= 0.915$$
$$K_G = \frac{h_g \cdot (C_m\mu_m/k_m)^{2/3}}{C_m \cdot M_m \cdot [\mu_m/(\rho_m \cdot D_v)]^{2/3}}$$
$$= \frac{485\times 0.57}{0.54\times 14.3\times 0.915} = 39.2 \,[\text{kg-mol/m}^2\cdot\text{hr}]$$

ここで, $T_{cf}=42.5\,[^\circ\text{C}]$ と仮定すると,
$$p_{cf} = 0.0858 \,[\text{kg/cm}^2\text{ abs}]$$

式 (11・87) において,
$$h_g \cdot (T_g - T_{cf}) + K_G \cdot M_v \cdot \lambda_v \cdot \ln[(P-p_{cf})/(P-p_v)]$$
$$= 485\times (57.4-42.5) + 39.2\times 18\times 564.5$$
$$\times \ln\left[\frac{2.4-0.0858}{2.4-0.180}\right] = 23,758 \,[\text{kcal/m}^2\cdot\text{hr}]$$
$$h_e(T_{cf}-t_w) = 3,540\times (42.5-36) = 23,010 \,[\text{kcal/m}^2\cdot\text{hr}]$$

したがって, 仮定は妥当である。
$$U(T_g-t_w) = (23,758+23,010)/2 = 23,384 \,[\text{kcal/m}^2\cdot\text{hr}]$$

**(b)** 出口 (第1区分点) における総括伝熱係数

$T_g=55\,[^\circ\text{C}]$ において

混合ガスの物性

$$k_m = \frac{6,800\times 0.0795+626.6\times 0.0715}{6,800+626.6} = 0.0750 \,[\text{kcal/m}\cdot\text{hr}\cdot{}^\circ\text{C}]$$
$$\mu_m = \frac{6,800\times 0.0605+626.6\times 0.0420}{6,800+626.6} = 0.0590 \,[\text{kg/m}\cdot\text{hr}]$$
$$C_m = \frac{6,800\times 0.55+626.6\times 0.45}{6,800+626.6} = 0.54 \,[\text{kcal/kg}\cdot{}^\circ\text{C}]$$

混合ガスの質量速度 $G_{gm}=(6,800+626.6)/0.0415$
$$= 179,000 \,[\text{kg/m}\cdot\text{hr}]$$

混合ガスの境膜伝熱係数

$$h_g = 0.23\left(\frac{k_m}{D_o}\right)\cdot\left(\frac{D_o\cdot G_{gm}}{\mu_m}\right)^{0.6}\cdot\left(\frac{C_m\cdot\mu_m}{k_m}\right)^{1/3}\cdot\left(\frac{\mu}{\mu_w}\right)^{0.14}$$
$$= 0.23\cdot\left(\frac{0.0750}{0.0190}\right)\cdot\left(\frac{0.0190\times 179,000}{0.0590}\right)^{0.6}\cdot\left(\frac{0.54\times 0.0590}{0.0750}\right)^{1/3}$$
$$= 475 \,[\text{kcal/m}^2\cdot\text{hr}\cdot{}^\circ\text{C}]$$

$(C_m \cdot \mu_m/k_m)^{2/3}$ の値は，凝縮器入口点および出口点の状態について計算して見ると，ほぼ等しいことがわかる。したがって，$[\mu_m/(\rho_m \cdot D_v)]^{2/3}=0.915$ 一定とみなして計算を進める。

物質移動係数

$$(C_m \cdot \mu_m/k_m)^{2/3}=(0.54\times 0.0590/0.0750)^{2/3}=0.566$$

$$K_G=\frac{h_g(C_m \cdot \mu_m/k_m)^{2/3}}{C_m \cdot M_m \cdot [\mu_m/(\rho_m \cdot D_v)]^{2/3}}=\frac{475\times 0.566}{0.54\times 14.3\times 0.915}$$

$$=38.2 \text{ [kg-mol/m}^2\cdot\text{hr]}$$

ここで，$T_{cf}=41.0$ [°C] と仮定すると，

$p_{cf}=0.0793$ [kg/cm² abs]

$h_g \cdot (T_g-T_{cf})+K_G \cdot M_v \cdot \lambda_v \cdot \ln[(P-p_{cf})/(P-p_v)]$
$=475\times(55-41.0)+38.2\times(18)\times(566)$
$\quad \times \ln[(2.4-0.0793)/(2.4-0.161)]$
$=20,426$ [kcal/m²·hr]

$h_e(T_{cf}-t_w)=3,540\times(41.0-35.3)=20,248$ [kcal/m²·hr]

したがって，仮定は妥当である。

$U(T_g-t_w)=(20,426+20,248)/2=20,332$ [kcal/m²·hr]

したがって

$U=20,332/(55-35.3)=1,031$ [kcal/m²·hr·°C]

**(c)** 必要伝熱面積

入口，出口における値の対数平均をとって，

$$[U\cdot(T_g-t_w)]_{av}=\frac{23,384-20,332}{\ln[23,384/20,332]}=21,800 \text{ [kcal/m}^2\cdot\text{hr]}$$

したがって

$\Delta A=\Delta Q/[U(T_g-t_w)]_{av}=56,961/21,800=2.6$ [m²]

表 11·23 総括伝熱係数および所要面積

| 区分点 | $T_g$ [°C] | $T_{cf}$ [°C] | $U(T_g-t_w)$ [kcal/m²·hr] | $[U(T_g-t_w)]_{av}$ [kcal/m²·hr] | $\Delta Q$ [kcal/hr] | $\Delta A$ [m²] | $U$ [kcal/m²·hr·°C] |
|---|---|---|---|---|---|---|---|
| 入口 | 57.4 | 42.5 | 23,384 | | | | 1,092 |
| 1 | 55 | 41.0 | 20,332 | 21,800 | 56,961 | 2.6 | 1,031 |
| 2 | 52 | 39.3 | 17,173 | 18,600 | 63,204 | 3.5 | 976 |
| 3 | 46 | 36.3 | 11,370 | 14,100 | 107,783 | 7.7 | 881 |
| 出口 | 40 | 33.8 | 6,391 | 8,700 | 86,721 | 10.1 | 799 |
| 計 | | | | | 315,669 | 22.8 | |

## 11·6 冷却凝縮器の設計法

以後の区間についても同様の計算ができ、その結果を表 11·23 に示した。

伝熱量の累積値と総括伝熱係数の関係は図 11·67 のようになり，凝縮の進行に伴なう伝熱係数の変化が明瞭に理解できる。混合ガス流れと冷却水流れが完全に向流であると仮定すると，必要伝熱面積は

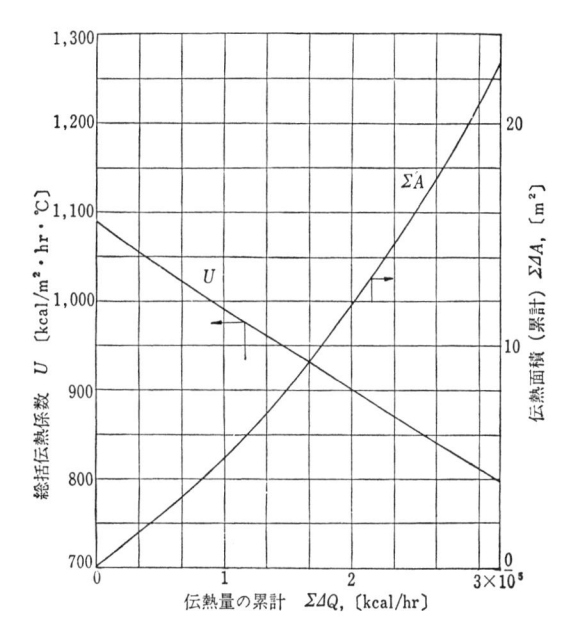

図 11·67 伝熱面積および総括伝熱係数

$$A = \sum \Delta A = 22.8 \,[\mathrm{m}^2] \quad (\text{管外径基準})$$

**(13) 必要伝熱面積 $A$**

温度差補正係数 $F_t$

$$R_A = \frac{T_g 入口 - T_g 出口}{t_w 出口 - t_w 入口} = \frac{57.4 - 40}{36 - 32} = 4.35$$

$$E_A = \frac{t_w 出口 - t_w 入口}{T_g 入口 - t_w 入口} = \frac{36 - 32}{57.4 - 32} = 0.157$$

図 3·145 より，$F_t = 0.93$

したがって，必要伝熱面積 $A = 22.8/0.93 = 24.5 \,[\mathrm{m}^2]$

したがって，最初に仮定した伝熱面積 24 [m²] は，ほぼ妥当であることになる。

〔例題 11·9〕 不凝縮ガスと水蒸気の混合ガスの冷却凝縮器の設計 (混合ガスが過熱状態の場合)

不凝縮ガス 7,050 [kg/hr] と水蒸気 790 [kg/hr] の混合ガスを 137 [°C] より 29.4 [°C] まで冷却し，水蒸気を凝縮せしめる垂直多管円筒式凝縮器を設計する。操作圧は大

気圧 (1.033 Kg/cm²abs) とし，冷却水入口温度は 19.4 [°C] とする。また，不凝縮ガスの組成は次のとおりとする。

|  | kg/hr | 分 子 量 | kg-mol/hr |
|---|---|---|---|
| NO | 676 | 30 | 22.55 |
| $O_2$ | 740 | 32 | 23.38 |
| $N_2$ | 5,625 | 28 | 200.75 |
| 計 | 7,050 |  | 246.68 |

〔解〕

(1) **水蒸気の凝縮量総計**：　出口点 (29.4°C) で，混合ガスが水蒸気で飽和の状態になると仮定し，水蒸気表から 29.4 [°C]，飽和における水蒸気の分圧 $p_v$ は

$p_v = 0.0418$

したがって，出口点での水蒸気量は

$W_v = 246.68 \times 0.0418/(1.033 - 0.0418)$

$\quad = 9.77$ [kg·mol/hr]

$\quad = 175.8$ [kg/hr]

したがって，凝縮水量は

$\quad = 790 - 175.8 = 614.2$ [kg/hr]

(2) **総伝熱量**

(a) 入口点における混合ガスの保有熱量

不凝縮ガスの比熱 $C_g = 0.244$ [kcal/kg·°C]

不凝縮ガスの保有熱量

$0.244 \times 137 \times 7,050 = 235,700$ [kcal/hr]

入口点における水蒸気の分圧

$p_v = 1.033 \times \dfrac{(790/18)}{(790/18) + 246.68}$

$\quad = 0.156$ [kg/cm² abs]

0.156 [kg/cm² abs]，137 [°C] の水蒸気のエンタルピ

$\quad = 658.7$ [kcal/kg]

水蒸気の保有熱量

$658.7 \times 790 = 520,400$ [kcal/hr]

合　計

$235,700 + 520,400 = 756,100$ [kcal/hr]

(b) 出口点 (29.4°C) における気液の保有熱量

不凝縮ガスの保有熱量

$$0.244 \times 29.4 \times 7,050 = 50,570 \text{ [kcal/hr]}$$

水蒸気 (29.4°C, 飽和) のエンタルピは 610 [kcal/kg] であるから,
水蒸気の保有熱量は

$$610 \times 175.8 = 107,240 \text{ [kcal/hr]}$$

凝縮水の保有熱量

$$1 \times 29.4 \times 614.2 = 18,060 \text{ [kcal/hr]}$$

合　計

$$50,570 + 107,240 + 18,060 = 175,870 \text{ [kcal/hr]}$$

(c) 総伝熱量

$$Q = 756,100 - 175,870 = 580,230 \text{ [kcal/hr]}$$

(3) 冷却水量: 冷却水の温度上昇を 3.4 [°C] とすれば, 冷却水量は

$$W^{*)} = 580,230/3.4 = 171,000 \text{ [kg/hr]}$$

(4) 概略寸法: 下記のように凝縮器の寸法を定める。管長 $L$ は必要伝熱面積に応じて決定するものとする。

　　型式　　垂直多管円筒式凝縮器 (管内側を上から下へ混合ガスを流し, 冷却水は胴側を流す)

　　伝熱管　　外径 25 [mm], 肉厚 1.6 [mm] SUS 27 管を使用する。

　　管本数　　372 [本]

　　管配列ピッチ: 32 [mm] ピッチ, 3 角錯列配置

　　胴内径: 730 [mm]

　　邪魔板型式: 邪魔板なし

(5) 混合ガスの境膜以外の複合伝熱係数 $h_e$: 冷却水の境膜伝熱係数は式 (11·1) を用いて,

$$h_o = 1,040 \text{ [kcal/m}^2 \cdot \text{hr} \cdot \text{°C]}$$

凝縮液の境膜伝熱係数は式 (8·21) を用いて,

$$h_c = 10,000 \text{ [kcal/m}^2 \cdot \text{hr} \cdot \text{°C]}$$

管金属の伝熱抵抗

$$\left(\frac{t_s}{k_w}\right)\left(\frac{D_i}{D_m}\right) = \left(\frac{0.0016}{14}\right)\left(\frac{0.0218}{0.0234}\right) = 0.00011 \text{ [m}^2 \cdot \text{hr} \cdot \text{°C/kcal]}$$

汚れ係数

　　管内側　　$r_i = 0$

　　管外側　　$r_o = 0.0009$ [m$^2 \cdot$ hr $\cdot$ °C/kcal]

とする。

複合境膜伝熱係数は, 式 (11·88) から

$$\frac{1}{h_e} = \frac{1}{h_o}\left(\frac{D_i}{D_o}\right) + \frac{t_s}{k_w}\left(\frac{D_i}{D_m}\right) + r_i + r_o\left(\frac{D_i}{D_o}\right) + \frac{1}{h_c}$$

---

*) 冷却水が胴側であるので, $w$ の代りに $W$ なる記号を用いる。

$$= \frac{1}{1,040} \times \left(\frac{0.0218}{0.0250}\right) + 0.00011 + 0.009 \times \left(\frac{0.0218}{0.0250}\right) + \frac{1}{10,000}$$
$$= 0.00183$$
$$h_e = 550 \ [\mathrm{kcal/m^2 \cdot hr \cdot ^\circ C}]$$

**(6) 混合ガスの境膜伝熱係数および物質移動係数:** 例題〔11・8〕と同様の方法にて,入口点および出口点の混合ガスの物性値を計算し,混合ガスの境膜伝熱係数 $h_g$ および物質移動係数 $K_G$ を求めると,

| | | 入 口 | 出 口 |
|---|---|---|---|
| $t_g$*) | [°C] | 137 | 29.4 |
| $G_g$ | [kg/m²·hr] | 54,700 | 50,400 |
| $\mu_m$ | [kg/m·hr] | 0.034 | 0.028 |
| $Re$ | [—] | 14,600 | 16,300 |
| $M_m$ | [—] | 27.0 | 28.1 |
| $c_m$ | [kcal/kg·°C] | 0.245 | 0.240 |
| $k_m$ | [kcal/m·hr·°C] | 0.0265 | 0.0207 |
| $(c_m \cdot \mu_m / k_m)$ | [—] | 0.767 | 0.794 |
| $D_v$ | [m²/hr] | 0.156 | 0.087 |
| $[\mu_m/(\rho_m \cdot D_v)]$ | [—] | 0.661 | 0.689 |
| $\rho_m$ | [kg/m³] | 0.803 | 1.137 |
| $h_g$ | [kcal/m²·hr·°C] | 550 | 488 |
| $K_G$ | [kg-mol/m²·hr] | 9.32 | 8.06 |
| $[k_m/(c_m \cdot \rho_m \cdot D_v)]$ | [—] | 0.863 | 0.868 |
| $[k_m/(c_m \cdot \rho_m D_v)]^{2/3}$ | [—] | 0.908 | 0.911 |

これらの値は,入口点と出口点とであまり差はない。したがって以後の計算は入口点と出口点の値の平均値を用いることにする。冷却水温度も平均値 21.1〔°C〕を用いる。

**(7) 必要伝熱面積**

(a) 温度範囲の区分

121〔°C〕,104〔°C〕,88〔°C〕,71〔°C〕,54〔°C〕,38〔°C〕で区切り,6区間に分けることにする。

(b) 第1区間入口(137°C)における凝縮液の表面温度 $t_{cf}$*)

式(11・87)から

---

*) 混合ガスが管内側であるので,$T_{cf}$ の代りに $t_{cf}$,$T_g$ の代りに $t_g$ なる記号を用いる。

$$50.8 \times (137 - t_{cf}) + 8.69 \times 18 \times (560) \times \ln\left[\frac{1.033 - p_{cf}}{1.033 - 0.516}\right]$$
$$= 550\,(t_{cf} - 21.1)$$

試行法により，上式を満足する $t_{cf}$ を求めると，
$t_{cf} = 42.1\ [°C]$
$p_{cf} = 0.0841\ [Kg/cm^2\ abs]$
$U(t_g - T_w) = 550(t_{cf} - 21.1) = 11{,}550\ [kcal/m^2 \cdot hr]$

**(c)** 第1区分点（第1区間出口，121°C）の水蒸気圧力
式 (11·102) から

$$\frac{dt_g}{dp_v} = \frac{p_{gf}}{(P-p_v)} \cdot \left(\frac{k_m}{c_m \rho_m D_v}\right)^{2/3} \cdot \frac{(t_g - t_{cf})}{(p_v - p_{cf})}$$

第1区間入口で
$P - p_v = 1.033 - 0.156 = 0.877\ [Kg/cm^2]$
$p_v - p_{cf} = 0.156 - 0.0841 = 0.0719\ [Kg/cm^2]$
$t_g - t_{cf} = 137 - 42.1 = 94.9\ [°C]$
$\left(\dfrac{k_m}{c_m \cdot \rho_m \cdot D_v}\right)^{2/3} = 0.91$

$$p_{gf} = \frac{p_v - p_{cf}}{\ln[(P-p_{cf})/(P-p_v)]} = \frac{0.0719}{\ln(0.9489/0.877)}$$
$$= 0.92\ [Kg/cm^2\,abs]$$

したがって
$$\frac{dt_g}{dp_v} = \frac{0.92}{0.877} \times 0.91 \times \frac{94.9}{0.0719} = 126.0$$

$dt_g \equiv \Delta t_g =$（第1区間入口温度）－（第1区間出口温度）
$\quad = 137 - 121 = 16\ [°C]$
$dp_v \equiv \Delta p_v =$（第1区間入口の水蒸気圧）－（第1区間出口の水蒸気圧）
$\quad = \Delta t_g / 126.0 = 16/126.0$

したがって，第1区間出口の水蒸気圧力は，
$\quad = 0.156 - 16/126.0 = 0.1433\ [Kg/cm^2\ abs]$

**(d)** 第1区分点（121°C）における凝縮液の表面温度 $t_{cf}$
式 (11·87) から

$$50.8(121 - t_{cf}) + 8.67(18) \times (560) \cdot \ln\left[\frac{1.033 - p_{cf}}{1.033 - 0.1433}\right]$$
$$= 550\,(t_{cf} - 21.1)$$
$550(t_{cf} - 21.1) = U(t_g - T_w)$

試行法により，上式を満足する $t_{cf}$ を求めると，
$t_{cf} = 40.7\ [°C]$
$p_{cf} = 0.0780\ [Kg/cm^2\ abs]$

$U(t_g-T_w)=10,780$ [kcal/m$^2\cdot$hr$\cdot$°C]
(e) 第1区分点 (121°C) における気液量
　　水蒸気分圧　$p_v=0.1433$ [Kg/cm$^2$ abs]
　　不凝縮ガス分圧　$1.033-0.1433=0.8887$
　　残存水蒸気量
　　　　$246.68\times0.1433/0.8887=39.78$ [kg・mol/hr]
　　　　　　　　　　　　　　　　$=716.0$ [kg/hr]
　　凝縮水量
　　　　$790-716.0=74.0$ [kg/hr]
(f) 第1区間の伝熱量
　入口 (137°C) における混合ガスの保有熱量$=756,100$ [kcal/hr]
　出口 (121°C) における混合ガスの保有熱量
　　不凝縮ガスの保有熱量
　　　　$0.244\times121\times7,050=208,100$ [kcal/hr]
　　水蒸気の保有熱量
　　　　$651.0\times716.0=466,100$ [kcal/hr]
　　凝縮水の保有熱量
　　　　$1\times121\times40.7=5,000$ [kcal/hr]
　合計　$208,100+466,100+5,000=679,200$ [kcal/hr]
伝熱量
　　　　$\varDelta Q=756,100-679,200=76,900$ [kcal/hr]
(g) 第1区間の必要伝熱面積
　入口, 出口における値の対数平均をとって,
$$[U(t_g-T_w)]_{av}=\frac{11,500-10,780}{\ln\left[\dfrac{11,500}{10,780}\right]}=11,240 \text{ [kcal/m}^2\cdot\text{hr]}$$
したがって, 必要伝熱面積 $\varDelta A$ は
　　　　$\varDelta A=\varDelta Q/[U(t_g-T_w)]_{av}$
　　　　　　$=76,900/11,240=6.8$ [m$^2$]
以後の区間についても同様の計算ができ, 表11・24 が得られる。
したがって, 必要伝熱面積の総計は,
　　　　$A=\Sigma\varDelta A=113$ [m$^2$] (管内径基準)
したがって, 凝縮器の必要管長 $L$ は,
$$L=\frac{A}{\pi\cdot D_i\cdot N}=\frac{113}{\pi\times0.0218\times372}=4.5 \text{ [m]}$$
なお, この例題の場合, 混合ガスと冷却水は完全向流で流れるので, 温度差補正係数 $F_t$ による補正は不必要である。
(8) **凝縮器内での混合ガスの状態変化:**　混合ガスの状態変化は図11・68 に示す

ようになり，凝縮器出口まで混合ガスは過熱状態であることが明瞭である。

表 11・24 総括伝熱係数および所要伝熱面積

| 項目 | 区分点 | 入口 | 1 | 2 | 3 | 4 | 5 | 6 | 出口 |
|---|---|---|---|---|---|---|---|---|---|
| $T_g$ | 〔°C〕 | 137 | 121 | 104 | 88 | 71 | 54 | 38 | 29.4 |
| $p_v$ | 〔ata〕 | 0.156 | 0.1433 | 0.1301 | 0.1147 | 0.097 | 0.077 | 0.053 | 0.039 |
| $T_{cf}$ | 〔°C〕 | 42.1 | 40.7 | 38.6 | 36.1 | 33.3 | 30.0 | 25.7 | 23.4 |
| $p_{cf}$ | 〔ata〕 | 0.0841 | 0.0780 | 0.0698 | 0.0609 | 0.0522 | 0.0433 | 0.0337 | 0.0294 |
| $U(T_g-t_w)$ | | 11,550 | 10,780 | 9,630 | 8,250 | 6,710 | 4,900 | 2,530 | 1,270 |
| $(T_g-t_w)$ | | 115.9 | 99.9 | 82.9 | 66.9 | 49.9 | 32.9 | 16.9 | 8.3 |
| $U$ | | 100 | 108 | 116 | 123 | 134 | 149 | 150 | 153 |
| $[U(T_g-t_w)]_{av}$ | | 11,240 | 10,220 | 8,930 | 7,470 | 5,760 | 3,590 | 1,830 | |
| $\Delta Q$ | 〔kcal/hr〕 | 76,900 | 95,000 | 80,500 | 91,600 | 96,100 | 102,900 | 55,500 | |
| $\Delta A$ | m² | 6.8 | 9.3 | 9.0 | 12.3 | 16.7 | 28.7 | 30.2 | |

$A = \Sigma \Delta A = 113 \text{m}^2$　　　$Q = \Sigma \Delta Q = 598,500$ 〔kcal/hr〕

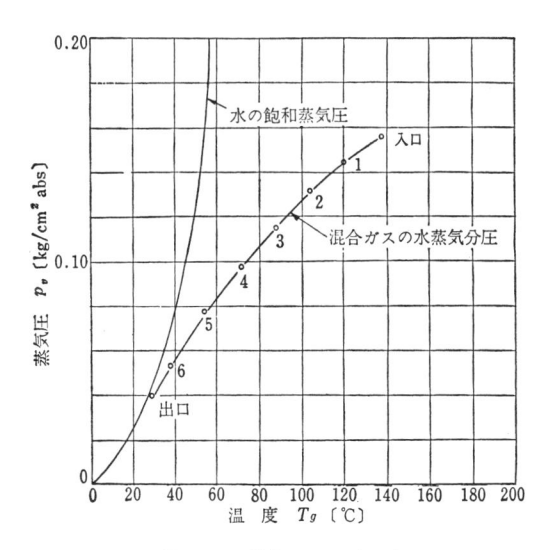

図 11・68 混合ガスの状態変化

## 11·7 多成分系冷却凝縮器の設計法

### 11·7·1 設計の基本[24]

前章では凝縮性ガスと1成分の蒸気との混合ガスを冷却する場合について述べた。本節では凝縮性蒸気が2成分の場合の設計法について述べる。この方法は，2成分以上の多成分蒸気の場合にも，容易に準用することができる。

2成分の凝縮性蒸気と不凝縮性ガスとの混合ガスの冷却凝縮器においては，2成分の蒸気は不凝縮性ガスの境膜を拡散して冷却面に向って進むが，このとき1つの成分の蒸気の物質移動は，もう1つの成分の蒸気の物質移動速度に影響を与えるが，この影響は小さいので，簡単のために各成分の蒸気の拡散速度は，他の成分の蒸気の有無によって変わらないと仮定する。そのように仮定すると，成分1の蒸気が不凝縮ガスの境膜を通って拡散し，凝縮液膜の表面で凝縮することによる伝熱量 $dQ_{cond1}$ は，式 (11·81) と同様に

$$dQ_{cond1} = K_{G1} \cdot M_{v1} \cdot \lambda_{v1} \cdot \ln\left(\frac{P-p_{cf1}}{P-p_{v1}}\right) \cdot dA \quad \cdots\cdots(11\cdot103)$$

同様にして成分2の蒸気の凝縮による伝熱量 $dQ_{cond2}$ は，

$$dQ_{cond2} = K_{G2} \cdot M_{v2} \cdot \lambda_{v2} \cdot \ln\left(\frac{P-p_{cf2}}{P-p_{v2}}\right) \cdot dA \quad \cdots\cdots(11\cdot104)$$

ここで

$K_{G1}$：成分1の物質移動係数〔kg-mol/m²·hr〕

$K_{G2}$：成分2の物質移動係数〔kg-mol/m²·hr〕

$M_{v1}$：成分1の分子量〔—〕

$M_{v2}$：成分2の分子量〔—〕

$\lambda_{v1}$：成分1の凝縮潜熱〔kcal/kg〕

$\lambda_{v2}$：成分2の凝縮潜熱〔kcal/kg〕

$P$：混合ガスの全圧〔Kg/cm² abs〕

$p_{v1}$：混合ガス中の凝縮性蒸気成分1の分圧〔Kg/cm² abs〕

$p_{v2}$：混合ガス中の凝縮性蒸気成分2の分圧〔Kg/cm² abs〕

$p_{cf1}$：凝縮液表面における凝縮性蒸気成分1の分圧〔Kg/cm² abs〕

$p_{cf2}$：凝縮液表面における凝縮性蒸気成分2の分圧〔Kg/cm² abs〕

---

24) Porter, K.E. and G.V. Jeffereys: TRANS. INSTN. CHEM. ENGRS., vol. 41, pp 126〜139 (1963).

顕熱移動量 $dQ_{cool}$ は，
$$dQ_{cool}=h_g(T_g-T_{cf})\cdot dA \quad\cdots\cdots\cdots(11\cdot 105)$$
ここで
　$h_g$：混合ガスの境膜伝熱係数〔kcal/m²・hr・°C〕
　$T_g$：混合ガス本体の温度〔°C〕
したがって，混合ガス本体から凝縮液表面への全伝熱量 $dQ$ は，
$$\begin{aligned}dQ&=dQ_{cool}+dQ_{cond1}+dQ_{cond2}\\&=h_g(T_g-T_{cf})\cdot dA+K_{G1}\cdot M_{v1}\cdot\lambda_{v1}\cdot\ln\left(\frac{P-p_{cf}}{P-p_{v1}}\right)\cdot dA\\&\quad+K_{G2}\cdot M_{v2}\cdot\lambda_{v2}\cdot\ln\left(\frac{P-p_{cf}}{P-p_{v2}}\right)\cdot dA\quad\cdots\cdots(11\cdot 106)\end{aligned}$$
つぎに，凝縮液表面から冷却水への伝熱量 $dQ'$ は，
$$dQ'=h_e(T_{cf}-t_w)\cdot dA\quad\cdots\cdots\cdots(11\cdot 107)$$
$t_w$ は冷却水温度〔°C〕である。熱収支より
$$dQ=dQ'$$
したがって，
$$\begin{aligned}h_g(T_g&-T_{cf})+K_{G1}\cdot M_{v1}\cdot\lambda_{v1}\cdot\ln\left(\frac{P-p_{cf1}}{P-p_{v1}}\right)\\&+K_{G2}\cdot M_{v2}\cdot\lambda_{v2}\cdot\ln\left(\frac{P-p_{cf2}}{P-p_{v2}}\right)=h_e(T_{cf}-t_w)\\&\qquad\qquad\qquad\qquad=U(T_g-t_w)=dQ/dA\\&\qquad\qquad\qquad\qquad\qquad\qquad\cdots\cdots(11\cdot 108)\end{aligned}$$
式（11・108）のうちで，凝縮液の表面に関する項と混合ガス本体の項を分離して書き直すと，
$$\begin{aligned}h_g&\left\{\left[T_g-\frac{K_{G1}\cdot\lambda_{v1}\cdot M_{v1}}{h_g}\cdot\ln\left(1-\frac{p_{v1}}{P}\right)-\frac{K_{G2}\cdot\lambda_{v2}\cdot M_{v2}}{h_g}\cdot\ln\left(1-\frac{p_{v2}}{P}\right)\right]\right.\\&\left.-\left[T_{cf}-\frac{K_{G1}\cdot\lambda_{v1}\cdot M_{v1}}{h_g}\cdot\ln\left(1-\frac{p_{cf1}}{P}\right)-\frac{K_{G2}\cdot\lambda_{v2}\cdot M_{v2}}{h_g}\cdot\ln\left(1-\frac{p_{cf2}}{P}\right)\right]\right\}\\&=h_e\cdot(T_{cf}-t_w)\quad\cdots\cdots\cdots(11\cdot 109)\end{aligned}$$
簡単のために
$$\theta_g=T_g-\left[F_1\cdot\ln\left(1-\frac{p_{v1}}{P}\right)+F_2\cdot\ln\left(1-\frac{p_{v2}}{P}\right)\right]\quad\cdots\cdots(11\cdot 110)$$
$$F_1=\frac{K_{G1}\cdot M_{v1}\cdot\lambda_{v1}}{h_g}\quad\cdots\cdots\cdots(11\cdot 111)$$

$$F_2 = \frac{K_{G2} \cdot M_{v2} \cdot \lambda_{v2}}{h_g} \quad \cdots\cdots\cdots\cdots\cdots\cdots\cdots\cdots (11\cdot112)$$

$$\theta_{cf} = T_{cf} - \left[ F_1 \cdot \ln\left(1 - \frac{p_{cf1}}{P}\right) + F_2 \cdot \ln\left(1 - \frac{p_{cf2}}{P}\right) \right] \quad \cdots\cdots (11\cdot113)$$

上式で定義される $\theta_g$, $F_1$, $F_2$, $\theta_{cf}$ を用いて式 (11・109) を書き直すと，

$$h_g(\theta_g - \theta_{cf}) = h_e(T_{cf} - t_w) \quad \cdots\cdots\cdots\cdots\cdots\cdots\cdots\cdots (11\cdot114)$$

つぎに，伝熱面で凝縮した凝縮液は伝熱面に蓄積することなく直ちに流下するものと仮定すると，凝縮液の組成は次のようにして求まる。すなわち，凝縮液中の成分1のモル分率 $x$ は，

$$x = \frac{x_1}{x_1 + x_2} = \frac{凝縮する成分1のモル数}{凝縮する全モル数} \quad \cdots\cdots\cdots\cdots (11\cdot115)$$

$$= \frac{K_{G1} \cdot dA \cdot (p_{v1} - p_{cf1})}{K_{G1} \cdot dA \cdot (p_{v1} - p_{cf1}) + K_{G2} \cdot dA \cdot (p_{v2} - p_{cf2})} \quad \cdots\cdots\cdots (11\cdot116)$$

$K_{G1} = \alpha K_{G2}$ とおけば，式 (11・116) から，

$$x = \frac{\alpha(p_{v1} - p_{cf1})}{\alpha(p_{v1} - p_{cf1}) + (p_{v2} - p_{cf2})} \quad \cdots\cdots\cdots\cdots\cdots\cdots (11\cdot117)$$

なお，物質移動係数 $K_{G1}$, $K_{G2}$ は次式で求まる。

$$K_{G1} = \frac{h_g \cdot \left(\frac{C_m \cdot \mu_m}{k_m}\right)^{2/3}}{C_m \cdot M_m \cdot \left(\frac{\mu_m}{\rho_m \cdot D_{v1}}\right)^{2/3}} \quad \cdots\cdots\cdots\cdots\cdots\cdots (11\cdot118)$$

$$K_{G2} = \frac{h_g \cdot \left(\frac{C_m \cdot \mu_m}{k_m}\right)^{2/3}}{C_m \cdot M_m \cdot \left(\frac{\mu_m}{\rho_m \cdot D_{v2}}\right)^{2/3}} \quad \cdots\cdots\cdots\cdots\cdots\cdots (11\cdot119)$$

ここで

$D_{v1}$：凝縮性蒸気成分1と不凝縮ガスとの間の相互拡散係数〔m²/hr〕

$D_{v2}$：凝縮性蒸気成分2と不凝縮ガスとの間の相互拡散係数〔m²/hr〕

$M_m$：混合ガスの平均分子量〔—〕

$C_m$：混合ガスの定圧比熱〔kcal/kg・°C〕

$\mu_m$：混合ガスの粘度〔kg/m・hr〕

$k_m$：混合ガスの熱伝導率〔kcal/m・hr・°C〕

$\rho_m$：混合ガスの密度〔kg/m³〕

冷却凝縮器を数区間に区分して考えると，混合ガス入口点では $h_g$, $\theta_g$, $K_G$, $t_w$ は容易に計算でき，また成分1と成分2の気液平衡関係から $\theta_{cf}$ は，凝縮液の組成 $x$ と凝縮液

の温度 $T_{cf}$ が定まると一義的に定まるので，式 (11・117) と式 (11・114) を同時に満足する凝縮液表面温度 $T_{cf}$ は，試行計算により容易に求めることができる。

このようにして混合ガスの入口点での $\theta_g$ および $\theta_{cf}$ を求めることができるが，冷却凝縮器内をガスが進み，凝縮していくにつれ $(p_{v1}+p_{v2})$ の値が減少し，また比 $(p_{v1}/p_{v2})$ も変わっていくので，他の区分点について $\theta_{cf}$ を求めるためには，この変化を求めることが必要となる。

いま，冷却凝縮器の任意区分点について考え，

$n_1$：成分1が区分点を通過する量〔kg-mol/hr〕
$n_2$：成分2が区分点を通過する量〔kg-mol/hr〕
$N$：不凝縮ガスが区分点を通過する量〔kg-mol/hr〕

とすれば，

$$n_1 = \frac{p_{v1} \cdot N}{p_N} = \frac{p_{v1} \cdot N}{P - (p_{v1} + p_{v2})} \quad \cdots\cdots(11\cdot120)$$

$p_N$ は不凝縮ガスの分圧〔Kg/m²〕である。したがって，

$$dn_1 = d\left(\frac{p_{v1}}{p_N}\right) \cdot N = K_{G1} \cdot dA \cdot (p_{v1} - p_{cf1}) \quad \cdots\cdots(11\cdot121)$$

同様に

$$dn_2 = d\left(\frac{p_{v2}}{p_N}\right) \cdot N = K_{G2} \cdot dA \cdot (p_{v2} - p_{cf2}) \quad \cdots\cdots(11\cdot122)$$

式 (11・121) と式 (11・122) から

$$\frac{d(p_{v1}/p_N)}{d(p_{v2}/p_N)} = \frac{\alpha \cdot (p_{v1} - p_{cf1})}{(p_{v2} - p_{cf2})} \quad \cdots\cdots(11\cdot123)$$

式 (11・123) の左辺を微分し，$p_N = P - (p_{v1} + p_{v2})$ および $dp_N = -(dp_{v1} + dp_{v2})$ を代入して，

$$\frac{dp_{v1}}{dp_{v2}} = \frac{\alpha \cdot (P - p_{v1})(p_{v1} - p_{cf1}) - p_{v1}(p_{v2} - p_{cf2})}{(P - p_{v2})(p_{v2} - p_{cf2}) - \alpha \cdot p_{v2}(p_{v1} - p_{cf1})} \quad \cdots\cdots(11\cdot124)$$

式 (11・124) から，冷却凝縮器の各区分点における各凝縮性蒸気の蒸気圧の変化，および蒸気圧を計算することができる。同様に，各区分点における混合ガスの温度は，混合ガスの成分および圧力から計算することができる。したがって，成分1および成分2の凝縮量を計算することができ，各区分点間の伝熱量 $\Delta Q$ を求めることができる。$\Delta Q$ の値から，各区分点での冷却水温度 $t_w$ を計算することができる。したがって，各区分点における $h_g \times (\theta_g - \theta_{cf})$ の値が求まり，必要伝熱面積が求まる。

### 11・7・2 設計例

〔例題 11・10〕 エタノール-水-空気の混合ガスの冷却凝縮器の設計
下記の仕様のエタノール-水-空気の混合ガスの冷却凝縮器の伝熱面積を定める。
仕様

空気の流量 $=89.5$ [kg/hr] $=3.087$ [kg-mol/hr]
凝縮器に流入するエタノール蒸気の流量 $=0.487$ [kg-mol/hr]
凝縮器に流入する水蒸気の流量 $=0.504$ [kg-mol/hr]
全圧 $P=1.0$ atm
凝縮器入口点におけるエタノールの蒸気圧, $p_{v1}=0.12$ atm
凝縮器入口点における水の蒸気圧, $p_{v2}=0.125$ atm
混合ガス入口温度 $=69$ [°C]
混合ガス出口温度 $=21.6$ [°C]
冷却水量 $=2,650$ [kg/hr]
冷却水出口温度 $=19.5$ [°C]

熱交換器は多管円筒式熱交換器とし, 管側パス数を1とする。

〔解〕 冷却凝縮器を混合ガスの流れ方向に沿って数区間に区分する。複合伝熱係数 $h_e$ は, 凝縮器全区間にわたって 472 [kcal/m²·hr·°C] 一定と仮定する。

(1) 区分点1 (混合ガス入口点) での状態: 式 (11・111) と式 (11・118) および物性値から

$$F_1=\frac{K_{G1}\cdot M_{v1}\cdot \lambda_{v1}}{h_g}=\frac{M_{v1}\cdot \lambda_{v1}}{C_m\cdot M_m}\left\{\frac{C_m\cdot \mu_m/k_m}{\mu_m/(\rho_m\cdot D_{v1})}\right\}^{2/3}=1,030 \text{ [°C]}$$

式 (11・112) と式 (11・119) および物性値から

$$F_2=\frac{K_{G2}\cdot M_{v2}\cdot \lambda_{v2}}{h_g}=\frac{M_{v2}\cdot \lambda_{v2}}{C_m\cdot M_m}\left\{\frac{C_m\cdot \mu_m/k_m}{\mu_m/(\rho_m\cdot D_{v2})}\right\}^{2/3}=1,610 \text{ [°C]}$$

式 (11・110) から

$$\theta_g=T_g-\left[F_1\cdot \ln\left(1-\frac{p_{v1}}{P}\right)+F_2\cdot \ln\left(1-\frac{p_{v2}}{P}\right)\right]$$

$$=67.0-\left[1,030\times \ln\left(1-\frac{0.12}{1}\right)+1,610\times \ln\left(1-\frac{0.125}{1}\right)\right]$$

$$=402.5 \text{ [°C]}$$

〔例題 11・8〕と同様の方法により混合ガスの境膜伝熱係数 $h_g$ を求めると,

$h_g=23.6$ [kcal/m²·hr·°C]

式 (11・118) および式 (11・119) から

$$\alpha=\frac{K_{G1}}{K_{G2}}=\left(\frac{D_{v1}}{D_{v2}}\right)^{2/3}$$

$$=0.906$$

式 (11・114) から

$$\theta_{cf}=\theta_g-\frac{h_e}{h_g}\cdot(T_{cf}-t_w)=402.5-\frac{472}{23.6}\times(T_{cf}-19.5)$$

$$\theta_{cf}=402.5-20.0\times(T_{cf}-19.5) \quad \cdots\cdots\cdots\cdots\cdots\cdots\cdots\cdots\cdots\text{(A)}$$

## 11・7 多成分系冷却凝縮器の設計法

凝縮液中のエタノールのモル分率 $x$, 凝縮液温度 $T_{cf}$, および $\theta_{cf}$ の決定; 凝縮液と混合ガスの界面における凝縮性蒸気(エタノール+水)の分圧 $(p_{cf1}+p_{cf2})=0.092\,\text{atm}$ と仮定する。〔第1仮定〕

$x=0.1$ と仮定:〔第2仮定〕

0.092 atm におけるエタノール-水系の気液平衡曲線(図 11・69)より, 凝縮液と混合ガスの界面における凝縮性蒸気中のエタノール蒸気のモル分率 $y=0.435$, 水蒸気のモル分率 $(1-y)=0.565$ となる。したがって

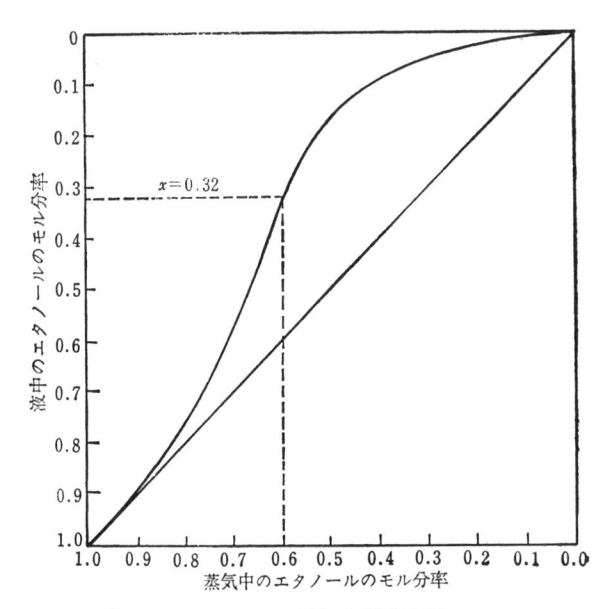

図 11・69 エタノール-水系の気液平衡曲線

$p_{cf1}=0.092\times0.435=0.0400$
$p_{cf2}=0.092\times0.565=0.0520$

式 (11・117) から

$$x=\frac{\alpha(p_{v1}-p_{cf1})}{\alpha(p_{v1}-p_{cf1})+(p_{v2}-p_{cf2})}$$

$$=\frac{0.906(0.12-0.040)}{0.906(0.12-0.040)+(0.125-0.0520)}$$

$$=0.5 \neq 0.1$$

したがって, 第2仮定 $x=0.1$ は正しくない。

$x=0.3$ と仮定:〔第2仮定〕

---

*) エタノール-水系の気液平衡曲線は全蒸気圧によって変わらず, 図 11・69 で示される。

前と同様の方法により $y=0.58$, $(1-y)=0.42$ とすれば,
$$p_{cf1}=0.092\times0.58=0.0534$$
$$p_{cf2}=0.092\times0.42=0.0387$$
式 (11・117) から
$$x=\frac{0.906(0.12-0.0534)}{0.906(0.12-0.0534)+(0.125-0.0387)}$$
$$=0.326\doteqdot 0.3$$
したがって, 第2仮定 $x=0.3$ はほぼ正しい。よって, $x=0.32$ とする。

第1仮定 $(p_{cf1}+p_{cf2})=0.092$ atm において, $x=0.32$ なる凝縮液と平衡な混合蒸気の露点 $T_{cf}$ は, エタノール-水系の平衡関係から 31.8 [°C] となる (エタノール-水系では凝縮液中のエタノールのモル分率 $x$ が 0.25 以上の範囲では, 混合蒸気の露点 $T_{cf}$ は凝縮性蒸気の分圧 $(p_{cf1}+p_{cf2})$ のみの関数として図11・70 にて示される)。

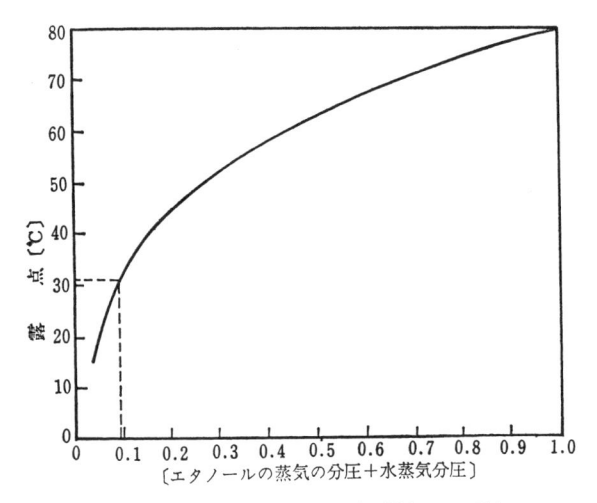

図 11・70 空気-エタノール-水の混合ガスの露点

式 (11・114) もしくは式 (A) から
$$\theta_{cf}=402.5-20.0\times(31.8-19.5)=155 \text{ [°C]}$$
つぎに式 (11・113) から
$$\theta_{cf}=T_{cf}-\left[F_1\cdot\ln\left(1-\frac{p_{cf1}}{P}\right)+F_2\cdot\ln\left(1-\frac{p_{cf2}}{P}\right)\right]$$
$$=31.8-\left[1,030\times\ln\left(1-\frac{0.04}{1}\right)+16.10\times\ln\left(1-\frac{0.052}{1}\right)\right]$$
$$=155.5 \text{ [°C]} \doteqdot 155 \text{ [°C]}$$
したがって, 式 (11・114) から求めた $\theta_{cf}$ と, 式 (11・113) から求めた $\theta_{cf}$ の

値がほぼ等しいので，第1仮定すなわち $(p_{cf1}+p_{cf2})=0.092$ が正しかったことになる．もし，この値が等しくならなかったときには，第1仮定すなわち $(p_{cf1}+p_{cf2})$ の値を仮定し直して，この値が等しくなるまで繰り返し計算をする必要がある．

区分点1における混合ガスのエンタルピ $H$ は，
$$H=n_1 \cdot \lambda'_{v1}+n_2 \cdot \lambda'_{v2}+(n_1+n_2+N) \cdot C_m' \cdot T_g$$

ここで，
$$n_1=\frac{N \cdot p_{v1}}{P-(p_{v1}+p_{v2})} \quad \text{および} \quad n_2=\frac{N \cdot p_{v2}}{P-(p_{v1}+p_{v2})}$$

であるから
$$H=N \cdot \overline{\lambda'} \cdot \frac{[(p_{v1}+p_{v2})+(PC_m/\overline{\lambda'})T_g]}{P-(p_{v1}+p_{v2})}$$
$$=N \cdot \overline{\lambda'} \cdot f(p_{v12})$$

$\overline{\lambda'}$：エタノール-水の平均モル蒸発潜熱 〔kcal/kg-mol〕
$C_m'$：混合ガスの平均モル比熱 〔kcal/kg-mol・℃〕

混合ガスの物性値より

$\lambda'=10,100$ 〔kcal/kg-mol〕

$C_m'=7.4$ 〔kcal/kg-mol・℃〕

したがって
$$f(p_{v12})=\frac{[(p_{v1}+p_{v2})+(PC_m/\overline{\lambda'}) \cdot T_g]}{P-(p_{v1}+p_{v2})}$$
$$=\frac{[(0.12+0.125)+(1 \times 7.4/10,100) \times 69]}{1-(0.12+0.125)}$$
$$=0.391$$

$$H=N \cdot \overline{\lambda'} \cdot f(p_{v12})=(89.5/29) \times 10,100 \times 0.391$$
$$=12,200 \text{〔kcal/hr〕}$$

**(2) 区分点2での状態：** 式（11・124）から

$$\frac{dp_{v1}}{dp_{v2}}=\frac{\alpha \cdot (P-p_{v1})(p_{v1}-p_{cf1})-p_{v1}(p_{v2}-p_{cf2})}{(P-p_{v2})(p_{v2}-p_{cf2})-\alpha \cdot p_{v2}(p_{v1}-p_{cf1})}$$
$$=\frac{0.906(1-0.12)(0.12-0.534)-0.12(0.125-0.387)}{(1-0.125)(0.125-0.387)-0.906(0.125)(0.12-0.534)}$$
$$=\frac{1}{2.77}$$

区分点1から区分点2までの水蒸気分圧の変化 $\varDelta p_{v2}$ を 0.025 atm に選べば，エタノール蒸気の分圧の変化は

$$\varDelta p_{v1}=0.025/2.77=0.009 \text{〔atm〕}$$

したがって，区分点2におけるエタノール蒸気の分圧 $p_{v1}$ および水蒸気の分圧 $p_{v2}$ は

$p_{v1}=(0.12-0.009)=0.111$ [atm]

$p_{v2}=(0.125-0.025)=0.100$ [atm]

$(p_{v1}+p_{v2})=0.211$ [atm]

したがって，エタノール-水系の平衡関係（図11·70）から，区分点2での露点は45 [°C] となる。区分点2での混合蒸気の温度 $T_g$ は，露点温度であるとみなして $T_g=45$ [°C] である。

区分点2における混合蒸気のエンタルピ $H$ は，

$$f(p_{v12})=\frac{[(p_{v1}+p_{v2})+(PC_m/\bar{\lambda'})\cdot T_g]}{P-(p_{v1}+p_{v2})}$$

$$=\frac{[(0.111+0.100)+1\times 7.4/10,100]\times 45}{1-(0.111+0.100)}$$

$$=0.309$$

$$H=N\cdot\bar{\lambda'}\cdot f(p_{v12})=(89.5/29)\times 10,100\times 0.309$$

$$=9,640 \text{ [kcal/hr]}$$

第1区間（区分点1から区分点2までの区間）での伝熱量は，

$dQ=$（区分点1でのエンタルピ-区分点2でのエンタルピ）

$=12,200-9,640=2,560$ [kcal/hr]

区分点2での冷却水温度 $t_w$ は，

$$t_w=19.5[°C]-\frac{2,560[\text{kcal/hr}]}{1[\text{kcal/kg}\cdot°C]\times 2,650[\text{kg/hr}]}$$

$$=18.5 \text{ [°C]}$$

区分点2での状態は区分点1で計算した方法に準じて計算することができる。計算結果を表11·25に示した。

（3） 区分点 3, 4, 5, 6 についても，区分点2での計算法に準じてその状態を求め，表 11·25 に示した。区分点6において混合ガス温度が 21.6 [°C] となる。し

表11·25 設 計 計 算 例

| 区分点 | $\theta_g$ | $\theta_{cf}$ | $h_g$ | $x$ | $f(p_{v12})$ | $\theta_g-\theta_{cf}$ | $h_g(\theta_g-\theta_{cf})$ | $\frac{1}{h_g(\theta_g-\theta_{cf})}$ | $\Delta A$ |
|---|---|---|---|---|---|---|---|---|---|
| 1 | 402.5 | 155 | 23.6 | 0.32 | 0.391 | 247.5 | 5,850 | $1.71\times 10^{-4}$ | |
| 2 | 336.0 | 127.5 | 23.2 | 0.365 | 0.309 | 208.5 | 4,820 | $2.07\times 10^{-4}$ | 0.481 |
| 3 | 287.3 | 112.5 | 23.0 | 0.40 | 0.261 | 174.8 | 4,010 | $2.48\times 10^{-4}$ | 0.340 |
| 4 | 218.6 | 90 | 21.6 | 0.50 | 0.191 | 128.6 | 2,770 | $3.60\times 10^{-4}$ | 0.665 |
| 5 | 160.5 | 77 | 21.0 | 0.57 | 0.1415 | 83.5 | 1,750 | $5.70\times 10^{-4}$ | 0.719 |
| 6 | 99.0 | 62.5 | 21.0 | 0.67 | 0.092 | 36.5 | 765 | $13.10\times 10^{-4}$ | 1.450 |

$A=\Sigma\Delta A=3.655$ [m²]

たがって，区分点6が混合ガス出口点であることがわかる。

（4） 必要伝熱面積 $A$

$$A=\int\frac{dQ}{h_g(\theta_g-\theta_{cf})}=N\cdot\overline{\lambda'}\cdot\int\frac{df(p_{v12})}{h_g(\theta_g-\theta_{cf})}$$

として必要伝熱面積が求まる。計算結果を表 11·25 に示した。

### 11·7·3 簡便設計法[25]

前述の Porter の方法はかなり複雑である。水科らは次のような簡便設計法を提案している。

**計算過程**

(a) 問題としてはガス量，蒸気量（あるいは蒸気濃度），混合ガス入口温度，凝縮すべき蒸気量，冷却水温度が与えられるものとする。

(b) 混合ガスは出口点で，入口ガス中の蒸気の組成比をもつ液と接触して平衡関係にあるものとして，温度と各蒸気成分の分圧を決定する。

(c) 全体の熱収支から総伝熱量，および冷却水量ならびに冷却水出口温度を決定する。この際，凝縮液は安全のため冷却水温度まで冷却されるものとして，熱収支をとる。

(d) ガス温度，蒸気量，冷却水温度がともに，入口および出口の算術平均である中心点を仮想する。

(e) 入口，中心および出口の3点について，つぎの熱収支から凝縮液表面の温度を決定する。

$$h_e(T_{cf}-t_w)=h_g(T_g-T_{cf})+\overline{\lambda'}\cdot\overline{K}_G\cdot\ln\left(\frac{P-\sum p_{cf}}{P-\sum p_v}\right) \quad\cdots\cdots\cdots\cdots(11\cdot125)$$

ここで

$\overline{\lambda'}$：凝縮性蒸気の平均モル蒸発潜熱〔kcal/kg-mol〕

$\overline{K}_G$：凝縮性蒸気の平均物質移動係数〔kg·mol/m²·hr〕

上式において，$h_e$ は冷却水側の境膜伝熱係数，汚れ係数，管金属抵抗，凝縮液の境膜伝熱係数とから，その平均値を計算する。

(f) $\Delta t\equiv T_{cf}-t_w$ 対 $Q$（伝熱量）の関係は図 11·71 の点線で示すように，入口点と中心点，中心点と出口点の間で，それぞれ直線で表わされるものと仮定して，伝熱面積を次式で求める。

$$A=\frac{Q/2}{h_e\cdot\dfrac{(\Delta t)_\text{入}-(\Delta t)_\text{中}}{\ln\left[\dfrac{(\Delta t)_\text{入}}{(\Delta t)_\text{中}}\right]}}+\frac{Q/2}{h_e\cdot\dfrac{(\Delta t)_\text{中}-(\Delta t)_\text{出}}{\ln\left[\dfrac{(\Delta t)_\text{中}}{(\Delta t)_\text{出}}\right]}} \quad\cdots\cdots\cdots\cdots(11\cdot126)$$

---

25) T. Mizushina, H. Ueda, S. Ikeno, and K. Ishii; Int. J. Heat Mass Transfer, vol. 7, pp. 95〜100 (1964).

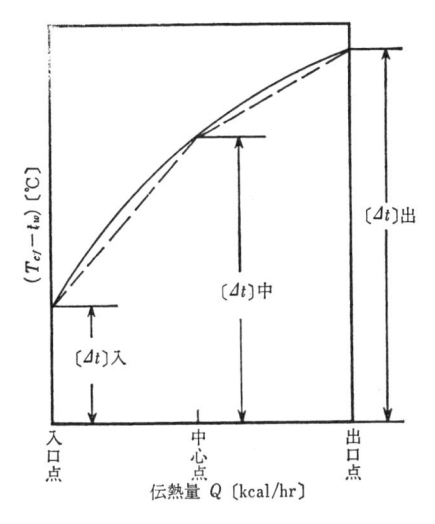

図 11·71 $(T_{cf}-t_w)$ 対 $Q$

### 11·7·4 簡便法による設計例

〔例題 11·11〕 メタノール-ベンゼン-空気の混合ガスの冷却凝縮器の設計

内径 21.9〔mm〕, 外径 28.6〔mm〕の銅管を内管とし, 内径 51.5〔mm〕の鋼管を外管とする垂直型2重管式冷却凝縮器を用い, 環状部に冷却水を, 内管内に混合ガスを流すものとし, 下記仕様を満足するに必要な伝熱面積を求める。

ガス入口点において

空　　気： 3.89〔kg/hr〕
メタノール： 4.95〔kg/hr〕
ベンゼン： 7.66〔kg/hr〕

計　： 16.50〔kg/hr〕

メタノールの入口点における分圧　$p_{v_M 入}$=304.4〔mmHg〕
ベンゼンの入口点における分圧　$p_{v_B 入}$=192.4〔mmHg〕
空気の入口点における分圧　　　　＝263.2〔mmHg〕

全　　圧　　$P$=760〔mmHg〕

混合ガス入口温度： $T_{g 入}$=75.5〔℃〕
凝縮すべき蒸気： 75.3〔mol %〕
冷却水量： 2,010〔kg/hr〕
冷却水入口温度： $t_w$=8.8〔℃〕

〔解〕

（1） ガスの出口点の状態： 混合ガスと平衡にあると仮定する凝縮液の組成

$$= \frac{304.4}{304.4+192.4} = 0.612 \quad \text{メタノール}$$

この液と平衡にある蒸気分圧

　　メタノール　$p_{vM}$出$=161.4$ [mmHg]
　　ベンゼン　　$p_{vB}$出$=80.3$ [mmHg]

したがって，

　　空　　気：　3.89 [kg/hr]
　　メタノール：1.34 [kg/hr]
　　ベンゼン：　1.62 [kg/hr]
　　混合ガス温度　$T_g$出$=38.0$ [°C]

**(2) 全伝熱量**

　　空　　気：　$(3.89)(0.24)(75.5-38.0)=35$ [kcal/hr]
　　メタノール：$(1.34)(0.4)(75.5-38.0)+(4.95-1.34)\times$
　　　　　　　　$[(0.4)(75.5-64.7)+260+0.612(64.7-8.8)]$
　　　　　　　　$=1,099$ [kcal/hr]
　　ベ ン ゼ ン：$(1.62)(0.28)(75.5-38.0)+(7.6-1.62)\times[(0.28)$
　　　　　　　　$\times(75.5-8.8)+106.2]=768$ [kcal/hr]

したがって，全伝熱量は

　　$Q=35+1,099+768=1,902$ [kcal/hr]

**(3) 中心点**

中心点での混合ガス温度　$T_g$中

$$T_g\text{中}=\frac{75.5+38.0}{2}=56.8 \text{ [°C]}$$

空気流量$=3.89$ [kg/hr]
メタノール流量$=(4.95+1.34)/2=3.15$ [kg/hr]
ベンゼン流量$=(7.66+1.62)/2=4.64$ [kg/hr]

したがって，中心点における各成分蒸気の分圧は，

　　メタノール

$$p_{vM}\text{中}=\frac{(760)(3.15/32)}{(3.89/29)+(3.15/32)+(4.64/78)}$$
$$=256 \text{ [mmHg]}$$

　　ベンゼン

$$p_{vB}\text{中}=\frac{(760)(4.64/78)}{(3.89/29)+(3.15/32)+(4.64/78)}$$
$$=155 \text{ [mmHg]}$$

　　空　　気

$$=760-(256+155)=349 \text{ [mmHg]}$$

中心点での冷却水温度　$t_w$中

$t_{w中}=(8.8+9.7)/2=9.3$ [°C]

**(3) 凝縮液の表面温度**

(a) 複合伝熱係数 $h_e$：　冷却水の境膜伝熱係数は

$h_i=1,580$ [kcal/m²·hr·°C]

凝縮液の境膜伝熱係数は，次のように計算される。

凝縮液の平均密度　$\rho_{fm}=843$ [kg/m³]

凝縮液の平均粘度　$\mu_{fm}=0.530$ [cp]$=1.91$ [kg/m·hr]

凝縮液の平均熱伝導率　$k_{fm}=0.144$ [kcal/m·hr·°C]

凝縮負荷 $\Gamma$ は

$$\Gamma=\frac{(4.95+7.66)-(1.34+1.62)}{(\pi)\times(0.0219)}=140 \text{ [kg/m·hr]}$$

したがって，式 (8·35) から

$h_c=950$ [kcal/m²·hr·°C]

汚れ係数および管金属の伝熱抵抗を無視すると，

$$\frac{1}{h_e}=\frac{1}{950}+\frac{0.0219}{0.0286}\times\left(\frac{1}{1,580}\right)$$

$h_e=650$ [kcal/m²·hr·°C]

(b) 混合ガスの境膜伝熱係数および物質移動係数：　中心点において

混合ガスの平均比熱　$C_m=0.299$ [kcal/kg·°C]

混合ガスの平均分子量　$M_m=40$ [—]

したがって，Eucken の式から

$$\left(\frac{C_m\cdot\mu_m}{k_m}\right)=\frac{0.299}{0.299+(2.48/40)}=0.83$$

混合ガスの平均密度　$\rho_m=1.478$ [kg/m³]

混合ガスの平均粘度　$\mu_m=0.0459$ [kg/m·hr]

空気とメタノールとの間の拡散係数 $D_{v,M}$ は，

$D_{v,M}=0.0684$ [m²/hr]

空気とベンゼンとの間の拡散係数 $D_{v,B}$ は，

$D_{v,B}=0.0418$ [m²/hr]

(ベンゼン+メタノール) の混合蒸気と空気との間の拡散係数 $D_{v,BM}$ は，近似的に次式により計算される。

$$\frac{1}{D_{v,BM}}=y_{中}\cdot\frac{1}{D_{v,M}}+(1-y_{中})\cdot\frac{1}{D_{v,B}}$$

ここで，$y_{中}$ は中心点における凝縮性蒸気中のメタノールのモル分率であり，

$y_{中}=256/(256+155)=0.620$

したがって

$D_{v,BM}=0.055$ [m²/hr]

$$\left(\frac{\mu_m}{\rho_m \cdot D_{v,BM}}\right)_{av} = \frac{0.0459}{(1.478)(0.055)} = 0.571$$

入口点において混合ガスの質量速度 $G$

$$G = \frac{16.50}{(\pi/4)(0.0219)^2} = 43,830 \text{ [kg/m}^2\cdot\text{hr]}$$

混合ガスの粘度

$$\mu_m = 0.0486 \text{ [kg/m}\cdot\text{hr]}$$

Reynolds 数

$$Re = \frac{(0.0219)(43,830)}{0.0486} = 19,750$$

比熱 $C_m = 0.317$ [kcal/kg・°C], 平均分子量 $M_m = 42.6$
式 (8・6) を用いて $h_g$ を計算すると,

$$h_g = 52.5 \text{ [kcal/m}^2\cdot\text{hr}\cdot\text{°C]}$$

式 (11・89) から

$$\overline{K}_G = \frac{(52.5)(0.83)^{2/3}}{(0.317)(42.6)(0.571)^{2/3}} = 4.68 \text{ [kg-mol/m}^2\cdot\text{hr]}$$

また, 凝縮潜熱の平均値は

$$\overline{\lambda} = 7,930 \text{ [kcal/kg-mol]}$$

これらの値を式 (11・125) に代入して,

$$650(T_{cf} - 9.7) = 52.5(75.5 - T_{cf})$$
$$+ 7,930 \times 4.68 \times \ln\left[\frac{760 - \Sigma p_{cf}}{760 - 496.8}\right]$$

入口点での凝縮液の表面温度 $T_{cf} = 43.3$ [°C]
したがって,

$$(\varDelta t)_\text{入} = 43.3 - 9.7 = 33.6 \text{ [°C]}$$

同様にして, 中心点および出口点について計算を行ない, 次の結果が得られる。
中心点において

$$Re = 14,800$$
$$h_g = 37.1 \text{ [kcal/m}^2\cdot\text{hr}\cdot\text{°C]}$$
$$\overline{K}_G = 3.74 \text{ [kg-mol/m}^2\cdot\text{hr]}$$
$$T_{cf} = 32.9 \text{ [°C]}$$
$$(\varDelta t)_\text{中} = 32.9 - 9.3 = 23.6 \text{ [°C]}$$

出口点において

$$Re = 9,230$$
$$h_g = 21.9 \text{ [kcal/m}^2\cdot\text{hr}\cdot\text{°C]}$$
$$\overline{K}_G = 2.77 \text{ [kg-mol/m}^2\cdot\text{hr]}$$
$$T_{cf} = 18.1 \text{ [°C]}$$
$$(\varDelta t)_\text{出} = 18.1 - 8.8 = 9.3 \text{ [°C]}$$

**（4） 必要伝熱面積:** 式（11・126）から

$$A = \frac{(1,902)}{(2)(650)}\left[\frac{\ln(33.6/23.6)}{(33.6-23.6)} + \frac{\ln(23.6/9.3)}{(23.6-9.3)}\right]$$
$$= 0.146 \text{ [m}^2\text{]}$$

## 11・8 ケトル式リボイラの設計法

### 11・8・1 リボイラの種類

化学工場で一般に使用されるリボイラには，つぎの型式のものがある。

(1) 垂直サーモサイホン型
(2) 水平サーモサイホン型
(3) 強制循環型
(4) ケトル型
(5) 内部設置型

表 11・26 リボイラ各型式の特長

| 型　　式 | 長　　所 | 短　　所 |
| --- | --- | --- |
| 垂直サーモサイホン型 | 非常に大きな伝熱係数が得られる。密構造，配管簡易，加熱帯での滞留時間小，着垢しにくい，調節しやすい | 保守と掃除が困難，余分の塔支持が必要，再循環の大きいときのみ理論段に相当 |
| 水平サーモサイホン型 | 中程度の伝熱係数が得られる。加熱帯での滞留時間小，着垢しにくい，調節しやすい，保守と掃除が容易 | 余分の配管と据付空間が必要，再循環の大きいときのみ理論段に相当 |
| ケトル型 | 保守と掃除が容易，汚染性熱媒の場合便利，理論段に相当，蒸気分離室を有する | 伝熱係数小，余分の配管と据付空間が必要，加熱帯での滞留時間大，着垢しすやい，余分の胴容積のため設計費が比較的高い |
| 強制循環型 | 粘稠液および固体懸濁液をも循環できる。腐食‐着垢釣合が可能，循環速度調節可能 | ポンプとその動力費，スタフィングボックスからの液の漏洩 |

## 11·8 ケトル式リボイラの設計法

流体の循環路の配管とともに各型式を図 11·72 に, その特長を表 11·26 に示す. 本節ではケトル式リボイラの設計法について記載するが, この設計法は内部設置型リボイラにも

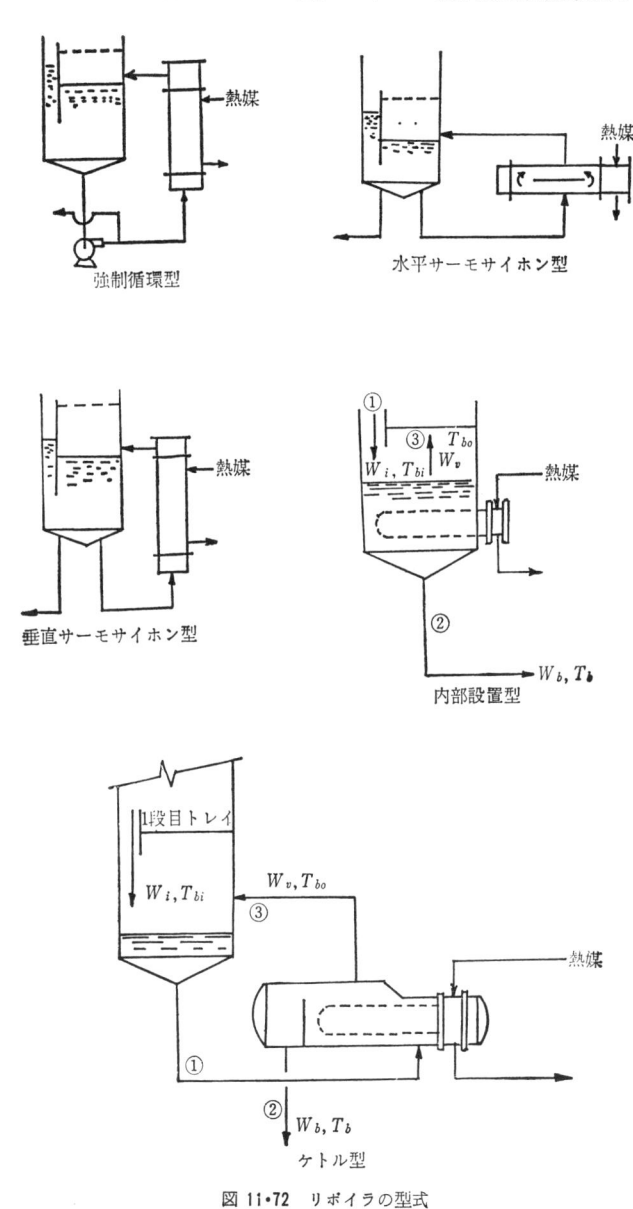

図 11·72 リボイラの型式

| | | |
|---|---|---|
| 1. 胴 | 8. 仕切室 | 15. 支持脚 |
| 2. 胴ふた | 9. 仕切室ふた | 16. 吊金具 |
| 3. 仕切室側胴フランジ | 10. 仕切室管台 | 17. 管 |
| 4. 胴管台 | 11. 固定棒およびスペーサー | 18. せき |
| 5. 遊動管板 | 12. 邪魔板,支持板 | 19. 液面計用管台 |
| 6. 遊動頭ふた | 13. 仕切室仕切板 | |
| 7. 固定管板 | 14. 計器用座 | |

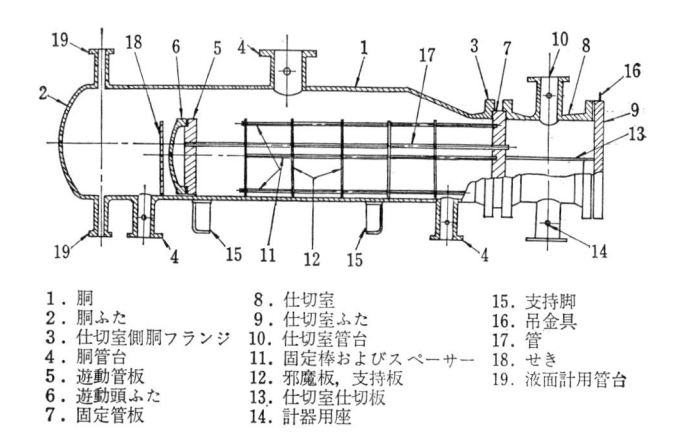

図 11·73 ケトル式リボイラ各部の名称

適用することができる。

### 11·8·2 ケトル式リボイラの構造

ケトル式リボイラの構造と名称を図 11·73 に示す。このほかにUチューブ型式とすることもある。また,伝熱管として平滑管以外にローフィンチューブを用いることもある。

### 11·8·3 沸騰側伝熱係数 $h$。

ケトル式リボイラもしくは内部設置型リボイラの沸騰側伝熱は,第8章で述べたように係熱管壁温度と沸騰液との温度差が臨界温度差(極大熱流束となる温度差)以下の場合には,プール核沸騰として取り扱ってよい。すなわち,臨界温度差以下では,式 (8·40)〜式 (8·44) で求まる核沸騰伝熱係数と自然対流伝熱係数との和を,沸騰側伝熱係数と見なすことができる。伝熱管壁表面と沸騰液との温度差が 5 [°C] 以上の場合は,核沸騰伝熱係数が大きくなるので,自然対流伝熱係数の項は無視することができる。Palen ら[26]によれば,ケトル式リボイラもしくは内部設置型リボイラの場合は,管束の上部の伝熱管表面は下部の伝熱管で発生した蒸気によって覆われるので,極大熱流束および核沸騰伝熱係数ともに第8章にて記載した単一管の場合よりも低下する。この低下現象を "Vapor Blanketing" と称する。伝熱管壁表面温度と沸騰液温度との差を $\Delta t$,極大熱流束の場合の伝熱管壁表面温度と沸騰液表面温度との差を $\Delta t_c$ で表わすことにする。

(1) $\Delta t = \Delta t_c$ のとき: このときの極大熱流束 $(Q/A)_{max}$ は,次式で求まる[26]。

---

26) Palen. J. W. and W. M. Small : Hydrocarbon Processing, vol. 43, No. 7, pp. 199〜208 (1964).

## 11・8 ケトル式リボイラの設計法

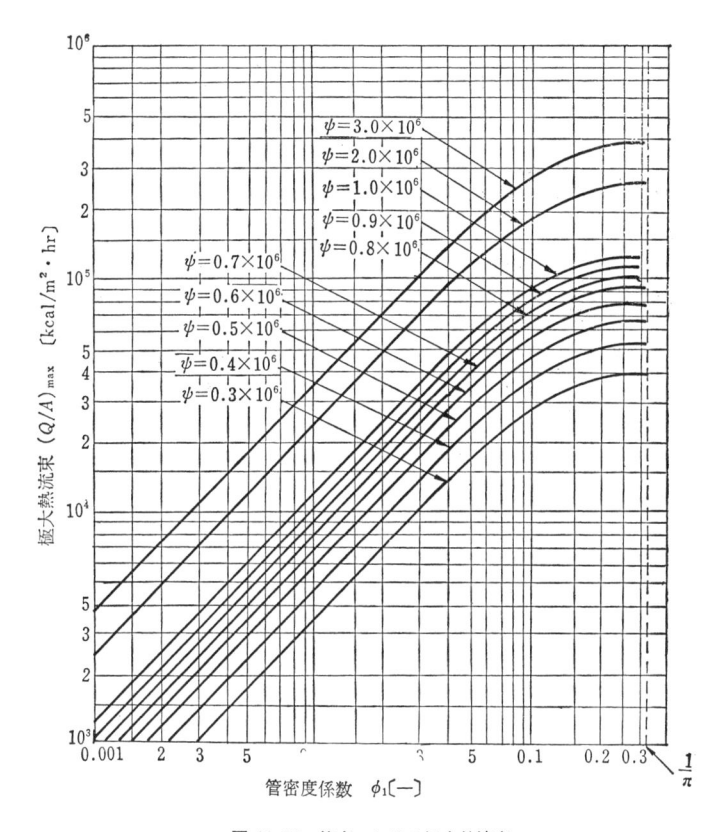

**図 11・74** 管束における極大熱流束

$$(Q/A)_{max} = F_1 \cdot \phi_1 \cdot \Psi \quad \cdots\cdots (11\cdot127\text{a})$$

$\phi_1$ は "Vapor Blanketing" による補正係数〔—〕で,次式で求まる。

$$\phi_1 = \frac{(D_b)(L)}{A} \quad \cdots\cdots (11\cdot127\text{b})$$

ここで,

 $A$:伝熱面積(管外面積基準)〔m²〕

 $L$:管長〔m〕

 $D_b$:管束の径〔m〕 —図 11・75 参照—

$D_b$ は管配置を 3 角錯列配置(図 11・76)とするときは,近似的に次式で求まる。

$$D_b = (2P_t)\sqrt{N[\sin(\alpha)/\pi]} \quad \cdots\cdots (11\cdot128)$$

 $N$:管本数〔—〕

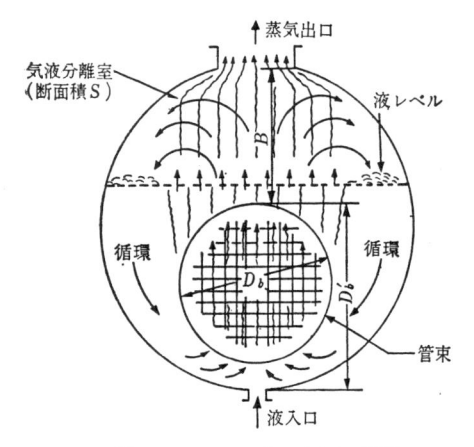

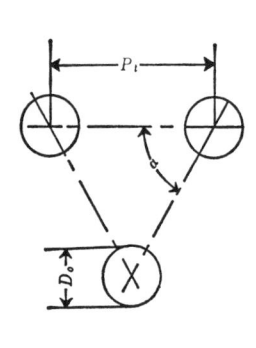

図 11・75　ケトル式リボイラの断面　　図 11・76　配管列

$P_t$：管配列ピッチ〔m〕

$\Psi$：沸騰流体の物性による係数で，次式で表わされる。

$$\Psi = \lambda \cdot \rho_v \cdot \left[ \frac{\sigma \cdot g \cdot g_c \cdot (\rho_l - \rho_v)}{\rho_v^2} \right]^{0.25} \cdot \left( \frac{\rho_l + \rho_v}{\rho_l} \right)^{0.5} \quad \cdots\cdots\cdots\cdots (11\cdot 129)$$

ここで

　　$\lambda$：蒸発潜熱〔kcal/kg〕

　　$\rho_v$：沸騰蒸気の密度〔kg/m³〕

　　$\rho_l$：沸騰液の密度〔kg/m³〕

　　$\sigma$：沸騰液の表面張力〔Kg/m〕

　　$g_c$：換算係数＝$1.27 \times 10^8$〔kg・m/Kg・hr²〕

　　$g$：重力の加速度＝$1.27 \times 10^8$〔m/hr²〕

　　$F_1$：実験によって求まる係数で，Palen らは $F_1 = 1.23$ としている。

図 11・74 は式 (11・127a) に基づいて作成した極大熱流束 $(Q/A)_{max}$ を求めるための線図である。ただし，単一管の場合は $\phi_1 = 1/\pi$ となり，式 (11・127) と Zuber らの式 (8・48) から係数 $F_1$ を求めると，$F_1 = \pi^2/24 = 0.4$ となり，Palen らの与えた値 1.23 とは異なるため，$\phi_1 = 1/\pi$ での値は $F_1 = 0.4$ とし，$\phi_1 \leqq 0.1$ で $F_1 = 1.23$ とし，$0.1 < \phi_1 < 1/\pi$ では $\phi_1 = 1/\pi$ での値と $\phi_1 = 0.1$ での値を滑らかな曲線で結んで作成したものである。

物性係数 $\Psi$ は Mostinski らの式 (8・49) を基にして表わすこともできる。すなわち，式 (8・49) と式 (11・127a) とから

$$\Psi = 3.2 \times (24/\pi) \cdot P_c \cdot (R)^{0.35} \cdot (1-R)^{0.9}$$
$$= 24 P_c \cdot (R)^{0.35} \cdot (1-R)^{0.9} \quad \cdots\cdots\cdots\cdots\cdots\cdots\cdots\cdots\cdots\cdots (11\cdot130)$$

ここで

$P_c$：沸騰液の臨界圧〔Kg/m²〕

$P$：沸騰圧力〔Kg/m²〕

$R$：対臨界圧$=P/P_c$〔—〕

**(2) $5°C \leq \Delta t \leq \Delta t_c$ のとき：** 図11・72において，沸点の離れた成分の混合液が①から流入すると，リボイラでの蒸発蒸気③の成分とリボイラからの抜出し液②の成分は異なることになり，したがって流入液の沸騰温度 $T_{bi}$ とリボイラ蒸発蒸気の温度 $T_b$ とは異なる。この温度差が小さいときには，第8章で述べた単一成分の場合の核沸騰伝熱係数の推定式を準用することができるが，この温度差が大きいときには補正係数 $F_2$ によって補正する必要がある。

沸騰側伝熱係数 $h_o$ は式(8・40)もしくは式(8・43)で求まる単一管の核沸騰伝熱係数に，"Vapor Blanketing"による補正係数 $\phi_2$ および補正係数 $F_2$ を乗じて求まる。

$$h_o = \phi_2 \cdot F_2 \cdot \left[ 0.10 \cdot \left(\frac{P_c}{10^4}\right)^{0.69} \cdot (1.8 R^{0.17} + 4 R^{1.2} + 10 R^{10}) \right]^{3.33}$$
$$\cdot (\Delta t)^{2.33} \quad \cdots\cdots\cdots\cdots\cdots\cdots\cdots\cdots\cdots\cdots (11\cdot131)$$

または

$$h_o = \phi_2 \cdot F_2 \cdot \left[ 0.225 \, C_s \cdot \left(\frac{C_l}{\lambda}\right)^{0.69} \cdot \left(\frac{P \cdot k_l}{\sigma}\right)^{0.31} \cdot \left(\frac{\rho_l}{\rho_v} - 1\right)^{0.33} \right]^{3.22}$$
$$\cdot (\Delta t)^{2.22} \quad \cdots\cdots\cdots\cdots\cdots\cdots\cdots\cdots\cdots\cdots (11\cdot132)$$

ここで

$C_s$：加熱面の種類による係数

　　$C_s = 1.0$　銅管および鋼管

　　$C_s = 0.7$　クロム管

$C_l$：沸騰液の比熱〔kcal/kg・°C〕

$k_l$：沸騰液の熱伝導率〔kcal/m・hr・°C〕

$\Delta t$：伝熱管表面温度と沸騰温度との差〔°C〕

管束の"Vapor Blanketing"による補正係数 $\phi_2$ は，次式で求まる。

$$\phi_2 = 0.714 \{3.28(P_t - D_o)\}^i \left(\frac{1}{N_{rv}}\right)^j \quad \cdots\cdots\cdots\cdots\cdots\cdots\cdots\cdots (11\cdot133)$$

$$i = 0.86 \times 10^{-5} \cdot \bar{G} \quad \cdots\cdots\cdots\cdots\cdots\cdots\cdots\cdots\cdots\cdots (11\cdot134)$$

$$j = -0.24[1.75 + \ln(1/N_{rv})] \quad \cdots\cdots(11\cdot135)$$

$\bar{G}$ は伝熱管と伝熱管の間の隙間を流れる蒸発蒸気の平均質量速度〔kg/m²·hr〕で，次式で計算される。

$$\bar{G} = \frac{A_o(Q/A)}{\lambda(P_t - D_o)} \quad \cdots\cdots(11\cdot136)$$

ここで，

　　$A_o$：単位長さあたりの伝熱管外面積〔m²/m〕

$N_{rv}$ は垂直方向の中心線上の管列数で，近似的に次式で計算される。

　　3角錯列配置（図 11·76）

$$N_{rv} = \frac{D_b}{2P_t \cdot \cos(\alpha/2)} \quad \cdots\cdots(11\cdot137)$$

　　4角直列配置

$$N_{rv} = \frac{D_b}{P_t} \quad \cdots\cdots(11\cdot138)$$

沸騰温度範囲による補正係数 $F_2$ は，次式で計算される。

$$F_2 = \exp[-0.027(T_{bo} - T_{bi})] \quad \cdots\cdots(11\cdot139)$$

ここで

　　$T_{bo}$：リボイラ蒸発蒸気の温度〔℃〕

　　$T_{bi}$：リボイラ入口液の沸騰温度〔℃〕

（3） $\Delta t \leqq 5°C$ のとき： 伝熱管表面の温度と沸騰液温度との差 $\Delta t$ が小さいときは，核沸騰伝熱係数が小さくなり，そのため自然対流の伝熱係数を無視することができなくなる。

$$h_o = \phi_2 \cdot F_2 \cdot \left[ 0.10\left(\frac{P_c}{10^4}\right)^{0.69} \cdot (1.8R^{1.7} + 4R^{1.2} + 10R^{10}) \right]^{3.33} \cdot (\Delta t)^{2.33}$$
$$+ 0.53\left(\frac{k_l}{D_o}\right)\left[\frac{D_o{}^3 \cdot \rho_l{}^2 \cdot g \cdot \beta \cdot \Delta t \cdot C_l}{\mu_l \cdot k_l}\right]^{0.25} \quad \cdots\cdots(11\cdot140)$$

または

$$h_o = \phi_2 \cdot F_2 \cdot \left[ 0.225\, C_s \cdot \left(\frac{C_l}{\lambda}\right)^{0.69} \cdot \left(\frac{P \cdot k_l}{\sigma}\right)^{0.31} \cdot \left(\frac{\rho_l}{\rho_v} - 1\right)^{0.33} \right]^{3.22} \cdot (\Delta t)^{2.22}$$
$$+ 0.53\left(\frac{k_l}{D_o}\right)\left[\frac{D_o{}^3 \cdot \rho_l{}^2 \cdot g \cdot \beta \cdot \Delta t \cdot C_l}{\mu_l \cdot k_l}\right]^{0.25} \quad \cdots\cdots(11\cdot141)$$

ここで，

　　$D_o$：管外径〔m〕

$\mu_l$：沸騰液の粘度 [kg/m・hr]

$\beta$：沸騰液の体積膨張率 [1/°C]

### 11・8・4 その他の伝熱抵抗

(1) **汚れ係数** $r_o$, $r_i$： 汚れ係数は表9・1によって推定することができるが，Palenらはケトル式リボイラの汚れ係数として，表11・27を提出している。

(2) **フィン抵抗** $r_f$： 温度差 $\Delta t$ が小さいとき，または管外側汚れ係数 $r_o$ が大であって，沸騰側伝熱抵抗が管内側の伝熱抵抗の2倍以上になると予想されるときは，ローフィンチューブを使用するのが望ましい。

沸騰の場合のフィン効率の理論解はまだ発表されていないが，実用上は相変化を伴なわないときのフィン効率およびフィン抵抗（図11・36 および図 11・37）を用いてさしつかえない。

(3) **加熱側境膜伝熱係数**： 管内側の加熱流体として顕熱加熱媒体を用いるときは式(8・6)，蒸気を凝縮させるときは式(8・33)から，加熱側境膜伝熱係数を推定することができる。

表 11・27 汚 れ 係 数

| 沸 騰 側 $r_o$ | [m²・hr・°C/kcal] |
|---|---|
| $C_1-C_8$ Normal Hydrocarbons | 0～0.0002 |
| Heavier Normal Hydrocarbons | 0.0002～0.0006 |
| Diolefins and Polymerizing Hydrocarbons | 0.0006～0.001 |
| 加熱媒体側 $r_i$ | |
| Condensing Steam | 0～0.0001 |
| Condensing Organics | 0.0001～0.0002 |
| Sensible Heating Organic Liquids | 0.0001～0.0004 |

### 11・8・5 加熱面表面温度と沸騰液温度との差 $\Delta t$ を求める方法

前述のように，リボイラの沸騰側伝熱係数 $h_o$ は $\Delta t$ の関数である。したがって，設計に際してはまず $\Delta t$ を求める必要がある。図11・77において，管内側加熱流体から加熱面表面すなわち管外スケール表面までの熱流束は，

$$(Q/A)_1 = h_e(\Delta T - \Delta t) \quad \cdots\cdots(11\cdot142)$$

ここで，

$\Delta T$：加熱流体と沸騰液との温度差 [°C]

$h_e$：沸騰側境膜伝熱係数以外の伝熱係数 [kcal/m²・hr・°C]

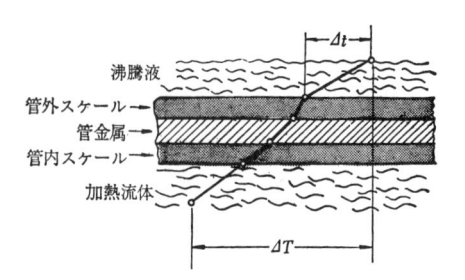

図 11・77 沸騰液と加熱流体の間の温度分布

$$\frac{1}{h_e} = \left(\frac{1}{h_i}\right)\frac{D_o}{D_i} + r_i\left(\frac{D_o}{D_i}\right) + \frac{t_s}{k_w}\left(\frac{D_o}{D_m}\right) + r_o \quad \cdots\cdots\cdots\cdots(11\cdot143)$$

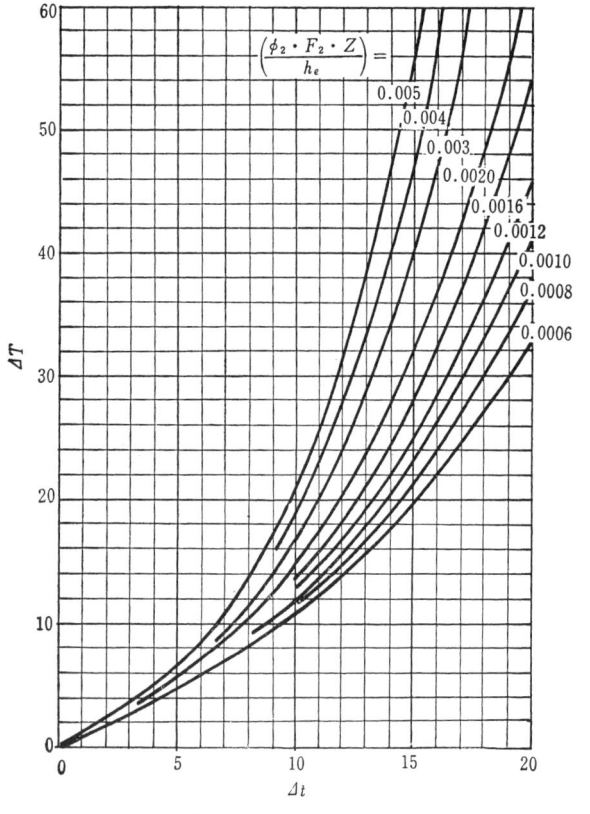

図 11・78 $\Delta T = \left(\dfrac{\phi_2 \cdot F_2 \cdot Z}{h_e}\right)(\Delta t)^{3.33} + (\Delta t)$ 計算図

## 11·8 ケトル式リボイラの設計法

加熱面表面から沸騰液までの熱流束は,

$$(Q/A)_2 = h_o(\Delta t) \qquad (11\cdot144)$$

熱収支から

$$(Q/A)_1 = (Q/A)_2 \qquad (11\cdot145)$$

沸騰側の伝熱係数 $h_o$ は, 式 (11·131) または式 (11·132) のように $\Delta t$ の関数として表わされる。

$$h_o = \phi_2 \cdot F_2 \cdot Z \cdot (\Delta t)^m \qquad (11\cdot146)$$

式 (11·146)(11·145)(11·144) および式 (11·142) から,

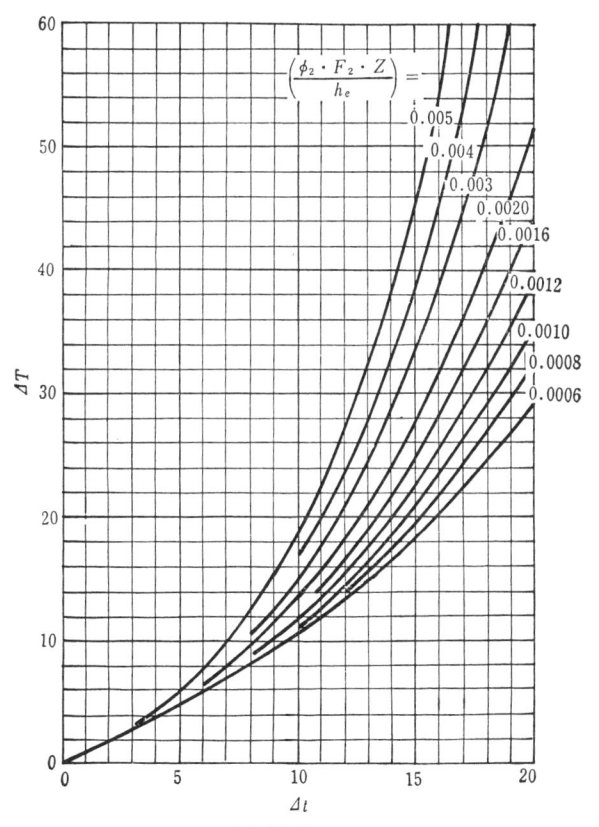

$$\Delta T = \left(\frac{\phi_2 \cdot F_2 \cdot Z}{h_e}\right)(\Delta t)^{m+1} + \Delta t \qquad (11\cdot147)$$

図 11·79 $\Delta T = \left(\dfrac{\phi_2 \cdot F_2 \cdot Z}{h_e}\right)(\Delta t)^{3.22} + \Delta t$ 計算図

式 (11·147) から $\Delta t$ が求まることになる。計算図表を $m=2.33$ および $m=2.22$ の場合について，図 11·78 および図 11·79 に示した。

式 (11·147) において，沸騰側伝熱係数として式 (11·131) を用いるときは，

$m=2.33$

$$Z=\left[0.10\left(\frac{P_c}{10^4}\right)^{0.69}(1.8R^{0.17}+4R^{1.2}+10R^{10})\right]^{3.33}$$

沸騰側伝熱係数として式 (11·132) を用いるときは，

$m=2.22$

$$Z=\left[0.225\,C_s\cdot\left(\frac{C_l}{\lambda}\right)^{0.69}\cdot\left(\frac{P\cdot k_l}{\sigma}\right)^{0.31}\cdot\left(\frac{\rho_l}{\rho_v}-1\right)^{0.33}\right]^{3.22}$$

### 11·8·6 基本伝熱式

リボイラでの流体および加熱面表面温度分布を示す図 11·80 において，微小伝熱面積 $dA$ において，その点における沸騰液の温度を $t$，加熱面の表面温度を $t_x$，管内加熱流体の温度を $T$ とすると，

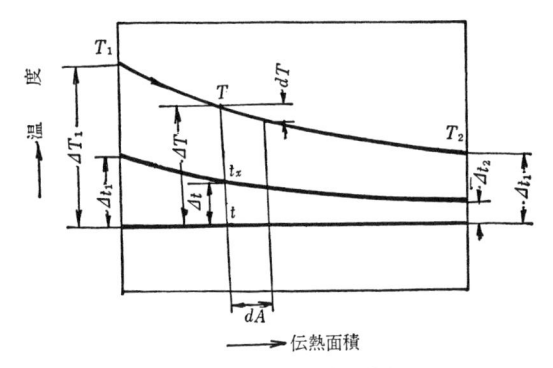

図 11·80 リボイラの温度分布

$$\Delta t = t_x - t \quad\cdots\cdots\cdots(11\cdot148)$$

この部分を流れる熱量を $dQ$ とすれば，

$$dQ = h_o(\Delta t)\cdot dA \quad\cdots\cdots\cdots(11\cdot149)$$

式 (11·149) に式 (11·146) を代入して，

$$dQ = \phi_2\cdot F_2\cdot Z\cdot(\Delta t)^{m+1}\cdot dA \quad\cdots\cdots\cdots(11\cdot150)$$

（1）**蒸気凝縮により加熱する場合**：この場合は $\Delta t$ は一定であるので，式 (11·150) を積分して，

$$Q = \phi_2\cdot F_2\cdot Z\cdot(\Delta t)^{m+1}\cdot A \quad\cdots\cdots\cdots(11\cdot151)$$

(2) **顕熱加熱媒体によって加熱する場合:** この場合 $\Delta t$ はリボイラの各点で変化する。

加熱媒体の流量を $w$ [kg/hr], 加熱媒体の比熱を $c$ [kcal/kg・°C] とすれば, 熱収支から

$$dQ = -wc \cdot dt \qquad (11\cdot152)$$

沸騰液温度は一定であるから,

$$dt = d(\Delta T) \qquad (11\cdot153)$$

式 (11・147) から

$$d(\Delta T) = \left[(m+1)\left(\frac{\phi_2 \cdot F_2 \cdot Z}{h_e}\right)(\Delta t)^m + 1\right] \cdot d(\Delta t) \qquad (11\cdot154)$$

式 (11・154), (11・153), (11・152), (11・150) から

$$dA = wc\left[(m+1)\left(\frac{1}{h_e}\right)\left(\frac{1}{\Delta t}\right) + \frac{1}{\phi_2 \cdot F_2 \cdot Z}\left(\frac{1}{\Delta t}\right)^{m+1}\right] \cdot d(\Delta t)$$

$$\qquad (11\cdot155)$$

上式を積分して,

$$A = wc\left[\frac{m+1}{h_e} \cdot \ln\left(\frac{\Delta t_1}{\Delta t_2}\right) + \frac{1}{\phi_2 \cdot F_2 \cdot Z \cdot m}\left(\frac{1}{\Delta t_2{}^m} - \frac{1}{\Delta t_1{}^m}\right)\right]$$

$$\qquad (11\cdot156)$$

### 11・8・7 気液分離スペース

ケトル式リボイラでは, 胴内径を管束の径よりもかなり大きくして, 沸騰液が蒸発蒸気に同伴するのを防止する。一般に, 最上端の伝熱管の中心線から胴の上端までの距離 $B$ を, 胴径 $D_s$ の 40% 以上としなければならない。

ケトル式リボイラの胴寸法を決定するために, 次式が用いられることもある。

$$V = \frac{W_v}{570\rho_v}\left[\frac{\sigma}{1.02 \times 10^{-4}(\rho_l - \rho_v)}\right]^{-0.5} \qquad (11\cdot157)$$

ここで,

　　$V$ : 気液分離室（図 11・75 参照）の容積 [m³]

　　$W_v$ : 蒸発量 [kg/hr]

図 11・75 の気液分離室の扇形断面積 $S$ [m²] は,

$$S = V/L \qquad (11\cdot158)$$

扇形断面の大きさが定まれば, 胴内径 $D_s$ が定まることになる。

炭化水素のリボイラに, この方法を適用して作成したリボイラの胴内径を求めるための

Palen らの線図を図 11・81 に示した。

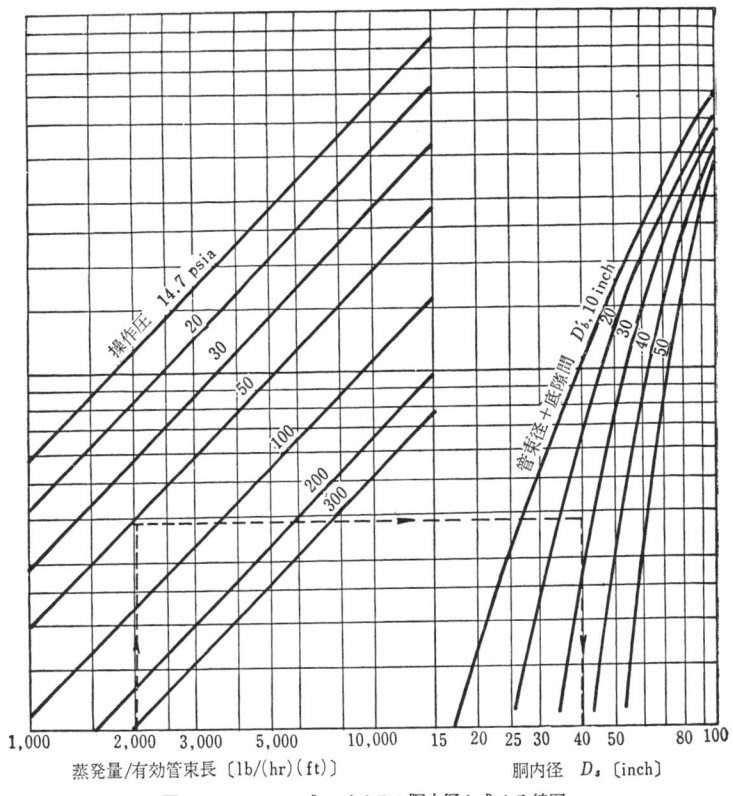

図 11・81 ケトル式リボイラの胴内径を求める線図

## 11・8・8 核沸騰伝熱の促進

温度差 $\Delta t$ が小さい場合には，核沸騰の伝熱係数は小さくなる。Young ら[27]は，$\Delta t$ が小さい場合に核沸騰を促進せしめ，伝熱係数を大きくする方法として，金属に三フッ化エチレン樹脂を吹きつけて，金属面に樹脂のスポットを作る方法を提案している。図 11・82 に三フッ化エチレン樹脂をステンレス金属面に吹き付けたものと，ステンレン金属面そのままのものを加熱表面として，純水を沸騰させた場合の伝熱係数の実験結果を示した。

Danilova[28] らによれば，$\Delta t$ が小さいときに，熱流束は自然対流伝熱から核沸騰に遷移

---

27) Young, R. K., and R. L. Hummel: Chem. Eng. Progr., vol. 60, No. 7, pp. 53〜58 (1964).
28) Danilova, G. N., and V. K. Belesky; "Experimental Investigation of Heat Exchange in Boiling Refrigerant 22" Khol. Tekn., vol. 39, No. 1, pp. 7〜13 (1962).

## 11·8 ケトル式リボイラの設計法

する間でヒステレシスを生ずる。図 11·83 において，$\Delta t$ を $(\Delta t)_N$ から $(\Delta t)_P$ に増すと，熱流束は線 $MP'$ に沿って移動し，$P'$ で急により高い熱流束 $P$ に増大する。しかし，$\Delta t$ を $(\Delta t)_S$ から $(\Delta t)_N$ まで減ずる場合には，熱流束は線 $SN$ に沿って移動し，$N$ で急に熱流束が降下して $N'$ になる。これは核沸騰が開始する $\Delta t$ は，核沸騰が停止する $\Delta t$ よりも大きいからであり，このことはもしリボイラが $(\Delta t)_P$ より低い $\Delta t$ で運転していて，温度が変化するときには熱流束が急に変動し不安定となることを意味する。したがって，リボイラは $(\Delta t)_P$ の近くで運転するの

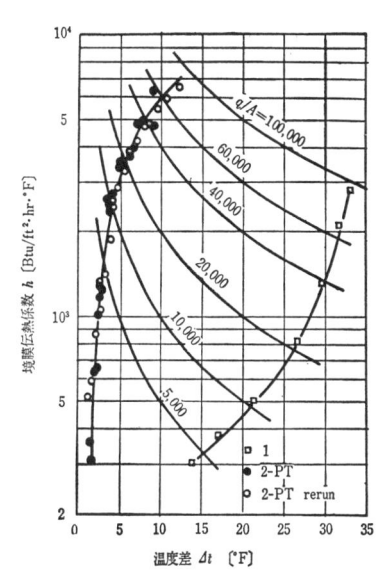

図 11·82 テフロン処理した加熱面と，金属そのままの加熱面との沸騰曲線の比較（沸騰液は純水）

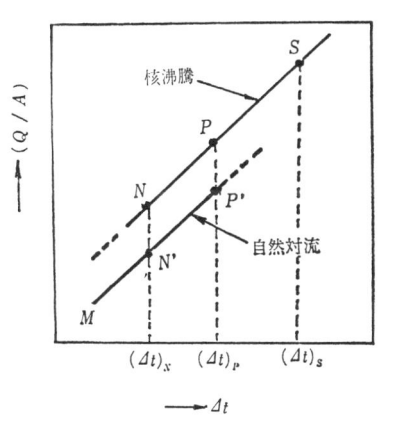

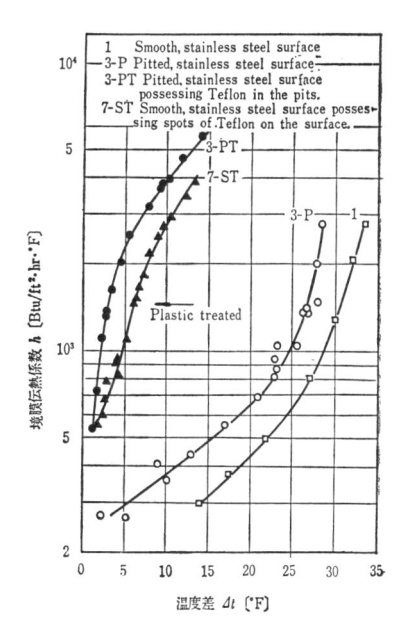

図 11·83 リボイラでのヒステレシス

図 11·84 テフロン処理した加熱面の沸騰の安定性を示す沸騰曲線（1-平滑ステンレス面，2-PT-ステンレス面にテフロン処理をしたもの）

は好ましくない。しかし，金属面に三フッ化樹脂を吹きつけて，加熱金属面に樹脂スポットを作って核沸騰を促進させると，$\varDelta t$ が小さくても核沸騰を生ずるので，$\varDelta t$ を増す場合の沸騰曲線と $\varDelta t$ を減ずる場合の沸騰曲線とが一致するので，このような不安定現象は生じなくなる。図 11・84 にこの場合の沸騰曲線を示した。

### 11・8・9 設計例

〔例題 11・12〕 ヘキサンリボイラの設計

ヘキサン 10,000 [kg/hr] を蒸発させるケトル式リボイラを設計する。ただし，操作圧は 4 [Kg/cm² G] とし，5 [Kg/cm² G] の飽和スチームにて加熱する。

〔解〕

(1) 伝熱量 $Q$ : 4 [Kg/cm² G] におけるヘキサンの沸騰温度は 131 [°C] で，その蒸発潜熱 $\lambda$ は 70 [kcal/kg] であるから

$$Q=10,000\times70=700,000 \text{ [kcal/hr]}$$

(2) 総括温度差 $\varDelta T$ : 5 [Kg/cm² G] の蒸気の飽和温度は 158 [°C] であるから，

$$\varDelta T=158-131=27 \text{ [°C]} \quad \text{一定}$$

(3) 管内側の境膜伝熱係数 $h_i$

$$h_i=7,000 \text{ [kcal/m}^2\cdot\text{hr}\cdot\text{°C]}$$

と仮定する。

(4) 汚れ係数 $r_i, r_o$

表 9・1 より $r_i=0, r_o=0$ とする。

(5) 管金属の伝熱抵抗： 外径 19 [mm]，肉厚 2.0 [mm] の鋼管を使用する。

管金属の熱伝導率 $k_w=40$ [kcal/m・hr・°C]

管平均径 $D_m \fallingdotseq (D_i+D_o)/2=17$ [mm]

$$\frac{t_s}{\lambda}\left(\frac{D_o}{D_m}\right)=\frac{0.002}{40}\left(\frac{0.019}{0.017}\right)=0.000056 \text{ [m}^2\cdot\text{hr}\cdot\text{°C/kcal]}$$

(6) 管外表面とヘキサンの沸点と温度差 $\varDelta t$ ： 式 (11・143) から，複合伝熱係数 $h_e$ は

$$\frac{1}{h_e}=\left(\frac{1}{h_i}\right)\left(\frac{D_o}{D_i}\right)+r_i\left(\frac{D_o}{D_i}\right)+\frac{t_s}{k_w}\left(\frac{D_o}{D_m}\right)+r_o$$
$$=0.000236 \text{ [m}^2\cdot\text{hr}\cdot\text{°C/kcal]}$$

$$h_e=1/0.000236=4,240 \text{ [kcal/m}^2\cdot\text{hr}\cdot\text{°C]}$$

管外沸騰側境膜伝熱係数としては，Mostinski の式 (11・131) を用いるものとする。

ヘキサンの臨界圧　$P_c=29.5\times10^4$ [Kg/m²]

対臨界圧力

$$R=P/P_c=5\times10^4/29.5\times10^4=0.17$$

## 11・8 ケトル式リボイラの設計法

$$Z = \left[0.10\left(\frac{P_c}{10^4}\right)^{0.69} \cdot (1.8R^{0.17} + 4R^{1.2} + 10R^{10})\right]^{3.33}$$
$$= [0.10(29.5)^{0.69}\{1.8(0.17)^{0.17} + 4(0.17)^{1.2} + 10(0.17)^{10}\}]^{3.33}$$
$$= 7.80$$

"Vapor Blanketing"の補正係数 $\phi_2 = 0.58$ と仮定する。
沸騰温度範囲による補正係数 $F_2$ は,式(11・139)から
$$F_2 = \exp[-0.027(T_{bo} - T_{bi})]$$
$$= \exp[-0.027(131 - 131)] = \exp(0)$$
$$= 1$$

式(11・147)から
$$\Delta T = \left(\frac{\phi_2 \cdot F_2 \cdot Z}{h_e}\right)(\Delta t)^{m+1} + \Delta t$$
$$27 = \left(\frac{0.58 \times 1 \times 7.8}{4,240}\right)(\Delta t)^{3.33} + \Delta t$$
$$27 = 0.00107(\Delta t)^{3.33} + \Delta t$$

図 11・78 から $\Delta t = 16.0$ 〔℃〕$> 5$ 〔℃〕
したがって,自然対流の項は無視してよい。

(7) 必要伝熱面積 $A$: 式(11・151)から
$$A = \frac{Q}{\phi_2 \cdot F_2 \cdot Z \cdot (\Delta t)^{m+1}} = \frac{700,000}{0.6 \times 1.0 \times 7.80 \times (16.0)^{3.33}}$$
$$= 14.5 \text{ 〔m}^2\text{〕}$$

管長 $L = 5$〔m〕とすると,管本数 $N$ は
$$\frac{A}{L \cdot \pi \cdot D_o} = \frac{14.5}{5 \times \pi \times (0.019)} = 49 \text{〔本〕}$$

管配列ピッチ $P_t = 24$〔mm〕,正三角錯列配置とすると,式(11・128)から管束の径 $D_b$ は
$$D_b = 2P_t\sqrt{N(\sin\alpha)/\pi}$$
$$= 2 \times 0.024 \times \sqrt{49 \times \sin(60°)/\pi}$$
$$= 0.18 \text{〔m〕}$$

(8) "Vapor Blanketing"の補正係数 $\phi_2$ のチェック
単位長さあたりの伝熱管の外表面積 $A_o$
$$A_o = \pi D_o = \pi(0.019) = 0.0596 \text{〔m}^2\text{/m〕}$$

熱流束 $(Q/A)$
$$(Q/A) = 700,000/14.5 = 48,400 \text{〔kcal/m}^2\text{〕}$$

式(11・136)から
$$\bar{G} = \frac{A_o(Q/A)}{\lambda(P_t - D_o)} = \frac{0.0596(48,400)}{70(0.024 - 0.019)}$$
$$= 8,250 \text{〔kg/m}^2 \cdot \text{hr〕}$$

式 (11・134) から
$$i = 0.86 \times 10^{-5} \times \bar{G} = 0.86 \times 10^{-5} \times 8,250$$
$$= 0.0710$$

式 (11・137) から
$$N_{rv} = \frac{D_b}{2P_t \cdot \cos(\alpha/2)} = \frac{0.180}{2 \times 0.024 \times \cos(30°)}$$
$$= 4.3 \text{〔本〕}$$

式 (11・135) から
$$j = -0.24[1.75 + \ln(1/N_{rv})]$$
$$= -0.24[1.75 + \ln(1/4.3)] = -0.06$$

式 (11・133) から
$$\phi_2 = 0.714\{3.28(P_t - D_o)\}^i (1/N_{rv})^j$$
$$= 0.714\{3.28(0.024 - 0.019)\}^{0.0710}(1/4.3)^{-0.06}$$
$$= 0.59 \fallingdotseq 0.58$$

したがって，（6）で仮定した $\phi_2$ の値は正しい。

**（9）** 管内側境膜伝熱係数 $h_i$ のチェック： 管内壁温度 $t_w$ と水蒸気の飽和温度 $T_b$ との差は，
$$\Delta t = \left[\frac{Q/A}{h_i(D_i/D_o)}\right] = \left[\frac{48,400}{7,000(0.017/0.019)}\right]$$
$$= 7.7 \text{〔°C〕}$$

式 (8・33) において，凝縮液の境膜温度 $(158-3.85)=154$〔°C〕における凝縮液の物性は，

　プラントル数 $Pr = 1.09$
　粘度 $\mu_f = 0.175$〔cp〕$= 0.63$〔kg/m・hr〕
　熱伝導率 $k_f = 0.586$〔kcal/m・hr・°C〕
　密度 $\rho_f = 907$〔kg/m³〕
　蒸気の密度 $\rho_v = 3.1$〔kg/m³〕
　凝縮液の比熱 $C_f = 1.0$〔kcal/kg・°C〕
　蒸発潜熱 $\lambda = 500$〔kcal/kg〕

熱容量パラメータ $\zeta$
$$\zeta = C_f \cdot \Delta t / \lambda = 1.0 \times 7.7 / 500 = 0.0146$$

図 8・20 から $A_1 = 1$

式 (8・33) から
$$h_i = A_1 \cdot 0.468 \left[\frac{k_f^3 \cdot \rho_f \cdot (\rho_f - \rho_v) \cdot \lambda \cdot (1 + 0.68\zeta) \cdot g}{\mu_f \cdot (D_i/2) \cdot \Delta t}\right]^{1/4}$$
$$= 10,500 \text{〔kcal/m}^2\text{・hr・°C〕} > 7,000 \text{〔kcal/m}^2\text{・hr・°C〕}$$

（3）の仮定は余裕があることになる。

**（10）** 極大熱流束のチェック： 式 (11・127) から Vapor Blanketing による補

正係数 $\phi_1$

$$\phi_1 = \frac{(D_b)(L)}{A} = \frac{(0.180)(5)}{14.5} = 0.062$$

式 (11·130) から

$\Psi = 24(P_c) \cdot (R)^{0.35} \cdot (1-R)^{0.9}$
$= 24(295,000)(0.17)^{0.35}(1-0.17)^{0.9}$
$= 3,220,000$

図 11·74 から

$(Q/A)_{max} = 200,000 \, [kcal/m^2 \cdot hr] > 48,400 \, [kcal/m^2 \cdot hr]$

したがって, $(Q/A) < (Q/A)_{max}$ であるから核沸騰する.

**〔例題 11·13〕 ヘキサンリボイラの設計**

ヘキサン 10,000 [kg/hr] を蒸発せしめるケトル式リボイラを設計する. ただし, 操作圧は 4 [Kg/cm²G] とし, 加熱媒体として温水 (入口温度 159°C, 出口温度 149°C) を用いる. 管内側境膜伝熱係数 $h_i = 7,000 \, [kcal/m^2 \cdot hr \cdot °C]$ とし, 汚れ係数 $r_i, r_o$ は共に 0 とする.

**〔解〕** 例題〔11·14〕から

$Q = 700,000 \, [kcal/hr]$
$h_e = 4,420 \, [kcal/m^2 \cdot hr \cdot °C]$
$Z = 7.80$
$\phi_2 = 0.58$

**(1)** 管外面とヘキサンの沸点との温度差: 温水入口端で,

$\Delta T_1 = 159 - 131 = 28 \, [°C]$
$28 = 0.00107(\Delta t_1)^{3.33} + \Delta t_1$
∴ $\Delta t_1 = 16.4 \, [°C]$

温水出口端で

$\Delta T_2 = 149 - 131 = 18 \, [°C]$
$18 = 0.00107(\Delta t_2)^{3.33} + \Delta t_2$
∴ $\Delta t_2 = 12.8 \, [°C]$

**(2)** 必要伝熱面積 $A$

$w \cdot c = Q/(t_1 - t_2) = 700,000/(159-149)$
$= 70,000 \, [kcal/hr \cdot °C]$

式 (11·156) から

$$A = w \cdot c \cdot \left[ \frac{m+1}{h_e} \cdot \ln\left(\frac{\Delta t_1}{\Delta t_2}\right) + \frac{1}{\phi_2 \cdot F_2 \cdot Z \cdot m} \cdot \left(\frac{1}{\Delta t_2{}^m} - \frac{1}{\Delta t_1{}^m}\right) \right]$$

$= 70,000 \left[ \frac{2.33+1}{4,420} \cdot \ln\left(\frac{16.4}{12.8}\right) + \frac{1}{(0.58)(1)(7.80)(2.33)} \right.$
$\left. \times \left(\frac{1}{12.8^{2.33}} - \frac{1}{16.4^{2.33}}\right) \right]$

$= 22.5 \, [\mathrm{m}^2]$

## 11・9 垂直サーモサイホンリボイラの設計法[29]

### 11・9・1 構　造

垂直サーモサイホンリボイラは，普通図11・85のように配置される。液の循環は塔底か

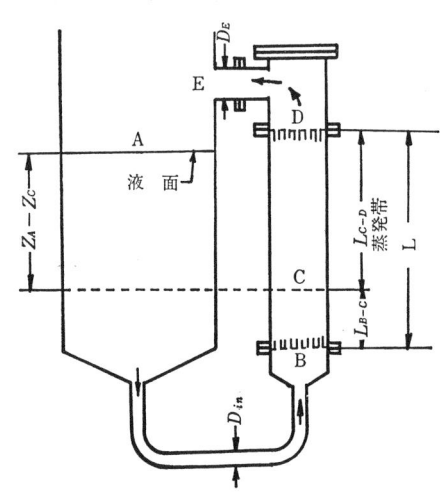

図11・85　垂直サーモサイホンリボイラの配置

らリボイラまでの液部分と，リボイラ内の気液2相部分の密度差に基づいて自然に行なわれる。伝熱管としては，普通平滑管を使用するが，管内側境膜伝熱が管外側伝熱係数に比べて小さい場合は，図11・86のような内面フィン管が用いられる。

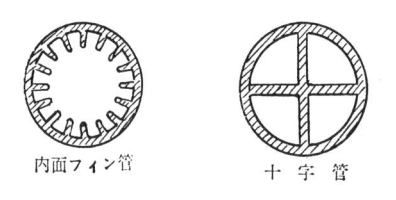

図11・86　内面フィン管

### 11・9・2 顕熱加熱帯の長さ

リボイラの伝熱管内側流体は，顕熱加熱帯（図11・85のB—C部）では，単一相対流熱移動により沸点まで加熱される。沸点に達した後では，液の一部が沸騰蒸発し，流体は

---

29) Fair, J.R : Petroleum Refiner, vol. 39, No. 2, pp. 105～123 (1960).

## 11·9 垂直サーモサイホンリボイラの設計法

蒸気・液の2相流となる。この部分を蒸発帯とよぶ（図 11·85 の C—D 部）。

リボイラの底部から流入した液は，伝熱管内を上昇するに従って，その圧力が減少し，温度は上昇する。図 11·87 にその関係を示す。図において，顕熱加熱帯での温度上昇と圧

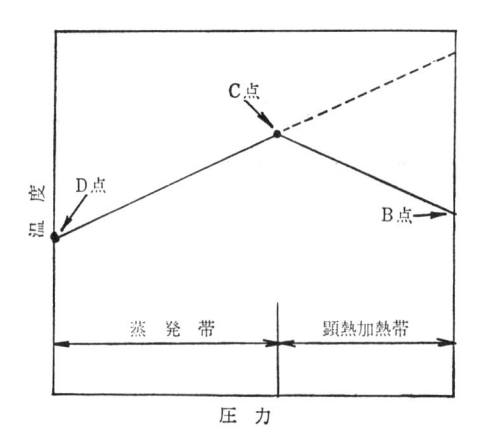

**図 11·87** リボイラ内の温度と圧力の関係

力降下の関係は

$$t - t_B = \frac{\Delta t/\Delta L}{\Delta P/\Delta L}(P_B - P) \quad \cdots\cdots(11\cdot159)$$

ここで，$t_B$, $P_B$ は管入口（図 11·85 の B 点）での液の温度および圧力である。リボイラの管軸方向に沿っての温度勾配 ($\Delta t/\Delta L$) は後述のように伝熱速度より計算される。また，リボイラの管軸方向に沿っての圧力勾配 ($\Delta P/\Delta L$) は，伝熱管内での圧力損失より計算される。

一方，塔内液面（図 11·85 の A 点）では沸点にあるので，蒸気圧曲線の勾配を ($\Delta t/\Delta P$)$_s$ で表わせば，蒸気圧曲線は次式で表わされる。

$$t - t_A = \left(\frac{\Delta t}{\Delta P}\right)_s \cdot (P - P_A) \quad \cdots\cdots(11\cdot160)$$

塔内液面からリボイラの管入口端（B 点）に流れる間に，流体の熱損失はないものとする。すなわち，$t_A = t_B$ であるならば，式 (11·159) と式 (11·160) を等置して，

$$\frac{P_B - P}{P_B - P_A} = \frac{(\Delta t/\Delta P)_s}{-\frac{\Delta t/\Delta L}{\Delta P/\Delta L} + (\Delta t/\Delta P)_s} \quad \cdots\cdots(11\cdot161)$$

式 (11·161) は点 A, B 間の全静圧変化に対する顕熱帯での静圧変化の比を示すものである。また，顕熱加熱帯での摩擦損失が無視でき，かつ塔内液面がリボイラの上部管板と

同じ高さに保持されるものとすれば，式 (11·161) は全管長に対する顕熱帯の長さの比を示すものとなる。

式 (11·161) の各項は，つぎのようにして計算する。

管入口での圧力 $P_B$ は，

$$P_B = (z_A - z_B) \cdot \rho_l \cdot (g/g_c) + P_A$$
$$\underbrace{- \left(\frac{4f_{l,\text{in}}}{2g_c}\right)\left(\frac{G^2_{t,\text{in}}}{\rho_l}\right)\left(\frac{L_{\text{in}}}{D_{\text{in}}}\right)}_{\text{摩擦損失}} \quad \cdots\cdots(11\cdot162)$$

ここで

$z_A, z_B$：A点およびB点の高さ〔m〕

$G_{t,\text{in}}$：液入口管における質量速度〔kg/m²·hr〕

$f_{l,\text{in}}$：液入口管の摩擦係数〔—〕

$L_{\text{in}}$：液入口管の長さ〔m〕

$D_{\text{in}}$：液入口管の内径〔m〕

$\rho_l$：液の密度〔kg/m²·hr〕

蒸気圧曲線の勾配 $(\varDelta t/\varDelta P)_s$ は熱力学の表から求められるし，また Antoine の蒸気圧式からも算出できる。Antoine 定数は Dreisbach[30] によって多数まとめられている。

$(\varDelta t/\varDelta L)$ は熱収支から次式で与えられる。

$$\left(\frac{\varDelta t}{\varDelta L}\right) = \frac{\pi \cdot D_i \cdot N \cdot h_1 \cdot (t_w - t)}{C_l \cdot W_t} \quad \cdots\cdots(11\cdot163)$$

伝熱係数 $h_1$ は式 (8·6) から計算することができる。

$$h_1 = j_H \left(\frac{k_l}{D_i}\right)\left(\frac{C_l \cdot \mu_l}{k_l}\right)^{1/3} \cdot \left(\frac{\mu_l}{\mu_{w,l}}\right)^{0.14} \quad \cdots\cdots(8\cdot6)$$

ここで，

$D_i$：リボイラの伝熱管内径〔m〕

$N$：リボイラの伝熱管本数〔—〕

$C_l$：液の比熱〔kcal/kg·°C〕

$W_t$：リボイラへの循環量〔kg/hr〕

$k_l$：液の熱伝導率〔kcal/m·hr·°C〕

$\mu_l$：液の粘度〔kg·m/hr〕

---

30) Dreisbach, R. R.; "Pressure-Volume-Temperature Relationships of Organic Compounds" 3rd. Edition, Handbook Publishers (1952).

$\mu_{w,l}$：管壁温度における液の粘度〔kg·m/hr〕

$t_w$：管壁温度〔°C〕

$h_1$：顕熱加熱帯での境膜伝熱係数〔kcal/m²·hr·°C〕

$j_H$：伝熱因子（図 8·6）

式 (11·161) 中の $(\Delta P/\Delta L)$ は，顕熱加熱帯での摩擦損失を無視すれば，次式で求まる。

$$-(\Delta P/\Delta L) = \rho_l (g/g_c) \quad \cdots\cdots\cdots\cdots\cdots\cdots\cdots\cdots\cdots(11·164)$$

表 11·28 顕熱帯の長さ

| 物 質 | 圧 力 ata | $G_t$ kg/m²·hr | $(\Delta t/\Delta P)_s$ °C/kg/m² | 管 長 比* $\Delta t'=11$°C | $\Delta t'=17$°C |
|---|---|---|---|---|---|
| 水 | 1.07 | $68 \times 10^4$ | $2.4 \times 10^{-3}$ | 0.31 | 0.23 |
|   |      | $264 \times 10^4$ | $2.4 \times 10^{-3}$ | 0.37 | 0.28 |
| ベンゼン | 1.03 | $68 \times 10^4$ | $3.2 \times 10^{-3}$ | 0.53 | 0.43 |
|   |      | $268 \times 10^4$ | $3.2 \times 10^{-3}$ | 0.60 | 0.49 |
| ベンゼン | 9.8 | $68 \times 10^4$ | $0.59 \times 10^{-3}$ | 0.08 | 0.06 |
|   |      | $264 \times 10^4$ | $0.59 \times 10^{-3}$ | 0.11 | 0.07 |
| $n$-ブタン | 10.0 | $68 \times 10^4$ | $0.45 \times 10^{-3}$ | 0.07 | 0.05 |
|   |      | $264 \times 10^4$ | $0.45 \times 10^{-3}$ | 0.09 | 0.06 |
| $n$-ブタン | 18.5 | $68 \times 10^4$ | $0.28 \times 10^{-3}$ | 0.04 | 0.03 |
|   |      | $264 \times 10^4$ | $0.28 \times 10^{-3}$ | 0.05 | 0.04 |

\* 顕熱加熱帯の管長との比
$\Delta t'$：管壁温度と沸騰温度の差

各種物質について，上記の方法により顕熱加熱帯の長さを計算し表 11·28 に示した。高圧操作の場合，蒸気圧曲線の勾配 $(\Delta t/\Delta P)_s$ は小さくなるため，式 (11·161) に影響しなくなり，伝熱管長の大部分が蒸発帯となる。この逆の場合，すなわち減圧操作のリボイラでは，伝熱管長の大部分が顕熱加熱帯となり，エアリフトの効果が少なくなり，循環量が少なくなる。

### 11·9·3 循環流量

図 11·85 において，点Aと点Bとの間の機械的エネルギー収支から，

$$P_B - P_A = \rho_l \cdot \frac{g}{g_c}(z_A - z_B)$$

$$-\left(\frac{4f_{l,\mathrm{in}}}{2g_c}\right)\left(\frac{G_{t,\mathrm{in}}^2}{\rho_l}\right)\left(\frac{L_{\mathrm{in}}}{D_{\mathrm{in}}}\right) \quad\cdots\cdots\cdots\cdots(11\cdot165)$$

点Bから点Aまでの間では，

$$P_A - P_B = -\frac{g}{g_c}\underbrace{\int \rho_{tp}\cdot dz}_{\text{静圧損失}} - \frac{1}{g_c}\underbrace{\int \rho_{tp}\cdot V_{tp}\cdot dV_{tp}}_{\text{加速損失}} - \underbrace{\int \rho_{tp}\cdot dF}_{\text{摩擦損失}}$$
$$\cdots\cdots\cdots(11\cdot166)$$

式 (11·165) と式 (11·166) から，$P_A - P_B$ を消去した式が循環液量を求める式である。しかし，リボイラ伝熱管での気液2相流の状態は，伝熱管中の各位置によって変わるので，式 (11·166) は簡単には積分できない。したがって，逐次計算を行なって，式 (11·166) および式 (11·165) を満足する循環量を求める必要がある。

式 (11·166) および式 (11·165) において，

$\rho_{tp}$：気液2相流の密度〔kg/m³〕

$V_{tp}$：リボイラ伝熱管での2相流の流速〔m/hr〕

$F$：摩擦損失〔m〕

**(1) 静圧損失：** B～C までは蒸発が生じないので液のみの単相流，C～E までが気液2相流である。したがって，顕熱加熱帯に分けて考えると，

$$\frac{g}{g_c}\int \rho_{tp}\cdot dz = \frac{g}{g_c}\cdot\rho_l(z_C - z_B) + \frac{g}{g_c}\int_C^D \rho_{tp}\cdot dz + \frac{g}{g_c}\rho_{tp,E}(z_E - z_D)$$
$$\cdots\cdots\cdots(11\cdot167)$$

蒸発帯では，蒸気・液の2相流となり，その密度 $\rho_{tp}$ は

$$\rho_{tp} = \rho_v\cdot R_v + \rho_l\cdot R_l \quad\cdots\cdots\cdots\cdots\cdots\cdots\cdots\cdots\cdots\cdots(11\cdot168)$$

ここで $R_l$ および $R_v$ はリボイラ伝熱管中での液相の容積分率および蒸気相の容積分率であって，伝熱管内の位置によって変わる。また，$R_l$ は伝熱管を流れる全流量に対する液流量の比とはならない。2相流における液相の容積分率 $R_l(=1-R_v)$ は，8·4·2に記したように Martinelli の相関式を用いるときは，図 8·43 もしくは式 11·168a を用いて求めることができる[*]。

$$R_l = 1 - R_v = \left(\frac{1}{\dfrac{1}{X^2_{tt}} + \dfrac{21}{X_{tt}} + 1}\right)^{0.5} \quad\cdots\cdots\cdots\cdots(11\cdot168\mathrm{a})$$

$X_{tt}$ は Martinelli のパラメータで，

---

[*] 8章では一般の気液2相流を取り扱ったので，気相に関する記号に添字 $g$ を用いたが，ここでは蒸気であるので添字を $v$ とした。

$$X_{tt} = \left(\frac{W_l}{W_v}\right)^{0.9} \cdot \left(\frac{\rho_v}{\rho_l}\right)^{0.5} \cdot \left(\frac{\mu_l}{\mu_v}\right)^{0.1}$$

ここで

$W_l$：リボイラ管内を流れる液相の流量〔kg/hr〕

$W_v$：リボイラ管内を流れる蒸気相の流量〔kg/hr〕

$\rho_{tp,E}$ は出口管での2相流の密度である。式 (11·167) において $(z_E-z_D)$ は $(z_C-z_B)$ もしくは $(z_D-z_C)$ と比べて小さいので，右辺第3項は無視してもさしつかえない。

**（2） 加速損失：** 蒸発が進むにつれて，静圧エネルギーは流体を加熱する運動量に加わる。リボイラにおいては，蒸気相の流速とが異なるので，各相ごとの効果に分けて，

$$\frac{1}{g_c}\int \rho_{tp}\cdot V_{tp}\cdot dV_{tp} = \frac{1}{g_c}\cdot\left[\frac{G^2_{l,E}}{R_{l,E}\cdot\rho_l} + \frac{G^2_{v,E}}{R_{v,E}\cdot\rho_v} - \frac{G^2_{t,E}}{\rho_l}\right]$$

$$= \frac{G^2_{t,E}}{g_c\cdot\rho_l}\cdot\left[\frac{(1-x_E)^2}{R_{l,E}} + \frac{G^2_{v,E}}{R_{v,E}\cdot\rho_v} - 1\right] \quad \cdots\cdots(11\cdot169)$$

式 (11·169) の [ ] 内を $M$ で表わせば，

$$\frac{1}{g_c}\int \rho_{tp}\cdot V_{tp}\cdot dV_{tp} = \frac{G^2_{t,E}\cdot M}{g_c\cdot\rho_l} \quad\cdots\cdots\cdots\cdots\cdots\cdots\cdots\cdots\cdots(11\cdot170)$$

ここで

$x$：流体中の蒸気の流量分率（蒸気率）$=W_v/W_t$

$x_E$：出口点における $x$ の値

$G_{t,E}$：出口点における2相流全体の質量速度〔kg/m²·hr〕

$$G_t = \frac{W_t}{(\pi/4)\cdot D_E^2}$$

$G_{v,E}$：出口点における蒸気相の質量速度〔kg/m²·hr〕

$$G_{v,E} = \frac{W_{v,E}}{(\pi/4)\cdot D_E^2}$$

$G_{l,E}$：出口点における液相の質量速度〔kg/m²·hr〕

$$G_{l,E} = \frac{W_{l,E}}{(\pi/4)\cdot D_E^2}$$

$R_{l,E}, R_{v,E}$：出口点における流体中の液相分率および蒸気相の容積分率〔—〕

$W_{l,E}$：出口点における液相の流量〔kg/hr〕

**（3） 摩擦損失：** 摩擦損失は，液のみの単相流の区間（B→C），2相流で蒸気率が変化する区間（C→D），2相流で蒸気率が一定の区間（D→E）に分けて考える。式 (8·72) から

$$\frac{g}{g_c}\int \rho_{tp}\cdot dF = \int_B^C + \int_C^D + \int_D^E$$

$$= \frac{4f_l}{2g_c}\left(\frac{G^2{}_t}{\rho_l}\right)\left(\frac{L_{B-C}}{D_i}\right)$$
$$+\frac{4}{2g_c\cdot\rho_l\cdot D_i}\int_C^D f_l\cdot G^2{}_l\cdot\phi^2{}_{tt}\cdot dL$$
$$+\phi^2{}_{tt,E}\left(\frac{4f_{l,E}}{2g}\right)\left(\frac{G^2{}_{l,E}}{\rho_l}\right)\left(\frac{L_{D-E}}{D_E}\right) \quad\cdots\cdots\cdots(11\cdot171)$$

$\phi^2{}_{tt}$ は補正係数で，式 (8・73) または図 8・48 から求まる。

$D_E$：出口管の径〔m〕

$\phi^2{}_{tt,E}$：出口管での状態の補正係数〔—〕

$D_i$：伝熱管内径〔m〕

$f_{l,E}$：出口管での摩擦係数〔—〕

$f_{l,\mathrm{in}}$：入口管での摩擦係数〔—〕

**《4》 循環流量 $W_t$：** 定常状態では，式 (11・162)，(11・166)，(11・167)，(11・170) および式 (11・171) から，

$$\rho_l \frac{g}{g_c}(z_A-z_C)-\left(\frac{4f_{l,\mathrm{in}}}{2g_c}\right)\left(\frac{G^2{}_{t,\mathrm{in}}}{\rho_l}\right)\left(\frac{L_{\mathrm{in}}}{D_E}\right)$$
$$=\frac{g}{g_c}\int_C^D \rho_{tp}\cdot dz+\frac{g}{g_c}\rho_{tp,E}\cdot(z_E-z_D)+\frac{G^2{}_{t,E}\cdot M}{g_c\cdot\rho_l}$$
$$+\frac{4}{2g_c\cdot\rho_l\cdot D_i}[f_l\cdot G_t{}^2\cdot L_{B-C}+\int_C^D f_l\cdot G^2{}_l\cdot\phi^2{}_{tt}\cdot dL]$$
$$+\phi^2{}_{tt,E}\left(\frac{4f_{l,E}}{2g_c}\right)\left(\frac{G^2{}_{l,E}}{\rho_l}\right)\left(\frac{L_{D-E}}{D_E}\right) \quad\cdots\cdots\cdots\cdots(11\cdot172)$$

リボイラの各位置における蒸気率 $x$ が既知であると，循環量 $W_t$ は次の手順で求めることができる。

まず，循環量 $W_t$ を仮定し $G_{t,\mathrm{in}}$，$G_t$，$G_l$，$G_{l,E}$ を求め，式 (11・172) に代入し，式 (11・172) の右辺第1項および右辺第3項を伝熱管の B 点から D 点まで逐次積分して右辺を求め，左辺と一致するか否かを確める。一致しないときは，循環量 $W_t$ を仮定し直す。

$$\left. \begin{aligned} G_{t,\mathrm{in}} &= \frac{W_{t,\mathrm{in}}}{(\pi/4)\cdot D^2{}_{\mathrm{in}}} = \frac{W_t}{(\pi/4)\cdot D^2{}_{\mathrm{in}}} \\ G_t &= \frac{W_t}{(\pi/4)\cdot D_i{}^2\cdot N} \\ G_l &= \frac{W_l}{(\pi/4)\cdot D_i{}^2\cdot N} \end{aligned} \right\} \quad\cdots\cdots\cdots\cdots\cdots(11\cdot173)$$

$N$：伝熱管数〔—〕

## 11・9 垂直サーモサイホンリボイラの設計法

Computor を用いれば，この逐次試行計算を容易に行なうことができるが，また，次に示す近似解を用いれば容易に手計算することもできる。この近似解では，塔底の液面の位置がリボイラの上部管板の位置と等しい，すなわち $z_A - z_C = z_D - z_C$ とし，またリボイラ上部管中心線までの距離 $(z_E - z_D)$ は，伝熱管長に比べて小さいので，式 (11・172) の右辺第 2 項を無視している。

$$W^2{}_t = \left\{ g \cdot \left( \frac{\pi D^2{}_{in}}{4} \right)^2 \cdot \rho_l \cdot (\rho_l - \bar{\rho}_{tp}) \cdot (z_A - z_C) \right\} \bigg/ \bigg\{ 2 f_{l,in} \left( \frac{L_{in}}{D_{in}} \right)$$
$$+ 2 f_l \left( \frac{D^2{}_{in}}{N D_i{}^2} \right)^2 \cdot \left[ \frac{L_{B-C}}{D_i} + \bar{\phi}^2 (1-\bar{x})^2 \cdot \frac{L_{C-D}}{D_i} \right]$$
$$+ 2 f_{l,E} (1-x_E)^2 \cdot \phi_E{}^2 \cdot \left( \frac{D_{in}}{D_E} \right)^4 \cdot \frac{\varDelta L_{D-E}}{D_E} + M \left( \frac{D_{in}}{D_E} \right)^4 \bigg\} \quad \cdots\cdots (11 \cdot 174)$$

ここで

$\bar{x}$ : 有効平均蒸気率で出口における蒸気率 $x_E$ の 2/3

$\bar{\rho}_{tp}$ : 有効平均 2 相流密度で $x = x_E/3$ における液相の容積分率 $\bar{R}_l$ を用いて，次式で計算される。$\bar{\rho}_{tp} = \rho_v \cdot (1 - \bar{R}_l) + \rho_l \cdot \bar{R}_l$

$\bar{R}_l$ : $x = x_E/3$ における液の容積分率〔—〕

$\bar{\phi}^2$ : $x = 2 x_E/3$ における摩擦損失補正係数〔—〕

$f_{l,E}$ : 出口管における液相に対する摩擦係数〔—〕

$f_{l,in}$ : 入口管における摩擦係数〔—〕

$D_E$ : 出口管内径〔m〕

$D_i$ : 伝熱管内径〔m〕

$D_{in}$ : 入口管内径〔m〕

### 11・9・4 管内側伝熱係数 $h_i$

垂直サーモサイホンリボイラの伝熱管内では，管の下部の顕熱加熱帯では，液相のみであるが，核沸騰が始まると管上部へ行くに従って蒸気率が増大し，そのために管内流れは図 11・88 に示すように気泡流→塊状流→環状流→噴霧流のパターンとなる。噴霧流となると伝熱係数が著しく低下するので，リボイラの伝熱管での蒸気率があまり大きくならないように，加熱媒体と管内流体の温

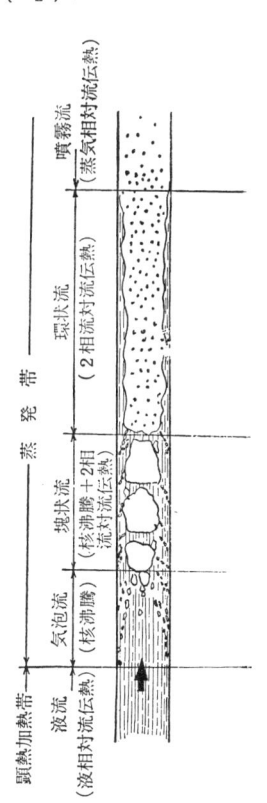

図 11・88 垂直管内 2 相流の流れ様式

度差を適当な範囲にとり噴霧流が生じないようにするのが望ましい。

**(1) 顕熱加熱帯での伝熱係数 $h_1$：** この領域では，液相のみの強制対流伝熱となるので，式 (8・6) から

$$h_1 = j_H \cdot \left(\frac{k_l}{D_i}\right)\left(\frac{C_l \cdot \mu_l}{k_l}\right)^{1/3}\left(\frac{\mu}{\mu_{w,l}}\right)^{0.14} \quad \cdots\cdots\cdots\cdots\cdots\cdots(11\cdot175)$$

$j_H$ は伝熱因子で図 8・6 から求まる。

**(2) 蒸発帯での伝熱係数 $h_2$：** 蒸発帯での伝熱係数の推定式としては，式 (8・93) に示した Chen の相関式が最も精度が高い。式 (8・93)，(8・47)，(8・94) から

$$h_2 = S(0.00122)\left(\frac{k_l^{0.79} \cdot C_l^{0.45} \cdot \rho_l^{0.49} \cdot g_c^{0.25}}{\sigma^{0.5} \cdot \mu_l^{0.29} \cdot \lambda^{0.24} \cdot \rho_v^{0.24}}\right) \cdot (\Delta t')^{0.24} \cdot (\Delta P)^{0.75}$$
$$+ F(0.023) \cdot \left(\frac{k_l}{D_i}\right) \cdot \left(\frac{D_i \cdot G_l}{\mu_l}\right)^{0.8} \cdot \left(\frac{C_l \cdot \mu_l}{k_l}\right)^{0.4} \quad \cdots\cdots\cdots\cdots(11\cdot176)$$

ここで

$S$：図 8・54 に示す補正係数

$F$：図 8・55 に示す補正係数

その他の記号については 8・4・4 を参照のこと。なお，式 (8・47) では加熱面温度と沸騰液温度との差を $\Delta t$ で表わしたが，式 (11・176) では式 (11・159) で用いた $\Delta t$ との混乱を避けるために，$\Delta t'$ なる記号を用いた。

また，Chen の相関式以外に，8・4・4 に記載の Fair の推定法も一般によく使用される。

式 (11・176) から明らかなように，蒸発帯全体について考えると，各点において伝熱係数がそれぞれ異なる。リボイラの伝熱面積を求める場合は，蒸発帯をいくつかに区分し，式 (11・176) または式 (8・89) を用いて逐次計算を行なわねばならない。普通，Digital Computor を使用して計算する。Computor を使用しないときは，以下に述べる簡便法を用いると便利である。

Fair の推定式すなわち式 (8・89) を用いる場合には，まず $\alpha$ の有効平均値 $\bar{\alpha}$ を次式によって計算する。

$$\bar{\alpha} = \frac{\alpha_E + \alpha'}{2} \quad \cdots\cdots\cdots\cdots\cdots\cdots\cdots\cdots\cdots\cdots\cdots\cdots\cdots\cdots(11\cdot177)$$

ここで，$\alpha_E$ はリボイラ出口の状態における $\alpha$ の値であり，$\alpha'$ は蒸気率 $x = 0.4 x_E$ の点における $\alpha$ の値である。

つぎに，蒸発帯での平均熱流束 $(Q/A)_{\mathrm{ave}}$ に対する核沸騰伝熱係数 $h_b$ を式 (8・42) より求め，また $x = 0.4 x_E$ の点における2相流対流伝熱係数 $\bar{h}_{tp}$ を式 (8・90) から求めて，

蒸発帯での有効平均伝熱係数 $\bar{h}_2$ を次式で計算する。

$$\bar{h}_2 = \bar{a} \cdot h_b + \bar{h}_{tp} \quad \cdots\cdots(11\cdot178)$$

(3) 管内側平均境膜伝熱係数 $h_i$

$$h_i = \frac{h_1 \cdot L_{B-C} + \bar{h}_2 \cdot L_{C-D}}{L} \quad \cdots\cdots(11\cdot179)$$

$L$ は伝熱管全長〔m〕である。

### 11・9・5 垂直サーモサイホンリボイラの標準寸法

一般に採用される標準寸法を表11・29，図11・89 に示した。この場合の液入口配管，蒸

表 11・29 垂直サーモサイホンリボイラの標準寸法
（寸法記号は図11・89参照）

| 胴外径〔mm〕 | 管本数 | 管長 $L$〔mm〕 | ノズル寸法 $D_E$〔Inches〕 | $D_{in}$〔Inches〕 | $d_1$〔Inches〕 | $d_2$〔Inches〕 | 寸 $A$〔mm〕 | $B$〔mm〕 | $C$〔mm〕 | 法 $D$〔mm〕 | $E$〔mm〕 |
|---|---|---|---|---|---|---|---|---|---|---|---|
| 405 | 108 | 1,500 | 6 | 4 | 4 | 1½ | 200 | 150 | 200 | 145 | 1,155 |
| 500 | 176 | 1,500 | 8 | 6 | 4 | 2 | 230 | 200 | 200 | 145 | 1,155 |
| 610 | 272 | 1,500 | 10 | 6 | 6 | 3 | 250 | 200 | 230 | 200 | 1,070 |
| 760 | 431 | 1,500 | 12 | 6 | 6 | 3 | 290 | 200 | 230 | 200 | 1,070 |
| 910 | 601 | 1,500 | 16 | 8 | 8 | 4 | 340 | 250 | 275 | 200 | 1,025 |
| 610 | 272 | 2,000 | 10 | 6 | 6 | 3 | 250 | 200 | 230 | 170 | 1,600 |
| 760 | 431 | 2,000 | 12 | 6 | 6 | 3 | 290 | 200 | 230 | 170 | 1,600 |
| 910 | 601 | 2,000 | 16 | 8 | 8 | 4 | 340 | 250 | 275 | 200 | 1,525 |
| 1,060 | 870 | 2,000 | 16 | 10 | 8 | 4 | 450 | 280 | 250 | 180 | 1,570 |
| 760 | 431 | 3,000 | 12 | 6 | 8 | 3 | 290 | 200 | 230 | 170 | 2,600 |
| 910 | 601 | 3,000 | 16 | 8 | 8 | 4 | 340 | 250 | 275 | 170 | 2,555 |
| 1,060 | 870 | 3,000 | 16 | 10 | 8 | 4 | 450 | 280 | 250 | 180 | 2,570 |

気出口配管の相当長の概略値を表11・30に示した。

減圧下で操作する垂直サーモサイホンリボイラにおいては，伝熱管内における蒸発帯の長さをできるだけ大きくするために，図11・90 の左図のように出口管を配置するのが望ましい。大気圧以上で操作するリボイラでは，図11・90 の右図のように出口管を配置するのが普通である。

### 11・9・6 設計例

〔例題 11・14〕 シクロヘキサンリボイラの設計

シクロヘキサン 6,200〔kg/hr〕を蒸発させる垂直サーモサイホンリボイラを設計する。

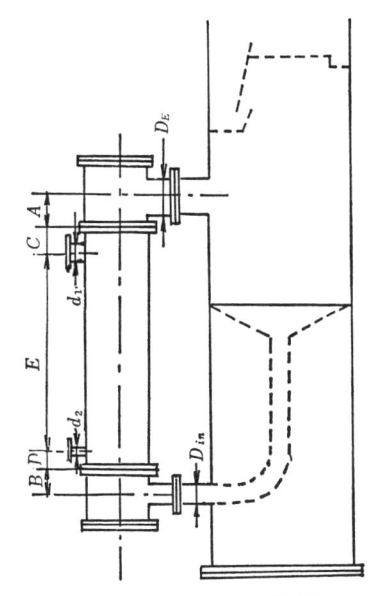

表 11・30 垂直サーモサイホンリボイラの出入口配管の相当長さ

| 配管口径 〔Inches〕 | 相当長さ〔m〕 | |
|---|---|---|
| | 入口管（液） | 出口管（蒸気） |
| $1^1/_2$ | 6 | 3 |
| 2 | 8 | 4 |
| 3 | 11 | 5 |
| 4 | 13 | 6 |
| 6 | 20 | 10 |
| 8 | 25 | 12 |
| 10 | 32 | 15 |
| 12 | 37 | 18 |
| 14 | 42 | 20 |
| 16 | 48 | 23 |

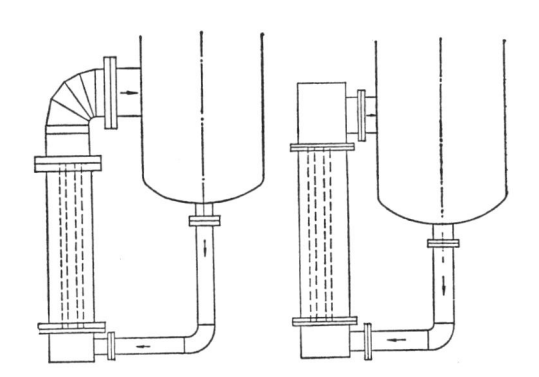

図 11・89 リボイラの標準寸法

図 11・90 リボイラ出口管の配置

ただし，操作圧は 11.4〔Kg/cm² abs〕とし，加熱は 1.5〔Kg/cm² abs〕の飽和水蒸気によるものとする。

〔解〕

（1） 11.4〔Kg/cm² abs〕におけるシクロヘキサンの飽和温度は 83〔°C〕である。83〔°C〕におけるシクロヘキサンの物性値は，

　　液の密度　$\rho_l = 720$〔kg/m³〕
　　蒸気の密度　$\rho_v = 3.2$〔kg/m³〕

液の粘度 $\mu_l=0.4$ [cp]$=1.44$ [kg/m・hr]
蒸気の粘度 $\mu_v=0.0086$ [cp]$=0.031$ [kg/m・hr]
蒸気圧曲線の勾配 $(\Delta t/\Delta P)_s=0.00285$ [°C/Kg/m²]
液の比熱 $C_l=0.45$ [kcal/kg・°C]
液の熱伝導度 $k_l=0.128$ [kcal/m・hr・°C]
蒸発潜熱 $\lambda=85$ [kcal/kg]
表面張力 $\sigma=1.84\times10^{-3}$ [Kg/m]

**(2) 伝熱量 $Q$**

$$Q=6,200\times85=527,000 \text{ [kcal/hr]}$$

**(3) 総括温度差 $\Delta T$:** 1.5 [Kg/cm² abs] の飽和水蒸気の温度は 110.9 [°C] であるから,

$$\Delta T=110.79-83=27.79 \text{ [°C]}$$

**(4) 概略寸法:** 総括伝熱係数 $U=700$ [kcal/m²・hr・°C] と仮定する。

外径 $D_o=25.4$ [mm], 内径 $D_i=20.8$ [mm], 長さ $L=2.5$ [m] のアルブラック管を使用する。

必要伝熱面積 $A$

$$A=Q/(U\cdot\Delta T)=527,000/(700\times27.8)=27 \text{ [m²]}$$

必要伝熱管数 $N$

$$N=A/(\pi\cdot D_o\cdot L)=27/(\pi\times0.0254\times2.5)=136 \text{ [本]}$$

表 11・28, 表 11・29 から, リボイラ入口配管は口径 6 [inch], 相当長さ $L_{in}=20$ [m], 出口配管径は口径 $D_E=10$ [inch], 相当長さ $L_{D-E}=15$ [m] とする。

**(5) 循環流量 $W_l$:** 出口における蒸気率(重量比) $x_E=0.12$ と仮定する。

循環流量 $W_l$ は

$$W_l=6,200/0.12=51,500 \text{ [kg/hr]}$$

**(a) 顕熱加熱帯の長さ**

顕熱加熱帯での質量速度 $G_{t,in}$

$$G_{t,in}=\frac{W_t}{(\pi/4)\cdot D_i^2\cdot N}=\frac{51,500}{(\pi/4)(0.0208)^2(136)}$$
$$=1,100,000 \text{ [kg/m²・hr]}$$

Reynolds 数

$$(Re)_{t,in}=D_i\cdot G_l/\mu_l=0.0208\times1,110,000/1.14=16,000$$

図 8・6 から

$$j_H=53$$

式 (8・6) から, 顕熱加熱帯での管内側境膜伝熱係数 $h_1$ は, 管壁温度における液の粘度 $\mu_{w,l}$ と液の本体温度における粘度 $\mu_l$ がほぼ等しく $(\mu_l/\mu_{w,l})\fallingdotseq1$ とみなすと,

$$h_1 = j_H \left(\frac{k_l}{D_i}\right)\left(\frac{C_l \cdot \mu_l}{k_l}\right)^{1/3}\left(\frac{\mu_l}{\mu_{w,l}}\right)^{0.14}$$

$$= 53\left(\frac{0.128}{0.0208}\right)\left(\frac{0.45 \times 1.44}{0.128}\right)^{1/3}(1)^{0.14} = 560 \;[\text{kcal/m}^2\cdot\text{hr}\cdot{}^\circ\text{C}]$$

式 (11·163) において，$t_w - t_l = 10\;[^\circ\text{C}]$ と仮定して，

$$\left(\frac{\varDelta t}{\varDelta L}\right) = \frac{\pi \times 0.0208 \times 136 \times 560 \times 10}{0.45 \times 51,500} = 2.15\;[^\circ\text{C/m}]$$

顕熱加熱帯での圧力損失を無視し，式 (11·164) から

$$-\left(\frac{\varDelta P}{\varDelta L}\right) = \rho_l\left(\frac{g}{g_c}\right) = 720\;[\text{kg/m}^2/\text{m}]$$

したがって，式 (11·161) から

$$\frac{P_B - P}{P_B - P_A} = \frac{0.00285}{(2.15/720) + 0.00285} = 0.49$$

塔底液面をリボイラ上部管板と同一高さに保持するものとすれば，この値は全管長に対する顕熱移動区間の長さの割合を示すものとなるので，

　　顕熱加熱帯の管長 $= 0.49(2.5) = 1.24\;[\text{m}]$
　　蒸発帯の管長 $= 2.5 - 1.24 = 1.26\;[\text{m}]$

**(b) 各部の摩擦係数**

入口配管 $D_{\text{in}} = 0.151\;[\text{m}]$

$$G_{t,\text{in}} = \frac{W_t}{(\pi/4)D_{\text{in}}^2} = \frac{51,500}{(\pi/4)(0.151)^2} = 2,880,000\;[\text{kg/m}^2\cdot\text{hr}]$$

$$(Re)_{t,\text{in}} = \frac{G_{t,\text{in}} \cdot D_{\text{in}}}{\mu_l} = \frac{2,880,000 \times 0.151}{1.44} = 306,000\;[-]$$

$f_{l,\text{in}} = 0.0040$（図 11·32 から）

出口配管 $D_E = 0.2488\;[\text{m}]$

$$G_{l,E} = \frac{W_t \cdot (1 - x_E)}{(\pi/4) \cdot D_E^2} = \frac{51,500(1 - 0.12)}{(\pi/4)(0.2488)^2} = 936,000\;[\text{kg/m}^2\cdot\text{hr}]$$

$$(Re)_E = \frac{G_{l,E} \cdot D_E}{\mu_l} = \frac{936,000 \times 0.2488}{1.44} = 162,000\;[-]$$

$f_{l,E} = 0.0048$（図 11·32 から）

伝熱管部（出口）

$$G_l = \frac{W_t \cdot (1 - x_E)}{(\pi/4) \cdot D_i^2 \cdot N} = \frac{51,500(1 - 0.12)}{(\pi/4)(0.0208)^2(136)} = 975,000\;[\text{kg/m}^2\cdot\text{hr}]$$

$$(Re)_l = \frac{G_l \cdot D_i}{\mu_l} = \frac{975,000(0.0208)}{1.44} = 14,200\;[-]$$

$f_l = 0.0088$（図 11·32 から）

伝熱管部（入口）

$$G_l = \frac{W_t}{(\pi/4) \cdot D_i^2 \cdot N} = \frac{51,500}{(\pi/4)(0.0208)^2(136)} = 1,110,000\;[\text{kg/m}^2\cdot\text{hr}]$$

$$(Re)_l = \frac{G_l \cdot D_i}{\mu_l} = \frac{1,110,000(0.0208)}{1.44} = 16,000\;[-]$$

## 11・9 垂直サーモサイホンリボイラの設計法

$f_l=0.009$ (図 11・32 から)

(c) $R_l$, $\phi^2{}_{tt}\cdot\rho_{tp}$ および $M$

$$\Psi=\left(\frac{\rho_v}{\rho_l}\right)^{0.5}\left(\frac{\mu_l}{\mu_v}\right)^{0.1}$$

$$=\left(\frac{3.2}{720}\right)^{0.5}\left(\frac{1.44}{0.031}\right)=0.098$$

図 8・43 および図 8・48 から $x=x_E/3$, $x=2x_E/3$ および $x=x_E$ における値を求めると,

| $x$ | $R_l$ | $\phi^2{}_{tt}$ | $\rho_{tp}$ | $M$ |
|---|---|---|---|---|
| 0.04 | 0.28 | — | 205 | — |
| 0.08 | — | 20 | — | — |
| 0.12 | 0.18 | 30 | 130 | 7.25 |

(d) 循環流量: 式 (11・174) から

$$W_t{}^2=\{(1.27\times 10^8)(0.018)^2(720)(720-205)(1.26)\}\Big/\Big\{2\cdot(0.0040)\left(\frac{20}{0.151}\right)$$

$$+2(0.0089)\left(\frac{0.0228}{0.0586}\right)^2\cdot\left[\frac{1.24}{0.0208}+20(0.92)^2\left(\frac{1.26}{0.0208}\right)\right]$$

$$+2(0.048)(0.88)^2\cdot(30)\cdot\left(\frac{0.151}{0.2488}\right)^4\cdot\left(\frac{15}{0.2488}\right)+7.25\left(\frac{0.151}{0.2488}\right)^4\Big\}$$

$$=\frac{1.93\times 10^{10}}{1.06+4.35+1.83+0.97}=23.5\times 10^8$$

$W_t=48,500$ [kg/hr]

この算出値は仮定値 51,500 [kg/hr] とほぼ一致している。

(6) 管内側境膜伝熱係数 $h_i$

(a) 顕熱加熱帯での伝熱係数 $h_1$

$h_1=560$ [kcal/m²·hr·°C]

(b) 蒸発帯での伝熱係数 $h_2$: 式 (8・42) において $\Delta t=(Q/A)/h_b$ を代入して整理すると,

$$h_b=0.225\cdot\left(\frac{k_l}{D_i}\right)\cdot C_s\cdot\left[\frac{(Q/A)\cdot D_i}{\mu_l\cdot\lambda}\right]^{0.69}\cdot\left[\frac{C_l\cdot\mu_l}{k_l}\right]^{0.69}\cdot\left[\frac{\rho_l}{\rho_v}-1\right]^{0.33}\cdot\left[\frac{P\cdot D_i}{\sigma}\right]^{0.31}$$

$$=0.225(1)\cdot\left[\frac{(527,000/27)(0.0208)}{(1.44)(85)}\right]^{0.69}\cdot\left[\frac{(0.45)(1.44)}{0.128}\right]^{0.69}$$

$$\cdot\left[\frac{720}{3.2}-1\right]^{0.33}\cdot\left[\frac{11.4\times 10^4\times(0.0208)}{1.84\times 10^{-3}}\right]^{0.31}$$

$=745$ [kcal/m²·hr·°C]

図 8・53 から, $x=0.4\,x_E=0.4\times 0.12=0.048$ における対流伝熱係数の補正係数 $(3.5)(1/X_{tt})^{0.5}$ は 2.9 となる。

式 (8・91) に $G_l=G_t(1-x)$ を代入して,

$$h_l=0.023\cdot\left(\frac{k_l}{D_i}\right)\left[\frac{D_i\cdot G_t\cdot(1-x)}{\mu_l}\right]^{0.8}\cdot\left[\frac{C_l\cdot\mu_l}{k_l}\right]^{0.4}$$

$$= 0.023 \cdot \left(\frac{0.128}{0.0208}\right)\left[\frac{0.0208(1,110,000)(1-0.048)}{1.44}\right]^{0.8}$$

$$\times \left[\frac{(0.45)(1.44)}{0.128}\right]^{0.4} = 615 \text{ [kcal/m}^2\cdot\text{hr}\cdot\text{°C]}$$

$$\bar{h}_{tp} = 2.9 \times 615 = 1,600 \text{ [kcal/m}^2\cdot\text{hr}\cdot\text{°C]}$$

図 8・42 から, $x = x_E = 0.12$ において

$$1/X_{tt} = 1.6$$

したがって, 図 8・41 から $\alpha_E = 0$

同様にして $x = 0.4 x_E = 0.048$ において,

$$1/X_{tt} = 0.70, \quad \alpha' = 0.50$$

式 (11・177) から

$$\bar{\alpha} = (\alpha_E + \alpha')/2 = 0.25$$

式 (11・178) から, 蒸発帯での平均境膜伝熱係数 $\bar{h}_2$ は

$$\bar{h}_2 = \bar{\alpha} \cdot h_b + \bar{h}_{tp} = 0.25 \times 745 + 1,600$$

$$= 1,786 \text{ [kcal/m}^2\cdot\text{hr}\cdot\text{°C]}$$

**(c) 管内側平均境膜伝熱係数 $h_i$**

$$h_i = \frac{h_1 \cdot L_{B-C} + \bar{h}_2 \cdot L_{C-D}}{L} = \frac{560(1.24) + 1,786(1.26)}{2.50}$$

$$= 1,175 \text{ [kcal/m}^2\cdot\text{hr}\cdot\text{°C]}$$

**(7) 総括伝熱係数 $U$**

管外側境膜伝熱係数 $h_o = 7,000$ [kcal/m$^2\cdot$hr$\cdot$°C]

管外汚れ係数 $r_o = 0.0001$ [m$^2\cdot$hr$\cdot$°C/kcal]

管内汚れ係数 $r_i = 0.0001$ [m$^2\cdot$hr$\cdot$°C/kcal]

とすれば

$$\frac{1}{U} = \frac{1}{h_o} + r_o + \frac{D_o}{D_m}\left(\frac{t_s}{k_w}\right) + r_i\left(\frac{D_o}{D_i}\right) + \frac{1}{h_i}\left(\frac{D_o}{D_i}\right)$$

$$= \frac{1}{7,000} + 0.0001 + \left(\frac{0.0254}{0.0231}\right)\cdot\left(\frac{0.0023}{100}\right) + 0.0001 \cdot \left(\frac{0.0254}{0.0208}\right)$$

$$+ \frac{1}{1,175}\cdot\left(\frac{0.0254}{0.0208}\right) = 0.0144$$

$$\therefore \quad U = 695 \text{ [kcal/m}^2\cdot\text{hr}\cdot\text{°C]}$$

これは初めの仮定値 $U = 700$ [kcal/m$^2\cdot$hr$\cdot$°C] とほぼ等しい. したがって, 本設計は妥当である.

**(8) 極大熱流束のチェック:** 式 (8・48) から, 極大熱流束 $(Q/A)_{\max}$ は

$$(Q/A)_{\max} = \frac{\pi}{24} \cdot \lambda \cdot \rho_v \left[\frac{\sigma \cdot g \cdot g_c \cdot (\rho_l - \rho_v)}{\rho_v^2}\right]^{0.25} \cdot \left(\frac{\rho_l + \rho_v}{\rho_l}\right)^{0.5}$$

$$= \frac{\pi}{24}(85)(3.2)\left[\frac{(1.84\times10^{-3})\cdot(1.27\times10^8)^2\cdot(720-3.2)}{(3.2)^2}\right]^{0.25}$$

$$\times \left(\frac{720+3.2}{720}\right)^{0.5}$$

$$= 2.17 \times 10^5 \text{ [kcal/m}^2\cdot\text{hr]}$$

本設計のリボイラの熱流束は，

$$(Q/A) = (527,000/27) = 0.195 \times 10^5 < (Q/A)_{max}$$

したがって，本設計は妥当である．

## 11・10 水蒸気蒸留用リボイラの設計法

感熱性が強く（熱分解しやすい），高沸点の成分を蒸留するために，リボイラの下から水蒸気を吹き込み，蒸留せんとする成分の分圧を下げて，低い温度で沸騰させる水蒸気蒸留の手段が用いられる．

図 11・91 に示すように，リボイラの下部管板の下から水蒸気を吹き込むと，蒸留塔底か

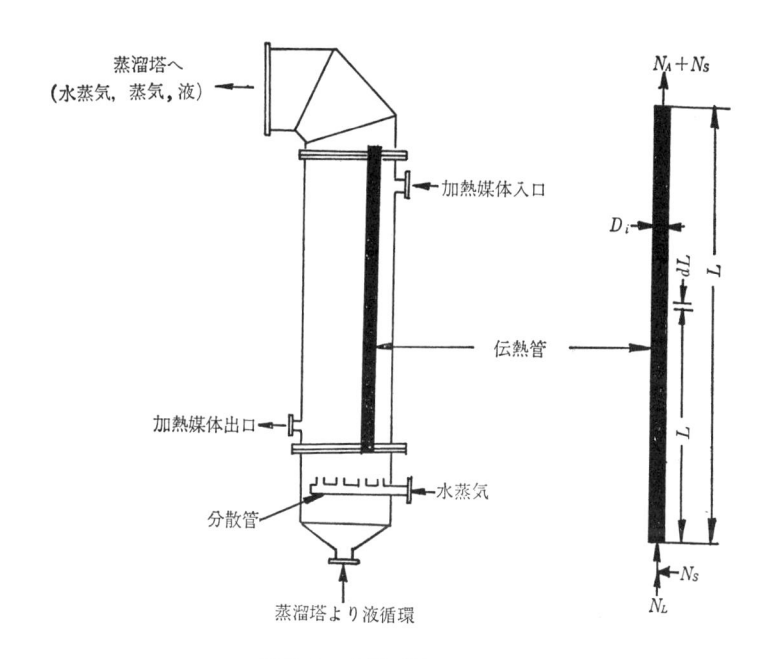

図 11・91 水蒸気蒸留用リボイラ

ら循環してくる液とリボイラの伝熱管内ではげしく接触し，リボイラ胴側に流す加熱媒体から熱を受けとり沸騰する．リボイラの伝熱管内容積は，この場合水蒸気によってその大部分が占められるので，この加熱帯での塔底液の滞留時間が短くなり，熱分解しにくくなり，また伝熱管内流速が大きくなるので，伝熱係数も高くなるのが水蒸気用リボイラの特徴である．

水蒸気蒸留用リボイラでは，リボイラを出る蒸気の組成を推定する必要がある。リボイラを出る蒸気の組成はその点での液組成と平衡ではなく，リボイラを出る蒸気中の蒸発成分の分圧 $(p_A)_E$ は，液の組成と平衡な蒸気組成における蒸発成分の分圧 $(p_A^*)_E$ に蒸発効率 $E_v$ をかけたものとなる。

$$(p_A)_E = E_v \cdot (p_A^*)_E \quad \cdots\cdots(11\cdot180)$$

水蒸気蒸留用リボイラの設計は，(1)循環流量の決定，(2)伝熱計算から伝熱面積の決定，(3)蒸発効率の決定の手順で行なうが，この中で(1)および(2)は 11・9 垂直サーモサイホンリボイラの設計法と同様であるので省略し，(3)のみを Fair[31] の論文に基づいて詳細に述べる。

### 11・10・1 基本式

リボイラの伝熱管内を蒸気と液の2相が流れるので，その流れ様式は図 11・92 に示すよ

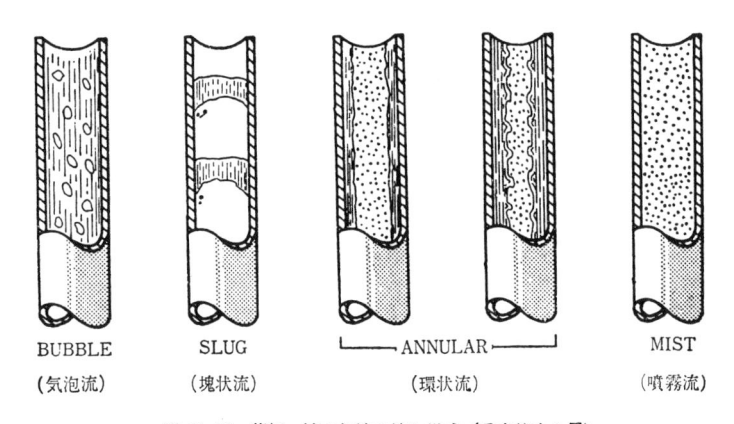

図 11・92 蒸気・液2相流の流れ様式（垂直管内上昇）
BUBBLE (気泡流)　SLUG (塊状流)　ANNULAR (環状流)　MIST (噴霧流)

うに，蒸気分率が大きくなるに従って気泡流→塊状流→環状流→噴霧流となるが，一般の水蒸気蒸留用リボイラでは，環状流の範囲に入るのが普通である。したがって，環状流として取り扱うことにする。なお，流れ様式が環状流となる範囲は，図 8・41 もしくは表 11・31 から推定することができる。ここで，$X_{tt}$ は Martinelli のパラメータで，次式で定義される。

$$\left(\frac{1}{X_{tt}}\right) = \left(\frac{W_v}{W_l}\right)^{0.9} \cdot \left(\frac{\rho_l}{\rho_v}\right)^{0.5} \cdot \left(\frac{\mu_v}{\mu_l}\right)^{0.1} \quad \cdots\cdots(11\cdot181)$$

管内径を $D_i$，管内側流路断面積を $a_t$ とすれば，微小長さ $dL$ において（図 11・91 参照），

---

31) Fair, J.R.; Hydrocarbon Processing and Petroleum Refiner, vol. 42, No. 2, pp. 159～164 (1963).

表 11·31 環状流様式となる範囲

| 流動パラメータ $1/X_{tt}$ | 質量速度（蒸気相＋液相）〔kg/m²·sec〕 | |
|---|---|---|
| | 最小 | 最大 |
| 2 | 190 | 1,270 |
| 4 | 83 | 630 |
| 6 | 49 | 425 |
| 10 | 26 | 254 |
| 20 | 11 | 127 |
| 40 | 4.9 | 63 |
| 60 | <4.9 | 42 |

蒸発成分 $A$ が水蒸気中に拡散する量は，

$$dN_A = K_G \cdot a_i \cdot (\Delta p_A) \cdot a_t \cdot dL \qquad (11 \cdot 182)$$

ここで，

$L$：管長〔m〕

$N_A$：成分 $A$ の蒸発量〔kg-mol/hr〕

$K_G$：有効物質移動係数〔kg-mol/hr·m²·atm〕

$a_i$：伝熱管の容積あたりの界面面積〔m²/m³〕

$a_t$：管内側流路断面積＝$\pi/4 \times D_i^2 \times$管本数〔m²〕

伝熱管を流出する成分 $A$ の1時間あたりの量 $N_A$ は，式 (11·182) を積分して求まる。

$$N_A = a_t \int_0^L K_G \cdot a_i \cdot (\Delta p_A) \cdot dL \qquad (11 \cdot 183)$$

推進力 $\Delta p_A$ としては，蒸気相での分圧の勾配をとる。すなわち

$$\Delta p_A = p_A^* - p_A$$

有効平均物質移動係数 $(K_G)_M$，有効平均推進力 $(\Delta p_A)_M$ を用いれば，

$$N_A = (K_G)_M \cdot a_i \cdot (\Delta p_A)_M \cdot a_t \cdot L \qquad (11 \cdot 184)$$

流れ様式を環状流とすると，界面面積は近似的に伝熱管内面積とみなすことができる。

$$a_i = \frac{A}{a_t \cdot L} \qquad (11 \cdot 185)$$

$A$ は伝熱管内面積（伝熱面積）である。

式 (11·185) を式 (11·184) に代入して，

$$N_A = (K_G)_M \cdot (\Delta p_A)_M \cdot A \qquad (11 \cdot 186)$$

一方，伝熱管出口での水蒸気の分圧を $(p_S)_E$，成分 $A$ の分圧を $(p_A)_E$，全圧を $P_E$，水蒸気の流量を $N_S$ [kg-mol/hr] で表わせば，

$$\frac{N_A}{N_S} = \frac{(p_A)_E}{(p_S)_E} = \frac{(p_A)_E}{[P_E - (p_A)_E]} \quad \cdots\cdots (11 \cdot 187)$$

次式で蒸発率を定義する。

$$E_v = \left(\frac{p_A}{p_A{}^*}\right)_E \quad \cdots\cdots (11 \cdot 188)$$

$(p_A{}^*)_E$ は出口での液組成と蒸気組成が平衡であるとしたときの蒸気中の成分 $A$ の分圧である。式 (11・187) に式 (11・188) を代入して，

$$N_A = \frac{N_S \cdot E_v \cdot (p_A{}^*)_E}{P_E - E_v \cdot (p_A{}^*)_E} \quad \cdots\cdots (11 \cdot 189\mathrm{a})$$

または

$$N_S = N_A \cdot \frac{P_E - E_v \cdot (p_A{}^*)_E}{E_v \cdot (p_A{}^*)_E} \quad \cdots\cdots (11 \cdot 189\mathrm{b})$$

式 (11・189a) と式 (11・186) から

$$\frac{N_S \cdot E_v \cdot (p_A{}^*)_E}{P_E - E_v \cdot (p_A{}^*)_E} = (K_G)_M \cdot (\varDelta p_A)_M \cdot A \quad \cdots\cdots (11 \cdot 190)$$

$(\varDelta p_A)_M$ を入口（ここで $p_A = 0$）および出口（ここで $p_A = E_v \cdot (p_A{}^*)_E$）の対数平均であると見なす。すなわち

$$(\varDelta p_A)_M = \frac{E_v \cdot (p_A{}^*)_E}{\ln\left[\dfrac{1}{1 - E_v}\right]} \quad \cdots\cdots (11 \cdot 191)$$

式 (11・190) から

$$E_v = \frac{P_E}{(p_A{}^*)_E} - \frac{N_S}{(p_A{}^*)_E \cdot (K_G)_M \cdot A}\left[\ln\left(\frac{1}{1-E_v}\right)\right] \quad \cdots\cdots (11 \cdot 192)$$

式 (11・192) が基本設計式であり，式 (11・192) の計算図表を図 11・93 に示した。普通，出口の全圧 $P_E$，出口温度（したがって $(p_A{}^*)_E$）が与えられるので，$(K_G)_M$ が求まると $E_v$ が定まる。

### 11・10・2 物質移動係数 $K_G$

物質移動係数は，次式で計算することができる。

$$K_G = \frac{0.023 F \cdot (N_S + N_A) \cdot}{(P - p_A) \cdot a_t \cdot (Re_v)^{0.2} \cdot (Sc_v)^{2/3}} \quad \cdots\cdots (11 \cdot 193)$$

ここで，

$K_G$：物質移動係数 [kg-mol/m²·hr·atm]

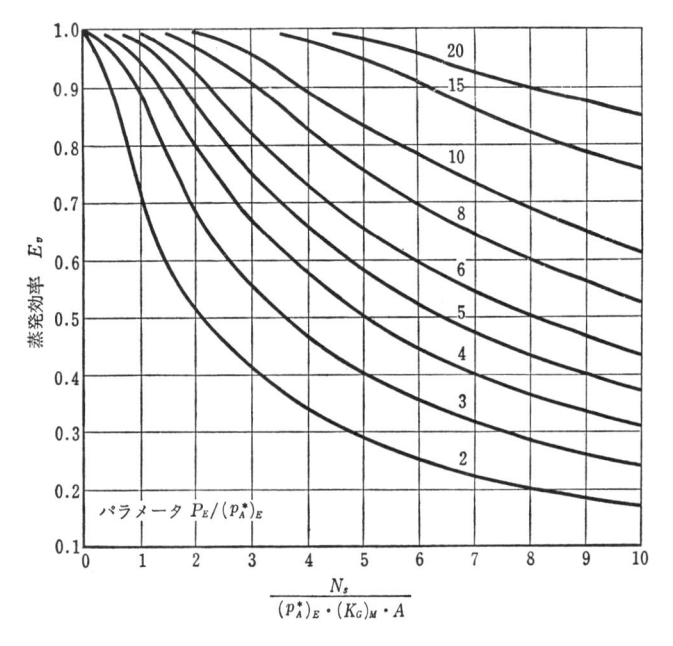

図 11・93 蒸発効率 $E_v$ の計算図表

$F$：補正係数で次式により求まる。

$$F = 5.0 \times 10^{-4}(Re_l) + 1.0 \qquad (11 \cdot 194)$$

$Re_v$：蒸気の Reynolds 数 〔—〕

$$Re_v = \frac{D_i(N_S + N_A)(M_v)}{a_t \cdot \mu_v} \qquad (11 \cdot 195)$$

$M_v$：蒸気の平均分子量 〔—〕

$\mu_v$：蒸気の平均粘度 〔kg/m・hr〕

$Re_l$：循環液の Reynolds 数 〔—〕

$$Re_l = \frac{D_i(N_L)(M_l)}{a_t \cdot \mu_l} \qquad (11 \cdot 196)$$

$M_l$：循環液の平均分子量 〔—〕

$N_L$：循環液量 〔kg-mol/hr〕

$\mu_l$：循環液の粘度 〔kg/m・hr〕

$Sc_v$：蒸気の Schmidt 数 〔—〕

$$Sc_v = \frac{\mu_v}{\rho_v \cdot D_v} \qquad (11 \cdot 197)$$

$\rho_v$：蒸気の密度〔kg/m³〕

$D_v$：水蒸気と蒸発成分 $A$ との間の相互拡散係数〔m²/hr〕

有効平均物質係数 $(K_G)_M$ は，式 (11·193) を用いてリボイラ入口および出口での物質移動係数 $K_G$ を算出し，その対数平均を用いればよい．

### 11·10·3 設計例

〔例題 11·15〕 脂肪酸水蒸気蒸留用リボイラの設計

脂肪酸の水蒸気蒸留塔に用いる下記仕様の水蒸気吹き込みリボイラを設計する．

  リボイラでの蒸発量：8,000〔kg/hr〕
  リボイラ型式：垂直強制循環式水蒸気吹き込みリボイラ
  伝熱管：内径 $D_i=23$〔mm〕，外径 $D_o=25$〔mm〕
  リボイラ出口圧力：$P_E=55$〔mmHg〕$=0.072$〔atm〕
  リボイラ出口温度：232〔℃〕
  許容最高管壁温度：240〔℃〕
  リボイラへの液の循環：ポンプ循環

物性定数は下表の通りとする．

|  | 脂肪酸 | 水蒸気 |
|---|---|---|
| 分子量 | 283 | 18 |
| 蒸気圧〔mmHg〕 | 12 | ― |
| 蒸気密度*〔kg/m³〕 | 0.50 | 0.032 |
| 蒸気粘度〔cp〕 | 0.020 | 0.020 |
| 蒸気の Schmidt 数〔―〕 | 0.84 | ― |
| 液密度〔kg/m³〕 | 725 | ― |
| 液の粘度〔cp〕 | 0.40 | ― |
| 液の Prandtl 数〔―〕 | 12.1 | ― |
| 蒸発潜熱〔kcal/kg〕 | 56 | ― |
| 液の熱伝導率〔kcal/m·hr·℃〕 | 0.065 | ― |

〔解〕

(1) 流量： リボイラを1回通過するたびに，循環液の20パーセントを蒸発させるものとすると，リボイラへの循環量は

$$\frac{8,000}{0.20}=40,000 \text{〔kg/hr〕 (141.5〔kg-mol/hr〕)}$$

蒸発効率 $E_v=0.90$ と仮定すると，リボイラへの吹き込み水蒸気量は式(11·189b)

---

\* リボイラ伝熱管上端 (232℃，0.072 atm 全圧における値)

## 11·10 水蒸気蒸留用リボイラの設計法

から

$$8,000\left(\frac{18}{283}\right)\left(\frac{55-0.9\times12}{0.90\times12}\right)$$
$$=2,080 \text{[kg/hr]} \ (115.5 \text{[kg-mol/hr]})$$

したがって,リボイラ伝熱管を流れる全流量は,

42,080 [kg/hr] すなわち 257.0 [kg-mol/hr]

**(2) 入口条件**: 質量速度(有機物+水蒸気)を 60 [kg/m²·sec]とする。この速度はサーモサイホンリボイラとしても妥当な条件で,圧力損失も過大にならない速度である。

伝熱管の全断面積(管内側流路面積)は,

$$\frac{42,080}{60\times3,600}=0.195 \text{[m}^2\text{]}$$

伝熱管本数は

$$\frac{0.195}{(\pi/4)\times(0.0230)^2}=470 \text{[本]}$$

次にリボイラ管内側での流れ様式を求める。

リボイラでの圧力損失を 50 [mmHg] と仮定すると,リボイラ入口端での全圧力は 55+50=105 [mmHg] であり,この圧力に対応する蒸気の密度(入口端では有機物蒸気量は 0 であるので,水蒸気の密度を用いる)は $\rho_v=0.061$ [kg/m³] である。式 (11·181) から

$$\frac{1}{X_{tt}}=\left(\frac{W_v}{W_l}\right)^{0.9}\left(\frac{\rho_l}{\rho_v}\right)^{0.5}\left(\frac{\mu_v}{\mu_l}\right)^{0.1}$$
$$=\left(\frac{2,080}{40,000}\right)^{0.9}\left(\frac{725}{0.061}\right)^{0.5}\left(\frac{0.020}{0.40}\right)^{0.1}=5.6$$

パラメータ ($1/X_{tt}$) の値と質量速度 60 [kg/m²·sec] の値から,表 11·31 を用いて流れ様式が環状流であることがわかる。

リボイラ入口端での液の Reynolds 数は,

$$Re_l=\frac{0.0230\times40,000}{(\pi/4)\times(0.0230)^2\times470\times(3.6\times0.40)}$$
$$=3,270 \text{[—]}$$

リボイラ入口端での蒸気の Reynolds 数は,

$$Re_v=\frac{0.0230\times2,080}{(\pi/4)\times(0.0230)^2\times470\times(3.6\times0.020)}$$
$$=3,400 \text{[—]}$$

補正係数 $F$ は式 (11·194) から,

$$F=5.0\times10^{-4}\times Re_l+1.0$$
$$=5.0\times10^{-4}\times3,270+1.0=2.63$$

入口端での物質移動係数 $K_G$ を,式 (11·193) から求める。入口端で $N_A=0$,$p_A=0$ であり,全圧 $P=105$ [mmHg]=0.138 [atm] である。また,管内側流路

面積 $a_t$ は，
$$a_t = \left(\frac{\pi}{4}\right) \times (0.023)^2 \times 470 = 0.195 \ [\text{m}^2]$$

式 (11・193) から
$$K_G = \frac{0.023 \cdot F \cdot (N_S + N_A)}{(P - p_A) \cdot a_t \cdot (Re_v)^{0.2} \cdot (Sc_v)^{2/3}}$$

$$= \frac{0.023 \times 2.63 \times (115.5 + 0)}{(0.138 - 0) \times 0.195 \times (3,270)^{0.2} \times (0.84)^{2/3}}$$

$$= 5.75 \ [\text{kg-mol/m}^2 \cdot \text{hr} \cdot \text{atm}]$$

**（3） 出口条件：** 同様にして，出口条件は次のように計算される。

出口条件における蒸気の密度は，
$$\rho_v = \frac{8,000 + 2,080}{\left(\frac{8,000}{0.50}\right) + \left(\frac{2,080}{0.032}\right)} = 0.124 \ [\text{kg/m}^3]$$

パラメータ $(1/X_{tt})$ は
$$\frac{1}{X_{tt}} = \left(\frac{2,080 + 8,000}{32,000}\right)^{0.9} \cdot \left(\frac{725}{0.124}\right)^{0.5} \cdot \left(\frac{0.020}{0.40}\right)^{0.1}$$

$$= 21 \ (環状流)$$

$$Re_l = \frac{0.230 \times 32,000}{0.195 \times (3.6 \times 0.40)} = 2,620$$

$$Re_v = \frac{0.230 \times (2,080 + 8,000)}{0.195 \times (3.6 \times 0.020)} = 16,500$$

$$F = 5.0 \times 10^{-4} \times 2,620 + 1.0 = 2.31$$

$$(p_A)_E = E_v \times (p_A^*)_E = 0.90 \times 12 = 10.8 \ [\text{mmHg}] = 0.0142 \ [\text{atm}]$$

$$K_G = \frac{0.023 \times 2.31 \times (115.5 + 0.2 \times 141.5)}{(0.072 - 0.0142) \times 0.195 \times (16,500)^{0.2} \times (0.84)^{2/3}}$$

$$= 10.9 \ [\text{kg-mol/m}^2 \cdot \text{hr} \cdot \text{atm}]$$

**（4） 伝 熱**

**入口条件での境膜伝熱係数：** 式 (8・91) から液のみ流れるとしたときの境膜伝熱係数 $h_l$ は，
$$h_l = 0.023 \left(\frac{k_l}{D_i}\right) \cdot (Re_l)^{0.8} \cdot (Pr)^{0.4}$$

$$= 0.023 \times (0.065/0.023) \times (3,270)^{0.8} \times (12.1)^{0.4}$$

$$= 115 \ [\text{kcal/m}^2 \cdot \text{hr} \cdot ^\circ\text{C}]$$

式 (8・90) から2相流の対流伝熱係数 $h_{tp}$ は，
$$h_{tp} = 3.5 \left(\frac{1}{X_{tt}}\right)^{0.5} \cdot h_l$$

$$= 3.5 \times (5.6)^{0.5} \times 115 = 950 \ [\text{kcal/m}^2 \cdot \text{hr} \cdot ^\circ\text{C}]$$

**出口条件での境膜伝熱係数**
$$h_l = 0.023 \times (0.065/0.023) \times (2,620)^{0.8} \times (12.1)^{0.4}$$

$$= 97 \text{ [kcal/m}^2\cdot\text{hr}\cdot\text{°C]}$$
$$h_{tp} = 3.5 \times (21)^{0.5} \times 97 = 1,550 \text{ [kcal/m}^2\cdot\text{hr}\cdot\text{°C]}$$

**平均境膜伝熱係数**

$$(950+1,550)/2 = 1,250 \text{ [kcal/m}^2\cdot\text{hr}\cdot\text{°C]}$$

管内側汚れ係数 $r_i = 0.0004$ [m$^2$·hr·°C/kcal] とすると，管壁から管内側流体までの総括伝熱係数 $U_i$ は，

$$U_i = \frac{1}{(1/1,250)+0.0004} = 835 \text{ [kcal/m}^2\cdot\text{hr}\cdot\text{°C]}$$

伝熱量は

$$Q = 8,000 \times 56 = 450,000 \text{ [kcal/hr]}$$

管壁と管内流体の温度差は $235-232 = 3$ [°C]

したがって，必要伝熱面積 $A$（管内面積基準）は，

$$A = \frac{450,000}{835 \times 8} = 67 \text{ [m}^2\text{]}$$

したがって，必要伝熱管長 $L$ は，

$$L = \frac{67}{\pi \times 0.023 \times 470} = 2.0 \text{ [m]}$$

**(5) 蒸発効率 $E_v$:** 図 11·93 において

$$\frac{P_E}{(P_A^*)_E} = \frac{55}{12} = 4.58$$

物質移動係数は入口で 5.75, 出口で 10.9 [kg-mol/m$^2$·hr·atm] であるので, 有効平均物質移動係数は対数平均をとり，

$$(K_G)_M = \frac{10.9-5.75}{\ln(10.9/5.75)} = 8.05 \text{ [kg-mol/m}^2\cdot\text{hr}\cdot\text{atm]}$$

$$\frac{N_S}{(p_A^*)_E \cdot (K_G)_M \cdot A} = \frac{115.5 \times 760}{12 \times (8.05) \times 67} = 1.36$$

図 11·93 から

$$E_v = 0.93$$

したがって，最初に仮定した $E_v = 0.90$ は，ほぼ正しかったことになる．

## 11·11 水平サーモサイホンリボイラの設計法

水平サーモサイホンリボイラには管側にプロセス流体を，胴側に熱媒体を流す水平管側蒸発サーモサイホンリボイラと，管側に熱媒体を，胴側にプロセス流体を流す水平胴側蒸発サーモサイホンリボイラとがある．水平管内蒸発サーモサイホンリボイラは，前述の垂直サーモサイホンリボイラの設計法をそのまま適用して設計することができるが，水平胴側蒸発サーモサイホンリボイラは，胴側を気液 2 相流をなして流れるプロセス流体の圧力

損失が,管内を気液2相流をなして流れる場合の圧力損失と異なるので,垂直サーモサイホンリボイラの設計法をそのまま適用することはできない。

水平切欠の欠円形邪魔板(図11・11(c))を設けた多管円筒式熱交換器において,胴側にプロセス流体を流して蒸発させるとき,プロセス流体は気液2相流をなして,胴側を垂直に上下して流れる。この場合の気液2相流の圧力損失に関して,最近 Grant[32] は National Engineering Laboratory での研究結果を発表している。

### 11・11・1　流れ様式

水平切欠の欠円形邪魔板を設けた多管円筒式熱交換器の胴側に流れる2相流の流路は,直交流領域(邪魔板切欠端から次の邪魔板切欠端までの領域)と邪魔板切欠領域とに区別することができる(図11・94参照)。

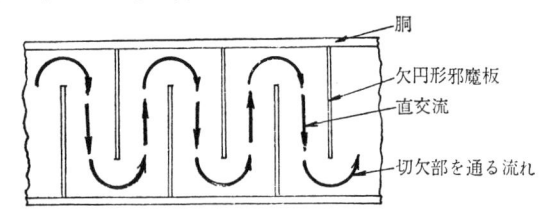

図 11・94　水平サーモサイホンリボイラ胴側2相流の流路

空気-水の混合流体を胴側に流したときの直交流領域における流れ様式は,図 11・95 に示したように,空気-水の混合比に応じて,気泡流,塊状流,または噴霧流となる。

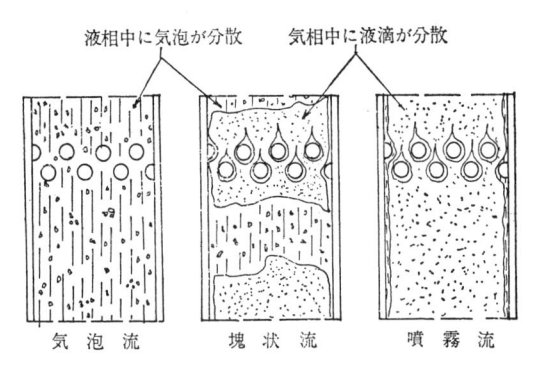

図 11・95　管群と直交して流れる2相流の流れ様式

**気泡流**　この流れ様式は気相の混合比が小さいときに生じ,気相は連続液相の中を独立した気泡として分散している。

---

32) Grant, I.D.R：Chemical Processing, Dec. pp. 58〜65 (1971).

**塊状流** この流れ様式では，液相の塊りが気相の塊りによって押し流されている。液体の塊りの中には気相が気泡状にて含まれていて，気体の塊りの中には液相が噴霧液滴状にて含まれている。

**噴霧流** この流れ様式は気相の混合比が大きいときに生じ，液相は管の外表面を流れ，管と管の間では気相中に噴霧された状態となっている。

これらの流れ様式は，邪魔板切欠部を通るときに気相と液相が分離されるので破壊される。塊状流の場合には，邪魔板切欠部の上部は常に気相で満され，下部は常に液相で満されている。

直交流領域での流れ様式は，図 11・96 を用いて推定することができる。

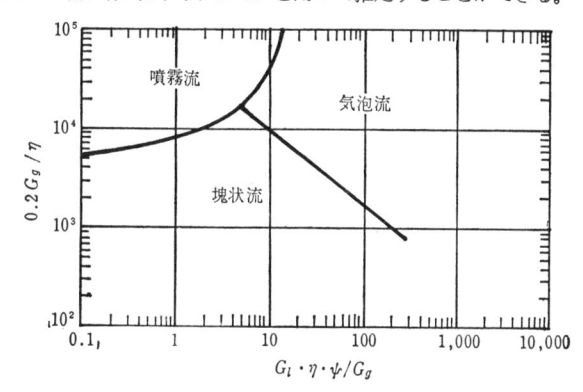

図 11・96 管群と直交して流れる2相流の流れ様式の推定図
(記号は例題 8・1 (344ページ) 参照)

### 11・11・2 摩擦損失

蒸発している2相流の圧力損失は，摩擦損失，加速損失，および静圧頭損失の総和として求めることができる。欠円形邪魔板を設けた多管円筒式熱交換器の胴側を，垂直に上下して流れる気液2相流の加速損失および静圧頭損失は，気相と液相の間に滑りがないと見なし，homogeneous 流として計算してさしつかえないが，摩擦損失は滑りを考慮した式を用いて局所摩擦損失を計算し，これを全域にわたって積分して，全域の摩擦損失を求めねばならない。

**垂直上昇直交流** 錯列配置された管束に直交して，空気-水の混合流を垂直に上昇するように流したときの摩擦損失は，次式で相関される[32]。

$$(\Delta P_F)_{tp} = (\Delta P_F)_{lo} \cdot [1+(\phi^2-1) \cdot x^{0.72}] \quad \cdots\cdots\cdots (11 \cdot 198)$$

この式は，管外径 19 [mm] の管をピッチ 27.5 [mm] にて正三角配置した20列の管束

で，$x=0.0005 \sim 0.20$ の範囲で実験して求められたものである 。

ここで，$\phi$ は Chisholm and Sutherland[33] が次式で定義した物性パラメータである。

$$\phi=[(\Delta P_F)_{go}/(\Delta P_F)_{lo}]^{1/2} \quad \cdots\cdots(11\cdot199)$$

ここで，

$(\Delta P_F)_{tp}$：2相流の摩擦損失〔$Kg/m^2$〕

$(\Delta P_F)_{go}$：全流量 $W_t(=W_g+W_l)$ が気相であると仮定したときの摩擦損失〔$Kg/m^2$〕

$(\Delta P_F)_{lo}$：全流量 $W_t(=W_g+W_l)$ が液相であると仮定したときの摩擦損失〔$Kg/m^2$〕

$W_t$：全流量（$=W_g+W_l$）〔kg/hr〕

$W_l$：液相流量〔kg/hr〕

$W_g$：気相流量〔kg/hr〕

$x$：気相流量分率$=W_g/W_t$〔—〕

式 (11・199) で定義される $\phi$ の値は，

$$\phi=\left[\frac{(\Delta P_F)_{go}}{(\Delta P_F)_{lo}}\right]^{1/2}=\left(\frac{f_g}{f_l}\right)^{1/2}\cdot\left(\frac{\rho_l}{\rho_g}\right)^{1/2} \quad \cdots\cdots(11\cdot200)$$

ここで，$f_g$ および $f_l$ は気相および液相の摩擦係数で，Blasius の摩擦損失の式を適用すると，

$$\phi=\left[\frac{(\Delta P_F)_{go}}{(\Delta P_F)_{lo}}\right]^{1/2}=\left(\frac{\mu_g}{\mu_l}\right)^{n/2}\cdot\left(\frac{\rho_l}{\rho_g}\right)^{1/2} \quad \cdots\cdots(11\cdot201)$$

$n$ は摩擦係数の算出式における Reynolds 数の Exponent で，管束に直交する流れに対して，$n=0.28$ となるので

$$\phi=\left(\frac{\mu_g}{\mu_l}\right)^{0.14}\cdot\left(\frac{\rho_l}{\rho_g}\right)^{0.5} \quad \cdots\cdots(11\cdot202)$$

ここで，

$\mu_g$：気相の粘度〔kg/m・hr〕

$\mu_l$：液相の粘度〔kg/m・hr〕

$\rho_l$：液相の密度〔$kg/m^3$〕

$\rho_g$：気相の密度〔$kg/m^3$〕

**垂直上昇-下降の組合せ直交流**　水平切欠の欠円形邪魔板を設けた多管円筒式熱交換

---

33) Chisholm, D. and Sutherland, L. A：Proc. Instn. Mech. Engrs., 184c, pp. 24〜32 (1969〜70).

器の胴側を流れる2相流は，図11・94に示したように，管束と直交して上昇と下降を繰り返して流れることになる。上昇および下降を繰り返す2相流の各直交流領域における摩擦損失は，次式で相関される[32]。

$$(\Delta P_F)_{tp} = (\Delta P_F)_{lo} \cdot [1+(\phi^2-1)\cdot(x+0.15x^{0.5}-0.15x^{400})] \quad \cdots\cdots(11\cdot203)$$

ただし，この場合 $n=0.37$ となるので，

$$\phi = \left(\frac{\mu_g}{\mu_l}\right)^{0.19} \cdot \left(\frac{\rho_l}{\rho_g}\right)^{0.5} \quad \cdots\cdots(11\cdot204)$$

**邪魔板切欠部を通る流れ**　邪魔板切欠部を通る2相流の摩擦損失は，次式で相関される[32]。

$$(\Delta P_F)_{tp} = (\Delta P_F)_{lo} \cdot [1+(\phi^2-1)(0.5x+0.5x^2)] \quad \cdots\cdots(11\cdot205)$$

ただし，この場合 $n=0$ となるので

$$\phi = \left(\frac{\rho_l}{\rho_g}\right)^{0.5} \quad \cdots\cdots(11\cdot206)$$

#### 11・11・3 蒸発を伴なう流れの摩擦損失

垂直に配置した欠円形邪魔板を有する多管円筒式熱交換器の胴側を流れる流体が，熱交換器入口点から蒸発を開始するものとしたときの熱交換器入口から出口までの全摩擦損失は，次のようにして求めることができる。

ただし，胴側流体の気相流量分率 $x$ は熱交換器入口端で0，出口端で $x_o$ とし，熱交換器内で直線的に変化するものと仮定する。

**直交流領域**　入口端から数えて $N_r$ 番目の管列における気相流量分率 $x_r$ は，次式で与えられる。

$$x_r = \frac{N_r \cdot x_o}{(1+N_b)\cdot N_c} \quad \cdots\cdots(11\cdot207)$$

ここで，$(1+N_b)$ は熱交換器中の直交流領域の数であり，$N_c$ は各直交流領域での管列数である。

垂直に上昇および下降を繰り返す2相流の局所摩擦損失は，式(11・203)で与えられる。式(11・207)を式(11・203)に代入して，直交流領域の全管列数にわたって積分して，熱交換器の全直交流領域の圧力損失を求めると，

$$\int_0^{(N_b+1)\cdot N_c} (\Delta P_F)_{tp} \cdot dN_r = (\Delta P_F)_{lo} \cdot (1+N_b)\cdot N_c \cdot [1+(\phi^2-1)\cdot F_1]$$
$$\cdots\cdots(11\cdot208)$$

ただし，上式の積分では，多管円筒式熱交換器の胴側の静圧降下は，操作圧力と比べて小さいために，$\phi=$ 一定と見なせるものとしている。係数 $F_1$ は出口端での気相流量比 $x_o$

の関数として，図 11·97 で与えられる．

**邪魔板切欠領域** 入口端から $i$ 番目の邪魔板切欠領域での気相流量比 $x_i$ は，次式で与えられる．

$$x_i = \frac{i \cdot x_o}{N_b} \cdots\cdots\cdots(11\cdot209)$$

ここで，$N_b$ は邪魔板切欠領域の数，すなわち邪魔板枚数である．

式 (11·209) を式 (11·205) に代入して，邪魔板切欠領域の全数にわたって積分して，熱交換器全体についての邪魔板切欠領域の摩擦損失を求めると，

$$\sum_{i=1}^{i=N_b}(\varDelta P_F)_{tp,i}=(\varDelta P_F)_{lo}\cdot N_b \cdot [1+(\phi^2-1)\cdot F_2] \cdots\cdots(11\cdot210)$$

係数は $F_2$ 出口端での気相分率 $x_o$ および邪魔板枚数の関数として，図 11·97 で与えられる．

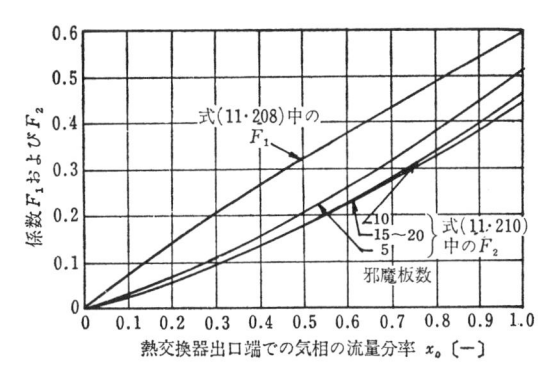

図 11·97 全摩擦損失の計算式の係数 $F_1$ および $F_2$

熱交換器全体の摩擦損失（出入ロノズルの損失は除く）は，式 (11·208) および式 (11·210) から求まる値の総和として求まることになる．入口ノズルに近接した部分の管列での圧力損失は，この管列を直交流領域での管列数に含めることによって，計算に加えることができる．

## 11·12 水平管内凝縮器の設計法

単一飽和蒸気の凝縮器としては，466 ページに記載した管外凝縮器以外に管内凝縮器も用いられる．

### 11·12·1 水平管内凝縮器の凝縮境膜伝熱係数

水平管内凝縮器の凝縮境膜伝熱係数の相関式には，第 8 章に記載した Chato の式，

## 11・12 水平管内凝縮器の設計法

Akersらの式以外にBoykoらの式[34], Rossonらの式[35], Altmanらの式[36], Chaddockらの式[37]などがあるが, これらの諸式を用いた計算値は, それぞれかなり異なった値となる。図11・98[38]は, 内径0.620[in]×長さ16[ft]の水平管内に圧力50[lb/in² abs]のペンタン蒸気を流して全凝縮させた場合の平均凝縮境膜伝熱係数 $\bar{h}$ を, これらの諸式を用いて計算し, その値を比較して示したものである。このように, それぞれの式からの計算値が大きくばらつくのは, 水平管内凝縮の場合には管内を蒸気と凝縮液が気液2相流をなして流れ, その流れ様式が気液分率および物性値によって変わるにもかかわらず, これらの諸式はある特定の流れ様式の場合の実測値を基にして, 作成した相関式であるためである。

最近, Chawla[39]は, 蒸気と凝縮液の気液相流の流れ様式を考慮した, 広い範囲に適用

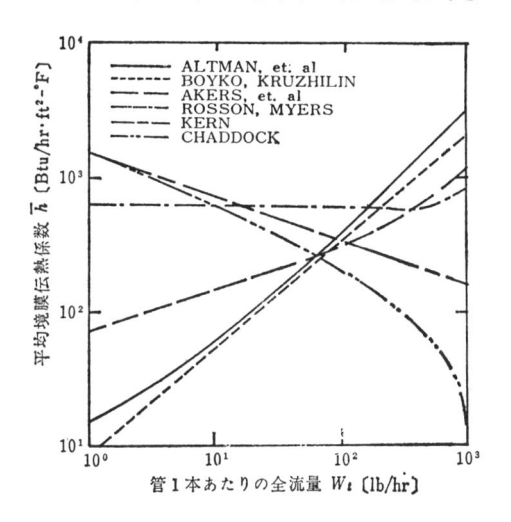

図11・98　50[lb/in² abs]　ペンタン蒸気の水平管内凝縮の相関の比較

---

34) Boyko, L.D., and G.N. Kruzhilin : Intern. J. Heat Mass Transfer, vol. 10, pp. 361〜373 (1967).
35) Rosson, H.F. and J.A. Myers : Chem. Eng. Progr. Symp. Ser. No. 59, vol. 61, pp. 190〜199 (1965).
36) Altman, Manfred, F.W. Staub, and R.H. Norris : Chem. Eng. Progr. Symp. Ser., No. 30, vol. 56, pp. 151〜159 (1960).
37) Chaddock, J.B. : Refrig. Eng., vol. 65, pp. 36〜41, 90〜94 (Apr., 1957).
38) Bell, K.J., J. Taborek, and F. Fenoglio : Chem. Eng. Progr. Symp. Ser. No. 102, vol. 66, pp. 150〜163.
39) Chawla, J.M. : Kältetechnik-Klimatisierung, vol. 24, pp. 233〜240 (1972).

できる水平管内凝縮の場合の凝縮境膜伝熱係数の相関式を発表しているので紹介する。

水平管内凝縮の場合の管内の流れ様式は，気相流量分率 $x$ の変化に伴なって図 11・99 (b) に示すように変化する。これは，水平管内蒸発の場合の気相流量分率の変化に伴なう流れ様式の変化（図 11・99 (a)）とよく似ている。ただし，気相流量分率 $x$ が 1 に近いときに，蒸発の場合には管内壁に接するのは液相かミストが同伴した気体であるが，凝縮の場合には管内壁に接するのは液相（凝縮液）の薄膜であること，また気相流量分率が小さくて2層流をなすときに，蒸発の場合には管の上部内壁が気相に接するが，凝縮の場合には管の上部内壁も液相の薄膜で覆われるという点が相違している。したがって，水平管内蒸発の場合と，水平管内凝縮の場合とでは，その管内側境膜係数の局所値が，図 11・100 に示したように，$x=1$ 近く，および $x<0.1$ 以外の範囲では，それぞれ良く一致する。

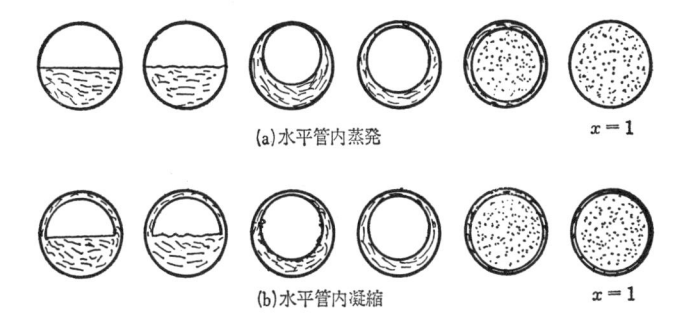

(a)水平管内蒸発　　　　　　　　　　　　$x=1$

(b)水平管内凝縮　　　　　　　　　　　　$x=1$

図 11・99　水平管内凝縮における管内2相流の流れ様式

Chawla[39]は，水平管内凝縮の局所境膜伝熱係数の相関式として，図 11・100 の A-B 範囲については，垂直管内を蒸気が下降しつつ凝縮する場合の Nusselt の相関式[40]を，B-C の範囲については水平管内蒸発の場合の相関式を適用できるとしている。すなわち，A-B の範囲では，

$$h = \frac{k_f}{Y_o} \quad \cdots\cdots\cdots\cdots\cdots\cdots\cdots\cdots\cdots\cdots\cdots\cdots\cdots\cdots\cdots\cdots (11\cdot211)$$

ここで，

　　$h$：入口端から任意の距離 $l$ の点での局所境膜伝熱係数〔kcal/m²・hr・℃〕

　　$k_f$：凝縮液の熱伝導率〔kcal/m・hr・℃〕

　　$Y_o$：入口端から任意の距離 $l$ の点での凝縮液膜の厚み〔m〕

---

40) Jakob, L.M : "Heat Transfer vol. 1", pp. 676, John Wiley & Sons, New York (1955).

## 11·12 水平管内凝縮器の設計法

$Y_o$ の値は次式から求まる。

$$Y_o{}^4 + b \cdot Y_o{}^3 + e = \frac{l}{a} \quad \cdots\cdots(11\cdot212)$$

ここで,

$$a = \frac{\rho_f{}^2 \cdot \lambda \cdot g}{4\mu_f \cdot k_f \cdot \Delta t} \quad \cdots\cdots(11\cdot213)$$

$$b = \frac{4f}{3\rho_f} \cdot \frac{G_v{}^2}{2g \cdot \rho_v} \quad \cdots\cdots(11\cdot214)$$

管入口端で凝縮が開始するものと見なせば,

$$e = 0 \quad \cdots\cdots(11\cdot215)$$

ここで,

$f$：摩擦係数〔—〕
$\rho_f$：凝縮液の密度〔kg/m³〕
$\rho_v$：蒸気の密度〔kg/m³〕
$\lambda$：蒸発潜熱〔kcal/kg〕
$G_v$：蒸気の質量速度〔kg/m²·hr〕
$\Delta t$：蒸気の飽和温度と管壁温度の差〔℃〕
$g$：重力の加速度 $1.27 \times 10^8$〔m/hr²〕

この範囲での平均境膜伝熱係数 $\bar{h}$ の値は, 式 (11·211), (11·212) から求まるが, その結果は 328 ページに式 (8·21) として示してある。

B-C の範囲では,

$Re_f \cdot Fr_f < 109$ に対して

$$Nu_f = h \cdot D_i \cdot \left[1 - \left(1 + \frac{1-x}{x \cdot \varepsilon \cdot R}\right)^{-1/2}\right] \bigg/ k_f$$

$$= 0.0066(Re_f \cdot Fr_f)^{0.475} \cdot \frac{x}{1-x} \cdot R^{0.3} \cdot \theta^{0.8} \cdot Re_f{}^{0.35} \cdot Pr_f{}^{0.42}$$

$$\cdots\cdots(11\cdot216)$$

$Re_f \cdot Fr_f \geqq 109$ に対して

$$Nu_f = 0.015(Re_f \cdot Fr_f)^{0.3} \cdot \frac{x}{1-x} \cdot R^{0.3} \cdot \theta^{0.8} \cdot Re_f{}^{0.35} \cdot Pr_f{}^{0.42}$$

$$\cdots\cdots(11\cdot217)$$

ここで, $\varepsilon$ は 2 相流のパラメータで, 次式から求まる。

$$\varepsilon^{-3} = \varepsilon_1{}^{-3} + \varepsilon_2{}^{-3} \quad \cdots\cdots(11\cdot218)$$

$$\ln(\varepsilon_1) = 0.9592 + \ln(A)$$

$$\ln(\varepsilon_2) = [0.1675 - 0.0551 \ln(\delta/D_i)] \cdot \ln(A) - 0.67 \quad \cdots\cdots (11\cdot219)$$

$$A = \frac{1-x}{x} \cdot \theta^{-0.5} \cdot R^{-0.9} \cdot (Re_f \cdot Fr_f)^{-1/6} \quad \cdots\cdots (11\cdot220)$$

$Pr_f$：凝縮液の Prandtl 数 $= C_f \cdot \mu_f / k_f$ 〔—〕

$Re_f$：凝縮液の Reynolds 数 $= G_t \cdot D_i \cdot (1-x)/\mu_f$ 〔—〕

$Fr_f$：凝縮液の Froude 数 $= \dfrac{G_t^2 \cdot (1-x)^2}{\rho_f^2 \cdot g \cdot D_i}$ 〔—〕

$Nu_f$：Nusselt 数〔—〕

$D_i$：管内径〔m〕

$x$：気相流量分率 $= W_v/W_t$

$W_v$：蒸気相流量（管1本あたり）〔kg/hr〕

$W_f$：凝縮液流量（管1本あたり）〔kg/hr〕

$W_t$：全流量（管1本あたり）$= W_v + W_f$〔kg/hr〕

$G_v$：蒸気相質量速度 $= W_v/(\pi \cdot D_i^2/4)$〔kg/m²·hr〕

$G_t$：全質量速度 $= W_t/(\pi \cdot D_i^2/4)$〔kg/m²·hr〕

$R$：密度比 $= \rho_f/\rho_v$〔—〕

$C_f$：凝縮液の比熱〔kcal/kg·℃〕

$\theta$：粘度比 $= \mu_f/\mu_v$〔—〕

$\delta$：管内壁の粗面度〔m〕

$\mu_f$：凝縮液相の粘度〔kg/m·hr〕

$\mu_v$：蒸気相の粘度〔kg/m·hr〕

図 11·100 から明らかなように，式 (11·211) から求まる $h$ が式 (11·216) または式 (11·217) から求まる $h$ よりも大きくなる範囲が A-B の範囲である。したがって，局所境膜伝熱係数 $h$ は，式 (11·211) と式 (11·216) または式 (11·217) を用いて計算し，値の大きい方をとればよいことになる。

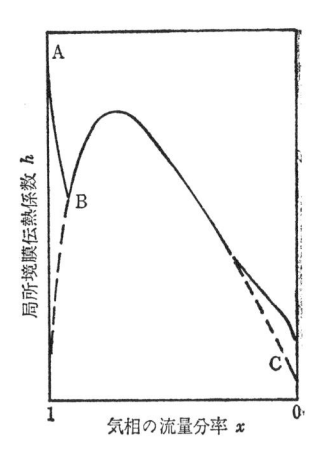

図 11·100 水平管内凝縮（実線），および水平管内蒸発（点線）の局所境膜伝熱係数と気相の流量分率の関係

水平管内に流入した蒸気は，管内を進むにつれ凝縮するので，管内の各位置における気相流量分率はそれぞれ異なり，したがって局所境膜伝熱係数も管内の位置によって変わることになる。

管内径 $D_i = 13.5$〔mm〕の水平管内に蒸気を流し，全凝縮させるときの平均境膜伝熱係

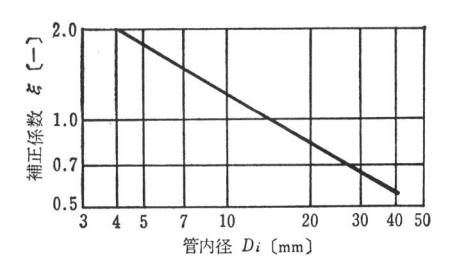

図 10·101 管内径による補正係数

数 $\bar{h}$ を式 (11·211), (11·216) および (11·217) を用いて計算し, 全質量速度 $G_t$ および凝縮温度 (飽和温度) $T_b$ の関数として表わした例を, 水蒸気, アンモニア, フレオン R-12 について, それぞれ図 11·102, 図 11·103, および図 11·104 に示した。ただし,

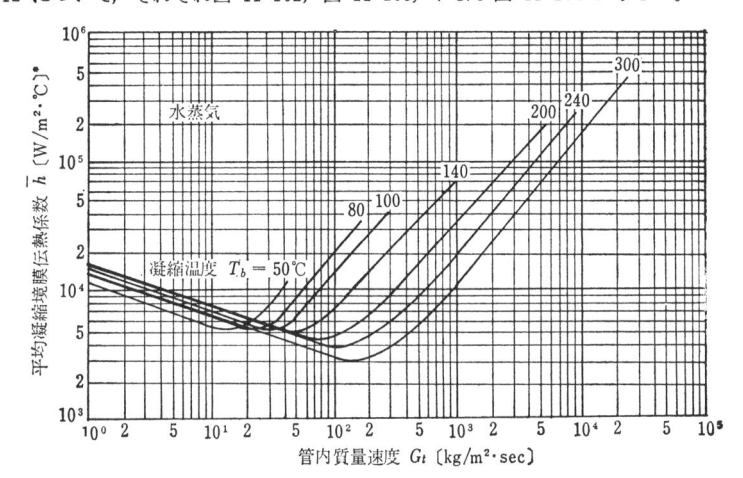

図 11·102 水蒸気の水平管内凝縮の平均境膜伝熱係数
〔*注〕 $1 W/m^2 \cdot {}^\circ C = 0.86 kcal/m^2 \cdot hr \cdot {}^\circ C$〕

これらの値は, 式 (11·212) における摩擦係数 $f$ の値を 0.005 一定として計算したものである。管内径 $D_i$ が 13.5〔mm〕以外の伝熱管を用いる場合は, 図 11·102〜図 11·104 から求まる値に, 図 11·101 から求まる補正係数 $\xi$ を乗ずる必要がある。

### 11·2·2 水平管内凝縮器の蒸気の圧力損失

水平管内凝縮器の管内蒸気の圧力損失は, (1) 入口管から仕切室 (ヘッダ) までの圧力損失 $\Delta P_H$, (2) 伝熱管入口までの圧力損失 $\Delta P_E$, (3) 伝熱管内での摩擦損失 $(\Delta P_F)_{tp}$ から成り立っている。すなわち, 凝縮器全体での圧力損失 $\Delta P_t$ は

$$\Delta P_t = \Delta P_H + \Delta P_E + (\Delta P_F)_{tp} \quad \cdots\cdots\cdots\cdots\cdots\cdots\cdots\cdots (11·221)$$

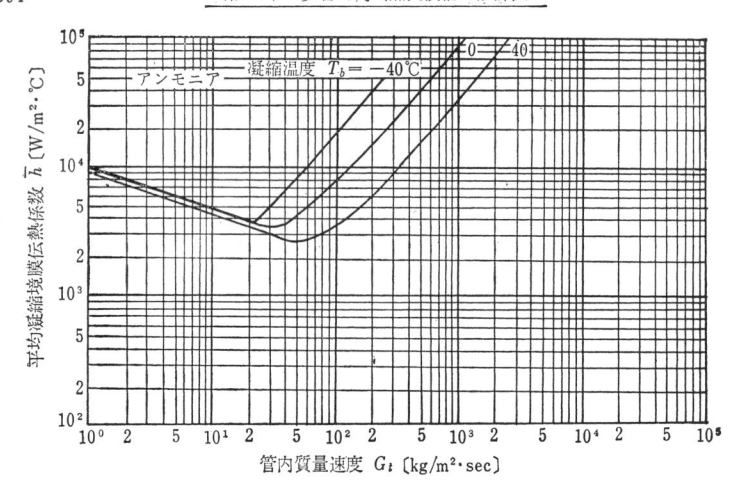

図 11・103 アンモニアの水平管内凝縮の平均境膜伝熱係数 $h$

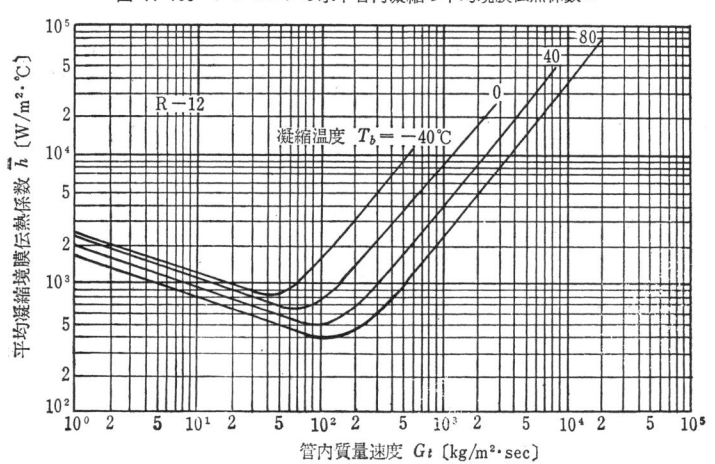

図 11・104 R-12 の水平管内凝縮の平均境膜伝熱係数 $h$

入口管から仕切室（ヘッダ）までの圧力損失 $\Delta P_H$ は，入口管での蒸気の速度水頭の100％と見なして求めることができる。すなわち，

$$\Delta P_H = \frac{G^2_{t,p}}{2g_c \cdot \rho_v} \quad \cdots\cdots\cdots(11\cdot222)$$

ここで，$G_{t,p}$ は入口管での蒸気の質量速度〔kg/m²・hr〕である。

伝熱管入口での圧力損失 $\Delta P_E$ は，伝熱管入口での速度水頭の10％と見なし，

$$\Delta P_E = \frac{0.1 G_t^2}{2g_c \cdot \rho_v} \quad \cdots\cdots\cdots(11\cdot223)$$

## 11・12 水平管内凝縮器の設計法

水平管内凝縮器の管内を流れる流体は，蒸気と凝縮液の2相流であるので，管内で蒸気の摩擦損失 $(\Delta P_F)_{tp}$ は Lockhart-Martinelli の相関式を用いて計算することができる。Coe は[41]，Lockhart-Martinelli の相関式を用いて，水平管内凝縮器の管内蒸気の摩擦損失を求める式を導いている。

凝縮液が層流-蒸気が乱流 ($Re_f < 1,000$, $Re_v > 2,000$) のとき

$$(\Delta P_F)_{tp} = \frac{0.954 \, G^2_{v,\text{in}}}{x_{\text{in}}^{0.13} \cdot g_c \cdot \rho_v \cdot D_i} \cdot \left(\frac{\rho_v \cdot \mu_f}{\rho_f \cdot \mu_v}\right)^{0.13} \cdot Re_{v,\text{in}}^{-0.304} \cdot K_v \cdot L$$

$$\cdots\cdots(11\cdot224)$$

式 (11・224) を整理して

$$(\Delta P_F)_{tp} = 1.433 \, x_{\text{in}}^{1.566} \cdot \left(\frac{\mu_f}{\rho_f}\right)^{0.13} \cdot \frac{\mu_v^{0.174} \cdot W_t^{1.696}}{\rho_v^{0.87} \cdot g_c \cdot D_i^{4.696}} \cdot K_v \cdot L$$

$$\cdots\cdots(11\cdot224\text{a})$$

凝縮液が乱流-蒸気が乱流 ($Re_f > 2,000$, $Re_v > 2,000$) のとき

$$(\Delta P_F)_{tp} = 1.328 \, x_{\text{in}}^{1.46} \cdot \frac{\mu_f^{0.038} \cdot \mu_v^{0.162} \cdot W_t^{1.8}}{\rho_f^{0.19} \cdot \rho_v^{0.81} \cdot g_c \cdot D_i^{4.8}} \cdot K_t \cdot L \quad \cdots\cdots(11\cdot225)$$

ここで，

$x_{\text{in}}$ ：伝熱管入口端での気相流量分率 〔−〕

$G_{v,\text{in}}$ ：伝熱管入口端での蒸気の質量速度 $= x_{\text{in}} \cdot W_t/(\pi \cdot D_i^2/4)$ 〔kg/m²・hr〕

$g_c$ ：重力の換算係数 $= 1.27 \times 10^8$ 〔kg・m/hr²・Kg〕

$L$ ：伝熱管長 〔m〕

$W_t$ ：全流量（伝熱管1本あたり）〔kg/hr〕

$(\Delta P_F)_{tp}$ ：伝熱管内での蒸気の摩擦損失 〔Kg/m²〕

$Re_{v,\text{in}}$ ：伝熱管入口端での蒸気の Reynolds 数 $= G_{v,\text{in}} \cdot D_i/\mu_v$ 〔−〕

$\mu_f$ ：凝縮液の粘度 〔kg/m・hr〕

$\mu_v$ ：蒸気の粘度 〔kg/m・hr〕

$K_v$, $K_t$ は，$x_{\text{in}}$ の関数として表わされる係数で，$x_{\text{in}} = 1$ のとき $K_v = 0.325$, $K_t = 0.255$ である。

---

41) Coe, H.H., O.A. Gutierrez, and D.B. Fenn : NASA TN D-360, "Comparison of Calculated and Measured Characteristics of Horizontal Multitube Heat Exchanger with Steam Condensing Inside Tubes".

## 第12章　渦巻管式熱交換器の設計法

渦巻管式熱交換器は，普通の多管円筒式熱交換器に比べて，伝熱係数が大であり，構造がコンパクトで，クリーニングが容易であり，汚れ（スケール）による伝熱抵抗が小さいなどのすぐれた特徴をもっている。したがって，この型式の熱交換器は，粘度の大きい流体あるいは固体粒子を含むスラリーを取り扱うのに適している。

渦巻管式熱交換器は，同一伝熱面積の多管円筒式熱交換器よりも高価ではあるが，伝熱係数が大きく，また保守が容易であるので広く使用される。

### 12・1　構　造[1)]

渦巻管式熱交換器の透視図，分解図，平面図を図 12・1，図 12・2 および図 12・3 に示

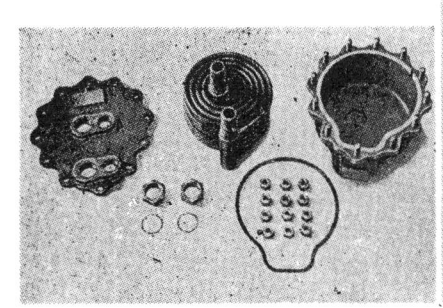

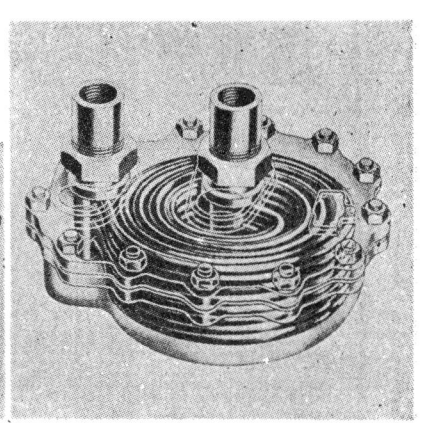

図 12・1　渦巻管式熱交換器透視図　　　図 12・2　渦巻管式熱交換器分解図

した。渦巻管式熱交換器は，多数の伝熱管を同芯に渦巻状に巻き，これをカバープレートおよびケーシングの底板との間に締め付けた構造になっている。各伝熱管の両端は1本の入口管および1本の出口管にそれぞれ分岐して取り付けられている。

伝熱管はそれぞれ隙間なく積み重ねられていて，その上端および下端はカバープレートおよびケーシングの底板で締め付けられている。伝熱管の渦巻のピッチを一定に保ち，胴側を流れる流体の流路を一定に保つために，渦巻と渦巻の間にスペーサを入れることもあ

---

1) Minton, P.E; Chem. Eng., May 18, pp. 145〜152 (1970).

## 12・1 構造

表 12・1 渦巻管式熱交換器の標準寸法

| No. Tubes | Tube Spacing, In. | Shellside Flow Area, Sq. In. | Standard Lengths, Ft. | | Heat-Transfer Area, Sq. Ft. |
|---|---|---|---|---|---|
| | | | Tubeside | Shellside | |
| Tube O.D., 1/4 in. | | | | | |
| 8 | 1/8 | 0.358 | 4.92 | 5.7 | 2.56 |
| 12 | 1/8 | 0.537 | 8.11 | 9.4 | 6.31 |
| 18 | 3/16 | 1.08 | 9.77 | 11.5 | 11.5 |
| 18 | 3/16 | 1.08 | 15.06 | 17.5 | 17.66 |
| 30 | 3/16 | 1.80 | 9.77 | 11.5 | 19.02 |
| 30 | 3/16 | 1.80 | 15.06 | 17.3 | 29.5 |
| Tube O.D., 3/8 in. | | | | | |
| 8 | 1/8 | 0.618 | 5.51 | 7.9 | 4.4 |
| 12 | 1/8 | 0.93 | 9.9 | 11.5 | 11.6 |
| 12 | 1/8 | 0,93 | 14.79 | 15.5 | 17.4 |
| 20 | 1/8 | 1.55 | 9.9 | 11.5 | 19.4 |
| 20 | 1/4 | 2.48 | 10.98 | 13.1 | 21.5 |
| 20 | 5/16 | 2.95 | 12.87 | 15.5 | 25.2 |
| Tube O.D., 1/2 in. | | | | | |
| 4 | 1/8 | 0.466 | 5.25 | 6.5 | 2.75 |
| 6 | 1/8 | 0.699 | 5.25 | 6.5 | 4.13 |
| 9 | 1/8 | 1.04 | 8.16 | 9.75 | 9.63 |
| 9 | 1/8 | 1.04 | 10.88 | 13.0 | 12.7 |
| 15 | 1/8 | 1.75 | 8.16 | 9.75 | 16.0 |
| 15 | 3/16 | 2.23 | 10.62 | 12.75 | 20.9 |
| 15 | 1/4 | 2.68 | 12.4 | 14.9 | 24.5 |
| 15 | 5/16 | 3.16 | 19.25 | 22.2 | 37.5 |
| 15 | 5/16 | 3.16 | 27.5 | 30.8 | 54.0 |
| 15 | 5/16 | 3.16 | 33.41 | 37.2 | 66.07 |
| 15 | 5/16 | 3.16 | 43.2 | 47.9 | 84.87 |
| 30 | 1/4 | 5.37 | 12.38 | 14.9 | 48.9 |
| 30 | 5/16 | 6.30 | 19.14 | 22.2 | 75.0 |
| 30 | 5/16 | 6.30 | 27.5 | 30.8 | 108.0 |
| 30 | 5/16 | 6.30 | 33.41 | 37.2 | 132.15 |
| 30 | 5/16 | 6.30 | 43.2 | 47.9 | 169.14 |
| Tube O.D., 5/8 in. | | | | | |
| 12 | 1/8 | 1.94 | 6.6 | 8.25 | 13.0 |
| 12 | 3/16 | 2.42 | 8.46 | 11.6 | 16.6 |
| 12 | 1/4 | 2.88 | 12.2 | 14.5 | 24.0 |
| 12 | 5/16 | 3.35 | 18.13 | 21.2 | 35.5 |
| 12 | 5/16 | 3.35 | 23.87 | 27.25 | 46.8 |
| 12 | 5/16 | 3.35 | 29.36 | 33.4 | 57.66 |
| 12 | 5/16 | 3.35 | 38.05 | 42.1 | 74.95 |
| 24 | 1/4 | 5.76 | 12.2 | 14.5 | 48.0 |
| 24 | 5/16 | 6.68 | 18.13 | 21.2 | 70.3 |
| 24 | 5/16 | 6.68 | 23.87 | 27.25 | 93.6 |
| 24 | 5/16 | 6.68 | 29.36 | 33.4 | 115.32 |
| 24 | 5/16 | 6.68 | 38.05 | 42.1 | 149.9 |

598  第12章 渦巻管式熱交換器の設計法

表 12・1 つづき

| No. Tubes | Tube Spacing, In. | Shellside Flow Area, Sq. In. | Standard Lengths, Ft. Tubeside | Standard Lengths, Ft. Shellside | Heat-Transfer Area, Sq. Ft. |
|---|---|---|---|---|---|
| Tube O.D., $^3/_4$ in. | | | | | |
| 10 | 3/16 | 2.62 | 8.12 | 9.7 | 15.9 |
| 10 | 1/4 | 3.09 | 9.92 | 12.3 | 19.4 |
| 10 | 5/16 | 3.59 | 15.2 | 18.25 | 29.8 |
| 10 | 5/16 | 3.59 | 20.61 | 24.0 | 40.3 |
| 10 | 5/16 | 3.59 | 25.81 | 29.5 | 50.76 |
| 10 | 5/16 | 3.59 | 33.75 | 38.0 | 66.29 |
| 10 | 5/16 | 3.59 | 40.3 | 45.3 | 79.0 |
| 10 | 5/16 | 3.59 | 47.72 | 53.4 | 94.0 |
| 10 | 5/16 | 3.59 | 55.58 | 62.2 | 109.0 |
| 20 | 1/4 | 6.16 | 9.87 | 12.3 | 39.2 |
| 20 | 5/16 | 7.10 | 15.2 | 18.25 | 59.6 |
| 20 | 5/16 | 7.10 | 20.61 | 24.0 | 80.6 |
| 20 | 5/16 | 7.10 | 25.81 | 29.5 | 101.52 |
| 20 | 5/16 | 7.10 | 33.75 | 38.0 | 132.58 |
| 20 | 5/16 | 7.10 | 40.3 | 45.3 | 158.0 |
| 20 | 5/16 | 7.10 | 47.72 | 53.4 | 188.0 |
| 20 | 5/16 | 7.10 | 55.58 | 62.2 | 218.0 |
| 30 | 5/16 | 10.62 | 33.75 | 38.0 | 198.9 |
| 30 | 5/16 | 10.62 | 40.3 | 45.3 | 237.0 |
| 30 | 5/16 | 10.62 | 47.72 | 53.4 | 282.0 |
| 30 | 5/16 | 10.62 | 55.58 | 62.2 | 327.0 |

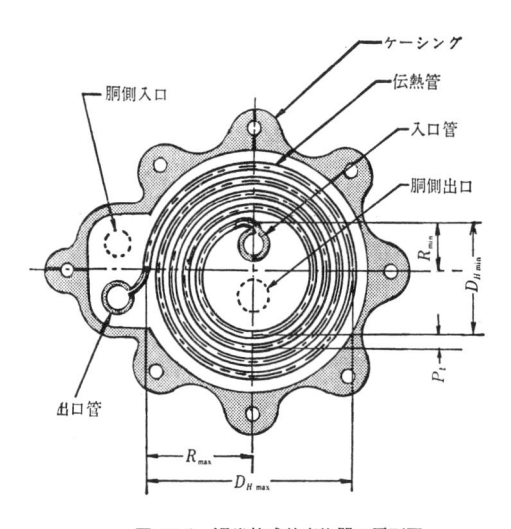

図 12・3 渦巻管式熱交換器の平面図

る。

　伝熱管は，炭素鋼，銅，銅合金，ステンレス鋼，ニッケル，ニッケル合金など種々の材料のものを用いることができる。伝熱管として平滑管のほかにフィンチューブを用いることもできる。ケーシングは鋳鉄，青銅鋳物，炭素鋼あるいはステンレス鋼が用いられる。

　伝熱管は入口管および出口管に溶接，ろう付けなどの方法で分岐して取り付けられる。

　渦巻管式熱交換器は伝熱面積 325〔$ft^2$〕，胴側最高使用圧力 600〔psi〕のものまで市販されている。渦巻管式熱交換器の標準寸法を表 12・1 に示した。

## 12・2　長所および短所[1]

　渦巻管式熱交換器は，多管円筒式熱交換器と比較して，次のような長所がある。

　(1)流量が少ないとき，あるいは必要伝熱量が小さいときに適している。(2)直管に比べて渦巻管では層流範囲での伝熱係数が大きくなるので，粘度の高い流体の加熱もしくは冷却に適している。(3)渦巻管式熱交換器での流れは向流とみなすことができる(厳密には第 13 章渦巻板式熱交換器の設計法に記載するように完全向流ではないが，実用的には向流とみなすことができる)。(4)伝熱管はコイル状になっていて，スプリングのような役目をするので，熱応力を受けて破損漏洩する恐れがない。(5)コンパクトで据付けが容易である。

　渦巻管式熱交換器の短所としては，次の事項をあげることができる。(1)伝熱管と入口分岐管および出口分岐管との取付け箇所に漏洩を生じたときに修理が困難である。(2)伝熱管内側を機械的手段でクリーニングするのは困難である(胴側は水ジェットを用いたジェットクリーナーでクリーニングすることができるが，管内側は化学処理によるクリーニングを行なう必要がある)。(3)伝熱管としてステンレス鋼を用いるときに，伝熱管の大きさがある限界以上になると，胴側流路を均一に保つためにスペーサが必要となるが，スペーサを用いると胴側流れの圧力損失が増大する(スペーサによる圧力損失増大に関しては，以降に記載せる圧力損失の推定では考慮していない)。

## 12・3　基本伝熱式

　図 12・4 に示すように，渦巻状に巻いた伝熱管を上下方向に隙間なく積み重ね，しかも伝熱管上端とカバープレートの間，および伝熱管下端とケーシング底板との間に隙間がないように締め付けた構造では，流体の流れは胴側流体および管内側流体ともに渦巻状に流れることになる。この場合において，管内側に高温流体が，胴側に低温流体が流れるもの

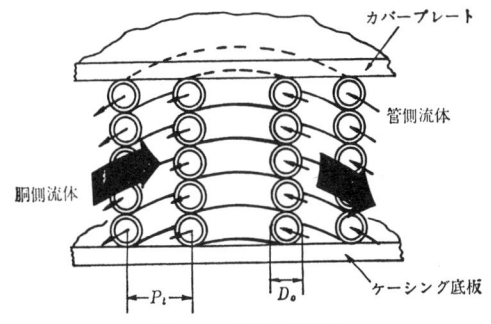

**図 12・4** 胴側渦巻状流れ

とすると，管内側流体からの熱移動は内側流路を流れる胴側流体および外側流路を流れる胴側流体の両方に行なわれることになり，厳密には向流ではない。しかし，実用上は向流とみなしてさしつかえない。

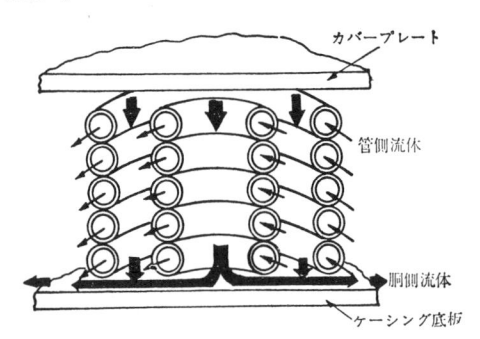

**図 12・5** 胴側軸方向流れ

図 12・5 に示すように，伝熱管上端とカバープレートの間および伝熱間下端との間に，適当な間隔を設けた構造の渦巻管式熱交換器では，管内側流体に渦巻状に流れるが，胴側流体は軸方向流れとなる。このときの流れ様式は，両流体とも混合しない直向流とみなすことができる。したがって，渦巻管式熱交換器の基本伝熱式は，次のようになる。

（1）管内側，胴側ともに渦巻流れのとき，

$$Q = AU \cdot \frac{|T_1 - t_2| - |T_2 - t_1|}{\ln\left(\dfrac{T_1 - t_2}{T_2 - t_1}\right)} \quad \cdots\cdots(12\cdot1)$$

（2）管内側が渦巻流れ，胴側が軸方向流れのとき，

$$Q = AU \cdot F_t \cdot \frac{|T_1 - t_2| - |T_2 - t_1|}{\ln\left(\dfrac{T_1 - t_2}{T_2 - t_1}\right)} \quad \cdots\cdots(12\cdot2)$$

温度差補正係数 $F_t$ は両流体ともに混合しない直交流熱交換器の温度差補正係数図 3·157 を用いる。

ここで

$Q$：伝熱量〔kcal/hr〕

$A$：伝熱面積〔m²〕

$t_1, t_2$：管内側流体入口，出口温度〔°C〕

$T_1, T_2$：胴側流体入口，出口温度〔°C〕

$U$：総括伝熱係数〔kcal/m²·hr·°C〕

## 12·4 伝熱係数

### 12·4·1 管内側境膜伝熱係数

**(1) 相変化を伴なわない対流伝熱**　渦巻管式熱交換器の伝熱管は，図 12·3 に示すように渦巻径 $D_H$ が $D_{H,\min}$ より $D_{H,\max}$ まで変化するいわゆるアルキメデス渦巻管をなしているが，このアルキメデス渦巻管内を流れた流体の境膜伝熱係数の相関式に関しては，Yang の理論的解析[2]以外は現在までに発表されていない。したがって，図 12·6 に示すように，渦巻径が一定のコイル管内を流れる流体の境膜伝熱係数の相関式を用いる。

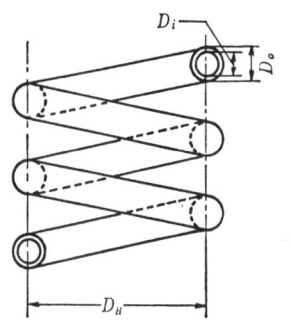

**限界 Reynolds 数**　渦巻径が一定のコイルを流れる流体が層流から乱流に遷移する限界 Reynolds 数 $(Re)_{\mathrm{crit}}$ の推定式として，Ito[3] は次式を提案している。

$$(Re)_{\mathrm{crit}} = 2 \times 10^4 (D_i/D_H)^{0.32} \qquad (12 \cdot 3)$$

Kubair[4] は次式を提案している。

$$(Re)_{\mathrm{crit}} = 12,730 (D_i/D_H)^{0.2} \qquad (12 \cdot 4)$$

ここで，$D_H$ は渦巻径〔m〕，$D_i$ は管内径〔m〕である。

渦巻径が一定のコイルを流れる流体の境膜伝熱係数に関して，Kubair[4] ら，Seban ら[5]，Rogers[6]，Dravid ら[7] が次の相関式を発表している。

図 12·6　渦巻径一定のコイル管

---

2) Yang, W.J: Int. J. Heat Mass Transfer, vol. 7, pp. 1123〜1139 (1964).
3) Ito, H.; Trans. Amer. Soc. Mech. Engrs, D 81, pp. 123〜132 (1959).
4) Kubair, V. & N.R. Kuloor; Indian. J. Technol., vol. 3, pp. 147〜150 (1965).

**境膜伝熱係数（層流範囲）**

**Kubair らの式**

$$h_i = [0.763 + (D_i/D_H)] \cdot \left(\frac{k}{D_i}\right) \cdot \left(\frac{W_t \cdot C}{k \cdot L}\right)^{0.9} \quad \cdots\cdots\cdots\cdots\cdots(12\cdot 5)$$

適用範囲

$D_i = 6.6 \sim 12.7$ [mm]

$D_i/D_H = 0.037 \sim 0.097$

$Re = 2,100 \sim 15,000$

$(W_t \cdot C)/(k \cdot L) = 15 \sim 100$

ここで, $C$：比熱 [kcal/kg・°C]

$W_t$：管内流量 [kg/hr]

$L$：管長 [m]

$k$：管内流体の熱伝導率（本体温度における値）[kcal/m・hr・°C]

$Re$：Reynolds 数 $=(D_i \cdot G_i/\mu)$ [—]

$G_i$：管内質量速度 [kg/m²・hr]

$\mu$：粘度（本体温度における値）[kg/m・hr]

**Seban らの式**

$$h_i = 0.13\left(\frac{k}{D_i}\right)\left[\left(\frac{f}{2}\right)\left(\frac{D_i \cdot G_i}{\mu}\right)^2\right]^{1/3} \cdot \left(\frac{C \cdot \mu}{k}\right)^{1/3} \quad \cdots\cdots\cdots\cdots\cdots(12\cdot 6)$$

適用範囲

$D_i/D_H = 0.059 \sim 0.0096$

$Re = 10 \sim 5,600$

$Pr = (C\mu/k) = 100 \sim 657$

$f$ は摩擦係数で, 層流範囲では次に示す White[8] らの相関式を用いて計算することができる。

$11.6 < (D_i \cdot G_i/\mu)(D_i/D_H)^{0.5} < 2,000$

---

5) Seban, R.A. and E.F. McLaughlin, E.F.; Int. J. Heat Mass Transfer, vol. 6, pp. 387~395 (1963).
6) Rogers, G.F.C. and Y.R. Mayhew; Int. J. Heat Mass Transfer, vol. 7, pp. 1207~1216 (1964).
7) Dravid, A.N., K.A. Smith, E.W. Merrill, and P.L.T. Brian; A.I.Ch.E. Journal, vol. 17, No. 5, pp. 1114~1122 (1971).
8) White, C.M.; Trans. Int. Chem. Engrs., vol. 10, pp. 66~80 (1932).

## 12・4 伝熱係数

$$f=\frac{16}{(D_i\cdot G_i/\mu)}\left\{1-\left[1-\left(\frac{11.6}{(D_i\cdot G_i/\mu)\sqrt{D_i/D_H}}\right)^{0.45}\right]^{2.22}\right\}^{-1}$$ ..............(12・7)

$(D_i\cdot G_i/\mu)(D_i/D_H)^{0.5}<11.6$

$$f=\frac{16}{(D_i\cdot G_i/\mu)}$$ ..................................................(12・8)

**Dravid らの式**

$$h_i=\left[0.65\left(\frac{D_i\cdot G_i}{\mu}\right)^{1/2}\left(\frac{D_i}{D_H}\right)^{1/4}+0.76\right]\left(\frac{k}{D_i}\right)\left(\frac{C\cdot\mu}{k}\right)^{0.175}$$ ...............(12・9)

適用範囲

$$\left(\frac{D_i\cdot G_i}{\mu}\right)\left(\frac{D_i}{D_H}\right)^{1/2}=30\sim2,000$$

**境膜伝熱係数（乱流範囲）**

Kirpikov の式[9]

$$h_i=0.0456\left(\frac{D_i}{D_H}\right)^{0.21}\cdot\left(\frac{D_i\cdot G_i}{\mu}\right)^{0.8}\cdot\left(\frac{C\cdot\mu}{k}\right)^{0.4}$$ ..........................(12・10)

適用範囲

$Re=10,000\sim45,000$

$D_i/D_H=0.1\sim0.056$

Seban らの式[5],[6]

$$h_i=0.023\left(\frac{D_i}{D_H}\right)^{0.1}\cdot\left(\frac{D_i\cdot G_i}{\mu}\right)^{0.85}\cdot\left(\frac{C\cdot\mu}{k}\right)^{0.4}$$ ..........................(12・11)

適用範囲

$Re=6,000\sim65,600$

$D_i/D_H=0.10\sim0.0096$

**（2）凝縮伝熱** 水平管内凝縮の式 (8・33) または図 8・30 を適用することができる。さらに簡便な実用式として次式を用いてもよい。

$$h=1.20\left(\frac{4\Gamma}{\mu_f}\right)^{-1/3}\left(\frac{\mu_f^2}{k_f^3\cdot\rho_f^2\cdot g}\right)^{-1/3}$$ .........................................(12・12)

$\Gamma$ は凝縮負荷で，

$$\Gamma=W_f/(L\cdot N)$$ ..............................................................(12・13)

---

[9] Kirpikov, A.V.; Trudi Moskov, Inst. Khim. Mashinojtrojenija vol. 12, pp. 43〜56 (1957).

式 (12・13) の適用範囲は,

$$(4\Gamma/\mu_f) < 2,100$$

式 (12・13) に管内を流れる蒸気によって凝縮液に剪断力が働き,凝縮液が乱れる効果は無視している。ここで,

$W_f$：凝縮量 [kg/hr]

$\Gamma$：凝縮負荷 [kg/m・hr]

$\mu_f$：凝縮液の粘度（境膜温度における）[kg/m・hr]

$\rho_f$：凝縮液の密度（境膜温度における）[kg/m³]

$k_f$：凝縮液の熱伝導率（境膜温度における）[kcal/m・hr・℃]

$g$：重力の加速度 $=1.27\times10^8$ [m/hr²]

**12・4・2 胴側境膜伝熱係数**

**(1) 相変化を伴なわない対流伝熱（渦巻流れ）** 図 12・4 に示すように,伝熱管上端とカバープレートの間,および伝熱管下端とケーシング底板との間に隙間を設けないときには,胴側流体は渦巻流れとなるが,この場合の伝熱係数は管内径 $D_i$ の代りに胴側流路の相当径 $D_e$ を用いると,前述の管内側境膜伝熱係数の相関式をそのまま用いて算出することができる。

胴側の流路断面は図 12・4 のような形状であるので,その相当径 $D_e$ は次式で表わされる。

$$D_e = \frac{4[P_t \cdot ND_o - (\pi/4) \cdot ND_o^2]}{2P_t + N\pi D_o} \quad \cdots\cdots(12\cdot14)$$

一般に $2P_t \ll N\pi D_o$ であるので,$2P_t$ を無視して

$$D_e = 4 \cdot \frac{P_t}{\pi} - D_o \quad \cdots\cdots(12\cdot15)$$

ここで

$D_o$：伝熱管外径 [m]

$P_t$：伝熱管の渦巻ピッチ [m]

$N$：伝熱管数

**境膜伝熱係数（層流範囲）**

$$h_o = \left[0.65\left(\frac{D_e \cdot G_o}{\mu}\right)^{1/2} \cdot \left(\frac{D_e}{D_H}\right)^{1/4} + 0.76\right] \cdot \left(\frac{k}{D_e}\right) \cdot \left(\frac{C \cdot \mu}{k}\right)^{0.175}$$

$$\cdots\cdots(12\cdot16)$$

適用範囲

## 12・4 伝熱係数

$$\left(\frac{D_e \cdot G_o}{\mu}\right)\left(\frac{D_e}{D_H}\right)^{1/2} = 30 \sim 2,000$$

$$h_o = [0.763 + (D_e/D_H)] \cdot \left(\frac{k}{D_e}\right) \cdot \left(\frac{W \cdot C}{k \cdot L}\right)^{0.9} \quad \cdots\cdots\cdots(12 \cdot 17)$$

適用範囲

$$\left(\frac{D_e \cdot G_o}{\mu}\right) = 2,100 \sim 15,000$$

ここで，$G_o$：胴側質量速度〔kg/m²・hr〕
$L$：流路長さ〔m〕

境膜伝熱係数（乱流範囲）

$$h_o = 0.023 \left(\frac{D_e}{D_H}\right)^{0.1} \cdot \left(\frac{D_e \cdot G_o}{\mu}\right)^{0.85} \cdot \left(\frac{C \cdot \mu}{k}\right)^{0.4} \quad \cdots\cdots\cdots(12 \cdot 18)$$

適用範囲

$$\left(\frac{D_e \cdot G_o}{\mu}\right) = 10,000 \sim 100,000$$

**(2) 相変化を伴なわない対流伝熱（軸方向流れ）** 図12・5に示すように，伝熱管上端とカバープレートの間，および伝熱管下端とケーシング底板との間に隙間を設けたときには，胴側流体は軸方向流れとなる。この場合の流路は環状となるが，その流路断面積は流れ方向に沿って拡大および縮小を繰り返すことになる。

Hoblerら[10]は軸方向に沿って一定間隔ごとに絞りを設けた円管内を流れる流体の境膜伝熱係数の相関式として，次式を提案している。

$200 < Re < 2,000$

$$h_i = 0.437 \left(\frac{k}{D_i}\right) \cdot \left(\frac{D_i \cdot G_i}{\mu}\right) \cdot \left(\frac{C \cdot \mu}{k}\right) \cdot \left(\frac{D_i}{L}\right) \quad \cdots\cdots\cdots(12 \cdot 19)$$

$2,300 < Re < 6,000$

$$h_i = 0.0514 \left(\frac{k}{D_i}\right) \cdot \left(\frac{D_i \cdot G_i}{\mu}\right)^{0.775} \cdot \left(\frac{C \cdot \mu}{k}\right)^{0.4} \cdot \left(\frac{D_i}{D_{i,\min}}\right)^{0.488}$$

$$\times \left(\frac{D_i}{L}\right)^{0.242} \quad \cdots\cdots\cdots(12 \cdot 20)$$

ここで，$D_{i,\min}$は絞り部での管内径である。

渦巻管式熱交換器の胴側境膜伝熱係数は管内径$D_i$の代りに，胴側流路の相当径$D_e$を用いて，近似的に次式で相関することができる。

軸方向流れに対する胴側流路の相当径$D_e$は，

---

10) Hobler, T and K. Koziol; Genie Chimique, vol. 94, No. 46〜49 (1965).

$$D_e ≒ 2P_t \quad \cdots\cdots (12\cdot21)$$

境膜伝熱係数（層流範囲）

$$h_o = 0.437\left(\frac{k}{D_e}\right)\cdot\left(\frac{D_e\cdot G_o}{\mu}\right)\cdot\left(\frac{C\cdot\mu}{k}\right)\cdot\left(\frac{D_e}{ND_o}\right) \quad \cdots\cdots (12\cdot22)$$

$$\left(\frac{D_e\cdot G_o}{\mu}\right) = 200 \sim 2,000$$

境膜伝熱係数（乱流範囲）

$$h_o = 0.0514\left(\frac{k}{D_e}\right)\cdot\left(\frac{D_e\cdot G_o}{\mu}\right)^{0.775}\cdot\left(\frac{C\cdot\mu}{k}\right)^{0.4}\cdot\left(\frac{P_t}{P_t-D_o}\right)^{0.488}$$

$$\times\left(\frac{D_e}{ND_o}\right)^{0.242} \quad \cdots\cdots (12\cdot23)$$

$G_o$ は胴側流体の質量速度〔kg/m²・hr〕で，次式で計算する．

$$G_o = \frac{W_o}{P_t\cdot L} \quad \cdots\cdots (12\cdot24)$$

$W_o$ は胴側流体の流量〔kg/hr〕，$N$ は伝熱管数，$L$ は伝熱管長〔m〕である．

**(3) 凝縮伝熱** 水平管群の管外凝縮の式（8・37）を適用することができる．さらに簡便な実用式として，次式を用いてもよい．

$$h_o = 1.51\left(\frac{4\Gamma}{\mu_f}\right)^{-1/3}\cdot\left(\frac{\mu_f^2}{k_f^3\cdot\rho_f^2\cdot g}\right)^{-1/3} \quad \cdots\cdots (12\cdot25)$$

$\Gamma$ は凝縮負荷〔kg/m・hr〕で，

$$\Gamma = W_f/(L\cdot N^{2/3}) \quad \cdots\cdots (12\cdot26)$$

**(4) 沸騰伝熱** 核沸騰の式（8・42）を適用することができる．

$$h_o = \left[0.225\cdot C_s\cdot\left(\frac{C_l}{\lambda}\right)^{0.69}\cdot\left(\frac{P\cdot k_l}{\sigma}\right)^{0.31}\cdot\left(\frac{\rho_l}{\rho_v}-1\right)^{0.33}\right]^{3.22}$$

$$\times(\varDelta t)^{2.22} \quad \cdots\cdots (12\cdot27)$$

ここで，

　$C_s$：伝熱管外表面の状態を表わす係数

　　　＝1.0……伝熱管が銅または鉄のとき

　　　＝0.7……ステンレス管のとき

　$\sigma$：液の表面張力〔Kg/m〕

　$C_l$：液の比熱〔kcal/kg・℃〕

　$\lambda$：蒸発潜熱〔kcal/kg〕

　$\rho_l, \rho_v$：液，蒸気の密度〔kg/m³〕

$k_l$：液の熱伝導率〔kcal/m・hr・°C〕

$P$：沸騰圧力〔Kg/m²〕

なお，胴側で沸騰を行なわせるときには，伝熱管上端とカバープレートの間を広くとり，蒸発蒸気の気泡が速やかに沸騰液より分離するようにしないと伝熱管表面が蒸気相で覆われて伝熱係数が低下する。Minton[1]は伝熱管上端とカバープレートとの間の空間での最大許容蒸気速度として，次式を示している。

$$v_{\max}=0.05\frac{(\rho_l-\rho_v)^{0.25}}{\rho_v^{0.5}}\cdot(\sigma')^{0.25} \quad \cdots\cdots(12\cdot28)$$

ここで，

$\sigma'$：表面張力〔dynes/cm〕

$v_{\max}$：許容最大流速〔m/sec〕

$\rho_v, \rho_l$：蒸気，液の密度〔kg/m³〕

また，熱流束を式(8・48)で示される極大熱流束以上とはなし得ないことはもちろんである。

## 12・5 圧力損失

### 12・5・1 管内側圧力損失

#### (1) 相変化を伴なわないときの圧力損失

**A.** 管内流れの摩擦損失 $\Delta P_f$　Shaukat Ali[11] らはアルキメデス渦巻管（図12・3）における圧力損失の相関式として，次式を提案している。

層流 ($Re<6,000$)

$$\Delta P_f=49\left(\frac{D_i\cdot G_i}{\mu}\right)^{-0.67}\left[\frac{R_{\max}^{0.75}(R_{\max}-R_{\min})^{0.75}}{P_t\cdot D_i^{0.5}}\right]\cdot\frac{4G_i^2}{2g_c\cdot\rho}$$

$$\cdots\cdots(12\cdot29)$$

乱流 ($Re>10,000$)

$$\Delta P_f=0.65\left(\frac{D_i\cdot G_i}{\mu}\right)^{-0.18}\cdot\left[\frac{R_{\max}^{0.75}\cdot(R_{\max}-R_{\min})^{0.75}}{P_t\cdot D_i^{0.5}}\right]\cdot\frac{4G_i^2}{2g_c\cdot\rho}$$

$$\cdots\cdots(12\cdot30)$$

ここで，

$\Delta P_f$：管内流れの摩擦損失〔Kg/m²〕

---

11) Shaukat Ali and C.V. Seshadri : Ind. Eng. Chem. Process. Des. Develop., vol. 10, No. 3, pp. 328~332 (1971).

$R_{max}$:渦巻の最大半径(図12・3)[m]

$R_{min}$:渦巻の最小半径(図12・3)[m]

$g_c$:重力換算係数 $1.27 \times 10^8$ [kg・m/Kg・hr²]

また,Shaukat らは,アルキメデス渦巻管においては,層流から乱流に遷移する限界 Reynolds 数は $(Re)_{crit, I}$ および $(Re)_{crit, II}$ の2つがあり,Reynolds 数が $(Re)_{crit, I}$ 以下では渦巻管全体にわたって層流であり,$(Re)_{crit, I}$ でまず渦巻の一番外側の管路で乱流が生じはじめ,Reynolds 数が $(Re)_{crit, II}$ になると渦巻の全管路まで乱流が発達するとし,$(Re)_{crit, I}$ および $(Re)_{crit, II}$ の相関式を提案している。

$$(Re)_{crit, I} = 2,100 \left[1 + 4.9 \left(\frac{D_i}{R_{max}}\right)^{0.21} \cdot \left(\frac{P_t}{R_{max}}\right)^{0.1}\right] \quad \cdots\cdots(12\cdot31)$$

$$(Re)_{crit, II} = 2,100 \left[1 + 6.25 \left(\frac{D_i}{R_{min}}\right)^{0.17} \cdot \left(\frac{P_t}{R_{min}}\right)^{0.1}\right] \quad \cdots\cdots(12\cdot32)$$

**B. 出入口圧力損失 $\Delta P_r$** 入口管から伝熱管に分流する圧力損失と,伝熱管から出口管に合流する圧力損失の和を,速度水頭の2倍と見なして,

$$\Delta P_r = \frac{2G_i^2}{2g_c \cdot \rho} \quad \cdots\cdots(12\cdot33)$$

**C. 管内側全圧力損失 $\Delta P_t$**

$$\Delta P_t = \Delta P_f + \Delta P_r \quad \cdots\cdots(12\cdot34)$$

(2) **凝縮の場合の圧力損失** 相変化がないものと仮定し,式(12・29),(12・33)および(12・34)を用いて計算した圧力損失の 0.5 倍と見ればよい。これは充分に安全な推定である。

### 12・5・2 胴側圧力損失

(1) **相変化を伴なわないときの圧力損失(渦巻流れ)**

**A. 胴側流れの摩擦損失** 管内径 $D_i$ の代りに胴側流路の相当径 $D_e$ を用いて,式(12・26)また式(12・27)から計算することができる。

層流($Re < 6,000$)

$$\Delta P_f = 49 \left(\frac{D_e \cdot G_o}{\mu}\right)^{-0.67} \cdot \left[\frac{R_{max}^{0.75} \cdot (R_{max} - R_{min})^{0.75}}{P_t \cdot D_e^{0.5}}\right] \cdot \frac{4G_o^2}{2g_c \cdot \rho}$$
$$\cdots\cdots(12\cdot35)$$

乱流($Re > 10,000$)

$$\Delta P_f = 0.65 \left(\frac{D_e \cdot G_o}{\mu}\right)^{-0.18} \cdot \left[\frac{R_{max}^{0.75} \cdot (R_{max} - R_{min})^{0.75}}{P_t \cdot D_e^{0.5}}\right] \cdot \frac{4G_o^2}{2g_c \cdot \rho}$$
$$\cdots\cdots(12\cdot36)$$

ここで，相当径 $D_e$ は式（12·15）で計算することができる。

**B. 出入口圧力損失 $\Delta P_r$**　出入口ノズルでの圧力損失は，速度水頭の2倍と見なして計算する。

$$\Delta P_r = \frac{2G_o{}^2}{2g_c \cdot \rho} \quad \cdots\cdots\cdots\cdots\cdots\cdots\cdots\cdots\cdots\cdots\cdots\cdots\cdots\cdots (12\cdot 37)$$

**C. 胴側全圧力損失 $\Delta P_s$**

$$\Delta P_s = \Delta P_f + \Delta P_r \quad \cdots\cdots\cdots\cdots\cdots\cdots\cdots\cdots\cdots\cdots\cdots\cdots (12\cdot 38)$$

**（2）相変化を伴なわないときの圧力損失（軸方向流れ）**　流れ方向に沿って拡大，縮小を伝熱管数だけ繰り返す。拡大と縮小の際の圧力損失を速度水頭の2倍と見なすと，

$$\Delta P_s = \frac{2}{2g_c \cdot \rho}\left[\frac{W_o}{L(P_t - D_o)}\right]^2 \cdot N \quad \cdots\cdots\cdots\cdots\cdots\cdots\cdots\cdots (12\cdot 39)$$

**（3）凝縮の場合の圧力損失**　相変化がないものと仮定して，計算した圧力損失の 0.5 倍と見ればよい。これは充分に安全な推定である。

## 12·6 渦巻の最大径 $D_{H,\max}$

渦巻の巻数 $N_{\text{coil}}$ は次式で求まる。

$$N_{\text{coil}} = \frac{1}{2\pi}\sqrt{\frac{4\pi}{P_t}\left(L + \frac{\pi}{4P_t} \cdot D^2{}_{H,\min}\right)} \quad \cdots\cdots\cdots\cdots\cdots (12\cdot 40)$$

渦巻の最大径 $D_{H,\max}$ は，

$$\begin{aligned}D_{H,\max} &= 2N_{\text{coil}} \cdot P_t \\ &= \frac{P_t}{\pi}\sqrt{\frac{4\pi}{P_t}\left(L + \frac{\pi}{4P_t} \cdot D^2{}_{H,\min}\right)} \quad \cdots\cdots\cdots\cdots (12\cdot 41)\end{aligned}$$

## 12·7 設計例

**〔例題 12·1〕 凝縮器の設計**

次の仕様条件の渦巻管式凝縮器を設計する。

| 条件 | 管内側 | 胴側（凝縮） |
|---|---|---|
| 流量〔kg/hr〕 | 13,600 | 1,550 |
| 入口温度〔℃〕 | 20 | 121 |
| 出口温度〔℃〕 | 80 | 121 |
| 液粘度〔cp〕 | 0.55 | 0.23 |
| 蒸気粘度〔cp〕 | — | 0.013 |
| 比熱〔kcal/kg·℃〕 | 0.998 | 1.015 |
| 熱伝導率〔kcal/m·hr·℃〕 | 0.545 | 0.590 |

| | | |
|---|---|---|
| 液密度 [kg/m³] | 999 | 950 |
| 蒸気密度 [kg/m³] | — | 1.06 |
| 蒸発潜熱 [kcal/kg] | — | 525 |
| 伝熱管材料 | — | 鋼管 |
| 伝熱管材料の熱伝導率 [kcal/m·hr·°C] | | 50 |
| 許容圧力損失 [Kg/cm²] | 1.0 | 0.30 |

〔解〕

伝熱量 $Q = 15,500 \times 525 = 8,150,000$ [kcal/hr]

有効温度 $\Delta T$

$$\Delta T = \frac{(121-20)-(121-80)}{\ln[(121-20)/(121-80)]} = 66.5 \text{ [°C]}$$

概略寸法

総括伝熱係数 $U = 1,500$ [kcal/m²·hr·°C] と仮定すると，必要伝熱面積は
$A = 8,150,000/(66.5 \times 1,700) = 7.2$ [m²]

表 12·1 から，次の仕様の熱交換器が選定される。

伝熱面積 $A = 75$ [ft²] $= 6.95$ [m²]

伝熱管：外径 $D_o = 0.5$ inch $= 0.0127$ [m]
　　　　内径 $D_i = 0.402$ inch $= 0.0102$ [m]
　　　　本数 $N = 30$
　　　　長さ $L = 19.14$ [ft] $= 5.85$ [m]

渦巻のピッチ $P_t$

$$P_t = \frac{1}{2} + \frac{5}{16} = \frac{13}{16} \text{[inch]} = 0.0206 \text{ [m]}$$

渦巻の最小径 $D_{H,\min} = 0.15$ [m] とすると，渦巻の最大径 $D_{H,\max}$ は式 (12·41) から

$$D_{H,\max} = \frac{P_t}{\pi}\sqrt{\frac{4\pi}{P_t}\left(L + \frac{\pi}{4P_t}D^2_{H,\min}\right)}$$

$$= \frac{0.0206}{\pi}\sqrt{\frac{4\pi}{0.0206}\left[5.85 + \frac{\pi}{4 \times 0.0206}(0.15)^2\right]}$$

$$= 0.415 \text{ [m]}$$

(1) 管内側境膜伝熱係数

管内側流路面積

$$a_t = N \cdot \frac{\pi}{4} \cdot D_i^2 = 30 \times \frac{\pi}{4} \times (0.0102)^2 = 0.00240 \text{ [m²]}$$

管内側質量速度

$$G_i = W_t/a_t = 13,600/0.00240 = 5.67 \times 10^6 \text{ [kg/m²·hr]}$$

Reynolds 数

$$Re = \frac{D_i \cdot G_i}{\mu} = \frac{0.0102 \times 5.67 \times 10^6}{0.55 \times 3.60} = 29,000 \text{ [—]}$$

渦巻径の平均は
$$D_{H,ave}=(D_{H,max}+D_{H,min})/2=(0.415+0.150)/2=0.282\ [\text{m}]$$
式（12・11）を用いて，
$$h_i=0.023\left(\frac{0.0102}{0.280}\right)^{0.1}\cdot(29,000)^{0.85}\cdot\left(\frac{0.998\times0.55\times3.60}{0.545}\right)^{0.4}$$
$$=6,600\ [\text{kcal/m}^2\cdot\text{hr}\cdot°\text{C}]$$

**（2） 胴側境膜伝熱係数** 式（12・26）から凝縮負荷 $\Gamma$ は
$$\Gamma=W_f/(L\cdot N^{2/3})=15,500/(5.85\times30^{2/3})$$
$$=276\ [\text{kg/m}\cdot\text{hr}]$$
式（12・25）から，胴側境膜伝熱係数は
$$h_o=1.51\left(\frac{4\times276}{0.23\times3.60}\right)^{-1/3}\left[\frac{(0.23\times3.60)^2}{(0.590)^3\cdot(950)^2\cdot(1.27\times10^8)}\right]^{-1/3}$$
$$=4,450\ [\text{kcal/m}^2\cdot\text{hr}\cdot°\text{C}]$$

**（3） 管金属の伝熱抵抗**
$$\left(\frac{t_s}{k_w}\right)=\frac{(D_o-D_i)/2}{k_w}=\frac{(0.0127-0.0102)/2}{50}$$
$$=0.000025\ [\text{m}^2\cdot\text{hr}\cdot°\text{C/kcal}]$$

$t_s$ は伝熱管厚み [m]，$k_w$ は伝熱管材料の熱伝導率 [kcal/m·hr·°C] である。

**（4） 汚れ係数**
　管内側汚れ係数 $r_i=0.0001\ [\text{m}^2\cdot\text{hr}\cdot°\text{C/kcal}]$
　胴側汚れ係数 $r_o=0.0001\ [\text{m}^2\cdot\text{hr}\cdot°\text{C/kcal}]$
とする。

**（5） 総括伝熱係数**
$$\frac{1}{U}=\frac{1}{h_o}+r_o+\frac{t_s}{k_w}+r_i\frac{D_o}{D_i}+\frac{1}{h_i}\cdot\frac{D_o}{D_i}$$
$$=\frac{1}{4,450}+0.0001+0.000025+0.0001\times\left(\frac{0.0127}{0.0102}\right)$$
$$+\frac{1}{6,600}\times\left(\frac{0.0127}{0.0102}\right)=0.000669\ [\text{m}^2\cdot\text{hr}\cdot°\text{C/kcal}]$$
$$U=1,500\ [\text{kcal/m}^2\cdot\text{hr}\cdot°\text{C}]$$

したがって，最初に仮定した総括伝熱係数の値が妥当であったことになる。

**（6） 管内側圧力損失**
　管内流れの摩擦損失 $\Delta P_f$
　　渦巻の最大半径
$$R_{max}=D_{H,max}/2=0.415/2=0.206\ [\text{m}]$$
　　渦巻の最小半径
$$R_{min}=D_{H,min}/2=0.150/2=0.075\ [\text{m}]$$
$Re>10,000$ であるから，式（12・30）から

$$\Delta P_f = 0.65(29,000)^{-0.18} \cdot \left[\frac{(0.206)^{0.75} \cdot (0.206-0.075)^{0.75}}{0.0206 \cdot (0.0102)^{0.5}}\right]$$

$$\cdot \frac{4 \times (5.67 \times 10^6)^2}{2 \times 1.27 \times 10^8 \times 999} = 1,760 \ [\mathrm{Kg/m^2}]$$

$$= 0.176 \ [\mathrm{Kg/cm^2}]$$

出入口圧力損失 $\Delta P_r$

式 (12・33) から

$$\Delta P_r = \frac{2 \times (5.67 \times 10^6)^2}{2 \times 1.27 \times 10^8 \times 999} = 250 \ [\mathrm{Kg/m^2}]$$

$$= 0.025 \ [\mathrm{Kg/cm^2}]$$

管内側圧力損失 $\Delta P_t$

$$\Delta P_t = \Delta P_f + \Delta P_r = 0.176 + 0.025 = 0.201 \ [\mathrm{Kg/cm^2}]$$

(7) **胴側圧力損失** $\Delta P_s$　伝熱管上端とカバープレートの間,および伝熱管下端とケーシング底板との間に隙間を設けて,胴側蒸気を軸方向に流すものとする.

蒸気が凝縮しないと仮定して,式 (12・39) から圧力損失を求めると,

$$\Delta P_s' = \frac{2}{2 \times (1.27 \times 10^8) \times 1.06} \times \left[\frac{1,550}{5.85(0.0206-0.0127)}\right]^2$$

$$\times 30 = 280 \ [\mathrm{Kg/m^2}]$$

実際には凝縮して蒸気流速が減少しながら流れるので,その圧力損失は上記の値の 0.5 倍と見れば充分である.

$$\Delta P_s = 0.5 \times 280 = 140 \ [\mathrm{Kg/m^2}] = 0.0140 \ [\mathrm{Kg/cm^2}]$$

## 第13章 渦巻板式熱交換器の設計法

渦巻板式熱交換器は，2枚の平行板を渦巻状に巻いて2流路を構成したもので，価格が比較的安く，コンパクトであるので広く使用される。

### 13・1 構　造

渦巻板式熱交換器は，2枚の平行平板を板に溶接したスペーサで，一様な間隔を保つようにして渦巻状に巻き，その両端をシールして構成された熱交換器である。両端をシール

写真 13・1　渦巻板式熱交換器

する方法としては，両流路の一方をそれぞれ互い違いに溶接によってシールする方法（交互端シール 図 13・1），一方の流路だけ両端を溶接によりシールする方法（両端シール 図

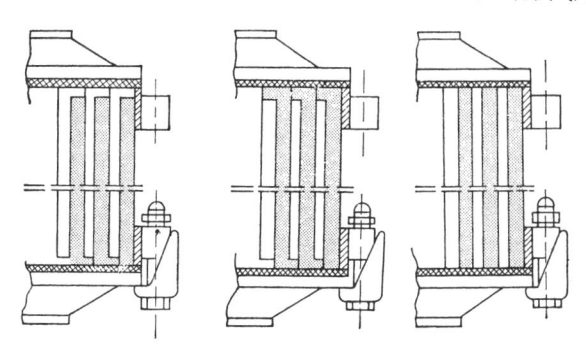

図 13・1　交互端シール　　図 13・2　両端シール　　図 13・3　両面オープン

13·2)，両流路は両端でオープンになっていたパッキンによってシールする方法（両面オープン 図 13·3）がある。交互端シールの場合は熱交換を行なう両流体は，それぞれの流路の全体にわたり完全にシールされていて，相互に混じり合う恐れはない。また，この場合，流れのショートパスは両面のパッキンによって防がれている。掃除は蓋を取りはずすことによって，容易に行なうことができる。両端シール法では，流路の掃除は機械的手段では行なうことができず，化学的処理によらねばならない。両面オープン法のものは，パッキンの破損によって，熱交換を行なう両流体が相互に混じり合う恐れがある。

渦巻板式熱交換器は，冷間加工および溶接の可能なものであれば，いかなる材料を用いて作ることも可能であり，普通一般に炭素鋼，ステンレス鋼，ハステロイ B，ハステロイ C，ニッケル，ニッケル合金，アルミ合金，チタニウム，銅合金が用いられる。また，冷却水側の腐食を防ぐために，フェノール樹脂ライニングを行なうこともある。

渦巻板式熱交換器は，一般に耐圧 10 $[Kg/cm^2]$ のものまで製作されている。

## 13·2 流路構成および用途[1]

渦巻板式熱交換器では，カバープレートの取り付け方によって，次の3種類の流れ様式をとることができる。（1）両流体共に渦巻流れ，（2）一方の流体は渦巻流れで，他方の流体は軸方向流れ，（3）一方の流体は渦巻流れで，他方の流体は軸方向流れと渦巻流れの組合せ。

（1） 両流体共に渦巻流れとなるのは，図 13·4 に示すように両端に平板のカバープレートを取り付けた構造とした場合であって，被加熱流体は外周より流入し，渦巻き方向に流れて中心より流入し，渦巻き方向に流れて外周より流出する。

この形式の熱交換器は中心軸が垂直になるように据付けることもできるし，水平になるように据付けることもできる。またこの種の熱交換器は主として液-液熱交換用に用いられるが，流量がそれほど大きくない場合の気体の熱交換用，あるいは蒸気の凝縮用にも用いられる。

（2） 一方の流体が渦巻流れ，他方の流体が軸方向流れとなるのは，図 13·5 に示すように，両端に円錐状または皿状のカバーを取り付けた構造とした場合であって，軸方向流れの流路は両端オープンで，渦巻流れとなる流路は両端溶接シールとなっている。この形式の熱交換器は，両流体の容積流量の差が大きい場合に用いられる。この種の用途として

---

1) Minton, P. E; Chem. Eng., May 4, pp. 103~112 (1970).

は，液-液熱交換用，気体の冷却または加熱用，蒸気の凝縮用があり，またリボイラとしても用いられる。

（3） 一方の流体が渦巻流れで，他方の流体が軸方向流れと渦巻流れの組合せとなるの

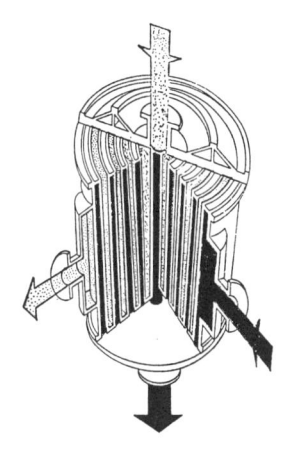

図 13・4 両流路ともに渦巻流路

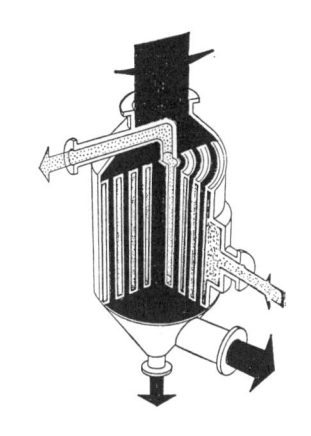

図 13・5 一方の流路は渦巻流路，他方の流路は軸方向流路

図 13・6 一方の流路は渦巻流路，他方の流路は軸方向流路と渦巻流路の組合せ

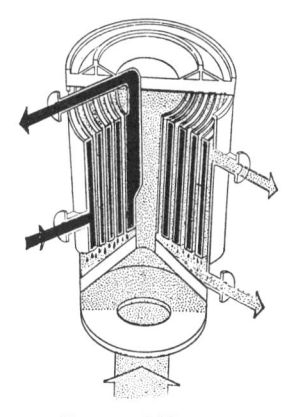

図 13・7 塔頂凝縮器

は，図 13・6 に示すように，渦巻板の流体入口端には円錐形のカバーを取り付け，他の一端は平板のカバープレートを取り付けた構造とした場合である。渦巻の外周部の上端は閉じられていて，流体は中心部を通って軸方向に流入し，外周部では渦巻き流れとなり流出する。

この形式は蒸気の凝縮用に主として用いられ，蒸気は最初軸方向に流れてその大部分が

凝縮し,未凝縮蒸気,不凝縮性ガス,凝縮液は渦巻流れとなって未凝縮蒸気の最終凝縮,不凝縮性ガスおよび凝縮液の過冷却が行なわれた後に流出する。

この形式の変形として蒸留塔の塔頂に直接設置する塔頂凝縮器があり,これは図 13・7 に示すように,底部には塔のフランジと接合するフランジが設けられていて,蒸気は中心の大きい口径の管から上昇し,つぎに渦巻板を通って軸方向に流下し,そこで凝縮する。

渦巻板式熱交換器は,多管円筒式熱交換器に比べて,次のような長所がある。

(1) 単一流路であるので,スラッジまたはスラリーの加熱または冷却に適している。設計圧力が小さくて,流路の間にスペーサが必要でない場合には,繊維を高濃度に含む液を取り扱うことも可能である。

(2) 単一流路であるので,流量分布が均一である。

(3) 渦巻板式熱交換器は,多管円筒式に比べて汚れが生じにくい。これは,流路が単一であり,また曲がっているからである。また,仮に汚れが生じても単一流路であるので,化学処理でこの汚れを除去するのが容易である。両流路の渦巻間隔を等しくしておくと,一方の流路にスケールが沈積したときに,流体を切換えて,これを洗い流すこともできる。また,流路幅が最大でも 2 m 前後であるので,高圧水またはスチームで掃除することも容易である。

(4) 渦巻板式熱交換器は,多管円筒式熱交換器よりも $L/D$ 比が小さいので,層流範囲での伝熱係数が大きくなり,粘度の高い流体の加熱または冷却に適している。粘度の高い流体を加熱または冷却するときには,渦巻の中心軸が水平になるように据付けるのが望ましい。中心軸が垂直になるようにすると,粘度の高い流体では流路中での流速分布が,不均一になりやすいためである。

(5) 両流体共に渦巻流れとするときは,流れは向流と考えてよく,効率のよい熱交換が可能となる。

(6) 渦巻板式熱交換器では,熱膨張率の差による熱応力の差は渦巻板で吸収されるので,熱応力を受けて破損することがない。ただし,周期的に温度が変化するようなときには,両面オープンのものではガスケットが破損する恐れがある。

(7) 真空下での蒸気の凝縮用に用いるときには,軸方向流れの形式とすると,流路面積が大きくなって圧力損失が小さくてすむことになる。

(8) 渦巻板式熱交換器はコンパクトで,伝熱面積が 200〔m²〕のものでも胴外径が 1,500〔mm〕,伝熱板の幅が 1,800〔mm〕程度になるに過ぎない。

渦巻板式熱交換器の短所は,次のとおりである。

(1) 現場での修理が困難である。多管円筒式熱交換器のように，漏洩箇所をプラグすることが不可能である。もちろん，渦巻板の板厚は一般に伝熱管の厚みより大きいので，渦巻板の漏洩の可能性は小さい。

(2) 温度が周期的に変動するような用途に用いると，両面オープンのものではガスケットが渦巻板の伸縮によって切れて，余分なバイパスが増えたり，あるいはカバーにエロージョンを生じることがある。

(3) スケールの沈積が激しいような用途には，用いることができない。これは渦巻板のスペーサが邪魔になって，ドリルによるスケール除去が困難であるからである。もちろん，設計圧力が低くてスペーサを用いないですむようなときには，スケールの沈積の激しい用途にも用いることができる。

## 13・3 基本伝熱式

### 13・3・1 両流体ともに渦巻流れの場合

一例として渦巻数が4の場合について説明する。

図 13・8 において，低温流体が外路より流入し，中心方向に向って渦巻流れをするものとし，高温流体は中心より流入し，外周方向に向って渦巻流れをするものとする。いま，

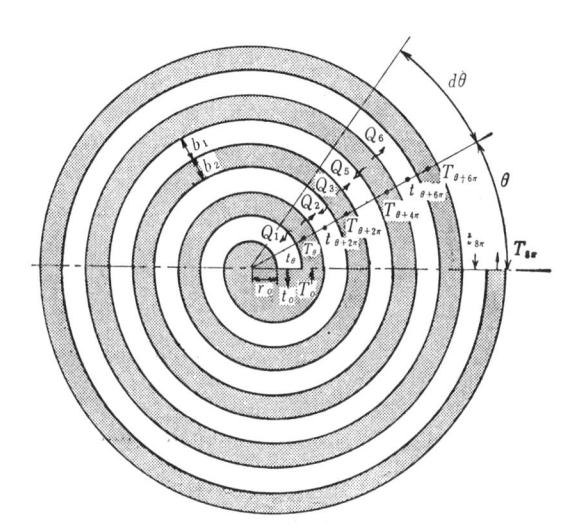

図 13・8 渦巻板式熱交換器の流路構成図

基準線より角度が $\theta, \theta+2\pi, \cdots\cdots, \theta+6n\pi$ の点での低温流体の温度を $t_\theta, t_{\theta+2\pi}, \cdots\cdots,$

$t_{\theta+6n\pi}$, 高温流体の温度を $T_\theta$, $T_{\theta+2\pi}$, ……, $T_{\theta+6n\pi}$ とする。図 13·9 において，低温流体が流路 I を通過する間に，流路 II を流れる高温流体から熱量 $Q_1$ を受け取るものとする

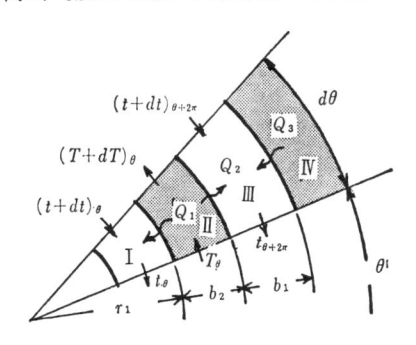

図 13·9 $d\theta$ 部分の状態

と，熱収支から

$$Q_1 = (w \cdot c) \cdot dt_\theta \qquad (13 \cdot 1)$$

伝熱式から

$$Q_1 = U(T_\theta - t_\theta) \cdot dA_1 \qquad (13 \cdot 2)$$

ここで，$dA_1$ は流路 I と流路 II の間の伝熱面積であり，伝熱板の幅を $B$ とすれば

$$dA_1 = 2\pi r_1 \cdot B \cdot d\theta \qquad (13 \cdot 3)$$

しかるに

$$r_1 = \left\{ r_o + b_1 + \frac{\theta(b_1 + b_2)}{2\pi} \right\} \qquad (13 \cdot 4)$$

式 (13·1), (13·2), (13·3), (13·4) から

$$\frac{dt_\theta}{d\theta} = \frac{2\pi UB}{(w \cdot c)} \left\{ r_o + b_1 + \frac{\theta(b_1 + b_2)}{2\pi} \right\} (T_\theta - t_\theta) \qquad (13 \cdot 5)$$

次に，高温流体は流路 II を通過する間に，流路 I，流路 III を通る低温流体にそれぞれ熱量 $Q_1$, $Q_2$ を放出する。したがって

$$Q_1 + Q_2 = (W \cdot C) \cdot dT_\theta \qquad (13 \cdot 6)$$

伝熱式から

$$Q_2 = U(T_\theta - t_{\theta+2\pi}) \cdot dA_2 \qquad (13 \cdot 7)$$

また，

$$dA_2 = 2\pi \left\{ r_o + b_1 + b_2 + \frac{\theta(b_1 + b_2)}{2\pi} \right\} B \cdot d\theta \qquad (13 \cdot 8)$$

式 (13·6), (13·7), (13·8) から

## 13・3 基本伝熱式

$$\frac{dT_\theta}{d\theta}=\frac{2\pi UB}{W\cdot C}\left[\left\{r_o+b_1+\frac{\theta(b_1+b_2)}{2\pi}\right\}(T_\theta-t_\theta)\right.$$
$$\left.+\left\{r_o+b_1+b_2+\frac{\theta(b_1+b_2)}{2\pi}\right\}(T_\theta-t_{\theta+2\pi})\right] \quad\cdots\cdots(13\cdot9)$$

流路Ⅲ，Ⅳ……についても，同様の手順によって関係式を求めることができる。

$$\frac{dT_{\theta+2n\pi}}{d\theta}=\frac{2\pi UB}{W\cdot C}\left[\left\{r_o+b_1+(b_1+b_2)n+\frac{\theta(b_1+b_2)}{2\pi}\right\}\right.$$
$$\times(T_{\theta+2n\pi}-t_{\theta+2n\pi})+\left\{r_o+(b_1+b_2)(n+1)\right.$$
$$\left.\left.+\frac{\theta(b_1+b_2)}{2\pi}\right\}(T_{\theta+2n\pi}-t_{\theta+2(n+1)\pi})\right], \text{ for } n=0,1,2$$
$$\cdots\cdots(13\cdot10)$$

$$\frac{dT_{\theta+2n\pi}}{d\theta}=\frac{2\pi UB}{W\cdot C}\left[\left\{r_o+b_1+(b_1+b_2)n+\frac{\theta(b_1+b_2)}{2\pi}\right\}\right.$$
$$\left.\times(T_{\theta+2n\pi}-t_{\theta+2n\pi})\right], \text{ for } n=3 \quad\cdots\cdots\cdots\cdots(13\cdot11)$$

$$\frac{dt_{\theta+2n\pi}}{d\theta}=\frac{2\pi UB}{w\cdot c}\left\{r_o+b_1+(b_1+b_2)n+\frac{\theta(b_1+b_2)}{2\pi}\right\}$$
$$\times(T_{\theta+2n\pi}-t_{\theta+2n\pi}), \text{ for } n=0 \quad\cdots\cdots\cdots\cdots(13\cdot12)$$

$$\frac{dt_{\theta+2n\pi}}{d\theta}=\frac{2\pi UB}{w\cdot c}\left[\left\{r_o+(b_1+b_2)n+\frac{\theta(b_1+b_2)}{2\pi}\right\}\cdot(T_{\theta+2(n-1)\pi}-t_{\theta+2n\pi})\right.$$
$$\left.+\left\{r_o+b_1+(b_1+b_2)n+\frac{\theta(b_1+b_2)}{2\pi}\right\}\cdot(T_{\theta+2n\pi}-t_{\theta+2n\pi})\right]$$
$$\text{for } n=1,2,3 \quad\cdots\cdots\cdots\cdots(13\cdot13)$$

ただし $0\leqq\theta\leqq 2\pi$ $\cdots\cdots\cdots\cdots(13\cdot14)$

式 (13・10)〜(13・14) は渦巻数が 4 の場合の基本伝熱式である。

渦巻中心管の半径 $r_o=0.05$ 〔m〕

伝熱板の間隔 $b_1=b_2=0.01$ 〔m〕

渦巻数 $N=4$

の条件のもとに，Digital 計算機を用いて，以上の式から数値計算を行なって $(NTU)_A$ と $E_A$ の関係を求め，図 13・10 に示した。

ここで，
$$(NTU)_A=\frac{U\cdot A}{w\cdot c}, \quad E_A=\frac{t_2-t_1}{T_1-t_1}, \quad R_A=\frac{T_1-T_2}{t_2-t_1}$$

$T_1$, $T_2$ は一方の流体の入口，出口温度，$t_1$, $t_2$ は他の一方の流体の入口，出口温度である。

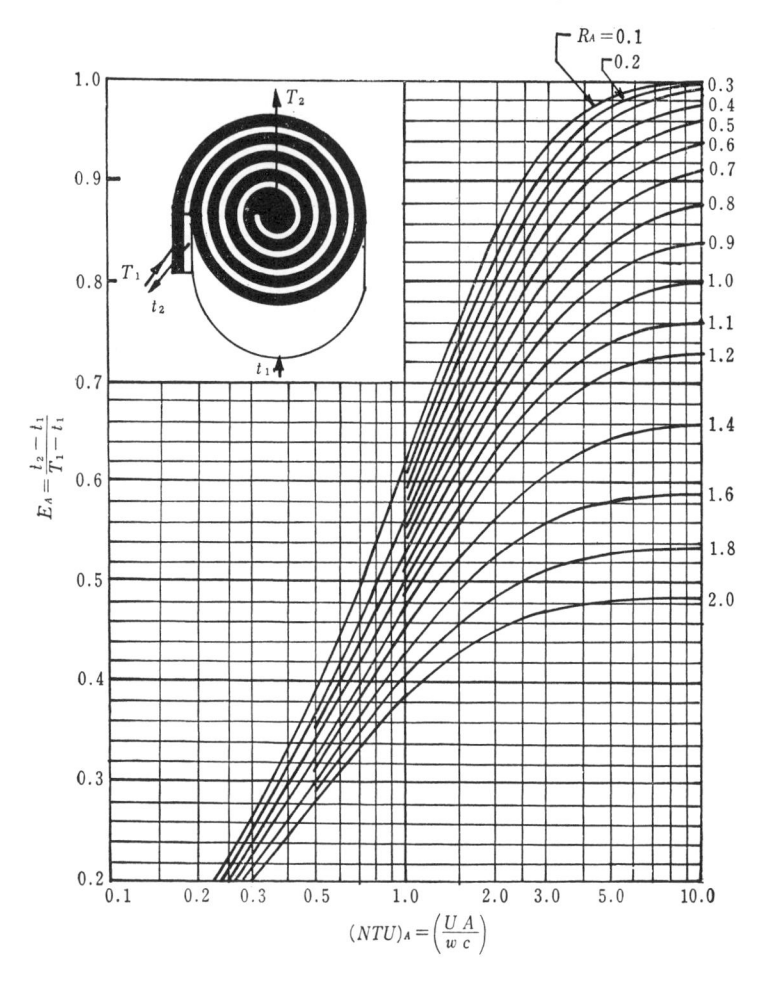

図 13・10　渦巻板式熱交換器の温度効率線図

$(NTU)_A$ に対応する温度効率 $E_A$ は，渦巻数が大きい場合には向流熱交換器の温度効率に近づくので，渦巻数が 10 以上の場合は向流熱交換器と見なして，次の基本伝熱式を用いてさしつかえない。

$$Q = A \cdot U \cdot \frac{|T_1 - t_2| - |T_2 - t_1|}{\ln\left(\frac{T_1 - t_2}{T_2 - t_1}\right)} \quad \cdots\cdots\cdots\cdots\cdots\cdots\cdots\cdots\cdots\cdots\cdots\cdots\cdots (13\cdot15)$$

### 13・3・2　一方の流体が渦巻流れ，他方の流体が軸方向流れの場合

この場合は両流体ともに混合しない直交流熱交換器と見なすことができる。

$$Q = A \cdot U \cdot F_t \cdot \frac{|T_1 - t_2| - |T_2 - t_1|}{\ln\left(\frac{T_1 - t_2}{T_2 - t_1}\right)} \quad \cdots\cdots(13 \cdot 16)$$

温度差補正係数 $F_t$ は，図 3・157 から求めることができる。

ここで

$Q$：伝熱量〔kcal/hr〕

$A$：伝熱面積〔m²〕

## 13・4 伝熱係数

### 13・4・1 渦巻流れの場合の境膜伝熱係数

渦巻板式熱交換器は，主として液-液熱交換器として用いられるため，実験も液を流した場合に限られている。Coons ら[3] は小型の渦巻板式熱交換器を用いて，層流および乱流範囲における境膜伝熱係数を測定し，層流範囲では円管内流れにおける相関式からの計算値の 1.35 倍になり，乱流範囲では円管内流れにおける相関式からの計算値とほぼ一致することを示した。Tangri ら[4] は小型の渦巻管式熱交換器で実験を行ない，乱流範囲では渦巻管内流れの場合の相関式から計算した値とよく一致することを示した。Hargis ら[5] は，Sander らが市販されている各種の渦巻板式熱交換器について実験して求めた相関式を発表している。Sander らによると，渦巻板式熱交換器では，渦巻板の間に設けられるスペーサが流れを乱すので，真の層流は生じないとしている。

**（1）相変化を伴なわない対流伝熱**

境膜伝熱係数（層流範囲）　渦巻管の式（12・9）を適用する。

$$h = \left[0.65\left(\frac{D_e \cdot G}{\mu}\right)^{1/2} \cdot \left(\frac{D_e}{D_H}\right)^{1/4} + 0.76\right] \cdot \left(\frac{k}{D_e}\right) \cdot \left(\frac{C \cdot \mu}{k}\right)^{0.175}$$

$$\cdots\cdots(13 \cdot 17)$$

適用範囲

$$\left(\frac{D_e \cdot G}{\mu}\right)\left(\frac{D_e}{D_H}\right)^{1/2} = 30 \sim 2,000$$

境膜伝熱係数（乱流範囲）　Sander ら[5] の式を用いる。

---

3) Coons, K.W., A.M. Hargis, P.Q. Hewes and F.T. Weeems; Chem. Eng. Progr., vol. 43, No. 8, pp. 405〜414 (1947).
4) N.N. Tangri and Jayaraman, R : Trans. Instn. Chem. Eng., vol. 40, pp. 161〜168 (1962).
5) Hargis, A.M, A.T. Beckman, and J.J. Loiacono : Chem. Eng., Progress, vol. 63, No. 7, pp. 62〜67 (1967).

$$h=\left[0.0315\left(\frac{D_e \cdot G}{\mu}\right)^{0.8} - 6.65 \times 10^{-7} \cdot \left(\frac{L}{b}\right)^{1.8}\right] \cdot \left(\frac{k}{D_e}\right)$$
$$\times \left(\frac{C \cdot \mu}{k}\right)^{0.25} \cdot \left(\frac{\mu}{\mu_w}\right)^{0.17} \quad \cdots\cdots\cdots\cdots (13 \cdot 18)$$

適用範囲

$$\left(\frac{D_e \cdot G}{\mu}\right) > 1,000$$

$D_e$ は流路の相当径〔m〕で，次式より計算することができる。

$$D_e = \frac{2Bb}{B+b} \fallingdotseq 2b$$

ここで

  $b$：流路間隔〔m〕

  $B$：流路の幅（＝伝熱板の幅）〔m〕

  $L$：流路の長さ（＝伝熱板の長さ）〔m〕

  $G$：質量速度〔kg/m²·hr〕

  $h$：境膜伝熱係数〔kcal/m²·hr·°C〕

**（2） 凝縮伝熱（垂直）**　渦巻の中心軸が垂直になるように据付けたときの伝熱板上の凝縮は，垂直平板上への凝縮として取り扱うことができる。

式 (8·17) から

$$h = 1.47 \left(\frac{4\Gamma}{\mu_f}\right)^{-1/3} \cdot \left(\frac{\mu_f^2}{k_f^3 \cdot \rho_f^2 \cdot g}\right)^{-1/3} \quad \cdots\cdots\cdots\cdots (13 \cdot 19)$$

$\Gamma$ は凝縮負荷で

$$\Gamma = W_f/(2L) \quad \cdots\cdots\cdots\cdots\cdots\cdots\cdots\cdots\cdots\cdots\cdots (13 \cdot 20)$$

式 (13·19) の適用範囲は

  $(4\Gamma/\mu_f) < 2,100$

$4\Gamma/\mu_f > 2,100$ のときの凝縮伝熱係数は，図 8·22 を用いて求めることができる。

ここで

  $W_f$：凝縮量〔kg/hr〕

  $\Gamma$：凝縮負荷〔kg/m·hr〕

  $\mu_f$：凝縮液の粘度（境膜温度における）〔kg/m·hr〕

  $\rho_f$：凝縮液の密度（境膜温度における）〔kg/m³〕

  $k_f$：凝縮液の熱伝導率（境膜温度における）〔kcal/m·hr·°C〕

  $g$：重力の加速度＝$1.27 \times 10^8$〔m/hr²〕

**（3） 凝縮液の過冷却（サブクール）** 渦巻の中心軸が垂直になるように据付けたとき，伝熱面積を大きくしておくと，凝縮液は蒸気の飽和温度以下の温度まで過冷却される。この場合の凝縮過冷却器は，凝縮器（過冷却なし）と過冷却器が直列に連結されたものと見なして，図 13・11 に示すように，凝縮部の伝熱面積と過冷却部の伝熱面積を別々に求め，これを加算して全体の伝熱面積とする。

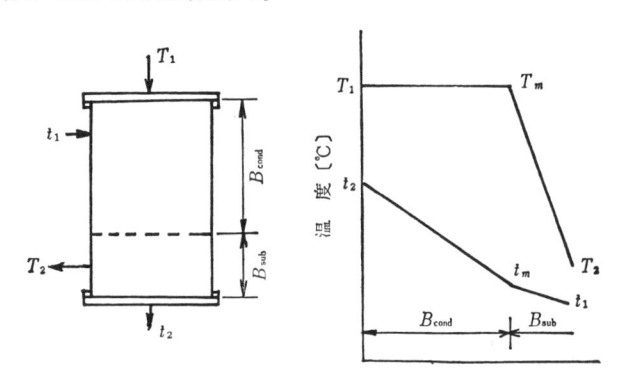

図 13・11 過冷却（サブクール）領域

過冷却部の境膜伝熱係数は，次式で計算される[6]

$$h = 0.67 \left[ \left( \frac{k_f^3 \cdot \rho_f^2 \cdot g}{\mu_f^2} \right) \left( \frac{C_f \cdot \mu_f^{5/3}}{k_f \cdot B_{sub} \cdot \rho_f^{2/3} \cdot g^{1/3}} \right) \right]^{1/3} \cdot \left( \frac{4\Gamma}{\mu_f} \right)^{1/9} \quad \cdots\cdots(13\cdot21)$$

$B_{sub}$ は図 13・11 に示すように，過冷却部の伝熱板幅（高さ）〔m〕である。
式（13・21）の適用範囲は

$$\left( \frac{4\Gamma}{\mu_f} \right) < 2,000$$

**13・4・2 軸方向流れの場合の境膜伝熱係数**

**（1） 相変化を伴なわない対流伝熱** 円管内流れの式（8・6）を適用する。

$$h = j_H \left( \frac{k}{D_e} \right) \left( \frac{C \cdot \mu}{k} \right)^{1/3} \left( \frac{\mu}{\mu_w} \right)^{0.14} \quad \cdots\cdots\cdots\cdots\cdots\cdots\cdots\cdots\cdots\cdots\cdots(13\cdot22)$$

伝熱因子 $j_H$ は図 8・6 より求まる。
$D_e$ は流路の相当径で $D_e \fallingdotseq 2b$ である。

**（2） 凝縮伝熱（水平）** 渦巻の中心軸が垂直になるように据付けたときの凝縮伝熱係数は，式（13・19）で計算することができる。

渦巻の中心軸が水平になるように据付けたときには，渦巻の径が大きい外周部では渦巻

---

6) McAdams: "Heat Transmission" 2nd ed. pp. 245 (1954).

の径が小さい内周部よりも伝熱面積が大きいので，凝縮負荷 $\Gamma$ もそれだけ大きくなり，伝熱係数も小さくなる。このように渦巻の各位置によって，凝縮伝熱係数が変わるが，Minton[1] は有効渦巻数を $L/7$ として，次式で有効凝縮負荷を求めることを提案している。

$$\Gamma = \frac{W_f}{2B}\left(\frac{7}{L}\right) \quad \cdots\cdots\cdots\cdots(13\cdot23)$$

境膜伝熱係数は式 (8・37) を適用して，

$$h = 1.51\left(\frac{4\Gamma}{\mu_f}\right)^{-1/3} \cdot \left(\frac{\mu_f^2}{k_f^3 \cdot \rho_f^2 \cdot g}\right)^{-1/3} \quad \cdots\cdots\cdots\cdots(13\cdot24)$$

式 (13・24) の適用範囲は

$$\left(\frac{4\Gamma}{\mu_f}\right) < 2,100$$

**( 3 ) 核沸騰伝熱係数** 核沸騰の式 (8・43) を適用することができる。

$$h = \left[0.225 \cdot C_s \cdot \left(\frac{C_l}{\lambda}\right)^{0.69} \cdot \left(\frac{P \cdot k_l}{\sigma}\right)^{0.31} \cdot \left(\frac{\rho_l}{\rho_v} - 1\right)^{0.33}\right]^{3.22}$$
$$\times (\varDelta t)^{2.22} \quad \cdots\cdots\cdots\cdots(13\cdot25)$$

ここで

$C_s$：伝熱板表面の状態を表わす係数

　　　＝1.0 ……伝熱板が銅または鉄のとき

　　　＝0.7 ……伝熱板がステンレスのとき

$\sigma$：液の表面張力〔Kg/m〕

$C_l$：液の比熱〔kcal/kg・℃〕

$\lambda$：蒸発潜熱〔kcal/kg〕

$\rho_l, \rho_v$：液，蒸気の密度〔kg/m³〕

$k_l$：液の熱伝導率〔kcal/m・hr・℃〕

$P$：沸騰圧力〔Kg/m²〕

## 13・5 圧力損失

### 13・5・1 渦巻流れの場合の圧力損失

渦巻板式熱交換器では，流路幅を一定に保つために伝熱板と伝熱板の間にスペーサを入れることが多く，このスペーサによる圧力損失の増大があるので，円管内流れの圧力損失の式をそのまま適用することはできない。

Minton[1] および Hargis ら[5] は Sander らが実験して求めた圧力損失の式を発表している。

**(1) 相変化を伴なわない場合の圧力損失** Minton[1] は, 次式で限界 Reynolds 数を定義し, Reynolds 数が限界 Reynolds 数以下のときを層流, それ以上のときを乱流として, 両範囲についてそれぞれ別々の圧力損失の相関式を発表している。

$$(Re)_{\text{crit}} = 20,000(D_e/D_H)^{0.32} \quad \cdots\cdots (13\cdot 26)$$

$D_H$ は渦巻の径〔m〕である。

乱流範囲 $(Re > (Re)_{\text{crit}})$

$$\varDelta P = \left(\frac{4.65}{10^9}\right)\left(\frac{L}{\rho}\right)\left(\frac{W}{b\cdot B}\right)^2 \left[\frac{0.55}{(b+0.00318)}\left(\frac{\mu\cdot B}{W}\right)^{1/3}\cdot\left(\frac{\mu_w}{\mu}\right)^{0.17}\right.$$
$$\left. +1.5+\frac{5}{L}\right] \quad \cdots\cdots (13\cdot 27)$$

式中の 1.5 の値は径 5/16 inch のスペーサを伝熱板 1 ft² あたり 18 個設けたときの値で, スペーサの数が変わるとこの値も変わる。

層流範囲

$100 < Re < (Re)_{\text{crit}}$ のとき

$$\varDelta P = \left(\frac{4.65}{10^9}\right)\left(\frac{L}{\rho}\right)\left(\frac{W}{b\cdot B}\right)^2 \left[\frac{1.78}{(b+0.00318)}\left(\frac{\mu\cdot B}{W}\right)^{1/2}\cdot\left(\frac{\mu_w}{\mu}\right)^{0.17}\right.$$
$$\left. +1.5+\frac{5}{L}\right] \quad \cdots\cdots (13\cdot 28)$$

1.5 はスペーサの数, 径によって定まる値である。

$Re < 100$ のとき

$$\varDelta P = \frac{44.5}{10^8}\left(\frac{L}{\rho}\right)\left(\frac{W}{b\cdot B}\right)\left(\frac{\mu}{b^{1.75}}\right) \quad \cdots\cdots (13\cdot 29)$$

**(2) 凝縮の場合** 凝縮に伴なって容積が減っていくので, 相変化を伴なわない場合の圧力損失の 0.5 倍と見なせば安全である。すなわち,

$$\varDelta P = \left(\frac{2.33}{10^9}\right)\left(\frac{L}{\rho}\right)\left(\frac{W}{b\cdot B}\right)^2 \left[\frac{0.55}{(b+0.00318)}\cdot\left(\frac{\mu\cdot B}{W}\right)^{1/3}\right.$$
$$\left. +1.5+\frac{5}{L}\right] \quad \cdots\cdots (13\cdot 30)$$

**13・5・2 軸方向流れの場合の圧力損失**

**(1) 相変化を伴なわないとき** $(Re > 10,000$ のとき$)$

摩擦係数 $f = 0.046/Re^{0.2}$ とし, 出入口圧力損失を速度水頭の 2 倍とし, スペーサによる圧力損失を速度水頭の 2 倍と見なして, 次式から計算することができる。

$$\Delta P = \frac{G^2}{2g_c \cdot \rho}\left[4 \times 0.046\left(\frac{D_e \cdot G}{\mu}\right)^{-0.2} \cdot \frac{B}{D_e} + 4\right]$$

$$= \frac{4G^2}{2g_c \cdot \rho}\left[0.046\left(\frac{D_e \cdot G}{\mu}\right)^{-0.2} \cdot \frac{B}{D_e} + 1\right] \quad \cdots\cdots(13\cdot31)$$

**(2) 凝縮の場合**

$$\Delta P = \frac{2G^2}{2g_c \cdot \rho}\left[0.046\left(\frac{D_e \cdot G}{\mu}\right)^{-0.2} \cdot \frac{B}{D_e} + 1\right] \quad \cdots\cdots(13\cdot32)$$

## 13・6 渦巻板の外周径 $D_{\max}$

渦巻板の外周径は，次式で求めることができる．

$$D_{\max} = D_1 + (b_1 + t_s) + N_{\text{coil}} \cdot (b_1 + b_2 + 2t_s) \quad \cdots\cdots(13\cdot33)$$

$D_1$ は中心管の径〔m〕，$t_s$ は伝熱板の厚み〔m〕，$b_1$, $b_2$ は伝熱板の間隔〔m〕，$N_{\text{coil}}$ は渦巻数である．

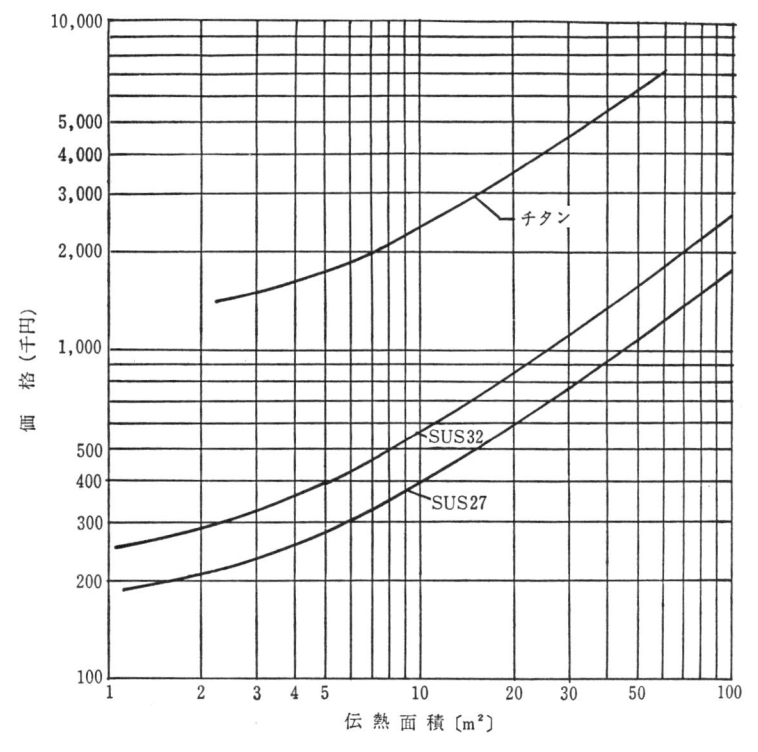

図 13・12 渦巻板式熱交換器の価格

$$N_{\text{coil}}=\frac{-\left(D_1+\dfrac{b_1-b_2}{2}\right)+\sqrt{\left(D_1+\dfrac{b_1-b_2}{2}\right)^2+\dfrac{4L}{\pi}(b_1+b_2+2t_s)}}{(b_1+b_2+2t_s)}$$

$$\cdots\cdots\cdots(13\cdot34)$$

## 13・7 価 格

渦巻板式熱交換器の価格を図 13・12 に示した。

## 13・8 設計例

〔例題 13・1〕 ケロシン冷却器の設計

API 40°のケロシン 6,000〔kg/hr〕を 140〔℃〕から 40〔℃〕まで冷却する渦巻板式熱交換器を設計する。ただし，冷却水入口温度 30〔℃〕とし，冷却水量を 30〔m³/hr〕とする。

〔解〕

(1) 伝熱量 $Q$　ケロシンの比熱は 0.53〔kcal/kg・℃〕であるから，
$Q = 6,000 \times 0.53(140-40) = 318,000$〔kcal/hr〕

(2) 冷却水出口温度 $t_2$
$$t_2 = 30 + \frac{318,000}{30,000} = 40.6 \text{〔℃〕}$$

(3) 型式　液-液熱交換器であるので，水側，ケロシン側ともに渦巻流れとなる型式とする。

(4) 流路の相当径 $D_e$　冷却水の流速を 1.5〔m/sec〕，ケロシンの流速を 0.8〔m/sec〕と選定する。所要流路断面積を $a_1$〔m²〕(冷却水側)，$a_2$〔m²〕(ケロシン側)とすれば，
$$a_1 = \frac{30,000/1,000}{3,600 \times 1.5} = 0.00556 \text{〔m²〕}$$

ケロシンの密度は 825〔kg/m³〕であるから，
$$a_2 = \frac{6,000/825}{3,600 \times 0.8} = 0.00252 \text{〔m²〕}$$

伝熱板の幅を 0.6〔m〕とすれば，流路幅 $b_1$ (冷却水側)，$b_2$ (ケロシン側) は
$b_1 = 0.00556/0.6 = 0.0093$〔m〕
$b_2 = 0.00252/0.6 = 0.0042$〔m〕

流路の相当径 $D_{e1}$ (冷却水側)，$D_{e2}$ (ケロシン側) は，
$D_{e1} = 2b_1 = 2 \times 0.0093 = 0.0186$〔m〕
$D_{e2} = 2b_2 = 2 \times 0.0042 = 0.0084$〔m〕

(5) 流体中心温度 $t_c$, $T_c$　図 3・161 よりケロシンに対して

$C$-FACTOR$=0.25$

高温端での温度差 $\Delta t_h=(T_1-t_2)=(140-40)=100$ [°C]
低温端での温度差 $\Delta t_c=(T_2-t_1)=(40-30)=10$ [°C]
$\Delta t_c/\Delta t_h=10/100=0.1$

図 3·161 から $F_c=0.31$

$T_1>t_2$ であるので，式 (3·271)，式 (3·272) を用いて，
$T_c=T_2+F_c(T_1-T_2)=40+0.31(140-40)=71$ [°C]
$t_c=t_1+F_c(t_2-t_1)=30+0.31(40.6-30)=33.1$ [°C]

**(6) Reynolds 数** 流体中心温度における冷却水の物性は

粘度 $\mu_1=2.88$ [kg/m·hr]
熱伝導率 $k_1=0.528$ [kcal/m·hr·°C]
比熱 $C_1=1$ [kcal/kg·°C]
密度 $\rho_1=1,000$ [kg/m$^3$]

また，71 [°C] に対応するケロシンの物性は，

粘度 $\mu_2=3.28$ [kg/m·hr]
熱伝導率 $k_2=0.120$ [kcal/m·hr·°C]
比熱 $C_2=0.53$ [kcal/kg·°C]
密度 $\rho_2=825$ [kg/m$^3$]

質量速度 $G_1$ (冷却水側)，$G_2$ (ケロシン側) は

$$G_1=\frac{30,000}{0.00556}=5,400,000 \text{ [kg/m}^2\text{·hr]}$$

$$G_2=\frac{6,000}{0.00252}=2,380,000 \text{ [kg/m}^2\text{·hr]}$$

Reynolds 数 $Re_1$ (冷却水側)，$Re_2$ (ケロシン側) は

$Re_1=0.0186\times 5,400,000/2.88=35,000$
$Re_2=0.0084\times 2,380,000/3.28=6,100$

**(7) 境膜伝熱係数 $h$** 伝熱板の長さを 12.0 [m] と仮定する。

冷却水側の境膜伝熱係数は，式 (13·18) から

$$h_1=\left[0.0315(35,000)^{0.8}-6.65\times 10^{-7}\cdot\left(\frac{12}{0.0093}\right)^{1.8}\right]\left(\frac{0.528}{0.0186}\right)$$
$$\times\left(\frac{1\times 2.88}{0.528}\right)^{0.25}\cdot\left(\frac{\mu}{\mu_w}\right)^{0.17}$$
$$=5,800\ (\mu/\mu_w)^{0.17}$$

$(\mu/\mu_w)^{0.17}=1.0$ と見なして

$h_1=5,800$ [kcal/m$^2$·hr·°C]

ケロシン側の境膜伝熱係数は，

$$h_2=\left[0.0315(6,100)^{0.8}-6.65\times 10^{-7}\cdot\left(\frac{12}{0.0042}\right)^{1.8}\right]\left(\frac{0.120}{0.0084}\right)$$

$$\times \left(\frac{0.53 \times 3.28}{0.120}\right)^{0.25} \cdot \left(\frac{\mu}{\mu_w}\right)^{0.17}$$
$$= 900 \, (\mu/\mu_w)^{0.17}$$

$(\mu/\mu_w)^{0.17} = 0.92$ と仮定して

$$h_2 = 900 \times 0.92 = 825 \, [\text{kcal/m}^2 \cdot \text{hr} \cdot {}^\circ\text{C}]$$

(8) **総括伝熱係数 $U$** 伝熱板の厚み $t_s = 0.0023$ [m] とし,その材質を鋼板とする。汚れ係数 $r_1$ (冷却水側) $=0.0002$ [m²·hr·°C/kcal], $r_2$ (ケロシン側) $=0.0002$ [m²·hr·°C/kcal] とする。

$$\frac{1}{U} = \frac{1}{h_1} + \frac{1}{h_2} + \frac{t_s}{\lambda} + r_1 + r_2$$
$$= \frac{1}{5,800} + \frac{1}{825} + \frac{0.0023}{40} + 0.0002 + 0.0002$$
$$= 0.001832$$
$$U = 545 \, [\text{kcal/m}^2 \cdot \text{hr} \cdot {}^\circ\text{C}]$$

(9) **伝熱面積 $A$** 式 (13·15) を用いて

$$\Delta T = \frac{|T_1 - t_2| - |T_2 - t_1|}{\ln\left(\frac{T_1 - t_2}{T_2 - t_1}\right)} = \frac{(140 - 40.6) - (40 - 30)}{\ln\left(\frac{140 - 40.6}{40 - 30}\right)}$$
$$= 38.8 \, [{}^\circ\text{C}]$$
$$A = \frac{Q}{U \cdot \Delta T} = \frac{318,000}{545 \times 38.8} = 15.1 \, [\text{m}^2]$$

(10) **流路長さ $L$**

$$L = A/(2B) = 15.1/(2 \times 0.6) = 12.5 \, [\text{m}]$$

したがって,境膜伝熱係数の算出の際に仮定した $L$ の値は,ほぼ正しかったことになる。

(11) **管壁温度 $t_w$**

$$t_w = t_c + \frac{h_2}{h_1 + h_2} \cdot (T_c - t_c)$$
$$= 33.1 + \frac{825}{5,800 + 825} \cdot (71 - 33.1)$$
$$= 37.8 \, [{}^\circ\text{C}]$$

38 [°C] における冷却水の粘度 $\mu_{w1} = 2.44$ [kg/m·hr]

$$\left(\frac{\mu}{\mu_w}\right)_1^{0.17} = \left(\frac{2.88}{2.44}\right)^{0.17} \fallingdotseq 1$$

38 [°C] におけるケロシンの粘度 $\mu_{w2}$ は 5.2 [kg/m·hr]

$$\left(\frac{\mu}{\mu_w}\right)_2^{0.17} = \left(\frac{3.28}{5.20}\right)^{0.17} = 0.925$$

したがって,境膜伝熱係数の計算の際に仮定した $(\mu/\mu_w)^{0.17}$ の値は,正しかったことになる。

(12) **渦巻外周径 $D_{max}$** 中心管の径 $D_o = 0.110$ [m] とする。

$$D_1 + \frac{b_1-b_2}{2} = 0.110 + \frac{0.0093-0.0042}{2} = 0.1125 \text{ [m]}$$

$$b_1+b_2+2t_s = 0.0181 \text{ [m]}$$

式 (13·34) から,渦巻の巻数 $N_{coil}$ は,

$$N_{coil} = \frac{-0.1125 + \sqrt{(0.1125)^2 + (4 \times 12.5 \times 0.0181/\pi)}}{0.0181} = 23.4$$

式 (13·33) から

$$D_{max} = 0.110 + 0.0116 + 23.4(0.0181) = 0.5466 \text{ [m]}$$

渦巻の平均径は

$$(D_H)_{ave} = (D_1 + D_{max})/2 = 0.328 \text{ [m]}$$

**(13) 圧力損失 $\Delta P$** 式 (13·26) から,限界 Reynolds 数 $(Re)_{crit}$ は,冷水側で

$$(Re)_{crit} = 20,000(0.0186/0.328)^{0.32} = 8,000$$

ケロシン側で

$$(Re)_{crit} = 20,000(0.0084/0.328)^{0.32} = 6,200$$

冷却水側の圧力損失は,$Re > (Re)_{crit}$ であるので,式 (13·27) を用いて

$$\Delta P_1 = \left(\frac{4.65}{10^9}\right)\left(\frac{12.5}{1,000}\right)\left(\frac{30,000}{0.0093 \times 0.6}\right)^2 \left[\frac{0.55}{(0.0093+0.00318)}\right.$$
$$\left.\times \left(\frac{2.88 \times 0.6}{30,000}\right)^{1/3} \cdot \left(\frac{2.44}{2.88}\right)^{0.17} + 1.5 + \frac{5}{12.5}\right]$$

$$= 6,200 \text{ [Kg/m}^2\text{]} = 0.62 \text{ [Kg/cm}^2\text{]}$$

ケロシン側の圧力損失は,$Re < (Re)_{crit}$ であるので,式 (13·28) を用いて

$$\Delta P_2 = \left(\frac{4.65}{10^9}\right)\left(\frac{12.5}{825}\right)\left(\frac{6,000}{0.0042 \times 0.6}\right)^2 \left[\frac{1.78}{(0.0042+0.00318)}\right.$$
$$\left.\times \left(\frac{3.28 \times 0.6}{6,000}\right)^{1/2} \cdot \left(\frac{5.20}{3.28}\right)^{0.17} + 1.5 + \frac{5}{12.5}\right]$$

$$= 2,500 \text{ [Kg/m}^2\text{]} = 0.25 \text{ [Kg/cm}^2\text{]}$$

## 13·9 補 遺

渦巻板式熱交換器の基本伝熱式(温度差補正係数 $F_t$)を解析的手法によって導いた文献としては,次のものがある。

T. Zaleski and W. Krajewski: "METODA OBLICZANIA WYMIENNIKÓW SPIRALNYCH", INŻYNIERIA CHEMICZNA, **II, 1** pp. 35~51 (1972).

# 第14章 プレート式熱交換器の設計法

## 14・1 構造および材質

プレート式熱交換器は、波状のリブ、または半球状の突起を作った伝熱プレートを、ちょうどフィルタプレスのように、ガスケットを介して重ね合せて締め付け、各プレート間に薄い長方形断面状の流路を形成し、この流路を1枚おきに高温液と低温液が交互に流れて熱交換する構造になっている。この型式の熱交換器の特徴は、組立・分解が容易で、伝熱面の掃除およびスケール落としが簡単に行ない得ることである。また、熱交換器内での滞留液量が少ないので、ジュースなどの熱分解を起こしやすい流体の加熱に用いられることが多い。

プレート式熱交換器は液-液熱交換器、凝縮器、蒸発器などとして用いられるが、これらの用途によってその構造も多少変わる。

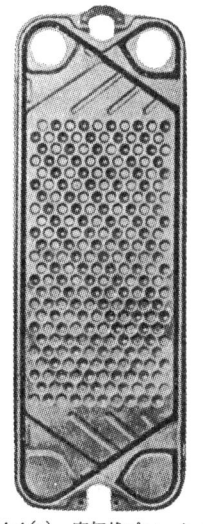

図 14・1(a) 突起状プレート（日阪製作所 EX-3 型）

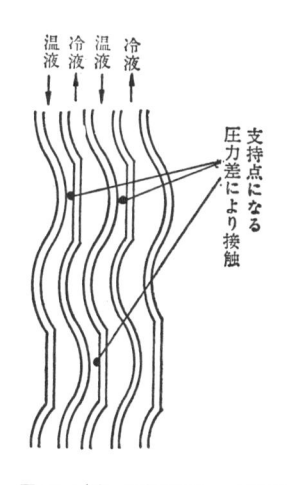

図 14・1(b) 突起状プレート断面

液-液熱交換器用として用いられるプレート式熱交換器のプレート型式としては、突起状プレート、波型プレート、ヘリンボーン型プレートなどがある。突起状プレートは、図14・1(a) に示すように、プレート表面に球状突起と、平頭突起を組合せている。プレートの球状突起は、流体に渦流を行なわせる作用を持ち、平頭突起は熱交換を行なう両流体に

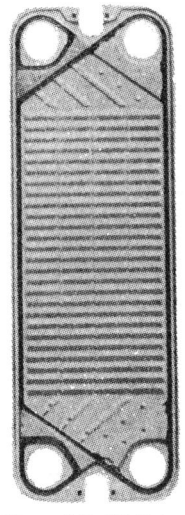

図 14・1(c) 三角波形平行プレート
(日阪製作所 EX-7 型)

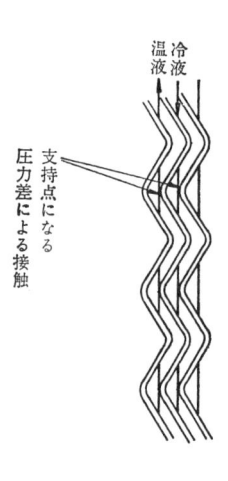

図 14・1(d) 三角波形プレート断面

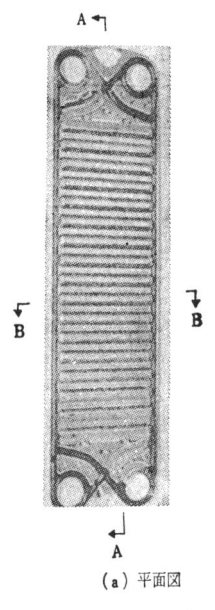

(a) 平面図

図 14・1(e) 台形平行波形プレート
(Chester-Jensen 社)

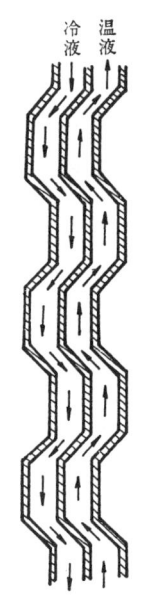

図 14・1(f) 台形平行波形プレート断面

圧力差があるときに，隣接プレートの球状突起と接触して圧力差を支えるようになっている。突起状のプレートの組合せ断面を，図 14・1(b) に示した。

波形プレートは図 14・1(c) に示すように，プレート表面に波形状の突起を設けたもので，三角状の波形を平行に配置した三角平行波形プレート(図 14・1(c) および図 14・1(d))，台形状の波形を平行に配置した台形平行波形プレート (図 14・1(e) および図 14・1(f))，不等辺三角波形を平行に配置した不等辺三角波形プレート，表面に凹凸をつけた三角波形を

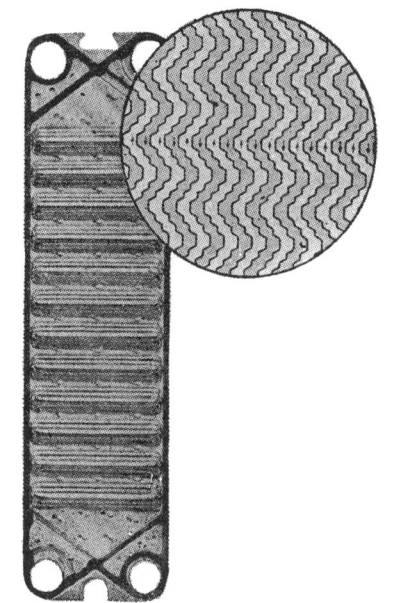

図 14・1(g)　コルゲート三角平行プレート (APV 社)

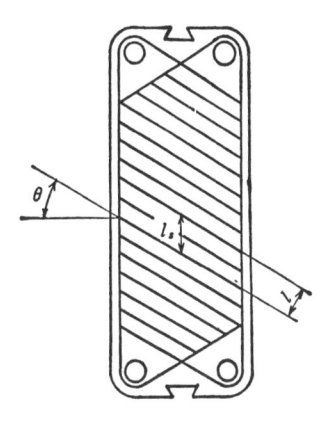

図 14・1(h)　曲線傾斜波形プレート

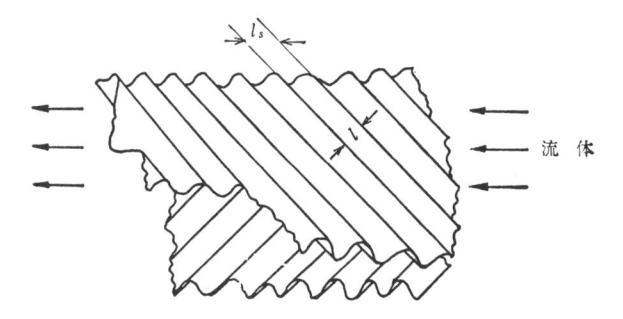

図 14・1(i)　傾斜曲線波形プレート断面

平行に配置したコルゲート三角平行波形プレート（図 14・1(g)），および三角波形を対角線方向に配置した三角傾斜波形プレート（図 14・1(h) および図 14・1(i)）がある。傾斜波形プレートは図 14・1(i) に示すように，隣り合うプレートの波形の傾斜方向が反対になるように組合せて，プレートが多点接触するようになっている。

ヘリンボーン形プレートは，図 14・1(j) に示すように，波形をヘリンボーン状に配置したもので，図 14・1 (k) に示すように，隣り合うプレートの上下方向を逆にしてプレート

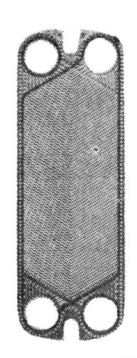

図 14・1(j)　ヘリンボーン形プレート（Rosenblad 社-黒瀬工作所）

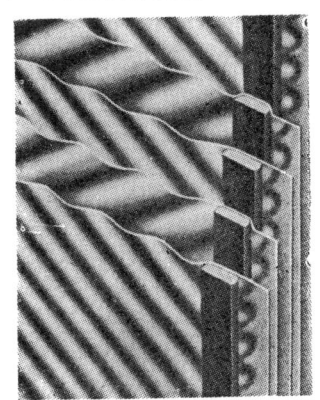

図 14・1(k)　ヘリンボーン形プレート断面

が多点接触するようになっている。波形が三角状の三角ヘリンボーン波形プレート，波形が半円筒状の半円筒ヘリンボーン波形プレートがある。熱交換を行なう両流体に圧力差があるとき，ヘリンボーン波形プレートおよび傾斜波形プレートでは，隣り合うプレートの波形が多点接触することによって，この圧力差を支えている。平行波形プレートでは，伝熱板の所々に小さな半球殻状の突起をつけて，隣り合ったプレートと接触させて，この圧力差を支えるようになっている。

一般に，ヘリンボーン形プレートおよび傾斜波形プレートは，平行波形プレートよりも大きい伝熱係数が得られ，また多点接触して圧力差を支えるので，プレート厚みが薄くてもよいという長所があるが，流体中に固体粒子が混入しているようなときには，この接触点で閉塞を生じやすいという短所がある。

プレートの組立方式としては，ボルト締め方式（図 14・2(a)）とフィルタプレス式に締め付ける方式（図 14・2(b)）とがある。

液-液熱交換器として用いられるプレート式熱交換器での流体の流れの様式を，図 14・3に示した。

## 14・1 構造および材質

図 14・2(a) ボルト締め組立方式

図 14・2(b) フィルタプレス組立方式

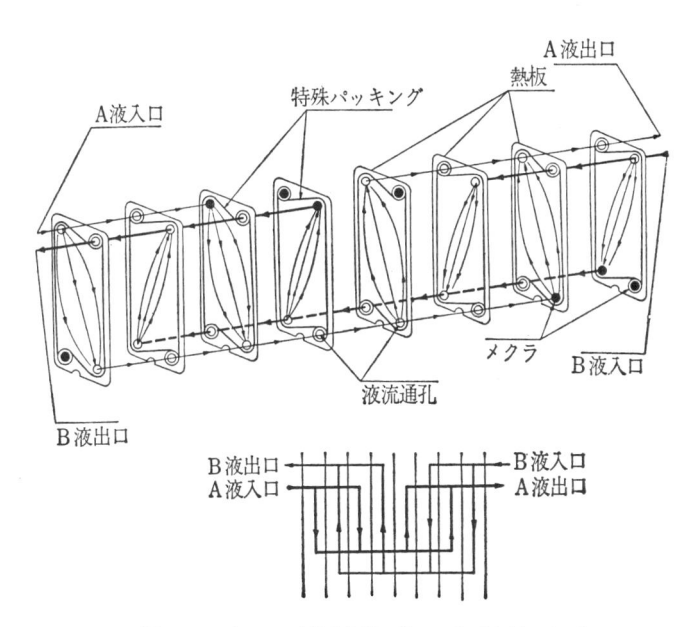

図 14・3 プレート式熱交換器の流れ様式（液-液熱交換）

プレート式凝縮器に用いられるプレートとしては，図 14・4 に示すように，蒸気入口孔および凝縮液出口孔を大きくして，蒸気側の圧力損失を小さくした構造のプレートが用いられる。プレート式凝縮器の流体の流れの様式を，図 14・5 に示した。

プレート式蒸発器では、加熱源としては水蒸気を用いることが多く、この場合には、水蒸気凝縮側の境膜伝熱係数は大きいので、プレートの水蒸気凝縮側の面には突起を設ける必要はないが、プロセス流体の均一な加熱蒸発を企り、さらに未蒸発液の滞留を防止するために、プロセス流体側の面には適当な突起が必要になる。また、水蒸気入口孔およびプロセス流体蒸発蒸気出口孔は、一般に大きくして圧力損失を小さくするのが普通である。図14・6(a)、図14・6(b) にプレート式蒸発器の流れ様式を示した。

プレート式熱交換器の組立ては、各プレートの溝にガスケットをはめ込み、締め付けて行なうが、このガスケットとしては天然ゴム、ニトリルゴム、ネオプレン、スチレン-ブチルゴム、シリコンゴム、バイトンなどのエラストマーのほかに圧縮アスベストも用いられる。ガスケットの種類は流体

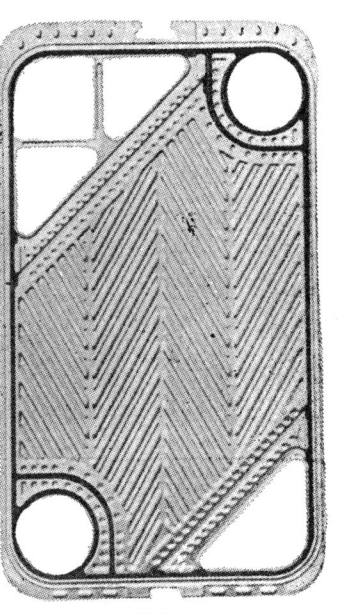

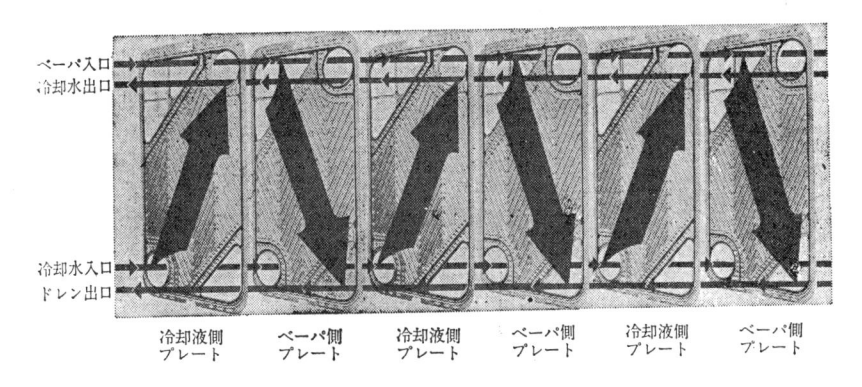

図14・4 プレート式凝縮器用プレート（日阪製作所）

図14・5 プレート式凝縮器の流れ様式

の種類、使用温度などによって選定される。ガスケットの寿命は操作条件、スタートアップとシャットダウンの回数、掃除のための分解の頻度などによって定まる。プレート式熱交換器の最高使用可能温度は、このガスケットの耐熱性によって決まるが、合成ゴムガス

## 14・1 構造および材質

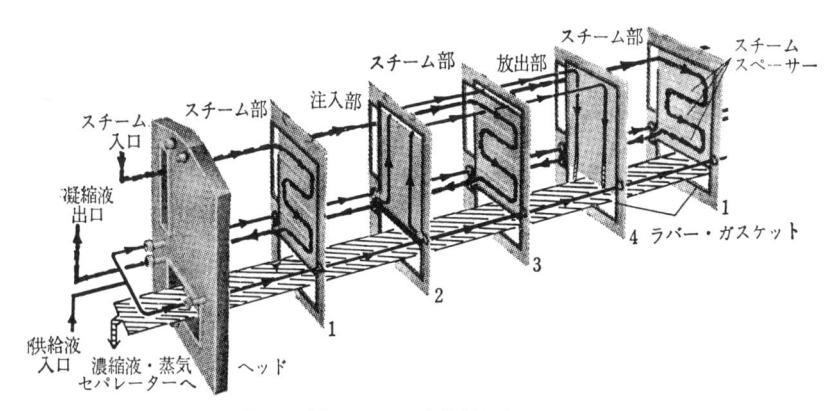

図 14・6(a) プレート式蒸発器 (APV 社)

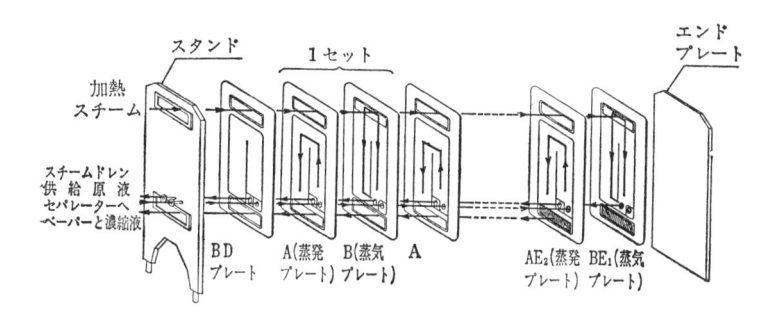

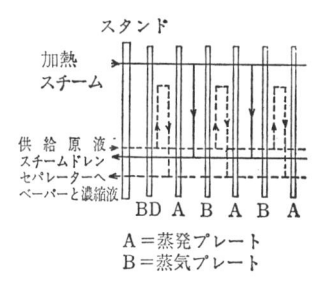

図 14・6(b) プレート式蒸発器 (日阪製作所)

ケットで 130 [°C], 圧縮アスベストガスケットで 250 [°C] である。

　プレート式熱交換器の最高使用可能圧力もまた, ガスケットの種類およびガスケット溝の構造によって定まる。現在, 市販されているものでは, 耐圧 20 [Kg/cm$^2$] 程度である。

　プレート板の材質としては, ステンレススチール, チタニウム, ハステロイ, アルミ銅

図 14・7 プレート式熱交換器の流路構成例

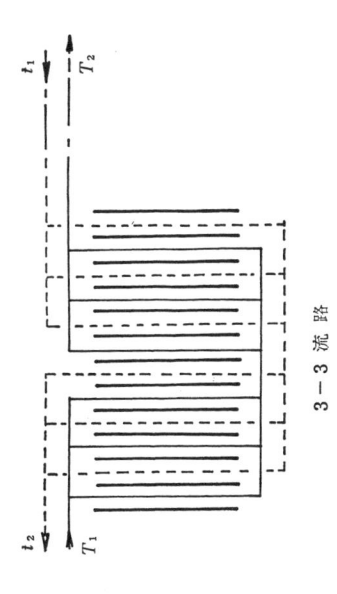

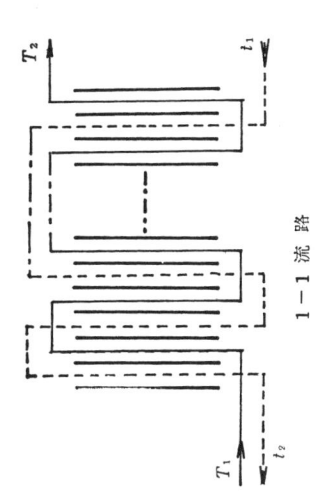

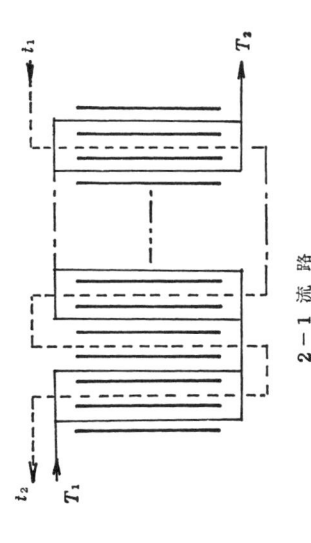

合金，ニッケル，タンタル，インコロイなどが用いられる。材質の選定において注意すべきこととして間隙腐食がある。プレート式熱交換器では，ガスケット溝とガスケットとの間に小さな間隙ができることが避けられないので，この部分で間隙腐食が発生する危険があるからである。

プレート式熱交換器のプレートとしては，1枚あたり 0.1 [m²] のものから 1.5 [m²] のものまで製作されている。また，プレートの厚みは 0.5 [mm] のものから 3 [mm] のものまで製作されている。

## 14・2 基本伝熱式

プレート式熱交換器では種々の流路構成をとることができ，流路構成が変わるとその基本伝熱式も変わることになる。

種々の流路構成の場合の取扱い法について，第3章 11 項（72頁）に詳述してあるので参照されたい。これとは別に，Marriot[1] は図 14・7 にその例を示すような流路構成のプレート式熱交換器についての温度差補正係数 $F_t$ の値を求める線図として，図 14・8 を提案している。図 14・8 は実験によって求めた線図で，1流路あたりの両流体の流量比すな

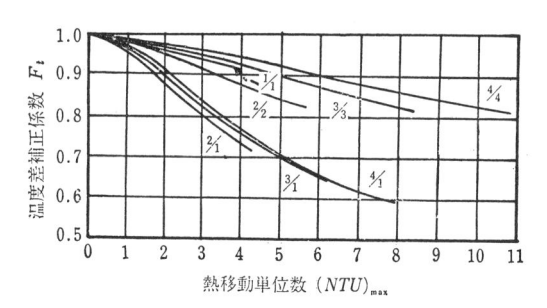

（図中の $^1/_1$ は 1-1 流路構成，$^2/_2$ は
2-2 流路構成 ………… を表わす）
図 14・8　温度差補正係数

わちプレートの両側を流れる流量比が 1.0～0.7 の場合に適用できるとしている。図の横軸の熱移動単位数 $(NTU)_{max}$ は，次式で定義される $(NTU)_A$, $(NTU)_B$ のうちで大きい方の値をとる。すなわち

$(NTU)_A \geq (NTU)_B$ のとき

$$(NTU)_{max} = (NTU)_A \qquad\qquad\qquad\qquad (14\cdot1a)$$

---

1) Marriot, J : Chem. Eng., April 5, pp. 127～134 (1971).

$(NTU)_B \geq (NTU)_A$ のとき

$$(NTU)_{max} = (NTU)_B \qquad (14 \cdot 1b)$$

ここで,

$$(NTU)_A = (A \cdot U)/(w \cdot c) \qquad (14 \cdot 2a)$$
$$(NTU)_B = (A \cdot U)/(W \cdot C) \qquad (14 \cdot 2b)$$

$(w \cdot c)$：流体 A の水当量（＝流量×比熱）〔kcal/hr・°C〕

$(W \cdot C)$：流体 B の水当量（＝流量×比熱）〔kcal/hr・°C〕

この温度差補正係数を用いると，基本伝熱式は次式で表わすことができる。

$$Q = A \cdot U \cdot \Delta T \qquad (14 \cdot 3)$$

$$\Delta T = F_t \cdot \frac{|T_1 - t_2| - |T_2 - t_1|}{\ln\{(T_1 - t_2)/(T_2 - t_1)\}} \qquad (14 \cdot 4)$$

ここで,

$Q$：伝熱量〔kcal/hr〕

$A$：伝熱面積〔m²〕

$U$：総括伝熱係数〔kcal/m²・hr・°C〕

## 14・3 伝熱係数

### 14・3・1 相変化のない対流伝熱

Rybinova[2] は図 14・9 に示すような台形平行波形プレートについて実験を行ない，次式を提案している。

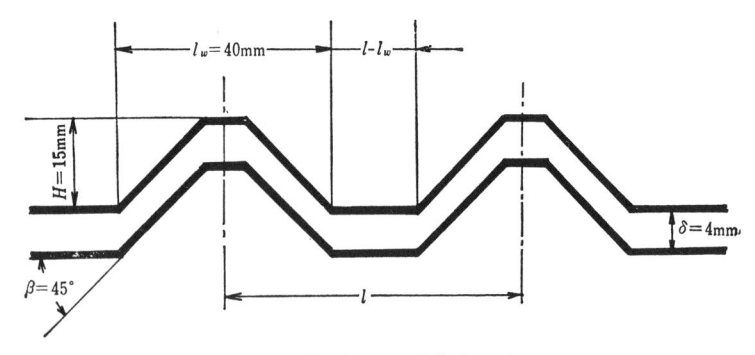

図 14・9 Rybinova の実験プレート

---

2) Rybinova, H: Verfahrenstechnik, vol. 4, Nr. 9, pp. 413〜419 (1970).

$$\left(\frac{h \cdot D_e}{k}\right) = 0.015\left[1 + 6.03\left(\frac{H}{l}\right)^{5.57} \cdot \left(\frac{l_w}{l-l_w}\right)^{-1.14} \cdot 10^4\right]$$
$$\cdot \left(\frac{D_e \cdot G}{\mu}\right)^m \cdot (Pr)^{0.43} \cdot \left(\frac{Pr}{Pr_w}\right)^{0.25} \quad \cdots\cdots\cdots\cdots\cdots(14\cdot5)$$

ここで
$$m = 0.838\left[1 - 1.835\left(\frac{H}{l}\right)^{4.1} \cdot \left(\frac{l_w}{l-l_w}\right)^{-0.98} \cdot 10^2\right] \quad \cdots\cdots\cdots(14\cdot6)$$

適用範囲は
$$300 < \left(\frac{D_e \cdot G}{\mu}\right) < 3.2 \times 10^4 \text{ (乱流)}$$

式 (14·5) は，図 14·9 に示すように波形寸法が $H=0.015$ [m]，波形底辺の長さ $l_w=0.040$ [m] の波形プレートで，隣り合うプレート間の間隙 (ガスケット厚み) $\delta=0.004$ [m] の場合について，波形ピッチ $l$ だけを変えて求めた式であるので，$H, l_w, \delta$ が他の寸法のときには，厳密には適用することができない。

$k$：熱伝導率 [kcal/m·hr·°C]
$H$：波形の高さ [m]
$G$：平均質量速度 [近似的* に $G=W/(\delta \cdot B)$] [kg/m²·hr]
$B$：プレートの幅 [m]
$W$：流量 [kg/hr]
$\mu$：流体の粘度 (流体の平均温度における値) [kg/m·hr]
$Pr$：Prandtle 数 (流体の平均温度における値) $= (C \cdot \mu/k)$ [—]
$Pr_w$：Prandtle 数 (伝熱板壁面温度における値) [—]
$h$：境膜伝熱係数 [kcal/m²·hr·°C]
$l$：波形のピッチ [m]
$l_w$：波形底辺の長さ [m]
$D_e$：相当径 $=2\delta$ [m]
$\delta$：プレート間の間隙 (ガスケットの厚み)

Maslov[3] は図 14·10 に示すような波形プレートについての実験式をまとめている。

$$\left(\frac{h \cdot D_e}{k}\right) = M \cdot Pr^{0.43} \cdot \left(\frac{Pr}{Pr_w}\right)^{0.25} \quad \cdots\cdots\cdots\cdots\cdots\cdots\cdots\cdots\cdots(14\cdot7)$$

---

\* 厳密には，流路断面積が一定でなく，流れの方向に沿って変わるので，平均流路断面積基準での質量速度を用いなければならない。
3) Maslov, A. V: Kholodin'naga Tekhnika, vol. 6, pp. 25〜29 (1965).

$M$ は Reynolds 数 $Re=(D_e \cdot G/\mu)$ の関数として表 14·1 に示されている。式 (14·7) の適用範囲は

$$10^3 < \left(\frac{D_e \cdot G}{\mu}\right) < 2\times 10^4 \quad (乱流)$$

Maslov は，さらに境膜伝熱係数と圧力損失を次式で表わしている。

$$\left(\frac{h\cdot D_e}{k}\right)=0.0315\cdot\frac{1+0.83\sqrt{\dfrac{\delta}{l}}}{1+1.5Re^{-0.125}\left(\dfrac{f_o}{f}-1\right)}\cdot Re^{0.75}\cdot Pr^{0.43}\cdot\left(\frac{Pr}{Pr_w}\right)^{0.25}$$

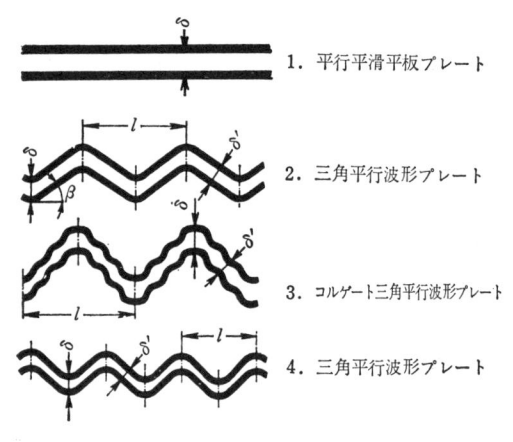

$$\cdots\cdots\cdots\cdots(14\cdot 8)$$

1. 平行平滑平板プレート
2. 三角平行波形プレート
3. コルゲート三角平行波形プレート
4. 三角平行波形プレート

図 14·10 Maslov の示した伝熱プレート

ここで，

$\delta$：伝熱板の間隙（ガスケット厚み）〔m〕

$f$：プレート間を流れる流体摩擦係数〔—〕

$f_o$：平行平滑平板における流体摩擦係数〔—〕

これらのプレートでは，流路断面が一定でなく流れ方向に対して変化しているが，相当直径 $D_e$ および質量速度 $G$ は，次式で定義される値を用いる。

$$D_e = 2\delta \quad \cdots\cdots\cdots\cdots\cdots\cdots\cdots\cdots\cdots\cdots\cdots\cdots\cdots\cdots\cdots\cdots\cdots\cdots\cdots\cdots\cdots\cdots(14\cdot 9)$$

$$G = W/(\delta\cdot B) \quad \cdots\cdots\cdots\cdots\cdots\cdots\cdots\cdots\cdots\cdots\cdots\cdots\cdots\cdots\cdots\cdots\cdots(14\cdot 10)$$

式 (14·8) の計算図表を図 14·11 に示した。

なお，Maslov は次式から求めた $f_o$ の値を用いている。

14・3 伝熱係数

表 14・1 プレート式熱交換器の伝熱係数の相関 (Maslov)

| プレート型式 | 波形のピッチ $l$ [mm] | プレート間隔 $\delta$ [mm] | 最小間隔 $\delta'$ [mm] | 波形の傾斜角 $\beta$ [度] | 伝熱係数相関式 |
|---|---|---|---|---|---|
| 平行平滑平板(1) | — | — | — | — | $M = 0.021 \cdot Re^{0.8}$ |
| 三角平行波形(2) | 20.0 | 1.85 | — | 30 | $M = 0.216 \cdot Re^{0.8}$ |
| 〃 | 22.5 | 3.50 | 2.80 | 35 | $M = 0.125 \cdot Re^{0.7}$ |
| 〃 | 20.0 | 2.85 | — | 40 | $M = 0.215 \cdot Re^{0.635}$ |
| 〃 | 22.5 | 5.90 | 4.80 | 35 | $M = 0.356 \cdot Re^{0.6}$ |
| 〃 | 30.0 | 5.50 | 4.90 | 30 | $M = 0.1815 \cdot Re^{0.65}$ |
| 三角平行波形(4) | 38.0 | 5.90 | — | — | $M = 0.309 \cdot Re^{0.6}$ |
| コルゲート三角平行波形(3) | 48.5 | 3.50 | 2.00 | — | $M = 0.122 \cdot Re^{0.7}$ |
| 三角平行波形(2) | 20.0 | 2.25 | — | 30 | $M = 0.1635 \cdot Re^{0.63}$ |
| 三角平行波形(2) | 20.0 | 1.15 | — | 30 | $M = 0.173 \cdot Re^{0.64}$ |
| 〃 | 20.0 | 1.40 | — | 40 | $M = 0.194 \cdot Re^{0.64}$ |

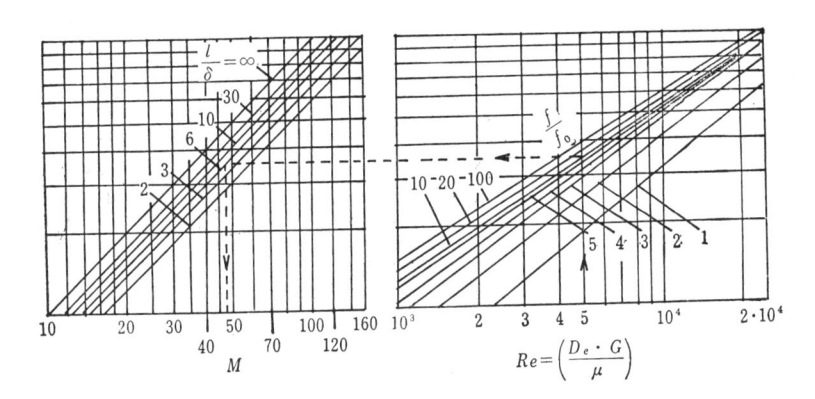

図 14・11 プレート式熱交換器の圧力損失と伝熱係数の関係

$$f_o = \frac{1}{4\left[1.82 \log_{10}\left(\frac{D_e \cdot G}{\mu}\right) - 1.64\right]^2} \quad \cdots\cdots\cdots\cdots (14\cdot 11)$$

岡田ら[4]は図14・12 および表14・2に示す平行波形プレートについて実験を行ない, 次式を発表している。

コルゲート三角平行波形プレート (図 14・12 の A, B)

$0.0049 \leqq D_e' \leqq 0.0127$ [m]

$$\left(\frac{h \cdot D_e'}{k}\right) = 1.45 \left(\frac{D_e'}{P_t}\right) \cdot \exp\left(\frac{-2.0 D_e'}{P_t}\right) \cdot \left(\frac{D_e' \cdot G}{\mu}\right)^{0.62} \cdot \left(\frac{C \cdot \mu}{k}\right)^{0.4}$$
$$\cdots\cdots\cdots (14\cdot 12)$$

---

4) 岡田, 小野, 富村, 今野, 大谷:化学工学, 第32巻, 第11号, pp. 1127〜1132 (1968)

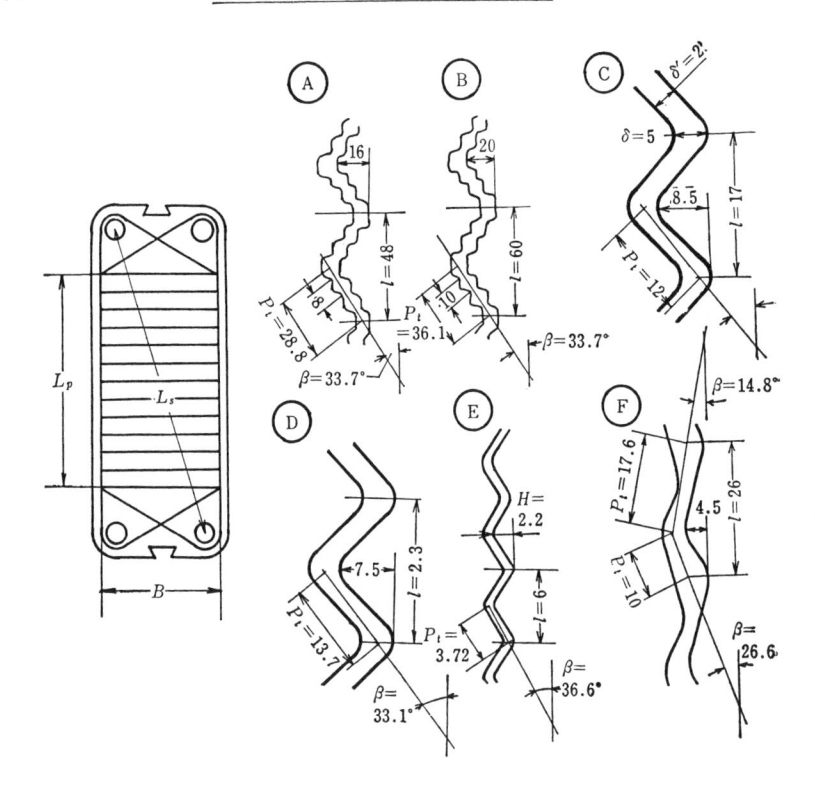

図 14・12 岡田らが実験した平行波形プレート
(寸法は mm 単位で記入)

**三角平行波形プレート**（図 14・12 の D, E）

$0.00286 \leqq D_e' \leqq 0.0126$ 〔m〕

$$\left(\frac{h \cdot D_e'}{k}\right) = 1.0 \left(\frac{D_e'}{P_t}\right) \cdot \exp\left(\frac{-1.1 D_e'}{P_t}\right) \cdot \left(\frac{D_e' \cdot G}{\mu}\right)^{0.62} \cdot \left(\frac{C \cdot \mu}{k}\right)^{0.4}$$

……………(14・13)

**不等辺三角平行波形プレート**（図 14・12 の F）

$0.006 \leqq D_e' \leqq 0.0140$

$$\left(\frac{h \cdot D_e'}{k}\right) = 0.80 \left(\frac{D_e'}{P_t}\right) \cdot \exp\left(\frac{-1.15 D_e'}{P_t}\right) \cdot \left(\frac{D_e' \cdot G}{\mu}\right)^{0.62} \cdot \left(\frac{C \cdot \mu}{k}\right)^{0.4}$$

……………(14・14)

岡田ら[5]はさらに図 14・12 のCの三角平行波形プレートおよび図 14・1 (i) に示す三角

---

5) 岡田, 小野, 富村, 大隈, 今野, 大谷：化学工学, 第35巻, 第5号, pp. 587〜591 (1971).

14・3 伝熱係数

表 14・2 岡田らが実験した平行波形プレート寸法

| 形　式 | コルゲート三角平行波形プレート | コルゲート三角平行波形プレート | 三角平行波形プレート | 三角平行波形プレート | 三角平行波形プレート | 不等辺三角平行波形プレート |
|---|---|---|---|---|---|---|
| 図 | A | B | C | D | E | F |
| 伝 熱 面 積 $A_p$ [m²] | 0.168 | 0.350 | 0.048 | 0.188 | 0.034 | 0.133 |
| 投 影 面 積 [m²] | 0.135 | 0.270 | 0.034 | 0.160 | 0.027 | 0.123 |
| プレート幅 [m] | 0.230 | 0.320 | — | 0.260 | 0.07 | 0.230 |
| プレート長さ [m] | 0.84 | 1.12 | — | 0.90 | 0.64 | 0.80 |
| プレート厚み $l_s$ [m] | 0.0009 | 0.0009 | — | 0.0009 | 0.0005 | 0.0012 |
| 波形ピッチ $l$ [m] | 0.048 | 0.060 | 0.017 | 0.023 | 0.006 | {0.0176, 0.0100} |
| 直 線 距 離* $P_l$ [m] | 0.0288 | 0.0361 | 0.012 | 0.0137 | 0.00372 | 0.0260 |
| プレート間の最大間隙 $\delta$ [m] | — | — | 0.005~0.010 | — | — | — |
| プレート間の最小間隙 $\delta'$ [m] | — | — | 0.002~0.004 | — | — | — |
| 波形の高さ $H$ [m] | 0.016 | 0.020 | 0.0085 | 0.0075 | 0.0022 | 0.0045 |
| 波形の傾斜角 $\beta$ [°] | 33.7 | 33.7 | — | 33.1 | 36.3 | 26.6 |

* $P_l$ は流体が流れ方向を変えてから，次に流れ方向を変えるまでの直線距離

表 14・3 プレート式熱交換器の伝熱係数の相関（岡田ら）

| プレート型式 | 波形のピッチ $l$ [mm] | 流れ方向に測った波形のピッチ $l_s$ [mm] | プレート間隙(最大) $\delta$ [mm] | プレート間隙(最小) $\delta'$ [mm] | 波形の高さ $H$ [mm] | 波形の配列傾斜角 $\theta$ [度] | 相当径 $D_e'$ [mm] | 伝熱係数の相関 |
|---|---|---|---|---|---|---|---|---|
| 三角平行波形 | 12 | 12 | 5.0 | 2.0 | 8.5 | 0° | 6.2 | $M = 0.30 \cdot Re^{0.63}$ |
| 〃 | 12 | 12 | 7.3 | 2.9 | 8.5 | 0° | 8.8 | $M = 0.27 \cdot Re^{0.66}$ |
| 〃 | 12 | 12 | 10.0 | 4.0 | 8.5 | 0° | 11.8 | $M = 0.29 \cdot Re^{0.67}$ |
| 三角傾斜波形 | 8 | 9.2 | 8.0 | 0 | 4.0 | 30° | 5.1 | $M = 0.32 \cdot Re^{0.63}$ |
| 〃 | 10 | 11.6 | 8.0 | 0 | 4.0 | 30° | 5.7 | $M = 0.29 \cdot Re^{0.65}$ |
| 〃 | 15 | 17.3 | 8.0 | 0 | 4.0 | 30° | 6.7 | $M = 0.34 \cdot Re^{0.64}$ |
| 〃 | 10 | 10.4 | 8.0 | 0 | 4.0 | 15° | 5.7 | $M = 0.42 \cdot Re^{0.62}$ |
| 〃 | 10 | 14.2 | 8.0 | 0 | 4.0 | 45° | 5.7 | $M = 0.22 \cdot Re^{0.64}$ |
| 〃 | 10 | 20.0 | 8.0 | 0 | 4.0 | 60° | 5.7 | $M = 0.14 \cdot Re^{0.66}$ |

傾斜波形プレートについて実験を行ない，次式を発表している．実験に用いられたプレートの寸法を表 14・3 に示した．

$$\left(\frac{h \cdot D_e'}{k}\right) = M \cdot Pr^{0.4} \quad \cdots\cdots\cdots\cdots\cdots\cdots\cdots\cdots\cdots\cdots (14 \cdot 15)$$

ここで，$M$ は Reynolds 数 $Re=(D_e{}' \cdot G/\mu)$ の関数として表 14・3 で示される．式 (14・12)〜(14・15) は乱流域で求められた式で，適用範囲は

$$5 \times 10^2 < \frac{D_e{}' \cdot G}{\mu} < 1.5 \times 10^4$$

式 (14・12)〜(14・15) における相当径 $D_e{}'$ は，プレート間の流路断面積が一定でなく流れの方向に対して変化するので，水力相当直径の概念を適用し，流路体積を濡れ面積（＝伝熱面積）で割ったものの 4 倍として計算した相当径で，$D_e{}'$ と式 (14・9) で定義される $D_e$ とは必ずしも一致しない．

また，$P_l$ は流体が流れ方向を変えてから，次に流れ方向を変えるまでの直線距離〔m〕である（図 14・12 参照）．また，傾斜波形プレートについては，図 14・1(i) に示すように，隣り合うプレートの波形の傾斜方向が反対になるように組合せて，相隣れるプレートの山と山が多点接触するように，プレート間隔を保って実験したものである．この場合，流体の流れ方向に切断した断面について見ると，波形のピッチは $l_s$（図14・1(i) 参照）となり，またプレート間の最少間隙 $\delta'=0$（接触点）となる．

Emerson[6] は市販されている実用プレート式熱交換器について実験を行ない，次式を発表している．

NEL 熱交換器（平行平滑板プレート）

$$\left(\frac{h}{C \cdot G}\right)\left(\frac{C \cdot \mu}{k}\right)^{2/3} = 0.625 \left(\frac{D_e \cdot G}{\mu}\right)^{-0.66} \cdot \left(\frac{\mu}{\mu_w}\right)^{0.14} \quad \cdots\cdots (14 \cdot 16)$$

$$\left(\frac{D_e \cdot G}{\mu}\right) < 1,000 \quad (層流)$$

$$\left(\frac{h}{C \cdot G}\right)\left(\frac{C \cdot \mu}{k}\right)^{2/3} = 0.00913 \left(\frac{D_e \cdot G}{\mu}\right)^{-0.061} \cdot \left(\frac{\mu}{\mu_w}\right)^{0.14} \quad \cdots\cdots (14 \cdot 17)$$

$$\left(\frac{D_e \cdot G}{\mu}\right) > 1,000 \quad (乱流)$$

APV 社プレート式熱交換器

$$\left(\frac{h}{C \cdot G}\right)\left(\frac{C \cdot \mu}{k}\right)^{2/3} = 1.416 \left(\frac{D_e \cdot G}{\mu}\right)^{-0.77} \cdot \left(\frac{\mu}{\mu_w}\right)^{0.14} \quad \cdots\cdots (14 \cdot 18)$$

$$\left(\frac{D_e \cdot G}{\mu}\right) < 70 \quad (層流)$$

$$\left(\frac{h}{C \cdot G}\right)\left(\frac{C \cdot \mu}{k}\right)^{2/3} = 0.178 \left(\frac{D_e \cdot G}{\mu}\right)^{-0.24} \cdot \left(\frac{\mu}{\mu_w}\right)^{0.14} \quad \cdots\cdots (14 \cdot 19)$$

---

6) Emerson, W.H : NEL. Reports. No. 283, No. 284, No. 285, No. 286 (1967) Available from the National Engineering Laboratory, East Kilbride, Glasgow

$$\left(\frac{D_e \cdot G}{\mu}\right) > 1,000 \quad (乱流)$$

De·Laval 社プレート式熱交換器

$$\left(\frac{h}{C \cdot G}\right)\left(\frac{C \cdot \mu}{k}\right)^{2/3} = 0.420\left(\frac{D_e \cdot G}{\mu}\right)^{-0.50} \cdot \left(\frac{\mu}{\mu_w}\right)^{0.14} \quad \cdots\cdots\cdots\cdots (14 \cdot 20)$$

$$\left(\frac{D_e \cdot G}{\mu}\right) < 150 \quad (層流)$$

$$\left(\frac{h}{C \cdot G}\right)\left(\frac{C \cdot \mu}{k}\right)^{2/3} = 0.378\left(\frac{D_e \cdot G}{\mu}\right)^{-0.39} \cdot \left(\frac{\mu}{\mu_w}\right)^{0.14} \quad \cdots\cdots\cdots\cdots (14 \cdot 21)$$

$$\left(\frac{D_e \cdot G}{\mu}\right) > 300 \quad (乱流)$$

Rosenblad 社プレート式熱交換器（ヘリンボーン波形プレート）

$$\left(\frac{h}{C \cdot G}\right)\left(\frac{C \cdot \mu}{k}\right)^{2/3} = 0.755\left(\frac{D_e \cdot G}{\mu}\right)^{-0.54} \cdot \left(\frac{\mu}{\mu_w}\right)^{0.14} \quad \cdots\cdots\cdots\cdots (14 \cdot 22)$$

$$\left(\frac{D_e \cdot G}{\mu}\right) < 25 \quad (層流)$$

$$\left(\frac{h}{C \cdot G}\right)\left(\frac{C \cdot \mu}{k}\right)^{2/3} = 0.520\left(\frac{D_e \cdot G}{\mu}\right)^{-0.39} \cdot \left(\frac{\mu}{\mu_w}\right)^{0.14} \quad \cdots\cdots\cdots\cdots (14 \cdot 23)$$

$$\left(\frac{D_e \cdot G}{\mu}\right) > 40 \quad (乱流)$$

Andersson[7] は Rosenblad 社のヘリンボーン波形プレートについて，次式を報告している。

$$\left(\frac{h \cdot D_e}{k}\right) = M \cdot \left(\frac{D_e \cdot G}{\mu}\right)^{0.67} \cdot \left(\frac{C \cdot \mu}{k}\right)^{0.333} \cdot \left(\frac{\mu}{\mu_w}\right)^{0.14} \quad \cdots\cdots\cdots\cdots (14 \cdot 24)$$

$M$ の値は波形のピッチ，高さによって，0.25 から 0.375 まで変わるとしている。

Buonopane ら[8] は A：三角ヘリンボーン波形プレート，B：半円筒ヘリンボーン波形プレート，C：台形平行波形プレート，D：半円筒傾斜波形プレート，E：コルゲート三角平行波形プレート，F：三角平行波形プレート，G：球状突起プレートについて，実験を行ない次式を発表している。

$$\left(\frac{h \cdot D_e'}{k}\right) = M \left(\frac{C \cdot \mu}{k}\right)^{0.4} \quad \cdots\cdots\cdots\cdots\cdots\cdots\cdots\cdots\cdots\cdots (14 \cdot 25)$$

$M$ の値は Reynolds 数の関数として表 14·4 で表わされる。

相当径 $D_e'$ は流路体積を濡れ面積で割ったものの4倍として求める。

---

7) Andersson, L : Unpublished. AB Rosenblads Patenter, Stockholm, Sweden (1964).
8) Buonopane, R.A and R.A. Troupe : A.I.Ch.E. Journal, vol. 15, No. 4, pp. 585〜596 (1969).

Buonopane ら[8] は、さらにプレート式熱交換器において、境膜伝熱係数と圧力損失との間に、次の関係式が成り立つことを示した。

$$h = 103\left(\frac{\Delta P}{10^4 \cdot A_p}\right)^{0.3544} \quad \cdots\cdots\cdots\cdots (14\cdot 26)$$

表 14・4 プレート式熱交換器の伝熱係数 (Buonopane ら)

| プレート型式 | プレート間隙＝ガスケット厚み $\delta$ [mm] | 伝熱係数相関式 |
|---|---|---|
| 三角ヘリンボーン波形 | 3.16 | $M = 0.4322 \cdot Re^{0.62}$ |
| 半円筒ヘリンボーン波形 | 5.9 | $M = 0.1431 \cdot Re^{0.79}$ |
| 台形平行波形 | 4.4 | $M = 0.2536 \cdot Re^{0.65}$ |
| 半円筒傾斜波形 | 4.25 | $M = 0.3116 \cdot Re^{0.59}$ |
| コルゲート三角平行波形 | 4.04 | $M = 0.1333 \cdot Re^{0.73}$ |
| 半球状突起プレート | 5.75 | $M = 0.1446 \cdot Re^{0.67}$ |
| 三角平行波形 | 3.42 | $M = 0.2213 \cdot Re^{0.65}$ |

ここで

$A_p$：プレート1枚あたりの伝熱面積 [m²]

$\Delta P$：流路での圧力損失 [Kg/m²]

圧力損失 $\Delta P$ は波形部での圧力損失（式 (14・53) から求まる）に、プレート出入口での圧力損失として波形部での圧力損失の 20% を加算した値を用いる。式 (14・26) の平均偏差は $-15.8\%$ である。

式 (14・26) は 21 [℃] の水についての実験式であるので、水以外の流体に対しては補正が必要である。また、この式はプレート波形部の流れ方向の長さ $L_p$ が、$750\sim 800$ [mm] のものについての実験式であるので、この長さが異なる他のプレートについては、補正が必要である。

Jackson ら[9] は図 14・13 に示す寸法の台形平行波形プレートについて、次式を発表している。

$$\left(\frac{h}{C \cdot G}\right) = 0.742\left(\frac{D_e \cdot G}{\mu}\right)^{-0.620} \cdot \left(\frac{C \cdot \mu}{k}\right)^{-0.667} \cdot \left(\frac{\mu}{\mu_w}\right)^{0.14} \quad \cdots\cdots (14\cdot 27)$$

$$\left(\frac{D_e \cdot G}{\mu}\right) < 400 \quad (層流)$$

---

9) Jackson, B. W. and R. A. Troupe : Chem. Eng. Progress., vol. 60, No. 7, pp. 62〜65 (1964).

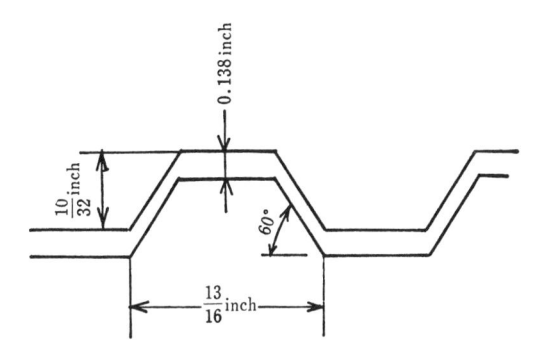

図 14・13 Jackson らが実験に用いたプレートの波形

$$\left(\frac{D_e \cdot h}{k}\right) = 0.2536 \left(\frac{D_e \cdot G}{\mu}\right)^{0.65} \cdot \left(\frac{C \cdot \mu}{k}\right)^{0.4} \quad \cdots\cdots(14\cdot28)$$

$$\left(\frac{D_e \cdot G}{\mu}\right) > 800 \quad (乱流)$$

非ニュートン流体で層流の場合に対して，Crozier ら[10]はヘリンボーン波形プレートについて実験し，次式を提案している。

$$\left(\frac{D_e \cdot h}{k}\right) = \frac{1}{2.5} \left(\frac{D_e{}^2 \cdot G \cdot C}{k \cdot L_p}\right)^{1.17} \cdot \left(\frac{\mu}{\mu_w}\right)^{0.14} \quad \cdots\cdots(14\cdot29)$$

ここで，

$L_p$：プレートの波形部の流れ方向の長さ（図 14・12 参照）[m]

プレート式熱交換器での非ニュートン流体の伝熱に関して，Gutfinger ら[11]が理論的な解析を行なっている。

### 14・3・2 凝縮伝熱

プレートの表面での凝縮伝熱は垂直平板における凝縮伝熱として取り扱うことができる。

$4\Gamma/\mu_f < 2,100$ のとき

$$h = 1.47 \left(\frac{k_f{}^3 \cdot \rho_f{}^2 \cdot g}{\mu_f{}^2}\right)^{1/3} \cdot \left(\frac{4\Gamma}{\mu_f}\right)^{-1/3} \quad \cdots\cdots(14\cdot30)$$

ここで，$\Gamma$ は凝縮負荷 [kg/m・hr] で，

$$\Gamma = \frac{W_f}{B} \quad \cdots\cdots(14\cdot31)$$

---

10) Crozier, R.D, J. R. Booth and J.E. Stewart : Chem. Eng. Progress., vol. 60, No. 8, pp. 43～45 (1964).
11) Gutfinger, C., J. Isenberg and M.A. Zeitlin : Israel Journal of Technology, vol. 8, No. 3, pp. 225～237 (1970).

$W_f$：凝縮量（プレート1枚あたり）〔kg/hr〕
$B$：プレートの幅〔m〕
$k_f$：凝縮液の熱伝導率〔kcal/m・hr・°C〕
$\rho_f$：凝縮液の密度〔kg/m$^3$〕
$\mu_f$：凝縮液の粘度〔kg/m・hr〕
$g$：重力の加速度 $=1.27\times10^8$〔m/hr$^2$〕

### 14・3・3 沸騰伝熱

プレート式蒸発器での蒸発側は気液2相流となるので，その伝熱係数はChenの相関式（第8章式(8・93)）を用いて計算することができる。

## 14・4 汚れ係数

プレート式熱交換器での汚れ係数は，普通の多管円筒式熱交換器の汚れ係数よりも小さくとることができる。これは次の理由による。

1. プレートの凹凸によって流体が乱れるので，流体中の固体粒子が沈積しにくい。
2. 多管円筒式熱交換器では胴側の邪魔板近くで流体が停滞するが，プレート式熱交換器ではこのようなデッドスペースがない。
3. 伝熱面の表面が滑らかであり，場合によっては鏡面仕上げも可能である。
4. プレート式熱交換器ではプレートの厚みが薄いので，腐食を避けるために必然的に高級材料を用いることになるので，腐食によって生成するさび類の沈積することがない。
5. 伝熱係数が大きいので，冷却水側のプレート壁面温度が低くなり，冷却水からの溶存塩類（$Ca^{++}$, $Mg^{++}$ など）の析出が生じにくくなる。
6. クリーニングが容易である。プレート式熱交換器ではデッドスペースがなく，また液のホールドアップが少ないので，化学的クリーニングを有効かつすばやく行なうことができる。

Marriott[1] はプレート式熱交換器（少なくとも波形プレート熱交換器）に対して，適用することのできる汚れ係数として，次の値を提出している。

| 流体の種類 | 汚れ係数 $r$〔m$^2$・hr・°C/kcal〕 |
|---|---|
| 水 | |
| 　軟水または蒸留水 | 0.00001 |
| 　工業用水（硬度が低いもの） | 0.00002 |

| | |
|---|---|
| 工業用水（硬度が高いもの） | 0.00005 |
| 冷水塔循環水（被処理） | 0.00004 |
| 海水（海岸附近） | 0.00005 |
| 海水（大洋） | 0.00003 |
| 油，潤滑用 | 0.00002〜0.00005 |
| 油，植物油 | 0.00002〜0.00006 |
| 有機溶剤 | 0.00001〜0.00003 |
| 水蒸気 | 0.00001 |
| プロセス流体（一般） | 0.00001〜0.00006 |

どのような場合にも汚れ係数が 0.00012 [m²・hr・°C/kcal] を越えることはない。なお，流速を大にすると圧力損失は大になるが，汚れ係数は小さくなる。

## 14・5 圧力損失（相変化を伴なわない場合）

Rybinova[2] は図 14・9 に示すような台形平行波形プレートについて，次式を提案している。

$$\varDelta P=15.1\left[1+1.98\left(\frac{H}{l}\right)^{3.46}\cdot\left(\frac{l}{l-l_w}\right)^{-0.47}\cdot 10^3\right]\cdot\left(\frac{D_e\cdot G}{\mu}\right)^p\cdot\left(\frac{G^2}{g_c\cdot\rho}\right)$$

..............(14・32)

$p=-0.24$……平行平滑板プレート

$-0.28<p<-0.27$……台形波形プレート

適用範囲

$$300<\left(\frac{D_e\cdot G}{\mu}\right)<3.2\times 10^4$$

ここで

$\varDelta P$：圧力損失 [Kg/m²]

$g_c$：重力の換算係数 $=1.27\times 10^8$ [Kg・m/kg・hr²]

式 (14・32) はプレートの波形部の流れ方向の長さ $L_p$（図 14・12 参照）が 750 [mm] のものについての実験式であるので，この長さが異なる他のプレートでは補正が必要となる。また，式 (14・32) は，図 14・9 に示すように波形寸法が $H=0.015$ [m]，波形底辺の長さ $l_w=0.040$ [m] の波形プレートで，隣り合うプレート間の間隙（ガスケット厚み）$\delta=0.004$ [m] の場合について求めた式であるので，これらの寸法が変わる場合は補正が必要である。

岡田ら[4] は図 14・12 および表 14・2 に示す平行波形プレートに水を流して実験を行ない，

圧力損失の相関式を発表している．しかし，この相関式そのままでは，水と物性の異なる流体に対しては適用できないので，これを次の例に示すように変形する．

例えば，コルゲート三角平行波形プレートで $D_e'=0.0049$ [m] のとき，岡田らの実験式は

$$(\Delta P/L) = 2.5 \times 10^{-6} \cdot (D_e' \cdot G/\mu)^{1.75} \quad \cdots\cdots (14 \cdot 33)$$

圧力損失の式を Fanning の式で表わせば，

$$\Delta P = \frac{4fG^2}{2g_c \cdot \rho} \cdot \frac{L}{D_e'} \quad \cdots\cdots (14 \cdot 34)$$

摩擦係数 $f$ が Reynolds 数の指数関数で表わされるものと見なし，定数項をまとめて $A$ で表わせば[*]，

$$(\Delta P/L) = A \cdot G^2 \cdot (D_e' \cdot G/\mu)^n / \rho \quad \cdots\cdots (14 \cdot 35)$$

式 (14・33) と式 (14・35) の $G$ の指数を同一にするためには，

$$n = 1.75 - 2 = -0.25$$

したがって

$$(\Delta P/L) = A \cdot G^2 \cdot (D_e' \cdot G/\mu)^{-0.25} / \rho \quad \cdots\cdots (14 \cdot 36)$$

式 (14・33) と式 (14・36) から

$$A = 2.5 \times 10^{-6} \cdot (D_e')^2 \cdot \mu^{-2} \cdot \rho \quad \cdots\cdots (14 \cdot 37)$$

実験は 50[°C] 前後の水 (粘度 $\mu \fallingdotseq 2$ [kg/m·hr], 密度 $\rho=1,000$ [kg/m³]) で行なわれていて，また $D_e'=0.0049$ [m] であるので，

$$A = 2.5 \times 10^{-6} \cdot (0.0049)^2 \cdot (2)^{-2} \cdot (1,000)$$
$$= 1.5 \times 10^{-8}$$

式 (14・33) の Dimension は $\Delta P$ [mmH$_2$O], $L$ [mm] であるので，$\Delta P$ [Kg/m²], $L$ [m] に統一すると，

$$A = 1.5 \times 10^{-8} \times 10^3 = 1.5 \times 10^{-5}$$

したがって，式 (14・33) は，結局次のように変形されることになる．

$$\left(\frac{\Delta P}{L}\right) = 1.5 \times 10^{-5} \cdot \frac{G^2}{(D_e' \cdot G/\mu)^{0.25} \cdot \rho} \quad \cdots\cdots (14 \cdot 38)$$

このように岡田らの実験式を変形して以下に示す．

コルゲート三角平行波形プレート (図 14・12 の A)

$D_e'=0.0049$ [m] のとき

---

[*] $D_e'$ が一定の実験式であるので，$D_e'$ も定数に含める．

$$\Delta P/L = 1.5 \times 10^{-5} \cdot (G^2/\rho) \cdot (D_e' \cdot G/\mu)^{-0.25} \quad \cdots\cdots (14\cdot39\text{a})$$

$D_e' = 0.0061$ [m] のとき

$$\Delta P/L = 5.8 \times 10^{-6} \cdot (G^2/\rho) \cdot (D_e' \cdot G/\mu)^{-0.25} \quad \cdots\cdots (14\cdot39\text{b})$$

三角平行波形プレート (図 14·12 の D)

$D_e' = 0.0059$ [m] とき

$$\Delta P/L = 3.0 \times 10^{-6} \cdot (G^2/\rho) \cdot (D_e' \cdot G/\mu)^{-0.30} \quad \cdots\cdots (14\cdot40\text{a})$$

$D_e' = 0.0074$ [m] のとき

$$\Delta P/L = 2.5 \times 10^{-6} \cdot (G^2/\rho) \cdot (D_e' \cdot G/\mu)^{-0.30} \quad \cdots\cdots (14\cdot40\text{b})$$

岡田ら[5]は,さらに図 14·12 の C の三角平行波形プレートおよび図 14·1(h)に示す三角傾斜波形プレートについても,実験式を提出している。

三角平行波形プレート (図 14·12 の C)

$D_e' = 0.0062$ [m] のとき

$$\Delta P/L = 15.5 \times 10^{-6} \cdot (G^2/\rho) \cdot (D_e' \cdot G/\mu)^{-0.36} \quad \cdots\cdots (14\cdot41\text{a})$$

$D_e' = 0.0088$ [m] のとき

$$\Delta P/L = 9.2 \times 10^{-6} \cdot (G^2/\rho) \cdot (D_e' \cdot G/\mu)^{-0.30} \quad \cdots\cdots (14\cdot41\text{b})$$

三角傾斜波形プレート (図 14·1(h))

$D_e' = 0.0057$ [m], $\alpha = 15°, l = 0.01$ [m]

$$\Delta P/L = 15.4 \times 10^{-6} \cdot (G^2/\rho) \cdot (D_e' \cdot G/\mu)^{-0.25} \quad \cdots\cdots (14\cdot42\text{a})$$

$D_e' = 0.0057$ [m], $\alpha = 30°, l = 0.01$ [m]

$$\Delta P/L = 11.0 \times 10^{-6} \cdot (G^2/\rho) \cdot (D_e' \cdot G/\mu)^{-0.25} \quad \cdots\cdots (14\cdot42\text{b})$$

$D_e' = 0.0057$ [m], $\alpha = 45°, l = 0.01$ [m]

$$\Delta P/L = 2.5 \times 10^{-6} \cdot (G^2/\rho) \cdot (D_e' \cdot G/\mu)^{-0.25} \quad \cdots\cdots (14\cdot42\text{c})$$

$D_e' = 0.0057$ [m], $\alpha = 60°, l = 0.01$ [m]

$$\Delta P/L = 1.2 \times 10^{-6} \cdot (G^2/\rho) \cdot (D_e' \cdot G/\mu)^{-0.25} \quad \cdots\cdots (14\cdot42\text{d})$$

$D_e' = 0.0051$ [m], $\alpha = 30°, l = 0.008$ [m]

$$\Delta P/L = 8.5 \times 10^{-6} \cdot (G^2/\rho) \cdot (D_e' \cdot G/\mu)^{-0.25} \quad \cdots\cdots (14\cdot42\text{e})$$

$D_e' = 0.0057$ [m], $\alpha = 30°, l = 0.015$ [m]

$$\Delta P/L = 6.95 \times 10^{-6} \cdot (G^2/\rho) \cdot (D_e' \cdot G/\mu)^{-0.25} \quad \cdots\cdots (14\cdot42\text{f})$$

$L$ はプレート表面に沿って,流れ方向に沿って測った流路長さ [m],すなわちプレートを展開した長さであって,プレートの投影面での長さ $L_p$ (図 14·12)と異なることに注意しなければならない。

式 (14・39)〜(14・42) の適用範囲は，

$$5\times10^2 < \left(\frac{D_e'\cdot G}{\mu}\right) < 2\times10^4$$

Emerson[6] は市販されている実用プレート式熱交換器について実験を行ない，摩擦係数 $f$ の値を発表している。ここで，摩擦係数 $f$ は次式で定義される。

$$4f=\frac{\Delta P\cdot 2g_c\cdot\rho}{G^2}\left(\frac{D_e}{L_s}\right) \quad\cdots\cdots(14\cdot43)$$

$L_s$ はプレートの投影面上の入口孔中心から，出口孔中心までの直線距離〔m〕（図 14・12 参照）である。

NEL 熱交換器（平行平滑板プレート）

$$4f=53.8\left(\frac{D_e\cdot G}{\mu}\right)^{-0.98} \quad\cdots\cdots(14\cdot44)$$

$$\left(\frac{D_e\cdot G}{\mu}\right) < 300 \quad (層流)$$

$$4f=0.744\left(\frac{D_e\cdot G}{\mu}\right)^{-0.23} \quad\cdots\cdots(14\cdot45)$$

$$\left(\frac{D_e\cdot G}{\mu}\right) > 300 \quad (乱流)$$

APV 社プレート式熱交換器

$$4f=111.6\left(\frac{D_e\cdot G}{\mu}\right)^{-1.00} \quad\cdots\cdots(14\cdot46)$$

$$\left(\frac{D_e\cdot G}{\mu}\right) < 120 \quad (層流)$$

$$4f=1.255\left(\frac{D_e\cdot G}{\mu}\right)^{-0.136} \quad\cdots\cdots(14\cdot47)$$

$$\left(\frac{D_e\cdot G}{\mu}\right) > 500 \quad (乱流)$$

De-Laval 社プレート式熱交換器

$$4f=35.0\left(\frac{D_e\cdot G}{\mu}\right)^{-0.80} \quad\cdots\cdots(14\cdot48)$$

$$\left(\frac{D_e\cdot G}{\mu}\right) < 200 \quad (層流)$$

$$4f=2.51\left(\frac{D_e\cdot G}{\mu}\right)^{-0.31} \quad\cdots\cdots(14\cdot49)$$

$$\left(\frac{D_e\cdot G}{\mu}\right) > 200 \quad (乱流)$$

## 14・5 圧力損失（相変化を伴なわない場合）

Rosenblad 社プレート式熱交換器

$$4f = 40.9 \left( \frac{D_e \cdot G}{\mu} \right)^{-0.74} \quad \cdots\cdots\cdots (14 \cdot 50)$$

$$\left( \frac{D_e \cdot G}{\mu} \right) < 40 \quad \text{（層流）}$$

$$4f = 10.5 \left( \frac{D_e \cdot G}{\mu} \right)^{-0.33} \quad \cdots\cdots\cdots (14 \cdot 51)$$

$$\left( \frac{D_e \cdot G}{\mu} \right) > 40 \quad \text{（乱流）}$$

Andersson[7] は Rosenblad 社のヘリンボーン波形プレートについて，次式を報告している。

$$\Delta P = \frac{4fG^2}{2g_c \cdot \rho} \cdot \frac{L_s}{D_e} \cdot \left( \frac{\mu_w}{\mu} \right)^{0.14} \quad \cdots\cdots\cdots (14 \cdot 52)$$

摩擦係数 $f$ は $(D_e \cdot G/\mu) > 200$ 乱流域で，プレートの波形の形によって 0.08～0.78 の間を変化するとしている。

Buonopane[8] は平行波形プレートおよび球状突起プレートについて適用できる次の相関式を発表している。ただし，これらの式は 21〔°C〕の水を流したときの実験式であって，一般の流体に適用するときには，流体の物性（特に密度）による補正が必要である。また，いままで記した式（14・32）〜（14・52）での圧力損失 $\Delta P$ には，プレート出入口での圧力損失が含まれているが，以下に記す式（14・53）の圧力損失 $\Delta P$ は波形部での圧力損失のみで，プレート出入口圧力損失が含まれていないので，実際の適用に際しては，プレート出入口の圧力損失として式（14・53）から求まる $\Delta P$ の 0.5〜0.3 倍の圧力損失を加算する必要がある。また，実験に用いたプレートの流体の流れ方向の長さ（波形部の長さ）$L_p$（図 14・12 参照）が 32 inch であるので，この長さが異なるときは補正が必要となる。

$$\Delta P = 703 K \cdot (3.28u)^\varepsilon \quad \cdots\cdots\cdots (14 \cdot 53)$$

ここで

$$K = A_1 \cdot A_2 \cdot A_3 \cdot A_4 \cdot A_5 \cdot A_6 \cdot A_7 \quad \cdots\cdots\cdots (14 \cdot 54)$$

$$\varepsilon = B_1 \cdot B_2 \cdot B_3 \cdot B_4 \cdot B_5 \cdot B_6 \cdot B_7 \quad \cdots\cdots\cdots (14 \cdot 55)$$

$\Delta P$：波形部での圧力損失〔Kg/m²〕

$u$：流速〔m/sec〕

$A_1$, $B_1$：プレート間の間隙による補正係数で，次式で表わされる。

$$A_1 = -8.3081 + 8.6106 \cosh(\delta_{ave}/H)^2 \quad \cdots\cdots\cdots (14 \cdot 56)$$

$$B_1 = 1.0 + 1.3006 (\delta/H)^{0.3935} \quad \cdots\cdots\cdots (14 \cdot 57)$$

$\delta_{ave}$：平均流路間隔〔m〕

$\delta$：プレート間隔（ガスケット厚み）〔m〕

$H$：突起の高さ〔m〕

（図 14・9 参照）

$A_2, B_2$：波形の配列ピッチ $l$ による補正係数で，次式で表わされる。

波形プレートに対して

$$A_2 = 1.0428 - 0.0428 \left(\frac{l}{l_w}\right)^{2.5} \quad \cdots\cdots(14\cdot58)$$

$l$：波形の配列ピッチ〔m〕（図 14・9 参照）

$l_w$：波形の底辺の長さ〔m〕（図 14・9 参照）

$$B_2 = 1.0 + 0.04 \sin^5\left(\frac{\pi l_w}{l}\right) \quad \cdots\cdots(14\cdot59)$$

球状突起プレートに対して

$$A_2 = 1 \quad \cdots\cdots(14\cdot60)$$

$$B_2 = 1 \quad \cdots\cdots(14\cdot61)$$

$A_3, B_3$：波形の傾斜角度による補正係数で，次式で表わされる。

波形プレートに対して

$$A_3 = 0.2609 + 0.7391(2H/l_w)^{2.5} \quad \cdots\cdots(14\cdot62)$$

$$B_3 = 1.0718 - 0.0718(2H/l_w)^{-2.0} \quad \cdots\cdots(14\cdot63)$$

球状突起プレートに対して

$$A_3 = 1 \quad \cdots\cdots(14\cdot64)$$

$$B_3 = 1 \quad \cdots\cdots(14\cdot65)$$

$A_4, B_4$：波形の形状による補正係数で，次式で表わされる。

波形プレートに対して

$$A_4 = 1.04 - 0.562\Psi + 0.15\sin(2\pi\Psi) - 0.08|\Psi - 0.5| \quad \cdots\cdots(14\cdot66)$$

$$B_4 = 1.0 - 0.07\Psi + 0.15\sin(2\pi\Psi) \quad \cdots\cdots(14\cdot67)$$

ここで

$$\Psi = (A_x/A_t) - 1.0 \quad \cdots\cdots(14\cdot68)$$

$A_x$ は問題の波形の断面積〔m²〕で，$A_t$ は波形の底辺 $l_w$ および高さ $H$ が問題の波形と同じである仮想の三角波形の断面積〔m²〕である。

球状突起プレートに対して

$$A_4 = 1 \quad \cdots\cdots(14\cdot69)$$

$B_4=1$ ……………………………………………………………(14・70)

$A_5, B_5$：波形表面に凹凸をつけたコルゲート波形プレートに適用する補正係数で，次式で表わされる。

波形プレートに対して

$$A_5=1.0+0.574\left[\frac{N_c \cdot (P_c-P)}{P_c}\right]^{0.6} \quad \cdots\cdots\cdots\cdots\cdots\cdots(14\cdot71)$$

$$B_5=0.46+0.54\left\{\left|\frac{N_c \cdot (P_c-P)}{P_c}-1.0\right|\right\}^{0.1} \quad \cdots\cdots\cdots\cdots(14\cdot72)$$

$N_c$ は波形1つあたりの凹凸（コルゲート）の数の1/2，$P_c$ はコルゲート波形の周辺長さ〔m〕，$P$ はコルゲート波形と同じ基本寸法の平滑波形の周辺長さ〔m〕で，$P_c$ および $P$ ともに流れの方向に沿って，波形表面において測った値である。

球状突起プレートに対して

$A_5=1.0$ ……………………………………………………………(14・73)

$B_5=1.0$ ……………………………………………………………(14・74)

$A_6, B_6$：球状突起に対する補正係数で，次式で表わされる。

球状突起プレートに対して

$A_6=\exp[-3.6(1.0-z^{0.3})]$ ……………………………………(14・75)

$B_6=0.59+0.41z$ …………………………………………………(14・76)

ここで

$$z=\frac{1}{2}(n_1+n_2)\frac{D_p}{B} \quad \cdots\cdots\cdots\cdots\cdots\cdots\cdots\cdots\cdots\cdots(14\cdot77)$$

$n_1$：一つの列での球状突起の数

$n_2$：次の一つの列での球状突起の数

$D_p$：球状突起の底部での径〔m〕

$B$：プレートの幅〔m〕

波形プレートに対して

$A_6=1.0$ ……………………………………………………………(14・78)

$B_6=1.0$ ……………………………………………………………(14・79)

$A_7, B_7$：波形の配置傾斜角度による補正係数で，次式で表わされる。

波形プレートに対して

$$A_7=[1.0+8.5\tan^{1.75}(\alpha)][1.0-1.33\sin(\theta)+0.103\sin(2.54\pi\theta)]$$

……………(14・80)

$$B_7 = 1.0 - 0.18 \left( \frac{\theta}{\alpha + \theta} \right)^{1.75} \quad \cdots\cdots\cdots\cdots\cdots\cdots\cdots\cdots\cdots\cdots (14 \cdot 81)$$

$\theta$ は波形の傾斜配列角度〔radian〕で,また角度 $\alpha$ は図 14・14 に示すように隣り合うプレートの波形を同じ方向に向けて,波形が相互にはまり合うようにしたとき $\alpha = \theta$ とおき,図 14・15 に示すように,隣り合うプレートの波形の方向を反対にして,波形が相互に交差するようにしたとき,$\alpha = 0$ とおく係数である。

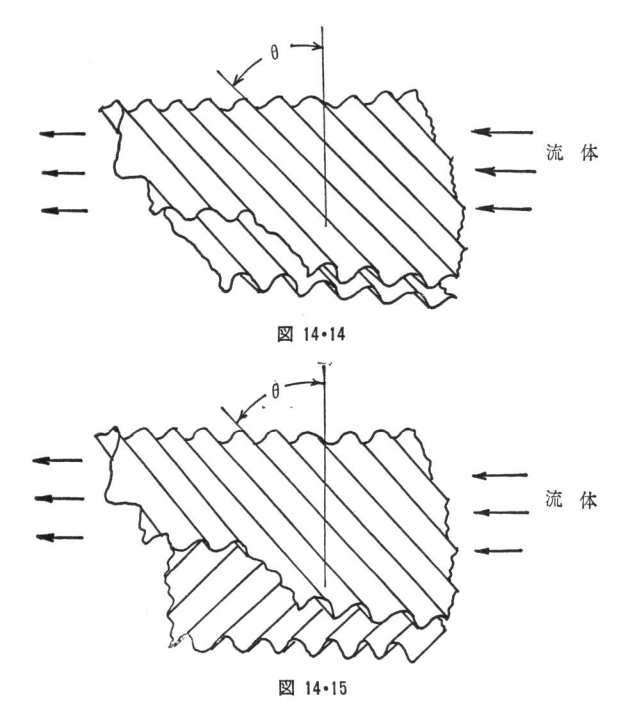

図 14・14

図 14・15

球状突起プレートに対して,

$$A_7 = 1.0 \quad \cdots\cdots\cdots\cdots\cdots\cdots\cdots\cdots\cdots\cdots\cdots\cdots\cdots\cdots\cdots\cdots\cdots\cdots (14 \cdot 82)$$
$$B_7 = 1.0 \quad \cdots\cdots\cdots\cdots\cdots\cdots\cdots\cdots\cdots\cdots\cdots\cdots\cdots\cdots\cdots\cdots\cdots\cdots (14 \cdot 83)$$

## 14・6 流体の温度分布

プレート式熱交換器が食品や化学薬品などの熱変化を受けやすい流体の加熱・冷却に用いられる場合,器内における流体の滞在時間・流動状態および温度分布が重要な問題となる。プレート式熱交換器のこれらに関する研究としては,片側に透明プラスチック平板,

## 14・6 流体の温度分布

他方の側に波形プレートを用いた流路に染料を流して実験を行ない，写真撮影によって流速分布を求めた報告[12]，両面波形の実用器プレートを用い，高温側および低温側流体の両方のプレート裏面に数多くの細い熱電対を取り付けて，流体の温度を測定し，温度分布に及ぼす $Re$ 数および流体の流れ方などによる影響を検討した報告がある[13]。

図14・16は，約 80〔°C〕の温水と約 16〔°C〕の冷水の熱交換で，高温流体が上から下

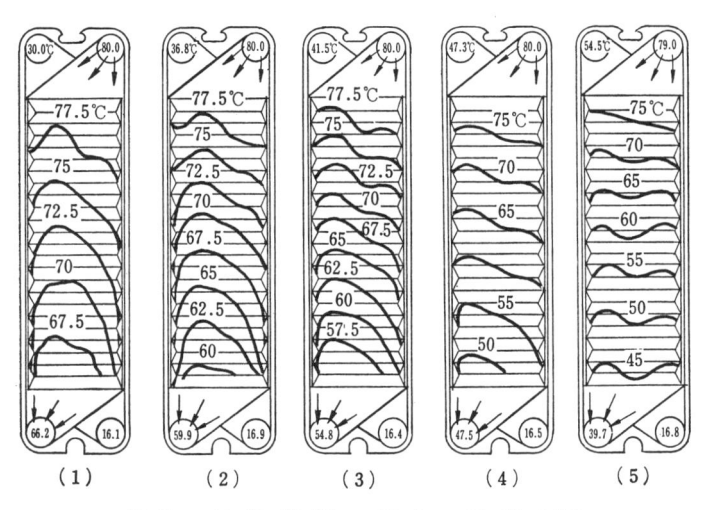

(1) Reynolds 数＝21,600　　(2) Reynolds 数＝8,230
(3) Reynolds 数＝3,960　　(4) Reynolds 数＝1,230
(5) Reynolds 数＝215

図 14・16　高温側流体の温度分布（下向き流れ）

へ流れる場合の温度分布に及ぼす Reynolds 数の影響についての測定結果[13]であって，Reynolds 数が大きいほど，プレート内の幅方向に温度勾配が生じ，Reynolds 数が小さくなるにつれて，この影響が弱っている。プレート式熱交換器では，その構造上，左右両サイドの流れ抵抗が小さいために，両サイドの流速が大きくなるために，このような温度分布になるのであり，その影響は Reynolds 数が大きいほど大きくなる。

図14・17は高温側流体が器内を上昇するように流した場合の高温側流体の温度分布の測定結果であって，図 14・16 と比較して，Reynolds 数 ＞500 では上昇・下降流による温度分布の違いはほとんどないが，Reynolds 数 ＜250 となると全く様相を異にし，上昇

---

12) Watson, E.L., A.A. Mckillop, W.L. Dankley and R.L. Perry: I.E.C., vol. 52, pp. 733〜744 (1960).
13) 岡田，小野，富村，大隈，今野，大谷：化学工学，第34巻，第1号，pp. 93〜95 (1970).

(1)　　　　　　(2)　　　　　　　　(1)　　　　　　(2)

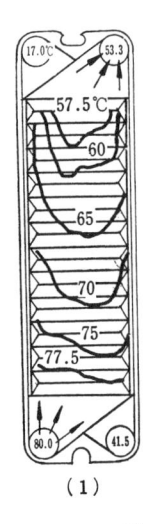

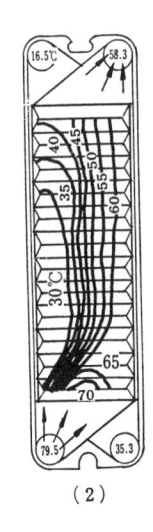

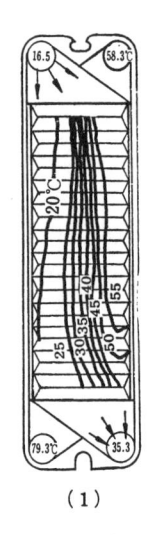

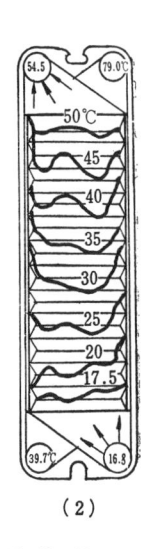

(1) Reynolds 数=4,050　　　　　(1) 下向き流れ　Reynolds 数=104
(2) Reynolds 数=238　　　　　　(2) 上向き流れ　Reynolds 数=139

図 14・17　高温側流体の温度分布(上向き流れ)　　図 14・18　低温側流体の温度分布

流の場合は流れ方向と等温線の方向が同じであるような温度分布となる。

低温側流体の温度分布は，これとは逆に図 14・18 に示すように，Reynolds 数が小さいときに，下降流の場合に流れ方向と等温線の方向が同じであるような温度分布となる。これは高温側流体を下より入って上から出るように流すときは，下方入口より入った流体が器内を上昇するにつれて冷却されて密度が大きくなって，一部下降する側流を生じるためであり，また低温側流体を上から入って下から出るように流すときは，上方入口から入った流体が器内を下降するにつれて，加熱されて密度が減じて一部上昇する側流を生じるためである。このように Reynolds 数が小さいときは，自然対流の影響を受けて流体の循環側流を生じ，器内に停滞域を生じる恐れがあるので，高温流体を上方向入口から下方出口に向って流し，低温側流体を下向入口から上方出口に向って流すように配慮する必要がある。

## 14・7　価　格

プレート式熱交換器の価格は，主としてプレート厚み・材質および組立方式（ボルト締め方式かフィルタプレス方式か）によって異なる。図 14・19 に市販のプレート式熱交換器の購入価格を示した[14]。

図 14・19 プレート式熱交換器の価格

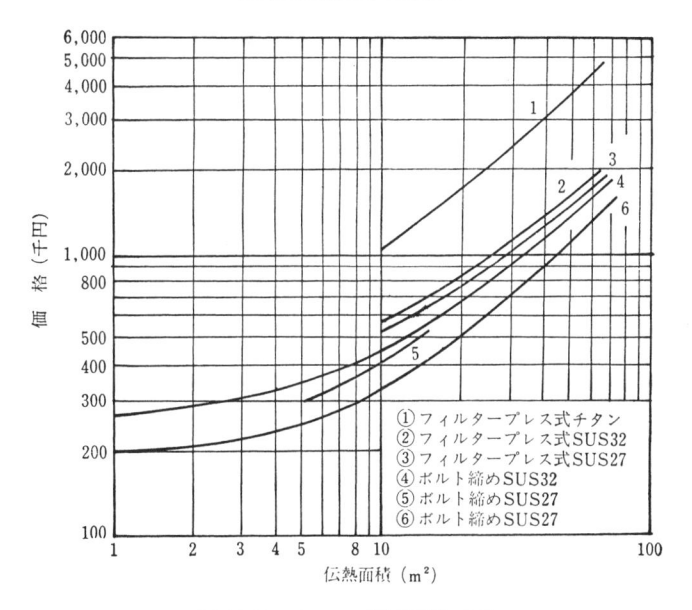

① フィルタープレス式チタン
② フィルタープレス式SUS32
③ フィルタープレス式SUS27
④ ボルト締めSUS32
⑤ ボルト締めSUS27
⑥ ボルト締めSUS27

## 14・8 設計例

〔例題 14・1〕 ケロシン冷却器の設計

API 40°のケロシン 3,000〔kg/hr〕を，110〔°C〕から 40〔°C〕まで冷却するプレート式熱交換器を設計する。ただし，冷却水入口温度を 30〔°C〕，出口温度を 60〔°C〕とする。

〔解〕

（1） プレート型式： 図14・20にその寸法を示す三角平行波形プレートを使用する。

（2） 伝熱量 $Q$

$Q = 3,000 \times 0.53 \times (140 - 40) = 159,000$ 〔kcal/hr〕

（3） 冷却水量

$w = 127,000/(60 - 30) = 4,240$ 〔kg/hr〕

（4） 流路構成： 流路構成を図14・21に示すように，1-1 流路とする。

（5） ケロシン側濃膜伝熱係数 $h_1$： ケロシンの物性定数としては，入口温度と出口温度との算術平均値，すなわち，75〔°C〕における値を用いる。

質量速度 $G$ は

---

14) 化学装置，1966年8月号 pp. 26〜35

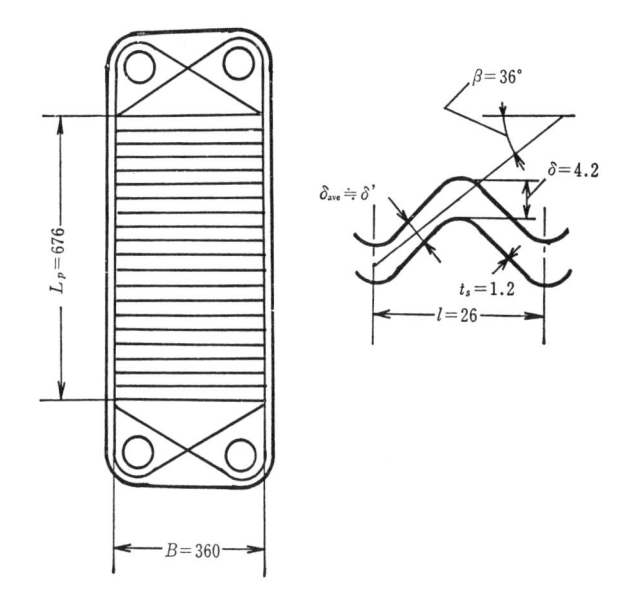

図 14・20

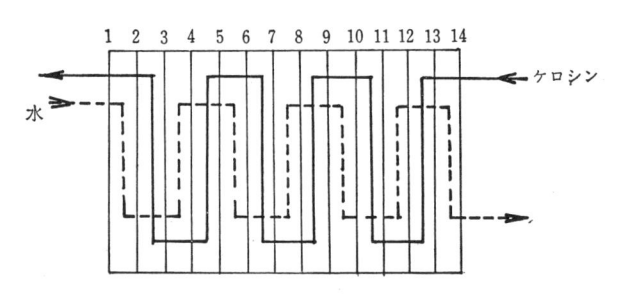

図 14・21 ケロシン冷却器の流路構成

$G = W/(B \cdot \delta) = 3,000/(0.360 \times 0.0042)$
$\quad = 1,980,000 \text{ [kg/m}^2 \cdot \text{hr]}$

相当径 $D_e'$ は

$\delta_{\text{ave}} \fallingdotseq \delta \cdot \cos(\beta) = 0.0042 \times \cos(36°) = 0.0034$
$D_e' \fallingdotseq 2\delta_{\text{ave}} = 2 \times 0.0034 = 0.0068 \text{ [m]}$

Reynolds 数は

$Re = \left(\dfrac{D_e' \cdot G}{\mu}\right) = \dfrac{0.0068 \times 1,980,000}{3.12} = 4,320 > 500$

Prandtle 数は

$$Pr = \left(\frac{C \cdot \mu}{k}\right) = \left(\frac{0.53 \times 3.12}{0.120}\right) = 13.8$$

問題の波形に近い形状のプレートの境膜伝熱係数の相関式である式 (14・13) を用いる。

$$\left(\frac{h \cdot D_e'}{k}\right) = 1.0 \left(\frac{D_e'}{P_t}\right) \cdot \exp\left(\frac{-1.1 D_e'}{P_t}\right) \cdot \left(\frac{D_e' \cdot G}{\mu}\right)^{0.62} \cdot \left(\frac{C \cdot \mu}{k}\right)^{0.4}$$

$$= 1.0 \left(\frac{0.0068}{0.0160}\right) \cdot \exp\left(\frac{-1.1 \times 0.0068}{0.0160}\right) \cdot (4,320)^{0.62} \cdot (13.8)^{0.4}$$

$$= 1.0 \times 0.425 \times 0.625 \times 180 \times 2.86$$

$$= 137$$

$$h_1 = 137 \times (0.120/0.0068) = 2,400 \; [\text{kcal/m}^2 \cdot \text{hr} \cdot °\text{C}]$$

**(6) 水側境膜伝熱係数**

$$G = w/(B \cdot \delta) = 4,240/(0.360 \times 0.0042)$$

$$= 2,800,000 \; [\text{kg/m} \cdot \text{hr}]$$

$$Re = \left(\frac{D_e' \cdot G}{\mu}\right) = \frac{0.0068 \times 2,800,000}{2.14} = 8,900 > 500$$

$$Pr = \left(\frac{C \cdot \mu}{k}\right) = \frac{1 \times 2.14}{0.53} = 4.04$$

$$\left(\frac{h \cdot D_e'}{k}\right) = 1.0 \left(\frac{D_e'}{P_t}\right) \cdot \exp\left(\frac{-1.1 D_e'}{P_t}\right) \cdot \left(\frac{D_e \cdot G}{\mu}\right)^{0.62} \cdot \left(\frac{C \cdot \mu}{k}\right)^{0.4}$$

$$= 1.0 \left(\frac{0.0068}{0.0160}\right) \cdot \exp\left(\frac{-1.1 \times 0.0068}{0.0160}\right) \cdot (8,900)^{0.62} \cdot (4.04)^{0.4}$$

$$= 130$$

$$h_2 = 130 \times (0.53/0.0068) = 10,200 \; [\text{kcal/m}^2 \cdot \text{hr} \cdot °\text{C}]$$

**(7) 伝熱板金属の伝熱抵抗:** 伝熱板の厚さ $t_s = 1.2$ [mm], 材料を SUS 27 (熱伝導率 $\lambda = 14$ [kcal/m·hr·°C]) とすると,

$$\frac{t_s}{\lambda} = \frac{0.0012}{14} = 0.0000855 \; [\text{m}^2 \cdot \text{hr} \cdot °\text{C/kcal}]$$

**(8) 汚れ係数**

ケロシン側汚れ係数 $r_1 = 0.00005$ [m²·hr·°C/kcal]

冷却水側汚れ係数 $r_2 = 0.00004$ [m²·hr·°C/kcal]

**(9) 総括伝熱係数 $U$**

$$\frac{1}{U} = \frac{1}{h_1} + r_1 + \frac{t_s}{\lambda} + r_2 + \frac{1}{h_2}$$

$$= \frac{1}{2,400} + 0.00005 + 0.0000855 + 0.00004 + \frac{1}{10,200}$$

$$= 0.0006895$$

$$U = 1,450 \; [\text{kcal/m}^2 \cdot \text{hr} \cdot °\text{C}]$$

**(10) 所要プレート枚数:** 波形部の投影面積 $A'$ は

$$A' = B \times L_p = 0.360 \times 0.676 = 0.244 \ [\text{m}^2]$$

波形の角度 $\beta=36°$ であるので，プレート1枚あたりの伝熱面積 $A_p$ は

$$A_p = A'/\cos(36°) = 0.302 \ [\text{m}^2]$$

温度効率

$$E_A = \frac{t_2 - t_1}{T_1 - t_1} = \frac{60 - 30}{110 - 30} = 0.375$$

水当量比

$$R_A = \frac{T_1 - T_2}{t_2 - t_1} = \frac{110 - 40}{60 - 30} = 2.33$$

流路構成を1-1流路としているので，温度効率線図（図3·134）を用いて熱移動単位数を求めるわけであるが，図には $R_A=2$ までしか記入していないので，次のようにして熱移動単位数 $(NTU)_B$ を求める。

$$E_B = R_A \cdot E_A = 2.33 \times 0.375 = 0.875$$

$$R_B = \frac{1}{R_A} = \frac{1}{2.33} = 0.429$$

図3·134において $R_A$ の代りに $R_B$ を，$E_A$ の代りに $E_B$ を用いると，$(NTU)_A$ の代りに $(NTU)_B$ が求まる。図より

$$(NTU)_B = \frac{U \cdot A}{W \cdot C} = 3.3$$

したがって，所要伝熱面積 $A$ は

$$A = (NTU)_B \cdot \frac{W \cdot C}{U} = 3.3 \times \frac{3,000 \times 0.53}{1,450}$$

$$= 3.6 \ [\text{m}^2]$$

したがって，所要プレート枚数は

$$N = \frac{3.6}{3.02} = 12 \text{ 枚}$$

実際には，プレート両端にそれぞれ1枚ずつの余分のプレートが必要であるので，プレート枚数を14枚とし，図14·21に示すように，1-1流路6-7パスの流路構成とする。

(11) **ケロシン側圧力損失**： 流路長さ $L$ は

$$L = L_p/\cos(\beta) = 0.676/\cos(36°) = 0.835 \ [\text{m}]$$

式 (14·40a) より，1パスあたりの圧力損失は，

$$\Delta P = 3.0 \times 10^{-6} \cdot \frac{G^2}{\rho} \cdot (D_e' \cdot G/\mu)^{-0.30} \cdot L$$

$$= 3.0 \times 10^{-6} \times \frac{(1,980,000)^2}{825} \times (4,320)^{-0.30} \times 0.835$$

$$= 975 \ [\text{Kg}/\text{m}^2]$$

ケロシン側は6パスであるので，圧力損失は

$$975 \times 6 = 5,850 \ [\text{Kg}/\text{m}^2]$$

$=0.585 \,[\mathrm{Kg/cm^2}]$

(12) 水側圧力損失：省略

## 14·9 補 遺

Mennicke[15]は，流路構成が 1-1 流路で両流体のパス数（流路数）をそれぞれ $n$ とし たプレート式熱交換器（図 14·7 参照）で，両流体の水当量が等しい，すなわち $R_A = (w \cdot c)/(W \cdot C) = 1$ のときの温度差補正係数 $F_t$ を解析的に解き，プレート 1 枚あたりの熱移動単位数 $(NTU)_p = (A_p \cdot U)/(W \cdot C)$，およびパス数 $n$ の関数として図 14·22 で表わしている。ここで，$A_p$ はプレート 1 枚あたりの伝熱面積である。また，流路構成が 1-1 流路 $n$-$n$ パスであるから，この熱交換器の伝熱に関与するプレート枚数は $(2n-1)$ である。

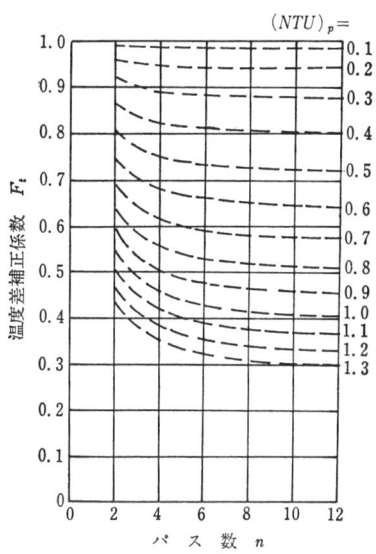

図 14·22 プレート式熱交換器の温度差補正係数

---

15) Mennicke, U.: Wärme-und Stoffübertragung, Band 5, No. 3, pp. 168～180 (1972).

## 第15章　二重管式熱交換器の設計法

### 15・1　構　造

　二重管式熱交換器は構造が比較的簡単で，高温・高圧流体にも適し，特に小容量の流体の伝熱に適している。二重管式熱交換器は，一般に図 15・1 に示すような，ヘアピン状に

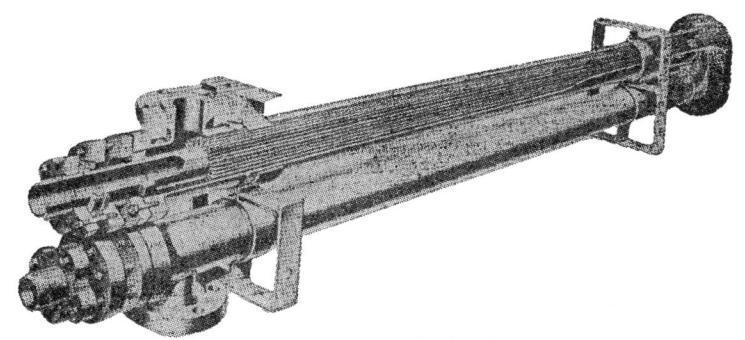

図 15・1　二重管式熱交換器

セットされたものを多数組合せた構造となっているので，プロセス条件の変動に対して，ヘアピンの組合せ数を変えることによって，その容量を容易に増減することができる。また，ヘアピンの内管を引き抜くことにより，完全に汚れをクリーニングすることができるので，汚れやすい流体に適している。

　熱交換を行なう両流体の性質が似ているときには，図 15・2(a) に示す平滑管型が用いら

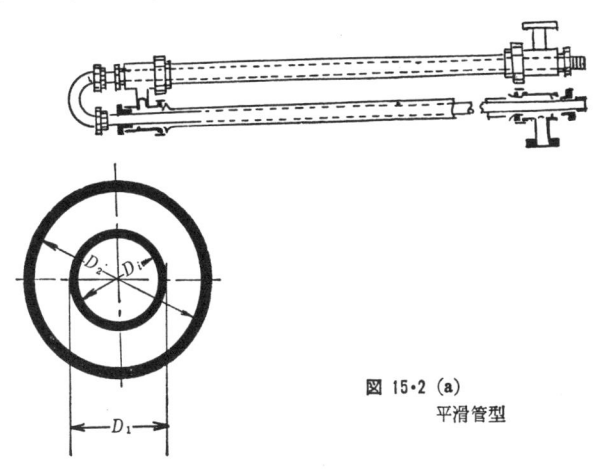

図 15・2 (a)
平滑管型

## 15・1 構　造

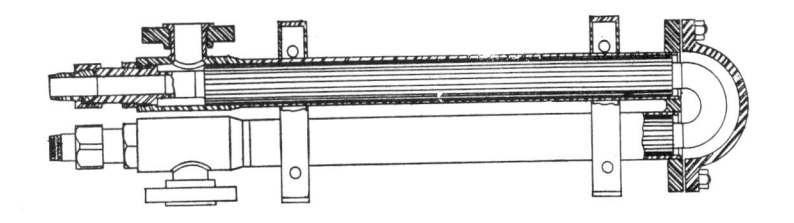

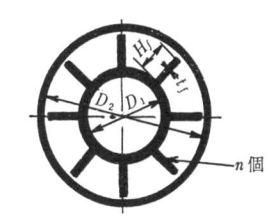

図 15・2(b)　縦フィンチューブ型

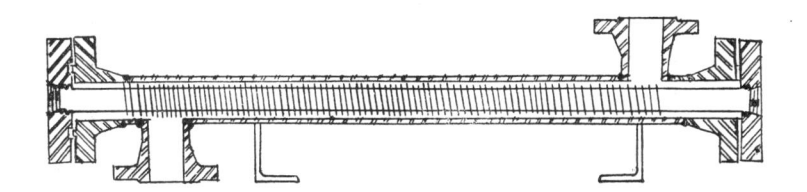

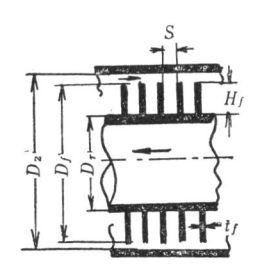

図 15・2(c)　直交フィン型

れるが，一方の流体がガスあるいは高粘度液などで，その境膜伝熱係数が他の一方の流体の境膜伝熱係数よりも極端に小さくなるときには，図 15・2(b) に示す縦フィンチューブ型もしくは図 15・2(c) に示す直交フィンチューブ型が用いられる。二重管式熱交換の内管として，一般に用いられる縦フィン管，および直交フィン管の標準寸法を表 15・1 および表 15・2 に示した。

表 15・1 縦型フィン管要目表

| 管外径 [mm] | 裸管の表面積 [m²/m] | フィンの数 | フィン管表面積 $A_o$ [m²/m] 縦型フィンの長さ [mm] | | | | |
|---|---|---|---|---|---|---|---|
| | | | 12.5 | 16 | 19 | 25 | 31 |
| 27.2 (³/₄B) | 0.0854 | 8 | 0.2854 | 0.3414 | 0.3894 | 0.4854 | 0.5814 |
| | | 12 | 0.3854 | 0.4694 | 0.5414 | 0.6854 | 0.8294 |
| | | 16 | 0.4854 | 0.5974 | 0.6934 | 0.8854 | 1.0774 |
| 34.0 (1B) | 0.1068 | 12 | 0.4068 | 0.4908 | 0.5628 | 0.7068 | 0.8508 |
| | | 16 | 0.5068 | 0.6188 | 0.7148 | 0.9068 | 1.0988 |
| | | 20 | 0.6068 | 0.7468 | 0.8668 | 1.1068 | 1.3468 |
| 42.7 (1¹/₄B) | 0.1341 | 16 | 0.5341 | 0.6461 | 0.7421 | 0.9341 | 1.1261 |
| | | 20 | 0.6341 | 0.8941 | 0.8941 | 1.1341 | 1.3741 |
| | | 24 | 0.7341 | 1.0461 | 1.0461 | 1.3341 | 1.6221 |
| 48.6 (1¹/₂B) | 0.1526 | 16 | 0.5526 | 0.6646 | 0.7606 | 0.9526 | 1.1446 |
| | | 20 | 0.6526 | 0.7926 | 0.9126 | 1.1526 | 1.3926 |
| | | 24 | 0.7526 | 0.9206 | 1.0646 | 1.3526 | 1.6406 |
| | | 28 | 0.8526 | 1.0486 | 1.2166 | 1.5526 | 1.8886 |
| | | 32 | 0.9526 | 1.1766 | 1.3686 | 1.7526 | 2.1366 |
| 60.5 (2B) | 0.1900 | 20 | 0.6900 | 0.7300 | 0.9500 | 1.1900 | 1.4300 |
| | | 24 | 0.7900 | 0.9580 | 1.1020 | 1.3900 | 1.6780 |
| | | 28 | 0.8900 | 1.0860 | 1.2540 | 1.5900 | 1.9260 |
| | | 32 | 0.9900 | 1.2140 | 1.4060 | 1.7900 | 2.1740 |
| 76.8 (2¹/₂B) | 0.2798 | 28 | 0.9396 | 1.1356 | 1.3036 | 1.6396 | 1.9756 |
| | | 32 | 1.0396 | 1.2636 | 1.4556 | 1.8396 | 2.2236 |
| | | 36 | 1.1396 | 1.3916 | 1.6076 | 2.0396 | 2.4716 |
| | | 40 | 1.2396 | 1.5196 | 1.7596 | 2.2396 | 2.7196 |
| 89.1 (3B) | 0.2796 | 28 | 0.9798 | 1.1758 | 1.3438 | 1.6798 | 2.0158 |
| | | 32 | 1.0798 | 1.3038 | 1.4958 | 1.8798 | 2.2638 |
| | | 36 | 1.1798 | 1.4318 | 1.6478 | 2.0798 | 2.5118 |
| | | 40 | 1.2798 | 1.5598 | 1.7998 | 2.2798 | 2.7598 |
| | | 44 | 1.3798 | 1.6878 | 1.9518 | 2.4798 | 3.0078 |

また，高分子溶融ポリマーなどの高粘度流体を内管側に流して加熱もしくは冷却するための二重管式熱交換器として，図 15・3 に示すように，内管内にねじれ切片を多数連結し

## 15・1 構造

表 15・2 直交フィン管

| 根元径 $D_r$ 〔mm〕 | 肉厚 $t_s$ 〔mm〕 | フィン外径 $D_f$ 〔mm〕 | フィン肉厚 $t_f$ 〔mm〕 | 25.4mm あたりのフィン数 | 管外表面積 $A_o$ 〔m²/m〕 $\times 10^{-2}$ | 表面積比 〔外面内面〕 |
|---|---|---|---|---|---|---|
| 15.88 ($^5/_8$ inch) | 1.65 | 34.93 | 0.58 | 5 | 35.30 | 8.17 |
|  |  |  | 0.53 | 7 | 47.40 | 11.70 |
|  |  |  | 0.48 | 9 | 59.50 | 14.69 |
| 19.05 ($^3/_4$ inch) | 1.65 | 38.1 | 0.58 | 5 | 40.02 | 7.93 |
|  |  |  | 0.53 | 7 | 53.61 | 10.62 |
| 25.4 (1 inch) | 1.83 | 44.45 | 0.58 | 5 | 49.68 | 7.17 |
|  |  |  | 0.53 | 7 | 66.35 | 9.57 |

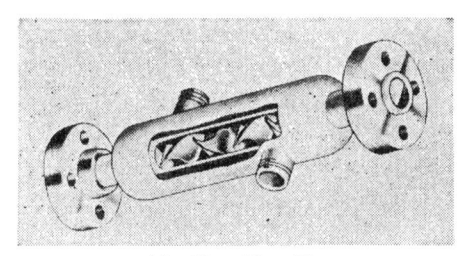

(a) 断面図

(b) 内管

図 15・3 内管にねじれ切片を挿入した熱交換器

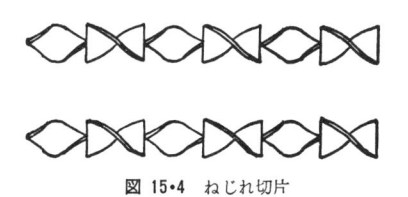

図 15・4 ねじれ切片

たエレメント (図15・4) を挿入して, ポリマー側を均一に加熱し, しかも伝熱係数の増大を計ったものが用いられる.

図15・5に二重管式熱交換器の各部の名称を示した.

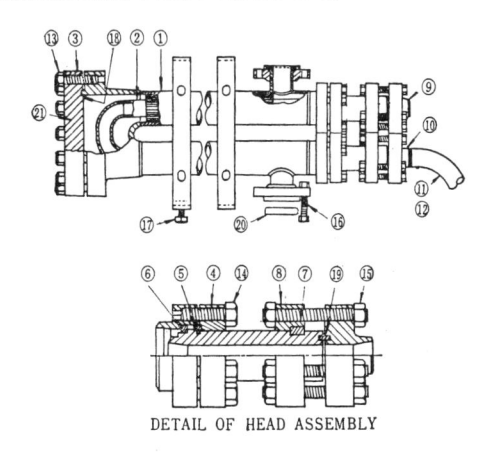

DETAIL OF HEAD ASSEMBLY

1. 胴または外管
2. 内　管
3. 蓋
4. 抑えフランジ
5. シールリング
6. 割り型リング (胴)
7. 割り型リング (内管)
8. 内管固定フランジ
9. 内管端フランジ
10.
11. 内管接続ベンド
12.
13. 蓋ボルト
14. 抑えフランジボルト
15. 内管側ボルト
16. 胴ノズルフランジ用ボルト
17. ブラケット用ボルト
18. 蓋ガスケット
19. 内管ガスケット
20. 胴ノズルガスケット
21. 銘　板

図15・5　二重管式熱交換器各部の名称

## 15・2　基本伝熱式

二重管式熱交換器は, ふつう図15・6(a)に示すように直列配置される. この場合は向流であるから, 基本伝熱式は

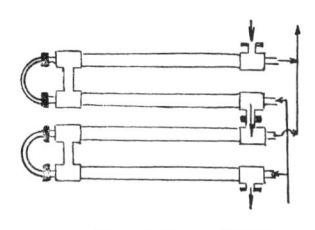

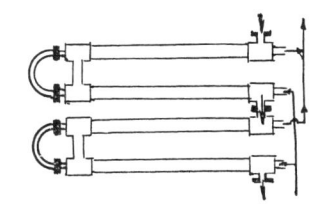

図15・6(a)　向流配列

図15・6(b)　直列-並列組合せ配列

## 15・2 基本伝熱式

$$Q = A \cdot U \cdot \frac{|T_1-t_2|-|T_2-t_1|}{\ln\{(T_1-t_2)/(T_2-t_1)\}} \quad \cdots\cdots\cdots(15\cdot1)$$

しかし，両流体が著しく異なる場合や許容圧力損失が小さい場合など，直列配置が困難なことがある。すなわち，直列配置とすると一方の流体については適当な管径であっても，他方については圧力損失が許容値を越えたり，あるいは逆に流速が小さくなり過ぎて伝熱係数も小さすぎることがある。このようなときには図 15・6 (b) に示すように，直列並列の組合せ配置を用いるのが普通である。図において一方の流体を直列に連結した形となり，他の流体については 2 またはそれ以上の並列流路を作っている。この場合の取扱いについては，第 3 章 3・9・2 に詳述し，温度効率線図として図 3・115 ないし図 3・117 に示してあるので，この図を使用すれば温度条件，総括伝熱係数が既知であると，伝熱面積が容易に求まることになる。また，温度差補正係数を，図 15・14 および図 15・15 に示した。

総括伝熱係数 $U$ は

平管管型に対して

$$\frac{1}{U} = \frac{1}{h_o} + r_o + \frac{D_1}{D_m} \cdot \frac{t_s}{\lambda} + r_i \cdot \frac{D_1}{D_i} + \frac{1}{h_i} \cdot \frac{D_1}{D_i} \quad \cdots\cdots\cdots(15\cdot2\mathrm{a})$$

フィンチューブ型に対して

$$\frac{1}{U} = \frac{1}{h_o} + r_o + r_f + \frac{A_o}{A_m} \cdot \frac{t_s}{\lambda} + r_i \cdot \frac{A_o}{A_i} + \frac{1}{h_i} \cdot \frac{A_o}{A_i} \quad \cdots\cdots(15\cdot2\mathrm{b})$$

ここで

$A$：伝熱面積（内管外径基準）〔m²〕

$D_1$：内管外径〔m〕

$D_i$：内管内径〔m〕

$D_m$：対数平均径 $= (D_1-D_i)/\ln(D_1-D_i)$

$h_o$：環状側境膜伝熱係数〔kcal/m²・hr・°C〕

$h_i$：内管管内側境膜伝熱係数〔kcal/m²・hr・°C〕

$A_i$：単位長さ当りの内管内周面積〔m²/m〕

$A_m$：単位長さ当りの内管平均周面積 $= \pi(D_r-D_i)/\ln(D_r/D_i)$〔m²/m〕

$A_o$：単位長さ当りの内管外周面積〔m²/m〕

$D_r$：フィン根元径〔m〕

$r_f$：フィン抵抗〔m²・hr・°C/kcal〕

$r_o$：環状側流体の汚れ係数〔m²・hr・°C/kcal〕

$r_i$：内管側流体の汚れ係数〔m²・hr・°C/kcal〕

## 15・3 フィン抵抗 $r_f$

フィン抵抗 $r_f$ は，次式から計算することができる。

$$r_f = \left[\frac{1}{h_o} + r_o\right]\left[\frac{1-E_f}{E_f + (A_r/A_f)}\right] \quad\cdots\cdots(15\cdot3)$$

フィン効率 $E_f$ は図 7・7～7・14 から求まる。

ここで，

$A_f$：単位長さ当りのフィンの表面積 〔$m^2/m$〕

$A_r$：単位長さ当りのフィンのない部分の内管外周面積 〔$m^2/m$〕

## 15・4 伝熱係数

相変化を伴なわない対流伝熱の伝熱係数についてのみ記載する。

### 15・4・1 環状側境膜伝熱係数 $h_o$

(1) 平滑管型二重管式熱交換器： 層流範囲に対して，Chen ら[1] は次の実験式を発表している。

$$\left(\frac{h_o \cdot D_e}{k}\right) = 1.02\left(\frac{D_e \cdot G}{\mu}\right)^{0.45} \cdot \left(\frac{C\mu}{k}\right)^{0.5} \cdot \left(\frac{\mu}{\mu_w}\right)^{0.14}$$

$$\cdot \left(\frac{D_e}{L}\right)^{0.4} \cdot \left(\frac{D_2}{D_1}\right)^{0.8} \cdot (Gr)^{0.05} \quad\cdots\cdots(15\cdot4)$$

$$200 < \left(\frac{D_e \cdot G}{\mu}\right) < 2,000$$

環状流路を流れる完全に発達した層流流れで，単位長さあたりの伝熱量が一定の場合についての理論解を，Kays ら[2] は図 15・7 で表わしている。

乱流範囲に対して，Wiegand[3] は，次式を発表している。

$$\left(\frac{h_o \cdot D_e}{k}\right) = 0.023\left(\frac{D_e \cdot G}{\mu}\right)^{0.8} \cdot \left(\frac{C \cdot \mu}{k}\right)^{0.4} \cdot \left(\frac{D_2}{D_1}\right)^{0.45} \quad\cdots\cdots(15\cdot5)$$

$$\left(\frac{D_e \cdot G}{\mu}\right) > 10,000$$

ここで，

---

1) Chen, C.Y., G.A. Hawkins, and H.L. Solberg: Trans. ASME, vol. 68, pp. 99～(1946).
2) Kays, W.M. and A.L. London; "Compact Heat Exchanger" McGraw-HILL
3) Wiegand, J.H: Discussion of paper by McMillen and Larson, Trans. AIchE. vol. 41, pp. 147～ (1945)

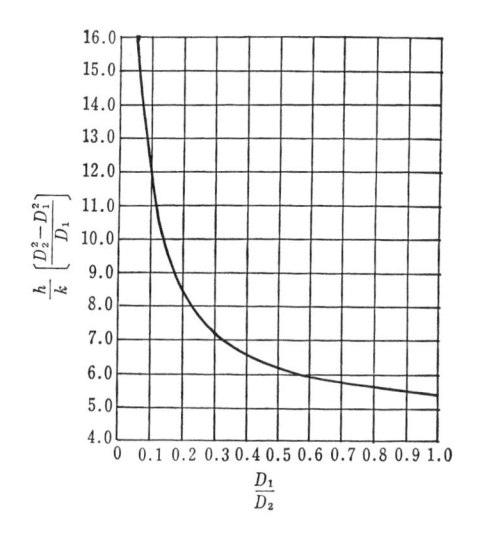

図 15・7 環状流路内での層流の伝熱係数(単位長さあたりの伝熱量が一定としたときの理論解)

$D_e$：相当径$=D_2-D_1$

$D_2$：外管内径 [m]

$C$：流体の比熱 [kcal/kg・°C]

$k$：流体の熱伝導率 [kcal/m・hr・°C]

$G$：質量速度 [kg/m²・hr]

$\mu$：流体の粘度 [kg/m・hr]

$\mu_w$：管壁温度における流体の粘度 [kg/m・hr]

$L$：管長 [m]

$Gr$：Grashof 数 $=(D_1{}^3 \cdot \rho^2 \cdot g \cdot \beta \cdot \Delta t)/\mu^2$

$\Delta t$：管壁温度と流体温度の差 [°C]

$\rho$：流体の密度 [kg/m³]

$g$：重力の加速度$=1.27\times10^8$ [m/hr²]

$\beta$：流体の体積膨張係数 [1/°C]

(2) **縦フィンチューブ型二重管式熱交換器**： Clark ら[4]は縦フィンチューブを用いた場合の環状流路における境膜伝熱係数を推定するための図 15・8 を発表している。

---

4) Clark, L., and R.E. Winston : Chem. Eng. Progr., vol. 51, pp. 147〜 (1955).

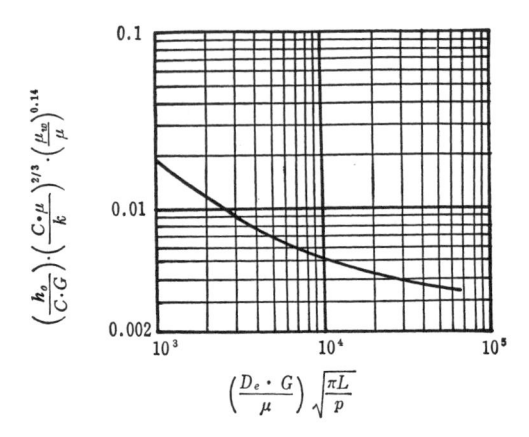

図 15・8 縦フィンチューブ型二重管式
熱交換器の境膜伝熱係数

$(D_e \cdot G/\mu)\sqrt{\pi L/p}$ が 60,000 以上のときは, 次式を用いる。

$$\frac{h_o \cdot D_e}{k} = 0.023 \left(\frac{D_e \cdot G}{\mu}\right)^{0.8} \cdot \left(\frac{C\mu}{k}\right)^{1/3} \cdot \left(\frac{\mu}{\mu_w}\right)^{0.14} \quad \cdots\cdots(15\cdot 6)$$

ここで

$p$：2つの縦フィンの間の流路の浸辺長さ〔m〕で

$$p = \{\pi(D_r + D_2) + 2n \cdot H_f\}/n \quad \cdots\cdots(15\cdot 7)$$

$n$：フィン数

$H_f$：フィン高さ〔m〕

$D_e$：相当径〔m〕

$$D_e = \frac{4a_0}{\pi D_r + 2nH_f + \pi D_2} \quad \cdots\cdots(15\cdot 8)$$

$a_0$：流路断面積〔m²〕

$$a_0 = \frac{\pi}{4}(D_2{}^2 - D_1{}^2) - n \cdot H_f \cdot t_f \quad \cdots\cdots(15\cdot 9)$$

$t_f$：フィン厚み〔m〕

（3）**直交フィンチューブ型二重管式熱交換器**： Knudsen ら[5] は，直交フィンチューブを用いた場合の環状流路における境膜伝熱係数の相関式として，次式を与えている。

$$\frac{h_o \cdot D_e}{k} = 0.039 \left(\frac{D_e \cdot G_{\max}}{\mu}\right)^{0.87} \cdot \left(\frac{C \cdot \mu}{k}\right)^{0.4} \cdot \left(\frac{S}{D_e}\right)^{0.4} \cdot \left(\frac{H_f}{D_e}\right)^{-0.19} \cdots\cdots(15\cdot 10)$$

---

5) Knudsen, J.G., and D.L. Katz : Chem. Eng. Progr., vol. 46, pp. 490～ (1950).

$$1<\frac{H_f}{S}<2$$

$H_f/S=3$ のフィンチューブでは，式 (15・10) で求まる値より大きな伝熱係数となる。
ここで

$G_{max}$：流路での最大質量速度〔kg/m²〕

$$G_{max}=\frac{4W}{\pi(D_2{}^2-D_f{}^2)} \qquad \cdots\cdots\cdots\cdots(15\cdot11)$$

$D_e$：相当径〔m〕

$$D_e=D_2-D_f$$

$D_f$：フィン外径〔m〕

$S$：フィン間隔（フィンピッチからフィン厚みを差引いたもの）〔m〕

（図 15・2(c) 参照）

### 15・4・2 内管側境膜伝熱係数 $h_i$

$$\frac{h_i\cdot D_i}{k}=j_H\cdot\left(\frac{C\cdot\mu}{k}\right)^{1/3}\cdot\left(\frac{\mu}{\mu_w}\right)^{0.14} \qquad \cdots\cdots\cdots\cdots(15\cdot12)$$

伝熱因子 $j_H$ の値は，図 8・6 から Reynolds 数の関数として求めることができる。

## 15・5 圧力損失

相変化を伴なわない場合の圧力損失についてのみ記載する。

### 15・5・1 環状側圧力損失 $\Delta P_o$

環状側圧力損失は，直管部の摩擦損失と外管接続部での圧力損失との和となる。直管部の摩擦損失（直管1本あたり）を $\Delta P_f$，1ヘアピン（直管2本）あたりの圧力損失を $\Delta P_r$ で表わせば，

$$\Delta P_o=(2\Delta P_f+\Delta P_r)\times(\text{ヘアピン数}) \qquad \cdots\cdots\cdots\cdots(15\cdot13)$$

多管接続部の圧力損失はヘアピンあたり，

$$\Delta P_r=G^2/(2g\rho) \qquad \cdots\cdots\cdots\cdots(15\cdot14)$$

（1） 平滑管型二重管式熱交換器の摩擦損失 $\Delta P_f$

$$\Delta P_f=\frac{4f\cdot G^2}{2g_c\cdot\rho}\cdot\frac{L}{D_e}\cdot\left(\frac{\mu_w}{\mu}\right)^{0.14} \qquad \cdots\cdots\cdots\cdots(15\cdot15)$$

摩擦係数 $f$ は

$\left(\dfrac{D_e\cdot G}{\mu}\right)<2,000$ のとき

$$f = \frac{16}{\left(\frac{D_e \cdot G}{\mu}\right)} \cdot \phi \quad \cdots\cdots\cdots(15\cdot16\text{a})^{6)}$$

$$\phi = \frac{(1-D_1/D_2)^2}{1+(D_1/D_2)^2+\{[1-(D_1/D_2)^2]/\ln(D_1/D_2)\}} \quad \cdots\cdots(15\cdot16\text{b})$$

式 (15・16a) の $\phi$ の計算図表を図 15・9 に示した。

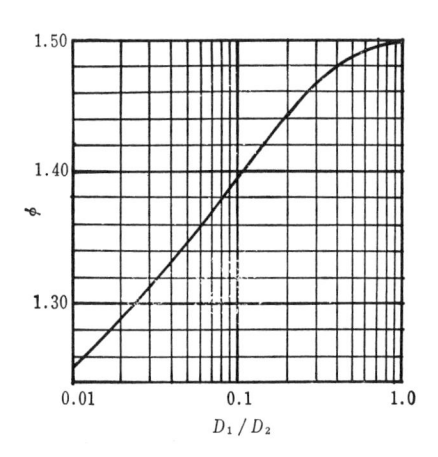

図 15・9 $\phi$ の値

$\left(\dfrac{D_e \cdot G}{\mu}\right) > 2,000$ のとき

$$f = 0.076\left(\frac{D_e \cdot G}{\mu}\right)^{-0.25} \quad \cdots\cdots\cdots\cdots(15\cdot16\text{c})$$

(2) 縦フィンチューブ型二重管式熱交換器の摩擦損失 $\varDelta P_f$

$$\varDelta P_f = \frac{4fG^2}{2g_c\rho} \cdot \frac{L}{D_e} \cdot \left(\frac{\mu_w}{\mu}\right)^{0.14} \quad \cdots\cdots\cdots\cdots\cdots(15\cdot17)$$

摩擦係数を図 15・10[7)] に示した。

(3) 直交フィンチューブ型二重管式熱交換器の摩擦損失 $\varDelta P_f$

$$\varDelta P_f = \frac{4f \cdot G^2_{\max}}{2g_c \cdot \rho} \cdot \frac{L}{D_e} \cdot \left(\frac{\mu_w}{\mu}\right)^{0.14} \quad \cdots\cdots\cdots\cdots(15\cdot18)$$

摩擦係数を図 15・11[8)] に示した。

---

6) Knudsen, J.G. and D.L. Katz : "Fluid Dynamcis and Heat Transfer" McGraw-HILL (1958).
7) Lorenzo, B. de. and E.D. Anderson : Trans. ASME, vol. 67, pp. 697〜702 (1945).
8) Brawn, F.W. and J.G. Knudsen; Chem. Eng. Progr., vol. 48, pp. 517〜 (1952).

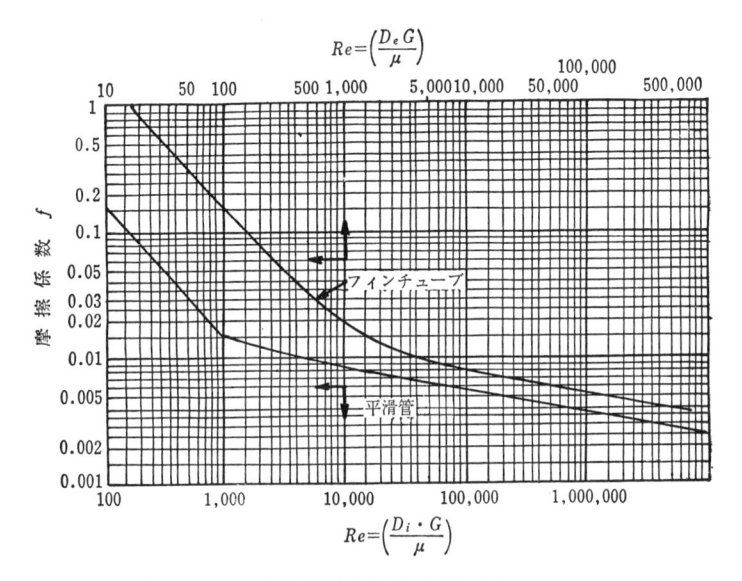

図 15・10 二重管式熱交換器の環状側摩擦係数（上の線）と内管側摩擦係数（下の線）

### 15・5・2 管内側圧力損失 $\Delta P_t$

$$\Delta P_t = \frac{4f \cdot G^2}{2g_c \cdot \rho} \cdot \frac{L_t}{D_i} \cdot \left(\frac{\mu_w}{\mu}\right)^{0.14} \quad \cdots\cdots(15 \cdot 19)$$

摩擦係数 $f$ は図 15・10 に示してある。

$L_t$ は直管長さに Return Bend の相当長さ $L_e$ を加えたものである。

$$L_t = (2L + L_e) \times (\text{ヘアピン数}) \quad \cdots\cdots(15 \cdot 20)$$

$$L_e = 2\alpha D_i \quad \cdots\cdots(15 \cdot 21)$$

$\alpha$ の値は図 15・12 から求まる。

### 15・6 構造に関する注意事項

伝熱管 1 本の長さは通常 5〔m〕とする。平滑管型の場合は外管と内管の間に支えを入れて、内管の曲がりや振動を防ぎ、間隙を一定に保たれるようにする必要がある。

### 15・7 価格

二重管式熱交換器の価格を図 15・13 に示した。

第15章　二重管式熱交換器の設計法

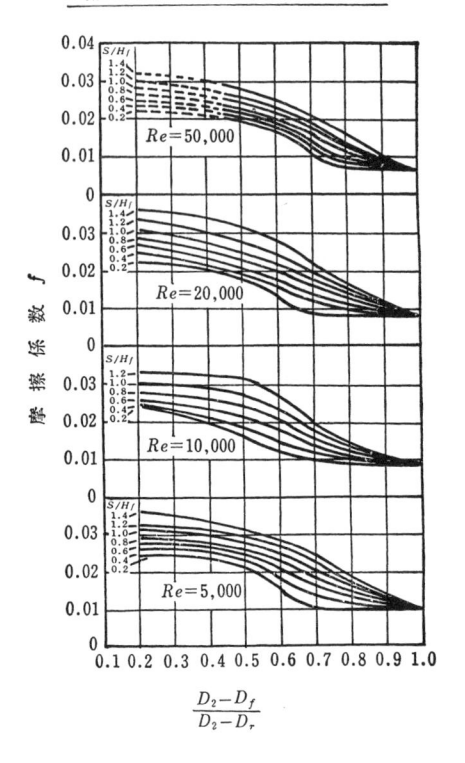

図 15・11　直交フィンチュブ型二重管式
熱交換器の環状側摩擦係数

$$\left(Re = \left\{\frac{(D_2-D_f) \cdot G_{\max}}{\mu}\right\}\right)$$

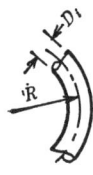

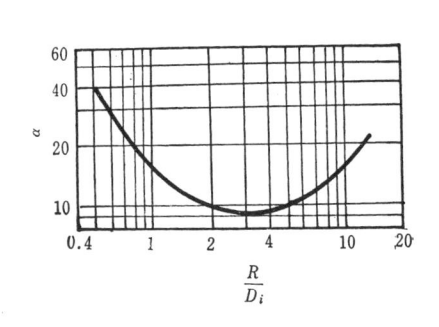

図 15・12　Return Bend の相当長さ

15·8 設計例

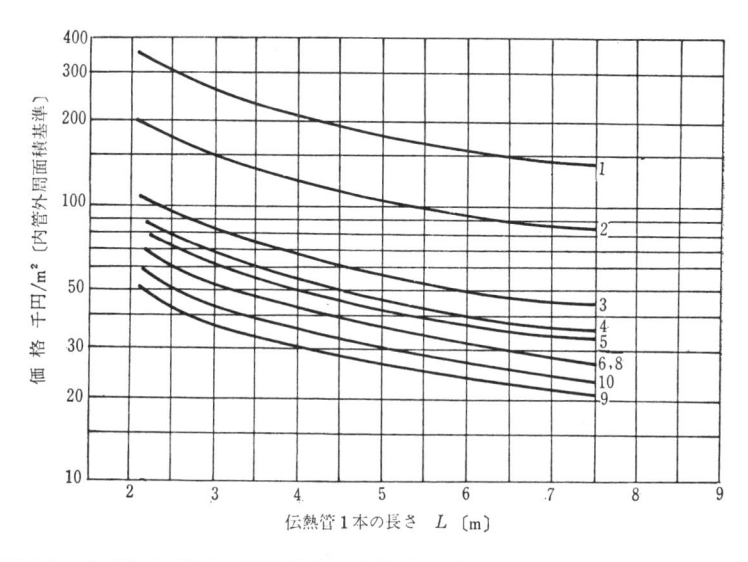

価格 千円/m² (内管外周面積基準)

伝熱管1本の長さ $L$ [m]

|   |     | 外 管 | 内 管 |   |     | 外 管 | 内 管 |
|---|-----|------|------|---|-----|------|------|
| 平滑管 | ① | $1\frac{1}{2}^B$SGP | 25(OD)×2t, $^{70}/_{30}$ キュプロニッケル | 縦フィン | ⑧ | $2\frac{1}{2}^B$SGP | 縦フィン管（管$^3/_4{}^B$ SUS 27, フィン SUS27, 内外面積比 7.5） |
|   | ② | $4^B$SGP | $2^B$ グラスライニング 1.5t |   |   |   |   |
|   | ③ | $1\frac{1}{2}^B$SGP | 25(OD)×2t SUS 27 |   | ⑨ | $2\frac{1}{2}^B$SGP | 縦フィン管（管$^3/_4{}^B$ SGP, フィン SPC 2, 内外面積比 7.5） |
|   | ④ | $1\frac{1}{2}^B$SGP | 25(OD)×2t BsTF 2 |   |   |   |   |
|   | ⑤ | $2^B$SGP | $^3/_4{}^B$ SGP |   | ⑩ | $2\frac{1}{2}^B$SGP | 縦フィン管（管$^3/_4{}^B$ BsTF2, フィン BsTF2, 内外面積比 7.5） |
|   | ⑥ | $1\frac{1}{2}^B$SGP | $^3/_4{}^B$ SGP |   |   |   |   |

図 15·13 二重管式熱交換器の価格

## 15·8 設計例

〔例題 15·1〕 ケロシン冷却器の設計

API 40°のケロシン 3,000 [kg/hr] を，100 [°C] から 60 [°C] まで冷却する二重管式熱交換器を設計する。ただし，冷却水入口温度を 30 [°C]，出口を 60 [°C] とし，冷却水は管側を流すものとする。

〔解〕

（1） 伝熱量 $Q$

$$Q = 3,000 \times 0.53 \times (100-60) = 63,500 \text{ [kcal/hr]}$$

（2） 必要冷却水量 $W_t$

$$W_t = 63,500/(60-30) = 2,120 \text{ [kg/hr]}$$

(3) 流体中心温度 $t_c$, $T_c$: 図 3·161 から,ケロシンに対して
C-Factor$=0.15$
高温端での温度差 $\Delta t_h=(100-60)=40$ [°C]
低温端での温度差 $\Delta t_c=(60-30)=30$ [°C]
$\Delta t_c/\Delta t_h=0.75$
図 3·161 から,$F_c=0.46$
$T_1>t_2$ であるので,式 (3·271) および式 (3·272) を用いて
$T_c=T_2+F_c(T_1-T_2)=60+0.46(100-60)=78.4$ [°C]
$t_c=t_1+F_c(t_2-t_1)=30+0.46(60-30)=43.8$ [°C]

(4) 型式: A. 平滑管型,B. 縦フィンチューブ型の二種類について,計算し比較する。

**A. 平滑管型二重管式熱交換器とする場合:** 内管として外径 $D_1=0.025$ [m],厚み $t_s=0.002$ [m] のアルブラック管,外管として内径 $D_2=0.0529$ [m] のガス管を用いる。

(1) 管内側境膜伝熱係数 $h_i$
管断面積$=(\pi/4)\cdot(D_i)^2=(\pi/4)\cdot(0.021)^2=0.000346$ [m²]
管内流速 $u=2,120/(3,600\times0.000346\times1,000)=1.7$ [m/sec]
図 8·8 から,$h_i=6,750$ [kcal/m²·hr·°C]

(2) 環状側境膜伝熱係数 $h_o$
質量速度
$$G=\frac{4W}{\pi(D_2{}^2-D_1{}^2)}=\frac{4\times3,000}{\pi\times\{(0.0529)^2-(0.0025)^2\}}$$
$=1,760,000$ [kg/m²·hr]

相当径
$D_e=D_2-D_1=0.0529-0.025=0.0279$ [m]

粘度 ($T_c=78.4$°C において)
$\mu=0.87$ [cp]$=3.12$ [kg/m·hr]

Reynolds 数
$Re=(D_e\cdot G/\mu)=0.0279\times1,760,000/3.12$
$=15,700>10,000$

式 (15·5) から
$$h_o=0.023\left(\frac{k}{D_e}\right)\cdot\left(\frac{D_e\cdot G}{\mu}\right)^{0.8}\cdot\left(\frac{C\cdot\mu}{k}\right)^{0.4}\cdot\left(\frac{D_2}{D_1}\right)^{0.45}$$
$=0.023\left(\dfrac{0.120}{0.0279}\right)\cdot(15,700)^{0.8}\left(\dfrac{0.53\times3.12}{0.120}\right)^{0.4}\cdot\left(\dfrac{0.0529}{0.025}\right)^{0.45}$
$=870$ [kcal/m²·hr·°C]

(3) 汚れ係数

### 15·8 設 計 例

管内側 $r_i=0.0002$ $[m^2 \cdot hr \cdot ℃/kcal]$
管外側 $r_o=0.0002$ $[m^2 \cdot hr \cdot ℃/kcal]$

(4) 管金属の伝熱抵抗

ブラック管の熱伝導率 $\lambda=100$ $[kcal/m \cdot hr \cdot ℃]$
内管の対数平均径

$$D_m=(D_1-D_i)/\ln(D_1-D_i)≒(D_1+D_i)/2$$
$$=(0.025+0.021)=0.023 \, [m]$$

$$\frac{D_1}{D_m} \cdot \frac{t_s}{\lambda} = \frac{0.025}{0.023} \cdot \frac{0.002}{100} = 0.000022 \, [m^2 \cdot hr \cdot ℃/kcal]$$

(5) 総括伝熱係数: 式 (15·2a) から

$$\frac{1}{U} = \frac{1}{870} + 0.0002 + 0.000022 + 0.0002 \times \frac{0.025}{0.021} + \frac{1}{6,750} \times \frac{0.025}{0.021}$$
$$=0.00177$$
$$U=570 \, [kcal/m^2 \cdot hr \cdot ℃]$$

(6) 所要伝熱面積 $A$: 直列配置にするものとすると,対数平均温度差 $\Delta T_{lm}$ は

$$\Delta T_{lm} = \frac{|T_1-t_2|-|T_2-t_1|}{\ln\{(T_1-t_2)/(T_2-t_1)\}} = \frac{(100-60)-(60-30)}{\ln\{(100-60)/(60-30)\}}$$
$$=34.8 \, [℃]$$

式 (15·1) から

$$A=\frac{Q}{U \cdot \Delta T_{lm}}=\frac{63,500}{580 \times 34.8}=3.14 \, [m^2]$$

1 $[m]$ あたりの内管の外周面積は $0.0785$ $[m^2]$ であるから,所要有効長さは
$3.14/0.0785=40.1$ $[m]$

すなわち,5 $[m]$ のヘアピンを4組連結すれば充分である。

(7) 管壁温度 $t_w$

$$t_w=t_c+\frac{h_o}{h_i(D_i/D_1)+h_o} \cdot (T_c-t_c)$$
$$=43.8+\frac{870}{6,750(0.021/0.025)+870} \cdot (78.4-43.8)$$
$$=48 \, [℃]$$

48 $[℃]$ におけるケロシンの粘度 $\mu_w=4.5$ $[kg/m \cdot hr]$,また冷却水の粘度 $\mu_w=2.1$ $[kg/m \cdot hr]$

(8) 環状側圧力損失 $\Delta P_o$: 式 (15·16) から,摩擦係数 $f$ は

$$f=0.076\left(\frac{D_e \cdot G}{\mu}\right)^{-0.25}=0.76 \cdot (15,700)^{-0.25}=0.0069$$

式 (15·15) から,直管部の摩擦損失 $\Delta P_f$ は

$$\Delta P_f=\frac{4f \cdot G^2}{2g_c \cdot \rho} \cdot \frac{L}{D_e} \cdot \left(\frac{\mu_w}{\mu}\right)^{0.14}$$

$$= \frac{4\times 0.0069\times (1,760,000)^2}{2\times 1.27\times 10^8\times 825}\times \frac{5}{0.0279}\times \left(\frac{4.5}{3.12}\right)^{0.14}$$
$$= 77.5\ [\mathrm{Kg/m^2}]$$

式 (15·14) から
$$\varDelta P_r = \frac{G^2}{2g_c\cdot\rho} = \frac{(1,760,000)^2}{2\times 1.27\times 10^8\times 825} = 14.8\ [\mathrm{Kg/m^2}]$$

式 (15·13) から，環状側圧力損失合計は
$$\varDelta P_o = (2\varDelta P_f + \varDelta P_r)\times (ヘアピン数)$$
$$= (2\times 77.5 + 14.8)\times 4 = 680\ [\mathrm{Kg/m^2}]$$

(9) **内管側圧力損失**: Return Bend の曲率半径 $R=0.08$ [m とすると, $R/D_i=3.8$, 図 15·12 から, $\alpha = 9.5$

式 (15·21) から
$$L_e = 2\alpha D_i = 2\times 9.5\times 0.025 = 0.475\ [\mathrm{m}]$$
$$L_t = (2L + L_e)\times (ヘアピン数) = (10,475\times 4) = 42\ [\mathrm{m}]$$

質量速度
$$G = \frac{4(2,120)}{\pi(0.021)} = 6,150,000\ [\mathrm{kg/m^2\cdot hr}]$$

Reynolds 数
$$Re = \frac{D_i\cdot G}{\mu} = \frac{0.021\times 6,150,000}{2.14} = 60,500$$

図 15·10 から $f=0.0058$
$$\varDelta P_t = \frac{4f\cdot G^2}{2g_c\cdot\rho}\cdot\frac{L_t}{D_i}\cdot\left(\frac{\mu_w}{\mu}\right)^{0.14}$$
$$= \frac{2\times 0.0058\times (6,150,000)^2}{2\times 1.27\times 10^8\times 1,000}\times\frac{42}{0.021}\times\left(\frac{2.1}{2.14}\right)^{0.14}$$
$$= 6,900\ [\mathrm{Kg/m^2}]$$

**B. 縦フィンチューブ型二重管式熱交換器とする場合**

内管：縦フィンチューブ
　　フィン管　外径 25 [mm], 長さ 6 [m]
　　　　　　　厚さ 2 [mm], 材質アルブラック
　　フィン　　枚数 12, 高さ 12.5 [mm]
　　　　　　　厚み 0.9 [mm], 材質アルブラック
外管：内径 52.9 [mm] のガス管

(1) **環状側境膜伝熱係数 $h_o$**

流路断面積
$$a_o = \frac{\pi}{4}(D_2{}^2 - D_r{}^2) - n\cdot H_f\cdot t_f = \frac{\pi}{4}\{(0.0529)^2 - (0.025)^2\} - 12\times 0.0125$$
$$\times 0.0009 = 0.001572\ [\mathrm{m^2}]$$

質量速度

$$G = \frac{W}{a_o} = \frac{3,000}{0.001572} = 1,910,000 \, [\text{kg/m}^2 \cdot \text{hr}]$$

相当径 $D_e$ は式 (15・8) から

$$D_e = \frac{4 \times 0.001572}{\pi(0.025) + 2(12)(0.0125) + \pi(0.0529)} = 0.0116 \, [\text{m}]$$

Reynolds 数

$$Re = \left(\frac{D_e \cdot G}{\mu}\right) = \frac{0.0116 \times 1,910,000}{3.12} = 7,100$$

式 (15・7) から

$$p = \{\pi(D_r + D_2) + 2n \cdot H_f\}/n$$
$$= \{\pi(0.025 + 0.0529) + 2(12)(0.0125)\}/12 = 0.0452 \, [\text{m}]$$

$$\left(\frac{D_e \cdot G}{\mu}\right)\sqrt{\frac{\pi L}{p}} = 7,100\sqrt{\frac{\pi(6)}{0.0452}} = 145,000 > 60,000$$

管壁温度 $t_w = 65 \, [°C]$ と仮定すると, $\mu_w = 4.0 \, [\text{kg} \cdot \text{m/hr}]$
式 (15・6) から

$$h_o = 0.023 \cdot \left(\frac{k}{D_e}\right) \cdot \left(\frac{D_e \cdot G}{\mu}\right)^{0.8} \cdot \left(\frac{C \cdot \mu}{k}\right)^{1/3} \cdot \left(\frac{\mu}{\mu_w}\right)^{0.14}$$
$$= 0.023\left(\frac{0.120}{0.0116}\right) \cdot (7,100)^{0.8} \cdot \left(\frac{0.53 \times 3.12}{0.120}\right)^{1/3} \cdot \left(\frac{3.16}{4.0}\right)^{0.14}$$
$$= 680 \, [\text{kcal/m}^2 \cdot \text{hr} \cdot °C]$$

(2) フィン抵抗 $r_f$

フィン表面積 $A_f$

$$A_f = 2n \cdot H_f + n \cdot t_f = 2 \times 12 \times 0.0125 + 12 \times 0.0009 = 0.31 \, [\text{m}^2/\text{m}]$$

フィンなし部の表面積

$$A_r = \pi D_r - n t_f = 0.0677 \, [\text{m}^2/\text{m}]$$

$$A_r/A_f = 0.218$$

フィン側複合伝熱係数

$$h_f' = \frac{1}{(1/h_o) + r_o} = \frac{1}{(1/680) + 0.0002} = 600 \, [\text{kcal/m}^2 \cdot \text{hr} \cdot °C]$$

フィン材料 (アルブラック) の熱伝導率 $\lambda_f = 100 \, [\text{kcal/m} \cdot \text{hr} \cdot °C]$

$$(r_e - r_b) = H_f = 0.0125 \, [\text{m}]$$
$$y_b = t_f/2 = 0.00045 \, [\text{m}]$$
$$(r_e - r_b)\sqrt{h_f'/(\lambda_f \cdot y_b)} = 0.0125\sqrt{600/(100 \times 0.00045)} = 1.43$$

図 7・7 から, フィン効率 $E_f = 0.62$
式 (15・3) から

$$r_f = \left[\frac{1}{680} + 0.0002\right]\left[\frac{1 - 0.62}{0.62 + 0.218}\right] = 0.00077 \, [\text{m}^2 \cdot \text{hr} \cdot °C/\text{kcal}]$$

(3) 総括伝熱係数 $U$

$$A_o = A_f + A_r = 0.3777 \, [\text{m}^2/\text{m}]$$

$$A_i = \pi D_i = 0.0660 \ [\text{m}^2/\text{m}]$$
$$A_m = \pi(D_r - D_i)/\ln(D_r/D_i) \fallingdotseq \pi(D_r + D_i)/2$$
$$= 0.0724 \ [\text{m}^2/\text{m}]$$

式 (15・2b) から

$$\frac{1}{U} = \frac{1}{680} + 0.0002 + 0.00077 + \frac{0.3777}{0.0724} \times \frac{0.002}{100}$$
$$+ \frac{1}{6,750} \times \frac{0.3770}{0.0660} = 0.00445$$
$$U = 224 \ [\text{kcal/m}^2 \cdot \text{hr} \cdot °\text{C}]$$

**(4) 所要伝熱面積 $A$**

$$A = \frac{Q}{U \cdot \Delta T_{lm}} = \frac{63,500}{224 \times 34.8} = 8.15 \ [\text{m}^2]$$

1 [m] あたりのフィンチューブの外周面積は 0.3777 [m²] であるから，必要有効長さは

$$8.15/0.3777 = 21.6 \ [\text{m}]$$

すなわち，6 [m] のヘアピンを組連結すれば充分である。

**(5) 管壁温度のチェック**

$$t_w = t_c + \frac{h_o}{h_i(A_i/A_o) + h_o} \cdot (T_c - t_c)$$
$$= 43.8 + \frac{670}{6,750(0.066/0.377) + 670} \times (78.4 - 43.8)$$
$$= 65.3 \ [°\text{C}]$$

したがって，境膜伝熱係数の算出において，仮定した $t_w$ の値は正しかったことになる。

**(6) 環状側圧力損失：** 図 15・10 から，$f = 0.009$

式 (15・17) から

$$\Delta P_f = \frac{4fG^2}{2g_c\rho} \cdot \frac{L}{D_e} \cdot \left(\frac{\mu_w}{\mu}\right)^{0.14}$$
$$= \frac{4 \times 0.009 \times (1,910,000)^2 \times 6}{2 \times 1.27 \times 10^8 \times 825 \times 0.0116} \times \left(\frac{4.0}{3.12}\right)^{0.14} = 340 \ [\text{Kg/m}^2]$$
$$\Delta P_r = \frac{G^2}{2g_c\rho} = \frac{(1,910,000)^2}{2 \times 1.27 \times 10^8 \times 825} = 17.5 \ [\text{Kg/m}^2]$$

式 (15・13) から，環状側圧力損失合計は

$$\Delta P_o = (2\Delta P_f + \Delta P_r) \times (\text{ヘアピン数})$$
$$= (2 \times 340 + 17.5) \times 2 = 1,395 \ [\text{Kg/m}^2]$$

## 15・9 温度差補正係数

二重管式熱交換器を直列-並列の組合せに配列したときの温度差補正係数を，図 15・14 および図 15・15 に示した。

## 15・9 温度差補正係数

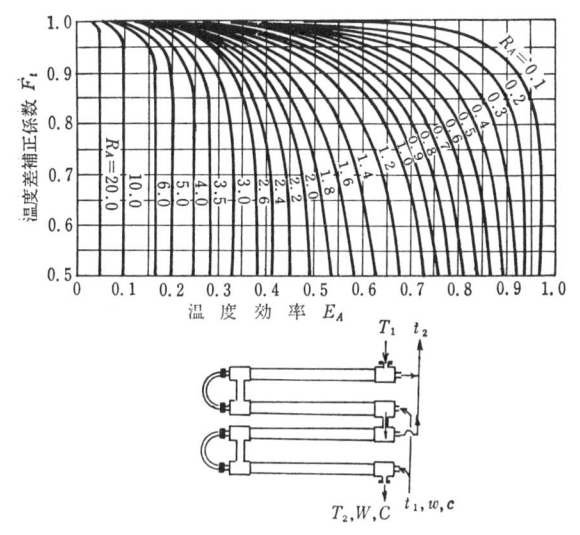

**図 15・14** 1直列-2並列流れの組合せ熱交換器の温度補正係数
$R_A = (T_1-T_2)/(t_2-t_1)$ および $E_A = (t_2-t_1)/(T_1-t_1)$，ここで $T_1, T_2$ は直列側流体の出入口温度，$t_1, t_2$ は並列側流体の出入口温度

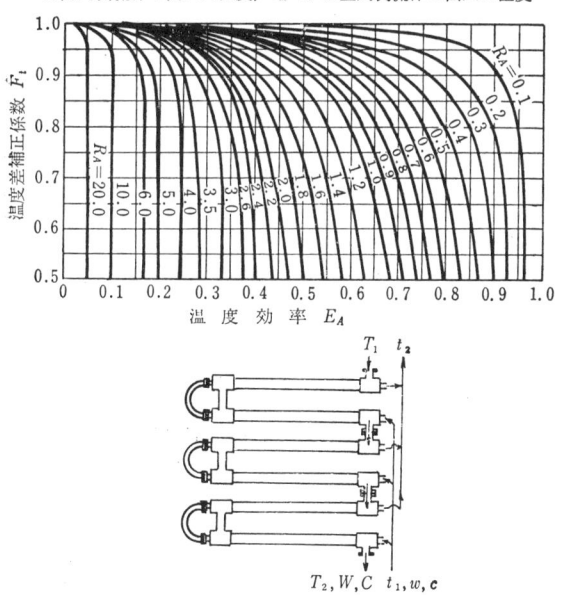

**図 15・15** 1直列-3並列流れの組合せ熱交換器の温度差補正係数
$R_A = (T_1-T_2)/(t_2-t_1)$ および $E_A = (t_2-t_1)/(T_1-t_1)$，ここで $T_1, T_2$ は直列側流体の出入口温度，$t_1, t_2$ は並列側流体の出入口温度

# 第16章 液膜式熱交換器の設計法

流体を伝熱面に沿って流し，液膜を構成させて熱交換を行なわせる熱交換器を，液膜式熱交換器（Liquid Film Heat Exchanger）と呼ぶ。

液膜式熱交換器の種類を大別すると，次のようになる。

A. 液膜自体に相変化の生じないもの
  （1） たて型流下液膜式冷却（凝縮）器　（Vertical Falling Film Cooler or Condenser）
  （2） 横型流下液膜式冷却（凝縮）器　（Horizontal Falling Film Cooler or Condenser）

B. 液膜自体が蒸発するもの
  （1） たて型流下液膜式蒸発器　（Vertical Falling Film Evaporator）
  （2） 横型流下液膜式蒸発器　（Horizontal Falling Film Evaporator）

## 16・1 たて型流下液膜式冷却（凝縮）器の設計法

### 16・1・1 構造および用途

図 16・1 に示すように，たて型流下液膜式はたて型多管式熱交換器の上部管端より液が管内に流れ込み，伝熱管内壁に沿って膜状となって流下する構造である。このように流体が液膜をなして流れるので，管1本あたりの流量が比較的少ない場合でも大きい伝熱係数が得られ，また伝熱管内での液の滞留時間が短くなるので，ジュースなどのように熱分解しやすい流体を管内側に流し，胴側に蒸気などを流して加熱する目的で用いられる。

冷却水がスケールを発生しやすいときには，被冷却流体を胴側に流し，冷却水を管内側に液膜状にして流すことがある。これは，たて型流下液膜式冷却器では，管内側冷却水を停めることなく，管内側のクリーニングを機械的に行なうことがで

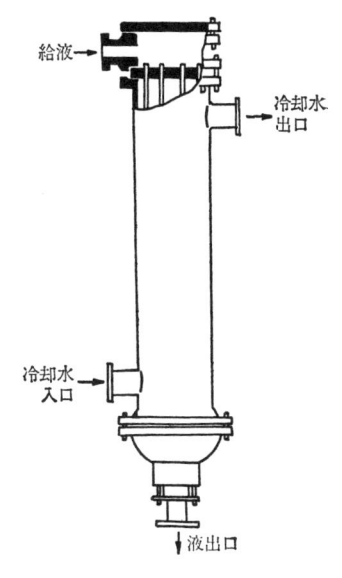

図 16・1　たて型流下液膜式熱交換器

## 16・1 たて型流下液膜式冷却（凝縮）器の設計法

きるからであって，冷凍機の冷媒（アンモニア）凝縮器などとして用いられる．

また，図 16・2 に示すように，管内側の上部から水を流し，管内側下部から塩化水素ガスを流して，水に塩化水素ガスを吸収させて塩酸とし，このときに発生する反応熱を胴側に流す冷却水によって除去する塩化水素吸収塔としても用いられる．

図 16・3，図 16・4 および図 16・5 に示すように，液膜状に水を流下させ，これにアンモニアガスを吸収させ，吸収に伴って発生する吸収熱を，同時に冷却水で冷却するアンモニア吸収塔としても用いられる．図 16・3 では，アンモニアを吸収する水が管内側を液膜状に流下するようになっているが，図 16・4 ではアンモニアを吸収する水が管外側を液膜状に流下すると同時に，冷却水も管内側を液膜状に流下する構造となっている．また，図 16・5 ではアンモ

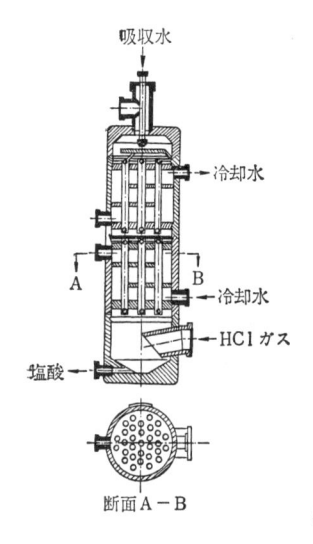

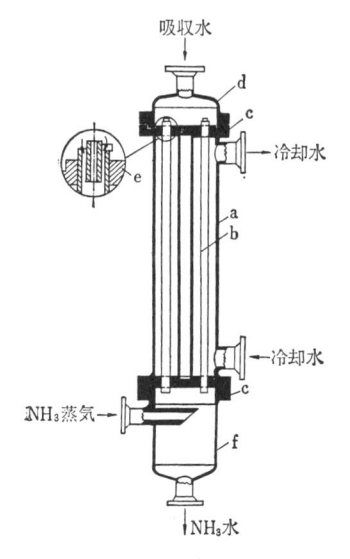

図 16・2 塩酸ガス吸収塔

a：胴　b：管　c：管板
d：ふた　f：底ふた
図 16・3　NH₃ 吸収塔

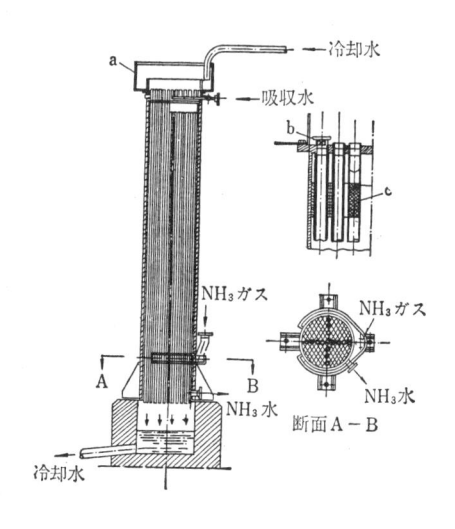

a：冷却水ヘッダ　b：冷却水分散装置
c：吸収水分散装置
図 16・4　NH₃ 吸収塔

ニアを吸収する水が，コイル状に巻かれた伝熱管の外側を液膜状に流れる構造となっている。

たて型流下液膜式冷却器では，液が各管に均一に分配しないと，液が偏流して伝熱係数が著しく低下する。液を均一に分配する方法としては，図16・6 に示すように，伝熱管上端に切欠き堰をさしこむ方法，伝熱管上端に 2 枚以上の多孔板を設ける方法（この場合には，液は管板上に流下し，管端上から各伝熱管に流れ込むので，均一な分配を計るためには管板上の管端面を平滑にし，かつレベルを充分出しておかねばならない），各伝熱

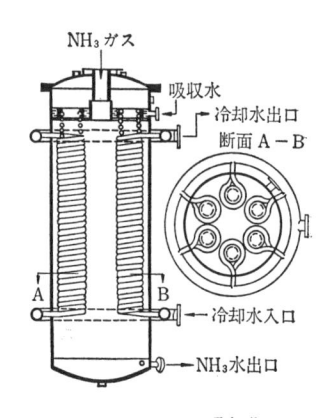

図 16・5 NH$_3$ 吸収塔

(A)　　　　　(B)　　　　　(C)

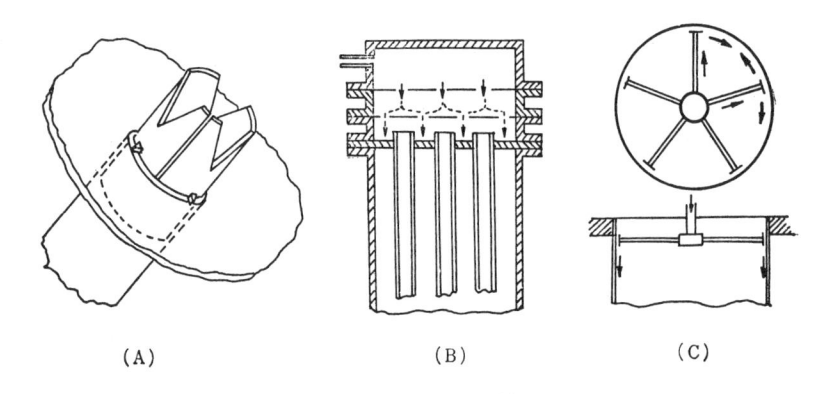

図 16・6 液の分配方法

管内にスプレーノズルを設ける方法などがある。

### 16・1・2 液膜の厚さ，および液膜側境膜伝熱係数

垂直伝熱管壁面に沿って流下する液膜側境膜伝熱係数の相関式としては，Sexauer[1]，McAdams, Drew and Bays[2]，Garwin and Kelly[3]，Wilke[4]，Dukler[5] らの報文がある。ここでは，最も精度がよいとされている Wilke の実験式について記述する。

---

1) Sexauer, T. H; Forsh.-Ing.-Wes., vol. 10, pp. 286〜296 (1939).
2) McAdams, W. H, T. B. Drew and G. S. Bays; Trans. Am. Soc. Mech. Engrs, vol. 26, pp. 627〜631 (1940).
3) Garwin, L. and E. W. Kelly; Ind. Eng. Chem., vol. 47, pp. 392〜395 (1955).
4) Wilke, W.; Kältetechn., vol. 13, pp. 339〜345 (1961).
5) Dukler. A. F.; Chem. Eng. Progr. Symp. Series, vol. 56, No. 30, pp. 1〜10 (1960).

## 16・1 たて型流下液膜式冷却（凝縮）器の設計法

垂直面に沿って液膜をなして流下する流れの状態は，図 16・7 に示すように，助走区間と流れの発達した区間とで異なるので，伝熱管全体にわたる平均の境膜伝熱係数 $h_f$ は，助走区間での境膜伝熱係数 $h_{f1}$ と，流れの発達した区間での境膜伝熱係数 $h_{f2}$ とから，次式を用いて計算しなければならない。

$$h_f = \frac{h_{f1} \cdot L_1 + h_{f2} \cdot (L-L_1)}{L} \quad \cdots\cdots (16 \cdot 1)$$

$L$ は伝熱管全長〔m〕，$L_1$ は助走区間の長さ〔m〕で，$L_1$ は伝熱面の単位横幅あたりの流量 $m$〔kg/m・hr〕の関数として図 16・8 より求まる。

ここで，

$$m = \frac{w}{N \cdot \pi \cdot D_i} \quad \cdots\cdots (16 \cdot 2)$$

$w$：液流量〔kg/hr〕
$N$：伝熱管本数
$D_i$：伝熱管内径〔m〕

助走区間での平均境膜伝熱係数 $h_{f1}$ は，

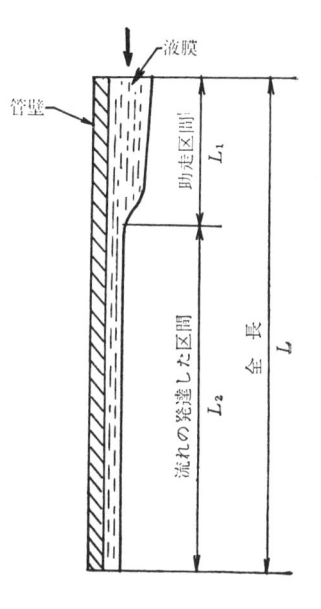

図 16・7 流下液膜の状態

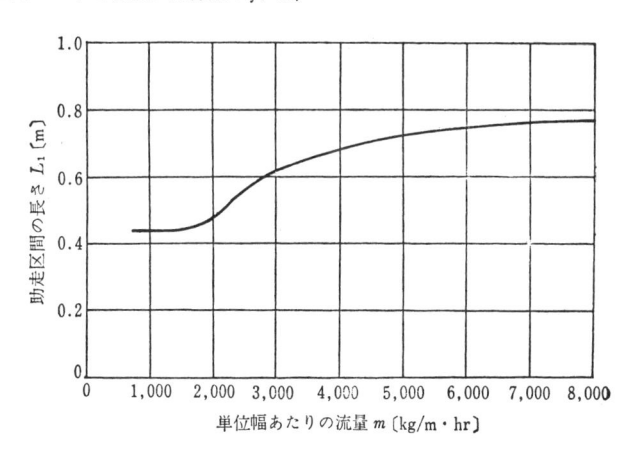

図 16・8 助走区間の長さ

$$h_{f1} = \frac{0.0942\mu_l \cdot c_l \cdot Re}{4L_1} + \frac{1.88 k_l \cdot g^{1/3}}{(3/4)^{1/3} \cdot (\mu_l/\rho_l)^{2/3} \cdot (Re)^{1/3}} \quad \cdots\cdots\cdots(16\cdot3)$$

流れの発達した区間での平均境膜伝熱係数 $h_{f2}$ は,

$Re < Re_{ü}$ のとき

$$h_{f2} = 1.88\left(\frac{k_l}{\delta}\right) \quad \cdots\cdots\cdots\cdots\cdots\cdots\cdots\cdots\cdots\cdots\cdots\cdots\cdots\cdots\cdots\cdots\cdots(16\cdot4)$$

$Re_{ü} < Re < 1,600$ のとき,

$$h_{f2} = 0.0614\left(\frac{k_l}{\delta}\right) \cdot \left(\frac{Re}{4}\right)^{8/15} \cdot \left(\frac{c_l \cdot \mu_l}{k_l}\right)^{0.344} \quad \cdots\cdots\cdots\cdots(16\cdot5)$$

$1,600 < Re < 3,200$

$$h_{f2} = 0.00112\left(\frac{k_l}{\delta}\right) \cdot \left(\frac{Re}{4}\right)^{6/5} \cdot \left(\frac{c_l \cdot \mu_l}{k_l}\right)^{0.344} \quad \cdots\cdots\cdots\cdots(16\cdot6)$$

$Re > 3,200$

$$h_{f2} = 0.0066\left(\frac{k_l}{\delta}\right) \cdot \left(\frac{Re}{4}\right)^{14/15} \cdot \left(\frac{c_l \cdot \mu_l}{k_l}\right)^{0.344} \quad \cdots\cdots\cdots\cdots(16\cdot7)$$

ここで, $\delta$ は液膜の厚さ〔m〕で,

$Re < 1,600$ のとき

$$\delta = \left(\frac{3\mu_l^2}{g \cdot \rho_l^2}\right)^{1/3} \cdot \left(\frac{Re}{4}\right)^{1/3} \quad \cdots\cdots\cdots\cdots\cdots\cdots\cdots\cdots\cdots\cdots(16\cdot8)$$

$Re > 1,600$ のとき

$$\delta = 0.302\left(\frac{3\mu_l^2}{g \cdot \rho_l^2}\right)^{1/3} \cdot \left(\frac{Re}{4}\right)^{8/15} \quad \cdots\cdots\cdots\cdots\cdots\cdots\cdots(16\cdot9)$$

また, $Re_{ü}$ は完全層流の限界 Reynolds 数で, Prandtle 数の関数として次式から求めることができる。

$$Re_{ü} = 2,460\left(\frac{c_l \cdot \mu_l}{k_l}\right)^{-0.646} \quad \cdots\cdots\cdots\cdots\cdots\cdots\cdots\cdots\cdots(16\cdot10)$$

式 (16·3)〜(16·10) において,

$Re$：液膜の Reynolds 数で, 次式で定義される。

$$Re = \frac{4m}{\mu_l} \quad \cdots\cdots\cdots\cdots\cdots\cdots\cdots\cdots\cdots\cdots\cdots\cdots\cdots\cdots\cdots\cdots\cdots\cdots(16\cdot11)$$

$k_l$：液の熱伝導率〔kcal/m·hr·°C〕

$c_l$：液の比熱〔kcal/kg·°C〕

$\mu_l$：液の粘度〔kg/m·hr〕

$\rho_l$：液の密度〔kg/m³〕

$g$：重力の加速度 $=1.27\times10^8$ 〔m/hr²〕

$h_{f1}$, $h_{f2}$：境膜伝熱係数〔kcal/m²・hr・°C〕

### 16・1・3 最小許容液負荷

たて型流下液膜式熱交換器では，伝熱管壁に沿って液膜を形成するためには，ある限度以上の流量を流す必要がある。この限度以下の流量では液膜が形成されず，液は線状をなして流下し，伝熱面の一部が濡れなくなり，伝熱係数が低下するのみならず，汚れを増大する。

Hartleyら[6]は，液膜を形成するために必要な許容最小液負荷を求める式を発表している。

$$m_{\min}=1,400(\mu_l\cdot\rho_l\cdot\sigma^3)^{1/5} \quad\cdots\cdots\cdots\cdots(16\cdot12)$$

または

$$m_{\min}=2,940(\mu_l\cdot\rho_l\cdot\sigma^3)^{1/5}\cdot[1-\cos(\alpha)]^{3/5} \quad\cdots\cdots\cdots(16\cdot13)$$

ここで，

$\sigma$：液の表面張力〔Kg/m〕

$\alpha$：接触角〔度〕

$m_{\min}$：許容最小液負荷〔kg/m・hr〕

式 (16・12), (16・13) は乾いた面に液を流下したときの値であるが，一度液膜が形成された後での許容最少負荷に関する報文はほとんどないので，設計に際しては，式 (16・12) または (16・13) を用いる。

### 16・1・4 設計例

〔例題 16・1〕 アンモニア凝縮器の設計

圧力 10〔atm〕なる飽和アンモニア蒸気 6,000〔kg/hr〕を，凝縮させるたて型流下液膜式凝縮器を設計する。ただし，冷却水入口温度を 10〔°C〕，出口温度を 20〔°C〕とする。

〔解〕

(a) 熱収支および物質収支： アンモニアの圧力 10〔atm〕に対応する飽和温度は 25.7〔°C〕，凝縮潜熱は 276〔kcal/kg〕である。

したがって，伝熱量は，

$Q=276\times6,000=1,660,000$〔kcal/hr〕

冷却水必要量は，

---

6) Hartley, D.E. and Murgatroyd, W.: Intern. J. Heat Mass Transfer, vol. 7, pp. 1003～ (1964).

$$w = 1,660,000/(20-10) = 166,000 \text{ [kg/hr]}$$

管外側（胴側）でアンモニアを凝縮させ，管内側に冷却水を液膜にして流すものとする。

**(b) 対数平均温度差**

$$\Delta T_{lm} = \frac{(25.7-10)-(25.7-20)}{\ln[(25.7-10)/(25.7-20)]} = 9.9 \text{ [°C]}$$

**(c) 概略寸法計算：** 総括伝熱係数 $U = 1,100$ [kcal/m²·hr·°C] と仮定する。たて型液膜式冷却器および凝縮器では，流体の流れ様式は完全向流となるので，必要伝熱面積は

$$A = \frac{Q}{\Delta T \cdot U} = \frac{1,660,000}{9.9 \times 1,100} = 153 \text{ [m}^2\text{]}$$

伝熱管は鋼管とし，外径 $D_o = 0.025$ [m]，内径 $D_i = 0.0208$ [m]，長さ $L = 5$ [m] のものを使用する。必要伝熱管数 $N$ は，

$$N = 153/(\pi \times 0.025 \times 5) = 390$$

**(d) 管内側冷却水液膜の境膜伝熱係数：** 伝熱管の単位横幅あたりの流量は，

$$m = \frac{w}{N \cdot \pi \cdot D_i} = \frac{166,000}{390 \times \pi \times 0.025} = 6,500 \text{ [kg/m·hr]}$$

Reynolds 数

冷却水の平均温度 15 [°C] における水の粘度 $\mu_l = 4.1$ [kg/m·hr] であるから，

$$Re = \frac{4m}{\mu_l} = \frac{4 \times 6,500}{4.1} = 6,350 > 3,200$$

冷却水の平均温度 15 [°C] における冷却水の物性は，密度 $\rho_l = 1,000$ [kg/m³]，熱伝導率 $k_l = 0.50$ [kcal/m·hr·°C]，比熱 $c_l = 1.0$ [kcal/kg·°C] である。

助走区間での境膜伝熱係数は，式 (16·3) から

$$h_{f1} = \frac{0.0942 \mu_l \cdot c_l \cdot Re}{4 L_1} + \frac{1.88 k_l \cdot g^{1/3}}{(3/4)^{1/3} \cdot (\mu_l/\rho_l)^{2/3} \cdot (Re)^{1/3}}$$

図 16·8 から，助走区間の長さ $L_1 = 0.8$ [m] であるから，

$$h_{f1} = \frac{0.0942 \times 4.1 \times 1 \times 6,350}{4 \times 0.8} + \frac{1.88 \times 0.50 \times (1.27 \times 10^8)^{1/3}}{(3/4)^{1/3} \times (4.1/1,000)^{2/3} \times (6,350)^{1/3}}$$

$$= 770 + 1,090 = 1,860 \text{ [kcal/m}^2\text{·hr·°C]}$$

流れの発達した区間での境膜伝熱係数を求める。

液膜厚さは，式 (16·9) から

$$\delta = 0.302 \left(\frac{3\mu_l^2}{g \cdot \rho_l^2}\right)^{1/3} \cdot \left(\frac{Re}{4}\right)^{8/15}$$

$$= 0.302 \times \left[\frac{3 \times (4.1)^2}{1.27 \times 10^8 \times (1,000)^2}\right]^{1/3} \cdot \left[\frac{6,350}{4}\right]^{8/15}$$

$$= 1.0 \times 10^{-3} \text{ [m]} = 1.0 \text{ [mm]}$$

境膜伝熱係数は，$Re > 3,200$ であるから，式 (16·7) から

## 16・1 たて型流下液膜式冷却(凝縮)器の設計法

$$h_{f2}=0.0066\left(\frac{k_l}{\delta}\right)\cdot\left(\frac{Re}{4}\right)^{14/15}\cdot\left(\frac{C_l\cdot\mu_l}{k_l}\right)^{0.344}$$

$$=0.0066\times\left(\frac{0.50}{1.0\times10^{-3}}\right)\times\left(\frac{6,350}{4}\right)^{14/15}\times\left(\frac{1\times4.1}{0.50}\right)^{0.344}$$

$$=6,750\ [\text{kcal}/\text{m}^2\cdot\text{hr}\cdot°C]$$

全区間に対する平均境膜伝熱係数は,式 (16・1) から

$$h_f=\frac{h_{f1}\cdot L_1+h_{f2}(L-L_1)}{L}=\frac{1,860\times0.80+6,750\times(5-0.8)}{5}$$

$$=6,000\ [\text{kcal}/\text{m}^2\cdot\text{hr}\cdot°C]$$

**(e) 許容最小液負荷**

水の表面張力 $\sigma=73.35\ [\text{dyne}/\text{cm}]=74.9\times10^{-4}\ [\text{Kg}/\text{m}]$

式 (16・12) から

$$m_{\min}=1,400\cdot(\mu_l\cdot\rho_l\cdot\sigma^3)^{1/5}=1,400\times[4.1\times1,000\times(74.9\times10^{-4})^3]^{1/5}$$

$$=392\ [\text{kg}/\text{m}\cdot\text{hr}]$$

したがって,この設計での単位横幅あたりの流量 6,500 [kg/m・hr] では,液膜が破れる恐れはない。

**(f) 管外側アンモニアの凝縮境膜伝熱係数:** 凝縮負荷 $\Gamma$ は,

$$\Gamma=\frac{W}{\pi\cdot D_o\cdot N}=\frac{6,000}{\pi\cdot(0.025)\cdot(390)}=196\ [\text{kg}/\text{m}\cdot\text{hr}]$$

凝縮液の境膜温度を 20 [°C] と仮定すれば,凝縮液膜の物性値は,粘度 $\mu_f=0.16\ [\text{cp}]=0.575\ [\text{kg}/\text{m}\cdot\text{hr}]$, 熱伝導率 $k_f=0.43\ [\text{kcal}/\text{m}\cdot\text{hr}\cdot°C]$, 密度 $\rho_f=620\ [\text{kg}/\text{m}^3]$ である。

$$\frac{4\Gamma}{\mu_f}=\frac{4\times196}{0.575}=1,360<2,100$$

したがって,式 (8・35) から

$$h_o=1.88\left(\frac{k_f^3\cdot\rho_f^2\cdot g}{\mu_f^2}\right)^{1/3}\cdot\left(\frac{4\Gamma}{\mu_f}\right)^{-1/3}$$

$$=1.88\cdot\left[\frac{(0.43)^3\cdot(620)^2\cdot(1.27\times10^8)}{(0.575)^2}\right]^{1/3}\cdot(1,360)^{-1/3}$$

$$=3,880\ [\text{kcal}/\text{m}^2\cdot\text{hr}\cdot°C]$$

**(g) 汚れ係数**

管内側汚れ係数 $r_i=0.0002\ [\text{m}^2\cdot\text{hr}\cdot°C/\text{kcal}]$

管外側汚れ係数 $r_o=0.0001\ [\text{m}^2\cdot\text{hr}\cdot°C/\text{kcal}]$

とする。

**(h) 管金属の伝熱抵抗:** 伝熱管厚み $t_s=0.0021\ [\text{m}]$, 鋼管の熱伝導率 $\lambda=50$ [kcal/m・hr・°C] であるから,

$$\left(\frac{D_o}{D_m}\right)\left(\frac{t_s}{\lambda}\right)=\frac{0.025}{0.0229}\cdot\left(\frac{0.0021}{50}\right)=0.000046\ [\text{m}^2\cdot\text{hr}\cdot°C/\text{kcal}]$$

**(i) 総括伝熱係数 $U$**

$$\frac{1}{U} = \frac{1}{h_o} + r_o + \left(\frac{D_o}{D_m}\right)\left(\frac{t_s}{\lambda}\right) + r_i\left(\frac{D_o}{D_i}\right) + \frac{1}{h_i}\left(\frac{D_o}{D_i}\right)$$

$$= \frac{1}{3,880} + 0.0001 + 0.000046 + 0.002\frac{0.0250}{0.0208})$$

$$+ \frac{1}{6,000}\left(\frac{0.0250}{0.0208}\right) = 0.000844$$

$U = 1,180 \text{ [kcal/m}^2\cdot\text{hr}\cdot{}^\circ\text{C]}$

したがって，(c) で仮定した，総括伝熱係数の値がほぼ妥当であったことになる．

## 16·2 横型流下液膜式冷却（凝縮）器の設計法

### 16·2·1 構造および用途

横型流下液膜式冷却器は，その形状からトロンボン型冷却器 (Trombone-Cooler)，カスケード式冷却器 (Cascade Cooler)，あるいはS字型冷却器 (S-type Cooler) などの名で呼ばれることもある．

その構造は，図 16·9 に示すように，垂直方向に多数列に配置した水平伝熱管群の上部から散水ノズルあるいは散水せきから冷却水を流下させ，伝熱管外表面で液膜をなすようにした構造となっている．この種の冷却器は構造が簡単であるため，腐食性流体を取り扱う場合で，鋳鉄管・カーベイト管・ガラスライニング管・陶磁器製の管など，伝熱管を管板に取り付けることが困難なために，多管円筒式熱交換器にする

図 16·9 横型流下液膜式冷却器

ことが容易でない材料を，伝熱管として用いねばならない場合に広く使用される．

### 16·2·2 基本伝熱式

横型流下液膜式冷却器の流路様式は，一方の流体（冷却水）が混合せず，他方の流体（管内流体）が混合する場合の直交流熱交換器とみなすことができるので，2パスの場合の温度効率線図および3パスの場合の温度効率線図は，図 3·92 および図 3·102 で表わされることになる．

また，2パスの場合の温度差補正係数は，図 3·160 に示してある．

これらの図は2パスもしくは3パスすなわち2本の管もしくは3本の管より組立てられ

ている場合には正確に適用できるが，それ以上の管より構成されているときには，向流熱交換器に近づくことになり，若干の誤差（安全側の誤差）を生じることになるが，実用上はこれらを無視して，すべての場合に対して適用してもさしつかえない。

### 16・2・3 液膜側境膜伝熱係数

横型流下液膜式冷却器の管外側（液膜側）の境膜伝熱係数に関しては，McAdams ら[7]，Zippermayr[8]，Hofmann[9]，Hupe[10] がそれぞれ実験式を発表している。

**（1） Hofmann の式：** Hofmann は水平管外を流下する液膜に関して，理論的解析および実験によって次式を提案している。

液膜の平均厚さ $\delta$

$$\delta = 1.34 \left( \frac{3m \cdot \mu_l}{\rho_l^2 \cdot g} \right)^{1/3} \quad \cdots\cdots (16 \cdot 14)$$

液膜の平均境膜伝熱係数 $h_f$

$$h_f = 0.205 \left( \frac{m^{0.38}}{D_o^{0.535}} \right) \cdot \left[ \frac{3.40 C_l^{0.535} \cdot \rho_l^{0.31} \cdot k_l^{0.46}}{(\mu_l/g)^{0.155}} \right] \quad \cdots\cdots (16 \cdot 15)$$

ここで，

$m$：伝熱面の単位横幅あたりの流量 〔kg/m・hr〕

$$m = W/(2L) \quad \cdots\cdots (16 \cdot 16)$$

$L$：伝熱管の1本の長さ 〔m〕

$W$：流下液流量 〔kg/hr〕

式 (16・14)，(16・15) の適用範囲は

$Re = 4m/\mu_l < 1,600$

**（2） Hupe の実験式：** Hupe は，水平管に水，および油を流下させて実験を行ない，管の各位置での境膜伝熱係数を測定し，図 16・10 および図 16・11 の結果を発表している。

**（3） McAdams らの実験式：** McAdams らは水平管の外面に水を流し，その実験結果を整理して，次式を提案している。

$$h_f = 187(m/D_o)^{1/3} \quad \cdots\cdots (16 \cdot 17)$$

この式は，流体が水で，$Re = 4m/\mu_f < 2,100$，$D_o = 0.034 \sim 0.114$ 〔m〕の場合にのみ適用することができる。

---

7) McAdams, W.H.: "Heat Transmisson" 3rd. ed. McGraw-Hill (1954).
8) Zippermayr, M.: Diss. T.H. Karlsruhe (1926).
9) Hofmann, E: Handbuch der Kältetechnik, Bd 3, Berlin, Göttingen, Heidelberg (1959).
10) Hupe, Kl. P.: Chemie-Ing.-Techn,, vol. 34, pp. 609〜614 (1962).

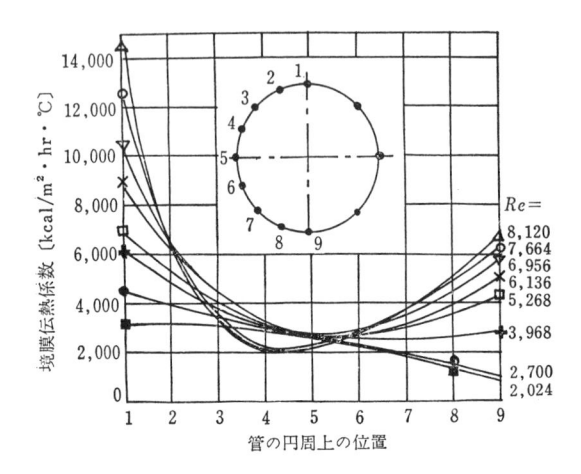

図 16・10　水平管外に水を液膜状に流したときの境膜伝熱係数 ($D_o=41.6$ mm)

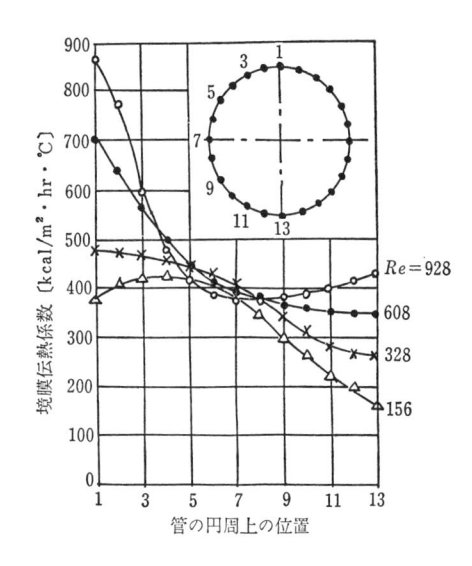

図 16・11　水平管外に油を液膜状に流したときの境膜伝熱係数 ($D_o=100$ mm)

### 16・2・4　横型流下液膜式冷却器の価格

カーベイト製の横型流下液膜式冷却器の価格を図16・12に示した。カーベイト製のもののメーカとしては，日本カーボン，東海電極などがある。

図 16・12 横型流下液膜式熱交換器（接液部材質 カーベイト）の価格

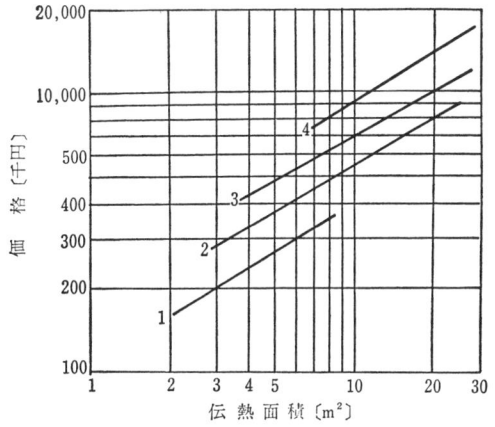

1. 伝熱管 38mm(内径)× 51mm(外径)×3m(長さ)
2. 伝熱管 51mm(内径)× 68mm(外径)×3m(長さ)
3. 伝熱管 76mm(内径)×102mm(外径)×3m(長さ)
4. 伝熱管 102mm(内径)×133mm(外径)×3m(長さ)

## 16・2・5 設計例

〔例題 16・2〕 亜硫酸ガス冷却器の設計

1,500〔kg/hr〕の $SO_2$ ガスを，232〔℃〕から 66〔℃〕まで冷却する横型流下液膜式冷却器を設計する。ただし，冷却水入口温度を 38〔℃〕，出口温度を 30〔℃〕とする。

〔解〕

(a) 熱収支および物質収支

$SO_2$ ガスの比熱は，0.165〔kcal/kg・℃〕であるから，伝熱量 $Q$ は

$$Q = 1,500 \times 0.165 \times (232-66) = 41,000 \text{〔kcal/hr〕}$$

冷却水量は

$$W = 41,000/(38-30) = 5,120 \text{〔kg/hr〕}$$

(b) 管内側，$SO_2$ ガスの境膜伝熱係数： $SO_2$ ガスの平均温度 149〔℃〕における物性値は，比熱 $c = 0.165$〔kcal/kg・℃〕，熱伝導率 $k = 0.0102$〔kcal/m・hr・℃〕，粘度 $\mu = 0.061$〔kg/m・hr〕である。

伝熱管として，内径 $D_i = 0.075$〔m〕，外径 0.085〔m〕のカーベイト管を使用し，図 16・9 に示すような横型流下液膜式冷却器とする。

管内側流路断面積は

$$a_i = (\pi/4) \cdot D_i^2 = (\pi/4) \cdot (0.075)^2 = 0.0044 \text{〔m}^2\text{〕}$$

管内側質量速度

$$G_i = w/a_i = 1,500/0.0044 = 340,000 \text{ [kg/m}^2\cdot\text{hr]}$$

Reynolds 数

$$Re = D_i \cdot G_i/\mu = 0.075 \times 340,000/0.061 = 420,000$$

図 8·6 から, 伝熱因子 $j_H = 790$

$$(c\mu/k)^{1/3} = (0.165 \times 0.061/0.0102)^{1/3} = 0.99$$

式 (8·6) から, 管内側境膜伝熱係数 $h_i$ は, $(\mu/\mu_w)^{0.14} = 1$ とみなせば,

$$h_i = j_H \cdot \left(\frac{k}{D_i}\right) \cdot \left(\frac{c \cdot \mu}{k}\right)^{1/3} \cdot \left(\frac{\mu}{\mu_w}\right)^{0.14} = 790 \times \frac{0.0102}{0.075} \times 0.99 \times 1$$
$$= 106 \text{ [kcal/m}^2\cdot\text{hr}\cdot{}^\circ\text{C]}$$

**(c) 管外側, 冷却水の境膜伝熱係数:** 1段あたりの管長 $L = 2.4$ [m] とする。

式 (16·16) から

$$m = W/(2L) = 5,120/(2 \times 2.4) = 1,060 \text{ [kg/m}\cdot\text{hr]}$$

冷却水の平均温度 34 [°C] における水の物性値は, 粘度 $\mu_l = 3.0$ [kg/m·hr], 熱伝導率 $k_l = 0.53$ [kcal/m·hr·°C], 比熱 $C_l = 1.0$ [kcal/kg·°C] であるので,

Reynolds 数は

$$Re = 4m/\mu_l = 4 \times 1,060/3.0 = 1,410$$

まず, Hofmann の式を用いて, 境膜伝熱係数を計算する。

式 (16·15) から

$$h_f = 0.205 \cdot \left(\frac{m^{0.38}}{D_o^{0.535}}\right)\left[\frac{3.40 C_l^{0.535} \cdot \rho_l^{0.31} \cdot k_l^{0.46}}{(\mu_l/g)^{0.155}}\right]$$
$$= 0.205 \times \left[\frac{(1,060)^{0.38}}{(0.085)^{0.535}}\right] \times \left\{\frac{3.40 \times (1)^{0.535} \times (1,000)^{0.31} \times (0.53)^{0.46}}{[3.0/(1.27 \times 10^8)]^{0.155}}\right\}$$
$$= 4,000 \text{ [kcal/m}^2\cdot\text{hr}\cdot{}^\circ\text{C]}$$

つぎに, 比較のために McAdams らの式を用いて計算する。

式 (16·17) から

$$h_f = 187\left(\frac{m}{D_o}\right)^{1/3} = 187 \times \left(\frac{1,060}{0.085}\right)^{1/3} = 4,300 \text{ [kcal/m}^2\cdot\text{hr}\cdot{}^\circ\text{C]}$$

**(d) 総括伝熱係数**

管内側汚れ係数 $r_i = 0.0002$ [m²·hr·°C/kcal]
管外側汚れ係数 $r_o = 0.0002$ [m²·hr·°C/kcal]

とする。

カーベイトの熱伝導率 $\lambda = 100$ [kcal/m·hr·°C]
伝熱管の平均径 $D_m = 0.080$ [m]

$$\frac{1}{U} = \frac{1}{h_i}\left(\frac{D_o}{D_i}\right) + \left(\frac{t_s}{\lambda}\right)\left(\frac{D_o}{D_m}\right) + r_o + r_i\left(\frac{D_o}{D_i}\right) + \frac{1}{h_f}$$
$$= \frac{1}{106}\left(\frac{0.085}{0.075}\right) + \left(\frac{0.005}{100}\right)\left(\frac{0.085}{0.080}\right) + 0.0002 + 0.0002\left(\frac{0.085}{0.075}\right)$$

## 16・2 横型流下液膜式冷却（凝縮）器の設計法

$$+\frac{1}{4,000}=0.01135 \text{ (m}^2\cdot\text{hr}\cdot{}^\circ\text{C/kcal)}$$

$U=88$ [kcal/m²・hr・°C]

**(e) 必要伝熱面積**

$$R_A=\frac{w\cdot c}{W\cdot C}=\frac{T_1-T_2}{t_2-t_1}=\frac{30-38}{66-232}=0.0481$$

$$E_A=\frac{t_2-t_1}{T_1-t_1}=\frac{66-232}{30-232}=0.825$$

図 3・102 から

$$(NTU)_A=(UA)/(w\cdot c)=1.8$$

したがって，

$$A=\frac{(NTU)_A\cdot(w\cdot c)}{U}=\frac{1.8\times(1,500\times0.165)}{88}$$

$$=5.0 \text{ [m}^2\text{]}$$

（流路構成から見て，冷却水側が図 3・102 の流体 B に，管内側 SO₂ が流体 A に相当する。）

したがって，所要管全長 $L_t$ は，

$$L_t=\frac{A}{\pi D_o}=\frac{5.0}{\pi\times0.085}=18.7 \text{ [m]}$$

したがって，所要段数は

$$\frac{L_t}{L}=\frac{18.7}{2.4}=7.8\fallingdotseq 8$$

以上の計算結果から決まった各部寸法および構造の概略を図 16・13 に示した。な

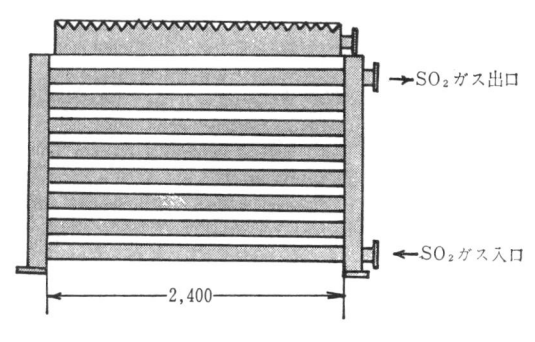

図 16・13

お，流下水膜を均一に蛇管外面に形成させるように考慮して，図 16・14 のように管と管の間に"滴り板"を挿入する。防錆対策として，散水せき，滴り板などを亜鉛めっきすることもある。

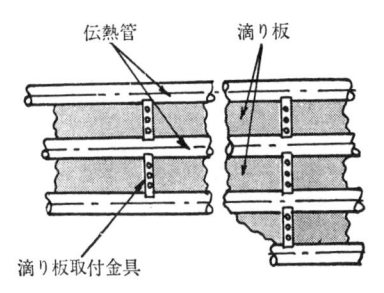

図 16・14 滴り板

## 16・3 たて型流下液膜式蒸発器の設計法
### 16・3・1 構造および用途

たて型流下液膜式蒸発器では，図 16・15 に示したように，液は垂直管内を液膜状に流下し，一部蒸発する。蒸発蒸気と濃縮液はフラッシュ室に流下し，ここで蒸気と濃縮液とが分離する。流下液膜式蒸発器では，液の滞留量が小さく，かつ大きい総括伝熱係数が得られるので，感熱性の高い流体の蒸発・濃縮用に広く用いられる。また図 16・16 に示すように，高真空の蒸留塔用のリボイラとしても用いられる。高真空の場合，普通のサイホンリボイラを用いると，伝熱管の上端のごく一部でしか沸騰しないため，伝熱係数は小さい値になるが，流下液膜式リボイラでは，伝熱管全体にわたり液膜を形成して流れるので伝熱係数の値は大きくなり，経済的である。

流下液膜式蒸発器の総括伝熱係数を，他の型式の蒸発器の総括伝熱係数と比較して，図 16・17 に示した。

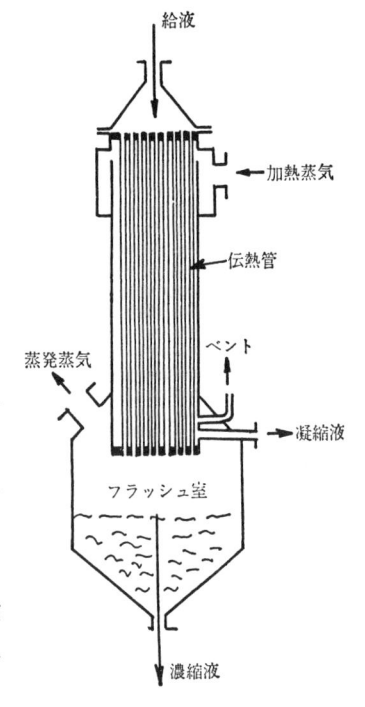

流下液膜式蒸発器の設計においては，各管に液を均一に分布させて，乾き面が生じないように特に注意しなければならない。

図 16・15 たて型流下液膜式蒸発器

### 16・3・2 基本伝熱式

## 16・3 たて型流下液膜式蒸発器の設計法

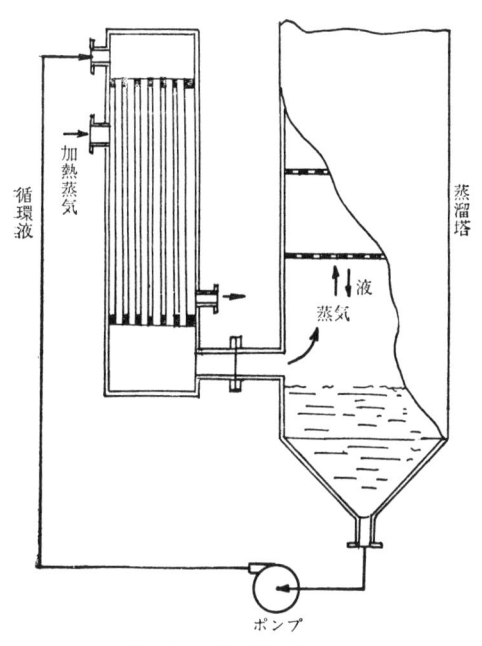

図 16・16 流下液膜式リボイラ

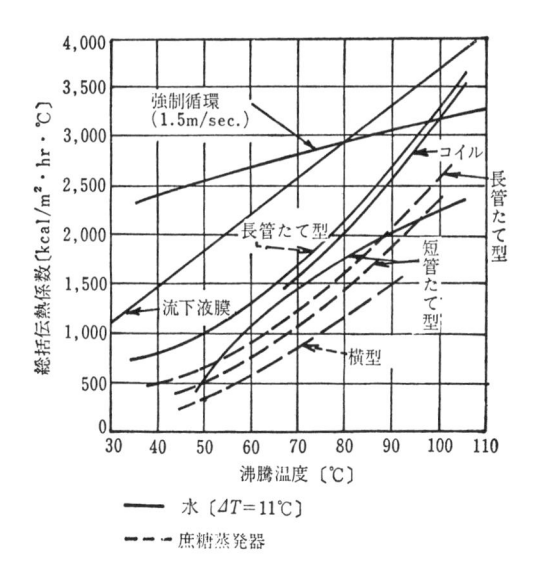

図 16・17 各種蒸発器の総括伝熱係数の比較

Karetnikov[11] および Richkov[12] は，管外面に液を膜状に流下し，管内側より加熱して，この液膜を蒸発せしめた結果を観察し，気泡が管外壁面に発生し，急速に液膜の厚みまで成長し，しばらくの間は液膜と共に流下した後に，液表面に出て破裂すると報告している。Sinek ら[13]はこの観察結果から，液膜式蒸発器に関して次のようなモデルを提案している。

1. 蒸発している液膜には，気泡（蒸発蒸気）が含まれている。
2. 気泡の直径は液膜の厚みに等しい。
3. 気泡の表面は球形である。
4. 気泡の数が充分に多いので，蒸気芯との界面における液膜温度は，気泡の過熱温度によって定まる。
5. しかし，気泡の数は液膜の構造を変えるほどには多くないので，伝熱計算においては，液膜の物性値に気泡の存在を無視して，液相のみの物性値を用いてさしつかえない。
6. 気泡と液との相対速度は小さいので，気泡の存在によって液膜が乱れることはない。これは核沸騰の場合に沸騰によって液膜が乱れるのと比較すると大きな違いである。

このモデルに従うと，図 16·18 に示すように，蒸気芯と液膜との界面温度を $t_v$ [°C] とすると，界面温度 $t_v$ は気泡中の蒸気の圧力 $(p_v+4\sigma/\delta)$ に対応する液の飽和温度となる。ここで，$p_v$ は蒸気芯の圧力〔Kg/m²〕，$\sigma$ は表面張力〔Kg/m〕，$\delta$ は液膜の厚み〔m〕である。

しかるに，伝熱管内を蒸気が流れるときの圧力損失によって，蒸気芯の圧力 $p_v$ は伝熱管の位置によって変わるために，さらには伝熱管に沿って液が流下しつつ蒸発して濃縮されるので，液の物

図 16·18 流下液膜の温度プロフィル

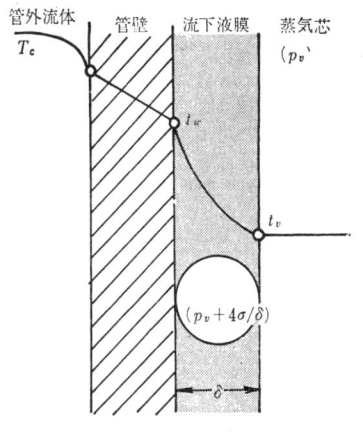

---

11) Karetnikov, U. P.; "Investigation of Heat Transfer in a Boiling Liquid Film" Zhur. Tekhn. Fiziki, XXIV, vol. 2, pp. 193〜 (1954).
12) Richkov, A. I. and V. K. Pospelov, "Study of Heat Transfer in a Boiling of Caustic Soda Solution in a Thin Film" Khim. Prom., vol. 5, pp. 426〜 (1959).
13) Sinek, J. R. and E. H. Young : Chem. Eng. Progr. vol. 58, No. 12, pp. 74〜80 (1962).

性値が変化して飽和温度と圧力の関係が変わるために，伝熱管の位置によって，界面温度 $t_v$ の値も変わることになるので，伝熱面積は，つぎの積分によって求めなければならない。

$$A = \int_0^Q \frac{dQ}{(T-t_v)\cdot U} \quad\cdots\cdots\cdots\cdots(16\cdot 18)$$

$A$ は伝熱面積 [m²]，$U$ は総括伝熱係数 [kcal/m²・hr・°C]，$T$ は管外加熱媒体の温度 [°C]，$Q$ は伝熱量 [kcal/hr] である。

### 16・3・3 液膜の厚みおよび境膜伝熱係数

液膜は気泡によって乱されることがないと考えて，16・1 たて型流下液膜式冷却器の項で記載した Wilke の式 (16・1)～(16・11) をそのまま適用することができる。また，次に示す Dukler[5] の理論を適用してもよい。

Dukler は Deissel らの基本式を用いて数値計算し，流下液膜の厚さ，および境膜伝熱係数の値を求めた。その結果を図 16・19 および図 16・20 に示した。これらの結果は，液

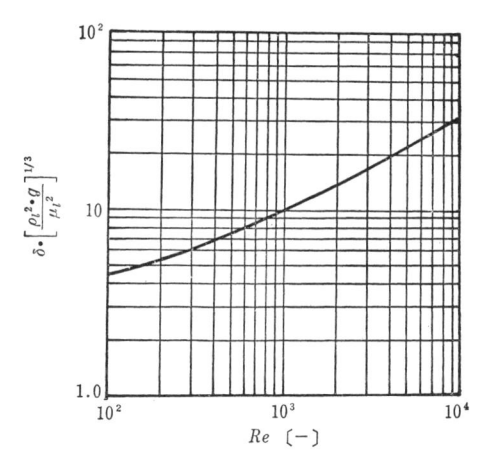

図 16・19 液膜の厚さ

膜と気相（蒸発蒸気）との界面における界面剪断力が 0 か，非常に小さいときの計算値であるが，普通の流下液膜式蒸発器では，この仮定がほぼ成立するものと見なしてもさしつかえない。

### 16・3・4 圧力損失

流下液膜式蒸発器の管内側は液と蒸発蒸気との 2 相流となるので，2 相流の圧力損失の計算式を用いなければならない。気・液 2 相流の下向き流れの圧力損失の相関式としては，

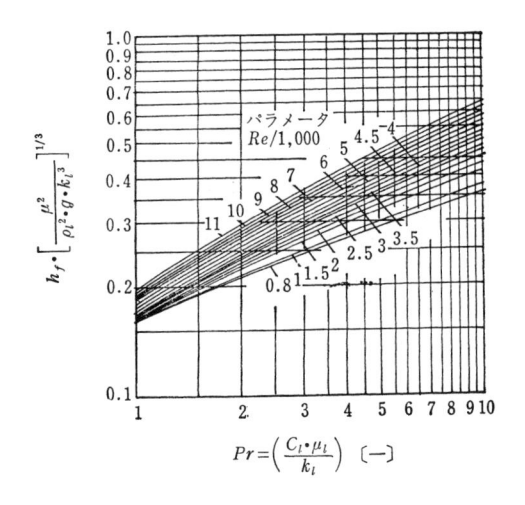

## 図 16・20 境膜伝熱係数

縦軸: $h_f \left[ \dfrac{\mu^2}{\rho_l^2 \cdot g \cdot k_l^3} \right]^{1/3}$

横軸: $Pr = \left( \dfrac{C_l \cdot \mu_l}{k_l} \right)$ 〔―〕

パラメータ $Re/1,000$

Bergelin[14] の発表した式があるが，流下液膜式蒸発器の場合には，伝熱管内を下方に進むにつれて蒸発が進み，気・液の比が変わるので，Bergelin の式をそのまま適用するためには，伝熱管を適当な区間に区分して，各区間での圧力損失を求め，これを加算するといった煩雑な手順が必要である。このような煩雑な手順を避けるために，Barba[15] らは次に示すように，Bergelin の式から出発して，流下液膜式蒸発器の圧力損失を求める方法を発表している。

Barba によれば，流下液膜式蒸発器の伝熱管上端からの距離 $x$（図 16・21 参照）の点の圧力損失は次式で表わされる。

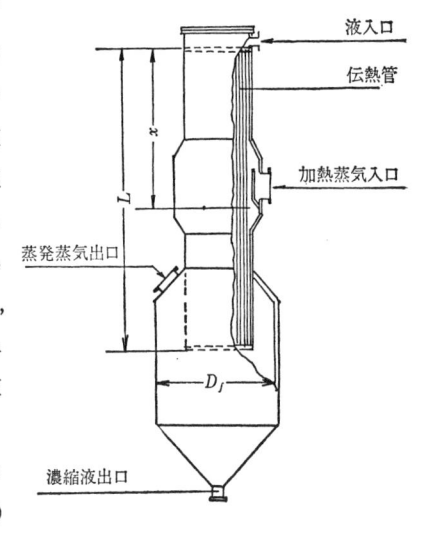

図 16・21

(図中ラベル: 液入口, 伝熱管, 加熱蒸気入口, 蒸発蒸気出口, 濃縮液出口, $L$, $x$, $D_l$)

---

14) Bergelin, O. P., P. K. Kegel, F. G. Carpenter, and C. Gazley : A. S. M. E., 1949, 19 (Heat Transfer and Fluid. Mech. Inst., Bekeley, Cal.)
15) Barba, D. and A. Glona : Brit. Chem. Eng. vol. 15, No. 11, pp. 1436〜1437 (1970).

$$\left(\frac{dP}{dx}\right)_x = -\frac{4f_x}{2g_c \cdot \rho_{v,x}} \cdot \frac{G_{v,x}^2}{D_i} \quad \cdots\cdots(16\cdot19)$$

$G_v$ は蒸気の質量速度〔kg/m²·hr〕, $f$ は摩擦係数〔—〕, $(dP/dx)$ は単位長さあたりの圧力損失〔Kg/m²/m〕, $\rho_v$ は蒸気の密度〔kg/m³〕で, 添字 $x$ は伝熱管上端（入口端）から距離 $x$〔m〕の位置の状態を表わす。

摩擦係数 $f_x$ は, Bergelin の示した図 16·22 から蒸気の Reynolds 数 $(Re)_{v,x}$ および Bergelin の係数 $B_x$ を用いて求めることができる。

Reynolds 数

$$(Re)_{v,x} = \frac{D_i \cdot G_{v,x}}{\mu_{v,x}} \quad \cdots\cdots(16\cdot20)$$

Bergelin の係数

$$B_x = \frac{1}{\pi D_i} \cdot \frac{W_{l,x}}{\rho_{l,x}} \cdot \frac{\sigma_w}{\sigma_{l,x}} \quad \cdots\cdots(16\cdot21)$$

$W_l$ は液流量〔kg/hr〕, $\rho_l$ は液の密度〔kg/m³〕, $\mu_v$ は蒸気の粘度〔kg/m·hr〕, $\sigma_l$ は液の表面張力〔Kg/m〕, $\sigma_w$ は水の表面張力〔Kg/m〕を表わす。

伝熱管長さを $L$〔m〕とすると, 伝熱管入口までの圧力損失は, 式 (16·19) を積分して求まることになる。

$$\varDelta P = \int_0^L \left(\frac{dP}{dx}\right)_x \cdot dx \quad \cdots\cdots(16\cdot22)$$

流下液膜式蒸発器では伝熱管内の流れ方向に沿って, 蒸気および液の質量速度が変化するので, この積分は伝熱管を流れ方向に沿って適当な区間に区分し, 各区間での圧力損失を加算することによって行なわねばならないことになる。しかし, これは非常に煩雑なので, 次の仮定をおいて積分する。

1. 伝熱管内に沿っての蒸気流量の変化は, 次式で表わされるものとみなす。

$$W_{v,x} = \frac{W_{v,L}}{L} \cdot x \quad \cdots\cdots(16\cdot23)$$

$W_v$ は蒸気の流量〔kg/hr〕で, 添字 $L$ は $x=L$ の点すなわち伝熱管出口での状態を表わす。

2. 液流量の変動範囲は, $B_x<30$ のときに約 40% 以内, $B_x>30$ のときに約 20% 以内である。

この二つの仮定は, 実際の流下液膜式蒸発器においては成り立つ。

式 (16·23) から

第16章　液膜式熱交換器の設計法

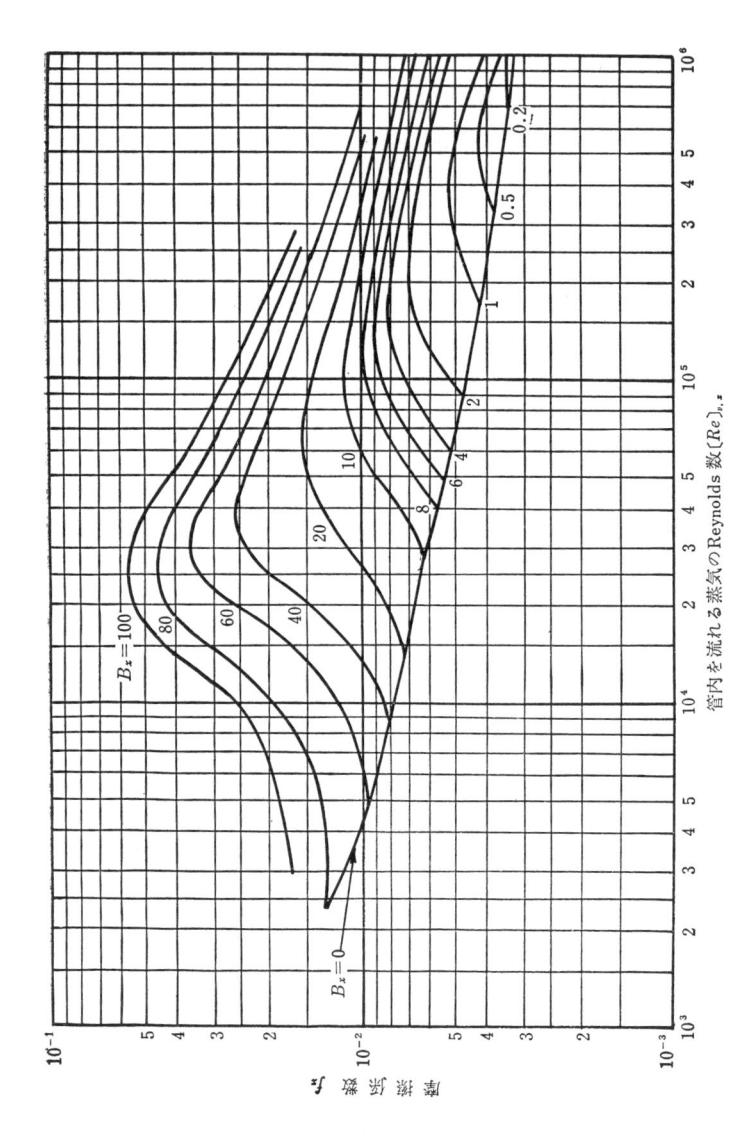

図 16·22　垂直管内を2相流が下向きに流れるときの摩擦係数

## 16・3 たて型流下液膜式蒸発器の設計法

$$G_{v,x} = \frac{G_{v,L}}{L} \cdot x \qquad \cdots\cdots(16\cdot24)$$

式 (16・24) を微分して式 (16・20) に代入して，

$$dx = \frac{L}{D_i} \cdot \frac{\mu_{v,x}}{G_{v,L}} \cdot d(Re)_{v,x} \qquad \cdots\cdots(16\cdot25)$$

式 (16・19) と式 (16・20) から

$$\left(\frac{dP}{dx}\right)_x = -\frac{4f_x \cdot \mu^2_{v,x}}{2g_c \cdot \rho_{v,x} \cdot D_i^3} \cdot (Re)^2_{v,x} \qquad \cdots\cdots(16\cdot26)$$

いま，伝熱管に沿っての蒸気密度の変化および粘度の変化を無視すると，式 (16・26) を積分して

$$\frac{\varDelta P}{L} = -\frac{4}{2g_c} \cdot \frac{\mu^2_{v,L}}{\rho_{v,L}} \cdot \frac{1}{D_i^3} \cdot \frac{1}{(Re)_{v,L}} \int_0^{(Re)_{v,L}} f_x \cdot (Re)^2_{v,x} \cdot d(Re)_{v,x}$$
$$\cdots\cdots(16\cdot27)$$

いま，摩擦係数 $f$ を次式で定義する。

$$f = \frac{1}{(Re)^3_{v,L}} \int_0^{(Re)_{v,L}} f_x \cdot (Re)^2_{v,x} \cdot d(Re)_{v,x} \qquad \cdots\cdots(16\cdot28)$$

伝熱管上端（入口端）から伝熱管下端（出口端）までの全圧損 $\varDelta P$ は，次式で表わされることになる。

$$\varDelta P = -\frac{4f \cdot G^2_{v,L}}{2g_c \cdot \rho_{v,L}} \cdot \frac{L}{D_i} \qquad \cdots\cdots(16\cdot29)$$

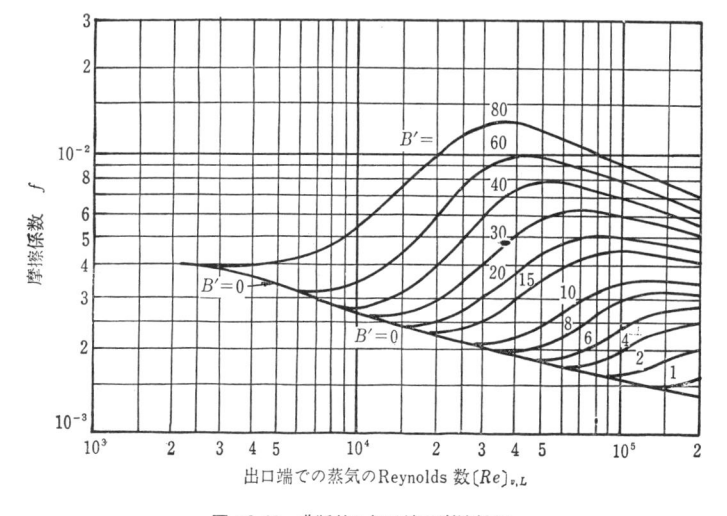

図 16・23 非断熱2相並流の摩擦係数

したがって，摩擦係数 $f$ の値がわかると，伝熱管下端（出口端）での状態から式 (16・29) を用いて，全圧損 $\Delta P$ が容易に求まることになる。

式 (16・28) を数値積分し，摩擦係数 $f$ を求め，その結果を図 16・23 に示した。図 16・23 において，パラメータ $B'$ は，次のようにして求まる値である。

$B_L < 30$ のとき，$B' = B_L$

$B_L > 30$ のとき，$B' = (B_0 + B_L)/2$

$B_L$ および $B_0$ は，伝熱管下端および伝熱管上端での Bergelin の係数で，式 (16・21) から

$$B_L = \frac{1}{\pi D_i} \cdot \frac{W_{l,L}}{\rho_{l,L}} \cdot \frac{\sigma_w}{\sigma_{l,L}} \quad \cdots\cdots\cdots\cdots\cdots\cdots (16 \cdot 30)$$

$$B_0 = \frac{1}{\pi D_i} \cdot \frac{W_{l,0}}{\rho_{l,L}} \cdot \frac{\sigma_w}{\sigma_{l,0}} \quad \cdots\cdots\cdots\cdots\cdots\cdots (16 \cdot 31)$$

ここで，添字 0 は伝熱管上端（入口端）での状態を表わす。

### 16・3・5　フラッシュ室の大きさ

フラッシュ室の径が小さすぎると蒸発蒸気に同伴される液滴量すなわち飛沫同伴 (Entrainment) が増大して，液の損失が増す。

蒸発器において，蒸発蒸気と飛沫同伴量との比を，その蒸発器の除染係数 (Decontamination Factor) と称する。すなわち

$$除染係数 = \frac{蒸発蒸気量〔kg/hr〕}{蒸気中に同伴される飛沫同伴量〔kg/hr〕} \quad \cdots\cdots\cdots (16 \cdot 32)$$

フラッシュ室の径を大にして，フラッシュ室での蒸気の質量速度 $G_{v,f}$ を小さくとると，飛沫同伴量が少なくなり，したがって除染係数が大となる。図 16・24 に，短管たて型蒸発器および強制循環型蒸発器について求めた，蒸発蒸気の質量速度と除染係数の関係を示した。たて型流下液膜式蒸発器の場合についてのデータは発表されていないが，流下液膜式の場合は短管たて型あるいは強制循環型に比べて除染係数が大きくなるので，図 16・24 を流下液膜式に対して適用しても実用上はさしつかえない。なお，図 16・24 はフラッシュ室のみの除染係数を示してあるので，サイクロン，ワイヤメッシュデミスタなどの液滴分離装置を付属させる場合には，これらの装置を含む蒸発器全体についての除染係数は図の値より大となる。たとえば，フラッシュ室での除染係数が 100 であり，液滴分離装置の分離効率が 99 ％ であれば，蒸発器全体についての除染係数は 10,000 となる。なお，フラッシュ室での質量速度 $G_{v,f}$〔kg/m²·hr〕は，次式で定義される値である。

### 16·3 たて型流下液膜式蒸発器の設計法

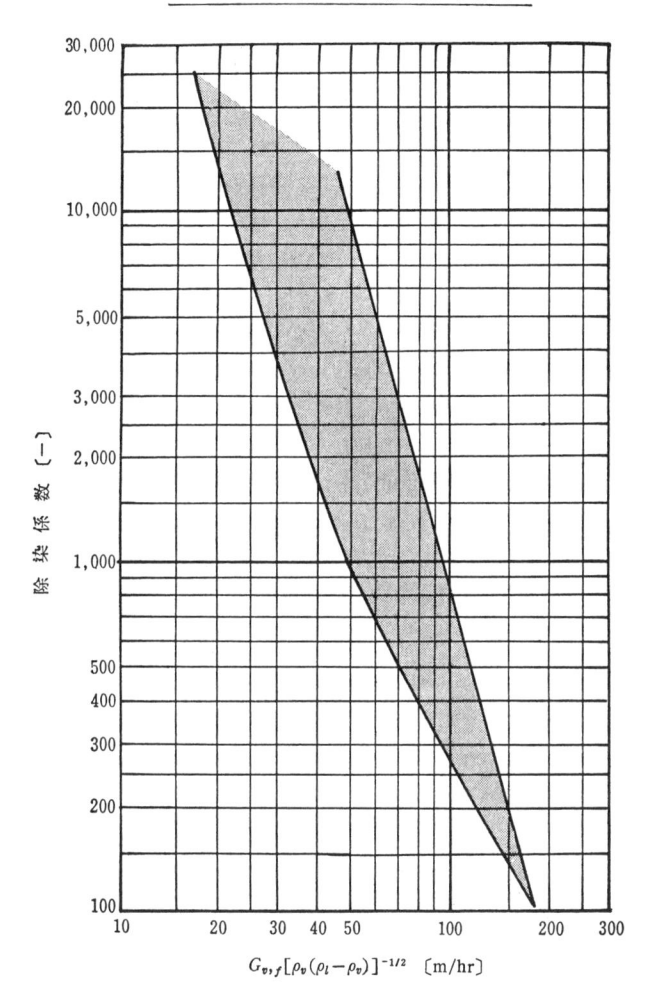

図 16·24 蒸発器の除染係数（ただし，フラッシュ室のみ）

$$G_{v,f} = \frac{W_{v,f}}{(\pi/4)D_f^2} \quad \cdots\cdots\cdots\cdots\cdots\cdots\cdots\cdots\cdots\cdots\cdots (16\cdot 33)$$

ここで，$D_f$ はフラッシュ室の直径〔m〕，$W_{v,f}$ は蒸発蒸気量〔kg/hr〕である。

#### 16·3·6 設計例

〔例題 16·3〕 **NaCl 水溶液の蒸発濃縮器の設計**

4% NaCl 水溶液 10,000〔kg/hr〕を蒸発濃縮し，8% NaCl 水溶液とするたて型流下液膜式蒸発器を設計する。ただし，操作圧力はフラッシュ室で 1〔atm〕とし，加熱媒体

としては 1.5〔Kg/cm² abs〕飽和水蒸気とする。また，4% NaCl 水溶液は沸点温度で給液されるものとする。

〔解〕

(a) **熱収支および物質収支**

給液中の NaCl の量=0.04×10,000=400〔kg/hr〕

給液中の水の量=10,000−400=9,600〔kg/hr〕

濃縮液中の水の量

$$\frac{400}{400+X}=0.08$$

$$X=4,600 〔kg/hr〕$$

蒸発量

9,600−4,600=5,000〔kg/hr〕

必要伝熱量

5,000×539=2,700,000〔kcal/hr〕

(b) **概略寸法**： 総括伝熱係数 $U=1,800$〔kcal/m²・hr・℃〕と仮定する。
1.5〔ata〕の飽和水蒸気の凝縮温度は 110.8〔℃〕である。
NaCl 水溶液の沸点を概略 101〔℃〕と見なせば，有効温度差 $\Delta T$ は

$$\Delta T=110.8−101=9.8〔℃〕$$

必要伝熱面積

$$A=\frac{Q}{\Delta T \cdot U}=\frac{2,700,000}{9.8 \times 1,800}=153〔m²〕$$

伝熱管として，外径 $D_o=0.025$〔m〕，内径 $D_i=0.0208$〔m〕，長さ $L=8$〔m〕のアルブラック管を使用する。

必要伝熱管数

$$N=\frac{153}{\pi \times 0.025 \times 8}=244〔本〕$$

(c) **管外側，水蒸気の凝縮伝熱係数**： 1.5〔ata〕の飽和水蒸気の凝縮潜熱は 532〔kcal/kg〕であるから，凝縮量は

$$W_s=2,700,000/532=5,060〔kg/hr〕$$

凝縮負荷 $\Gamma$ は

$$\Gamma=\frac{W_s}{\pi \cdot D_o \cdot N}=\frac{5,060}{\pi \times 0.025 \times 244}=265〔kg/m \cdot hr〕$$

図 11・40 から，管外側の凝縮境膜伝熱係数は，

$$h_o=5,500〔kcal/m² \cdot hr \cdot ℃〕$$

(d) **管内側，NaCl 水溶液の境膜伝熱係数**： 流入点（4% NaCl 水溶液），および流出点（8% NaCl 水溶液）について，それぞれ計算する。

両点における NaCl 水溶液の物性値は，次のとおりである。伝熱係数の計算には液膜本体の温度（伝熱管壁温度と液膜の界面温度との平均値）を用いるべきであ

## 16・3 たて型流下液膜式蒸発器の設計法

るが，ここでは簡単にするために，100 [°C] の物性値を用いる。

| | 流入点 | 流出点 |
|---|---|---|
| 粘度 $\mu_l$ [kg/m・hr] | 1.14 | 1.24 |
| 熱伝導率 $k_l$ [kcal/m・hr・°C] | 0.58 | 0.575 |
| 密度 $\rho_l$ [kg/m³] | 1,020 | 1,060 |
| 沸点上昇 BPR [°C] | 0.8 | 1.3 |
| Prandtle 数 $(C_l \cdot \mu_l / k_l)$ [—] | 1.84 | 2.00 |

流入点：

管1本あたりの液流量 $W_{l,0}$ [*]

$$W_{l,0} = \frac{10,000}{244} = 41.0 \text{ [kg/hr]}$$

単位横幅あたりの液流量 $m_0$

$$m_0 = \frac{W_{l,0}}{\pi \cdot D_i} = \frac{41.0}{3.14 \times 0.0208} = 626 \text{ [kg/m・hr]}$$

Reynolds 数 $(Re)_{l,0}$

$$(Re)_{l,0} = 4m_0/\mu_{l,0} = 4 \times 626/1.14 = 2,200 \text{ [—]}$$

Prandtle 数

$$\left(\frac{C_{l,0} \cdot \mu_{l,0}}{k_{l,0}}\right) = 1.84$$

図 16・20 から

$$h_{f,0} \left[\frac{\mu^2_{l,0}}{\rho^2_{l,0} \cdot g \cdot k^3_{l,0}}\right]^{1/3} = 0.21$$

したがって，

$$h_{f,0} = 0.21 \times \left[\frac{(1.14)^2}{(1,020)^2 \times (1.27 \times 10^8) \times (0.58)^3}\right]^{-1/3}$$
$$= 5,700 \text{ [kcal/m²・hr・°C]}$$

流出点：

管1本あたりの液流量 $W_{l,L}$ [**]

$$W_{l,L} = \frac{5,000}{244} = 20.5 \text{ [kg/hr]}$$

単位横幅あたりの液流量 $m_L$

$$m_L = \frac{W_{l,L}}{\pi \cdot D_i} = \frac{20.5}{3.14 \times 0.0208} = 314 \text{ [kg/m・hr]}$$

Reynolds 数 $(Re)_{l,L}$

---

[*] 流入点の状態にはすべて添字 0 をつけて表わす。
[**] 流出点の状態にはすべて添字 $L$ をつける。

$(Re)_{l,L} = 4m_L/\mu_{l,L} = 4 \times 314/1.24 = 1,010$

Prandtle 数

$\left(\dfrac{c_{l,L} \cdot \mu_{l,L}}{k_{l,L}}\right) = 2.0$

図 16・20 から

$h_{f,L} \cdot \left[\dfrac{\mu^2_{l,L}}{\rho^2_{l,L} \cdot g \cdot k^3_{l,L}}\right]^{1/3} = 0.21$

$h_{f,L} = 0.21 \times \left[\dfrac{(1.24)^2}{(1,060)^2 \times (1.27 \times 10^8) \times (0.575)^3}\right]^{-1/3}$

$= 5,450 \ [\text{kcal/m}^2 \cdot \text{hr} \cdot °\text{C}]$

流入点と流出点とで,液膜伝熱係数の変化は小さいので,算術平均をとり

$h_f = (h_{f,0} + h_{f,L})/2 = (5,700 + 5,450)/2$

$= 5,575 \ [\text{kcal/m}^2 \cdot \text{hr} \cdot °\text{C}]$

**(e) 総括伝熱係数 $U$**

$\dfrac{1}{U} = \dfrac{1}{h_o} + r_o + \left(\dfrac{t_s}{\lambda}\right)\left(\dfrac{D_o}{D_m}\right) + r_i\left(\dfrac{D_o}{D_i}\right) + \dfrac{1}{h_f}\left(\dfrac{D_o}{D_i}\right)$

汚れ係数

　管内側　$r_i = 0.0001 \ [\text{m}^2 \cdot \text{hr} \cdot °\text{C/kcal}]$

　管外側　$r_o = 0$

アルブラック管の熱伝導率 $\lambda = 100 \ [\text{kcal/m} \cdot \text{hr} \cdot °\text{C}]$

伝熱管の厚み $t_s = (0.025 - 0.0208)/2 = 0.0021 \ [\text{m}]$

伝熱管の対数平均径 $D_m \fallingdotseq (D_i + D_o)/2 = 0.0229 \ [\text{m}]$

したがって

$\dfrac{1}{U} = \dfrac{1}{5,500} + 0 + \left(\dfrac{0.0021}{100}\right)\left(\dfrac{0.025}{0.0229}\right) + 0.0001\left(\dfrac{0.025}{0.0208}\right)$

$+ \dfrac{1}{5,575}\left(\dfrac{0.025}{0.0208}\right) = 0.000541$

$U = 1,850 \ [\text{kcal/m}^2 \cdot \text{hr} \cdot °\text{C}]$

**(f) 圧力損失**

出口端での伝熱管1本あたりの蒸発蒸気量 $W_{v,L}$

$W_{v,L} = \dfrac{5,000}{244} = 20.5 \ [\text{kg/hr}]$

出口端での蒸発蒸気の質量速度 $G_{v,L}$

$G_{v,L} = \dfrac{W_{v,L}}{(\pi/4)D_i^2} = \dfrac{20.5}{(3.14/4) \times (0.0208)^2}$

$= 60,000 \ [\text{kg/m}^2 \cdot \text{hr}]$

出口端での蒸発蒸気の Reynolds 数 $(Re)_{v,L}$

$(Re)_{v,L} = \dfrac{D_i \cdot G_v}{\mu_{v,L}} = \dfrac{0.0208 \times 60,000}{0.047} = 26,600 \ [-]$

出口端での Bergelin の係数

$$B_L = \frac{1}{\pi D_i} \cdot \frac{W_{l,L}}{\rho_{l,L}} \cdot \frac{\sigma_w}{\sigma_{l,L}}$$

$$\left(\frac{\sigma_w}{\sigma_{l,L}}\right) = 1$$

とみなして

$$B_L = \frac{1}{3.14 \times 0.0208} \times \frac{20.5}{1,060} \times 1 = 0.296$$

$B_L < 30$ であるから, $B' = B_L = 0.296$

図 16・23 から, 摩擦係数 $f = 0.00214$

したがって, 圧力損失は式 (16・29) から

$$\Delta P = \frac{4f \cdot G^2_{v,L}}{2g_c \cdot \rho_{v,L}} \cdot \frac{L}{D_i}$$

$$= \frac{4 \times 0.00214 \times (60,000)^2}{2 \times (1.27 \times 10^8) \times (0.58)} \times \frac{8}{0.0208} = 81 \text{ [Kg/m}^2\text{]}$$

**(g) 液膜の表面（蒸気芯との界面）温度 $t_v$**

流入点（伝熱管上端）:

フラッシュ室の圧力が 1 [atm] = 10,330 [Kg/m²] であるから，流入点での蒸気芯の圧力 $p_v$ は，これに圧力損失 $\Delta P$ を加えて

$$p_v = 10,330 + 81 = 10,411 \text{ [Kg/m}^2 \text{ abs]}$$

液膜の厚さ $\delta$ は, 図 16・19 から Reynolds 数が 2,200 のとき,

$$\delta \cdot \left[\frac{\sigma_l^2 \cdot g}{\mu_l^2}\right]^{1/3} = 15$$

したがって

$$\delta = 15 \times \left[\frac{(1.14)^2}{(1,020)^2 \times (1.27 \times 10^8)}\right]^{1/3} = 0.00032 \text{ [m]}$$

液の表面張力 $\sigma = 60 \times 10^{-4}$ [Kg/m] であるから, 気泡内の圧力は

$$p_v + \frac{4\sigma}{\delta} = 10,411 + \frac{4 \times 60 \times 10^{-4}}{0.00032} = 10,411 + 75$$

$$= 10,486 \text{ [Kg/m}^2\text{abs]}$$

10,486 [Kg/m² abs] に対応する水の沸点は約 100 [°C] である。したがって, 4% NaCl の沸点上昇 0.8 [°C] を加えて, 流入点での液膜の表面温度は

$$t_v = 100 + 0.8 = 100.8 \text{ [°C]}$$

流出点（伝熱管下端）:

同様にして, 流出点での液膜の表面温度は 101.3 [°C] となる。

**(h) 有効温度差 $\Delta T$**: 流入点で

$$\Delta T = (T - t_v) = 110.8 - 100.8 = 10.0 \text{ [°C]}$$

流出点で

$$\Delta T = (T - t_v) = 110.8 - 101.3 = 9.7 \text{ [°C]}$$

平均値をとって, $\Delta T = 9.85\ [°C]$

(i) 必要伝熱面積 $A$

$$A = \frac{Q}{\Delta T \cdot U} = \frac{2,700}{9.85 \times 1,850} = 149\ [m^2] \fallingdotseq 153\ [m^2]$$

したがって, (b) で仮定した概略寸法 $A=153\ [m^2]$ は, ほぼ妥当であったことになる.

(j) フラッシュ室の径 $D_f$ : ミストセパレータとしてワイヤメッシュデミスタを使用するものとし, フラッシュ室単独での除染係数を 300 になるように設計する.

図 16・24 から

$$\frac{G_{v,f}}{\sqrt{\rho_v(\rho_l - \rho_v)}} = 90$$

したがって, フラッシュ室での蒸気の質量速度 $G_{v,f}$ は,

$$G_{v,f} = 90\sqrt{\rho_v(\rho_l - \rho_v)} = 90\sqrt{0.58(1,060 - 0.58)}$$

$$= 2,200\ [kg/m^2 \cdot hr]$$

したがって, フラッシュ室の径 $D_f$ は,

$$G_{v,f} = \frac{W_{v,f}}{(\pi/4) \cdot D_f^2}$$

$$D_f = \sqrt{\frac{4}{\pi} \cdot \frac{W_{v,f}}{G_{v,f}}} = \sqrt{\frac{4}{3.14} \times \frac{5,000}{2,200}} = 1.7\ [m]$$

## 16・4 横型流下液膜式蒸発器の設計法

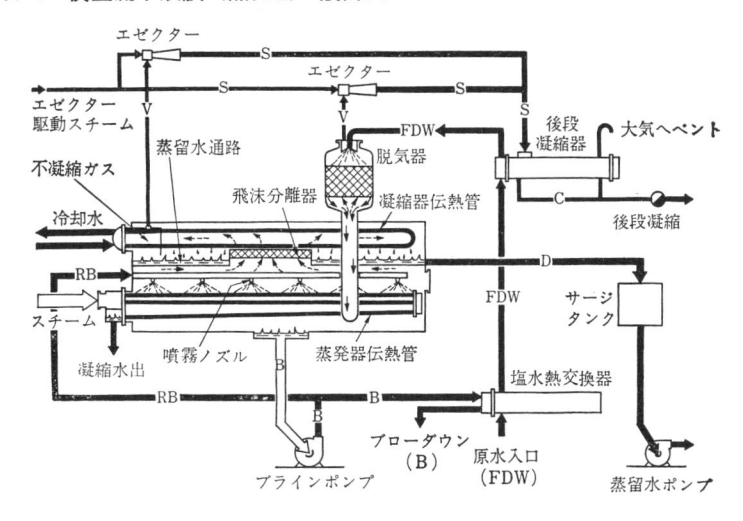

図 16・25 横型流下液膜式蒸発器

## 16・4 横型流下液膜式蒸発器の設計法

横型流下液膜式蒸発器は，図16・25に示すように，水平に配列された伝熱管の外表面に液を噴霧して，管外表面に液膜を生成させて蒸発させる構造となっている。この場合の管外蒸発側の境膜伝熱係数は，横型流下液膜式冷却器の場合と同様に，式(16・15)を用いて求めることができる。

図16・26は海水から水を製造するための2効用横型流下液膜式蒸発器の系統図である。設計の詳細については，紙面の都合上省略する。

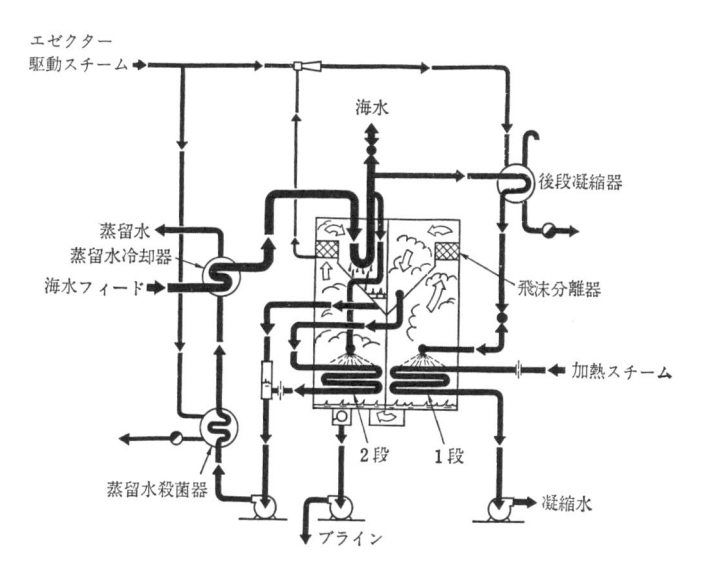

**図 16・26　2効用横型流下液膜式蒸発器**

# 第17章　蒸発冷却器の設計法

## 17・1　特徴および用途

　従来，工業用冷却器としては冷却媒体として水を用いる水冷式冷却器が用いられてきたが，この場合水の使用量を少なくするために，この水を冷水塔で冷却して循環再使用する方法が用いられる。蒸発冷却器（Evaporative Cooler）は，従来別々に設置された水冷式冷却器と冷水塔を一つに組合せた機能を有する熱交換器で，冷却せんとする流体を管内側に流し，管外に水を流すと同時に空気をも流し，管内側流体の熱を管外側の水を介して最終的に空気側に移動させてこれを除去するようにしたもので，冷却器と冷水塔を別々に設けた場合に比べて，はるかに合理的であるといえる。

　また，空冷式熱交換器と比べると，蒸発冷却器は管外側の水の蒸発潜熱を利用するので，必要伝熱面積が少なくてすむ利点がある。しかし，空冷式熱交換器の場合は，空気側の境膜伝熱係数が小さい欠点を，フィン付き管を用いることによって補うことができるので，総合的には 100 [°C] 以上の流体の冷却には空冷式熱交換器が，80 [°C] ないし 60 [°C] の流体の冷却には蒸発冷却器が有利となる。

　蒸発冷却器は以下に示すような用途に用いられる。

　プロセス蒸気の凝縮器として，
　　蒸留塔
　　冷凍器の冷媒凝縮器
　　グリセリンの凝縮器
　水蒸気凝縮器として，
　　スチームタービン
　　スチームエゼクター式冷凍器
　　蒸発缶の凝縮器
　　廃スチーム凝縮器
　冷却器として，
　　空気圧縮器の水冷却器
　　エンジン・ジャケット水の冷却器
　　トランスホーマの油冷却器
　　圧縮器吐出ガスの冷却器

Berkeley[1] は空冷式熱交換器より蒸発冷却器の方が経済的に有利である例として，蒸気タービンの復水器をとりあげて比較している。その結果を表 17・1 に示した。

表 17・1 タービン蒸気凝縮用の空冷式凝縮器と蒸発凝縮器の比較

|  | 空 冷 式 | 蒸 発 冷 却 式 |
|---|---|---|
| 動力 (B.H.P) |  |  |
| ファン | 38.8 | 7.5 |
| 散水ポンプ | 0 | 4.5 |
| 合　計 | 38.8 | 12.0 |
| 据付面積 | $20' \times 21'$ | $14' \times 10'$ |
| 伝熱管表面積 |  |  |
| 裸　管 ($ft^2$) | 3,980 | 2,110 |
| 外表面 ($ft^2$) | 66,404 | 2,110 |
| 管側の圧力損失 (in. Hg) | 1.38 | 0.50 |
| 管の寸法 | $1'' \times$ 18 BWG$\times 30'$ | $3/4'' \times$ 18 BWG$\times 12'$ |
| 管の型式 | $2^1/_4$ O.D フィン管 | 裸　管 |
| 送風量 (lb/hr) | 1,520,000 | 160,000 |
| 価　格（概算）* | $ 29,800 | $ 25,600 |

設計条件　　凝縮蒸気　　14,300 lb/hr
　　　　　　水蒸気圧力　　7.57 in. Hg Abs
　　　　　　水蒸気飽和温度　　150°F (66°C)
　　　　　　設計乾球温度　　90°F (32°C)
　　　　　　設計湿球温度　　70°F (21°C)

\* 空冷式の価格には，エゼクター，排水ポンプを含んでいない。
蒸発冷却式では付属品一式を含んでいる。

## 17・2　構造および種類

典型的な蒸発冷却器の構造を図 17・1 および図 17・2 に示す。空気は下部のルーバを経

---

1) Berkeley, F.D.: Petroleum Refiner, vol. 40, No. 1, pp. 165〜170 (1961)

718　第17章　蒸発冷却器の設計法

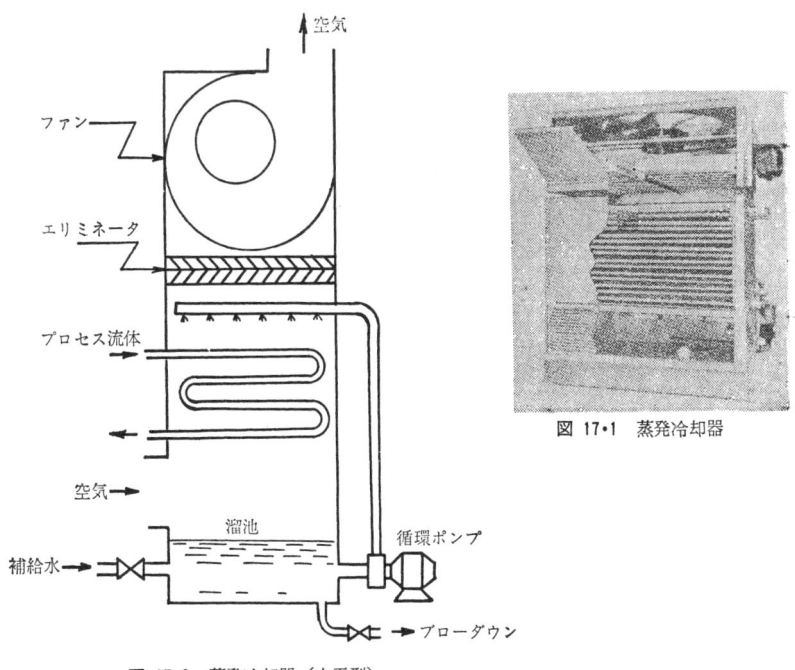

図 17・1　蒸発冷却器

図 17・2　蒸発冷却器（水平型）

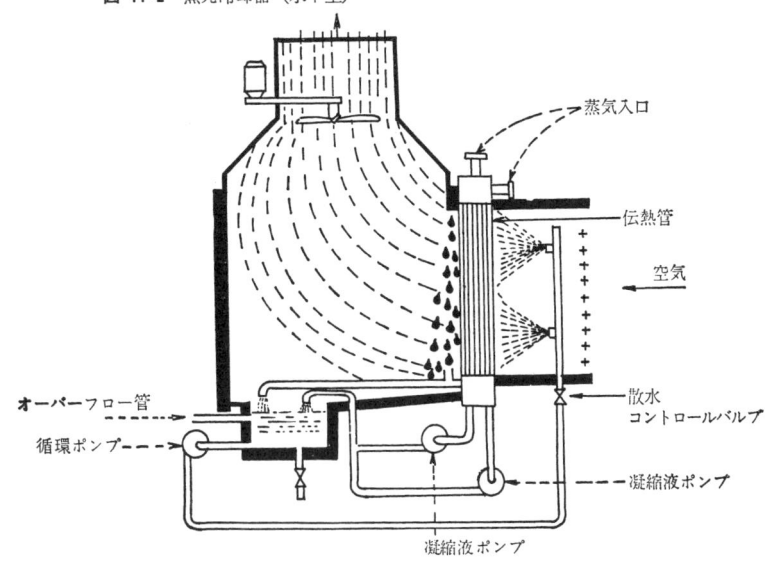

図 17・3　蒸発冷却器（垂直型）

て装置内に吸込まれ，水平に配置された伝熱管束の間を通過するが，一方，下部の溜池から循環ポンプで送られた循環水が伝熱管束に散水されており，この散水の一部は蒸発し，残りの水は溜池に流下する。管内を流れる被冷却流体は，この間に冷却される。管束を通過した空気は，エリミネータを通り，同伴水を分離した後にファンを通って排気される。

図 17·3 は伝熱管束を垂直に配置し，横方向から散水をスプレーした蒸発冷却器である。

## 17·3 基本伝熱式

蒸発冷却器において，熱は管内流体から管壁を経て管外を流れる水に伝わり，水から空気へと伝わるが，水から空気への伝熱は水の蒸発による潜熱伝熱と，空気の顕熱変化による顕熱伝熱の2つの機構より成り立っている。したがって，管外を流れる水から空気への伝熱は，冷水塔の設計の場合と同様にエンタルピを使用して計算する。

### 17·3·1 管内流体が相変化しないとき

図 17·2 に示すような蒸発冷却器では，管内流体と管外冷却水とは並行流れであり，これらと空気の流れとは向流流れである。蒸発冷却器の任意の高さにおける各流体の温度およびエンタルピ分布を，図 17·4 に示す。また，蒸発冷却器の頂部からの距離を横軸に，

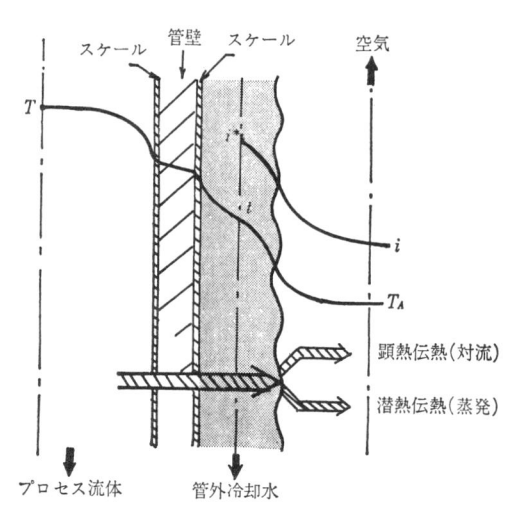

図 17·4 蒸発冷却器の温度分布

各流体の温度およびエンタルピを縦軸にとり，蒸発冷却器内での各流体の温度およびエンタルピ分布を，図 17·5 に示した。図において，冷却器内の微小区間 $dz$ について考えると，

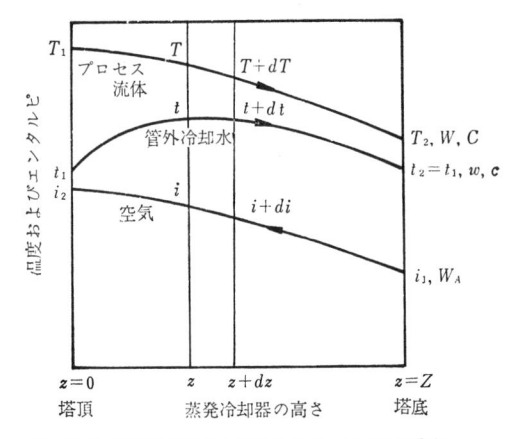

図 17·5 蒸発冷却器内の温度およびエンタルピ分布

管内流体が失なう熱量

$$WC \cdot dT = -U \cdot a' \cdot (T-t) \cdot S \cdot dz \quad \cdots\cdots(17\cdot1)$$

管外冷却水が失なう熱量

$$wc \cdot dt = -K_{og}a \cdot (i^*-i) \cdot S \cdot dz + U \cdot a' \cdot (T-t) \cdot S \cdot dz \quad \cdots(17\cdot2)$$

空気が得る熱量

$$W_A \cdot di = -K_{og}a \cdot (i^*-i) \cdot S \cdot dz \quad \cdots\cdots(17\cdot3)$$

ここで,

$z$：蒸発冷却器の塔頂からの距離 [m]

$w$：管外冷却水量 [kg/hr]

$W$：管内流量 [kg/hr]

$W_A$：空気の流量（乾き空気として）[kg-dry air/hr]

$c$：管外冷却水の比熱 [kcal/kg·°C]

$C$：管内流体の比熱 [kcal/kg·°C]

$T$：管内流体の温度 [°C]

$t$：管外冷却水の温度 [°C]

$i$：空気のエンタルピ [kcal/kg·dry air]

$i^*$：管外冷却水の温度における飽和湿り空気のエンタルピ [kcal/kg·dry air]

$U$：伝熱管内流体から，管外冷却水本体までの総括伝熱係数 [kcal/m²·hr·°C]

$K_{og}a$：管外冷却水本体から，空気への総括物質移動係数 [kg/m³·hr·$\Delta i$]

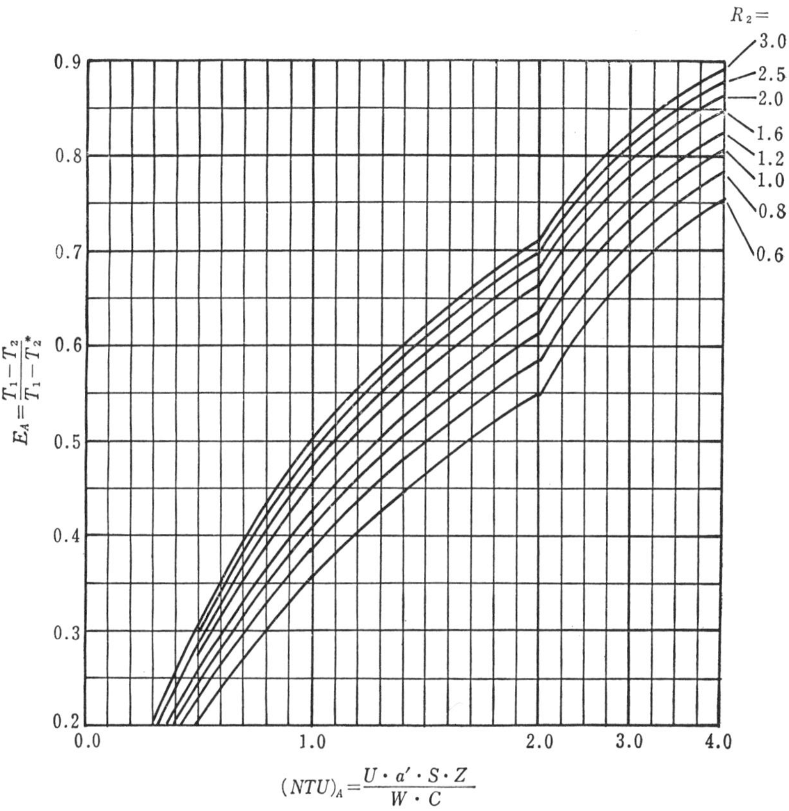

$R_2=$
3.0
2.5
2.0
1.6
1.2
1.0
0.8
0.6
0.9
0.8
0.7
0.6
0.5
0.4
0.3
0.2
0.0
1.0
2.0
3.0
4.0
$E_A=\dfrac{T_1-T_2}{T_1-T_2^*}$
$(NTU)_A=\dfrac{U\cdot a'\cdot S\cdot Z}{W\cdot C}$


$T_1=60°C$　$R_1=0.5$　$R_3=0.5$　$i_1=20$ kcal/kg・dry air

条件：管内流体は相変化せず

**図 17・6**　蒸発冷却器の温度効率線図

$a'$：蒸発冷却器の単位容積あたりの伝熱管の伝熱面積〔$m^2/m^3$〕

$a$：蒸発冷却器の単位容積あたりの有効気・液界面面積〔$m^2/m^3$〕

$S$：蒸発冷却器の断面積〔$m^2$〕

総括伝熱係数 $U$ は次式から求まる。

$$\frac{1}{U}=\frac{1}{h_i}\left(\frac{D_o}{D_i}\right)+r_i\left(\frac{D_o}{D_i}\right)+\frac{t_s}{\lambda}\left(\frac{D_o}{D_m}\right)+r_o+\frac{1}{h_f} \quad \cdots\cdots\cdots\cdots\cdots(17\cdot4)$$

ここで,

$h_i$：管内流体の境膜伝熱係数〔kcal/$m^2$・hr・°C〕

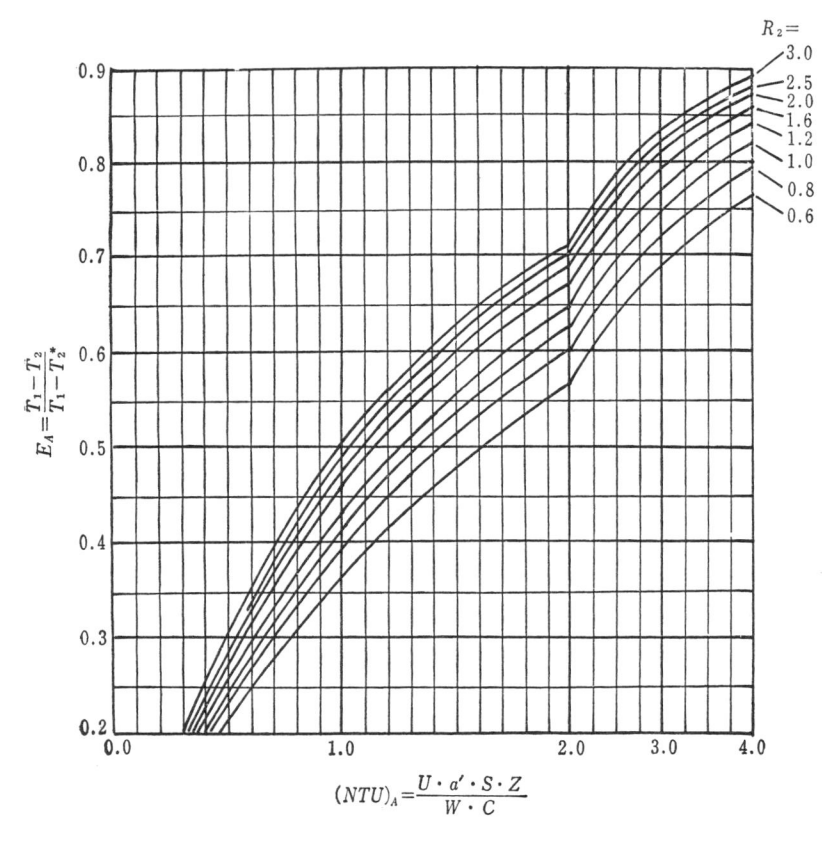

$$E_A = \frac{T_1 - T_2}{T_1 - T_2^*}$$

$$(NTU)_A = \frac{U \cdot a' \cdot S \cdot Z}{W \cdot C}$$

$T_1 = 70°C$　$R_1 = 0.5$　$R_3 = 0.5$　$i_1 = 20$ kcal/kg·dry air

条件：管内流体は相変化せず

図 17・7　蒸発冷却器の温度効率線図

$h_f$：管外壁と管外冷却水との間の境膜伝熱係数〔kcal/m²·hr·C°〕

$D_o$：伝熱管外径〔m〕

$D_i$：伝熱管内径〔m〕

$D_m$：対数平均径 $= (D_o - D_i)/\ln(D_o/D_i)$

$r_o$：管外側汚れ係数〔m²·hr·°C/kcal〕

$r_i$：管内側汚れ係数〔m²·hr·°C/kcal〕

$\lambda$：管材料の熱伝導率〔kcal/m·hr·°C〕

$t_s$：管の厚さ〔m〕

17・3 基本伝熱式

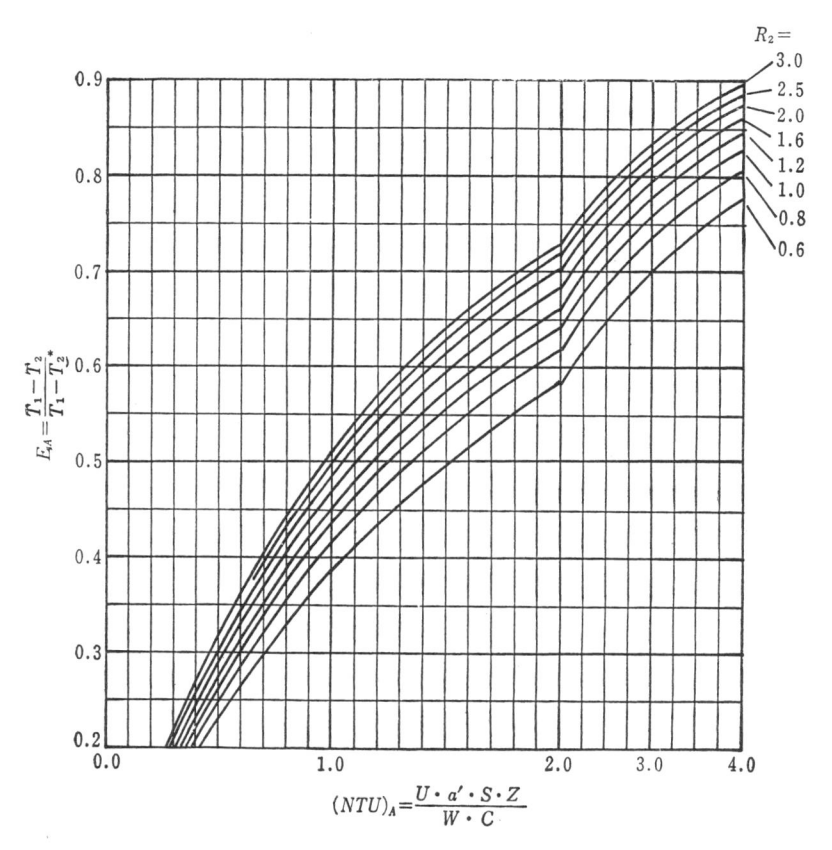

$T_1=80°C$　$R_1=0.5$　$R_3=0.5$　$i_1=20\,\mathrm{kcal/kg \cdot dry\ air}$
条件：管内流体は相変化せず
図 17・8　蒸発冷却器の温度効率線図

いま，

$$a_1=\frac{U \cdot a' \cdot S}{WC}, \quad a_2=\frac{K_{og}a \cdot S}{wc}, \quad a_3=\frac{U \cdot a' \cdot S}{wc}, \quad a_4=\frac{k_{og}a \cdot S}{W_A}$$

とおけば，式 (17・1), (17・2), (17・3) は，それぞれつぎのようになる。

$$\frac{dT}{dz}=a_1(t-T) \quad \cdots\cdots\cdots(17\cdot5)$$

$$\frac{dt}{dz}=a_2(i-i^*)-a_3(t-T) \quad \cdots\cdots\cdots(17\cdot6)$$

$$\frac{di}{dz}=a_4(i-i^*) \quad \cdots\cdots\cdots(17\cdot7)$$

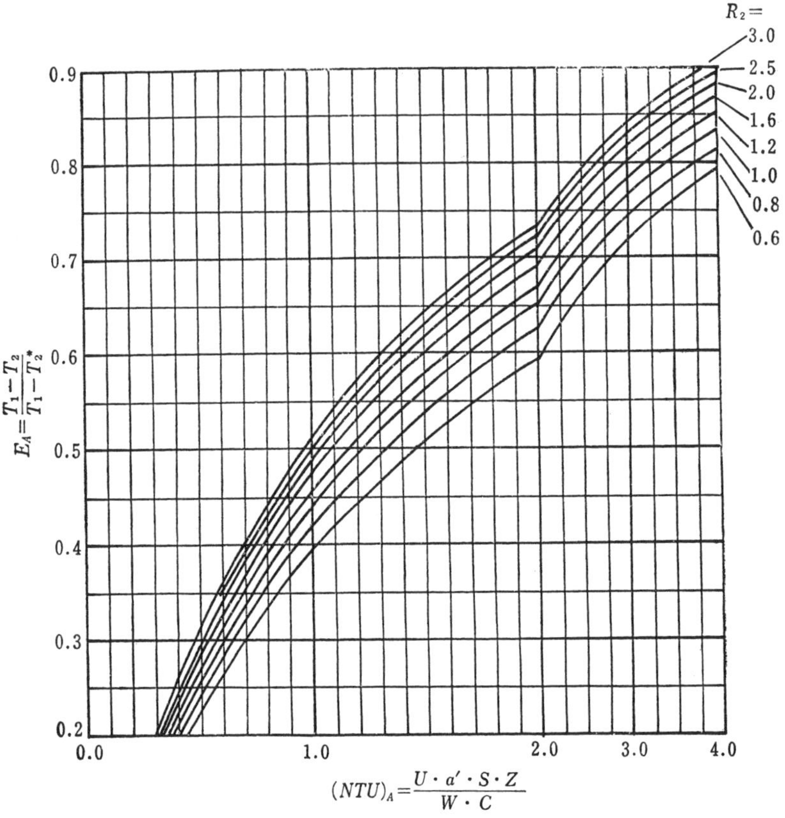

$R_2=$
3.0
2.5
2.0
1.6
1.2
1.0
0.8
0.6
0.9
0.8
0.7
0.6
0.5
0.4
0.3
0.2
$E_A=\dfrac{T_1-T_2}{T_1-T_2^*}$
0.0
1.0
2.0
3.0
4.0
$(NTU)_A=\dfrac{U\cdot a'\cdot S\cdot Z}{W\cdot C}$


$T_1=90°C$　$R_1=0.5$　$R_3=0.5$　$i_1=20$ kcal/kg•dry air

条件：管内流体は相変化せず

**図 17•9**　蒸発冷却器の温度効率線図

$i^*$ は管外冷却水の温度 $t$ の関数である。

$$i^*=f(t) \qquad \cdots\cdots(17\text{•}8)$$

式 (17•5)～(17•8) が蒸発冷却器の温度特性を表わす連立微分方程式で，その境界条件は，

$$z=0 : T=T_1,\ i=i_2,\ t=t_1(i^*\fallingdotseq i_1^*)$$

$$z=Z : T=T_2,\ i=i_1,\ t=t_2=t_1(i^*=i_2^*=i_1^*)$$

冷却水は循環されるので，蒸発冷却器の塔頂 ($z=0$) での冷却水温度 $t_1$ と蒸発冷却器の塔底 ($z=Z$) での冷却水温度 $t_2$ とが等しいことに注意しなければならない。

## 17・3 基本伝熱式

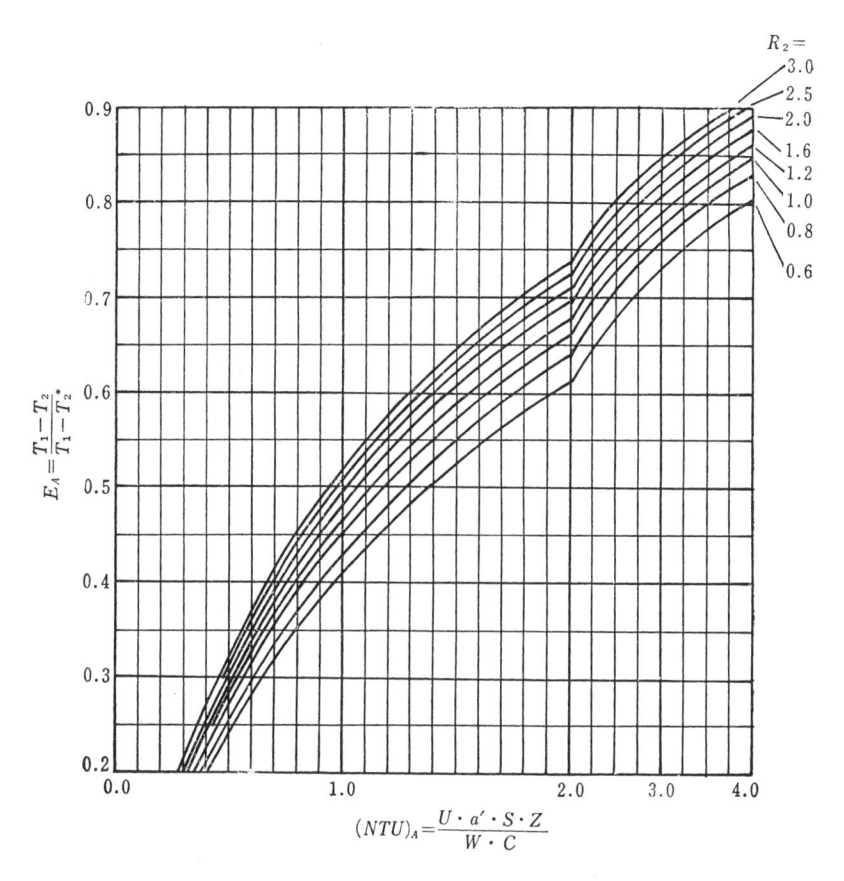

$T_1=100°C$　$R_1=0.5$　$R_3=0.5$　$i_1=20$ kcal/kg・dry air
条件：管内流体は相変化せず
図 17・10　蒸発冷却器の温度効率線図

この連立微分方程式は，つぎのようにして近似的に解析的手法を用いて解くことができる。

いま，

$$y = t - T \quad \cdots\cdots\cdots\cdots\cdots\cdots\cdots\cdots\cdots\cdots\cdots\cdots\cdots\cdots (17・9)$$

$$x = i - i^* \quad \cdots\cdots\cdots\cdots\cdots\cdots\cdots\cdots\cdots\cdots\cdots\cdots (17・10)$$

とおく。また，エンタルピ $i^*$ を管外冷却水温度の一次関数と近似的に見なせば，

$$\frac{di^*}{dz} = \alpha \frac{dt}{dz} \quad \cdots\cdots\cdots\cdots\cdots\cdots\cdots\cdots\cdots\cdots\cdots\cdots (17・11)$$

$R_2 = $ 3.0, 2.5, 2.0, 1.6, 1.2, 1.0, 0.8, 0.6

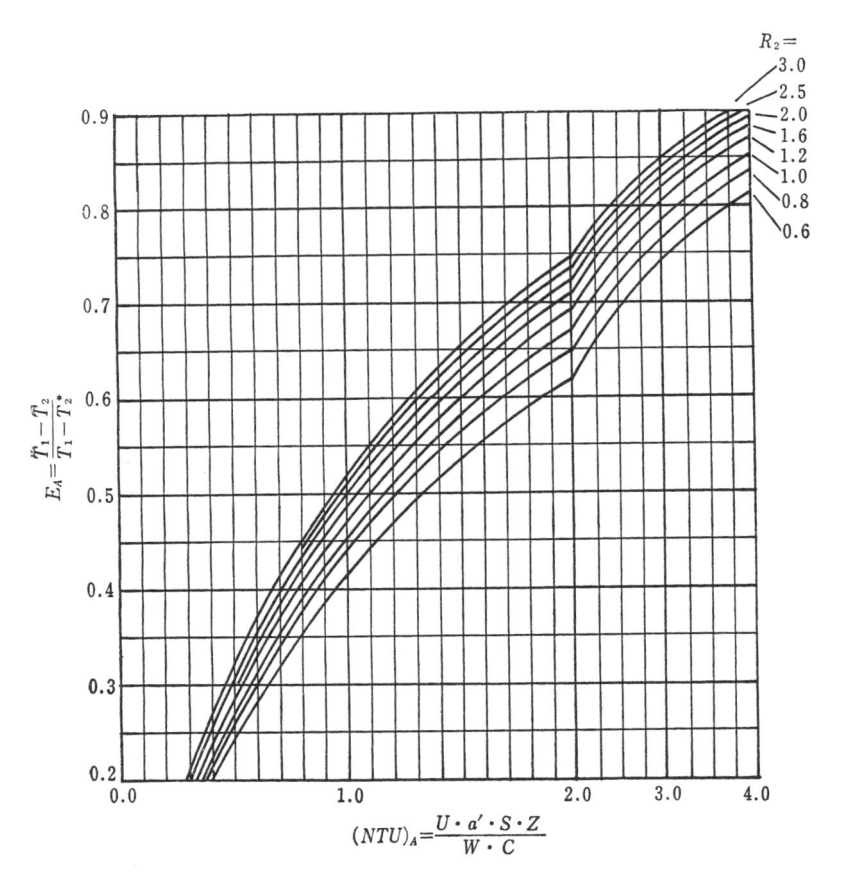

$E_A = \dfrac{T_1 - T_2}{T_1 - T_2^*}$

$(NTU)_A = \dfrac{U \cdot a' \cdot S \cdot Z}{W \cdot C}$

$T_1 = 110°C \quad R_1 = 0.5 \quad R_3 = 0.5 \quad i_1 = 20 \text{ kcal/kg·dry air}$
条件：管内流体は相変化せず
図 17·11 蒸発冷却器の温度効率線図

式 (17·9), (17·10), (17·11) を式 (17·5), (17·6), (17·7) に代入して，次式が導かれる。

$$\frac{dy}{dz} + b_1 y + b_2 x = 0 \quad \cdots\cdots (17\cdot12)$$

$$\frac{dx}{dz} + b_3 y + b_4 x = 0 \quad \cdots\cdots (17\cdot13)$$

ここで，

$$b_1 = (a_1 + a_3) \quad \cdots\cdots (17\cdot14)$$

## 17・3 基本伝熱式

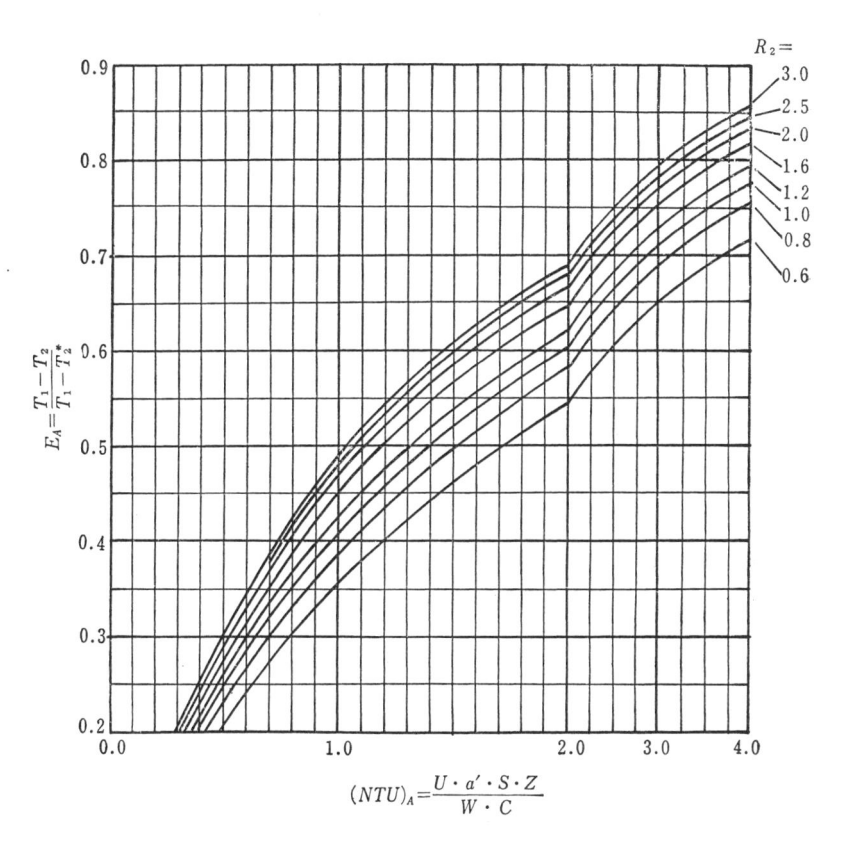

$T_1=60°C$  $R_1=1.0$  $R_3=0.5$  $i_1=20\,\mathrm{kcal/kg \cdot dry\,air}$
条件：管内流体は相変化せず
図 17・12 蒸発冷却器の温度効率線図

$$b_2 = -a_2 \quad \cdots\cdots\cdots\cdots\cdots\cdots\cdots\cdots\cdots\cdots\cdots\cdots\cdots (17\cdot15)$$

$$b_3 = -\alpha a_3 \quad \cdots\cdots\cdots\cdots\cdots\cdots\cdots\cdots\cdots\cdots\cdots\cdots (17\cdot16)$$

$$b_4 = \alpha a_2 - a_4 \quad \cdots\cdots\cdots\cdots\cdots\cdots\cdots\cdots\cdots\cdots\cdots (17\cdot17)$$

式 (17・12), (17・13) を解けば,

$$y = M_1 \cdot \exp(\Psi_1 \cdot Z) + M_2 \cdot \exp(\Psi_2 \cdot Z) \quad \cdots\cdots\cdots\cdots\cdots (17\cdot18)$$

$$x = -\frac{M_1(\Psi_1 + b_1)}{b_2} \cdot \exp(\Psi_1 \cdot Z) - \frac{M_2(\Psi_2 + b_1)}{b_2} \cdot \exp(\Psi_2 \cdot Z) \quad \cdots (17\cdot19)$$

ここで, $\Psi_1$, $\Psi_2$ はつぎの2次式の根である.

第17章 蒸発冷却器の設計法

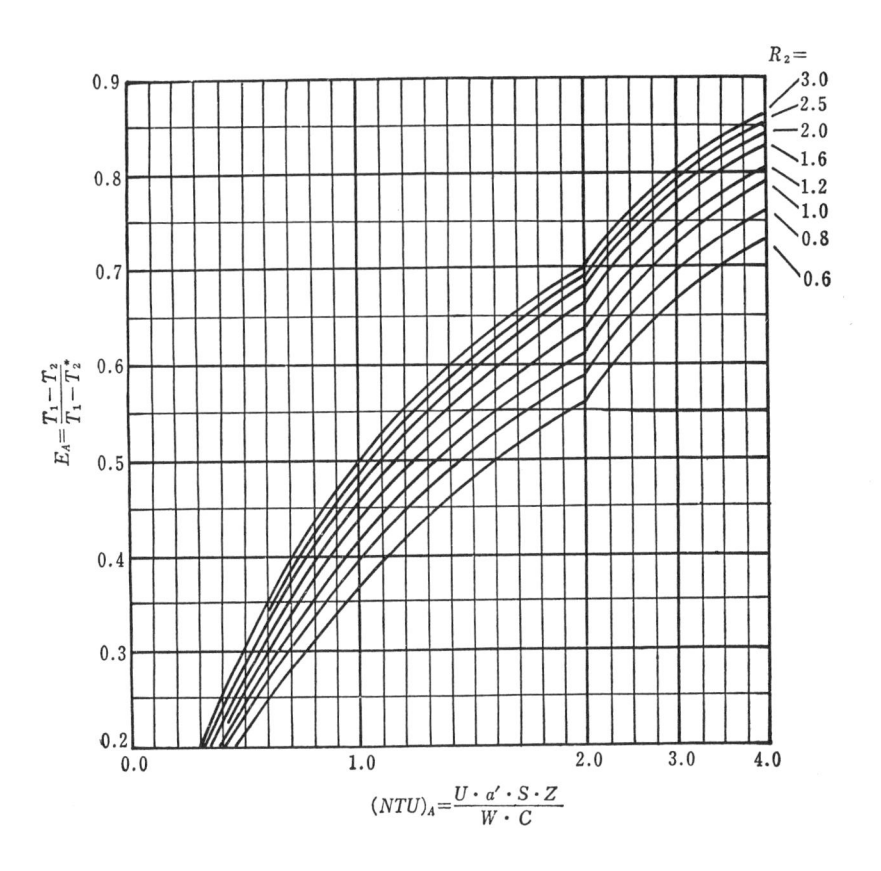

$E_A = \dfrac{T_1 - T_2}{T_1 - T_2{}^*}$

$(NTU)_A = \dfrac{U \cdot a' \cdot S \cdot Z}{W \cdot C}$

$R_2 =$ 3.0, 2.5, 2.0, 1.6, 1.2, 1.0, 0.8, 0.6

$T_1 = 70°C$　$R_1 = 1.0$　$R_3 = 0.5$　$i_1 = 20$ kcal/kg·dry air
条件:管内流体は相変化せず
図 17·13　蒸発冷却器の温度効率線図

$$\Psi^2 + (b_1 + b_4)\Psi + (b_1 b_4 - b_2 b_3) = 0 \qquad (17\cdot20)$$

境界条件, $Z = 0$; $T = T_1$, $t = t_1$, $i^* = i_1{}^*$, $i = i_2$ を式 (17·18), (17·19) に代入して

$$(t_1 - T_1) = M_1 + M_2 \qquad (17\cdot21)$$

$$(i_2 - i_1{}^*) = -\dfrac{M_1(\Psi_1 + b_1)}{b_2} - \dfrac{M_2(\Psi_2 + b_1)}{b_2} \qquad (17\cdot22)$$

境界条件, $z = Z$: $T = T_2$, $t = t_2 = t_1$, $i^* = i_2{}^* = i_1{}^*$, $i = i_1$ を式 (17·18), (17·19) に代入して

$$(t_1 - T_2) = M_1 \cdot \exp(\Psi_1 \cdot Z) + M_2 \cdot \exp(\Psi_2 \cdot Z) \qquad (17\cdot23)$$

$E_A = \dfrac{T_1 - T_2}{T_1 - T_2^*}$

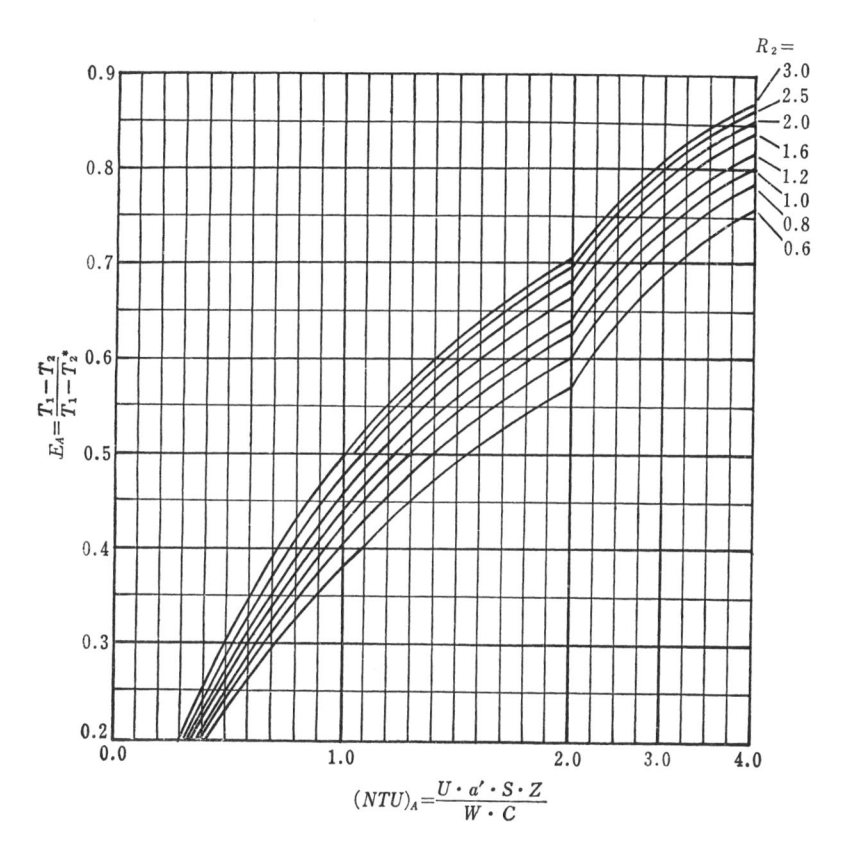

$(NTU)_A = \dfrac{U \cdot a' \cdot S \cdot Z}{W \cdot C}$

$T_1 = 80°\text{C}$  $R_1 = 1.0$  $R_3 = 0.5$  $i_1 = 20\ \text{kcal/kg·dry air}$
条件：管内流体は相変化せず
**図 17・14** 蒸発冷却器の温度効率線図

$$(i_1 - i_1^*) = -\dfrac{M_1(\Psi_1 + b_1)}{b_2} \cdot \exp(\Psi_1 \cdot Z) - \dfrac{M_2(\Psi_2 + b_1)}{b_2} \cdot \exp(\Psi_2 \cdot Z)$$

$\cdots\cdots\cdots\cdots(17\cdot24)$

式 (17・21), (17・23) から

$$M_1 = \dfrac{(t_1 - T_2) - (t_1 - T_1) \cdot \exp(\Psi_2 \cdot Z)}{\exp(\Psi_1 \cdot Z) - \exp(\Psi_2 \cdot Z)} \quad \cdots\cdots\cdots\cdots(17\cdot25)$$

$$M_2 = \dfrac{(t_1 - T_2) - (t_1 - T_1) \cdot \exp(\Psi_1 \cdot Z)}{\exp(\Psi_2 \cdot Z) - \exp(\Psi_1 \cdot Z)} \quad \cdots\cdots\cdots\cdots(17\cdot26)$$

式 (17・22), (17・24) から

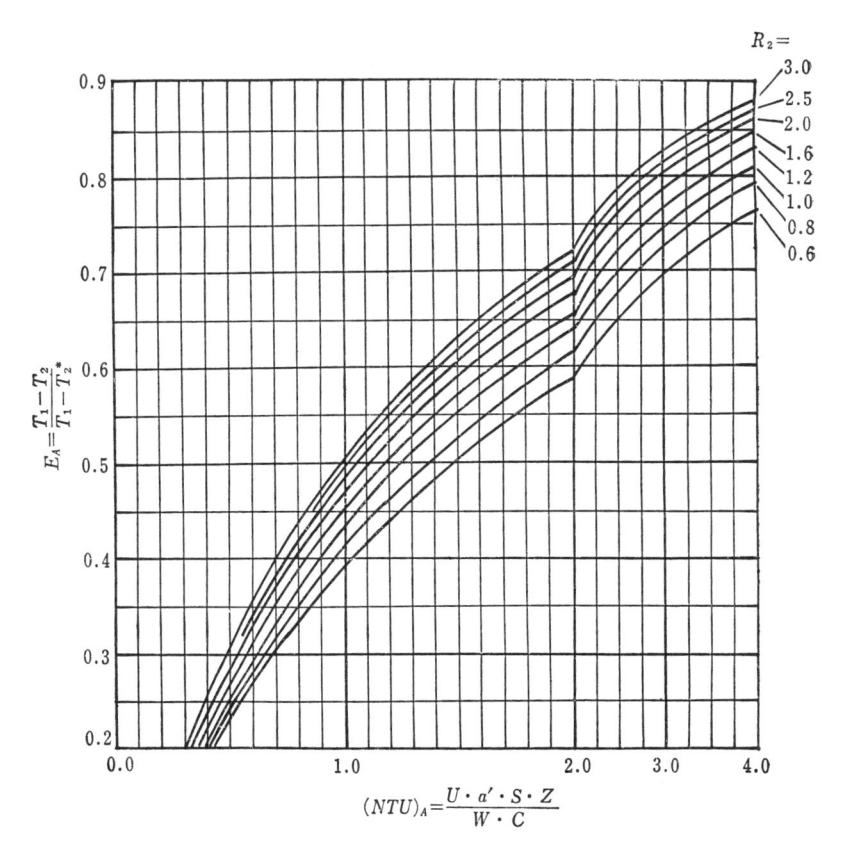

図のグラフ軸: $E_A = \dfrac{T_1 - T_2}{T_1 - T_2^*}$ （縦軸）, $(NTU)_A = \dfrac{U \cdot a' \cdot S \cdot Z}{W \cdot C}$ （横軸）, $R_2 = 3.0, 2.5, 2.0, 1.6, 1.2, 1.0, 0.8, 0.6$

$T_1 = 90°C \quad R_1 = 1.0 \quad R_3 = 0.5 \quad i_1 = 20\,\text{kcal/kg·dry air}$
条件：管内流体は相変化せず

**図 17・15　蒸発冷却器の温度効率線図**

$$M_1 = \left(\frac{-b_2}{\Psi_1 + b_1}\right)\left[\frac{(i_1 - i_1^*) - (i_2 - i_1^*)\cdot\exp(\Psi_2 \cdot Z)}{\exp(\Psi_1 \cdot Z) - \exp(\Psi_2 \cdot Z)}\right] \quad \cdots\cdots(17\cdot27)$$

$$M_2 = \left(\frac{-b_2}{\Psi_2 + b_1}\right)\left[\frac{(i_1 - i_1^*) - (i_2 - i_1^*)\cdot\exp(\Psi_1 \cdot Z)}{\exp(\Psi_2 \cdot Z) - \exp(\Psi_1 \cdot Z)}\right] \quad \cdots\cdots(17\cdot28)$$

式 (17・25), (17・27) から

$$Z = \frac{1}{\Psi_2}\cdot\ln\left[\frac{b_2(i_1 - i_1^*) + (\Psi_1 + b_1)(t_1 - T_2)}{b_2(i_2 - i_1^*) + (\Psi_1 + b_1)(t_1 - T_1)}\right] \quad \cdots\cdots(17\cdot29)$$

式 (17・26), (17・28) から

$$Z = \frac{1}{\Psi_1}\cdot\ln\left[\frac{b_2(i_1 - i_1^*) + (\Psi_2 + b_1)(t_1 - T_2)}{b_2(i_2 - i_1^*) + (\Psi_2 + b_1)(t_1 - T_1)}\right] \quad \cdots\cdots(17\cdot30)$$

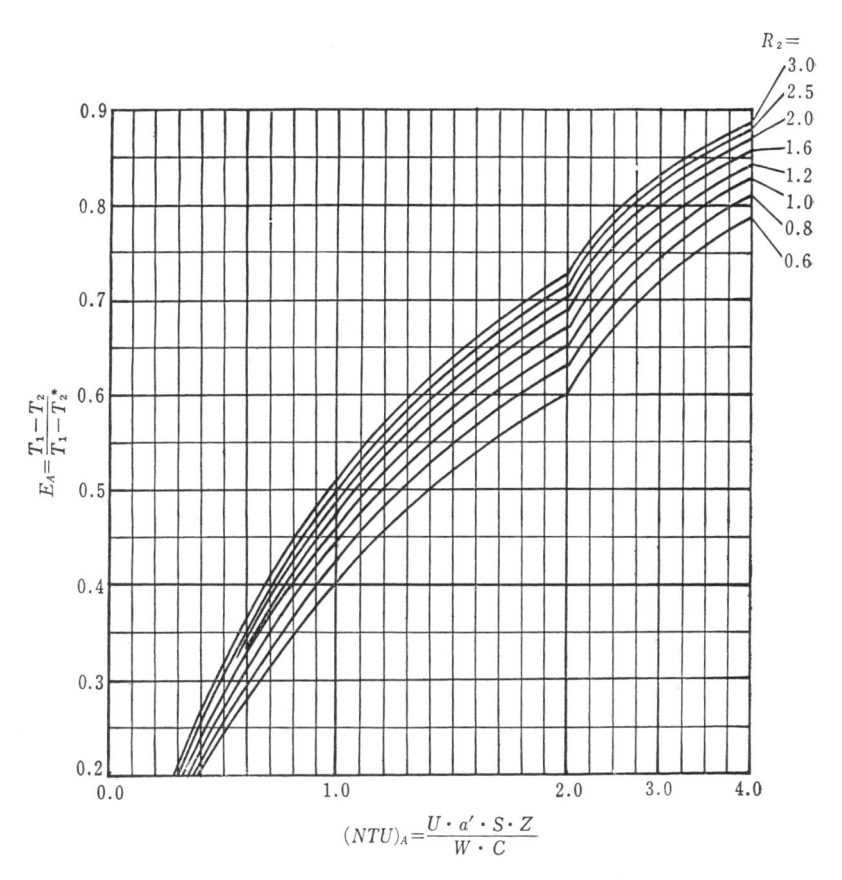

## 17・3 基本伝熱式

$E_A = \dfrac{T_1 - T_2}{T_1 - T_2^*}$

$(NTU)_A = \dfrac{U \cdot a' \cdot S \cdot Z}{W \cdot C}$

$R_2 = 3.0, 2.5, 2.0, 1.6, 1.2, 1.0, 0.8, 0.6$

$T_1 = 100°C \quad R_1 = 1.0 \quad R_3 = 0.5 \quad i_1 = 20 \text{ kcal/kg·dry air}$
条件:管内流体は相変化せず
図 17・16 蒸発冷却器の温度効率線図

また,

$$i_1^* = f(t_1) \tag{17・31}$$

式 (17・29), (17・30), (17・31) を連立して解くことにより,蒸発冷却器の必要高さ $Z$ の値が求まることになる。実際の計算では,最初 $t_1$ を仮定し,この温度に対応する湿り空気のエンタルピを表 17・3 から求め,式 (17・29) および (17・30) に代入して,必要高さ $Z$ をそれぞれ計算し,両式で求めた値が一致しないときは,$t_1$ の値を仮定し直し,両者が一致するまで計算を繰り返す方法をとる。

以上の解析的手法は, 1) 冷却水温度とその温度に対応する湿り飽和空気のエンタルピ

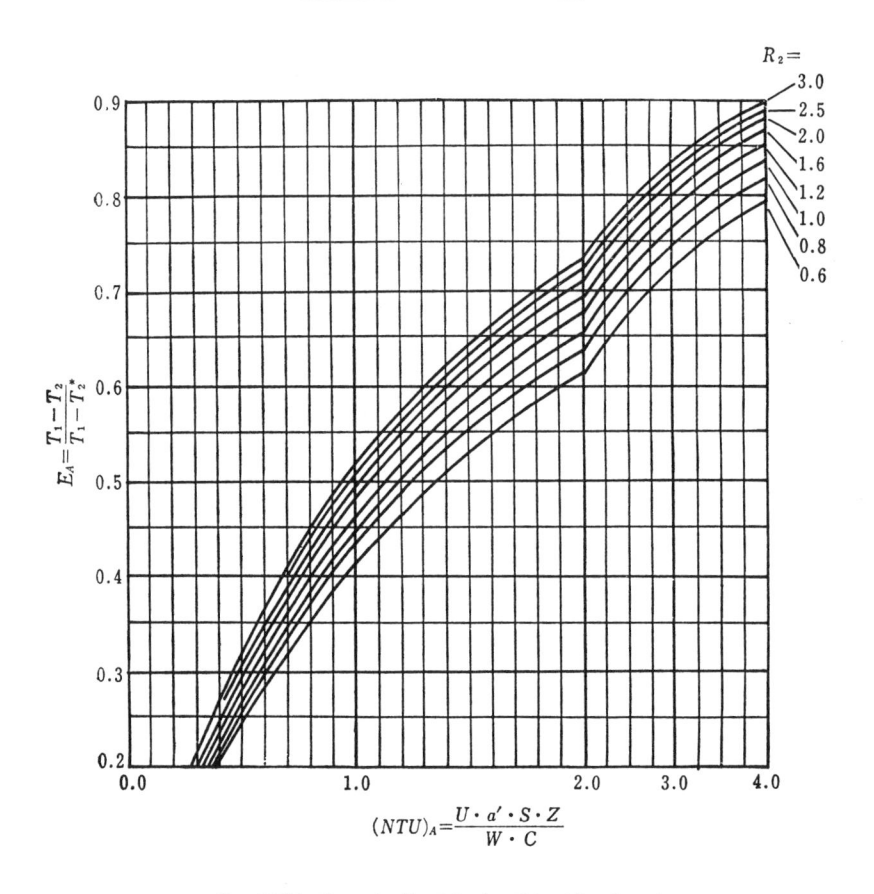

$T_1=110°C$  $R_1=1.0$  $R_3=0.5$  $i_1=20$ kcal/kg·dry air
条件：管内流体は相変化せず
図 17·17 蒸発冷却器の温度効率線図

との関係が，1次式で表わされるものと仮定しているが，冷却水の温度変化が大きいときには，かなりの誤差を生じる。2) 試行計算を伴なうので，比較的煩雑である。そこで，さらに簡単にしかも精度よく，蒸発冷却塔高さを決めることができる図表について述べる。

いま，

$$(NTU)_A = (U \cdot \prime \cdot S \cdot Z)/(WC) \quad \cdots\cdots\cdots (17·32)$$

$$R_1 = (wc)/(WC) \quad \cdots\cdots\cdots (17·33)$$

$$R_2 = (K_{og}a)/(U \cdot a') \quad \cdots\cdots\cdots (17·34)$$

$$R_3 = WC/W_A \quad \cdots\cdots\cdots (17·35)$$

とおけば，式 (17・1), (17・2), (17・3) を次のように書きなおすことができる．

$$dT = -(T-t) \cdot d(NTU)_A \quad \cdots\cdots\cdots\cdots\cdots\cdots\cdots (17 \cdot 36)$$

$$dt = [-(R_2/R_1)(i^*-i) + (1/R_1)(T-t)] \cdot d(NTU)_A \quad \cdots\cdots (17 \cdot 37)$$

$$di = -R_2 \cdot R_3 (i^*-i) \cdot d(NTU)_A \quad \cdots\cdots\cdots\cdots\cdots\cdots (17 \cdot 38)$$

いま，$T_1$, $i_1$, $R_1$, $R_2$, $R_3$ を与えると，上の3つの式および $t$ と $i^*$ の関係（表17・3），および $t_1 = t_2$ の条件から，数値計算によって，管内流体出口温度 $T_2$ と $(NTU)_A$ の関係が求まる．電算機を用いて，$T_1 = 110 \sim 60$ [℃], $i_1 = 20$ [kcal/kg], $R_1 = 0.5 \sim 1$, $R_2 = 0.6 \sim 3.0$, $R_3 = 0.5$ の場合について $(NTU)_A$ と $T_2$ の関係を求め，次式で定義する温度効率 $E_A$ と $(NTU)_A$ の関係として，図 17・6～図 17・17 に示した．

$$E_A = \frac{T_1 - T_2}{T_1 - T_2^*} \quad \cdots\cdots\cdots\cdots\cdots\cdots\cdots\cdots\cdots\cdots\cdots\cdots (17 \cdot 39)$$

ここで，

$T_1$：管内流体入口温度 [℃]

$T_2$：管内流体出口温度 [℃]

$T_2^*$：空気入口エンタルピ $i_1$ に対応する飽和湿り空気の温度 [℃]

図 17・6～図 17・17 は入口空気のエンタルピ $i_1 = 20$ [kcal/kg・dry air] のときの値であるが，$i_1$ が 15～25 [kcal/kg・dry air] の範囲では，実用的には充分の精度で適用することができる．

**17・3・2 管内流体が凝縮するとき**

蒸発冷却器で，管内流体が凝縮するときには，$T = $一定 であるので，その基本伝熱式は次のようになる．

$$wc \cdot dt = -K_{og} a \cdot (i^*-i) \cdot S \cdot dz + U \cdot a' \cdot (T-t) \cdot S \cdot dz \quad \cdots\cdots (17 \cdot 40)$$

$$W_A \cdot di = -K_{og} a \cdot (i^*-i) \cdot S \cdot dz \quad \cdots\cdots\cdots\cdots\cdots\cdots (17 \cdot 41)$$

$$T = 一定 \quad \cdots\cdots\cdots\cdots\cdots\cdots\cdots\cdots\cdots\cdots\cdots\cdots\cdots\cdots (17 \cdot 42)$$

$$i^* = f(t) \quad \cdots\cdots\cdots\cdots\cdots\cdots\cdots\cdots\cdots\cdots\cdots\cdots\cdots\cdots (17 \cdot 43)$$

いま，

$$(NTU)_B = (K_{og} a \cdot S \cdot Z)/W_A \quad \cdots\cdots\cdots\cdots\cdots\cdots\cdots (17 \cdot 44)$$

$$R_4 = (wc)/W_A \quad \cdots\cdots\cdots\cdots\cdots\cdots\cdots\cdots\cdots\cdots\cdots (17 \cdot 45)$$

$$R_2 = (K_{og} a)/(U \cdot a') \quad \cdots\cdots\cdots\cdots\cdots\cdots\cdots\cdots\cdots (17 \cdot 46)$$

$$E_B = \frac{i_2 - i_1}{i_2^* - i_1} \quad \cdots\cdots\cdots\cdots\cdots\cdots\cdots\cdots\cdots\cdots\cdots (17 \cdot 47)$$

とおき，$T = 80$ [℃] ～ 60 [℃], $i_1 = 20$ [kcal/kg・dry air], $R_2 = 0.4 \sim 2.0$, $R_4 = 0.25$

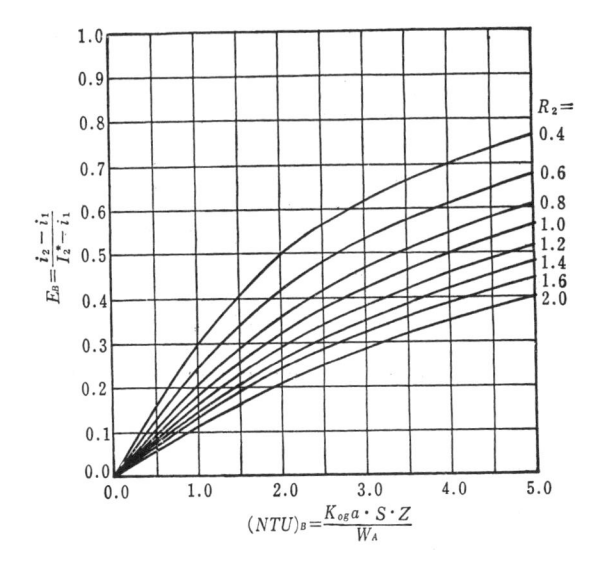

第17章　蒸発冷却器の設計法

図 17·18　蒸発冷却器のエンタルピ効率線図

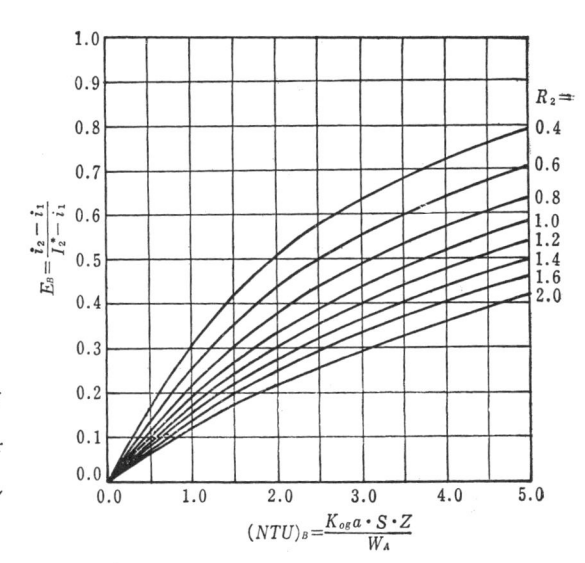

条件
 : 管内流体が凝縮するとき
 : 凝縮温度 $T=60°C$
 : $i_1=20$ kcal/kg·dry air
 : $R_4=1.0$

縦軸: $E_B = \dfrac{i_2-i_1}{I_2^*-i_1}$
横軸: $(NTU)_B = \dfrac{K_{og}a \cdot S \cdot Z}{W_A}$

$R_2=$ 0.4, 0.6, 0.8, 1.0, 1.2, 1.4, 1.6, 2.0

図 17·19　蒸発冷却器のエンタルピ効率線図

条件
 : 管内流体が凝縮するとき
 : 凝縮温度 $T=60°C$
 : $i_1=20$ kcal/kg·dry air
 : $R_4=0.5$

縦軸: $E_B = \dfrac{i_2-i_1}{I_2^*-i_1}$
横軸: $(NTU)_B = \dfrac{K_{og}a \cdot S \cdot Z}{W_A}$

$R_2=$ 0.4, 0.6, 0.8, 1.0, 1.2, 1.4, 1.6, 2.0

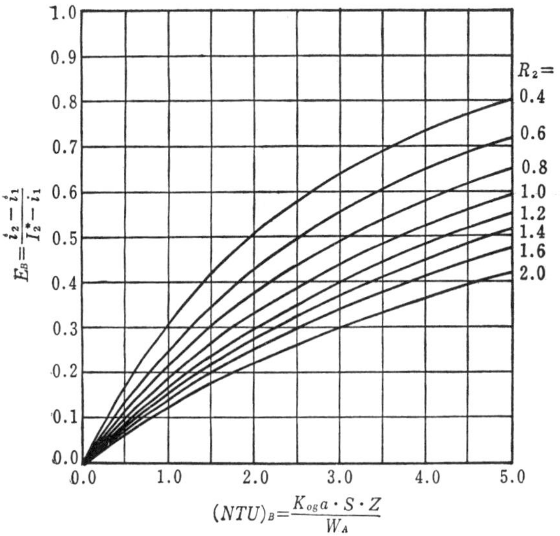

1.0
0.9
0.8
0.7
0.6
0.5
0.4
0.3
0.2
0.1
0.0
$E_B=\frac{i_2-i_1}{I_2^*-i_1}$
$R_2=$
0.4
0.6
0.8
1.0
1.2
1.4
1.6
2.0
0.0
1.0
2.0
3.0
4.0
5.0
$(NTU)_B=\frac{K_{og}a\cdot S\cdot Z}{W_A}$


条件

：管内流体が凝縮するとき

：凝縮温度 $T=60°C$

：$i_1=20$ kcal/kg・dry air

：$R_4=0.25$

図 17・20 蒸発冷却器のエンタルピ効率線図

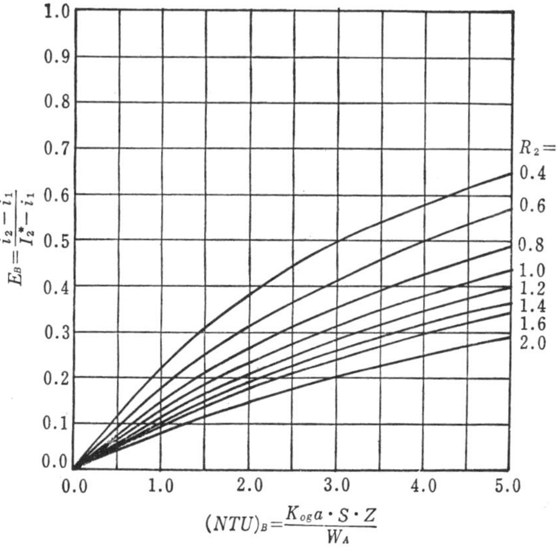

1.0
0.9
0.8
0.7
0.6
0.5
0.4
0.3
0.2
0.1
0.0
$E_B=\frac{i_2-i_1}{I_2^*-i_1}$
$R_2=$
0.4
0.6
0.8
1.0
1.2
1.4
1.6
2.0
0.0
1.0
2.0
3.0
4.0
5.0
$(NTU)_B=\frac{K_{og}a\cdot S\cdot Z}{W_A}$


条件

：管内流体が凝縮するとき

：凝縮温度 $T=70°C$

：$i_1=20$ kcal/kg・dry air

：$R_4=1.0$

図 17・21 蒸発冷却器のエンタルピ効率線図

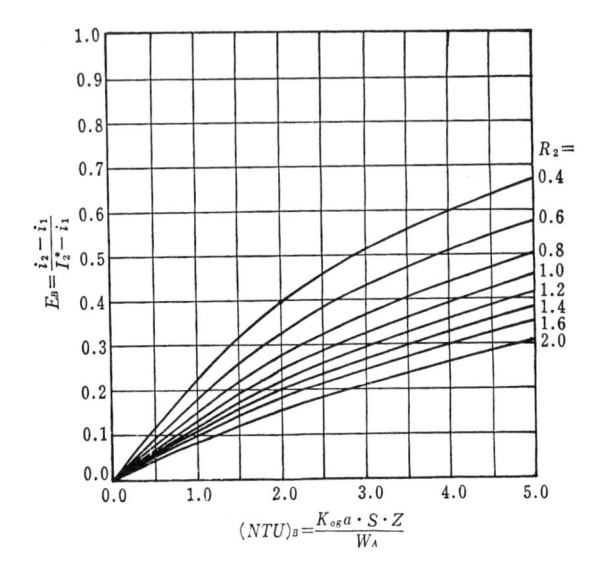

第17章 蒸発冷却器の設計法

$E_B = \dfrac{i_2 - i_1}{I_2^* - i_1}$

$(NTU)_B = \dfrac{K_{og} a \cdot S \cdot Z}{W_A}$

条件
: 管内流体が凝縮するとき
: 凝縮温度 $T = 70°C$
: $i_1 = 20$ kcal/kg・dry air
: $R_4 = 0.5$

図 17・22 蒸発冷却器のエンタルピ効率線図

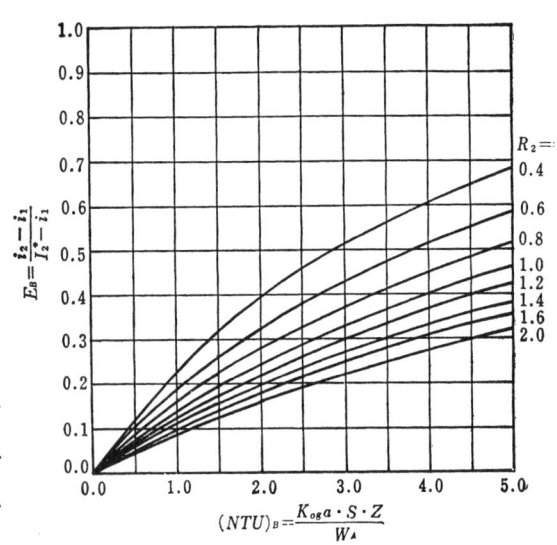

条件
: 管内流体が凝縮するとき
: 凝縮温度 $T = 70°C$
: $i_1 = 20$ kcal/kg・dry air
: $R_4 = 0.25$

図 17・23 蒸発冷却器のエンタルピ効率線図

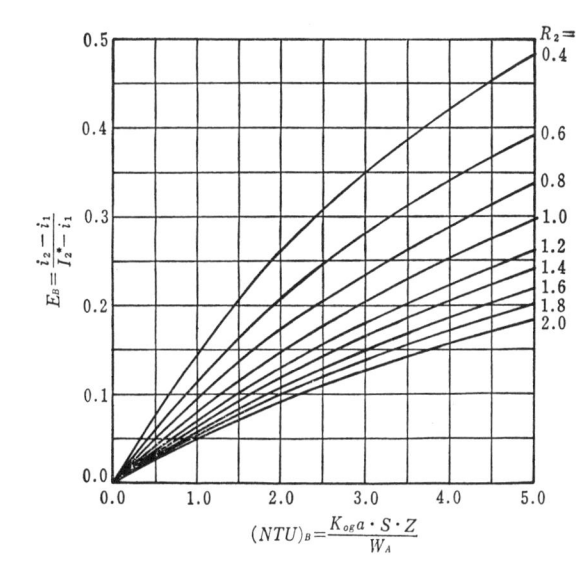

## 17・3 基本伝熱式

条件
: 管内流体が凝縮するとき
: 凝縮温度 $T=80°C$
: $i_1=20$ kcal/kg・dry air
: $R_4=1.0$

図 17・24 蒸発冷却器のエンタルピ効率線図

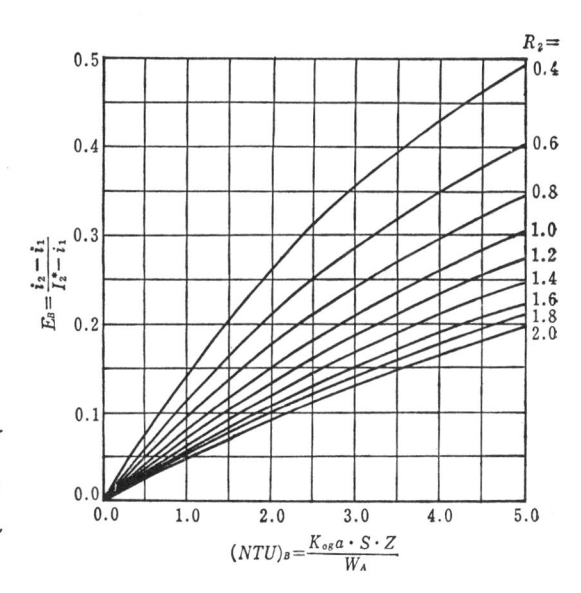

横軸: $(NTU)_B = \dfrac{K_{oG}a \cdot S \cdot Z}{W_A}$

縦軸: $E_B = \dfrac{i_2 - i_1}{I_2^* - i_1}$

$R_2 =$ 0.4, 0.6, 0.8, 1.0, 1.2, 1.4, 1.6, 1.8, 2.0

条件
: 管内流体が凝縮するとき
: 凝縮温度 $T=80°C$
: $i_1=20$ kcal/kg・dry air
: $R_4=0.5$

図 17・25 蒸発冷却器のエンタルピ効率線図

横軸: $(NTU)_B = \dfrac{K_{oG}a \cdot S \cdot Z}{W_A}$

縦軸: $E_B = \dfrac{i_2 - i_1}{I_2^* - i_1}$

$R_2 =$ 0.4, 0.6, 0.8, 1.0, 1.2, 1.4, 1.6, 1.8, 2.0

図 17·26 蒸発冷却器のエンタルピ効率線図

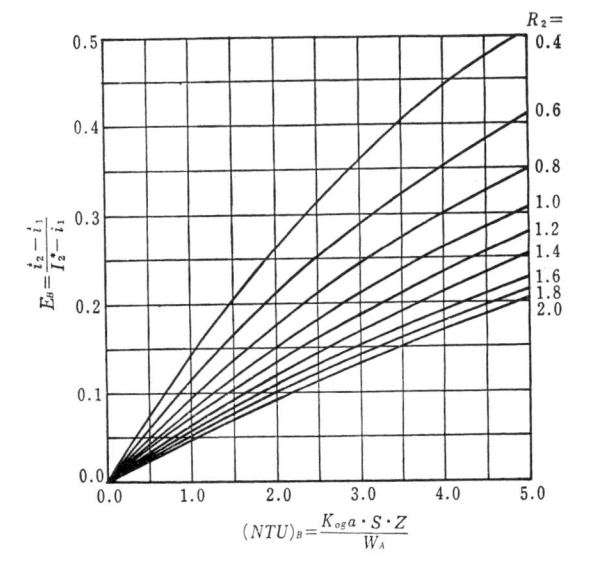

条件
: 管内流体が凝縮するとき
: 凝縮温度 $T=80°C$
: $i_1=20$ kcal/kg·dry air
: $R_4=0.25$

縦軸: $E_B = \dfrac{i_2-i_1}{I_2^*-i_1}$

横軸: $(NTU)_B = \dfrac{K_{og}a \cdot S \cdot Z}{W_A}$

$R_2 = 0.4, 0.6, 0.8, 1.0, 1.2, 1.4, 1.6, 1.8, 2.0$

～1 の場合の $E_B$ と $(NTU)_B$ の関係を数値計算によって求め，図 17·18～図 17·26 に示した。

ここで，

$i_1$：空気入口エンタルピ〔kcal/kg·dry air〕

$i_2$：空気出口エンタルピ〔kcal/kg·dry air〕

$I_2^*$：管内流体の凝縮温度 $T$ に対応する飽和湿り空気のエンタルピ

〔kcal/kg·dry air〕

## 17·4 伝熱管外壁と管外冷却水本体との間の境膜伝熱係数 $h_f$

### 17·4·1 水平管群に散水する蒸発冷却器

図 17·2 に示すような，水平に配置された伝熱管群に上部より散水し，下部より空気を吹上げる型式の蒸発冷却器での伝熱管外壁と，管外冷却水本体との間の境膜伝熱係数は，次式で表わされる[2]。

$$h_f = 118.0 \left(\frac{m}{D_o}\right)^{1/3} \quad \cdots\cdots(17\cdot48)$$

上式の実験範囲は

---

2) 水科，伊藤，宮下：化学工学，第 33 巻，第 7 号，pp. 651～655 (1969).

$$700 < (m/D_o) < 2,000$$

$$0.0127 < D_o < 0.040$$

ここで，

$m$：単位幅あたりの冷却水量〔kg/m・hr〕

管配列が4角直列配置（図 17・27b）のとき

$$m = \frac{w}{(1\text{列あたりの管数}) \times (\text{管長の2倍})} \quad \cdots\cdots\cdots\cdots (17\cdot 49)$$

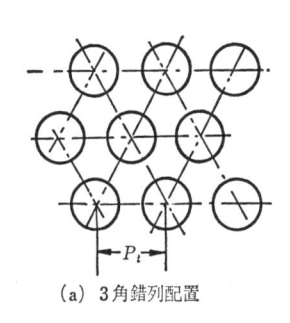

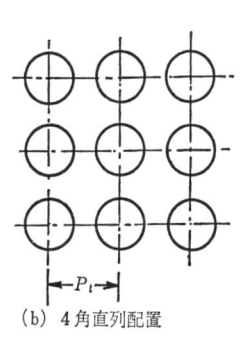

(a) 3角錯列配置　　　　(b) 4角直列配置

図 17・27　伝熱管配列

管配列が3角錯列配置（図 17・27a）のとき

$$m = \frac{w}{(1\text{列あたりの管数の2倍}) \times (\text{管長の2倍})} \quad \cdots\cdots\cdots (17\cdot 50)$$

ここで，

$w$：管外冷却水量〔kg/hr〕

### 17・4・2　垂直管群に横方向から散水する蒸発冷却器

図 17・3 に示すような，垂直に配置された伝熱管群に横方向から散水する型式の蒸発冷却器での伝熱管外壁と，管外冷却水との間の境膜伝熱係数に関する報告はないが，近似的には垂直管に水を液膜状に流したときの境膜伝熱係数の式[3]を適用することができる。

$$h_f = 2,300(1 + 0.01442\,t)\frac{m^{0.5}}{L^{0.065}} \quad \cdots\cdots\cdots\cdots\cdots\cdots (17\cdot 51)$$

上式の適用範囲は

$$\left(\frac{4m}{\mu_f}\right) > 1,600$$

ここで，

---

3) Sexauer, Th.: Forsh.-Ing.-Wes. vol. 10, pp. 286〜296 (1939).

$t$：管外冷却水の温度〔°C〕
$L$：管長〔m〕
$\mu_f$：管外冷却水の粘度〔kg/m・hr〕
$m$：単位幅あたりの冷却水量〔kg/m・hr〕

$$m = \frac{w}{(全管数) \times \pi D_o} \quad \cdots\cdots\cdots\cdots\cdots\cdots\cdots (17\cdot 52)$$

## 17・5 管外冷却水本体から空気への総括物質移動係数 $K_{oG}a$

水科ら[2]は図 17・2 の型式の蒸発冷却器の総括物質移動係数の相関式として，次式を発表している。

$$K_{oG}a = 3.62 \times 10^{-4} (Re_G)^{0.9} \cdot (Re_f)^{0.15} \cdot (D_o)^{-2.6} \cdot (P_t/D_o)^{-1} \quad \cdots\cdots (17\cdot 53)$$

適用範囲は

$1.2 \times 10^3 < Re_G < 1.4 \times 10^4$

$50 < Re_f < 240$

$0.0127 < D_o < 0.04$

$1.5 < (P_t/D_o) < 3.0$

3角錯列配置

$Re_G$：空気の Reynolds 数 $= D_o \cdot G_m/\mu_G$ 〔—〕
$Re_f$：管外冷却水の Reynolds 数 $= 4m/\mu_f$ 〔—〕
$D_o$：伝熱管外径〔m〕
$P_t$：伝熱管配列ピッチ〔m〕
$\mu_G$：空気の粘度〔kg/m・hr〕
$\mu_f$：冷却水の粘度〔kg/m・hr〕
$K_{oG}a$：総括物質移動係数〔kg/m³・hr・$\Delta i$〕
$G_m$：最小流路断面での空気の質量速度〔kg/m²・hr〕

## 17・6 空気流れの圧力損失 $\Delta P$

水科ら[2]は図 17・2 の型式の蒸発冷却器での空気流れの圧力損失の相関式として，次式を発表している。

$(P_t/D_o) = 1.5$ のとき

$$\Delta P = 1.00 \times 10^{-9} \cdot N \cdot G_m^2 \cdot (1 + 0.02m) \quad \cdots\cdots\cdots\cdots\cdots\cdots (17\cdot 54)$$

$(P_t/D_o)=2.0$ のとき

$$\Delta P=0.51\times10^{-9}\cdot N\cdot G_m^2(1+0.02m) \quad \cdots\cdots(17\cdot55)$$

式 (17・54), (17・55) は伝熱管配列が3角錯列配置の場合の実験式である. ここで,

$\Delta P$ : 空気流れの圧力損失 〔Kg/m²〕

$N$ : 蒸発冷却器の伝熱管の管列数 〔—〕

ただし, $\Delta P$ は管列を通過するときの圧力損失であるから, ファンの揚程を定めるためには, 吸込みルーバー, エリミネータなどの圧力損失を加算しなければならない.

## 17・7 ブローダウン

管外冷却水は一部空気中に蒸発するので, 冷却水中の不純物は濃縮される. 冷却水中の不純物がある限度以上になると, 伝熱管外表面にスケールを発生する. したがって, 溜池から連続的に一定量の冷却水をブローダウンし, 冷却中の不純物の濃度をスケールを発生する限度値以下に管理しなければならない.

冷却水中の不純物の濃度がいくらになると, スケールが発生するかを概略的に見分ける方法にランゲリヤ指数 (Langelier Index) というものがある. これは, 所定の水温において, その水質が $CaCO_3$ を溶かしもせず, また析出もしない状態にある場合の理論的pH すなわち $pH_s$ と, その水の実際の pH との差を求めて判定するもので, $pH-pH_s$ $=0$ であれば平衡の状態であり, その差が正であればスケールがつく状態, その差が負であるとスケールがつかないとするものである.

$pH_s$ を求めるには, その水について蒸発残渣, 水温 (°F), カルシウム硬度, および M アルカリ度を求め, 表17・2 によって該当する $A, B, C, D$ の価を求め, 次式から算出する.

$$pH_s=(9.3+A+B)-(C+D) \quad \cdots\cdots(17\cdot56)$$

## 17・8 設計例

〔例題 17・1〕 90 〔°C〕 の硫酸銅水溶液 100,000 〔kg/hr〕 を 50 〔°C〕 まで冷却する蒸発冷却器を設計する. ただし, 空気の入口状態は, 湿球温度 26.8 〔°C〕, 乾球温度 29 〔°C〕 とし, また硫酸銅水溶液の濃度は稀薄であるので, その物性は水と等しいと見なしてよいものとする.

〔解〕

(1) 熱収支および物質収支

伝熱量 $Q$

表 17·2 ランゲリヤ指数算定表

| A 蒸発残留物 (ppm) | A | C カルシウム硬度 (ppm as CaCO₃) | C | D M アルカリ度 (ppm as CaCO₃) | D |
|---|---|---|---|---|---|
| 50〜300 | 0.1 | 10〜11 | 0.6 | 10〜11 | 1.0 |
| 400〜1000 | 0.2 | 12〜13 | 0.7 | 12〜13 | 1.1 |
| B 水温 (°F) | B | 14〜17 | 0.8 | 14〜17 | 1.2 |
|  |  | 18〜22 | 0.9 | 18〜22 | 1.3 |
|  |  | 23〜27 | 1.0 | 23〜27 | 1.4 |
|  |  | 28〜34 | 1.1 | 28〜35 | 1.5 |
| 32〜34 | 2.6 | 35〜43 | 1.2 | 36〜44 | 1.6 |
| 36〜42 | 2.5 | 44〜55 | 1.3 | 45〜55 | 1.7 |
| 44〜48 | 2.4 | 56〜69 | 1.4 | 56〜69 | 1.8 |
| 50〜56 | 2.3 | 70〜87 | 1.5 | 70〜88 | 1.9 |
| 58〜62 | 2.2 | 88〜110 | 1.6 | 89〜110 | 2.0 |
| 64〜70 | 2.1 | 111〜138 | 1.7 | 111〜139 | 2.1 |
| 72〜80 | 2.0 | 139〜174 | 1.8 | 140〜176 | 2.2 |
| 82〜88 | 1.9 | 175〜220 | 1.9 | 177〜220 | 2.3 |
| 90〜98 | 1.8 | 230〜270 | 2.0 | 230〜270 | 2.4 |
| 100〜110 | 1.7 | 280〜340 | 2.1 | 280〜350 | 2.5 |
| 112〜122 | 1.6 | 350〜430 | 2.2 | 360〜440 | 2.6 |
| 124〜132 | 1.5 | 440〜550 | 2.3 | 450〜550 | 2.7 |
| 134〜146 | 1.4 | 560〜690 | 2.4 | 560〜690 | 2.8 |
| 148〜160 | 1.3 | 700〜870 | 2.5 | 700〜880 | 2.9 |
| 162〜178 | 1.2 | 880〜1000 | 2.6 | 890〜1000 | 3.0 |

$$Q = WC(T_1 - T_2) = 100,000(1)(90-50)$$
$$= 4,000,000 \text{ [kcal/hr]}$$

冷却器入口での空気のエンタルピ $i_1$ は,その湿球温度が 26.8 [°C], 乾球温度が 29 [°C] であるから,湿り空気線図 (図 17·28) から

$$i_1 = 20.0 \text{ [kcal/kg·dry air]}$$

また,その絶対湿度 $x_1$ は

$$x_1 = 0.0215 \text{ [kg/kg·dry air]}$$

空気流量 (乾き空気) $W_A$ を管内流体の水当量 ($WC$) の2倍とする。

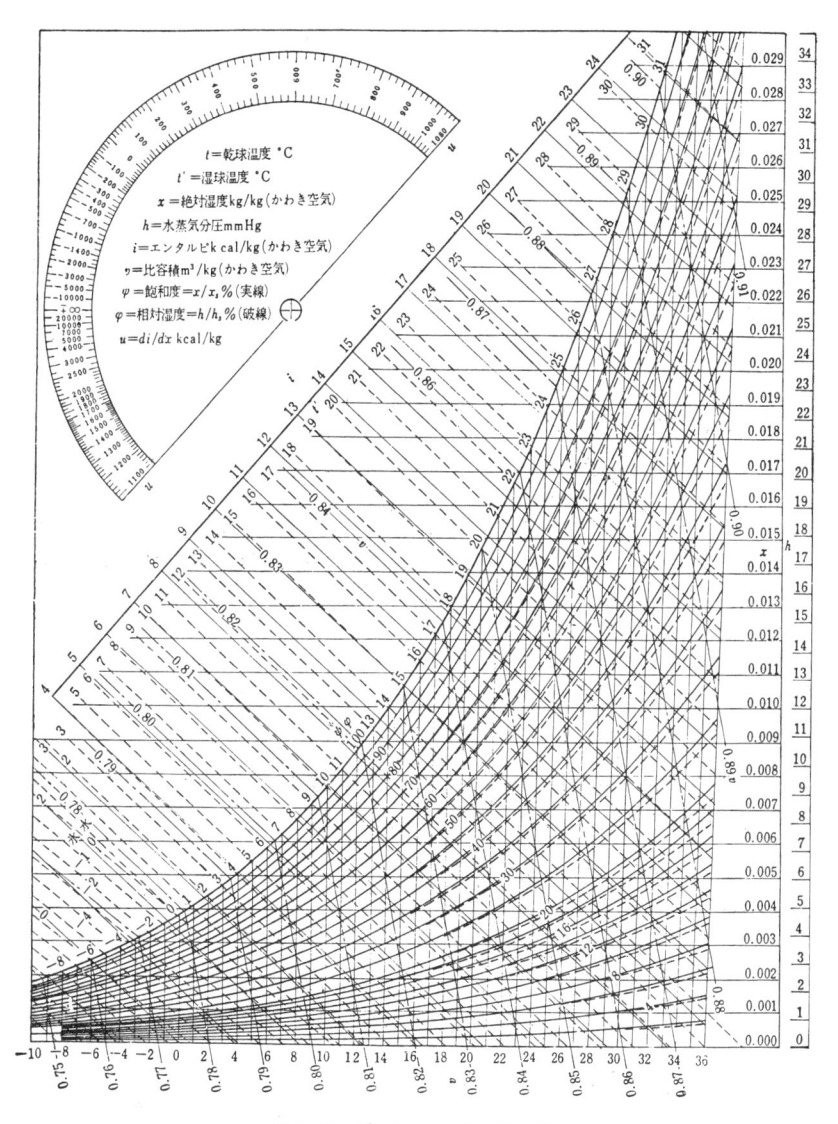

図 17·28 湿り空気線図

$W_A = 100,000 \times 1 \times 2 = 200,000$ [kg·dry air/hr]

冷却器出口での空気のエンタルピ $i_2$ は，
$i_2 = i_1 + Q/W_A = 20.0 + 4,000,000/200,000$
$= 40.0$ [kcal/kg·dry air]

冷却器出口での空気の状態は，飽和湿り空気と見なすことができるので，その絶対湿度 $x_2$ は，表 12·3 から

$x_2 = 0.049$ [kg/kg·dry air]

したがって，管外冷却水の蒸発量は，

$W_A \cdot (x_2 - x_1) = 200,000(0.049 - 0.0215) = 5,500$ [kg/hr]

蒸発量の 30% をブローダウンするものとすると，必要補給水量は

$5,500 \times 1.3 = 7,150$ [kg/hr]

**（2） 蒸発冷却器の断面積 $S$**：　蒸発冷却器では，空気の前面速度 $V_F$ を 150〜300 [m/min] とするのが普通である。$V_F = 200$ [m/min] にすると，

$$V_F = \frac{W_A}{S \cdot \rho_G \cdot 60} = 200 \text{ [m/min]}$$

（$\rho_G$：空気の密度 kg/m³）

したがって，

$$S = \frac{W_A}{\rho_G \times 60 \times 150} = \frac{200,000}{1.10 \times 60 \times 200} \fallingdotseq 15 \text{ [m}^2\text{]}$$

伝熱管として，外径 $D_o = 0.025$ [m]，内径 $D_i = 0.0208$ [m]，長さ $L = 5$ [m] のアルブラック管を使用し，管配列はピッチ $P_t = 0.05$ [m] 3 角錯列配置とする。冷却器の幅 $B$ は

$$B = \frac{S}{L} = \frac{15}{5} = 3 \text{ [m]}$$

1 列あたりの管数 $n_H$ は

$$n_H = \frac{B}{P_t} - 1 = \frac{3}{0.05} - 1 = 59 \text{ [本]}$$

**（3） 管外冷却水流量 $w$**：　水が伝熱管外表面をよく濡らすために，$m = 100$ [kg/m·hr] 以上とするのが普通である。

$$m = \frac{w}{(59 + 58) \cdot (2 \times 5)} = 100$$

したがって

$w = 117,000$ [kg/hr]

**（4） 冷却水の境膜伝熱係数 $h_f$**：　式 (17·48) から

$$h_f = 118.0 \left(\frac{m}{D_o}\right)^{1/3} = 118.0 \left(\frac{100}{0.025}\right)^{1/3}$$

$= 2,180$ [kcal/m²·hr·°C]

**（5） 管内側，硫酸銅水溶液の境膜伝熱係数 $h_i$**：　管内 1 パスあたりの管数を 118 本とする（2 列/1 パス）。

管内流速 $u_i$

$$u_i = \frac{100,000}{118 \times (\pi/4) \times (0.0208)^2 \times 3,600 \times 1,000}$$

$= 0.7$ [m/sec]

図 8·8 から，硫酸銅水溶液の平均温度 70 [°C] に対して，
$$h_i = 4,000 \text{ [kcal/m}^2\cdot\text{hr}\cdot\text{°C]}$$

(6) 管金属の伝熱抵抗
$$\left(\frac{D_o}{D_m}\right)\left(\frac{t_s}{\lambda}\right) = \frac{0.025}{0.0229}\left(\frac{0.0021}{100}\right) = 0.000023 \text{ [m}^2\cdot\text{hr}\cdot\text{°C/kcal]}$$

(7) 汚れ係数
管内側汚れ係数 $r_o = 0.0002$ [m$^2\cdot$hr$\cdot$°C/kcal]
管外側汚れ係数 $r_i = 0.0002$ [m$^2\cdot$hr$\cdot$°C/kcal]
とする．

(8) 伝熱管内流体から管外冷却水本体までの総括伝熱係数 $U$：式 (17·4) から

$$\frac{1}{U} = \frac{1}{h_i}\left(\frac{D_o}{D_i}\right) + r_i\left(\frac{D_o}{D_i}\right) + \frac{t_s}{\lambda}\left(\frac{D_o}{D_m}\right) + r_o + \frac{1}{h_f}$$
$$= \frac{1}{4,000}\left(\frac{0.0250}{0.0208}\right) + 0.0002\left(\frac{0.0250}{0.0208}\right) + 0.000023$$
$$+ 0.0002 + \frac{1}{2,180} = 0.001223$$
$$U = 815 \text{ [kcal/m}^2\cdot\text{hr}\cdot\text{°C]}$$

(9) 蒸発冷却器の単位容積あたりの伝熱管の伝熱面積 $a'$：伝熱管配列を 3 角錯列配置とするので，

$$a' = \frac{n_H\cdot\pi\cdot D_o\cdot L}{S(\sqrt{3}/2)P_t} = \frac{59\times 3.14\times 0.0250\times 5}{15\times(1.732/2)\times 0.05} = 36.8 \text{ [m}^2/\text{m}^3\text{)}$$

(10) 管外冷却水本体から空気への総括物質移動係数 $K_{og}a$
空気の質量速度 $G_m$：
$$G_m = \frac{W_A}{(B - n_H\cdot D_o)\cdot L} = \frac{200,000}{(3 - 59\times 0.025)\times 5}$$
$$= 26,200 \text{ [kg/m}^2\cdot\text{hr]}$$

空気の Reynolds 数 $Re_G$：
空気の粘度 $\mu_G = 0.071$ [kg/m$\cdot$hr]
$$Re_G = D_o\cdot G_m/\mu_G = (0.025)\times 26,200/0.071$$
$$= 9,200$$

管外冷却水の Reynolds 数 $Re_f$：
管外冷却水の温度を 40～50 [°C] と仮定すると，その粘度 $\mu_f$ は
$$\mu_f = 0.6 \text{ [cp]} = 2.16 \text{ [kg/m}\cdot\text{hr]}$$
$$Re_f = \frac{4m}{\mu_f} = \frac{4\times 100}{2.16} = 185$$

式 (17·53) から
$$K_{og}a = 3.62\times 10^{-4}(Re_G)^{0.9}\cdot(Re_f)^{0.15}\cdot(D_o)^{-2.6}\cdot(P_t/D_o)^{-1}$$

$$= 3.62 \times 10^{-4} \times (9,200)^{0.9} \times (185)^{0.15} \times (0.025)^{-2.6} \times \left(\frac{0.050}{0.025}\right)^{-1}$$

$$= 20,400 \ [kg/m^3 \cdot hr \cdot \Delta i]$$

(11) 必要管列数 $N$

$R_1 = (wc)/(WC) = 100,000 \times 1/(117,000 \times 1) \fallingdotseq 1$
$R_2 = (K_{og}a)/(U \cdot a') = (20,400)/(815 \times 36.8) = 0.69$
$R_3 = (WC)/W_A = (100,000 \times 1)/200,000 = 0.5$

表 17・3 から,空気の入口エンタルピ $i_1 = 20.0$ [kcal/kg] に対応する飽和湿り空気の温度 $= 26.8$ [°C] であるから,

$$E_A = \frac{T_1 - T_2}{T_1 - T_2^*} = \frac{90 - 50.0}{90 - 26.8} = 0.632$$

図 17・16 から

$(NTU)_A = 2.2$

したがって,式 (17・32) から

$$Z = \frac{(NTU)_A \cdot (WC)}{U \cdot a' \cdot S} = \frac{2.2 \times 100,000 \times 1}{815 \times 36.8 \times 15} = 0.495 \ [m]$$

必要管列数は

$$N = \frac{Z}{(\sqrt{3}/2)P_t} = \frac{0.495}{(1.732/2) \times 0.05} = 12$$

(12) 空気流れの圧力損失 $\Delta P$: $(P_t/D_o) = 2.0$ であるから,式 (17・55) から

$\Delta P = 0.51 \times 10^{-9} \cdot N \cdot G_m^2 \cdot (1 + 0.02m)$

$\quad = 0.51 \times 10^{-9} \times 12 \times (26,200)^2 \times (1 + 0.02 \times 100)$

$\quad = 12.5 \ [Kg/m^2]$

このほかに,ルーバー,エリミネータの圧力損失 4 [Kg/m²] を加算して,送風機の全圧を 16.5 [Kg/m²] と見なす。

〔例題 17・2〕 次の条件が与えられたとき,蒸発冷却器の必要有効高さを求めよ。

プロセス流体入口温度 $T_1 = 88$ [°C]
プロセス流体出口温度 $T_2 = 50$ [°C]
プロセス流体流量 $W = 100,000$ [kg/hr]
プロセス流体比熱 $C = 1.0$ [kcal/kg・°C]
空気入口エンタルピ $i_1 = 22$ [kcal/kg・dry air]
空気流量 $W_A = 106,000$ [kg・dry air/hr]
管外冷却水流量 $w = 200,000$ [kg/hr]
蒸発冷却器の断面積 $S = 15$ [m²]
総括伝熱係数 $U = 885$ [kcal/m²・hr・°C]
総括物質移動係数 $K_{og}a = 21,400$ [kg/m³・hr・$\Delta i$]
単位容積あたりの伝熱管の伝熱面積 $a' = 33.4$ [m²/m³]

〔解〕

$$a_1 = \frac{U \cdot a' \cdot S}{W \cdot C} = \frac{885 \times 33.4 \times 15}{100,000 \times 1} = 4.425$$

$$a_2 = \frac{K_{og} a \cdot S}{w \cdot c} = \frac{21,400 \times 15}{200,000 \times 1} = 1.600$$

$$a_3 = \frac{U \cdot a' \cdot S}{w \cdot c} = \frac{885 \times 33.4 \times 15}{200,000 \times 1} = 2.213$$

$$a_4 = \frac{k_{og} a \cdot S}{W_A} = \frac{21,400 \times 15}{106,000} = 3.025$$

管外冷却水の入口温度 $t_1 = 40 \sim 50$ [°C] と仮定すると,湿り空気線図における飽和曲線の勾配 $\alpha$ は,次のようにして求めることができる.表 17·3 から $t = 40, 50$ [°C] における飽和湿り空気のエンタルピは,それぞれ 39.64, 65.42 [kcal/kg·dry air] である.

したがって
$$\alpha = \frac{di^*}{dt} = \frac{65.42 - 39.64}{50 - 40} = 2.578 \text{ [kcal/°C·kg·dry air]}$$

式 (17·14)～(17·17) から

$b_1 = a_1 + a_3 = 6.638$

$b_2 = -a_2 = -1.600$

$b_3 = -\alpha a_3 = -2.578 \times 2.213 = -5.705$

$b_4 = \alpha a_2 - a_4 = 2.578 \times 1.600 - 3.025 = 1.100$

$b_1 + b_4 = 7.738$

$b_1 \cdot b_4 = 7.302$

$b_2 \cdot b_3 = 9.128$

$(b_1 \cdot b_4 - b_2 \cdot b_3) = -1.826$

式 (17·20) から,
$$\Psi_1 = \frac{-(b_1 + b_4) + \sqrt{(b_1 + b_4)^2 - 4(b_1 \cdot b_4 - b_2 \cdot b_3)}}{2}$$

$$= \frac{-7.738 + \sqrt{(7.738)^2 - 4(-1.826)}}{2}$$

$$= 0.2293$$

$$\Psi_2 = \frac{-(b_1 + b_4) - \sqrt{(b_1 + b_4)^2 - 4(b_1 \cdot b_4 - b_2 \cdot b_3)}}{2}$$

$$= -7.966$$

管外冷却水入口温度 $t_1 = 43.7$ [°C] と仮定すると,表 17·3 から

$i_1^* = 47.71$ [kcal/kg·dry air]

また,空気の出口エンタルピ $i_2$ は,
$$i_2 = i_1 + \frac{WC(T_1 - T_2)}{W_A} = 22.0 + \frac{100,000 \times 1 \times (88 - 50)}{106,000}$$

$$= 58.0 \text{ [kcal/kg·dry air]}$$

748　第17章　蒸発冷却器の設計法

表 17・3　飽　和　湿　り　空

| 温　度<br>$t$ °C | 絶対湿度<br>$x$ kg/kg | エンタルピ<br>$i^*$ kcal/kg | 比　容　積<br>$v_s$ m³/kg | 温　度<br>$t$ °C | 絶対湿度<br>$x$ kg/kg | エンタルピ<br>$i^*$ kcal/kg | 比　容　積<br>$v_s$ m³/kg |
|---|---|---|---|---|---|---|---|
| 10.0 | 7.625×10⁻³ | 6.988 | 0.8120 | 25.0 | 0.02007 | 18.21 | 0.8719 |
| 10.5 | 7.888 〃 | 7.268 | 0.8138 | 25.5 | 0.02069 | 18.71 | 0.8742 |
| 11.0 | 8.159 〃 | 7.553 | 0.8155 | 26.0 | 0.02134 | 19.23 | 0.8766 |
| 11.5 | 8.438 〃 | 7.843 | 0.8173 | 26.5 | 0.02200 | 19.76 | 0.8789 |
| 12.0 | 8.725 〃 | 8.138 | 0.8192 | 27.0 | 0.02268 | 20.30 | 0.8813 |
| 12.5 | 9.021 〃 | 8.438 | 0.8210 | 27.5 | 0.02338 | 20.85 | 0.8837 |
| 13.0 | 9.326 〃 | 8.744 | 0.8228 | 28.0 | 0.02410 | 21.41 | 0.8862 |
| 13.5 | 9.641 〃 | 9.054 | 0.8247 | 28.5 | 0.02484 | 21.99 | 0.8887 |
| 14.0 | 9.964 〃 | 9.373 | 0.8265 | 29.0 | 0.02560 | 22.58 | 0.8912 |
| 14.5 | 0.01030 | 9.697 | 0.8284 | 29.5 | 0.02638 | 23.18 | 0.8938 |
| 15.0 | 0.01064 | 10.03 | 0.8303 | 30.0 | 0.02718 | 23.80 | 0.8963 |
| 15.5 | 0.01100 | 10.36 | 0.8321 | 30.5 | 0.02801 | 24.43 | 0.8990 |
| 16.0 | 0.01136 | 10.70 | 0.8341 | 31.0 | 0.02885 | 25.07 | 0.9016 |
| 16.5 | 0.01173 | 11.05 | 0.8360 | 31.5 | 0.02973 | 25.73 | 0.9043 |
| 17.0 | 0.01212 | 11.41 | 0.8380 | 32.0 | 0.03063 | 26.41 | 0.9070 |
| 17.5 | 0.01252 | 11.77 | 0.8400 | 32.5 | 0.03155 | 27.10 | 0.9098 |
| 18.0 | 0.01293 | 12.14 | 0.8420 | 33.0 | 0.03249 | 27.80 | 0.9126 |
| 18.5 | 0.91335 | 12.52 | 0.8440 | 33.5 | 0.03347 | 28.52 | 0.9155 |
| 19.0 | 0.01378 | 12.91 | 0.8460 | 34.0 | 0.03447 | 29.26 | 0.9183 |
| 19.5 | 0.01423 | 13.30 | 0.8480 | 34.5 | 0.03549 | 30.02 | 0.9213 |
| 20.0 | 0.01469 | 13.70 | 0.8501 | 35.0 | 0.03655 | 30.80 | 0.9242 |
| 20.5 | 0.01516 | 14.11 | 0.8522 | 35.5 | 0.03763 | 31.59 | 0.9273 |
| 21.0 | 0.01564 | 14.53 | 0.8543 | 36.0 | 0.03875 | 32.40 | 0.9304 |
| 21.5 | 0.01614 | 14.96 | 0.8564 | 36.5 | 0.03987 | 33.23 | 0.9335 |
| 22.0 | 0.01666 | 15.39 | 0.8585 | 37.0 | 0.04109 | 34.08 | 0.9367 |
| 22.5 | 0.01719 | 15.84 | 0.8607 | 37.5 | 0.04228 | 34.95 | 0.9399 |
| 23.0 | 0.01773 | 16.29 | 0.8629 | 38.0 | 0.04352 | 35.84 | 0.9431 |
| 23.5 | 0.01829 | 16.76 | 0.8651 | 38.5 | 0.04480 | 36.76 | 0.9465 |
| 24.0 | 0.01887 | 17.23 | 0.8673 | 39.0 | 0.04611 | 37.70 | 0.9499 |
| 24.5 | 0.01946 | 17.71 | 0.8696 | 39.5 | 0.04746 | 38.65 | 0.9533 |

気 表 (大気圧 760 mmHg)

| 温度 $t$ °C | 絶対湿度 $x$ kg/kg | エンタルピ $i^*$kcal/kg | 比容積 $v_s$ m³/kg | 温度 $t$ °C | 絶対湿度 $x$ kg/kg | エンタルピ $i^*$kcal/kg | 比容積 $v_s$ m³/kg |
|---|---|---|---|---|---|---|---|
| 40.0 | 0.04884 | 39.64 | 0.9568 | 55.0 | 0.1144 | 84.33 | 1.101 |
| 40.5 | 0.05027 | 40.64 | 0.9604 | 55.5 | 0.1177 | 86.52 | 1.107 |
| 41.0 | 0.05173 | 41.67 | 0.9640 | 56.0 | 0.1211 | 88.78 | 1.114 |
| 41.5 | 0.05323 | 42.73 | 0.9677 | 56.5 | 0.1246 | 91.10 | 1.121 |
| 42.0 | 0.05478 | 43.81 | 0.9714 | 57.0 | 0.1282 | 93.49 | 1.128 |
| 42.5 | 0.05637 | 44.92 | 0.9753 | 57.5 | 0.1319 | 95.95 | 1.135 |
| 43.0 | 0.05800 | 46.06 | 0.9792 | 58.0 | 0.1358 | 98.48 | 1.143 |
| 43.5 | 0.05967 | 47.23 | 0.9831 | 58.5 | 0.1397 | 101.08 | 1.151 |
| 44.0 | 0.06140 | 48.43 | 0.9872 | 59.0 | 0.1438 | 103.76 | 1.158 |
| 44.5 | 0.06317 | 49.65 | 0.9913 | 59.5 | 0.1479 | 106.52 | 1.167 |
| 45.0 | 0.06499 | 50.91 | 0.9955 | 60.0 | 0.1523 | 109.37 | 1.175 |
| 45.5 | 0.06686 | 52.20 | 0.9998 | 60.5 | 0.1567 | 112.3 | 1.183 |
| 46.0 | 0.06878 | 53.52 | 1.004 | 61.0 | 0.1613 | 115.3 | 1.192 |
| 46.5 | 0.07076 | 54.88 | 1.009 | 61.5 | 0.1661 | 118.4 | 1.201 |
| 47.0 | 0.07279 | 56.27 | 1.013 | 62.0 | 0.1709 | 121.7 | 1.210 |
| 47.5 | 0.07488 | 57.70 | 1.018 | 62.5 | 0.1760 | 125.0 | 1.220 |
| 48.0 | 0.07703 | 59.16 | 1.022 | 63.0 | 0.1812 | 128.4 | 1.230 |
| 48.5 | 0.07924 | 60.67 | 1.027 | 63.5 | 0.1866 | 131.9 | 1.240 |
| 49.0 | 0.08151 | 62.21 | 1.032 | 64.0 | 0.1922 | 135.6 | 1.250 |
| 49.5 | 0.08385 | 63.79 | 1.037 | 64.5 | 0.1979 | 139.2 | 1.261 |
| 50.0 | 0.08625 | 65.42 | 1.042 | 65.0 | 0.2039 | 143.2 | 1.272 |
| 50.5 | 0.08872 | 67.09 | 1.048 | 65.5 | 0.2101 | 147.3 | 1.283 |
| 51.0 | 0.09126 | 68.81 | 1.053 | 66.0 | 0.2164 | 151.4 | 1.295 |
| 51.5 | 0.09388 | 70.57 | 1.059 | 66.5 | 0.2230 | 155.7 | 1.306 |
| 52.0 | 0.09657 | 72.37 | 1.064 | 67.0 | 0.2298 | 160.2 | 1.320 |
| 52.5 | 0.09933 | 74.23 | 1.070 | 67.5 | 0.2369 | 164.8 | 1.333 |
| 53.0 | 0.1022 | 76.14 | 1.076 | 68.0 | 0.2442 | 169.5 | 1.346 |
| 53.5 | 0.1051 | 78.11 | 1.082 | 68.5 | 0.2518 | 174.5 | 1.360 |
| 54.0 | 0.1081 | 80.12 | 1.088 | 69.0 | 0.2597 | 179.6 | 1.374 |
| 54.5 | 0.1112 | 82.20 | 1.094 | 69.5 | 0.2679 | 184.9 | 1.390 |

$$b_2(i_1-i_1^*) = -1.600 \times (22.0-47.71) = 41.136$$
$$b_2(i_2-i_1^*) = -1.600 \times (58.0-47.71) = 16.464$$
$$(\Psi_1+b_1)(t_1-T_2) = (0.2293+6.638)(43.7-50)$$
$$= -43.265$$
$$(\Psi_1+b_1)(t_1-T_1) = (0.2293+6.638)(43.7-88)$$
$$= -304.241$$
$$(\Psi_2+b_1)(t_1-T_2) = (-7.966+6.638)(43.7-50)$$
$$= 8.273$$
$$(\Psi_2+b_1)(t_1-T_1) = (-7.966+6.638)(43.7-88)$$
$$= 58.87$$

式 (17·29) から

$$Z = -\frac{1}{\Psi_2} \cdot \ln\left[\frac{b_2(i_1-i_1^*)+(\Psi_1+b_1)(t_1-T_2)}{b_2(i_2-i_1^*)+(\Psi_1+b_1)(t_1-T_1)}\right]$$
$$= -\frac{1}{-7.966} \cdot \ln\left[\frac{41.136-43.265}{-16.464-304.241}\right] = 0.620 \text{ [m]}$$

式 (17·30) から

$$Z = -\frac{1}{\Psi_1} \cdot \ln\left[\frac{b_2(i_1-i_1^*)+(\Psi_2+b_1)(t_1-T_2)}{b_2(i_2-i_1^*)+(\Psi_2+b_1)(t_1-T_1)}\right]$$
$$= -\frac{1}{0.2293} \cdot \ln\left[\frac{41.136+8.273}{-16.464+58.87}\right] = 0.662 \text{ [m]}$$

式 (17·29) から求めた有効高さ 0.620 [m] と，式 (17·30) から求めた有効高さ 0.662 [m] はほぼ等しいので，その平均値をとりこの蒸発冷却器の所要有効高さ $Z$ は，

$$Z = \frac{0.620+0.662}{2} = 0.641 \text{ [m]}$$

## 17·9 補　遺

蒸発冷却器の性能に関する実験報告としては，次のものがある。

手塚，高田，河西："蒸発冷却器の性能-第1報　エンタルピ基準総括容積熱伝達係数"
冷凍，第47巻，第538号，695〜700頁 (1972)．

手塚："蒸発冷却器の性能-第2報　散布水の熱伝達率"冷凍，第47巻，第541号，1007〜1016頁 (1972)．

# 第18章 泡沫接触式熱交換器の設計法

## 18・1 特徴および用途

従来,冷却水の不足に伴ない冷水塔が用いられてきた。しかし,冷水塔はその設備費が高価であるのみならず,水を冷水塔から熱交換器へ大量に循環するためのポンプの運転費が高くつく欠点があった。これらの欠点を除去するために,最近は空冷式熱交換器もしばしば用いられるようになってきた。しかし,空冷式熱交換器では,空気側の境膜伝熱係数が水冷式熱交換器に比べて小さくなることは避けることができず,このためフィン管を用いなければならず,設備費が高くつくという欠点は必ずしも改良されない。

泡沫接触式熱交換器は第17章に記載した蒸発冷却器の一種で,ごく少量の蒸発分に相当する冷却水を補給するのみでよく,しかも冷却管外側(冷却水側)の境膜伝熱係数は,普通の蒸発冷却器に比べて大きいという特徴を持つ熱交換器で,工業用水の不足対策の一つとして考案されたものである[1)2)]。

泡沫接触式熱交換器は図 18・1 に示すように,被冷却流体(プロセス流体)は多孔板上

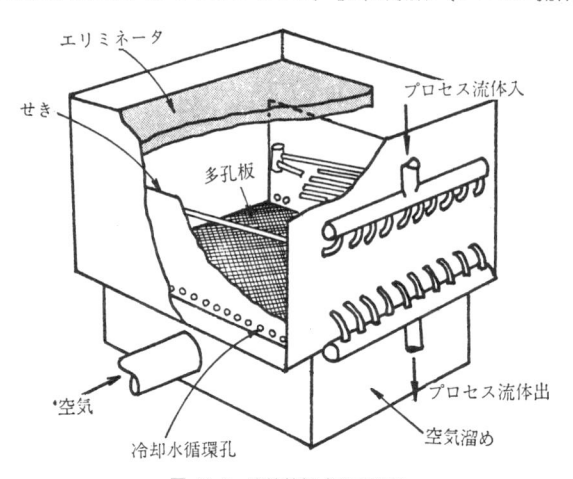

図 18・1 泡沫接触式熱交換器

に形成される空気-水の泡沫層の中に浸漬された冷却管内を流れて冷却され,この泡沫層は多孔板の下から気泡として吹き込まれる空気と接触した水の蒸発によって冷却される構

---

1) Poll, A. and W. Smith; Chem. Eng. Oct. 26, pp. 111〜116 (1964).
2) 水科,宮下:化学工学,第32巻,第10号 pp. 987〜992 (1968).

造となっている。

泡沫接触式熱交換器は，第17章に記載した普通の蒸発冷却器と同じ用途に用いられる。

## 18・2 基本伝熱式

泡沫接触式熱交換器では，熱は管内流体から管壁を経て管外の水に伝わり，水から空気へと伝わるが，水から空気への伝熱は水の蒸発による潜熱伝熱と空気の顕熱変化による顕熱伝熱の2つの機構より成り立っている。この点は，第17章に記載した普通の蒸発冷却器と同じであるが，泡沫接触式熱交換器では，管外の水すなわち泡沫層は空気によって充分に攪拌混合されるので，一定の温度を保つことになる点が普通の蒸発冷却器と異なる。

### 18・2・1 管内流体が相変化しないとき

泡沫接触式の泡沫層の上面（せきの上端）からの距離を横軸に，各流体の温度およびエンタルピを縦軸にとり，泡沫接触式熱交換器内での各流体の温度およびエンタルピ分布を図18・2に示した。図において，熱交換器内の微小区間 $dz$ について考えると，

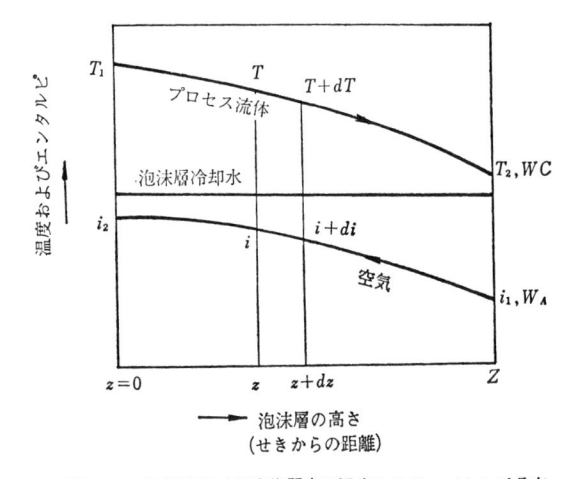

**図 18・2** 泡沫接触式熱交換器内の温度およびエンタルピ分布

管内流体が失なう熱量
$$WC \cdot dT = -U \cdot a' \cdot (T-t) \cdot S \cdot dz \quad \cdots\cdots(18 \cdot 1)$$

空気が得る熱量
$$W_A \cdot di = -K_{og}a \cdot (i^* - i) \cdot S \cdot dz \quad \cdots\cdots(18 \cdot 2)$$

泡沫層の温度

$$t = 一定 \tag{18・3}$$

泡沫層の温度 $t$ に対応する飽和湿り空気のエンタルピ $i^*$ は，表 17・3 に示すように $t$ の関数として表わされる。

$$i^* = f(t) = 一定 \tag{18・4}$$

その境界条件は

$z = 0 : T = T_1, \ i = i_2$

$z = Z : T = T_2, \ i = i_1$

式 (18・1) を $z=0$ から $z=Z$ まで積分して，

$$Z = \frac{W \cdot C}{U \cdot a' \cdot S} \cdot \ln\left(\frac{T_1 - t}{T_2 - t}\right) \tag{18・5}$$

式 (18・2) を $z=0$ から $z=Z$ まで積分して，

$$Z = \frac{W_A}{K_{og} a \cdot S} \cdot \ln\left(\frac{i^* - i_1}{i^* - i_2}\right) \tag{18・6}$$

式 (18・1) と式 (18・2) を等置して，

$$\left(\frac{T_1 - t}{T_2 - t}\right) = \left(\frac{i^* - i_1}{i^* - i_2}\right)^{(W_A/WC)(U \cdot a'/K_{og} a)} \tag{18・7}$$

式 (18・7) より，泡沫層冷却水温度 $t$ およびエンタルピ $i^*$ が試行計算によって求まるので，その値を用いて式 (18・5) より，所要有効高さが求まることになる。

ここで，

$Z$：泡沫層の高さ [m]

$W$：管内流体の流量 [kg/hr]

$W_A$：空気の流量（乾き空気として）[kg・dry air/hr]

$C$：管内流体の比熱 [kcal/kg・℃]

$T$：管内流体の温度 [℃]

$T_1$：管内流体入口温度 [℃]

$T_2$：管内流体出口温度 [℃]

$t$：管外泡沫層冷却水の温度 [℃]

$i$：空気のエンタルピ [kcal/kg・dry air]

$i_1$：空気入口エンタルピ [kcal/kg・dry air]

$i_2$：空気出口エンタルピ [kcal/kg・dry air]

$i^*$：管外泡沫層冷却水の温度 $t$ における飽和湿り空気のエンタルピ

[kcal/kg・dry air]

$U$：伝熱管内流体から管外泡沫層冷却水までの総括伝熱係数〔kcal/m²·hr·°C〕

$K_{og}a$：管外泡沫層冷却水から空気への総括物質移動係数〔kg/m³·hr·$\Delta i$〕

$a'$：泡沫層の単位容積あたりの伝熱管の伝熱面積〔m²/m³〕

$a$：泡沫層における空気気泡と水との有効界面面積〔m²/m³〕

$S$：泡沫層の断面積〔m²〕

総括伝熱係数 $U$ は，次式から求まる。

$$\frac{1}{U} = \frac{1}{h_i}\left(\frac{D_o}{D_i}\right) + r_i\left(\frac{D_o}{D_i}\right) + \frac{t_s}{\lambda}\left(\frac{D_o}{D_m}\right) + r_o + \frac{1}{h_f} \quad \cdots\cdots(18\cdot 8)$$

ここで，

$h_i$：管内流体の境膜伝熱係数〔kcal/m²·hr·°C〕

$h_f$：管外壁と泡沫層との間の境膜伝熱係数〔kcal/m²·hr·°C〕

$D_o$：伝熱管外径〔m〕

$D_i$：伝熱管内径〔m〕

$D_m$：対数平均径＝$(D_o-D_i)/\ln(D_o/D_i)$

$r_o$：管外側汚れ係数〔m²·hr·°C/kcal〕

$r_i$：管内側汚れ係数〔m²·hr·°C/kcal〕

$\lambda$：管材料熱伝導率〔kcal/m·hr·°C〕

$t_s$：管の厚み〔m〕

### 18·2·2　管内流体が凝縮するとき

管内流体が凝縮するときは，管内流体温度 $T$，および管外泡沫層冷却水温度 $t$ の両方共に一定とみなすことができる。

管内流体から管外泡沫層冷却水への伝熱量 $Q_1$

$$Q_1 = U \cdot a' \cdot (T-t) \cdot S \cdot Z \quad \cdots\cdots(18\cdot 9)$$

管外泡沫層冷却水から空気への伝熱量 $Q_2$

$$dQ_2 = K_{og}a \cdot (i^*-i) \cdot S \cdot dz \quad \cdots\cdots(18\cdot 10)$$

$$dQ_2 = W_A \cdot di \quad \cdots\cdots(18\cdot 11)$$

式 (18·10)，(18·11) から

$$Z = \frac{W_A}{K_{og}a \cdot S} \ln\left(\frac{i^*-i_1}{i^*-i_2}\right) \quad \cdots\cdots(18\cdot 12)$$

式 (18·11) から

$$Q_2 = W_A(i_2-i_1) \quad \cdots\cdots(18\cdot 13)$$

ヒートバランスから

$$Q_1 = Q_2 \quad \cdots\cdots\cdots\cdots\cdots\cdots\cdots\cdots\cdots\cdots\cdots\cdots\cdots\cdots\cdots\cdots(18\cdot14)$$

式 (18・9), (18・13), (18・14) から

$$Z = \frac{W_A(i_2-i_1)}{U \cdot a' \cdot S(T-t)} \quad \cdots\cdots\cdots\cdots\cdots\cdots\cdots\cdots\cdots\cdots\cdots(18\cdot15)$$

式 (18・12), (18・15) から

$$\left(\frac{K_{og}a}{U \cdot a'}\right)\left(\frac{i_2-i_1}{T-t}\right) = \ln\left(\frac{i^*-i_1}{i^*-i_2}\right) \quad \cdots\cdots\cdots\cdots(18\cdot16)$$

式 (18・16) から，泡沫層冷却水温度 $t$ およびエンタルピ $i^*$ が試行計算によって求まるので，その値を用いて式 (18・15) から，必要有効高さ $Z$ が求まることになる。

## 18・3 伝熱管外壁と管外泡沫層冷却水との間の境膜伝熱係数 $h_f$

水科ら[2] の実験によると，伝熱管外壁と管外泡沫層冷却水との間の境膜伝熱係数 $h_f$ は，

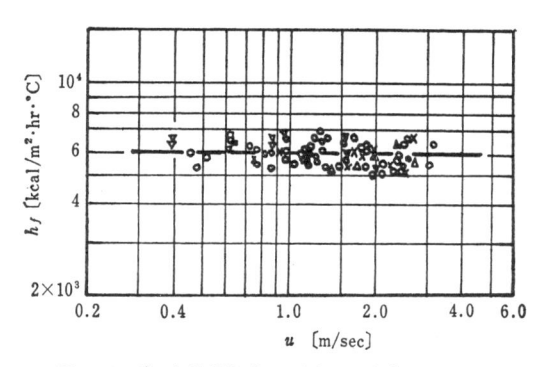

図 18・3 境膜伝熱係数 $h_f$ と空気の空塔速度 $u$ の関係

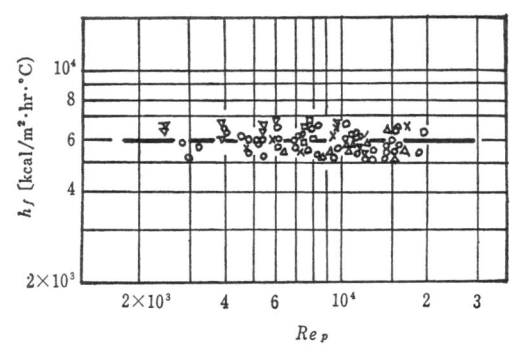

図 18・4 境膜伝熱係数 $h_f$ と多孔板での空気の Reynolds 数 $Re_p$ の関係

空気の空塔速度 $u$ が 0.4〜4.0〔m/sec〕の範囲では，図 18・3 に示すように，$u$ に無関係に一定の値 5,500〜6,000〔kcal/m²・hr・℃〕となる。また，多孔板の種類を孔径 $d=0.007$〜0.003〔m〕，開口面積比 0.108〜0.0317 に変えて実験しているが，$h_f$ は図 18・4 に示すように多孔板の種類にも無関係に一定の値となる[2]。

## 18・4 管外泡沫層冷却水から空気への総括物質移動係数 $K_{og}a$

水科ら[2] は次の実験式を報告している。

$$K_{og}a = 1.63(Re_p)(d \cdot N)(Z)^{-0.75} \quad \cdots\cdots\cdots\cdots\cdots\cdots (18 \cdot 17)$$

実験範囲は，$S=0.094$〔m²〕

$2 \times 10^3 < Re_p < 2 \times 10^4$

$3 \times 10^{-3} < d < 7 \times 10^{-3}$

$153 < N < 703$

$0.165 < Z < 0.265$

ここで，

$K_{og}a$：管外泡沫層冷却水から空気への総括物質移動係数〔kg/m³・hr・$\Delta i$〕

$Re_p$：多孔板での空気の Reynolds 数〔—〕

$Re_p = d \cdot U_p \cdot \rho / \mu$

$d$：多孔板の孔径〔m〕

$N$：多孔板の孔数〔—〕

$U_p$：多孔板の孔での空気の流速〔m/hr〕

$\rho$：空気の密度〔kg/m³〕

$\mu$：空気の粘度〔kg/m・hr〕

式 (18・17) 中の $(Re_p)(d \cdot N)$ は $4W_A/(\pi d \cdot N \cdot \mu)(d \cdot N) = 4W_A/(\pi\mu)$ となり，空気の粘度を常温付近で一定値 (30〔℃〕で 0.0685〔kg/m・hr〕) とすると，式 (18・17) は式 (18・18) のように書き変えることができる。

$$K_{og}a = 32.0 W_A (Z)^{-0.75} \quad \cdots\cdots\cdots\cdots\cdots\cdots (18 \cdot 18)$$

適用範囲　$S=0.094$〔m²〕

$2 \times 10^2 < W_A < 2 \times 10^3$〔kg・dry air/hr〕

$0.165 < Z < 0.265$〔m〕

式 (18・18) は泡沫層の断面積 $S=0.094$〔m²〕の場合についての実験式であり，この場合空気流量 $W_A$ の 1 乗と泡沫高さ $Z$ の $-0.75$ 乗に比例し，多孔板の種類による影響はな

いことになっている。これは空気が多孔板通過後，管群を通る際に，気泡が衝突などで会合，分離を繰り返し，管群部分での気泡の状態が多孔板に関係なく一様であるためと思われる。結局，$K_{og}a$ は空気の流量 $W_A$ と泡沫層の高さ $Z$ のみの関数となる。

式（18・18）は泡沫層の断面積 $S=0.094$〔m²〕の場合にしか適用できないので，$K_{og}a$ は空気の空塔速度の1乗に比例するものとみなして，次のように一般化する。

$$K_{og}a = 32.0 \left(\frac{0.094}{S}\right) W_A (Z)^{-0.75}$$

$$= 3.0 \left(\frac{W_A}{S}\right)(Z)^{-0.75} \quad \cdots\cdots\cdots\cdots\cdots\cdots\cdots\cdots\cdots\cdots\cdots (18\cdot19)$$

式（18・19）が設計に用いる一般式である。

### 18・5 空気流れの圧力損失 $\Delta P$

圧力損失を生じる箇所として多孔板，泡沫層，管群，エリミネータの4箇所が考えられるが，管群およびエリミネータの圧力損失は小さいので無視し，結局全圧力損失は多孔板のみの圧力損失 $\Delta P_p$ と泡沫層の圧力損失の和であると考えてさしつかえない。

水科ら[2]は多孔板の圧力損失として，次式を提出している。

$$\Delta P_p = 5.88 \times 10^{-7} \left(\frac{W_A}{\beta}\right)^2 \quad \cdots\cdots\cdots\cdots\cdots\cdots\cdots\cdots\cdots\cdots\cdots (18\cdot20)$$

式（18・20）は泡沫層の断面積 $S=0.094$〔m²〕のものについての実験式であるので，これを他の断面積の場合にも適用できるように一般化すると，

$$\Delta P_p = 5.88 \times 10^{-7} \left(\frac{0.094}{S}\right)^2 \left(\frac{W_A}{\beta}\right)^2$$

$$= 5.2 \times 10^{-9} \left(\frac{W_A}{S \cdot \beta}\right)^2 \quad \cdots\cdots\cdots\cdots\cdots\cdots\cdots\cdots\cdots\cdots\cdots (18\cdot21)$$

　　　適用範囲は　　$0.0317 < \beta < 0.108$

ここで，

　　$\Delta P_p$：多孔板での圧力損失〔Kg/m²〕

　　$\beta$：多孔板の開口面積比〔—〕

泡沫層を含めた全圧力損失 $\Delta P$ は，近似的に次式で与えられる。

$$\Delta P = \Delta P_p + 1,000Z \quad \cdots\cdots\cdots\cdots\cdots\cdots\cdots\cdots\cdots\cdots\cdots (18\cdot22)$$

ここで $Z$〔m〕はせきの高さ（泡沫層の高さに等しい）である。実際は多孔板上にある気泡を含まない静止液の高さにすべきであるが，余裕を見てせき高さとしたものである。

ここで，$\Delta P$ は全圧力損失〔Kg/m²〕である。

## 18・6 損失水量

損失水量は水の蒸発量と飛沫同伴量とを加えたものである。水の蒸発量は空気の出入口状態での絶対湿度（図17・28参照）から容易に求めることができる。飛沫同伴は装置の上部にエリミネータを設けて，系外への放出を防いでも，なお蒸発量の 30～40% はエリミネータを通って系外へと排出される[2]。

## 18・7 設計例

〔例題 18・1〕 70〔℃〕の硫酸銅水溶液 10,000〔kg/hr〕を，50〔℃〕まで冷却する泡沫接触式熱交換器を設計する。ただし，空気の入口状態は，湿球温度 26.8〔℃〕，乾球温度 29〔℃〕とし，また硫酸銅水溶液の濃度は稀薄であるので，その物性は水と等しいと見なしてよいものとする。

〔解〕
(1) 熱収支および物質収支

伝熱量 $Q$

$$Q = WC(T_1 - T_2) = 10,000(1)(70-50)$$
$$= 200,000 \text{ [kcal/hr]}$$

冷却器入口での空気のエンタルピ $i_1$ は，その湿球温度が 26.8〔℃〕，乾球温度が 29〔℃〕であるから，湿り空気線図（図 17・28）から

$$i_1 = 20.0 \text{ [kcal/kg·dry air]}$$

また，その絶対湿度 $x_1$ は

$$x_1 = 0.0215 \text{ [kg/kg·dry air]}$$

空気流量（乾き空気）$W_A$ を，管内流体の水当量（$WC$）の2倍とする。

$$W_A = 10,000 \times 1 \times 2 = 20,000 \text{ [kg·dry air/hr]}$$

冷却器出口での空気のエンタルピ $i_2$ は，

$$i_2 = i_1 + Q/W_A = 20.0 + 200,000/20,000$$
$$= 30 \text{ [kcal/kg·dry air]}$$

冷却器出口での空気の状態は，飽和湿り空気と見なすことができるので，その絶対湿度 $x_2$ は，表 12・3 より

$$x_2 = 0.0354 \text{ [kg/kg·dry air]}$$

したがって，管外冷却水の蒸発量は

$$W_A \cdot (x_2 - x_1) = 20,000(0.0354 - 0.0215) = 278 \text{ [kg/hr]}$$

蒸発量の 50% がミストとして飛沫同伴し，また蒸発量の 50% をブローダウンするものとすると，必要補給水量は，

$$278 \times 2 = 556 \text{ [kg/hr]}$$

(2) 泡沫接触式熱交換器の断面積 $S$: 空気の空塔速度を 4.0 [m/sec] とする。空気の密度は 1.10 [kg/m³] であるから，
$$S=\frac{20,000}{1.10\times 3,600\times 4}=1.26\ [\text{m}^2]$$
伝熱管として外径 $D_o=0.0250$ [m]，内径 $D_i=0.0208$ [m]，長さ $L=2$ [m] のアルブラック管を使用し，管配列はピッチ $P_t=0.05$ [m] 3角錯列配置とする。
冷却器の幅 $B$ は
$$B=\frac{S}{L}=\frac{1.26}{2}=0.63\ [\text{m}]$$
管列あたりの管数 $n_H$ は
$$n_H=\frac{B}{P_t}-1=\frac{0.63}{0.05}-1=11\ [\text{本}]$$
(3) 管内側，硫酸銅水溶液の境膜伝熱係数 $h_i$: 管内1パスあたりの管数を 11本 (1列/1パス) とする。
管内流速 $u_i$
$$u_i=\frac{10,000}{11\times(\pi/4)\times(0.0208)^2\times 3,600\times 1,000}$$
$$=0.75\ [\text{m/sec}]$$
図 8·8 から，硫酸銅水溶液の平均温度 60 [°C] に対して
$$h_i=4,000\ [\text{kcal/m}^2\cdot\text{hr}\cdot\text{°C}]$$
(4) 管金属の伝熱抵抗
$$\left(\frac{D_o}{D_m}\right)\left(\frac{t_s}{\lambda}\right)=\frac{0.025}{0.0229}\left(\frac{0.0021}{100}\right)=0.000023\ [\text{m}^2\cdot\text{hr}\cdot\text{°C/kcal}]$$
(5) 汚れ係数
管外側汚れ係数 $r_o=0.0002$ [m²·hr·°C/kcal]
管内側汚れ係数 $r_i=0.0002$ [m²·hr·°C/kcal]
とする。
(6) 管外壁と泡沫層との間の境膜伝熱係数 $h_f$
$h_f=6,000$ [kcal/m²·hr·°C] とする。
(7) 伝熱管内流体から管外泡沫層冷却までの総括伝熱係数 $U$
$$\frac{1}{U}=\frac{1}{h_i}\left(\frac{D_o}{D_i}\right)+r_i\left(\frac{D_o}{D_i}\right)+\frac{t_s}{\lambda}\left(\frac{D_o}{D_m}\right)+r_o+\frac{1}{h_f}$$
$$=\frac{1}{4,000}\left(\frac{0.0250}{0.0208}\right)+0.0002\left(\frac{0.0250}{0.0208}\right)+0.000023$$
$$+0.0002+\frac{1}{6,000}=0.000929$$
$$U=1,070\ [\text{kcal/m}^2\cdot\text{hr}\cdot\text{°C}]$$
(8) 泡末接触式熱交換器の単位容積あたりの伝熱管の伝熱面積 $a'$: 伝熱管配列を3角錯列配置とするので，

$$a' = \frac{n_H \cdot \pi D_o \cdot L}{S \cdot (\sqrt{3}/2) P_t} = \frac{11 \times 3.14 \times 0.025 \times 2}{1.26 \times (1.732/2) \times 0.050}$$

$$= 31.8 \ [\text{m}^2/\text{m}^3]$$

**(9) 泡沫層冷却水から空気への総括物質移動係数 $K_{og}a$:** 泡沫層の高さ（せきの高さ）$Z = 0.2$ [m] と仮定すると，式（18・19）より

$$K_{og}a = 3.0 \left(\frac{W_A}{S}\right)(Z)^{-0.75}$$

$$= 3.0 \left(\frac{20,000}{1.26}\right)(0.2)^{-0.75} = 159,000 \ [\text{kg/m}^3 \cdot \text{hr} \cdot \Delta i]$$

**(9) 必要管列数 $N$**

$$\left(\frac{W_A}{WC}\right)\left(\frac{U \cdot a'}{K_{og}a}\right) = \left(\frac{20,000}{10,000 \times 1}\right)\left(\frac{1,070 \times 31.8}{159,000}\right) = 0.426$$

式（18・7）から

$$\left(\frac{T_1 - t}{T_2 - t}\right) = \left(\frac{i^* - i_1}{i^* - i_2}\right)^{0.426}$$

いま $t = 35.5$ [℃] と仮定すると，表 17・3 から $i^* = 31.59$

$$\left(\frac{T_1 - t}{T_2 - t}\right) = \left(\frac{70 - 35.5}{50 - 35.5}\right) = 2.38$$

$$\left(\frac{i^* - i_1}{i^* - i_2}\right)^{0.59} = \left(\frac{31.59 - 20.0}{31.59 - 30.0}\right)^{0.426} = 2.33 \fallingdotseq 2.38$$

したがって，仮定した泡沫層冷却水の温度 $t = 35.5$ [℃] は正しいことになる。
式（18・5）から，必要泡沫層高さ $Z$ は

$$Z = \frac{W \cdot C}{U \cdot a' \cdot S} \cdot \ln\left(\frac{T_1 - t}{T_2 - t}\right) = \frac{10,000 \times 1}{1,070 \times 31.8 \times 1.26} \cdot \ln(2.38) = 0.202 \ [\text{m}]$$

したがって，(9) で仮定した $Z$ の値はほぼ正しかったことになる。
必要管数 $N$

$$N = \frac{Z}{(\sqrt{3}/2)P_t} = \frac{0.202}{(1.732/2) \times 0.05} = 4.55$$

したがって，$N = 5$ [列] とする。

**(10) 空気流れの圧力損失：** 多孔板の開口比 $\beta = 0.1$，孔径 $d = 0.005$ [m] とする。

式（18・21）から，多孔板での圧力損失 $\Delta P_p$ は

$$\Delta P_p = 5.2 \times 10^{-9} \left(\frac{W_A}{S \cdot \beta}\right)^2 = 5.2 \times 10^{-9} \left(\frac{20,000}{1.26 \times 0.1}\right)^2$$

$$= 132 \ [\text{Kg/m}^2]$$

式（18・22）から，全圧力損失 $\Delta P$ は

$$\Delta P = \Delta P_p + 1,000Z = 132 + 202 = 334 \ [\text{Kg/m}^2]$$

〔**例題 18・2**〕 管内側に水蒸気を流して凝縮させる泡沫接触式熱交換器において，凝縮温度 $T = 60$ [℃]，空気入口エンタルピ $i_1 = 20.0$ [kcal/kg・dry air]，空気出口エンタル

ピ $i_2=30.0$ [kcal/kg・dry air], 総括伝熱係数 $U=1{,}000$ [kcal/m²・hr・°C], 総括物質移動係数 $K_{og}a=159{,}000$ [kg/m³・hr・$\Delta i$], 泡沫層の単位容積あたりの伝熱管の伝熱面積 $a'=31.8$ [m²/m³] としたときの泡沫層冷却水温度 $t$ を求めよ。

〔解〕 $t=36.0$ 〔°C〕 と仮定

表 17・3 から $i^*=32.40$

式 (18・16) の左辺

$$\left(\frac{K_{og}a}{U\cdot a'}\right)\left(\frac{i_2-i_1}{T-t}\right)=\left(\frac{159{,}000}{1{,}000\times 31.8}\right)\left(\frac{30-20}{60-36}\right)=2.08$$

式 (18・16) の右辺

$$\ln\left(\frac{i^*-i_1}{i^*-i_2}\right)=\ln\left(\frac{32.40-20.0}{32.40-30.0}\right)=1.64\neq 2.08$$

$t=35.5$ 〔°C〕 と仮定

表 17・3 から $i^*=31.59$

$$\left(\frac{K_{og}a}{U\cdot a'}\right)\left(\frac{i_2-i_1}{T-t}\right)=\left(\frac{159{,}000}{1{,}000\times 31.8}\right)\left(\frac{30-20}{60-35.5}\right)=2.04$$

$$\ln\left(\frac{i^*-i_1}{i^*-i_2}\right)=\ln\left(\frac{31.59-20.0}{31.59-30.0}\right)=1.98\fallingdotseq 2.08$$

したがって, 泡沫層冷却水温度 $t\fallingdotseq 35.5$ 〔°C〕 とみなすことができる。

# 第19章 多重円筒式熱交換器の設計法

## 19・1 特徴

多重円筒式熱交換器は図 19・1 に示すように，多数の同芯円筒の両端を交互に連結した熱交換器で，熱交換を行なう流体は円筒状の邪魔板によって伝熱面に沿って流れるようになっている[1]。

小流量の流体の熱交換を行なうとき，普通の多管式熱交換器では，胴側の流速が小さくなりすぎて伝熱係数が小さくなり，大きい伝熱面積が必要となり，また二重管式熱交換器では，伝熱係数は大きくなるが，伝熱面積あたりの価格が高いので不経済となる欠点がある。ところが，多重円筒式熱交換器は，小流量の流体の熱交換に対しても，高い伝熱係数が得られるように設計することが可能で，しかも非常に安価に製作することができるという長所をもっている。そのため，この型式の熱交換器は，液-液の熱交換用として広く用いられる。

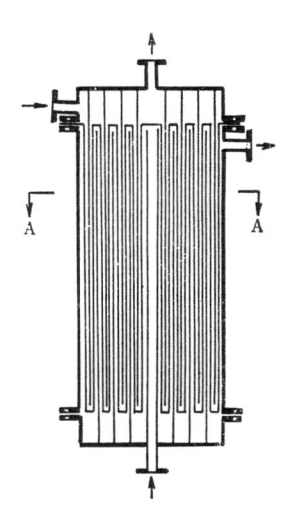

## 19・2 基本伝熱式

図 19・2 に示すような伝熱円筒数が6個の場合を例にとって，その基本伝熱式を導く。

いま，流体 A の温度を $t$，流量を $w$，比熱を $c$，流体 B の温度を $T$，熱量を $W$，比熱を $C$ で表わし，流路 1, 2, 3, ……での温度を $T_1, T_2, t_3, t_4, T_5$……で表わし，総括伝熱係数 $U$ の値が熱交換器全体にわたり一定と仮定すると，

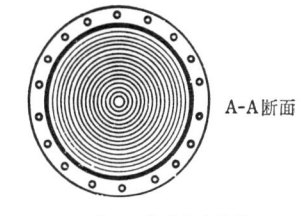

図 19・1 多重円筒式熱交換器

熱移動式から

$$WC \cdot dT_1 = -U\pi D_0(T_1 - T_2) \cdot dx$$

$$WC \cdot dT_2 = -U\pi D_0(T_1 - T_2) \cdot dx + U\pi D_1(T_2 - t_3) \cdot dx$$

---

1) Tudose. R.Z : International Chem. Eng., vol. 6, No. 3, pp. 417～421 (1966)

## 19・2 基本伝熱式

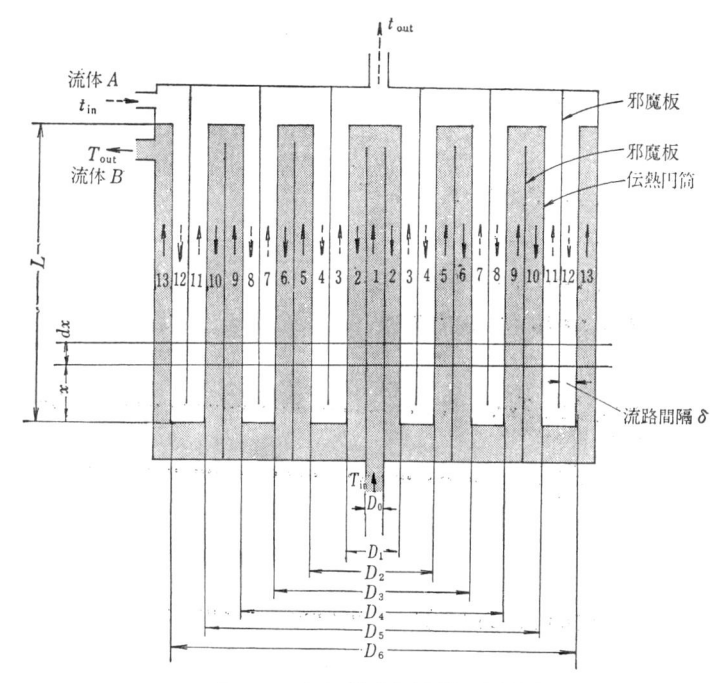

図 19・2 多重円筒式熱交換器の流路構成

$$WC \cdot dT_5 = -U\pi D_2(T_5-t_4)\cdot dx - U\pi\Big(\frac{D_2+D_3}{2}\Big)(T_5-T_6)\cdot dx$$

$$WC \cdot dT_6 = -U\pi\Big(\frac{D_2+D_3}{2}\Big)(T_5-T_6)\cdot dx + U\pi D_3(T_6-t_7)\cdot dx$$

$$WC \cdot dT_9 = -U\pi D_4(T_9-t_8)\cdot dx - U\pi\Big(\frac{D_4+D_5}{2}\Big)(T_9-T_{10})\cdot dx$$

$$WC \cdot dT_{10} = -U\pi\Big(\frac{D_4+D_5}{2}\Big)(T_9-T_{10})\cdot dx + U\pi D_5(T_{10}-t_{11})\cdot dx$$

$$WC \cdot dT_{13} = -U\pi D_6(T_{13}-t_{12})\cdot dx$$

$$wc \cdot dt_3 = U\pi D_1(T_2-t_3)\cdot dx - U\pi\Big(\frac{D_1+D_2}{2}\Big)(t_3-t_4)\cdot dx$$

$$wc \cdot dt_4 = -U\pi\Big(\frac{D_1+D_2}{2}\Big)(t_3-t_4)\cdot dx - U\pi D_2(T_5-t_4)\cdot dx$$

$$wc \cdot dt_7 = U\pi D_3(T_6-t_7)\cdot dx - U\pi\Big(\frac{D_3+D_4}{2}\Big)(t_7-t_8)\cdot dx$$

$$wc \cdot dt_8 = -U\pi\Big(\frac{D_3+D_4}{2}\Big)(t_7-t_8)\cdot dx - U\pi D_4(T_9-t_8)\cdot dx$$

$$wc \cdot dt_{11} = U\pi D_5(T_{10}-t_{11})\cdot dx - U\pi\left(\frac{D_5+D_6}{2}\right)(t_{11}-t_{12})\cdot dx$$

$$wc \cdot dt_{12} = -U\pi\left(\frac{D_5+D_6}{2}\right)(t_{11}-t_{12})\cdot dx - U\pi D_6(T_{13}-t_{12}) \quad \cdots\cdots(19\cdot1)$$

境界条件は

$x=0 : T_1=T_{in},\ T_2=T_5,\ T_6=T_9,\ T_{10}=T_{13}$

$\quad t_3=t_4,\ t_7=t_8,\ t_{11}=t_{12}$

$x=L : T_1=T_2,\ T_5=T_6,\ T_9=T_{10},\ T_{13}=T_{out}$

$\quad t_3=t_{out},\ t_4=t_7,\ t_8=t_{11},\ t_{12}=t_{in}$

いま，

$$R_A = \frac{wc}{WC} = \frac{T_{in}-T_{out}}{t_{out}-t_{in}} \quad \cdots\cdots(19\cdot2)$$

$$(NTU)_A = \frac{U\cdot A}{w\cdot c} \quad \cdots\cdots(19\cdot3)$$

とおく。

伝熱面積 $A$ は

$$A = \pi(D_2+D_3+D_4+D_5+D_6)L \quad \cdots\cdots(19\cdot4)$$

したがって

$$dx = \frac{dA}{\pi(D_2+D_3+D_4+D_5+D_6)} \quad \cdots\cdots(19\cdot5)$$

式 (19・3) を微分して

$$dA = \frac{w\cdot c}{U}\cdot d(NTU)_A \quad \cdots\cdots(19\cdot6)$$

式 (19・5) と (19・6) から

$$dx = \frac{1}{\pi(D_2+D_3+D_4+D_5+D_6)}\cdot\frac{w\cdot c}{U}\cdot d(NTU)_A \quad \cdots\cdots(19\cdot7)$$

いま，

$$M = D_2+D_3+D_4+D_5+D_6 \quad \cdots\cdots(19\cdot8)$$

とおけば

$$dx = \frac{wc}{\pi MU}\cdot d(NTU)_A \quad \cdots\cdots(19\cdot9)$$

式 (19・9) を式 (19・1) に代入して

$$dT_1 = -(D_0/M)(T_1-T_2)R_A\cdot d(NTU)_A$$

$$dT_2 = -(D_0/M)(T_1-T_2)R_A\cdot d(NTU)_A + (D_1/M)(T_2-t_3)R_A\cdot d(NTU)_A$$

$$dT_5 = -\left(\frac{D_0}{M}\right)(T_5-t_4)R_A \cdot d(NTU)_A - \left(\frac{D_2+D_3}{2M}\right)(T_5-T_6)R_A \cdot d(NTU)_A$$

$$dT_6 = -\left(\frac{D_2+D_3}{2M}\right)(T_5-T_6)R_A \cdot d(NTU)_A + \left(\frac{D_3}{M}\right)(T_6-t_7)R_A \cdot d(NTU)_A$$

$$dT_9 = -\left(\frac{D_4}{M}\right)(T_9-t_8)R_A \cdot d(NTU)_A - \left(\frac{D_4+D_5}{2M}\right)(T_9-T_{10})R_A \cdot d(NTU)_A$$

$$dT_{10} = -\left(\frac{D_4+D_5}{2M}\right)(T_9-T_{10})R_A \cdot d(NTU)_A + \left(\frac{D_5}{M}\right)(T_{10}-t_{11})R_A \cdot d(NTU)_A$$

$$dT_{13} = -(D_6/M)(T_{13}-t_{12})R_A \cdot d(NTU)_A$$

$$dt_3 = \left(\frac{D_1}{M}\right)(T_2-t_3) \cdot d(NTU)_A - \left(\frac{D_1+D_2}{2M}\right)(t_3-t_4) \cdot d(NTU)_A$$

$$dt_4 = -\left(\frac{D_1+D_2}{2M}\right)(t_3-t_4) \cdot d(NTU)_A - \left(\frac{D_2}{M}\right)(T_5-t_4) \cdot d(NTU)_A$$

$$dt_7 = \left(\frac{D_3}{M}\right)(T_6-t_7) \cdot d(NTU)_A - \left(\frac{D_3+D_4}{2M}\right)(t_7-t_8) \cdot d(NTU)_A$$

$$dt_8 = -\left(\frac{D_3+D_4}{2M}\right)(t_7-t_8) \cdot d(NTU)_A - \left(\frac{D_4}{M}\right)(T_9-t_8) \cdot d(NTU)_A$$

$$dt_{11} = \left(\frac{D_5}{M}\right)(T_{10}-t_{11}) \cdot d(NTU)_A - \left(\frac{D_5+D_6}{2M}\right)(t_{11}-t_{12}) \cdot d(NTU)_A$$

$$dt_{12} = -\left(\frac{D_5+D_6}{2M}\right)(t_{11}-t_{12}) \cdot d(NTU)_A - \left(\frac{D_6}{M}\right)(T_{13}-t_{12}) \cdot d(NTU)_A$$

$$\cdots\cdots(19\cdot10)$$

境界条件は

$(NTU)_A = 0 : T_1 = T_{in}, \ T_2 = T_5, \ T_6 = T_9, \ T_{10} = T_{13}$

$\qquad\qquad t_3 = t_4, \ t_7 = t_8, \ t_{11} = t_{12}$

$(NTU)_A = (NTU)_A : T_1 = T_2, \ T_5 = T_6, \ T_9 = T_{10}, \ T_{13} = T_{out}$

$\qquad\qquad t_3 = t_{out}, \ t_4 = t_7, \ t_8 = t_{11}, \ t_{12} = t_{in}$

いま

$\quad D_0 = 0.10 \text{[m]}, \ D_1 = 0.12 \text{[m]}, \ D_2 = 0.16 \text{[m]}, \ D_3 = 0.20 \text{[m]},$

$\quad D_4 = 0.24 \text{[m]}, \ D_5 = 0.28 \text{[m]}, \ D_6 = 0.32 \text{[m]}$

の場合について，式 (19・10) を電算機を用いて数値計算し，温度効率線図の形にまとめて図 19・3 に示した。ここで

$$E_A = \frac{t_2-t_1}{T_1-t_1} \quad\cdots\cdots\cdots\cdots\cdots\cdots\cdots\cdots\cdots\cdots\cdots\cdots\cdots(19\cdot11)$$

この図は伝熱円筒数が 6 個の場合のもので，伝熱円筒数が 6 個以外のときの温度効率線

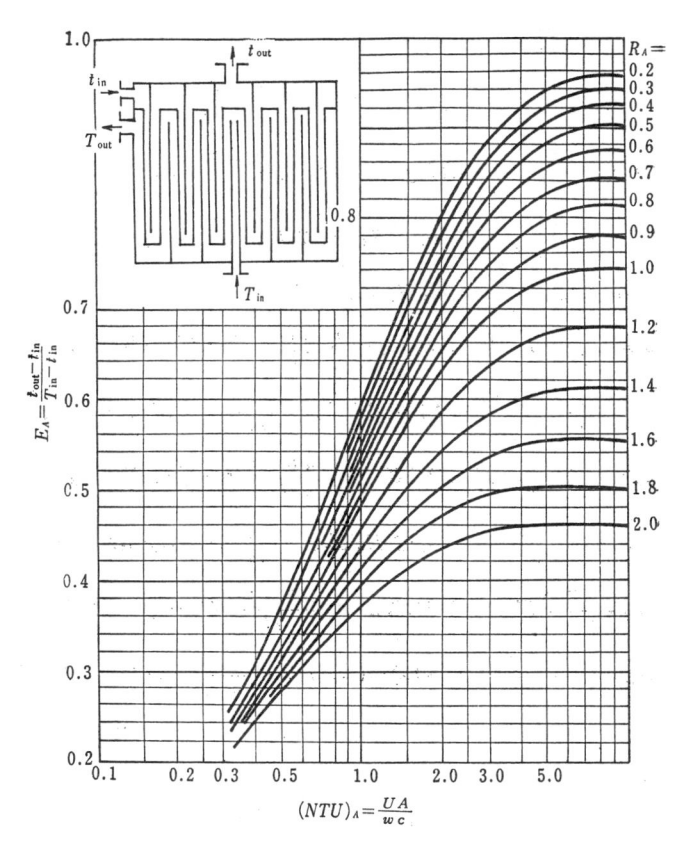

図 19・3 多重円筒式熱交換器の温度効率

図はこの図から多少はずれるが，実用的には伝熱円筒数が 6 個以上の場合にも，図 19・3 を用いてもさしつかえない．

## 19・3 境膜伝熱係数 $h$

多重円筒式熱交換器は 液-液熱交換器 として用いられるので，相変化を伴なわない強制対流伝熱係数のみについて述べる．

$$h = j_H \left(\frac{k}{D_e}\right)\left(\frac{C \cdot \mu}{k}\right)^{1/3}\left(\frac{\mu}{\mu_w}\right)^{0.14} \quad \cdots\cdots\cdots (19 \cdot 12)$$

ここで，

　　$h$：境膜伝熱係数〔kcal/m²・hr・°C〕

$k$：流体の熱伝導率〔kcal/m・hr・°C〕
$D_e$：流路の相当径$=2\delta$〔m〕
$\delta$：流路間隔〔m〕
$C$：流体の比熱〔kcal/kg・°C〕
$\mu$：流体の粘度〔kg/m・hr〕
$\mu_w$：伝熱円筒壁面温度における流体粘度〔kg/m・hr〕
$j_H$：伝熱因子で，Reynolds 数 $Re=D_e\cdot G/\mu$ の関数として図 8・6 より求まる。
$G$：流体の質量速度〔kg/m²・hr〕

一般の多重円筒式熱交換器では，流路間隔 $\delta$ を一定にとるので，質量速度 $G$ が内側円筒から外側円筒にいくに従って変わることになり，したがって境膜伝熱係数 $h$ も変わることになる。したがって，設計に際しては，内側円筒での境膜伝熱係数と外側円筒での境膜伝熱係数の平均値を用いる必要がある。

## 19・4 圧力損失 $\Delta P_t$

全圧力損失は，伝熱円筒直管部での摩擦損失 $\Delta P_f$ と伝熱円筒を流出して，次の伝熱円筒に流入するまでの方向変換圧力損失 $\Delta P_r$ とからなる。

摩擦損失 $\Delta P_f$

$$\Delta P_f = \frac{4f}{2g_c}\cdot\frac{G^2}{\rho}\cdot\frac{L}{D_e}\cdot\left(\frac{\mu_w}{\mu}\right)^{0.14} \quad\cdots\cdots\cdots\cdots\cdots\cdots(19\cdot13)$$

ここで，

$\Delta P_f$：1 流路あたりの摩擦損失〔Kg/m²〕

$g_c$：重力の換算係数$=1.27\times10^8$〔Kg・m/kg・hr²〕

$f$：摩擦損失で Reynolds 数 $Re=D_e\cdot G/\mu$ の関数として図 11・32 より求まる。

$L$：伝熱円筒の長さ（図 19・2 参照）〔m〕

$\rho$：流体の密度〔kg/m³〕

方向変換の圧力損失 $\Delta P_r$

流路あたりの方向変換圧力損失（流路出口圧力損失＋方向変換圧力損失）は，速度水頭の 4 倍と見なして

$$\Delta P_r = \frac{4}{2g_c}\cdot\frac{G^2}{\rho} \quad\cdots\cdots\cdots\cdots\cdots\cdots\cdots\cdots\cdots(19\cdot14)$$

流路あたりの全圧力損失 $\Delta P_t$ は，

$$\Delta P_t = \Delta P_f + \Delta P_r \quad \cdots\cdots\cdots\cdots\cdots\cdots\cdots\cdots\cdots\cdots\cdots\cdots\cdots\cdots\cdots (19\cdot15)$$

内側円筒から外側円筒に行くに従ってその質量速度 $G$ が変わるので，熱交換器全体の圧力損失の計算は，各流路での全圧力損失を式(19・15)で計算し，これを熱交換器全体にわたり加算する方法を用いなければならない。

## 19・5 伝熱円筒数 $n$

図 19・4 において，

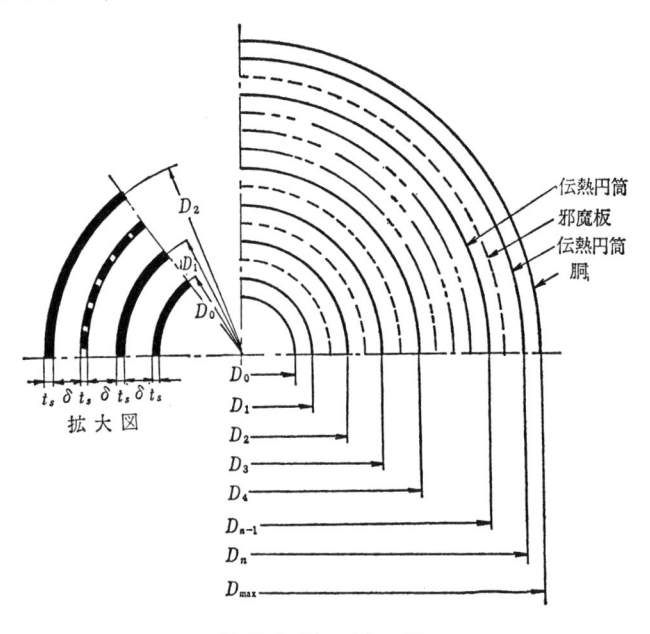

図 19・4 断 面 図

$D_1 = D_o + 2(t_s + \delta)$

$D_2 = D_1 + 4(t_s + \delta)$

$D_3 = D_2 + 4(t_s + \delta)$

$\cdots\cdots\cdots\cdots\cdots\cdots$

$$D_n = D_{n-1} + 4(t_s + \delta) \quad \cdots\cdots\cdots\cdots\cdots\cdots\cdots\cdots\cdots\cdots\cdots\cdots\cdots (19\cdot16)$$

したがって

$$D_n = D_o + 2(t_s + \delta) + 4(n-1)(t_s + \delta) \quad \cdots\cdots\cdots\cdots\cdots\cdots\cdots (19\cdot17)$$

また，熱交換器の外径 $D_{\max}$ は，

$$D_{max}=D_o+4n(t_s+\delta)+t_s \quad \cdots\cdots(19\cdot18)$$

伝熱面積 $A$ は

$$A=\pi L(D_1+D_2+D_3+\cdots\cdots+D_n)$$
$$=\pi Ln[D_o+2(t_s+\delta)+2(n-1)(t_s+\delta)]$$
$$=\pi Ln[D_o+2n(t_s+\delta)] \quad \cdots\cdots(19\cdot19)$$

いま,熱交換器の外径 $D_{max}$ と長さ $L$ との比を $q$ とおくと,

$$L/D_{max}=q \quad \cdots\cdots(19\cdot20)$$

式 (19·18) の右辺第3項を無視して,式 (19·18), (19·19), (19·20) から

$$A=\pi n q[D_o+4n(t_s+\delta)][D_o+2n(t_s+\delta)] \quad \cdots\cdots(19\cdot21)$$

伝熱面積 $A$, 熱交換器の外径と長さの比 $q$, 伝熱円筒管の厚さ $t_s$ および間隔 $\delta$ が定まると,式 (19·21) から必要伝熱円筒数 $n$ が求まることになる。

## 19·6 設計例

〔例題 19·1〕 ケロシン冷却器の設計

API 40° のケロシン 2,000 [kg/hr] を, 100 [°C] から 50 [°C] まで冷却する多重円筒式熱交換器を設計する。ただし,冷却水入口温度を 30 [°C], 出口温度を 40 [°C] とする。

〔解〕

(1) **熱および物質収支**: ケロシンの比熱 $C_1=0.53$ [kcal/kg·°C] であるから,

伝熱量 $Q=2,000\times0.53\times(100-50)=53,000$ [kcal/hr]

冷却水量 $w=53,000/(40-30)=5,300$ [kg/hr]

(2) **概略寸法**: $U=200$ [kcal/m²·hr·°C] と仮定する。

$$E_A=\frac{t_2-t_1}{T_1-t_1}=\frac{40-30}{100-30}=0.143$$

$$R_A=\frac{T_1-T_2}{t_2-t_1}=\frac{100-50}{40-30}=5.0$$

図 19·3 には $R_A>2.0$ の線図は省略してあるが, $R_A$ の代りに $R_B$ を $E_A$ の代りに $E_B$ の値を用いれば, $(NTU)_A$ の代りに $(NTU)_B$ が求まることになる。

$$E_B=E_A\cdot R_A=0.143\times5=0.715$$
$$R_B=1/R_A=1/5=0.2$$

図 19·3 から

$$(NTU)_B=(UA)/(WC)=1.5$$

したがって,伝熱面積 $A$ は

$$A = (NTU)_B \cdot \frac{WC}{U} = 1.5 \times \frac{2,000 \times 0.53}{350} = 4.55 \ [\text{m}^2]$$

いま，伝熱管円筒の厚み $t_s=0.0012$ [m]，流路間隔 $\delta=0.005$ [m]，熱交換器の外径と長さの比 $q=2.8$，ケロシン入口管径 $D_o=0.05$ [m] とする。伝熱管円筒数 $n=10$ と仮定すると，式 (19・21) から

$$A = \pi n q [D_o + 4n(t_s+\delta)][D_o + 2n(t_s+\delta)]$$
$$= 3.14 \times 10 \times 2.8 \times [0.050 + 4 \times 10 \times (0.0012 + 0.005)]$$
$$\times [0.050 + 2 \times 10 \times (0.0012 + 0.005)]$$
$$= 4.6 \ [\text{m}^2] \fallingdotseq 4.55 \ [\text{m}^2]$$

したがって，伝熱円筒数 $n=10$，$q=2.5$ はほぼ妥当である。

熱交換器の外径は式 (19・18) から

$$D_{\max} = D_o + 4n(t_s+\delta) + t_s$$
$$= 0.05 + 4 \times 10 \times (0.0012 + 0.005) + 0.0012$$
$$= 0.2992 \ [\text{m}]$$

熱交換器の長さ $L$ は式 (19・19) から

$$L = \frac{A}{\pi n [D_o + 2n(t_s+\delta)]}$$
$$= \frac{4.55}{3.14 \times 10 \times [0.05 + 2 \times 10 (0.0012 + 0.005)]} = 0.83 \ [\text{m}]$$

**(3) 流体中心温度 $T_c$, $t_c$：** 図 3・161 よりケロシンに対して，$C$-FACTOR$=0.15$

高温端で，温度差 $\Delta t_h = (T_1 - t_2) = (100 - 40) = 60$ [°C]

低温端で，温度差 $\Delta t_c = (T_2 - t_1) = (50 - 30) = 20$ [°C]

$\Delta t_c / \Delta t_h = 20/60 = 0.333$

図 3・161 から $F_c = 0.40$

$T_1 > t_2$ であるので，式 (3・271)，(3・272) を用いて

$T_c = T_2 + F_c(T_1 - T_2) = 50 + 0.4(100 - 50) = 70$ [°C]

$t_c = t_1 + F_c(t_2 - t_1) = 30 + 0.4(40 - 30) = 34$ [°C]

**(4) ケロシン側境膜伝熱係数 $h_1$：** 内側円筒（流路2）において

流路面積 $a$

$$a = \frac{\pi}{4}[(D_1 - t_s)^2 - (D_o + t_s)^2]$$
$$= \frac{\pi}{4}[(D_o + 2\delta + t_s)^2 - (D_o + t_s)^2]$$
$$= \frac{\pi}{4}[(0.05 + 2 \times 0.005 + 0.0012)^2 - (0.05 + 0.0012)^2]$$
$$= 8.55 \times 10^{-4} \ [\text{m}^2]$$

質量速度 $G$

$$G = W/a = 2,000/(8.55 \times 10^{-4})$$

$= 2.34 \times 10^6$ [kg/m²・hr]

流体中心温度 $T_c=70$ [°C] におけるケロシンの粘度 $\mu$ は,
$\mu=3.28$ [kg/m・hr]

相当径 $D_e=2\delta=2\times 0.005=0.010$

Reynolds 数 $Re$
$Re=D_e G/\mu=0.01\times 2.34\times 10^6/3.28=7,150$

$\dfrac{L}{D_e}=\dfrac{0.83}{0.01}=83$

図 8・6 から $j_H=28$

壁面温度を 39 [°C] と仮定すると $\mu_w=4.8$ [kg/m・hr]

式 (19・12) から
$$h_1 = j_H \left(\dfrac{k}{D_e}\right)\left(\dfrac{C \cdot \mu}{k}\right)^{1/3}\left(\dfrac{\mu}{\mu_w}\right)^{0.14}$$
$$=28\times\left(\dfrac{0.120}{0.010}\right)\left(\dfrac{0.53\times 3.28}{0.120}\right)^{1/3}\left(\dfrac{3.28}{4.8}\right)^{0.14}$$
$$=770 \text{ [kcal/m²・hr・°C]}$$

外側円筒（流路 21）において
$$D_{10}=D_o+2(t_s+\delta)+4(n-1)(t_s+\delta)$$
$$=0.05+2(0.0012+0.005)+4\times 9\times(0.0012+0.005)$$
$$=0.279 \text{ [m]}$$

流量面積 $a$
$$a=\dfrac{\pi}{4}[(D_{10}+2\delta+t_s)^2-(D_{10}+t_s)^2]$$
$$=0.0045 \text{ [m²]}$$

質量速度 $G$
$G=2,000/0.0045=4.45\times 10^{-5}$ [kg/m²・hr]

Reynolds 数 $Re$
$Re=D_e G/\mu=0.01\times 4.45\times 10^5/3.28=1,360$

図 8・6 から $j_H=5$

境膜伝熱係数は
$$h_1=5\times\left(\dfrac{0.120}{0.010}\right)\left(\dfrac{0.53\times 3.28}{0.120}\right)^{1/3}\left(\dfrac{3.28}{5.2}\right)^{0.14}$$
$$=138 \text{ [kcal/m²・hr・°C]}$$

熱交換器全体の平均は
$$h_1=\dfrac{770+138}{2}=454 \text{ [kcal/m²・hr・°C]}$$

（5） **冷却水側の境膜伝熱係数 $h_2$**： 内側円筒（流路 3）において,
$D_1=D_o+2(t_s+\delta)=0.0624$

流路面積 $a$

$$a = \frac{\pi}{4}[(D_1+2\delta+t_s)^2-(D_1+t_s)^2] = 1.075\times10^{-3}\,[\text{m}^2]$$

質量速度 $G$

$$G = 5,300/(1.075\times10^{-3}) = 4.90\times10^6\,[\text{kg/m}^2\cdot\text{hr}]$$

冷却水の中心温度 $t_c=34\,[^\circ\text{C}]$ における粘度 $\mu=2.88\,[\text{kg/m}\cdot\text{hr}]$

したがって, Reynolds 数 $Re$

$$Re = 0.01\times4.90\times10^6/3.28 = 14,900$$

図 8·6 から $j_H=50$

$\left(\dfrac{\mu}{\mu_w}\right)^{0.14}=1.0$ と仮定して

$$h_2 = 50\times\left(\frac{0.52}{0.010}\right)\left(\frac{1.0\times2.88}{0.52}\right)^{1/3}\times1$$
$$= 4,600\,[\text{kcal/m}^2\cdot\text{hr}\cdot^\circ\text{C}]$$

外側円筒（流路 20）において

$$a = \frac{\pi}{4}[(D_{10}-t_s)^2-(D_{10}-2\delta-t_s)^2]$$
$$= 0.00428\,[\text{m}^2]$$

質量速度 $G$

$$G = 5,300/0.00428 = 1.24\times10^6$$

Reynolds 数

$$Re = 0.01\times1.24\times10^6/3.28 = 3,800$$

図 8·6 から $j_H=12$

$$h_2 = 12\times\left(\frac{0.52}{0.010}\right)\left(\frac{1.0\times2.88}{0.52}\right)^{1/3}\times1$$
$$= 1,100\,[\text{kcal/m}^2\cdot\text{hr}\cdot^\circ\text{C}]$$

熱交換器全体の平均は

$$h_2 = \frac{4,600+1,100}{2} = 2,850\,[\text{kcal/m}^2\cdot\text{hr}\cdot^\circ\text{C}]$$

**（6）総括伝熱係数 $U$：** 伝熱円筒として SUS 27 板を用いるものとすると，その熱伝導率 $\lambda=14\,[\text{kcal/m}\cdot\text{hr}\cdot^\circ\text{C}]$

ケロシン側汚れ係数 $r_1=0.0001\,[\text{m}^2\cdot\text{hr}\cdot^\circ\text{C/kcal}]$

冷却水側汚れ係数 $r_2=0.0001\,[\text{m}^2\cdot\text{hr}\cdot^\circ\text{C/kcal}]$

総括伝熱係数 $U$ は

$$\frac{1}{U} = \frac{1}{h_1}+r_1+\left(\frac{t_s}{\lambda}\right)+r_2+\frac{1}{h_2}$$
$$= \frac{1}{454}+0.0001+\left(\frac{0.0012}{14}\right)+0.0001+\frac{1}{2,850}$$
$$= 0.002836$$
$$U = 350\,[\text{kcal/m}^2\cdot\text{hr}\cdot^\circ\text{C}]$$

したがって，最初（2）において仮定した $U$ の値は正しかったことになる。

**（7） 壁面温度 $t_w$**

$$t_w = t_c + \frac{h_1}{h_1 + h_2} \cdot (T_c - t_c)$$

$$= 34 + \left(\frac{454}{454 + 2,850}\right) \cdot (70 - 34) = 38.5 \ [°C]$$

したがって，ケロシン側の境膜伝熱係数の算出の際に用いた壁面温度は，正しかったことになる。

38.5 [°C] における水の粘度 $\mu_w = 2.4 \ [kg/m \cdot hr]$

$$\left(\frac{\mu}{\mu_w}\right)^{0.14} = \left(\frac{0.288}{0.24}\right)^{0.14} \fallingdotseq 1$$

したがって，冷却水側の境膜伝熱係数の算出の際に仮定したことが正しかったことになる。

## 第20章 搔面式熱交換器の設計法

化学工業・食品工業・石油工業などにおいて，高粘性流体，感熱性の高い (Heat Sensitive) 流体，あるいは固形粒子を含むスラリーに冷却・加熱，あるいは蒸発濃縮などの処理を必要とすることが多い。高粘性流の熱交換の場合，普通の管式熱交換器では伝熱係数が非常に小さくなり，不経済である。また，感熱性の高い物質を処理する場合，普通の管式熱交換器では滞留時間が大きすぎて熱分解する恐れがある。

搔面式熱交換器 (Scraped Surface Heat Exchanger) は，このような物質を処理するために使用される熱交換器で，伝熱面付近の物質を機械的に連続して搔き取ることによって，伝熱係数の向上を計ることを特徴とする。

搔面式熱交換器を大別すると，

( I ) Votator 型搔面式熱交換器

熱交換器本体中に流体を充満して運転する搔面式熱交換器で，高粘性物質の冷却，加熱に用いられる。

(II) 搔面式薄膜熱交換器

熱交換器の伝熱面に沿って流体が薄膜状をなして流れ，熱交換器本体中に空間を有する搔面式熱交換器で，高粘性物質あるいは感熱性の高い流体の加熱・蒸発濃縮，あるいは蒸留などに用いられるが，なかでも蒸発器として用いられることが多いので，攪拌薄膜蒸発器 (Agitated Thin Film Evaporator) と呼ばれることもある。

本章では Votator 型搔面式熱交換器の設計法について記述し，搔面式薄膜熱交換器については，第21章に記述することにする。

### 20・1 構　造

図 20・1 はアメリカの Chemetron Co. 製の Votator である。国産機としてはオンレーター（桜製作所），リアクター（日本リアクター）などがあるが，構造は Votator と大同小異で原理的には同一である。また，製作に関しては特殊な技術を必要としないので，上記の専問メーカー以外の一般機械のメーカーでも受注製作している。図において，伝熱シリンダーの外側ジャケットを熱媒もしくは冷媒が流れ，円筒内を被処理プロセス流体が流れる。伝熱シリンダー内には回転軸が通り，液の流通路は筒直径の 10～15 % である。回転軸には搔取羽根が自由支持されていて，回転による遠心力と液の抵抗とによって伝熱

## 20·1 構造

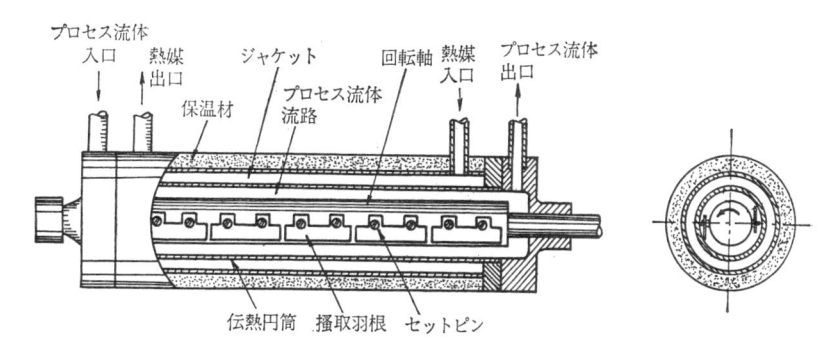

図 20·1 Votator 構造図

面に密着し，伝熱面と接する流体の被膜を連続的に掻き取って清浄な面を露出させ，掻き取られた部分は掻取羽根に沿って回転軸の近くへと巻き込まれ，代って軸近くの液は羽根直後の露出された伝熱面へ吸い込まれるように付着する構造になっている。

熱媒もしくは冷媒が液体の場合には，ジャケット部分にスパイラルの仕切を入れて液の流路面積を制限し，流速を上げて外面の境膜伝熱係数の向上を計る。回転軸の回転数は筒の直径と液粘度によって異なるが，100〜800 rpm である。オンレーターの標準寸法を表 20·1 に，その写真を図 20·2 に示した。

表 20·1 オンレーターの標準寸法

| 有効伝熱面積 $m^2$ Effective Heat Transfer Area | 内容量 $L$ Cylinder Capacity | | | 伝熱筒 内径×長さ mm mm Cyl. I.D.×Length | 最高使用圧力 $kg/cm^2$ Max. Operating Pressure | | 標準配管口径 $A$ Standard Pipe Dia. | |
|---|---|---|---|---|---|---|---|---|
| | Aユニット A Unit | Bユニット B Unit | | | 主 Product | 液熱(冷)媒 Medium | 主 Product | 液熱(冷)媒 Medium |
| 0.03 | 0.3 | — | 0.4 | 50φ× 250 | 30 | 15 | 15 | 15 |
| 0.07 | 0.6 | — | 0.8 | 50φ× 500 | 30 | 15 | 15 | 15 |
| 0.14 | 1.2 | — | 2.0 | 70φ× 700 | 25 | 13 | 20 | 25 |
| 0.30 | 3.2 | — | 5.9 | 96φ×1,000 | 20 | 13 | 25 | 35 |
| 0.58 | 10.0 | 15.0 | 29.0 | 201φ×1,000 | 15 | 10 | 35 | 50 |
| 0.90 | 15.0 | 22.0 | 43.0 | 202φ×1,500 | 13 | 10 | 35 | 50 |
| 1.22 | 20.0 | 29.0 | 58.0 | 202φ×2,000 | 13 | 10 | 50 | 50 |
| 1.82 | 46.0 | — | 140.0 | 306φ×2,000 | 10 | 10 | 80 | 70 |
| 2.40 | 57.5 | — | 170.0 | 306φ×2,500 | 10 | 10 | 80 | 70 |
| 2.80 | 69.0 | — | 230.0 | 306φ×3,000 | 10 | 10 | 80 | 70 |
| 3.43 | 96.5 | — | — | 385φ×3,000 | 8 | 8 | 95 | 100 |

図 20・2 オンレーター

この型式のものは攪拌効果が大きく，筒内流体が均一に混合されるので，単に加熱あるいは冷却操作のみならず，発熱または吸熱反応を伴なう場合の反応装置あるいは溶解装置としても用いることができる。

図 20・3 掻面式熱交換器（チェーン駆動方式）

図 20・3 はアメリカの Henry Vogt Machine Co. 製の掻面式熱交換器で，国産機としては八重洲化工機の掻面式熱交換器がこれとほぼ同一の構造である。この型式のものは，石油精製用脱ろう装置（溶剤と含ろう油の混合液を冷却し，ろう分を結晶させる）などに用いられる。この場合，筒内に回転する掻取羽根によって，伝熱面に晶出したろう分を連続的に掻き取ることで，ろう分の付着による伝熱係数の低下を防ぐ構造となっている。掻

取羽根としては，図 20・4 のようなものが用いられる。この型式のものは，Votator の場合と異なり，伝熱面への付着物の除去のみを目的としているので，羽根の回転数が 10 ないし 20 rpm と小さく，また伝熱面内壁の真円壁の真円度もそれほど高くないので，高粘性流体の加熱もしくは冷却に対しては Votator よりも性能は良くない。

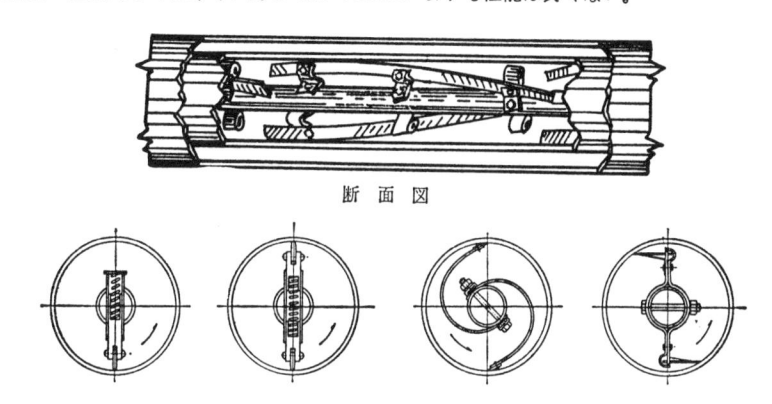

断面図

搔取羽根
図 20・4 搔取羽根の種類

## 20・2 基本伝熱式

搔面式熱交換器では，流体の流れは向流であるが，軸方向の伝熱による温度差の低下を無視することができないので，対数平均温度差をそのまま用いることはできない。搔面式熱交換器での軸方向伝熱の機構としては，次の3つが考えられる。（1）搔取羽根の回転軸および伝熱円筒に沿っての熱伝導によるもの，（2）流体内での軸方向熱伝導，（3）流体中の軸方向対流（普通は，逆混合 (back mixing) と呼ばれる）。

このうちで（1）および（2）の効果は小さいので，実用上無視してさしつかえないが，（3）の逆混合による効果は無視することができない。逆混合による軸方向伝熱がないとき，すなわちプラグ流れのときは，完全向流熱交換器として対数平均温度差を用いることができるが，実際の搔面式熱交換器の有効温度差 $\varDelta T$ としては，対数平均温度差 $\varDelta T_{lm}$ に温度差補正係数 $F$ を乗じた値を用いなければならない。

$$Q = AU \cdot \varDelta T \quad \cdots\cdots\cdots\cdots\cdots\cdots\cdots\cdots\cdots\cdots\cdots\cdots (20\cdot 1)$$

$$\varDelta T = F \cdot \varDelta T_{lm} = F \cdot \frac{|T_1 - t_2| - |T_2 - t_1|}{\ln\left[\dfrac{T_1 - t_2}{T_2 - t_1}\right]} \quad \cdots\cdots\cdots\cdots\cdots\cdots (20\cdot 2)$$

$Q$：伝熱量〔kcal/hr〕

$A$：伝熱面積〔m²〕

$U$：総括伝熱係数〔kcal/m²·hr·°C〕

$\Delta T$：有効温度差〔°C〕

$\Delta T_{lm}$：対数平均温度差〔°C〕

$T_1, T_2$：ジャケット側熱媒の入口，出口温度〔°C〕

$t_1, t_2$：伝熱円筒内側プロセス流体の入口，出口温度〔°C〕

$F$：温度差補正係数

Votator 型掻面式熱交換器の温度差補正係数 $F$ は，次式によって計算することができる[1]。

$$F = \frac{\sum_{i=1}^{3}\left\{\frac{d_i(1-f_i)}{d\lambda_i}[\exp(\lambda_i)-1]\right\}\cdot\ln\left[\frac{1-\Phi_o{}^u}{\Phi_l{}^p}\right]}{1-\Phi_o{}^u-\Phi_l{}^p} \quad\cdots\cdots(20\cdot3)$$

ここで，

$$\Phi_l{}^p = \sum_{i=1}^{3}\left[\frac{d_i}{d}\cdot\exp(\lambda_i)\right] \quad\cdots\cdots(20\cdot4)$$

$$\Phi_o{}^u = \sum_{i=1}^{3}\left[f_i\cdot\frac{d_i}{d}\right] \quad\cdots\cdots(20\cdot5)$$

$$\Lambda = \frac{w\cdot c}{W\cdot C} \quad\cdots\cdots(20\cdot6)$$

$$\beta = \frac{U\cdot A}{w\cdot c} \quad\cdots\cdots(20\cdot7)$$

$$q = N_{Pe} + \Lambda\beta \quad\cdots\cdots(20\cdot8)$$

$$b = (1-\Lambda)\cdot\beta\cdot N_{Pe} \quad\cdots\cdots(20\cdot9)$$

$$\lambda_1 = 0$$

$$\lambda_2 = \frac{q}{2} + \left[\left(\frac{q}{2}\right)^2 + b\right]^{1/2} \quad\cdots\cdots(20\cdot10)$$

$$\lambda_3 = \frac{q}{2} - \left[\left(\frac{q}{2}\right)^2 + b\right]^{1/2} \quad\cdots\cdots(20\cdot11)$$

$$d_1 = \Lambda(\lambda_2 - \lambda_3)\cdot\exp(q) \quad\cdots\cdots(20\cdot12)$$

$$d_2 = \lambda_3\cdot\exp(\lambda_3) \quad\cdots\cdots(20\cdot13)$$

$$d_3 = -\lambda_2\cdot\exp(\lambda_2) \quad\cdots\cdots(20\cdot14)$$

---

1) Penney, W. R., and K. J. Bell : Chem. Eng. Symp. Ser., vol. 65, No. 92, pp. 21～33

$$d = d_1 + \left(1 - \frac{\lambda_2}{N_{Pe}}\right)d_2 + \left(1 - \frac{\lambda_3}{N_{Pe}}\right)d_3 \quad \cdots\cdots\cdots\cdots\cdots\cdots\cdots\cdots\cdots\cdots (20 \cdot 15)$$

$$f_i = 1 + \frac{\lambda_i}{\beta} - \frac{\lambda_i{}^2}{\beta N_{Pe}} \quad \cdots\cdots\cdots\cdots\cdots\cdots\cdots\cdots\cdots\cdots\cdots\cdots\cdots\cdots (20 \cdot 16)$$

ここで,

$w$：伝熱円筒内側プロセス流体の流量〔kg/hr〕

$c$：伝熱円筒内側プロセス流体の比熱〔kcal/kg・℃〕

$W$：ジャケット側熱媒の流量〔kg/hr〕

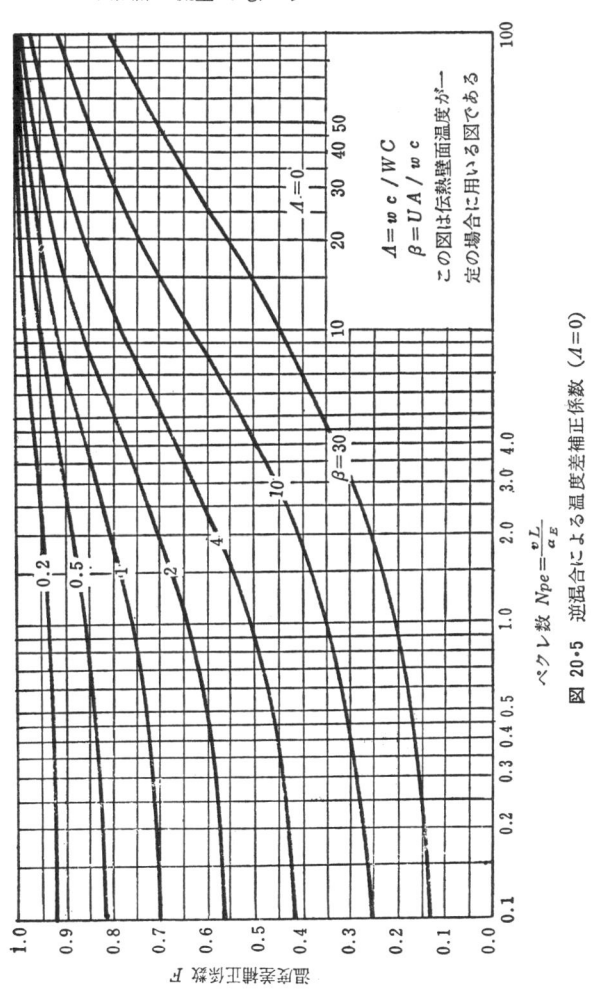

図 20・5 逆流混合による温度差補正係数 ($\Lambda = 0$)

$\Lambda = wc/WC$
$\beta = UA/wc$
この図は伝熱壁面温度が一定の場合に用いる図である

横軸：ペクレ数 $N_{pe} = \dfrac{vL}{\alpha_E}$

縦軸：温度差補正係数 $F$

$C$：ジャケット側熱媒の比熱〔kcal/kg・°C〕
$N_{Pe}$：軸方向分散に対するペクレ数$=v\cdot L/\alpha_E$〔—〕
$v$：プロセス流体の軸方向の流速〔m/hr〕
$L$：熱交換器の長さ〔m〕
$\alpha_E$：熱の有効軸方向拡散係数〔m$^2$/hr〕
$\beta$：熱交換器の熱移動単位数〔—〕

式 (20・3) から温度差補正係数 $F$ をペクレ数 $N_{Pe}$ と熱移動単位数 $\beta$ の関数として，$\Lambda=0$, 0.2, 0.4, 0.9 の場合について図 20・5～図 20・8 に示した[1]。なお，ジャケット側流体が蒸気で凝縮する場合は，$(WC)$ が無限大すなわち $\Lambda=0$ であるから，図 20・5 を適用することができる。

Penney ら[1] は，Votator 型掻面式熱交換器の熱の有効軸方向拡散係数を実験的に求め，図 20・9 を提案している。図において曲線1および2は Penney らが掻取羽根の回転軸の径が比較的小さい掻面式熱交換器についての実験値で，曲線3は Croockewit ら[2]

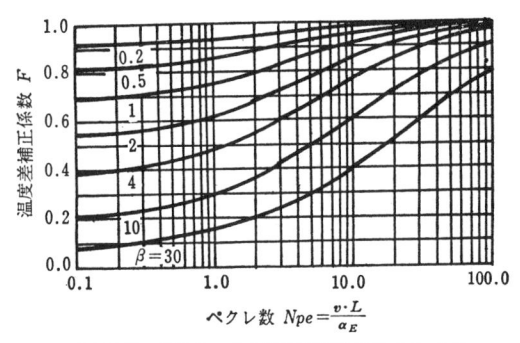

図 20・6 逆混合による温度差補正係数 ($\Lambda=0.2$)

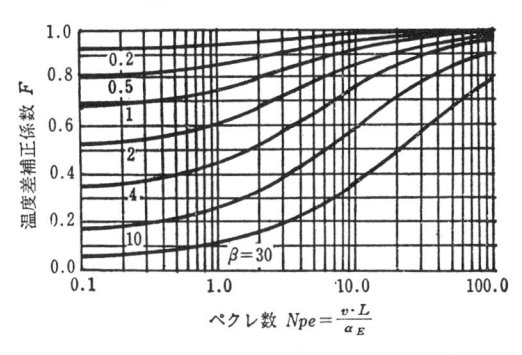

図 20・7 逆混合による温度差補正係数 ($\Lambda=0.4$)

が固定せる外側円筒内と同軸の搔取羽根を有しない回転シリンダーとの間の環状流路に，プロセス流体を流したときの実験値である。図において $(Re)_e$ は回転方向の Reynolds 数で，

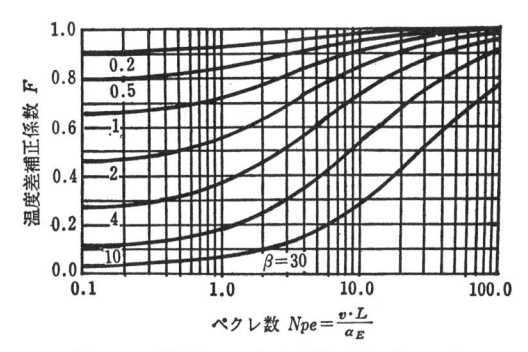

**図 20·8** 逆混合による温度差補正係数 $(\varLambda=0.9)$

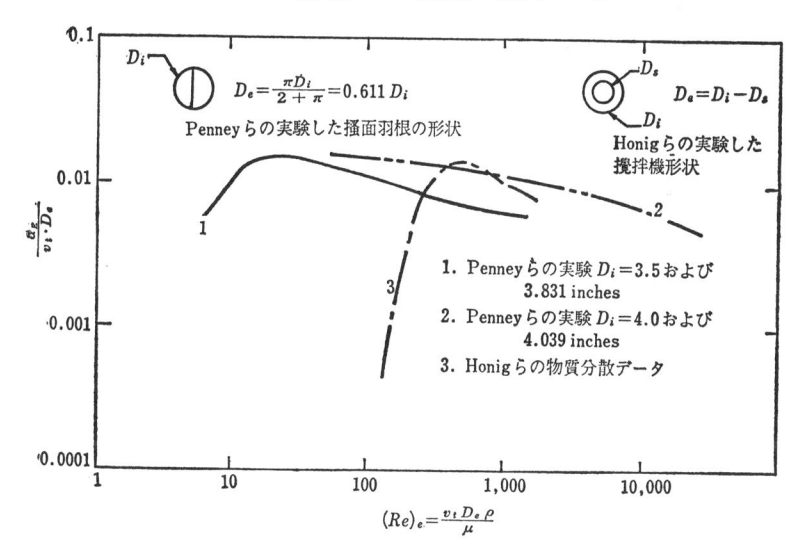

**図 20·9** 熱の有効軸方向拡散係数の相関

$$Re = v_t \cdot D_e \cdot \rho / \mu \quad \cdots\cdots\cdots (20\cdot17)$$

ここで，

$v_t$：搔面羽根の先端の速度 $= N \cdot \pi D_i$ 〔m/hr〕

---

2) Croockewit, P., C.C. Honig, and H. Kramers: Chem. Eng. Sci., vol. 4, No. 1, pp. 111〜 (1955).

$\rho$：プロセス流体の密度〔kg/m³〕

$\mu$：プロセス流体の粘度〔kg/m・hr〕

$D_e$：流路の相当径〔m〕

なお，実用的に用いられる Votator 型搔面式熱交換器では，搔取羽根の回転軸の径と伝熱内筒の径との比が，Penney らが実験に用いた装置よりも大きいので，搔取羽根の回転軸の効果が大きくなり，曲線 1，2 と曲線 3 との中間の値となると推定される。

## 20・3 伝熱係数

Votator 型搔面式熱交換器の搔面側の境膜伝熱係数の相関式としては，Kool[3]，Harriot[4] の理論解および Skelland[5] の実験式，Trommelen[6] の実験式がある。

### 20・3・1 Kool の理論式

伝熱面と接する流体の境膜は，搔取羽根によって搔き取られていくが，流体は羽根の直後において円筒伝熱面に付着し，熱は壁面より熱伝導によって流体内部に伝えられる。流体が高粘性流体である場合は，搔取羽根によって生ずる流体の乱れが伝熱に及ぼす効果は無視することができ，伝熱係数は熱伝導によって加熱または冷却される付着境膜が伝熱壁面から搔き取られて流体本体と混合し，同時に新しい流体

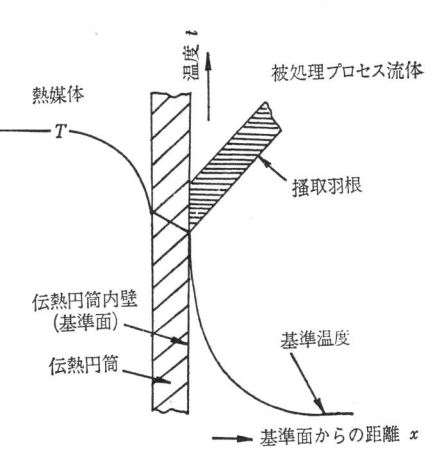

図 20・10　温度分布

が搔き取られた後の清浄な伝熱面に接するという作用によって，定まると見なすことができる。ジャケットに熱媒を流し，被処理プロセス流体を加熱する場合について考えることにする。被処理プロセス流体が伝熱壁面から搔き取られる直前の温度分布は，図 20・10 で表わされる。

被処理プロセス流体の本体温度を基準温度に，伝熱壁面（搔き取り面）を基準面にとり，

---

3) Kool, J.: Trans. Inst. Chem. Engrs, vol. 36, pp. 253〜258 (1958).
4) Harriot, P.: Chem. Eng. Progr. Symp. Ser., vol. 55, No. 29, pp. 137〜139 (1959).
5) Skelland, A. P. H., D. R. Oriver and S. Tooke: Brit. Chem. Eng., vol. 7, No. 5, pp. 346〜353 (1962).
6) Trommelen, A. M.: Trans. Instn. Chem. Engrs., vol. 45, pp. T176〜T178 (1967).

掻取羽根の掻取周期を $\theta$ [hr] とすれば,掻き取りから次の掻き取りまでの間に,伝熱面の微小面積 $dA$ を通って移動する伝熱量 $dQ$ は,次式で表わすことができる。

$$dQ = U \cdot dA \cdot \Delta T \cdot \theta = U \cdot dA \cdot T \cdot \theta \quad \cdots\cdots\cdots\cdots\cdots\cdots\cdots\cdots\cdots\cdots(20\cdot18)$$

ここで,

$\Delta T$:ジャケット側熱媒の温度と被処理プロセス流体の本体温度との差〔°C〕

$T$:被処理プロセス流体の本体温度を基準温度(=0)と見なしたときのジャケット側熱媒の温度〔°C〕

回転数が大で掻取周期が小さいとすると,伝熱壁面($x=0$)と被処理プロセス流体本体との温度差は,この面の近くの被処理プロセス流体のごく薄い層で生じる。

この例を図 20·11 および図 20·12 に示した

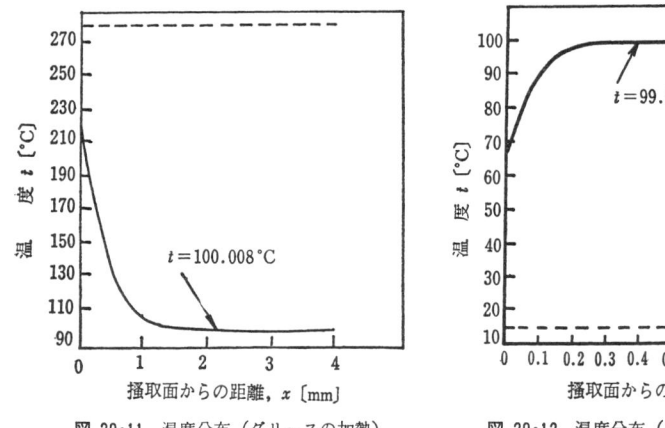

図 20·11 温度分布(グリースの加熱) 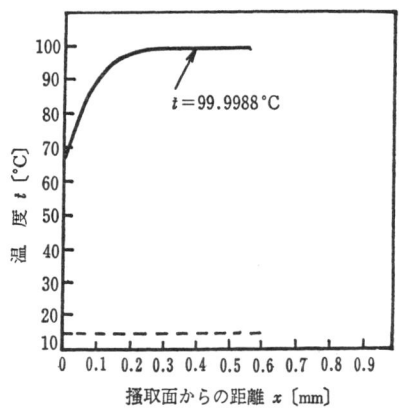　　図 20·12 温度分布(グリースの冷却)

図 20·11 は,潤滑グリースを 280〔°C〕の熱媒をジャケットに流して,加熱したときの掻き取り直前の温度分布の実測値である。グリース本体の温度は 100〔°C〕で,掻取羽根の回転数は 30 rpm ($\theta=2$ sec) である。図 20·12 は同じ潤滑グリースを 15〔°C〕の水をジャケットに流して,冷却したときの温度分布である。グリース本体の温度は 100〔°C〕,掻取羽根の回転数は 750 rpm ($\theta=0.08$) である。

この被処理プロセス流体の層を伝熱壁面から掻き取ることによって,被処理プロセス流体本体に移動する熱量は,次式で求まる。

$$dQ = \int_0^\infty t \cdot dx \cdot dA \cdot \rho \cdot c \quad \cdots\cdots\cdots\cdots\cdots\cdots\cdots\cdots\cdots\cdots(20\cdot19)$$

$$= dA \cdot \rho \cdot c \cdot \int_0^\infty t \cdot dx \quad \cdots\cdots\cdots\cdots\cdots\cdots\cdots\cdots\cdots\cdots(20\cdot20)$$

ここで，

    $c$：被処理プロセス流体の比熱〔kcal/kg・℃〕

    $\rho$：被処理流体の密度〔kg/m³〕

    $t$：被処理プロセス流体の本体温度を基準温度としたときの，被処理プロセス流体の温度〔℃〕

式 (20・19)，(20・20) から

$$U = \frac{\rho \cdot c \cdot \int_0^\infty t \cdot dx}{T \cdot \theta} \quad \cdots\cdots(20\cdot21)$$

$\int_0^\infty t \cdot dx$ を求めるためには，$t$ を $x$ の関数として表わさねばならない。

熱の一方向流れ (Unidirectional Flow) に対する偏微分方程式は，

$$\frac{\partial t^2}{\partial x^2} - \frac{1}{D_H} \cdot \frac{\partial t}{\partial \theta} = 0 \quad \cdots\cdots(20\cdot22)$$

ここで，

    $D_H$：熱拡散率$= k/(\rho \cdot c)$

    $k$：被処理プロセス流体の熱伝導率〔kcal/m・hr・℃〕

式 (20・22) をラプラス変換して，

$$\frac{d^2 \bar{t}}{dx^2} - \frac{p\bar{t}}{D_H} + \frac{t_0}{D_H} = 0 \quad \cdots\cdots(20\cdot23)$$

ここで，

$$\bar{t} = \int_0^\infty t \cdot e^{-p\theta} \cdot d\theta \quad \cdots\cdots(20\cdot24)$$

$$t_0 = \lim_{\theta \to 0} t = 0 \quad \cdots\cdots(20\cdot25)$$

したがって，

$$\frac{d^2 \bar{t}}{dx^2} - \frac{p\bar{t}}{D_H} = 0 \quad \cdots\cdots(20\cdot26)$$

式 (20・26) を積分して，

$$\bar{t} = M_1 \cdot \exp\left(x\sqrt{\frac{p}{D_H}}\right) + M_2 \cdot \exp\left(x\sqrt{\frac{p}{D_H}}\right) \quad \cdots\cdots(20\cdot27)$$

ここで，

    $x = \infty$ のとき，$t = 0$ および $\bar{t} = 0$

したがって，

    $M_1 = 0$

## 20・3 伝熱係数

したがって,

$$\bar{t} = M_2 \cdot \exp\left(-x\sqrt{\frac{p}{D_H}}\right) \quad \cdots\cdots(20\cdot28)$$

$x=0$, すなわち伝熱壁面における伝熱速度は, 次式で表わされる。

$$\frac{dQ}{d\theta} = h' \cdot A \cdot (T-t) \quad \cdots\cdots(20\cdot29)$$

および

$$\frac{dQ}{d\theta} = -kA\frac{\partial t}{\partial x} \quad \cdots\cdots(20\cdot30)$$

ここで,

$h'$: 熱媒から伝熱壁面までの複合伝熱係数 [kcal/m²・hr・°C]

$$\frac{1}{h'} = \frac{1}{h_o}\left(\frac{D_i}{D_o}\right) + \frac{t_s}{\lambda}\left(\frac{D_i}{D_m}\right) \quad \cdots\cdots(20\cdot31)$$

$h_o$: ジャケット側熱媒の境膜伝熱係数 [kcal/m²・hr・°C]

$D_o$: 伝熱円筒の外径 [m]

$D_i$: 伝熱円筒の内径 [m]

$D_m$: 伝熱円筒の対数平均径 $=(D_o-D_i)/\ln(D_o/D_i)$ [m]

$t_s$: 伝熱円筒の厚み [m]

$\lambda$: 伝熱円筒材料の熱伝導率 [kcal/m・hr・°C]

$k$: 被処理プロセス流体の熱伝導率 [kcal/m・hr・°C]

式 (20・29) と (20・30) を等置し, ラプラス変換を適用して

$$p\frac{d\bar{t}}{dx} = \frac{h'}{k} \cdot (p\bar{t} - T) \quad \cdots\cdots(20\cdot32)$$

$p$ はラプラス変換のパラメータ [1/hr] である。

式 (20・32) に式 (20・28) を代入して,

$$M_2 = \frac{h' \cdot T}{kp(p/D_H)^{1/2} + h'p} \quad \cdots\cdots(20\cdot33)$$

式 (20・33) を式 (20・28) に代入して,

$$\bar{t} = \frac{h'T \cdot \exp[-x(p/D_H)^{1/2}]}{kp(p/D_H)^{1/2} + h'p} \quad \cdots\cdots(20\cdot34)$$

ラプラス変換の表[7] から, $t$ は次式で表わされる。

---

7) Churchill, R. V.: "Modern Operational Mathematics in Engineering" (McGraw Hill Fook Co.)

$$t = T\left\{ \mathrm{erfc}\left[\frac{x}{2(D_H\cdot\theta)^{1/2}}\right] - \exp\left(\frac{h'x}{k} + \frac{h'^2\cdot D_H\cdot\theta}{k^2}\right)\right.$$
$$\left. \times \mathrm{erfc}\left[\frac{x}{2(D_H\cdot\theta)^{1/2}} + \frac{h'}{k}(D_H\cdot\theta)^{1/2}\right]\right\} \quad\cdots\cdots\cdots\cdots(20\cdot35)$$

$t$ が $x$ の関数として表わされたので,積分 $\int_0^\infty t\cdot dx$ は次のように計算することができる。

$$\int_0^\infty t\cdot dx = T\left\{\int_0^\infty \mathrm{erfc}\left[\frac{x}{2}(D_H\cdot\theta)^{-1/2}\right]\cdot dx - \int_0^\infty \exp\left[\frac{h'x}{k} + \frac{h'^2\cdot D_H\cdot\theta}{k^2}\right]\right.$$
$$\left.\times \mathrm{erfc}\left[\frac{x}{2}(D_H\theta)^{-1/2} + \frac{h'}{k}(D_H\theta)^{1/2}\right]\cdot dx\right\}$$
$$= T\left| x\,\mathrm{erfc}\left[\frac{x}{2}(D_H\theta)^{-1/2}\right] - \frac{2(D_H\cdot\theta)^{1/2}}{\pi^{1/2}}\cdot\exp\left(\frac{-x^2}{4D_H\theta}\right)\right.$$
$$- \mathrm{erfc}\left[\frac{x}{2}(D_H\theta)^{-1/2} + \frac{h'}{k}(D_H\theta)^{1/2}\right]\frac{k}{h'}$$
$$\times \exp\left(\frac{h'x}{k} + \frac{h'^2\cdot D_H\cdot\theta}{k^2}\right) - \frac{k}{h'(\pi D_H\theta)^{1/2}}$$
$$\left.\times \int \exp\left(\frac{-x^2}{4D_H\theta}\right)\cdot dx \right|_0^\infty$$
$$= T\left\{\frac{2(D_H\theta)^{1/2}}{\pi^{1/2}} - \frac{h}{h'}\left[1 - \exp\left(\frac{h'^2\cdot D_H\cdot\theta}{k^2}\right)\right.\right.$$
$$\left.\left.\times \mathrm{erfc}\left(\frac{h'}{k}\sqrt{D_H\theta}\right)\right]\right\} \quad\cdots\cdots\cdots\cdots(20\cdot36)$$

次の無次元数を $s$ とおくと,

$$s = \frac{h'}{k}(D_H\theta)^{1/2} = h'\left(\frac{\theta}{kc\rho}\right)^{1/2} \quad\cdots\cdots\cdots\cdots(20\cdot37)$$

すると

$$\int_0^\infty t\cdot dx = T\frac{k}{h'}(2s\pi^{-1/2} + \exp(s^2)\cdot\mathrm{erfc}(s) - 1) \quad\cdots\cdots\cdots(20\cdot38)$$

式 (20・21) に (20・38) を代入して,

$$U = \frac{\rho c}{T\theta}\cdot\frac{Tk}{h'}(2s\pi^{-1/2} + \exp(s^2)\cdot\mathrm{erfc}(s) - 1)$$
$$= h'(2s\pi^{-1/2} + \exp(s^2)\cdot\mathrm{erfc}(s) - 1)\cdot s^{-2} \quad\cdots\cdots\cdots(20\cdot39)$$

図 20・13 に $[2s\pi^{-1/2}+\exp(s^2)\cdot\mathrm{erfc}(s)-1]\cdot s^{-2}$ の値を $s$ の値に対して示した。式 (20・39) および図 20・13 を用れば,Votator 型搔面式熱交換器の総括伝熱係数 $U$ の値を容易に推定することができる。なお,式 (20・39) は被処理流体が加熱される場合について導いたが,冷却される場合についても適用することができる。

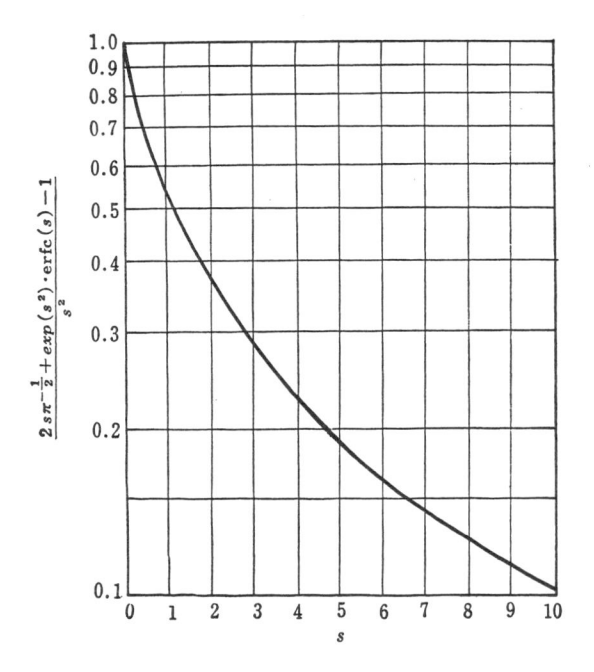

図 20·13　$[2s\pi^{-1/2}+\exp(s^2)\cdot\mathrm{erfc}(s)-1]\cdot s^{-2}$ の値

次に搔取羽根の先端の軌跡面から，被処理プロセス流体への境膜伝熱係数 $h_s$（普通の搔面式熱交換器では，搔取羽根先は伝熱円筒に接するので，$h_s=h_i$ となる）は，

$$\frac{1}{U}=\frac{1}{h_s}+\frac{1}{h'}$$

したがって

$$h_s=\frac{Uh'}{h'-U}=h'\left(\frac{2s\pi^{-1/2}+\exp(s^2)\cdot\mathrm{erfc}(s)-1}{s^2-2s\pi^{-1/2}-\exp(s^2)\cdot\mathrm{erfc}(s)+1}\right) \quad\cdots\cdots(20\cdot40)$$

（　）内の項を $s$ に対して対数グラフ上にプロットすると，通常用いる $s$ の範囲，すなわち $s=0.2\sim30$ の範囲では直線となる。

したがってこの範囲では

$$h_s=1.24h'\cdot s^{-1.03} \quad\cdots\cdots(20\cdot41)$$

この近似の誤差は 1% 以内である。

式 (20·41) は次のように書き直すことができる。式 (20·41) に式 (20·37) を代入して，

$$h_s = 1.24(h')^{-0.03}\left(\frac{kc\rho}{\theta}\right)^{0.515} \quad \cdots\cdots(20\cdot41a)$$

しかるに,掻取周期 $\theta$ は

$$\theta = \frac{1}{N\cdot n}$$

であるから

$$h_s = 1.24(h')^{-0.03}\cdot(k\cdot c\cdot\rho\cdot N\cdot n)^{0.515} \quad \cdots\cdots(20\cdot42)$$

ここで,

$N$:搔取羽根の回転数〔rev/hr〕

$n$:搔取羽根の数〔—〕

$h_s$ は搔取羽根の先端の軌跡面と被処理プロセス流体本体との間の境膜伝熱係数である。通常,搔取羽根先端の軌跡面は,伝熱円筒の内面と一致するので,この場合には,$h_s$ は伝熱円筒内側境膜伝熱係数 $h_i$ と一致する。しかし,搔取羽根の設計が不適当であったり,あるいは伝熱円筒内面の仕上げが不充分で凹凸があるような場合には,伝熱円筒内面にプロセス流体の薄膜が搔き取られずに残ることになる。このような場合には,この薄膜の伝熱抵抗は式 (20·31) で定義した複合伝熱係数に加算しなければならないことに注意しなければならない。したがって,このような場合には,伝熱円筒内側の境膜伝熱係数 $h_i$ は,この薄膜の伝熱抵抗と $h_s$ とから計算して求めなければならない。

### 20·3·2 Harriot の理論式

Harriot は,Kool のモデルをさらに簡略化して $h_i$ を求める式を導いた。すなわち,伝熱円筒内壁面の温度を一定と見なし,半無限厚さの平板に対する非定常伝熱の式を適用して,次式を提案している。

$$h_i = \frac{2}{\sqrt{\pi}}\cdot\sqrt{\frac{c\cdot\rho\cdot k}{\theta}}$$
$$= 1.12\sqrt{k\cdot c\cdot\rho\cdot N\cdot n} \quad \cdots\cdots(20\cdot43)$$

この式は,物質移動の浸透理論に関する Higbie の式から,物質移動と熱移動の相似則を用いて導くこともできる。

以上のように,理論式の誘導に際しては搔取羽根によって搔き取られた後の清浄な面に,被処理流体本体の温度の流体が接するものと仮定しているが,このためには羽根の内側端によって被処理体本体が充分に攪拌されている必要がある。しかし,流体が特に高粘度の場合には,本体中の攪拌が不充分になる恐れがあり,この場合には伝熱面に新たに接する流体の温度が本体の平均温度ではなくなり,このモデルは成立しなくなる。図 20·14 に

Harriot の理論式による計算値と実験値を比較して示したが，Carrot Purée は粘度が高い（水の約 200 倍）ために，回転数が低い所では実験値を下回っている。

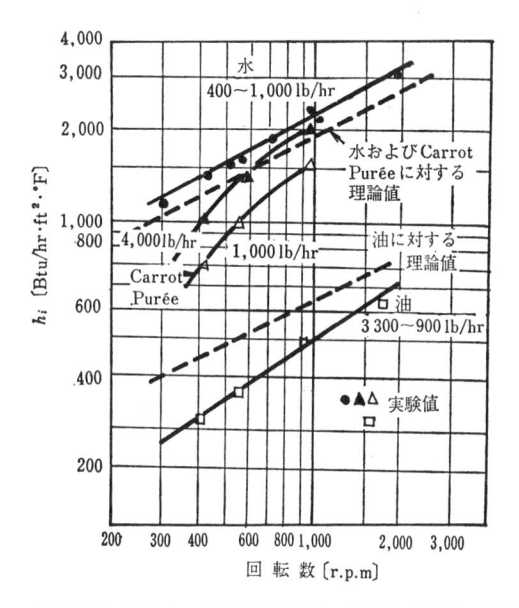

図 20·14 Votator の境膜伝熱係数の理論値と実験値の比較

### 20·3·3 Skelland の実験式

Skelland は水，グリセリン，水＋グリセリンの冷却実験を行ない，運転条件を種々に変えて得たデータから，次の実験式を得ている。

$\left(\dfrac{c\mu}{k}\right)=5\sim70$ の流体に対して

$$\dfrac{h_i \cdot D_i}{k}=0.039\left(\dfrac{c\mu}{k}\right)^{0.70} \cdot \left[\dfrac{(D_i-D_s)G}{\mu}\right]^{1.00} \cdot \left(\dfrac{D_i \cdot N \cdot \rho}{G}\right)^{0.62} \cdot \left(\dfrac{D_s}{D_i}\right)^{0.55}$$
$$\times (n)^{0.53} \quad \cdots\cdots\cdots\cdots (20\cdot44)$$

$\left(\dfrac{c\mu}{k}\right)=1,000\sim4,000$ の流体に対して

$$\dfrac{h_i \cdot D_i}{k}=0.014\left(\dfrac{c\mu}{k}\right)^{0.96} \cdot \left(\dfrac{(D_i-D_s)G}{\mu}\right)^{1.00} \cdot \left(\dfrac{D_i \cdot N \cdot \rho}{G}\right)^{0.62} \cdot \left(\dfrac{D_s}{D_i}\right)^{0.55}$$
$$\times (n)^{0.53} \quad \cdots\cdots\cdots\cdots (20\cdot45)$$

ここで，

$D_i$：伝熱円筒の内径〔m〕

$D_s$：掻取羽根の回転軸の径〔m〕

$n$：掻取羽根の数〔—〕

$G$：伝熱円筒内での流体の軸方向の質量速度〔kg/m²·hr〕

$\rho$：プロセス流体の密度〔kg/m³〕

$N$：軸の回転数〔rev/hr〕

### 20·3·4 Trommelen の実験式

Trommelen は Skelland の実験式（20·45）は無次元項選択の任意性，および伝熱機構から考えて熱伝導依存性が意外に小さいことは理解し難いとして，次式を提案している．

$$\frac{h_i \cdot D_i}{k} = 1.13 \left( \frac{D_i^2 \cdot N \cdot n \cdot \rho \cdot c}{k} \right)^{0.5} \cdot (1-f) \quad \cdots\cdots(20\cdot46)$$

Skelland の実験データより補正係数 $f$ を求めると，$400 < Pe < 6,000$ のとき，

$$f = 2.78(Pe + 200)^{-0.18} \quad \cdots\cdots(20\cdot47)$$

ここで，

$$Pe = \frac{\rho c (D_i - D_s) v}{k} = \text{ペクレ数}$$

$v$ は伝熱円筒内のプロセス流体の軸方向平均流速〔m/hr〕である．

Trommelen は $f$ についてさらに実験を追加し，次式を得ている．

$Pe < 1,500$ のとき

$$f = 3.28 Pe^{-0.22} \quad \cdots\cdots(20\cdot48)$$

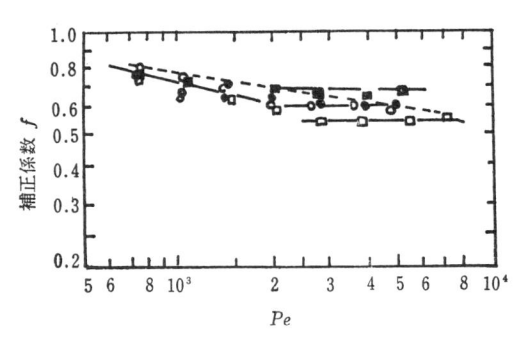

○：74% glycerol（$Pr = 119 \sim 143$）
●：80% glycerol（$Pr = 193 \sim 250$）
□：88% glycerol（$Pr = 450 \sim 695$）
■：98% glycerol（$Pr = 1,740 \sim 2,650$）
点線は式(20.47)よりの計算値

図 20·15　ペクレ数 $Pe$ と補正係数 $f$ との関係

$Pe > 2,500$ のときは，$f$ は $Pe$ に無関係で，Prandtle 数 $(c\mu/k)$ の関数となる。[8]
$(c\mu/k)^{0.25} > 2.0$ のとき

$$1-f = 2.0(c\mu/k)^{-0.25} \quad \cdots\cdots\cdots\cdots\cdots\cdots\cdots\cdots (20\cdot48\mathrm{a})$$

なお，実験式 (20・44)，(20・45)，(20・46) は，装置内の逆混合の影響を考慮せず有効温度差として対数平均温度をそのまま用いて求めた式であるので，軸方向流体速度の影響が見掛け上現われている。そのため，設計に際して，これらの実験式を用い，しかも有効温度差として対数平均温度差に逆混合による補正係数 $F$ (式 20・4) を乗じた値を用いて伝熱面積を求めると，逆混合の影響が重複されたことになるため，伝熱面積が大きくなり過ることに注意せねばならない。すなわち，式 (20・46) の $(1-f)$ が温度差補正係数 $F$ に相当するわけである。したがって，これらの実験式を用いて設計するときは，有効温度差として対数平均温度差をそのまま用いねばならない。

## 20・4 駆動動力

Trommelen[7] は Votator 型熱交換器の消費動力の相関式として，次式を提案している。

$$P = 4.75 \times 10^{-7} \cdot \frac{(N \cdot D_i)^{1.79} \cdot \mu^{0.66} \cdot n^{0.68} \cdot L}{(D_i - D_s)^{0.31}} \quad \cdots\cdots\cdots\cdots\cdots (20\cdot49)$$

ここで，

$P$：消費動力 〔W〕

## 20・5 製作上の注意事項

この種の熱交換器においては，掻取羽根の設計が非常に重要である。羽根と伝熱面との接触圧力を流体の付着力に打ち勝つように大きくしなければならないが，余り大きすぎると伝熱面あるいは羽根が破損する。接触圧力をバネによって与えるか，あるいは図 20・16 のように羽根を自由支持にして，遠心力と流体の抵抗とによって与える。

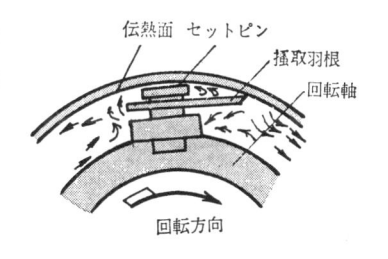

図 20・16 掻取羽根の取付

これらの方法のうちで，自由支持による方法は，液の粘度が大きくなるに従って流体の

---

7) Trommelen, A.M.: Power Comsumption in Scraped Surface Heat Exchanger, 3. Chisa-Kongreß, Marienbad. Sept. (1969).

抵抗も大きくなり，接触圧力もこれに応じて大きくなるので好ましい。また，伝熱面に凹凸があったときにも，破損を起こす恐れが少ない。

## 20・6 価 格

図 20・17 に概算価格を示した。

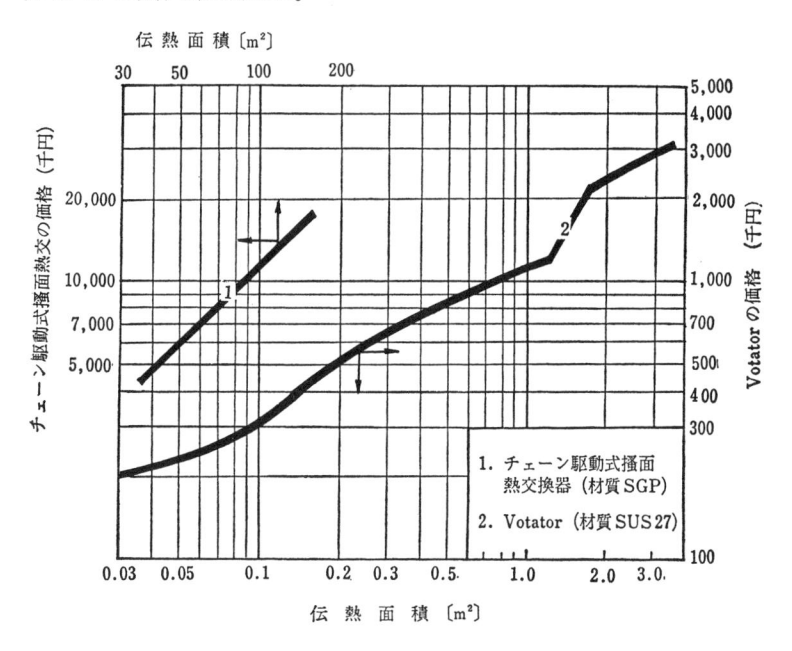

**図 20・17** 掻面式熱交換器の価格

1. チェーン駆動式掻面熱交換器（材質 SGP）
2. Votator（材質 SUS 27）

## 20・7 設計例

〔例題 20・1〕 トマトピューレ（Tomato Purée） 3 $[m^3/hr]$ を，10 $[°C]$ より 50$[°C]$ まで加熱する Votator 型掻面式熱交換器を設計する。ただし，加熱には 80 $[°C]$ の温水を使用するものとする。

〔解〕

(1) トマトピューレの物性

密度 $\rho = 1,000$ $[kg/m^3]$

比熱 $c = 0.9$ $[kcal/kg \cdot °C]$

熱伝導率 $k = 0.4$ $[kcal/m \cdot hr \cdot °C]$

粘度 $\mu = 200$ $[cp] = 720$ $[kg/m \cdot hr]$

**(2) 伝熱量 $Q$**

$Q = 0.9 \times 3 \times 1,000 \times (50-10) = 108,000$ [kcal/hr]

**(3) 搔面側, トマトピューレの境膜伝熱係数 $h_i$**

伝熱円筒内径 $D_i = 0.385$ [m]
伝熱円筒外径 $D_o = 0.397$ [m]
伝熱円筒の厚み $t_s = 0.006$ [m]
回転軸外径 $D_s = 0.300$ [m]
伝熱筒材質 SUS 27
搔取羽根の数 $n = 2$
搔取羽根の回転数 $N = 300$ [rpm] = 18,000 [rev/hr]

とする。

まず, Kool の理論式を用いて計算する。

ジャケット側, 温水の境膜伝熱係数 $h_o = 3,500$ [kcal/m²·hr·°C] と仮定する。SUS 27 の熱伝導率 $\lambda = 14$ [kcal/m·hr·°C] であるから,

$$\frac{1}{h'} = \frac{1}{3,500}\left(\frac{0.385}{0.397}\right) + \frac{0.006}{14}\left(\frac{0.397}{0.391}\right)$$

$\quad = 0.000713$ [m²·hr·°C/kcal]

$h' = 1,400$ [kcal/m²·hr·°C]

$(h')^{-0.03} = 0.80$

$(k \cdot c \cdot \rho \cdot N \cdot n) = (0.4)(0.9)(1,000)(18,000)(2) = 1.30 \times 10^7$

$(k \cdot c \cdot \rho \cdot N \cdot n)^{0.515} = 4,600$

式 (20・42) から

$h_s = 1.24(0.80)(4,600) = 4,550$ [kcal/m²·hr·°C]

搔面羽根先端が伝熱円筒内壁に接するものとすると,

$h_i = h_s = 4,550$ [kcal/m²·hr·°C]

つぎに, Trommelen の実験式を用いて計算する。

伝熱円筒内流速 $v$

$$v = \frac{w/\rho}{(\pi/4)(D_i^2 - D_s^2)} = \frac{3}{(\pi/4)[(0.385)^2 - (0.300)^2]} = 66.0 \text{[m/hr]}$$

ペクレ数 $Pe$

$$Pe = \frac{\rho c (D_i - D_s) v}{k} = \frac{1,000 \times 0.9 \times (0.385 - 0.300) \times 66.0}{0.4} = 12,600$$

$Pe > 2,500$ であるから, 式 (20・48a) から

$1 - f = 2.0(0.9 \times 720/0.4)^{-0.25} = 0.32$

式 (20・46) から

$$h_i = 1.13 \frac{k}{D_i}\left(\frac{D_i^2 \cdot N \cdot n \cdot \rho \cdot c}{k}\right)^{0.5}(1-f)$$

$\quad = 1.13(k \cdot c \cdot \rho \cdot N \cdot n)^{0.5}(1-f)$

$$= 1.13 \times (1.30 \times 10^7)^{0.5} \times 0.32$$
$$= 1,300 \ [\text{kcal/m}^2 \cdot \text{hr} \cdot {}^\circ\text{C}]$$

(4) **ジャケット側，温水の境膜伝熱係数 $h_o$：** 温水の出口温度を 76 [°C] とすると，温水流量は
$$W = 108,000/(80-76) = 27,000 \ [\text{kg/hr}]$$
ジャケットの内径を 0.420 [m] とすると，温水の流路断面積 $a_s$ は
$$a_s = (\pi/4)[(0.420)^2 - (0.397)^2]$$
$$= 0.0148 \ [\text{m}^2]$$
ジャケット側温水の質量速度は
$$G = W/a_s = 27,000/0.0148 = 1,820,000 \ [\text{kg/m}^2 \cdot \text{hr}]$$
ジャケット側環状流路の相当径は
$$D_e = 0.420 - 0.397 = 0.023 \ [\text{m}]$$
温水の物性は，粘度 $\mu = 1.2 \ [\text{kg/m} \cdot \text{hr}]$，熱伝導率 $k = 0.575 \ [\text{kcal/m} \cdot \text{hr} \cdot {}^\circ\text{C}]$ であるから，Reynolds 数は
$$Re = D_e \cdot G/\mu = 0.023 \times 1,820,000/1.2$$
$$= 35,000 > 10,000$$
したがって，式 (15·5) から
$$\left(\frac{h_o \cdot D_e}{k}\right) = 0.023 \left(\frac{D_e \cdot G}{\mu}\right)^{0.8} \cdot \left(\frac{c \cdot \mu}{k}\right)^{0.4} \cdot \left(\frac{D_2}{D_1}\right)^{0.45}$$
$$= 0.023(35,000)^{0.8} \cdot \left(\frac{1 \times 1.2}{0.575}\right)^{0.4} \cdot \left(\frac{0.420}{0.397}\right)^{0.45}$$
$$= 135$$
$$h_o = 135 \times 0.575/0.023 = 3,370 \ [\text{kcal/m}^2 \cdot \text{hr} \cdot {}^\circ\text{C}]$$

したがって，(3) で仮定した $h_o$ の値はほぼ正しかったことになる。

(5) **総括伝熱係数 $U$**
$$\frac{1}{U} = \frac{1}{h'} + \frac{1}{h_i} = \frac{1}{1,400} + \frac{1}{1,300} = 0.00148$$
$$U = 675 \ [\text{kcal/m}^2 \cdot \text{hr} \cdot {}^\circ\text{C}]$$

(6) **所要伝熱面積：**
対数平均温度差 $\Delta T_{lm}$
$$\Delta T_{lm} = \frac{(76-10) - (80-50)}{\ln\left[\dfrac{76-10}{80-50}\right]} = 45.5 \ [{}^\circ\text{C}]$$

有効温度差 $\Delta T$
$$\Delta T = \Delta T_{lm} = 45.5 \ [{}^\circ\text{C}]$$

所要伝熱面積 $A$
$$A = \frac{Q}{\Delta T \cdot U} = \frac{108,000}{45.5 \times 675} = 3.6 \ [\text{m}^2]$$

したがって，伝熱円筒の長さ $L$ は

$$L=\frac{A}{\pi D_i}=\frac{3.6}{\pi \times 0.385}=3.1\ [m]$$

**(7) 消費動力 $P$：** 式 (20・46) から

$$P=4.75\times10^{-7}\cdot\frac{(N\cdot D_i)^{1.79}\cdot\mu^{0.66}\cdot n^{0.68}\cdot L}{(D_i-D_s)^{0.31}}$$

$(N\cdot D_i)^{1.79}=(18,000\times0.385)^{1.79}=7.56\times10^6$

$\mu^{0.66}=(720)^{0.66}=77$

$n^{0.68}=(2)^{0.68}=1.61$

$(D_i-D_s)^{0.31}=(0.385-0.300)^{0.31}=0.466$

$$P=4.75\times10^{-7}\times\frac{7.56\times10^6\times77\times1.61\times3.1}{0.466}$$

$=2.30\times10^3\ [W]=2.30\ [kW]$

---

8) Trommelen, A.M., W.J. Beek and H.C. Van de Westelaken; Chem. Eng. Sci., vol. 26, pp. 1897〜2001 (1971).

## 第21章 搔面式液膜熱交換器の設計法

### 12・1 用途

搔面式液膜熱交換器は伝熱面を搔面羽根によって搔き取ることで，伝熱面に伝熱を行なわんとする流体の薄膜を形成する熱交換器で，主として感熱性の高い物質（熱影響の受けやすい物質）の蒸発に用いられるので，攪拌薄膜蒸発器と呼ばれることもある。なお，蒸発操作のみならず，加熱もしくは冷却操作にも用いられる。

蒸発して濃縮するとき，化学変化を起こすような物質は，一般に感熱性の高い物質と呼ばれる。経験的には，物質の熱分解は温度が 10 [°C] 上がるごとに，その速度が 2 倍になり，また加熱時間に比例することが知られている。Hickmann ら[1]は，この経験的法則から熱分解危険指数 ($Dh$) を定義した。

$$(Dh) = \log_{10}(\mathrm{PS}) \qquad (21\cdot1)$$

$P$ は絶対圧を水銀柱ミクロンすなわち $\mu$Hg で表わした値，$S$ は滞留時間（加熱時間）[sec] である。例えば，ある蒸発器の操作圧が 1 ミクロン水銀柱で，蒸発器内での流体の滞留時間が 1 [sec] であれば，その蒸発器の熱分解指数 ($Dh$) は 0，操作圧が 1 [atm] で滞留時間が 1 [hr] であれば，($Dh$) は 9 である。定義から明らかなように，感熱性の高い物質の蒸発操作には，($Dh$) の低い蒸発器を用いなければならない。例えば，天然ビタミンDは ($Dh$) が 1 以上の蒸発器内では熱分解する。精製 Glyceride Oil は ($Dh$) が 4 以下の蒸発器内では熱分解せず，また石油 Lube Oil は ($Dh$) が 12～14 以上の蒸発器で初めて熱分解する。一般に用いられる蒸発器の ($Dh$) の値を図 21・1 に示した。この図は，蒸発器式の選定に使用することができる。例えば，天然ビタミンD は ($Dh$) が 1 以上になると熱分解するので，シングルパスの遠心分子蒸発器が適当であることがわかる。図において実線は各蒸発器の普通一般の操作条件であって，蒸発器を多少改良すれば点線の範囲で操作することができる。流下液膜式蒸発器の適用範囲が広くなっているが，これは普通の多管式流下液膜式蒸発器のほかに，特殊な分子蒸発器を含めたからである。石油 Lube Oil の場合は ($Dh$) が 12～14 にも耐えるので，この場合は蒸発器の型式はいずれでもよく，型式選定に際しては，経済的なことを考慮するだけでよいことがわかる。

搔面式液膜熱交換器は感熱性の高い物質の蒸発・加熱操作以外に，高粘性物質の処理に

---

1) Hickman, K.C.D., and N.D. Embree; Ind. Eng. Chem., vol. 40, pp. 135～138 (1948).

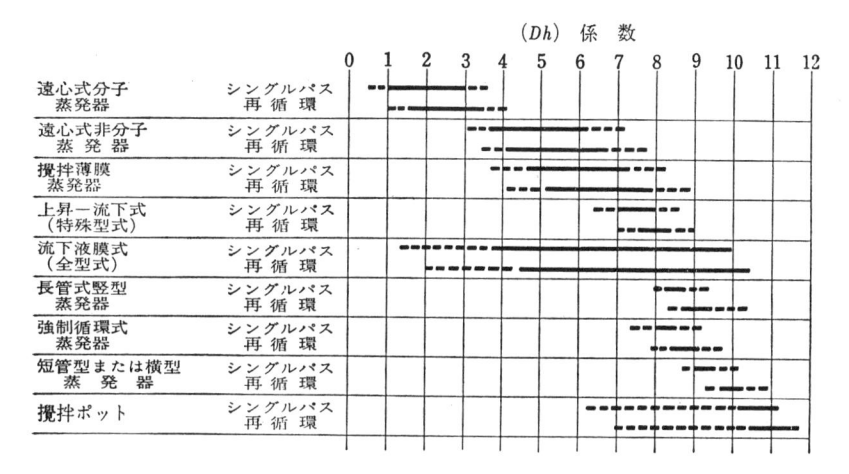

図 21·1 各種蒸発器の $(Dh)$ 係数

も有用である。表21·1に温度差 $\Delta T$ が 11〔℃〕，流体の温度が 40〔℃〕および 60〔℃〕，粘度が 1～100,000〔cp〕の場合の各種の蒸発器の総括伝熱係数の比較を示す。粘度が100〔cp〕を越えると，長管垂直型および強制循環型蒸発器では，総括伝熱係数は急激に低下するが，搔面式熱交換器（撹拌薄膜蒸発器）では，それほど低下しないことがわかる。粘度 1,000〔cp〕の場合では，搔面式液膜熱交換器では，強制循環式の3倍近い総括伝熱係数が得られ，また長管式蒸発器は適用できなくなる。さらに粘度が高い場合には，搔面式液膜熱交換器（撹拌薄膜蒸発器）しか適用することができない。

## 21·2 種類とその構造

搔面式液膜熱交換器のメーカーとしては，アメリカでは Blawknox, Chemetron, Luwa, Kontro, Pfaudler があり，日本では日立製作所，神鋼ファウドラー，日南機械，桜製作所，三洋機械などがある。このうちで日立製作所は Kontro 社より技術導入したものであり，神鋼ファウドラーは Pfaudler 社より技術導入したものである。

各メーカーのものを構造上分類して表 21·2 に示した。型式はこのように種々に異なるが，その基本的な原理は同じである。図 21·2 に示す神鋼ファウドラー製の搔面式液膜熱交換器についてその原理を説明すると，原液は①の仕込口より②の液分配盤に導かれ，ここで遠心力により円周 4～8 箇所のノズルまたは切欠ノズル③から加熱面④の内壁に分散される。そしてこれらのノズルのすぐ後に取付けられたワイパー⑤によって，薄い均一な

第21章 掻面式液膜熱交換器の設計法

表21・1 総括伝熱係数の比較

（数値は，有効温度差 $\Delta\theta=11℃$ の時の総括伝熱係数 $U$ [kcal/m²・hr・℃] を示す）

| 蒸発器の型式 | 1~10cp 40℃ | 1~10cp 60℃ | 100cp 40℃ | 100cp 60℃ | 1,000cp 40℃ | 1,000cp 60℃ | 10,000cp 40℃ | 10,000cp 60℃ | 100,000cp 40℃ | 100,000cp 60℃ |
|---|---|---|---|---|---|---|---|---|---|---|
| 自然循環型短管竪型または水平管型 | 200 | 1,100 | 条件付きで適用可能 → | | 適用不能 | | | | | |
| 自然循環型長管竪型上昇液膜 | 750 | 1,300 | 250 | 400 | 条件付きで適用可能 → | | 適用不能 | | | |
| 自然循環型長管竪型流下液膜 | 1,500 | 2,200 | ? | 500 | 条件付きで適用可能 → | | 適用不能 | | | |
| 強制循環式または多管プレート式 | 2,200 | 2,600 | ? | 900 | ? | 500 | 適用不能 | | | |
| 機械的撹拌型遠心薄膜蒸発（非分子蒸発） | 1,800 | 2,100 | 1,400 | 1,800 | 条件付きで適用可能 → | | 適用不能 | | | |
| 機械的撹拌型薄膜型（非分子蒸発） | 1,800 | 2,100 | 1,400 | 1,800 | 1,100 | 1,500 | 500 | 750 | 130 | 250 |

Question Mark はデータが無かったことを示す。

## 21・2 種類とその構造

**表 21・2 搔面式液膜熱交換器の型式**

| 型式 | 竪型 流下式 | | | | 竪型上昇式 | 横型 | |
|---|---|---|---|---|---|---|---|
| | 円筒型 | | テーパー型 | | 円筒型 | 円筒型 | テーパー型 |
| | 固定羽根 | ワイパー型 | 固定羽根 | | 固定羽根 | 固定羽根 | 固定羽根 |
| 概略図 (F:フィード V:蒸発蒸気 C:濃縮液) | 図21・4 | 図21・2 図21・3 | | 図21・1 | 図21・5 | 図21・6 | 図21・7 |
| 滞留時間の調節 | 不可 | 可 | 可 | | 不可 | 不可 | 可 |
| クリアランスの調節 | 調整リングを入れて調節 | 調整リングを入れて調節 | 調整リングを入れて調節 | | 回転数により調節 | 据付の傾斜角度を変えることにより調節 | 羽根を出し入れすることによりクレアランスを変えて調節 |
| 濃縮比 | 可能 | 可能 | 可能 | | 可能 | 不能 | 可能 |
| メーカー | ・Luwa ・Chemetron ・Blaw-knox ・三洋機械 ・桜製作所 | ・Pfaudler ・神鋼ファゥドラー ・日立製作所 | ・Kontro ・日立製作所 | | ・Du Pontの特許 (U.S.Patent 2,866,499) | ・日南機械 ・桜製作所 | ・Kontro ・日立製作所 ・桜製作所 |

液膜にされて効果的な蒸発が行なわれる。一方，蒸発蒸気は液滴分離器⑦を通ってUチューブコンデンサー⑥に達して凝縮し，底部の留出孔⑩より取り出される。濃縮液は連続的に伝熱壁面を流下し，集液部⑧に入り排出孔⑨より取り出される。このように，機械的搔面により加熱面に原液を押し拡げて薄膜を作り，伝熱係数の向上を計るという基本的原理は，いずれの型式についても同じであるが，操作条件・性能については，各型式によってそれぞれ特徴がある。

**(a) 薄膜間隙:** 搔面羽根先端と伝熱面との間隙，すなわち薄膜間隙は，薄膜の厚さを決定するので非常に重要である。

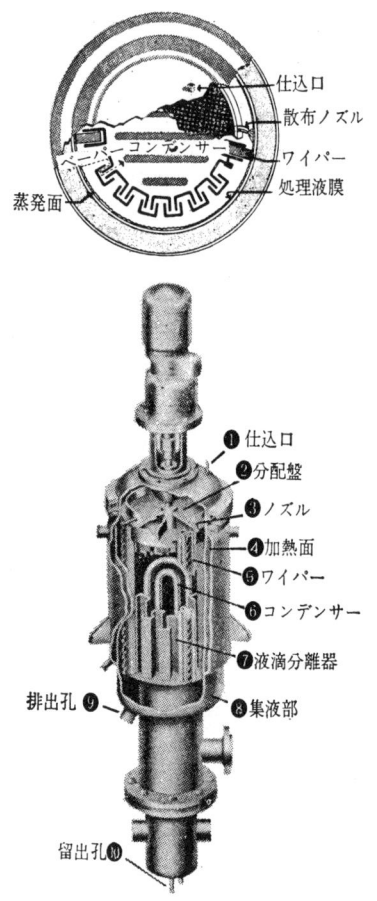

図 21・2 Smith 式掻面液膜熱交換器（神鋼ファウドラー）

　円筒式で固定羽根の場合（図 21・4, 21・5, 21・6）は，間隙が最初設定した値（普通 0.8〜2.5 mm）に固定されるので，掻面羽根外周および伝熱面を充分に機械仕上げしておく必要がある。

　コーン型で固定羽根の場合（図 21・7）は，回転軸を出し入れすることによって，伝熱面との間隙を自由に調節することができる。

　ワイパー式の羽根の場合（図 21・2, 図 21・3）には，回転軸の回転によって発生する遠心力によって，掻面羽根を伝熱面に押しつけるので，薄膜の厚みを非常に薄く，0.03〔mm〕程度にすることもできる。固定羽根の場合には薄膜の厚みは原液の性質に無関係に一定で

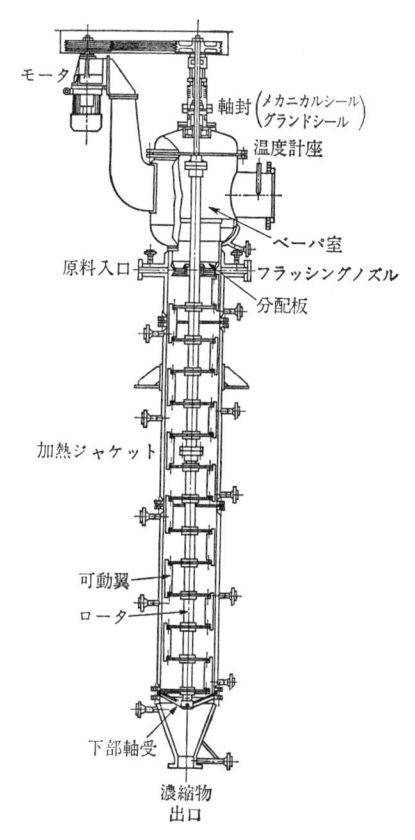

図 21・3 Sambay 式搔面液膜熱交換器（日立製作所）

あるが，ワイパー型式の場合には原料の粘着力あるいは回転数によって薄膜の厚みが変わる。ワイパー型式の場合の薄膜の厚みの計算法については後で述べる。図 21・3 の Sambay 式攪拌薄膜蒸発器は，原液が蒸発濃縮されて結晶が伝熱面に晶出するような場合，搔面羽根に無理な力がかからずに，この晶出結晶物を搔き取ることができるという特徴がある。

(b) **滞留時間の調節**: 搔面式液膜熱交換器の特徴の一つは，器内での液の滞留時間が短いことであるが，特別な場合には滞留時間を長くとらねばならないことがある。例えば，蒸発器として用いる場合で，濃縮比が高いようなとき，器内での滞留液量が小さすぎると，濃縮液出口部の伝熱面の液膜が途切れて，伝熱面に乾き面が露出し，ここが過熱されて，熱分解の原因となることがある。また，脱臭・反応などのプロセスに使用する場合

第21章 掻面式液膜熱交換器の設計法

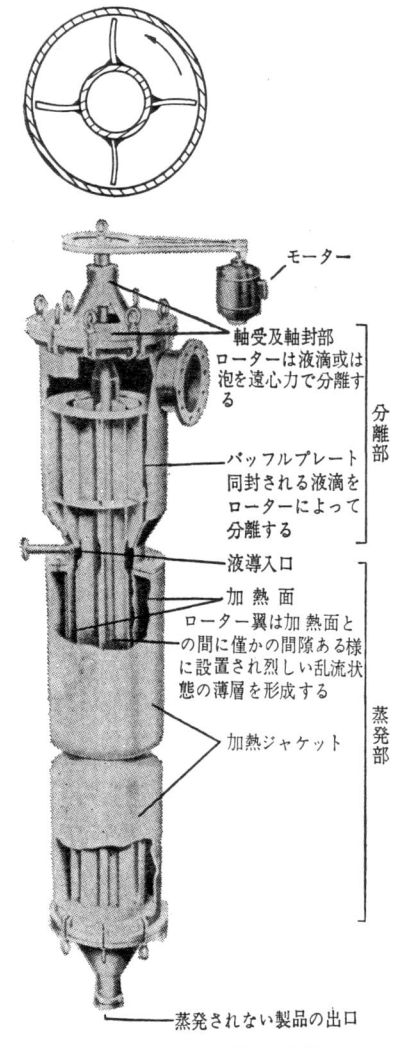

図 21·4 Luwa 式掻面液膜熱交換器

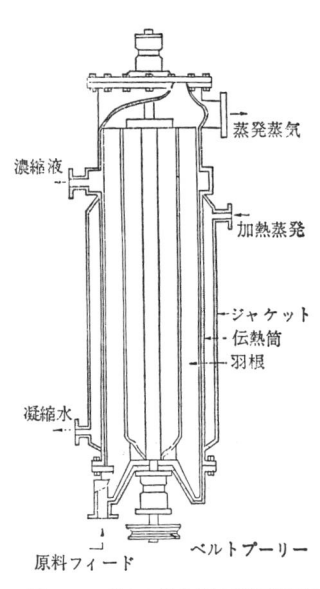

（分離部）
- 軸受及軸封部
- ローターは液滴或は泡を遠心力で分離する
- バッフルプレート 同伴される液滴をローターによって分離する

（蒸発部）
- 液導入口
- 加熱面 ローター翼は加熱面との間に僅かの間隙ある様に設置され烈しい乱流状態の薄層を形成する
- 加熱ジャケット
- 蒸発されない製品の出口

モーター

図 21·5 垂直上昇式攪拌薄膜蒸発器

- 蒸発蒸気
- 濃縮液
- 加熱蒸気
- ジャケット
- 伝熱筒
- 羽根
- 凝縮水
- 原料フィード
- ベルトプーリー

には，適当な滞留時間が必要である。このような場合，横型コニカル式では回転軸を出し入れして薄膜の厚みを変えて，滞留時間を調節する。たて型円筒式では，滞留調節リング（図 21·8）を用いて滞留時間を調節する。この滞留時間調節リングは非常に有効で，たて型円筒式で滞留時間調節リングを用いない場合は，濃縮比が3以上になると，下部伝熱

## 21・2 種類とその構造

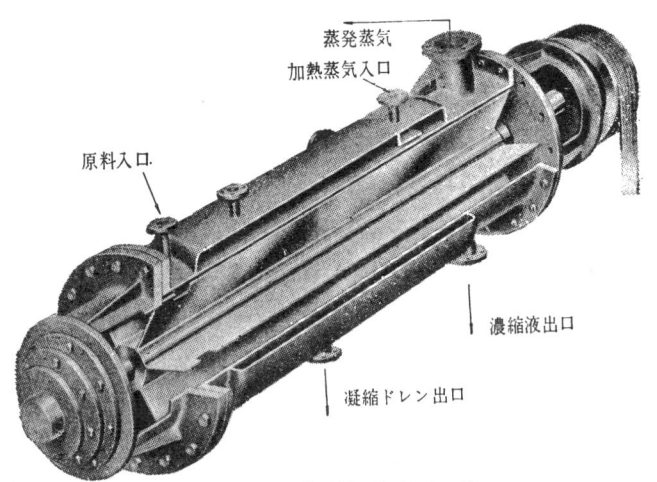

図 21・6 横型円筒式掻面液膜熱交換器

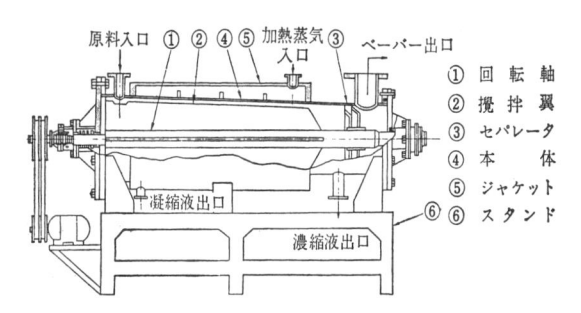

図 21・7 Kontro 式掻面液膜熱交換器（日立製作所）

① 回転軸
② 撹拌翼
③ セパレータ
④ 本体
⑤ ジャケット
⑥ スタンド

面で液膜が途切れて原液が焼付く恐れがあるが，これを用いると濃縮比が 100 の場合でも，均一な液膜を保つことが可能となる。図 21・5 のたて型上昇液膜式の場合は，回転軸の回転数を変えることによって，滞留時間を任意に調節することができる。

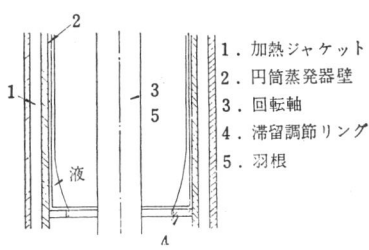

1. 加熱ジャケット
2. 円筒蒸発器壁
3. 回転軸
4. 滞留調節リング
5. 羽根

図 21・8 滞留調節リングを取り付けたたて型掻面液膜熱交換器

**(c) 高粘性流体への適用：** 50,000〔cp〕以上の高粘性流体に対しては，横型では流体が出口方向に流れにくくなる。コニカル式の場合は，流体の出口を胴径が大きくなる方向に取り付けて，順テーパーコニカル式（図21・9）とし，遠心力の分力を流体の排出力として利用する方法が用いられる。円筒横型の場合は，軸芯を傾斜して据付けるのが望ましい。

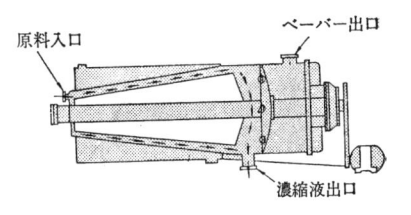

図 21・9　順テーパーコニカル式

**(d) 伝熱係数：** Luwa 式[2),3)], Sambay 式[4)], Kontro 式[5),6)], Smith 式[7),8)] についての伝流係数の実測値が発表されているが，それぞれ実験条件が異なるため，各型式の性能比較を行なうのは困難である。

## 21・3　液滞留量

### 21・3・1　たて型流下液膜式

図 21・2～図 21・4 に示すたて型流下液膜式の液滞留量の推定法には，Kern ら[9)]の理論解および Bott ら[10)]の実験があるが，ここでは Kern らの理論解を記載する。

たて型流下液膜式の場合の流体の流動パターンは，図21・10 に示したようになる。搔面羽根によって押し拡げられた液膜は，初めは乱流であるが，しだいに乱れが静まり層流となる。このような複雑なパターンを厳密に取り扱うのは困難であるので，簡単にするために全域にわたって層流であると見なして取り扱う。

半径 $R$，長さ $L$ の伝熱円筒を有する搔面式たて型流下液膜熱交換器について考える（図21・11 参照）。搔面羽根の数を $n$，羽根の厚みを $\delta$〔m〕とし，回転軸は角速度 $\omega$〔ra-

---

2) Leniger, H. A. and J. Veldstra : Chem.-Ing.-Techn., vol. 31, Nr. 8, pp. 493～497 (1958).
3) Reay, W. H : Ind. Chemist. June, pp. 293～297 (1963).
4) Dieter, K. : Chem.-Ing.-Techn,, vol. 32, Nr. 8, pp. 521～524 (1960).
5) Gudheim, A. R., and J. Donovan : Chem. Eng. Progr., vol. 53, No. 10, pp. 476～481 (1957).
6) Ryley, J. T. : Ind. Chemist, June, pp. 311～319 (1962).
7) 井藤：化学機械と装置，8月号, pp. 28～32 (1965).
8) Najder, L. E : Ind. Eng. Chem., International ed. vol. 56, No. 2, pp. 26～30 (1960).
9) Kern, D. Q. and H. J. Karakas : Chem. Eng. Progr. Symp. Ser., vol. 55, No. 29, pp. 141～148 (1959).
10) Bott, T. R,, S. Azoory, and K. E. Porter : Trans. Instn. Chem. Engrs., vol. 46, pp. T33～T36 (1968).

## 21・3 液滞留量

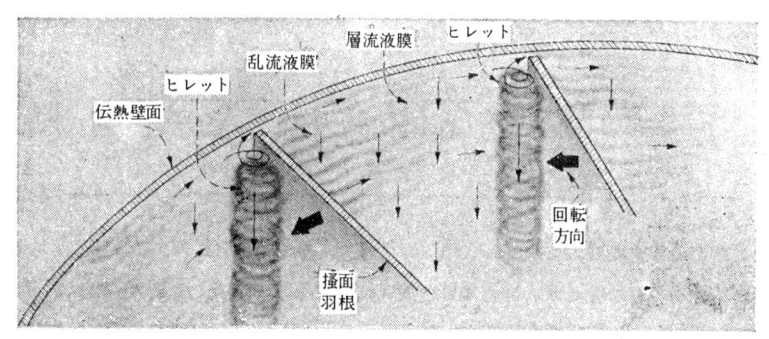

図 21・10 たて型流下液膜式掻面熱交換器の流動パターン

dians/hr〕で回転し，伝熱円筒上端から下向きに距離 $z$〔m〕の点での液の容積流量を $V_l$〔m³/hr〕，液の密度を $\rho$〔kg/m³〕，粘度を $\mu$〔kg/m・hr〕とする。

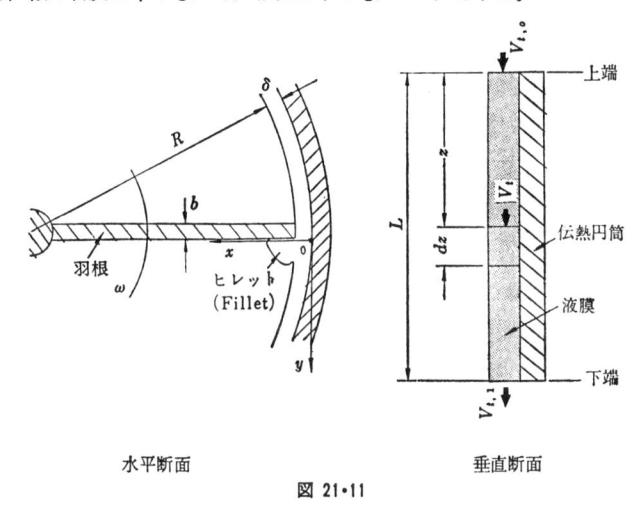

図 21・11

液が熱交換器を流下する経路として，次の4経路が考えられる。
(1) 掻面羽根表面に沿っての流下
(2) 伝熱円筒壁面に沿って液膜をなしての流下
(3) 掻面羽根の先端に生ずるヒレット（Fillet）状の流下
(4) 滴状または塊状にて，回転軸と伝熱円筒の空間を通る流下

回転軸の回転速度が大きいと，以下に示す理由によって（1）および（4）の流下は考慮しなくてもよいことになる。伝熱円筒壁面以外を流れる流体に働く遠心力 $f_c$ と重力 $f_g$ との合成力は，水平軸に対して次の角度をなす。

$$\zeta = \tan^{-1}(f_g/f_c) \quad\cdots\cdots\cdots\cdots\cdots\cdots\cdots\cdots\cdots\cdots\cdots\cdots\cdots(21\cdot2)$$

流体の単位容積あたりに働く力は,重力

$$f_g = \rho(g/g_c) \quad\cdots\cdots\cdots\cdots\cdots\cdots\cdots\cdots\cdots\cdots\cdots\cdots\cdots(21\cdot3)$$

および遠心力

$$f_c = \frac{\rho \omega^2 r}{g_c} \quad\cdots\cdots\cdots\cdots\cdots\cdots\cdots\cdots\cdots\cdots\cdots\cdots\cdots(21\cdot4)$$

$g$ は重力の加速度〔$1.27\times10^8$m/hr$^2$〕,$g_c$ は重力の換算係数〔$1.27\times10^8$kg・m/hr$^2$・Kg〕,$r$ は回転軸からの距離〔m〕,$\omega$ は回転速度〔radian/hr〕である。したがって,

$$\zeta = \tan^{-1}\left(\frac{g}{\omega^2 r}\right) \quad\cdots\cdots\cdots\cdots\cdots\cdots\cdots\cdots\cdots\cdots\cdots(21\cdot5)$$

実用の装置では,搔取羽根の先端の線速度 $\omega R$ は 12 ないし 15〔m/sec〕であり,半径 $R$ は最大 0.6〔m〕程度である。したがって,この場合には力の方向は水平軸に対して約 2 度になり,流体は僅かの距離しか流下しない間に遠心力によって壁面に達することになる。したがって,伝熱円筒壁面に沿っての液膜状流れおよびヒレット (Fillet) 状での流れのみを考えれば充分で,搔面羽根表面に沿っての流下および回転軸と伝熱円筒との空間を,滴状または塊状にて流下する流れは無視してよいことになる。

伝熱円筒壁面に沿って液膜状にて流下する流れの Reynolds 数は,

$$Re = \delta u \rho / \mu \quad\cdots\cdots\cdots\cdots\cdots\cdots\cdots\cdots\cdots\cdots\cdots\cdots\cdots(21\cdot6)$$

$\mu$ は流体の粘度〔kg/m・hr〕,$u$ は液の流下線速度〔m/hr〕,$\rho$ は流体の密度〔kg/m$^3$〕である。しかるに搔面羽根先端と伝熱円筒内壁との間隙 $\delta$ は普通小さいので,この流れは層流とみなすことができる。

この場合,壁面を液膜状をなして流下する流れは Navier-Stokes 式を用いて,次式で表わされる。

$$\frac{d^2 \dot{z}}{dr^2} = -\frac{\rho g}{\mu} \quad\cdots\cdots\cdots\cdots\cdots\cdots\cdots\cdots\cdots\cdots\cdots\cdots\cdots(21\cdot7)$$

ここで,$\dot{z}$ は流下速度である。境界条件は,壁面 $r=R$ で $\dot{z}=0$,自由表面 $r=R-\delta$ で $d\dot{z}/dr=0$,したがって流下速度は

$$\dot{z} = \frac{\rho g}{2\mu}[(R-r)^2 - 2\delta(R-r)] \quad\cdots\cdots\cdots\cdots\cdots\cdots\cdots\cdots(21\cdot8)$$

単位時間あたりの伝熱円筒壁面に沿って液膜状をなして流下する液流量 $V_W$〔m$^3$/hr〕は,

$$V_W = \int_R^{R-\delta} 2\pi r \cdot \dot{z} \cdot dr = \frac{2\pi R \rho g \delta^3}{3\mu}\left(1 - \frac{5\delta}{8R}\right) \fallingdotseq \frac{2\pi R \rho g \delta^3}{3\mu} \quad\cdots\cdots(21\cdot9)$$

ヒレット状をなしての流下流れの計算は次のようにする。ヒレットの流れは水平断面内

では図 21·12(a) のように乱流であるが，下向き流れは層流と見なし，その断面を図 21·12(b) のように三角形と見なして取り扱うことにする。速度の垂直成分に対する Navier-Stokes の式は，

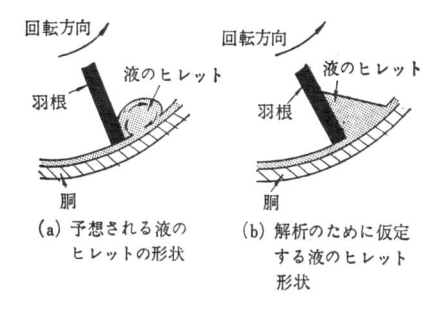

図 21·12(a) 予想される液のヒレットの形状
(b) 解析のために仮定する液のヒレット形状

図 21·12 ヒレットの形状

$$\frac{\partial^2 \dot{z}}{\partial x^2}+\frac{\partial^2 \dot{z}}{\partial y^2}=-\frac{\rho g}{\mu} \quad \cdots\cdots(21\cdot10)$$

図 21·11 に示すように搔面羽根先端の延長線と伝熱円筒面との交点を原点として $x$-$y$ 軸をとれば，境界条件は伝熱円筒壁面 $x=0$ で，$\dot{z}=0$，搔面羽根表面 $y=0$ で，$\dot{z}=0$，自由表面で grad $\dot{z}=0$ となる。

自由表面が搔面羽根に対して 45 度の角度を持つ平面と仮定すると，この問題は 4 角断面を有する管内流れと関係づけることができる。すなわち，自由表面を有する3 角開渠の流れは，4 角断面を有する管内流れの半分と同じ速度分布と同じと見なすことができる。Boussineq は断面積 $X$ の垂直管を流れる流量を次式で示した。

$$V=K\rho\frac{g}{\mu}X^2 \quad \cdots\cdots(21\cdot11)$$

$K$ は管の形状で定まる定数である。4 角断面の管に対しては $K=0.1405$ である。ヒレットの形状を 3 角形と見なせば，$K=0.0703$ となる。ヒレットの形状が 3 角形でない場合にも，式 (21·11) を適用しても実用上はさしつかえない。

したがって，ヒレット状をなして流下する液流量 $V_f$ [m³/hr] は，

$$V_f=0.0703\left(\frac{\rho g}{\mu}\right)\cdot X^2 \quad \cdots\cdots(21\cdot12)$$

熱交換器内の流体の容積すなわち滞留量 $W'$ [m³] は，ヒレットの容積と伝熱円筒壁面に沿っての液膜の容積との和である。微小距離 $dz$ の間の滞留量 $dW'$ は，

$$dW'=2\pi R\delta\cdot dz+nX\cdot dz \quad \cdots\cdots(21\cdot13)$$

全流量 $V_t$ は

$$V_t = V_w + nV_f = \frac{2\pi R \rho g \delta^3}{3\mu} + 0.07\left(\frac{n\rho g}{\mu}\right)X^2 \qquad \cdots\cdots(21\cdot14)$$

式 (21・14) を $X$ について解くと，

$$X = 3.8 n^{-1/2}\left[\frac{\mu V_t}{\rho g} - \frac{2\pi R \delta^3}{3}\right]^{1/2} \qquad \cdots\cdots(21\cdot15)$$

したがって，滞留量は次式で求まることになる。

$$W' = \int_0^L (2\pi R\delta + nX)\cdot dz$$

$$= 2\pi R \delta L + 3.8 n^{1/2}\int_0^L \left(\frac{\mu V_t}{\rho g} - \frac{2}{3}\pi R \delta^3\right)^{1/2}\cdot dz \qquad \cdots\cdots(21\cdot16)$$

ここで，

$n$：搔面羽根数〔―〕

熱交換器内で流体が相変化せず，しかも流体の物性が熱交換器内で一定である場合：
式 (21・16) を積分して

$$W' = 2\pi R\delta L + 3.8 n^{1/2}\left[\frac{\mu V_t}{\rho g} - \frac{2}{3}\pi R \delta^3\right]^{1/2}\cdot L \qquad \cdots\cdots(21\cdot17)$$

熱交換器内で流体が蒸発する場合：

この場合は，熱交換器内を流下するに伴なって流体は濃縮されるので，粘度 $\mu$ および流量 $V_t$ は $z$ の関数となる。

伝熱円筒面での熱流束（単位面積あたりの伝熱量）を $Q/A$〔kcal/m²・hr〕，流体の蒸発潜熱を $\lambda_f$〔kcal/kg〕とすると，微小区間 $dz$ あたりの蒸発量 $dV_t$ は

$$\lambda_f \rho \cdot dV_t = -2\pi R\left(\frac{Q}{A}\right)\cdot dz = -\frac{Q}{L}\cdot dz \qquad \cdots\cdots(21\cdot18)$$

単位面積あたりの伝熱量が熱交換器の各部で一定であると仮定すれば，伝熱円筒の上端 ($z=0$, $V_t=V_{t,0}$) から，距離 $z$ まで積分して

$$V_t = V_{t,0}\left(1 - \alpha\frac{z}{L}\right) \qquad \cdots\cdots(21\cdot19)$$

ここで，

$$\alpha = \frac{Q}{\lambda_f \cdot \rho \cdot V_{t,0}} \qquad \cdots\cdots(21\cdot20)$$

無次元パラメータ $\alpha$ は，熱交換器内での蒸発量とフィード流体との容積比を表わしている。

高さ $z$ の点での流体の濃度 $\Phi$ をフィード流体の初期度 $\Phi_0$ とパラメータ $\alpha$ とで表わせば，

## 21・3 液滞留量

$$\Phi = \frac{\Phi_0}{1-\alpha z/L} \quad \cdots\cdots(21\cdot21)$$

一般に，溶液の濃度と粘度との間には，次の関係がある．

$$\mu = \mu_0 \left(\frac{1-\alpha'\Phi}{1-\beta'\Phi}\right)^2 \quad \cdots\cdots(21\cdot22)$$

$\mu_0$ は純溶媒の粘度〔kg/m・hr〕，$\Phi$ は溶質の容積分率，$\alpha'$ と $\beta'$ は実験で求まる定数である．

式 (21・21) を式 (21・22) に代入して，

$$\mu = \mu_0 \left(\frac{1-\alpha'\Phi}{1-\beta'\Phi}\right)^2 = \mu_0 \left\{\frac{1-\dfrac{\alpha'\Phi_0}{(1-\alpha z/L)}}{1-\dfrac{\beta'\Phi_0}{(1-\alpha z/L)}}\right\}^2 \quad \cdots\cdots(21\cdot23)$$

この値を式 (21・15) に代入して，$\delta^3$ の項を無視して

$$X = 3.8 \left\{\frac{1-\dfrac{\alpha'\Phi_0}{(1-\alpha z/L)}}{1-\dfrac{\beta'\Phi_0}{(1-\alpha z/L)}}\right\}\left[\frac{\mu_0 \cdot V_{t,0}}{n\rho g}(1-\alpha z/L)\right]^{1/2} \quad \cdots\cdots(21\cdot24)$$

この $X$ の値を，式 (21・16) に代入して，滞留量 $W'$〔m³〕は

$$W' = 2\pi R \delta L + 3.8 \left[\frac{n\mu_0 V_{t,0}}{\rho g}\right]^{1/2} \cdot \int_0^L \left[\frac{1-(\alpha z/L)-\alpha'\Phi_0}{1-(\alpha z/L)-\beta'\Phi_0}\right]$$
$$\times [1-(\alpha z/L)]^{1/2} \cdot dz \quad \cdots\cdots(21\cdot25)$$

この積分はディジタル計算機を用いるか，あるいは $z$ の値を 0, $L/2$, $L$ の3点にとり Simpson 法を用いて数値計算することができる．

### 21・3・2 たて型上昇液膜式

図 21・5 に示したように伝熱円筒下部より原液をフィードし，上部より流出させるたて型上昇液膜式搔面熱交換器について，Hadley[11] は Navier-Stokes 式を解いて次の結果を示した．

熱交換器内の流体の容積すなわち滞留量は

$$W' = 2\pi R \delta L + \frac{\pi g L^2}{\omega^2} \quad \cdots\cdots(21\cdot26)$$

また，たて型上昇液膜式の場合には，搔面羽根の角度 $\omega$〔radian/hr〕が限界最小角速度 $\omega_{\min}$ 以下になると，熱交換器内が液で充満してしまう．この限界最小角度 $\omega_{\min}$ は次式で求まる．

$$\omega_{\min} = \sqrt{\frac{2gL}{R^2-(R-\delta)^2}} \quad \cdots\cdots(21\cdot27)$$

## 21・4 液膜の厚さ

液膜の厚さは搔面羽根先端と伝熱円筒壁面との間隙によって定まるが,固定羽根の場合にはこの間隙は一定であるが,ワイパー式の搔面羽根の場合には,この間隙は流体の物性,搔面羽根の回転数などによって変わる。

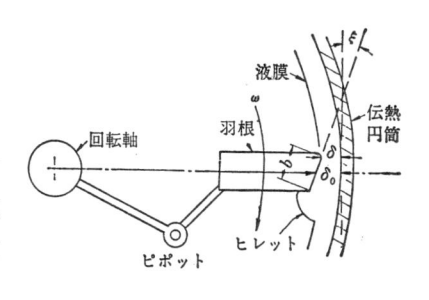

図 21・13 に示すような搔面羽根について考える。羽根の重量を $m$ [kg],羽根の角速度を $\omega$ [radian/hr],羽根先端の線速度を $v$ ($=\omega R$) [m/hr] とすると,羽根が遠心力によって伝熱円筒壁面に押しつけられる力 $F_c$ は,

$$F_c = \frac{m}{g_c}\omega^2 R = \frac{mv^2}{g_c R} \quad \cdots\cdots(21\cdot28)$$

図 21・13 ワイパー式搔面羽根

搔面羽根先端面の幅を $b$,伝熱円筒壁面に対するこの面の傾斜角を $\xi$,羽根先端面の中心点と伝熱円筒壁面との間隙を $\delta_0$ [m] とすると,最小間隙 $\delta$ [m] は,

$$\delta = \delta_0(1-a) \quad \cdots\cdots(21\cdot29)$$

ここで,

$$a = \frac{b \cdot \tan(\xi)}{2\delta_0} \quad \cdots\cdots(21\cdot30)$$

羽根先端面と伝熱円筒壁面との間の楔形の間隙で流体は剪断力を受けて,羽根先端面に推力を与える。この力を半径方向の成分力 $F_l$ と,接線方向の成分力 $F_d$ に分けると,

$$F_l = \frac{2b\mu L v}{\delta_0 g_c \cdot \tan(\xi)} \cdot \Psi \quad \cdots\cdots(21\cdot31)$$

および

$$F_d = \frac{2b\mu L v}{\delta_0 g_c} \cdot \Psi \quad \cdots\cdots(21\cdot32)$$

ここで,

$$\Psi = \frac{3}{2a} \cdot \ln\left[\frac{1+a}{1-a}\right] - 3 \quad \cdots\cdots(21\cdot33)$$

これらの式は,ベアリングの潤滑理論から容易に求まる。

この揚力 $F_l$ と遠心力 $F_c$ が動的平衡を保つので,

$$\frac{mv^2}{g_c R} = \frac{2b\mu Lv}{\delta_0 g_c \cdot \tan(\xi)} \cdot \Psi \quad \cdots\cdots (21\cdot34)$$

したがって,

$$\delta_0 = \frac{2b\mu RL}{mv\cdot\tan(\xi)} \cdot \Psi \quad \cdots\cdots (21\cdot35)$$

式 (21・35), (21・29) から搔面羽根先端と伝熱円筒壁面との最小間隙, すなわち液膜の厚みを計算することができる。

以上は遠心力を利用した搔面羽根であるが, このほかに, 図 21・14 に示すようなバネの力を利用した搔面羽根もある[12]。また, 固定羽根の一種として, 金あみ (Knit Mesh) を用いた搔面羽根も用いられる[13]。

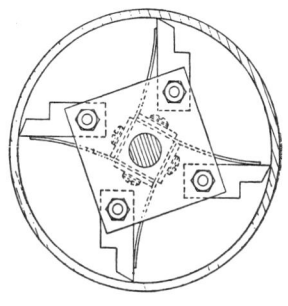

図 21・14　バネを用いたワイパー式搔面羽根

## 21・5　基本伝熱式

搔面式液膜熱交換器の場合は, 前章に記載した Votator 型搔面式熱交換器と異なり, 熱交換器中での滞留液量が小さいので, 逆混合による有効温度差の低下を考慮する必要はない。したがって, 有効温度差として対数平均温度差を, そのまま用いてさしつかえない[14]。

$$Q = AU \cdot \Delta T_{lm} \quad \cdots\cdots (21\cdot36)$$

$$\Delta T_{lm} = \frac{|T_1 - t_2| - |T_2 - t_1|}{\ln\left[\dfrac{T_1 - t_2}{T_2 - t_1}\right]} \quad \cdots\cdots (21\cdot37)$$

ここで,

　　$Q$：伝熱量〔kcal/hr〕

　　$A$：伝熱面積〔m²〕

　　$U$：総括伝熱係数〔kcal/m²・hr・°C〕

　　$\Delta T_{lm}$：対数平均温度差〔°C〕

　　$t_1, t_2$：搔面側プロセス流体の入口, 出口温度〔°C〕

---

12) Lustenader, E.L., R. Richter, and F.J. Neugebauer: Journal of Heat Transfer, Trans. ASME. Ser. C, vol. 81, No. 4, pp. 297〜307 (1959).
13) Bott, T.R. and S. Azoory: Brit. Chem. Eng., vol. 14, No. 8, pp. 372〜374 (1968).
14) Bott, T.R, S. Azoory, and K.E. Porter: Trans. Instn. Chem. Engrs., vol. 46, pp. T37〜T43 (1968).

$T_1, T_2$：ジャケット側熱媒の入口，出口温度〔°C〕

## 21・6 掻面側（伝熱円筒内側）プロセス流体の境膜伝熱係数

Azoory ら[15]はたて型掻面式流下液膜式熱交換器について実験を行ない，掻面側プロセス流体の境膜伝熱係数として，次式を提案している。

$$h_i = \frac{2}{\sqrt{\pi}} (c \cdot \rho \cdot k \cdot n \cdot N)^{1/2} \cdot \frac{1}{f} \quad \cdots\cdots(21\cdot38)$$

$f$ は補正係数で次式から求まる。

$$f = \frac{1}{500}\left(\frac{c\mu}{k}\right) + 3.50 \quad \cdots\cdots(21\cdot39)$$

上式は前章の Votator 型掻面式熱交換器についての Harriot の理論式（20・43）を基に，実験値を整理して補正係数 $f$ を求めたものである。

ここで，

$h_i$：掻面側プロセス流体の境膜伝熱係数〔kcal/m²・hr・°C〕

$c$：プロセス流体の比熱〔kcal/kg・°C〕

$k$：プロセス流体の伝導率〔kcal/m・hr・°C〕

Kern ら[9]および Lustenader ら[12]は，掻面羽根と伝熱円筒壁面との間の最小間隙 $\delta$ と同じ厚さの液膜が形成され，この液膜を通して熱伝導によって，熱移動が行なわれると見なし，次式を提案している。

$$h_i = \frac{k}{\delta} \quad \cdots\cdots(21\cdot40)$$

式（21・38）および式（21・40）は掻面側プロセス流体が相変化をしない場合の相関式であるが，掻面側プロセス流体が蒸発するときにも，液膜の表面からのみ蒸発するいわゆる表面蒸発であると見なすことができるので，これらの式を適用することができる。

## 21・7 総括伝熱係数

総括伝熱係数はジャケット側境膜伝熱係数，掻面側プロセス流体の境膜伝熱係数から計算することができるが，概略値の見当をつけたいような場合には，Mutzenburg[16] が示した図 21・15 を用いることができる。

---

15) Azoory, S. and T.R. Bott: Can. J. Chem. Eng., vol. 48, pp. 373〜377 (1970).
16) Mutzenburg, A.B.: Chem. Eng., Sept. 16, pp. 175〜178 (1965).

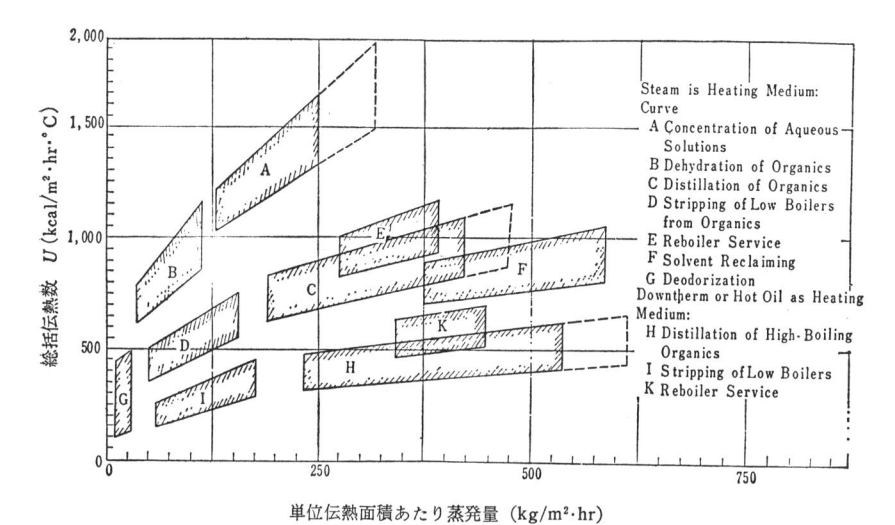

図 21・15 掻面式液膜熱交換器の総括伝熱係数

## 21・8 駆動動力

掻面羽根を回転させるためには，羽根先端流体から働く接線方向の成分力 $F_d$ に打勝つための動力 $P_d$ と，伝熱円筒内に滞留する流体を加速するための動力 $P_s$ とが必要である。

$$P_d = n F_d v \quad \cdots\cdots\cdots\cdots\cdots\cdots\cdots\cdots\cdots\cdots\cdots\cdots (21\cdot41)$$

式 (21・33) の $F_d$ の値を代入して，

$$P_d = \frac{2b\mu L \Psi n v^2}{\delta_0 g_c} \quad \cdots\cdots\cdots\cdots\cdots\cdots\cdots\cdots\cdots\cdots (21\cdot42)$$

掻面羽根が1回転するたびに，滞留流体を静止状態から加速すると見なすと，この加速に要する動力は

$$P_s = \left(\frac{W'\rho v^2}{2g_c}\right)\left(\frac{v}{2\pi R}\right)s = \frac{sW'\rho v^3}{4\pi g_c R} \quad \cdots\cdots\cdots\cdots (21\cdot43)$$

$s$ は羽根と滞留流体との滑り率で，実験によって求めねばならないが，実験値がないときには滞留流体が掻面羽根の回転速度まで加速されるものと見なし，$s=1$ として計算するのが安全である。

掻面羽根の駆動動力 $P_t$ は

$$P_t = P_d + P_s \quad \cdots\cdots\cdots\cdots\cdots\cdots\cdots\cdots\cdots\cdots\cdots\cdots (21\cdot44)$$

$P_t$ には軸封部および動力伝達装置での動力損失は含まれていない。したがって、実際の設計に際しては、これらの損失を加算しなければならない。$P_t$, $P_d$ および $P_s$ の単位は〔Kg·m/hr〕である。

## 21·9 価格

図 21·16 に市販品の価格を示したが、メーカーによってかなりの価格差があることがわかる。

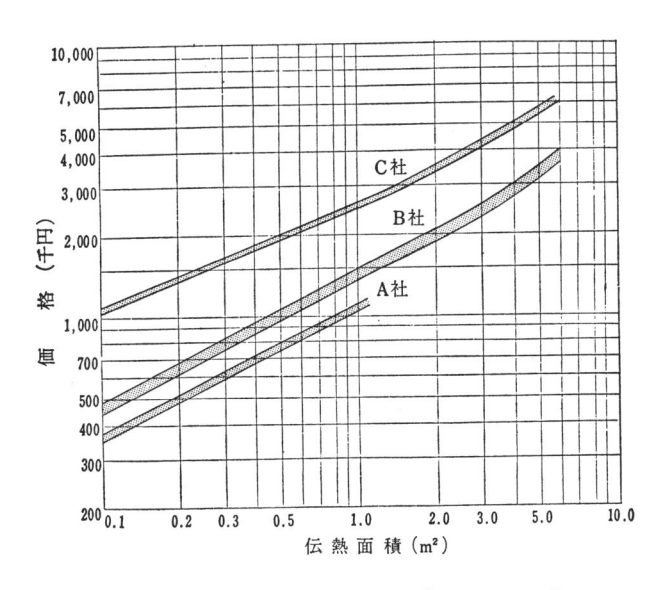

図 21·16 掻面式液膜熱交換器の価格（材質は SUS 27）

## 21·10 設計例

〔例題 21·1〕 粘度 100〔cp〕を有する溶液 2,400〔kg/hr〕を給液して、溶液中の水分を 690〔kg/hr〕蒸発させる掻面式液膜熱交換器を設計する。ただし、ジャケット側の加熱媒体としては 2〔Kg/cm²G〕のスチームを用いる。操作圧は 0.1〔Kg/cm² abs〕とし、溶液の粘度以外の物性値（沸点・蒸発潜熱・熱伝導率・比熱・密度）は水と同じとみなす。

〔解〕

（1） 伝熱量 $Q$

$Q = 690 \times 571.4 = 394,000$〔kcal/hr〕

（2） 熱交換器の寸法： 伝熱円筒内径 $D_i = 0.66$〔m〕, 伝熱円筒外径 $D_o = 0.672$

[m] のたて型搔面式液膜熱交換器とする。また,搔面羽根は図 21・13 のワイパー式のものとし,羽根の幅 $b=0.012$ [m],角度 $\xi=5°$,先端部質量 $m=2$ [kg],羽根枚数 $n=4$,羽根回転数 $N=9,500$ [rev/hr] とする。

(3) ジャケット側,スチーム凝縮伝熱係数 $h_o$: 2 [Kg/cm²G] のスチームの凝縮潜熱は 517.1 [kcal/kg] であるから,凝縮量は
$$W=394,000/517.1=760 \text{ [kg/hr]}$$
凝縮負荷 $\Gamma$ は
$$\Gamma=\frac{W}{\pi D_o}=\frac{760}{\pi \times 0.672}=360 \text{ [kg/m·hr]}$$
図 11・40 から,凝縮境膜伝熱係数 $h_o$ は
$$h_o=5,000 \text{ [kcal/m²·hr·°C]}$$

(4) 搔面羽根先端と伝熱円筒壁面との間隙 $\delta$: 羽根先端面の中心点と伝熱円筒面との間隙 $\delta_0=0.00095$ [mm] と仮定すると,式 (21・30) から
$$a=\frac{b\cdot\tan(\xi)}{2\delta_0}=\frac{0.012\times\tan(5°)}{2\times 0.00095}=0.56$$
式 (21・33) から
$$\Psi=\frac{3}{2a}\cdot\ln\left(\frac{1+a}{1-a}\right)-3$$
$$=\frac{3}{2\times 0.56}\cdot\ln\left(\frac{1+0.56}{1-0.56}\right)-3=0.38$$
羽根先端の線速度 $v$ は,
$$v=R\omega=R(2\pi N)$$
$$=0.330\times 2\times 3.14\times 9,500=19,600 \text{ [m/hr]}$$
式 (21・35) から,伝熱円筒の長さ $L=3$ [m] と仮定すると,
$$\delta_0=\frac{2b\mu R L}{mv\cdot\tan(\xi)}\cdot\Psi$$
$$=\frac{2\times 0.012\times 360\times 0.330\times 3\times 0.38}{2\times 19,600\times\tan(5°)}=0.000945 \text{ [m]}$$
したがって,最初に仮定した $\delta_0$ の値は正しかったことになる。
羽根と伝熱円筒壁面との最小間隙 $\delta$ は,
$$\delta=\delta_0-\left(\frac{b}{2}\right)\cdot\tan(b)=0.000945-\left(\frac{0.012}{2}\right)\cdot\tan(5°)$$
$$=0.00042 \text{ [m]}$$

(5) 搔面側プロセス流体の境膜伝熱係数 $h_i$: 溶液の物性は水と同じと見なし,$k=0.550$ [kcal/m·hr·°C],$c=1$ [kcal/kg·°C]
Kern らの式 (21・40) を用いると,
$$h_i=\frac{k}{\delta}=\frac{0.550}{0.00042}=1,310 \text{ [kcal/m²·hr·°C]}$$
Azoory らの式 (21・38),(21・39) を用いると,

$$f = \frac{1}{500}\left(\frac{c\mu}{k}\right) + 3.50 = \frac{1}{500}\left(\frac{1 \times 360}{0.550}\right) + 3.50 = 4.82$$

$$h_i = \frac{2}{\sqrt{\pi}}(C \cdot \rho \cdot k \cdot n \cdot N)^{1/2} \cdot \frac{1}{f}$$

$$= \frac{2}{\sqrt{\pi}}(1 \times 1,000 \times 0.550 \times 4 \times 9,500)^{1/2} \frac{1}{4.82}$$

$$= 1,060 \ [\text{kcal/m}^2 \cdot \text{hr} \cdot {}^\circ\text{C}]$$

安全をみて小さい方の値 1,060 [kcal/m²·hr·°C] を用いることにする。

**(6) 総括伝熱係数 $U$:** 掻面側プロセス流体の汚れ係数 $r_i = 0$, ジャケット側スチームの汚れ係数 $r_o = 0$ と見なす。また, 伝熱円筒材質を SUS 27 (2mm)-SS 41 (4 mm) のクラッドとすると, SUS 27 の熱伝導率 $\lambda_1 = 14$ [kcal/m·hr·°C], SS 41 の熱伝導率 $\lambda_2 = 50$ [kcal/m·hr·°C] であるから,

$$\frac{1}{U} = \frac{1}{h_i} + \frac{t_{s,1}}{\lambda_1} + \frac{t_{s2}}{\lambda_2} + \frac{1}{h_o}\left(\frac{D_i}{D_o}\right)$$

$$= \frac{1}{1,060} + \frac{0.002}{14} + \frac{0.004}{50} + \frac{1}{5,000}\left(\frac{0.660}{0.672}\right)$$

$$= 0.001364$$

したがって,

$$U = 1/0.00134 = 730 \ [\text{kcal/m}^2 \cdot \text{hr} \cdot {}^\circ\text{C}]$$

**(7) 伝熱円筒の長さ $L$:** 溶液の物性値を水と同じとみなしたので, 操作圧 0.1 [Kg/cm²G] における沸点は 45.5 [°C] である。また, ジャケット側スチームの凝縮温度は 132.9 [°C] であるから, 有効温度差 $\Delta T$ は

$$\Delta T = 132.9 - 45.5 = 87.4 \ [{}^\circ\text{C}]$$

所要伝熱面積 $A$ は

$$A = \frac{Q}{\Delta T \cdot U} = \frac{394,000}{87.4 \times 730} = 6.2 \ [\text{m}^2]$$

伝熱円筒の必要長さ $L$ は

$$L = \frac{A}{\pi D_i} = \frac{6.2}{3.14 \times 0.660} = 3 \ [\text{m}]$$

したがって, (4) で $\delta_0$ の計算に用いた $L$ の値は正しかったことになる。

**(8) 溶液の滞留量および滞留時間:** 蒸発に伴なって, 伝熱円筒に沿って溶液の流量・粘度が変わるが, ここでは簡単のために, これらの値が入口状態のまま変化しないものと見なして計算する。

$$V_t = \frac{W}{\rho} = \frac{2,400}{1,000} = 2.4 \ [\text{m}^3/\text{hr}]$$

式 (21·17) から, 溶液の滞留量 $W'$ は

$$W' = 2\pi R \delta L + 3.8 n^{1/2}\left[\frac{\mu V_t}{\rho g} - \frac{2}{3}\pi R \delta^3\right]^{1/2} \cdot L$$

$$= 2\pi(0.330)(0.000425)$$

$$+3.8(4)^{1/2}\left[\frac{360\times 2.4}{1,000\times 1.27\times 10^8}-\frac{2}{3}\pi(0.33)(0.000425)^3\right]^{1/2}$$
$$\times 3 = 0.00448 \ [\text{m}^3]$$

平均滞留時間は
$$W'/V_t = 0.00448/2.4 = 0.00186 \ [\text{hr}] = 6.65 \ [\text{sec}]$$

**(9) 駆動動力:** 式 (21·42) から

$$P_d = \frac{2b\mu L\Psi nv^2}{\delta_0 g_c}$$

$$= \frac{2\times 0.012\times 360\times 3\times 0.38\times 4\times (19,600)^2}{0.000945\times 1.27\times 10^8}$$

$$= 1.26\times 10^5 \ [\text{Kg}\cdot\text{m/hr}] = 0.34 \ [\text{kW}]$$

式 (21·44) で $s=1.0$ と見なして,

$$P_s = \frac{sW'\rho v^3}{4\pi g_c R} = \frac{1.0\times 0.00448\times 1,000\times (19,600)^3}{4\pi\times (1.27\times 10^8)\times 0.330}$$

$$= 0.64\times 10^5 \ [\text{Kg}\cdot\text{m/hr}] = 0.17 \ [\text{kW}]$$

したがって, 駆動動力 $P_t$ は
$$P_t = P_d + P_s = 0.51 \ [\text{kW}]$$

軸封部の効率を 0.6, 動力伝達装置の効率を 0.8 と見て, 実際の駆動動力は

$$\frac{0.51}{0.6\times 0.8} \fallingdotseq 1 \ [\text{kW}]$$

## 第22章 遠心薄膜式熱交換器の設計法

### 22·1 特徴と種類

遠心薄膜式熱交換器は，円板状もしくは円錐状の高速で回転する伝熱面の中央に液を注いで，遠心力によって液を伝熱面に押し広げて 0.01～1 mm という極薄の液膜を形成させて加熱する熱交換器で，液の滞留時間を極く短くすることができるので，熱分解しやすい物質の加熱・蒸発に用いられる。

図 22·1 はコニカルディスク型の遠心分離機とプレート式蒸発器の原理を組合わせたものといってよく，数個の円錐体の組合せによって形成された回転筒の内部に処理液が導かれ，蒸気の間接加熱によって処理液の蒸発・濃縮が行なわれる構造の遠心薄膜式熱交換器である。処理液は遠心力の作用を受けて，この円錐の裏面にきわめて薄い膜 (0.05～0.1 mm) となって展開，円錐体のジャケットに導かれた蒸気によって加熱され，瞬間的（約1秒以内）に加熱・蒸発・濃縮が行なわれるものである。メーカーとしてはアルファラバ

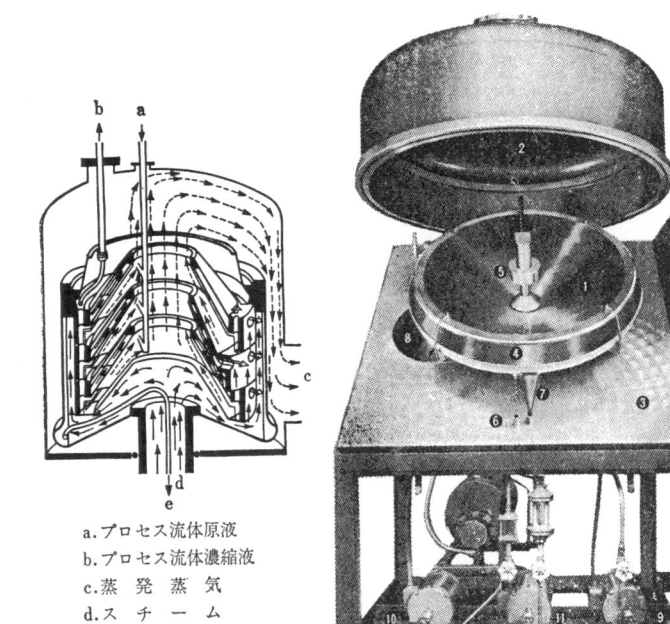

a. プロセス流体原液
b. プロセス流体濃縮液
c. 蒸発蒸気
d. スチーム
e. スチーム凝縮液

図 22·1 円錐型遠心薄膜式熱交換器　　図 22·2 円錐型遠心薄膜式熱交換器

## 22・1 特徴と種類

ル社がある。

図 22・2 は高真空蒸発（もしくは蒸留）用に用いられる遠心薄膜式熱交換器で，各部の名称とその役割を図 22・3 に示した。

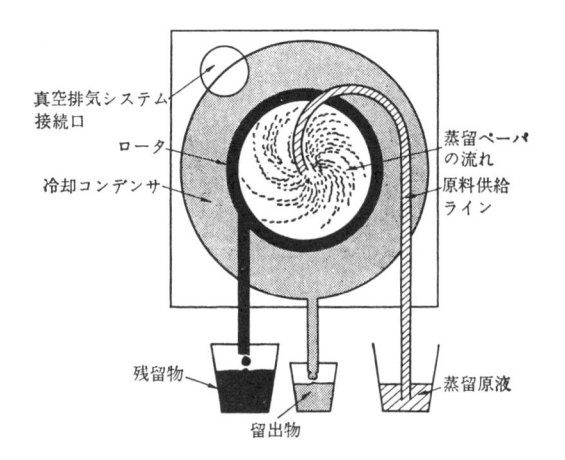

真空排気システム接続口
ロータ
冷却コンデンサ
蒸留ペーパの流れ
原料供給ライン
残留物
留出物
蒸留原液

① ロータ（遠心力で液膜を形成，この裏にヒータがついている）
② コンデンサ（水冷ジャケット付き，ベルジャドーム形）
③ ベースプレート（コンデンサと一体になって高真空容器となる）
④ 残留物を集めるトユ（ロータの周囲を巧妙にかこんでいる）
⑤ 原料供給口（原料が飛び散らないような特殊設計）
⑥ 留出物排出口（ここからベースプレートの向う側に抜ける）
⑦ 残留物排出口（トユからギヤポンプへ）
⑧ 真空排気口（この後に油拡散エゼクタが続く）
⑨ 原料送込み用ギヤポンプ（流量無段可変，ヒータ内蔵）
⑩ 留出物抜出し用ギヤポンプ（流量無段可変，ヒータ内蔵）
⑪ 残留物抜出し用ギヤポンプ（流量無段可変，ヒータ内蔵）
⑫ 操作パネル（温度調節用機器は右側の壁についている）

図 22・3　円錐型遠心薄膜式熱交換器の各部の名称と役割

図 22・4 は Leyland & Whitely によって開発された遠心薄膜式熱交換器で，ジュース，ビタミン類など熱分解しやすい液の加熱に用いられる。熱交換器は回転軸にとりつけられた薄い金属円板からできていて，円板の円周には溝が設けられている。流体は円板の中心から給液されて熱交換を行なう。流体は遠心力によって円板上に押し拡げられて薄膜となって流れ，円周の溝に集まり，ここから一対の管によって排液される。Blitz[1] はこの型式の熱交換器は，掻面式熱交換器よりも安価に製作できるとして，図 22・5 を提出している。

---

1) Blitz, J.G. : Dechema-Monographien, vol. 56, pp. 73〜76 (1965).

820　第22章　遠心薄膜式熱交換器の設計法

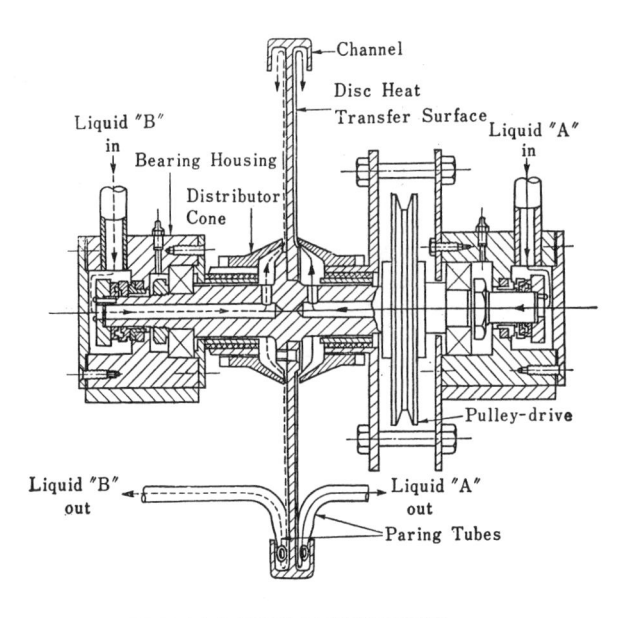

**図 22・4**　回転円板型遠心薄膜式熱交換器

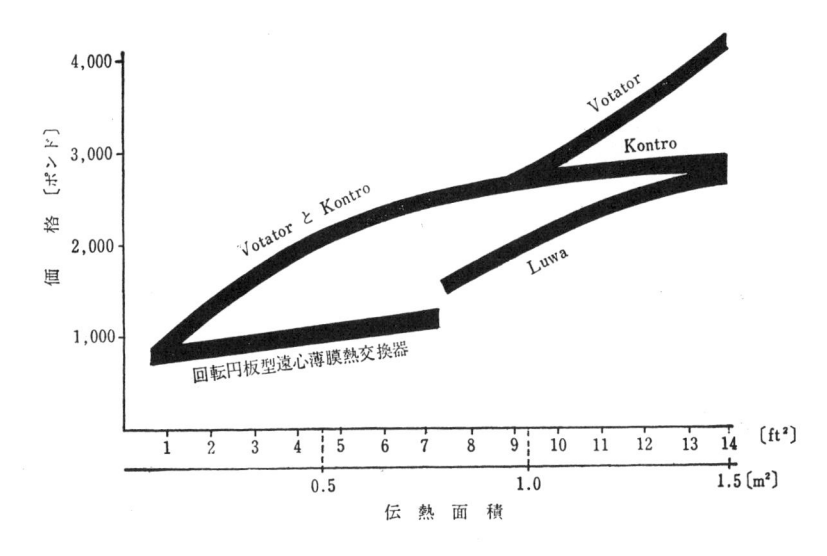

**図 22・5**　回転円板型遠心薄膜式熱交換器の価格

## 22・2 境膜伝熱係数
### 22・2・1 流体が蒸発するときの境膜伝熱係数[2]

図 22・6 に示すような円錐型遠心薄膜式熱交換器で,プロセス流体が蒸発する場合すな

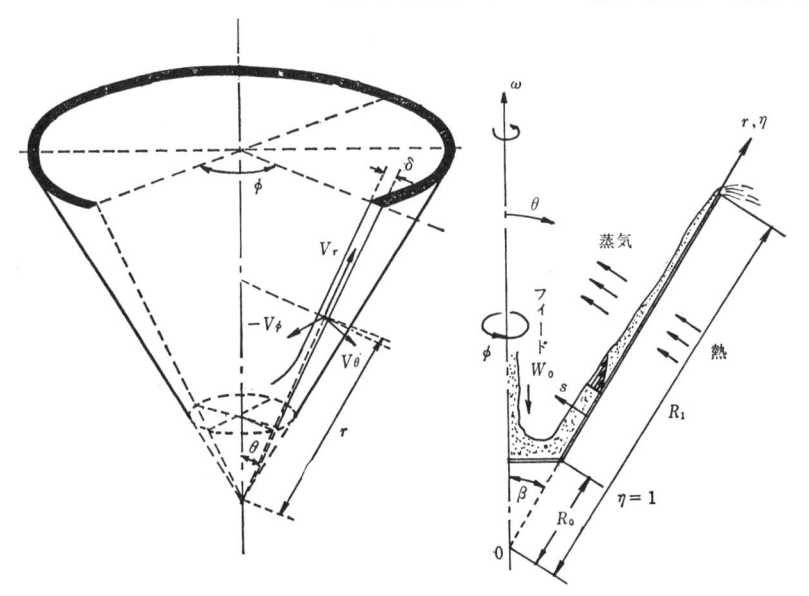

**図 22・6** 円錐型遠心薄膜式熱交換器でのプロセス流体の流れ

わち円錐型遠心薄膜式蒸発器におけるプロセス流体の境膜伝熱係数の算出法を説明する。図において円錐は角速度 $\omega$ [rad/hr] で回転し,プロセス流体は水平板の中心より流入し,円錐頂点から距離 $R_0$ [m] の点で円錐板表面に入り,距離 $R_1$ [m] の点で円錐板表面から流出する。

この問題に対しては球座標が適している。流れ様式は $\phi$ 軸に対して対称である。定常状態におけるエネルギー式は

$$v_r \frac{\partial t}{\partial r} + \frac{v_\theta}{r} \cdot \frac{\partial t}{\partial \theta} = \frac{\alpha}{r^2} \left[ \frac{\partial}{\partial r}\left(r^2 \frac{\partial t}{\partial r}\right) + \frac{1}{\sin\theta} \cdot \frac{\partial}{\partial \theta}\left(\sin\theta \cdot \frac{\partial t}{\partial \theta}\right) \right] \quad \cdots\cdots(22 \cdot 1)$$

ここで,
 $t$:プロセス流体の温度 [°C]

---
2) Bruin, S: Chem. Eng. Sci., vol. 25, pp. 1475〜1485 (1970).

$r$：円錐頂点からの距離〔m〕

$v_r, v_\theta$：$r$軸方向，$\theta$軸方向に沿ってのプロセス流体の速度〔m/hr〕

$\alpha$：プロセス流体の熱拡散係数$=k/(C\rho)$〔m²/hr〕

　$r$軸方向に沿っての熱伝導は，$r$軸方向に沿っての対流伝熱に比べて小さいので，右辺第1項は左辺第1項に比べて無視することができる。

　したがって，式（1）は次のように書き直すことができる[3]。

$$v_r \frac{\partial t}{\partial r} - v_\theta \frac{\partial t}{\partial s} = \alpha \frac{\partial^2 t}{\partial s^2} \quad \cdots\cdots(22\cdot2)$$

　この式において，$s$は円錐表面からプロセス流体の任意の点までの距離〔m〕である。この式の境界条件として，(1)加熱表面の温度は $t_w$〔°C〕一定，(2)プロセス流体は沸点温度 $t_{ev}$〔°C〕で流入する，(3)蒸発は表面蒸発であると仮定する。これを式で表わせば，

$$\left. \begin{array}{llll} \text{(a)} & t=t_w & r>R_o & s=0 \\ \text{(b)} & t=t_{ev} & r>R_o & s=\delta(r) \\ \text{(c)} & t=t_{ev} & r=R_o & o \leq s \leq \delta(R_o) \end{array} \right\} \quad \cdots\cdots(22\cdot3)$$

　式（22・3）における $\delta(r), \delta(R_o)$ は円錐頂点からの距離 $r, R_o$〔m〕の点の液膜厚み〔m〕である。

　式（22・2），（22・3）を無次元変数を用いて書き直すと，式（22・2）のエネルギー式は

$$\eta X \cdot \sin(\beta) \cdot \frac{\partial \Theta}{\partial \eta} - Y \cdot \frac{\partial \Theta}{\partial \sigma} = \frac{1}{Pr} \cdot \frac{\partial^2 \Theta}{\partial \sigma^2} \quad \cdots\cdots(22\cdot4)$$

ここで，

$$\Theta = \frac{t_w - t}{t_w - t_{ev}}, \quad \sigma = s\left(\frac{\rho \omega}{\mu}\right)^{1/2}, \quad \eta = \frac{r}{R_o} \quad \cdots\cdots(22\cdot5)$$

$$X = \frac{v_r}{\omega r \cdot \sin(\beta)} \quad \text{および} \quad Y = \frac{v_\theta}{(\omega \mu/\rho)^{1/2}} \quad \cdots\cdots(22\cdot6)$$

$\beta$：円錐の頂角の 1/2〔radian〕

$\mu$：プロセス流体の粘度〔kg/m・hr〕

$\rho$：プロセス流体の密度〔kg/m³〕

$Pr$：プラントル数$=(C\mu/k)$

$C$：プロセス流体の比熱〔kcal/kg・°C〕

$k$：プロセス流体の熱伝導度〔kcal/m・hr・°C〕

---

3) Bruin, S.: Chem. Eng. Sci., vol. 24, pp. 1647〜 (1969).

境界条件式 (22・3) は次のようになる。

(a) $\sigma=\delta^+$　　$\eta>1$　　$\Theta=1$
(b) $\sigma=0$　　$\eta>1$　　$\Theta=0$ 　　　　　　　　　　　　　…………………………………(22・7)
(c) $0\leq\sigma\leq\delta_F^+$　$\eta=0$　$\Theta=0$

ここで,

$\delta^+$ : 液膜の無次元厚さ $=\delta(\rho\omega/\mu)^{1/2}$ 〔—〕

$\delta_F^+$ : 円錐頂点から $R_0$ の距離の点での液膜の無次元厚さ〔—〕

液膜への伝熱は, 次の二つの区間に分けて考えることができる。すなわち(i) 入口付近で流体の温度プロフィルが変化する区間, (ii) 温度プロフィルが発達した区間である。図 22・7 にこの 2 つの区間を示した。最初の区間は入口近くの円錐部の区間 ($R_0 < r \leq R_1$)

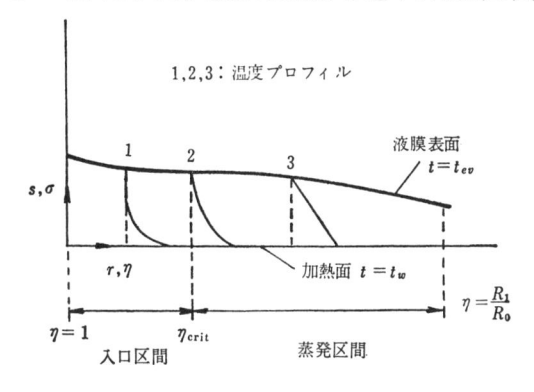

図 22・7 入口区間と蒸発区間

で, 最初均一分布 ($t=t_{ev}$) であった温度プロフィルが $r$ の増加とともに変化していく区間である。この区間ではプロセス流体の蒸発は無視することができるので, その速度分布は不蒸発流体と見なして求めるのが安全である。第 2 の区間は蒸発区間で, 温度分布は発達して, 液膜の厚さ方向に直線的に変わる温度分布をなしている区間である。

実際の装置では液膜の厚さが非常に薄い (1 mm 以下) ので, $v_\theta$ は $v_r$ に比べて非常に小さくなり, エネルギー式の $v_\theta$ を含む項は消去して考えてさしつかえない。

この 2 つの区間についての温度分布を求める。

(1) **入口区間**:　入口区間での半径方向の速度 $v_r$ は, 次式で表わされる[3],[4]。

$$X=(\delta^+)^2\left[\frac{\sigma}{\delta^+}-\frac{1}{2}\left(\frac{\sigma}{\delta^+}\right)^2\right] \quad\quad\quad\quad\quad\quad\quad (22\cdot8)$$

---

4) Hinze, J.O., and H.J, Milborn : J. Appl. Mech. (1950).

液膜厚み $\delta^+$ は，次式で示される。

$$\delta^+ = \left[\frac{3W_o}{2\pi \cdot \sin^2(\beta) \cdot r^2 \cdot (\omega\mu/\rho)^{1/2}}\right]^{1/3} \quad \cdots\cdots(22\cdot9)$$

$W_o$ はプロセス流体の給液量〔m³/hr〕である。

式 (22・2) の左辺第2項は，上記の理由で無視することができる。

次式で定義される無次元数 $\xi$ および $\phi$ を導入する。

$$\xi \equiv 1 - \frac{\sigma}{\delta^+} \quad \cdots\cdots(22\cdot10)$$

$$\phi \equiv \eta^{8/3} \quad \cdots\cdots(22\cdot11)$$

それならば，

$$\left(\frac{\partial^2}{\partial\sigma^2}\right)_\eta = \frac{1}{\delta^{+2}}\left(\frac{\partial^2}{\partial\xi^2}\right)_\phi \quad \cdots\cdots(22\cdot12)$$

$$\left(\frac{\partial}{\partial\eta}\right)_\sigma = \frac{8}{3}\eta^{3/5}\cdot\left(\frac{\partial}{\partial\phi}\right)_\xi + \frac{\sigma}{\delta^{+2}}\cdot\frac{d\delta^+}{d\eta}\left(\frac{\partial}{\partial\xi}\right)_\phi \quad \cdots\cdots(22\cdot13)$$

したがって，式 (22・4) は近似的に次式で表わされる。

$$\frac{4}{3}\Lambda\frac{\partial\Theta}{\partial\phi} = (1-\xi^2)^{-1}\cdot\frac{\partial^2\Theta}{\partial\xi^2} \quad \cdots\cdots(22\cdot14)$$

ここで，

$$\Lambda = Pr\cdot\sin(\beta)\cdot\left[\frac{3W_o}{2\pi\cdot\sin^2(\beta)\cdot R_o^2\cdot(\omega\mu/\rho)^{1/2}}\right]^{4/3} \quad \cdots\cdots(22\cdot15)$$

偏微分方程式 (22・14) を与えられた境界条件のもとに解くと，その解は次式で表わされる[2]。

$$\Theta = 1-\xi + \sum_{n=0}^{\infty} F_0(\lambda_n)\cdot F_1(\lambda_n,\xi)\cdot\exp\left\{-\frac{3}{4}\lambda_n^2\cdot(\phi-1)/\Lambda\right\} \quad \cdots\cdots(22\cdot16)$$

関数 $F_0(\lambda_n)$ および $F_1(\lambda_n,\xi)$ は，次式で表わされる。

$$F_0(\lambda_n) \doteq (-1)^n \frac{16\Gamma\left(\frac{2}{3}\right)}{\pi\cdot\Gamma\left(\frac{1}{2}\right)}\cdot 3^{-1/6}\cdot\lambda_n^{-2/3} \quad \cdots\cdots(22\cdot17)$$

$$F_1(\lambda_n,\xi) = \xi\sqrt{2\lambda_n}\cdot\exp\left(-\frac{1}{2}\lambda_n\cdot\xi^2\right)\cdot M\left(\frac{1-\lambda_n}{4},\ \frac{3}{2},\ \lambda_n\xi^2\right)$$

$$\cdots\cdots(22\cdot18)$$

ここで，

$\Gamma(x)$：変数 $x$ のガンマ関数 (complete gamma function)

$M(a,b,x)$：パラメータ $a, b$, 変数 $x$ の関数 (confluent hypergeometric function)

## 22・2 境膜伝熱係数

$\lambda_n$ : $n$次の Eigen-value で次の特性式の根である。

$$M\left(\frac{3-\lambda_n}{4},\ \frac{3}{2},\ \lambda_n\right)=0 \quad (n=0, 1, 2, \cdots\cdots) \quad\cdots\cdots\cdots\cdots(22\cdot19)$$

なお, $\lambda_n$ の値は表 22・1 のようになり, $n>3$ に対しては次式で近似することができる。

$$\lambda_n = 4n + (11/3) \quad\cdots\cdots\cdots\cdots\cdots\cdots\cdots\cdots\cdots\cdots\cdots\cdots\cdots\cdots(22\cdot20)$$

表 22・1 $\lambda_n$ の値

| $n$ | $\lambda_n$ |
|---|---|
| 0 | 3.6722904 |
| 1 | 7.6688088 |
| 2 | 11.6678943 |
| 3 | 15.6674962 |
| 4 | 19.6672795 |
| 5 | 23.6671456 |
| 6 | 27.6670556 |
| 7 | 31.6669915 |

また, 関数 $F_1(\lambda_n,\xi)$ は, 次式で表わすこともできる。

$$F_1(\lambda_n,\xi) = \frac{\sqrt[3]{4}}{\sqrt{2}}\xi\cdot\Gamma\left(\frac{2}{3}\right)\cdot\left\{\sin\left(\frac{\lambda_n\pi}{4}-\frac{7\pi}{12}\right)\right.$$
$$\cdot\sqrt{1-\xi^2}\cdot J_{1/3}\left[\frac{\lambda_n\sqrt{8}}{3}\cdot(1-\xi^2)^{3/2}\right]$$
$$+\sin\left(-\frac{\pi\lambda_n}{4}+\frac{11\pi}{12}\right)\cdot\sqrt{1-\xi^2}$$
$$\left.\cdot J_{-1/3}\left[\frac{\lambda_n\sqrt{8}}{3}(1-\xi^2)^{3/2}\right]\right\} \quad\cdots\cdots(22\cdot21)$$

ここで,

$J_\nu(x)$ : 変数 $x$ の $\nu$ 次元ベッセル関数である。

式 (22・16) から液膜内の温度分布を入口からの半径方向の距離の関数として求めることができる。図 22・8 に $\Lambda=0.2$ の場合の液膜内の温度分布をこの式から計算して示した。$\eta$ が大きくなると温度分布が $\xi$ に対して直線となる。しかし,

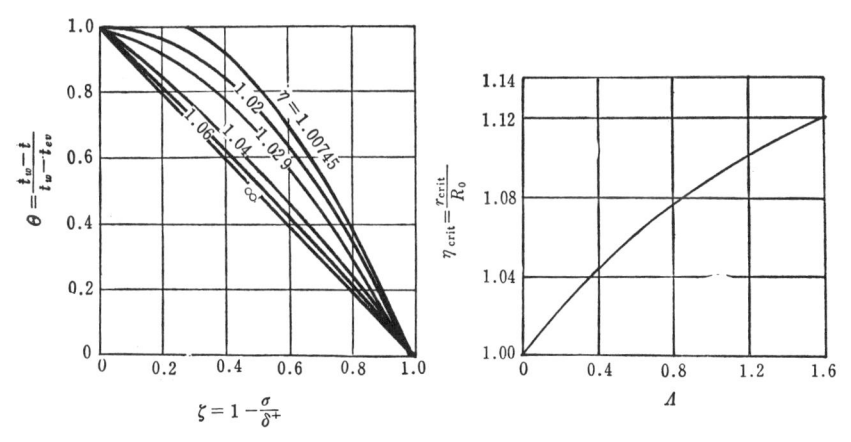

図 22・8 入口区間での温度プロフィル　　図 22・9 入口区間から蒸発区間に変わる限界径

$\xi=0$ (自由表面) において, 温度勾配ができ始めると表面蒸発が起こるので, 微分方程式

(22・14) は成立しなくなり，このときにこの解は無意味となる．換言すれば，自由表面で温度勾配がないような $\eta$ の範囲が入口区間で，それ以上の $\eta$ の範囲が蒸発区間と見なすことができる．式 (22・16) を用いて，$\xi=0.05$ の場合に $\Theta=0.995$ になる $\eta$ を求め，これを入口区間と蒸発区間の境界を表わす限界径 $\eta_{\text{crit}} \equiv r_{\text{crit}}/R_o$ と定義する．すなわち，$\xi=0.05$ の点で $\Theta$ が $1.00 \sim 0.995$ となる $\eta$ の区間では，液膜表面での温度勾配を無視することができるので表面蒸発が起こらないと見なし，この区間を入口区間と定義するわけである．

図 22・9 に限界径 $\eta_{\text{crit}}$ ($\equiv r_{\text{crit}}/R_o$) の値と，無次元パラメータ $\Lambda$ の関数として表示した．

(2) **蒸発区間**： 蒸発区間では蒸発によって流量が減少するので，$\delta^+$ は式 (22・9) で計算することができない．したがって，微分方程式 (22・14) も成立しない．

Navier-Stokes 式の半径方向成分，およびエネルギー式に流れ関数 $\Psi$ を導入して，次の無次元の微分方程式が得られる．

$$\frac{\partial^3 \Psi^+}{\partial \sigma^3} = -\eta^2 \cdot \sin^2(\beta) \quad \cdots\cdots (22\cdot 22)$$

および

$$Pr\left(\frac{1}{\eta} \cdot \frac{\sigma \Psi^+}{\partial \sigma} \cdot \frac{\partial \Theta}{\partial \eta} - \frac{1}{\eta} \cdot \frac{\partial \Psi^+}{\partial \eta} \cdot \frac{\partial \Theta}{\partial \sigma}\right) = \sin(\beta) \cdot \frac{\partial^2 \Theta}{\partial \sigma^2} \quad \cdots\cdots (22\cdot 23)$$

$\Psi^+$ は無次元の流れ関数で，

$$\left.\begin{array}{l} X = \dfrac{1}{[\eta \cdot \sin(\beta)]^2} \cdot \dfrac{\partial \Psi^+}{\partial \sigma} \\ Y = \dfrac{-1}{\eta \cdot \sin(\beta)} \cdot \dfrac{\partial \Psi^+}{\partial \eta} \end{array}\right\} \quad \cdots\cdots (22\cdot 24)$$

ここで，

$$\Psi^+ = \frac{\Psi}{(\omega\mu/\rho)^{1/2} \cdot R_o^2} \quad \cdots\cdots (22\cdot 25)$$

関数 $F = \Psi^+/\eta^2$ を導入し，$F$ および温度が $s/\delta^+ (=\sigma)$ のみの関数と見なすと，式 (22・22) および式 (22・23) は次のように書き直すことができる．

$$\sin(\beta) \cdot \frac{\partial^2 \Theta}{\partial \sigma^2} + 2F \cdot \frac{\partial \Theta}{\partial \sigma} \cdot Pr = 0 \quad \cdots\cdots (22\cdot 26)$$

$$\frac{\partial^3 F}{\partial \sigma^3} + \sin^2(\beta) = 0 \quad \cdots\cdots (22\cdot 27)$$

$F$ および $\Theta$ に関する境界条件は，

## 22・2 境膜伝熱係数

$$\left.\begin{array}{ll}\sigma=0 & F=\dfrac{\partial F}{\partial \sigma}=\Theta=0 \\[2mm] \sigma=\delta^{+} & \dfrac{\partial^2 F}{\partial \sigma^2}=0 \quad : \quad \Theta=1 \end{array}\right\} \quad \cdots\cdots\cdots\cdots(22\cdot 28)$$

式 (22・27) の解は

$$\Theta(s,r)=\frac{\int_0^{\sigma/\delta^+} \exp\left\{-Pr\cdot\delta^{+4}\cdot\sin(\beta)\cdot\left(\frac{1}{3}z^3-\frac{1}{12}z^4\right)\right\}\cdot dz}{\int_0^1 \exp\left\{-Pr\cdot\delta^{+4}\cdot\sin(\beta)\cdot\left(\frac{1}{3}z^3-\frac{1}{12}z^4\right)\right\}\cdot dz}$$
$$\cdots\cdots\cdots(22\cdot 29)$$

この式において $\delta^+$ は,半径 $\eta$ における液膜の厚みである。
$\delta^+$ は円錐の頂点から距離 $r$ の点の液膜の熱収支から導くことができる。

$$\sin(\beta)\cdot H_{ev}\cdot\frac{d}{dr}\left(\int_0^\delta \rho v_r\cdot ds\right)=k\left(\frac{\partial T}{\partial s}\right)\bigg|_{s=\sigma}\cdot\sin(\beta) \quad \cdots\cdots\cdots(22\cdot 30)$$

$H_{ev}$ はプロセス流体の蒸発潜熱 [kcal/kg] である。
いま,次式で定義される蒸発数 $E_v$ を導入する。

$$E_v=\frac{C(t_w-t_{ev})}{H_{ev}} \quad \cdots\cdots\cdots\cdots\cdots\cdots\cdots\cdots\cdots\cdots\cdots\cdots\cdots\cdots\cdots(22\cdot 31)$$

$C$ はプロセス流体の比熱 [kcal/kg・°C] である。
無次元の温度 $\Theta$,半径方向距離 $\eta$,円錐表面からの垂直距離 $\sigma$ (式 (22・5) 参照) を用いて,

$$\frac{d}{d\eta}\left(\int_0^{\delta^+}\eta\cdot X\cdot d\sigma\right)=-\frac{E_v}{Pr\cdot\sin(\beta)}\cdot\frac{\partial \Theta}{\partial \sigma}\bigg|_{\sigma=\delta^+} \quad \cdots\cdots\cdots\cdots(22\cdot 32)$$

定積分の微分に関する Leibnitz の法則を式 (22・32) に適用し,$X$ に対して速度プロフィルの式 (22・8) を代入して,$\delta^+$ に関する次の微分方程式が得られる。

$$\frac{d\delta^+}{d\eta}=-\frac{2}{\eta}\left(\frac{1}{3}\delta^++\frac{E_v}{Pr\cdot\sin(\beta)}\cdot\frac{\partial \Theta}{\partial \sigma}\right)\bigg|_{\sigma=\delta^+}\cdot\frac{1}{\delta^{+2}} \quad \cdots\cdots\cdots(22\cdot 33)$$

式 (22・29) を微分することによって,$\partial\Theta/\partial\sigma$ の値が求まる。したがって,微分方程式 (22・33) は数値計算によって解くことができるが,液膜が薄いことを利用して,次のように解析的に解くこともできる。式 (22・29) を微分して,

$$\frac{\partial \Theta}{\partial \sigma}\bigg|_{\sigma=\delta^+}\cdot\delta^+=\frac{\exp\left\{-\frac{1}{4}\cdot Pr\cdot\delta^{+4}\cdot\sin(\beta)\right\}}{\int_0^1 \exp\left\{-Pr\cdot\delta^{+4}\cdot\sin(\beta)\cdot\left(\frac{1}{3}z^3-\frac{1}{12}z^4\right)\right\}\cdot dz}$$
$$\cdots\cdots\cdots(22\cdot 34)$$

$Pr=1.50$,$\beta=0.595$ の場合について,種々の $\delta^+$ における温度勾配を式 (22・34) を用

いて計算し,その結果を表 22・2 に示した。

表 22・2 蒸発液膜の表面での温度勾配
($Pr=1.50$, $\beta=0.595$ のとき)

| $\delta^+ = \delta \left(\dfrac{\omega\rho}{\mu}\right)^{1/2}$ | $\delta^+_\circ \left(\dfrac{\partial\Theta}{\partial\sigma}\right)\Big|_{\sigma=\delta^+}$ |
|---|---|
| 0.441 | 0.994 |
| 0.359 | 0.997 |
| 0.306 | 0.998 |
| 0.245 | 0.999 |
| 0.114 | 0.99997 |

この表から実用の操作範囲では,液膜の自由表面における温度勾配は,1% 以内の誤差で $1/\delta^+$ となることがわかる。このことは液膜の厚さ方向に沿っての温度プロフィルが直線となることを意味している。式 (22・33) 中の温度勾配 ($\partial\Theta/\partial\delta$) の代りに $1/\delta^+$ を代入すると,ベルヌーイの一次元の常微分方程式になり,その解は

$$\delta^+ = \left\{\left[\frac{3E_v}{Pr\cdot\sin(\beta)} + \delta_F^{+4}\right]\cdot\eta^{-8/3} - \frac{3E_v}{Pr\cdot\sin(\beta)}\right\}^{1/4} \quad\cdots\cdots(22\cdot35)$$

$\delta_F^+$ は入口での液膜の無次元厚みである。

$$\delta_F^+ = \left[\frac{3W_0}{2\pi\cdot\sin^2(\beta)\cdot R_0^2\cdot(\omega\mu/\rho)^{1/2}}\right]^{1/3} = \left[\frac{\Lambda}{Pr\cdot\sin(\beta)}\right]^{1/4} \quad\cdots\cdots(22\cdot36)$$

図 22・10 に $\delta_F^+ = 0.974$, $\beta=0.595$, $Pr=1.50$ の場合の液膜厚みを,半径と蒸発数の関数として示した。

局部伝熱係数 $h_{loc}$ [kcal/m²·hr·°C] は,次式で計算される。

$$\frac{h_{loc}\cdot r}{k} = -\frac{r(\partial T/\partial s)_{s=0}}{(t_w - t_{ev})} \quad\cdots\cdots(22\cdot37)$$

式 (22・34), (22・35) を用いて

$$\frac{h_{loc}\cdot r}{k} = R_0\left(\frac{\omega\rho}{\mu}\right)^{1/2}\frac{\eta}{\delta^+}$$

$$= R_0\left(\frac{\omega\rho}{\mu}\right)^{1/2}\cdot\eta^{5/3}\left\{\delta_F^{+4} - \frac{3E_v}{Pr\cdot\sin(\beta)}(\eta^{8/3}-1)\right\}^{-1/4} \quad\cdots(22\cdot38)$$

したがって,

$$h_{loc} = k\left(\frac{\omega\rho}{\mu}\right)^{1/2}\cdot\left(\frac{r}{R_0}\right)^{2/3}\left\{\delta_F^{+4} - \frac{3E_v}{Pr\cdot\sin(\beta)}\left[\left(\frac{r}{R_0}\right)^{8/3}-1\right]\right\}^{-1/4}$$

$$\cdots\cdots(22\cdot39)$$

図 22・11 に $\beta=0.595$, $Pr=1.5$, $\delta_F^+ = 0.974$ の場合の局部境膜伝熱係数の値を $\eta$ お

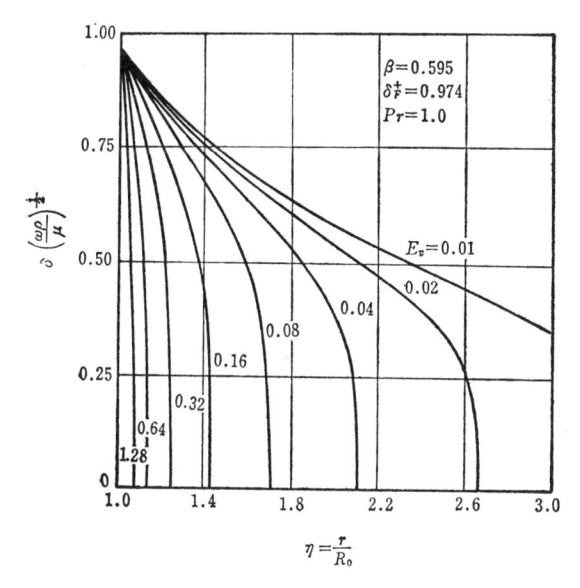

図 22・10 液膜厚み

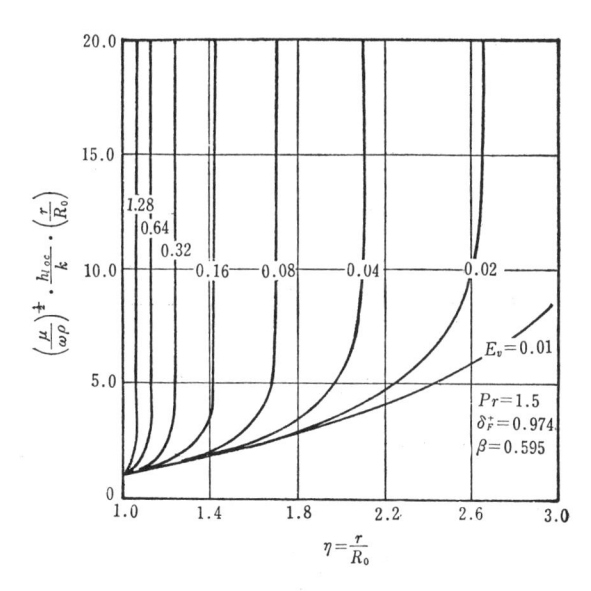

図 22・11 局部境膜伝熱係数の値

よび $E_v$ の関数として示した。

蒸発数 $E_v$ が小さくなると，$h_{loc}$ も小さくなり，次式で示される非蒸発液膜の限界曲線に近づく。

$$h_{loc} = k\left(\frac{\omega\rho}{\mu}\right)^{1/2} \cdot \left(\frac{r}{R_o}\right)^{2/3} \cdot \frac{1}{\delta_F^+} \quad \cdots\cdots (22\cdot40)$$

蒸発数が大きくなると $h_{loc} \to \infty$ となり，ついには液膜が完全に蒸発することになる。液膜が完全に蒸発する，すなわち $h_{loc} \to \infty$ となる半径方向の距離 $r_{dry}$ は，次式で表わされる。

$$\frac{r_{dry}}{R_o} = \left[1 + \frac{Pr \cdot \delta_F^{+4} \cdot \sin(\beta)}{3E_v}\right]^{3/8} = \left(1 + \frac{\delta_F^{+4}}{B}\right)^{3/8} \quad \cdots\cdots (22\cdot41)$$

ここで，

$$B = \frac{3E_v}{Pr\sin(\beta)} \quad \cdots\cdots (22\cdot42)$$

蒸発区間 ($r = R_o \sim R_1$) までの平均境膜伝熱係数 $h_{av}$ は，次式で定義される。

$$h_{av} = \frac{1}{A_1} \int_0^{A_1} h_{loc} \cdot dA \quad \cdots\cdots (22\cdot43)$$

$A_1$ は蒸発区間 ($r = r_{crit} \sim R_1$) の伝熱面積 [m²] である。微小区間 $dr$ の伝熱面積 $dA$ は

$$dA = 2\pi r \cdot \sin(\beta) \cdot dr \quad \cdots\cdots (22\cdot44)$$

したがって，

$$A_1 = 2\pi \cdot \sin(\beta) \int_{r_{crit}}^{R_1} r \, dr = \pi \cdot \sin(\beta) \cdot (R_1^2 - r_{crit}^2) \quad \cdots\cdots (22\cdot45)$$

式 (22・43) に式 (22・39), (22・44), (22・45) を代入して，

$$h_{av} = k\left(\frac{\omega\rho}{\mu}\right)^{1/2} \cdot R_o \cdot \frac{2}{R_1^2 - r_{crit}^2} \int_{r_{crit}}^{R_1} \left(\frac{r}{R_o}\right)^{5/3} \left\{\delta_F^{+4} - B\left[\left(\frac{r}{R_o}\right)^{8/3} - 1\right]\right\}^{-1/4} \cdot dr$$

$$= k\left(\frac{\omega\rho}{\mu}\right)^{1/2} \cdot \frac{\left\{\delta_F^{+4} - B\left[\left(\frac{r_{crit}}{R_o}\right)^{8/3} - 1\right]\right\}^{3/4}}{\left[\left(\frac{R_1}{R_o}\right)^2 - \left(\frac{r_{crit}}{R_o}\right)^2\right] \cdot B}$$

$$\times \left\{1 - \left[\frac{\delta_F^{+4} - B((R_1/R_o)^{8/3} - 1)}{\delta_F^{+4} - B((r_{crit}/R_o)^{8/3} - 1)}\right]^{3/4}\right\} \quad \cdots\cdots (22\cdot46)$$

プロセス流体を完全に蒸発せしめるときの平均境膜伝熱係数 $h_{av,dry}$ は，式 (22・41) を用いて

$$h_{av,dry} = k\left(\frac{\omega\rho}{\mu}\right)^{1/2} \cdot \frac{\left\{\delta_F^{+4} - B\left[\left(\frac{r_{crit}}{R_o}\right)^{8/3} - 1\right]\right\}^{3/4}}{\left\{\left(1 + \frac{\delta_F^{+4}}{B}\right)^{6/8} - \left(\frac{r_{crit}}{R_o}\right)^2\right\} \cdot B} \quad \cdots\cdots (22\cdot47)$$

## 22・2 境膜伝熱係数

$\left(\dfrac{r_{\text{crit}}}{R_o}\right) \fallingdotseq 1$ とみなせば

$$h_{\text{av, dry}} = k\left(\dfrac{\omega\rho}{\mu}\right)^{1/2} \dfrac{\delta_F^{+3}}{B\left\{\left(1+\dfrac{\delta_F^{+4}}{B}\right)^{6/8}-1\right\}} \quad \cdots\cdots(22\cdot48)$$

### 22・2・2 流体が相変化をしないときの境膜伝熱係数

局所境膜伝熱係数 $h_{loc}$ は,式 (22・40) から

$$h_{loc} = k\left(\dfrac{\omega\rho}{\mu}\right)^{1/2}\left(\dfrac{r}{R_o}\right)^{2/3}\cdot\left(\dfrac{1}{\delta_F^+}\right) \quad \cdots\cdots(22\cdot49)$$

平均境膜伝熱係数は,式 (22・43) に式 (22・49),(22・44),(22・45) を代入して

$$\begin{aligned}h_{\text{av}} &= k\left(\dfrac{\omega\rho}{\mu}\right)^{1/2}\cdot R_o\cdot\dfrac{2}{R_1^2-r_{\text{crit}}^2}\cdot\dfrac{1}{\delta_F^+}\int_{r_{\text{crit}}}^{R_1}\left(\dfrac{r}{R_o}\right)^{5/3}\cdot dr \\ &= \left(\dfrac{6}{8}\right)\left(\dfrac{\omega\rho}{\mu}\right)^{1/2}\cdot\left[\dfrac{\left(\dfrac{R_1}{R_o}\right)^{8/3}-\left(\dfrac{r_{\text{crit}}}{R_o}\right)^{8/3}}{\left(\dfrac{R_1}{R_o}\right)^2-\left(\dfrac{r_{\text{crit}}}{R_o}\right)^2}\right]\cdot\dfrac{1}{\delta_F^+}\end{aligned} \quad \cdots\cdots(22\cdot50)$$

$r_{\text{crit}} \fallingdotseq R_o$ とみなせば,

$$h_{\text{av}} = \left(\dfrac{6}{8}\right)\left(\dfrac{\omega\rho}{\mu}\right)^{1/2}\cdot\left[\dfrac{(R_1/R_o)^{8/3}-1}{(R_1/R_o)^2-1}\right]\cdot\dfrac{1}{\delta_F^+} \quad \cdots\cdots(22\cdot51)$$

### 22・2・3 凝縮境膜伝熱係数

Sparrow ら[5]は回転円板上に蒸気が凝縮する場合の境膜伝熱係数を理論的に求め,次式を提案している。

$$h = F\left(\dfrac{\omega\rho_f}{\mu_f}\right)^{1/2}\cdot k_f\cdot\left(\dfrac{Pr}{C_f\cdot\varDelta T_f/H_{ev}}\right)^{1/4} \quad \cdots\cdots(22\cdot52)$$

係数 $F$ の値を $Pr$ および $(C_f\cdot\varDelta T_f/H_{ev})$ の関数として,図 22・12〜図 22・13 に示した。$(C_f\cdot\varDelta T_f/H_{ev})$ の値が小さいときは,$F = 0.904$ である。

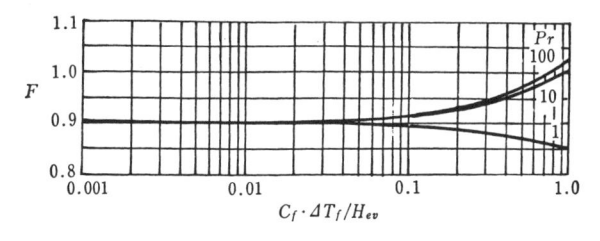

図 22・12 境膜伝熱係数

---

5) Sparrow, E.M., and J.L. Gregg: Transactions of ASME, J. of Heat Transfer, pp. 113〜120, May (1959).

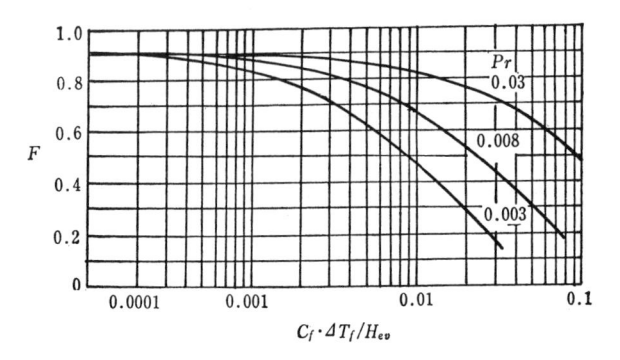

図 22・13 境膜伝熱係数

したがって,

$$h = 0.904 \left(\frac{\omega \rho_f}{\mu_f}\right)^{1/2} \cdot k_f \cdot \left(\frac{Pr}{C_f \cdot \Delta T_f / H_{ev}}\right)^{1/4} \quad \cdots\cdots\cdots\cdots (22\cdot53)$$

円錐状の遠心薄膜蒸発器では,加熱用蒸気を図22・14に示すように円錐の外表面側に流すので,凝縮液は円錐外表面を少し上昇した後に半径方向に飛び散ることになるので,凝縮液膜はごく薄くなり,凝縮境膜伝熱係数は非常に大きいものとなる。この場合の凝縮境膜伝熱係数を理論的に求めるのは困難であるので,図22・15に示すような,円錐の内表面で凝縮する場合の境膜伝熱係数を用いることにする。

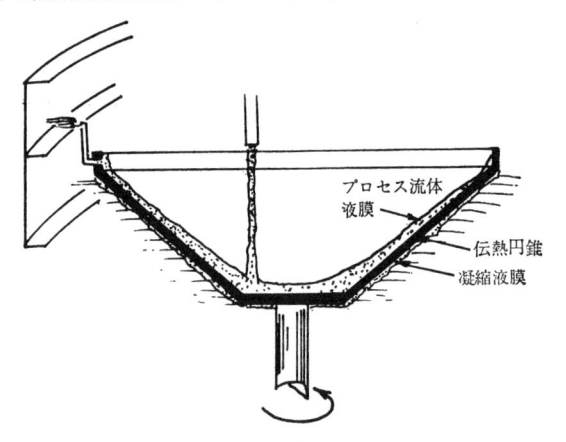

図 22・14 伝熱円錐外表面凝縮

円錐の内表面で凝縮する場合の境膜伝熱係数は,

$$h = F \left(\frac{\omega \rho_f}{\mu_f}\right)^{1/2} \cdot k_f \left[\frac{Pr \cdot \sin(\beta)}{C_f \cdot \Delta T_f / H_{ev}}\right]^{1/4} \quad \cdots\cdots\cdots\cdots (22\cdot54)$$

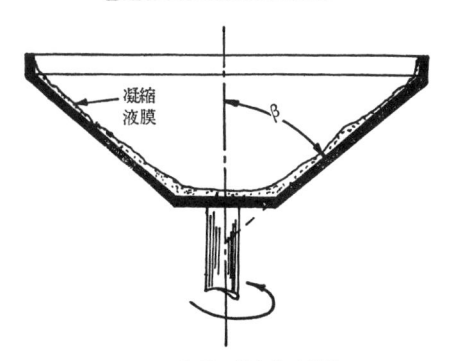

図 22·15 伝熱円錐内表面凝縮

ここ.で,

$h$：境膜伝熱係数 [kcal/m²·hr·°C]

$\beta$：円錐の頂角の半分 [radian]

$H_{ev}$：蒸気の蒸発潜熱 [kcal/kg]

$C_f$：凝縮液の比熱 [kcal/kg·°C]

$\rho_f$：凝縮液の密度 [kg/m³]

$Pr$：凝縮液の Prandtl 数$=(C_f\cdot\mu_f/k_f)$ [—]

$k_f$：凝縮液の熱伝導度 [kcal/m·hr·°C]

$\omega$：角速度 [radian/hr]

$\Delta T_f$：凝縮液膜の温度差$=T-T_w$ [°C]

$T_w$：加熱面の温度 [°C]

$T$：蒸気の飽和温度 [°C]

## 22·3 設計例

〔例題 22·1〕 粘度 2.0 [cp] の溶液 1,200 [kg/hr] をフィードして，水 96.5 [kg/hr] を蒸発させる遠心薄膜式蒸発器を設計する。ただし，加熱媒体として 0.18 [Kg/cm² abs] のスチームを用いる。操作圧は 0.1 [Kg/cm² abs] として，溶液の粘度以外の物性値（沸点・蒸発潜熱・熱伝導度・比熱・密度）は水と同じとする。

〔解〕

(1) 伝熱量 $Q$

$Q=96.5\times571.4=55,000$ [kcal/hr]

(2) 有効温度差 $\Delta T$： 溶液の物性を水と同じとみなしたので，0.1 [Kg/cm² abs] における沸点は 45.5 [°C] である。0.18 [Kg/cm² abs] スチームの凝縮温度

は 57.3 [°C] であるから,
$$\varDelta T = 57.3 - 45.5 = 11.8 \,[°C]$$

**(3) 蒸発器の寸法:** 伝熱回転円錐の寸法を図 22·16 に示す。

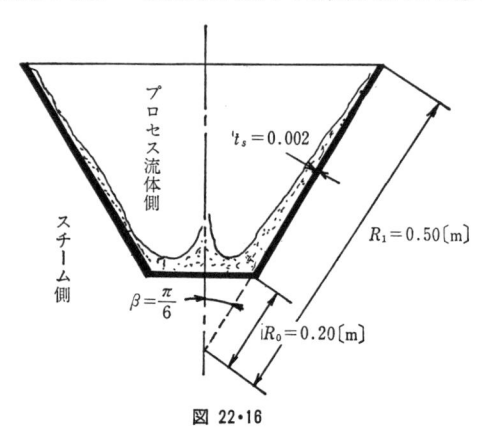

図中のラベル: プロセス流体側, スチーム側, $t_s = 0.002$, $R_1 = 0.50\,[m]$, $\beta = \dfrac{\pi}{6}$, $R_0 = 0.20\,[m]$

**図 22·16**

$R_o = 0.20\,[m]$
$R_1 = 0.50\,[m]$
$\beta = 30° = \pi/6 \,[radian]$
伝熱板厚み $t_s = 0.002\,[m]$
伝熱板材質 SUS 27
回転数 $N = 1{,}000\,[rpm]$

**(4) 限界径 $r_{crit}$:** 伝熱円錐を 4 個と仮定する。
伝熱円錐一つあたりの溶液フィード量 $W_o$ は,
$$W_o = \frac{1{,}200}{1{,}000 \times 4} = 0.3\,[m^3/hr]$$

溶液の物性値
粘度 $\mu = 2.0\,[cp] = 7.2\,[kg/m \cdot hr]$
比熱 $C = 1\,[kcal/kg \cdot °C]$
密度 $\rho = 1{,}000\,[kg/m^3]$
熱伝導度 $k = 0.550\,[kcal/m \cdot hr \cdot °C]$
プラントル数
$$Pr = \frac{C \cdot \mu}{k} = \frac{1 \times 7.2}{0.550} = 13.2$$
角速度 $\omega = 2\pi N = 2\pi \times 1{,}000 \times 60$
$\qquad = 0.38 \times 10^6\,[radian/hr]$
$$\left(\frac{\omega \cdot \mu}{\rho}\right)^{1/2} = \left(\frac{0.38 \times 10^6 \times 7.2}{1{,}000}\right)^{1/2} = 52$$

$\sin(\beta) = \sin(\pi/6) = 0.5$

式 (22・15) から

$$\varLambda = Pr \cdot \sin(\beta) \cdot \left[\frac{3W_o}{2\pi \cdot \sin^2(\beta) \cdot R_o{}^2 (\omega\mu/\rho)^{1/2}}\right]^{4/3}$$

$$= 13.2 \times 0.5 \times \left[\frac{3 \times 0.3}{2\pi \times (0.5)^2 \times (0.20)^2 \times 52}\right]^{4/3}$$

$$= 1.23$$

図 22・9 から $r_{\text{crit}}/R_o = 1.10$

$$r_{\text{crit}} = 1.10 R_o = 1.10 \times 0.20$$
$$= 0.220 \text{ [m]}$$

**(5) 溶液側境膜伝熱係数 $h_i$:** 円錐内壁温度 $t_w = 50.0$ [°C] と仮定する。

蒸発数 $E_v$ は式 (22・31) から

$$E_v = \frac{C(t_w - t_{ev})}{H_{ev}} = \frac{1 \times (50 - 45.5)}{571.4} = 0.0079$$

式 (22・42) から

$$B = \frac{3E_v}{Pr \cdot \sin(\beta)} = \frac{3 \times 0.0079}{13.2 \times 0.5} = 0.0036$$

式 (22・36) から

$$\delta_F{}^+ = \left[\frac{\varLambda}{Pr \cdot \sin(\beta)}\right]^{1/4} = \left[\frac{1.23}{13.2 \times 0.5}\right]^{1/4} = 0.651$$

$$\delta_F{}^{+4} = 0.186$$

$$\left(\frac{r_{\text{crit}}}{R_o}\right)^{8/3} - 1 = (1.10)^{8/3} - 1 = 0.288$$

$$\left(\frac{R_1}{R_o}\right)^2 - \left(\frac{r_{\text{crit}}}{R_o}\right)^2 = \left(\frac{0.50}{0.20}\right)^2 - (1.10)^2 = 5.04$$

$$\left(\frac{R_1}{R_o}\right)^{8/3} - 1 = \left(\frac{0.50}{0.20}\right)^{8/3} - 1 = 10.4$$

$$\left(\frac{\omega\rho}{\mu}\right)^{1/2} = \left(\frac{0.38 \times 10^6 \times 1,000}{7.2}\right)^{1/2} = 0.725 \times 10^4$$

式 (22・47) から

$$h_i = k \left(\frac{\omega\rho}{\mu}\right)^{1/2} \cdot \frac{\left\{\delta_F{}^{+4} - B\left[\left(\frac{r_{\text{crit}}}{R_o}\right)^{8/3} - 1\right]\right\}^{3/4}}{\left[\left(\frac{R_1}{R_o}\right)^2 - \left(\frac{r_{\text{crit}}}{R_o}\right)^2\right] \cdot B}$$

$$\times \left\{1 - \left[\frac{\delta_F{}^{+4} - B((R_1/R_o)^{8/3} - 1)}{\delta_F{}^{+4} - B((r_{\text{crit}}/R_o)^{8/3} - 1)}\right]^{3/4}\right\}$$

$$= 0.550 \times 0.725 \times 10^4 \times \frac{(0.186 - 0.0036 \times 0.288)^{3/4}}{5.04 \times 0.0036}$$

$$\times \left\{1 - \left(\frac{0.186 - 0.0036 \times 10.4}{0.186 - 0.0036 \times 0.288}\right)^{3/4}\right\}$$

$$= 9,580 \text{ [kcal/m}^2\cdot\text{hr}\cdot\text{°C]}$$

円錐1つあたりの伝熱面積は，式 (22・45) から

$$A_1 = \pi \cdot \sin(\beta) \cdot (R_1^2 - r_{\text{crit}}^2)$$
$$= \pi \times 0.50 \times (0.50^2 - 0.220^2) = 0.318 \ [\text{m}^2]$$

したがって，全伝熱面積 $A$ は

$$A = 0.318 \times 4 = 1.27 \ [\text{m}^2]$$

円錐内壁温度 $t_w$ は

$$t_w = t_{ev} + \frac{Q}{A \cdot h_i} = 45.5 + \frac{55,000}{1.27 \times 9,580}$$
$$= 50 \ [^\circ\text{C}]$$

したがって，最初に仮定した $t_w$ の値は正しかったことになる。

**(6)** スチーム側の凝縮境膜伝熱係数 $h_o$： 伝熱円錐の板厚 $t_s = 0.002$，SUS 27 の熱伝導率 $\lambda = 14 \ [\text{kcal/m} \cdot \text{hr} \cdot ^\circ\text{C}]$ であるから，円錐外壁温度 $T_w$ は

$$T_w = t_w + \frac{Q}{A(\lambda/t_s)} = 50 + \frac{55,000}{1.27(14/0.002)}$$
$$= 56.2 \ [^\circ\text{C}]$$

凝縮液膜の温度差 $\Delta T_f$ は

$$\Delta T_f = 57.3 - 56.2 = 1.1 \ [^\circ\text{C}]$$

凝縮液膜の平均温度 $(57.3 + 56.2)/2 = 56.7 \ [^\circ\text{C}]$ における物性値は

$C_f = 1.0 \ [\text{kcal/kg} \cdot ^\circ\text{C}]$
$\mu_f = 0.48 \ [\text{cp}] = 1.73 \ [\text{kg/m} \cdot \text{hr}]$
$\rho_f = 983 \ [\text{kg/m}^3]$
$k_f = 0.56 \ [\text{kcal/m} \cdot \text{hr} \cdot ^\circ\text{C}]$
$Pr = C_f \cdot \mu_f / k_f = 2.99 \ [-]$
$H_{ev} = 563 \ [\text{kcal/kg}]$

$$\frac{C_f \cdot \Delta T_f}{H_{ev}} = \frac{1.0 \times 1.1}{563} = 0.0011$$

したがって，図 22・12 から，$F = 0.904$

式 (22・54) から

$$h_o = F \left(\frac{\omega \rho_f}{\mu_f}\right)^{1/2} \cdot k_f \cdot \left[\frac{Pr \cdot \sin(\beta)}{C_f \cdot \Delta T_f / H_{ev}}\right]^{1/4}$$
$$= 0.904 \times \left(\frac{0.38 \times 10^6 \times 983}{1.73}\right)^{1/2} \times 0.56 \times \left(\frac{2.99 \times 0.5 \times 563}{1.0 \times 1.1}\right)^{1/4}$$
$$= 0.904 \times 1.47 \times 10^4 \times 0.56 \times 5.25$$
$$= 39,000 \ [\text{kcal/m}^2 \cdot \text{hr} \cdot ^\circ\text{C}]$$

**(7)** 総括伝熱係数 $U$

$$\frac{1}{U} = \frac{1}{h_i} + \frac{t_s}{\lambda} + \frac{1}{h_o}$$

$$= \frac{1}{9,580} + \frac{0.002}{14} + \frac{1}{39,000} = 0.000272$$

$U = 3,680 \text{ [kcal/m}^2\cdot\text{hr}\cdot°\text{C]}$

**(8) 所要伝熱面積 $A$**

$$A = \frac{Q}{U\cdot \Delta T} = \frac{55,000}{3,680\times 11.8} = 1.27 \text{ [m}^2\text{]}$$

したがって，(4)で伝熱円錐個数を4個と仮定したことは正しかったことになる。

# 第23章 タンク・コイル式熱交換器の設計法

## 23・1 特徴

タンク・コイル式熱交換器は容器内にコイル状の伝熱管を収めて，容器内と伝熱管内の流体との間に熱交換を行なう型式のものを指している。普通，伝熱係数を大とするために攪拌器を取りつけて，容器内の流体を攪拌する。

## 23・2 コイル管外側境膜伝熱係数 $h_o$

ここでは，ニュートン流体の場合についてのみ記載する。

Chilton, Drew and Jebens[1] は皿形底の円筒容器にコイルを浸漬し，パドル羽根の攪拌機で攪拌した場合（図23・1）について，次式を提案している。

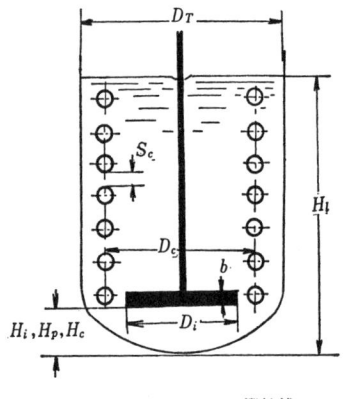

図23・1 Chilton らの攪拌槽

$$\frac{h_o \cdot D_T}{k} = 0.87 (Re)^{0.62} \cdot (Pr)^{0.33} \cdot \left(\frac{\mu}{\mu_w}\right)^{0.14} \quad \cdots\cdots\cdots\cdots (23 \cdot 1)$$

ここで，

$h_o$：管外側境膜伝熱係数〔kcal/m²・hr・℃〕

$\rho$：容器内流体の密度〔kg/m³〕

$N$：攪拌機の回転数〔rev/hr〕

$k$：容器内流体の熱伝導率〔kcal/m・hr・℃〕

$D_T$：容器の内径〔m〕

$\mu$：容器内流体の粘度（流体本体温度における値）〔kg/m・hr〕

$\mu_w$：容器内流体の粘度（コイル外壁温度における値）〔kg/m・hr〕

$Re$：Reynolds 数 $= \rho N D_i^2 / \mu$ 〔—〕

$Pr$：Prandtl 数 $= C\mu/k$ 〔—〕

$C$：容器内流体の比熱〔kcal/kg・℃〕

---

1) Chilton, T.H., Drew, T.B., and Jebens, R.H.: Ind. Eng. Chem., vol. 36, pp. 510〜(1944).

式 (23・1) の適用範囲は,
 (1) $Re=300 \sim 400,000$
 (2) 単段平板パドル $D_i/D_T=0.60$
 (3) パドル径とパドル幅の比 $b/D_i=0.167$
 (4) 液深と容器径との比 $H_l/D_T=0.83$
 (5) コイル全長と容器径との比 $L_c/D_T=0.4375$
 (6) コイル中心径と容器径との比 $D_c/D_T=0.80$
 (7) コイル管の隙間と容器径との比 $S_c/D_T=0.0154$
 (8) コイルの高さ, 皿形底板の高さ, パドルの高さと容器径との比
  $H_c/D_T=H_p/D_T=H_i/D_T=0.15$

Kraussold[2] は式 (21・1) が $Re=600 \sim 732,000$ 範囲で成り立つことを示した。
Oldshue and Gretton[3] は, 図 23・2 に示す攪拌容器について, 次式を提案している。

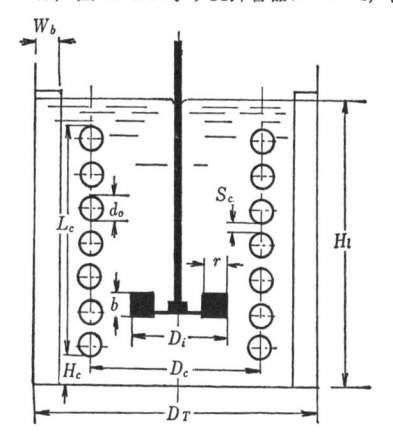

図 23・2 Oldshue らの攪拌槽

$$\frac{h_o \cdot d_o}{k} = 0.17(Re)^{0.67} \cdot (Pr)^{0.37} \cdot \left(\frac{D_i}{D_T}\right)^{0.10} \cdot \left(\frac{d_o}{D_T}\right)^{0.50} \cdot \left(\frac{\mu}{\mu_w}\right)^n$$
 ……………(23・2)

 $\mu=0.3$ [cp] のとき $n=0.97$
 $\mu=1,000$ [cp] のとき $n=0.18$

適用範囲は
 (1) Reynolds 数 $Re(=\rho N D_i^2/\mu)=400 \sim 1,500,000$

---
2) Kraussold, H.: Chem.-Ing.-Tech., vol. 23, pp. 177〜 (1951).

（2） 羽根径と容器径との比  $D_i/D_T=0.250〜0.583$
（3） 羽根高さと羽根径との比  $H_i/D_i=1,000$
（4） 円板付6枚平板タービン（図 23・3）

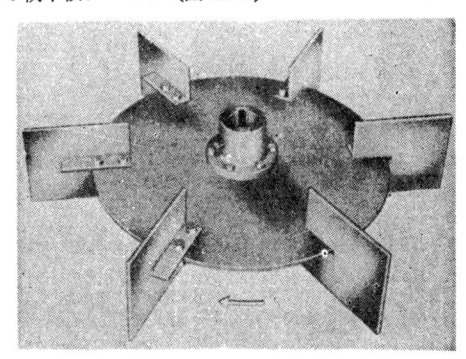

図 23・3　円板付6枚平板タービン

（5） 羽根幅と羽根径の比  $b/D_i=0.200$
（6） 羽根長と羽根径の比  $r/D_i=0.250$
（7） コイル全長と容器径の比  $L_c/D_T=0.650$
（8） コイル中心径と容器径の比  $D_c/D_T=0.700$
（9） コイル管外径と羽根径の比  $d_o/D_i=0.03125〜0.1458$
（10） 容器底からコイルまでの高さと容器径の比  $H_c/D_T=0.150$
（11） コイル間の隙間とコイル管外径との比  $S_c/d_o=2.00〜4.00$
（12） 4枚垂直邪魔板。邪魔板幅と容器径の比  $W_b/D_T=0.100$

Cummings and West[4] は皿形底の容器にコイルを浸漬し，6枚わん曲板タービン（図 23・4）にて攪拌し，次式を提出している。

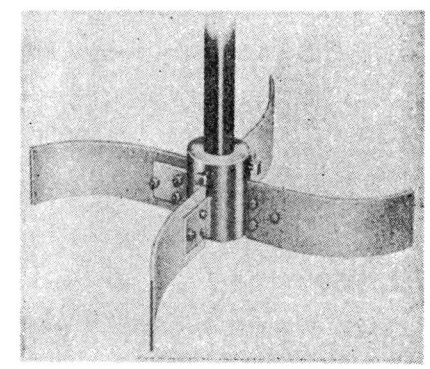

図 23・4　4枚わん曲板タービン

## 23・2 コイル管外側境膜伝熱係数 $h_o$

$$\frac{h_o \cdot D_T}{k} = 1.01 (Re)^{0.62} \cdot (Pr)^{0.33} \cdot \left(\frac{\mu}{\mu_w}\right)^{0.14} \quad \cdots\cdots\cdots\cdots\cdots\cdots (23\cdot3)$$

また，10〔inch〕離して段にわん曲板タービンをとりつけた場合についても実験しているが，1段の場合よりも高い境膜伝熱係数は得られなかったと報告している。また，45°の6枚平板ファンタービン(図 23・5)についても実験したが，この場合は わん曲板タービンの場合に比べて約10％低くなったと報告している。

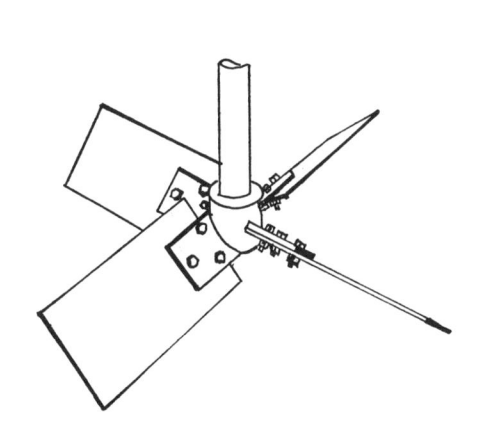

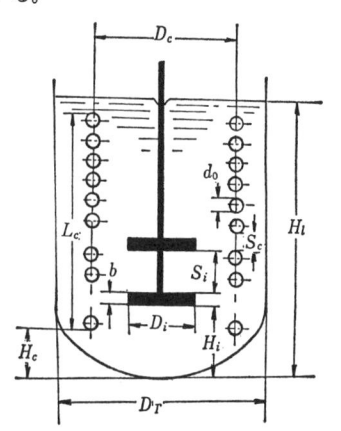

図 23・5　45°-4枚平板ファンタービン

図 23・6　Cummings らの攪拌槽

式 (23・3) の適用範囲は，図 23・6 において
- (1)　$Re = 1,530 \sim 770,000$
- (2)　羽根高さと容器径の比　$H_i/D_T = 0.33$ (1段わん曲板タービンおよび平板ファンタービン)，$H_i/D_T = 0.66$ (2段タービン系での2段目のわん曲板タービン)
- (3)　羽根径と容器径の比　$D_i/D_T = 0.400$
- (4)　羽根幅と羽根径の比
    $b/D_i = 0.166$ (わん曲板ファンタービン)
    $b/D_i = 0.250$ (45°平板ファンタービン)
- (5)　コイル中心径と容器径の比　$D_c/D_T = 0.80$
- (6)　コイル全長と容器径の比　$L_c/D_T = 1.00$
- (7)　コイル管外径とコイル中心径の比　$d_o/D_c = 0.042$
- (8)　コイル管の隙間とコイル管外径との比　$S_c/d_o = 1.00$

---
3) Oldshue, J.Y., and Gretton, A.T.: Chem. Eng. Progr, vol. 50, pp. 615〜 (1954).
4) Cummings, G.H., and West, A.S.: Ind. Eng. Chem., vol. 42, pp. 2303〜 (1950).

(9) 容器底からコイルまでの高さと容器径の比 $H_c/D_T=0.10$
(10) 邪魔板なし

Pratt[5] は平底の正方形容器および円筒容器にそれぞれコイルを浸漬し，1段および多数段の平板パドル羽根で攪拌し，次式を提案している。

正方形容器の場合

$$\frac{h_o \cdot L_v}{k} = 39(Re)^{0.5} \cdot (Pr)^{0.3} \cdot \left(\frac{S_c}{L_c}\right)^{0.8} \cdot \left(\frac{b}{D_c}\right)^{0.25} \cdot \left(\frac{D_i{}^2 \cdot L_v}{d_o{}^2}\right)^{0.1}$$
·················(23·4)

ここで，
　　$L_v$：正方形容器の一辺の長さ〔m〕

円筒容器の場合

$$\frac{h_o \cdot D_T}{k} = 34(Re)^{0.5} \cdot (Pr)^{0.3} \cdot \left(\frac{S_c}{L_c}\right)^{0.8} \cdot \left(\frac{b}{D_c}\right)^{0.25} \cdot \left(\frac{D_i{}^2 \cdot D_T}{d_o{}^3}\right)^{0.1}$$
·················(23·5)

式 (23·4), (23·5) の適用範囲は，
　　$Re = 18{,}000 \sim 513{,}000$

Rushton, Lichtman and Mahoney[6] は，図 23·7 に示すように平底円筒容器内に垂直に伝熱管を浸漬し，円板付6枚平板タービン（図 23·3）にて攪拌し，次式を提案して

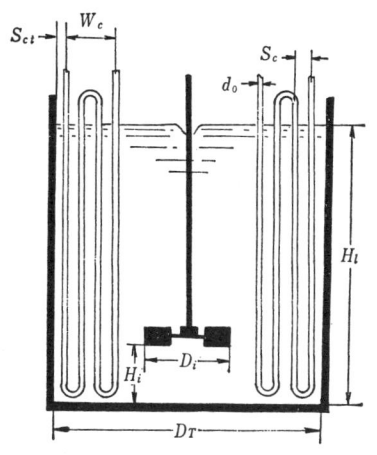

図 23·7　Rushton らの攪拌槽

---

5) Pratt, E.N. : Trans. Inst. of Chem. Eng., vol. 25, pp. 163〜 (1947).
6) Rushton, J.H., Lichtman, R.S., and Mahoney, L.H. : Ind. Eng. Chem., vol. 40, pp. 1082〜 (1948).

いる。ただし，これらの式は水の場合の実験式である。

羽根径 $D_i=0.4$ [m]，円板付6枚平板タービンのとき

$$h_o=0.00285\times 4.882\cdot Re \text{ （加熱）} \quad\quad\quad\quad\quad\quad\quad\quad\quad\quad\quad (23\cdot 6)$$

$$h_o=0.00265\times 4.882\cdot Re \text{ （冷却）} \quad\quad\quad\quad\quad\quad\quad\quad\quad\quad\quad (23\cdot 7)$$

羽根径 $D_i=0.3$ [m]，円板付6枚平板タービンのとき

$$h_o=0.00235\times 4.882\cdot (Re)^{0.7} \text{ （加熱）} \quad\quad\quad\quad\quad\quad\quad\quad\quad (23\cdot 8)$$

$$h_o=0.00220\times 4.882\cdot (Re)^{0.7} \text{ （冷却）} \quad\quad\quad\quad\quad\quad\quad\quad\quad (23\cdot 9)$$

これらの式の適用範囲は

（1） $Re=1.4\times 10^5 \sim 4.91\times 10^5$

（2） 円板付6枚平板タービンまたは円板付4枚平板タービン

（3） 羽根径と容器径の比 $D_i/D_T=0.250\sim 0.333$

（4） 羽根高さと容器径の比 $H_i/D_T=0.50$

（5） 管束幅と容器径の比 $W_c/D_T=0.23$

（6） 液深と容器径の比 $H_l/D_T=1,000$

（7） 管と管の間の間隙と容器径の比 $S_c/D_T=0.0312$

（8） 管外径と容器径の比 $d_o/d_T=0.0208$

（9） 容器内壁と管との最小間隙と容器径の比 $S_{ct}/D_T=0.0208$

Dunlap and Ruston[7] は，図 23・8 に示すように平底円筒容器に垂直に伝熱管を浸漬し，円板付6板平板タービンで撹拌し，次式を提出している。

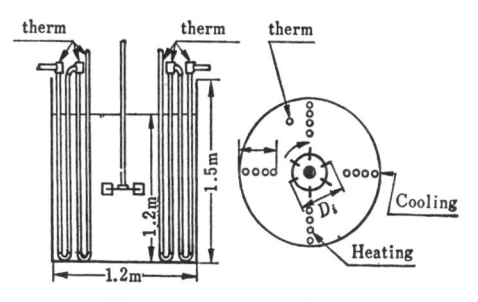

図 23・8 Dunlap らの攪拌器

$$\frac{h_o\cdot d_o}{k}=0.09(Re)^{0.65}\cdot (Pr)^{0.3}\cdot \left(\frac{D_i}{D_T}\right)^{0.33}\cdot \left(\frac{2}{n_B}\right)^{0.2}\cdot \left(\frac{\mu}{\mu_w}\right)^{0.4} \quad\quad\quad\quad (23\cdot 10)$$

---

7) Dunlap, I.R., and Ruston, J.H.: Chem. Eng. Progr., vol. 49, Symposium. Ser., No. 5, pp. 137～(1953).

ここで,

$n_B$: 垂直管邪魔板形コイルの数(図 23・7 のとき $n_B=4$)

式 (23・10) の適用範囲は

(1) $Re=1{,}000 \sim 2\times 10^6$

(2) 円板付 6 枚平板タービン

(3) 羽根径と容器径の比 $D_i/D_T=0.17 \sim 0.50$

(4) 羽根高さと容器径の比 $H_i/D_T=0.50$

(5) 管束幅と容器径の比 $W_c/D_T=0.20$

(6) 液深と容器径の比 $H_l/D_T=1.0$

(7) 管と管の間の間隙と容器径の比 $S_c/D_T=0.040 \sim 0.044$

(8) 管外径と容器径の比 $d_o/D_T=0.039$

Skelland and Dabrowski[8] は平底の円筒容器に渦巻管を浸漬し, プロペラ羽根(図 23・9)で攪拌した場合について, 次式を提案している。

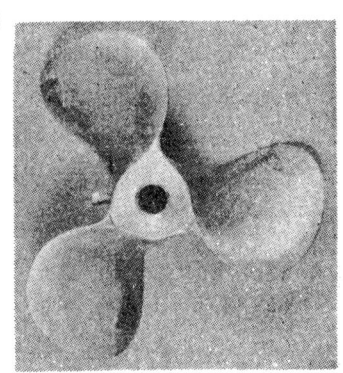

図 23・9 プロペラ羽根

$$\frac{h_o \cdot d_o}{k}=0.345(Re)^{0.62} \cdot \left(\frac{D_T}{H_i}\right)^{0.27} \quad \cdots\cdots(23 \cdot 11)$$

式 (23・11) の適用範囲は

(1) $Re=2.5\times 10^5 \sim 10^6$

(2) プロペラ

永田ら[9] はパドル羽根およびタービン羽根の攪拌機を用いた場合の一般式として, 次式を提出している。この実験式は Chilton[1], Hoechst[10], Pratt[5], Cummings[4], 村上[11] らのデータのすべてを良く相関した精度の高いものである。

(1) 羽根がコイル配列範囲にある場合(無邪魔板)

$$\frac{h_o \cdot D_T}{k}=0.825(Re)^{0.56} \cdot (Pr)^{1/3} \cdot \left(\frac{\mu}{\mu_w}\right)^{0.14} \cdot \left(\frac{D_i}{D_T}\right)^{-0.25} \cdot \left(\frac{ib}{D_T}\right)^{0.15}$$

$$\cdot (n_p)^{0.15} \cdot \left(\frac{d_o}{D_T}\right)^{-0.3} \quad \cdots\cdots(23 \cdot 12)$$

---

8) Skelland, A.H.P., and Dabrowski, J.E.: Birmingham. Univ. Chem. Eng. Soc., vol. 14, No. 3, pp. 82~ (1963).
9) 永田, 西川, 滝本: 化学工学, vol. 35, No. 9, pp 1028~1035 (1971).
10) Hoechst: Cited in Kraussold 2)
11) Murakami, Y.: Ph. D. Thesis. Kyoto. Univ. (1965).

(2) 羽根がコイル上端より下向きにはずれた場合（無邪魔板）

$$\frac{h_o \cdot D_T}{k} = 1.05(Re)^{0.62} \cdot (Pr)^{1/3} \cdot \left(\frac{\mu}{\mu_w}\right)^{0.14} \cdot \left(\frac{D_i}{D_T}\right)^{-0.25} \cdot \left(\frac{ib}{D_T}\right)^{0.15}$$
$$\cdot (n_p)^{0.15} \cdot \left(\frac{D_c}{D_T}\right) \quad \cdots\cdots\cdots\cdots\cdots\cdots\cdots\cdots (23\cdot13)$$

(3) 邪魔板を配置した場合

$$\frac{h_o \cdot D_T}{k} = 2.68(Re)^{0.56} \cdot (Pr)^{1/3} \cdot \left(\frac{\mu}{\mu_w}\right)^{0.14} \cdot \left(\frac{D_i}{D_T}\right)^{-0.3} \cdot \left(\frac{ib}{D_T}\right)^{0.3}$$
$$\cdot (n_p)^{0.2} \cdot \left(\sum_i \frac{H_{i,i}}{iH_l}\right)^{0.15} \cdot [\sin(\theta)]^{0.5} \cdot \left(\frac{H_l}{D_T}\right)^{-0.5} \quad \cdots\cdots\cdots (23\cdot14)$$

式 (23·12)～(23·14) の適用範囲は，

$Re > 100$

$2,000 > Pr > 2$

ここで，

$b$：羽根の幅〔m〕

$i$：羽根の段数

$n_p$：羽根翼の数

$H_{i,i}$：$i$ 段目の羽根の高さ（容器の底からの高さ）〔m〕

$H_l$：液深〔m〕

$\theta$：羽根翼の傾斜角度〔radian〕

また，永田ら[9]は，図 23·10 に示す各種の羽根について実験し，次式を提案している。

3 枚翼プロペラ羽根に対して（無邪魔板）

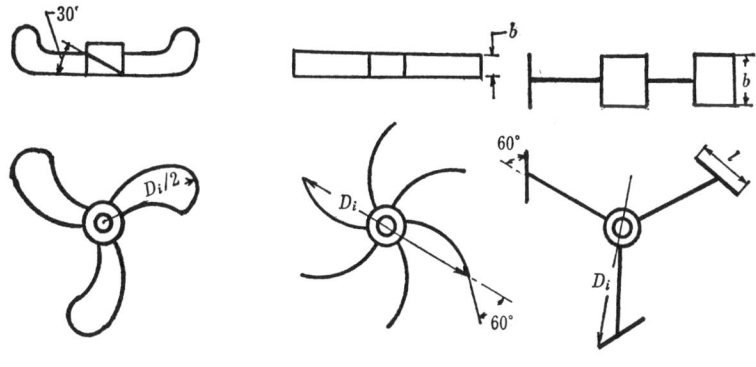

3枚翼プロペラ　　　6枚わん曲タービン羽根　　　ブルマージン羽根

図 23·10　永田らの羽根

$$\frac{h_o \cdot D_T}{k} = 1.31(Re)^{0.56} \cdot (Pr)^{1/3} \cdot \left(\frac{\mu}{\mu_w}\right)^{0.14} \cdot \left(\frac{D_i}{D_T}\right)^{-0.25} \cdot \left(\frac{H_i}{H_l}\right)^{0.15}$$
$$\cdots\cdots(23\cdot15)$$

適用範囲は

$D_i/D_T = 0.4 \sim 0.53$

$H_i/H_l = 1/8 \sim 1/2$

6枚わん曲板タービンに対して(無邪魔板)

$$\frac{h_o \cdot D_T}{k} = 2.51(Re)^{0.56} \cdot (Pr)^{1/3} \cdot \left(\frac{\mu}{\mu_w}\right)^{0.14} \cdot \left(\frac{D_i}{D_T}\right)^{-0.15} \cdot \left(\frac{b}{D_T}\right)^{0.15}$$
$$\cdot \left(\frac{H_i}{H_l}\right)^0 \cdots\cdots(23\cdot16)$$

適用範囲は

$D_i/D_T = 0.3 \sim 0.5$

$b/D_T = 0.03 \sim 0.05$

$H_i/H_l = 1/8 \sim 1/2$

3枚板プルマージン羽根に対して:

邪魔板付の場合

$$\frac{h_o \cdot D_T}{k} = 1.93(Re)^{0.56} \cdot (Pr)^{1/3} \cdot \left(\frac{\mu}{\mu_w}\right)^{0.14} \cdots\cdots(23\cdot17)$$

無邪魔板条件の場合

$$\frac{h_o \cdot D_T}{k} = 1.91(Re)^{0.56} \cdot (Pr)^{1/3} \cdot \left(\frac{\mu}{\mu_w}\right)^{0.14} \cdots\cdots(23\cdot18)$$

適用範囲は

$D_i/D_T = 0.5$

$b/D_T = 1/6$

$l/D_T = 0.1$

$H_i/H_l = 0.5$

## 23·3 コイル管内側境膜伝熱係数 $h_i$

### 23·3·1 相変化をしない強制対流伝熱

Mori and Nakayama[12] は，図 23·11 に

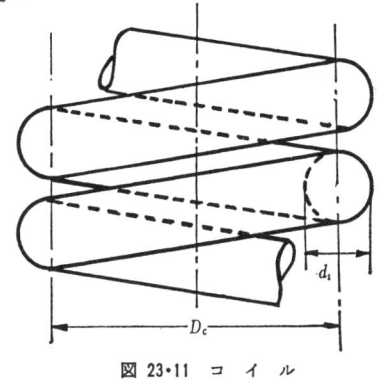

図 23·11 コイル

---

12) Mori, Y., and Nakayama, W.: Int. J. Heat Mass Transfer, vol. 10, pp. 37〜 (1967): ibid, pp. 681〜

示すような，コイル管内を流れる流体の管内側境膜伝熱係数の相関式として，次式を提案している。

気体に対して：

$$\frac{h_i \cdot d_i}{k} = \frac{Pr}{26.2(Pr^{2/3} - 0.074)} (Re)^{0.8} \cdot \left(\frac{d_i}{D_c}\right)^{0.1}$$
$$\times \left[1 + \frac{0.098}{\left\{Re \cdot \left(\frac{d_i}{D_c}\right)^2\right\}^{1/5}}\right] \quad \cdots\cdots\cdots(23 \cdot 19)$$

式 (23・19) の適用範囲は

$$Pr \cong 1$$
$$Re\left(\frac{d_i}{D_c}\right)^2 > 0.1$$

液体に対して：

$$\frac{h_i \cdot d_i}{k} = \frac{Pr^{0.4}}{41.0} (Re)^{5/6} \cdot \left(\frac{d_i}{D_c}\right)^{1/12} \cdot \left[1 + \frac{0.061}{\left\{Re\left(\frac{d_i}{D_c}\right)^{2.5}\right\}^{1/6}}\right]$$
$$\cdots\cdots(23 \cdot 20)$$

式 (23・20) の適用範囲は

$$Pr > 1$$
$$Re\left(\frac{d_i}{D_c}\right)^{2.5} > 0.4$$

ここで，

$D_c$：コイルの中心径 [m]
$d_i$：コイル管の内径 [m]
$Re$：Reynolds 数 $= d_i \cdot G_i / \mu$ [—]
$G_i$：管内側流体の質量速度 [kg/m²・hr]
$h_i$：管内側境膜伝熱係数 [kcal/m²・hr・°C]

### 23・3・2 凝縮伝熱

コイル管内で蒸気が凝縮するときの境膜伝熱係数は，水平管内で凝縮するときの境膜伝熱係数で近似してさしつかえない。

Brdlik and Kakabaev[13] は，コイル管内に水蒸気を流して凝縮させ，その境膜伝熱係数の実験式として，次式を提出している。

---

13) Brdlik, P.M. and A. Kakabaev : Intern. Chem. Eng., vol. 4, No. 2, pp. 236〜239 (1964).

$$h_i = 388\left(\frac{k}{d_i}\right)\left(\frac{D_c}{d_i}\right)^{-0.54}\cdot\left(\frac{\Gamma}{\mu_f}\right)^{0.15} \quad\cdots\cdots(23\cdot21)$$

凝縮負荷 $\Gamma$ [kg/m·hr] は

$$\Gamma = \frac{W}{\pi d_i} \quad\cdots\cdots(23\cdot22)$$

ここで,

$W$：凝縮量 [kg/hr]

$D_c$：コイル中心径 [m]

$\mu_f$：凝縮水の粘度 [kg/m·hr]

$L$：コイルを引き延ばしたときの長さ [m]

式 (23·21) の適用範囲は

$$Re = \left(\frac{\Gamma}{\mu_f}\right) = 40\sim600$$

$$L/d_i = 60\sim420$$

$$D_c/d_i = 8\sim25$$

入口蒸気速度 6～140 [m/sec]

水蒸気の圧力は大気圧近辺

## 23·4 攪拌所要動力

攪拌所要動力の相関式として，Rushton ら[14]は次式を提出している。

容器に邪魔板を設けないとき：

$Re \leq 300$

$$P = \Phi \cdot \frac{\rho N^3 D_i^5}{g_c} \quad\cdots\cdots(23\cdot23)$$

$Re \geq 300$

$$P = \Phi \cdot \frac{\rho N^3 D_i^5}{g_c}\left(\frac{N^2 D_i}{g}\right)^\alpha \quad\cdots\cdots(23\cdot24)$$

$$\alpha = \frac{a_1 - \log(Re)}{a_2} \quad\cdots\cdots(23\cdot25)$$

容器に邪魔板を設けたとき：

Reynolds 数 $Re$ の全範囲に対して

---

14) Rushton, J.H, and E.W. Costich, H.J. Everett : Chem. Eng. Progr., vol. 46, No. 9, pp. 467～ (1950).

23·4 攪拌所要動力

$S=$ ピッチ, $D_i=$ 羽根板直径, N.B.C.=邪魔板なし, B.C.=邪魔板付 ($W_b=0.1D_T, n_B=4$)
曲線 1 プロペラ $S=D_i$, N.B.C.　　〃 8 矢羽根形 6 枚羽根タービン, B.C.
　〃 2 プロペラ $S=D_i$, B.C.　　〃 9 8 枚羽根ファンタービン, B.C.
　〃 3 プロペラ $S=2D_i$, N.B.C.　　〃 10 櫂形翼 ($n_p=2$)
　〃 4 プロペラ $S=2D_i$, B.C. または偏心取付　〃 11 おおい付 6 枚羽根タービン, N.B.C.
　〃 5 平板 6 枚羽根タービン, N.B.C.　　〃 12 おおい付 6 枚羽根タービン, B.C.
　〃 6 平板 6 枚羽根タービン, B.C.　　　20 枚静止案内羽根付

Reynolds 数 $\dfrac{D_i^2 \cdot N \cdot \rho}{\mu}$

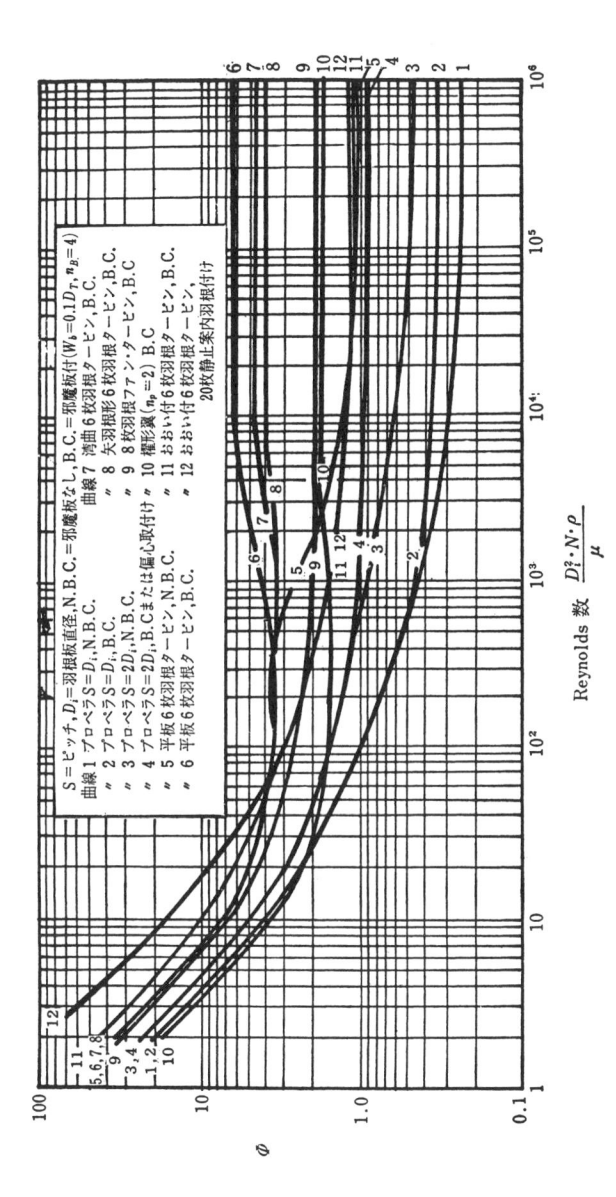

図 23·12 Rushton の線図

$$P = \Phi \cdot \frac{\rho N^3 D_i^5}{g_c} \quad \cdots\cdots\cdots\cdots\cdots\cdots\cdots\cdots\cdots (23 \cdot 26)$$

ここで,

$P$ : 攪拌機の消費動力 〔Kg・m/hr〕

$\rho$ : 密度 〔kg/m³〕

$\mu$ : 粘度 〔kg/m・hr〕

$D_i$ : 羽根の径 〔m〕

$g_c$ : 重力の換算係数 $= 1.27 \times 10^8$ 〔kg・m/Kg・hr²〕

$g$ : 重力の加速度 $= 1.27 \times 10^8$ 〔m/hr²〕

$N$ : 羽根の回転数 〔rev/hr〕

$\Phi$ : 図 23・12 より求まる係数

$a_1, a_2$ : 表 23・1 より求まる係数

$Re$ : Reynolds 数 $(= D_i^2 \cdot N \cdot \rho/\mu)$ 〔―〕

なお,図 23・12 の使用範囲は $D_i/D_T = 0.2 \sim 0.5$ に限定すべきである。

表 23・1 $a_1$ および $a_2$ の値

| 攪 拌 機 | $D_i/D_T$ | $a_1$ | $a_2$ |
|---|---|---|---|
| プロペラ攪拌機 | 0.47 | 2.6 | 18.0 |
| | 0.38 | 2.3 | 18.0 |
| | 0.332 | 2.1 | 18.0 |
| | 0.308 | 1.7 | 18.0 |
| | 0.222 | 0 | 18.0 |
| 6枚平板タービン攪拌機 | 0.308 | 1.0 | 40.0 |
| | 0.333 | 1.0 | 40.0 |

永田[15]は攪拌所要動力の計算式として,次式を提出している。

**(1) 容器に邪摩板を設けないとき**

$$\frac{P \cdot g_c}{\rho \cdot N^3 \cdot D_i^5} = N_p = \frac{A_1}{Re} + (10)^{A_2} \cdot \left[\frac{10^3 + 1.2(Re)^{0.66}}{10^3 + 3.2(Re)^{0.66}}\right]^{A_3} \cdot \left(\frac{H_l}{D_T}\right)^{A_4} \cdot [\sin(\theta)]^{1.2}$$

$$\cdots\cdots\cdots\cdots (23 \cdot 27)$$

ここで,

---

15) 永田:"攪拌機の所要動力" 日刊工業新聞社

$$A_1 = 14 + (b_e/D_T)\{670(D_i/D_T - 0.6)^2 + 185)\} \quad \cdots\cdots\cdots\cdots (23\cdot 28)$$

$$A_2 = 1.3 - 4(b_e/D_T - 0.5)^2 - 1.14(D_i/D_T) \quad \cdots\cdots\cdots\cdots (23\cdot 29)$$

$$A_3 = 1.1 + 4(b_e/D_T) - 2.5(D_i/D_T - 0.5)^2 - 7(b_e/D_T)^4 \quad \cdots\cdots (23\cdot 30)$$

$$A_4 = 0.35 + (b_e/D_T) \quad \cdots\cdots\cdots\cdots\cdots\cdots\cdots\cdots (23\cdot 31)$$

ここで，

$H_l$：容器内の液深〔m〕

$D_T$：容器の内径〔m〕

$D_i$：羽根の径〔m〕

$\theta$：羽根翼の傾斜角度

$b_e$：羽根の相当幅〔m〕

羽根の相当幅 $b_e$ は，羽根の形状によって羽根の幅 $b$ から，次のようにして計算される．

単段平板パドル（$n_p=2$）（図 23・13(a)）

$$b_e = b$$

2 段平板パドル（$n_p=2$）（図 23・13(b)）

$$b_e = 2b$$

4 枚平板タービン（$n_p=4$, $\theta=\pi/2$）（図 23・13(d)）

$$b_e = 2b$$

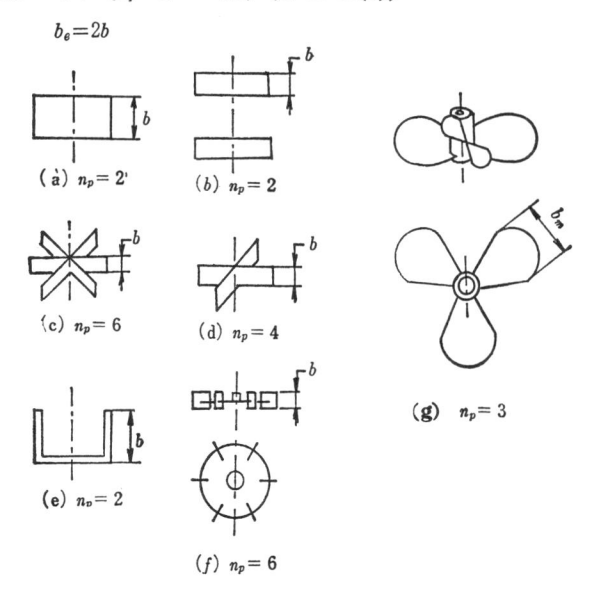

図 23・13 攪拌機の羽根

6枚平板タービン ($n_p=6$, $\theta=\pi/2$) (図 23・13(c))

$\qquad b_e=3b$

円板付6枚平板タービン ($n_p=6$, $\theta=\pi/2$) (図 23・13(f))

$\qquad b_e=3b$

3枚羽根プロペラ (図 23・13(g))

$\qquad b_e=b_m$, $b_m$：最大羽根翼幅

いかり型羽根 (図 23・13(e))

$\qquad b_e=b$

式 (23・27) の計算図表を，図 23・14〜図 23・18 に示した。

(2) 完全邪魔板を設けたとき： 次式で与えられる臨界 Reynolds 数 $Re_c$ を，式 (23・27) の $Re$ の代りに代入することによって求めることができる。

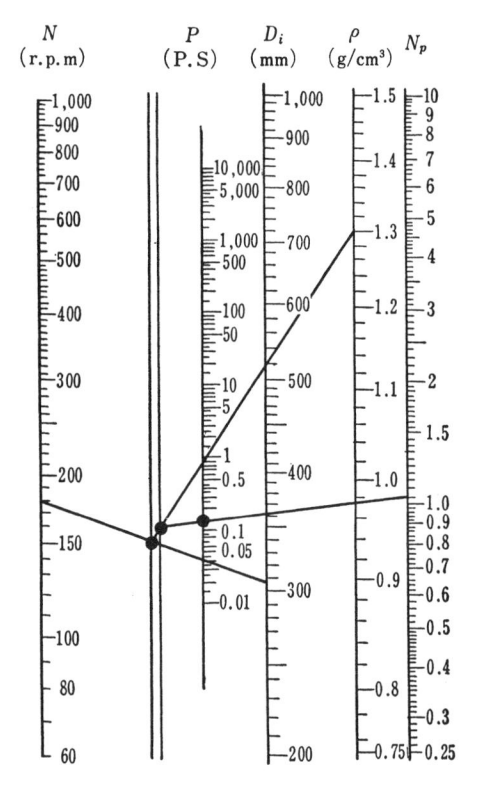

**図 23・14** $N_p$ より $P$ の計算図

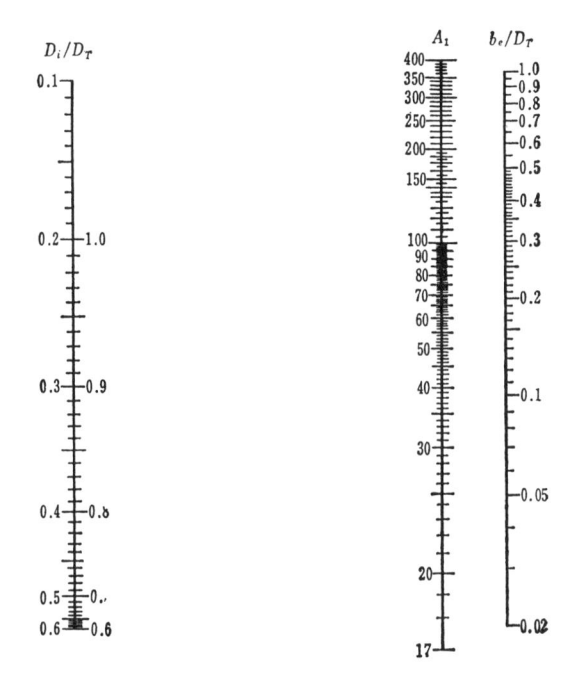

$$A_1 = 14 + (b_e/D_T)\{670(D_i/D_T - 0.6)^2 + 185\}$$

**図 23・15** $A_1$ の計算図

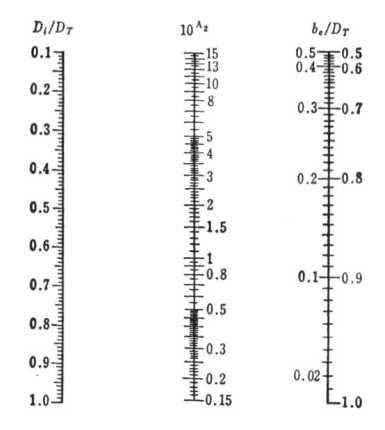

$$A_2 = 1.3 - 4.0(b_e/D_T - 0.5)^2 - 1.14(D_i/D_T)$$

**図 23・16** $10^{A_2}$ の計算図

第23章 タンク・コイル式熱交換器の設計法

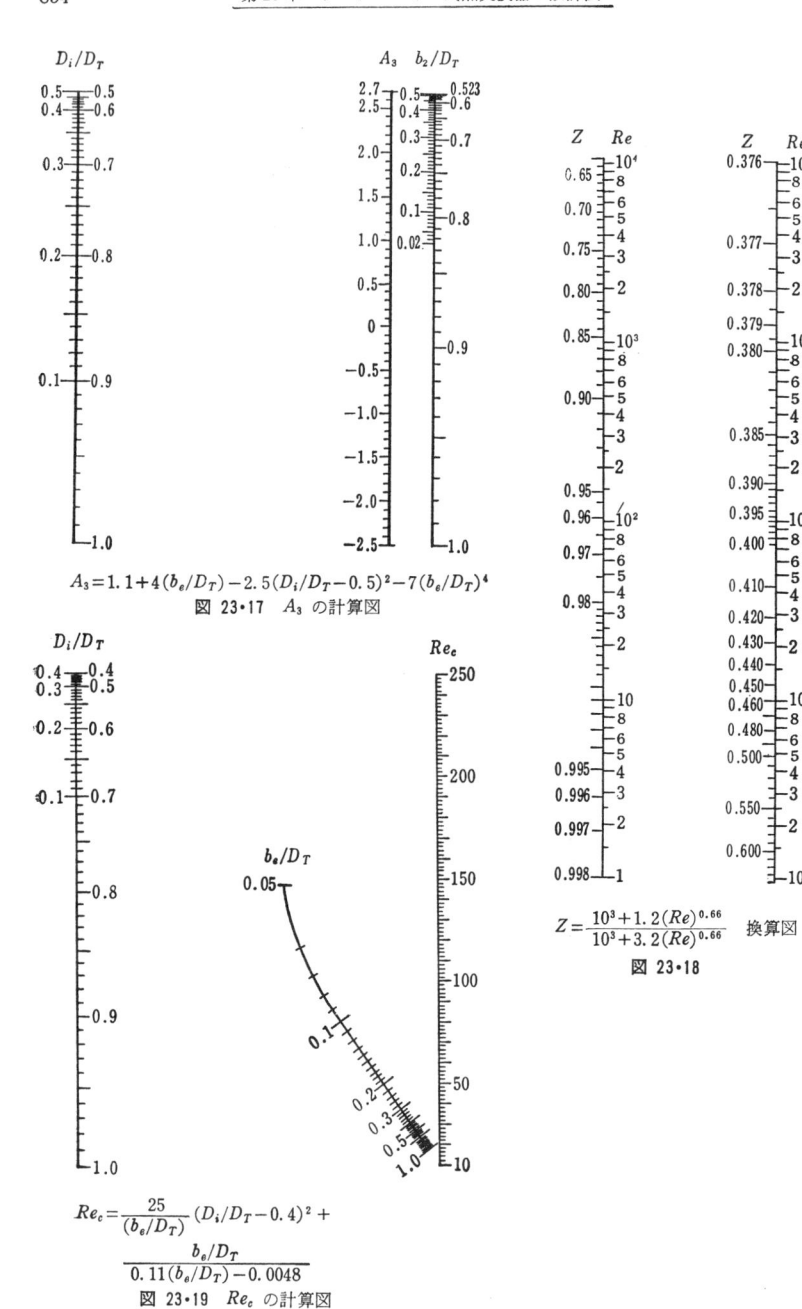

$$A_3 = 1.1 + 4(b_e/D_T) - 2.5(D_i/D_T - 0.5)^2 - 7(b_e/D_T)^4$$
図 23・17 $A_3$ の計算図

$$Z = \frac{10^3 + 1.2(Re)^{0.66}}{10^3 + 3.2(Re)^{0.66}}$$ 換算図
図 23・18

$$Re_c = \frac{25}{(b_e/D_T)}(D_i/D_T - 0.4)^2 + \frac{b_e/D_T}{0.11(b_e/D_T) - 0.0048}$$
図 23・19 $Re_c$ の計算図

$$Re_c = 10^{4[1-\sin(\theta)]} \cdot \left\{ \frac{25}{(b_e/D_T)} \left( \frac{D_i}{D_T} - 0.4 \right)^2 + \left[ \frac{b_e/D_T}{0.11(b_e/D_T) - 0.0048} \right] \right\} \quad \cdots (23 \cdot 32)$$

$\theta = \pi/2$ のときは $Re_c$ は一般に小さい値となるので,式 (23・27) は次の簡単な式となる。

$$\frac{P \cdot g_c}{\rho \cdot N^3 \cdot D_i^5} = N_p = \frac{A_1}{Re_c} + (10)^{A_2} \cdot \left( \frac{H_l}{D_T} \right)^{A_4} \quad \cdots (23 \cdot 33)$$

$\theta = \pi/2$ のときの $Re_c$ の計算図表を,図 23・19 に示した。

なお,完全邪魔板条件は次式で定義される。

$$\left( \frac{W_b}{D_T} \right)^{1.2} \cdot n_B = 0.35 \quad \cdots (23 \cdot 34)$$

ここで,

 $W_b$:邪魔板の幅〔m〕

 $n_B$:邪魔板枚数〔—〕

**(3) 不完全邪魔板を設けたとき**

$$\frac{P \cdot g_c}{\rho \cdot N^3 \cdot D_i^5} = N_p = \left\{ 1 - \left[ 1 - 2.9 \left( \frac{W_b}{D_T} \right)^{1.2} \cdot n_B \right]^2 \right\} \left\{ \frac{A_1}{Re_c} + (10)^{A_2} \cdot \left( \frac{H_l}{D_T} \right)^{A_4} \right\}$$
$$+ \left\{ 1 - 2.9 \left( \frac{W_b}{D_T} \right)^{1.2} \cdot n_B \right\}^2 \left\{ (10)^{A_2} \cdot \left( \frac{0.6}{1.6} \right)^{A_4} \right\}$$
$$\cdots (23 \cdot 35)$$

図 23・1 に示すような,コイル入り円筒槽の場合は $(W_b/D_T) = 0.05$,$n_B = 2.0$ の不完全邪魔板条件とほぼ一致する。

## 23・5 設計例

〔例題 23・1〕 内径 $D_T = 0.5$〔m〕の皿形底容器内に,径 $D_i = 0.2$〔m〕,翼幅 $b = 0.05$〔m〕,傾斜角 $\theta = \pi/4$ の 6 枚傾斜ファンタービンを底から 0.17〔m〕の距離に取付けられていて,羽根の回転数 $N = 600$〔rev/min〕である。80〔℃〕で反応する粘度 $\mu = 10$〔cp〕,熱伝導率 $k = 0.5$〔kcal/m・hr・℃〕,密度 $\rho = 800$〔kg/m³〕,比熱 $C = 0.8$〔kcal/kg・℃〕の溶液が高さ $H_l = 0.5$〔m〕の高さで容器に満されていて,吸熱反応のため熱量 15,000〔kcal/hr〕を与えて,80〔℃〕に保つ必要がある。管外径 $d_o = 0.020$〔m〕,管内径 $d_i = 0.018$〔m〕,コイル中心径 $D_c = 0.40$〔m〕の銅管コイルに 110〔℃〕の飽和蒸気を通す場合,コイルの所要巻数および撹拌機所要動力を求めよ。

〔解〕

**(1) コイル管外側境膜伝熱係数 $h_o$:** 容器および撹拌機の形状および寸法比が,

Cummings らの実験したものと相似しているので，式 (23・3) を用いる。

$$Re = \frac{\rho N D_i^2}{\mu} = \frac{800 \times 600 \times 60 \times (0.2)^2}{10 \times 3.6} = 32,000$$

$$Pr = \frac{C \cdot \mu}{k} = \frac{0.8 \times 10 \times 3.6}{0.5} = 57.5$$

$$\left(\frac{\mu}{\mu_w}\right)^{0.14} = 1.0 \text{ とみなす。}$$

式 (23・3) から

$$h_o = 1.01 \left(\frac{k}{D_T}\right) \cdot (Re)^{0.62} \cdot (Pr)^{0.33} \cdot \left(\frac{\mu}{\mu_w}\right)^{0.14}$$

$$= 1.01 \left(\frac{0.5}{0.5}\right) \cdot (32,000)^{0.62} \cdot (57.5)^{0.33} \cdot (1)$$

$$= 2,340 \text{ [kcal/m}^2\cdot\text{hr}\cdot{}^\circ\text{C]}$$

(2) コイル管内側境膜伝熱係数 $h_i$： 11.0 [°C] 飽和水蒸気の蒸発潜熱は 530 [kcal/kg] であるから，凝縮量は

$$W = \frac{15,000}{530} = 28.4 \text{ [kg/hr]}$$

凝縮負荷 $\Gamma$ は，式 (23・22) から

$$\Gamma = \frac{W}{\pi d_i} = \frac{28.4}{\pi \times 0.018} = 500 \text{ [kg/m}\cdot\text{hr]}$$

式 (23・21) から

$$h_i = 388 \left(\frac{k}{d_i}\right) \left(\frac{D_c}{d_i}\right)^{-0.54} \left(\frac{\Gamma}{\mu_f}\right)^{0.15}$$

$$= 388 \left(\frac{0.50}{0.018}\right) \left(\frac{0.400}{0.018}\right)^{-0.54} \left(\frac{500}{1.03}\right)^{0.15}$$

$$= 4,950 \text{ [kcal/m}^2\cdot\text{hr}\cdot{}^\circ\text{C]}$$

(3) 総括伝熱係数

管内側汚れ係数 $r_i = 0.0005$ [m²·hr·°C/kcal]
管外側汚れ係数 $r_o = 0.0005$ [m²·hr·°C/kcal]

とする。

管金属の伝熱抵抗を無視すると，

$$\frac{1}{U} = \frac{1}{h_o} + r_o + r_i \left(\frac{d_o}{d_i}\right) + \frac{1}{h_i}\left(\frac{d_o}{d_i}\right)$$

$$= \frac{1}{2,340} + 0.0005 + 0.0005\left(\frac{0.020}{0.018}\right) + \frac{1}{4,950}\left(\frac{0.020}{0.018}\right)$$

$$= 0.00170 \text{ [m}^2\cdot\text{hr}\cdot{}^\circ\text{C/kcal]}$$

$$U = 590 \text{ [kcal/m}^2\cdot\text{hr}\cdot{}^\circ\text{C]}$$

(4) 伝熱面積

$$A = \frac{Q}{U \cdot \Delta T} = \frac{15,000}{590 \times (110-80)} = 0.850 \text{ [m}^2\text{]}$$

**(5) コイルの所要巻数**

銅管の外表面積$/m$=0.063 [m²/m]

1巻の面積$=\pi\times 0.400\times 0.063=0.0795$ [m²]

したがって

所要巻数$=0.850/0.0795=10.7$ 〔巻〕

**(6) 所要攪拌動力**

$$\frac{D_i}{D_T}=\frac{0.20}{0.50}=0.4, \quad b_e=3b=3\times 0.05=0.15 \text{ [m]}$$

$$\frac{h_e}{D_T}=\frac{0.15}{0.50}=0.3$$

図 23・15, 図 23・16 から $A_1=75$, $(10)^{A_2}=4.8$

式 (23・31) から

$$A_4=0.35+(b_e/D_T)=0.65$$

式 (23・32), 図 23・18 から

$Re_e=150$

コイル入り円筒槽であるので, $(W_b/D_T)=0.05$, $n_B=2.0$ の不完全邪魔板の場合と同等とみなして,

$$1.0-2.9\left(\frac{W_b}{D_T}\right)^{1.2}\cdot n_B=0.84$$

$$\frac{A_1}{Re_e}+(10)^{A_2}\cdot\left(\frac{H_l}{D_T}\right)^{A_4}=\frac{75}{150}+4.8\left(\frac{0.50}{0.50}\right)^{0.65}=5.3$$

$$(10)^{A_2}\cdot\left(\frac{0.6}{1.6}\right)^{A_4}=4.8\left(\frac{0.6}{1.6}\right)^{0.65}=2.54$$

式 (23・35) から

$$N_p=\{1-(0.84)^2\}(5.3)+(0.84)^2\cdot(2.54)$$
$$=3.35$$

図 23・14 から

$P=1.5$ [PS]$=1.1$ [kW]

駆動部の機械効率を 0.8, モータ効率 0.85 として, 実際に消費する動力は

$1.1/(0.8\times 0.85)=1.6$ [kW]

## 第24章 タンク・ジャケット式熱交換器の設計法

### 24・1 容器側境膜伝熱係数

Chilton, Drew and Jebens[1] は，図 24・1 に示すジャケット付容器をパドル羽根で攪拌したときの容器側境膜伝熱係数として，次式を提出している。

$$\frac{h_i \cdot D_T}{k} = 0.36(Re)^{0.67} \cdot (Pr)^{0.33} \cdot \left(\frac{\mu}{\mu_w}\right)^{0.14} \quad \cdots\cdots\cdots\cdots\cdots(24\cdot1)$$

ここで，

$h_i$：容器側境膜伝熱係数〔kcal/m²・hr・℃〕

$D_T$：容器径〔m〕

$k$：容器内流体の熱伝導率〔kcal/m・hr・℃〕

$Re$：Reynolds 数 $(=\rho N D_i^2/\mu)$〔—〕

$\mu$：容器内流体の粘度（流体温度における値）〔kg/m・hr〕

$\mu_w$：容器内流体の粘度（容器内壁温度における値）〔kg/m・hr〕

$C$：流体の比熱〔kcal/kg・℃〕

$\rho$：流体の密度〔kg/m³〕

$Pr$：Prandtl 数 $=(C\mu/k)$〔—〕

式 (24・1) の適用範囲は

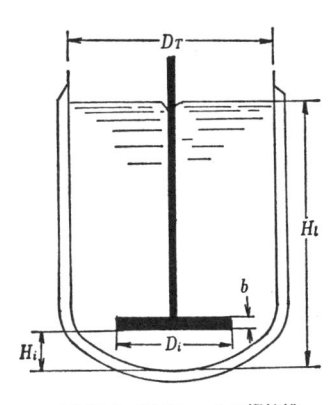

図 24・1 Chilton らの攪拌槽 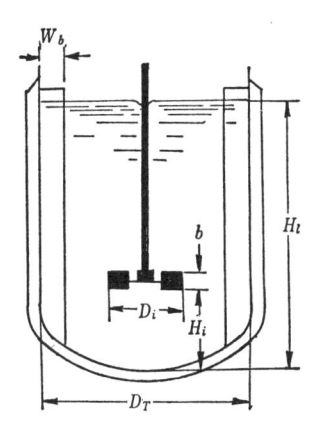          図 24・2 Brook らの攪拌槽

---

1) Chilton, T.H., Drew, T.B., and Jebens, R.H.: Ind. Ing. Chem., vol. 36, pp. 510〜(1944).

(1) Reynolds 数　$Re = 300 \sim 400,000$
(2) 単段平板パドル　$D_i/D_T = 0.60$
(3) パドル幅とパドル径の比　$b/D_i = 0.167$
(4) パドル高さと容器径の比　$H_i/D_T = 0.150$

Brook and Su[2] は図 24・2 に示す撹拌容器について，次式を提出している。

邪魔板付容器に対して：

$Re < 400$

$$\frac{h_i \cdot D_T}{k} = 0.54\,(Re)^{0.67} \cdot (Pr)^{0.33} \cdot \left(\frac{\mu}{\mu_w}\right)^{0.14} \quad \cdots\cdots(24\cdot2)$$

$Re > 400$

$$\frac{h_i \cdot D_T}{k} = 0.74\,(Re)^{0.67} \cdot (Pr)^{0.33} \cdot \left(\frac{\mu}{\mu_w}\right)^{0.14} \quad \cdots\cdots(24\cdot3)$$

邪魔板なしの容器に対しては，$Re$ のいかんによらず，式 (24・2) が成立する。

式 (24・2), (24・3) の適用範囲は

(1) 羽根径と容器径の比　$D_i/D_T = 0.30$
(2) 液高さと容器径の比　$H_l/D_T = 1.05$
(3) 邪魔板幅と容器径の比　$W_b/D_T = 0.10$
(4) 容器底からの羽根の高さと容器径の比　$H_i/D_T = 0.30$
(5) 円板付 6 枚平均タービン

Brown, Scott and Toyne[3] は半球形底の容器で，プロペラ，いかり形羽根にて撹拌し次式を提案している。

プロペラについて，

$$\frac{h_i \cdot D_T}{k} = 0.54\,(Re)^{0.67} \cdot (Pr)^{0.25} \cdot \left(\frac{\mu}{\mu_w}\right)^{0.14} \quad \cdots\cdots(24\cdot4)$$

いかり形羽根について，

$$\frac{h_i \cdot D_T}{k} = 0.55\,(Re)^{0.67} \cdot (Pr)^{0.25} \cdot \left(\frac{\mu}{\mu_w}\right)^{0.14} \quad \cdots\cdots(24\cdot5)$$

式 (24・4) は邪魔板なしの内径 5〔ft〕の容器に 2.0〔ft〕

図 24・3　Brown らの撹拌槽

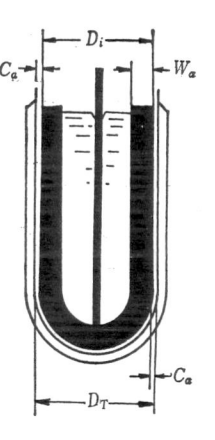

――――――――――
2) Brooks, G., and Su, G. J.: Chem. Eng. Progr., vol. 56, pp. 237〜 (1960).
3) Brown, Scott, R., and Toyne, C.: Trans. Inst. of Chem. Eng., vol. 25, pp. 181〜 (1947).

径, 45°ピッチのプロペラを容器の中心において, 撹拌したときの実験式である。

式 (24・5) の適用範囲は, 図 24・3 において
(1) アンカー径と容器径の比　$D_i/D_T=0.829\sim0.966$
(2) アンカー幅と容器径の比　$W_a/D_T=0.05$
(3) アンカーと容器内壁との間隙と容器径の比　$C_a/D_T=0.0166\sim0.0854$

Kapustin[4] は, ジャケット付平底容器中で種々の形式の撹拌機について, 次式を提案している。

$$\frac{h_i \cdot D_T}{k}=C_1 \cdot (Re)^a \cdot (Pr)^b \cdot \left(\frac{\mu}{\mu_w}\right)^c \quad\quad\quad\quad\quad (24\cdot6)$$

式中の定数 $C_1$, $a$, $b$, $c$ の値を図 24・4 に示す。

| 撹拌機型式 | 撹拌機寸法 | 容器寸法 | | | 式(24・6)の定数 | | | |
|---|---|---|---|---|---|---|---|---|
| | | $D_T/D_i$ | $H_l/D_i$ | $H_i/D_i$ | $C_1$ | $a$ | $b$ | $c$ |
| 2枚翼 平板パドル | 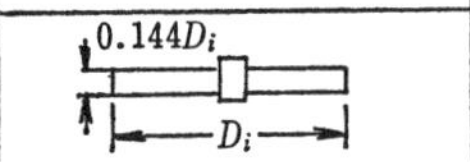 $0.144D_i$, $D_i$ | 2.00 | 2.27 | 0.67 | 1.60 | 0.50 | 0.14 | 0.24 |
| | | 2.00 | 2.27 | 0.21 | 1.45 | 0.50 | 0.14 | 0.24 |
| 2枚翼 傾斜パドル ($\theta<45°$) | 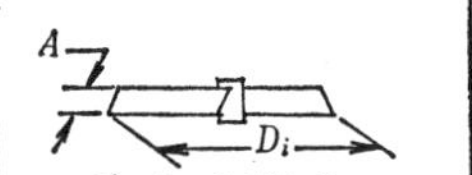 1) $A=0.194 D_i$ 2) $A=0.182 D_i$ | 2.00 1) | 2.27 | 0.69 | 1.30 | 0.50 | 0.24 | 0.14 |
| | | 2.00 | 2.27 | 0.23 | 1.20 | 0.50 | 0.24 | 0.14 |
| | | 2.82 2) | 3.18 | 1.04 | 0.82 | 0.50 | 0.33 | 0.14 |
| | | 2.82 | 3.18 | 0.31 | 0.74 | 0.50 | 0.33 | 0.14 |
| ゲート アンカー | 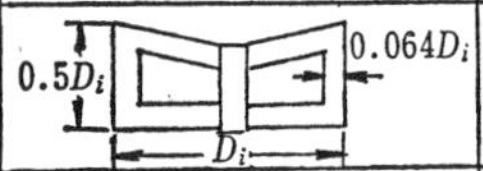 $0.5D_i$, $0.064D_i$ | 1.12 | 1.27 | 0.15 | 0.80 | 0.50 | 0.33 | 0.14 |
| くら型 アンカー | 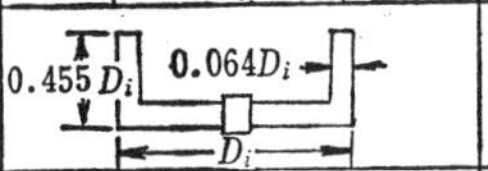 $0.455D_i$, $0.064D_i$ | 1.15 | 1.30 | 0.12 | 1.38 | 0.50 | 0.28 | 0.14 |
| 3枚翼 プロペラー | 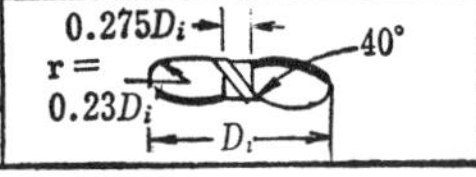 $0.275D_i$, $r=0.23D_i$, $40°$ | 2.21 | 2.50 | 0.59 | 0.85 | 0.50 | 0.33 | 0.14 |

図 24・4 式 (24・6) の定数

Strek[5] は, 平底の邪魔板付円筒容器中をタービン撹拌器で撹拌し, 次の相関式を提出している。

$$\frac{h_i \cdot D_T}{k}=1.01(Re)^{0.66} \cdot (Pr)^{0.33} \cdot \left(\frac{\mu}{\mu_w}\right)^{0.14} \cdot \left(\frac{H_i}{D_T}\right)^{0.12} \cdot \left(\frac{D_i}{D_T}\right)^{0.13}$$

$$\quad\quad\quad\quad\quad\quad\quad\quad\quad\quad\quad\quad\quad\quad\quad\quad\quad (24\cdot7)$$

---

4) Kapustin, A.S.: International Chem. Eng., vol. 3, pp. 514〜 (1963).
5) Strek, F.: International Chem. Eng.: vol. 3, pp. 533〜 (1963).

式（24・7）の適用範囲は，$Re=5,000 \sim 850,000$ である。

以上の相関式はいずれも一定の装置条件下で行なわれた実験の結果を整理したものであるため，実験装置と相似でない条件の場合に適用することができない。永田ら[6]は，これらの実験結果を全て相関することのできる一般式として，次式を提案している。この式はパドルおよびタービン形式の攪拌機の場合について一般に成立する。

無邪魔板冷却コイル付攪拌の場合の容器内壁面の境膜伝熱係数

$$\frac{h_i \cdot D_T}{k} = 0.51(Re)^{2/3} \cdot (Pr)^{1/3} \cdot \left(\frac{\mu}{\mu_w}\right)^{0.14} \cdot \left(\frac{D_i}{D_T}\right)^{-0.25} \cdot \left(\sum_i \frac{b_i}{D_T}\right)^{0.15}$$

$$\cdot (n_p)^{0.15} \cdot \left(\sum_i \frac{H_{i,i}}{iH_l}\right)^{0.15} \cdot [\sin(\theta)]^{0.5} \cdot \left(\frac{H_l}{D_T}\right)^0 \quad \cdots\cdots(24\cdot8)$$

冷却コイルがない場合は，コイルによる遮蔽効果がなくなるので，上式で得た伝熱係数に比べて 5% 程度大きい値を使用する。すなわち，式（24・8）の係数を 0.54 とすればよい。

式（24・8）の適用範囲は，

$Re > 100$

$\left(\dfrac{D_i \cdot N^2}{g}\right) = 2 \sim 2,000$

邪魔板付攪拌の場合の容器内壁面の境膜伝熱係数

$$\frac{h_i \cdot D_T}{k} = 1.40(Re)^{2/3} \cdot (Pr)^{1/3} \cdot \left(\frac{\mu}{\mu_w}\right)^{0.14} \cdot \left(\frac{D_i}{D_T}\right)^{-0.3} \cdot \left(\sum_i \frac{b_i}{D_T}\right)^{0.5}$$

$$\cdot (n_p)^{0.2} \cdot \left(\sum_i \frac{H_{i,i}}{iH_l}\right)^{0.2} \cdot [\sin(\theta)]^{0.5} \cdot \left(\frac{H_l}{D_T}\right)^{-0.6} \quad \cdots\cdots(24\cdot9)$$

この場合には，コイルの有無は伝熱係数に影響しない。

式（24・9）の適用範囲は，

$Re > 100$

ここで，

$b_i$：$i$ 段目の羽根の幅〔m〕

$H_{i,i}$：$i$ 段目の羽根の高さ〔m〕

$n_p$：羽根の翼数〔—〕

$i$：羽根の段数〔—〕

$H_l$：容器内の液深〔m〕

---

6) 永田，西川，滝本，喜多，香山：化学工学 vol. 35, No. 8, pp. 924〜932 (1971).

$\theta$：羽根の翼の傾斜角度〔radian〕

図 24・5 に 6 枚平板タービン ($n_p=6$) を 2 段に ($i=2$) 取付けた例を示す。なお，パドルの場合は $n_p=2$ である。

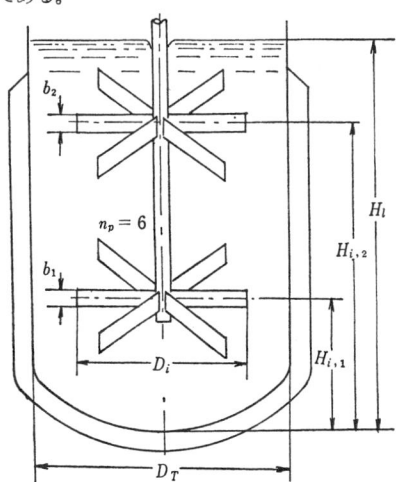

**図 24・5** 6 枚平板タービンを 2 段に付けた攪拌槽 ($i=2$, $n_p=6$)

## 24・2　ジャケット側境膜伝熱係数 $h_o$

ジャケットの型式としては，図 24・6 に示すように平板ジャケット，くぼみ付ジャケッ

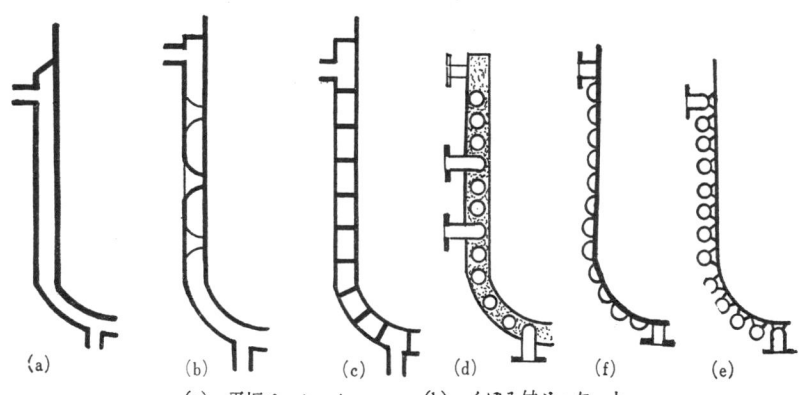

(a) 平板ジャケット　　　(b) くぼみ付ジャケット
(c) 渦巻邪魔板ジャケット　(d) 鋳物ジャケット
(e) コイル溶接ジャケット　(f) 半割コイルジャケット

**図 24・6** ジャケットの型式

ト，渦巻邪魔板付ジャケット，壁面にコイル付鋳物を用いたもの，コイルを外壁に溶接したもの，半割コイルを外壁に溶接したものなどがあるが，ここでは平板ジャケットの場合について記述する。

### 24・2・1 相変化のない強制対流伝熱

Lehrer[7] は平板ジャケットに液を流したときの境膜係数として，次式を提案している。

$$\frac{h_o \cdot D_e}{k} = \frac{0.03(Re)^{0.75} \cdot Pr}{1 + 1.74(Re)^{-1/8}(Pr-1)} \quad \cdots\cdots(24\cdot10)$$

$D_e$ はジャケット側流路の相当径〔m〕で，次式で求まる。

$$D_e = (8/3)^{0.5}[(D_2 - D_1)/2] \quad \cdots\cdots(24\cdot11)$$

ここで，

$D_2$：ジャケット外径〔m〕

$D_1$：ジャケット内径〔m〕

容器の径と高さの比が1:1で，入口ノズルが容器の下部に，出口ノズルが容器の上部に取付けられる場合には，Reynolds数 $Re$ は次式で計算される。

$$Re = \frac{D_e \cdot \rho}{\mu}\{(v_o \cdot v_A)^{0.5} + v_B\} \quad \cdots\cdots(24\cdot12)$$

ここで，$v_o$ は入口ノズル出口での流速〔m/hr〕で，

$$v_o = \frac{4W}{\pi(d_o)^2 \cdot \rho} \quad \cdots\cdots(24\cdot13)$$

$W$：ジャケット側流量〔kg/hr〕

$d_o$：ノズル径〔m〕

また，$v_A$ はジャケット内の流速〔m/hr〕で，図 24・7 に示すようにノズルが半径方向に取付けられる場合は，$v_A$ としてジャケット内での上昇速度をとり

$$v_A = \frac{4W}{\pi(D_2^2 - D_1^2)\rho} \quad \cdots\cdots(24\cdot14)$$

ノズルが図 24・8 に示すように接線方向に取付けられる場合は，$v_A$ として隙間速度をとり

$$v_A = \frac{4W}{H_j \cdot (D_2 - D_1)/2 \cdot \rho} \quad \cdots\cdots(24\cdot15)$$

$H_j$ はジャケットの高さ〔m〕である。

また，$v_B$ はジャケット側流体の温度上昇による流速の平均値〔m/hr〕で，

---

7) Lehrer, I.H : Ind. Eng. Chem. Process. Des. Develop., vol. 9, No. 4, pp. 553〜558 (1970).

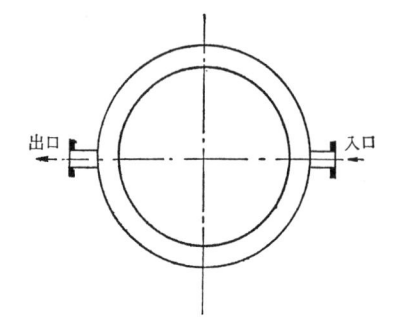

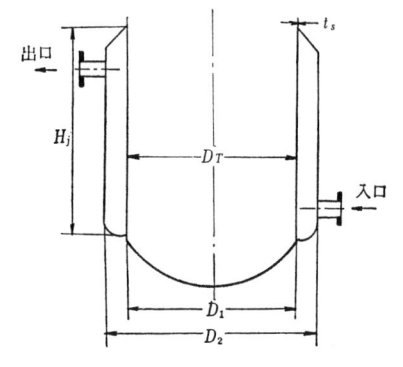

図 24・7 半径方向入口ノズル 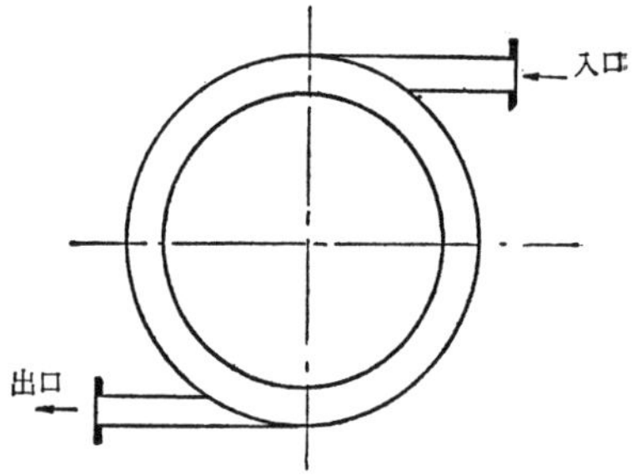　　　図 24・8 接線方向入口ノズル

$$v_B = (g\beta \cdot \Delta t)^{0.5} \cdot H_j^{0.5} \quad \cdots\cdots (24\cdot16)$$

ここで,

　　$g$：重力の加速度 $1.27 \times 10^8$ [m/hr²]

　　$\beta$：ジャケット側流体の体膨張係数 [1/°C]

　　$\Delta t$：ジャケット側流体の温度上昇 [°C]

### 24・2・2 凝縮伝熱

ジャケット内に蒸気を入れて凝縮させるときは,

$$h_o = 1.47 \left( \frac{k_f^3 \cdot \rho_f^2 \cdot g}{\mu_f^2} \right)^{1/3} \cdot \left( \frac{4\Gamma}{\mu_f} \right)^{-1/3} \quad \cdots\cdots (24\cdot17)$$

ここで,

　　$k_f$：凝縮液の熱伝導率 [kcal/m・hr・°C]

　　$\rho_f$：凝縮液の密度 [kg/m³]

　　$\mu_f$：凝縮液の粘度 [kg/m・hr]

$\Gamma$:凝縮負荷〔kg/m・hr〕

$$\Gamma = \frac{W}{\pi D_1} \quad \dots\dots\dots\dots\dots\dots\dots\dots\dots\dots\dots\dots\dots\dots\dots\dots\dots\dots\dots\dots\dots\dots(24\cdot 18)$$

$W$:凝縮量〔kg/hr〕

## 24・3 設計例

〔例題 24・1〕 内径 $D_T = 0.5$〔m〕の平底容器内に,径 $D_i = 0.2$〔m〕,幅 $b = 0.05$〔m〕の6枚平板タービンが2段に取付けられている。取付高さは1段目の羽根について $H_{i,1} = 0.17$〔m〕,2段目の羽根について $H_{i,2} = 0.34$〔m〕である。羽根の回転数 $N = 600$〔rev/min〕である。容器の外側に,$D_1 = 0.212$〔m〕,$D_2 = 0.232$〔m〕,$H_j = 0.6$〔m〕のジャケットが取付けられている。容器内には反応する粘度 $\mu = 10$〔cp〕,熱伝導率 $k = 0.5$〔kcal/m・hr・℃〕,密度 $\rho = 800$〔kg/m³〕,比熱 $C = 0.8$〔kcal/kg・℃〕の溶液が高さ $H_l = 0.8$〔m〕に満されていて,発熱反応のために熱量 15,000〔kcal/hr〕を除去する必要がある。ジャケット側に 30〔℃〕の冷却水を 1,000〔kg/hr〕で流すものとすると,容器内流体の温度がいくらに保たれるかを求めよ。

〔解〕

**(1) 容器側境膜伝熱係数 $h_i$**

$$Re = \frac{\rho N D_i^2}{\mu} = \frac{800 \times 600 \times 60 \times (0.2)^2}{10 \times 3.6} = 32,000$$

$$Pr = \frac{C \cdot \mu}{k} = \frac{0.8 \times 10 \times 3.6}{0.5} = 57.5$$

$$\left(\frac{\mu_w}{\mu}\right)^{0.14} = 1 \text{ とみなす。}$$

$$\left(\frac{D_i}{D_T}\right) = \frac{0.2}{0.5} = 0.4$$

$$\sum_i \frac{b_i}{D_T} = \frac{0.05}{0.5} + \frac{0.05}{0.5} = 0.2$$

$$n_p = 6$$

$$\sum_i \frac{H_{i,i}}{i H_l} = \frac{0.17}{2 \times 0.8} + \frac{0.34}{2 \times 0.8} = 0.318$$

$$\sin(\theta) = \sin\left(\frac{\pi}{2}\right) = 1$$

$$\left(\frac{H_l}{D_T}\right) = \frac{0.8}{0.5} = 1.6$$

$$\left(\frac{k}{D_T}\right) = \frac{0.5}{0.5} = 1$$

式 (24・8) から

$$h_i = 0.54 \left(\frac{k}{D_T}\right) \cdot (Re)^{2/3} \cdot (Pr)^{1/3} \cdot \left(\frac{\mu_w}{\mu}\right)^{0.14} \cdot \left(\frac{D_i}{D_T}\right)^{-0.25} \cdot \left(\sum_i \frac{b_i}{D_T}\right)^{0.15}$$

$$\cdot (n_p)^{0.15} \cdot \left(\sum_i \frac{H_{i,i}}{iH_l}\right)^{0.15} \cdot [\sin(\theta)]^{0.5} \cdot \left(\frac{H_l}{D_T}\right)^0$$
$$= 0.54(1)(32,000)^{2/3}(57.5)^{1/3}\cdot(1)\cdot(0.4)^{-0.25}$$
$$\cdot (0.2)^{0.15}\cdot(6)^{0.15}\cdot(0.318)^{0.15}\cdot(1)^{0.5}\cdot(1)^0$$
$$= 2,260 \text{ [kcal/m}^2\cdot\text{hr}\cdot°\text{C]}$$

**(2) ジャケット側境膜伝熱係数 $h_o$**

冷却水の物性:

$\rho = 1,000$ [kg/m³]

$k = 0.53$ [kcal/m·hr·°C]

$C = 1.0$ [kcal/kg·°C]

$\mu = 0.7$ [cp] $= 2.52$ [kg/m·hr]

$\beta = 0.3\times10^{-3}$ [1/°C]

冷却水入口管内径 $d_o = 0.02$ [m] とし, 半径方向に取付けるものとする.

式 (24·13) から
$$v_o = \frac{4W}{\pi(d_o)^2\cdot\rho} = \frac{4\times1,000}{\pi\times(0.02)^2\times1,000} = 3,180 \text{ [m/hr]}$$

式 (24·14) から
$$v_A = \frac{4W}{\pi(D_2^2-D_1^2)\rho} = \frac{4\times1,000}{\pi\times(0.232^2-0.212^2)\times1,000} = 143 \text{ [m/hr]}$$

冷却水の温度上昇 $\Delta t$ は
$$\Delta t = \frac{15,000}{1\times1,000} = 15 \text{ [°C]}$$

式 (24·16) から
$$v_B = (g\cdot\beta\cdot\Delta t)^{0.5} H_j^{0.5} = (1.27\times10^8\times0.3\times10^{-3}\times15)^{0.5}\times0.6^{0.5}$$
$$= 590 \text{ [m/hr]}$$

式 (24·11) から, ジャケットの相当径は
$$D_e = (8/3)^{0.5}[(D_2-D_1)/2]$$
$$= (8/3)^{0.5}[(0.232-0.212)/2] = 0.0114 \text{ [m]}$$

式 (24·12) から
$$Re = \frac{D_e\cdot\rho}{\mu}\{(v_o\cdot v_A)^{0.5}+v_B\}$$
$$= \frac{0.0114\times1,000}{2.52}\{(3,180\times143)^{0.5}+590\} = 6,550$$
$$Pr = \frac{C\cdot\mu}{k} = \frac{1\times2.52}{0.53} = 4.75$$

式 (24·10) から
$$\frac{h_o\cdot D_e}{k} = \frac{0.03(Re)^{0.75}\cdot Pr}{1+1.74(Re)^{-1/8}(Pr-1)}$$

$$= \frac{0.03(6,550)^{0.75}(4.75)}{1+1.74(6,550)^{-1/8}(4.75-1)} = 33.8$$

$$h_o = 33.8 \times \frac{0.53}{0.0114} = 1,560 \; [\text{kcal/m}^2 \cdot \text{hr} \cdot {}^\circ\text{C}]$$

**(3) 総括伝熱係数 $U$**

容器側汚れ係数 : $r_i = 0.0005 \; [\text{m}^2 \cdot \text{hr} \cdot {}^\circ\text{C/kcal}]$

ジャケット側汚れ係数 $r_o = 0.0005 \; [\text{m}^2 \cdot \text{hr} \cdot {}^\circ\text{C/kcal}]$

容器壁の伝熱抵抗:

　容器壁の熱伝導率 $\lambda = 14 \; [\text{kcal/m} \cdot \text{hr} \cdot {}^\circ\text{C}]$ (SUS 27)

　容器壁の厚さ $t_s = (D_1 - D_T)/2 = 0.006 \; [\text{m}]$

$$\left(\frac{t_s}{\lambda}\right) = \frac{0.006}{14} = 0.00043 \; [\text{m}^2 \cdot \text{hr} \cdot {}^\circ\text{C/kcal}]$$

総括伝熱係数

$$\frac{1}{U} = \frac{1}{h_i} + r_i + \frac{t_s}{\lambda} + r_o + \frac{1}{h_o}$$

$$= \frac{1}{2,260} + 0.0005 + 0.00043 + 0.0005 + \frac{1}{1,560}$$

$$= 0.002511$$

$$U = 395 \; [\text{kcal/m}^2 \cdot \text{hr} \cdot {}^\circ\text{C}]$$

**(4) 容器内流体の温度 $T$**

伝熱面積

$$A = \pi(D_T)H_j = \pi \times 0.5 \times 0.6 = 0.94 \; [\text{m}^2]$$

対数平均温度差

$$\varDelta T = \frac{Q}{A \cdot U} = \frac{15,000}{0.94 \times 395} = 40.5 \; [{}^\circ\text{C}]$$

$$\varDelta T = \frac{(T-t_1)-(T-t_2)}{\ln\left(\frac{T-t_1}{T-t_2}\right)} = \frac{45-30}{\ln\left(\frac{T-30}{T-45}\right)}$$

したがって，容器内温度 $T$ は

$$\ln\left(\frac{T-30}{T-45}\right) = \frac{15}{40.5} \quad \text{から} \quad T = 78.5 \; [{}^\circ\text{C}]$$

# 第25章　直接接触式凝縮器の設計法

直接接触式凝縮器は，蒸気に液を直接接触させて液表面に蒸気を凝縮させる熱交換器で，バロメリックコンデンサーと呼ばれることもある。金属面を介しての熱交換でないので，構造は簡単で安価である。図25・1にその一例を示す。

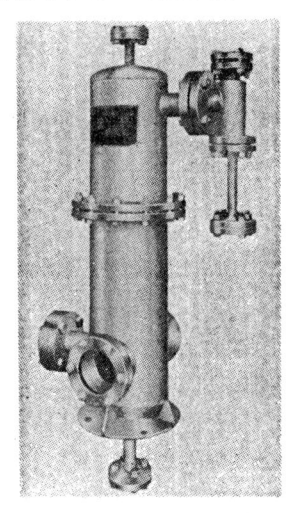

図25・1　直接接触式凝縮器（バロメトリックコンデンサー）

## 25・1　種　類

現在広く使用される直接接触式凝縮器の型式を図25・2に示す。図25・2(a)のものは，凝縮器内部に多孔板棚を設け，冷却水と蒸気の接触面積の増大を計ったものである。図25・2(b)のコンデンサーは，冷却水で棚間に液膜を形成させ，この液膜上に蒸気を凝縮させる型式のものである。図25・2(c)，図25・2(d)も液膜式である。図25・2(e)のコンデンサーは，ラシヒリングなどの充填物を用いたもので，冷却水は充填物表面を流下しつつ蒸気と接触し，蒸気を凝縮させるものであり，この型式のものは，流体と接触する部分の材質を磁製にすることが可能であり，腐食性の強い蒸気の凝縮用にも使用することができる。図25・2(f)のコンデンサーは一般にゼットコンデンサーと称する型式で，ノズルよりジェット状に噴出した冷却水は蒸気を凝縮せしめると同時に，不凝縮ガスを巻き込み下

25・1 種　　類

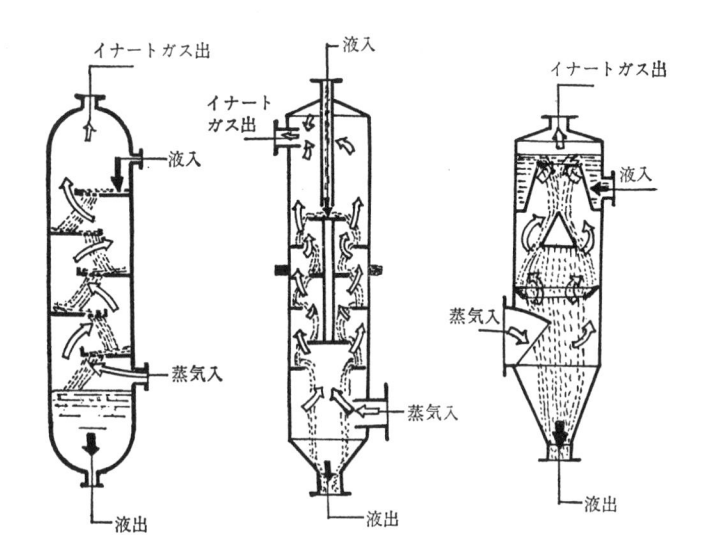

(a) 液柱式コンデンサー　　(b) 液膜式コンデンサー　(c) 液膜式コンデンサー

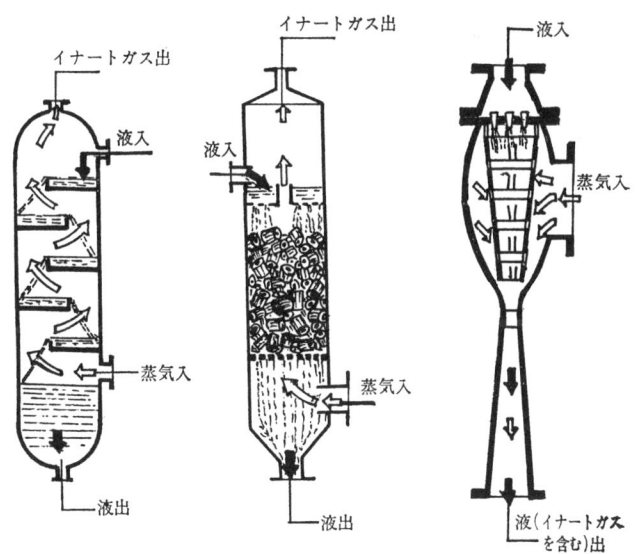

(d) 液膜式コンデンサー　(e) 充塡塔式コンデンサー　(f) ゼットコンデンサー

図 25・2　直接接触式凝縮器の種類

部流出管より流出するので，不凝縮ガス抜きの必要がない利点があるが，蒸気凝縮量あたりの必要冷却水量が大きい欠点がある。

図 25·3 は熱分解しやすい物質の水溶液の急冷装置として用いられるもので，コンデンサー底部に冷却せんとする水溶液が噴霧して給液され，ここで瞬間的に水分が蒸発して水溶液温度が下がり，蒸発水分は上部の棚板から柱状に流下する冷却水表面で凝縮する構造となっていて，食品工業にしばしば用いられる。

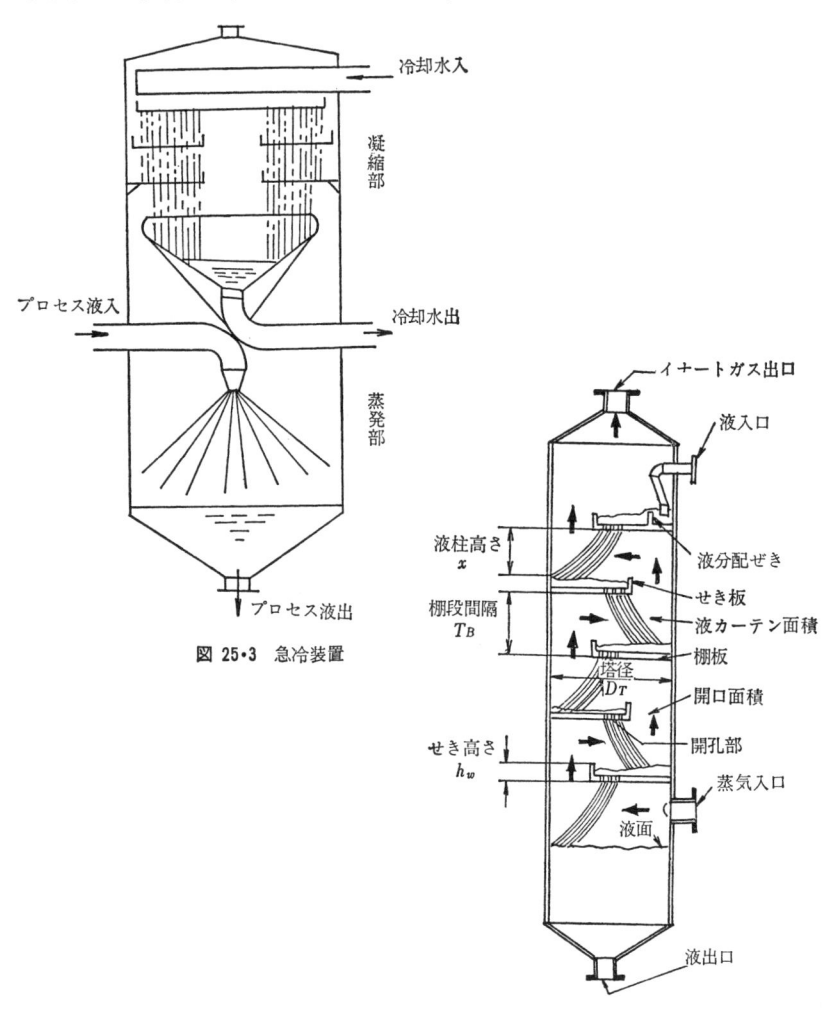

図 25·3 急冷装置

図 25·4 液柱式コンデンサー

## 25・2 液柱式コンデンサー

図25・4に示すような液が,多孔板の孔を通って柱状に流下するコンデンサーを,液柱式コンデンサーと呼ぶ。

### 25・2・1 伝熱機構

(1) 理論的解析[1]: 液柱表面への蒸気の凝縮の問題は,低温固体表面への蒸気の膜状凝縮の問題とは基本的に異なる。後者の場合には,固体と凝縮液の境界面におけるせん断力によって凝縮液膜中に速度勾配が生じるし,また凝縮熱は低温固体表面を通して除去されるので,凝縮量は固体表面の大きさによってのみ制限される。これに対して,前者では蒸気と液柱との界面におけるせん断力は小さいので,液柱内部での速度勾配は無視でき,したがって,液柱内の速度分布は考えなくてよく,さらに凝縮熱量は液柱の温度上昇によって吸収されるので,凝縮量は液流量によって制約されることになる。

液の温度が常温であるとすると,蒸気の最大凝縮量は液流量の20%以下であるので,以下の理論的解析にあたっては,流れ方向に沿って液柱上に蒸気が凝縮することによる液量の増大は無視する。このように考えると,この問題は壁面が一定温度に保たれた管内を,流体がプラグ流れにて流れて加熱される問題と同じになる。したがって表面に伝熱抵抗がない場合には,円管の場合の解[2]を用いることができる。

また,蒸気中に不凝縮ガスが存在するときには,凝縮液と蒸気との界面に不凝縮ガスの層ができて伝熱抵抗となるので,表面に伝熱抵抗が存在する場合についても述べる。

理論的解析にあたって,次の仮定を置く。

(1) 液は多孔板の孔径と等しい径をもった一様な太さの液柱と考える。
(2) 凝縮する蒸気は飽和蒸気であり,したがって液柱は一定温度 $T_s$ の雰囲気内を流下するものと考える。液柱表面の温度 $T_w$ は,表面の伝熱抵抗に対応する伝熱係数 $h$ を用いて計算される一定の値となる。表面に伝熱抵抗がない場合は,$T_w = T_s$ となる。
(3) 液柱の流れ方向に沿っての物性(比熱 $C$,密度 $\rho$,熱伝導率 $k$)の変化は無視する。
(4) 液柱の軸方向の伝熱は無視する。

---

1) Hasson, D., D. Luss, and R. Peck: Int. J. Heat Mass Transfer, vol. 7, pp. 969~981 (1964).
2) Drew, T.B: Trans. Amer. Inst. Chem. Engrs, vol. 26, pp. 26~ (1931).

以上の仮定によって，この問題は，均質な無限長円柱の表面が急にある一定温度に保たれた場合の非定常熱伝導の問題と同様と考えることができる。この場合，液柱は一定速度で流下しており，液柱の上部と下部では蒸気との接触時間が異なるので，半径方向の温度分布は異なるが，同一位置については温度分布は時間的に変化しない。

図 25·5 において，軸方向の伝熱を無視すると，無限に長い円柱内の軸対称の熱伝導と考えられるので[2]，

$$u_l\frac{\partial T}{\partial x} = \alpha\left(\frac{\partial^2 T}{\partial r^2} + \frac{1}{r}\frac{\partial T}{\partial r}\right) \quad \cdots\cdots(25·1)$$

ここで，

$u_l$：液柱の流下速度〔m/hr〕
$\alpha$：液柱の熱拡散率 $= k_l/(C_l \rho_l)$ 〔m²/hr〕
$k_l$：液の熱伝導率〔kcal/m·hr〕
$C_l$：液の比熱〔kcal/kg·°C〕
$\rho_l$：液の密度〔kg/m³〕
$T$：液柱の局所温度〔°C〕
$r$：半径〔m〕

**図 25·5 流下液柱**

式 (25·1) を解くと，液柱内の温度分布を表わす次式が得られる。

$$\theta \equiv \frac{T_s - T}{T_s - T_i} = \sum_{n=1}^{n=\infty} A_n \cdot \exp\left(\frac{-\lambda_n^2 \cdot \alpha x}{u_l R^2}\right) \cdot J_0\left(\lambda_n \frac{r}{R}\right) \quad \cdots\cdots\cdots\cdots\cdots(25·2)$$

ここで，

$T_s$：蒸気の飽和温度〔°C〕
$T_i$：液柱の入口温度〔°C〕
$R$：液柱の半径〔m〕

また，$J_0$ は零次ベッセル関数である。入口条件（$x=0$ で $T=T_i$）を用いて定数 $A_n$ は，

$$A_n = \frac{2J_1(\lambda_n)}{\lambda_n\{[J_0(\lambda_n)]^2 + [J_1(\lambda_n)]^2\}} \quad \cdots\cdots\cdots\cdots\cdots\cdots\cdots\cdots\cdots\cdots(25·3)$$

$J_1$ は一次ベッセル関数である。式 (25·2) を積分して，位置 $x$ での円柱断面の平均温度 $\bar{T}$ は，次式で表わされる。

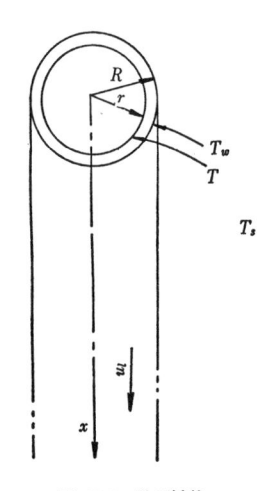

$$\bar{\theta} \equiv \frac{T_s - \overline{T}}{T_s - T_0} = \sum_{n=1}^{n=\infty} \frac{2A_n \cdot J_1(\lambda_n)}{\lambda_n} \cdot \exp\left(\frac{-\lambda_n^2 \alpha x}{u_l \cdot R^2}\right) \quad \cdots\cdots(25 \cdot 4)$$

また, 熱収支から局所伝熱係数 $h_x$ は, 次式で定義される。

$$2\pi R \cdot dx \cdot h_x \cdot (T_s - \overline{T}) = \rho_l \cdot u_l \cdot \pi R^2 \cdot C_l \cdot dx \cdot (\partial \overline{T}/\partial x) \quad \cdots\cdots(25 \cdot 5)$$

式 (25・4), (25・5) を用いて, 局所 Nusselt 数 $Nu_x$ は, 次の一般式で表わされることになる。

$$Nu_x = \frac{h_x D}{k} = \frac{\sum_{n=1}^{n=\infty} A_n \lambda_n \cdot J_1(\lambda_n) \cdot \exp\left(\frac{-\lambda_n^2 \alpha x}{u_l \cdot R^2}\right)}{\sum_{n=1}^{n=\infty} \left[\frac{A_n J_1(\lambda_n)}{\lambda_n}\right] \cdot \exp\left(\frac{-\lambda_n^2 \alpha x}{u_l \cdot R^2}\right)} \quad \cdots\cdots(25 \cdot 6)$$

ここで,

$D$: 液柱の直径 $=2R$ [m]

**(A) 液柱表面の伝熱抵抗が 0 のとき:** 蒸気中に不凝縮ガスが含まれないときは, 液柱表面 (液柱表面と蒸気との界面) での伝熱抵抗は 0 とみなすことができる。このとき, 境界条件は $r=R$ で $T=T_s$ となる。式 (25・2) から, eigen-value $\lambda_n$ は $J_0$ 関数の根である。

$$J_0(\lambda_n) = 0 \quad \cdots\cdots(25 \cdot 7)$$

したがって, 式 (25・4) および (25・6) は, 次の簡単な式となる。

$$\bar{\theta} = \sum_{n=1}^{n=\infty} \frac{4}{\lambda_n^2} \cdot \exp\left(\frac{-4\lambda_n^2}{Gz}\right) \quad \cdots\cdots(25 \cdot 8)$$

$$Nu_x = \frac{\sum_{1=n}^{n=\infty} \exp\left(\frac{-4\lambda_n^2}{Gz}\right)}{\sum_{n=1}^{n=\infty} \left(\frac{1}{\lambda_n^2}\right) \cdot \exp\left(\frac{-\lambda_n^2}{Gz}\right)} \quad \cdots\cdots(25 \cdot 9)$$

ここで, $Gz$ は Graetz 数で

$$Gz = \frac{u_l \cdot D^2}{\alpha \cdot x} \quad \cdots\cdots(25 \cdot 10)$$

ところが, 液柱を仮定しているので, 液量 $V_l$ [m³/hr], 液柱本数 $n$, 液柱径 $D$[m], 流速 $u_l$ [m/hr] の間には, 次式が成立する。

$$V_l = \frac{\pi}{4} D^2 n\, u_l \quad \cdots\cdots(25 \cdot 11)$$

式 (25・11) を式 (25・10) に代入して,

$$Gz = \frac{4V_l}{\pi n \alpha x} \quad \cdots\cdots(25 \cdot 12)$$

$\bar{\theta}$ および $Nu_x$ を式 (25・8) および (25・9) を用いて計算し, 表 25・1, 図 25・6 およ

### 表 25·1 円筒液柱の $\bar{\theta}$ および $Nu_x$ の値
(表面抵抗が0のとき)

| $Gz$ | $\bar{\theta}$ | $Nu_x$ | $Gz$ | $\bar{\theta}$ | $Nu_x$ |
|---|---|---|---|---|---|
| 400 000 | 0.99288 | 358.373 | 200 | 0.70144 | 9.884 |
| 200 000 | 0.98994 | 253.865 | 100 | 0.58802 | 7.744 |
| 100 000 | 0.98578 | 179.969 | 66.6 | 0.51016 | 6.886 |
| 66 666 | 0.98259 | 147.234 | 50 | 0.44709 | 6.437 |
| 50 000 | 0.97991 | 127.720 | 40 | 0.39419 | 6.179 |
| 40 000 | 0.97754 | 114.403 | 26.6 | 0.29187 | 5.898 |
| 20 000 | 0.96030 | 81.363 | 20 | 0.21782 | 5.817 |
| 10 000 | 0.95528 | 58.007 | 16 | 0.16299 | 5.793 |
| 6 666 | 0.94532 | 47.664 | 13.33 | 0.12203 | 5.786 |
| 5 000 | 0.93698 | 41.501 | 11.43 | 0.09138 | 5.784 |
| 4 000 | 0.92965 | 37.297 | 10 | 0.06844 | 5.783 |
| 2 000 | 0.90110 | 26.876 | 8.88 | 0.05125 | 5.783 |
| 1 000 | 0.86133 | 19.531 | 8 | 0.03838 | 5.783 |
| 666 | 0.83130 | 16.292 | 4 | 0.00213 | 5.783 |
| 500 | 0.80607 | 14.372 | 2 | 0.000066 | 5.783 |
| 400 | 0.78454 | 13.068 | | | |

び図 25·7 に示した。

表および図から,$\bar{\theta}$ および $Nu_x$ は,近似的に次式で表わされる。

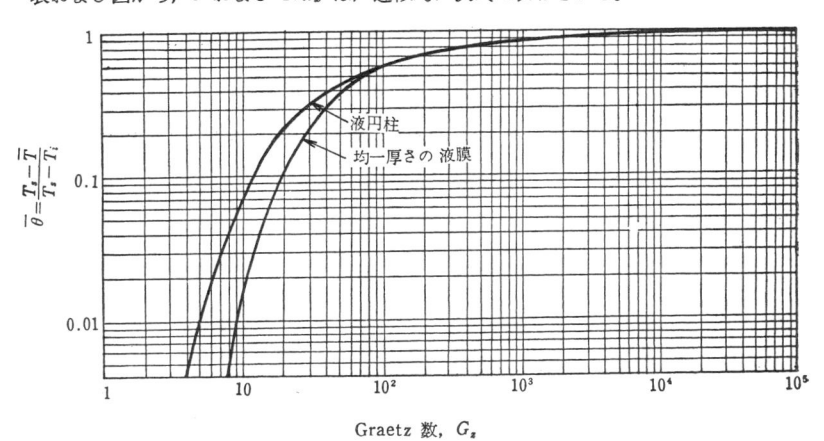

図 25·6 平均温度と Graetz 数の関係(表面抵抗が0のとき)

$Gz<70$

$$\bar{\theta} = \exp\left(-0.160 - \frac{9.08}{Gz}\right) \quad \cdots\cdots\cdots\cdots(25\cdot13)$$

## 25・2 液柱式コンデンサー

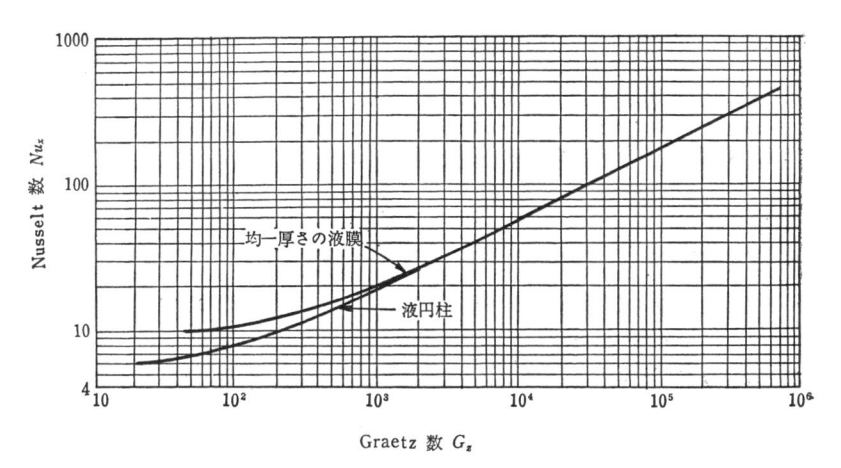

図 25・7 局所 Nusselt 数と Graetz 数の関係（表面抵抗が0のとき）

$Gz > 500$

$$\bar{\theta} = 1 - \frac{4.5135}{\sqrt{Gz}} \quad \cdots\cdots\cdots (25\cdot14)$$

$Gz < 25$

$$Nu_x = 5.784 \quad \cdots\cdots\cdots (25\cdot15)$$

$Gz > 10,000$

$$Nu_x = \frac{0.56419\sqrt{Gz}}{1-(4.5135/\sqrt{Gz})} \quad \cdots\cdots\cdots (25\cdot16)$$

**(B) 液柱表面に伝熱抵抗が存在するとき**： 液柱表面での境界条件は，$r=R$ において

$$h(T_s - T_w) = k\left(\frac{\partial T}{\partial r}\right) \quad \cdots\cdots\cdots (25\cdot17)$$

$h$ は液柱表面での伝熱係数〔kcal/m²・hr・°C〕である。

式 (25・2) を用いて，この場合の eigen-value は次式で与えられる。

$$\frac{\lambda_n \cdot J_1(\lambda_n)}{J_0(\lambda_n)} = \frac{hD}{2k} \quad \cdots\cdots\cdots (25\cdot18)$$

$A_n, \bar{\theta}, Nu_x$ は式 (25・3), (25・4), (25・6) の一般式を用いて計算することができる。式 (25・18) を用いて計算した Nusselt 数は，定義から液中内部の熱伝導抵抗と液柱表面の伝熱抵抗を組合せた総括伝熱係数の値となる。

Graetz 数が小さい場合には，式 (25・6) は級数の第一項のみとり

$$Nu_x = \lambda_1^2 \quad \cdots\cdots\cdots (25\cdot19)$$

したがって，式 (25·18) から

$$\frac{\sqrt{Nu_x} \cdot J_1(\sqrt{Nu_x})}{J_0(\sqrt{Nu_x})} = \frac{hD}{2k} \quad \cdots\cdots\cdots\cdots\cdots\cdots\cdots\cdots\cdots\cdots (25\cdot20)$$

**（2）実験式：** 式 (25·14)，(25·12) から

$$\bar{\theta} = 1 - 4.5135\left(\frac{\pi\alpha}{4}\right)^{1/2} \cdot \left(\frac{nx}{V_l}\right)^{1/2} \quad \cdots\cdots\cdots\cdots\cdots\cdots (25\cdot21)$$

いま，液が水であるとすると，

$$\alpha = \frac{k_l}{C_l \cdot \rho_l} = \frac{0.55}{1 \times 1,000} = 5.5 \times 10^{-4}$$

式 (25·21) に代入して

$$\bar{\theta} = 1 - 0.094\left(\frac{nx}{V_l}\right)^{1/2} \quad \cdots\cdots\cdots\cdots\cdots\cdots\cdots\cdots (25\cdot22)$$

中島ら[3]は，孔径 1.0 〔mm〕〜5.0〔mm〕の多孔板から水を流下させ，760〜80〔mmHg·abs〕の水蒸気を凝縮させるバロメトリックコンデンサーで実験し，次式を提案している。

$$\bar{\theta} = 1 - 0.12\left(\frac{nx}{V_l}\right)^{1/2} \quad \cdots\cdots\cdots\cdots\cdots\cdots\cdots\cdots (25\cdot23)$$

実験式 (25·23) の係数 0.12 が理論式 (25·12) の係数 0.094 よりも大きいのは，主として液柱表面の乱れによるものと考えられる。

### 25·2·2 塔 径[4]

塔径は開口面積での蒸気流速が許容流速以下となるように定めなければならない。蒸気の許容流速 $u_{a1}$〔m/hr〕は次式で表わされる。

$$u_{a1} = K_1\left(\frac{\rho_l - \rho_v}{\rho_v}\right)^{0.5} \quad \cdots\cdots\cdots\cdots\cdots\cdots\cdots\cdots (25\cdot24)$$

ここで，

$\rho_v$：蒸気の密度〔kg/m³〕

$\rho_l$：液の密度〔kg/m³〕

$K_1$：実験的に定める係数〔m/hr〕

Davies[5] は $K_1 = 630$ を推奨している。

普通板から流下する液が一つ下の棚板上に流下するように棚板の大きさを定めるので，開口面積は塔断面積の 50% 以下となる。いま，開口比（開口面積/塔断面積）を $S$ で表

---

3) 中島，大島：化学工学，vol. 23, No. 4, pp. 235〜241 (1959).
4) Scheiman, A.D.: Petro/Chem. Engineer, March. pp. 28〜33 (1965).
5) Davies. J.A., and Gordon, K.F.: Petro/Chem. Engineer, October (1961).

わせば, 塔径 $D_T$ [m] は

$$D_T = \sqrt{\frac{4W_v}{\pi S u_{a1} \rho_v}} \quad \cdots\cdots\cdots\cdots\cdots\cdots\cdots\cdots\cdots\cdots\cdots (25\cdot25)$$

ここで,

$W_v$ : 蒸気流量 [kg/hr]

### 25・2・3 棚板の開孔数 (図 25・8)

棚板の せき 近くに3列以上に孔を開ける。孔の最初の列は せき から 10～20 [mm] 離すのがふつうである。孔は正3角配列とし, 孔配列ピッチは孔径の 2～4 倍とする。孔径は 5～10 [mm] とする。

棚板上の液の停滞高さ $h_l$ は, 普通 せき の高さ $h_w$ の 1/2 以下とする。これは液が せき を越えて流れずに全て孔から流下せしめるためである。せき 高さとしては普通 20 [mm]～50 [mm] とする。孔数 $n$ は次式で計算される。

$$n = \frac{4V_l}{0.6\pi d^2 \sqrt{2gh_l}} \quad \cdots\cdots\cdots\cdots\cdots\cdots\cdots\cdots\cdots\cdots\cdots (25\cdot26)$$

ここで,

$d$ : 孔径 [m]

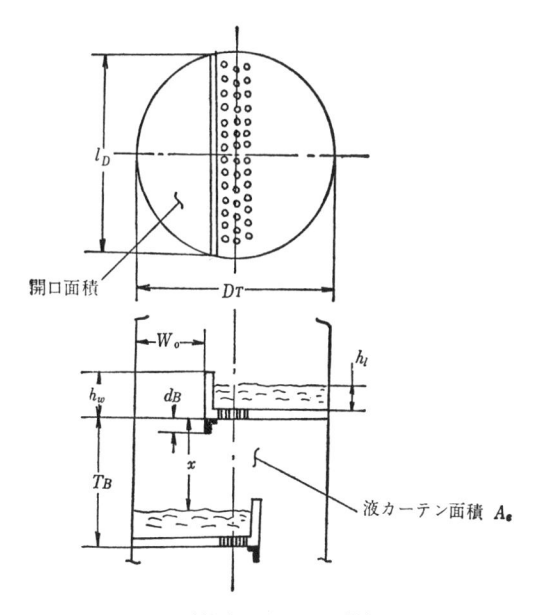

図 25・8 液柱式コンデンサー棚段

$g$：重力の加速度 $=1.27\times 10^8$ 〔m/hr²〕

$h_l$：棚板上の液高さ〔m〕

### 25・2・4 棚段間隔

図 25・8 において液カーテン面積での蒸気流速が許容流速以下となるように棚段間隔を定めなければならない。許容流速 $u_{a2}$〔m/hr〕は次式で計算される。

$$u_{a2}=K_2\left(\frac{\rho_l-\rho_v}{\rho_v}\right)^{0.5} \cdots\cdots\cdots\cdots\cdots\cdots\cdots\cdots\cdots\cdots\cdots(25\cdot 27)$$

$K_2$ は実験によって求まる係数であるが，Davies[5] は $K_2=1,260$ を推奨している。液カーテン部の面積 $A_c$ は

$$A_c=l_D(T_B-h_w-d_B) \cdots\cdots\cdots\cdots\cdots\cdots\cdots\cdots\cdots\cdots\cdots(25\cdot 28)$$

ここで，

$l_D$：せきの幅〔m〕, $T_B$：棚段間隔〔m〕

$h_w$：せきの高さ〔m〕, $d_B$：棚板支持板の高さ〔m〕

したがって，

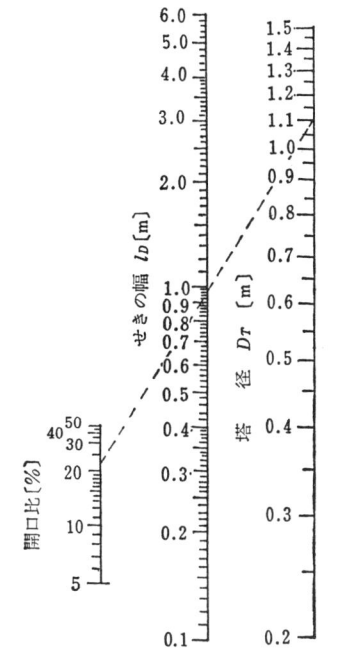

図 25・9 せきの幅 $l_D$ の計算図

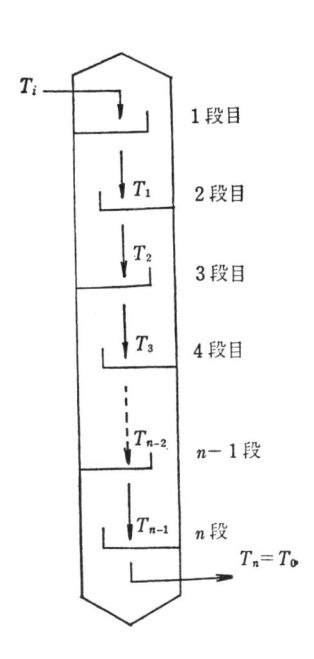

図 25・10 液の温度

## 25・2 液柱式コンデンサー

$$T_B \geq \frac{W_v}{\rho_v u_{a2} l_D} + h_w + d_B \quad \cdots\cdots(25\cdot29)$$

なお，計算の便のために，棚板開口比とせきの幅 $l_D$ の関係を図 25・9 に示した。

### 25・2・5 棚段数

蒸気の飽和温度 $T_s$，蒸気の凝縮量および液の入口温度 $T_i$ が与えられるものとする。液流量を小さくして液の出口温度 $T_o$ を蒸気の温度に近づけると，必要棚段数が大となり，コンデンサーの価格が高くなる。逆に液流量を大きくすると必要棚段数は小さくてよいが，液循環に要する費用が増大する。したがって，液の出口温度には，経済的最適値が存在する。次式によって，液出口温度を定めるのが普通である。

$$\frac{T_o - T_i}{T_s - T_i} = 0.85 \quad \cdots\cdots(25\cdot30)$$

液出口温度 $T_o$ を上式で計算して定めると，熱収支から液流量 $V_l$ [m³/hr] が定まる。いま，図 25・10 において，上から1段目の棚段から2段目の棚段までについて考えると，式 (25・23) から出口温度 $T_1$ は

$$\frac{T_s - T_1}{T_s - T_i} = 1 - 0.12 \left[ \frac{n(T_B - h_l)}{V_l} \right]^{1/2} \quad \cdots\cdots(25\cdot31)$$

したがって，

$$T_1 = T_s - \left\{ 1 - 0.12 \left[ \frac{n(T_B - h_l)}{V_l} \right]^{1/2} \right\}(T_s - T_i) \quad \cdots\cdots(25\cdot32)$$

2段目から3段目までについて考えると，液の入口温度が $T_1$ となるので，出口温度 $T_2$ は

$$T_2 = T_s - \left\{ 1 - 0.12 \left[ \frac{n(T_B - h_l)}{V_l} \right]^{1/2} \right\} \cdot (T_s - T_1) \quad \cdots(25\cdot33)$$

このようにして，液の出口温度が $T_o$ 以下になるまで計算を進めることによって，棚段数を定めることができる。

## 25・3 液膜式コンデンサー

図 25・2(b)～25・2(d) のように，液が液膜状に流下するコンデンサーを液膜式コンデンサーと呼ぶ。

### 25・3・1 伝熱機構

（1）理論的解析[1]： 図 25・11 に示すような，厚さ

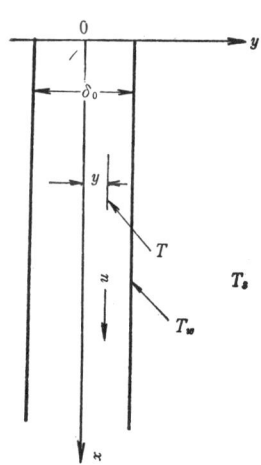

図 25・11 均一厚さの液膜

$\delta_o$ の無限幅の平板の表面が，急にある一定温度に保たれた場合の非定常熱伝導の問題と同様と考えることができる。

$$\frac{\partial T}{\partial x} = \frac{\alpha}{u_l} \frac{\partial^2 T}{\partial y^2} \quad \cdots\cdots\cdots(25\cdot 34)$$

この式を解くと，液膜内の温度分布を表わす次式が求まる。

$$\theta \equiv \frac{T_s - T}{T_s - T_i} = \sum_{n=1}^{n=\infty} A_n \cdot \exp\left(\frac{-4\lambda_n^2 \alpha x}{u_l \delta_o^2}\right) \cdot \cos\left(\frac{2\lambda_n y}{\delta_o}\right) \quad \cdots\cdots(25\cdot 35)$$

入口条件（$x=0$ で $T=T_i$）を用いて，定数 $A_n$ は

$$A_n = \frac{2\sin(\lambda_n)}{\lambda_n + \sin(\lambda_n)\cdot\cos(\lambda_n)} \quad \cdots\cdots\cdots(25\cdot 36)$$

式 (25・35) を積分して，位置 $x$ での液膜断面の平均温度 $\overline{T}$ は，

$$\bar{\theta} = \frac{T_s - \overline{T}}{T_s - T_o} = \int_0^1 \theta \cdot d\left(\frac{2y}{\delta_o}\right) =$$

$$\sum_{n=1}^{n=\infty} \frac{A_n \cdot \sin(\lambda_n)}{\lambda_n} \cdot \exp\left(\frac{-4\lambda_n^2 \alpha x}{u_l \delta_o^2}\right) \quad \cdots\cdots\cdots(25\cdot 37)$$

伝熱面積として，液膜の両面を考えると局所伝熱係数 $h_x$ は，次式で定義される。

$$2dx \cdot h_x \cdot (T_s - \overline{T}) = \frac{\partial}{\partial x}(\rho_l \cdot u_l \cdot \delta_o \cdot C_l \cdot \overline{T}) \cdot dx \quad \cdots\cdots\cdots(25\cdot 38)$$

式 (25・37) を用いて無限平幅の相当径 ($2\delta_o$) に基づいて局所 Nusselt 数を，次の一般式で表わすことができる。

$$Nu_x = \frac{h_x \cdot 2\delta_o}{k} = \frac{\displaystyle\sum_{n=1}^{n=\infty} 4\lambda_n^2 \frac{A_n \cdot \sin(\lambda_n)}{\lambda_n} \cdot \exp\left(\frac{-4\lambda_n^2 \alpha x}{u_l \delta_o^2}\right)}{\displaystyle\sum_{n=1}^{n=\infty}\left[\frac{A_n \cdot \sin(\lambda_n)}{\lambda_n}\right] \cdot \exp\left(\frac{-4\lambda_n^2 \alpha x}{u_l \delta_o^2}\right)} \quad \cdots\cdots(25\cdot 39)$$

**(A) 液膜表面の伝熱抵抗が 0 のとき：** この場合，液膜表面での境界条件は $y=\delta_o/2$ で $T=T_s$ となる。式 (25・35) から，eigen-value は

$$\lambda_n = \frac{\pi}{2}(2n-1) \quad \cdots\cdots\cdots(25\cdot 40)$$

定数の値を代入することにより，次式が得られる。

$$\bar{\theta} = \frac{8}{\pi^2} \sum_{n=1}^{n=\infty} \frac{1}{(2n-1)^2} \cdot \exp\left[\frac{-4\pi^2(2n-1)^2}{Gz}\right] \quad \cdots\cdots\cdots(25\cdot 41)$$

$$Nu_x = \pi^2 \frac{\displaystyle\sum_{n=1}^{n=\infty} \exp\left[\frac{-4\pi^2(2n-1)^2}{Gz}\right]}{\displaystyle\sum_{n=1}^{n=\infty} \frac{1}{(2n-1)^2} \cdot \exp\left[\frac{-4\pi^2(2n-1)^2}{Gz}\right]} \quad \cdots\cdots\cdots(25\cdot 42)$$

ここで，Graetz 数 $Gz$ は

## 25・3 液膜式コンデンサー

$$Gz = \frac{(2\delta_o)^2 u_l}{\alpha x} \quad \cdots\cdots(25\cdot43)$$

$\bar{\theta}$ および $Nu_x$ の値を式 (25・41) および (25・42) を用いて計算し，表 25・2，図 25・6 および図 25・7 に示した。

表 25・2 均一厚さの液膜の $\bar{\theta}$ および $Nu_x$ の値
(表面抵抗が 0 のとき)

| $Gz$ | $\bar{\theta}$ | $Nu_x$ | $Gz$ | $\bar{\theta}$ | $Nu_x$ |
|---|---|---|---|---|---|
| 3 944 000 | 0.99867 | 1 123.55 | 985.9 | 0.85710 | 20.698 |
| 1 972 000 | 0.99773 | 795.22 | 657.3 | 0.82482 | 17.562 |
| 985 900 | 0.99640 | 563.06 | 492.9 | 0.79757 | 15.729 |
| 657 300 | 0.99538 | 460.21 | 394.4 | 0.77357 | 14.505 |
| 492 900 | 0.99452 | 398.90 | 262.9 | 0.72246 | 12.631 |
| 394 400 | 0.99375 | 357.06 | 197.2 | 0.67939 | 11.678 |
| 197 200 | 0.99077 | 253.23 | 157.8 | 0.64143 | 11.062 |
| 98 590 | 0.98657 | 179.83 | 131.5 | 0.60713 | 10.664 |
| 65 730 | 0.98334 | 147.31 | 112.7 | 0.57561 | 10.401 |
| 49 290 | 0.98061 | 127.93 | 98.595 | 0.54632 | 10.226 |
| 39 440 | 0.97821 | 114.71 | 87.639 | 0.51890 | 10.108 |
| 19 720 | 0.96882 | 81.898 | 78.876 | 0.49311 | 10.030 |
| 9 859 | 0.95547 | 58.717 | 39.433 | 0.29849 | 9.873 |
| 6 573 | 0.94525 | 48.451 | 19.719 | 0.10982 | 9.870 |
| 4 929 | 0.93663 | 42.354 | 13.146 | 0.04039 | 9.870 |
| 3 944 | 0.92904 | 38.192 | 9.860 | 0.01486 | 9.870 |
| 1 972 | 0.89926 | 27.900 | 7.888 | 0.00547 | 9.870 |

表および図から，$\bar{\theta}$ および $Nu_x$ は，近似的に次式で表わされる。

$Gz < 120$

$$\bar{\theta} = \exp\left(-0.092 - \frac{17.20}{Gz}\right) \quad \cdots\cdots(25\cdot44)$$

$Gz > 80$

$$\bar{\theta} = 1 - \frac{4.5135}{\sqrt{Gz}} \quad \cdots\cdots(25\cdot45)$$

$Gz < 60$

$$Nu_x = 9.870 \quad \cdots\cdots(25\cdot46)$$

$Gz > 80$

$$Nu_x = \frac{0.56419\sqrt{Gz}}{1 - (4.513/\sqrt{Gz})} \quad \cdots\cdots(25\cdot47)$$

**(B) 液膜表面に伝熱抵抗が存在するとき：** このときは液膜表面での境界条件は，$u =$

$\delta_o/2$ において

$$h(T_s-T_w)=k\frac{\partial T}{\partial y} \quad \cdots\cdots(25\cdot48)$$

これを用いて eigen-value を求める。式 (25・35) から

$$\lambda_n \cdot \tan(\lambda_1)=\frac{h\delta_o}{2k} \quad \cdots\cdots(25\cdot49)$$

この場合，式 (25・36), (25・39) および (25・49) から計算される Nusselt 数は，液膜内部での熱伝導抵抗と液膜表面での伝熱抵抗を組合せた総括伝熱係数となる。Graetz 数が小さいときには，式 (25・39) の級数の第1項だけをとり

$$Nu_x = 4\lambda_1^2 \quad \cdots\cdots(25\cdot50)$$

したがって，式 (25・49) から

$$\sqrt{(Nu_x)} \cdot \tan\left[\frac{\sqrt{Nu_x}}{2}\right]=\frac{h\cdot\delta_o}{k} \quad \cdots\cdots(25\cdot51)$$

**(2) 実験式：** Kopp[6] は円筒の周辺から水をオーバーフローして水膜を形成し，これに水蒸気を凝縮させる実験を行ない，総括伝熱係数 $U$ の値を発表している。図 25・12 は水蒸気中に不凝縮ガスが含まれないときの値であり，図 25・13 は不凝縮ガスが含まれるときの値である。

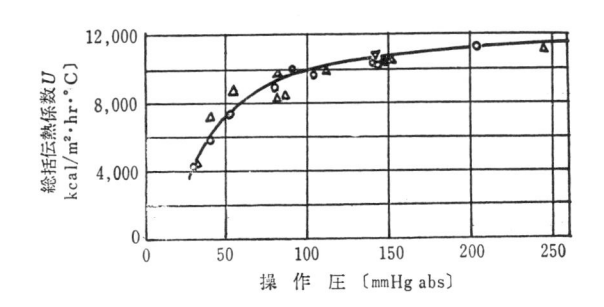

図 25・12 液膜式コンデンサーの性能

実験範囲
- (水-水蒸気系)
- $W_l^* = 3,800 \sim 5,400$ [kg/m・hr]
- 水蒸気中に不凝縮ガスが含まれない

なお，総括伝熱係数 $U$ は次式で定義される。

$$U=\frac{C_l W_e^*}{2x}\ln\left(\frac{T_s-T_i}{T_s-T}\right) \quad \cdots\cdots(25\cdot52)$$

---

6) Kopp, J.H : Brennst.-Wärme-Kraft vol. 18, No. 3, pp. 128〜129 (1966).

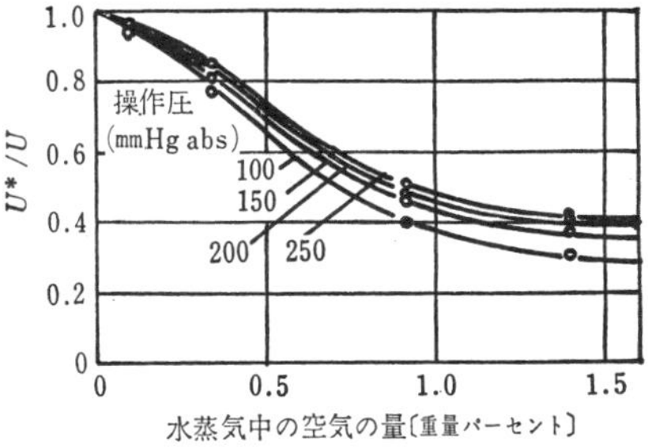
1.0
0.8
0.6
0.4
0.2
0
0.5
1.0
1.5
U*/U
操作圧
(mmHg abs)
100
150
200
250
水蒸気中の空気の量〔重量パーセント〕

($U^*$：水蒸気中に空気が含まれるときの総括伝熱係数)
($U$：水蒸気中に空気が含まれないときの総括伝熱係数)

図 25・13 水蒸気中の空気の量による液膜式コンデンサーの性能低下

ここで，

$U$：総括伝熱係数〔kcal/m²・hr・°C〕

$C_l$：水の比熱〔kcal/kg・°C〕

$W_e{}^*$：液膜の幅あたりの流量〔kg/m・hr〕

$x$：液膜の流下距離〔m〕

### 25・3・2 塔径，棚段間隔，棚段数

塔径，棚段間隔，棚段数は液柱式コンデンサーの場合に準じて決定することができる。

## 25・4 充塡塔式コンデンサー

### 25・4・1 充塡高さ

微小充塡高さ $dH$ における熱収支を考えると，液の温度は $T$ から $T+dT$ まで変化するが，蒸気は一定温度 $T_s$ で凝縮するので，

$$W_l \cdot C \cdot dT = UaA(T_s - T) \cdot dH \qquad \cdots\cdots(25\cdot53)$$

したがって，

$$dH = \frac{W_l \cdot C_l}{UaA} \frac{dT}{(T_s - T)} \qquad \cdots\cdots(25\cdot54)$$

ここで，

$W_l$：液流量〔kg/hr〕

$U$：総括伝熱係数〔kcal/m²・hr・°C〕

$a$：充塡物の単位容積あたりの有効表面積〔m²/m³〕

$A$：塔断面積$=(\pi/4)D_T{}^2$〔m²〕

$D_T$：塔内径〔m〕

$C_l$：液の比熱〔kcal/kg・°C〕

式 (25・54) を $H=0$ から $H$ まで積分して,

$$H = \frac{W_l \cdot C_l}{UaA} \cdot \ln\left(\frac{T_s - T_i}{T_s - T_o}\right) \quad \cdots\cdots(25\cdot55)$$

ここで, $T_i$ は液入口温度, $T_o$ は液出口温度である。

$$(NCU) \equiv \ln\left(\frac{T_s - T_i}{T_s - T_o}\right) \quad \cdots\cdots(25\cdot56)$$

$$(HCU) \equiv \frac{W_l \cdot C_l}{UaA} \quad \cdots\cdots(25\cdot57)$$

とおき,（NCU）を凝縮単位数,（HCU）を1凝縮単位あたりの高さと呼ぶ[7]。このようにすると,

$$H = (HCU) \cdot (NCU) \quad \cdots\cdots(25\cdot58)$$

（HCU）の値は物質移動と熱移動の相似則を用いて, 物質移動のデータから推定することができる。飽和蒸気の凝縮では, 液側伝熱抵抗が支配的と見なせるので, 物質移動に対する液側の1単位移動数あたりの高さ $(HTU)_L$ から計算することができる。液が水の場合の1単位移動数あたりの高さ $(HTU)_{L(w)}$ の値が発表されているので, これを用いると便利である。

Lacky[8] は次式を提出している。

$$(HCU) = (HTU)_{L(w)} \left(\frac{\mu_l}{\mu_w}\right)^{0.155} \cdot \left(\frac{D_w}{\alpha}\right)^{0.5} \cdot \left(\frac{\rho_w}{\rho_l}\right)^{0.333} \cdot \left(\frac{\sigma_w}{\sigma_l}\right)^{\beta_1}$$
$$\cdots\cdots(25\cdot59)$$

$$\beta_1 = 0.793 - 0.152 \cdot \ln(G_l) \quad \cdots\cdots(25\cdot60)$$

Wilke[9] は次式を提案している。

$$(HCU) = (HTU)_{L(w)} \left(\frac{\mu_l}{\mu_w}\right)^{0.55} \cdot \left(\frac{D_w}{\alpha}\right)^{0.5} \cdot \left(\frac{\rho_w}{\rho_l}\right)^{0.329} \cdot \left(\frac{\sigma_w}{\sigma_l}\right)^{\beta_2}$$
$$\cdots\cdots(25\cdot61)$$

$$\beta_2 = 0.799 - 0.157 \cdot \ln(G_l) \quad \cdots\cdots(25\cdot62)$$

ここで, $\mu_w, D_w, \rho_w, \sigma_w$ はそれぞれ水の粘度〔kg/m・hr〕, 水へのガスの拡散率〔m²/hr〕, 水の密度〔kg/m³〕, 水の表面張力〔dynes/cm〕である。また, $\mu_l, \alpha, \rho_l, \sigma_l$ はそ

---

7) Rai, V.C. and K.L. Pinder: Can. J. of Chem. Eng., vol. 45, pp. 170〜174 (1967)
8) Lacky, D.L.: U.S. Atomic Energy Comm. UCRL 10339 (1962).
9) Wilke, C.R., Cheng, C.T., Ledesma, V.L., and Porter, J.W.: Chem. Eng. Progr., vol. 59, No. 12, pp. 69〜75 (1963)

れぞれコンデンサーに用いる液の粘度〔kg/m・hr〕,熱拡散率〔m²/hr〕,密度〔kg/m³〕,表面張力〔dynes/cm〕である。また,$G_l$ はコンデンサー中の液の空塔質量速度〔kg/m²・hr〕で,次式で計算される。

$$G_l = \frac{4W_l}{\pi D_T^2} \quad \cdots\cdots\cdots (25\cdot 63)$$

$(HTU)_{L(w)}$ の値を図 25・14 に示すが,これは 25〔°C〕の水から $O_2$ を放散せしめた

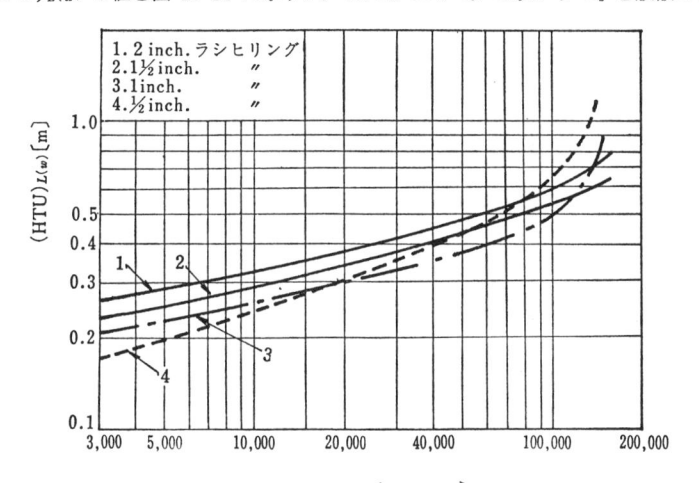

図 25・14 25°C における水から $O_2$ の放散による $(HTU)_{L(w)}$

ときの値である。したがって,この $(HTU)_{L(w)}$ の値を用いて $(HCU)$ を計算するときは,水の物性値として次の値を用いなければならない。

$\mu_w$ (at 25°C) ≒ 0.9〔cp〕= 3.24〔kg/m・hr〕

$\rho_w$ (at 25°C) ≒ 1,000〔kg/m³〕

$\sigma_w$ (at 25°C) ≒ 71.8〔dynes/cm〕

$D_w$ (水への $O_2$ の拡散率, at 25°C) = 6.55×10⁻⁵〔m²/hr〕

また,コンデンサーの液として水を用いるときは,

$$\left(\frac{\mu_l}{\mu_w}\right) \fallingdotseq 1, \quad \left(\frac{\rho_w}{\rho_l}\right) \fallingdotseq 1, \quad \left(\frac{\sigma_w}{\sigma_l}\right) \fallingdotseq 1$$

と見なし,また 30〔°C〕の熱拡散率 $\alpha = 0.531 \times 10^{-3}$〔m²/hr〕を用いると,

$$\left(\frac{D_w}{\alpha}\right)^{0.5} = \left(\frac{6.55 \times 10^{-5}}{0.531 \times 10^{-3}}\right)^{0.5} \fallingdotseq 0.35$$

したがって,式 (25・59) から

$$(HCU) = 0.35(HTU)_{L(w)} \quad \cdots\cdots(25\cdot64)$$

### 25・4・2 塔 径

蒸気の入口流速が Flooding Rate の 80%以下になるように塔径を決める。Flooding-Rate は図 25・15[10] を用いて算出する。ここで $\varepsilon$ は充填物の空隙率であり，$(a_t/\varepsilon^3)$ を充

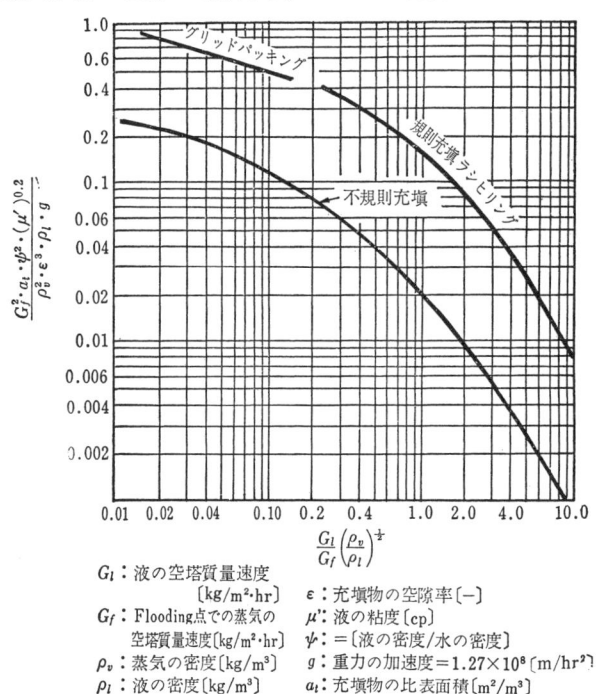

縦軸: $\dfrac{G_v^2 \cdot a_t \cdot \psi^2 \cdot (\mu')^{0.2}}{\rho_v^2 \cdot \varepsilon^3 \cdot \rho_l \cdot g}$

横軸: $\dfrac{G_l}{G_f}\left(\dfrac{\rho_v}{\rho_l}\right)^{\frac{1}{2}}$

グリッドパッキング
規則充填ラシヒリング
不規則充填

$G_l$：液の空塔質量速度 〔kg/m²・hr〕
$G_f$：Flooding点での蒸気の空塔質量速度〔kg/m²・hr〕
$\rho_v$：蒸気の密度〔kg/m³〕
$\rho_l$：液の密度〔kg/m³〕
$\varepsilon$：充填物の空隙率〔—〕
$\mu'$：液の粘度〔cp〕
$\psi$：＝〔液の密度/水の密度〕
$g$：重力の加速度＝$1.27\times10^8$〔m/hr²〕
$a_t$：充填物の比表面積〔m²/m³〕

図 25・15 Flooding 速度の相関

填物係数と呼ぶこともある。一般に用いられる充填物の比表面積 $a_t$ および空隙率 $\varepsilon$ を表 25・3 に示した。

### 25・4・3 充填層での蒸気の圧力損失 $\varDelta P$

直接接触式凝縮器では，蒸気が充填層を上昇するに伴なって凝縮し流量が減少する。したがって，充填層入口での蒸気量を基準に，Leva の式[10] によって計算される圧力損失の 1/2 とみなす。すなわち

$$\varDelta P = \frac{H}{2} M (10^{-6})(10^{Y \cdot G_l/\rho_l}) \cdot \frac{G_{v,i}^2}{\rho_v} \quad \cdots\cdots(25\cdot65)$$

---

10) Leva, M : "Tower Packing and Packed Tower Design" 2nd ed.

25・4 充塡塔式コンデンサー

表 25・3 充 塡 物 特 性

| 充塡物 | 材 質 | 称 呼 寸 法 $D_p$[in] | 厚 さ [in] | 1m³当りの充塡個数 $N$[1/m³] | 1m³当りの充塡物重量 [kg/m³] | 1m³当りの充塡物表面積 $a_t$[m²/m³] | 空隙率 $\varepsilon$ [—] |
|---|---|---|---|---|---|---|---|
| ラシヒリング | 磁 製 | 1/4 | 1/32 | 3,110,000 | 737 | 787 | 0.73 |
| | | 3/8 | 1/16 | 848,000 | 817 | 440 | 0.68 |
| | | 1/2 | 3/32 | 371,000 | 801 | 400 | 0.64 |
| | | 3/4 | 3/32 | 111,000 | 705 | 262 | 0.73 |
| | | 1 | 1/8 | 47,000 | 641 | 190 | 0.73 |
| | | 1 1/2 | 1/4 | 13,200 | 673 | 115 | 0.68 |
| | | 2 | 1/4 | 5,720 | 593 | 91.9 | 0.74 |
| | | 3 | 3/8 | 1,700 | 641 | 62.3 | 0.74 |
| | カーボン | 1/4 | 1/16 | 3,000,000 | 737 | 696 | 0.55 |
| | | 1/2 | 1/16 | 374,000 | 433 | 374 | 0.74 |
| | | 3/4 | 1/8 | 111,000 | 545 | 246 | 0.67 |
| | | 1 | 1/8 | 46,800 | 433 | 187 | 0.74 |
| | | 1 1/2 | 1/4 | 13,800 | 545 | 123 | 0.67 |
| | | 2 | 1/4 | 5,850 | 433 | 93.5 | 0.74 |
| | | 3 | 5/16 | 1,730 | 529 | 62.3 | 0.78 |
| | 金 属 (炭素鋼) | 1/4 | 1/32 | 3,110,000 | 2,400 | 774 | 0.69 |
| | | 1/2 | 1/32 | 417,000 | 1,230 | 420 | 0.84 |
| | | 1/2 | 1/16 | 388,000 | 2,110 | 387 | 0.73 |
| | | 3/4 | 1/32 | 120,000 | 881 | 274 | 0.88 |
| | | 3/4 | 1/16 | 113,000 | 1,600 | 236 | 0.78 |
| | | 1 | 1/32 | 50,900 | 641 | 206 | 0.92 |
| | | 1 | 1/16 | 47,500 | 1,170 | 186 | 0.85 |
| | | 1 1/2 | 1/16 | 14,800 | 801 | 135 | 0.90 |
| | | 2 | 1/16 | 6,360 | 609 | 103 | 0.92 |
| | | 3 | 1/16 | 1,870 | 401 | 67.6 | 0.95 |
| レッシリング | 磁 製 | 1 | 1/8 | 45,900 | 801 | 226 | 0.66 |
| | | 1 1/2 | 1/4 | 12,400 | 929 | 131 | 0.60 |
| | | 2 | 3/8 | 5,300 | 785 | 105 | 0.68 |
| | 金 属 (炭素鋼) | 1/4 | 1/32 | 2,890,000 | 3,120 | 1,010 | 0.60 |
| | | 3/8 | 1/32 | 887,000 | 1,830 | 712 | 0.76 |
| | | 1/2 | 1/32 | 387,000 | 1,600 | 546 | 0.81 |
| | | 3/4 | 1/32 | 112,000 | 1,140 | 356 | 0.85 |
| | | 1 | 1/16 | 44,200 | 1,520 | 242 | 0.80 |
| | | 1 1/2 | 1/16 | 13,800 | 1,040 | 176 | 0.87 |
| | | 2 | 1/16 | 5,900 | 785 | 134 | 0.90 |
| ボール | 磁 製 | 2 | 1/4 | 5,790 | 609 | 95.1 | 0.74 |
| | | 3 | 3/8 | 1,730 | 641 | 65.6 | 0.74 |
| | 金 属 | 5/8 | 0.4mm | 234,000 | 465 | 361 | 0.902 |
| | | 1 | 0.8mm | 50,900 | 513 | 207 | 0.933 |

| | | | | | | | |
|---|---|---|---|---|---|---|---|
| リング | (炭素鋼) | $1^1/_2$ | 0.8mm | 13,300 | 376 | 129 | 0.953 |
| | | 2 | 1.6mm | 6,360 | 352 | 102 | 0.964 |
| | ポリプロピレン | $^5/_8$ | | 234,000 | 72.1 | 361 | 0.88 |
| | | 1 | | 50,900 | 72.1 | 207 | 0.90 |
| | | $1^1/_2$ | | 13,300 | 67.3 | 128 | 0.905 |
| | | 2 | | 6,360 | 67.3 | 102 | 0.91 |
| ベルサドル | 磁製 | $^1/_4$ | | 3,990,000 | 897 | 899 | 0.60 |
| | | $^1/_2$ | | 572,000 | 865 | 466 | 0.63 |
| | | $^3/_4$ | | 177,000 | 769 | 269 | 0.66 |
| | | 1 | | 77,700 | 721 | 249 | 0.69 |
| | | $1^1/_2$ | | 20,500 | 609 | 144 | 0.75 |
| | | 2 | | 8,830 | 641 | 105 | 0.72 |
| インタロックスサドル | 磁製 | $^1/_4$ | | 4,150,000 | 673 | 984 | 0.75 |
| | | $^1/_2$ | | 731,000 | 545 | 623 | 0.78 |
| | | $^3/_4$ | | 230,000 | 561 | 335 | 0.77 |
| | | 1 | | 84,200 | 545 | 256 | 0.775 |
| | | $1^1/_2$ | | 25,000 | 481 | 195 | 0.81 |
| | | 2 | | 9,350 | 529 | 118 | 0.79 |
| テトラトリング レ | ポリエチレン | 1 | | 39,700 | 160 | 249 | 0.83 |

ここで,

$\Delta P$：圧力損失〔Kg/m²〕

$H$：充填高さ〔m〕

$G_l$：液の空塔質量速度〔kg/m²・hr〕

$G_{v,i}$：入口蒸気の空塔質量速度〔kg/m²・hr〕

$\rho_l$：液の密度〔kg/m³〕

$\rho_v$：蒸気の密度〔kg/m³〕

$M, Y$：表25・4 に示すように充填物の種類, 寸法で異なる関係定数

## 25・5 ゼットコンデンサー

図25・16 および表25・5 に関係寸法を示すゼットコンデンサーで, 液として水を用い, 水蒸気を凝縮させるときの性能を図 25・17 に示した。

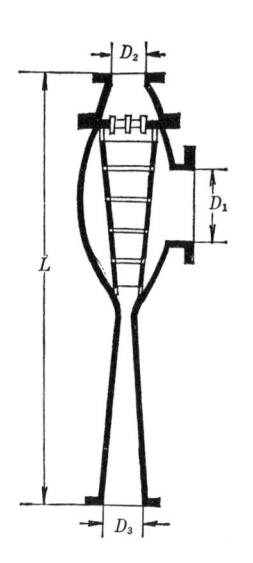

図 25・16 ゼットコンデンサー

## 25・6 直接接触式凝縮器の据付

表 25・4 式 (25・65) の定数 $M, Y$

| 充填物 | 称呼寸法 [in] | $M$ | $Y$ | 充填物 | 称呼寸法 [in] | $M$ | $Y$ |
|---|---|---|---|---|---|---|---|
| ラシヒリング (磁製) | $3/4$ | 3.54 | 0.0148 | ベルサドル (磁製) | $3/4$ | 2.59 | 0.00967 |
| | 1 | 3.46 | 0.0142 | | 1 | 1.73 | 0.00967 |
| | $1^1/_2$ | 1.30 | 0.0131 | | $1^1/_2$ | 0.864 | 0.00740 |
| | 2 | 1.21 | 0.0097 | インタロックスサドル (磁製) | 1 | 1.34 | 0.00910 |
| ラシヒリング (金属製) | $5/8$ | 5.19 | 0.0159 | | $1^1/_2$ | 0.605 | 0.00740 |
| | 1 | 1.81 | 0.0119 | ポールリング (金属製) | 1 | 0.648 | 0.00853 |
| | $1^1/_2$ | 1.25 | 0.0114 | | $1^1/_2$ | 0.0346 | 0.00910 |
| | 2 | 0.994 | 0.0077 | | 2 | 0.0259 | 0.00683 |

表 25・5 ゼットコンデンサー標準寸法

| 冷却水量 [m³/hr] | $D_1$ [in] | $D_2$ [in] | $D_3$ [in] | $L$ [mm] |
|---|---|---|---|---|
| 1.5 | $1^1/_4$ | 1 | 1 | 345 |
| 3.5 | 2 | $1^1/_2$ | $1^1/_4$ | 410 |
| 7.0 | 3 | $1^1/_2$ | $1^1/_2$ | 570 |
| 13.0 | 4 | 2 | $2^1/_2$ | 750 |
| 21.0 | 6 | $2^1/_2$ | 3 | 1,060 |
| 30.0 | 8 | 3 | $3^1/_2$ | 1,260 |
| 54.0 | 10 | $3^1/_2$ | 4 | 1,410 |
| 90.0 | 12 | 4 | 5 | 1,742 |
| 136.0 | 14 | 5 | 5 | 2,070 |
| 194.0 | 18 | 6 | 6 | 2,500 |
| 252.0 | 20 | 7 | 8 | 2,800 |
| 450.0 | 24 | 8 | 10 | 3,200 |
| 650.0 | 30 | 10 | 12 | 3,800 |

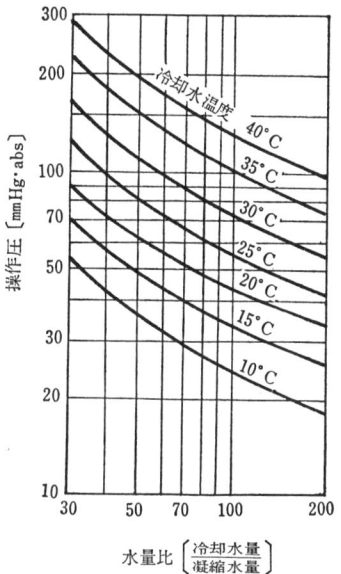

図 25・17 ゼットコンデンサーの性能

## 25・6 直接接触式凝縮器の据付

直接接触式凝縮器の据付例を図 25・18 に示した。凝縮器内の蒸気の圧力が大気圧以下の場合には，不凝縮ガスを抜き出すためにスチームエゼクターまたは水エゼクターを用いる。液として水を用いる凝縮器では，図 25・18(a) に示すようにシールポットを特殊な構造として，スチームエゼクターから排出される蒸気をここで凝縮させる方法が用いられる。凝

第25章 直接接触式凝縮器の設計法

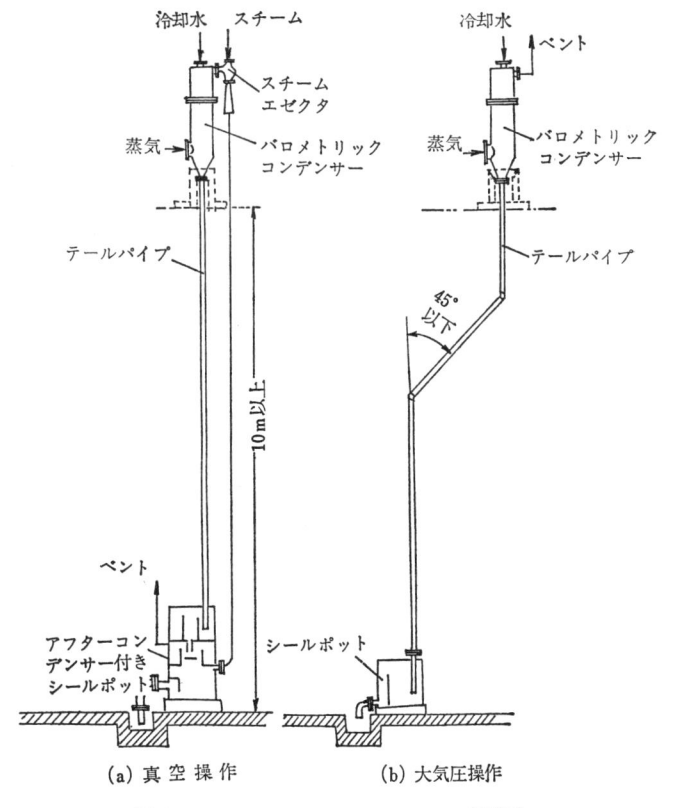

図 25・18 バロメトリックコンデンサーの据付図

縮器よりシールポットに至るテールパイプは，真空操作の場合は 10 [m] 以上とする。運転停止時に液封が破れることがないように，シールポット中の液容量がテールパイプ内の容積よりも大きく保たれる構造としなければならない。凝縮器を大気圧以上で操作する場合には，不凝縮ガスは単に大気に放出するだけでよく，不凝縮ガス抜用エゼクターは不要であるので，シールポットも図 25・18(b) に示すような簡単な構造のものでよい。テールパイプはできるだけ直管にすることが望まれ，曲げる場合も垂直に対して 45° 以上に曲げることは避けねばならない。これはテールパイプ中に不凝縮ガスが溜り，操作が不安定になるのを避けるためである。

## 25・7 価 格

図 25・19 に液膜式コンデンサー，液柱式コンデンサーおよび充塡塔式コンデンサーの価

## 25・7 価　格

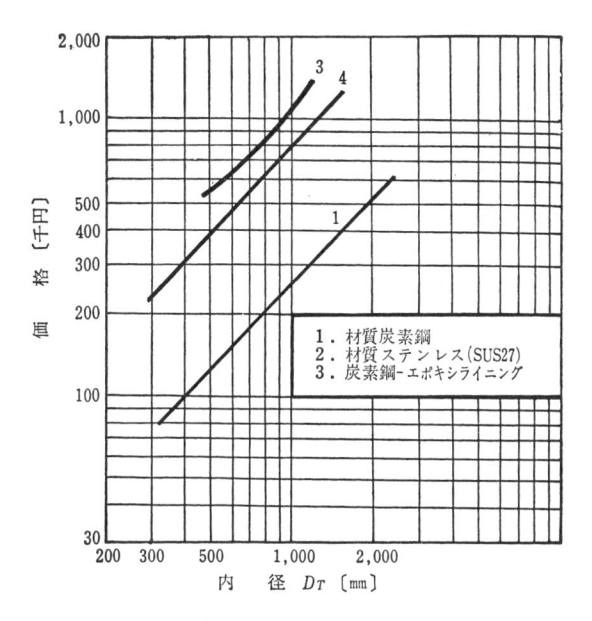

図 25・19 のグラフ内の凡例:
1. 材質炭素鋼
2. 材質ステンレス(SUS27)
3. 炭素鋼-エポキシライニング

**図 25・19** 液膜式または液柱式コンデンサーの価格

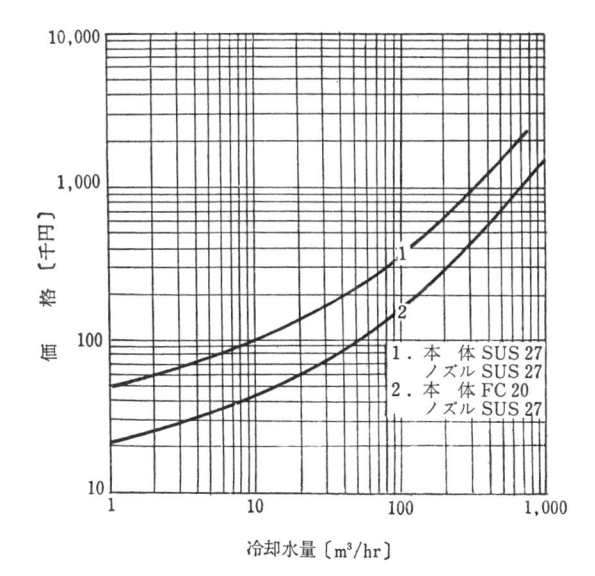

図 25・20 のグラフ内の凡例:
1. 本　体　SUS 27
　 ノズル SUS 27
2. 本　体　FC 20
　 ノズル SUS 27

**図 25・20** 水ゼットコンデンサーの価格

格を示した。また，ゼットコンデンサーの価格を図 25・20 に示した。

## 25・8 設計例

〔例題 25・1〕 真空度 705 [mmHg] において発生する水蒸気 300 [kg/hr] を，20 [°C] の冷却水で凝縮させる直接接触式凝縮器を設計する。

〔解〕

(1) 液柱式コンデンサーとして設計する場合： 真空度 705 [mmHg] において発生する水蒸気の温度は 40 [°C]，この温度での蒸発潜熱は 574 [kcal/kg] である。冷却水出口温度 $T_o$ は，式 (25・30) を用いて

$$\frac{T_o-T_i}{T_s-T_i}=\frac{T_o-20}{40-20}=0.85$$

したがって，

$$T_o=37 \text{ [°C]}$$

伝熱量 $Q$ は

$$Q=300\{574+1\times(4-37)\}=173,100 \text{ [kcal/hr]}$$

所要冷却水量 $W_l$ は

$$W_l=\frac{Q}{C_l(T_o-T_i)}=\frac{173,100}{1\times(37-20)}=10,150 \text{ [kg/hr]}$$

$$V_l=\frac{W_l}{\rho_l}=\frac{10,150}{1,000}=10.15 \text{ [m}^3\text{/hr]}$$

棚板上の冷却水停滞高さ $h_l=0.05$ [m]，孔径 $d=0.005$ [m] とすると，式 (25・26) から棚板の開孔数 $n$ は

$$n=\frac{4V_l}{0.6\pi d^2\sqrt{2gh_l}}=\frac{4\times 10.15}{0.6\pi\times(0.005)^2\times\sqrt{2\times 1.27\times 10^8\times 0.05}}=241$$

水蒸気の密度 $\rho_v=0.051$ [kg/m$^3$]

式 (25・24) から，塔内での蒸気の許容流速 $u_{a1}$ は

$$u_{a1}=K_1\left(\frac{\rho_l-\rho_v}{\rho_v}\right)^{0.5}=630\left(\frac{1,000}{0.051}\right)^{1/2}$$

$$=8.85\times 10^4 \text{ [m/hr]}$$

棚板の開口比 $S=0.4$ とすると，式 (25・25) から塔径 $D_T$ は

$$D_T=\sqrt{\frac{4W_v}{\pi S u_{a1}\rho_v}}=\sqrt{\frac{4\times 300}{\pi\times 0.4\times 8.85\times 10^4\times 0.051}}$$

$$=0.46 \text{ [m]}$$

図 25・9 から，せきの幅 $l_D=0.43$ [m]

液カーテン部での蒸気の許容流速は，式 (25・27) から

$$u_{a2}=K_2\left(\frac{\rho_l-\rho_v}{\rho_v}\right)^{0.5}=1,260\left(\frac{1,000}{0.051}\right)^{1/2}$$

$$=17.7\times 10^4 \text{ [m/hr]}$$

せきの高さ $h_w$ は

$$h_w = 2h_l = 2 \times 0.05 = 0.1 \, [\text{m}]$$

棚板支持板の高さ $d_B = 0.05 \, [\text{m}]$ とすると，式 (25・29) から棚段間隔 $T_B$ は

$$T_B \geq \frac{W_v}{\rho u_{a2} l_D} + h_w + d_B$$

$$\geq \frac{300}{0.051 \times 17.7 \times 10^4 \times 0.43} + 0.1 + 0.05$$

$$\geq 0.22 \, [\text{m}]$$

したがって，$T_B = 0.5 \, [\text{m}]$ とする。

上から1段目への入口冷却水温度 $T_i = 20 \, [°\text{C}]$

2段目への入口温度 $T_1$ は，式 (25・32) から

$$T_1 = T_s - \left\{ 1 - 0.12 \left[ \frac{n(T_B - h_l)}{V_l} \right]^{1/2} \right\} \cdot (T_s - T_i)$$

$$= 40 - \left\{ 1 - 0.12 \left[ \frac{241 \times (0.5 - 0.05)}{10.15} \right]^{1/2} \right\} \cdot (40 - 20)$$

$$= 40 - 0.6(40 - 20) = 28 \, [°\text{C}] \quad < 37 \, [°\text{C}]$$

3段目への入口温度 $T_2$ は，式 (25・33) から

$$T_2 = T_s - \left\{ 1 - 0.12 \left[ \frac{n(T_B - h_l)}{V_l} \right]^{1/2} \right\} \cdot (T_s - T_1)$$

$$= 40 - 0.6(40 - 28) = 32.8 \, [°\text{C}] \quad < 37 \, [°\text{C}]$$

4段目への入口温度 $T_3$ は

$$T_3 = 40 - 0.6(40 - 32.8) = 35.7 \, [°\text{C}] \quad < 37 \, [°\text{C}]$$

5段目への入口温度 $T_4$ は

$$T_4 = 40 - 0.6(40 - 35.7) = 37.4 \, [°\text{C}] \quad > 37 \, [°\text{C}]$$

したがって，棚段数は4段あればよいことになる。

**(2) 液膜式コンデンサーとして設計する場合：** 塔径，棚板開口比，棚段間隔は前述の液柱式コンデンサーの値を用い，必要棚段数を求める。液膜の幅はせき板の幅と等しいと見なすことができるので，

$$B = l_D = 0.43 \, [\text{m}]$$

したがって，

$$W_e^* = \frac{W_l}{B} = \frac{10,150}{0.43} = 23,600 \, [\text{kg/m} \cdot \text{hr}]$$

水蒸気中に不凝縮ガスが含まれていないものとすると，図 25・12 から

$$U = 7,000 \, [\text{kcal/m}^2 \cdot \text{hr} \cdot °\text{C}]$$

液膜の流下距離 $x$ は棚段間隔からせき板の高さ $h_w$ を差し引いた値となる。いま，せき板の高さを $0.05 \, [\text{m}]$ とすると，

$$x = T_B - h_w = 0.5 - 0.05 = 0.45 \, [\text{m}]$$

上から1段目の棚板への入口冷却水温度 $T_i = 20 \, [°\text{C}]$

上から2段目の棚板への入口冷却水温度 $T_1$ は，式 (25・52) から

$$T_1 = T_s - (T_s - T_i) \cdot \exp\left(\frac{-2Ux}{C_l \cdot W_e{}^*}\right)$$

$$= 40 - (40-20) \cdot \exp\left(\frac{-2 \times 7,000 \times 0.45}{1 \times 23,600}\right)$$

$$= 40 - 20/1.308 = 24.7 \text{ [°C]} \quad <37 \text{ [°C]}$$

3段目の棚板への入口温度 $T_2$ は

$$T_2 = 40 - (40-24.7)/1.308 = 28.3 \text{ [°C]} \quad <37 \text{ [°C]}$$

4段目の棚板への入口温度 $T_3$ は

$$T_3 = 40 - (40-28.3)/1.308 = 31.1 \text{ [°C]} \quad <37 \text{ [°C]}$$

同様にして

$T_4 = 33.2$ [°C]　　$<37$ [°C]

$T_5 = 34.8$ [°C]　　$<37$ [°C]

$T_6 = 36.0$ [°C]　　$<37$ [°C]

$T_7 = 36.8$ [°C]　　$<37$ [°C]

$T_8 = 37.7$ [°C]　　$>37$ [°C]

したがって，棚段数として7段必要である。

**(3) 充填塔式コンデンサーとする場合:** 前述の液柱式コンデンサーの場合と同様に，冷却水出口温度を 37 [°C] とする。

2 [inch] のラシヒリングを規則充填する。

$$(G_l/G_v)(\rho_v/\rho_l)^{0.5} = (W_l/W_v)(\rho_v/\rho_l)^{0.5}$$
$$= (W_l/W_v)(\rho_v/\rho_l)^{0.5} = (10,150/300)(0.051/1,000)^{0.5} = 0.244$$

図 25・15 から Flooding 点での水蒸気の質量速度 $G_f$ は，

$$\frac{G_f{}^2 \cdot a_t \cdot \Psi^2 \cdot (\mu/3.60)^{0.2}}{\rho_v \cdot \varepsilon^3 \cdot \rho_l \cdot g} = 0.40$$

表 25・3 から

$$\frac{a_t}{\varepsilon^3} = 276$$

したがって，

$$G_f{}^2 = \frac{0.40 \rho_v \cdot \varepsilon^3 \cdot \rho_l \cdot g}{a_t \cdot \Psi^2 \cdot (\mu/3.6)^{0.2}} = \frac{(0.40)(0.051)(10^3)(1.27 \times 10^8)}{(276)(1)(1)^{0.2}}$$

$$= 9,600,000$$

$$G_f = 3,100 \text{ [kg/m}^2 \cdot \text{hr]}$$

蒸気の入口蒸気流速を Flooding Rate の 80% にとると，

$$G_v = 3,100 \times 0.8 = 2,480 \text{ [kg/m}^2 \cdot \text{hr]}$$

したがって，塔径は

$$D_T = \sqrt{\frac{4W_v}{\pi G_v}} = \sqrt{\frac{4 \times 300}{\pi \times 2,480}} = 0.390 \text{ [m]}$$

水の質量速度 $G_l$ は

$$G_l = G_v\left(\frac{W_l}{W_v}\right) = 2,480\left(\frac{10,150}{300}\right) = 84,000 \text{ [kg/m}^2\cdot\text{hr]}$$

図 25・14 から

$(HTU)_{L(w)} = 0.6$ [m]

式 (25・64) から

$(HCU) = 0.35(HTU)_{L(w)} = 0.35 \times 0.6 = 0.21$ [m]

充填層内での蒸気の圧力損失を 2 [mmHg] と仮定すると，コンデンサー内の蒸気の圧力は 53 [mmHg abs] となり，この圧力に対応する飽和温度は 39 [°C] となる。式 (25・56) から

$$(NCU) = \ln\left(\frac{T_s - T_i}{T_s - T_o}\right) = \ln\left(\frac{39-20}{39-37}\right) = 2.25$$

所要充填高さ $H$ は，式 (25・58) から

$H = (HCU)(NCU) = 0.21 \times 2.25 = 0.47$ [m]

次に充填層を通る蒸気の圧力損失を計算する。表 25・4 から

$M = 0.214, \quad Y = 0.0069$

式 (25・65) から

$$\Delta P = \frac{1}{2} \times 0.214 \times 10^{-6} \times 10^{0.0069(84,000/1,000)} \times \frac{(2,480)^2}{0.051} \times 0.47$$

$$= \frac{1}{2} \times 0.214 \times 10^{-6} \times 10^{0.58} \times \frac{6.15 \times 10^6}{0.051} \times 0.47$$

$$= 23 \text{ [Kg/m}^2\text{]} = 1.7 \text{ [mmHg]}$$

(4) ゼットコンデンサーとする場合: 図 25・17 から水量比=70，したがって
所要冷却水量=70×300=21,000 [kg/hr]

表 25・5 から，蒸気流入ノズル径 6 [inch] のゼットコンデンサーを使用すればよいことがわかる。

## 25・9 スプレイ式コンデンサー

前節までに記載した形式のコンデンサーは，比較的小容量の用途に用いられるもので，タービン排蒸気の凝縮用など，大容量の用途にはスプレイ式コンデンサーが用いられる。図 25・21 はスプレイ式コンデンサーを用いた火力発電の排熱システムの一例である。タービンからの排蒸気は，スプレイ式コンデンサー内で，凝縮水と直接接触して凝縮し，スプレイ式コンデンサーからの凝縮水の一部は冷水塔に送られて冷却されて循環し，他の一部はボイラの給水として循環する。この目的に用いられるスプレイ式コンデンサーの機能は，

1. タービン排蒸気の凝縮
2. 凝縮水の脱気

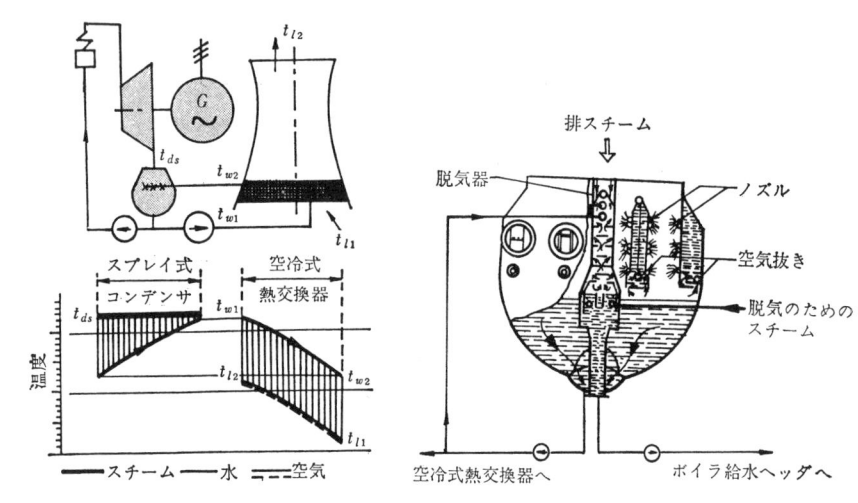

図 25・21　火力発電の排熱システム

図 25・22　スプレイ式コンデンサー

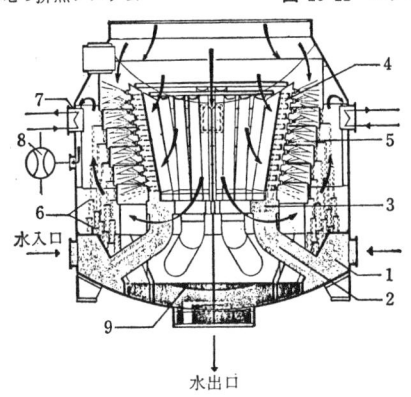

図 25・23　スプレイ式コンデンサー

である。この機能を達成するためのスプレイ式コンデンサーの例を図 25・22 および図 25・23 に示した[11]。図 25・22 において，循環はノズルを設置した4つの水ヘッダから蒸気室にスプレイされる。凝縮水は循環ポンプによって抜き出される。抜き出された凝縮水の一部はボイラへ給液され，他の一部はコンデンサーの中心部へ送られてスプレイされて脱気される。この脱気室には流下板が設けられていて，スプレイされた凝縮水はこの流下板を伝わって流下する間に蒸気と接触して脱気される。脱気の性能を上げるために，タービン中段から抜き出した蒸気が温水槽（Hotwell）中に導入される。

---

11) H. Heeren and L. Holly : Combustion, Oct., pp. 18〜26 (1972).

## 25・9 スプレイ式コンデンサー

不凝縮ガスは，過冷却された後に4つの抜出点より排気される。5つ目の抜出点は，脱気部の頂部に設けられている。この型式のコンデンサーは，比較的小容量のものに用いられる。

図25・23では，冷水塔から返送されてくる水は環状ヘッダ（1）に入り，多数の分散管（2）を通って内部リングヘッダ（3）へ流入する。内部リングヘッダ（3）の上面には，スプレイノズルを設けたノズル管（4）が多数直立している。このノズル管（4）内を上昇した水は，スプレイノズルを通って半径方向にスプレイされ，円芯に配置されたリングバッフル（5）に衝突する。バッフル（5）を伝わって流下する水は，流下板（6）上を流下して温水槽に入る。コンデンサーに流入した蒸気の大部分は，スプレイされた水と直接接触して凝縮するが，蒸気の一部は，流下板を流下する凝縮水と接触しつつ上昇する。水ゼットエゼクター（8）によって不凝縮ガスを抜くが，その補助として表面式コンデンサー（7）が設けられている。スプレイされた循環水が再加熱されるプロセスは，図25・24で表わすことができる。スプレイされた水は，バッフルに到達するまでに蒸気の飽和温度まで上昇するので，バッフルに衝突した瞬間に水に含まれていた不凝縮ガスの大部分が脱気される。脱気を促進し，空気溜りを避けるためには，不凝縮ガスを上手に除くことが重要である。この目的のために，バッフルは相互に間隙をおいたリング状としてある。さらに，バッフルリングの高さを小さくして，凝縮液膜が厚くなることを避けている。流下板の目的は，流下する凝縮液の表面積を拡げると同時にコンデンサー内での滞留時間を長くすることにある。これは流下板の範囲で第2段階の再加熱が起こるからである。これは，運動エネルギの変換によって蒸気の温度が増して，流下板の範囲で凝縮液によって熱がさらに吸収されることによる。このようにして流下板上を流下する間に凝縮液は再加熱されて，完全に脱気される。

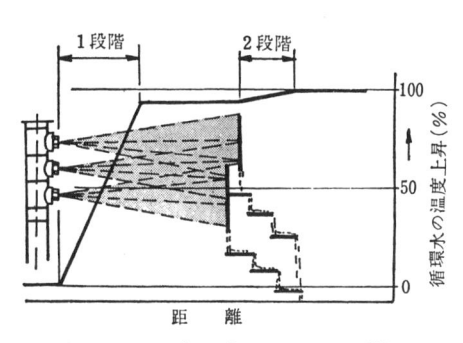

図 25・24 スプレイ式コンデンサーの運転

スプレイ式コンデンサーの伝熱特性に関しては，高橋ら[12]，Weinberg[13]，および

---

12) 高橋，曽田，相川，田原 "混合式復水器の基礎研究" 三菱重工技報 vol. 9, No. 1 (1972).
13) Weinberg, S.: Proc. Inst. Mech. Engrs., London 1B, pp. 240〜258 (1952).

Hasson ら[14],[15]の報文がある。

高橋らは，図 25・25 に示す渦巻ノズルから静止水蒸気中に冷却水を噴射して実験を行ない，渦巻ノズルから噴射された冷却水が，水蒸気中を飛行する間の温度上昇経過を測定し，

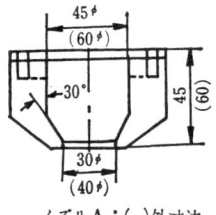

ノズルA：( )外寸法
ノズルB：( )内寸法

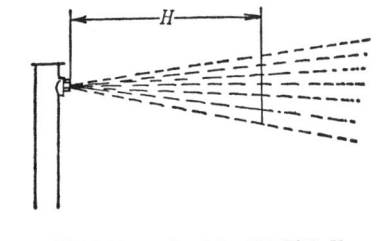

図 25・25 高橋らが実験に用いたノズル寸法

図 25・26 スプレイ水の飛行距離 $H$

実験結果を冷却水飛行距離 $H$（図 25・26 参照）と次式で定義される無次元温度との関係で整理して，図 25・27，および図 25・28 で示している。

$$Y=(t_2-t_1)/(T_s-t_1) \quad\quad\quad (25\cdot66)$$

ここで，

$T_s$：水蒸気の飽和温度〔°C〕

$t_1$：噴射する冷却水温度〔°C〕

$t_2$：飛行後，すなわち熱交換後の冷却水温度〔°C〕

実験範囲は

1. 供試ノズル：　ノズルAおよびノズルB（噴霧角 80～90°）
2. ノズル1個あたりの冷却水量：　5～10〔ton/hr〕
3. 水蒸気の圧力：　0.1～0.2〔ata〕
4. 空気重量率 $\varepsilon_1$（水蒸気中に含まれる空気の重量割合で，スプレイ式コンデンサーの入口と出口における平均）：　0～0.02
5. 冷却水初期温度 $t_1$：　20～40〔°C〕

図 25・27，および図 25・28 から明らかなように，冷却水の温度上昇はノズルから噴射された直後が大きくて，以後比較的なだらかに上昇する。渦巻ノズルから噴射された冷却水は，一般に乱れた膜状から水滴状に移行する。したがって，膜状部分での温度上昇が全

---

14) Hasson, D, D. Luss and R. Peck : Int. J. Heat Mass Transfer, vol. 7, pp. 969~981 (1964).

15) Hasson, D., D. Luss and U. Navon : Int. J. Heat Mass Transfer, vol. 7, pp. 983~1001 (1964).

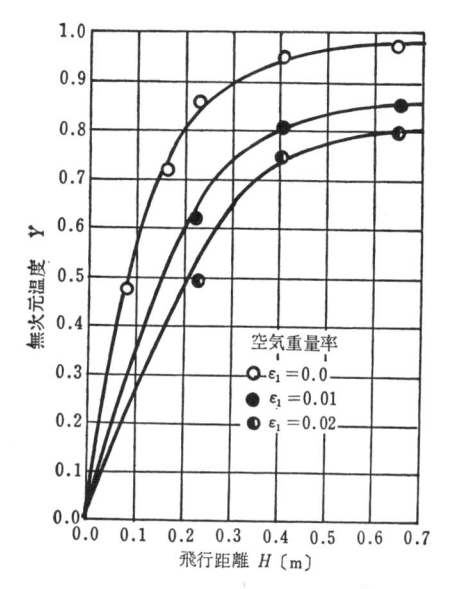

**図 25・27** 冷却水の温度上昇経過(ノズル A)

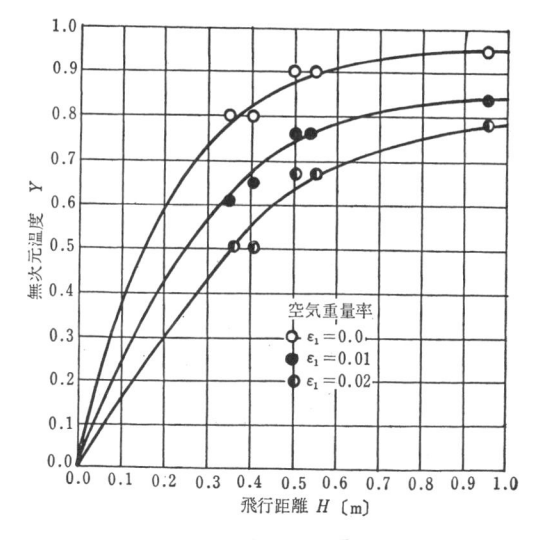

**図 25・28** 冷却水の温度上昇経過(ノズル B)

可能湿度上昇の 70〜90% を占め，それ以後の水滴化した部分での温度上昇は緩慢であると言える．なお，高橋らの実験結果では，ノズル1本あたりの冷却水量を 5〜10〔ton/hr〕

の範囲で変化さしても冷却水の温度上昇経過にほとんど影響を与えていない。これは，冷却水量を増したとき，前述したように熱伝達を支配している膜状部分の厚さは変化しないが，流速が冷却水量の増加に比例して増加し，これに伴なって膜状部の伝熱係数も比例的に増加するためである。Weinberg[13]は，噴孔径が 7.64 [mm]，および 16.05 [mm]，噴霧角が約 80~90° の渦巻ノズルを用いて，冷却水を圧力 0.7~3.4 [Kg/cm²abs] の水蒸気中に噴射して実験を行なっているが，その結果は前述の高橋らの実験結果と似かよっている。

なお，噴射された冷却水の膜状部の形状を円錐状の膜と考え，かつ伝熱係数は冷却水の噴射速度にのみ比例し，膜厚等の影響を受けないものと仮定すると，無次元温度 $Y$ は，$H/D_n$ ($H$ は冷却水の飛行距離，$D_n$ はノズル噴孔径) のみの関数になるはずである。高橋らは，前述の実験結果，および Weinberg の実験結果を整理して，蒸気中に空気が含まれないときのスプレイ式コンデンサーにおける無次元温度 $Y$ を $H/D_n$ の関数で表わし，図 25·29 を提出している。

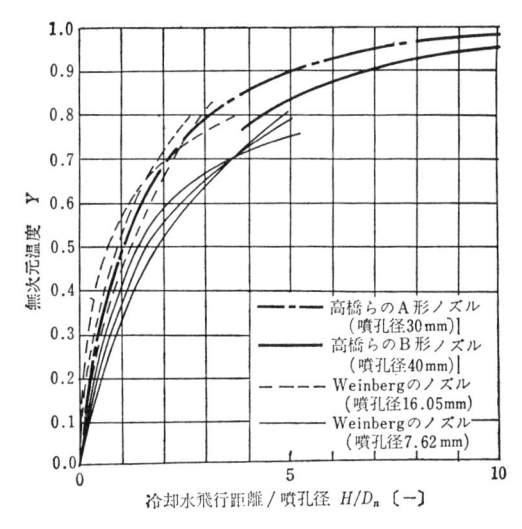

図 25·29 スプレイ式コンデンサーの無次元温度とノズル寸法の関係

Hasson ら[15]は，扇形ノズル (Fan spray nozzle) を用いて冷却水を静止水蒸気中に噴射し，噴射された冷却水の扇形状の水膜部の温度上昇経過を測定し，次の結果を得ている。

扇状ノズルから噴射された冷却水は，図 25·30 に示すように，扇形状の水膜を形成し，

## 25・9 スプレイ式コンデンサー

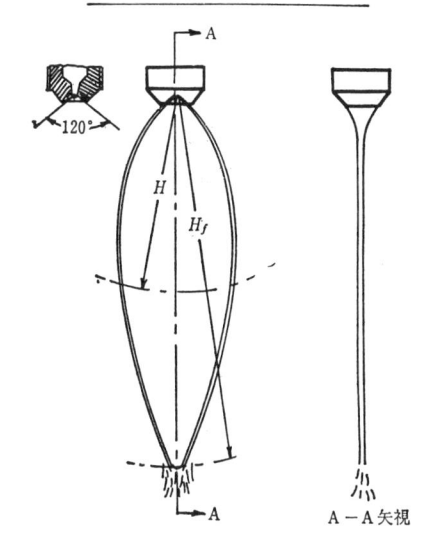

**図 25・30** ファンスプレイノズルからスプレイされた水膜

その先端で水膜が切れて水滴となる。この扇形状の水膜の厚み $S_o$ は，ノズル先端からの距離 $H$ の関数として次式で表わされる。

$$S_o = \xi/H \quad \cdots\cdots(25\cdot67)$$

ここで，$\xi$ はノズルの形状によって定まる定数である。

水膜部，すなわち $0 \leqq H \leqq H_f$ ($H_f$ はノズル先端から水膜先端までの距離〔m〕) の範囲で，水膜の温度 $t_2$ は $H$ の関数として次式で表わされる。

$$\frac{t_2-T_s}{t_1-T_s} = \exp\left[-\frac{4}{3}\left(\frac{\lambda}{\lambda_s}\right)^3 \cdot \frac{Nu_H}{Gz_o}\right] \quad \cdots\cdots(25\cdot68)$$

ここで，$Nu_H$ は水膜の局所 Nusselt 数で，次の実験式から求めることができる。

$$Nu_H = 4.8\exp(-60\varepsilon_2) \quad \cdots\cdots(25\cdot69)$$

ここで，$\varepsilon_2$ は水蒸気中の空気の容積分率〔—〕で，式 (25・68) は $0.00015 < \varepsilon_2 < 0.027$ の範囲では適用可能である。

$Gz_o$ は，水膜に水蒸気が凝縮しないと仮定したときの水膜の Graetz 数で，ノズル出口での流速 $u_o$ およびノズル定数 $\xi$ を用いて，次式で表わされる。

$$Gz_o = \frac{4C_l \cdot \rho_l \cdot u_o \cdot \xi^2}{k_l \cdot H^3} \quad \cdots\cdots(25\cdot70)$$

ここで，

$\lambda$：水蒸気の蒸発潜熱〔kcal/kg〕

$\lambda_s$：水蒸気のエンタルピとノズル入口での冷却水のエンタルピとの差〔kcal/kg〕

$\rho_l$：冷却水の密度〔kg/m³〕

$u_0$：ノズル先端での冷却水の流速〔m/hr〕

$k_l$：冷却水の熱伝導率〔kcal/m·hr·°C〕

$C_l$：冷却水の比熱〔kcal/kg·°C〕

$\xi$：ノズル定数〔m²〕

実験範囲は

1. 供試ノズル： 表 25·6 に示したノズル X およびノズル Y
2. ノズル先端での冷却水の流速： 8〔m/sec〕～16〔m/sec〕
3. 水蒸気の圧力： 133～850〔mmHg abs〕
4. 空気の容積分率： $\varepsilon_2 = 0.00015 \sim 0.027$

なお，式 (25·68) は水膜部でのみ成立し，水滴部では成立しない。したがって，設計に際しては，使用するノズルで形成される水膜の距離 $H_f$ をあらかじめ実測しておくことが必要である。図 25·31 は Hassons らの実験において扇形ノズルより噴射された冷却水に

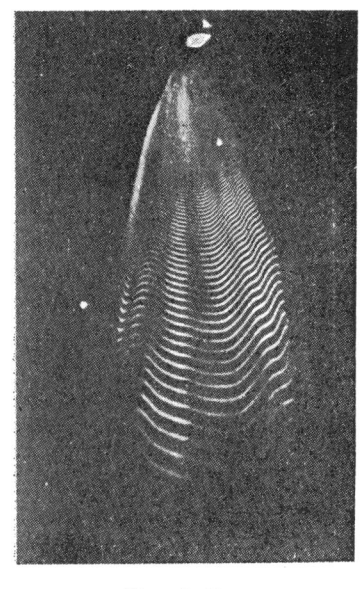

Sheet in Air　　5mm　　Sheet in Steam
(a)　　　　　　　　　　(b)

図 25·31　ファンスプレイノズルで形成された水膜の写真

よって形成された水膜の写真で，この場合の $H_f$ は約 0.05〔m〕である。

式 (25・27) または図 25・29 を用いて，スプレイ式コンデンサーの設計を行なうことができる。

表 25・6

| ノズル | オリフィス長〔cm〕 | オリフィス幅〔cm〕 | オリフィスの投影面積〔cm²〕 |
|---|---|---|---|
| $X$ | 0.7043 | 0.3384 | $2.372 \times 10^{-1}$ |
| $Y$ | 0.5573 | 0.3201 | $1.735 \times 10^{-1}$ |

## 第26章 直接接触式冷却凝縮器の設計法

### 26·1 特 徴

凝縮性蒸気(以下単に蒸気と呼ぶ)と不蒸凝ガスからなる混合ガスを冷却液と直接接触させて,混合ガスを冷却させると同時に蒸気の一部を凝縮させる熱交換器を直接接触式冷却凝縮器と呼ぶ。直接接触式冷却凝縮器としては,図 26·1 に示すようなラシヒリングなどの充填物を塔内に充填した充填塔式冷却凝縮器,図 26·2 に示すようなガス中に冷却液

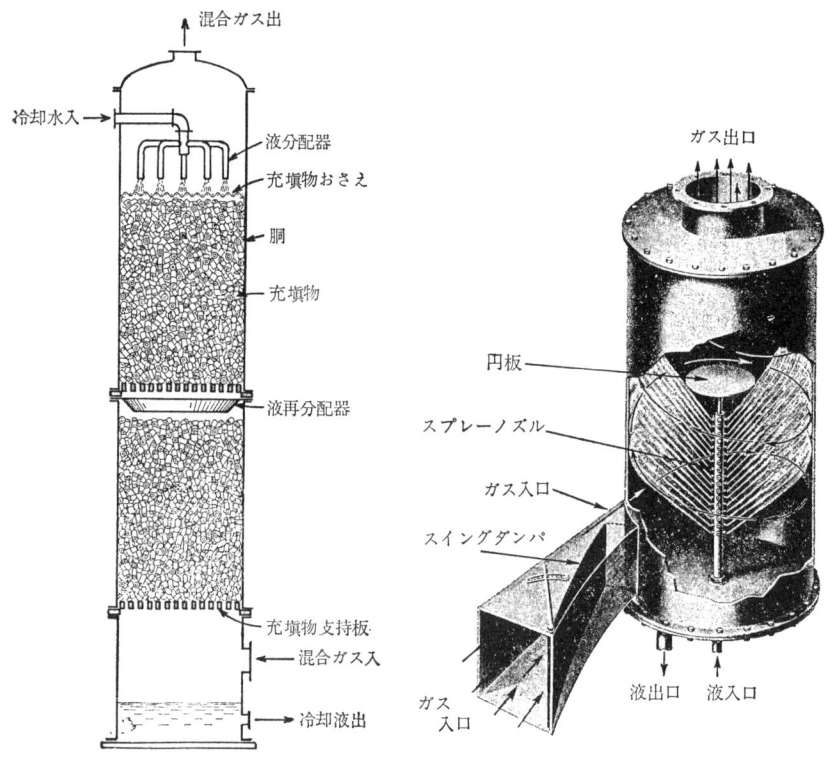

図 26·1　充填式冷却凝縮器

図 26·2　スプレイ塔式冷却凝縮器

を噴霧するスプレイ塔式冷却凝縮器 などがある。図 26·3 はサイクロン泡沫式冷却凝縮器[1]で,上部より噴霧された液が渦巻室に溜り,ここにガスを渦巻状に流すことによって,

---

1) Bogatykh S.A. and E.A. Reut : Intern. Chem. Eng., vol. 2, No. 3, pp. 315〜318 (1962).

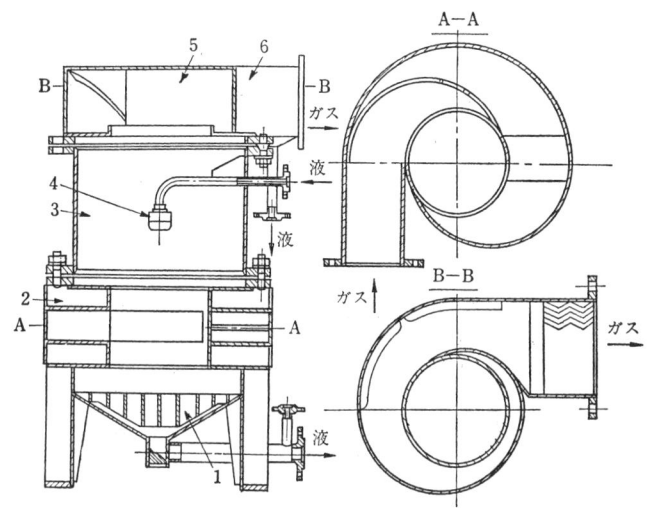

1．ガス泡分離板　2．渦巻室　3．円筒室
4．スプレイノズル　5．気液分離器　6．飛沫分離器

図 26・3　サイクロン泡沫式冷却凝縮器

渦巻室内に泡沫層を形成させて効率のよい気液接触を計った装置である。図 26・4 に充填塔式冷却凝縮器に用いられる充填物の種類を示した。

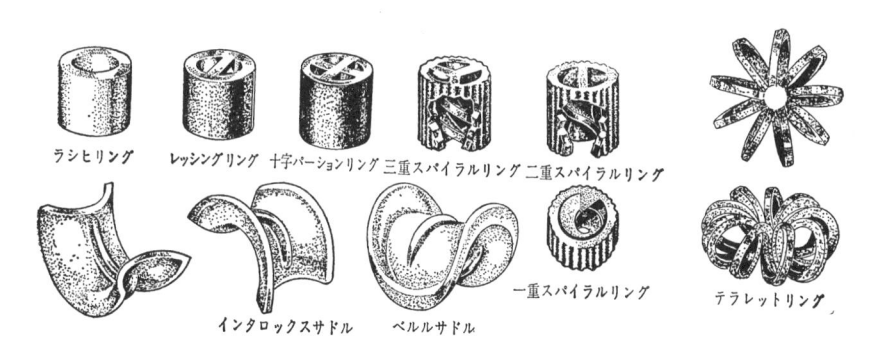

ラシヒリング　　レッシングリング　　十字パーションリング　　三重スパイラルリング　　二重スパイラルリング

インタロックスサドル　　ベルルサドル　　一重スパイラルリング　　テラレットリング

図 26・4　充填物の種類

## 26・2　基本式

直接接触式冷却凝縮器において，蒸気および顕熱が蒸気-不凝縮ガスの混合ガスから冷

却液へ向って移動する。このとき，蒸気の移動速度（物質移動速度）と顕熱移動速度（熱移動速度）の相対的な関係によって，混合ガスは過熱状態となるか，あるいは過冷却状態となって霧を発生する。

Colburn and Edison[2]は種々の混合ガスについて論じ，ベンゼン，ブチルアルコール，トルエンなどの拡散速度の遅い蒸気と空気からなる混合ガス，凝縮冷却器内で霧を発生しやすく，水-炭酸ガス系，および水-ヘリウムのような拡散速度の速い系の混合ガスは，過熱状態になりやすいとしている。

いま，図 26・5 に示すように，過熱状態の蒸気-不凝縮ガスの混合ガスが，冷却凝縮器内

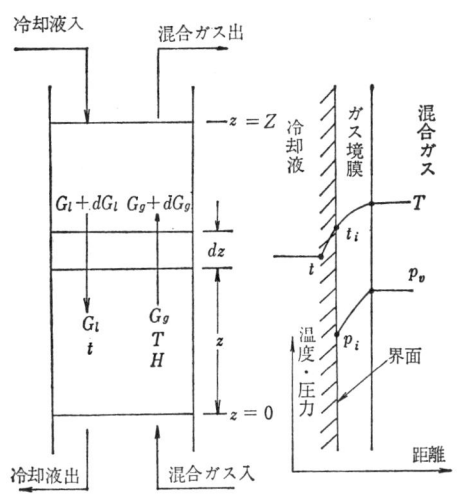

**図 26・5** 直接接触式冷却凝縮器の説明図（左）と
任意断面での圧力および温度分布

を冷却液と向流接触しつつ流れる場合について考える。冷却液の温度は，全域にわたって混合ガスの飽和温度よりも充分低いものとする。条件のいかんによって，冷却凝縮器全域にわたって過熱状態のままである場合と，ある点までの範囲では過熱状態であるが，その点を越えた範囲では飽和または過冷却状態となることがある。ここでは，冷却凝縮器全域にわたって過熱状態である場合の取扱法を説明する。

図 26・5 において微小区間の物質収支から

$$dG_l = G_g \cdot dH = -N_A \cdot a \cdot dz \quad \cdots\cdots\cdots\cdots\cdots\cdots\cdots\cdots\cdots(26 \cdot 1)$$

ここで，

---

2) Colburn, A.P. and A.G. Edison: Ind. Eng. Chem., vol. 33, pp. 457～ (1941)

## 25・2 基本式

$G_l$：冷却液の空塔質量速度 [kg-moles/m²・hr]

$G_g$：不凝縮ガスの空塔質量速度 [kg-moles/m²・hr]

$H$：混合ガスの絶対湿度 [kg-moles/kg-mole 不凝縮ガス]

$N_A$：混合ガス本体から冷却液への蒸気の移動速度 [kg-mole/m²・hr]

$a$：熱および物質移動に関与する冷却凝縮器の有効気液界面面積 [m²/m³]

$z$：冷却凝縮器の高さ [m]

混合ガス本体から冷却液への蒸気の物質移動速度 $N_A$ は，ガス相物質移動係数 $K_g$ を用いて，

$$N_A = K_g(p_v - p_i) \quad \cdots\cdots\cdots (26\cdot2)$$

ここで，

$K_g$：ガス相物質移動係数 [kg-moles/m²・hr・atm]

$p_v$：混合ガス中の蒸気の分圧 [atm]

$p_i$：気・液界面での蒸気の分圧 [atm]

式 (26・2) に液相物質移動係数が含まれていないのは，直接冷却凝縮器においては冷却液と蒸気が同一物質であるのが普通であり，したがって液相側に物質移動に関する抵抗が存在しないからである。

式 (26・1)，(26・2) から

$$G_g \cdot dH = -K_g a(p_v - p_i) \cdot dz \quad \cdots\cdots\cdots (26\cdot3)$$

つぎに，この微小区間での液相（界面は含まない）のエンタルピ収支から，

$$h_l a(t_i - t) \cdot dz = -G_l C_l \cdot dt + G_g \cdot dH \cdot C_l(t_i - t) \quad \cdots\cdots (26\cdot4)$$

ここで，

$h_l$：液相側境膜伝熱係数 [kcal/m²・hr・°C]

$C_l$：冷却液の比熱 [kcal/kg-mole・°C]

$t$：冷却液の本体温度 [°C]

$t_i$：気-液の界面温度 [°C]

気相（界面は含まない）のエンタルピ収支から，

$$h_v a(T - t_i) \cdot dz = -G_g S \cdot dT - G_g \cdot dH \cdot C_v(T - t_i) \quad \cdots\cdots (26\cdot5)$$

ここで，

$h_v$：気相側"見掛け"の境膜伝熱係数 [kcal/m²・hr・°C]

$S$：混合ガスの比熱 [kcal/kg-mole 不凝縮ガス・°C]

$C_v$:蒸気の比熱〔kcal/kg-mole・°C〕

$T$:混合ガスの本体温度〔°C〕

この微小区間全体のエンタルピ収支から,

$$G_g\{S \cdot dT + [C_l(T-t) + \lambda_t] \cdot dH\} = G_l C_l \cdot dt \quad \cdots\cdots(26 \cdot 6)$$

ここで,

$\lambda_t$:温度 $t$〔°C〕における蒸気の蒸発潜熱〔kcal/kg-mole〕

混合ガスの比熱 $S$ は次式で表わされる。

$$S = C_g + HC_v \quad \cdots\cdots(26 \cdot 7)$$

式 (26・4), (26・5) の左辺の項はそれぞれ気・液界面から液相へ,および気相への顕熱移動を表わしている。気相側"見掛け"の境膜伝熱係数 $h_v$ は,物質移動を伴なわない場合の熱移動の境膜伝熱係数 $h_g$ とは異なる。図 26・6 に示すように,気・液界面近くの混合ガスの境膜について考えると,物質移動を伴なわない場合のこの境膜を通る熱量 $Q_1$ は,

$$Q_1 = \left(\frac{k_g}{\delta}\right)(T - t_i) \quad \cdots\cdots(26 \cdot 8)$$

で表わされる。したがって,この場合の境膜伝熱係数 $h_g$ は,

$$h_g = \frac{Q_1}{T - t_i} = \frac{k_g}{\delta} \quad \cdots\cdots(26 \cdot 9)$$

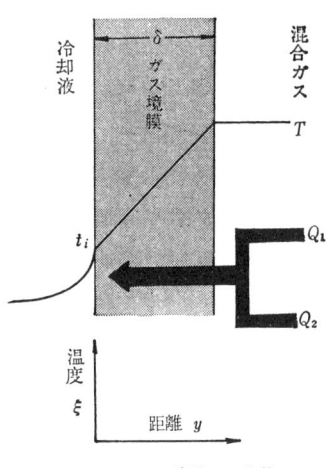

図 26・6 ガス境膜での状態

ここで,

$k_g$:混合ガスの熱伝導率〔kcal/m・hr・°C〕

$\delta$:境膜の厚み〔m〕

ところが,物質移動を伴なうときには,この境膜を通る熱量はこの熱伝導による移動熱量 $Q_1$ 以外に,境膜を通って移動する物質の持込む熱量 $Q_2$ が加算されることになる。したがって,見掛けの境膜伝熱係数 $h_v$ は

$$h_v = \frac{Q_1 + Q_2}{T - t_i} \neq h_g$$

$h_v$ と $h_g$ の関係は Ackermann[3] が提案したように,エネルギ式から導くことができ

---

3) Ackermann, G.: Ver Deutsch Ing. Forschungsh, vol. 382, pp. 1〜 (1937).

る。気液界面に平行な境膜中の微小厚さの層のエンタルピ収支から

$$\frac{d^2\xi}{dy^2} = \left(\frac{N_A C_v}{k_g}\right) \cdot \frac{d\xi}{dy} = 0 \quad \cdots\cdots\cdots(26\cdot10)$$

境界条件は

$y=0, \quad \xi=t_i$

$y=\delta, \quad \xi=T$

式 (26・10) を解くことによって，次式が得られる。

$$h_v = \left[\frac{\alpha}{1-\exp(-\alpha)}\right] h_g \quad \cdots\cdots\cdots(26\cdot11)$$

ここで，

$$\alpha = \frac{N_A C_v}{h_g} \quad \cdots\cdots\cdots(26\cdot12)$$

Mickley[4] らは多孔質の垂直平板に沿って空気を流すと同時に，この多孔質板を通して空気の一部を外部へ吸入，または逆に外部から空気を吹込み，多孔質板と平行に流れる空気の主流と多孔質板の間の伝熱係数を測定し，式 (26・11) が実験結果をよく相関することを示した。図 26・7 はその結果である。物質移動が界面から気相本体への方向に向うとき

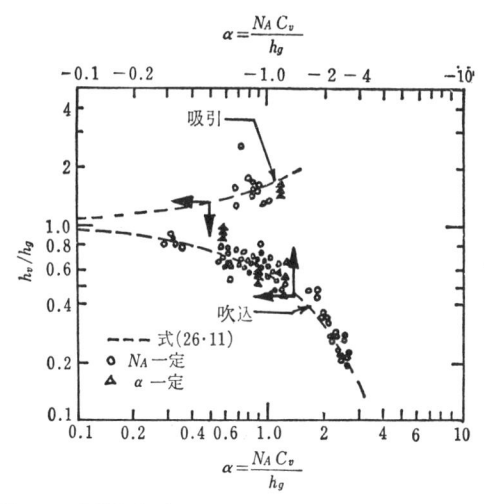

図 26・7 物質移動が伝熱係数に及ぼす効果 (Mickley の実験)

には $N_A$ は負，したがって $\alpha$ も負であり，物質移動が気相本体から界面に向うときには

---

4) Mickley, H.S., Ross, R.C., Squyers, A.Z. and Stewart, W.E : Natl. Advisory Comm. Aeronautics. Tech. Note 3208 (1958).

αは正であるから，空気吹込みに対してはαは負，吸入に対してはαは正である。

式 (26·11) を式 (26·5) に代入し，式 (26·3) を用いて

$$G_g S \cdot dT = -h_g a \left[ \frac{\alpha}{\exp(\alpha) - 1} \right] (T - t_i) \cdot dz \qquad (26\cdot13)$$

式 (26·3)，(26·4)，(26·6)，(26·13) が，混合蒸気が過熱状態である範囲での混合蒸気および冷却液の状態変化を表わす基本式である。

## 26·3 物質移動係数および境膜伝熱係数

直接接触式冷却凝縮器は吸収操作あるいは蒸留操作などの物質移動操作に普通用いられる装置と同じであるので，その物質移動特性は明らかであるが，熱移動特性が不明であることが多い。したがって，境膜伝熱係数 $h_g$，$h_l$ は物質移動係数から熱移動と相似則を用いて推定する必要がある。

充填塔におけるガス側物質移動係数は，1単位移動数あたりの充填高さ $H_G$ 〔m〕を用いて次式で相関される[5]。

$$H_G = \alpha_1 (G_m \cdot M_m)^{\alpha_2} \cdot (G_l \cdot M_l)^{-\alpha_3} \cdot \left( \frac{\mu_m}{\rho_m D_g} \right)^{2/3} \qquad (26\cdot14)$$

$H_G$ は次式で定義される値である。

$$H_G \equiv \left( \frac{G_m}{K_g a p_{BM}} \right) \qquad (26\cdot15)$$

係数 $\alpha_1$，$\alpha_2$，$\alpha_3$ の値を表 26·1 に示した。

式 (26·14)，(26·15) において

$G_m$：混合ガスの空塔質量速度（$= G_v + G_g$）〔kg-moles/m²·hr〕

$M_m$：混合ガスの平均分子量〔—〕

$M_l$：冷却液の分子量〔—〕

$\mu_m$：混合ガスの粘度〔kg/m·hr〕

$\rho_m$：混合ガスの密度〔kg/m³〕

$D_g$：不凝縮ガスと蒸気の相互拡散係数〔m²/hr〕

$M_m$：混合ガスの平均分子量〔—〕

$p_{BM}$：混合ガス中の不凝縮ガスの対数平均分圧〔atm〕

$$p_{BM} = \frac{(P_t - p_i) - (P_t - p_v)}{\ln \left( \frac{P_t - p_i}{P_t - p_v} \right)} \qquad (26\cdot16)$$

---

5) 化学工学便覧 p. 497（第3版）

### 26・3 物質移動係数および境膜伝熱係数

表 26・1 式 (26・14) における $\alpha_1, \alpha_2, \alpha_3$ の値

| 充填物 | 称呼径 $D_P$ [in] | $\alpha_1$ | $\alpha_2$ | $\alpha_3$ | $G_m \cdot M_m$ [kg/m²·hr] | $G_l \cdot M_l$ [kg/m²·hr] |
|---|---|---|---|---|---|---|
| ラシヒリング | 3/8 | 0.850 | 0.45 | 0.47 | 1,000〜2,500 | 2,500〜7,500 |
| | 1/2 | 4.20 | 0.43 | 0.60 | 1,000〜2,200 | 2,500〜7,500 |
| | 1 | 3.07 | 0.32 | 0.51 | 1,000〜3,000 | 2,500〜22,500 |
| | 1 1/2 | 9.59 | 0.38 | 0.66 | 1,000〜3,500 | 2,500〜7,500 |
| | 1 1/2 | 0.946 | 0.38 | 0.40 | 1,000〜3,500 | 7,500〜22,500 |
| | 2 | 1.44 | 0.41 | 0.45 | 1,000〜4,000 | 2,500〜22,500 |
| ベルルサドル | 1/2 | 23.1 | 0.30 | 0.74 | 1,000〜3,500 | 2,500〜7,500 |
| | 1/2 | 0.262 | 0.30 | 0.24 | 1,000〜3,500 | 7,500〜22,500 |
| | 1 | 0.745 | 0.36 | 0.40 | 1,000〜4,000 | 2,500〜22,500 |
| | 1 1/2 | 2.20 | 0.32 | 0.45 | 1,000〜5,000 | 2,500〜22,500 |

$G_v$:蒸気の空塔質量速度 [kg-moles/m²·hr]

$P_t$:混合ガスの全圧 [atm]

疋田ら[6]は $K_g a$ をガス相物質移動係数 $K_g$ と有効界面面積 $a$ とを分離し, $K_g$ に関する実験式としてラシヒリング, ベルルサドルの各充填物に適用できる次式を与えた。

$$\frac{K_g p_{BM}}{G_m}\left(\frac{\mu_m}{\rho_m D_g}\right)^{2/3}=1.02\left[\frac{D_{Pe} \cdot G_m \cdot M_m}{\mu_m(1-\varepsilon)}\right]^{-0.35} \quad \cdots\cdots(26\cdot17)$$

ここで,

$\varepsilon$:充填物の空隙率 [—]

$D_{Pe}$:充填物の相当径 [m]

ただし, (26・17) を用いて $K_g$ を推定するときには, 次式によって $a$ を推定し, $K_g a$ として用いねばならない[7]。

ラシヒリング: $a/a_t=0.0406(G_l \cdot M_l)^{0.455} \cdot \sigma^n$

$n=-0.83 D_p^{-0.48}$

ベルルサドル: $a/a_t=0.0078(G_l \cdot M_l)^{0.455} \cdot \sigma^n$

$n=-0.495 D_p^{-0.98}$ $\quad\cdots\cdots(26\cdot18)$

$(G_l \cdot M_l)$ は液の質量速度 [kg/m²·hr], $\sigma$ は液の表面張力 [dyne/cm], $a_t$ は充填物の比表面積 [m²/m³], $D_P$ は充填物の称呼径 [m], $\varepsilon$ は充填物の空隙率 [—] である。

充填物の相当径 $D_{Pe}$ の値は表 26・2 から求まる。また, $a_t$, $\varepsilon$ の値は表 25・3 より求まる。

---

6) 疋田, 前田, 梅村:化学工学, vol. 28, pp. 214〜 (1964).
7) 疋田:化学工学, vol. 26, pp. 725〜 (1962).

式 (26・17) または式 (26・14) から, $K_g$ の値は Schmidt 数 $(\mu_m/\rho_m D_g)$ の 2/3 乗に比例しているので, 物質移動と熱移動の相似則を用いて, 気相側境膜伝熱係数 $h_g$ の相関式として次式が得られる。

表 26・2 充塡物の相当径 $D_{p_e}$ の値

| 充 塡 物 | $D_{p_e}$[m] | 充 塡 物 | $D_{p_e}$[m] |
|---|---|---|---|
| ラシヒリング (磁製) | | ベルルサドル (磁製) | |
| 1/2″ | 0.0177 | 1/2″ | 0.0162 |
| 1″ | 0.0356 | 1″ | 0.0320 |
| 1 1/2″ | 0.0530 | 1 1/2″ | 0.0472 |
| 2″ | 0.0725 | | |

$$\left(\frac{h_g}{C_m \cdot G_m}\right)\left[\frac{C_m \mu_m}{k_m M_m}\right]^{2/3} = \left(\frac{K_g p_{BM}}{G_m}\right)\left(\frac{\mu_m}{\rho_m D_g}\right)^{2/3} \cdots\cdots (26・19)$$

ここで,

$C_m$: 混合ガスの比熱 [kcal/kg-mole 混合ガス・℃]

$k_m$: 混合ガスの熱伝導率 [kcal/m・hr・℃]

いま,

$$\beta \equiv \left(\frac{C_m \cdot \mu_m}{k_m M_m}\right)^{2/3} \cdot \left(\frac{\mu_m}{\rho_m D_g}\right)^{-2/3} \cdots\cdots (26・20)$$

とおけば,

$$h_g = \frac{K_g p_{BM} C_m}{\beta} = \frac{K_g p_{BM} S}{\beta(1+H)} \cdots\cdots (26・21)$$

充塡塔についての液側物質移動係数 $K_L$ は, 1 単位移動数あたりの充塡高さ $H_L$ [m] を用いて, 次式で相関される[5]。

$$H_L = \frac{1}{\alpha_4}\left(\frac{G_l M_l}{\mu_l}\right)^{\alpha_5} \cdot \left(\frac{\mu_l}{\rho_l D_l}\right)^{0.5} \cdots\cdots (26・22)$$

ここで,

$D_l$: 液相での相互拡散係数 [m²/hr]

$H_L$ は次式で定義される値である。

$$H_L = \frac{G_l}{K_L a \rho_l} \cdots\cdots (26・23)$$

ここで,

$M_l$: 液の分子量 [−]

したがって, 液側の境膜伝熱係数は, 物質移動と熱移動の相似則を用いて,

$$h_l = \left(\frac{C_l G_l}{a}\right) \cdot \alpha_4 \cdot \left(\frac{G_l M_l}{\mu_l}\right)^{-\alpha_5} \cdot \left(\frac{C_l \mu_l}{k_l \cdot M_l}\right)^{-0.5} \quad \cdots\cdots\cdots\cdots\cdots(26 \cdot 24)$$

$\alpha_4$, $\alpha_5$ の値を表 26・3 に示した。

表 26・3 式 (26・22) の $\alpha_4$, $\alpha_5$ の値

| 充填物 | | $\alpha_4$ | $\alpha_5$ |
|---|---|---|---|
| 種類 | 寸法〔in〕 | | |
| ラシヒリング | $3/8$ | 3,100 | 0.46 |
| | $1/2$ | 1,400 | 0.35 |
| | 1 | 430 | 0.22 |
| | $1^1/_2$ | 380 | 0.22 |
| | 2 | 340 | 0.22 |
| ベルルサドル | $1/2$ | 690 | 0.28 |
| | 1 | 780 | 0.28 |
| | $1^1/_2$ | 730 | 0.28 |

ここで,

$\mu_l$ : 冷却液の粘度〔kg/m・hr〕

$k_l$ : 冷却液の熱伝導率〔kcal/m・hr・°C〕

$C_l$ : 冷却液の比熱〔kcal/kg-mole・°C〕

$M_l$ : 冷却液の分子量〔—〕

## 26・4 装置の所要高さの計算法[8]

### 26・4・1 設計式

混合ガスの物性が装置内の各点の条件で既知であるか,もしくは推定することができるものとする。設計計算上必要な式を以下に示す。

・湿度勾配

$G_m = G_g(1+H)$ であるから,式 (26・3) および (26・15) から

$$\frac{dH}{dz} = -\frac{(1+H)(p_v - p_i)}{H_G p_{BM}} \quad \cdots\cdots\cdots\cdots\cdots(26 \cdot 25)$$

式 (26・25) は冷却凝縮器内で混合ガスが過熱状態を保つときの湿度勾配を示すもので,もし飽和状態になり,飽和状態を保つ(過冷却になり霧発生が生じないとき)場合には,混合ガスの湿り度は混合ガス本体の温度に対応して飽和曲線に沿って変化することになる。

・混合ガスの温度勾配

---

8) Olander, D.R : Ind. Eng. Chem., vol. 53, No. 2, pp. 121~126 (1961).

式 (26・2) および (26・21) を式 (26・12) に代入して,

$$\alpha = \frac{\beta(1+H)(p_v - p_i)C_v}{p_{BM}S} \quad \cdots\cdots\cdots\cdots(26\cdot26)$$

同様に, 式 (26・13), (26・15), (26・21) から

$$\frac{dT}{dz} = -\left(\frac{T-t_i}{\beta H_G}\right)\left[\frac{\alpha}{\exp(\alpha)-1}\right] \quad \cdots\cdots\cdots\cdots(26\cdot27)$$

・気-液界面の温度

式 (26・3) を式 (26・4) に代入し, 式 (26・6), (26・15), (26・24) を用いて, 界面における温度は

$$t_i = t_l - \frac{\left(\dfrac{S}{C_l}\right)\left(\dfrac{dT}{dz}\right) + \left[\dfrac{C_l(T-t_i)+\lambda_t}{C_l}\right]\left(\dfrac{dH}{dz}\right)}{\left(\dfrac{G_l}{G_g}\right)\alpha_4\left(\dfrac{C_l\mu_l}{k_l\cdot M_l}\right)^{-0.5}\left(\dfrac{G_l M_l}{\mu_l}\right)^{-\alpha_5} + \dfrac{(1+H)(p_v-p_i)}{H_G\cdot p_{BM}}}$$

$$\cdots\cdots\cdots\cdots(26\cdot28)$$

式 (26・28) は充填塔の場合の $h_l$ の式 (26・24) を用いているので, 充填塔の場合にのみ成り立つ。

界面での蒸気の圧力 $p_i$ は $t_i$ の関数として飽和曲線から求まる。飽和曲線は次式で近似することができる。

$$\ln(p_i) = -\frac{A}{t_i + 273} + B \quad \cdots\cdots\cdots\cdots(26\cdot29)$$

$A$ および $B$ は冷却液の種類によって, 実験的に定まる定数である。

・冷却液流量勾配

物質収支から

$$(dG_l/dz) = G_g(dH/dz) \quad \cdots\cdots\cdots\cdots(26\cdot30)$$

・冷却液の温度勾配

式 (26・6) から

$$\frac{dt}{dz} = \frac{G_g}{G_l C_l}\left\{S\left(\frac{dT}{dz}\right) + [C_l(T-t)+\lambda_t]\cdot\left(\frac{dH}{dz}\right)\right\} \quad \cdots\cdots\cdots\cdots(26\cdot31)$$

### 26・4・2 計算手順

設計に際して次のデータが与えられるものとする。

- 混合ガスの入口条件 (流量・温度・蒸気量)
- 冷却液は蒸気と同じ物質とし, その入口条件 (流量・温度)
- 混合ガスの出口条件 (蒸気量または温度)

## 26・4 装置の所要高さの計算法

(1) 装置の塔底から計算を進める。塔底での冷却液の流量・温度を任意と仮定する。いま塔底 ($z=0$) から計算を初めて高さ $z$ における $T, t, p_v, G_l$ が求まったとし，$z+\Delta z$ でのこれらの値を求める手順を以下に説明する。

(2) $T, t, p_v$ から高さ $z$ における混合ガスおよび冷却液の物性を推定する。推定した $\rho_m, C_m, \mu_m, k_m, M_m, D_g$ の値を用い，式 (26・20) から $\beta$ を計算する。

(3) 式 (26・7) を用いて $S$ を計算する。

(4) 混合ガス本体の温度 $T$ に対応する飽和圧力 $p^*$ を式 (26・29) を用いて計算する（もし $p_v > p^*$ となったときには，この系では霧発生が生じるので，以降の計算は無意味となる）。

(5) 次の試行計算によって，気・液界面温度 $t_i$ を求める。
- $t_i = t$ と仮定する。
- 式 (26・29) を用いて $p_i$ を計算する。
- 式 (26・16) から $p_{BM}$ を計算する。
- 式 (26・26) から $\alpha$ を計算する。
- 式 (26・25) および式 (26・27) を用いて，$(dH/dz)$ および $(dT/dz)$ を計算する。
- 式 (26・28) から $t_i$ を計算する。

最後のステップで計算した $t_i$ の値が最初に仮定した値と一致しないときには，最後のステップの $t_i$ の値を最初の仮定値として計算を繰り返す。

(6) $t_i$ が決まると (5) の計算で $(dH/dz), (dT/dz)$ も同時に決まるので，$z+\Delta z$ における $H, T$ は次式で計算される。

$$H(z+\Delta z) = H(z) + (dH/dz) \cdot \Delta z$$

$$T(z+\Delta z) = T(z) + (dT/dz) \cdot \Delta z$$

ここで $H(z), T(z)$ は，位置 $z$ における $H$ および $T$ の値を表わす。

また，$z+\Delta z$ における $G_l, t$ の値は式 (26・30)，(26・31) を用いて $(dG_l/dz), (dt/dz)$ を求め，次式で計算される。

$$G_l(z+\Delta z) = G_l(z) + (dG_l/dz) \cdot \Delta z$$

$$t(z+\Delta z) = t(z) + (dt/dz) \cdot \Delta z$$

- 求めた $T, t, p_v$ および $G_l$ の値を用いて，最初のステップに返り計算を繰り返す。
- 設計条件として与えられた装置出口条件（混合ガス出口温度または出口蒸気量）に達したとき，計算で求まった冷却液流量および温度が設計条件と異なるときは，最初のステップで仮定した塔底での冷却液の流量・温度を仮定し直して計算を繰り返す。

## 26・5 塔 径

充填式の場合には，塔内の混合ガスの流速が Flooding-Rate（溢汪速度）の 80% 以下になるように塔径を定める。Flooding-Rate は，図 25・15 を用いて推算することができる。また，Sawistowski[9] によって提出された，つぎの実験式も実用的で便利である。

$$\ln\left[\frac{G_f^2(a_t/\varepsilon^3)}{\rho_l \cdot \rho_m \cdot g}\left(\frac{\mu_l}{\mu_w}\right)^{0.2}\right] = -4\left(\frac{G_L}{G_f}\right)^{1/4}\left(\frac{\rho_m}{\rho_l}\right)^{1/8} \quad \cdots\cdots(26\cdot32)$$

ここで，

$G_f$：Flooding 点での混合ガスの空塔質量速度〔kg/m²・hr〕

$G_L$：冷却液の空塔質量速度 $=G_l M_l$〔kg/m²・hr〕

$\rho_l, \rho_m$：冷却液，混合ガスの密度〔kg/m³〕

$\mu_l, \mu_w$：冷却液，水（20℃）の粘度〔kg/m・hr〕

$g$：重力の加速度 $=1.27\times10^8$〔m/hr²〕

$a_t$：単位容積あたりの充填物の全表面積〔m²/m³〕

$\varepsilon$：充填物の空隙率〔—〕

## 26・6 圧力損失

混合ガスの圧力損失は，次式で計算することができる。

$$\Delta P = ZM(10^{-6})(10^{Y\cdot G_L/\rho_l})\cdot\frac{G_M^2}{\rho_m} \quad \cdots\cdots(26\cdot33)$$

ここで，

$\Delta P$：圧力損失〔Kg/m²〕

$Z$：充填高さ〔m〕

$G_M$：混合ガスの空塔質量速度〔kg/m²・hr〕

$G_L$：冷却液の空塔質量速度〔kg/m²・hr〕

$M, Y$：表 25・4 で示される充填物の種類，寸法で異なる実験定数

---

9) Sawistowski, H：Chem. Eng. Sci., vol. 6, pp. 138〜 (1957).

# 第27章 空冷式熱交換器の設計法

## 27・1 構造

空冷式熱交換器は，直交ハイフィンチューブの外側に空気を通して，管内を流れる流体を冷却または凝縮する目的で用いられる。空気の流し方には吸込み通風方式（図 27・1）と

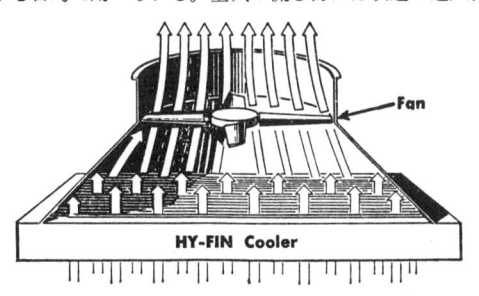

図 27・1 吸込み通風方式

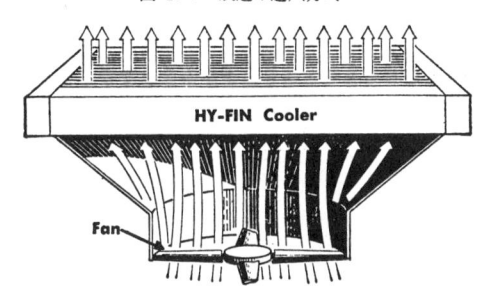

図 27・2 押込み通風方式

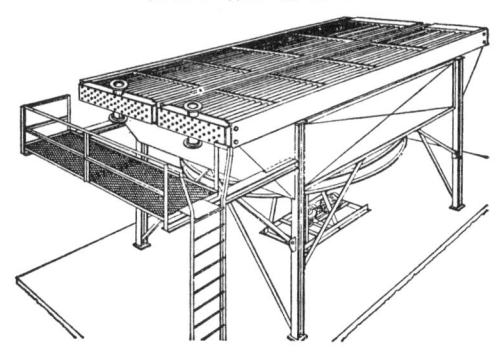

図 27・3 空冷式熱交換器組立図

押込み通風方式（図 27・2）とがあるが，押込み方式の方が次の点ですぐれている。
 （1） 吸込み方式に比べて，管束の修理が容易である。
 （2） 押込み方式の場合には，常温の空気を送風するのに対して，吸込み方式の場合は加熱されて膨張した空気を吸入するので，前者のファンの方が小さくてすむ。

伝熱管は通常，水平に配置するが，傾斜あるいは垂直に配置することもある。図 27・3 に空冷式熱交換器の組立図を示した。また，図 27・4 にプロセス流体側ヘッダが溶接または鋳物構造の管束およびフランジカバーのものの管束を示した。ヘッダを溶接構造とする

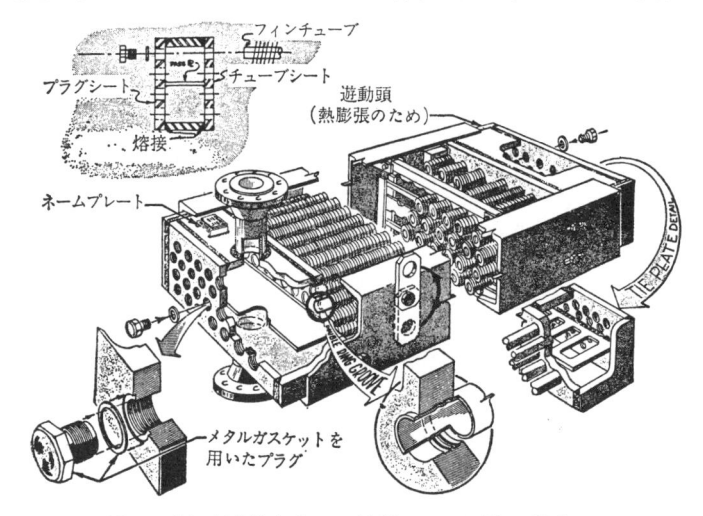

図 27・4(a)　溶接構造（または鋳造）ヘッダを用いた管束

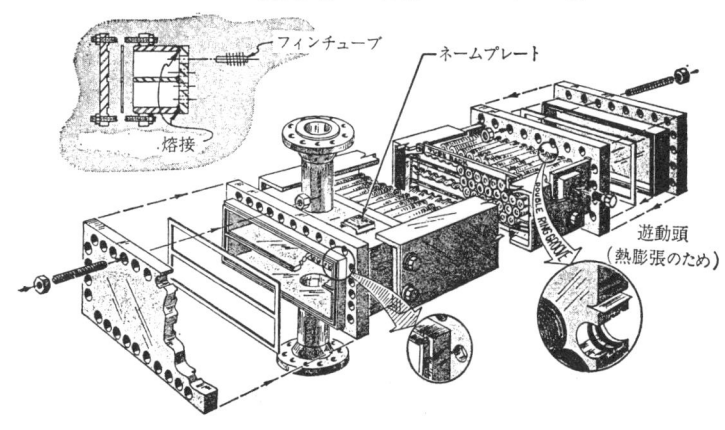

図 27・4(b)　フランジエンドカバーを用いた管束

## 27・1 構 造

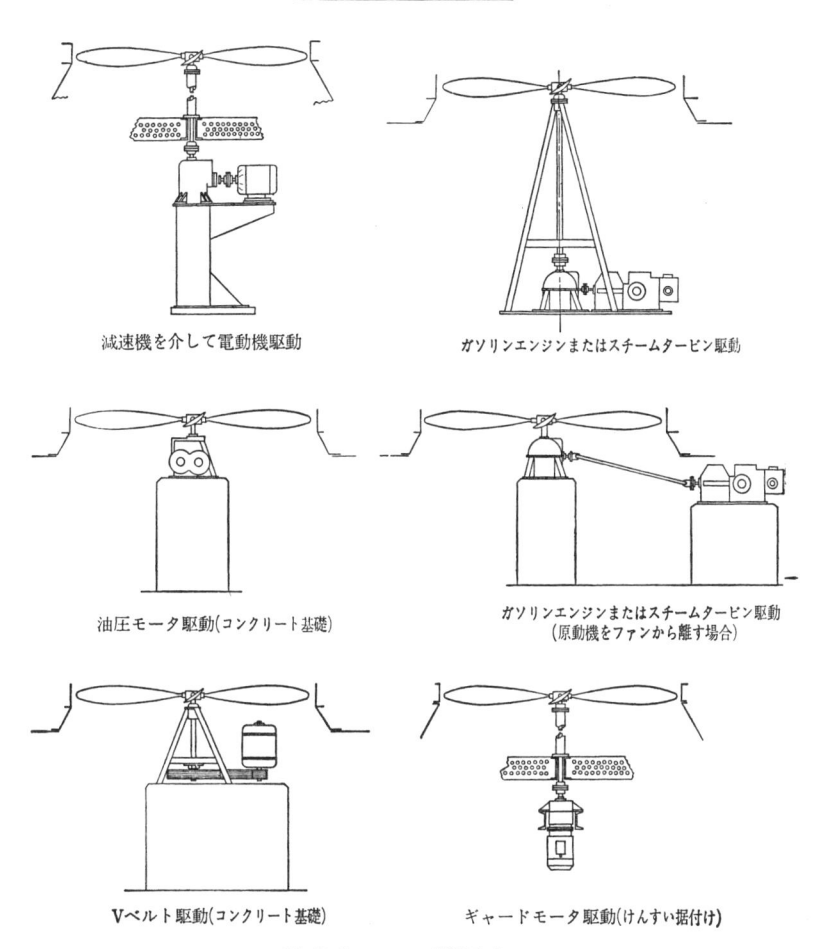

減速機を介して電動機駆動

ガソリンエンジンまたはスチームタービン駆動

油圧モータ駆動(コンクリート基礎)

ガソリンエンジンまたはスチームタービン駆動
(原動機をファンから離す場合)

Vベルト駆動(コンクリート基礎)

ギヤードモータ駆動(けんすい据付け)

図 27・5 ファンの駆動方式

ときには，ヘッダの前面に伝熱管に対応して孔を設けネジ込みプラグとしておき，管の清掃，管のまし締めはこのプラグ孔を通して行なう。フランジカバーのものでは，カバープレートを取りはずすことによって，管の清掃を簡単に行なうことができるので，プロセス流体が汚れやすい場合には，この型式が適している。

　ファンの駆動方式には種々の方式があるが，これを分類して図 27・5 に示した。ファンは4枚羽根または6枚羽根のものが用いられる。ファンの騒音は，羽根先端スピードを3,300～3,600〔m/min〕以下にすることによって，ファンより15メートル離れた地点で70デシベル以下にすることができる。

(a)

(b)

(c)

(d)

(e)

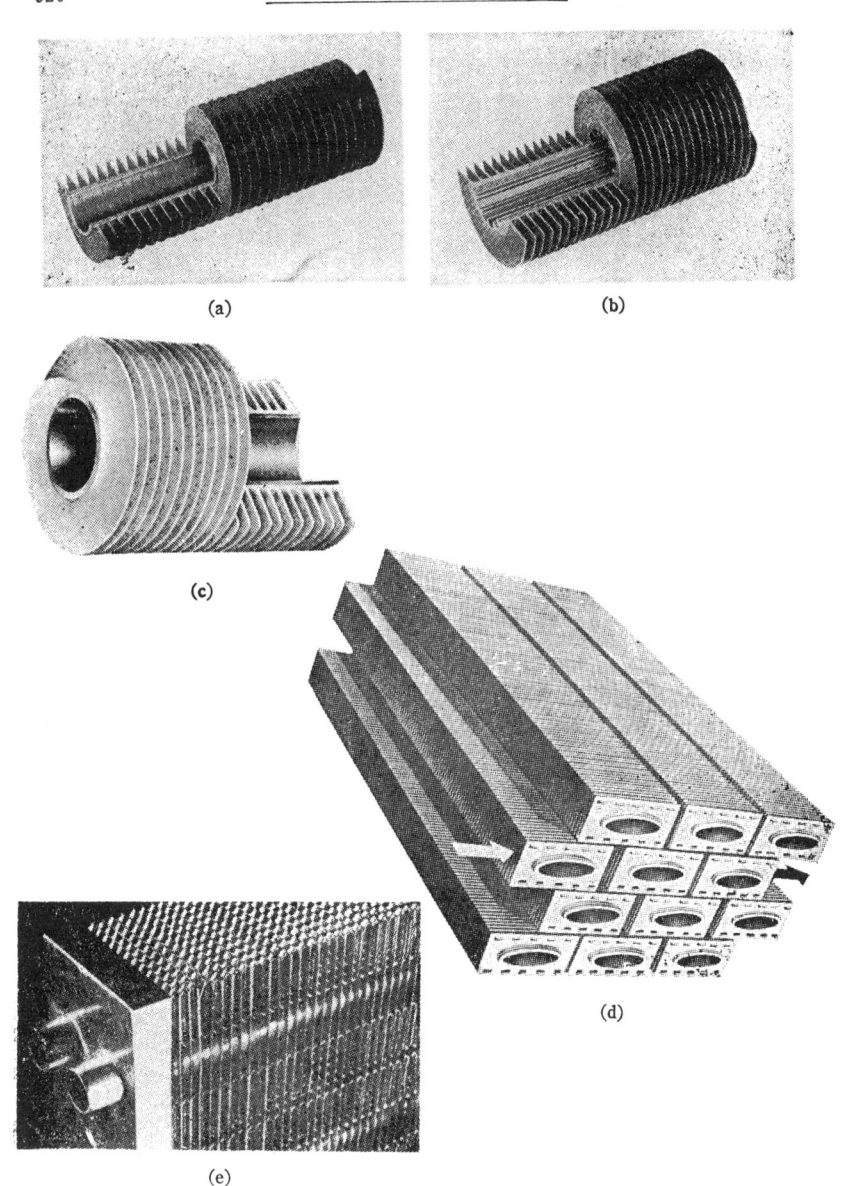

図 27・6　フィンチューブの形式

　伝熱管としては，円管に円形フィンを取り付けたもの（図 27・6 (a)），管内面に直線状フィンを取り付けたもの（図 27・6 (b)），各種金属ライナー管にアルミまたは銅のフィン

チューブをかぶせた複合管（図 27・6(c)），楕円管に長方形フィンを取り付けたもの（図 27・6(d)），多数の円管に共通に4角フィンを取り付けたもの（図 27・6(e)）などがある。

　管が銅またはアルミでよいときには，1本の管からフィンをロール機によって押出して作ることができるので，管とフィンとの接合抵抗がなく，熱伝導率が良好である。

　プロセス流体の種類によって，芯管として銅またはアルミを用いることができないときには，他の金属ではフィンを芯管から押出すことができないので，別に作られたフィンを芯管に取り付ける方法が用いられる。芯管とフィンの取付け方法を図 27・7 に示した。(a) は芯管にフィンを張力をかけて巻きつけたもので，フィンと芯管の接触が不充分となる恐

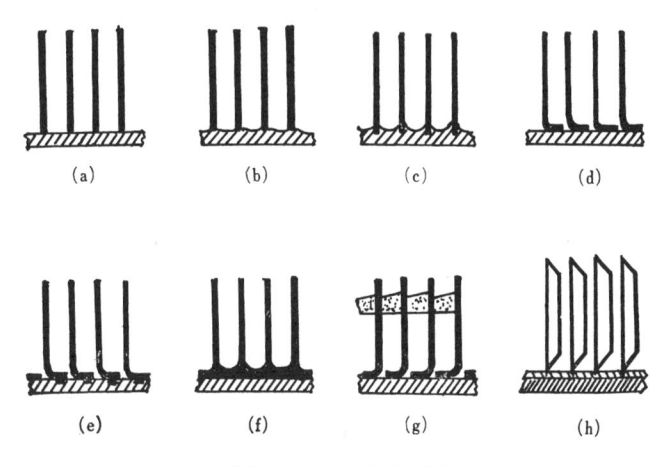

図 27・7　フィンの取付け方法

れがある。特に 150 [°C] 以上で用いると，フィンと芯管との熱膨張差によって接触力が弱まり接触がますます不充分となる。(d) はフィンの根元をL型にして，管との接触面積の増大を計ったもので，円芯管に角型フィンを取り付ける場合にこの方法が用いられる。しかし，この場合もフィンと芯管との接触は圧力によるもので，接触は充分とは言えず，使用可能温度は 180〜250 [°C] 以下である。(e) は芯管に溝を切込み，これにフィンを植込んだもので，高温（350°C）においても芯管とフィンとの接触は充分である。しかし，加工費は割高になる。(f) はアルミまたは銅のフィン管を芯管にかぶせた複合管（バイメタル管）であり，円芯管-円形フィンのフィンチューブの場合には，現在この型式が最も広く使用される。しかし，この場合にも芯管とフィンの接触は，残留圧縮応力によるものであり，高温になると芯管の熱膨張の差によって，圧縮応力が減じて芯管とフィン管との間に空隙を生じて伝熱抵抗が増大する。(g) は図 27・6(d) の楕円芯管-長方形フィン型

のフィンチューブに用いられる方式で，根元がL型になったフィンを芯管に挿入した後に，溶融した亜鉛またはスズの中に浸漬したもので，フィンと芯管の結合は亜鉛またはスズで完全に行なわれる。このほかに，フィン側流体が腐食性ガスでフィンとして比較的厚い (2 mm) ステンレス板を用いるときは，多数の管数の管孔を設けたステンレス板をスペーサを介して間隔を保って重ね合せ，管孔にそれぞれ芯管を挿入した後に，爆発圧着によって芯管とこのステンレス板を一体とする方法が用いられる。旭化成では爆発圧着が行なわれている。

管内流体が重油のように伝熱係数の小さいものであるときは，フィンを有しない普通の

表 27·1 フィンチューブ市販品の一例
(古河電工 L/C 型)

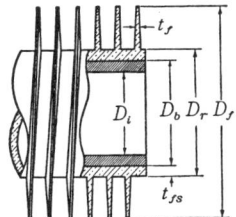

$D_f$ — フィン外径
$D_r$ — フィン部元径
$D_i$ — 内管内径
$D_b$ — 内管外径
$t_{fs}$ — 肉厚
$t_f$ — フィン肉厚の平均

| 内管外径 $D_b$ | 製品記号 | 製品寸法 mm ||||| 管外表面積 $([m^2/m] \times 10^{-2})$ |
|---|---|---|---|---|---|---|
| | | フィン外径 $D_f$ | 元径 $D_r$ | 25.4mm当りフィン数 | フィン平均肉厚 $t_f$ | |
| 9.53 (3/8) | 62—0506 | 25.40〜27.00 | 10.80 | 5 | 0.58 | 21.06 |
| | 62—0706 | | | 7 | 0.53 | 28.13 |
| | 62—0906 | | | 9 | 0.48 | 35.20 |
| | 62—1106 | | | 11 | 0.38 | 42.28 |
| 15.88 (5/8) | 62—0510 | 36.50〜39.68 | 17.65 | 5 | 0.58 | 40.75 |
| | 62—0710 | | | 7 | 0.53 | 54.83 |
| | 62—0910 | | | 9 | 0.48 | 68.92 |
| | 62—1110 | | | 11 | 0.38 | 83.00 |
| 19.05 (3/4) | 62—0512 | 42.85〜46.08 | 21.08 | 5 | 0.58 | 54.01 |
| | 62—0712 | | | 7 | 0.53 | 72.97 |
| | 62—0912 | | | 9 | 0.48 | 91.93 |
| | 62—1112 | | | 11 | 0.38 | 110.89 |
| 25.4 (1) | 62—0516 | 49.23〜52.40 | 27.43 | 5 | 0.58 | 65.17 |
| | 62—0716 | | | 7 | 0.53 | 87.78 |
| | 62—0916 | | | 9 | 0.48 | 110.40 |
| | 62—1116 | | | 11 | 0.38 | 133.01 |
| 25.4 (1) | 62—5816 | 57.15〜59.70 | 27.94 | 8 | 0.45 | 139.29 |
| | 62—5916 | | | 9 | 0.42 | 156.09 |

平滑管を使用するか，または図 27・6 (b) の管内面にフィンを有するフィンチューブを使用する。

　管長は普通 5～10〔m〕とする。管配列ピッチは，円芯管-円形フィンの場合 50～65 〔mm〕とする。表 27・1 にフィンチューブの市販品の代表例を示した。注文に際しては，メーカーに対して量（本数），材質，製品番号，形状（直管かU字曲げか），長さ，フィン加工のままか焼なまし材か，管端の仕上などを明示すればよい。

## 27・2 空冷式熱交換器採否の基準

　冷却器を設置するとき，水冷式にするか，または空冷式にするかは経済的観点より決定しなければならない。その判定の一例として，水冷熱交換器を採用した場合の必要伝熱面積と冷却水量を求め，図 27・8 を利用して判定する方法がある。この方法で最初の判定をし，詳細設計が完了した時点で種々の条件を入れて，再度詳細に比較検討するのが望まし

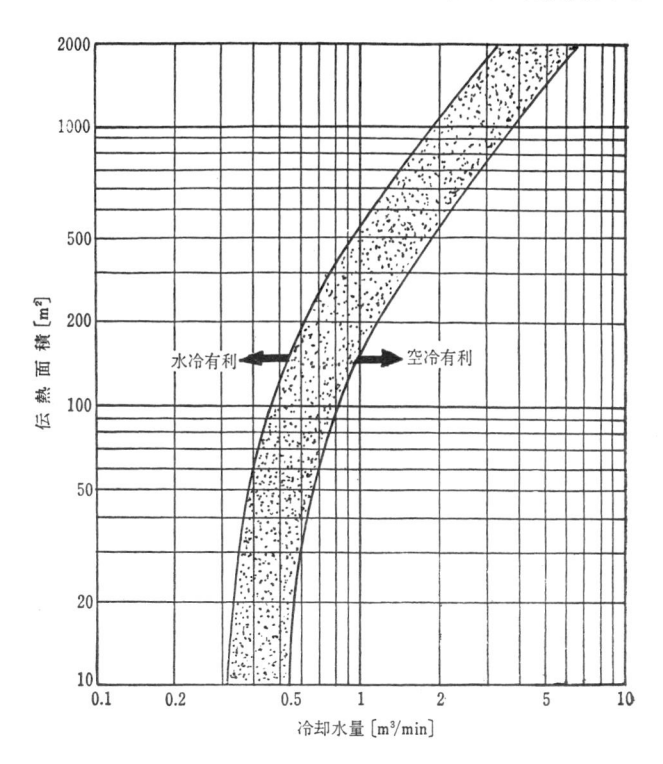

図 27・8　水冷式と空冷式の得失関係図

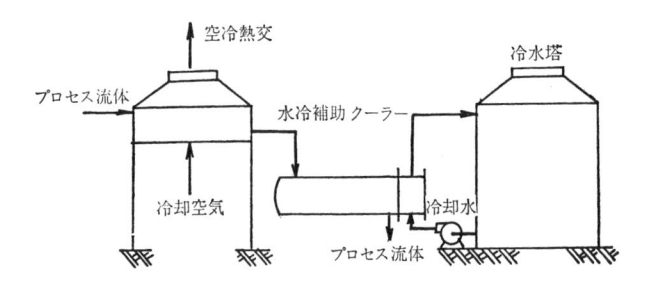

図 27・9　空冷式熱交と水冷補助クーラーの併用

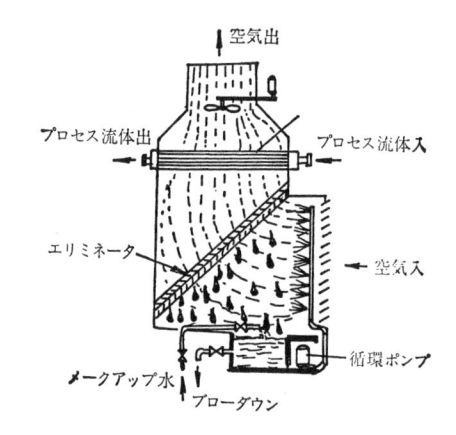

図 27・10　水スプレイによる空冷熱交の効率アップ

い．設計空気温度とプロセス流体の熱交出口での温度との差が 10〔°C〕以下のときは，図 27・9 のように水冷補助クーラーと併用するのが望ましい．空冷式熱交換器に水冷の補助クーラーを併用する場合，プロセス流体が補助クーラーに移行する際の温度の採り方によって年間経費がかなり違ってくる．たとえば，この中間温度を高くとれば，補助クーラーの負荷が大きくなって冷却水が多量に必要となるが，空冷の部分の負荷が小さくなり，設備費が少なくてすむ．したがって，この中間温度には経済的最適条件があることになる．この経済的最適条件を求める方法としては，Kern[1] の方法があるが，実際にはこの中間温度を適当に 2，3 点選んで計算して比較する方が簡単である．

また，図 27・10 のように，空気入口に散水設備を設けて夏季の必要期間にそれを働かせて，空気温度を下げる方法も用いられる．

---

1) Kern, D.Q.: Chem. Eng. Progr., vol. 55, No. 7, pp. 69〜70 (1959).

## 27・3 基本伝熱式

### 27・3・1 基本伝熱式

$$Q = AUF_t \cdot \Delta T_{lm} \quad \cdots\cdots(27\cdot1)$$

ここで,

$Q$：伝熱量〔kcal/hr〕

$A$：伝熱面積（管外周面積基準）〔m²〕

$\Delta T_{lm}$：対数平均温度差〔°C〕

$U$：総括伝熱係数（管外周面積基準）〔kcal/m²・hr・°C〕

$F_t$：温度差補正係数〔—〕

### 27・3・2 総括伝熱係数

**平滑管（図 27・11(a)）の場合**

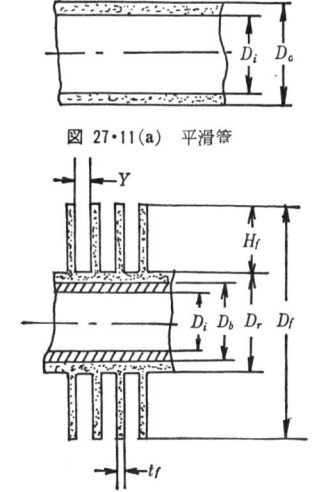

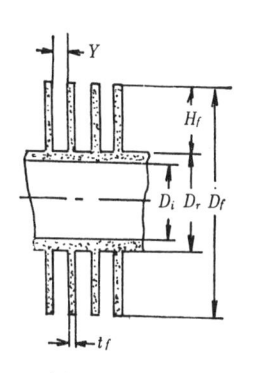

図 27・11(a) 平滑管

図 27・11(b) 単一管フィンチューブ

図 27・11(c) 複合管フィンチューブ

$$\frac{1}{U} = \frac{1}{h_o} + r_o + \left(\frac{A_o}{A_m}\right)\frac{t_s}{\lambda} + r_i\left(\frac{A_o}{A_i}\right) + \frac{1}{h_i}\left(\frac{A_o}{A_i}\right) \quad \cdots\cdots(27\cdot2)$$

ここで,

$A_o$：管 1〔m〕あたりの管外表面積 $= \pi D_o$〔m²/m〕

$A_m$：対数平均管表面積 $= \pi(A_o - A_i)/\ln(D_o/D_i)$〔m²/m〕

$A_i$：管 1〔m〕あたりの管内表面積 $= \pi D_i$〔m²/m〕

$D_o$：管外径〔m〕

$D_i$：管内径〔m〕

$h_o$：管外側境膜伝熱係数〔kcal/m²・hr・°C〕

$h_i$：管内側境膜伝熱係数〔kcal/m²・hr・°C〕

$r_o$：管外側汚れ係数〔m²・hr・°C/kcal〕

$r_i$：管内側汚れ係数〔m²・hr・°C/kcal〕

$t_s$：管厚み〔m〕

$\lambda$：管金属の熱伝導率〔kcal/m・hr・°C〕

**単一管フィンチューブの場合（図 27・11(b)）**

$$\frac{1}{U} = \frac{1}{h_o} + r_o + r_f + \left(\frac{A_o}{A_m}\right)\frac{t_s}{\lambda} + r_i\left(\frac{A_o}{A_i}\right) + \frac{1}{h_i}\left(\frac{A_o}{A_i}\right) \qquad \cdots\cdots\cdots(27\cdot3)$$

ここで，

$A_o$：管 1〔m〕あたりの管外周表面積〔m²/m〕
　　　$= A_r + A_f$

$A_r$：管 1〔m〕あたりのフィン無し部表面積〔m²/m〕
　　　$= \pi D_r (1 - 2n_f \cdot t_f)$

$A_f$：管 1〔m〕あたりのフィン表面積〔m²/m〕
　　　$= 2(\pi/4)(D_f^2 - D_r^2) \cdot n_f$

$A_m$：管 1〔m〕あたりの対数平均径基準表面積
　　　$= \pi(D_r - D_i)/\ln(D_r/D_i)$

$n_f$：管 1〔m〕あたりのフィン数〔—〕

$t_f$：フィンの厚み〔m〕

$D_f$：フィン外径〔m〕

$D_r$：フィン根元径〔m〕

$r_f$：フィンの伝熱抵抗〔m²・hr・°C/kcal〕

ただし，式 (27・3) は 1 本の管からフィンを押し出して作ったフィンチューブにのみ適用でき，芯管にフィンを巻きつけたものでは，フィンと芯管との間の接合抵抗を加える必要がある。この接合抵抗に関しては Gardner[2]，Smith and Gunter[3] の論文に詳しく論

---

[2] Gardner, K. A., and T. C. Carnavos : Trans. Am. Soc. Mech. Engrs. J. Heat Transfer, vol. 82, No. 2, pp. 279 〜293 (1960).

[3] Smith, E.C. and A.Y. Gunter : Chem. Eng. Progr., vol. 62, No. 7, pp. 57〜67 (1966).

じられている。

**複合管フィンチューブの場合**

$$\frac{1}{U} = \frac{1}{h_o} + r_o + r_f + \left(\frac{A_o}{A_{lm}}\right)\left(\frac{t_{ls}}{\lambda_l}\right) + \left(\frac{A_o}{A_{fm}}\right)\left(\frac{t_{fs}}{\lambda_f}\right)$$
$$+ r_i\left(\frac{A_o}{A_i}\right) + \frac{1}{h_i}\left(\frac{A_o}{A_i}\right) + \left(\frac{A_o}{A_b}\right)r_b \quad \cdots\cdots\cdots(27\cdot4)$$

ここで,

$A_b$：ライナー管とフィン管の接合部表面積〔m²/m〕
　　$= \pi D_b$

$A_{lm}$：ライナー管の対数平均表面積〔m²/m〕
　　$= \pi(D_b - D_i)/\ln(D_b/D_i)$

$A_{fm}$：フィン管の対数平均径基準表面積〔m²/m〕
　　$= \pi(D_r - D_b)/\ln(D_r/D_b)$

$t_{fs}, t_{ls}$：フィン管，ライナー管の厚み〔m〕

$\lambda_f, \lambda_l$：フィン管，ライナー管の熱伝導率〔kcal/m・hr・℃〕

$r_b$：ライナー管とフィン管の接合部伝熱抵抗〔m²・hr・℃/kcal〕

$D_b$：ライナー管外径〔m〕

### 27・3・3 温度差補正係数 $F_t$

空冷式熱交換器の流れの様式は，両流体ともに混合しない直交流と見なすことができるので，その温度差補正係数は図 3・157～図 3・159 から求まる。管側パス数が 3 以上のときも，図 3・159 を近似的に適用することができる。

### 27・3・4 フィン抵抗 $r_f$

$$r_f = \left(\frac{1}{h_o} + r_o\right)\left[\frac{1 - E_f}{E_f + (A_r/A_f)}\right] \quad \cdots\cdots\cdots\cdots\cdots\cdots\cdots\cdots(27\cdot5)$$

ここで，$E_f$ はフィン効率で，図 7・9～図 7・11 より求まる。

　円芯管-円形フィンに対して： 図 7・9 および図 7・10

　円芯管-角形フィンに対して： 図 7・11

　楕円芯管-長方形フィンに対して： 図 7・9（第 7 章参照）

### 27・3・5 接合部伝熱抵抗 $r_b$

複合管ではライナー管とフィン管との間の空隙によって接合部に伝熱抵抗が生じる。こ

---

4) Young, E.H. and D.E. Briggs: Chem. Eng. Progr., vol. 61, No. 7, pp. 71～78 (1965).

928　第27章　空冷式熱交換器の設計法

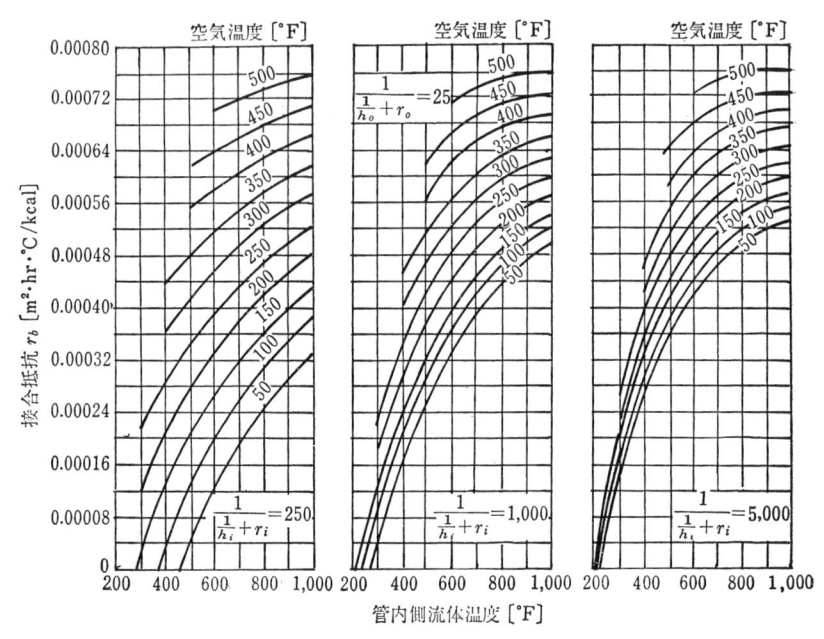

図 27・12(a)　フィン外径 2[in], 9フィン/in, L/C 型フィンチューブの接合抵抗
　　　　　（空気側有効伝熱係数が 25 [kcal/m²·hr·°C] のとき）

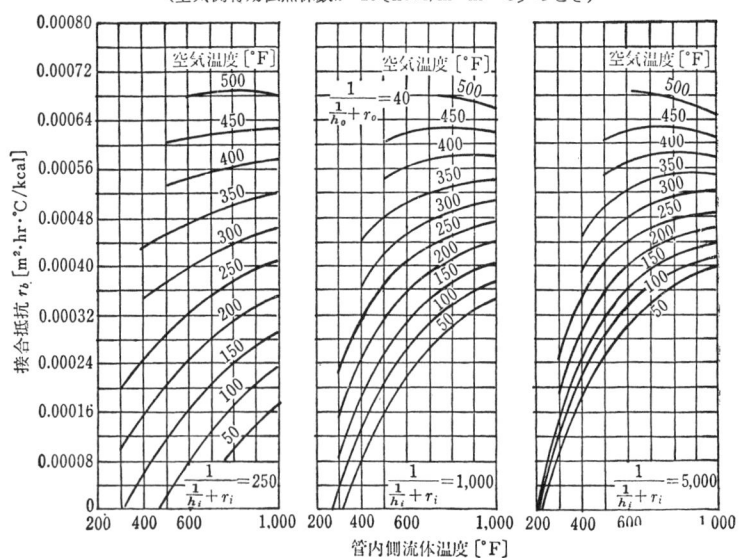

図 27・12(b)　フィン外径 2[in], 9フィン/in, L/C 型フィンチューブの接合抵抗
　　　　　（空気側有効伝熱係数が 40 [kcal/m²·hr·°C] のとき）

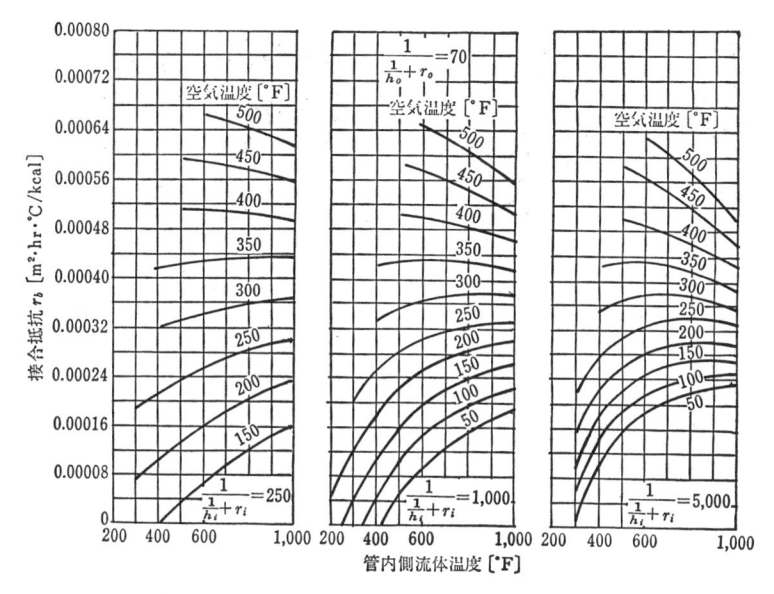

図 27・12(c) フィン外径 2[in], 9フィン/in, L/C 型フィンチューブの接合抵抗
(空気側有効伝熱係数が 70[kcal/m²・hr・°C] のとき)

の接合抵抗の値を図 27・12 に示す[4]。この図はフィンがアルミ, 芯管が鋼管 L/C の型フィンチューブ（表 27・1）についての実験値であるが, 一般の複合管フィンチューブにも適用できる。

## 27・4 空気側（管外側）境膜伝熱係数 $h_o$ および圧力損失 $\Delta P_s$

### 27・4・1 平滑円管群に流体が直交して流れる場合（図 27・13）[5]

**(1) 境膜伝熱係数 $h_o$**

$$\frac{h_o \cdot D_o}{k} = 0.33 \, C_H \cdot \Psi \cdot \left(\frac{D_o \cdot G_{max}}{\mu}\right)^{0.6} \cdot \left(\frac{C\mu}{k}\right)^{0.3} \quad \cdots\cdots(27 \cdot 6)$$

ここで,

$h_o$：管外側境膜伝熱係数 [kcal/m²・hr・°C]

$k$：流体の熱伝導率 [kcal/m・hr・°C]

$C_H$：配列方式とピッチ直径比, および Reynolds 数 $(D_o \cdot G_{max}/\mu)$ によって定まる係数で図 27・14 から求まる。

---

5) Fishinden, M. and O.A. Saunder : Introduction to Heat Transfer, Oxford Press. pp. 132～ (1950).

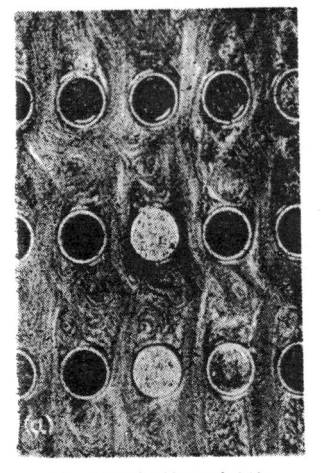

(a) 円管群に対する直交流
　　（4角直列配置）

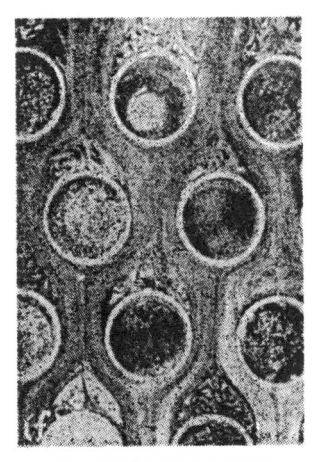

(b) 円管群に対する直交流
　　（3角錯列配置）

図 27・13

$\Psi$：管列数によって定まる補正係数で，管列数が10以上のときは $\Psi=1$ で，管列数が10以下のときは図27・15から求まる。

$C$：流体の比熱〔kcal/kg・℃〕

$\mu$：流体の粘度〔kg/m・hr〕

$G_{max}$：管列間を通るときの流体の最大質量速度〔kg/m²・hr〕

$$G_{max} = \frac{W_a}{(S_1 - D_o) \cdot L \cdot n_1} \quad \cdots\cdots(27\cdot7)$$

ここで，

$L$：伝熱管1本の長さ〔m〕

$S_1$：管配列ピッチ（図27・14参照）

$W_a$：流体（空気）の流量〔kg/hr〕

$n_1$：管列当りの管数〔—〕

(2) 圧力損失 $\Delta P_s$

$$\Delta P_s = 0.334 C_f \cdot n \cdot \frac{G_{max}^2}{2 g_c \rho} \quad \cdots\cdots(27\cdot8)$$

ここで，

$\Delta P_s$：管外側圧力損失〔Kg/m²〕

$n$：流れ方向の管列数〔—〕

## 27・4 空気側(管外側)境膜伝熱係数 $h_o$ および圧力損失 $\Delta P_s$

$$Re = \frac{D_o \cdot G_{max}}{\mu}$$

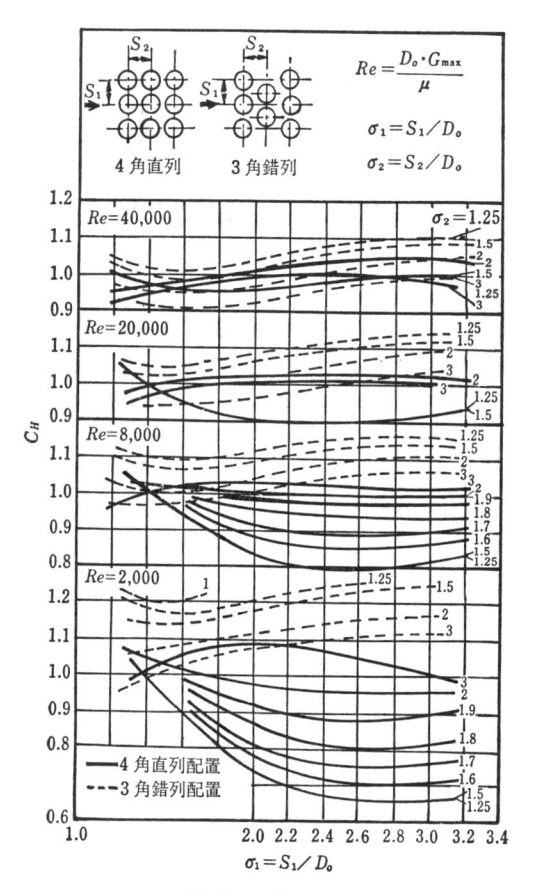

$\sigma_1 = S_1 / D_o$
$\sigma_2 = S_2 / D_o$

4角直列　　3角錯列

図 27・14　$C_H$ の値

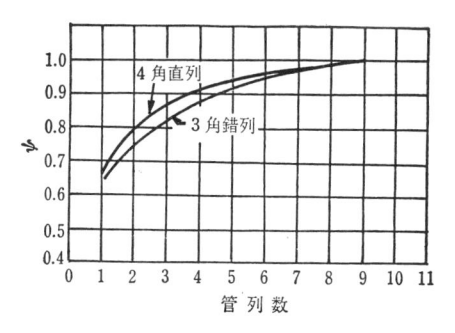

図 27・15　管列数による補正係数 $\Psi$

$C_f$：表 27・2 に示す係数〔—〕

$g_c$：重力の換算係数＝$1.27 \times 10^8$ 〔$kg \cdot m/hr^2 \cdot Kg$〕

表 27・2　$C_f$ の値

| 型　式 | | 4 角 直 列 配 置 | | | | 3 角 錯 列 配 置 | | | |
|---|---|---|---|---|---|---|---|---|---|
| $Re$ | $\sigma_1$ ＼ $\sigma_2$ | 1.25 | 1.50 | 2.0 | 3.0 | 1.25 | 1.50 | 2.0 | 3.0 |
| 2000 | 1.25 | 1.68 | 1.74 | 2.04 | 2.28 | 2.52 | 2.58 | 2.58 | 2.64 |
| | 1.5 | 0.79 | 0.97 | 1.20 | 1.56 | 1.80 | 1.80 | 1.80 | 1.92 |
| | 2.0 | 0.29 | 0.44 | 0.66 | 1.02 | 1.56 | 1.56 | 1.44 | 1.32 |
| | 3.0 | 6.12 | 0.22 | 0.40 | 0.60 | 1.30 | 1.38 | 1.13 | 1.02 |
| 8000 | 1.25 | 1.68 | 1.74 | 2.04 | 2.28 | 1.98 | 2.10 | 2.16 | 2.28 |
| | 1.5 | 0.83 | 0.96 | 1.20 | 1.56 | 1.44 | 1.60 | 1.56 | 1.56 |
| | 2.0 | 0.35 | 0.48 | 0.63 | 1.02 | 1.19 | 1.16 | 1.14 | 1.13 |
| | 3.0 | 0.20 | 0.28 | 0.47 | 0.60 | 1.08 | 1.04 | 0.96 | 0.90 |
| 20000 | 1.25 | 1.44 | 1.56 | 1.74 | 2.04 | 1.56 | 1.74 | 1.92 | 2.16 |
| | 1.5 | 0.84 | 0.96 | 1.13 | 1.46 | 1.10 | 1.16 | 1.32 | 1.44 |
| | 2.0 | 0.38 | 0.49 | 0.66 | 0.88 | 0.96 | 0.96 | 0.96 | 0.96 |
| | 3.0 | 0.22 | 0.30 | 0.42 | 0.55 | 0.86 | 0.84 | 0.78 | 0.74 |
| 40000 | 1.25 | 1.20 | 1.32 | 1.56 | 1.80 | 1.26 | 1.50 | 1.68 | 1.98 |
| | 1.5 | 0.74 | 0.85 | 1.02 | 1.27 | 0.88 | 0.96 | 1.08 | 1.20 |
| | 2.0 | 0.41 | 0.48 | 0.62 | 0.77 | 0.77 | 0.79 | 0.82 | 0.84 |
| | 3.0 | 0.25 | 0.30 | 0.38 | 0.46 | 0.78 | 0.68 | 0.65 | 0.60 |

**27・4・2　平滑楕円管群に流体が直交して流れる場合（図 27・16）[6]**

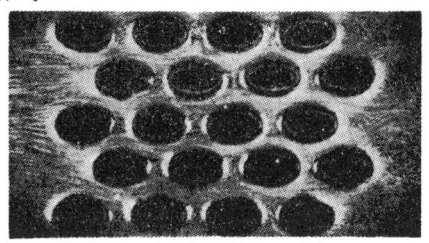

**（1）境膜伝熱係数 $h_o$**

図 27・16　楕円管群に対する直交流

$$\frac{h_o D_e}{k} = 0.236 \left(\frac{D_e \cdot G_{max}}{\mu}\right)^{0.62} \cdot \left(\frac{C\mu}{k}\right)^{1/3} \quad \cdots\cdots(27 \cdot 9)$$

ここで，$D_e$ は相当径〔m〕で

$$D_e = \frac{ab}{\sqrt{(a^2+b^2)/2}} \quad \cdots\cdots(27 \cdot 10)$$

6) Brauer, H : Chemical and Process Eng., pp. 451〜460 (1964).

$a, b$：楕円の長径，短径 〔m〕

楕円管の場合には，円管の場合のような管背後での剥離現象がないので，単一管の場合と管群の場合とで，伝熱係数の差はない。したがって，管列数による補正の必要はない。

**（2） 圧力損失 $\Delta P_s$**

$$\Delta P_s = n \cdot f \cdot \left(\frac{G^2_{max}}{2g_c\rho}\right) \quad \cdots\cdots\cdots(27\cdot11)$$

ここで，$f$ は摩擦係数で

$$f = 1.24(D_eG_{max}/\mu)^{-0.24} \quad \cdots\cdots\cdots(27\cdot12)$$

**27・4・3 円芯管-円形フィンチューブに対して流体が直交して流れる場合（図 27・17）**

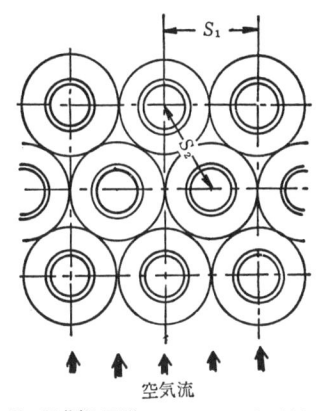

空気流

図 27・17 円芯管-円形フィンチューブに対する直交流

**（1） 境膜伝熱係数：** Briggs ら[7]は正3角錯列配置の場合について，次の実験式を提出している。

$$\frac{D_rh_o}{k} = 0.1378\left(\frac{D_rG_{max}}{\mu}\right)^{0.718} \cdot \left(\frac{C\mu}{k}\right)^{1/3} \cdot \left(\frac{Y}{H_f}\right)^{0.296} \quad \cdots\cdots(27\cdot13)$$

ここで，

　　$Y$：フィンとフィンの間の間隙（図 27・11 参照）〔m〕

　　$H_f$：フィン高さ〔m〕

Schmidt[8] は，従来発表されているデータを整理して，次式を提出している。

正3角錯列配置の場合

---

7) Briggs, D. E. and E. H. Young : Chem. Eng. Progr. Symp. Ser., vol. 59, No. 41, pp. 1~10 (1963).
8) Schmidt, T. E : Kältetechnik, vol. 15, No. 12, pp. 370~378 (1963).

$$\frac{D_r h_o}{k} = 0.45 \left(\frac{D_r G_{max}}{\mu}\right)^{0.625} \cdot \left(\frac{A_o}{A_o^*}\right)^{-0.375} \cdot \left(\frac{C\mu}{k}\right)^{1/3} \quad \cdots\cdots\cdots(27\cdot14)$$

4角直列配置のとき

$$\frac{D_r h_o}{k} = 0.30 \left(\frac{D_r G_{max}}{\mu}\right)^{0.625} \cdot \left(\frac{A_f}{A_o^*}\right)^{-0.375} \cdot \left(\frac{C\mu}{k}\right)^{1/3} \quad \cdots\cdots\cdots(27\cdot15)$$

ここで, $A_o^*$ は裸管面積$=\pi D_r$ [m²/m] である。

式 (27・14), (27・15) の適用範囲は

$$5 < \left(\frac{A_f}{A_o^*}\right) < 12$$

( 2 ) 圧力損失 $\Delta P_s$ :　Briggs[9] は3角錯列配置のときの相関式として, 次式を提出している。

$$\Delta P_s = f \frac{n G_{max}^2}{2 g_c \rho} \quad \cdots\cdots\cdots\cdots\cdots\cdots\cdots\cdots\cdots\cdots\cdots(27\cdot16)$$

摩擦係数 $f$ は

$$f = 37.86 \left(\frac{D_r G_{max}}{\mu}\right)^{-0.316} \cdot \left(\frac{S_1}{D_r}\right)^{-0.927} \cdot \left(\frac{S_1}{S_2}\right)^{0.515} \quad \cdots\cdots\cdots(27\cdot17)$$

ここで,

$G_{max}$ : 管列間を流れるときの流体の最大質量速度 [kg/m²・hr]

$n$ : 流れ方向の管列数 〔—〕

$\left.\begin{array}{c} S_1: \\ S_2: \end{array}\right\}$ 管配列ピッチ 〔m〕　図 27・17 参照

**27・4・4** 円芯管-長方形フィンのフィンチューブに対して流体が直交して流れる場合(図 27・18)

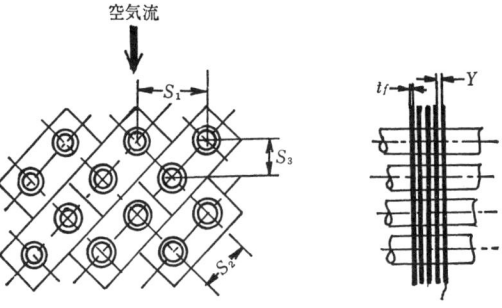

図 27・18　円芯管-長方形フィンに対する直交流

9) K.K. Robinson and D.E. Briggs : Chem. Eng. Progr. Symp. Ser., vol. 62, No. 64, pp. 177~184 (1966).

## 27・4 空気側(管外側)境膜伝熱係数 $h_o$ および圧力損失 $\Delta P_s$

**(1) 境膜伝熱係数 $h_o$:** Vampola[10] は次式を提出している。

$S_1 \geq S_3$ のとき

$$\frac{h_o D_e}{k} = 0.251 \left(\frac{D_e G_{\max}}{\mu}\right)^{0.67} \cdot \left(\frac{S_1-D_r}{D_r}\right)^{-0.2} \cdot \left(\frac{S_1-D_r}{Y}+1\right)^{-0.2}$$

$$\times \left(\frac{S_1-D_r}{S_2-D_r}\right)^{0.4} \quad \cdots\cdots(27\cdot18)$$

ここで，$D_e$ は相当径 [m] で，次式で与えられる。

$$D_e = \frac{A_r D_r + A_f \sqrt{A_f/(2n_f)}}{A_r + A_f} \quad \cdots\cdots(27\cdot19)$$

ここで，

$n_f$：単位長さ当りのフィン数 [一]

$A_r$：管1本の単位長さ当りのフィンの無い部分の表面積 [m²/m]

$A_f$：単位長さ当りのフィンの表面積 [m²/m]．図 27・18 のように，2本の管に1枚のフィンがつくときは，フィンの半分を1本の管で受け持つものと見なす。

**(2) 圧力損失 $\Delta P_s$**

$$\Delta P_s = f \frac{nG_{\max}^2}{2g_c\rho} \quad \cdots\cdots(27\cdot20)$$

摩擦係数 $f$ は

$$f = 1.463 \left(\frac{D_e \cdot G_{\max}}{\mu}\right)^{-0.245} \cdot \left(\frac{S_1-D_r}{D_r}\right)^{-0.9} \cdot \left(\frac{S_1-D_r}{Y}+1\right)^{0.7} \cdot \left(\frac{D_e}{D_r}\right)^{0.9}$$

$$\cdots\cdots(27\cdot21)$$

## 27・5 設計手順

Smith[11] は次の設計手順を提出している。

(1) プロセス流体の温度条件から，伝熱量 $Q$ [kcal/hr] を決定する。

(2) 空気入口設計温度 $t_1$ を選ぶ。$t_1$ として7，8月の毎日最高気温の月平均にその10％内外を加えた値を採れば充分である。各地の毎日最高気温の月平均を表 27・3 に示した。

(3) 管内側の設計圧力・管材質・管寸法・厚みを定める。普通管径 1 [in]，フィン外径 2¹/₄ [in]，9～12 [fins/in] のフィンチューブを，ピッチ 2.38 [in] 前後にて3角錯列配置とする。

---

10) Vampola, J : Chem. Techn., vol. 27, No. 1, pp. 26～29 (1965).
11) Smith, E.C : Chem. Eng., vol. 65, pp. 145～ (1958).

表 27・3 各地の毎日最高気温の月平均値 〔°C〕

|  | 7 月 | 8 月 |
|---|---|---|
| 宮 崎 | 30.7 | 31.2 |
| 大 分 | 29.6 | 30.5 |
| 岡 山 | 29.9 | 31.7 |
| 大 阪 | 31.0 | 32.8 |
| 静 岡 | 29.1 | 30.7 |
| 東 京 | 29.2 | 30.7 |
| 福 島 | 28.9 | 30.5 |
| 新 潟 | 27.9 | 30.2 |

表 27・4 空冷式熱交換器の総括伝熱係数の概略値
$U^*$ （裸管表面積基準）〔kcal/m²・hr・°C〕

| 凝 縮 の 場 合 | kcal/m²・hr・°C |
|---|---|
| アミン反応器 | 450～500 |
| アンモニア | 500～600 |
| フレオン | 300～400 |
| 重ナフサ | 300～350 |
| 軽ナフサ | 350～400 |
| 軽ガソリン | 400 |
| 軽炭化水素 | 400～475 |
| 反応生成ガス（プラットフォーマ，ハイドロフォーマ，レクスフォーマ） | 300～400 |
| 水蒸気（0～1.5 Kg/cm²・G） | 650～700 |
| 塔頂ガス（軽ナフサ，水蒸気および非凝縮性ガス） | 300～350 |
| ガ ス 冷 却 の 場 合 | |
| 空気または煙道ガス @3.5 Kg/cm²・G（$\Delta P$=0.07 Kg/cm²） | 50 |
| 空気または煙道ガス @7 Kg/cm²・G（$\Delta P$=0.15 Kg/cm²） | 100 |
| 空気または煙道ガス @7 Kg/cm²・G（$\Delta P$=0.35 Kg/cm²） | 150 |
| アンモニア反応器ガス | 80～90 |
| 炭化水素ガス @1～3.5 Kg/cm²・G（$\Delta P$=0.07 Kg/cm²） | 150～200 |
| 炭化水素ガス @3.5～20 Kg/cm²・G（$\Delta P$=0.2 Kg/cm²） | 250～300 |
| 炭化水素ガス @20～100 Kg/cm²・G（$\Delta P$=0.35 Kg/cm²） | 350～450 |

## 27·5 設計手順

| 液体冷却の場合 | |
|---|---|
| エンジン冷却水 | 600～650 |
| プロセスの水 | 525～600 |
| ハイドロフォーマ,プラットフォーマ流出液 | 350 |
| 軽炭化水素 | 375～475 |
| 軽ナフサ | 350 |
| 軽質軽油 | 300～350 |
| 重質軽油 | 250～300 |
| 燃料油 | 100～150 |
| 潤滑油 | 75～125 |
| 残渣油 | 80～100 |
| タール | 25～50 |

表 27·5 前面風速,面積比,重量指数の標準値

| 項目 \ 管列数 | | 3 | 4 | 5 | 6 | 7 | 8 | 9 | 10 | 11 | 12 |
|---|---|---|---|---|---|---|---|---|---|---|---|
| 前面風速 | [m/min] | 190 | 180 | 170 | 165 | 155 | 150 | 140 | 135 | 130 | 125 |
| 面積比 | $(A^*/A_F)$ | 3.80 | 5.04 | 6.32 | 7.60 | 8.84 | 10.08 | 11.36 | 12.64 | 13.92 | 15.20 |
| 重量指数 | $[kg/m^2(A_F)]$ | 320 | 365 | 390 | 430 | 495 | 560 | 615 | 640 | 685 | 720 |

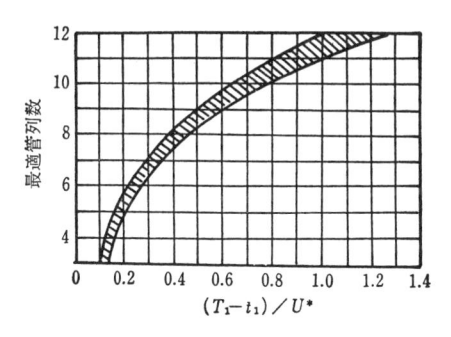

図 27·19 最適管列数

(4) 表 27·4 から総括伝熱係数 $U^*$ (裸管面積基準) を選ぶ。

(5) $(T_1-t_1)/U^*$ を計算し,図 27·19 から最適管列数を求める。

(6) 表 27·5 から標準前面風速 $V_F$[m/min],前面面積と伝熱面積(裸管面積基準の比 $A^*/A_F$,重量指数 $[kg/m^2(A_F)]$ を求める。標準前面風速とは,空気状態を 21

〔°C〕，1気圧，$\rho=1.2$〔kg/m³〕，比熱を 0.24〔kcal/kg・°C〕としたときの前面風速である。

(7) 試行錯誤法によって所要伝熱面積を求める。
  (a) 空気温度上昇 $(t_2-t_1)$ を仮定する。
  (b) 次式により前面面積 $A_F$〔m²〕を求める。

$$A_F = \frac{Q}{(t_2-t_1)\times 17.3\times V_F} \quad\cdots\cdots\cdots(27\cdot 22)$$

  (c) 空気入口，出口温度 $t_1$, $t_2$ およびプロセス流体入口，出口温度 $T_1$ および $T_2$ を用いて対数平均温度差 $\Delta T_{lm}$ および温度差補正係数 $F$ を求める。
  (d) 所要伝熱面積（裸管面積基準）$A^*$ を，次式により計算する。

$$A^* = \frac{Q}{U^*\cdot \Delta T} \quad\cdots\cdots\cdots(27\cdot 23)$$

  (e) ここで得られた値を表 27・5 から求めた面積比で除して，(b)で得られた値と比較する。
  (f) この両者が一致しなければ，改めて $t_2$ を仮定し直して，上記の過程を，両者が一致するまで繰り返す。

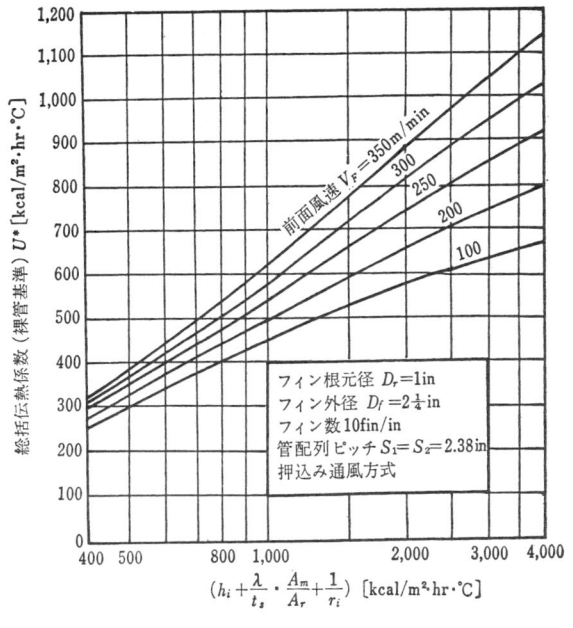

図 27・20 $U^*$ の概略値

(8) 詳細チェック: 管内側パス数を仮定し, $h_i$ を計算する。空気側伝熱係数, 圧力損失, 送風機動力などの詳細計算を行なう。なお, 送風機の駆動動力 $M$ [kW] は, 次式で計算することができる。

$$M = \frac{0.0098 \times V \times \Delta P_s}{60 \times \eta_F \times \eta_d}$$

·········(27·24)

ここで,

$V$: 送風機入口の実風量 [m³/min]

$\eta_F$: 送風機効率≒0.65

$\eta_d$: 駆動系の機械効率≒0.95

(9) 詳細設計を行なわず, $U^*$ の概略値を知りたいときには, 管内側境膜伝熱係数 $h_i$, 管内側汚れ係数 $r_i$, および管金属抵抗 $(A_r t_s / A_m \lambda)$ を知れば, 図 27·20 を使用すると便利である。また, 前面風速 $V_F$ [m/min] と管列数 $n$ とから圧力損失 $\Delta P_s$ の概略値を図 27·21 から求めることができる。また, 表 27·5, 図 27·22 から熱交換器重量, 送風馬力の概略値を知ることができる。

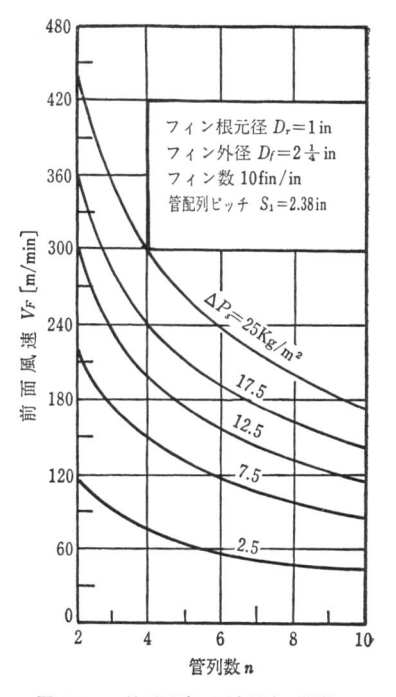

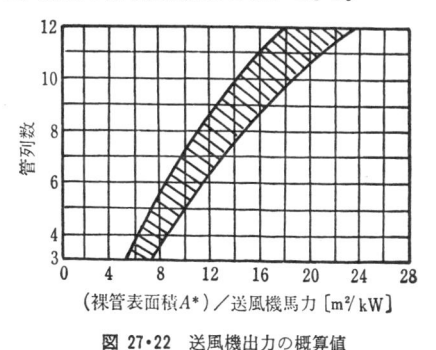

図 27·21 前面風速と圧力損失の関係

図 27·22 送風機出力の概算値

## 27·6 管側流体温度の制御方式

管内側流体の温度は空気入口温度の変化に応じて急激に変化する。管側流体の出口温度

を一定に保つための制御方式としては，次の方法がある。

(1) シャッタの開度を変える方法（図 27・23(a)）
(2) 送風機の回転数を変える方法（図 27・23(b)）
(3) 送風機の羽根のピッチを変える方法（図 27・23(c)）

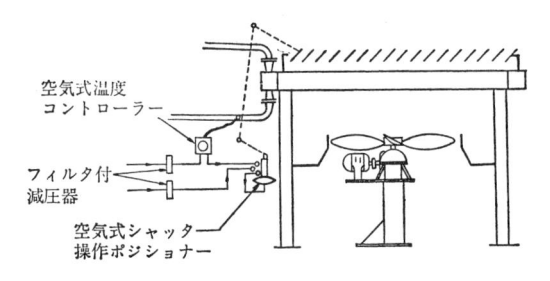

図 27・23(a)　シャッタ開度を変える制御方式

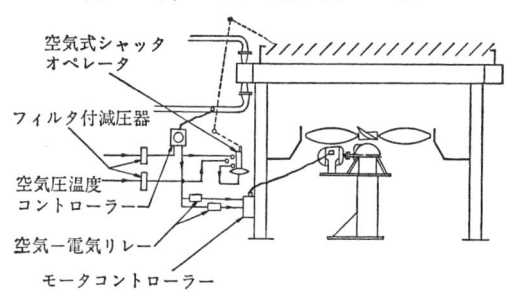

図 27・23(b)　シャッタ開度およびモーター回転数を変える制御方式

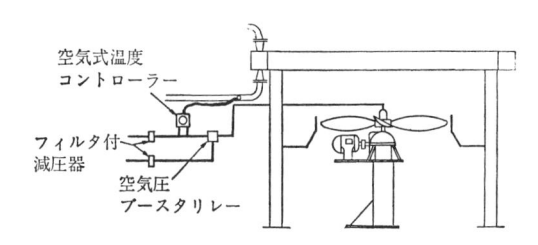

図 27・23(c)　ファンの羽根ピッチを変える制御方式

この中で(3)の方法が一般に用いられる。図 27・24 に可変ピッチのファンブレードの構造図を示した。外気温度の変動に対応して，送風機の羽根のピッチを変えることによって，送風量の調節した場合の消費動力の節約を図 27・25 に示した。この方法によって，年間の平均消費動力は夏期の設計動力の30パーセント前後になるのが普通であり，経済検討

27・7 価　　格

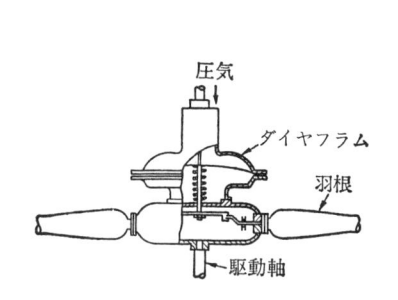

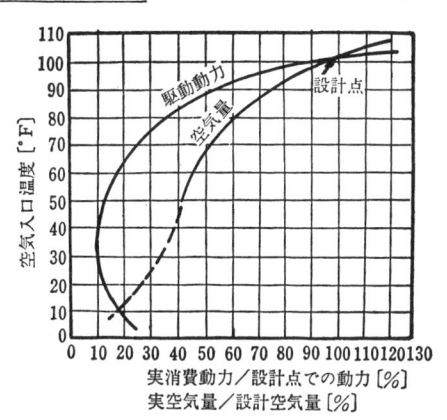

図 27・24　可変ピッチファン

図 27・25　自動可変ピッチファンによる温度コントロールと動力の節約

を行なう場合は，このことに充分留意しなければならない．

## 27・7　価　　格

管長 10 [m]，フィン外径 57 [mm]，フィン根元径 25.4 [mm] のフィンチューブを使

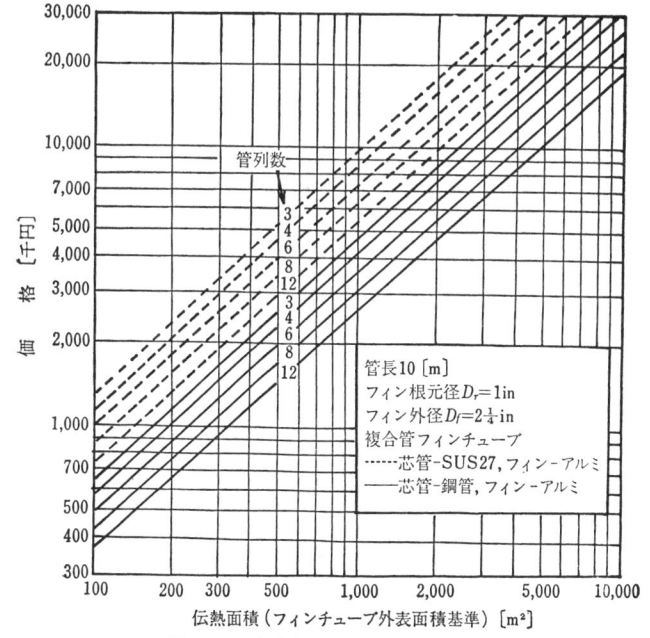

図 27・26　空冷式熱交換器の管束の価格

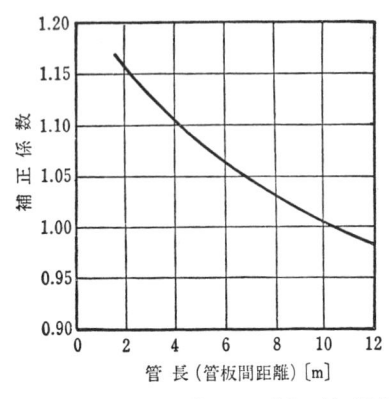

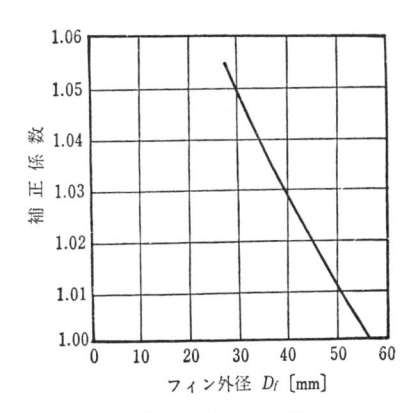

図 27・27 フィン外径による価格の補正係数　　図 27・28 管長による価格の補正

用した空冷式熱交換器の管束（ファン，モータを含まず）の価格を図 27・26 に示した。管長，フィン外径が図 27・26 のものと異なる場合には，図 27・27，図 27・28 の補正係数を乗じて価格を求めることができる。ファン（モータ，スイッチを含む）の価格を図 27・29 に示した。

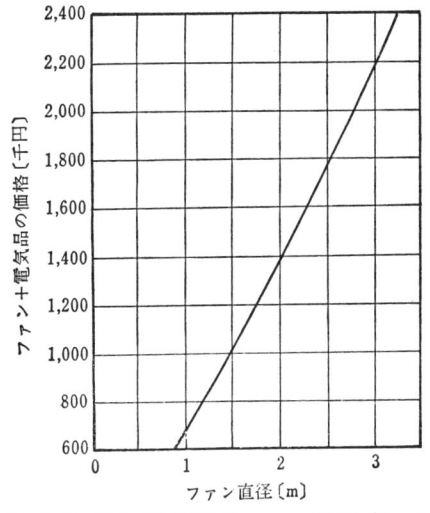

図 27・29 空冷式熱交換器用ファン＋電気品（モータ，スイッチ）の価格

## 27・8 設計例

〔例題 27・1〕 80〔°C〕の水 700〔m³/hr〕を，70〔°C〕まで冷却する空冷式熱交換器を

## 27・8 設計例

設計する。設計空気温度を 35 [°C] とする。

**〔解〕**

**(1) 概略計算**

(a) 表 27・4 から,裸管表面積基準の総括伝熱係数 $U^*$ を 500 [kcal/m²/hr・°C] と仮定する。

$$(T_1-t_1)/U^* = (70-35)/500 = 0.07$$

(b) 図 27・19 から最適管列数 $n=3$ となるが,ここでは $n=10$ として計算する。

(c) 表 27・5 から

前面風速  $V_F = 135$ [m/min]
面積比   $A^*/A_F = 12.64$
重量指数  $W_A = 640$ [kg/m²($A_F$)]

(d) 空気の温度上昇を 40.5 [°C] と仮定する。

$t_2 - t_1 = 40.5$

$Q = (80-70) \times 1 \times 700,000 = 7,000,000$ [kcal/hr]

式 (27・22) から前面面積 $A_{F1}$ は,

$$A_{F1} = \frac{Q}{(t_2-t_1) \times 17.3 \times V_F} = \frac{7,000,000}{40.5 \times 17.3 \times 135} = 74.5 \text{ [m}^2\text{]}$$

$$\Delta T_{lm} = \frac{|T_1-t_2|-|T_2-t_1|}{\ln\left(\dfrac{T_1-t_2}{T_2-t_1}\right)} = \frac{4.5-35}{\ln\left(\dfrac{4.5}{35}\right)} = 14.9 \text{ [°C]}$$

温度差補正係数 $F_t = 1$ と仮定する。

$A^* = Q/(U^* \cdot \Delta T) = 7,000,000/(500 \times 14.9) = 940$ [m²]

$A_{F2} = 940/12.64 = 74.5$ [m²]

$A_{F2} \fallingdotseq A_{F1}$($A_{F2} \neq A_{F1}$ となった場合には,$A_{F2} = A_{F1}$ となるまで試行を繰り返す必要がある)

(e) 概算計算

概略重量 $= 74.5 \times 640 = 47,800$ [kg]

図 27・22 から

送風機動力 $= 940/16 = 58.8$ [kW]

**(2) 詳細計算**

(a) フィンチューブの仕様および配列: 古河電工 L/C 型フィンチューブを使用する。

材質:ライナー管(鋼)  $\lambda_l = 46$ [kcal/m・hr・°C]
   フィン(アルミ)  $\lambda_f = 175$ [kcal/m・hr・°C]

フィンチューブ寸法 (表 27・1 参照)

$D_i = 21.0$ [mm], $Y = 2.73$ [mm], $D_b = 25.4$ [mm]
$H_f = 15.03$ [mm], $D_r = 27.94$ [mm], $D_f = 57.97$ [mm]

$t_f=0.45$ [mm], フィン枚数 $n_f=8/\text{in}=315/\text{m}$

フィンチューブ配列（正3角錯列配置）

$S_1=S_3=61.5$ [mm]

**(b) 伝熱係数，圧力損失計算に必要な諸元**

フィン表面積

$$A_f=2(\pi/4)[(57.97)^2-(27.94)^2]\times315\times10^{-6}=1.43 \text{ [m}^2/\text{m]}$$

フィン無し部表面積

$$A_r=\pi D_r(1-2t_f n_f)=\pi\times0.02794\times(1-2\times0.00045\times315)$$
$$=0.062 \text{ [m}^2/\text{m]}$$

全外表面積

$$A_o=A_f+A_r=1.492 \text{ [m}^2/\text{m]}$$

接合部表面積

$$A_b=\pi D_b=\pi\times0.0254=0.080 \text{ [m}^2/\text{m]}$$

管内表面積

$$A_i=\pi D_i=\pi\times0.0210=0.066 \text{ [m}^2/\text{m]}$$

裸管外表面積

$$A_o{}^*=\pi D_r=\pi\times0.02794=0.0876 \text{ [m}^2/\text{m]}$$

ライナー管厚み： $t_{ls}=0.0022$ [m]

フィン管の厚み： $t_{fs}=0.00127$ [m]

空気側最小流路断面積

$$a_o=\frac{(S_1-D_r)-2n_f t_f H_f}{S_1}$$
$$=\frac{0.0615-0.02794-2\times315\times0.00045\times0.01503}{0.0615}$$
$$=0.477 \text{ [m}^2/\text{m}^2(A_F)]$$

管内流路断面積

$$a_i=(\pi/4)\times(0.021)^2=3.47\times10^{-4} \text{[m}^2/\text{本]}$$

**(c) 管束の寸法：** 概算計算の結果から，管束の寸法をつぎのように定める。

管束の長さ $L=10$ [m]

管束の幅 $B=7.45$ [m]

管列数 $n=10$

1列当りの管数 $n_1=120$ 本（偶数列） 119 本（奇数列）

全管数 $N=1,195$

全伝熱面積

フィン管外周面積基準伝熱面積 $A$

$$A=1,195\times10\times1.49=17,800 \text{ [m}^2]$$

裸管表面積基準伝熱面積 $A^*$

$A^* = 1,195 \times 10 \times 0.0876 = 1,040 \ [\text{m}^2]$

**(d) 空気側境膜伝熱係数 $h_o$**

最大質量速度 $G_{\max}$

$$G_{\max} = \frac{V_F \times 60 \times \rho}{a_o} = \frac{135 \times 60 \times 1.2}{0.477} = 20,400 \ [\text{kg/m}^2 \cdot \text{hr}]$$

空気の平均温度 $t_m$

$$t_m = \frac{t_1 + t_2}{2} = \frac{35 + 75.5}{2} = 55 \ [^\circ\text{C}]$$

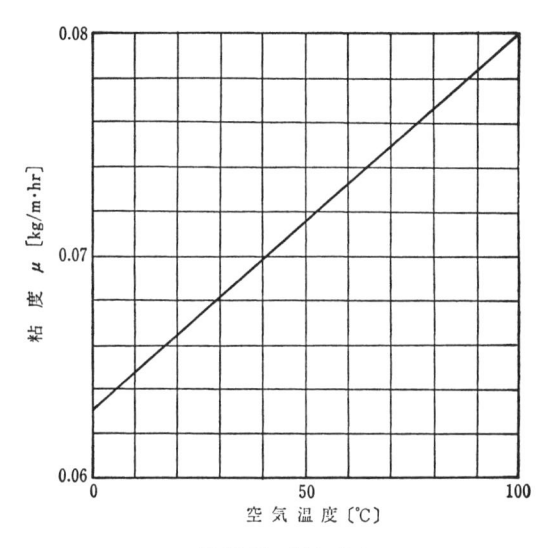

図 27・30 空気の粘度

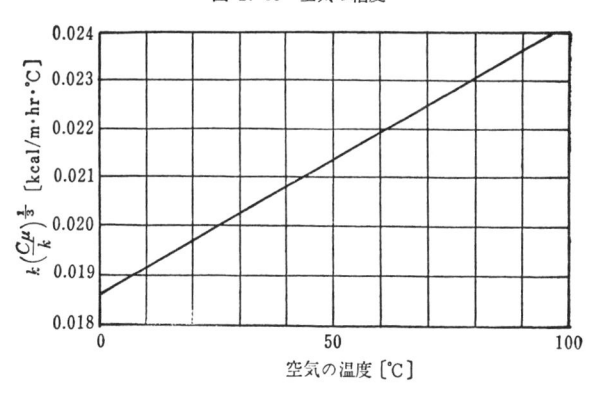

図 27・31 空気の $k \left( \dfrac{C\mu}{k} \right)^{1/3}$ の値

空気の粘度 $\mu$
　図 27・30 から $\mu = 0.0072$ [kg/m・hr]
Reynolds 数 $Re$
$$Re = \frac{D_r \cdot G_{max}}{\mu} = \frac{0.02794 \times 20,400}{0.072} = 7,900$$
境膜伝熱係数 $h_o$
　図 27・31 から $k(C\mu/k)^{1/3} = 0.0215$
　式 (27・13) から
$$h_o = 0.1378 \left(\frac{1}{D_r}\right)\left(\frac{D_r G_{max}}{\mu}\right)^{0.718} k\left(\frac{C\mu}{k}\right)^{1/3}\left(\frac{Y}{H_f}\right)^{0.296}$$
$$= 0.1378 \times \frac{1}{0.02794} \times (7,900)^{0.718} \times 0.0215 \times \left(\frac{0.00273}{0.01503}\right)^{0.296}$$
$$= 41.0 \text{ [kcal/m}^2\cdot\text{hr}\cdot\text{°C]}$$
**(e) フィン効率 $E_f$**：　図 7・9 を用いてフィン効率を求める。
　$r_e - r_b = H_f = 0.0153$ [m]
　$r_e/r_b = D_f/D_r = 0.05797/0.02794 = 2.07$
　空気側汚れ係数 $r_o = 0$ と見なすと，$h_o' = h_o = 41.0$
　$y_b = t/2 = 0.000225$
　$(r_e - r_b)\sqrt{h_o'/(\lambda_f y_b)} = 0.0153\sqrt{41.0/(175 \times 0.000225)} = 0.494$
図 7・9 から，$E_f = 0.925$
**(f) フィンの伝熱抵抗 $r_f$**：　式 (27・5) から
$$r_f = \left(\frac{1}{41.0} + 0\right)\left[\frac{1 - 0.925}{0.925 + (0.062/1.43)}\right]$$
$$= 0.00190 \text{ [m}^2\cdot\text{hr}\cdot\text{°C/kcal]}$$
**(g) 接合抵抗 $r_b$**：　管内流体温度が 200 [°F] 以下であるので，図 27・12 から，
　$r_b = 0$
**(h) 管内境膜伝熱係数 $h_i$**
　質量速度：$G_t$
$$G_t = \frac{W_t \times n_{t,pass}}{N \times a_i}$$
　管側パス数 $n_{t,pass} = 2$ とする。
$$G_t = \frac{700,000 \times 2}{1,195 \times 3.47 \times 10^{-4}} = 3,400,000 \text{ [kcal/m}^2\cdot\text{hr]}$$
　管内流速 $u$
　　$u = G_t/\rho = 3,400$ [m/hr] $= 0.95$ [m/sec]
図 8・8 から $h_i = 5,450$ [kcal/m$^2\cdot$hr・°C]
**(i) 管金属抵抗**

## 27・8 設　計　例

ライナー管：
$$A_{lm} \fallingdotseq (A_i+A_b)/2=0.073 \text{ [m}^2\text{/m]}$$
$$\left(\frac{A_o}{A_{lm}}\right)\frac{t_{ls}}{\lambda_l}=\left(\frac{1.492}{0.073}\right)\left(\frac{0.0022}{46}\right)=0.00098 \text{ [m}^2\cdot\text{hr}\cdot°\text{C/kcal]}$$

フィン管：
$$A_{fm} \fallingdotseq (A_b+A_o{}^*)/2=0.084 \text{ [m}^2\text{/m]}$$
$$\left(\frac{A_o}{A_{fm}}\right)\frac{t_{fs}}{\lambda_f}=\left(\frac{1.492}{0.084}\right)\left(\frac{0.00127}{175}\right)=0.00013 \text{ [m}^2\cdot\text{hr}\cdot°\text{C/kcal]}$$

(j) **管内側汚れ係数** $r_i$
$$r_i=0.0001 \text{ [m}^2\cdot\text{hr}\cdot°\text{C/kcal]}$$

とする。

(k) **総括伝熱係数** $U$ **および** $U^*$： 式 (27・4) から
$$\frac{1}{U}=\frac{1}{41}+0+0.00190+0.00098+0.00013+0.0001\left(\frac{1.492}{0.066}\right)$$
$$+\frac{1}{5,450}\left(\frac{1.492}{0.066}\right)=0.0332$$
$$U=30.2 \text{ [kcal/m}^2\cdot\text{hr}\cdot°\text{C]}$$
$$U^*=U(A_o/A_o{}^*)=513 \text{ [kcal/m}^2\cdot\text{hr}\cdot°\text{C]}$$

したがって，最初に仮定した $U^*=500$ [kcal/m²・hr・°C] は，ほぼ妥当であることが判る。

(l) **温度差補正係数** $F_t$
$$E_A=\frac{t_2-t_1}{T_1-t_1}=\frac{75.5-35}{80-35}=0.90$$
$$R_A=\frac{T_1-T_2}{t_2-t_1}=\frac{80-70}{75.5-35}=0.247$$

図 3・158 から $F_t=0.93$

(m) **所要伝熱面積** $A$
$$A=\frac{Q}{U\cdot F\cdot \Delta T_{lm}}=\frac{7,000,000}{30.2\times 0.93\times 14.9}=16,800 \text{ [m}^2\text{]}$$

本設計の熱交換器の伝熱面積は 17,800 [m²] あるので，約 5% の余裕があることになる。

(n) **空気側圧力損失** $\Delta P_s$： 管束での空気の平均温度は $(75.5+35)=55$ [°C] であるので，空気の密度は $\rho=1.04$ [kg/m³] である。式 (27・17) から，摩擦係数 $f$ は
$$f=37.86\left(\frac{0.02794\times 20,400}{0.072}\right)^{-0.316}\left(\frac{0.0615}{0.02794}\right)^{-0.927}\left(\frac{0.0615}{0.0615}\right)^{0.515}=1.07$$

式 (27・16) から，圧力損失 $\Delta P_s$
$$\Delta P_s=f\frac{nG^2_{max}}{2g_c\rho}=1.07\times\frac{10\times (20,400)^2}{2\times 1.27\times 10^8\times 1.04}=15.8 \text{ [Kg/m}^2\text{]}$$

これは管束での摩擦損失だけであるので，管束出入口での圧力損失を加えて $\Delta P_s$ = 18 [kg/m²] と見なす。

**(o) 送風機動力 $M$**

風量 $V = V_F \times A_F = 135 \times 74.5 = 10,000$ [m³/min]

式(27·24)から

$$M = \frac{0.0098 \times V \times \Delta P_s}{60 \times \eta_F \times \eta_d} = \frac{0.0098 \times 10,000 \times 18}{60 \times 0.65 \times 0.95} = 48 \text{ [kW]}$$

**(p) 管内側流体の圧力損失 $\Delta P_T$**

水の粘度 $\mu = 1.4$ [kg/m·hr]

Reynolds 数 $Re$

$$Re = \frac{D_i \cdot G_t}{\mu} = \frac{0.021 \times 3,400,000}{1.4} = 51,000$$

摩擦係数は図 11·32 から

$f_t = 0.005$

直管部の圧力損失 $\Delta P_t$

$$\Delta P_t = \frac{4 f_t \cdot G_t{}^2 \cdot L \cdot n_{t,\text{pass}}}{2 g_c \cdot \rho \cdot D_i} \left(\frac{\mu}{\mu_w}\right)^{0.14}$$

$$= \frac{4 \times 0.005 \times (3,400,000)^2 \times 10 \times 2 \times 1}{2 \times 1.27 \times 10^8 \times 1,000 \times 0.021} = 870 \text{ [Kg/m²]}$$

方向変換による圧力損失 $\Delta P_r$

$$\Delta P_r = \frac{4 G_t{}^2 \cdot n_{t,\text{pass}}}{2 g_c \cdot \rho} = \frac{4 \times (3,400,000)^2 \times 2}{2 \times 1.27 \times 10^8 \times 1,000} = 276 \text{ [Kg/m²]}$$

管内流体側の全圧力損失は

$$\Delta P_T = \Delta P_t + \Delta P_r = 870 + 276 = 1,146 \text{ [Kg/m²]}$$

**(q) 価格**

図 27·26 から，管束の価格 = 34,000 [千円]

図 27·29 から，ファンおよび電気品の価格 = 2,400 × 4 基
= 9,600 [千円]

# 第28章 ハンプソン式熱交換器の設計法

## 28・1 特徴および用途

酸素製造設備などのいわゆる低温プラントに用いる熱交換器は,熱損失ができるだけ少ないものが望まれ,したがって小形でしかも伝熱面積が大きくとれるものが要求される。ハンプソン式熱交換器は,この要求を満足する熱交換器の一つの型式で,非常によく利用されているものである。

低温装置用熱交換器に要求される条件を考えると,次のようなことがあげられる[1]。

(1) コンパクトであること

低温装置は極低温の機器を,保冷槽にまとめて入れて保冷損失を極小におさえる必要がある。したがって,熱交換器もできるだけ小さくすることが必要で,保冷槽を小さくまとめるのに有利でなければならない。

(2) 熱交換効率が高いこと

低温装置では,装置が低温であるために熱が外部から低温部に侵入して起こる保冷損失と,熱交換効率が100%でないために起こる熱損失とがある。これらの熱損失を補償して装置を必要な低温に保持するために,冷凍機を用いたり,圧力をあげてジュールトムソン効果を利用したり,膨張タービンなどにより寒冷を発生させている。

これらの寒冷を発生するためには,多少なりとも動力を必要とする。したがって,熱交換率を極めて高くし,少ない寒冷発生で熱損失を補償できるようにすることは,装置の消費動力を小さくすることになり,運転コストに大きく影響する。

(3) 低温用材料を使用すること

低温ぜい性のために鉄は使用することができず,銅・アルミ・ステンレス鋼などの系統の低温に適した材料を使用しなければならない。

(4) その他,空気分離装置の蓄冷器あるいは再生式可逆熱交換器などのような,水分および炭酸ガスを凝縮除去する特殊な場合を除いては,一般に腐食などの心配のない場合が多いことも特徴の一つである。

以上の条件を満足し,実用化されているもののなかで,主なものはハンプソン式熱交換器,蓄冷器(蓄熱式熱交換器),再生式可逆熱交換器(プレートフィン式熱交換器)であ

---

1) 堀川正秀:産業機械,44年7月号,pp. 26〜28.

る。

　これらはいずれも低温装置の主要部分に採用されているが，プレートフィン式熱交換器は，その構造操作圧力が 40 [Kg/cm$^2$] 以下の場合にしか用いられないのに比べて，ハンプソン式熱交換器は操作圧力 200 [Kg/cm$^2$ G] くらいの高圧のものに至るまで使用可能で，大形空気分離装置の過冷却器，液化器をはじめ，液体酸素，液体窒素プラントの主要熱交換器として最も広く使用されている。なお，蓄冷器は，もっぱら空気分離装置に入る水分および炭酸ガスを含んだ空気の冷却と同時に，これら不純物の除去を目的として採用され，使用先が限定されている。

## 28・2　構造および使用上の注意点[1]

　代表的なハンプソン式熱交換器の一例を図 28・1 に示す。図 28・2 はその要領図である。ハンプソン式熱交換器はこれらの図に示すように，芯になる内筒（芯金と称する）のまわ

**図 28・1**　ハンプソン式熱交換器の管束

**図 28・2**　（単管）ハンプソン式熱交換器要領図

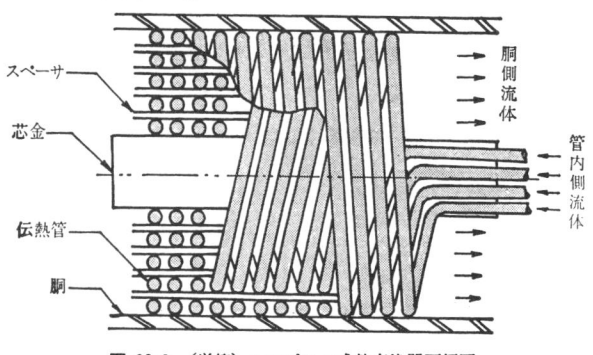

## 28・2 構造および使用上の注意点

りにスペーサを介して,何層にも小径の伝熱管をらせん状に順次巻きつけたものである。伝熱管の巻き方向は,各コイル層で反対になっていて,伝熱管の半径方向の間隔はスペーサ(針金を普通用いる)によって調節される。伝熱管は直径 6 [mm]～10 [mm] 程度の比較的細いものが使用され,スペーサは直径 1 [mm]～5 [mm] の針金か,もしくは 1 [mm]～5 [mm] の厚さの帯状の金属板が用いられ,また伝熱管の巻き角度は 5～20 度とするのが普通である。したがって,熱交換器の主要部分となる伝熱部は,細い伝熱管をぎっしり巻きつけたものとなり,小容積ではあるが極めて大きい伝熱面積を有するのが特徴である。

また,ハンプソン式熱交換器は 3 種類以上の流体(例えば空気・窒素・酸素)を,一つの熱交換器に通して同時に熱交換するいわゆる 3 流体熱交換器として用いられることもあるが,このような目的に対しては,伝熱管を一対ずつろう付けして双子管として,芯金に巻きつけた双子管ハンプソン式熱交換器が用いられる。双子管ハンプソン式熱交換器の要領図を,図 28・3 に示した。

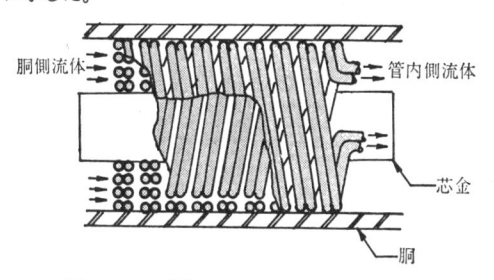

図 28・3 双子管ハンプソン式熱交換器要領図

材質は以前は主に銅あるいは黄銅系統のものが使用されていたが,最近ではアルミニウムの溶接技術の進歩と併行して,高圧その他の特殊条件以外のものは,伝熱管・胴体・管板などすべてアルミを使って製作されるようになっている。アルミニウム製のハンプソン式熱交換器は,銅製のものに比べてコスト・外観・重量などの点で有利で,空気分離装置の主要熱交換器はすべてアルミ製となっているのが現状である。

ハンプソン式熱交換器を採用する場合には,一般に圧力の高い流体を管内に流すのが普通である。これは使用する伝熱管が比較的細いので,強度的に有利なことと構造的にも好ましいからである。また,伝熱係数をよくするため,管内流速を調節して管の長さが非常に長くなっても,コイル式であるために好都合である。一方,あまり細い管を数多くすることは,例えば水分・炭酸ガスなどのつまりが生じやすく,製作上も工数が多くなるという心配もあり,使用条件によって慎重に決めなければならない。

構造的にいって伝熱管部はコイル状であり，管外はコイルとコイルの間の狭いすきまを流体が流れるようになっているので，管内・管外とも掃除は困難である。したがって，ごみ・析出物・その他加温などによって除去できない異物によるつまりの心配のあるところには，使用を避けるべきである。

## 28・3　基本伝熱式

### 28・3・1　単管ハンプソン式熱交換器

単管ハンプソン式熱交換器は，2流体間の熱交換に用いられるときには，向流熱交換器として取り扱うことができる。

また，3流体間の熱交換に用いられるときは，第3章16項に記載した方法で取り扱うことができる。

### 28・3・2　双子管ハンプソン式熱交換器

双子管の場合は，ろう付けされた伝熱管の間の伝熱を考慮する必要があり，その取扱いは比較的複雑になる。以下，その取扱い法を Kao の論文[2] に従って説明する。

**（1）基本式：** 解析モデルを図 28・4 に示す。胴側の流体は $2n$ 種類の管内流体と並

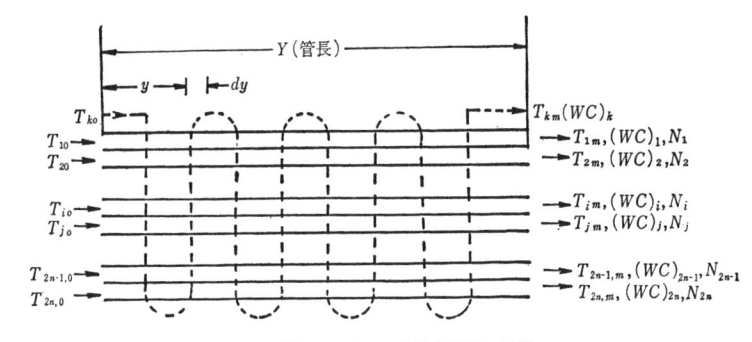

図 28・4　双子管ハンプソン式熱交換器の解析モデル

流に流れるものとする。双子管ハンプソン式熱交換器では，管側の流体は2流体ずつ対になるので，結局 $n$ 個の対をなして流れることになる。胴側の水当量（流量×比熱）を $(WC)_k$，管側流体の水当量を $(WC)_1, (WC)_2, \cdots\cdots (WC)_{2n}$ とする。向流に流れる場合には，向流に流れる対の水当量を負にとればよい。例えば，管側流体が全て同一方向に流れ，胴側流体が管側流体と向流に流れる場合は $(WC)_1, (WC)_2, \cdots\cdots (WC)_{2n}$ を正に，$(WC)_k$ を負にとればよい。管側の各流体は $N_1, N_2, \cdots\cdots N_{2n}$ 本の管を並列に流れるものとする。

---

2) Kao, S: Trans., A.S.M.E., Journal of Heat Transfer, pp. 202〜208, May, (1965).

## 28・3 基本伝熱式

双子管の場合，2流体ずつ対になっているので，$N_1=N_2, \cdots\cdots, N_i=N_j, \cdots\cdots$ である。管の長手方向に沿っての温度上昇は，次式で示される。

$$\left.\begin{aligned}\left(\frac{dT}{dy}\right)_i &= \left(\frac{2\pi rN}{WC}\right)_i \cdot q_i \\ \left(\frac{dT}{dy}\right)_j &= \left(\frac{2\pi rN}{WC}\right)_j \cdot q_j \\ &\cdots\cdots\cdots\cdots\cdots\cdots\end{aligned}\right\} \cdots\cdots\cdots\cdots\cdots\cdots(28\cdot1)$$

および

$$\left(\frac{dT}{dy}\right)_k = -\left[\sum_1^{2n}\left(WC\frac{dT}{dy}\right)\right](WC)_k$$

ここで，

$r$：伝熱管の半径〔m〕

$T$：流体温度〔℃〕

$y$：管端からの距離〔m〕

$q$：伝熱管壁を通る熱流束〔kcal/m²・hr〕

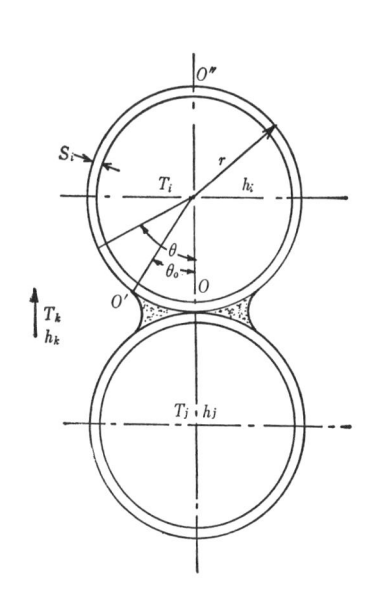

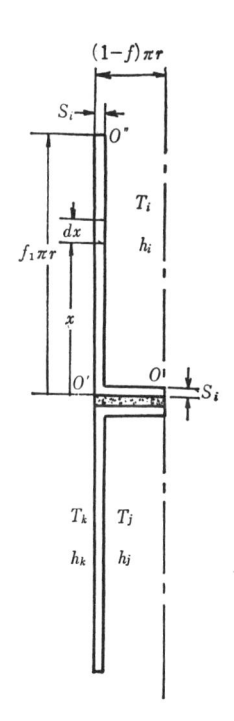

図 28・5 双子管の断面    図 28・6 双子管の解析モデル

各流体に対する熱流束 $q$ は，次のようにして導くことができる。

解析のために，一対の管を取り上げて考える。管内を流れる流体の温度を $T_i$, $T_j$, 管外を流れる胴側流体の温度を $T_k$ で表わす。また，管内流体の境膜伝熱係数を $h_i$, $h_j$, 管外流体の境膜伝熱係数を $h_k$〔kcal/m²・hr・°C〕で表わす。境膜伝熱係数はいずれも管外径基準とする。形状は図 28・5 で示される。これは解析のためには，図 28・6 で表わすこともできる。ここで，$O$-$O'$-$O''$ は各管の対称な半分であり，$O'$-$O''$ の部分で管の内外両面が流体に対して露出していて，$O$-$O'$ は管を接合するためにろう付けした部分である。

厚み $S$ での半径方向の温度降下を無視し，また管と管の間のろう付け部の伝熱抵抗の平均値を $R_{ij}$〔m²・hr・°C/kcal〕とすると，$O'$-$O''$ における管金属温度の円周方向の変化は，各管 $i$ および $j$ に対して次の微分方程式で表わされる。

$$-\lambda S \frac{d^2 t}{dx^2} = h(T-t) + h_k(T_k - t) \quad (\text{管 } i \text{ または } j \text{ に対して}) \quad \cdots\cdots(28\cdot2)$$

ここで，
$\quad x$：管壁の円周方向の位置 $= r(\theta - \theta_0)$〔m〕
$\quad \theta_0$：ろう付金属によって，覆われている角度の半分〔rad〕
$\quad \theta$：ろう付け部の中心点からの角度〔rad〕
$\quad \lambda$：管金属の熱伝導率〔kcal/m・hr・°C〕
$\quad S$：管壁厚さ〔m〕
$\quad h$：管内側境膜伝熱係数〔kcal/m²・hr・°C〕
$\quad h_k$：流体 $k$（胴側流体）側境膜伝熱係数〔kcal/m²・hr・°C〕
$\quad T_k$：流体 $k$（胴側流体）の温度〔°C〕
$\quad T$：管内流体の温度〔°C〕
$\quad t$：管金属の温度〔°C〕

対称であるので，両方の管の位置 $O''$ における境界条件は，

$$\frac{dt}{dx} = 0 \quad , \quad x = f\pi r \quad (\text{管 } i \text{ および } j \text{ に対して}) \quad \cdots\cdots\cdots(28\cdot3)$$

ここで，
$\quad f$：管外表面で，胴側流体に対して露出している部分の全体に対する比率〔—〕
$\quad\quad f = 1 - \theta_0/\pi$

ろう付け部（$x=0$）を通る熱量の収支から，

$$(1-f_i)\pi r_i [t_j(0) - t_i(0)] / R_{ij}$$

$$= \left\{ -\lambda S \frac{dt}{dx} + (1-f)\pi rh \cdot [t(0)-T] \right\}_i \quad \cdots\cdots(28\cdot4)$$

$$(1-f_i)\pi r_j[t_i(0)-t_j(0)]/R_{ij}$$

$$= \left\{ -\lambda S \frac{dt}{dx} + (1-f)\pi rh \cdot [t(0)-T] \right\}_j \quad \cdots\cdots(28\cdot5)$$

$f$ は管外表面積の中でろう付けされていない部分の占める割合であり, $(1-f_i)\pi r_i = (1-f_j)\pi r_j$ である. また, $t(x)$ は位置 $x$ での管金属の温度を表わす.

式 (28・2) を境界条件式 (28・3), (28・4), (28・5) を用いて解くことにより, 管金属の円周方向の温度変化を各管 $i$ および $j$ について, 次のように表わすことができる.

$$t = (hT + h_k T_k)/(h+h_k) + B[\cosh(px) - \eta pf\pi r \cdot \sinh(px)] \quad \cdots\cdots(28\cdot6)$$

ここで,

$$p = \sqrt{(h+h_k)/(\lambda S)}$$

$$\eta = [\tanh(pf\pi r)]/(pf\pi r)$$

および

$$B_i = \left\{ h_i U_{ik}\left(R_{ij} + \frac{1}{h_j \cdot \alpha_j} - \frac{1}{h_k}\right)T_i + h_i U_{jk}\left(\frac{1}{h_j \cdot \alpha_j} + \frac{1}{h_k}\right)T_j \right.$$
$$\left. + \left[ h_i U_{jk}\left(\frac{1}{h_j} - \frac{1}{h_j \cdot \alpha_j}\right) - h_i U_{ik}\left(\frac{1}{h_i} + R_{ij} + \frac{1}{h_j \cdot \alpha_j}\right)\right]T_k \right\}$$
$$\bigg/ \left(1 + R_{ij} \cdot h_i \cdot \alpha_i + \frac{h_i \cdot \alpha_i}{h_j \cdot \alpha_j}\right) \quad \cdots\cdots(28\cdot7)$$

$$\alpha_i = 1 + \frac{f_i \eta_i (1+h_k/h_i)}{1-f_i} \quad \cdots\cdots(28\cdot8)$$

$U_{ik}$ は $i, k$ 流体間の総括伝熱係数 [kcal/m²・hr・°C] で,

$$U_{ik} = h_i \cdot h_k/(h_i + h_k)$$

$B_j$ は添字 $i$ と $j$ を交換することにより, $B_i$ と同じ式で表わされる.

各管内流体に入る熱流束は式 (28・6) から, 次のように求まる.

$$q_i = \frac{h_i}{\pi r_i} \left\{ \int_0^{f\pi r_i}(t_i - T_i)\cdot dx + (1-f_i)\pi r_i[t_i(0) - T_i] \right\}$$

$$= h_i \left[ B_i(1-f_i+f_i\eta_i) + \frac{U_{ik}}{h_i}(T_k - T_i) \right]$$

$$q_j = h_j \left[ B_j(1-f_j+f_j\eta_j) + \frac{U_{jk}}{h_j}(T_k - T_j) \right] \quad \cdots\cdots(28\cdot9)$$

管 $i$ および $j$ が互いにろう付けされていない場合には $f_i = f_j = 1$, したがって $\alpha = \infty$ および $B_i = B_j = 0$ となる. この場合は式 (28・7) は 2 流体熱交換の関係式と同じになり,

第28章 ハンプソン式熱交換器の設計法

次式で表わされる。

$$q_i = U_{ik}(T_k - T_i)$$

........................

........................

式 (28·8) および (28·7) を，式 (22·1) に代入して得られる微分方程式を行列式で表わすと，

$$\left|\frac{dT}{dy}\right| = [A]|T|$$

$[A]$ は $k$ 行 $k$ 列（あるいは $(2n+1)$ 行，$(2n+1)$ 列の行列で，次式で表わされる。

$$[A] = \begin{vmatrix} a_{11}, & a_{12}, & 0, & \cdots, & \cdots, & \cdots, & a_{1k} \\ a_{21}, & a_{22}, & 0, & \cdots, & \cdots, & \cdots, & a_{2k} \\ 0, & 0, & & & & & \\ \cdots, & \cdots, & \cdots, & \cdots, & \cdots, & \cdots, & \cdots \\ \cdots, & \cdots, & \cdots, & a_{ii}, & a_{ij}, & \cdots, & a_{ik} \\ \cdots, & \cdots, & \cdots, & a_{ji}, & a_{ji}, & \cdots, & a_{jk} \\ \cdots, & \cdots, & \cdots, & \cdots, & \cdots, & \cdots, & \cdots \\ a_{k1}, & a_{k2}, & \cdots, & a_{ki}, & a_{kj}, & \cdots, & a_{kk} \end{vmatrix} \quad \cdots\cdots\cdots\cdots(28\cdot 10\text{a})$$

ここで，

$$\left. \begin{aligned} a_{ii} &= \frac{2\pi r_i N_i U_{ik}}{(WC)_i}\left\{F_i h_i\left(R_{ij} + \frac{1}{h_j \alpha_j} - \frac{1}{h_k}\right) - 1\right\} \\ &\qquad\qquad\qquad\qquad\qquad\qquad j = i+1, \quad k > j > i \\ a_{ij} &= \frac{2\pi r_i N_i U_{jk}}{(WC)_i} F_i h_i \left(\frac{1}{h_k} + \frac{1}{h_j \alpha_j}\right) \\ a_{ik} &= -(a_{ii} + a_{ij}) \\ a_{ki} &= -\frac{a_{ik}(WC)_i}{(WC)_k} \\ a_{kk} &= \frac{-\left\{\sum_{i=1}^{k-1} a_{ik}(WC)_i\right\}}{(WC)_k} \\ F_i &= \frac{1 - f_i + f_i \eta_i}{\left[1 + R_{ij}(h\alpha)_i + \dfrac{\alpha_i h_i}{\alpha_j h_j}\right]} \end{aligned} \right\} \quad \cdots\cdots(28\cdot 10\text{b})$$

$a_{jj}$, $a_{ji}$, $a_{jk}$ についても添字 $i$ と $j$ を交換することによって，上式で表わされることになる。

式 (28・9) を用いて，各流体の温度変化を数値計算によって求めることができる。式 (28・9) を $y=0$ から $Y$ まで $m$ 個の区間に分けて積分すると，

$$|T| = [X]|T|_0 \quad \cdots\cdots(28 \cdot 11)$$

水当量 $(WC)$ および境膜伝熱係数 $h$ が一定であるときは，

$$[X] = \left([I] + \frac{Y}{m}[A]\right)^m \quad \cdots\cdots(28 \cdot 12\text{a})$$

$(WC)$ および $h$ が，温度とともに変わるときは，

$$[X] = \left([I] + \frac{Y}{m}[A]_{m-1}\right)\left([I] + \frac{Y}{m}[A]_{m-2}\right)$$

$$\cdots\cdots\left([I] + \frac{Y}{m}[A]_0\right) \quad \cdots\cdots(28 \cdot 12\text{b})$$

ここで，$[I]$ は単位行列である。

$$[I] = \begin{vmatrix} 1, & 0, & 0, & \cdot, & \cdot, & 0 \\ 0, & 1, & 0, & \cdot, & \cdot, & \cdot \\ 0, & 0, & 1, & 0, & \cdot, & \cdot \\ \cdot, & 0, & 0, & 1, & 0, & \cdot \\ \cdot, & \cdot, & \cdot, & 0, & 1, & \cdot \\ 0, & \cdot, & \cdot, & \cdot, & 0, & 1 \end{vmatrix}$$

最初 $(y=0)$ の温度 $|T|_0$ が与えられると，熱交換器末端 $(y=Y)$ の各流体の温度は，式 (28・12) を用いて求めることができる。

もし，ある流体について最初 $(y=0)$ での温度が与えられ，他の流体については末端 $(y=Y)$ で与えられるような場合には，$|T|_0$ および $|T|_m$ の一部は未知となる。この場合は次のようにして解く。

添字 0 および $m$ は熱交換器の最初の点 $(y=0)$，および末端 $(y=Y)$ をそれぞれ表わすものとし，また $in$ および $ex$ は各流体の入口および出口を表わすものとする。

また，行列 $[X]$ および $[I]$ の $r$ 番地のコラムの記号を $X_{\cdot r}$，および $I_{\cdot r}$ で表わせば，式 (28・11) は次のように書き直すことができる。

$$[I]|T|_m = (T_1 I_{\cdot 1}, T_2 I_{\cdot 2}, \cdots\cdots T_k I_{\cdot k})$$
$$= [X]|T|_0$$
$$= (T_1 X_{\cdot 1}, T_2 X_{\cdot 2}, \cdots\cdots T_k X_{\cdot k})_0 \quad \cdots\cdots(28 \cdot 13\text{a})$$

流体 $p$，$q$ および $r$ が他の流体に対して向流に流れるものとし，入口温度 $T_{pm}$，$T_{qm}$ および $T_{rm}$ だけが熱交換器末端 $(y=Y)$ から流入するときの値として与えられるものと

する。

$$|T|_{in} = (T_{10}, T_{20}, \cdots\cdots T_{pm}, T_{qm}, T_{rm}, \cdots\cdots T_{k0})$$

$$|T|_{ex} = (T_{1m}, T_{2m}, \cdots\cdots T_{p0}, T_{q0}, T_{r0}, \cdots\cdots T_{km})$$

式 (28·13a) は, 流体 $p$, $q$, および $r$ に関する $T_m$ の項を $T_0$ の項に, $T_0$ の項を $T_m$ の項におき代えることによって, 配列し直すことができる.

$$(I_{.1}, I_{.2}, \cdots\cdots -X_{.p}, -X_{.q}, -X_{.r}, \cdots\cdots I_{.k})|T|_{ex}$$
$$= (X_{.1}, X_{.2}, \cdots\cdots -I_{.p}, -I_{.q}, -I_{.r}, \cdots\cdots X_{.k})|T|_{in}$$

出口温度の中で未知のものについてはは, 行列逆転の法則を用いて解くと,

$$|T|_{ex} = [X']|T|_{in} \quad\cdots\cdots\cdots\cdots\cdots\cdots(28·13b)$$

ここで,

$$[X'] = (I_{.1}, \cdots -X_{.p}, -X_{.q}, -X_{.r}, \cdots I_{.k})^{-1}$$
$$\times (X_{.1}, \cdots -I_{.p}, -I_{.q}, -I_{.r}, \cdots X_{.k})$$

ここで $[X']$ を展開して表わせば,

$$[X'] = \begin{vmatrix} 1, & 0, & 0, & \cdot & -x_{1p}, & -x_{1q}, & -x_{1r}, & \cdot & 0, & 0 \\ 0, & 1, & 0, & \cdot & -x_{2p}, & -x_{2q}, & -x_{2r}, & \cdot & 0, & 0 \\ 0, & 0, & 1, & \cdot & -x_{3p}, & -x_{3q}, & -x_{3r}, & \cdot & 0, & 0 \\ 0, & 0, & 0, & \cdot & \cdot & \cdot & \cdot & \cdot & \cdot & \cdot \\ \cdot & \cdot & \cdot & \cdot & \cdot & \cdot & \cdot & \cdot & \cdot & \cdot \\ \cdot & \cdot & \cdot & \cdot & -x_{ip}, & -x_{iq}, & -x_{ir}, & \cdot & \cdot & \cdot \\ \cdot & \cdot & \cdot & \cdot & \cdot & \cdot & \cdot & \cdot & 0, & 0 \\ \cdot & \cdot & \cdot & \cdot & \cdot & \cdot & \cdot & \cdot & 0, & 0 \\ 0, & 0, & 0, & \cdot & \cdot & \cdot & \cdot & \cdot & 1, & 0 \\ 0, & 0, & 0, & \cdot & -x_{kp}, & -x_{kq}, & -x_{kr} & \cdot & 0, & 1 \end{vmatrix}^{-1}$$

$$\times \begin{vmatrix} x_{11}, & x_{12}, & x_{13}, & \cdot & 0, & 0, & 0, & \cdot & x_{1,2n}, & x_{1,k} \\ x_{21}, & x_{22}, & x_{23}, & \cdot & \cdot & \cdot & \cdot & \cdot & x_{2,2n}, & x_{2,k} \\ x_{31}, & x_{32}, & x_{33}, & \cdot & \cdot & \cdot & \cdot & \cdot & \cdot & \cdot \\ \cdot & \cdot & \cdot & \cdot & 0, & \cdot & \cdot & \cdot & \cdot & \cdot \\ \cdot & \cdot & \cdot & \cdot & -1 & 0, & \cdot & \cdot & \cdot & \cdot \\ x_{i1}, & x_{i2}, & x_{i3}, & \cdot & 0, & -1, & 0, & \cdot & x_{i,2n}, & x_{ik} \\ \cdot & \cdot & \cdot & \cdot & \cdot & 0, & -1, & \cdot & \cdot & \cdot \\ \cdot & \cdot & \cdot & \cdot & \cdot & \cdot & 0, & \cdot & \cdot & \cdot \\ \cdot & \cdot & \cdot & \cdot & \cdot & \cdot & \cdot & \cdot & \cdot & \cdot \\ x_{k1}, & x_{k2}, & x_{k3}, & \cdot & 0, & 0, & 0 & \cdot & x_{k,2n}, & x_{kk} \end{vmatrix}$$

(2) **双子管の間のろう付け部の伝熱抵抗 $R_{ij}$**: 管 $i$ および $j$ の熱伝導から, ろう付

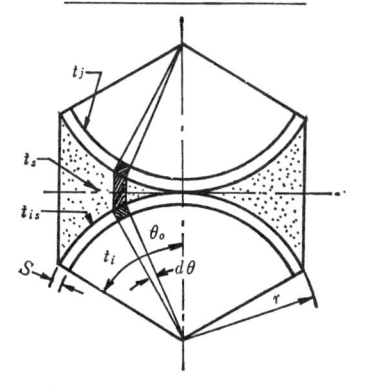

図 28・7 ろう付け部を通る熱伝導

け接合部の伝熱抵抗を求めることができる。図 28・7 において熱の通路は斜線を入れた面積で示すことができる。したがって，この部分を通る伝熱量 $dQ$ [kcal/hr] は，

$$dQ = \frac{\lambda}{S} r(t_i - t_{is}) \cdot d\theta = \frac{\lambda_s r(t_{is} - t_s) \cdot \cos(\theta) \cdot d\theta}{r[1 - \cos(\theta)]}$$

ここで $t_{is}$ は管 $i$ の表面でのろう付け部の温度 [°C]，$t_s$ はろう付け部中心線上の温度 [°C]，$\lambda_s$ はろう材料の熱伝導率 [kcal/m・hr・°C] である。

$t_{is}$ を消去し，$(t_i - t_j) = 2(t_i - t_s)$ とおいて

$$dQ = \frac{\lambda \cdot \lambda_s}{\lambda r - \lambda_s S} \left[ \frac{1}{1 - \left(1 - \frac{\lambda_s S}{\lambda \cdot r}\right) \cdot \cos(\theta)} - 1 \right] \frac{r}{2} (t_i - t_j) \cdot d\theta \quad \cdots\cdots\cdots(28 \cdot 14)$$

式 (28・14) を積分して，ろう付け部の伝熱抵抗 $R_{ij}$ が求まる。

$$R_{ij} = \frac{r\theta_o(t_i - t_j)}{Q} = \frac{br}{\lambda_s} \left\{ \frac{\tan^{-1}\left[\sqrt{\frac{1+b}{1-b}} \cdot \tan\left(\frac{\theta_o}{2}\right)\right]}{\theta_o \sqrt{1-b^2}} - \frac{1}{2} \right\} \quad \cdots\cdots\cdots(28 \cdot 15)$$

ここで，

$$b = 1 - \frac{\lambda_s \cdot S}{\lambda \cdot r} \quad \cdots\cdots\cdots\cdots\cdots\cdots\cdots\cdots\cdots\cdots\cdots\cdots\cdots\cdots\cdots\cdots\cdots\cdots\cdots(28 \cdot 16)$$

図 28・7 のモデルは，円周方向の熱伝導を考慮していない。したがって，式 (28・15) は $\theta_o$ が 0 に近づくと，$R$ の真の値を示すことは期待できない。しかし，このような場合はろう付け部の伝熱抵抗自身の意味もなくなるので，実用上は何らさしつかえない。極端な場合として，$\theta_o = 0$ すなわち $f = 1$ の場合は式 (28・7) および (28・8) から，熱交換器の性能は $R_{ij}$ の値と無関係になる。

## 28・4 境膜伝熱係数

### 28・4・1 胴側境膜伝熱係数 $h_o$

（1） 流路構成： ハンプソン式熱交換器においては，伝熱管は芯金のまわりにスペーサを介して，何層にもらせん状に順次巻きつけられて，円筒状のコイルを何層にも重ね合せた構成となっている。伝熱管の巻き角度および長手方向のピッチは，普通，熱交換器全体にわたり均一である。また，各円筒状のコイルは，多数の管で構成されている。内側のコイル層と外側のコイル層とで，巻き角度・伝熱管長・長手方向のピッチが変わらないようにするため，コイル巻き径に比例してコイル層を構成する伝熱管数を増してある。コイル層の巻き角度は，内側のコイル層から左巻き，右巻き，左巻き……と交互に反対にするのが普通である。

このような構成のコイル層からなる管束の管外側（胴側）の流路形状は，円周方向の位置によって変わる。たとえば，図 28・8 に示すようなコイル層 1, 2, 3, 4 を中心軸が同

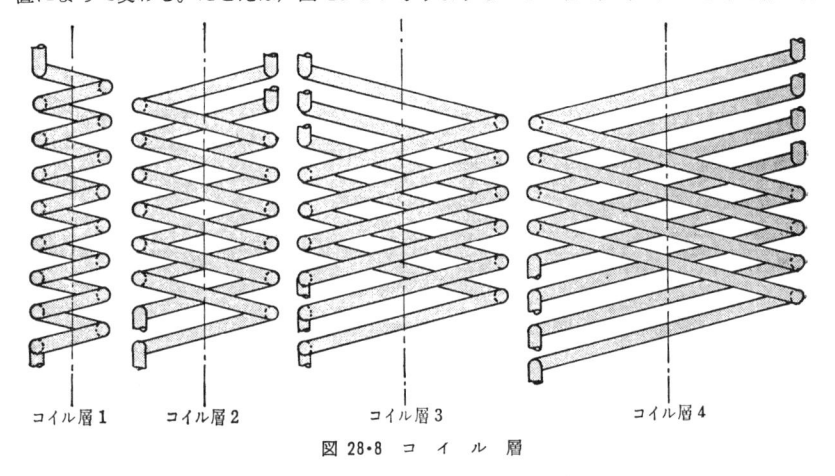

**図 28・8 コ イ ル 層**

じになるように配置した図 28・9 に示すような管束について考える。コイル層 1, 2, 3, 4 を構成する伝熱管数はそれぞれ $N_1=1, N_2=2, N_3=3, N_4=4$ とし，コイル巻き開始位置 （$\xi=0°$）で伝熱管が直列に並ぶものとする。全てのコイル層での伝熱管の長手方向のピッチが等しいとすると，伝熱管の傾斜角度（コイル巻き角度）も当然等しくなり，コイル巻き径の大きい外側のコイルは内側のコイルに比べて，一巻き当りの長さが大となる。円周角度 $\xi$ の増加に伴なって早く同じ高さに到達することになる。したがって，円周方向の位置によって伝熱管配列は相隣り合う 2 つのコイルについて考えると，図 28・10 に示すように直列配置，不規則錯列配置，規則錯列配置，不規則錯列配置，直列配置の順に変化することになる。図から明らかなように，相隣り合う 2 つのコイルが規則錯列配置になる

## 28・4 境膜伝熱係数

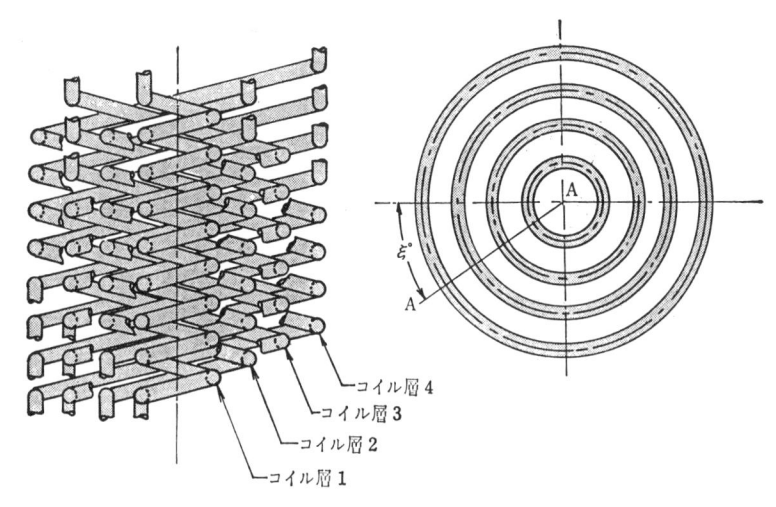

図 28・9 コイル層からなる管束

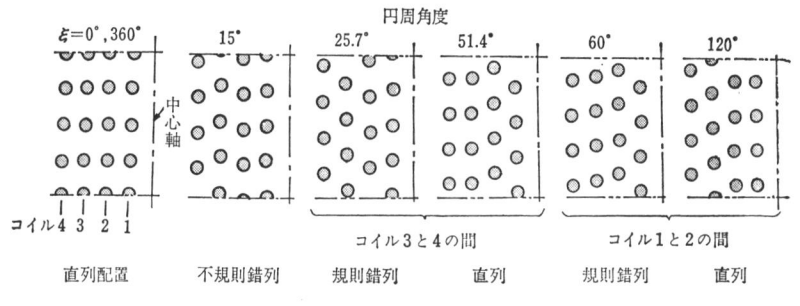

図 28・10 伝熱管配列（図 28・9 A-A 断面）

のは $180°/(N_{z+1}+N_z)$ の位置（コイル 1, 2 については 60°，コイル 2, 3 については 36°，コイル 3, 4 については 25.7°）であり，再び直列配置に戻るのは $360°/(N_{z+1}+N_z)$ の位置（例えばコイル 3, 4 については 51.4°）である。

このようにハンプソン式熱交換器の胴側流路構成は，管配列が直列配置，錯列配置の混ざり合った状態の管外流れの流路構成となる。

（2） **Gilli の計算式**： Gilli[3] はコイル層からなる管束の管外側を管群と直交して流体が流れるときの境膜伝熱係数を，直管群と直交して流体が流れるときの境膜伝熱係数の値から推定する計算式として，次式を提出している。

---

3) Gilli, P.V.: Nuclear Science and Engineering, vol. 22, pp. 298〜314 (1965).

$$\frac{h_o D_o}{k}=0.338\overline{F}_{a,\text{eff}}\cdot F_i\cdot F_n\cdot\left(\frac{G_{\text{eff}}\cdot D_o}{\mu}\right)^{0.61}\cdot\left(\frac{C\mu}{k}\right)^{0.333} \quad\cdots\cdots\cdots(28\cdot17)$$

適用範囲は

$$\left(\frac{G_{\text{eff}}\cdot D_o}{\mu}\right)=2,000\sim10^5$$

$$\left(\frac{C\mu}{k}\right)=0.1\sim10$$

ここで,

$D_o$：伝熱管外径〔m〕

$h_o$：管外側境膜伝熱係数〔kcal/m²·hr·°C〕

$k$：管外側流体の熱伝導率〔kcal/m·hr·°C〕

$\mu$：管外側流体の粘度〔kg/m·hr〕

$C$：管外側流体の比熱〔kcal/kg·°C〕

**伝熱管の傾斜（伝熱管コイルの巻き角度）による補正係数 $F_i$**

$$F_i=[\cos(\beta)]^{-0.61}\left\{\left(1-\frac{\phi}{90}\right)\cdot\cos(\phi)+\frac{\phi}{1000}\cdot\sin(\phi)\right\}^{\phi/235} \quad\cdots\cdots\cdots(28\cdot18)$$

$\beta$：図 28·11 に示すように，コイルの中心軸方向矢印 $O-A$ にて流れてきた流体は，傾斜角度（コイルの巻き角度）$\varepsilon$ の伝熱管にあたり，実際の流れ方向は矢印 $O-F$ の方向となる。この偏より角度を $\beta$〔°C〕で表わし，次式で計算される。

$$\beta=\varepsilon\left(1-\frac{\varepsilon}{90}\right)(1-K^{0.25})$$

$$\cdots\cdots\cdots(28\cdot19)$$

ここで,

$K$：コイル層からなる管束の特性数で，ハンプソン式熱交換器の場合のように，左巻きおよび右巻きのコイル層

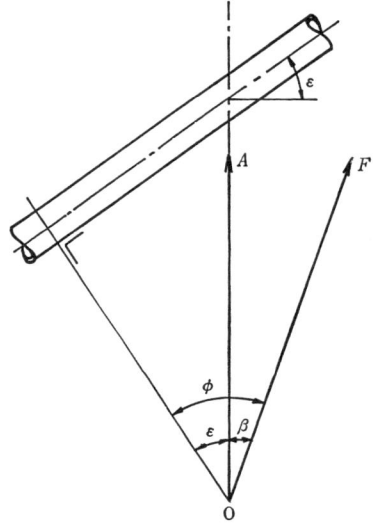

図 28·11 傾斜管と直交する流れ

が交互に配置されるときには $K=1$，したがって $\beta=0$ になり，左巻きもしくは右巻きのいずれか一つの巻き方向のコイル層のみから成り立つ熱交換器では $K=0$ となる。

$\varepsilon$：コイルの巻き角度（伝熱管傾斜角度）〔度〕

$\phi$：流体の実際の流れ方向と伝熱管に直角な軸との角度（図 28・11）〔度〕

式（28・18）を用いて計算した $F_i$ の値を図 28・12 に示した。

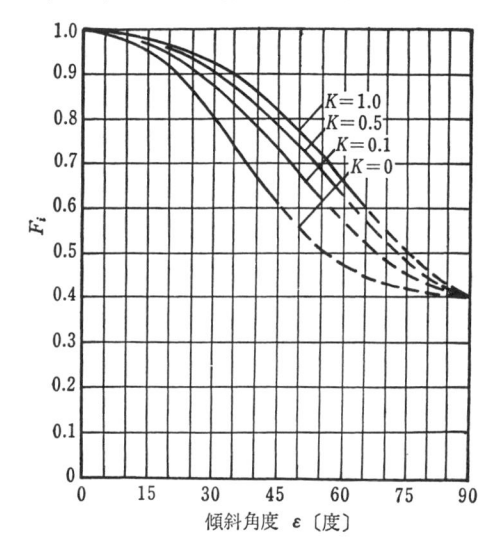

図 28・12 伝熱管の傾斜角度による境膜伝熱係数の補正係数

図 28・13 管列数の数え方 ($n'=6$, $n=3$)

**管列数による補正係数 $F_n$**

$$F_n = 1 - \frac{0.558}{n} + \frac{0.316}{n^2} - \frac{0.112}{n^3} \quad \cdots\cdots(28\cdot 20)$$

$n$ は流れ方向の管列数である。注意しなければならないことは，$n$ は一直線上の管列数であって，例えば図 28・13 に示す錯列配置において，直管群の配列のときには管列数として2行分の管列数をとり，$n'=6$ と定義するのが慣例であるが，ここで定義する $n$ は1行分の管列数であって，この場合 $n=0.5n'=3$ となる。

なお，$n>10$ になると $F_n=1$ と見なしてさしつかえないので，実際のハンプソン式熱交換器では，この補正は不要である。

**管配列による補正係数 $\overline{F}_{a,\mathrm{eff}}$**

コイル層から成る管束では，前述のように直列配置と錯列配置が入れ混じった流路構成となるが，直列配置および錯列配置の場合について，Grimison[4] が提出している管配列

---

4) Fishinden, M. and O.A. Saunders : "Introduction to Heat Transfer" p. 132 (1950, Oxford Clarendon Press).

による補正係数（図27・14）から，次のようにして推定することができる。

コイル層から成る管束での流路構成は，図28・14で示すことができる。図において，

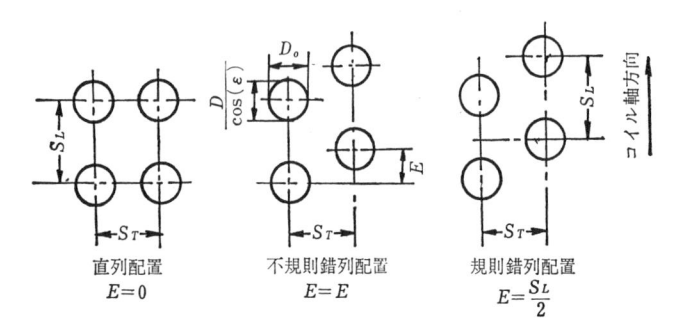

図 28・14 コイル層からなる管束の流路構成

直列配置 $E=0$

不規則錯列配置 $E=E$

規則錯列配置 $E=\dfrac{S_L}{2}$

$E$は0（直列配置）から$S_L/2$（規則錯列配置）まで連続的に変化することになる。$E$が0より大，$S_L/2$より小の範囲（不規則錯列配置）での補正係数$F_{a,\text{eff}}$は，図28・15(a)に示すような，流れ方向の配列ピッチが$E$である規則錯列配置の場合の補正係数$F_{a,1}$と，図28・15(b)に示すような，流れ方向の配列ピッチが$(S_L-E)$である規則錯列配置の場合の補正係数$F_{a,2}$の関数となるはずである。$E=0$のときに直列配置となり，$F_{a,\text{eff}}$

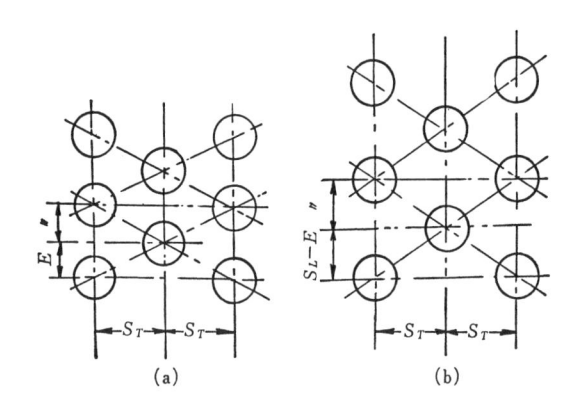

図 28・15

$=F_{a,1}$，$E=S_L/2$のときに規則錯列配置となり$F_{a,\text{eff}}=F_{a,1}=F_{a,2}$になる。したがって，$F_{a,\text{eff}}$が円周角度$\xi$の一次関数で表わされるものと仮定すると，

$$F_{a,\text{eff}}=\left(1-\dfrac{2\eta}{S_L}E\right)F_{a,1}+\dfrac{2\eta}{S_L}E\cdot F_{a2} \quad\cdots\cdots(28\cdot21\text{a})$$

## 28・4 境膜伝熱係数

いま,

$$a_1 = S_T/D_o$$

$$a_2 = \frac{S_L}{[D_o/\cos(\varepsilon)]}$$

$$e = \frac{E}{[D_o/\cos(\varepsilon)]}$$

とおけば

$$F_{a,\text{eff}} = \left(1 - \frac{2\eta}{a_2}e\right)F_{a,1} + \frac{2\eta}{a_2}e\,F_{a,2} \quad\cdots\cdots\cdots\cdots\cdots\cdots\cdots (28\cdot21\text{b})$$

$x=0$ から $a_2/2$ まで積分して平均値をとり, $F_{a,\text{eff}}$ の有効平均値 $\overline{F}_{a,\text{eff}}$ を求めることができる。

$$\overline{F}_{a,\text{eff}} = \frac{2}{a_2}\int_0^{a_2/2}\left[\left(1 - \frac{2\eta}{a_2}e\right)F_{a,1} + \frac{2\eta}{a_2}e\,F_{a,2}\right]\cdot de \quad\cdots\cdots\cdots (28\cdot22)$$

任意の $e$ の値に対応する $F_{a,1}$ および $F_{a,2}$ の値は, $e=0$ に対しては $\sigma_1=a_1$, $\sigma_2=a_2$ として, 図 27・14 の直列配置の場合の曲線から求まる。また, $e>0$ に対しては $\sigma_1=2a_1$, $\sigma_2=e$ として $F_{a,1}$ の値が, $\sigma_1=2a_1$, $\sigma_2=a_2-e$ として $F_{a,2}$ の値が, それぞれ図 27・14 の錯列配置の曲線から求まるので, 式 (28・22) は数値積分できる。

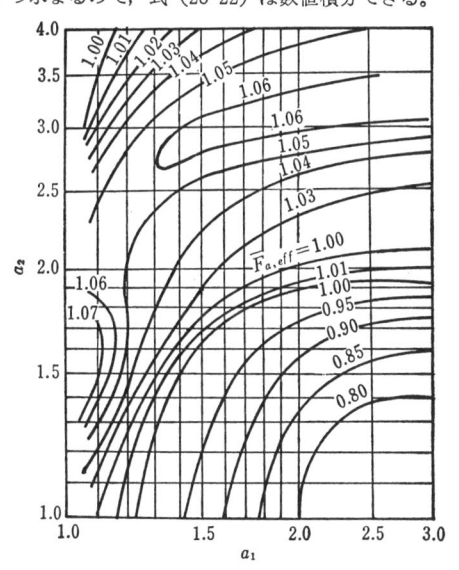

図 28・16 管配列による補正係数(均一な傾斜角および均一な流れ方向ピッチを有するコイル層からなる管束で, $(Re)_{\text{eff}}=8{,}000$ の場合の値)

なお，式 (28・22) の $\eta$ は実験によって求まる係数で，$\eta=0.3$ と見なしてよい。

$\eta=0.3$ とし $(Re)_{\text{eff}}=(G_{\text{eff}} \cdot D_o/\mu)=8,000$ のときの $\bar{F}_{a,\text{eff}}$ の値を図 28・16 に示した。なお，概略計算の場合の補正係数 $F_{a,\text{in-line}}$ ($\sigma_1=a_1$, $\sigma_2=a_2$ して図 27・14 から求まる) と規則錯列配置の場合の補正係数 $F_{a,\text{staggerd}}$ ($\sigma_1=2a_1$, $\sigma_2=a_2/2$ として図 27・14 から求まる) の算術平均として求めることができる。すなわち，

$$\bar{F}_{a,\text{eff}}=(F_{a,\text{in-line}}+F_{a,\text{staggerd}})/2 \quad \cdots\cdots(28\cdot23)$$

**有効質量速度 $G_{\text{eff}}$**

有効質量速度は管と管の間の最小流路断面での質量速度で定義されるが，コイル層からなる管束での流路構成は，図 28・14 に示すように円周方向の位置によって変わるので，その有効平均最小流路断面積は，$\bar{F}_{a,\text{eff}}$ と同様に $e=0\sim a_2/2$ までの積分平均値を用いなければならない。

Gilli は有効流路断面積 $A_{c,\text{eff}}$ 〔m²〕 を，次式で表わしている。

$$A_{c,\text{eff}}=\frac{\pi}{4}(D_s{}^2-D_c{}^2)\bar{r}_{\text{eff}} \quad \cdots\cdots(28\cdot24)$$

ここで，

$D_s$：胴内径〔m〕

$D_c$：芯金の径〔m〕

$\bar{r}_{\text{eff}}$：有効面積比〔—〕

$a_2 \leq \sqrt{4a_1+1}$ のとき，

$$\bar{r}_{\text{eff}}=\frac{a_1}{a_2}\left\{\ln\left[\frac{a_2+2K_1}{2a_1}\right]-2\eta\cdot\ln\left[\frac{a_2+2K_1}{2(a_2+K_2)}\right]\right\}$$
$$+\frac{1}{a_1}\left\{K_1\left(\frac{1}{2}-\eta\right)+2\eta K_2+\frac{4\eta}{3a_2{}^2}(a_1{}^3+K_2{}^3)-1\right\}$$
$$\cdots\cdots(28\cdot25)$$

$a_2 > \sqrt{4a_1+1}$ のとき，

$$\bar{r}_{\text{eff}}=\frac{a_1}{a_2}\left\{\ln\left[\frac{K_3+2K_4}{2a_1}\right]-2\eta\cdot\ln\left[\frac{K_3+2K_4}{2(K_3+K_5)}\right]\right\}$$
$$+\frac{1}{a_1}\left\{K_4\left(\frac{1}{2}-\eta\right)+2\eta K_5+\frac{4\eta}{3K_3{}^2}(a_1{}^3-K_5{}^3)-1\right\}$$
$$+\left(1-\frac{K_3}{a_2}\right)\left(1-\frac{1}{2a_1}\right) \quad \cdots\cdots(28\cdot26)$$

ここで，

$$K_1=\sqrt{a_1{}^2+(a_2{}^2/4)}$$

$$K_2 = \sqrt{a_1{}^2 + a_2{}^2}$$

$$K_3 = \sqrt{4a_1 + 1}$$

$$K_4 = \sqrt{a_1{}^2 + (K_3{}^2/4)}$$

$$K_5 = \sqrt{a_1{}^2 + K_3{}^2}$$

有効質量速度 $G_{eff}$ [kg/m²·hr·°C] は,次式で表わすことができる。

$$G_{eff} = \frac{W_s}{A_{c,eff}} \quad \cdots\cdots (28 \cdot 27)$$

ここで,$W_s$ は胴側流量 [kg/hr] である。

**(3) 実験式**

Messa[5] は表 28·1 に示す仕様のハンプソン式熱交換器について実験を行ない,次式を提案している。

表 28·1 Messa の実験仕様

| 熱 交 換 器 番 号 | | 1 | 2 | 3 | 4 | 5 | 6 |
|---|---|---|---|---|---|---|---|
| コ イ ル 巻 き 角 度 | 〔度〕 | 18.5 | 4.5 | 4.5 | 18.5 | 18.5 | 4.5 |
| $S_T/D_o$ | 〔—〕 | 1.29 | 1.03 | 1.29 | 1.03 | 1.29 | 1.29 |
| $S_L/D_o$ | 〔—〕 | 1.03 | 1.03 | 1.29 | 1.29 | 1.29 | 1.02 |
| 伝 熱 管 全 数 | 〔—〕 | 159 | 37 | 30 | 115 | 126 | 39 |
| スペーサ針金の数 | 〔—〕 | 113 | 107 | 117 | 102 | 115 | 107 |
| 伝 熱 管 平 均 長 | 〔ft〕 | 7.8 | 26.0 | 27.9 | 7.8 | 7.8 | 32.3 |
| 管 束 長 | 〔ft〕 | 2 | 2 | 2 | 2 | 2 | 2 |
| 伝 熱 管 外 径 | 〔in〕 | 0.250 | 0.250 | 0.250 | 0.250 | 0.250 | 0.250 |
| 伝 熱 管 内 径 | 〔in〕 | 0.152 | 0.152 | 0.152 | 0.152 | 0.152 | 0.152 |
| 芯 金 の 径 | 〔in〕 | 3.5 | 3.5 | 3.5 | 3.5 | 3.5 | 3.5 |
| コ イ ル 層 の 数 | | 7 | 7 | 7 | 7 | 7 | 7 |
| $J_1$ の 値 | | 0.037 | 0.015 | 0.060 | 0.084 | 0.059 | 0.052 |

$$\frac{h_o \cdot D_o}{k} = J_1 \left(\frac{D_o \cdot G_{max}}{\mu}\right)^{0.8} \left(\frac{C\mu}{k}\right)^{1/3} \quad \cdots\cdots (28 \cdot 28)$$

係数 $J_1$ は熱交換器の仕様で変わり,表 28·1 に示した値となる。また,$G_{max}$ は胴側流量 $W_s$ [kg/hr] を自由断面積 [m²] で除した値であるが,ここでの自由断面積は次式で定義される。

(自由断面積)=

---

5) Messa, C. J., A. S. Foust, and G. W. Poehlein : I & EC Process Design and Development, vol. 8, No. 3, pp. 343~347 (1969).

$$\frac{(管束の容積)-(管群の容積)-(芯金の容積)-(スペーサ容積)}{(管束の長さ)}$$

$$=\frac{\pi D_s^2 \cdot L - N\pi D_o^2 Y - \pi D_1^2 L - \pi N_w D_w^2 L}{4L} \quad \cdots\cdots\cdots\cdots(28\cdot 29)$$

ここで,

$N$ : 伝熱管数 〔—〕

$Y$ : 伝熱管長 〔m〕

$L$ : 管束部の長さ 〔m〕

$D_s$ : 胴内径 〔m〕

$D_o$ : 伝熱管外径 〔m〕

$D_1$ : 芯金の径 〔m〕

$D_w$ : スペーサ針金の径 〔m〕

$N_w$ : スペーサ針金の数 〔—〕

### 28・4・2 管内側境膜伝熱係数 $h_i$

Schmidt[6] はコイル管内を流れる流体の境膜伝熱係数 $h_i$ の相関式として, 次式を提案している。

層流から乱流への限界 Reynolds 数

$$(Re)_c = 2,300[1+8.6(D_i/D_c)^{0.45}] \quad \cdots\cdots\cdots\cdots(28\cdot 30)$$

ここで,

$D_i$ : 伝熱管内径 〔m〕

$D_c$ : コイル巻き直径 〔m〕

$100 < Re < (Re)_c$

$$\frac{h_i \cdot D_i}{k} = 3.65 + 0.08\left[1 + 0.8\left(\frac{D_i}{D_c}\right)^{0.9}\right]\left(\frac{D_i G_i}{\mu}\right)^i \cdot \left(\frac{C\mu}{k}\right)^{1/3}$$

$$i = 0.5 + 0.2903\left(\frac{D_i}{D_c}\right)^{0.194} \quad \cdots\cdots\cdots\cdots(28\cdot 31a)$$

$(Re)_c < Re < 22,000$

$$\frac{h_i \cdot D_i}{k} = 0.023\left[1 + 14.8\left(1 + \frac{D_i}{D_c}\right)\left(\frac{D_i}{D_c}\right)^{1/3}\right]\left(\frac{D_i G_i}{\mu}\right)^i \left(\frac{C\mu}{k}\right)^{1/3}$$

$$i = 0.8 - 0.22\left(\frac{D_i}{D_c}\right)^{0.1} \quad \cdots\cdots\cdots\cdots(28\cdot 31b)$$

$22,000 < Re < 150,000$

---

6) Schmidt, E.F.: Chemie-Ing. Techn., vol. 39, No. 13, pp. 781〜789 (1967).

$$\frac{h_i \cdot D_i}{k} = 0.023\left[1 + 3.6\left(1 - \frac{D_i}{D_c}\right)\left(\frac{D_i}{D_c}\right)^{0.8}\right]\left(\frac{D_i G_i}{\mu}\right)^{0.8}\left(\frac{C\mu}{k}\right)^{1/3}$$
.............(28・31c)

ここで,

$C$：管内側流体の比熱 [kcal/kg・°C]

$k$：管内側流体の熱伝導率 [kcal/m・hr・°C]

$\mu$：管内側流体の粘度 [kg/m・hr]

$G_i$：管内側流体の質量速度 [kg/m²・hr]

$Re$：Reynolds 数 $=(D_i \cdot G_i/\mu)$ [—]

## 28・5 圧力損失

### 28・5・1 胴側圧力損失

Gilli はコイル層からなる管束と直交して流れる流体の圧力損失を，直管群と直交して流れるときの圧力損失の値から推定する計算式として，次式を提出している。

$$\Delta P_s = 0.334 \bar{f}_{eff} \cdot C_i \cdot C_n \frac{nG^2_{eff}}{2g_c\rho} \quad \cdots\cdots\cdots\cdots\cdots\cdots(28 \cdot 32)$$

$\rho$：胴側流体の密度 [kg/m³]

$\Delta P_s$：胴側圧力損失 [Kg/m²]

$n$：流れ方向の管列数（伝熱管1本あたりのコイル巻き数）[—]

**伝熱管の傾斜（伝熱管コイルの巻き角度）による補正係数 $C_i$**

$$C_i = [\cos(\beta)]^{-1.8}[\cos(\phi)]^{1.355} \quad \cdots\cdots\cdots\cdots(38 \cdot 33)$$

$K=0$（巻き方向が一定のコイル層のとき），$K=1$（左巻きと右巻きが交互に繰り返されるコイル層）の場合の $C_i$ の値を式 (28・19)，(28・33) を用いて計算し，図 28・17 に示した。

**管列数による補正係数 $C_n$**

$$C_n = 1 + \frac{0.375}{n} \quad \cdots\cdots\cdots\cdots\cdots\cdots(28 \cdot 34a)$$

または

$$C_n = 0.9524\left(1 + \frac{0.375}{n}\right) \quad \cdots\cdots\cdots\cdots(28 \cdot 34b)$$

**管配列による補正係数 $f_{eff}$**

$\bar{F}_{a,eff}$ と同様に，図 28・15(a) に示すような流れ方向の配列ピッチが $E$ である規則錯

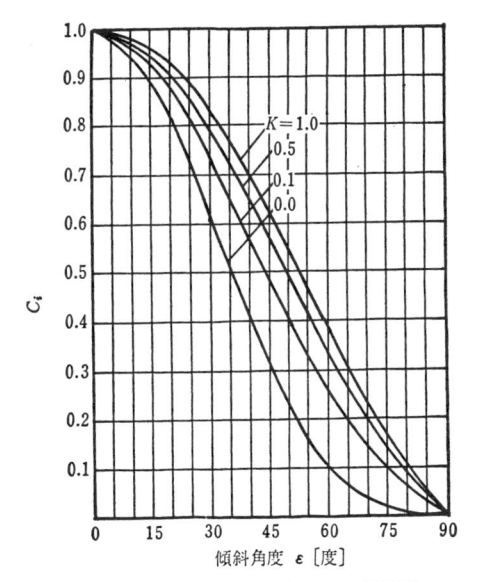

図 28・17 傾斜角度 $\varepsilon$ と傾斜による摩擦損失の補正係数 $C_i$ との関係

列配置の場合の補正係数 $f_1$, および図 28・15(b) に示すような流れ方向の配列ピッチが $(S_L-E)$ である規則錯列配置の場合の補正係数 $f_2$ を, 直管群と直交して流れる場合の補正係数 (表 28・2) から求め, 次式を用いて計算することができる。

$$\bar{f}_{eff}=\frac{2}{a_2}\int_0^{2/a_2}\left[\left(1-\frac{2\eta}{a_2}e\right)f_1+\frac{2\eta}{a_2}ef_2\right]\cdot de \quad\cdots\cdots\cdots(28\cdot35)$$

$\eta$ は $\bar{F}_{a,eff}$ の計算の場合と同様に 0.3 と見なしてよい。

任意の $e$ の値に対応する $f_1, f_2$ の値は表 28・2 において, $e=0$ に対しては $\sigma_1=a_1$, $\sigma_2=a_2$ として直列配置の場合の値を用いる。また, $e>0$ に対しては $\sigma_1=2a_1, a_2=e$ として $f_1$ の値が, $\sigma_1=2a_1, \sigma_2=a_2-e$ として $f_2$ の値がそれぞれ錯列配置の表から求まることになるので, 式 (28・35) は数値積分することができる。

なお, 概略計算の場合は, 直列配置の場合の補正係数 $f_{in-line}$ ($\sigma_1=a_1, \sigma_2=a_2$ として表 28・2 から求まる) と規則錯列配置の場合の補正係数 $f_{staggerd}$ ($\sigma_1=2a_1, \sigma_2=a_2/2$ として表 28・2 から求まる) の算術平均として求めることができる。

$$\bar{f}_{eff}=\frac{f_{in-line}+f_{staggerd}}{2} \quad\cdots\cdots\cdots\cdots\cdots\cdots\cdots\cdots\cdots\cdots\cdots(28\cdot36)$$

### 28・5・2 管内側圧力損失 $\varDelta P_t$

## 28・5 圧力損失

表 28・2 $f_1$ または $f_2$ の値

| $(Re)_{eff}$ | $\sigma_2$ \ $\sigma_1$ | 直 列 配 置 ||||  規 則 錯 列 配 置 ||||
|---|---|---|---|---|---|---|---|---|---|
| | | 1.25 | 1.50 | 2.0 | 3.0 | 1.25 | 1.50 | 2.0 | 3.0 |
| 2,000 | 1.25 | 1.68 | 1.74 | 2.04 | 2.28 | 5.04 | 5.16 | 5.16 | 5.28 |
| | 1.5 | 0.79 | 0.97 | 1.20 | 1.56 | 3.60 | 3.60 | 3.60 | 3.84 |
| | 2.0 | 0.29 | 0.44 | 0.66 | 1.02 | 3.12 | 3.00 | 2.88 | 2.64 |
| | 3.0 | 0.12 | 0.22 | 0.40 | 0.62 | 2.60 | 2.76 | 2.26 | 2.04 |
| 8,000 | 1.25 | 1.68 | 1.74 | 2.04 | 2.28 | 3.96 | 4.20 | 4.32 | 4.56 |
| | 1.5 | 0.83 | 0.96 | 1.20 | 1.56 | 2.88 | 3.00 | 3.12 | 3.12 |
| | 2.0 | 0.35 | 0.48 | 0.63 | 1.02 | 2.38 | 2.32 | 2.28 | 2.26 |
| | 3.0 | 0.20 | 0.28 | 0.47 | 0.60 | 2.16 | 2.08 | 1.92 | 1.80 |
| 20,000 | 1.25 | 1.44 | 1.56 | 1.74 | 2.04 | 3.12 | 3.48 | 3.84 | 4.32 |
| | 1.5 | 0.84 | 0.96 | 1.13 | 1.46 | 2.20 | 2.32 | 2.64 | 2.88 |
| | 2.0 | 0.38 | 0.49 | 0.66 | 0.88 | 1.92 | 1.92 | 1.92 | 1.92 |
| | 3.0 | 0.22 | 0.30 | 0.42 | 0.55 | 1.72 | 1.68 | 1.56 | 1.48 |
| 40,000 | 1.25 | 1.20 | 1.32 | 1.56 | 1.80 | 2.52 | 3.00 | 3.36 | 3.96 |
| | 1.5 | 0.74 | 0.85 | 1.02 | 1.27 | 1.76 | 1.92 | 2.16 | 2.40 |
| | 2.0 | 0.41 | 0.48 | 0.62 | 0.77 | 1.54 | 1.58 | 1.64 | 1.68 |
| | 3.0 | 0.25 | 0.30 | 0.38 | 0.46 | 1.56 | 1.36 | 1.30 | 1.20 |

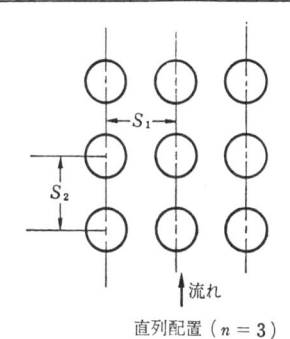

直列配置 ($n=3$) 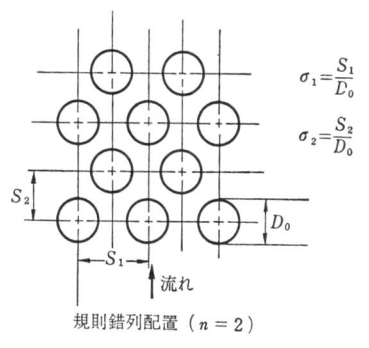　　　規則錯列配置 ($n=2$)

$$\sigma_1 = \frac{S_1}{D_0} \qquad \sigma_2 = \frac{S_2}{D_0}$$

Schmidt はコイル管内を流れる流体の圧力損失の相関式として、次式を提出している。

$$\Delta P_t = \frac{f_i G_i^2}{2g_c \rho} \left(\frac{Y}{D_i}\right) \quad \cdots\cdots\cdots(28\cdot37)$$

ここで，

$\Delta P_t$：管内側圧力損失〔Kg/m²〕

$\rho$：管内側流体の密度〔kg/m³〕

$Y$：伝熱管長〔m〕

$g_c$：重力の換算係数 $=1.27 \times 10^8$〔kg・m/Kg・hr²〕

$f_i$：摩擦係数〔—〕

$100 < Re < (Re)_c$

$$f_i = \left[1 + 0.14\left(\frac{D_i}{D_c}\right)^{0.97}\left(\frac{D_i G_i}{\mu}\right)^i\right]\frac{64}{(D_i G_i/\mu)}$$

$$i = 1 - 0.644\left(\frac{D_i}{D_c}\right)^{0.312} \quad \cdots\cdots(28\cdot38\text{a})$$

$(Re)_c < Re < 22,000$

$$f_i = \left[1 + \frac{28,800}{(D_i G_i/\mu)}\left(\frac{D_i}{D_c}\right)^{0.62}\right]\frac{0.3164}{(D_i G_i/\mu)^{0.25}} \quad \cdots\cdots(28\cdot38\text{b})$$

$22,000 < Re < 150,000$

$$f_i = \left[1 + 0.0823\left(1 + \frac{D_i}{D_c}\right)\left(\frac{D_i}{D_c}\right)^{0.53}\left(\frac{D_i G_i}{\mu}\right)^{0.25}\right]\frac{0.3164}{(D_i G_i/\mu)^{0.25}}$$
$$\cdots\cdots(28\cdot38\text{c})$$

ここで，

$Re$：Reynolds 数 $=(D_i G_i/\mu)$ 〔—〕

$(Re)_c$：限界 Reynolds 数（式 (28·30) で求まる）〔—〕

## 第29章 プレートフィン式熱交換器の設計法

### 29・1 構造および用途[1]

プレートフィン式熱交換器は各種工業に広く用いられる熱交換器で，図 29・1 に示すよ

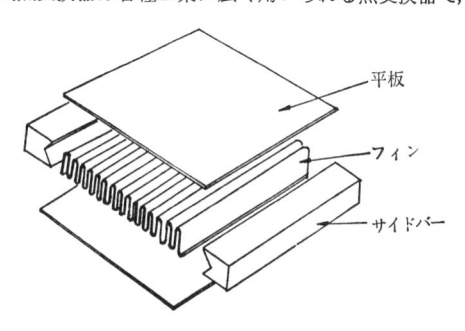

図 29・1 単層分解図

うに，厚さ 0.5～1 [mm] の2枚の平板の間に厚さ 0.15～0.7 [mm]，高さ 2～15 [mm] の波形フィンをはさみ，さらに，その両側をサイドバーでシールしたもので，このような層を数多く積み重ねることにより，一つの熱交換部を形成したものである（図 29・2）。

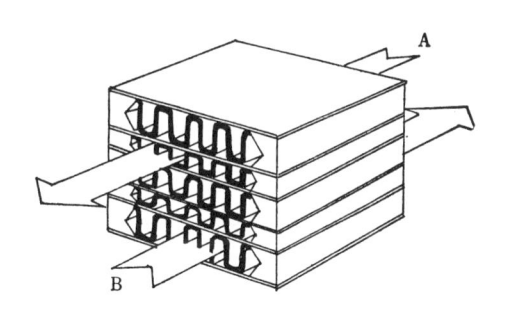

図 29・2 向流組立図

使用材料としては，現在のところほとんど耐食アルミニウム合金が使用される。

熱交換部を形成する各部品は，次のようにして接合される。すなわち，平板の両面には，約7.5%のシリコンを含むアルミニウム合金のろう材がクラッドされていて，図 29・2 のように組立てられた熱交換部は約 600 [℃] の溶融ソルト中で数分間浸漬加熱される。こ

---

1) 赤川徳行：産業機械，44年7月号 pp. 38～43.

の間に，平板にクラッドされたろう材は溶融し，ついでこれを冷却することによって再凝固し，平板・サイドバー・波形フィンは完全に一体となるように接合される。

このろう付けソルトは，ただ単に熱交換部を加熱するための媒体として働くばかりでなく，アルミニウム合金の表面に形成される強固な酸化被膜の除去剤としても働き，アルカリ金属の塩化物を主体とした塩が使用される。この平板のフィンおよびサイドバーとの接合部は非常に堅牢であり，引張りあるいは剥離試験によれば，切断されるのは一般に母材である。図 29・3 は，この接合部の拡大写真である。

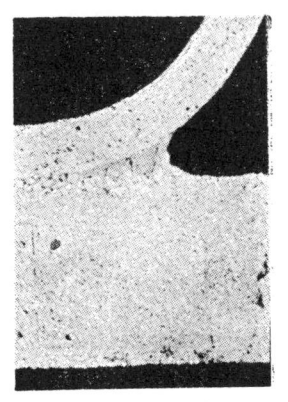

図 29・3 フィン接合部のミクロ組織

表 29・1 標準波型フィン

| タイプ | フィン高さ mm | フィン厚さ mm | フィンピッチ mm | 流路断面積 *$m^2$ | 伝熱面積 **$m^2$ | 用途 |
|---|---|---|---|---|---|---|
| プレーン形 | 12.7 | 0.15 | 1.5 | 0.0113 | 18.5 | ガス |
|  | 9.5 | 0.2 | 1.7 | 0.00820 | 12.7 | ガス |
|  | 4.7 | 0.3 | 2 | 0.00374 | 6.1 | 液，蒸発 |
| マルチ・エントリ形 | 12.7 | 0.15 | 1.5 | 0.0113 | 18.5 | ガス |
|  | 9.5 | 0.2 | 1.7 | 0.00820 | 12.7 | ガス |
|  | 7.0 | 0.2 | 1.5 | 0.00589 | 10.8 | ガス |
|  | 4.7 | 0.3 | 2.0 | 0.00374 | 6.1 | 液 |
|  | 3.2 | 0.3 | 3.5 | 0.00265 | 3.5 | 液，油 |
|  | 3.0 | 0.3 | 4.35 | 0.00251 | 3.1 | 液，油 |
| 多孔板形 | 9.5 | 0.2 | 1.7 | 0.00820 | 10.7 | ガス |
|  | 4.7 | 0.3 | 2.0 | 0.00374 | 5.1 | 液，凝縮 |
|  | 3.2 | 0.3 | 3.5 | 0.00265 | 3.1 | 液，凝縮 |

\* 1段，有効幅 1m に対する値
\*\* 1段，有効幅 1m，有効長さ 1m に対する値

フィンとしては図 39・4 および表 29・1 に示すような種々の形式のフィンが用いられる。そのおのおのの特色を説明すれば，以下の通りである。

　a) **プレーン形フィン:** 直線的な流路を形成して通常円管に近い流れの特性を示す。汚れに問題のある流体，熱伝達のよい液体，相変化を伴なう流体に適している。

　b) **波形フィン:** 蛇行した流れとなるので，曲がり部分で微小な剥離が起こり，低レイノルズ数ではプレーン形フィンに近いが，レイノルズ数の増加につれてマルチ・エントリ形フィンに近づき，両者の中間的な特性を示す。耐圧強度の高い構造にできるので，高

## 29・1 構造および用途

(a) プレーン形フィン

(b) 波形フィン

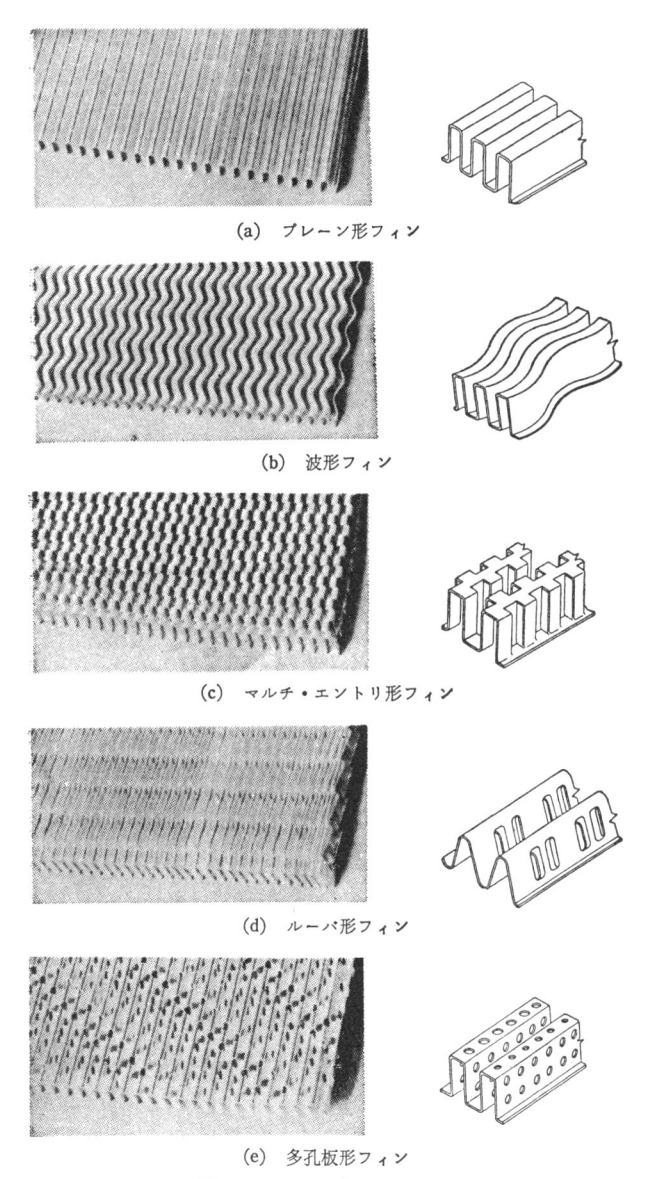

(c) マルチ・エントリ形フィン

(d) ルーバ形フィン

(e) 多孔板形フィン

図 29・4 フィンプレートの種類

圧のガスに適している。

c) **マルチ・エントリ形フィン**： 細かい切欠きにより流れの乱れ効果が著しい形式で,

低レイノルズ数の領域から乱流に類似した特性となり，高い伝熱性能を得ることができる。ただし，圧力損失も大きくなる。熱伝達の良くない気体，液体でも粘度が高く，熱伝達の悪いものの伝熱係数を向上させるのに効果がある。

　d） **ルーバ形フィン：**　切欠きによる効果はマルチ・エントリ形と同じであるが，切欠きピッチが大きく流路の蛇行もあるので，マルチ・エントリと波形フィンとの中間と考えてよい。

　e） **多孔板形フィン：**　波形に小口径の孔を多数設けたフィンで，マルチ・エントリ形フィンに近い特性を示す。

このようにして作られた熱交換部は，図 29・5 のように流体出口を形成するヘッダを溶接により

図 29・5　熱交換器ユニット

接合したものが，一つのユニットを形成する。このユニットは小形熱交換器の場合には単独で使用されるが，大形熱交換器の場合には，並列または直列に多数結合することにより，一つの熱交換器として使用される。このような複数ユニットの熱交換器では，製造可能な最大ブロックの大きさがブロック数に大きな影響をもっている。単体ユニットが大きいほど，同一仕様を満足させるに要するユニット数が少なくてすみ，スペース，配管の上からも経済的となる。この形式の熱交換器の最大ブロックはメーカーの設備によって決まるが，$750 \times 750 \times 3,600$ [mm] ないし $1,200 \times 1,200 \times 6,000$ [mm] である。

この熱交換器の特徴は，すなわちアルミニウムであること，プレート型で高性能，小形，軽量に設計が可能であることなどの利点を生かして，次のような用途に用いられている。

（1）　**低温工業用として：**　この種の熱交換器の下記の特徴を生かして，低温工業用の

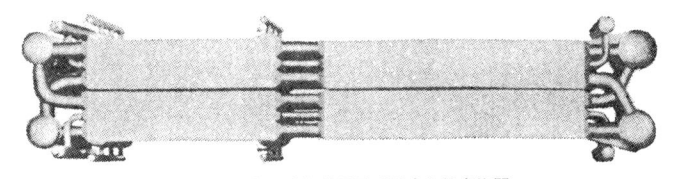

図 29・6　空気分離装置用可逆式主熱交換器

空気分離装置用可逆式主熱交換器（図 29・6），空気分離装置用予冷器，空気分離装置用主凝縮器（図 29・7），空気分離装置用液化器（図 29・8），石油化学装置用水素回収装置用熱交換器（図 29・9）などに用いられる。

　a）　アルミニウム合金は低温において強度の低下，ぜい性の心配がなく，かえって強度が増大する。低温用機器として銅・ステンレス鋼などの高価な材料にかえて利用でき

29・1 構造および用途

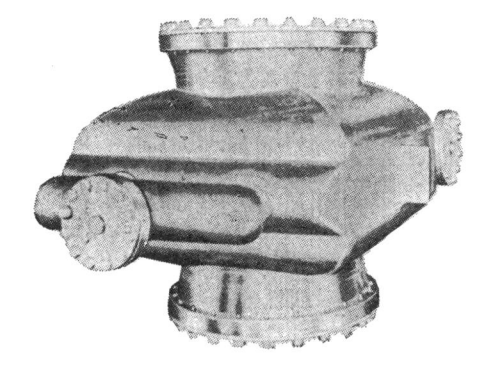

図 29・7 空気分離装置用主凝縮器

図 29・8 空気分離装置用液化器

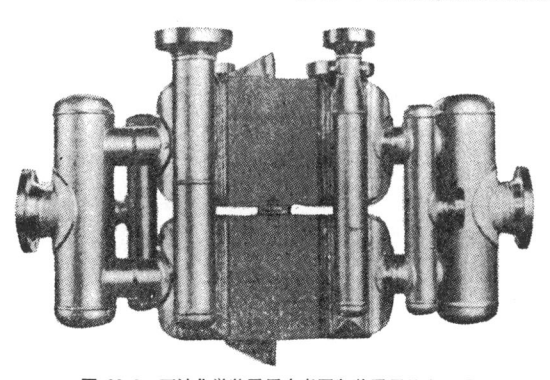

図 29・9 石油化学装置用水素回収装置用熱交換器

る。
b) 容易に多流体方式の熱交換が可能で，ガス深冷分離の際の熱回収や複数の熱交換器

の一体化に効果がある。

c）気体の熱交換でも高性能に運転することができるので，小さな温度差で操作することが可能で，廃熱回収の効果が大きい。

d）小形，軽量であるため据付スペースが少なくてすみ，保冷費用の削減，寒冷損失の減少の効果がある。熱容量が小さく，始動時間の短縮を企ることができるので，運転上も有利となる。

e）接合がブレージングおよびアルゴンアーク溶接であり，接合部の信頼性が高く漏洩の心配がない。最近では多流体の複雑な深冷分離部のドラム，配管を全部アルミニウムで製作し溶接接合して，コールドボックスに収める方法が一般的に行なわれるようになった。

f）比較的抗張力の低いアルミニウムを使用し，内圧に不向きなプレート型の構造であるにもかかわらず，高い作動圧力にも使用することができる。最高使用圧力 57 [$kg/cm^2$ G]，破壊圧力約 300 [$kg/cm^2$ G] に達する熱交換器まで使用可能である。

g）アルミニウムの一体構造であるから，サーマルショックにも強く，100 [°C] と −50 [°C] の間で数百回のサーマルショックテストの例でも全く問題ない。

h）この熱交換器の通路を相似の形状にして可逆サイクルを行ない，水分・炭酸ガスなどの不純物の除去を行なわせることができる。

（2）その他一般産業用として：

a）航空機，車輌では一般に小形軽量となることが設計上重要であり，小形化によって他の機器との配置が容易になり，軽量化によって自重を減らし輸送能力をあげることができる。図 29・10 にターボプロップ機用オイルクーラー，図 29・11 にカーヒーター用丸型ラ

図 29・10　ターボプロップ機用オイルクーラー 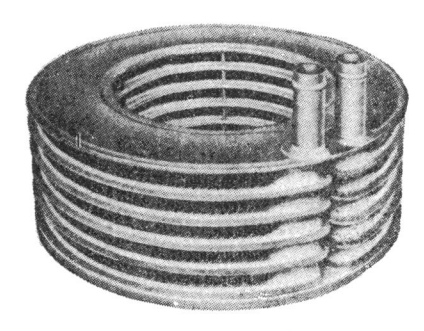　　図 29・11　カーヒーター用丸型ラジエーター

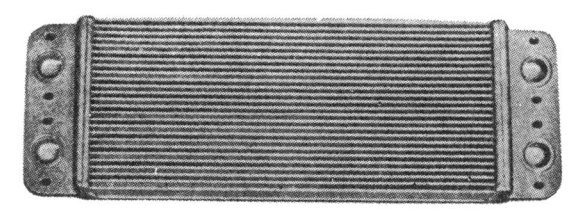

図 29・12 ディーゼル機関車用ラジエーター

ジエーター，図 29・12 にディーゼル機関車用ラジエーターとして用いられたこの種の熱交換器を示した。

b) 内燃機関を塔載した航空機・車輌は，振動に対する強度が問題になる。アルミニウムろう着によるユニットは振動に対する強度が大きく，航空機を例にとれば，10Gの加速度で軸方向合計 105 時間の振動試験で全く問題のないことが確められている。

c) オイルクーラーなどで圧力変動のある流体回路に組みこまれた場合，熱交換器の使用条件としては厳しいものとなるが，アルミニウムろう着熱交換器では，内圧に対しても優れた耐久性を示し，0〜11 〔kg/cm² G〕の圧力繰り返し $10^7$ 回で問題なく使用することができる。

d) この分野で従来使用されているハンダ付け・銀ろう付けの熱交換器は，使用中にこれらろう付け部の欠陥で事故の起こる場合があるが，アルミニウムろう着のものではろう材の強度が母材より高く，また，ろう着作業を厳密にコントロールすれば品質が安定し，ろう着部の欠陥による事故はほとんど起こらなくなる。

この種の熱交換器のメーカーとしては，神戸製鋼，住友精密工業がある。

## 29・2 流路構成

流体の種類・用途などにより，向流・直交流・並流などの流路構成を選ぶことができる。

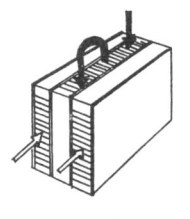

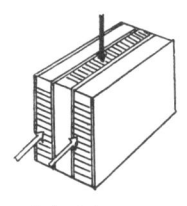

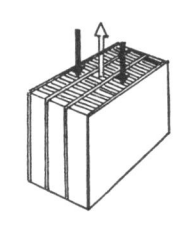

(a) 多回流路型　　(b) 直交流型　　(c) 向流型

図 29・13 流路構成例

また，3流体以上の多流体熱交換として用いることもできる。熱交換を行なう流体の流量がアンバランスのときは，多回流路型としてバランスをとることもできる。図29・13にプレートフィン式熱交換器に用いられる流路構成を示した。

## 29・3 基本伝熱式

### 29・3・1 2流体熱交換器もしくは3流体熱交換器として用いる場合

2流体間の熱交換器または3流体間の熱交換に用いられるときは，第3章に記載した方法で取り扱うことができる。

### 29・3・2 4流体以上の多流体熱交換器として用いる場合[2]

図29・14に示すような$n$種類の流体間で熱交換を行なわせる場合について考える。プレ

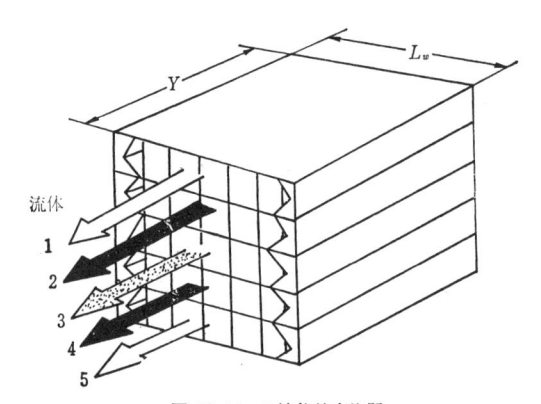

図 29・14　5流体熱交換器

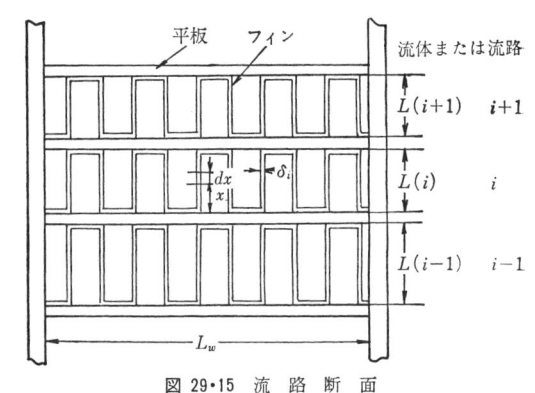

図 29・15　流 路 断 面

---

2) Kao, S.: ASME Paper, 61-WA-255 (1961).

一トフィン式熱交換器の断面は，図 29・15 で示すことができるが，設計上の要求から各流路の寸法はそれぞれ異なるものとする。

流体の流れ方向に沿って，熱交換器の任意断面に起こる金属面の温度を求めよう。フィン金属の厚さはフィンの高さに比べて薄いものとする。フィンの高さ $x$ に沿ってのフィン金属の温度変化は，次の微分方程式で表わすことができる。

$$\frac{d^2t}{dx^2} - P^2(t-T) = 0 \quad \cdots\cdots\cdots\cdots\cdots\cdots (29\cdot1)$$

ここで，

$t$：フィン金属の温度〔°C〕

$T$：流体の温度〔°C〕

$P$：フィンの特性数〔m〕

$$P \equiv \left(\frac{2h'}{\lambda_f \cdot \delta}\right)^{1/2}$$

$h'$：複合境膜伝熱係数〔kcal/m²・hr・°C〕

$$\frac{1}{h'} = \frac{1}{r} + \frac{1}{h}$$

$h$：境膜伝熱係数〔kcal/m²・hr・°C〕

$r$：汚れ係数〔m²・hr・°C/kcal〕

$\lambda_f$：フィン金属の熱伝導率〔kcal/m・hr・°C〕

$\delta$：フィンの厚さ〔m〕

式 (29・1) の解は

$$t = T + A \cdot \sinh(Px) + B \cdot \cosh(Px) \quad \cdots\cdots\cdots\cdots (29\cdot2\text{a})$$

$$\frac{dt}{dx} = P[A \cdot \cosh(Px) + B \cdot \cosh(Px)] \quad \cdots\cdots\cdots\cdots (29\cdot2\text{b})$$

$A, B$ は積分定数である。

平板の面積はフィンの表面積に比べて小さく，また境膜伝熱係数が平板金属の伝熱抵抗に比べて小さいとすると，平板内の温度変化は無視できる。

したがって

$$t_i(L) = t_{(i+1)}(0) \quad \cdots\cdots\cdots\cdots\cdots\cdots\cdots\cdots (29\cdot3)$$

$t_i(L)$ は流路 $i$ のフィン上端面 ($x=L$) でのフィン金属の温度，$t_{(i+1)}(0)$ は流路 $i+1$ のフィン下端面 ($x=0$) でのフィン金属の温度である。$L$ はフィン高さ〔m〕である。

平板を通る熱の流れの連続性から

$$q_i(L) = -f_i \cdot \lambda_f \cdot \left(\frac{dt_i}{dx}\right)_{x=L} + h_i(1-f_i)[T_i - t_i(L)] = q_{(i+1)}(0)$$

$$= -f_{(i+1)} \cdot \lambda_f \cdot \left(\frac{dt_{(i+1)}}{dx}\right)_{x=0} + h_{(i+1)}(1-f_{(i+1)})[t_{(i+1)}(0) - T_{(i+1)}]$$

$$\cdots\cdots(29\cdot4)$$

ここで,

$q_i(L)$ : 流路 $i$ のフィン上端面 ($x=L$) での熱流束 [kcal/m²・hr]

$q_{(i+1)}(0)$ : 流路 ($i+1$) のフィン下端面 ($x=0$) での熱流束 [kcal/m²・hr]

$f_i, f_{(i+1)}$ : 流路 $i$, 流路 $i+1$ における単位平板面積あたりのフィンの断面積＝平板の単位流路幅あたりのフィン数×フィン厚さ [m²/m²]

式 (29・2a) および (29・2b) を式 (29・3) および (29・4) に代入して, $A_i$ および $B_i$ を $A_{(i+1)}$ の項で表わすことができる。

$$[\sinh(P_i \cdot L)]A_i + [\cosh(P_i \cdot L)]B_i - B_{(i+1)} = T_{(i+1)} - T_i \quad \cdots\cdots(29\cdot5\text{a})$$

$$[f \cdot \lambda_f \cdot P \cdot \cosh(P \cdot L)]_i \cdot A_i + [f \cdot \lambda_f \cdot P \cdot \sinh(P \cdot L)]_i \cdot B_i$$

$$- (f \cdot \lambda_f \cdot P)_{(i+1)} \cdot A_{(i+1)} + \{[h \cdot (1-f)]_i + [h \cdot (1-f)]_{(i+1)}\} \cdot B_{(i+1)}$$

$$= [h \cdot (1-f)]_i (T - T_{(i+1)}) \quad \cdots\cdots\cdots\cdots\cdots\cdots(29\cdot5\text{b})$$

平板から $i$ 番目の流体への真の伝熱量は, 平板の単位伝熱面積当りについて次式で表わされる。

$$\left(\frac{dQ}{dy}\right)_i = q_i(0) - q_i(L)$$

$$= \{f \cdot \lambda_f \cdot P[\cosh(P \cdot L) - 1] + h(1-f) \cdot \sinh(P \cdot L)\}_i \cdot A_i$$

$$+ \{f \cdot \lambda_f \cdot P \cdot \sinh(P \cdot L) + h(1-f) \cdot [\cosh(P \cdot L) + 1]\}_i \cdot B_i$$

$$\cdots\cdots(29\cdot6)$$

$i$ 番目の流体の温度上昇は

$$\left(\frac{dT}{dy}\right)_i = \frac{L_w}{(W \cdot C)_i} \left(\frac{dQ}{dy}\right)_i \quad \cdots\cdots\cdots\cdots\cdots\cdots\cdots(29\cdot7)$$

ここで,

$L_w$ : 流路幅 [m]

$W_i$ : $i$ 流路を流れる流体の流量 [kg/hr]

$C_i$ : $i$ 流路を流れる流体の比熱 [kcal/kg・℃]

図 29・16 に示すように, ($n+1$) 番目の流体が 1 番目の流体と同じである $n$ 流体熱交換器に対しては, 式 (29・5) から $2n$ 個の連立一次微分方程式の解が必要となる。

## 29・3 基本伝熱式

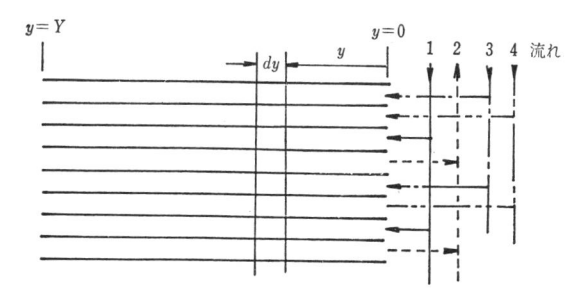

図 29・16 流路構成（順序が繰り返される）

式 (29・5a) および (29・5b) から，$B_i$ および $B_{(i+1)}$ を $A_i$ および $A_{(i+1)}$ の項で表わせば，

$$B_{(i+1)} = [\cosh(P \cdot L)]_i \cdot B_i + [\sinh(P \cdot L)]_i \cdot A_i + T_i - T_{(i+1)} \quad \cdots\cdots(29 \cdot 8)$$

$$-B_i = \frac{(f \cdot \lambda_f \cdot P)_i + [\tanh(P \cdot L)]_i \cdot \{[h \cdot (1-f)]_i + [h \cdot (1-f)]_{(i+1)}\}}{[f \cdot \lambda_f \cdot P \cdot \tanh(P \cdot L) + h(1-f)]_i + [h(1-f)]_{(i+1)}} \cdot A_i$$

$$+ \frac{-(f \cdot \lambda_f \cdot P)_{(i+1)} \cdot A_{(i+1)} + [h(1-f)]_{(i+1)} \cdot (T_i - T_{(i+1)})}{[\cosh(P \cdot L)]_i \cdot \{[f \cdot \lambda_f \cdot P \cdot \tanh(P \cdot L) + h(1-f)]_i + [h(1-f)]_{(i+1)}\}}$$

$$\cdots\cdots(29 \cdot 9)$$

同様にして $(i+1)$ 番目の流路（または流体）について，

$$-B_{(i+1)} =$$

$$\frac{(f \cdot \lambda_f \cdot P)_{(i+1)} + [\tanh(P \cdot L)]_{(i+1)} \cdot \{[h \cdot (1-f)]_{(i+1)} + [h \cdot (1-f)]_{(i+2)}\}}{[f \cdot \lambda_f \cdot P \cdot \tanh(P \cdot L) + h(1-f)]_{(i+1)} + [h(1-f)]_{(i+2)}}$$

$$\cdot A_{(i+1)} +$$

$$\frac{-(f \cdot \lambda \cdot P)_{(i+2)} \cdot A_{(i+2)} + [h(1-f)]_{(i+2)} \cdot (T_{(i+1)} - T_{(i+2)})}{[\cosh(P \cdot L)]_{(i+1)} \cdot \{[f \cdot \lambda_f \cdot P \cdot \tanh(P \cdot L) + h(1-f)]_{(i+1)} + [h(1-f)]_{(i+2)}\}}$$

$$\cdots\cdots(29 \cdot 10)$$

式 (29・9), (29・10) を (29・8) に代入して，$A$ を $T$ の項で表わした次式が得られる。

$$a_{i,i} \cdot A_i + a_{i,(i+1)} \cdot A_{(i+1)} + a_{i,(i+2)} \cdot A_{(i+2)}$$
$$= b_{i,i} \cdot T_i + b_{i,(i+1)} \cdot T_{(i+1)} + b_{i,(i+2)} \cdot T_{(i+2)} \quad \cdots\cdots(29 \cdot 11)$$

$n$ 流体熱交換器（$i=1$ から $n$ まで）に対しては，$A_1 \cdots\cdots A_n$ を求めるためには，式 (29・11) の形の $n$ 個の連立方程式が必要であるが，これをマトリックスで表わせば，

$$\bar{a} \cdot \bar{A} = \bar{b} \cdot \bar{T} \quad \cdots\cdots\cdots\cdots\cdots\cdots(29 \cdot 12)$$

ここで，$\bar{a}$ および $\bar{b}$ は正方マトリックスであり，$\bar{A}, \bar{T}$ は $n$ 次元のコラムマトリックスで，

$$a_{i,i} = \frac{-(f\lambda_f P)_i}{\{[f \cdot \lambda_f \cdot P \cdot \tanh(P \cdot L) + h(1-f)]_i + [h(1-f)]_{(i+1)}\} \cdot [\cosh(P \cdot L)]_i}$$

$$a_{i,(i+1)} = \frac{[\tanh(PL)]_{(i+1)}\{[f \cdot \lambda_f \cdot P \cdot \coth(P \cdot L) + h(1-f)]_{(i+1)}}{[f \cdot \lambda_f \cdot P \cdot \tanh(P \cdot L) + h(1-f)]_{(i+1)}}$$

$$\frac{+[h \cdot (1-f)]_{(i+2)}\}}{+[h \cdot (1-f)]_{(i+2)}}$$

$$+ \frac{(f \cdot \lambda_f \cdot P)_{(i+1)}}{[f \cdot \lambda_f \cdot P \cdot \tanh(P \cdot L) + h(1-f)]_i + [h(1-f)]_{(i+1)}}$$

$$a_{i,(i+2)} = \frac{(f \cdot \lambda_f}{[\cosh(P \cdot L)]_{(i+1)} \cdot \{[f \cdot \lambda_f \cdot P \cdot \tanh(PL) + h(1-f)]_{(i+1)}}$$

$$\frac{\times P)_{(i+2)}}{+[h(1-f)]_{(i+2)}\}}$$

$$b_{i,i} = \frac{-1}{1 + \dfrac{[h(1-f)]_{(i+1)}}{[f \cdot \lambda_f \cdot P \cdot \tanh(P \cdot L) + h(1-f)]_i}}$$

$$b_{i,(i+1)} = \frac{-[\text{sech}(P \cdot L)]_{(i+1)}}{1 + \dfrac{[f \cdot \lambda_f \cdot P \cdot \tanh(P \cdot L) + h(1-f)]_{(i+1)}}{[h(1-f)]_{(i+2)}}} - b_{i,i}$$

$$b_{i,(i+2)} = {}_{i,(i+1)} + b_{i,i}$$

$\bar{a}$ および $\bar{b}$ のマトリックスにおいて,

$|i-i| \geqq 3$ のとき

$$a_{i,j} = b_{i,j} = 0$$

また, $i>n$ のとき $i=i-n$, $j>n$ のとき $j=j-n$ となる。

式 (29・9) から, $B_i$ は $A_i$, $A_{(i+1)}$, $T_i$ および $T_{(i+1)}$ の項で表わされることがわかる。したがって, 他の行列式は, 次のように書き表わすことができる。

$$\bar{B} = \bar{d} \cdot \bar{A} + \bar{e} \cdot \bar{T} \quad \cdots\cdots\cdots\cdots\cdots\cdots\cdots\cdots (29 \cdot 13)$$

正方マトリックス $\bar{d}$ および $\bar{e}$ は式 (29・9) から, 直ちに次のように求まる。

$$d_{i,i} = \frac{-[\tanh(P \cdot L)]_i \cdot \{[f \cdot \lambda_f \cdot P \cdot \coth(P \cdot L) + h(1-f)]_i + [h(1-f)]_{(i+1)}\}}{[f \cdot \lambda_f \cdot P \cdot \tanh(P \cdot L) + h(1-f)]_i + [h(1-f)]_{(i+1)}}$$

$$d_{i,(i+1)} = \frac{(f \cdot \lambda_f \cdot P)_{(i+1)}}{[\cosh(P \cdot L)]_i \cdot \{[f \cdot \lambda_f \cdot P \cdot \tanh(P \cdot L) + h(1-f)]_i + [h(1-f)]_{(i+1)}\}}$$

$$e_{i,i} = -e_{i,(i+1)}$$

$$= \frac{[h(1-f)]_{(i+1)}}{[\cosh(P \cdot L)]_i \cdot \{[f \cdot \lambda_f \cdot P \cdot \tanh(P \cdot L) + h(1-f)]_i + [h(1-f)]_{(i+1)}\}}$$

また,

$|i-j| \geqq 2$ のとき

$$d_{i,j} = e_{i,j} = 0$$

また,

$i > n$ のとき $i - n = i$, $j > n$ のとき $j - n = j$ となる。

式 (29·6), (29·7), (29·12), (29·13) を組合せて,次の連立微分方程式が得られる。

$$\frac{d\overline{T}}{dy} = \overline{u} \cdot \overline{A} + \overline{v} \cdot \overline{B} = \overline{R} \cdot \overline{T} \quad \cdots\cdots (29\cdot14)$$

$\overline{u}$ および $\overline{v}$ は対角マトリックスで,そのエレメントは $i = j$ のとき以外は全て 0 である。

$$u_{i,j} = \{f \cdot \lambda_f \cdot P \cdot [\cosh(P \cdot L) - 1] + h(1-f) \cdot \sinh(P \cdot L)\}_i \cdot \left(\frac{L_w}{W \cdot C}\right)_i$$

$$v_{i,j} = \{f \cdot \lambda_f \cdot P \cdot \sinh(P \cdot L) + h(1-f)[\cosh(P \cdot L) + 1]\}_i \cdot \left(\frac{L_w}{W \cdot C}\right)_i$$

また, $\overline{R} = [(\overline{u} + \overline{v} \cdot \overline{d}) \cdot \overline{a}^{-1} \cdot \overline{b} + \overline{v} \cdot \overline{e}]$ は, $n$ 流体熱交換器に対しては $n$ 次元正方マトリックスである。平板表面の温度は式 (29·2a) を用いて $x=0$, $\bar{t} = \overline{T} + \overline{B}$ として求めることができる。

計算手順について説明する。

**a) $h_i$ および $(W \cdot C)_i$ が一定である場合:** $h_i$ および $(W \cdot C)_i$ が全温度範囲にわたり一定である場合には,与えられた長さ $y$ について,次のようにして解が求まる。

(i) 解析解

式 (29·14) は次のように書き直すことができる。

$$(\overline{R} - \overline{D}) \cdot \overline{T} = 0 \quad \cdots\cdots (29\cdot15)$$

$\overline{R}$ は定数であり, $\overline{D}$ は微分演算子であって対角マトリックスの形になる。

式 (29·15) の解は,次式で表わすことができる。

$$\overline{T} = \overline{J} \cdot \overline{\exp(My)}$$

または,

$$T_i = J_{i,1} \cdot \exp(M_1 \cdot y) + J_{i,2} \cdot \exp(M_2 \cdot y) + \cdots + J_{i,n} \cdot \exp(M_n \cdot y)$$

$$\cdots\cdots (29\cdot16)$$

$\overline{\exp(My)}$ はコラムマトリックスで, $M_1, M_2, \cdots, M_n$ は次の特性式の根である。

$$\text{Det}(\overline{R} - \overline{M}) = 0 \quad \cdots\cdots (29\cdot17)$$

式 (29·17) から求まる $M$ を式 (29·15) に代入し,既知の境界条件(たとえば,$\overline{T}_i(0)$ が与えられる)から $\overline{J}$ を求めることができる。したがって,熱交換器の長さ $y$ に対応する温度を計算することができる。

(ii) 数値計算法

流れ方向の流路の全長を $Y$ とし，$y=0$ から $Y$ までの全区間を $m$ 区間に分割して式 (29・15) を積分する。すると，

$$\overline{T(Y)} = \left(I + \frac{Y}{m}\overline{R}\right)^m \cdot \overline{T}(0) \quad\quad\quad\quad\quad\quad (29\cdot18)$$

ここで，$I$ は単位マトリックスである。

b) $h_i$ および $(W\cdot C)_i$ が変化する場合： 一般に，$h_i$ および $(W\cdot C)_i$ は，例えば低温工業に用いられる凝縮によるガス分離の場合のように，温度によって変化する。

この場合は，$y=0$ から $Y$ までを $m$ 区間に分けて，式 (29・19) を用いて数値計算することができる。

$$\overline{T(Y)} = \left(I + \frac{Y}{m}\overline{\alpha_{0,\,m}}\cdot\overline{R}\right)\left(I + \frac{Y}{m}\overline{\alpha_{0,(m-1)}}\cdot\overline{R}\right)$$
$$\cdots\cdots\left(I + \frac{Y}{m}\overline{\alpha_{0,1}}\cdot\overline{R}\right)\overline{T}(0) \quad\quad\quad (29\cdot19)$$

ここで，$\overline{\alpha_{0,\,m}}$, $\overline{\alpha_{0,(m-1)}}$ は積分範囲における $T_i$ の変化に伴なう $(W\cdot C)_i$ の変化による補正項で，エレメント $2\times[(W\cdot C)_0]_i/[(W\cdot C)_m+(W\cdot C)_{(m-1)}]_i$ および $2\times[(W\cdot C)_0]_i/[(W\cdot C)_{(m-1)}+(W\cdot C)_{(m-2)}]$ を有する対角マトリックスである。

## 29・4 境膜伝熱係数

境膜伝熱係数は，次式で表わすことができる。

$$h = j_H(G\cdot C)\left(\frac{C\mu}{k}\right)^{-2/3} \quad\quad\quad\quad\quad\quad (29\cdot20)$$

ここで，

$h$：境膜伝熱係数 [kcal/m$^2$・hr・°C]

$G$：フィンプレートの最小流路断面積基準の質量速度 [kg/m$^2$・hr]

$C$：流体の比熱 [kcal/kg・°C]

$\mu$：流体の粘度 [kg/m・hr]

$k$：流体の熱伝導率 [kcal/m・hr・°C]

$j_H$：伝熱因子 [—]

伝熱因子 $j_H = (h/G\cdot C)(C\mu/k)^{2/3}$ はプレートフィンの形状，寸法などによって異なる。Kays[3] らは各種プレートフィンの $j_H$ の値を集録して，図 29・17〜図 29・30 を提出して

---

3) Kays, W.M. and A.L. London : "Compact Heat Exchangers" 2nd. ed., McGRAW-HILL BOOK COMPANY (1964).

## 9・4 境膜伝熱係数

いる。図中の数字の単位は全て inch である。

$Re$ は Reynolds 数で次式で定義される。

$$Re = \frac{D_e \cdot G}{\mu} \quad \cdots\cdots(29\cdot21)$$

また，$D_e$ はプレートフィンの流路の相当径で，次式で定義される。

$$D_e = \frac{4 A_{min} \cdot Y}{A_s} \quad \cdots\cdots(29\cdot22)$$

ここで，

$D_e$：相当径 [m]

$A_{min}$：流路断面積 [m$^2$]

$A_s$：全伝熱面積 [m$^2$]

$Y$：流れ方向のプレートフィンの長さ [m]

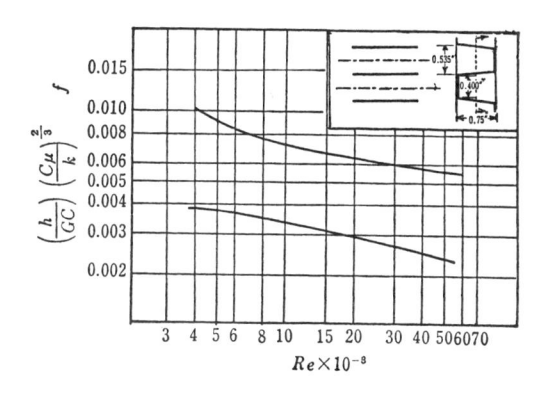

フィン数＝2.0/in
フィン高さ $L = 0.750$ [in]
相当径 $D_e = 0.0474$ [in]
フィン厚み＝0.032 [in]
　　　　　アルミニウム
全伝熱面積／フィン部体積＝
　　　　　76.1 [ft$^2$/ft$^3$]
フィン面積／全面積＝0.606

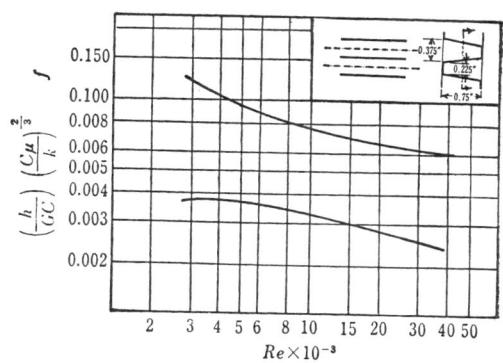

図 29・17　プレーン形プレートフィン

フィン数＝3.01/in
フィン高さ $L = 0.750$ [in]
フィン長さ＝12.0 [in]
相当径 $D_e = 0.03546$ [ft]
フィン厚み＝0.032 [in]
　　　　　アルミニウム
全伝熱面積／フィン部体積＝
　　　　　98.3 [ft$^2$/ft$^3$]
フィン面積／全面積＝0.706

図 29・18　プレーン形プレートフィン

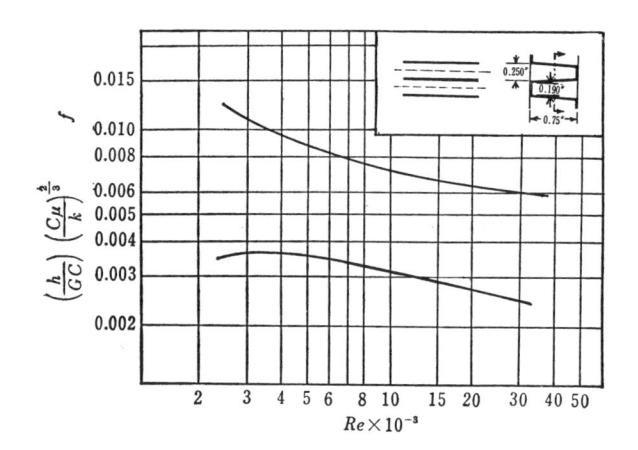

## 第29章 プレートフィン式熱交換器の設計法

フィン数＝3.97/in　フィン高さ $L$＝0.750 [in]
フィン長さ＝12.0 [in]　相当径 $D_e$＝0.0282 [ft]
フィン厚み＝0.032 [in]　アルミニウム
全伝熱面積/フィン部体積＝119.4 [ft$^2$/ft$^3$]
フィン面積/全面積＝0.766

図 29・19　プレーン形プレートフィン

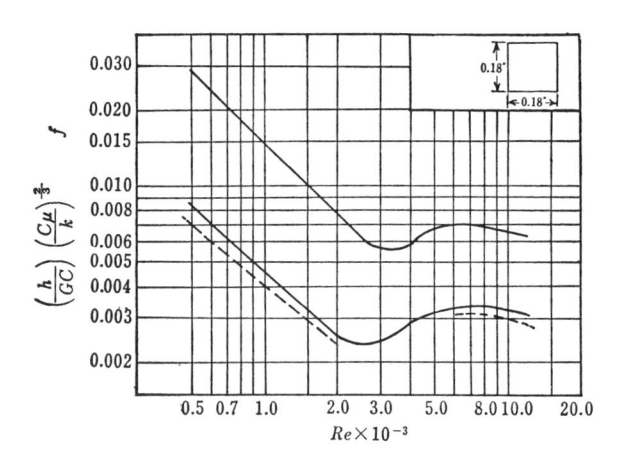

正方形管寸法＝0.18×0.18 [in]
相当径＝0.015 [ft]
フィン面積/全面積＝0.500
――壁面と流体との温度差一定のとき
……壁面温度一定のとき

図 29・20　プレーン形プレートフィン

## 29・4 境膜伝熱係数

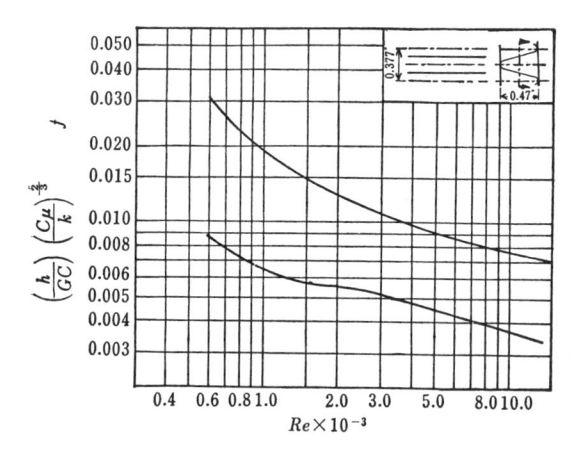

フィン数=5.3/in
フィン高さ $L=0.470$ [in]
相当径=0.02016 [ft]
フィン厚み=0.006 [in]　アルミニウム
全伝熱面積/フィン部体積=188 [ft$^2$/ft$^3$]
フィン面積/全面積=0.719

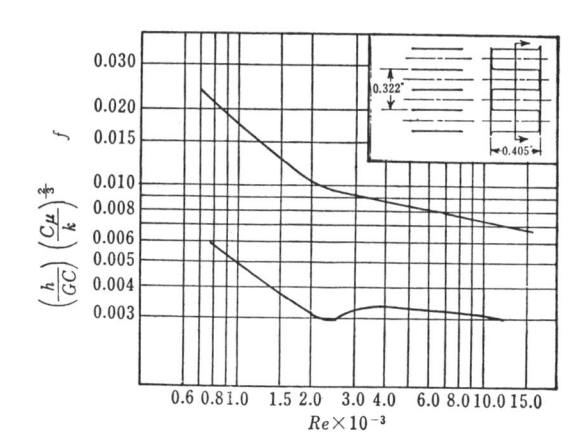

図 29・21　プレーン形プレートフィン

フィン数=6.2/in
フィン高さ $L=0.405$ [in]
相当径 $D_e=0.0182$ [ft]
フィン厚み=0.010 [in]　アルミニウム
全伝熱面積/フィン部体積=204 [ft$^2$/ft$^3$]
フィン面積/全面積=0.728

図 29・22　プレーン形プレートフィン

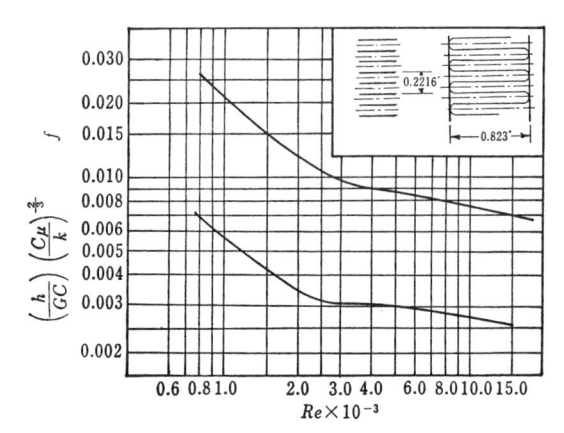

フィン数 =9.03/in
フィン高さ $L=0.823$ [in]
相当径 $D_e=0.01522$ [ft]
フィン厚み =0.008 [in]　アルミニウム
全伝熱面積/フィン部体積 =244 [ft$^2$/ft$^3$]
フィン面積/全面積 =0.888

図 29・23　プレーン形プレートフィン

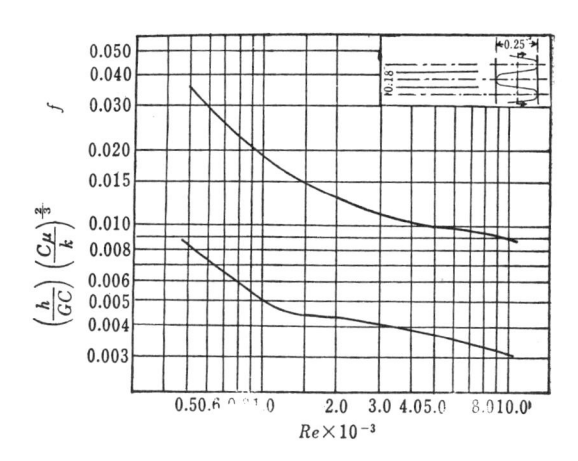

フィン数 =11.1/in
フィン高さ $L=0.250$ [in]
相当径 $D_e=0.01012$ [ft]
フィン厚み =0.006 [in]　アルミニウム
全伝熱面積/フィン部体積 =367 [ft$^2$/ft$^3$]
フィン面積/全面積 =0.756

図 29・24　プレーン形プレートフィン

## 29・4 境膜伝熱係数

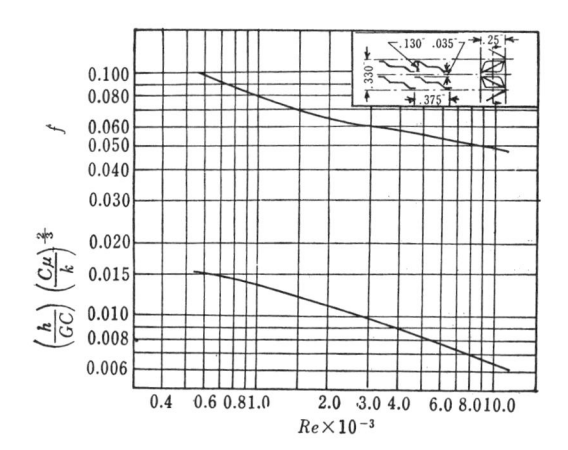

フィン数 $=6.06/\text{in}$　フィン高さ $L=0.250$ [in]
ルーバー長さ $=0.375$ [in]　フィン間隙 $=0.035$ [in]
ルーバー間隙 $=0.130$ [in]　相当径 $D_e=0.01460$ [in]
フィン厚み $=0.006$ [in]　アルミニウム
全伝熱面積/フィン部体積 $=256$ [ft$^2$/ft$^3$]
フィン面積/全面積 $=0.640$

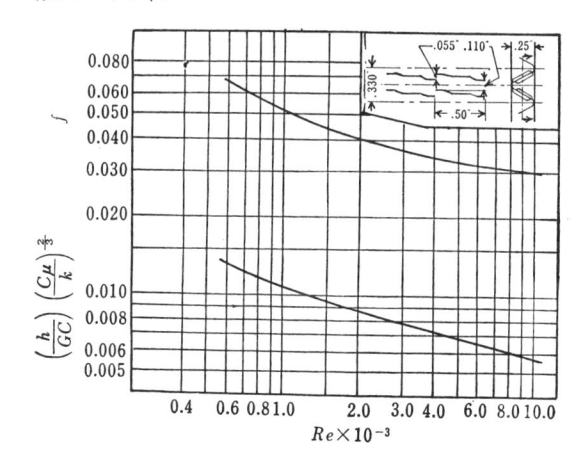

図 29・25　ルーバー形プレートフィン

フィン数 $=6.06/\text{in}$　フィン高さ $L=0.250$ [in]
ルーバー長さ $=0.50$ [in]　フィン間隙 $=0.110$ [in]
ルーバー間隙 $=0.055$ [in]　相当径 $D_e=0.01460$ [ft]
フィン厚み $=0.006$ [in]　アルミニウム
全伝熱面積/フィン部体積 $=256$ [ft$^2$/ft$^3$]
フィン面積/全面積 $=0.640$

図 29・26　ルーバー形プレートフィン

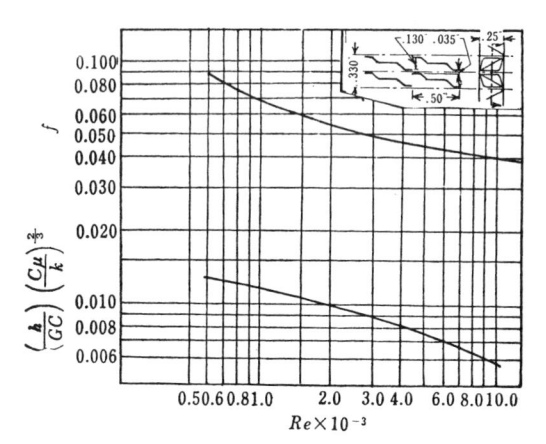

フィン数＝6.06/in　フィン高さ $L=0.250$ [in]
ルーバー長さ＝0.50 [in]　フィン間隙＝0.035 [in]
ルーバー間隙＝0.130 [in]　相当径 $D_e=0.01460$ [ft]
フィン厚み＝0.006 [in]　アルミニウム
全伝熱面積/フィン部体積＝256 [ft$^2$/ft$^3$]
フィン面積/全面積＝0.640

　　　図 29・27　ルーバー形プレートフィン

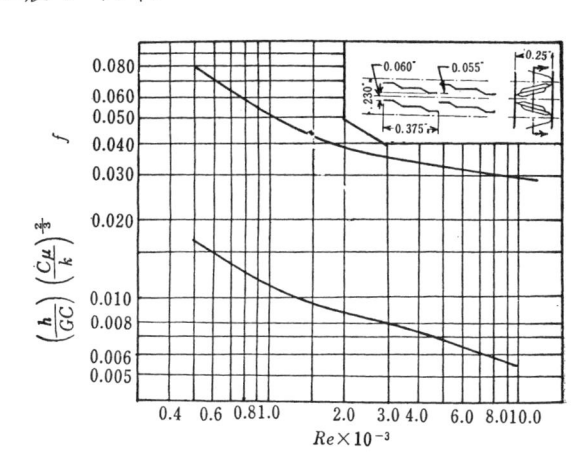

フィン数＝8.7/in　フィン高さ $L=0.250$ [in]
ルーバー長さ＝0.375 [in]　フィン間隙＝0.060 [in]
ルーバー間隙＝0.055 [in]　相当径 $D_e=0.01196$ [ft]
フィン厚み＝0.006 [in]　アルミニウム
全伝熱面積/フィン部体積＝307 [ft$^2$/ft$^3$]
フィン面積/全面積＝0.705

　　　図 29・28　ルーバー形プレートフィン

29・4 境膜伝熱係数

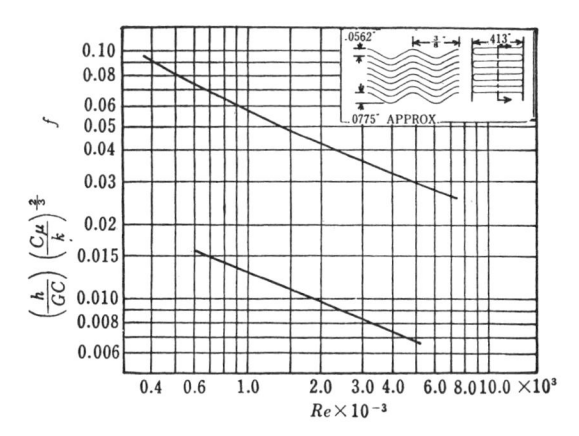

$\left(\dfrac{h}{GC}\right)\left(\dfrac{C\mu}{k}\right)^{\frac{2}{3}}$, $f$ 軸のグラフ

フィン数 = 17.8/in
フィン高さ $L = 0.413$ [in]
相当径 $D_e = 0.00696$ [ft]
フィン厚さ = 0.006 [in]　アルミニウム
全伝熱面積/フィン部体積 = 514 [ft$^2$/ft$^3$]
フィン面積/全面積 = 0.892

**図 29・29** 波形プレートフィン

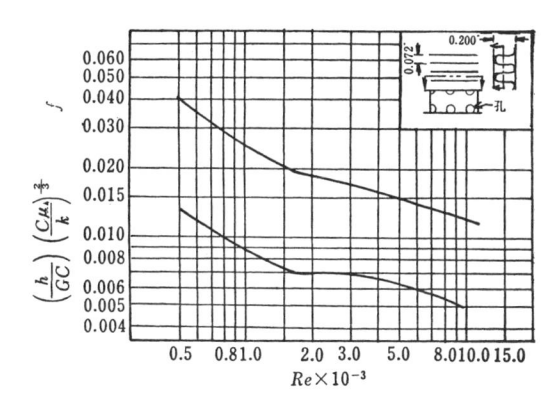

フィン数 = 13.95/in
フィン高さ $L = 0.200$ [in]
フィンには 0.079 [in] 直径の孔が 1 [in$^2$] あたり32個
4角配列に設けてある（開口積比 16%）
相当径 $D_e = 0.00822$ [ft]
フィン板厚 = 0.012 [in]　アルミニウム
全伝熱面積/フィン部体積 = 381 [ft$^2$/ft$^3$]
フィン面積/全面積 = 0.705

$G$：最小流路断面積基準の質量速度〔kg/m²·hr〕

$$G = \frac{W}{A_{\min}} \quad \cdots\cdots\cdots (29\cdot23)$$

$W$：流量〔kg/hr〕

## 29·5 圧力損失

プレートフィン式熱交換器は図 29·30 に示すように，多数の伝熱面を有する熱交換器コアと，プロセス流体を導くための入口管および出口管より成り立っていて，熱交換器の圧力損失とは，この入口管での静圧 $p_1$ と出口管における静圧 $p_2$ との差を意味する。普通これら出入口管において摩擦損失は，熱交換器コアの圧力損失に比べて小さいから，圧力損失の計算に際してはこれを無視してもさしつかえない。したがって，熱交換器の全圧力

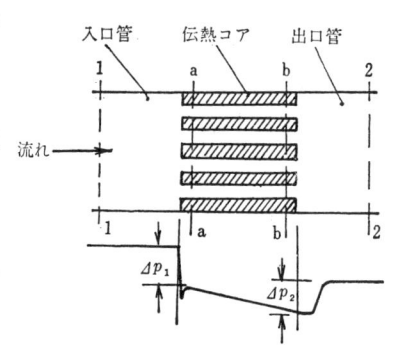

図 29·31 熱交換器内流路の略図

損失 $\Delta p$ はコア入口での圧力降下 $\Delta p_1$，コア内部の圧力損失 $\Delta p_{\text{core}}$ およびコア出口の圧力上昇 $\Delta p_2$ の和として求まる。

$$\Delta p = \Delta p_1 + \Delta p_{\text{core}} - \Delta p_2 \quad \cdots\cdots\cdots (29\cdot24)$$

### 29·5·1 熱交換器コア出入口における圧力損失[3)4)]

熱交換器コア入口および出口において，流れの収縮および拡大が起こる。入口（急収縮部）における圧力降下 $\Delta p_1$ は，次式で表わされる。

$$\Delta p_1 = \frac{G^2}{2g_c \rho_1}(1-\sigma^2) + K_c \frac{G^2}{2g_c \rho_1} \quad \cdots\cdots\cdots (29\cdot25)$$

ここで，

$\rho_1$：入口部での流体の密度〔kg/m³〕

$G$：熱交換器コアでの質量速度〔kg/m²·hr〕$= W/A_{\min}$

$\sigma$：熱交換器コアの最小流路断面積 $A_{\min}$〔m²〕と前面面積 $A_{fr}$〔m²〕との比$= A_{\min}/A_{fr}$〔—〕

$\Delta p_1$：入口部における圧力降下〔Kg/m²〕

---

4) 坪井："熱交換器" 朝倉書店 昭和43年

$g_c$：重力の換算係数 $=1.27\times10^8$ [kg・m/Kg・hr$^2$]

$K_c$：入口係数または収縮損失係数と呼ばれる係数 [—]

式 (19・25) において，第1項は流路断面積の変化のみによる圧力降下分，第2項はいわゆる収縮損失と呼ばれる運動量変化に基づく圧力降下分である。同様に出口（急拡大部）における圧力上昇 $\Delta p_2$ は，

$$\Delta p_2 = \frac{G^2}{2g_c\rho_2}(1-\sigma^2) - K_e\frac{G^2}{2g_c\rho_2} \quad\cdots\cdots(29\cdot26)$$

ここで，

$\Delta p_2$：出口における圧力上昇 [Kg/m$^2$]

$\rho_2$：出口部での流体の密度 [kg/m$^3$]

$K_e$：拡大係数または出口係数と呼ばれる係数 [—]

式 (19・26) において，第1項は流路断面積の変化のみによる圧力上昇分，第2項がいわゆる拡大損失と呼ばれる運動量の変化に基づく圧力降下分である。

$K_c$ および $K_e$ について，Kays[3] らは理論計算によって図 29・32～図 29・35 をつくり，その妥当性も実験によって確めている。ただし，図 29・32 以外の線図は，いずれもコア内の流れが発達した速度分布をもつものと仮定して計算されたものであるから，発達流が得られるほどコアが充分長くない場合には，図 29・33～図 29・35 は適用できない。すなわち

$K_c$（発達流）$>K_c$（未発達流）

$K_e$（発達流）$<K_e$（未発達流）

の関係となる。

ルーバーフィンやマルチ・エントリフィンのような不連続フィンで構成されたコアでは，フィンによって流れが充分発達する前に再び乱されることになるが，このような場合の出入口係数は，Reynolds 数によって，その値が大きく変わることがないので，コア内流速に関係なく $Re=\infty$ の曲線を用いなければならない。

なお，図 29・32～図 29・35 の $Re=\infty$ に対する曲線は，同一となっていることに注意しなければならない。

### 29・5・2 熱交換器コア内での圧力損失

コア内部の圧力損失は，おもに伝熱面の形状抵抗と摩擦抵抗とが組合わさったものであるが，これらの両抵抗を分離せずに，全摩擦面積 $A$ に作用する等価剪断力として考えることにする。すると熱交換器コアは，単に流路断面積が $A_{min}$ なる等価直管として扱えることになり，コア内での圧力損失は次式で表わされることになる。

図 29・32 収縮損失係数および拡大損失係数

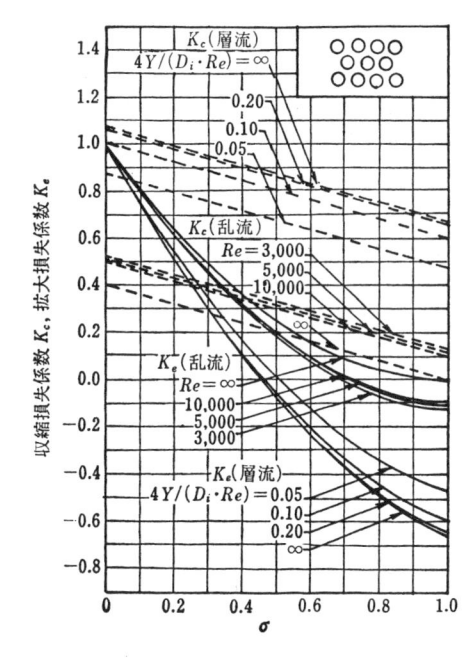

$Y$ : 管長 [m], $D_i$ : 管内径 [m]

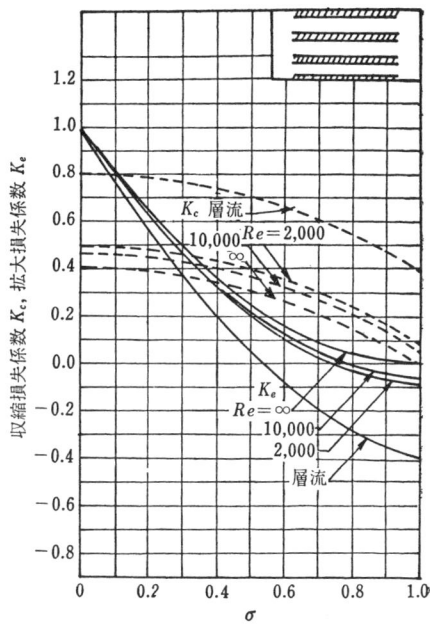

図 29・33 収縮損失係数および拡大損失係数

## 29・5 圧力損失

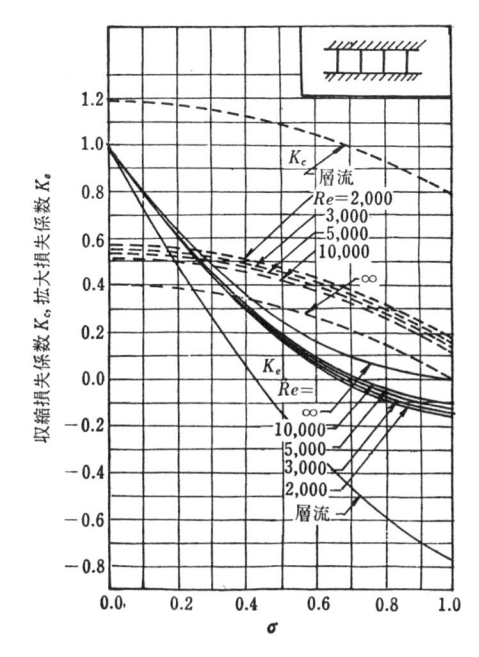

図 29・34 収縮損失係数および拡大損失係数

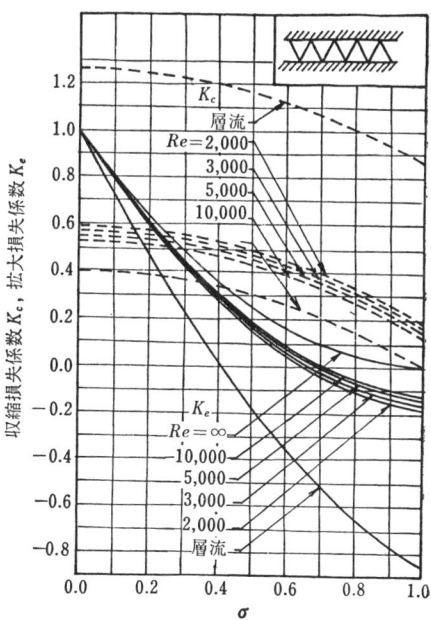

図 29・35 収縮損失係数および拡大損失係数

$$\frac{dp_f}{dY} = -\frac{4fG^2}{2g_c\rho}\frac{1}{D_e} \quad \cdots\cdots(29\cdot27)$$

$f$：摩擦係数〔—〕

$D_e$：流路の相当径〔m〕$=4A_{\min}Y/A_s$

$Y$：熱交換器コアの流れ方向の長さ〔m〕

$G$：熱交換器コアでの質量速度〔kg/m²・hr〕

$\Delta p_f$：摩擦による圧力損失〔Kg/m²〕

定常流のエネルギ式から

$$-dp = \frac{1}{g_c}G^2\cdot d\left(\frac{1}{\rho}\right) - dp_f \quad \cdots\cdots(29\cdot28)$$

これを式（19・27）に代入し，コア全長にわたり積分すれば，コア内部の圧力損失が式（19・29）のように得られる。ただし，$\Delta p_1$, $\Delta p_2$ は通常コアの圧力に比べてかなり小さいので，$\rho_a \fallingdotseq \rho_1$ および $\rho_b \fallingdotseq \rho_2$ とした。

$$\Delta p_{core} = \frac{G^2}{2g_c\rho_1}\left[\underbrace{2\left(\frac{\rho_1}{\rho_2}-1\right)}_{\text{流れの加速}} + \underbrace{\left(\frac{4fY}{D_e}\right)\frac{\rho_1}{\rho_{av}}}_{\text{コア摩擦}}\right] \quad \cdots\cdots(29\cdot29)$$

このうち，いわゆるコアの摩擦損失（正しくは形状抵抗と摩擦抵抗の和）と呼ばれているものは，

$$\Delta p_f = \frac{4fG^2}{2g_c\rho_{av}}\frac{Y}{D_e} \quad \cdots\cdots(29\cdot30)$$

の形で表わされることになる。なお，上式中の $\rho_{av}$ は，次式から算出されるべき平均比容積である。

$$\rho_{av} = \frac{1}{L}\int_1^2 \frac{1}{\rho}\cdot dY \quad \cdots\cdots(29\cdot31)$$

しかし，流体が液体のときには密度の変化は小さいので，平均温度における密度を用いてよい。また，一般に $\Delta p_{core}/p_1$ の値はさほど大きくないので，気体に関しては平均温度 $T_{av}$ と熱交換器出入口圧力の算術平均値 $p_{av}$ とを使って，次式から近似的に求めることができる。

$$\rho_{av} \fallingdotseq \rho_1\frac{p_{av}(T_1+273)}{p_1(T_{av}+273)} \quad \cdots\cdots(29\cdot32)$$

ここで，

$T_1$：流体入口温度〔°C〕

$T_{av}$：流体の算術平均（熱交換器出入口温度の）温度〔°C〕

摩擦係数 $f$ の値は，Reynolds の関数として Kays らによって図 29・17〜図 29・30 に収録されている。

### 29・5・3 熱交換器の全圧力損失

式 (29・24), (29・25), (29・26) から熱交換器の全圧力損失 $\Delta p$ は，

$$\Delta p = \frac{G^2}{2g_c \rho_1}\left[(K_c + 1 - \sigma^2) + 2\left(\frac{\rho_1}{\rho_2} - 1\right) + \left(\frac{4fY}{D_e}\right)\frac{\rho_1}{\rho_{av}}\right.$$
$$\left. - (1 - \sigma^2 - K_e)\frac{\rho_1}{\rho_2}\right] \quad\cdots\cdots\cdots\cdots(29\cdot33)$$

となる。

## 29・6 設計例

〔例題 29・1〕 空気加熱器の設計

乾燥空気 8,000 [kg/hr] を 100 [°C] の飽和水蒸気を用いて，10 [°C] から 97 [°C] まで加熱する空気加熱器を設計する。空気入口圧力を 1.2 [Kg/cm² abs] とし，加熱器の型式はプレートフィン式熱交換器とする。

〔解〕
(1) 物性値：空気の平均温度 53 [°C] における物性値は，
　　比熱 $C=0.24$ [kcal/kg・°C]
　　粘度 $\mu=7.2\times 10^{-2}$ [kg/m・hr]
　　プラントル数 $(C\mu/k)=0.71$

(2) 伝熱量
$$Q = 8{,}000 \times 0.24 \times (97-10) = 167{,}000 \text{ [kcal/hr]}$$

(3) 伝熱面積：対数平均温度差 $\Delta T_{lm}$ は
$$\Delta T_{lm} = \frac{(100-10)-(100-97)}{\ln\left(\frac{100-10}{100-97}\right)} = 25.6 \text{ [°C]}$$

空気側伝熱面積基準の総括伝熱係数を 80 [kcal/m²・hr・°C] と仮定すると，空気

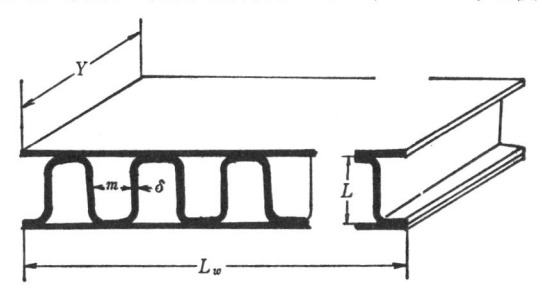

図 29・36 例題の伝熱コア

側所要有効伝熱面積 $A_{eff,a}$ は

$$A_{eff,a} = \frac{Q}{U_a \cdot \Delta T} = \frac{167,000}{80 \times 25.6} = 81.5 \ [m^2]$$

伝熱コアの寸法を図 29・36 に示す。空気側 10 段,スチーム側 11 段の構成とし,流路構成を直交流とする。

各伝熱コアの主要諸元を,次のとおりとする。

| | 空気側 | スチーム側 |
|---|---|---|
| 伝熱コアの幅 $L_w$ [m] | 1.0 | 1.3 |
| フィン数 $n$ [枚/m] | $2.4 \times 10^2$ | $2.4 \times 10^2$ |
| フィン高さ $L$ [m] | $10.0 \times 10^{-3}$ | $10.0 \times 10^{-3}$ |
| フィン厚さ $\delta$ [m] | $0.18 \times 10^{-3}$ | $0.18 \times 10^{-3}$ |
| フィン間の間隙 $m$ [m] | $4.0 \times 10^{-3}$ | $4.0 \times 10^{-3}$ |
| 段数 $N$ [—] | 10 | 11 |
| フィン長さ $Y$ [m] | 1.3 | 1.0 |

空気側の伝熱面積 $A_a$
 フィン部:$A_f = 2 \cdot (L-\delta) \cdot n \cdot L_w \cdot Y \cdot N$
  $= 2 \times (10-0.18) \times 10^{-3} \times 2.4 \times 10^2 \times 1.0 \times 1.3 \times 10$
  $= 61.0 \ [m^2]$
 平板部:$A_b = 2m \cdot n \cdot L_w \cdot Y \cdot N$
  $= 2 \times 4.0 \times 10^{-3} \times 2.4 \times 10^2 \times 1.0 \times 1.3 \times 10$
  $= 25.0 \ [m^2]$
 伝熱面積合計 $A_a = A_f + A_b = 86.0 \ [m^2]$

スチーム側の伝熱面積 $A_s$
 フィン部 $A_f = 67.1 \ [m^2]$
 平板部 $A_b = 27.5 \ [m^2]$
 伝熱面積合計 $A_s = A_f + A_b = 94.6 \ [m^2]$

**(4) 境膜伝熱係数**

空気側流路断面積 $A_{min,a}$

$A_{min,a} = m \cdot (L-\delta) \cdot n \cdot L_w \cdot N$
 $= 4.0 \times 10^{-3} \times (10.0-0.18) \times 10^{-3} \times 2.4 \times 10^2 \times 1.0 \times 10$
 $= 0.0941 \ [m^2]$

空気の質量速度 $G$

$$G = \frac{8,000}{0.0941} = 8.5 \times 10^4 \ [kg/m^2 \cdot hr]$$

空気流路の相当径 $D_e$

$$D_e = \frac{2m(L-\delta)}{m+(L-\delta)} = \frac{2 \times 4.0 \times 10^{-3} \times (10-0.18) \times 10^{-3}}{4.0 \times 10^{-3} + (10-0.18) \times 10^{-3}}$$

$$= 5.65 \times 10^{-3} \text{ [m]}$$

空気側 Reynolds 数

$$Re = \frac{D_e \cdot G}{\mu} = \frac{5.65 \times 10^{-3} \times 8.5 \times 10^4}{7.2 \times 10^{-2}} = 6,850$$

フィンの構造寸法が図 29・22 に似ているので，この図から伝熱因子 $j_H$ は

$$j_H = 0.0032$$

空気側境膜伝熱係数 $h_a$ は，

$$h_a = j_H (GC) \left(\frac{C\mu}{k}\right)^{-2/3}$$

$$= 0.0032 \times 8.5 \times 10^4 \times 0.24 \times (0.71)^{-2/3}$$

$$= 83 \text{ [kcal/m}^2 \cdot \text{hr} \cdot \text{°C]}$$

スチーム側境膜伝熱係数 $h_s = 7,500$ [kcal/m²・hr・°C] とする。

(5) **フィン効率**： 流路構成を，空気流路とスチーム流路を交互に一つずつ重ね合せたものにする。この場合のフィン効率は，たて形フィン（軸方向フィン）のフィン効率と同じと見なすことができる。すなわち，式 (7・38) と同様に，フィン効率 $E_f$ は次式で表わすことができる。

$$E_f = \frac{\tanh(P \cdot b)}{P \cdot b}$$

ここで，

$$P = \left(\frac{2h'}{\lambda_f \cdot \delta}\right)^{1/2}$$

$h'$：複合境膜伝熱係数 [kcal/m²・hr・°C]

$$\frac{1}{h'} = r + \frac{1}{h}$$

$r$：汚れ係数 [kcal/m²・hr・°C]

$\delta$：フィンの厚み [m]

$\lambda_f$：フィン金属の熱伝導率 [kcal/m・hr・°C]

$b$：フィンの有効高さ [m]（プレートフィンの場合，フィンは 2 枚の平板に接合されているので，$b$ はフィン高さ $L$ の 1/2 と見なしてよい。）

$\tanh(x)/x$ の値を表 29・2 に示した。

空気側フィン効率

空気側汚れ係数 $r = 0$ と見なすと，$h' = h_a$

$$P = \left(\frac{2 \times 83}{150 \times 0.18 \times 10^{-3}}\right)^{1/2} = 78$$

$$P \cdot b = 78 \times (10 \times 10^{-3})/2 = 0.390$$

$$E_f = \frac{\tanh(0.390)}{0.390} = 0.95$$

スチーム側フィン効率

スチーム側汚れ係数 $r = 0$ と見なすと，$h' = h_s$

## 第29章 プレートフィン式熱交換器の設計法

表 29・2 tanh($x$) の値

| $x$ | tanh($x$) | $\dfrac{\tanh(x)}{x}$ |
|---|---|---|
| 0.0 | 0.0000 | 1.000 |
| 0.1 | 0.0997 | 0.997 |
| 0.2 | 0.1974 | 0.987 |
| 0.3 | 0.2913 | 0.971 |
| 0.4 | 0.380 | 0.950 |
| 0.5 | 0.462 | 0.924 |
| 0.6 | 0.537 | 0.895 |
| 0.7 | 0.604 | 0.863 |
| 0.8 | 0.664 | 0.830 |
| 0.9 | 0.716 | 0.795 |
| 1.0 | 0.762 | 0.762 |
| 1.1 | 0.801 | 0.728 |
| 1.2 | 0.834 | 0.695 |
| 1.3 | 0.862 | 0.663 |
| 1.4 | 0.885 | 0.632 |
| 1.5 | 0.905 | 0.603 |
| 2.0 | 0.964 | 0.482 |
| 3.0 | 0.995 | 0.333 |
| 4.0 | 0.999 | 0.250 |

$$P=\left(\dfrac{2\times 7,500}{150\times 0.18\times 10^{-3}}\right)^{1/2}=7.5\times 10^2$$

$$P\cdot b=750\times(10\times 10^{-3})/2=3.75$$

$$E_f=\dfrac{\tanh(3.75)}{3.75}=0.260$$

(6) 有効伝熱面積 $A_{eff}$

$$A_{eff}=A_b+E_f\cdot A_f$$

ここで,

$A_b$：平板部表面積〔$m^2$〕

$A_f$：フィン部表面積〔$m^2$〕

空気側有効伝熱面積

$$A_{eff,a}=25.0+0.95\times 61.0=83.0 \text{〔}m^2\text{〕}\fallingdotseq 81.5 \text{〔}m^2\text{〕}$$

スチーム側有効伝熱面積

$$A_{eff,s}=27.5+0.260\times 67.1=44.9 \text{〔}m^2\text{〕}$$

(7) 総括伝熱係数（空気側伝熱面積基準）

$$\dfrac{1}{U_a}=\dfrac{1}{h_a}+\dfrac{1}{h_s}\left(\dfrac{A_{eff,a}}{A_{eff,s}}\right)$$

$$=\dfrac{1}{83}+\dfrac{1}{7,500}\left(\dfrac{83.0}{44.9}\right)=0.01224$$

$U_a = 82$ [kcal/m²·hr·°C]

したがって，（3）で仮定した $U_a$ の値は，余裕があることになる。

**（8） 空気側圧力損失**

空気入口密度 $\rho_1 = 1.5$ [kg/m³]
空気出口密度 $\rho_2 = 1.14$ [kg/m³]
空気平均密度 $\rho_{av} \fallingdotseq (\rho_1 + \rho_2)/2 = 1.32$ [kg/m³]
空気側前面面積 $A_{fr,a}$

$$A_{fr,a} = (L + t_s) \cdot L_w \cdot N_t$$

ここで，

$t_s$：平板厚さ [m]
$N_t$：全段数（空気側段数＋スチーム側段数）[—]
$A_{fr,a} = (10.0 + 0.2) \times 10^{-3} \times 1.0 \times (10 + 11) = 0.214$ [m²]

$$\sigma = \frac{A_{min,a}}{A_{fr,a}} = \frac{0.0941}{0.214} = 0.44$$

図 29·35 において，$Re \equiv (D_e \cdot G/\mu) = \infty$ に対して $K_c = 0.32$，$K_e = 0.30$

図 29·22 において，$Re = 6,850$ に対する摩擦係数 $f = 0.008$ である。式(29·33)から，空気側の圧力損失 $\Delta p$ は

$$\Delta p = \frac{G^2}{2g_c \rho_1}\left[(K_c + 1 - \sigma^2) + 2\left(\frac{\rho_1}{\rho_2} - 1\right) + \left(\frac{4fY}{D_e}\right)\frac{\rho_1}{\rho_{av}}\right.$$

$$\left. - (1 - \sigma^2 - K_e)\frac{\rho_1}{\rho_2}\right]$$

$$= \frac{(8.5 \times 10^4)^2}{2 \times 1.27 \times 10^8 \times 1.5}\left[(0.32 + 1 - 0.44^2) + 2\left(\frac{1.5}{1.14} - 1\right)\right.$$

$$\left. + \left(\frac{4 \times 0.008 \times 1.3}{5.65 \times 10^{-3}}\right)\left(\frac{1.5}{1.32}\right) - (1 - 0.44^2 - 0.30)\right.$$

$$\left. \times \frac{1.5}{1.14}\right] = 182 \text{ [Kg/m²]}$$

# 第30章　周期流型蓄熱式熱交換器の設計法

周期流型蓄熱式熱交換器は，回転型蓄熱式熱交換器とバルブ切換型蓄熱式熱交換器に大別することができる。

## 30·1　回転型蓄熱式熱交換器の設計法
### 30·1·1　種類および作用

蓄熱体を内蔵したロータを冷温気体および高温気体の通路にまたがって回転さすことによって，高温気体通路内における受熱を冷温気体通路で放熱することにより，熱交換器を行なうものである。

図30·1はボイラの空気予熱器などに使用されるユングストローム式熱交換器で，蓄熱

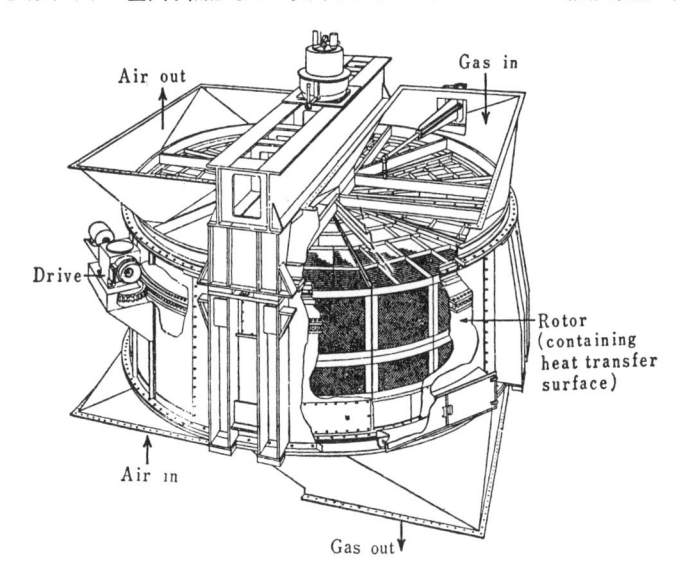

図 30·1　ユングストローム式熱交換器

体としては図30·2のような，厚さ 0.5 [mm] の伝熱板を組合せて円筒内におさめたものを用い，これを円筒の中心軸まわりに毎分1ないし4回転するように設計される。ロータの駆動装置の一例を図30·3に示すが，この場合ロータ外周のピンレースに等間隔に植込まれたピンと，駆動軸の先端にとりつけられた小歯車がかみ合ってロータが回転される

## 30・1 回転型蓄熱式熱交換器の設計法

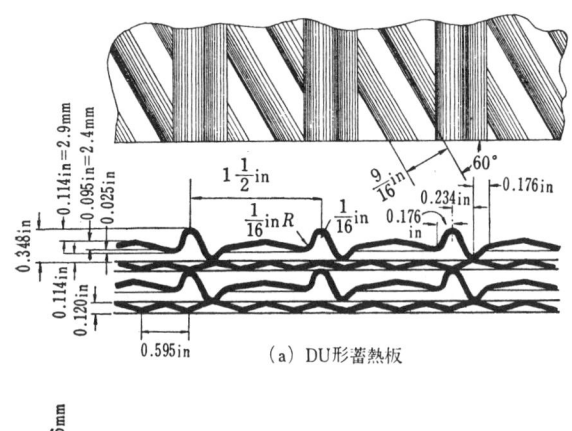

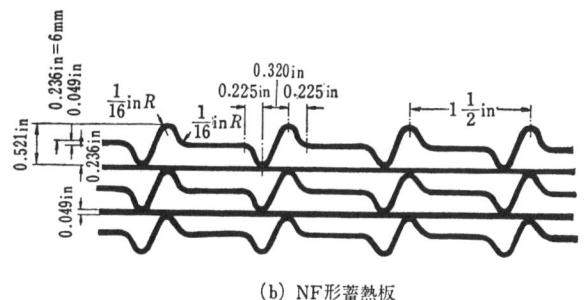

(a) DU形蓄熱板

(b) NF形蓄熱板

図 30・2 ユングストローム式熱交換器に用いられる伝熱板

構造となっている。ロータは通常12等分の扇状に区分されていて，そのうち3〜4個が低温側流体通路にあてられ，4〜5個が高温側流体通路となる。ロータ中の金属波板（伝熱板）はロータの回転に従って，高温流体の通路を通る間に熱を吸収し，次いでこれが回転して低温流体の通路に入ると，この間に熱を放出する。

高温流体と低温流体の間，あるいはこれらの流体と大気との圧力差に基づく漏れを防止するために，種々のシール装置が用いられる。ロータ外周での漏れを防止するためには，図 30・4 に示すように金属ダイヤフラムまたはカーボンを用いた円周シールが，半径方向の漏れを防止するためには，図 30・5 に示すラビリンスシールが用いられる。このようなシール装置を用いても，漏れを完全に防止することは不可能であり，普通，通過する流体の 5〜10% の漏れ量は避け得ない。

ロータ中の伝熱板は上下2層に区分され，高温層用（200〜400°C）として DU 形（図 30・2(a)），低温層用（100〜200°C）として NF 形（図 30・2(b)）を用いる。伝熱板の形

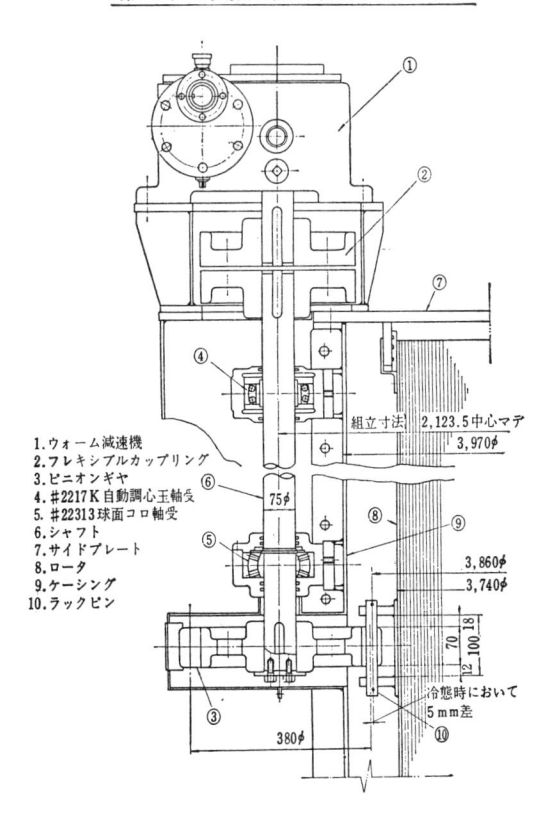

1. ウォーム減速機
2. フレキシブルカップリング
3. ピニオンギヤ
4. #2217 K 自動調心玉軸受
5. #22313 球面コロ軸受
6. シャフト
7. サイドプレート
8. ロータ
9. ケーシング
10. ラックピン

図 30・3 ユングストローム式熱交換器のロータの駆動方式

状は伝熱面積を大きくすると同時に，流体の層流を防ぐように考慮してある。また，低温層用は材料の腐食（ボイラ排ガス中の硫酸の凝縮による）およびダストの付着が生じ非常に短期間に流路をふさぐ恐れがあるので，その形状をあまり複雑にしていない。流体の平均流速は普通 8〜16〔m/sec〕の範囲をとり，その流体抵抗は 1〔m〕あたり 25〜100〔mmH$_2$O〕の範囲となる。DU 形は NF 形の約 2.2 倍の摩擦係数となるが，境膜伝熱係数は DU 形が NF 形の約 2.5 倍となる。

図 30・6 はガスタービンに回転型蓄熱交換器を用いた例である。ガスタービン用に用いられる型式には，図 30・7 に示すような軸流型と，図 30・8 に示すような半径流型とがある。作動原理はユングストローム式と同じであるが，ガスタービン用蓄熱体としては，図 30・9，図 30・10 に示すような金属板のマトリックス以外に図 30・11，図 30・12 に示すよ

(a) ダイヤフラムシール

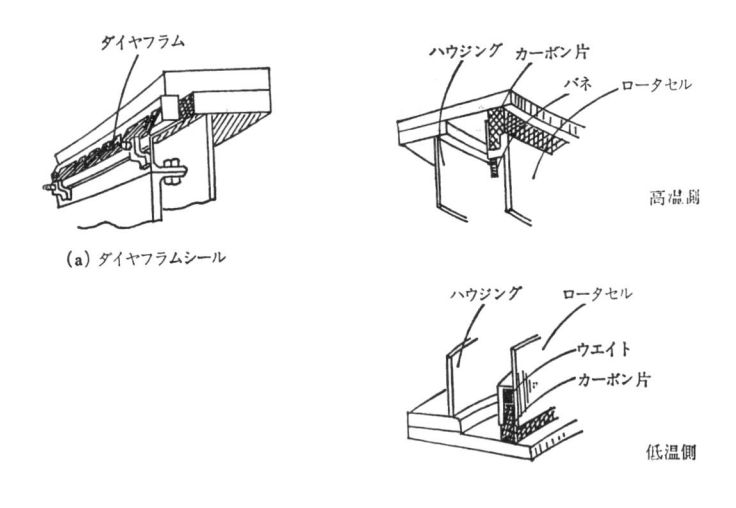

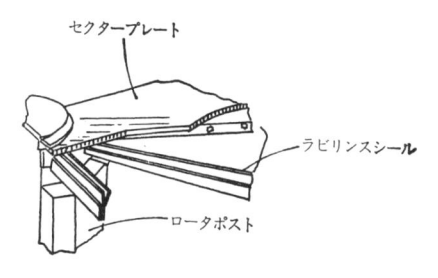

(b) カーボンシール

図 30・4　円周シール

図 30・5　半径シール

うなセラミックのマトリックスが高温度用として用いられ，また小形ガスタービン用としては，金網を積み重ねた型式のマトリックスも用いられる。

　以上の型式のものは，いずれも蓄熱体の移動方向と流体の流れ方向は直交しているが，図 30・13 に示すものは蓄熱体が流体と向流に移動するようにした形式である。

　以上の型式のものはいずれも蓄熱体が回転する形式のものであるが，これらとは異なり，図 30・14 に示す回転弁型蓄熱式熱交換器では，蓄熱体自体は固定されていて，弁の回転によって流体の通路が回転移動する。伝熱板は半径方向に10個ぐらいに仕切られた円筒中に納められていて，この伝熱板を収めた円筒の上下で弁が回転する形式となっている。

### 30・1・2　基本伝熱式

1008　第30章　周期流型蓄熱式熱交換器の設計法

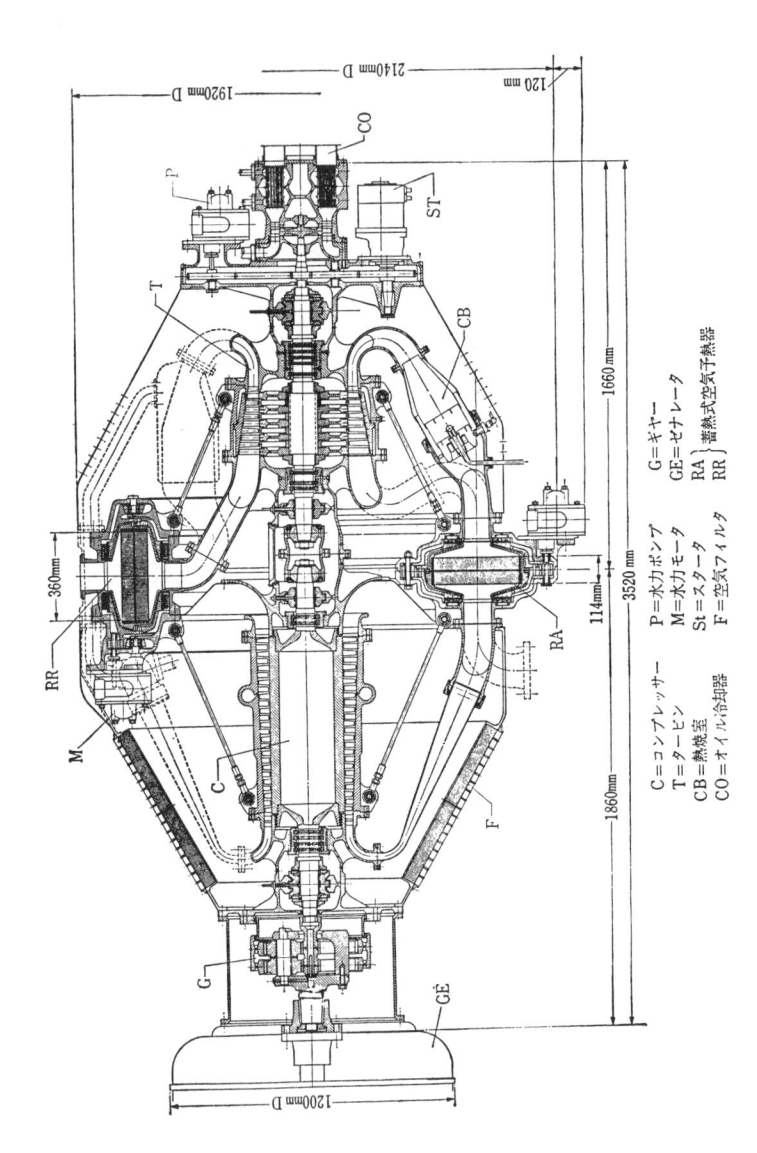

図 30・6　ガスタービンに用いられる回転型蓄熱式熱交換器

C＝コンプレッサー　　P＝水力ポンプ　　G＝ギヤー
T＝タービン　　　　　M＝水力モータ　　GE＝セパレータ
CB＝燃焼室　　　　　St＝スタータ　　　RA｝蓄熱式空気子熱器
CO＝オイル冷却器　　 F＝空気フィルタ　 RR

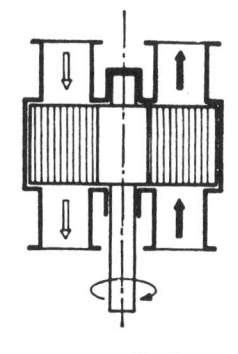

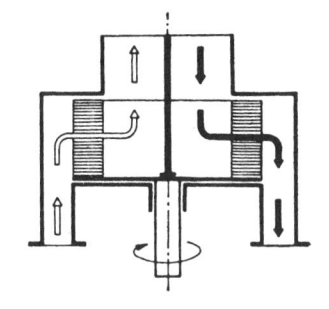

図 30・7 軸流型　　　　　　図 30・8 半径流型

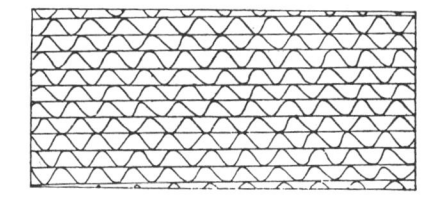

図 30・9 プレートフィン形マトリックス

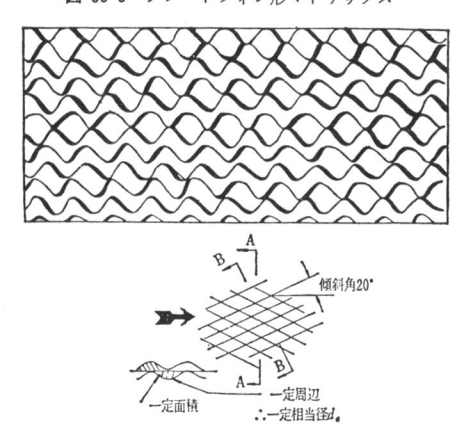

図 30・10 ヘリンボーン形波板(20°)マトリックス

蓄熱式熱交換器の理論的取扱いは，第5章に詳述してある。

### 30・1・3 回転型蓄熱式熱交換器の内部温度計算法

回転型蓄熱式熱交換器のシールの設計，蓄熱体の材質選定のために熱交換器内部での流体の温度分布，および蓄熱体の温度分布を知る必要がある。たとえば，火力発電所でのボ

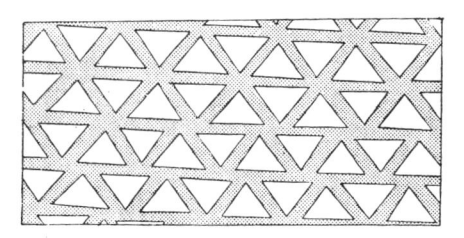

図 30・11 セラミック製三角流路マトリックス
(ストレート)

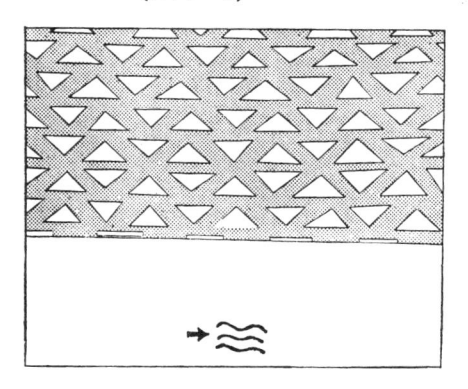

図 30・12 セラミック製三角流路マトリックス(波形)

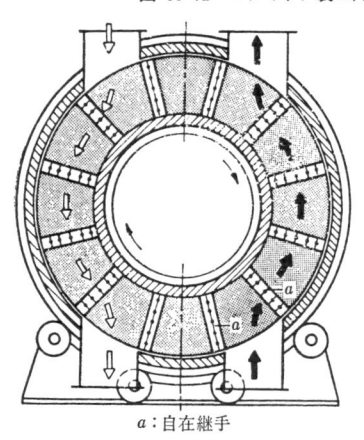

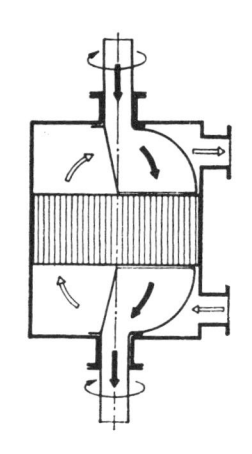

$a$：自在継手

図 30・13 向流回転型蓄熱式熱交換器　　図 30・14 回転弁型蓄熱式熱交換器

イラの空気熱器として用いられるユングストローム式熱交換器では，燃料の重油中に含まれているイオウ分により生成される硫酸などが，蓄熱体である伝熱板に凝縮付着して，伝

## 30・1　回転型蓄熱式熱交換器の設計法

熱板の腐食・脱落あるいは流路の閉そくなどをしばしば起こしている。このような障害によって起こる空気予熱器の機能低下の防止対策をたてるためには，予熱器内部の温度分布を知る必要がある。本間[1]は回転型蓄熱式熱交換器の内部温度の計算法として以下に記述する方法を提出している。

図30・15に示す回転型蓄熱式熱交換器について考える。流体の比熱・密度・境膜伝熱係

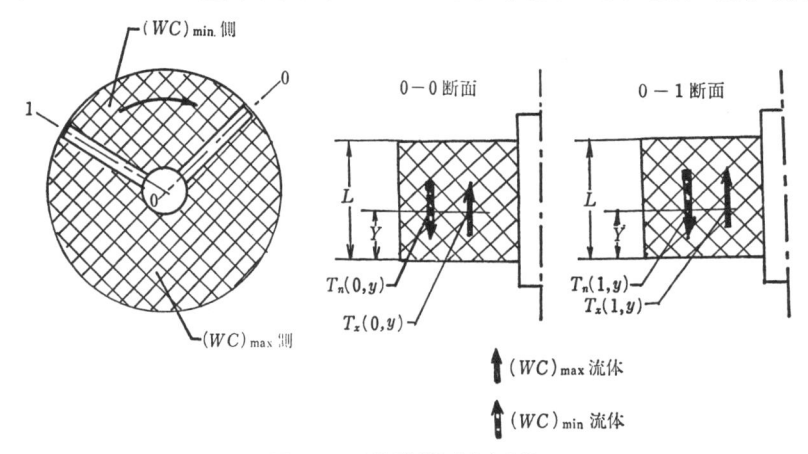

図 30・15　回転型蓄熱式熱交換器

数は位置および時間に関し一定で，蓄熱体の熱抵抗は流体の流れと直角な方向には0と仮定し，次の記号を用いる。

$T_{xi}, T_{xo}$：水当量の大きい方の流体の入口，出口温度〔°C〕

$T_{ni}, T_{no}$：水当量の小さい方の流体の入口，出口温度〔°C〕

$(WC)_{max}, (WC)_{min}$：流体の水当量（流量×比熱）〔kcal/hr〕

$(WC)_r$：蓄熱体の水当量（比熱×質量×回転速度）〔kcal/hr〕

$L$：流れ方向の熱交換器の長さ〔m〕

$h_x$：水当量の大きい方の流体の境膜伝熱係数〔kcal/m²・hr・°C〕

$h_n$：水当量の小さい方の流体の境膜伝熱係数〔kcal/m²・hr・°C〕

$A_x$：水当量の大きい方の流体側の伝熱面積〔m²〕

$A_n$：水当量の小さい方の流体側の伝熱面積〔m²〕

図30・15において，蓄熱体が回転に伴なって水当量の小さい方の流体側から大きい方の流体側に変わる境界面すなわち断面0-0において，水当量の大きい方の流体側の入口端か

---

1) 本間瑞雄：日本機械学会論文集，28巻，195号（昭和37-11）pp. 1523〜1531.

ら距離 $Y$ 〔m〕の点における水当量の大きい方の流体の温度を $T_x(0, y)$, 水当量の小さい方の流体の温度を $T_n(0, y)$, 蓄熱体の温度を $T_r(0, y)$ で表わすものとする。

ここで, $y$ は $y = Y/L$ で表わされる無次元長さである。そうすると, この断面での温度はそれぞれ次式から求めることができる。

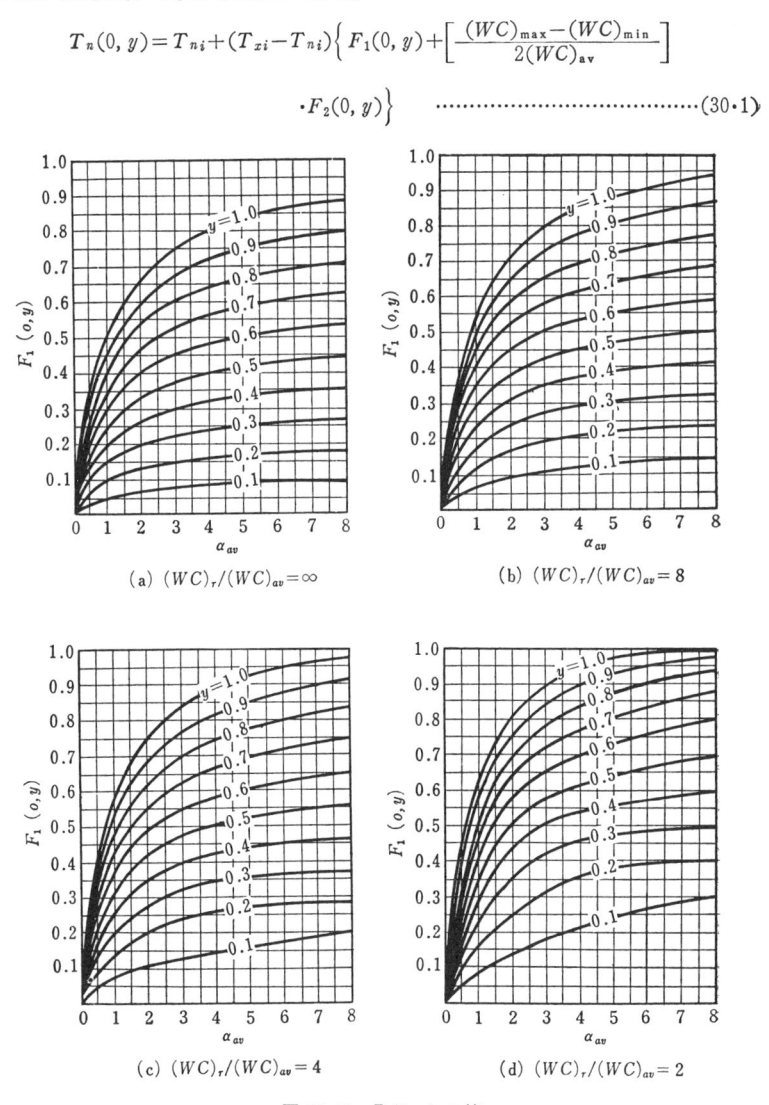

$$T_n(0, y) = T_{ni} + (T_{xi} - T_{ni}) \left\{ F_1(0, y) + \left[ \frac{(WC)_{max} - (WC)_{min}}{2(WC)_{av}} \right] \cdot F_2(0, y) \right\} \quad \cdots\cdots (30 \cdot 1)$$

(a) $(WC)_r/(WC)_{av} = \infty$

(b) $(WC)_r/(WC)_{av} = 8$

(c) $(WC)_r/(WC)_{av} = 4$

(d) $(WC)_r/(WC)_{av} = 2$

図 $30 \cdot 16$   $F_1(0, y)$ の値

## 30・1 回転型蓄熱式熱交換器の設計法

$$T_x(0, 1-y) = T_{ni} + (T_{xi} - T_{ni})\left\{1 - F_1(0, y) + \left[\frac{(WC)_{max} - (WC_{min})}{2(WC)_{av}}\right]\right.$$
$$\left. \cdot F_2(0, y)\right\} \quad \cdots\cdots(30\cdot2)$$

$$T_r(0, y) = T_x\left(1, y - \frac{1}{\alpha_n}\right) = T_n\left(0, y + \frac{1}{\alpha_n}\right) \quad \cdots\cdots(30\cdot3)$$

$F_1(0, y)$, $F_2(0, y)$ は $\alpha_{av}$, $(WC)_r/(WC)_{min}$, および $y$ の関数として，図 30・16 および図 30・17 から求まる値である。

$(WC)_{av}$, $\alpha_n$, $\alpha_{av}$ は，それぞれ次の式で定義される値である。

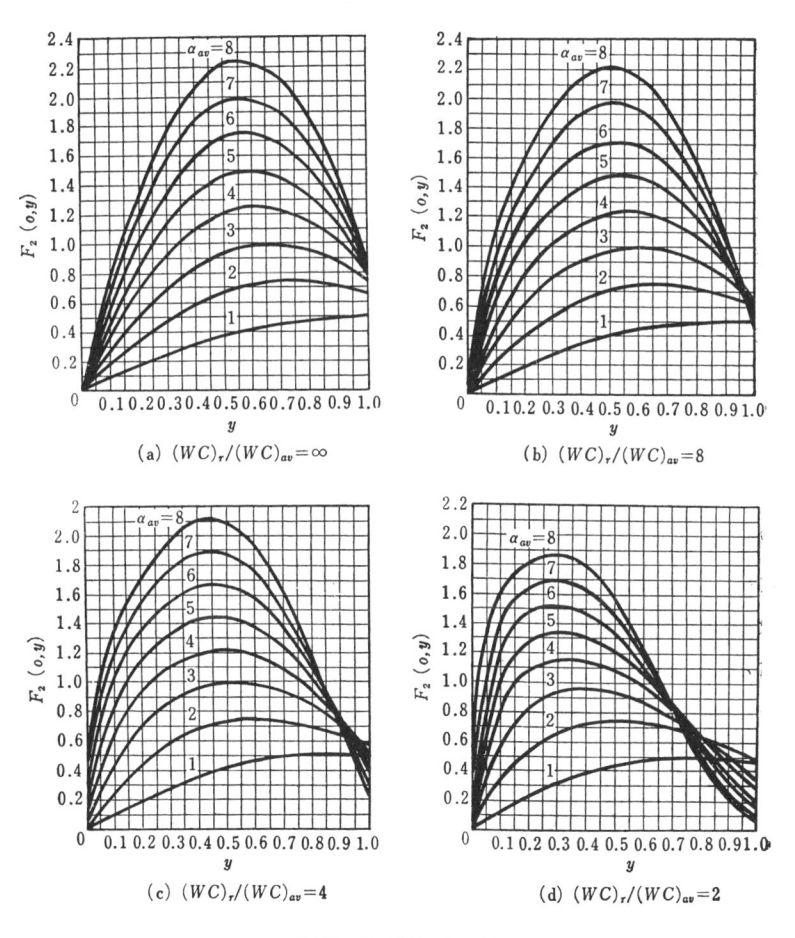

(a) $(WC)_r/(WC)_{av} = \infty$

(b) $(WC)_r/(WC)_{av} = 8$

(c) $(WC)_r/(WC)_{av} = 4$

(d) $(WC)_r/(WC)_{av} = 2$

図 30・17 $F_2(0, y)$ の値

$$\frac{2}{(WC)_{av}} = \frac{1}{(WC)_{max}} + \frac{1}{(WC)_{min}} \quad \cdots\cdots(30\cdot4)$$

$$\alpha_n = \frac{(h\cdot A)_n}{(WC)_{min}} \quad \cdots\cdots(30\cdot5)$$

$$\alpha_x = \frac{(h\cdot A)_x}{(WC)_{max}} \quad \cdots\cdots(30\cdot6)$$

$$\frac{1}{\alpha_{av}} = \frac{1}{\alpha_n} + \frac{1}{\alpha_x} \quad \cdots\cdots(30\cdot7)$$

また,図 30・15 において,蓄熱体が回転に伴なって水当量の大きい方の流体側から小さい方の流体側に変わる境界面すなわち断面 0-1 において,水当量の大きい方の流体側の入口端から,距離 $Y$ [m] の点における水当量の大きい方の流体の温度を $T_x(1, y)$,水当量の小さい方の流体の温度を $T_n(1, y)$,蓄熱体の温度を $T_r(1, y)$ で表わすものとすると,

$$T_n(1, y) = T_x\left(0, y - \frac{1}{\alpha_{av}}\right) \quad \cdots\cdots(30\cdot8)$$

$$T_x(1, y) = T_n\left(0, y + \frac{1}{\alpha_{av}}\right) \quad \cdots\cdots(30\cdot9)$$

$$T_r(1, y) = T_n\left(1, y + \frac{1}{\alpha_n}\right) = T_x\left(0, y - \frac{1}{\alpha_n}\right) \quad \cdots\cdots(30\cdot10)$$

### 30・1・4 蓄熱体の流動抗抵および伝熱特性

蓄熱体としては種々の形状の伝熱面が用いられ,その流動抵抗および伝熱特性はそれぞれ異なる。ここでは,種々の形状の伝熱面のこれらの特性を推定するための基本となる基本流路,および回転型蓄熱式熱交換器の蓄熱体として,しばしば用いられる 3 種のマトリックスの特性について記載する。なお,このほかプレートフィン型マトリックスも,しばしば蓄熱体として用いられるが,その特性については第 29 章に述述したので省略する。

(1) **基本流路の特性**: 内管,正方形管,正方管などの管内を気体が流れるときの境膜伝熱係数 $h$ は,次式で表わすことができる。

$$h = j_H(GC)\left(\frac{C\mu}{k}\right)^{-2/3} \cdot \left(\frac{T_W}{T_b}\right)^n \quad \cdots\cdots(30\cdot11)$$

ここで,

$h$:境膜伝熱係数 [kcal/m$^2$・hr・°C]

$G$:管内流路での質量速度 [kg/m$^2$・hr]

$C$:気体の比熱 [kcal/kg・°C]

$k$:気体の熱伝導率 [kcal/m・hr・°C]

## 30・1 回転型蓄熱式熱交換器の設計法

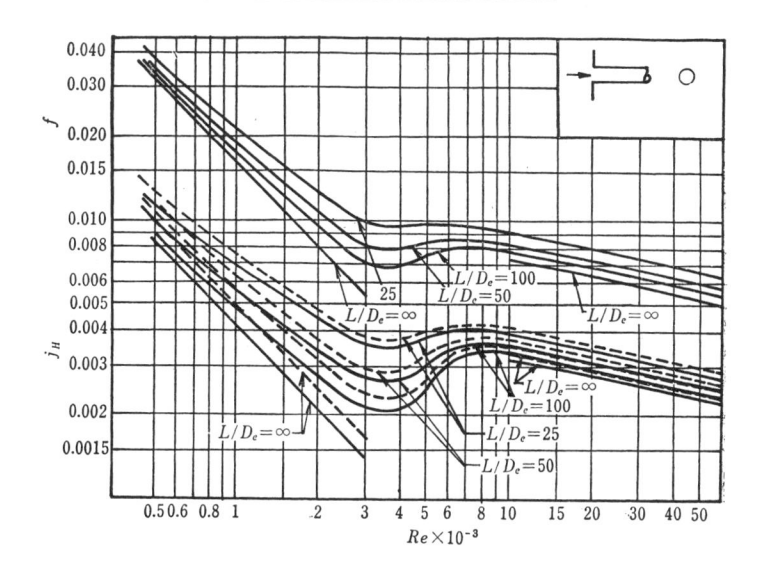

―― 壁面温度一定, ‐‐‐ 壁面温度と流体本体温度の温度差一定
**図 30・18** 急収縮流入口をもつ円管内気体流の摩擦係数と伝熱因子

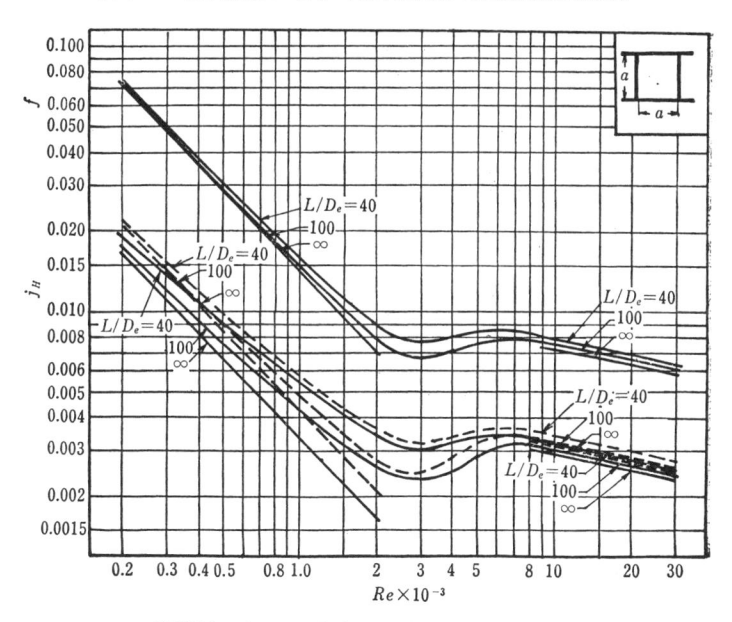

―― 壁面温度一定, ‐‐‐ 壁面温度と流体本体温度の温度差一定
**図 30・19** 急収縮流入口をもつ正方形管内気体流の摩擦係数

―――― 壁面温度一定 ----- 壁面温度と流体本体温度の温度差一定

図 30・20　急収縮流入口をもつ長方形管内気体流の摩擦係数と伝熱因子

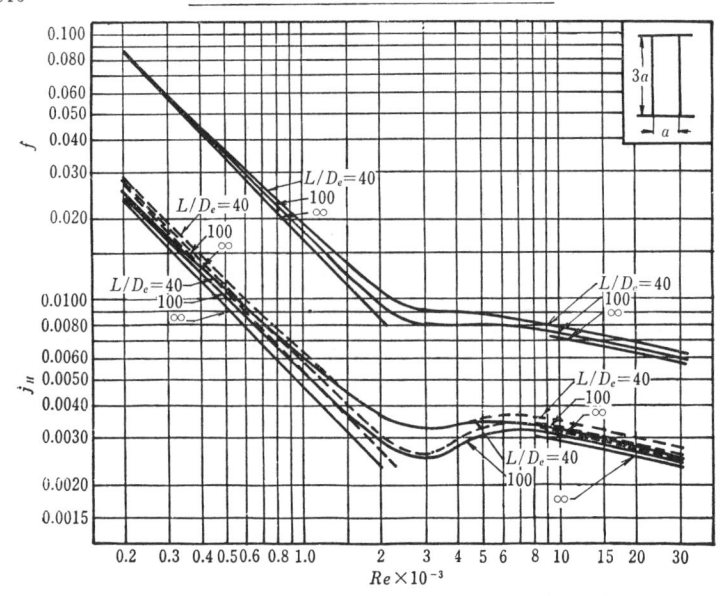

―――― 壁面温度一定 ----- 壁面温度と流体本体温度の温度差一定

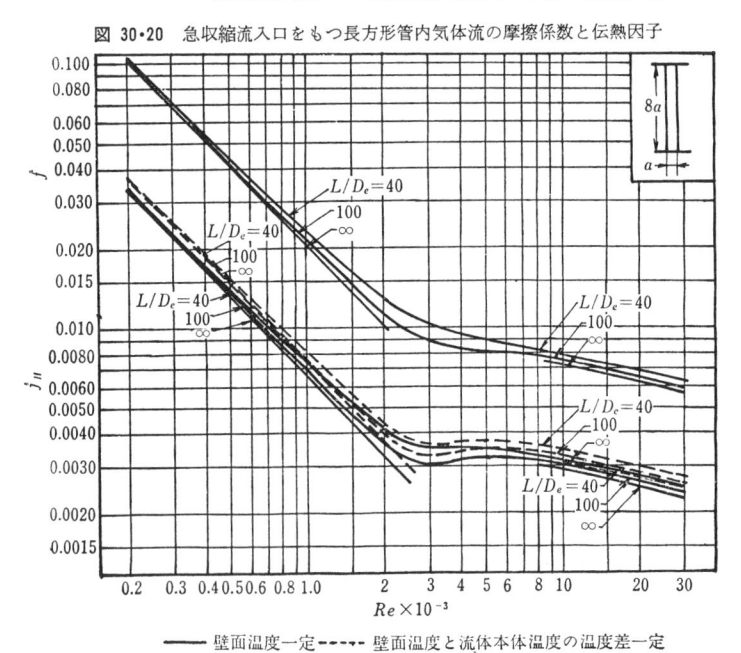

図 30・21　急収縮流入口をもつ長方形管内気体流の摩擦係数と伝熱因子

$\mu$：気体の粘度〔kg/m・hr〕

$T_W$：管壁の絶対温度〔°K〕

$T_b$：気体の混合平均（Bulk）絶対温度〔°K〕

$j_H$ は Colburn の伝熱因子で，各形状の流路に対して，気体の Reynolds 数 $Re(=D_e\cdot G/\mu)$ および流路相当径 $D_e$ と流路長さ $L$ との比 $(L/D_e)$ の関数として，図 30・18～図 30・21 で示される。

ここで，

$D_e$：次式で定義される相当径〔m〕

$$D_e = \frac{(管路断面積)\times 4}{管路断面における浸辺長さ} \quad \cdots\cdots(30\cdot 12)$$

式（30・11）の指数 $n$ の値を表 30・1 に示した。

**表 30・1** 式（30・11）および式（30・13）の指数 $n$ および $m$ の値

| 流れの状態 | $n$ | $m$ |
|---|---|---|
| 管内の発達した層流($Re<2,000$) | | |
| 気体を加熱する場合 | 0.0 | 1.35 |
| 気体を冷却する場合 | 0.0 | 1.35 |
| 管内の発達した乱流($Re>10,000$) | | |
| 気体を加熱する場合 | −0.50 | −0.10 |
| 気体を冷却する場合 | 0.0 | 0.0 |

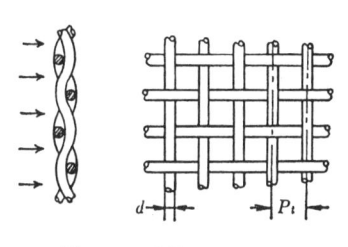

図 30・22 金網マトリックス

管内を流れる気体の管路での気体の圧力損失 $\Delta p_f$ は，次式で表わされる。

$$\Delta p_f = \frac{4fG^2}{2g_c\rho}\left(\frac{L}{D_e}\right)\left(\frac{T_W}{T_b}\right)^m \quad \cdots\cdots(30\cdot 13)$$

ここで，

$\Delta p_f$：管路での圧力損失〔Kg/m²〕

$\rho$：気体の密度〔kg/m³〕

$f$ は摩擦係数で，各形状の流路に対して図 30・18～図 30・21 で示される。指数 $m$ の値は，表 30・1 に示してある。

（2） **金網マトリックスの特性**[3]： 図 30・22 に示すような金網と，多数互いに接触するように不規則に重ね合せて成るマトリックスを通って気体が流れるときの境膜伝熱係数は，次式で表わされる。

---

2) Kays and London : "Compact Heat Exchanger" 2nd Ed. McGRAW-HILL (1964).
3) 森康夫，宮崎博充：日本機械学会論文集，33巻，250号（昭和 42・6）pp. 956～964.

$$\frac{h \cdot d}{k} = 0.09 + 0.490 \left( \frac{d \cdot G_{max}}{\mu} \right)^{0.5} \quad \cdots\cdots(30 \cdot 14)$$

適用範囲 $20 < (d \cdot G_{max}) < 400$

ここで,

$h$：伝熱面積として金網の全表面積から，金網の素線が重なり合った部分を除いた面積を基準とした境膜伝熱係数〔kcal/m²・hr・℃〕

$d$：金網素線の径〔m〕

$G_{max}$：マトリックス内での最大質量速度〔kg/m²・hr〕で，次式で求まる。

$$G_{max} = \frac{W}{A_{min}} \quad \cdots\cdots(30 \cdot 15)$$

$W$：気体の流量〔kg/hr〕

$A_{min}$：最小流路断面積〔m²〕で，次式で求まる。

$$A_{min} = (前面面積) \times \frac{(P_t - d)^2}{P_t^2} \quad \cdots\cdots(30 \cdot 16)$$

ここで,

$P_t$：金網における素線の配列ピッチ〔m〕

金網マトリックスを通って気体が流れるときの圧力損失 $\Delta p_f$ は，次式で表わされる。

$$\Delta p_f = n_w \cdot \frac{f G_{max}^2}{2 g_c \rho} \quad \cdots\cdots(30 \cdot 17)$$

ここで,

$n_w$：金網の枚数〔—〕

$\Delta p_f$：圧力損失〔Kg/m²〕

圧力損失係数は，次式で相関される。

$$f = 0.408 + 39.8 \left[ \frac{(P_t - d) \cdot G_{max}}{\mu} \right]^{-1} - 0.000054 \left[ \frac{(P_t - d) G_{max}}{\mu} \right]$$
$$\cdots\cdots(30 \cdot 18)$$

適用範囲は $10 \leq [(P_t - d) \cdot G_{max}/\mu] \leq 2,000$

**(3) 流れに平行に重ねたパイプ群マトリックスの特性：** 図30・23に示すように，パイプを流れ方向に平行に積み重ねて蓄熱体として用いる場合について考える。パイプは図に示すように，中心を結ぶ線が正三角形を形成するように配列されているものとすると，流路としてはパイプ外周面で形成される三角形流路①とパイプ内の円形流路②とから成り立つことになる。しかし，この三角形状の流路の相当径は円管内径よりもかなり小さくなり，したがって三角形状の流路の流動抵抗は，円管の流動抵抗よりもはるかに大きくなり，

気体はほとんど円管中を流れることになる。そのために，この三角形状の流路における流体温度は流量が小さいので，ほとんど管壁温度と一致し，この流路の伝熱量は円管内の流路の0.3％程度で無視することができる。

したがって，パイプを流れに平行に重ねた場合の気体の圧力損失および境膜伝熱係数は，質量速度として気体が円管内のみを流れると考えた場合の質量速度を，また伝熱面積としてパイプ内面のみの面積を用い，円管内を気体が流れるときの相関式 (30・11)，(30・13) および図 30・18 をそのまま適用して計算することができることになる。

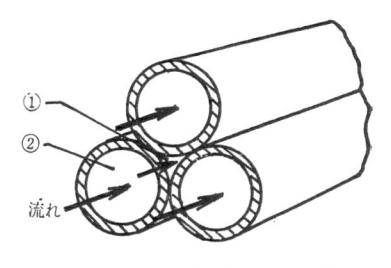

図 30・23 パイプを積み重ねた蓄熱体

**(4) 三角流路マトリックスの特性**[2]： 境膜伝熱係数 $h$ は，次式で表わされる。

$$h = j_H (GC) \left(\frac{C\mu}{k}\right)^{-2/3} \quad \cdots\cdots\cdots\cdots(30\cdot19)$$

$G$：流路での質量速度 [kg/m²・hr]

$j_H$ の値を図 30・24 に示した。なお，相当径 $D_e$ は式 (30・12) で定義される値を用い

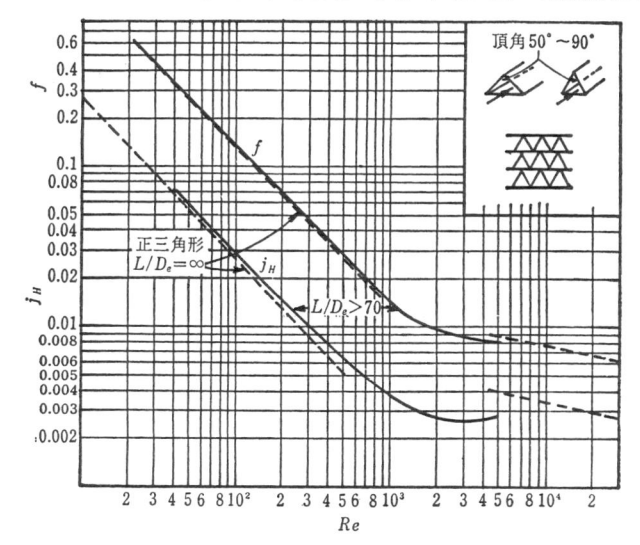

図 30・24 三角流路マトリックスの摩擦係数と伝熱因子（層流範囲での点線は正三角形で $L/D_e = \infty$ のときの理論解であり，乱流範囲での点線は円管の特性を示したものである）

る。
マトリックスを通る気体の圧力損失は，次式で表わされる。

$$\Delta p_f = \frac{4fG^2}{2g_c\rho}\left(\frac{L}{D_e}\right) \quad \cdots\cdots\cdots\cdots\cdots\cdots\cdots\cdots\cdots\cdots\cdots\cdots (30\cdot 20)$$

摩擦係数 $f$ の値を図 30・24 に示した。

なお，式 (30・19)，(30・20) が式 (30・11)，(30・13) と異なり，($T_W/T_b$) の項がないのは，蓄熱式熱交換器においては伝熱面積を大きくとるので，伝熱壁面温度 $T_W$ と気体本体の温度 $T_b$ との差が小さいのが普通で，この項を無視してさしつかえないからである。また，図 30・24 は伝熱壁面温度を一定とした場合の値であるが，伝熱壁面温度が多少変わる場合も実用上は適用してさしつかえない。

### 30・1・5 シールからの気体の漏洩量

回転型蓄熱式熱交換器では，通過流体の圧力差による直接漏れおよびロータの回転に伴なう搬入漏れは，シール装置を用いて防止してはいるが，皆無とすることはできない。

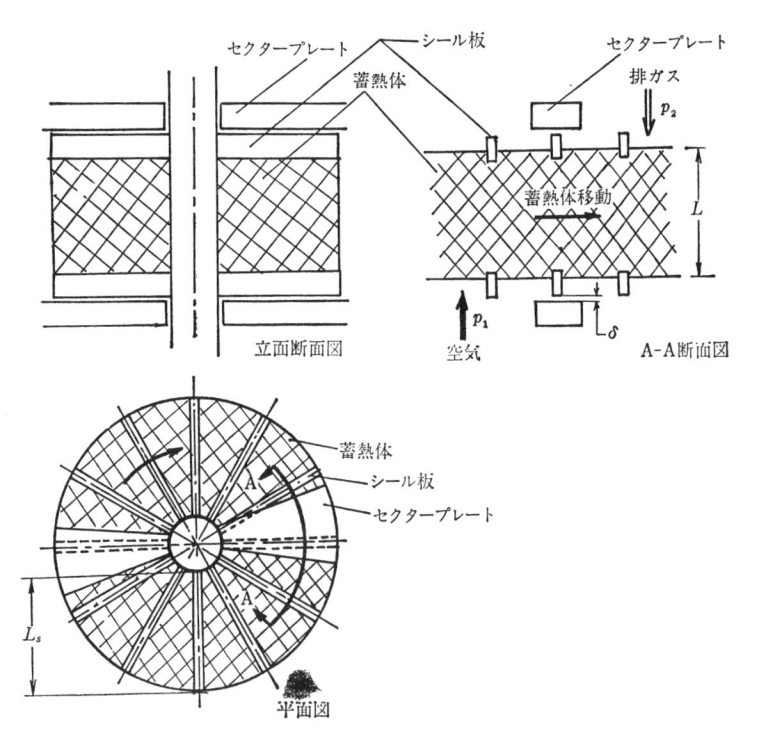

図 30・25 ユングストローム式熱交換器の半径方向シール

## 30・1 回転型蓄熱式熱交換器の設計法

圧力差による直接漏れとしては半径方向のラビリンスシールからの漏れと，円周方向の円周シールからの漏れがあるが，普通はこの円周方向のシールからの漏れは，半径方向のラビリンスシールからの漏れに比べて無視することができる。図 30・25 に示すように，ユングストローム式熱交換器における半径方向のラビリンスシールでは，シールの下の流路数が 1 つであるので，このシールからの漏れ量は次式で表わすことができる。

$$W_s \fallingdotseq C_D \cdot A_s \left(\frac{2\varDelta p_s}{\rho_1}\right)^{1/2} \cdot \rho_1 \quad \cdots\cdots\cdots\cdots\cdots\cdots\cdots\cdots (30\cdot21)$$

$\varDelta p_s$：両流体の圧力差 $=p_1-p_2$ 〔Kg/m²〕
$W_s$：漏れ量〔kg/hr〕
$C_D$：シールからの流出係数〔—〕
$A_s$：ラビリンスシールの間隙面積 $=\delta\cdot 4L_s$〔m²〕
$\delta$：ラビリンスシールの間隙〔m〕
$L_s$：シール板の長さ〔m〕
$\rho_1$：圧力の高い方の流体（流体 1）の密度
$p_1, p_2$：流体の圧力〔Kg/m²〕

回転に伴なって，流体 1 が流体 2 中に搬入される流量 $W_{m1}$〔kg/hr〕は，

$$W_{m1} = A_{cs} N_r \rho_1 L \quad \cdots\cdots\cdots\cdots\cdots\cdots\cdots\cdots\cdots\cdots\cdots\cdots (30\cdot22)$$

同様に，流体 2 が流体 1 中に搬入される流量 $W_{m2}$〔kg/hr〕は，

$$W_{m2} = A_{cs} N_r \rho_2 L \quad \cdots\cdots\cdots\cdots\cdots\cdots\cdots\cdots\cdots\cdots\cdots\cdots (30\cdot23)$$

ここで，

$L$：流路長さ〔m〕
$A_{cs}$：流体 1 の流路断面積＋流体 2 の流路断面積〔m²〕
$N_r$：蓄熱体の回転数〔rev/hr〕
$\rho_2$：圧力の低い方の流体（流体 2）の密度〔kg/m³〕

なお，ガスタービン用蓄熱式熱交換器では，通過する両流体間の圧力差が大きいので，半径方向のラビリンスシールを図 30・26 に示すように，シールの下の流路数が 5～20 になるように設計するのが普通で，この場合の取扱い方については，Harper の論文[4]を参照されたい。

### 30・1・6 設計例

〔例題 30・1〕 次の設計条件のユングストローム式空気予熱器を設計する（図 30・27 参

---

4) Harper, D.B.: Trans. ASME, vol. 79, pp. 233〜245 (1957)

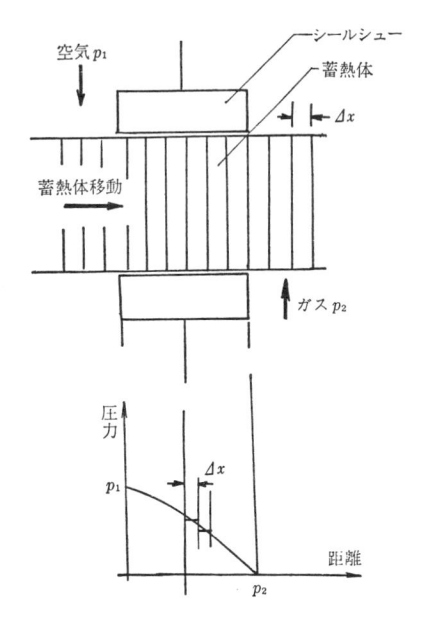

図 30·26 ガスタービン用蓄熱器の半径方向ラビリンスシール原理図

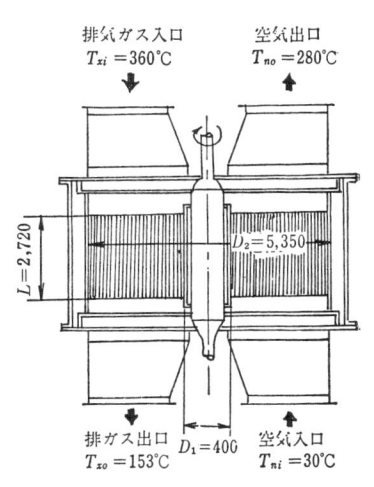

図 30·27 例題のユングストローム式熱交換器の寸法

照)。

高温気体:ボイラ排ガス

　　入口温度　$T_{xi}=360$ 〔°C〕
　　入口圧力　$p_{xi}=10,300$ 〔Kg/m²〕
　　流量　$W_x=317,000$ 〔kg/hr〕

低温気体:空気

　　入口温度　$T_{ni}=30$ 〔°C〕
　　出口温度　$T_{no}=280$ 〔°C〕
　　入口圧力　$p_{ni}=10,800$ 〔Kg/m²〕
　　流量　$W_n=289,000$ 〔kg/hr〕

〔解〕

(1) **空気の漏れによる流量および温度の補正:** 空気入口端で,空気の5%がボイラ排ガス中に洩れ込むものとすると,蓄熱体を通過する空気量は次のように修正される。

$$W_n=289,000\times0.95=274,000 \text{〔kg/hr〕}$$

空気出口端で,空気の5%がボイラ排ガス中に洩れ込むものとすると,蓄熱体を通過する排ガス量および排ガス入口温度は,次のように修正される。

$$W_x=317,000+289,000\times0.05=332,000 \text{〔kg/hr〕}$$

## 30・1 回転型蓄熱式熱交換器の設計法

排ガスの定圧比熱 $C_x=0.247$ [kcal/kg・°C], 空気の定圧比熱 $C_n=0.243$ [kcal/kg・°C] であるから,

$$T_{xi}=\frac{317,000\times360\times0.247+289,000\times0.05\times280\times0.243}{317,000\times0.247+289,000\times0.05\times0.243}=357\ [°C]$$

空気が混入した後の排ガスの比熱は,

$$C_x=\frac{317,000\times0.247+289,000\times0.05\times0.243}{317,000+289,000\times0.05}\fallingdotseq0.247\ [\text{kcal/kg}\cdot°C]$$

(2) 熱量バランス

伝熱量

$$Q=C_nW_n(T_{no}-T_{ni})=0.243\times274,000\times(280-30)$$
$$=16,700,000\ [\text{kcal/hr}]$$

排ガス出口温度

$$T_{xo}=T_{xi}-\frac{Q}{C_xW_x}=357-\frac{167,000,000}{0.247\times332,000}=153\ [°C]$$

(3) 境膜伝熱係数: 普通はロータ中の伝熱板は, 空気入口の部分に NF 形 (図30・2(b)) を, 空気出口の部分に DU 形 (図30・2(a)) を用いるが, ここでは計算の便のために, 全て図30・28にその寸法を示す NF 形伝熱板を用いるものとする。図において, 斜線にて示した流路について考えると, 相当径 $D_e$ は

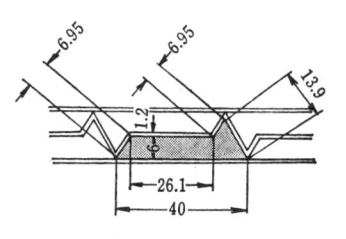

図 30・28 例題の伝熱板(寸法はmm単位)

$$D_e=\frac{4\times(\text{流路断面積})}{\text{浸辺長さ}}$$
$$=\frac{4\times(0.04\times0.006)}{0.04+0.0139+0.00695+0.0261+0.00695}=0.0102\ [\text{m}]$$

(a) 排ガス側境膜伝熱係数 $h_x$

質量速度 $G_x=40,000$ [kg/m²・hr] とする。

排ガスの粘度 $\mu=0.102$ [kg/m・hr] (平均温度 255 [°C] にて)

Reynolds 数 $Re=D_eG_x/\mu=0.0102\times30,000/0.102=4,000$

流路断面は複雑な形状をなしているが, これを長方形断面と見なして, 図30・21を適用する。図において $L/D_e=100$ と見なし,

$j_H=0.0032$

排ガスの熱伝導率 $k=0.0350$ [kcal/m・hr・°C] (205 [°C] にて)

式 (30・11) において $(T_W/T_b)^n=1$ と見なし,

$$h_x=0.0032(40,000\times0.247)\left(\frac{0.247\times0.102}{0.0350}\right)^{-2/3}$$
$$=40\ [\text{kcal/m}^2\cdot\text{hr}\cdot°C]$$

(b) 空気側境膜伝熱係数 $h_n$

排ガス側流路面積 $A_{cx}$ と空気側流路断面積 $A_{cn}$ を等しくするものとする。

$$A_{cx}=A_{cn}=\frac{W_x}{G_x}=\frac{332,000}{40,000}=8.30 \text{ [m}^2\text{]}$$

空気側の質量速度 $G_n$ は

$G_n=W_x/A_{cx}=274,000/8.30=33,000 \text{ [kg/m}^2\cdot\text{hr]}$

空気の粘度 $\mu=0.089 \text{ [kg/m}\cdot\text{hr]}$

空気の Reynolds 数

$Re=D_eG_n/\mu=0.0102\times33,000/0.089=3,800$

図 30·21 から

$j_H=0.0032$

空気の熱伝導率 $k=0.0315 \text{ [kcal/m}\cdot\text{hr}\cdot{}^\circ\text{C]}$ (155°C にて)

式 (30·11) において $(T_w/T_b)^n=1$ と見なして,

$$h_n=0.0032(3,800\times0.243)\left(\frac{0.243\times0.089}{0.0315}\right)^{-2/3}$$

$=38 \text{ [kcal/m}^2\cdot\text{hr}\cdot{}^\circ\text{C]}$

**(4) 伝熱面積 $A_t$**

$(WC)_{\max}=W_x\cdot C_x=332,000\times0.247=82,000 \text{ [kcal/hr}\cdot{}^\circ\text{C]}$

$(WC)_{\min}=W_n\cdot C_n=274,000\times0.243=66,600 \text{ [kcal/hr}\cdot{}^\circ\text{C]}$

$(WC)_{\min}/(WC)_{\max}=0.815$

温度効率 $E$ は式 (5·15) から,

$$E=\frac{T_{no}-T_{ni}}{T_{xi}-T_{ni}}=\frac{280-30}{357-30}=0.765$$

いま, $(WC)_r/(WC)_{\min}=7.0$ となるように設計する。

図 5·8 から

$(NTU)_0=2.6$

式 (5·13) から

$$(NTU)_0=\frac{1}{(WC)_{\min}}\left[\frac{1}{1/(h\cdot A)_n+1/(h\cdot A)_x}\right]$$

ところが, $A_{cx}=A_{cn}$ としているので,

排ガス側伝熱面積 $A_x=$ 空気側伝熱面積 $A_c$

したがって, 必要有効伝熱面積 $A_{\text{eff}}$ は

$$(NTU)_0=\frac{A_{\text{eff}}/2}{(WC)_{\min}}\left[\frac{1}{1/h_n+1/h_x}\right]$$

$$A_{\text{eff}}=2(NTU)_0\cdot(WC)_{\min}\left[\frac{1}{h_n}+\frac{1}{h_x}\right]$$

$$=2\times2.6\times66,600\cdot\left[\frac{1}{40}+\frac{1}{38}\right]=17,800 \text{ [m}^2\text{]}$$

半径方向の漏れ防止のセクタープレートによって, ロータの前面の10%が覆われるものとすると, この部分では流体が流れず, 伝熱に関しては無効となるので, 必

要全伝熱面積 $A_t$ は

$$A_t = 1.1 A_{eff} = 1.1 \times 17,800 = 19,500 \, [\text{m}^2]$$

**(5) ロータの回転速度 $N_r$**

蓄熱体（伝熱板）の総重量 $M_r$

$M_r = \rho_r \cdot t_r \cdot (A_t/2)$

$\rho_t$：蓄熱体（伝熱板）の密度 $[\text{kg/m}^3]$

鉄：7,800 $[\text{kg/m}^3]$

$t_r$：蓄熱体（伝熱板）の厚み $[\text{m}]$

$$M_r = 7,800 \times 0.0012 \times (19,500/2) = 91,000 \, [\text{kg}]$$

蓄熱体の水当量

$(WC)_r = 7.0 \times (WC)_{\min}$ としたので，

$(WC)_r = 7.0 \times 66,600 = 466,000 \, [\text{kcal/hr} \cdot {}^\circ\text{C}]$

$(WC)_r = M_r \cdot C_r \cdot N_r$

伝熱板の密度 $C_r = 0.12 \, [\text{kcal/kg} \cdot {}^\circ\text{C}]$

したがって，

$$N_r = \frac{(WC)_r}{M_r \cdot C_r} = \frac{466,000}{91,000 \times 0.12} = 42.6 \, [\text{rev/hr}]$$
$$= 0.71 \, [\text{rev/min}]$$

普通，ロータの回転速度は 0.5〜4 $[\text{rev/min}]$ の範囲内にとるので，この回転速度は妥当である。

**(6) ロータの流れ方向の長さ $L$**： ロータ中の全流路断面積 $A_{ct}$ は排ガス側流路断面積 $A_{cx}$，空気側流路断面積 $A_{cn}$ およびセクタープレートによって覆われる流路断面積（全流路断面積の10%）の総和である。

$$A_{ct} = 1.1(A_{cx} + A_{cn}) = 1.1(8.30 + 8.30) = 18.2 \, [\text{m}^2]$$

図 30·28 において，斜線で示した1流路について考えると，流路断面積と周辺長さとの比 $r$ は，

$$r = \frac{0.04 + 0.0139 + 0.00695 + 0.0261 + 0.00695}{0.04 \times 0.006} = 392$$

したがって，ロータの流れ方向の長さ $L$ は，

$$L = \frac{A_t}{A_{ct} \cdot r} = \frac{19,500}{18.2 \times 392} = 2.72 \, [\text{m}]$$

**(7) 圧力損失**

**(a) 排ガス側圧力損失**： 図 30·21 から，$Re = 4,000$ に対して，摩擦係数は $f = 0.0085$ である。排ガスの平均温度 255 $[{}^\circ\text{C}]$，10,300 $[\text{Kg/m}^2]$ における密度 $\rho = 0.65 \, [\text{kg/m}^3]$ であるから，蓄熱体を通過する間の排ガスの圧力損失 $\Delta p_f$ は，

$$\Delta p_f = \frac{4fG^2}{2g_c\rho}\left(\frac{L}{D_e}\right) = \frac{4 \times 0.0085 \times (40,000)^2}{2 \times 1.27 \times 10^8 \times 0.65} \times \frac{2.72}{0.0102} = 88 \, [\text{Kg/m}^2]$$

**(b) 空気側圧力損失**： 図 30·21 から，$Re = 3,800$ に対して，摩擦係数は $f =$

0.0085 である。

排ガスの平均温度 155 [°C], 10,800 [Kg/m²] における密度 $\rho=0.76$ [kg/m³] であるから，蓄熱体を通過する間の圧力損失 $\Delta p_f$ は,

$$\Delta p_f = \frac{4fG^2}{2g_c\rho}\left(\frac{L}{D_e}\right) = \frac{4\times 0.0085\times (33,000)^2}{2\times 1.27\times 10^8\times 0.76}\times \frac{2.72}{0.0102}$$
$$=51.0\ [\text{Kg/m}^2]$$

ただし，上記の圧力損失は蓄熱体（伝熱体）を通過するときの摩擦損失であり，実際の場合にはこのほかに出入口での圧力損失を加算しなければならない。

また，実際の装置では，ボイラ排ガス中には $SO_3$ が含まれているため，伝熱板が腐食し，通路をふさぐ傾向があるため，長期使用における圧力損失は，上記の計算値の 1.5～2.0 倍となる。

**(8) 外形寸法：** ロータポストの直径 $D_1=0.40$ [m] とすれば，ロータの外径 $D_2$ は次のようにして求まる。

図 30・28 において，斜線で示した1流路について考えると，流路断面積と前面面積との比は，

$$\frac{(0.04+0.0012)\times (0.006+0.0012)}{0.04\times 0.006} = 1.23$$

したがって，蓄熱体全体の前面面積 $A_{fr}$ は

$$A_{fr}=1.23A_{ct}=1.23\times 18.2=22.4\ [\text{m}^2]$$

$$D_2 = \left(\frac{4}{\pi}A_{fr}+D_1^2\right)^{1/2} = \left[\frac{4}{\pi}\times 22.4+(0.4)^2\right]^{1/2} = 5.35\ [\text{m}]$$

その他の主要寸法をまとめて図 30・27 に示した。

なお，本設計では簡単のために，伝熱板として NF 形伝熱板のみを使用するものとしたが，実際の装置では，これよりも伝熱特性のすぐれた DU 形伝熱板を高温部分に使用するのが普通で，この場合はロータの長さ方向の長さ $L=1.5$ [m] 前後ですむことになる。

**〔例題 30・2〕** 回転型蓄熱式熱交換器内の温度分布の計算例[1]

ユングストローム式熱交換器において，次の条件を与えられるものとして，熱交換器内の温度分布を求める。

排ガス側：
 流量 $W_x=310,000$ [kg/hr]
 比熱 $C_x=0.25$ [kcal/kg・°C]
 入口温度 $T_{xi}=306$ [°C]
 境膜伝熱係数 $h_x=55$ [kcal/m²・hr・°C]
 伝熱面積 $A_x=10,400$ [m²]

空気側：
 流量 $W_n=260,000$ [kg/hr]
 比熱 $C_n=0.25$ [kcal/kg・°C]

## 30・1 回転型蓄熱式熱交換器の設計法

入口温度 $T_{ni}=30$ [°C]
境膜伝熱係数 $h_n=55$ [kcal/m²・hr・°C]
伝熱面積 $A_n=8,500$ [m²]
蓄熱体：
重量 $M_r=50,000$ [kg]
回転数 $N_r=90$ [rev/hr]
比熱（鉄） $C_r=0.12$ [kcal/kg・°C]

[解]

空気の水当量 $(WC)_{\min}=W_n \times C_n=65,000$ [kcal/hr・°C]
排ガスの水当量 $(WC)_{\max}=W_x \times C_x=77,500$ [kcal/hr・°C]
流体の平均水当量

$$(WC)_{ave}=\left[\frac{2}{\frac{1}{(WC)_n}+\frac{1}{(WC)_x}}\right]=70,700 \text{ [kcal/hr・°C]}$$

蓄熱体の水当量

$(WC)_r=C_r \cdot M_r \cdot N_r=540,000$ [kcal/hr・°C]

$\dfrac{(WC)_r}{(WC)_{ave}}=7.64$

$\alpha_n=(h \cdot A)_n/(WC)_{\min}=7.64$

$\alpha_x=(h \cdot A)_x/(WC)_{\max}=7.20$

$\alpha_{ave}=\dfrac{1}{(1/\alpha_n)+(1/\alpha_x)}=3.70$

$\left[\dfrac{(WC)_{\max}-(WC)_{\min}}{2(WC)_{ave}}\right]=0.0885$

図 30・15 において，流れ方向の蓄熱体の長さ $L=1.5$ [m] とし，空気側から排ガス側に変わる境界面 0-0 において，空気入口端からの距離 $Y=0.15$ ($y=Y/L=0.1$) の点での温度を求める。

空気の温度 $T_n(0, 0.1)$
　図 30.16(b) から
　　$F_1(0, 0.1)=0.115$
　図 30・17(b) から
　　$F_2(0, 0.1)=0.451$
　式 (30・1) から
　　$T_n(0, 0.1)=30+(360-30)(0.115+0.0885 \times 0.451)=80.6$ [°C]

排ガスの温度 $T_x(0, 0.1)$
　図 30・16(b) から
　　$F_1(0, 0.9)=0.761$
　図 30・17(b) から

$F_2(0, 0.9) = 0.850$

式 (30・2) から

$T_x(0, 0.1) = 30 + (360 - 30)(1 - 0.761 + 0.0885 \times 0.850) = 130.4 \text{[°C]}$

蓄熱体の温度 $T_r(0, 0.1)$

$$y + \frac{1}{\alpha_n} = 0.1 + \frac{1}{7.64} = 0.232$$

図 30・16(b) から

$F_1(0, 0.232) = 0.230$

図 30・17(b) から

$F_2(0, 0.232) = 0.79$

式 (30・3) から

$T_r(0, 0.1) = T_n(0, 0.232)$
$= 30 + (360 - 30)(0.230 + 0.0885 \times 0.79) = 129 \text{[°C]}$

同様にして $Y=0(y=0)$, $Y=0.15(y=0.1)$, $Y=0.30(y=0.2)$……$Y=1.5(y=1.0)$ における空気・排ガス・蓄熱体の温度を求め, 図 30・29 に示した.

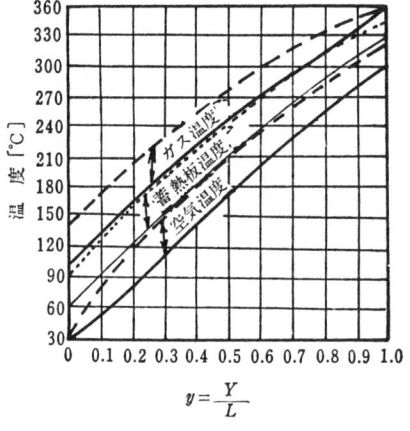

図 30・29 内部温度計算例

同様にして, 式 (30・8), (30・9), (30・10) を用いて, 排ガス側から空気側に変わる境界面 0-1 における空気・排ガス・蓄熱体の温度 $T_n(1, y)$, $T_x(1, y)$, $T_r(1, y)$ の値を計算し, 図 30・29 に点線で記入した.

## 30・2 バルブ切換型蓄熱式熱交換器の設計法

### 30・2・1 種類および作用

バルブ切換型蓄熱式熱交換器は蓄熱体を有する一対の熱交換器からなり, 温度の異なる

## 30·2 バルブ切換型蓄熱式熱交換器の設計法

気体が交互に蓄熱体を通過して流れ，蓄熱体の熱容量を介して熱交換を行なうもので，一方の熱交換器を通る低温気体は暖められ，他の一方の熱交換器を通る高温気体は冷やされる。流れの切換は周期的にバルブを切り換えることによって行なわれる。図 30·30 は空気分離装置に用いられる室温の空気と，低温の窒素とを熱交換させる一対のバルブ切換型蓄熱式熱交換器で，この場合，蓄熱体としては波形リボン（図 30·31），針金（図 30·32），あるいは粒状充塡物（例えば珪石）が用いられる。高温気体である空気と低温気体である窒素は，この蓄熱体の空隙を通って一定時間間隔で交互に反対方向に流れる。すなわち，図 30·30 において蓄熱器 A の蓄熱体は低温の窒素に熱を与え，蓄熱器 B の蓄熱体は高

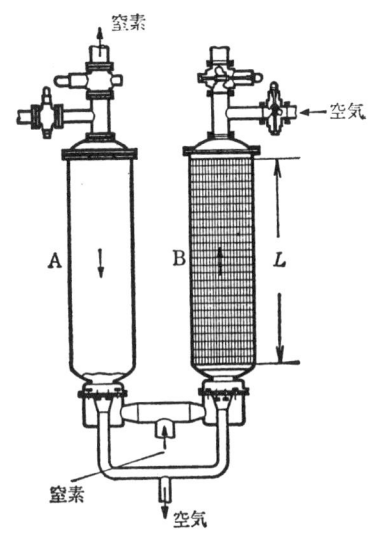

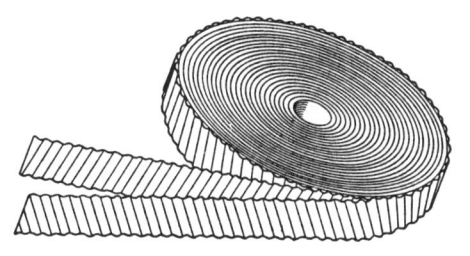

図 30·30 バルブ切換型蓄熱式熱交換器

図 30·31 波形リボン

温の空気から熱を与えられ，一定時間後に流れの方向がバルブにて切り換えられ，蓄熱器 A には上方から空気が流れ，蓄熱体によって冷やされ，他方，窒素は蓄熱器 B を通って暖められる。

室温の空気と高炉よりの高温度の排ガスとの熱交換に用いられるバルブ切換型蓄熱式熱交換器も，これと同じ作動原理であるが，使用温度が 1000〔°C〕前後と高いので，普通蓄熱体としては耐火レンガが用いられる。レンガ積みには種々の方式があり，普通形のレンガを交互に積むにしても，①ガス通路の左右方向に連絡をつけず，一つのガス通路が一つの煙突のようになっている煙突形，②ガスの流れをできるだけ乱し，対流伝熱をよくしようとする千鳥形および標準形などがある（図 30·33(a)，(b)）。このほかに③異形レン

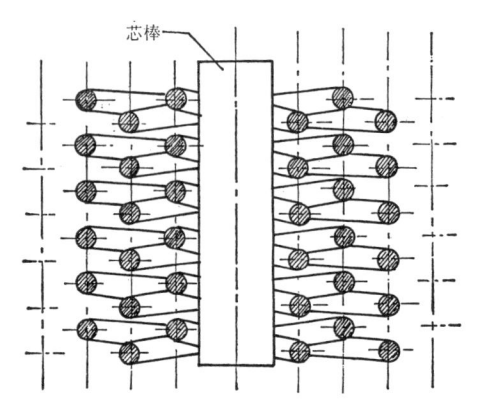

図 30・32　規則正しく配列された針金

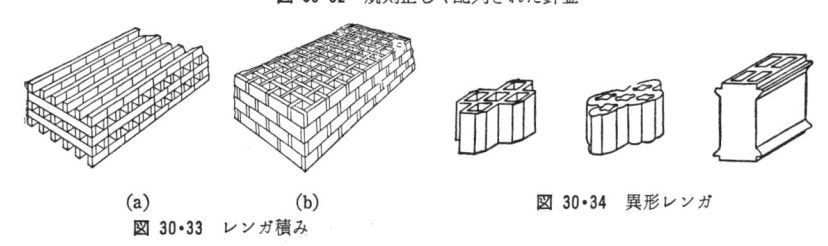

(a)　　　　(b)　　　　　　図 30・34　異形レンガ
図 30・33　レンガ積み

ガを積む方法，およびそのレンガに穴をあけて表面積を大きくする方法などがある（図30・34）。普通，レンガの有効加熱面積は，蓄熱室体積あたり 10～20 $[m^2/m^3]$ 程度である[5]。

### 30・2・2　基本伝熱式

バルブ切換型蓄熱式熱交換器の作動原理は，前述の回転型蓄熱式熱交換器の作動原理と同じであるから，回転型の熱計算の原理を用いて計算することができる。

ただし，この場合には蓄熱体の水当量 $(WC)_r$，水当量の大きい方の流体側伝熱面積 $A_x$，水当量の小さい方の流体側の伝熱面積 $A_n$ は，それぞれ次式で定義される値となる。

$$(WC)_r = \frac{M_r C_r}{2P} \quad \cdots\cdots(30\cdot 24)$$

$$A_n = A_x = A/2 \quad \cdots\cdots(30\cdot 25)$$

ここで，

　　$P$：切換時間（1/2 サイクル）

　　$M_r$：蓄熱体の全質量 $[kg]$

---

5)　坪井為雄："熱交換器"昭和43年，朝倉書店

$C_r$：蓄熱体の比熱〔kcal/kg・°C〕

$A$：蓄熱体の全伝熱面積〔m²〕

また，バルブ切換型蓄熱式熱交換器は，第5章(5・2)に示した方法で熱計算および温度分布計算をすることができる。

### 30・2・3 蓄熱体の流動抵抗および伝熱特性

バルブ切換型蓄熱式熱交換器の蓄熱体としては，低温工業用のものには波形リボン，規則正しく配列した針金，あるいは粒状物などの充填物が用いられ，高温ガス用にはレンガ積み充填物が用いられる。

**（1） 波形リボンを充填物とする場合：** 図30・31に示した蓄熱体は波形リボンを，その波形がそれぞれ反対の方向になるように2枚重ね合せて芯棒に巻きつけたものである。

この場合，波形によって構成される流路の方向は，熱交換器の中心軸に対して傾斜することになる。いま，図30・35に示す波形リボンにおいて，波形の傾斜角度を $\beta$，波形と直角な断面における流路断面積を $A_c$，熱交換器の中心軸に直角な断面における流路断面積

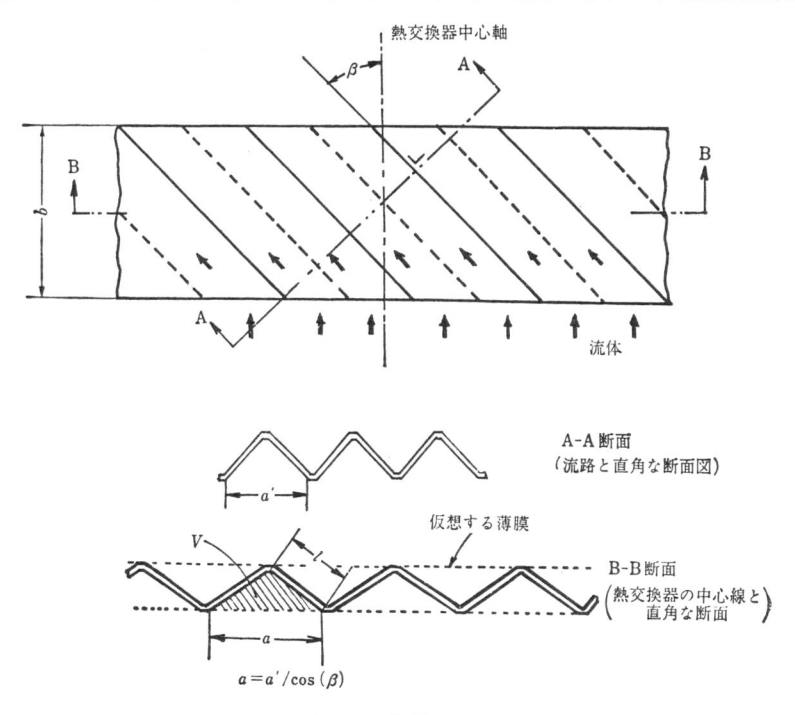

図 30・35 波形リボン

を $A_{gr}$ とすると,

$$A_{gr} = A_c/\cos(\beta) \quad \cdots\cdots(30\cdot 26)$$

となる。

いま, 熱交換器の中心軸に直角な断面における質量速度を $G_{gr}$ とすると,

$$G_{gr} = W/A_{gr} \quad \cdots\cdots(30\cdot 27)$$

$W$ は流体流量〔kg/hr〕である。

つぎに, 熱交換器の中心軸に直角な断面において, 図 30・35 に示すように隣り合うプレートの間に仮空の薄い膜が存在すると見なして, 次式で相当径 $D_{e,gr}$ を定義する。

$$D_{e,gr} = \frac{4V}{2l+a} \quad \cdots\cdots(30\cdot 28)$$

ここで,

$V$：熱交換器の中心軸に直角な断面において1流路の面積〔m²〕（図において斜線で示した面積）

$(2l+a)$：熱交換器の中心軸に直角な断面における浸辺長さ〔m〕

Reynolds 数 $Re_{gr}$ を次式で定義する。

$$Re_{gr} = \frac{D_{e,gr} \cdot G_{gr}}{\mu} \quad \cdots\cdots(30\cdot 29)$$

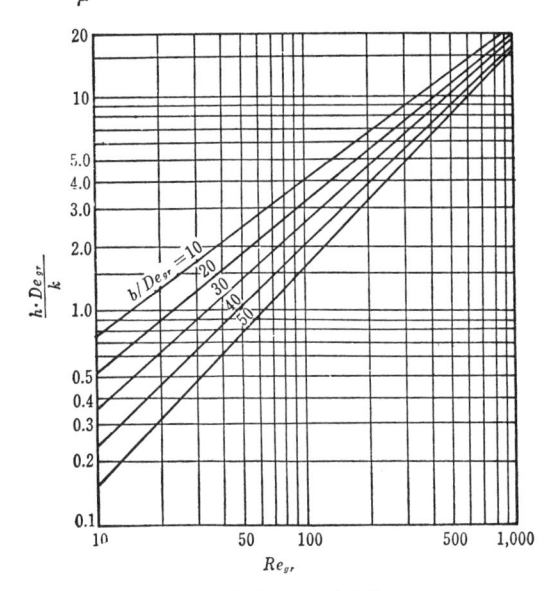

図 30・36 波形リボンの伝熱特性

このように定義された $D_{e,gr}$, $Re_{gr}$ を用いて Glaser[6] は，境膜伝熱係数 $h$ を次式で相関した．

$$\frac{h \cdot D_{e,gr}}{k} = \frac{Re_{gr}{}^{0.65+0.007(b/D_{e,gr})}}{10^{0.60+0.024(b/D_{e,gr})}} \quad \cdots\cdots(30\cdot30)$$

式 (30·30) の計算図表を図 30·36 に示した．

ここで，

$h$：境膜伝熱係数 [kcal/m²·hr·°C]

$k$：流体の熱伝導率 [kcal/m·hr·°C]

$b$：リボン板の幅 [m]

$\mu$：流体の粘度 [kg/m·hr]

Lund[7] は波形リボンを充填物とした場合の蓄熱器における圧力損失を，次式で表わしている．

$$\Delta p_f = \frac{4fG^2_{gr}}{\rho g_c} \cdot \frac{L}{D_{e,Lu}} \quad \cdots\cdots(30\cdot31)$$

ここで，

$\Delta p_f$：圧力損失 [Kg/m²]

$\rho$：流体の密度 [kg/m³]

$L$：蓄熱器における蓄熱体の充填部長さ [m]（図 30·30 参照）

$D_{e,Lu}$：次式で定義される相当径

$$D_{e,Lu} = \frac{4V}{2l} \quad \cdots\cdots(30\cdot32)$$

Lund の定義した $D_{e,Lu}$ では Glaser の定義した相当径と異なり，プレート間に仮空の薄い膜を仮定していないので，その浸辺長さは $2l$ となっている（図 30·35 参照）．

Lund は Reynolds 数 $Re_{Lu}$ を次式で定義し，摩擦係数 $f$ を図 30·37 で示している．

$$Re_{Lu} = \frac{\sqrt{2} \cdot D_{e,Lu} \cdot G_{gr}}{\mu} \quad \cdots\cdots(30\cdot33)$$

なお，各種の波形リボンの伝熱特性について Svetlov[8]，Knöfel[9] らが有用なデータを発表しているが，紙面の都合上省略する．

**(2) レンガ格子を充填物とする場合：** 流体が空気あるいは燃焼ガスのとき Kistner

---

6) Glaser, H : Z. V. D. I. Beiheit, Verf. Nr. 4, pp. 112～ (1938).
7) 日本機械学会："伝熱工学資料" 改訂第 2 版, pp. 222 (1966).
8) Svetlov, Yu. V : Inter. Chem. Eng., vol. 11, No. 1, pp. 47～50 (1970).
9) Knöfel, W. and W. Florerg : Chem. Techn., vol. 18, No. 2, pp. 87～92 (1966).

および Schumacher[10] は $D_e$ を相当径 [m], $u_0$ を標準状態における流体の速度 [m/sec] としたときの境膜伝熱係数 $h$ [kcal/m·hr·°C] を, つぎのように与えている。

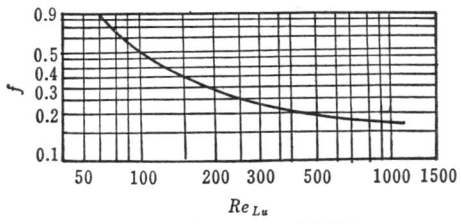

図 30·37 波形リボンの摩擦係数　　図 30·38 碁盤目に配列されたレンガ

レンガが碁盤目に配列されているとき (図 30·38),

$$h = 7.5 \frac{u_0^{1/2}}{D_e^{1/3}} \quad \cdots\cdots\cdots (30\cdot34)$$

レンガが千鳥に配置されているとき,

$$h = 8.6 \frac{u_0^{1/2}}{D_e^{1/3}} \quad \cdots\cdots\cdots (30\cdot35)$$

Kister 実験によると, 標準状態における速度 $u_0$ が 0.3～8 [m/sec] の間では, 碁盤目に配列したレンガ格子を充填物とした蓄熱器での圧力損失 $\varDelta p_f$ は,

$$\varDelta p_f = 0.162 \, \rho_0 \left(\frac{u_0^2}{D_e^{0.25}}\right)\left(\frac{T}{B}\right) \cdot L \quad \cdots\cdots\cdots (30\cdot36)$$

ここで,

$\varDelta p_f$：圧力損失 [Kg/m²]

$\rho_0$：標準状態における流体の密度 [kg/m³]

$D_e$：相当径 [m]

$T$：蓄熱器での流体の絶対温度 [°K]

$B$：蓄熱器 (炉室) の圧力 [mmHg]

$L$：蓄熱体の充填長さ [m]

(3) 粒状物を充填する場合：　粒子を充填した固定層に気体を流した場合の粒子と, 気体間の境膜伝熱係数に関しては, 多数の実験値が報告されている。Baker[11] はこれらを整理して, 図 30·39～図 30·41 および表 30·2 を提出している。

$G'$：充填物がない空塔を気体が流れると見なした場合の質量速度, すなわち, 空塔質量速度 [kg/m²·hr]

---

10) Kistner, H：Arch. Eissenhüttenw., Bd., 3, pp. 751 (1929/30).
11) Baker, J.J.：Ind. Eng. Chem. International Edition ; vol. 57, No. 4, pp. 43～51 (1965).

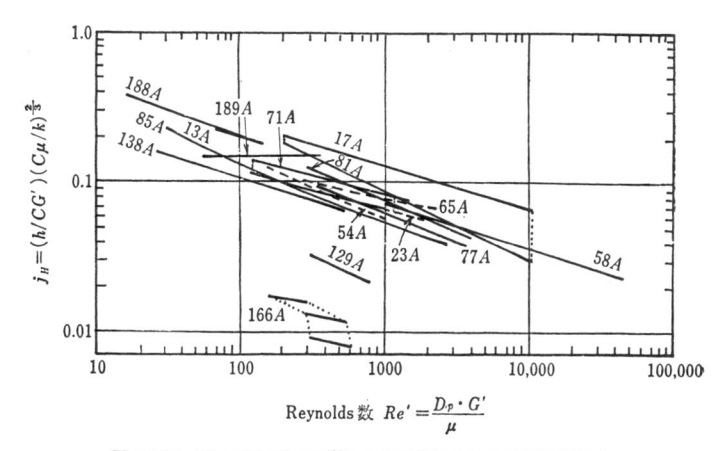

**図 30・39** 球を不規則に充塡した固定床における境膜伝熱係数

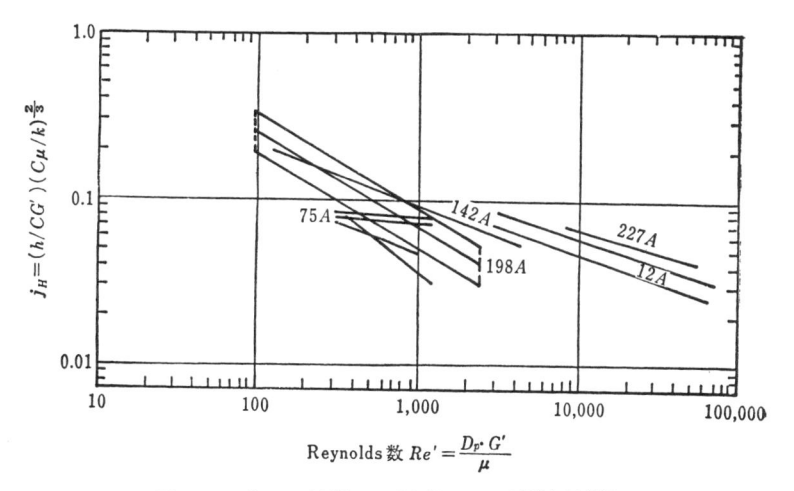

**図 30・40** 球を規則充塡した固定床における境膜伝熱係数

$Re'$：見掛けの Reynolds 数〔—〕

$$Re' = \frac{D_p \cdot G'}{\mu} \quad \cdots\cdots (30\cdot 37)$$

$D_p$：粒子の球相当径〔m〕

$j_H$：伝熱因子〔—〕

$$j_H = \left(\frac{h}{CG'}\right)\left(\frac{Cu}{k}\right)^{2/3} \quad \cdots\cdots (30\cdot 38)$$

1036　第30章　周期流型蓄熱式熱交換器の設計法

表 30・2　粒子を充塡せる固定床における境膜伝熱係数実験値

| 番号 | 流体 種類 | 流体 温度(°F) | 流体 圧力(atm) | 流体 $C\mu/k$ | 粒子 種類 | 粒子 形状 | 粒子 寸法(inch) | 粒子 温度(°F) | ベッド 寸法 | 空隙率 | Reynolds数 | $D_t/D_p$ ($D_t$:塔径) |
|---|---|---|---|---|---|---|---|---|---|---|---|---|
| 12A | $H_2O$ | 240 | 2.7 | — | Al | 球[a] | $1^{15/16}$ | 241〜244 | $11^{7/8}×11^{7/8}×12''$ | 0.478, 0.261 | 3,000〜70,000 | 6 |
| 13A | 空気 | 140〜200 | 1 | 0.73 | Pb, $Al_2O_3$ | 球[b] | 0.173, 0.165 | 140〜200 | $5.75(径)×5〜25''$ | 0.355, 0.402 | 68〜116 | 34.9 |
| 17A | 空気 | 89〜300 | 1 | — | 鋼 | 球[b] | $1/8, 1/4, 5/32$ | 110〜310 | $4(径)×4''$ | 0.354 | 200〜10,400 | 10〜25 |
| 23A | 空気 | 70 | 1 | — | Celite | 円筒[b] | 0.16〜0.223 | <70 | $6(径)×1〜6''$ | 0.39? | 240〜4,000 | 17.4〜75 |
| 50A | 空気 | 90 | 1 | 0.71 | AMT Pb | 球[b] | 0.185〜0.345 0.0818 | 70〜90 | $12(径)×1〜6''$ $2.985(径)×0.66〜1.16''$ | 0.39 | 25〜550 | 36.5 |
| 54A | 空気 | 100±20? | — | — | ガラス | 球[b] | 0.129 0.248 | 100±20? | $?(径)×1''$ $?(径)×2''$ | ? ? | 150〜350 200〜1,000 | ? ? |
| 65A | 空気 | 70〜200 | 1 | 0.71 | 鋼、その他 | 球、その他[b] | 0.342 | 70〜200 | $5.1(径)×94.5''$ | 0.38 | 225〜2,250 | 5 |
| 71A | 空気 | 100〜1,300 | 1 | — | 鉄 | 球[a] | 0.73, 1.25, 1.91 | 100〜1,300 | $6(径)×41''$ | 0.395, 0.45, 0.506 | 120〜1,200 | 8.2, 4.8, 3.1 |
| 75A | 空気 | 70 | 1 | 0.718 | Celite-alundum-Kaolin | 球[b] | 0.673 | <70 | $4.5×4.5×4''$ | 0.2595〜0.4764 | 300〜1,200 | 7 |
| 77A | 空気 | 80〜160 | 1 | 0.72〜0.75 | Celite | 球[b] 円筒[b] | 0.09〜0.456 0.161〜0.74 | 60〜125 | $12×12×1〜2.5''$ | 0.404〜0.43 0.37〜0.41 | 60〜4,000 | 26〜133 16.2〜74.5 |
| 81A | 空気 | 80〜200? | 1 | — | セラミック 黄銅 | 球[b] | 5.394, 0.47 0.63, 2.05 | — | $13.8(径)×38''$ 不明 | 0.392, 0.42 不明 | 330〜1,500 300〜4,000 | 34, 29 ? |
| 85A | 空気 | 70〜120 | 1 | 0.71 | モネル, 黄銅 | 球[b] | $3/16, 1/4, 5/16$ | <150 | $1^{7/8}(径)×2''$ | 0.436, 0.429, 0.453 | 30〜3,000 | 10, 715, 6 |

| No. | 気体 | | | | 材料 | 形状 | 寸法 | | | | | |
|---|---|---|---|---|---|---|---|---|---|---|---|---|
| 129A | $CO_2$ | 2,200 | 3 | 0.665 | 鋼 | 正立方体[b] | $1/4, 3/8$ | | 48(径)×124" | 0.417, 0.469 | 45~2,100 | 7.5, 5 |
| 138A | $H_2$ | 100 | 1 | 0.715 | 鋼 | 円筒[b] | $1/4, 3/8$ | | 2(径)×1.77~3.5" | 0.477, 0.478 | 30~2,100 | 7.5, 5 |
| 141A | 空気 | 100~250 | 0.82 | 0.65 | アルミナ | 球[b] | 0.415 | 2,100 | | ? | 300~80 | 128 |
| | 空気 | | 3 | — | 鋼 | 球[b] | 0.0282 | 100 | | ? | 26 | 71 |
| | 空気 | | 1 | — | Granitic | 砂利[b] | 0.314, 0.493; 0.836, 1.312 | 100~250 | $10\times11\times36"$ | 0.454, 0.426, 0.436, 0.434 | 50~500 | 7.5~3.1 |
| 142A | 空気 | 65 | 1~5.6 (0.71) | — | 鋼, アルミナ: シリカ 72:28 | 球[a] | 1.49 | 76~139 | $2\times2\times6$ balls deep | 0.2595, 0.3954 | 120~4,500 | 2 |
| 166A | 空気 スチーム メタン $H_2$ | 100~1,900 | 1 | — | アルミナ | 球[b] | $5/16, 1/2$ | 300~2,100 | 19(径)×36" 27(径)×60" | ? 0.4764 ? | 157~619 | 61, 54 |
| 188A | 空気 | 100~400 | — | — | 金属 | 球[b] | 0.2 | 400~900 | 2"(径)×5層 3"(径)×4層 | 0.396 0.438 | 15~161 | 10, 15 |
| 189A | 空気 | 136±75 | 1 | 0.71 | 鋼 | 球[b] | 0.0625 0.125 | 136±75 | 2"(径)×2.5" 4"(径)×5" | 0.38 | 54~434 | 32 |
| 198A | 空気 | 室温 | 1 | 0.718 | 鋼, Pb, ガラス セライト | 球[a] | 0.25 $5/8$ | | 8"(径)×10" $5\times5\times7"$ | 0.444 0.576 0.778 | 95~2,500 | 8 |
| 204A | 空気 | 100? | 1? | 0.71 | Basalt シリカゲル 活性炭 | 粒状粒子[a,b] | 0.08~0.24 0.17 0.12 | 100? | 2.3(径)×1.2~5" | 0.413~0.445 0.5 0.5 | 350~3,500 | 10, 29 |
| 227A | 空気 | — | 1 | 0.71 | 鋼 | 球[a] | 4 | | 3 ball wide by 5 deep | 0.2595 | 8,000~60,000 | 3 |

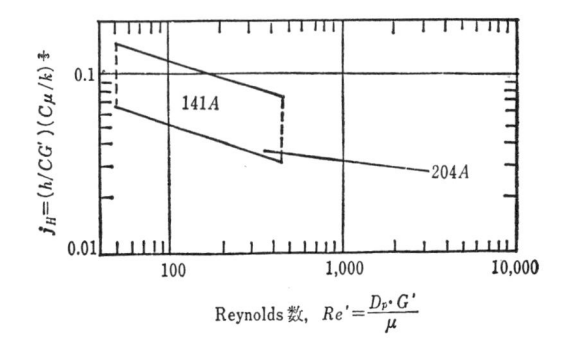

図 30・41 粒状粒子の固定床における境膜伝熱係数

$C$：流体の比熱〔kcal/kg・°C〕
$k$：流体の熱伝導率〔kcal/m・hr・°C〕

Thodes はこれまでの実測値を，次式で整理している。

$$h=\frac{0.725}{[(D_pG'/\mu)^{0.41}-1.5]}(CG')\left(\frac{C\mu}{k}\right)^{-2/3} \quad\cdots\cdots(30\cdot39)$$

Ranz は充塡された粒子の空隙を流れる流体の有効速度は，見掛けの空塔速度の 9 倍（最密充塡）であるとして，次式を導いた[12]。

$$\frac{hD_p}{k}=2.0+0.60\left(\frac{C\mu}{k}\right)^{1/3}\left(9\times\frac{D_p\cdot G'}{\mu}\right)^{1/2} \quad\cdots\cdots(30\cdot40)$$

白井はつぎの式を提案した。

$$\frac{\varepsilon hD_p}{k}=2.0+0.75\left(\frac{C\mu}{k}\right)^{1/3}\left(\frac{D_p\cdot G'}{\mu}\right)^{1/2} \quad\cdots\cdots(30\cdot41)$$

ここで，$\varepsilon$ は空隙率（自由容積）である。
式 (30・39)～(30・41) は $(D_p\cdot G'/\mu)>100$ に対して適用できる。
粒子を充塡した固定床を通過する流体の圧力損失は，次式で計算することができる。

$$\Delta p_f=\frac{4f(G')^2}{2g_c\rho}\left(\frac{L}{D_p}\right)\left(\frac{1-\varepsilon}{\phi_s}\right)^{3-n}\left(\frac{1}{\varepsilon}\right)^3 \quad\cdots\cdots(30\cdot42)$$

ここで，
 $f$：摩擦係数で図 30・42 から求まる。
 $n$：見掛けの Reynolds 数 $Re'$ の関数として，図 30・42 から求まる。

---

12) Ranz, W. E : Chem. Eng. Progr., vol. 48, pp. 247～ (1952).

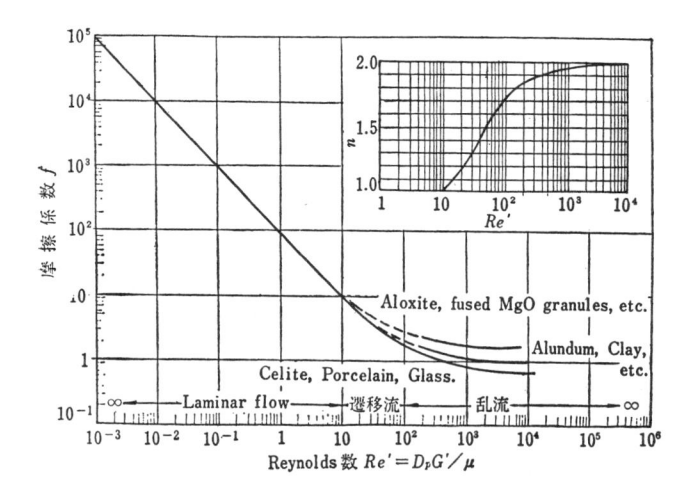

図 30・42 粒子の固定床における摩擦係数

$\phi_s$：粒子の形状係数で次式で定義される。

$$\phi_s = \frac{\text{充填粒子1個と等しい実容積を有する球の表面積}}{\text{充填粒子1個の表面積}}$$

$D_p$：粒子の球相当径〔m〕

球以外の形状の粒子の球相当径は，次式で定義される。

$$D_p = \frac{6}{\phi_s \cdot S_o} \quad \cdots\cdots\cdots\cdots (30\cdot 43)$$

$S_o$ は単位実容積あたりの粒子の表面積〔m²/m³〕である。

球以外の形状の粒子の $\phi_s$ の値の例を，表 30・3 に示した。

Kays ら[2]は球を不規則充填した固定床を通過する流れについて，質量速度 $G$，流路の相当径 $D_e$，Reynolds 数 $Re$ を次式で定義し，境膜伝熱係数 $h$ および摩擦係数 $f$ を図 30・43 で表わした。

相当径 $D_e$〔m〕

$$D_e \equiv \frac{4\times(\text{充填層中の空間容積})}{\text{充填層中の球の表面積}} \quad \cdots\cdots (30\cdot 44)$$

球の実容積は $(\pi/6)D_p{}^3$，また球1個の占める充填層容積は $(\pi/6)D_p{}^2/(1-\varepsilon)$ であるから

$$D_e = \frac{4\times(\pi/6)D_p{}^3}{(1-\varepsilon)\pi D_p{}^2} = \frac{2D_p}{3(1-\varepsilon)} \quad \cdots\cdots\cdots\cdots (30\cdot 45)$$

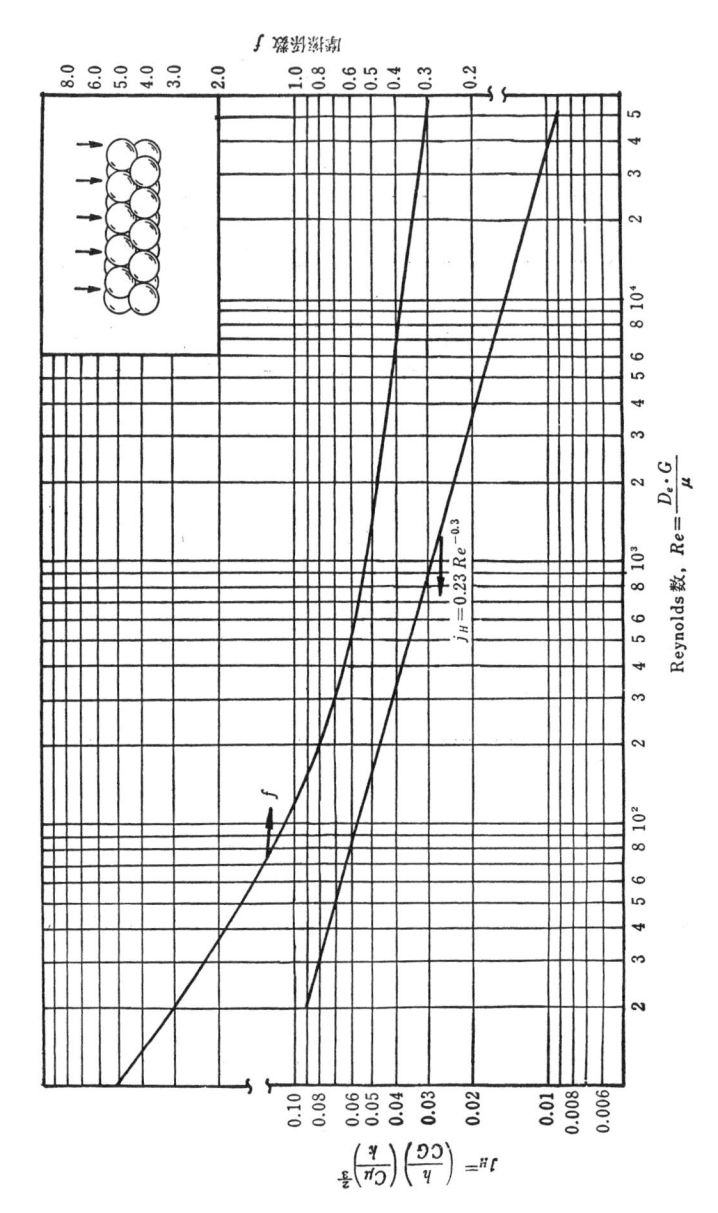

図 30・43 球を不規則充填した固定床を通過する気体の摩擦係数および境膜伝熱係数（空隙率 $\varepsilon = 0.37 \sim 0.39$）

$j_H = 0.23\, Re^{-0.3}$

$$j_H = \left(\frac{h}{cG}\right)\left(\frac{c\mu}{k}\right)^{\frac{2}{3}}$$

$Re = \dfrac{D_e \cdot G}{\mu}$

表 30·3 種々の粒子の形状係数 $\phi_s$

| 材料 | $\phi_s$ |
|---|---|
| Arnold の針金らせん | 0.2 |
| く ら | 0.3 |
| 雲母 (薄片状のもの) | 0.28 |
| Fusain Fiber (一種の繊維) | 0.38 |
| ガラス破砕物 | 0.65 |
| 粉炭 (天然のもの) | 0.65 |
| 微粉炭 (粉砕したもの) | 0.73 |
| 煙道塵 (融解して集塊となったもの) | 0.55 |
| 煙道塵 (融解して球状となったもの) | 0.89 |
| 砂 (平均) | 0.75 |
| 砂 (角ばったもの) | 0.73 |
| 砂 (丸味を帯びたもの) | 0.82 |

質量速度 $G$ [kg/m²·hr]

$$G \equiv \frac{W}{\varepsilon A_{tr}} = \frac{1}{\varepsilon} G' \qquad (30 \cdot 46)$$

ここで,

$W$：流体の流量 [kg/hr]

$A_{tr}$：空塔の断面積 [m²]

$\varepsilon$：空隙率 [—]

Reynolds 数 $Re$

$$Re \equiv \frac{D_e \cdot G}{\mu} \qquad (30 \cdot 47)$$

境膜伝熱係数 $h$ [kcal/m²·hr·°C]

$$h = j_H (CG) \left( \frac{C\mu}{k} \right)^{-2/3} \qquad (30 \cdot 48)$$

伝熱因子 $j_H$ の値を図 30·43 に示した。

充填層を通過する流体の圧力損失

$$\Delta p_f = \frac{4fG^2}{2g_c \rho} \left( \frac{L}{D_e} \right) \qquad (30 \cdot 49)$$

摩擦係数 $f$ の値を図 30·43 に示した。

# 第31章 粉粒体移動型蓄熱式熱交換器の設計法

## 31・1 種類と作用

粉粒体が重力によって移動しつつ高温流体から熱を受けとり，低温流体に放熱することによって，両流体間の熱交換を行なう蓄熱式熱交換器で，移動層型・カスケード型および

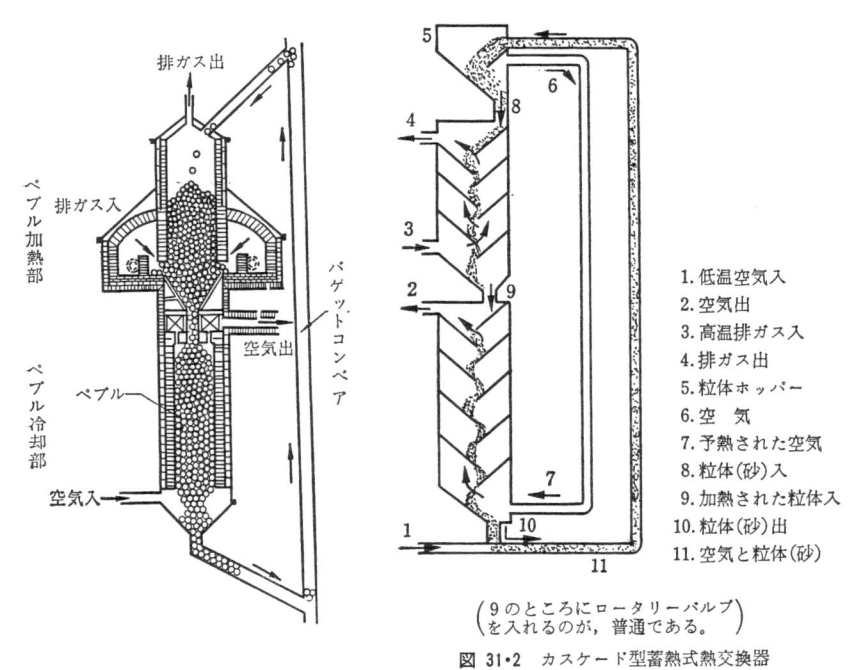

図 31・1 移動層型蓄熱式熱交換器

1. 低温空気入
2. 空気出
3. 高温排ガス入
4. 排ガス出
5. 粒体ホッパー
6. 空気
7. 予熱された空気
8. 粒体(砂)入
9. 加熱された粒体入
10. 粒体(砂)出
11. 空気と粒体(砂)

(9のところにロータリーバルブを入れるのが，普通である。)

図 31・2 カスケード型蓄熱式熱交換器

多段流動層型などの型式がある。

移動層型は図 31・1 に示すように塔を上下二つに仕切り，上部に詰めた小石（ペブル）を排ガスで熱し，この熱した小石を下部に落下させ，下部に流れている空気を予熱するもので，落下した小石をバケットコンベヤなどで上部に循環させる構造となっていて，ペブルヒータ型と呼ばれることもある。小石としては，径が 2～6 [cm] の耐火物砕片が普通用いられる。小石の径が比較的大きいので，流体の流れによって流動するようなことはなく，密に充填された移動層をなして重力で上部より下部に移動する。

カスケード型は図 31・2 に示すように，多数の傾斜板を有する 2 塔をロータリーバルブ

## 31·1 種類と作用

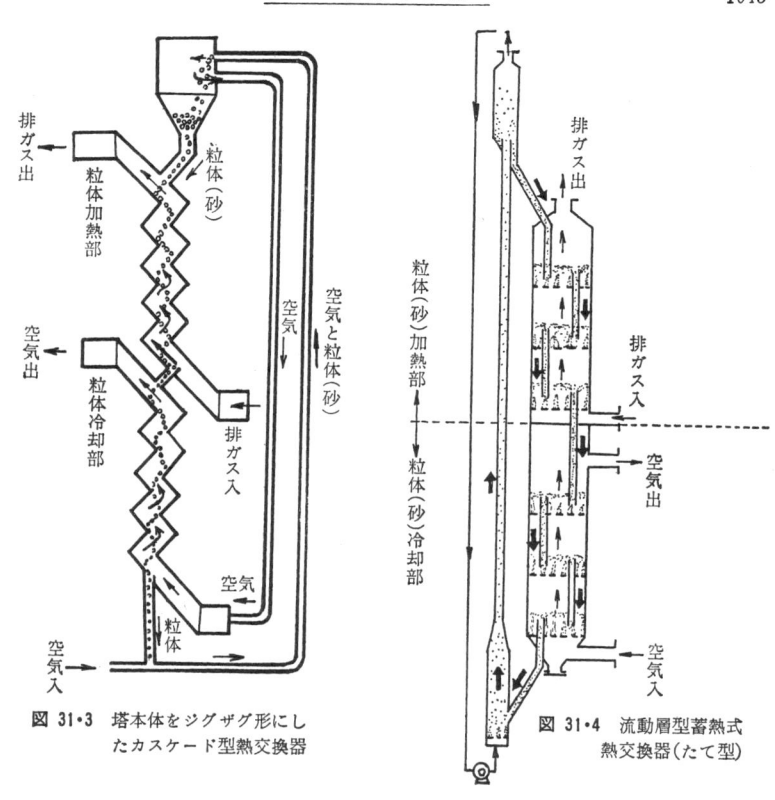

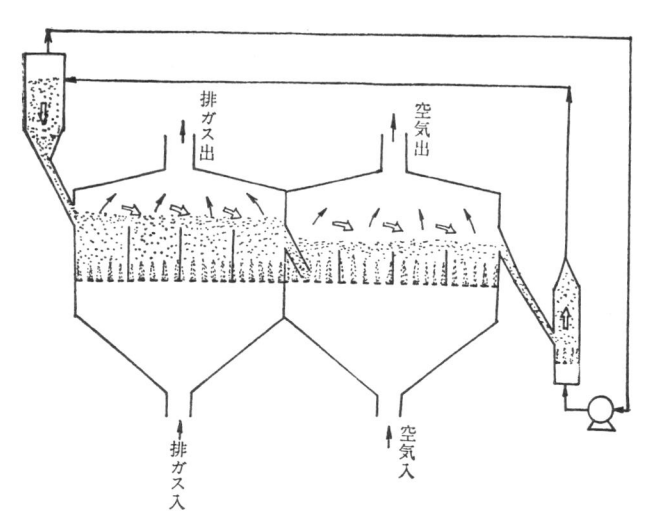

図 31·3 塔本体をジグザグ形にしたカスケード型熱交換器

図 31·4 流動層型蓄熱式熱交換器(たて型)

図 31·5 流動層型蓄熱式熱交換器(横型)

を介して連結し，径が 2〜0.5 [mm] の砂を上部からカスケード状に流下させる構造となっていて，砂は上部の塔で加熱され，下部の塔に流下して，ここを流れる空気を加熱する。下部の塔より流出する砂は空気流によって，上部の塔へと循環する。蓄熱体として径の小さい砂を用いているので，移動層式に比べて，蓄熱体の単位容積あたりの表面積が大きいので，塔内での蓄熱体の必要滞留量がそれだけ少なくてすむという利点がある。なお，図 31·3 に示すように，塔内に傾斜板を設ける代りに，塔自体をジグザグ形にすることもある。

流動層型は図 31·4 に示すように，多孔板を多段に配置してなる塔を上下 2 室に仕切り，上部の塔の下から排ガスを流し，各多孔板上に流下する砂を吹き上げて多孔板上に流動層を形成させつつこれを加熱し，加熱された砂は下部の塔に流下し，塔の下から流入する空気によって多孔板上で流動層をなし，空気を加熱する構造となっている。図 31·4 では砂と流体とは向流接触する構造となっているが，図 31·5 に示すように砂と流体とが直交流（十字流）接触する構造のものも用いられる。また，図 31·4 のものは，段から段への砂の移動は溢流管を通って移動する構造となっているが，図 31·6 に示すように，孔径の大きい多孔板を用いることによって，多孔板の孔から砂を流下させるようにして，溢流管を省略した構造のものも用いられる。

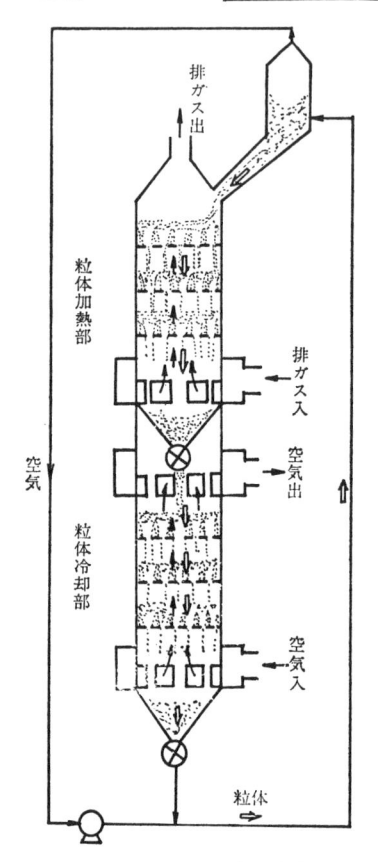

**図 31·6** 溢流管のない多段流動層型蓄熱式熱交換器

## 31·2 移動層型蓄熱式熱交換器の設計法

### 31·2·1 基本伝熱式

低温気体と高温気体の流量・比熱・境膜伝熱係数が同じであり，また小石（ペブル）加熱部および冷却部におけるペブルの滞留量，したがってペブル表面積が等しい場合の移動層型蓄熱式熱交換器の基本伝熱式を導く。

なお，計算において更に次の仮定を追加する。
1. 小石（ペブル）は球体である。
2. 小石（ペブル）の水当量（移動量×比熱）が気体の水当量（流量×比熱）と等しくなるように，小石（ペブル）の移動量を選定するものとする。
3. 小石（ペブル）内の各点の温度は，装置内の移動方向に沿って直線的に変化する。
4. 放熱は無視する。
5. 気体の流れ方向に直角な方向に対して小石（ペブル）の温度変化はないものと見なす。
6. 小石（ペブル）および気体の比熱・熱伝導率は装置内で変化せず，一定と見なす。

3の仮定が実用上さしつかえない誤差範囲で成り立つことについては，Glaserの論文[1]もしくは大島の解説[2]を参照されたい。

**(1) ペブル内の温度分布:** ペブルの熱収支からペブル内の伝熱の基礎式が導かれる。

$$\frac{\partial t}{\partial \theta} = \alpha_p \left[ \frac{\partial^2 t}{\partial r^2} + \frac{2}{r} \cdot \frac{\partial t}{\partial r} \right] \quad \cdots\cdots(31\cdot1)$$

ここで，

$\theta$：時間 [hr]

$r$：ペブルの中心からの距離 [m]

$t$：ペブル内の温度 [°C]

$\alpha_p$：ペブル材料の熱拡散率 $=\lambda_p/(C_p\cdot\rho_p)$ [m²/hr]

$\lambda_p$：ペブル材料の熱伝導率 [kcal/m²·hr·°C]

$\rho_p$：ペブル材料の密度 [kg/m³]

$C_p$：ペブル材料の比熱 [kcal/kg·°C]

微小時間あたりについて，気体からペブル表面への伝熱量 $dq$ は，

$$dq = h\cdot 4\pi R^2(T-t_o)\cdot d\theta \quad \cdots\cdots(31\cdot2)$$

$q$：伝熱量 [kcal]

$h$：気体の境膜伝熱係数 [kcal/m²·hr·°C]

$R$：ペブルの半径 [m]

$T$：気体の温度 [°C]

$t_o$：ペブル表面の温度 [°C]

---

1) Glaser, H : Forschg. Ing-Wes., vol. 17, pp. 9~15 (1951).
2) 大島：化学工学演習 1, pp. 156~165, 丸善（昭和44年）．

ペブル内の熱収支から

$$dq = (4/3)\pi R^3 \rho_p C_p \cdot dt_m \quad \cdots\cdots (31\cdot 3)$$

ここで,

$t_m$：ペブルの平均温度〔°C〕

式 (31·2), (31·3) から

$$\frac{dt_m}{d\theta} = \frac{3h}{\rho_p C_p R}(T-t_o) \equiv \alpha_1 \quad \cdots\cdots (31\cdot 4)$$

仮定 3 から

$$\frac{dt_m}{d\theta} = \frac{dt}{d\theta} = \alpha_1 \quad \cdots\cdots (31\cdot 5)$$

式 (31·1), (31·5) から

$$\frac{\partial^2 t}{\partial r^2} + \frac{2}{r} \cdot \frac{\partial t}{\partial r} = \frac{\alpha_1}{\alpha_p} \equiv \alpha_2 \quad \cdots\cdots (31\cdot 6)$$

式 (31·4) から

$$\alpha_2 = \frac{\alpha_1}{\alpha_p} = \frac{3h}{\lambda_p R}(T-t_o) \quad \cdots\cdots (31\cdot 7)$$

$\alpha_1$, $\alpha_2$ は定数である。

式 (31·6) を解いて

$$t = \frac{\alpha_2}{6} r^2 + \text{const} \quad \cdots\cdots (31\cdot 8)$$

境界条件

$r = R : t = t_o$

から, 式 (31·8) の積分定数 const を求めて,

$$t = \frac{\alpha_2}{6} r^2 + t_o - \frac{\alpha_2 R^2}{6} \quad \cdots\cdots (31\cdot 9)$$

式 (31·9) によって, ペブルの表面温度 $t_o$ が定まると, ペブル内部の温度分布が計算できることになる。

(2) **ペブルの平均温度 $t_m$**：　平均温度 $t_m$ のペブルの保有熱量は,

$$q_1 = C_p \rho_p \frac{4}{3} \pi R^3 t_m \quad \cdots\cdots (31\cdot 10)$$

また,

$$q_1 = \int_0^R dq_1 = \int_0^R C_p \rho_p 4\pi r^2 t \cdot dr \quad \cdots\cdots (31\cdot 11)$$

$C_p$, $\rho_p$ は一定と見なすので, 式 (31·11) の積分は,

## 31・2 移動層型蓄熱式熱交換器の設計法

$$q_1 = C_p \rho_p \frac{4}{3} \pi R^3 \left( t_o - \frac{\alpha_2 R^2}{15} \right) \quad \cdots\cdots(31\cdot12)$$

式 (31・11) と式 (31・12) から, ペブルの表面温度 $t_o$ と平均温度との差 $\varDelta t$ は,

$$\varDelta t \equiv t_o - t_m = \frac{\alpha_2 R^2}{15} = \frac{hR}{5\lambda_p}(T - t_o) \quad \cdots\cdots(31\cdot13)$$

ペブルの径 $D_p = 2R$ を式 (31・13) に代入して,

$$\frac{\varDelta t}{T - t_o} = 0.1 \frac{h D_p}{\lambda_p} \quad \cdots\cdots(31\cdot14)$$

**（3） 総括伝熱係数 $U$:** ペブル加熱部およびペブル冷却部における装置の長さ方向の温度分布を重ね合せて表わすと, 図 31・7 のようになる。図において, $T_h$, $T_c$ は高温気体・低温気体の温度, $t_{oh}$, $t_{oc}$ はペブル加熱部・冷却部におけるペブル表面温度, $t_{mh}$, $t_{mc}$ はペブル加熱部・冷却部におけるペブルの平均温度を表わす。ペブル加熱部の入口におけるペブルの表面温度は, それぞれペブル冷却部・加熱部の出口におけるペブル表面温度と等しく, 各入口部におけるペブル表面温度の変化は, 図において点線で表わした経過をたどることになるが, この端効果は無視して, 実線で表わした経過をたどるものと仮定する。

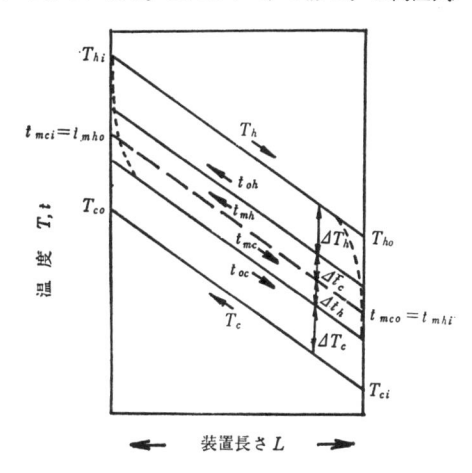

図 31・7 装置内温度分布

両気体およびペブルの水当量が等しく, また両気体の境膜伝熱係数が同じで, 加熱部および冷却部におけるペブルの全表面積 (伝熱面積) が等しいとすると, 加熱部および冷却部における気体とペブル表面との温度差 $\varDelta T_h$, $\varDelta T_c$ は等しくなり, また, ペブル表面温度とペブル内平均温度の差 $\varDelta t_h$, $\varDelta t_c$ も等しくなる。すなわち

$$W_c = W_h$$
$$C_h = C_c$$
$$(WC)_c = (Wh)_h = (WC)_p$$
$$A_h = A_c \equiv A$$
$$h_h = h_c \equiv h$$

とすると,

$$\Delta T_h = \Delta T_c$$
$$\Delta t_h = \Delta t_c$$

ここで,

$W_h$, $W_c$：高温気体・低温気体の流量〔kg/hr〕

$(WC)_p$：ペブルの水当量$=W_p \cdot C_p$〔kcal/hr〕

$W_p$：ペブルの移動量〔kg/hr〕

$C_h$, $C_c$, $C_p$：高温気体, 低温気体, ペブルの比熱〔kcal/kg・℃〕

$A_h$, $A_c$：ペブル加熱部, 冷却部における伝熱面積〔m²〕

$h_h$, $h_c$：高温気体, 低温気体の境膜伝熱係数〔kcal/m²・hr・℃〕

いま, 基本伝熱式を次式で表わすものとする。

$$Q = UA(T_h - T_c) = UA(T_{hi} - T_{co}) = UA(T_{ho} - T_{ci}) \quad \cdots\cdots(31\cdot15)$$

ここで,

$U$：総括伝熱係数〔kcal/m²・hr・℃〕

$T_{hi}$, $T_{ho}$：高温気体の入口, 出口温度〔℃〕

$T_{ci}$, $T_{co}$：低温気体の入口, 出口温度〔℃〕

$Q$：伝熱量〔kcal/hr〕

加熱部において, 高温気体からペブルへの伝熱量は,

$$Q = hA(T_h - t_{oh}) \quad \cdots\cdots\cdots\cdots\cdots\cdots\cdots\cdots\cdots\cdots\cdots\cdots\cdots\cdots\cdots(31\cdot16)$$

式 (31・13), (31・14) から

$$t_{oh} = \frac{t_{mh} + 0.1(hD_p/\lambda_p)_h \cdot T_h}{1 + 0.1(hD_p/\lambda_p)_h} \quad \cdots\cdots\cdots\cdots\cdots\cdots\cdots\cdots\cdots(31\cdot17)$$

式 (3・16) に代入して,

$$Q = hA\left[\frac{T_h - t_{mh}}{1 + 0.1(hD_p/\lambda_p)_h}\right]$$

$$= hA\left[\frac{T_h - T_c}{2 + 0.2(hD_p/\lambda_p)_h}\right] \quad \cdots\cdots\cdots\cdots\cdots\cdots\cdots(31\cdot18)$$

式 (31・15), (31・18) から, 総括伝熱係数 $U$ は次式で表わされる。

$$U = \frac{h}{2 + 0.2(hD_p/\lambda_p)} \quad \cdots\cdots\cdots\cdots\cdots\cdots\cdots\cdots\cdots\cdots\cdots(31\cdot19)$$

$(hD_p/\lambda_p)_h = (hD_p/\lambda_p)_c$ であるので, 式 (3・19) では添字 $h$ を省略してある。

式 (3・19) で定義される総括伝熱係数 $U$ を用いて, 式 (31・15) から加熱部の伝熱面積 ($A_h = A$), したがって冷却部の伝熱面積 ($A_c = A_h = A$) を求めることができる。

**(4) 温度効率 $E$ :** 温度効率 $E$ を次式で定義する。

$$E \equiv \frac{T_{co}-T_{ci}}{T_{hi}-T_{ci}} \quad \cdots\cdots(31\cdot20)$$

ペブルの熱収支から

$$Q=W_pC_p(t_{mci}-t_{mco})=W_pC_p(T_{co}-T_{ci}) \quad \cdots\cdots(31\cdot21)$$

ここで，

$t_{mci}, t_{mco}$ : 低温部におけるペブルの入口および出口での平均温度〔℃〕

式 (3・21) と (3・15) から

$$\frac{T_{co}-T_{ci}}{T_{ho}-T_{ci}}=\frac{UA}{W_pC_p} \quad \cdots\cdots(31\cdot22)$$

いま，熱移動単位数（$NTU$）を次式で定義する。

$$(NTU)=\frac{hA}{W_pC_p} \quad \cdots\cdots(31\cdot23)$$

式 (31・19)，(31・20)，(31・22)，(31・23) から

$$E=\frac{(NTU)}{(NTU)+2+0.2(hD_p/\lambda_p)} \quad \cdots\cdots(31\cdot24)$$

($hD_p/\lambda_p$) をパラメータにとり，温度効率 $E$ と熱移動単位数（$NTU$）の関係を図 31・8 に示した。

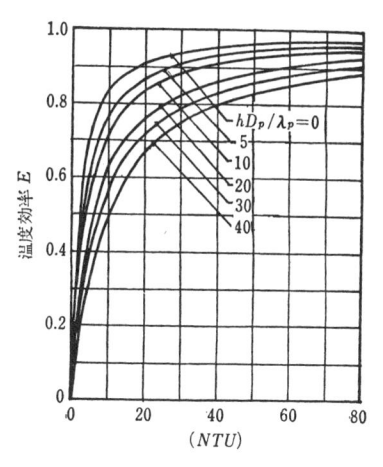

図 31・8 移動層型蓄熱式熱交換器の温度効率

式 (31・24) から明らかなように，ペブルの径 $D_p$ が小さいときには，分母第3項が無視できることになり，向流熱交換器の温度効率式と等しくなる。

### 31・2・2 境膜伝熱係数 $h$

移動層型蓄熱式熱交換器において、ペブルの下降速度に比べて小さいので無視することができ、固定層と見なしてその境膜伝熱係数を次式で計算することができる。

$$Re' \equiv \left(\frac{D_p G'}{\mu}\right) > 100$$

$$\frac{hD_p}{k} = 2.0 + 1.8\left(\frac{C\mu}{k}\right)^{1/3}\left(\frac{D_p G'}{\mu}\right)^{1/2} \quad \cdots\cdots(31 \cdot 25)$$

見掛けの Reynolds 数 $Re'$ が 100 以下の場合については、その実験値を図 31・9 および表 31・1 に示した[3]。

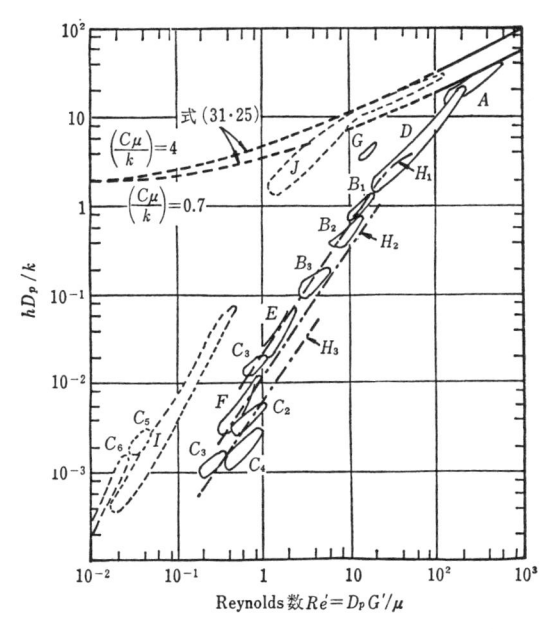

図 31・9 固定層における境膜伝熱係数，$C_5$, $C_6$, $I$, $J$ は水，その他は空気（表 31・1 参照）

ここで，

$D_p$：ペブルの径〔m〕

$G'$：空塔断面積基準の見掛けの質量速度〔kg/m²・hr〕

$C$：気体の比熱〔kcal/kg・℃〕

$k$：気体の熱伝導率〔kcal/m・hr・℃〕

---

3) Kunii, D. and O. Levenspiel : "Fluidization Engineering" John. Wiley and Sons (1969).

表 31・1 固定層における粒子と流体との間の境膜伝熱係数の実験条件 (結果は図 31・9)

| 記 号 | 流 体 | 粒 子 | 粒子径 $D_p$〔mm〕 |
|---|---|---|---|
| $A$ | 空 気 | 花崗岩 | 4.8～32.8 |
| $B_1, B_2, B_3$ | 空 気 | プラスチック球 | 0.66, 0.52, 0.28 |
| $C_1, C_2, C_3$ | 空 気 | ガラス球 | 1.02, 0.57, 0.40 |
| $C_4$ | 空 気 | ガラス球 | 0.11 |
| $D$ | 空 気 | 鉛, 鉄, ガラス球 | 0.48～5.0 |
| $E$ | 空 気 | ガラス球 | 3.2 |
| $F$ | 空 気 | ガラス球 | 1.1 |
| $G$ | 空 気 | ガラス球 | 1.0 |
| $H_1, H_2, H_3$ | 空 気 | ガラス球 | 1.1, 0.44, 0.13 |
| $C_5, C_6$ | 水 | ガラス球 | 1.02, 0.57 |
| $I$ | 水 | 鉛, 鉄, ガラス球 | 0.55～3.1 |
| $J$ | 水 | 鉄, ガラス球 | 3.13～11 |

$\mu$：気体の粘度〔kg/m・hr〕

$h$：境膜伝熱係数〔kcal/m²・hr・°C〕

### 31・2・3 圧力損失 $\Delta p_f$

境膜伝熱係数の場合と同様に固定層の場合の式を用いて，ペブル層を通過する間の気体の圧力損失 $\Delta p_f$ を計算する。固定層を通る気体の圧力損失は次式で表わされる[4]。

$$\Delta p_f = \frac{L}{g_c \rho}\left[150\frac{(1-\varepsilon)^2}{\varepsilon^3}\cdot\frac{\mu G'}{(\phi_s D_p)^2}+1.75\frac{(1-\varepsilon)}{\varepsilon^3}\cdot\frac{(G')^2}{\phi_s D_p}\right] \cdots\cdots(31\cdot26)$$

ここで，

$\Delta p_f$：圧力損失〔Kg/m²〕

$L$：気体の流れ方向に沿っての充填長さ〔m〕

$\rho$：気体の密度〔kg/m³〕

$g_c$：重力の換算係数 $=1.27\times10^8$〔kg・m/Kg・hr²〕

$\varepsilon$：粒子間の空隙率〔—〕

$\phi_s$：粒子の形状係数〔—〕

形状係数 $\phi_s$ は次式で定義される。

$$\phi_s = \frac{充填粒子1個と等しい実容積を有する球の表面積}{充填粒子1個の表面積}$$

充填粒子の形状が球のときは，いうまでもなく $\phi_s=1$ である。球以外の粒子の $\phi_s$ の値の例は表 30・3 に示してある。

---

4) Ergun, S: Chem. Eng. Progr. vol. 48, pp. 89～ (1952).

Brown ら[5] は固定層における粒子の空隙率 $\varepsilon$ と粒子の形状係数 $\phi_s$ の関係を求め，図31・10を提出している。容器の径が小さいときには，壁効果によって空隙率が変わるので，実験によって求めるのが望ましい。

### 31・2・4 設計例

〔例題 31・1〕 次の設計条件が与えられるものとして，移動層型蓄熱式熱交換器を設計する。

燃焼排ガス

　物性値（平均温度において）

　　比熱 $C_h = 0.25$ 〔kcal/kg・℃〕

　　熱伝導率 $k_h = 0.048$ 〔kcal/m・hr・℃〕

　　密度 $\rho_h = 0.442$ 〔kg/m³〕

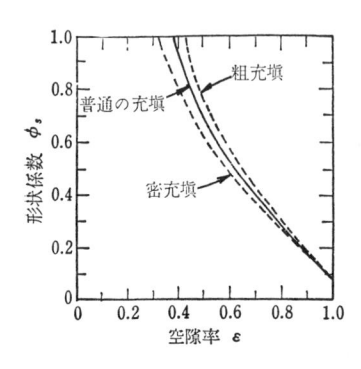

図 31・10 均一寸法粒子の不規則充填における空隙率

　　粘度 $\mu_h = 1.13$ 〔kg/m・hr〕

　　流量 $W_h = 1,000$ 〔kg/hr〕

　　入口温度 $T_{hi} = 1,200$ 〔℃〕

　　出口温度 $T_{ho} = 130$ 〔℃〕

空気

　物性値，流量は燃焼排ガスのものと同じとする。

　入口温度 $T_{ci} = 30$ 〔℃〕

ペブル

　径 $D_p = 40$ 〔mm〕

　形状：球

　比熱 $C_p = 0.2$ 〔kcal/kg・℃〕

　熱伝導率 $\lambda_p = 1.0$ 〔kcal/m・hr・℃〕

　密度 $\rho_p = 2,000$ 〔kg/m³〕

　層内の空隙率 $\varepsilon = 0.40$

〔解〕

（1）空気出口温度 $T_{co}$： 熱収支から

$$T_{co} = T_{ci} + (WC)_h / (WC)_c (T_{hi} - T_{ho})$$
$$= 30 + 1 \times (1,200 - 130) = 1,100 \text{ 〔℃〕}$$

（2）ペブルの移動量（送り速度）$W_p$：ペブルの水当量が，気体の水当量に等しくなるように $W_p$ を定める。

$$(WC)_p = (WC)_h = 1,000 \times 0.25 = 250$$

---

5) Brown, G.G, et al : "Unit Operations" John Wiley and Sons, New York (1950).

$$W_p = \frac{(WC)_h}{C_p} = \frac{250}{0.2} = 1,250 \text{ [kg/hr]}$$

**(3) 境膜伝熱係数 $h$:** 排ガスの物性値・流量と空気の物性値・流量を等しくしたので,ペブル加熱部とペブル冷却部との計算は全く同じになるので,以下加熱部についてのみ示す。

装置の径 $D_t = 0.6$ [m] とする。

質量速度 $G'$

$$G' = \frac{W_h}{(\pi/4)D_t^2} = \frac{1,000}{(\pi/4)\times(0.6)^2} = 3,540 \text{ [kg/m}^2\cdot\text{hr]}$$

Reynolds 数 $Re'$

$$Re' \equiv \left(\frac{D_p \cdot G'}{\mu}\right) = \frac{0.04 \times 3,540}{0.13} = 1,090$$

境膜伝熱係数 $h$

式 (31·25) から

$$\frac{hD_p}{k} = 2.0 + 1.8 \times \left(\frac{0.25 \times 0.13}{0.048}\right)^{1/3} (1,090)^{1/2} = 57$$

$$h = 57 \times 0.048/0.04 = 68.5 \text{ [kcal/m}^2\cdot\text{hr}\cdot°\text{C]}$$

**(4) 必要伝熱面積 $A$**

総括伝熱係数 $U$

式 (31·19) から

$$U = \frac{h}{2+0.2(hD_p/\lambda_p)} = \frac{68.5}{2+0.2(68.5\times 0.04/1.0)}$$
$$= 68.5/2.546 = 26.9 \text{ [kcal/m}^2\cdot\text{hr}\cdot°\text{C]}$$

伝熱面積 $A$

式 (31·15) から

$$A = \frac{Q}{U(T_{ho} - T_{ci})} = \frac{0.25 \times 1,000 \times (1,200 - 130)}{26.9 \times (130 - 30)} = 100 \text{ [m}^2\text{]}$$

**(5) 必要充填高さ $L$:** ペブル形状を球とみなしたので,ペブル加熱部でのペブルの実容積 $V_a$ は,ペブルの充填数を $N$ で表わすと,

$$V_a = N(\pi/6)D_p^3 = (D_p/6)(N\pi D_p^2) = (D_p/6)A$$
$$= (0.04/6) \times 100 = 0.67 \text{ [m}^3\text{]}$$

ペブル加熱部におけるペブルの必要充填実容積 $V$ は,

$$V = V_a/(1-\varepsilon) = 0.67/0.6 = 1.1 \text{ [m}^3\text{]}$$

必要充填高さ $L$

$$L = \frac{V}{(\pi/4)D_t^2} = \frac{1.1}{(\pi/4)\times(0.6)^2} = 3.54 \text{ [m]}$$

**(6) 圧力損失 $\Delta p_f$:** 式 (31·26) から排ガスの圧力損失は

$$\Delta p_f = \frac{L}{g_c\rho}\left[150\frac{(1-\varepsilon)^2}{\varepsilon^3}\cdot\frac{\mu G'}{(\phi_s D_p)^2} + 1.75\frac{(1-\varepsilon)}{\varepsilon^3}\cdot\frac{(G')^2}{\phi_s D_p}\right]$$

$$= \frac{3.54}{(1.27\times 10^8)(0.442)} \left\{ 150 \cdot \frac{(1-0.4)^2}{(0.4)^3} \cdot \frac{(0.13)(3,540)}{[(1)(0.04)]^2} \right.$$

$$\left. +1.75 \cdot \frac{(1-0.4)}{(0.4)^3} \cdot \frac{(3,540)^2}{(1)(0.04)} \right\}$$

$$=465 \, [\mathrm{Kg/m^2}] = 465 \, [\mathrm{mmH_2O}]$$

(3) 以降の計算はペブル加熱部(排ガス側)について行なったが,ペブル冷却部(空気側)の計算もこれと全く同じとなる.

結局,径 0.6 [m], 充填高さ 3.54 [m] の塔を 2 塔連結し,一塔をペブル加熱部,他の一塔をペブル冷却部として用いればよいことになる.

## 31・3 カスケード型蓄熱式熱交換器の設計法

粒体(砂)加熱部と粒体(砂)冷却部とでは温度差が逆になるだけで,ほとんど同様に取扱えるために,粒体冷却部の基本設計について述べる.

### 31・3・1 基本伝熱式[6]

カスケード型蓄熱式熱交換器は,図 31・3 に示すように粒体がカスケードに流下して,気体と接触する多数の段から成り立っている.いま,段数を $n$ とし,各部の温度を図 31・11 に示す記号で表わすものとする.

1 番下の段を取り上げて基本伝熱式を導く.

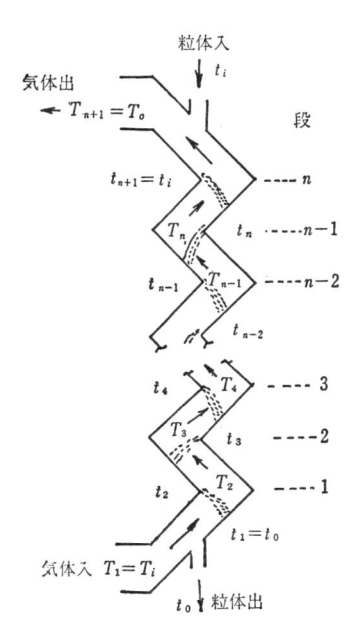

図 31・12 に示すように,カスケードの厚さ $\delta$ は比較的小さいので,粒子と接触する気体の温度は,カスケード通過前の気体温度 $T_1$ と,カスケード通過前の気体温度 $T_2$ との算術平均と見なすことができる.いま,カスケードの粒体の流下開始点から,流下方向に沿って任意の点までの粒体の表面積を $a$ で表わすものとすると,微小区間 $da$ における伝熱量 $dQ$ は,

図 31・11 温度記号説明

$$dQ = h\left(t - \frac{T_1 + T_2}{2}\right) \cdot da \quad \cdots\cdots\cdots\cdots\cdots (31\cdot 27)$$

$Q$:伝熱量 [kcal/hr]

---

[6] Hasselt, N. J. : Chem. Tech., vol. 19, No. 1, pp. 1 ~17 (1967).

## 31・3 カスケード型蓄熱式熱交換器の設計法

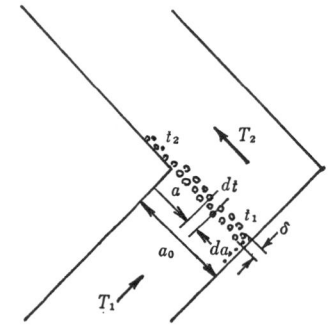

**図 31・12** 1段目の記号説明

$h$：気体と粒子の間の境膜伝熱係数 〔kcal/m²・hr・°C〕

$t$：粒子の温度 〔°C〕

カスケード型で用いられる粒子の径は小さいので，単一粒子内部は温度分布がなく均一温度と見なすことができるので，粒体の熱収支から

$$dQ = -W_p C_p \cdot dt \qquad (31\cdot28)$$

ここで，

$W_p$：粒体の流下量（移動量）〔kg/hr〕

$C_p$：粒体の比熱 〔kcal/kg・°C〕

また，気体の熱収支から

$$dQ = \left(\frac{WC}{a_o}\right)(T_2 - T_1) \cdot da \qquad (31\cdot29)$$

ここで，

$W$：気体の熱量 〔kg/hr〕

$C$：気体の比熱 〔kcal/kg・°C〕

$a_o$：カスケード1段あたりの粉体の表面積 〔m²〕

式（31・29）を式（31・27）に代入して整理すると，

$$dQ = \frac{h(t - T_1) \cdot da}{1 + \dfrac{a_o h}{2WC}} \qquad (31\cdot30)$$

式（31・28），（31・30）から

$$\frac{dt}{t - T_1} = \frac{-h \cdot da}{W_p C_p \left(1 + \dfrac{a_o h}{2WC}\right)} \qquad (31\cdot31)$$

カスケード入口での気体の温度 $T_1$ は，カスケードの流れ方向に沿って変わらず一定と

見なす(カスケード通過後の気体の温度はカスケードの流れ方向に沿って温度分布を有するが,これが次の段のカスケードに入る前に均一に混合されると考えられるからである)。

境界条件

$$a=0: \quad t=t_2$$
$$a=a_o: \quad t=t_1$$

を用いて,式(31・31)を解くと

$$\ln\left[\frac{t_1-T_1}{t_2-T_1}\right]=\frac{-ha_o}{W_pC_p\left(1+\frac{a_oh}{2WC}\right)} \quad \cdots\cdots(31\cdot32)$$

したがって

$$\frac{t_1-T_1}{t_2-T_1}=\exp\left[\frac{-ha_o}{W_pC_p\left(1+\frac{a_oh}{2WC}\right)}\right] \quad \cdots\cdots(31\cdot33)$$

また,熱収支から

$$\frac{T_2-T_1}{t_2-t_1}=\frac{W_pC_p}{WC} \quad \cdots\cdots(31\cdot34)$$

式(31・33),(31・34)から,次の式を導くことができる。

$$\frac{t_2-T_2}{t_1-T_1}=\left\{\left(1-\frac{W_pC_p}{WC}\right)\cdot\exp\left[\frac{ha_o}{W_pC_p\left(1+\frac{a_oh}{2WC}\right)}\right]+\frac{W_pC_p}{WC}\right\} \quad \cdots\cdots(31\cdot35)$$

簡単のために,式(31・35)の右辺の項を$\varphi$で表わすことにする。

$$\frac{t_2-T_2}{t_1-T_1}=\varphi \quad \cdots\cdots(31\cdot36)$$

下から2段目,3段目,……$n$段目のカスケードについて同様の計算を行ない,次式が得られる。

$$\frac{t_2-T_2}{t_1-T_1}=\frac{t_3-T_3}{t_2-T_2}=\frac{t_4-T_4}{t_3-T_3}\cdots\cdots=\frac{t_{n+1}-T_{n+1}}{t_n-T_n}=\varphi \quad \cdots\cdots(31\cdot37)$$

したがって,

$$\frac{t_{n+1}-T_{n+1}}{t_1-T_1}=\varphi^n \quad \cdots\cdots(31\cdot38)$$

粒体の入口温度を$t_i$,出口温度を$t_o$,気体の入口温度を$T_i$,出口温度を$T_o$で表わすと,

$$\frac{t_i-T_o}{t_o-T_i}=\varphi^n$$

$$= \left\{ \left(1 - \frac{W_p C_p}{WC}\right) \cdot \exp\left[\frac{ha_o}{W_p C_p \left(1 + \frac{a_o h}{2WC}\right)}\right] + \frac{W_p C_p}{WC} \right\}^n \quad \cdots\cdots (31 \cdot 39)$$

ただし, $(W_p C_p)/(WC)=1$ のときは,

$$t_i = t_o - n(t_o - T_i)\left\{1 - \exp\left[\frac{ha_o}{W_p C_p \left(1 + \frac{a_o h}{2WC}\right)}\right]\right\}$$

$$T_o = T_i - n(t_o - T_i)\left\{1 - \exp\left[\frac{ha_o}{W_p C_p \left(1 + \frac{a_o h}{2WC}\right)}\right]\right\} \quad \cdots\cdots\cdots (31 \cdot 40)$$

ここで, $n$ はカスケード数 (段数) である。

### 31・3・2 カスケード1段あたりの伝熱面積 $a_o$

カスケード1段あたりの粒体-気体の接触面積 (伝熱面積) は, 粒体のカスケード中での滞留時間, 単位重量あたりの粒体の表面積, 粒体の流量 (移動量) の積として求めることができる。粒体のカスケード中での滞留時間は, 段から次の段までの単一粒子の落下時間として求めることができる。いま, 図 31・13 において, 重力場における単一粒子の運動方程式は,

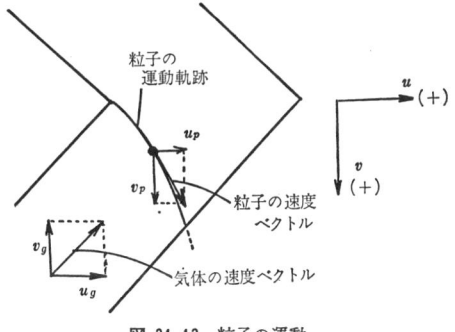

図 31・13 粒子の運動

$$M\frac{du_p}{d\theta} = -Fg_c \cdot \cos(\alpha) \quad \cdots\cdots\cdots\cdots\cdots\cdots\cdots\cdots\cdots\cdots\cdots\cdots (31 \cdot 41)$$

$$M\frac{dv_p}{d\theta} = Mg(\rho_p - \rho)/\rho_p - Fg_c \cdot \sin(\alpha) \quad \cdots\cdots\cdots\cdots\cdots\cdots (31 \cdot 42)$$

ここで,

$M$ : 単一粒子の質量 〔kg〕……球のとき $(\pi D_p{}^3 \rho_p/6)$

$\rho$ : 気体の密度 〔kg/m³〕

$\rho_p$ : 粒子の密度 〔kg/m³〕

$u_p$：粒子の水平方向の速度ベクトル〔m/hr〕
$v_p$：粒子の垂直（重力）方向の速度ベクトル〔m/hr〕
$F$：粒子に作用する抗力〔Kg〕
$\alpha$：粒子の気体流に対する相対速度と水平面との角度〔rad〕
$g$：重力の加速度 $1.27\times10^8$〔m/hr²〕
$g_c$：重力換算係数 $1.27\times10^8$〔kg·m/Kg·hr²〕
$\theta$：時間〔hr〕

粒子に作用する抗力 $F$ は，次式で表わされる。

$$Fg_c = C_D \cdot A_p \left(\frac{\rho u^2}{2}\right) \quad \cdots\cdots(31\cdot43)$$

$C_D$ は抵抗係数〔―〕，$A_p$ は粒子の投影面積（球のとき $\pi D_p^2/4$ となる）〔m²〕，$\rho$ は気体の密度〔kg/m³〕，$u$ は粒子と気体流との相対速度〔m/hr〕である。

抵抗係数は次の Reynolds 数 $Re$〔―〕の関数として相関される。

$$Re = \frac{\rho u D_p}{\mu} \quad \cdots\cdots(31\cdot44)$$

$\mu$ は気体の粘度〔kg/m·hr〕である。

各 Reynolds 数の範囲に対して抵抗係数は，次式で表わされる。

$Re < 2$

$$C_D = 24/Re \quad \cdots\cdots(31\cdot45)$$

$2 < Re < 500$

$$C_D = 10/\sqrt{Re} \quad \cdots\cdots(31\cdot46)$$

$500 < Re < 10^5$

$$C_D = 0.44 \quad \cdots\cdots(31\cdot47)$$

粒子と気体流との相対速度 $u$，$\sin(\alpha)$，$\cos(\alpha)$ は次式で表わされる。

$$u^2 = (u_p - u_g)^2 + (v_p - v_g)^2 \quad \cdots\cdots(31\cdot48)$$

$$\cos(\alpha) = \frac{(u_p - u_g)}{u} \qquad \sin(\alpha) = \frac{(v_p - v_g)}{u} \quad \cdots\cdots(31\cdot49)$$

ここで，

$u_g$：気体流の水平方向の速度ベクトル〔m/hr〕
$v_g$：気体流の垂直（重力）方向の速度ベクトル〔m/hr〕

$u_g$, $u_p$, $v_g$, $v_p$ は速度ベクトルであり，図 31·13 に示すように水平ベクトル $u_g$, $u_p$ に対しては左から右方向へを正に，垂直ベクトル $v_g$, $v_p$ に対しては下向きを正にとる。$u$

はスカラーであり,いつも正の値を持つ。

式(31・41),(31・42)を数値積分することによって,任意の時間における $u_p, v_p$ の値が定まり,粒子の運動軌跡が定まることになる。粒子の運動軌跡線と装置の内壁面とが交差する時間が粒子の滞留時間である。

### 31・3・3 境膜伝熱係数 $h$

単一球が相対速度で気体中を動くとき,球の表面と気体との間の境膜伝熱係数は,次式で表わされる[7]。

$$\frac{hD_p}{k}=2+0.6\left(\frac{C\mu}{k}\right)^{1/3}\left(\frac{\rho u D_p}{\mu}\right)^{1/2} \quad\cdots\cdots(31\cdot50)$$

ここで,

$u$:球と気体の相対速度〔m/hr〕
$D_p$:球の径〔m〕
$k$:気体の熱伝導率〔kcal/m・hr・°C〕
$\rho$:気体の密度〔kg/m³〕
$C$:気体の比熱〔kcal/kg・°C〕
$\mu$:気体の粘度〔kg/m・hr〕
$h$:境膜伝熱係数〔kcal/m²・hr・°C〕

カスケード状に流下する粒子の速度は気体の速度に比べて小さいので,式(31・50)において相対速度の代りに,近似的に気体の速度を用いるものとすると,

$$\frac{hD_p}{k}=2+0.6\left(\frac{C\mu}{k}\right)^{1/2}\cdot\left(\frac{G'\cdot D_p}{\mu}\right)^{1/2} \quad\cdots\cdots(31\cdot51)$$

ここで,

$G'$:気体の空塔断面積基準の見掛けの質量速度〔kg/m²・hr〕

### 31・3・4 圧力損失

気体の圧力損失は装置の形状,気体の流量と粒体流量との比,気体の質量速度などによって変わり,現在までに信頼すべき相関式は発表されておらず,ジグザグ型の場合の実験データが,Ramaswamy ら[8]によって提出されているだけである。

---

7) Ranz, W.E. and W.R. Marshall, Jr.: Chem. Eng. Progr., vol. 48, pp. 141〜 (1952).
8) Ramaswamy, E.R. and E.R. Gerhard: Brit. Chem. Eng., vol. 13, No. 12, pp. 1722 〜1725 (1968).

# 第32章 特殊熱交換器

## 32・1 ブロック熱交換器

ブロック熱交換器は不浸透黒鉛に多数の孔を平行に，多数の小孔を穿ったもので，上下方向に隣り合う孔列の方向は，図 32・1 に示すように直角になっている。ヘッダはブロックの垂直にボルト締めで取付けられている。ヘッダの形状によってパス数を16パス程度までとることが可能である。ヘッダは鋳鉄製で，これに不浸透黒鉛またはゴムなどの耐食材料でライニングされている。

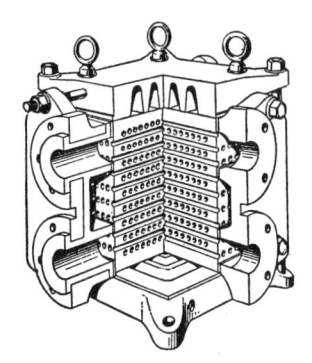

狭い場に設置できること，カーボンの最大の弱点である引張りを受ける部分のないこと，伝熱壁の薄いこと，孔径が小さいため伝熱係数の大きいことなどはその長所である。図 32・1 はブロックの形状が立方体のものであるが，図 32・2 に示すような円筒状ブロックのものも製作されている。有効伝熱面積が $5～10$ 〔$m^2$〕のものまで市販されている。

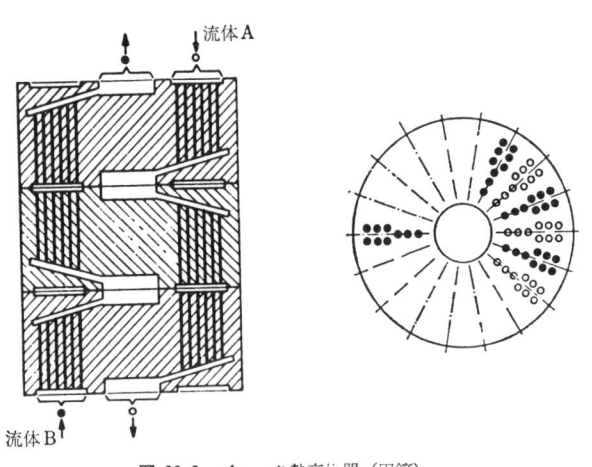

図 32・1 ブロック熱交換器（立方体）

図 32・2 ブロック熱交換器（円筒）

## 32・2 タンタル製熱交換器

タンタルは耐酸材料としては完全に近い材料で，グラスライニングとほぼ同等の耐薬品性がある。タンタル製熱交換器は，バヨネットチューブ熱交換器，Uチューブ熱交換器の形状とすることが多い。タンタルコンデンサーは，図32・3に示すように，タンタル製のテーパー管の内部に磁製のラシヒリングを充填し，径の大きい方の管端から蒸気を流入させ，径の小さい方の管端から凝縮液を取り出す構造となっている。テーパー管はリブ付とし，内面を流下する凝縮液膜，およびテーパー管と胴体との間の環状流路を流れる冷却水の流れを乱して，伝熱係数の増大を計っている。

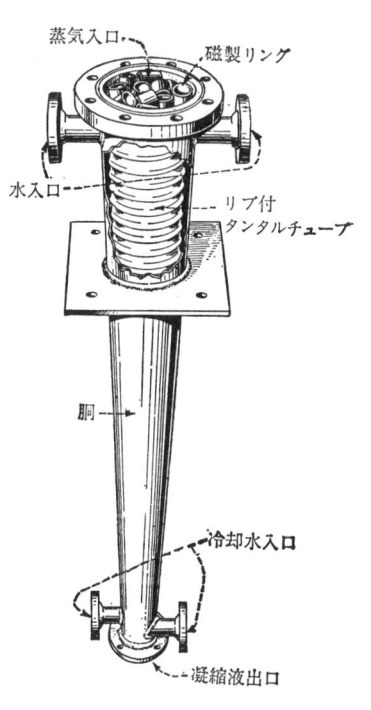

## 32・3 テフロン製熱交換器

テフロン（フッ素樹脂）は，化学的に不活性な非腐食性材料として最も優れた樹脂である。テフロンは他の金属材料に比べて熱伝導率は小さいが（テフロン 0.16 〔kcal/m・hr・°C〕，炭素鋼 38.7 〔kcal/m・hr・°C〕），テフロンはほ

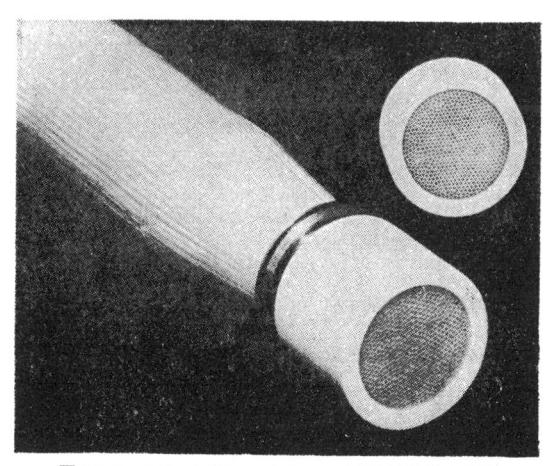

図 32・3 タンタルコンデンサー

図 32・4 テフロン製シェルチューブ式熱交換器の管束

とんど腐食せず，しかも表面が非粘着性のため汚れやスケールの生成が無視できるので，伝熱管の管壁を薄くし，管径を小さくすることが可能で，これによって熱伝導率の小さいことを補って，他の金属材料の熱交換器と同等以上の総括伝熱係数を得ることができる。

図 32·4 はテフロン製シェルチューブ式熱交換器で，金属製（あるいは FRP）のシェルの中にテフロン伝熱管（管外径 0.1〔inch〕～0.25〔inch〕）を組入れた型式となってい

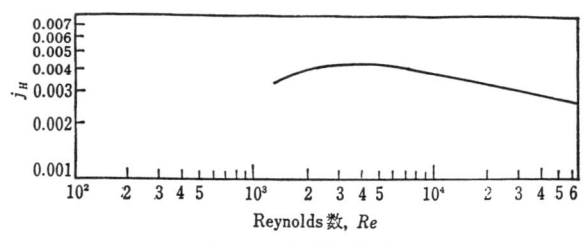

図 32·5 管側伝熱因子

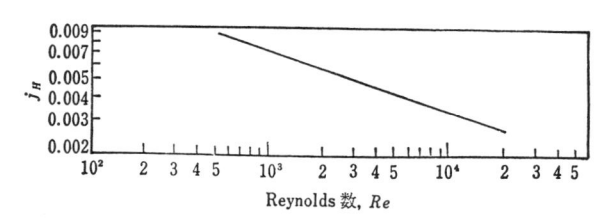

図 32·6 胴側伝熱因子

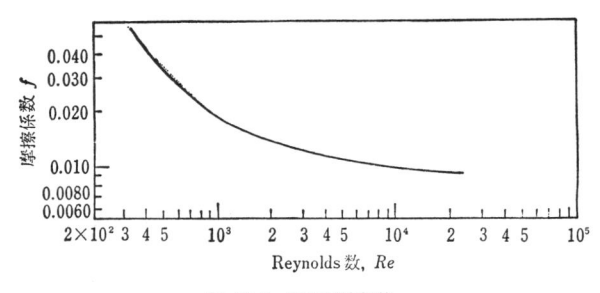

図 32·7 管側摩擦係数

て，腐食性の薬液はチューブ側に，加熱あるいは冷却媒体はシェル側を流す単パス単流方式となっている。管板部分の構造はテフロン管束をそのままドーナツ型のテフロン管板に収め，管同志を自己融着させてハニカム状に一体化させて固定している。テフロン製シェルチューブ式熱交換器のシェル側およびチューブ側の境膜伝熱係数の相関を，図 32·5,

図 32·6, 図 32·7 および図 32·8 に示した[1]。ここで, 伝熱因子 $j_H$, 摩擦係数 $f$ は次式で定義される値である。

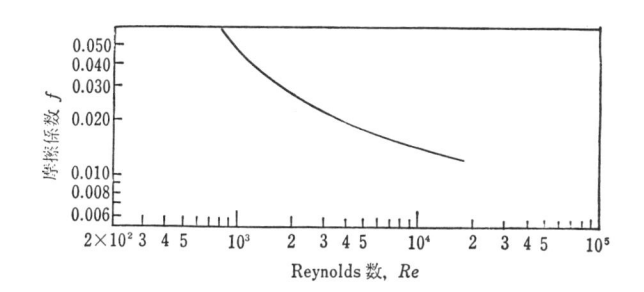

図 32·8 胴側摩擦係数

$$j_H = \frac{h}{CG}\left(\frac{C\mu}{k}\right)^{2/3} \quad \cdots\cdots(32·1)$$

$$f = \frac{\Delta P D_e}{4L}\left(\frac{2g_c\rho}{G^2}\right) \quad \cdots\cdots(32·2)$$

ここで,

$h$：境膜伝熱係数〔kcal/m²·hr·°C〕

$C$：流体の比熱〔kcal/kg·°C〕

$G$：質量速度〔kg/m²·hr〕

$\mu$：流体の粘度〔kg/m·hr〕

$\rho$：流体の密度〔kg/m³〕

$L$：流路長さ〔m〕

$D_e$：流路相当径（水力直径）〔m〕

　　チューブ側： $D_e = D_i$

$D_i$：チューブ内径〔m〕

$D_o$：チューブ外径〔m〕

なお, Reynolds 数 $Re$ は次式で定義される値を用いる。

チューブ側：

圧力損失, 境膜伝熱係数ともに次の $Re$ を用いる。

$$Re = \frac{D_i G}{\mu} \quad \cdots\cdots(32·3)$$

---

1) Githens, R.E., M.R. Minor, and V.J. Tomisic : Chem., Eng. Progr., vol. 61, No. 7, pp. 55～62 (1965)

胴側：

圧力損失に対して

$$Re = \frac{D_e G}{\mu} \quad \cdots\cdots\cdots\cdots\cdots\cdots\cdots\cdots\cdots\cdots\cdots\cdots\cdots\cdots (32\cdot 4)$$

境膜伝熱係数に対して

$$Re = \frac{D_o G}{\mu} \quad \cdots\cdots\cdots\cdots\cdots\cdots\cdots\cdots\cdots\cdots\cdots\cdots\cdots\cdots (32\cdot 5)$$

シェルチューブ式熱交換器以外に，図 32・9 に示すイマージョンコイル式（テフロン管外径 0.1 [inch]）がある。

このほかに，図 32・10 に示すようなタンクコイル式のものもある。

図 32・9　テフロン製イマージョンコイル式熱交換器

図 32・10　テフロン製タンクコイル式熱交換器

## 32・4　ラーメン式ラメラ熱交換器

ALFA-LAVAL 社の開発した熱交換器で，その構造図を図 32・11 に示した。伝熱部は図 32・12 に示すように薄い波形の金属板を 2 枚合せシーム溶接し，多数の流路を形成している。流れの方向は図 32・13 に示すように向流となる。日本では黒瀬工作所で製作されている。

## 32・5　プレートコイル式熱交換器

図 32・14 に示すように，プレスによって凹凸をつけた 2 枚の金属板をシーム溶接またはスポット溶接によって張り合わせて流路を形成したもので，加熱コイルまたは冷却コイルの代りにタンク内に浸漬し，タンク内の液を冷却または加熱するために用いられる。

図 32・12 伝熱部構造

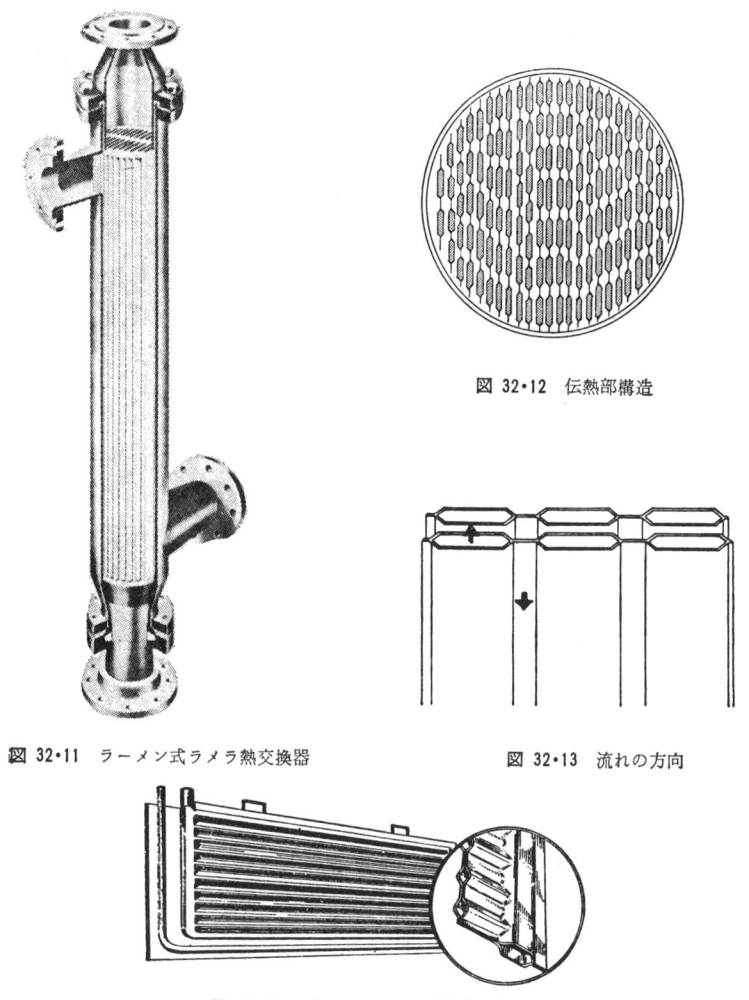

図 32・11 ラーメン式ラメラ熱交換器

図 32・13 流れの方向

図 32・14 プレートコイル式熱交換器

## 32・6 コルゲート管熱交換器

多管円筒式熱交換器の伝熱管としては，普通は平滑円管が用いられるが，伝熱係数の向上を計るために，平滑円管の代りに図 32・15 に示すらせん状にくぼみをつけたコルゲート

---

2) Withers, J.G. and E.H. Young: Ind. Eng. Chem. Process Des. Develop., vol. 10, No. 1, pp. 19～30 (1971).

管が用いられることがある。Withers ら[2]は伝熱管として表 32·1 に示す寸法のコルゲート管を用いた水平多管円筒式コンデンサー（胴側-スチーム，管側-冷却水）について実験を行ない，次の実験式を提出している。

**図 32·15** 外径 1-inch, 18 ゲージ，コルゲートキュプロニッケル管と外径 $5/8$-inch, 20 ゲージ，コルゲート銅管

**表 32·1 コルゲート管寸法**

| 呼び径 | $5/8$-in | 1-in |
|---|---|---|
| 管外径 in | 0.6132 | 0.9370 |
| 管内径 in | 0.5300 | 0.8220 |
| らせん | | |
| ピッチ in | $1/4$ | $1/4$ |
| 深さ in | 0.033 | 0.031 |
| らせん開始点の数 | 1 | 1 |

胴側（管外側）凝縮境膜伝熱係数

$$h_o = 0.725 F_n \left[ \frac{k_f^3 \rho_f^2 g \lambda_f}{n \mu_f D_o \cdot \Delta t_f} \right]^{1/4} \quad \cdots\cdots\cdots(32\cdot6)$$

ここで，

$h_o$：胴側凝縮境膜伝熱係数〔kcal/m²·hr·°C〕

$n$：垂直方向の管列数〔—〕

$k_f$：凝縮液の熱伝導率〔kcal/m·hr·°C〕

$\mu_f$：凝縮液の粘度〔kg/m·hr〕

$\rho_f$：凝縮液の密度〔kg/m³〕

$\lambda_f$：蒸発潜熱〔kcal/kg〕

$D_o$:管外径 [m]

$\Delta t_f$:凝縮温度と管外壁面との温度差 [°C]

係数 $F_n$ の値を平滑円管の場合の値も含めて,表 32・2 に示した。

表 32・2 $F_n$ および $F_i$ の値

| 管 の 種 類 | 管内径 [in] | 管外径 [in] | $F_i$ | $F_n$ |
|---|---|---|---|---|
| 1-in コルゲート管 | 0.0781 | 0.0685 | 0.05786 | $F_n=1.45(n)^{0.203}$ |
| 1-in 平 滑 管 | 0.0835 | 0.0751 | 0.02642 | $F_n=1.07(n)^{0.170}$ |
| $^5/_8$-in コルゲート管 | 0.0511 | 0.0442 | 0.06730 | $F_n=1.11(n)^{0.200}$ |
| $^5/_8$-in 平 滑 管 | 0.0521 | 0.0463 | 0.02468 | $F_n=1.20(n)^{0.0557}$ |

管内側境膜伝熱係数

$$\frac{h_i D_i}{k}=F_i\left(\frac{D_i G}{\mu}\right)^{0.8}\left(\frac{C\mu}{k}\right)^{1/3}\left(\frac{\mu}{\mu_w}\right)^{1/3} \quad\quad (32\cdot 7)$$

ここで,

$h_i$:管内側境膜伝熱係数 [kcal/m²·hr·°C]

$D_i$:管内径 [m]

$G$:質量速度 [kg/m²·hr]

$C$:比熱 [kcal/kg·°C]

$k$:熱伝導率 [kcal/m·hr·°C]

$\mu$:流体本体温度における粘度 [kg/m·hr]

$\mu_w$:管壁温度における流体の粘度 [kg/m·hr]

係数 $F_i$ の値を平滑円管の場合の値も含めて表 32・2 に示した。

管内側摩擦損失は次式で示される。

$$\Delta p_f=\frac{fG^2}{2g_c\rho}\left(\frac{L}{D_i}\right) \quad\quad (32\cdot 8)$$

ここで,

$\Delta p_f$:摩擦損失 [Kg/m²]

$g_c$:重力の換算係数 $1.27\times 10^8$ [kg·m/Kg·hr²]

$L$:管長 [m]

摩擦係数 $f$ は,

1 [inch] コルゲート管:

$$f=0.149(D_i G/\mu)^{-0.033}\fallingdotseq 0.108$$

3/8 [inch] コルゲート管:

$f = 0.176(D_iG/\mu)^{0.014} \fallingdotseq 0.152$

## 32・7 回転コイル蒸発器[3]

食品などを高濃度まで蒸発濃縮する蒸発器としては,普通は薄膜蒸発器が用いられるが,回転コイル式蒸発器はこれに代わる蒸発器として用いられるもので,管内側にスチームを通した加熱コイル自体を蒸発器の底で回転して,コイルと液との伝熱係数の向上を計ったものである。図 32・16 にその説明図を,図 32・17 に回転コイルの図を示した。

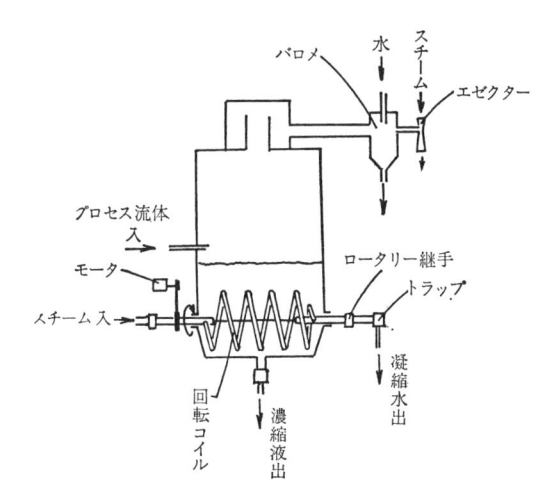

図 32・16 回転コイル蒸発器

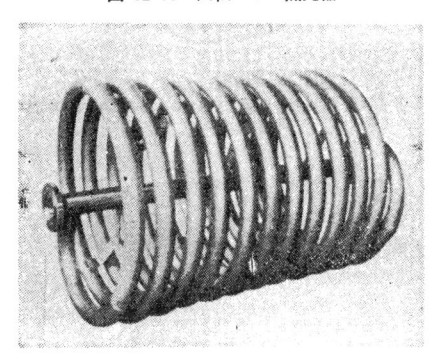

図 32・17 回転コイル

3) Hutchings, I.J., and K. Rose : Food Processing & Marketing pp. 108〜110, April. (1966).

## 32・8 スクリュー式熱交換器

図32・18に示すように，内側に加熱媒体が流れる一対のスクリューを回転させて原料を混合，押し出しながら加熱する熱交換器で，高粘度物質の加熱に用いられる。スクリューの断面を図32・19に示した。

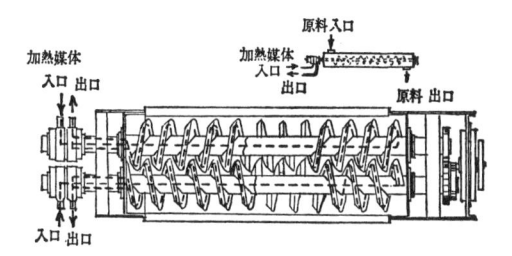

図 32・18 スクリュー式熱交換器

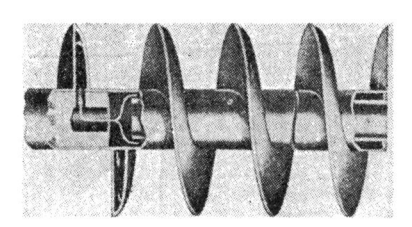

図 32・19 スクリュー断面

## 32・9 ワイヤアンドチューブ型熱交換器[4]

径 5～10 [mm] のチューブを図 32・20 に示すように蛇行させ，その両側に径 1.3～2.3 [mm] のワイヤを電気溶接したもので，ワイヤは拡大面としての働きと同時に，熱交換器に機械的強度を付加する働きもしている。普通はチューブ内を流れる流体を空気の自然対流によって冷却する目的で使用される。チューブおよびワイヤ外表面から空気への放熱は，自然対流伝熱およびふく射伝熱によって行なわれるが，これを包含した総括境膜伝熱係数 $h$ を定義して取り扱う。

$$Q = hA(T_w - T_a) \quad \cdots\cdots\cdots\cdots\cdots\cdots\cdots\cdots\cdots\cdots (32 \cdot 9)$$

ここで，

$Q$：熱交換器から空気への伝熱量 [kcal/hr]

---

4) 坪井："熱交換器" pp. 166～168, 朝倉書店

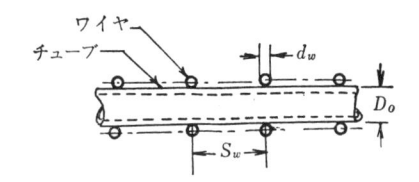

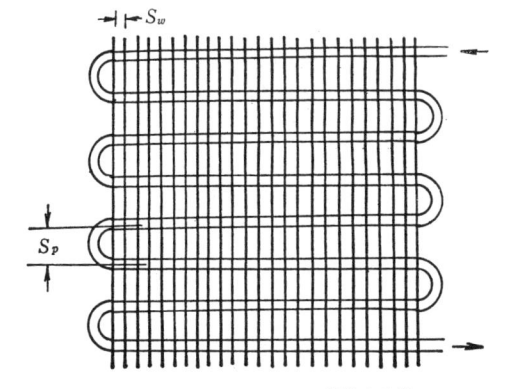

図 32・20 ワイヤアンドチューブ型熱交換器 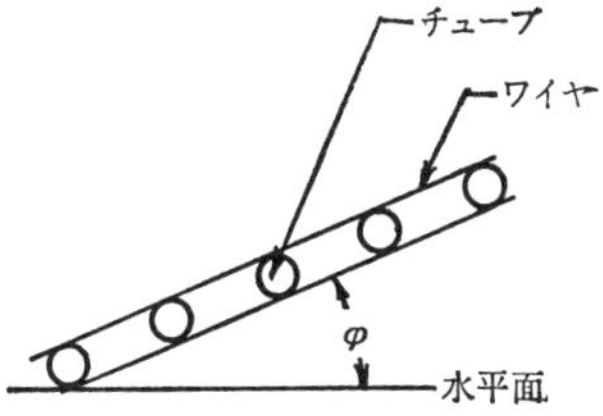    図 32・21 傾斜角

$h$：総括境膜伝熱係数〔kcal/m²・hr・°C〕

$A$：チューブおよびワイヤ外表面積の総計〔m²〕

$T_w$：チューブ外壁温度〔°C〕

$T_a$：空気の温度

総括境膜伝熱係数 $h$ は次式で表わされる。

$$\frac{hD_e}{k}=0.81\left[\frac{(S_p-D_o)(S_w-d_w)}{(S_p-D_o)^2+(S_w-d_w)^2}\right]^{0.155}(Pr\cdot Gr)^{0.26} \cdots\cdots(32\cdot10)$$

ここで,

$D_e$：相当径〔m〕

$k$：空気の熱伝導率〔kcal/m・hr・°C〕

$Pr$：空気のプラントル数$=(C\mu/k)$〔—〕

$Gr$：空気のグラスホフ数$=g\cdot D_e^3\cdot\beta\cdot(T_w-T_a)\rho^2/\mu^2$〔—〕

$\beta$：空気の体膨張係数〔1/°C〕

$\rho$：空気の密度〔kg/m³〕

$\mu$：空気の粘度〔kg/m・hr〕

$C$：空気の比熱（定圧）〔kcal/kg・°C〕

$S_P$：チューブの配列ピッチ〔m〕

$D_o$：チューブ外径〔m〕

$d_w$：ワイヤ外径〔m〕

$S_w$：ワイヤ配列ピッチ〔m〕

相当径 $D_e$ はチューブを水平に保った場合の熱交換器の傾斜角を $\varphi$ （図 32・21 参照）とすると，

$\varphi=0\sim75°$ に対して

$$D_e = D_o \left\{ \frac{1+2\left(\frac{S_P}{S_w}\right)\left[\frac{d_w}{\cos(\varphi)\cdot D_o}\right]}{1+2\left(\frac{S_P}{S_w}\right)\left[\frac{d_w}{\cos(\varphi)\cdot D_o}\right]^{1/2}\cdot E_f} \right\}^2 \quad \cdots\cdots\cdots\cdots (32\cdot11)$$

$\varphi\fallingdotseq 90°$ に対して

$$D_e = S_P \left\{ \frac{1+2\left(\frac{S_P}{S_w}\right)\left(\frac{d_w}{D_o}\right)}{\left(\frac{S_P}{2.76 D_o}\right)^{1/4}+2\left(\frac{S_P}{S_w}\right)\left(\frac{d_w}{D_o}\right)E_f} \right\}^4 \quad \cdots\cdots\cdots (32\cdot12)$$

ここで，

$E_f$：フィン効率〔—〕

伝熱量を最大にする最高ワイヤ間隔は，$S_w=5\sim7$〔mm〕の間にある。

# 第33章 回転式粉粒体熱交換器の設計法

## 33・1 概 説

回転式粉粒体熱交換器は，図33・1に示すように円筒を水平に対して適当に傾斜させて据付けて回転させ，この円筒内に供給された粉粒体がこの円筒内を通過する間に，熱風もしくは冷風と直接接触して加熱もしくは冷却されるようにした粉粒体用熱交換器である。

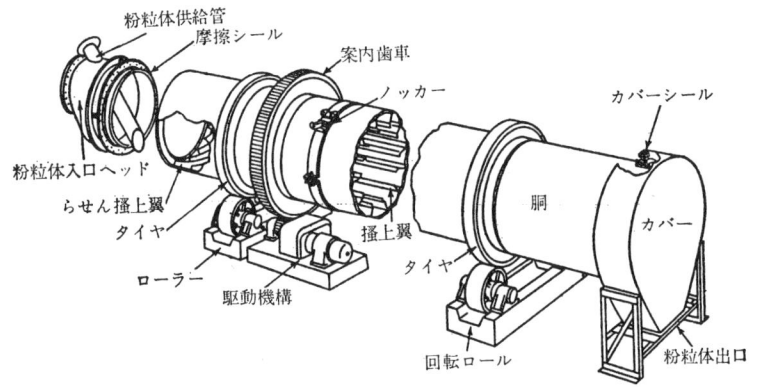

図 33・1 回転式粉粒体熱交換器

この熱交換器は粉粒体を単に加熱もしくは冷却する目的に用いる以外に，湿った粉粒体を熱風と直接接触させて乾燥させる目的にも用いられるが，この場合は回転乾燥器と呼ばれる。

図33・2は回転乾燥器の例であって，円筒内へ送入された粉粒体は円筒の回転により，

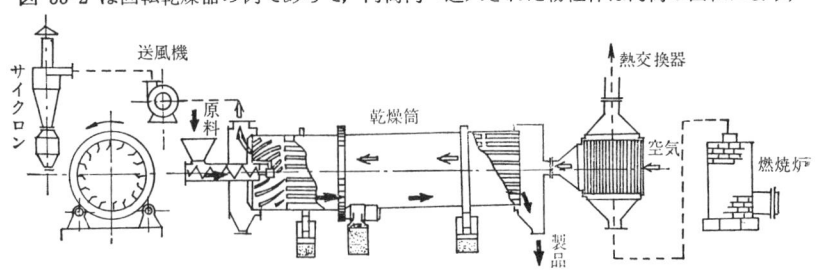

図 33・2 回 転 乾 燥 器

円筒内面に設置された搔上翼で搔き上げられては落下しながら出口方向へ進行し，反対側から流入する熱風によって乾燥が行なわれるようになっている。熱風を造る方法には種々

のものがあるが，図は燃焼炉よりの燃焼ガスを熱源として用いたものである。

図 33・3 は回転式粉粒体熱交換器の構造を示す写真である。

**図 33・3** 回転式粉粒体熱交換器

本章では冷風を用いて粉粒体を冷却する回転冷却器（Rotary Cooler）の設計法について記載する。回転乾燥器では回転冷却器と異なり，回転円筒内の粉粒体と熱風との間の伝熱には，顕熱移動のほかに物質移動（蒸発）に伴なう熱移動も加わることになるが，本章の設計法は多少変更するだけで回転乾燥器の設計にも適用することができる。

## 33・2　回転冷却器内での粉粒体の挙動

### 33・2・1　掻上翼上の粉粒体堆積量および掻上容量

回転冷却器において粉粒体は円筒の回転に伴なって，円筒低部より掻上翼によって掻上げられ，円筒上部で円筒内に分散して流下する。したがって，掻上翼上に堆積する粉粒体

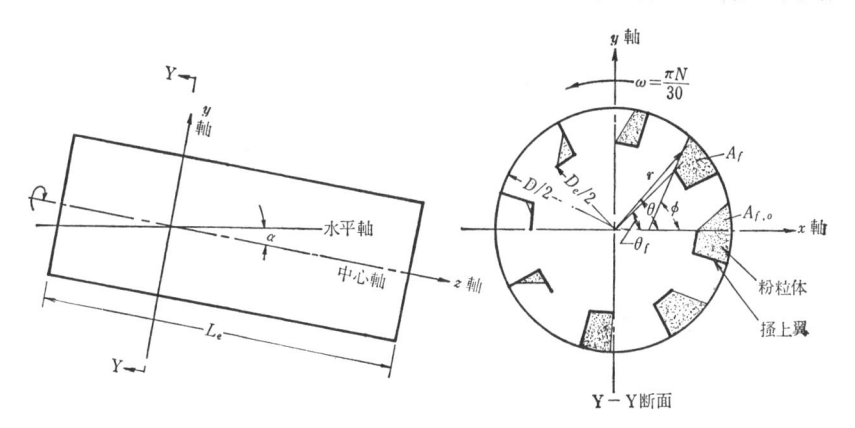

**図 33・4** 回転円筒内の粉粒体の挙動

の量は搔上翼の位置によって変わることになる。

図 33・4 に示す傾斜角 $\alpha$ の回転冷却器において，中心軸（$z$ 軸）と直角な断面（Y-Y断面）について考える。

円筒内の粉粒体の滞留量が適当であって，搔上翼が粉粒体を搔上げつつ回転してきて，その先端が円筒の中心を通る水平線上に到達した位置（$\theta_f=0$）において粉粒体で満杯になり，この位置よりさらに上に移動するにつれて粉粒体が搔上翼先端より落下するものとする。

図 33・5 において，1枚の搔上翼に堆積する粉粒体の自由表面上の任意の点の位置を円筒の中心からの距離 $r$ [m]，円筒の中心を通る水平線（$x$ 軸）からの角度 $\theta$ 〔度〕で表わすものとすると，この位置にある粉粒体粒子には次の力が働く。

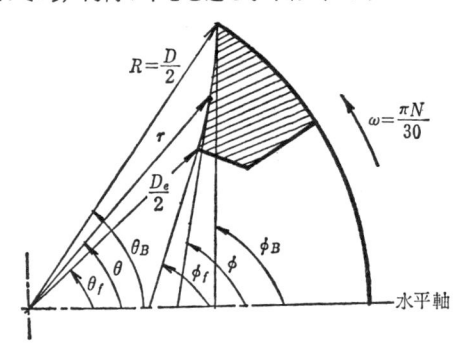

**図 33・5 搔上翼上の粉体堆積量**

(1) 粒子の重力 $= W(g/g_c)\cdot\cos(\alpha)$
(2) 円筒の回転による遠心力 $= W(1/g_c)\omega^2 r$
(3) 摩擦抗力 $= F = \mu_p \times$ 自由表面に対して直角方向に働く力

ここで，
 $W$：粒子の質量〔kg〕
 $g$：重力の加速度〔m/sec²〕
 $g_c$：重力換算係数〔kg・m/sec²・Kg〕
 $\alpha$：円筒の傾斜角〔度〕
 $\omega$：角回転速度〔radian/sec〕

自由表面に対して平行な力を $F$〔Kg〕，直角な力を $G$〔Kg〕とすると，

$$F = W(g/g_c)\cdot\cos(\alpha)\cdot\sin(\phi) - W(1/g_c)r\omega^2\cdot\cos(\phi-\theta) \quad \cdots\cdots(33\cdot1)$$

$$G = W(g/g_c)\cdot\cos(\alpha)\cdot\cos(\phi) + W(1/g_c)r\omega^2\cdot\sin(\phi-\theta) \quad \cdots\cdots(33\cdot2)$$

ここで,

　　$\phi$：粉粒体の自由表面が水平軸に対してなす角度（動息角ともいう）〔度〕

また，粒子の摩擦抗力から

$$F = \mu_p \cdot G \hspace{4cm} (33\cdot3)$$

ここで,

　　$\mu_p$：粒子の摩擦係数〔―〕

式 (33・1), (33・2), (33・3) から，次式が得られる。

$$\tan(\phi) = \frac{\mu_p + \left[\dfrac{\omega^2 r}{g \cdot \cos(\alpha)}\right][\cos(\theta) - \mu_p \cdot \sin(\theta)]}{1 - \left[\dfrac{\omega^2 r}{g \cdot \cos(\alpha)}\right][\mu_p \cdot \cos(\theta) + \sin(\theta)]} \hspace{2cm} (33\cdot4)$$

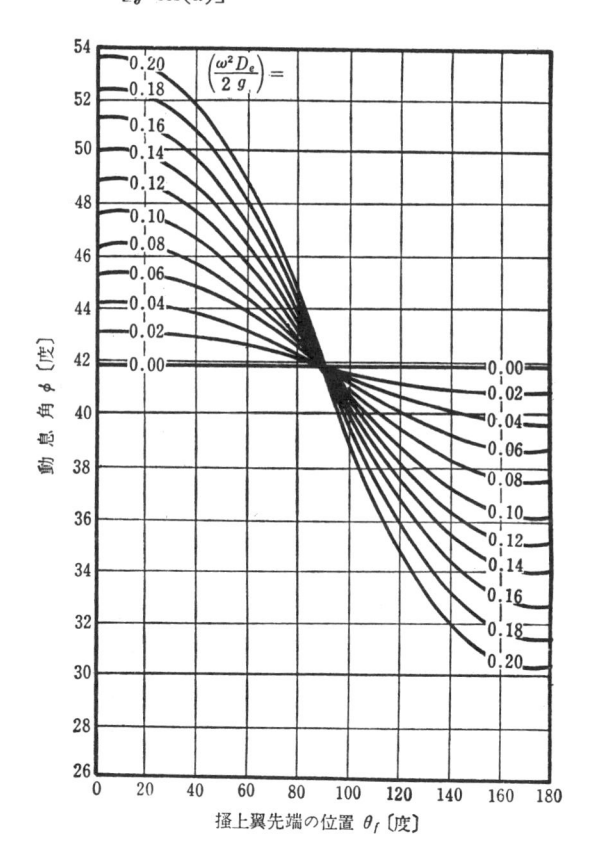

図 33・6　掻上翼先端の位置 $\theta_f$ と動息角 $\phi$ の関係($\mu_p = 0.9$)

いま，掻上翼先端が水平軸となす角度を $\theta_f$，掻上翼根元での自由表面上の粉粒体が水平軸となす角度を $\theta_B$ とし，簡単のために $\theta_f \fallingdotseq \theta_B$ と見なし，また傾斜角 $\alpha$ が小さくて $\cos(\alpha) \fallingdotseq 1$ と見なせるものとすると，

$$\tan(\phi) = \frac{\mu_p + \left(\frac{\omega^2 D_e}{2g}\right)[\cos(\theta_f) - \mu_p \cdot \sin(\theta_f)]}{1 - \left(\frac{\omega^2 D_e}{2g}\right)[\mu_p \cdot \cos(\theta_f) + \sin(\theta_f)]} \quad \cdots\cdots(33 \cdot 5)$$

ここで，

$D_e/2$：円筒中心から掻上翼先端までの距離〔m〕

したがって，掻上翼先端の位置 $\theta_f$ が定まると，掻上翼先端を通り水平軸と式 (33・5) で求まる角度 $\phi$ をなす直線が掻上翼上に堆積する粉粒体の自由表面を表わすことになり，

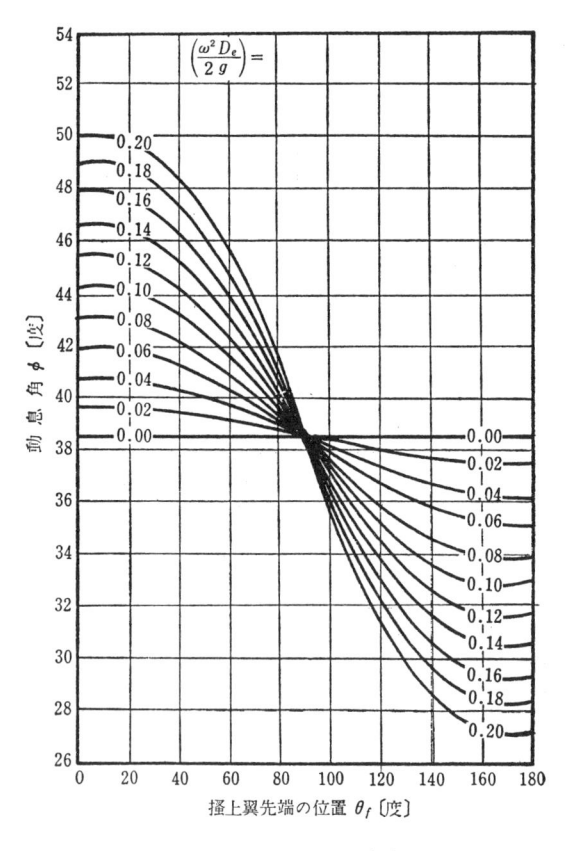

図 33・7 掻上翼先端の回転角 $\theta_f$ と動息角 $\phi$ の関係 ($\mu_p = 0.8$)

この自由表面と搔上翼とで囲まれる，図において斜線で示した断面積が搔上翼単位長さあたりの粉粒体堆積量 $A_f$ [m³/m] となる。

$\mu_p = 0.7 \sim 0.9$ のときの $\theta_f$ と $\phi$ の関係を式 (33・5) を用いて計算し，図 33・6，図 33・7，および図 33・8 に示した。

搔上翼先端が水平軸となす角度 $\theta_f = 0$ の位置で，搔上翼上の粉粒体自由表面が水平軸となす角度を $\phi_o$ とすると，式 (33・5) から

$$\tan(\phi_o) = \frac{\mu_p + \left(\dfrac{\omega^2 D_e}{2g}\right)}{1 - \mu_p\left(\dfrac{\omega^2 D_e}{2g}\right)} \quad \cdots\cdots\cdots\cdots\cdots\cdots\cdots (33・6)$$

また，この位置で搔上翼単位長さあたりの粉粒体堆積量を $A_{f,o}$ [m³/m] とすると，1

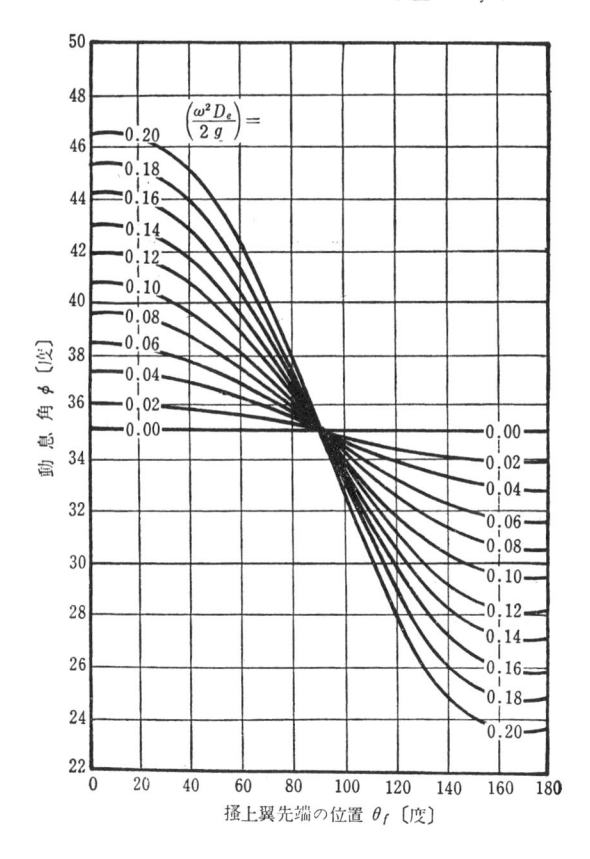

図 33・8 搔上翼先端の回転角 $\theta_f$ と動息角 $\phi$ の関係 ($\mu_p = 0.7$)

時間あたりの搔上容量 $S$ 〔m³/min〕は次式で表わされる。

$$S = n_f \cdot A_{f,o} \cdot L_e \cdot N \quad \cdots\cdots\cdots\cdots\cdots (33\cdot 7)$$

ここで,

$S$：搔上容量〔m³/min〕

$n_f$：搔上翼数〔—〕

$A_{f,o}$：搔上翼先端が水平軸となす角度 $\theta_f = 0$ の位置での搔上翼単位長さあたりの粉粒体堆積量〔m³/m〕

$L_e$：円筒の有効長（＝搔上翼長）〔m〕

$N$：円筒回転数〔rev/min〕

〔**例題 33・1**〕[1)]

搔上翼形状および寸法が図 33・9 である回転冷却器の搔上容量を求める。

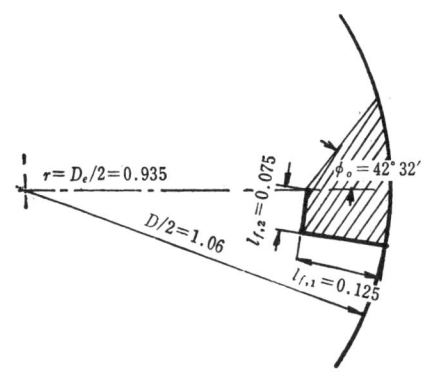

図 33・9 搔上容量計算例

ただし,

円筒内径 $D = 2.12$ 〔m〕

粉粒体の摩擦係数 $\mu_p = 0.9$ 〔—〕

円筒回転数 $N = 3$ 〔rev/min〕

搔上翼数 $n_f = 40$ 〔—〕

円筒の有効長（＝搔上翼の長さ）$L_e = 10$ 〔m〕

〔**解**〕

円筒有効径 $D_e$：

$$\frac{D_e}{2} = \frac{D}{2} - l_{f,1} = \frac{2.12}{2} - 0.125 = 0.935 \text{ 〔m〕}$$

角回転速度 $\omega$：

---

1) 桐栄良三：乾燥装置, pp. 141～142, 日刊工業新聞社（昭和 41 年）

## 33・2 回転冷却器内での粉粒体の挙動

$\omega = 2\pi N/60 = 2 \times 3.14 \times 3/60 = 0.314$ [radian/sec]

動息角 $\phi_o$：

式（33・6）から

$$\tan(\phi_o) = \frac{0.9 + \frac{(0.314)^2}{9.8} \times 0.935}{1 - \frac{0.9 \times (0.314)^2}{9.8} \times 0.935} = 0.917$$

∴ $\phi_o = 42°32'$

搔上翼単位長あたりの粉粒体堆積量 $A_{f,o}$

図の斜線の部分の面積から $A_{f,o} = 0.0166$ [m³/m]

搔上容量 $S$：

式（33・7）から

$S = 40 \times 0.0166 \times 10 \times 3 = 20.0$ [m³/min]

図 33・10 に示す平板を折り曲げてなる搔上翼について，$(\phi_o + \lambda)$ と $A_{f,o}$ の関係を図 33・11 および図 33・12 に示した。

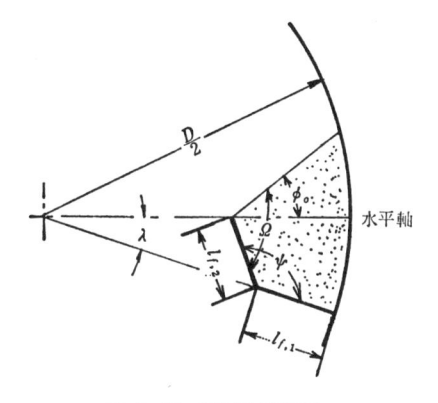

**図 33・10** 搔上翼寸法記号

ここで，

$\lambda$：搔上翼底板と円筒中心を結ぶ線が搔上翼先端と同筒中心を結ぶ線となす角度〔度〕

このようにして搔上げられた粉粒体は円筒内を落下することになるが，実用的には円筒の有効容積 $V_e$〔m³〕あたりの落下容量（＝搔上容量）を 1.3 以下とするのがよいとされている[2]。すなわち

$$\frac{S}{V_e} = \frac{n_f \cdot A_{f,o} \cdot N}{A_e} \leq 1.3 \quad \cdots\cdots\cdots\cdots(33\cdot 8)$$

---

2) Porter, S. J.：Trans. Inst. Chem. Engrs, vol. 41, pp. 272〜280 (1963).

## 第33章 回転式粉粒体熱交換器の設計法

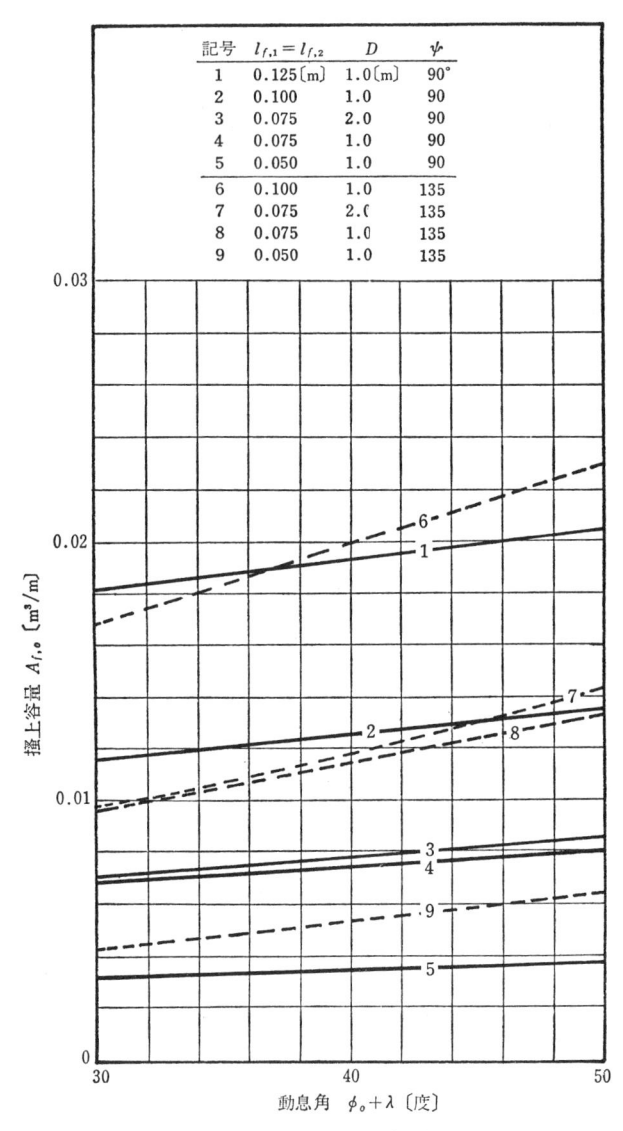

| 記号 | $l_{f,1}=l_{f,2}$ | $D$ | $\psi$ |
|---|---|---|---|
| 1 | 0.125 [m] | 1.0 [m] | 90° |
| 2 | 0.100 | 1.0 | 90 |
| 3 | 0.075 | 2.0 | 90 |
| 4 | 0.075 | 1.0 | 90 |
| 5 | 0.050 | 1.0 | 90 |
| 6 | 0.100 | 1.0 | 135 |
| 7 | 0.075 | 2.0 | 135 |
| 8 | 0.075 | 1.0 | 135 |
| 9 | 0.050 | 1.0 | 135 |

図 33・11 単位長さあたりの掻上容量 $A_{f,0}$

ここで,

$V_e$：円筒の有効容積 $=A_e L_e$ [m³]

$A_e$：円筒の有効断面積 $=(\pi/4)\, D_e^2$ [m²]

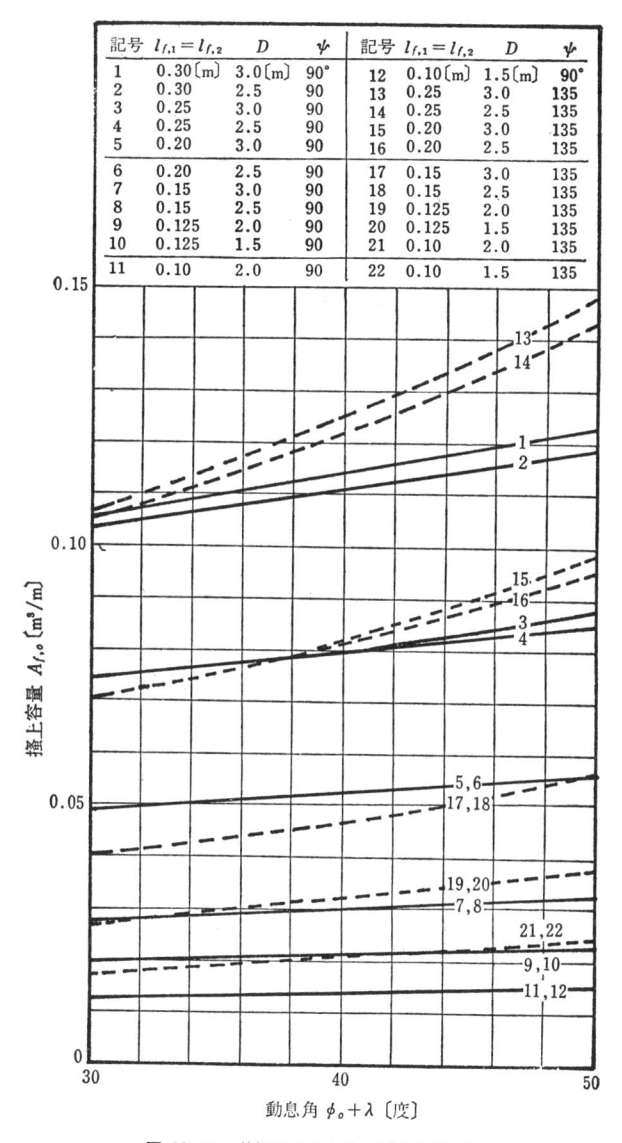

| 記号 | $l_{f,1}=l_{f,2}$ | $D$ | $\psi$ | 記号 | $l_{f,1}=l_{f,2}$ | $D$ | $\psi$ |
|---|---|---|---|---|---|---|---|
| 1 | 0.30 [m] | 3.0 [m] | 90° | 12 | 0.10 [m] | 1.5 [m] | 90° |
| 2 | 0.30 | 2.5 | 90 | 13 | 0.25 | 3.0 | 135 |
| 3 | 0.25 | 3.0 | 90 | 14 | 0.25 | 2.5 | 135 |
| 4 | 0.25 | 2.5 | 90 | 15 | 0.20 | 3.0 | 135 |
| 5 | 0.20 | 3.0 | 90 | 16 | 0.20 | 2.5 | 135 |
| 6 | 0.20 | 2.5 | 90 | 17 | 0.15 | 3.0 | 135 |
| 7 | 0.15 | 3.0 | 90 | 18 | 0.15 | 2.5 | 135 |
| 8 | 0.15 | 2.5 | 90 | 19 | 0.125 | 2.0 | 135 |
| 9 | 0.125 | 2.0 | 90 | 20 | 0.125 | 1.5 | 135 |
| 10 | 0.125 | 1.5 | 90 | 21 | 0.10 | 2.0 | 135 |
| 11 | 0.10 | 2.0 | 90 | 22 | 0.10 | 1.5 | 135 |

図 33・12 単位長さあたりの搔上容量 $A_{f,0}$

$D_e$：円筒の有効径（円筒中心から搔上翼端までの距離×2）[m]

### 33・2・2 回転円筒断面における粉粒体の運動

図 33・13 において，任意の位置における搔上翼先端から落下する粒子の運動方程式は，

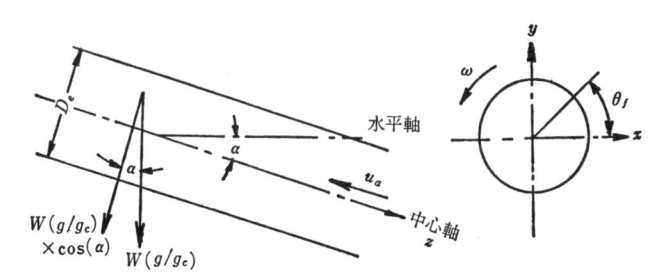

図 33・13 回転円筒内の粒子の運動

次式で表わすことができる。

$$\left.\begin{array}{l}\dfrac{d^2x}{d\tau^2}=-K_1\left(\dfrac{dx}{d\tau}\right)^2 \\[2mm] \dfrac{d^2y}{d\tau^2}=-g\cdot\cos(\alpha)-K_2\left(\dfrac{dy}{d\tau}\right)^2 \\[2mm] \dfrac{d^2z}{d\tau^2}=g\cdot\sin(\alpha)-K_3\left(u_a+\dfrac{dz}{d\tau}\right)^2\end{array}\right\} \quad \cdots\cdots(33\cdot9)$$

初期条件は

$\tau=0:$

$$\left.\begin{array}{l}\dfrac{dx}{d\tau}=-\dfrac{D_e\omega}{2}\cdot\sin(\theta_f) \\[2mm] x=\dfrac{D_e}{2}\cdot\cos(\theta_f) \\[2mm] \dfrac{dy}{d\tau}=\dfrac{D_e\omega}{2}\cdot\cos(\theta_f) \\[2mm] y=\dfrac{D_e}{2}\cdot\sin(\theta_f) \\[2mm] \dfrac{dz}{d\tau}=0 \\[2mm] z=0\end{array}\right\} \quad \cdots\cdots(33\cdot10)$$

ここで $K_1$, $K_2$, $K_3$ はそれぞれ粒子が空気から受ける $x$, $y$, $z$ 軸方向の抗力係数, $u_a$ は空気（冷風）の速度〔m/sec〕である。また $\tau$ は時間〔sec〕, $D_e$ は円筒有効径, $\omega$ は円筒の角速度〔radian/sec〕である。

簡単のために, $x$, $y$ 軸方向の空気の抗力を無視し, また $(dz/d\tau)\ll u_a$ と見なし, 式 (33・9) を書き直すと

## 33・2 回転冷却器内での粉粒体の挙動

$$\frac{d^2x}{d\tau^2}=0$$

$$\frac{d^2y}{d\tau^2}=-g\cdot\cos(\alpha)$$

$$\frac{d^2z}{d\tau^2}=g\cdot\sin(\alpha)-K_3 u_a^2$$

······(33・9a)

式 (33・9a) を積分し, 初期条件式 (33・10) を用いて次の解が得られる.

$$x=\frac{D_e}{2}\cdot\cos(\theta_f)-\frac{D_e\omega}{2}\cdot\sin(\theta_f)\cdot\tau \quad\cdots\cdots(33\cdot11)$$

$$y=\frac{D_e}{2}\cdot\sin(\theta_f)+\frac{D_e\omega}{2}\cdot\cos(\theta_f)\cdot\tau-\frac{g}{2}\cdot\cos(\alpha)\cdot\tau^2 \quad\cdots\cdots(33\cdot12)$$

$$z=\frac{g}{2}\cdot\sin(\alpha)\cdot\tau^2-\frac{K_3}{2}u_a^2\tau^2 \quad\cdots\cdots(33\cdot13)$$

式 (33・11), (33・12) を用いて, 円筒断面上に粒子の落下軌跡を描くことができ, 落下開始位置 $\theta_f$ に対応する落下時間 $\tau_\beta$ が求まる. 例えば, 円筒の有効径 $D_e=2.43$ [m], 回転数 $N=4.8$ [rev/min] の場合, $\cos(\alpha)\fallingdotseq 1$ と見なし粒子の落下軌跡を円筒断面上に描くと図 33・14 のようになり, A 点より落下する粒子の落下時間 $\tau_\beta=0.53$ [sec], B 点

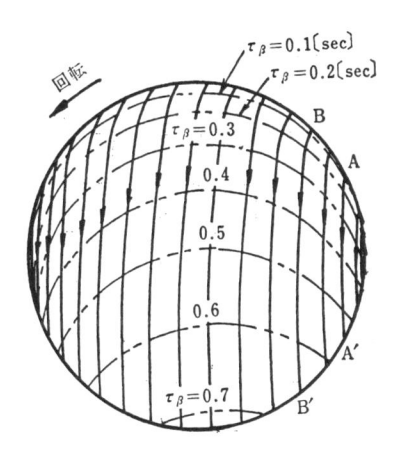

図 33・14 各位置の搔上翼より落下する粒子の軌跡
($D_e=2.43$ m, $N=4.8$ rev/min)

より落下する粒子の落下時間 $\tau_\beta=0.66$ [sec] となる. また, A 点より A′ 点に落下した粒子は A′ 点より搔上げられて円筒上を A 点まで移動するものと見なすと, この粒子の堆積時間 $\tau_\alpha$ も求まることになる. 図 33・16~図 33・19 に $\cos(\alpha)=1$ と見なしたときの落下時間 $\tau_\beta$ を, 図 33・20~図 33・24 に $\tau_\alpha\cdot N$ の値を示した.

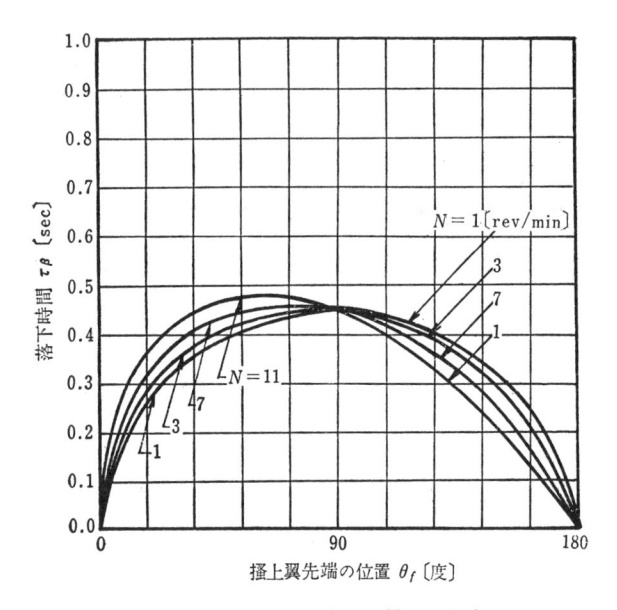

図 33・15 落下時間 $\tau_\beta (D_e = 1.0\,\text{m})$

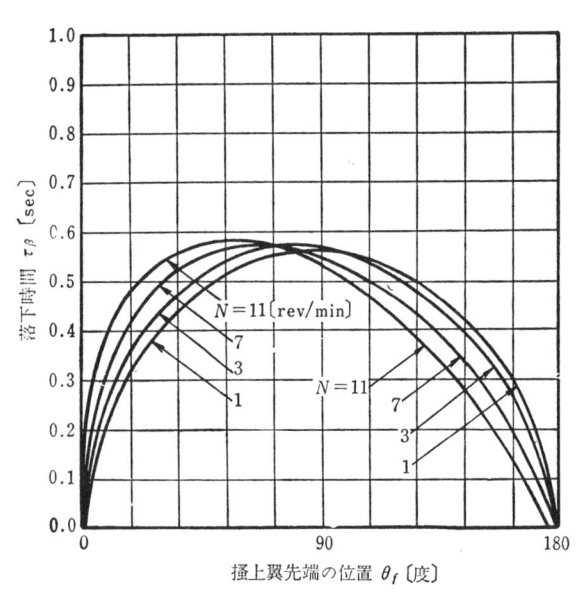

図 33・16 落下時間 $\tau_\beta (D_e = 1.5\,\text{m})$

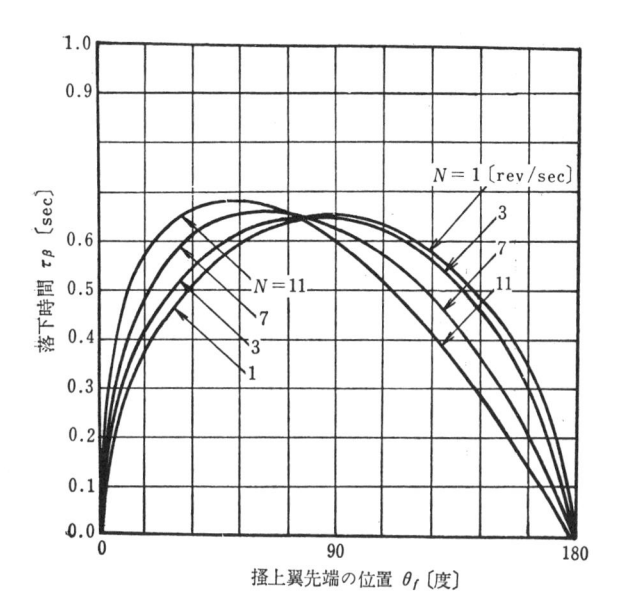

33・2 回転冷却器内での粉粒体の挙動

図 33・17 落下時間 $\tau_\beta (D_e = 2.0\,\mathrm{m})$

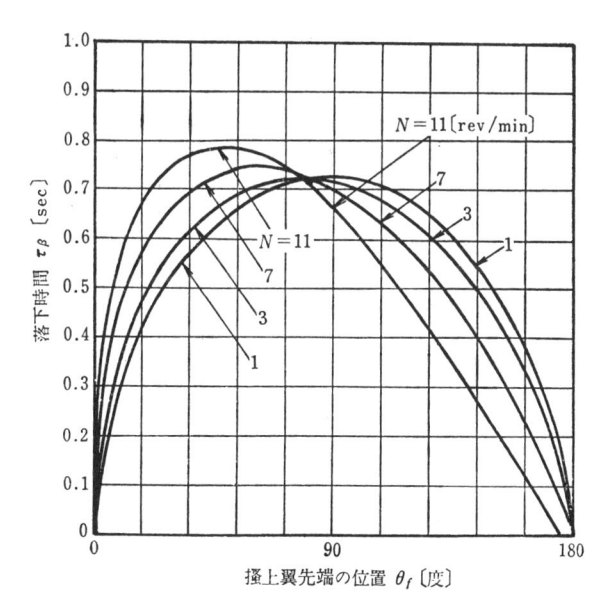

図 33・18 落下時間 $\tau_\beta (D_e = 2.5\,\mathrm{m})$

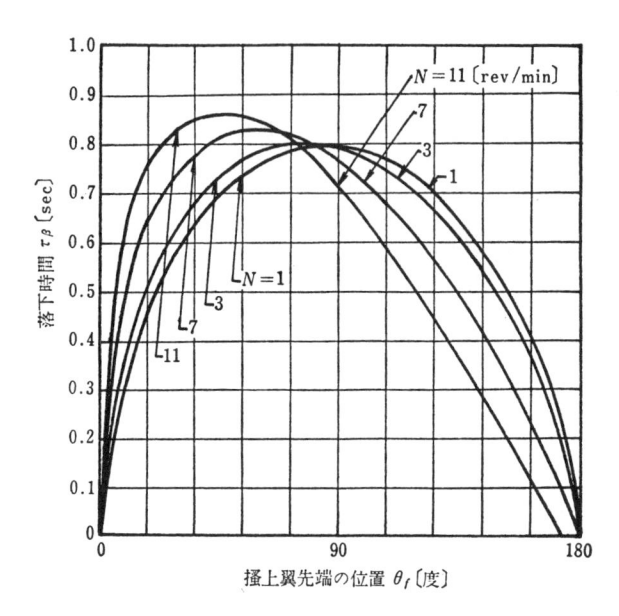

図 33·19　落下時間 $\tau_\beta$ ($D_e=3.0$ m)

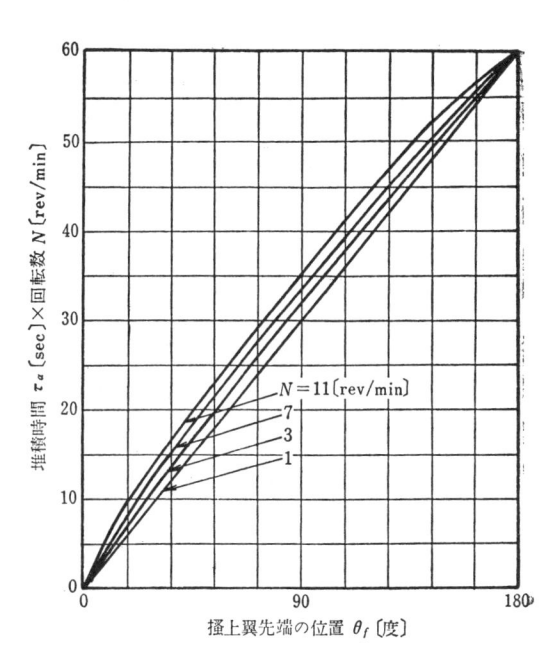

図 33·20　堆積時間 $\tau_\alpha$ ($D_e=1.0$ m)

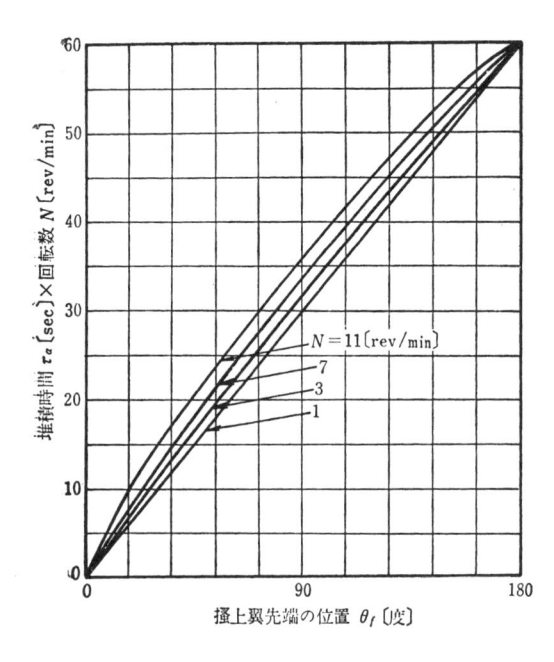

## 33・2 回転冷却器内での粉粒体の挙動

図 33・21 堆積時間 $\tau_a$ ($D_e=1.5$ m)

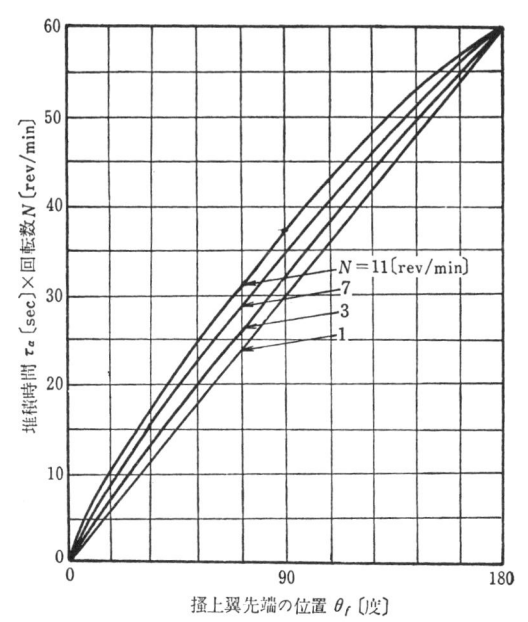

図 33・22 堆積時間 $\tau_a$ ($D_e=2.0$ m)

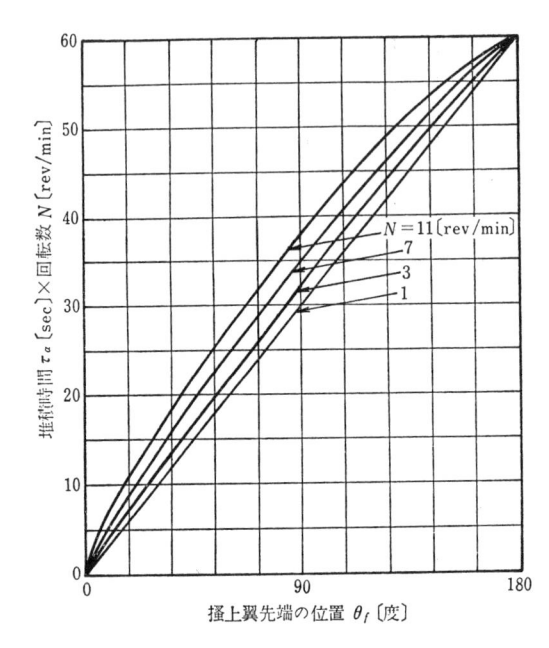

第33章　回転式粉粒体熱交換器の設計法

図 33・23　堆積時間 $\tau_\alpha$　$(D_e = 2.5\,\mathrm{m})$

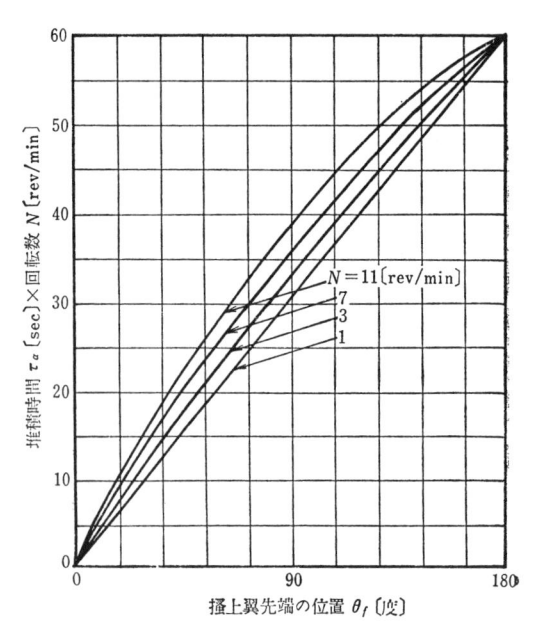

図 33・24　堆積時間 $\tau_\alpha$　$(D_e = 3.0\,\mathrm{m})$

## 33・2・3 回転円筒断面における粉粒体の分散分布

式 (33・5) によって搔上翼先端の位置 $\theta_f$ に対応する搔上翼上の粉粒体の動息角 $\phi$ が定まり，したがって搔上翼単位長さあたりの粉粒体堆積量 $A_f [\mathrm{m^3/m}]$ が定まる。図33・25において，搔上翼先端の位置変動 $\Delta\theta_f = \theta_{f,2} - \theta_{f,1}$ あたりの粉粒体堆積量の変動を $\Delta A_f = A_{f,2} - A_{f,1}$ とすると，この区間で落下する粉粒体量は $-\Delta A_f \cdot L_e$ となる。

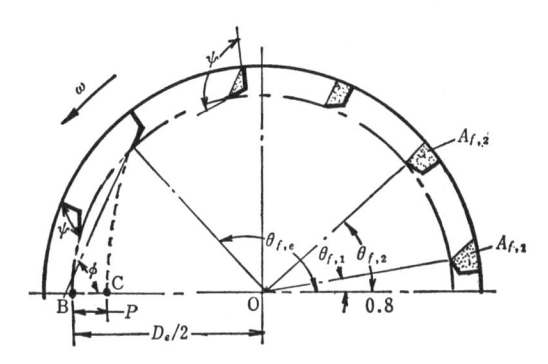

図 33・25 回転円筒断面における粉粒体の分散範囲を示す図

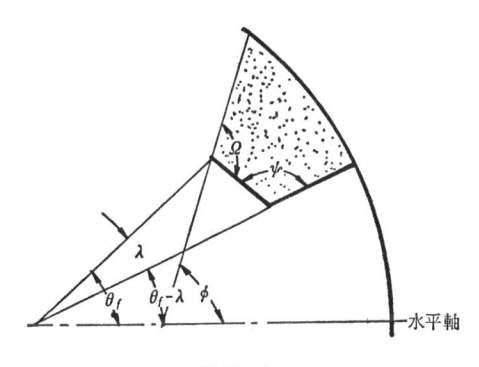

図 33・26

図33・26に示す平板を折曲げてなる搔上翼について，$A_f$ を粉粒体自由表面と搔上翼とがなす角度 $\Omega$ の関数として求め ($\Delta A_f / \Delta \Omega$) の値を図33・27および図33・28に示した。角度 $\Omega$ は次式で表わすことができる (図33・26 参照)。

$$\Omega = 180 - \Psi + \phi - (\theta_f - \lambda) \quad \cdots\cdots\cdots (33\cdot14)$$

ここで，

$\phi$：搔上翼の屈曲角〔度〕

$\lambda$：搔上翼底板と円筒中心を結ぶ線が搔上翼先端と円筒中心を結ぶ線となす角〔度〕

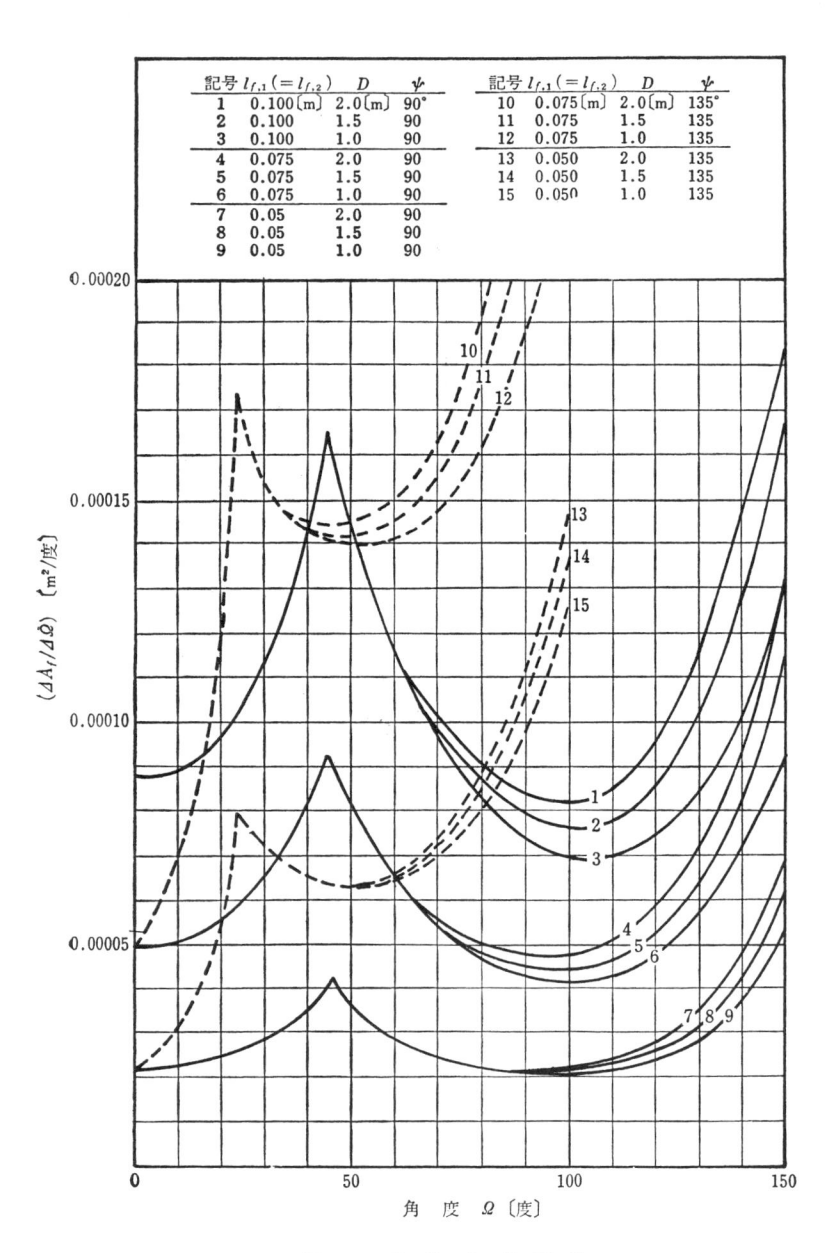

| 記号 | $l_{f,1}(=l_{f,2})$ | $D$ | $\psi$ | 記号 | $l_{f,1}(=l_{f,2})$ | $D$ | $\psi$ |
|---|---|---|---|---|---|---|---|
| 1 | 0.100 [m] | 2.0 [m] | 90° | 10 | 0.075 [m] | 2.0 [m] | 135° |
| 2 | 0.100 | 1.5 | 90 | 11 | 0.075 | 1.5 | 135 |
| 3 | 0.100 | 1.0 | 90 | 12 | 0.075 | 1.0 | 135 |
| 4 | 0.075 | 2.0 | 90 | 13 | 0.050 | 2.0 | 135 |
| 5 | 0.075 | 1.5 | 90 | 14 | 0.050 | 1.5 | 135 |
| 6 | 0.075 | 1.0 | 90 | 15 | 0.050 | 1.0 | 135 |
| 7 | 0.05 | 2.0 | 90 | | | | |
| 8 | 0.05 | 1.5 | 90 | | | | |
| 9 | 0.05 | 1.0 | 90 | | | | |

図 33・27 粉 粒 体 落 下 量

## 33・2 回転冷却器内での粉粒体の挙動

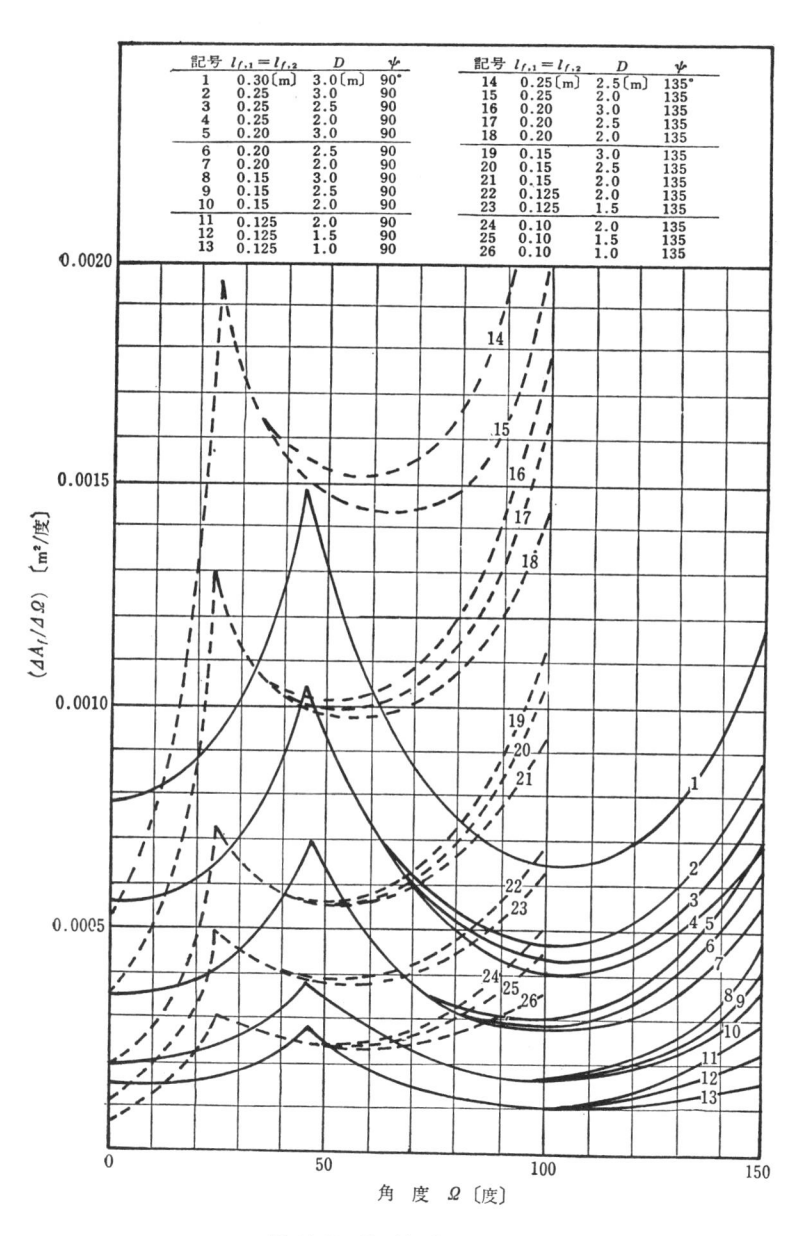

| 記号 | $l_{f,1}=l_{f,2}$ | $D$ | $\psi$ | 記号 | $l_{f,1}=l_{f,2}$ | $D$ | $\psi$ |
|---|---|---|---|---|---|---|---|
| 1 | 0.30 [m] | 3.0 [m] | 90° | 14 | 0.25 [m] | 2.5 [m] | 135° |
| 2 | 0.25 | 3.0 | 90 | 15 | 0.25 | 2.0 | 135 |
| 3 | 0.25 | 2.5 | 90 | 16 | 0.20 | 3.0 | 135 |
| 4 | 0.25 | 2.0 | 90 | 17 | 0.20 | 2.5 | 135 |
| 5 | 0.20 | 3.0 | 90 | 18 | 0.20 | 2.0 | 135 |
| 6 | 0.20 | 2.5 | 90 | 19 | 0.15 | 3.0 | 135 |
| 7 | 0.20 | 2.0 | 90 | 20 | 0.15 | 2.5 | 135 |
| 8 | 0.15 | 3.0 | 90 | 21 | 0.15 | 2.0 | 135 |
| 9 | 0.15 | 2.5 | 90 | 22 | 0.125 | 2.0 | 135 |
| 10 | 0.15 | 2.0 | 90 | 23 | 0.125 | 1.5 | 135 |
| 11 | 0.125 | 2.0 | 90 | 24 | 0.10 | 2.0 | 135 |
| 12 | 0.125 | 1.5 | 90 | 25 | 0.10 | 1.5 | 135 |
| 13 | 0.125 | 1.0 | 90 | 26 | 0.10 | 1.0 | 135 |

図 33・28 粉粒体落下量

$\phi$：搔上翼上の粉粒体自由表面が水平軸となす角度〔度〕

したがって，$\theta_f$ に対応する $\phi$ の値を図 33・6～図 33・8 から求め，式 (33・14) より $\Omega$ を計算し，図 33・27 または図 33・28 から，この $\Omega$ に対応する $(\varDelta A_f/\varDelta\Omega)$ を求めることによって，搔上翼先端の位置 $\theta_f$ に対応する粉粒体落下量を求めることができる。つぎに，粉粒体の落下が完了するときの搔上翼先端の位置を $\theta_{f,e}$ で表わすと，式 (33・14) において $\Omega=0$ とおき，

$$\theta_{f,e} = 180 - \Psi + \phi + \lambda \quad \cdots\cdots\cdots\cdots\cdots\cdots\cdots\cdots\cdots\cdots (33\cdot15)$$

また，この位置において最後に落下する粉粒が，図 33・25 の C 点を通るとして，$\overline{BC}=P$，$\overline{BO}=D_e/2$ として，式 (33・11) および (33・12) を用いて次式が求まる。

$$\frac{P}{(D_e/2)} = 1 + \cos(\theta_{f,e}) - \sin(\theta_{f,e})\,[\nu\cdot\cos(\theta_{f,e})$$
$$+ \sqrt{\nu^2\cdot\cos^2(\theta_{f,e}) + 2\nu\cdot\sin(\theta_{f,e})}\,] \quad \cdots\cdots\cdots\cdots (33\cdot16)$$

ここで，

$$\nu = \frac{(D_e/2)\omega^2}{g\cdot\cos(\alpha)}$$

この $P/(D_e/2)$ は落下粉粒体の水平直線上の非被覆範囲を表わすから，これをできるだけ少なくするように搔上板の屈曲角 $\Psi$ を選ぶのが望ましい。図 33・29 は式 (33・16) を図示したものである。

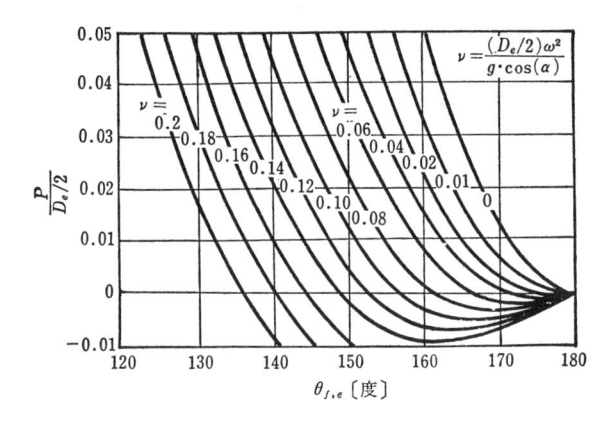

図 33・29　$\dfrac{P}{D_e/2}$ と $\theta_{f,e}$ との関係

### 33・2・4　粉粒体の円筒長手軸方向の移動

任意の位置 $\theta_f$ より落下する粒子の落下時間を $\tau_o$ とすると，この間に 1 個の粒子の円

筒長手軸方向の移動距離は，式 (33・13) から

$$z = \frac{\tau_\beta^2}{2}[g\cdot\sin(\alpha) - K_3 u_a^2] \quad\cdots\cdots(33\cdot17)$$

1個の粒子が円筒内を通過し終わるまでに落下する回数 $J$ は，

$$J = \frac{L_e}{z} = \frac{L_e}{(\tau_\beta^2/2)[g\cdot\sin(\alpha) - K_3 u_a^2]} \quad\cdots\cdots(33\cdot18)$$

また，粒子が搔上に堆積する時間を $\tau_\alpha$ で表わせば，この粒子の円筒内の滞留時間 $T$ は

$$T = J(\tau_\beta + \tau_\alpha) = \frac{L_e}{(\tau_\beta^2/2)[g\cdot\sin(\alpha) - K_3 u_a^2]}(\tau_\beta + \tau_\alpha) \quad\cdots\cdots(33\cdot19)$$

ここで $\tau_\beta \ll \tau_\alpha$ と仮定すると，

$$T = \frac{2L_e}{g\cdot\sin(\alpha) - K_3 u_a^2}\left(\frac{\tau_\alpha}{\tau_\beta^2}\right) \quad\cdots\cdots(33\cdot20)$$

しかるに，落下時間 $\tau_\beta$ および堆積時間 $\tau_\alpha$ は，搔上翼先端の位置 $\theta_f$ によって変わるので，円筒内の滞留時間も $\theta_f$ によって変わることになり，また落下量も $\theta_f$ によって変わるので，粉粒体全体の平均滞留時間は次式によって求めねばならない。

$$T_{av} = \frac{2L_e}{g\cdot\sin(\alpha) - K_3 u_a^2}\left(\frac{\tau_\alpha}{\tau_\beta^2}\right)_{av} \quad\cdots\cdots(33\cdot21)$$

$(\tau_\alpha/\tau_\beta^2)_{av}$ は次式で定義される。

$$\left(\frac{\tau_\alpha}{\tau_\beta^2}\right)_{av} = \frac{\int\left(\frac{\tau_\alpha}{\tau_\beta^2}\right)\cdot dA_f}{\int dA_f} = -\frac{1}{A_{f,0}}\int_{\theta_f=0}^{\theta_f=\theta_{f,e}}\left(\frac{\tau_\alpha}{\tau_\beta^2}\right)\cdot dA_f$$

$$\cdots\cdots(33\cdot22)$$

ここで，$A_{f,0}$ は $\theta_f = 0$ における搔上翼単位長さあたりの粉粒体堆積量 [m³/m] である。

式 (33・21) において，空気の抗力係数 $K_3$ は粒子が球形であるときは次式で定義される。

$$K_3 \equiv \frac{1.5\rho_a C}{2 d_p \rho_p} \quad\cdots\cdots(33\cdot23)$$

ここで，

$\rho_a$：空気の密度 [kg/m³]

$\rho_p$：粒子の密度 [kg/m³]

$d_p$：粒子の径 [m]

$C$：抵抗係数 [—]

抵抗係数 $C$ は Reynolds 数の関数として，図 33・30 から求まる。

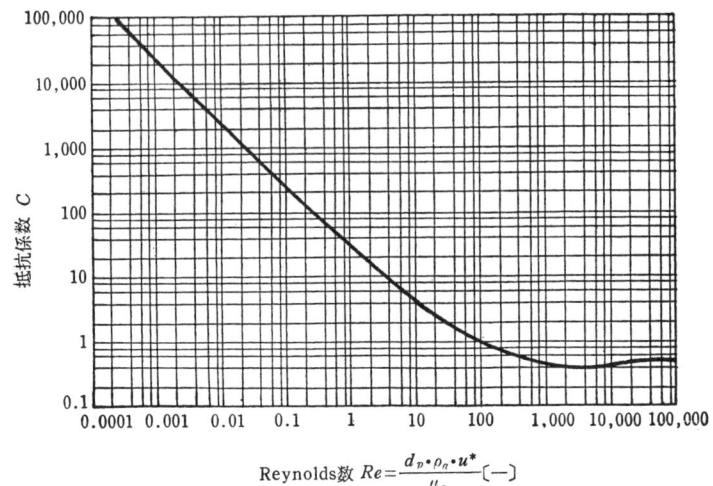

図 33・30 球の抵抗係数

ここで,

$Re$ : Reynolds 数 $= d_p \cdot \rho_a \cdot u^* / \mu_a$ 〔—〕

$u^*$ : 空気と粒子の相対速度〔m/sec〕

$\mu_a$ : 空気の粘度〔kg/m・sec〕

Saeman[3] は粉粒体の平均滞留時間 $T_{av}$ の実験式として, 次式を提出している。

$$T_{av} = \frac{L_e}{f(H)ND(\alpha' - mu_a)} \quad\quad\quad (33 \cdot 24)$$

ここで,

$T_{av}$ : 粉粒体の平均滞留時間〔min〕

$L_e$ : 円筒の有効長〔m〕

$f(H)$ : 実験によって求まる係数で, 円筒内の保有率によって $\pi$ から 2 まで変わる。〔—〕

$N$ : 円筒の回転数〔rev/min〕

$D$ : 円筒の径〔m〕

$\alpha'$ : 円筒の傾斜角〔radian〕

$m$ : 実験によって求まる定数 $(0.0108 \sim 0.0262)$〔sec/m〕

---

3) Saeman, W.C., and T.R. Mitchell : Chem. Eng. Progr., vol. 50, pp. 467〜475 (Sept., 1954).

$u_a$：空気の流速〔m/sec〕

## 33・3 空気の質量速度と圧力損失

円筒内における空気の質量速度 $G$〔kg/m²・hr〕をいくらにとるかによって円筒径が定まるが，Friedman ら[4]は冷風による材料のダスティング量を 3% 以下（最大 5%）におさえることにより $G$ の最大値を定めている。

Schofield ら[5]は，式 (33・21) の分母が零となる $u_a$ の値，すなわち

$$u_{a,\max}=[g\cdot\sin(\alpha)/K_3]^{1/2} \quad\cdots\cdots\cdots\cdots\cdots\cdots\cdots\cdots\cdots\cdots\cdots\cdots(33\cdot25)$$

の 60% 程度の冷風流速 $u_a$ が，操業時の最大風速であることが実際に見出されていると述べている。

一般に軽い小粒子に対しては $G=2,000$〔kg/m²・hr〕から大粒子で $6,000$〔kg/m²・hr〕程度が多くとられている[1]。円筒内を通過する冷風の圧力損失は，Saeman ら[6] によれば，$G$ の一乗に比例し，$G=2,500$ で $0.75$〔mm 水柱/m〕程度となる。

## 33・4 熱移動

回転円筒に供給された粉粒体粒子は搔上翼中に堆積して搔上翼と共に円筒周囲に沿って移動し，ついで搔上翼先端よりこぼれ落ちて，円筒断面上をカスケードをなして落下し，再び搔上翼中に堆積するという運動を繰り返す。換言すれば，粒子は落下期間と堆積期間の両期間を繰り返して経つつ円筒内を通過することになる。

これらの両期間中の熱移動について考えると，落下期間中は粒子表面が空気と直接接触するので，粒子表面から冷風へ熱が移動し，粒子内部では，熱は粒子の中心より表面へと移動する。したがって，落下期間では粒子の平均温度が低下するとともに，粒子内部では中心部の温度が最も高く，表面に近づくほど温度が低くなるという温度分布が生じる。堆積期間中には，粒子は相互に密着しているため，粒子から空気への熱移動は無視することができ，粒子内部で温度の高い中心部より，温度の低い表面部へと熱移動するだけである。したがって，堆積期間では粒子の平均温度は変わらず，粒子内部の温度分布が小さくなる。したがって，回転冷却器内での熱移動においては，この落下期間（冷却期間）と堆積期間

---

4) Friedman et al : Chem. Eng. Progr., vol. 45, pp. 482〜 (1949).
5) Schofield, F.R. and P.G. Glikin : Trans. Instn. Chem. Engrs, vol. 40, pp. 183〜190 (1962).
6) Saeman, W.C : Chem. Eng. Progr., vol. 58, No. 6, pp. 49〜56 (1962).

とを別々に考慮する必要がある。

**33・4・1　厳密解[7]**

円筒内の熱移動を解析するにあたり，次の仮定をおく。

（1）粒子は球形である。

（2）円筒壁面を通して熱損失は無視できる。

（3）空気はピストン流れをなすので，その温度分布は円筒の長手方向にのみ生じ，長手方向の中心軸と直角な断面での温度分布は無視できる。したがって，個々の落下期間中の空気温度は，それぞれ一定と見なすことができる。

円筒内の粒子の平均温度および空気温度の履歴は図33・31で示すことができる。いま，$i$番目の落下期間中の粒子内部の任意の位置の，任意の時間における温度を$t_i(R,\tau)$，$i$番目の堆積期間中の粒子内部の任意位置の，任意の時間における温度を$\hat{t}_i(R,\tau)$で表わすものとする。$\tau$は，その対象とする期間の開始点を基準とする時間〔sec〕，$R$は粒子内部の位置を表わす無次元数で，粒子の外半径を$r_0$〔m〕，粒子の中心からの距離を$r$〔m〕とすれば，$R \equiv r/r_0$で定義される。また，$i$番目の落下期間開始点の粒子の平均温度を$T_i$，$i$番目の堆積期間開始点の粒子の平均温度を$\hat{T}_i$，$i$番目の落下期間および堆積期間中の空気の温度を$\overline{T}_i$で表わすものとする。

（1）**落下（冷却）期間中の粒子内部の温度**：　$i$番目の落下期間の粒子内部の温度$t_i$は，次の微分で与えられる。

$$\frac{\partial t_i}{\partial R} = \left(\frac{a}{r_0^2}\right)\left[\frac{\partial^2 t_i}{\partial R^2} + \left(\frac{2}{R}\right)\left(\frac{\partial t_i}{\partial R}\right)\right] \quad , \quad 0 \leq R \leq 1 \quad \cdots\cdots(33\cdot26)$$

境界条件は

$$\frac{\partial t_i}{\partial R} + \left(\frac{r_0 h}{k_p}\right)(t_i - \overline{T}_i) = 0 \quad , \quad r = r_0 \quad \cdots\cdots(33\cdot27)$$

$$t_i \equiv \hat{t}_i(R,\tau_\alpha) \quad , \quad \tau = 0 \quad \cdots\cdots(33\cdot28)$$

ここで，

$a$：粒子の温度伝導率$= \left(\dfrac{k_p}{C_p \cdot \rho_p}\right)$〔$m^2/sec$〕

$r_0$：粒子の外半径〔m〕

$h$：粒子表面での空気の境膜伝熱係数〔$kcal/m^2 \cdot sec \cdot °C$〕

$R := r/r_0$〔—〕

$k_p$：粒子の熱伝導率〔$kcal/kg \cdot sec \cdot °C$〕

---

7) Turner, G.A : Can. J. of Chem. Eng., pp. 13～16 (1966).

## 33・4 熱移動

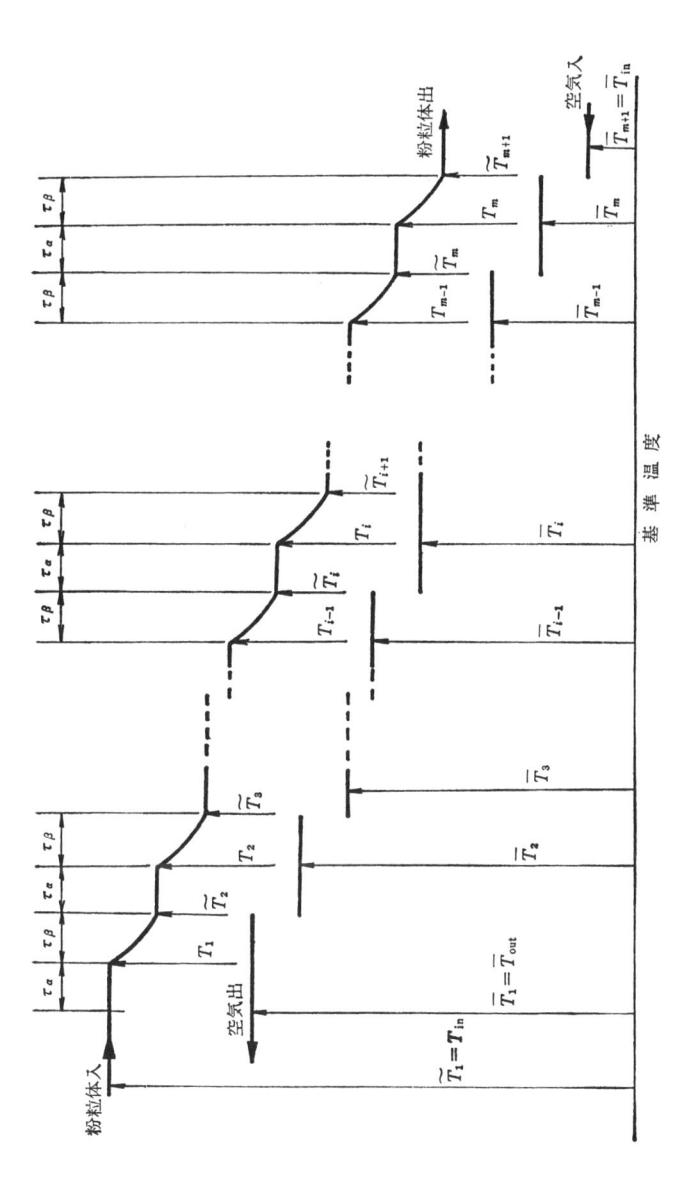

**図 33・31** 粒子および冷風の温度履歴

$C_p$: 粒子の比熱〔kcal/kg·°C〕

$\rho_p$: 粒子の密度〔kg/m³〕

$\tau_\alpha$: 堆積時間〔sec〕

$\bar{T}_i$: $i$ 番目の落下期間中の空気の温度〔°C〕

式 (33·25) を境界条件 (33·26), (33·27) のもとに解くと $i$ 番目 ($i=2,3,4,\cdots\cdots$) の落下期間中の粒子内部の温度 $t_i(R,\tau)$ が求まる。

$$t_i(R,\tau)-\bar{T}_i=\sum_{j=1}^{\infty}\{[2x_j\cdot\sin(\xi_j R)]/R\}\left\{\int_0^1 R[\sin(\xi_j R)]\right.$$
$$\left.[\tilde{t}_i(R,\tau_\alpha)-\bar{T}_i]\cdot dR\right\} \qquad i=2,3,\cdots\cdots(33\cdot29)$$

$i=1$, すなわち最初の落下期間においては, 落下開始点での粒子内部の温度分布が均一であり, また最初の堆積期間での粒子の温度変化はないので,

$$\tilde{t}_1(R,\tau_\alpha)=T_1=\tilde{T}_1=T_\text{in} \qquad \cdots\cdots(33\cdot30)$$

であるから, 式 (33·29) は次のように簡単になる。

$$t_1(R,\tau)-\bar{T}_1=(T_\text{in}-\bar{T}_1)\sum_{j=1}^{\infty}[2z_j x_j\cdot\sin(\xi_j R)]/R$$
$$i=1 \qquad \cdots\cdots(33\cdot31)$$

図から明らかなように $\bar{T}_1=\bar{T}_\text{out}$ であるから,

$$t_1(R,\tau)-\bar{T}_\text{out}=(T_\text{in}-\bar{T}_\text{out})\sum_{j=1}^{\infty}[2z_j x_j\cdot\sin(\xi_j R)]/R$$
$$i=1 \qquad \cdots\cdots(33\cdot31\text{a})$$

ここで,

$$x_j=\left\{\left[\xi_j^2+\left(\frac{r_o h}{k_p}-1\right)^2\right]\middle/\left[\xi_j^2+\left(\frac{r_o h}{k_p}\right)\left(\frac{r_o h}{k_p}-1\right)\right]\right\}$$
$$\times\exp\left[\left(\frac{a\tau}{r_o^2}\right)\cdot\xi_j^2\right] \qquad \cdots\cdots(33\cdot32)$$

$$z_j=\left(\frac{r_o h}{k_p}\right)\cdot\sin(\xi_j)/\xi_j^2 \qquad \cdots\cdots(33\cdot33)$$

$\xi_j$ は次式の $j$ 番目 ($j=1,2,\cdots\cdots$) の根である。

$$\xi\cdot\cot(\xi)+\left(\frac{r_o h}{k_p}-1\right)=0 \qquad \cdots\cdots(33\cdot34)$$

$\bar{T}_\text{out}$: 空気出口温度〔°C〕

$T_\text{in}$: 粉粒体入口温度〔°C〕

$i$ 番目の落下期間後の粒子の平均温度, すなわち ($i+1$) 番目の堆積期間開始点での粒子の平均温度 $\tilde{T}_{i+1}$ は,

## 33・4 熱移動

$$\tilde{T}_{i+1}=3\int_0^1 R^2 \cdot t_i(R, \tau_\beta) \cdot dR \quad \cdots\cdots(33 \cdot 35)$$

として求まる。

ここで，$\tau_\beta$ は落下時間〔sec〕である。

（2）**堆積期間中の粒子内部の温度**： $i$ 番目の堆積期間中の粒子内部の温度 $t_i$ は次の微分方程式で与えられる。

$$\frac{\partial t_i}{\partial R}=\left(\frac{a}{r_o^2}\right)\left[\frac{\partial^2 t_i}{\partial R^2}+\left(\frac{2}{R}\right)\left(\frac{\partial t_i}{\partial R}\right)\right], \quad 0\leq R<1 \quad \cdots\cdots(33\cdot36)$$

境界条件は

$$\frac{\partial t_i}{\partial R}=0, \quad r=r_o \quad \cdots\cdots(33\cdot37)$$

$$t_i=t_{i-1}(R, \tau_\beta), \quad \tau=0 \quad \cdots\cdots(33\cdot38)$$

式（33・36）を境界条件（33・37），（33・38）のもとに解くと，$i$ 番目（$i=2, 3, 4, \cdots\cdots$）の堆積期間中の粒子内部の温度 $t_i(R, \tau)$ が求まる。

$$t_i(R, \tau)=\tilde{T}_i+\sum_{j=1}^{\infty}\{[2w_j \cdot \sin(\zeta_j R)]/R\}$$

$$\cdot \left\{\int_0^1 R[\sin(\zeta_j R)][t_{i-1}(R, \tau_\beta)-\tilde{T}_{i-1}] \cdot dR\right\}$$

$$i=2, 3, 4, \cdots\cdots \quad \cdots\cdots(33\cdot39)$$

冷却器に供給される粒体内部の温度分布は均一であると見なせるので，$i=1$ すなわち最初の堆積期間では，

$$t_1(R, \tau)=\tilde{T}_1=T_{in} \quad \cdots\cdots(33\cdot40)$$

$i$ 番目の堆積期間後の粒子の平均温度，すなわち $i$ 番目の落下期間開始点での粒子の平均温度 $T_i$ は，

$$T_i=3\int_0^1 R^2 \cdot t_i(R \cdot \tau_\alpha) \cdot dR \quad \cdots\cdots(33\cdot41)$$

ここで；

$$w_j=\left\{\exp\left[-\left(\frac{a\tau}{r_o^2}\right) \cdot \zeta_j^2\right]\right\}\Big/\sin^2(\zeta_j) \quad \cdots\cdots(33\cdot42)$$

$\zeta_j$ は次式の $j$ 番目（$j=1, 2, \cdots\cdots$）の根である。

$$\zeta \cdot \cot(\zeta)-1=0 \quad \cdots\cdots(33\cdot43)$$

（3）**冷風温度**： $i$ 番目の落下期間での空気温度 $\overline{T}_i$ は，熱収支から求まる。

$$\overline{T}_i=\overline{T}_{i-1}-\left(\frac{W_p C_p}{W_a C_a}\right)(\tilde{T}_{i-1}-\tilde{T}_i) \quad \cdots\cdots(33\cdot44)$$

$$\bar{T}_i = \bar{T}_{\text{out}} \quad i=2, 3, 4, \cdots\cdots \quad \cdots\cdots(33\cdot45)$$
$$i=1$$

ここで,

$W_p$:粉粒体流量 [kg/hr]

$W_a$:空気流量 [kg/hr]

$C_p$:粉粒体比熱 [kcal/kg・°C]

$C_a$:空気比熱 [kcal/kg・°C]

$\bar{T}_{\text{out}}$:空気出口温度 [°C]

**(4) 計算手順:** 空気出口温度 $\bar{T}_{\text{out}}$, 粉粒体入口温度 $T_{\text{in}}$, 空気流量 $W_a$, 空気比熱 $C_a$, 粉粒体流量 $W_p$, 粉粒体比熱 $C_p$, 落下時間 $\tau_\beta$, 堆積時間 $\tau_\alpha$ が既知であるとき, 冷却器内を通過する粒体の温度履歴は, 次の手順により計算することができる。

1番目

堆積期間後の粒子内部温度 $i_1(R, \tau_\alpha) = T_{\text{in}}$

堆積期間後(落下期間開始点)の粒子平均温度 $T_1 = T_{\text{in}}$

落下期間開始点の粒子内部温度 $t_1(R, 0) = i_1(R, \tau_\alpha) = \tau_{\text{in}}$, 一定

落下期間後の粒子内部温度 $t_1(R, \tau_\beta)$ は, 式 (33・30) から求まる。

落下期間後(2番目の堆積期間開始点)の粒子平均温度 $\tilde{T}_2$ は, 式 (33・35) から求まる。

空気温度 $\bar{T}_1 = \bar{T}_{\text{out}}$

2番目

空気温度 $\bar{T}_2$ は式 (33・44) から

$$\bar{T}_2 = \bar{T}_1 - \left(\frac{W_p C_p}{W_a C_a}\right)(\tilde{T}_1 - \tilde{T}_2)$$
$$= \bar{T}_{\text{out}} - \left(\frac{W_p C_p}{W_a C_a}\right)(T_{\text{in}} - \tilde{T}_2)$$

として求まる。

堆積期間後の粒子内部温度 $i_2(R, \tau_\alpha)$ は, 式 (33・39) から求まる。

堆積期間後(落下期間開始点)の粒子平均温度 $T_2$ は, 式 (33・41) から求まる。

落下期間後の粒子内部温度 $t_2(R, \tau_\beta)$ は, 式 (33・29) から求まる。

落下期間後(3番目の堆積期間開始点)の粒子平均温度 $T_3$ は, 式 (33・35) から求

まる。

3番目以降の区間についても，2番目の区間と同様に計算することができる。

### 33・4・2 近似解

堆積期間が充分長くて，落下期間開始点で粒子内部の温度分布が完全に均一化されているものと仮定すると，落下期間中の粒子内部の温度 $t_i(R, \tau_\beta)$ は式 (33・31) と同様の式で与えられ，また落下期間後の粒子平均温度 $\tilde{T}_{i+1}$ は，次式で与えられることになる[2]。

$$\frac{\tilde{T}_{i+1}-\overline{T}_i}{T_i-\overline{T}_i}=6(Bi^2)\sum_{j=1}^{\infty}\exp\left(-\frac{a\tau_\beta\xi_j^2}{r_o^2}\right)\cdot\frac{\xi_j^2+(Bi-1)^2}{\xi_j^2-Bi(Bi-1)} \times \frac{\sin^2(\xi_j)}{\xi_j^4} \quad\cdots\cdots(33\cdot46)$$

ここで，

　　$Bi$：Biot 数$=r_o h/k_p$〔—〕

　　$\xi_j$：式 (33・34) の $j$ 番目の根

堆積期間中で粒子の平均温度は変化しないと見なすので，

$$\tilde{T}_i = T_i \quad\cdots\cdots(33\cdot47)$$

である。

式 (33・46) を変形して

$$\tilde{T}_{i+1}-\overline{T}_i=(1-M)(T_i-\overline{T}_i) \quad\cdots\cdots(33\cdot46\text{a})$$

$$(1-M)\equiv 6Bi^2\sum_{j=1}^{\infty}\exp\left(-\frac{a\tau_\beta\cdot\xi_j^2}{r_o^2}\right)\cdot\frac{\xi_j^2+(Bi-1)^2}{\xi_j-Bi(Bi-1)}\cdot\frac{\sin^2(\xi_j)}{\xi_j^4}$$

$$\cdots\cdots(33\cdot46\text{b})$$

$(1-M)$ の計算図を図 33・32 に示した。

この近似解と前節の厳密解を表 33・1 に示す例について計算した値を，図 33・33 に図示した[2]。図から明らかなように，$Bi$ が大きくて $(a\tau_\beta/r_o^2)$ の値が小さいときには，この近似解の誤差が大きくなることが判る。しかし，このような場合にも，図 A, B より明らかなように $(a\tau_\alpha/r_o^2)$ を大きくしていくとこの誤差は小さくなる。実用的には，冷却器の回転数を適当に選び，$\tau_\alpha/\tau_\beta \geq 10$ の範囲にとれば，この近似解，すなわち式 (33・46) を用いてもその誤差は無視できると考えてよい。

### 33・4・3 必要落下回数

粉粒体を所定の温度まで冷却するに必要な落下期間数，すなわち必要落下回数は，回転円筒内での粉粒体の温度履歴を前節で述べた方法により，入口端から出口端方向へ遂次計

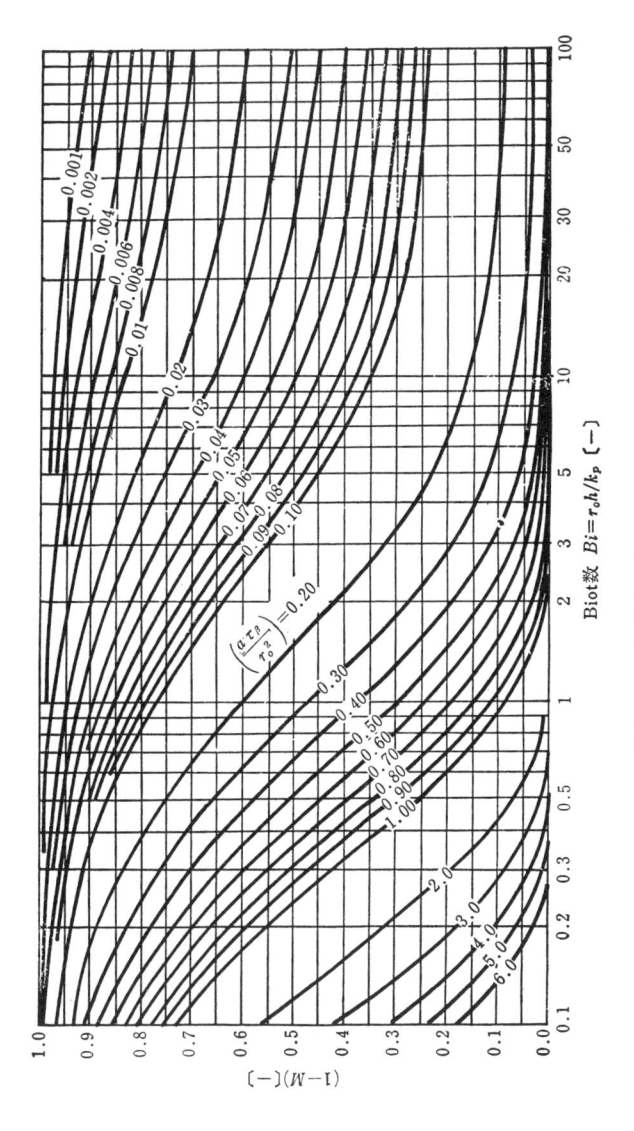

図 33·32　式 (33·46b) の $(1-M)$ の値

## 33・4 熱移動

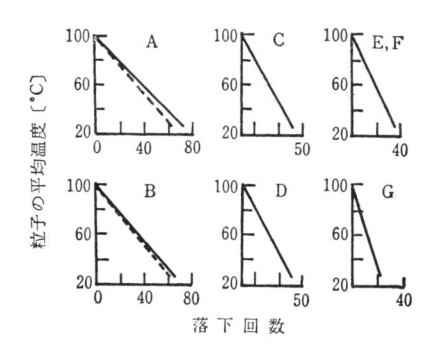

粒子の平均温度 [°C] (縦軸)
落下回数 (横軸)

------ 各堆積期間後に内部温度は
均一になると仮定した場合
―――― 内部に温度差がある場合

図 33・33 落下（冷却）および堆積を繰り返した球状粒子の平均温度の変化を計算した図
（ここでは各落下期間のはじめの平均粒子温度は，周囲の空気温度より 10°C 高いとされている）

表 33・1 近似解と厳密解の比較計算に用いた諸数値

粒子比熱 $C_p = 0.3$ [kcal/kg・°C]
粒子真密度 $\rho_p = 1,776$ [kg/m³]
空気境膜伝熱係数 $h = 488$ [kcal/m²・hr・°C]

| 図番号 | 粒子半径 $r_o$ [ft] | 粒子熱伝導率 $k_p$ [chu/ft ・hr・°C] | 落下時間 $\tau_\beta$ [sec] | 堆積時間 $\tau_\alpha$ [sec] | $\dfrac{a\tau_\beta}{r_o^2}$ | $\dfrac{a\tau_\alpha}{r_o^2}$ | Biot 数 $Bi$ |
|---|---|---|---|---|---|---|---|
| A | 0.0105 | 0.05 | 1.055 | 5.27 | 0.004 | 0.02 | 21 |
| B | 0.0105 | 0.05 | 1.055 | 10.55 | 0.004 | 0.04 | 21 |
| C | 0.0105 | 0.5 | 1.055 | 5.27 | 0.04 | 0.2 | 2.1 |
| D | 0.0105 | 0.5 | 1.055 | 10.55 | 0.04 | 0.4 | 2.1 |
| E | 0.0105 | 5 | 1.055 | 5.27 | 0.4 | 2 | 0.21 |
| F | 0.0105 | 5 | 1.055 | 10.55 | 0.4 | 4 | 0.21 |
| G | 0.0035 | 0.05 | 1.055 | 5.27 | 0.036 | 0.18 | 7 |

算することによって求めることができる。

また，近似解（33・46）を用いるときは，必要落下回数 $m$ は，物質移動操作における棚段計算と全く同様の方法で求まることになる。すなわち，Murphree 段効率の代りに，式（33・46b）で定義される $M$ の値を棚段塔における段数計算式[8]に代入すると，必要落下回数 $m$ が求まることになる。

---

8) Treybal, R. E: "Mass-Transfer Operation" McGraw-Hill pp. 217~221 (1955).

第33章 回転式粉粒体熱交換器の設計法

$$m = \frac{\ln\left[\left(1-\frac{W_pC_p}{W_aC_a}\right)\left(\frac{T_{in}-\overline{T}_{in}}{T_{out}-\overline{T}_{in}}\right)+\frac{W_pC_p}{W_aC_a}\right]}{-\ln\left\{1+M\left[\left(\frac{W_pC_p}{W_aC_a}\right)-1\right]\right\}} \quad \cdots\cdots(33\cdot48)$$

$M=1$ のときの必要落下回数を $m_o$ とすると,

$$m_o = \frac{\ln\left[\left(1-\frac{W_pC_p}{W_aC_a}\right)\left(\frac{T_{in}-\overline{T}_{in}}{T_{out}-\overline{T}_{in}}\right)+\frac{W_pC_p}{W_aC_a}\right]}{-\ln\left(\frac{W_pC_p}{W_aC_a}\right)} \quad \cdots\cdots(33\cdot49)$$

式 (33·48), (33·49) から

$$m = m_o \div \frac{\ln\left\{1+M\left[\left(\frac{W_pC_p}{W_aC_a}\right)-1\right]\right\}}{\ln\left(\frac{W_pC_p}{W_aC_a}\right)} \quad \cdots\cdots(33\cdot50)$$

または

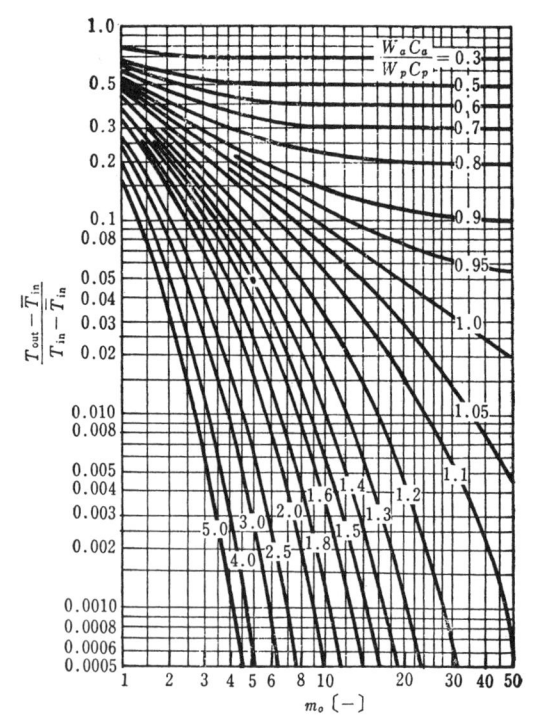

図 33·34　$M=1$ のときの必要落下回数 $m_o$

$$m = m_o/E \quad \cdots\cdots\cdots\cdots\cdots\cdots\cdots\cdots\cdots\cdots\cdots\cdots\cdots\cdots\cdots (33\cdot50\mathrm{a})$$

ここで，

$$E \equiv \frac{\ln\left\{1 + M\left[\left(\dfrac{W_p C_p}{W_a C_a}\right) - 1\right]\right\}}{\ln\left(\dfrac{W_p C_p}{W_a C_a}\right)} \quad \cdots\cdots\cdots\cdots\cdots\cdots\cdots\cdots (33\cdot51)$$

$m_o$ および $E$ の計算図を，図 33・34 および図 33・35 に示した。

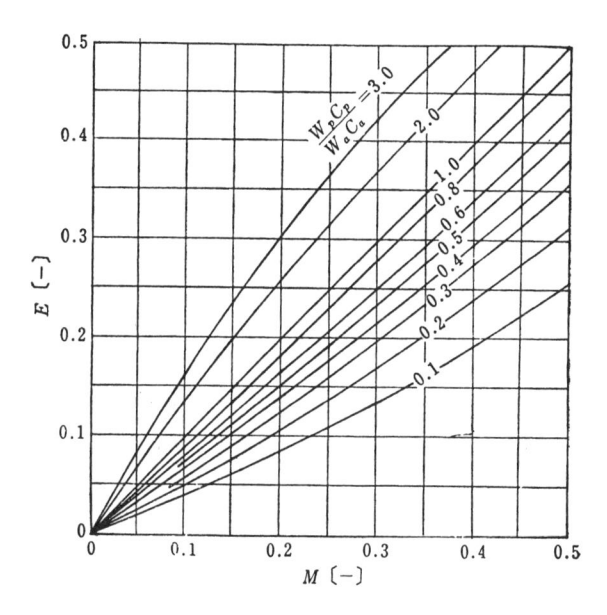

図 33・35　$E$ と $M$ の関係

ここで，

　　$W_p$：粉粒体供給量〔kg/hr〕

　　$C_p$：粉粒体比熱〔kcal/kg・℃〕

　　$W_a$：空気流量〔kg/hr〕

　　$C_a$：空気比熱〔kcal/kg・℃〕

　　$T_{\text{out}}$：粉粒体出口温度〔℃〕

　　$\overline{T}_{\text{in}}$：空気入口温度〔℃〕

　　$T_{\text{in}}$：粉粒体入口温度〔℃〕

## 33・4・4　平均堆積時間および平均落下時間

堆積時間 $\tau_\alpha$，および落下時間 $\tau_\beta$ は，掻上翼先端の位置 $\theta_f$ によって変わり，また粒体落下量も $\theta_f$ によって変わる。したがって，粉粒体全体を平均して考えるときには，33・4・1 ないし 33・4・3 で用いた堆積時間 $\tau_\alpha$，落下時間 $\tau_\beta$ の代りに，次式で定義される平均堆積時間 $(\tau_\alpha)_{av}$ および平均落下時間 $(\tau_\beta)_{av}$ を用いねばならない。

$$(\tau_\alpha)_{av} = \frac{\int \tau_\alpha \cdot dA_f}{\int dA_f} = -\frac{1}{A_{f,0}} \int_{\theta_f=0}^{\theta_f=\theta_{f,e}} \tau_\alpha \cdot dA_f \quad \cdots\cdots(33\cdot52)$$

$$(\tau_\beta)_{av} = \frac{\int \tau_\beta \cdot dA_f}{\int dA_f} = -\frac{1}{A_{f,0}} \int_{\theta_f=0}^{\theta_f=\theta_{f,e}} \tau_\beta \cdot dA_f \quad \cdots\cdots(33\cdot53)$$

### 33・4・5 境膜伝熱係数

単一球とガス間の境膜伝熱係数の式としては種々の式が提出されているが，もっとも代表的なものは Ranz と Marshall[9] のものである。

$$\left(\frac{hd_p}{k_a}\right) = 2.0 + 0.6\left(\frac{C_a\mu_a}{k_a}\right)^{0.33}\left(\frac{d_p(u_a-u_p)\rho_a}{\mu_a}\right)^{0.5} \quad \cdots\cdots(33\cdot54)$$

この式を回転冷却器における粉粒体と冷風の間の境膜伝熱係数の推算式として用いることができるので，粒子の速度 $u_p \ll u_a$ と見なし，これを無視して

$$\frac{hd_p}{k_a} = 2.0 + 0.6\left(\frac{C_a\mu_a}{k_a}\right)^{0.33}\left(\frac{d_pu_a\rho_a}{\mu_a}\right)^{0.5} \quad \cdots\cdots(33\cdot55)$$

ここで，

　$h$：境膜伝熱係数〔kcal/m$^2$・sec・℃〕

　$k_a$：冷風の熱伝導率〔kcal/m・sec・℃〕

　$d_p$：粒子の径〔m〕

　$C_a$：冷風の比熱〔kcal/kg・℃〕

　$\mu_a$：冷風の粘度〔kg/m・sec〕

　$u_a$：空気の速度〔m/sec〕

　$\rho_a$：空気の密度〔kg/m$^3$〕

## 33・5 構　造[10]

### 33・5・1 胴　体

---

9) Ranz, W.E., and Marshall, W.R : Chem. Eng. Progr., vol. 48, pp. 141～146, 173 ～180 (1952).
10) 化学工学協会編：化学装置便覧，pp. 685～689，丸善（昭和45年）．

## 33・5 構造

回転冷却器あるいは回転乾燥器の胴体は溶接構造のものがほとんどであり，通常一般構造用鋼板製である。粉粒体材料によって胴体にステンレス鋼，アルミニウム，耐摩耗鋼などを内張りすることがある。胴体板厚の選定は胴体軸方向のたわみ，軸に対し直角方向の断面の真円度に重点をおく。前者が問題になるのは，胴体端面と胴体中央における軸方向のたわみであり，胴体端面のたわみが大きいと，胴体の回転に伴なう端面の振れが大きくなり，フードなどの固定部分と気密を保つのがむずかしい。胴体中央におけるたわみの大きい場合は，タイヤとローラーおよび大歯車と小歯車の接触状態が問題になる。断面の真円度については，胴体端面と歯車取付部が重要である。タイヤ部については，タイヤを胴体に固定する場合はタイヤの真円度が重要であり，ルーズフィッティング（タイヤを胴体と固定しない状態で取り付ける）の場合は，胴体の真円度も重要である。また，タイヤ・歯車・気密装置のおのおのの取付部の軸方向に直角な断面の中心は，ほぼ一致していなければならない。このため胴体の芯通し検査が行なわれる。さらに胴体には，歯車取付台・ルーズタイヤの場合はその敷板および保持リングをつけるが，前者においては胴体軸方向に対する歯車取付面の直角度に，後者においてはタイヤと保持リングのすき間寸法に注意を要する。

### 33・5・2 支持装置

支持装置はタイヤ・ローラー・スラストローラー・軸受・ベットからなる。回転冷却器では，胴体長さは通常直径の 10～12 倍程度であり重力も大きくないので，支持装置は一般には2組である。タイヤは特別な構造のものでないかぎり，端面より胴体長さの1/5程度のところに取り付けられる。タイヤの胴体に固定して取り付けるフィックスフィッティングと，胴体に固定しない状態で取り付けるルーズフィッティングがあり，前者は胴体にリベット締めまたは溶接するものであり，400～500℃ までの低温において使用される。後者はタイヤを胴体に固定せず，わずかのすき間をもってはめ込み，胴体の膨張によって生ずる摩擦力によってタイヤと胴体の間のすべりを止める方法であり，高温において使用される。サイドローラーは主としてラジアル荷重を支持するためのもので，通常タイヤ1個に対して2個で支持する。さらに安定をよくするために，4個で支持する方式もある。サイドローラー軸受には，ころ軸受式とすべり軸受式とがあり，前者は転動摩擦が小さく構造が簡単で，小型であって自動調芯作用がある。最近は自動調芯ころ軸受が多く採用されている。軸受ケーシング内面の仕上精度には注意を要する。後者は荷重が大きくて，高温粉塵ふん囲気において使用されることが多い。軸受金は青銅・ホワイトメタルなどであり，潤滑は軸受油だめよりオイルバスケットで汲み上げて給油する方式や，強制給油方式

による。つぎに，胴体の推力を支持するためのスラストローラーがある。軽量な冷却器においては，サイドローラーに つば をつけて代用することもある。材質は鋳鋼または鍛鋼で，ローラーはタイヤより硬いものを使用することが必要である。

### 33・5・3 駆動装置

胴体の駆動は通常歯車駆動である。モーターから減速装置を介して，小歯車と大歯車のかみ合いによって胴体を回転させる。大歯車の胴体への取付けは，歯車取付台に固定する方式と，ばね板を介して歯車を取り付ける方式とがある。後者は据付時に回転中心をだすのがむずかしい。その他の駆動方式として，チェーン駆動・サイドローラーによる摩擦伝動があるが，いずれも特殊な方式で軽量小型のものに採用されているにすぎない。小歯車と大歯車の潤滑は，歯車カバー下部の油だめに浸漬された給油小歯車により給油する。

### 33・5・4 気密装置

回転する円筒胴と固定した出入口フードとが接続する箇所，投入シュート，粉粒体排出口のエアシールが重要である。空気の吹出し・外気の漏入・粉塵の発生・製品の汚染などを防ぐ目的である。気密装置には図 33・36 に示すような構造のものがある。図 33・36(a)

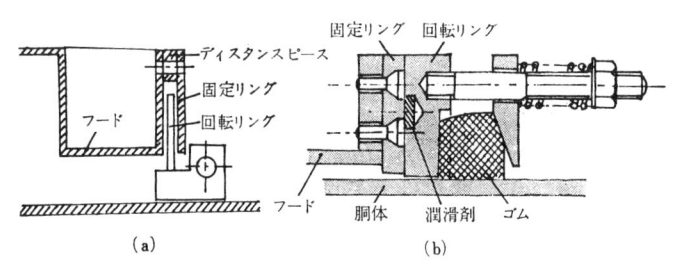

図 33・36 気 密 装 置

はフードに固定リングを取り付け，回転リングは胴体にはめ，キーにより胴体と共に固定リングとディスタンスピースよりなる溝内を回転接触しながら，空気の漏れを防止するものである。図 33・36(b) はフードのつば面をメタルのしゅう動により，胴体円周方向をゴムとのしゅう動により気密を保つものである。

### 33・5・5 掻上翼

通常胴体円周方向に等間隔をおいて，千鳥状に取り付けられる。掻上翼（リフター）の形状は，通常図 33・37 に示すように，大別して平板状のものと先端を折り曲げたものとがある。胴体入口部には，粉粒体を内部に送り込むために，軸方向に45～60°の角度をつけたスパイラル状の送り翼を取り付ける。特殊な例として，胴体内に多数の仕切板を入れた

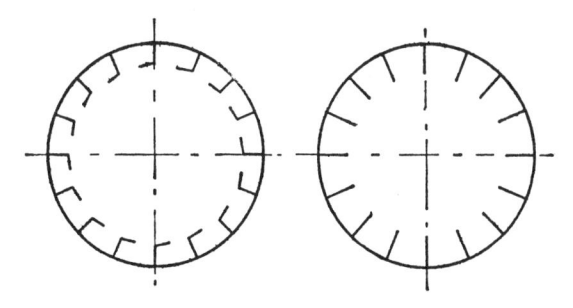

図 33・37　各種搔上翼

ものがある。搔上翼の材質は，胴体と同じく一般構造用鋼・ステンレス鋼・アルミニウム・耐摩耗鋼などであり，板厚は 3～9〔mm〕程度である。

## 33・6　駆動動力

回転冷却器の駆動動力を求める式として，つぎのものがある。

### (1) Allis-Chalmers 会社の式[1]

$$P（必要馬力）=F（摩擦馬力）+R（負荷馬力） \quad \cdots\cdots（33\cdot56）$$

$$F=\frac{0.798 \times W_T \times D_B \times D_T \times N \times \mu_B}{D_R} \quad \cdots\cdots（33\cdot57）$$

$$R=115.9\times[D\cdot\sin(\theta_p)]^3\times N\times L\times K \quad \cdots\cdots（33\cdot58）$$

ここで，

$F$：摩擦馬力〔HP〕，　$R$：負荷馬力〔HP〕

$W_T$：全垂直荷重〔ton〕$=M_T+X_T$

$M_T$：円筒質量〔ton〕，　$X_T$：粉粒体堆積量〔ton〕

$D_B$：ベヤリング径〔m〕，　$D_T$：タイヤ径〔m〕

$D_R$：ローラー径〔m〕，　$N$：回転数〔rev/min〕

$\mu_B$：支持軸受の摩擦係数（油潤滑=0.018，グリース潤滑=0.06）

$2\theta_p$：胴中心と粉粒体層とのなす角度〔度〕—図 33・38 参照—

$K$：0.0018（粉粒体休止角約 40° として）

$L$：筒長さ〔m〕，　$D$：筒直径〔m〕

### (2) Bartlett-Snow-Pacific 会社の式[1]

$$P=\frac{N(34.4DX_T+1.393D_TW_T+0.728W_T)}{100} \quad 〔HP〕 \quad \cdots\cdots（33\cdot59）$$

図 33・38

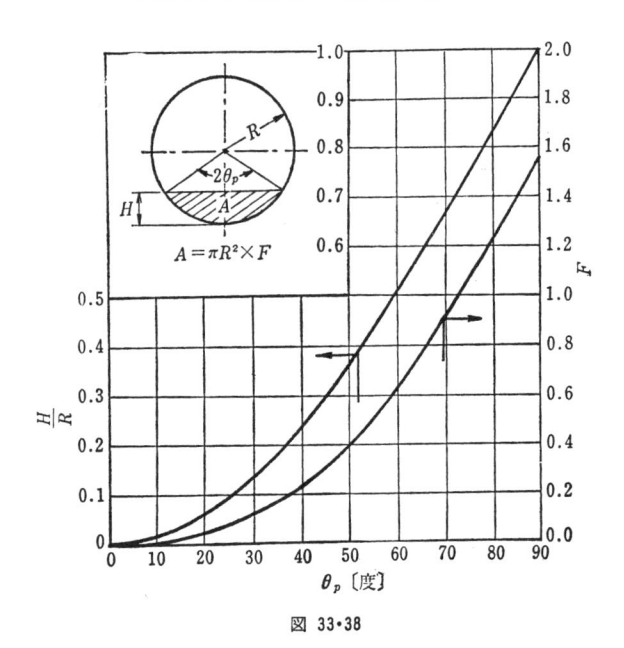

記号は全て(1)の場合と同じである。

**(3) 佐野の式[1)]**

(i) 円筒内粉粒体の運動に要する動力：$P_1$〔HP〕

粉粒体の運動が臨界状態に到達しない低回転速度の場合に対する $P_1$〔HP〕は，次式で与えられる。

$$P_1 = 13.33 D^3 L S_p N [C_1 \cdot \sin(\delta) + C_2 D N^2] \quad \cdots\cdots(33\cdot60)$$

ここで，

$\delta$：粉粒体休止角〔度〕，$S_p$：粉粒体の比重〔—〕

$C_1$：充満度係数 $= 0.00457 \cdot \sin^3(\theta_p)$

$C_2$：充満度係数 $= 9.61 \times 10^{-7} [1 - \cos^4(\delta)]$

$D$：筒直径〔m〕，$L$：筒長さ〔m〕

$N$：回転数〔rev/min〕

(ii) 円筒を回転させるのに要する動力：$P_2$〔HP〕

円筒軸が回転軸に完全に一致しているものと見なして，

$$P_2 = 1.868 \times 10^{-3} M_T D^2 N^2 \quad \cdots\cdots(33\cdot61)$$

ここで，

 $M_T$：円筒質量〔ton〕

 $D$：円筒直径〔m〕

(iii) 円筒支持部における摩擦抵抗動力：$P_3$〔HP〕

$$P_3 = 0.697 D_T N (M_T + X_T) \left( \mu_T + \mu_B \frac{D_B}{D_R} \right) \cdot \cos(\alpha)/\cos(\gamma) \quad \cdots\cdots\cdots\cdots (33 \cdot 62)$$

ここで，

 $\gamma$：タイヤとローラー間の接触角 ≒ 30°

 $\alpha$：円筒の傾斜角度〔度〕

 $\mu_T$：タイヤとローラー間の摩擦係数（=0.08〜0.1）

(iv) 減速装置における動力損失：$\eta$

これは減速装置の効果により決定される。一例を示せばつぎのようになる。

 平歯車 90%，減速機 92%

したがって，

 $P = (P_1 + P_2 + P_3)/\eta$ 初期馬力

 $P = (P_1 + P_3)/\eta$ 運転馬力

**(4) Porter の式**

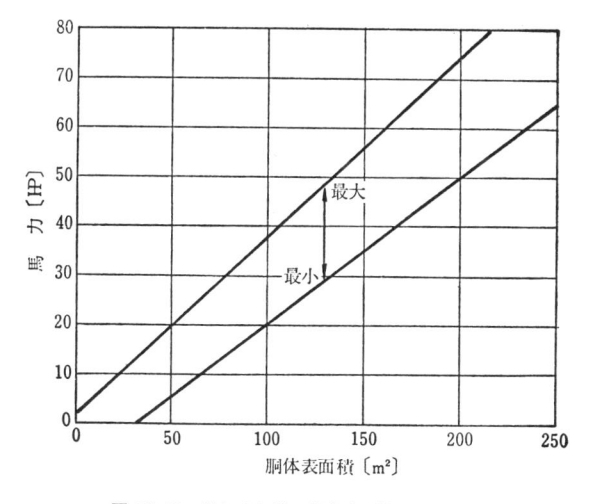

図 33・39 回転冷却器の胴体表面積と馬力の関係図

$$P = \frac{S(D_e + l_f)\rho_p}{75 \times 60} \quad \cdots\cdots\cdots\cdots\cdots\cdots\cdots\cdots\cdots\cdots (33\cdot63)$$

ここで，

$S$：掻上容量 [m³/min], $D_e$：円筒の有効径 [m]

$l_f$：掻上翼の幅 [m], $\rho_p$：粉粒体の密度 [kg/m³]

通常，佐野の式が一番馬力に近いが，多少過大である。図33・39は各種装置の運転結果を集積した，駆動動力の推測図である。負荷の少ない場合は下限に近く，多い場合は上限に近い値をとる。

## 33・7 設計例

〔例題 33・2〕 肥料冷却器の設計

毎時 45 [ton] の肥料粒子を，25 [°C] の空気によって 120 [°C] から 35 [°C] まで冷却する回転冷却器を設計する。肥料粒子の物性は下記のとおりである。

粒子径 $d_p = 3.0$ [mm]
粒子熱伝導率 $k_p = 2.07 \times 10^{-5}$ [kcal/m·sec·°C]
粒子比熱 $C_p = 0.3$ [kcal/kg·°C]
粒子のかさ密度 $\rho_B = 960$ [kg/m³]
粒子真密度 $\rho_p = 1,776$ [kg/m³]
粒子摩擦係数 $\mu_p = 0.9$ [—]
空気の密度 $\rho_a = 1.02$ [kg/m³] ……70[°C] にて……
空気の比熱 $C_a = 0.240$ [kcal/kg·°C] ……70[°C] にて……
空気の熱伝導率 $k_a = 0.686 \times 10^{-5}$ [kcal/m·sec·°C] ……70[°C] にて……
空気の粘度 $\mu_a = 204.4 \times 10^{-7}$ [kg/m·sec] ……70[°C] にて……

〔解〕

(1) 冷風流量 $W_a$： 冷風出口温度 $\overline{T}_{out} = 100$ [°C] とする。

伝熱量 $Q$：

$$Q = W_p C_p (T_{in} - T_{out}) = 45,000 \times 0.3 \times (120 - 35)$$
$$= 1.15 \times 10^6 \text{ [kcal/hr]}$$

冷風流量 $W_a$：

$$W_a = \frac{Q}{C_a(\overline{T}_{out} - \overline{T}_{in})} = \frac{1.15 \times 10^6}{0.240 \times (100 - 25)}$$
$$= 64 \times 10^3 \text{ [kg/hr]}$$

(2) 円筒有効径 $D_e$： ダスティングを考慮して，空気質量速度 $G_a = 9,000$ [kg/m²·hr] とする。

円筒有効断面積 $A_e$：

$$A_e = W_a/G_a = 64 \times 10^3 / 9 \times 10^3 = 7.1 \text{ [m}^2\text{]}$$

円筒有効径 $D_e$：

$$D_e = \sqrt{\frac{4}{\pi} \cdot A_e} = \sqrt{\frac{4}{\pi} \times 7.1} = 3.0 \text{ [m]}$$

（3） 回転数 $N$： 図 33・33 の $A$, $B$ 両図の比較から，落下時間 $\tau_\beta$ が一定であっても堆積時間 $\tau_\alpha$ が増せば，同一の温度降下に必要な落下回数は減少するから，$\tau_\alpha/\tau_\beta$ は大きいほうが経済的である。

通常，掻上翼位置 $\theta_f$ が 45 〔度〕の点での $\tau_\alpha/\tau_\beta$ が 10 以上となるように回転数を選ぶのがよい。図 33・19 および図 33・24 から，この条件を満足する回転数 $N=3$ 〔rev/min〕以下であることがわかる。

したがって，$N=3$ 〔rev/min〕とする。

（4） 掻上翼の形状および数の決定

単位長さあたりの掻上容量 $A_{f,0}$：

式（33・8）から

$$n_f \cdot A_{f,0} \leq 1.3 A_e/N$$

$$\leq 1.3 \left(\frac{\pi D_e^2}{4N}\right) = 1.3 \left(\frac{\pi \times 3.0^2}{4 \times 3.0}\right)$$

$$\leq 3.07 \text{ [m}^3\text{/m]}$$

掻上翼の数 $n_f = 20$ とすると，

$$A_{f,0} \leq 3.07/20 = 0.154 \text{ [m}^3\text{/m]}$$

角回転速度 $\omega$

$$\omega = 2\pi \left(\frac{N}{60}\right) = 2\pi \left(\frac{3}{60}\right) = 0.314 \text{ [radian/sec]}$$

$$\nu = \left(\frac{\omega^2 D_e}{2g}\right) = \left(\frac{0.314^2 \times 3}{2 \times 9.8}\right) = 0.0150$$

$\theta_f = 0$ における動息角 $\phi_o$

図 33・6 から $\phi_o = 42.9$ 〔度〕

$\Psi = 90°$, $l_{f,1} = l_{f,2} = 0.3$ 〔m〕の掻上翼を用いるものとすると，掻上翼先端と円筒中心を結ぶ線が掻上翼底板と円筒中心を結ぶ線となす角度 $\lambda$ は，

$$\lambda = \tan^{-1}\left[\frac{l_{f,2} \cdot \sin(\Psi)}{(D_e/2) - l_{f,1}}\right] = \tan^{-1}\left[\frac{0.03 \times 1}{0.150 - 0.03}\right]$$

$$= \tan^{-1}(0.25) = 14 \text{ 〔度〕}$$

$$\lambda = \phi_o = 42.9 + 14 = 56.9 \text{ 〔度〕}$$

図 33・12 から，掻上翼単位長さあたりの掻上容量 $A_{f,0}$ は

$$A_{f,0} = 0.128 \text{ [m}^3\text{/m]} \leq 0.154 \text{ [m}^3\text{/m]}$$

（5） 境膜伝熱係数 $h$：

Reynolds 数 $Re$

$$u_a \cdot \rho_a = G_a = 9{,}000 \text{ [kg/m}^2\cdot\text{hr]} = 2.78 \text{ [kg/m}^2\cdot\text{sec]}$$

表 33・2

| $\theta_f$ 〔度〕 | $\phi$ 〔度〕 | $\Omega$ 〔度〕 | $\Delta\Omega$ 〔度〕 | $\left(\dfrac{\Delta A_f}{\Delta \Omega}\right)$ | $\left(\dfrac{\Delta A_f}{\Delta \Omega}\right)_{av,i}$ | $(\Delta A_f)_{av,i}$ |
|---|---|---|---|---|---|---|
| 0 | 42.9 | 146.9 |  | 0.00105 |  |  |
|  |  |  | −27.2 |  | 0.00088 | −0.0240 |
| 27 | 42.7 | 119.7 |  | 0.00070 |  |  |
|  |  |  | −27.3 |  | 0.00068 | −0.0185 |
| 54 | 42.4 | 92.4 |  | 0.00066 |  |  |
|  |  |  | −27.3 |  | 0.00081 | −0.0220 |
| 81 | 42.1 | 65.1 |  | 0.00095 |  |  |
|  |  |  | −27.5 |  | 0.00105 | −0.0288 |
| 108 | 41.6 | 37.6 |  | 0.00115 |  |  |
|  |  |  | −27.3 |  | 0.00098 | −0.0267 |
| 135 | 41.3 | 10.3 |  | 0.00081 |  |  |
|  |  |  | −10.3 |  | 0.00080 | −0.0082 |
| 145 | 41.0 | 0 |  | 0.00078 |  |  |
| Σ |  |  |  |  |  | −0.1282 |

$$Re = \left(\frac{d_p \cdot u_a \cdot \rho_a}{\mu_a}\right) = \left(\frac{0.0030 \times 2.78}{204.4 \times 10^{-7}}\right) = 370$$

式 (33・54) から

$$\left(\frac{h \cdot d_p}{k_a}\right) = 2.0 + 0.6 \left(\frac{0.240 \times 204.4 \times 10^{-7}}{0.686 \times 10^{-5}}\right)(370)^{0.5}$$

$$= 12.2$$

$$h = 12.2(0.686 \times 10^{-5}/0.0030) = 0.028 \text{ [kcal/m}^2 \cdot \text{sec} \cdot {}^\circ\text{C]}$$

(6) 平均落下時間 $(\tau_\beta)_{av}$ および平均堆積時間 $(\tau_\alpha)_{av}$

粉粒体の落下が完了するときの搔上翼先端の位置 $\theta_{f,e}$

$\theta_{f,e} = 135$ 〔度〕と仮定すると,図 33・6 から $\phi = 41$〔度〕

式 (33・15) から

$\theta_{f,e} = 180 - 90 + 41 + 14 = 145$ 〔度〕

したがって,最初に仮定した $\theta_{f,e}$ の値は正しかったことになる。

$\theta_f = 0 \sim 145$ 〔度〕の間を 27〔度〕ずつに 6 区間に区分する。

第 1 区間 ($\theta_f = 0 \sim 27$〔度〕):

 $\theta_f = 0$:

  図 33・6 から,$\phi = 42.9$〔度〕

  式 (33・14) から,$\Omega = 180 - 90 + 42.9 - (0 - 14) = 146.9$〔度〕

  図 33・28 から,$\Delta A_f/\Delta\Omega = 0.00105$

  図 33・19 から,$\tau_\beta = 0$

  図 33・24 から,$\tau_\alpha = 0$

 $\theta_f = 27$:

  $\phi = 42.7$

  $\Omega = 180 - 90 + 42.7 - (27 - 14) = 119.7$〔度〕

## 33・7 設計例

| $\tau_\alpha$ [sec] | $\tau_\beta$ [sec] | $(\tau_\alpha)_{av,i}$ [sec] | $(\tau_\beta)_{av,i}$ [sec] | $\left(\dfrac{\tau_\alpha}{\tau_\beta^2}\right)_{av,i}$ | $(\tau_\alpha)_{av,i} \times (\varDelta A_f)_{av,i}$ | $(\tau_\beta)_{av,i} \times (\varDelta A_f)_{av,i}$ | $(\tau_\alpha/\tau_\beta^2)_{av,i} \times (\varDelta A_f)_{av,i}$ |
|---|---|---|---|---|---|---|---|
| 0 | 0 | | | | | | |
| 4 | 0.61 | 2.0 | 0.305 | 21.4 | −0.048 | −0.00735 | −0.514 |
| 7 | 0.77 | 5.5 | 0.690 | 11.5 | −0.102 | −0.01280 | −0.214 |
| 10 | 0.80 | 8.5 | 0.785 | 13.8 | −0.187 | −0.01720 | −0.304 |
| 13 | 0.75 | 11.5 | 0.775 | 19.2 | −0.332 | −0.02230 | −0.555 |
| 16 | 0.60 | 14.5 | 0.675 | 31.8 | −0.388 | −0.01800 | −0.850 |
| 17 | 0.55 | 16.5 | 0.575 | 50.0 | −0.135 | −0.00472 | −0.410 |
| Σ | | | | | −1.192 | −0.08237 | −2.837 |

$\varDelta A_f/\varDelta \Omega = 0.0007$

$\tau_\beta = 0.61$ [sec]

$\tau_\alpha = 4$ [sec]

平均値

$$\left(\frac{\varDelta A_f}{\varDelta \Omega}\right)_{av} = \frac{0.00105 + 0.0007}{2} = 0.00088$$

$$(\varDelta A_f)_{av} = 0.00088 \times (119.7 - 146.9) = -0.024$$

$$(\tau_\alpha)_{av,1} = \frac{0+4}{2} = 2$$

$$(\tau_\beta)_{av,1} = \frac{0+0.61}{2} = 0.305$$

$$\left(\frac{\tau_\alpha}{\tau_\beta^2}\right)_{av,1} = \frac{2}{0.305^2} = 21.4$$

$$(\tau_\alpha)_{av,1} \cdot (\varDelta A_f)_{av} = 2 \times (-0.024) = -0.048$$

$$(\tau_\beta)_{av,1} \cdot (\varDelta A_f)_{av} = 0.305 \times (-0.024) = -0.00735$$

$$\left(\frac{\tau_\alpha}{\tau_\beta^2}\right)_{av,1} \cdot (\varDelta A_f)_{av} = 21.4 \times (-0.024) = -0.514$$

第2区間以降についても同様の計算を行ない,その結果を表 32・2 に示した。

平均落下時間 $(\tau_\beta)_{av}$ は,式 (33・53) から

$$(\tau_\beta)_{av} = \frac{\int \tau_\beta \cdot dA_f}{\int dA_f} = \frac{\Sigma[(\tau_\beta)_{av,i} \times (\varDelta A_f)_{av,i}]}{\Sigma(\varDelta A_f)_{av,i}} = \frac{-0.08237}{-0.1282}$$

$$= 0.64 \text{ [sec]}$$

平均堆積時間 $(\tau_\alpha)_{av}$ は,式 (33・52) から

$$(\tau_\alpha)_{av} = \frac{\int \tau_\alpha \cdot dA_f}{\int dA_f} = \frac{\sum[(\tau_\alpha)_{av,i} \times (\varDelta A_f)_{av,i}]}{\sum(\varDelta A_f)_{av,i}} = \frac{-1.192}{-0.1282}$$

$$=9.3 \text{ [sec]}$$

また，式 (33・22) から

$$\left(\frac{\tau_\alpha}{\tau_\beta^2}\right)_{av} = \frac{\int \left(\frac{\tau_\alpha}{\tau_\beta^2}\right) \cdot dA_f}{\int dA_f} = \frac{\sum\left[\left(\frac{\tau_\alpha}{\tau_\beta^2}\right)_{av,i} \times (\varDelta A_f)_{av,i}\right]}{\sum(\varDelta A_f)_{av,i}}$$

$$= \frac{-2.827}{-0.1282} = 22.0 \text{ [1/sec]}$$

(7) 必要落下数 $m$：

粒子外半径 $r_o = 0.0015$ [m]

粒子温度伝導率 $a$

$$a = \left(\frac{k_p}{C_p \cdot \rho_p}\right) = \frac{2.07 \times 10^{-5}}{0.3 \times 1,776} = 3.9 \times 10^{-8} \text{ [m}^2\text{/sec]}$$

$$\frac{a(\tau_\beta)_{av}}{r_o^2} = \frac{3.9 \times 10^{-8} \times 0.64}{(0.0015)^2} = 1.1 \times 10^{-2}$$

Biot 数 $Bi$：

$$Bi = \frac{r_o \cdot h}{k_p} = \frac{0.0015 \times 100}{0.0745} = 2.02$$

図 33・32 から $(1-M) = 0.95$

$$M = 1 - 0.95 = 0.05$$

$$\frac{T_{out} - \overline{T}_{in}}{T_{in} - \overline{T}_{in}} = \frac{35-25}{120-25} = 0.111$$

$$\frac{W_a C_a}{W_p C_p} = \frac{64 \times 10^3 \times 0.240}{45 \times 10^3 \times 0.300} = 1.15$$

図 33・34 から $m_o = 5$

図 33・35 から $E \fallingdotseq M = 0.05$

したがって，必要落下回数は，式 (33・50a) から

$$m = \frac{m_0}{E} = \frac{5}{0.05} = 100$$

(8) 粒子の円筒内滞留時間 $T_{av}$ および円筒内滞留量 $X$

$$T_{av} = m[(\tau_\alpha)_{av} + (\tau_\beta)_{av}] = 100(9.3 + 0.64) = 994 \text{ [sec]}$$

$$X = \frac{W_p \times T_{av}}{\rho_B \times 3,600} = \frac{45,000 \times 994}{960 \times 3,600} = 13 \text{ [m}^3\text{]}$$

(9) 円筒有効長 $L_e$：　1枚の掻上翼中に堆積する単位長さあたりの粉粒体容量 $A_f$ は，掻上翼の移動にともなって $A_{f,0}$ より0まで変動するので，平均堆積量は $A_{f,0}/2$ と見なすことができる。したがって，

$$L_e = \frac{X}{n_f(A_{f,0}/2)} = \frac{13}{20 \times (0.128/2)} = 10.1 \text{ [m]}$$

余裕を見て，$L_e = 11$ [m] とする。

**(10) 円筒傾斜角 $\alpha$**

空気と粒子の相対速度

$$u^* \fallingdotseq u_a = \frac{W_a/\rho_a}{\left(\frac{\pi}{4}\right)D_e^2 \times 3,600} = \frac{64 \times 10^3/1.02}{\left(\frac{\pi}{4}\right)(3.0)^2 \times 3,600} = 2.48 \text{ [m/sec]}$$

$$Re = \frac{d_p \rho_a u^*}{\mu_a'} = \frac{0.0030 \times 1.02 \times 2.48}{7.35 \times 10^{-2}/3,600} = 370$$

図 33・30 から，抵抗係数 $C = 0.6$

式 (33・23) から抗力係数 $K_3$

$$K_3 = \frac{1.5 \rho_a C}{2 d_p \rho_p} = \frac{1.5 \times 1.02 \times 0.6}{2 \times 0.003 \times 1,776} = 0.082$$

式 (33・21) から

$$\begin{aligned}\sin(\alpha) &= \left[\frac{2L_e}{T_{av}}\left(\frac{\tau_\alpha}{\tau_\beta^2}\right)_{av} + K_3 u_a^2\right]\bigg/g \\ &= \left(\frac{2 \times 11 \times 22.0}{994} + 0.082 \times 2.48^2\right)\bigg/9.80 \\ &= (0.485 + 0.505)/9.80 = 0.1\end{aligned}$$

したがって，$\alpha = 5.8$ [度]

**(11) 駆動馬力 $P$**

円筒径 $D = D_e + 2l_{f,1} = 3.0 + 2 \times 0.3 = 3.6$ [m]

タイヤ径 $D_T = 4.1$ [m] とする。

粉粒体堆積量 $X_T = X \times \rho_B = 13 \times 960 = 12,500$ [kg]
$= 12.5$ [ton]

円筒質量 $M_T = 80$ [ton] と見なす。

全垂直荷重 $W_T = X_T + M_T = 92.5$ [ton]

式 (33・59) を用いて，駆動馬力 $P$ は

$$P = \frac{3 \times (34.4 \times 3.6 \times 12.5 + 1.393 \times 4.1 \times 92.5 + 0.728 \times 92.5)}{100}$$

$= 64$ [HP]

## 第 34 章　噴霧水式蒸発冷却器の設計法

### 34・1　概　説

　工業用冷却水の不足の問題あるいは温排水公害の問題から，最近になって空冷式あるいは蒸発冷却式の熱交換器が広く使用されるようになってきた。蒸発冷却器には種々の型式のものがある。第 17 章では平滑伝熱管を水平に配置し，その上部から水を流し，空気を下方から上向きに流す型式の蒸発冷却器の設計法を記載した。本章ではこれと別の型式の蒸発冷却器として噴霧水式蒸発冷却器をとり上げ，その設計法を記載する。
　噴霧水式蒸発冷却器は図 34・1 に示すように，フィン管束の前面に向って水を噴霧して

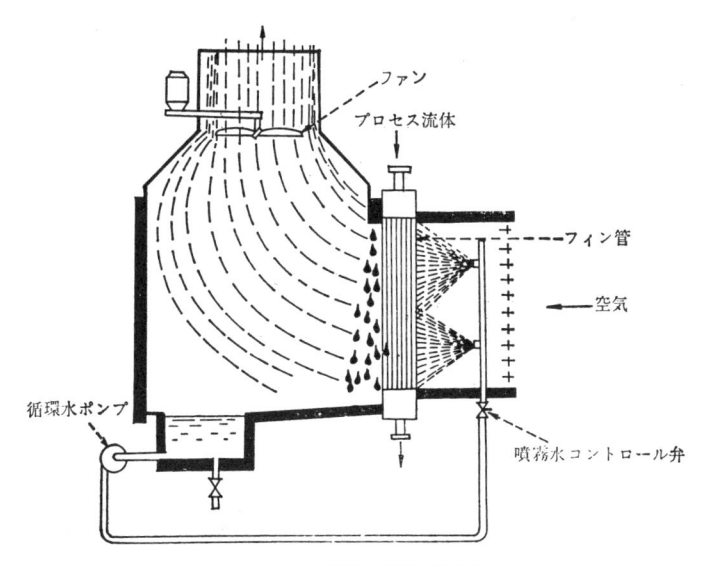

図 34・1　噴霧水式蒸発冷却器

フィン管外面を濡らし，一方空気をフィン管束に直交して流して水を蒸発しつつ管内を流れる被冷却流体を冷却する構造となっている。水を噴霧することによる効果としては，(1)空気入口温度の低減と(2)噴霧水が伝熱面で蒸発することによる伝熱量の増大とがあるが，夏期湿球温度が高い日本では(1)の効果は期待できない。したがって，(1)の効果に重点をおいた構造のもの，例えば図 34・2 に示すような蒸発冷却器は，わが国には適さない。噴霧水ミストが空気と同伴して周囲に害を及ぼす恐れがあるときには，図 34・3 に

## 34・1 概説

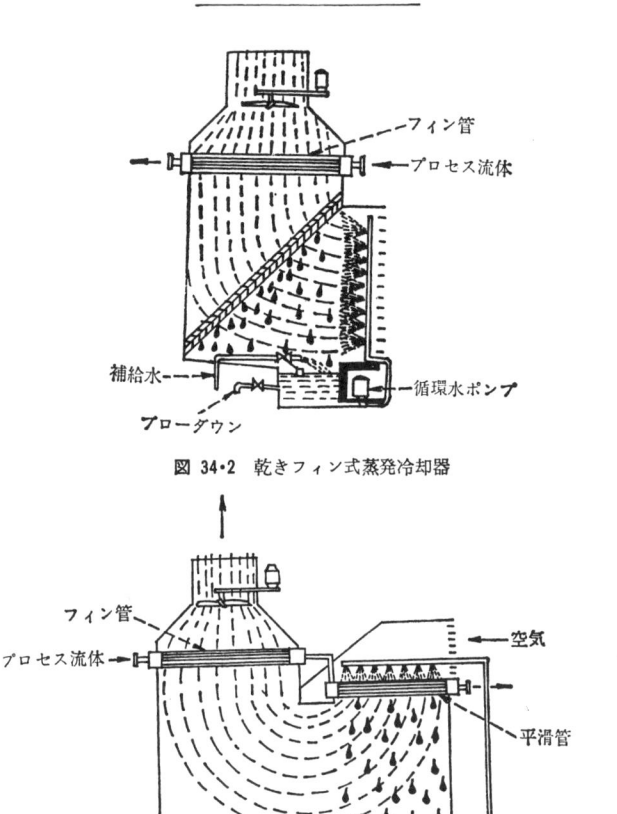

**図 34・2** 乾きフィン式蒸発冷却器

**図 34・3** 乾きフィン-濡れ平滑管組合せ式蒸発冷却器

示すような，噴霧水で濡れた管束を通過した後の空気が乾いた管束を通過する間に加熱されて，乾き空気となる構造のものが用いられる。本章では，普通広く用いられる図 34・1 の構造の噴霧水式蒸発冷却器の設計法について記載する。この構造のものは第 17 章の蒸発冷却器と比べて，(1)伝熱管がフィン管（直交ハイフィン管）であるので，フィン効率を考慮する必要があること，(2)噴霧水量が $0.03 \sim 0.05$ 〔kg/kg・dry air〕と少量であるので，噴霧水の熱容量が空気および被冷却流体の熱容量に対して，設計上無視できることなどの点で，その設計計算法が異なる。

## 34・2 基本伝熱式
### 34・2・1 計算上の仮定
計算に際してつぎの仮定をおく.

（1） フィン管束に入る直前に水が噴霧され，空気は水蒸気で飽和されるが，水噴霧の前後で空気のエンタルピ $i_g$ [kcal/kg・dry air] は変わらない．この仮定は厳密には成り立つものではなく，噴霧水温・噴霧水量によって変わるはずであるが，実用上は噴霧水量が空気量に比べて小さいので，実用の操作条件では，ほぼ成り立つものとみなしてよい.

（2） 噴霧した水は空気流に乗って管外面を濡らすが，最前列から最後列まで，すべての管フィン部も裸管部も残る所なく一様に濡らす．この仮定も厳密には成り立つものではないが，大島ら[1] は管束を通過する空気の質量速度（最小流路断面での質量速度） $G_m=10,000\sim12,000$ [kg/m²・hr] で噴霧水量が 0.03 [kg/kg・dry air] 以上の場合には，このような仮定を用いて計算して，さしつかえないことを実験によって確めている.

（3） 物質移動係数 $K_Y$ は管およびフィンの周りについて一定であり，また管およびフィンの同一円周上の温度も一定である.

（4） 物質移動係数 $K_Y$ と空気境膜伝熱係数 $h_g$ の間には，Lewis の関係[2] が成り立つ.

### 34・2・2 フィン効率
噴霧水が管内被冷却流体から熱を受けて，管外を流れる空気中に蒸発している直交フィン管のモデルを図 34・4 に示した.

直交フィンを図 34・5 に示すように微小区に $N$ 等分すると，各区間について次の諸式が成立する.

第1区間について，フィン先端を通して空気に伝わる熱量 $Q_{a1}$ は，散水の熱容量（比熱×流量）が空気の熱容量に対して無視できるときには，フィン先端から気液界面に伝わる熱量が気液界面から空気に伝わる熱量に等しいので，

$$Q_{a1}=4\pi r_0 y_b h_l(t_{fo}-t_{ifo})$$
$$=4\pi r_0 y_b K_Y(i_{ifo}-i_g) \quad\cdots\cdots(34\cdot1)$$
$$r_o=r_f \quad\cdots\cdots(34\cdot2)$$

フィン表面から空気に伝わる熱量 $Q_{b1}$ は，フィン表面温度がフィン中心点の温度 $t_{f1}$ に

---
1) 大島敏男，井内哲，吉田昭，高松勝己：化学工学，第 36 巻，第 5 号，539～546 ページ （1972）
2) 内田秀雄："湿り空気と冷却塔" 裳華房 （1963）.

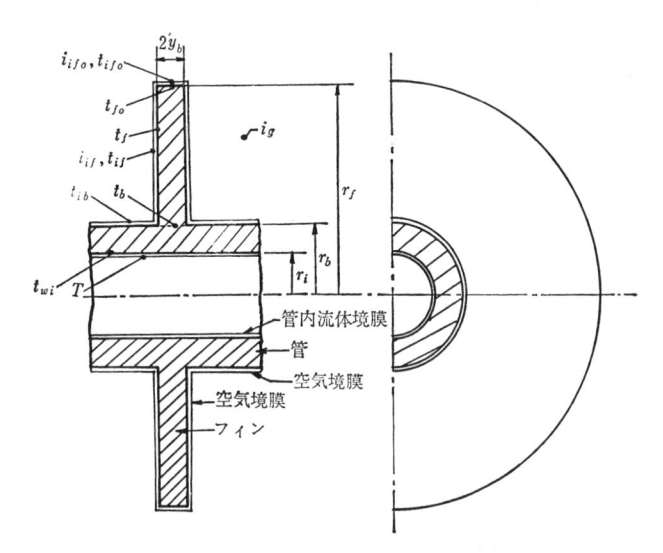

図 34・4 フィン管のモデル

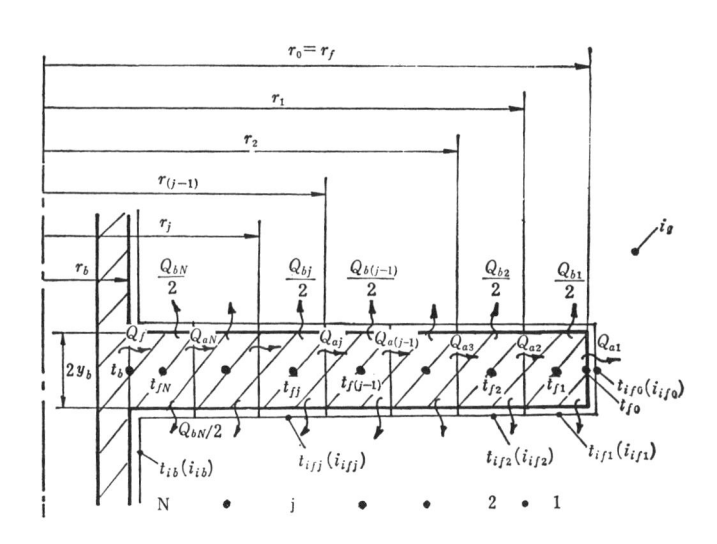

図 34・5 フィンのモデル

等しいと見なせば,

$$Q_{b1} = 2\pi(r_0^2 - r_1^2) \cdot h_l \cdot (t_{f1} - t_{if1})$$
$$= 2\pi(r_0^2 - r_1^2) \cdot K_Y \cdot (i_{if1} - i_g) \quad \cdots\cdots\cdots(34\cdot3)$$

$$r_1 = r_f - (r_f - r_b)/N \quad \cdots\cdots\cdots(34\cdot4)$$

また，中心点の温度 $t_{f1}$ は，

$$t_{f1} = t_{f0} + Q_{a1} \cdot \frac{(r_0 - r_b)/2N}{\lambda_f \cdot 4\pi r_0 y_b} \quad \cdots\cdots\cdots(34\cdot5)$$

第2区間について，第2区間から第1区間にフィン内部を通って伝わる熱量 $Q_{a2}$ は，

$$Q_{a2} = Q_{a1} + Q_{b1} \quad \cdots\cdots\cdots(34\cdot6)$$

フィン表面から空気に伝わる熱量 $Q_{b2}$ は，

$$Q_{b2} = 2\pi(r_1{}^2 - r_2{}^2) \cdot h_l \cdot (t_{f2} - t_{if2}) = 2\pi(r_1{}^2 - r_2{}^2) \cdot K_Y \cdot (i_{if2} - i_g) \quad \cdots\cdots(34\cdot7)$$

$$r_2 = r_f - 2(r_f - r_b)/N \quad \cdots\cdots\cdots(34\cdot8)$$

また，中心点の温度 $t_{f2}$ は，

$$t_{f2} = t_{f1} + Q_{a2} \cdot \frac{(r_f - r_b)/N}{\lambda_f \cdot 4\pi r_1 y_b} \quad \cdots\cdots\cdots(34\cdot9)$$

同様にして $j$ 区間 ($j = 3, 4, \cdots\cdots N-1, N$) について，$j$ 区間から $j-1$ 区間にフィン内部を通って伝わる熱量 $Q_{aj}$ は，

$$Q_{aj} = Q_{a(j-1)} + Q_{b(j-1)} \quad \cdots\cdots\cdots(34\cdot10)$$

フィン表面から空気に伝わる熱量 $Q_{bj}$ は，

$$Q_{bj} = 2\pi(r^2{}_{j-1} - r_j{}^2) \cdot h_l \cdot (t_{fj} - t_{ifj})$$
$$= 2\pi(r^2{}_{j-1} - r_j{}^2) \cdot K_Y \cdot (i_{ifj} - i_g) \quad \cdots\cdots\cdots(34\cdot11)$$

$$r_j = r_f - j(r_f - r_b)/N \quad \cdots\cdots\cdots(34\cdot12)$$

また，中心点の温度 $t_{fj}$ は，

$$t_{fj} = t_{f(j-1)} + Q_{aj} \cdot \frac{(r_b - r_f)/N}{\lambda_f \cdot 4\pi r_{j-1} y_b} \quad \cdots\cdots\cdots(34\cdot13)$$

フィン根元より，$N$ 区間のフィンに伝わる熱量 $Q_f$ は，

$$Q_f = Q_{aN} + Q_{bN} \quad \cdots\cdots\cdots(34\cdot14)$$

フィン根元温度 $t_b$ は

$$t_b = t_{fN} + Q_f \cdot \frac{(r_b - r_f)/2N}{\lambda_f \cdot 4\pi r_b y_b} \quad \cdots\cdots\cdots(34\cdot15)$$

一方，フィン表面の温度が一様に根元温度 $t_b$ に等しいと仮定したときに，フィン根元よりフィンに伝わる熱量（すなわちフィン表面から空気に伝わる熱量）$Q_f{}'$ は，次式で定義される。

$$Q_f{}' = \{2\pi(r_f{}^2 - r_b{}^2) + 4\pi r_f y_b\} \cdot h_l \cdot (t_b - t_{ib})$$
$$= \{2\pi(r_f{}^2 - r_b{}^2) + 4\pi r_f y_b\} \cdot K_Y \cdot (i_{ib} - i_g) \quad \cdots\cdots\cdots(34\cdot16)$$

また，フィン効率 $E_f$ は，次式で定義される。

$$E_f = \frac{Q_f}{Q_f'} \quad \cdots\cdots\cdots\cdots\cdots\cdots\cdots\cdots\cdots\cdots\cdots\cdots\cdots\cdots\cdots\cdots\cdots\cdots\cdots (34\cdot17)$$

ここで，

$E_f$：フィン効率〔—〕

$Q_f$：フィン根元よりフィンに伝わる熱量（＝フィン表面から空気に伝わる熱量）〔kcal/hr〕

$Q_f'$：フィン表面の温度が一様に根元温度に等しいと仮定したときに，フィン根元からフィンに伝わる熱量（＝フィン表面から空気に伝わる熱量）〔kcal/hr〕

$t_f$：フィン温度〔°C〕

$t_i$：気液界面の温度〔°C〕

$h_l$：散水の境膜伝熱係数〔kcal/m²・hr・°C〕

$K_Y$：エンタルピ基準全伝熱係数〔kcal/m²・hr・$\varDelta i$〕
または物質移動係数〔kg/m²・hr・$\varDelta x$〕*

$\varDelta x$：絶対湿度の差〔kg(水蒸気)/kg・dry air〕

$\lambda_f$：フィン金属の熱伝導率〔kcal/m・hr・°C〕

$y_b$：フィン厚みの 1/2〔m〕

$r_b$：フィン根元半径〔m〕

$r_f$：フィン外半径〔m〕

$Q_a$：フィンの半径方向への伝熱量〔kcal/hr〕

$Q_b$：フィンの半径方向と直角な方向への伝熱量〔kcal/hr〕

$i_g$：空気のエンタルピ〔kcal/kg・dry air〕

$i_i$：気液界面での空気のエンタルピ〔kcal/kg・dry air〕

$N$：フィン分割数〔—〕

$t_b$：フィン根元温度〔°C〕

いま，分割数 $N$，フィン寸法 $r_b$, $r_f$, $y_b$，フィン金属材料の熱伝導率 $\lambda_f$，散水の境膜伝熱係数 $h_l$，物質移動係数 $K_Y$，空気のエンタルピ $i_g$，およびフィン先端の温度 $t_{fo}$ が与えられるものとする。一方，気液界面において，空気は飽和湿り空気であるから，$t_i$ と $i_i$ の関係は飽和湿り空気線図から求まるので，第1区間について，式（34・1）から $t_{ifo}$ および $i_{ifo}$，したがって $Q_{a1}$ が求まる。次に式（34・5）を用いてフィン中心点の温度 $t_{f1}$

---

\* Lewis の関係が成り立つときには，エンタルピ基準全伝熱係数は，物質移動係数と等しくなる。

が求まり，式 (34・3) を用いて，$t_{fi1}$ および $i_{if1}$ したがって $Q_{b1}$ が求まる．

第2区間について，式 (34・6) から $Q_{a2}$ が，式 (34・9) から $t_{f2}$ が求まり，式 (34・7) を用いて，$t_{if2}$ および $i_{if2}$ したがって $Q_{b2}$ が求まる．

同様に $j$ 区間 ($j=3, 4, \cdots, N$) について，式 (34・10)，(34・13) および (34・11) を用いて，$Q_{aj}, t_{fj}, t_{ifj}, i_{ifj}$ および $Q_{bj}$ を順次求めることができ，式 (34・14)，(34・15) からフィン根元よりフィンに伝わる熱量 $Q_f$ およびフィン根元温度 $t_b$ が求まることになる．

次に，式 (34・16)，式 (34・17) から $Q_f'$ およびフィン効率 $E_f$ が求まる．

フィン根元半径 $r_b=1/2$ [inch]

フィン外半径 $r_f=1$ [inch]

フィン厚み $2y_b=0.016$ [inch]

フィン金属の熱伝導率 $\lambda_f=40$ および 175 [kcal/m・hr・°C]

の寸法の直交フィン管の場合に，散水の境膜伝熱係数 $h_l=5,000$ [kcal/m²・hr・°C] として，空気のエンタルピ $i_g$ を 50〜20 [kcal/kg] の範囲の値をとり，各場合についてフィン先端の温度 $t_{fo}$ の値を種々に変えて，区分数 $N=20$ とし，上記の方法によりフィン根元温度 $t_b$ およびフィン効率 $E_f$ の値を求め，その関係を図 34・6〜図 34・10 に示した．

フィン根元温度 $t_b$ が既知であると，これらの図を用いてフィン効率が求まることにな

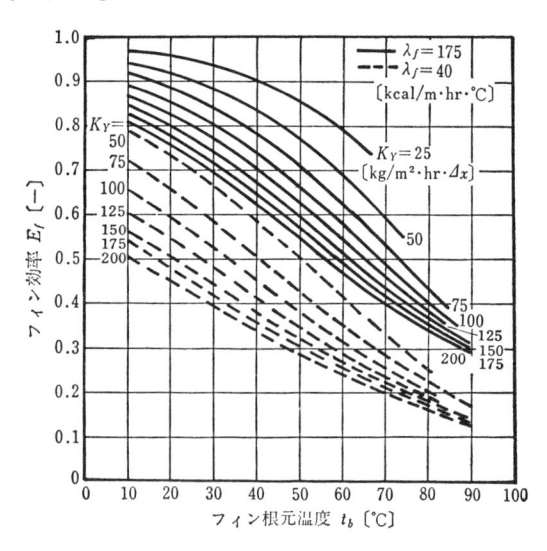

図 34・6　フィン効率(空気エンタルピ $i_g=10$ [kcal/kg・dry air])

## 34·2 基本伝熱式

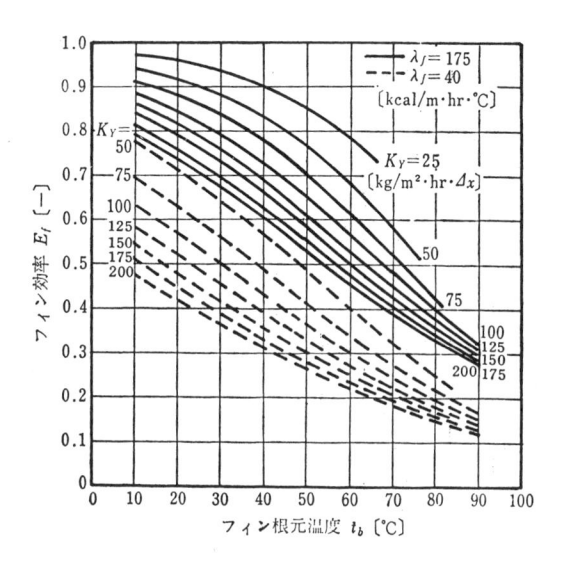

**図 34·7** フィン効率（空気エンタルピ $i_g = 20$ [kcal/kg·dry air]）

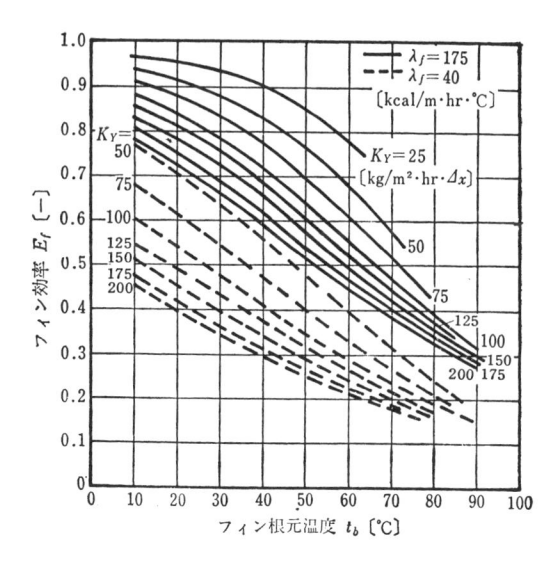

**図 34·8** フィン効率（空気エンタルピ $i_g = 30$ [kcal/kg·dry air]）

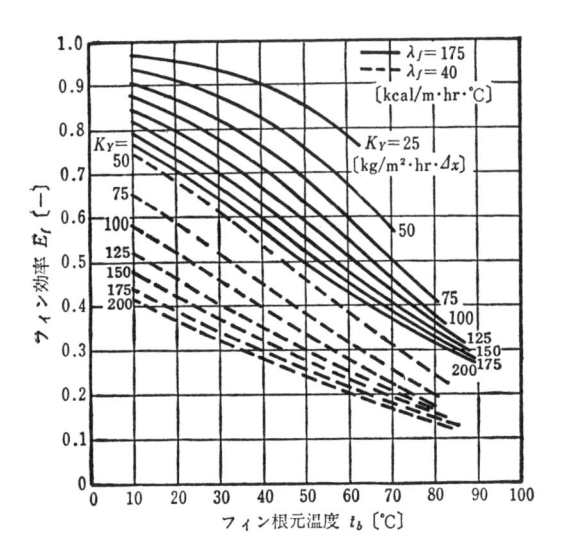

図 34・9 フィン効率(空気エンタルピ $i_a=40$ [kcal/kg・dry air])

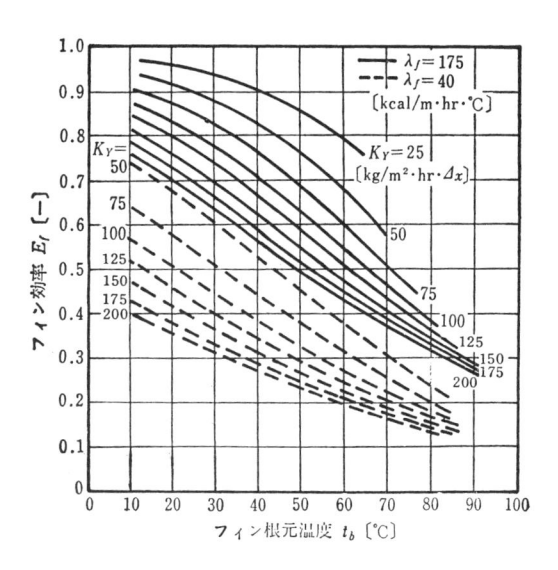

図 34・10 フィン効率(空気エンタルピ $i_a=50$ [kcal/kg・dry air])

る。散水の境膜伝熱係数 $h_l$ が 5,000 [kcal/m²·hr·°C] 以下の場合のフィン効率は，図から求まる値よりも大きくなるが，これは設計上の余裕と見ればよい。

### 34·2·3 基本伝熱式

フィン管全体について，フィン管内部から裸管部およびフィン部を通して気液界面に伝わる熱量は，散水の熱容量が小さいときには気液界面から空気に伝わる熱量に等しいので，次の関係式が成り立つ。

管内流体から管内壁に伝わる熱量

$$Q_1 = A_i h_i (T - t_{wi}) \quad\quad\quad (34·18)$$

管内壁から裸管表面およびフィン根元に伝わる熱量

$$Q_2 = A_m \frac{2\lambda}{D_b - D_i}(t_{wi} - t_b) \quad\quad\quad (34·19)$$

裸管表面およびフィン根元から気液界面に伝わる熱量

$$Q_3 = [A_f E_f + (A_o - A_f)] \cdot h_l \cdot (t_b - t_{ib}) \quad\quad\quad (34·20)$$

気液界面から空気に伝わる熱量

$$Q_4 = [A_f E_f + (A_o - A_f)] \cdot K_Y \cdot (i_{ib} - i_g) \quad\quad\quad (34·21)$$

熱収支から

$$Q_1 = Q_2 = Q_3 = Q_4 \quad\quad\quad (34·22)$$

式 (34·18)〜(34·22) から

$$UA_o(T - t_{ib}) = K_Y A_e (i_{ib} - i_g) \quad\quad\quad (34·23)$$

ここで,

$$\frac{1}{U} = \frac{1}{h_i}\left(\frac{A_o}{A_i}\right) + \frac{D_b - D_i}{2\lambda}\left(\frac{A_o}{A_m}\right) + \frac{1}{h_l}\left(\frac{A_o}{A_e}\right) \quad\quad\quad (34·24)$$

$$A_e = A_f E_f + (A_o - A_f) \quad\quad\quad (34·25)$$

$T$ : 管内流体温度 [°C]

$U$ : 管内流体から気液界面までの総括伝熱係数* [kcal/m²·hr·°C]

$A_i$ : 単位長さあたりの管内面積 [m²/m]

$A_m$ : 単位長さあたりの対数平均管表面積 [m²/m]

$$A_m = \pi(D_b - D_i)/\ln(D_b/D_i)$$

$A_o$ : 単位長さあたりの全外表面積 [m²/m]

$A_f$ : 単位長さあたりのフィン部表面積 [m²/m]

---

\* 管外表面積基準

$A_e$：単位長さあたりの有効表面積〔m²/m〕

$D_b$：フィン根元径$=2r_b$〔m〕

$D_i$：管内径〔m〕

$D_f$：フィン外径$=2r_f$〔m〕

$t_{wi}$：管内壁温度〔°C〕

$\lambda$：管金属の熱伝導率〔kcal/m·hr·°C〕

$h_i$：管内流体の境膜伝熱係数〔kcal/m²·hr·°C〕

フィン根元温度 $t_b$ は，次式で表わされる。

$$t_b = t_{ib} + \frac{U}{h_i}\left(\frac{A_o}{A_e}\right)(T - t_{ib}) \quad \cdots\cdots(34\cdot26)$$

## 34・3 物質移動係数

水-空気系では物質移動係数 $K_Y$ と空気の境膜伝熱係数 $h_g$ の間には，次に示すLewisの関係が成立する。

$$K_Y = \frac{h_g}{c'} \quad \cdots\cdots(34\cdot27)$$

ここで，

$h_g$：空気の境膜伝熱係数〔kcal/m²·hr·°C〕

$c'$：湿り空気の比熱〔kcal/kg·dry air·°C〕

$c' = 0.24 + 0.441x$

$x$：絶対湿度〔kg(水蒸気)/kg·dry air〕

したがって，フィン管外を流れる空気の境膜伝熱係数 $h_g$ から，物質移動係数 $K_Y$ が求まることになる。

フィン管外を流れる空気の境膜伝熱係数 $h_g$ は，次式で表わされる[3]。

$$h_g = j_H\left(\frac{k}{D_e}\right)\left(\frac{c\mu}{k}\right)^{1/3} \quad \cdots\cdots(34\cdot28)$$

ここで，

$j_H$：伝熱因子（図 34・11 参照）

$k$：湿り空気の熱伝導率〔kcal/m·hr·°C〕

$c$：湿り空気の比熱〔kcal/kg·°C〕

---

3) Kern, D.Q.: "Process Heat Transfer" McGraw-Hill, pp. 554〜555 (1950).

(a) $R_e = D_e G_m / \mu$  (b) $R_e' = D_v G_m / \mu$

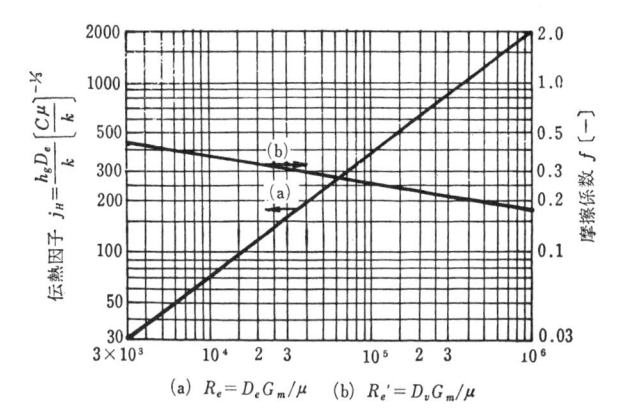

(a) Jameson〔Trans. ASME, vol. 67, 633〜642 (1945)〕
(b) Gunter and Shaw〔Trans. ASME, vol. 67, 643 (1945)〕

図 34・11 直交のフィン伝熱係数と圧力損失

$\mu$：湿り空気の粘度〔kg/m・hr〕

$D_e$：フィン管の相当径〔m〕

$$D_e = \frac{2A_o}{\pi \times 投影周辺長} \text{〔m〕}$$

## 34・4 散水の境膜伝熱係数

フィン管外表面を流れる散水の境膜伝熱係数 $h_l$ の推定は困難であるが，垂直管に水蒸気が凝縮する場合の伝熱係数を便宜的に使用する．

$$h_l = 1.88 \times \left(\frac{\mu_l^2}{k_l^3 \cdot \rho_l^2 \cdot g}\right)^{-1/3} \left(\frac{4\Gamma}{\mu_l}\right)^{-1/3} \quad \cdots\cdots(34\cdot29)$$

ここで，

$\Gamma$：散水負荷〔kg/m・hr〕

$$\Gamma = \frac{W_l}{\pi D_b \cdot n} \quad \cdots\cdots(34\cdot30)$$

$W_l$：散水量〔kg/hr〕

$n$：管本数〔—〕

$\mu_l$：散水の粘度〔kg/m・hr〕

$k_l$：散水の熱伝導率〔kcal/m・hr・℃〕

$\rho_l$：散水の密度〔kg/m³〕

$g$：重力の加速度 $1.27 \times 10^8$ [m/hr²]

## 34・5 空気側圧力損失

フィン管束を通って流れる空気の圧力損失は，水の噴霧を行なわないとき，次式で与えられる。

$$\Delta P_s = \frac{f G_m^2 L_P}{2\rho_g g_c D_v} \left(\frac{D_v}{S_T}\right)^{0.4} \cdot \left(\frac{S_L}{S_T}\right)^{0.6} \cdot \left(\frac{\mu_w}{\mu}\right)^{0.14} \quad \cdots\cdots\cdots\cdots\cdots (34\cdot31)$$

$\mu_w$：管表面温度における湿り空気の粘度 [kg/m・hr]
$\rho_g$：空気密度 [kg/m³]
$g_c$：重力の換算係数 $=1.27 \times 10^8$ [kg m/hr² Kg]
$f$：摩擦係数（図 34・11 参照）[―]
$G_m$：管束を通過する空気の最小流路断面における質量速度 [kg/m²・hr]
$L_P$：管束における空気の通過距離（図 34・12 参照）[m]

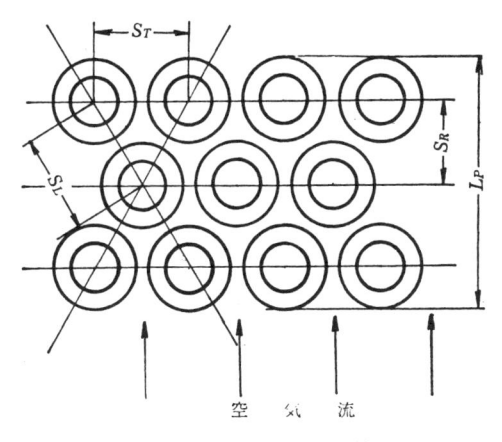

図 34・12 フィン管配列寸法

$S_T$：空気流に直角な方向の管配列ピッチ（図 34・12 参照）[m]
$S_L$：隣の列の管との距離（図 34・12 参照）[m]
$D_v$：相当直径

$$D_v = \frac{4 \times \text{正味自由容積}}{\text{全外表面積}} \text{[m]} \quad \cdots\cdots\cdots\cdots\cdots (34\cdot32)$$

$\Delta P_s$：圧力損失 [Kg/m²]

空気流に沿って水を噴霧したときの圧力損失は，噴霧水量が 0.03 [kg/kg・dry air] 前

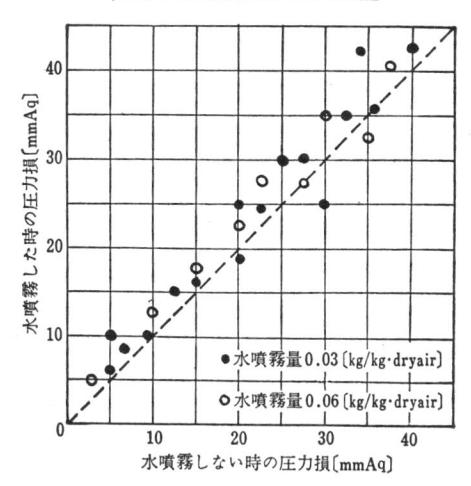

図 34·13 水噴霧が圧力損失に及ぼす効果

後の範囲では，図 34·13 に示すように，水噴霧を行なわないときの圧力損失とほとんど変わらないと見なしてさしつかえない。図 34·13 は $G_m$ の値を同じにして，水噴霧をした場合の圧力損失と水噴霧をしないときの圧力損失の実測値[4] を，プロットしたものである。

## 34·6 水噴霧方法と噴霧水量

噴霧水でフィン管外表面が全体にわたって均一に濡れ，これによって生じた散水膜の全表面から空気中へ蒸発が起こる場合に，与えられた設計条件下で最大の伝熱量が得られるはずである。

大島ら[1] は，空気の質量速度 $G_m = 10,000 \sim 12,000$ [kg/m²·hr] のときに，噴霧水量を 0.03 [kg/kg·dry air] 以上とするのが適当であるとしている。

フィン管外表面が均一に濡れるためには，噴霧水量の多い方が望ましいが，噴霧水量が多いと噴霧水の熱容量が無視できなくなり，そのために熱移動の推進力が小さくなる。したがって，噴霧水量をあまり多くすることも避けねばならない。

フィン管束を通過する間に噴霧水の一部が蒸発し減少することも考慮して，噴霧水量から蒸発する水量を差引いた値，すなわち未蒸発水量が 0.03～0.10 [kg/kg·dry air] となるように噴霧水量を定めるとよい。

---

4) 尾花："蒸発冷却器の実験研究" 社外未発表

## 34・7 設計手順

1) 設計条件として，管内を流れる被冷却流体の流量 $W$ および入口，出口温度 $T_{in}$，$T_{out}$，空気流量 $W_g$ および空気入口エンタルピ $i_{g,in}$，空気入口絶対湿度 $x_{in}$ が与えられるものとする。

2) プロセス流体の条件から，全伝熱量 $Q$ および空気出口エンタルピ $i_{g,out}$ をつぎのようにして求める。

$$Q = WC(T_{in} - T_{out}) \quad \cdots\cdots\cdots\cdots\cdots\cdots\cdots\cdots\cdots\cdots\cdots\cdots (34\cdot33)$$

$$i_{g,out} = i_{g,in} + Q/W_g \quad \cdots\cdots\cdots\cdots\cdots\cdots\cdots\cdots\cdots\cdots\cdots\cdots (34\cdot34)$$

ここで，

$C$：管内側被冷却流体の比熱〔kcal/kg・°C〕
$W$：管内側被冷却流体の流量〔kg/hr〕
$Q$：全伝熱量〔kcal/hr〕
$W_g$：乾き空気流量〔kg・dry air/hr〕
$i_{g,in}$：空気入口エンタルピ〔kcal/kg・dry air〕
$i_{g,out}$：空気出口エンタルピ〔kcal/kg・dry air〕
$T_{in}$：被冷却流体入口温度〔°C〕
$T_{out}$：被冷却流体出口温度〔°C〕

3) 出口空気は水蒸気で飽和されるものとみなし，湿り空気線図から空気出口絶対湿度 $x_{out}$ を求め，次式より散水量 $W_l$ を求める。

$$W_l = \{0.03 + (x_{out} - x_{in})\} W_g \quad \cdots\cdots\cdots\cdots\cdots\cdots\cdots\cdots\cdots\cdots (34\cdot35)$$

4) 管内側流体温度を $T_{in}$ と $T_{out}$ の間でいくつかに区分し，各区間ごとに以下の計算を行なう。

5) 各区間の条件から管内側被冷却流体の境膜伝熱係数 $h_i$ を求める。また，式(34・29)を用いて散水側境膜伝熱係数 $h_l$ を求める。また，式(34・28)を用いて空気の境膜伝熱係数 $h_g$ を求め，式(34・27)を用いて物質移動係数 $K_Y$ を求める。

6) フィン効率 $E_f$ を仮定して，式(34・25)から有効表面積 $A_e$ を求め，式(34・24)から総括伝熱係数 $U$ を求める。

7) $t_{ib}$ と $i_{ib}$ の間に平衡関係が成り立つものと見なし，式(34・23)および飽和湿り空気の温度とエンタルピの関係から，試答法により $t_{ib}$ の値を求め，式(34・26)からフィン根元温度 $t_b$ を求める。

## 34・7 設計手順

8) 図 34・6～図 34・10 からフィン効率 $E_f$ の値を読みとり，6) で仮定したフィン効率の値と比較し，一致しないときはフィン効率の値を改めて仮定し，6) 以降の計算を繰り返す。

9) 次式を用いて，各区間の必要伝熱面積 $\Delta A$ を求める。

$$\Delta A = \frac{\Delta Q}{U_{av} \cdot \Delta T} \quad \cdots\cdots\cdots\cdots\cdots\cdots\cdots\cdots\cdots\cdots\cdots\cdots\cdots\cdots (34\cdot36)$$

$$\Delta T = F \cdot \frac{(T_1 - t_{ib1}) - (T_2 - t_{ib2})}{\ln\left(\frac{T_1 - t_{ib1}}{T_2 - t_{ib2}}\right)} \quad \cdots\cdots\cdots\cdots\cdots\cdots\cdots (34\cdot37)$$

ここで，

$U_{av}$：管内流体から気液界面までの総括伝熱係数の区間平均値〔kcal/m²・hr・℃〕

$\Delta Q$：区間での伝熱量〔kcal/hr〕

$F$：温度差補正係数〔—〕

$T_1$：区間入口点での管内流体温度〔℃〕

$T_2$：区間出口点での管内流体温度〔℃〕

$t_{ib1}$：区間入口点での気液界面温度〔℃〕

$t_{ib2}$：区間出口点での気液界面温度〔℃〕

温度差補正係数 $F$ は

$$R_A = \frac{T_2 - T_1}{t_{ib2} - t_{ib1}}, \quad E_A = \frac{t_{ib2} - t_{ib1}}{T_2 - t_{ib1}} \quad \cdots\cdots\cdots\cdots\cdots (34\cdot38)$$

として，流れ様式に応じて，3・14 の図（182～184ページ）から求めることができる。

10) 各区間の必要伝熱面積 $\Delta A$ を積算して，必要伝熱面積（管外表面基準）$A$ が求まる。

$$A = \sum \Delta A$$

11) 式 (34・31) を用いて管束を通過する空気の圧力損失 $\Delta P_s$ を計算し，送風機径に見合う動圧 $\Delta P_v$ を加算して送風機の全圧 $\Delta P_a$ とする。

$$\Delta P_a = \Delta P_v + \Delta P_s \quad \cdots\cdots\cdots\cdots\cdots\cdots\cdots\cdots\cdots\cdots\cdots\cdots (34\cdot39)$$

$$\Delta P_v = \frac{\rho_g (V_{\text{fan}})^2}{2 g_c} \quad \cdots\cdots\cdots\cdots\cdots\cdots\cdots\cdots\cdots\cdots\cdots\cdots (34\cdot40)$$

ここで，

$V_{\text{fan}}$：送風機を通過する空気速度〔m/hr〕

$\Delta P_a$：送風機全圧〔kg/m²〕

送風機の直径は，動圧が 2〔mm Aq〕前後になるように選ばれる。

## 34・8 設計例

〔例題 34・1〕 油冷却器の設計

100〔°C〕の軽油（39° API＝比重 0.83）100,000〔kg/hr〕を 50〔°C〕まで冷却する噴霧水式蒸発冷却器を設計する。ただし，軽油の比熱 0.53〔kcal/kg・°C〕，粘度 1.0〔cp〕(100°Cにて)，1.3〔cp〕(75°Cにて)，1.8〔cp〕(50°Cにて)，熱伝導率 0.11〔kcal/m・hr・°C〕とし，空気の温度を 30〔°C〕，相対湿度を 80〔%〕とする。

〔解〕（1）フィン管の仕様および配列

(a) 使用フィン管の仕様，配列をつぎのように定める（図 34・14 参照）。

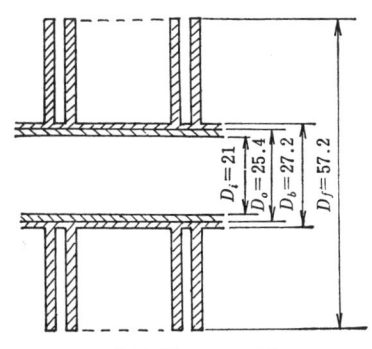

図 34・14 フィン寸法

フィン管長：$l_t=10$〔m〕
管材質：STB 30（熱伝導率 $\lambda=40$〔kcal/m・hr・°C〕）
フィン材質：アルミ（熱伝導率 $\lambda_f=175$〔kcal/m・hr・°C〕）
フィン管寸法：管内径 $D_i=21.0$〔mm〕
　　　　　　　管外径 $D_o=25.4$〔mm〕
　　　　　　　フィン根元径 $D_b=27.2$〔mm〕
　　　　　　　フィン外径 $D_f=57.2$〔mm〕
　　　　　　　フィン厚み $2y_b=0.4$〔mm〕
　　　　　　　フィン枚数 $n_f=315/\text{m}$
フィン管配列：$S_T=61.6$〔mm〕
　　　　　　　$S_L=61.6$〔mm〕
　　　　　　　$S_R=53.4$〔mm〕

(b) 伝熱係数，圧力損失計算に必要な諸元の計算

フィン部表面積：$A_f$
$$A_f = \pi/4 \times (57.2^2 - 27.2^2) \times 2 \times 315 \times 10^{-6}$$
$$+ 57.2\pi \times 0.40 \times 2 \times 315 \times 10^{-6} = 1.30 \text{〔m}^2/\text{m〕}$$

根元部表面積：$A_b$

$$A_b = 27.2\pi \times (1,000 - 0.40 \times 2 \times 315) \times 10^{-6} = 0.070 \ [\text{m}^2/\text{m}]$$

全外表面積：$A_o$

$$A_o = A_f + A_b = 1.37 \ [\text{m}^2/\text{m}]$$

管内面積：$A_i$

$$A_i = 21.0\pi \times 1,000 \times 10^{-6} = 0.0660 \ [\text{m}^2/\text{m}]$$

対数平均管表面積：$A_m$

$$A_m = \pi(25.4 - 21.0) \times 1,000/\ln(25.4/21.0) \times 10^{-6} = 0.0725 \ [\text{m}^2/\text{m}]$$

伝熱計算用相当径：$D_e$

$$D_e = \frac{2 \times 全外表面積}{\pi \times 投影周辺長}$$

投影周辺長 $= \{(57.2 - 27.2) \times 2 \times 315 + 1,000 \times 2\} \times 10^{-3} = 20.9 \ [\text{m}/\text{m}]$

$$D_e = \frac{2 \times 1.37}{\pi \times 20.9} = 0.042 \ [\text{m}]$$

圧力計算用相当径：$D_v$

$$D_v = \frac{4 \times 正味自由容積}{全外表面積}$$

正味自由容積 $= 61.6 \times 53.4 \times 1,000 - \pi/4 \times 27.2^2 \times 1,000$
$\quad - \pi/4(57.2^2 - 27.2^2) \times 0.40 \times 315 = 2.46 \times 10^6 \ [\text{mm}^3/\text{m}]$
$\quad = 0.00246 \ [\text{m}^3/\text{m}]$

$$D_v = \frac{4 \times 0.00246}{1.37} = 0.00716 \ [\text{m}]$$

**(2) 空気流量：** 入口空気の温度 30 [°C]，相対湿度 80 [%] と対応するエンタルピ $i_{g,\text{in}}$ を湿り空気線図から読みとると，

$$i_{g,\text{in}} = 20.3 \ [\text{kcal}/\text{kg}\cdot\text{dry air}]$$

水噴霧前後で空気のエンタルピに変化がないものとみなし，また出口空気のエンタルピ $i_{g,\text{out}}$ を 50 [kcal/kg・dry air] とすると，熱収支から空気流量 $W_g$ は

$$W_g = \frac{WC(T_\text{in} - T_\text{out})}{i_{g,\text{out}} - i_{g,\text{in}}} = \frac{100,000 \times 0.53 \times (100 - 50)}{50 - 20.3}$$
$$= 89,500 \ [\text{kg}\cdot\text{dry air}/\text{hr}]$$

また，入口空気の絶対湿度 $x_\text{in}$ は湿り空気線図から，

$$x_\text{in} = 0.0215 \ [\text{kg}/\text{kg}\cdot\text{dry air}]$$

**(3) 噴霧水量：** 出口空気の絶対湿度 $x_\text{out}$ は飽和湿り空気 $t-i$ 線図（図 34・15）から

$$x_\text{out} = 0.064 \ [\text{kg}/\text{kg}\cdot\text{dry air}]$$

出口空気中の未蒸発水量を 0.03 [kg/kg・dry air] になるように水を噴霧するものとすると，噴霧水量 $W_l$ は

$$W_l = \{0.03 + (0.064 - 0.0215)\} \times 89,500 = 6,500 \ [\text{kg/hr}]$$

**(4) 管束の大きさ：** 空気の質量速度を管束入口で 14,000 [kg/m²・hr] 前後に

なるように管束の1列あたりの管本数を定める。管束入口での空気の絶対湿度は，図 34·15 から 0.0225 [kg/kg·dry air] であるから，管束入口での湿り空気の流量は

$$(1+0.0225)\times 89,500 = 91,500 \text{ [kg/hr]}$$

したがって，空気側流路面積 $a_o$ は

$$a_o = 91,500/14,000 = 6.55 \text{ [m}^2\text{]}$$

1列あたりの管本数を $n_t$ とすると，

$$\begin{aligned}a_o &= n_t l_t \{S_T - D_b - n_f \cdot 2y_b(D_f - D_b)\} \\ &= n_t \times 10 \times \{0.0616 - 0.0272 - 315 \times 0.0004 \times \\ &\quad (0.0572 - 0.0272)\} = 0.306\, n_t\end{aligned}$$

したがって

$$n_t = 6.55/0.306 = 21.4 \text{ [本]}$$

1列あたりの管数を奇数列 22 本，偶数列 21 本とする。
管列数を 8 列，管内側パス数 4 と仮定する。
全管数 $n = 22\times 4 + 21\times 4 = 172$ [本]
全伝熱面積 $A = 172\times 10\times 1.37 = 2,350$ [m²]

### (5) 伝熱係数および物質移動係数

**(a) 温度範囲の区分：** 簡単のために，軽油温度を 50 [°C]，75 [°C]，100 [°C] の3点に区切り，2区間に分けることとする。

**(b) 伝熱係数および物質移動係数：** 簡単のために，中間点（軽油温度 75°C の点）の伝熱係数および物質移動係数を計算し，各区間にこの値を適用する。

(ⅰ) 軽油側境膜伝熱係数

管内側流路面積 $a_i$

$$a_i = \frac{\pi}{4}(0.021)^2 \times \frac{172}{4} = 0.0148 \text{ [m}^2\text{]}$$

軽油の質量速度 $G_i$

$$G_i = \frac{W}{a_i} = \frac{100,000}{0.0148} = 6,750,000 \text{ [kg/m}^2\cdot\text{hr]}$$

粘度 $\mu = 1.3$ [cp] $= 4.7$ [kg/m·hr]
Reynolds 数 $Re$

$$Re = \frac{D_i G_i}{\mu} = \frac{0.021\times 6,750,000}{4.7} = 30,000$$

粘度補正係数 $(\mu/\mu_w)^{0.14} = 0.965$ と仮定する。
境膜伝熱係数 $h_i$

$$\begin{aligned}h_i &= 0.027\left(\frac{k}{D_i}\right)\left(\frac{D_i G_i}{\mu}\right)^{0.8}\left(\frac{C\mu}{k}\right)^{1/3}\left(\frac{\mu}{\mu_w}\right)^{0.14} \\ &= 0.027\left(\frac{0.11}{0.021}\right)(30,000)^{0.8}\left(\frac{0.53\times 4.7}{0.11}\right)^{1/3}\times 0.965\end{aligned}$$

## 34・8 設計例

$= 1,470 \ [\text{kcal/m}^2 \cdot \text{hr} \cdot {}^\circ\text{C}]$

(ii) 散水の境膜伝熱係数

散水負荷

$$\Gamma = \frac{W_l}{\pi D_b n} = \frac{6,500}{\pi \times 0.0272 \times 172} = 44.1 \ [\text{kg/m} \cdot \text{hr}]$$

散水の境膜温度を $50 \ [{}^\circ\text{C}]$ と仮定する。
散水の粘度 $\mu_l = 2.0 \ [\text{kg/m} \cdot \text{hr}]$
散水の熱伝導率 $k_l = 0.551 \ [\text{kcal/m} \cdot \text{hr} \cdot {}^\circ\text{C}]$
散水の密度 $\rho_l = 988 \ [\text{kg/m}^3]$
境膜伝熱係数 $h_l$

$$h_l = 1.88 \left( \frac{2.0^2}{0.551^3 \times 988^2 \times 1.27 \times 10^8} \right)^{-1/3} \left( \frac{4 \times 44.1}{2.0} \right)^{-1/3}$$

$= 7,400 \ [\text{kcal/m}^2 \cdot \text{hr} \cdot {}^\circ\text{C}]$

(iii) 物質移動係数

空気側流路断面積 $a_o$

$a_o = n_t l_t \{S_T - D_b - n_f \cdot 2y_b (D_f - D_b)\}$
$= 0.306 \ n_t = 0.306 \times 22 = 6.71$

中間点での空気のエンタルピ $i_g$

$i_g = (50.0 + 20.3)/2 = 35.2 \ [\text{kcal/kg} \cdot \text{dry air}]$

中間点での空気の絶対湿度 $x = 0.042$
空気の質量速度

$$G_m = \frac{89,500(1+0.042)}{6.71} = 13,800 \ [\text{kg/m}^2 \cdot \text{hr}]$$

空気の粘度 $\mu = 0.07 \ [\text{kg/m} \cdot \text{hr}]$
空気の熱伝導率 $k = 0.0233 \ [\text{kcal/m} \cdot \text{hr} \cdot {}^\circ\text{C}]$
空気の比熱

$c' = 0.24 + 0.441x = 0.24 + 0.441 \times 0.042$
$\quad = 0.26 \ [\text{kcal/kg} \cdot \text{dry air} \cdot {}^\circ\text{C}]$
$c = c'/(1+x) = 0.26/(1+0.042)$
$\quad = 0.248 \ [\text{kcal/kg} \cdot {}^\circ\text{C}]$

Reynolds 数

$Re = G_m \cdot D_e / \mu = 13,800 \times 0.042 / 0.07 = 8,300$

図 34・11 から $j_H = 63$

空気の境膜伝熱係数 $h_g$

$$h_g = j_H \left( \frac{k}{D_e} \right) \left( \frac{c\mu}{k} \right)^{1/3} = 63 \times \left( \frac{0.0233}{0.0420} \right) \times \left( \frac{0.248 \times 0.07}{0.0233} \right)^{1/3}$$

$= 32.0 \ [\text{kcal/m}^2 \cdot \text{hr} \cdot {}^\circ\text{C}]$

物質移動係数 $K_Y$

$$K_Y = \frac{h_g}{c'} = \frac{32.0}{0.26} = 123 \ [\mathrm{kg/m^2 \cdot hr \cdot \mathit{\Delta}x}]$$

(iv) 管内流体から気液界面までの総括伝熱係数

管内流体から気液界面までの総括伝熱係数は，各区間にわたって変化するが，簡単のために中間点における値を計算し，これを全区間に近似的に適用する．

フィン効率 $E_f = 0.61$ と仮定する．

単位長さあたりのフィン管有効表面積 $A_e$

$$A_e = A_f E_f + (A_o - A_f) = 1.3 \times 0.61 + (1.37 - 1.3) = 0.865 \ [\mathrm{m^2/m}]$$

管内流体から気液界面までの総括伝熱係数 $U$

$$\frac{1}{U} = \frac{1}{h_i}\left(\frac{A_o}{A_i}\right) + \frac{D_o - D_i}{2\lambda}\left(\frac{A_o}{A_m}\right) + \frac{1}{h_l}\left(\frac{A_o}{A_e}\right)$$

$$= \frac{1}{1,470}\left(\frac{1.37}{0.0660}\right) + \frac{0.0254 - 0.021}{2 \times 46}\left(\frac{1.37}{0.0725}\right)$$

$$+ \frac{1}{7,400}\left(\frac{1.37}{0.865}\right) = 0.0153$$

$$U = 65.5 \ [\mathrm{kcal/m^2 \cdot hr \cdot {}^\circ C}]$$

**(6) フィン効率および気液界面温度**

**(a) 入口点（軽油温度 50°C）**

フィン効率 $E_f = 0.74$ と仮定

単位長さあたりのフィン管有効表面積

$$A_e = A_f E_f + (A_o - A_f) = 1.3 \times 0.74 + (1.37 - 1.3) = 1.03 \ [\mathrm{m^2/m}]$$

気液界面温度 $t_{ib} = 35.0 \ [^\circ\mathrm{C}]$ と仮定すると，この温度に対応する気液界面の空気（飽和湿り空気）のエンタルピ $i_{ib}$ は，図 34·15 から

$i_{ib} = 30.80 \ [\mathrm{kcal/kg \cdot dry \ air}]$

$UA_o(T - t_{ib}) = 65.5 \times 1.37 \times (50 - 35) = 1,340 \ [\mathrm{kcal/m \cdot hr}]$

$K_Y A_e(i_{ib} - i_g) = 123 \times 1.03 \times (30.80 - 20.3) = 1,330 \ [\mathrm{kcal/m \cdot hr}]$

$UA_o(T - t_{ib}) \fallingdotseq K_Y A_e(i_{ib} - i_g)$

したがって，仮定した $t_{ib}$ の値は正しい．

フィン根元温度 $t_b$

$$t_b = t_{ib} + \frac{U}{h_l} \times \left(\frac{A_o}{A_e}\right) \times (T - t_{ib})$$

$$= 35.0 + \frac{65.0}{7,400} \times \left(\frac{1.37}{1.03}\right) \times (50 - 35) = 35.2 \ [^\circ\mathrm{C}]$$

フィン効率 $E_f$ は図 34·7 から，$E_f = 0.74$

したがって，最初に仮定したフィン効率の値は妥当である．

**(b) 中間点（軽油温度 75°C）**

フィン効率 $E_f = 0.61$ と仮定

$$A_e = 1.3 \times 0.61 + (1.37 - 1.3) = 0.865 \ [\mathrm{m^2/m}]$$

気液界面温度 $t_{ib}=47.5$ [°C] と仮定
$i_{ib}=57.70$ [kcal/kg・dry air]
$UA_o(T-t_{ib})=65.5\times1.37\times(75.0-47.5)=2,460$ [kcal/m]
$K_YA_e(i_{ib}-i_g)=123\times0.865\times(57.70-35.2)=2,400$ [kcal/m]
$UA_o(T-t_{ib})\fallingdotseq K_YA_e(i_{ib}-i_g)$

したがって，$t_{ib}$ の値は正しい。

フィン根元温度 $t_b$
$$t_b=47.5+\frac{65.5}{7,400}\times\left(\frac{1.37}{0.865}\right)\times(75-47.5)=47.9 \text{ [°C]}$$

フィン効率 $E_f$ は図 34・9 から，$E_f=0.61$

したがって，最初に仮定したフィン効率の値は妥当である。

**(c) 出口点（軽油温度 100°C）**

フィン効率 $E_f=0.52$ と仮定
$A_e=1.37\times0.52+(1.37-1.3)=0.785$ [m²/m]

気液界面温度 $t_{ib}=56.0$ [°C] と仮定
$i_{ib}=88.78$ [kcal/kg・dry air]
$UA_o(T-t_{ib})=65.5\times1.37\times(100-56.0)=3,950$ [kcal/m]
$K_YA_e(i_{ib}-i_g)=123\times0.785\times(88.78-50)=3,750$ [kcal/m]
$UA_o(T-t_{ib})\fallingdotseq K_YA_e(i_{ib}-i_g)$

したがって，$t_{ib}$ の値は正しい。

フィン根元温度 $t_b$
$$t_b=56.0+\frac{65.5}{7,400}\times\left(\frac{1.37}{0.785}\right)\times(100-56.0)=56.7 \text{ [°C]}$$

フィン効率 $E_f$ は図 34・10 から，$E_f=0.52$

したがって，最初に仮定したフィン効率の値は妥当である。

**（7） 軽油の粘度補正係数および散水温度**

中間点における管内温度 $t_{wi}$
$$t_{wi}=T-\frac{U}{h_i}\left(\frac{A_o}{A_i}\right)(T-t_{ib})$$
$$=75-\frac{65.5}{1,470}\times\left(\frac{1.37}{0.0660}\right)\times(75-47.5)=49.6 \text{ [°C]}$$

50.0 [°C] における軽油の粘度 $\mu_w=1.8$ [cp]=6.5 [kg/m・hr]

$$\left(\frac{\mu}{\mu_w}\right)^{0.14}=\left(\frac{4.7}{6.5}\right)^{0.14}=0.965$$

したがって，管内側軽油の境膜伝熱係数の計算に用いた粘度補正係数は妥当である。

中間点における散水境膜温度 $t_l$ は，気液界面温度 $t_{ib}$ とフィン根元温度 $t_b$ の算術平均と見なし，

$$t_l = \frac{47.5+47.9}{2} = 47.7 \ [°C] \fallingdotseq 50 \ [°C]$$

したがって，散水の境膜伝熱係数の計算に用いた散水境膜温度は，ほぼ妥当である。

**(8) 伝熱面積**

**(a)** 第1区間の伝熱面積 $\varDelta A_1$

伝熱量 $\varDelta Q_1 = 100,000 \times 0.53 \times (75-50) = 1,320,000 \ [kcal/hr]$

対数平均温度差 $\varDelta T_{lm}$：

$$\varDelta T_{lm} = \frac{(50-35)-(75-47.5)}{\ln\left(\frac{50-35}{75-47.5}\right)} = 20.6 \ [°C]$$

温度差補正係数 $F$：

$$R_A = \frac{75-50}{47.5-35} = 2.0$$

$$E_A = \frac{47.5-35}{75-35} = 0.31$$

4パス直交流，2流体非混合の温度差補正係数をとり，

$$F \fallingdotseq 1$$

したがって $\varDelta T = F \cdot \varDelta T_{lm} = 20.6 \ [°C]$

伝熱面積 $\varDelta A_1$

$$\varDelta A_1 = \frac{\varDelta Q}{U \cdot \varDelta T} = \frac{1,320,000}{65.5 \times 20.6} = 980 \ [m^2]$$

**(b)** 第2区間の伝熱面積 $\varDelta A_2$

伝熱量 $\varDelta Q_2 = 100,000 \times 0.53 \times (100-75) = 1,320,000 \ [kcal/hr]$

対数平均温度差 $\varDelta T_{lm}$：

$$\varDelta T_{lm} = \frac{(75-47.5)-(100-56.0)}{\ln\left(\frac{75-47.5}{100-56.0}\right)} = 35.0 \ [°C]$$

温度差補正係数 $F$：

$$R_A = \frac{100-75}{56.0-47.5} = 2.94$$

$$E_A = \frac{56.0-47.5}{100-56.0} = 0.193$$

$$F \fallingdotseq 1$$

したがって $\varDelta T = F \cdot \varDelta T_{lm} = 35.0 \ [°C]$

伝熱面積 $\varDelta A_2$

$$\varDelta A_2 = \frac{1,320,000}{65.5 \times 35.0} = 575 \ [m^2]$$

**(c)** 全伝熱面積 $A$

$$A = \varDelta A_1 + \varDelta A_2 = 980 + 575 = 1,555 \ [m^3] \cdots\cdots 管外表面積基準$$

$$< 2,350 \ [m^2]$$

本設計では汚れ係数を考慮していないが，実際上は汚れによる伝熱低下があるので，伝熱面積は余裕を見て 2,350 [m²] のままにしておく．

**(9) 空気側圧力損失：** 中間点での物性値を用いて空気側圧力損失を計算する．
中間点での空気の比容積 $v$ は湿り空気線図から
$$v = 0.95 \text{ [m}^3\text{/kg·dry air]}$$
したがって，空気の密度 $\rho_g$ は
$$\rho_g = (1+x)/v = (1+0.042)/0.94 = 1.11 \text{ [kg/m}^3\text{]}$$
Reynolds 数
$$Re' = \frac{D_v G_m}{\mu} = \frac{0.00716 \times 13,800}{0.07} = 1,410$$
摩擦係数は図 34·11 から, $f = 0.45$
$$\left(\frac{\mu_w}{\mu}\right)^{0.14} = 1 \quad \text{と見なす．}$$
圧力損失
$$\Delta P_s = \frac{f G_m^2 L_p}{2\rho_g g_c D_v} \cdot \left(\frac{D_v}{S_T}\right)^{0.4} \cdot \left(\frac{S_L}{S_T}\right)^{0.6} \cdot \left(\frac{\mu_w}{\mu}\right)^{0.14}$$
$$= \frac{0.45 \times (13,800)^2 \times 0.0534 \times 8}{2 \times 1.11 \times 1.27 \times 10^8 \times 0.00716}$$
$$\times \left(\frac{0.00716}{0.060}\right)^{0.4} \times \left(\frac{0.060}{0.060}\right)^{0.6} \times 1.0$$
$$= 7.8 \text{ [Kg/m}^2\text{]}$$
$$= 7.8 \text{ [mm Aq]}$$

**(10) 送風機動力（押込通風とする）**
風量：$W_g = 89,500$ [kg·dry air/hr]
比容積 $v = 0.89$ [m³/kg·dry air]
したがって，風量 $V$ は
$$V = W_g \cdot v = 89,500 \times 0.89 = 80,000 \text{ [m}^3\text{/hr]}$$
$$= 1,330 \text{ [m}^3\text{/min]}$$
送風機径：$D = 1.8$ [m] とする．
送風機出口風速 $V_{fan}$
$$V_{fan} = \frac{V}{(\pi/4) \times D^2} = \frac{4 \times 80,000}{3.14 \times (1.8)^2} = 31,200 \text{ [m/hr]}$$
$$= 8.7 \text{ [m/sec]}$$
動圧 $\Delta P_v$
$$\Delta P_v = \frac{\rho_g \cdot V_{fan}^2}{2g_c} = \left(\frac{1+x}{v}\right)\frac{V_{fan}^2}{2g_c}$$
$$= \frac{1+0.0215}{0.89} \times \frac{(31,200)^2}{2 \times 1.27 \times 10^8} = 4.4 \text{ [Kg/m}^2\text{]}$$

$$= 4.4 \text{ [mm Aq]}$$

全圧 $\Delta P = \Delta P_s + \Delta P_v = 7.8 + 4.4 = 12.2 \text{ [mm Aq]}$

送風動力 $L$

$$L = \frac{0.0098}{3,600} \cdot \frac{V \times \Delta P}{\eta_F \times \eta_D}$$

ここで,

$\eta_F$: 送風機効率 $= 0.65$

$\eta_D$: 駆動機効率 $= 0.95$

$$L = \frac{0.0098}{3,600} \times \frac{80,000 \times 12.2}{0.65 \times 0.95} = 4.5 \text{ [kW]}$$

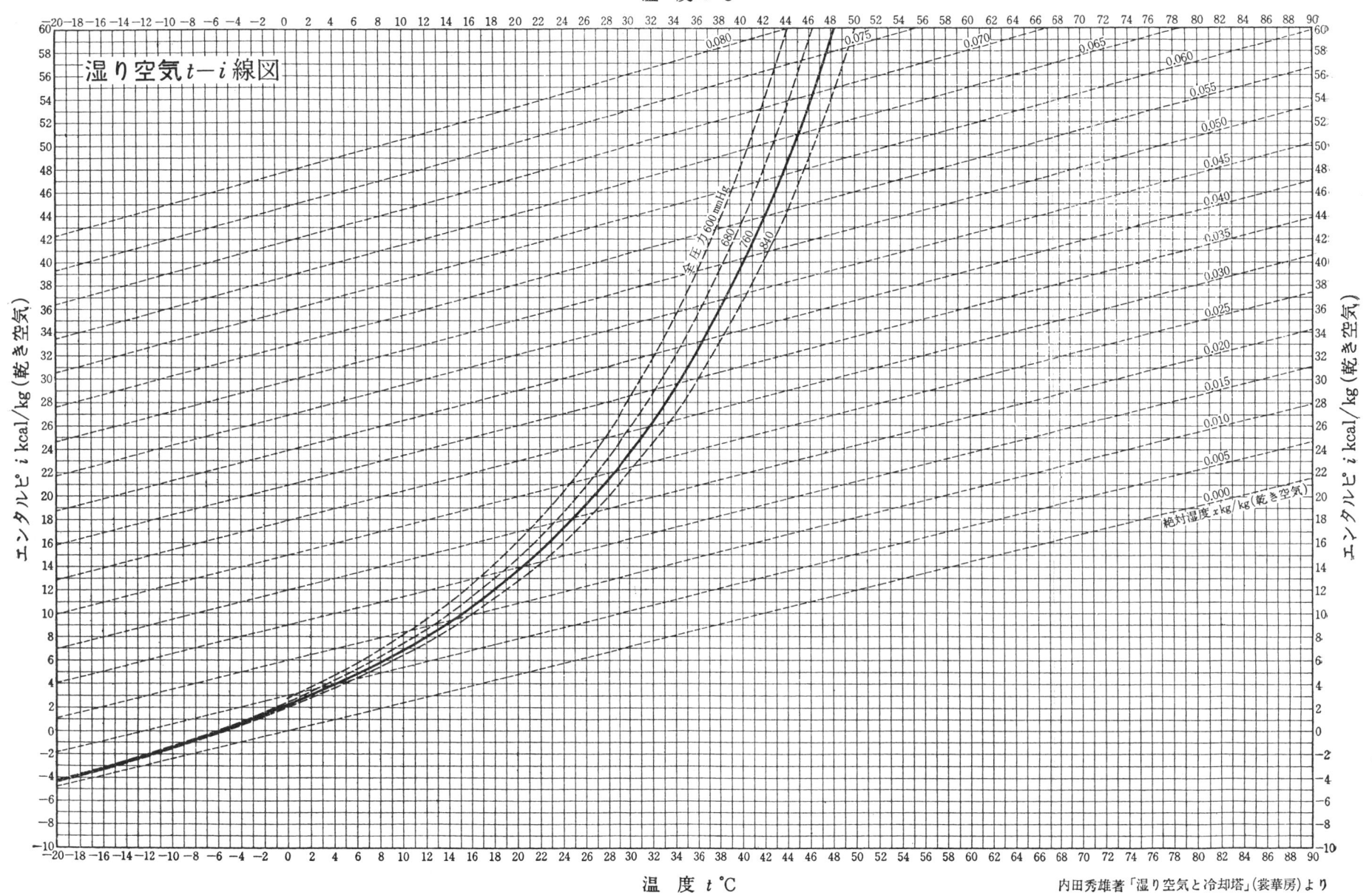

図 34・15　湿り空気 $t-i$ 線図

## 第35章 蒸発装置の設計法

前章までにも，一部の型式の蒸発装置の設計法について記載したが，本章では他の型式のも含めて，各種型式の蒸発装置の設計法をまとめて記載する。

### 35・1 蒸発器の各種型式と適用例[1]

**カランドリア型自然循環式蒸発器**（図35・1）

管径 1～3〔in〕で長さ 1～2〔m〕垂直加熱管群（カランドリアと呼ぶ）を有し，液は加熱管内を沸騰しつつ上昇し，カランドリア中央のダウンテークに集って自然循環する。管内の掃除は困難で，また加熱管の取換えも容易ではないため，スケールのあまりつかない液，比較的腐食の少ない液の蒸発に用いられる。適用例としては製糖プラントの効用缶，結晶缶がある。設計は，垂直サーモサイホン

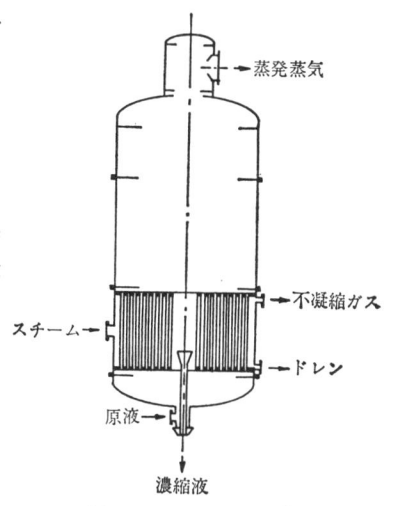

図 35・1 カランドリア型自然循環式蒸発器

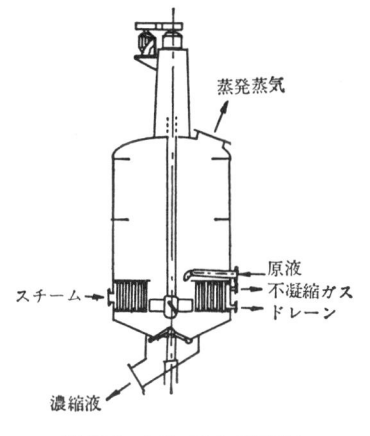

図 35・2 カランドリア型強制循環式蒸発器

リボイラの設計法（560 ページ）に準じて行なうことができる。ダウンテークの径を充分大きくし，ダウンテークを通る際の圧力損失が，カランドリアを通過する際の圧力損失の 1/5～1/10 以下とし，カランドリアの各加熱管に液が均一に流れるように配慮しなければならない。

**カランドリア型強制循環式蒸発器**（図 35・2）

カランドリアの中央ダウンテーク部に液循環させるための軸流式のポンプを設けたもので，結晶生成があっても使用可能である。適用例としては，製糖プラントの結晶缶，製塩装置の結晶缶がある。液の循環量は，ポンプの能力によ

---

1) 化学工学便覧

って定まるが，液循環の際の圧力損失，伝熱係数は垂直サーモサイホンリボイラの設計法(560ページ参照)の方法を用いて求めることができる．

**水平管型液浸式蒸発器**（図 35・3）

液は水平に配置された加熱管群の間を通過する間に加熱されて自然循環する．液高による沸点上昇が小さいという長所があるが，液側伝熱面の掃除が困難なため，スケールを生じない液でないと適用できない．設計は，ケトル式リボイラの設計法（542 ページ）に準じて行なうことができる．

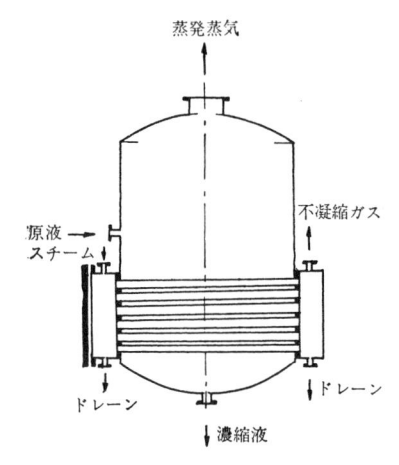

図 35・3 水平管型液浸式蒸発器

**垂直型外部加熱強制循環式蒸発器**（図 35・4）

液循環ポンプを用いて加熱管内での液流速を大とし（2 m/sec 程度），伝熱係数を増す．伝熱温度差が少ないとき，粘度が高くて自然循環が困難な液のときなどに用いられ，スケールの付着が少なく，発泡性液にも適している．沸騰によって伝熱管にスケール生成があるときには，上部管板と蒸発面の間の液高さを充分大きくし，伝熱管内での沸騰を抑えるように配慮しなければならない．加熱器の管側パス数をふやして，ポンプを小さくしてコストを下げ，さらに加熱管内での沸騰を抑えた型式のもの（図 35・5）も用いられる．液の循環量は，ポンプの能力によって定まるが，液循環の際の圧力損失・伝熱係数は，加熱管内で沸騰させるときには，垂直サーモサイホンリボイラの設計法(560 ページ)によって，沸騰させないときには式 (8・6)，式 (11・29) を用いて求めることができる．この型式の蒸発器の設計に際して最も注意すべきことは，蒸発室の蒸発面の位置をどの点に保って運転するかということである．図 35・4 において，循環液出口ノズルよりも蒸発面を低い位置

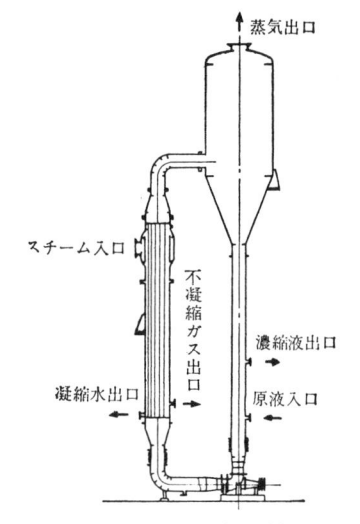

図 35・4 垂直型外部加熱強制循環式蒸発器

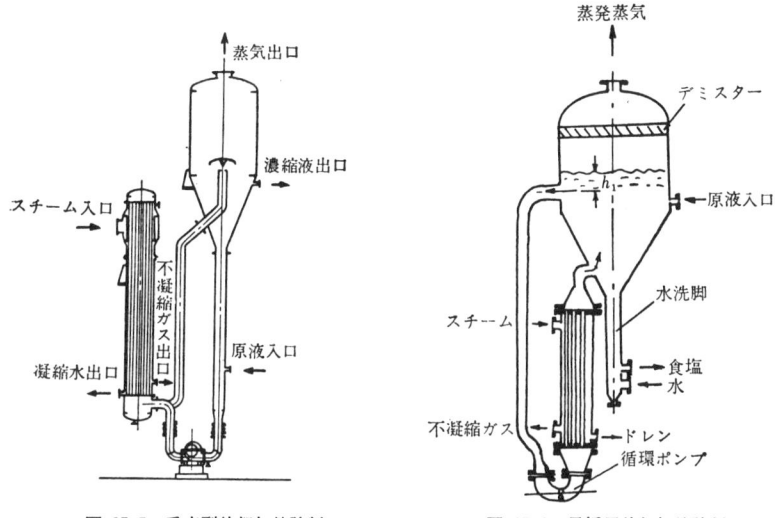

図 35・5　垂直型外部加熱強制循環式蒸発器(多回路)

図 35・6　晶析用外部加熱強制循環式蒸発器

に保って運転するときには，加熱器入口での循環液の温度は蒸発室の圧力に対応する飽和温度になるが，循環液出口ノズルよりも蒸発面を高い位置に保って運転するときには，循環液出口より蒸発室に流入する循環液の一部は蒸発面に到達して蒸発し，蒸発室の圧力に対応する飽和温度になるが，他の一部は蒸発面に達する前に，過熱状態のままでポンプを通って循環するため，加熱器入口の循環液の温度が蒸発室の圧力に対応する飽和温度よりも高くなり，それだけ伝熱温度差が小さくなる。したがって，晶析用として用いる場合で，循環液出口ノズルと蒸発面との間の液高さを充分大にとって，循環液出口ノズル内での沸騰を抑え，蒸発室に流入して後に始めて沸騰が開始するような配慮が必要なときには，図 35・6 に示すように循環液入口ノズルを蒸発面近くに配置して，蒸発面近くの液を循環するようにするのが望ましい。このようにすると，加熱器入口の循環液の温度は，蒸発室の圧力に循環液入口ノズル中心と蒸発面の間の液高さ $h_1$ を加えた圧力に対応する飽和温度になる。液高さ $h_1$ を出来るだけ小さくするために，循環液入口ノズルを扁平断面のものにするのが望ましい。図 35・6 は製塩装置の結晶缶の例であって，蒸発室内で蒸発濃縮されて晶析した食塩は，水洗脚中を下から流入する水と向流接触しつつ下降し，分級および洗滌作用を受けた後に系外に排出される構造となっている。

**上昇薄膜式蒸発器**（図 35・7）

LTV (Long Tube Vertical の略) 蒸発器，あるいは Kestner 式蒸発器ともいわれ，

管径は 3/4〔in〕～2〔in〕,管長は 4～8〔m〕のものが用いられる。給液された原液は,1回通過する間に濃縮される。液高による沸点上昇も少なく,蒸発時間も短いので熱感受性の高い液にも適している。液はたて型長管内部で沸騰し,気液2相流となって管内を上昇する。適用例としては,KP 黒液濃縮装置,SCP 黒液濃縮装置,グルタミン酸ソーダ濃縮装置などがある。設計は,垂直サーモサイホンリボイラの設計法(560ページ)を適用して行なうことができる。

**掻面式薄膜蒸発器**

熱感受性の高い液,粘度の高い液に適する。詳細は第21章参照のこと。

**遠心薄膜式蒸発器**

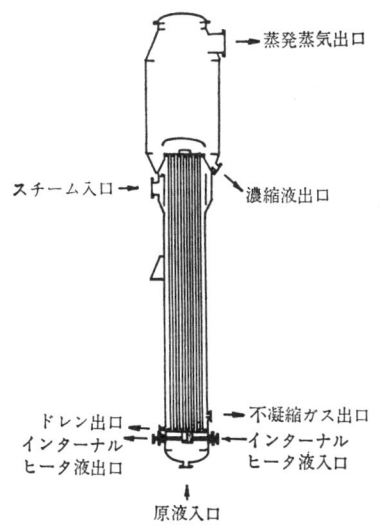

図 35・7 上昇薄膜式蒸発器

熱感受性の高い液に適する。詳細は第22章参照のこと。

**水平型外部加熱強制循環式蒸発器**(図 35・8)

据付場所の関係で,垂直型外部加熱強制循環式蒸発器が用いられないときに,その代りとして用いられる。冷凍器の冷媒蒸発器として用いられる。

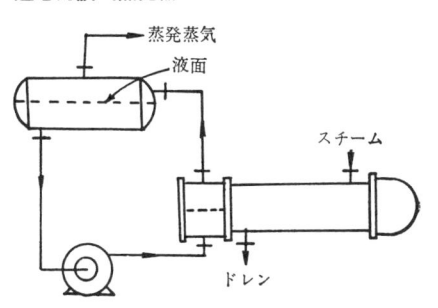

図 35・8 水平型外部加熱強制循環式蒸発器

**水平型外部加熱自然循環式蒸発器**(図 35・9)

構造が単純で,加熱管の点検および取替えが比較的容易にできる。高粘度の液,結晶の出やすいもの,スケールの付着しやすいものには不向きである。その場合は,水平型外部加熱強制循環式蒸発器を用いる。適用例としては,冷凍器の冷媒蒸発器がある。

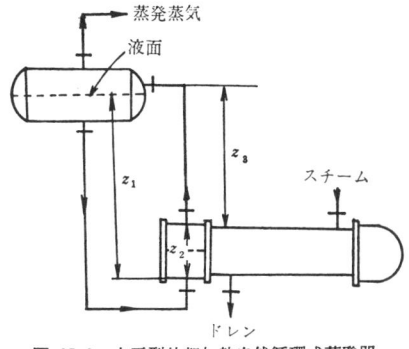

図 35・9 水平型外部加熱自然循環式蒸発器

## プレート式蒸発器（図 35·10）

プレート式熱交換器を蒸発器として用いたもので，図 14·6(a)（637 ページ）に示した

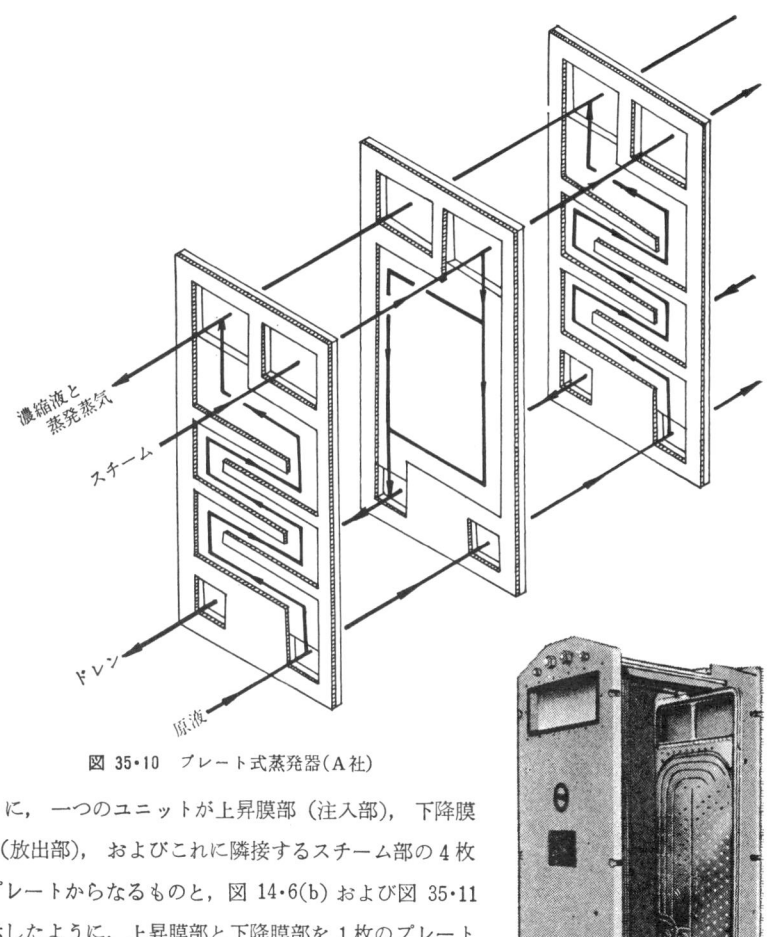

**図 35·10** プレート式蒸発器（A 社）

ように，一つのユニットが上昇膜部（注入部），下降膜部（放出部），およびこれに隣接するスチーム部の 4 枚のプレートからなるものと，図 14·6(b) および図 35·11 に示したように，上昇膜部と下降膜部を 1 枚のプレート上にとって蒸発プレートとし，これとこれに隣接する蒸気プレートの 2 枚のプレートから一つのユニットを形成したものとがある。また，図 35·10 に示すように，蒸発プレート上の液の流路を水平多回路にしたものもある。また，蒸発プレート上の液の流路を渦巻状（プレートの中心部に流入し，蒸発しつつ外周に向って渦巻状に流れ

**図 35·11** プレート式蒸発器（日阪製作所）

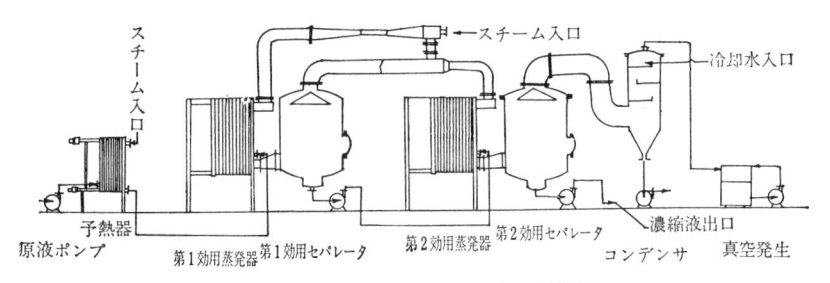

図 35・12 2重効用蒸発装置(日阪製作所)

る)にしたものもある。据付面積が少なく，清掃が簡単なため，スケールの付着しやすい液体の蒸発に適している。プレート型式にはこのように種々のものが用いられるが，その性能は大同小異で，製作費が安くてすむ型式とするのが設計のポイントである。筆者らの試算によれば，製作工数の点から見て図35・10の型式が最も優れている。適用例としては，パルプ廃液の濃縮，アルコール廃液の濃縮などがある。設計は，35・2に記載する水平型外部加熱蒸発器の設計式を準用して行なうことができる。図35・12に2重効用のプレート式蒸発装置のフローシートを示した。

### たて型流下液膜式蒸発器 (図 35・13)

原液は加熱管群の頂部から，オーバフローして管内を薄膜状に流下する間に蒸発濃縮される。図35・13に示したように，蒸発室を設けず，直接サイクロン形式の飛沫同伴分離器を設けたものと，図16・15に示したように蒸発室を設けたものとがある。この型式の蒸発器では各管に均一に分散して液を流すことが重要である。液の分配方法については，図16・6 (688ページ) を参照されたい。なお，図35・14に示すように，原液を沸点以上に予熱器で昇温し，オリフィスを介してフラッシュ蒸発させた状態で分散室に送り，伝熱管の内壁に均一に分散させる方法も用いられる。

たて型流下液膜式蒸発器の設計法については，第16章においても記載したが，35・3に

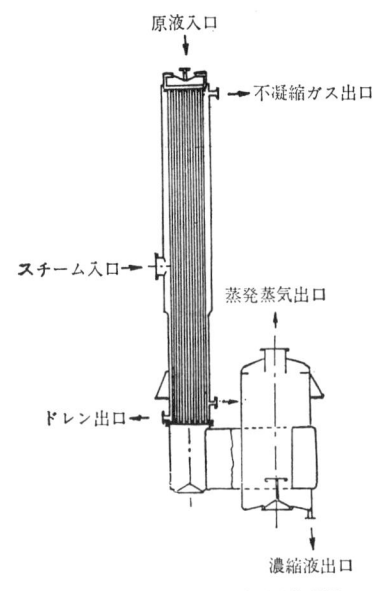

図 35・13 たて型流下液膜式蒸発器

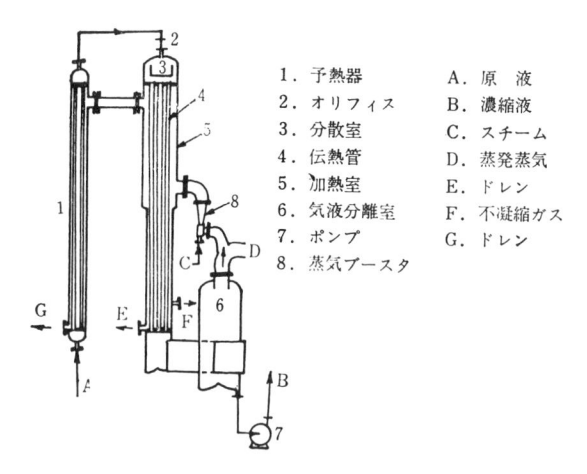

1. 予熱器　　A. 原　液
2. オリフィス　B. 濃縮液
3. 分散室　　C. スチーム
4. 伝熱管　　D. 蒸発蒸気
5. 加熱室　　E. ドレン
6. 気液分離室　F. 不凝縮ガス
7. ポンプ　　G. ドレン
8. 蒸気ブースタ

図 35・14　たて型流下液膜式蒸発器（Wiegand 社）

おいて，最近発表された報文を紹介する。

**液中燃焼蒸発器**（図 35・15）

　液中燃焼蒸発器は，燃料をバーナで燃焼させて得られる高温の燃焼ガスを直接液中に噴出させて細かい気泡とし，気液界面での直接加熱を行ない，燃焼ガス中に液体を蒸発させ

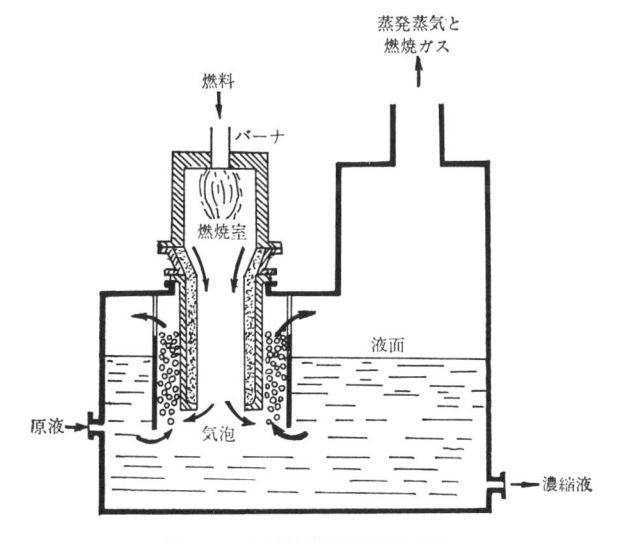

図 35・15　液中燃焼蒸発器（従来型）

る蒸発器である。熱効率が高く，また固体の伝熱面を持たないので，伝熱面へのスケール付着とか，伝熱面の腐食などのトラブルがほとんどないため，腐食性がはなはだしいが，熱に安定な物質（硫酸ソーダ，リン酸，希硫酸，塩化マグネシウム）の濃縮に用いられる。

発生蒸気を別の蒸発器の加熱源として再使用し，原液をあらかじめ蒸発濃縮しておくことも可能である。なお，液中燃焼蒸発器という名称から，バーナを液中に設置して直接燃焼するかのごとき印象をを与えるが，これは誤りで，燃料をバーナで燃焼させるのは，普通の燃焼と同様に空間で行なうもので，ここで発生した燃焼ガスを液と直接接触させて熱交換を行なわせるものである。燃焼ガスと液とを直接接触させる方法として，図 35・15 のように液中に燃焼ガスを噴出させて気泡とする従来の方法と，図 35・16 に示したように，燃焼室の下にベンチュリを設けて，燃焼ガスの速度エネルギを利用して，原液を噴霧し，液滴となし燃焼ガスと直接接触させ，噴霧液滴を蒸発濃縮させる方法とがある。前者に比べて，後者の方法は次の点で優れている。

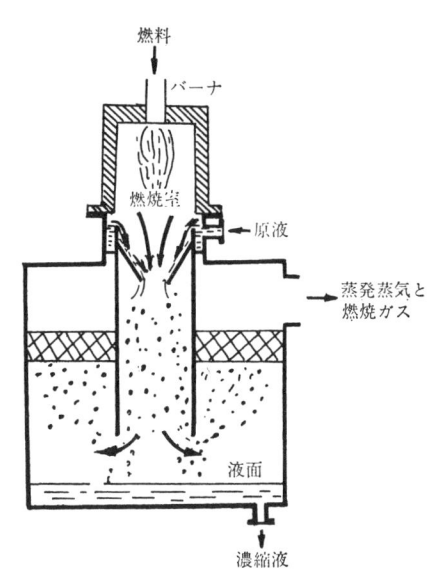

**図 35・16** 液中燃焼蒸発器(改良型)

1. 液中に燃焼ガスを噴出せる方法では，熱効率を高くするために液深は 30～50〔cm〕必要であり，それだけ燃焼ガスの圧力損失が増加するが，原液を噴霧させる方法では，ベンチュリ部での圧力損失を 30〔cm 水柱〕以下にしても，充分微細な液滴が得られ，熱効率も充分高くなる。

2. 液中に燃焼ガスを噴出させる方法では，液面の変動に伴なって燃焼室の圧力が変化し，バーナでの焼焼が不安定になりやすい（ただし，高負荷バーナを用いれば，この問題を解決し得る）が，原液を噴霧させる方法では，その恐れが全くない。

3. 液中に焼焼ガスを噴出させる方法では，発生するエントレイメントの粒径が微細で効率よくこれを捕集することが困難であるが，原液を噴霧させる方法で発生する液滴の粒径は 20 ミクロン以上で，比較的粒径分布がシャープであるため，サイクロ

ン式，あるいはワイヤメッシュ式エリミネータで，これを容易に効率よく捕集することができる。

なお，図35・16に示したように，ベンチュリを設けて原液を噴霧させる構造の液中燃焼装置は，特許になっていることに注意しなければならない。

## 35・2 水平型外部加熱蒸発器の設計法

水平型外部加熱蒸発器は，図35・8および図35・9に示したように，水平に配置した多管円筒式熱交換器の管内側に，原液を循環させて加熱し蒸発させる蒸発器で，原液の循環方式によって，自然循環式と強制循環式とに分けることができる。自然循環式（サーモサイホン式）での原液の循環量は，垂直サーモサイホンリボイラと同様に，液柱 $z_1$ が蒸発器内での圧力損失水頭 $z_2$ と蒸気-液の混相流体柱 $z_3$ の和と等しくなるという条件から定めることができる。

なお，図35・10に示したプレート式蒸発器も，管内径 $D_i$ の代りに相当径 $D_e=2\delta$（$\delta$：プレート間隔）を用いれば，以下に記載する水平管式外部加熱蒸発装置の相関式を，そのまま使用して設計することができる。

### 35・2・1 管内側境膜伝熱係数

水平管内に原液を流し，管外より加熱して沸騰蒸発させるとき，原液の流れ様式は，蒸発率 $x$ の変化に伴なって，図35・17に示すように，2層流→波状流→環状流→噴霧流と変化する[2]。

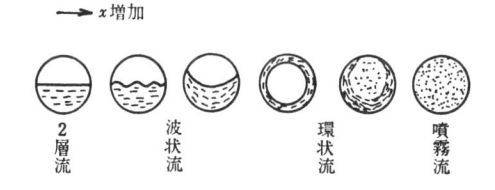

図35・17 水平管内蒸発の流れ様式

また，管内側局所伝熱係数は，図35・18に示すように，蒸発率 $x$ が小さい範囲では，沸騰伝熱支配，蒸発率が大きい範囲では対流伝熱支配となり，各領域における管内側局所境膜伝熱係数は，それぞれ次のように相関される[3],[4]。

---

2) Chawla, J.M.: VDI-Forschungsheft 523, VDI-Verlag, Düsseldorf (1967).
3) Chawla, J.M. and B. Kesper: Verfahrenstechnik, vol. 4, No. 11, pp. 491〜493 (1970).

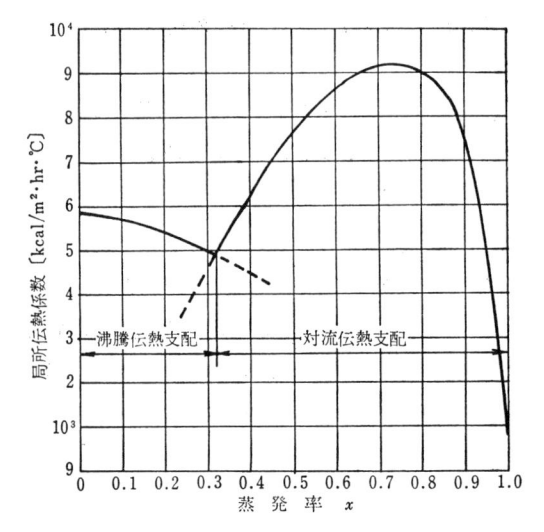

図 35・18 水平管内蒸発の局所境膜伝熱係数

沸騰伝熱支配領域：

$$h_i = 29 Re_l^{-0.3} \cdot Fr_l^{0.2} \cdot h_b \quad \cdots\cdots (35\cdot 1)$$

ここで，$Re_l$ は液相の Reynolds 数 〔—〕，$Fr_l$ は液相の Froude 数 〔—〕であって，それぞれ次式で定義される．

$$Re_l = \frac{G_t \cdot D_i \cdot (1-x)}{\mu_l} \quad \cdots\cdots (35\cdot 2)$$

$$Fr_l = \frac{G_t^2 \cdot (1-x)^2}{\rho_l^2 \cdot g \cdot D_i} \quad \cdots\cdots (35\cdot 3)$$

また，$h_b$ は次の Stephan の相関式[5]から計算される核沸騰伝熱係数〔kcal/m²・hr・°C〕である．

$$h_b = C_2 \cdot \left(\frac{k_l}{d^*}\right) \cdot \left[\frac{(Q/A) \cdot d^*}{T_s \cdot k_l}\right]^{n_1} \cdot \left(\frac{426.8 d^* \cdot T_s \cdot k_l \cdot \rho_l}{\sigma \cdot \mu_l}\right)^{n_2}$$

$$\times \left[\frac{426.8 g_c \cdot \lambda \cdot \rho_v \cdot \varepsilon_1}{(F \cdot d^*)^2 \cdot \rho_l \cdot d^*}\right]^{0.133} \quad \cdots\cdots (35\cdot 4)$$

ここで，$C_2$, $n_1$, および $n_2$ は定数である．

水平に配置した平板面上で沸騰する場合

---

4) Chawla, J. M. : "Correlation of Convective Heat Transfer Coefficient for Two-Phase Liquid-Vapor Flow," Proceedings of 4th International Heat Transfer Conference, Versailles, (1970).
5) Stephan, K. : Kältechnik, vol. 15, No. 8, pp. 231〜234 (1963).

$C_2=0.013$; $n_1=0.8$; $n_2=0.4$

水平管外表面で沸騰する場合

$C_2=0.071$; $n_1=0.7$; $n_2=0.3$

$d^*$ は加熱面から離れるときの蒸発気泡の直径〔m〕で，次式から求まる．

$$d^*=0.0146\theta \cdot \sqrt{\frac{2\sigma \cdot g_c}{g \cdot (\rho_l-\rho_v)}} \quad \cdots\cdots\cdots\cdots\cdots\cdots(35\cdot5)$$

ここで，$\theta$ は蒸発気泡の接触角〔degrees〕で，図 35・19 にて定義される．水の蒸発に対して $\theta=45°$，R-11（フレオン）などの冷媒の蒸発に対して $\theta=35°$ となる．

$F$ は蒸発気泡が形成される周期〔1/hr〕で，次式から求まる．

$$F=6,300/\sqrt{d^*} \quad \cdots\cdots\cdots\cdots\cdots\cdots(35\cdot6)$$

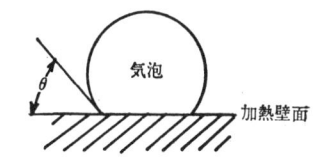

図 35・19 蒸発気泡の接触角

$\varepsilon_1$ は加熱面の粗さ〔m〕である．加熱面の粗さには種々の定義のものがあるが，$\varepsilon_1$ は DIN 4763 で Glättungstief として定義されている粗さで，引抜管で $\varepsilon_1=10^{-5}\sim10^{-6}$〔m〕程度である．その他の記号は，次のとおりである．

$\sigma$：液相の表面張力〔Kg/m〕

$h_i$：管内側局所伝熱係数〔kcal/m²·hr·°C〕

$h_b$：核沸騰伝熱係数〔kcal/m²·hr·°C〕

$G_t$：蒸気-液2相流の全質量速度〔kg/m²·hr〕

$$G_t=\frac{W_t}{(\pi/4) \cdot D_i^2 \cdot N} \quad \cdots\cdots\cdots\cdots\cdots\cdots(35\cdot7)$$

$D_i$：伝熱管内径〔m〕

$N$：伝熱管数〔—〕

$W_t$：全循環量〔kg/hr〕

$W_v$：蒸気相流量〔kg/hr〕

$W_l$：液相流量〔kg/hr〕

$x$：蒸発率 $=W_v/W_t$〔—〕

$\rho_l$：液相の密度〔kg/m³〕

$\rho_v$：蒸気相の密度〔kg/m³〕

$\mu_l$：液相の粘度〔kg/m·hr〕

$\mu_v$：蒸気相の粘度〔kg/m・hr〕

$g$：重力の加速度＝$1.27 \times 10^8$〔m/hr²〕

$g_c$：重力の換算係数＝$1.27 \times 10^8$〔kg・m/Kg・hr²〕

$T_s$：飽和絶対温度〔°K〕

$k_l$：液相の熱伝導率〔kcal/m・hr・°C〕

$Q$：伝熱量〔kcal/hr〕

$A$：伝熱面積〔m²〕

$\lambda$：蒸発潜熱〔kcal/kg〕

式（35・4）を用いた各種冷媒の核沸騰伝熱係数 $h_b$ の計算図表を，図 35・20 および図 35・21 に示した。

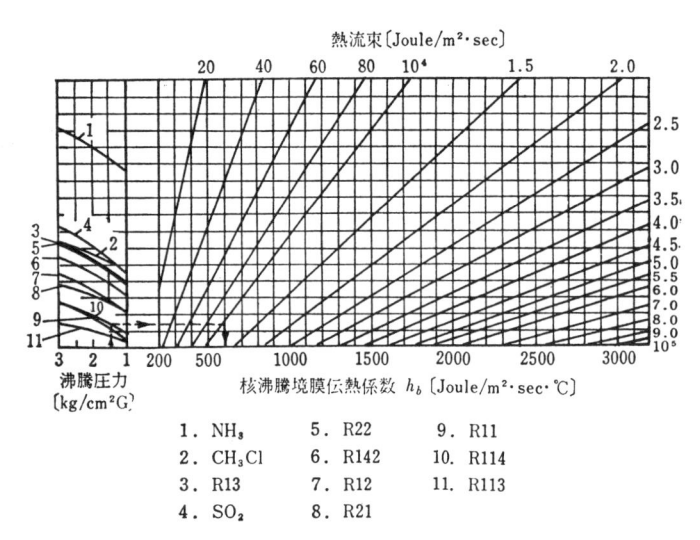

1. $NH_3$
2. $CH_3Cl$
3. R13
4. $SO_2$
5. R22
6. R142
7. R12
8. R21
9. R11
10. R114
11. R113

図 35・20　冷媒の核沸騰伝熱係数（水平板上沸騰 $\varepsilon_1 = 1 \times 10^{-6}$ m）

**対流伝熱支配領域：**

　　　　$(Re_l \cdot Fr_l) < 109$ のとき

$$Nu_l = \frac{h_i \cdot D_i}{k_l} \cdot \left[1 - \left(1 + \frac{1-x}{x \cdot \zeta \cdot (\rho_l/\rho_v)}\right)^{-1/2}\right]$$

$$= 0.0066 (Re_l \cdot Fr_l)^{0.475} \cdot \frac{x}{1-x} \cdot \left(\frac{\rho_l}{\rho_v}\right)^{0.3} \cdot \left(\frac{\mu_l}{\mu_v}\right)^{0.8}$$

$$\times (Re_l)^{0.35} \cdot \left(\frac{C_l \cdot \mu_l}{k_l}\right)^{0.42} \quad \cdots\cdots\cdots\cdots\cdots\cdots\cdots\cdots (35 \cdot 8)$$

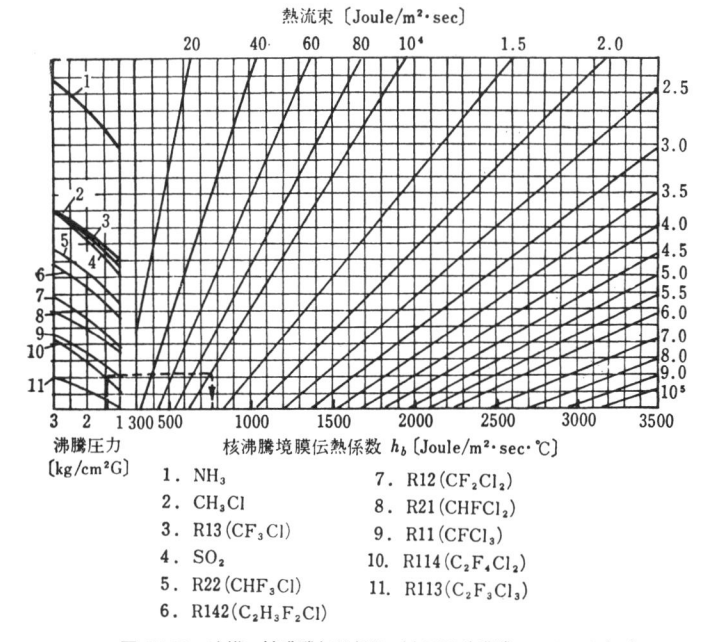

図 35·21 冷媒の核沸騰伝熱係数（水平管外沸騰 $\varepsilon_1 = 1 \times 10^{-6}$ m）

1. $NH_3$
2. $CH_3Cl$
3. $R13(CF_3Cl)$
4. $SO_2$
5. $R22(CHF_3Cl)$
6. $R142(C_2H_3F_2Cl)$
7. $R12(CF_2Cl_2)$
8. $R21(CHFCl_2)$
9. $R11(CFCl_3)$
10. $R114(C_2F_4Cl_2)$
11. $R113(C_2F_3Cl_3)$

$(Re_l \cdot Fr_l) \geqq 109$ のとき

$$Nu_l = \frac{h_i \cdot D_i}{k_l} \cdot \left[1 - \left(1 + \frac{1-x}{x \cdot \zeta \cdot (\rho_l/\rho_v)}\right)^{-1/2}\right]$$

$$= 0.015 (Re_l \cdot Fr_l)^{0.3} \cdot \frac{x}{1-x} \cdot \left(\frac{\rho_l}{\rho_v}\right)^{0.3} \cdot \left(\frac{\mu_l}{\mu_v}\right)^{0.8}$$

$$\times (Re_l)^{0.35} \cdot \left(\frac{C_l \cdot \mu_l}{k_l}\right)^{0.42} \quad \cdots\cdots\cdots\cdots(35\cdot9)$$

ここで,

　　　$C_l$：液相の比熱〔kcal/kg・°C〕

また，$\zeta$ は2相熱のパラメータで，$10^{-6} < \varepsilon_1/D_i < 10^{-3}$ のとき，次式から求めることができる。

$$\zeta^{-3} = \zeta_1^{-3} + \zeta_2^{-3}$$

$$\ln(\zeta_1) = 0.9592 + \ln(\varphi)$$

$$\ln(\zeta_2) = [0.1675 - 0.0551 \ln(\varepsilon_1/D_i)] \cdot \ln(\varphi) - 0.67$$

$$\varphi = \frac{1-x}{x} \cdot (Re_l \cdot Fr_l)^{-1/6} \cdot \left(\frac{\rho_l}{\rho_v}\right)^{-0.9} \cdot \left(\frac{\mu_l}{\mu_v}\right)^{-0.5} \quad \cdots\cdots\cdots(35\cdot10)$$

R-11 (Monofluortrichloromethan $CFCl_3$) を水平管内に流して沸騰蒸発させるときの管内側局所境膜伝熱係数 $h_i$ の計算値を，図 35・22 〜 図 35・24 に示した．点線が沸騰伝熱支配として計算した値，実線が対流伝熱支配として計算した値である．

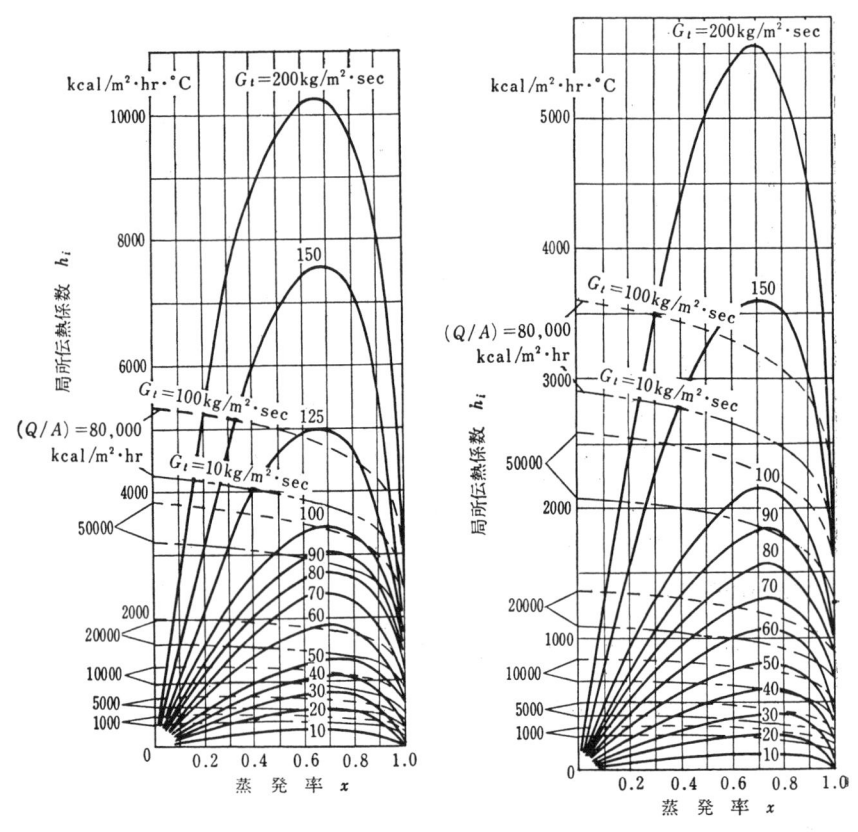

図 35・22 R-11 の水平管内蒸発の管内側局所伝熱係数
($D_i = 6$ mm, 沸騰温度 10°C)

図 35・23 R-11 の水平管内蒸発の管内側局所伝熱係数
($D_i = 14$ mm, 沸騰温度 10°C)

管内側局所境膜伝熱係数 $h_i$ は，沸騰伝熱支配領域と仮定して式 (35・1) から計算した値と，対流伝熱支配領域と仮定して式 (35・8) または式 (35・9) から計算した値のうちで，いずれか大きい方の値を採ればよい．したがって，計算に先だって沸騰伝熱支配領域か，対流伝熱支配かをあらかじめ定めておく必要はない．

管内を流れる流体の蒸発率 $x$ は，管の長手方向に沿って変化するので，管内側平均境膜伝熱係数 $\bar{h}_i$ は，局所境膜伝熱係数 $h_i$ を全長にわたって積分し，その平均値として求め

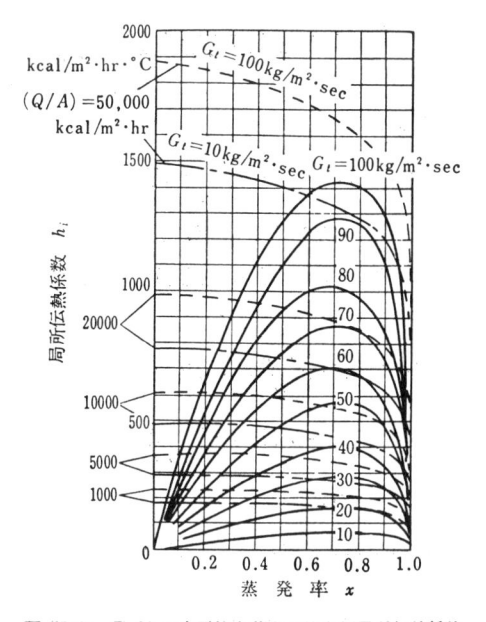

**図 35・24** R-11 の水平管内蒸発の管内側局所伝熱係数
($D_i = 25$ mm, 沸騰温度 10°C)

なければならない. すなわち,

$$\bar{h}_i = \frac{\int_0^L h_i \cdot dL}{L} \quad \cdots\cdots (35 \cdot 11)$$

ここで,

$L$：管長 [m]

### 35・2・2 管内側圧力損失

管内側圧力損失は, 摩擦損失・静圧損失, および加速損失の総和として求まる. すなわち,

$$\int_0^L \left(\frac{dP}{dL}\right)_t \cdot dL = \int_0^L \left(\frac{dP}{dL}\right)_f \cdot dL + \int_0^L \left(\frac{dP}{dL}\right)_s \cdot dL + \int_0^L \left(\frac{dP}{dL}\right)_a \cdot dL$$

$$\cdots\cdots (35 \cdot 12)$$

ここで, $(dP/dL)$ は, 単位長さあたりの圧力損失 [Kg/m²/m] で, 添字 $t, f, s, a$ は, それぞれ全圧損・摩擦圧損・静圧損・加速圧損を表わす.

摩擦圧力損失は, 次式から求まる.

$$\left(\frac{dP}{dL}\right)_f = \frac{0.3164}{(G_t \cdot D_i/\mu_v)^{0.25}} \cdot \frac{G_t^2 \cdot x^{7/4}}{2D_i \cdot \rho_v \cdot g_c} \cdot \left[1 + \frac{1-x}{x \cdot \zeta \cdot (\rho_l/\rho_v)}\right]^{19/8}$$
.............(35・13)

静圧損失は,次式から求まる。

$$\left(\frac{dP}{dL}\right)_s = [R_l \cdot \rho_l + (1-R_l) \cdot \rho_v] \cdot \left(\frac{g}{g_c}\right) \cdot \sin(\beta) \quad \cdots\cdots\cdots(35・14)$$

ここで,$\beta$ は伝熱管軸が水平面に対してなす角度で,水平管内蒸発リボイラでは $\beta=1$, したがって $(dP/dL)_s=0$ となる。$R_l$ は液相の容積分率〔一〕で,次式から求まる。

$$R_l^{-3} = 1 + R_{l,1}^{-3}$$

$$\ln(R_{l,1}) = \left[1.1 - 0.1965 \cdot \ln\left(\frac{\mu_l}{\mu_v}\right)\right] \cdot \ln(\zeta) + 0.868$$

$$\qquad\qquad - 0.1335 \cdot \ln\left(\frac{\mu_l}{\mu_v}\right) \quad \cdots\cdots\cdots\cdots(35・15)$$

加速圧力損失は,次式から求まる。

$$\left(\frac{dP}{dL}\right)_a = \frac{4G_t \cdot (Q/A) \cdot x}{D_i \cdot \lambda \cdot \rho_v \cdot g_c} \cdot \left[\left(1 - \frac{\rho_v}{B \cdot \rho_l}\right) \cdot \left(1 + \frac{1-x}{x} \cdot B\right)\right.$$

$$\qquad\qquad \left. + \left(1 + \frac{1-x}{x \cdot B \cdot (\rho_l/\rho_v)}\right) \cdot (1-B)\right] \quad \cdots\cdots\cdots(35・16)$$

ここで,

$$B = \frac{1-x}{x \cdot (\rho_l/\rho_v)} \cdot \left(\frac{1-R_l}{R_l}\right) \quad \cdots\cdots\cdots\cdots\cdots(35・17)$$

## 35・3 たて型流下液膜式蒸発器の設計法

第16章に記載した相関式以外の相関式を紹介する。

Chun and Seban[6],[7] は,たて型流下液膜式蒸発器の液膜側局所境膜伝熱係数 $h_i$ の相関式として,次式を発表している。

層流範囲

$$\left(\frac{m}{\mu_l}\right) \leq 0.61 \left(\frac{\mu_l^4 \cdot g}{\rho_l \cdot \sigma^3 \cdot g_c^3}\right)^{-1/11}$$

$$h_i = \left(\frac{k_l^3 \cdot g \cdot \rho_l^2}{3\mu_l^2}\right)^{1/3} \cdot \left(\frac{m}{\mu_l}\right)^{-1/3} \quad \cdots\cdots\cdots\cdots(35・18)$$

---

6) Chun, K.R., and Seban, R.A.: Journal of Heat Transfer, Trans. ASME, Series C, vol. 93, No. 4, pp. 391〜396 (1971).
7) Chun, K.R., and Seban, R.A.: Journal of Heat Transfer, Trans. ASME, Series C, November, pp. 432〜436 (1972).

## 35・3 たて型流下液膜式蒸発器の設計法

**波状-層流範囲**

$$0.61\left(\frac{\mu_l{}^4 \cdot g}{\rho_l \cdot \sigma^3 \cdot g_c{}^3}\right)^{-1/11} < \left(\frac{m}{\mu_l}\right) \leq 1,450\left(\frac{C_l \cdot \mu_l}{k_l}\right)^{-1.06}$$

$$h_i = 0.606\left(\frac{k_l{}^3 \cdot g \cdot \rho_l{}^2}{\mu_l{}^2}\right)^{1/3} \cdot \left(\frac{m}{\mu_l}\right)^{-0.22} \quad \cdots\cdots\cdots\cdots (35\cdot 19)$$

**乱流範囲**

$$\left(\frac{m}{\mu_l}\right) > 1,450\left(\frac{C_l \cdot \mu_l}{k_l}\right)^{-1.06}$$

$$h_i = 6.61 \times 10^{-3}\left(\frac{k_l{}^3 \cdot g \cdot \rho_l{}^2}{\mu_l{}^2}\right)^{1/3} \cdot \left(\frac{C_l \cdot \mu_l}{k_l}\right)^{0.65} \cdot \left(\frac{m}{\mu_l}\right)^{0.4} \quad \cdots\cdots (35\cdot 20)$$

ここで，

$C_l$：液の比熱〔kcal/kg・℃〕

$m$：単位幅当りの流量〔kg/m・hr〕

$m = W_l/(\pi \cdot D_i \cdot N)$

$N$：伝熱管数〔—〕

$W_l$：液流量〔kg/hr〕

これらの式は，伝熱管表面で核沸騰が起こらない場合，すなわち表面蒸発の場合には精度良く適用することができる。図 35・25 は，たて型流下液膜式蒸発器を用いて海水を蒸発させた場合の海水の分率の実測値と，式 (35・18)～式 (35・20) を用いた計算値を対比したもので，加熱スチーム温度と海水の蒸発温度の差が大きいときには，実測値より大きくなっている。これは伝熱管表面で核沸騰が生じたためと思われる。このように核沸騰が起きると，液膜側境膜伝熱係数は，表面蒸発のときよりも大きくなるが，流下液膜式蒸発器において，いかなる条件のときに核沸騰が起きるのかは，未だ明確ではない。

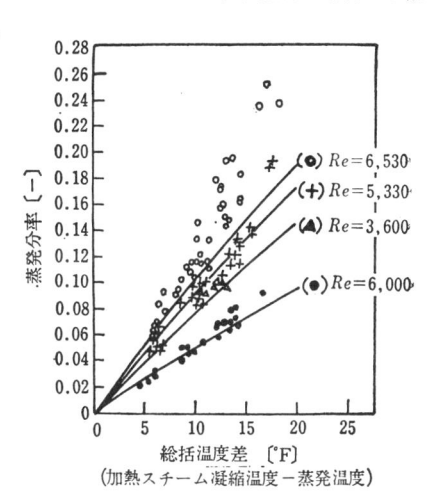

Struve[8),9)] は，フレオン R-11 をたて

図 35・25 式 (35・18)～式 (35・20) による計算値と Septon の実測値の比較

---

8) Struve, H. : VDI-Forschungsheft 534, Düsseldorf (1969).
9) Struve, H. : Kältechnik-Klimatisierung, vol. 24, pp. 241~252 (1972).

型流下液膜式蒸発器で蒸発させ，熱流束 $(Q/A)$ が大きくなると核沸騰が起きることを認め，この場合の液膜側局所境膜伝熱係数を図35・26で表わしている．図において，点線が

(1)

(3)

(2)

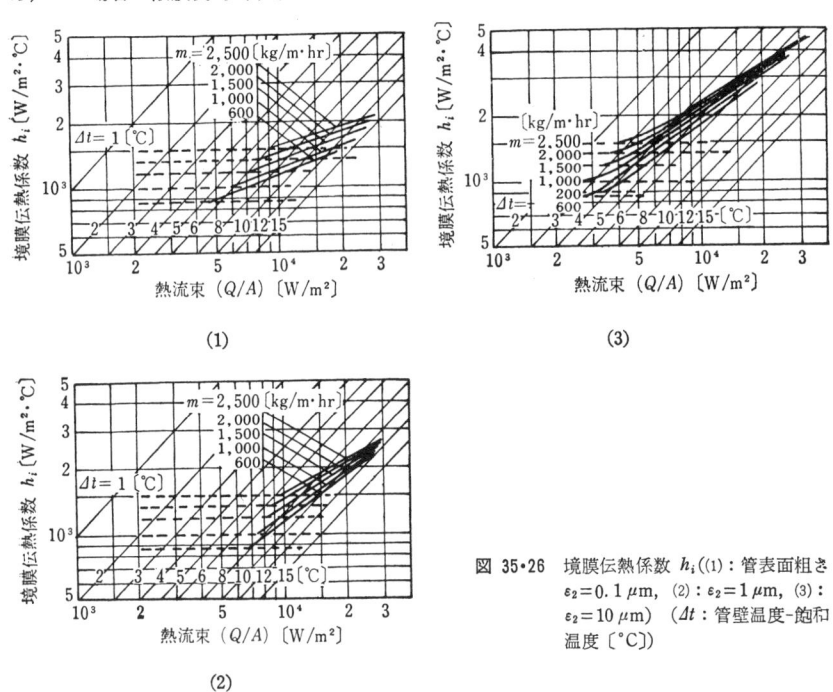

図 35・26 境膜伝熱係数 $h_i$ ((1)：管表面粗さ $\varepsilon_2=0.1\,\mu m$, (2)：$\varepsilon_2=1\,\mu m$, (3)：$\varepsilon_2=10\,\mu m$) ($\Delta t$：管壁温度-飽和温度 [℃])

表面蒸発の範囲での境膜伝熱係数の値を，実線が核沸騰蒸発の範囲での境膜伝熱係数の値を表わしている．

核沸騰蒸発範囲での液膜側境膜伝熱係数は，加熱面の表面粗さによって変わる．表面粗さの表わし方には種々の方法があるが，図35・26に用いた粗さ $\varepsilon_2$ は，DIN 4762 で Rauhtiefe と定義されている粗さである．

Struve は，たて型流下液膜式蒸発器の伝熱壁面に沿って連続して液膜が形成されて，伝熱壁面が充分濡れているために必要な液流量を図35・27で表わしている．

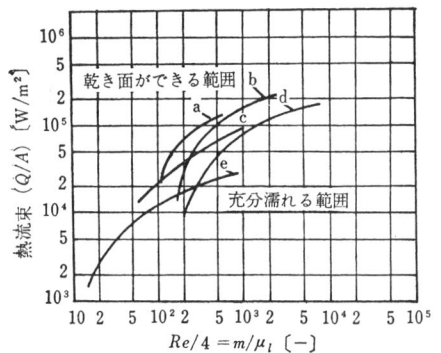

図 35・27 伝熱表面の濡れ状態 ($a$：50℃水，$b$：100℃水，$c$：40℃アルコール/水，$d$：78℃アルコール/水，$e$：24℃CR-11)

## 35・4 フラッシュ室の寸法

フラッシュ室（蒸発室）の径は，第 16 章（708 ページ）に記載した方法で定めることができる。なお，この方法は流下液膜式蒸発器以外の蒸発器に対しても適用することができる。フラッシュ室の高さ（蒸発液面からフラッシュ室上部鏡板までの距離，あるいは蒸発液面からエリミネータ下端までの距離）はミストの飛び上り高さを考慮して 1～1.5 〔m〕以上とするのが普通である。

## 35・5 付属設備

蒸発装置の付属設備の主なものは，エリミネータ（デミスタ），エゼクタ，凝縮器などである。

### 35・5・1 エリミネータ

蒸発の際に発生するエントレイメントを分離するためのエリミネータとしては，ワイヤメッシュデミスタ，サイクロン，折れ板型エリミネータなどが用いられる。

**ワイヤメッシュデミスタ**

ワイヤメッシュデミスタ（Wire Mesh Demister）は，図 35・28[10]に示すような細い線で編んだ網を 2 枚 1 組として幾層にも重ねて，図 35・29[10]に示すように Mat 状に造ったもので，それぞれの網にはウェーブが付けてあり，各層のウェーブが反対方向になるよう交互に重ねられている。空隙率は 98% 前後で，圧力損失が小さく，分離効率が高いため，蒸発装置のエリミネータは，殆んどこの型式のデミスタが用いられる。ワイヤメッシュデミスタのミスト捕集分離機構を図 35・30 を用いて説明すると，液体 1 中に発生した蒸気は気泡 2 となって上昇し，蒸発液面で破裂するとき，液体のミスト 3 が発生し，蒸気に伴なわれて上昇し，ワイヤメッシュデミスタ 5 を通過するとき，デミスタを構成する線と衝突し，線の表面に付着し，次第に大きい液滴に成長して流下し，遂には大きい液滴 4 となって蒸気の上昇力に抗しつつデミスタをはなれて重力により落下し，再び元の液中にもどる。デミスタを通した蒸気 6 中には，もはやミストが含まれていない。

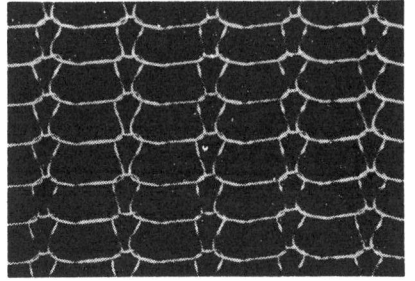

図 35・28 ワイヤメッシュデミスタを構成する金網

---

10) 日本メッシュ工業（株）カタログ

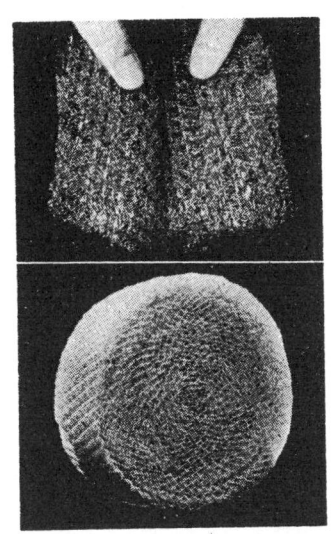

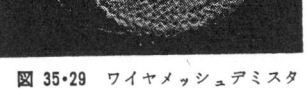

図 35・29　ワイヤメッシュデミスタ 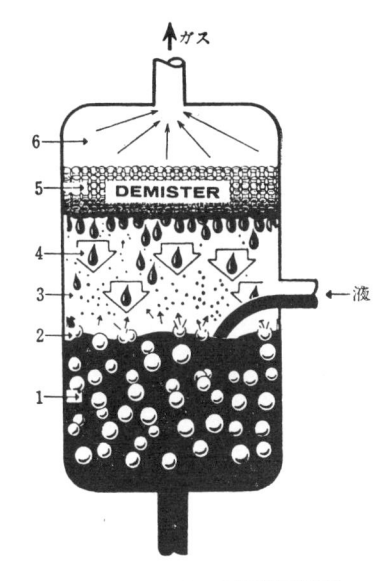　　図 35・30　デミスタのミスト捕集分離機構

ワイヤメッシュデミスタの径は，デミスタを通過する蒸気の流速が，次式で与えられる最大許容流速以下となるように定めねばならない[10),11)]。

$$V_{max} = K_1 \cdot \left(\frac{\rho_l - \rho_v}{\rho_v}\right)^{1/2} \quad\quad\quad\quad\quad\quad (35\cdot21)$$

ここで，

$V_{max}$：最大許容流速〔m/sec〕

$\rho_l$：ミストの密度〔kg/m³〕

$\rho_v$：蒸気の密度〔kg/m³〕

$K_1$：ミストの表面張力・粘度・ミストの粒径・デミスタの種類などによって定まる係数

$K_1$ の値は使用条件によって異なるが，一般に液粘度・ミスト量などの状態が明確でない場合が多いので，表 35・1 の値を基準として採用するのが普通である。

蒸気流速が $V_{max}$ 以上になると，デミスタに一度捕集されたミストが再飛散するため，分離効率が急激に低下する。

11) York, O.H. and E.W. Poppele: Chem. Eng. Progr., vol. 59, No. 6, pp. 45～50 (1963).

表 35・1 $K_1$ の値

| Style | $K_1$ |
|---|---|
| H-style | 0.128 |
| N-style | 0.116 |
| SL-style | 0.108 |
| SM-style | 0.101 |
| SH-style | 0.080 |
| T-style | 0.078 |
| R-style | 0.055 |

ワイヤメッシュデミスタの分離効率 $E_o$ は，次式で算出することができる[10),12)]。

$$E_o = 1-(1-K_3 \cdot E_M)^N \quad \cdots\cdots\cdots(35\cdot22)$$

ここで，$E_M$ はデミスタを構成する針金（ワイヤ）1本について，ミストが衝突して捕集され得る最大効率で，次式で定義される衝突係数 $K_2$ および Langmuir 係数 $\Phi$ の関数として，図 35・31 から求まる。

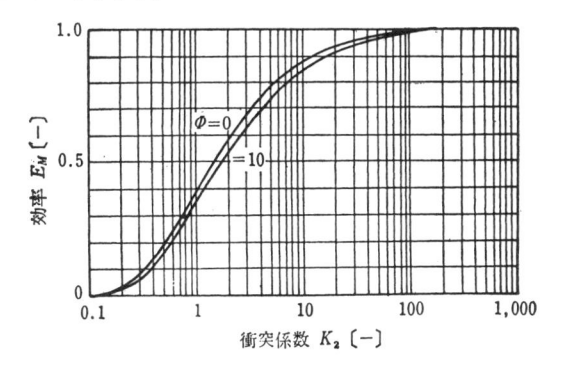

図 35・31 $E_M$ の値

$$K_2 = \frac{d_p{}^2 \cdot \rho_l \cdot V_v}{9 \mu_v \cdot d_w} \quad \cdots\cdots\cdots(35\cdot23)$$

$$\Phi = \frac{9 \rho_v{}^2 \cdot d_w \cdot V_v}{\mu_v \cdot \rho_l} \quad \cdots\cdots\cdots(35\cdot24)$$

ここで，

$K_3$：金網1層中に針金が占める容積分率で，表 35・2 にデミスタ Style と $K_3$ の関係を示した。

$E_o$：デミスタの分離効率〔—〕

---

12) Carpenter, C.L. and D.F. Othmer : A.I.Ch.E. Journal, vol. 1, No. 4, pp. 549〜557 (1955).

$d_p$：ミストの径〔m〕
$d_w$：デミスタを構成する針金の径〔m〕
$\rho_l$：ミストの密度〔kg/m³〕
$V_v$：デミスタを通過する蒸気流速〔m/hr〕
$\rho_v$：蒸気の密度〔kg/m³〕
$\mu_v$：蒸気の粘度〔kg/m・hr〕
$N$：デミスタを構成する金網の層数〔—〕

表 35・2 $K_3$ の値

| Style | $K_3$ |
|---|---|
| H-style | 0.17 |
| N-style | 0.16 |
| SL-style | 0.15 |
| SM-style | 0.12 |
| SH-style | 0.10 |
| T-style | 0.23 |
| R-style | 0.55 |

　理論式（35・22）から計算すると，蒸気流速 $V_v$ が大きければ大きいほど，分離効率 $E_0$ が大きくなるが，実際には蒸気流速 $V_v$ が最大許容流速 $V_{max}$ 以上になると，一度金網に捕集されたミストが再び飛散するので分離効率が低下する。ミストの径が $3\mu$ 以下の場合には，効率 $E_0$ を90％以上にするための蒸気流速を式（35・22）より計算すると，最大許容流速以上の値になってしまう。このような場合には，デミスタを蒸気通過面積が小さいものと大きいものとに2段に分けて設置し，1段目のデミスタを通過する蒸気流速を最大許容以上にし，2段目のデミスタを通過する蒸気流速を最大許容流速以下にして，1段目のデミスタに一度衝突して再飛散したミストを2段目のデミスタで捕集分離する方法が用いられる。これは，1段目から再飛散するミストは金網上で成長合体して最初のミストよりも大きくなる現象を利用した巧みな方法で，一般に広く用いられる。ただし，この方法は特許（日本特許 昭36-16692）となっている。
　ワイヤメッシュデミスタを通過するときの蒸気の圧力損失は，次式から計算することができる。

$$\Delta P = \frac{f \cdot V_v^2 \cdot H \cdot \rho_v \cdot (1-\varepsilon)}{g_c \cdot d_w} \quad \cdots\cdots(35\cdot25)$$

ここで，
　　$\Delta P$：圧力損失〔Kg/m²〕

$V_v$：蒸気流速〔m/hr〕

$H$：デミスタの厚み〔m〕

$\varepsilon$：空隙率〔—〕

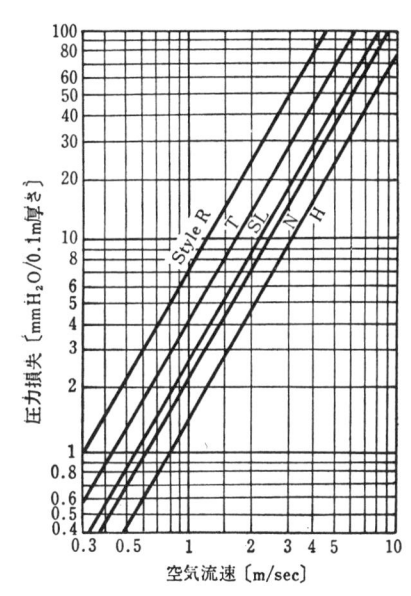

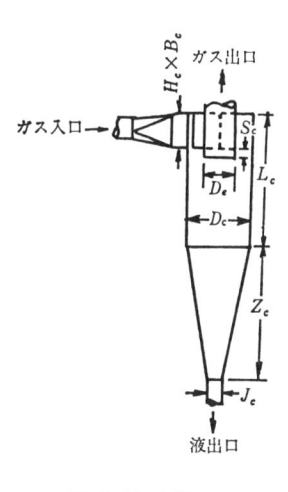

図 35・32　ワイヤメッシュデミスタの圧力損失（水-空気系）

図 35・33　標準サイクロン

$g_c$：重力の換算係数＝$1.27 \times 10^8$〔kg・m/hr$^2$・Kg〕

$f$：摩擦係数〔—〕

摩擦係数 $f$ は，次式から計算することができる．

$$f = 5.3 \left( \frac{d_w \cdot V_v \cdot \rho_v}{\mu_v} \right)^{-0.32} \quad \cdots\cdots\cdots (35\cdot 26)$$

水のミストを含む空気を流したときの圧力損失の結果を，図 35・32[10]に示した．圧力損失はミスト量が変わると圧力損失も変わるが，ミスト量が不明の場合には，式 (35・25) または図 35・32 から求まる値を基準に採用するのが普通である．

**サイクロン**

簡単に作れるために，比較的広く用いられる．普通用いられる標準サイクロンの寸法比は，次のとおりである（図 35・33 参照）[13]．

---

13) Montross, C.F.：Chem. Eng., Oct., pp. 213～236 (1953).

第35章 蒸発装置の設計法

$B_c=D_c/4$　　$L_c=2D_c$　　$J_c=$任意（普通は $D_c/4$ とする）
$D_e=D_c/2$　　$S_c=D_c/8$
$H_c=D_c/2$　　$Z_c=2D_c$

標準寸法比のサイクロンの分離効率は，図 35・34，図 35・35，図 35・36 を使用して求めることができる。

例えば，$D_c=16$ [inch] のサイクロンを用いて，13.5 [ft³/sec] の蒸気を処理するものとし，蒸気の粘度を 0.03 [cp]，ミストの密度を 1 [g/cc] とすると，図 35・34 から入口流速 $V_c=50$ [ft/sec] のときの 50% cut 粒径（50% 捕集されるミストの粒径）$d_{cp}=6$ ミクロンとなる。サイクロン入口流速 $V_c$ は，

$$V_c=\frac{\text{蒸気量}}{B_c\cdot H_c}=\frac{13.5}{\left(\frac{16}{4}\right)\left(\frac{16}{2}\right)/144}=60 \text{ [ft/sec]}$$

図 35・35 から，$V_c$ による補正係数$=0.92$

蒸気粘度による補正係数$=1.3$

したがって，実際の 50% cut size は，これらの補正係数を用いて

$d_{cp}=6\times1.3\times0.92=7$ ミクロン

図 35・36 から，$d_p=3$ ミクロンのミストの分離効率は 17%，7 ミクロンのミストの分

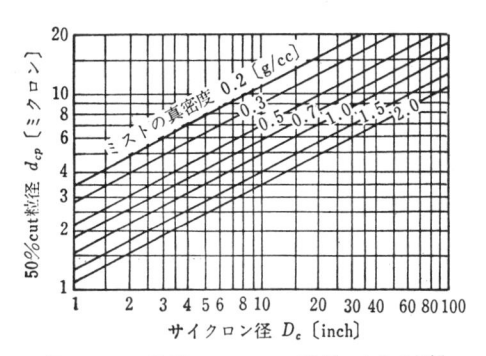

図 35・34　標準型サイクロンの 50% cut ミスト径
（蒸気粘度 $\mu_v=0.02$ [cp]，蒸気流速 $V_c=50$ [ft/sec] に対する値。他の条件のときは，図 35・35 によって補正しなければならない。）

離効率は 50%，14 ミクロンのミストの分離効率は 80% であることが判る。

また，サイクロンの圧力損失は，次式から求まる。

$$\Delta P=F\cdot\frac{\rho_v\cdot V_c^2}{2g_c} \quad \cdots\cdots\cdots\cdots\cdots\cdots\cdots\cdots\cdots\cdots(35\cdot27)$$

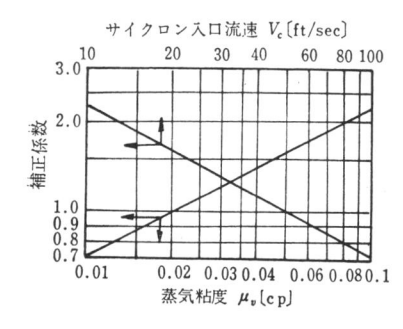

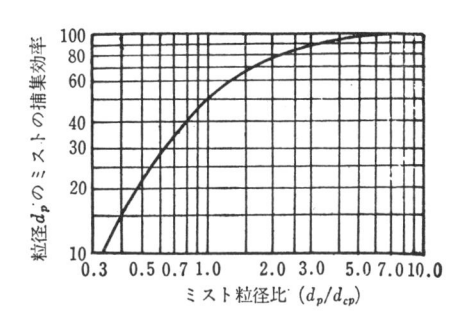

図 35・35　蒸気流速，蒸気粘度が図 35・34 と異なるときの補正係数

図 35・36　標準型サイクロンにおけるミスト粒径と捕集効率の関係

ここで，$F$ は圧力損失係数〔—〕で，次式から求まる[1]。

$$F = \frac{30 B_c \cdot H_c \sqrt{D_c}}{D_e^2 \sqrt{L_c + Z_c}} \quad \cdots\cdots\cdots\cdots\cdots\cdots\cdots\cdots\cdots\cdots(35 \cdot 28)$$

ここで，

$\Delta P$：圧力損失〔Kg/m²〕または〔mm H₂O〕

$\rho_v$：蒸気の密度〔kg/m³〕

$V_c$：サイクロン入口流速〔m/hr〕

$g_c$：重力の換算係数 $= 1.27 \times 10^8$〔kg・m/Kg・hr²〕

**折れ板型エリミネータ**

この型式のエリミネータも誰でも簡単に作れるため広く用いられる。構造例を図 35・37 に示した。折れ板型エリミネータの分離限界粒径 $d_{po}$ は，次式から求まる[14]。

$$\frac{2 d_{po}^2 \cdot V_v \cdot \tan(\theta/2)}{K \cdot p} \cdot \left\{ 1 - \exp\left[ -\frac{K \cdot l \cdot \cos(\theta/2)}{d_{po}^2 \cdot V_v} \right] \right\} = 1 \quad \cdots\cdots\cdots(35 \cdot 29)$$

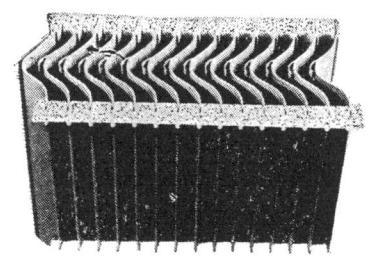

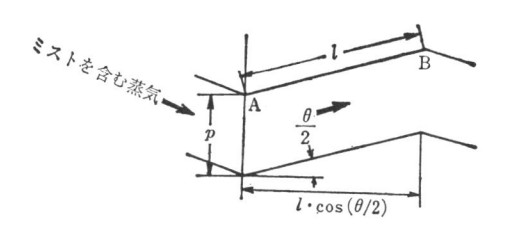

図 35・37　折れ板型エリミネータ

図 35・38　折れ板型エリミネータの寸法記号

14）吉川："気泡・液滴工学"化学工学協会編，日刊工業新聞社（1969）.

ここで,
- $d_{po}$：分離限界粒径〔m〕
- $V_v$：エリミネータの前面における蒸気の平均流速〔m/hr〕
- $\theta$：折れ板の屈折角〔radian〕(図 35・38 参照)
- $K := 18\mu_v/\rho_l$
- $\mu_v$：蒸気の粘度〔kg/m・hr〕
- $\rho_l$：ミストの密度〔kg/m³〕
- $l$：折れ板の長さ〔m〕(図 35・33 参照)
- $p$：折れ板のピッチ〔m〕

エリミネータの入口から,つぎの折れかどまでの間(図 35・38 における AB 間)での粒径 $d_p$ のミストの分離効率 $E_1$ は,次式で表わされる。

$$E_1 = \frac{2d^2{}_p \cdot V_v \cdot \tan(\theta/2)}{K \cdot p} \cdot \left\{1 - \exp\left[-\frac{K \cdot l \cdot \cos(\theta/2)}{d_p{}^2 \cdot V_v}\right]\right\} \quad \cdots\cdots(35 \cdot 30)$$

$n$ 回折り曲げたエリミネータの分離効率 $E_n$ は,

$$E_n = 1 - (1 - E_1)^n \quad \cdots\cdots(35 \cdot 31)$$

吉川は折れ板の一辺の長さを 70〔mm〕一定とし,ピッチ・屈折角を表 35・3 のように

表 35・3 エリミネータの抵抗係数

| 屈折角 $\theta°$ | ピッチ $p$〔mm〕 | 抵抗係数 $\zeta$ | 全長 $L$〔mm〕 |
|---|---|---|---|
| 30 | 20 | 2.5 | |
| | 30 | 1.6 | 406 |
| | 40 | 1.4 | |
| 60 | 20 | 8.2 | |
| | 30 | 8.0 | 364 |
| | 40 | 5.4 | |
| 90 | 20 | 30.3 | |
| | 30 | 25.5 | 297 |
| | 40 | 25.2 | |

それぞれ 3 段階に変えたものを合計 9 種用いて実験し,圧力損失係数 $\zeta$ を求め,表 35・3 の結果を得ている。ここで圧力損失係数は,次式で定義される値である。

$$\varDelta P = \zeta \frac{\rho \cdot V_v{}^2}{2g_c} \quad \cdots\cdots(35 \cdot 32)$$

## 35・5・2 エゼクタ

## 35・5 付属設備

蒸発装置において，蒸気エゼクタは蒸発蒸気を圧縮して，自己の加熱に再利用するためのサーモコンプレッサとして，および蒸発装置を真空に保つための真空ポンプとして用いられる。図35・12は，サーモコンプレッサとして用いられた例であって，この場合，2段目の蒸発器からの蒸発蒸気が，このサーモコンプレッサによって圧縮されて，1段目の蒸発器の熱源として再利用されている。

**蒸気エゼクタの負荷**

蒸気エゼクタを真空ポンプとして利用する場合，凝縮器の後に連結されるが，この場合，蒸気エゼクタの負荷（吸込み混合ガス量）は，（蒸発蒸気中に含まれる不凝縮ガス）＋（主コンデンサ出口での混合ガスの温度に対応する蒸気成分の飽和蒸気圧相当分）である。

蒸発蒸気中に含まれる不凝縮ガスは，蒸発器に給液される原液中に溶存していた空気と，蒸発装置内にフランジ部などを通って漏洩した空気から成り立つ。この漏洩空気量は，図35・39または表35・4を用いて推定することができる。

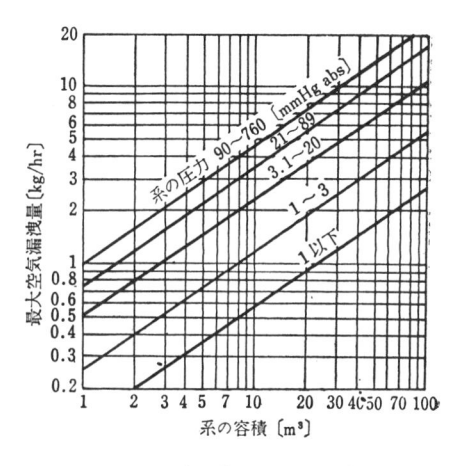

図 35・39 真空装置への空気漏洩量

表 35・4 真空装置への空気漏洩量

| 継手の種類 | 空気漏洩量 Lbs/hr |
|---|---|
| ネジ込み継手 2 inch 以下 | 0.1 |
| ネジ込み継手 2 inch 以上 | 0.2 |
| フランジ継手 6 inch 以下 | 0.5 |
| フランジ継手 6～24 inch | 0.8 |
| フランジ継手 2～6 ft | 1.1 |
| フランジ継手 6 ft 以上 | 2.0 |
| パッキング式バルブ，ステム径 1/2″ 以下 | 0.5 |
| パッキング式バルブ，ステム径 1/2″ 以上 | 1.0 |
| 潤滑プラグバルブ | 0.1 |
| ピーコック | 0.2 |
| サイトグラス | 1.0 |
| ゲージグラス（ゲージコックを含む） | 2.0 |
| 攪拌機，ポンプなどの軸のスタフィングボックスで液シールしたもの，軸径 1 inch 当り | 0.3 |
| 通常のスタフィングボックス，軸径 1 inch 当り | 1.5 |
| 安全弁，真空ブレーカ，呼び径 1 inch 当り | 1.0 |

蒸気エゼクタを図 35・40 または図 35・41 に示すように中間凝縮器を介して多段とする

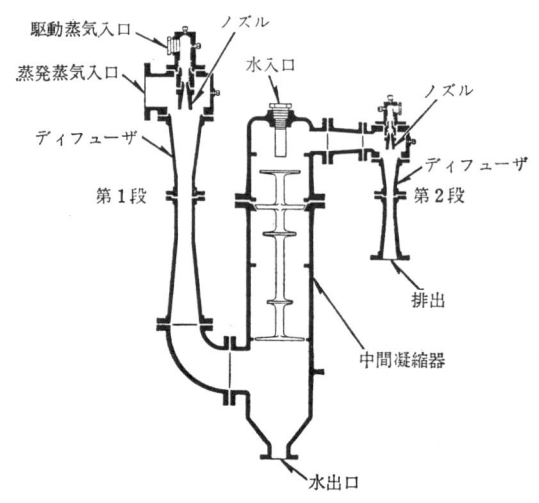

**図 35・40** バロメトリックコンデンサ付 2 段エゼクタ

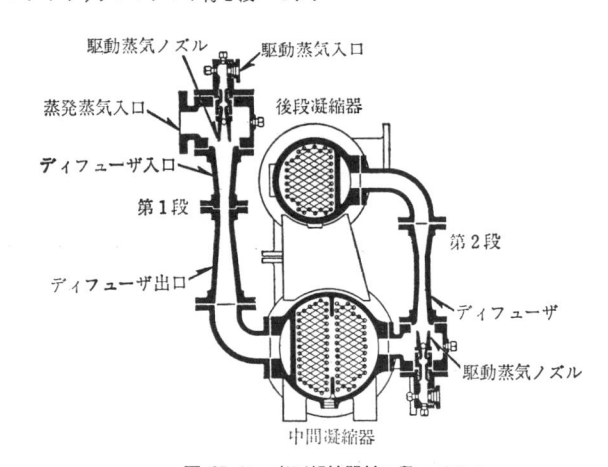

**図 35・41** 表面凝縮器付 2 段エゼクタ

場合には，2段目以降のエゼクタに吸引される不凝縮ガス量は，第1段エゼクタに吸引された不凝縮ガス量に中間凝縮器および第1段エゼクタでの空気漏洩量は，表 35・5 を用いて推定することができる[15]。

混合ガスの温度に対応する蒸気成分の飽和蒸気圧相当分（これは同伴蒸気量と呼ばれる）

---

15) Vil'der, S.I. : Intern. Chem. Eng., vol. 4, No. 1, pp. 88～92 (1964).

## 35・5 付属設備

表 35・5 エゼクタおよび中間凝縮器での空気漏洩量

| エゼクタ | | バロメトリックコンデンサ | | サーフェイスコンデンサ | |
|---|---|---|---|---|---|
| 咽喉径 mm | 漏洩量 kg/hr | 内径 mm | 漏洩量 kg/hr | 内径 mm | 漏洩量 kg/hr |
| 10～20 | 0.2 | 300 | 0.6 | 300 | 0.7 |
| 25～32 | 0.3 | 400 | 0.8 | 400 | 1.0 |
| 40～50 | 0.5 | 500 | 1.0 | 500 | 1.5 |
| 64～80 | 1.0 | 600 | 1.2 | 600 | 2.0 |
| 100～152 | 1.5 | 800 | 1.5 | 800 | 3.0 |
| 200以上 | 2.0 | 1000 | 2.0 | 1000 | 4.0 |

$W_v$ は，次式から計算することができる。

$$W_v = \frac{p_v}{P_1 - p_v} \cdot \frac{W_a \cdot M_v}{M_a} \quad \cdots\cdots\cdots\cdots\cdots\cdots\cdots (35\cdot 33)$$

ここで，

$W_v$：同伴蒸気量〔kg/hr〕

$W_a$：不凝縮ガス量〔kg/hr〕

$P_1$：混合ガス全圧〔mmHg abs〕

$p_v$：混合ガスの温度に対応する蒸気成分の飽和蒸気圧〔mmHg abs〕

$M_a$：不凝縮ガスの分子量〔―〕

$M_v$：蒸気成分の分子量〔―〕

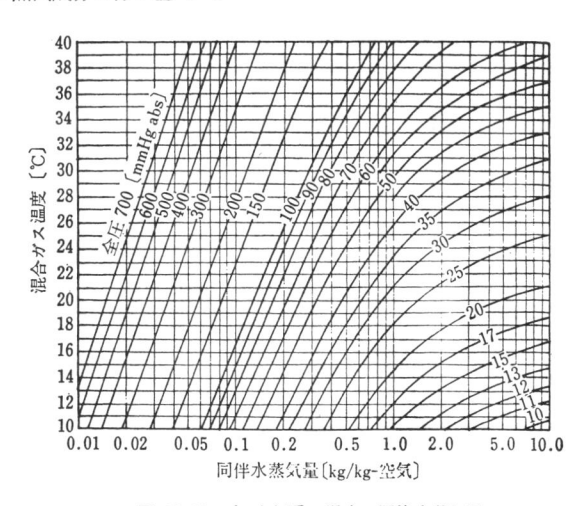

図 35・42 水-空気系の場合の同伴水蒸気量

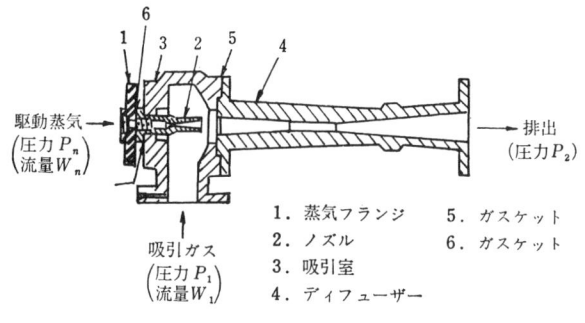

図 35·43 蒸気エゼクタ

駆動蒸気 $\begin{pmatrix} 圧力 P_n \\ 流量 W_n \end{pmatrix}$ → 排出 $(圧力 P_2)$

吸引ガス $\begin{pmatrix} 圧力 P_1 \\ 流量 W_1 \end{pmatrix}$

1. 蒸気フランジ
2. ノズル
3. 吸引室
4. ディフューザー
5. ガスケット
6. ガスケット

不凝縮ガスが空気で，蒸発成分が水の場合の同拌蒸気量を図 35·42 に示した。

**蒸気エゼクタの構造**

蒸気エゼクタは，図 35·43 に示すように，主要部分はノズル・ディフューザ・吸引室から成り立っている。駆動外気はノズルから噴射される。ノズルは末広ノズルであって，圧力のエネルギは速度のエネルギに変換される。高速にて噴出する蒸気は，吸引室にて他の気体を吸引し，これと混合して高速のままディフューザに入り，再び圧力のエネルギに変換されて，ディフューザを出る。

吸引室の圧力すなわち吸引真空度が定まっていれば，一定の駆動蒸気圧では，ノズルから噴射する蒸気の速度は理論的に定まってしまうので，ディフューザに入る混合ガスの速度は一定以上にはなり得ず，したがって1段のエゼクタで得られる真空度には限界がある。したがって，吸引真空度が高い場合には，エゼクタを多段に組合せなければならない。図 35·44 に多段型エゼクタの配列と性能を示し

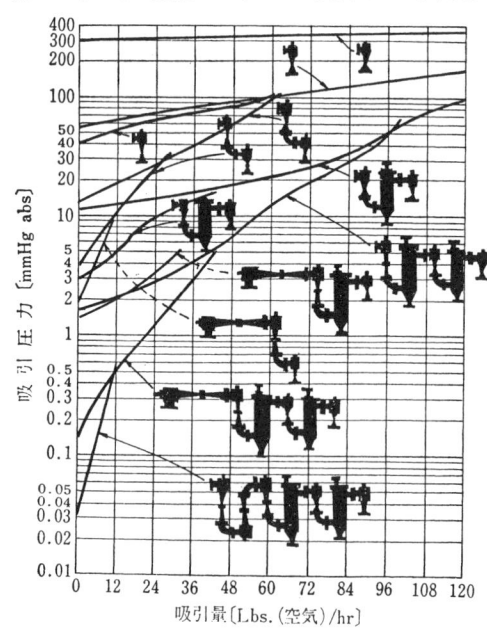

図 35·44 多段エゼクタの性能

た[16]。

　中間凝縮器としては表面凝縮器，またはバロメトリックコンデンサが用いられる。表面凝縮器としては，図35・41に示した普通の多管円筒式熱交換器以外に，図35・45に示したコイル管式凝縮器も用いられる。また，図35・46に示した特殊な邪魔板配列の多管円筒式

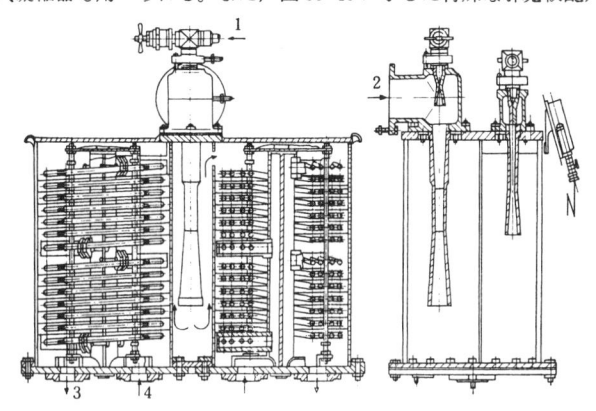

図 35・45　コイル管式凝縮器付蒸気エゼクタ
(1. 駆動蒸気入口, 2. 蒸発蒸気入口
3. 冷却水入口,　4. 冷却水出口)

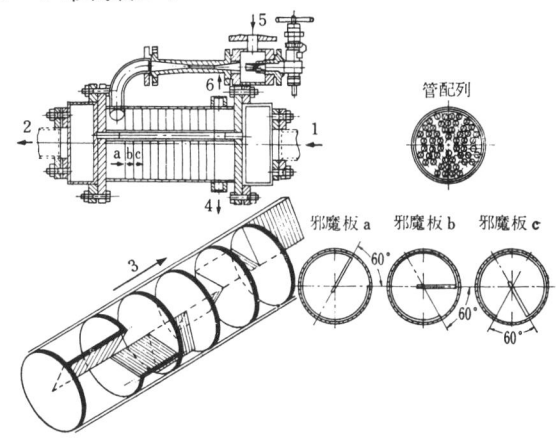

図 35・46　特殊配列の邪魔板を有する表面凝縮器エゼクタ
(1.冷却水入口, 2.冷却水出口
3. ガスの進行方向, 4. 凝縮水
5. 蒸発蒸気入口, 6. 不凝縮ガス出口)

16) Ludwig, E. E. : "Applied Process Design for Chemical and Petrochemical Plant" Gulf Publishing Company (1964).

熱交換器も用いられる。バロメトリックコンデンサとしては，第 25 章に記載した直接接触式コンデンサが用いられる。

### 蒸気エゼクタの設計法

蒸気エゼクタの設計法は多数発表されているが[17),18),19),15)]，ここでは Vil'der の設計法を，例題を用いて説明する。ノズル寸法 $d_n$, $d_2$，およびディフューザ咽喉径 $D_m$ の寸法を，次のようにして定める。その他の部分の寸法は，図 35・47 に示した標準エゼクタの寸法比から求まる。

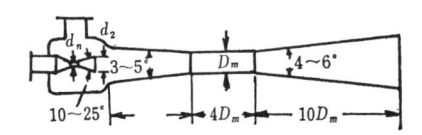

図 35・47　蒸気エゼクタの標準寸法比

〔例題 35・1〕　次の仕様の蒸気エゼクタを設計する。
　要求真空度　50〔mmHg abs〕
　駆動蒸気圧　11〔Kg/cm² abs〕（乾き飽和蒸気）
　冷却水温度　20〔°C〕
　抽気量　不凝縮ガス（空気）30〔kg/hr〕
〔解〕
（1）配列：　図 35・44 から第 1 段エゼクタ→バロメトリックコンデンサ→第 2 段エゼクタの配列が適当であることがわかる。
（2）第 1 段エゼクタ：
　　抽気量　$W_a = 30$〔kg/hr〕
　　　　　　$W_v = 0$〔kg/hr〕

エゼクタの圧縮比は，用役（駆動蒸気と冷却水）が最小となるように選定すべきであるが，ここでは簡単のために，第 1 段エゼクタ 50〔mmHg abs〕→200〔mmHg abs〕，第 2 段エゼクタ 185〔mmHg abs〕→大気圧 760〔mmHg abs〕とする。

第 1 段エゼクタの放射圧力 185〔mmHg abs〕と第 2 段エゼクタの吸引圧力 200〔mmHg abs〕の差 15〔mmHg〕は，両エゼクタ間に設けるバロメトリックコンデンサ，および配管での圧力損失である。

　　圧縮比
　　$K_c = P_2/P_1 = 200/50 = 4$
　　　　（$P_2$：放射圧力，$P_1$：吸引圧力）

---

17)　速水："化学機械技術第 8 集" pp. 1〜 (1956).
18)　高島：化学工学 vol. 19, pp. 446〜 (1955).
19)　De Frate and Hoerl: Chem. Eng. Progr., Symp. Ser., No. 21, pp. 46〜 (1959).

膨張比

$$E = P_n/P_1 = 11 \times 760/50 = 147$$

($P_n$：駆動蒸気圧力)

図 35・48 から，吸引係数

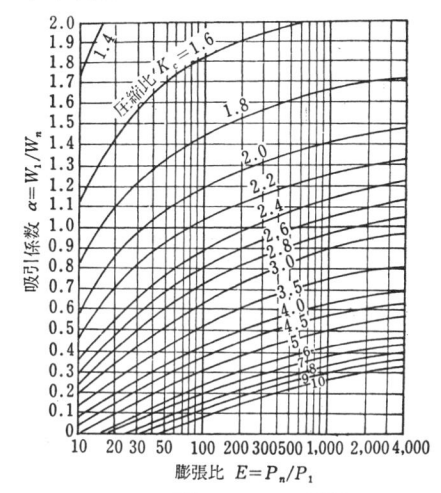

図 35・48 蒸気エゼクタの吸引係数

$$\alpha \equiv \frac{W_1}{W_n} \equiv \frac{W_v + W_a}{W_n} \quad (W_n：駆動蒸気流量 [kg/hr])$$

$$= 0.48$$

駆動蒸気流量

$$W_n = W_1/\alpha = 30/0.48 = 63 \ [kg/hr]$$

ノズル喉径

$$d_n = 0.16\sqrt{G_n/P_n} = 0.16 \times \sqrt{63/(11.0 \times 10^4)}$$

$$= 3.84 \times 10^{-3} \ [m] = 3.84 \ [mm]$$

表 35・6 から，$d_2/d_n = 4.50$

ノズルの出口径

$$d_2 = 4.50 \times 3.84 = 17.3 \ [mm]$$

ディフューザ咽喉径は，次式から計算することができる。

$$D_m = 0.16 \left( \frac{(18/M_a) \cdot W_a' + W_v'}{P_2} \right)^{0.5}$$

ここで，

$M_a$：不凝縮ガスの分子量 [―]

$W_a'$：ディフューザを通る不凝縮ガスの流量 [kg/hr]

$W_v'$：ディフューザを通る水蒸気の流量 [kg/hr]

表 35・6  $C \equiv d_2/d_n$ の値

| E | C | E | C | E | C | E | C | E | C |
|---|---|---|---|---|---|---|---|---|---|
| 10 | 1.60 | 45 | 2.70 | 100 | 3.75 | 450 | 7.17 | 1000 | 10.0 |
| 12 | 1.68 | 50 | 2.83 | 120 | 4.07 | 500 | 7.5 | 1200 | 10.8 |
| 14 | 1.76 | 55 | 2.95 | 140 | 4.36 | 550 | 7.8 | 1400 | 11.6 |
| 16 | 1.84 | 60 | 3.05 | 160 | 4.60 | 600 | 8.1 | 1600 | 12.3 |
| 18 | 1.92 | 65 | 3.14 | 180 | 4.84 | 650 | 8.4 | 1800 | 12.8 |
| 20 | 2.00 | 70 | 3.23 | 200 | 5.06 | 700 | 8.7 | 2000 | 13.4 |
| 25 | 2.17 | 75 | 3.32 | 250 | 5.53 | 750 | 8.95 | 2500 | 14.7 |
| 30 | 2.33 | 80 | 3.41 | 300 | 6.00 | 800 | 9.2 | 3000 | 15.9 |
| 35 | 2.46 | 85 | 3.50 | 350 | 6.43 | 850 | 9.4 | 3500 | 16.9 |
| 40 | 2.58 | 90 | 3.59 | 400 | 6.80 | 900 | 9.6 | 4000 | 17.8 |

$M_a = 29$ (空気)

$W_a' = W_1 = 30$ [kg/hr]

$W_v' = W_n = 63$ [kg/hr]

したがって,

$$D_m = 0.16 \left[ \frac{(18/29) \times 30 + 63}{(200/760) \times 10^4} \right] = 0.027 \text{ [m]}$$

$$= 27 \text{ [mm]}$$

**(3) バロメトリックコンデンサ:** バロメトリックコンデンサは,第25章に記載した方法で設計すべきであるが,ここでは別の簡便法を用いる。

バロメ全圧 185 [mmHg abs]

バロメ入口における混合ガス中の水蒸気の分圧は,

$$185 \times \frac{(63/18)}{(30/29) + (63/18)} = 144 \text{ [mmHg abs]}$$

したがって,バロメ入口の混合ガス中の水蒸気の凝縮温度 $t_s$ は,水蒸気表から,144 [mmHg abs] に対応する水蒸気の飽和温度を読みとり,$t_s = 59$ [°C]。

バロメ出口の冷却水温度 $t_{w2}$ は,冷却水入口温度 $t_{w1}$, および水蒸気の凝縮温度 $t_s$ から,次式を用いて定める。

$$t_{w2} = t_{w1} + 0.80(t_s - t_{w1})$$
$$= 20 + 0.80(59 - 20)$$
$$= 51.2 \text{ [°C]}$$

ここで用いた係数 0.80 は設計上の一応の目安であって,この係数を小さくとるとバロメは小さくなるが,冷却水量が大きくなる。したがって,経済的最適な係数が存在することになるが,普通は簡単のために,この係数の値として 0.50~0.85 の範囲の値を用いる。

伝熱量 Q

$$Q = 600(W_v') = 600 \times 63 = 37,800 \text{ [kcal/hr]}$$

ここで，600は蒸気のエンタルピと出口冷却水のエンタルピとの差である。
冷却水必要量 $W_w$

$$W_w = Q/(t_{w2}-t_{w1}) = 37,800/(51.2-20)$$
$$= 1,200 \text{ [kg/hr]}$$

バロメの必要伝熱面積 $A$

多孔板式のバロメリックコンデンサを用いるものとし，バロメ棚板から，その孔径と等しい径の円柱をなして水が流下するものと見なし，水柱の全表面積をバロメの伝熱面積と見なす。

$$A = \frac{2Q}{U(2t_s - t_{w1} - t_{w2})}$$

ここで，総括伝熱係数 $U$ は，表35・7 から求まる。
$U=700 \text{ [kcal/m}^2\cdot\text{hr}\cdot°\text{C]}$

$$A = \frac{2 \times 37,800}{700 \times (2 \times 61 - 20 - 51.2)} = 2.1 \text{ [m}^2\text{]}$$

バロメの内径 $D_c$ は，エゼクタのディフューザ咽喉径 $D_m$ の6倍以上とする。
$D_c \geqq 6D_m = 6 \times 0.0270 = 0.162 \text{ [m]}$

バロメの径が定まると，棚板（欠円型多孔板）の孔数，したがって流下する冷却水の水柱の数が決まるので，伝熱面積から棚板間隔が求まる。

バロメ出口の排気温度は，冷却水入口温度より約2 [°C] 程度高くなる。したがって，例題の場合のバロメ出口の排気温度は 22 [°C] となる。

（4） 第2段エゼクタ：

表 35・7 中間凝縮器の総括伝熱係数

| コンデンサの型式 | バロメトリックコンデンサ | | | | サーフェースコンデンサ | | | |
|---|---|---|---|---|---|---|---|---|
| | 6枚の欠円型多孔板を有するもの。孔径5mmピッチ12mm 3角配列 | | 4枚のリング板型多孔板を有するもの。孔径5mm，ピッチ12mm | | 水平型コンデンサ。管 25×2.5 mm，ピッチ 32mm | | 垂直型コンデンサ。管 20×2.5 mm，ピッチ 26 mm | |
| コンデンサ内圧力 [mmHg abs] | 50 | 200 | 50 | 200 | 50 | 200 | 50 | 200 |
| 伝熱係数 [kcal/m²·hr·°C] | 350 | 700 | 300 | 600 | 200 | 400 | 250 | 500 |

注意：コンデンサ内径 $D_c = 6D_m$ の場合にのみ上表の伝熱係数を用い得る。もしコンデンサの径 $D_c$ がさらに大なる場合は，上表の値に $6D_m/D_c$ を乗じた値を用いる。ここで $D_m$ はコンデンサの前に付くエゼクタの咽喉径である。

抽気量（バロメ出口ガス量）
　空気 30 [kg/hr]
　洩れ空気量（表35・5から）
　　第1段エゼクタ 0.3 [kg/hr]
　　バロメトリックコンデンサ 0.6 [kg/hr]

冷却水放出空気量（冷却水中に溶存
していた空気が，中間コンデンサで
脱気されて放出される量）は，図
35・49 から

$$0.0246 \times 1.2 = 0.03 \text{ [kg/hr]}$$

同伴水蒸気（図 35・42 から）

$$0.075 \times 30.93 = 2.3 \text{ [kg/hr]}$$

以上合計 33.23 [kg/hr]

圧縮比 $K_c = 760/185 = 4.10$

膨張比 $E = 11 \times 760/185 = 45.1$

図 35・48 から，$\alpha = 0.32$

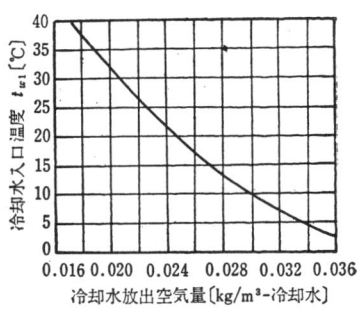

図 35・49 冷却水放出空気量

駆動蒸気量 $G_n = 33.23/0.32 = 103$ [kg/hr]

ノズル喉径 $d_n = 0.16(103/11,000)^{0.5} = 4.9 \times 10^{-3}$ [m]
$= 4.9$ [mm]

表 35・6 から，$d_2/d_n = 2.70$

$d_2 = 4.9 \times 2.70 = 13.2$ [mm]

ディフューザ咽喉径

$$D_m = 0.16 \left[ \frac{(18/29) \times 30.93 + 105.16}{(760/760) \times 10^4} \right]^{0.5} = 0.0178 \text{ [m]}$$

$= 17.8$ [mm]

## 35・6 蒸発プロセス

蒸発装置をプロセスに従って分類すると，（a）単一蒸発器，（b）多重効用蒸発器，（c）蒸気圧縮式蒸発器，（d）多段フラッシュ蒸発器に大別される。各々の場合のフローシート，取扱法については化学工学便覧に詳述されているので，ここでは省略する。

## 35・7 スケール防止機構付熱交換器

蒸発装置の予熱器あるいは加熱器には，スケールが伝熱面上に析出して，伝熱係数を著しく低下させることが多い。従来付着したスケールを除去する方法として，機械的な方法（チューブクリーナー）あるいは化学的な方法（$CaSO_4$ スケールに対し $Na_2CO_3$ 処理で $CaCO_3$ としておき，0.5% HCl にインヒビターを加えた液で溶脱，その他）が用いられたが，このいずれの方法も運転を一時休止する必要があった。

最近になって，運転中にスケールを連続的に除去することによって，スケール付着による伝熱係数の低下を未然に防止する機構を設けた各種の熱交換器が用いられるようになっ

## 35・7 スケール防止機構付熱交換器

てきた。その一例を最近の特許から紹介する。

図35・50がその例であって管内流体をまずノズル5から流入させ、伝熱管4、バルブ

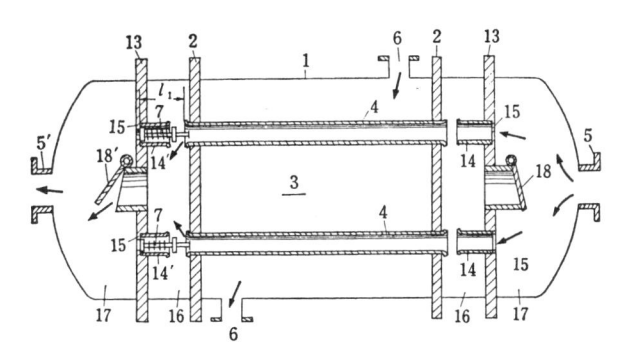

```
1. 胴  2. 管板  3. 加熱室  4. 伝熱管  5. 出入口ノズル
6. 出入口ノズル  7. クリーニングエレメント  14. ボックス
15. 管板  16. 中間室  17. ヘッダ  18. 逆止め弁
```

図 35・50　スケール防止機構付熱交換器

18′を経てノズル5′から流出させる。このような状態で一定時間が経過した後に、管内流体をノズル5′から流入させ、ノズル5から流出させるように配管を切り換える。すると、いままで、ボックス14′におさまっていたクリーニングエレメント7が、管内流体によって伝熱管内を通って押し流され、伝熱管壁面をクリーニングしつつボックス14まで移動する。この状態で一定時間が経過した後に再び管内流体をノズル5から流入、ノズル5′から流出させるように配管を切換え、クリーニングエレメントをボックス14からボックス

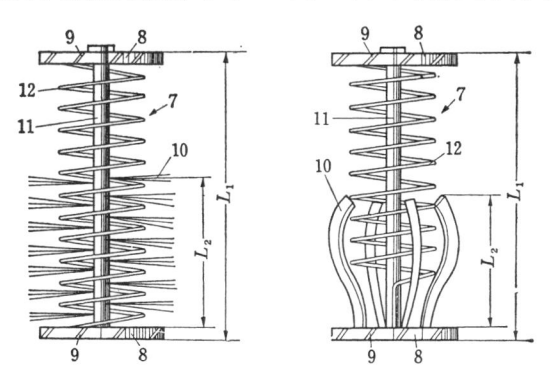

```
7. クリーニングエレメント  8. 円板  9. 溝  10. 刷子
11. 案内棒  12. ばね
```

図 35・51　クリーニングエレメント

14′まで移動させて伝熱管壁をクリーニングさせる。このように，流れ方向を間けつ的に切り換えるだけで，運転を休止することなく連続的にスケールを除去する特長があるため，この熱交換器は蒸発装置の予熱器としてしばしば用いられる。なお，クリーニングエレメントとしては，図35・51のものが用いられる。

# 第36章 直接接触式液液熱交換器の設計法

## 36・1 概説

　直接接触式液液熱交換器は相互に不溶解な種類の液体を直接接触させて，相互に熱交換を行なわせる熱交換器で最近になって海水の淡水化蒸留プロセスの一部に用いられてきた。

　直接接触式液液熱交換器として図36・1に示すスプレイ塔 (Spray-Tower) が普通用いれらる。連続相は塔頂より流入し，塔底より流出するが，分散相は分散器を通って液滴となって塔内を連続相と直接接触しつつ上昇し，2塔頂の液分離槽にて合一して連続相と分離した後に塔外に流出する。

直接接触式液液熱交換器を用いて相互に溶解する2流体（例えば水と海水）の間の熱交換を行なわせるためには，この2流体に対してそれぞれ不溶解な熱媒体（例えば油）を用いて，図36・2のように2基の熱交換器を組合せる必要がある。

　直接接触式液液熱交換器は，普通の表面式熱交換器に比べて，つぎの点で優れている。

1) 液滴表面が伝熱面に相当するので，単位容積あたりの伝熱面積が大となり，装置が

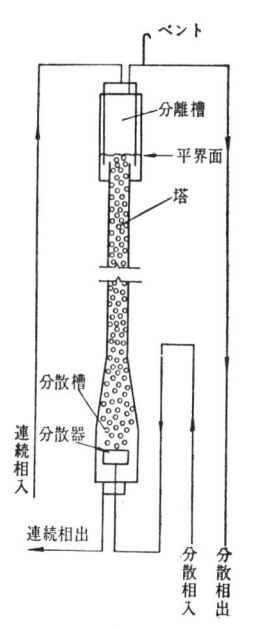

**図 36・1** スプレイ塔型直接接触式液液熱交換器

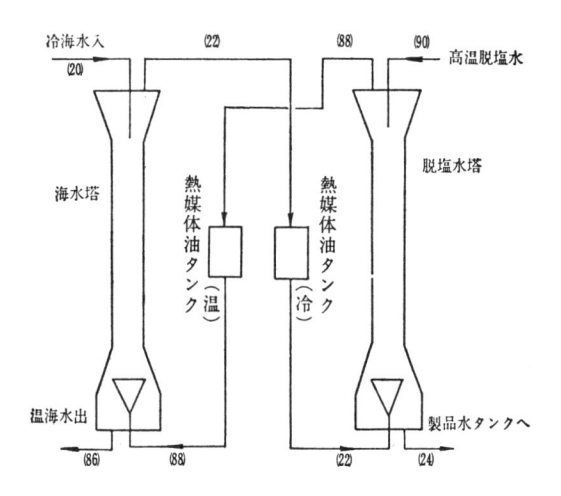

図 36・2 スプレイ塔型熱交換器システムのフローシート
　　　　（数値は例題の温度条件を表わす）

コンパクトになる。例えば，塔内での分散相のホールドアップ $(1-\varepsilon_c)=0.25$，液滴径 $d_p=0.6\,\mathrm{cm}$ とすると，単位容積当りの伝熱面積（液滴表面積） $A_s=6(1-\varepsilon_c)/d_p=2.5$ [$\mathrm{cm}^2/\mathrm{cm}^3$] となり，普通の多管円筒式熱交換器に比べるとこの値は非常に大きい。

2) 構造が簡単で，金属面を介しての伝熱ではないので，スケール生成による伝熱性能の低下がない。

3) 建設費が安価で，しかも保守が容易である。

## 36・2 液滴の生成と合一

スプレイ塔型の直接接触式液液熱交換器における熱交換は，塔内での分散相液滴と連続相との界面を介して行なわれるので，分散器によって生成される液滴径の推定は設計上重要な要素である。また，分散相液滴の合一速度も 2 液分離槽の平界面積を決めるためにその推定が必要である。

### 36・2・1 液滴の生成機構と液滴の大きさ

分散器として平らな多孔板を用いると，多孔板表面が分散相で濡れて連続して均一な液滴を生成しなくなる恐れがあるので，普通は濡れを避けるために図 36・3 に示す平板からノズルを突出した分散器が用いられる。

ノズルを通して連続相中に分散相を流すときの滴化の機構は，ノズル内分散相流速によ

## 36・2 液滴の生成と合一

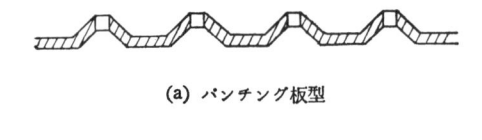

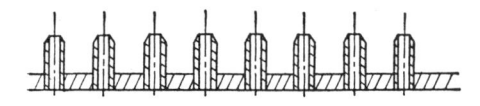

**(a) パンチング板型**

**(b) ノズル取付型**

図 36・3 分散器

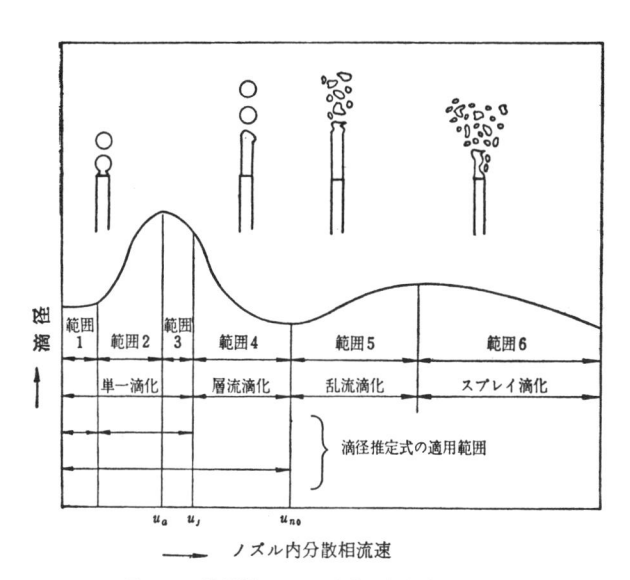

図 36・4 液滴径とノズル内分散相流速の関係

って，図 36・4 に示すように，

1) 単一滴化
2) 層流からの滴化
3) 乱流からの滴化
4) スプレイ滴化

の4段階に分けることができる。

(a) 単一滴化（範囲 1, 2, および 3）

ノズル内分散相流速がごく小さくて,滴化周期が 1sec 以上である場合は,ノズル先端で表面張力と比重差による浮力が釣合って液滴ができる(範囲1)。すなわち,この場合の滴径はノズル内分散相流速と無関係に,滴が離れる瞬間の界面張力項と重力項との釣合いによって定まることになる。すなわち,

$$\pi \cdot d_n \cdot \sigma = \frac{\pi \cdot d_p^3}{6} \cdot \Delta\rho \cdot \frac{g}{g_c} \quad \cdots\cdots(36 \cdot 1)$$

実際には補正が必要で,大竹ら[1]は次元解析によって次式を得ている。

$$\frac{d_p}{d_n} = 1.62 \left(\frac{d_n^2 \cdot g \cdot \Delta\rho}{\sigma}\right)^{-0.35} \quad \cdots\cdots(36 \cdot 2)$$

ここで,

$\sigma$:界面張力〔dyne/cm〕

$\Delta\rho$:連続相と分散相の密度差$=\rho_c-\rho_d$〔g/cm³〕

$\rho_c$:連続相の密度〔g/cm³〕

$\rho_d$:分散相の密度〔g/cm³〕

$g$:重力の加速度$=980$〔cm/sec²〕

$g_c$:重力の換算係数$=980$〔kg・cm/Kg・sec²〕

$d_p$:液滴の径〔cm〕

$d_n$:ノズルの径〔cm〕

連続相分散相間の界面張力 $\sigma$ は,両液の表面張力の差 $|\sigma_c-\sigma_d|$ よりも一般に小さい。その程度は主として相互溶解度に関係し,相互溶解度が大きいほど界面張力は小さく,完全溶解になれば零となる。

ノズル内分散相流速が速くなると,ある流速 $u_a$ までは,流速の増大に伴なって液滴の径も増大する(範囲2)。流速が $u_a$ を越えると液滴の径が減少する(範囲3)。流速がさらに増大して $u_j$ になると,ノズル先端からジェットができ始める。

ノズル内分散相流速が $u_j$ 以下の範囲が単一滴化範囲で,生成する液滴の径は均一である。Scheele ら[2] は,この単一滴化範囲における液滴の径の相関式として次式を提出している。

$$V_p = F_c \left[ \frac{\pi \cdot \sigma \cdot d_n}{g \cdot \Delta\rho} + \frac{20\mu_c \cdot g_n \cdot d_n}{d_p^2 \cdot g \cdot \Delta\rho} - \frac{4\rho_d \cdot g_n \cdot u_n}{3g \cdot \Delta\rho} \right.$$
$$\left. + 4.5 \left(\frac{g_n^2 \cdot d_n^2 \cdot \rho_d \cdot \sigma}{g^2 \cdot \Delta\rho^2}\right)^{1/3} \right] \quad \cdots\cdots(36 \cdot 3)$$

---

1) 大竹,藤田:化学工学 第13巻,p. 199 (1949).
2) Scheele, G.F. and B.J. Meister, AIChE. Journal, vol. 14, p. 9〜19 (1968).

ここで，

$V_p$：液滴の体積 $=(\pi/6)\cdot d_p{}^3$ 〔cm³〕
$u_c$：連続相の粘度〔g/cm·sec〕
$g_n$：ノズル1本あたりの分散相流量〔cm/sec〕
$u_n$：ノズル内分散流速〔cm/sec〕
$F_c$：Harkins-Brown の補正係数〔—〕

Harkins-Brown の補正係数 $F_c$ は，$d_n\cdot(F_c/V_p)^{1/3}$ の関数として，図 36·5 または次式[3]で表わされる。

$0 \leq \dfrac{d_n}{2}\left(\dfrac{F_c}{V_p}\right)^{1/3} \leq 0.3$ に対して，

$$F_c = 0.99979 - 1.32045\left(\dfrac{d_n}{2}\right)\left(\dfrac{F_c}{V_p}\right)^{1/3} + 1.35743\left(\dfrac{d_n}{2}\right)^2\left(\dfrac{F_c}{V_p}\right)^{2/3} \cdots\cdots(36\cdot4)$$

$0.3 < \dfrac{d_n}{2}\left(\dfrac{F_c}{V_p}\right)^{1/3} < 1.2$ に対して，

$$F_c = \dfrac{1}{2}\pi\left[0.1482 + 0.27896\left(\dfrac{d_n}{2}\right)\left(\dfrac{F_c}{V_p}\right)^{1/3} - 0.166\left(\dfrac{d_n}{2}\right)^2\left(\dfrac{F_c}{V_p}\right)^{2/3}\right]\cdots\cdots(36\cdot5)$$

式 (36·3) は液滴の生成過程をノズル先端で液滴が膨張する静的生成過程と，膨張した液滴が浮力により上昇し，界面張力に打勝って離れる過程とに分けて考えた Ran のモデルに基づき，理論的に導いたものである。

(b) 層流よりの滴化（範囲4）

ノズル内分散相流速が $u_j$ 以上になると，ノズル先端からジェットができ始める。ジェ

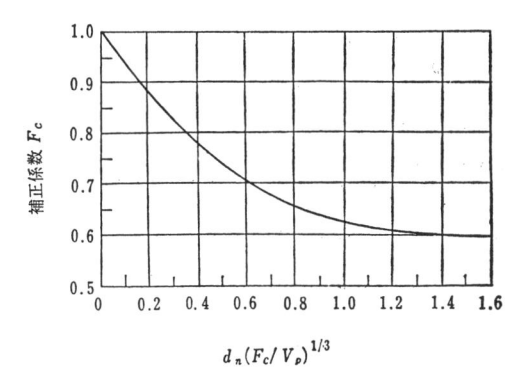

図 36·5 Harkins-Brown の補正係数

3) Heertjes, L.H. de Nie and H.J. de Vries, Chem. Eng. Sci., vol. 26, p. 451〜459 (1972).

ットができ始める流速は,液滴に作用する力の釣合いにより,次式で表わされる[3]。

$$\frac{u_j^2 \cdot \rho_d \cdot d_n}{\sigma} = 4.0 \left[ 1.0 - \frac{0.55 d_n^{2/3} \cdot (g \cdot \Delta\rho)^{1/3}}{\sigma^{1/3} \cdot F_c^{1/3}} \right] \quad \cdots\cdots (36\cdot 6)$$

ここで,

$u_j$:ジェットができ始めるノズル内分散相流速〔cm/sec〕

ノズル内分散相流速が $u_j$ 以上の範囲では,流速が増すに従ってジェットの長さが増大していく。この範囲では,ジェットの流れの状態は層流であると思われる。ジェットは連続相に乱れをつくり,ジェット先端で分裂して液滴が生成される。したがって,ノズル内分散相流速が大きくなり,ジェットが長くなるに伴なって生成される液滴径も小さくなる。ノズル内分散相流速が $u_{n0}$ になると,ジェットが最長になり,液滴径が極小値になる。このときの液滴径はかなり均一でもあり,このときの流速 $u_{n0}$ がスプレイ塔の最適条件とされている。Christiansen ら[5]は,この液滴が極小値となるノズル流速を最大不安定波長の波の伝播速度と給び付けて,次式を得ている。

$$u_{n0} = 2.69 \left( \frac{d_j}{d_n} \right)^2 \cdot \left( \frac{\sigma/d_j}{0.5137\rho_d + 0.4719\rho_c} \right)^{0.5} \quad \cdots\cdots (36\cdot 7)$$

ここで,

$d_j$:ジェットの径〔cm〕

$u_{n0}$:液滴径が極小値となるノズル内分散相流速〔cm/sec〕

ジェットの径 $d_j$ は次式で与えられる。

$\dfrac{d_n^2 \cdot g \cdot \Delta\rho}{\sigma} \leq 0.616$ に対して,

$$\frac{d_n}{d_j} = 0.485 \left( \frac{d_n^2 \cdot g \cdot \Delta\rho}{\sigma} \right) + 1 \quad \cdots\cdots (36\cdot 8)$$

$\dfrac{d_n^2 \cdot g \cdot \Delta\rho}{\sigma} > 0.616$ に対して,

$$\frac{d_n}{d_j} = 1.51 \left( \frac{d_n^2 \cdot g \cdot \Delta\rho}{\sigma} \right) + 0.12 \quad \cdots\cdots (36\cdot 9)$$

ノズル内流速が $u_{n0}$ であるときの液滴径は次式で与えられる。

$$\frac{d_p}{d_n} = 2.0 \left( \frac{d_j}{d_n} \right) \quad \cdots\cdots (36\cdot 10)$$

宝沢[4]らは,ノズル内流速が $u_{n0}$ 以下の全範囲(単一滴化範囲および層流滴化範囲)で

---

4) 宝沢,只木,前田:化学工学,第33巻,第9号 p. 893〜897 (1969).
5) Christiansen, R.M. and A.N. Hixson, Ind. Eng. Chem. vol. 49, No. 6, p. 1,017〜1,024 (1957).

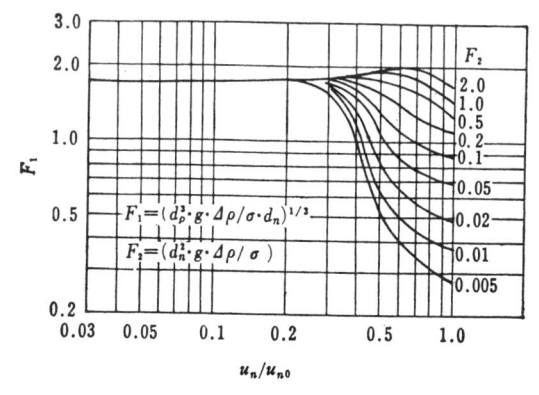

図 36·6 液滴径を推定するための図

の液滴径を推定するに有効な図として，図 36·6 を発表している。

(c) 乱流よりの滴化（範囲 5）

ノズル内分散相流速が $u_{n0}$ 以上になると，ジェット長は流速が大きくなるに伴なって，最長からかえって短かくなり，生成する液滴径は大きくなる。層流の場合のジェット先端の切れ方が直線状であるのに比べて，乱流範囲ではくねくねと曲って切れる。これは運動エネルギー過剰のために曲がるのであり，このために乱流よりの滴化は層流よりの滴化に比べて，粒度分布の範囲が広く，スプレイ塔の操作範囲としては適していない。

(d) スプレイ滴化（範囲 6）

ノズル内分散相流速がさらに大きくなると，ジェットの速度が大きすぎるため，連続相との摩擦が大きくなり，ついにはジェットが界面で引きちぎれて，フィルム状または糸状に変化した後に滴化するスプレイ滴化段階に到る。スプレイ滴化では微粒が多くできるので，スプレイ塔の操作範囲としては適していない。

## 36·2·2 液滴の合一[6]

分散相液滴がスプレイ塔の上部の 2 液分離槽で分散相の平界面へ合一する現象は，つぎの 5 段階に分けられる。

1) 平界面に液滴到達
2) 平界面と液滴の相互変形
3) 平界面と液滴に挟まれた連続相液膜の薄膜化

---

6) 城塚正，平田彰："気泡・液滴工学"，日刊工業新聞社（昭和44年）

4) 液膜の破壊と合一点の分散相液の膨張

5) 合一

なお，合一するとき，最初の液滴からさらに小さい2次液滴が生ずる場合が多い。普通，最初の液滴は sec 単位の時間で合一するが，2次液滴の合一には，min，hr，あるいは day の単位の長い時間が必要であることが多い。また，合一時に分散相平界面に連続相の小滴をつくることもあり，これも問題である。

合一前の液滴の形は，図 36・7 で示される Spherical Cap の形となる。液膜の厚さは時間とともに薄くなるが，図 36・7 (b) に示されるように，両端部分がとくに薄くなる。液滴の合一時間はこの連続液膜の薄くなる速度によって支配されている。

界面に挟まれた連続相液膜の減少は，図 36・7 (a) の矢印の方向に押出される速度に対応する。

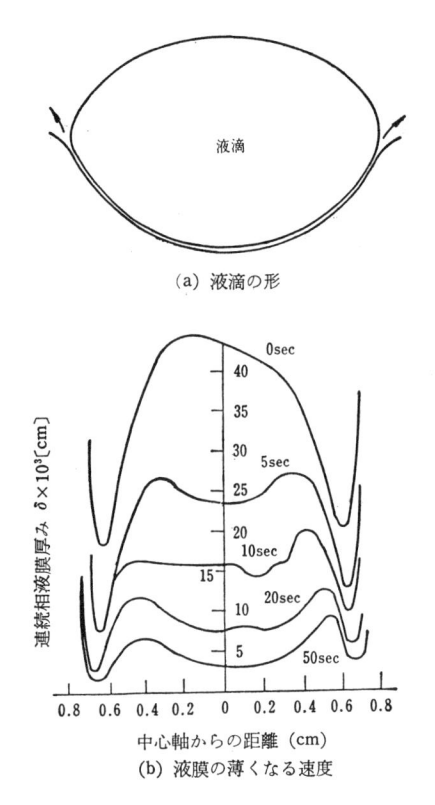

(a) 液滴の形

(b) 液膜の薄くなる速度

図 36・7　合一前の液滴の形と連続相液膜の薄膜化

Jeffreys[7] らは合一時間におよぼす物性値の影響を検討し，つぎの実験式を得ている。

$$\bar{\theta}_{1/2} = 4.53 \times 10^6 \left[ \left( \frac{\mu_c{}^{0.5} \cdot \Delta\rho^{1.2}}{\sigma^2} \right) \cdot \left( \frac{T}{25} \right)^x \times d_p{}^y \cdot L^z \right]$$

$$x = -7.0 \mu_c{}^{0.5}$$

$$y = 0.02 \left( \frac{\sigma^2}{10\mu_c{}^{0.5}} \right)^{0.55}$$

$$z = 0.001 \left( \frac{\sigma^2}{10\mu_c{}^{0.5}} \right)^{0.91} \quad \cdots\cdots\cdots (36\cdot11)$$

ここで，

$\bar{\theta}_{1/2}$：界面に最初の液滴（1次液滴）が到達してからその半数が合一するまでの時間〔sec〕

$L$：液滴の上昇距離〔cm〕

$T$：連続相の温度〔°C〕

$\sigma$：界面張力〔dyne/cm〕

$\mu_c$：連続相の粘度〔g/cm・sec〕

$x, y, z$：係数

また，液滴の全数を $N_0$ 個とすると，時間 $\theta$ の間に合一する液滴数 $N$ は，

$$\ln\left(\frac{N}{N_0}\right) = -0.3 \left( \frac{\theta}{\bar{\theta}_{1/2}} \right)^4 \quad \cdots\cdots\cdots (36\cdot12)$$

界面活性剤が添加されると，連続相液膜が均一化し，合一速度は遅くなる。さらに平界面を不動化するため，平界面の循環流を妨げ，連続相液膜の排出速度が遅くなる。

合一促進策として，平界面部に金網を設ける方法も用いられる[8]。

なお，合一現象は複雑であり，微量の不純物によっても大きく変わるため，スプレイ塔の設計に際しては，合一速度を実測しておくことが望ましい。

## 36・3 単一液滴の挙動

連続相内を流れる分散相液滴の挙動の解析の基本になるのは，無限に広がった連続相内を流れる単一液滴の挙動である。無限に広がった連続相内を分散相の単一液滴が上昇するときの液滴の終末速度 $w_\infty$ は，液滴の径によって図 36・8 に示すように変わる。液中を剛体球が上昇するときの終末速度は径の増大に伴なって絶えず増大するが，液滴の場合はあ

---

7) Jeffreys, G.V. and J.L. Hawksley, AIChE Journal, vol. 11, p. 413～424 (1965).
8) Bauerle, G.L. and R.C. Ahlert, I & E.C. Process Design and Development, vol. 4, No. 2, p. 225～228 (1965).

第36章　直接接触式液液熱交換器の設計法

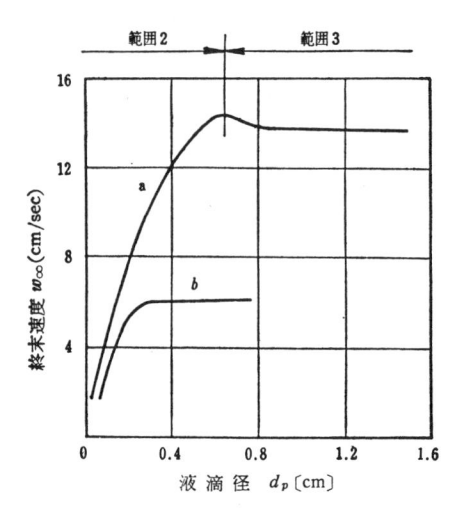

**a**：$\rho_c=0.9986$ (g/cm$^3$), $\Delta\rho=0.1919$ (g/cm$^3$), $\sigma=40.4$ (dyne/cm)
　$\mu_c=0.0108$ (poise)
**b**：$\rho_c=0.9705$ (g/cm$^3$), $\Delta\rho=0.1045$ (g/cm$^3$), $\sigma=0.6$ (dyne/cm),
　$\mu_k=0.0156$ (poise)

図 36・8　単一液滴の終末速度

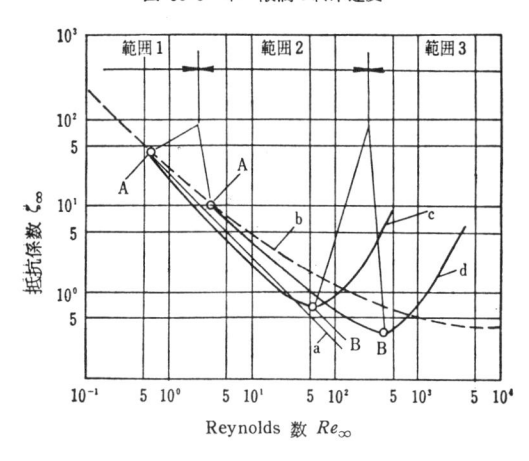

a：ストークスの法則 $\zeta_\infty=24/Re$
b：剛体球
c,d：界面張力が小，および大のときの液滴
A：内部循環開始点
B：形状安定性がなくなる遷移点

図 36・9　単一液滴径の抵抗係数

る粒径以上では終末速度が増大しなくなる。剛体球と液滴の挙動の違いは，図 36・9 に示した抵抗係数 $\zeta_\infty$ を比較するとさらに明確になる。

**範囲 1**

液滴の径が小さい，すなわち Reynolds 数 $Re_\infty < 1$ の範囲では，液滴の形状は完全球であり，滴内循環流もなく，剛体球とほぼ同じ運動をするので，剛体球に対する Stokes の法則を適用することができる。

$$抵抗係数：\zeta_\infty = \frac{24}{Re_\infty} \quad\cdots\cdots(36\cdot13)$$

$$終末速度：w_\infty = \frac{\Delta\rho \cdot g \cdot d_p{}^2}{18\mu_c} \quad\cdots\cdots(36\cdot14)$$

ここで，Reynolds 数 $Re_\infty$ および抵抗係数 $\zeta_\infty$ は次式で定義される無次元数である。

$$Re_\infty = \frac{w_\infty \cdot \rho_c \cdot d_p}{\mu_c} \qquad \zeta_\infty = \frac{4\Delta\rho \cdot g \cdot d_p}{3\rho_c \cdot w_\infty{}^2} \quad\cdots\cdots(36\cdot15)$$

ここで，

$w_\infty$：終末速度〔cm/sec〕

**範囲 2**

液滴の径が大きい，したがって Reynolds 数が大きい範囲では，界面に作用する剪断力によって滴内循環流がみられるようになり，剛体球よりもその抵抗係数が小さくなる。また，この範囲では液滴は偏平な回転楕円体に変形している。この範囲での抗力係数を Chao[9] は理論的に求め，次式を得ている。

$$\zeta_\infty = \frac{16}{Re_\infty}\left[1 + \frac{0.814}{(Re_\infty)^{1/2}}\right] \times \left\{\frac{2 + 3(\mu_d/\mu_c)}{1 + [(\rho_d/\rho_c)(\mu_d/\mu_c)]^{1/2}}\right\} \quad\cdots\cdots(36\cdot16)$$

Chao の理論解は実測値をよく相関する[11]。

Treybal ら[10] は，この範囲での抵抗係数の相関式として，つぎの実験式を得ている。

$$Re_\infty = 71.7 \zeta_\infty{}^{-5.18} \cdot \left(\frac{\rho_c \cdot w_\infty{}^2 \cdot d_p}{\sigma}\right)^{-0.169} \quad\cdots\cdots(36\cdot17)$$

$\sigma^{0.019} \fallingdotseq 1$ と見做し，式 (36・17) と式 (36・15) から，終末速度 $w_\infty$ は次式で表わすことができる。

$$w_\infty = 38.3 \rho_c{}^{-0.45} \cdot \Delta\rho^{0.58} \cdot \mu_c{}^{-0.11} \cdot d_p{}^{0.70} \quad\cdots\cdots(36\cdot18)$$

---

9) Winnikow, S. and B.T. Chao, Physics Fluids, vol. 9, p. 50 (1966).
10) Klee, A.J. and R.E. Treybal, AIChE Journal, vol. 2, No. 4, p. 444〜447 (1956).
11) Thorsen, G., M. Storodalen and S.G. Terjesen, Chem. Eng. Sci., vol. 23, p. 413〜426 (1968).

**範囲 3**

液滴の径がさらに大きい範囲では,液滴が振動するため,剛体球の挙動とは著しく異なり,その抵抗係数は剛体球よりも大きくなる。

Thorsen ら[11] は水中の数種の有機溶剤滴に関して終末速度を実測を実測し,振動滴の終末速度は液滴径の変化に従いストロハル数 $Sr$ が一定値を保つように変化することを見出し,次式を得ている。ここで,ストロハル数は $Sr=\omega\cdot d_p/w_\infty$ ($\omega$:振動数〔1/sec〕) である。

$$w_\infty = \frac{6.8}{1.65 - \frac{\Delta\rho}{\rho_d}} \cdot \left(\frac{\sigma}{3\rho_d + 2\rho_c}\right)^{1/2} \bigg/ d_p^{1/2} \quad \cdots\cdots(36\cdot19)$$

Treybal ら[10] は,この範囲での抵抗係数 $\zeta_\infty$ の相関式として,つぎの実験式を得ている。

$$Re_\infty = 8.59\times10^3 \zeta_\infty^{2.91} \cdot \left(\frac{\rho_c \cdot w_\infty^2 \cdot d_p}{\sigma}\right)^{-1.81} \quad \cdots\cdots(36\cdot20)$$

$d_p^{0.01} \fallingdotseq 1$ と見做し,式 (36・20) と式 (36・17) から終末速度 $w_\infty$ は次式で表わすことができる。

$$w_\infty = 17.6 \rho_c^{-0.55} \cdot \Delta\rho^{0.28} \cdot \mu_c^{0.10} \cdot \sigma^{0.18} \quad \cdots\cdots(36\cdot21)$$

終末速度 $w_\infty$ が極大となる点。すなわち範囲 2 と範囲 3 の境界点の液滴径 $d_{pm}$ は,式 (36・18) と式 (36・21) を等置して求まる。

$$d_{pm} = 0.33 \rho_c^{-0.14} \cdot \Delta\rho^{-0.43} \cdot \mu_c^{0.30} \cdot \sigma^{0.24} \quad \cdots\cdots(36\cdot22)$$

界面活性剤などが混入すると,滴内循環流が抑制されて,終末速度が小さくなり,剛体球の挙動に近づく。

## 36・4 スプレイ塔内での液滴の挙動

スプレイ塔では,分散相液滴は群をなして連続相内を上昇する。したがって,スプレイ塔内での液滴は一種の流動層をなすものと見做して解析することができる。

### 36・4・1 定義

スプレイ塔内での分散相が占める容積を $V_d$〔cm³〕,連続相が占める容積を $V_c$〔cm³〕とすると,連続相ホールドアップ $\varepsilon_c$ は次式で定義される。

$$\varepsilon_c = \frac{V_c}{V_c + V_d} \quad \cdots\cdots(36\cdot23)$$

$\varepsilon_c$ は空隙率とも呼ばれる。

また，分散相ホールドアップ $\varepsilon_d$ は次式で定義される。

$$\varepsilon_d = 1 - \varepsilon_c \quad \cdots\cdots (36\cdot24)$$

$\varepsilon_d$ は充填率とも呼ばれる。

スプレイ塔内での分散液滴の径は均一ではなく，ある粒度分布をもつので，代表径としては Sauter の定義したつぎの相当径を用いる。

$$d_p = \sum_i n_i \cdot d_i{}^3 / \sum_i n_i \cdot d_{pi}{}^2 \quad \cdots\cdots (36\cdot25)$$

ここで，$n_i$ は同一径 $d_{pi}$ の液滴の個数，$i$ は連続数である。

液滴の形が球形でないときは，液滴と同一容積を有する球の径を代表径とする。

スプレイ塔内の単位容積あたりの液滴の表面積 $A_s$〔cm²/cm³〕は比面積と呼ばれ，次式で表わされる。

$$A_s = \frac{6(1-\varepsilon_c)}{d_p} \quad \cdots\cdots (36\cdot26)$$

連続相の絶対速度 $w_c$〔cm/sec〕は，

$$w_c = \frac{V_c{}^*}{\varepsilon_c \cdot f_k} \quad \cdots\cdots (36\cdot27)$$

分散相の絶対速度 $w_d$〔cm/sec〕は，

$$w_d = \frac{V_d{}^*}{(1-\varepsilon_c) \cdot f_k} \quad \cdots\cdots (36\cdot28)$$

連続相と分散相は向流に流れるので，両相間の相対速度 $w_r$ は，

$$w_r = w_c + w_d = \frac{V_c{}^*}{\varepsilon_c \cdot f_k} + \frac{V_d{}^*}{(1-\varepsilon_c) \cdot f_k} \quad \cdots\cdots (36\cdot29)$$

ここで，

$f_k$：塔断面積〔cm²〕

$V_c{}^*$：連続相の容積流量〔cm³/sec〕

$V_d{}^*$：分散相の容積流量〔cm³/sec〕

連続相および分散相の Reynolds 数 $Re_c$ および $Re_d$ は次式で定義される。

$$Re_c = \frac{w_r \cdot \rho_c \cdot d_p}{\mu_c} \quad \text{および} \quad Re_d = \frac{w_r \cdot \rho_d \cdot d_p}{\mu_d} \quad \cdots\cdots (36\cdot30)$$

連続相のアルキメデス数 $Ar$ は次式で定義される。

$$Ar = \frac{\Delta\rho}{\rho_c} \cdot \frac{g \cdot \rho_c{}^2 \cdot d_p{}^3}{\mu_c{}^2} \quad \cdots\cdots (36\cdot31)$$

フルード数 $Fr$ は次式で定義される。

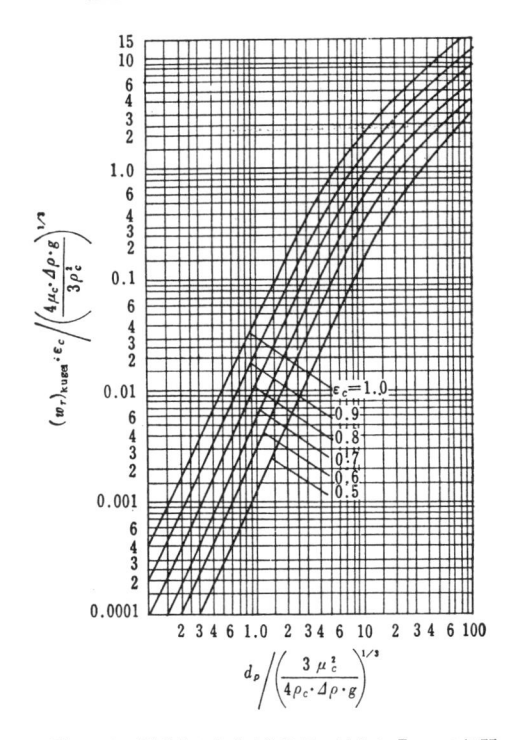

図 36・10 剛球体より成る流動層に対する Zenz の相関

$$Fr = \frac{w_r^2}{g \cdot d_p} \quad \cdots\cdots\cdots(36\cdot32)$$

**36・4・2 剛体球流動層の相対速度 $(w_r)_{Kugel}$ と空隙率 $\varepsilon_c$ の関係**

剛体球から成る流動層における分散相(剛体球)と連続相(流体)との相対速度 $(w_r)_{Kugel}$ と空隙率 $\varepsilon_c$ の関係を Zenz[12] は図 36・10 で，Andersson[13] の相関を用いて Ferrarini[14] は図 36・11 で表わしている。

**36・4・3 スプレイ塔における相対速度 $w_r$ と空隙率 $\varepsilon_c$ の関係**

スプレイ塔における分散相液滴は振動するので，剛体球流動層の関係をそのまま適用することはできない。

Ferrarini[14] は，スプレイ塔における分散相液滴と連続相の相対速度 $w_r$ を，液滴が剛

---

12) Zenz, F.A., Petrol. Refiner, vol. 36, No. 8, p. 147～155 (1957).
13) Andersson, K.E.B., Chem. Eng. Sci., vol. 15, No. 3, p. 276～297 (1961).
14) Ferrarini, R., VDI-Forschungsheft 551 (1972).

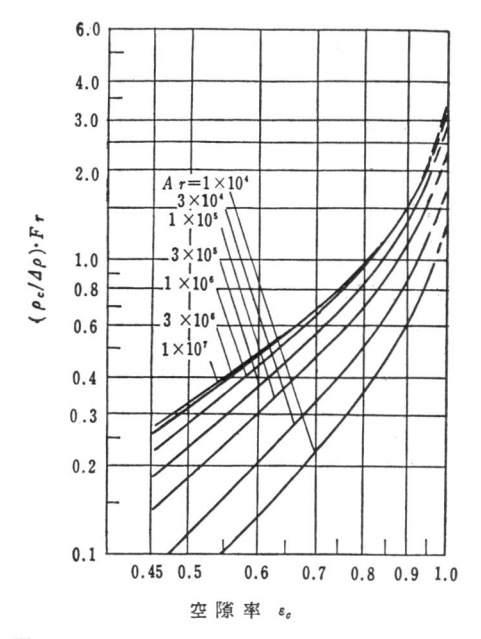

図 36・11 剛球体より成る流動層に対する Anderson 相関

体球であると見做して図 36・11 から求める相対速度 $(w_r)_{\text{Kugel}}$ を用いて次式で表わした。

$$w_r = (w_r)_{\text{Kugel}} \cdot \left[1 + 0.012\, \varepsilon_c{}^3 \cdot \left(\frac{\mu_c}{\mu_d}\right) \cdot Re_c\right]^{2/3}\Bigr]^{-1/2} \quad \cdots\cdots(36\cdot33)$$

式 (36・33) および図 36・11 から，物性値および液滴径が一定であると，$w_r$ と $\varepsilon_c$ が次式で近似できることがわかる。

$$w_r = C_1 \cdot \exp[-C_2(1-\varepsilon_c)] \quad \cdots\cdots(36\cdot34)$$

ここで，$C_1$ および $C_3$ は定数である。

Letan[15] は水（連続相）-ケロシン（分散相）系のスプレイ塔において，液滴径 $d_p = 3.3 \sim 3.55$[mm] の場合について，つぎの実験式を得ている。

$$w_r = 9.1 \exp[-1.6(1-\varepsilon_c)] \quad \cdots\cdots(36\cdot35)$$

### 36・4・4 スプレイ塔における空隙率 $\varepsilon_c$ と容積流量 $V^*$ の関係

相対速度 $w_r$ と空隙率 $\varepsilon_c$ の関係式 (36・34) を式 (36・29) に代入して，空隙率 $\varepsilon_c$ と容積流量 $V^*$ の関係が求まる。

---

15) Letan, R. and E. Kehat, AIChE Journal, vol. 13, No. 3, p. 443〜449 (1967).

$$C_1 \cdot \exp[-C_2(1-\varepsilon_c)] = \frac{V_c^*}{\varepsilon_c \cdot f_k} + \frac{V_d^*}{(1-\varepsilon_c) \cdot f_k} \quad \cdots\cdots\cdots(36 \cdot 36)$$

水-ケロシン系について Letan のらの実験値 $C_1=9.1$, $C_2=1.6$ を代入して $\varepsilon_c$ と $V^*/f_k$ の関係を計算した結果を図 36·12 に示した。

図 36·12 から,一つのスプレイ塔において分散相流量 $V_d^*$ および連続相流量 $V_c^*$ がまったく同じであっても,分散相ホールドアップが異なる2つの運転点が存在することがわかる。例えば,連続相の空塔速度 $V_c^*/f_k=1.0$ [cm/sec], 分散相の空塔速度 $V_d^*/f_k=0.855$ [cm/sec] のときには,図にAおよびBで示した2つの運転点が存在することになる。A点が密充填 (Dense Packing), B点が分散充填 (Dispersed Packing) と呼ばれる。

図 36·1 のように二液分離槽の径を熱交換部の塔径より大きくしたスプレイ塔において,二液分離槽中に連続相と分散相の平界面を保って運転すると,普通は分散充填となる。分散充填では分散相ホールドアップが小さく,分散相液滴は旋回しつつ塔内を上昇する。この場合,平界面の面積が大きいのみならず液滴の上昇速度が大きいために,平界面での合一速度が大きくなるので,一度分散充填状態になると,この状態が安定して続く。

図 36·13 のように,二液分離槽の形状が逆円錐形のスプレイ塔で,連続相の空塔速度を

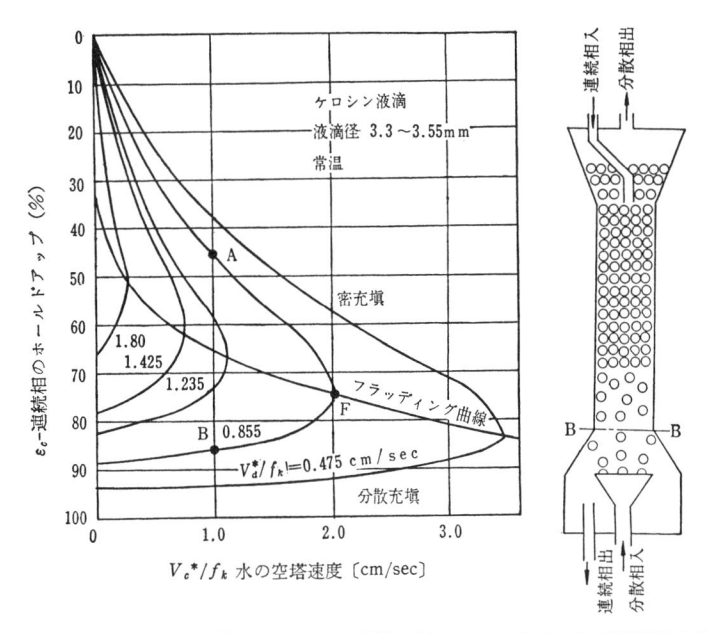

図 36·12 液滴径径 3.3～3.55mm のケロシン液滴に対するスプレイ塔の空塔速度とホールドアップの関係

図 36·13 逆円錐形の分離槽を存するスプレイ塔

小さくし，分散相の空塔速度を大きくして運動を開始し，平界面面積を小さくするためにその位置を二液分離槽の下端に保っておくと，平界面の下に密充塡が形成され，時間経過とともに塔の下部へ密充塡が拡がる。塔の上半分が密充塡となった後では，連続相および分散相の流量を任意の値まで変更しても密充塡が破壊されない。平界面面積が小さくて，しかも密充塡の場合は，液滴の上昇速度が小さいので平界面での合一速度が小さくなり，密充塡が下部にまで拡がっていく。密充塡が塔下端 B-B に到達した後には，これより下に密充塡が拡がると連続相に同伴して塔底から流出するという一種のフラッディングが生ずる恐れがあるので，平界面の位置を少し上げて，平界面面種を大きくして合一速度を大とする必要がある。

このように，密充塡は液滴の上昇速度と平界面での合一速度がバランスしたときに初めて安定するものであり，例えば，不純物の影響などで合一速度が増してバランスがくずれると，密充塡は平界面下より塔下部へ向かって急速に破壊され分散充塡になってしまう。

したがって，スプレイ塔の設計にあたっては，密充塡を選ぶためには十分な予備実験が必要であり，実験を省略する場合は分散充塡を選ばねばならない。

### 36・5 フラッディング速度

フラッディング現象は，一般に分散液滴が連続相に同伴して塔底から排出される現象と定義される。これには連続相流速が大きすぎて分散相液滴が連続相に同伴する場合と，分離槽での合一速度が不十分なために，塔入口まで密充塡が発達して連続相に同伴する場合とがある。前者の原因に基づくフラッディング速度は次式で定義される[16]。

$$\left.\frac{dV_c{}^*}{d\varepsilon_d}\right|_{V_d{}^*}=0 \qquad \cdots\cdots\cdots(36\cdot37)$$

分散相空塔速度がある一定値の場合の上式に基づくフラッディング速度は，図 36・12 においてF点で示される。分散相空塔速度を変えた場合のフラッディング点の軌跡がフラッディング曲線である。

式 (36・37) とは別に，Treybal[17] はフラッディング速度に関するつぎの実験式を発表している。

$$\left(\frac{V_c{}^*}{f_k}\right)_F=\frac{270\varDelta\rho^{0.28}}{[4.08(100\mu_c)^{0.75}\cdot\rho_c{}^{0.5}+6.25d_p{}^{0.056}\cdot\rho_d{}^{0.5}\cdot(V_d{}^*/V_c{}^*)^{0.5}]^2} \cdots(36\cdot38)$$

---

16) Thornton, J.D. Chem. Eng. Sci., vol. 5, p. 201 (1956).
17) Treybal, R.E., "Liquid Extraction", 2nd, ed., p. 479 (1963).

ここで，

$\left(\dfrac{V_c{}^*}{f_k}\right)_F$：フラッディング時の連続相の空塔速度〔cm/sec〕

Treybal は，設計に用いる連続相の空塔速度を式（36・38）から求まるフラッディング速度の40%以下に選ぶのが望ましいとしている。

合一速度が不十分なために生ずるフラッディングについては，合一現象自体が複雑なため，定量的な解明はなされていない。

## 36・6 単一剛体球および単一液滴の伝熱

### 36・6・1 定　義

単一液滴と連続相の間の総括伝熱係数 $U_p$ は次式で定義される。

$$U_p = \dfrac{Q_p}{(T_c - T_d) \cdot A_p} \qquad (36\cdot39)$$

ここで，

$Q_p$：連続相から単一液滴への伝熱量〔cal/sec〕

$T_d, T_c$：分散相（液滴）および連続相の温度〔°C〕

$U_p$：総括伝熱係数〔cal/cm²·sec·°C〕

$A_p$：単一液滴の表面積（伝熱面積）〔cm²〕

総括伝熱係数 $U_p$ は，連続相から液滴表面までの外部境膜伝熱係数 $h_o$ と液滴の内部境膜伝熱係数 $h_i$ から成立っている。

$$\dfrac{1}{U_p} = \dfrac{1}{h_o} + \dfrac{1}{h_i} \qquad (36.40)$$

外部 Nusselt 数 $Nu_o$ および内部 Nusselt 数 $Nu_i$ を次式で定義する。

$$Nu_o = h_o \cdot d_p / k_c \qquad (36\cdot41)$$

$$Nu_i = h_i \cdot d_p / k_d \qquad (36\cdot42)$$

ここで，

$k_d$：分散相液滴の熱伝導率〔cal/cm·sec·°C〕

$k_c$：連続相の熱伝導率〔cal/cm·sec·°C〕

$h_i$：内部境膜伝熱係数〔cal/cm²·sec·°C〕

$h_o$：外部境膜伝熱係数〔cal/cm²·sec·°C〕

式（36・41），（36・42）を式（36・40）に代入して，

$$\frac{U_p \cdot d_p}{k_d} = \frac{1}{\frac{k_d}{k_c} \cdot \frac{1}{Nu_o} + \frac{1}{Nu_i}} \quad \cdots\cdots(36\cdot43)$$

### 36・6・2 単一剛体球の Nusselt 数

Hughmark[18] は単一剛体球の外部 Nusselt 数の相関式として次式を報告している。

$1 < \left(\frac{w_r \cdot \rho_c \cdot d_p}{\mu_c}\right) < 450$, $\left(\frac{\mu_c \cdot C_c}{k_c}\right) < 250$ に対して,

$$Nu_o = 2 + 0.6\left(\frac{w_r \cdot \rho_c \cdot d_p}{\mu_c}\right)^{1/2} \cdot \left(\frac{\mu_c \cdot C_c}{k_c}\right)^{1/3} \quad \cdots\cdots(36\cdot44)$$

$1 < \left(\frac{w_r \cdot \rho_c \cdot d_p}{\mu_c}\right) < 17$, $\left(\frac{\mu_c \cdot C_c}{k_c}\right) > 250$ に対して,

$$Nu_o = 2 + 0.5\left(\frac{w_r \cdot \rho_c \cdot d_p}{\mu_c}\right)^{1/2} \cdot \left(\frac{\mu_c \cdot C_c}{k_c}\right)^{0.42} \quad \cdots\cdots(36\cdot45)$$

$17 < \left(\frac{w_r \cdot \rho_c \cdot d_p}{\mu_c}\right) < 450$, $\left(\frac{\mu_c \cdot C_c}{k_c}\right) > 250$ に対して,

$$Nu_o = 2 + 0.4\left(\frac{w_r \cdot \rho_c \cdot d_p}{\mu_c}\right)^{1/2} \cdot \left(\frac{\mu_c \cdot C_c}{k_c}\right)^{0.42} \quad \cdots\cdots(36\cdot46)$$

$450 < \left(\frac{w_r \cdot \rho_c \cdot d_p}{\mu_c}\right) < 10,000$, $\left(\frac{\mu_c \cdot C_c}{k_c}\right) < 250$ に対して,

$$Nu_o = 2 + 0.27\left(\frac{w_r \cdot \rho_c \cdot d_p}{\mu_c}\right)^{0.62} \cdot \left(\frac{\mu_c \cdot C_c}{k_c}\right)^{1/3} \quad \cdots\cdots(36\cdot47)$$

ここで,

$C_c$：連続相の比熱〔cal/g・°C〕

内部境膜に関しては,剛体球表面から内部への伝導伝熱の解を用いて,内部 Nusselt 数 $Nu_i$ を次式で近似することができる。

$$Nu_i = \frac{2\pi^2}{3} = 6.5 \quad \cdots\cdots(36\cdot48)$$

### 36・6・3 単一液滴の Nusselt 数

液滴の場合は剛体球の場合と異なり,内部循環流を生ずる。

Conkie and Sayic[19] は内部循環を伴なう単一液滴の外部 Nusselt 数の相関式として次式を発表している。

---

18) Hughmark, G.A., AIChE Journal, vol. 13, No. 6, p. 1219〜1221 (1967).
19) Conkie, W.R. and U.P. Savic, "Calculation of the influence of internal Circulation in a liquid drop on heat transfer and drag" Ottawa, National Research Council of Canada, Div. Mech. Engng., Report MT-23 (1953).

$$Nu_o = 2 + 1.13\left(\frac{w_r \cdot \rho_c \cdot d_p}{\mu_c}\right)^{1/2} \cdot \left(\frac{\mu_c \cdot C_c}{k_c}\right)^{1/2} \cdot K_v^{1/2} \quad \cdots\cdots(36\cdot49)$$

ここで $K_v$ はポテンシャル理論による速度と真の界面速度との比で, Reynolds 数 $Re_c$ と粘度比の関係として図 36·14 で与えられる。

液液熱交換器の普通の操作範囲では, $K_v^{1/2}$ の値が 0.65〜0.98 の範囲に入るので, 簡単のために中間値 0.8 を用いるものとすると,

$$Nu_o = 2 + 0.90\left(\frac{w_r \cdot \rho_c \cdot d_p}{\mu_c}\right)^{1/2} \cdot \left(\frac{\mu_c \cdot C_c}{k_c}\right)^{1/2} \quad \cdots\cdots(36\cdot50)$$

Hanplos and Baron[20] は内部循環を伴なう単一液滴の内部 Nusselt 数の相関式として, 次式を発表している。

$$Nu_i = 0.00375 \frac{(w_r \cdot \rho_d \cdot d_p/\mu_d)(\mu_d \cdot C_d/k_d)}{1+(\mu_d/\mu_c)} \quad \cdots\cdots(36\cdot51)$$

ここで,

$C_d$：分散相の比熱〔cal/g·°C〕

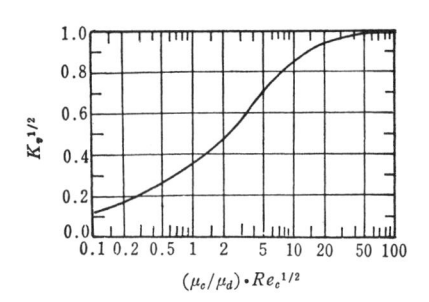

図 36·14  $K_v$ の値図

## 36·7 固定層における伝熱

剛体球を充填した固定層における剛体球と流体との間の境膜伝熱係数に基づく剛体球の外部 Nusselt 数について, Rowe ら[21]はつぎの相関式を発表している。

$$Nu_o = C_3 + C_4\left(\frac{\varepsilon_c \cdot w_r \cdot \rho_c \cdot d_p}{\mu_c}\right)^m \left(\frac{C_c \cdot \mu_c}{k_c}\right)^{1/3} \quad \cdots\cdots(36\cdot52)$$

係数 $C_3$, $C_4$, および $m$ は,

---

20) Handlos, A.E., and T. Baron, AIChE Journal, vol. 3, No. 1, p. 127〜136 (1957).
21) Rowe, P.N. and K.T. Claxton, Trans. Instn. Chem. Engrs., vol. 43, No. 10, p. 321〜331 (1965).

$$C_3 = \frac{1}{1-(1-\varepsilon_c)^{1/3}} \quad \cdots\cdots\cdots\cdots\cdots\cdots\cdots\cdots\cdots\cdots\cdots\cdots\cdots\cdots (36\cdot53)$$

$$C_4 = \frac{2}{3\varepsilon_c} \quad \cdots\cdots\cdots\cdots\cdots\cdots\cdots\cdots\cdots\cdots\cdots\cdots\cdots\cdots\cdots\cdots\cdots\cdots (36\cdot54)$$

$$\frac{2-3m}{3m-1} = 4.65 \left(\frac{\varepsilon_c \cdot w_r \cdot \rho_c \cdot d_p}{\mu_c}\right)^{-0.28} \quad \cdots\cdots\cdots\cdots\cdots\cdots\cdots\cdots (36\cdot55)$$

Ferrarini[14]は，上記の Rowe らの式を修正したつぎの相関式を発表している。

$$Nu_o = 2 + \frac{0.67}{\varepsilon_c^{1/2}} \left(\frac{w_r \cdot \rho_c \cdot d_p}{\mu_c}\right)^{1/2} \cdot \left(\frac{C_c \cdot \mu_c}{k_c}\right)^{1/3} \quad \cdots\cdots\cdots\cdots (36\cdot56)$$

単一剛体球の式 (36・44) と剛体球固定層の式 (36・56) を比較すると，固定層の外部 Nusselt 数は単一剛体数の式に $1/\varepsilon_c^{1/2}$ の補正をして求まることになる。

単一液滴の外部 Nusselt 数と液滴から成る固定層の外部 Nusselt 数の間にも剛体球の場合と同じ関係が成立つものと見なすと，液滴から成る固定層の外部 Nusselt 数は，式 (36・50) に $1/\varepsilon_c^{1/2}$ を乗じて，

$$Nu_o = 2 + \frac{0.90}{\varepsilon_c^{1/2}} \cdot \left(\frac{w_r \cdot \rho_c \cdot d_p}{\mu_c}\right)^{1/2} \cdot \left(\frac{C_c \mu_c}{k_c}\right)^{1/2} \quad \cdots\cdots\cdots\cdots (36\cdot57)$$

固定層の場合の液滴内部の Nusselt 数は単一液滴のものと同じと見すことができ，式 (36・51) を適用することができる。

## 36・8 スプレイ塔における伝熱

スプレイ塔の伝熱に関するモデルには，塔を液滴から成る流動層と見做して取り扱った Ferrarini[14]のモデルと，液滴と連続相の間の伝熱をもっとミクロに取扱ったLetanら[22,23]のモデルとがある。

### 36・8・1 Ferrarini のモデル

スプレイ塔における分散相液滴は連続相内を振動しつつ上昇するので，液滴と連続相の間の伝熱係数 $\overline{U}_p$ は，式 (36・57)，式 (36・51) および式 (36・43) から求まる固定層の場合の総括伝熱係数 $U_p$ よりも大きくなる。補正係数 $\varphi_1 (\varphi_1 < 1)$ を用いて，

$$\overline{U}_p = \frac{U_p}{\varphi_1} \quad \cdots\cdots\cdots\cdots\cdots\cdots\cdots\cdots\cdots\cdots\cdots\cdots\cdots\cdots\cdots\cdots\cdots (36\cdot58)$$

スプレイ塔の微小長さ $dZ$ における伝熱量 $dQ$ は，

---

22) Letan, R. and E. Kehat, AIChE Journal, vol. 14, No. 3, p. 398~405 (1968).
23) Letan, R. and E. Kehat, AIChE Journal, vol. 16, No. 6, p. 955~967 (1970).

$$dQ = \overline{U}_p \cdot A_s \cdot f_k \cdot (T_c - T_d) \cdot dZ = \frac{U_p}{\varphi_1} \cdot A_s \cdot f_k \cdot (T_c - T_d) \cdot dZ \quad \cdots\cdots\cdots\cdots (36 \cdot 59)$$

スプレイ塔の伝熱部の有効長を $l_w$ とすると，塔全体での伝熱量 $Q$ は，式 (36・59) を $Z=0$ から $Z=l_w$ まで積分して，

$$Q = \frac{U_p}{\varphi_1} \cdot A_s \cdot f_k \cdot \int_0^{l_w} (T_c - T_d) \cdot dZ \quad \cdots\cdots\cdots\cdots\cdots\cdots\cdots (36 \cdot 60)$$

連続相および分散相がそれぞれ流れ方向にそって混合せず均一に流れる理想的なプラグ流れの場合には，$\int_0^{l_w} (T_c - T_d) \cdot dZ$ は次式で表わされる塔出入口での両相の温度差の対数平均 $\varDelta T_{lm}$ となる．

$$\varDelta T_{lm} = \frac{|T_{ci} - T_{do}| - |T_{co} - T_{di}|}{\ln\left(\dfrac{T_{ci} - T_{do}}{T_{co} - T_{di}}\right)} \quad \cdots\cdots\cdots\cdots\cdots\cdots\cdots\cdots (36 \cdot 61)$$

$A_s$：単位容積あたりの伝熱面積〔cm²/cm³〕

$T_{ci}$：連続相入口温度〔°C〕

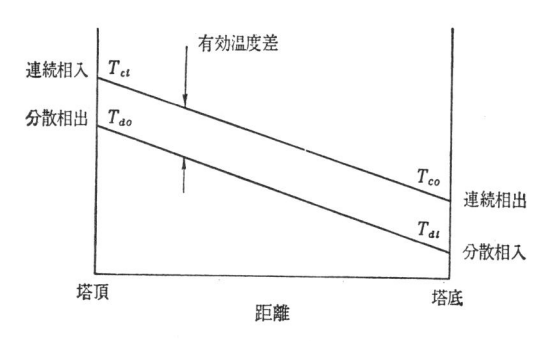

（a） 理想的なプラグ流れ

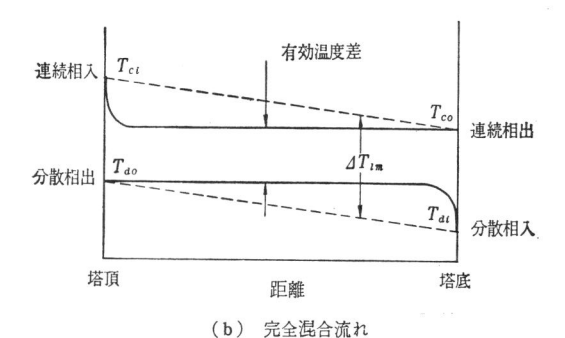

（b） 完全混合流れ

図 36・15 プラグ流れおよび完全混合流れに対する温度プロフイル

## 36・8 スプレイ塔における伝熱

$T_{co}$：連続相出口温度〔°C〕
$T_{di}$：分散相入口温度〔°C〕
$T_{do}$：分散相出口温度〔°C〕

実際の装置では，両相がそれぞれ流れ方向にそって逆混合するので，有効温度差 $\int_0^{l_w}(T_c-T_d)\cdot dZ$ は対数平均温度差 $\varDelta T_{lm}$ よりも小さくなる。例えば，両相の水当量（流量×比熱）が等しい場合で，理想的なプラグ流れと完全混合の両極端について考えると，理想的なプラグ流れにおいては，塔内の各相の温度分布は塔出入口温度を結ぶ直線で表わされ，その有効温度差は入口または出口での温度差となる（図 36・15 (a)）。一方，完全混合流れにおいては，各相の温度は塔入口直後で出口温度と等しくなり，その温度分布は図 36・15 (b)で表わされ，この場合の有効温度差は入口または出口での温度差の1/2となり，理想的なプラグ流れの場合の有効温度差よりも小さくなる。

実際のスプレイ塔では，完全混合ほど極端ではないが多少とも逆混合があるので，その有効温度差は対数平均温度差 $\varDelta T_{lm}$ より小さくなる。したがって，

$$\int_0^{l_w}(T_c-T_d)\cdot dZ = \frac{l_w}{\varphi_2}\varDelta T_{lm} \quad \cdots\cdots\cdots\cdots\cdots\cdots\cdots\cdots\cdots(36\cdot62)$$

$$\varphi_2 > 1$$

で表わす。式 (36・62) を式 (36・63) に代入して，スプレイ塔の基本伝熱式 (36・63) が得られる。

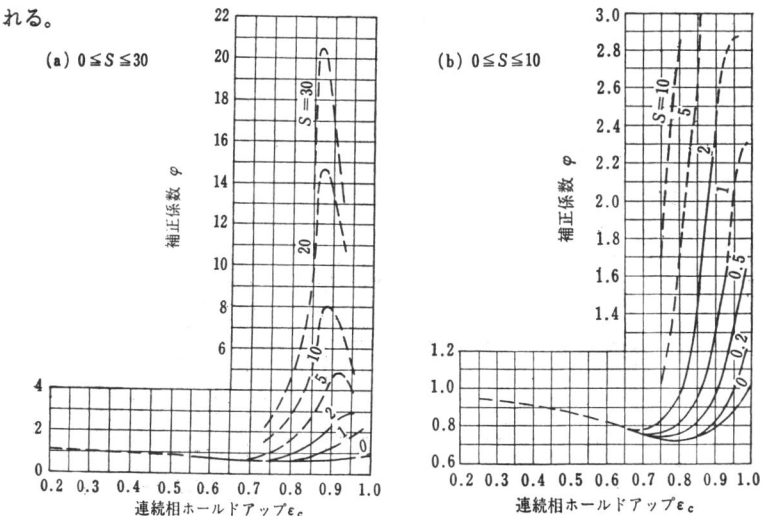

S；パラメーター実線は実験によって十分確認された値，点線は実験による十分な確認のない値

図 36・16 スプレイ塔での伝熱の補正係数 $\varphi$

$$Q = \frac{U_p}{\varphi_1 \cdot \varphi_2} \cdot A_s \cdot f_k \cdot \Delta T_{lm} \cdot l_w \quad \cdots\cdots\cdots\cdots\cdots\cdots\cdots\cdots\cdots\cdots\cdots\cdots (36\cdot63)$$

$\varphi_1 \cdot \varphi_2 \equiv \varphi$ とおくと,

$$Q = \frac{U_p}{\varphi} \cdot A_s \cdot f_k \cdot \Delta T_{lm} \cdot l_w \quad \cdots\cdots\cdots\cdots\cdots\cdots\cdots\cdots\cdots\cdots\cdots\cdots (36\cdot64)$$

Ferrarini[14] は,実験値を整理して補正係数 $\varphi$ を空隙率 $\varepsilon_c$ と次式で定義されるパラメーター $S$ の関数として,図 36・16 で表わしている。

ここで,

$$S = \left[ \frac{1}{2 + 0.08 \dfrac{V_c^* \cdot l_w}{\varepsilon_c \cdot f_k \cdot w_r \cdot d_p}} \right] \cdot \left( \frac{T_{ci} - T_{co}}{T_{co} - T_{di}} \right) \quad \cdots\cdots\cdots\cdots\cdots (36\cdot65)$$

ここで,

　$l_w$：スプレイ塔の有効長〔cm〕

### 36・8・2　Letan らのモデル

**(a) 液滴が分散充填された場合**

液滴が分散充填された状態におけるスプレイ塔内での液滴の挙動様式および両相の温度プロフィルを図 36・17 に示した。スプレイ塔における伝熱の機構は,図に示すように,5 つの領域に分けることができる。

ここでは,便宜上分散液滴が連続相によって冷却される場合について記載する。

(1) 後流成長領域（Wake Growth Zone）

分散器のノズルより流出した分散相のジェット（液柱）は,連続相内で破裂して液滴となる。この液滴が少し移動した後に,液滴の下流部で境界層の剥離が起こる。液滴がさら

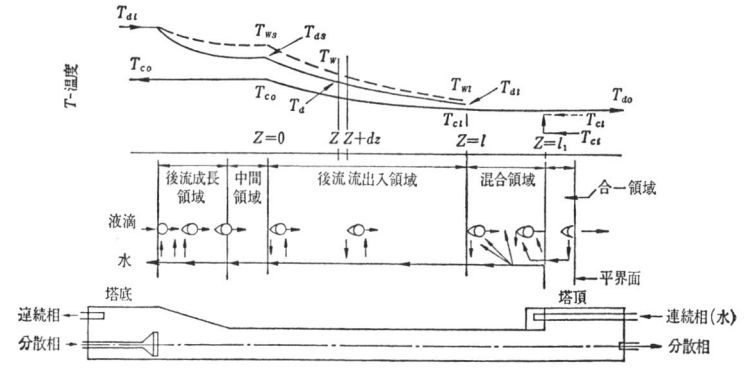

図 36・17　スプレイ塔型熱交換器の伝熱モデル（分散充填のとき）

に移動するにつれて，液滴の背後に渦流が生じ，境界層の剝離点が液滴の上流部へと移動する。境界層の剝離点で，乱れが生じ，境界層近くの連続相は乱流するようになる。その結果，液滴から後流への伝熱が促進され，また液滴が振動を始め，液滴内部で激しい乱流混合が起こる。液滴の上流部での熱伝導および対流が比較的小さいために，境界層剝離点での境界層の温度は，まだ連続相の温度と等しい。剝離した境界層のエレメントは，液滴の底部の渦中に移動し，ここで伝熱抵抗が小さいので液滴表面の温度に達する。このエレメントは液滴後流 (Wake) の激しく混合している渦中に入り，後流の容積が最大値になるまでは，後流中にとどまる。この期間中は，液滴が失った熱量はすべて後流中に蓄積され，後流の平均温度は液滴の平均温度よりも高くなる。後流から連続相への熱伝導は無視できる。この領域では，液滴がまばらに分散して上昇している。

(2) 中間領域 (Intermediate Zone)

液滴は上昇をつづけて，液滴が比較的密に分散した領域に入る。この領域で液滴は不規則に他の液滴と衝突する。液滴および後流の衝突頻度は，衝突回数が増すにつれて増加する。この領域では両相の温度は変化しない。この領域の上端では，後流中のエレメントが後流から流出し始める。

(3) 後流流出入領域 (Wake Shedding Zone)

この領域では，境界層を通って後流中に流入する連続相の流量は，後流中から流出する連続相の流量に等しい。連続相のエレメントは境界相剝離点から液滴背後の渦中に入って，液滴温度まで熱せられた後に激しく混合している後流中に流入する。連続相のエレメントは，後流の混合平均温度で後流より流出する。後流中に流入する，または後流から流出する流量は，後流の寸法に比較して小さい。液滴温度，後流温度，および連続相温度は塔の上部方向に向って少しずつ低下して行く。

(4) 混合領域 (Mixing Zone)

液滴，後流，塔内に流入する連続相，および合一領域から返ってくる後流のすべてがこの混合領域に入り，同一温度 ($T_{cl}$) でこの領域を離れる。

(5) 合一領域 (Coalescence Zone)

液滴は平界面に達して，平界面の上側の分散相液と合一する。平界面において，後流は滴から完全に分離して，塔内に流入する連続相とともに塔内を流下する。この領域での伝熱は，実用上は無視することができる。

伝熱は後流成長域，後流流出入領域，および混合領域でのみ行なわれる。解析に際してつぎの仮定をおく。

第36章 直接接触式液液熱交換器の設計法

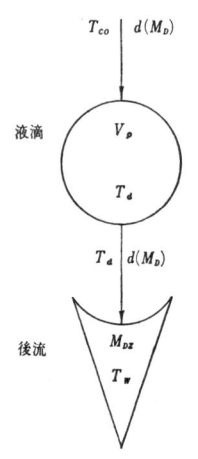

図 36・18 後流成長領域での伝熱

定常状態である。熱損失がない。液の物性値は一定，両相のホールドアップは一定，液滴寸法は一定，最終の後流容積は一定，および後流流出入領域で後流中に流入または流出する流量は一定である。

後流成長域で，液滴内は完全に混合している。連続相のエレメントは液滴の温度に達して後に完全に混合している後流に入る。図 36・18 に示す液滴の熱収支から，

$$\rho_c \cdot C_c \cdot (T_{co} - T_d) \cdot dM_D = V_p \cdot \rho_d \cdot C_d \cdot dT_d \quad \cdots\cdots(36 \cdot 66)$$

ここで，

 $V_p$：液滴の容積〔cm³〕

 $M_D$：後流の容積〔cm³〕

後流成長域全体に対して，式 (36・66) を積分して，

$$M = r \cdot \ln\left(\frac{T_{di} - T_{co}}{T_{ds} - T_{co}}\right) \quad \cdots\cdots(36 \cdot 67)$$

ここで，$M$；後流と液滴の容積比＝$M_D/V_p$

$$r = \frac{\rho_d \cdot C_d}{\rho_c \cdot C_c} \quad \cdots\cdots(36 \cdot 68)$$

式 (36・67) から，

$$T_{ds} = (T_{di} - T_{co}) \cdot \exp\left(-\frac{M}{r}\right) + T_{co} \quad \cdots\cdots(36 \cdot 69)$$

後流成長領域の上端での後流の温度 ($T_{ws}$) は全体の熱収支より求まる。

$$M_D \cdot (\rho_c \cdot C_c) \cdot (T_{ws} - T_{co}) = V_p \cdot (\rho_d \cdot C_d) \cdot (T_{di} - T_{ds}) \quad \cdots\cdots(36 \cdot 70)$$

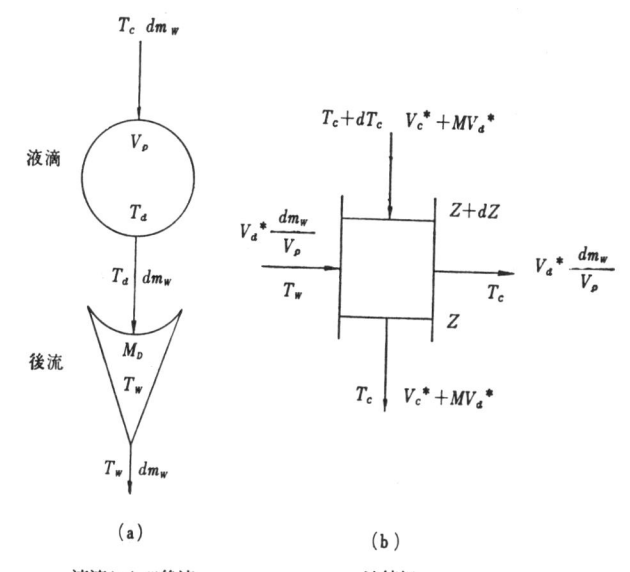

## 36・6 スプレイ塔における伝熱

(a) 液滴および後流

(b) 連続相

**図 36・19** 後流よりの流出入領域での伝熱

式 (36・69) を用いて $T_{ds}$ を消去して，

$$T_{Ws} = \frac{r}{M} \cdot (T_{di} - T_{co}) \cdot \left[1 - \exp\left(-\frac{M}{r}\right)\right] + T_{co} \quad \cdots\cdots(36\cdot71)$$

中間領域では伝熱が行なわれないので，後流より流出入が始まる点 $Z=0$ において，$T_d = T_{ds}$, $T_W = T_{Ws}$, および $T_c = T_{co}$ である。

後流流出入領域における液滴の熱収支（図 36・19(a)）から，

$$\rho_c \cdot C_c \cdot (T_c - T_d) \cdot dm_W = V_p \cdot \rho_d \cdot C_d \cdot dT_d \quad \cdots\cdots(36\cdot72)$$

ここで，

$m_W$：後流に流入する容積〔cm³〕

$dZ$ で除して，

$$\frac{dT_d}{dZ} + \frac{m}{r}(T_d - T_c) = 0 \quad \cdots\cdots(36\cdot73)$$

ここで，最後の仮定から，

$$m = \frac{1}{V_p} \cdot \frac{dm_W}{dZ} = 一定 \quad \cdots\cdots(36\cdot74)$$

後流の熱収支（図 36・19(a)）から

$$\rho_c \cdot C_c \cdot (T_d - T_W) \cdot dm_W = M_D \cdot \rho_c \cdot C_c \cdot dT_W \quad \cdots\cdots\cdots\cdots\cdots (36\cdot 75)$$

$dZ$ で除して,

$$\frac{dT_W}{dZ} + \frac{m}{M} \cdot (T_W - T_d) = 0 \quad \cdots\cdots\cdots\cdots\cdots (36\cdot 76)$$

連続相における熱収支 (図 36・19(b)) として, 合一領域から返ってくる後流 ($M \cdot V_d^*$) を含む, 連続相の全ての流れについて考えて,

$$(V_c^* + M \cdot V_d^*)(\rho_c \cdot C_c) \cdot dT_c = V_d^* \cdot (\rho_c \cdot C_c) \cdot (T_c - T_W) \cdot \frac{dm_W}{V_p} \quad \cdots\cdots (37\cdot 77)$$

$dZ$ で除して,

$$\frac{dT_c}{dZ} + \frac{m}{P}(T_W - T_c) = 0 \quad \cdots\cdots\cdots\cdots\cdots (36\cdot 78)$$

ここで,

$$P = \frac{V_c^* + M \cdot V_d^*}{V_d^*} = \frac{1}{R} + M \quad \cdots\cdots\cdots\cdots\cdots (36\cdot 79)$$

$$R = \frac{V_d^*}{V_c^*} \quad \cdots\cdots\cdots\cdots\cdots (36\cdot 80)$$

式 (36・73), (36・76), および (36・78) を境界条件 $Z=0$ において $T_d = T_{ds}$, $T_W = T_{Ws}$, $T_c = T_{co}$ を用いて連立して解くことができる。

式 (36・69) および (36・71) を用いて $T_{ds}$ および $T_{Ws}$ の代りに $T_{di}$ および $T_{eo}$ を使用すれば, 液滴, 連続相, および後流の温度は, $Z$ の関数として無次元の形で次式で表わされる。

$$\theta_d = \frac{T_d - T_{co}}{T_{di} - T_{co}} = \left\{ \frac{m}{r} \left[ \frac{1+\beta}{\alpha_1} [1 - \exp(\alpha_1 \cdot Z)] \right.\right.$$
$$\left.\left. - \frac{\beta}{\alpha_2} [1 - \exp(\alpha_2 \cdot Z)] \right] + 1 \right\} \cdot \exp\left(-\frac{M}{r}\right) \quad \cdots\cdots\cdots\cdots\cdots (36\cdot 81)$$

$$\theta_c = \frac{T_c - T_{co}}{T_{di} - T_{co}} = \left\{ \frac{m}{r} \left[ \frac{1-\beta}{\alpha_1} [1 - \left(\frac{r}{m} \cdot \alpha_1 + 1\right) \cdot \exp(\alpha_1 \cdot Z) \right.\right.$$
$$\left.\left. - \frac{\beta}{\alpha_2} [1 - \left(\frac{r}{m} \cdot \alpha_2 + 1\right) \cdot \exp(\alpha_2 \cdot Z)] \right] + 1 \right\} \cdot \exp\left(-\frac{M}{r}\right) \quad \cdots\cdots (36\cdot 82)$$

$$\theta_W = \frac{T_W - T_{co}}{T_{di} - T_{co}} = \left\{ \frac{m}{r} \left[ \frac{1+\beta}{\alpha_1} [1 - \left(\frac{r}{m} \cdot \alpha_1 + 1\right)\left(1 - \frac{P}{m} \cdot \alpha_1\right) \right.\right.$$
$$\cdot \exp(\alpha_1 \cdot Z)] - \frac{\beta}{\alpha_2} [1 - \left(\frac{r}{m} \cdot \alpha_2 + 1\right)\left(1 - \frac{P}{m} \cdot \alpha_2\right) \cdot \exp(\alpha_2 \cdot Z)] \right]$$
$$+ 1 \right\} \cdot \exp\left(-\frac{M}{r}\right) \quad \cdots\cdots\cdots\cdots\cdots (36\cdot 83)$$

## 36・8 スプレイ塔における伝熱

$$\alpha_1 = -\frac{m}{2}\left[\left(\frac{1}{M}+\frac{1}{r}-\frac{1}{P}\right)+\sqrt{\left(\frac{1}{M}+\frac{1}{r}+\frac{1}{P}\right)^2-\frac{1}{M\cdot r}}\right]$$

$$\alpha_2 = -\frac{m}{2}\left[\left(\frac{1}{M}+\frac{1}{r}-\frac{1}{P}\right)-\sqrt{\left(\frac{1}{M}+\frac{1}{r}+\frac{1}{P}\right)^2-\frac{1}{M\cdot r}}\right]$$

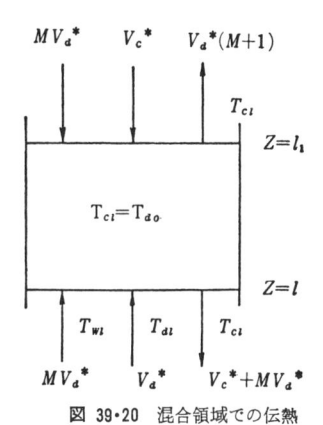

$$\beta = \frac{\alpha_1+\dfrac{m}{r}-\dfrac{r\cdot m}{P\cdot M}\cdot\left[\exp\left(\dfrac{M}{r}\right)-1\right]}{\alpha_2-\alpha_1} \quad\cdots\cdots\cdots\cdots\cdots\cdots\cdots\cdots(36\cdot84)$$

図 39・20 混合領域での伝熱

混合領域全体における熱収支 (図 36・20) から,

$$M\cdot V_d{}^*(\rho_c\cdot C_c)\cdot T_{wl}+V_d{}^*(\rho_d\cdot C_d)\cdot T_{dl}+V_c{}^*\cdot(\rho_c\cdot C_c)\cdot T_{ci}$$
$$=[(V_c{}^*+M\cdot V_d{}^*)\cdot(\rho_c\cdot C_c)+V_d{}^*\cdot(\rho_d\cdot C_d)]\cdot T_{cl} \quad\cdots\cdots\cdots(36\cdot85)$$

$T_{do}=T_{cl}$ であるから,上式から連続相入口温度 $T_{ci}$ が求まる。すなわち,

$$T_{ci}=[R(r+M)+1]\cdot T_{do}-R\cdot(r\cdot T_{dl}+M\cdot T_{wl}) \quad\cdots\cdots\cdots\cdots\cdots(36\cdot86)$$

一方,塔全体の熱収支からも,連続相入口温度 $T_{ci}$ が求まる。すなわち,

$$V_d{}^*\cdot(\rho_d\cdot C_d)\cdot(T_{di}-T_{do})=V_c{}^*\cdot(\rho_c\cdot C_c)\cdot(T_{co}-T_{ci}) \quad\cdots\cdots\cdots\cdots(36\cdot87)$$

これを書き直して,

$$T_{ci}=T_{co}-R\cdot r\cdot(T_{di}-T_{do}) \quad\cdots\cdots\cdots\cdots\cdots\cdots\cdots\cdots\cdots\cdots\cdots\cdots(36\cdot88)$$

塔底の温度が与えられると,式 (36・81), (36・82), (36・86), および (36・88) を用いて,塔内での温度分布が計算できることになる。

液滴の単位容積かつ塔の単位長さあたり後流へ流入する連続相の容積 $m$ [1/cm] の実験おける分散相のホールドアップの関数として,図 36・22 に示した。

また,液滴容積に対する後流容積の比 $M$ を中間領域における分散相の平均ホールドア値を $Z=0$ にップの関数として,図 36・21 に示した。

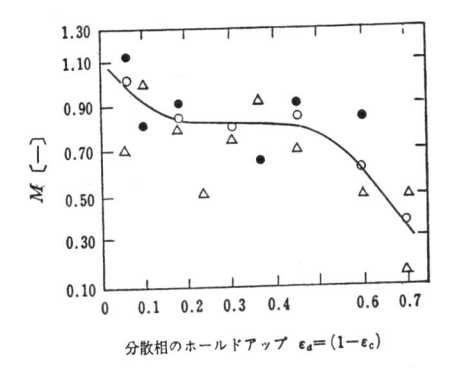

## 第36章 直接接触式液液熱交換器の設計法

○ 液滴が冷却される場合（温度 35°C）
△ 液滴が冷却される場合（温度 65°C）
● 液滴が加熱される場合（温度 35°C）

図 36・21 中間領域での分散相の平均ホールドアップと $M=$（後流容積/液滴容積）の関係

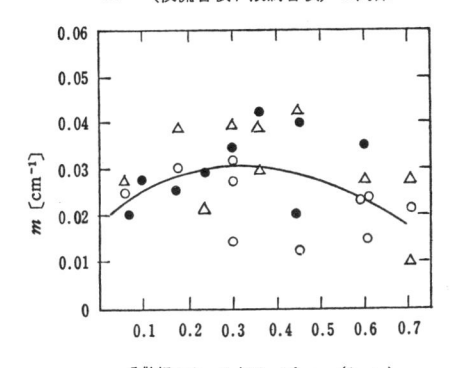

○ 液滴が冷却される場合（温度 35°C）
△ 液滴が冷却される場合（温度 65°C）
● 液滴が加熱される場合（温度 35°C）

図 36・22 $Z=0$ における分散相のホールドアップと単位塔長，単位液滴容積あたり後流へ流入する容積 $m$ の関係

これらの実験値は，水（連続相）-ケロシン（分散相）系での実験値である。

これらの図から，設計に際しては，表 26・1 の $M$ および $m$ を用いればよいと判断される。なお，これらの式において，

$T_{ws}$：中間領域における後流の温度 [°C]

$T_{wl}$：後流流出入領域上端での後流の温度 [°C]

$T_w$ : 後流の温度〔°C〕

$T_d$ : 分散相の温度〔°C〕

$T_{ds}$ : 中間領域における分散相の温度〔°C〕

$T_{di}$ : 分散相入口温度〔°C〕

$T_{dl}$ : 後流流出入領域上端での分散相の温度〔°C〕

$T_{do}$ : 分散相出口温度〔°C〕

$T_c$ : 連続相の温度〔°C〕

$T_{co}$ : 連続相出口温度〔°C〕

$T_{ci}$ : 連続相入口温度〔°C〕

$T_{cl}$ : 後流流出入領域上端での連続相の温度〔°C〕

$Z$ : 塔にそっての距離，領域の長さ〔cm〕

$l$ : 後流流出入領域の長さ〔cm〕

表 36·1 分散充填における $M$ および $m$ の値

| 塔内の分散相の平均ホールドアップ | 0.06 | 0.06〜0.4 | 0.4 以上 |
|---|---|---|---|
| $M$ | 1.0 | 0.83 | 0.83 |
| $m$ | 0.023 | 0.03 | 0.023 |

表 36·2 各領域の長さおよび円錐形入口部中への液滴充填の拡がり

| 領　　域 | 長さ (cm) | 備　　　考 |
|---|---|---|
| 後流成長領域 (a) | $Z_a=0\sim35$ | 分散相ホールドアップが増すと小さくなる |
| 中間領域 (b) | $Z_b=42-100\varepsilon_{db}$ | $0.06\leqq\varepsilon_{db}\leqq0.42$ に対して |
| | $Z_b=0$ | $\varepsilon_{db}>0.43$ に対して |
| 混合領域 (d) | $Z_d<60$ | $R$ が増すと大きくなる |
| | $Z_d=0$ | $R\to0$ に対して |
| 合一領域 (e) | $Z_e=$調節可能 | 平界面の位置に関係する |
| 円錐形入口部への液滴充填の拡がり | $l'=0$ | $\varepsilon_d<0.20$ に対して |
| | $l'=10\sim30$ | $0.30<\varepsilon_d<0.60$ に対して |

なお，$M$ および $m$ の値が与えられると，必要な伝熱のための後流からの流出入領域の長さは，以上のモデルから理論的に計算することができるが，他の領域の長さは，実験的に定めねばならない．実験値を表 36·2 に示した．

円錐形の入口部を有するスプレイ塔では，分散相のホールドアップがある限度以上大きくなると，液滴充填が円錐形の入口部まで拡がり，液滴の有効充填長さは，円筒部の長さ

よりも $l'$ だけ長くなる。この $l'$ の値を，両相の流量の関数として表 3・62 に示した。
ここで，

$\varepsilon_d$ ：分散相の平均ホールドアップ〔—〕

$\varepsilon_{db}$：中間領域における分散相の平均ホールドアップ〔—〕

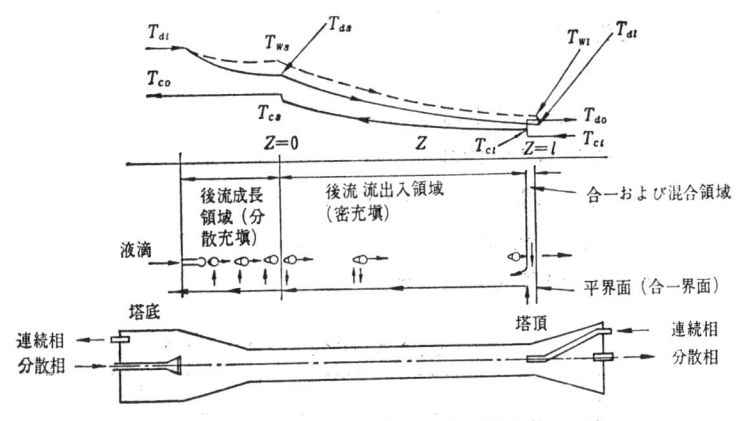

**図 36・23** スプレイ塔型熱交換器の伝熱モデル（密充填のとき）

### (b) 液滴が密充填された場合

液滴が密充填されたときのスプレイ塔内の温度プロフィルを図36・23に示した。密充填されたときのモデルは，分散充填されたときのモデルと較べて，つぎの相違点がある。

1) 分散相ホールドアップが大きいときの分散充填と同様に中間領域が存在しない。後流よりの流出は充填界面で後流が破壊されるために，密充填の開始点から始まる。

2) 充填界面で後流が破壊され，流出したエレメントが連続相と混合するため，充填界面で連続相の温度がジャンプする。すなわち，分散充填の場合と異なり，$Z=0$ において $T_{cs} \neq T_{co}$ であり，理論式を導くためには密充填における後流寸法というパラメーターが必要となる。

3) 分散相液滴のホールドアップが大きいため，流入した連続相は液滴によって分散されるので，連続相入口での混合領域は小さい。この小さい混合領域で，合一領域で離脱した後流から返ってくる液が，流入する連続相と混合するが，ここでの液滴およびその後流からの伝熱はほとんどない。後流が離脱するとき，液滴と後流の温度は等しくなるので，合一後の分散相の温度は液滴充填の上端温度よりもわずかに高くなる。これと同様の現象は，分散充填の場合にも見受けられるが，分散充填の場合はその程度は無視できるほど小さい。

## 36・8 スプレイ塔における伝熱

数学モデルを立てるに際してつぎの仮定をおく。

定常状態である。熱損失はない,液の物性は一定である。液滴の密充塡部のホールドアップは一定である。液滴の寸法は一定である,液滴の分散充塡部(後流成長領域)と密充塡部(後流流出入領域)とでは最終の後流寸法が異なるが,各部それぞれの最終の後流寸法は一定である。後流に流出入する流量は等しい,液滴はプラグ流れをなす。

便宜上,液滴が冷却される場合について記す。

(1) 後流成長領域 (Wake Growth Zone)

連続相,液滴,および後流の温度に関する関係式は,分散充塡の場合と同じである。これは後流の成長が分散充塡の底部領域で起こるからである。分散充塡の境界における液滴の温度は,式 (36・69) で表わされ,また後流の温度は,式 (36・71) で表わされる。

液滴がこの充塡境界面を横ぎるときに,後流の一部が流出し連続相と混合する。**充塡境界面での連続相の熱収支**(図 36・24(a))から

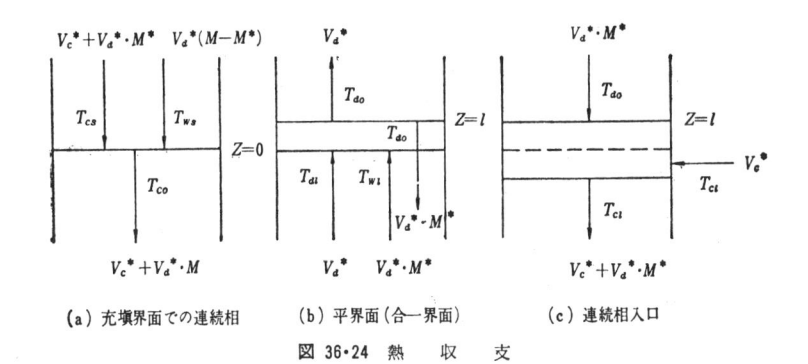

図 36・24 熱 収 支
(a) 充塡界面での連続相　(b) 平界面(合一界面)　(c) 連続相入口

$$(V_c{}^*+M^*\cdot V_d{}^*)\cdot T_{cs}+V_d{}^*\cdot (M-M^*)\cdot T_{ws}=(V_c{}^*+M\cdot V_d{}^*)\cdot T_{co} \quad \cdots(36\cdot 89)$$

ここで, $V_d{}^*\cdot(M-M^*)$ は密充塡部に入る時に後流から流出する連続相の流量である。

$M$ :分散充塡部での後流容積と液滴容積との比〔—〕

$M^*$:密充塡部での後流容積と液滴容積との比〔—〕

式 (36・71) と式 (36・89) から $T_{ws}$ を消去し,

$$T_{cs}=T_{co}-\frac{r}{P^*}\cdot\left(1-\frac{M^*}{M}\right)\cdot\left[1-\exp\left(\frac{M}{r}\right)\right]\cdot(T_{di}-T_{co}) \quad \cdots(36\cdot 90)$$

ここで, $P^*$ は次式で定義される値である。

$$P^*=\frac{1}{R}+M^* \quad \cdots(36\cdot 91)$$

(2) 後流流出入領域 (Wake Shedding Zone)

後流流出入領域の熱収支から，連続相の温度変化は後流寸法を除いては分散充塡の場合と同じである。したがって，式 (36・73), (36・76), および (36・78) はつぎのように表わされる。

$$\frac{dT_d}{dZ} + \frac{m}{r} \cdot (T_d - T_c) = 0 \quad \cdots\cdots(36\cdot92)$$

$$\frac{dT_W}{dZ} + \frac{m}{M^*} \cdot (T_W - T_d) = 0 \quad \cdots\cdots(36\cdot93)$$

$$\frac{dT_c}{dZ} + \frac{m}{P^*} \cdot (T_W - T_c) = 0 \quad \cdots\cdots(36\cdot94)$$

境界条件 $Z=0$ において $T_d=T_{ds}$, $T_W=T_{Ws}$, および $T_c=T_{cs}$ を用いて，式 (36・92) (36・93) および (36・94) を連立して解くことができる。後流からの流出入領域における液滴，連続相，および後流の温度は最終的に $Z$ の関数として，次式で表わされる。

$$\theta_d = \frac{T_d - T_{co}}{T_{di} - T_{co}} = \left\{ \frac{m}{r} \left[ \frac{1+\beta}{\alpha_1}(1-\exp(\alpha_1 \cdot Z)) \right. \right.$$
$$\left. - \frac{\beta}{\alpha_2}(1-\exp(\alpha_2 \cdot Z)) \right] + \frac{1}{1+N\left[\exp\left(\frac{M}{r}\right)-1\right]} \right\}$$
$$\cdot \left[ N + (1-N) \cdot \exp\left(-\frac{M}{r}\right) \right] \quad \cdots\cdots(36\cdot95)$$

$$\theta_c = \frac{T_c - T_{co}}{T_{di} - T_{co}} = \left\{ \frac{m}{r} \left[ \frac{1+\beta}{\alpha_1}\left(1-\left[\frac{r}{m}\cdot\alpha_1+1\right]\cdot\exp(\alpha_2\cdot Z)\right) \right. \right.$$
$$\left. - \frac{\beta}{\alpha_2}\left(1-\left[\frac{r}{m}\cdot\alpha_2+1\right]\cdot\exp(\alpha_2\cdot Z)\right) \right]$$
$$\left. + \frac{1}{1+N\left[\exp\left(\frac{M}{r}\right)-1\right]} \right\} \cdot \left[N+(1-N)\cdot\exp\left(-\frac{M}{r}\right)\right] \cdots\cdots(36\cdot96)$$

$$\theta_W = \frac{T_W - T_{co}}{T_{di} - T_{co}} = \left\{ \frac{m}{r} \left[ \frac{1+\beta}{\alpha_1}\left(1-\left[\frac{r}{m}\cdot\alpha_1+1\right]\cdot\left[1-\frac{P^*}{m}\cdot\alpha_1\right]\right. \right. \right.$$
$$\left. \cdot\exp(\alpha_1\cdot Z)\right) - \frac{\beta}{\alpha_2}\left(1-\left[\frac{r}{m}\cdot\alpha_2+1\right]\cdot\left[1-\frac{P^*}{m}\cdot\alpha_2\right]\cdot\exp(\alpha_2\cdot Z)\right) \right]$$
$$\left. + \frac{1}{1+N\cdot\left[\exp\left(\frac{M}{r}\right)-1\right]} \right\} \cdot \left[N+(1-N)\cdot\exp\left(-\frac{M}{r}\right)\right] \cdots\cdots(36\cdot97)$$

ここで，

$$N = \frac{r}{P^*}\left(1 - \frac{M^*}{M}\right) \quad \cdots\cdots(36\cdot98)$$

$$\beta = \frac{\alpha_1 + \dfrac{m}{r} - \dfrac{m}{P^*}\left\{\dfrac{\left(\dfrac{r}{M}+N\right)\left[\exp\left(\dfrac{M}{r}\right)-1\right]}{1+N\cdot\left[\exp\left(\dfrac{M}{r}\right)-1\right]}\right\}}{\alpha_2 - \alpha_1} \quad \cdots\cdots (36\cdot 99)$$

$$\alpha_1 = -\frac{m}{2}\left[\left(\frac{1}{M^*}+\frac{1}{r}-\frac{1}{P^*}\right)+\sqrt{\left(\frac{1}{M^*}+\frac{1}{r}+\frac{1}{P^*}\right)^2-\frac{4}{M^*\cdot r}}\right] \quad (36\cdot 100\text{a})$$

$$\alpha_2 = -\frac{m}{2}\left[\left(\frac{1}{M^*}+\frac{1}{r}-\frac{1}{P^*}\right)-\sqrt{\left(\frac{1}{M^*}+\frac{1}{r}+\frac{1}{P^*}\right)^2-\frac{4}{M^*\cdot r}}\right] \quad (36\cdot 100\text{b})$$

これらの式 (36・95), (36・96), (36・97), (36・99), (36・100) において, $M=M^*$ を代入すると前述の分散密填の場合の式と同一となる。

(3) 合一および混合領域 (Coalesccence and Mixing Zone)

図 36・24(b)に示したように, この領域から流出する流れは全て同一温度と見做すと, 平界面 (合一界面) での熱収支から,

$$V_d^* \cdot (\rho_d \cdot C_d) \cdot T_{dl} + V_d^* \cdot M^* \cdot (\rho_c \cdot C_c) \cdot T_{wl}$$
$$= V_d^* \cdot (\rho_d \cdot C_d) \cdot T_{do} + V_d^* \cdot M^* \cdot (\rho_c \cdot C_c) \cdot T_{do} \quad \cdots\cdots\cdots\cdots (36\cdot 101)$$

この式から,

$$T_{do} = \frac{M^* \cdot T_{wl} + r \cdot T_{dl}}{M^* + r} \quad \cdots\cdots\cdots\cdots\cdots\cdots (36\cdot 102)$$

合一界面から離脱した後流は, 流入する連続相と合一界面のすぐ下の部分で混合する。この混合プロセス (図 36・24(c)) の熱収支から,

$$V_c^* \cdot (\rho_c \cdot C_c) \cdot T_{ci} + V_d^* \cdot M^* \cdot (\rho_c \cdot C_c) \cdot T_{do}$$
$$= (V_d^* \cdot M^* + V_c^*) \cdot (\rho_c \cdot C_c) \cdot T_{cl} \quad \cdots\cdots\cdots\cdots (36\cdot 103)$$

この式はつぎのように書き直すことができる。

$$T_{ci} = (1+R\cdot M^*)\cdot T_{cl} - R\cdot M^* \cdot T_{do} \quad \cdots\cdots\cdots\cdots (36\cdot 104)$$

$T_{dl}$, $T_{cl}$, および $T_{wl}$ の値は, $Z=l$ として式 (36・95), (36・96), および (36・97) から計算することができる。ここで, $l$ は後流流出入領域の長さ [cm] である。$T_{ci}$ の値も他の3つの端温度および熱収支から計算することができる。

$$T_{ci} = T_{co} - R \cdot r \cdot (T_{di} - T_{do}) \quad \cdots\cdots\cdots\cdots (36\cdot 105)$$

混合領域は小さいので, 後流流出入領域の長さは, 実用的には密充填部の長さに等しいと見做すことができる。塔底での端温度が与えられると, 式 (36・95)〜(36・97), (36・102), および (36・104) を用いて液滴がプラグ流れをなす場合の塔頂の出口温度を計算することができる。あるいは, 塔底および塔頂での温度条件が与えられると, 必要な密充填

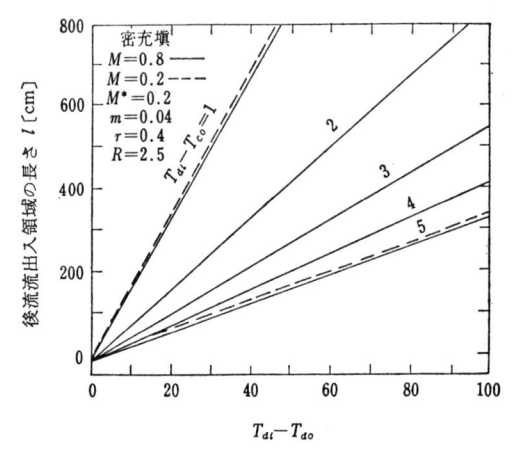

**図 36·25** $r=0.40$, $R=2.5$ の場合の操作温度と後流流出入領域長さの関係

部長さ $l$ を逐次計算によって求めることができる。大口径の塔では、液滴速度は半径方向に均一であると見做せるので以上の式は正しく適用することができる。小口径の塔では、完全なプラグ流れとならないので、上記の理論式を多少修正する必要がある。

なお、水ケロシン系のスプレイ塔で、液滴径径 3~4 [mm] の場合には $M=0.8$, $M^*=0.2$, $m=0.04$ [1/cm] と見做せることが実験的に確かめられている。$M=0.8$, $M^*=0.2$, $m=0.04$, $r=0.4$, $R=2.5$ とした場合の操作温度と後流流出入領域の長さ $l$ との関係を、前記の理論式を用いて計算した結果を図36·25に示した。図中の線は次式で近似することができる。

$$l = -13.49 + 17.87\left(\frac{T_{di}-T_{do}}{T_{di}-T_{co}}\right) \quad \cdots\cdots\cdots\cdots(36·105)$$

## 36·9 設計上の注意事項

(1) 直接接触式液液熱交換器は一般に水-油系に用いられる。この場合水を分散相に選ぶのが普通である。これは水を分散相にすると衝突によって塔内が合一しやすくて密充填が得られないからである。

(2) 分散相液滴径 $d_p$ としては、式 (36·22) で与えられる限界径 $d_{pm}$ よりも大きい値を選ぶのが普通である。これは液滴の振動による伝熱性能の向上を計るためである。

(3) 1つの塔径に対して2つの運転点（密充填と分散充填）が存在するが、安全をみる

ときは分散充填を前提に塔の有効長 $l_w$ を定めるのが普通である。

(4) 塔頂の分離槽の形状は図 36・13 のように逆円錐とし，平界面面積の増減によって合一速度を調節できるようにしておいて，密充填での運転も試みられるようにしておくのが望ましい。

(5) 塔底の形状は，図 36・1 のように末広がりにしておいて，フラッディングに対する余裕としておくのが望ましい。

(6) ノズル内分散相流速は，ジェットができ始める流速 $u_j$ 以上に選ぶのがよい。

(7) ノズル径は 1.5 [mm] 以上にし，分散相中の不純物での詰まりを避けるために図 36・3(a) の形状とするのが普通である。

## 36・10 設計例

〔例題 36・1〕

温度がそれぞれ 20 [°C] および 90 [°C] である水と海水の間の熱交換を行なわせる直接接触式液液熱交換器を設計する。両流体の流量はともに 40 [m³/hr] とする。水と海水の近接温度 4 [°C] をとる。熱媒体としては有機液体を用いる。

〔解〕

水-有機液体系および海水有機液体系の2基のスプレイ塔を図 36・2 のように組合せるものとする。両塔は同じ寸法となるはずであるから，一方の塔の寸法を計算すればよいことになる。ここでは，水-有機液体系のスプレイ塔の寸法を計算する。

(1) 物性値（平均温度 55 [°C] の 値）

| | 有機液体 | 水 |
|---|---|---|
| 密度 $\rho$ [g/cm³] | 0.86 | 1.0 |
| 粘度 $\mu$ [g/cm・sec] | 0.0040 | 0.0050 |
| 比熱 $C$ [cal/g・°C] | 0.45 | 1.0 |
| 熱伝導率 $k$ [cal/cm・sec] | $0.334 \times 10^{-3}$ | $1.45 \times 10^{-3}$ |

有機液体-水系の界面張力 $\sigma = 34$ [dyne/cm]

(2) 有機液体を分散相，水を連続相とする。

(3) 有機液体の循環流量 $V_d{}^*$

水の流量 $V_c{}^* = 40 \times 10^6 \times 1/3{,}600 = 11.1 \times 10^3$ [cm³/sec]

有機液体の水当量（流量×比熱）が水の水当量と等しくなるように有機液体の循環流量を選ぶ。この循環流量が経済的最適循環量である。

$$\frac{V_d{}^* \cdot \rho_d \cdot C_d}{V_c{}^* \cdot \rho_c \cdot C_c} = 1$$

$$V_d{}^* = \frac{V_c{}^* \cdot \rho_c \cdot C_c}{\rho_d \cdot C_d} = \frac{11.1 \times 10^3 \times 1 \times 1}{0.86 \times 0.45} = 28.8 \times 10^3 (\mathrm{cm^3/sec})$$

(4) 水と海水の近接温度を4〔℃〕としたときの塔出入口の各流体の温度条件は図36・2に示した値となる。

(5) 終末速度 $w_\infty$ が極大になる液滴径 $d_{pm}$ は, 式 (36・22) から,

$$d_{pm} = 0.33 \rho_c{}^{-0.14} \cdot \Delta\rho^{-0.43} \cdot \mu_c{}^{0.30} \cdot \sigma^{0.24} = 0.33 \times (1)^{-0.14}$$

$$\times (1-0.86)^{-0.43} \times (0.005)^{0.30} \times (34)^{0.24} = 0.37 \ \text{[cm]}$$

$d_p > d_{pm}$ とすればよいので, $d_p = 0.40$ 〔cm〕とする。

(6) 有機液体のホールドアップ $\varepsilon_d (= 1-\varepsilon_c)$ は, まず種々の値を最初に仮定して計算を進めて, 最終的に経済的設計となる値を選ぶのがよいが, ここでは簡単のために $\varepsilon_d = 0.24$ を選んで設計する。

(7) **相対速度 $w_r$**

アルキメデス数 $Ar$

$$Ar = \frac{\Delta\rho}{\rho_c} \cdot \frac{g \cdot \rho_c{}^2 \cdot d_p{}^3}{\mu_c{}^2} = \frac{(1-0.86) \times 980 \times (1)^2 \times (0.4)^3}{1 \times (0.005)^2} = 3.5 \times 10^5$$

図 36・11 から, 剛体球と仮定したときのフルード数 $Fr$ は,

$$\frac{\rho_c}{\Delta\rho} \cdot Fr = 0.7$$

$$Fr = 0.70 \times \frac{\Delta\rho}{\rho_c} = 0.70 \times \frac{(1-0.86)}{1} = 0.0985$$

剛体球と仮定したときの相対速度 $(w_r)_{\mathrm{Kugel}}$ は,

$$(w_r)_{\mathrm{Kugel}} = (Fr \cdot g \cdot d_p)^{1/2} = (0.0985 \times 980 \times 0.4)^{1/2} = 6.15 \text{[cm/sec]}$$

$Re_c = 420$ と仮定すると, 有機液体液滴の相対速度 $w_r$ は式 (36・33) から,

$$w_r = (w_r)_{\mathrm{Kugel}} \cdot \left[1 + 0.012 \varepsilon_c{}^3 \cdot \left(\frac{\mu_c}{\mu_d} \cdot Re_c\right)^{2/3}\right]^{-1/2} = 6.15$$

$$\times \left[1 + 0.012 \times (1-0.24)^3 \times \left(\frac{0.0050}{0.0040} \times 420\right)^{2/3}\right]^{-1/2} = 5.35 \text{ [cm/sec]}$$

$$Re_c = \frac{w_r \cdot \rho_c \cdot d_p}{\mu_c} = \frac{5.35 \times 1 \times 0.4}{0.0050} = 425$$

したがって, 初めに仮定した $Re_c$ の値が正しかったことになる。

(8) **塔径 $D$**

式 (36・29) から, 塔断面積 $f_k$ は,

$$f_k = \frac{1}{w_r} \cdot \left[ \frac{V_c^*}{\varepsilon_c} + \frac{V_d^*}{(1-\varepsilon_c)} \right] = \frac{1}{5.35} \times \left[ \frac{11.1 \times 10^3}{(1-0.24)} + \frac{28.8 \times 10^3}{0.24} \right]$$

$$= 25.0 \times 10^3 \ [\text{cm}^2]$$

塔径 $D$ は

$$D = \left( \frac{4}{\pi} \cdot f_k \right)^{1/2} = \left( \frac{4}{\pi} \times 25.0 \times 10^3 \right)^{1/2} = 179 \ [\text{cm}]$$

**(9) 運転点**

スプレイ塔の特性として, 密充填と分散充填2つの運転点が存在する。最初に選んだ $\varepsilon_d = 0.24$ の運転点と別の運転点の $\varepsilon_d$ の値を求める。

$\varepsilon_d = 0.55$ と仮定する。

図 36·11 から剛体球と仮定したときのフルード数 $Fr$ は,

$$\frac{\rho_c}{\varDelta\rho} \cdot Fr = 0.19$$

$$Fr = 0.19 \times \frac{(1-0.86)}{1} = 0.0268$$

$$(w_r)_{\text{Kugel}} = (Fr \cdot g \cdot d_p)^{1/2} = (0.0268 \times 980 \times 0.4)^{1/2} = 3.23 \ [\text{cm/sec}]$$

$Re_c = 250$ と仮定する。

$$w_r = 3.23 \times \left[ 1 + 0.012 \times (1-0.55)^3 \times \left( \frac{0.0050}{0.0040} \times 250 \right)^{2/3} \right]^{-1/2} = 3.15 \ [\text{cm/sec}]$$

$$Re_c = \frac{3.15 \times 1 \times 0.40}{0.0050} = 250$$

したがって, 初めに仮定した $Re_c$ の値が正しかったことになる。

一方, 式 (36·29) を用いて $w_r$ の値を求めると,

$$w_r = \frac{1}{f_k} \cdot \left( \frac{V_c^*}{\varepsilon_c} + \frac{V_d^*}{1-\varepsilon_c} \right) = \frac{1}{25.0 \times 10^3} \times \left( \frac{11.1 \times 10^3}{0.45} \right.$$

$$\left. + \frac{28.8 \times 10^3}{0.55} \right) = 3.08 \ [\text{cm/sec}] \approx 3.15$$

したがって, 最初に仮定した $\varepsilon_d = 0.55$ は, 式 (36·29) を満足することになり, $\varepsilon_d = 0.24$ 以外の運転点となる。換言すれば, $\varepsilon_d = 0.55$ が密充填での, $\varepsilon_d = 0.24$ が分散充填での運転点の空隙率である。

2つの運転点が存在することは, フラッディング速度に達していないことを意味する。

**(10) 総括伝熱係数 $U_p$**

分散充填を前提にして設計を進める。

外部 Nusselt 数 $Nu_o$

式 (36・57) から,

$$Nu_o = 2 + \frac{0.90}{\varepsilon_c^{1/2}} \cdot \left(\frac{w_r \cdot \rho_c \cdot d_p}{\mu_c}\right)^{1/2} \cdot \left(\frac{C_c \cdot \mu_c}{k_c}\right)^{1/2} = 2 + \frac{0.90}{(0.76)^{1/2}}$$

$$\times \left(\frac{5.35 \times 1 \times 0.4}{0.0050}\right)^{1/2} \times \left(\frac{0.0050 \times 1}{1.45 \times 10^{-3}}\right)^{1/2} = 42$$

内部 Nusselt 数 $Nu_i$

式 (36・51) から,

$$Nu_i = 0.00375 \frac{(w_r \cdot \rho_d \cdot d_p/\mu_d)(\mu_d \cdot C_d/k_d)}{1 + (\mu_d/\mu_c)}$$

$$\left(\frac{w_r \cdot \rho_d \cdot d_p}{\mu_d}\right) = \frac{5.35 \times 0.86 \times 0.4}{0.0040} = 460 \quad \left(\frac{\mu_d \cdot C_d}{k_d}\right) = \frac{0.0040 \times 0.45}{0.334 \times 10^{-3}} = 5.5$$

$$Nu_i = 0.00375 \times \frac{460 \times 5.5}{1 + (0.0040/0.0050)} = 5.30$$

総括伝熱係数 $U_p$

式 (36・43) から,

$$\frac{U_p \cdot d_p}{k_d} = \frac{1}{\frac{k_d}{k_c} \cdot \frac{1}{Nu_o} + \frac{1}{Nu_i}} = \frac{1}{\frac{0.334 \times 10^{-3}}{1.45 \times 10^{-3}} \times \frac{1}{42} + \frac{1}{5.30}} = 5.20$$

$$U_p = 1.20 \times \frac{0.334 \times 10^{-3}}{0.40} = 4.35 \times 10^{-3} \text{ [cal/cm}^2 \cdot \text{sec} \cdot {}^\circ\text{C]}$$

$$= 556 \text{ [kcal/m}^2 \cdot \text{hr} \cdot {}^\circ\text{C]}$$

(11) 補正係数 $\varphi$

有効塔長 $l_w = 800$ [cm] と仮定する。

式 (36・65) から, パラメーター $S$ は,

$$S = \left[\frac{1}{2 + 0.08 \cdot \frac{V_c^* \cdot l_w}{\varepsilon_c \cdot f_k \cdot w_r \cdot d_p}}\right] \times \left(\frac{T_{ci} - T_{co}}{T_{co} - T_{di}}\right)$$

$$= \left[\frac{1}{2 + 0.08 \times \frac{11.1 \times 10^3 \times 800}{0.76 \times 25.0 \times 10^3 \times 5.35 \times 0.4}}\right] \times \left(\frac{20 - 86}{86 - 88}\right) = 1.83$$

図 36・16 から $\varphi = 0.84$

(12) 伝熱量 $Q$

$$Q = C_c \cdot \rho_c \cdot V_c^* (T_{co} - T_{ci}) = 1 \times 1 \times 11.1 \times 10^3 \times (86 - 20)$$

$$= 7.35 \times 10^5 \text{ [cal/sec]}$$

(13) 有効塔長 $l_w$

単位容積あたりの伝熱面積 $A_s$ は，

$$A_s = \frac{6(1-\varepsilon_c)}{d_p} = \frac{6 \times 0.24}{0.40} = 3.6 \,[\mathrm{cm^2/cm^3}]$$

対数平均温度差 $\Delta T_{lm} = 2[{}^\circ\mathrm{C}]$

式 (36・64) から，

$$l_w = \frac{\varphi \cdot Q}{A_s \cdot f_k \cdot \Delta T_{lm} \cdot U_p} = \frac{0.84 \times 7.35 \times 10^5}{3.6 \times 25.9 \times 10^3 \times 2 \times 4.35 \times 10^{-3}} = 790 \,[\mathrm{cm}]$$

したがって，最初に仮定した $l_w = 800\,[\mathrm{cm}]$ はほぼ妥当であったことになる。

有効長 $l_w$ は，Letan らのモデルの後流よりの流出入領域の長さ $l$ （図36・17参照）に近いと考えられるので，Letan らのモデルの後流成長領域，中間領域，混合領域，合一領域などの長さとして，100 [cm] を加えて，塔の直胴部の長さとする。また分離槽高さを 250 [cm]，分散槽高さを 250 [cm] とすると，スプレイ塔の全長 $L_t$ は，

$$L_t = 790 + 100 + 250 + 250 = 1,390\,[\mathrm{cm}] = 13.9\,[\mathrm{m}]$$

### (14) 分散器の設計

分散器ノズル径 $d_n = 0.20\,[\mathrm{cm}]$ とする。

$$F_2 = \frac{d_n{}^2 \cdot g \cdot \Delta \rho}{\sigma} = \frac{(0.20)^2 \times 980 \times (1 - 0.86)}{34} = 0.161 < 0.616$$

したがって，式 (36・8) から液滴径が極小値となるときのジェットの径 $d_j$ は，

$$\frac{d_n}{d_j} = 0.485 \left( \frac{d_n{}^2 \cdot g \cdot \Delta \rho}{\sigma} \right) + 1 \fallingdotseq 1$$

$$d_j = 1 \times 0.2 = 0.2\,[\mathrm{cm}]$$

液滴径が極小値となるときの分散相のノズル内流速 $u_{no}$ は，式 (36・7) から，

$$u_{no} = 2.69 \left( \frac{d_j}{d_n} \right)^2 \cdot \left( \frac{\sigma/d_j}{0.5137\rho_d + 0.4716\rho_c} \right)^{0.5} = 2.69 \times \left( \frac{0.20}{0.20} \right)^2$$

$$\times \left( \frac{34/0.20}{0.5137 \times 0.86 + 0.4719 \times 1} \right)^{0.5} = 36\,[\mathrm{cm/sec}]$$

$$F_1 = \left( \frac{d_p{}^3 \cdot g \cdot \Delta \rho}{\sigma \cdot d_n} \right)^{1/3} = \left[ \frac{(0.4)^3 \times 980 \times (1 - 0.86)}{34 \times 0.20} \right]^{1/3} = 1.1$$

$$F_2 = 0.161$$

図 36・6 から，ノズル内分散相流速 $u_n$ は，

$$u_n / u_{no} = 0.7$$

$$u_n = 0.7 \times u_{no} = 0.7 \times 36 = 25.2\,[\mathrm{cm/sec}]$$

ノズル開孔全断面積 $A_n$ は，

$$A_n = \frac{V_d{}^*}{u_n} = \frac{28.8 \times 10^3}{25.2} = 1,140 \text{ [cm}^2\text{]}$$

ノズル1筒あたりの断面積 $a_n$ は,

$$a_n = \frac{\pi \cdot d_n{}^2}{4} = \frac{3.14 \times (0.20)^2}{4} = 0.0314 \text{ [cm}^2\text{]}$$

ノズル個数 $n$ は,

$$n = A_n/a_n = 1,140/0.0314 = 36,200$$

〔例題 36・2〕

温度がそれぞれ 20 [°C] および 90 [°C] である水と海水の間の熱交換を行なわせる直接接触式液液熱交換器を設計する。両流体の流量はともに 40 [m³/hr] とする。水と海水の近接温度を 4 [°C] とする。熱媒体としてはケロシンを用いる。

〔解〕

例題1と同様に計算して塔寸法を決定する方法もあるが,ここでは Letan[24] らの解法を紹介する。

水-ケロシン系および海水-ケロシン系のスプレイ塔を図 36・2 のように組合せるものとする。両塔は同じ寸法となるはずであるから,一方の塔の寸法を計算すればよいことになる。

(1) ケロシンの循環流量 $V_d{}^*$

ケロシンと水の水当量比 $R \cdot r = (V_d{}^* \cdot \rho_d \cdot C_d)/(V_c{}^* \cdot \rho_c \cdot C_c) = 1$ とする。

$$V_d{}^* = \left(\frac{\rho_c \cdot C_c}{\rho_d \cdot C_d}\right) \cdot V_c{}^* = \frac{1}{0.38} \times 40 \times \frac{10^6}{3,600} = 29.2 \times 10^3 \text{ [cm}^3\text{/sec]}$$

この場合の温度条件は図 36・2 に記した値となる。

$$R = V_d{}^*/V_c{}^* = 1/0.38 = 2.63$$

(2) 塔径 $D$

密充填状態で運転するものとして設計する。

図 36・26 にケロシン(分散相)-水(連続相)系で,ケロシン液滴径が 3~4 [mm] の場合のスプレイ塔の操作可能範囲を示した[25]。この範囲より上の範囲では,フラッディングが起こり安定操作が不能となる。操作範囲は,さらに $R = V_d{}^*/V_c{}^* = 2.63$ なる条件によっても制約される。

---

24) Kehat, E. and R. Letan, Brit. Chem. Eng., vol. 14, No. 6, pp. 803~805 (1969).
25) Kehat, E. and Letan, R., IEC. Proc. Design Develop., vol. 7, pp. 385 (1968).

## 36・10 設計例

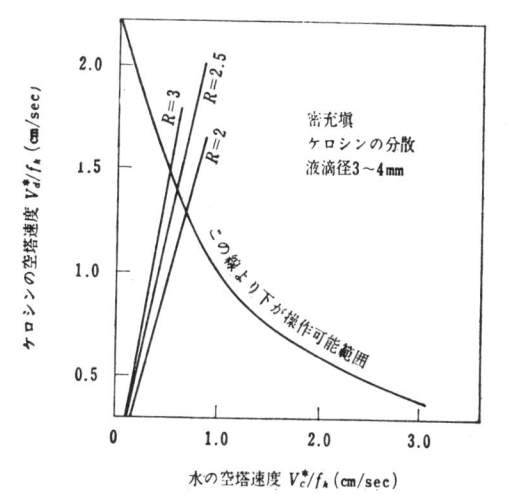

**図 36・26** 密充塡の場合の操作可能範囲

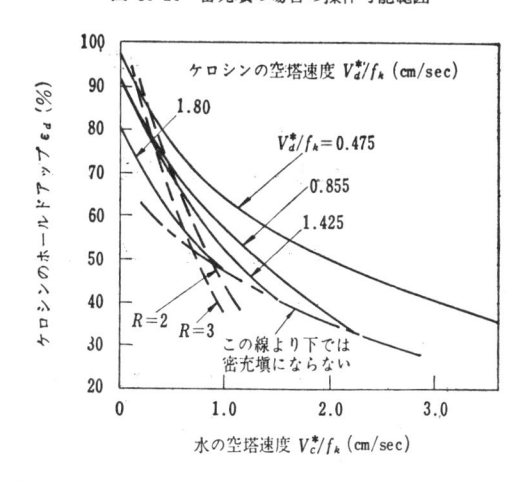

**図 36・27** 密充塡の場合の空塔速度と平均ホールドアップの関係（密充塡。ケロシン分散液滴径 3〜4mm）

また，この系で密充塡の場合の分散相の平均ホールドアップは，両相の空塔速度および流量比 $R$ の関数として，図 36・27[15] で表わされる。図には密充塡を保つに必要な空塔速度の限界も記入されている。

これらの両図から，$V_d^*/f_k$ の最大値は約 1 1/4 [cm/sec] であることが判る。したがって，

$$\frac{V_c^*}{f_k} = \frac{1}{2.63} \times \frac{V_d^*}{f_k} = \frac{1.4}{2.63} = 0.53 \, [\text{cm/sec}]$$

また,この場合の分散相のホールドアップは 65～70 [%] である.

塔断面積 $f_k$ は,

$$f_k = \frac{V_d^*}{1.4} = \frac{29.2 \times 10^3}{1.4} = 20.8 \times 10^3 \, [\text{cm}^2]$$

塔径 $D$ は,

$$D = \left(\frac{4}{\pi} \cdot f_k\right)^{1/2} = \left(\frac{4}{\pi} \times 20.8 \times 10^3\right)^{1/2} = 163 \, [\text{cm}]$$

(3) 塔長 $L_t$

後流流出入領域の長さ $l$

式 (36・105) から,

$$l = -13.49 + 17.87 \left(\frac{T_{di} - T_{do}}{T_{di} - T_{co}}\right) = -13.49 + 17.87 \left(\frac{20 - 86}{20 - 22}\right) = 576 \, [\text{cm}]$$

この後流流出入領域の必要長 $l$ は,両相の水当量比の少しの変動によって大きく変わるので,設計に際しては式 (36・105) の代わりに次式を用いた方が安全である[24].

$$l = 40 \left(\frac{T_{di} - T_{do}}{T_{di} - T_{co}}\right) = 40 \times \left(\frac{20 - 86}{20 - 22}\right) = 1,320 \, [\text{cm}]$$

後流成長領域,その他の領域の長さとして 50 [cm] を加え,1,370 [cm] を直胴部長さとする.

さらに,分離槽長さをそれぞれ 250 [cm] とすると,スプレイ塔の全長 $L_t$ は,

$$L_t = 1,370 + 250 + 250 = 1,870 \, [\text{cm}]$$

(4) 分離槽および分散槽

塔頂の分離槽の形状は,図 36・13 のような逆円錐形とする.合一速度が液滴の流量と等しくなるように平界面(合一界面)の位置を調節する.液滴径が 3～4 [mm] のケロシン液滴の合一速度は 0.7 [cm/sec] であるから[25],円錐の半分の高さの位置に平界面を保つものとすると,分離槽の頂部の径 $D_t$ は,

$$\frac{D_t}{D} = 2\left(\frac{V_d^*/f_k}{0.7}\right)^{1/2} - 1 = 2\left(\frac{1.4}{0.7}\right)^{1/2} - 1 = 1.86$$

$$D_t = 1.86 D = 1.86 \times 160 \fallingdotseq 300 \, [\text{cm}]$$

塔底の分散槽の形状は円錐形とし,その底部の径 $D_b = 300$ [cm] とする.

(5) 分散器の設計

ケロシンの場合にノズル先端からジェットができ始める流速 $u_j$ は約 40 [cm/sec] であ

る[3]。平均液滴径が 3～4 [mm] なるケロシン液滴を生成させるのには，径が 1.5 [mm] のノズルがもっとも適している[25]。ノズル内分散相流速を $u_j$ の 1.5 倍すなわち 60 [cm/sec] とすると，ノズル個数 $n$ は，

$$n = \frac{D^2}{(0.15)^2} \cdot \frac{V_d^*/f_k}{60} = \frac{(163)^2}{(0.15)^2} \times \frac{1.4}{60} = 27,500$$

# 第5部　熱交換器設計資料

表 1　金属の物性値

表 2　水の物性値

表 3　乾燥空気の物性値

表 4　熱媒体の物性値（液相用）

表 5　熱媒体の物性値（蒸気相用）

表 6　液体の密度と分子量

表 7　液体の熱伝導度

表 8　ガスおよび蒸気の熱伝導度

表 9　飽和蒸気表（温度基準）

表10　飽和蒸気表（圧力基準）

表11　過熱蒸気表

表12　汚れ係数

表13　単位換算表

表14　温度換算表（℃→℉）

表15　温度換算表（℉→℃）

## 表 1. 金属の物性値 (その 1)

| 物 質 名 | 温度 $T°C$ | 密 度 $\rho \frac{kg}{m^3}$ | 比 熱 $c \frac{kcal}{kg°C}$ | 熱伝導率 $\lambda \frac{kcal}{mh°C}$ | 温 度 伝導率 $a \frac{m^2}{h}$ | 線膨張 係 数 $\beta \frac{10^{-6}}{°C}$ | 融 点 $T_m°C$ | 沸 点 $T_b°C$ |
|---|---|---|---|---|---|---|---|---|
| 亜 鉛 | 20 | 7 130 | 0.091 | 97 | 0.149 | 39.7 | 419.46 | 906 |
| 亜鉛合金, ダイ鋳物 3.9〜4.3Al, 2.5〜2.9Cu, 0.02〜0.1Mg | 20 | 6 750 | 0.105 | 91 | 0.128 | 27.4 | | |
| アルミニウム | 20 | 2 700 | 0.215 | 175 | 0.301 | 23.9 | 660.2 | 2 060 |
| 〃 | 100 | | 0.225 | 177 | 0.291 | | | |
| 〃 | 300 | | 0.248 | 198 | 0.296 | 31.5 (600°C) | | |
| ジュラルミン 3〜5Cu, 0.5Mg, 残 Al | 20 | 2 790 | 0.20 | 141 | 0.253 | 27.3 | 645±5 | |
| シルミン 87Al, 13Si | 20 | 2 650 | 0.21 | 140 | 0.252 | 20.0 | 700±50 | |
| ヒドロナリウム 1.5〜9Mg, 残 Al | 20 | 2 610 | 0.216 | 97 | 0.172 | 23.7 | 705±55 | |
| Y合金 4Cu, 2Ni, 1.5Mg, 残 Al | 100 | 2 800 | 0.230 | 134 | 0.208 | 22.4 | 750±70 | |
| Al-Mg-Si 1Mg, 1Si, 1Mn, 残 Al | 20 | 2 710 | 0.213 | 152 | 0.263 | 約23 | 650 | |
| アンチモン | 20 | 6 620 | 0.045 | 16 | 0.049 | 8.5〜10.8 | 630.5 | 1 440 |
| カドミウム | 20 | 8 650 | 0.055 | 80 | 0.168 | 29.8 | 320.9 | 765 |
| 金 | 20 | 19 320 | 0.031 | 254 | 0.424 | 14.2 | 1 063 | 2 970 |
| 銀 (純) | 20 | 10 490 | 0.056 | 360 | 0.613 | 19.7 | 960 | 2 210 |
| 〃 | 100 | | 0.057 | 357 | 0.597 | | | |
| 銀 (99.9%) | 20 | 10 490 | 0.056 | 350 | 0.595 | | | |
| す ず | 20 | 7 290 | 0.054 | 55 | 0.140 | 23.0 | 231.9 | 2 270 |
| ビスマス | 20 | 9 800 | 0.034 | 7 | 0.021 | 13.3 | 271.3 | 1 420 |
| タングステン | 20 | 19 300 | 0.032 | 170 | 0.275 | 4.3 | 3 410 | 5 930 |
| チタン | 20 | 4 540 | 0.126 | 15 | 0.026 | 8.5 | 1 820 | >3 000 |
| 鉄 (純) | 20 | 7 870 | 0.11 | 58 | 0.067 | 11.7 | 1 539 | 2 740 |
| 鋳 鉄 4C 以下 | 20 | 7 270 | 0.10 | 41 | 0.063 | 10.5 | 約1 200 | |
| 〃 | 100 | | | 44 | | | | |
| 〃 〃 | 300 | | | 39 | | | | |
| 可鍛鋳鉄 | 20 | 7 350 | 0.115 | 36 | 0.043 | 12.0 | | |
| 錬 鉄:0.5C 以下 | 20 | 7 850 | 0.11 | 51 | 0.059 | 11.40 | 1 510 | |
| | 100 | | | 47 | | | | |
| | 300 | | | 41 | | | | |

## 表 1. 金属の物性値 (その 2)

| 物質名 | 温度 $T\,°C$ | 密度 $\rho\,\dfrac{kg}{m^3}$ | 比熱 $c\,\dfrac{kcal}{kg\,°C}$ | 熱伝導率 $\lambda\,\dfrac{kcal}{mh\,°C}$ | 温度伝導率 $a\,\dfrac{m^2}{h}$ | 線膨張係数 $\beta\,\dfrac{10^{-6}}{°C}$ | 融点 $T_m\,°C$ | 沸点 $T_b\,°C$ |
|---|---|---|---|---|---|---|---|---|
| 炭素鋼：0.5C 以下 | 20 | 7 830 | 0.11 | 46 | 0.053 | 12.18 | | |
| 1.0C | 20 | 7 800 | 0.11 | 39 | 0.045 | 10.50 | | |
| 1.5C | 20 | 7 750 | 0.11 | 31 | 0.036 | 10.1 | | |
| クロム鋼：1 Cr | 20 | 7 870 | 0.11 | 52 | 0.060 | 11.3 | | |
| 2 Cr | 20 | 7 870 | 0.11 | 45 | 0.052 | | | |
| 5 Cr | 20 | 7 830 | 0.11 | 33 | 0.038 | | | |
| 10 Cr | 20 | 7 790 | 0.11 | 27 | 0.032 | 10.19 | 1 490 | |
| 23 Cr | 20 | 7 680 | 0.11 | 19 | 0.022 | 9.5 | 約1 470 | |
| ニッケル鋼：10 Ni | 20 | 7 950 | 0.11 | 22 | 0.025 | | | |
| 20 Ni | 20 | 7 990 | 0.11 | 16 | 0.018 | 18.0 | | |
| 30 Ni | 20 | 8 070 | 0.11 | 10 | 0.011 | | | |
| 40 Ni | 20 | 8 170 | 0.11 | 9 | 0.010 | | | |
| 50 Ni | 20 | 8 270 | 0.11 | 12 | 0.013 | | | |
| パーマロイ：80 Ni | 20 | 8 620 | 0.11 | 30 | 0.032 | 13.0 | 1 455 ±25 | |
| アンバー：36 Ni | 20 | 8 150 | 0.11 | 9 | 0.010 | 0.8 | 1 495 | |
| クロムニッケル鋼 18 Cr  8 Ni | 20 | 7 820 | 0.118 | 14 | 0.016 | 16.7 | 約1 410 | |
| 20 Cr  15 Ni | 20 | 7 850 | 0.11 | 13 | 0.015 | | | |
| 25 Cr  20 Ni | 20 | 7 860 | 0.11 | 11 | 0.013 | 14.4 | 約1 400 | |
| ニッケルクロム合金 40 Ni  15 Cr | 20 | 8 070 | 0.11 | 10 | 0.011 | 12.2 | | |
| 80 Ni  15 Cr | 20 | 8 520 | 0.11 | 15 | 0.016 | 13 | 1 400 | |
| けい素鋼  1 Si | 20 | 7 770 | 0.11 | 36 | 0.042 | } 13.0 | 1 480 ±50 | |
| 2 Si | 20 | 7 670 | 0.11 | 27 | 0.032 | | | |
| 5 Si | 20 | 7 420 | 0.11 | 16 | 0.020 | | | |
| タングステン鋼  1 W | 20 | 7 880 | 0.107 | 57 | 0.068 | } 15〜20 | | |
| 2 W | 20 | 7 960 | 0.106 | 54 | 0.064 | | | |
| 5 W | 20 | 8 070 | 0.104 | 46 | 0.055 | | | |
| マンガン鋼  1 Mn | 20 | 7 870 | 0.11 | 43 | 0.050 | | | |
| 2 Mn | 20 | 7 850 | 0.11 | 33 | 0.038 | 15.8 | | |
| 10 Mn | 20 | 7 810 | 0.11 | 15 | 0.017 | 18.4 | 約1 340 | |

## 表 1. 金属の物性値（その 3）

| 物 質 名 | 温度 $T\,°C$ | 密度 $\rho\,\dfrac{kg}{m^3}$ | 比熱 $c\,\dfrac{kcal}{kg\,°C}$ | 熱伝導率 $\lambda\,\dfrac{kcal}{mh\,°C}$ | 温度伝導率 $a\,\dfrac{m^2}{h}$ | 線膨張係数 $\beta\,\dfrac{10^{-6}}{°C}$ | 融点 $T_m\,°C$ | 沸点 $T_b\,°C$ |
|---|---|---|---|---|---|---|---|---|
| シクロマル 8；6 Cr 1.5 Al 0.5 Si | 20 | 7 720 | 0.117 | 19 | 0.021 | | | |
| 銅（純） | 20 | 8 960 | 0.092 | 332 | 0.435 | 16.5 | 1 083 | 2 600 |
| 〃 | 100 | 8 960 | 0.095 | 324 | 0.381 | 16.8 | | |
| 〃 | 300 | 8 960 | 0.099 | 315 | 0.355 | 17.8 | | |
| 銅（普通商品） | 20 | 8 900 | 0.100 | 320 | 0.360 | 17.7 | 1 083 | |
| アルミ青銅：5 Al | 20 | 8 670 | 0.098 | 71 | 0.084 | 16.5 | 1 050 | |
| 砲金：10 Sn 2 Zn | 20 | | 0.091 | 41 | | 18.0 | 1 000 | |
| 黄銅（赤）：9 Sn 6 Zn | 20 | 8 710 | 0.092 | 52 | 0.065 | 18.18 | 1 050 | |
| 七三黄銅：30 Zn | 20 | 8 560 | 0.092 | 85 | 0.108 | 16.29 | 1 205 | |
| ネーバル黄銅：39.25 Zn 0.75 Sn | 20 | 8 410 | 0.09 | 101 | 0.134 | 21.2 | 900 | |
| マンガニン：12 Mn 4 Ni | 20 | 8 150 | 0.41 | 19 | 0.057 | | 960 | |
| 洋銀：15 Ni 22 Zn | 20 | 8 620 | 0.094 | 25 | 0.031 | | | |
| コンスタンタン：40 Ni | 20 | 8 920 | 0.098 | 20 | 0.023 | 14.9 | 1 290 | |
| ナトリウム | 20 | 970 | 0.295 | 115 | 0.402 | 71 | 98 | 881 |
| 鉛 | 20 | 11 340 | 0.031 | 30 | 0.085 | 29.3 | 327.4 | 1 740 |
| 〃 | 200 | | 0.033 | 27 | 0.070 | | | |
| 鉛台バビットメタル：15 Sb 5 Sn | 20 | 10 240 | 0.030 | 21 | 0.070 | 24.0 | 256 | |
| ニッケル（99.9％） | 20 | 8 900 | 0.105 | 77 | 0.082 | 13.3 | 1 455 | 2 340 |
| 〃 （99.2％） | 20 | 8 900 | 0.105 | 51 | 0.054 | 13.3 | 1 446 | |
| ニクロム 90 Ni 10 Cr | 20 | 8 670 | 0.106 | 15 | 0.016 | 13.21 | 1 395 | |
| アルメル 2 Al 2 Mg 1 Si 残 Ni | 100 | 8 150 | | 25.5 | | | | |
| クロメル A 80 Ni 2 Cr | 100 | 8 300 | 0.106 | 11.9 | 0.014 | 17.6 | | |
| モネルメタル：26～34 Cu 0～3 Fe 0～1.5 Mn 0～0.25 Si 0～0.25 C | 0～100 | 8 800 | 0.127 | 22 | 0.020 | 12.2 | 1 325 ±25 | |
| 白金 | 0 | 21 450 | 0.032 | 60 | 0.087 | 8.9 (20°C) | 1 773.5 | 4 410 |
| 白金イリジウム 90 Pt 10 Ir | 0 | 21 620 | | 26.5 | | 8.89 | | |
| マグネシウム | 20 | 1 740 | 0.25 | 137 | 0.315 | 26 | 650 | 1 110 |
| Mg-Al：6～8 Al 1～2 Zn 残 Mg | 20 | 1 810 | 0.24 | 57 | 0.131 | 26 | 615 | |
| エレクトロン | 20 | 1 800 | | 100 | | | | |

## 表 1. 金属の物性値 (その 4)

| 物　質　名 | 温度 $T°C$ | 密度 $\rho \frac{kg}{m^3}$ | 比熱 $c \frac{kcal}{kg°C}$ | 熱伝導率 $\lambda \frac{kcal}{mh°C}$ | 温度伝導率 $a \frac{m^2}{h}$ | 線膨張係数 $\beta \frac{10^{-6}}{°C}$ | 融点 $T_m°C$ | 沸点 $T_b°C$ |
|---|---|---|---|---|---|---|---|---|
| モリブデン | 20 | 10 200 | 0.061 | 126 | 0.202 | 4.9 | 2 625 | 4 800 |
| ウラン | 20 | 18 700 | 0.028 | 25 | 0.048 | 13.2 | 1 130 | 3 900 |
| 酸化ウラン($UO_2$, UO) | 25 | 10 970 | 0.056 | 7.2 | 0.0117 | 10 | 2 750 ±40 | |
| 炭化ウラン($UC_2$, UC) | 20 | 13 630 | | 14.4 | | 10.5 | 2 760 ±30 | |
| プルトニウム | 20 | 19 800 | 0.032 | | | 50.3 | 632 | |
| トリウム | 20 | 11 600 | 0.034 | 32.4 | 0.082 | 11.1 | 1 695 | 4 500 |
| 酸化トリウム | 25 | 10 000 | 0.058 | | | 9.67* | 3 220 ±50 | |
| ジルコニウム | 20 | 6 500 | 0.072 | 12.4* | 0.0264 | 5.94 | 1 845 | |
| 炭　素 | 20 | 2 200 | 0.165 | 20.52 | 0.0565 | 0.6〜4.3 | 3 700 ±100 | 4 830 |
| グラファイト；結晶軸に平行 | 25 | 2 270 | 0.129 | 180〜108 | 0.6〜0.4 | 1.6〜1.8 | 3 650† | |
| 〃　　；結晶軸に垂直 | 25 | 2 270 | 0.129 | 108〜72 | 0.4〜0.3 | 3.4〜3.6 | 3 650† | |
| ほう素 | 25 | 2 330 | 0.309 | | | 8.3 | 2 300 ±300 | 2 530 |
| ベリリウム | 25 | 18 477 | 0.52 | 136.8 | 0.142 | 12.4 | 1 280 ±40 | 2 970 |
| ハフニウム | 20 | 13 400 | 0.034 | | | | 1 700 | >3 200 |
| インジウム | 20 | 7 300 | 0.057 | 20.52 | 0.49 | 33 | 156.4 | 2 000 |
| ニオブ | 20 | 8 660 | 0.065 | 50.0 | 0.089 | 7.1 | 1 455 | 2 700 |
| クロム | 20 | 7 100 | 0.10 | 57.5 | 0.081 | 6.2 | 1 890 | 3 430 |
| コバルト | 20 | 8 800 | 0.103 | 60 | 0.066 | 12.3 | 1 467 | 2 415 |
| ゲルマニウム | 0 | 5 360 | 0.0732 | — | | | 958±10 | |
| イリジウム | 20 | 22 410 | 0.0320 | 51 | 0.071 | 6.5 | 2 290 | >4 800 |
| マンガン | 0 | 7 390 | 0.1217 | | | 22.0 | 1 240 | 1 920 |
| パラジウム | 20 | 11 400 | 0.059 | 60 | 0.089 | 11.8 | 1 555 | 2 200 |
| カリウム | 0 | 862 | 0.1728 | 85.3 | 0.574 | 83 | 62.5 | 762.2 |
| セレン | 20 | 4 810 | 0.084 | | | 13.3 | 220±5 | 680 |
| けい素 | 20 | 2 330 | 0.162 | 72 | 0.191 | 2.8〜7.3 | 1 430 ±20 | 2 300 |
| カルシウム | 20 | 1 550 | 0.1490 | 91 | 0.394 | 25 | 850±20 | 1 440 |
| カドミウム | 20 | 8 650 | 0.0548 | 80 | 0.168 | 29.8 | 320.9 | 766 |

\* 印　100°C の値
† 印　昇華点

## 表 2. 水の物性値（大気圧）

| $t[°C]$ | $p$ | $\rho$ | $C_p$ | $\lambda$ | $\mu \cdot 10^5$ | $\beta \cdot 10^3$ | $\chi \cdot 10^3$ | $a \cdot 10^3$ | $Pr$ | $r$ |
|---|---|---|---|---|---|---|---|---|---|---|
| 0 | 1 | 999.8 | 1.0074 | 0.475 | 180.5 | −0.07 | 50.6 | 0.472 | 13.52 | 597.3 |
| 10 | 1 | 999.7 | 1.0013 | 0.497 | 133.0 | +0.088 | 48.6 | 0.497 | 9.45 | 591.7 |
| 20 | 1 | 998.2 | 0.9988 | 0.514 | 102.2 | 0.206 | 47.0 | 0.515 | 7.01 | 586.0 |
| 30 | 1 | 995.65 | 0.9980 | 0.528 | 81.3 | 0.303 | 46.0 | 0.531 | 5.43 | 584.0 |
| 40 | 1 | 992.2 | 0.9980 | 0.540 | 66.5 | 0.385 | 45.3 | 0.545 | 4.34 | 574.7 |
| 50 | 1 | 988.0 | 0.9985 | 0.551 | 55.7 | 0.457 | 45.0 | 0.559 | 3.56 | 569.0 |
| 60 | 1 | 983.2 | 0.9994 | 0.560 | 47.5 | 0.523 | 45.0 | 0.570 | 2.99 | 563.2 |
| 70 | 1 | 977.8 | 1.0007 | 0.568 | 41.2 | 0.585 | 45.2 | 0.580 | 2.56 | 557.3 |
| 80 | 1 | 971.8 | 1.0023 | 0.575 | 36.2 | 0.643 | 45.7 | 0.590 | 2.23 | 551.3 |
| 90 | 1 | 965.3 | 1.0044 | 0.581 | 32.1 | 0.698 | 46.5 | 0.599 | 1.96 | 545.2 |
| 100 | 1.0332 | 958.4 | 1.0070 | 0.586 | 28.8 | 0.753 | 48.0 | 0.607 | 1.75 | 539.0 |
| 120 | 2.0245 | 943.1 | 1.014 | 0.589 | 23.9 | 0.860 | 51.8 | 0.616 | 1.45 | 526.1 |
| 140 | 3.6848 | 926.1 | 1.024 | 0.588 | 20.3 | 0.975 | 57.2 | 0.620 | 1.25 | 512.3 |
| 160 | 6.3023 | 907.4 | 1.037 | 0.586 | 17.5 | 1.098 | 64.5 | 0.623 | 1.09 | 497.4 |
| 180 | 10.225 | 886.9 | 1.053 | 0.581 | 15.35 | 1.233 | 74 | 0.622 | 0.98 | 481.3 |
| 200 | 15.857 | 864.9 | 1.074 | 0.572 | 13.92 | 1.392 | 85.5 | 0.616 | 0.92 | 463.5 |
| 220 | 23.659 | 840.3 | 1.101 | 0.561 | 12.75 | 1.597 | 102 | 0.606 | 0.88 | 443.7 |
| 240 | 34.140 | 813.6 | 1.137 | 0.546 | 11.78 | 1.862 | 125 | 0.590 | 0.87 | 421.7 |
| 260 | 47.866 | 784.0 | 1.189 | 0.526 | 10.91 | 2.21 | 160 | 0.564 | 0.87 | 396.8 |
| 280 | 65.457 | 750.7 | 1.268 | 0.499 | 10.15 | 2.70 | 220 | 0.524 | 0.91 | 368.5 |
| 300 | 87.611 | 712.5 | 1.40 | 0.465 | 9.43 | 3.46 | 312 | 0.466 | 1.00 | 335.4 |
| 320 | 115.12 | 667.0 | 1.58 | 0.422 | 8.72 | 4.60 |  | 0.400 | 1.25 | 295.6 |
| 340 | 148.96 | 609.5 | 2.0 | 0.370 | 7.90 | 8.25 |  | 0.304 | 1.5 | 245.3 |
| 360 | 190.42 | 524.5 | 3.2 | 0.300 | 6.98 |  |  | 0.180 | 2.6 | 171.9 |
| 374.2 | 225.6 | 326 | ∞ | 0.180 | 5.16 | ∞ | ∞ | 0 | ∞ | 0 |

$t$：温 度　　　°C　　　　　　　$\beta$：体膨張率　　1/°C
$p$：絶対圧　　Kg/cm²　　　　　$\chi$：圧縮率　　　1/[kg/cm²]
$\rho$：密 度　　　kg/m³　　　　　$a$：温度拡散率　m²/hr
$C_p$：比 熱　　 kcal/kg・°C　　　$Pr$：プラントル数
$\lambda$：熱伝導度　kcal/m・hr・°C　　$r$：蒸発潜熱　　kcal/kg
$\mu$：粘 度　　 kg/m・s

## 表 3. 乾燥空気の物性値

| $t$[°C] | $\rho$ | $C_p$ | $\lambda$ | $\mu \cdot 10^5$ | $\beta \cdot 10^3$ | $a$ | $Pr$ |
|---|---|---|---|---|---|---|---|
| −150 | 2.793 | 0.245 | 0.0103 | 0.887 | 8.21 | 0.0151 | 0.74 |
| −100 | 1.980 | 0.242 | 0.0142 | 1.203 | 5.82 | 0.0298 | 0.72 |
| −50 | 1.534 | 0.240 | 0.0177 | 1.494 | 4.51 | 0.0481 | 0.72 |
| 0 | 1.2930 | 0.240 | 0.0209 | 1.754 | 3.67 | 0.0673 | 0.715 |
| 20 | 1.2045 | 0.240 | 0.0221 | 1.855 | 3.43 | 0.0763 | 0.713 |
| 40 | 1.1267 | 0.240 | 0.0233 | 1.950 | 3.20 | 0.086 | 0.711 |
| 60 | 1.0595 | 0.241 | 0.0245 | 2.042 | 3.00 | 0.096 | 0.709 |
| 80 | 0.9998 | 0.241 | 0.0257 | 2.134 | 2.83 | 0.1065 | 0.708 |
| 100 | 0.9458 | 0.241 | 0.0270 | 2.224 | 2.68 | 0.118 | 0.703 |
| 120 | 0.8980 | 0.242 | 0.0282 | 2.311 | 2.55 | 0.130 | 0.70 |
| 140 | 0.8535 | 0.242 | 0.0295 | 2.397 | 2.43 | 0.143 | 0.695 |
| 160 | 0.8150 | 0.243 | 0.0308 | 2.481 | 2.32 | 0.155 | 0.69 |
| 180 | 0.7785 | 0.244 | 0.0320 | 2.564 | 2.22 | 0.168 | 0.69 |
| 200 | 0.7457 | 0.245 | 0.0332 | 2.635 | 2.11 | 0.182 | 0.685 |
| 250 | 0.6745 | 0.247 | 0.0362 | 2.832 | 1.91 | 0.217 | 0.68 |
| 300 | 0.6157 | 0.250 | 0.0390 | 3.005 | 1.75 | 0.253 | 0.68 |
| 350 | 0.5662 | 0.252 | 0.0417 | 3.278 | 1.61 | 0.292 | 0.68 |
| 400 | 0.5242 | 0.255 | 0.0443 | 3.340 | 1.49 | 0.331 | 0.68 |
| 450 | 0.4875 | 0.258 | 0.0467 | 3.508 |  | 0.371 | 0.685 |
| 500 | 0.4564 | 0.261 | 0.0490 | 3.653 |  | 0.411 | 0.69 |
| 600 | 0.4041 | 0.266 | 0.0535 | 3.938 |  | 0.497 | 0.69 |
| 700 | 0.3625 | 0.271 | 0.0573 | 4.202 |  | 0.583 | 0.70 |
| 800 | 0.3287 | 0.276 | 0.0607 | 4.451 |  | 0.669 | 0.715 |
| 900 | 0.301 | 0.280 | 0.0637 | 4.68 |  | 0.756 | 0.725 |
| 1000 | 0.277 | 0.283 | 0.0662 | 4.89 |  | 0.846 | 0.735 |

$t$：温度　°C  
$\rho$：密度　kg/m³  
$C_p$：比熱　kcal/kg・°C  
$\lambda$：熱伝導度　kcal/m・hr・°C  
$\mu$：粘度　kg/m・s  
$\beta$：体膨張率　1/°C  
$a$：温度拡散率　m²/hr  
$Pr$：プラントル数　—

## 表 4. 熱媒体の物性値（液相用）

| 種類 | | アロクロール 1248[1)2)](米) カネクロール400 (日) | 炭化水素 モビルサム[1)3)](米) | 炭化水素 シェル熱油[1)](米) | 溶融塩[1)4)]HTS (Heat Transfer Salt) |
|---|---|---|---|---|---|
| 組成 | | 塩化ジフェニール | 芳香族炭化水素 | 炭化水素 | 亜硝酸ナトリウム40% 硝酸ナトリウム7% 硝酸カリウム53% の混合物 |
| 使用温度範囲 | | 100〜300°C | 100〜315 | 100〜315 | 200〜600 |
| 沸点 | [°C] | 200/18[mmHg] | 324 | — | — |
| 凝固点 | [°C] | — | — | — | 142 |
| 流動点 | [°C] | −7 | −6.7 | −25 | — |
| 引火点 | [°C] | 193 | 176.5以上 | 218 | — |
| 毒性 | | 中 | なし | なし | なし |
| 火気危険性 | | 低 | 高 | 高 | なし |
| 蒸気圧 [mmHg abs] | 150°C | 2.91 | 4.0 | — | — |
| | 200°C | 18.0 | 22 | — | — |
| | 250°C | 90.0 | 100 | — | — |
| | 300°C | 350.0 | 350 | — | — |
| 液体密度 [kg/l] | 15°Cまたは融点 | 1.49 | 0.95 | 0.908 | 1.96 |
| | 150°C | 1.33 | 0.865 | 0.855 | — |
| | 200°C | 1.28 | 0.832 | 0.791 | 1.93 |
| | 250°C | 1.23 | 0.806 | 0.761 | — |
| | 300°C | 1.18 | 0.774 | 0.728 | 1.86 |
| | 400°C | — | — | — | 1.79 |
| | 500°C | — | — | — | 1.71 |
| | 600°C | — | — | — | 1.64 |
| 粘度 [cp] | 15°C | 250 | 220 | 696 | — |
| | 100°C | 5.7 | 5.2 | 8.8 | — |
| | 150°C | 2.0 | 2.0 | 2.96 | — |
| | 200°C | 1.0 | 1.1 | 1.46 | 7.6 |
| | 250°C | 0.64 | 0.75 | 0.85 | — |
| | 300°C | 0.42 | 0.52 | — | 3.2 |
| | 400°C | — | — | — | 1.8 |
| | 500°C | — | — | — | 1.3 |
| | 600°C | — | — | — | 1.0 |
| 比熱 [kcal/kg·°C] | 100°C | 0.297 | 0.445 | 0.507 | |
| | 150°C | 0.312 | 0.49 | 0.550 | |
| | 200°C | 0.326 | 0.53 | 0.592 | |
| | 250°C | 0.341 | 0.57 | 0.637 | 0.373* |
| | 300°C | 0.355 | 0.615 | 0.677 | |
| | 400°C | — | — | — | |
| | 500°C | — | — | — | |
| | 600°C | — | — | — | |
| 熱伝導率 [kcal/m·hr·°C] | 100°C | 0.083 | 0.10 | 0.105 | |
| | 150°C | 0.081 | 0.098 | 0.102 | |
| | 200°C | 0.079 | 0.095 | 0.1 | |
| | 250°C | 0.078 | 0.092 | 0.097 | 0.52** |
| | 300°C | 0.076 | 0.089 | 0.094 | |
| | 400°C | — | — | — | |
| | 500°C | — | — | — | |
| | 600°C | — | — | — | |

* 溶融点から 600°C までの液体の平均比熱，固体には 0.32 を使用，溶融熱＝19.5 [kcal/kg] at 140°C

** HTS の熱伝導率は Gambill の発表している 0.98 [kcal/m·hr·°C] と高いものと，Vargaftik および Turnbull が発表している 0.253〜0.43 と低いものとがあるが，他は熱交換器データとよく合致させるために 0.52 [kcal/m·hr·°C] の値を採用することを奨めている[4)]。

1) P.A. Rottenburg: Trans. Inst. Chem. Engrs, vol. 35, (1957)
2) カネクロール：鐘淵化学(株)カタログ
3) S/V ヒートトランスファーオイル 600：スタンダードバキューム石油会社カタログ
4) U.W. Uhl; H.P. Vosnick: Chem. Eng., May 47, (1963)

熱交換器設計資料

## 表 5. 熱媒体の物性値（蒸気相用，ただし，液相としても使用できる）

| 種類 | ダウサムA(米)[1)5]<br>ディフィール(独)<br>サームエス300(日) | ダウサムE[1)5]<br>(米) | SK-OIL[6]<br>(日) #260 | SK-OIL[6]<br>(日) #240 | SK-OIL[6]<br>(日) #170 |
|---|---|---|---|---|---|
| 組成 | ジフェニール26.5%<br>ジフェニール<br>オキサイド73.5%<br>の混合物 | ジクロルベンゼン | アルキルナフタリン | アルキルナフタリン | アルキルベンゼン |
| 使用温度範囲 | 蒸気相<br>240～360°C<br>液相<br>100～360°C | 蒸気相<br>150～250°C | 蒸気相<br>240～330°C<br>液相<br>常温～320°C | 蒸気相<br>220～310°C<br>液相<br>常温～300°C | 蒸気相<br>150～250°C |
| 分子量 | 166 | 147 | 156 | 142 | 136 |
| 沸点 [°C] | 257 | 178 | 263 | 241 | 176 |
| 凝固点 [°C] | 12 | −21.5 | −15 | −12 | −20 |
| 引火点 [°C] | 110 | 68 | 110 | 95 | 62 |
| 毒性<br>火気危険性 | なし<br>中 | 中<br>低 | なし<br>中 | なし<br>中 | なし<br>中 |
| 蒸気圧 [Kg/cm²] 100°C | — | — | — | — | −685 [mmHg] |
| 150°C | −730 [mmHg] | 0.437 | −740 [mmHg] | — | −385 〃 |
| 160°C | −710 〃 | 0.635 | — | — | 0 (176°C) |
| 180°C | −655 〃 | 1.10 | — | — | 0.13 |
| 200°C | −584 〃 | 1.81 | −620 [mmHg] | — | 0.81 |
| 220°C | −440 〃 | 2.76 | — | — | 1.7 |
| 240°C | −270 〃 | 4.17 | −310 [mmHg] | 0 (241°C) | 3.4 |
| 260°C | 1.10 | 6.03 | 0 (263°C) | 0.45 | — |
| 280°C | 1.68 | — | 0.5 | 1.25 | — |
| 300°C | 2.46 | — | 1.25 | 2.34 | — |
| 320°C | 3.50 | — | 2.24 | 3.75 | — |
| 340°C | 4.87 | — | 3.52 | — | — |
| 360°C | 6.58 | — | 5.33 | — | — |
| 380°C | 8.70 | — | — | — | — |
| 液体密度 [kg/$l$] 15°C | 1.06 | 1.30 | 1.02 | 1.02 | 0.87 |
| 100°C | 1.00 | — | 0.958 | — | 0.788 |
| 150°C | 0.955 | 1.16 | 0.914 | — | 0.743 |
| 200°C | 0.910 | 1.11 | 0.874 | — | 0.703 |
| 250°C | 0.862 | 1.05 | 0.832 | — | 0.67 |
| 300°C | 0.812 | — | 0.790 | — | — |
| 350°C | 0.755 | — | 0.752 | — | — |
| 粘度 [cp] 15°C | 4.8 | 1.4 | — | — | — |
| 100°C | 1.0 | 0.54 | 1.0 | 1.0 | 0.4 |
| 150°C | 0.59 | 0.39 | — | — | — |
| 200°C | 0.43 | 0.30 | 0.6 | 0.6 | — |
| 250°C | 0.36 | 0.42 | — | — | — |
| 300°C | 0.33 | — | 0.3 | 0.3 | — |
| 350°C | 0.31 | — | — | — | — |
| 液体比熱 [kcal/kg·°C] 100°C | 0.432 | — | 0.49 | — | 0.48 |
| 150°C | 0.460 | 0.374 | — | — | — |
| 200°C | 0.490 | 0.448 | 0.57 | 0.50 (沸点) | 0.66 |
| 250°C | 0.524 | 0.541 | — | — | — |
| 300°C | 0.550 | — | 0.65 | — | — |
| 350°C | 0.580 | — | — | — | — |
| 熱伝導率 [kcal/kg·m·°C] 100°C | 0.112 | 0.096 | 0.11 | 0.11 | 0.117 |
| 150°C | 0.107 | 0.091 | — | — | — |
| 200°C | 0.103 | 0.085 | 0.13 | 0.13 | — |
| 250°C | 0.097 | 0.08 | — | — | — |
| 300°C | 0.093 | — | 0.13 | 0.13 | — |
| 蒸発潜熱 [kcal/kg] 200°C | 74.6 | 63.2 | 78.4 | — | 88.8 |
| 250°C | 70.1 | 56.0 | 73.4 | 79.1 (沸点) | 88 |
| 300°C | 65.0 | — | 67.8 | — | — |
| 350°C | 51.5 | — | — | — | — |

5) Dowtherm Hand Book, Dow Chemical Co.
6) 中島敏：新化学工学講座 III-I「熱媒体」

## 表 6. 液体の密度と分子量

$\rho$：密　度〔kg/$l$〕
Mol wt：分子量

| 化合物 | Mol wt | $\rho$ | 化合物 | Mol wt | $\rho$ |
|---|---|---|---|---|---|
| アセトアルデヒド | 44.1 | 0.78 | 沃化エチル | 155.9 | 1.93 |
| 酢酸 100% | 60.1 | 1.05 | エチレングリコール | 62.1 | 1.11 |
| 酢酸 70% | | 1.07 | ギ酸 | 46.0 | 1.22 |
| 無水酢酸 | 102.1 | 1.08 | グリセリン 100% | 92.1 | 1.26 |
| アセトン | 58.1 | 0.79 | グリセリン 50% | | 1.13 |
| アリルアルコール | 58.1 | 0.86 | 正-ヘプタン | 100.2 | 0.68 |
| アンモニヤ 100% | 17.0 | 0.61 | 正-ヘキサン | 86.1 | 0.66 |
| アンモニヤ 26% | | 0.91 | イソ-プロピルアルコール | 60.1 | 0.79 |
| 酢酸アミル | 130.2 | 0.88 | 水銀 | 100.6 | 13.55 |
| アミルアルコール | 88.2 | 0.81 | メタノール 100% | 132.5 | 0.79 |
| アニリン | 93.1 | 1.02 | メタノール 90% | | 0.82 |
| アニソール | 108.1 | 0.99 | メタノール 40% | | 0.94 |
| 三塩化ヒ素 | 181.3 | 2.16 | 酢酸メチル | 74.9 | 0.93 |
| ベンゼン | 78.1 | 0.88 | 塩化メチル | 50.5 | 0.92 |
| ブラインCaCl₂25% | | 1.23 | メチルエチルケトン | 72.1 | 0.81 |
| ブラインNaCl 25% | | 1.19 | ナフタレン | 128.1 | 1.14 |
| ブロ-モトルエン, オルソ | 171.0 | 1.42 | 硝酸 95% | | 1.50 |
| ブロ-モトルエン, メタ | 171.0 | 1.41 | 硝酸 60% | | 1.38 |
| ブロ-モトルエン, パラ | 171.0 | 1.39 | ニトロベンゼン | 123.1 | 1.20 |
| 正-ブタン | 58.1 | 0.60 | ニトロトルエン, オルソ | 137.1 | 1.16 |
| イソ-ブタン | 58.1 | 0.60 | ニトロトルエン, メタ | 137.1 | 1.16 |
| 酢酸ブチール | 116.2 | 0.88 | ニトロトルエン, パラ | 137.1 | 1.29 |
| 正-ブチルアルコール | 74.1 | 0.81 | 正-オクタン | 114.2 | 0.70 |
| イソ-ブチルアルコール | 74.1 | 0.82 | オクチルアルコール | 130.23 | 0.82 |
| 正-酪酸 | 88.1 | 0.96 | ペンタクロロエタン | 202.3 | 1.67 |
| イソ-酪酸 | 88.1 | 0.96 | 正-ペンタン | 72.1 | 0.63 |
| 二酸化炭素 | 44.0 | 1.29 | フェノール | 94.1 | 1.07 |
| 二硫化炭素 | 76.1 | 1.26 | 三臭化リン | 210.8 | 2.85 |
| 四塩化炭素 | 153.8 | 1.60 | 三塩化リン | 137.4 | 1.57 |
| クロロベンゼン | 112.6 | 1.11 | プロパン | 44.1 | 0.59 |
| クロロホルム | 119.4 | 1.49 | プロピオン酸 | 14.1 | 0.99 |
| クロロスルホン酸 | 116.5 | 1.77 | 正-プロピルアルコール | 60.1 | 0.80 |
| クロロトルエン, オルソ | 126.6 | 1.08 | 臭化プロピル(正) | 123.0 | 1.35 |
| クロロトルエン, メタ | 126.6 | 1.07 | 塩化プロピル(正) | 78.5 | 0.89 |
| クロロトルエン, パラ | 126.6 | 1.07 | 沃化プロピル(正) | 170.0 | 1.75 |
| クレゾール, メタ | 108.1 | 1.03 | ナトリウム | 23.0 | 0.97 |
| シクロヘキサノール | 100.2 | 0.96 | 水酸化ナトリウム50% | | 1.53 |
| ジブロ-モメタン | 187.9 | 2.09 | 塩化スズ | 260.5 | 2.23 |
| ジクロロエタン | 99.0 | 1.17 | 二酸化イオウ | 64.1 | 1.38 |
| ジクロロメタン | 88.9 | 1.34 | 硫酸 100% | 98.1 | 1.83 |
| シュウ酸エチル | 146.1 | 1.08 | 硫酸 98% | | 1.84 |
| シュウ酸メチル | 118.1 | 1.42 | 硫酸 60% | | 1.50 |
| ジフェニール | 154.2 | 0.99 | 塩化スルフリル | 135.0 | 1.67 |
| シュウ酸プロピル | 174.1 | 1.02 | テトラクロロエタン | 167.9 | 1.60 |
| 酢酸エチル | 88.1 | 0.90 | テトラクロロエチレン | 165.9 | 1.63 |
| エチルアルコール 100% | 46.1 | 0.79 | 四塩化チタン | 189.7 | 1.73 |
| エチルアルコール 95% | | 0.81 | トルエン | 92.1 | 0.87 |
| エチルアルコール 40% | | 0.94 | トリクロロエチレン | 131.4 | 1.46 |
| エチルベンゼン | 106.1 | 0.87 | 酢酸ビニル | 86.1 | 0.93 |
| 臭化エチル | 108.9 | 1.43 | 水 | 18.0 | 1.0 |
| 塩化エチル | 64.5 | 0.92 | キシレン, オルソ | 106.1 | 0.87 |
| エチルエーテル | 74.1 | 0.71 | キシレン, メタ | 106.1 | 0.86 |
| ギ酸エチル | 74.1 | 0.92 | キシレン, パラ | 106.1 | 0.86 |

At approximately 20°C

## 表 7. 液体の熱伝導度その 1)

$k$ [kcal/m·hr·°C]

| 液 | [°C] | $k$ | 液 | [°C] | $k$ |
|---|---|---|---|---|---|
| 酢酸 100% | 20 | 0.147 | 酢酸沃化エチル | 40 | 0.095 |
| 〃 50% | 20 | 0.298 |  | 75 | 0.094 |
| アセトン | 30 | 0.152 | エチレングリコール | 0 | 0.228 |
|  | 75 | 0.141 | ガソリン | 30 | 0.116 |
| アリルアルコール | 25～30 | 0.155 | グリセリン 100% | 20 | 0.244 |
| アンモニア | −15～30 | 0.432 | 〃 80% | 20 | 0.281 |
| アンモニア水溶液26% | 20 | 0.388 | 〃 60% | 20 | 0.328 |
|  | 60 | 0.422 | 〃 40% | 20 | 0.386 |
|  |  |  | 〃 20% | 20 | 0.414 |
| 酢酸アミル | 10 | 0.123 | 〃 100% | 100 | 0.244 |
|  | 30 | 0.140 | ヘプタン(正) | 30 | 0.120 |
|  | 100 | 0.132 |  | 60 | 0.118 |
| 酢酸アミルアルコール | 30 | 0.131 | ヘキサン(正) | 30 | 0.119 |
|  | 75 | 0.129 |  | 60 | 0.116 |
| アニリン | 0～20 | 0.149 | ヘプチルアルコール(正) | 30 | 0.140 |
| ベンゼン | 30 | 0.137 |  | 75 | 0.135 |
|  | 60 | 0.129 | ヘキシルアルコール(正) | 30 | 0.138 |
| ブロモベンゼン | 30 | 0.110 |  | 75 | 0.134 |
|  | 100 | 0.104 |  |  |  |
|  |  |  | ケロシン | 20 | 0.128 |
| 酢酸ブチル(正) | 25～30 | 0.126 |  | 75 | 0.120 |
| 酢酸ブチルアルコール(正) | 30 | 0.144 |  |  |  |
|  | 75 | 0.141 | ラウリン酸 | 100 | 0.152 |
| 酢酸ブチルアルコール(イソ) | 10 | 0.135 | 水 銀 | 28 | 7.19 |
| 塩化カルシウムブライン30% | 30 | 0.476 | メチルアルコール 100% | 20 | 0.185 |
| 〃 15% | 30 | 0.506 | 〃 80% | 20 | 0.229 |
| 二硫化炭素 | 30 | 0.138 | 〃 60% | 20 | 0.283 |
|  | 75 | 0.131 | 〃 40% | 20 | 0.348 |
| 四塩化炭素 | 0 | 0.159 | 〃 20% | 20 | 0.423 |
|  | 68 | 0.140 | 〃 100% | 50 | 0.170 |
| クロロベンゼン | 10 | 0.123 | 塩化メチルアルコール | −15 | 0.165 |
| クロロトルエン | 30 | 0.119 |  | 30 | 0.132 |
| サイメン(パラ) | 30 | 0.116 |  |  |  |
|  | 60 | 0.117 | ニトロベンゼン | 30 | 0.141 |
|  |  |  |  | 100 | 0.131 |
| デカン(正) | 30 | 0.126 | ニトロメタン | 30 | 0.186 |
|  | 60 | 0.124 |  | 60 | 0.179 |
| ジクロロジフルオロメタン | −7 | 0.085 | ノナン(正) | 30 | 0.125 |
|  | −16 | 0.079 |  | 60 | 0.122 |
|  | 38 | 0.072 | オクタン(正) | 30 | 0.123 |
|  | 60 | 0.064 |  | 60 | 0.120 |
|  | 82 | 0.057 |  |  |  |
| ジクロロエタン | 50 | 0.122 | ヒマシ油 | 20 | 0.155 |
| ジクロロメタン | −15 | 0.165 |  | 100 | 0.149 |
|  | 30 | 0.143 | オリーブ油 | 20 | 0.144 |
|  |  |  |  | 100 | 0.141 |
| 酢酸エチル | 20 | 0.150 | オレイン酸 | 100 | 0.138 |
| 酢酸エチルアルコール 100% | 20 | 0.156 | パルミチン酸 | 100 | 0.124 |
| 〃 80% | 20 | 0.204 | パラアルデヒド | 30 | 0.125 |
| 〃 60% | 20 | 0.262 |  | 100 | 0.116 |
| 〃 40% | 20 | 0.333 | ペンタン(正) | 30 | 0.116 |
| 〃 20% | 20 | 0.418 |  | 75 | 0.110 |
| 〃 100% | 50 | 0.129 |  |  |  |
| 酢酸エチルベンゼン | 30 | 0.128 | 過クロロエチレン | 50 | 0.137 |
|  | 60 | 0.122 | 石油エーテル | 30 | 0.112 |
| 酢酸臭化エチル | 20 | 0.104 |  | 75 | 0.109 |
| 酢酸エチルエーテル | 30 | 0.119 | プロピルアルコール(正) | 30 | 0.147 |
|  | 75 | 0.116 |  | 75 | 0.141 |

## 表 7. 液体の熱伝導度 (その 2)

| 液 | [°C] | $k$ | 液 | [°C] | $k$ |
|---|---|---|---|---|---|
| プロピルアルコール(イソ) | 30 | 0.135 | トルエン | 30 | 0.128 |
|  | 60 | 0.134 |  | 75 | 0.125 |
|  |  |  | $\beta$-トリクロロエタン | 50 | 0.115 |
| ナトリウム | 100 | 73 | トリクロロエチレン | 50 | 0.119 |
|  | 210 | 68.5 | テレビン油 | 15 | 0.110 |
| 塩化ナトリウムブライン25% | 30 | 0.491 | ワセリン | 15 | 0.158 |
| 12.5% | 30 | 0.506 | 水 | 30 | 0.53 |
| ステアリン酸 | 100 | 0.117 |  | 60 | 0.567 |
| 硫酸 90% | 30 | 0.313 |  | 75 | 0.592 |
| 60% | 30 | 0.372 | キシレン(オルソ) | 20 | 0.134 |
| 30% | 30 | 0.446 | キシレン(メタ) | 20 | 0.134 |
| 二酸化硫黄 | −15 | 0.191 |  |  |  |
|  | 30 | 0.165 |  |  |  |

Perry : "Chemical Engineers Handbook" 3rd. ed.

## 表 8. ガスおよび蒸気の熱伝導度 (その 1)

$k$ [kcal/m·hr·°C]

| 物質 | [°C] | $k$ | 物質 | [°C] | $k$ |
|---|---|---|---|---|---|
| アセトン | 0 | 0.0085 | 塩化 | 0 | 0.0082 |
|  | 46 | 0.011 |  | 100 | 0.0141 |
|  | 100 | 0.0147 |  | 184 | 0.0201 |
|  | 184 | 0.0219 | エーテル | 212 | 0.0226 |
| アセチレン | −75 | 0.0101 |  | 0 | 0.0114 |
|  | 0 | 0.0161 |  | 46 | 0.0147 |
|  | 50 | 0.0208 |  | 100 | 0.0195 |
|  | 100 | 0.0256 |  | 184 | 0.0281 |
| 空 気 | −100 | 0.0141 | エチレン | 212 | 0.0311 |
|  | 0 | 0.0208 |  | −71 | 0.0095 |
|  | 100 | 0.0272 |  | 0 | 0.0150 |
|  | 200 | 0.0336 |  | 50 | 0.0195 |
|  | 300 | 0.0394 | ヘプタン(正) | 100 | 0.0240 |
| アンモニヤ | −60 | 0.0141 |  | 200 | 0.0167 |
|  | 0 | 0.0191 | ヘキサン(正) | 100 | 0.0153 |
|  | 50 | 0.0234 |  | 0 | 0.0107 |
|  | 100 | 0.0275 |  | 20 | 0.0113 |
| ベンゼン | 0 | 0.0077 | ヘキセン | 0 | 0.0091 |
|  | 46 | 0.0109 |  | 100 | 0.0162 |
|  | 100 | 0.0153 | 水 素 | −100 | 0.097 |
|  | 184 | 0.0226 |  | −50 | 0.123 |
|  | 212 | 0.0262 |  | 0 | 0.149 |
| ブタン(正) | 0 | 0.0116 |  | 50 | 0.171 |
|  | 100 | 0.0201 |  | 100 | 0.192 |
| (イソ) | 0 | 0.0119 |  | 300 | 0.265 |
|  | 100 | 0.0214 | 水素と二酸化炭素 | 0 |  |
| 二酸化炭素 | −50 | 0.0101 | 0% $H_2$ |  | 0.0123 |
|  | 0 | 0.0126 | 20% |  | 0.0245 |
|  | 100 | 0.0198 | 40% |  | 0.0402 |
|  | 200 | 0.0269 | 60% |  | 0.0610 |
|  | 300 | 0.0339 | 80% |  | 0.0922 |
| 二硫化 | 0 | 0.0060 | 100% |  | 0.149 |
|  | 7 | 0.0063 | 水素と窒素 |  |  |
| 一酸化 | −191 | 0.0061 | 0% $H_2$ | 0 | 0.0198 |
|  | −181 | 0.0068 | 20% |  | 0.0316 |
| 四塩化 | 0 | 0.0201 | 40% |  | 0.0466 |
|  | 46 | 0.0061 | 60% |  | 0.0652 |
|  | 100 | 0.0077 | 80% |  | 0.0945 |
|  | 184 | 0.0097 | 水素と亜酸化窒素 |  |  |
| 塩 素 | 0 | 0.0064 | 0% $H_2$ |  | 0.0003 |
| クロロホルム | 0 | 0.0057 | 20% |  | 0.0253 |
|  | 50 | 0.0068 | 40% |  | 0.0402 |
|  | 100 | 0.0086 | 60% |  | 0.0610 |
|  | 184 | 0.0114 | 80% |  | 0.0967 |
| シクロヘキサン | 102 | 0.0141 | 硫化水素 | 0 | 0.0113 |
| ジクロロジフルオロメタン | 0 | 0.0071 | 水 銀 | 200 | 0.0293 |
|  | 50 | 0.0095 | メタン | −100 | 0.0149 |
|  | 100 | 0.0119 |  | −50 | 0.0216 |
|  | 150 | 0.0144 |  | 0 | 0.0260 |
| エタン | −70 | 0.0098 |  | 50 | 0.0320 |
|  | −34 | 0.0128 | メチルアルコール | 0 | 0.0123 |
|  | 0 | 0.0158 |  | 100 | 0.0190 |
| 酢酸エチル | 100 | 0.0260 | 酢 酸 | 0 | 0.0088 |
|  | 46 | 0.0107 |  | 20 | 0.0101 |
|  | 100 | 0.0143 | 塩化メチル | 0 | 0.0079 |
| アルコール | 184 | 0.0210 |  | 46 | 0.0107 |
|  | 20 | 0.0132 |  | 100 | 0.0140 |
| 塩 化 | 100 | 0.0185 |  | 184 | 0.0193 |

## 表 8. ガスおよび蒸気の熱伝導度 (その 2)

| 物質 | [°C] | k | 物質 | [°C] | k |
|---|---|---|---|---|---|
| 塩化メチル | 212 | 0.0220 | 酸素 | 50 | 0.0244 |
| 塩化メチレン | 0 | 0.0058 |  | 100 | 0.0275 |
|  | 46 | 0.0073 | ペンタン(正) | 0 | 0.0110 |
|  | 100 | 0.0004 |  | 20 | 0.0123 |
|  | 212 | 0.0141 | (イソ) | 0 | 0.0107 |
| 塩化窒素 | -70 | 0.0153 |  | 100 | 0.0189 |
|  | 0 | 0.0205 | プロパン | 0 | 0.0129 |
| 窒素 | -100 | 0.0141 |  | 100 | 0.0225 |
|  | 0 | 0.0208 | 二酸化イオウ | 0 | 0.0074 |
|  | 50 | 0.0238 |  | 100 | 0.0103 |
|  | 100 | 0.0268 | 水蒸気 | 46 | 0.0178 |
| 亜酸化窒素 | -72 | 0.0100 |  | 100 | 0.0204 |
|  | 0 | 0.0129 |  | 200 | 0.0278 |
|  | 100 | 0.0191 |  | 300 | 0.0369 |
| 酸素 | -100 | 0.0141 |  | 400 | 0.0469 |
|  | -50 | 0.0177 |  | 500 | 0.0656 |
|  | 0 | 0.0211 |  |  |  |

Perry: "Chemical Engnineeres' Handbook," 3rd ed.

## 表 9. 飽和蒸気表（温度基準）

| 温度 $t°[C]$ | 圧力 $p$ [Kg/cm²] | 比容積 [m³/kg] | | エンタルピ [kcal/kg] | | | エントロピ [kcal/kg°K] | | |
|---|---|---|---|---|---|---|---|---|---|
| | | $v'$ | $v''$ | $i'$ | $i''$ | $r = i'' - i'$ | $s'$ | $s''$ | $r/T = s'' - s'$ |
| 0 | 0.006 228 | 0.001 000 2 | 206.3 | 0.00 | 597.1 | 597.1 | 0.000 0 | 2.186 0 | 2.186 0 |
| 5 | 0.008 891 | 0.001 000 0 | 147.1 | 5.03 | 599.3 | 594.3 | 0.018 2 | 2.154 9 | 2.136 7 |
| 10 | 0.012 513 | 0.001 000 4 | 106.4 | 10.04 | 601.5 | 591.5 | 0.036 1 | 2.125 0 | 2.088 9 |
| 15 | 0.017 378 | 0.001 001 0 | 77.94 | 15.04 | 603.8 | 588.7 | 0.053 5 | 2.096 5 | 2.043 0 |
| 20 | 0.023 830 | 0.001 001 8 | 57.80 | 20.03 | 605.9 | 585.9 | 0.070 8 | 2.069 3 | 1.998 5 |
| 25 | 0.032 291 | 0.001 003 0 | 43.37 | 25.02 | 608.1 | 583.1 | 0.087 6 | 2.043 1 | 1.955 5 |
| 30 | 0.043 261 | 0.001 004 4 | 32.91 | 30.00 | 610.2 | 580.2 | 0.104 2 | 2.018 2 | 1.914 0 |
| 35 | 0.057 337 | 0.001 006 1 | 25.23 | 34.99 | 612.4 | 577.4 | 0.120 7 | 1.994 3 | 1.873 6 |
| 40 | 0.075 220 | 0.001 007 9 | 19.53 | 39.98 | 614.5 | 574.5 | 0.136 6 | 1.971 3 | 1.834 7 |
| 50 | 0.125 81 | 0.001 012 1 | 12.04 | 49.95 | 618.8 | 568.8 | 0.168 0 | 1.928 1 | 1.760 1 |
| 60 | 0.203 16 | 0.001 017 1 | 7.673 | 59.94 | 622.9 | 563.0 | 0.198 4 | 1.888 3 | 1.689 9 |
| 70 | 0.317 80 | 0.001 022 8 | 5.043 | 69.93 | 627.0 | 557.1 | 0.228 0 | 1.851 4 | 1.623 4 |
| 80 | 0.482 97 | 0.001 029 0 | 3.407 | 79.95 | 631.1 | 551.1 | 0.256 8 | 1.817 3 | 1.560 5 |
| 90 | 0.714 93 | 0.001 035 9 | 2.360 | 89.98 | 635.0 | 545.0 | 0.284 7 | 1.785 5 | 1.500 8 |
| 100 | 1.033 23 | 0.001 043 5 | 1.673 | 100.04 | 638.8 | 538.8 | 0.312 0 | 1.755 9 | 1.443 9 |
| 110 | 1.460 9 | 0.001 051 5 | 1.210 | 110.12 | 642.5 | 532.4 | 0.338 8 | 1.728 3 | 1.389 5 |
| 120 | 2.024 5 | 0.001 060 3 | 0.891 6 | 120.25 | 646.1 | 525.9 | 0.364 8 | 1.702 3 | 1.337 5 |
| 130 | 2.754 4 | 0.001 069 7 | 0.668 3 | 130.42 | 649.5 | 519.1 | 0.390 3 | 1.677 8 | 1.287 5 |
| 140 | 3.684 8 | 0.001 079 8 | 0.508 7 | 140.64 | 652.8 | 512.1 | 0.415 3 | 1.654 7 | 1.239 4 |
| 150 | 4.853 5 | 0.001 090 6 | 0.392 6 | 150.92 | 655.8 | 504.9 | 0.439 8 | 1.632 8 | 1.193 0 |
| 160 | 6.302 1 | 0.001 102 1 | 0.306 9 | 161.26 | 658.6 | 497.3 | 0.463 8 | 1.611 9 | 1.148 1 |
| 170 | 8.075 9 | 0.001 114 4 | 0.242 7 | 171.68 | 661.1 | 489.5 | 0.487 5 | 1.591 9 | 1.104 4 |
| 180 | 10.224 | 0.001 127 5 | 0.194 0 | 182.18 | 663.4 | 481.2 | 0.510 8 | 1.572 7 | 1.061 9 |
| 190 | 12.799 | 0.001 141 5 | 0.156 4 | 192.78 | 665.4 | 472.6 | 0.533 7 | 1.554 1 | 1.020 4 |
| 200 | 15.856 | 0.001 156 5 | 0.127 3 | 203.49 | 667.0 | 463.5 | 0.556 4 | 1.536 1 | 0.979 7 |
| 210 | 19.456 | 0.001 172 6 | 0.104 3 | 214.32 | 668.3 | 454.0 | 0.578 9 | 1.518 5 | 0.939 6 |
| 220 | 23.660 | 0.001 190 0 | 0.086 11 | 225.29 | 669.2 | 443.9 | 0.601 0 | 1.501 2 | 0.900 2 |
| 230 | 28.534 | 0.001 208 7 | 0.071 50 | 236.41 | 669.7 | 433.3 | 0.623 1 | 1.484 2 | 0.861 1 |
| 240 | 34.144 | 0.001 229 1 | 0.059 69 | 247.72 | 669.7 | 421.9 | 0.645 1 | 1.467 3 | 0.822 2 |
| 250 | 40.564 | 0.001 251 2 | 0.050 06 | 259.23 | 669.1 | 409.9 | 0.667 0 | 1.450 4 | 0.783 4 |
| 260 | 47.868 | 0.001 275 5 | 0.042 15 | 270.97 | 667.9 | 397.0 | 0.688 9 | 1.433 5 | 0.744 6 |
| 270 | 56.137 | 0.001 302 3 | 0.035 60 | 282.98 | 666.3 | 383.3 | 0.710 7 | 1.416 3 | 0.705 6 |
| 280 | 65.456 | 0.001 332 1 | 0.030 13 | 295.30 | 663.8 | 368.5 | 0.732 6 | 1.398 7 | 0.666 1 |
| 290 | 75.915 | 0.001 365 5 | 0.025 53 | 307.99 | 660.5 | 352.5 | 0.754 7 | 1.380 7 | 0.626 0 |
| 300 | 87.611 | 0.001 403 6 | 0.021 63 | 320.98 | 656.3 | 335.3 | 0.776 9 | 1.362 0 | 0.585 1 |
| 310 | 100.65 | 0.001 447 5 | 0.018 31 | 334.47 | 651.1 | 316.6 | 0.799 5 | 1.342 4 | 0.542 9 |
| 320 | 115.14 | 0.001 499 2 | 0.015 46 | 348.72 | 644.5 | 295.8 | 0.822 9 | 1.321 6 | 0.498 7 |
| 330 | 131.20 | 0.001 561 9 | 0.012 98 | 363.97 | 636.4 | 272.4 | 0.847 4 | 1.299 1 | 0.451 7 |
| 340 | 148.98 | 0.001 640 8 | 0.010 79 | 380.59 | 626.1 | 245.5 | 0.873 7 | 1.274 0 | 0.400 3 |
| 350 | 168.63 | 0.001 746 8 | 0.008 811 | 399.3 | 612.4 | 213.0 | 0.902 6 | 1.244 5 | 0.341 9 |
| 360 | 190.40 | 0.001 907 | 0.006 937 | 421.8 | 592.9 | 171.1 | 0.937 0 | 1.207 3 | 0.270 2 |
| 370 | 214.68 | 0.002 231 | 0.004 99 | 453.1 | 560.1 | 107.0 | 0.984 5 | 1.150 9 | 0.166 4 |
| 374.15 | 225.65 | 0.003 18 | 0.003 18 | 505.6 | 505.6 | 0 | 1.064 2 | 1.064 2 | 0 |

## 表 10. 飽和蒸気表（圧力基準）

| 圧力 $p$ [Kg/cm²] | 温度 $t$ [°C] | 比容積 [m³/kg] $v'$ | $v''$ | エンタルピ [kcal/kg] $i'$ | $i''$ | $r = i'' - i'$ | エントロピ [kcal/kg°K] $s'$ | $s''$ | $r/T = s'' - s'$ |
|---|---|---|---|---|---|---|---|---|---|
| 0.010 | 6.70 | 0.0010001 | 131.6 | 6.73 | 600.1 | 593.4 | 0.0243 | 2.1446 | 2.1203 |
| 0.015 | 12.74 | 0.0010007 | 89.56 | 12.78 | 602.8 | 590.0 | 0.0456 | 2.1092 | 2.0636 |
| 0.020 | 17.20 | 0.0010013 | 68.23 | 17.24 | 604.7 | 587.4 | 0.0611 | 2.0843 | 2.0232 |
| 0.025 | 20.77 | 0.0010020 | 55.24 | 20.80 | 606.2 | 585.4 | 0.0734 | 2.0651 | 1.9917 |
| 0.030 | 23.77 | 0.0010027 | 46.49 | 23.79 | 607.5 | 583.7 | 0.0835 | 2.0495 | 1.9660 |
| 0.04 | 28.64 | 0.0010040 | 35.43 | 28.65 | 609.6 | 581.0 | 0.0997 | 2.0248 | 1.9251 |
| 0.05 | 32.55 | 0.0010052 | 28.70 | 32.55 | 611.3 | 578.8 | 0.1126 | 2.0058 | 1.8932 |
| 0.1 | 45.45 | 0.0010101 | 14.94 | 45.41 | 616.8 | 571.4 | 0.1538 | 1.9478 | 1.7935 |
| 0.2 | 59.66 | 0.0010169 | 7.787 | 59.60 | 622.7 | 563.1 | 0.1974 | 1.8895 | 1.6921 |
| 0.3 | 68.67 | 0.0010220 | 5.323 | 68.60 | 626.5 | 557.9 | 0.2242 | 1.8562 | 1.6320 |
| 0.5 | 80.86 | 0.0010296 | 3.300 | 80.81 | 631.4 | 550.6 | 0.2592 | 1.8145 | 1.5553 |
| 0.7 | 89.45 | 0.0010355 | 2.407 | 89.43 | 634.8 | 545.4 | 0.2832 | 1.7872 | 1.5040 |
| 1.0 | 99.09 | 0.0010428 | 1.725 | 99.12 | 638.5 | 539.4 | 0.3096 | 1.7586 | 1.4490 |
| 1.5 | 110.79 | 0.0010523 | 1.180 | 110.92 | 642.8 | 531.9 | 0.3408 | 1.7262 | 1.3854 |
| 2.0 | 119.62 | 0.0010600 | 0.9018 | 119.86 | 646.0 | 526.1 | 0.3638 | 1.7033 | 1.3390 |
| 3.0 | 132.88 | 0.0010725 | 0.6166 | 133.36 | 650.5 | 517.1 | 0.3975 | 1.6710 | 1.2735 |
| 4.0 | 142.92 | 0.0010828 | 0.4709 | 143.63 | 653.7 | 510.0 | 0.4225 | 1.6482 | 1.2257 |
| 5.0 | 151.11 | 0.0010918 | 0.3817 | 152.04 | 656.1 | 504.1 | 0.4425 | 1.6305 | 1.1880 |
| 6.0 | 158.08 | 0.0010998 | 0.3215 | 159.25 | 658.1 | 498.8 | 0.4592 | 1.6158 | 1.1566 |
| 7.0 | 164.17 | 0.0011070 | 0.2779 | 165.60 | 659.7 | 494.1 | 0.4737 | 1.6034 | 1.1297 |
| 8.0 | 169.61 | 0.0011139 | 0.2449 | 171.26 | 661.0 | 489.8 | 0.4866 | 1.5927 | 1.1061 |
| 9.0 | 174.53 | 0.0011202 | 0.2190 | 176.45 | 662.2 | 485.8 | 0.4981 | 1.5831 | 1.0850 |
| 10 | 179.04 | 0.0011262 | 0.1981 | 181.19 | 663.2 | 482.0 | 0.5086 | 1.5745 | 1.0659 |
| 12 | 187.08 | 0.0011373 | 0.1664 | 189.67 | 664.8 | 475.2 | 0.5271 | 1.5595 | 1.0324 |
| 14 | 194.13 | 0.0011476 | 0.1435 | 197.18 | 666.1 | 468.9 | 0.5430 | 1.5466 | 1.0036 |
| 16 | 200.43 | 0.0011571 | 0.1262 | 203.96 | 667.1 | 463.1 | 0.5574 | 1.5353 | 0.9779 |
| 18 | 206.15 | 0.0011662 | 0.1126 | 210.14 | 667.9 | 457.7 | 0.5703 | 1.5253 | 0.9550 |
| 20 | 211.38 | 0.0011749 | 0.1016 | 215.82 | 668.5 | 452.7 | 0.5820 | 1.5161 | 0.9341 |
| 25 | 222.90 | 0.0011953 | 0.08153 | 228.52 | 669.4 | 440.9 | 0.6074 | 1.4963 | 0.8889 |
| 30 | 232.75 | 0.0012141 | 0.06801 | 239.51 | 669.7 | 430.2 | 0.6292 | 1.4795 | 0.8503 |
| 35 | 241.41 | 0.0012321 | 0.05822 | 249.35 | 669.6 | 420.3 | 0.6482 | 1.4649 | 0.8167 |
| 40 | 249.17 | 0.0012492 | 0.05082 | 258.25 | 669.2 | 410.9 | 0.6652 | 1.4518 | 0.7866 |
| 50 | 262.70 | 0.0012826 | 0.04026 | 274.15 | 667.6 | 393.5 | 0.6947 | 1.4288 | 0.7341 |
| 60 | 274.29 | 0.0013147 | 0.03312 | 288.24 | 665.3 | 377.0 | 0.7201 | 1.4088 | 0.6887 |
| 70 | 284.48 | 0.0013466 | 0.02796 | 300.93 | 662.4 | 361.5 | 0.7426 | 1.3907 | 0.6481 |
| 80 | 293.62 | 0.0013786 | 0.02404 | 312.65 | 659.1 | 346.4 | 0.7627 | 1.3740 | 0.6113 |
| 90 | 301.91 | 0.0014114 | 0.02096 | 323.51 | 655.4 | 331.9 | 0.7812 | 1.3583 | 0.5771 |
| 100 | 309.53 | 0.0014452 | 0.01847 | 333.84 | 651.3 | 317.5 | 0.7985 | 1.3434 | 0.5449 |
| 120 | 323.14 | 0.0015176 | 0.01464 | 353.44 | 642.2 | 288.7 | 0.8305 | 1.3148 | 0.4843 |
| 140 | 335.08 | 0.0015994 | 0.01184 | 372.21 | 631.5 | 259.3 | 0.8605 | 1.2868 | 0.4263 |
| 160 | 345.74 | 0.0016975 | 0.009629 | 391.2 | 618.8 | 227.6 | 0.8900 | 1.2577 | 0.3678 |
| 180 | 355.35 | 0.001820 | 0.007800 | 410.6 | 602.8 | 192.2 | 0.9200 | 1.2259 | 0.3059 |
| 200 | 364.09 | 0.002004 | 0.00616 | 433.0 | 582.0 | 149.0 | 0.9540 | 1.1878 | 0.2338 |
| 220 | 372.40 | 0.002385 | 0.00449 | 464.3 | 548.1 | 83.8 | 1.0011 | 1.1310 | 0.1299 |

熱交換器設計資料

## 表 11. 過熱蒸気表（その 1）

| 圧力[Kg/cm²]<br>(飽和温度[°C]) | | 蒸 気 温 度 [°C] | | | | | | | | |
|---|---|---|---|---|---|---|---|---|---|---|
| | | 100 | 150 | 200 | 250 | 300 | 350 | 400 | 450 | 500 |
| 0.05<br>(32.55) | v<br>i<br>s | 35.10<br>642.1<br>2.0967 | 39.81<br>664.9<br>2.1540 | 44.52<br>687.9<br>2.2054 | 49.23<br>711.2<br>2.2523 | 53.94<br>734.8<br>2.2954 | 58.65<br>758.8<br>2.3355 | 63.35<br>783.1<br>2.3730 | 68.06<br>807.8<br>2.4084 | 72.77<br>832.9<br>2.4420 |
| 0.1<br>(45.45) | v<br>i<br>s | 17.54<br>641.9<br>2.0200 | 19.90<br>664.8<br>2.0775 | 22.26<br>687.8<br>2.1290 | 24.61<br>711.1<br>2.1758 | 26.97<br>734.8<br>2.2189 | 29.32<br>758.7<br>2.2590 | 31.68<br>783.1<br>2.2966 | 34.03<br>807.8<br>2.3320 | 36.38<br>832.9<br>2.3656 |
| 0.2<br>(59.66) | v<br>i<br>s | 8.754<br>641.6<br>1.9429 | 9.941<br>664.6<br>2.0008 | 11.12<br>687.7<br>2.0524 | 12.30<br>711.1<br>2.0993 | 13.48<br>734.7<br>2.1425 | 14.66<br>758.7<br>2.1826 | 15.84<br>783.0<br>2.2202 | 17.01<br>807.8<br>2.2556 | 18.19<br>832.9<br>2.2892 |
| 0.5<br>(80.86) | v<br>i<br>s | 3.486<br>640.6<br>1.8398 | 3.967<br>664.1<br>1.8988 | 4.442<br>687.4<br>1.9507 | 4.916<br>710.8<br>1.9980 | 5.388<br>734.5<br>2.0413 | 5.860<br>758.6<br>2.0814 | 6.332<br>782.9<br>2.1191 | 6.803<br>807.7<br>2.1545 | 7.274<br>832.8<br>2.1881 |
| 1.0<br>(99.09) | v<br>i<br>s | 1.729<br>638.9<br>1.7598 | 1.975<br>663.2<br>1.8208 | 2.216<br>686.8<br>1.8736 | 2.454<br>710.4<br>1.9210 | 2.691<br>734.3<br>1.9645 | 2.928<br>758.3<br>2.0048 | 3.164<br>782.8<br>2.0425 | 3.400<br>807.5<br>2.0780 | 3.636<br>832.7<br>2.1116 |
| 2.0<br>(119.62) | v<br>i<br>s | | 0.9790<br>661.4<br>1.7410 | 1.102<br>685.7<br>1.7954 | 1.223<br>709.7<br>1.8435 | 1.342<br>733.7<br>1.8874 | 1.461<br>757.9<br>1.9279 | 1.580<br>782.4<br>1.9657 | 1.698<br>807.3<br>2.0013 | 1.817<br>832.4<br>2.0350 |
| 3.0<br>(132.83) | v<br>i<br>s | | 0.6468<br>659.5<br>1.6928 | 0.7308<br>684.6<br>1.7488 | 0.8124<br>708.9<br>1.7977 | 0.8928<br>733.1<br>1.8419 | 0.9726<br>757.5<br>1.8827 | 1.052<br>782.1<br>1.9206 | 1.131<br>807.0<br>1.9563 | 1.210<br>832.2<br>1.9901 |
| 4.0<br>(142.92) | v<br>i<br>s | | 0.4805<br>657.5<br>1.6574 | 0.5452<br>683.4<br>1.7152 | 0.6072<br>708.1<br>1.7649 | 0.6680<br>732.5<br>1.8095 | 0.7282<br>757.0<br>1.8505 | 0.7880<br>781.7<br>1.8886 | 0.8476<br>806.7<br>1.9244 | 0.9069<br>832.0<br>1.9582 |
| 5.0<br>(151.11) | v<br>i<br>s | | | 0.4337<br>682.2<br>1.6886 | 0.4840<br>707.3<br>1.7391 | 0.5332<br>731.9<br>1.7841 | 0.5816<br>756.6<br>1.8253 | 0.6296<br>781.4<br>1.8636 | 0.6774<br>806.4<br>1.8995 | 0.7250<br>831.7<br>1.9334 |
| 6.0<br>(158.08) | v<br>i<br>s | | | 0.3593<br>680.9<br>1.6665 | 0.4019<br>706.5<br>1.7178 | 0.4432<br>731.4<br>1.7633 | 0.4838<br>756.1<br>1.8047 | 0.5240<br>781.0<br>1.8431 | 0.5640<br>806.1<br>1.8791 | 0.6037<br>831.5<br>1.9130 |
| 7.0<br>(164.17) | v<br>i<br>s | | | 0.3062<br>679.7<br>1.6474 | 0.3432<br>705.6<br>1.6996 | 0.3790<br>730.8<br>1.7455 | 0.4140<br>755.7<br>1.7872 | 0.4486<br>780.6<br>1.8257 | 0.4829<br>805.8<br>1.8618 | 0.5171<br>831.3<br>1.8958 |
| 8.0<br>(169.61) | v<br>i<br>s | | | 0.2663<br>678.4<br>1.6305 | 0.2992<br>704.8<br>1.6835 | 0.3308<br>730.1<br>1.7300 | 0.3616<br>755.2<br>1.7719 | 0.3920<br>780.3<br>1.8106 | 0.4221<br>805.5<br>1.8468 | 0.4521<br>831.0<br>1.8809 |
| 9.0<br>(174.53) | v<br>i<br>s | | | 0.2352<br>677.0<br>1.6153 | 0.2650<br>703.9<br>1.6694 | 0.2933<br>729.5<br>1.7162 | 0.3209<br>754.8<br>1.7584 | 0.3480<br>779.9<br>1.7972 | 0.3749<br>805.2<br>1.8335 | 0.4016<br>830.8<br>1.8677 |
| 10.0<br>(179.04) | v<br>i<br>s | | | 0.2103<br>675.7<br>1.6015 | 0.2376<br>703.0<br>1.6565 | 0.2633<br>728.9<br>1.7038 | 0.2883<br>754.3<br>1.7462 | 0.3128<br>779.6<br>1.7852 | 0.3371<br>805.0<br>1.8216 | 0.3611<br>830.6<br>1.8558 |
| 12.0<br>(187.08) | v<br>i<br>s | | | 0.1729<br>672.9<br>1.5767 | 0.1964<br>701.3<br>1.6338 | 0.2183<br>727.7<br>1.6820 | 0.2394<br>753.4<br>1.7250 | 0.2600<br>778.8<br>1.7643 | 0.2803<br>804.4<br>1.8009 | 0.3005<br>830.1<br>1.8353 |

## 表 11. 過熱蒸気表 (その 2)

| 圧力[Kg/cm²]<br>(飽和温度[°C]) | | 蒸 気 温 度 [°C] | | | | | | | | |
|---|---|---|---|---|---|---|---|---|---|---|
| | | 250 | 300 | 350 | 400 | 450 | 500 | 550 | 600 | 650 |
| 15<br>(197.36) | $v$<br>$i$<br>$s$ | 0.155 2<br>698.5<br>1.605 1 | 0.173 2<br>725.7<br>1.654 9 | 0.190 4<br>751.9<br>1.698 7 | 0.207 2<br>777.7<br>1.738 5 | 0.223 6<br>803.5<br>1.775 4 | 0.239 9<br>829.4<br>1.810 0 | 0.256 0<br>855.4<br>1.842 7 | 0.272 0<br>881.8<br>1.873 8 | |
| 20<br>(211.38) | $v$<br>$i$<br>$s$ | 0.113 9<br>693.6<br>1.566 1 | 0.128 2<br>722.4<br>1.618 7 | 0.141 5<br>749.5<br>1.664 0 | 0.154 3<br>775.9<br>1.704 7 | 0.166 9<br>802.0<br>1.742 2 | 0.179 2<br>828.1<br>1.777 1 | 0.191 4<br>854.4<br>1.810 1 | 0.203 5<br>880.9<br>1.841 3 | |
| 30<br>(232.75) | $v$<br>$i$<br>$s$ | 0.072 21<br>682.7<br>1.504 8 | 0.082 92<br>715.3<br>1.564 5 | 0.092 49<br>744.4<br>1.613 1 | 0.101 5<br>772.0<br>1.655 7 | 0.110 1<br>799.0<br>1.694 3 | 0.118 5<br>825.7<br>1.730 1 | 0.126 8<br>852.4<br>1.763 5 | 0.135 0<br>879.2<br>1.795 2 | |
| 40<br>(249.17) | $v$<br>$i$<br>$s$ | 0.050 97<br>669.9<br>1.453 2 | 0.060 17<br>707.6<br>1.522 2 | 0.067 91<br>739.0<br>1.574 8 | 0.074 99<br>768.0<br>1.619 5 | 0.081 70<br>795.8<br>1.656 4 | 0.088 19<br>823.2<br>1.695 9 | 0.094 53<br>850.3<br>1.730 0 | 0.100 8<br>877.5<br>1.762 0 | |
| 50<br>(262.70) | $v$<br>$i$<br>$s$ | | 0.046 38<br>699.2<br>1.485 9 | 0.053 11<br>733.4<br>1.543 2 | 0.059 08<br>763.8<br>1.590 2 | 0.0646 5<br>792.6<br>1.631 5 | 0.069 98<br>820.6<br>1.668 9 | 0.075 15<br>848.2<br>1.703 5 | 0.080 21<br>875.7<br>1.735 9 | |
| 60<br>(274.29) | $v$<br>$i$<br>$s$ | | 0.037 07<br>689.3<br>1.452 7 | 0.043 20<br>727.4<br>1.515 5 | 0.048 45<br>759.5<br>1.565 2 | 0.053 27<br>789.3<br>1.607 9 | 0.057 83<br>818.0<br>1.646 3 | 0.062 22<br>846.1<br>1.681 5 | 0.066 51<br>873.9<br>1.714 3 | |
| 70<br>(284.48) | $v$<br>$i$<br>$s$ | | 0.030 27<br>679.4<br>1.420 7 | 0.036 07<br>721.0<br>1.490 6 | 0.040 84<br>755.1<br>1.543 1 | 0.045 13<br>786.0<br>1.587 4 | 0.049 14<br>815.3<br>1.626 7 | 0.052 99<br>843.9<br>1.662 5 | 0.056 72<br>872.2<br>1.695 8 | |
| 80<br>(293.62) | $v$<br>$i$<br>$s$ | | 0.025 00<br>667.2<br>1.388 2 | 0.030 69<br>714.3<br>1.467 3 | 0.035 11<br>750.4<br>1.523 1 | 0.039 01<br>782.5<br>1.569 1 | 0.042 62<br>812.6<br>1.609 3 | 0.046 06<br>841.7<br>1.645 8 | 0.049 37<br>870.4<br>1.679 6 | |
| 90<br>(301.91) | $v$<br>$i$<br>$s$ | | | 0.026 46<br>707.2<br>1.445 1 | 0.030 64<br>745.6<br>1.504 5 | 0.034 25<br>778.9<br>1.552 3 | 0.037 55<br>809.9<br>1.593 7 | 0.040 66<br>839.5<br>1.630 8 | 0.043 96<br>868.5<br>1.665 1 | |
| 100<br>(309.53) | $v$<br>$i$<br>$s$ | | | 0.023 03<br>699.5<br>1.423 5 | 0.027 05<br>740.6<br>1.487 1 | 0.030 43<br>775.3<br>1.536 8 | 0.033 48<br>807.1<br>1.579 3 | 0.036 35<br>837.3<br>1.617 2 | 0.039 09<br>866.7<br>1.651 9 | |
| 150<br>(340.55) | $v$<br>$i$<br>$s$ | | | 0.011 99<br>647.5<br>1.308 1 | 0.016 09<br>712.6<br>1.409 2 | 0.018 89<br>755.8<br>1.471 2 | 0.021 25<br>792.3<br>1.520 0 | 0.023 37<br>825.7<br>1.561 8 | 0.025 35<br>857.2<br>1.599 0 | 0.027 23<br>887.8<br>1.633 1 |
| 200<br>(364.09) | $v$<br>$i$<br>$s$ | | | | 0.010 30<br>676.5<br>1.333 0 | 0.013 03<br>733.9<br>1.415 4 | 0.015 09<br>776.4<br>1.472 4 | 0.016 86<br>813.4<br>1.518 7 | 0.018 47<br>847.4<br>1.558 8 | 0.019 97<br>879.7<br>1.594 8 |
| 250 | $v$<br>$i$<br>$s$ | | | | 0.006 37<br>621.7<br>1.238 6 | 0.009 44<br>708.8<br>1.362 8 | 0.011 37<br>759.4<br>1.430 6 | 0.012 94<br>800.5<br>1.482 1 | 0.014 33<br>837.2<br>1.525 4 | 0.015 61<br>871.4<br>1.563 5 |
| 300 | $v$<br>$i$<br>$s$ | | | | 0.003 02<br>523.6<br>1.083 9 | 0.007 00<br>679.1<br>1.308 5 | 0.008 91<br>741.4<br>1.392 1 | 0.010 35<br>787.3<br>1.449 6 | 0.011 59<br>826.8<br>1.496 2 | 0.012 71<br>862.9<br>1.536 4 |
| 340 | $v$<br>$i$<br>$s$ | | | | 0.002 22<br>481.9<br>1.018 2 | 0.005 53<br>650.2<br>1.260 4 | 0.007 50<br>726.5<br>1.362 8 | 0.008 85<br>776.7<br>1.425 8 | 0.009 99<br>818.5<br>1.475 2 | 0.011 02<br>856.2<br>1.517 2 |

## 表12 汚れ係数 (Fouling Resistances) [TEMA 1959 p 60〜62]

〔単位：m²h°C/kcal〕

### (1) 水の汚れ係数 (Fouling Resistances for Water)

| 水の種類 | 加熱媒体温度 115°C 以下 / 水の温度 52°C 以下 | | 加熱媒体温度 116°C〜205°C / 水の温度 53°C 以上 | |
|---|---|---|---|---|
| | 1 m/s 未満 | 1 m/s 以上 | 1 m/s 未満 | 1 m/s 以上 |
| 海　水 | 0.0001 | 0.0001 | 0.0002 | 0.0002 |
| 塩分含有水 | 0.0004 | 0.0002 | 0.0006 | 0.0004 |
| 冷水塔，散水槽処理した水 | 0.0002 | 0.0002 | 0.0004 | 0.0004 |
| 冷水塔，散水槽未処理の水 | 0.0006 | 0.0006 | 0.001 | 0.0008 |
| 水道水，地下水，大湖水 | 0.0002 | 0.0002 | 0.0004 | 0.0004 |
| 河川水（最小値） | 0.0004 | 0.0002 | 0.0006 | 0.0004 |
| 泥　水 | 0.0006 | 0.0004 | 0.0008 | 0.0006 |
| 硬　水 | 0.0006 | 0.0006 | 0.001 | 0.001 |
| エンジンジャケット | 0.0002 | 0.0002 | 0.0002 | 0.0002 |
| 蒸留水 | 0.0001 | 0.0001 | 0.0001 | 0.0001 |
| 処理したボイラ給水 | 0.0002 | 0.0001 | 0.0002 | 0.0002 |
| ボイラ廃水 | 0.0004 | 0.0004 | 0.0004 | 0.0004 |

注）加熱媒体温度が 205°C 以上の場合は上の表から適当に推定する．

### (2) 工業用流体の汚れ係数 (Fouling Resistances for Industrial Fluids)

(a) 油 (Oils)

| | |
|---|---|
| 燃料油 (Fuel Oil) | 0.001 |
| 変圧器油 (Transformer Oil) | 0.0002 |
| 機械潤滑油 (Engine Lube Oil) | 0.0002 |
| 焼入油 (Quench Oil) | 0.0008 |

(b) ガスおよび蒸気 (Gases and Vapors)

| | |
|---|---|
| 製造所ガス（溶鉱炉などの燃焼ガス）(Manufactured Gas) | 0.002 |
| エンジン排ガス (Engine Exhaust Gas) | 0.002 |
| 水蒸気（油気を含まない）(Steam [non oil bearing]) | 0.0001 |
| 廃棄水蒸気（油気を含む）(Exhaust Steam [oil bearing]) | 0.0002 |
| 冷凍用蒸気 (Refrigerant Vapors [oil bearing]) | 0.0004 |
| 圧縮空気 (Compressed Air) | 0.0004 |
| 工業用有機熱媒蒸気 (Industrial Organic Heat Transfer Media) | 0.0002 |

(c) 液 (Liquids)

| | |
|---|---|
| 冷凍用液体 (Refrigerant Liquids) | 0.0002 |
| 加圧用液体 (Hydraulic Fluid) | 0.0002 |
| 工業用有機熱媒液体 (Industrial Organic Heat Transfer Media) | 0.0002 |
| 熱媒用溶融塩（ブライン）(Molten Heat Transfer Solts) | 0.0001 |

### (3) 化学装置工程の汚れ係数 (Fouling Resistances for Chemical Processing Streams)

#### (a) ガスおよび蒸気 (Gases and Vapors)

| | |
|---|---|
| 酸 性 ガ ス (Acid Gas) | 0.0002 |
| 溶 剤 蒸 気 (Solvent Vapors) | 0.0002 |
| 塔頂安定生成物蒸気 (Stable Overhead Products) | 0.0002 |

#### (b) 液 (Liquids)

| | |
|---|---|
| MEA および DEA 溶液 (MEA & DEA Solutions) | 0.0004 |
| DEG および TEG 溶液 (DEG & TEG Solutions) | 0.0004 |
| 塔中間取出しおよび塔底安定生産物液体 (Stable Side Draw and Bottom Product) | 0.0002 |
| 腐 食 性 溶 液 (Caustic Solutions) | |
| 植 物 油 (Vegetable Oils) | |

### (4) 天然ガス-ガソリン製造工程の汚れ係数 (Fouling Resistances for Natural Gas-Gasoline Processing Streams)

#### (a) ガスおよび蒸気 (Gases and Vapors)

| | |
|---|---|
| 天 然 ガ ス (Natural Gas) | 0.0002 |
| 塔頂生成物蒸気 (Overhead Products) | 0.0002 |

#### (b) 液 (Liquids)

| | |
|---|---|
| リーン オイル (Lian Oil) | 0.0004 |
| リッチ オイル (Rich Oil) | 0.0002 |
| 天然ガソリンと液化石油ガス (Natural Gasoline & Liquefied Petroleum Gases) | 0.0002 |

### (5) 石油精製工程の汚れ係数 (Fouling Resistances for Oil Refinery Streams)

#### (a) 常圧・減圧装置のガスおよび蒸気 (Crude and Vacuum Unit Gases and Vapors)

| | |
|---|---|
| 常圧蒸留塔塔頂蒸気 (Atmospheric Tower Overhead Vapors) | 0.0002 |
| 軽ナフサ蒸気 (Light Naphthas) | 0.0002 |
| 減圧蒸留塔塔頂蒸気 (Vacuum Overhead Vapors) | 0.0004 |

#### (b) 常圧・減圧装置の液 (Crude & Vacuum Liquids)

| 原油 (Crude Oil) 温度 / 流速 | 0°C〜92°C | | | 93°C〜148°C | | |
|---|---|---|---|---|---|---|
| | 0.6m/s 未満 | 0.6m/s〜1.2m/s 未満 | 1.2m/s 以上 | 0.6m/s 未満 | 0.6m/s〜1.2m/s 未満 | 1.2m/s 以上 |
| 脱水原油 (Dry) | 0.0006 | 0.0004 | 0.0004 | 0.0006 | 0.0004 | 0.0004 |
| 含塩原油 (Salt) | 0.0006 | 0.0004 | 0.0004 | 0.001 | 0.0008 | 0.0008 |

| 原油 (Crude Oil) 温度 / 流速 | 149°C〜259°C | | | 260°C 以上 | | |
|---|---|---|---|---|---|---|
| | 0.6m/s 未満 | 0.6m/s〜1.2m/s 未満 | 1.2m/s 以上 | 0.6m/s 未満 | 0.6m/s〜1.2m/s 未満 | 1.2m/s 以上 |
| 脱水原油 (Dry) | 0.0008 | 0.0006 | 0.0004 | 0.001 | 0.0008 | 0.0006 |
| 含塩原油 (Salt) | 0.0012 | 0.001 | 0.0008 | 0.0014 | 0.0012 | 0.001 |

| | |
|---|---|
| ガ ソ リ ン (Gasoline) | 0.0002 |
| ナ フ サ (Naphtha & Light Distillates) | 0.0002 |
| 灯 油 (Kerosene) | 0.0002 |
| 軽 質 ガ ス 油 (Light Gas Oil) | 0.0004 |
| 重 質 ガ ス 油 (Heavy Gas Oil) | 0.0005 |
| 重 質 燃 料 油 (Heavy Fuel Oil) | 0.001 |
| アスファルトおよび残渣油 (Asphalt & Residuum) | 0.002 |

(c) 分解蒸留装置工程 (Cracking & Coking Unit Streams)

| | |
|---|---|
| 塔 頂 蒸 気 (Overhead Vapors) | 0.0004 |
| 軽 質 循 環 油 (Light Cycle Oil) | 0.0004 |
| 重 質 循 環 油 (Heavy Cycle Oil) | 0.0006 |
| 軽質コークスガス油 (Light Coker Gas Oil) | 0.0006 |
| 重質コークスガス油 (Heavy Coker Gas Oil) | 0.0008 |
| 塔底スラリー油 [最小流速 1.4m/s] (Bottoms Slurry Oil) | 0.0006 |
| 軽 質 生 成 液 (Light Liquid Products) | 0.0004 |

(d) 接触リホーミングおよび水素脱硫装置工程
(Catalytic Reforming & Hydrodesulfurization Streams)

| | |
|---|---|
| リホーミング流入 (Reformer charge) | 0.0004 |
| リホーミング流出 (Reformer Effluent) | 0.0002 |
| 水素脱流入および流出 (Hydrodesulfurization Charge & Effluent) | 0.0004 |
| 塔 頂 蒸 気 (Overhead Vapors) | 0.0002 |
| 50°API を越えた生成液 (Liquid Product over 50° API) | 0.0002 |
| 30°〜50°API の生成液 (Liquid Product 30°〜50° API) | 0.0004 |

(e) 軽質側端装置工程 (Light Ends Processing Streams)

| | |
|---|---|
| 塔頂蒸気およびガス (Overhead Vapors & Gases) | 0.0002 |
| 生 成 液 (Liquid Products) | 0.0002 |
| 吸 着 油 (Absorption Oils) | 0.0004 |
| アルキル化用の酸工程 (Alkylation Trace Acid Streams) | 0.0004 |
| リボイラの流れ工程 (Reboiler Streams) | 0.0006 |

(f) 潤滑油装置工程 (Lube Oil Processing Streams)

| | |
|---|---|
| 送 り 込 み (Feed Stock) | 0.0004 |
| 溶 剤 混 合 (Solvent Feed Mix) | 0.0004 |
| 溶 剤 (Solvent) | 0.0002 |
| エキストラクト (Extract) | 0.0006 |
| ラフィネート (Raffinate) | 0.0002 |
| アスファルト (Asphalt) | 0.001 |
| ろう状スラリー (Wax Slurries) | 0.0006 |
| 精 製 潤 滑 油 (Refined Lube Oil) | 0.0002 |

表 13. 単位換算表

(1) 長さ

| m | in | ft | 尺 |
|---|---|---|---|
| 1 | 39.37 | 3.2808 | 3.3000 |
| 0.025400 | 1 | 0.083333 | 0.083820 |
| 0.30480 | 12.000 | 1 | 1.0058 |
| 0.30303 | 11.930 | 0.99419 | 1 |

1 mile = 5280 ft

(2) 質量

| kg | メートル ton | lb | 貫 |
|---|---|---|---|
| 1 | 0.001 | 2.2046 | 0.26667 |
| 1000 | 1 | 2204.6 | 266.67 |
| 0.4539 | $4.5359 \times 10^{-4}$ | 1 | 0.12096 |
| 3.75 | 0.00375 | 8.2673 | 1 |

1 米 ton = 0.90718 メートル ton

(3) 面積

| m² | in² | ft² | 尺² |
|---|---|---|---|
| 1 | 1550.0 | 10.764 | 10.890 |
| $6.4516 \times 10^{-4}$ | 1 | $6.9444 \times 10^{-3}$ | 0.0070258 |
| 0.092903 | 144.00 | 1 | 0.0117 |
| 0.091827 | 142.33 | 0.98842 | 1 |

(4) 体積

| m³ | ft³ | 米 gal | 石 |
|---|---|---|---|
| 1 | 35.314 | 264.17 | 5.5437 |
| 0.028317 | 1 | 7.4805 | 0.15697 |
| 0.0037854 | 0.13368 | 1 | 0.020985 |
| 0.18039 | 6.3704 | 47.654 | 1 |

1 米 gal = 231.0 in³, 1 英 gal = 277.43 in³
1 ft³ = 1728 in³, 1 barrel (油) = 42 米 gal

(5) 密度

| g/cm³ | kg/m³ または g/l | lb/in³ | lb/ft³ | lb/米 gal |
|---|---|---|---|---|
| 1 | 1000 | 0.03613 | 62.43 | 8.345 |
| 0.001 | 1 | $3.613 \times 10^{-5}$ | 0.06243 | 0.008345 |
| 27.68 | 27680 | 1 | 1728 | 231 |
| 0.01602 | 16.02 | $5.787 \times 10^{-4}$ | 1 | 0.1337 |
| 0.1198 | 119.8 | 0.004329 | 7.481 | 1 |

(6) 重量または力

| Kg | Lb | dyne | poundal |
|---|---|---|---|
| 1 | 2.205 | 980665 | 70.91 |
| 0.4536 | 1 | $444.8 \times 10^3$ | 32.17 |
| $1.02 \times 10^{-6}$ | $2.248 \times 10^{-6}$ | 1 | $0.7233 \times 10^{-4}$ |
| 0.01410 | 0.03110 | 13825 | 1 |

(7) 表面張力

| dyne/cm または erg/cm² | G/cm | Kg/m | Lb/ft |
|---|---|---|---|
| 1 | 0.001020 | $1.020 \times 10^{-4}$ | $6.854 \times 10^{-5}$ |
| 980.7 | 1 | 0.1 | 0.06720 |
| 9807 | 10 | 1 | 0.6720 |
| 14592 | 14.88 | 1.488 | 1 |

(8) 粘度

| poise = g/cm·sec | centipoise (cp) | kg/m·sec | kg/m·hr | lb/ft·sec |
|---|---|---|---|---|
| 1 | 100 | 0.1 | 360 | 0.06720 |
| 0.01 | 1 | 0.001 | 3.6 | $6.720 \times 10^{-4}$ |
| 10 | 1000 | 1 | 3600 | 0.6720 |
| $2.778 \times 10^{-8}$ | 0.2778 | $2.778 \times 10^{-4}$ | 1 | $1.8667 \times 10^{-4}$ |
| 14.881 | 1488.1 | 1.4881 | 5357 | 1 |

(9) 動粘度

| stokes = cm²/sec | m²/hr |
|---|---|
| 1 | 0.360 |
| 2.778 | 1 |

## (10) 圧　力

| barまたは$10^6$dyne/cm² | Kg/cm² | Lb/in² | atm | 水　銀　柱　0〔℃〕 | |
|---|---|---|---|---|---|
| | | | | m | in |
| 1 | 1.0197 | 14.50 | 0.9869 | 0.7500 | 29.53 |
| 0.9807 | 1 | 14.22 | 0.9678 | 0.7355 | 28.96 |
| 0.06895 | 0.07031 | 1 | 0.06804 | 0.05171 | 2.036 |
| 1.0133 | 1.0332 | 14.70 | 1 | 0.7600 | 29.92 |
| 1.333 | 1.360 | 19.34 | 1.316 | 1 | 39.37 |
| 0.03386 | 0.03453 | 0.4912 | 0.03342 | 0.02540 | 1 |

## (11) 拡散係数

| cm²/sec | m²/hr | ft²/hr | in²/sec |
|---|---|---|---|
| 1 | 0.360 | 3.875 | 0.1550 |
| 2.778 | 1 | 10.764 | 0.4306 |
| 0.2581 | 0.09290 | 1 | 0.040 |
| 6.452 | 2.323 | 25.00 | 1 |

## (12) 伝熱係数

| kcal/m²・hr・℃ | cal/cm²・sec・℃ | B.t.u./ft²・hr・°F |
|---|---|---|
| 1 | 2.778×10⁻⁵ | 0.2048 |
| 3.6×10⁴ | 1 | 7374 |
| 4.882 | 1.3562×10⁻⁴ | 1 |

## (13) 熱伝導度

| joule/cm・sec・℃ | cal/cm・sec・℃ | kcal/m・hr・℃ | B.t.u./ft・hr・°F |
|---|---|---|---|
| 1 | 0.2389 | 86.00 | 57.79 |
| 4.186 | 1 | 360 | 241.9 |
| 0.01163 | 0.002778 | 1 | 0.6720 |
| 0.01730 | 0.004134 | 1.488 | 1 |

## (14) 熱容量

| joule/g・℃ | cal/g・℃ | B.t.u./lb・°F | c.h.u./lb・℃ |
|---|---|---|---|
| 1 | 0.2389 | 0.2389 | 0.2389 |
| 4.186 | 1 | 1 | 1 |

## (15) 動　力

| kW | PS | HP | Kg-m/sec | ft-Lb/sec | kcal/sec (平均) |
|---|---|---|---|---|---|
| 1 | 1.3596 | 0.9863 | 75 | 542.5 | 0.1758 |
| 0.7457 | 1.0138 | 1 | 76.04 | 550.0 | 0.1782 |
| 0.009807 | 0.01333 | 0.01315 | 1 | 7.233 | 2.344×10⁻³ |
| 0.001356 | 1.843×10⁻³ | 1.818×10⁻³ | 0.1383 | 1 | 3.240×10⁻⁴ |
| 4.184 | 5.689 | 5.611 | 426.7 | 3.086×10³ | 1 |

1 kW = 1000 joule/sec

## (16) 仕事量および熱量

| Kg-m | kW-hr | PS-hr | kcal (平均) | B.t.u. (平均) |
|---|---|---|---|---|
| 1 | 2.724×10⁻⁶ | 3.704×10⁻⁶ | 2.342×10⁻³ | 9.296×10⁻³ |
| 3.671×10⁵ | 1 | 1.3596 | 860.6 | 3413 |
| 2.700×10₅ | 0.7355 | 1 | 632.5 | 2510 |
| 426.9 | 1.1622×10⁻³ | 1.5809×10⁻³ | 1 | 3.968 |
| 107.58 | 2.930×10⁻⁴ | 3.984×10⁻⁴ | 0.2520 | 1 |

1 erg = dyne・cm = $10^{-7}$ joule　　1 Kg-m = 9.8067 joule　　1 kcal = 4184 joule　　1 c.h.u. = 1.8 B.t.u.

表 14. 温度換算表 (°C→°F)

| °C | °F | °C | °F | °C | °F | °C | °F | °C | °F | °C | °F | °C | °F | °C | °F |
|---|---|---|---|---|---|---|---|---|---|---|---|---|---|---|---|
| −50 | −58.0 | 0 | +32.0 | +50 | +122.0 | +100 | +212.0 | +150 | +302.0 | +200 | +392.0 | +250 | +482.0 | +300 | +572 |
| −49 | −56.2 | 1 | 33.8 | 51 | 123.8 | 101 | 213.8 | 151 | 303.8 | 201 | 393.8 | 251 | 483.8 | 305 | 581 |
| −48 | −54.4 | 2 | 35.6 | 52 | 125.6 | 102 | 215.6 | 152 | 305.6 | 202 | 395.6 | 252 | 485.6 | 310 | 590 |
| −47 | −52.6 | 3 | 37.4 | 53 | 127.4 | 103 | 217.4 | 153 | 307.4 | 203 | 397.4 | 253 | 487.4 | 315 | 599 |
| −46 | −50.8 | 4 | 39.2 | 54 | 129.2 | 104 | 219.2 | 154 | 309.2 | 204 | 399.2 | 254 | 489.2 | 320 | 608 |
| −45 | −49.0 | 5 | 41.0 | 55 | 131.0 | 105 | 221.0 | 155 | 311.0 | 205 | 401.0 | 255 | 491.0 | 325 | 617 |
| −44 | −47.2 | 6 | 42.8 | 56 | 132.8 | 106 | 222.8 | 156 | 312.8 | 206 | 402.8 | 256 | 492.8 | 330 | 626 |
| −43 | −45.4 | 7 | 44.6 | 57 | 134.6 | 107 | 224.6 | 157 | 314.6 | 207 | 404.6 | 257 | 494.6 | 335 | 635 |
| −42 | −43.6 | 8 | 46.4 | 58 | 136.4 | 108 | 226.4 | 158 | 316.4 | 208 | 406.4 | 258 | 496.4 | 340 | 644 |
| −41 | −41.8 | 9 | 48.2 | 59 | 138.2 | 109 | 228.2 | 159 | 318.2 | 209 | 408.2 | 259 | 498.2 | 345 | 653 |
| −40 | −40.0 | 10 | 50.0 | 60 | 140.0 | 110 | 230.0 | 160 | 320.0 | 210 | 410.0 | 260 | 500.0 | 350 | 662 |
| −39 | −38.2 | 11 | 51.8 | 61 | 141.8 | 111 | 231.8 | 161 | 321.8 | 211 | 411.8 | 261 | 501.8 | 355 | 671 |
| −38 | −36.4 | 12 | 53.6 | 62 | 143.6 | 112 | 233.6 | 162 | 323.6 | 212 | 413.6 | 262 | 503.6 | 360 | 680 |
| −37 | −34.6 | 13 | 55.4 | 63 | 145.4 | 113 | 235.4 | 163 | 325.4 | 213 | 415.4 | 263 | 505.4 | 365 | 689 |
| −36 | −32.8 | 14 | 57.2 | 64 | 147.2 | 114 | 237.2 | 164 | 327.2 | 214 | 417.2 | 264 | 507.2 | 370 | 698 |
| −35 | −31.0 | 15 | 59.0 | 65 | 149.0 | 115 | 239.0 | 165 | 329.0 | 215 | 419.0 | 265 | 509.0 | 375 | 707 |
| −34 | −29.2 | 16 | 60.8 | 66 | 150.8 | 116 | 240.8 | 166 | 330.8 | 216 | 420.8 | 266 | 510.8 | 380 | 716 |
| −33 | −27.4 | 17 | 62.6 | 67 | 152.6 | 117 | 242.6 | 167 | 332.6 | 217 | 422.6 | 267 | 512.6 | 385 | 725 |
| −32 | −25.6 | 18 | 64.4 | 68 | 154.4 | 118 | 244.4 | 168 | 334.4 | 218 | 424.4 | 268 | 514.4 | 390 | 734 |
| −31 | −23.8 | 19 | 66.2 | 69 | 156.2 | 119 | 246.2 | 169 | 336.2 | 219 | 426.2 | 269 | 516.2 | 395 | 743 |
| −30 | −22.0 | 20 | 68.0 | 70 | 158.0 | 120 | 248.0 | 170 | 338.0 | 220 | 428.0 | 270 | 518.0 | 400 | 752 |
| −29 | −20.2 | 21 | 69.8 | 71 | 159.8 | 121 | 249.8 | 171 | 339.8 | 221 | 429.8 | 271 | 519.8 | 405 | 761 |
| −28 | −18.4 | 22 | 71.6 | 72 | 161.6 | 122 | 251.6 | 172 | 341.6 | 222 | 431.6 | 272 | 521.6 | 410 | 770 |
| −27 | −16.6 | 23 | 73.4 | 73 | 163.4 | 123 | 253.4 | 173 | 343.4 | 223 | 433.4 | 273 | 523.4 | 415 | 779 |
| −26 | −14.8 | 24 | 75.2 | 74 | 165.2 | 124 | 255.2 | 174 | 345.2 | 224 | 435.2 | 274 | 525.2 | 420 | 788 |
| −25 | −13.0 | 25 | 77.0 | 75 | 167.0 | 125 | 257.0 | 175 | 347.0 | 225 | 437.0 | 275 | 527.0 | 425 | 797 |
| −24 | −11.2 | 26 | 78.8 | 76 | 168.8 | 126 | 258.8 | 176 | 348.8 | 226 | 438.8 | 276 | 528.8 | 430 | 806 |
| −23 | − 9.4 | 27 | 80.6 | 77 | 170.6 | 127 | 260.6 | 177 | 350.6 | 227 | 440.6 | 277 | 530.6 | 435 | 815 |
| −22 | − 7.6 | 28 | 82.4 | 78 | 172.4 | 128 | 262.4 | 178 | 352.4 | 228 | 442.4 | 278 | 532.4 | 440 | 824 |
| −21 | − 5.8 | 29 | 84.2 | 79 | 174.2 | 129 | 264.2 | 179 | 354.2 | 229 | 444.2 | 279 | 534.2 | 445 | 833 |

| °C | °F | °C | °F |
|---|---|---|---|
| +550 | +1022 | | |
| 555 | 1031 | | |
| 560 | 1040 | | |
| 565 | 1049 | | |
| 570 | 1058 | | |
| 575 | 1067 | | |
| 580 | 1076 | | |
| 585 | 1085 | | |
| 590 | 1094 | | |
| 595 | 1103 | | |
| 600 | 1112 | | |
| 650 | 1202 | | |
| 700 | 1292 | | |
| 750 | 1382 | | |
| 800 | 1472 | | |
| 850 | 1562 | | |
| 900 | 1652 | | |
| 950 | 1742 | | |
| 1000 | 1832 | | |
| 1050 | 1922 | | |
| 1100 | 2012 | | |
| 1150 | 2102 | | |
| 1200 | 2192 | | |
| 1250 | 2282 | | |
| 1300 | 2372 | | |
| 1350 | 2462 | | |
| 1400 | 2552 | | |
| 1450 | 2642 | | |
| 1500 | 2732 | | |
| 1550 | 2822 | | |

1251

| °C | °F | °C | °F | °C | °F | °C | °F | °C | °F | °C | °F | °C | °F | °C | °F |
|---|---|---|---|---|---|---|---|---|---|---|---|---|---|---|---|
| −20 | −4.0 | 30 | 86.0 | 80 | 176.0 | 130 | 266.0 | 180 | 356.0 | 230 | 446.0 | 280 | 536.0 | 450 | 842 |
| −19 | −2.2 | 31 | 87.8 | 81 | 177.8 | 131 | 267.8 | 181 | 357.8 | 231 | 447.8 | 281 | 537.8 | 455 | 851 |
| −18 | −0.4 | 32 | 89.6 | 82 | 179.6 | 132 | 269.6 | 182 | 359.6 | 232 | 449.6 | 282 | 539.6 | 460 | 860 |
| −17 | +1.4 | 33 | 91.4 | 83 | 181.4 | 133 | 271.4 | 183 | 361.4 | 233 | 451.4 | 283 | 541.4 | 465 | 869 |
| −16 | +3.2 | 34 | 93.2 | 84 | 183.2 | 134 | 273.2 | 184 | 363.2 | 234 | 453.2 | 284 | 543.2 | 470 | 878 |
| −15 | 5.0 | 35 | 95.0 | 85 | 185.0 | 135 | 275.0 | 185 | 365.0 | 235 | 455.0 | 285 | 545.0 | 475 | 887 |
| −14 | 6.8 | 36 | 96.8 | 86 | 186.8 | 136 | 276.8 | 186 | 366.8 | 236 | 456.8 | 286 | 546.8 | 480 | 896 |
| −13 | 8.6 | 37 | 98.6 | 87 | 188.6 | 137 | 278.6 | 187 | 368.6 | 237 | 458.6 | 287 | 548.6 | 485 | 905 |
| −12 | 10.4 | 38 | 100.4 | 88 | 190.4 | 138 | 280.4 | 188 | 370.4 | 238 | 460.4 | 288 | 550.4 | 490 | 914 |
| −11 | 12.2 | 39 | 102.2 | 89 | 192.2 | 139 | 282.2 | 189 | 372.2 | 239 | 462.2 | 289 | 552.2 | 495 | 923 |
| −10 | 14.0 | 40 | 104.0 | 90 | 194.0 | 140 | 284.0 | 190 | 374.0 | 240 | 464.0 | 290 | 554.0 | 500 | 932 |
| −9 | 15.8 | 41 | 105.8 | 91 | 195.8 | 141 | 285.8 | 191 | 375.8 | 241 | 465.8 | 291 | 555.8 | 505 | 941 |
| −8 | 17.6 | 42 | 107.6 | 92 | 197.6 | 142 | 287.6 | 192 | 377.6 | 242 | 467.6 | 292 | 557.6 | 510 | 950 |
| −7 | 19.4 | 43 | 109.4 | 93 | 199.4 | 143 | 289.4 | 193 | 379.4 | 243 | 469.4 | 293 | 559.4 | 515 | 959 |
| −6 | 21.2 | 44 | 111.2 | 94 | 201.2 | 144 | 291.2 | 194 | 381.2 | 244 | 471.2 | 294 | 561.2 | 520 | 968 |
| −5 | 23.0 | 45 | 113.0 | 95 | 203.0 | 145 | 293.0 | 195 | 383.0 | 245 | 473.0 | 295 | 563.0 | 525 | 977 |
| −4 | 24.8 | 46 | 114.8 | 96 | 204.8 | 146 | 294.8 | 196 | 384.8 | 246 | 474.8 | 296 | 564.8 | 530 | 986 |
| −3 | 26.6 | 47 | 116.6 | 97 | 206.6 | 147 | 296.6 | 197 | 386.6 | 247 | 476.6 | 297 | 566.6 | 535 | 995 |
| −2 | 28.4 | 48 | 118.4 | 98 | 208.4 | 148 | 298.4 | 198 | 388.4 | 248 | 478.4 | 298 | 568.4 | 540 | 1004 |
| −1 | 30.2 | 49 | 120.2 | 99 | 210.2 | 149 | 300.2 | 199 | 390.2 | 249 | 480.2 | 299 | 570.2 | 545 | 1013 |

| °C | °F | °C | °F |
|---|---|---|---|
| 1600 | 2912 | 2100 | 3812 |
| 1650 | 3002 | 2150 | 3902 |
| 1700 | 3092 | 2200 | 3992 |
| 1750 | 3182 | 2250 | 4082 |
| 1800 | 3272 | 2300 | 4172 |
| 1850 | 3362 | 2350 | 4262 |
| 1900 | 3452 | 2400 | 4352 |
| 1950 | 3542 | 2450 | 4442 |
| 2000 | 3632 | 2500 | 4532 |
| 2050 | 3722 | 2550 | 4622 |

一般式： $°F = \dfrac{9}{5}°C + 32$,  $°C = \dfrac{5}{9}(°F - 32)$

## 表 15. 温度換算表 (°F→°C)

| °F | °C | °F | °C | °F | °C | °F | °C | °F | °C | °F | °C | °F | °C | °F | °C |
|---|---|---|---|---|---|---|---|---|---|---|---|---|---|---|---|
| −60 | −51.11 | +5 | −15.00 | +70 | +21.11 | +135 | +57.22 | +200 | +93.33 | +265 | 129.44 | +360 | +182.22 | +490 | +254.44 | +1000 | +537.78 |
| −59 | −50.56 | 6 | −14.44 | 71 | 21.67 | 136 | 57.78 | 201 | 93.89 | 266 | 130.00 | 362 | 183.33 | 492 | 255.56 | 1050 | 565.56 |
| −58 | −50.00 | 7 | −13.89 | 72 | 22.22 | 137 | 58.33 | 202 | 94.44 | 267 | 130.56 | 364 | 184.44 | 494 | 256.67 | 1100 | 593.33 |
| −57 | −49.44 | 8 | −13.33 | 73 | 22.78 | 138 | 58.89 | 203 | 95.00 | 268 | 131.11 | 366 | 185.56 | 496 | 257.78 | 1150 | 621.11 |
| −56 | −48.89 | 9 | −12.78 | 74 | 23.33 | 139 | 59.44 | 204 | 95.56 | 269 | 131.67 | 368 | 186.67 | 498 | 258.89 | 1200 | 648.89 |
| −55 | −48.33 | 10 | −12.22 | 75 | 23.89 | 140 | 60.00 | 205 | 96.11 | 270 | 132.22 | 370 | 187.78 | 500 | 260.00 | 1250 | 676.67 |
| −54 | −47.78 | 11 | −11.67 | 76 | 24.44 | 141 | 60.56 | 206 | 96.67 | 271 | 132.78 | 372 | 188.89 | 505 | 262.78 | 1300 | 704.44 |
| −53 | −47.22 | 12 | −11.11 | 77 | 25.00 | 142 | 61.11 | 207 | 97.22 | 272 | 133.33 | 374 | 190.00 | 510 | 265.56 | 1350 | 732.22 |
| −52 | −46.67 | 13 | −10.56 | 78 | 25.56 | 143 | 61.67 | 208 | 97.78 | 273 | 133.89 | 376 | 191.11 | 515 | 268.33 | 1400 | 760.00 |
| −51 | −46.11 | 14 | −10.00 | 79 | 26.11 | 144 | 62.22 | 209 | 98.33 | 274 | 134.44 | 378 | 192.22 | 520 | 271.11 | 1450 | 787.78 |
| −50 | −45.56 | 15 | −9.44 | 80 | 26.67 | 145 | 62.78 | 210 | 98.89 | 275 | 135.00 | 380 | 193.33 | 525 | 273.89 | 1500 | 815.56 |
| −49 | −45.00 | 16 | −8.89 | 81 | 27.22 | 146 | 63.33 | 211 | 99.44 | 276 | 135.56 | 382 | 194.44 | 530 | 276.67 | 1550 | 843.33 |
| −48 | −44.44 | 17 | −8.33 | 82 | 27.78 | 147 | 63.89 | 212 | 100.00 | 277 | 136.11 | 384 | 195.56 | 535 | 279.44 | 1600 | 871.11 |
| −47 | −43.89 | 18 | −7.78 | 83 | 28.33 | 148 | 64.44 | 213 | 100.56 | 278 | 136.67 | 386 | 196.67 | 540 | 282.22 | 1650 | 898.89 |
| −46 | −43.33 | 19 | −7.22 | 84 | 28.89 | 149 | 65.00 | 214 | 101.11 | 279 | 137.22 | 388 | 197.78 | 545 | 285.00 | 1700 | 926.67 |
| −45 | −42.78 | 20 | −6.67 | 85 | 29.44 | 150 | 65.56 | 215 | 101.67 | 280 | 137.78 | 390 | 198.89 | 550 | 287.78 | 1750 | 954.44 |
| −44 | −42.22 | 21 | −6.11 | 86 | 30.00 | 151 | 66.11 | 216 | 102.22 | 281 | 138.33 | 392 | 200.00 | 555 | 290.56 | 1800 | 982.22 |
| −43 | −41.67 | 22 | −5.56 | 87 | 30.56 | 152 | 66.67 | 217 | 102.78 | 282 | 138.89 | 394 | 201.11 | 560 | 293.33 | 1850 | 1010.00 |
| −42 | −41.11 | 23 | −5.00 | 88 | 31.11 | 153 | 67.22 | 218 | 103.33 | 283 | 139.44 | 396 | 202.22 | 565 | 296.11 | 1900 | 1037.78 |
| −41 | −40.56 | 24 | −4.44 | 89 | 31.67 | 154 | 67.78 | 219 | 103.88 | 284 | 140.00 | 398 | 203.33 | 570 | 298.89 | 1950 | 1065.56 |
| −40 | −40.00 | 25 | −3.89 | 90 | 32.22 | 155 | 68.33 | 220 | 104.44 | 285 | 140.56 | 400 | 204.44 | 575 | 301.67 | 2000 | 1093.33 |
| −39 | −39.44 | 26 | −3.33 | 91 | 32.78 | 156 | 68.89 | 221 | 105.00 | 286 | 141.11 | 402 | 205.56 | 580 | 304.44 | 2050 | 1121.11 |
| −38 | −38.89 | 27 | −2.78 | 92 | 33.33 | 157 | 69.44 | 222 | 105.56 | 287 | 141.67 | 404 | 206.67 | 585 | 307.22 | 2100 | 1148.89 |
| −37 | −38.33 | 28 | −2.22 | 93 | 33.89 | 158 | 70.00 | 223 | 106.11 | 288 | 142.22 | 406 | 207.78 | 590 | 310.00 | 2150 | 1176.67 |
| −36 | −37.78 | 29 | −1.67 | 94 | 34.44 | 159 | 70.56 | 224 | 106.67 | 289 | 142.78 | 408 | 208.89 | 595 | 312.78 | 2200 | 1204.44 |
| −35 | −37.22 | 30 | −1.11 | 95 | 35.00 | 160 | 71.11 | 225 | 107.22 | 290 | 143.33 | 410 | 210.00 | 600 | 315.56 | 2250 | 1232.22 |
| −34 | −36.67 | 31 | −0.56 | 96 | 35.56 | 161 | 71.67 | 226 | 107.78 | 291 | 143.89 | 412 | 211.11 | 610 | 321.11 | 2300 | 1260.00 |
| −33 | −36.11 | 32 | 0.00 | 97 | 36.11 | 162 | 72.22 | 227 | 108.33 | 292 | 144.44 | 414 | 212.22 | 620 | 326.67 | 2350 | 1287.78 |
| −32 | −35.56 | 33 | +0.56 | 98 | 36.67 | 163 | 72.78 | 228 | 108.89 | 293 | 145.00 | 416 | 213.33 | 630 | 332.22 | 2400 | 1315.56 |
| −31 | −35.00 | 34 | 1.11 | 99 | 37.22 | 164 | 73.33 | 229 | 109.44 | 294 | 145.56 | 418 | 214.44 | 640 | 337.78 | 2450 | 1343.23 |

熱交換器設計資料

| °F | °C | °F | °C | °F | °C | °F | °C | °F | °C | °F | °C | °F | °C | °F | °C |
|---|---|---|---|---|---|---|---|---|---|---|---|---|---|---|---|
| −30 | −34.44 | 35 | 1.67 | 100 | 37.78 | 165 | 73.89 | 230 | 110.00 | 295 | 146.11 | 420 | 215.56 | 650 | 343.33 | 
| −29 | −33.89 | 36 | 2.22 | 101 | 38.33 | 166 | 74.44 | 231 | 110.56 | 296 | 146.67 | 422 | 216.67 | 660 | 348.89 |
| −28 | −33.33 | 37 | 2.78 | 102 | 38.89 | 167 | 75.00 | 232 | 111.11 | 297 | 147.22 | 424 | 217.78 | 670 | 354.44 |
| −27 | −32.78 | 38 | 3.33 | 103 | 39.44 | 168 | 75.56 | 233 | 111.67 | 298 | 147.78 | 426 | 218.89 | 680 | 360.00 |
| −26 | −32.22 | 39 | 3.89 | 104 | 40.00 | 169 | 76.11 | 234 | 112.22 | 299 | 148.33 | 428 | 220.00 | 690 | 365.56 |
| −25 | −31.67 | 40 | 4.44 | 105 | 40.56 | 170 | 76.67 | 235 | 112.78 | 300 | 148.89 | 430 | 221.11 | 700 | 371.11 |
| −24 | −31.11 | 41 | 5.00 | 106 | 41.11 | 171 | 77.22 | 236 | 113.33 | 302 | 150.00 | 432 | 222.22 | 710 | 376.67 |
| −23 | −30.56 | 42 | 5.56 | 107 | 41.67 | 172 | 77.78 | 237 | 113.89 | 304 | 151.11 | 434 | 223.33 | 720 | 382.22 |
| −22 | −30.00 | 43 | 6.11 | 108 | 42.22 | 173 | 78.33 | 238 | 114.44 | 306 | 152.22 | 436 | 224.44 | 730 | 387.78 |
| −21 | −29.44 | 44 | 6.67 | 109 | 42.78 | 174 | 78.89 | 239 | 115.00 | 308 | 153.33 | 438 | 225.56 | 740 | 393.33 |
| −20 | −28.89 | 45 | 7.22 | 110 | 43.33 | 175 | 79.44 | 240 | 115.56 | 310 | 154.44 | 440 | 226.67 | 750 | 398.89 |
| −19 | −28.33 | 46 | 7.78 | 111 | 43.89 | 176 | 80.00 | 241 | 116.11 | 312 | 155.56 | 442 | 227.78 | 760 | 404.44 |
| −18 | −27.78 | 47 | 8.33 | 112 | 44.44 | 177 | 80.56 | 242 | 116.67 | 314 | 156.67 | 444 | 228.89 | 770 | 410.00 |
| −17 | −27.22 | 48 | 8.89 | 113 | 45.00 | 178 | 81.11 | 243 | 117.22 | 316 | 157.78 | 446 | 230.00 | 780 | 415.56 |
| −16 | −26.67 | 49 | 9.44 | 114 | 45.56 | 179 | 81.67 | 244 | 117.78 | 318 | 158.89 | 448 | 231.11 | 790 | 421.11 |
| −15 | −26.11 | 50 | 10.00 | 115 | 46.11 | 180 | 82.22 | 245 | 118.33 | 320 | 160.00 | 450 | 232.22 | 800 | 426.67 |
| −14 | −25.56 | 51 | 10.56 | 116 | 46.67 | 181 | 82.78 | 246 | 118.89 | 322 | 161.11 | 452 | 233.33 | 810 | 432.22 |
| −13 | −25.00 | 52 | 11.11 | 117 | 47.22 | 182 | 83.33 | 247 | 119.44 | 324 | 162.22 | 454 | 234.44 | 820 | 437.78 |
| −12 | −24.44 | 53 | 11.67 | 118 | 47.78 | 183 | 83.89 | 248 | 120.00 | 326 | 163.33 | 456 | 235.56 | 830 | 443.33 |
| −11 | −23.89 | 54 | 12.22 | 119 | 48.33 | 184 | 84.44 | 249 | 120.56 | 328 | 164.44 | 458 | 236.67 | 840 | 448.89 |
| −10 | −23.33 | 55 | 12.78 | 120 | 48.89 | 185 | 85.00 | 250 | 121.11 | 330 | 165.56 | 460 | 237.78 | 850 | 454.44 |
| −9 | −22.78 | 56 | 13.33 | 121 | 49.44 | 186 | 85.56 | 251 | 121.67 | 332 | 166.67 | 462 | 238.89 | 860 | 460.00 |
| −8 | −22.22 | 57 | 13.89 | 122 | 50.00 | 187 | 86.11 | 252 | 122.22 | 334 | 167.78 | 464 | 240.00 | 870 | 465.56 |
| −7 | −21.67 | 58 | 14.44 | 123 | 50.56 | 188 | 86.67 | 253 | 122.78 | 336 | 168.89 | 466 | 241.11 | 880 | 471.11 |
| −6 | −21.11 | 59 | 15.00 | 124 | 51.11 | 189 | 87.22 | 254 | 123.33 | 338 | 170.00 | 468 | 242.22 | 890 | 476.67 |
| −5 | −20.56 | 60 | 15.56 | 125 | 51.67 | 190 | 87.78 | 255 | 123.89 | 340 | 171.11 | 470 | 243.33 | 900 | 482.22 |
| −4 | −20.00 | 61 | 16.11 | 126 | 52.22 | 191 | 88.33 | 256 | 124.44 | 342 | 172.22 | 472 | 244.44 | 910 | 487.78 |
| −3 | −19.44 | 62 | 16.67 | 127 | 52.78 | 192 | 88.89 | 257 | 125.00 | 344 | 173.33 | 474 | 245.56 | 920 | 493.33 |
| −2 | −18.89 | 63 | 17.22 | 128 | 53.33 | 193 | 89.44 | 258 | 125.56 | 346 | 174.44 | 476 | 246.67 | 930 | 498.89 |
| −1 | −18.33 | 64 | 17.78 | 129 | 53.89 | 194 | 90.00 | 259 | 126.11 | 348 | 175.56 | 378 | 247.78 | 940 | 504.44 |
| 0 | −17.78 | 65 | 18.33 | 130 | 54.44 | 195 | 90.56 | 260 | 126.67 | 350 | 176.67 | 480 | 248.89 | 950 | 510.00 |
| +1 | −17.22 | 66 | 18.89 | 131 | 55.00 | 196 | 91.11 | 261 | 127.22 | 352 | 177.78 | 482 | 250.00 | 960 | 515.56 |
| 2 | −16.67 | 67 | 19.44 | 132 | 55.56 | 197 | 91.67 | 262 | 127.78 | 354 | 178.89 | 484 | 251.11 | 970 | 521.11 |
| 3 | −16.11 | 68 | 20.00 | 133 | 56.11 | 198 | 92.22 | 263 | 128.33 | 356 | 180.00 | 486 | 252.22 | 980 | 526.67 |
| 4 | −15.56 | 69 | 20.56 | 134 | 56.67 | 199 | 92.78 | 264 | 128.89 | 358 | 181.11 | 488 | 253.33 | 990 | 533.22 |

| °F | °C | °F | °C |
|---|---|---|---|
| 2500 | 1371.11 | 3250 | 1787.78 |
| 2550 | 1398.89 | 3300 | 1815.56 |
| 2600 | 1426.67 | 3350 | 1843.33 |
| 2650 | 1454.44 | 3400 | 1871.11 |
| 2700 | 1482.22 | 3450 | 1898.89 |
| 2750 | 1510.00 | 3500 | 1926.67 |
| 2800 | 1537.78 | 3550 | 1954.44 |
| 2850 | 1565.56 | 3600 | 1982.22 |
| 2900 | 1593.33 | 3650 | 2010.00 |
| 2950 | 1621.11 | 3700 | 2037.78 |
| 3000 | 1648.89 | 3750 | 2065.56 |
| 3050 | 1676.67 | 3800 | 2093.33 |
| 3100 | 1704.44 | 3850 | 2121.11 |
| 3150 | 1732.22 | 3900 | 2148.89 |
| 3200 | 1760.00 | 3950 | 2176.67 |
| | | 4000 | 2204.44 |
| | | 4050 | 2232.22 |
| | | 4100 | 2260.00 |
| | | 4150 | 2287.78 |
| | | 4200 | 2315.56 |

# 索 引 （五十音順）

## 〔ア〕

圧力損失
　2相流の────── 356, 585
　相変化を伴なわない多管円筒式
　　熱交換器の────── 444
　単一飽和蒸気凝縮器の────── 470
　混合蒸気凝縮器の────── 496
　垂直サーモサイホンリボイラの────── 564
　水平サーモサイホンリボイラの────── 585
　水平管内凝縮器の────── 593
　渦巻管式熱交換器の────── 607
　渦巻板式熱交換器の────── 624
　プレート式熱交換器の────── 651
　二重管式熱交換器の────── 675
　たて型流下液膜式蒸発器の────── 703
　蒸発冷却器の────── 740
　泡沫接触式熱交換器の────── 757
　多重円筒式熱交換器の────── 767
　充填塔式コンデンサーの────── 886
　直接接触式冷却凝縮器の────── 916
　空冷式熱交換器の────── 929
　ハンプソン式熱交換器の────── 969
　プレートフィン式熱交換器の────── 994
　回転型蓄熱式熱交換器の────── 1017, 1020
　バルブ切換型蓄熱式熱交換器の──
　　　　　　　　　1033, 1034, 1038, 1041
　移動層型蓄熱式熱交換器の────── 1051
　カスケード型蓄熱式熱交換器の────── 1059
　テフロン製熱交換器の────── 1063
　コルゲート管熱交換器の────── 1067
　回転式粉粒体熱交換器の────── 1095
　噴霧水式蒸発冷却器の────── 1130
　水平型外部加熱蒸発器の────── 1157
　ワイヤメッシュデミスタの────── 1164
　サイクロンの────── 1166
　折れ板型エリミネータの────── 1168
アルキメデス渦巻管────── 607
アルミニウム────── 951, 973, 1182
アロクロール────── 1234
アンモニア（$NH_3$)────── 594, 1154, 1155, 1190, 1191, 1193
アンモニア吸収塔────── 687

## 〔イ〕

一重スパイラルリング────── 905
1-2 熱交換器────── 28
1-4 熱交換器────── 31
移動層型蓄熱式熱交換器────── 1044
インターナルサドル────── 905

## 〔ウ〕

渦巻管式熱交換器────── 596
渦巻管（コイル管）内側境膜伝熱係数
　　　　　　　　　602, 846, 968
渦巻管（コイル管）内側圧力損失────── 607, 970
渦巻板式熱交換器────── 613

## 〔エ〕

液体の熱伝導度────── 1191
液体の密度と分子量────── 1190
液体連結-間接式熱交換器────── 215
液中燃焼蒸発器────── 1148
液膜式熱交換器────── 686
液膜式コンデンサー────── 879
液膜の厚さ────── 688
液柱式コンデンサー────── 871
S字型冷却器────── 694
エゼクタ────── 1168
SK-OIL────── 1235
NTU────── 7
エリミネータ────── 1161
遠心薄膜式熱交換器────── 818
遠心薄膜式蒸発器────── 821, 1146
円管（直管）内の伝熱────── 302
エントレイメント（飛沫同伴）────── 708, 1161

## 〔オ〕

O.T.L (Outer Tube Limit)────── 409
押込み通風方式────── 917
オメガ型伸縮継手────── 395
オリフィス形邪魔板────── 404
折れ板型エリミネータ────── 1167

索引

温度効率……………………………………… 7
温度効率線図
　　向流熱交換器の―― …………………79
　　並流熱交換器の―― …………………89
　　1-2 熱交換器の―― ……………90, 106
　　1-4 熱交換器の―― ………………… 101
　　管側4パス分割流形熱交換器の―― 111
　　管側2パス分割流形熱交換器の―― 112
　　管側1パス分割流形熱交換器の―― 113
　　管側無限パス分割流形熱交換器の―― 114
　　胴側2分流-管側1パス分流形
　　　熱交換器の―― ……………………… 115
　　胴側2分流-管側2パス分流形
　　　熱交換器の―― ……………………… 116
　　胴側4分流-管側1パス分流形
　　　熱交換器の―― ……………………… 117
　　胴側4分流-管側2パス分流形
　　　熱交換器の―― ……………………… 118
　　直交流熱交換器の―― ……………… 119
　　2パス直交向流熱交換器の―― ……… 122
　　3パス直交向流熱交換器の―― ……… 129
　　分流直交熱交換器の―― …………… 136
　　交差分流直交熱交換器の―― ……… 137
　　2-4 熱交換器の―― ………………… 138
　　3-6 熱交換器の―― ………………… 139
　　4-8 熱交換器の―― ………………… 140
　　5-10 熱交換器の―― ………………… 141
　　直列-並列配置向流熱交換器の ―― 142
　　バヨネット式熱交換器の―― ……… 145
　　プレート式熱交換器の―― ………… 157
　　3流体直交流熱交換器の―― ……… 195
　　回転型向流蓄熱式熱交換器の―― … 224
　　対称型向流蓄熱式熱交換器の―― … 246
　　対称型並流蓄熱式熱交換器の―― … 250
　　渦巻板式熱交換器の―― …………… 620
　　蒸発冷却の―― ……………………… 721
　　多重円筒式熱交換器の―― ………… 766
　　移動層型蓄熱式熱交換器の――……1049
温度差補正係数 ………………………… 169
　　胴側1パス，管側2パスの
　　　熱交換器の―― ……………………… 173
　　胴側2パス，管側4パスの
　　　熱交換器の―― ……………………… 174
　　胴側3パス，管側6パスの

　　　熱交換器の―― ……………………… 175
　　胴側4パス，管側8パスの
　　　熱交換器の―― ……………………… 176
　　胴側5パス，管側10パスの
　　　熱交換器の―― ……………………… 178
　　胴側6パス，管側12パスの
　　　熱交換器の―― ……………………… 177
　　胴側1パス，管側3パスの
　　　熱交換器の―― ……………………… 179
　　胴側分割流，管側2パス以上の
　　　熱交換器の―― ……………………… 180
　　胴側2分流，管側2パス以上の
　　　熱交換器の―― ……………………… 181
　　両流体ともに混合する
　　　直交流熱交換器の―― ……………… 182
　　一方の流体が混合，他の一方の流体が
　　　混合しない直交流熱交換器の―― … 182
　　2パス直交向流熱交換器の―― … 183, 184
　　両流体ともに混合しない直交流
　　　熱交換器の―― ……………………… 183
　　3パス直交向流熱交換器の―― ……… 184
　　2パストロンボーン式熱交換器の―― 184
　　プレート式熱交換器の―― ……… 639, 665
　　1直列-2並列流れの組合せ
　　　熱交換器の―― ……………………… 685
　　1直列-3並列流れの組合せ
　　　熱交換器の―― ……………………… 685
温度換算表………………………………1204

〔カ〕

塊状流…………………………………… 362
回転型蓄熱式熱交換器……………220, 1004
回転コイル蒸発器……………………1068
回転弁型蓄熱式熱交換器……………1007
回転乾燥器……………………………1072
回転式粉粒体熱交換器………………1072
回転円板型遠心薄膜式熱交換器…… 820
外部熱交換器付撹拌容器……………… 268
外部グランド遊動頭…………………… 395
掻面式熱交換器………………………… 774
掻面式液膜熱交換器…………………… 796
掻面式薄膜蒸発器……………………1146
掻取羽根………………………………… 777
掻上翼……………………………………1108

## 索　引

掻上容量 1073
拡散係数 511
攪拌薄膜蒸発器 796
攪拌所要動力 848
攪拌機の羽根 851
核沸騰 336
核沸騰の境膜伝熱係数 337, 1152
加重平均温度差 186
カスケード型冷却器 694
カスケード型蓄熱式熱交換器 1054
ガスおよび蒸気の熱伝導度 1193
金網マトリックス 1017
カネクロール 1234
過熱器 1
加熱器 1
過熱蒸気凝縮器 485
過熱水蒸気表 1243
カーボン 1060
カランドリア型自然循環式蒸発器 1143
カランドリア型強制循環式蒸発器 1143
緩衝板 404
環状流 343, 1151
環状形邪魔板 404
管束 409
管配列 400
管配列表 411
管穴の標準径 406

〔キ〕

気泡 1153
基本伝熱式
　表面式熱交換器の― 7
　液体連結-間接式熱交換器の― 215
　蓄熱式熱交換器の― 219
強制対流 300
凝縮器 1, 466, 588, 636
凝縮伝熱 323, 606, 622
極小熱流束 339
極大熱流束 339
境膜伝熱係数
　強制対流および混合対流の― 300
　自然対流の― 316
　凝縮伝熱の― 323
　沸騰伝熱の― 336

　2相流の― 362
金属の物性値 1182

〔ク〕

空気の物性値 1187
空気の粘度 945
空気の管内層流境膜伝熱係数 314
空気の管内乱流境膜伝熱係数 315
空気の垂直壁面自然対流境膜伝熱係数
　（層流） 319
空気の垂直壁面自然対流境膜伝熱係数
　（乱流） 320
空気分離装置用可逆式主熱交換器 976
空気分離装置用予冷器 976
空気分離装置用凝縮器 976
空気分離装置用液化器 976
空隙率 1052
空冷式熱交換器 917
グラスホフ数 300
グレツ数 300

〔ケ〕

形状係数 1039
欠円形邪魔板 406
ケトル式リボイラ 542
顕熱加熱帯 560

〔コ〕

コアの圧力損失 994
コイル管（渦巻管）内側境膜伝熱係数
　602, 846, 968
コイル管（渦巻管）内側圧力損失 607, 970
コイル管外側境膜伝熱係数 838
コイルまたはジャケット付攪拌容器 265
向流熱交換器 8
交差分流直熱交換器 58
固体の熱伝導 274
固定管板形多管円筒式熱交換器 393
コルゲート管熱交換器 1065
Kontro式掻面液膜熱交換器 803
混合蒸気凝縮器 490
混合対流 300

〔サ〕

サイクロン 1165

索　引

サイクロン泡沫式冷却凝縮器……………… 904
最大管束径 (O.T.L)……………… 409
最大原理……………… 378
最適化……………… 373
最適冷却水温度……………… 373
3 角配置……………… 402
三重スパイラルリング……………… 905
3 流体直交流熱交換器……………… 194
3 流体平行流熱交換器……………… 190
Sambay 式撹面液膜熱交換器……………… 801

〔シ〕

4 角配置……………… 402
仕切室……………… 397
軸方向の熱伝導による熱交換器の性能低下
　……………………………… 166
自然対流……………… 316
湿り空気線図……………… 743
湿り空気表（飽和）……………… 749
湿り空気（飽和）$t$-$i$ 線図……………1142
ジャケット側境膜伝熱係数……………… 862
邪魔板……………… 404
収縮損失係数および拡大損失係数…… 996
蒸気エゼクタ……………1169
蒸気圧縮式蒸発器……………1178
上昇薄膜式蒸発器……………1145
蒸発室（フラッシュ室）………708, 1161
蒸発装置……………1143
蒸発プロセス……………1178
蒸気冷却器………………716, 1118
周期流型蓄熱式熱交換器……………1004
充填塔式コンデンサー……………… 883
充填塔式冷却凝縮器……………… 904
充填物特性……………… 887
充填物の種類……………… 905
シュミット数……………… 300
晶析……………1145
シール……………1007
伸縮継手……………… 395
深冷器……………… 1

〔ス〕

吸込み通風方式……………… 917
垂直管内凝縮……………… 327

垂直管内 2 相流………………344, 596
垂直型外部加熱強制循環式蒸発器…………1144
垂直サーモサイホンリボイラ……………… 560
垂直切欠き欠円形邪魔板……………… 501
水蒸気蒸留用リボイラ……………… 575
水蒸気表（飽和）……………1195
水蒸気表（過熱）……………1197
水平管内 2 相流……………… 343
水平管内凝縮………………332, 588
水平管内凝縮器……………… 588
水平サーモサイホンリボイラ……………… 583
水平型外部加熱強制循環式蒸発器… 1146, 1151
水平型外部加熱自然循環式蒸発器… 1146, 1151
水平管型液浸式蒸発器……………1144
スケール防止機構付熱交換器……………1178
スタントン数……………… 300
スクリュー式熱交換器……………1069
スプレイ式コンデンサー……………… 896
スプレイ塔式冷却凝縮器……………… 904
スペーサ……………… 407
Smith 式撹面液膜熱交換器……………… 800

〔セ〕

正方形フィン……………… 284
静圧損失……………… 564
接合部伝熱抵抗……………… 927
ゼットコンデンサー……………… 888
前面風速……………… 937
遷移沸騰……………… 336
栓流……………… 343
全縮器……………… 1
扇形ノズル……………… 900

〔ソ〕

総括伝熱係数……………… 6
総括物質移動係数……………… 720
相互不溶解性 2 成分蒸発の凝縮器………… 507
相当径……………… 434
相変化を伴わない熱交換器……………… 433
層流……………… 302
送風機の駆動動力……………… 939
速度助走区間……………… 300

## 〔タ〕

対数平均温度差 … 169
対称形蓄熱式熱交換器 … 242
対流伝熱 … 300
対臨界圧力 … 337
ダウサム … 1189
楕円フィン … 285
多管円筒式熱交換器 … 393
脱気 … 897
多孔板形フィン … 976
多成分系冷却凝縮器 … 528
多重円筒式熱交換器 … 762
多重効用蒸発器 … 1178
たてフィンチューブ型二重管式熱交換器 … 667
たて型流下液膜式冷却（凝縮）器 … 686
たて型流下液膜式蒸発器 … 700, 1158
単一飽和蒸気凝縮器 … 466
単位換算表 … 1202
短管形熱交換器 … 398
単管ハンプソン式熱交換器 … 952
タンク・コイル式熱交換器 … 838
タンク・ジャケット式熱交換器 … 858
タンタル製熱交換器 … 1060

## 〔チ〕

蓄熱式熱交換器 … 1, 219, 1004, 1042
蓄熱体の流動特性および伝熱特性 … 1014, 1031, 1050
蓄冷器 … 949
十字パーションリング … 905
直接接触式液・液熱交換器 … 1
直接接触式凝縮器 … 868
直接接触式冷却凝縮器 … 904
直交フィンチューブ型二重管式熱交換器 … 667
直交フィン管 … 669
直接接触式液液熱交換器 … 1181
除染係数 … 708

## 〔テ〕

低温装置用熱交換器 … 949, 976
TEMA … 366
定常熱伝導 … 275
滴状凝縮 … 323

テフロン製熱交換器 … 1061
テラレットリング … 905
伝熱因子 … 311
伝熱管 … 399
伝熱係数
　相変化を伴わない多管円筒式
　　熱交換器の── … 433
　単一飽和凝縮器の── … 466
　混合蒸気凝縮器の── … 494
　ケトル式リボイラの── … 544
　垂直サーモサイホンリボイラの── … 567
　水平管内凝縮器の── … 590

## 〔ト〕

胴側圧力損失 … 455
胴側境膜伝熱係数 … 433
胴側1パス, 管側偶数パスの熱交換器 … 14
胴側分割流形熱交換器 … 34
胴側分流形熱交換器 … 44
特殊熱交換器 … 1060
突起状プレート … 631
突起フィン … 287
トロンボーン式熱交換器 … 184
トロンボーン型冷却器 … 694

## 〔ナ〕

内面フィン管 … 560
長手邪魔板 … 406
波形プレートフィン … 974
波形プレート … 631
波形リボン … 1029

## 〔ニ〕

2層流 … 343
2相流 … 343
2相におけるホールドアップ … 348
2相の伝熱係数 … 362, 1151
2相の圧力損失 … 356, 585, 1157
二重管式熱交換器 … 666
二重管板形多管円筒式熱交換器 … 396
2-4熱交換器 … 64, 174

## 〔ヌ〕

ヌッセルト数 … 300

# 索引

## 〔ネ〕

熱移動単位数 ……………………………… 7
熱拡散率 …………………………………… 244
熱交換器の分類 …………………………… 1
熱交換器系の最適化 ……………………… 373
熱伝導率 …………………………………… 3
熱媒体の物性値 …………………………… 1188
熱分解危険指数 …………………………… 796
熱流束 ……………………………………… 336

## 〔ハ〕

バイパス防止板 …………………………… 407
波状流 ………………………………… 343, 1151
バヨネット式熱交換器 ……………………… 66, 396
バルブ切換型蓄熱式熱交換器 ………… 242, 1028
バロメトリックコンデンサー ………… 868, 1176
ハンプソン式熱交換器 ……………… 190, 949
バーンアウト点 …………………………… 336

## 〔ヒ〕

引抜遊動頭形多管円筒式熱交換器 ……… 395
非対称形蓄熱式熱交換器 ………………… 251
非定常プロセス …………………………… 265
非定常熱伝導 ……………………………… 289
非沸騰域 …………………………………… 336
飛沫同伴（エントレイメント）…… 708, 1161
表面式熱交換器 …………………………… 1, 7
表面蒸発 …………………………………… 1159

## 〔フ〕

フィン ……………………………………… 276
フィン効率 …………………………… 277, 1120
フィンチューブ ……………………… 668, 922
フィン抵抗 ………………………………… 278
不凝縮性ガスを含む水蒸気の凝縮 ……… 335
復水器 ……………………………………… 466
双子管ハンプソン式熱交換器 ……… 190, 952
物質移動係数 ……………………………… 510
沸騰伝熱 …………………………………… 336
沸騰曲線 …………………………………… 336
フラッシュ室（蒸発室）…………… 708, 1161
プラントル数 ……………………………… 300
プレーン形フィン ………………………… 974
プレートコイル式熱交換器 ……………… 1064
プレート式熱交換器 ………………… 72, 631
プレート式凝縮器 ………………………… 635
プレート式蒸発器 …………………… 636, 1147
プレートフィン式熱交換器 ………… 190, 973
フレオン ……………………………… 593, 1153
不連続最大原理 …………………………… 378
ブロック熱交換器 ………………………… 1060
分縮器 ………………………………… 1, 490
分子容 ……………………………………… 511
噴霧水式蒸発冷却器 ……………………… 1118
噴霧流 ……………………………………… 343
粉粒体移動型蓄熱式熱交換器 …………… 1042

## 〔ヘ〕

平滑管型二重管式熱交換器 ……………… 666
平行平滑平板プレート …………………… 642
Vapor Blanketing ………………………… 544
並流熱交換器 ……………………………… 13
ペクレ数 ……………………………… 300, 780
ペブル ……………………………………… 1042
ヘリンボーン型プレート ………………… 631
ベルルサドル ……………………………… 905

## 〔ホ〕

Votator 型掻面式熱交換器 ……………… 774
泡沫接触式熱交換器 ……………………… 751
飽和水蒸気表（温度基準）……………… 1241
飽和水蒸気表（圧力基準）……………… 1242

## 〔マ〕

膜状凝縮 …………………………………… 323
膜沸騰 ……………………………………… 342
マトリックス ……………………………… 1014
マルチ・エントリ形フィン ……………… 975

## 〔ミ〕

水当量比 …………………………………… 7
水の物性質 ………………………………… 1186
水の管内層流境膜伝熱係数 ……………… 312
水の管内乱流境膜伝熱係数 ……………… 313
ミスト ……………………………………… 1161

## 〔ム〕

無限円柱の非定常熱伝導 ………………… 292

〔ユ〕

U型伸縮継手 …………………………… 395
Uチューブ形熱交換器 ………………… 393
遊動頭形多管円筒式熱交換器 ………… 394
ユングストローム式熱交換器 …………1004

〔ヨ〕

横形フィン ……………………………… 282
横型流下液膜式冷却（凝縮）器 ……… 694
横型流下液膜式蒸発器 ………………… 714
横型円筒式掻面液膜熱交換器 ………… 803
汚れ係数 ……………………366, 549, 1245
予熱器 ……………………………………… 1

〔ラ〕

ラシヒリング …………………………… 905
ラーメン式ラメラ熱交換器 ……………1064
ランタンリング遊動頭形多管円筒式
　熱交換器 …………………………… 396
乱流 ……………………………………… 309
ランゲリア指数 ………………………… 741

〔リ〕

リボイラ ……………… 1, 544, 560, 575, 583
流体中心温度 …………………… 172, 185
流動層型蓄熱式熱交換器 ………………1044

〔ル〕

ルーバ形フィン ………………………… 976
Luwa式掻面液膜熱交換器 ……………… 802

〔レ〕

冷却器 ……………………………………… 1
冷却凝縮器 ………………………… 503, 528
レッシリング ……………………… 887, 905
レンガ積み ………………………………1029

〔ロ〕

6角形フィン …………………………… 284
ローフィン管 ……………………… 399, 463

〔ワ〕

ワイヤアンドチューブ型熱交換器 ……1069
ワイヤメッシュデミスタ ………………1161

&lt;著者略歴&gt;

旭化成工業株式会社

　　プロセスエンジニアリング部長

## 熱交換器設計ハンドブック（増訂版）

昭和49年 1 月25日　初　　版
令和 7 年 2 月 1 日　2 版12刷

著　者　　尾花 英朗

発行者　　萬上 圭輔

発行所　　工学図書株式会社
〒113-0021　東京都文京区本駒込1-25-32
　　　　　電　話　　03(3946)8591番
　　　　　Ｆ Ａ Ｘ　　03(3946)8593番

印刷所　　恵友印刷株式会社
　　　　　東京都板橋区大原町46-2

Ⓒ 尾花英朗 1974　　　　　＊定価はケースに表示してあります

ISBN 978-4-7692-0028-4　C 3053